7th Edition

전기전자 공학개론

Principles and Applications

Electrical Engineering

Principles and Applications
Electrical Engineering

7th Edition

전기전자 공학개론

송재복 · 채장범 · 박관규 공역

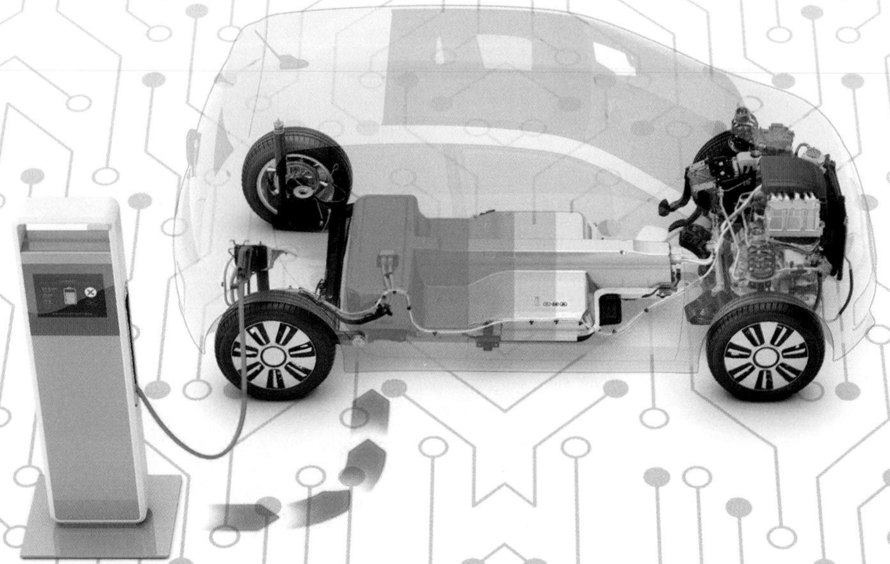

Giorgio **Rizzoni**
James **Kearns**

McGraw Hill

Mc Graw Hill

PRINCIPLES AND APPLICATIONS OF ELECTRICAL ENGINEERING, Seventh Edition

1 2 3 4 5 6 7 8 9 10 MHE-KOREA 20 22

Original: PRINCIPLES AND APPLICATIONS OF ELECTRICAL ENGINEERING, Seventh Edition
By Giorgio Rizzoni, James Kearns
ISBN 978-1-26-025804-2

Korean ISBN 979-11-321-1090-3 93560

Printed in Korea

Principles and Applications
Electrical Engineering
전기전자공학개론 7th Edition

발 행 일 : 2022년 1월 28일
저 자 : Giorgio Rizzoni, James Kearns
역 자 : 송재복, 채장범, 박관규
발 행 인 : 총텍멩(CHONG TECK MENG)
발 행 처 : 맥그로힐에듀케이션코리아 유한회사
등록번호 : 제2013−000122호(2012.12.28.)
주 소 : 서울시 마포구 양화로 45, 8층 801호
(서교동, 메세나폴리스)
전 화 : (02) 325−2351
편집·교정 : (주)우일미디어디지텍
인 쇄 : 성신미디어

I S B N : 979-11-321-1090-3

판 매 처 : 교문사
문 의 : (031) 955−6111
정 가 : 39,000원

저자 소개

Giorgio Rizzoni는 오하이오 주립대학교(Ohio State University)의 기계항공공학과 및 전기컴퓨터공학과의 교수로 재직 중이며, ElectroMechanical System 분야의 포드자동차 석좌교수이다. 그는 미시건대학교 전기컴퓨터공학과에서 1980년에 학사, 1982년에 석사, 1986년에 박사 학위를 취득하였다. 1999년부터, 오하이오 주립대의 융합 연구센터인 자동차 연구센터(Center for Automotive Research)의 소장을 맡고 있다.

Rizzoni 박사의 관심 연구분야는 첨단 엔진, 대체 연료, 전기 및 하이브리드-전기 구동 시스템, 에너지 저장 시스템, 연료 전지 시스템을 포함한 미래 자동차 추진 시스템의 동역학 및 제어 분야이다. 그는 이들 분야에 대한 대학원 교과과정 개발에 기여하였으며, 미국 에너지부의 대학원 자동차기술 교육센터인 하이브리드 구동 및 제어 시스템(1998-2004), 첨단 추진 시스템(2005-2011), 지속 가능한 이동을 위한 고에너지 효율 차량(2011-2016)의 센터장을 역임하였다.

Rizzoni 박사는 IEEE의 펠로우(2004), SAE의 펠로우(2005), 1991년 국가과학재단의 대통령 젊은 연구자상 및 다수의 기술 및 교육 관련 상을 수상하였다.

Jim Kearns는 펜실베니아 요크대학교(York College of Pennsylvania)의 전기컴퓨터공학과의 부교수로 재직 중이다. 그는 1982년 펜실베니아대학교(University of Pennsylvania)에서 기계공학 및 경제학 학사 학위를, 1984년에는 카네기멜론대학교(Carnegie Mellon University)에서 기계공학 석사 학위를, 1990년에는 조지아공과대학교(Georgia Institute of Technology)에서 기계공학 박사 학위를 취득하였다.

Kearns 박사는 1992년 푸에르토리코의 투라보대학(Universidad del Turabo)에서 교직을 시작하였으며, 이후 1996년부터 펜실베니아 요크대학교의 교수로서 메카트로닉스에 관련된 새로운 교육 과정을 개발하고 있다.

Kearns 박사는 음향 물리와 전기기계시스템에 관련된 교육과 연구를 병행하고 있으며, 전기공학을 포함한 다양한 교육 활동에 참가하고 있다.

Kearns 박사는 IEEE와 ASME의 회원이며, 최근에는 요크대학교의 대학평위원회에서 부회장과 회장을 역임하였다.

저자 서문

모든 공학 설계 및 해석 분야에서 전자 및 계측 장비의 광범위한 사용은 지난 60년간의 산업을 특징적으로 대변할 수 있는 전자 혁명의 결과이다. 이제는 공학의 모든 분야뿐만 아니라, 일상생활에서도 어떤 형식으로든 전기 및 전자 기기의 영향을 받고 있다. 노트북 컴퓨터, 스마트폰, 휴대용 디지털 오디오 플레이어, 디지털 카메라 및 터치스크린 등은 명백한 예가 될 수 있다. 전기 공학 기술의 발전은 공학의 다른 분야인 기계, 산업, 컴퓨터, 토목, 항공, 우주, 화학, 원자력, 재료, 바이오 공학 등에 엄청난 영향을 주었다. 결과적으로, 공학자들은 여러 분야가 융합되어 조직된 팀에서 효과적으로 의사소통이 가능하여야 한다. 전자 기술의 발전을 최대로 활용하기 위한 시도로 공학 교육과 전공 실습은 계속적으로 크게 변화하여왔다. 이러한 발전을 전기 및 컴퓨터 공학 외에 공학 분야로 확장하는 교재에 대한 요구가 이 책의 초판 이후로 계속 커졌다. 이러한 사실은 제품과 공정에서 전자공학과 컴퓨터 기술의 응용과 통합이 계속 늘어나고 있다는 점에서 분명하다. 이 책은 다른 공학 분야를 전공하는 학생들에게 전기 및 컴퓨터 공학의 기초를 제공하려는 노력을 담고 있다.

이 책의 첫 번째 목표는 전기 · 전자공학 개론 또는 심화 강의를 수강하는 공학도에게 전기 · 전자공학, 그리고 전기기계 공학의 기본 원리를 제공하는 데 있다.

두 번째 목표는 해석적 및 계산적 방법의 활용에 집중을 하여, 이들 원리를 기반으로 실제 문제를 해결하는 능력을 함양하는 것이다.

세 번째 목표는 전기공학 원리에 관련된 많은 응용문제에 대한 해결 능력을 키우기 위하여 이에 관련된 다양한 형태의 예제 문제를 제공하는 것이다. 이들 예제는 저자의 산업 현장에서의 경험과 현장 엔지니어로부터 얻은 아이디어로부터 나왔다. 위에 제시된 이 세 가지 목표는 다양한 교육학적인 특징과 방법을 통하여 달성된다. 7판은 구성에 있어서 여러 큰 변화를 포함하고 있다. 그러나 책의 본질은 거의 변하지 않았다. 이 책은 다음의 5개의 주요 부분으로 나눌 수 있다.

1부: 회로(Circuit)
2부: 시스템과 계장(Systems and Instrumentation)
3부: 아날로그 전자공학(Analog Electronics)
4부: 디지털 전자공학(Digital Electronics)
5부: 전력과 기계(Electric Power and Machines)

역자 소개

송재복

(학사) 서울대학교 기계공학과
(석사) 서울대학교 기계설계학과
(박사) MIT 기계공학과
(현) 고려대학교 기계공학부 교수
(연구) 지능로봇, 로봇 팔의 설계 및 제어, 이동로봇의 자율주행

채장범

(학사) 서울대학교 기계공학과
(석사) 서울대학교 기계설계학과
(박사) MIT 기계공학과
(현) 아주대학교 기계공학과 교수
(연구) 기계진단, 소음 진동

박관규

(학사) 서울대학교 기계공학부
(석사) Stanford 대학 기계공학과
(박사) Stanford 대학 기계공학과
(현) 한양대학교 기계공학부 부교수
(연구) 소음 진동, MEMS, 초음파

역자 서문

오늘날 전기전자공학은 전공자뿐만 아니라, 다른 공학 분야를 공부하는 학생들에게도 필수로 강의되고 있는 중요한 과목이며, 일상생활에서도 이들 전기전자공학의 영향이 미치지 않는 분야가 거의 없을 정도로 우리 생활의 일부가 되었다.

이 책은 전기전자공학을 전공하지 않는 기계, 항공, 산업, 화학, 재료, 원자력 공학 전공의 독자들에게 전기전자공학의 기초 원리 및 응용에 대하여 체계적으로 학습을 시키기 위해서 마련되었다. 따라서 보다 자세하고 많은 응용문제를 취급함으로써 종래의 교재로 많이 사용되던 전기공학의 개론서보다 진일보한 체계와 내용을 담고 있다. 이 책은 직류 및 교류 회로의 해석, 전력 시스템, 주파수응답 해석, 다이오드 및 트랜지스터를 포함한 반도체 소자, 연산 증폭기, 집적회로, 디지털 논리회로 및 시스템, 모터를 비롯한 각종 전기기계 등 모든 중요한 전기공학 및 전자공학의 분야를 망라하고 있다. 그러나 백과사전식의 나열이 아니고, 복잡한 회로의 설계보다는 일반적인 전기전자 회로의 이해와 응용이 필요한 일반 공학자들이 반드시 알아야 할 부분만을 간단명료하게 설명하고, 이론에 관련된 구체적인 예제를 통하여 설명하는 방식을 취함으로써 독자들의 이해를 돕고 있다.

전문용어의 번역은 전기전자 용어사전과 컴퓨터 용어사전 등을 참조하여 가능한 한 국내에서 많이 사용되는 용어로 번역하려고 노력하였다. 또한, 번역서의 단점을 보완하기 위하여 가능한 한 많은 용어를 영어와 병기함으로써 독자들이 이들 전문용어에 대한 이해를 돕도록 하였다. 이 책의 번역 시 오역이나 오자가 없도록 각별히 노력하였지만, 혹시 잘못된 부분을 발견하면 역자들에게 연락하여 보다 나은 번역서로 발전할 수 있도록 도와주시기 바란다.

끝으로, 이 책의 출판을 위해서 물심양면으로 도와주신 한국 McGraw Hill Education 출판사 여러분들께 감사를 드린다.

2021년 12월

역자 일동

McGraw Hill connect®

맥그로힐Connect®: 학생들의 성적향상을 위한 3년 연속 US CODiE 수상에 빛나는 가장 안정적이고 사용하기 편리한 개인맞춤형 학습

Adaptive Learning(개인 맞춤형 솔루션)

- Connect를 통한 과제 수행은 내용과 연관 있는 내용부터 적용 할 수 있게 함으로써 내용 이해와 비판적 사고를 도와 줍니다.
- Connect는 SmartBook 2.0® 을 통해 각각의 개인에 맞추어진 개별화된 학습 방향을 제시합니다.
- SmartBook 2.0® 의 개인 맞춤 하이라이팅과 연습문제 출제는 학생들로 하여금 양방향 학습경험을 제공하여 더욱 효율적인 학습을 도와줍니다.

Connect를 이용한 후 학생들의 성적향상

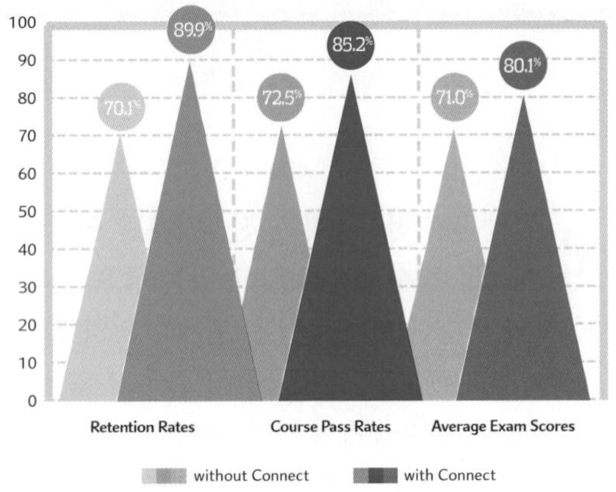

학생들이 대답한 **70억 개가 넘는 연습 문제**의 방대한 데이터는 Mcgrawhill의 Connect를 보다 지능적이고, 믿을 수 있고 정확한 제품으로 만들어줍니다.

Connect를 활용한 학생들의 평균 **10% 이상**의 코스 합격률과 성적 향상

Connect를 사용한 73%의 교수님들의 강의평가가 평균 28% **향상**되었습니다.

양질의 최신 강의자료

- Connect 안에는 강의를 위한 자료가 단순하고 직관적인 인터페이스로 구성이 되어 있습니다.
- Connect의 smartbook 2.0은 모바일과 태블릿PC에 최적화되어 있어, 어디서나 인터넷 환경에 구애받지 않고 접속하여 공부 할 수 있습니다.
- Connect에는 동영상, 시뮬레이션, 게임 등과 같이 학생들의 비판적 사고를 길러줄 수 있는 다양한 콘텐츠가 있습니다.

Connect Insight: 강력한 분석과 리포트

- Connect Insight는 개별 학생들의 분석과 성취도를 전체 또는 특정 과제로 분류하여 한눈에 보기 쉬운 형태로 보고서를 작성합니다.
- Connect Insight는 학생들의 과제 소요 시간, 개별학습 태도, 성취도 등의 모든 데이터를 대시 보드로 제공합니다. 교수님들은 어떤 학생이 어떤 분야에 취약한지 바로 알아볼 수 있습니다.
- Connect을 통해 과제와 퀴즈의 자동 성적 평가가 가능하며, 개별 그리고 전체 반 학생들의 성취도를 한눈에 알아볼 수 있는 보고서로 제공됩니다.

©Hero Images/Getty Images RF

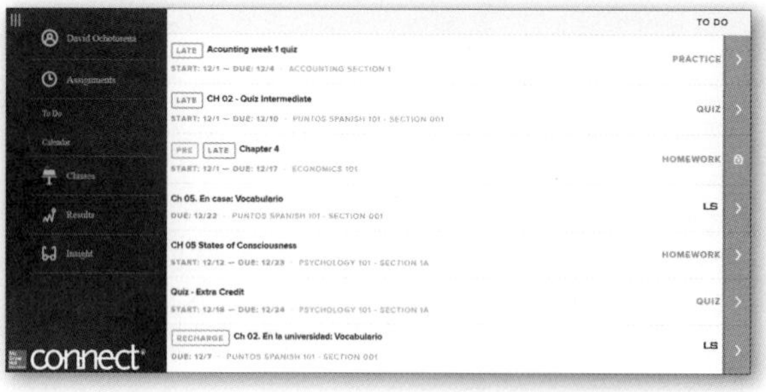

학생들은 Connect로 강의를 들을 때, 더 많은 A와 B를 취득합니다.

신뢰할 수 있는 서비스와 기술지원

- Connect는 대학 학사관리시스템(LMS)과 통합로그인(Single Sign On)으로 접속하며 성적평가도 자동으로 연동됩니다.
- Connect는 종합적인 서비스와 기술지원 그리고 솔루션 사용을 위한 각 단계에 맞는 사용법 트레이닝을 제공합니다.
- Connect 사용법에 대해 궁금하다면 주소창에 https://www.mheducation.com/highered/connect.html을 쳐보세요.

www.mheducation.com/connect

간략 차례

차례

PART 3 아날로그 전자공학

PART 4 디지털 전자공학

PART 5 전력과 기계

Principles and Applications
Electrical Engineering
전기전자공학개론 *7th Edition*

Principles and Applications of **ELECTRICAL ENGINEERING**

PART 01

회로

CIRCUITS

01

전기 회로의 기초

FUNDAMENTALS OF ELECTRIC CIRCUITS

1장에서는 이 책에서 계속 사용될 전기 회로의 해석에 필요한 기본적인 법칙들을 소개한다. 먼저 독자들이 전기 회로에 익숙해질 수 있도록 노드, 분기, 망, 루프와 같은 여러 회로 요소에 대한 기본적인 정의를 한 다음, 키르히호프의 전류 및 전압 법칙, 그리고 옴의 법칙을 소개한다. 소스 및 저항과 같은 회로 소자의 기술에 있어서 전력과 수동 부호 규약에 대해서 설명한다. 그리고 노드 전압과 망 전류 해석 기법을 학습하고, 이를 적용한 실제 응용 예제를 다루어 본다.

LO 학습 목적

1. 전기 회로의 구성 요소인 노드, 루프, 망, 분기. 1.1절
2. 전하, 전류 및 전압의 정의. 1.2절
3. 전압원, 전류원과 이들의 i-v 특성. 1.3절
4. 수동 부호 규약 및 회로 소자에 의해서 소모되거나 공급되는 전력 계산. 1.4절
5. 단순한 전기 회로에 대한 키르히호프 법칙의 적용. 1.5절
6. 옴의 법칙을 적용하여 단순 회로에서 미지의 전압과 전류 계산. 1.6절
7. 노드 전압법을 이용하여 저항 회로에서 미지의 전압과 전류 계산. 1.7절
8. 망 전류법을 이용하여 저항 회로에서 미지의 전압과 전류 계산. 1.8절
9. 노드 전압법과 망 전류법을 이용하여 종속 소스를 갖는 저항 회로에서 미지의 전압과 전류 계산. 1.9절

1.1 회로망과 회로의 특징

망(network)은 상호 연결된 물체들의 집합으로 정의된다. 예를 들어, 전기 회로망에서 회로 소자들은 전선에 의해 연결되어 있다. 또, 전기 회로는 적어도 하나의 닫힌 경로가 존재하고 전하가 흐를 수 있는 전기 망으로 정의된다. 모든 전기 회로는 망이지만, 모든 전기 망이 회로를 포함하지는 않는다. 이 책에서, 회로는 적어도 하나의 완전하며 닫힌 경로를 포함한 회로망을 의미한다.

회로에는 두 가지 중요한 요소인 전류와 전압이 있다. 회로 해석의 주 목적은 전류와 전압을 결정하기 위함이다. 일단 전류와 전압이 결정되면 전력, 효율, 응답 속도와 같은 회로의 특성을 계산할 수 있다.

회로 해석을 위한 두 가지 중요한 개념은 소스(source)와 부하(load)이다. 일반적으로 부하는 회로의 설계자 또는 사용자에게 관심 있는 소자이다. 소스는 부하에 포함되지 않는 다른 모든 것이다. 일반적으로, 소스는 에너지를 제공하고, 부하는 어떠한 목적을 위해서 그 에너지를 사용한다. 예를 들어, 그림 1.1(a)와 같이 차의 배터리에 연결된 헤드라이트의 작동 회로를 생각해 보자. 헤드라이트는 야간 운전 시에 시야를 확보해주므로 운전자에게 중요한 회로 소자일 것이다. 그림 1.1(b)에 나타낸 것처럼 헤드라이트는 부하이고, 배터리는 소스임을 알 수 있는데, 이는 전력이 소스(배터리)에서 부하(헤드라이트)로 흐르므로 직관적으로도 타당하다. 하지만 일반적으로 전력은 항상 이러한 방식으로 흐르지는 않는다. 전력에 대한 내용은 이 장의 후반부에 소개하도록 한다.

뒤에서 다시 설명하겠지만, 소스라는 용어는 가끔 혼동될 수 있다. 이상 전압원(ideal voltage source)과 이상 전류원(ideal current source)이라는 회로 소자는 잘 정의된 속성이다. 이 책에서는 혼동을 피하기 위해 이상 소스는 전압원 또는 전류원을 나타낸다.

회로 소자의 다른 주요 개념적 특징은 이상적인 전선, 노드, 분기, 루프 그리고

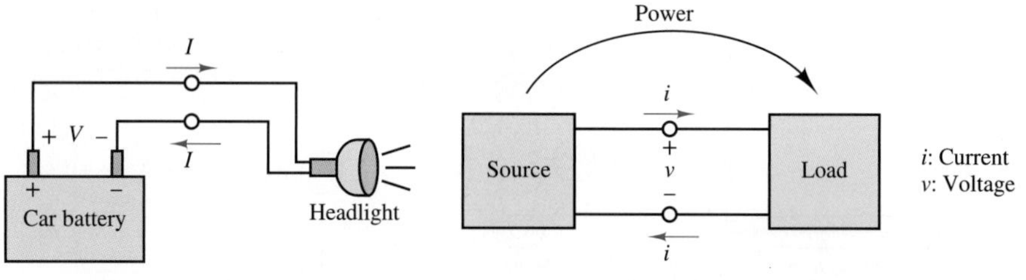

(a) Physical representation (b) Conceptual representation

그림 1.1 전기 시스템의 (a) 물리적 모델 및 (b) 일반화된 개념적인 표현. V, I, v, i에 대한 표기법은 머리말을 참조하라.

망이다. 노드의 개념은 회로도를 정확히 해석하고, 브레드보드에 시험 회로를 구성하는 데 특별히 유용하다.

많은 학생들이 회로 해석 시에 회로도의 전체 구성에 대해서 많은 어려움을 겪는데, 노드의 개념을 잘 이해하면 복잡하게 구성된 회로라 하더라도 체계적으로 단순화시킬 수 있다.

이상 전선

전기 회로도는 실제 회로를 근사적으로 나타내기 위해 사용된다. 이러한 회로는 이상 전선(ideal wire)에 의해 연결된 소자들을 포함하고 있다. 이상 전선은 전위의 손실이 없이 전하를 전도할 수 있는데, 이는 이상 전선을 통해서 전하를 이동시키는 데는 어떠한 일도 필요하지 않다는 것을 의미한다. 실제 전선도 이상 전선으로 잘 근사화될 수 있지만, 상당한 전위 손실을 초래하는 경우도 존재한다(장거리 송전선, 미세한 집적 회로). 이를 응용에서는 이상 전선의 근사는 주의하여 사용되어야 한다. 이 책에서 별도로 표시되지 않는다면, 회로의 모든 전선은 이상 전선으로 가정한다.

노드

노드(node)는 전하가 회로 소자를 지나지 않고도 노드 상의 어느 두 점 사이를 이동할 수 있도록 서로 연결된 하나 또는 그 이상의 이상 전선으로 구성되어 있다. 노드는 이상 전선으로만 구성되어 있으므로 노드 상의 모든 점은 동일한 전위(노드 전압이라고 함)를 가지며, 그 값은 회로망 내의 다른 노드들에 대해서 상대적인 값을 가진다. 하나의 노드에 다수의 이상 전선들이 연결되어 있을 수 있다.

전기 회로의 올바른 해석을 위해서는 노드의 식별 및 개수를 아는 것이 중요하다. 그림 1.2에서 노드를 표시할 수 있는 유용한 방법을 보여준다. 그림 1.2(a)에는 3개의 노드, 그림 1.2(b)에는 2개의 노드가 표시되어 있다. 그림 1.2(c)에서와 같이, 두 개 또는 그 이상의 노드를 포함하는 영역을 **수퍼노드**(supernode)라는 개념으로 나타내는 것이 편리하다.

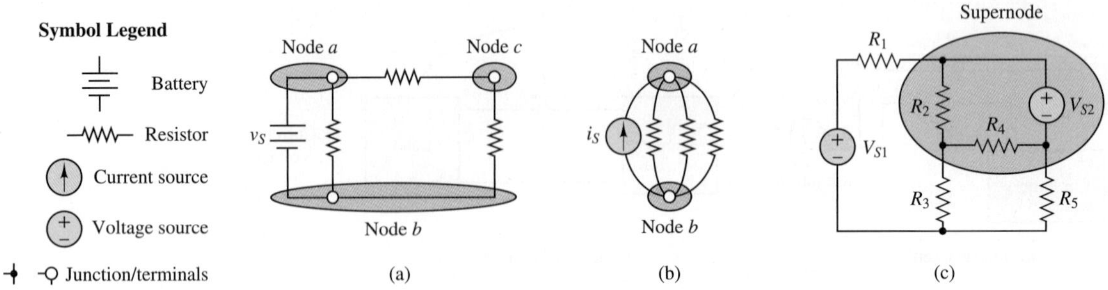

그림 1.2 회로도에서 노드 및 수퍼노드의 예시

이상 전선에서 전하의 이동 시 어떠한 일도 필요하지 않다는 사실은 중요하다. 그러므로 이상 전선의 길이와 모양은 회로의 작동에 영향을 주지 않으므로, 이러한 이상 전선들로 구성된 노드도 전선의 길이와 모양에 영향을 받지 않는다. 결과적으로, 새로 도시한 노드가 원래 노드와 같은 소자에 붙어 있다면, 어떤 방식으로 노드를 그리든지 상관없다. 회로도는 관례적으로 사각 형태의 가로 및 세로 배열로 그리지만, 노드의 개수와 위치를 명확히 파악하기 위해서는 회로도를 새로 그리는 것이 도움이 된다. 그림 1.3에서는 동일한 회로를 두 가지 다른 형태로 나타낸 것인데, 이 두 회로는 동일한 수의 노드를 가지고 있다.

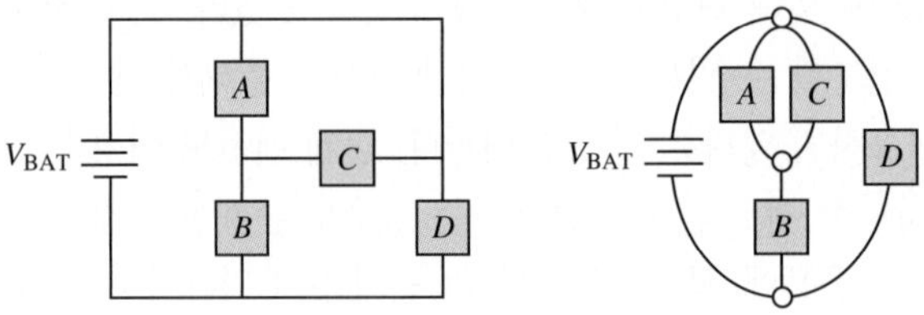

(a) Typical rectangular diagram (b) Equivalent redrawn diagram

그림 1.3 (a) 일반적인 사각 형태의 회로도, (b) 새로 그린 등가 회로도. 회로는 어떤 형태로든 새로 그릴 수 있지만, 노드의 수와 노드 사이의 회로 소자가 변하지 않는 한, 회로의 특성 역시 변하지 않는다.

전압을 포함한 모든 형태의 전위(potential)는 상대적인 값이라는 사실을 기억해야 한다. 그러므로 소자 양단에서의 전압을 나타내는 것이 일반적이다. 회로도에서는 한 쌍을 이루는 +, − 기호를 이용하여 전압의 가정된 극성을 표시한다. 즉, + 기호는 − 기호보다 전위가 높다고 가정하지만, 실제로는 그렇지 않을 수 있음에 유의한다.

때로는 기준 노드(reference node)를 선택하는 것이 편리한데, 회로상의 어떤 노드라도 기준 노드로 선정될 수 있다. 그러면 다른 모든 노드 전압은 이 기준 노드에 대하여 결정된다. 기준 노드의 값은 자유롭게 설정할 수 있지만, 단순화를 위해 기준 노드의 전압은 주로 0으로 설정한다. 기준 노드를 잘 선택하면 회로 해석이 쉬워지는데, 경험상 다수의 소자와 연결된 노드를 선택하는 것이 좋다.

기준 노드는 그림 1.4(a)와 같은 기호로 나타낸다. 이 기호는 대지 접지(earth

ground)를 나타내는 기호로 사용되기도 한다. 복잡한 회로에서는 기준 노드 기호가 빈번하게 사용되지만, 회로당 단 하나의 기준 노드만이 존재한다. 따라서 기준 노드 기호가 여러 개 존재한다면, 이들 기준 노드는 이상 전선에 의해서 서로 연결되어 있다고 생각하면 되는데, 회로도를 단순화하기 위하여 이들 기준 노드의 연결하는 이상 전선을 생략한 것이다. 이는 그림 1.4(b)와 1.4(c)에서 확인할 수 있다.

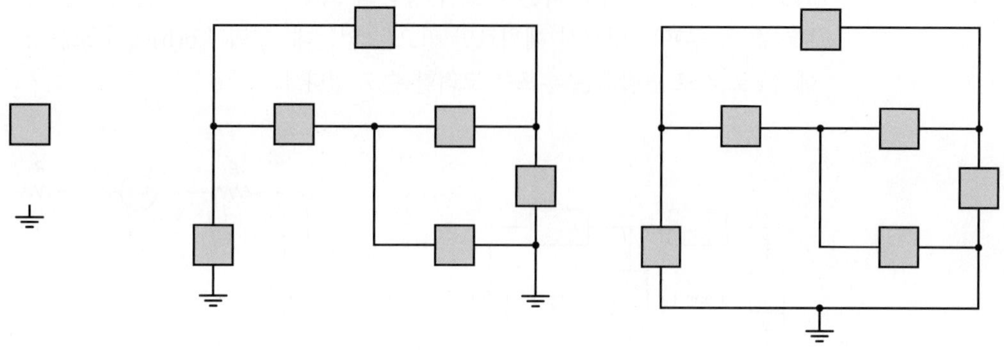

(a) Generic element and reference node symbol (b) Circuit with two reference node symbol (c) Equivalent circuit

그림 1.4 기준 노드는 회로상에 유일하게 하나만 존재할 수 있다. 그러나 기준 노드를 연결하는 전선을 생략하기 위해서, 기준 노드의 기호는 회로상에 여러 번 나타날 수 있다. 즉, 기준 노드 표시가 있는 노드는 모두 하나의 이상 전선으로 연결되어 있다.

> 동일한 두 노드 사이에 있는 소자는 병렬 연결되었다고 한다.

분기

분기(branch)는 전선과 소자로 구성된 단일한 전기 통로이다. 그림 1.5에서 보듯이, 분기는 하나 또는 그 이상의 회로 소자로 구성될 수 있다. 분기상의 한 소자에 흐르는 전류는 그 분기상의 다른 소자에 흐르는 전류와 동일하며, 이 전류를 분기 전류(branch current)라 한다.

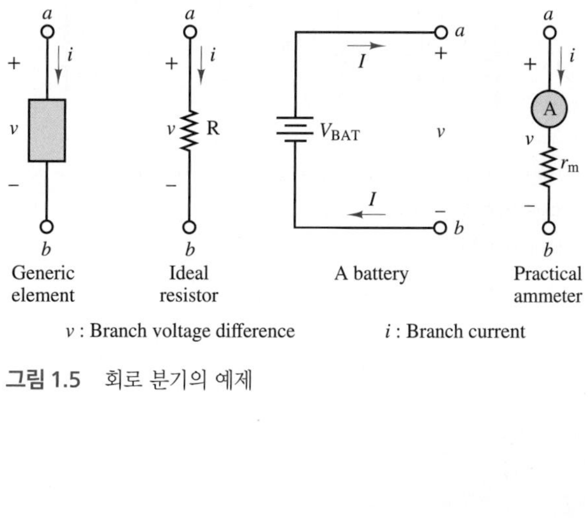

그림 1.5 회로 분기의 예제

동일한 분기에 배열된 소자들은 직렬 연결되었다고 한다.

루프

루프(loop)는 물리적 또는 개념적으로 닫힌 경로를 의미한다. 그림 1.6(a)은 동일한 회로에서 두 개의 서로 다른 루프가 공통의 회로 소자와 분기를 공유할 수 있음을 보여준다. 루프는 반드시 폐회로일 필요는 없는데, 그림 1.6(b)에서 보듯이, 노드 *a*에서 *c*로 바로 연결되는 루프를 고려할 수도 있다.

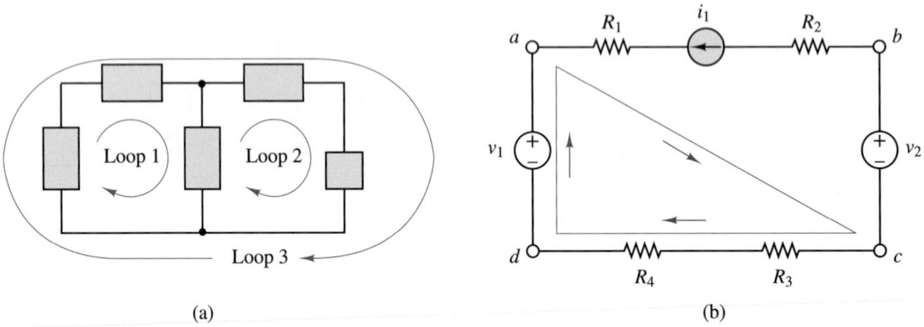

그림 1.6 루프의 예시. 각 회로에는 몇 개의 노드가 있는가?
[Answers: (a) 4; (b) 7]

망

망(mesh)은 다른 루프를 포함하지 않는 단일한 폐회로이다. 그림 1.6(a)에서 루프 1과 2는 망이지만, 루프 3은 루프 1과 2를 포함하므로 망이 아니다. 그림 1.6(b)의 회로는 하나의 망을 가진다. 그림 1.7에서 망을 시각화하는 것이 매우 쉽다는 것을 보여준다.

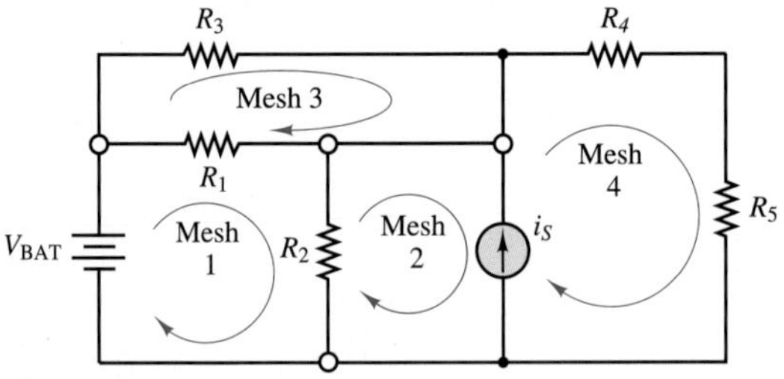

그림 1.7 4개의 망을 갖는 회로. 이 회로에는 몇 개의 서로 다른 폐회로가 있는가?
[Answer:14]

예제 1.1

문제

그림 1.8의 회로에서 분기 및 노드 전압과 루프 및 망 전류를 구하라.

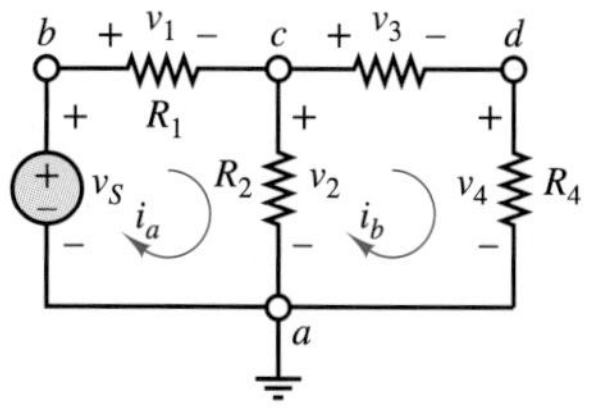

그림 1.8

풀이

다음과 같이 노드 전압과 분기 전압을 구할 수 있다.

Node voltages	Branch voltages	Relationship
$v_a = 0$ (reference)		
v_b	v_S	$v_S = v_b - v_a$
	v_1	$v_1 = v_b - v_c$
v_c	v_2	$v_2 = v_c - v_a$
	v_3	$v_3 = v_c - v_d$
v_d	v_4	$v_4 = v_d - v_a$

참조: 전류 i_a와 i_b는 망 전류이다.

예제 1.2

회로망에서 노드 개수 구하기

문제

주어진 4개의 회로망에서 각각 노드 개수를 구하라.

풀이

기지: 전선, 소자

미지: 각 회로도의 노드 개수

주어진 데이터 및 그림: 그림 1.9에 포함된 4개의 소자: 저항 2개, 이상 전압원 2개(종속 전압원 1개, 독립 전압원 1개). 그림 1.10에 포함된 5개의 소자: 저항 4개, 독립된 이상 전류원 1개. 그림 1.11에 포함된 5개의 소자: 저항 4개, 연산 증폭기 1개. 그림 1.12에 포함된 3개의 소자: 헤드램프 2개, 12 V 배터리 1개.

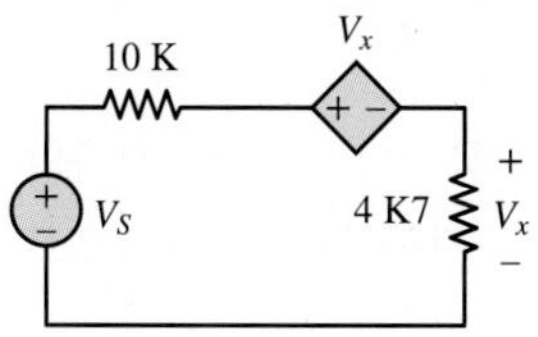

그림 1.9

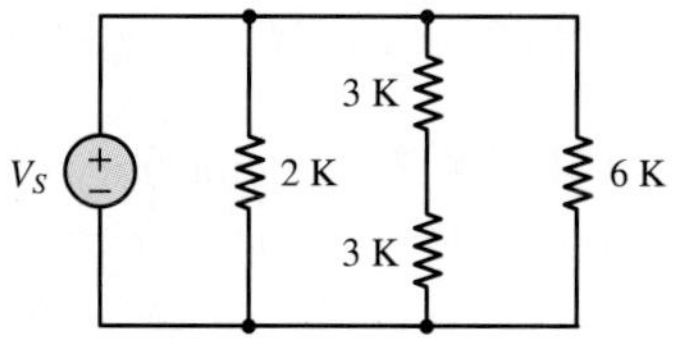

그림 1.10

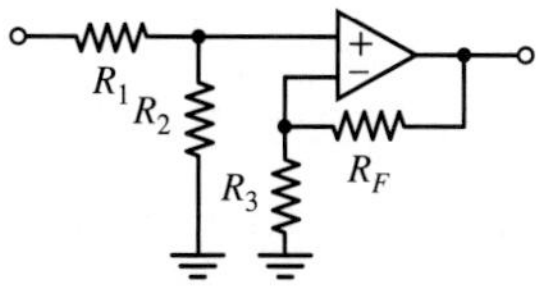

그림 1.11

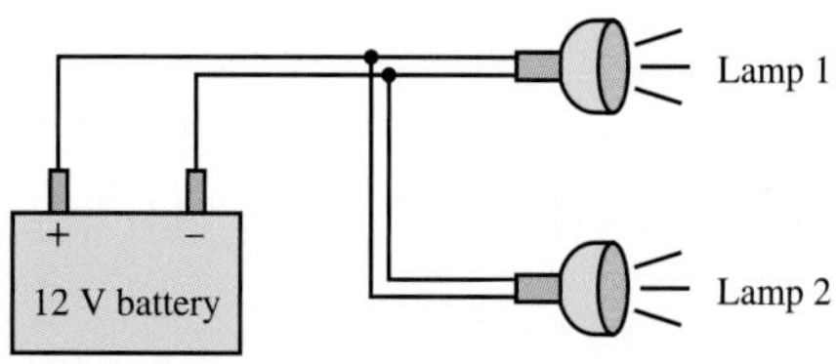

그림 1.12

가정: 모든 전선은 이상 전선이다.

해석: 그림 1.9에서, 4개의 소자는 단일 루프 상에 존재한다. 각 소자와 소자 사이에 1개의 노드가 존재하므로 총 노드 개수는 4개이다.

그림 1.10에서, 회로도의 상단과 하단에 하나씩의 노드가 있고, 두 3 kΩ의 저항 사이에 1개의 노드가 있으므로, 총 3개의 노드가 존재한다.

그림 1.11에서, R_1의 좌측에 1개의 노드가 있고, 연산 증폭기와 R_F의 우측에 1개의 노드가 있다. 3번째 노드는 R_1, R_2 그리고 연산 증폭기의 + 단자(비반전 단자) 사이에 존재한다. 4번째 노드는 R_3, R_F 그리고 연산 증폭기의 – 단자(반전 단자) 사이에 존재한다. 마지막 5번째 노드는 기준 노드로 R_2와 R_3 사이에 존재한다. 따라서 총 노드 개수는 5개이다.

그림 1.12에서, 1개의 노드는 배터리의 + 단자와 두 개의 헤드램프 사이에 존재한다. 다른 1개의 노드는 배터리의 – 단자와 두 개의 헤드램프 사이에 존재한다. 따라서 총 노드 개수는 2개이다.

참조: 회로망에서 노드를 식별하고 노드의 개수를 구하는 데 소자에 대한 지식은 필요 없다.

1.2 전하, 전류 및 전압

Charles Coulomb (1736–1806). (*INTERFOTO/Personalities/ Alamy Stock Photo*)

전기에 대한 초기의 관심은, 호박(amber) 조각의 정전하(static charge)가 깃털과 같은 가벼운 물체를 끌어당길 수 있다는 것을 발견한 약 2,500년 전으로 거슬러 올라간다. 전기의 어원 자체는 서기 600년 전에 생겼는데, 고대 그리스어로 호박이라는 뜻을 갖는 elektron에서 유래되었다. 그러나 전기의 진짜 성질은 한참 후까지도 이해되지 못하였다. Alessandro Volta의 업적과 그의 발명품인 구리–아연 배터리의 발명 후에, 정전기와 배터리에 연결된 금속선에 흐르는 전류가 근본적으로 같은 구조(양자와 중성자를 포함한 핵과 그 주위에 전자들로 구성되어 있는 물질의 원자 구조)에 기인한다는 것을 알게 되었다.

전하의 단위는 **coulomb (C)**인데, 이는 Charles Coulomb의 이름에서 유래하였다. 전류의 단위는 ampere (A)인데, 이는 프랑스 과학자인 Andre-Marie Ampere의 이름에서 유래하였다.

기본 전기량은 **전하**(charge)이다. 전자(electron)와 양자(proton)가 각각 극성이 반대인 한 단위의 전하를 띠고 있다. 관례에 의해서 전자는 음의 전하를 갖는다.

$$q_e = -1.602 \times 10^{-19}\,\text{C} \qquad q_p = +1.602 \times 10^{-19}\,\text{C} \tag{1.1}$$

전자와 양자는 흔히 **기본 전하**(elementary charge)라고 불린다. 하나의 전자와 관련된 전하의 양은 매우 작지만, 일반적인 전류는 많은 수의 전하 입자의 흐름으로 구성되어 있으므로 coulomb 단위로 나타낼 수 있다.

전류

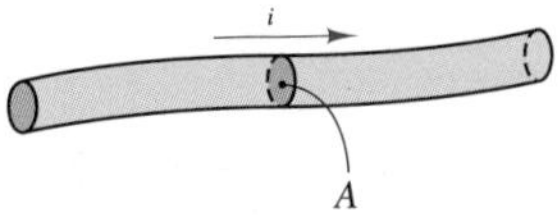

그림 1.13 전기 도체에서의 전류는 단면적 A를 흐르는 단위 시간당 전하량으로 정의된다.

전류(current)는 단위 시간에 어떤 단면을 지나가는 전하량으로 정의된다. 그림 1.13는 도체에서의 전하의 흐름을 미시적인 관점에서 설명하고 있는데, 시간 Δt 동안 전하량 Δq가 단면 A를 통과한다고 가정한다. 그 결과로 흐르는 전류 i는 다음과 같이 주어진다.

$$i \equiv \frac{\Delta q}{\Delta t} \quad \frac{\text{C}}{\text{s}} \tag{1.2}$$

전류 i와 관련된 화살표 기호는 전류가 흐른다고 가정된 방향을 나타낸다. i에 대한 음의 전류는 가정된 방향과 반대로 전류가 흐름을 표시한다. 많은 수의 개별 전하들이 매우 짧은 순간에 A를 통과하므로, 전류 i는 미분 형태로 나타낼 수 있다.

$$i \equiv \frac{dq}{dt} \quad \frac{\text{C}}{\text{s}} \tag{1.3}$$

전류의 단위는 **암페어**(ampere, A)라고 하며, 여기서 1 A = 1 C/s이다. 전기공학의 규약에 의해 전류의 양의 방향은 양전하가 흐르는 방향이라 규정한다. 그러나 혼동하기 쉬운 점은 금속성 도체에서 이동하는 전하 운반자는 실은 금속의 전도대(conduction band)에 있는 전자라는 점이다. 전자가 특정 방향으로 이동하면 전류의 방향은 전자가 이동하는 방향과 반대라고 생각하면 된다. 다시 말해서, 양의 전류라는 양전하의 상대적인 흐름을 나타내는 데 사용된다.

전압

회로상의 두 노드 간에 전하를 움직이기 위해서는 일이 필요하다. 단위 전하당 총 일은 **전압**(voltage)으로 정의된다. 그러므로 전압의 단위는 단위 전하당 에너지에 해당하는데, Alessandro Volta를 추모하는 의미에서 **볼트**(volt)라고 부른다.

$$1\text{ volt (V)} = 1\frac{\text{joule (J)}}{\text{coulomb (C)}}$$

회로에서 두 점 사이의 전압 또는 **전위차**(potential difference)는 한 점에서 다른 점으로 전하를 이동시키는 데 필요한 에너지를 나타낸다. 전압의 극성은 전하의 이동 과정에서 에너지가 소모되느냐 또는 발생되느냐와 밀접하게 연관되어 있다.

전위차라는 단어는 전압의 동의어로 적절한데, 이는 전압이 회로에서 두 노드 간에 단위 전하당 전기적 위치 에너지, 즉 전위 에너지(potential energy)이기 때문이다. 만약 그림 1.14에서 전구가 회로에서 분리되더라도, 전압 v_{ab}는 여전히 배터리 단자 양단에 존재한다. 이 전압은 양이온을 음이온으로부터 분리하기 위해서 배터리에 가해지는 일을 나타낸다. 분리된 이온과 연관된 전위 에너지는 배터리 단자에 연결된 외부 소자에 일을 하는 데 이용될 수 있다. 이러한 일은 소자를 통해서 높은 전위에서 낮은 전위로 흐르는 양전하로 표현된다. 그러므로 배터리는 연결된 소자에 에너지를 공급할 수 있으며, 마찬가지로 연결된 소자는 배터리의 에너지를 소모하거나 소실시킬 수 있다.

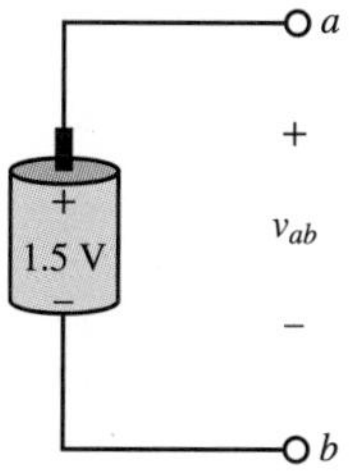

그림 1.14 배터리의 개방 단자 양단에 인가된 전압 v_{ab}는 폐회로가 형성되면 단자 a에서 b로 전하를 이동시키는 데 이용하는 전위 에너지를 나타낸다.

기준 노드와 접지

대지 접지는 보통 회로상에서 명확히 구별할 수 있는 부분에 설정한다. 가정용 전기 회로는 대지에 묻혀 있는 수도관과 같은 큰 전도체를 통해서 대지 접지와 연결된다.

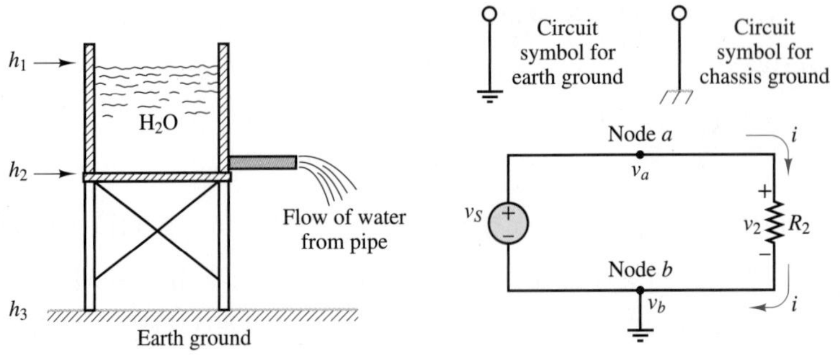

그림 1.15 물의 유동과 전류 사이의 유사성

만약 회로도에 대지 접지가 존재한다면, 이를 기준 노드로 선택하는 것이 바람직한데, 이는 대지는 많은 양의 전하를 저장하고 배분할 수 있는 능력을 가지므로 대지의 전위가 비교적 안정적이며 균일하기 때문이다. 대지 접지가 존재하지 않는 회로에서는, 금속 케이스 또는 장치의 섀시 등과 같은 비교적 큰 도체가 안정된 접지 노드의 역할을 할 수 있다.

일반적으로 대지 접지의 기준 전압을 0 V로 설정하는 것이 편리하다. 전위는 유체의 유동 현상과 간단히 비교하여 설명할 수 있다. 그림 1.15와 같이, 지면 위 어떤 높이에 위치해 있는 물탱크를 고려하자. 중력에 의한 단위 질량당 위치 에너지의 차이인 $u_{12} = g(h_1 - h_2)$는 단위 전하당 전위 에너지 차이인 $v_a - v_b$와 완전히 유사하다. 이제 지면에서 높이 h_3를 위치 에너지가 0인 기준으로 선택하였다고 가정하자. 이 선택에 의해서 파이프에서의 물의 유동에 변화가 있는가? 물론 아니다. 파이프에서의 물의 유동은 받침대의 높이 $h_2 - h_3$에 의존하는가? 이 또한 아니다. 물탱크의 수두(head)인 $h_1 - h_2$를 다음과 같이 $(h_1 - h_3) - (h_2 - h_3)$로 다시 나타내면, 위의 질문에 대한 답을 설명할 수 있다.

$$u_{12} = g(h_1 - h_2) = [g(h_1 - h_3)] - [g(h_2 - h_3)] = u_{13} - u_{23}$$

u_{13}와 u_{23}의 값이 각각은 h_3에 의존하더라도, 이들의 차이인 u_{12}는 h_3에 의존하지 않는다. 물탱크 문제에서 중요한 것은 바로 위치 에너지의 차이이다. 이는 전기 회로에서도 마찬가지이다. 소자에 걸리는 전압은 기준 노드의 선택에는 의존하지 않으며, 기준 노드에 할당된 임의의 전압에도 의존하지 않는다.

또 다른 경우로 비행기에서 뛰어내려 지면으로 스카이다이빙을 하는 사람을 예로 들 수 있다(그림 1.16 참조). 스카이다이빙을 하는 사람의 정량적인 위치 에너지 $U = mg\Delta h = mg(h - h_0)$를 계산하기 위해서는, 우선 기준 높이 h_0를 정해야 한다. 이때, h는 스카이다이빙을 하는 사람의 위치를 의미한다. 하나의 예로, 비행기의 높이를 기준 h_0로 설정함으로써 위치 에너지 U를 음의 에너지로 계산할 수 있다. 그러나 사실 비행기를 기준 높이로 설정하는 것은 그다지 좋은 방법은 아니다. 이 경우, 지구의 지면을 위치 에너지의 기준 높이로 설정하는 것이 스카이다이빙을 하는 사람의 관점에서 더 유용할 수 있다. 스카이다이빙을 하는 사람은 자신의 초기 위치 에너지를 알고 있고, 안정적인 착륙은 지면과의 충돌이 아닌 오직 공기 분자와의 최대한의 충돌을 통해 초기의 위치 에너지가 얼마나 소실되는지에 달려 있다. 스카이

그림 1.16 스카이다이버는 자신의 운명은 기준 높이의 설정과는 상관없다는 점을 잘 알고 있다.

다이빙을 하는 사람은 자신의 운명이 기준 높이 설정과는 상관없다는 점을 알고 있지만, 적어도 어떤 기준은 다른 기준보다는 더 유용한 의미를 가질 수 있다.

도체에서의 전하와 전류

예제 1.3

문제

원통형 도체(전선)에서의 총 전하량을 구하고, 전선에 흐르는 전류를 계산하라.

풀이

기지: 도체의 치수, 전하 밀도, 전하 운반자(charge carrier)의 속도

미지: 운반자의 총 전하량 Q, 전선에서의 전류 I

주어진 데이터 및 그림:

도체 길이: $L = 1$ m

도체의 직경: $2r = 2 \times 10^{-3}$ m

전하 밀도: $n = 10^{29}$ carriers/m^3

전자의 전하량: $q_e = -1.602 \times 10^{-19}$

전하 운반자의 속도: $u = 19.9 \times 10^{-6}$ m/s

가정: 없음

해석: 도체에서의 총 전하량을 구하기 위해서, 먼저 도체의 체적을 계산하여야 한다.

체적 = 길이 × 단면적

$$\text{Vol} = L \times \pi r^2 = (1 \text{ m})\left[\pi\left(\frac{2 \times 10^{-3}}{2}\right)^2 \text{m}^2\right] = \pi \times 10^{-6} \text{ m}^3$$

이번에는, 도체에서 전하 운반자(즉, 전자)의 수와 전하량을 계산한다.

운반자의 수 = 체적 × 운반자의 밀도

$$N = \text{Vol} \times n = (\pi \times 10^{-6} \text{ m}^3)\left(10^{29} \frac{\text{carriers}}{\text{m}^3}\right) = \pi \times 10^{23} \text{ carriers}$$

전하 = 운반자의 수 × 전하/운반자

$$Q = N \times q_e = (\pi \times 10^{23} \text{ carriers}) \times \left(-1.602 \times 10^{-19} \frac{\text{C}}{\text{carrier}}\right) = -50.33 \times 10^3 \text{ C}$$

전류를 계산하기 위해서는 전하 운반자의 속도와 도체의 단위 길이당 전하 밀도를 고려하여야 한다.

전류 = 단위 길이당 전하 밀도 × 운반자의 속도

$$I = \left(\frac{Q}{L} \ \frac{\text{C}}{\text{m}}\right) \times \left(u \ \frac{\text{m}}{\text{s}}\right) = \left(-50.33 \times 10^3 \frac{\text{C}}{\text{m}}\right)\left(19.9 \times 10^{-6} \frac{\text{m}}{\text{s}}\right) = -1 \text{ A}$$

참조: 전하 운반자의 밀도는 재료 특성의 함수이며, 운반자 속도는 가해진 전기장의 함수이다.

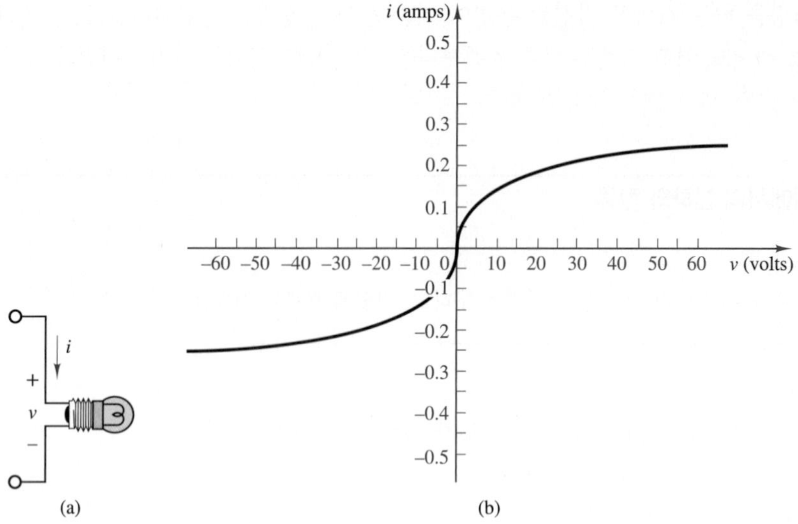

그림 1.17 (a) 백열등의 *i-v* 특성의 측정하는 방법, (b) 전구의 *i-v* 선도

1.3 *i-v* 특성과 소스

어떤 회로 소자에 대해서 *i-v* 선도를 생성하는 것이 가능하다. 특정한 소자에 대한 *i*와 *v* 사이의 함수 관계는 매우 복잡하며, 쉽게 $i = f(v)$와 같은 폐형식으로 표현하기 어려운 경우가 많다. 그러나 대부분의 회로 소자에 대한 ***i-v* 특성**은 알려져 있거나 실험적으로 구할 수 있다.

예를 들어, 그림 1.17(a)의 텅스텐 필라멘트를 갖는 백열등을 고려하자. 이 전구의 *i-v* 특성은, 미리 정해진 범위에 걸쳐서 전압을 가변하면서 각 전압에 대한 전류를 기록함으로써 구할 수 있으며, 그 결과는 그림 1.17(b)와 같다. 전구에 양의 전압이 걸리면 전구를 통해서 양의 전류가 흐르고, 반대로 음의 전압이 걸리면 음의 전류가 흐른다. 두 경우 모두 높은 전위에서 낮은 전위로 전하가 흐르는데, 전구에서 빛과 열에 의해서 에너지가 소모된다.

이상 소스(ideal source)의 *i-v* 특성은 쉽게 시각적으로 나타낼 수 있다. 이상 소스는 소스 자신의 거동에 영향 없이 어떠한 양의 에너지라도 공급할 수 있다. 이상 소스는 이상 전압원과 이상 전류원으로 분류된다.

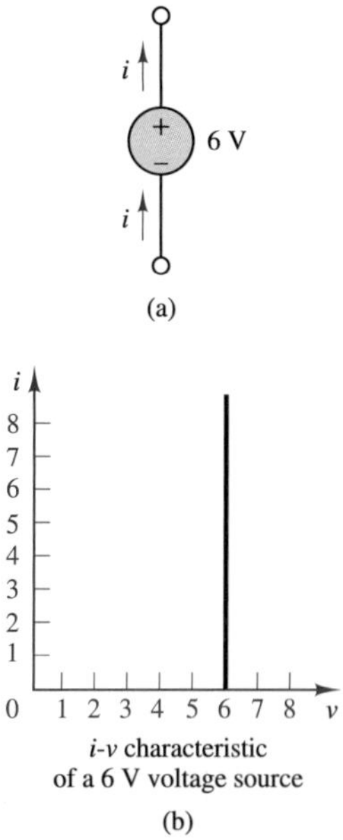

그림 1.18 (a) 이상 전압원, (b) 전압원이 전하의 흐름에 에너지를 공급하고 있음을 나타내는 전형적인 *i-v* 특성

이상 전압원

이상 전압원(ideal voltage source)은 자신에 흐르는 전류에 관계없이 단자 양단에 규정된 전압을 공급해 줄 수 있는 회로 소자이다. 그림 1.18(a)는 이상 전압원의 회로 기호이다. 이상 전압원에서는 전류가 낮은 전위에서 높은 전위로 흐른다. 다시 말해서, 전압원은 흐르는 전하에 에너지를 공급하여 준다.

그림 1.18(b)는 이상 전압원의 전형적인 *i-v* 특성을 보여준다. 전압원에 의해서 공급되는 전류는 전압원에 연결되어 있는 회로에 의해서 결정된다. 이상 전압원

은 어떤 경우에도 전압원의 – 단자와 + 단자에 규정된 전압을 보장하여 준다는 점이 중요하다. 여기서 +와 – 단자의 극성은 어떤 0 V 기준과 비교하여 양과 음의 전압을 각각 나타내는 것은 아니라는 점에 유의한다. 즉, 두 단자의 전압은 모두 양일 수도 음일 수도 있다.

> 이상 전압원은 자신에 흐르는 전류에 관계없이 규정된 전압이 단자에 걸리도록 공급한다. 전압원에 의해 공급되는 전류의 양은 전압원과 연결된 회로에 의해 결정된다.

여러 종류의 배터리, 전원 공급기, 함수 발생기(function generator) 등은 적절한 환경에서 사용된다면 이상 전압원의 거동을 근사적으로 따른다. 그러나 모든 실제 장치들은 전압원에 걸리는 규정된 전압을 유지하면서 무한정 전류를 공급할 수는 없다. 이러한 거동은 12 V 자동차 배터리에서 볼 수 있다. 디지털 전압계를 이용하여 여러 전기장치들이 켜지고 꺼질 때 배터리의 전압을 관찰할 수 있다. 파워 윈도우가 동작할 때는 배터리의 전압이 거의 변하지 않지만, 차에 시동을 걸 때는 배터리 전압이 짧은 순간 동안 급격히 저하되는 것을 볼 수 있다.

그림 1.19는 이 책 전반에 걸쳐 사용되는 여러 전압원의 기호를 나타내고 있다. 이상 전압원의 출력 전압은 시간의 함수로 표현되기도 한다. 별다른 언급이 없으면, 이 책에서는 다음과 같은 기호를 사용할 것이다. 일반적인 전압원은 소문자 v로 표시하고, 만약 전압원의 전압이 시간에 따라 변한다는 점을 강조할 필요가 있을 때에는 $v(t)$로 나타낸다. 마지막으로, 일정한 크기의 전압(DC voltage)을 발생하는 전압원은 대문자 V로 표시한다.

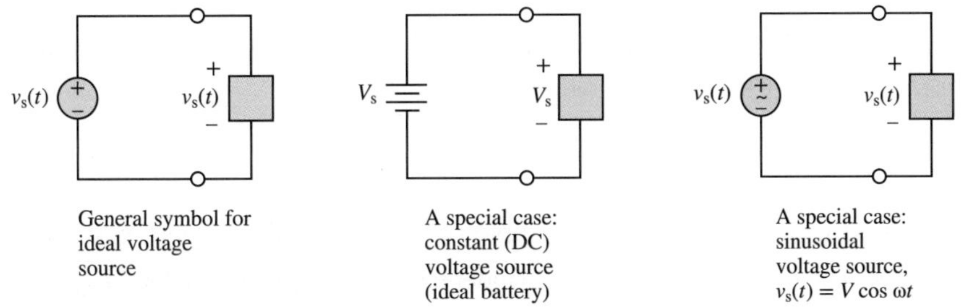

그림 1.19 3개의 일반적인 전압원

이상 전류원

이상 전류원(ideal current source)은 자신의 단자에 걸리는 전압에 관계없이 규정된 전류를 공급해줄 수 있는 회로 소자이다. 그림 1.20(a)는 이상 전류원의 회로 기호이다. 이상 전류원에서는 전류가 낮은 전위에서 높은 전위로 흐른다. 다시 말해서, 전류원은 흐르는 전하에 에너지를 공급하여 준다.

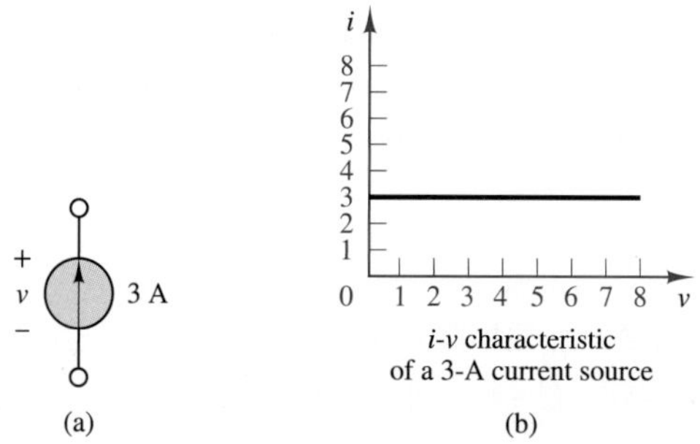

그림 1.20 (a) 이상 전류원, (b) 전류원이 전하의 흐름에 에너지를 공급하고 있음을 나타내는 전형적인 *i*-*v* 특성

그림 1.20(b)는 이상 전류원의 전형적인 *i*-*v* 특성을 보여준다. 전류원에 걸리는 전압은 전류원에 연결되어 있는 회로에 의해서 결정된다. 이상 전류원은 어떤 경우에도 전류원의 − 단자로 들어가는 전류가 + 단자를 떠나는 전류와 동일하면 규정된 전류를 보장하여 준다는 점이 중요하다. 여기서 +와 − 단자의 극성은 어떤 0 V 기준과 비교하여 양과 음의 전압을 각각 나타내는 것은 아니라는 점에 유의한다. 즉, 두 단자의 전압은 모두 양일 수도 음일 수도 있다.

> 이상 전류원은 자신에 걸리는 전압에 관계없이 규정된 전류가 단자에 흐르도록 공급한다. 전류원에 걸리는 전압의 크기는 전류원과 연결된 회로에 의해 결정된다.

이상 전류원의 거동을 따르는 실제 장치는 이상 전압원처럼 보편적이지 않다. 그러나 단자에 부착된 회로의 입력 저항에 비해서 큰 출력 저항과 직렬 연결된 이상 전압원은 거의 일정한 전류를 제공하므로, 이상 전류원과 유사하다. 배터리 충전기는 이상 전류원의 근사적인 예이다.

종속 소스

지금까지 설명된 소스들은 회로 내의 다른 소자와는 관계없이 규정된 전압 또는 전류를 발생시킬 수 있으므로 독립 소스(independent source)라고 한다. 그러나 소스의 출력(전압 또는 전류)이 회로 내의 다른 전압 또는 전류의 함수인 또 다른 범주의 소스가 존재하는데, 이를 **종속 소스**(dependent source 또는 controlled source)라고 한다. 종속 소스를 표현하기 위해서는 독립 소스와 구별하기 위해 다이아몬드 형태의 기호를 사용한다. 종속 소스를 표현하는 데 전형적으로 사용되는 기호들을 그림 1.21에 나타내었다. 그림의 표는 소스 전압 v_S 또는 소스 전류 i_S와 회로 내의 전압 v_x 또는 전류 i_x 사이의 관계를 설명하고 있는데, 여기서 전류나 전압은 회로 내의 어떠한 전류나 전압도 해당될 수 있다.

종속 소스는 트랜지스터와 같은 전자 회로를 설명할 때 매우 유용하게 사용된다.

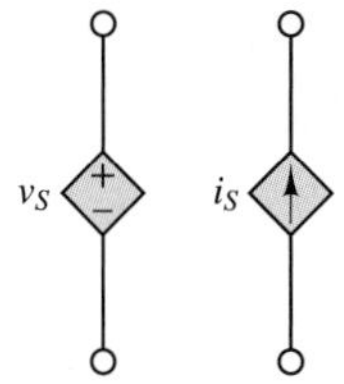

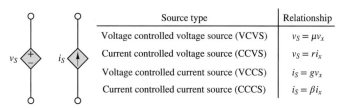

Source type	Relationship
Voltage controlled voltage source (VCVS)	$v_S = \mu v_x$
Current controlled voltage source (CCVS)	$v_S = r i_x$
Voltage controlled current source (VCCS)	$i_S = g v_x$
Current controlled current source (CCCS)	$i_S = \beta i_x$

그림 1.21 종속 소스에 대한 기호

1.4 전력과 수동 부호 규약

회로 소자에서 공급되거나 소모되는 전력은 다음과 같이 표현된다.

$$\text{전력} = \frac{\text{일}}{\text{시간}} = \frac{\text{일}}{\text{전하}}\,\frac{\text{전하}}{\text{시간}} = \text{전압} \times \text{전류} \tag{1.4}$$

그러므로

> 전력 *P*는 소자에 걸리는 전압과 소자에 흐르는 전류의 곱이다.

$$\boxed{P = vi} \tag{1.5}$$

따라서 전압의 단위(joule/coulomb)와 전류의 단위(coulomb/second)의 곱이 전력의 단위(joule/second 또는 watt)임을 쉽게 알 수 있다.

회로 소자와 연관된 전력은 양 또는 음의 부호를 가진다. 양의 전력은 흐르는 전하로부터 회로 소자로 에너지가 전달되는 반면에, 음의 전력은 회로 소자로부터 흐르는 전하로 에너지가 전달된다. 그림 1.22(a)에서 전하는 낮은 전위에서 높은 전위로 이동하는데, 이와 같이 전위가 높아짐에 따라서 소자 *A*가 흐르는 전하에 일을 수행하게 되며, 이 일을 하는 속도가 바로 전력에 해당한다. 이 경우는 소자가 전하에 에너지를 공급하므로, 음의 전력이 된다. 반면에, 그림 1.22(b)에서 전하는 높은 전위에서 낮은 전위로 흐르는데, 이와 같이 전위가 낮아짐에 따라서 흐르는 전하가 소자 *B*에 일을 수행하게 되며, 이 일을 하는 속도가 바로 전력이다. 이 경우는 소자에 의해서 에너지가 소모되거나 저장되므로 양의 전력이 된다.

> 수동 부호 규약(passive sign convention)에서는 전류는 높은 전위에서 낮은 전위로 흐른다. 즉, 흐르는 전하에 의해서 방출된 에너지가 회로 소자에 의해서 소모되거나 저장된다. 흐르는 전하로부터 소자로 에너지가 전달되는 속도가 양의 전력이 된다.

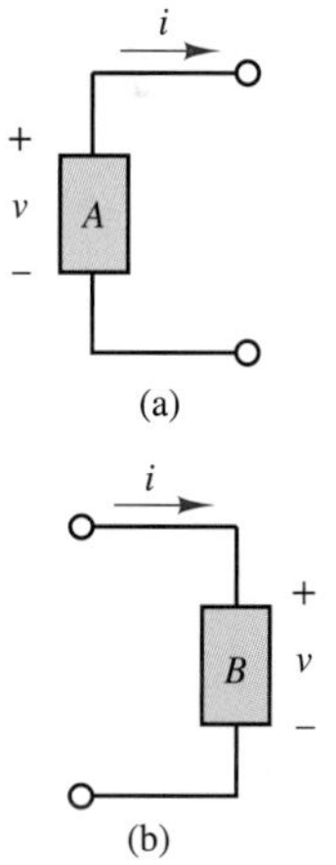

그림 1.22 i와 v가 양수라고 가정하면, (a) 에너지가 소자 *A*에 의해서 공급되거나 (b) 에너지가 소자 *B*에 의해서 소모된다.

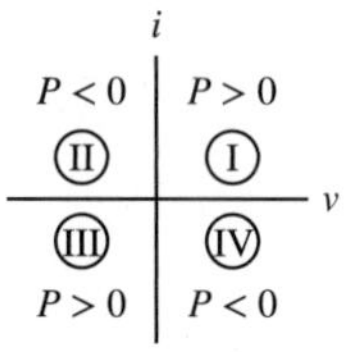

그림 1.23 수동 부호 규약의 준수 시에 *i-v* 선도의 4개 상한

그림 1.23은 *i-v* 선도의 4개 상한을 보여주는데, *i*와 *v*는 수동 부호 규약을 따른다고 가정한다. 전력은 1상한과 3상한에서는 양이고, 2상한과 4상한에서는 음이다. 그림 1.17(b)에서의 전형적인 백열등의 *i-v* 선도 전력이 항상 양이라는 점을 보여준다. 다시 말해서, 전구는 항상 에너지를 소모한다.

수동 소자(passive element)는 외부 에너지의 도움 없이도 활성화되는 소자로 정의된다. 일반적인 수동 소자로는 저항, 커패시터, 인덕터, 다이오드 및 전기 모터 등이 있다. 수동 소자는 저항과 같이 에너지를 발산하거나, 커패시터와 인덕터와 같이 에너지를 저장하고 방출할 수 있다.

능동 소자(active element)는 외부 에너지가 있어야만 활성화되거나 기능을 수행할 수 있는 소자이다. 일반적인 능동 소자로는 트랜지스터, 증폭기, 전압원 및 전류원 등이 있다. 한편, 수동 또는 능동 소자로 동작할 수 있는 전자 소자도 있다. 예를 들어, 광다이오드는 광센서(수동 소자) 또는 솔라셀(능동 소다)로 동작할 수 있다.

전기공학 단체에서는 수동 부호 규약을 채택하였다. 이 책에서도 옴의 법칙과 같이 소자를 구성하는 법칙은 이 규약에 기초한다. 회로 문제를 풀 때, 미지의 전류의 방향이나 미지의 전압의 극성을 가정할 때가 자주 있는데, 이때도 수동 부호 규약을 따르기만 하면, 실제 전류의 방향이나 전압의 극성에 대해서 예측할 필요는 없다. 만일, 전류의 방향이나 전압의 극성이 잘못 가정되었다면, 이들 전류나 전압의 음의 값을 가지게 되므로, 정확한 전류의 방향이나 전압의 극성을 쉽게 알 수 있다.

방법 및 절차
FOCUS ON PROBLEM SOLVING

수동 부호 규약

1. 각 수동 소자에 흐르는 전류를 설정하되, 전류의 방향을 임의로 선택한다.
2. 각 수동 소자에 걸리는 전압을 설정하되, 전류가 높은 전위에서 낮은 전위로 흐르도록 전압의 극성을 부여한다. 즉, 전류는 + 단자로 들어가거나 – 단자로부터 나온다.
3. 각 수동 소자와 연관된 전력은 vi이다. 양의 전력은 소자가 에너지를 소모하거나 저장하는 것을 의미한다.

예제 1.4 수동 부호 규약의 활용

문제

그림 1.24의 회로에 수동 부호 규약을 적용하여 전압과 망 전류를 구하라.

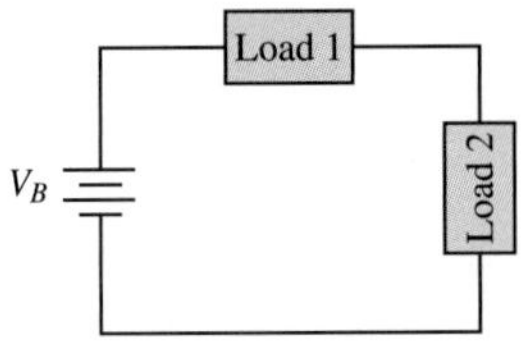

그림 1.24

풀이

기지: 배터리 전압 및 소자 1과 2에 의해서 소모된 전력

미지: 망 전류 및 각 부하에 걸리는 전압

주어진 데이터 및 그림: 그림 1.25(a)와 (b). 배터리 전압 $V_B = 12$ V, 소자 1과 2에서 소모된 전력 $P_1 = 0.8$ W, $P_2 = 0.4$ W

가정: 없음

해석: 수동 부호 규약은 선택하는 전류의 방향과는 관련이 없다는 점에 유의한다. 위에서 언급한 수동 부호 규약의 절차에 따라서 먼저 회로에 흐르는 전류의 방향을 임의로 선택한다. 이 예제에서는 두 가지 가능한 전류의 방향에 대해서 모두 해석을 함으로써, 기준 방향을 어디로 선택하든지 동일한 답을 얻게 된다는 점을 보일 것이다.

배터리의 극성은 긴 막대와 짧은 막대가 번갈아 가며 표시된다. 배터리의 양극 및 음극 단자는 각각 긴 막대와 짧은 막대에 연결된다.

그림 1.25(a)와 같이 전류와 전압을 가정하면, 다음과 같이 4단계 해법을 적용할 수 있다.

1. 시계 방향으로 전류가 흐른다고 가정한다.
2. 각 수동 소자를 지나는 전류가 높은 전위에서 낮은 전위로 흐르도록 각 부하에서의 전압의 극성을 표시한다.
3. 수동 부호 규약이 준수될 때 유효한 $P = vi$를 이용하여 각 소자에서 소모되는 전력을 나타낸다.

$$P_1 = v_1 i = 0.8\,\text{W}$$
$$P_2 = v_2 i = 0.4\,\text{W}$$

배터리에 흐르는 전류가 낮은 전위에서 높은 전위로 흐르므로 배터리와 연관된 전력은 $P_B = -V_B i$로 표현된다.

4. 에너지 보존에 의해, 전체 전력의 합은 0이다. 따라서,

$$P_1 + P_2 + P_B = 0$$
$$P_B = -P_1 - P_2 = -0.8\,\text{W} - 0.4\,\text{W} = -1.2\,\text{W} = -V_B i$$

3개의 미지수 i, v_1, v_2를 구하기 위해서 3개의 vi 방정식을 이용할 수 있다. $V_B = 12$ V이므로 전류 i는 다음과 같다.

$$i = \frac{-1.2\,\text{W}}{-12\,\text{V}} = 0.1\,\text{A}$$

결과적으로, 각 소자에서의 전압은 다음과 같다.

$$v_1 = \frac{0.8\ \text{W}}{0.1\ \text{A}} = 8\,\text{V}$$
$$v_2 = \frac{0.4\ \text{W}}{0.1\ \text{A}} = 4\,\text{V}$$

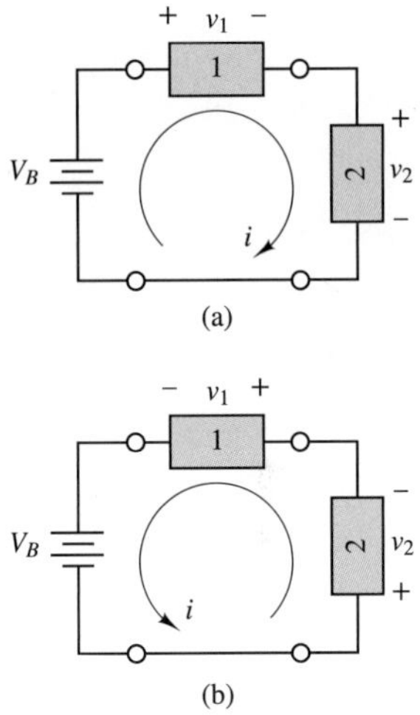

그림 1.25

그림 1.25(b)와 같이 전류와 전압을 가정하면, 다음과 같이 4단계 해법을 적용할 수 있다.

1. 반시계 방향으로 전류가 흐른다고 가정한다.
2. 각 소자를 지나는 전류가 높은 전위에서 낮은 전위로 흐르도록 각 (수동) 소자에서의 전압의 극성을 표시한다.

3. 수동 부호 규약이 준수될 때 유효한 $P = vi$를 이용하여 각 소자에서 소모되는 전력을 나타낸다.

$$P_1 = v_1 i = 0.8\ \text{W}$$
$$P_2 = v_2 i = 0.4\ \text{W}$$

배터리에 흐르는 전류가 높은 전위에서 낮은 전위로 흐르므로 배터리와 관련된 전력은 $P_B = +V_B i$로 표현된다.

4. 에너지 보존에 의해, 전체 전력의 합은 0이다. 따라서,

$$P_1 + P_2 + P_B = 0$$
$$P_B = -P_1 - P_2 = -0.8\ \text{W} - 0.4\ \text{W} = -1.2\ \text{W} = V_B i$$

3개의 미지수 i, v_1, v_2를 구하기 위해서 3개의 vi 방정식을 이용할 수 있다. $V_B = 12$ V 이므로 전류 i는 다음과 같다.

$$i = \frac{-1.2\ \text{W}}{12\ \text{V}} = -0.1\ \text{A}$$

결과적으로, 각 소자에서의 전압은 다음과 같다.

$$v_1 = \frac{0.8\ \text{W}}{-0.1\ \text{A}} = -8\ \text{V}$$

$$v_2 = \frac{0.4\ \text{W}}{-0.1\ \text{A}} = -4\ \text{V}$$

참조: 회로 상의 실제 전류와 각 부하에 걸리는 전압은 두 해법 모두에서 동일하였다는 점에 유의한다. 예를 들어, 첫째 해법에서는 시계 방향으로 0.1 A의 전류가 흐른 반면에, 둘째 해법에서는 반시계 방향으로 –0.1 A의 전류가 흘렀다. 둘째 해법에서의 음의 부호는 실제 전류가 시계 방향으로 흘렀다는 것을 나타낸다. 이 예제는 회로 문제를 풀 때, 미지의 전류의 방향에 대해서 굳이 예측하려고 노력할 필요는 없으며, 단지 수동 부호 규약에 따르기만 하면 된다는 점을 보여준다.

또 한 가지 주목할 점은 다른 물리 시스템과 마찬가지로, 회로에서도 에너지가 보존된다는 점이다. 다시 말해서, 공급되는 전력과 소모되는 전력은 항상 동일하다.

예제 1.5

전력 계산

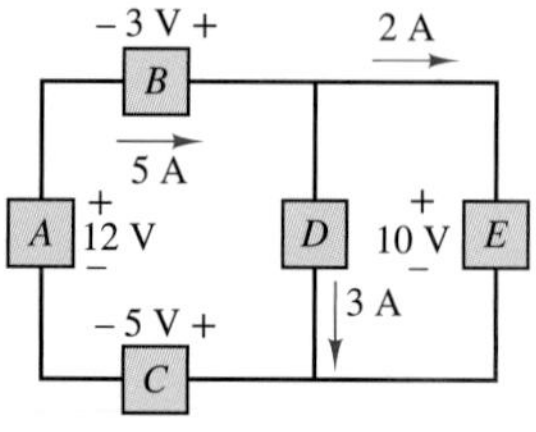

그림 1.26

문제

그림 1.26의 회로에서 어느 소자가 전력을 소모하고 어느 소자가 전력을 공급하는지를 판단하라. 전력의 보존이 만족되는가? 답을 설명하라.

풀이

기지: 모든 전류와 전압

미지: 전력을 소모하는 소자와 공급하는 소자, 전력 보존을 확인하라.

해석: 각 소자와 연관된 전력은, 수동 부호 규약이 준수되면 $P = vi$, 준수되지 않으면 $P = -vi$를 이용하여 계산할 수 있다.

$$P_A = -(12\,\text{V})(5\,\text{A}) = -60\,\text{W}$$
$$P_B = -(3\,\text{V})(5\,\text{A}) = -15\,\text{W}$$
$$P_C = (5\,\text{V})(5\,\text{A}) = 25\,\text{W}$$
$$P_D = (10\,\text{V})(3\,\text{A}) = 30\,\text{W}$$
$$P_E = (10\,\text{V})(2\,\text{A}) = 20\,\text{W}$$

전체 전력은 0이 되는데, 위 식을 말로 표현하면 다음과 같다.

- *A*는 60 W를 공급한다.
- *B*는 15 W를 공급한다.
- *C*는 25 W를 소모한다.
- *D*는 30 W를 소모한다.
- *E*는 20 W를 소모한다.
- 전체 공급 전력은 75 W이다.
- 전체 소모 전력은 75 W이다.
- 전체 공급 전력 = 전체 소모 전력

참조: $P = vi$ 또는 $P = -vi$는 오로지 특정 소자에 수동 부호 규약이 준수되는지의 여부에만 달려 있다.

연습 문제

그림 1.12에서 각 헤드램프가 50 W를 소모한다고 가정하고, 각 헤드램프에 흐르는 전류를 계산하라. 배터리가 공급하는 전력은 얼마인가?

Answer: I1 = I2 = 4.17 A, 100 W.

연습 문제

다음 그림에서 좌측 그림의 소자 *A*와 *B*가 전력을 공급하는지 아니면 소모하는지를 결정하라. 그리고 전력의 크기를 구하라.

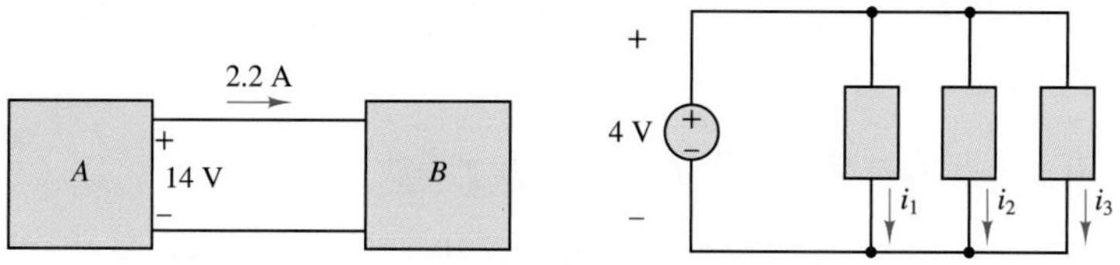

우측 그림에서 전압원이 10 mW의 전력을 공급하고, $i_1 = 2$ mA, $i_2 = 1.5$ mA라면, 전류 i_3는? $i_1 = 1$ mA, $i_3 = 1.5$ mA라면 i_2는?

Answer: *A*는 30.8 W를 공급하고, *B*는 30.8 W를 소모한다. $i_3 = -1$ mA, $i_2 = 0$ mA

Gustav Robert Kirchhoff (1824–1887) (*bilwissedition Ltd. & Co. KG/Alamy Stock Photo*)

1.5 키르히호프의 법칙

앞서 회로는 적어도 하나의 닫힌 경로가 존재하고, 전하가 흐를 수 있는 전기 망으로 정의되었다. 사실 전하가 보존되기 위해서는 전류가 흐를 수 있는 닫힌 경로가 필요하다.

> 전류가 흐르기 위해서는 폐회로가 구성되어야 한다.

예를 들어, 그림 1.27은 배터리(예, 1.5 V 리튬 배터리)와 전구로 구성된 단순한 회로를 보여준다. 전하가 보존된다는 것은 배터리로부터 전구로의 전류와 전구로부터 배터리로의 전류가 동일하다는 점을 의미한다. 즉, 전류(또는 전하)는 폐회로에서 "손실"되지 않는다. 이러한 원칙은 독일의 과학자 Kirchhoff에 의해서 관찰되었으며, **키르히호프의 전류 법칙**(Kirchhoff's current law, KCL)으로 알려져 있다. KCL에 의하면 전하는 보존되므로, 어떤 닫힌 경계에 둘러싸인 영역을 드나드는 전류의 합은 0이 된다.

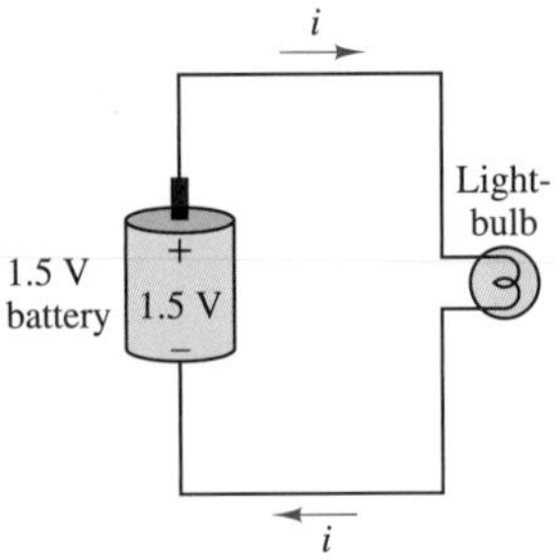

그림 1.27 배터리, 전구 및 두 노드로 구성된 단순한 전기 회로

$$\sum_{n=1}^{N} i_n = 0 \qquad \text{키르히호프의 전류 법칙(KCL)} \tag{1.6}$$

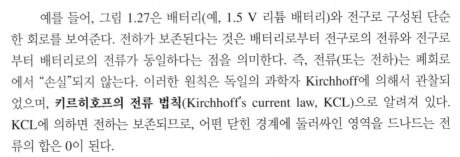

여기서 닫힌 경계에 둘러싸인 영역에 들어오는 전류의 부호와 이 영역에서 나가는 전류의 부호는 반대여야 한다. 즉, "들어오는" 전류의 합은 "나가는" 전류의 합과 같아야 한다.

$$\sum_{\text{in}} i = \sum_{\text{out}} i \qquad \text{대체 KCL} \tag{1.7}$$

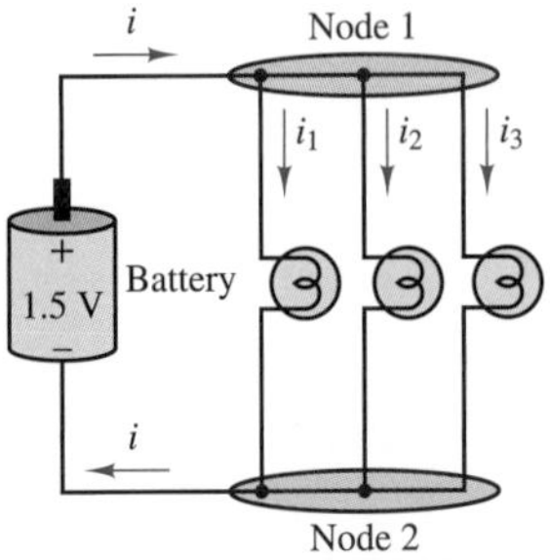

그림 1.28 노드 1에 KCL을 적용하면 $i - i_1 - i_2 - i_3 = 0$, 또는 등가적으로 $i = i_1 + i_2 + i_3$이 된다.

그림 1.28은 KCL의 적용 예를 보여주는데, 그림 1.27의 간단한 회로에 2개의 전구를 추가하였다. 전류 간의 관계는 위의 두 식 중 어느 식을 적용하더라도 구할 수 있다. 전류의 순수 합을 나타내기 위해서, 노드로 들어가는 전류와 노드에서 나오는 전류에 대한 부호 규약을 선택하는 것이 필요하다. 한 가지 가능성은 노드로 들어가는 전류를 양으로, 노드에서 나오는 전류를 음으로 고려하는 것이다. (이러한 특별한 부호 규약은 완전히 임의적이다.) 이러한 부호 규약을 적용하면, 노드 1에 대한 KCL은 다음과 같다.

$$i - i_1 - i_2 - i_3 = 0, \quad \text{등가적으로 } i = i_1 + i_2 + i_3$$

우측의 등가 식은 식 (1.7)의 KCL을 적용하면 바로 얻을 수 있다. 또한, 반대의 부호 규약(즉, 들어오는 전류는 음, 나가는 전류는 양)을 적용해도 동일한 결과를 얻게 된다.

그림 1.29의 배터리와 전구로 구성된 간단한 회로를 다시 고려해 보자. **키르히호프의 전압 법칙**(Kirchhoff's voltage law, KVL)은 폐회로 주위를 따라서 전압의 순 변화는 0이 된다.

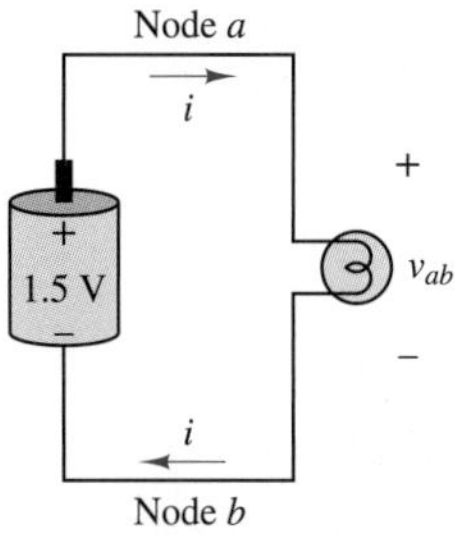

그림 1.29 노드 b에서 단일 루프를 따라서 시계 방향으로 KVL을 적용하면 $1.5V - v_{ab} = 0$이 된다.

$$\sum_{n=1}^{N} v_n = 0 \qquad \text{키르히호프의 전압 법칙(KVL)} \tag{1.8}$$

여기서 v_n은 폐회로 주위에서 한 노드로부터 다른 노드로의 전압의 변화를 의미한다.

전압의 변화를 합할 때, 변화의 부호(또는 극성)를 고려하여야 한다. 전압이 음의 부호에서 양의 부호로 변할 때는 전압 상승(voltage rise), 음에서 양으로 변할 때는 전압 강하(voltage drop)로 취급된다. 양 및 음의 기호는 회로 소자에 걸리는 전압 변화의 방향을 가정하는 데 사용된다. 음의 전압은 실제 방향이 가정하였던 방향과 반대임을 의미한다.

루프 주위의 전압 상승의 합은 동일한 루프 주위의 전압 강하의 합과 동일하여야 한다. 이에 따라 앞 식을 다르게 표현하면 다음과 같다.

$$\sum_{\text{rises}} v = \sum_{\text{drops}} v \qquad \text{대체 KCL} \tag{1.9}$$

그림 1.29에서 전구에 걸리는 전압은 노드 a에서 노드 b로의 전위의 변화인데, 이는 두 노드 전압 v_a와 v_a의 차이에 해당한다. 회로에서 어느 한 노드가 기준 노드로 선정되어, 모든 노드 전압이 이 기준 전압을 기준으로 정의될 수 있다. 그림 1.29에서 노드 b를 기준으로 선정하고, 이 노드의 전압을 $v_b = 0$으로 설정한다. 배터리의 양의 단자가 기준보다 1.5 V 높으므로, $v_a = 1.5$ V가 된다. 일반적으로, 배터리는 노드 a가 노드 b보다 항상 1.5 V 높다는 것을 보장해준다.

$$v_a = v_b + 1.5 \text{ V}$$

$$v_a = 1.5 \text{ V } (v_b = 0\text{이라 가정})$$

v_{ab}는 전구 양단의 전압의 차이로, 노드 b로부터 노드 a로의 전압 변화를 나타낸다.

$$v_{ab} \equiv v_a - v_b = 1.5 \text{ V}$$

KCL의 자동차 전기 배선에의 적용

예제 1.6

문제

그림 1.30는 자동차 배터리가 전조등(headlight), 미등(taillight), 시동 모터, 팬, 파워 잠금장치(power lock) 및 계기판 등의 여러 회로에 연결되어 있는 간략한 배선도를 나타낸다. 이때 배터리는 이들 소자의 각각의 요구 조건을 만족시킬 수 있도록 충분한 전류를 공급할 수 있어야 한다. 이러한 자동차의 배선에 KCL을 적용해 보아라.

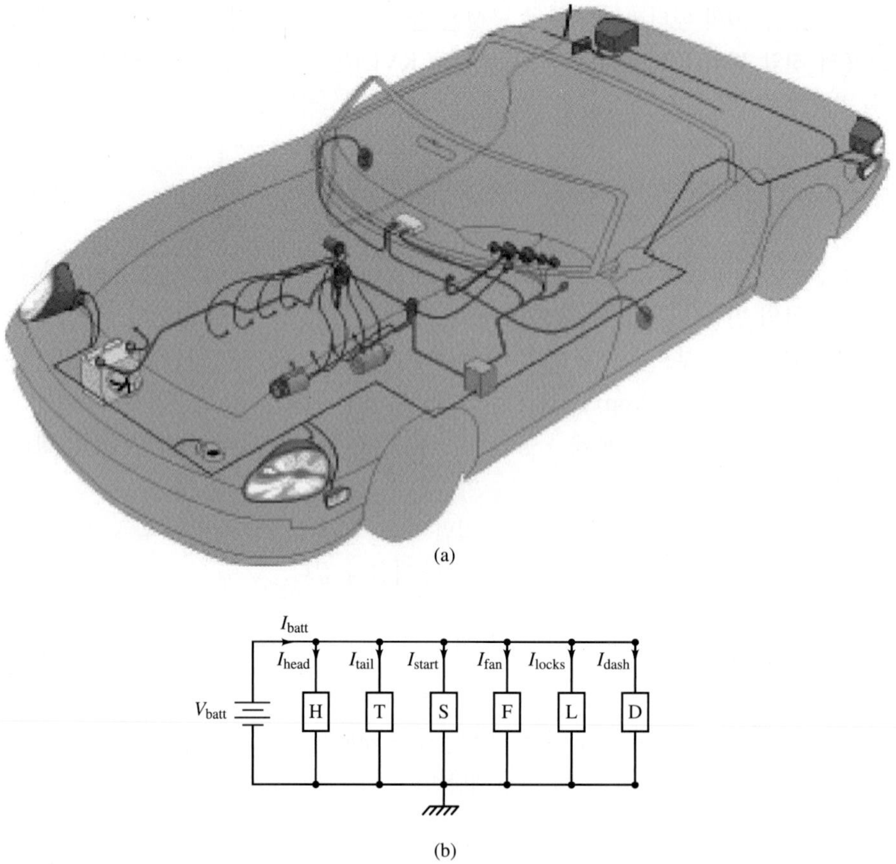

그림 1.30 (a) 자동차 전기 장치, (b) 등가 전기 회로도

풀이

기지: 배선 시스템의 각종 부품: 전조등, 미등, 시동 모터, 팬, 파워 잠금장치 및 계기판

미지: 배터리 전류와 소자 전류 간의 관계식

주어진 데이터 및 그림: 그림 1.30

가정: 없음

해석: 그림 1.30(b)는 등가 전기 회로로, 배터리에 의해서 공급되는 전류가 여러 회로 사이에서 어떻게 배분되는지를 보여준다. 상단의 노드에 KCL을 적용하면 다음과 같다.

$$I_{batt} - I_{head} - I_{tail} - I_{start} - I_{fan} - I_{locks} - I_{dash} = 0$$

또는

$$I_{batt} = I_{head} + I_{tail} + I_{start} + I_{fan} + I_{locks} + I_{dash}$$

KCL의 적용

예제 1.7

문제

그림 1.31의 회로에서 미지의 전류를 구하라.

풀이

기지:

$$I_S = 5\text{ A} \quad I_1 = 2\text{ A} \quad I_2 = -3\text{ A} \quad I_3 = 1.5\text{ A}$$

미지: I_0 및 I_4

해석: 그림 1.31에 노드 a 및 노드 b가 명확히 표시되어 있으며, 세 번째 노드는 기준 노드이다. 이 예제에서 세 노드의 각각에 KCL을 적용한다.

노드 a:

$$I_0 + I_1 + I_2 = 0 \quad (\Sigma i_{\text{out}} = \Sigma i_{\text{in}})$$
$$I_0 + 2 - 3 = 0$$
$$\therefore \quad I_0 = 1\text{ A}$$

세 전류 모두 노드로부터 나가는 것으로 정의되어 있지만, 실제로는 I_2는 음의 값을 가지는데, 이는 이 전류가 노드 a로 들어간다는 의미이다. I_2의 크기는 3 A이다.

노드 b:

$$I_0 + I_1 + I_2 + I_S = I_3 + I_4 \quad (\Sigma i_{\text{in}} = \Sigma i_{\text{out}})$$
$$1 + 2 - 3 + 5 = 1.5 + I_4$$
$$\therefore \quad I_4 = 3.5\text{ A}$$

기준 노드: 노드로 들어가는 전류는 양이며, 노드로부터 나오는 전류는 음이라고 가정하면 다음 식을 얻게 된다.

$$-I_S + I_3 + I_4 = 0$$
$$-5 + 1.5 + I_4 = 0$$
$$\therefore \quad I_4 = 3.5\text{ A}$$

참조: 기준 노드에서 얻은 결과는 노드 b에서 계산한 결과와 완전히 동일하다. 이는 회로의 각 노드에 KCL을 적용할 때 중복된 결과를 얻을 수도 있다는 것을 말해준다.

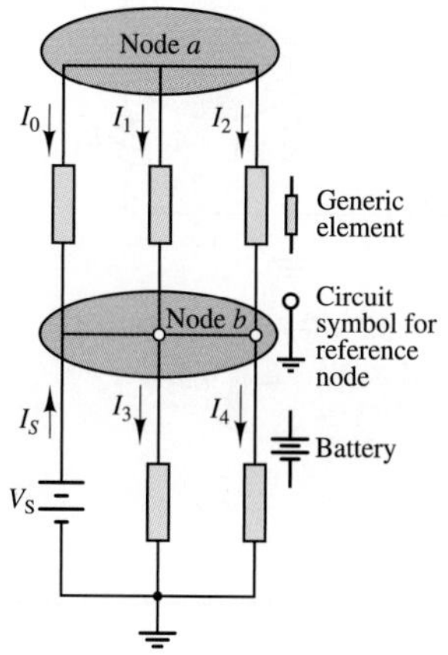

그림 1.31 노드 a와 노드 b에 KCL의 적용

KCL의 적용

예제 1.8

문제

그림 1.32의 회로에 KCL을 적용하고, 수퍼노드의 개념을 이용하여 소스 전류 i_{s1}을 구하라.

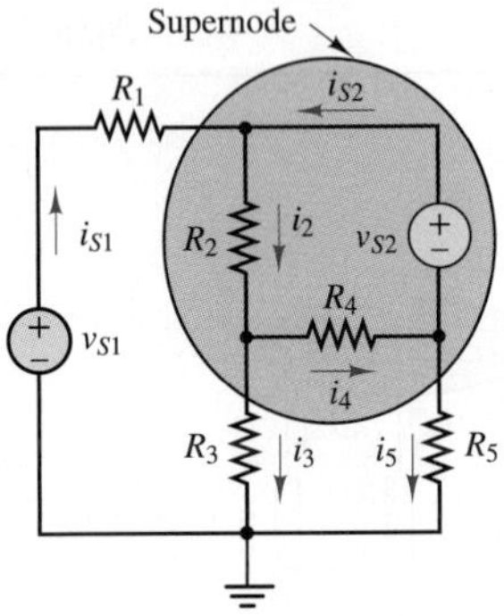

그림 1.32 수퍼노드의 경계에 KCL의 적용 $i_{S1} = i_3 + i_5$

풀이

기지:

$$i_3 = 2\text{ A} \quad i_5 = 0\text{ A}$$

미지: i_{S1}

해석: 수퍼노드를 단순 노드로 취급하며, 수퍼노드에 KCL을 적용하면 다음 식을 얻는다.

$$i_{S1} = i_3 + i_5 \quad (\Sigma i_{\text{in}} = \Sigma i_{\text{out}})$$
$$i_{S1} = 2 + 0 = 2\text{ A}$$

참조: 하단 노드에 KCL을 적용하여 i_{S1}에 대해 동일한 결과가 나오는 것을 확인할 수 있다. 이는 서로 다른 두 개의 노드(수퍼노드를 포함하여)에 KCL을 적용함으로써 얻는 중복된 결과의 또 다른 예이다.

예제 1.9 키르히호프의 전압 법칙 – 전기 자동차의 배터리 팩

문제

그림 1.33(a)는 Smokin' Buckeye라는 경주용 전기 자동차의 배터리 팩(battery pack)을 보여준다. 이 예제에서는 전기 자동차의 전원 공급을 담당하는 31개의 12V 배터리의 직렬 연결에 KVL을 적용한다.

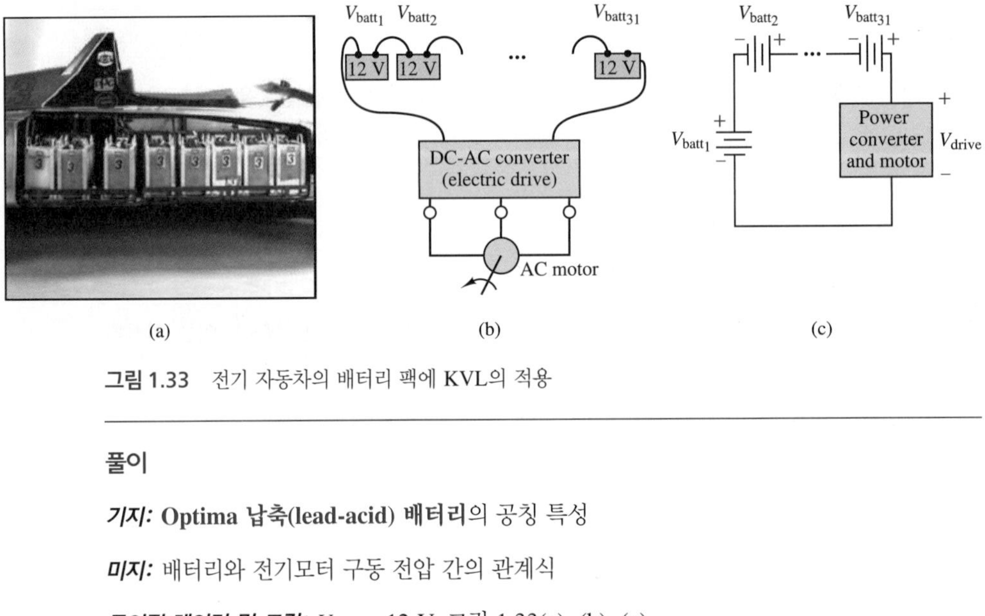

그림 1.33 전기 자동차의 배터리 팩에 KVL의 적용

풀이

기지: **Optima 납축(lead-acid) 배터리**의 공칭 특성

미지: 배터리와 전기모터 구동 전압 간의 관계식

주어진 데이터 및 그림: $V_{\text{batt}} = 12\text{ V}$, 그림 1.33(a), (b), (c)

가정: 없음

해석: 그림 1.33(b)는 등가 전기 회로로, 자동차의 150 kW 3상 유도모터(3-phase induction motor)에 에너지를 공급하는 전기 드라이브(electric drive)에 배터리에서 공급되는 전압이 어떻게 연결되어 있는가를 보여준다. 그림 1.33(c)의 등가 회로에 KVL을 적용하면 다음과 같다.

$$\sum_{n=1}^{31} V_{\text{batt}_n} - V_{\text{drive}} = 0$$

그러므로 전기 드라이브는 31 × 12 = 372 V 배터리 팩에 의해서 공급된다. 사실상 납축 배터리에 의해서 공급되는 전압은 배터리의 충전 상태에 따라서 달라진다. 완전히 충전되었을 때 그림 1.33(a)의 배터리 팩은 약 400 V의 전압(즉, 각 배터리당 약 13 V)을 공급하게 된다.

KVL의 적용

예제 1.10

문제

그림 1.34의 회로에 KVL을 적용하여 미지의 전압 v_2를 구하라.

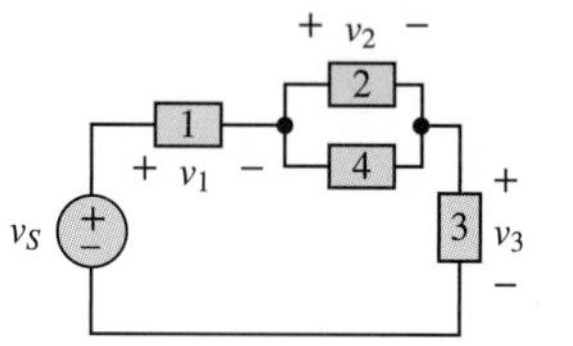

그림 1.34 4개의 회로 소자와 하나의 이상 전압원을 갖는 회로

풀이

기지:

$$v_S = 12\text{ V},\quad v_1 = 6\text{ V},\quad v_3 = 1\text{ V}$$

미지: v_2

해석: 기준 노드에서 시작하여 회로의 큰 외곽 루프를 따라서 시계 방향으로 돌면서 KVL을 적용하면 다음과 같다.

$$v_S - v_1 - v_2 - v_3 = 0$$
$$v_S - v_1 - v_3 = v_2$$
$$12 - 6 - 1 = v_2 = 5\text{ V}$$

참조: v_2는 병렬 연결되어 있는 소자 2와 4에 걸리는 전압이며, 두 소자가 동일한 노드를 공유하므로 두 소자의 각각의 전압에 해당한다.

KVL의 적용

예제 1.11

문제

그림 1.35의 회로에 KVL을 적용하여 미지의 전압 v_1과 v_4를 구하라.

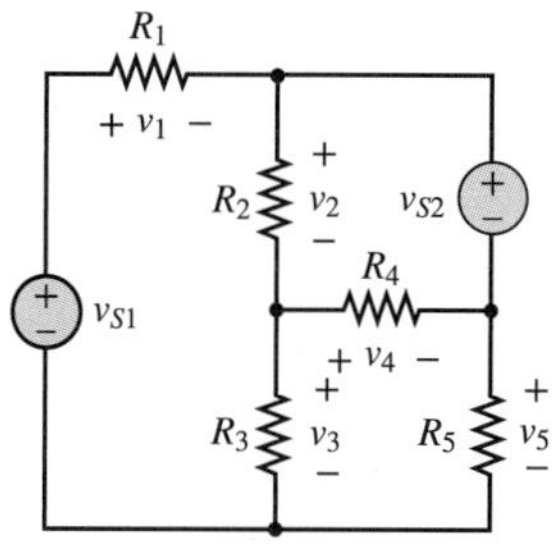

그림 1.35 예제 1.11의 회로

풀이

기지:

$$v_{S1} = 12\text{ V} \qquad v_{S2} = -4\text{ V} \qquad v_2 = 2\text{ V} \qquad v_3 = 6\text{ V} \qquad v_5 = 12\text{ V}$$

미지: v_1, v_4

해석: 미지의 전압을 구하기 위하여 세 개의 망 주위로 시계 방향으로 KVL을 적용하면 다음

과 같다.

$$v_{S1} - v_1 - v_2 - v_3 = 0$$
$$v_2 - v_{S2} + v_4 = 0$$

수치를 대입하면 다음과 같다.

$$12 - v_1 - 2 - 6 = 0$$
$$v_1 = 4 \text{ V}$$
$$2 - (-4) + v_4 = 0$$
$$v_4 = -6 \text{ V}$$

다른 루프를 이용하며 문제를 푸는 것도 가능하다. 예를 들어, v_4를 구하기 위해 우측 하단의 망에 KVL을 적용하면 다음과 같다.

$$v_3 - v_4 - v_5 = 0$$
$$6 - v_4 - 12 = 0$$
$$v_4 = -6 \text{ V}$$

또는 v_1을 구하기 위해 가장 외부의 루프에 KVL을 적용하면 다음과 같다.

$$v_{S1} - v_1 - v_{S2} - v_5 = 0$$
$$12 - v_1 - (-4) - 12 = 0$$
$$v_1 = 4 \text{ V}$$

참조: 이 회로는 7개의 루프로 구성되어 있고, KVL은 이들 루프 중 어느 것에나 적용될 수 있다. 핵심은 두 개의 미지수를 포함하는 두 개의 선형 독립 방정식을 구하는 것이다.

연습 문제

예제 1.11에서 살펴보지 않은, 그림 1.35의 3개의 다른 루프에 KVL을 적용하라. 예제에서 구한 결과와 비교하여 보아라.

연습 문제

$I_0 = 0.5$ A, $I_2 = 2$ A, $I_3 = 7$ A, $I_4 = -1$ A일 때 예제 1.7을 반복하라. I_1 및 I_S을 구하라.

Answer: $I_1 = -2.5$ A and $I_S = 6$ A

연습 문제

예제 1.8의 결과와 다음 데이터를 이용하여 그림 1.32의 회로에서 전류 i_{S2}를 계산하라.

$$i_2 = 3 \text{ A} \qquad i_4 = 1 \text{ A}$$

Answer: $i_{S2} = 1$ A

1.6 저항과 옴의 법칙

전하가 전선이나 회로 소자에 흐를 때, **저항**(resistance)을 만나게 되는데, 그 크기는 재질의 저항률(resistivity)과 전선이나 소자의 기하학적인 형상에 의존한다. 실제로, 모든 회로 소자는 어느 정도의 저항을 가지며, 이로 인해 전기 에너지가 열의 형태로 소모된다. 이러한 전기 에너지의 열 손실은 회로 소자의 목적에 따라서 유용하게 작용할 수도 있다. 예를 들어, 전기 토스터는 전기 에너지가 저항 코일 내에서 열로 변환됨으로써 그 목적을 달성하며, 모든 전기히터도 이러한 열 손실을 활용한다. 반면에, 주거용 배선에서는 저항에 의한 열 손실로 비용이 증가하고, 때로는 위험하기도 하다. 마이크로 회로에서의 저항은 마이크로프로세서의 속도를 제한하고, 주어진 공간에 트랜지스터를 집적화하는 데 방해가 된다.

그림 1.36(a)에서와 같이, 원통형 전선의 저항은 다음과 같이 주어진다.

$$R = \rho \frac{l}{A} = \frac{l}{\sigma A} \tag{1.10}$$

여기서 ρ와 σ는 저항률 및 전도율(conductivity)이고, l과 A는 전선의 길이와 단면적을 각각 나타낸다. 위의 방정식에서 보듯이, 전도율은 저항률의 역수이다. 저항 R의 단위는 **Ω**(Ohm)이다.

$$1\ \Omega = 1\ \text{V/A} \tag{1.11}$$

실제 전선이나 회로 소자의 저항은 보통 **이상 저항기**(ideal resistor)로 나타내는데, 이는 전선이나 소자의 분포된 전체 저항을 단일의 회로 소자로 표현하는 것이다. 이상 저항은 다음과 같은 **옴의 법칙**(Ohm's law)이라는 선형 i-v 특성을 따른다.

$$\boxed{v = iR \qquad \text{옴의 법칙}} \tag{1.12}$$

LO

다시 말해서, 이상 저항에 걸리는 전압은 저항에 흐르는 전류에 비례하며, 이때의 비례상수가 바로 저항 R이 된다. 이상 저항의 기호와 i-v 특성은 그림 1.36(b)와 (c)에 나타내었다. 저항은 수동 소자이므로 수동 부호 규약에 따라서 표시하였다.

흔히 저항의 역수를 회로 소자의 컨덕턴스(conductance)라고 정의하는 것이

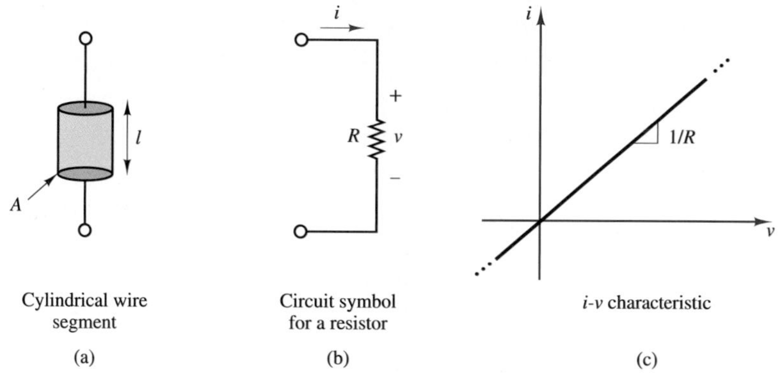

그림 1.36 (a) 원통형 전선, (b) 이상 저항기 회로 기호, (c) 이상 저항기에 대한 i-v 관계

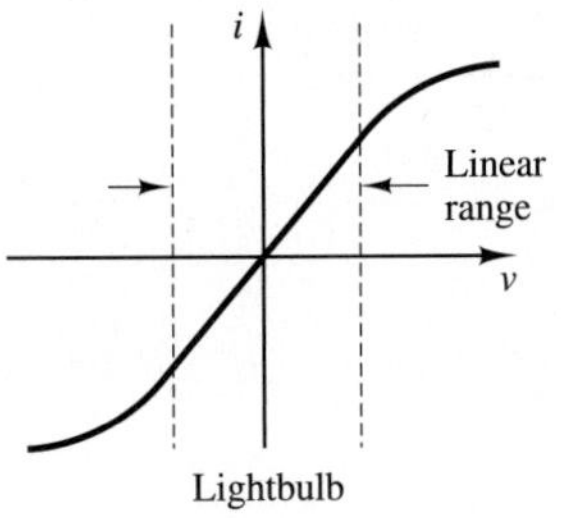

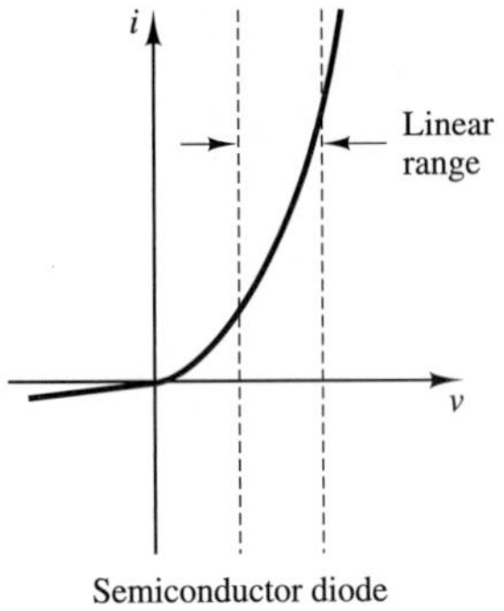

그림 1.37 전체적인 비선형 i-v 특성 곡선 중에 부분적인 선형 구간

편리한데, 기호로는 G로 표시한다.

$$G = \frac{1}{R} \quad \text{siemens (S)} \quad \text{where} \quad 1\text{ S} = \frac{1A}{V} \tag{1.13}$$

옴의 법칙을 컨덕턴스의 항으로 표현하면 다음과 같다.

$$i = Gv \tag{1.14}$$

옴의 법칙은 전기공학에서 광범위하게 사용하는 실험적인 관계식이다. 그러나 옴의 법칙은 단지 전기적으로 전도하는 재료에서의 근사적인 거동일 뿐이다. 일반적으로 전도체에서 전압과 전류의 선형적인 관계는 매우 큰 전압과 전류의 영역에서는 성립되지 않는다. 또한 모든 전도체가 크지 않은 전압과 전류의 영역에서도 항상 선형적으로 거동하지는 않는다. 그러나 대부분의 소자는 하나 또는 몇 개의 영역에서는 부분적으로 선형적인 i-v 특성 관계를 나타내는데, 그림 1.37은 백열등과 반도체 다이오드의 i-v 특성을 보여준다.

개방 회로와 단락 회로

회로 소자의 저항이 0 또는 무한대로 접근하는 옴의 법칙의 극한적인 경우로서, 저항 소자를 두 가지로 편리하게 이상화시킬 수 있다. 공식적으로는, **단락 회로**(short circuit)는 회로 소자에 흐르는 전류에 관계없이 소자에 걸리는 전압이 0이 되는 회로 소자로 정의된다. 그림 1.38은 이상적인 단락 회로의 기호를 나타낸다.

실제적으로는 어떤 도선이나 금속 도체도 비록 작기는 하지만, 어느 정도의 저항을 가지고 있다. 그러나 현실적으로는 어떤 조건하에서 많은 소자들을 단락 회로로 비교적 정확히 근사화시킬 수 있다. 예를 들어, 큰 지름을 갖는 구리선은 전력 공급의 관점에서 효과적인 단락 회로이며, 저전력의 소형 전자 회로에서 35×10^{-6} m

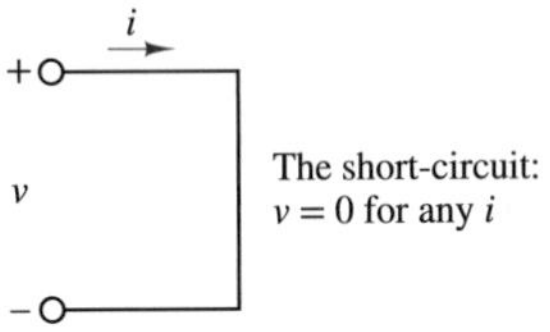

그림 1.38 단락 회로

표 1.1 구리선의 저항

AWG size	Number of strands	Diameter per strand (in)	Resistance per 1,000 ft (Ω)
24	Solid	0.0201	28.4
24	7	0.0080	28.4
22	Solid	0.0254	18.0
22	7	0.0100	19.0
20	Solid	0.0320	11.3
20	7	0.0126	11.9
18	Solid	0.0403	7.2
18	7	0.0159	7.5
16	Solid	0.0508	4.5
16	19	0.0113	4.7
14	Solid	0.0641	2.52
12	Solid	0.0808	1.62
10	Solid	0.1019	1.02
8	Solid	0.1285	0.64
6	Solid	0.1620	0.4
4	Solid	0.2043	0.25
2	Solid	0.2576	0.16

두께의 접지판도 단락 회로로 보기에 충분하다. 납땜이 필요 없는 브레드보드(bread board)는 22-게이지의 점퍼선(jumper wire)을 꽂아서 사용하는데, 이 전선은 소자들 사이에 단락 회로를 제공하여 준다. American Wire Gauge Standards에 의한 표 1.1은 일반적으로 사용되는 1,000 ft 길이 전선의 저항을 나타낸다.

저항이 무한대로 접근하는 회로 소자를 **개방 회로**(open circuit)라 한다. 개방 회로는 전류에 대해서 무한대의 저항을 가지므로, 어떤 전류도 개방 회로를 통해서 흐를 수는 없다. 그림 1.39는 이상적인 개방 회로를 나타낸다.

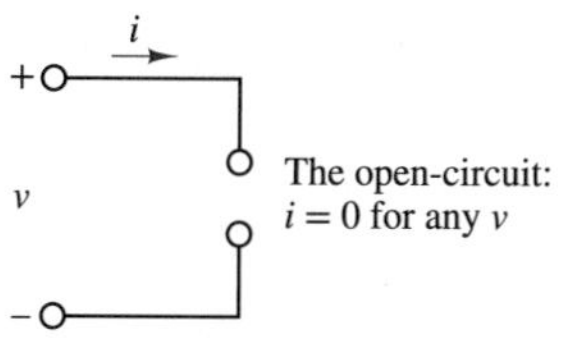

그림 1.39 개방 회로

실제로 개방 회로로 근사화할 수 있는 경우는 많이 있는데, 예를 들어 도체의 연결이 끊어진 상태는 개방 회로에 해당한다. 그러나 이 경우에 매우 큰 전압이 걸리면, 이 끊어진 틈을 통해서도 전하가 이동할 수도 있는데, 이는 절연된 두 단자 사이의 절연 재료가 충분히 높은 전압에서는 와해될 수 있기 때문이다. 만약 절연체가 공기라면, 두 개의 전도 소자 주위에서 이온화된 미립자들이 아크 현상을 발생시킬 수 있다. 다시 말해서, 도전체 사이의 틈을 순간적으로 점프하는 전류 펄스가 생성될 수 있다. 이러한 원리로, 내연기관에서 스파크 플러그의 스파크에 의해서 혼합된 공기−연료를 점화시킬 수 있다.

절연 강도(dielectric strength)는 절연 물질이 붕괴되지 않고 전하가 흐르지 않으면서 유지할 수 있는 최대 전기장(단위 거리당 전압)의 척도이다. 이 척도는 온도, 압력 및 재료 두께에 어느 정도 의존한다. 그러나 일반적인 값은 해수면 및 실온에서의 공기의 경우 3 kV/mm, 창 유리의 경우 10 kV/mm, 네오프렌 고무의 경우 20 kV/mm, 순수한 물의 경우 30 kV/mm, 일반적으로 테프론(Teflon)으로 알려진 PTFE의 경우 60 kV/mm이다.

개별 저항

다양한 형태의 개별 저항(discrete resistor)이 실험실, 상용 제품 등에서 광범위하게 사용되고 있는데, 넓은 범위의 공칭값, 오차, 전력 정격을 갖는 저항이 공급되고 있다. 각 저항은 작동이 보장되는 특정한 온도 범위를 갖는다. 서미스터(thermistor)와 같은 저항은 온도에 매우 민감하므로, 온도 변환기로 사용되기도 한다.

대부분의 개별 저항은 원통 모양이며, 색 코드를 가지고 있다. 가장 일반적인 저항은 탄소 및 세라믹 분말을 혼합하여 제작된다(그림 1.40). 절연 코어 주위에 얇은 긴 탄소 조각을 감아서 제작되는 탄소막 저항이나 얇은 금속막을 감아서 만든 저항도 사용된다(그림 1.41).

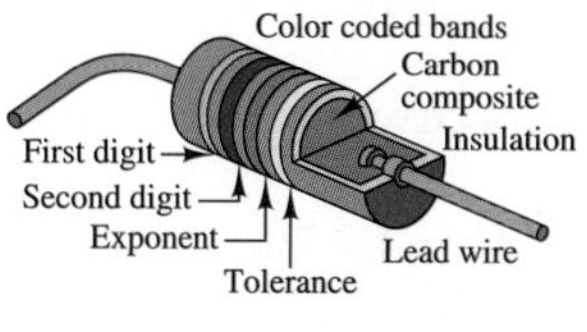

그림 1.40 탄소 복합 저항

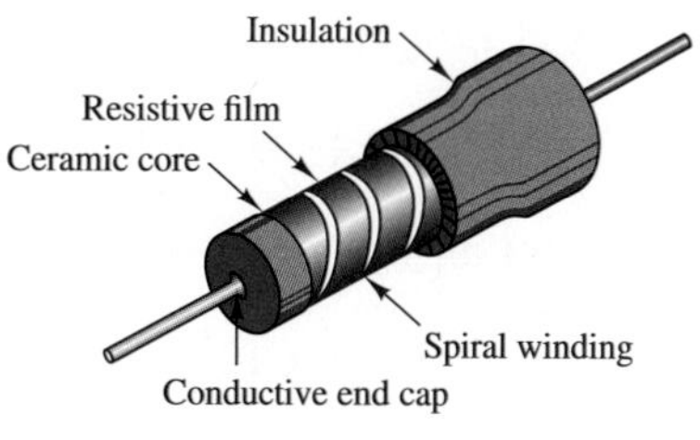

그림 1.41 박막 저항

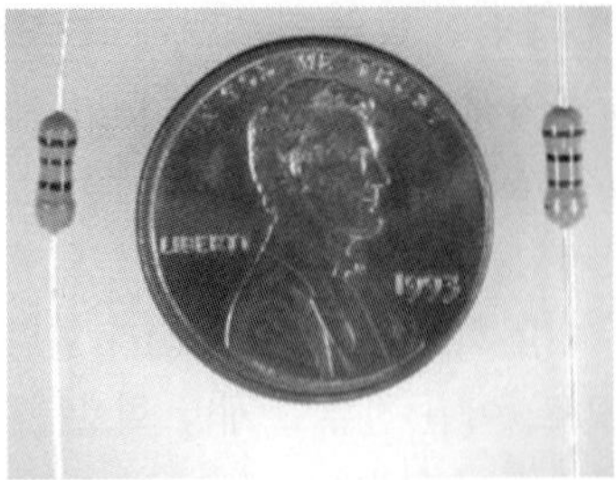

그림 1.42 전형적인 0.25 W 저항

그림 1.43 전형적인 0.5 W 저항

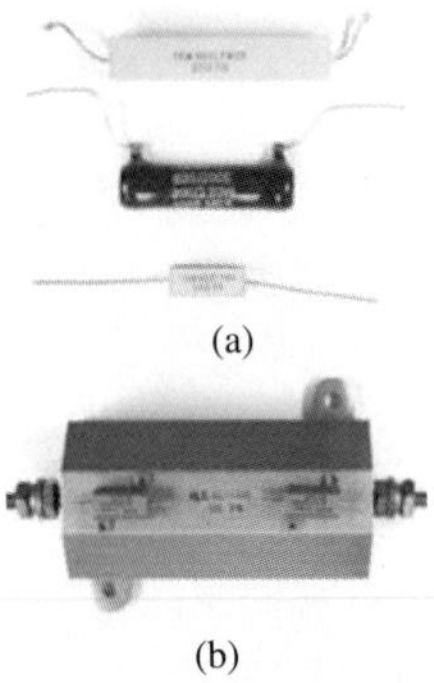

그림 1.44 (a) 25 W, 20 W, 5 W 저항, (b) 100 W 저항 위에 있는 2개의 5 W 저항

다양한 전력 정격(power rating)을 갖는 저항이 제공되는데, 전력 정격은 저항의 크기에 좌우된다. 그림 1.42와 1.43은 0.25 W 및 0.5 W의 정격 전력을 갖는 저항을 보여준다. 이 외에도 1, 2, 5, 10 W 또는 그 이상의 전력 정격을 갖는 저항도 제공된다. 산업용 전력 저항(power resistor)은 세라믹, 플라스틱이나 섬유유리와 같은 비전도성 코어 주위에 니크롬 전선을 감아서 제작된다. 다른 저항들은 탄소의 원통형 섹션으로 제작된다. 전력 저항은 시멘트 또는 성형 플라스틱, 열 배출을 위한 핀이 있는 알루미늄 케이스, 에나멜 코팅과 같은 다양한 패키지로 제공된다. 그림 1.44는 일반적인 전력 저항을 보여준다.

개별 저항의 값은 전도소자의 저항률, 형상, 그리고 크기에 의해 결정된다. 표 1.2는 일반적인 재료들의 저항률을 나타낸다.

표 1.2 상온에서의 여러 재료의 저항률

Material	Resistivity (Ω-m)
Aluminum	2.733×10^{-8}
Copper	1.725×10^{-8}
Gold	2.271×10^{-8}
Iron	9.98×10^{-8}
Nickel	7.20×10^{-8}
Platinum	10.8×10^{-8}
Silver	1.629×10^{-8}
Carbon	3.5×10^{-5}

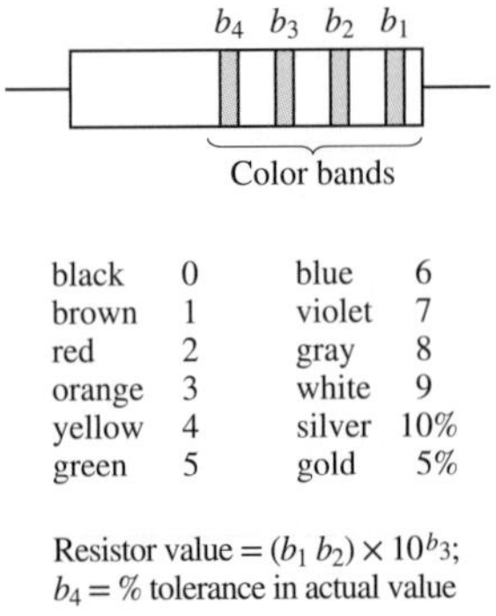

그림 1.45 저항의 색 코드

저항의 공칭값과 오차는 보통 색으로 구분한다. 특히, 개별 저항은 4개의 색 띠를 가지고 있는데, 그중 처음 두 개는 두 자리 정수를 지정할 수 있고, 세 번째 자리에는 10의 승수, 네 번째 자리에는 허용오차를 나타낸다. 간혹 5개의 띠를 가지고 있는데, 처음 세 자리에는 세 자리 정수를 지정하고, 나머지 두 자리에는 승수와 허용오차를 지정할 수 있다. 각 색 띠의 값은 그림 1.45와 표 1.3을 보고 해독할 수 있다.

$$(\text{두 자리 또는 세 자리 정수}) \times 10^{\text{승수}},\ [\text{단위: 옴}(\Omega)]$$

한 예로, 4개의 띠(노랑, 보라, 빨강, 골드)가 있는 저항의 공칭값은

$$(\text{노랑})(\text{보라}) \times 10^{\text{빨강}} = 47 \times 102 = 4{,}700\ \Omega = 4.7\ \text{k}\Omega$$

이고, "골드"의 허용오차는 ±5%이다. 보통 4.7 kΩ는 4K7로 줄여서 사용하는데, 여

표 1.3 b_1b_2**는 두 자리 정수를 나타내며,** b_3**는 승수를 나타낸다.**

b_1b_2	Code	b_3	Code	Ω	b_3	Code	kΩ	b_3	Code	kΩ	b_3	Code	kΩ
10	Brn-blk	1	Brown	100	2	Red	1.0	3	Orange	10	4	Yellow	100
12	Brn-red	1	Brown	120	2	Red	1.2	3	Orange	12	4	Yellow	120
15	Brn-grn	1	Brown	150	2	Red	1.5	3	Orange	15	4	Yellow	150
18	Brn-gry	1	Brown	180	2	Red	1.8	3	Orange	18	4	Yellow	180
22	Red-red	1	Brown	220	2	Red	2.2	3	Orange	22	4	Yellow	220
27	Red-vlt	1	Brown	270	2	Red	2.7	3	Orange	27	4	Yellow	270
33	Org-org	1	Brown	330	2	Red	3.3	3	Orange	33	4	Yellow	330
39	Org-wht	1	Brown	390	2	Red	3.9	3	Orange	39	4	Yellow	390
47	Ylw-vlt	1	Brown	470	2	Red	4.7	3	Orange	47	4	Yellow	470
56	Grn-blu	1	Brown	560	2	Red	5.6	3	Orange	56	4	Yellow	560
68	Blu-gry	1	Brown	680	2	Red	6.8	3	Orange	68	4	Yellow	680
82	Gry-red	1	Brown	820	2	Red	8.2	3	Orange	82	4	Yellow	820

기서 K는 소수점의 위치뿐만 아니라 kΩ의 단위를 나타낸다. 마찬가지로, 3.3 MΩ은 3M3으로 줄여서 사용된다. 표 1.3에는 일반적으로 10%의 허용오차를 갖는 저항에 대해서 Electronic Industries Association (EIA)이 설정한 표준 공칭값들의 목록을 나타낸다. 이 표의 각 열은 10배의 차이를 나타낸다.

불완전한 제조로 인하여 개별 저항의 실제 값은 공칭값에 근사적으로만 같을 뿐이다. 허용오차는 실제 값과 공칭값 사이의 가능한 변동의 척도이다. 다른 EIA 시리즈는 각각 20%, 5%, 2%, 1% 및 더 작은 허용오차에 대한 E6, E24, E48, E96 및 E192이다.

가변 저항

가변 저항의 저항은 고정된 값이 아니라, 다른 요소에 의해 변한다. 한 예로, 광 저항기(photo resistor)와 서미스터는 각각 빛의 세기와 온도에 따라 저항이 변한다. 다수의 유용한 센서는 가변 저항기를 기반으로 하고 있다.

그림 1.46은 전압원, 가변 저항 R, 고정 저항 R_0를 포함하는 간단한 루프를 보여준다. 이 루프에 KVL을 적용하면

$$\begin{aligned} v_S &= iR + iR_0 = i(R + R_0) \\ &= iR + v_0 \end{aligned}$$

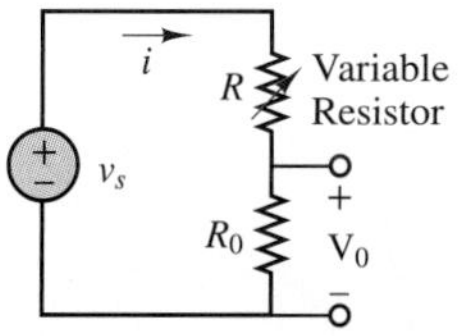

그림 1.46 직렬 루프에 있는 가변 저항 R

i를 구하고, 위 식에서 이를 대입하면

$$i = \frac{v_S}{R + R_0} \quad \text{and} \quad v_0 = iR_0 = v_S \frac{R_0}{R + R_0}$$

가변 저항이 0부터 R_0보다 훨씬 큰 R_{max}까지의 범위를 가지고 있다고 가정하자. $R = 0$일 때,

$$v_0 = v_S \frac{R_0}{R + R_0} = v_S \frac{R_0}{R_0} = v_S \qquad (R = 0)$$

그리고 $R = R_{max}$일 때

$$v_0 = v_S\frac{R_0}{R+R_0} = v_S\frac{R_0}{R_{\max}+R_0} \approx v_S\frac{R_0}{R_{\max}} \approx 0 \qquad (R = R_{\max})$$

그러므로 R은 0부터 $R_{\max}$까지 변함에 따라서, v_0는 v_S부터 0까지 변한다. R의 변화는 v_0의 변화로 알 수 있다. 그림 1.46의 광 저항와 같은 가변 저항을 생각해 보자. 그림 1.47(a)는 입사광이 밝으면 매우 작은 저항을 가지고, 입사광이 어두우면 매우 큰 저항을 가지는 황화 카드뮴(cadmium sulfide, CdS) 배터리를 나타낸 것이다. 그 결과로 밝은 조명에서는 $v_0 \approx v_S$이지만, 어두운 조명에서는 $v_0 \approx 0$가 된다. 그림 1.47(b)의 야간 조명등에서는, $v_0 \ll v_{\text{ref}}$일 때는 조명을 켜고 $v_0 \gg v_{\text{ref}}$일 때는 조명을 끄는 장치를 사용하면 되는데, 이때 v_{ref}는 $v_S/2$와 같은 적절한 기준 전압으로 설정하면 된다.

그림 1.48의 서미스터는 황화 카드뮴 배터리 방식과 동일하지만, 빛 대신에 온도의 변화에 반응한다.

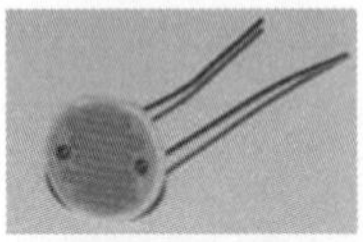

(a)

(b)

그림 1.47 (a) 전형적인 황화 카드뮴 배터리, (b) 어두운 조명의 탐지를 위해 황화 카드뮴 배터리를 사용한 야간 조명등

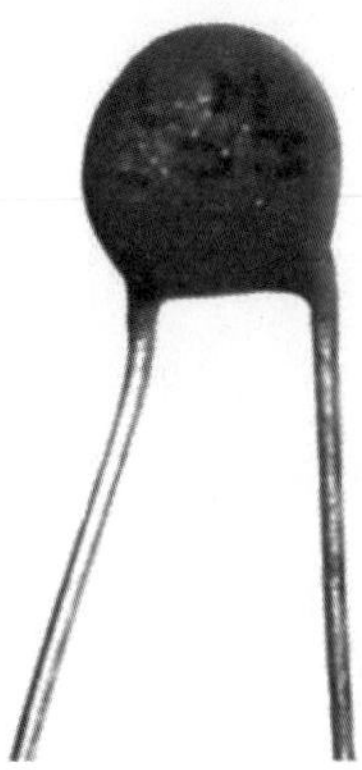

그림 1.48 음의 온도 계수를 갖는 서미스터

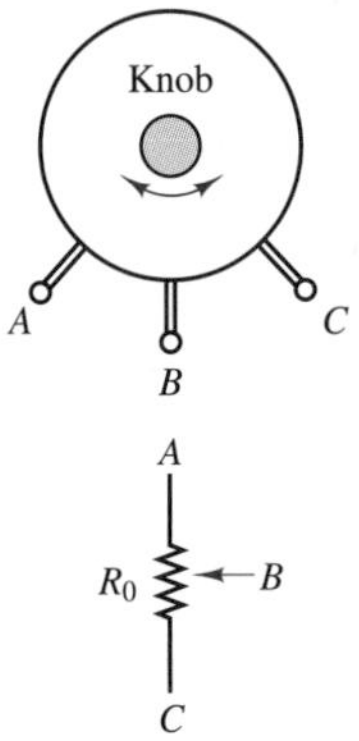

그림 1.49 전위차계는 단자 A와 C 사이에 고정 저항 R_0를 갖는 3단자 저항성 소자이다. 단자 B("와이퍼")와 다른 두 단자 간의 저항은 회전 노브(knob)에 의해서 설정된다.

전위차계

전위차계(potentiometer)는 3단자 장치이다. 그림 1.49는 전위차계와 기호를 보여준다. 전위차계는 단자 A와 C 사이에 고정된 저항 R_0를 가지는 전선을 조밀하게 코일 형태로 감아서 제작한다. 단자 B는 와이퍼에 연결되어 있는데, 이 와이퍼는 손잡이가 돌려지면 코일상에서 미끄러져 움직인다. 회로 기호에서 화살표는 코일 R_0 위에서 슬라이더의 위치를 나타낸다. 단자 B와 다른 두 단자 사이의 저항은 와이퍼의 위치에 의해 결정된다. R_{BA}가 증가하면 R_{BC}가 감소하고, $R_{BA} + R_{BC}$은 언제나 R_0로 동일하다.

그림 1.50(a)는 전위차계 기호를 회로에 나타낸 것이다. 그림 1.50(b)는 등가 회로로, 단자 A와 B, 그리고 단자 B와 C 사이의 저항을 개별 저항으로 도시하였다. 그림 1.50(b)는 등가 회로로, 단자 A와 B, 그리고 단자 B와 C 사이의 저항을 개별 저항으로 도시하였다.

이상 전압계의 측정값 v_{bc}는 가변 저항에 대한 방식과 유사하게 계산할 수 있다. 각 저항에 걸리는 전압을 나타내기 위해서 옴의 법칙을 사용하여, 전압원과 2개의 개별 저항을 포함하는 루프에 KVL을 적용한다.

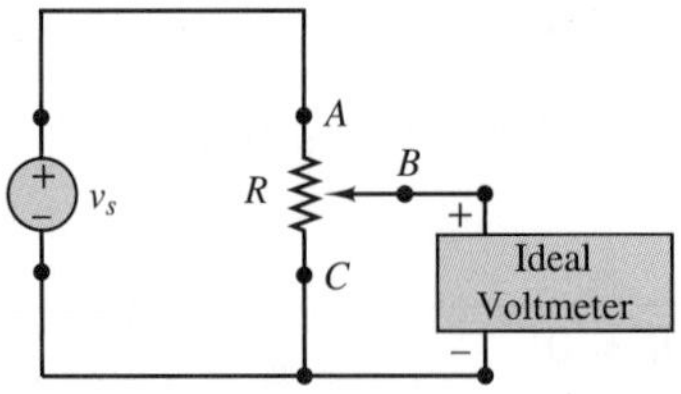

(a)

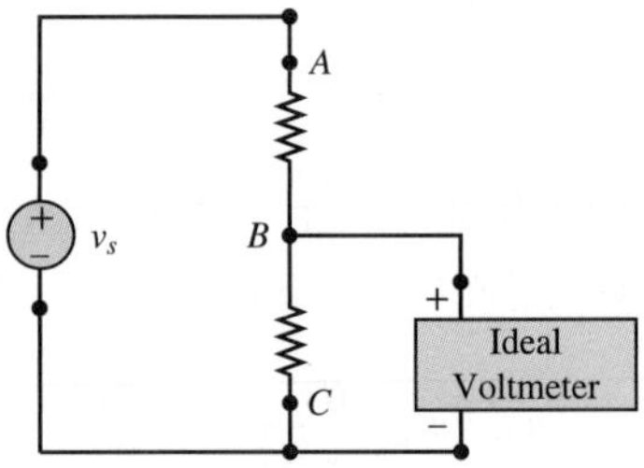

(b)

그림 1.50 (a) 단순 회로에서의 전위차계, (b) (a)의 등가 회로($R = R_{AB} + R_{BC} = R_{AC}$)

$$v_{BC} = v_S \frac{R_{BC}}{R_{BC} + R_{AB}}$$

이때 직렬 연결된 두 저항은 뒤에서 논의할 전압 분배의 좋은 예가 된다. 와이퍼가 단자 C로 완전히 돌아가면, $R_{BC} = 0$이므로 $v_{BC} = 0$이 된다. 와이퍼가 단자 A로 완전히 돌아가면, $R_{AB} = 0$이므로 $v_{BC} = v_S$이 된다. 일반적으로, 와이퍼는 단자 A에서 단자 C로 이동함에 따라, 단자 B와 C에 걸리는 전압은 계속 감소하여 v_S에서 0이 된다.

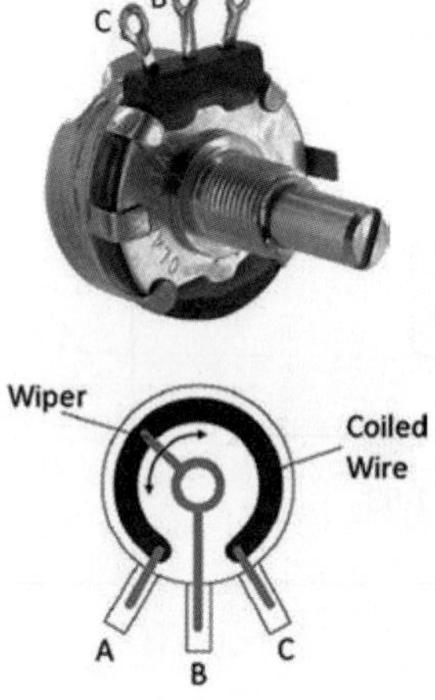

그림 1.51 전형적인 0.5 W 전위차계 및 내부 구조

저항의 전력 손실

모든 개별 저항은 색 띠에 의해서 지정되지는 않지만 저항 자체의 크기에 따라 변하는 전력 정격을 가진다. 큰 저항은 일반적으로 큰 전력 정격을 가진다. 전력은 저항 R에 의해 소모되거나 손실된다.

$$\begin{aligned} P &= vi = (iR)i = i^2R > 0 \\ &= v\left(\frac{v}{R}\right) = \frac{v^2}{R} > 0 \end{aligned} \tag{1.15}$$

전압 v와 전류 i는 수동 부호 규약에 의해 정의되는데, 소모되는 전력은 양의 전력이다. 저항의 경우 전력은 항상 양이고, 주변 환경에 열의 형태로 전력을 소모한다. 만약, 저항에 흐르는 전류(또는 저항에 걸리는 전압)가 너무 크다면, 전력은 저항의 정격을 초과하여 저항에서 연기가 나거나 심하면 저항이 탈 수도 있다.

> 양의 전력은 회로 소자에 의해 소모된 전력이다.

저항의 전력 정격

예제 1.12

문제

저항의 0.25 W 전력 정격을 초과하지 않으면서 주어진 배터리에 연결될 수 있는 최소 크기의 저항을 구하라.

풀이

기지: 저항의 전력 정격 = 0.25 W, 배터리 전압: 1.5 및 3 V

미지: 각 배터리에 연결될 수 있는 최소 크기의 0.25 W 저항

주어진 데이터 및 그림: 그림 1.52, 그림 1.53

해석: 우선 저항에 의해서 소모되는 전력을 구한다.

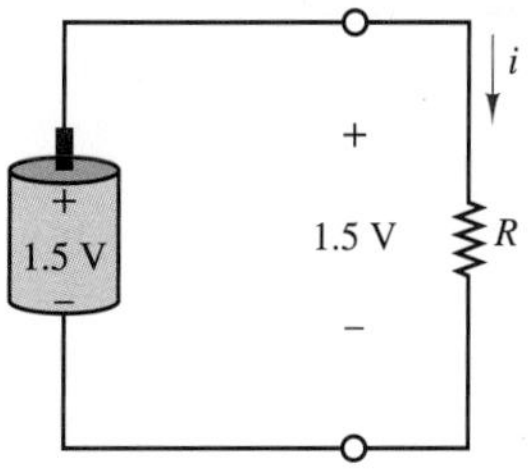

그림 1.52

$$P_R = vi = v \cdot \frac{v}{R} = \frac{v^2}{R}$$

최대 허용 전력 소모가 0.25 W이므로 다음과 같이 저항의 범위를 구할 수 있다. $v^2/R \le 0.25$ 또는 $R \ge v^2/0.25$. 그러므로 1.5V 배터리에 대해서 저항의 최소 크기는 $R = 1.5^2/0.25 = 9$

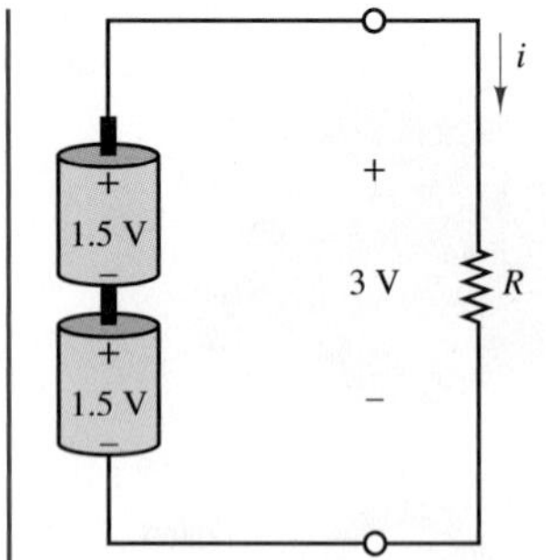

그림 1.53

Ω이어야 한다. 또한 3 V 배터리에 대해서 저항의 최소 크기는 $R = 3^2/0.25 = 36$ Ω이어야 한다.

참조: 전력 정격이 초과되면 저항이 결국은 고장나므로, 전력 정격에 기초하여 저항의 크기를 결정하는 것은 실제로 매우 중요하다. 저항에 걸리는 전압이 2배로 증가되면 저항의 크기는 최소 4배가 되어야 하는데, 이는 전력은 전압의 제곱에 비례하기 때문이다. 또한, 3 V 배터리에 대해서 소모되는 전력은, 1.5 V 배터리에 대해서 소모되는 전력의 4배라는 점에 유의하여야 한다. 다시 말해서, 그림 1.53에서 R에 의해서 소모되는 전력은, 그림 1.52에서 단일의 1.5 V 배터리가 공급하는 전력을 두 1.5 V 배터리가 각각 공급한다고 가정하여 계산하여서는 안 된다. 사실, 그림 1.53의 각 배터리는 그림 1.52의 단일 배터리보다 2배의 전력을 공급한다. 수학적으로는, 전력은 선형이 아니다.

연습 문제

일반적인 3단자 전원은 ±12 V를 공급한다. 단자 C와 B 간의 전압 변화는 12 V이고, 단자 B와 A 간의 전압 변화도 12 V이다. 단자 A와 C의 양단에 연결될 수 있는 최소 크기의 0.25 W 저항을 구하라. (힌트: 단자 C와 A 간의 전압은 24 V이다)

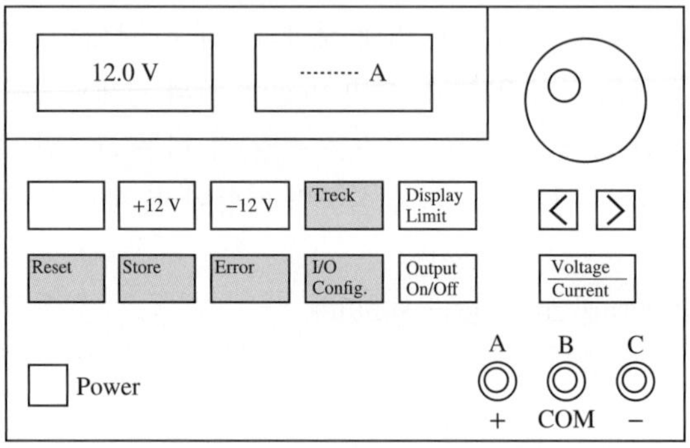

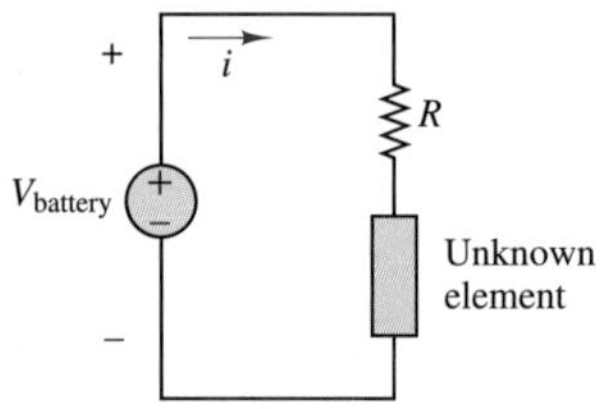

우측의 단일 루프 회로도에는 배터리, 저항과 미지의 회로 소자로 구성된 회로가 있다.

1. $V_{battery} = 1.45$ V이고, 전류 $i = 5$ mA일 때, 배터리에서 공급하거나 공급받는 전력을 구하라.
2. $i = -2$ mA일 때, 1번을 반복하라.

다음 그림과 같이 배터리는 저항 R_1, R_2, R_3에 전력을 공급하고 있다. KCL을 이용하여 전류 i_B를 구하고, $V_{battery} = 3$ V일 때 배터리에서 공급하는 전력을 구하라.

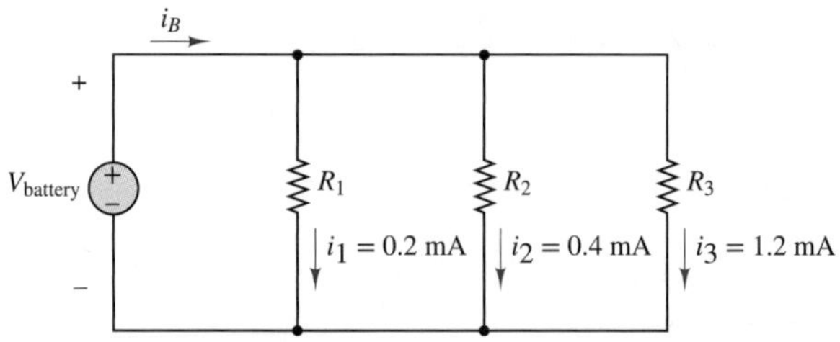

Answer: 2,304 Ω, $P_1 = 7.25 \times 10^{-3}$ W, $P_2 = 1.9 \times 10^{-3}$ W, $i_B = 1.8$ mA, $P_B = 5.4$ mW

1.7 노드 전압법

노드 전압법(node voltage method)과 **망 전류법**(mesh current method)은 전기 회로에서 전압과 전류를 계산하기 위한 강력한 계산 도구이다. 비교적 간단하지만, 이들 방법을 정확히 적용하려면 연습이 필요하다. 선형 회로에 적용할 때, 두 방법은 컴퓨터로 쉽게 풀 수 있는 선형 독립 방정식 시스템을 산출하지만, 전기 회로의 기본적인 특성에 대해서는 통찰력을 거의 제공하지 못한다. 회로를 수정하거나 설계할 때 필수적인 이러한 통찰력은 이러한 방법으로 생성된 데이터에 대한 주의 깊은 조사를 통해서 얻어져야 한다. R. W. Hamming의 다음 인용 문구는 명심할 가치가 있다.

R.W. Hamming (*IEEE, Inc.*)

> "계산의 목적은 숫자가 아니라 통찰력이다."

노드 전압법은 각 노드의 전압을 독립 변수로 정의하는 것을 기반으로 한다. 노드 중 하나는 **기준 노드**로 자유롭게 선택된다. 노드 전압법에서 각각의 분기 전류는 하나 또는 그 이상의 노드 전압으로 표현되므로, 전류는 표면적으로는 식에 나타나지 않는다. 마지막으로, 각 비기준 노드에 KCL을 적용한다. 그림 1.54 및 1.55는 이 방법에서 옴의 법칙과 KCL을 적용하는 방법을 보여준다.

각 분기 전류가 노드 전압의 항으로 정의되면, 키르히호프의 전류 법칙이 각 노드에 적용된다.

$$\sum i = 0 \tag{1.16}$$

그림 1.56의 회로를 고려해보자. 전류 i_1, i_2 및 i_3의 방향은 임의로 선택될 수 있지만, 전류의 방향이 예상 가능하다면, 그 방향으로 선택하는 것이 종종 도움이 된다. 이 경우 i_S는 노드 a로 들어가는 방향으로 선택되었으므로, i_1과 i_2는 동일한 노드에서 나오는 방향으로 가정하였다. 노드 a에 KCL을 적용하면

$$i_S - i_1 - i_2 = 0 \tag{1.17}$$

이 되며, 노드 b에서는

$$i_2 - i_3 = 0 \tag{1.18}$$

In the node voltage method, the branch current from a to b is expressed in terms of the node voltages v_a and v_b using Ohm's law.

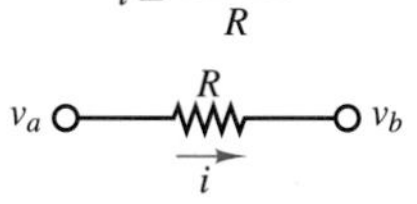

그림 1.54 노드 해석에서 분기 전류 공식

By KCL: $i_1 - i_2 - i_3 = 0$. In the node voltage method, we express KCL by

$$\frac{v_a - v_b}{R_1} - \frac{v_b - v_c}{R_2} - \frac{v_b - v_d}{R_3} = 0$$

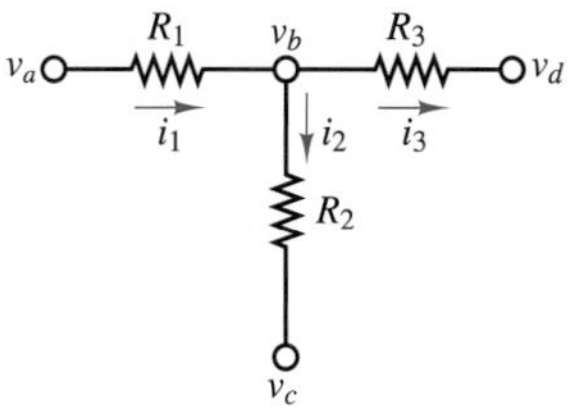

그림 1.55 노드 해석에서 KCL의 사용

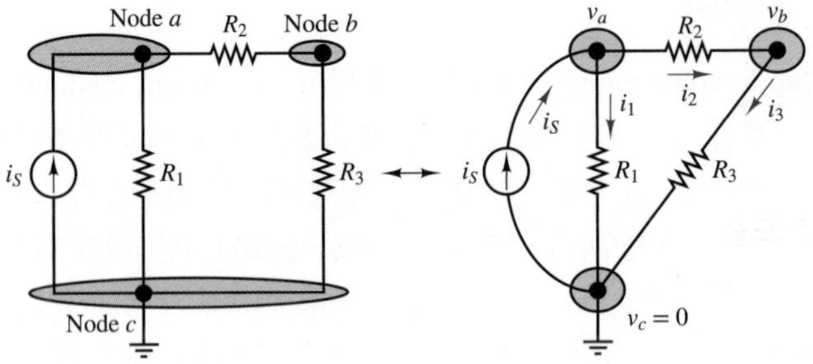

그림 1.56 노드 해석의 예시

이 된다. 기준 노드에는 KCL을 적용할 필요가 없는데, 이는 이 방정식이 다른 두 방정식에 종속되어 중복되는 방정식이기 때문이다.

식 (1.17)과 (1.18)의 분기 전류는 옴의 법칙을 이용하여 노드 전압의 항으로 표현할 수 있다. 예를 들어,

$$i_1 = \frac{v_a - v_c}{R_1} \tag{1.19}$$

마찬가지로, 다른 두 분기 전류도 다음과 같이 나타낼 수 있다.

$$\begin{aligned} i_2 &= \frac{v_a - v_b}{R_2} \\ i_3 &= \frac{v_b - v_c}{R_3} \end{aligned} \tag{1.20}$$

여기서 v_c는 기준 노드 전압으로 0 V로 설정된다. 전류 i_1, i_2, i_3에 대한 방정식을 식 (1.17)과 (1.18)에 대입하면 다음 식을 얻게 된다.

$$i_S - \frac{v_a}{R_1} - \frac{v_a - v_b}{R_2} = 0 \tag{1.21}$$

$$\frac{v_a - v_b}{R_2} - \frac{v_b}{R_3} = 0 \tag{1.22}$$

식 (1.21)과 (1.22)는 회로 해석에 조금만 익숙해지면, 회로로부터 바로 유도할 수도 있다. i_S, R_1, R_2, R_3를 알고 있다고 가정하면, v_a, v_b에 대해서 이들 식을 다음과 같이 정리할 수 있다.

$$\begin{aligned} \left(\frac{1}{R_1} + \frac{1}{R_2}\right) v_a + \left(-\frac{1}{R_2}\right) v_b &= i_S \\ \left(-\frac{1}{R_2}\right) v_a + \left(\frac{1}{R_2} + \frac{1}{R_3}\right) v_b &= 0 \end{aligned} \tag{1.23}$$

때로는 회로를 노드 사이에 위치한 회로 소자의 집합으로 간주하여, 원래 회로와 등가이지만 직사각형이 아닌 형태로 회로를 다시 그리는 것이 도움이 된다. 그림 1.56의 우측 부분은 세 개의 노드 원을 그린 다음에, 각 노드 쌍 사이에 위치한 소자를 추가하여 구성하였다. 회로를 성공적으로 다시 그리려면 정확한 노드 수를 알아야 한다. 그러므로 노드를 정확히 인식하고 수를 세는 연습을 하는 것이 바람직하다.

방법 및 절차
FOCUS ON PROBLEM SOLVING

노드 해석

1. 기준 노드를 선택한다. 회로가 하나 또는 그 이상의 전압원을 가진다면, 가장 많은 수의 전압원에 연결된 노드를 기준 노드로 선택한다. 각각의 비기준 노드의 전압은 기준 노드에 대해서 결정되는데, 통상적으로 기준 노드의 전압은 0 V로 설정한다.
2. 남아 있는 $n-1$개의 노드의 전압을 $v_1, v_2, \ldots, v_{n-1}$의 변수로 정의한다.
   - 회로가 전압을 아는 노드(예, 기준 노드)에 인접해 있는 m개의 전압원을 포함한다면, 다른 인접 노드에서의 전압은 알 수 있으므로 알고 있는 전압으로 표시한다.
   - 회로가 전압을 아는 노드에 인접해 있지 않은 ℓ개의 추가적인 전압원을 포함한다면, 이들 전압원의 양단에 있는 노드를 둘러싸는 "수퍼노드"를 생성한다.
3. $n-m-1$개의 미지의 노드 전압에 대해서 $n-m-1$개의 방정식을 생성한다.
   - 수퍼노드의 일부가 아닌 $n-m-2\ell-1$개 노드의 각각에 KCL을 적용한다.
   - 1개 수퍼노드의 각각에 KCL을 적용한다.
   - 1개 수퍼노드 전압원을 이용하여 2ℓ개의 미지의 수퍼노드 전압을 관련짓는 1개 방정식을 수립한다.
4. $n-m-1$개 변수의 항으로 계수를 정리하고, $n-m-1$개의 선형 연립 방정식의 해를 구한다.

이러한 절차를 이용하여 어떤 회로라도 해를 구할 수 있다. 먼저 전압원이 없는 회로의 해를 구하는 연습을 한 후에 전압원을 포함하는 복잡한 회로를 다루는 것이 바람직하다.

노드 전압법: 분기 전류 구하기 예제 1.13

문제

그림 1.57의 회로에서 노드 전압과 분기 전류를 구하라.

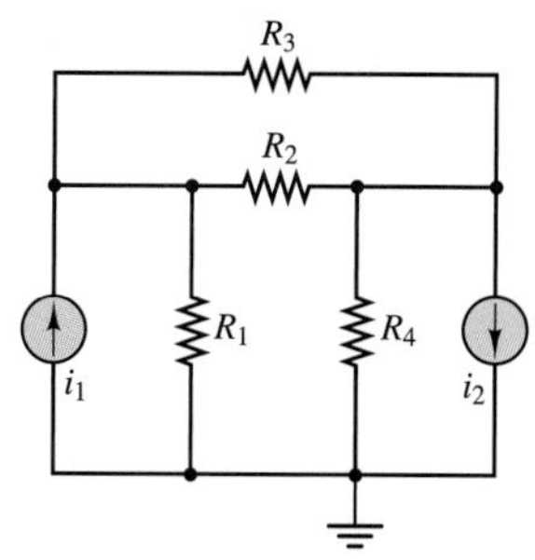

그림 1.57

풀이

기지: 소스 전류, 저항

미지: 모든 노드 전압과 분기 전류

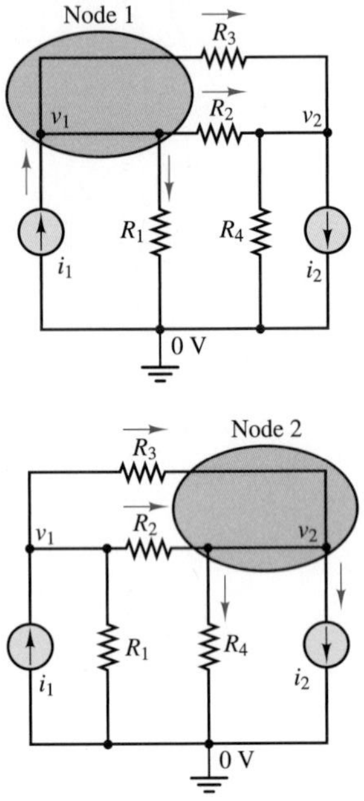

그림 1.58

주어진 데이터 및 그림: $i_1 = 10$ mA, $i_2 = 50$ mA, $R_1 = 1$ kΩ, $R_2 = 2$ kΩ, $R_3 = 10$ kΩ, $R_4 = 2$ kΩ

해석: "노드 전압법"에 대한 방법과 절차에서 기술한 단계를 적용한다.

1. 회로의 하단에 있는 노드를 기준 노드로 선택한다. 회로에 전압원이 없고, 각 노드는 4개의 소자에 연결되어 있으므로, 어느 노드라도 기준 노드로 선택할 수 있다.
2. 2개의 비기준 노드와 이와 관련된 2개의 관련된 노드 전압 변수 v_1과 v_2를 이용하여 그림 1.57의 회로를, 그림 1.58에 다시 도시하였다.
3. 노드 1과 2에 KCL을 적용하고, 옴의 법칙을 이용하여 분기 전류를 노드 전압에 대한 함수로 표기하면 다음과 같다.

$$i_1 - \frac{v_1 - 0}{R_1} - \frac{v_1 - v_2}{R_2} - \frac{v_1 - v_2}{R_3} = 0 \qquad \text{node 1}$$

$$\frac{v_1 - v_2}{R_2} + \frac{v_1 - v_2}{R_3} - \frac{v_2 - 0}{R_4} - i_2 = 0 \qquad \text{node 2}$$

4. 각 노드 저항의 항으로 방정식을 재정리한다. 이때 저항은 kΩ, 전류는 mA의 단위로 표시되므로, 전압은 V 단위를 갖는다.

$$\left(\frac{1}{R_1} + \frac{1}{R_2} + \frac{1}{R_3}\right) v_1 + \left(-\frac{1}{R_2} - \frac{1}{R_3}\right) v_2 = i_1 \qquad \text{node 1}$$

$$\left(-\frac{1}{R_2} - \frac{1}{R_3}\right) v_1 + \left(\frac{1}{R_2} + \frac{1}{R_3} + \frac{1}{R_4}\right) v_2 = -i_2 \qquad \text{node 2}$$

저항과 전류의 수치를 대입하면

$$1.6 v_1 - 0.6 v_2 = 10$$
$$-0.6 v_1 + 1.1 v_2 = -50$$

이 되므로, 다음과 같이 v_1과 v_2를 구할 수 있다.

$$v_1 = -13.57 \text{ V}$$
$$v_2 = -52.86 \text{ V}$$

노드 전압을 알고 있으므로, 각 분기 전류를 구할 수 있다. 예를 들어, R_3에 흐르는 전류는

$$i_{R_3} = \frac{v_1 - v_2}{10{,}000} = 3.93 \text{ mA}$$

로 주어지는데, 부호가 양이므로 이 전류에 대해 초기에 임의로 선택한 방향이 실제 전류의 방향과 같다는 것을 알 수 있다. 한편, R_1에 흐르는 전류는

$$i_{R_1} = \frac{v_1}{1{,}000} = -13.57 \text{ mA}$$

로 주어지는데, 이는 노드 1의 전압이 접지에 대하여 음이기 때문에 가정했던 방향과는 반대로 실제 전류가 접지에서 노드 1로 흐른다는 것을 의미한다. 이러한 여러 단계에 걸친 회로 해석을 통해서, $i_{R_2} = 19.65$ mA, $i_{R_4} = -26.43$ mA의 결과를 얻을 수 있다.

노드 해석: 노드 전압 구하기

예제 1.14

문제

그림 1.59의 회로에 대해서 노드 전압 방정식을 수립하라.

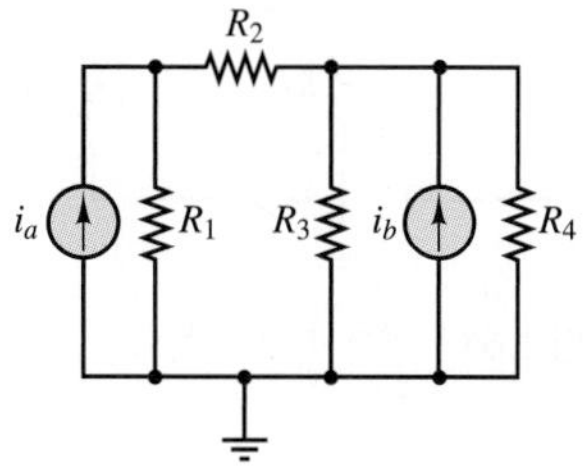

그림 1.59

풀이

기지: 소스 전류, 저항

미지: 모든 노드 전압

주어진 데이터 및 그림: $i_a = 1$ mA, $i_b = 2$ mA, $R_1 = 1$ kΩ, $R_2 = 500$ Ω, $R_3 = 2.2$ kΩ, $R_4 = 4.7$ kΩ

해석: "노드 전압법"에 대한 방법과 절차에서 기술한 단계를 적용한다.

1. 회로의 하단에 있는 노드가 다른 두 노드보다 더 많은 소자와 연결되어 있으므로, 이를 기준 노드로 선택한다.
2. 그림 1.60에서 이 회로에는 v_a와 v_b을 갖는 2개의 비기준 노드가 있다는 것을 알 수 있다. 회로에 전압원은 없다.
3. 각 노드에 KCL을 적용하고, 옴의 법칙을 이용하여 노드 전압의 항으로 분기 전류를 표시하면 다음과 같다.

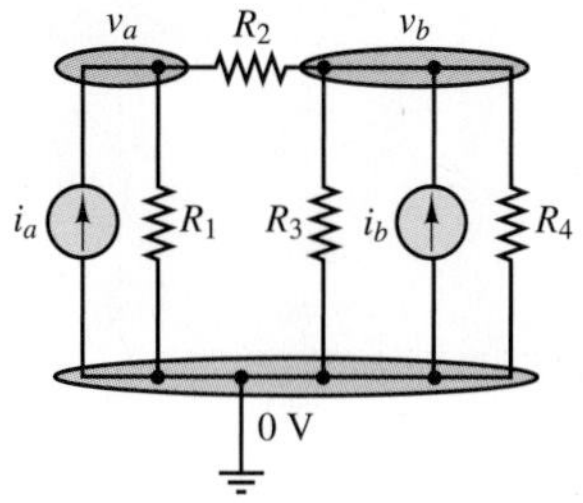

그림 1.60

$$i_a - \frac{v_a}{R_1} - \frac{v_a - v_b}{R_2} = 0 \qquad \text{node } a$$

$$\frac{v_a - v_b}{R_2} + i_b - \frac{v_b}{R_3} - \frac{v_b}{R_4} = 0 \qquad \text{node } b$$

4. 각 노드 저항의 항으로 방정식을 재정리한다. 이때 저항은 kΩ, 전류는 mA의 단위로 표시되므로, 전압은 V 단위를 갖는다.

$$\left(\frac{1}{R_1} + \frac{1}{R_2}\right) v_a + \left(-\frac{1}{R_2}\right) v_b = i_a$$

$$\left(-\frac{1}{R_2}\right) v_a + \left(\frac{1}{R_2} + \frac{1}{R_3} + \frac{1}{R_4}\right) v_b = i_b$$

저항과 전류의 수치를 대입하면 다음과 같다.

$$3v_a - 2v_b = 1$$
$$-2v_a + 2.67v_b = 2$$

두 번째 식에 3/2을 곱한 후에 첫 번째 식과 더하면 $v_b = 2$ V을 얻게 된다. v_b를 두 식 중 어느 하나에 대입하면 $v_a = 1.667$ V을 얻을 수 있다.

MatLab을 활용하여 3 × 3 선형 연립 방정식 풀기

예제 1.15

문제

노드 전압 해석을 이용하여 그림 1.61의 회로에서 전압 v를 구하라. $R_1 = 2$ Ω, $R_2 = 1$ Ω, $R_3 = 4$ Ω, $R_4 = 3$ Ω, $i_1 = 2$ A, $i_2 = 3$ A라 가정한다.

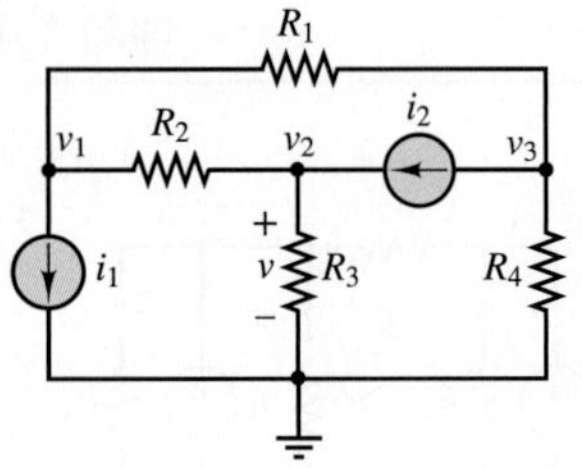

그림 1.61 예제 1.15의 회로

풀이

기지: 저항 및 전류원

미지: R_3에 걸리는 전압

해석: 그림 1.61과 "노드 전압법"에 대한 방법과 절차를 참고한다.

1. 노드 하나를 기준 노드로 선택한다. 회로에 전압원이 없고, 각 노드는 3개의 소자에 연결되어 있으므로, 어느 노드라도 기준 노드로 선택할 수 있다.
2. 3개의 비기준 노드에 대한 노드 전압 υ_1, υ_2, υ_3을 정의한다.
3. 옴의 법칙을 이용하여 저항에 흐르는 전류를 인접한 2개의 노드 전압의 차를 저항으로 나눈 값으로 표현한 후, $n-1$개의 노드 각각에 KCL을 적용한다.

$$\frac{\upsilon_3-\upsilon_1}{R_1}+\frac{\upsilon_2-\upsilon_1}{R_2}-i_1=0 \qquad \text{노드 1}$$
$$\frac{\upsilon_1-\upsilon_2}{R_2}-\frac{\upsilon_2}{R_3}+i_2=0 \qquad \text{노드 2}$$
$$\frac{\upsilon_1-\upsilon_3}{R_1}-\frac{\upsilon_3}{R_4}-i_2=0 \qquad \text{노드 3}$$

4. 각 노드 전압의 항으로 방정식을 재정리한다.

$$-\left(\frac{1}{R_1}+\frac{1}{R_2}\right)\upsilon_1+\left(\frac{1}{R_2}\right)\upsilon_2+\left(\frac{1}{R_1}\right)\upsilon_3=i_1$$
$$\left(\frac{1}{R_2}\right)\upsilon_1-\left(\frac{1}{R_2}+\frac{1}{R_3}\right)\upsilon_2=-i_2$$
$$\left(\frac{1}{R_1}\right)\upsilon_1-\left(\frac{1}{R_1}+\frac{1}{R_4}\right)\upsilon_3=i_2$$

각 방정식의 양변에 좌변의 공통 분모를 곱한다. 공통 분모는 노드 1에 대해서는 R_1R_2, 노드 2에 대해서는 R_2R_3, 노드 3에 대해서는 R_1R_4이다. 저항과 전류원 전류 값을 대입한다.

$$(-1-2)\ \upsilon_1+\ 2\upsilon_2+\ 1\upsilon_3=4 \qquad \text{노드 1}$$
$$4\upsilon_1+(-1-4)\upsilon_2+0\upsilon_3=-12 \qquad \text{노드 2}$$
$$3\upsilon_1+0\upsilon_2+(-2-3)\upsilon_3=18 \qquad \text{노드 3}$$

계수가 0인 항도 표함하면, 각 방정식은 3개의 전압 변수를 모두 가진다. 3개의 미지수에 대하여 3개의 방정식이 있으므로, 여러 계산 프로그램으로 해를 구할 수 있다. Matlab 또한 해를 구하는 데 활용할 수 있다.

Matlab®을 활용하여 해를 구하기 위해서는 방정식을 행렬 형태로 나타내야 한다.

$$\begin{bmatrix}-3 & 2 & 1\\ 4 & -5 & 0\\ 3 & 0 & -5\end{bmatrix}\begin{bmatrix}\upsilon_1\\ \upsilon_2\\ \upsilon_3\end{bmatrix}=\begin{bmatrix}4\\ -12\\ 18\end{bmatrix}$$

일반적으로, 이러한 방정식은 다음과 같이 간단한 형태로 나타낼 수 있다.

$$Ax=b$$

여기서 x는 3×1의 열벡터이며, 노드 전압인 υ_1, υ_2, υ_3를 성분으로 갖는다. Matlab®에

Command Window

New to MATLAB? Watch this Video, see Examples, or read Getting Started.

```
        This is a Classroom License for instructional use only.
        Research and commercial use is prohibited.
>> A = [-3 2 1; 4 -5 0; 3 0 -5]

A =

    -3     2     1
     4    -5     0
     3     0    -5

>> b = [4; -12; 18]

b =

     4
   -12
    18

>> x = a\b
Undefined function or variable 'a'.

Did you mean:
>> x = A\b

x =

   -3.5000
   -0.4000
   -5.7000

fx >>
```

그림 1.62 전형적인 Matlab 명령창. 프롬프트 ≫ 다음에 사용자 데이터가 입력된다. 4번째 포롬프트에서 보듯이, Matlab은 대소문자를 구분함에 유의한다. (*The MathWorks*, Inc.)

서는 3 × 3의 행렬 A와 3 × 1의 열벡터 b를 그림 1.62와 같이 나타낸다.

$$A = [-3\ \ 2\ \ 1\ ; 4\ -5\ \ 0\ ;\ \ 3\ \ 0\ -5]$$

$$b = [4\ ; -12\ ; 18] \quad (\text{or}\ \ b = [4 \quad -12 \quad 18]')$$

여기서 위 식의 우측 끝에 있는 아포스트로피(′)는 Matlab®에서 행렬의 행과 열을 전치하는 데 사용되는 연산자이다. 여기서는 1 × 3의 행벡터를 3 × 1의 열벡터로 전치하는 데 사용되었다. 방정식의 해인 x는 Matlab®에서 $x = A \backslash b$를 입력함으로써, 다음과 같이 얻을 수 있다.

$$x = [-3.5\text{V} \quad -0.4\text{V} \quad -5.7\text{V}]'$$

이는 3개의 노드 전압 $[v_1\ v_2\ v_3]'$을 나타낸다. 저항 R_3에 의한 전압 강하는 다음과 같다.

$$v = v_2 = -0.4\ \text{V}$$

연습 문제

노드 전압법을 이용하여 다음의 좌측 및 우측 회로에서 i_o와 v_x를 각각 구하라.

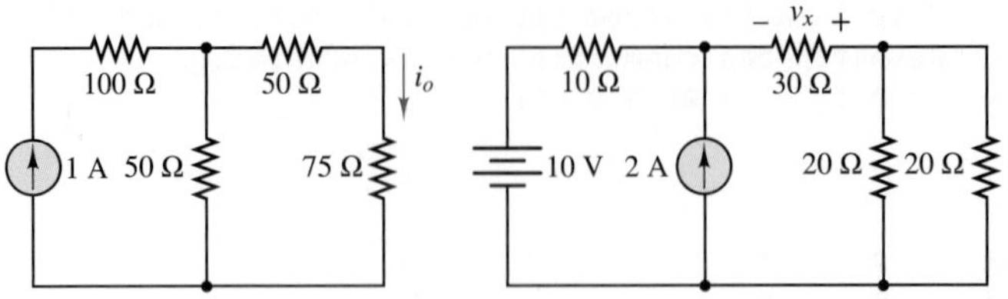

Answer: 0.2857 A, −18 V

연습 문제

예제 1.14에서 2개의 노드 전압을 이용하여 KCL이 각 노드에서 만족하는지를 증명하라.

연습 문제

전류원의 방향이 그림 1.61에서와 반대일 때, 예제 1.15의 문제를 반복하라. v를 구하라.

Answer: 0.4 V

전압원을 포함한 회로의 노드 전압법

앞에서 다루었던 예제들의 회로는 전압원을 포함하지 않는다. 그러나 실제적으로는 전압원을 포함한 회로가 더 일반적이다. 그림 1.63의 회로는 전압원을 포함한 회로에 노드 전압법을 적용하는 경우를 나타낸다. 이 회로에서 총 노드의 개수는 $n = 4$인 것을 확인하라.

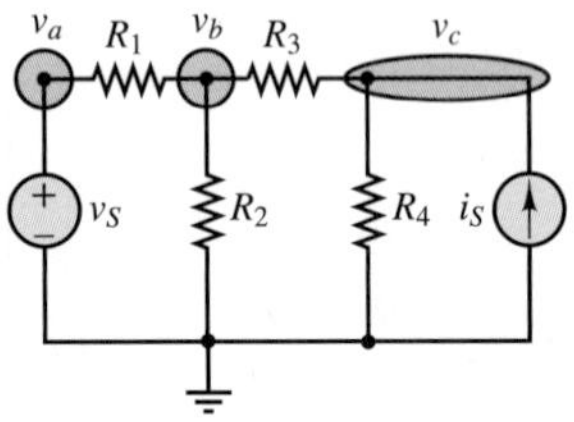

그림 1.63 전압원을 갖는 회로의 노드 해석

전압원을 포함하는 회로에 대해서는, 적어도 하나의 전압원이 연결되어 있는 노드를 기준 노드로 선택한다. 그림 1.63에서 접지 기호로 표시된 기준 노드의 전압은 0 V로 가정한다.

그림 1.63에서 나머지 3개의 노드 전압은 v_a, v_b, v_c로 명명한다. 노드 a는 전압원에 인접해 있으므로, 노드 전압은 기준 노드에 기준하여 $v_a = V_S$가 된다. 미지의 두 노드 전압은 v_b와 v_c이다. 이들 두 노드에 KCL을 적용한다.

노드 b:

$$\frac{v_a - v_b}{R_1} - \frac{v_b - 0}{R_2} - \frac{v_b - v_c}{R_3} = 0 \tag{1.24a}$$

노드 c:

$$\frac{v_b - v_c}{R_3} - \frac{v_c}{R_4} + i_S = 0 \tag{1.24b}$$

식 (1.24a)에 v_a를 대입하면

$$\frac{v_S - v_b}{R_1} - \frac{v_b}{R_2} - \frac{v_b - v_c}{R_3} = 0 \tag{1.25}$$

마지막으로, 두 미지의 노드 전압의 항으로 계수를 정리하면 다음과 같다.

$$\begin{aligned} \left(\frac{1}{R_1} + \frac{1}{R_2} + \frac{1}{R_3}\right) v_b \quad &+ \left(-\frac{1}{R_3}\right) v_c = \frac{1}{R_1} v_s \\ \left(-\frac{1}{R_3}\right) v_b \quad &+ \left(\frac{1}{R_3} + \frac{1}{R_4}\right) v_c = i_S \end{aligned} \tag{1.26}$$

2개의 미지수에 대해서 2개의 방정식이 있으므로 해를 구할 수 있다.

전압원이 기준 노드에 인접하지 않는 경우의 해법

예제 1.16

문제

노드 전압법을 이용하여 그림 1.64의 회로에서 노드 전압과 전압원에 흐르는 전류를 구하라. $R_1 = 2\ \Omega$, $R_2 = 2\ \Omega$, $R_3 = 4\ \Omega$, $R_4 = 3\ \Omega$, $v_{S1} = 2$ A, $v_{S2} = 3$ V라 가정한다.

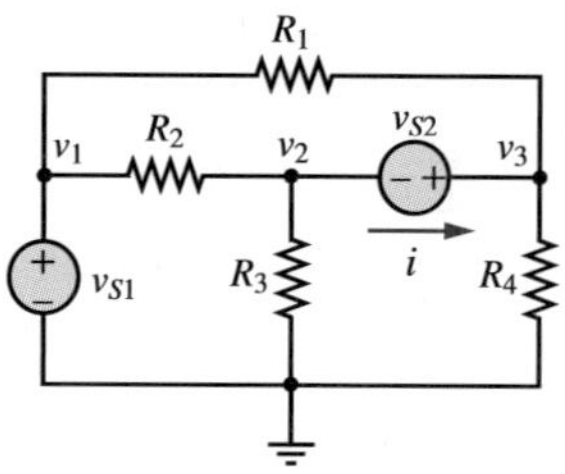

그림 1.64 예제 1.16의 회로

풀이

기지: 저항, 전류원 전류 및 전압원 전압

미지: 전압원에 흐르는 전류 i

해석: 그림 1.64와 "노드 전압법"의 방법과 절차에서 기술한 단계를 참고한다.

1. 기준 노드를 선정한다. 회로에 두 전압원($m = 2$)이 있다. 각 노드는 한 전압원과 두 저항에 연결되어 있으므로, 어느 노드라도 기준 노드로 선택할 수 있다.
2. 3개의 비기준 노드 전압 v_1, v_2, v_3를 정의한다. 전압원 v_{S1}은 전압을 아는 노드(즉, 0 V의 기준 노드)에 인접해 있다. 노드 v_1은 이 전압원에 인접해 있는 다른 노드이므로, 기준 노드를 기준으로 $v_1 = v_{S1} + 0 = v_{S1}$이 된다. 미지의 두 노드 전압은 v_2와 v_3이다.

   전압원 v_{S2}는 전압을 아는 노드에 인접해 있지 않다. 따라서 그림 1.65와 같이 v_{S2}와 노드 v_2와 v_3를 둘러싸는 "수퍼노드"를 생성한다.

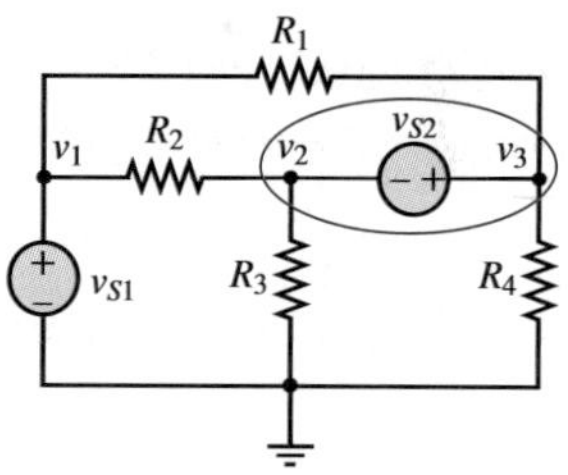

그림 1.65 "수퍼노드"를 갖는 예제 1.16의 회로

3. 모든 전류가 수퍼노드에 들어간다고 가정하고 KCL을 적용한다.

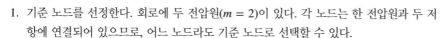

   $$\frac{v_1 - v_2}{R_2} + \frac{0 - v_2}{R_3} + \frac{v_1 - v_3}{R_1} + \frac{0 - v_3}{R_4} = 0 \qquad \text{수퍼노드 경계에서 KCL 적용}$$

   전압원 v_{S2}을 이용하여 두 미지의 노드 전압 v_2와 v_3 간의 관계를 구한다.

   $$v_3 = v_2 + v_{S2} \qquad \text{수퍼노드 내에서}$$

4. 미지의 노드 전압의 항으로 계수를 정리하고, 기지의 파라미터 값을 대입한다.

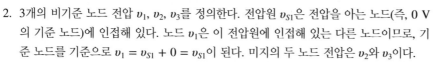

   $$\begin{aligned} 9v_2 + 10v_3 &= 24 \qquad \text{수퍼노드 경계에서 KCL 적용} \\ -v_2 + v_3 &= 3 \qquad \text{수퍼노드 내에서} \end{aligned}$$

2개의 미지수에 2개의 방정식을 가지므로 해를 구할 수 있다. 두 번째 방정식에 9를 곱한 후에 첫 번째 방정식과 더하면 v_2를 제거할 수 있다. 그 결과는 다음과 같다.

$$19v_3 = 51 \qquad \text{or} \qquad v_3 = \frac{51}{19} \approx 2.68\ \text{V}$$

이 결과를 이용하여 v_2를 구한다.

$$v_2 = v_3 - 3 \qquad \text{or} \qquad v_2 = \frac{-6}{19} \approx -0.32\ \text{V}$$

노드 v_3에 KCL를 적용하여 전압원 v_{S2}에 흐르는 전류 i를 구한다.

$$i = \frac{v_3 - v_1}{R_1} + \frac{v_3}{R_4} \approx \frac{2.68 - 2}{2} + \frac{2.68}{3} \approx 1.24\ \text{A}$$

참조: 3개의 노드 전압을 모두 알고 있으므로, 각 저항에 흐르는 전류를 계산할 수 있다. $i_1 = |v_3 - v_1|/R_1$(좌측으로), $i_2 = |v_1 - v_2|/R_2$(우측으로), $i_3 = |v_2| = R_3$(위로), $i_4 = |v_3|/R_4$(아래로)

연습 문제

전압원 v_{S1}의 방향이 그림 1.64와 반대일 때 예제 1.16을 반복하라. 노드 전압과 i를 구하라.

Answer: $v_1 = -2$ V, $v_2 \approx -2.841$ V, $v_3 = 0.16$ V, $i = 1.13$ A

1.8 망 전류법

회로 해석의 또 다른 방법은 **망 전류**(mesh current)를 사용하는 것이다. 노드 전압법과 마찬가지로, 이 방법의 목적도 n개의 미지의 망 전류에 대해서 n개의 선형 연립 방정식을 수립하는 것이다. 이 방법에서는 각 망에 흐르는 망 전류를 정의한 다음에, 각 망에 키르히호프의 전압 법칙(KVL)을 적용한다.

망 전류는 분기 전류와 다르다는 점이 중요하다. 망 전류법(mesh current method)의 관점은 각 망 전류에 대해서 계산되는 1개의 전류가 존재하고, 이러한 망 전류들로 분기 전류가 구성된다는 점이다. 특히, 분기가 단 1개의 망의 일부일 때, 분기 전류와 망 전류는 같다. 그러나 분기가 2개의 망에 포함된다면 분기 전류는 2개의 망 전류로 구성된다.

망 전류법에서는 각 망 전류의 방향을 가정하는 것이 중요하다. 망 전류의 방향을 모두 시계 방향으로 가정하는 것이 편리하다. 이 가정을 사용하면, 어떤 분기가 2개의 망에 공유될 때, 분기 전류는 2개의 망 전류의 차와 같다. 그림 1.66은 이러한 결과를 보여주며, 저항 R_2를 통과하는 전류는 i_1과 i_2의 차와 같은데, 이는 두 전류가 반대 방향으로 흐르기 때문이다.

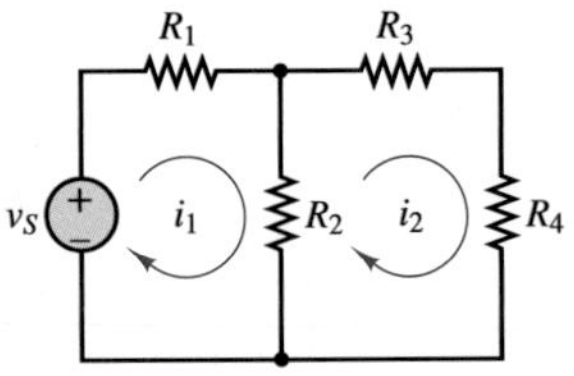

그림 1.66 2개의 망과 2개의 망 전류

망 전류의 정의 시와 동일한 방향(예를 들어, 시계 방향)으로 KVL을 적용하는 것이 편리하다. 그림 1.67에서와 같이 옴의 법칙에 의해서 저항에 흐르는 순 전류는 높은 전압에서 낮은 전압으로 향한다. 그러므로 그림 1.68에서 KVL을 망 i_1에 적용할 때 옴의 법칙은 다음과 같이 표현된다.

$$v_1 = i_1 R_1 \tag{1.27}$$

그리고

$$v_2 = (i_1 - i_2) R_2 \tag{1.28}$$

R_2에 흐르는 순 전류는 망 전류 i_1의 방향과 같으며, $(i_1 - i_2)$이다. 그러므로 망 i_1에 대한 KVL은

$$v_S - i_1 R_1 - (i_1 - i_2) R_2 = 0 \qquad \text{망 } 1 \tag{1.29}$$

이고, 망 i_2에 대한 KVL은

$$(i_1 - i_2) R_2 - i_2 R_3 - i_2 R_4 = 0 \qquad \text{망 } 2 \tag{1.30}$$

이다.

망 2의 양변에 −1을 곱하고, 각 방정식에서 i_1과 i_2의 계수를 모아서 정리하면 다음과 같은 연립 방정식을 얻게 된다.

$$(R_1 + R_2)i_1 - R_2 i_2 = v_S \tag{1.31}$$

$$-R_2 i_1 + (R_2 + R_3 + R_4)i_2 = 0 \tag{1.32}$$

독립적인 망 전류 i_1과 i_2에 대해 수립한 두 연립 방정식의 해를 구할 수 있다. R_2에 흐르는 분기 전류 또한 구할 수 있다. 만약 망 전류에 대한 해가 음이면, 망 전류의 실제 방향은 가정된 방향과 반대이다. 옴의 법칙을 위한 수동 부호 규약에 따르고, 한 번에 하나의 망씩 각 망 주위에서 전압 강하를 정확히 결정하여야 성공적으로 문제를 풀 수 있다.

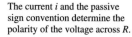

The current i and the passive sign convention determine the polarity of the voltage across R.

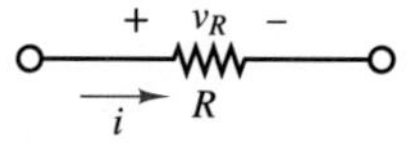

그림 1.67 옴의 법칙은 전류가 높은 전위에서 낮은 전위로 흐른다는 것을 의미한다.

Mesh 1: KVL requires $v_S - v_1 - v_2 = 0$, where $v_1 = i_1R_1$, $v_2 = (i_1 - i_2)R_2$.

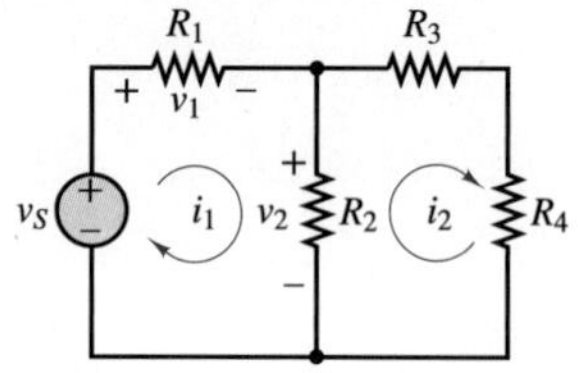

그림 1.68 망 1에 대한 전류와 전압의 설정

Mesh 2: KVL requires

$$v_2 - v_3 - v_4 = 0$$

where

$$v_2 = (i_1 - i_2)R_2$$
$$v_3 = i_2R_3$$
$$v_4 = i_2R_4$$

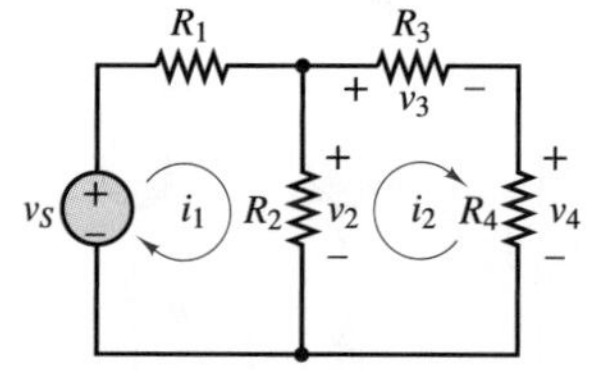

그림 1.69 망 2에 대한 전압의 설정

방법 및 절차
FOCUS ON PROBLEM SOLVING

망 전류법

1. 망 전류와 KVL에 대해서 시계 방향(CW)이나 반시계 방향(CCW) 중 하나를 선택한다
2. n개의 망에 대한 망 전류 $i_1, i_2, \ldots, i_n$을 정의한다.
   - 만약 회로가 전류원을 포함하지 않는다면, 각 망에 KVL을 적용하여 n개의 망 전류 변수에 대해서 n개의 독립적인 KVL 방정식을 수립한다. 단계 7로 점프한다.
   - 회로가 m개의 전류원을 포함한다면, $n - m$개의 KVL 방정식과 m개의 전류원 방정식이 생성된다. 단계 3으로 진행한다.

(계속)

(계속)

3. 전류원을 포함하지 않는 ℓ개의 망이 있다면, 각 망에 KVL을 적용하여 ℓ개의 KVL 방정식을 수립한다. 옴의 법칙을 이용하여 망 전류의 항으로 각 저항의 전압 강하를 표시한다.
4. 오직 1개의 망과 접하는 각 전류원 i_S에 대해서 전류원 방정식 $i_j = \pm i_S$를 수립한다. 이때 i_j는 망 전류이다.
5. 2개의 망과 접하는 각 전류원 i_S에 대해서 전류원 방정식 $i_j - i_k = \pm i_S$를 수립한다. 이때 i_j와 i_k는 망 전류이다.
6. 각 전류원이 수퍼망(supermesh) 내에 포함되지만 수퍼망의 경계에는 있지 않는 $n - m - \ell$개의 독립적인 "수퍼망"을 정의한다. 각 수퍼망에 KVL을 적용하여 $n - m - \ell$개의 추가적인 KVL 방정식을 수립한다. 옴의 법칙을 이용하여 인접한 망 전류의 항으로 각 저항의 전압 강하를 표시한다.
7. n개 변수의 항으로 계수를 정리하고, n개의 선형 연립 방정식의 해를 구한다.
   - 각 전류원 방정식 $i_j = \pm i_S$을 이용하여 방정식과 변수의 수를 줄일 수 있다.
8. 알고 있는 망 전류를 이용하여 회로의 분기 전류를 구할 수 있다. 옴의 법칙과 필요하면 KVL을 적용하여 전압 강하를 구한다.

예제 1.17

망 전류법: 2개의 망을 갖는 회로에서 망 전류 구하기

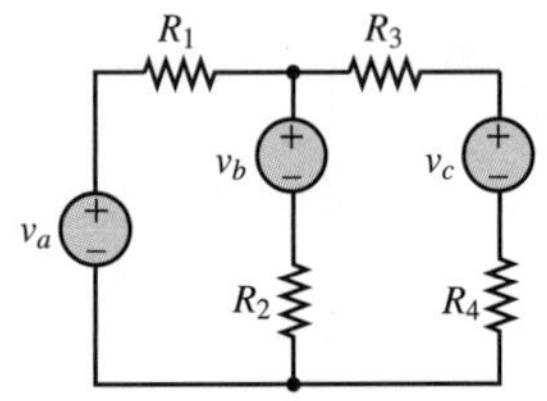

그림 1.70

문제

그림 1.70의 회로에서 망 전류를 구하라.

풀이

기지: 전압원 전압, 저항

미지: 망 전류

주어진 데이터 및 그림: $v_a = 10$ V, $v_b = 9$ V, $v_c = 1$ V, $R_1 = 5\ \Omega$, $R_2 = 10\ \Omega$, $R_3 = 5\ \Omega$, $R_4 = 5\ \Omega$

해석: 그림 1.70과 1.71, 그리고 "망 전류법"과 관련된 방법과 절차에서 기술한 단계를 참고한다.

1. 시계 방향을 선택한다.
2. 회로에는 2개의 망이 있으므로, 시계 방향으로 흐르는 망 전류 i_1과 i_2를 정의한다. 회로에는 전류원은 없다.

3. 각 망에 KVL을 적용하고, 옴의 법칙을 이용하여 각 저항에 의한 전압 강하를 인접한 망 전류에 대한 함수로 표현함으로써, 다음과 같은 2개의 방정식을 얻는다.

$$v_a - R_1 i_1 - v_b - R_2(i_1 - i_2) = 0 \qquad \text{망 1}$$
$$R_2(i_1 - i_2) + v_b - R_3 i_2 - v_c - R_4 i_2 = 0 \qquad \text{망 2}$$

4. 계수를 정리하고, 주어진 수치를 대입하면 다음과 같은 연립 방정식을 얻는다.

$$15 i_1 - 10 i_2 = v_a - v_b = 1 \qquad \text{망 1}$$
$$-10 i_1 + 20 i_2 = v_b - v_c = 8 \qquad \text{망 2}$$

망 1에 대한 방정식에 2를 곱하고 망 2에 대한 방정식에 더하면 i_1을 구할 수 있다. 이를 두 방정식 중 하나에 대입하여 i_2를 구할 수 있다. 결과는 다음과 같다.

$$i_1 = 0.5\text{ A} \qquad \text{and} \qquad i_2 = 0.65\text{ A}$$

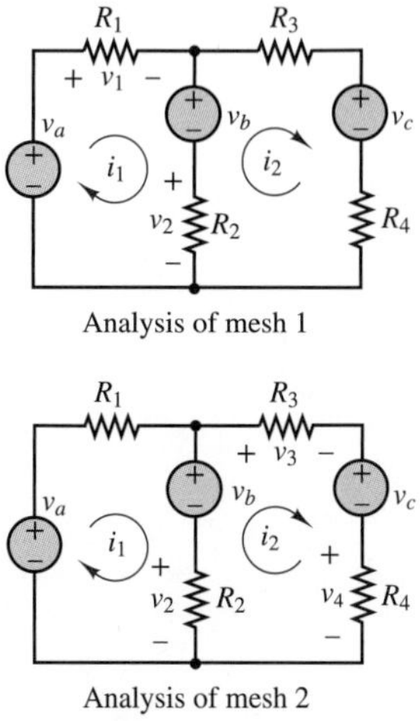

그림 1.71

망 전류법: 3개의 망을 갖는 회로에서 Matlab®을 이용하여 망 전류 구하기

예제 1.18

문제

그림 1.72의 회로는 주거용 및 상업용 건물의 3선 배전 시스템의 단순화된 DC 회로 모델이다. 2개의 이상 전압원과 저항 R_4와 R_5는 배전 시스템의 등가 회로를 나타낸다. R_1과 R_2는 부하가 800 W 및 300 W인 110 V 전구를 각각 나타낸다. 저항 R_3는 3 kW의 220 V 전열 부하를 나타낸다. 세 부하에 걸리는 전압을 구하라.

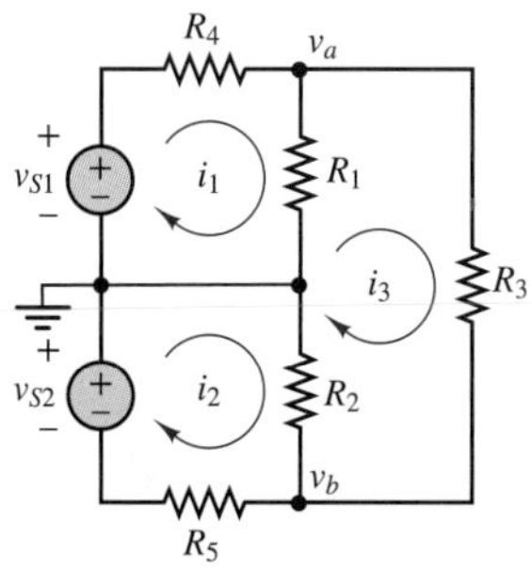

그림 1.72

풀이

기지: 그림 1.72의 회로에서 전압원과 저항은 $v_{S1} = v_{S2} = 110$ V, $R_4 = R_5 = 1.3\ \Omega$, $R_1 = 15\ \Omega$, $R_2 = 40\ \Omega$, $R_3 = 16\ \Omega$

미지: i_1, i_2, i_3, v_a, v_b

해석: 그림 1.72와 "망 전류법"과 관련된 방법과 절차에서 기술한 단계를 참고한다.

1. 시계 방향을 선택한다.
2. 회로에는 3개의 망이 있으며, 그림 1.72와 같이 시계 방향으로 흐르는 망 전류 i_1, i_2, i_3를 정의한다. 회로에는 전류원이 없다.
3. 각 망에 KVL을 적용하고, 옴의 법칙을 이용하여 각 저항에 의한 전압 강하를 인접한 망 전류에 대한 함수로 표현한다.

망 1: $v_{S1} - R_4 i_1 - R_1(i_1 - i_3) = 0$

망 2: $v_{S2} - R_2(i_2 - i_3) - R_5 i_2 = 0$

망 3: $-R_1(i_3 - i_1) - R_3 i_3 - R_2(i_3 - i_2) = 0$

4. 계수를 정리하여 다음과 같은 3개의 미지의 망 전류에 대한 연립 방정식을 얻는다.

$$-(R_1+R_4)i_1 \qquad\qquad + \qquad R_1 i_3 = -v_{S1}$$
$$- \quad (R_2+R_5)i_2 + \qquad R_2 i_3 = -v_{S2}$$
$$R_1 i_1 + \qquad R_2 i_2 - \quad (R_1+R_2+R_3)i_3 = 0$$

이 방정식에 수치를 대입하고 행렬 형태로 나타내면

$$\begin{bmatrix} -16.3 & 0 & 15 \\ 0 & -41.3 & 40 \\ 15 & 40 & -71 \end{bmatrix} \begin{bmatrix} i_1 \\ i_2 \\ i_3 \end{bmatrix} = \begin{bmatrix} -110 \\ -110 \\ 0 \end{bmatrix}$$

이며, 이를 저항 행렬 $[R]$과 망 전류 벡터 $[I]$의 곱을 전압원 벡터 $[V]$와 등가로 놓음으로써 간략히 표시하면

$$[R][I] = [V]$$

가 되므로, 해는 다음 형태로 구할 수 있다.

$$[I] = [R]^{-1}[V]$$

망 전류 벡터는 해석적이거나 수치적인 해법으로 구할 수 있다. 여기서는 Matlab®을 이용하여 3 × 3 행렬의 역행렬 $[\mathrm{R}]^{-1}$을 계산하였다.

$$[R]^{-1} = \begin{bmatrix} -0.1072 & -0.0483 & -0.0499 \\ -0.0483 & -0.0750 & -0.0525 \\ -0.0499 & -0.0525 & -0.0542 \end{bmatrix}$$

각 망에서의 전류는 다음과 같다.

$$[I] = [R]^{-1}[V] = \begin{bmatrix} -0.1072 & -0.0483 & -0.0499 \\ -0.0483 & -0.0750 & -0.0525 \\ -0.0499 & -0.0525 & -0.0542 \end{bmatrix} \begin{bmatrix} -110 \\ -110 \\ 0 \end{bmatrix} = \begin{bmatrix} 17.11 \\ 13.57 \\ 11.26 \end{bmatrix}$$

그러므로

$$i_1 = 17.11\ \mathrm{A} \quad i_2 = 13.57\ \mathrm{A} \quad i_3 = 11.26\ \mathrm{A}$$

2개의 미지 노드 전압 V_a와 V_b는 옴의 법칙과 망 전류를 이용하여 쉽게 계산할 수 있다. 다음의 계산 과정에서는 수동 부호 규약이 사용된다는 점에 주의한다.

$$v_a - 0 = R_1(i_1 - i_3)$$
$$v_a = 87.75\ \mathrm{V}$$
$$v_b - 0 = R_2(i_3 - i_2)$$
$$v_b = -92.40\ \mathrm{V}$$

노드 전압 v_a와 v_b는 기준 노드를 기준으로 결정된다. 이해를 돕기 위해서, 각 망에 KVL이 성립된다는 것을 보여라.

참조: 역행렬의 계산은 예제 1.15에서 사용된 Matlab®의 left division 계산과 비교해 볼 때 수치적으로 비효율적이다.

연습 문제

좌측의 회로에서 망 전류법을 이용하여 미지의 전압 v_x를 구하라.

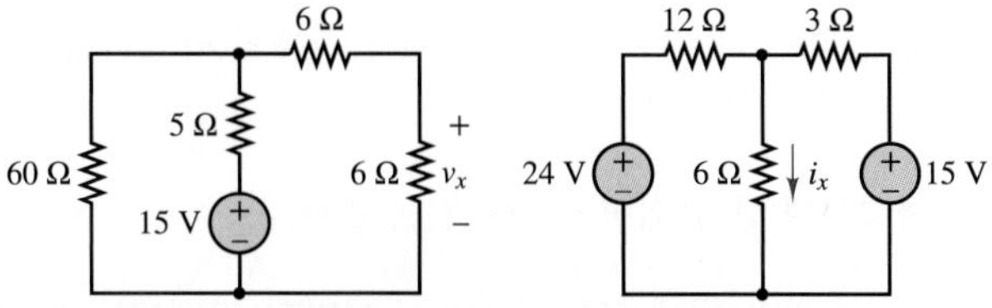

우측의 회로에서 망 전류법을 이용하여 미지의 전류 i_x을 구하라.

Answers: 5 V; 2 A

연습 문제

망 전류법 대신에 노드 전압법을 이용하여 예제 1.18을 반복하라.

전류원을 포함한 회로의 망 전류법

앞선 예제에 있는 회로는 전류원을 갖지 않는다. 그러나 실제 회로는 전류원을 갖는 경우가 일반적이다. 망 전류법과 관련된 "방법 및 절차"에 추가적인 설명을 덧붙여서 다음과 같이 나타내었다.

단계 1: 망 전류와 KVL에 대해서 CW와 CCW 중 한 방향을 선택한다.

- 이 책에서는 모든 망 전류는 CW 방향을 선택한다.

단계 2: n개의 망에 대한 망 전류 $i_1, i_2, \ldots, i_n$을 정의한다. 회로가 m개의 전류원을 포함한다면, $n - m$개의 KVL 방정식과 m개의 전류원 방정식이 존재한다.

- 그림 1.73의 회로에는 2개의 망이 있다. $n = 2$와 $m = 1$이므로 1개의 KVL 방정식과 1개의 전류원 방정식이 생성된다. 2개의 망 전류는 i_1과 i_2로 정의된다.

단계 3: 전류원을 포함하지 않는 ℓ개의 망이 있다면, 각 망에 KVL을 적용하여 ℓ개의 KVL 방정식을 수립한다. 옴의 법칙을 이용하여 망 전류의 항으로 각 저항의 전압 강하를 표시한다.

- 그림 1.73에서 망 i_1만이 전류원을 포함하지 않으므로, $\ell = 1$이 된다. 이 망에 KVL을 적용한다.

$$v_S - R_1 i_1 - R_2(i_1 - i_2) = 0 \tag{1.33}$$

단계 4: 오직 1개의 망과 접하는 각 전류원 i_S에 대해서 전류원 방정식 $i_j = \pm i_S$를 수립한다. 이때 i_j는 망 전류이다.

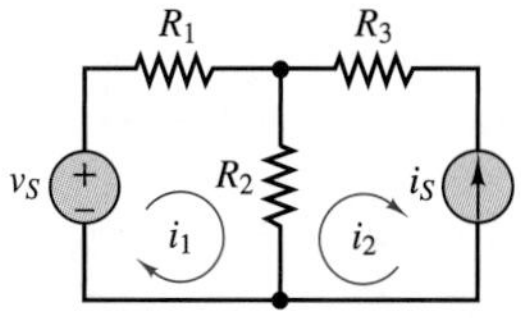

그림 1.73 전류원을 갖는 회로의 망 해석

- 그림 1.73에서 망 i_2는 망 i_1과 접하지 않는 전류원을 포함한다. 그러므로

$$i_2 = -i_S \tag{1.34}$$

단계 5: 2개의 망과 접하는 각 전류원 i_S에 대해서 전류원 방정식 $i_j - i_k = \pm i_S$를 수립한다. 이때 i_j와 i_k는 망 전류이다.

- 그림 1.73에서 2개의 망과 접하는 전류원은 없다.

단계 6: 각 전류원이 수퍼망 내에 포함되지만 수퍼망의 경계에는 있지 않는 $n - m - \ell$개의 독립적인 "수퍼망"을 정의한다. 각 수퍼망에 KVL을 적용하여 $n - m - \ell$개의 추가적인 KVL 방정식을 수립한다. 옴의 법칙을 이용하여 인접한 망 전류의 항으로 각 저항의 전압 강하를 표시한다.

- 그림 1.73의 회로에서는 $n - m - \ell = 0$이므로 수퍼망을 고려할 필요는 없다. 다시 말해서, 2개의 망 전류 i_1과 i_2에 대해서 2개의 선형 독립 방정식이 이미 수립되어 있다.

단계 7: n개 변수의 항으로 계수를 정리하고, n개의 선형 연립 방정식의 해를 구한다. 각 전류원 방정식 $i_j = \pm i_S$을 이용하여 방정식과 변수의 수를 줄일 수 있다.

- 식 (1.33)의 i_2에 식 (1.34)를 대입하면 다음 결과를 얻는다.

$$i_1 = \frac{v_S - i_S R_2}{R_1 + R_2} \tag{1.35}$$

단계 8: 알고 있는 망 전류를 이용하여 회로의 분기 전류를 구할 수 있다. 옴의 법칙과 필요하면 KVL을 적용하여 전압 강하를 구한다.

- 그림 1.73의 회로에 대해서, R_1에 흐르는 전류는 i_1이고, R_3에 흐르는 전류는 i_S이다. R_2에 흐르는 전류는 $i_1 - i_2$이다. 전류원에 걸리는 전압의 변화는 KVL에 의해서 다음과 같이 주어진다.

$$i_S R_3 + (i_1 - i_2) R_2$$

예제 1.19 망 해석: 3개의 망과 1개의 전류원

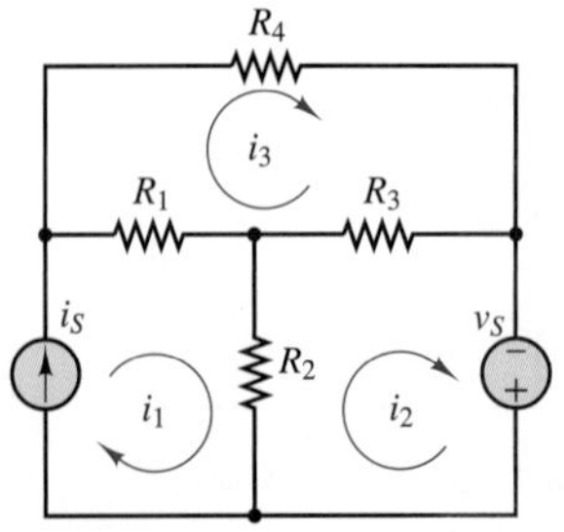

그림 1.74 전류원을 갖는 회로의 망 해석

문제

그림 1.74의 회로에서 망 전류를 구하라.

풀이

기지: 전압원, 전류원, 저항

미지: 망 전류

주어진 데이터 및 그림: $i_S = 0.5\text{A}$, $v_S = 6\text{V}$, $R_1 = 2\Omega$, $R_2 = 8\ \Omega$, $R_3 = 6\ \Omega$, $R_4 = 4\ \Omega$

해석: 그림 1.74와 "망 전류법"과 관련된 방법 및 절차를 참고한다.

단계 1: 망 전류와 KVL에 대해서 CW와 CCW 중 한 방향을 선택한다.

- 이 책에서는 모든 망 전류는 CW 방향을 선택한다.

단계 2: n개의 망에 대한 망 전류 $i_1, i_2, \ldots, i_n$을 정의한다. 회로가 m개의 전류원을 포함한다면, $n - m$개의 KVL 방정식과 m개의 전류원 방정식이 존재한다.

- 그림 1.74의 회로에는 3개의 망과 1개의 전류원이 있다. $n = 3$와 $m = 1$이므로 2개의 KVL 방정식과 1개의 전류원 방정식이 생성된다. 3개의 망 전류는 i_1, i_2, i_3로 정의된다.

단계 3: 전류원을 포함하지 않는 l개의 망이 있다면, 각 망에 KVL을 적용하여 l개의 KVL 방정식을 수립한다. 옴의 법칙을 이용하여 망 전류의 항으로 각 저항의 전압 강하를 표시한다.

- 그림 1.74에서 망 i_2와 i_3는 전류원을 포함하지 않으므로, $\ell = 2$이 된다. 이들 망에 KVL을 적용한다.

$$-R_2(i_2 - i_1) - R_3(i_2 - i_3) + v_S = 0 \quad \text{망 2}$$
$$-R_1(i_3 - i_1) - R_4 i_3 - R_3(i_3 - i_2) = 0 \quad \text{망 3}$$

단계 4: 오직 1개의 망과 접하는 각 전류원 i_S에 대해서 전류원 방정식 $i_j = \pm i_S$를 수립한다. 이때 i_j는 망 전류이다.

- 그림 1.74에서 망 i_1는 다른 망들과 접하지 않는 전류원을 포함한다. 그러므로

$$i_1 = i_S \quad \text{망 1}$$

단계 5: 2개의 망과 접하는 각 전류원 i_S에 대해서 전류원 방정식 $i_j - i_k = \pm i_S$를 수립한다. 이때 i_j와 i_k는 망 전류이다.

- 그림 1.74에서 2개의 망과 접하는 전류원은 없다.

단계 6: 각 전류원이 수퍼망 내에 포함되지만 수퍼망의 경계에는 있지 않는 $n - m - \ell$개의 독립적인 "수퍼망"을 정의한다. 각 수퍼망에 KVL을 적용하여 $n - m - \ell$개의 추가적인 KVL 방정식을 수립한다. 옴의 법칙을 이용하여 인접한 망 전류의 항으로 각 저항의 전압 강하를 표시한다.

- 그림 1.74의 회로에서는 $n - m - \ell = 0$이므로 수퍼망을 고려할 필요는 없다. 다시 말해서, 3개의 망 전류 i_1, i_2, i_3에 대해서 3개의 선형 독립 방정식이 이미 수립되어 있다.

단계 7: n개 변수의 항으로 계수를 정리하고, n개의 선형 연립 방정식의 해를 구한다. 각 전류원 방정식 $i_j = \pm i_S$을 이용하여 방정식과 변수의 수를 줄일 수 있다.

- 망 2와 3의 방정식에서의 i_1에 망 1의 방정식을 대입한다.

$$14 i_2 - 6 i_3 = 10$$
$$-6 i_2 + 13 i_3 = 1.5$$

$$i_2 = 0.95\ \text{A} \qquad i_3 = 0.55\ \text{A}$$

단계 8: 알고 있는 망 전류를 이용하여 회로의 분기 전류를 구할 수 있다. 옴의 법칙과 필요하면 KVL을 적용하여 전압 강하를 구한다.

- 그림 1.74의 회로에 대해서, R_1에 흐르는 전류는 $i_1 - i_3$, R_2에 흐르는 전류는 $i_1 - i_2$, R_3에 흐르는 전류는 $i_2 - i_3$, R_4에 흐르는 전류는 i_3이다. 전류원에 걸리는 전압의 변화는 KVL에 의해서 다음과 같이 주어진다.

  $(i_1 - i_3)R_3 + (i_1 - i_2)R_2$

연습 문제

예제 1.19에서 망 전류를 이용하여 분기 전류를 구하라. 각 노드에 KVL을 적용하여 검증하라.

1.9 종속 소스를 갖는 회로의 노드 및 망 해석

종속 소스가 회로 내에 존재하면 독립 소스를 취급하였던 방법과 마찬가지로, 종속 소스에 관한 노드나 망 방정식을 얻을 수 있다. 종속 소스의 값은 회로도에 추가적인 미지의 변수로 나타날 것이다. 이러한 경우에 다른 전류나 전압에 대한 종속성은 **구속 방정식**(constraint equation)에 의해 표현된다. 구속 방정식은 단순하며, 노드나 망에 관한 방정식에 직접 대입되어 미지의 소스에 관한 변수를 소거할 수 있다.

그림 1.75의 회로는 양극성 접합 트랜지스터(bipolar junction transistor)에 기반한 증폭기 모델을 단순하게 나타낸 것이다. 이 회로는 3개의 망과 기준 노드를 포함한 3개의 노드를 갖는다. 그러므로 노드 해석을 이용하여 2개의 미지의 노드 전압에 대한 2개의 방정식을 얻을 수 있다. 망 전류법을 사용하면 가장 좌측의 망 전류가 i_S로 결정되므로, 역시 2개의 망 전류에 대한 2개의 방정식을 얻을 수 있다. 또한, 가장 우측의 전류는 βi_b로 결정된다. 두 가지 방법을 모두 적용해 보자.

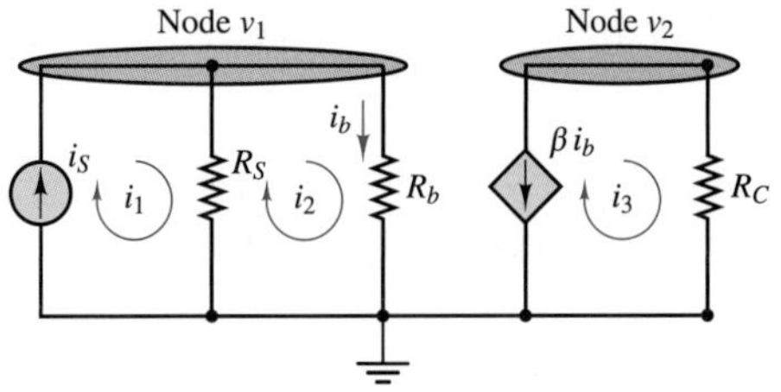

그림 1.75 종속 소스를 포함한 회로

망 전류법을 위해 좌측에서 우측으로 각각 다음과 같은 망 전류 i_1, i_2, i_3를 정의한다.

$$i_1 = i_S \qquad i_2 = i_b \qquad i_3 = -\beta i_b \tag{1.36}$$

망 2에 KVL을 적용하면

$$-(i_2 - i_1) R_S - i_2 R_b = 0 \tag{1.37}$$

이며, i_2에 대해 다음과 같이 직접 해를 구하는 것이 가능하다.

$$i_2 = i_1 \frac{R_S}{R_S + R_b} = i_S \frac{R_S}{R_S + R_b} \tag{1.38}$$

이 방정식은 단순히 노드 1에서의 전류 분배에 의한 결과이다.

$$i_3 = -\beta i_b = -\beta i_2 = -\beta i_S \frac{R_S}{R_S + R_b} \tag{1.39}$$

종속 전류원 βi_b의 값은 회로도에 명시되어 있다. 그러므로 별도의 구속 방정식은 필요 없다.

이 문제를 해결하기 위해서 노드 전압법을 사용할 수 있다. 노드 v_1에 KCL을 적용하면

$$i_S = \frac{v_1}{R_S} + i_b = \frac{v_1}{R_S} + \frac{v_1}{R_b} \tag{1.40}$$

이며, 노드 v_2에 KCL을 적용하면

$$\beta i_b + \frac{v_2}{R_C} = \beta \frac{v_1}{R_b} + \frac{v_2}{R_C} = 0 \tag{1.41}$$

이며, 전류 분배에 의해 다음과 같이 나타낼 수 있다.

$$i_b = i_S \frac{R_S}{R_b + R_S} \tag{1.42}$$

마지막으로 결과는 다음과 같다.

$$\begin{aligned} v_1 &= i_S \frac{R_S R_b}{R_S + R_b} \\ v_2 &= -\beta i_S \frac{R_S R_C}{R_S + R_b} \end{aligned} \tag{1.43}$$

종속 소스를 갖는 회로의 노드 전압법 — 예제 1.20

문제

그림 1.76의 회로에서 노드 전압을 구하라.

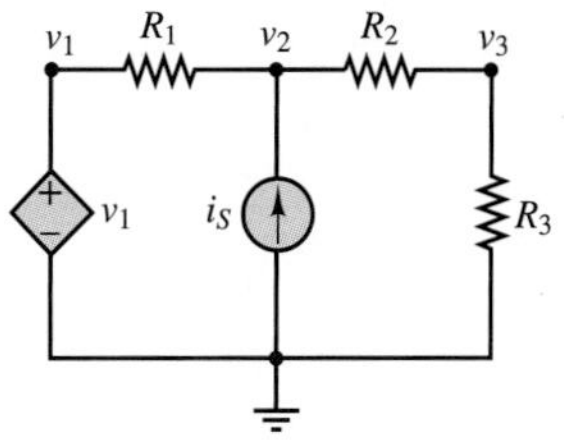

그림 1.76

풀이

기지: 소스 전류, 저항, 종속 전압원의 구속 방정식

미지: 미지의 노드 전압 v_2

주어진 데이터 및 그림: $i_S = 0.5$ A, $R_1 = 5\ \Omega$, $R_2 = 2\ \Omega$, $R_3 = 4\ \Omega$. 종속 소스의 구속 방정식:

$v_1 = 2 \times v_3$

해석: 그림 1.76과 "노드 전압법"과 관련된 방법 및 절차를 참고한다.

1. 회로에는 4개의 노드가 있다. 회로의 하단에 기준 노드를 설정한다.
2. 3개의 비기준 노드의 노드 전압을 v_1, v_2, v_3로 명명한다. 종속 전압원에서 노드 전압 $v_1 = 2v_3$이다. 결과적으로, v_1은 알고 있으므로, 이 노드에는 KCL을 적용하지 않는다.
3. 노드 v_2와 v_3에 KCL을 적용한다. 옴의 법칙을 이용하여 분기 전류를 노드 전압에 대한 함수로 나타낸다.

$$\frac{v_1 - v_2}{R_1} + i_S - \frac{v_2 - v_3}{R_2} = 0 \quad \text{노드 } v_2$$

$$\frac{v_2 - v_3}{R_2} - \frac{v_3 - 0}{R_3} = 0 \quad \text{노드 } v_3$$

   구속 방정식 $v_1 = 2v_3$은 노드 v_2 방정식에서 v_1에 대입될 수 있다.

4. v_2와 v_3의 계수를 정리하면

$$\left(\frac{1}{R_1} + \frac{1}{R_2}\right) v_2 + \left(-\frac{2}{R_1} - \frac{1}{R_2}\right) v_3 = i_S$$

$$\left(\frac{1}{R_2}\right) v_2 - \left(\frac{1}{R_2} + \frac{1}{R_3}\right) v_3 = 0$$

   이 되며, 수치를 대입하면

$$0.7 v_2 - 0.9 v_3 = 0.5$$
$$0.5 v_2 - 0.75 v_3 = 0$$

   이 된다. 두 번째 방정식에 7/5를 곱하고, 첫 번째 방정식과 차를 구하면 $v_3 = 10/3 = 3.33$ V이다. 이 결과를 방정식에 대입하면 $v_2 = 5$이다. 마지막으로, $v_1 = 2 \times v_3 = 6.66$ V이다.

예제 1.21

종속 소스를 갖는 망의 해석

문제

그림 1.77의 회로에서 전압 이득(voltage gain) $G_v = v_2/v_1$을 구하라.

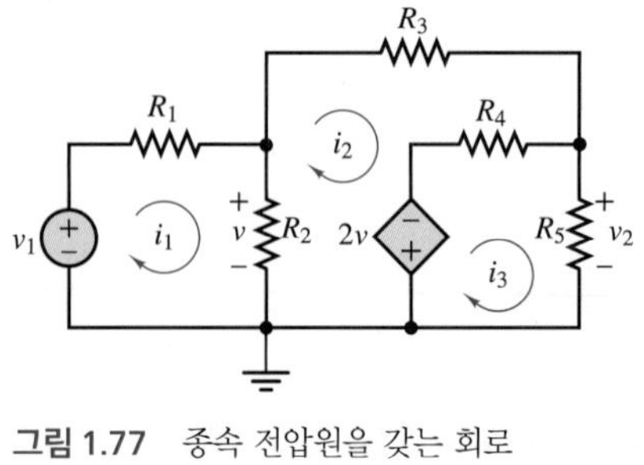

그림 1.77 종속 전압원을 갖는 회로

풀이

기지: 저항 $R_1 = 1\ \Omega$, $R_2 = 0.5\ \Omega$, $R_3 = 0.25\ \Omega$, $R_4 = 0.25\ \Omega$, $R_5 = 0.25\ \Omega$

미지: $G_v = v_2/v_1$

해석: 그림 1.77과 "망 전류법"과 관련된 방법 및 절차에서 기술한 단계를 참고하여, v_1의 항으로 v_2를 구한다.

단계 1: 망 전류와 KVL에 대해서 CW와 CCW 중 한 방향을 선택한다.

- 이 책에서는 모든 망 전류는 CW 방향을 선택한다.

단계 2: n개의 망에 대한 망 전류 $i_1, i_2, \ldots, i_n$을 정의한다. 회로가 m개의 전류원을 포함한다면, $n - m$개의 KVL 방정식과 m개의 전류원 방정식이 존재한다.

- 그림 1.77의 회로에는 3개의 망이 있다. $n = 3$와 $m = 0$이므로 3개의 KVL 방정식이 생성되며, 전류원 방정식은 없다. 3개의 망 전류는 i_1, i_2, i_3로 정의된다.

단계 3: 전류원을 포함하지 않는 ℓ개의 망이 있다면, 각 망에 KVL을 적용하여 ℓ개의 KVL 방정식을 수립한다. 옴의 법칙을 이용하여 망 전류의 항으로 각 저항의 전압 강하를 표시한다.

- 그림 1.77에서 전류원을 포함하지 않으므로, $\ell = 3$이 된다. 이들 망에 KVL을 적용한다. 옴의 법칙을 적용하여 각 저항에 걸리는 전압 강하를 구하면 다음과 같다.

$$v_1 - R_1 i_1 - R_2(i_1 - i_2) = 0 \qquad \text{망 1}$$
$$-R_2(i_2 - i_1) - R_3 i_2 - R_4(i_2 - i_3) + 2v = 0 \qquad \text{망 2}$$
$$-2v - R_4(i_3 - i_2) - R_5 i_3 = 0 \qquad \text{망 3}$$

단계 4: 오직 1개의 망과 접하는 각 전류원 i_S에 대해서 전류원 방정식 $i_j = \pm i_S$를 수립한다. 이때 i_j는 망 전류이다. 전류원에 대해서 망 전류의 방향을 정확히 고려하는 것이 중요하다.

- 그림 1.77의 회로에서 전류원은 없다.

단계 5: 2개의 망과 접하는 각 전류원 i_S에 대해서 전류원 방정식 $i_j - i_k = \pm i_S$를 수립한다. 이때 i_j와 i_k는 망 전류이다. 전류원에 대해서 망 전류의 방향을 정확히 고려하는 것이 중요하다.

- 그림 1.77의 회로에서 전류원은 없다.

단계 6: 각 전류원이 수퍼망 내에 포함되지만 수퍼망의 경계에는 있지 않는 $n - m - \ell$개의 독립적인 "수퍼망"을 정의한다. 각 수퍼망에 KVL을 적용하여 $n - m - \ell$개의 추가적인 KVL 방정식을 수립한다. 옴의 법칙을 이용하여 인접한 망 전류의 항으로 각 저항의 전압 강하를 표시한다.

- 그림 1.77의 회로에서는 $n - m - \ell = 0$이므로 수퍼망은 필요 없다. 다시 말해서, 3개의 망 전류 i_1, i_2, i_3에 대해서 3개의 선형 독립 방정식이 이미 수립되어 있다.

단계 7: n개 변수의 항으로 계수를 정리하고, n개의 선형 연립 방정식의 해를 구한다. 각 전류원 방정식 $i_j = \pm i_S$을 이용하여 방정식과 변수의 수를 줄일 수 있다.

- 종속 전압원에 대한 구속 방정식은 $2v = 2(i_1 - i_2)R_2$이다. 이 구속 방정식을 망 2와 3의 방정식에서 $2v$에 대입하고, 연립 방정식을 재정리하면 다음과 같다.

$$\begin{aligned}(R_1+R_2)i_1 \quad & - R_2 i_2 & &= v_1\\ (3R_2)i_1 - (3R_2+R_3+R_4)i_2 & & + (R_4)i_3 &= 0\\ -2R_2 i_1 \quad & + (2R_2+R_4)i_2 & - (R_4+R_5)i_3 &= 0\end{aligned}$$

- 이 연립 방정식을 행렬 형태로 표시하면 다음과 같다.

$$\begin{bmatrix}(R_1+R_2) & -R_2 & 0\\ 3R_2 & -(3R_2+R_3+R_4) & R_4\\ -2R_2 & (2R_2+R_4) & -(R_4-R_5)\end{bmatrix}\begin{bmatrix}i_1\\ i_2\\ i_3\end{bmatrix} = \begin{bmatrix}v_1\\ 0\\ 0\end{bmatrix}$$

- 저항에 대한 수치를 대입하면 다음과 같다.

$$\begin{bmatrix}1.5 & -0.5 & 0\\ 1.5 & -2 & 0.25\\ -1 & 1.25 & -0.5\end{bmatrix}\begin{bmatrix}i_1\\ i_2\\ i_3\end{bmatrix} = \begin{bmatrix}v_1\\ 0\\ 0\end{bmatrix}$$

- 선형 대수 표기법으로 간단히

$$R_{33}i_{31} = v_{31}$$

와 같이 나타낼 수 있다. 첨자는 행과 열의 수를 나타낸다. i에 대한 해는 Matlab®의 "left division" 연산자를 이용하여 계산할 수 있다.

- 계산 결과는 다음과 같다.

$$i_1 = 0.88v_1$$
$$i_2 = 0.64v_1$$
$$i_3 = -0.16v_1$$

단계 8: 알고 있는 망 전류를 이용하여 회로의 분기 전류를 구할 수 있다. 옴의 법칙과 필요하면 KVL을 적용하여 전압 강하를 구한다.

- R_5에 옴의 법칙을 적용하여 i_3로부터 v_2를 구할 수 있다.

$$v_2 = R_5 i_3 = R_5(-0.16v_1) = 0.25(-0.16v_1) = -0.04v_1$$

$$G_v = \frac{v_2}{v_1} = \frac{-0.04v_1}{v_1} = -0.04$$

참조: 이 예제를 풀기 위해 필요한 Matlab® 명령어는 다음과 같다.

```
v = [1; 0; 0];
R = [1.5 -0.5 0; 1.5 -2 0.25; -1 1.25 -0.5];
i = R\v;
G = i(3)*0.25
```

Matlab 계산에서 v_1을 1로 지정하여 $G = v_2/v_1 = v_2 = i_3R_5$임을 유의하라.

노드 전압법과 망 전류법에 대한 단평

노드 전압법과 망 전류법은 단지 저항 회로의 해석 외에도 더 광범위하게 사용되고 있다. 이들 방법은 모든 선형 회로의 해석에 적용되는 일반적인 기법이며, 회로망 문제의 해를 구하기 위한 최소 수의 식을 얻는 체계적이고 효과적인 방법을 제공한다. 이들 방법은 KVL과 KCL 같은 회로 해석의 기본적인 법칙에 근거를 두고 있기 때문에, 비선형 회로 소자를 갖는 전기 회로의 해석에도 적용할 수 있다. 독자들은 가능한 한 빨리 이들 두 방법에 익숙해져야 하며, 이 회로 해석 방법을 숙달하게 되면 더 복잡한 개념을 이해하는 데 도움이 된다.

그러나 이러한 방법들을 숙달하는 것은 회로의 동작을 이해하고 완전히 익히는 데에는 충분하지 않다. 매우 간단한 예제들을 제외하면 이러한 방법들이 해석이나 일반화, 그리고 추상화할 수 있는 해를 도출하지는 않으며, 유용한 수치 데이터를 생성하는 좋은 방법을 제공하여 주고, 단지 도시하고 해석할 수 있는 데이터의 생성에 사용될 때 더 큰 통찰력을 제공할 뿐이다.

연습 문제

$v_1 = 2i_S$일 때, 예제 1.20을 풀어라.

Answer: $v_2 = \frac{21}{11}$ V, $v_3 = \frac{14}{11}$ V

연습 문제

좌측 회로에서 $v_x = 3i_x$일 때, 노드 전압법을 이용하여 8 Ω 저항에 걸리는 전압 v를 구하라.

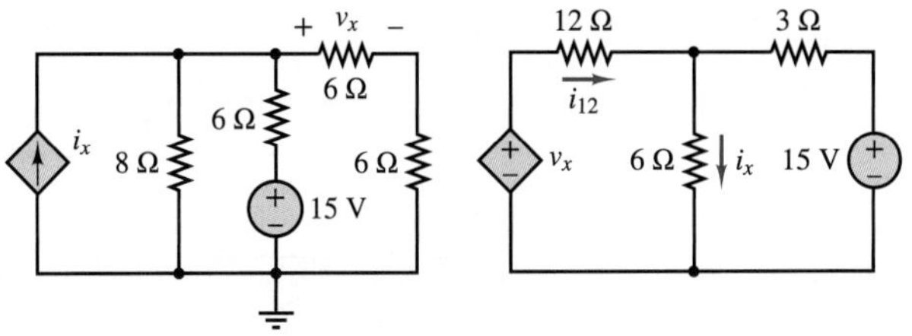

우측 회로에서 $v_x = 2i_{12}$일 때, 망 전류법을 이용하여 미지 전류 i_x를 구하라.

Answer: 12 V, 1.39 A

연습 문제

노드 전압법을 이용하여 예제 1.21을 풀 때 필요한 독립 방정식의 개수를 결정하라. 망 전류법을 이용하여 풀 때에 어느 방법이 더 효율적인지 비교하라.

결론

이 장은 학생들이 이 책의 다른 장에서 성공적으로 전기 회로를 해석하는 데 필요한 기본을 소개하여 준다. 이 장을 성공적으로 마치면, 학생들은 다음을 학습하게 된다.

1. 전기 회로의 구성 요소인 노드, 루프, 망, 분기의 정의. 1.1절
2. 전하, 전류 및 전압의 정의. 1.2절
3. 전압원, 전류원과 이들의 *i*-*υ* 특성. 1.3절
4. 수동 부호 규약 및 회로 소자에 의해서 소모되거나 공급되는 전력 계산. 1.4절
5. 단순한 전기 회로에 키르히호프 법칙의 적용. 1.5절
6. 옴의 법칙을 적용하여 단순 회로에서 미지의 전압과 전류 계산. 1.6절
7. 노드 전압법을 이용하여 저항 회로에서 미지의 전압과 전류 계산. 1.7절
8. 망 전류법을 이용하여 저항 회로에서 미지의 전압과 전류 계산. 1.8절
9. 노드 전압법과 망 전류법을 이용하여 종속 소스를 갖는 저항 회로에서 미지의 전압과 전류 계산. 1.9절

숙제 문제

1.2절: 전하, 전류 및 전압

1.1 자유전자가 단위 전하당 전위 에너지가 17 kJ/C, 속도가 93 Mm/s인 초기 위치에서 6 kJ/C인 최종 위치까지 전기장에서 이동한다. 이때 전자의 속도의 변화를 구하라.

1.2 전압, 전류 및 저항에 사용되는 단위는 각각 볼트(V), 암페어(A) 및 옴(Ω)이다. 전압, 전류 및 저항의 정의를 이용하여, 이들을 기본적인 MKS 단위로 표시하라.

1.3 완전히 충전된 배터리는 $2.7 \cdot 10^6$쿨롱의 전하를 제공할 수 있다.

a. Ampere-hours 단위로 배터리 용량은 얼마인가?

b. 얼마나 많은 전자가 제공될 수 있는가?

1.4 그림 P1.4의 충전 사이클은 3단 충전(three-rate charge)을 나타낸다. 즉, 전류는 6시간 동안 30 mA로 일정하게 유지된 다음, 다시 3시간 동안 20 mA로 일정하게 유지된다.

a. 배터리에 공급되는 총 전하량은 얼마인가?

b. 배터리에 공급되는 에너지는 얼마인가?

힌트: 에너지 w는 전력 $P = dw/dt$의 적분에 해당한다.

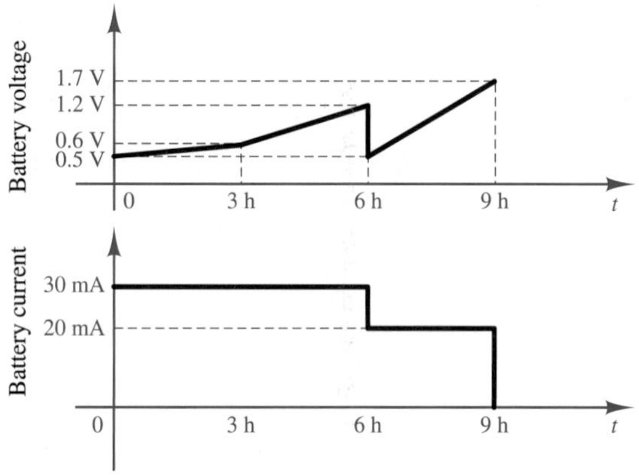

그림 P1.4

1.5 납축배터리(lead-acid battery)와 같은 배터리는 화학 에너지를 저장하고 있다가 필요시에 전기 에너지로 변환한다. 배터리는 전하를 저장하지는 않는다. 방전 시에 전자는 음의 단자인 캐소드(cathode) 단자를 떠나서 외부 장치(예, 전구)에 일을 한 후에 애노드(anode) 단자를 통해서 배터리로 다시 들어간다. 배터리에 저장된 화학 에너지가 이들 전자에 위치 에너지를 다시 보충하는 데 사용된다. 저전압 단자로 들어와서 에너지를 얻은 다음, 고전압 단자로 나가는 양전하로 구성되는 전류를 생각하는 것이 보다 편리하다. 이 책에서 모든 전류는, 별다른 언급이 없다면 이러한 전류를

의미한다(Benjamin Franklin에 의해서 이 모든 혼란이 초래되었다). 정격 전압이 12 V, 정격용량이 350 A-h인 배터리에 대해서 다음을 결정하라.

a. 배터리에 저장되어 있는 정격 화학 에너지

b. 정격 전압에서 공급될 수 있는 총 전하량

1.6 다음은 무엇에 의해서 결정되는가?

a. 이상 전류원에 흐르는 전류

b. 이상 전압원에 걸리는 전압

1.7 정격 용량이 120 A-h 차량용 배터리가 있다. 이는 어떤 시험조건에서, 12 V 전압으로 120시간 동안 1 A의 전류를 출력할 수 있음을 의미한다. (다른 조건의 시험환경에서는 다른 정격 용량을 갖는다.)

a. 배터리에 저장되어 있는 에너지의 양

b. 밤새 전조등이 켜져 있었다면(8시간), 다음 날 아침 배터리에 남아 있는 에너지의 양(양쪽 전조등을 합쳐서 150 W의 전력 정격을 갖는다고 가정하라.)

1.8 방전된 자동차 배터리는 재충전을 필요로 한다. 만약 전류와 전압이 그림 P1.8과 같은 충전 사이클 동안 충전되었다고 한다.

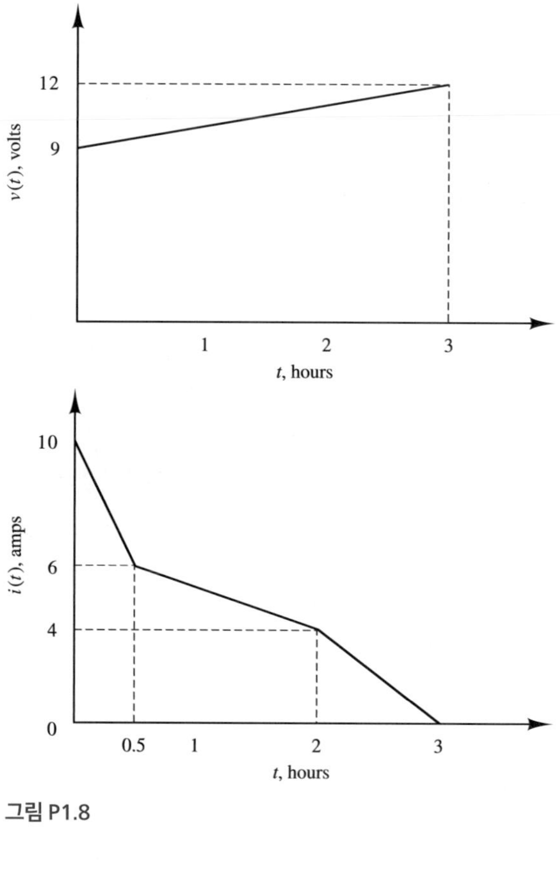

그림 P1.8

a. 배터리에 전달된 총 전하량

b. 배터리에 전달된 총 에너지

1.9 그림 P1.9의 선도와 같이, 전류가 전선에 흐른다고 한다.

a. $t_1 = 0$, $t_2 = 1$ s 사이에 전선에 흐르는 전하량 q

b. $t_2 = 2, 3, 4, 5, 6, 7, 8, 9, 10$ s일 때 a번을 반복하라.

c. $0 \le t \le 10$ s일 때, $q(t)$를 도시하라.

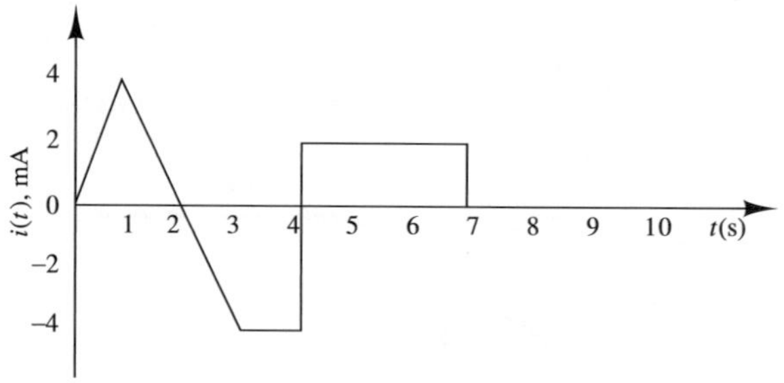

그림 P1.9

1.10 그림 P1.10의 충전 사이클은 2단 충전(two-rate charge)을 나타낸다. 즉, 전류는 1시간 동안 70 mA로 일정하게 유지된 다음, 다시 1시간 동안 60 mA로 일정하게 유지된다.

a. 배터리에 공급되는 총 전하량은 얼마인가?

b. 배터리에 공급되는 에너지는 얼마인가?

힌트: 에너지 w는 전력 $P = dw/dt$의 적분에 해당한다.

$$v_1(t) = 5 + e^{t/5194.8}\ \text{V}$$

$$v_2(t) = \left(6 - \frac{4}{e^{1h} - 1}\right) + \frac{4}{e^{2h} - e^{1h}} \cdot e^{t}\ \text{V}$$

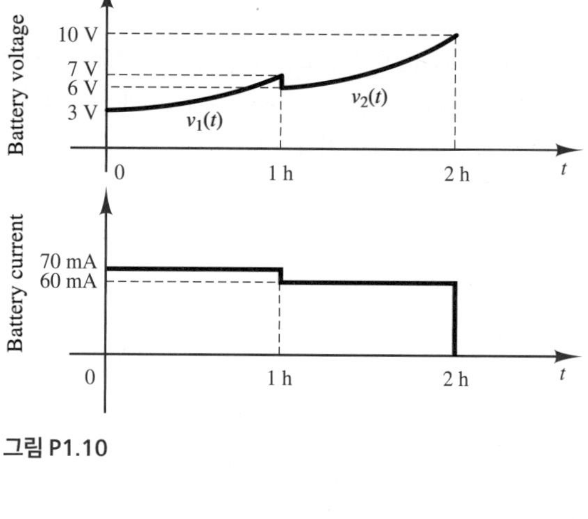

그림 P1.10

1.11 그림 P1.11에 사용되는 충전 방식은 전류 제한이 있는 정전류 충전 사이클(constant-current charge cycle)의 예이다. 이때 그림 P1.11과 같이 배터리로 흐르는 전류가 40 mA로 유지되도록 충전기 전압이 조절된다. 배터리는 6시간 동안 충전된다.

a. 배터리에 공급되는 총 전하량

b. 충전 사이클 동안 배터리에 공급되는 총 에너지

힌트: 에너지 w는 전력 $P = dw/dt$의 적분에 해당한다.

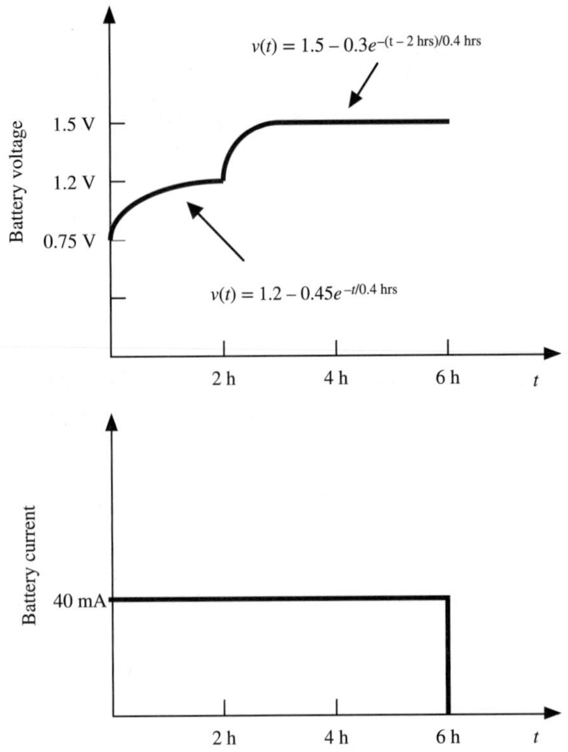

그림 P1.11

1.12 그림 P1.12에 사용되는 충전 방식은 전류 감소 충전 사이클(tapered-current charge cycle)이라 불린다. 즉, 초기에 최대 전류에서 시작하여 시간이 경과할수록 전류가 계속해서 감소한다. 배터리는 12시간 동안 충전된다.

a. 배터리에 공급되는 총 전하량

b. 충전 사이클 동안 배터리에 공급되는 에너지

힌트: 에너지 w는 전력 $P = dw/dt$의 적분에 해당한다.

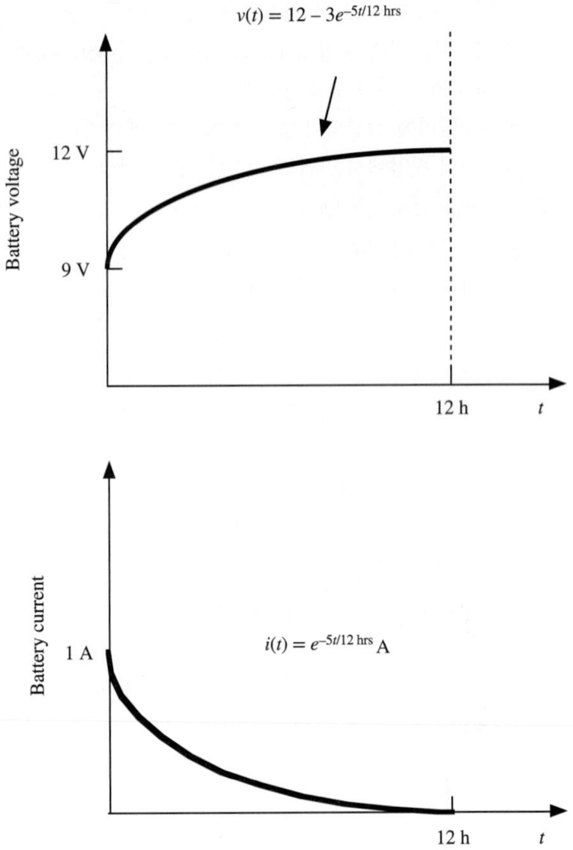

그림 P1.12

1.4절: 전력과 수동 부호 규약

1.13 그림 P1.13의 회로에서 전류원에 의해 공급되는 전력을 구하라.

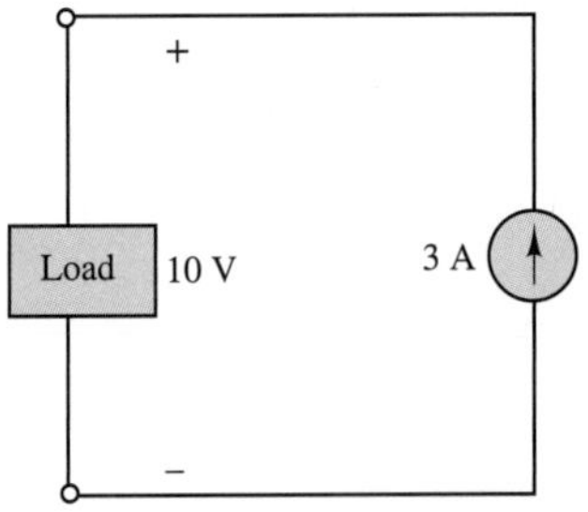

그림 P1.13

1.14 그림 P1.14의 회로에서 전압원에 의해 공급되는 전력을 구하라.

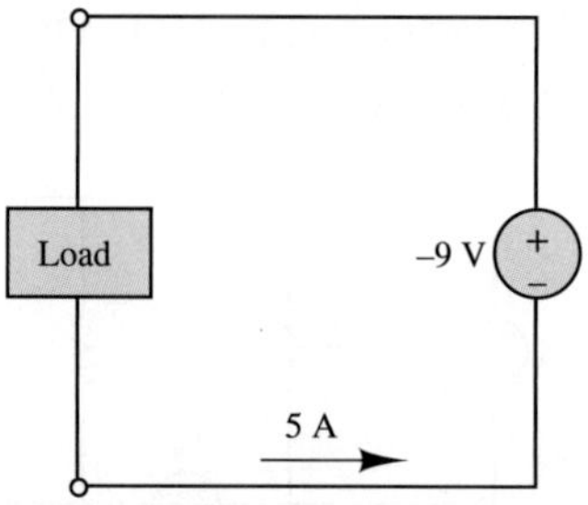

그림 P1.14

1.15 그림 P1.15의 회로에서 어느 소자가 전력을 공급하는지 아니면 소모하는지를 결정하고, 전력량을 구하라.

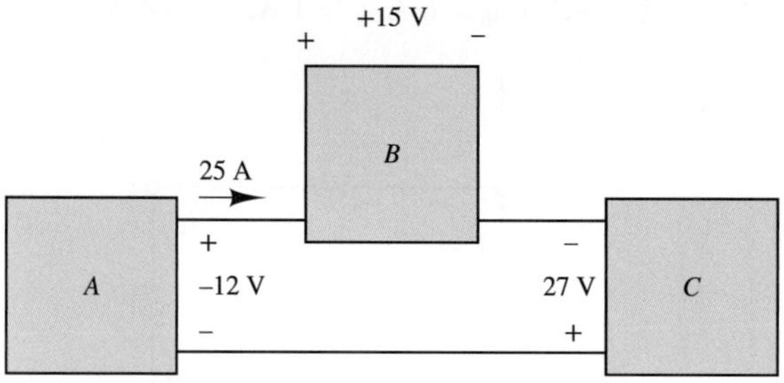

그림 P1.15

1.16 그림 P1.16에서 저항 R_4에 의해 소모되는 전력과 전류원에 의해 공급되는 전력을 구하라.

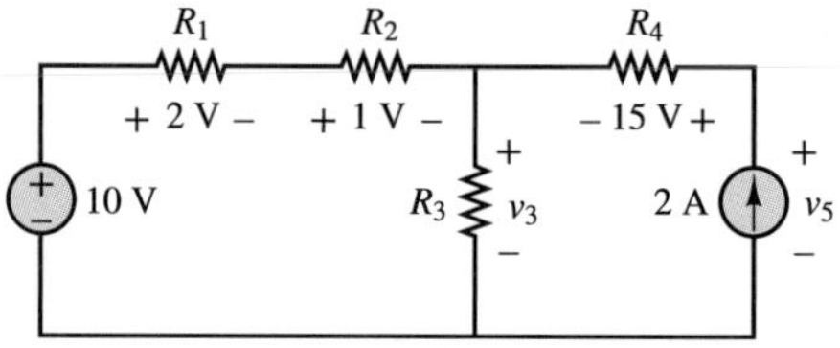

그림 P1.16

1.17 그림 P1.17의 회로에서

a. 전력을 소모하는 소자와 전력을 공급하는 소자를 결정하라.

b. 전력의 보존이 성립되는가? 답에 대해서 간략히 설명하라.

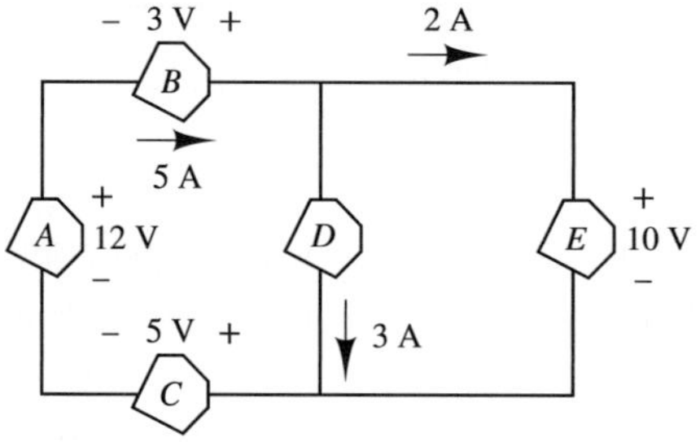

그림 P1.17

1.18 그림 P1.18의 회로에서 전력을 공급하는 소자와 소모하는 소자를 결정하고, 공급 또는 소모되는 전력을 구하라.

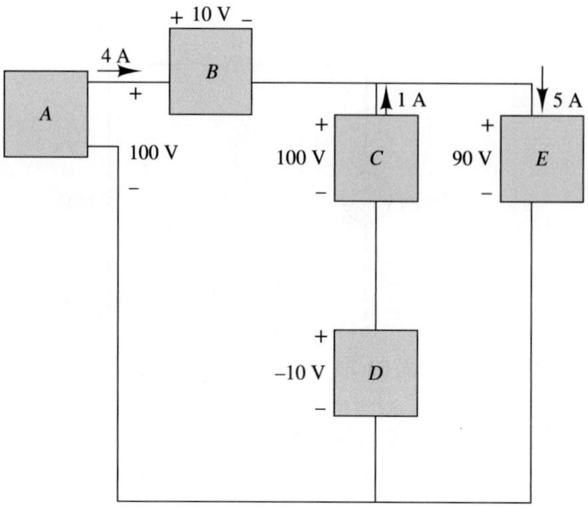

그림 P1.18

1.19 그림 P1.19의 회로에서 전력을 공급하는 소자와 소모하는 소자를 결정하고, 공급 또는 소모되는 전력을 구하라.

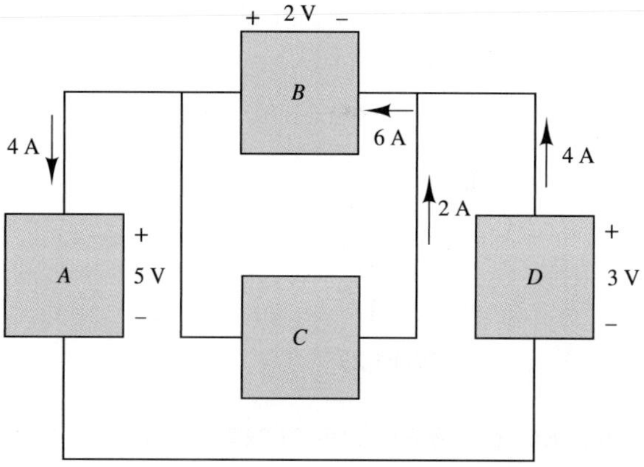

그림 P1.19

1.20 어떤 전열기가 110 V에서 23 A를 필요로 한다. 다음을 결정하라.

a. 열이나 다른 손실로 소모되는 전력

b. 24시간 동안에 전열기에 의해서 소모되는 에너지

c. 6 cent/kWh의 전기요금을 가정할 때의 에너지 비용

1.5절: 키르히호프의 법칙

1.21 그림 P1.21의 회로에서 5 Ω 저항에 의해서 소모되는 전력을 구하라. 힌트: 5 Ω 저항에 걸리는 전압은 5V이다.

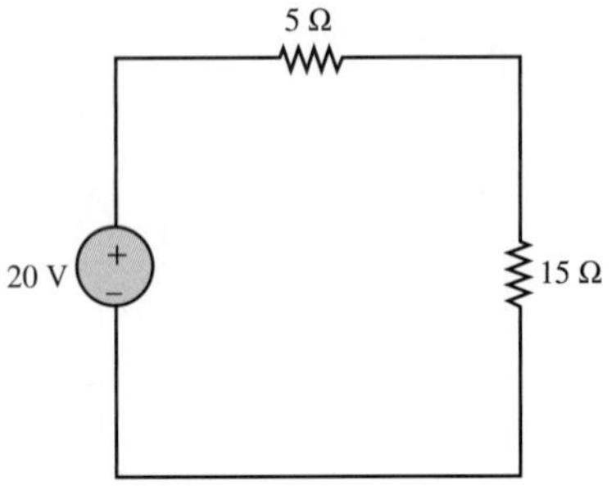

그림 P1.21

1.22 그림 P1.22의 회로에서 KCL을 이용하여 미지의 전류를 구하라. $i_0 = 2$ A, $i_2 = -7$ A로 가정하라.

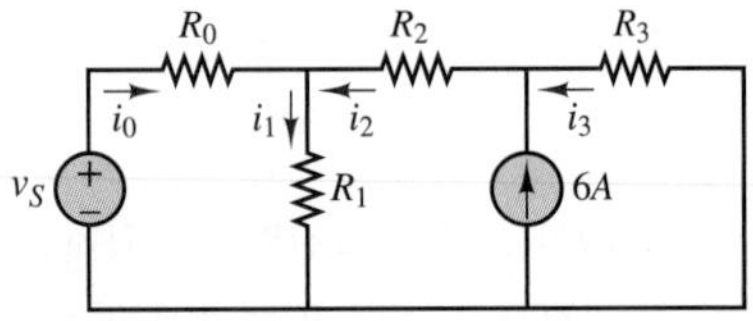

그림 P1.22

1.23 KCL을 적용하여 그림 P1.23의 전류 i_1과 i_2를 구하라. $i_a = 3$ A, $i_b = -2$ A, $i_c = 1$ A, $i_d = 6$ A, $i_e = -4$ A로 가정하라.

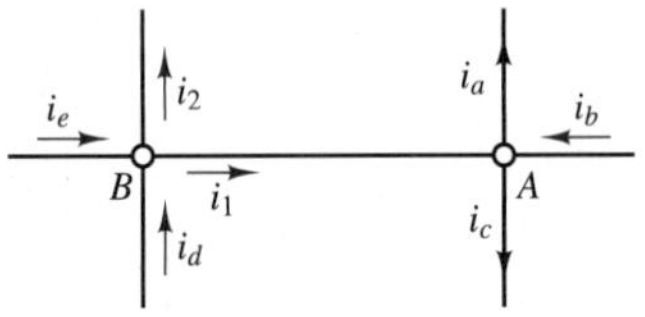

그림 P1.23

1.24 KCL을 적용하여 그림 P1.24의 전류 i_1, i_2, i_3를 구하라. $i_a = 2$ mA, $i_b = 7$ mA, $i_c = 4$ mA로 가정하라.

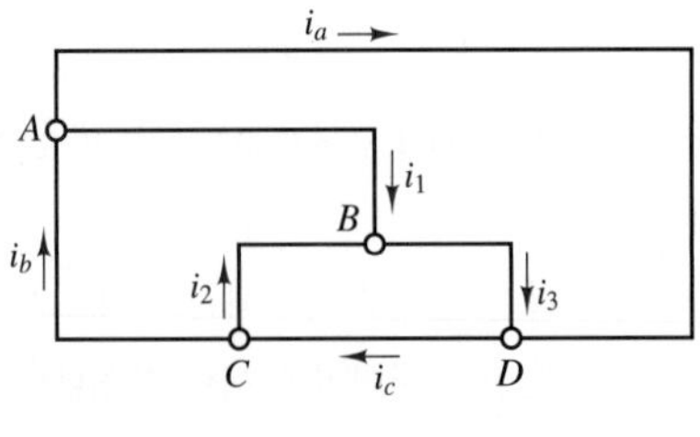

그림 P1.24

1.25 KVL을 적용하여 그림 P1.25의 전압 v_1, v_2, v_3를 구하라. $v_a = 2$ V, $v_b = 4$ V, $v_c = 5$ V로 가정하라.

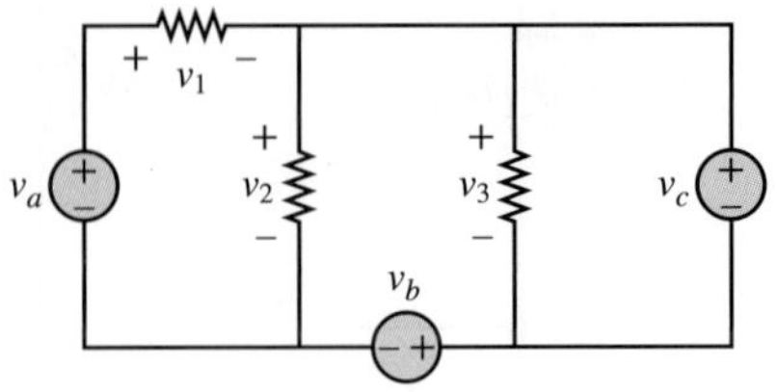

그림 P1.25

1.26 KCL을 적용하여 그림 P1.26의 전류 i_1, i_2, i_3, i_4를 구하라. $i_a = -2$ A, $i_b = 6$ A, $i_c = 1$ A, $i_d = -4$ A로 가정하라.

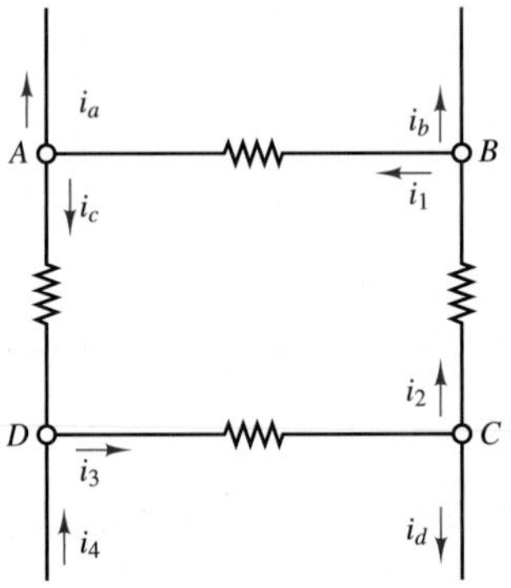

그림 P1.26

1.6절: 저항과 옴의 법칙

1.27 그림 P1.27의 회로에서, 전압원의 단자 전압 v_T, 저항 R_o에 의해서 소모되는 전력, 그리고 회로의 효율을 구하라. 효율은 부하 전력 대 소스 전력의 비로 정의된다.

$$v_S = 12\text{ V} \qquad R_S = 5\text{ k}\Omega \qquad R_o = 7\text{ k}\Omega$$

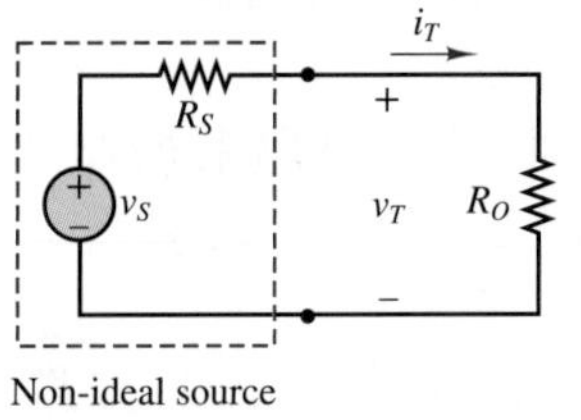

그림 P1.27

1.28 24 V 자동차 배터리가 병렬로 연결된 2개의 전조등에 연결되어 있다. 각 전조등은 75 W 부하를 가져야 하지만, 하나는 100 W 전조등이 실수로 설치되었다. 각 전조등의 저항은 얼마인가? 배터리에 의해서 공급되는 총 전류는 얼마인가?

1.29 문제 1.28에서 2개의 75W 전조등에 2개의 15W 미등이 병렬로 추가된다면, 배터리에 의해서 공급되는 총 전류는 얼마인가?

1.30 그림 P1.30의 회로에 대해서, 0~30 Ω 범위의 가변 저항 R에 의해서 소모되는 전력을 구하라. 소모 전력을 R의 함수로 도시하라. v_S = 15 V, R_S = 10 Ω이라 가정한다. (힌트: 회로에 KVL을 적용하고, 옴의 법칙을 이용하여 각 저항에 걸리는 전압 강하를 표시하라.)

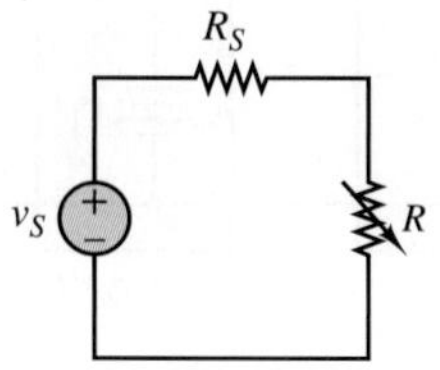

그림 P1.30

1.31 그림 P1.27에서 다음을 결정하라. v_S = 15 V, R_S = 100 kΩ. i_T = 0, 10, 20, 30, 80, 그리고 100 mA

a. 이상 전압원에 의해서 공급되는 총 전력

b. 비이상(non-ideal) 전압원 내에서 소모되는 전력

c. 부하 저항에 공급되는 전력

d. 단자 전압 v_T와 부하 저항에 공급되는 전력을 단자 전류 i_T의 함수로 도시하라.

1.32 그림 P1.32의 회로에서, $v_2 = v_S/6$이고 전압원이 공급하는 전력이 150 mW이라 가정한다. 또한, R_1 = 8 kΩ, R_2 = 10 kΩ, R_3 = 12 kΩ이라 가정한다. R, v_S, v_2, i를 구하라. (힌트: 회로에 KVL을 적용하고, 옴의 법칙을 이용하여 각 저항에 걸리는 전압 강하를 표시하라.)

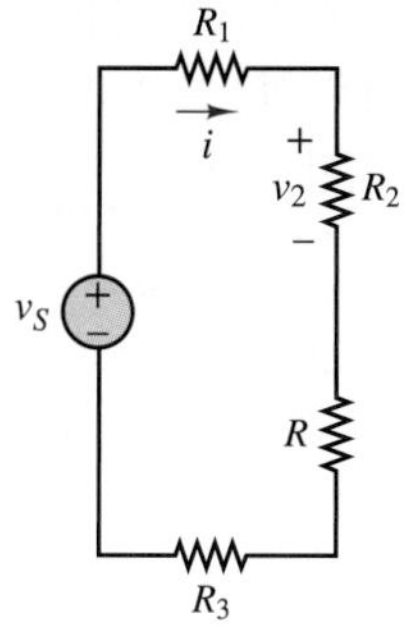

그림 P1.32

1.33 어떤 전구의 정격이 다음과 같다.

정격 전력: P_R = 60 W

정격 광학 전력: P_{OR} = 820 lumens (평균)

1 lumen = 1/680 W

동작 수명: 1,500 h (평균)

정격 동작 전압: V_R = 115 V

일반 멀티미터로 측정한 전구의 필라멘트의 저항은 16.7 Ω이다. 전구가 주어진 정격에서 동작할 때, 다음을 결정하라.

a. 필라멘트의 저항

b. 전구의 효율

1.34 100 W 정격의 백열등이 110 V의 이상 전압원에 연결되어 있다면, 열과 빛으로 100 W를 소모하게 된다. 설계된 대로 동작할 때 전구의 저항을 구하라.

1.35 60 W 정격의 백열등이 110 V의 이상 전압원에 연결된다면 열과 빛으로 60 W를 소모하게 된다. 또한, 동일한 전압원의 양단에 100 W 백열등이 연결된다면 100 W를 소모하게 된다. 설계된 대로 동작할 때 각 전구의 저항을 구하라.

1.36 그림 P1.36의 회로에 대해서, v_S = 12 V, R_1 = 5 Ω, R_2 = 3 Ω, R_3 = 4 Ω, R_4 = 5 Ω로 가정하라. KVL과 옴의 법칙을 적용하여 다음을 구하라.

a. 전압 v_{ab}

b. R_2에서의 소모 전력

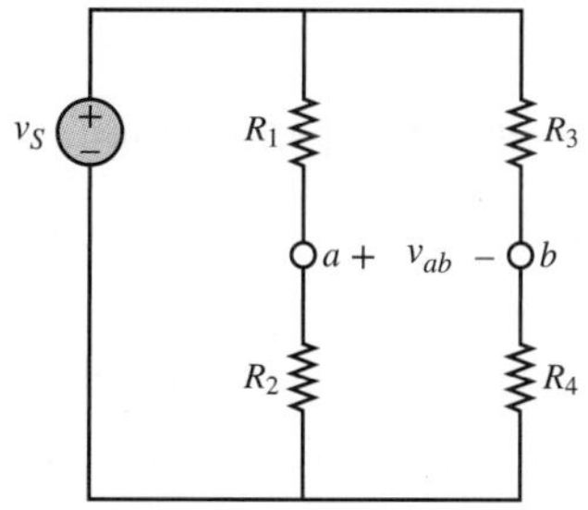

그림 P1.36

1.37 그림 P1.37의 회로에 대해서, v_S = 7 V, i_S = 3A, R_1 = 20 Ω, R_2 = 12 Ω, R_3 = 10 Ω이라 가정하라. 키르히호프의 법칙과 옴의 법칙을 적용하여, 다음을 구하라.

a. 전류 i_1, i_2

b. 전압원 v_S가 공급하는 전력

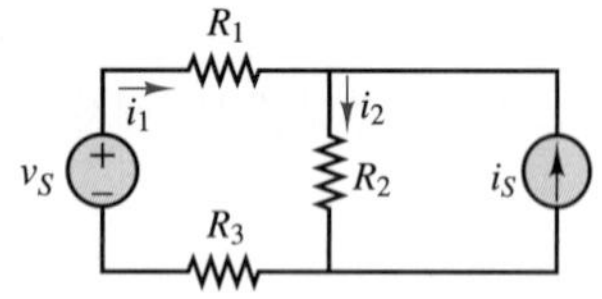

그림 P1.37

1.38 그림 P1.38의 회로에 대해서, v_1 = 15V, v_2 = 6 V, R_1 = 18 Ω, R_2 = 10 Ω로 가정하라. 키르히호프의 법칙과 옴의 법칙을 적용하여, 다음을 구하라.

a. 전류 i_1, i_2

b. 전압원 v_1과 v_2에 의해 공급되는 전력

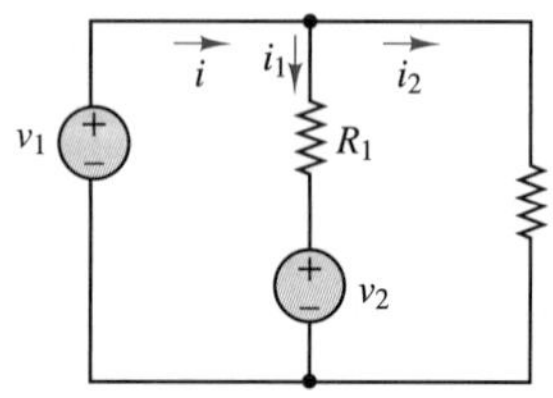

그림 P1.38

1.39 그림 P1.39의 회로에 나타난 NiMH 배터리를 고려하라.

a. V_1 = 12.0 V, R_1 = 0.15 Ω, R_o = 2.55 Ω일 때, 전류 I_o와 R_o에 의해서 소모되는 전력을 구하라.

b. V_2 = 12 V와 R_2 = 0.28 Ω을 갖는 배터리 2가 배터리 1과 병렬로 연결되면, 전류 I_o은 증가하는가 또는 감소하는가? R_o에 의해서 소모되는 전력은 증가하는가 또는 감소하는가? 이들의 양을 구하라.

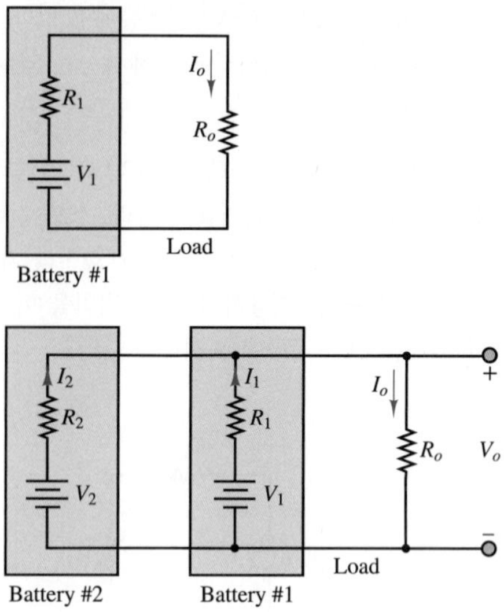

그림 P1.39

1.40 어떤 전원(power supply)의 단자 전압에 걸리는 개방전압이 50.8 V이다. 10 W 전구가 연결되면, 전압이 49 V로 저하된다. 이 결과는 그림 P1.27과 같이 전원을 비이상 소스로 모델링하여 설명할 수 있다.

a. 이 비이상 전압원에 대해서 v_S와 R_S를 구하라.

b. 15 Ω 저항이 존재할 때 단자에서 측정되는 전압은 얼마인가?

c. 단락 회로 조건하에서 이 전원으로부터 끌어낼 수 있는 전류는 얼마인가?

1.41 어떤 220 V 전열기는 2개의 가열 코일을 가지고 있는데, 각 코일이 독립적으로 사용되거나 두 코일이 직렬 또는 병렬로 연결되도록 전환할 수 있으므로 총 4개의 가열 모드가 가능하다. 가장 뜨거운 설정은 2,000 W의 전력을 소모하며, 가장 차가운 설정은 300 W의 전력을 소모한다고 한다. 각 코일의 저항을 구하라.

1.42 그림 P1.42에서 회로에 표시된 전압을 얻기 위하여 필요한 저항(정격 전력을 포함)을 구하라. ⅛-, ¼-, ½- 및 1 W의 정격을 갖는 저항이 사용 가능하다.

1.43 그림 P1.43과 같이 어떤 공장에서 1마력 모터가 휴대용 발전기에서 거리 d만큼 떨어져 있다. 발전기는 V_G = 110 V의 이상 전압원으로 모델링할 수 있다고 가정한다.

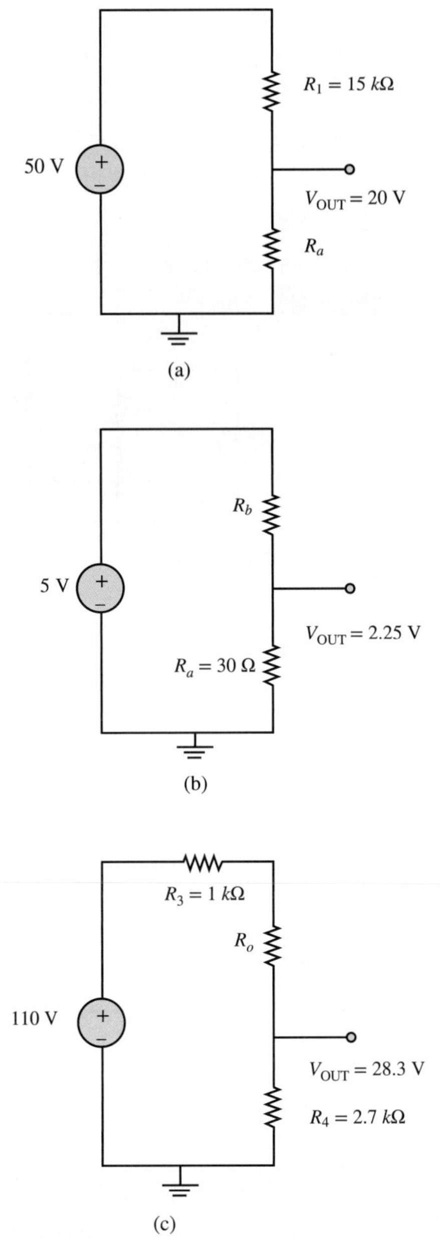

그림 P1.42

모터에 대해서 정격 전압과 이에 해당하는 전부하 전류(full-load current)는 다음과 같다.

$$V_{M\,\min} = 105\ \text{V} \rightarrow I_{M\,\text{FL}} = 7.10\ \text{A}$$
$$V_{M\,\max} = 117\ \text{V} \rightarrow I_{M\,\text{FL}} = 6.37\ \text{A}$$

만약, d = 150 m이고 모터가 정격에 해당하는 동력을 전부 발생시킨다면, 고무 절연전선에서 이용하여야 하는 최소 치수의 AWG 도선을 결정하라. 회로에서의 손실은 전선에서만 발생한다고 가정한다.

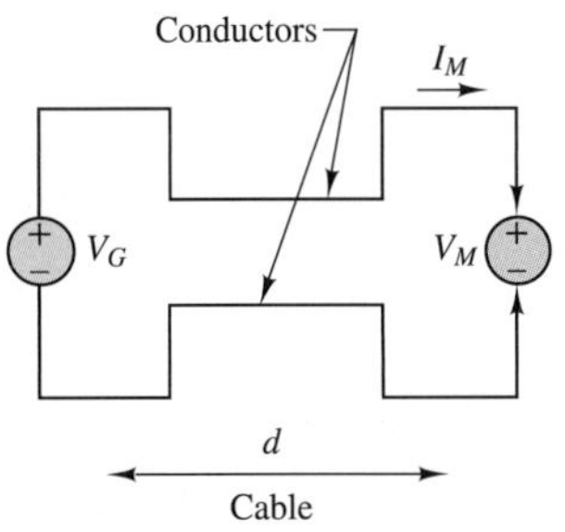

그림 P1.43

1.44 저가의 저항은 비전도성 원통 기판에 얇은 탄소층을 증착시켜서 제조한다(그림 P1.44). 반경 a, 길이 d인 실린더에서, 저항 R에 대한 필름 두께를 결정하라.

$$a = 1\ \text{mm} \qquad R = 33\ \text{k}\Omega$$
$$\sigma = \frac{1}{\rho} = 2.9\ \text{M}\frac{\text{S}}{\text{m}} \qquad d = 9\ \text{mm}$$

실린더의 단면은 무시하고, 두께가 반경보다 훨씬 작은 것으로 가정하라.

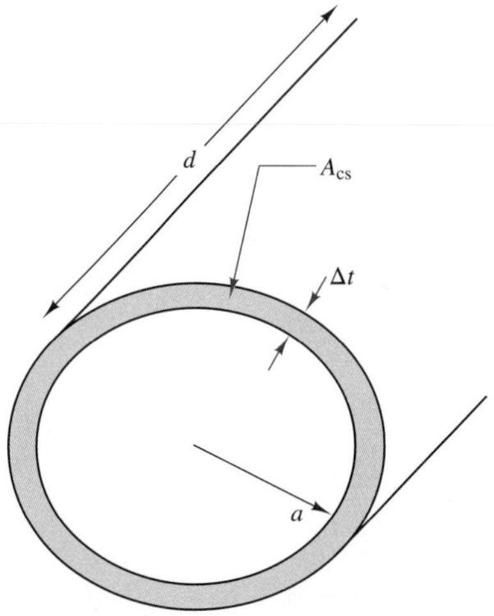

그림 P1.44

1.45 퓨즈, 전구, 전열기 등의 저항 소자는, 저항이 소자에 흐르는 전류에 의존하는 등 매우 비선형적인 특성을 갖는다. 그림 P1.45의 퓨즈의 저항은 $R = R_0[1 + A(T - T_0)]$로 주어진다고 가정하자. 여기서 $T - T_0 = kP$, $T_0 = 25°\text{C}$, $A = 0.7[°\text{C}]^{-1}$, $k = 0.35°\text{C/W}$, $R_0 = 0.11\ \Omega$이다. 또한, P는 퓨즈의 저항 소자에서 소모되는 전력이다. 퓨즈가 녹아서 끊어질 때의 정격 전류를 구하라(힌트: 퓨즈는 R이 무한대

가 될 때 끊어진다).

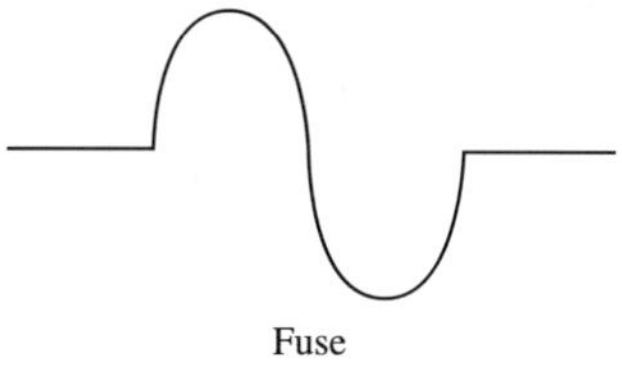

그림 P1.45

1.46 그림 P1.22에서 $R_0 = 1\ \Omega$, $R_1 = 2\ \Omega$, $R_2 = 3\ \Omega$, $R_4 = 4\ \Omega$, $v_S = 10$ V라고 가정한다. KCL 및 옴의 법칙을 이용하여 미지의 전류를 구하라.

1.47 그림 P1.47에 대해서, $R_0 = 2\ \Omega$, $R_1 = 1\ \Omega$, $R_2 = 4/3\ \Omega$, $R_3 = 6\ \Omega$, $v_S = 12$ V라 한다. KVL과 옴의 법칙을 이용하여 다음을 구하라.

a. 망 전류 i_a, i_b, i_c (망 전류는 망 내에서 순환하며, 분기 전류 대신에 사용한다. 예를 들어, R_1을 통한 분기 전류는 i_a와 i_b 간의 차이이다.)

b. 각 저항에 흐르는 전류

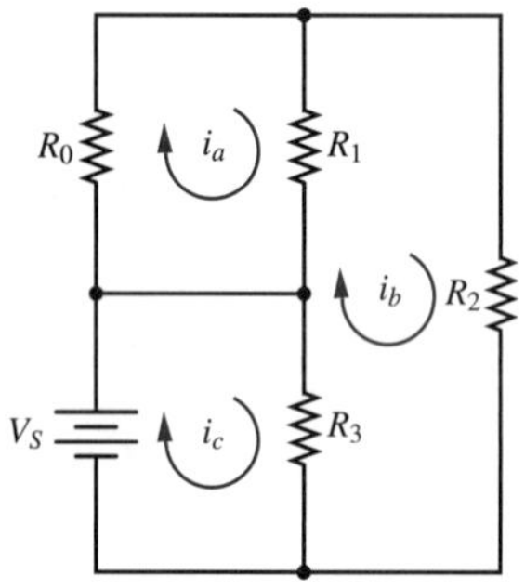

그림 P1.47

1.48 그림 P1.47에 대해서, $R_0 = 2\ \Omega$, $R_1 = 2\ \Omega$, $R_2 = 5\ \Omega$, $R_3 = 4\ \Omega$, $V_S = 24$ V라 한다. KVL과 옴의 법칙을 이용하여 다음을 구하라.

a. 망 전류 i_a, i_b, i_c

b. 각 저항에 걸리는 전압

1.49 그림 P1.47의 전압원이 DC 전류원 I_S으로 대체되었다고 가정하자. 그리고 $R_0 = 1\ \Omega$, $R_1 = 3\ \Omega$, $R_2 = 2\ \Omega$, $R_3 = 4\ \Omega$, $I_S = 12$ A이다. 이때 KVL과 옴의 법칙을 이용하여, 각 저항에 걸리는 전압을 구하라.

1.50 그림 P1.50의 전압 분배 회로에서는 출력단자에서 $v_{out} = v_S/2$의 전압이 공급되도록 설계되었다. 그러나 저항의 허용오차 때문에 두 저항이 정확히 일치하지는 않는다. $v_S = 10$ V이고, 공칭 저항이 $R_1 = R_2 = 5$ kΩ라 한다.

a. 저항들이 ±10%의 허용오차를 갖는다면, 가능한 출력 전압의 범위를 구하라.

b. 저항들이 ±5%의 허용오차를 갖는다면, 가능한 출력 전압의 범위를 구하라.

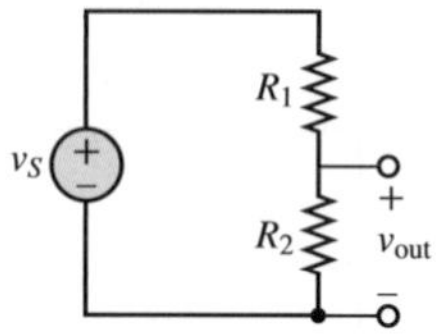

그림 P1.50

1.7절: 노드 전압법

1.51 노드 전압법을 이용하여, 그림 P1.51의 회로에서 전압 V_1과 V_2를 구하라.

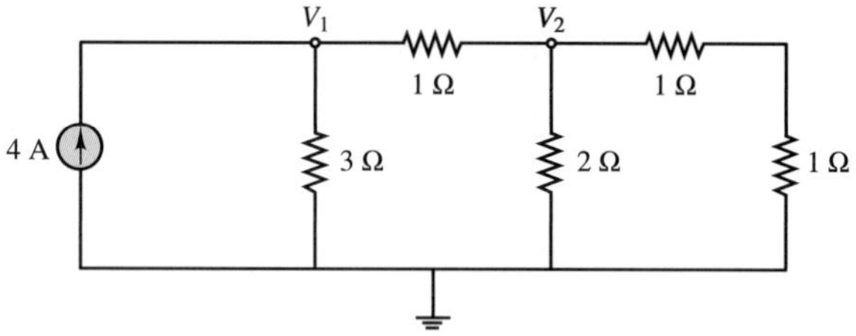

그림 P1.51

1.52 노드 전압법을 이용하여, 그림 P1.52의 회로에서 전압 V_1과 V_2를 구하라.

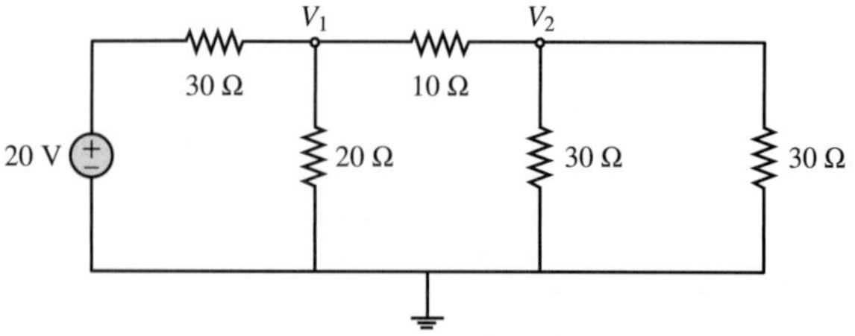

그림 P1.52

1.53 노드 전압법을 이용하여, 그림 P1.53의 회로에서 0.25 Ω 저항의 양단에 걸리는 전압 v를 구하라.

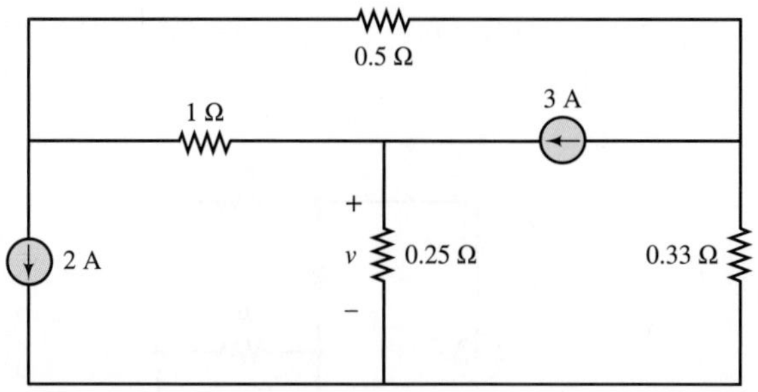

그림 P1.53

1.54 노드 전압법을 이용하여, 그림 P1.54의 회로에서 전압원에 흐르는 i를 구하라.

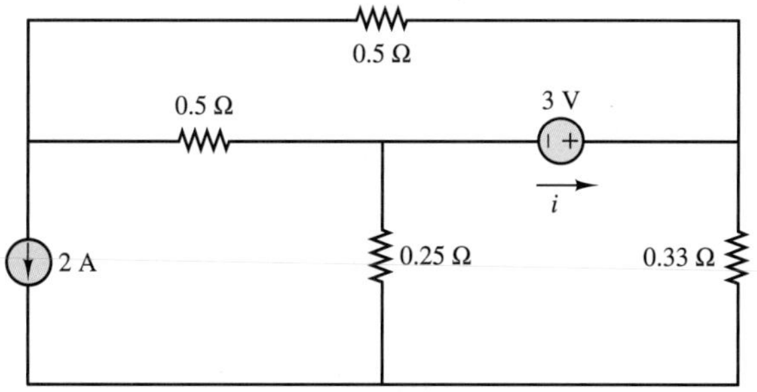

그림 P1.54

1.55 노드 전압법을 이용하여, 그림 P1.55의 회로에서 V_a를 구하라. $R_1 = 12\ \Omega$, $R_2 = 6\ \Omega$, $R_3 = 10\ \Omega$, $V_1 = 4\text{V}$, $V_2 = 1\text{ V}$.

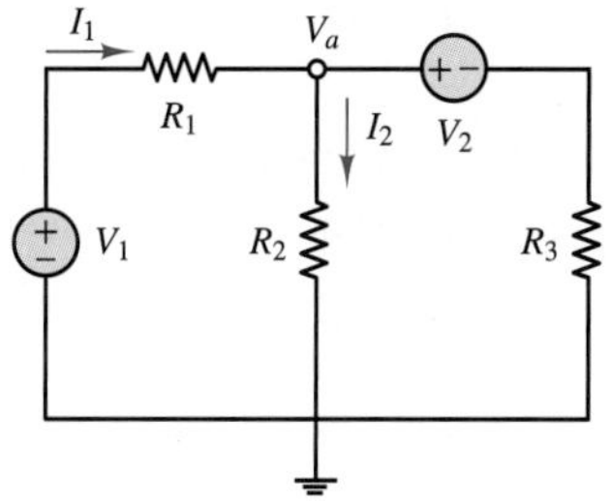

그림 P1.55

1.56 노드 해석을 이용하여, 그림 P1.56의 회로에서 전압 v_1, v_2, v_3를 구하라. $R_1 = 10\ \Omega$, $R_2 = 8\ \Omega$, $R_3 = 10\ \Omega$, $R_4 = 5\ \Omega$, $i_S = 2\text{ A}$, $v_S = 1\text{ V}$.

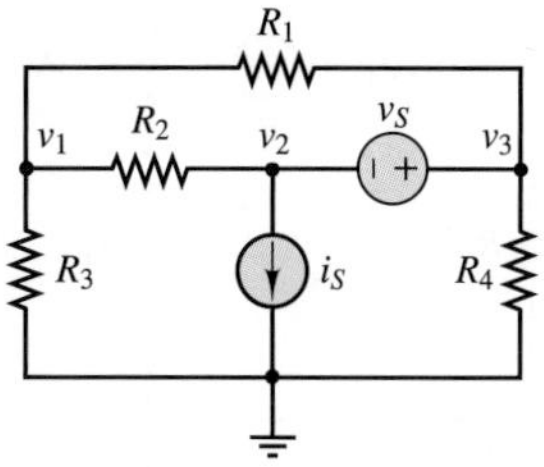

그림 P1.56

1.57 노드 전압법을 이용하여, 그림 P1.57의 회로에서 노드 A, B, C에서의 전압을 구하라. $V_1 = 12\text{ V}$, $V_2 = 10\text{ V}$, $R_1 = 2\ \Omega$, $R_2 = 8\ \Omega$, $R_3 = 12\ \Omega$, $R_4 = 8\ \Omega$.

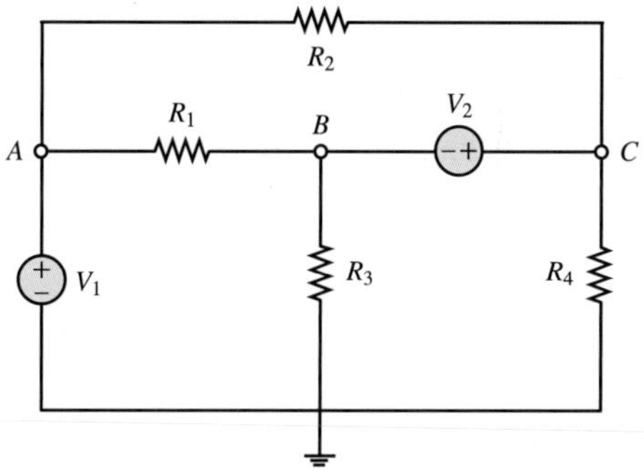

그림 P1.57

1.58 노드 전압법을 이용하여, 그림 P1.58의 회로에서 전압 V_a와 V_b를 구하라. $R_1 = 10\ \Omega$, $R_2 = 4\ \Omega$, $R_3 = 6\ \Omega$, $R_4 = 6\ \Omega$, $V_1 = 2\text{ V}$, $V_2 = 4\text{ V}$, $I_1 = 2\text{ A}$.

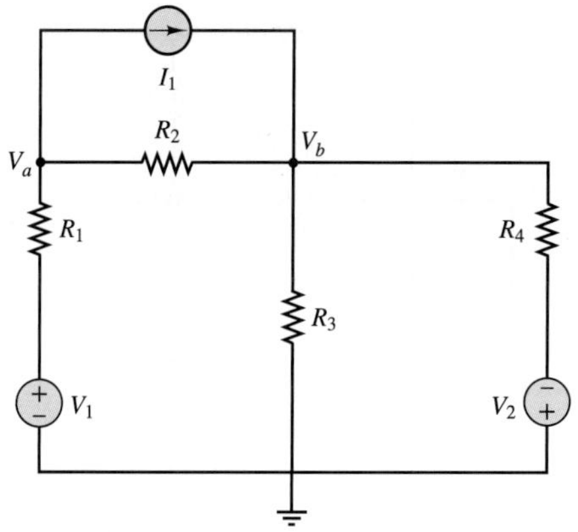

그림 P1.58

1.59 그림 P1.59의 회로에서, 노드 전압법을 이용하여 저항 R_0에 공급되는 전력을 구하라. $R_1 = 2\ \Omega$, $R_V = R_2 = R_0 = 4\ \Omega$, $V_S = 4$ V, $I_S = 0.5$ A.

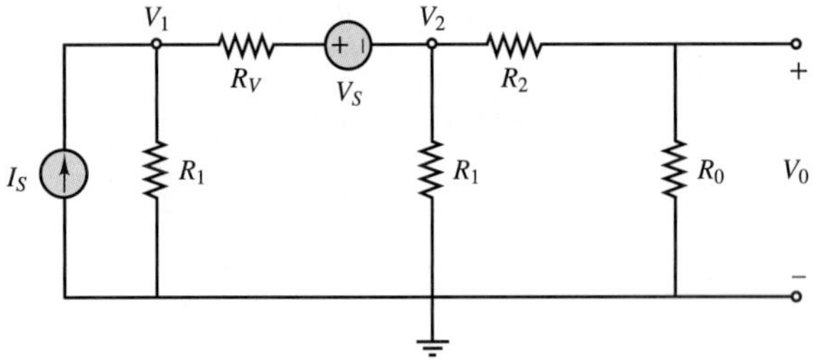

그림 P1.59

1.60 그림 P1.60의 회로에서, 전압 V_1, V_2, V_3를 구하는 데 필요한 노드 방정식을 구하라. $G = 1/R$는 컨덕턴스(conductance)이다. 식 $[G][V] = [I]$에서 행렬 $[G]$와 $[I]$의 형태에 주목하라. 여기서

$$[G] = \begin{bmatrix} g_{11} & g_{12} & g_{13} & \cdots & g_{1n} \\ g_{21} & g_{22} & \cdots & \cdots & g_{2n} \\ g_{31} & & \ddots & & \\ \vdots & & & \ddots & \\ g_{n1} & g_{n2} & \cdots & \cdots & g_{nn} \end{bmatrix} \quad \text{and} \quad [I] = \begin{bmatrix} I_1 \\ I_2 \\ \vdots \\ \vdots \\ I_n \end{bmatrix}$$

다음 관계를 이용하여 노드 전압 방정식에 관한 행렬을 다시 나타내라.

$g_{ii} = \Sigma$ (노드 i에 연결되어 있는 컨덕턴스)

$g_{ij} = -\ \Sigma$ (노드 i와 j가 공유하는 모든 컨덕턴스)

$I_i = \Sigma$ (노드 i로 들어가는 모든 소스의 전류)

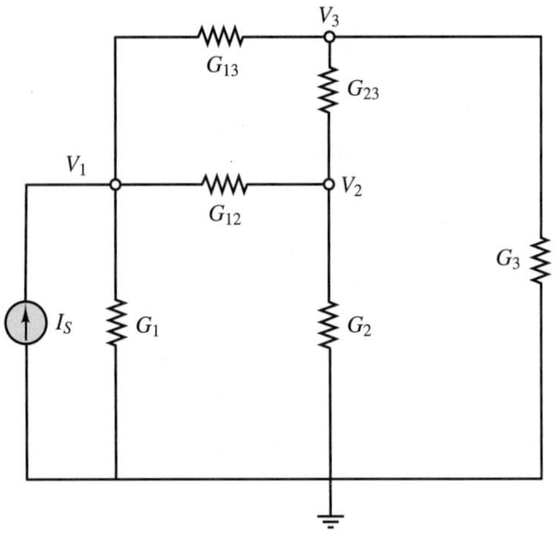

그림 P1.60

1.61 그림 P1.61의 회로에서 소스 전압, 소스 전류 및 모든 저항을 알고 있다.

a. 노드 전압을 구하는 데 필요한 노드 방정식을 세워라.

b. 알고 있는 파라미터의 항으로 각 노드에 대한 행렬 형태의 해를 구하라.

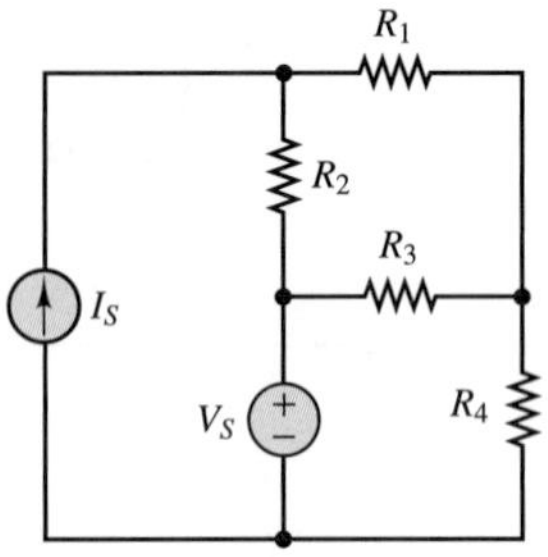

그림 P1.61

1.62 그림 P1.62의 회로에 대해서 다음을 구하라.

a. 노드 전압법을 이용하여 R_1에 걸리는 전압

b. 노드 전압법을 이용하여 R_3에 걸리는 전압

$V_{S1} = V_{S2} = 110$ V
$R_1 = 500$ mΩ $\quad R_2 = 167$ mΩ
$R_3 = 700$ mΩ
$R_4 = 200$ mΩ $\quad R_5 = 333$ mΩ

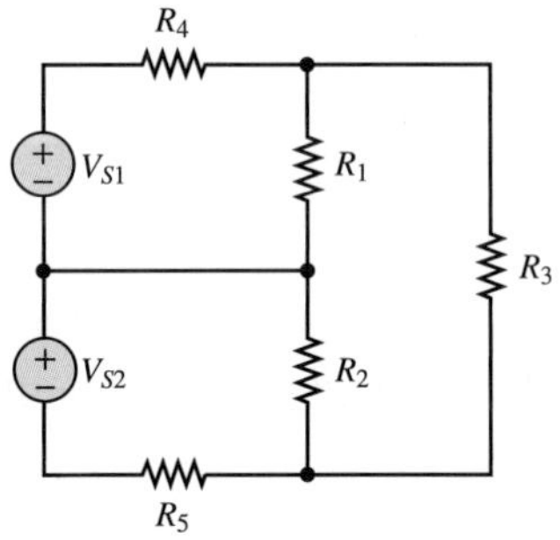

그림 P1.62

1.63 그림 P1.63은 온도 측정 시스템을 나타낸 것이며, 여기서 변환 상수 k에 의해 온도 T는 전압원 V_{S2}와 선형적인 관계를 가진다. 노드 전압법을 이용하여 온도를 구하라.

$V_{S2} = kT$	$k = 10$ V/°C
$V_{S1} = 24$ V	$R_S = R_1 = 12$ kΩ
$R_2 = 3$ kΩ	$R_3 = 10$ kΩ
$R_4 = 24$ kΩ	$V_{ab} = -2.524$ V

실제로, V_{ab}는 R_S와 직렬로 연결된 전압원 V_{S2}으로 모델링된 온도 센서의 회로에서 온도 측정을 위해 사용된다.

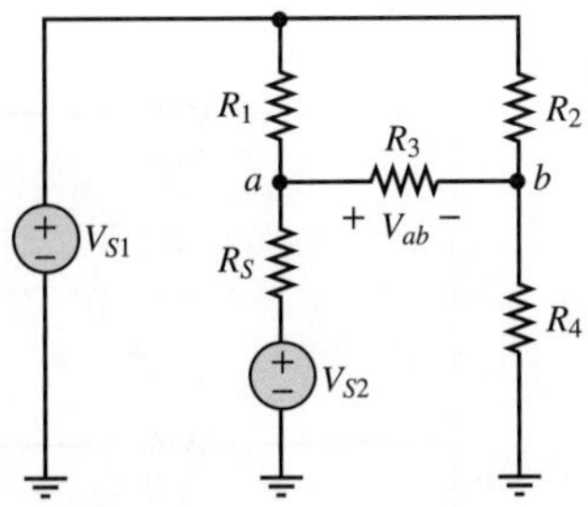

그림 P1.63

1.64 노드 전압법을 이용하여, 그림 P1.64에서 노드 전압 V_1, V_2, V_3를 구하라. $R_1 = 10 \ \Omega$, $R_2 = 6 \ \Omega$, $R_3 = 7 \ \Omega$, $R_4 = 4 \ \Omega$, $I_1 = 2 \text{ A}$, $I_2 = 1 \text{ A}$.

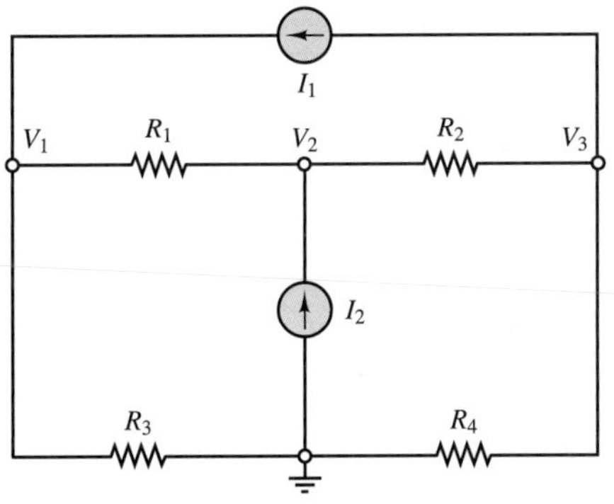

그림 P1.64

1.65 노드 전압법을 이용하여, 그림 P1.65에서 R_4에 흐르는 전류를 구하라. $R_1 = 10 \ \Omega$, $R_2 = 6 \ \Omega$, $R_3 = 4 \ \Omega$, $R_4 = 3 \ \Omega$, $R_5 = 2 \ \Omega$, $R_6 = 2 \ \Omega$, $I_1 = 2 \text{ A}$, $I_2 = 3 \text{ A}$, $I_3 = 5 \text{ A}$.

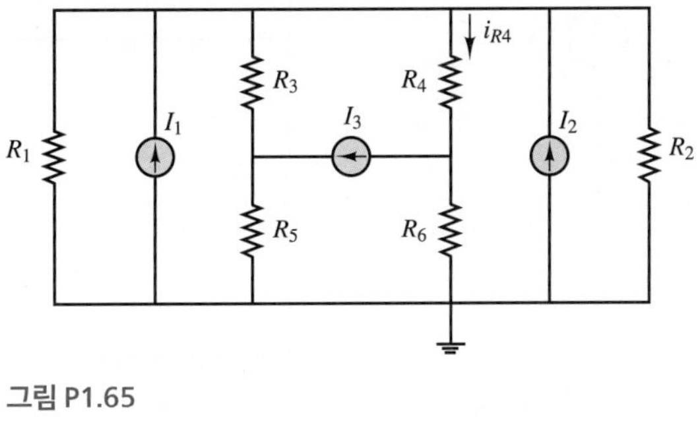

그림 P1.65

1.66 그림 P1.66의 회로는, 산업용 부하(특히, 회전 기계)에 전력을 공급하는 교류 3상 배전 시스템(Y-Y 결선)을 직류로 단순화하여 나타낸 것이다.

$$V_{S1} = V_{S2} = V_{S3} = 170 \text{ V}$$
$$R_{w1} = R_{w2} = R_{w3} = 0.7 \ \Omega$$
$$R_1 = 1.9 \ \Omega \qquad R_2 = 2.3 \ \Omega$$
$$R_3 = 11 \ \Omega$$

a. 비기준 노드의 개수를 결정하라.

b. 미지의 노드 전압의 개수를 결정하라.

c. v_1', v_2', v_3', v_n'을 계산하라.

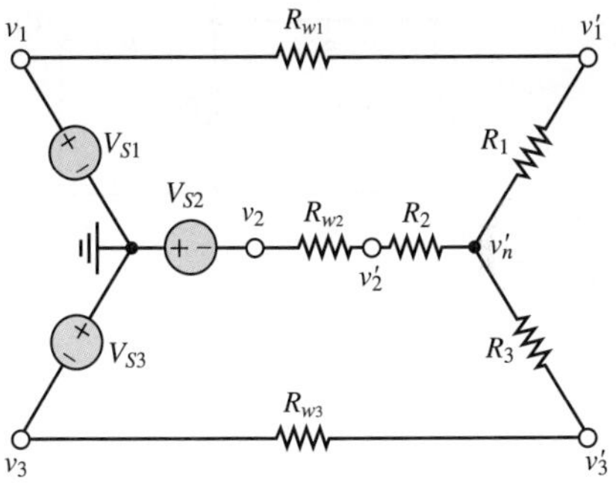

그림 P1.66

1.67 노드 전압법을 이용하여 그림 P1.67의 회로에서 표시된 3개의 노드 전압과 전류 i를 구하라. $R_1 = 10 \ \Omega$, $R_2 = 20 \ \Omega$, $R_3 = 20 \ \Omega$, $R_4 = 10 \ \Omega$, $R_5 = 10 \ \Omega$, $R_6 = 10 \ \Omega$, $R_7 = 5 \ \Omega$, $V_1 = 20 \text{ V}$, $V_2 = 20 \text{ V}$.

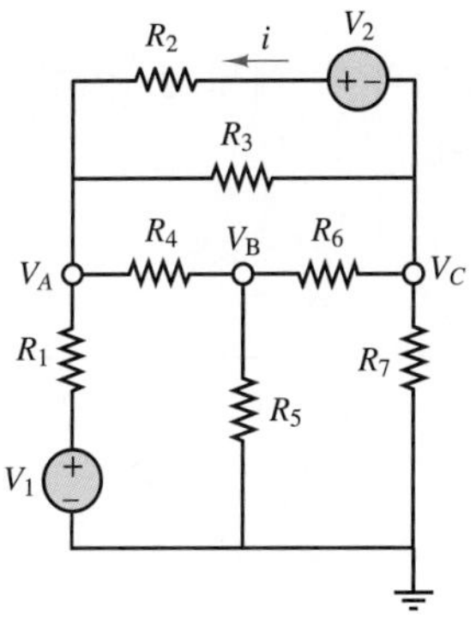

그림 P1.67

1.8절: 망 전류법

1.68 그림 1.68의 회로에서 망 전류는 다음과 같다.

$$I_1 = 5\text{ A} \quad I_2 = 3\text{ A} \quad I_3 = 7\text{ A}$$

다음 저항에 흐르는 분기 전류를 구하라.

a. R_1 b. R_2 c. R_3

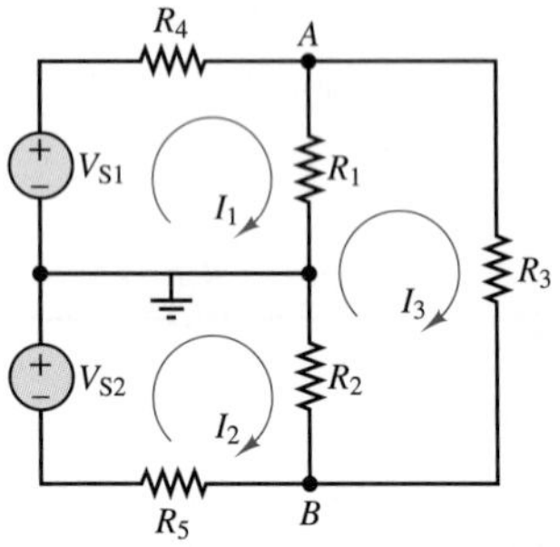

그림 P1.68

1.69 그림 P1.68의 회로에서 전압원 및 노드 전압은 다음과 같다.

$$V_{S1} = V_{S2} = 110\text{ V}$$
$$V_A = 103\text{ V} \quad V_B = -107\text{ V}$$

5개 저항 각각에 걸리는 전압을 구하라.

1.70 망 전류법을 이용하여, 그림 P1.55의 회로에서 전압 V_a를 구하라. $R_1 = 12\ \Omega$, $R_2 = 6\ \Omega$, $R_3 = 10\ \Omega$, $V_1 = 4$ V, $V_2 = 1$ V.

1.71 그림 P1.71의 회로에서, 망 전류법을 이용하여 전류 i_1과 i_2를 구하라.

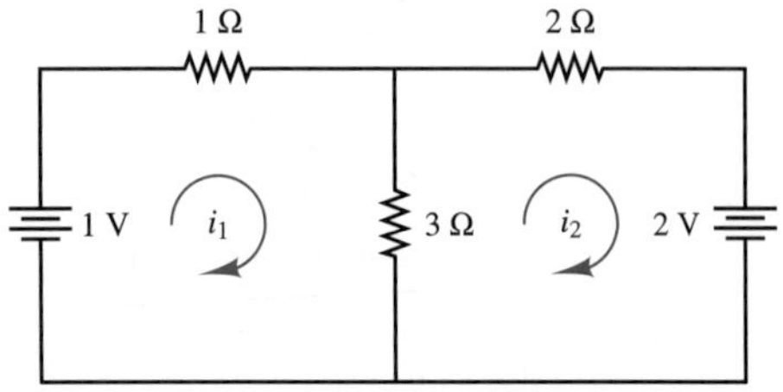

그림 P1.71

1.72 그림 P1.72의 회로에서, 망 전류법을 이용하여 전류 i_1과 i_2를 구하고, 상단의 10 Ω 저항에 걸리는 전압을 구하라.

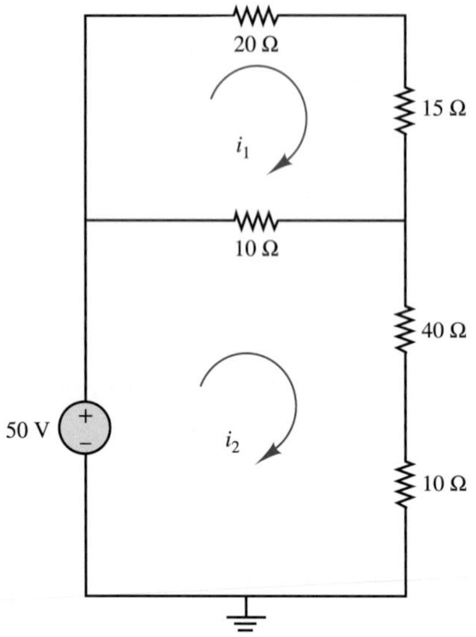

그림 P1.72

1.73 그림 P1.73의 회로에서, 망 전류법을 이용하여 3Ω 저항에 걸리는 전압 v을 구하라.

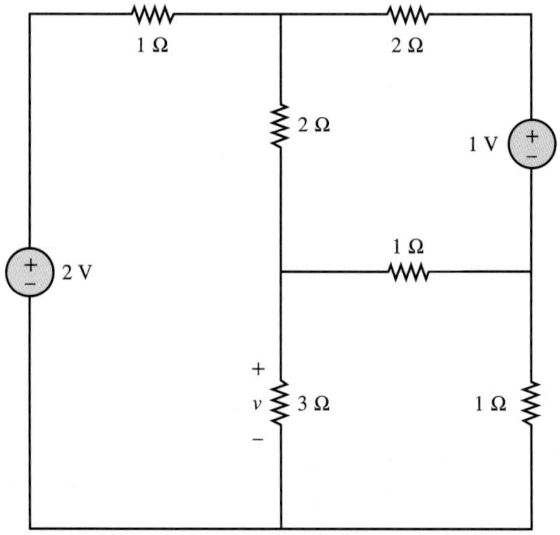

그림 P1.73

1.74 망 전류법을 이용하여, 그림 P1.74의 회로에서 전류 I_1, I_2, I_3를 구하라.

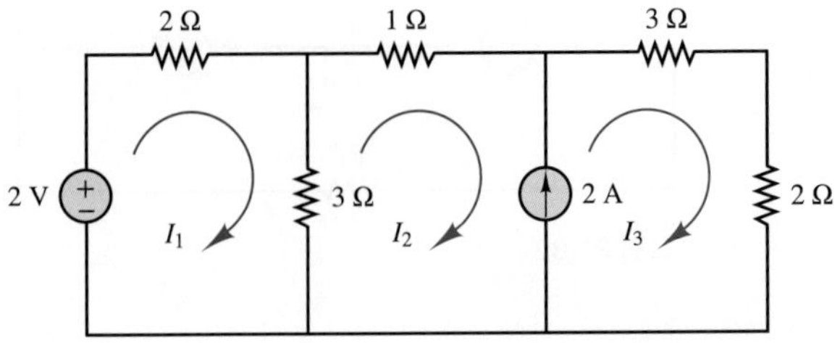

그림 P1.74

1.75 그림 P1.75의 회로에서, 망 방정식을 행렬의 형태로 나타내라. 식 $[R][I] = [V]$에서 행렬 $[R]$과 $[V]$의 형태에 유의하라. 여기서

$$[R] = \begin{bmatrix} r_{11} & r_{12} & r_{13} & \cdots & r_{1n} \\ r_{21} & r_{22} & \cdots & \cdots & r_{2n} \\ r_{31} & & \ddots & & \\ \vdots & & & \ddots & \\ r_{n1} & r_{n2} & \cdots & \cdots & r_{nn} \end{bmatrix} \quad \text{and} \quad [V] = \begin{bmatrix} V_1 \\ V_2 \\ \vdots \\ \vdots \\ V_n \end{bmatrix}$$

다음 관계를 사용하여 망 방정식에 관한 행렬을 다시 나타내라.

$r_{ii} = \Sigma$ (루프 i 주위의 저항)

$r_{ij} = -\Sigma$ (루프 i와 j가 공유하는 저항)

$V_i = \Sigma$ (루프 i 주위의 소스 전압)

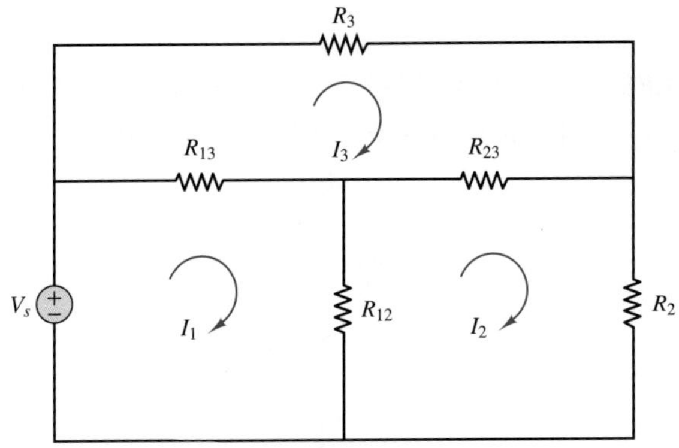

그림 P1.75

1.76 그림 P1.76의 회로에서, 망 전류법을 사용하여 4개의 망 전류에 대한 4개의 방정식을 구하라. 계수를 정리하고, 망 전류를 구하라.

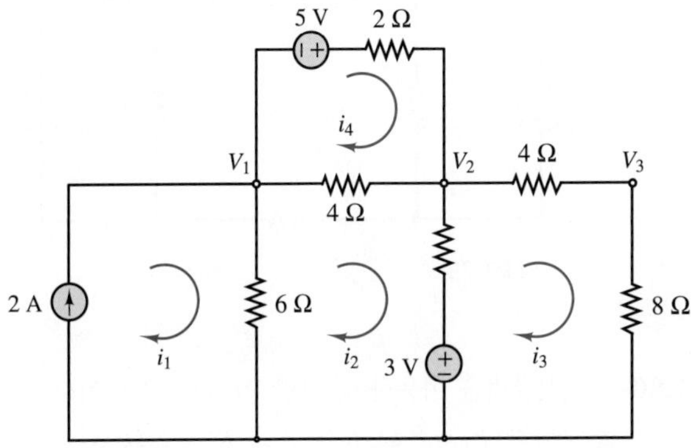

그림 P1.76

1.77 망 전류법을 이용하여, 그림 P1.77의 회로에서 망 전류를 구하라. $R_1 = 10\ \Omega$, $R_2 = 5\ \Omega$, $V_1 = 2$ V, $V_2 = 1$ V, $I_S = 2$ A.

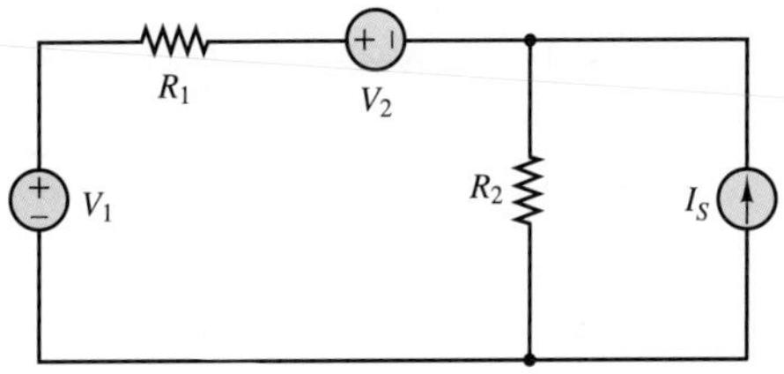

그림 P1.77

1.78 망 전류법을 이용하여, 그림 P1.78의 회로에서 망 전류를 구하라. $R_1 = 6\ \Omega$, $R_2 = 3\ \Omega$, $R_3 = 3\ \Omega$, $V_1 = 4$ V, $V_2 = 1$ V, $V_3 = 2$ V.

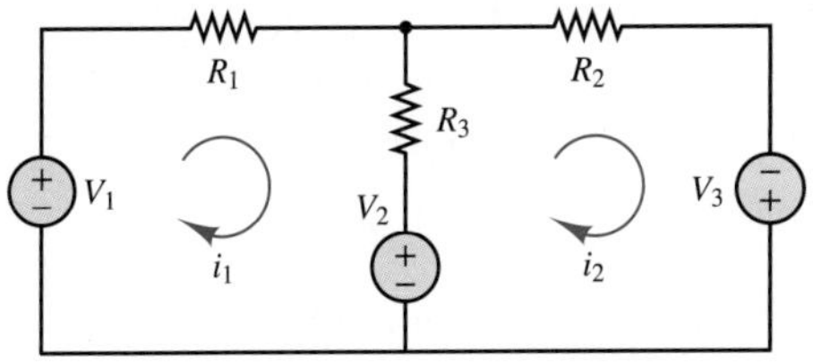

그림 P1.78

1.79 망 전류법을 이용하여, 그림 P1.79의 회로에서 V_4를 구하라. $R_2 = 6\ \Omega$, $R_3 = 3\ \Omega$, $R_4 = 3\ \Omega$, $R_5 = 3\ \Omega$, $v_S = 4$ V, $i_S = 2$ A.

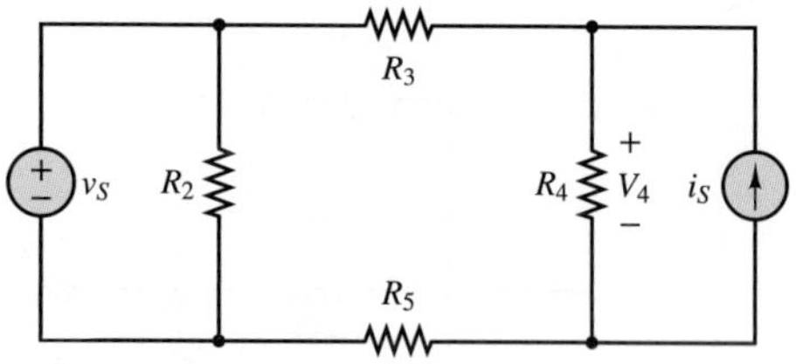

그림 P1.79

1.80 망 전류법을 이용하여, 그림 P1.80의 회로에서 망 전류를 구하라. $R_1 = 8\ \Omega$, $R_2 = 3\ \Omega$, $R_3 = 5\ \Omega$, $R_4 = 2\ \Omega$, $R_5 = 4\ \Omega$, $R_6 = 3\ \Omega$, $V_1 = 4$ V, $V_2 = 2$ V, $V_3 = 1$ V, $V_4 = 2$ V, $V_5 = 3$ V, $V_6 = 2$ V.

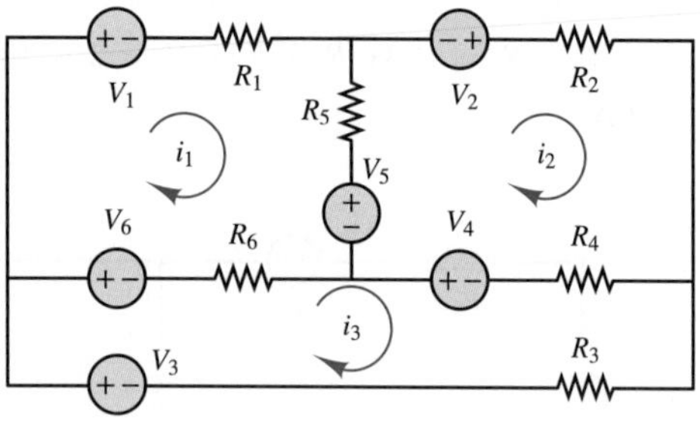

그림 P1.80

1.81 망 전류법을 이용하여, 그림 P1.81의 회로에서 전류 i를 구하라. $i_S = 2$ A로 가정한다.

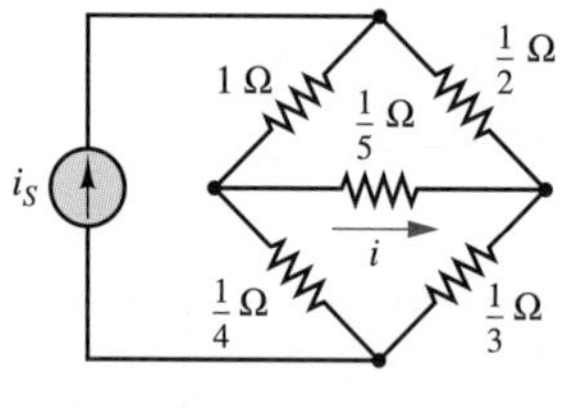

그림 P1.81

1.82 망 전류법을 이용하여, 그림 P1.82의 회로에서 모든 분기 전류에 흐르는 전류를 구하라. $R_1 = 10\ \Omega$, $R_2 = 5\ \Omega$, $R_3 = 4\ \Omega$, $R_4 = 1\ \Omega$, $V_1 = 5$ V, $V_2 = 2$ V.

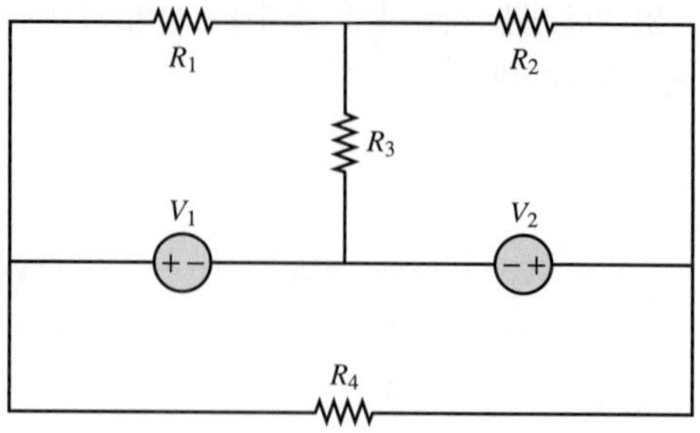

그림 P1.82

1.83 문제 1.66과 그림 P1.66의 데이터를 이용하여,

a. 망의 개수를 결정하라.

b. 망 전류를 계산하라.

c. 망 전류를 이용하여 v_n'을 구하라.

1.9절: 종속 소스를 갖는 노드 전압법과 망 전류법

1.84 노드 전압법을 이용하여, 그림 P1.84의 회로에서 전압 V_4를 구하라. 두 전압원 중 하나가 종속 전압원이라는 점에 유의하라. $V_S = 5$ V, $A_V = 70$, $R_1 = 2.2$ kΩ, $R_2 = 1.8$ kΩ, $R_3 = 6.8$ kΩ, $R_4 = 220\ \Omega$.

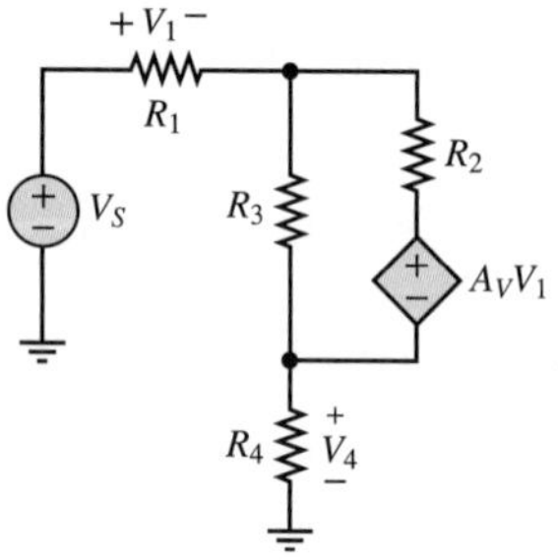

그림 P1.84

1.85 망 전류법을 이용하여, 그림 P1.85의 회로에서 전류 i를 구하라. $v_S = 5.6$ V, $R_1 = 50\ \Omega$, $R_2 = 1.2$ kΩ, $R_3 = 330\ \Omega$, $g_m = 0.2$ S, $R_4 = 440\ \Omega$.

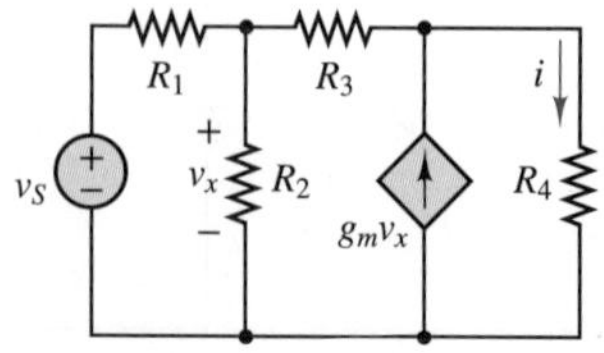

그림 P1.85

1.86 망 전류법을 이용하여, 그림 P1.86에서 전압이득 $G_v = v_2/v_s$를 구하라.

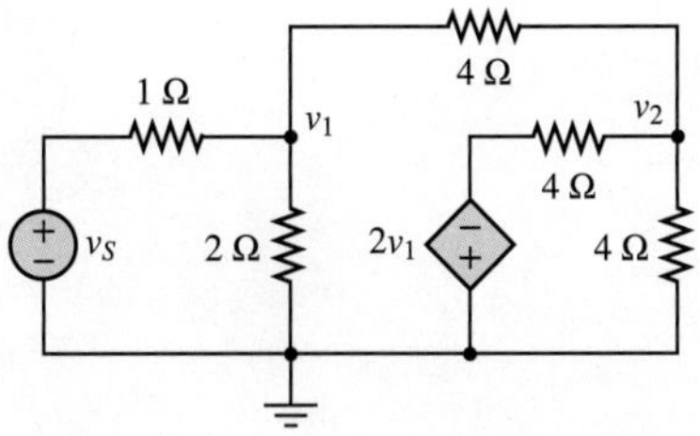

그림 P1.86

1.87 망 전류법을 이용하여, 그림 P1.87의 회로에서 전압원에 의해서 공급되는 전력을 구하라. $k = 0.25$ A/A^{2}라 가정한다.

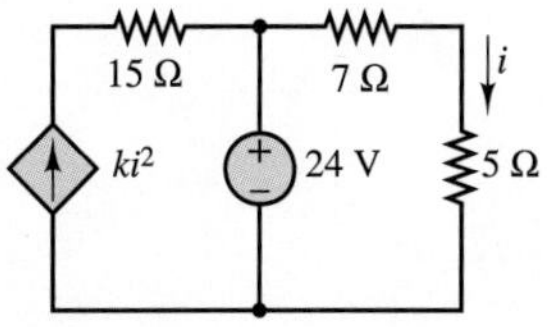

그림 P1.87

02

등가 회로망

EQUIVALENT NETWORKS

2장은 등가 저항, 전압 분배, 전류 분배라는 매우 중요한 개념의 소개로부터 시작한다. 이러한 기본 개념의 철저한 이해는 회로망 해석 및 설계 기술을 성공적으로 개발하는 데 필수적이다. 다음으로, 중첩의 원리는 회로망을 여러 개의 단순한 관점으로 분해하기 위해 도입된다. 중첩의 원리와 등가 저항은 모두 회로망의 단순화에 활용된다.

이 장에서는 등가 저항의 개념을 확장하여 보다 일반적인 개념인 등가 1포트 회로망(one-port network)을 소개한다. 1포트 회로망은 2개의 터미널을 통해 접근할 수 있는 회로망이다. 전기 회로망을 다룰 때 등가라는 용어는 동일함을 의미하지는 않는다. 대신, 두 개의 1포트 회로망은 각 단자 쌍에서의 전류−전압 특성이 같을 때 등가라고 한다. 이는 어떤 1포트 회로망이 더 단순한 1포트 회로망으로 대체될 수 있다는 의미이다. 따라서 전기 회로망을 두 개의 연결된 1포트 회로망으로 나누고, 둘 중 하나 또는 둘 다를 더 단순한 등가 회로망으로 대체함으로써 전기 회로망을 단순화하는 것이 가능하다. 이러한 과정은 일반적으로 소스−부하 관점으로 소개되는데, 소스 변환 및 테브닌과 노턴 등가 회로망 등으로 알려진 회로망 단순화 방법이 관련된다.

이 장에서는 최대 전력 전달의 개념과 등가 회로망을 비선형 소자뿐 아니라, 실제 소스 및 계기에 적용하는 방법을 소개한다.

이 장을 통해서 학생들은 먼저 회로망을 단순화한 후에 문제를 해결하는 방법에 익숙해지도록 노력하여야 한다.

LO 학습 목적

1. 전압 및 전류 분배법을 적용하여 단순한 직렬, 병렬 및 직렬–병렬 회로에서 미지의 전압과 전류의 계산. 2.1-2.2절
2. 저항 회로망의 정확한 재도시 및 두 노드 간의 등가 저항의 계산. 2.3절
3. 독립 및 종속 소스를 포함하는 선형 회로에 중첩의 원리를 적용. 2.4절
4. 소스–부하 관점을 적용하여 회로 문제에 대한 도식적인 해의 계산. 2.5절
5. 소스 변환을 적용하여 독립 및 종속 소스를 포함한 선형 회로의 단순화 및 해의 계산. 2.6절
6. 선형 저항과 독립 및 종속 소스를 포함하는 회로망에 대하여 테브닌 및 노턴 등가 회로의 결정. 2.7절
7. 등가 회로를 사용하여 소스와 부하 사이의 최대 전력 전달의 계산. 2.8절
8. 전압계, 전류계, 전력계와 전압원 및 전류원의 실제 모델에서 내부저항의 영향의 이해. 2.9-2.10절
9. 부하선 해석과 등가 회로 방법을 사용하여 비선형 부하를 갖는 회로에 대한 전압, 전류, 전력의 계산. 2.11절

2.1 직렬 저항과 전압 분배

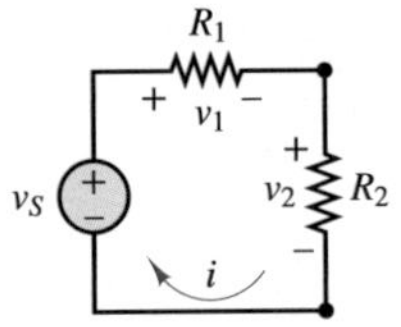

그림 2.1 동일한 전류 i가 직렬 루프의 세 소자에 각각 흐른다. $v_S = v_1 + v_2$

두 개 또는 그 이상의 회로 소자에 각각 동일한 전류가 흐른다면, 이들 소자는 직렬(series)로 연결되어 있다고 한다. 소자들이 직렬 연결되어 있을 때, 전체 분기에 걸리는 전압은 분기의 소자들 사이에서 분배되는데, 이를 **전압 분배**(voltage division)라 한다.

전압 분배의 가장 기본적인 예는, 그림 2.1에서 보듯이, 두 저항이 직렬 연결되어 있을 때이다. 이 루프에 KVL을 적용시키면, 전압원에서의 전압 강하 v_S는 두 저항에서의 전압 강하 v_1과 v_2의 합이 된다.

$$v_S = v_1 + v_2 \qquad \text{KVL}$$

v_1과 v_2를 구하기 위해서 옴의 법칙을 적용하면(수동 부호 규약에 주목하라.)

$$v_1 = iR_1 \quad \text{and} \quad v_2 = iR_2$$

같으며, 이 식을 처음 식에 대입하면

$$v_S = iR_1 + iR_2 = i(R_1 + R_2) \equiv iR_{EQ}$$

여기서 R_{EQ}는 직렬로 연결된 두 저항의 등가 저항을 의미한다.

$$R_{EQ} = (R_1 + R_2) \qquad \text{(직렬 연결된 두 저항)}$$

3개 또는 그 이상의 저항이 직렬로 연결되어 있을 때, 등가 저항은 모든 저항들의 합과 같다.

$$R_{EQ} = \sum_{n=1}^{N} R_n \quad \text{직렬 저항} \tag{2.1}$$

R_{EQ}는 직렬 연결되어 있는 어떤 개별 저항보다 크다. 그림 2.2에 나타낸 것처럼 보통은 두 개 또는 그 이상의 저항이 직렬 연결되어 있을 때 단일의 등가 저항으로 대체한다. 즉, 직렬 연결된 모든 저항들을 제거하고, 단일의 등가 저항으로 대체하면 된다. 이 간단한 절차는 매우 중요한 원리를 나타낸다. 직렬 연결된 저항들을 하나의 단일 저항 R_{EQ}로 볼 수 있다.

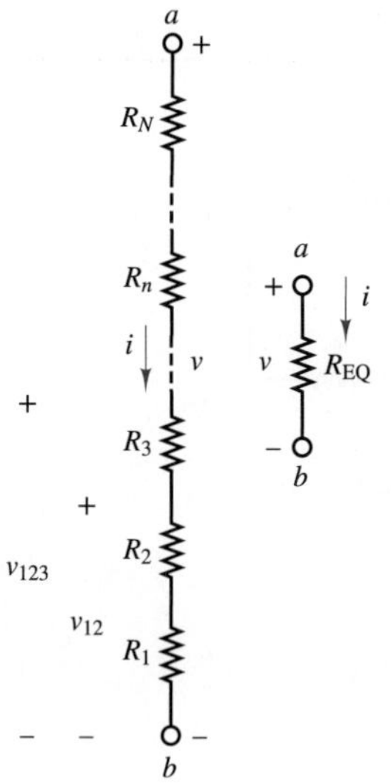

그림 2.2 직렬 연결된 3개 또는 그 이상의 등가 저항은 이들 저항의 합이다.

전체 분기에 걸친 전압이 각각의 개별 저항에 어떻게 분배되는지는, 옴의 법칙과 직렬 연결된 모든 저항에 흐르는 전류는 동일하다는 사실을 이용하면 된다. 그림 2.1에 나온 직렬 루프를 생각해 보자.

$$i = \frac{v_1}{R_1} = \frac{v_2}{R_2} = \frac{v_S}{R_{EQ}}$$

위 식으로부터 다음과 같은 관계를 얻을 수 있다.

$$\frac{v_1}{v_S} = \frac{R_1}{R_{EQ}} \quad \text{and} \quad \frac{v_2}{v_S} = \frac{R_2}{R_{EQ}} \quad \text{and} \quad \frac{v_1}{v_2} = \frac{R_1}{R_2} \tag{2.2}$$

위의 결과는 직렬 연결된 각 저항에 걸리는 전압의 비는 해당 저항의 비와 동일하다는 전압 분배법을 보여준다. R_1과 R_2가 R_{EQ}보다 작으므로 전압 v_1과 v_2는 총 전압 v_S보다 역시 작게 된다.

직렬 연결된 두 저항에 걸리는 전압의 비는 그 저항의 비와 동일하다.

회로에 직렬 연결이 있다면, 전압 분배법을 자연스럽게 생각할 수 있어야 한다.

직렬 연결 ⇒ 전압 분배

전압 분배법은 직렬로 연결된 어느 두 저항에도 적용되며, 이 두 저항이 반드시 개별 저항일 필요는 없다. 예를 들어, 그림 2.2의 직렬 저항을 고려하자. $R_1 + R_2$ 양단의 전압 대 $R_1 + R_2 + R_3$ 양단의 전압은 $(R_1 + R_2)$ 대 $(R_1 + R_2 + R_3)$와 같다. 즉,

$$\frac{v_{12}}{v_{123}} = \frac{R_1 + R_2}{R_1 + R_2 + R_3} \quad \text{전압 분배}$$

예제 2.1 전압 분배

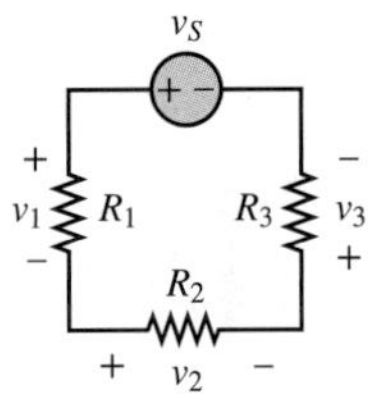

그림 2.3

문제

그림 2.3의 회로에서 전압 v_3을 구하라.

풀이

기지: 소스 전압, 저항

미지: 미지의 전압 v_3

주어진 데이터 및 그림: $R_1 = 10\ \Omega$, $R_2 = 6\ \Omega$, $R_3 = 8\ \Omega$, $v_S = 3$ V, 그림 2.3

해석: 회로는 단순한 직렬 루프인데, 이는 모든 저항에 동일한 전류가 흐른다는 것을 의미한다. 전압 분배법을 적용하여 v_3을 구하면

$$\frac{v_3}{v_S} = \frac{R_3}{R_1 + R_2 + R_3} = \frac{8}{10+6+8} = \frac{1}{3}$$

그러므로 $v_3 = v_S/3 = 1$ V이다.

참조: 직렬 회로에 전압 분배법을 적용하는 것은 비교적 쉽지만, 저항 양단의 부호를 정확히 결정하도록 주의하여야 한다. 예를 들어, 그림 2.3에서 전압원에 의해서 좌측 상단이 우측 상단보다 전압이 높게 된다. 결과적으로, 모든 전압 강하 v_1, v_2, v_3는 양이다.

예제 2.2 휘트스톤 브리지(Wheatstone bridge)

문제

휘트스톤 브리지는 저항 회로로서 다양한 측정장치 회로에 자주 사용된다. 브리지 회로의 일반적인 형태는 그림 2.4(a)와 같은데, 회로에서 R_1, R_2, R_3는 알고 있는 저항인 데 반해서, R_x는 결정해야 하는 미지의 저항이다. 또한 이 회로는 그림 2.4(b)와 같이 다시 그릴 수 있는데, R_1과 R_2 및 R_3와 R_x가 각각 직렬 연결되어 있다. 노드 c에서 기준 노드로의 두 분기는 병렬 연결되어 있다.

그림에서 v_a와 v_b는 공통의 기준 노드에 대한 노드 전압이다. 기준 노드의 전압은 임의로 선정할 수 있지만, 0으로 설정하는 것이 바람직하다.

1. 4개의 저항과 소스 전압 v_S의 항으로 전압 $v_{ab} = v_a - v_b$에 대한 식을 구하라.
2. 만약 $R_1 = R_2 = R_3 = 1\ \text{k}\Omega$, $v_S = 12$ V, $v_{ab} = 12$ mV일 때, R_x를 구하라.

풀이

기지: 소스 전압, 저항, 브리지 전압

미지: 미지의 저항 R_x

주어진 데이터 및 그림: 그림 2.4

$R_1 = R_2 = R_3 = 1\ \text{k}\Omega$; $v_S = 12\ \text{V}$, $v_{ab} = 12\ \text{mV}$

해석:

1. 먼저 회로가 전압원, $R_1 + R_2$ 분기, 그리고 $R_3 + R_x$ 분기 등의 3개의 병렬 연결된 분기로 구성되어 있다. 3개의 분기가 노드 c와 기준 노드 간에 있고, 각 분기에 걸리는 전압은 소스 전압 v_S와 동일하게 된다.

   모든 노드의 전압은 기준 노드를 기준으로 한다. 즉, v_a는 R_2에 걸리는 전압, v_b는 R_x에 걸리는 전압이며, $v_c = v_S$이다.

   R_1과 R_2, R_3와 R_x가 각각 직렬이므로, 전압 분배법을 적용하면 다음과 같다.

   $$\frac{v_a}{v_c} = \frac{R_2}{R_1 + R_2} \quad \text{and} \quad \frac{v_b}{v_c} = \frac{R_x}{R_3 + R_x}$$

   $v_c = v_S$를 대입하면, $v_{ab} = v_a - v_b$는 다음과 같다.

   $$v_{ab} = v_S\left(\frac{R_2}{R_1 + R_2} - \frac{R_x}{R_3 + R_x}\right)$$

   이 수식은 매우 유용하며, 일반적으로 사용된다.

2. v_{ab}, v_S, R_1, R_2, R_3에 수치를 대입하면

   $$0.012 = 12\left(\frac{1\ \text{k}\Omega}{2\ \text{k}\Omega} - \frac{R_x}{1\ \text{k}\Omega + R_x}\right)$$

   이 되고, 양변을 −12로 나누고, 양변에 0.5를 더하면

   $$0.499 = \frac{R_x}{1\ \text{k}\Omega + R_x}$$

   이 된다. 양변에 $1\ \text{k}\Omega + R_x$를 곱하면 R_x를 구할 수 있다.

   $$0.499(1\ \text{k}\Omega + R_x) = R_x \quad \text{or} \quad 499.0 = 0.501 R_x \quad \text{or} \quad R_x = 996\ \Omega$$

참조: 휘트스톤 브리지는 많은 측정 회로에 이용되고 있다.

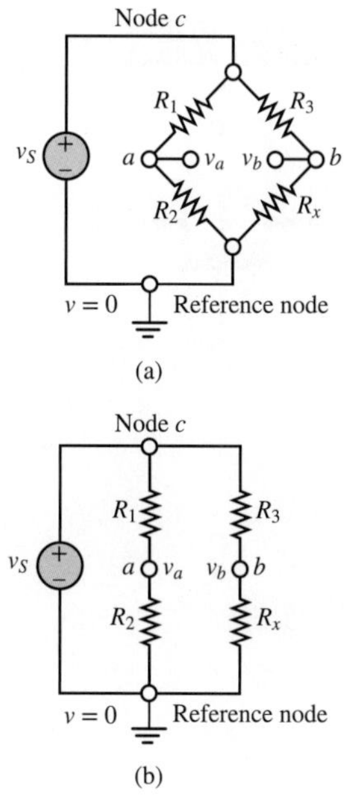

그림 2.4 휘트스톤 브리지는 직렬–병렬의 혼합 연결로 구성된다.

연습 문제

예제 2.2의 1번의 결과를 사용하여 $v_{ab} = 0$이 되도록 R_x와 다른 세 저항 간의 관계를 구하라. 예제 2.2에서의 데이터를 이용하여, 브리지의 평형 조건인 $v_{ab} = 0$를 만족시키는 R_x를 구하라. 이 조건은 반드시 모든 4개의 저항이 동일함을 요구하는가?

Answer: $R_1R_x = R_2R_3$; 1 kΩ; No

측정기술

저항 스로틀 위치 센서

문제

그림 2.5(a)는 전형적인 **차량용 저항 스로틀 위치 센서**(resistance throttle position sensor)이다. 그림 2.5(b)와 (c)는 스로틀 판의 형상 및 이의 등가 회로를 보여준다. 일반적인 스로틀 바디의 스로틀 판은 완전히 닫혀진 상태에서 완전 열린 상태까지 약 90°의 회전 범위를 갖는다. 보통 센서의 가능한 기계적인 회전 범위는 앞의 범위보다는 약간 더 크다. 입력 변수(예, 스로틀 위치)와 출력 변수(예, 센서 전압) 간의 실제 관계를 구하기 위해서 어느 센서이든지 교정(calibration)을 하여야 한다. 다음은 이러한 교정에 대한 예이다.

그림 2.5(a) 전형적인 스로틀 위치 센서

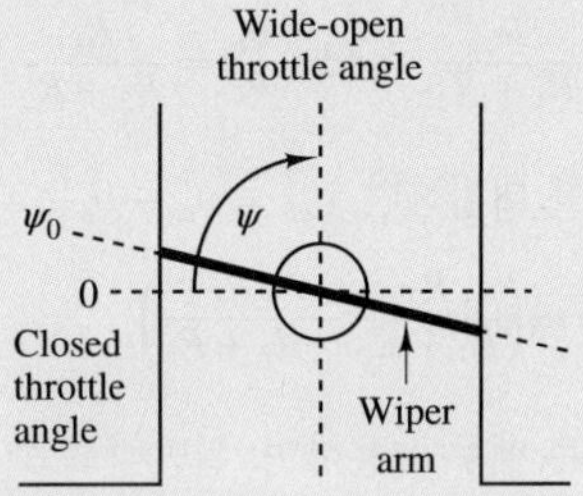

그림 2.5(b) 스로틀 블레이드의 기하학

풀이

기지: 스로틀 위치 센서의 기능적인 사양

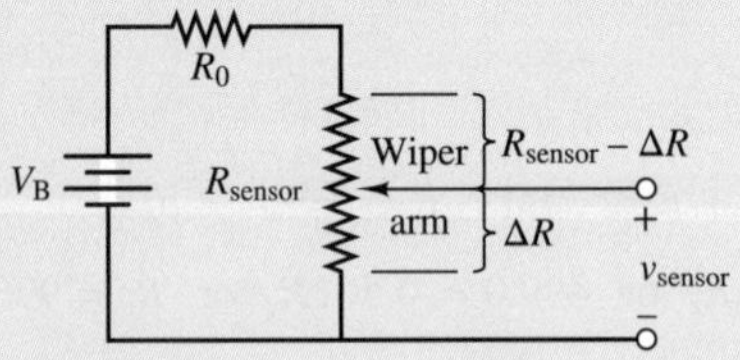

그림 2.5(c) 스로틀 위치 센서의 등가 회로

미지: 스로틀 판의 각도에 따른 발생 전압의 교정

주어진 데이터 및 그림:

스로틀 위치 센서의 기능적인 사양

Total resistance $= R_{sensor} + R_0$	12 kΩ
R_0	3 kΩ
Input V_B	5 V ± 4% regulated
Output V_{sensor}	5% to 95% V_B
Current draw I_S	≤ 20 mA
Recommended load R_L	≤ 220 kΩ
Electrical travel,[1] maximum	112°

[1] 센서는 실제로는 2°와 90° 사이에서만 동작한다.

(계속)

(계속)

가정: 공칭 공급 전압은 5 V이며, 스로틀 판은 완전히 닫혔을 때 2°, 완전히 열렸을 때 90°이고, 회전 범위는 88°이다.

해석: 센서를 구성하는 배터리, 고정 저항 및 전위차계를 묘사하는 등가 회로가 그림 2.5(c)에 나타나 있다. 센서의 출력 전압은 와이퍼 암(wiper arm)이 회전하는 위치에 의해서 결정된다. 전위차계는 실제로는 저항이 원형으로 구성되어 있지만, 이 그림에서는 편의상 직선으로 나타내었다. 전위차계의 회전 범위는 2~112° 사이에 해당하는 저항은 3~12 kΩ이므로, 전위차계의 교정 상수(calibration constant)는

$$k_{pot} = \frac{112 - 2}{12 - 3} = 12.22°/\text{k}\Omega, \quad \text{such that } \theta = k_{pot}\,\Delta R$$

이 된다. 센서 전압은 직렬 저항의 비에 비례한다는 전압 분배법을 적용하면

$$\begin{aligned} v_{sensor} &= V_B\left(\frac{\Delta R}{R_0 + R_{sensor}}\right) = (5\text{ V})\left(\frac{\Delta R}{12}\right) \\ &= 0.417\ \Delta R \quad \text{V} \quad (\Delta R \text{ in k}\Omega) \\ &= 0.417\frac{\theta}{k_{pot}} \end{aligned}$$

이 된다. 그림 2.5(d)는 이 센서에 대한 교정곡선을 보여준다.

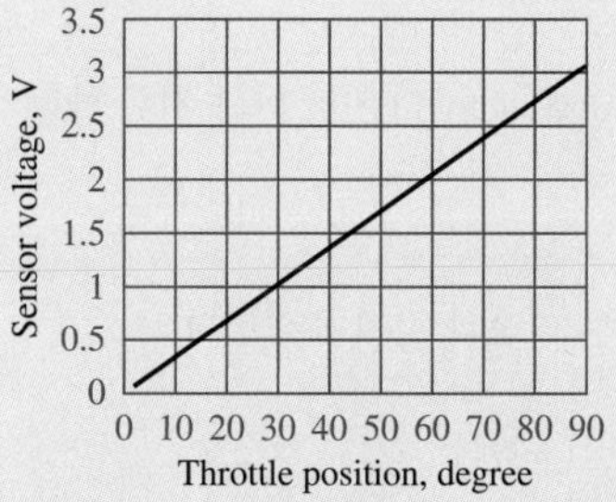

그림 2.5(d) 스로틀 위치 센서의 교정

그러므로 스로틀이 닫혀 있다면, 센서 전압은

$$v_{sensor} = 0$$

이 되며, 스로틀이 완전히 열려 있다면

$$v_{sensor} = 0.417\ \Delta R = 0.417\frac{\theta}{k_{pot}} = 0.417\ \frac{\text{V}}{\text{k}\Omega}\ \frac{90°}{12.22°/\text{k}\Omega} = 3.07\text{ V}$$

이 된다.

참조: 고정 저항 R_0는 와이퍼 암이 배터리의 + 단자를 − 단자에 직접 연결하는 것을 방지하여 주는데, 이는 와이퍼가 하단의 노드에 단락되고 θ = 112°이 될 때 발생한다. 센서의 의도된 동작 범위는 2°에서 90°인데, 이 경우 매우 위험한 단락 회로를 피할 수 있다.

측정기술

저항 스트레인 게이지

스트레인 게이지(strain gauge)는 공학 측정에서 많이 사용되는 저항성 요소이다. 스트레인 게이지는 일반적으로 에폭시 기지에 둘러싸인 하나 또는 다수의 얇은 전도성 스트립을 포함한다. 이 스트립은 스트레인 게이지가 접착된 표면과 함께 수축하거나 늘어난다. 얇은 전도성 스트립의 저항은 형상에 따라 달라지므로, 스트레인 게이지를 보정하여 저항 변화를 재료의 표면 변형률(strain)과 연관시키는 것이 가능하다. 그러면 표면 변형률은, Hooke의 법칙과 같은 다양한 관계를 통해서 응력, 힘, 토크 및 압력과 관련될 수 있다. 다양한 스트레인 게이지를 사용하여 표면을 따라 주 변형률(신장 및 전단)을 변환할 수 있다. 가장 다양하고 널리 사용되는 스트레인 게이지는 평면 로제트(rosette)이며, 이를 통해 3개의 평면 변형률을 동시에 추론할 수 있다.

단면적 A, 길이 L, 전도율 ρ인 원통형 도체의 저항이 다음과 같다.

$$R = \rho \frac{L}{A}$$

도체가 압축되거나 인장된다면, 도체의 길이 L과 단면적 A가 변하게 되고, 도체의 저항도 변하게 된다. 도체가 인장된다면 길이가 증가하는 동시에 단면적이 감소되므로 저항이 증가하는 반면에, 도체가 압축된다면 길이가 감소하는 동시에 단면적이 증가되므로 저항은 감소하게 된다. 저항의 변화와 길이의 변화 사이의 관계는

$$\mathrm{GF} = \frac{\Delta R/R}{\Delta L/L}$$

로 정의되는 게이지 인자(gauge factor) GF로 나타낸다. 한편, 스트레인은

$$\varepsilon = \frac{\Delta L}{L}$$

로 정의되므로, 저항의 변화는 다음과 같이 주어진다.

$$\Delta R = R_0 \mathrm{GF} \varepsilon$$

여기서 R_0는 제로 스트레인 저항(zero strain resistance)이다. 금속막(metal foil)으로 제작된 저항 스트레인 게이지에 대한 GF 값은 일반적으로 대략 2이다.

그림 2.6은 전형적인 박막 스트레인 게이지(foil strain gauge)의 형상이다. 이 게이지로 측정할 수 있는 최대 스트레인은 약 $\Delta L/L_{max} \approx 0.005$이다. 120 Ω 게이지의 경우에, 이것은 1.2 Ω 정도의 저항의 변화에 해당한다. 저항의 변화는 매우 작으므로, 저항 스트레인 게이지는 보통 휘스톤 브리지(Wheatstone bridge)라고 하는 회로에 연결된다.

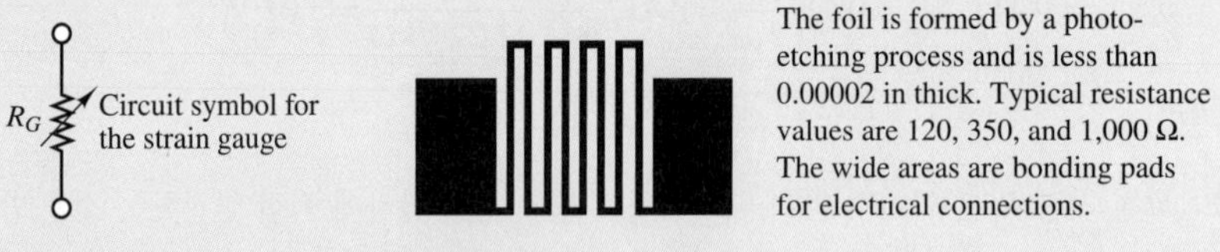

R_G
Circuit symbol for the strain gauge
The foil is formed by a photo-etching process and is less than 0.00002 in thick. Typical resistance values are 120, 350, and 1,000 Ω. The wide areas are bonding pads for electrical connections.

그림 2.6 금속막 저항 스트레인 게이지

참조: 저항 스트레인 게이지는 많은 측정 회로에 적용된다. 아래에 소개되는 힘 측정은 그 한 예이다.

휘트스톤 브리지와 힘의 측정

측정기술

앞에서 소개되었던 스트레인 게이지는 힘을 측정하는 데 흔히 사용된다. 스트레인 게이지의 가장 간단한 응용 예 중의 하나로 그림 2.7에서와 같이 외팔보에서의 힘 측정을 들 수 있다.

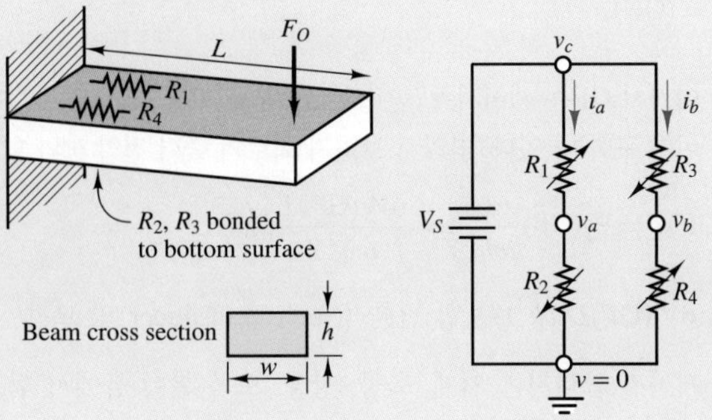

그림 2.7 힘 측정 장치

이 경우 4개의 스트레인 게이지를 사용하여 그중 2개는 보의 윗면에 부착시키고, 나머지 2개는 보의 아랫면에 부착시키는데, 외력 F_0가 작용하는 점으로부터 거리 L만큼 떨어진 위치에 부착시킨다. 외력의 영향으로 보는 변형되는데, 보의 윗면의 게이지는 인장되는 반면에, 아랫면의 게이지는 압축된다. 게이지들이 대칭적으로 위치되어 있다는 가정하에, 윗면의 게이지의 저항은 ΔR만큼 증가하고, 아랫면의 게이지의 저항은 같은 양만큼 줄어든다. R_1, R_4를 윗면의 게이지라 하고, R_2, R_3를 아랫면의 게이지라 할 때, 외력의 영향에 의해서 저항은 다음과 같이 변화된다.

$$R_1 = R_4 = R_0 + \Delta R$$
$$R_2 = R_3 = R_0 - \Delta R$$

여기서 R_0는 제로 스트레인 저항이다. 외팔보에서 외팔보 말단에 가해진 외력 F_0와의 L만큼 떨어진 위치에서의 스트레인 ε와의 관계는

$$\varepsilon = \frac{6LF_0}{wh^2Y}$$

로 주어지는데, 여기서 h, w는 그림 2.7과 같으며, Y는 빔의 탄성 계수(Young's modulus)이다.

그림 2.7의 회로에서 전압 v_a와 v_b는

$$\frac{v_a}{V_S} = \frac{R_2}{R_1 + R_2} \quad \text{and} \quad \frac{v_b}{V_S} = \frac{R_4}{R_3 + R_4}$$

와 같다. $v_o \equiv v_b - v_a$로 정의되는 브리지 출력 전압은 다음과 같다.

$$\frac{v_o}{V_S} = \frac{R_4}{R_3 + R_4} - \frac{R_2}{R_1 + R_2}$$

$R_1 = R_4 = R_0 + \Delta R$과 $R_2 = R_3 = R_0 - \Delta R$를 대입하면

(계속)

(계속)

$$\frac{v_o}{V_S}=\frac{R_0+\Delta R}{R_0+\Delta R+R_0-\Delta R}-\frac{R_0-\Delta R}{R_0+\Delta R+R_0-\Delta R}$$
$$=\frac{1}{2R_0}[R_0+\Delta R-(R_0-\Delta R)]$$
$$=\frac{\Delta R}{R_0}=(\mathrm{GF})\varepsilon$$

을 얻게 되는데, 여기서 GF는 게이지 인자이고, $\Delta R/R_0 = (\mathrm{GF})\ \varepsilon$는 앞서 "저항 스트레인 게이지"를 다룰 때 이미 구한 바 있다. 따라서 브리지 회로의 출력 전압 v_o와 힘 F_0 간의 관계는

$$v_o = V_S(\mathrm{GF})\varepsilon = V_S(\mathrm{GF})\frac{6LF_0}{wh^2Y}=\frac{6V_S(\mathrm{GF})L}{wh^2Y}F_0$$

이 되며, 여기서 $6V_S(\mathrm{GF})L/wh^2Y$는 힘 변환기(force transducer)의 교정 상수이다.

참조: **스트레인 게이지 브리지**는 기계, 화공, 항공, 토목 분야 등에서 힘, 압력, 토크, 응력, 또는 스트레인을 측정할 때 흔히 사용된다.

연습 문제

앞에서 다룬 "힘 측정장치"에 대해서 최대 출력 전압을 계산하라. 스트레인 게이지 브리지는 0~500 N 범위의 힘을 측정할 수 있고, $L = 0.3$ m, $w = 0.05$ m, $h = 0.01$ m, GF = 2 그리고 빔의 탄성계수는 69×10^9 N/m^2(알루미늄)이라고 가정한다. 소스 전압이 12 V일 때, 이 힘 변환기의 교정 상수를 구하라.

Answer: v_o (full scale) = 62.6 mV, k = 0.125 mV/N

2.2 병렬 저항과 전류 분배

2개 또는 그 이상의 회로 소자가 동일한 두 노드 간에 위치한다면, 이들 소자는 병렬(parallel)로 연결되어 있다고 한다. 소자들이 병렬로 연결되어 있다면, 노드를 지나는 전류는 병렬 소자 간에 분배되는데, 이를 **전류 분배**(current division)라 한다.

전류 분배의 가장 기본적인 예는 그림 2.8에서와 같이 두 개의 저항이 병렬로 연결되면 전류가 분배된다는 것이다. 상단 노드에 KCL을 적용하면 전류원에 흐르는 전류 i_S는 두 저항에 흐르는 전류인 i_1과 i_2의 합과 같게 된다.

$$i_S = i_1 + i_2 \quad \text{KCL}$$

각 저항에 옴의 법칙을 적용하면 i_1과 i_2를 구할 수 있다.

$$i_1=\frac{v}{R_1} \quad \text{and} \quad i_2=\frac{v}{R_2}$$

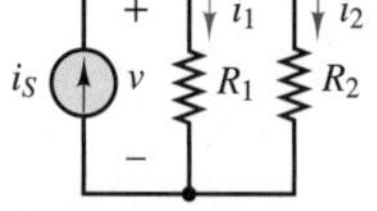

그림 2.8 동일한 전압 v가 병렬 연결 세 소자에 각각 걸린다. $I_S = i_1 + i_2$.

i_1과 i_2를 첫 식에 대입하면

$$i_S=\frac{v}{R_1}+\frac{v}{R_2}=v\left(\frac{1}{R_1}+\frac{1}{R_2}\right)\equiv v\frac{1}{R_{\mathrm{EQ}}}$$

이 되는데, 여기서 R_{EQ}는 병렬로 연결된 두 저항의 등가 저항을 의미한다.

$$\frac{1}{R_{EQ}} = \frac{1}{R_1} + \frac{1}{R_2} \quad \text{(병렬 연결된 두 저항)}$$

그러나 분수 형태로 표현된 식이 비직관적이므로, 보통 다음과 같은 형태로 나타낸다.

$$R_{EQ} = R_1 \parallel R_2 = \frac{R_1 R_2}{R_1 + R_2} \quad \text{(병렬 연결된 두 저항)}$$

R_{EQ}가 R_1이나 R_2보다 작다는 것을 쉽게 보일 수 있다. 이를 위해서, R_{EQ}를 단순히 다음과 같이 나타낸다.

$$R_{EQ} = R_1 \parallel R_2 = R_1 \frac{R_2}{R_1 + R_2} = R_2 \frac{R_1}{R_1 + R_2}$$

각 분수는 1보다 작은 값을 가지므로, $R_{EQ} < R_1$ 및 $R_{EQ} < R_2$이다. 여기서 표기법 $R_1 \parallel R_2$은 저항의 병렬 연결을 나타낸다. 3개 또는 그 이상의 병렬 연결도 이 같은 표기법을 사용해 나타낼 수 있다.

$$R_1 \parallel R_2 \parallel R_3 \ldots$$

그림 2.9와 같이 3개 또는 그 이상의 저항이 병렬로 연결되어 있다면, 등가 저항의 역수는 각 저항의 역수의 합과 같다.

$$\frac{1}{R_{EQ}} = \frac{1}{R_1} + \frac{1}{R_2} + \cdots + \frac{1}{R_N} \tag{2.3}$$

또는

$$R_{EQ} = \frac{1}{1/R_1 + 1/R_2 + \cdots + 1/R_N} \quad \text{등가 병렬 저항} \tag{2.4}$$

등가 병렬 저항 R_{EQ}는 병렬로 연결되어 있는 어떤 개별 저항보다도 작다. 그림 2.9에 나타낸 것처럼, 보통은 2개 또는 그 이상의 저항이 병렬 연결되어 있을 때 단일의 등가 저항으로 대체한다. 즉, 노드 a와 b 사이에 있는 모든 저항들을 제거하고, 단일의 등가 저항으로 대체하면 된다. 이 간단한 절차는 매우 중요한 원리를 나타낸다. 병렬 연결된 저항들을 하나의 단일 저항 R_{EQ}로 볼 수 있고, 이 저항은 노드 a와 b 사이에 위치해야 한다는 것이다.

한 노드에 흐르는 전류가 각각의 개별 저항에 어떻게 분배되는지는 옴의 법칙과 병렬 연결에서 각 저항에서 걸리는 전압은 동일하다 사실을 이용하면 된다. 그림

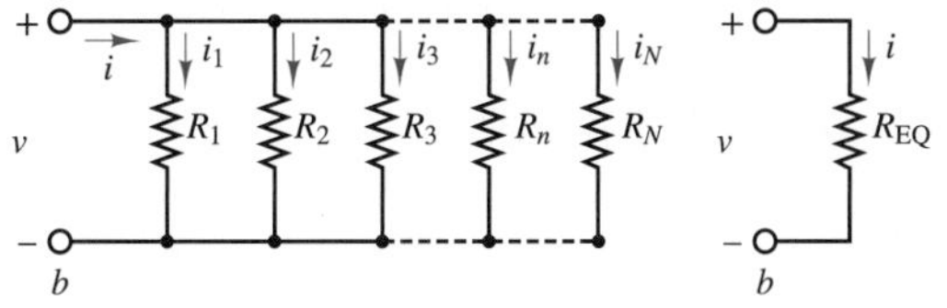

그림 2.9 병렬 연결된 3개 또는 그 이상의 저항의 등가 저항의 역수는 이들 저항의 역수의 합과 같다.

2.8에 나온 병렬 루프를 생각해 보자.

$$v = i_1 R_1 = i_2 R_2 = i_S R_{EQ}$$

위 식으로부터 다음과 같은 관계를 얻을 수 있다.

$$\frac{i_1}{i_S} = \frac{R_{EQ}}{R_1} \quad \text{and} \quad \frac{i_2}{i_S} = \frac{R_{EQ}}{R_2} \quad \text{and} \quad \frac{i_1}{i_2} = \frac{R_2}{R_1}$$

위의 결과는 병렬 연결된 각 저항에 흐르는 전류의 비는 해당 저항의 역수의 비와 동일하다는 전류 분배법을 보여준다. R_1과 R_2가 R_{EQ}보다 크므로 전류 i_1과 i_2는 총 전류 i_S보다 작게 된다.

> 두 병렬 저항에 흐르는 전류의 비는 각 저항의 역수의 비와 동일하다.

앞의 식에서의 전류 분배 결과는 R_{EQ}를 적절히 대체하면 다음과 같이 나타낼 수 있다.

$$\frac{i_1}{i_S} = \frac{R_2}{R_1 + R_2} \quad \text{and} \quad \frac{i_2}{i_S} = \frac{R_1}{R_1 + R_2} \quad \text{and} \quad \frac{i_1}{i_2} = \frac{R_2}{R_1} \tag{2.5}$$

위 식으로부터 두 병렬 저항에 대한 전류 분배법을 다시 기술하면, i_1 대 i_S의 비는 "다른" 저항 R_2 대 두 저항의 합 $(R_1 + R_2)$의 비와 같다. 마찬가지로, i_2 대 i_S의 비는 "다른" 저항 R_1 대 두 저항의 합 $(R_1 + R_2)$의 비와 같다. 이러한 형태는 두 직렬 저항에 대한 전압 분배법을 계산하는 데 이용되는 식과 유사하다.

회로에 병렬 연결이 있다면 전류 분배법을 자연스럽게 생각할 수 있어야 한다.

병렬 연결 ⇒ 전류 분배

전류 분배법은 병렬로 연결된 어느 두 저항에도 적용되며, 이 두 저항이 반드시 개별 저항일 필요는 없다. 예를 들어, 그림 2.9의 병렬 저항을 고려하자. R_1과 R_2에 흐르는 전류의 합 대 R_3에 흐르는 전류는 R_3 대 $(R_{12})_{EQ}$와 같다. 즉,

$$\frac{i_1 + i_2}{i_3} = \frac{R_3}{(R_{12})_{EQ}} \qquad \text{전류 분배}$$

여기서

$$(R_{12})_{EQ} = \frac{R_1 R_2}{R_1 + R_2}$$

마찬가지로,

$$\frac{i_n}{i} = \frac{(R_{1\,...\,N})_{EQ}}{R_n} \qquad \text{전류 분배}$$

여기서

$$\frac{1}{(R_{1\,...\,N})_{EQ}} = \frac{1}{R_1} + \frac{1}{R_2} + \cdots + \frac{1}{R_N}$$

위의 두 방정식을 합하면 다음과 같은 식을 얻을 수 있다.

$$\frac{i_n}{i} = \frac{1/R_n}{1/R_1 + 1/R_2 + \cdots + 1/R_n + \cdots + 1/R_N} \quad \text{전류 분배기} \tag{2.6}$$

많은 실제 회로는 저항의 병렬 연결과 직렬 연결을 동시에 포함하고 있다. 등가 저항, 전압 분배, 전류 분배의 개념은 매우 복잡한 회로에서도 유용하다.

예제 2.3

전류 분배

문제

그림 2.10에서 전류 i_1를 구하라.

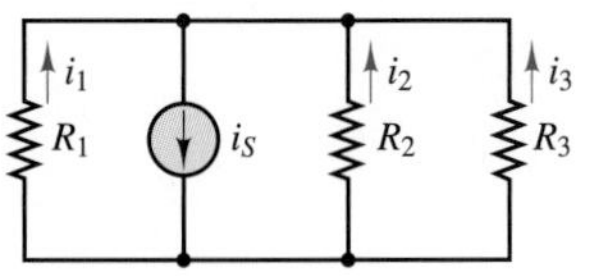

그림 2.10

풀이

기지: 소스 전류, 저항

미지: 미지의 전류 i_1

주어진 데이터 및 그림: $R_1 = 10\ \Omega$, $R_2 = 2\ \Omega$, $R_3 = 20\ \Omega$, $i_S = 4$ A, 그림 2.10

해석: 전류 분배법을 적용하면

$$\frac{i_1}{i_S} = \frac{1/R_1}{1/R_1 + 1/R_2 + 1/R_3} = \frac{\frac{1}{10}}{\frac{1}{10} + \frac{1}{2} + \frac{1}{20}} = \frac{2}{13}$$

그러므로

$$i_1 = 4\ \text{A} \times \frac{2}{13} \approx 0.62\ \text{A}$$

다른 해법으로는 등가 저항 $R_2 \parallel R_3$를 구한 다음에, 두 병렬 저항에 대해서 전류 분배법을 적용하는 것이다.

$$R_2 \parallel R_3 = \frac{R_2 R_3}{R_2 + R_3} = \frac{(2)(20)}{2 + 20} \approx 1.82\ \Omega$$

$R_2 \parallel R_3$는 R_2보다 작고, R_3보다도 작다.

$$\frac{i_1}{i_S} = \frac{R_2 \parallel R_3}{R_2 \parallel R_3 + R_1} \approx \frac{1.82}{1.82 + 10} = \frac{2}{13}$$

결과는 전류 분배법을 직접 적용한 것과 동일하다.

$$i_1 = 4\ \text{A} \times \frac{2}{13} \approx 0.62\ \text{A}$$

참조: 병렬 회로에 전류 분배법을 적용하는 것은 비교적 쉽지만, 회로가 실제로 병렬인지 아닌지를 구별하는 것이 어려운 경우가 가끔 있다. 이 점에 대해서는 예제 2.4에서 다루기로 한다.

예제 2.4

직렬–병렬로 구성된 회로

문제

그림 2.11의 회로에서 전압 v를 구하라.

풀이

기지: 소스 전압, 저항

미지: 미지의 전압 v

주어진 데이터 및 그림: 그림 2.11, 2.12

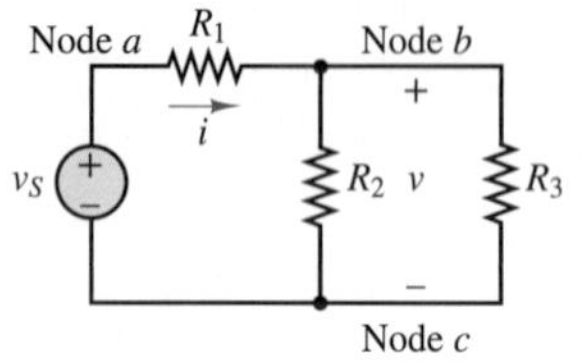

그림 2.11

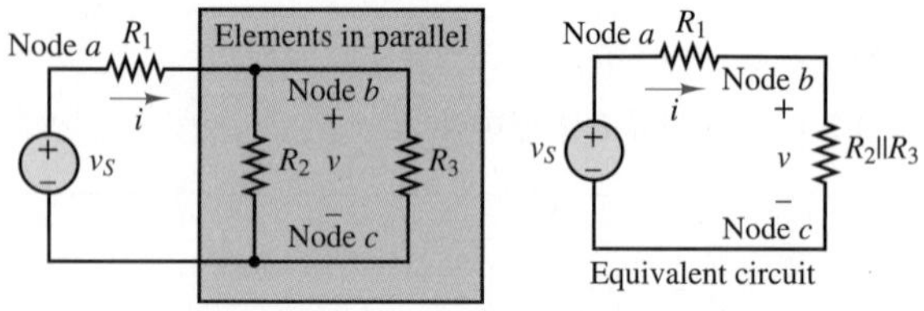

그림 2.12

해석: 그림 2.11의 회로는 완전히 직렬 연결되거나 병렬 연결되지 않은 3개의 저항을 포함하고 있다. 이 사실은 처음에는 명백하지 않을 수도 있지만, 직렬과 병렬에 대한 조건이 모든 3개의 저항에 만족되는지를 고려해 보아라.

1. 3개 저항 모두가 직렬 연결되어 있는가? 3개 저항 모두 동일한 분기에 위치해 있는가? 3개 저항 모두에 흐르는 하나의 공통 전류가 있는가? 명백하게, 노드 b에 들어가는 전류 i는 노드 c로 가는 도중에 나뉘어진다. 일부 전류는 R_2로, 나머지 전류는 R_3로 흐른다. 그러므로 3개 저항 모두에 흐르는 하나의 공통 전류는 없다. 따라서 3개 저항은 직렬로 연결되어 있지 않다.
2. 3개 저항 모두가 병렬 연결되어 있는가? 3개 저항 모두 동일한 두 노드 사이에 위치해 있는가? R_1은 노드 a와 b 사이에, 그리고 R_2와 R_3는 노드 b와 c 사이에 위치한다. 그러므로 3개 저항은 동일한 두 노드 사이에 놓여 있지 않다. 따라서 3개 저항은 병렬로 연결되어 있지 않다.

그러나 그림 2.12에서 동일한 전압이 R_2와 R_3에 걸리므로, 이 두 개의 소자가 병렬 연결이라는 점을 고려하면 회로를 단순화시킬 수 있다. 이 두 저항을 회로에서 제거하고, 다음의 등가 저항으로 대체한다.

$$R_{\text{EQ}} = R_2 \parallel R_3 = \frac{R_2 R_3}{R_2 + R_3}$$

두 저항을 단일의 등가 저항으로 대체하면 그림 2.12의 우측과 같은 회로를 얻게 된다. 이 등가 회로는 단순한 직렬 회로이므로, 전압 분배법을 사용하여 원하는 전압

$$v = \frac{R_2 \parallel R_3}{R_1 + R_2 \parallel R_3} v_S$$

과 원하는 전류

$$i = \frac{v}{R_2 \parallel R_3} = \frac{v_S}{R_1 + R_2 \parallel R_3}$$

을 구할 수 있다.

연습 문제

그림 2.10의 회로에서, 전류 분배법을 적용하여 i_2와 i_3를 구하고, 각 노드에서 KCL이 만족됨을 보여라. 어떤 두 분기 전류의 비가 해당 저항의 역수의 비와 같다는 점을 보여라. 마지막으로, $R_1 = 5 \times R_2$, $i_2 = 5 \times i_1$이고, $R_3 = 2 \times R_1$이므로 $i_1 = 2 \times i_3$임을 보여라. (더 큰 전류가 더 작은 저항에 흐르므로, 이러한 결과는 놀라운 일은 아니다.)

연습 문제

저항 R_3가 개방 회로로 대체된 그림 2.11의 회로를 고려하라. 소스 전압이 $v_S = 5$ V, $R_1 = R_2 = 1$ kΩ일 때 전압 v를 구하라.

회로에 저항 $R_3 = 1$ kΩ이 존재할 때 전압 v를 구하라.

회로에 저항 $R_3 = 0.1$ kΩ이 존재할 때 전압 v를 구하라.

Answer: $v = 0.25$ V; $v = 1.67$ V; $v = 0.4167$ V

2.3 두 노드 간의 등가 저항

등가 저항에 관한 개념은 앞의 직렬 저항과 병렬 저항에 관한 부분에서 이미 소개되었다. 이때 다음과 같은 결과가 얻어졌다.

1. 노드 a와 b 사이에 직렬인 두 저항 R_1과 R_2(그림 2.13)의 등가 저항은

$$R_{EQ} = R_1 + R_2 \qquad \text{직렬 연결된 두 저항}$$

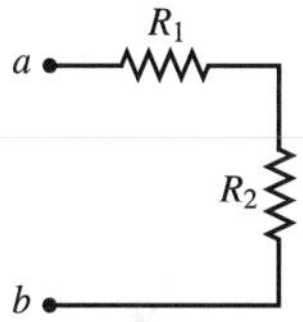

그림 2.13 노드 a와 b 사이에 직렬 연결된 두 저항

2. 노드 a와 b 사이에 병렬인 두 저항 R_1과 R_2(그림 2.14)의 등가 저항은

$$R_{EQ} = \frac{R_1 R_2}{R_1 + R_2} \qquad \text{병렬 연결된 두 저항}$$

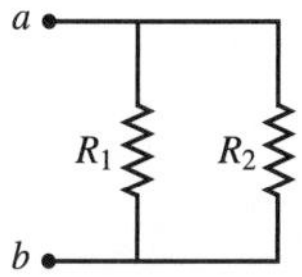

그림 2.14 노드 a와 b 사이에 병렬 연결된 두 저항

직렬로 연결된 저항의 등가 저항은 가장 큰 저항보다도 크다. 또한, 병렬로 연결된 저항의 등가 저항은 가장 작은 저항보다도 작다.

두 노드 간에 두 저항이 직렬 또는 병렬로 연결된 경우 단일의 등가 저항으로 대체할 수 있다. 문제를 푸는 과정에서 한 쌍의 저항을 제거하고, 대신에 단일의 저항을 삽입할 수 있다. 복잡한 저항 회로망은 이러한 등가 저항을 통하여 단순화시킬 수 있다.

어떤 두 노드 또는 단자 사이에는 등가 저항이 존재할 수 있는데, 등가 저항은 회로의 특성이 아니라 두 노드의 특성이다.

일반적으로 두 단자(노드) 사이의 등가 저항은 다음과 같이 정의된다.

$$R_{EQ} \equiv \frac{v_s}{i_s}$$

여기서 v_s는 두 단자에 걸리는 전압이고, i_s는 동일한 두 단자에 들어가고 나가는 전류이다. 직렬 연결된 두 저항(그림 2.13)이나 병렬 연결된 두 저항(그림 2.14)에 이러한 정의를 적용하면 정확한 등가 저항을 얻을 수 있다. 그러나 많은 경우에 등가 저항을 구하기 위해서 등가 저항의 정의를 굳이 고려할 필요는 없다. 대신에 직렬 및 병렬 저항의 결과를 이용하여 복잡한 저항 회로를 단일의 등가 회로로 단순화시킬 수 있다.

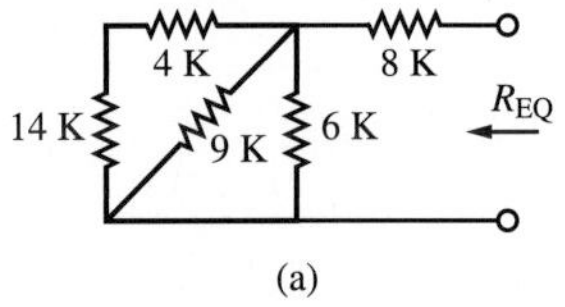

그림 2.15(a)

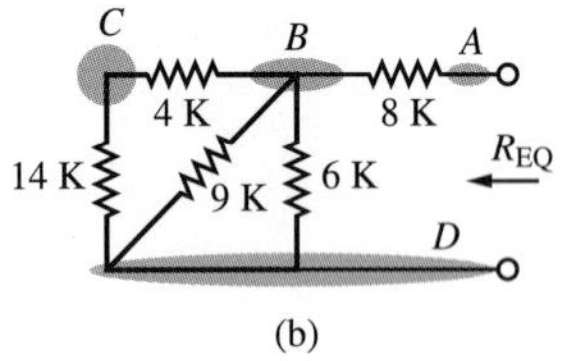

그림 2.15(b)

저항 회로망 다시 그리기

전기 회로 및 회로망은 수평선, 수직선, 때때로 대각선 등의 직선형 선분으로 그려진다. 하지만 회로 해석의 경험이 많지 않은 사람에게는 일부 회로망은 복잡하여 해석 시에 오류를 범할 소지가 있다. 이러한 경우에는 어떤 소자들이 동일한 두 노드 간에 있는지, 그리고 동일한 분기 내에 존재하는지를 명확히 하기 위하여 회로를 다시 그리는 것이 효과적이다. 그림 2.15(a)의 저항 회로망에 표시된 개방 단자 사이의 등가 저항을 구해보자. 그림에서 K는 킬로옴(kiloohm)의 약칭이다.

1. 회로망의 노드 개수를 계수한다. 각 노드를 경계를 포함하여 표시하고, 연속된 문자 *A*, *B*, *C*, ... 등으로 표시한다. 두 개의 개방 단자는 첫째 문자와 마지막 문자로 표기한다. 인접한 노드에는 인접한 배열의 문자를 사용한다. 예를 들어, 노드 *B*는 노드 *A*와 *C*에 인접하게 표기한다[그림 2.15(b)].
2. 회로를 다시 그릴 때, 수평이든 수직이든 동일 직선을 따라 간격을 두고 각 노드에 작은 원(◯)을 그리는 것으로 시작한다. 원과 원 사이에 저항을 그리기 위한 충분한 공간을 확보해 놓아야 한다.
3. 연속된 문자를 사용하여 각 원에 문자 *A*, *B*, *C*, ...를 표기한다. 이 원은 회로망의 노드를 나타낸다.
4. 회로의 재구성 시에, 각 저항은 원래 회로망과 동일한 두 노드(원) 사이에 위치하게 그려야 한다[그림 2.15(c), (d), (e)].

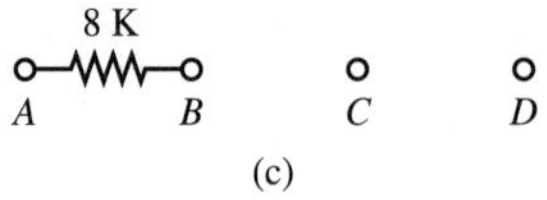

그림 2.15(c)

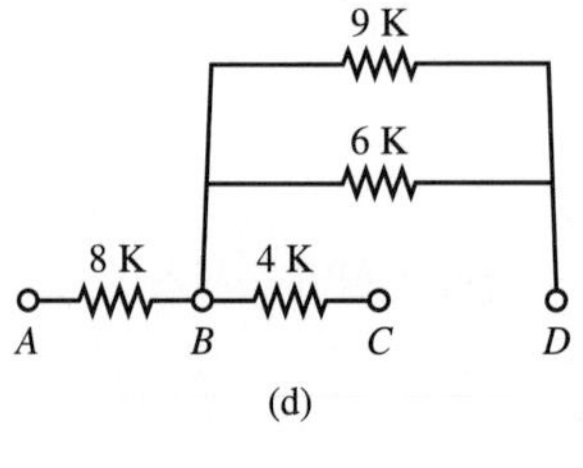

그림 2.15(d)

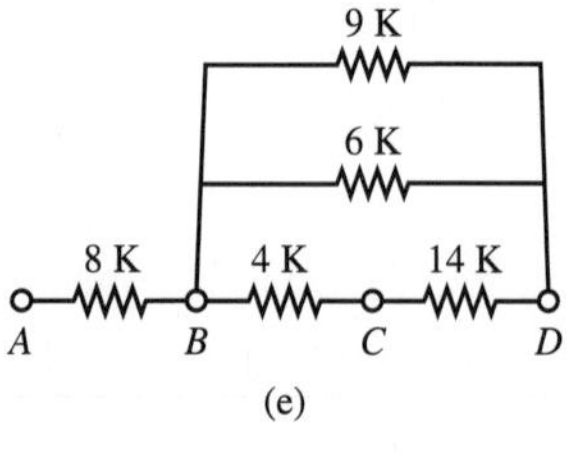

그림 2.15(e)

5. 다시 그린 회로망과 직렬 및 병렬 연결의 정의를 사용하여 직렬 저항 및 병렬 저항을 확인하고, 이들 저항을 등가 저항으로 대체한다[그림 2.15(f)].
6. 위의 5번 과정을 첫째 노드와 마지막 노드 사이에 단일 저항이 나올 때까지 반복하는데, 이 저항은 두 노드 간의 등가 저항이다[그림 2.15(g), (h), (i)].

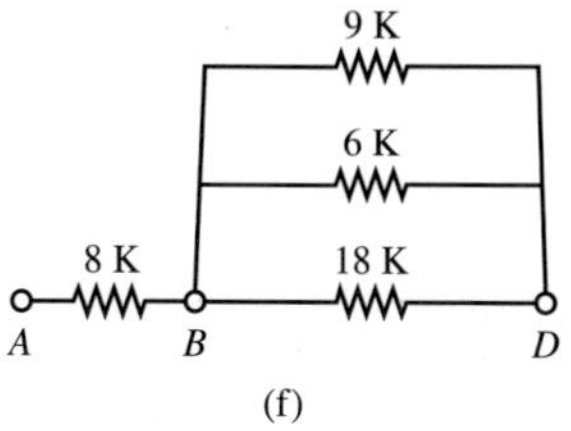

그림 2.15(f)

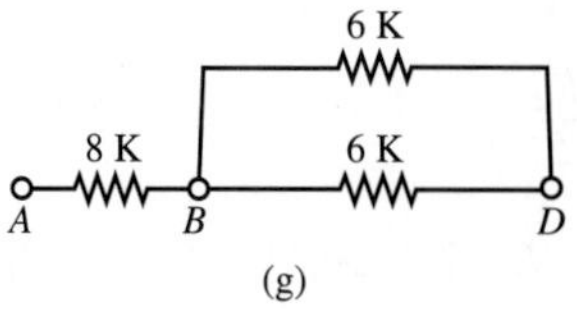

그림 2.15(g)

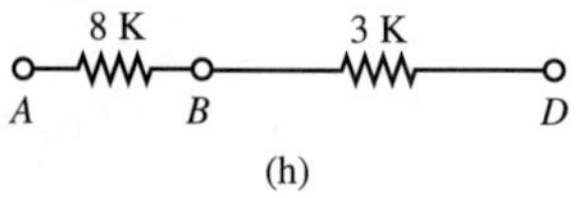

그림 2.15(h)

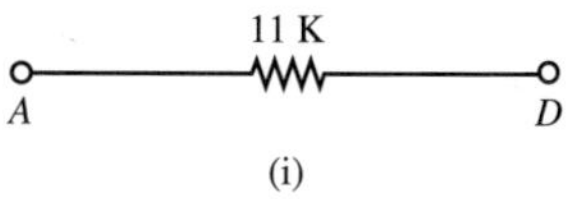

그림 2.15(i)

총 3개의 노드가 있는 회로망을 다시 배치할 때는 정삼각형의 3개의 꼭짓점에 원을 배치한다. 마찬가지로, 4개의 노드가 있는 회로망은 사각형 또는 다이아몬드의 꼭짓점에 원을 배치한다. 이와 같은 배치는 실제로 효과적이다. 노드가 4개보다 많은 회로망의 경우, 직선 배치가 가장 효과적이다.

계산과 근사를 위한 팁

등가 저항, 특히 병렬 저항의 등가 저항을 계산할 때, 계산기를 사용하는 것이 빠르다고 생각하겠지만, 관찰에 의해서 등가 저항을 빠르게 계산할 수 있는 방법이 있다. 이러한 기법을 배우는 것은 저항 회로망을 검사하는 데 유용하다.

먼저, 직렬 저항의 등가 저항은 최대 저항보다 크고(greater than), 병렬 저항의 등가 저항은 최소 저항보다 작다(less than)는 점을 상기하자. 이러한 점은 직렬 및 병렬 연결에 대한 등가 저항의 상한과 하한을 제공하여 준다.

물론, 직렬 저항의 등가 저항은 단순히 개별 저항의 합이므로 매우 쉽다. 그러나 병렬 저항의 등가 저항의 계산은 쉽지 않다. 병렬 연결된 두 저항에 대한 공식을 고려하자.

$$R_{\mathrm{EQ}} = R_1 \parallel R_2 = \frac{R_1 R_2}{R_1 + R_2}$$

R_2가 R_1보다 N배 더 크다고 가정하자.

$$R_2 = N \cdot R_1$$

위 식을 R_2에 대입하면

$$R_{\mathrm{EQ}} = R_1 \parallel NR_1 = \frac{N \cdot R_1^2}{R_1 + N \cdot R_1} = \frac{N \cdot R_1}{1 + N} = \frac{R_2}{1 + N}$$

예를 들어, N이 정수이면

$$R_2 = R_1 \qquad R_{EQ} = \frac{R_2}{2} \tag{2.7}$$

$$R_2 = 2R_1 \qquad R_{EQ} = \frac{R_2}{3} \tag{2.8}$$

$$R_2 = 3R_1 \qquad R_{EQ} = \frac{R_2}{4} \tag{2.9}$$

$$R_2 = 4R_1 \qquad R_{EQ} = \frac{R_2}{5} \tag{2.10}$$

병렬 연결된 두 저항 R_2가 R_1과 동일할 때 등가 저항은 R_2의 1/2이다. R_2가 R_1의 2배이면 등가 저항은 R_2의 1/3이며, R_2가 R_1의 3배이면 등가 저항은 R_2의 1/4이다. R_2가 R_1의 4배일 때, 등가 저항은 R_2의 1/5이며, 계속 같은 패턴을 보인다.

이러한 관계 $R_{EQ} = R_2/(1 + N)$ (R_2가 두 병렬 저항 중 큰 저항일 때)은 비록 계산은 복잡하겠지만, N이 정수가 아닌 경우에도 성립된다.

$N \geq 10$인 경우, 두 병렬 저항 중 작은 저항을 이용하여 등가 저항을 근사할 수 있는데, 이를 10:1 법칙이라 한다. 위의 공식으로부터 이러한 근사에 수반되는 오차는 10% 미만이라는 점을 알 수 있다. 그러나 동일한 회로망에 이러한 근사를 계속 적용하면, 오차가 누적되므로 유의하여야 한다.

Y-Δ 변환

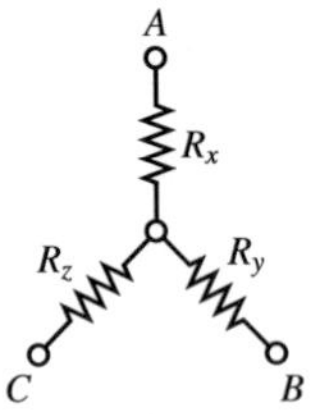

(a)

그림 2.16(a)

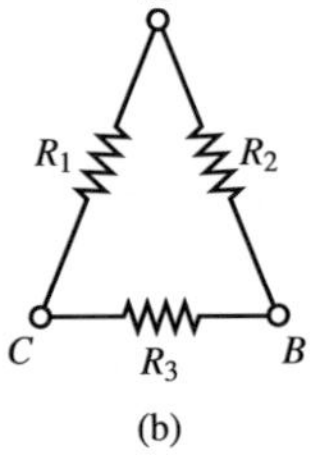

(b)

그림 2.16(b)

때로는 다른 저항과 직렬이나 병렬 연결이 아닌 저항을 포함하고 있는 경우가 있다. 예를 들어, 그림 2.4(a)와 (b)의 휘트스톤 브리지 회로에서 R_5가 단자 v_a와 v_b에 연결되어 있을 수도 있는데, 이 경우 5개의 저항 중 어느 저항도 직렬 또는 병렬 연결되어 있지 않다. 이런 경우에는 와이−델타(Y-Δ) 변환을 사용하여 직렬 또는 병렬 연결을 생성한 후에 단순화할 수 있다.

그림 2.16(a)와 (b)는 각각 Y 또는 Δ 결선 회로망을 나타내는데, 각 회로망은 3개의 외부 노드 A, B 및 C를 가진다. 만일, 한 회로망의 어떤 한 쌍의 노드 간의 등가 저항이 다른 회로망에 있는 동일한 한 쌍의 노드 간의 등가 저항과 같다면, 이 두 회로망은 등가이다. 일반적으로 한 쌍의 노드 간에 등가 저항을 구하기 위해, 이들 노드에 이상 소스를 연결하고, 다음과 같이 등가 저항을 계산한다.

$$R_{EQ} \equiv \frac{v_S}{i_S} \qquad \text{등가 저항의 정의}$$

이 방식은 $v = iR_{EQ}$일 때, 두 직렬 저항의 등가 저항(그림 2.1)과 두 병렬 저항의 등가 저항(그림 2.8)을 구하기 위해 이전에 사용한 바 있다. 그림 2.16(a) 또는 (b)에서 이상 소스가 3개의 노드 중 2개의 노드에만 연결되어 있다면, 3번째 노드는 영향을 받지 않는다. 이상 소스가 보는 등가 저항은 쉽게 구할 수 있다. 예를 들어, 이상 소스가 노드 A와 B에 연결되어 있을 때, 이상 소스가 보는 등가 저항은 다음과 같이 간단하게 나타낼 수 있다.

$$R_{AB} = R_x + R_y \qquad Y \text{ 결선} \qquad (2.11)$$

$$= R_2 \| (R_1 + R_3) = \frac{R_2(R_1 + R_3)}{R_1 + R_2 + R_3} \qquad \Delta \text{ 결선} \qquad (2.12)$$

마찬가지로, 이상 소스가 노드 A-C와 노드 B-C에 연결되어 있을 때, 이상 소스가 보는 등가 저항은 다음과 같다.

$$R_{AC} = R_x + R_z \qquad Y \text{ 결선} \qquad (2.13)$$

$$= R_1 \| (R_2 + R_3) = \frac{R_1(R_2 + R_3)}{R_1 + R_2 + R_3} \qquad \Delta \text{ 결선} \qquad (2.14)$$

$$R_{BC} = R_y + R_z \qquad Y \text{ 결선} \qquad (2.15)$$

$$= R_3 \| (R_1 + R_2) = \frac{R_3(R_1 + R_2)}{R_1 + R_2 + R_3} \qquad \Delta \text{ 결선} \qquad (2.16)$$

R_{AB}, R_{AC} 및 R_{BC}에 대한 위의 세 방정식으로부터 Y 결선 회로망 저항 R_x, R_y, R_z과 Δ 결선 회로망 저항 R_1, R_2, R_3 간의 관계를 구할 수 있다. 이들 방정식으로부터 다음 결과를 얻을 수 있다.

$$R_x = \frac{R_1 R_2}{R_1 + R_2 + R_3} \qquad (2.17)$$

$$R_y = \frac{R_2 R_3}{R_1 + R_2 + R_3} \qquad (2.18)$$

$$R_z = \frac{R_1 R_3}{R_1 + R_2 + R_3} \qquad (2.19)$$

또는

$$R_1 = \frac{R_x R_y + R_x R_z + R_y R_z}{R_y} \qquad (2.20)$$

$$R_2 = \frac{R_x R_y + R_x R_z + R_y R_z}{R_z} \qquad (2.21)$$

$$R_3 = \frac{R_x R_y + R_x R_z + R_y R_z}{R_x} \qquad (2.22)$$

이들 두 연립 방정식을 이용하면, Y 결선 회로망과 Δ 결선 회로망 간의 변환을 수행할 수 있다. 변환을 정확히 이용하는 데 있어서 핵심은 그림 2.16(a)와 (b)에서와 같이, 세 노드 A, B, C에서 한 회로망을 떼어내고 동일한 세 노드에 다른 회로망을 붙이는 것이다.

예제 2.5 두 노드 간의 등가 저항

문제

그림 2.17(a)와 같은 저항 회로망에서 노드 *a*와 *b* 사이, 그리고 *a*와 *c* 사이의 등가 저항을 구하라.

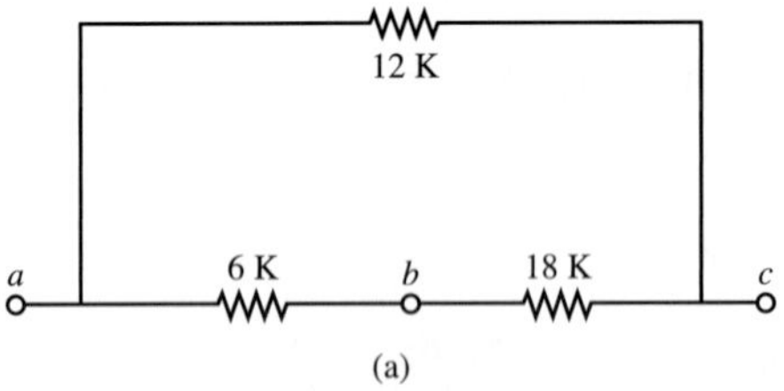

그림 2.17(a)

풀이

기지: 회로망의 저항

미지: 노드 *a*와 *b* 사이, 그리고 *a*와 *c* 사이의 등가 저항

주어진 데이터 및 그림: 그림 2.17 (a)~(e)

해석: 직렬 저항과 병렬 저항에 대한 등가 저항 공식을 적용하여 회로망을 단일의 등가 저항으로 단순화한다.

1. 노드 *a*와 *b* 사이의 등가 저항을 구하기 위해 *a*에서 *b*로 가는 두 가지 경로를 살펴보자: 하나는 저항 6 K를 지나는 경로이고, 다른 하나는 두 저항 12 K와 18 K를 지나 돌아가는 경로이다. 후자의 두 저항은 직렬 연결되어 있고, 둘을 더하면 30 K가 된다[그림 2.17(b)]. 또, 저항 6 K와 30 K는 병렬 연결되어 있으므로 병렬 등가 저항은 (6 · 30)/(6+30) 또는 5 K이다. 이때, 30 K는 6 K의 5배이므로 앞서의 직관적인 계산법에 의해 (30/6) K로 구할 수 있다[그림 2.17(c)].

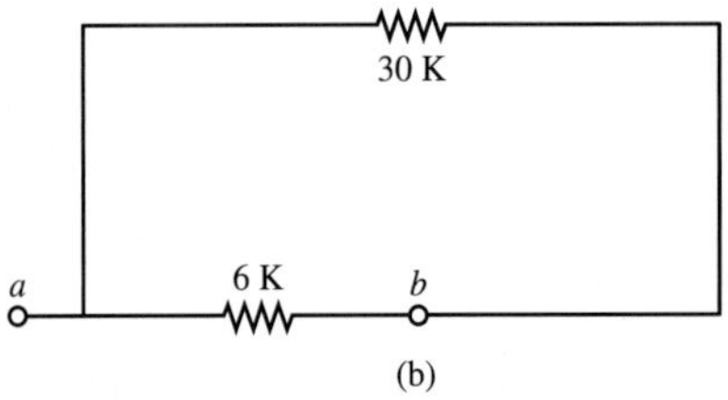

그림 2.17(b)

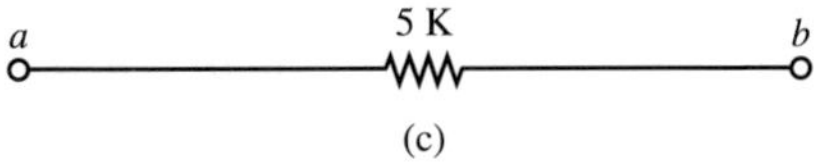

그림 2.17(c)

2. 노드 *a*와 *c* 사이의 등가 저항을 구하기 위해 *a*에서 *c*로 가는 두 가지 경로를 살펴보자: 하나는 저항 12 K를 지나는 경로이고, 다른 하나는 두 저항 6 K와 18 K를 지나가는 경로이다. 후자의 두 저항은 직렬로 연결되어 있고, 둘을 더하면 24 K가 된다[그림 2.17(d)]. 또, 저항 12 K와 24 K는 병렬 연결되어 있으므로, 병렬 등가 저항은 (12 · 24)/(12+24) 또는 8 K이다. 이때, 24는 12의 2배이므로 앞서의 직관적인 계산법

에 의해 (24/3) K로 구할 수 있다[그림 2.17(e)].

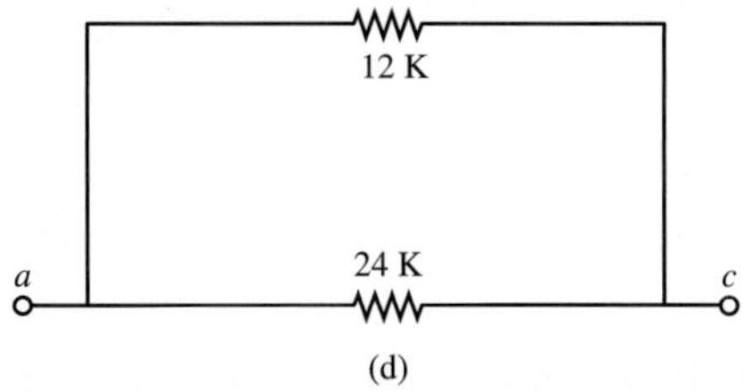

그림 2.17(d)

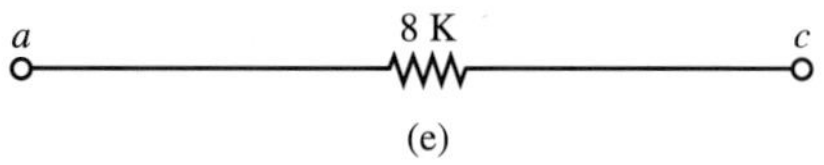

그림 2.17(e)

참조: 노드 a와 b 사이의 등가 저항은 노드 a와 c 사이의 등가 저항과 같지 않다. 이 결과는 회로망 자체가 등가 저항을 가지는 것이 아니라, 두 노드가 그들 사이에 등가 저항을 가진다는 점을 보여준다. 동일한 회로망이지만, 서로 다른 두 쌍의 노드는 서로 다른 등가 저항을 가질 수 있다.

두 노드 간의 등가 저항

예제 2.6

문제

그림 2.18(a)의 회로망에서 노드 A와 E 사이의 등가 저항을 구하라.

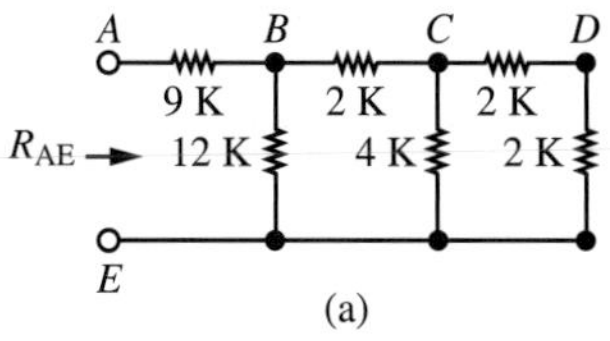

그림 2.18(a)

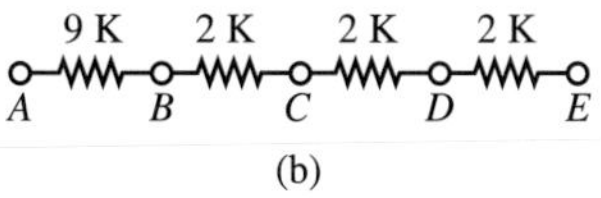

그림 2.18(b)

풀이

기지: 저항

미지: 노드 A와 E 간의 등가 저항

주어진 데이터 및 그림: 그림 2.18(a)~(g)

해석: 저항 회로망을 직선 형태로 다시 그리는 절차를 수행한다.

1. 원래의 회로망의 5개의 노드(A . . . E)가 있다는 것을 확인하고, 인접 노드에 연속되는 문자를 표기한다.
2. 직선을 따라 노드에 원을 표시하고, 각 원에 연속되는 문자 A . . . E를 표기한다.
3. 인접한 각 쌍의 노드에 저항을 적절하게 삽입한다. 그림 2.18(a)와 같이, 노드 A와 B 사이에 9 K 저항, BC, CD, DE 사이에 각각 2K 저항을 삽입한다. 그림 2.18(b)는 다시 그린 직선 회로망에 이들 저항을 보여준다.

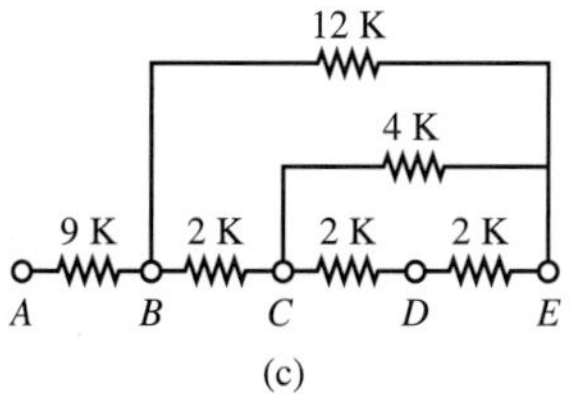

그림 2.18(c)

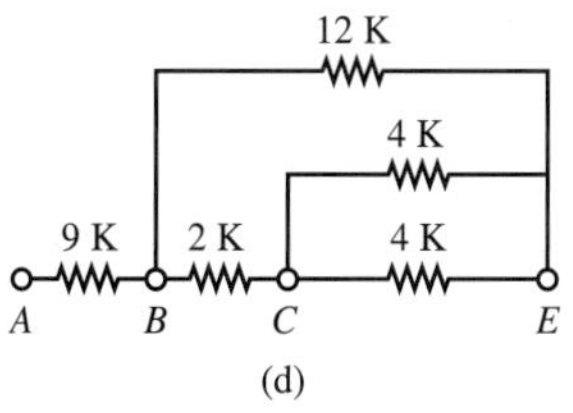

그림 2.18(d)

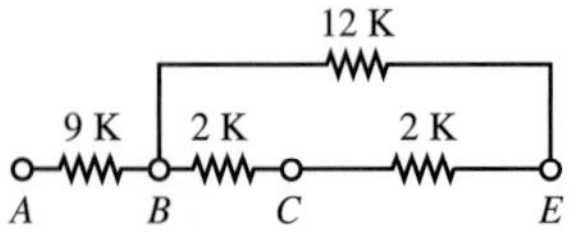

(e)

그림 2.18(e)

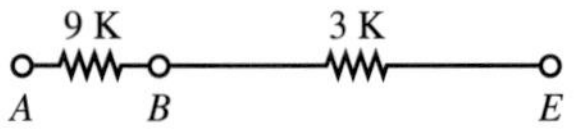

(f)

그림 2.18(f)

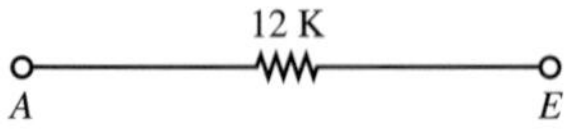

(g)

그림 2.18(g)

4. 아직 남아 있는 두 저항 4K와 12K를 노드 *CE*와 *BE* 사이에 각각 삽입한다[그림 2.18(c)].
5. 직렬 저항 및 병렬 저항을 등가 저항으로 한 번에 하나씩 대체한다[그림 2.18(d)].
6. 노드 *C*와 *E* 사이에 병렬 연결된 두 4K 저항을 2K 등가 저항으로 대체한다[그림 2.18(e)].
7. 노드 *B*와 *E* 사이에 직렬 연결된 두 2K 저항을 4K 등가 저항으로 대체한다. 그리고 이 4K 저항이 12K 저항과 병렬 연결되어 있으므로, 이들을 3K 등가 저항으로 대체한다[그림 2.18(f)].
8. 마지막으로, 9K 저항과 3K 저항이 직렬 연결되어 있으므로, 이들을 12K 저항으로 대체한다[그림 2.18(g)].

참조: 반복 연습을 거쳐 이러한 과정을 쉽게 수행할 수 있을 것이다.

연습 문제

그림 2.17(a)에서 노드 *b*와 *c* 사이의 등가 저항을 구하라.

Answer: 9K

연습 문제

그림 2.18(a)에서 노드 *A*와 *C* 사이의 등가 저항을 구하라.

Answer: 10.75K

2.4 선형 회로망과 중첩의 원리

일반적으로 선형 함수에 대한 기준은 다음과 같다.

중첩성(superposition): If $y_1 = f(x_1)$ and $y_2 = f(x_2)$, then $y_1 + y_2 = f(x_1 + x_2)$

동차성(homogeneity): If $y = f(x)$, then $\alpha y = f(\alpha x)$

여기서 x는 함수 입력이고, y는 함수 출력이다.

선형 회로망은 동일한 규칙을 따른다. 중첩은 각 소스(예, x_1과 x_2)가 회로망의 각 전류와 전압에 각자의 독립적인 기여(예, y_1과 y_2)를 하며, 각 전류와 전압의 총합은 이들 기여의 합(예, $y_1 + y_2$)이라는 점을 의미한다.

동차성은 어떤 한 소스에 의한 기여는 그 소스의 값에 선형적으로 비례한다는 점을 의미한다. 예를 들어, 소스 x_1에 의한 기여가 y_1이라면, $2x_1$으로 2배가 된 동일 소스에 의한 기여는 $2y_1$이 되며, 이때 $\alpha = 2$는 스케일링 인자(scaling factor)이다.

일반적으로 회로망이 선형인지를 결정하려면 이들 두 기준이 모든 가능한 입력에 대해서 만족되는지를 입증할 필요가 있는데, 적어도 회로망이 선형인 입력 범위에서 대해서는 입증할 필요가 있다. 중첩성과 동차성을 항상 직접 입증할 필요는 없다.

> 선형 소자만으로 구성된 어떠한 회로망도 선형이다. 일반적인 선형 소자는 이상 전압원, 전류원, 저항, 커패시터 및 인덕터이다.

LO

중첩의 원리(principle of superposition)는 어떠한 선형 회로에서도 효과적이고, 자주 사용되는 해석 도구이다. 이는 다수의 소스를 가지는 회로의 거동을 이해하는 데 매우 유용하다.

> 선형 회로에서, 중첩의 원리는 각 독립 소스가 회로에 존재하는 각 전압과 전류에 기여한다는 것을 의미한다. 또한, 한 소스가 각 전압과 전류에 미치는 기여는 다른 소스와는 독립적이다. 이러한 방식으로, *N*개의 독립적인 소스를 갖는 회로에서, 각 전압과 전류는 각각 *N*개의 전압 성분과 *N*개의 전류 성분의 합에 해당한다.

LO

해를 구하는 데 사용되는 도구로서, 중첩의 원리는 문제를 두 개나 그 이상의 단순한 문제로 분해하는 것을 허용한다. 이런 "분할과 정복" 방법의 효율성은 해를 구하려는 문제에 따라 다르다. 그러나 중첩의 원리를 사용하여 생성한 해는 전체 회로에서 각각의 독립 소스의 기여를 보여준다.

중첩의 원리를 사용하는 방법은, 하나를 제외한 다른 모든 독립 소스를 0으로 설정하고(즉, 비활성화), 1개의 독립 소스에 의한 전압과 전류를 구하는 것이다. 이 절차는 모든 소스에 대한 계산을 모두 마칠 때까지 각 소스에 대해 반복된다. 각 전압 성분이나 전류 성분의 합하면 원래의 회로에서 발생하는 전압이나 전류에 해당한다.

전압원이 0인 경우는 단락 회로(short circuit)와 등가이며, 전류원이 0인 경우는 개방 회로(open circuit)와 등가이다. 중첩의 원리를 사용할 때에는 각 소스가 0이 되는 경우에 이를 등가의 단락 또는 개방 회로로 대체하게 되는데, 이에 따라 회로는 단순해진다. 이렇게 소스를 대체하는 방법이 그림 2.19에 나와 있다.

일반적으로, 회로가 여러 개의 단순한 회로로 분해되면, 각 독립 소스는 전압이나 전류의 성분에 한 번만 기여하여야 한다. 한 번에 하나의 독립 소스만 활성화될 필요는 없지만, 각 독립 소스는 전체 과정을 통해서 단 한 번만 활성화되어야 한다.

중첩은 종속 소스를 갖는 회로에도 적용될 수 있다. 그러나 종속 소스는 0으로 설정하면 안 된다. 즉, 종속 소스는 독립 소스가 아니기 때문에, 독립 소스처럼 취급되면 안 된다.

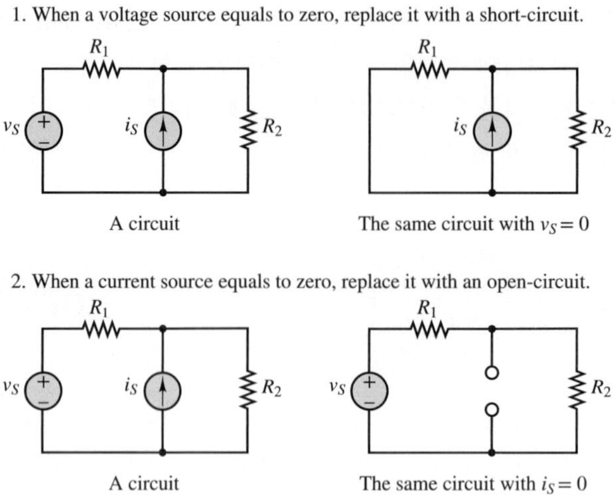
1. When a voltage source equals to zero, replace it with a short-circuit.
R1
vS
iS
R2
A circuit
The same circuit with vS = 0
2. When a current source equals to zero, replace it with an open-circuit.
A circuit
The same circuit with iS = 0

그림 2.19 전압원과 전류원을 0으로 설정

방법 및 절차
FOCUS ON PROBLEM SOLVING
중첩

1. 회로에서 구하고자 하는 전압 v 또는 전류 i를 정의한다.
2. N개의 소스 각각에 대해, 전압 성분 v_k 또는 전류 성분 i_k를 다음과 같이 정의한다.

$$v = v_1 + v_2 + \cdots + v_N \quad \text{또는} \quad i = i_1 + i_2 + \cdots + i_N$$

3. 소스 S_k를 제외한 모든 소스를 0으로 설정하고, 해당 소스로 인한 전압 성분 v_k 또는 전류 성분 i_k을 구한다. $k = 1, 2, \ldots, N$인 모든 k에 대한 전압 및 전류 성분을 구한다.
4. 2단계에서 구한 모든 성분을 합하여 전압 v 또는 전류 i에 대한 최종 해를 구한다.

상세 설명과 예제

그림 2.20에서와 같이, 중첩의 기초적 응용은 2개의 소스가 직렬로 연결된 단일 루프에서 전류를 구하는 것이다.

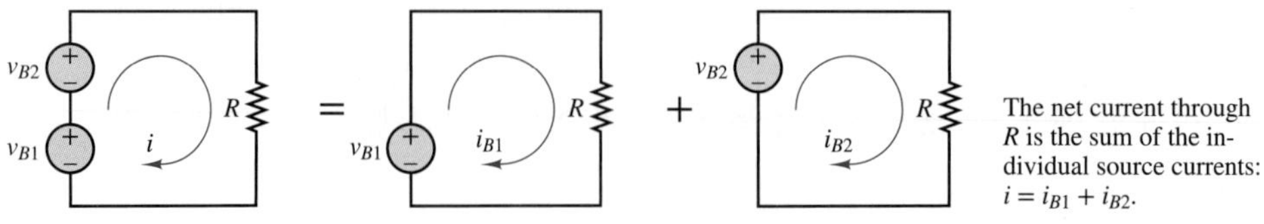
vB2
vB1
i
R
=
iB1
+
iB2
The net current through R is the sum of the individual source currents: i = iB1 + iB2.

그림 2.20 중첩의 원리

그림 2.20의 회로에서 좌측 끝의 전류는 KVL과 옴의 법칙의 직접적인 적용으로 쉽게 구할 수 있다.

$$v_{B1} + v_{B2} - iR = 0 \qquad \text{or} \qquad i = \frac{v_{B1} + v_{B2}}{R} \tag{2.23}$$

그림 2.20은 좌측 끝의 회로는 각각 단일 전압원을 갖는 2개의 회로의 결합된 효과와 등가라는 것을 나타낸다. 이들 두 회로의 각각에서 하나의 배터리(DC 전압원)는 0으로 설정되고, 단락 회로로 대체된다.

KVL과 옴의 법칙을 각 회로에 직접적으로 적용할 수 있다.

$$i_{B1} = \frac{v_{B1}}{R} \qquad \text{and} \qquad i_{B2} = \frac{v_{B2}}{R} \tag{2.24}$$

중첩의 원리에 의해

$$i = i_{B1} + i_{B2} = \frac{v_{B1}}{R} + \frac{v_{B2}}{R} = \frac{v_{B1} + v_{B2}}{R} \tag{2.25}$$

완전한 해가 예상대로 구해졌다. 이 단순한 예제는 중요한 방법을 설명하지만, 좀 더 어려운 예제들을 풀 필요가 있다.

중첩의 원리

예제 2.7

문제

그림 2.21(a)의 회로에서 중첩의 원리를 사용하여 전류 i_2를 구하라.

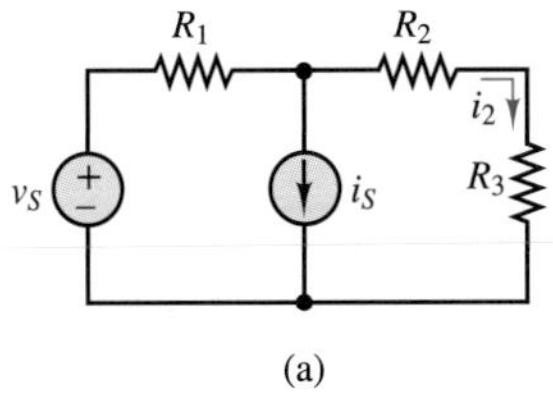

그림 2.21(a) 중첩의 원리 예제를 위한 회로

풀이

기지: 각 소스에 대한 전압과 전류, 저항

미지: 미지의 전류 i_2

주어진 데이터 및 그림: $v_S = 10$ V, $i_S = 2$ A, $R_1 = 5\ \Omega$, $R_2 = 2\ \Omega$, $R_3 = 4\ \Omega$

해석: 그림 2.21(a)와 방법과 절차에서 기술한 단계를 참고한다.

1. 이 문제는 전류 i_2를 구하는 것이다.
2. 회로는 2개의 독립 소스를 갖는다. 따라서 i_2를 2개의 전류 성분으로 나눌 수 있다.

   $i_2 = i_2' + i_2''$

3. 파트 1: 전류원을 개방 회로로 대체한다. 이 결과로 회로는 그림 2.21(b)와 같이 간단한 루프가 된다. 여기서, i_2'는 개방 회로 때문에 루프 전류와 같다. 직렬 저항의 합은 5 + 2 + 4 = 11 Ω이므로 $i_2' = 10\text{ V}/11\ \Omega = 0.909$ A이다.

   파트 2: 전압원을 단락 회로로 대체한다. 이 결과로 회로는 그림 2.21(c)와 같이 i_S, R_1, $R_2 + R_3$ 3개의 병렬 분기로 구성된 회로가 된다. 전류 분배법에 의해 다음과 같이 나타낼 수 있다.

   $$i_2'' = (-i_S)\frac{R_1}{R_1 + R_2 + R_3} = (-2\text{A})\frac{5}{5+2+4} = -0.909\ \text{A}$$

4. i_2는 다음과 같다.

   $i_2 = i_2' + i_2'' = 0.909\text{ A} - 0.909\text{ A} = 0\text{ A}$

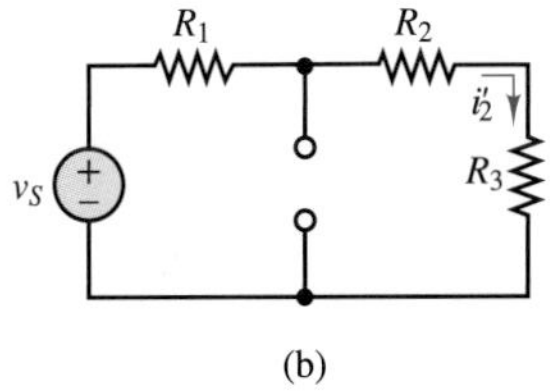

그림 2.21(b) 전류원을 제거한 회로

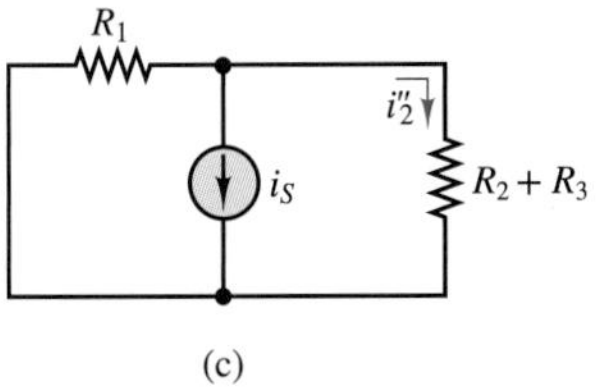

그림 2.21(c) 전압원을 제거한 회로

참조: 중첩의 원리는 항상 효과적이지는 않다. 초보자들은 노드 전압법이나 망 전류법과 같은 더 해석적인 방법에 의존하는 것을 선호할 수 있다. 결과적으로, 주어진 회로에서 어떤 방법이 더 효과적인지는 경험적으로 알 수 있다.

예제 2.8

중첩의 원리

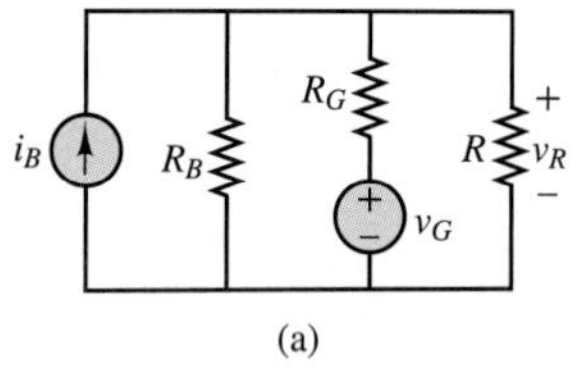

그림 2.22(a) 중첩의 원리 예제를 위한 회로

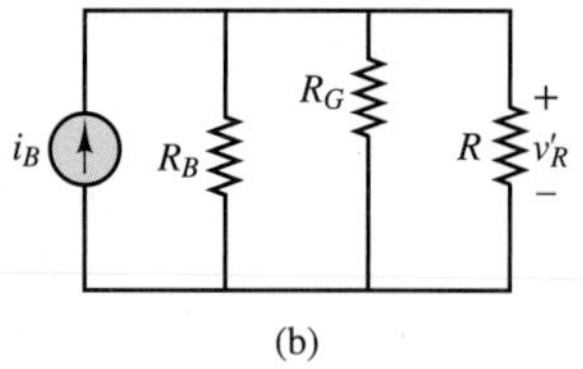

그림 2.22(b) 전압원을 제거한 회로

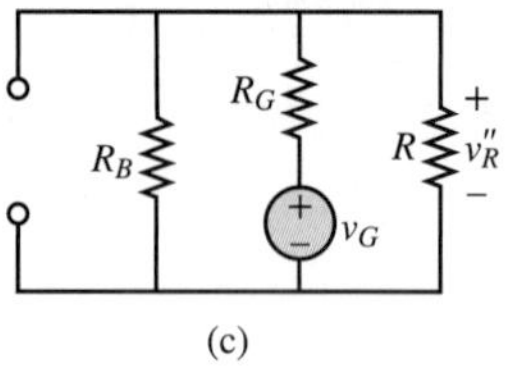

그림 2.22(c) 전류원을 제거한 회로

문제

그림 2.22(a)의 회로에서 저항 R에 걸리는 전압 υ_R을 구하라.

풀이

기지: 그림 2.22(a)의 회로에서 전압원과 저항은 다음과 같다. $i_B = 12$ A, $\upsilon_G = 12$ V, $R_B = 1$ Ω, $R_G = 0.3$ Ω, $R = 0.23$ Ω

미지: υ_R

해석: 그림 2.22(a)와 방법과 절차에서 기술한 단계를 참조한다.

1. 이 문제는 전압 υ_R을 구하는 것이다.
2. 회로는 2개의 독립 소스를 갖는다. 따라서 υ_R은 2개의 전압 성분으로 나눌 수 있다.

   $\upsilon_R = \upsilon'_R + \upsilon''_R$

3. 파트 1: 전압원을 단락 회로로 대체한다. 이 결과로 회로는 그림 2.22(b)와 같이 나타낼 수 있으며, 3개의 병렬 저항에 대한 등가 저항을 구하고, 옴의 법칙을 적용하여 υ'_R을 구한다.

$$R_{\text{eq}} = (R_B \parallel R_G \parallel R) = \frac{1}{1/R_B + 1/R_G + 1/R} = \frac{1}{1/1 + 1/0.3 + 1/0.23}$$

$$= \frac{(0.3)(0.23)}{(0.3)(0.23) + 0.23 + 0.3} = \frac{0.069}{0.599}\ \Omega$$

$$\upsilon'_R = i_B R_{\text{eq}} = (12\ \text{A})\frac{0.069}{0.599} = 1.38\ \text{V}$$

파트 2: 전류원을 개방 회로로 대체한다. 이 결과로 회로는 그림 2.22(c)와 같이 나타낼 수 있으며, 상단의 노드에 KCL을 적용하면 다음과 같다.

$$-\frac{\upsilon''_R}{R_B} - \frac{\upsilon''_R - \upsilon_G}{R_G} - \frac{\upsilon''_R}{R} = -\upsilon''_R\left[\frac{1}{R_B} + \frac{1}{R_G} + \frac{1}{R}\right] + \frac{\upsilon_G}{R_G} = 0$$

$$\upsilon''_R = \frac{\upsilon_G}{R_G}\frac{1}{1/R_B + 1/R_G + 1/R} = \frac{12}{0.3}\frac{1}{1/1 + 1/0.3 + 1/0.23} = 4.61\ \text{V}$$

병렬 연결된 R_B와 R에 대한 등가 저항을 구하고, 전압 분배법을 사용함으로써, 동일한 결과를 도출할 수 있다.

$$R_{\text{eq}} = R_B \parallel R = \frac{R_B R}{R_B + R} = \frac{0.23}{1.23} \approx 0.187\ \Omega$$

$$\upsilon''_R = \upsilon_G\frac{R_{\text{eq}}}{R_{\text{eq}} + R_G} = (12\ \text{V})\frac{0.23}{0.23 + (1.23)(0.3)} = 4.61\ \text{V}$$

4. 저항 R에 걸리는 전압을 두 전압 성분의 합으로 구한다.

$$\upsilon_R = \upsilon'_R + \upsilon''_R = 5.99 \text{ V}$$

참조: 이 예제에서 중첩의 원리에 의해 얻을 수 있는 단 하나의 이점은 각 소스로 인한 υ_R의 성분을 명확하게 보여준다는 것이다. 그러나 중첩의 원리의 적용하면 이 문제의 해를 구하는 데 2배의 시간이 필요하게 된다. R에 걸리는 전압은 상단의 노드에 KCL을 한 번만 적용하여 쉽게 결정할 수 있다.

연습 문제

예제 1.14에서 중첩의 원리를 이용하여 전압 υ_a와 υ_b를 구하라.

연습 문제

중첩을 이용하여 예제 1.17의 해를 구하라.

연습 문제

중첩을 이용하여 예제 1.19의 해를 구하라.

2.5 소스-부하 관점

이 책에서 전반적으로 사용하는 중요한 해석 방식은 회로를 그림 2.23에서와 같이 소스(source)와 부하(load)의 두 부분으로 나누는 것이다. 일반적으로 부하는 관심이 있는 회로 소자나 회로의 일부에 해당하며, 소스는 부하에 포함되지 않는 나머지 회로이다. 일반적으로, 소스는 에너지를 공급하며, 부하는 어떤 목적을 위해서 에너지를 소모한다. 예를 들어, 그림 2.24의 자동차 배터리에 연결된 전조등을 고려하자. 운전자에게는 전조등이 밤에 도로를 밝혀 주는 역할을 하므로 관심이 있는 회로 소자가 된다. 이러한 관점에서 전조등은 부하이고, 배터리는 소스이다. 또한, 전력이 소스인 배터리로부터 부하인 전조등으로 공급된다. (모든 경우에서 전력이 소스에서 부하로 전송되는 것은 아니다.)

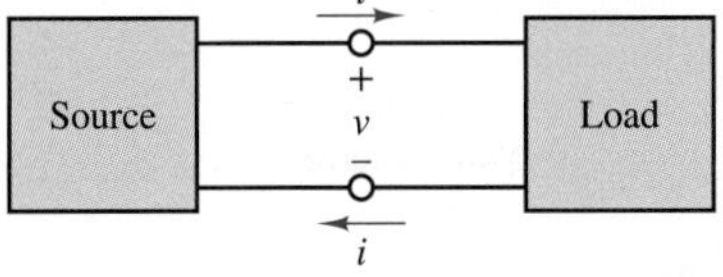

그림 2.23 회로는 두 단자에서 소스와 부하로 분할된다.

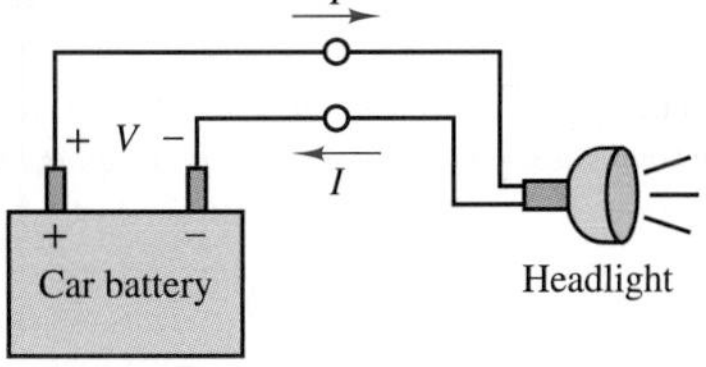

그림 2.24 전조등-배터리 시스템은 전형적인 소스-부하 시스템이다.

이상적인 독립 및 종속 전압원 및 전류원의 개념과 여기서 다루는 일반화된 전압원 및 전류원의 개념과 혼동해서는 안 된다. 이상 전압원 및 전류원은 다른 소자들

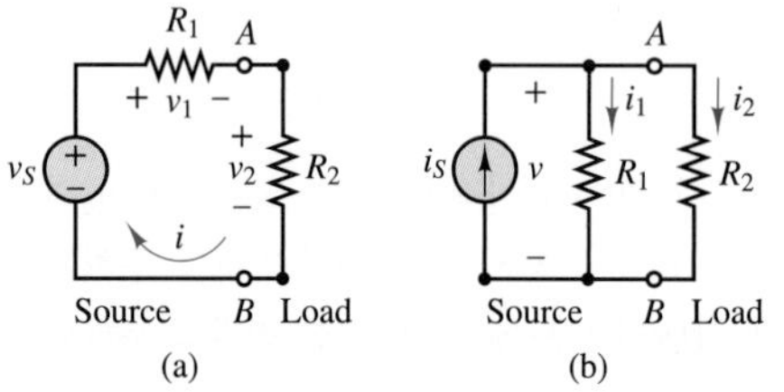

그림 2.25 (a) 소스와 부하로 분할된 단순한 전압 분배, (b) 소스와 부하로 분할된 단순한 전류 분배

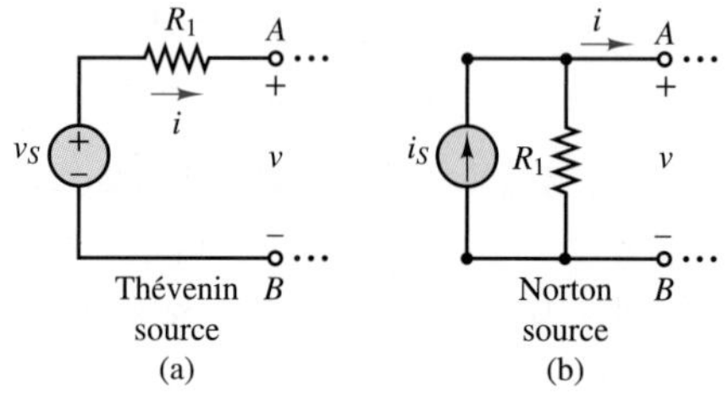

그림 2.26 (a) 테브닌 소스, (b) 노턴 소스

과 함께 일반화된 전압원 및 전류원을 구성하는 성분이다. 이 책에서는 혼돈을 피하기 위해서, 이상 소스는 명시적으로 전압원 또는 전류원으로 언급된다.

이 소스-부하 관점에서 도식적인 해법을 제시할 수 있는데, 이는 회로 거동에 대한 통찰력을 주기도 하고, 다이오드와 트랜지스터를 포함하는 비선형 문제를 푸는 데 필수적이기도 하다. 그림 2.25(a)와 (b)의 두 회로를 보면, 각 회로는 단자 A와 B를 기준으로 소스와 부하로 나뉘어져 있다. 소스와 부하를 따로 해석하여 전체 회로의 거동을 통찰할 수 있다.

소스 회로망

그림 2.26(a)와 (b)의 소스 회로망(source network)은 부하로부터 분리되어 있다. 이러한 특별한 소스 회로망은 이 책에서는 테브닌 소스와 노턴 소스로 불린다. 그림 2.26(a)의 루프 주위에 KVL을 적용하고, 그림 2.26(b)의 상단 노드에 KCL이 적용하면 다음과 같다.

$$v_S = iR_1 + v \qquad\qquad i_S = i + \frac{v}{R_1} \tag{2.26}$$

이들 방정식을 재정리하면 다음과 같다.

$$i = \frac{v_S - v}{R_1} \qquad\qquad v = (i_S - i)R_1 \tag{2.27}$$

Aside: 이들 회로는 자체로 독립된 회로가 아니라, 큰 회로의 일부를 나타낸다. 단자 A와 B는 개방 회로일 필요는 없으며, 따라서 전류는 0으로 가정하지 않는다.

그림 2.27(a)와 (b)는 각 식에 대한 i-v 선도를 나타낸다.

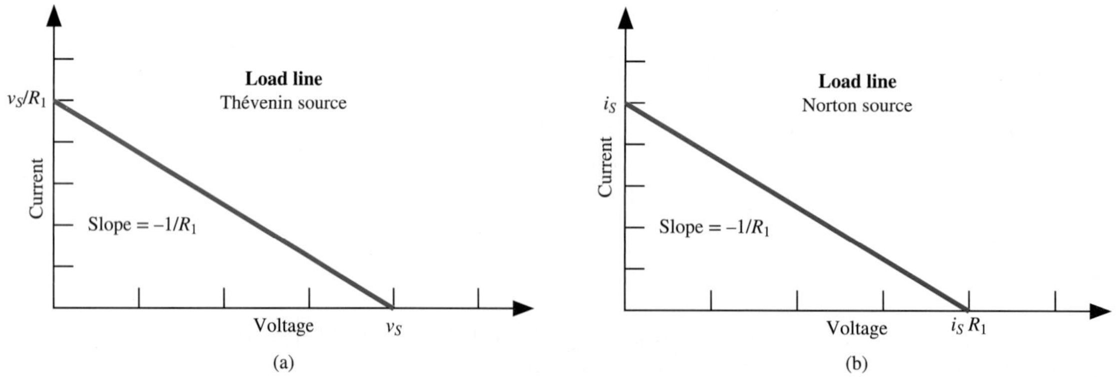

그림 2.27 (a) 테브닌 소스에 대한 i-v 선도, (b) 노턴 소스에 대한 i-v 선도

각 선도는 기울기가 $-1/R_1$인 직선으로 표현되는데, 이를 부하선(load line)이라 한다. 테브닌과 노턴 소스 회로망의 단자가 이상적인 전선으로 연결되는 경우(즉, 단락 회로), 단자에 흐르는 단락 전류(short-circuit current) i_{SC}는 다음과 같다.

$$i_{SC} = \frac{v_S}{R_1} \qquad i_{SC} = i_S \tag{2.28}$$

또한 테브닌과 노턴 소스 회로망의 단자가 연결되어 있지 않다면(즉, 개방 회로), 단자에 걸리는 개방 전압(open-circuit voltage) v_{OC}은 다음과 같다.

$$v_{OC} = v_S \qquad v_{OC} = i_S R_1 \tag{2.29}$$

단락 전류와 개방 전압은 i-v 선도 상의 절편에 해당하는데, 단자 A와 B 사이의 저항이 0과 무한대일 때의 해를 나타낸다. 부하선 위의 다른 (i, v) 점은 단자 A와 B 사이의 저항이 0이 아닌 유한한 값일 때의 해를 나타낸다. 이 저항이 0으로부터 증가함에 따라, 해 (i, v)는 좌측 상단에서 우측 하단으로 부하선을 따라서 이동한다.

> 소스 회로망에 대한 모든 가능한 해 (i, v)를 나타내는 선은 부하선으로 알려져 있다. 명칭에서 알 수 있듯이, 0Ω에서 무한대까지의 어떤 저항 부하의 해는 부하선상의 한 점에 해당한다.

$v_S = i_S R_1$일 때 두 부하선은 등가이며, 테브닌 및 노턴 소스 회로망 역시 부하의 관점에서 등가이다. 이 결과는 등가 저항의 개념을 일반화한 것이다.

부하 회로망

두 완전한 회로의 각각에 대한 부하는 그림 2.28에서와 같이 간단히 R_2로 나타낼 수 있다. 이 회로의 i-v 관계는 단순한 옴의 법칙에 해당한다.

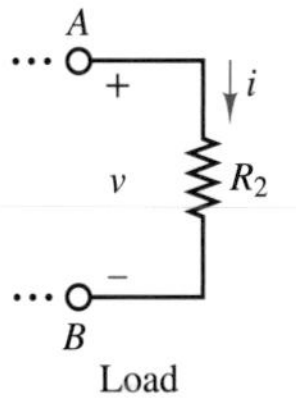

그림 2.28 R_2로 표시된 일반적인 부하

$$v = iR_2 \qquad i = \frac{v}{R_2} \tag{2.30}$$

i-v 선도는 $1/R_2$의 기울기를 가지며, 절편이 원점인 직선이며, 이 직선은 소스 회로망을 나타내는 i-v 선도와 함께 도시한 것이 그림 2.29(a)와 (b)이다.

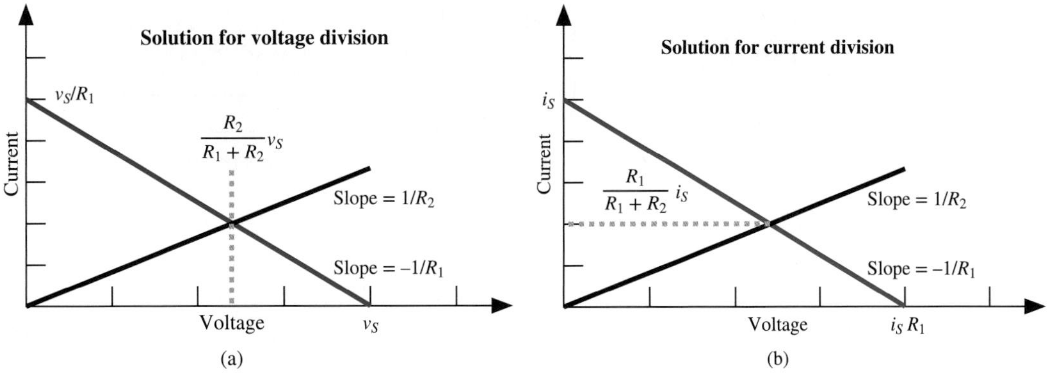

그림 2.29 (a) 테브닌 소스에 대해서 교점은 전압 분배 결과인 $v_2 = \frac{R_2}{R_1+R_2}v_S$, (b) 노턴 소스에 대해서 교점은 전류 분배 결과인 $i_2 = \frac{R_1}{R_1+R_2}i_S$.

모든 가능한 저항 부하에 대한 해로 구성된 부하선과 특정 부하에 대한 선의 교점이 해당 부하에 대한 해가 된다. 이 선도를 통하여 부하 R_2의 증가 또는 감소가 단자 A와 B에 걸리는 전압과 흐르는 전류에 미치는 영향을 예상할 수 있다.

이 교차점에 해당하는 대수 해는 소스 회로망의 해와 부하 회로망의 해가 동일하다고 설정하여 얻을 수 있다. 각 저항 부하에 연결된 테브닌 소스 및 노턴 소스에 대한 결과를 다음 식의 좌우에 각각 나타내었다.

$$i = \frac{v_S - v}{R_1} \qquad v = (i_S - i)R_1 \tag{2.31}$$

$$= \frac{v}{R_2} \qquad = iR_2 \tag{2.32}$$

이 식을 정리하면 다음과 같다.

$$\frac{v}{v_S} = \frac{R_2}{R_1 + R_2} \qquad \frac{i}{i_S} = \frac{R_1}{R_1 + R_2} \tag{2.33}$$

이 장의 전반부에 나온 전압 분배 및 전류 분배에 대한 표현과 동일한 결과를 도식적 해법을 통해서도 얻었다. 이러한 도식적 해법은 다이오드나 트랜지스터와 같은 비선형 부하에 특히 유용한 방법이다.

2.6 소스 변환

그림 2.26에서 $v_S = i_S R_1$이면 테브닌 소스와 노턴 소스는 등가라고 하였다. 이 경우에 그림 2.27의 두 부하선은 동일한데, 이러한 사실은 소스 변환(source transform)으로 알려진 해석적 도구의 기본이 된다.

그림 2.30의 테브닌 및 노턴 소스에서 테브닌 소스 전압은 v_T, 노턴 소스 전류는 i_N, 각 소스 회로망은 동일한 저항 $R_T = R_N$을 가진다. 이때, 다음 조건이 만족되면 두 소스 회로망은 등가이며, 서로 교환될 수 있다.

$$v_T = i_N R_T = i_N R_N \tag{2.34}$$

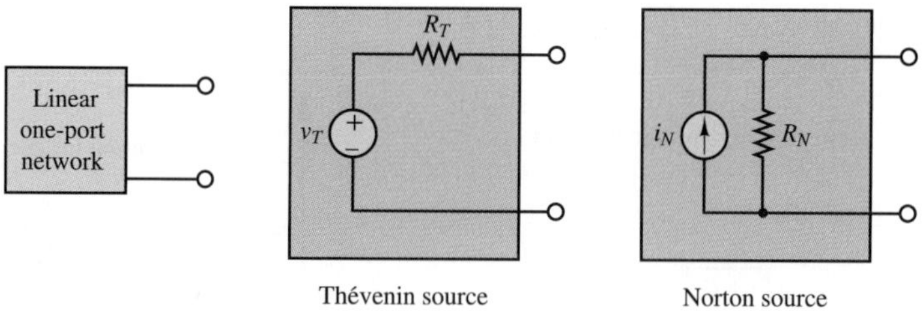

그림 2.30 선형 1포트 회로망의 단순화된 등가 표현

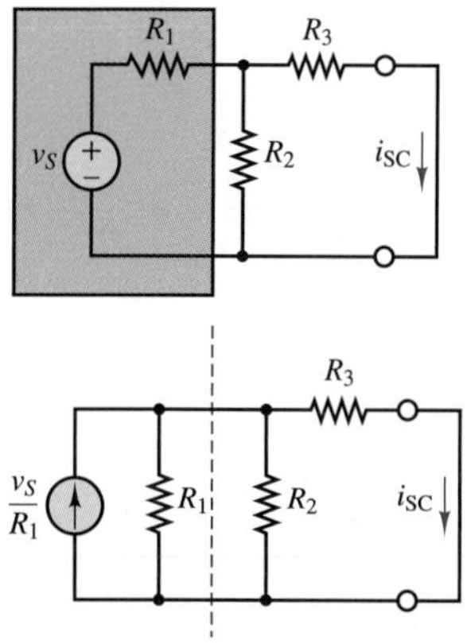

그림 2.31 소스 변환의 결과

그림 2.31의 상단 회로망을 고려하라. 음영 상자 내의 테브닌 소스는 하단의 회로망에서와 같이 등가의 노턴 소스로 대체될 수 있다. 테브닌 소스의 노턴 소스로의 대체가 바로 소스 변환이다. 마찬가지로, 노턴 소스도 테브닌 소스로 대체될 수 있다. i_{SC}는 전류 분배법을 적용하면 쉽게 계산할 수 있다.

$$i_{SC} = \frac{1/R_3}{1/R_1 + 1/R_2 + 1/R_3}\frac{v_S}{R_1} \tag{2.35}$$

소스 변환은 정확히만 수행하면 회로망을 단순화시킬 수 있다. 이를 위해서는 그림 2.32에서 보듯이 테브닌 소스 또는 노턴 소스의 단자를 인식하여야 한다. 그 다음에, 소스 회로망을 제거하고 동일한 단자에 등가 소스 회로망을 붙여야 한다. 일반적으로, 소스 변환은 두 저항 사이에 원래 회로에는 없었던 직렬 또는 병렬로 연결함으로써 회로를 단순화한다.

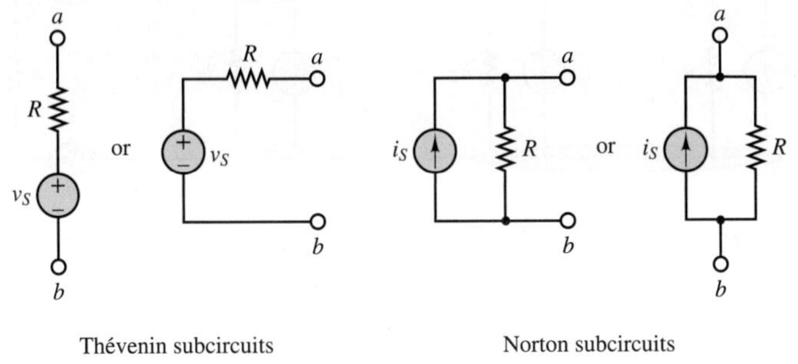

그림 2.32 소스 변환이 가능한 회로망

소스 변환

예제 2.9

문제

소스 변환을 사용하여 그림 2.33의 회로에서 부하 R_o에서 보는 단일의 노턴 등가 회로를 구하라.

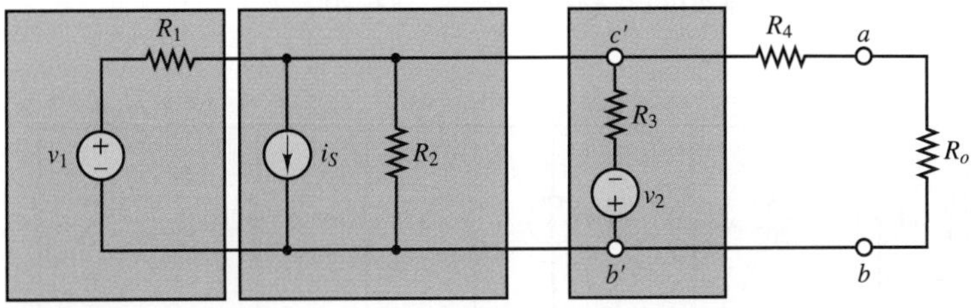

그림 2.33

풀이

기지: 소스 전압과 전류, 저항

미지: 테브닌 등가 저항 R_T, 노턴 전류 $i_N = i_{SC}$

주어진 데이터 및 그림: $v_1 = 50$ V, $i_S = 0.5$ A, $v_2 = 5$ V, $R_1 = 100\ \Omega$, $R_2 = 100\ \Omega$, $R_3 = 200\ \Omega$, $R_4 = 160\ \Omega$

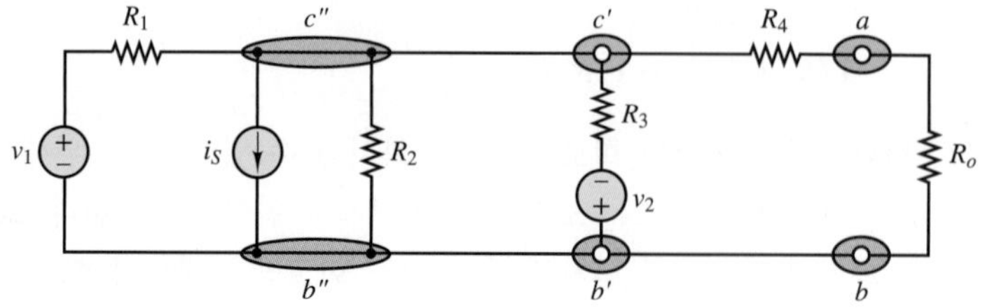

그림 2.34

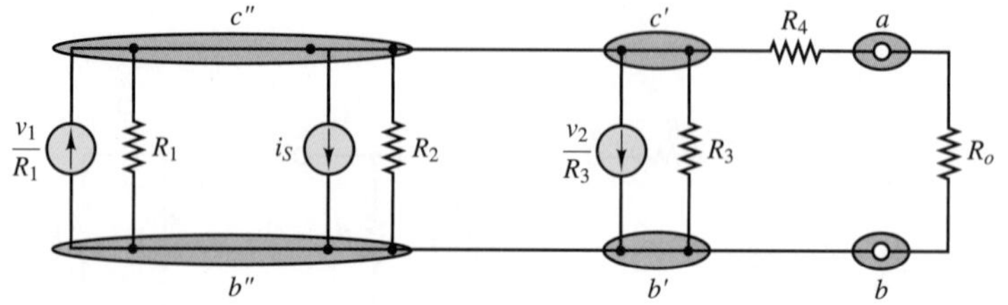

그림 2.35

가정: 회로의 하단 노드를 기준 노드로 선택한다.

해석: 테브닌과 노턴 소스를 강조하기 위해 그림 2.33과 2.34와 같이 중요한 단자를 강조하여 나타내었다. v_1와 R_1으로 구성되며 단자 c''과 b'' 사이에 존재하는 테브닌 소스는 저항 R_1과 병렬인 전류원 v_1/R_1으로 구성된 노턴 소스에 의해 대체될 수 있다. 유사하게, 단자 c'와 b' 사이의 테브닌 소스는 저항 R_3와 병렬인 전류원 v_2/R_3로 구성된 노턴 소스로 대체될 수 있다. 이 두 변환은 그림 2.35에서 볼 수 있다. 전류원 v_2/R_3의 방향은 전압원 v_2의 극성과 일치된다는 점에 유의한다. 병렬로 배치된 소스의 순서는 전체 회로의 거동에 변화 없이 교체하는 것이 가능하며, 이를 그림 2.36(a)에 각 소자의 수치와 함께 표시하였다.

그림 2.36(a)에서 병렬 연결된 3개의 전류원은 그림 2.36(b)와 같이 좌측 상단의 노드를 나가는 단일의 25 mA의 전류원으로 대체될 수 있다. 마찬가지로, 병렬 연결된 R_1, R_2, R_3는 상단 노드와 하단 노드 간에 40 Ω의 등가 저항으로 대체된다.

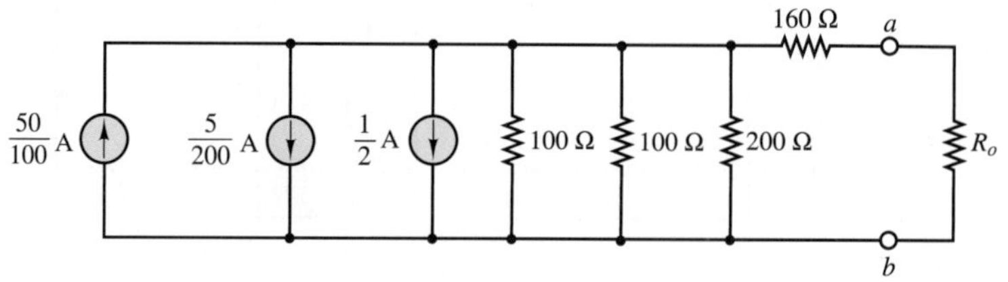

그림 2.36(a) 변환되었지만, 아직 단순화되지 않은 회로

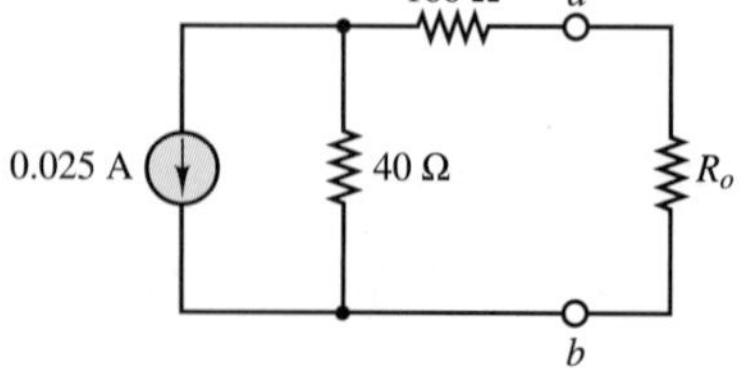

그림 2.36(b) 단순화된 회로

좌측의 노턴 소스는 0.025 A × 40 Ω = 1 V인 전압원과 40 Ω의 저항으로 구성된 테브닌 소스로 대체될 수 있다. 마지막으로, 그림 2.37과 같이, 아래로 향하는 i_N = 5 mA의 전류원과 두 직렬 저항을 더한 단일의 R_N = 200 Ω의 등가 저항을 가지는 노턴 소스로 변환할 수 있다.

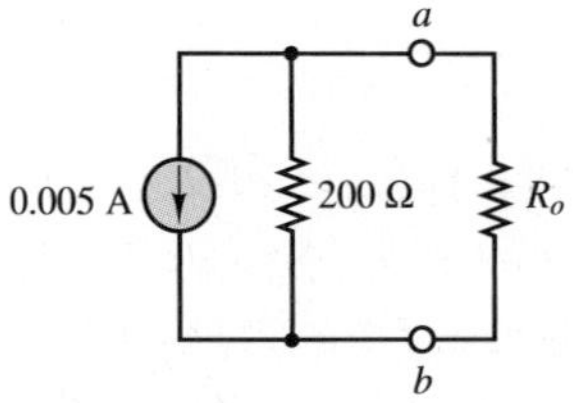

그림 2.37

2.7 테브닌 및 노턴 등가 회로망

그림 2.38과 같이, 다른 회로망에 연결될 수 있는 단자를 2개만 갖고 있는 회로망을 **1포트 회로망**(one-port network)이라고 한다. 이러한 회로망은 다양한 부하(예를 들어, 개방 회로나 단락 회로)에 대하여 단자에 흐르는 전류 i와 단자에 걸리는 전압 v사이의 관계로 특징지어진다. 중요한 개념은 다음과 같다.

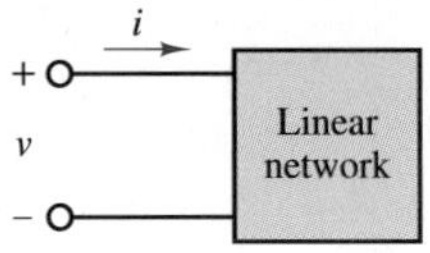

그림 2.38 1포트 회로망

- 1포트 부하에 대한 1포트 소스의 영향은 소스의 i-v 특성에 의해 나타난다.
- i-v 특성이 같다면 2개의 1포트 회로망은 전기적으로 등가이다.
- 전기적으로 등가인 회로는 어떠한 부하에 대해서도 회로망의 단자에 대한 전압과 전류가 같다.

등가(equivalence)라는 개념은 저항 회로망에 대한 내용에서 소개되었다. 전체 저항 회로망이 원래 회로망에 연결되어 있는 다른 회로에는 영향을 주지 않으면서, 단일의 등가 저항으로 대체될 수 있다는 것이 중요한 내용이었다. 여기서, 등가라는 개념을 저항과 이상 소스 및 다른 선형 회로 소자들을 포함하는 회로망으로 일반화한다. 앞서 언급하였던 다음 내용을 상기하라.

> 선형 소자만으로 구성된 어떠한 회로망도 선형이다. 일반적인 선형 소자는 이상 전압원, 전류원, 저항, 커패시터 및 인덕터이다.

LO

이 절의 핵심은 선형 회로망에 대한 두 개의 매우 중요한 정리를 소개하는 것이다.

> **테브닌 정리(Thevenin's theorem)**
>
> 단자의 관점에서 보면, 어떠한 선형 1포트 회로망이라도 이상 전압원 v_T와 등가 저항 R_T가 직렬 연결된 등가 회로로 나타낼 수 있다.

LO

> **노턴의 정리(Norton theorem)**
>
> 단자의 관점에서 보면, 어떠한 선형 1포트 회로망이라도 이상 전류원 i_N과 등가 저항 R_N이 병렬 연결된 등가 회로로 나타낼 수 있다.

LO

> 테브닌 등가 저항(R_T)와 노턴 등가 저항(R_N)은 어떠한 선형 1포트 회로망에 대해서도 동일하다.

아무리 복잡한 1포트 선형 회로망이라도 항상 2가지의 간단한 등가 회로로 나타낼 수 있으며, 이러한 등가 회로로의 변환은 약간의 연습을 통해 쉽게 다룰 수 있다. 이 절에서는 이러한 등가 회로를 계산하기 위해 필요한 기술에 대해 알아본다. 이는 선형 회로망에 대해 간단하지만 일반적인 결과를 드러내며, 기본적인 비선형 회로를 해석하는 데 유용하다.

방법 및 절차
FOCUS ON PROBLEM SOLVING

1포트 선형 회로망은 항상 2가지의 간단한 등가 회로 형태로 나타낼 수 있다.

- 독립 전압원 v_T와 저항 R_T가 직렬로 연결되어 구성된 테브닌 소스(그림 2.39)
- 독립 전류원 i_N과 저항 R_N이 병렬로 연결되어 구성된 노턴 소스(그림 2.40)

또한, 이들 등가 회로는 원래의 선형 회로망과 각각 등가이므로, 서로 간에도 등가여야 한다. 결과적으로, 테브닌 소스는 이와 동등한 노턴 소스로 변환될 수 있다. 이는 소스 변환(source transformation)이라고 불린다.

모든 1포트 선형 회로망의 등가 회로는 특정한 v_T와 R_T, 또는 i_N과 R_N으로 구성된다. 이들은 다음과 같이 불린다.

- 테브닌 전압 v_T와 테브닌 등가 저항 R_T
- 노턴 전류 i_N과 노턴 등가 저항 R_N

또한, 모든 선형 1포트 회로망에 대해서 $R_T = R_N$과 $v_T = i_N R_T$이다. 게다가, v_T와 i_N는 각각 소스 회로망의 단자에 대한 개방 전압 v_{OC}와 단락 전류 i_{SC}와 같다.

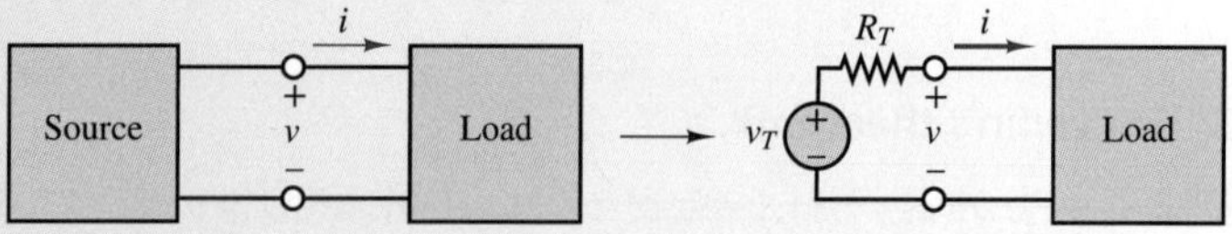

그림 2.39 테브닌 정리의 예시

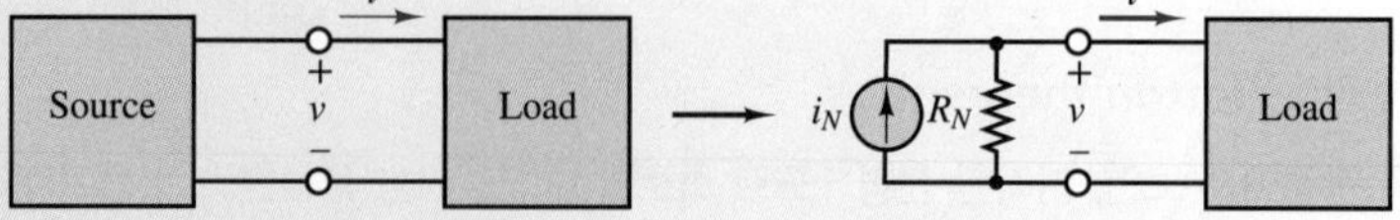

그림 2.40 노턴 정리의 예시

R_T 또는 R_N의 계산: 종속 소스가 없는 회로망

종속 소스가 없는 1포트 선형 소스 회로망의 테브닌(또는 노턴) 등가 저항을 계산하는 첫 단계는 소스 회로망의 2개의 단자(예를 들면, a와 b)를 찾는 것이다. 종종 회로망의 단자가 명백하게 주어지는 1포트 소스 회로망 문제도 있지만, 이와는 달리 부하와 소스를 정의하거나 확인하는 것이 필수적인 회로가 문제로 나오는 경우도 있다. 그림 2.41에는 단자 a와 b가 부하와 소스 사이에서 1포트(2개의 단자)를 구성하도록 저항 R_o가 부하로 선택되었다.

두 번째 단계는 부하를 제거하고, 소스 회로에 있는 모든 독립 소스를 0으로 설정한다. 즉, 모든 독립 전압원을 단락 회로로, 모든 독립 전류원을 개방 회로로 대체한다. 그림 2.41의 소스 회로는 전압원이 단락 회로로 대체된 것을 보여준다.

마지막 단계는, 단자 a와 b에 연결된 부하 저항 R_o가 보는 등가 저항을 구하기 위해, 직렬 및 병렬의 등가 저항으로 대체하는 것이다. 예를 들어, 그림 2.42의 회로에서 R_1과 R_2는 같은 2개의 노드인 b와 c 사이에 연결되어 있으므로 병렬이다. 단자 a와 b 사이의 총 저항은 다음과 같다.

$$R_T = R_3 + R_1 \parallel R_2 \tag{2.36}$$

직렬과 병렬 등가 저항으로의 대체가 충분하지 않다면, 1포트 회로망에서 모든 독립적인 소스를 0으로 설정하고, 단자에 독립 전압원 v를 연결한 후에 단자에 흐르는 전류 i를 계산한다. 그러면 R_T는 다음과 같이 단순하게 구할 수 있다.

$$R_T = \frac{v}{i} \tag{2.37}$$

예를 들어, 1포트 회로망에서 독립적인 소스가 0으로 설정되고, 결과로 나타나는 회로망이 그림 2.43의 상단과 같이 주어진다고 가정하자. 단자 a와 b에 본 저항 회로망은 직렬 및 병렬 등가 저항에 의해서 단순화될 수 없다. 그러나 단자 a와 b의 좌측에 있는 테브닌 등가 저항은 그림 2.43의 하단에서와 같이 임의의 독립 전압원 v를 적용하고 식 (2.37)을 적용하여 구할 수 있다. 이 방법은 단순한 4단계 알고리즘에 의해서 기술된다.

단계 1: 1포트 회로망에서 모든 독립적인 전압원과 전류원을 0으로 설정한다. 즉, 단락 회로와 개방 회로로 각각 대체한다.

단계 2: 1포트 회로망의 단자에 임의의 독립적인 전압원 v_S를 연결시킨다.

단계 3: 전압원에 흐르는 전류 i_S를 계산한다.

단계 4: $R_T = v_S/i_S$를 계산한다.

R_T와 R_N의 계산: 종속 소스를 갖는 회로망

종속 소스가 선형 1포트 회로망에 존재할 때는 두 가지 방법으로 테브닌 등가 저항 R_T를 계산할 수 있다. 첫 번째 방법은 앞 절의 마지막에 기술하였던 4단계 알고리즘과 동일하다. 이 방법은 항상 동작한다.

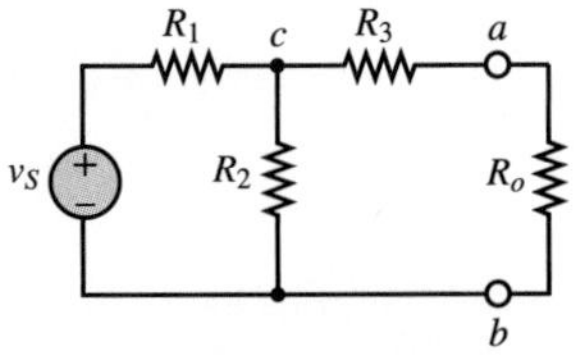

Complete circuit

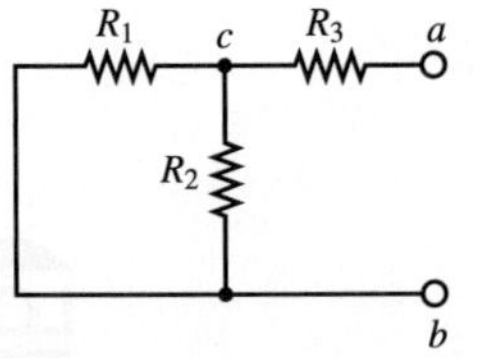

Circuit with load removed for computation of R_T. The voltage source is replaced by a short circuit.

그림 2.41 테브닌 저항의 계산

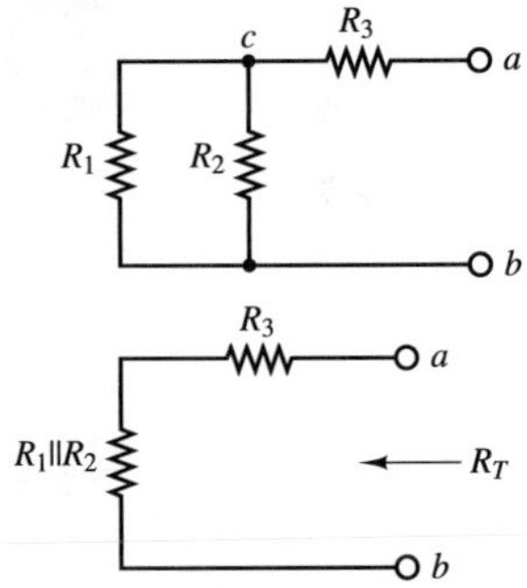

그림 2.42 부하가 보는 등가 저항

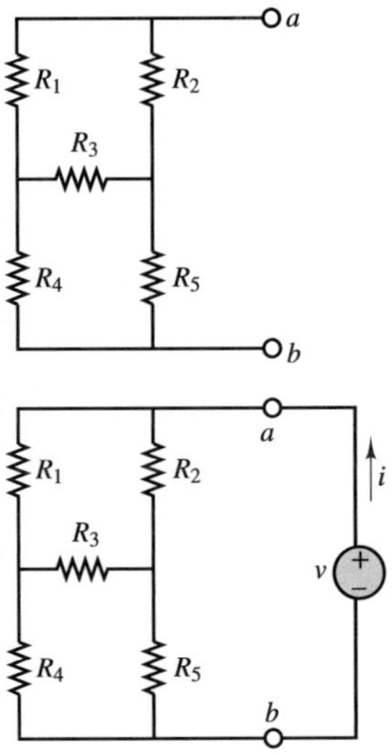

그림 2.43 테브닌 저항을 구하는 일반적인 방법

두 번째 방법은 회로망이 적어도 하나의 독립 소스를 포함할 때 적용될 수 있다. 회로망의 독립 소스 중 어느 것도 0으로 설정하지 않은 채로, 회로망 단자에 걸리는 개방 전압 v_{oc}와 동일한 단자에 흐르는 단락 전류 i_{SC}를 계산한다. 그리고 회로망의 테브닌 등가 저항 R_T는 다음과 같이 구한다.

$$R_T = \frac{v_{oc}}{i_{sc}} \tag{2.38}$$

이들 두 방법이 유효하기 위해서는 다음 규칙이 준수되어야 한다.

LO

테브닌 정리나 노턴 정리를 적용할 때, 각 종속 소스와 이에 관련된 종속 변수는 소스 회로망이나 부하에 반드시 연결되어야 한다.

어떤 특별한 1포트 회로망에 대해서 테브닌 등가 저항 및 노턴 등가 저항은 항상 서로에 등가이다.

LO

$$\boxed{R_T = R_N} \tag{2.39}$$

그러므로 테브닌 저항을 나타내는 R_T만이 주로 사용된다.

LO

방법 및 절차
FOCUS ON PROBLEM SOLVING

테브닌 저항

선형 1포트 회로망의 단자 양단에서의 테브닌 등가 저항을 계산하기 위해서 다음 단계를 따른다.

1. 1포트 회로망을 찾고, 회로망의 단자를 a와 b로 지정한다.
2. 종속 소스가 없는 1포트 회로망에 대해서 두 방법이 존재한다. 두 방법 모두 동일한 첫 번째 단계로 시작한다.
   (a) 회로망의 모든 독립 전압원과 전류원을 0으로 설정하고, 각각 단락 회로나 개방 회로로 대체한다.
   (b) 가능하다면, 직렬과 병렬 등가 저항을 사용하여 회로망을 단순화하고, 궁극적으로 R_T를 구한다.
   (c) 직렬과 병렬 등가 저항으로의 대체가 충분하지 않다면, 단자에 임의의 전압원 v_S를 연결한 후에 단자에 흐르는 전류 i_S를 계산한다. 그러면 테브닌 등가 저항은 $R_T = v_S / i_S$로 주어진다.
3. 종속 소스를 갖는 1포트 회로망에 대해서도 두 방법이 존재한다. 첫 번째 방법은 단계 2(a)와 2(c)를 따른다. 두 번째 방법은 다음과 같다.
   (a) 회로망의 모든 독립 소스가 활성화된 채로 둔다.
   (b) 회로망 단자에 걸리는 개방 전압 v_{oc}를 계산한다.

(계속)

(계속)

(c) 회로망 단자에 흐르는 단락 전류 i_{sc}를 계산한다.

(d) $R_T = v_{oc}/i_{sc}$를 계산한다.

1포트 회로망에 종속 소스가 존재한다면, 이에 관한 종속 변수는 반드시 회로망의 일부가 되어야 한다.

종속 소스를 갖지 않는 회로망에서 R_T 구하기

예제 2.10

문제

그림 2.44의 회로에서 부하 저항 R_o가 보는 테브닌 등가 저항을 구하라.

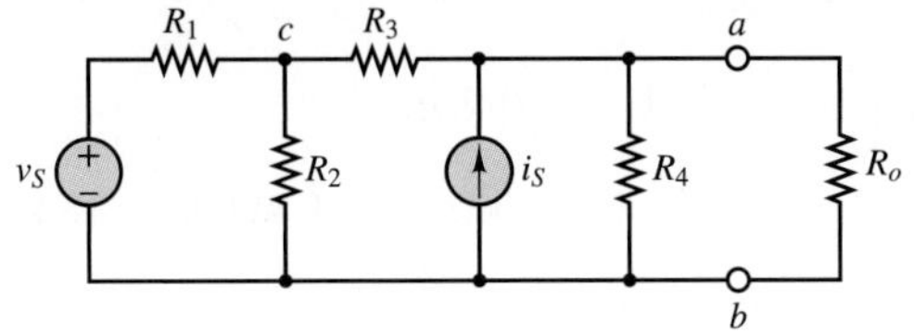

그림 2.44

풀이

기지: 저항

미지: 테브닌 등가 저항 R_T

주어진 데이터 및 그림: $v_S = 5$ V, $R_1 = 2\ \Omega$, $R_2 = 2\ \Omega$, $R_3 = 1\ \Omega$, $i_S = 1$ A, $R_4 = 2\ \Omega$

해석: 그림 2.44와 "테브닌 저항"의 방법 및 절차에서 기술한 단계를 참고한다.

1. 소스 회로망은 단자 a와 b의 좌측에 모든 회로망이다.
2. 전압원과 전류원을 각각 단락 회로와 개방 회로로 대체한다. 그림 2.45는 이 결과를 보여준다.
3. 소스 회로망에는 3개의 노드가 남아 있고, 종속 소스는 없다. 저항 R_1과 R_2는 노드 c와 b 사이에 있으므로 병렬 연결되어 있다. 두 저항의 병렬 등가 저항은 저항 R_3와 직렬이므로 $a \to b$에는 $R_3 + (R_1 \parallel R_2)$와 R_4 2개의 병렬 저항이 있다. 마지막으로, $a \to b$에서 등가 저항은 다음과 같다.

$$R_T = [(R_1 \parallel R_2) + R_3] \parallel R_4$$
$$= [(2 \parallel 2) + 1] \parallel 2 = 1\ \Omega$$

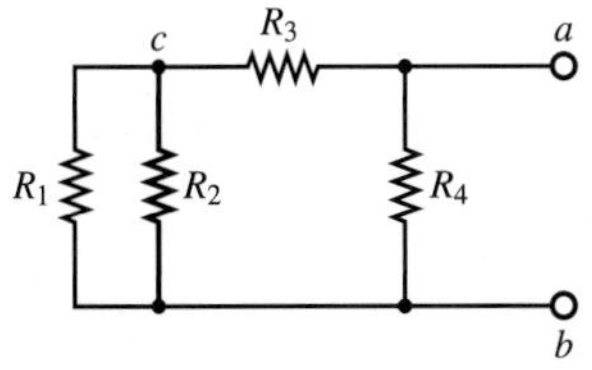

그림 2.45

참조: 이 예제의 회로망은 그다지 복잡하지 않은 방식으로 그려진다. 그러나 때로는 회로망이 헷갈리게 그려질 수 있다. 어느 경우든지, 회로망을 그 사이에 다양한 소자가 놓여 있는 노드의 집합으로 보면 회로망 단자 사이의 등가 저항을 정확하게 계산하기 쉬워진다.

예제 2.11

종속 소스를 갖는 회로망에서 R_T 구하기

문제

그림 2.46의 회로에서 부하 저항 R_o에서 보는 테브닌 등가 저항을 구하라.

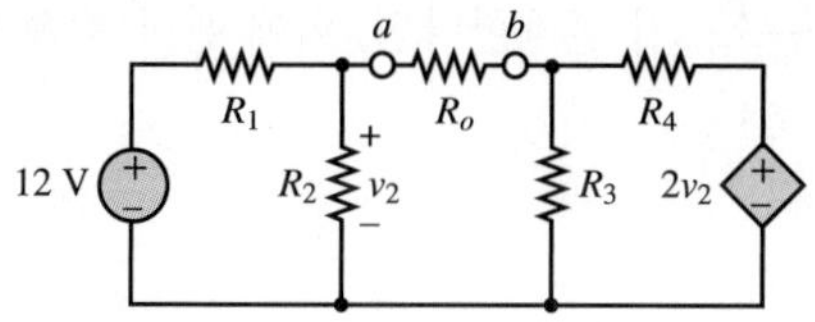

그림 2.46

풀이

기지: 소스와 저항

미지: 부하 저항 R_o에서 보는 테브닌 등가 저항 R_T

주어진 데이터 및 그림: $R_1 = 24\ \text{k}\Omega$, $R_2 = 8\ \text{k}\Omega$, $R_3 = 9\ \text{k}\Omega$, $R_4 = 18\ \text{k}\Omega$

해석: 그림 2.46과 "테브닌 저항"의 방법 및 절차에서 기술한 단계를 참고한다.

1. 소스 회로망은 단자 a와 b 사이의 모든 회로망이다.
2. 그림 2.46의 독립 전압원을 단락 회로로 대체한다. 이 결과, 저항 R_1과 R_2는 병렬 연결되므로 하나의 등가 저항으로 대체할 수 있다.
3. 소스 회로망은 종속 소스를 갖는다. 단자 a와 b에 임의의 독립 전압원 v_S를 연결하고, 그림 2.47처럼 전류 i_S를 표기한다. 그림에는 망 전류법을 통해 회로를 푸는 데 사용되는 2개의 망 전류 i_1과 i_2가 포함된다.

$i_1 = i_S$가 되도록 반시계 방향을 선택하고, 각 망에 KVL을 적용한다.

$$v_S - (R_1 \parallel R_2)i_1 - R_3(i_1 - i_2) = 0 \qquad \text{망 1}$$

$$2v_2 - R_4 i_2 - R_3(i_2 - i_1) = 0 \qquad \text{망 2}$$

$v_2 = i_2(R_1 \parallel R_2)$이므로 방정식을 다음과 같이 다시 작성한다.

$$v_S - (R_1 \parallel R_2)i_1 - R_3(i_1 - i_2) = 0 \qquad \text{망 1}$$

$$2(R_1 \parallel R_2)i_1 - R_4 i_2 - R_3(i_2 - i_1) = 0 \qquad \text{망 2}$$

i_1과 i_2의 계수를 정리하고, 알고 있는 저항을 대입한다.

$$15i_1 - 9i_2 = v_S \qquad \text{망 1}$$

$$21i_1 - 27i_2 = 0 \qquad \text{망 2}$$

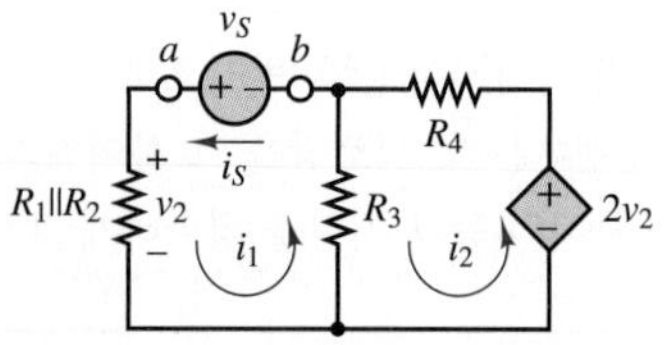

그림 2.47

망 2에 대한 방정식의 각 항을 3으로 나누고, 망 1에 대한 방정식과의 차를 구하면 다음과 같다.

$$8i_1 = v_S \qquad \text{or} \qquad \frac{v_S}{i_1} = \frac{v_S}{i_S} = R_T = 8\,\text{k}\Omega$$

참조: 이 결과는 12V 전압원이 남아 있는 다른 방법에 의해서도 구할 수 있다. 먼저, 부하를 제거하고, 단자 a와 b에 걸리는 개방 전압 v_{OC}를 계산한다. 다음으로, 단자 a와 b를 전선으로 연결하고, 단락 전류 i_{SC}를 계산한다. 마지막으로, R_T의 정의인

$$R_T \equiv \frac{v_{OC}}{i_{SC}}$$

로부터 테브닌 저항을 구할 수 있다.

테브닌 전압의 계산

이 절에서는 독립 소스와 종속 소스 및 선형 저항으로 구성되는 임의의 선형 1포트 회로에 대해서 테브닌 등가 전압 v_T를 계산하는 방법을 설명한다. 테브닌의 정리에 의하면, 그림 2.48에서 보듯이 어떤 선형 1포트 회로망은 독립 전압원 v_T와 직렬 연결된 저항 R_T로 구성된 등가 회로망으로 단순화될 수 있다. 회로망이 개방되어 있다면, 전류 i가 0이 되므로 R_T 양단의 전압 강하 또한 0이 된다. 이러한 개방 회로의 경우에 KVL을 적용하면 다음과 같다.

$$v_T = iR_T + v_{OC} = v_{OC} \tag{2.40}$$

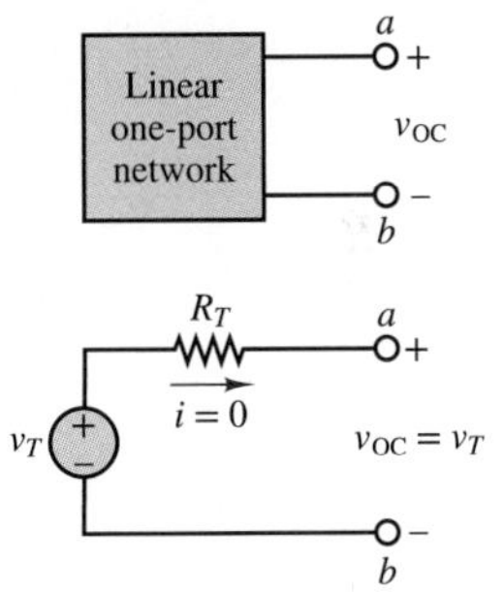

그림 2.48 개방 전압과 테브닌 전압의 등가성

> 테브닌 전압은 부하 v_T는 선형 1포트 회로망의 단자에 걸리는 **개방 전압** v_{OC}과 동일하다.

다음의 단순한 알고리즘이 테브닌 전압을 구하는 데 사용될 수 있다.

방법 및 절차
FOCUS ON PROBLEM SOLVING

테브닌 전압

선형 1포트 회로망에 대한 테브닌 전압을 계산하기 위해 다음의 절차를 따른다.

1. 회로망을 식별하고, 회로망의 단자(예, a와 b)를 표기한다.
2. 해당 단자에 걸리는 개방 전압 v_{OC}를 정의한다.
3. v_{OC}를 구하기 위해서 어떤 선호하는 방법(예, 노드 전압법)을 적용한다.
   - 독립 소스를 갖지 않는 회로망에 대해서는, 종속 소스가 존재하더라도 개방 전압 v_{OC}는 단순히 0이 된다.
4. 회로망의 테브닌 전압 v_T는 정의에 의해서 v_{OC}이다.

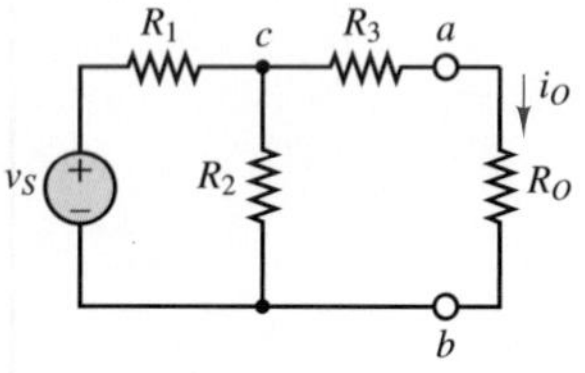

그림 2.49

개방 전압의 실제 계산은 예제를 통해서 익힐 수 있다. 예를 들어, 그림 2.49의 단자 a와 b의 좌측에 있는 회로망이 부하 R_o에 연결되어 있는 1포트 소스 회로망이다. 소스 회로망의 $a \rightarrow c \rightarrow b$에서의 테브닌 등가 저항은 $R_T = R_3 + R_1 \parallel R_2$이다.

v_{OC}를 계산하기 위해서 그림 2.50과 같이 부하 R_o를 제거하면, R_3에 흐르는 전류는 0이 된다. 그러므로 저항 R_1과 R_2는 직렬이며, v_{OC}는 그림 2.51에 설명한 것처럼 저항 R_2에 걸리는 전압과 같고, 이는 $v_S \rightarrow R_1 \rightarrow R_2 \rightarrow v_S$의 직렬 루프에서 전압 분배법에 의해 구할 수 있다.

$$v_T = v_{OC} = v_S \frac{R_2}{R_1 + R_2}$$

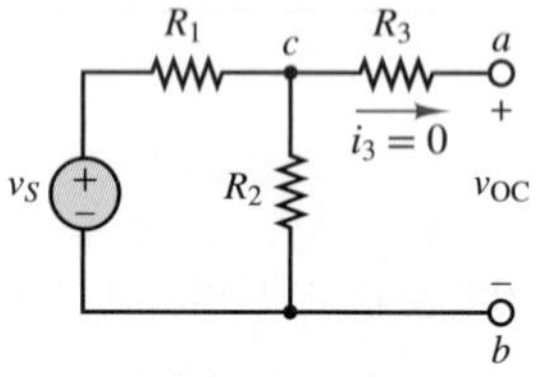

그림 2.50

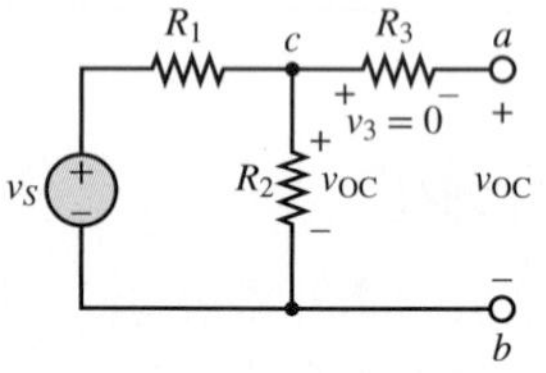

그림 2.51

그림 2.52와 같이, 원래 회로와 이 회로의 테브닌 등가 회로를 나란히 고려해 보자. 부하 R_o에 흐르는 전류 i_o는 두 회로에서 동일하여야 한다.

$$i_o = v_T \cdot \frac{1}{R_T + R_o} = v_S \frac{R_2}{R_1 + R_2} \cdot \frac{1}{(R_3 + R_1 \parallel R_2) + R_o} \tag{2.41}$$

이 방정식의 마지막 부분이 매우 복잡하다는 점에 주목하라. 그러나 어느 정도의 연습이 뒷받침되면 소스 회로에만 집중하여 관찰을 통해 R_T와 v_T를 구할 수 있다. 그리고 단순화된 회로에 옴의 법칙 또는 전압 분배법을 적용하여, R_o에 흐르는 전류와 걸리는 전압을 구할 수 있다. 연습하고 또 연습하라!

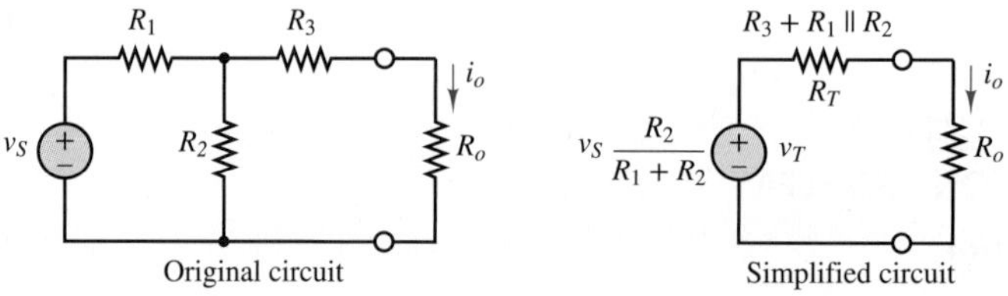

그림 2.52 부하 R_o에 대해서 등가의 소스 회로망을 갖는 두 회로

v_T가 0인 경우가 있을 수 있다. 이런 경우, R_T가 $v_T = i_N R_T$라고 정의되더라도 R_T가 0이 아닐 수도 있다. $v_T = 0$인 경우, i_N 또한 0일 수 있고, $i_N = 0$이라면 R_T는 0이 아닌 유한한 값을 갖는 것이 허용된다. 이런 경우에는 소스 회로망의 테브닌 등가는 단순 저항인 R_T로 나타난다. 다음의 2가지 예외적인 경우가 있다.

1. v_T와 R_T가 모두 0이면 i_N은 어떠한 값도 가질 수 있다. 이러한 소스 회로망은 단락 회로와 등가이다.

2. i_N이 0이고 R_T가 무한히 큰 값이면, v_T는 어떠한 값도 가질 수 있다. 이러한 소스 회로망은 개방 회로와 등가이다.

1개의 독립 소스를 갖는 회로망에서 v_T 구하기

예제 2.12

문제

그림 2.53의 회로에서 개방 전압 v_{OC}를 구하라.

풀이

기지: 소스 전압, 저항

미지: 개방 전압 v_{OC}

주어진 데이터 및 그림: $v_S = 12$ V, $R_1 = 1\ \Omega$, $R_2 = 10\ \Omega$, $R_3 = 10\ \Omega$, $R_4 = 20\ \Omega$

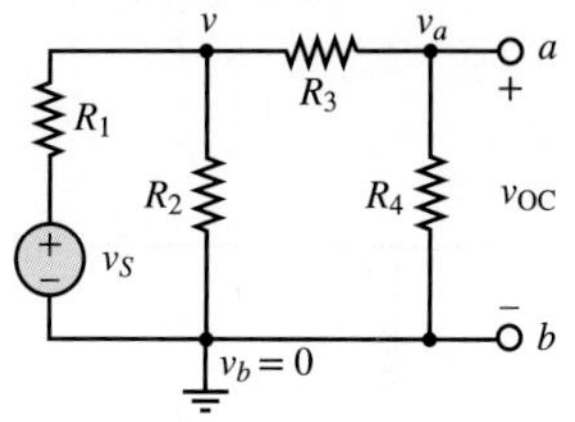

그림 2.53

해석: 그림 2.53과 "테브닌 전압"의 방법 및 절차에서 기술한 단계를 참고한다.

1. 이 문제에서 1포트 회로망은 단자 a와 b의 좌측에 있는 모든 회로망이다.
2. 그림과 같이 개방 전압 v_{OC}는 단자 a와 b에 걸린다.
3. 회로망에는 4개의 노드가 있다. 노드 b를 $v_b = 0$인 기준 노드로 선정한다. 또 다른 노드는 전압원에 의해 v_S로 고정된다. 다른 두 노드에 대해 노드 전압법을 적용하여, 2개의 노드 전압 v와 v_a에 관한 다음 2개의 KCL 방정식을 얻는다.

$$\frac{v_S - v}{R_1} - \frac{v - 0}{R_2} - \frac{v - v_a}{R_3} = 0 \qquad \text{노드 } v$$

$$\frac{v - v_a}{R_3} - \frac{v_a - 0}{R_4} = 0 \qquad \text{노드 } v_a$$

계수를 정리하면

$$\left(\frac{1}{R_1} + \frac{1}{R_2} + \frac{1}{R_3}\right) v \qquad - \frac{1}{R_3} v_a = \frac{v_S}{R_1} \qquad \text{노드 } v$$

$$\frac{1}{R_3} v - \left(\frac{1}{R_3} + \frac{1}{R_4}\right) v_a = 0 \qquad \text{노드 } v_a$$

알고 있는 수치를 대입하고 방정식을 행렬 형태로 정리하면

$$\begin{bmatrix} 1.2 & -0.1 \\ 0.1 & -0.15 \end{bmatrix} \begin{bmatrix} v \\ v_a \end{bmatrix} = \begin{bmatrix} 12 \\ 0 \end{bmatrix}$$

위의 행렬 방정식을 풀면 $v = 10.6$ V, $v_a = 7.1$ V을 얻는다. 그러므로 $v_{OC} = v_a - 0 = 7.1$ V이다.

참조: 이와 같은 문제에서 일반적인 실수는 R_4를 1포트 소스 회로방의 일부가 아니라 부하라고 가정하는 것이다. 저항 R_4에 의한 전압 강하가 개방 전압 v_{OC}로 주어진다는 사실은 단자 a와 b의 좌측에 있는 전체 회로가 소스 회로망으로 취급되어야 한다는 점을 알려준다.

예제 2.13

2개의 독립 소스를 갖는 회로망에서 v_T와 R_T 구하기

문제

그림 2.54의 회로에서 소스 회로망의 테브닌 등가 저항을 구하고, 이를 이용하여 부하 전류 i를 계산하라.

풀이

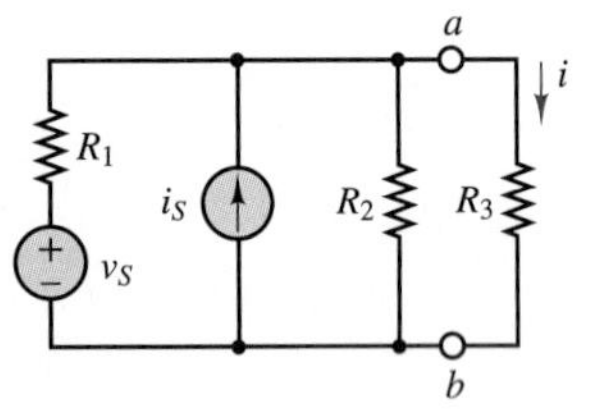

그림 2.54

기지: 소스, 저항

미지: 소스 회로망에 대한 v_T와 R_T, 그리고 부하 전류 i

주어진 데이터 및 그림: $v_S = 24$ V, $i_S = 3$ A, $R_1 = 4\ \Omega$, $R_2 = 12\ \Omega$, $R_3 = 6\ \Omega$

해석: 그림 2.54와 "테브닌 저항" 및 "테브닌 전압"의 방법 및 절차에서 기술한 단계를 참고한다.

1. 저항 R_3은 부하이다. 회로에서 이를 제외한 다른 부분은 모두 소스 회로망이다.
2. 부하 R_3를 제거하고 소스 회로망의 R_T와 v_T를 구한 후에, 이를 이용하여 부하 전류 i를 구한다.

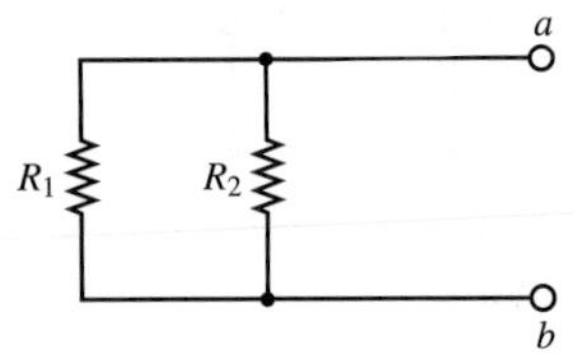

그림 2.55

- R_T 구하기: 그림 2.55와 같이 전압원과 전류원을 각각 단락 회로와 개방 회로로 대체하여 0으로 설정한다. 이로 인한 단자 a와 b 사이의 등가 저항은 $R_T = R_1 \parallel R_2 = 4 \parallel 12 = 3\ \Omega$이다.
- v_T 구하기: 그림 2.56의 회로는 3개의 노드를 갖는다. $v_b = 0$인 기준 노드로 b를 선택한다. 회로에 남아 있는 다른 2개의 노드 중 하나는 값이 v_S로 고정되므로 해를 구하기 위해서는 단지 1개의 노드 방정식이 필요하다.

$$\frac{v_S - v_a}{R_1} + i_S - \frac{v_a}{R_2} = 0 \qquad \text{or} \qquad v_a = (v_S + i_S R_1)\frac{R_2}{R_1 + R_2}$$

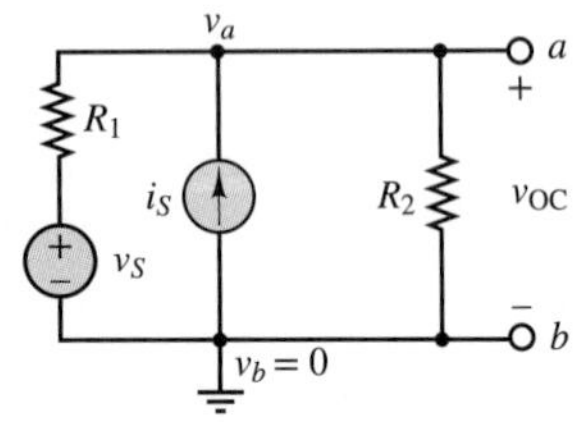

그림 2.56

주어진 수치 값을 대입하여 해를 구하면 $v_a - v_b = v_{OC} = 27$ V이다. 물론, 테브닌 전압 v_T는 단자 a와 b에 걸리는 개방 전압 v_{OC}이다. (중첩의 원리를 적용하여도 쉽게 해를 얻을 수 있음에 주목한다.)

- i 구하기: 소스 회로망의 테브닌 등가 회로를 구성하고, 그림 2.57과 같이 부하 저항 R_3을 다시 연결한다. 부하 전류는 전압 분배법을 이용하여 쉽게 계산할 수 있다.

$$i = \frac{27}{3+6} = 3 \text{ A}$$

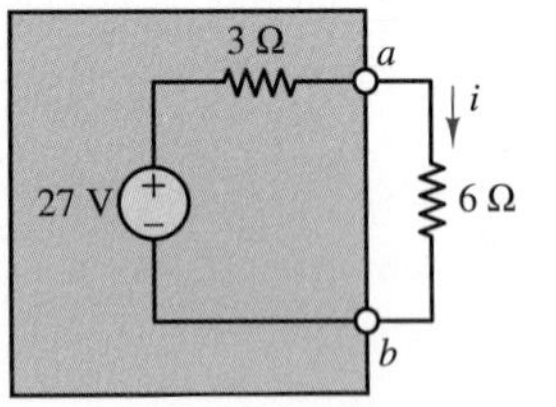

그림 2.57 단순화된 회로

참조: 등가 회로 해석을 이용하면 몇 가지의 이점을 얻을 수 있다. 복잡한 선형 소스 회로망을 간단한 구조로 축소시킴으로써, 다음과 같은 사항을 빠르게 결정할 수 있다.

- 어떤 부하에 대해서도 걸리는 전압이나 흐르는 전류
- 부하 전류의 허용 최댓값 v_T/R_T(부하가 단락 회로에 근접하는 경우)
- 부하 전압의 허용 최댓값 v_T(부하가 개방 회로에 근접하는 경우)
- 부하로 최대 전력 전달이 되게 하는 부하의 값(2.8절 참고)

종속 소스를 갖는 회로망에서 v_T 구하기

예제 2.14

문제

그림 2.58의 회로에서 부하 R_o에서 보는 1포트 소스 회로망의 테브닌 전압 v_T를 구하라.

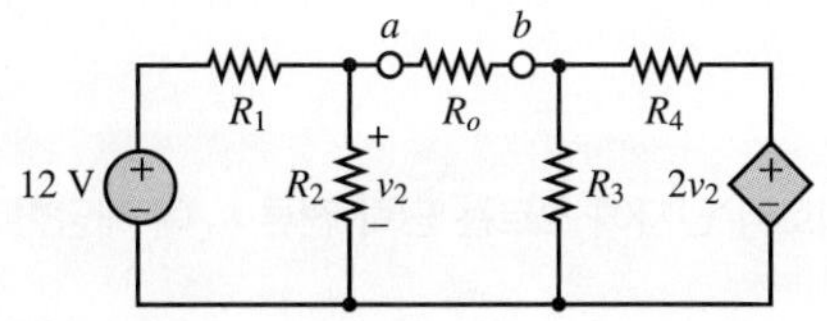

그림 2.58

풀이

기지: 소스, 저항

미지: 소스 회로망에 대한 v_T

주어진 데이터 및 그림: $R_1 = 24\ \text{k}\Omega$, $R_2 = 8\ \text{k}\Omega$, $R_3 = 9\ \text{k}\Omega$, $R_4 = 18\ \text{k}\Omega$

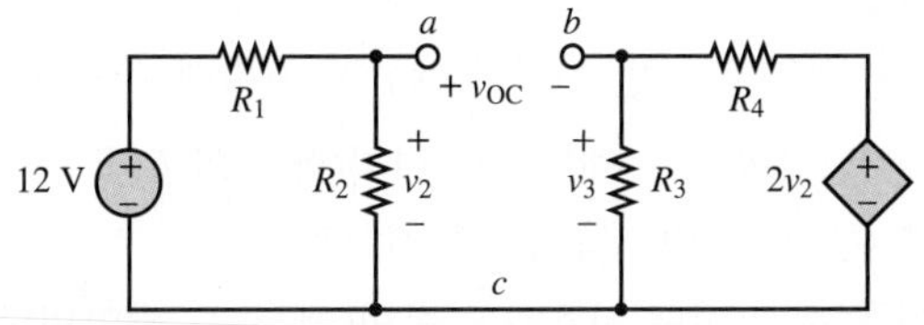

그림 2.59

해석: 그림 2.58과 "테브닌 전압"의 방법 및 절차에서 기술한 단계를 참고한다. 문제의 회로는 예제 2.11의 회로와 동일하며, 부하 R_o에서 보는 테브닌 등가 저항 R_T는 8 kΩ으로 계산되었다. 이 예제에서 R_o가 보는 테브닌 전압 v_T를 구한다.

1. 회로에서 부하 R_o를 제외한 다른 부분은 모두 소스 회로망이다. 그림 2.59의 소스 회로망에서 부하를 제거한다.
2. 그림 2.59와 같이 개방 전압 v_{OC}를 정의한다.
3. 결과의 회로에는 1개의 공통 노드 c를 공유하는 직렬 루프 2개가 있다. 저항 R_3에 걸리는 전압을 정의하고, 회로의 중간 부분에 KVL을 적용하면

   $$v_2 = v_{OC} + v_3$$

   이다. 좌측의 직렬 루프에 전압 분배법을 적용하여 v_2에 대해 풀면

   $$v_2 = 12\,\text{V}\frac{R_2}{R_1 + R_2} = 12\,\text{V}\frac{8}{24 + 8} = 3\,\text{V}$$

   이다. 우측 직렬 루프에 또한 전압 분배법을 적용하여 v_3를 v_2의 항으로 풀면

   $$v_3 = 2v_2\frac{R_3}{R_3 + R_4} = 6\,\text{V}\frac{9}{9 + 18} = 2\,\text{V}$$

   이다. KVL 방정식이 위의 값들을 대입하면 다음과 같이 식을 풀 수 있다.

$$v_{OC} = v_2 - v_3 = 1\text{ V}$$

4. 테브닌 전압은 $v_T = v_{OC} = 1$ V이다.

노턴 전류의 계산

노턴 전류 i_N은 소스 회로망 단자에 흐르는 **단락 전류** i_{SC}에 해당한다.

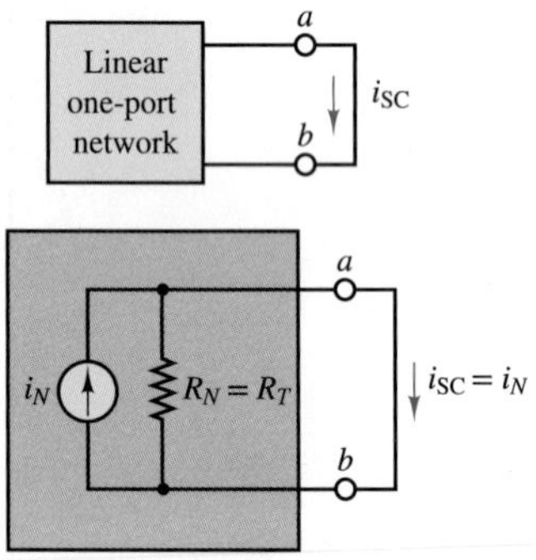

그림 2.60 노턴 등가 회로의 예시

그림 2.60과 같이 각 단락 회로에 연결된 임의의 선형 1포트 회로망과 이 회로망의 노턴 등가 회로를 고려하자. R_N에 흐르는 전류가 0이므로 이 저항에 걸리는 전압도 0이 된다. 그러므로 단락 회로에 흐르는 전류 i_{SC}는 노턴 전류 i_N와 동일하다.

방법 및 절차
FOCUS ON PROBLEM SOLVING

노턴 전류

선형 1포트 회로망에 대한 노턴 전류를 계산하기 위해 다음의 절차를 따른다.

1. 1포트 회로망을 식별하고, 회로망의 단자(예, a와 b)를 표기한다.
2. 해당 단자에 흐르는 단락 전류 i_{SC}를 정의한다.
3. i_{SC}를 구하기 위해서 어떤 선호하는 방법(예, 노드 전압법)을 적용한다.
   - 독립 소스를 갖지 않는 소스 회로망에 대해서는, 종속 소스가 존재하더라도 단락 전류 i_{SC}는 단순히 0이 된다.
4. 소스 회로망의 노턴 전류 i_N은 정의에 의해서 i_{SC}이다.

이런 간단한 관찰을 통해서 어떠한 임의의 선형 1포트 회로망에 대한 노턴 전류를 구하는 기본적인 방법을 알 수 있다. 회로망의 단자에 전선을 연결하고, 이 전선에 흐르는 노턴 전류를 결정하면 된다.

그림 2.61과 같이 1포트 소스 회로망에 연결된 단락 회로(예를 들어, 부하가 들어갈 자리에 연결된)를 갖는 회로를 고려해 보자. 단락 전류 i_{SC}는 망 전류법을 사용하여 쉽게 구할 수 있다.

KVL을 적용하여 망 전류 i_1과 i_2의 항으로 망 방정식을 얻는다.

$$v_S - R_1 i_1 - R_2(i_1 - i_2) = 0 \qquad \text{망 1}$$
$$-R_2(i_2 - i_1) - R_3 i_2 = 0 \qquad \text{망 2}$$

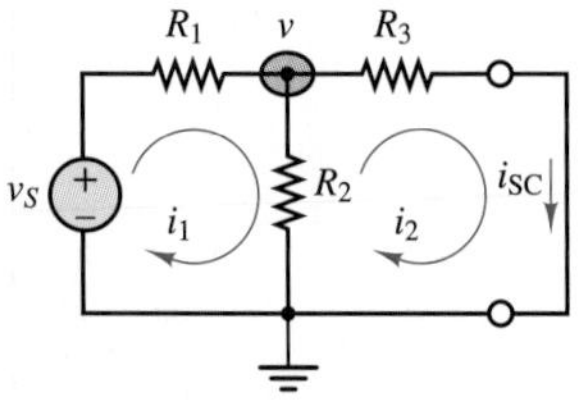

그림 2.61 노턴 전류의 계산

계수를 정리하면

$$(R_1 + R_2)i_1 - R_2 i_2 = v_S \qquad \text{망 1}$$
$$-R_2 i_1 + (R_2 + R_3)i_2 = 0 \qquad \text{망 2}$$

망 2의 방정식에 $(R_1 + R_2)/R_2$를 곱하고, 망 1의 방정식과 더하면

$$\left[\frac{(R_1+R_2)(R_2+R_3)}{R_2} - R_2\right] i_2 = v_S$$

마지막으로, 양변에 R_2를 곱하면

$$i_{SC} = i_2 = \frac{v_S R_2}{(R_1+R_2)(R_2+R_3) - R_2^2} = \frac{v_S R_2}{R_1 R_2 + R_1 R_3 + R_2 R_3}$$

만약 다른 방법으로 노드 전압법을 적용한다면, KCL 노드 방정식을 한 번만 적용하면 된다.

$$\frac{v_S - v}{R_1} = \frac{v}{R_2} + \frac{v}{R_3}$$

양변에 $R_1\ R_2\ R_3$을 곱하고, 계수를 정리하면

$$v_S R_2 R_3 = v(R_1 R_2 + R_1 R_3 + R_2 R_3)$$

또는

$$v = v_S \frac{R_2 R_3}{R_1 R_2 + R_1 R_3 + R_2 R_3}$$

마지막으로, 단락 전류는

$$i_{SC} = \frac{v - 0}{R_3} = \frac{v_S R_2}{R_1 R_2 + R_1 R_3 + R_2 R_3}$$

물론, 두 방법의 결과는 동일하다. 그러므로 노턴 전류 i_N은

$$i_N = i_{SC} = \frac{v_S R_2}{R_1 R_2 + R_1 R_3 + R_2 R_3}$$

왜 i_{SC}를 구하는 과정을 다른 방법으로 두 번이나 풀까? 시간이 허용한다면, 항상 풀이의 결과를 검증해 보는 것이 좋다.

2개의 독립 소스를 갖는 회로망에서 i_N 구하기

예제 2.15

문제

그림 2.62의 회로에서 노턴 전류 i_N과 노턴 등가 회로를 구하라.

풀이

기지: 소스 전압 v_S과 전류 i_S, 저항

미지: 등가 저항 R_T, 노턴 전류 $i_N = i_{SC}$

주어진 데이터 및 그림: $v_S = 6$ V, $i_S = 2$ A, $R_1 = 6\ \Omega$, $R_2 = 3\ \Omega$, $R_3 = 2\ \Omega$

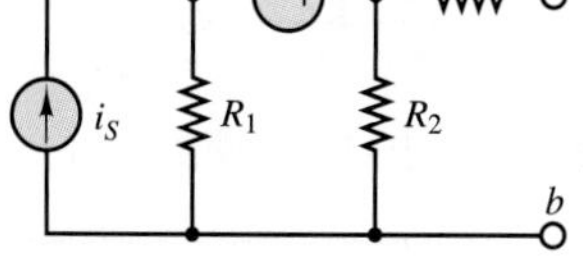

그림 2.62

가정: 회로의 하단 노드를 기준 노드로 선택한다.

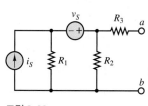

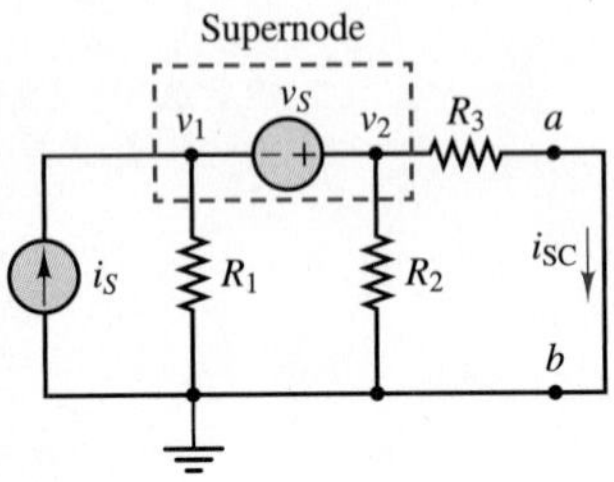

그림 2.63

해석: 그림 2.62와 "노턴 전류"의 방법 및 절차에서 기술한 단계를 참고한다.

- i_N 구하기: 소스 회로망의 단자 a와 b가 그림 2.63에 정의되어 있고, 단자에는 단락 회로가 연결되어 있다. 망 전류법을 이 문제에 적용할 수 있겠지만(그 이유를 생각해 보라), 노드 전압법 또한 해를 구하는 데 있어서 좋은 방법이 될 것이고, 이 회로는 앞서 설명한 "수퍼노드"를 이용하여 문제를 푸는 방법을 연습할 기회를 제공한다.

  (a) 이 회로에는 3개의 노드가 있다. 그림에 기준 노드가 표기되어 있다.

  (b) v_1과 v_2로 표기된 비기준 노드가 2개 있다.

  (c) 두 노드 전압 변수는 전압원 v_S에 의해서 서로 연관되어 있다.

  (d) 그림에 표시한 수퍼노드에 KCL을 적용한다.

$$i_S - \frac{v_1 - 0}{R_1} - \frac{v_2 - 0}{R_2} - \frac{v_2 - 0}{R_3} = 0 \qquad \text{수퍼노드}$$

$$v_2 - v_1 = v_S \qquad \text{구속 방정식}$$

  (e) $v_2 - 0 = i_{SC}R_3$이므로, v_2를 구하는 것이 우선 목표이다. 구속 방정식을 수퍼노드 방정식의 v_1에 대입한다.

$$i_S = \frac{v_2 - v_S}{R_1} + v_2\frac{R_2 + R_3}{R_2 R_3}$$

$$i_S + \frac{v_S}{R_1} = v_2\left[\frac{1}{R_1} + \frac{R_2 + R_3}{R_2 R_3}\right]$$

  대괄호 안의 항을 $R_1\ R_2\ R_3$로 통분하고, v_2를 구한다.

$$v_2 = \left(i_S + \frac{v_S}{R_1}\right)\left[\frac{R_1 R_2 R_3}{R_1 R_2 + R_1 R_3 + R_2 R_3}\right]$$

$$= \left(2 + \frac{6}{6}\right)\left[\frac{6 \cdot 3 \cdot 2}{6 \cdot 3 + 6 \cdot 2 + 3 \cdot 2}\right]$$

$$= (2 + 1)\left[\frac{36}{36}\right] = 3\text{ V}$$

  (f) 마지막으로, 단락 전류는 다음과 같다.

$$i_{SC} = \frac{v_2}{R_3} = \frac{3}{2} = 1.5\text{ A} = i_N$$

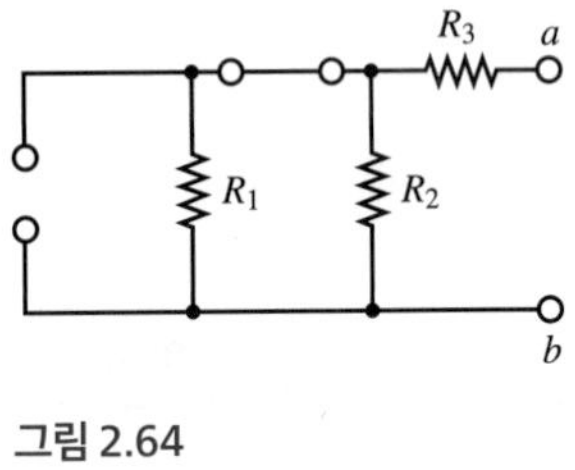

그림 2.64

- R_T 구하기: 테브닌 저항을 계산하기 위해 독립 소스를 단락 회로나 개방 회로로 대체하여 0으로 설정한다. 이 결과의 저항 회로망을 그림 2.64에 나타내었다. $R_T = R_1 \parallel R_2 + R_3 = 6 \parallel 3 + 2 = 4\ \Omega$를 구할 수 있다.

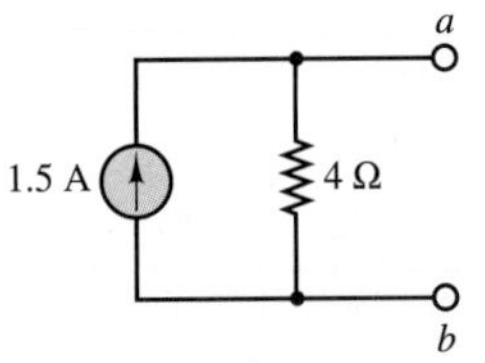

그림 2.65 노턴 등가 회로

그림 2.65는 원래의 1포트 회로망의 노턴 등가 회로를 보여준다. 전류원의 극성은 단락 전류 i_{SC}에 대해서 정의된 극성에 의해서 결정된다.

참조: i_{SC}를 구하는 데 있어서 중첩의 원리는 좋은 대안이 된다. 그림 2.63을 다시 살펴보고, 전류 분배법으로 전류원 i_S에 기인한 i_{SC}의 성분을 얻을 수 있다는 점을 주목하자. 또한, 전압 분배법으로 전압원 v_S에 기인한 v_2의 성분을, 옴의 법칙으로 i_{SC}를 구할 수 있다.

종속 소스를 갖는 회로망에서 i_N 구하기

예제 2.16

문제

그림 2.66의 회로에서 부하 R_o에서 보는 1포트 소스 회로망의 노턴 전류 i_N을 구하라.

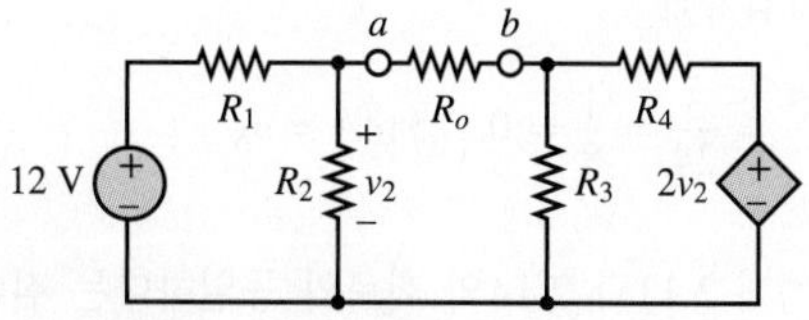

그림 2.66

풀이

기지: 소스, 저항

미지: 소스 회로망에 대한 i_N

주어진 데이터 및 그림: $R_1 = 24\ \text{k}\Omega$, $R_2 = 8\ \text{k}\Omega$, $R_3 = 9\ \text{k}\Omega$, $R_4 = 18\ \text{k}\Omega$

가정: 회로의 하단 노드를 기준 노드로 선정한다.

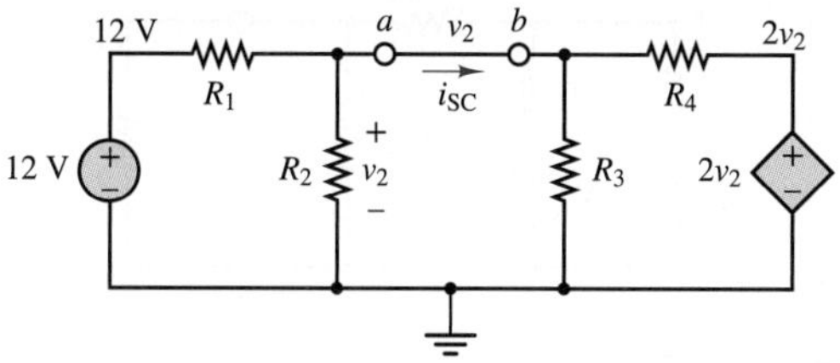

그림 2.67

해석: 그림 2.66과 "노턴 전류"의 방법 및 절차에서 기술한 단계를 참고한다. 이 문제의 회로는 예제 2.14의 회로와 동일한데, R_o에서 보는 테브닌 전압은 1 V이었다. 여기에서는 R_o에서 보는 노턴 전류 i_N을 구한다.

1. 1포트 소스 회로망은 부하 R_o를 제외한 회로망이다. 그림 2.67과 같이 소스 회로망에서 부하를 제거하고, 단락 전류(예, 전선)로 대체한다.
2. 그림 2.67과 같이 단락 전류 i_{SC}를 정의한다.
3. 결과로 얻어지는 회로에는 3개의 비기준 노드가 있다. 그러나 하나의 노드 전압을 알지만, 나머지 두 노드 전압이 v_2에 의해 결정된다. 그러므로 KCL을 적용하여 회로에는 노드 전압 v_2를 구한다.

$$\frac{12 - v_2}{R_1} - \frac{v_2 - 0}{R_2} - \frac{v_2 - 0}{R_3} - \frac{v_2 - 2v_2}{R_4} = 0$$

주어진 저항을 대입하고, 양변에 공통 분모를 곱하면

$$3(12 - v_2) - 9v_2 - 8v_2 - 4(-v_2) = 0$$

또는

$$16v_2 = 36 \qquad \text{그러므로} \qquad v_2 = \frac{9}{4} = 2.25\ \text{V}$$

4. i_{SC}를 구하기 위해 저항 R_2 바로 위에 있는 분기점에 KCL을 적용한다.

$$\frac{12 - v_2}{R_1} - \frac{v_2 - 0}{R_2} - i_{SC} = 0$$

여기에 v_2의 값을 대입하면

$$i_{SC} = \frac{9.75}{24} - \frac{2.25}{8} = \frac{3}{24} = \frac{1}{8} = 0.125\ \text{mA} = i_N$$

참고: 이 예제의 회로는 예제 2.11과 2.14의 회로와 동일하다는 점에 주목하자. 세 예제에서 테브닌 등가 저항 R_T와 테브닌 전압 v_T, 그리고 노턴 전류 i_N은 동일한 1포트 회로망에 대해 각각 8 kΩ, 1 V, 0.125 mA로 구해졌다. 비록 세 값을 독립적인 방법을 통해 얻었지만, $v_T = i_N \cdot R_T$가 성립한다는 것을 알 수 있다. 확인해 보라! 놀랍지 않은가!!

연습 문제

아래의 회로에서 부하 저항 R_o에서 보는 테브닌 등가 저항을 구하라.

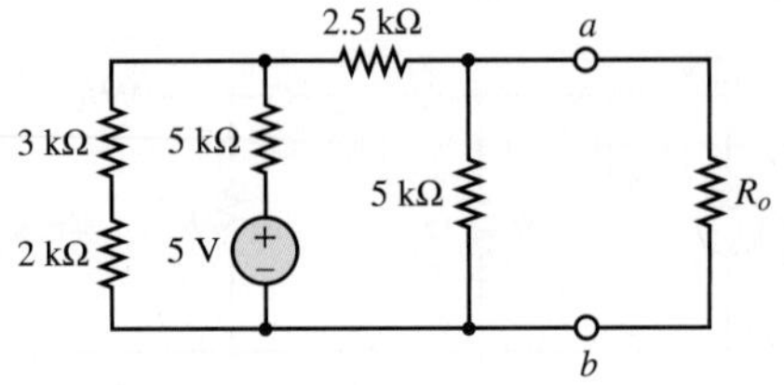

아래의 회로에서 부하 저항 R_o에서 보는 테브닌 등가 저항을 구하라.

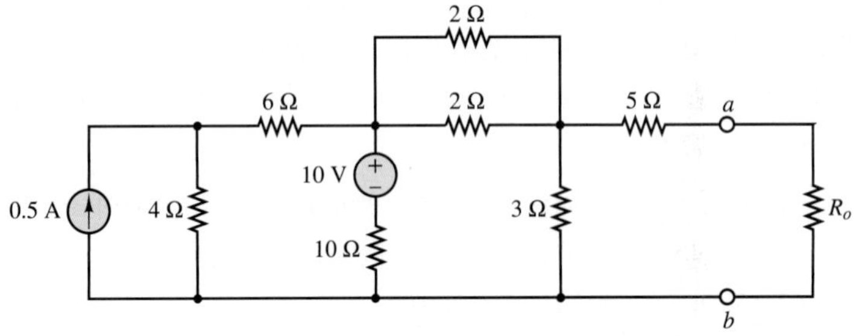

Answer: $R_T = 2.5$ kΩ, $R_T = 7$ Ω

연습 문제

아래의 회로에서 부하 저항 R_o에서 보는 테브닌 등가 저항을 구하라.

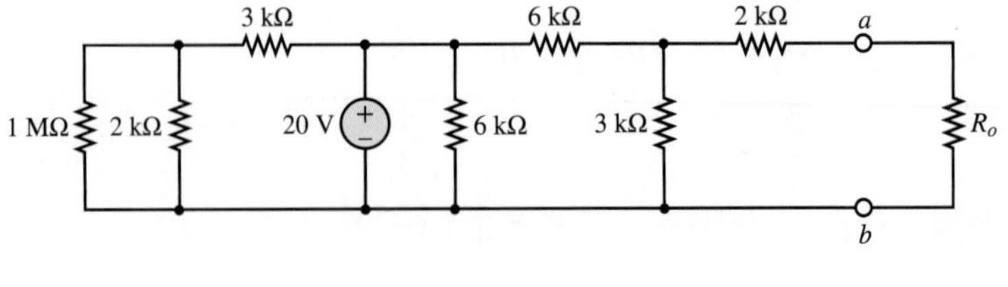

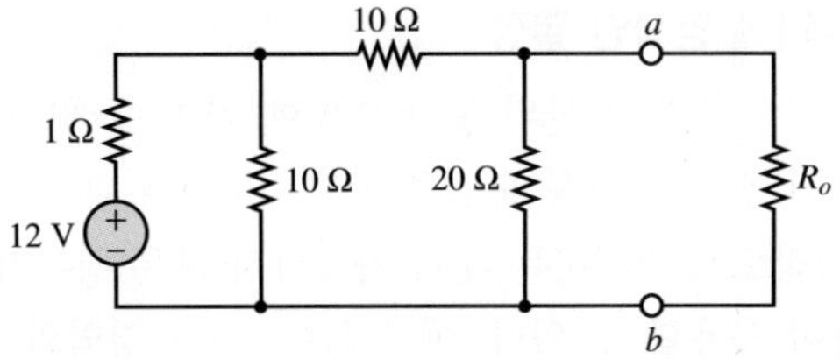

Answer: $R_T = 4.23\ \text{k}\Omega$, $R_T = 7.06\ \Omega$

연습 문제

그림 2.53의 회로에서 $R_1 = 5\ \Omega$일 때, 개방 전압 v_{OC}를 구하라.

Answer: 4.8 V

연습 문제

아래의 회로에서 부하 저항 R_o에서 보는 소스 회로망의 테브닌 등가 회로를 구하라.

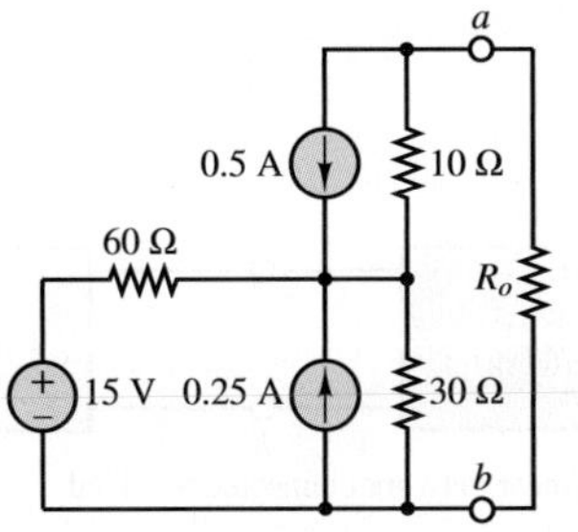

Answer: $R_T = 30\ \Omega$, $v_{OC} = v_T = 5$ V

연습 문제

다음의 회로에서 부하 저항 R_o에서 보는 소스 회로망의 테브닌 등가 회로를 구하라. 이 문제에는 소스 변환이 매우 유용하다.

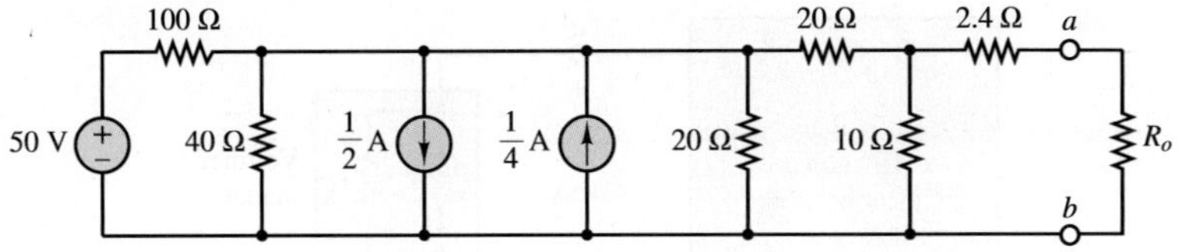

Answer: $R_T = 10\ \Omega$, $v_{OC} = v_T = 0.704$ V

테브닌과 노턴 등가의 실험적인 결정

테브닌과 노턴 등가 회로망은 제한된 동작 영역에 한하여 배터리, 전원, 전압계, 전류계와 같은 실제적인 장치의 선형 모델로서 자주 사용된다. 장치 내부의 복잡성으로 인해 모델을 해석적으로 결정하는 것이 가능하지 않은 경우가 많은데, 간단한 실험적 방법을 대신하여 사용할 수 있다. 예를 들어, 작동 영역의 한계와 전력 요구량을 알기 위해 어떤 장치의 등가 내부(테브닌) 저항을 측정하는 것은 매우 유용하다. 기본적으로 어떤 장치의 선형 모델은 테브닌(개방) 전압 v_T와 노턴(단락) 전류 i_N에 의해 완전하게 결정된다. 등가 내부(테브닌) 저항 R_T는 다음과 같다.

$$R_T = \frac{v_T}{i_N} \tag{2.42}$$

그림 2.68은 단락 전류와 개방 전압의 측정을 설명한다. 전류계로 단락 전류를 직접 측정하는 것은 바람직하지 않은데, 이는 설계상으로 전류계의 입력 저항이 매우 작기 때문이다. 만약 이러한 직접 측정을 시도한다면, 단락 잔류 i_{SC}와 개방 전압 v_{OC}를 구하기 위해서 유한한 계기 저항 r_A와 r_V를 각각 고려하여야 한다.

전류 분배법과 전압 분배법을 적용하여 노턴 전류 i_N과 테브닌 전압 v_T를 각각 구할 수 있다.

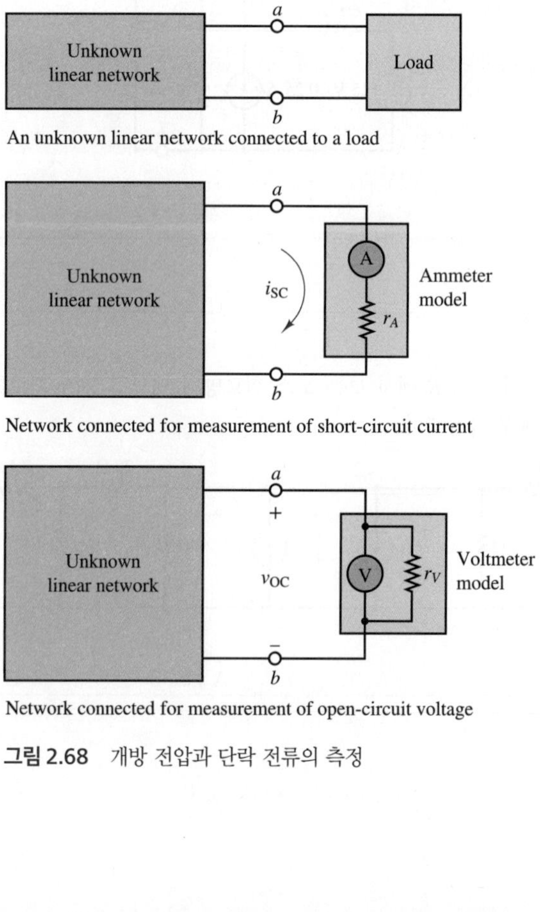

그림 2.68 개방 전압과 단락 전류의 측정

$$i_N = i_{SC}\left(1 + \frac{r_A}{R_T}\right)$$
$$v_T = v_{OC}\left(1 + \frac{R_T}{r_V}\right) \tag{2.43}$$

여기서 R_T는 미지의 선형 회로망의 단자 a와 b에 걸친 테브닌 등가 저항이다. 이상 전류계의 경우 내부저항 r_A는 0이며(단락 회로), 이상적인 전압계의 경우 내부저항 r_V는 무한대이다(개방 회로). 내부 계기 저항을 알고 있다고 가정할 때, 방정식 (2.43)의 두 식을 사용하여 단락 전류와 개방 전압의 불완전한 측정으로부터도 정확한 테브닌과 노턴 등가 회로망을 결정할 수 있다. 실제로, 전압계에서 보는 등가 저항이 r_V에 비해 매우 작다면, 측정된 v_{OC}는 "정확한" v_{OC}에 근사할 것이다. 마찬가지로, 전류계에서 보는 등가 저항이 r_A에 비해 매우 크다면, 측정된 i_{SC}는 "정확한" i_{SC}에 근사할 것이다.

> 전류계로 직접 i_{SC}를 측정하는 것은 전류의 크기를 모르기 때문에 권장되지는 않는다. 전류계는 단락 회로에 근사하게 설계되어 있는데, 이 때문에 회로에 큰 전류가 발생하여 과전류 보호 퓨즈를 손상시킬 수 있고, 전류계 자체에 결함이 발생할 가능성도 있다.

직접 i_{SC}를 측정하는 다른 방법으로는 미지의 선형 회로망의 부하선(load line)을 따라 데이터를 수집하고, 이로부터 외삽(extrapolation)을 통해서 i_{SC}를 추정하는 것이다. 그림 2.27은 선형 회로망에 대한 전형적인 부하선을 보여준다. 실험적인 부하선 데이터는 장치의 단자에 부하 저항을 연결함으로써 얻을 수 있다. 첫 번째 부하는 개방 전압을 직접적으로 결정하기 위해 개방 회로여야 한다. 두 번째 부하는 매우 큰 값으로부터 순차적으로 점차 작은 값을 가져야 한다. 부하 전압은 전압계로 측정할 수 있으며, 부하 전류는 부하 저항에 옴의 법칙을 적용함으로써 얻을 수 있다. 이상적인 선형 장치의 경우, 이러한 데이터 점들은 전압 축(v_{OC})과의 교점으로부터 전류 축과의 교점(단락 전류 i_{SC})까지의 직선을 추종한다. 실제로는 실험 오차를 부하선 데이터를 사용하여 보상함으로써, 가장 적합한 추세선을 계산한다.

측정기술

테브닌 등가 회로의 실험적인 결정

문제

개방 전압과 단락 회로의 측정으로부터 미지의 소스 회로망의 테브닌 등가 회로를 결정하라.

풀이

기지: 단락 전류 i_{SC}, 개방 전압 v_{OC}, 전류계 내부저항 r_A, 전압계 내부저항 r_V

미지: 등가 저항 R_T, 테브닌 전압 $v_T = v_{OC}$

주어진 데이터 및 그림: 측정된 전압 $v_{OC} = 6.5$ V, 측정된 전류 $i_{SC} = 3.25$ mA,

$r_A = 25\ \Omega$, $r_V = 10\ \text{M}\Omega$

가정: 미지의 회로는 이상 소스와 저항만을 포함하는 선형 회로이다. 단락 전류는 전류계나 퓨즈의 손상 없이 전류계로 직접 측정 가능하였다.

해석: 그림 2.69의 미지의 회로를 테브닌 등가 회로로 대체한 다음에, 전류계로 단락 전류를 측정하고, 전압계로 개방 전압을 측정한다. 전류 측정에 옴의 법칙을 적용하면 다음을 얻는다.

$$i_{SC} = \frac{v_T}{R_T + r_A}$$

전압 측정에 전압 분배법을 적용하여 다음을 얻는다.

$$v_{OC} = \frac{r_V}{R_T + r_V} v_T$$

위의 식을 사용하여 v_T를 구할 수 있다.

$$\begin{aligned} v_T &= i_{SC}(R_T + r_A) \\ &= v_{OC}\left(1 + \frac{R_T}{r_V}\right) \end{aligned}$$

또는

$$i_{SC} R_T \left(1 + \frac{r_A}{R_T}\right) = v_{OC}\left(1 + \frac{R_T}{r_V}\right)$$

r_V가 r_A보다 10^6배만큼 크기 때문에, 위의 식에서 1개나 2개의 분수식은 주어진 R_T에 대해 무시할 수 있다. $R_T \ll r_V$라는 가정 하에 위의 식을 다음과 같이 근사화할 수 있다.

$$i_{SC} R_T \left(1 + \frac{r_A}{R_T}\right) = v_{OC}$$

$R_T \gg r_A$라는 가정 하에 위의 식은 다음과 같은 근사화할 수 있다.

$$i_{SC} R_T = v_{OC}\left(1 + \frac{R_T}{r_V}\right)$$

만약 두 가정이 모두 사실이라면, 테브닌 등가 저항은 다음과 같다.

$$i_{SC} R_T = v_{OC}$$

이는 R_T, r_A, r_V의 상대적인 값에 관계없이 많은 비숙련 사용자들이 매 측정마다 하는

(계속)

(계속)

계산이다. 물론 R_T는 미리 알 수 없으므로, 둘 중 하나 또는 두 개 모두의 가정이 합리적인지 고려해 보는 것이 중요하다.

위의 측정 데이터의 예시를 고려하자. 단락 전류와 개방 전압의 측정값은 다음과 같다.

$$i_{SC} = 3.25\,\text{mA} \qquad \text{and} \qquad v_{OC} = v_T = 6.5\,\text{V}$$

위의 두 가정을 적용하면, 미지의 회로망의 단자 a와 b에 걸리는 테브닌 등가 저항 R_T는 근사적으로

$$R_T \approx \frac{v_{OC}}{i_{SC}} = 2.0\,\text{k}\Omega$$

이 값은 r_A보다 80배만큼 크지만, r_V보다는 5000배만큼 작다. 그러므로 이 회로망에서 r_A가 r_V보다 더 큰 영향을 미친다고 할 수 있다.

만약 $R_T \ll r_V$만을 가정한다면, 위의 근사식을 통해

$$R_T \approx \frac{v_{OC}}{i_{SC}} - r_A = 2.0\,\text{k}\Omega - 25\,\Omega = 1975\,\Omega$$

이는 2.0 kΩ에서 1.25%만큼의 차이이다. $R_T \gg r_A$만을 가정한다면, 위의 근사식을 통해

$$R_T \approx \frac{v_{OC}}{i_{SC}} \frac{r_V}{r_V - \frac{v_{OC}}{i_{SC}}} = (2.0\,\text{k}\Omega)\frac{10^7}{10^7 - 2.0\,\text{k}\Omega} = 2000.4\,\Omega$$

이는 2.0 kΩ에서 0.02%의 무시할 만한 정도의 작은 차이이다. 만약 어떠한 가정도 하지 않는다면, R_T는

$$R_T = \frac{v_{OC} - i_{SC} r_A}{i_{SC} - \frac{i_{SC}}{r_V}} = 1975.4\,\Omega$$

예상한 대로, 이 예제에서 R_T의 참값을 계산할 때 r_A의 영향을 고려하는 것이 중요한 것을 알 수 있다. 계산에서 r_V의 영향은 무시할 수 있다.

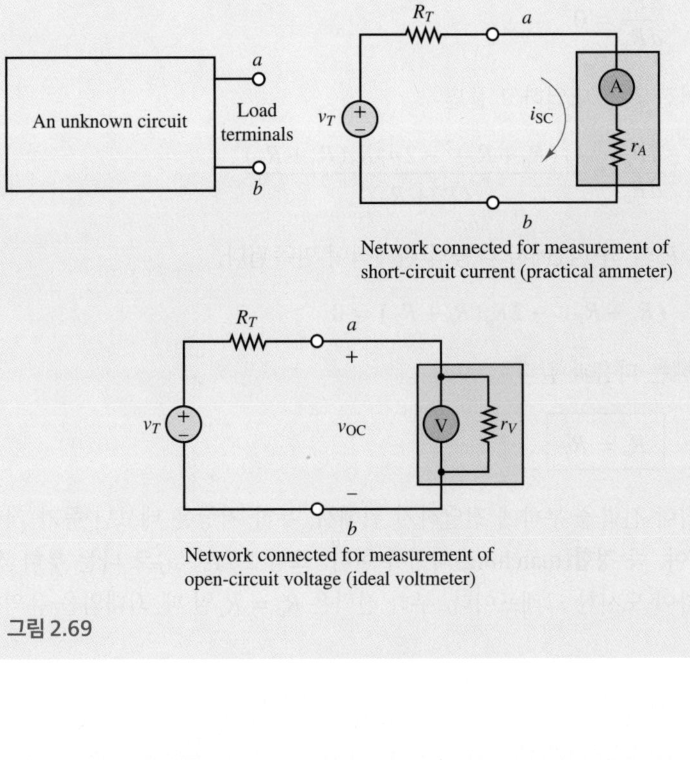

그림 2.69

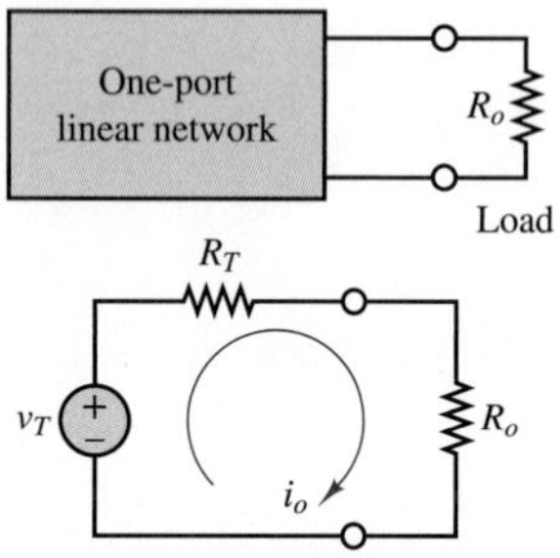

Given v_T and R_T, what value of R_o will allow for maximum power transfer to R_o?

그림 2.70 소스와 부하 간의 전력 전달

2.8 최대 전력 전달

어떤 선형 저항 회로를 테브닌 또는 노턴 등가 회로의 형태로 나타내면, 부하와 관련되는 계산하는 데 있어서 매우 편리하다. 이와 같은 계산 중의 하나는 부하에 의해서 흡수되는 전력의 계산이다. 테브닌과 노턴 모델은 소스에 의해서 발생된 전력의 일부분은 소스 내의 내부 회로에 의해서 반드시 소모된다는 것을 의미한다. 이 피할 수 없는 전력 손실과 관련된 논리적 질문은, 가장 이상적인 조건 하에서 얼마나 큰 전력이 소스에서 부하로 전달될 수 있으며, 이 이상적인 조건에 해당하는 부하 저항은 얼마인가 하는 점이다. 이 질문에 대한 답은 이 절의 주제인 **최대 전력 전달 이론** (maximum power transfer theorem)에 포함되어 있다.

그림 2.70은 전력 전달을 설명하기 위해서 도입된 모델로, 선형 1포트 회로망을 테브닌 등가 회로로 나타내었다. 부하에 의해서 흡수된 전력 P_o은

$$P_o = i_o^2 R_o \tag{2.44}$$

부하 전류는

$$i_o = \frac{v_T}{R_o + R_T} \tag{2.45}$$

두 식을 합하면, 부하 전력은 다음과 같이 계산될 수 있다.

$$P_o = \frac{v_T^2}{(R_o + R_T)^2} R_o \tag{2.46}$$

부하에 의해 흡수되는 최대 전력을 내는 R_o를 구하기 위해서, P_o에 대한 식을 R_o에 대하여 미분한 후에 0으로 설정한다 (여기서 v_T와 R_T는 상수로 간주한다).

$$\frac{dP_o}{dR_o} = 0 \tag{2.47}$$

P_o에 주어진 값을 대입하고 풀면

$$\frac{dP_o}{dR_o} = \frac{v_T^2(R_o + R_T)^2 - 2v_T^2 R_o (R_o + R_T)}{(R_o + R_T)^4} \tag{2.48}$$

그러므로 P_o의 최댓값에서 다음의 관계식이 만족된다.

$$(R_o + R_T)^2 - 2R_o(R_o + R_T) = 0 \tag{2.49}$$

이 식의 해는 다음과 같다.

LO

$$\boxed{R_o = R_T} \tag{2.50}$$

따라서 최대 전력을 부하에 전달하기 위해서, 부하 저항은 테브닌 등가 저항과 서로 동일하여야, 즉 **정합**(matching)되어야 한다. 그림 2.71은 v_T^2로 나눈 부하 전력을 R_o/R_T에 대하여 도시한 그래프이다. 부하 전력은 $R_o = R_T$일 때 최대임을 유의한다.

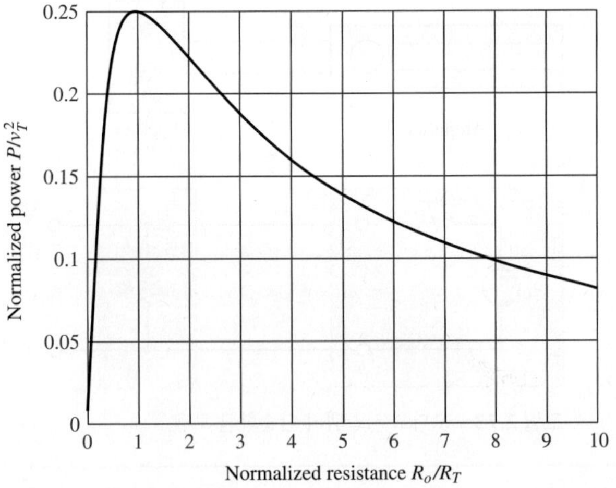

그림 2.71 최대 전력 전달의 도식적인 표현

전력 전달에 관련된 문제로 그림 2.72에서 예시된 **소스 로딩**(source loading)이란 현상이 있다. 1포트 선형 회로망이 부하에 연결될 때, 부하에 걸리는 전압은 소스의 개방 전압(테브닌 전압)보다 약간 작게 된다. 전압 감소의 정도는 부하로 흐르는 전류의 크기에 의존한다. 그림 2.72를 참고하면, 전압 감소는 iR_T가 되며, 부하 전압은

$$v_o = v_T - i_o R_T \tag{2.51}$$

가 되므로, 실제 전압원에서는 가능한 한 작은 내부저항을 갖는 것이 바람직하다는 것이 명백하다.

실제 전류원의 경우에도, 부하에 흐르는 전류는 소스의 단락 전류(노턴 전류)보다 약간 작게 된다.

$$i_o = i_N - \frac{v_o}{R_T} \tag{2.52}$$

그러므로 실제 전류원 내의 내부저항의 값이 매우 큰 것이 바람직하다. 이 장의 후반부에서 나오는 실제 소스에 대한 논의를 참고하면, 이 소스들이 테브닌 및 노턴 등가 회로로 흔히 표현된다는 것을 알 수 있다.

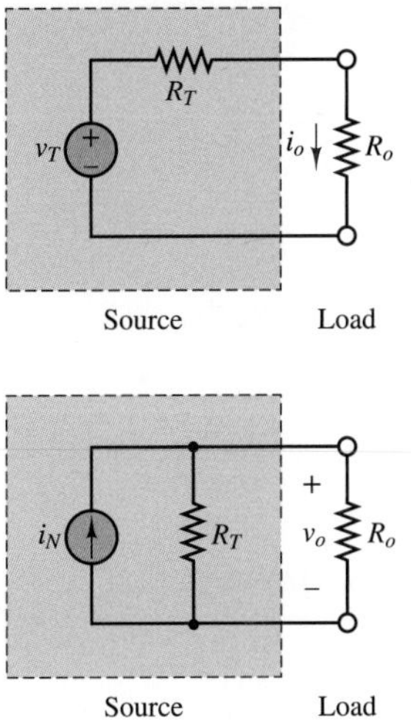

그림 2.72 소스 로딩 효과

최대 전력 전달

예제 2.17

문제

최대 전력 전달 이론을 이용하여 스피커의 저항을 증폭기 출력 저항 R_T에 정합시킴으로써 얻을 수 있는 스피커로 전달되는 전력의 증가량을 구하라.

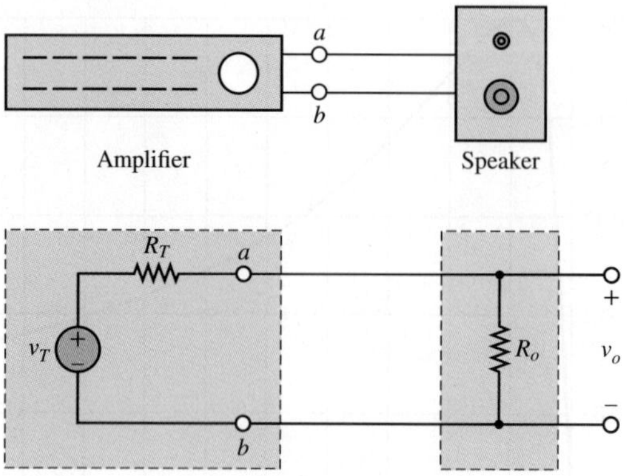

그림 2.73 오디오 시스템의 단순화된 모델

풀이

기지: 소스 등가 저항 R_T, 비정합된 스피커 부하 저항 R_U, 정합된 스피커 부하 저항 R_M

미지: 비정합과 정합된 부하의 경우에 스피커에 전달되는 전력의 차이와 증가량

주어진 데이터 및 그림: $R_T = 8\ \Omega$, $R_U = 16\ \Omega$, $R_M = 8\ \Omega$

가정: 증폭기는 1포트 선형 회로망으로 모델링할 수 있다.

해석: 8 Ω의 증폭기를 16 Ω의 스피커에 연결한다고 생각해보자. 스피커로 전달되는 전력은 전압 분배법을 사용하여 다음과 같이 계산될 수 있다.

$$v_U = \frac{R_U}{R_U + R_T} v_T = \frac{2}{3} v_T$$

그리고 부하 전력은 다음과 같이 계산된다.

$$P_U = \frac{v_U^2}{R_U} = \frac{4}{9}\frac{v_T^2}{R_U} = 0.0278\, v_T^2$$

이번에는 정합된 8 Ω의 스피커 저항 R_M의 경우에 대해서 반복해 보자. 새로운 부하 전압 v_M과 이에 해당하는 부하 전력 P_M은 다음과 같이 계산된다.

$$v_M = \frac{1}{2} v_T$$

그리고

$$P_M = \frac{v_M^2}{R_M} = \frac{1}{4}\frac{v_T^2}{R_M} = 0.03125\, v_T^2$$

따라서 부하 전력의 증가량은 다음과 같다.

$$\Delta P = \frac{0.03125 - 0.0278}{0.0278} \times 100 = 12.5\%$$

참조: 사실상 오디오 증폭기와 스피커는 이 예제에서 사용되는 단순한 저항 모델로 적절하게 표현하기는 어렵다. 증폭기와 스피커를 적절하게 모델링할 수 있는 회로는 차후에 제시될 것이다.

연습 문제

실제 전압원이 1.2 Ω의 내부저항을 가지며, 개방 회로 조건하에서 30 V 출력을 발생시킨다. 만약 부하 전압이 전압원의 개방 전압에 비해서 2% 이상 감소하지 않는다면, 전압원에 연결할 수 있는 가장 작은 부하 저항은 얼마인가?

실제 전류원이 12 kΩ의 내부저항을 가지며, 단락 회로 조건하에서 200 mA의 출력을 발생시킨다. 만약 200 Ω 부하가 전류원에 연결된다면, 단락 회로 조건에서의 전류에 비해서 부하 전류는 몇 퍼센트나 감소하게 되는가?

Answer: 58.8 Ω; 1.64 %

2.9 실제 전압원과 실제 전류원

이상 소스는 다른 소자와는 독립적으로 규정된 전압 또는 전류를 공급할 수 있다. 이상 전압원은 자신에 흐르는 전류와는 관계없이 규정된 전압을 유지하며, 이상 전류원은 자신에 걸리는 전압과는 관계없이 규정된 전류를 유지한다. 이상 전압원과 전류원의 모델은 실제 전압원과 전류원의 특성인 내부저항(internal resistance)을 고려할 수는 없는데, 실제 전압과 전류원의 출력은 소스가 보는 부하에 의존한다.

예를 들어, 12 V, 450 A-h (ampere-hour)의 정격을 갖는 자동차의 배터리를 생각해 보자. 450A-h는 부하에 전달할 수 있는 전류의 양에 제한이 있음을 의미하며, 배터리의 출력 전압은 어느 정도는 배터리에 흐르는 전류에 의존한다. 이러한 이유로, 자동차의 시동을 걸 때 배터리의 전압이 강하하게 된다. 다행스럽게도, 배터리의 거동을 모델링하는 데는 배터리의 물리학에 대한 자세한 이해와 해석이 필요하지 않다. 실제 전압원 또는 전류원은 내부저항의 개념에 의해서, 다음에 기술한 두 개의 모델 중 하나에 의해서 근사화된다.

실제 전압원은 테브닌 모델에 의해 근사화될 수 있다. 이는 직렬 연결된 이상 전압원 υ_s와 내부저항 r_s로 구성된다. 이때, r_s는 전압원이 보는 등가 저항에 비해서 충분히 작도록 설계된다.

실제 전류원은 노턴 모델에 의해 근사화될 수 있다. 이는 병렬로 연결된 이상 전류원 i_s와 내부저항 r_s로 구성된다. 이때, r_s는 전류원이 보는 등가 저항보다 충분히 크도록 설계된다.

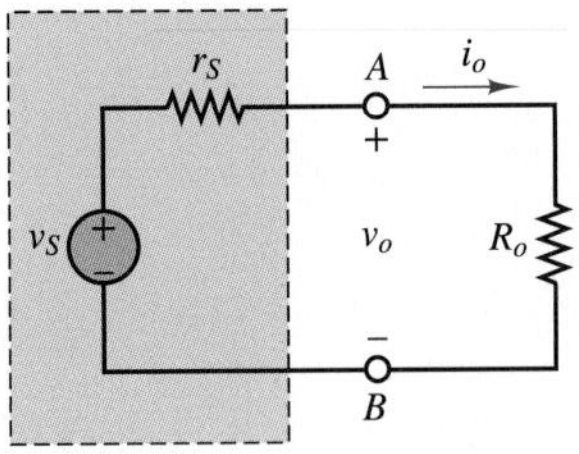

그림 2.74 실제 전압원의 테브닌 모델

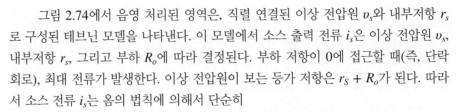

그림 2.74에서 음영 처리된 영역은, 직렬 연결된 이상 전압원 v_s와 내부저항 r_s로 구성된 테브닌 모델을 나타낸다. 이 모델에서 소스 출력 전류 i_s은 이상 전압원 v_s, 내부저항 r_s, 그리고 부하 R_o에 따라 결정된다. 부하 저항이 0에 접근할 때(즉, 단락 회로), 최대 전류가 발생한다. 이상 전압원이 보는 등가 저항은 $r_S + R_o$가 된다. 따라서 소스 전류 i_s는 옴의 법칙에 의해서 단순히

$$i_o = \frac{v_S}{r_S + R_o} \quad \text{such that} \quad i_{o\,\max} = \frac{v_S}{r_S}$$

이 되며, 부하 전압 v_o은 전압 분배법을 통해 바로 구할 수 있다.

$$\frac{v_o}{v_S} = \frac{R_o}{r_S + R_o}$$

일반적으로, 실제 전압원의 내부저항 r_S은 부하 저항 R_o에 비하여 충분히 작게 설계한다. 이 경우, 부하 전압 v_o은 대략 이상 전압원 v_S와 거의 같게 되고, 넓은 범위의 부하에 대해서 전류 조건을 만족시킬 수 있다. 가끔, 실제 전압원의 유효 내부저항이 사양서에 기술되기도 한다. 반대로, R_o가 r_S에 비하여 상대적으로 작을 경우, 부하에 걸리는 전압 v_o는 v_S에 비하여 상당히 작게 되는데, 이러한 결과를 부하 효과(loading effect)라고 부른다.

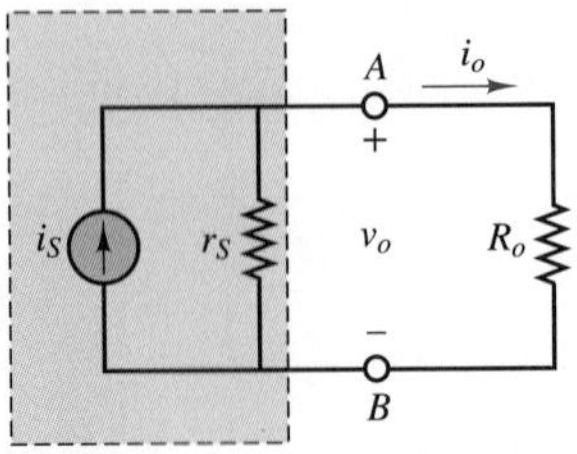

그림 2.75 실제 전류원의 노턴 모델

그림 2.75에 음영 처리된 영역은 노턴 모델을 나타낸다. 이 모델에서 소스 출력 전압 v_o는 이상 전류원 i_o, 내부저항 r_S, 그리고 부하 R_o에 따라 결정된다. 부하 저항이 무한대에 접근할 때(즉, 개방 회로), 최대 전류가 발생한다. 이상 전류원이 보는 등가 저항은 $r_S \parallel R_o$가 된다. 따라서 소스 전압 v_S는 옴의 법칙에 의해서 단순히

$$v_o = i_S \frac{r_S R_o}{r_S + R_o} \quad \text{such that} \quad v_{o\,\max} = i_S r_S$$

이 되며, 부하 전류는 전류 분배법을 통해 바로 구할 수 있다.

$$\frac{i_o}{i_S} = \frac{r_S \| R_o}{R_o} = \frac{r_S}{r_S + R_o}$$

일반적으로, 실제 전류원의 내부저항은 부하 저항 R_o에 비하여 충분히 크게 설계한다. 이 경우, 부하 전류 i_o는 대략 이상 전류원 i_S와 거의 같게 되고, 넓은 범위의 부하에 대해서 전압 조건을 만족시킬 수 있다. 가끔, 실제 전류원의 유효 내부저항이 사양서에 기술되기도 한다. 반대로, R_o가 r_S에 비하여 상대적으로 클 경우, 부하에 흐르는 전류 i_o는 i_S에 비하여 상당히 작게 되는데, 이를 부하 효과라고 부른다.

2.10 측정 장치

가장 흔하게 요구되는 측정은 저항, 전류, 전압 및 전력이다. 이상적인 측정 장치는 측정 대상이 되는 물리량에 영향을 주지 않아야 한다. 물론, 실제 측정 장치가 회로에 연결되면, 회로망 자체가 측정 장치를 포함함으로써 변하게 되고, 이 결과로 측정하고자 하는 물리량도 변하게 된다. 언뜻 보기에 이 문제는 전형적인 catch-22 시

나리오처럼 보일 수 있다. 즉, 양을 측정해야 하므로 측정 장치를 사용해야 한다. 그러나 측정 장치가 사용될 때 그 양은 더 이상 예전의 양과 같지 않게 된다. 양을 원래 상태로 되돌리려면 측정 장치를 제거해야 하지만, 그러면 양을 측정하지 못하게 된다.

다행스럽게도, 측정 장치의 특성을 알 수 있다면, 측정 장치가 측정되는 물리량에 미치는 정성적인 영향과 정량적인 영향을 추정할 수 있다. 이 절에서는 실제 측정 장치의 단순한 모델에 대해서 논의한다.

저항계

저항계(ohmmeter)는 회로 소자의 양단에 연결하였을 때 소자의 등가 저항을 측정하는 장치이다. 특히, 저항계는 측정 대상과 병렬로 연결된다. 그림 2.76은 저항계와 저항의 연결을 나타낸다. 저항계를 사용할 때 명심해야 할 한 가지 중요한 점은 다음과 같다.

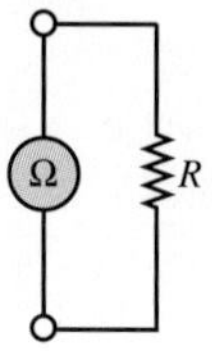

그림 2.76 저항 양단에 연결된 이상 저항계

> 저항계로 소자의 두 단자 사이의 저항을 측정하려면, 소자와 저항계가 다른 저항 소자와 병렬로 연결되어서는 안 된다.

만일 소자를 회로에서 분리시키지 않는다면, 저항계는 회로의 다른 부분과 병렬 연결된 소자의 유효 저항을 측정하게 된다. 또 다른 일반적인 실수는, 저항 측정 시에 저항의 단자와 저항계의 탐침을 손가락으로 집어서 접촉을 유지하는 것이다. 이 경우 측정자의 몸이 병렬 연결된 저항의 값을 측정하게 되므로 정확한 측정을 할 수 없게 된다.

전류계

전류계(ammeter)는 회로 소자와 직렬로 연결되어 소자에 흐르는 전류를 측정하는 장치이다. 그림 2.77(a)는 단순한 직렬 루프에 삽입된 이상 전류계를 보여준다. 이상 전류계 자신의 저항은 0이므로, 전류계가 삽입되더라도 측정 전류에는 영향을 주지 않는다. 그러나 그림 2.77(b)에 나타낸 실제 전류계에서는, 이상 전류계와 내부저항이 직렬로 연결되어 있다. 정확한 전류 측정을 위해서는 전류계의 내부저항이 원래

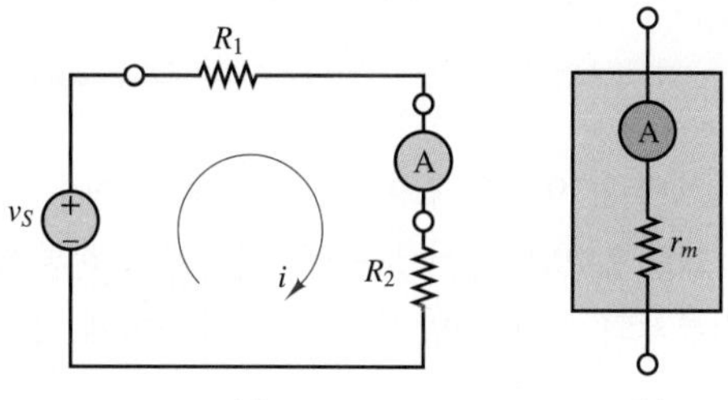

(a) (b)

그림 2.77 (a) R_1 및 R_2와 직렬로 연결된 이상 전류계, (b) 실제 전류계의 모델. r_m은 전류계의 내부저항

회로의 등가 저항보다 충분히 작아야 한다. 예를 들어, 전류계의 내부저항 r_m은 그림 2.77(a)의 $R_1 + R_2$보다 매우 작아야 한다. 전류 측정을 위해서 지켜야 하는 두 가지 원칙은 다음과 같다.

1. 전류계는 전류 측정의 대상이 되는 소자와 직렬로 연결되어야 한다.
2. 전류계의 내부저항은 전류계와 직렬 연결되는 총 등가 저항보다 매우 작아야 한다.

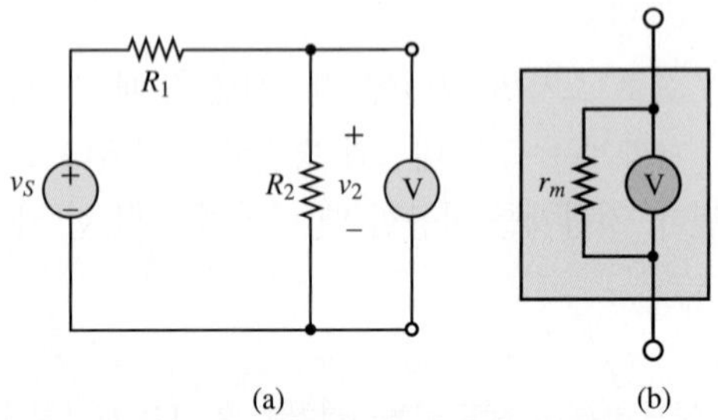

그림 2.78 (a) R_2와 병렬로 연결된 이상 전압계, (b) 실제 전압계의 모델. r_m은 전압계의 내부저항

전압계

전압계(voltmeter)는 회로 소자와 병렬로 연결되어 소자에 걸리는 전압을 측정하는 장치이다. 그림 2.78(a)는 저항 R_2의 양단에 연결된 이상 전압계를 보여준다. 이상 전압계 자신의 저항은 무한대이므로, 전압계가 부착되더라도 측정 전압에는 영향을 주지 않는다. 그러나 그림 2.78(b)에 나타낸 실제 전압계에서는, 이상 전압계와 내부저항이 병렬로 연결되어 있다. 정확한 전압 측정을 위해서는 전압계의 내부저항이 원래 회로의 등가 저항보다 충분히 커야 한다. 예를 들어, 전압계의 내부저항 r_m은 그림 2.78(a)의 R_2보다 매우 커야 한다. 전압 측정을 위해서 지켜야 하는 두 가지 원칙은 다음과 같다.

1. 전압계는 전압 측정의 대상이 되는 소자와 병렬로 연결되어야 한다.
2. 전압계의 내부저항은 전류계와 병렬 연결되는 총 등가 저항보다 매우 커야 한다.

전력계

전력계(wattmeter)는 그림 2.79(a)와 같이 3단자 장치로 회로 소자에 의해서 소모되는 전력을 측정한다. 그림 2.79(b)에서 보듯이, 전력계는 전류계와 전압계의 조합이다. 그러므로 실제 전류계와 실제 전압계 모델과 유사하게, 실제 전력계 모델은 그

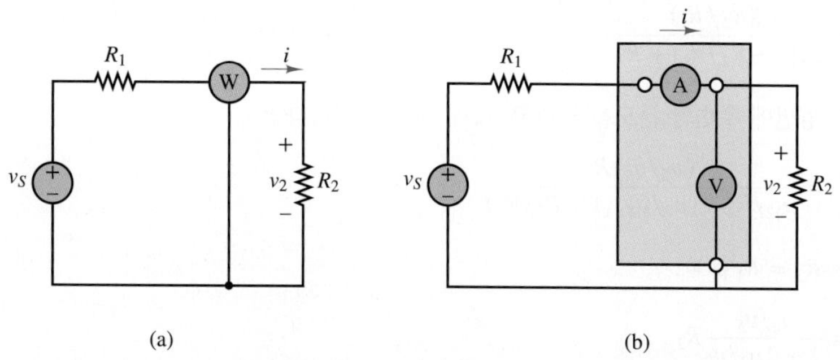

그림 2.79 (a) R_2와 직렬 및 병렬로 연결된 이상 전력계, (b) 이상 전력계의 모델은 이상 전류계와 이상 전압계의 조합이다. 실제 모델은 이상 전류계와 전압계를 실제 전류계와 전압계 모델로 대체하여 얻어진다.

양단에 내부저항을 포함한다. 실제 전력계는 부하에 흐르는 전류를 측정하는 동시에 양단에 걸리는 전압을 측정한 다음에, 그 두 값을 곱하여 부하에서 소모되는 전력을 계산한다.

실제 전압원의 영향

예제 2.18

문제

표 2.1의 데이터를 이용하여 그림 2.78(a)의 전압계의 유효 내부저항을 구하라. 전압계의 모델은 그림 2.78(b)와 같다.

풀이

기지: $v_S = 5.0\text{ V}$, $R_1 = R_2$, 전압계 데이터

미지: 전압계의 유효 내부저항 r_m

주어진 데이터 및 그림: 그림 2.78(a)와 (b), 표 2.1

해석: 그림 2.78(b)의 실제 전압계 모델로 그림 2.78(a)의 이상 전압계를 대신하라. 전압계의 내부저항 r_m은 저항 R_2와 병렬인데, 이들 저항의 등가 저항은

$$R_{EQ} = r_m \| R_2 = \frac{r_m R_2}{r_m + R_2}$$

이다. R_2와 전압계에 걸리는 전압은 전압 분배법을 통해서 구할 수 있다.

$$\frac{v_2}{v_S} = \frac{R_{EQ}}{R_1 + R_{EQ}} \tag{2.53}$$

$$= \frac{r_m R_2}{R_1(r_m + R_2) + r_m R_2} \tag{2.54}$$

분자와 분모를 R_1으로 나누고 정리하면

표 2.1 내부저항의 결정에 필요한 전압계 데이터

$R_1 = R_2$	v_2 (V)
10 kΩ	2.49
470 kΩ	2.44
1 MΩ	2.38
4.7 MΩ	2.02
10 MΩ	1.67

$$= \frac{r_m(R_2/R_1)}{r_m(1 + R_2/R_1) + R_2} \tag{2.55}$$

이 된다. 양변에 우변의 분모를 곱하고, r_m에 대해서 정리하면

$$r_m = \frac{(v_2/v_S)R_2}{R_2/R_1 - (v_2/v_S)(1 + R_2/R_1)} \tag{2.56}$$

이 된다. $R_2 = R_1$일 때,

$$= \frac{v_2/v_S}{1 - 2v_2/v_S} R_2 \tag{2.57}$$

이다.

$$\frac{v_2/v_S}{1 - 2v_2/v_S} = 1$$

이 성립되면 $r_m = R_2$가 된다. v_2/v_S를 구하면

$$\frac{v_2}{v_S} = \frac{1}{3}$$

이 된다. $v_S = 5.0$ V이므로 위의 식으로부터 $v_2 = 5.0/3 = 1.67$ V이 된다. 이는 표 2.1에서 $R_1 = R_2 = 10$ MΩ에 해당한다. 그러므로 전압계의 내부저항은

$$r_m = 10\,\text{M}\Omega$$

인데, 이 값은 많은 간이용 디지털 전압계에서 일반적으로 사용되는 값이다.

참조: 단순히 v_2, v_S, R_1, R_2에 값을 대입하고 r_m을 구함으로써, 표 2.1에 있는 값 $R_1 = R_2$ 및 v_2의 각 쌍에 대한 r_m의 개별 추정값을 얻을 수 있다. 그러나 실제로는 r_m에 대해 계산된 추정값은 동일하지 않게 되는데, 이는 표에서 처음 몇 쌍의 데이터의 경우와 같이, $R_2 \ll r_m$일 때 발생하는 실험 오차에 특히 민감하기 때문이다. $R_2 = r_m$일 때 실험 오차에 대한 민감도가 최소가 된다.

연습 문제

표 2.1에서의 $R_1 = R_2$ 및 v_2의 각 쌍에 대하여 각각의 추정치를 구하라. r_m 대 R_2의 그림을 도시하라.

Answer: r_m에 대한 추정치는: 1.25M; 9.56M; 9.92M; 9.89M; 10.06M

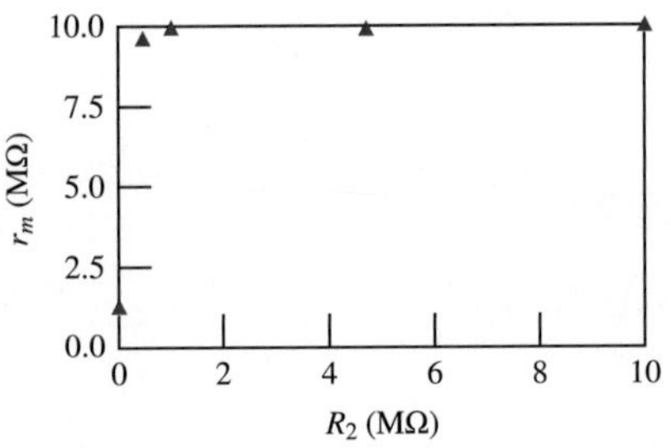

2.11 비선형 회로 소자

지금까지 이 장에서 중점적으로 다룬 부분은 선형 회로의 해를 구하는 것이었다. 또한, 지금까지 제시된 예제들은 단순한 대수적인 닫힌 해(closed-form solution)를 가져서, 회로도로부터 쉽게 해석되었다. 이것이 가능하였던 한 가지 이유는, 저항이 옴의 법칙이라는 선형적 관계의 *i-υ* 특성을 가진 단순한 이상 저항이었다는 점이다. 그러나, 실제 엔지니어들은 다이오드나 트랜지스터와 같은 소자들의 비선형적 *i-υ* 특성에 직면하게 된다. 이 절에서는 비선형 회로 소자를 해석하기 위한 2가지 방법을 살펴본다.

비선형 소자의 기술

전압과 전류 사이에 단순한 함수 관계가 성립하는 경우가 많이 있다. 그림 2.80은 다음 식에 의해 표현되는 지수형 *i-υ* 특성을 지닌 소자를 나타낸다.

$$\begin{aligned} i &= I_0(e^{\alpha\upsilon} - 1) \qquad \upsilon > 0 \\ i &= -I_0 \qquad\qquad\quad \upsilon \le 0 \end{aligned} \tag{2.58}$$

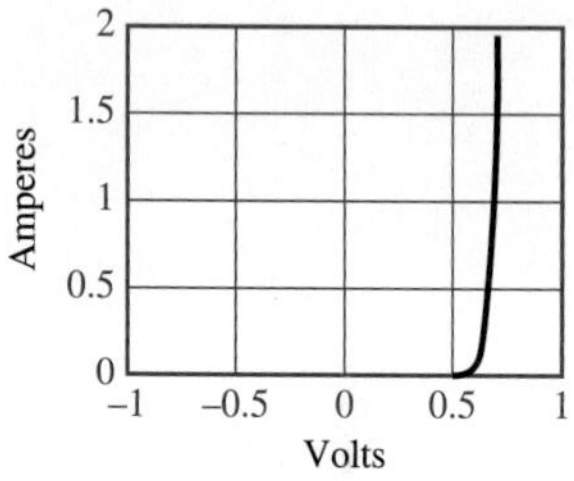

그림 2.80 지수형 저항의 *i-υ* 특성

사실 이러한 관계식은 반도체 다이오드의 비선형적 *i-υ* 특성을 근사적으로 표현한 것이다. 비선형적 소자를 포함하는 회로를 취급할 때의 어려운 점은 일반적으로 단순한 회로에서조차 해석적인 닫힌 해를 얻는 것이 불가능하다는 사실이다.

비선형 소자를 포함한 회로를 해석하기 위한 한 가지 접근 방법은 비선형 소자를 부하로 취급하고, 그림 2.81에서와 같이 소스 회로망의 테브닌 등가를 계산하는 것이다. KVL을 적용하면 다음과 같은 결과를 얻는다.

$$\upsilon_T = R_T i_x + \upsilon_x \tag{2.59}$$

Nonlinear element as a load.
Solve for v_x and i_x.

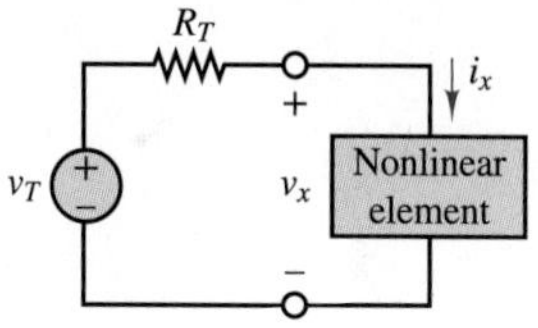

그림 2.81 선형 회로 내의 비선형 소자의 표현

미지의 전압 υ_x와 미지의 전류 i_x에 대한 해를 구하기 위해 필요한 두 번째 방정식은, 비선형 저항 소자의 *i-υ* 특성이다. 저항이 반도체 다이오드인 것으로 가정하고, 당분간 양의 전압만을 고려하자. 역포화 전류 I_0은 일반적으로 매우 작으므로, 회로 방정식들은 다음과 같은 시스템으로 근사된다.

$$\begin{aligned} i_x &= I_0 e^{\alpha\upsilon_x} \qquad \upsilon_x > 0 \\ \upsilon_T &= R_T i_x + \upsilon_x \end{aligned} \tag{2.60}$$

이 시스템이 2개의 미지수를 가진 2개의 방정식으로 표현되지만, 이 식 중의 하나는 비선형적이다. 선형 방정식에 i_x에 대한 식을 대입하면, 다음과 같은 관계식이 얻어진다.

$$\upsilon_T = R_T I_0 e^{\alpha\upsilon_x} + \upsilon_x \tag{2.61}$$

또는

$$\upsilon_x = \upsilon_T - R_T I_0 e^{\alpha\upsilon_x} \tag{2.62}$$

이러한 초월 방정식(transcendental equations)은 닫힌 해를 갖지 않는다. 그렇다면 υ_x는 어떻게 구해지는가? 한 가지 가능성은 초기값(예를 들어, $\upsilon_x = 0$)을 가정하고, 충분히 정확한 해를 구할 때까지 반복하여 수치적으로 해를 구하는 것이다. 이러한 방법은 나중에 숙제 문제에서 다루도록 한다. 또 다른 방법은 도식적인 해석에 기반한 방법이며, 이에 대해서는 다음에 설명한다.

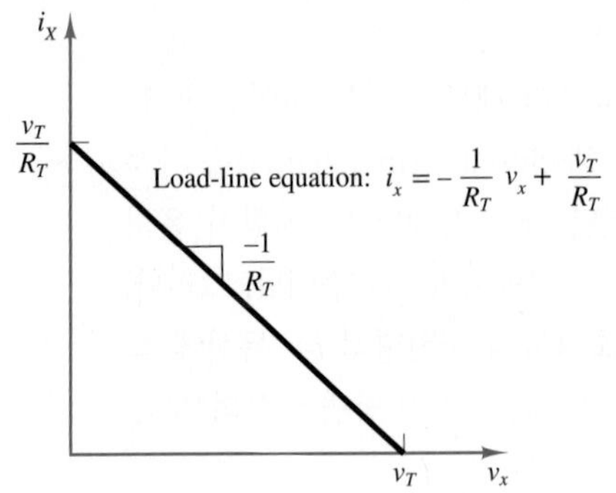

그림 2.82 부하선

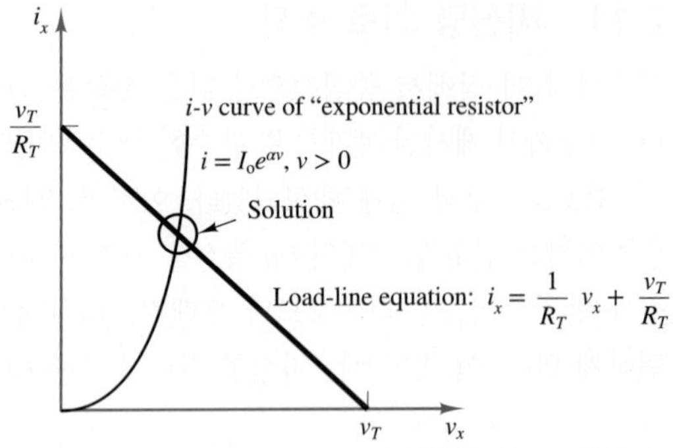

그림 2.83 도식적 해

비선형 회로의 도식적 해석

비선형 연립 방정식은 도식적으로 해석될 수 있다. 그림 2.81에 KVL을 적용하면 다음과 같이 쓸 수 있다.

$$i_x = -\frac{1}{R_T}\upsilon_x + \frac{\upsilon_T}{R_T} \tag{2.63}$$

부하선 방정식(load-line equation)이라 일컫는 이 방정식은 선형 또는 비선형의 어떠한 부하에도 유효하고, (i_x, υ_x) 평면 상에서 기울기 $-1/R_T$, i_x축 절편 υ_T/R_T을 가진 직선 방정식이다. 이 식의 도식적 표현은 매우 유용하며, 그림 2.82에 나타나 있다.

다른 하나의 i-υ 특성은 비선형적 소자에서 나타난다. 그림 2.83에서 묘사된 바와 같이, 부하선과 비선형 i-υ 특성 간의 교점이 해에 해당하게 된다.

이 장에서 소개된, 선형 소스 회로망을 단순화하는 방법들은 그림 2.84에서처럼 단일 비선형 저항을 포함하는 회로의 해를 구할 때 항상 이용될 수 있다.

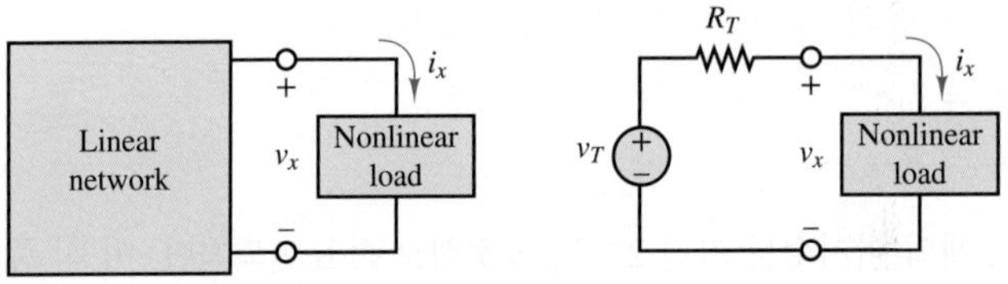

그림 2.84 선형 회로의 테브닌 소스로의 변환

예제 2.19 비선형 부하 전력 소모

문제

선형 발전기가 비선형 부하에 연결되어 있다. 부하에 의해서 소모되는 전력을 구하라.

풀이

기지: 발전기의 테브닌 등가 회로, 부하의 i-υ 특성과 부하선

미지: 부하에 의해서 소모되는 전력 P_x

주어진 데이터 및 그림: $R_T = 30\ \Omega$, $v_T = 15$ V, 그림 2.84, 비선형 부하 i-v 특성

가정: 없음.

해석: 전압 v_x와 전류 i_x를 결정하기 위해서, 그림 2.84의 회로 모델을 도식적 방법으로 사용하라. 회로의 부하선 방정식은 다음과 같이 주어진다.

$$i_x = -\frac{1}{R_T}v_x + \frac{v_T}{R_T} \quad \text{or} \quad i_x = -\frac{1}{30}v_x + \frac{15}{30}$$

이 방정식은 $i_x v_x$ 평면 상에서 i_x 절편 0.5 A, v_x 절편 15 V의 직선의 방정식이다. 회로의 동작점을 결정하기 위해, 그림 2.85와 같이 부하선을 장치의 i-v 특성과 중첩하여 그린다. 장치의 곡선과 부하선의 교점이 방정식의 해가 된다.

$$i_x = 0.14\ \text{A} \qquad v_x = 11\ \text{V}$$

따라서 비선형 부하에 의해 소모되는 전력은 다음과 같다.

$$P_x = 0.14 \times 11 = 1.54\ \text{W}$$

또한, 이 예제에서 사용된 접근법은 본질적으로 실험적 과정이다. 이 장에서 소개된 많은 해석적 방법들 또한 실제 측정에 적용된다.

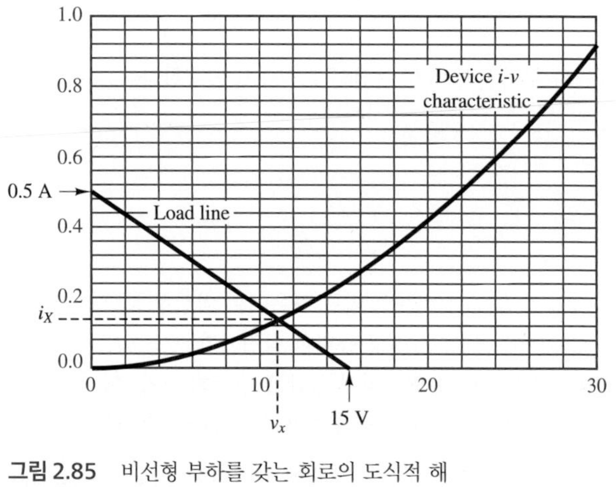

그림 2.85 비선형 부하를 갖는 회로의 도식적 해

부하선 해석

예제 2.20

문제

좌측 하단 그림에 나타난 온도 센서는 비선형적 i-v 특성을 가진다. 부하는 그림 2.84에서와 같이 테브닌 소스로 나타난 선형 회로망에 연결되어 있다. 온도 센서에 흐르는 전류를 구하라.

풀이

기지: $R_T = 6.67\ \Omega$, $V_T = 1.67$ V, $i_x = 0.14 - 0.03v_x^2$

미지: i_x

해석: 좌측의 그림은 장치의 i-v 특성을 보여준다. 우측의 그림은 i-v 특성과 다음의 식에서 얻어진 부하선 모두를 도시한 그래프를 보여준다.

$$i_x = -\frac{1}{R_T}v_x + \frac{v_T}{R_T} = -0.15\,v_x + 0.25$$

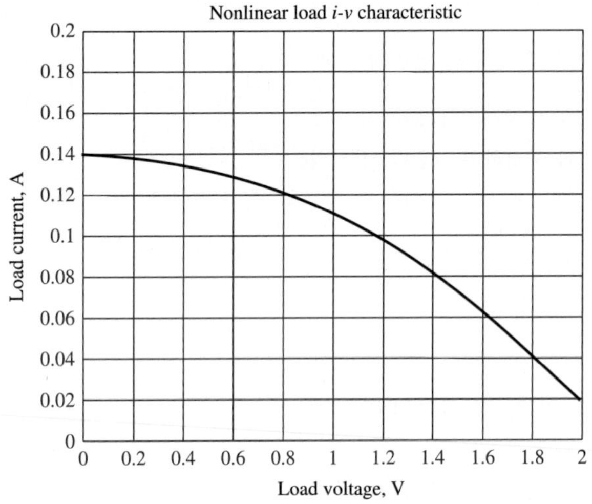

(a)

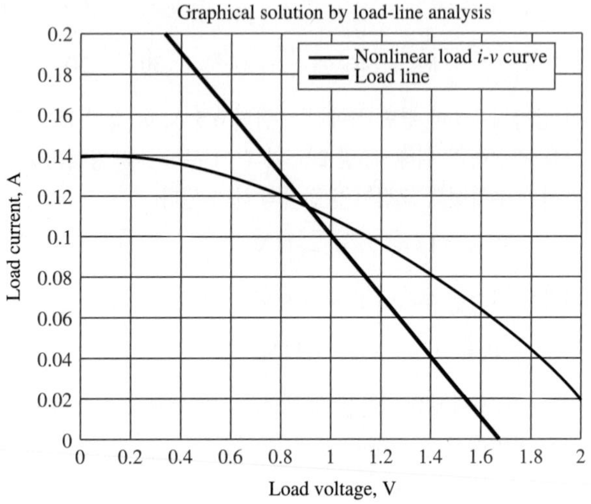

(b)

v_x와 i_x의 해는 장치와 부하선의 특성 곡선의 교점에서 발생한다. $i_x \approx 0.12$ A, $v_x \approx 0.9$ V

연습 문제

예제 2.19는 도식적인 해법을 보여준다. 어떤 경우에는 비선형 부하의 해를 해석적 방법에 의해서 구하는 것도 가능하다. 예제 2.19과 동일한 발전기가 $v_x = \beta i_x^2$, ($\beta = 15.0$)인 "제곱 법칙(square law)"을 만족하는 부하와 연결되어 있다고 생각해 보자. 이때, 부하 전류 i_x를 구하라(힌트: 주어진 발전기의 극성에 대해서 양의 해만이 가능하다고 가정한다).

Answer: $i_x = 0.414$ A

연습 문제

비선형 부하의 i-v 특성이 $i_x = 0.14 - 0.03v_x^2$으로 주어질 때, 부하 전류 i_x를 구하라(힌트: 주어진 발전기의 극성에 대해서 양의 해만이 가능하다고 가정한다).

Answer: $i_x = 0.40$ A

결론

이 장에서는 전기 회로를 성공적으로 해석하는 데 필요한 기본적인 개념을 소개하였다. 또한, 회로 문제의 해를 구하기 전에 회로를 단순화시키는 방법도 소개하였다. 전기 회로의 단순화는 회로의 본질에 대한 강력한 통찰력을 제공하는 동시에 원하는 결과를 얻기 위해서 회로가 어떻게 수정되어야 하는지도 알려준다. 이 장을 성공적으로 학습하였다면, 학생들은 다음 내용을 이해하였을 것이다.

1. 전압 및 전류 분배법을 적용하여 단순한 직렬, 병렬 및 직렬-병렬 회로에서 미지의 전압과 전류의 계산. 2.1-2.2절
2. 저항 회로망의 정확한 재도시 및 두 노드 간의 등가 저항의 계산. 2.3절
3. 독립 및 종속 소스를 포함하는 선형 회로에 중첩의 원리를 적용. 2.4절
4. 소스-부하 관점을 적용하여 회로 문제에 대한 도식적인 해의 계산. 2.5절
5. 소스 변환을 적용하여 독립 및 종속 소스를 포함한 선형 회로의 단순화 및 해의 계산. 2.6절
6. 선형 저항과 독립 및 종속 소를 포함하는 회로망에 대하여 테브닌 및 노턴 등가 회로의 결정. 2.7절
7. 등가 회로를 사용하여 소스와 부하 사이의 최대 전력 전달의 계산. 2.8절
8. 전압계, 전류계, 전력계와 전압원 및 전류원의 실제 모델에서 내부저항의 영향의 이해. 2.9-2.10절
9. 부하선 해석과 등가 회로 방법을 사용하여 비선형 부하를 갖는 회로에 대한 전압, 전류, 전력의 계산. 2.11절

이 장에서 취급한 내용은 이 책의 남은 부분 전체에 대해서 더욱 고급 기법을 개발하는 데에 반드시 필요하다.

숙제 문제

2.1-2.2절: 전압 및 전류 분배

2.1 그림 P2.1의 회로에 전압 분배법을 적용하라. $v_S = 9$ V, $R_1 = 8$ kΩ, $R_2 = R_3 = 10$ kΩ, $R_4 = 12$ kΩ이라고 가정한다. v_2를 구하라.

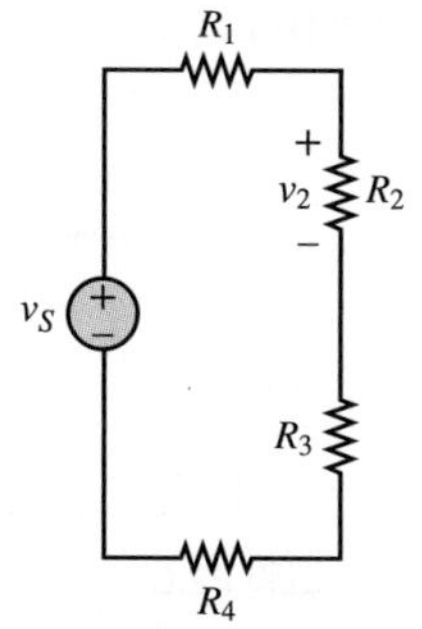

그림 P2.1

2.2 그림 P2.2를 참고한다. $v_S = 12$ V, $R_1 = 5Ω$, $R_2 = 3$ Ω, $R_3 = 4$ Ω, $R_4 = 5$ Ω이라고 가정한다. 각 저항 분기에 전압 분배법을 적용하고, KVL을 적용하여 전압 v_{ab}를 구하라.

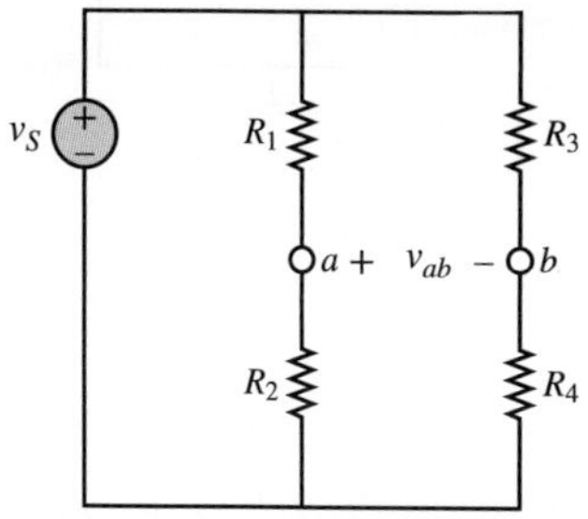

그림 P2.2

2.3 그림 P2.3의 각 회로에 전압 분배법을 적용하여 R_o의 값을 구하라.

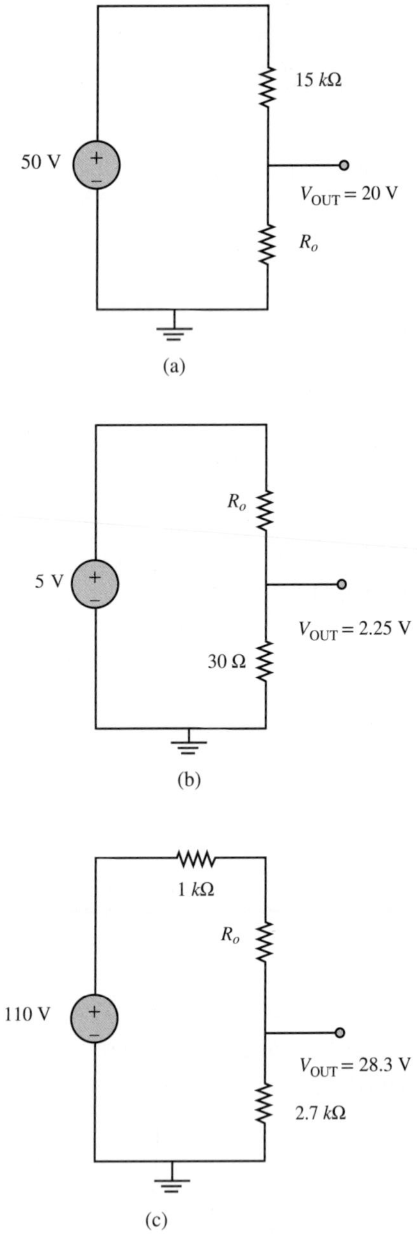

그림 P2.3

2.4 등가 병렬 저항, 전압 분배, 전류 분배 등의 개념을 적용하여, 그림 P2.4에서 각 저항 R_4, R_5, R_6에 흐르는 전류를 구하라. $v_S = 10$ V, $R_1 = 20\ \Omega$, $R_2 = 40\ \Omega$, $R_3 = 10\ \Omega$, $R_4 = R_5 = R_6 = 15\ \Omega$

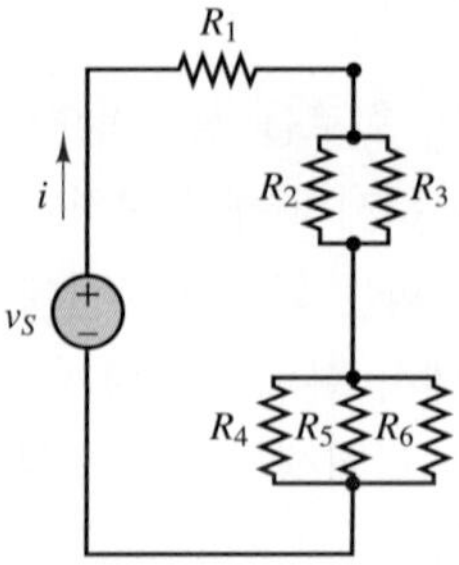

그림 P2.4

2.5 그림 P2.5의 전압 분배 회로에서는 $v_{out} = v_S/2$의 전압이 공급되도록 설계되었다. 그러나 실제로는 저항의 허용오차 때문에 두 저항이 정확히 동일하지는 않는다. 전압 분배법을 적용하여 v_{out}와 v_S 간의 관계를 구하고, v_{out}의 도함수를 통해서 허용오차 dR_1/R_1과 dR_2/R_2의 항으로 dv_{out}에 대한 식을 구하라. $v_S = 10$ V이고, 공칭 저항 값이 $R_1 = R_2 = 5$ kΩ라 가정한다.

a. 저항들이 ±5%의 허용오차를 갖는다면, 가능한 출력 전압의 범위를 구하라.

b. 저항들이 ±1%의 허용오차를 갖는다면, 가능한 출력 전압의 범위를 구하라.

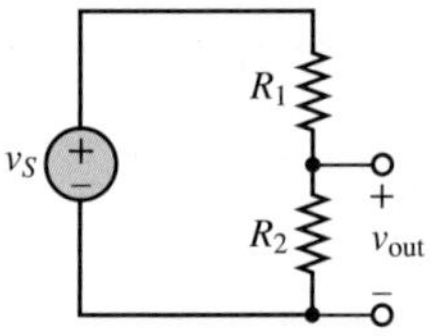

그림 P2.5

2.6 그림 P2.6의 회로에 전압 분배법을 적용하여, 가변 저항 R에 걸리는 전압에 대한 식을 구하라. 이 식을 이용하여 0~30 Ω의 범위를 갖는 R에 의해서 흡수되는 전력을 구하고 도시하라. 전력 흡수를 R의 함수로 도시하라. $v_S = 15$ V, $R_S = 10\ \Omega$라 가정한다.

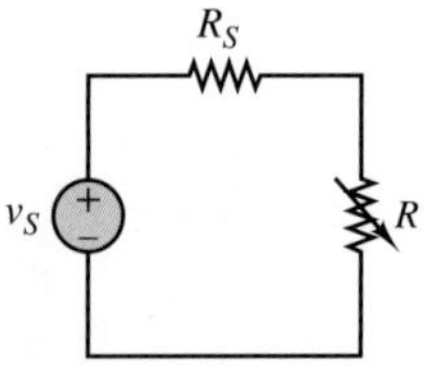

그림 P2.6

2.7 그림 P2.7의 회로에 전압 분배법을 적용하여, 전압원의 단자 전압 v_o와 R_o에 의해서 흡수되는 전력을 구하라.

$$v_S = 12\,\text{V} \quad R_S = 5\,\text{k}\Omega \quad R_o = 7\,\text{k}\Omega$$

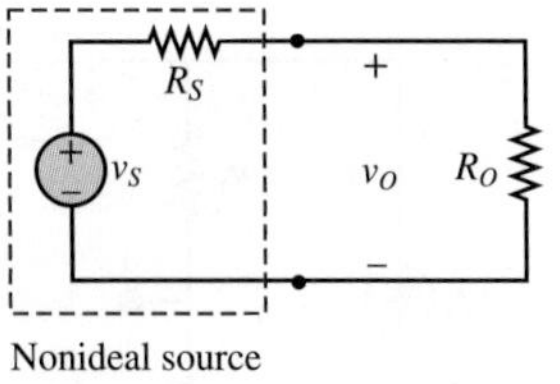

그림 P2.7

2.8 그림 P2.7에서 비이상적인(nonideal) 전압원의 단자에 부하 R_o가 연결되어 있지 않을 때 전압 강하 v_o는 50.8 V이다. R_o = 10 Ω의 부하가 연결될 때, 전압 강하는 49 V이다. 전압 분배법을 적용하여 v_S, R_S, R_o의 항으로 v_o에 대한 식을 구하라.

a. 이 비이상적인 전압원에 대해서 v_S와 R_S를 구하라.

b. 15 Ω 부하 저항이 연결된다면 단자에서 측정되는 전압은 얼마인가?

c. 단락 조건 하에서 비이상적인 전압원에 흐르는 전류는 얼마인가?

2.9 전압 분배와 KVL을 적용하여, 그림 P2.9에서 단자 A와 B에 걸리는 전압 v_o를 구하라.

$$v_S = 12\,\text{V}$$
$$R_1 = 11\,\text{k}\Omega \qquad R_3 = 6.8\,\text{k}\Omega$$
$$R_2 = 220\,\text{k}\Omega \qquad R_4 = 0.22\,\text{M}\Omega$$

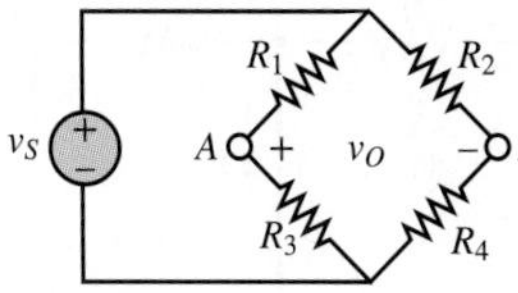

그림 P2.9

2.10 그림 P2.10을 참고한다. v_S = 15 V, R_1 = 12 Ω, R_2 = 5 Ω, R_3 = 8 Ω, R_4 = 2 Ω, R_5 = 4 Ω, R_6 = 2 Ω, R_7 = 1 Ω이라 가정한다. 전압 분배법을 적용하여 다음을 구하라.

a. 노드 a와 c 사이의 전압 v_{ac}

b. 노드 b와 d 사이의 전압 v_{bd}

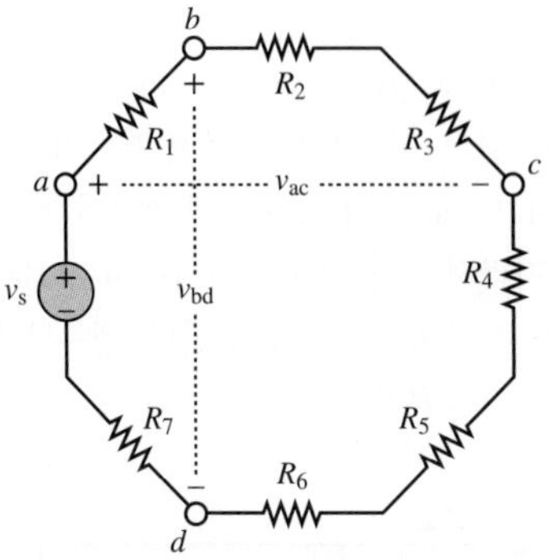

그림 P2.10

2.11 그림 P2.11의 회로는 배터리의 내부저항 r_B을 측정하는데 사용된다.

a. 시험 중인 새 배터리의 전압 v_{out}은 스위치가 열려 있을 때 2.28 V, 닫혀 있을 때 2.27 V이다. 전압 분배법을 이용하여, 배터리의 내부저항을 구하라.

b. 같은 배터리를 1년 후에 다시 시험하였더니 스위치가 열려 있을 때는 2.28 V, 닫혀 있을 때는 0.31 V라 한다. 전압 분배법을 적용하여 배터리의 1년 된 내부저항을 구하라.

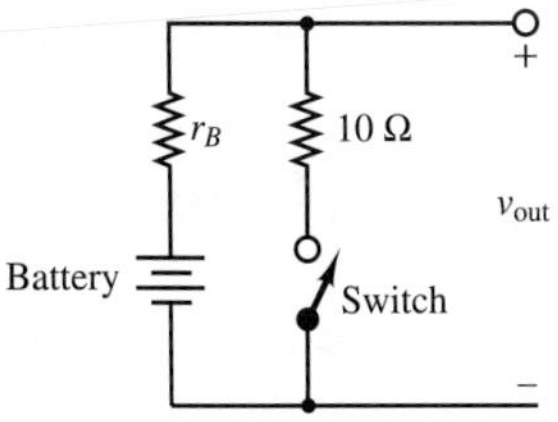

그림 P2.11

2.12 그림 P2.12를 참고한다. i_S = 5 A, R_1 = 10 Ω, R_2 = 7 Ω, R_3 = 8 Ω, R_4 = 4 Ω, R_5 = 2 Ω이라 가정한다. 회로에 몇 개의 노드가 있는가? 직렬과 병렬 등가 저항의 개념을 사용하여, 전류원의 좌측에 있는 회로망을 단일의 등가 저항으로 단순화하여라. 전류 분배법을 적용하여, R_4와 R_5를 포함하는 분기에 흐르는 전류의 크기를 구하라.

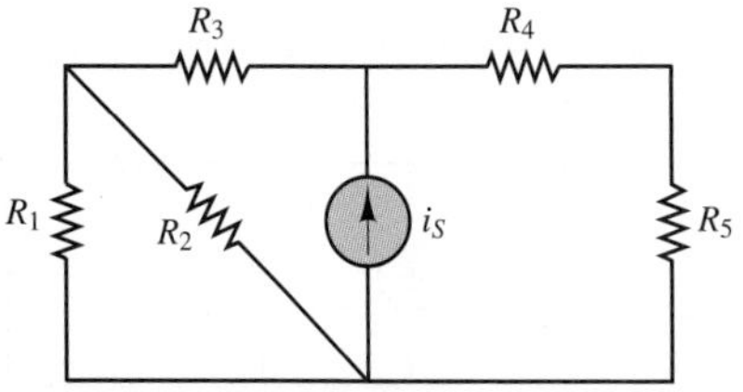

그림 P2.12

2.13 그림 P2.13은 실제 전류계를 나타낸 것으로, 이상 전류계에 1 kΩ 저항이 직렬로 연결된 것에 해당한다. (이상 전류계는 단락 회로처럼 동작한다.) 30 μA의 전류가 최대 편향(full-scale deflection)에 해당한다. 회전 스위치의 설정에 따라서, 전류 I가 각각 10 mA, 100 mA, 1 A일 때 전류계의 최대 눈금에 해당한다. 전류 분배법을 적용하여, 저항 R_1, R_2, R_3의 값을 구하라.

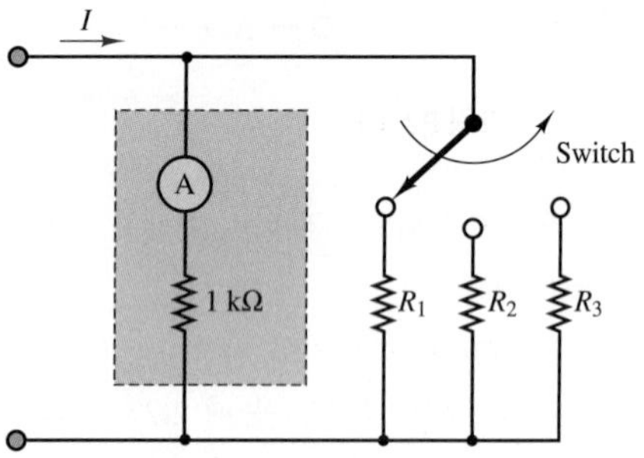

그림 P2.13

2.14 그림 P2.14에는 몇 개의 노드가 있는가? 직렬 및 병렬 등가 저항의 개념을 이용하여, 노드 V_1의 우측에 있는 회로망을 단일의 등가 저항으로 단순화하여라. 전류 분배법을 적용하여, 3 Ω의 저항에 흐르는 전류를 구하라.

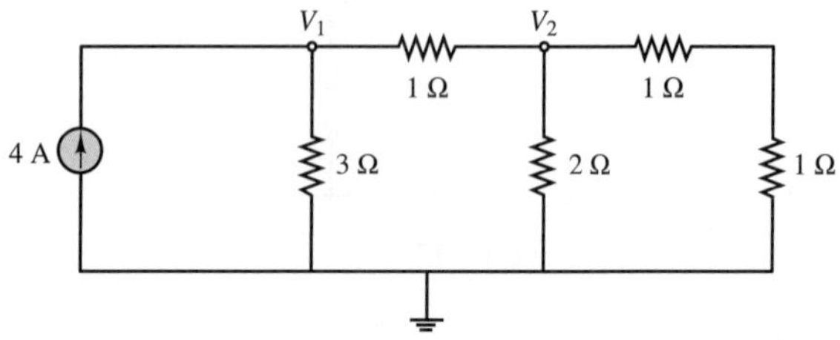

그림 P2.14

2.15 그림 P2.15에는 몇 개의 노드가 있는가? 직렬 및 병렬 등가 저항의 개념을 이용하여, 전류원의 우측에 있는 회로망을 단일의 등가 저항으로 단순화하라. 전류 분배법을 적용하여, R_1에 흐르는 전류를 구하라. $R_1 = 10\ \Omega$, $R_2 = 9\ \Omega$, $R_3 = 4\ \Omega$, $R_4 = 4\ \Omega$, $I_S = 2$ A라고 가정한다.

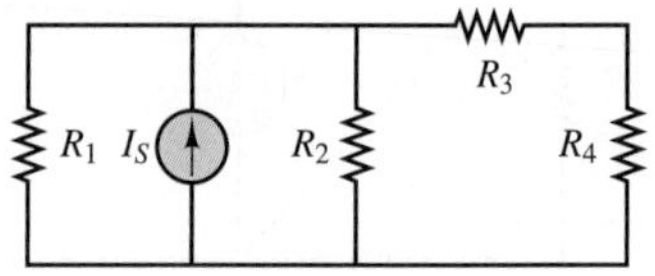

그림 P2.15

2.16 그림 P2.16에는 몇 개의 노드가 있는가? 전류 분배법을 적용하여, 각 저항 분기에 흐르는 전류를 구하라. KVL과 옴의 법칙을 적용하여 노드 a와 b에 걸리는 전압의 크기를 구하라. $R_1 = 12\ \Omega$, $R_2 = 10\ \Omega$, $R_3 = 5\ \Omega$, $R_4 = 2\ \Omega$, $I_S = 3$ A라고 가정한다.

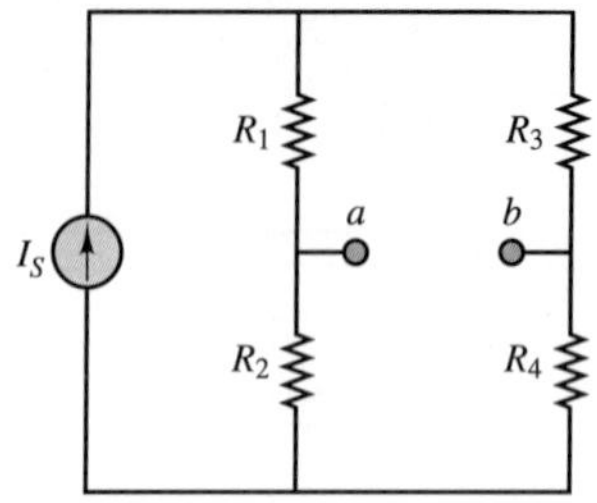

그림 P2.16

2.3절: 두 노드 간의 등가 저항

2.17 그림 P2.17에서 전압원이 보는 등가 저항을 구하라. 이 결과와 전압 분배법을 사용하여 v_2를 구하라.

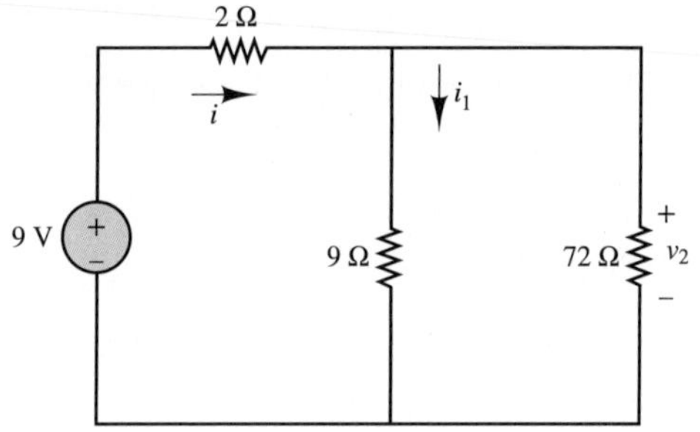

그림 P2.17

2.18 그림 P2.18에서 전압원이 보는 등가 저항과 전류 i를 구하라.

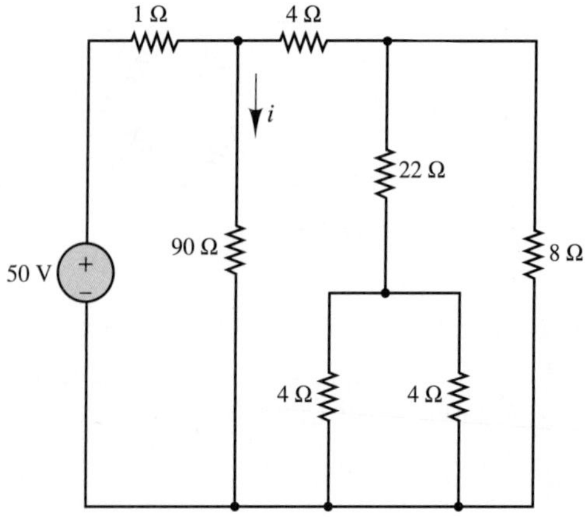

그림 P2.18

2.19 그림 P2.19에서 15 Ω의 저항이 소모하는 전력은 15 W이다. R을 구하라.

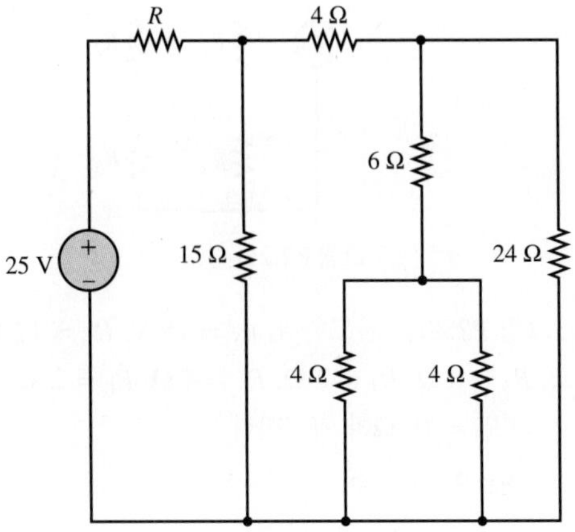

그림 P2.19

2.20 그림 P2.20에서 단자 a와 b 사이의 등가 저항을 구하라.

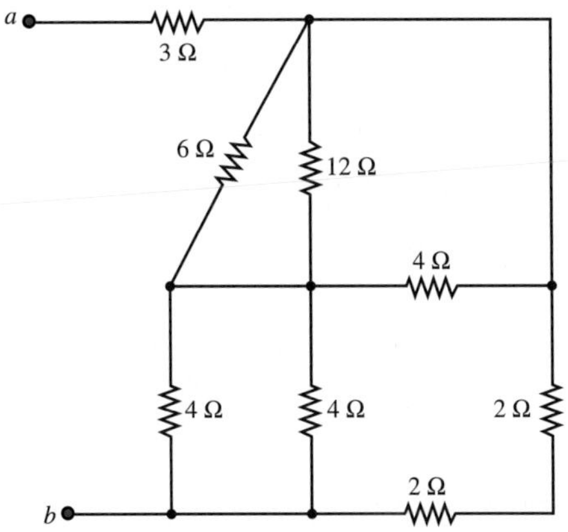

그림 P2.20

2.21 그림 P2.21에서 전압원이 보는 등가 저항과 전압원에 의해 전달되는 전력을 구하라.

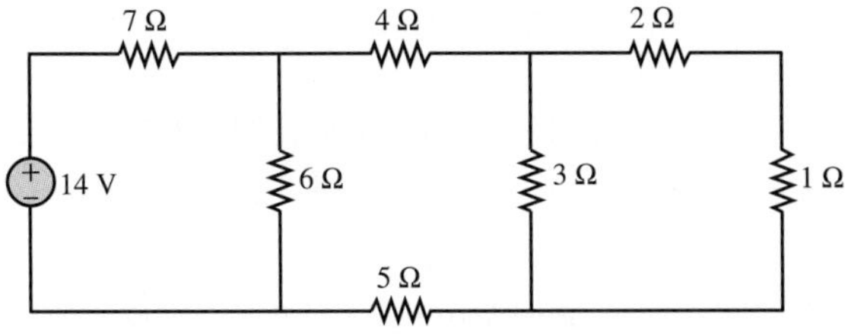

그림 P2.21

2.22 그림 P2.22에서 전류원이 보는 등가 저항을 구하라. 회로에 노드는 몇 개인가? $R_1 = 2\ \Omega$, $R_2 = 3\ \Omega$, $R_3 = 85\ \Omega$, $R_4 = 2\ \Omega$, $R_5 = 4\ \Omega$이라 가정한다.

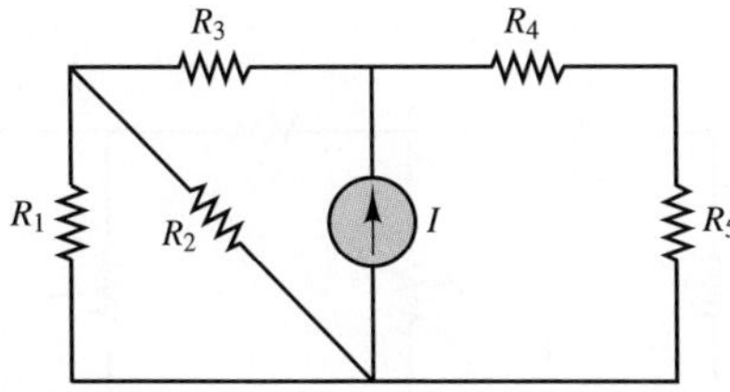

그림 P2.22

2.23 그림 P2.23을 참고한다. $v_S = 20$ V, $R_1 = 10\ \Omega$, $R_2 = 5\ \Omega$, $R_3 = 8\ \Omega$, $R_4 = 2\ \Omega$, $R_5 = 4\ \Omega$, $R_6 = 2\ \Omega$, $R_7 = 1\ \Omega$, $R_8 = 10\ \Omega$이라 한다. 회로에 노드는 몇 개인가?

a. 전압원 v_S가 보는 등가 저항

b. 전압 분배법을 적용하여 R_7과 R_8에 걸리는 전압을 구하라.

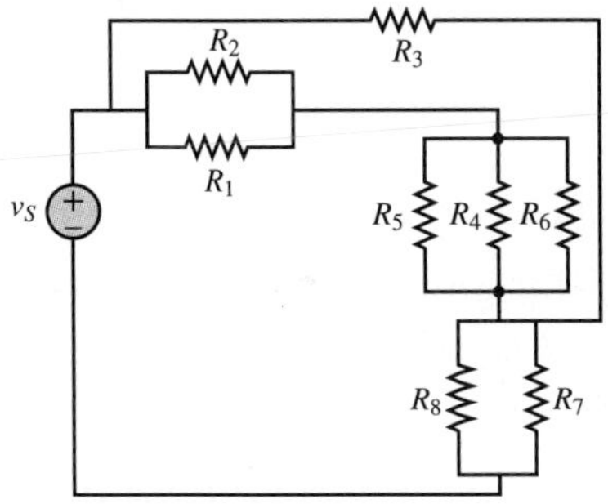

그림 P2.23

2.24 그림 P2.24에서 전압원이 보는 등가 저항을 구하라. 회로에 노드는 몇 개인가? $R_1 = 12\ \Omega$, $R_2 = 5\ \Omega$, $R_3 = 8\ \Omega$, $R_4 = 2\ \Omega$, $R_5 = 4\ \Omega$, $R_6 = 2\ \Omega$, $R_7 = 1\ \Omega$, $R_8 = R_9 = 10\ \Omega$이라 가정한다.

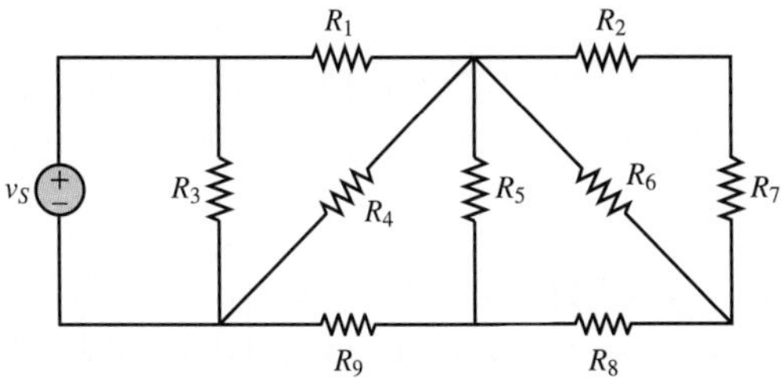

그림 P2.24

2.25 그림 P2.25에서 다음을 구하라. $v_S = 10$ V, $R_1 = 9$ Ω, $R_2 = 4$ Ω, $R_3 = 4$ Ω, $R_4 = 5$ Ω, $R_5 = 4$ Ω라 가정한다.

a. 회로의 노드 수

b. 전압원 v_S가 보는 등가 저항

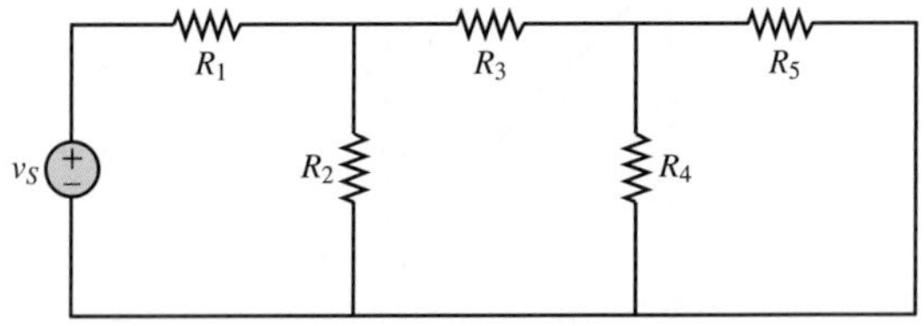

그림 P2.25

2.26 그림 P2.26의 회로에서 무한히 반복되는 저항 회로망의 등가 저항을 구하라.

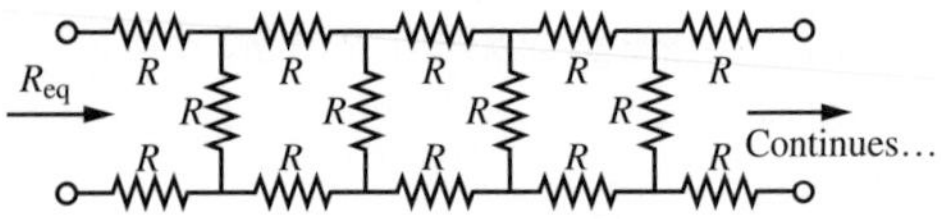

그림 P2.26

2.27 그림 P2.27에서, 단자 c와 d가 개방 또는 단락되어 있을 때 단자 a와 b 사이의 등가 저항을 각각 구하라. 또한, 단자 a와 b가 개방 또는 단락되어 있을 때 단자 c와 d 사이의 등가 저항을 각각 구하라.

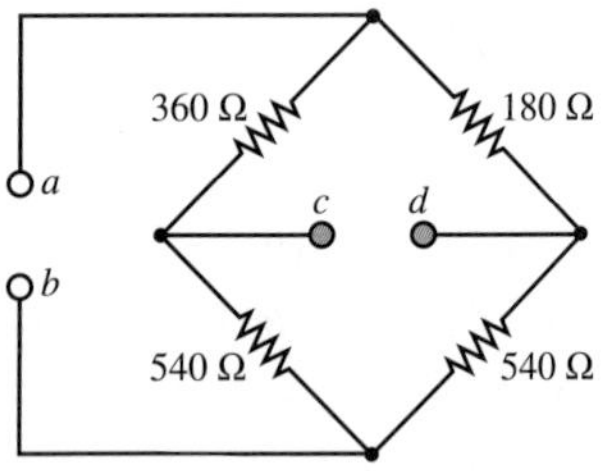

그림 P2.27

2.28 그림 P2.27에서 단자 c가 단자 a에 연결되어 있고, 단자 d가 단자 b에 연결되어 있다면, 그때 단자 a와 b 사이의 등가 저항을 구하라.

2.29 그림 P2.29의 회로에서 노드 전압법을 적용하여 전압원에 흐르는 전류를 구하라. 이 결과와 두 노드 간의 등가 저항의 정의를 사용하여 전압원이 보는 등가 저항을 구하라. 회로에 노드는 몇 개인가? $R_1 = 12$ Ω, $R_2 = 5$ Ω, $R_3 = 8$ Ω, $R_4 = 2$ Ω, $R_5 = 4$ Ω라 가정한다.

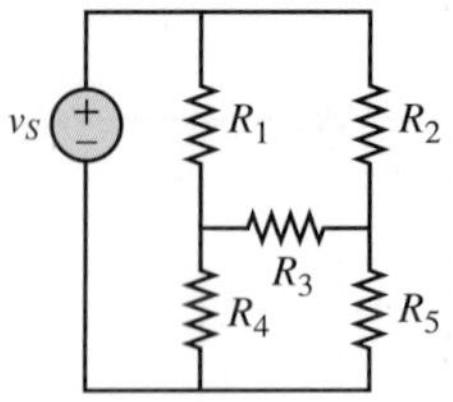

그림 P2.29

2.30 그림 P2.30을 참고한다. $v_S = 15$ V, $R_1 = 12$ Ω, $R_2 = 5$ Ω, $R_3 = 8$ Ω, $R_4 = 2$ Ω, $R_5 = 4$ Ω, $R_6 = 2$ Ω, $R_7 = 1$ Ω, $R_8 = R_9 = 10$ Ω라 가정한다.

a. 회로의 노드 수

b. v_S가 보는 등가 저항

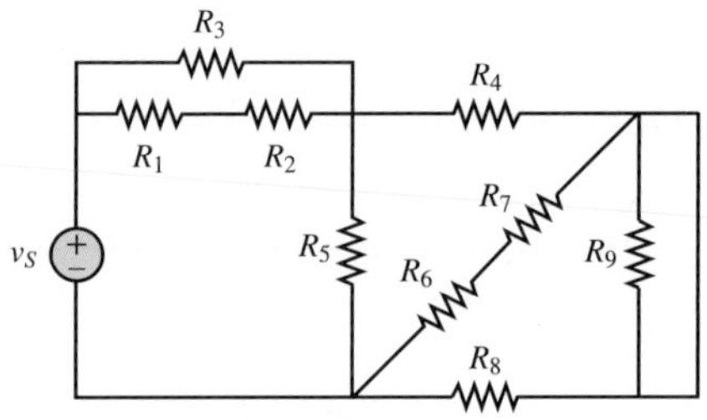

그림 P2.30

2.4절: 중첩의 원리

2.31 그림 P2.31을 참고한다. $v_S = 7$ V, $i_S = 3$ A, $R_1 = 20$ Ω, $R_2 = 12$ Ω, and $R_3 = 10$ Ω라 가정한다. 중첩의 원리를 적용하여 다음을 구하라.

a. v_S로 인한 i_1의 성분

b. i_S로 인한 i_2의 성분

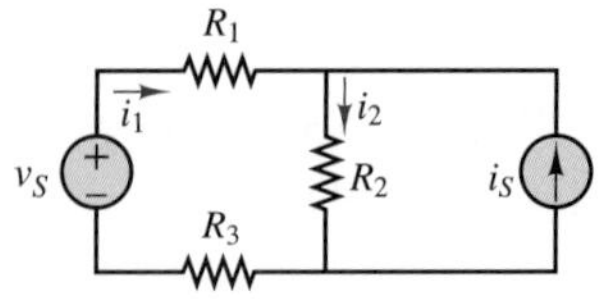

그림 P2.31

2.32 그림 P2.32에서 전압원 V_{S2}로 인해서 R_1에 흐르는 전류를 구하라.

$V_{S1} = 110$ V $\quad V_{S2} = 90$ V

$R_1 = 560\,\Omega \quad R_2 = 3.5$ kΩ

$R_3 = 810\,\Omega$

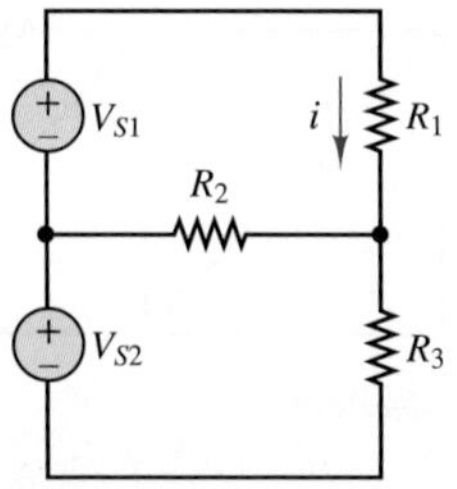

그림 P2.32

2.33 그림 P2.33에서 중첩의 원리를 이용하여 노드 A, B, C의 전압을 구하라. $V_1 = 12$ V, $V_2 = 10$ V, $R_1 = 2$ Ω, $R_2 = 8$ Ω, $R_3 = 12$ Ω, $R_4 = 8$ Ω.

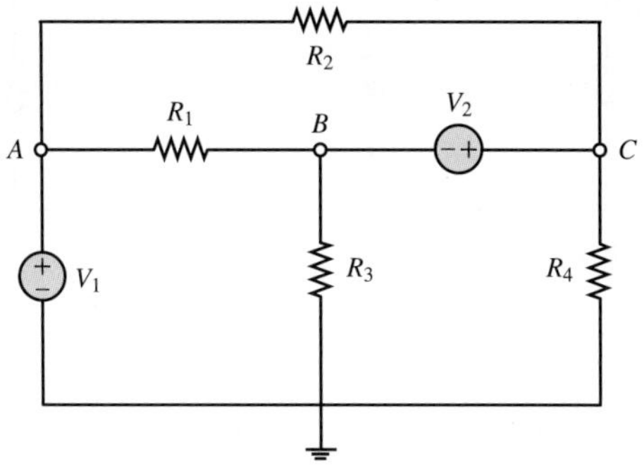

그림 P2.33

2.34 그림 P2.34에서 중첩의 원리를 이용하여 R_2에 걸리는 전압을 구하라.

$$V_{S1} = V_{S2} = 12\text{ V}$$
$$R_1 = R_2 = R_3 = 1\text{ k}\Omega$$

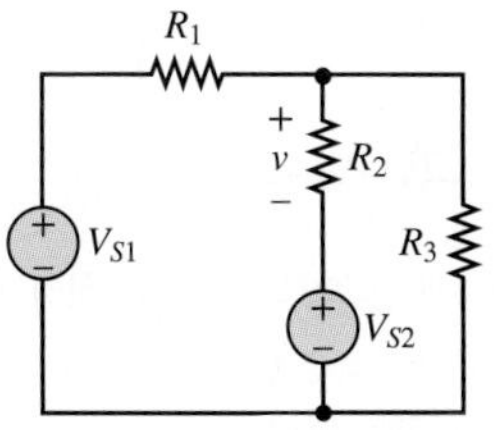

그림 P2.34

2.35 그림 P2.35에서 중첩의 원리를 이용하여 전압원 V_{S2}로 인해서 R_3에 흐르는 전류 i를 구하라.

$$V_{S1} = V_{S2} = 450\text{ V}$$
$$R_1 = 7\,\Omega \qquad R_2 = 5\,\Omega$$
$$R_3 = 10\,\Omega \qquad R_4 = R_5 = 1\,\Omega$$

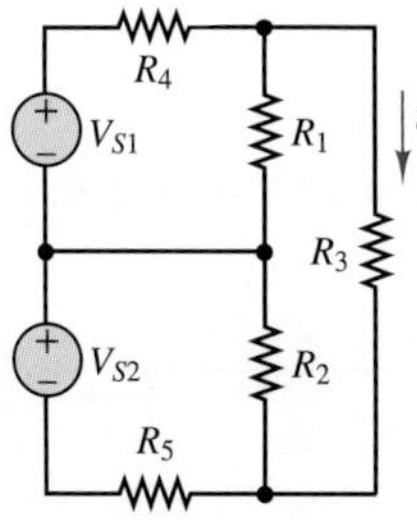

그림 P2.35

2.36 그림 P2.36에서 중첩의 원리를 사용하여 전류원 i_S로 인해서 R_4에 흐르는 전류 i를 구하라. $R_1 = 12$ Ω, $R_2 = 8$ Ω, $R_3 = 5$ Ω, $R_4 = 3$ Ω, $v_S = 3$ V, $i_S = 2$ A.

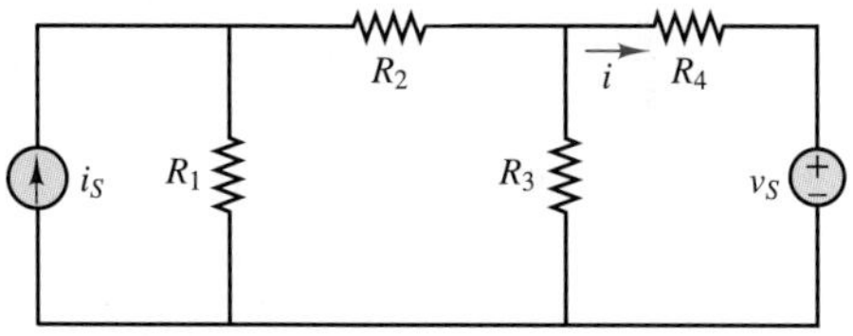

그림 P2.36

2.37 그림 P2.36에서 중첩의 원리를 사용하여 전압원 v_S로 인해서 R_4에 흐르는 전류 i를 구하라. $R_1 = 12$ Ω, $R_2 = 8$ Ω, $R_3 = 5$ Ω, $R_4 = 3$ Ω, $v_S = 3$ V, $i_S = 2$ A.

2.38 그림 P2.38에서 중첩의 원리를 사용하여 전압 V_a와 V_b를 구하라. $R_1 = 10$ Ω, $R_2 = 4$ Ω, $R_3 = 6$ Ω, $R_4 = 6$ Ω, $V_1 = 2$ V, $V_2 = 4$ V, $I_1 = 2$ A.

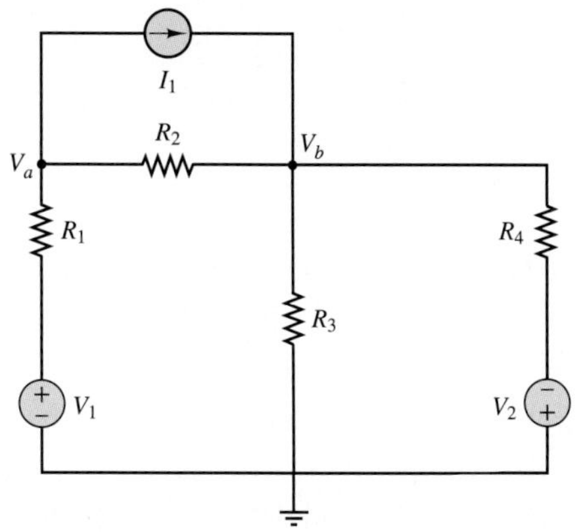

그림 P2.38

2.39 그림 P2.39에서 중첩의 원리를 사용하여 R_3에 흐르는 전류 i를 구하라. $R_1 = 10\ \Omega$, $R_2 = 4\ \Omega$, $R_3 = 2\ \Omega$, $R_4 = 2\ \Omega$, $R_5 = 2\ \Omega$, $V_S = 10$ V, $I_S = 2$ A.

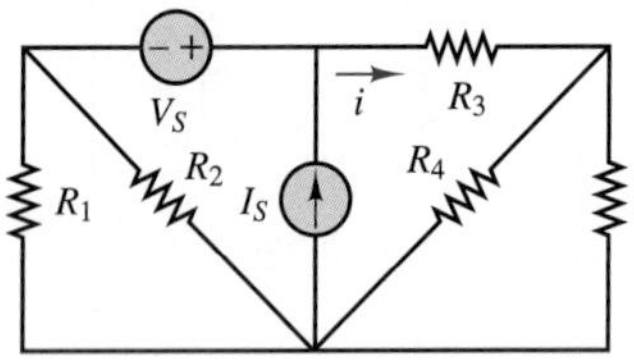

그림 P2.39

2.40 그림 P2.40은 온도 측정 시스템을 나타낸 것이며, 여기서 온도 T는 전압원 V_{S2}에 비례하는데, 비례 상수는 변환 상수 k이다. 중첩의 원리를 사용하여 V_{S1}과 V_{S2}로 인한 V_{ab}의 성분을 구하고, 온도를 계산하라.

$V_{S2} = kT$	$k = 10\,\mathrm{V/°C}$
$V_{S1} = 24\,\mathrm{V}$	$R_s = R_1 = 12\,\mathrm{k\Omega}$
$R_2 = 3\,\mathrm{k\Omega}$	$R_3 = 10\,\mathrm{k\Omega}$
$R_4 = 24\,\mathrm{k\Omega}$	$V_{ab} = -2.524\,\mathrm{V}$

실제로, R_3에 걸리는 전압은 R_S와 직렬로 연결된 전압원 V_{S2}으로 모델링된 온도 센서의 회로에서 온도 척도로 사용된다.

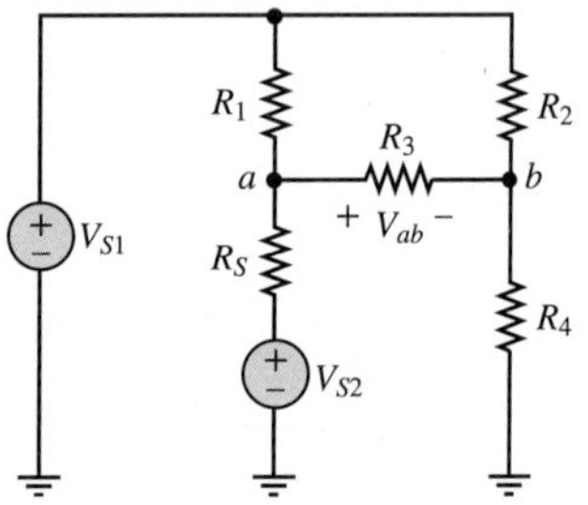

그림 P2.40

2.41 그림 P2.41에서 중첩의 원리를 사용하여, v_S와 i_S로 인해서 전압원 v_S에 흐르는 전류의 성분을 각각 구하라. 이 결과를 이용하여 전압원 v_S에 흐르는 총 전류와 전압원이 공급하는 전력을 구하라. $R_1 = 12\ \Omega$, $R_2 = 10\ \Omega$, $R_3 = 5\ \Omega$, $R_4 = 5\ \Omega$, $v_S = 10$ V, $i_S = 5$ A. (힌트: 전력은 전압이나 전류의 선형 함수가 아니므로, 전류 성분 별도로 사용하여 계산할 수는 없다.)

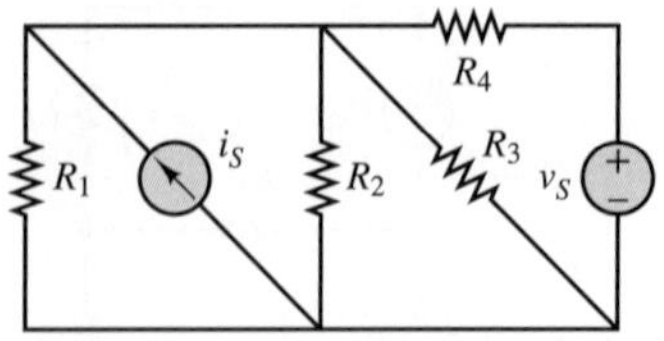

그림 P2.41

2.42 그림 P2.42에서 중첩의 원리를 사용하여, 각 독립 소스로 인해서 R_1에 흐르는 전류 i_o를 구하라. $R_1 = 8\ \Omega$, $R_2 = 2\ \Omega$, $R_3 = 3\ \Omega$, $R_4 = 4\ \Omega$, $R_5 = 2\ \Omega$, $V_1 = 15$ V, $I_1 = 2$ A, $I_2 = 3$ A.

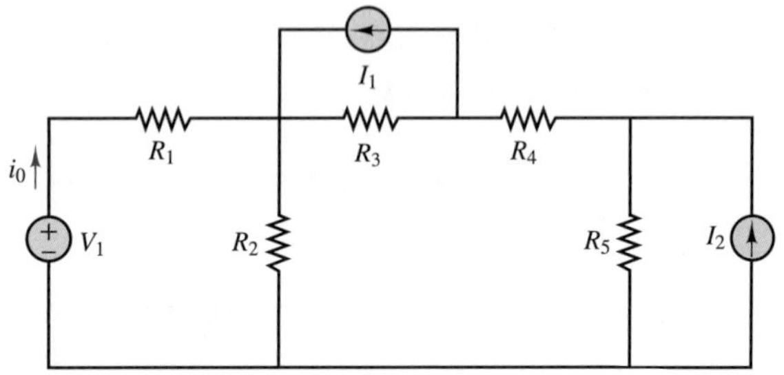

그림 P2.42

2.6절: 소스 변환

2.43 그림 P2.43에서 소스 변환과 전류 분배법을 적용하여 I_2를 구하라. $R_1 = 12\ \Omega$, $R_2 = 6\ \Omega$, $R_3 = 10\ \Omega$, $V_1 = 4$ V, $V_2 = 1$ V라 가정한다.

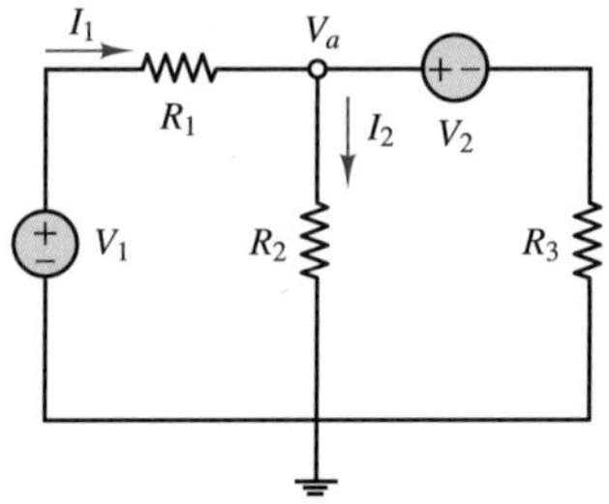

그림 P2.43

2.44 그림 P2.44에서 소스 변환을 적용하여 R_0에 걸리는 전압 V_0를 구하라. $R_1 = 2\ \Omega$, $R_V = R_2 = R_0 = 4\ \Omega$, $V_S = 4$ V, $I_S = 0.5$ A라 가정한다.

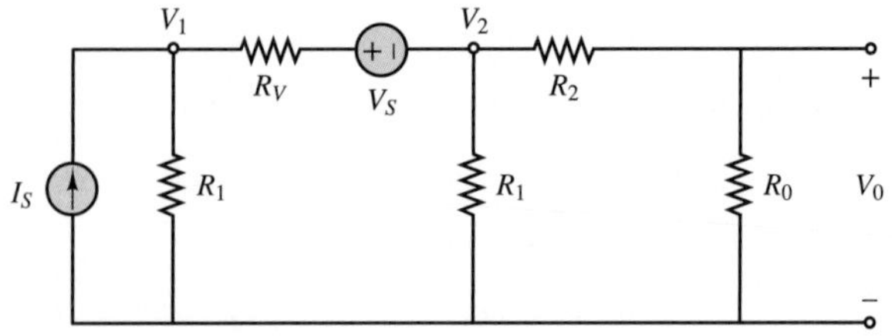

그림 P2.44

2.45 그림 P2.45에서 소스 변환을 적용하여 망 전류 I_3를 구하라.

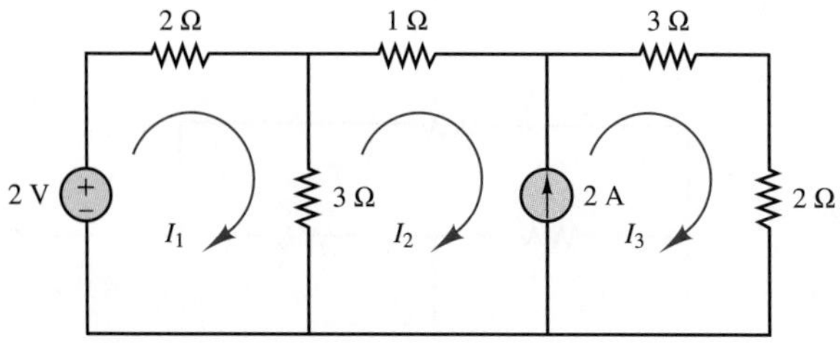

그림 P2.45

2.46 그림 P2.46에서 소스 변환을 적용하여 전류원에 걸리는 전압 V를 구하라.

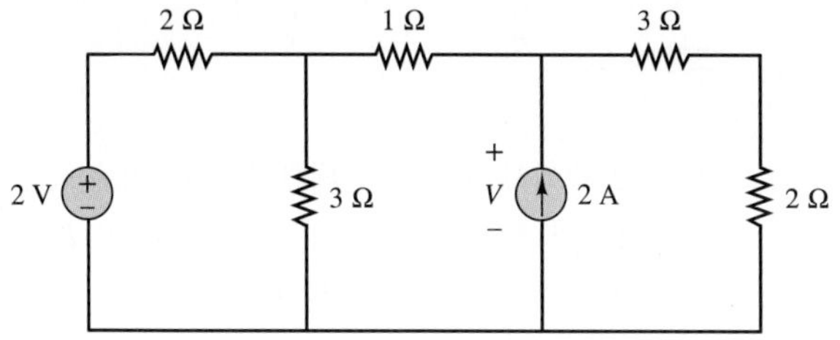

그림 P2.46

2.47 그림 P2.47에서 단일의 소스 변환 후에 전압 분배법을 적용하여 R_1에 걸리는 전압을 구하라. $R_1 = 10\ \Omega$, $R_2 = 5\ \Omega$, $V_1 = 2$ V, $V_2 = 1$ V, $I_s = 2$ A라 가정한다.

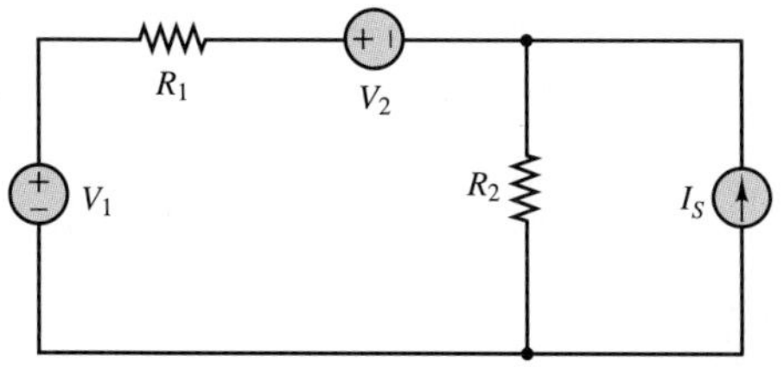

그림 P2.47

2.48 그림 P2.48에서 세 테브닌 소스의 각각을 노턴 소스로 변환한 후에 전류 분배법을 적용하여 R_1에 흐르는 전류를 구하라. $R_1 = 6\ \Omega$, $R_2 = 3\ \Omega$, $R_3 = 3\ \Omega$, $V_1 = 4$ V, $V_2 = 1$ V, $V_3 = 2$ V.

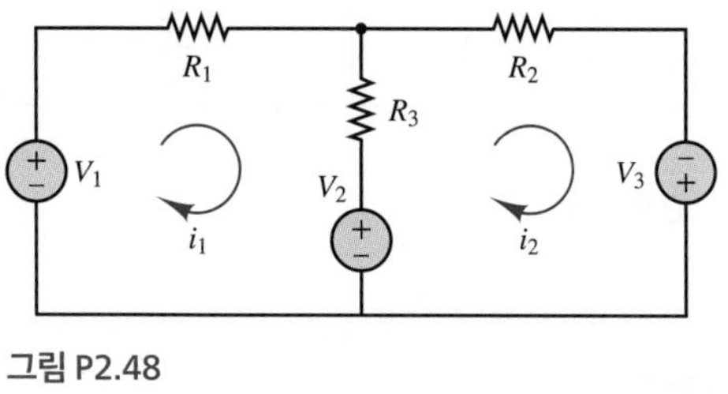

그림 P2.48

2.49 그림 P2.49에서 회로의 우측 절반에 소스 변환을 적용하여 회로를 단순화하여라. 노드 전압 v_1을 구하라. (노트: 종속 소스도 소스 변환의 일부가 될 수 있는데, 이때 기준 변수가 변환에 의해서 모호해져서는 안 된다.)

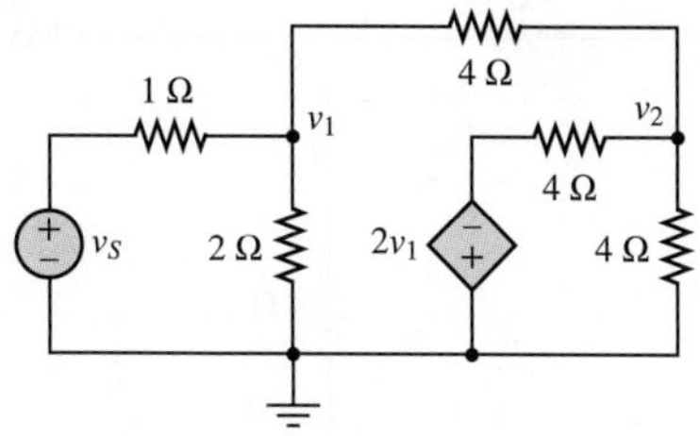

그림 P2.49

2.50 그림 P2.50의 회로는 회전 기계와 같은 산업용 부하에 전력을 공급하는 교류 3상 Y-Y 배전 시스템을 직류로 단순화하여 나타낸 것이다.

$$V_{S1} = V_{S2} = V_{S3} = 170\text{ V}$$
$$R_{w1} = R_{w2} = R_{w3} = 0.7\ \Omega$$
$$R_1 = 1.9\ \Omega \qquad R_2 = 2.3\ \Omega$$
$$R_3 = 11\ \Omega$$

a. 비기준 노드의 수를 구하라.

b. 미지의 노드 전압의 수를 구하라.

c. 소스 변환을 적용하여 v'_n을 구하라.

v'_n을 구하면 다른 미지의 노드 전압은 전압 분배법에 의해 계산될 수 있다.

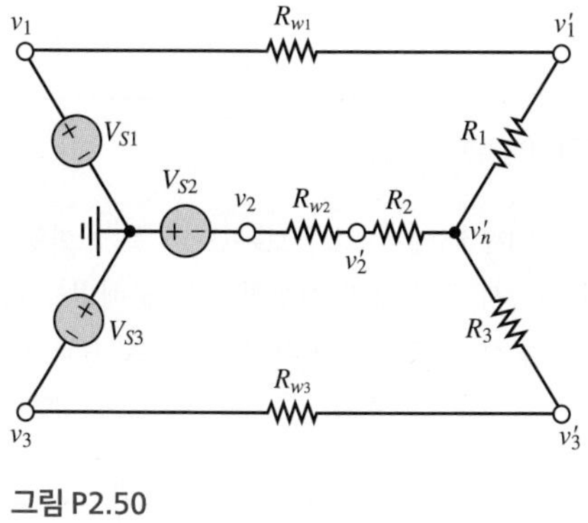

그림 P2.50

2.51 소스 변환을 적용하여 그림 P2.21의 회로를 단순화하라. 1 Ω 저항에 흐르는 전류의 크기를 구하라.

2.52 소스 변환을 적용하여 그림 P2.82의 좌측에 있는 1포트 회로망을 테브닌 소스로 축소하여라. 전압 분배법을 적용하여 전압계 연결 시의 측정 전압의 크기를 구하라.

2.7절: 테브닌 및 노턴 등가 회로망

2.53 그림 P2.53에서 3 Ω 저항이 보는 테브닌 등가 회로를 구하라.

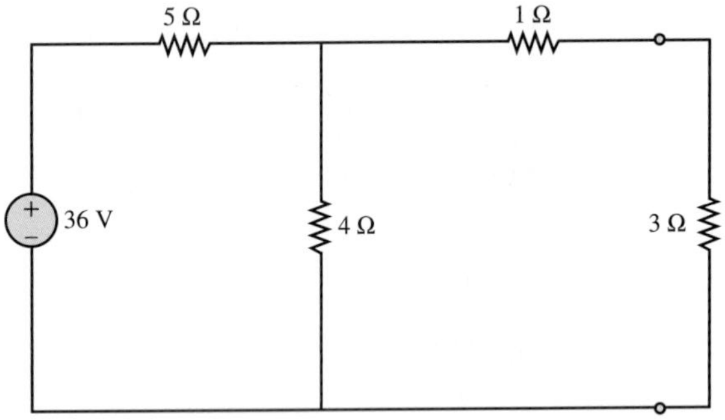

그림 P2.53

2.54 그림 P2.54에서 3 Ω 저항이 보는 테브닌 등가 회로를 구하라. 또한, 여기서 구한 등가 회로와 전압 분배법을 이용하여 3 Ω 저항에 걸리는 전압 v를 구하라.

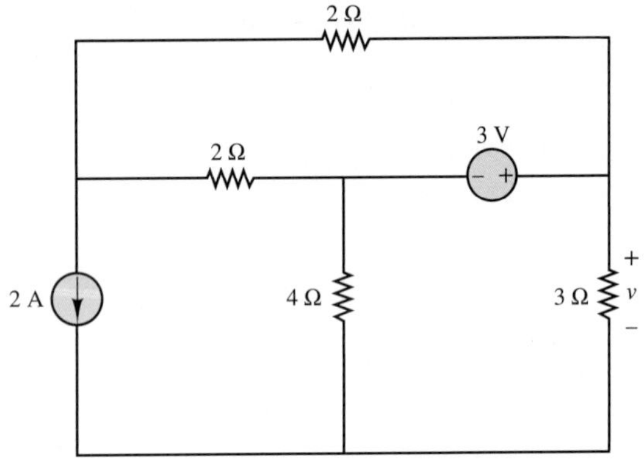

그림 P2.54

2.55 그림 P2.55에서 R_2가 보는 노턴 등가 회로를 구하라. 또한 여기서 구한 등가 회로와 전류 분배법을 이용하여 R_2에 흐르는 전류 i를 계산하라. $I_1 = 10$ A, $I_2 = 2$ A, $V_1 = 6$ V, $R_1 = 3\ \Omega$, $R_2 = 4\ \Omega$.

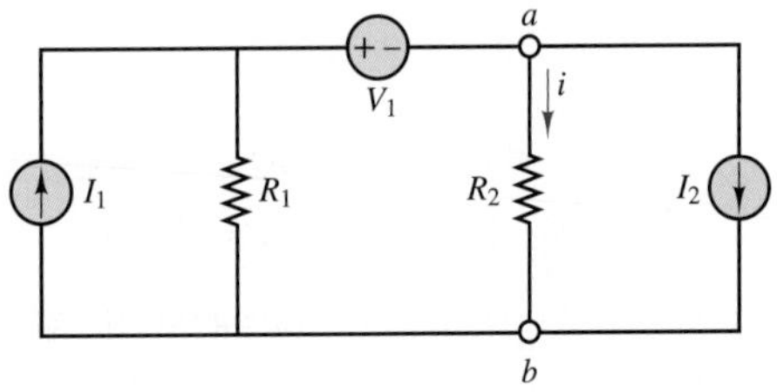

그림 P2.55

2.56 그림 P2.56에서 단자 a와 b 간의 노턴 등가 회로를 구하라.

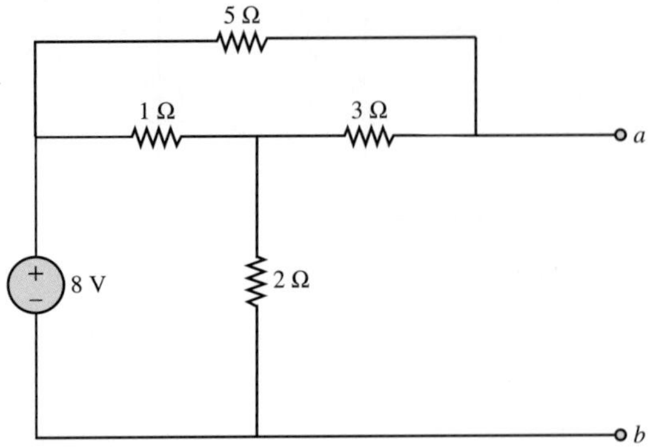

그림 P2.56

2.57 그림 P2.57에서 R이 보는 테브닌 등가 회로를 구하고, 이를 이용하여 전류 i_R을 계산하라. $V_o = 10$ V, $I_o = 5$ A, $R_1 = 2\ \Omega$, $R_2 = 2\ \Omega$, $R_3 = 4\ \Omega$, $R = 3\ \Omega$.

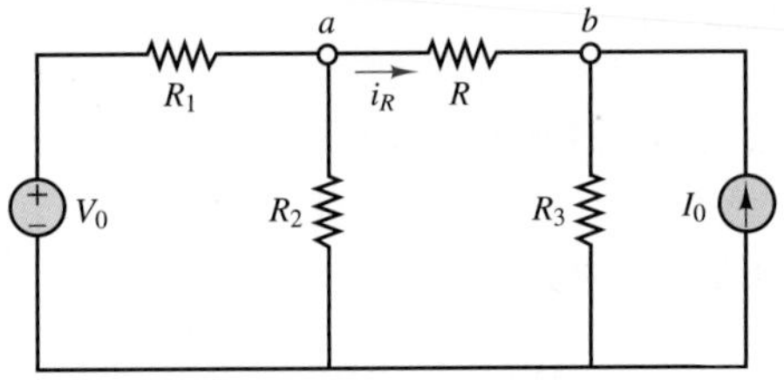

그림 P2.57

2.58 그림 P2.58의 회로에서 부하 R_o가 보는 테브닌 등가 저항을 구하라.

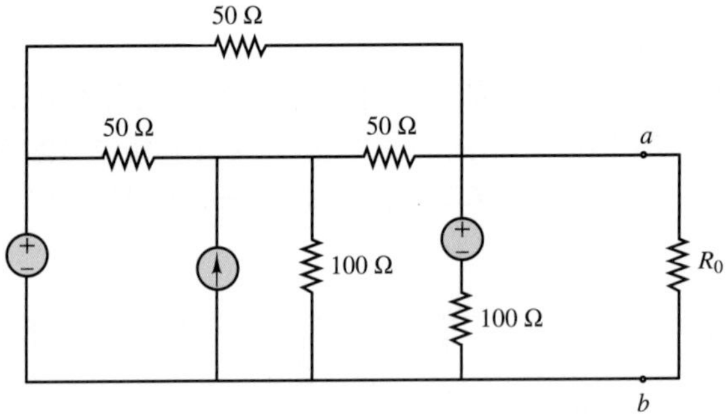

그림 P2.58

2.59 그림 P2.59에서 저항 R_o가 보는 테브닌 등가 회로를 구하라.

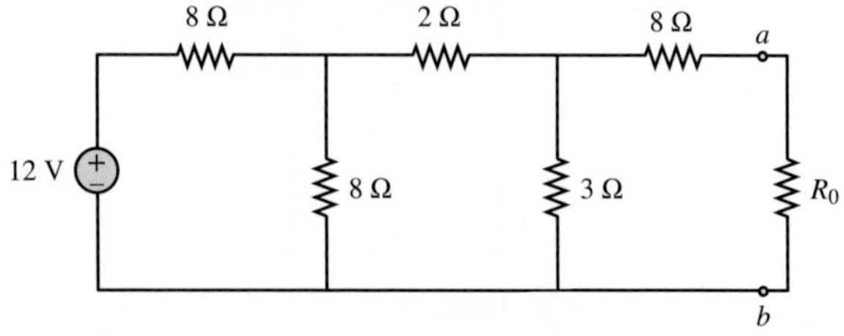

그림 P2.59

2.60 그림 P2.60에서 저항 R_o가 보는 테브닌 등가 회로를 구하라. $R_1 = 10\ \Omega$, $R_2 = 20\ \Omega$, $R_g = 0.1\ \Omega$, $R_p = 1\ \Omega$

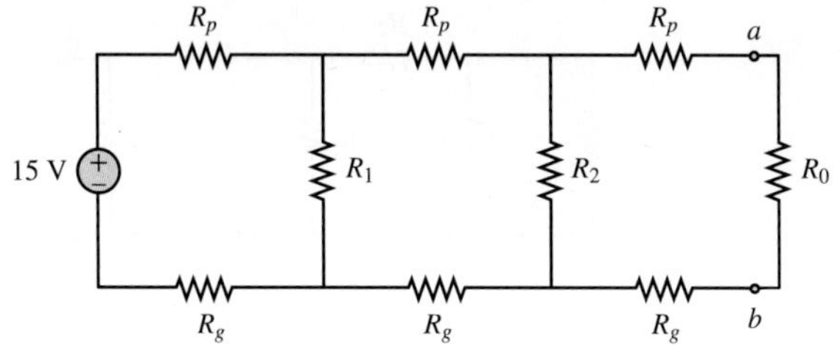

그림 P2.60

2.61 그림 P2.61의 휘트스톤 브리지는 미지의 저항 R_X의 값을 구하는 것과 같은 다양하고 실제적인 상황에 널리 응용된다.

단자 a와 b가 보는 테브닌 등가 회로를 R, R_X, V_S의 항으로 구하라. 이를 이용하여, $R = 1\ \text{k}\Omega$, $V_S = 12\ \text{V}$, $V_{ab} = 12\ \text{mV}$일 때, R_x를 구하라.

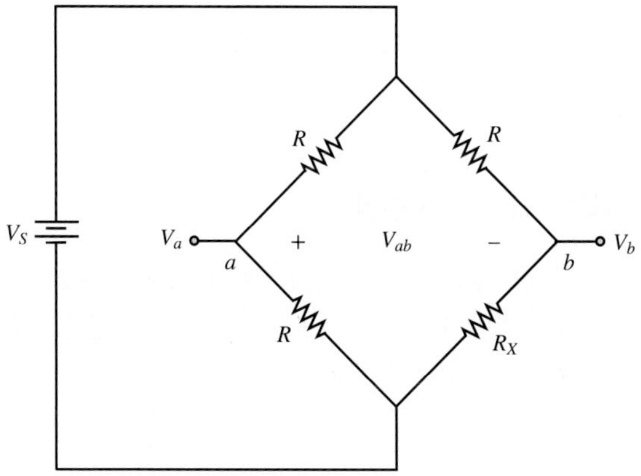

그림 P2.61

2.62 테브닌 정리는 휘트스톤 브리지를 다룰 때 유용하다. 그림 P2.62의 회로에 대하여

a. 부하 저항 R_o이 보는 테브닌 등가 저항을 R_1, R_2, R_3, R_x에 관하여 서술하라.

b. 저항 R_o이 보는 테브닌 등가 회로를 구하라. 이 결과를 이용하고 전압 분배법을 적용하여, R_o에 의해 소모되는 전력을 계산하라. $R_o = 500\ \Omega$, $V_S = 12\ \text{V}$, $R_1 = R_2 = R_3 = 1\ \text{k}\Omega$, $R_x = 996\ \Omega$.

c. R_o이 개방 회로로 대체될 때, 테브닌 등가 회로는 전력을 공급하지 않는다. R_o가 개방 회로로 대체될 때 전체 휘트스톤 브리지 회로에 의해서 공급되는 순 전력은 얼마인가? 결과가 동일한가? 어떤 결론을 내릴 수 있는가?

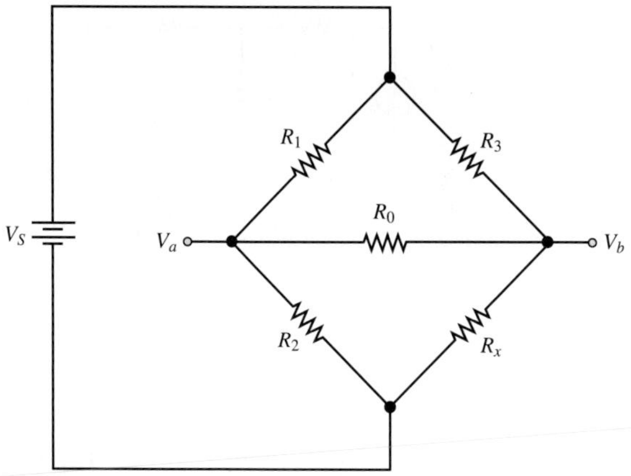

그림 P2.62

2.63 그림 P2.63의 회로는 차동 증폭기(differential amplifier)의 한 형태이다. 테브닌 정리나 노턴 정리를 사용하여, 단자 b에서 단자 a로의 전압 강하 v_{ba}를 v_1과 v_2의 항으로 나타내어라. 그림이 전압원 v_1과 v_2에 흐르는 전류가 0임을 나타낸다는 점에 유의하라.

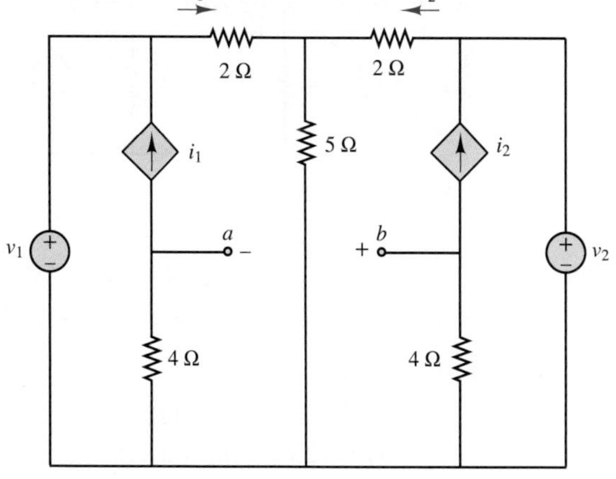

그림 P2.63

2.64 그림 P2.38의 회로에서 소스 변환을 사용하여 저항 R_3가 보는 테브닌 등가 회로를 구하라. $R_1 = 10\ \Omega$, $R_2 = 4\ \Omega$, $R_3 = R_4 = 6\ \Omega$, $V_1 = 2$ V, $V_2 = 4$ V and $I_1 = 2$ A

2.65 그림 P2.33의 회로에서 저항 R_4가 보는 테브닌 등가 회로를 구하라. $R_1 = 2\ \Omega$, $R_2 = 8\ \Omega$, $R_3 = 12\ \Omega$, $R_4 = 8\ \Omega$, $V_1 = 12$ V, $V_2 = 10$ V

2.66 그림 P2.66의 단자 a와 b가 보는 테브닌 등가 회로를 구하라. $R_1 = 10\ \Omega$, $R_2 = 8\ \Omega$, $R_3 = 5\ \Omega$, $R_4 = 4\ \Omega$, $R_5 = 1\ \Omega$, $V_S = 10$ V, $I_S = 2$ A.

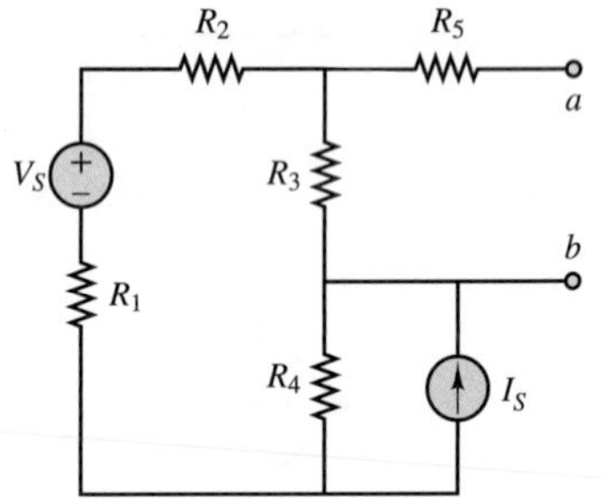

그림 P2.66

2.67 그림 P2.40의 회로에서 저항 R_3이 보는 테브닌 등가 회로를 구하라. 테브닌(개방) 전압 V_T를 온도 T의 항으로 계산하라. 이 결과를 이용하여 R_3가 이 회로망에 연결될 때 온도를 구하라.

2.68 그림 P2.68에서 저항 R_5가 보는 노턴 등가 회로를 구하라. 이 결과와 전류 분배법을 이용하여 R_5에 흐르는 전류를 계산하라. $R_1 = 15\ \Omega$, $R_2 = 8\ \Omega$, $R_3 = 4\ \Omega$, $R_4 = 4\ \Omega$, $R_5 = 2\ \Omega$, $I_1 = 2$ A, $I_2 = 3$ A.

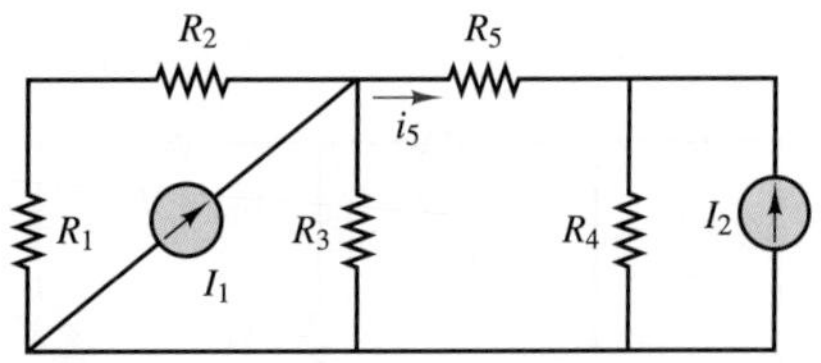

그림 P2.68

2.69 그림 P2.69에서 저항 R이 보는 테브닌 등가 회로를 구하라. 이 결과와 전압 분배법을 이용하여 R에 걸리는 전압의 크기를 계산하라.

$I_B = 12$ A $\quad R_B = 1\ \Omega$
$V_G = 12$ V $\quad R_G = 0.3\ \Omega$
$R = 0.23\ \Omega$

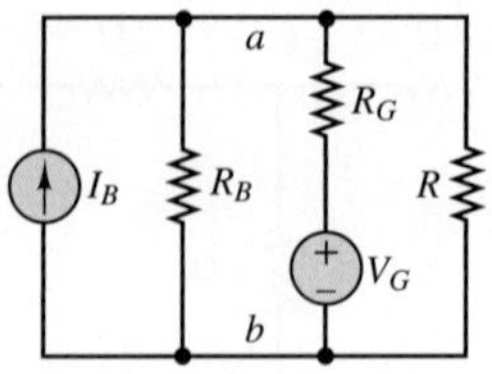

그림 P2.69

2.70 그림 P2.70에서 단자 a와 b 간의 노턴 등가 회로를 구하라. $R_1 = 6\ \Omega$, $R_2 = 3\ \Omega$, $R_3 = 2\ \Omega$, $R_4 = 2\ \Omega$, $V_s = 10$ V, $I_S = 3$ A.

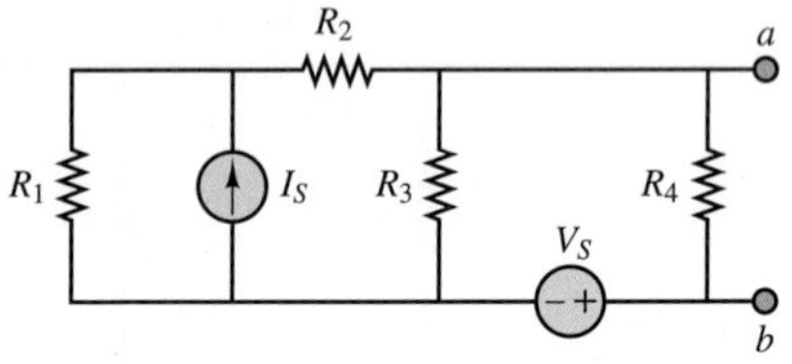

그림 P2.70

2.71 그림 P2.71에서 저항 R_4가 보는 노턴 등가 회로를 구하라. 이 결과와 전류 분배법을 이용하여 R_4에 흐르는 전류를 구하라. $R_1 = 8\ \Omega$, $R_2 = 5\ \Omega$, $R_3 = 4\ \Omega$, $R_4 = 3\ \Omega$, $V_o = 10$ V, $I_o = 2$ A.

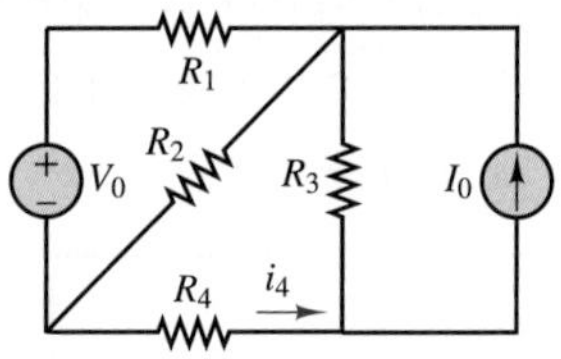

그림 P2.71

2.8절: 최대 전력 전달

2.72 그림 P2.72는 부하 R_o가 보는 테브닌 등가 회로를 나타낸 것이다. $V_T = 10$ V, $R_T = 2\ \Omega$이라 가정하고, R_o가 최대 전력이 전달된 저항이라 가정할 때, 다음을 구하라.

a. R_o의 값

b. R_o에 의해 소모되는 전력 P_o

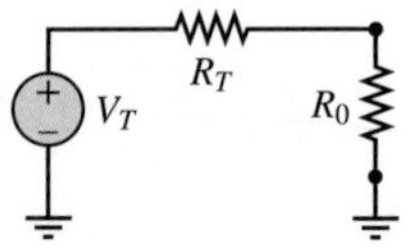

그림 P2.72

2.73 그림 P2.72는 부하 R_o가 보는 테브닌 등가 회로를 나타낸 것이다. $V_T = 25$ V, $R_T = 100$ Ω이라 가정하고, R_o가 최대 전력이 전달된 저항이라 가정할 때 다음을 구하라.

a. R_o의 값

b. R_o에 의해 소모되는 전력 P_o

2.9절: 실제 전압원과 실제 전류원

2.74 그림 P2.74에서 실제 전압원이 저항 R_S와 직렬 연결된 이상 전압원 V_S로 모델링되어 있다. 이 모델은 실제 전압원에서 발견되는 내부 전력 손실을 고려하고 있다. 다음 데이터는 실제 (비이상적인) 전압원 특성을 보여준다.

When $R \to \infty$ $V_R = 20$ V
When $R = 2.7$ kΩ $V_R = 18$ V

내부저항 R_S와 이상 전압 V_S를 구하라.

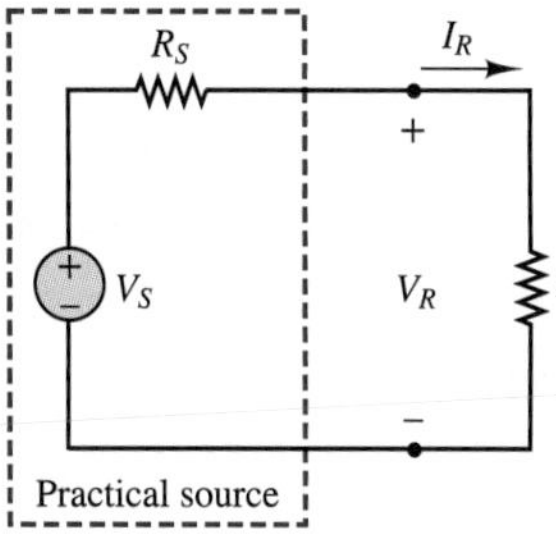

그림 P2.74

2.75 그림 P2.74에서 실제 전압원이 저항 R_S와 직렬 연결된 이상 전압원 V_S로 모델링되어 있다. 이 모델은 실제 전압원에서 발견되는 내부 전력 손실을 고려하고 있다. 부하 R이 모델의 단자 간에 연결되어 있다.

$V_S = 12$ V, $R_S = 0.3$ Ω

로 가정한다. 부하에서 소모되는 전력을 부하 저항의 함수로 도시하라. 어떤 결론을 내릴 수 있는가?

2.76 그림 P2.76의 회로에 나타난 NiMH 배터리를 고려하라.

a. $V_1 = 12.0$ V, $R_1 = 0.15$ Ω, $R_o = 2.55$ Ω일 때, 부하 전류 I_o와 부하에서 소모되는 전력을 구하라.

b. 전압 $V_2 = 12$ V와 저항 $R_2 = 0.28$ Ω을 갖는 배터리 2가 배터리 1과 병렬로 연결된다면, 소스 변환을 적용하여 부하 전류 I_o은 증가하는가 또는 감소하는가를 결정하라. 부하에서의 전력 소모는 증가하는가 또는 감소하는가? 이들의 양을 구하라.

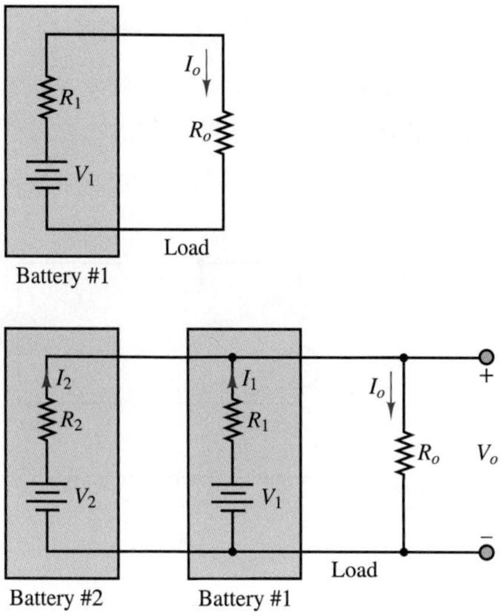

그림 P2.76

2.10절: 측정 장치

2.77 서미스터(thermistor)는 주위의 온도에 따라서 단자 저항이 변하는 비선형 장치이다. 이때 저항과 온도는 일반적으로 다음의 관계를 갖는다.

$$R_{\text{th}}(T) = R_0 e^{-\beta(T-T_0)}$$

여기서, R_{th}: 온도 T에서의 저항, Ω
R_0: 온도 $T_0 = 298$ K에서의 저항, Ω
β: 재료 상수, K^{-1}
T, T_0: 절대 온도, K

a. $R_0 = 300$ Ω, $\beta = -0.01$ K^{-1}일 때, 구간 $350 \le T \le 750$에 대해서 주변 온도 T의 함수 $R_{\text{th}}(T)$의 그래프를 그려라.

b. 서미스터가 250 Ω의 저항과 병렬로 연결되어 있다. 등가 저항에 대한 식을 구하고, a번에서 그린 그래프 위에 $R_{\text{th}}(T)$를 도시하라.

2.78 어떤 가동 코일형 계기(moving-coil meter)는 계기 저항이 $r_M = 200$ Ω이며, 계기 전류 $i_m = 10$ μA에 의해서 최대 편향(full-scale deflection)이 발생한다. 이 계기는 최대 100 kPa의 압력을 측정할 수 있는 센서에 의해서 측정되는 압력을 나타내는 데 사용된다. 그림 P2.78은 계기와 압력 센서의 모델과 함께 측정된 압력과 센서 출력 v_o 간의 관계를 보여준다.

a. 위의 기능을 수행할 수 있도록 센서 단자와 계기 사이를 적절히 연결하여 회로를 완성하라.

b. 회로의 각 소자의 값을 결정하라.

c. 이 시스템의 선형 범위(즉, 정확히 측정할 수 있는 최소 및 최대 압력)는 얼마인가?

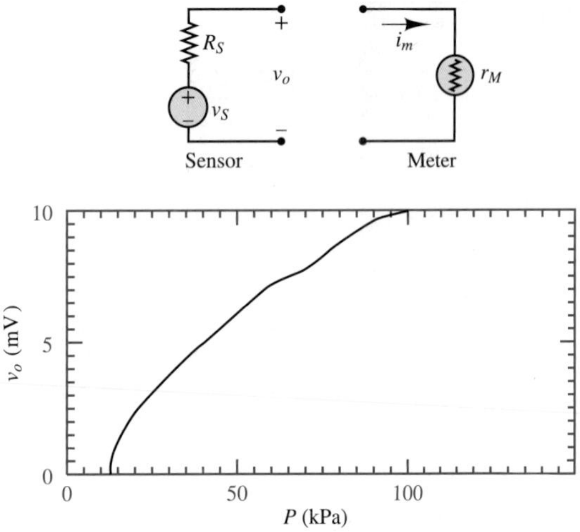

그림 P2.78

2.79 그림 P2.79는 실제 전류계의 내부저항을 측정하는 회로로서, $R_S = 50{,}000\ \Omega$, $v_S = 12$ V, 그리고 R_p는 임의로 조절할 수 있는 가변 저항이다.

a. $r_a \ll 50{,}000\ \Omega$으로 가정할 때, 전류 i를 구하라.

b. 만약 전류계가 $R_p = 15\ \Omega$일 때 150 μA의 전류를 표시한다면, 전류계의 내부저항 r_a는 얼마인가?

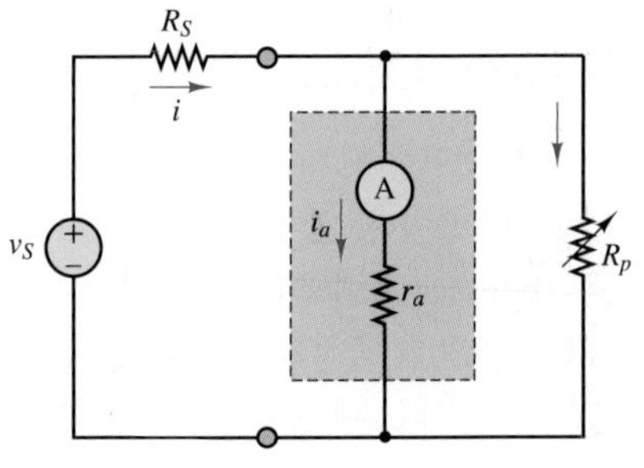

그림 P2.79

2.80 실제 전압계의 내부저항을 r_m이라 하자. 그림 P2.80과 같이 연결하였을 때 전압계가 11.81 V의 전압을 나타낸다면, 전압계의 내부저항 r_m은 얼마인가? $V_S = 12$ V, $R_S = 25$ kΩ

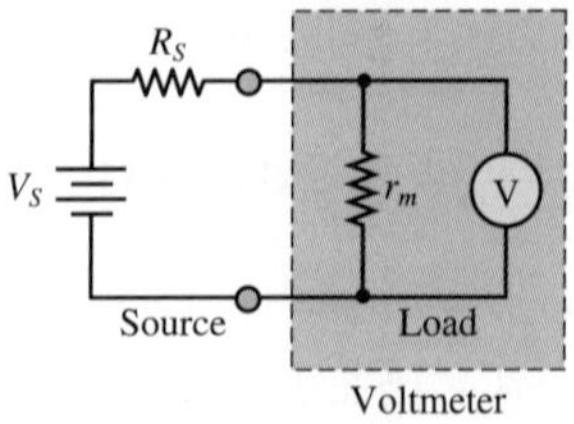

그림 P2.80

2.81 그림 P2.80의 회로에서 $V_S = 24$ V이고, R_S가 0.2 r_m, 0.4 r_m, 0.6 r_m, 1.2 r_m, 4 r_m, 6 r_m, 10 r_m일 때, 각각에 대해서 전압계에서 측정되는 전압을 구하라. 전압계의 내부저항 r_m은 R_S에 비해서 얼마나 큰가(또는 작은가?)

2.82 그림 P2.82의 회로에서 전압계로 저항 소자에 걸리는 전압을 측정할 수 있다. 그림과 같이 실제 전압계는 이상 전압계와 120 kΩ의 저항을 병렬로 연결하여 모델링할 수 있다. R_4에 걸리는 전압을 측정하기 위해서 전압계를 설치한다. $R_1 = 8$ kΩ, $R_2 = 22$ kΩ, $R_3 = 50$ kΩ, $R_S = 125$ kΩ, $i_S = 120$ mA라 한다. 회로 내에 전압계가 설치된 경우와 설치되지 않은 경우에 대해서 각각 R_4에 걸리는 전압을 구하라.

a. $R_4 = 100\ \Omega$

b. $R_4 = 1$ kΩ

c. $R_4 = 10$ kΩ

d. $R_4 = 100$ kΩ

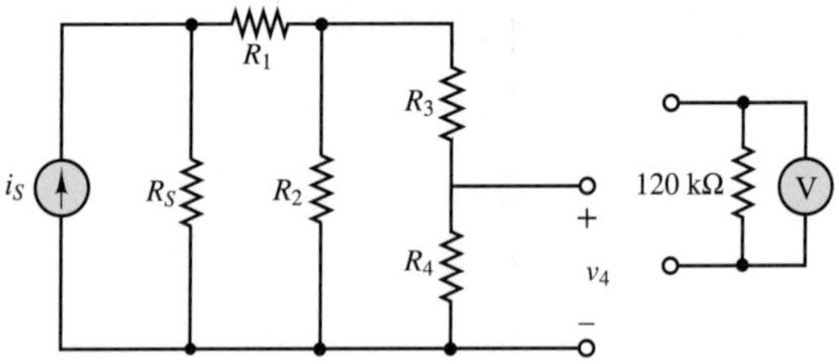

그림 P2.82

2.83 전류계가 그림 P2.83과 같이 사용되고 있다. 실제 전류계의 모델은 이상 전류계와 내부저항을 직렬로 연결하여 구성한다. 그림과 같이 전류계 모델을 분기에 위치시킨다. 회로 내에 전류계가 설치된 경우와 설치되지 않은 경우에 대해서 각각 R_5에 흐르는 전류를 구하라. 이때, $R_S = 20\ \Omega$,

$R_1 = 800\ \Omega$, $R_2 = 600\ \Omega$, $R_3 = 1.2\ \text{k}\Omega$, $R_4 = 150\ \Omega$, $\upsilon_S = 24$ V라 한다.

a. $R_5 = 1\ \text{k}\Omega$

b. $R_5 = 100\ \Omega$

c. $R_5 = 10\ \Omega$

d. $R_5 = 1\ \Omega$

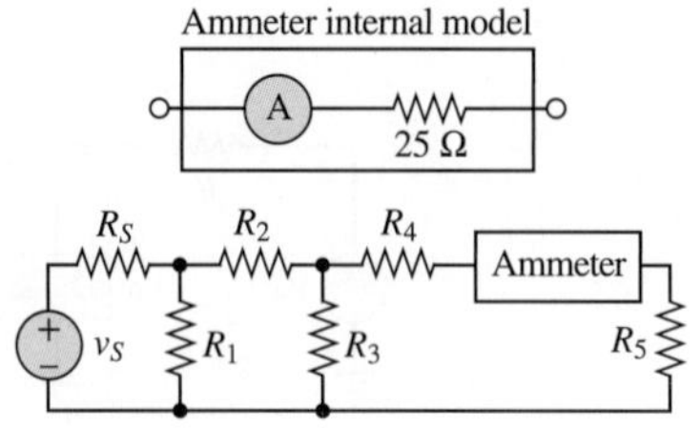

그림 P2.83

2.84 그림 P2.84는 힘 F가 작용하는 알루미늄으로 제작된 외팔보를 나타낸다. 스트레인 게이지 R_1, R_2, R_3, R_4가 그림과 같이 빔에 부착되어 서로 연결되어 있다. 힘 F에 의해서 외팔보는 변형되는데, 보의 상단에 부착된 게이지 R_1, R_4는 인장되어 저항이 증가하는 반면에, 하단에 부착된 게이지 R_2, R_3는 압축되어 저항이 감소한다. 노드 A에 대한 노드 B의 전압이 50 mV라면, 힘 F를 구하라. 다음과 같이 가정한다.

$R_o = 1\,\text{k}\Omega \qquad \upsilon_S = 12\,\text{V} \qquad L = 0.3\,\text{m}$
$w = 25\,\text{mm} \qquad h = 100\,\text{mm} \qquad Y = 69\,\text{GN/m}^2$

(측정 기술 "휘트스톤 브리지와 힘 측정"을 참고하라.)

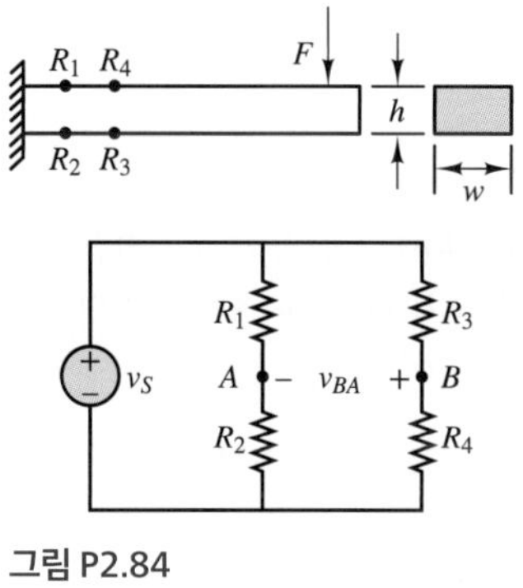

그림 P2.84

2.85 그림 P2.84를 참고하되, 힘 F가 작용하는 외팔보는 철로 제작되었다고 가정한다. 스트레인 게이지 R_1, R_2, R_3, R_4가 그림과 같이 빔에 부착되며, 회로로 서로 연결되어 있다. 힘 F에 의해서 외팔보는 변형되는데, 보의 상단에 부착된 게이지 R_1, R_4는 인장되어 저항이 증가하는 반면에, 하단에 부착된 게이지 R_2, R_3는 압축되어 저항이 감소한다. 힘 $F = 1.3$ MN이라면, 노드 A에 대한 노드 B의 전압 υ_{BA}을 구하라.

$R_o = 1\,\text{k}\Omega \qquad \upsilon_S = 24\,\text{V} \qquad L = 1.7\,\text{m}$
$w = 3\,\text{cm} \qquad h = 7\,\text{cm} \qquad Y = 200\,\text{GN/m}^2$

(측정 기술 "휘트스톤 브리지와 힘 측정"을 참고하라.)

2.11절: 비선형 회로 소자

2.86 그림 P2.86의 회로에서, 노드 전압법을 적용하여 노드 전압 υ_1과 υ_2의 항으로 2개 방정식을 구하라. 두 비선형 저항 R_a와 R_b는 다음과 같은 특징을 가진다.

$$i_a = 2\upsilon_a^3$$
$$i_b = \upsilon_b^3 + 10\upsilon_b$$

이 결과로 구해지는 비선형 방정식(그러나 초월 방정식은 아닌)은 연립 선형 방정식에 사용되는 해법으로는 해를 구할 수 없다. 방정식을 해석적으로 풀 수 없다면, 해를 구하기 전에 강사에게 상담하라.

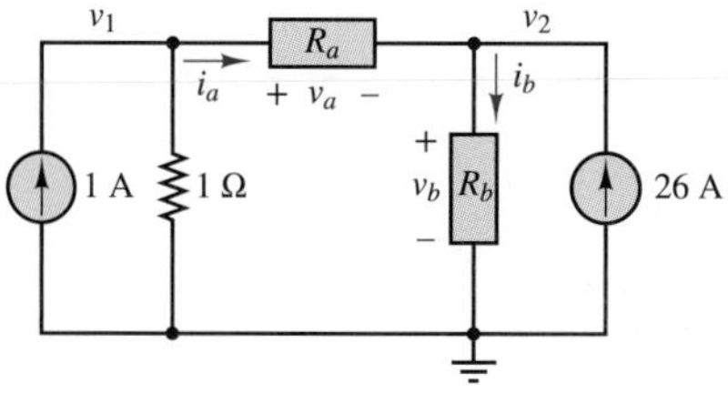

그림 P2.86

2.87 많은 실제 회로들은 비선형적인 특성을 가진다. 그러나 비선형 V-I 곡선에서, 특정 점 부근에 대하여 V-I의 관계를 선형화하는 것이 가능하다. 이러한 특정 점을 동작점(operating point)이라고 하는데, 다시 말하자면 동작점 $[V_0, I_0]$ 부근에서 V-I의 관계가 다음과 같이 선형적으로 근사될 수 있다.

$$I = mV + b \qquad \text{여기서} \quad m = \text{기울기}, \quad b = \text{절편}$$

이때 동작점에서의 기울기의 역은 증분 저항(incremental resistance) R_{inc}로 정의된다.

$$R_{\text{inc}} = \left.\frac{dV}{dI}\right|_{[V_0,\, I_0]} \approx \left.\frac{\Delta V}{\Delta I}\right|_{[V_0,\, I_0]}$$

a. 그림 P2.87을 참고하여 비선형 소자의 동작점을 구하라.
b. a번의 동작점에서 비선형 소자의 증분 저항을 구하라.
c. V_T가 20 V로 증가한다면, 새로운 동작점과 증분 저항은 무엇인가?

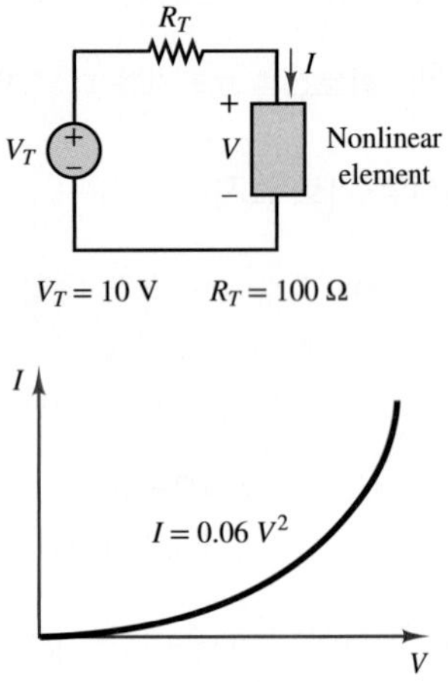

그림 P2.87

2.88 그림 P2.88의 회로에서 장치 D는 비선형 i-v 특성을 나타내는 유도 모터이다. 이 장치에 흐르는 전류와 모터에 걸리는 전압을 구하라.

$$V_S = 450\text{ V} \qquad R = 9\ \Omega$$

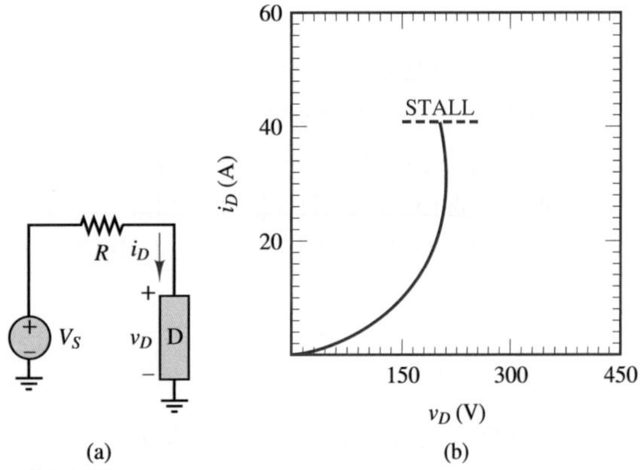

그림 P2.88

2.89 그림 P2.89에서 비선형 다이오드는 다음과 같은 i-v 특성을 가진다.

$$V_S = V_{\text{TH}} = 1.5\text{ V} \qquad R = R_{\text{eq}} = 60\ \Omega$$

다이오드에 걸리는 전압과 흐르는 전류를 구하라.

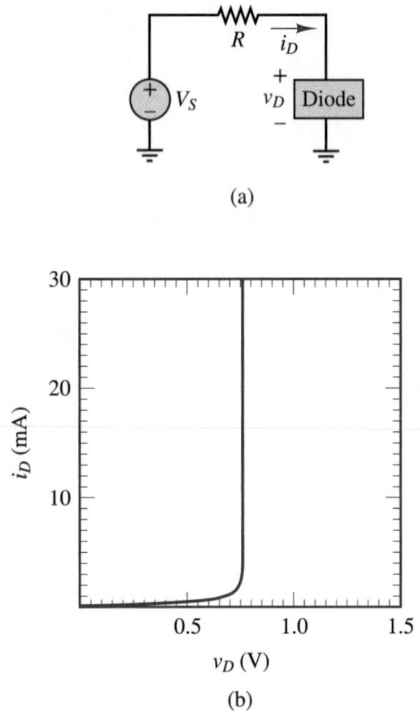

그림 P2.89

2.90 그림 P2.90에서 장치 D의 저항은 압력 P의 비선형 함수이다. 이 장치 D의 i-v 특성은 다양한 압력에 대한 곡선군으로 도시되어 있다.

$$V_S = 2.5\text{ V} \qquad R = 125\ \Omega$$

a. DC 부하선을 도시하라.
b. 장치 D에 걸리는 전압을 압력의 함수로 도시하라.
c. $P = 30$ psig일 때 장치 D에 흐르는 전류를 구하라.

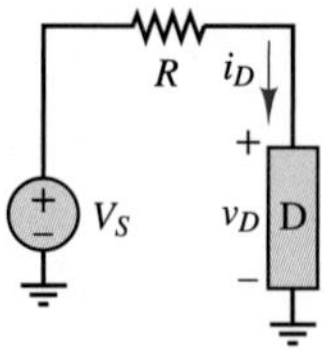

(a)

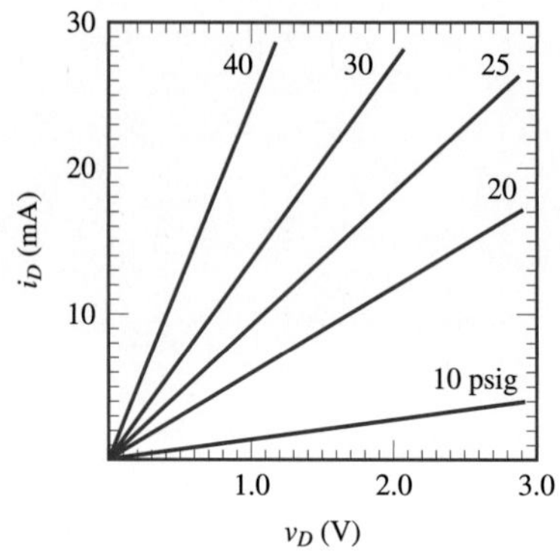

(b)

그림 P2.90

2.91 그림 P2.91의 회로에서 비선형 장치 D는 다음과 같은 i-v 특성을 갖는다.

$$i_D = I_0 e^{v_D/V_{\text{thermal}}}$$

여기서

$$I_o = 10^{-10}\,\text{A} \qquad \text{and} \qquad V_{\text{thermal}} = 25\,\text{mV}$$

$V_S = 2$ V, $R = 40$ Ω으로 가정하여 DC 부하선을 구하라. 그리고 반복적인 기법을 이용하여 장치 D에 걸리는 전압 및 전류를 구하라.

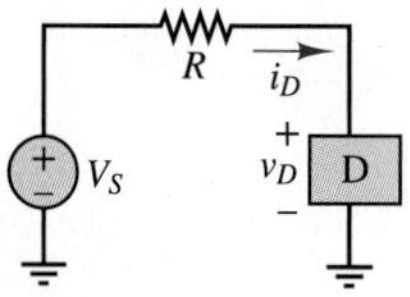

그림 P2.91

2.92 그림 P2.90의 회로에서 비선형 장치 D의 저항은 압력 P의 비선형 함수이다. 이 장치 D의 i-v 특성은 다양한 압력에 대한 곡선군으로 도시되어 있다.

$$V_S = 3.0\,\text{V} \qquad R = 100\,\Omega$$

DC 부하선을 도시하고, $P = 40$ psig일 때 장치 D에 흐르는 전류를 구하라.

03

교류 회로망 해석

AC NETWORK ANALYSIS

3장에서는 에너지 저장 소자인 커패시터 및 인덕터와 이를 포함한 회로의 해법에 대해서 소개한다. 이 장에서는 또한 일정한 소스만 포함하는 직류 회로와는 달리, 시간에 따라 변하는 정현파 전압원 및 전류원을 포함하는 교류 회로를 소개한다. 커패시터 및 인덕터에 대한 i-v 관계가 시간 미분을 포함하므로, 커패시터 또는 인덕터를 포함하는 교류 회로의 거동은 미분 방정식으로 표현된다. 페이저 해석법은 다행히도 미분 방정식을 훨씬 풀기 쉬운 대수 방정식으로 변환하는 데 사용된다. 그러나 페이저 해석법을 사용함으로 해서("세상엔 공짜란 없다") 복소수의 더하기, 빼기, 곱하기 및 나누기를 포함한 대수 방정식이 된다. (대부분의 계산기에서는 이 작업을 수행할 수 있다.) 더 중요한 것은 복소량 간의 의미와 관계에 대해 이해하는 것이 필요하다. 적당한 연습과 인내가 있다면 이전에 복소수를 사용한 경험이 없는 학생들도 페이저 해석법에 능숙해질 수 있다.

정현파(sinusoid)는 다음의 두 가지 이유로 특별히 중요한 신호이다. 첫째, 거의 모든 가정용 및 산업용 전력은 정현파 형태로 발전, 송전 및 배전되고 있다. 모든 터빈 기반의 전력 시스템(예를 들어, 석탄 발전소, 태양 전지판, 수력 발전 댐, 풍력 터빈)은 정현파에 의해 수학적으로 표현되는 주기적인 회전 운동을 생성한다. 둘째, 모든 주기적 파형(예를 들어, 톱니파, 삼각파, 사각파)은 정현파 성분의 합으로 재구성할 수 있다(푸리에 정리).

정현파 신호(전압과 전류)는 3개의 기본 특성인 주파수, 진폭 및 위상을 가진다. 이 책에서, 교류 회로에는 독립적인 전압원 또는 전류원의 주파수와 동일한 하나의 주파수를 회로 내의 모든 전압과 전류에 공유한다. 그 결과, 페이저 해석법에서 주파수를 계산할 필요가 없다. 한편, 교류 회로의 전압과 전류의 진폭과 위상은 독립적인 소스뿐만 아니라 회로에 존재하는 다른 소자에 의해서 결정된다. 결과적으로, 교류 회로 해석은 하나 또는 그 이상의 전압 및 전류의 진폭과 위상의 계산과 관련이 있다. (직류 회로 해석은 진폭에만 관련이 있다.) 페이저 해석은 진폭과 위상을 단일의 양으로 표시할 수 있는 페이저로 인해서 교류 회로 해석에 적합하다.

페이저 해석법에서는 저항, 커패시터와 인덕터가 일반화된 옴의 법칙을 따르는 임피던스 소자로 표현된다. 키르히호프 법칙도 페이저 관계로 일반화할 수 있다. 결과적으로, 교류 회로는 1장과 2장에서 설명한 것과 동일한 직류 방법(예를 들어, 노드 전압, 망전류, 전압 분배, 전류 분배, 중첩, 테브닌과 노턴의 이론 및 소스 변환)을 이용하여 해를 구할 수 있다. 유일한 차이점은 이러한 관계가 페이저, 즉 복소량을 포함한다는 점이다.

이 장에서는 파형의 평균과 실효 진폭을 소개한다. 실효값은 교류 파형과 동일한 전력을 공급하거나 소모하는 데 요구되는 등가의 직류값을 나타내므로, 다른 파형을 비교하는 수단으로 사용될 수 있다.

이 장과 책 전체를 통해서 특별히 언급하지 않는 한, 각도는 라디안(radian) 단위로 표시된다.

LO 학습 목적

1. 커패시터 및 인덕터의 전류, 전압 및 에너지를 계산한다. 3.2절
2. 임의의 주기 파형의 평균과 실효값을 계산한다. 3.3절
3. 시간 영역 정현파 전압과 전류를 페이저 표기법으로 전환하고, 반대로 페이저 표기법을 시간 영역 정현파 전압과 전류로 변환한다. 임피던스를 사용하여 회로를 표현한다. 3.4절, 3.5절
4. 페이저 형태로 표현된 교류 회로에 직류 회로 해석법을 적용한다. 3.6절

3.1 에너지 저장 소자를 포함하는 회로

1장과 2장에서 공부한 저항 회로는 시간에 의존하지 않는다. 전원은 일정한(DC) 값과 시간 의존성이 없는 저항의 i-v 관계(옴의 법칙)를 갖고 있다. 그 결과, 앞에서 얻은 모든 방정식은 대수 방정식이었으며, 전압과 전류는 모두 일정하였다. 정현파 전원이 저항 회로에 존재한다면, 회로의 전압과 전류는 더 이상 일정하지 않고, 대신에 전원과 동일한 주파수를 가지는 정현파가 된다. 정현파 전원을 갖는 회로는 교류 회로로 알려져 있다.

저항만으로 구성된 교류 회로는 직류 회로와 비교하여 새로운 도전을 제공하는 것이 아니다. 그러나 그림 3.1과 같이 커패시터 또는 인덕터가 교류 회로에 도입되는 경우, 결과로 나타나는 거동은 훨씬 더 흥미롭다. 그 이유는 커패시터와 인덕터는 충전(에너지 저장)과 방전(에너지 방출)에 시간이 필요하기 때문이다. 그 결과, 일반적으로 그림 3.2와 같이 교류 회로에서 시간 지연이 나타나며, 위상 변이(phase shift)로 알려진 각도로 표현된다. 따라서 교류 회로의 해석에서는 각 전압 및 전류에 대한 2개의 파라미터인 진폭과 위상을 파악하는 것이 필요하다. 반면에, 직류 회로 해석에서는 하나의 변수인 진폭만을 파악하면 충분하였다.

논의를 명확히 하기 위해, 기존의 정현파 전압원, 저항 및 커패시터로 구성된 그림 3.1에 나타낸 단순한 직렬 루프를 생각해보자. 루프에 KVL을 적용하면

$$v_S - v_R - v_C = 0 \qquad \text{or} \qquad v_R + v_C = v_S \tag{3.1}$$

을 얻는다. 이 회로에 대한 상태 변수는 커패시터에 걸리는 전압 v_C이다. 회로의 상태 변수는 커패시터에 걸리는 전압과 인덕터에 흐르는 전류이다.

저항과 커패시터에 대한 i-v의 관계는 다음과 같다.

$$v_R = i_R R \qquad \text{and} \qquad i_C = C\frac{dv_C}{dt} \tag{3.2}$$

저항 전류와 커패시터 전류는 이 간단한 루프에서 동일하다. 따라서

$$v_R = i_R R = i_C R = RC\frac{dv_C}{dt} \tag{3.3}$$

이 결과를 식 (3.1)에 대입하면

$$RC\frac{dv_C}{dt} + v_C = v_S \tag{3.4}$$

이 되며, 표준형을 찾기 위해 식 (3.4)의 양변을 RC로 나누면

$$\frac{dv_C}{dt} + \frac{1}{RC}v_C = \frac{1}{RC}v_S \tag{3.5}$$

와 같은 1차 선형 상미분 방정식을 얻게 된다. v_C의 해는 과도 해(transient solution) 및 정상상태 해(steady-state solution)의 두 부분으로 나눌 수 있다. 미분 방정식의 완전 해는 두 해를 합한 해이다.

v_R에 대한 미분 방정식은 유사한 형태를 가진다.

$$\frac{dv_R}{dt} + \frac{1}{RC}v_R = \frac{dv_S}{dt} \tag{3.6}$$

이 식의 좌변은 식 (3.5)에서와 동일하다는 점에 유의하라. 오직 우변만 다르다. 상수 RC는 시간의 단위를 가지며, 시상수(time constant)로 알려져 있다.

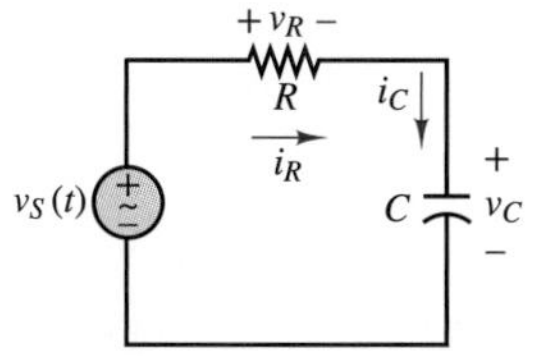

그림 3.1 정현파 전압원을 갖는 간단한 RC 직렬 루프. 전압 v_R, v_C와 전류 i_R, i_C도 주파수가 동일한 정현파이지만, 전압원에 기준하여 시간축 상에서 이동된다.

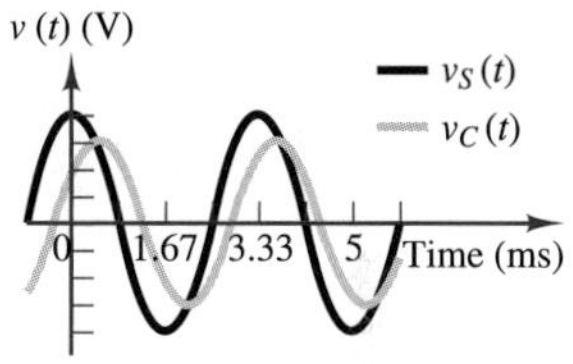

그림 3.2 그림 3.1의 교류 회로 파형

더 복잡한 회로의 경우, 과정이 KVL 및 KCL을 여러 번 적용해야 하는 것과 회로에 여러 개의 저항, 커패시터 및 인덕터가 포함된 것을 제외하고는 거의 같다. 그 결과는 복수의 1차 및 아마 2차의 선형 상미분 방정식이 될 것이다. 그다지 복잡하지 않은 회로에 대해서도, 절차와 결과가 매우 복잡하고 번거롭게 될 가능성이 있다는 것을 상상하는 것은 어렵지 않다.

이러한 복잡함을 피하기 위해서, 가능한 한 시간 미분을 피하고, 정상상태 해와 과도 해를 분리하여 구하는 것이 바람직하다.

- **정상상태 해.** 정상상태 해를 구하기 위해서는, 오일러 공식을 사용하여 정현파를 복소 지수로 표현하고, 커패시터 및 인덕터의 *i-v* 관계에서 시간 미분을 제거한다. 그 결과는 복소 상수와 변수를 갖는 대수 방정식이다. 이 방정식은 표준적인 대수 기법을 사용하여 해를 구할 수 있는데, 문제점은 연산에 실수가 아닌 복소수를 포함한다는 것이다.
- **과도 해.** 가능한 한 테브닌과 노턴의 이론을 사용하여 복잡한 회로를 단순화하고 상태 변수의 해를 구하는 데 집중한다. 단순화된 1차 및 2차 회로는 미분 방정식에 대한 큰 이해가 없더라도 해를 구할 수 있는 잘 확립된 방법들이 있다. 이러한 과도 해는 4장에서 다루어질 것이다.

정현파 전원을 갖는 선형 회로에서, 모든 전압과 전류는 전원과 동일한 주파수의 정현파로 표현되지만, 일반적으로 이들의 진폭과 위상은 전원과는 다르다.

3.2 커패시터와 인덕터

이상 저항은 1장에서 소개가 되었다. 항상 에너지를 소모하는 저항에 더하여, 전기 회로는 에너지를 저장하거나 방출하는 커패시턴스 및 인덕턴스를 포함할 수 있는데 이들은 각기 기계 시스템에서 팽창탱크나 플라이휠과 같은 역할을 한다. 이러한 두 가지 다른 에너지 저장 방법은, 모든 물리적 시스템에 존재하는 실제 커패시터와 인덕터의 거동을 근사화한 이상적인 커패시터와 인덕터로 회로에서 표현된다. 사실, 전기 회로의 모든 구성 소자는 어느 정도의 저항, 인덕턴스, 그리고 커패시턴스 성분을 가지며, 에너지를 소모 혹은 저장하는 능력도 어느 정도 가지고 있다.

커패시터의 에너지는 두 전도판 사이의 전기장에 저장되는 반면에, 인덕터의 에너지는 전도성 코일의 자기장 내 저장된다. 두 소자는 충전(즉, 저장된 에너지가 증가) 또는 방전(즉, 저장된 에너지가 감소)될 수 있다. 이상 커패시터 및 인덕터는 무한하게 에너지를 저장할 수 있다. 그러나 실제 커패시터 및 인덕터는 일반적으로 시간이 지남에 따라 저장된 에너지가 완만히 감소되는 "누설(leakage)"이 나타난다.

커패시터와 인덕터의 관계는 이중성(duality)을 보이는데, 이는 커패시터에서 전압과 전류의 역할이 인덕터에서는 반대로 됨을 의미한다. 이중성의 예는 표 3.1에 나타나 있다. 여기서 C는 커패시턴스이고, L은 인덕턴스이다.

표 3.1 커패시터와 인덕터의 성질

	Capacitors	Inductors
Differential *i-v*	$i = C\dfrac{dv}{dt}$	$v = L\dfrac{di}{dt}$
Integral *i-v*	$v_C(t) = \dfrac{1}{C}\int_{-\infty}^{t} i_C(\tau)\,d\tau$	$i_C(t) = \dfrac{1}{L}\int_{-\infty}^{t} v_L(\tau)\,d\tau$
DC equivalent	Open-circuit	Short-circuit
Two in series	$C_{eq} = \dfrac{C_1 C_2}{C_1 + C_2}$	$L_{eq} = L_1 + L_2$
Two in parallel	$C_{eq} = C_1 + C_2$	$L_{eq} = \dfrac{L_1 L_2}{L_1 + L_2}$
Stored energy	$W_C = \dfrac{1}{2} C v_C^2$	$W_L = \dfrac{1}{2} L i_L^2$

이상 커패시터

커패시터는 전하 분리에 의해서 에너지를 저장하는 소자이다. 일반적으로 임의의 두 전도판이 어느 정도 거리를 가지도록 분리될 때 커패시터(커패시턴스)가 존재한다. 간단한 예는 거리 d에 의해 분리되어 있는 면적 A인 두 평행판이다. 두 판 사이에는 진공, 공기, mica 또는 Teflon과 같은 몇 가지 유전체(dielectric material)로 채워져 있다. 유전체의 커패시턴스에 대한 영향은 유전상수(dielectric constant) κ로 표시된다.[1] 그림 3.3은 커패시터의 일반적인 구성과 회로 기호를 보여준다.

이상적인 평행판 커패시터의 커패시턴스 C는 다음과 같이 표현된다.

$$C = \frac{\kappa \varepsilon_0 A}{d} \tag{3.7}$$

여기서 $\varepsilon_0 = 8.85 \times 10^{-12}$ F/m는 진공의 유전율(permittivity)이다.

전도성 판 사이의 유전체 혹은 진공의 존재는 전하가 한 판에서 다른 판으로 직접 통과하는 것을 허용하지 않는다. 그러나 비록 전하가 이상 커패시터의 한 판에서 다른 판으로 통과할 수는 없지만, 한 판에서 나가서 커패시터가 부착된 회로의 경로를 통해 다른 판으로 들어간다. 그 결과, 커패시터에 흐르는 전류와 등가의 효과를 야기한다.

전하 분리 q_C는 항상 인가 전압 V_C에 비례한다.

$$q_C = CV_C \tag{3.8}$$

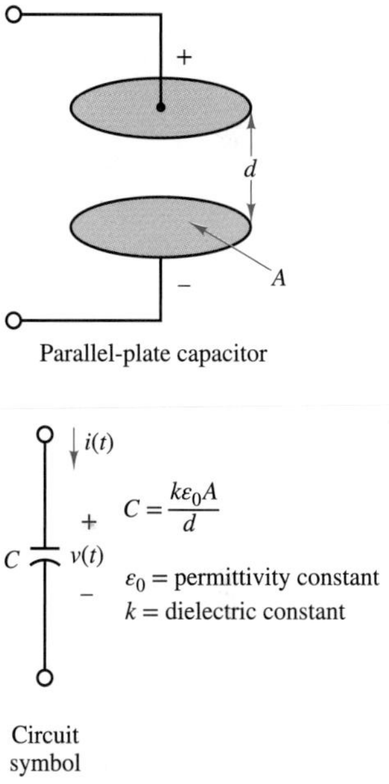

그림 3.3 평행판 커패시터의 구조

[1] 유전물질은 전기 전도체가 아니라 전기장 하에서 양극화되는 쌍극자를 많이 포함하는 물질이다.

여기서 커패시턴스 C는 전하를 축적하는 소자 능력의 척도이다. 커패시턴스의 단위는 coulomb/V 또는 패러드(farad, F)이다. 패러드는 비현실적으로 큰 단위이므로, 보통 마이크로패러드(microfarads, 1 μF = 10^{-6} F) 또는 피코패러드(picofrads, 1 pF = 10^{-12} F)를 사용한다.

커패시터에 흐르는 전류는 저장된 전하의 시간 변화율로 정의된다.

$$i_C(t) = \frac{dq_C(t)}{dt} \tag{3.9}$$

커패시터의 i-v 관계는 식 (3.8)의 양변을 미분한 후에, 그 결과를 식 (3.9)에 대입하여 얻을 수 있다.

$$i_C(t) = C\frac{dv_C(t)}{dt} \qquad \text{커패시터의 } i\text{-}v \text{ 관계} \tag{3.10}$$

식 (3.10)의 즉각적인 의미 중 하나는 직류 회로에서 커패시터에 흐르는 전류가 0이라는 것이다. 왜? 직류 회로에서 커패시터에 걸리는 전압은 정의에 따라 일정하므로, 전압의 시간에 대한 미분은 0이어야 한다. 따라서 식 (3.10)는 커패시터에 흐르는 전류 또한 0이 되어야 한다.

직류 회로의 커패시터는 개방 회로와 등가이다.

LO

식 (3.10)을 적분하면, 커패시터에 흐르는 전류와 커패시터에 걸리는 전압 간의 관계식을 구할 수 있다.

$$\Delta v_C = \frac{1}{C}\int^t i_C(\tau)\,d\tau \tag{3.11}$$

식 (3.11)에서 커패시터에 걸리는 전압의 변화는 커패시터 전류의 시간 적분으로 표현되는 시간이 지남에 따라 축적된 전하에 의해 결정됨을 보여준다. 특정한 시간 t에서의 전압을 계산하기 위해서는, 그 이전 시간 t_0에 커패시터 양단의 초기 전압 V_0를 알 필요가 있다.

$$v_C(t) = V_0 + \frac{1}{C}\int_{t_0}^{t} i_C(\tau)\,d\tau \qquad t \ge t_0 \tag{3.12}$$

등가 커패시턴스

직렬 또는 병렬로 연결된 저항들이 등가 저항으로 표현이 될 수 있듯이, 직렬 또는 병렬로 연결된 커패시턴스 또한 등가 커패시턴스로 표현될 수 있다. 직렬과 병렬인 두 커패시터의 등가 커패시턴스는 각각

$$C_{eq} = \frac{C_1C_2}{C_1 + C_2} \qquad \text{and} \qquad C_{eq} = C_1 + C_2 \tag{3.13}$$

이다. 직렬인 두 커패시터의 등가 커패시턴스는 병렬인 두 저항에 적용되는 규칙과 같이 두 커패시턴스의 곱을 합으로 나눈 값이다. 마찬가지로, 병렬인 두 커패시터의

등가 커패시턴스는 직렬인 두 저항에 적용되는 규칙과 같이 단순히 두 커패시턴스의 합이다. 보다 일반적인 규칙은 그림 3.4에 나와 있다.

LO 등가 커패시턴스를 계산하는 경우, 직렬 커패시터는 병렬 저항처럼, 병렬 커패시터는 직렬 저항처럼 계산한다.

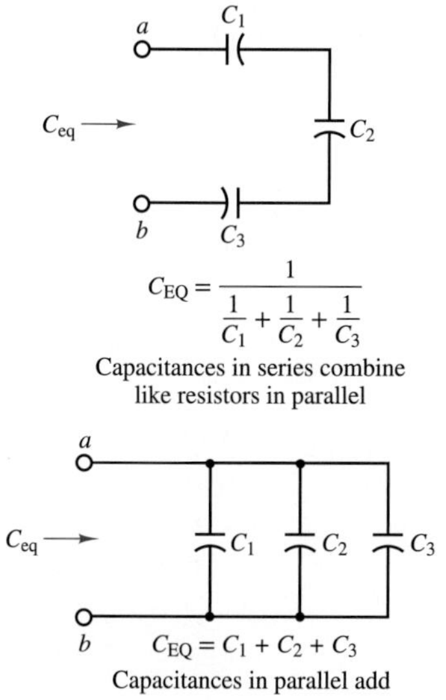

그림 3.4 회로에서의 등가 커패시턴스

개별 커패시터

실제 커패시터는 공기에 의해 분리된 2개의 평행판 구조로 거의 이루어지지 않는데, 이는 이러한 구성을 사용하면 커패시턴스가 매우 작아지거나 매우 큰 면적의 판이 필요하기 때문이다. 커패시턴스를 증가시키기 위해, 실제 커패시터들은 중간에 유전체(즉, 종이 혹은 Myler)가 샌드위치처럼 있는 얇은 금속 막이 단단히 감겨져 있는 구조로 제작된다. 표 3.2에 여러 종류의 커패시터에 대해 전형적인 값, 재질, 최대 전압 정격, 그리고 유용한 주파수 영역이 표시되어 있다.

표 3.2 커패시터의 종류

Material	Capacitance range	Maximum voltage (V)	Frequency range (Hz)
Mica	1 pF to 0.1 μF	100–600	10^3–10^{10}
Ceramic	10 pF to 1 μF	50–1,000	10^3–10^{10}
Mylar	0.001 μF to 10 μF	50–500	10^2–10^8
Paper	1,000 pF to 50 μF	100–10,000	10^2–10^8
Electrolytic	0.1 μF to 0.2 F	3–600	10–10^4

실제 커패시터는 판 사이에 일부 누설이 있다. 불완전한 제작 기술로 인하여 한 판에서 다른 판으로 약간의 전하가 전달되는 것을 막을 수는 없다. 이러한 불완전성은, 이상 커패시터와 병렬로 연결되는 등가 저항으로 나타낼 수 있다.

커패시터에서의 에너지 저장

커패시터에 저장된 에너지 $W_C(t)$는, 에너지가 전류와 전압의 곱인 전력의 시간 적분이라는 정의에 의해서 구할 수 있다.

$$P_C(t) = i_C(t)v_C(t) = C\frac{dv_C(t)}{dt}v_C(t) = \frac{d}{dt}\left[\frac{1}{2}Cv_C^2(t)\right] \tag{3.14}$$

커패시터에 저장된 총 에너지는 다음과 같이 전력을 적분하여 구한다.

$$W_C(t) = \int P_C(\tau)d\tau = \int \frac{1}{d\tau}\left[\frac{1}{2}Cv_C^2(\tau)\right]d\tau$$

$$W_C = \frac{1}{2}Cv_C^2 \quad \text{커패시터에 저장된 에너지} \tag{3.15}$$

LO

측정기술

용량형 변위 변환기와 마이크로폰

그림 3.3에서와 같이 평행판 커패시터(parallel-plate capacitor)의 커패시턴스는

$$C = \frac{\varepsilon A}{d} = \frac{\kappa \varepsilon_0 A}{d}$$

이며, 여기서 ε는 유전체의 **유전율**(permittivity), κ는 유전상수, $\varepsilon_0 = 8.854 \times 10^{-12}$ F/m는 진공의 유전율, A는 각 평판의 면적, d는 분리된 거리이다. 공기의 유전상수는 $\kappa_{\text{air}} \approx 1$이다. 따라서 1 mm의 공극에 의해 분리된, 면적 1 m^2의 평행판 커패시턴스는 매우 큰 면적의 평판임에도 불구하고 매우 작은 8.854 nF에 불과하다. 그 결과, 평행판 커패시터는 대부분의 전자 장치에 사용하기에 실용적이지 않다. 반면에, 평행판 커패시터는 운동 변환기, 즉 대상물의 운동 또는 변위를 측정할 수 있는 장치로 응용된다. 용량형 운동 변환기(capacitive motion transducer)에서, 두 판은 외력이 가해졌을 때 상대 운동이 가능하도록 설계되어 있다. 평행판 커패시터에 대해 방금 구한 커패시턴스를 사용하면 다음 식을 얻을 수 있다.

$$C = \frac{8.854 \times 10^{-3} A}{x} \quad \text{pF}$$

이때 C는 pF 단위의 커패시턴스, A는 mm^2 단위의 평판의 면적이고, x는 mm 단위의 가변 분리 거리이다. x의 변화에 대한 C의 변화는 비선형이라는 점에 주의해야 하는데, 이는 $C \propto 1/x$이기 때문이다. 그러나 x의 작은 변화에 대한 C의 변화는 근사적으로는 선형이다.

이 운동 변환기의 감도 S는 분리된 거리 x의 변화에 대한 커패시턴스 C의 변화율로 정의된다.

$$S = \frac{dC}{dx} = -\frac{8.854 \times 10^{-3} A}{x^2} \quad \frac{\text{pF}}{\text{mm}}$$

그림 3.5에 나타낸 바와 같이, 감도 자체는 분리된 거리의 함수이다. $x \to 0$에 따라, $C(x)$의 기울기가 증가하고 감도 또한 증가한다. 그림 3.5에서 10 mm^2의 면적을 갖는 변환기에 대한 거동을 나타내었다. 이러한 형태의 용량형 변위 변환기는, 음압(sound pressure)에 의해서 얇은 금속박이 변형되는 콘덴서 마이크로폰에서 실제 사용되고 있다. 커패시턴스의 변화는 적절한 회로에 의하여 전압 또는 전류의 변화로 변환될 수 있다. 그림 3.6은 압력 차의 측정을 가능하게 하는 이 개념의 확장된 구조를 보여준다. 3단자 가변 커패

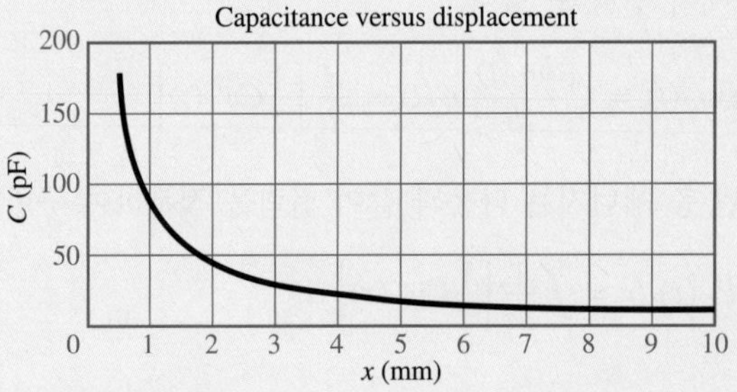

그림 3.5 용량성 변위 변환기의 응답

(계속)

(계속)

시터는 2개의 단단한 평판과 그 사이에 얇고 유연한 평판(주로 철로 제작)으로 구성된다. 일반적으로 단단한 표면은 유리 디스크로 연마되고, 전도성 물질로 코팅된 구형 함몰부이다. 입구 오리피스가 편향판(deflecting plate)을 외부의 유체 혹은 기체에 노출시킨다. 편향판의 양면에 가해지는 압력이 동일할 때, 단자 b와 d 사이의 커패시턴스 C_{db}는 단자 b와 c 사이에 C_{bc}와 같을 것이다. 압력 차이가 발생하면, 얇고 유연한 판이 단단한 평판 중 한 판 쪽으로 휘어지고 다른 판으로부터는 멀어진다. 그 결과, 2개의 커패시턴스는 변하게 되는데, 편향판이 가까워진 평판의 커패시턴스는 증가하고, 반대쪽 평판의 커패시턴스는 감소한다.

그림 3.6과 같은 휘트스톤 브리지 회로의 출력 전압 v_{out}은, 변환기에 걸리는 압력 차가 0일 때 정확하게 0으로 설정된다.

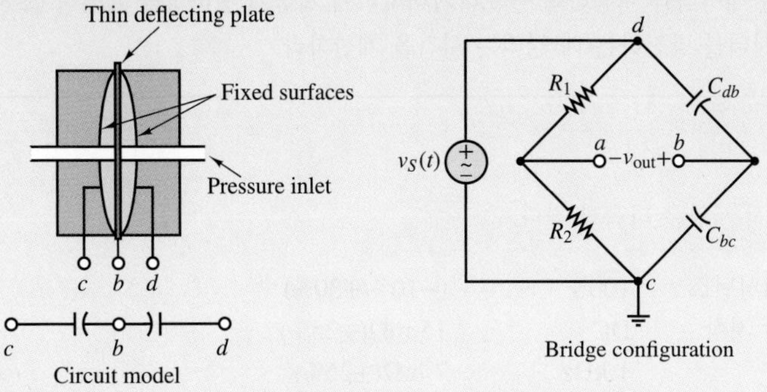

그림 3.6 용량성 압력 변환기와 관련된 브리지 회로

울트라커패시터에서의 전하 분리

예제 3.1

문제

울트라커패시터(ultracapacitors)는 하이브리드 전기 자동차의 배터리에 대한 대체 또는 보충용을 포함하여 다양한 분야에서 찾아볼 수 있다. 이러한 "슈퍼커패시터"는 전해액을 극화하여 전기적으로 에너지를 저장한다. 비록 그것이 전기화학적 장치이지만[또한 전기화학적 이중층 커패시터(electrochemical double-layer capacitor)로 알려져 있다] 에너지 저장 메커니즘에 화학 반응은 없다. 이 메커니즘은 매우 가역적이어서 울트라커패시터는 수십만 번을 충전하고 방전할 수 있다. 울트라커패시터는 전해질 속에 2개의 무반응성의 다공성 판이 걸려 있고, 그 판의 양단에 전압이 가해지는 형태로 볼 수 있다. 양극판에 걸려 있는 전위가 전해질 안의 음이온을 끌어당기고, 음극판에 걸리는 전위는 양이온을 끌어당긴다. 이는 효과적으로 용량성 저장(capacitive storage)의 이중층을 만드는데, 한 층은 양극판에 분리된 전하들이고, 다른 층은 음극판에 분리된 전하들이다.

커패시터는 전기 전하가 분리된 형태로 에너지를 저장한다는 것을 상기하자. 저장 면적이 넓고 분리된 거리가 가까울수록 커패시턴스는 커진다. 전형적인 커패시터의 면적은 편평한 전도성 물질의 판으로부터 형성된다. 큰 커패시턴스를 얻기 위해서, 이 물질이 대단히 길게 감거나 때로는 면적을 넓히기 위해 결이 새겨지기도 했다. 전형적인 커패시터는 충전된 판을 유전체로 분리하는데, 종종 플라스틱이나 종이막 혹은 세라믹이 이용되기도 한다. 이러한 유전체는 사용할 수 있는 필름이나 적용 가능한 재료만큼 얇게 만들 수 있다.

울트라커패시터는 그림 3.7에서처럼 다공성 탄소 성분의 전극 재료를 사용하여 면적을 얻는다. 이 재료의 다공성 구조는 면적이 2,000 m^2/g 정도이므로 평판이나 결이 새겨진 판으로부터 얻는 면적보다 훨씬 넓은 면적을 얻을 수 있다. 울트라커패시터의 전하 분리 거리는 충전된 전극에 끌려온 전해질 안의 이온 크기에 의해 결정된다. 이 전하 분리는 (10 Å보다 작은) 전형적인 유전체를 이용한 것보다 훨씬 작다. 거대한 표면적과 극도로 작은 전하 분리 거리의 조합은 울트라커패시터가 전형적 커패시터에 비해 뛰어난 용량을 갖도록 한다.

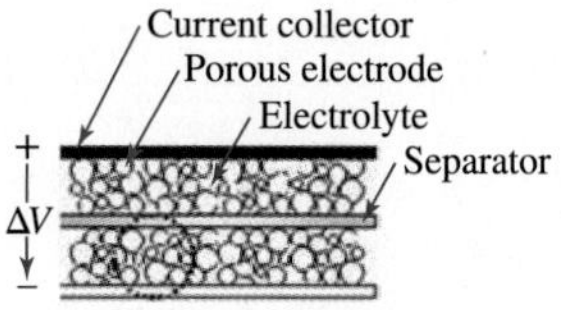

그림 3.7 울트라커패시터의 구조

주어진 데이터를 이용하여 울트라커패시터에 저장된 전하량을 계산하고, 최대 정격 전류에서 커패시터를 방전하는 데 걸리는 시간을 계산하라.

풀이

기지: 기술적 사양은 다음과 같다.

커패시턴스	100 F	(−10%/+30%)
직결 저항	DC	15 mΩ(±25%)
	1 kHz	7 mΩ(±25%)
전압	Continuous	2.5 V; peak 2.7 V
정격 전류	25 A	

미지: 공칭 전압에서의 전하 분리와 최대 정격 전류에서 완전히 방전할 때까지의 시간

해석: 커패시터의 전하 저장의 정의에 기반하여 계산하면

$$Q = CV = 100\text{ F} \times 2.5\text{ V} = 250\text{ C}$$

로 구해진다. 울트라커패시터가 방전하는 데 걸리는 시간을 구하려면, 다음과 같이 전류를 근사시킨다.

$$i = \frac{dq}{dt} \approx \frac{\Delta q}{\Delta t}$$

유용한 전하가 250 C이고, 25A의 일정한 방전 전류를 가정하면, 완전한 방전에 걸리는 시간은

$$\Delta t = \frac{\Delta q}{i} = \frac{250\text{ C}}{25\text{ A}} = 10\text{ s}$$

와 같다. 식 (3.15)를 사용하여 에너지를 구하면 다음과 같다.

$$W_C = \frac{1}{2}Cv_C^2 = \frac{1}{2}(100\text{ F})(2.5\text{ V})^2 = 312.5\text{ J}$$

전압으로부터 커패시터 전류의 계산

예제 3.2

문제

커패시터 단자 전압으로부터 커패시터에 흐르는 전류를 계산하라.

풀이

기지: $t > 0$일 때 커패시터 단자 전압, 커패시턴스

미지: $t > 0$일 때 커패시터 전류

가정: 없음.

주어진 데이터 및 그림: $v(t) = 5(1 - e^{-t/10^{-6}})$ V, $t \geq 0$ s, $C = 0.1$ μF. 단자 전압은 그림 3.8에 도시되어 있다.

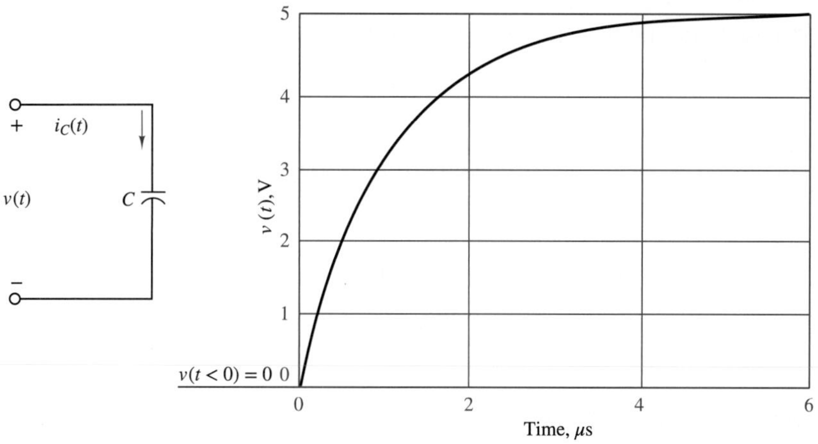

그림 3.8

가정: 커패시터는 초기에 방전되어 있다. $v(t = 0) = 0$

해석: 커패시터에 걸리는 전압을 미분하여 커패시터에 흐르는 전류를 얻을 수 있다.

$$i_C(t) = C\frac{dv(t)}{dt} = 10^{-7}\frac{5}{10^{-6}}\left(e^{-t/10^{-6}}\right) = 0.5\,e^{-t/10^{-6}} \quad \text{A} \qquad t \geq 0$$

커패시터 전류 그래프가 그림 3.9에 도시되어 있다. 어떻게 $t = 0$ 직후에 전류가 순간적으로 0.5 A로 뛰는지 주의하라. 커패시터 전류가 순간적으로 변할 수 있는 능력은 커패시터의 중요한 성질이다.

참조: 전압이 일정한 값 5 V에 접근할 때, 커패시터에 저장된 전하는 최댓값에 도달하고, 전류는 더 이상 커패시터에 흐르지 않는다. 총 저장 전하는 $Q = 0.5 \times 10^{-6}$ C이다. 이는 매우 작은 전하의 양이지만, 짧은 시간 동안에 상당한 양의 전류를 생산할 수 있다. 예를 들어, 완전히 충전된 커패시터는 5 μs의 시간 동안 100 mA의 전류를 공급할 수 있다.

$$I = \frac{\Delta Q}{\Delta t} = \frac{0.5 \times 10^{-6}}{5 \times 10^{-6}} = 0.1\ \text{A}$$

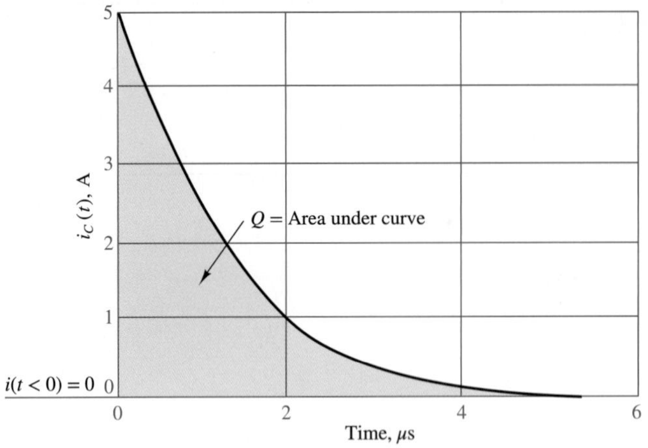

그림 3.9

실제 회로 내에서 커패시터의 에너지 저장 성질이 매우 유용하게 이용된다.

예제 3.3 전류와 초기 조건으로부터 커패시터 전압의 계산

LO

문제

커패시터 전류와 초기 충전으로부터 커패시터에 걸리는 전압을 구하라.

풀이

기지: 커패시터 전류, 초기 커패시터 전압, 커패시턴스

미지: 시간의 함수로 나타낸 커패시터 전압

주어진 데이터 및 그림:

$$i_C(t) = \begin{cases} 0 & t < 0\,\text{s} \\ 10\,\text{mA} & 0 \le t \le 1\,\text{s} \\ 0 & t > 1\,\text{s} \end{cases}$$

$$v_C(t = 0) = 2\ \text{V} \qquad C = 1{,}000\ \mu\text{F}$$

커패시터 전류는 그림 3.10(a)에 도시되어 있다.

가정: 커패시터는 초기에 $V_0 = v_C(t = 0) = 2$ V로 충전되어 있다.

해석: 전류가 알려져 있을 때, 커패시터의 전압과 전류의 적분 관계를 사용하여 전압을 구할 수 있다.

$$\Delta v = \frac{1}{C}\int_0^t i_C(\tau)d\tau = 10t \qquad t \ge 0$$

$$v_C(t) = \begin{cases} 10t + 2\ \text{V} & 0 \le t \le 1\,\text{s} \\ 12\ \text{V} & t > 1\,\text{s} \end{cases}$$

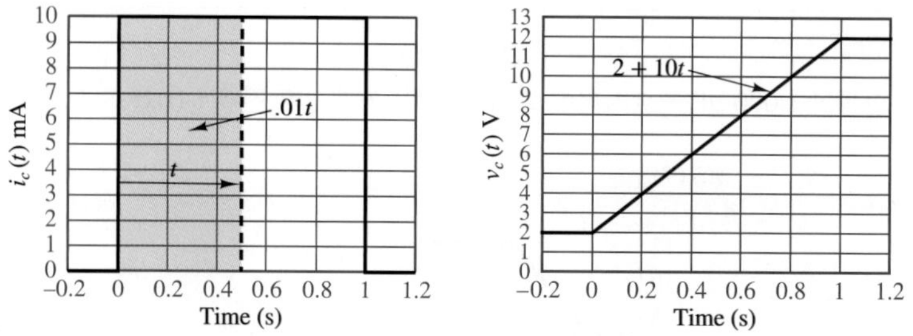

(a) (b)

그림 3.10

참조: $t = 1$ s에서 전류가 멈추고 나면, 커패시터의 전압은 전하가 일정하게 유지되기 때문에 일정하게 유지된다. 즉, $t = 1$ s일 때 $V = Q/C = \text{constant} = 12$ V이다. 커패시터 전압의 최종값은 다음 2개의 인자에 의존한다: (1) 커패시터 전압의 초기값과, (2) 커패시터 전류의 변화. 그림 3.10(a)와 (b)는 시간에 함수로 커패시터 전류와 전압을 나타낸다.

연습 문제

예제 3.1의 울트라커패시터와 전력 전자 응용에 사용되는 (비슷한 크기의) 전해 커패시터(electrolytic capacitor)에 저장되는 에너지와 비교하라. 정격이 400 V인 2000 μF 전해 커패시터에 저장되는 에너지를 계산하라.

Answer: 160 J

연습 문제

예제 3.1의 울트라커패시터에서 발생하는 전하 분리와 전력 전자 응용에 사용되는 (비슷한 크기의) 전해 커패시터에서의 전하 분리를 비교하라. 정격이 400 V인 2,000 μF 전해 커패시터에서의 전하 분리를 계산하라.

Answer: 0.8 C

연습 문제

만일 커패시터 전압이 $0 \le t \le 5$ s에서 $v_C(t) = 5t + 3$ V라면, 예제 3.3의 커패시터에 흐르는 최대 전류를 구하라.

Answer: 5 mA

연습 문제

다음 그림의 전압 파형이 1,000 μF 커패시터에 걸리고 있다. 커패시터 전류 $i_C(t)$를 도시하라.

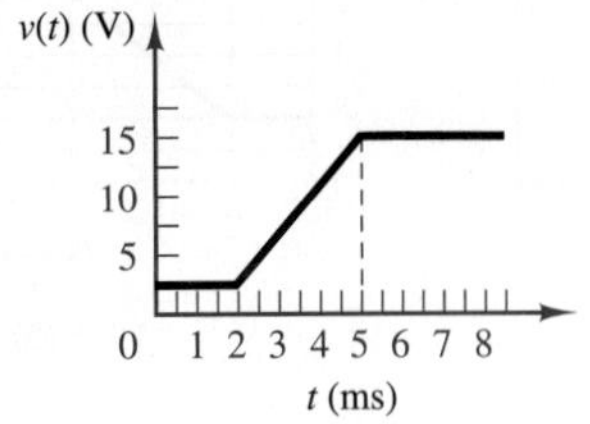

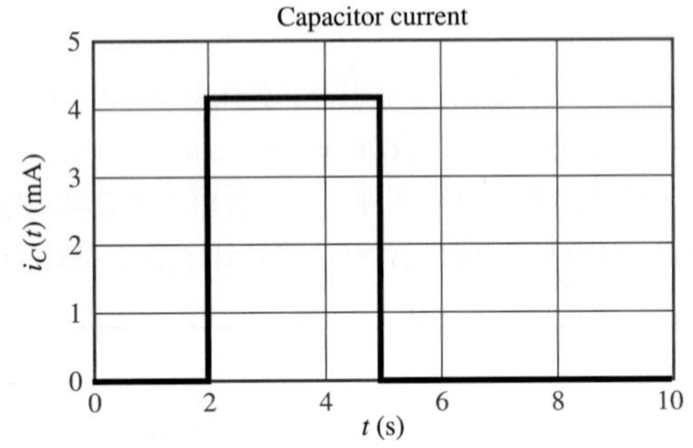

이상 인덕터

인덕터는 전도 코일 내부와 주위의 자기장 내에서 에너지를 저장할 수 있는 소자이다. 일반적으로 도선이 루프를 형성하면 인덕턴스(inductance)가 존재한다. 간단한 예로 길이 ℓ, 단면적이 A이며, 좁고 빽빽이 N번 코일을 감은 솔레노이드(solenoid)가 있다. 인덕터는 그림 3.11에서처럼 절연체 또는 강자성체(ferromagnetic material)인 **자심**(core) 주위에 도선을 감아서 만들어진다. 전류가 코일을 통과하면서 코어 내부와 주위에 자기장이 형성된다. 이상 인덕터에서, 코일의 저항은 0이다.

인덕턴스 L은 다음의 비로 정의된다.

$$L \equiv \frac{N\Phi}{i_L}$$

여기서 Φ는 인덕터의 코어에 흐르는 자속(magnetic flux)이며, i_L은 인덕터 코일에 흐르는 전류이다. 이상 솔레노이드의 인덕턴스는

$$L = \frac{\mu N^2 A}{\ell}$$

이다. 여기서 μ는 코어의 투자율(permeability)이다. 많은 응용에 사용되는 다른 형태의 인덕터로는 그림 3.11에 표시된 토로이드(toroid)가 있다.

코일의 인덕턴스는 헨리(H)로 측정된다.

$$1\,\text{H} = 1\,\text{V-s/A} \tag{3.16}$$

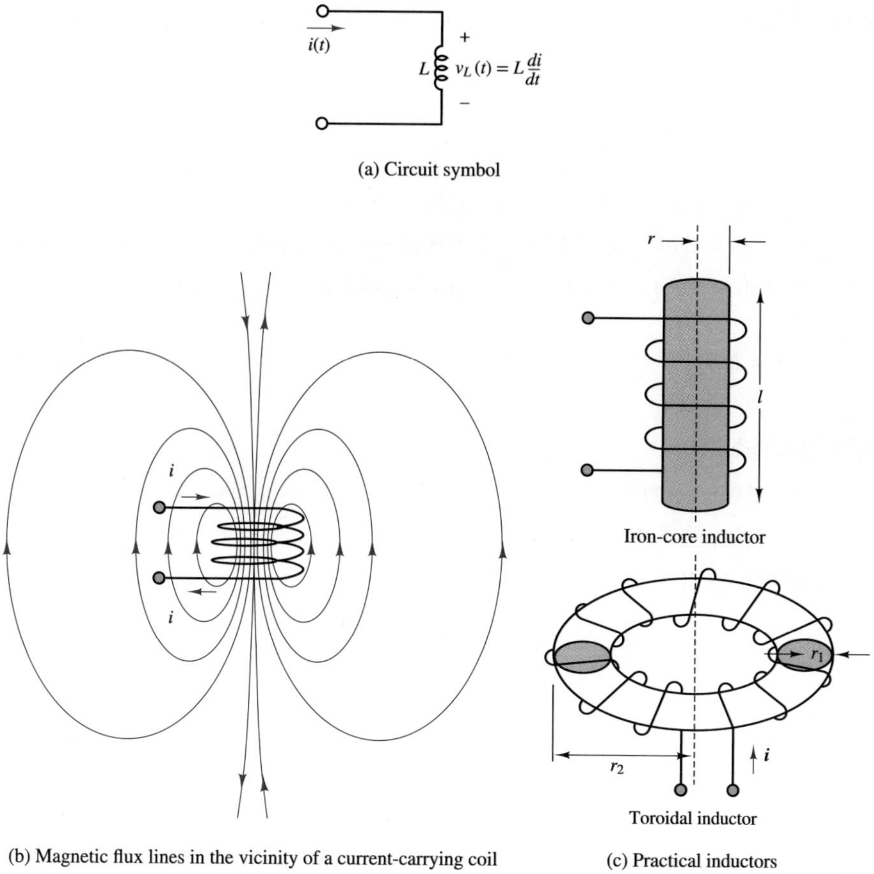

(a) Circuit symbol

(b) Magnetic flux lines in the vicinity of a current-carrying coil

(c) Practical inductors

그림 3.11 인덕턴스와 실제 인덕터

비록 밀리헨리(mH)가 매우 흔하고 마이크로헨리(mH)는 가끔 사용되지만, 헨리(H)는 실용적인 인덕터에 대해서 적절한 단위이다.

인덕터의 i-v 관계는 패러데이의 전자기 유도 법칙(Faraday's law of induction)에서 직접 유도되는데, 이때 인덕턴스의 정의로부터 총 자속 $N\Phi$을 Li로 대체한다. 결과는 아래와 같다.

$$v_L(t) = L\frac{di_L(t)}{dt} \quad \text{인덕터의 } i\text{-}v \text{ 관계} \tag{3.17}$$

식 (3.17)의 즉각적인 의미 중 하나는 직류 회로에서 인덕터에 걸리는 전압이 0이라는 것이다. 이는 직류 회로에서 인덕터에 흐르는 전류는 정의에 의해서 일정해야 하므로, 전류의 시간에 대한 미분은 0이 되어야 한다. 따라서 식 (3.17)의 인덕터에 걸리는 전압 또한 0이 되어야 한다.

직류 회로에서 인덕터는 단락 회로와 등가이다.

식 (3.17)을 적분하면, 인덕터에 흐르는 전류와 인덕터에 걸리는 전압 간의 관계식을 구할 수 있다.

$$\Delta i_L = \frac{1}{L}\int^{t} v_L(\tau)\,d\tau \tag{3.18}$$

식 (3.18)은 인덕터에 흐르는 전류의 변화는 인덕터에 걸리는 전압의 변화 이력에 의존한다는 것을 나타낸다. 특정 시간 t에서의 전류를 계산하기 위해서는, 이전 시간 t_0에서 인덕터에 흐르는 전류 I_0를 아는 것이 필요하다.

$$i_L(t) = I_0 + \frac{1}{L}\int_{t_0}^{t} v_L(\tau)\,d\tau \qquad t \geq t_0 \tag{3.19}$$

등가 인덕턴스

직렬 또는 병렬로 연결된 저항 등가 저항으로 나타낼 수 있듯이, 직렬 또는 병렬로 연결된 인덕턴스 또한 등가 인덕턴스로 표현될 수 있다. 직렬 및 병렬인 두 인덕터의 등가 인덕턴스는 각각

$$L_{\text{eq}} = L_1 + L_2 \qquad \text{and} \qquad L_{\text{eq}} = \frac{L_1 L_2}{L_1 + L_2} \tag{3.20}$$

이다. 직렬인 두 인덕터의 등가 인덕턴스는 직렬인 두 저항에 적용되는 규칙과 같이 단순히 두 인덕턴스의 합이다. 마찬가지로 병렬인 두 인덕터의 등가 인덕턴스는 병렬인 두 저항에 적용되는 규칙과 같이, 두 인덕턴스의 곱을 합으로 나눈 값이다. 보다 일반적인 규칙은 그림 3.12에 나와 있다.

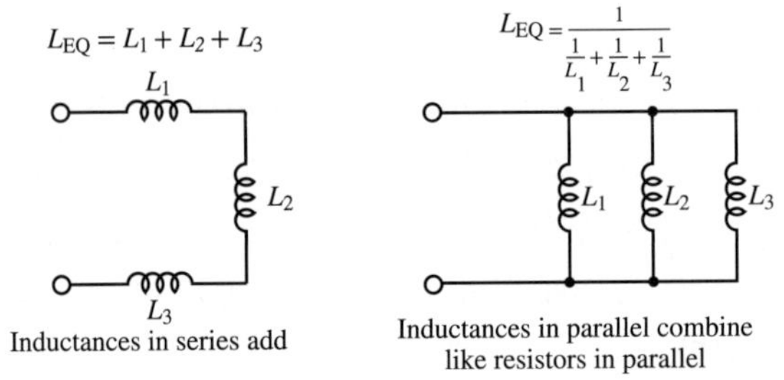

그림 3.12 회로에서 등가 인덕턴스

> 등가 인덕턴스를 계산하는 경우, 직렬 인덕터는 직렬 저항처럼, 병렬 인덕터는 병렬 저항처럼 계산한다.

이중성

커패시터와 인덕터의 관계는 이중성(duality)을 보이는데, 이는 인덕터에서 전압과 전류의 역할이 커패시터에서는 반대로 됨을 의미한다. 예를 들어, 커패시터와 인덕

터의 i-v 관계는 각각 다음과 같다.

$$i = C\frac{dv}{dt} \qquad \text{and} \qquad v = L\frac{di}{dt}$$

인덕터의 관계는 커패시터의 관계에서 i를 v로, v를 i로 대체하여 얻을 수 있다는 점을 유의해야 한다. 물론 커패시턴스 C와 인덕턴스 L을 대체하는 것도 필요하다. 이중성의 또 다른 예는 커패시터와 인덕터의 에너지 저장 관계에서 찾을 수 있다.

이중성은 명시적으로 전압과 전류가 포함되지 않은 다른 관계에서도 작동한다. 예를 들어, 등가 커패시턴스와 등가 인덕턴스를 계산하기 위한 규칙을 고려하자. 병렬의 커패시터가 직렬의 인덕터처럼 계산되고, 직렬의 커패시터는 병렬의 인덕터처럼 계산된다. 이중성의 또 다른 예는 커패시터와 인덕터의 직류 거동에서 볼 수 있다. 직류 회로에서 인덕터는 단락 회로와 같은 역할을 하는 반면에, 커패시터는 개방 회로처럼 동작한다.

인덕터에서의 에너지 저장

인덕터에 저장된 에너지 $W_L(t)$는 에너지가 전류와 전압의 곱인 전력의 시간 적분이라는 정의에 의해서 구할 수 있다.

$$P_L(t) = i_L(t)v_L(t) = i_L(t)L\frac{di_L(t)}{dt} = \frac{d}{dt}\left[\frac{1}{2}Li_L^2(t)\right] \tag{3.21}$$

인덕터에 저장된 총 에너지는 전력의 시간 적분이다.

$$W_L(t) = \int P_L(\tau)\,d\tau = \int \frac{d}{d\tau}\left[\frac{1}{2}Li_L^2(\tau)\right]d\tau$$

LO

$$\boxed{W_L = \frac{1}{2}Li_L^2 \qquad \text{인덕터에 저장된 에너지}} \tag{3.22}$$

다시 한번, 식 (3.15)의 커패시터 내에 저장된 에너지에 대한 식의 이중성을 주목해서 보라.

표 3.3 전기와 유체 회로의 유사성

Property	Electric element or equation	Hydraulic analogy
Potential variable	Voltage or potential difference	Pressure difference
Flow variable	Current	Fluid volume flow rate
Resistance	Resistor R	Fluid resistor R_f
Capacitance	Capacitor C	Fluid capacitor C_f
Inductance	Inductor L	Fluid inertor I_f
Power dissipation	$P = i^2R$	$P_f = q_f^2R_f$
Potential energy storage	$W_p = \frac{1}{2}Cv^2$	$W_p = \frac{1}{2}C_fp^2$
Kinetic energy storage	$W_k = \frac{1}{2}Li^2$	$W_k = \frac{1}{2}I_fq_f^2$

예제 3.4 전류로부터 인덕터 전압의 계산

문제

인덕터 전류로부터 인덕터에 걸리는 전압을 계산하라.

풀이

기지: 인덕터 전류, 인덕턴스

미지: 인덕터 전압

주어진 데이터 및 그림:

$$i_L(t) = \begin{cases} 0\ \text{mA} & t \le 1\ \text{ms} \\ -\dfrac{0.1}{4} + \dfrac{0.1}{4}t \quad \text{mA} & 1 \le t \le 5\ \text{ms} \\ 0.1\ \text{mA} & 5 \le t \le 9\ \text{ms} \\ 13 \times \dfrac{0.1}{4} - \dfrac{0.1}{4}t \quad \text{mA} & 9 \le t \le 13\ \text{ms} \\ 0\ \text{m} & t \ge 13\ \text{ms} \end{cases}$$

$$L = 10\ \text{H}$$

여기서 시간 t는 milliseconds이다. 인덕터 전류는 그림 3.13에 도시되어 있다.

가정: $i_L(t = 0) \le 0$

해석: 인덕터에 걸리는 전압은 전류를 미분하고 인덕턴스 L을 곱함으로써 얻을 수 있다.

$$v_L(t) = L\frac{di_L(t)}{dt}$$

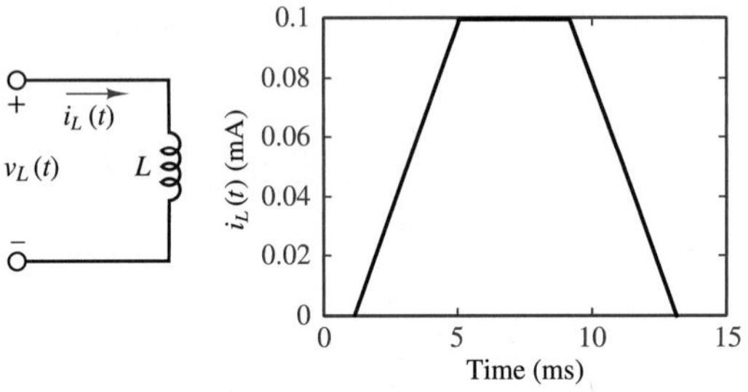

그림 3.13

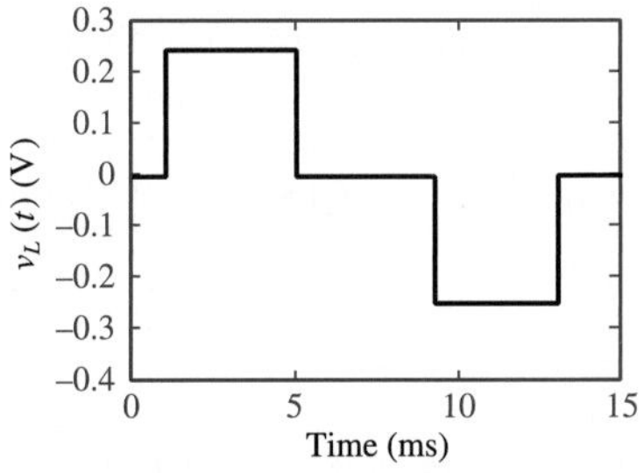

그림 3.14

인덕터 전류에 대한 식을 구간별로 미분하면 다음과 같다.

$$v_L(t) = \begin{cases} 0\ \text{V} & t < 1\ \text{ms} \\ 0.25\ \text{V} & 1 < t < 5\ \text{ms} \\ 0\ \text{V} & 5 < t < 9\ \text{ms} \\ -0.25\ \text{V} & 9 < t < 13\ \text{ms} \\ 0\ \text{V} & t > 13\ \text{ms} \end{cases}$$

그림 3.14에 인덕터 전압이 도시되어 있다.

참조: 인덕터의 전압은 순간적으로 변화가 가능하므로 불연속일 수 있다.

전압으로부터 인덕터 전류의 계산

예제 3.5

문제

인덕터에 걸리는 전압과 초기 전류의 시간 선도를 사용하여, 인덕터에 흐르는 전류를 시간의 함수로 계산하라.

풀이

기지: 인덕터 전압, 초기 조건($t = 0$에서의 전류), 인덕턴스

미지: 인덕터 전류

주어진 데이터 및 그림:

$$v(t) = \begin{cases} 0\,\text{V} & t < 0\,\text{s} \\ -10\,\text{mV} & 0 < t < 1\,\text{s} \\ 0\,\text{V} & t > 1\,\text{s} \end{cases}$$

$$L = 10\,\text{mH}; \qquad i_L(t = 0) = I_0 = 0\,\text{A}$$

인덕터에 걸리는 전압은 그림 3.15(a)에 도시되어 있다.

해석: 인덕터에 흐르는 전류를 구하기 위해 인덕터에 대한 적분 i-v 관계를 사용한다.

$$i_L(t) = i_L(t_0) + \frac{1}{L}\int_{t_0}^{t} v(\tau)\,d\tau \qquad t \geq t_0$$

$$= \begin{cases} I_0 + \dfrac{1}{L}\displaystyle\int_0^t (-10 \times 10^{-3})\,d\tau = 0 + \dfrac{-10^{-2}}{10^{-2}}t = -t\,\text{A} & 0 \leq t \leq 1\,\text{s} \\ -1\,\text{A} & t \geq 1\,\text{s} \end{cases}$$

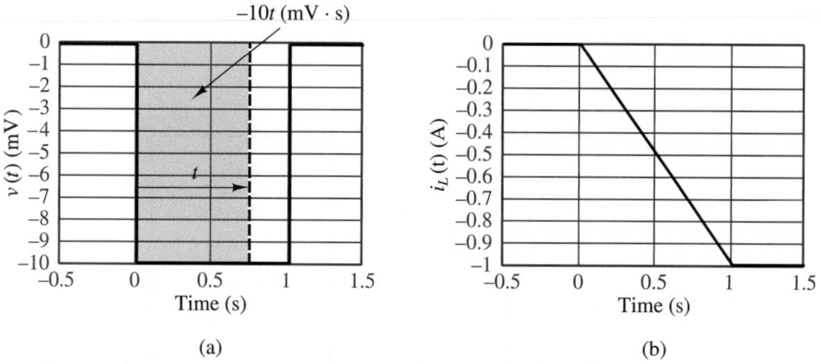

그림 3.15

인덕터 전류는 그림 3.15(b)에 도시되어 있다.

참조: 인덕터 전압은 순간적으로 변할 수 있으므로 불연속일 수 있다.

점화 코일에서의 에너지 저장

예제 3.6

문제

차량의 점화 코일에 저장되는 에너지를 계산하라.

풀이

기지: 초기 인덕터 전류($t = 0$에서의 전류), 인덕턴스

미지: 인덕터에 저장되는 에너지

주어진 데이터 및 그림: $L = 10$ mH, $i_L = 8$ A

해석:

$$W_L = \frac{1}{2}Li_L^2 = \frac{1}{2}\times 10^{-2}\times 64 = 32\times 10^{-2} = 320\,\text{mJ}$$

참조: 차량의 점화 코일에 대한 보다 자세한 해석은 과도 전압과 전류에 대한 해석을 포함하는 4장에서 논의된다.

연습 문제

다음 파형은 50 mH 인덕터에 흐르는 전류이다. 인덕터 전압 $v_L(t)$를 도시하라.

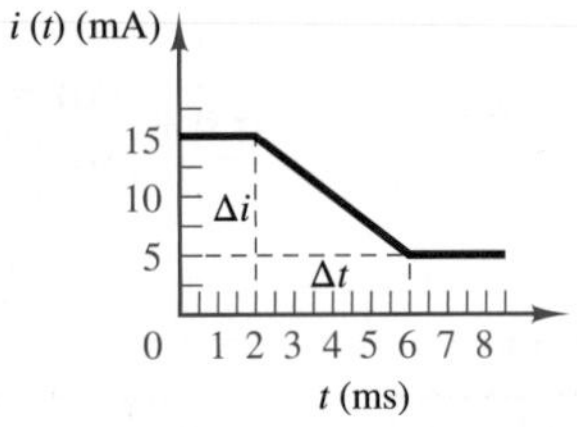

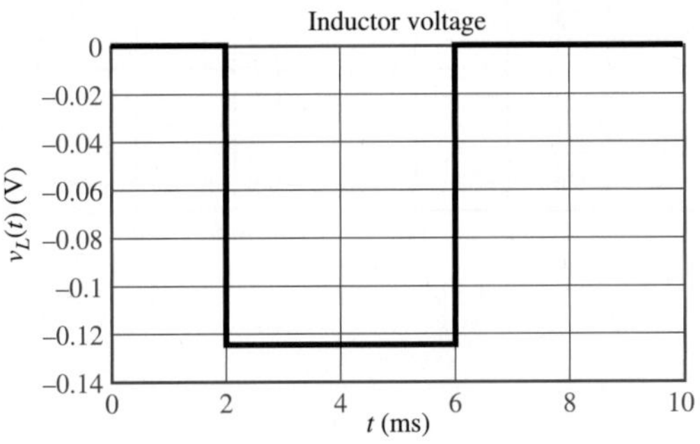

연습 문제

인덕터 전류가 $0 \le t \le 2$ s에서 $i_L(t) = -2t(t-2)$ A이고, 다른 시간에서는 0일 때, 10 mH 인덕터에 걸리는 최대 전압을 구하라.

Answer: 40 mV

연습 문제

50 mH 인덕터에 대하여 다음 전류 파형이 주어진다면, 인덕터 에너지와 전력을 계산하고 도시하라. t = 3 ms에서 저장된 에너지는 얼마인가?

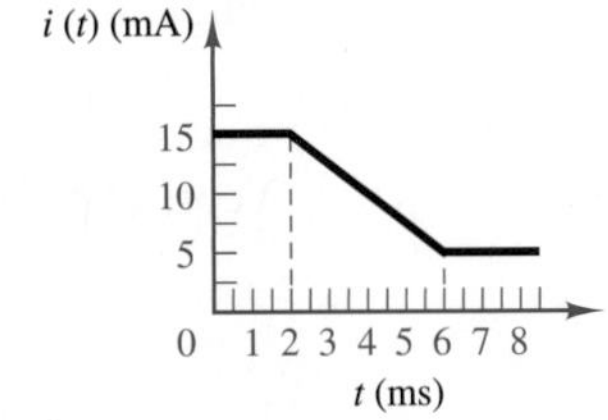

Answer:

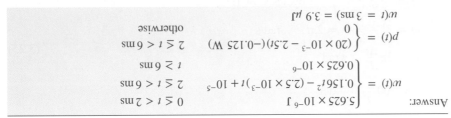

$$w(t) = \begin{cases} 5.625 \times 10^{-6}\ \text{J} & 0 \le t < 2\ \text{ms} \\ 0.156t^2 - (2.5 \times 10^{-3})t + 10^{-5} & 2 \le t < 6\ \text{ms} \\ 0.625 \times 10^{-6} & t \ge 6\ \text{ms} \end{cases}$$

$$p(t) = \begin{cases} (20 \times 10^{-3} - 2.5t)(-0.125\ \text{W}) & 2 \le t < 6\ \text{ms} \\ 0 & \text{otherwise} \end{cases}$$

$$w(t = 3\ \text{ms}) = 3.9\ \mu\text{J}$$

3.3 시간 의존 파형

시간 의존 주기 파형(periodic waveform)은 실제 응용 프로그램에서 자주 나타나고, 많은 실제 현상을 근사하는 데 유용하다. 예를 들어, 전력은 전 세계에서 주기적인 (즉, 50~60 Hz의 정현파) 전압 및 전류의 형태로 발전되어 산업 및 가정에 공급된다. 일반적으로 주기 파형 $x(t)$는 다음 식을 만족한다.

$$x(t) = x(t + nT) \qquad n = 1, 2, 3, \ldots \tag{3.23}$$

여기서 T는 $x(t)$의 주기이다. 그림 3.16에서 전기 회로를 연구하는 데 자주 나오는 많은 주기 파형들을 보여주고 있다. 정현파, 삼각파, 사각파, 펄스파 그리고 톱니파와 같은 파형들이 상업적으로 이용할 수 있는 신호 발생기에 의해 전압(또는, 흔하지 않지만 전류)의 형태로 제공된다.

이 장에서는, 시간에 따라 변하는 전압과 전류, 그리고 특히 정현파 신호를 소개한다. 그림 3.17에서 시간 의존 전원을 표시하기 위해 이용된 규약을 보여준다.

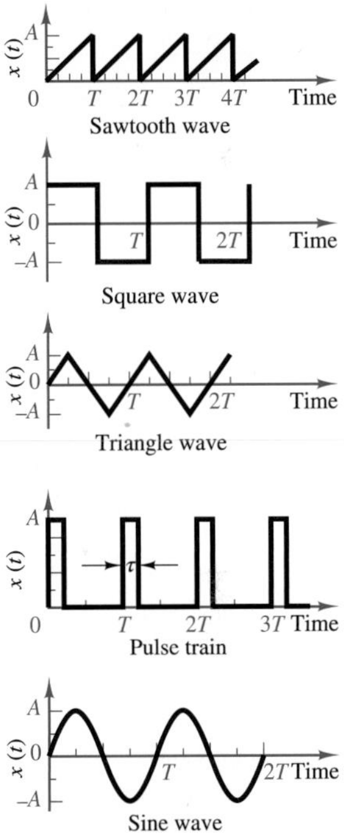

그림 3.16 주기 파형

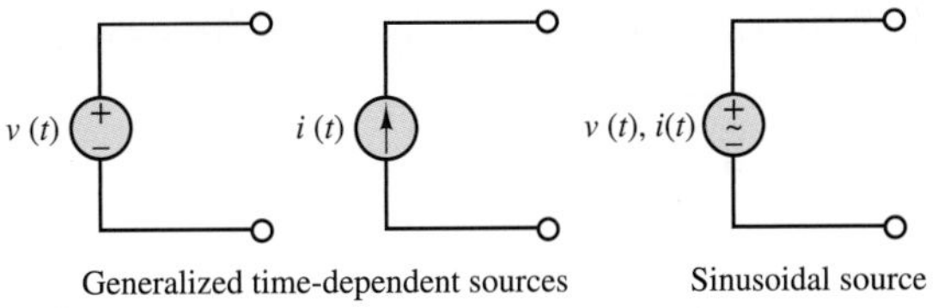

그림 3.17 시간 의존 전원

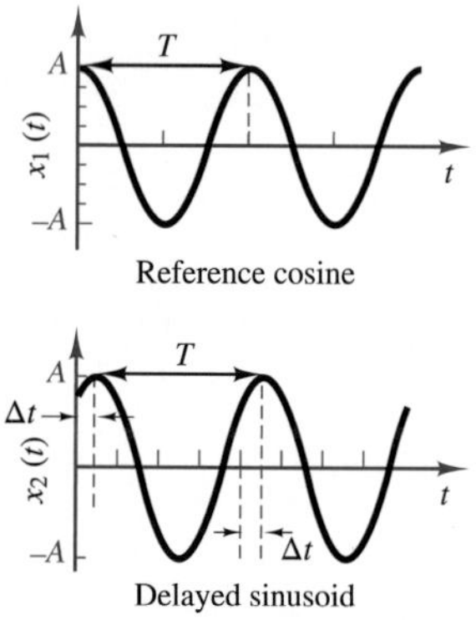

그림 3.18 정현 파형은 각 주파수 ω, 진폭 A, 위상각 ϕ의 3가지 파라미터를 가진다. 일반적으로, $\omega T = 2\pi$ 및 $\phi = 2\pi\ \Delta t/T$인데, 여기서 T는 주기이고, Δt는 기준 파형에 대한 시간 지연이다.

정현파는 시간 의존 파형들 중에서 중요한 파형이다. 일반화된 정현파는 다음과 같이 정의된다.

$$x(t) = A\cos(\omega t + \phi) \tag{3.24}$$

여기서 A는 진폭(amplitude), ω는 각 주파수(angular frequency), ϕ는 위상각(phase angle)이다. 그림 3.18에서 파형에 대한 A, ω 그리고 ϕ의 정의를 요약했다.

$$x_1(t) = A\cos(\omega t) \qquad \text{and} \qquad x_2(t) = A\cos(\omega t + \phi)$$

여기서

$$\begin{aligned} f &= \text{진동수} = \frac{1}{T} \qquad \text{cycles/s, or Hz} \\ \omega &= \text{각 주파수} = 2\pi f \qquad \text{rad/s} \\ \phi &= 2\pi\frac{\Delta t}{T} \qquad \text{rad} \\ &= 360\frac{\Delta t}{T} \qquad \text{deg} \end{aligned} \tag{3.25}$$

위상 변이(phase shift) ϕ의 값은 기준 정현파에 대한 다른 정현파(전형적으로, 코사인파)의 시간 지연의 척도이다. 예를 들어, 사인파는 $\pi/2$ radian의 위상 변이를 도입하면 코사인파의 항으로 표현할 수 있다.

$$A\sin(\omega t) = A\cos\left(\omega t - \frac{\pi}{2}\right) \tag{3.26}$$

음의 위상각은 우측으로의 시간 이동을 나타내고 있는 점에 주목하라.

비록 정현파 주파수를 나타내는 데 단위가 radian/s인 각 주파수 ω를 사용하지만, 진동수(cyclic frequency) f를 cycle/s 또는 헤르쯔(Hz)로 사용하는 것이 일반적이다. 음악이론에서 정현파는 순음이다. 예를 들어, A-440은 440 Hz의 주파수에 해당하는 음이다. 각 주파수는 진동수에 2π를 곱하면 얻을 수 있다.

$$\boxed{\omega = 2\pi f \qquad \text{각 주파수}} \tag{3.27}$$

평균(Average 또는 Mean)

시간에 따라 변하는 전기 신호의 진폭을 정량화하기 위한 여러 척도들이 존재한다. 이러한 척도 중 하나는 평균(average 또는 mean)으로 때로는 직류값이라고도 불린다. 파형의 평균은 적절하게 선택된 주기에 대한 시간 적분으로 얻어진다.

$$\boxed{\langle x(t)\rangle = \frac{1}{T}\int_0^T x(\tau)\,d\tau \qquad \text{평균}} \tag{3.28}$$

그림 3.19 파형의 평균

이때 T는 적분 주기이다. 그림 3.19는 T초의 시간 동안 $x(t)$의 평균 진폭을 보여준다. 이 개념을 사용하면, 정현파의 평균이 0임을 보여줄 수 있다.

$$\langle A\cos(\omega t + \phi)\rangle = 0 \tag{3.29}$$

만약 어떤 소자의 전압 또는 전류가 0의 평균을 가진다면, 평균 전력도 0과 같은가? 분명히 그 대답은 "아니오"이다. 만약 답이 "예"라면, 60 Hz 정현파 전압를 가지고 가정과 거리를 밝히고, 산업 기계에 전기를 공급하는 것이 불가능할 것이다.

실효값

교류 파형 $x(t)$의 진폭에 대한 더 유용한 척도는 평균을 중심으로 움직이는 파형을 고려한 실효값[effective value 또는 root-mean-square (rms)]이다. 정의는 다음과 같다.

$$x_{\text{eff}} = x_{\text{rms}} = \sqrt{\frac{1}{T}\int_0^T x^2(\tau)d\tau} \qquad \text{실효값} \tag{3.30}$$

LO

제곱근의 인자는 $x^2(t)$의 평균임에 주목하라. 그러므로 실효값은 제곱의 평균의 제곱근이다. 또한 "제곱의 평균"의 단위는 $x^2(t)$의 단위임에 주목하라. 따라서 "제곱의 평균의 제곱근" x_{rms}의 단위는 $x(t)$의 단위이다.

왜 실효값이 유용한가? 그림 3.20에서와 같이, 저항 R이 직류 전원과 교류 전원에 각각 연결된 유사한 회로를 고려해보자. 교류 전원의 실효값은, 두 회로에서 저항 R에 의해 소모되는 평균 전력이 동일하도록 하는 직류 전원의 값과 같다. 그래서 교류 전원의 실효값은 교류 회로의 요소에서 사용되는 전력에 상당하는 값을 나타내준다. 저항에 의해서 소모된 교류 전력은 단순히 다음과 같다.

$$P_{\text{avg}} = I_{\text{eff}}^2 R = \frac{V_{\text{eff}}^2}{R} \tag{3.31}$$

교류 전류와 전압 파형의 항으로 실효값을 구하면 다음과 같다.

$$I_{\text{eff}} = I_{\text{rms}} = \sqrt{\frac{1}{T}\int_0^T i_{\text{ac}}^2(\tau)\,d\tau} \qquad \text{and} \qquad V_{\text{eff}} = V_{\text{rms}} = \sqrt{\frac{1}{T}\int_0^T v_{\text{ac}}^2(\tau)\,d\tau} \tag{3.32}$$

LO

> 교류 전원의 실효값은 저항성 부하에 의해 소모되는 평균 전력과 동일한 값을 발생시키는 직류값이다.

전압 혹은 전류의 실효값은 V_{rms} 또는 $\tilde{V}$, 그리고 I_{rms} 또는 $\tilde{I}$로 표기된다. 정현파의 피크 값에 대한 실효값의 비는 $1/\sqrt{2} \approx 0.707$이다. 표 3.4에 다른 전형적인 파형의 비의 값을 열거하였다. 또한 이 표에 각 파형은 정현파의 합임을 보여주기 위해 푸리에 사인 급수를 함께 나타내었다.

표 3.4 피크 값에 대한 실효값의 비

Waveform	$x(t)$	x_{rms}/x_{pk}
Sinusoid	$A\sin(\omega t)$	$\frac{\sqrt{2}}{2}\approx 0.707$
Square	$\frac{8A}{\pi}\sum_{k=1}^{\infty}\frac{\sin[(2k-1)\omega t]}{2k-1}$	1
Triangle	$\frac{8A}{\pi^2}\sum_{k=1}^{\infty}(-1)^k\frac{\sin[(2k-1)\omega t]}{(2k-1)^2}$	$\frac{\sqrt{3}}{3}\approx 0.577$
Sawtooth	$\frac{2A}{\pi}\sum_{k=1}^{\infty}\frac{\sin(k\omega t)}{k}$	$\frac{\sqrt{3}}{3}\approx 0.577$

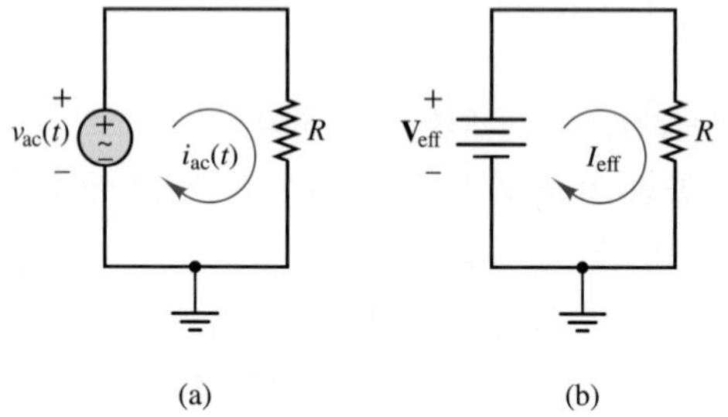

그림 3.20 실효값의 개념을 나타내기 위한 교류와 직류 회로

예제 3.7

정현파 파형의 평균값

문제

신호 $x(t) = 10\cos(100t)$의 평균값을 계산하라.

풀이

기지: 주기 신호 $x(t)$의 함수 형태

미지: $x(t)$의 평균값

해석: 신호는 $T = 2\pi/\omega = 2\pi/100$의 주기를 갖는 주기 신호이다. 평균값을 구하기 위해 한 주기에 대해서 적분한다.

$$\langle x(t)\rangle = \frac{1}{T}\int_0^T x(\tau)\,d\tau = \frac{100}{2\pi}\int_0^{2\pi/100} 10\cos(100t)\,dt$$
$$= \frac{10}{2\pi}\langle\sin(2\pi) - \sin(0)\rangle = 0$$

참조: 정현파의 평균값은 진폭과 주파수와 무관하게 0이다.

예제 3.8

정현파 파형의 실효값

문제

$i(t) = I\cos(\omega t)$인 정현파 전류의 실효값을 계산하라.

풀이

기지: 주기 신호 $i(t)$의 피크 진폭 I와 주파수 ω

미지: $i(t)$의 실효값

해석: 식 (3.32)의 실효값에 대한 정의를 적용하면

$$I_{\text{rms}} = \sqrt{\frac{1}{T}\int_0^T i^2(\tau)d\tau} = \sqrt{\frac{\omega}{2\pi}\int_0^{2\pi/\omega} I^2\cos^2(\omega\tau)d\tau}$$

$$= \sqrt{\frac{\omega}{2\pi}\int_0^{2\pi/\omega} I^2\left[\frac{1}{2}+\frac{1}{2}\cos(2\omega\tau)\right]d\tau}$$

$$= \sqrt{\frac{1}{2}I^2 + \frac{\omega}{2\pi}\int_0^{2\pi/\omega}\frac{I^2}{2}\cos(2\omega\tau)d\tau}$$

한 주기에 대한 정현파의 적분은 0이므로(예제 3.7 참고), 두 주기에 대한 적분 또한 0이다. (코사인 함수의 인자가 $2\omega\tau$인 것을 주목하라. 여기서 $T = 2\pi/(2\omega) = \pi/\omega$여서 $2\pi/\omega = 2T$가 된다.)

$$i_{\text{rms}} = \frac{I}{\sqrt{2}} = 0.707I$$

참조: 정현파 신호의 실효값은 주파수에 무관하다.

연습 문제

전압 $v(t) = 155.6\sin(377t + \pi/6)$을 코사인 형태로 표현하라. 각 주파수 $\omega = 377$ rad/s는 60 Hz의 진동수에 해당한다.

Answer: $v(t) = 155.6\cos(377t - \pi/3)$

연습 문제

아래에 보여진 톱니파의 평균과 실효값을 계산하라.

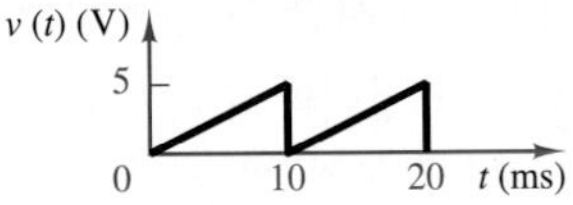

Answer: $v_{\text{avg}} = 2.5$ V; $v_{\text{rms}} = 2.89$ V

연습 문제

아래에 보여진 삼각파의 평균과 실효값을 계산하라.

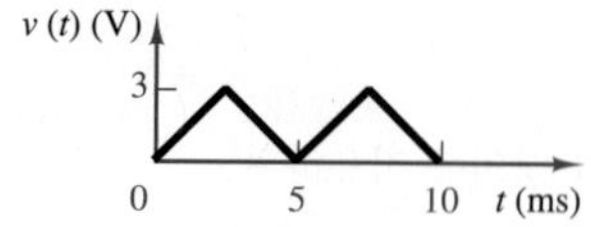

Answer: $v_{avg} = 1.5$ V; $v_{rms} = \sqrt{3}$ V

연습 문제

아래에 보여진 잘려진(clipped) 코사인 파형의 평균과 실효값을 계산하라.

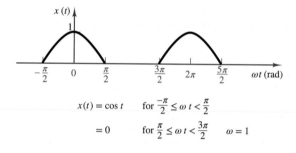

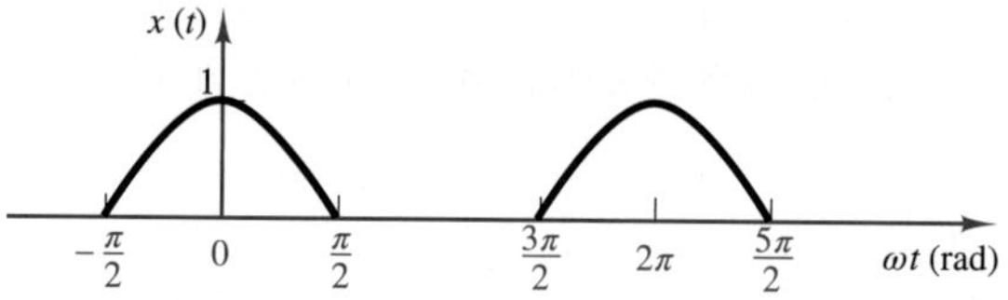

$$x(t) = \cos t \qquad \text{for } \frac{-\pi}{2} \le \omega t < \frac{\pi}{2}$$

$$= 0 \qquad \text{for } \frac{\pi}{2} \le \omega t < \frac{3\pi}{2} \qquad \omega = 1$$

Answer: $x_{avg} = 1/\pi$; $x_{rms} = 0.5$

3.4 정현파 전원을 갖는 회로의 페이저 해

임의의 정현파 신호는 시간 영역에서 실수 함수로 표현될 수 있다.

$$v(t) = A\cos(\omega t + \phi)$$

또는 주파수 영역에서 복소 함수로 표현될 수 있다.

$$\mathbf{V}(j\omega) = Ae^{j(\omega t+\phi)} = Ae^{j\phi}e^{j\omega t}$$

여기서 A는 피크 진폭, ϕ는 기준 정현파에 대한 위상 변이를 나타낸다. 주파수 영역에서의 위상 변이는 시간 영역에서의 시간 지연에 해당한다.

각 독립된 전압원과 전류원의 정현파 주파수 ω는 교류 회로의 모든 변수에 공통이기 때문에, 교류 회로 해석에서 복소 지수 $e^{j\omega t}$는 굳이 명시적으로 표현하지 않는다. 그러나 각 정현파 전원의 주파수 ω는 교류 회로에서 커패시터와 인덕터의 영향을 특징짓는 중요한 파라미터이다.

오일러 공식

스위스의 유명한 수학자 Leonhard Euler의 이름에서 유래한 오일러 공식(Euler's formula)은 페이저 표시의 기본이다. 페이저(phasor)는 복소 평면에서 진폭 A와 방향 θ을 가진다는 점에서 벡터와 비슷하다. 또한 벡터가 x와 y 성분으로 분해되는 것처럼, 페이저는 실수부와 허수부로 분해될 수 있다. 오일러 공식은 복소 평면에서 단위 페이저(unit phasor)로 다음과 같은 실수부와 허수부를 갖는 복소 지수 $e^{j\theta}$를 정의한다.

$$e^{j\theta} = \cos\theta + j\sin\theta \tag{3.33}$$

여기서 $j \equiv \sqrt{-1}$는 허수 단위이다. 오일러 공식에서 기호 θ는 단순히 위치를 표시한다. 기호 θ는 임의의 무차원 양 또는 식으로 대체할 수 있다. 그러나 교류 회로 해석에서 θ는 정현파의 위상 변이라는 물리적 의미를 갖는다.

그림 3.21의 **진한** 검은색 화살표는 복소 평면에서 복소 지수를 나타낸다. 복소 지수의 실수부 및 허수부는 각각 $\cos\theta$와 $\sin\theta$이다. 이 두 성분과 복소 지수는 직각 삼각형의 세 변을 형성한다. 피타고라스의 정리에 의해서

$$|e^{j\theta}|^2 = \cos^2\theta + \sin^2\theta = 1 \tag{3.34}$$

따라서 $e^{j\theta}$의 크기는 1이 되고, 이것이 단위 페이저(unit phasor)라고 불리는 이유이다. 단위 페이저의 경사각은 θ이다. θ가 증가하거나 감소함에 따라, 단위 페이저는 복소 평면의 원점을 중심으로 각기 반시계 또는 시계 방향으로 회전한다.

그림 3.21에 나타낸 시각화는 매우 중요하다. 예를 들어, $\theta = \pi/2$일 때, 단위 페이저는 허수축을 따라 위로 향하게 된다. 그러므로

$$e^{j\pi/2} = 1\angle\frac{\pi}{2} = j \tag{3.35}$$

여기서 표기 $1\angle\frac{\pi}{2}$는 크기가 1이고, 위상각이 $\theta = \pi/2$임을 나타낸다. $\theta = \pi$일 때, 단위 페이저는 음의 실수축을 따라 좌측으로 향한다. 그러므로

$$e^{j\pi} = 1\angle\pi = -1 \tag{3.36}$$

유사하게

$$e^{j3\pi/2} = 1\angle\frac{3\pi}{2} = -j \qquad \text{and} \qquad e^{j2\pi} = 1\angle 2\pi = 1 \tag{3.37}$$

위 식에서 좌변의 극좌표 형식과 우변의 직각좌표 형식이 같게 된다. 극좌표 형식에서 페이저는 크기(또는 진폭) 및 위상각, 즉 $Ae^{j\theta}$ 혹은 $A\angle\theta$로 표시된다. 직각좌표 형식에서 페이저는 실수부와 허수부로 표시된다. 표 3.5는 흔히 접할 수 있는 몇몇 페이저를 극좌표 및 직각좌표 형식으로 보여준다.

일반적으로 극좌표 및 직각좌표 형식은 다음과 같은 관계를 가진다.

$$Ae^{j\theta} = A\angle\theta = A\cos\theta + jA\sin\theta \tag{3.38}$$

사실 오일러 항등식(Euler's identity)은 복소 평면에서 단순히 삼각함수 관계이다.

Leonhard Euler (1707–1783)
(Oxford Science Archive/Heritage Images/The Print Collector/Alamy Stock Photo)

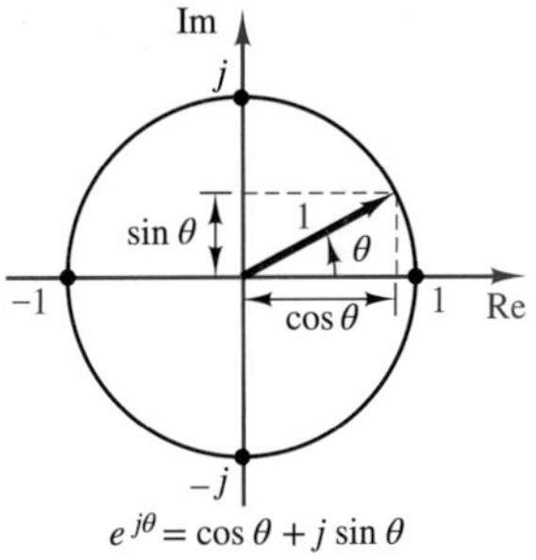

그림 3.21 오일러 공식

표 3.5 일반적인 페이저의 극좌표 및 직각좌표 형식

Complex exponential	Polar	Rectangular
$Ae^{\pm j(\pi/6)}$	$A\angle \pm \pi/6$	$A(\sqrt{3}/2 \pm j/2)$
$Ae^{\pm j\pi/4}$	$A\angle \pm \pi/4$	$A(\sqrt{2}/2 \pm j\sqrt{2}/2)$
$Ae^{\pm j\pi/3}$	$A\angle \pm \pi/3$	$A(1/2 \pm j\sqrt{3}/2)$
$Ae^{\pm j\,\arctan(3/4)}$	$A\angle \pm \arctan(3/4)$	$A(0.8 \pm j0.6)$
$Ae^{\pm j\,\arctan(4/3)}$	$A\angle \pm \arctan(4/3)$	$A(0.6 \pm j0.8)$

페이저

복소수가 정현파 파형을 어떻게 나타낼 수 있는지를 보기 위해서, 오일러 식을 이용하여 일반적인 정현파에 대한 식을 다시 쓰면 다음과 같다.

$$A\cos(\omega t + \theta) = \mathrm{Re}\left(Ae^{j(\omega t+\theta)}\right) \tag{3.39}$$

임의의 정현파를 인자 $\omega t + \theta$ 및 진폭 A를 갖는 복소 지수의 실수부로 표현하는 것이 가능하다는 점에 주목하라. 이 표현은 각 주파수 ω가 모든 전압 및 전류에서 공통이기 때문에 더욱 단순화할 수 있다. 즉, 복소 지수의 $e^{j\omega t}$ 부분은 모든 페이저에서 명시적으로 표기하지는 않지만 존재한다는 점을 알고 있어야 한다. 동일한 관점을 실수부 연산자 Re에 대해서도 적용하면, 복소 지수는 다음과 같이 더욱 단순화될 수 있다.

$$\mathrm{Re}\left\{Ae^{j(\omega t+\theta)}\right\} = \mathrm{Re}\left\{Ae^{j\omega t}e^{j\theta}\right\} \Rightarrow Ae^{j\theta} \tag{3.40}$$

이 식에서 관계 연산자 ⇒는, 실수부 연산자 Re와 복소 지수의 정현파 부분 $e^{j\omega t}$은 감추어져 있지만 숨겨져 있는 것으로 이해하여야 한다는 점을 말한다. 일반적으로 이러한 단순화는 페이저를 극좌표와 직각좌표 형식으로 다음과 같이 표현하는 데 사용된다.

$$Ae^{j\theta} = A\angle\theta = A(\cos\theta + j\sin\theta) \qquad \text{페이저 표기법} \tag{3.41}$$

복소 곱셈과 나눗셈을 수행하는 데 사용되는 복소수 연산의 5가지 주요 규칙은 다음과 같다.

1. 두 페이저의 비의 크기는 각 페이저의 크기의 비이다.

$$\left|\frac{\mathbf{V}}{\mathbf{I}}\right| = \frac{|\mathbf{V}|}{|\mathbf{I}|}$$

2. 두 페이저의 비의 위상각은 각 페이저의 위상각의 차이이다.

$$\angle\left(\frac{\mathbf{V}}{\mathbf{I}}\right) = \angle\mathbf{V} - \angle\mathbf{I}$$

3. 페이저 **A**의 공액 복소수 $\bar{\mathbf{A}}$는 페이저의 허수의 부호 j를 전환하면 구할 수 있다. 공액 복소수의 크기는 페이저 자체의 크기와 동일하다. 공액 복소수의 각도는 페이저 자체의 각도의 부호를 전환하면 구할 수 있다.
4. 페이저와 페이저의 공액 복소수의 곱은 페이저의 크기의 제곱과 동일한 실수인데, 이는 페이저의 실수부의 제곱과 페이저의 허수부의 제곱의 합과 같다.

5. 페이저의 각도는 실수부에 대한 허수부의 비의 역탄젠트이다. 즉, $\angle \mathbf{A} = \arctan[\mathrm{Im}(\mathbf{A})/\mathrm{Re}(\mathbf{A})]$이다.

굵은 대문자 글꼴은 페이저 양을 나타낸다.

교류 신호의 중첩

병렬로 연결된 두 전류원에 의해서 가진되는 부하를 갖는 그림 3.22의 회로를 고려하라.

$$i_1(t) = A_1 \cos(\omega_1 t + \theta_1)$$
$$i_2(t) = A_2 \cos(\omega_2 t + \theta_2) \quad (3.42)$$

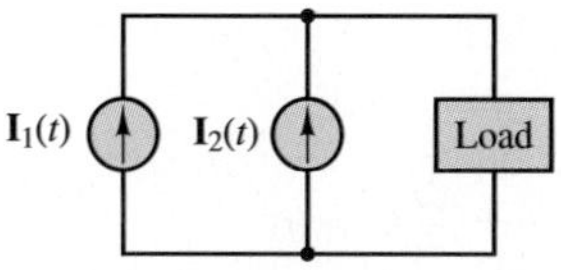

그림 3.22 교류의 중첩

KCL에 의해서, 부하 전류는 두 소스 전류의 합과 동일하다. 즉,

$$i_{\text{load}}(t) = i_1(t) + i_2(t) \quad (3.43)$$

여기까지는 좋다. 그러나 식 (3.43)은 페이저 형식으로 표현하면 i_1과 i_2가 서로 다른 주파수를 갖는 사실이 가려지게 된다. 수학적 형식으로는

$$\mathbf{I}_{\text{load}} \neq \mathbf{I}_1 + \mathbf{I}_2$$
$$\neq A_1 e^{j\theta_1} + A_2 e^{j\theta_2} \quad (3.44)$$

그러나 다음 식과 같이 $e^{j\omega_1 t}$과 $e^{j\omega_2 t}$ 항이 각각 I_1과 I_2에 암묵적으로 존재한다는 것을 기억하는 것이 중요하다.

$$i_1(t) = \mathrm{Re}\left(\mathbf{I}_1 e^{j\omega_1 t}\right)$$
$$i_2(t) = \mathrm{Re}\left(\mathbf{I}_2 e^{j\omega_2 t}\right) \quad (3.45)$$

식 (3.44)의 두 페이저는 더해질 수 없고, 분리된 채로 남아 있어야 한다. 그래서 이 경우에 부하 전류에 대해 유일하게 확실한 표현은 식 (3.43)이다. 일반적으로 다른 주파수를 갖는 정현파는 개별적으로 해석되어야 한다.

3.5 임피던스

페이저의 경우 커패시터, 저항, 인덕터의 *i-v* 관계는 다음의 일반화된 옴의 법칙을 따르는데

$$\mathbf{V} = \mathbf{IZ}$$

여기서 **Z**는 임피던스를 나타낸다.

저항, 인덕터, 커패시터의 병렬 및 직렬 조합은 단일의 등가 임피던스로 나타낼 수 있다:

$$\mathbf{Z}(j\omega) = R(j\omega) + jX(j\omega) \qquad \Omega(\text{옴})\text{의 단위}$$

여기서 $R(j\omega)$과 $X(j\omega)$는 각기 등가 임피던스 **Z**의 “저항”과 “리액턴스(reactance)”이다.

일반적으로 1장과 2장에서 소개된 모든 직류 회로의 관계 및 기법들은 교류 회로로 확장될 수 있다. 따라서 교류 회로를 해석하기 위한 새로운 방법을 배울 필요는 없다. 단지 페이저 형식을 적용하기만 하면 된다.

일반화된 옴의 법칙

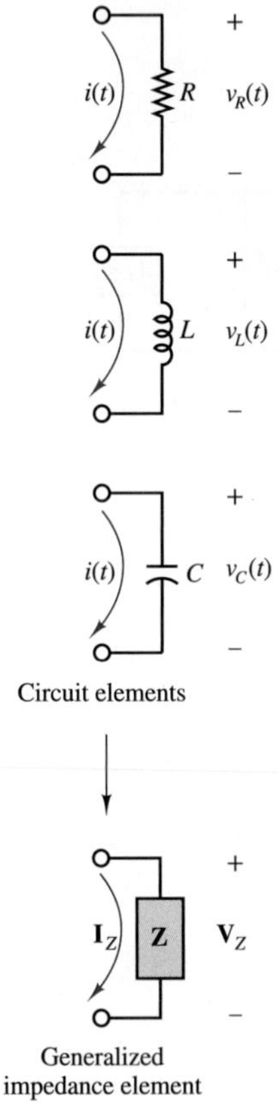

그림 3.23 임피던스의 개념

임피던스의 개념은 커패시터와 인덕터가 주파수에 의존하는(frequency-dependent) 저항처럼 동작한다는 사실을 반영한다. 그림 3.23은 정현파 전압원 $\mathbf{V}_Z$와 임피던스 부하 $\mathbf{Z}$를 갖는 일반적인 교류 회로를 나타낸다. 여기서 임피던스 부하 $\mathbf{Z}$는 페이저로 일반 회로에서의 저항, 인덕터, 커패시터의 효과를 나타낸다. 이 결과로 얻어지는 전류 $\mathbf{I}_Z$는

$$\boxed{\mathbf{V}_Z = \mathbf{I}_Z\mathbf{Z} \qquad \text{일반화된 옴의 법칙}} \tag{3.46}$$

에 의해 결정되는 페이저이다. 저항, 커패시터 및 인덕터로 구성된 회로의 임피던스 $\mathbf{Z}$는 임피던스의 정의에 의해 다음과 같이 구해진다.

$$\boxed{\mathbf{Z} \equiv \frac{\mathbf{V}}{\mathbf{I}} \qquad \text{임피던스의 정의}} \tag{3.47}$$

회로망의 저항, 커패시터 및 인덕터의 임피던스를 알고 있다면, 이들 임피던스를 직렬 및 병렬로 조합하여 회로망 내의 노드 간의 등가 임피던스를 구할 수 있다.

저항의 임피던스

저항의 i-v 관계는 옴의 법칙으로 나타난다. 정현파 전원인 경우는(그림 3.24 참조)

$$v_R(t) = i_R(t)R$$

로 표현되며, 페이저 형식으로는

$$\mathbf{V}_R e^{j\omega t} = \mathbf{I}_R e^{j\omega t} R \tag{3.48}$$

로 표현되는데, $\mathbf{V}_R = \mathbf{V}_R e^{j\theta_V}$ 및 $\mathbf{I}_R = \mathbf{I}_R e^{j\theta_I}$은 페이저이다.

식 (3.48)의 양변을 $e^{j\omega t}$로 나누면

$$\mathbf{V}_R = \mathbf{I}_R R \tag{3.49}$$

이 된다. 저항의 임피던스는 임피던스의 정의로부터

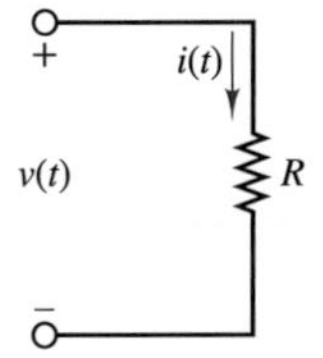

그림 3.24 저항에 대해서는 $v_R(t) = i_R(t)\,R$

$$\mathbf{Z}_R \equiv \frac{\mathbf{V}_R}{\mathbf{I}_R} = R \tag{3.50}$$

그러므로

$$\boxed{\mathbf{Z}_R = R \qquad \text{저항의 임피던스}} \tag{3.51}$$

저항의 임피던스는 실수이다. 즉, 그림 3.25에서와 같이 저항의 임피던스는, 크기가 R이고, 위상각이 0이다. 임피던스의 위상은 소자에 걸리는 전압과 동일 소자를 흐르는 전류 사이의 위상차와 같다. 저항의 경우, 전압은 전류와 완전히 동상(in phase)인데, 이는 시간 영역에서 전압 파형 및 전류 파형 사이에 시간 지연이 없다는 것을 의미한다.

인덕터의 임피던스

인덕터의 i-v 관계는(그림 3.26 참조)

$$v_L(t) = L\frac{di_L(t)}{dt} \tag{3.52}$$

와 같다. 여기서 신중하게 진행하는 것이 중요하다. 인덕터에 흐르는 전류에 대한 시간 영역의 수식은 다음과 같다.

$$i_L(t) = I_L\cos(\omega t + \theta)$$

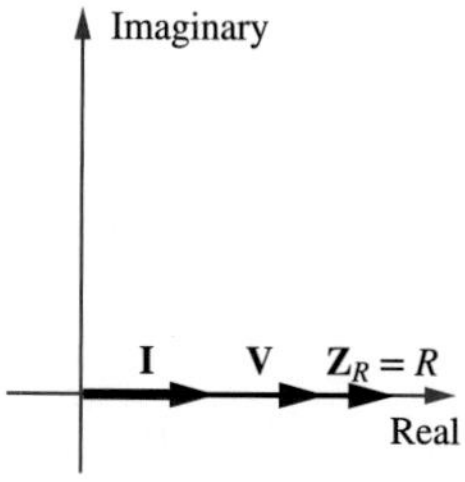

그림 3.25 저항의 임피던스의 페이저 선도. $\mathbf{Z} = \mathbf{V}/\mathbf{I}$를 기억하라.

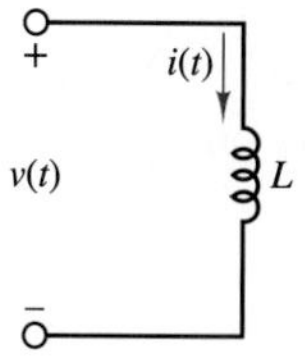

그림 3.26 인덕터에 대해서는 $v_L(t) = L\frac{di_{L(t)}}{dt}$

그러므로

$$\begin{aligned}\frac{d}{dt}i_L(t) &= -I_L\omega\sin(\omega t + \theta)\\ &= I_L\omega\cos(\omega t + \theta + \pi/2)\\ &= \text{Re}\left(I_L\omega e^{j\pi/2}e^{j(\omega t+\theta)}\right)\\ &= \text{Re}\left[I_L(j\omega)e^{j(\omega t+\theta)}\right]\end{aligned} \tag{3.53}$$

시간 미분에 의해서 $i_L(t)$의 복소 지수 표현과 함께 추가 항$(j\omega)$이 생성된다.

Time domain	Frequency domain
$\frac{d}{dt}$	$j\omega$

따라서 인덕터의 i-v 관계에 해당하는 페이저는

$$\mathbf{V}_L = L(j\omega)\mathbf{I}_L \tag{3.54}$$

이다. 인덕터의 임피던스는 임피던스의 정의로부터 결정된다.

$$\mathbf{Z}_L \equiv \frac{\mathbf{V}_L}{\mathbf{I}_L} = j\omega L \tag{3.55}$$

그러므로

LO

$$\boxed{\mathbf{Z}_L = j\omega L = \omega L\angle\frac{\pi}{2} \qquad \text{인덕터의 임피던스}} \tag{3.56}$$

인덕터의 임피던스는 양의 순 허수이다. 즉, 그림 3.27에서와 같이, ωL의 크기 및 $\pi/2$ rad 또는 90°의 위상을 가진다. 앞서 말한 바와 같이, 임피던스의 위상이 소자에 걸리는 전압과 동일 소자에 흐르는 전류 사이의 위상차와 동일하다. 인덕터의 경우, 전압이 전류보다 $\pi/2$ rad만큼 앞서는데(leading), 이는 전압 파형의 특징(즉, 제로 교차점)이 전류 파형의 동일한 특징보다 일찍 발생하는 것을 의미한다.

인덕터는 복소수의 주파수 의존 저항처럼 동작하고, 크기 ωL은 각 주파수 ω에 비례한다는 점을 주목하라. 따라서 인덕터는 전원 신호의 주파수에 비례하여 전류를 "방해"한다.

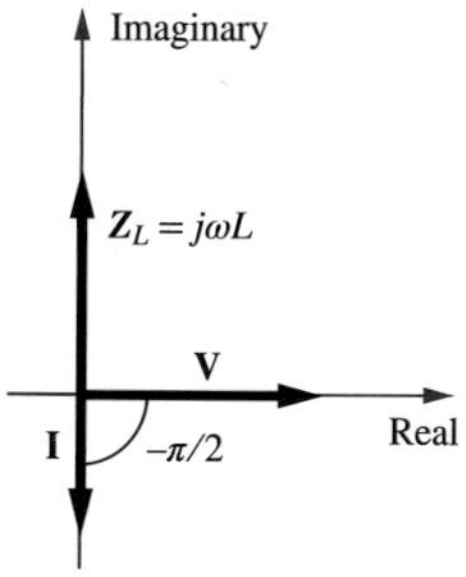

그림 3.27 인덕터의 임피던스의 페이저 선도. $\mathbf{Z} = \mathbf{V}/\mathbf{I}$를 기억하라.

인덕터는 저주파 영역에서는 단락 회로처럼, 고주파 영역에서는 개방 회로처럼 동작한다.

커패시터의 임피던스

이중성의 원리는 커패시터의 임피던스를 구하는 과정으로부터 인덕터의 임피던스를 구할 수 있다는 것을 제시해준다. 커패시터의 i-v 관계는(그림 3.28 참조)

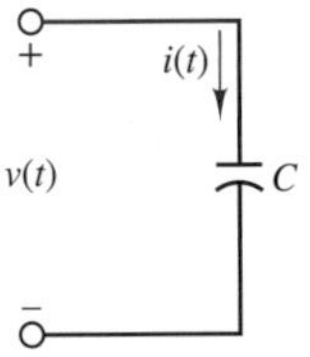

그림 3.28 커패시터에 대해서는 $i_C(t) = C\dfrac{dv_C(t)}{dt}$

$$i_C(t) = C\frac{dv_C(t)}{dt} \tag{3.57}$$

와 같다. 커패시터에 걸리는 전압에 대한 시간 영역의 수식은 다음과 같다.

$$v_C(t) = V_C\cos(\omega t + \theta)$$

그러므로

$$\begin{aligned}\frac{d}{dt}v_C(t) &= -V_C\omega\sin(\omega t + \theta) \\ &= V_C\omega\cos(\omega t + \theta + \pi/2) \\ &= \mathrm{Re}\left(V_C\omega e^{j\pi/2}e^{j(\omega t+\theta)}\right) \\ &= \mathrm{Re}\left[V_C(j\omega)e^{j(\omega t+\theta)}\right]\end{aligned} \tag{3.58}$$

시간 미분에 의해서 복소 지수 표현 $v_C(t)$와 함께 추가 항($j\omega$)이 생성된다. 따라서 커패시터의 i-v 관계에 해당하는 페이저는

$$\mathbf{I}_C = C(j\omega)\mathbf{V}_C \tag{3.59}$$

이다. 인덕터의 임피던스는 다음 임피던스의 정의로부터 결정된다.

$$\mathbf{Z}_C \equiv \frac{\mathbf{V}_C}{\mathbf{I}_C} = \frac{1}{j\omega C} = \frac{-j}{\omega C} \tag{3.60}$$

그러므로

LO

$$\boxed{\mathbf{Z}_C = \frac{1}{j\omega C} = \frac{-j}{\omega C} = \frac{1}{\omega C}\angle\frac{-\pi}{2} \qquad \text{커패시터의 임피던스}} \tag{3.61}$$

커패시터의 임피던스는 음의 순 허수이다. 즉, 그림 3.29에서와 같이, $1/\omega C$의 크기 및 $-\pi/2$ rad 또는 $-90°$의 위상을 가진다. 앞서 말한 바와 같이, 임피던스의 위상이 소자에 걸리는 전압과 같은 소자에 흐르는 전류 사이의 위상차와 동일하다. 커패시터의 경우, 전압이 $\pi/2$ rad만큼 전류보다 뒤처지는데(lagging), 이는 전압 파형의 특징(즉, 제로 교차점)이 전류 파형의 동일한 특징보다 늦게 발생하는 것을 의미한다.

커패시터는 주파수 의존 저항처럼 동작하는데, 크기 $1/\omega C$이 각 주파수 ω에 반비례한다. 따라서 커패시터는 전원 신호의 주파수에 반비례하여 전류를 "방해"한다.

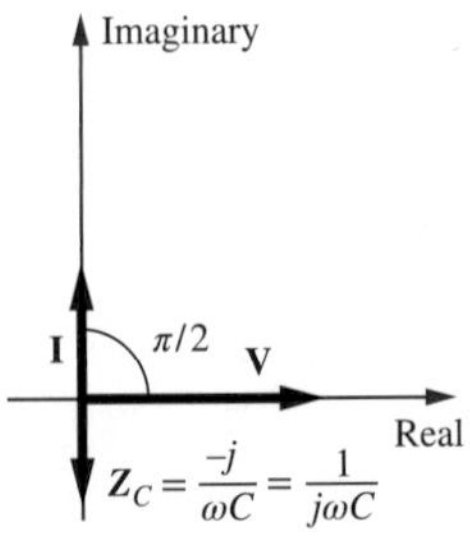

그림 3.29 커패시터의 임피던스의 페이저 선도. $\mathbf{Z} = \mathbf{V}/\mathbf{I}$를 기억하라.

커패시터는 저주파 영역에서는 개방 회로처럼, 고주파 영역에서는 단락 회로처럼 동작한다.

일반화된 임피던스

임피던스의 개념은 교류 회로 해석 문제를 해결하는 데 매우 유용하다. 이는 직류 회로용으로 개발된 회로망 이론을 교류 회로에도 적용할 수 있게 해준다. 유일한 차이점은 스칼라 연산 대신에 복소 연산을 사용하여, 등가 임피던스를 찾고 해를 구하여야 한다는 점이다.

그림 3.30은 복소 평면상에서 $\mathbf{Z}_R(j\omega)$, $\mathbf{Z}_L(j\omega)$, 그리고 $\mathbf{Z}_C(j\omega)$를 나타내고 있다. 비록 저항의 임피던스는 순 실수이고, 커패시터와 인덕터의 임피던스는 순 허수일지라도, 임의의 회로의 두 단자 간의 등가 임피던스가 복소수일 수 있다.

$$\mathbf{Z}(j\omega) = R + X(j\omega) \tag{3.62}$$

여기서 R은 저항, X는 리액턴스이다. 그리고 R, X 및 $\mathbf{Z}$의 단위는 옴이다.

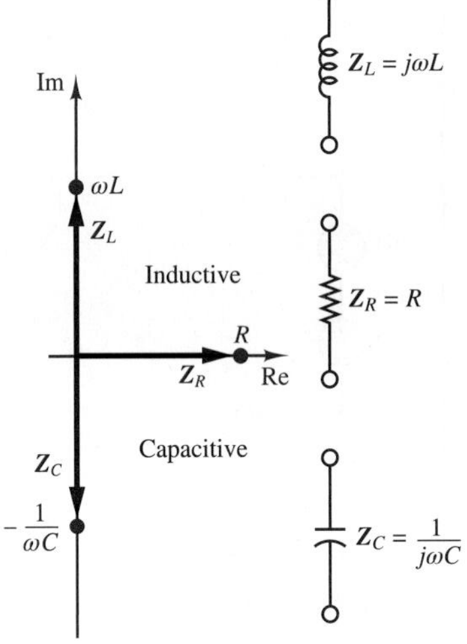

그림 3.30 복소 평면에서 R, L, C의 임피던스. 우측 상단 사분면의 임피던스는 유도성이고, 우측 하단 사분면은 용량성이다.

어드미턴스

어떤 회로 해석에서는 저항보다는 저항의 역수인 컨덕턴스(condutance)를 사용하여 더 쉽게 문제의 해를 얻을 수 있다. 예를 들어, 병렬 소자들이 많이 있는 회로에서는 컨덕턴스는 단순히 컨덕턴스를 더하여 구할 수 있어서 그렇다. 마치 직렬로 연결된 저항을 구할 때 단순히 더하여 저항을 구하는 것과 같이 말이다. 교류 회로 해석에서도 유사하게 복소수 임피던스의 역수와 같이 정의할 수 있다. 컨덕턴스 G가 저항의 역으로 정의되는 것처럼, 어드미턴스(admittance) $\mathbf{Y}$도 임피던스의 역으로 정의한다.

$$\mathbf{Y} \equiv \frac{1}{\mathbf{Z}} \qquad \text{S (siemens)의 단위} \tag{3.63}$$

$\mathbf{Z}$가 순 실수일 때, 어드미턴스 $\mathbf{Y}$는 컨덕턴스 G와 동일하다. 그러나 일반적으로 $\mathbf{Y}$는 복소수이다.

$$\mathbf{Y} = G + jB \tag{3.64}$$

여기서 G는 교류 컨덕턴스, B는 서셉턴스(susceptance)로 리액턴스와 유사하다. 명백히 G와 B는 R과 X와 관련된다. 그러나 이 관계는 단순한 역의 관계는 아니다. 만약 $\mathbf{Z} = R + jX$일 때, 어드미턴스는 다음과 같다.

$$\mathbf{Y} = \frac{1}{\mathbf{Z}} = \frac{1}{R + jX} \tag{3.65}$$

분자와 분모에 공액 복소수 $\overline{\mathbf{Z}} = R - jX$를 곱하면

$$\mathbf{Y} = \frac{\overline{\mathbf{Z}}}{\overline{\mathbf{Z}}\mathbf{Z}} = \frac{R - jX}{R^2 + X^2} \tag{3.66}$$

이 되며, 다음과 같은 결론을 얻을 수 있다.

$$G = \frac{R}{R^2 + X^2} \qquad B = \frac{-X}{R^2 + X^2} \tag{3.67}$$

G는 일반적인 경우에 R의 역수가 아니라는 것에 특히 주의하기 바란다!

예제 3.9

페이저 표기를 사용한 두 정현파 전원의 합

문제

그림 3.31과 같은 직렬 연결된 두 정현파 전압원에 걸리는 페이저 전압을 계산하라.

풀이

기지:

$$v_1(t) = 15\cos\left(377t + \frac{\pi}{4}\right) \quad \text{V}$$

$$v_2(t) = 15\cos\left(377t + \frac{\pi}{12}\right) \quad \text{V}$$

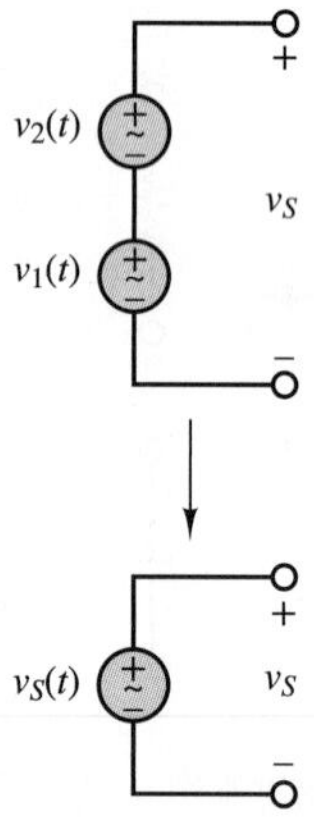

그림 3.31

미지: 등가 페이저 전압 $v_S(t)$

해석: 페이저 형식으로 두 전압을 표시한다.

$$\mathbf{V}_1(j\omega) = 15\angle\frac{\pi}{4} \quad \text{V}$$

$$\mathbf{V}_2(j\omega) = 15e^{j\pi/12} = 15\angle\frac{\pi}{12} \quad \text{V}$$

그림 3.32의 페이저 선도는 복소 평면에서 $\mathbf{V}_1$과 $\mathbf{V}_2$를 보여준다. 페이저 전압을 극좌표에서 직교 좌표 형식으로 변환하면

$$\mathbf{V}_1(j\omega) = 10.61 + j10.61 \quad \text{V}$$
$$\mathbf{V}_2(j\omega) = 14.49 + j3.88 \quad \text{V}$$

그러면, KVL에 의해서

$$\mathbf{V}_S(j\omega) = \mathbf{V}_1(j\omega) + \mathbf{V}_2(j\omega) = 25.10 + j14.49 = 28.98e^{j\pi/6} = 28.98\angle\frac{\pi}{6} \quad \text{V}$$

마지막으로, $\mathbf{V}_S(j\omega)$를 시간 영역 형식으로 변환하면

$$v_S(t) = 28.98\cos\left(377t + \frac{\pi}{6}\right) \quad \text{V}$$

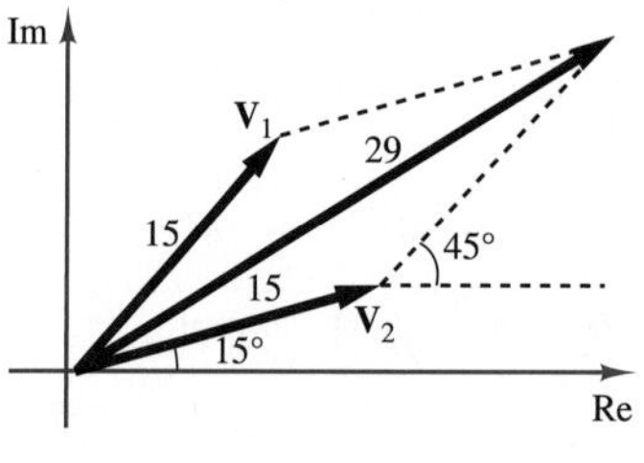

그림 3.32 두 전압 페이저의 합을 보여주는 페이저 선도

참조: 삼각함수 항등식을 이용하여 시간 영역에서의 두 정현파를 더함으로써 동일한 결과를 얻을 수 있다.

$$v_1(t) = 15\cos\left(377t + \frac{\pi}{4}\right) = 15\cos\frac{\pi}{4}\cos(377t) - 15\sin\frac{\pi}{4}\sin(377t) \quad \text{V}$$

$$v_2(t) = 15\cos\left(377t + \frac{\pi}{12}\right) = 15\cos\frac{\pi}{12}\cos(377t) - 15\sin\frac{\pi}{12}\sin(377t) \quad \text{V}$$

같은 항끼리 합치면 다음과 같다.

$$\begin{aligned} v_1(t) + v_2(t) &= 15\left(\cos\frac{\pi}{4} + \cos\frac{\pi}{12}\right)\cos(377t) - 15\left(\sin\frac{\pi}{4} + \sin\frac{\pi}{12}\right)\sin(377t) \\ &= 15[1.673\cos(377t) - 0.966\sin(377t)] \\ &= 15\sqrt{(1.673)^2 + (0.966)^2} \times \cos\left[377t + \arctan\left(\frac{0.966}{1.673}\right)\right] \\ &= 15\left[1.932\cos\left(377t + \frac{\pi}{6}\right)\right] = 28.98\cos\left(377t + \frac{\pi}{6}\right) \quad \text{V} \end{aligned}$$

물론 위의 식은 페이저 표기를 사용하여 얻은 것과 동일하지만, 더 많은 양의 계산을 필요로 한다. 페이저 해석은 종종 계산을 단순화한다.

실제 커패시터의 임피던스

예제 3.10

그림 3.33과 같이 실제 커패시터는 이상 커패시터와 저항과의 병렬 연결로 모델링할 수 있다. 병렬 저항은 커패시터에서 누설 손실을 나타내는데, 상당히 클 수 있다. 각 주파수가 $\omega = 377$ rad/s (60 Hz)에서의 실제 커패시터의 임피던스를 구하라. 만약 더 높은 주파수 800 kHz에서 커패시터가 사용된다면, 임피던스가 어떻게 변할까?

풀이

기지: 그림 3.33; $C_1 = 1$ nF; $R_1 = 1$ MΩ; $\omega = 377$ rad/s

미지: 병렬 소자 양단의 등가 임피던스 $\mathbf{Z}_1$

해석: 등가 임피던스를 구하기 위해서 병렬 연결된 두 임피던스를 결합한다.

$$\mathbf{Z}_1 = R_1 \left\| \frac{1}{j\omega C_1} = \frac{R_1(1/j\omega C_1)}{R_1 + 1/j\omega C_1} = \frac{R_1}{1 + j\omega C_1 R_1}\right.$$

수치를 대입하면

$$\begin{aligned} \mathbf{Z}_1(\omega = 377) &= \frac{10^6}{1 + j377 \times 10^{-9} \times 10^6} = \frac{10^6}{1 + j0.377} \\ &= 9.36 \times 10^5 \angle(-0.36)\ \Omega \end{aligned}$$

$\omega = 377$ rad/s에서 커패시터만의 임피던스는

$$\mathbf{Z}_{C1}(\omega = 377) = \frac{1}{j377 \times 10^{-9}} = 2.65 \times 10^6 \angle(-1.57)\ \Omega$$

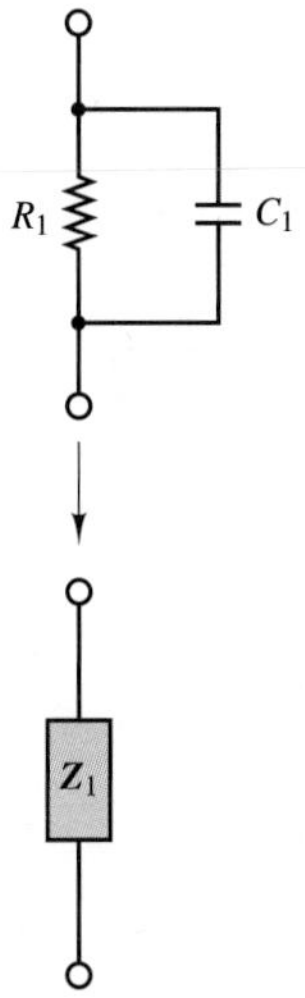

그림 3.33

주파수가 AM 라디오 주파수 대역인 800 kHz 또는 $1600\pi \times 10^3$ rad/s까지 증가될 때, 임피던스는 다음과 같이 변한다.

$$\begin{aligned} \mathbf{Z}_1(\omega = 1600\pi \times 10^3) &= \frac{10^6}{1 + j1600\pi \times 10^3 \times 10^{-9} \times 10^6} \\ &= \frac{10^6}{1 + j1600\pi} = 198.9\angle(-1.57)\ \Omega \end{aligned}$$

$\omega = 1600\pi \times 10^3$ rad/s일 때, 커패시터만의 임피던스는

$$\mathbf{Z}_{C1}(\omega = 1600\pi \times 10^3) = \frac{1}{j1600\pi \times 10^3 \times 10^{-9}} = 198.9\angle(-1.57)\ \Omega$$

임피던스 $\mathbf{Z}_1$과 $\mathbf{Z}_{C1}$은 사실상 동일하다. 그러므로 고주파 영역에서 병렬 저항의 효과는 무시할 수 있다.

참조: 병렬로 연결된 소자의 경우, 최소 임피던스를 가진 소자가 두 노드 양단의 등가 임피던스를 지배하는(dominant) 경향이 있다. 저주파 영역(잘 알려진 60 Hz의 교류 전원 주파수)에서 저항의 임피던스는 이상 커패시터보다 약 38% 작으므로, 저항이 60 Hz일 때 등가 임피던스를 지배하게 된다. 실제로, 그 주파수에서 등가 임피던스는 저항보다 불과 6.5% 작으므로, 실제와 이상 커패시터는 상당히 다르게 된다. 고주파 영역에서, 이상 커패시터의 임피던스는 저항보다 훨씬 작으므로, 등가 임피던스는 이상 커패시터에 의해 지배된다. 회로망은 ω = 1/*RC*보다 큰 주파수에서는 용량성(capacitive) 그리고 ω = 1/*RC*보다 작은 주파수에서는 저항성(resistive)이다. 이 예제는 회로망의 거동이 주파수에 크게 의존한다는 것을 보여준다.

예제 3.11 실제 인덕터의 임피던스

문제

그림 3.34는 토로이드(도넛 형태) 인덕터이다. 실제 인덕터는 그림 3.35에서처럼 이상 인덕터와 저항의 직렬 연결로 모델링할 수 있다. 직렬 저항은 코일 도선의 저항을 나타낸다. 이 실제 인덕터의 임피던스가 상당히 유도성으로 동작하는(즉, 이상 인덕터처럼 동작하는) 주파수의 범위를 구하라. 인덕터의 임피던스가 저항보다 적어도 10배 이상 크다면 임피던스가 유도성이라고 간주할 수 있다.

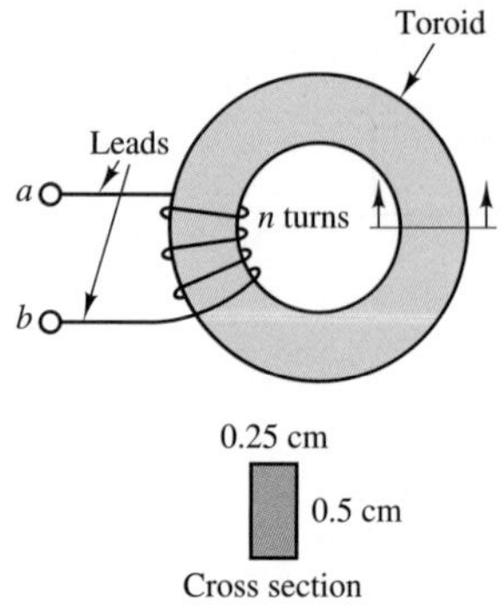

그림 3.34 실제 인덕터

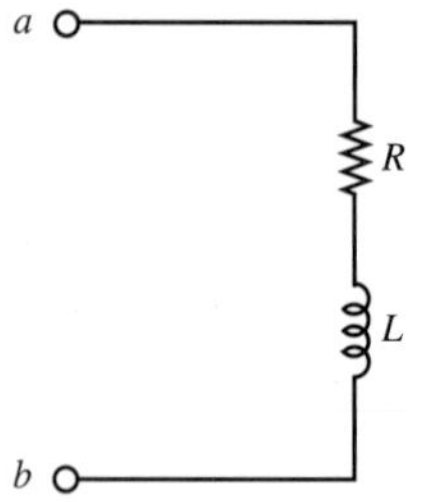

그림 3.35

풀이

기지: $L = 0.098$ H, 리드 길이 = 2 × 10 cm, $n = 250$회, 도선은 30 gauge. 30 gauge 도선의 저항은 = 0.344 Ω/m

미지: 실제 인덕터가 이상 인덕터에 가깝게 작동하는 주파수 범위

해석: 도선의 등가 저항을 결정하기 위해, 토로이드의 단면적을 사용하여 길이 l_w을 추정한다.

$$l_w = 250(2 \times 0.25 + 2 \times 0.5) = 375\ \text{cm}$$
$$\text{Total length} = 375 + 20 = 395\ \text{cm}$$

그러므로 총 저항은 다음과 같다.

$$R = 0.344\ \Omega/\text{m} \times 3.95\ \text{m} = 1.36\ \Omega$$

이상 인덕터의 임피던스 $j\omega L$이 1.36 Ω보다 10배 이상 크게 되는 주파수의 범위를 결정할 수 있다.

$$\omega L > 13.6 \quad \text{or} \quad \omega > \frac{13.6}{L} = \frac{13.6}{0.098} = 139\ \text{rad/s}$$

진동수의 관점에서는 $f = \omega/2\pi > 22$ Hz이다.

참조: 직렬로 연결된 소자의 경우, 최대 임피던스를 가진 소자가 두 노드 양단의 등가 임피던스를 지배하는 경향이 있다. 139 rad/s 이상의 주파수에서 인덕터의 임피던스는 저항보다 최소 10배 이상 크며, 저항은 미미하다. (10:1 규칙을 기억하라.) 저주파 영역에서, 저항은 상당히 크다. 매우 낮은 주파수에서는($\omega L \ll R$), 이상 인덕터의 임피던스는 단락 회로처럼 동작하며 무시될 수 있다. 고주파 영역에서는, 절연된 코일 도선 사이의 분리로 상당한 커패시턴스를 갖기 시작하므로 모델은 이를 반영하여 적절히 수정되어야 한다.

직렬-병렬 회로망의 임피던스

예제 3.12

문제

그림 3.36에 나타난 회로의 등가 임피던스를 구하라.

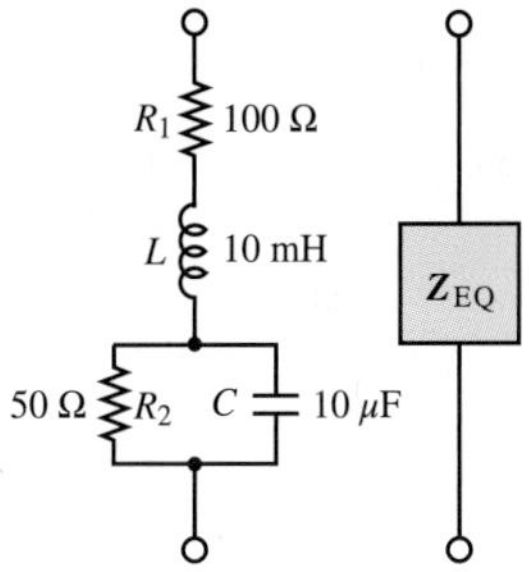

그림 3.36

풀이

기지: $\omega = 10^4$ rad/s, $R_1 = 100\ \Omega$, $L = 10$ mH, $R_2 = 50\ \Omega$, $C = 10$ mF

미지: 직렬-병렬 회로의 등가 임피던스

해석: C와 병렬인 R_2의 등가 임피던스는 다음과 같다.

$$\mathbf{Z}_{\parallel} = R_2 \left\| \frac{1}{j\omega C} = \frac{R_2(1/j\omega C)}{R_2 + 1/j\omega C} = \frac{R_2}{1 + j\omega C R_2} \right.$$

$$= \frac{50}{1 + j10^4 \times 10 \times 10^{-6} \times 50} = \frac{50}{1 + j5} = 1.92 - j9.62\ \Omega$$

$$= 9.81\angle(-1.3734)\ \Omega$$

전체 회로망에 대한 등가 임피던스 $\mathbf{Z}_{eq}$를 구하면

$$\mathbf{Z}_{eq} = R_1 + j\omega L + \mathbf{Z}_{\parallel} = 100 + j10^4 \times 10^{-2} + 1.92 - j9.62$$

$$= 101.92 + j90.38 = 136.2\angle 0.725\ \Omega$$

참조: $\omega = 10^4$ rad/s에서, 리액턴스가 양이므로 회로망에 대한 임피던스는 유도성이다. (또는 등가적으로 위상각이 양이다.) (그림 3.30 참조)

어드미턴스

예제 3.13

문제

그림 3.37에 나타난 두 회로망의 각각에 대한 등가 임피던스를 구하라.

풀이

기지: $\omega = 2\pi \times 10^3$ rad/s; $R_1 = 50\ \Omega$; $L = 16$ mH; $R_2 = 100\ \Omega$; $C = 3$ mF

미지: 두 회로망의 각각에 대한 등가 어드미턴스

해석: 회로망 (a): 먼저 회로망 ab에 대한 등가 임피던스를 구한다.

$$\mathbf{Z}_{ab} = R_1 + j\omega L$$

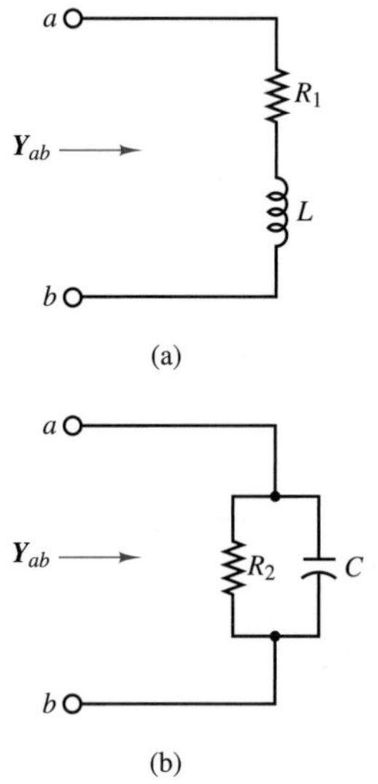

그림 3.37

어드미턴스를 구하기 위해, 분자와 분모에 분모의 공액 복소수를 곱하여 $\mathbf{Z}_{ab}$의 역을 계산한다.

$$\mathbf{Y}_{ab} = \frac{1}{\mathbf{Z}_{ab}} = \frac{1}{R_1 + j\omega L} = \frac{R_1 - j\omega L}{R_1^2 + (\omega L)^2}$$

수치를 대입하면

$$\mathbf{Y}_{ab} = \frac{1}{50 + j2\pi \times 10^3 \times 0.016} = \frac{50 - j(2\pi \times 10^3)(0.016)}{50^2 + (2\pi \times 10^3)^2 (0.016)^2}$$

$$\approx 4.0 \times 10^{-3} - j8.0 \times 10^{-3} \quad \text{S}$$

회로망 (b): 먼저 회로망 ab에 대한 등가 임피던스를 구한다.

$$\mathbf{Z}_{ab} = R_2 \left\| \frac{1}{j\omega C} \right. = \frac{R_2(1/j\omega C)}{R_2 + (1/j\omega C)}$$

분자와 분모에 $j\omega C$를 곱한다.

$$\mathbf{Z}_{ab} = \frac{R_2}{1 + j\omega R_2 C}$$

$\mathbf{Z}_{db}$의 역이 어드미턴스이다.

$$\mathbf{Y}_{ab} = \frac{1}{\mathbf{Z}_{ab}} = \frac{1 + j\omega R_2 C}{R_2} = \frac{1}{R_2} + j\omega C = 0.01 + j0.019 \quad \text{S}$$

참조: 어드미턴스와 컨덕턴스의 단위는 지멘스(S)로 동일하다.

연습 문제

페이저 표기를 사용하여, 정현파 전압 $v_1(t) = A\cos(\omega t + \phi)$과 $v_2(t) = B\cos(\omega t + \theta)$를 더하라. 그리고 시간 영역 형식으로 다시 변환하라.

a. $A = 1.5$ V, $\phi = 10°$; $B = 3.2$ V, $\theta = 25°$.

b. $A = 50$ V, $\phi = -60°$; $B = 24$ V, $\theta = 15°$.

Answers: (a) $v_1 + v_2 = 4.67\cos(\omega t + 0.353 \text{ rad})$;
(b) $v_1 + v_2 = 60.8\cos(\omega t - 0.656 \text{ rad})$

연습 문제

정현파 전류 $i_1(t) = A\cos(\omega t + \phi)$와 $i_2(t) = B\cos(\omega t + \theta)$를 더하라.

a. $A = 0.09$ A, $\phi = 72°$; $B = 0.12$ A, $\theta = 20°$.

b. $A = 0.82$ A, $\phi = -30°$; $B = 0.5$ A, $\theta = -36°$.

Answers: (a) $i_1 + i_2 = 0.19\cos(\omega t + 0.733)$;
(b) $i_1 + i_2 = 1.32\cos(\omega t - 0.5633)$

연습 문제

ω = 1,000와 100,000 rad/s에 대해 예제 3.12의 회로망에 대한 등가 임피던스를 계산하라.

주파수 ω = 10 rad/s에서 예제 3.12의 병렬 R_2C 회로망에 대한 리액턴스를 구하고, 등가 커패시턴스를 계산하라.

Answers: $\mathbf{Z}(1{,}000) = 140 - j10$; $\mathbf{Z}(100{,}000) = 100 + j999$; $X_{\|} = 0.25$; $C = 0.4$ F

연습 문제

예제 3.12의 회로망에 대한 등가 어드미턴스를 계산하라.

Answer: $\mathbf{Y}_{eq} = 5.492 \times 10^{-3} - j4.871 \times 10^{-3}$

3.6 교류 회로 해석

페이저와 임피던스의 개념으로 2장에서 직류 회로에 대해 개발된 해법들을 교류 회로의 해법에 사용하는 것이 가능해졌다. 이러한 방법은 정현파 전원에 의해서 가진되는 선형 수동 회로 소자(R, L, C)를 포함하는 교류 회로에 대하여 적용된다. 그림 3.38은 일반적인 시간 영역 및 페이저-임피던스 형식 모두로 표현된 예시 회로를 나타낸다.

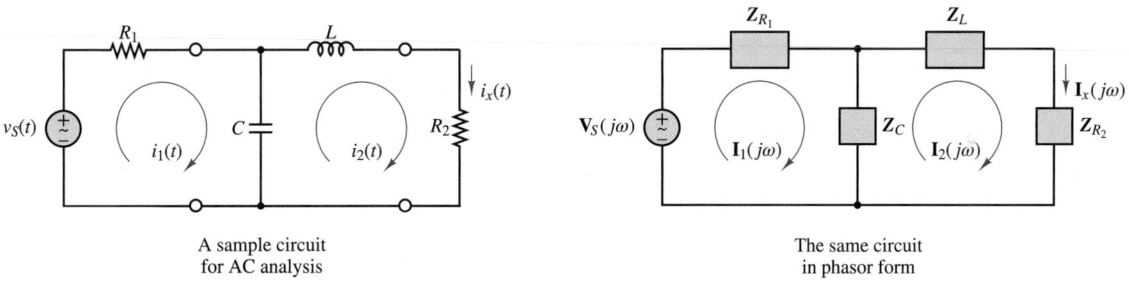

그림 3.38 교류 회로

교류 회로 해석의 첫 번째 단계는 페이저 형식으로 모든 전원을 변환하고, 각 수동 소자의 임피던스를 결정하기 위해 가진 주파수(excitation frequency)를 사용하는 것이다. 각 임피던스 소자는 진폭과 위상을 가지는데, 이들은 가진 주파수 ω에 의존할 수도 있다.

두 번째 단계는 1장과 2장에서 학습하였던 여러 기법을 적용하는 것이다. 예를 들어, 임피던스는 1장과 2장에서 저항과 동일한 방식으로 처리한다. 유일한 차이점은 직류 회로 해석은 스칼라 연산을 필요로 하는 반면에, 교류 회로의 페이저 해석은 복소 연산을 포함한다는 것이다. 예를 들어, 직렬 연결된 두 임피던스 소자를 위한 전압 분배는

$$\frac{\mathbf{V}_1}{\mathbf{V}_2} = \frac{\mathbf{Z}_1}{\mathbf{Z}_2}$$

유사하게, 병렬 연결된 두 임피던스 소자를 위한 전류 분배는

$$\frac{\mathbf{I}_1}{\mathbf{I}_2} = \frac{\mathbf{Z}_2}{\mathbf{Z}_1}$$

위 식을 2장에서의 저항의 직렬 및 병렬 연결에 관한 식과 비교해 보아라. KVL, KCL, 옴의 법칙, 노드와 망 해석, 테브닌 및 노턴의 이론, 중첩 및 소스 변환의 교류 회로에의 적용은 직류 회로에서의 응용과 모두 동일하다. 단지 임피던스 **Z**와 전원 페이저가 저항과 전원을 대신하는 점이 다르다.

교류 회로 문제에서 해는 일반적으로 페이저가 된다. 따라서 세 번째 및 마지막 단계는 해를 시간 영역 형식으로 변환하는 것이다. 사실 페이저 표기법은 마지막 해를 계산을 쉽게 해주는 중간 단계에 불과하다.

노드 전압과 망 전류 방법을 교류 회로에 적용하는 것은 가능하지만, 이 결과로 얻어지는 연립 복소 방정식은 비교적 간단한 회로에 대해서도 컴퓨터의 도움 없이는 풀기가 어렵다. 게다가, 이들 방법은 회로의 특성에 대한 직관을 거의 주지 못한다. 반면에, 등가 회로망의 개념을 교류 회로로 확장하고, 복소수의 테브닌 또는 노턴 등가 임피던스를 이용하는 것이 매우 유용하다.

LO

방법 및 절차
FOCUS ON PROBLEM SOLVING

교류 회로 해석

1. 회로의 정현파 전원을 식별하고, 가진 주파수를 주목한다.
2. 전원을 페이저 형식으로 변환한다.
3. 가진 주파수를 사용하여 각 수동 소자의 임피던스를 구한다.
4. 테브닌 이론, 노턴 이론, 중첩, 소스 변환, 노드 전압 혹은 망 전류 방법 등의 적절한 기법을 사용하여 페이저 회로의 해를 구한다. 복소 연산을 적절하게 수행하도록 주의한다. 해를 페이저로 나타낸다.
5. 페이저 해를 시간 영역 형식으로 변환한다.

교류 등가 회로

등가 회로의 개념은 교류 및 직류 회로 해석에 동일하게 유용하다. 그림 3.39(a)는 2장에서 처음으로 소개된 1포트 소스-부하를 보여준다. 그림에서 회로는 부하와 소스의 두 부분으로 나누어진다. 일반적으로, 부하는 소자 또는 해석자에게 관심 있는 회로의 일부분이다. 소스는 부하에 포함되지 않은 모든 것이다. 소스와 부하가 두 단자 a와 b에 연결되어 있다.

그림 3.39(b)에 나타난 바와 같이 테브닌 또는 노턴의 이론은 소스 회로망을 단순화하는 데 사용할 수 있다. 테브닌 등가 소스는, 등가 임피던스 $\mathbf{Z}_T(j\omega)$와 직렬 연결된 독립 전압원 $\mathbf{V}_T(j\omega)$ 등 두 페이저로 구성되어 있다는 점에 주목한다. 부하 $\mathbf{Z}_o$에 걸리는 전압 $\mathbf{V}_o$는 전압 분배로부터 구할 수 있다.

$$\frac{\mathbf{V}_o}{\mathbf{V}_T} = \frac{\mathbf{Z}_o}{\mathbf{Z}_o + \mathbf{Z}_T}$$

이러한 해의 접근 방식과 형태는 이전에 직류 회로에 대하여 2장에서 제시되는 것과 완전히 동일하다. 유일한 차이점은 저항 대신 임피던스를 사용하는 것이다. 독립 테브닌 전압원 $\mathbf{V}_T$는 소스 회로망의 단자 a와 b에 걸리는 개방 전압 $\mathbf{V}_{\mathrm{OC}}$이다. 테브닌 등가 임피던스 $\mathbf{Z}_T$는, 모든 독립 전압원 및 전류원을 0으로 설정한 다음에 소스 회로망 단자 사이의 등가 임피던스 $\mathbf{Z}_{ab}$를 구함으로써 계산할 수 있다. 전압원과 전류원을 0으로 설정한다는 의미는, 전압원과 전류원을 각각 단락 회로와 개방 회로로 대체한다는 의미이다. 직렬 및 병렬 회로망의 등가 임피던스 및 어드미턴스를 찾기 위한 규칙을 그림 3.40에 나타내었다.

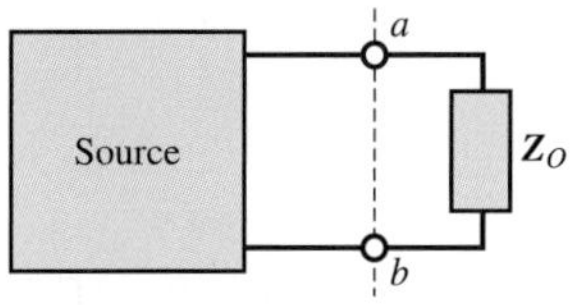

(a) Source-load perspective

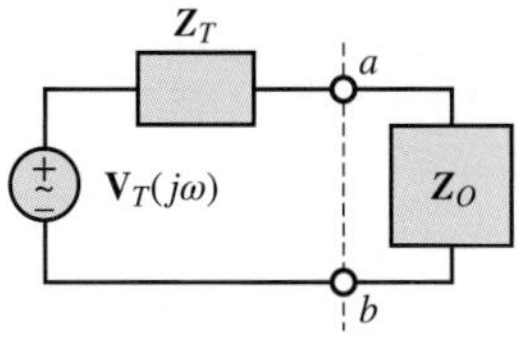

(b) Simplified circuit

그림 3.39 테브닌 이론을 사용하여 단순화된 교류 회로

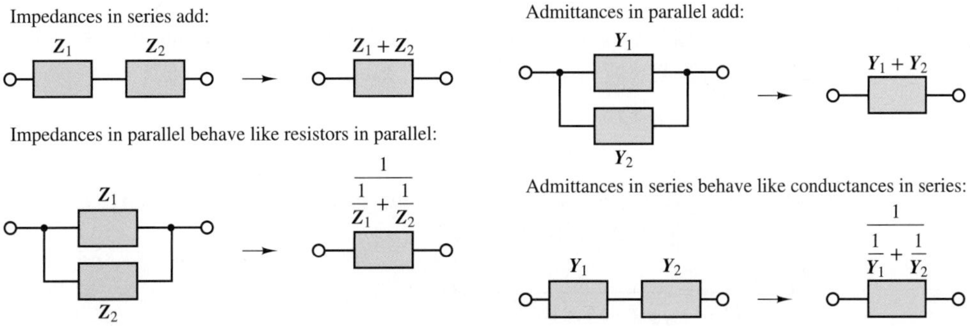

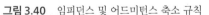

그림 3.40 임피던스 및 어드미턴스 축소 규칙

노턴 등가 소스는, 동일한 등가 임피던스 $\mathbf{Z}_N(j\omega) = \mathbf{Z}_T(j\omega)$와 병렬 연결된 독립 전류원 $\mathbf{I}_N$으로 구성되어 있다. 그림 3.41은 소스와 부하 회로망으로 분할되는 다소 복잡한 교류 회로에 대해서, $\mathbf{V}_T$, $\mathbf{I}_N$ 및 $\mathbf{Z}_T$를 어떻게 구하는지를 보여준다. 뒤에 나오는 예제 문제는 이런 등가 회로들의 계산에 있어 몇 가지 중요한 점들을 보여줄 것이다. 복소 연산의 상세한 내용에 대해서도 설명할 것이다.

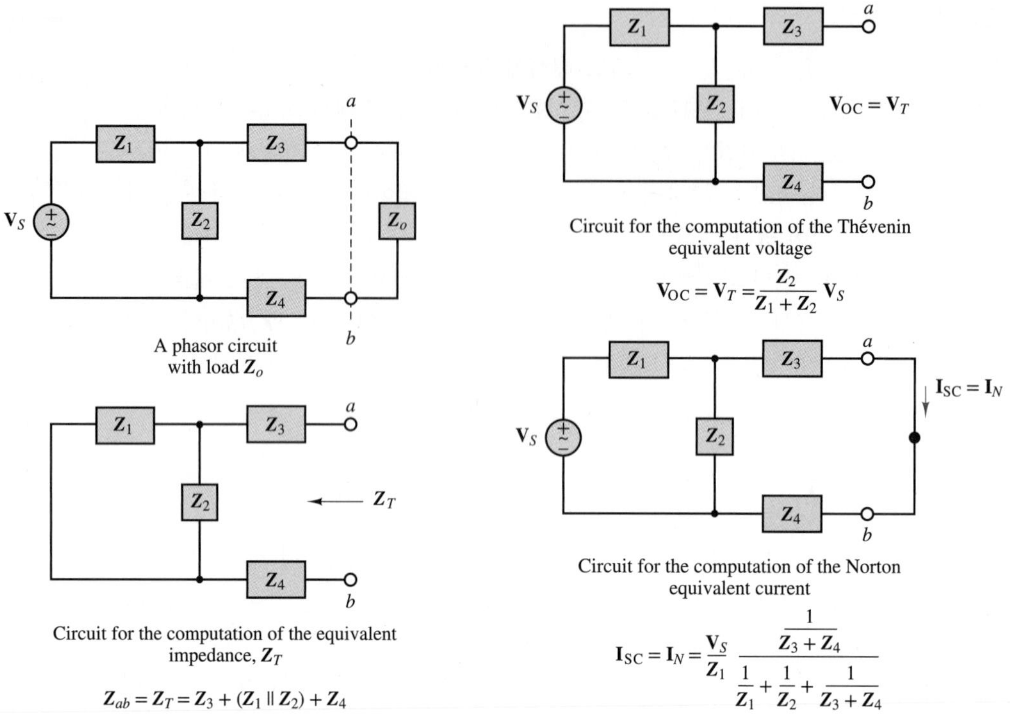
A phasor circuit with load $\mathbf{Z}_o$
Circuit for the computation of the equivalent impedance, $\mathbf{Z}_T$
$\mathbf{Z}_{ab} = \mathbf{Z}_T = \mathbf{Z}_3 + (\mathbf{Z}_1 \parallel \mathbf{Z}_2) + \mathbf{Z}_4$
Circuit for the computation of the Thévenin equivalent voltage
$\mathbf{V}_{OC} = \mathbf{V}_T = \frac{\mathbf{Z}_2}{\mathbf{Z}_1 + \mathbf{Z}_2}\mathbf{V}_S$
Circuit for the computation of the Norton equivalent current
$\mathbf{I}_{SC} = \mathbf{I}_N = \frac{\mathbf{V}_S}{\mathbf{Z}_1} \frac{\frac{1}{\mathbf{Z}_3 + \mathbf{Z}_4}}{\frac{1}{\mathbf{Z}_1} + \frac{1}{\mathbf{Z}_2} + \frac{1}{\mathbf{Z}_3 + \mathbf{Z}_4}}$

그림 3.41 교류 회로의 등가 형태로의 축소

측정기술

용량형 변위 변환기

이전의 측정 기술에서 소개한 바와 같이, 변위 변환기(displacement transducer)는 가변 분리 거리 x를 가진 평행판 커패시터로 구성되어 있다. 커패시턴스는 다음과 같다.

$$C = \frac{8.854 \times 10^{-3} A}{x} \quad \text{pF}$$

여기서 C는 pF 단위의 커패시턴스이며, A는 mm^2 단위의 평판의 면적이고, x는 mm 단위의 거리이다. 커패시터의 임피던스는 다음과 같다.

$$\mathbf{Z}_C = \frac{1}{j\omega C} = \frac{x}{j\omega(8.854 \times 10^{-3})A} \quad \text{T}\Omega$$

따라서 주어진 주파수 ω에서, 커패시터의 임피던스는 분리된 거리에 따라 선형적으로 변한다. 이 결과는 그림 3.6의 브리지 회로에서 활용될 수 있다. 그림에 보이는 브리지의 절반은 얇은 막(diaphragm)이 두 고정 평판 사이에 위치하고, 평판에 걸리는 압력 변동을 받는 차압 변환기(differential pressure transducer)이다. 그 결과, 그림 3.42에 나타낸 브리지의 한쪽 다리의 커패시턴스가 증가하면 다른 쪽 다리의 커패시턴스가 감소한다. 브리지는 정현파 전원에 의해 작동된다고 가정한다.

(계속)

(계속)

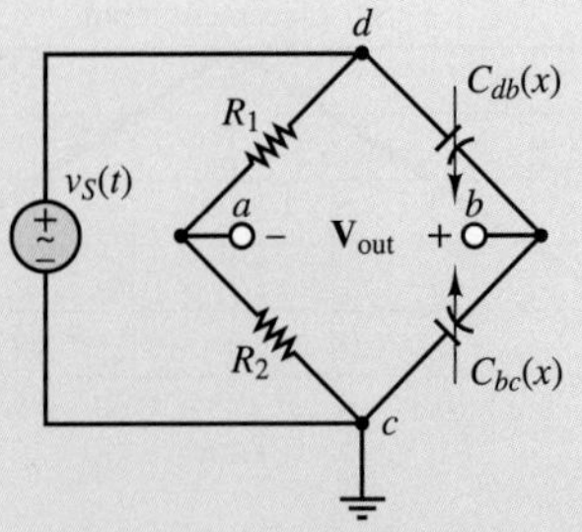

그림 3.42 용량형 변위 변환기의 브리지 회로

페이저 형식으로 출력 전압을 나타내기 위해 전압 분배 및 KVL을 적용한다.

$$\mathbf{V}_{out}(j\omega) = \mathbf{V}_S(j\omega)\left(\frac{\mathbf{Z}_{C_{bc}}(x)}{\mathbf{Z}_{C_{db}}(x) + \mathbf{Z}_{C_{bc}}(x)} - \frac{R_2}{R_1 + R_2}\right)$$

막이 중심 위치에서 벗어나 있지 않은 경우에는, 변환기의 각 절반의 공칭 커패시턴스는

$$C_0 = \frac{\varepsilon A}{d}$$

여기서 d는 막과 고정 판 사이의 공칭 분리 거리(mm 단위로)이다. 그러므로 막이 유효 거리 Δx만큼 중심에서 벗어나 있으면, 브리지의 각 다리의 커패시턴스는 다음과 같이 주어진다.

$$C_{db} = \frac{\varepsilon A}{d - \Delta x} \qquad \text{and} \qquad C_{bc} = \frac{\varepsilon A}{d + \Delta x}$$

그러므로 각 다리의 해당 임피던스는

$$\mathbf{Z}_{C_{db}} = \frac{d - \Delta x}{j\omega(8.854 \times 10^{-3})A} \qquad \text{and} \qquad \mathbf{Z}_{C_{bc}} = \frac{d + \Delta x}{j\omega(8.854 \times 10^{-3})A}$$

와 같으며, 페이저 출력 전압은

$$\mathbf{V}_{out}(j\omega) = \mathbf{V}_S(j\omega)\left(\frac{\dfrac{d + \Delta x}{j\omega(8.854 \times 10^{-3})A}}{\dfrac{d - \Delta x}{j\omega(8.854 \times 10^{-3})A} + \dfrac{d + \Delta x}{j\omega(8.854 \times 10^{-3})A}} - \frac{R_2}{R_1 + R_2}\right)$$

$$= \mathbf{V}_S(j\omega)\left(\frac{1}{2} + \frac{\Delta x}{2d} - \frac{R_2}{R_1 + R_2}\right)$$

$$= \mathbf{V}_S(j\omega)\frac{\Delta x}{2d} \qquad (\text{assuming } R_1 = R_2)$$

이다. 그러므로 출력 전압은 변위에 비례하는 입력 전압의 함수로 변하게 된다. 0.05 mm "삼각형" 막 변위에 대한 전형적인 $v_{out}(t)$를 그림 3.43에 나타내었는데, 이때 $d = 0.5$ mm이고 $\mathbf{V}_S$는 1 V 진폭의 25 Hz 정현파 전압원이다.

(계속)

(계속)

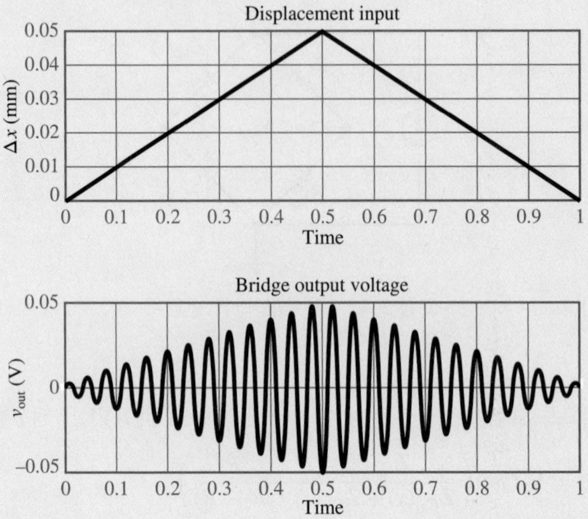

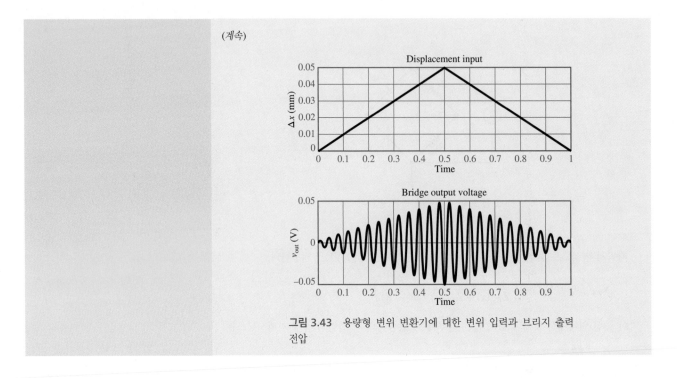

그림 3.43 용량형 변위 변환기에 대한 변위 입력과 브리지 출력 전압

예제 3.14

교류 회로의 페이저 해석

문제

페이저 해석법을 그림 3.44의 회로에 적용하여 소스 전류를 구하라.

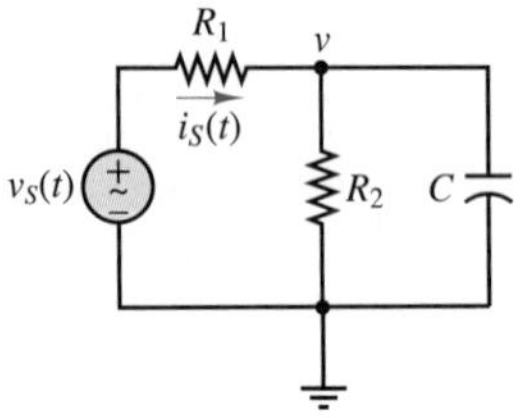

그림 3.44

풀이

기지: 그림 3.44, 3.45. $v_S(t) = 10 \cos \omega t$ V, $\omega = 377$ rad/s, $R_1 = 50\ \Omega$, $R_2 = 200\ \Omega$, $C = 100\ \mu$F

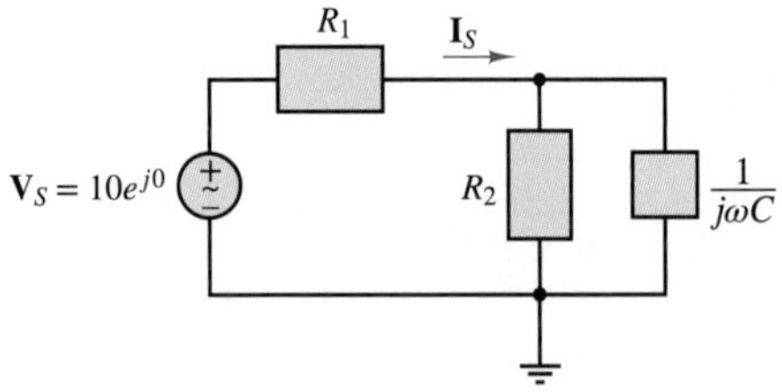

그림 3.45

미지: 소스 전류 $i_S(t)$

해석: 상단 우측 노드에 전압 v를 정의하고, 노드 전압법을 사용하여 v를 구하라. 그러면 다음을 알 수 있다.

$$i_S(t) = \frac{v_S(t) - v(t)}{R_1}$$

다음으로, "교류 회로 해석"에 대한 방법 및 절차의 단계를 적용한다.

Step 1: $v_S(t) = 10\cos\omega t \quad \text{V} \qquad \omega = 377\,\text{rad/s} \qquad (f = 60\,\text{Hz})$

Step 2: $\mathbf{V}_S = 10\angle 0\ \text{V}$

Step 3: $\mathbf{Z}_{R_1} = R_1 \qquad \mathbf{Z}_{R_2} = R_2 \qquad \mathbf{Z}_C = \dfrac{1}{j\omega C}$

그림 3.45은 결과적인 페이저 회로를 나타낸다.

Step 4: 노드 전압법을 사용하여 소스 전류를 계산한다. 상단 우측 노드에 KCL를 적용하여 면 다음을 구할 수 있다.

$$\frac{\mathbf{V}_S - \mathbf{V}}{\mathbf{Z}_{R_1}} = \frac{\mathbf{V}}{\mathbf{Z}_{R_2}||\mathbf{Z}_C}$$

$$\frac{\mathbf{V}_S}{\mathbf{Z}_{R_1}} = \mathbf{V}\left(\frac{1}{\mathbf{Z}_{R_2}||\mathbf{Z}_C} + \frac{1}{\mathbf{Z}_{R_1}}\right) = \mathbf{V}\left(\frac{1}{\dfrac{R_2\cdot(1/j\omega C)}{R_2 + (1/j\omega C)}} + \frac{1}{R_1}\right)$$

$$= \mathbf{V}\left(\frac{j\omega C R_2 + 1}{R_2} + \frac{1}{R_1}\right) = \mathbf{V}\left[\frac{(j\omega C R_2 R_1 + R_1) + R_2}{R_1 R_2}\right]$$

그러므로

$$\mathbf{V} = \left[\frac{R_1 R_2}{(j\omega C R_2 R_1 + R_1) + R_2}\right]\frac{\mathbf{V}_S}{R_1}$$

$$= \left[\frac{50\times 200}{(j377\times 10^{-4}\times 50\times 200 + 50) + 200}\right]\frac{\mathbf{V}_S}{50}$$

$$= 0.44\angle(-0.99)\,\mathbf{V}_S = 4.4\angle(-0.99)\ \text{V}$$

그러면 $\mathbf{I}_S$를 계산할 수 있다.

$$\mathbf{I}_S = \frac{\mathbf{V}_S - \mathbf{V}}{\mathbf{Z}_{R_1}} = \frac{10\angle 0 - 4.4\angle(-0.99)}{50} = 0.17\angle(0.45)\ \text{A}$$

Step 5: 마지막으로, 페이저 해를 시간 영역 형식으로 변환한다.

$$i_S(t) = 0.17\cos(377t + 0.45)\ \text{A}$$

임의의 정현파 입력에 대한 교류 회로의 해

예제 3.15

LO

문제

임의의 정현파 전원 $A\cos(\omega t + \phi)$에 대하여 예제 3.14의 일반 해를 구하라.

풀이

기지: $R_1 = 50\ \Omega$, $R_2 = 200\ \Omega$, $C = 100\ \mu\text{F}$

미지: 페이저 소스 전류 $\mathbf{I}_S(j\omega)$

해석: 임의의 각 주파수를 가정하므로, 수치 해를 얻는 것은 불가능하며, 해는 ω의 함수가 될 것이다. 소스 페이저는 $\mathbf{V}_S(j\omega) = A\angle\phi$이다. 임피던스는 $\mathbf{Z}_{R_1} = 50\ \Omega$, $\mathbf{Z}_{R_2} = 200\ \Omega$, $\mathbf{Z}_C = -j10^4/\omega\Omega$이다. 커패시터의 임피던스는 ω의 함수이다.

소스 전류가 다음과 같이 주어진다.

$$\mathbf{I}_S = \frac{\mathbf{V}_S}{\mathbf{Z}_{R_1} + \mathbf{Z}_{R_2}||\mathbf{Z}_C}$$

병렬 임피던스 $\mathbf{Z}_{R_2}\|\mathbf{Z}_C$가

$$\mathbf{Z}_{R_2}\|\mathbf{Z}_C = \frac{\mathbf{Z}_{R_2}\times\mathbf{Z}_C}{\mathbf{Z}_{R_2}+\mathbf{Z}_C} = \frac{200\times10^4/j\omega}{200+10^4/j\omega} = \frac{2\times10^6}{10^4+j\omega200} \quad \Omega$$

로 주어지므로, 총 직렬 임피던스는

$$\mathbf{Z}_{R_1}+\mathbf{Z}_{R_2}\|\mathbf{Z}_C = 50+\frac{2\times10^6}{10^4+j\omega200} = \frac{2.5\times10^6+j\omega10^4}{10^4+j\omega200} \quad \Omega$$

이고, 페이저 소스 전류는 다음과 같다.

$$\mathbf{I}_S = \frac{\mathbf{V}_S}{\mathbf{Z}_{R_1}+\mathbf{Z}_{R_2}\|\mathbf{Z}_C} = A\angle\phi\frac{10^4+j\omega200}{2.5\times10^6+j\omega10^4} \quad \text{A}$$

참조: 이 예제에 포함된 식은 A, ϕ, ω에 수치를 대입함으로써, 특정한 정현파 가진에 대하여 계산될 수 있다. 예제 3.14의 값(A = 10 V, ϕ = 0 rad, ω = 377 rad/s)을 사용하여 동일한 답을 얻게 되는지를 확인하라.

예제 3.16

노드 전압법을 이용한 교류 회로의 해법

문제

전기 모터의 기본적인 전기적 성질은 직렬 *RL* 회로에 의해서 근사화할 수 있다. 이 문제에서 전압원은 두 개의 서로 다른 모터(그림 3.46)에 전류를 제공한다.

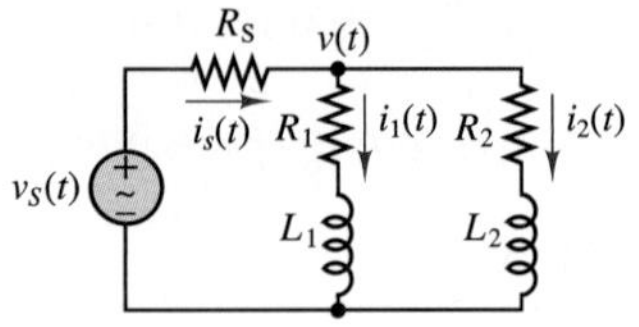

그림 3.46 노드 해석을 예시하기 위한 교류 회로

풀이

기지: R_S = 0.5 Ω, R_1 = 2 Ω, R_2 = 0.2 Ω, L_1 = 0.1 H, L_2 = 20 mH. $v_S = 155\cos(377t)$ V

미지: 모터의 부하 전류 $i_1(t)$와 $i_2(t)$

해석: 먼저 소스와 각 모터의 임피던스를 계산한다.

$$\mathbf{Z}_S = 0.5\ \Omega$$
$$\mathbf{Z}_1 = 2+j377\times0.1 = 2+j37.7 = 37.8\angle1.52\ \Omega$$
$$\mathbf{Z}_2 = 0.2+j377\times0.02 = 0.2+j7.54 = 7.54\angle1.54\ \Omega$$

소스 전압은 $\mathbf{V}_S = 155\angle0$ V이다.

다음으로, 상단 우측 노드에 KCL을 적용하여 노드 전압 $\mathbf{V}$를 구한다.

$$\frac{\mathbf{V}_S - \mathbf{V}}{\mathbf{Z}_S} = \frac{\mathbf{V}}{\mathbf{Z}_1} + \frac{\mathbf{V}}{\mathbf{Z}_2}$$

$$\frac{\mathbf{V}_S}{\mathbf{Z}_S} = \frac{\mathbf{V}}{\mathbf{Z}_S} + \frac{\mathbf{V}}{\mathbf{Z}_1} + \frac{\mathbf{V}}{\mathbf{Z}_2} = \mathbf{V}\left(\frac{1}{\mathbf{Z}_S} + \frac{1}{\mathbf{Z}_1} + \frac{1}{\mathbf{Z}_2}\right)$$

$$\mathbf{V} = \left(\frac{1}{0.5} + \frac{1}{2 + j37.7} + \frac{1}{0.2 + j7.54}\right)^{-1} \frac{\mathbf{V}_S}{0.5}$$

$$= 154\angle 0.079 \text{ V}$$

페이저 노드 전압 $\mathbf{V}$에서 페이저 모터 전류 $\mathbf{I}_1$과 $\mathbf{I}_2$를 쉽게 구할 수 있다.

$$\mathbf{I}_1 = \frac{\mathbf{V}}{\mathbf{Z}_1} = \frac{154\angle 0.079}{2 + j37.7} = 4.1\angle -1.44$$

$$\mathbf{I}_2 = \frac{\mathbf{V}}{\mathbf{Z}_2} = \frac{154\angle 0.079}{0.2 + j7.54} = 20.4\angle -1.47$$

마지막으로, 전류를 시간 영역 형식으로 나타낸다.

$$i_1(t) = 4.1 \cos(377t - 1.44) \text{ A}$$
$$i_2(t) = 20.4 \cos(377t - 1.47) \text{ A}$$

그림 3.47은 소스 전압(1/10로 스케일 다운)과 두 모터 전류를 나타낸다.

참조: 소스 전압과 두 모터 전류 사이의 위상 이동에 유의하라.

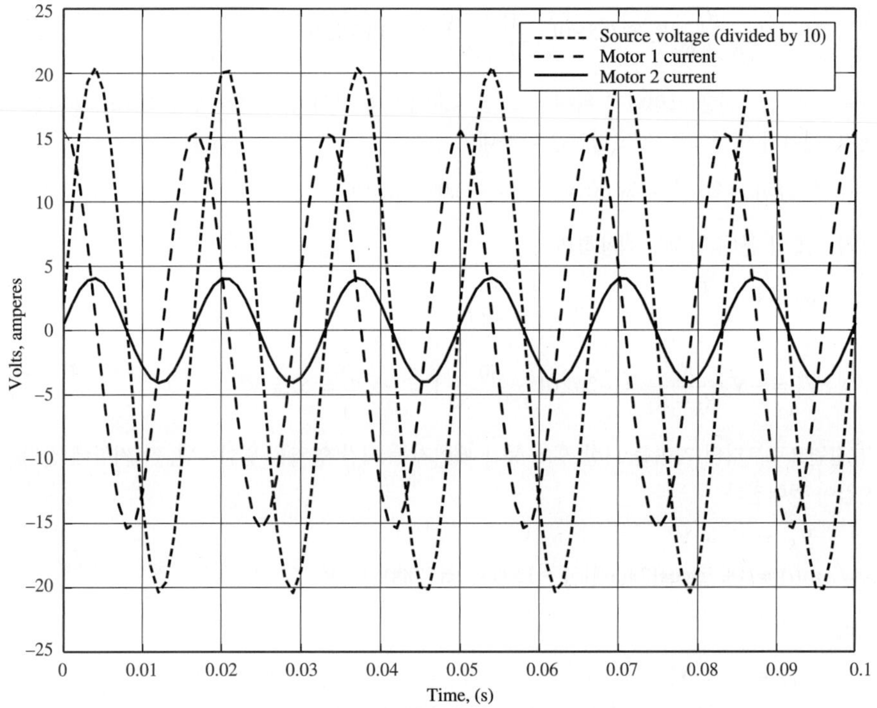

그림 3.47 예제 3.16에 대한 소스 전압과 모터 전류의 그래프

예제 3.17

교류 중첩

문제

그림 3.48 회로의 전압 $v_1(t)$와 $v_2(t)$를 계산하라.

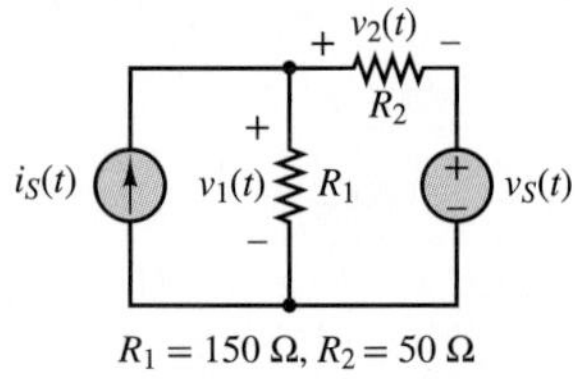

그림 3.48

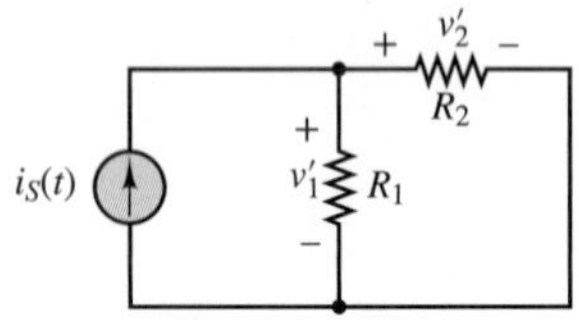

그림 3.49

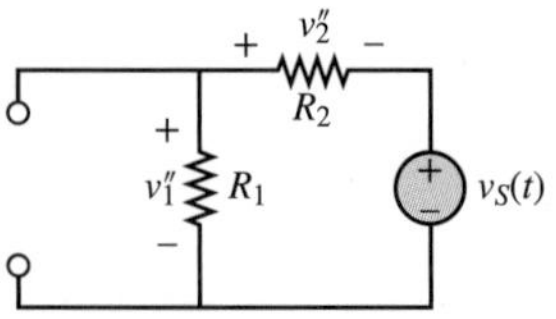

그림 3.50

풀이

기지:

$$i_S(t) = 0.5\cos[2\pi(100t)] \quad \text{A}$$
$$v_S(t) = 20\cos[2\pi(1{,}000t)] \quad \text{V}$$

미지: $v_1(t)$와 $v_2(t)$

해석: 주파수가 서로 다른 두 소스가 있으므로, 각 소스에 대해서 분리하여 해를 구해야 한다. 먼저, 전류원을 고려하기 위해서, 그림 3.49에서와 같이 전압원을 단락 회로로 대체한다. 결과로 나타나는 회로는 단순한 전류 분배기가 된다. 페이저 형식으로 소스 전류를 나타내면

$$\mathbf{I}_S(j\omega) = 0.5e^{j0} = 0.5\angle 0 \ \text{A} \qquad \omega = 200\pi \ \text{rad/s}$$

그러면

$$\mathbf{V}_1' = \mathbf{I}_S\frac{R_2}{R_1+R_2}R_1 = 0.5\angle 0\left(\frac{50}{150+50}\right)150 = 18.75\angle 0 \ \text{V}$$

$$\mathbf{V}_2' = \mathbf{I}_S\frac{R_1}{R_1+R_2}R_2 = 0.5\angle 0\left(\frac{150}{150+50}\right)50 = 18.75\angle 0 \ \text{V}$$

다음으로, 전압원을 고려하기 위해서, 그림 3.50에서와 같이 전류원을 개방 회로로 대체한다. 먼저, 페이저 형식으로 소스 전압을 나타내면

$$\mathbf{V}_S(j\omega) = 20e^{j0} = 20\angle 0 \ \text{V} \qquad \omega = 2{,}000\pi \ \text{rad/s}$$

그리고 전압 분배 법칙을 적용하면

$$\mathbf{V}_1'' = \mathbf{V}_S\frac{R_1}{R_1+R_2} = 20\angle 0\left(\frac{150}{150+50}\right) = 15\angle 0 \ \text{V}$$

$$\mathbf{V}_2'' = -\mathbf{V}_S\frac{R_2}{R_1+R_2} = -20\angle 0\left(\frac{50}{150+50}\right) = -5\angle 0 = 5\angle\pi \ \text{V}$$

각 전원으로부터의 기여를 더한 후에 등가 페이저를 시간 영역을 변환하면, 각 저항에 걸리는 전압이 얻어진다.

$$\mathbf{V}_{R1} = \mathbf{V}_1' + \mathbf{V}_1''$$
$$v_1(t) = 18.75\cos[2\pi(100t)] + 15\cos[2\pi(1{,}000t)] \quad \text{V}$$

그리고

$$\mathbf{V}_{R2} = \mathbf{V}_2' + \mathbf{V}_2''$$
$$v_2(t) = 18.75\cos[2\pi(100t)] + 5\cos[2\pi(1{,}000t) + \pi] \quad \text{V}$$

참조: 위 식에 두 항이 서로 다른 주파수이므로, 더 이상 식을 단순화할 수는 없다.

테브닌 이론을 이용한 교류 회로의 해법

예제 3.18

문제

그림 3.51에서 부하 $\mathbf{Z}_o$에서 보는 테브닌 등가 회로를 계산하라.

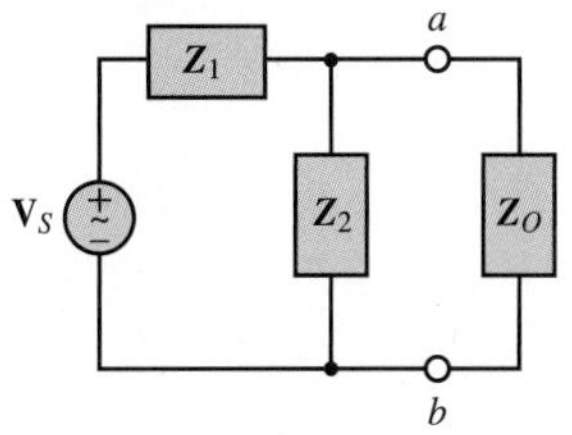

$\mathbf{V}_S = 110\angle 0°$ $Z_1 = 5\ \Omega$ $Z_2 = j20\ \Omega$

그림 3.51

풀이

기지: $\mathbf{Z}_1 = 5\ \Omega$, $\mathbf{Z}_2 = j20\ \Omega$, $v_S(t) = 110\cos(377t)$ V

미지: 부하 $\mathbf{Z}_o$가 보는 테브닌 등가 회로

해석: 부하 $\mathbf{Z}_o$에서 보는 등가 임피던스를 구한다. 부하를 제거하고, 독립 전압원을 단락 회로로 교체하고, 그림 3.52에서 단자 a와 b 사이의 등가 임피던스를 계산한다.

$$\mathbf{Z}_T = \mathbf{Z}_1 \| \mathbf{Z}_2 = \frac{\mathbf{Z}_1 \times \mathbf{Z}_2}{\mathbf{Z}_1 + \mathbf{Z}_2} = \frac{5 \times j20}{5 + j20} = 4.71 + j1.176\ \Omega$$

다음으로, 전압 분배에 의해서 단자 a와 b 사이의 테브닌 전압, 즉 개방 전압을 계산한다.

$$\mathbf{V}_T = \frac{\mathbf{Z}_2}{\mathbf{Z}_1 + \mathbf{Z}_2}\mathbf{V}_S = \frac{j20}{5 + j20}110\angle 0 = \frac{20\angle \pi/2}{20.6\angle 1.326}110\angle 0 = 106.7\angle 0.245\ \text{V}$$

그림 3.53에 완성된 단순화된 회로가 나타나 있다.

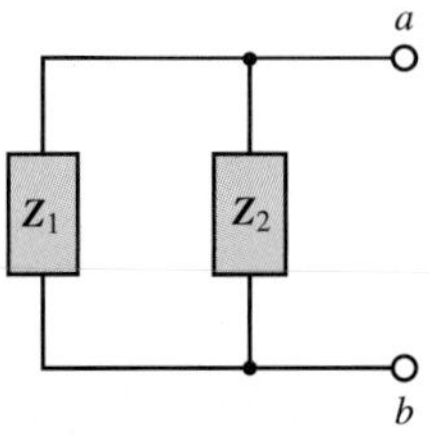

그림 3.52

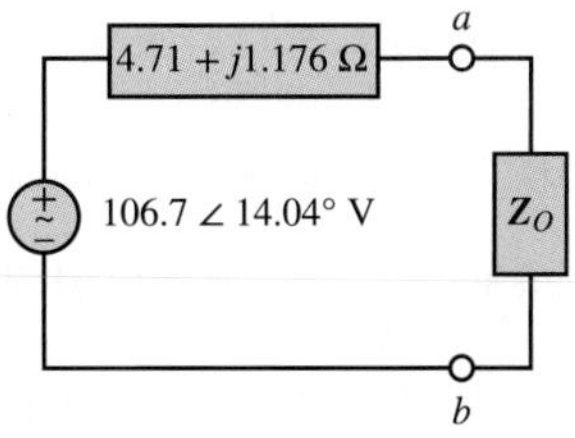

그림 3.53

참조: 회로를 단순화하는 데 사용되는 절차는 저항 회로에 사용되는 것과 동일하다. 유일한 차이는 저항 대신에 복소 임피던스를 사용한다는 점이다.

테브닌 이론이 적용된 교류 회로

예제 3.19

문제

입력 정현파 전압이 (a) 주파수가 10^3 Hz일 때, (b) 주파수가 10^6 Hz일 때, 그림 3.54의 회로에서 부하에서 보는 테브닌 등가 회로를 구하라.

풀이

기지: $R_S = R_o = 50\ \Omega$, $C = 0.1\ \mu$F, $L = 10$ mH

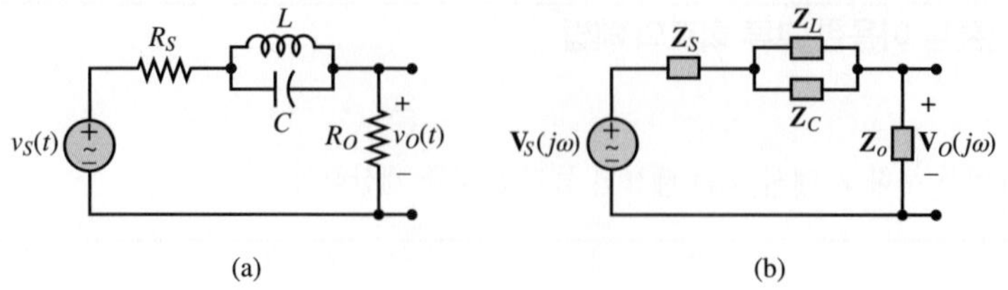

그림 3.54 (a) 예제 3.19의 회로, (b) 페이저 해석을 위한 동일 회로

해석: 먼저 그림 3.54(b)에서와 같이, 회로를 페이저 형식으로 변환한다. 다음으로, 부하를 제거하고 테브닌 등가 임피던스를 계산한다.

$$\mathbf{Z}_T = \mathbf{Z}_S + \mathbf{Z}_L \| \mathbf{Z}_C = R_S + \frac{j\omega L \times 1/j\omega C}{j\omega L + 1/j\omega C} \cdot \frac{j\omega C}{j\omega C}$$

$$= R_S + \frac{j\omega L}{j\omega L \times j\omega C + 1} = R_S + j\frac{\omega L}{1 - \omega^2 LC}$$

테브닌 등가 전압은 소스 전압과 같은데, 이는 부하 임피던스가 제거되면 회로에는 전류가 흐르지 않게 되어 임피던스에 걸리는 전압 강하가 0이 되기 때문이다. 그러므로

$$\mathbf{V}_T = \mathbf{V}_S$$

이 된다. 다음으로, 2개의 주파수에 대하여 각각 테브닌 등가를 계산하면

a. $f = 10^3$ Hz는 $\omega = 2\pi \times 10^3$ rad/s에 해당된다. 이 주파수에서는

$$\mathbf{Z}_T = R_S + j\frac{\omega L}{1 - \omega^2 LC} = 50 + j65.4 = 82.3\angle 0.92$$

b. $f = 10^6$ Hz는 $\omega = 2\pi \times 10^6$ rad/s에 해당된다. 이 주파수에서는

$$\mathbf{Z}_T = R_S + j\frac{\omega L}{1 - \omega^2 LC} = 50 - j1.59 = 50\angle(-0.032)$$

참조: 고주파수에서 등가 임피던스는 저항 R_S의 임피던스와 매우 근접한다. 이 결과는 고주파 영역에서 커패시터는 단락 회로와 유사하게, 그리고 인덕터는 개방 회로와 유사하게 동작하기 때문이다. 고주파 영역에서의 커패시터의 아주 작은 임피던스는 병렬 등가 임피던스를 지배한다.

예제 3.20

망 전류법에 기반한 교류 회로의 해

문제

그림 3.55의 회로에서 $i_1(t)$와 $i_2(t)$를 망 전류법을 이용하여 구하라.

풀이

기지: $R_1 = 100\ \Omega$, $R_2 = 75\ \Omega$, $C = 1\ \mu$F, $L = 0.5$ H. $v_S(t) = 15\cos(1{,}500t)$ V

해석: "교류 회로 해석"에 관한 방법과 절차의 단계를 따른다.

Step 1: $v_S(t) = 15\cos(1{,}500t)$ V $\omega = 1{,}500$ rad/s

Step 2: $\mathbf{V}_S = 15\angle 0$ V

Step 3: $\mathbf{Z}_{R_1} = R_1$ $\mathbf{Z}_{R_2} = R_2$ $\mathbf{Z}_C = \dfrac{1}{j\omega C}$ $\mathbf{Z}_L = j\omega L$

그림 3.55(b)는 결과로 나타나는 페이저 회로를 보여준다.

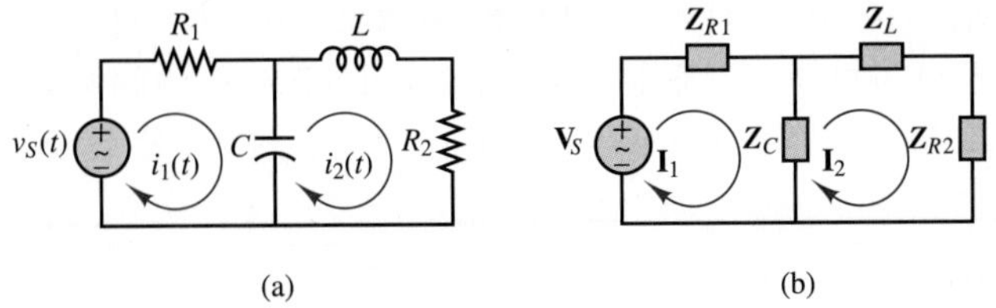

그림 3.55 (a) 예제 3.20의 회로, (b) 페이저 해석을 위한 동일 회로

Step 4: 망 방정식은 다음과 같다.

$$\mathbf{V}_S - \mathbf{Z}_{R_1}\mathbf{I}_1 - \mathbf{Z}_C[\mathbf{I}_1 - \mathbf{I}_2] = 0 \qquad \text{망 1}$$
$$-\mathbf{Z}_C[\mathbf{I}_2 - \mathbf{I}_1] - \mathbf{Z}_L\mathbf{I}_2 - \mathbf{Z}_{R_2}\mathbf{I}_2 = 0 \qquad \text{망 2}$$

망 2에 대한 방정식의 양변에 −1을 곱하고, 행렬 형식으로 나타내면

$$\begin{bmatrix} \mathbf{Z}_{R_1} + \mathbf{Z}_C & -\mathbf{Z}_C \\ -\mathbf{Z}_C & \mathbf{Z}_C + \mathbf{Z}_L + \mathbf{Z}_{R_2} \end{bmatrix} \begin{bmatrix} \mathbf{I}_1 \\ \mathbf{I}_2 \end{bmatrix} = \begin{bmatrix} \mathbf{V}_S \\ 0 \end{bmatrix}$$

크래머의 법칙(Cramer's rule)을 사용하여 두 전류를 구하면

$$\mathbf{I}_1 = \frac{\begin{vmatrix} \mathbf{V}_S & -\mathbf{Z}_C \\ 0 & \mathbf{Z}_C + \mathbf{Z}_L + \mathbf{Z}_{R_2} \end{vmatrix}}{\begin{vmatrix} \mathbf{Z}_{R_1} + \mathbf{Z}_C & -\mathbf{Z}_C \\ -\mathbf{Z}_C & \mathbf{Z}_C + \mathbf{Z}_L + \mathbf{Z}_{R_2} \end{vmatrix}} = \frac{\mathbf{Z}_C + \mathbf{Z}_L + \mathbf{Z}_{R_2}}{(\mathbf{Z}_{R_1} + \mathbf{Z}_C)(\mathbf{Z}_C + \mathbf{Z}_L + \mathbf{Z}_{R_2}) - \mathbf{Z}_C^2}\mathbf{V}_S$$

$$\mathbf{I}_2 = \frac{\begin{vmatrix} \mathbf{Z}_{R_1} + \mathbf{Z}_C & \mathbf{V}_S(j\omega) \\ -\mathbf{Z}_C & 0 \end{vmatrix}}{\begin{vmatrix} \mathbf{Z}_{R_1} + \mathbf{Z}_C & -\mathbf{Z}_C \\ -\mathbf{Z}_C & \mathbf{Z}_C + \mathbf{Z}_L + \mathbf{Z}_{R_2} \end{vmatrix}} = \frac{\mathbf{Z}_C}{(\mathbf{Z}_{R_1} + \mathbf{Z}_C)(\mathbf{Z}_C + \mathbf{Z}_L + \mathbf{Z}_{R_2}) - \mathbf{Z}_C^2}\mathbf{V}_S$$

Step 5: 이전 식의 임피던스 값들을 대입하면

$$\mathbf{I}_1 = \frac{1/j\omega C + j\omega L + R_2}{(R_1 + 1/j\omega C)(1/j\omega C + j\omega L + R_2) - (1/j\omega C)^2}\mathbf{V}_S$$
$$= \frac{j\omega C + (j\omega C)^2(j\omega L) + (j\omega C)^2 R_2}{(j\omega C R_1 + 1)[1 + (j\omega C)(j\omega L) + j\omega C R_2] - 1}\mathbf{V}_S$$

$$\mathbf{I}_2 = \frac{1/j\omega C}{(R_1 + 1/j\omega C)(1/j\omega C + j\omega L + R_2) - (1/j\omega C)^2}\mathbf{V}_S$$
$$= \frac{j\omega C}{(j\omega C R_1 + 1)[1 + (j\omega C)(j\omega L) + j\omega C R_2] - 1}\mathbf{V}_S$$

그리고 수치를 대입하면 다음과 같다.

$$\mathbf{I}_1 \approx 0.0033\angle 0.92 = 0.0033\angle 53^\circ\,\text{A}$$
$$\mathbf{I}_2 \approx 0.020\angle -1.5 = 0.020\angle -85^\circ\,\text{A}$$

Step 6: 마지막으로, 결과로 나타나는 페이저 전류를 시간 영역 형식으로 나타낸다.

$$i_1(t) \approx 3.3\cos(1{,}500t + 0.92) = 3.3\cos(1{,}500t + 53^\circ)\ \text{mA}$$
$$i_2(t) \approx 20.0\cos(1{,}500t - 1.5) = 20.0\cos(1{,}500t - 85^\circ)\ \text{mA}$$

참조: 행렬 기법을 이용하여 페이저 임피던스 형태로 회로에 대한 방정식을 유도하는 것은 저항 회로에 대한 유도보다 더 복잡하지는 않다. 유일한 차이점은 복소 대수학을 다루어야 한다는 점이다. 복소 행렬 방정식은 Matlab을 사용하여 수치적인 해를 구할 수 있다.

연습 문제

$\omega = 10, 10^2, 10^3, 10^4$ 그리고 10^5 rad/s에 대해, $A = 10$과 $\phi = 0$일 때, 예제 3.15의 전류 $\mathbf{I}_S$의 크기를 계산하라. 이 결과를 직관적으로 설명할 수 있는가?

Answer: $|\mathbf{I}_S| = 0.041$ A; 0.083 A; 0.194 A; 0.2 A; 0.2 A. 주파수가 증가함에 따라 커패시터의 임피던스는 감소하며, $\omega \to \infty$으로 될 때 커패시터는 단락 회로처럼 동작한다. 그러므로 고주파에서 $|\mathbf{I}_S| \approx |\mathbf{V}_S|/R_1 = 0.2$ A이다.

연습 문제

예제 3.16의 회로에서 R_2와 L_2가 직렬 연결된 분기(branch)는 부하이다. 부하에서 보는 회로의 노턴 등가를 결정하라.

Answer: 단락 전류는 $310e^{j0}$ A이다. 노턴 등가 임피던스는 $\approx 0.5e^{j0.013}$이다.

연습 문제

예제 3.19에서 주어진 두 주파수에서 커패시터와 인덕터의 임피던스를 결정하라. 이들 값을 R_S와 비교하라. 결과가 참조에서 언급되었던 사실과 부합하는가?

Answer: At $\omega = 2\pi \times 10^3$, $\mathbf{Z}_L = j62.832\ \Omega$, $\mathbf{Z}_C = -j1.5915 \times 10^3\ \Omega$. At $\omega = 2\pi \times 10^6$, $\mathbf{Z}_L = j6.2832 \times 10^4\ \Omega$, $\mathbf{Z}_C = -j1.5915\ \Omega$.

연습 문제

예제 3.20에서 독립된 전압원에서 보는 등가 임피던스를 구하고, 전류를 계산하라. 그 결과는 망 전류 $i_1(t)$와 동일함을 보여라.

결론

이 장에서는 교류 회로 해석에 유용한 개념과 방법들이 소개되었다. 교류 회로 해석의 중요성은 아무리 강조해도 지나치지 않는다. 첫째, 저항, 인덕터, 커패시터로 구성된 회로는 변압기, 전기 모터, 전자 증폭기와 같은 복잡한 장치에 대한 타당한 모델을 제시해 준다. 둘째, 정현파 신호는 단지 회로에서만이 아니라, 많은 실제적인 시스템의 해석에서도 매우 중요하다. 이 장을 학습하면, 학생들은 다음과 같은 내용에 익숙해져야 한다.

1. 커패시터와 인덕터에서의 전류, 전압, 그리고 저장되는 에너지를 계산한다.
2. 임의의 (주기적인) 신호의 평균과 실효값을 계산한다.
3. 정현파 전압과 전류에 대해서, 시간 영역 형식과 페이저 형식 간에 양 방향으로 전환하고, 임피던스를 사용하여 회로를 나타낸다.
4. 2장에서의 회로 해석 방법을 페이저 형식으로 표현된 교류 회로에 적용한다.

숙제 문제

3.2절: 커패시터와 인덕터

3.1 0.8 H 인덕터에 흐르는 전류가 $i_L = \sin(100t + \frac{\pi}{4})$로 주어진다. 인덕터에 걸리는 전압을 구하라.

3.2 다음의 각 경우에 대해서, 200 μF 커패시터에 흐르는 전류에 대한 식을 유도하라. $v_C(t)$는 커패시터에 걸리는 전압이다.

a. $v_C(t) = 22\cos(20t - \frac{\pi}{3})$ V

b. $v_C(t) = -40\cos(90t + \frac{\pi}{2})$ V

c. $v_C(t) = 28\cos(15t + \frac{\pi}{8})$ V

d. $v_C(t) = 45\cos(120t + \frac{\pi}{4})$ V

3.3 다음의 전류에 대해서, 200-mH 인덕터에 걸리는 전압에 대한 식을 유도하라.

a. $i_L = -2\sin 10t$ A

b. $i_L = 2\cos 3t$ A

c. $i_L = -10\sin(50t - \frac{\pi}{4})$ A

d. $i_L = 7\cos(10t + \frac{\pi}{4})$ A

3.4 그림 P3.4의 회로에서, $R = 1\ \Omega$ 및 $L = 2$ H라고 가정한다. 또한, 전류원의 전류는 다음과 같다.

$$i(t) = \begin{cases} 0\text{ A} & -\infty < t < 0 \\ t\text{ A} & 0 \le t < 10\text{ s} \\ 10\text{ A} & 10\text{ s} \le t < \infty \end{cases}$$

전체 시간에 걸쳐서 인덕터에 저장된 에너지를 구하라.

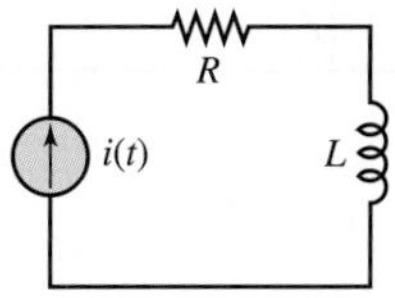

그림 P3.4

3.5 문제 3.4를 참고하라. 전체 시간에 걸쳐서 전류원에 의해 전달된 에너지를 구하라.

3.6 그림 P3.4의 회로에서, $R = 2\ \Omega$ 및 $L = 4$ H라고 가정한다. 또한, 전류원의 전류는 다음과 같다.

$$i(t) = \begin{cases} 0\text{ A} & -\infty < t < 0 \\ 10 + 2(t-5)\text{ A} & 0 \le t < 5\text{ s} \\ 2 - 2(t-9)\text{ A} & 5 \le t < 9\text{ s} \\ 2\text{ A} & 9\text{ s} \le t < \infty \end{cases}$$

다음을 구하라.

a. 전체 시간 동안 인덕터에 저장된 에너지

b. 전체 시간 동안 전류원에 의해 전달된 에너지

3.7 그림 P3.7의 회로에서 $R = 2\ \Omega$ 및 $C = 0.1$ F라고 가정한다.

$$v(t) = \begin{cases} 0\text{ V} & \text{for } -\infty < t < 0 \\ t\text{ V} & \text{for } 0 \le t < 10\text{ s} \\ 10\text{ V} & \text{for } 10\text{ s} \le t < \infty \end{cases}$$

전체 시간 동안 커패시터에 저장된 에너지를 구하라.

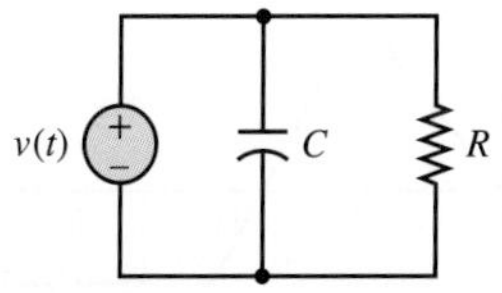

그림 P3.7

3.8 문제 3.7에 관하여, 전체 시간 동안 전압원에 의해 전달된 에너지를 구하라.

3.9 그림 P3.7의 회로에서 $R = 4\ \Omega$ 및 $C = 0.2$ F라고 가정한다. 또한, 전압원의 전압은 다음과 같다.

$$v(t) = \begin{cases} 0\text{ V} & -\infty < t < 0 \\ 4 + (t-4)\text{ V} & 0 \le t < 4\text{ s} \\ 1 - 0.5(t-10)\text{ V} & 4 \le t < 10\text{ s} \\ 1\text{ V} & t > 10\text{ s} \end{cases}$$

다음을 구하라.

a. 전체 시간 동안 커패시터에 저장된 에너지

b. 전체 시간 동안 전압원에 의해 전달된 에너지

3.10 그림 P3.10의 전압 파형은 20 mH 인덕터에 대해서 부분적 선형(piecewise linear)이며, 연속적이다. $i_L(0) = 50$ mA라고 가정하고, 인덕터에 흐르는 전류 $i_L(t)$를 구하라.

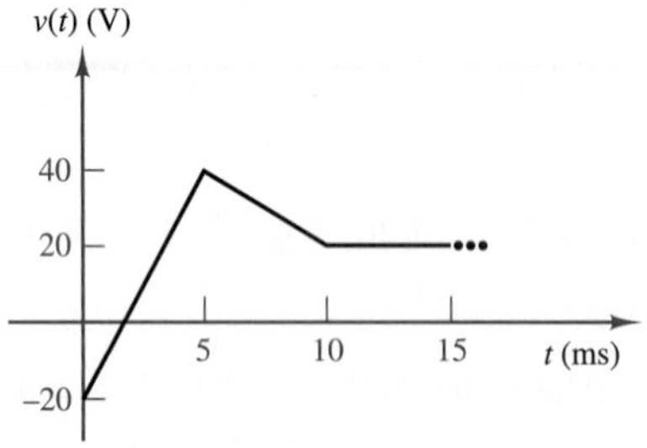

그림 P3.10

3.11 그림 P3.10의 전압 파형은 100 μF 커패시터에 대해서 부분적 선형이며, 연속적이다. 커패시터에 흐르는 전류 $i_C(t)$를 구하라. 커패시터 판 사이의 공간이 완전한 절연체일 때, 커패시터에 흐르는 전류의 개념을 설명하라. 커패시터에 흐르는 전류는 누설 전류와 어떻게 다른가?

3.12 0.5 mH 인덕터에 걸리는 전압이 시간의 함수로 그림 P3.12에 나타나 있다. $t = 6$ ms일 때 인덕터에 흐르는 전류를 구하라. $i_L(0) = 0$ A로 가정한다.

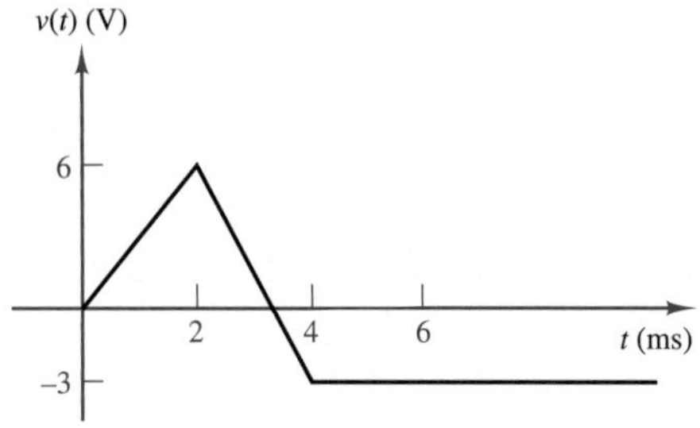

그림 P3.12

3.13 그림 P3.13은 커패시터에 걸리는 전압을 시간의 함수로 나타낸 것이다.

$$v_{PK} = 20\text{ V} \qquad T = 40\ \mu\text{s} \qquad C = 680\text{ nF}$$

시간의 함수로 커패시터에 흐르는 전류의 파형을 구하고, 도시하라. 전압 파형의 기울기의 불연속성에 의해서 전류가 어떤 영향을 받고 있는가?

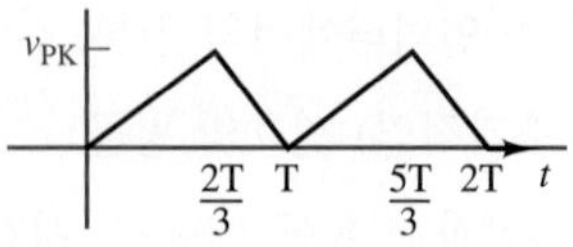

그림 P3.13

3.14 $t = 0$에서 16 μH 인덕터에 흐르는 전류가 0이고, 인덕터에 걸리는 전압(그림 P3.14)이 다음과 같다.

$$v(t) = \begin{cases} 0\text{ V} & t \le 0 \\ 3t^2\text{ V} & 0 \le t \le 20\,\mu\text{s} \\ 1.2\text{ nV} & t \ge 20\,\mu\text{s} \end{cases}$$

$t = 30$ μs일 때 인덕터에 흐르는 전류를 구하라.

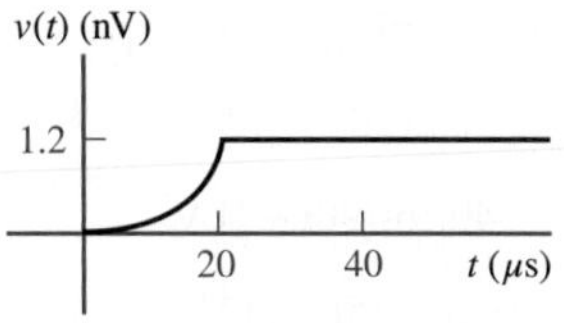

그림 P3.14

3.15 그림 P3.15는 소자 X에 걸리는 전압의 파형을 보여준다. 0 < t < 10 ms에 대해서, X가 다음과 같을 때, X에 흐르는 전류를 구하고, 도시하라.

a. 7-Ω 저항

b. 0.5-μF 커패시터

c. 7-mH 인덕터. $i_L(0) = 0$ A라 가정한다.

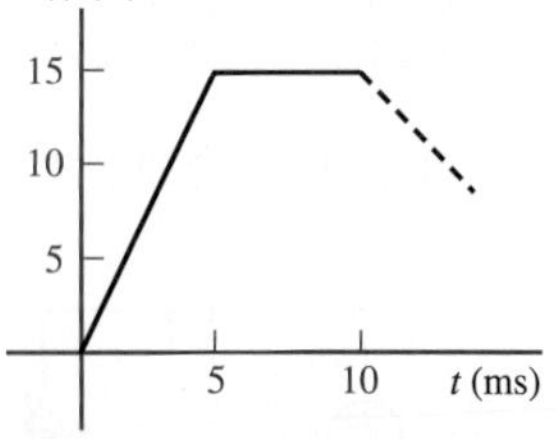

그림 P3.15

3.16 그림 P3.16의 그래프는 이상 커패시터에 걸리는 전압과 흐르는 전류이다. 커패시턴스를 구하라.

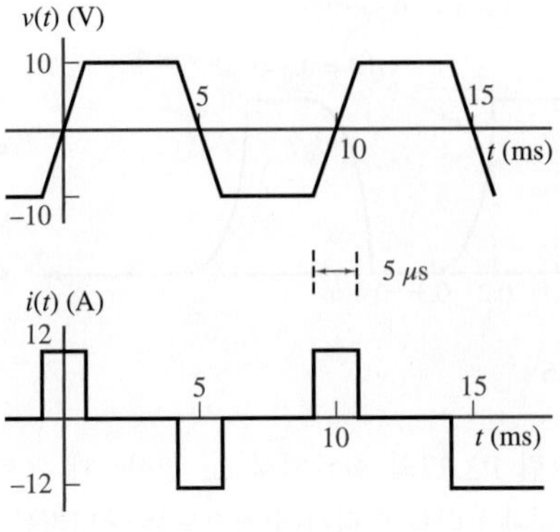

그림 P3.16

3.17 그림 P3.17의 그래프는 이상 인덕터에 걸리는 전압과 흐르는 전류이다. 인덕턴스를 구하라.

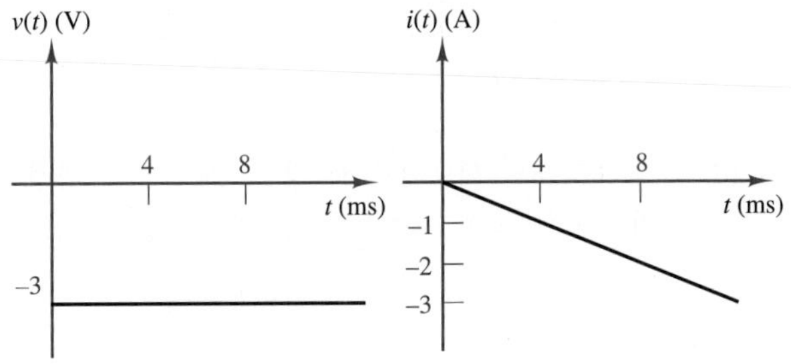

그림 P3.17

3.18 그림 P3.18의 그래프는 이상 커패시터에 걸리는 전압과 흐르는 전류이다. 커패시턴스를 구하라.

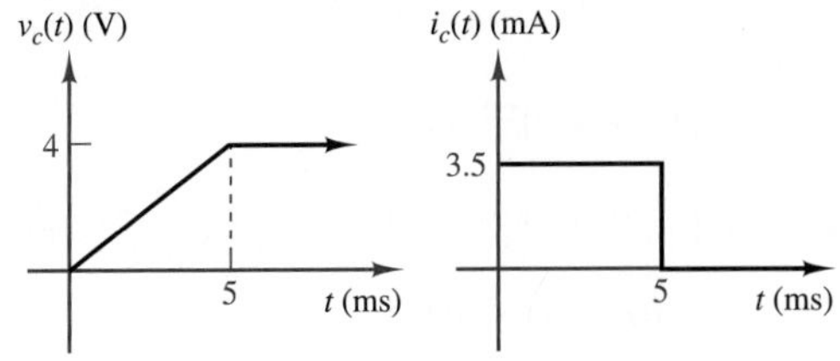

그림 P3.18

3.19 그림 P3.19의 그래프는 이상 커패시터에 걸리는 전압과 흐르는 전류이다. 커패시턴스를 구하라.

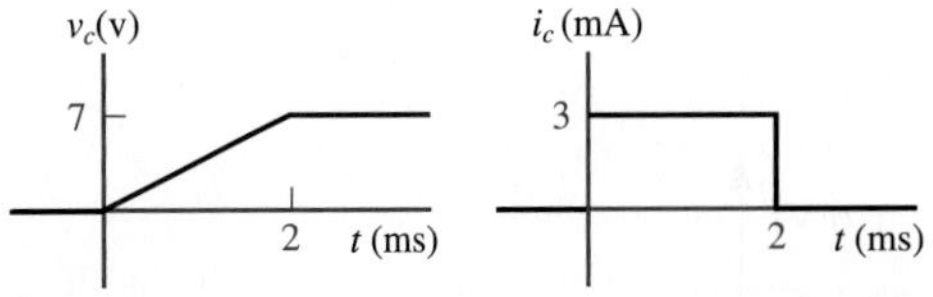

그림 P3.19

3.20 그림 P3.20은 10 mH 인덕터에 걸리는 전압 $v_L(t)$을 나타낸다. 인덕터에 흐르는 전류 $i_L(t)$를 구하라. $i_L(0) = 0$ A라고 가정한다.

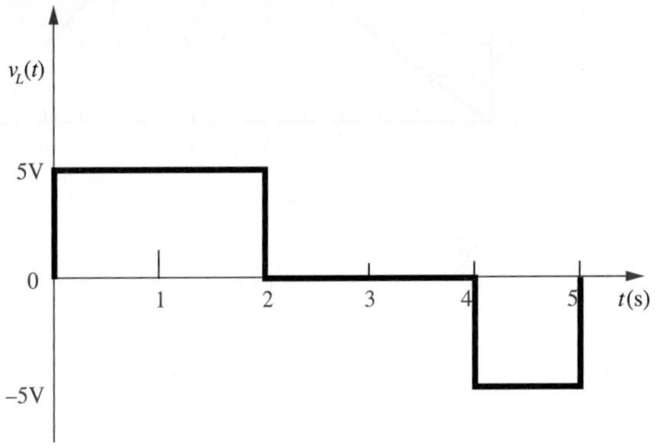

그림 P3.20

3.21 그림 P3.21은 2 H 인덕터에 흐르는 전류를 나타낸다. 인덕터 전압 $v_L(t)$를 도시하라. $i_L(0) = 0$ A라 가정한다.

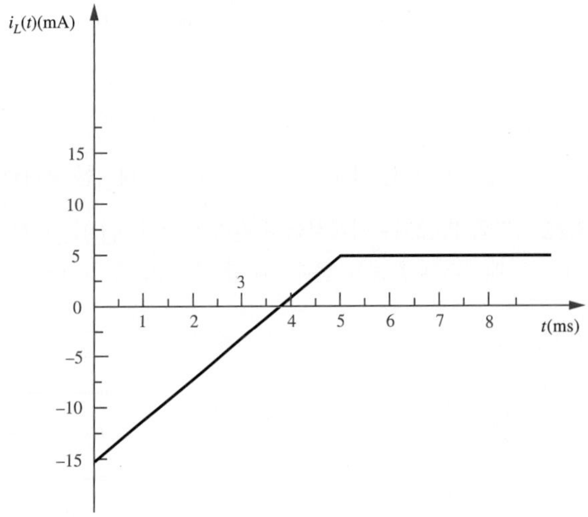

그림 P3.21

3.22 그림 P3.22는 100 mH 인덕터와 500 μF 커패시터에 걸리는 전압을 나타낸다. $0 < t < 6$ s에 대해서, 인덕터 전류 $i_L(t)$ 및 커패시터 전류 $i_C(t)$를 도시하라. $i_L(t) = 0$ A라고 가정하라.

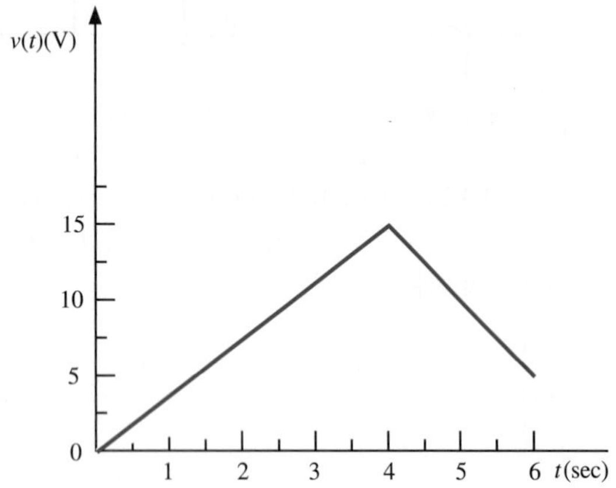

그림 P3.22

3.23 그림 P3.4의 회로에서 $R = 1\ \Omega$ 및 $L = 2$ H라고 가정한다.

$$i(t) = \begin{cases} 0\,\text{A} & -\infty < t < 0 \\ t\,\text{A} & 0 \le t < 1\,\text{s} \\ -(t-2)\,\text{A} & 0 \le t < 2\,\text{s} \\ 0\,\text{A} & 2\,\text{s} \le t < \infty \end{cases}$$

전체 시간 동안 인덕터에 저장되는 에너지를 구하라.

3.24 그림 P3.7의 회로에서 $R = 2\ \Omega$ 및 $C = 0.1$ F라고 가정한다.

$$v(t) = \begin{cases} 0\,\text{V} & -\infty < t \le 0 \\ 2t\,\text{V} & 0 \le t \le 1\,\text{s} \\ -2(t-2)\,\text{V} & 1 \le t \le 2\,\text{s} \\ 0\,\text{V} & 2\,\text{s} \le t < \infty \end{cases}$$

전체 시간 동안 커패시터에 저장되는 에너지를 구하라.

3.25 그림 P3.25는 커패시터에 걸리는 전압 $v_C(t)$를 나타낸다. 커패시터에 흐르는 전류 $i_C(t)$를 구하고, 도시하라.

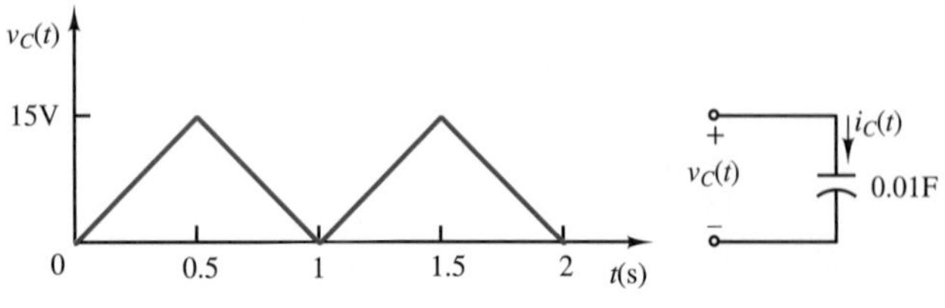

그림 P3.25

3.26 그림 P3.26은 인덕터에 걸리는 전압 $v_L(t)$를 나타낸다. 인덕터에 흐르는 전류 $i_L(t)$를 구하고, 도시하라. $i_L(0) = 0$ A라고 가정한다.

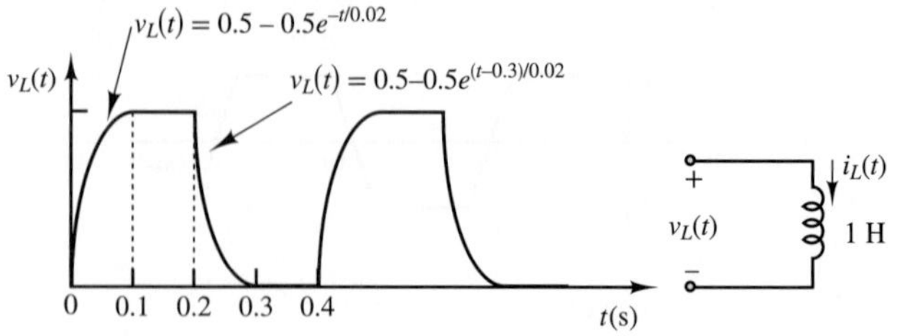

그림 P3.26

3.27 그림 P3.27의 회로에서 dc 정상상태 조건을 가정하고, 각 커패시터와 인덕터에 저장되는 에너지를 구하라.

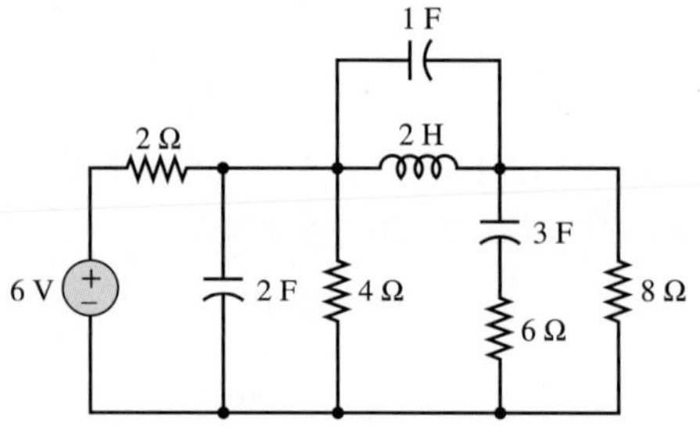

그림 P3.27

3.28 그림 P3.28의 회로에서 dc 정상상태 조건을 가정하고, 각 커패시터와 인덕터에 저장되는 에너지를 구하라.

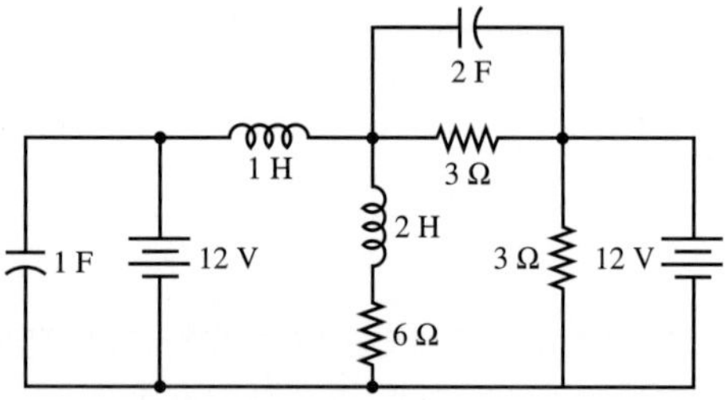

그림 P3.28

3.3절: 시간 의존 파형

3.29 $x(t)$가 다음과 같을 때 평균 및 실효값을 구하라.

$$x(t) = 3\cos(7\omega t) + 4$$

3.30 그림 P3.30은 제어 정류기의 출력 전압 파형을 나타낸다. 입력 전압 파형은 진폭이 110 V rms인 정현파이다. 점호각 θ의 항으로 출력 전압의 파형의 평균과 실효값을 구하라.

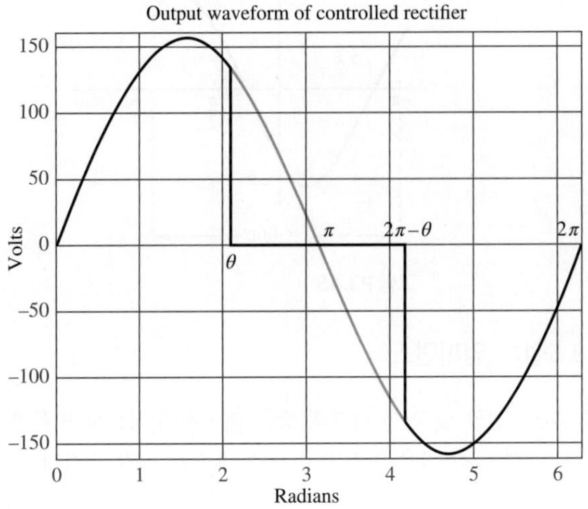

그림 P3.30

3.31 문제 3.30에 관하여, 입력 파형에 의해서 저항성 부하에 전달된 총 전력의 정확히 절반을 정류된 파형이 동일 부하로 전달하도록 하는 점호각 θ를 구하라.

3.32 그림 P3.32에서 보여지는 파형의 평균과 실효값 사이의 비를 구하라.

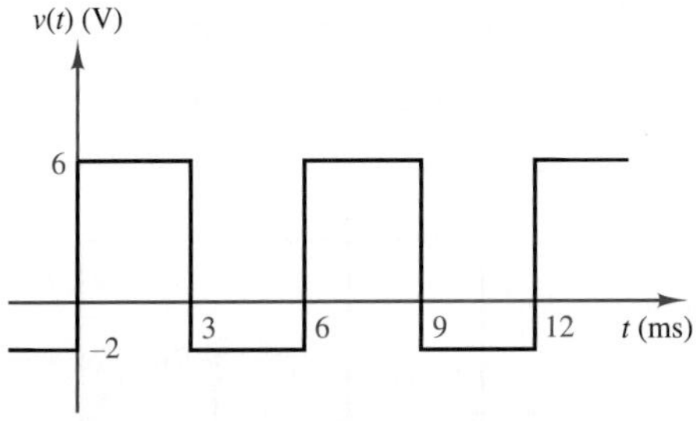

그림 P3.32

3.33 그림 P3.33은 1 Ω 저항에 흐르는 전류를 나타낸다. 저항에 의해서 소모되는 에너지를 구하라.

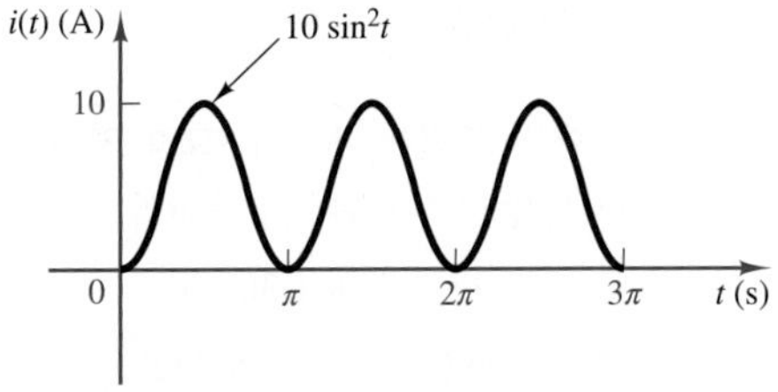

그림 P3.33

3.34 그림 P3.34의 전압 파형의 평균과 실효값 사이의 비를 구하라.

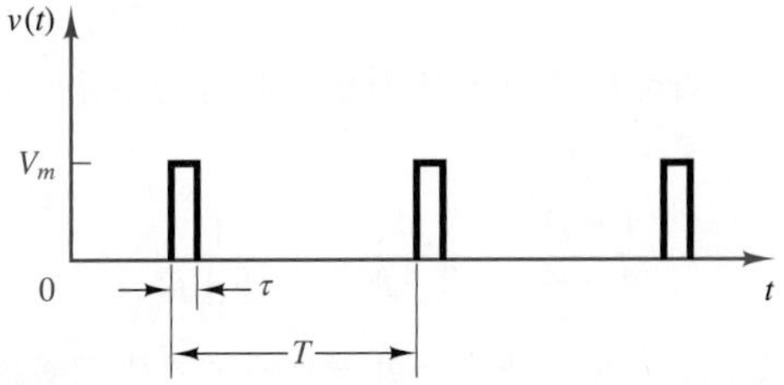

그림 P3.34

3.35 그림 P3.35의 전류 파형의 실효값을 구하라.

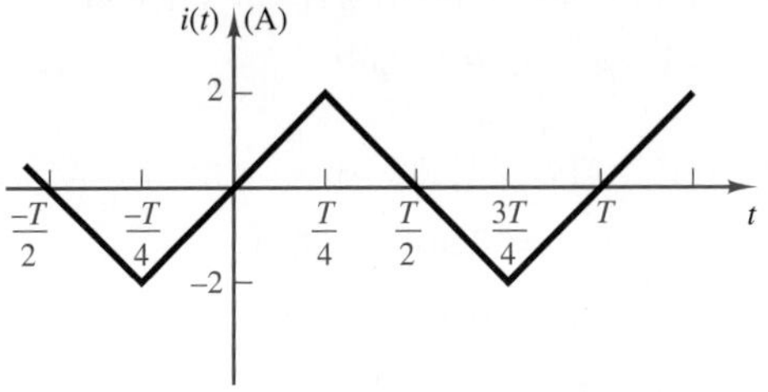

그림 P3.35

3.36 다음 전압의 실효값을 구하라.

$$v(t) = V_{DC} + v_{ac} = 35 + 63 \sin(215t) \text{ V}$$

3.4절: 정현파 전원이 있는 회로의 페이저 해

3.37 다음 함수의 페이저 형식을 구하라.

a. $v(t) = 155 \cos(377t - 25°)$ V

b. $v(t) = 5 \sin(1{,}000t - 40°)$ V

c. $i(t) = 10 \cos(10t + 63°) + 15 \cos(10t - 42°)$ A

d. $i(t) = 460 \cos(500\pi t - 25°)$
$-220 \sin(500\pi t + 15°)$ A

3.38 다음 복소수를 극좌표 형식으로 변환하라.

a. $7 + j9$

b. $-2 + j7$

c. $j\frac{2}{3} + 4 - j\frac{1}{3} + 3$

3.39 직각좌표 형식을 극좌표 형식으로 변환하고, 곱을 계산하라. 또한 직접적으로 직각좌표 형식을 사용하여 곱을 계산하라. 결과를 비교하라.

a. $(50 + j10)\ (4 + j8)$

b. $(j2 - 2)\ (4 + j5)\ (2 + j7)$

3.40 복소수 연산에서 연습 문제를 따라서 완성하라.

a. $(4 + j4)$, $(2 - j8)$, $(-5 + j2)$의 공액 복소수를 구하라.

b. 각각의 분수의 분모와 분자에 분모의 공액 복소수를 곱하라. 이 결과를 사용하여, 각 분수를 극좌표 형식으로 나타내라.

$$\frac{1+j7}{4+j4} \qquad \frac{j4}{2-j8} \qquad \frac{1}{-5+j2}$$

c. 파트 b의 각 분수의 분모와 분자를 극좌표 형식으로 변환하라. 이 결과를 사용하여, 각 분수를 극좌표 형식으로 나타내라.

3.41 다음 표현을 직각좌표 형식으로 변환하라.

$$j^j \qquad e^{-j\pi} \qquad e^{j2\pi}$$

3.42 다음과 같이 주어졌을 때

$$v_1(t) = 10\cos(\omega t + 30°)$$
$$v_2(t) = 20\cos(\omega t + 60°)$$

다음을 사용하여 $v(t) = v_1(t) + v_2(t)$을 구하라.

a. 삼각함수 항등식(trigonometric identity)

b. 페이저

3.43 회로 소자에 흐르는 전류와 걸리는 전압이 각각 다음과 같다.

$$i(t) = 8\cos\left(\omega t + \frac{\pi}{4}\right) \quad \text{A}$$
$$v(t) = 2\cos\left(\omega t - \frac{\pi}{4}\right) \quad \text{V}$$

여기서 $\omega = 600$ rad/s이다. 다음을 구하라.

a. 소자가 저항, 커패시터 또는 인덕터인지를 정하라.

b. 소자의 값을 ohm, farad, 또는 henry의 단위로 구하라.

3.44 그림 P3.44에 나타난 정현파 파형을 시간 의존 형식과 페이저 형식을 이용하여 표현하라.

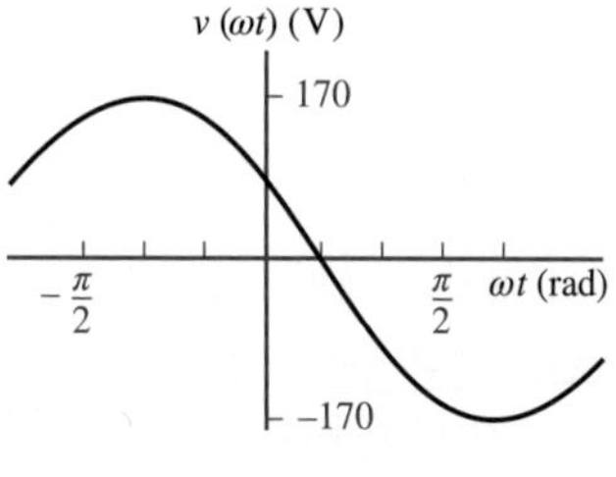

그림 P3.44

3.45 그림 P3.45에 나타난 정현파 파형을 시간 의존 형식과 페이저 형식을 이용하여 표현하라.

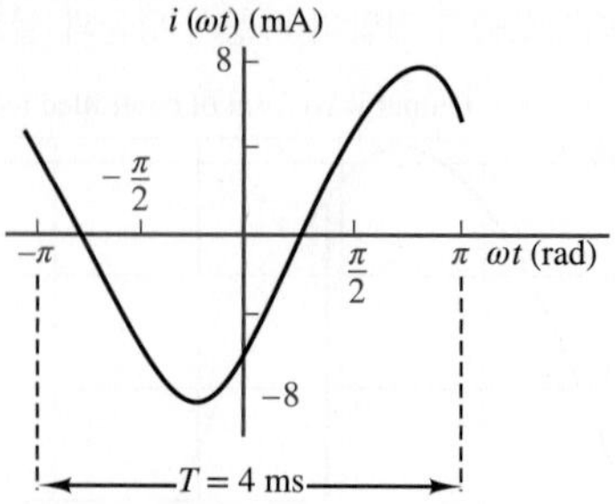

그림 P3.45

3.5절: 임피던스

3.46 전압 및 전류 파형의 쌍을 페이저 형식으로 변환하라. 파형의 각 쌍은 미지의 소자에 대응한다. 각 소자가 저항, 커패시터, 혹은 인덕터인지 확인하고, 대응하는 파라미터 **R**, **C** 또는 **L**의 값을 계산하라.

a. $v(t) = 20\cos(400t + 1.2)$, $i(t) = 4\sin(400t + 1.2)$

b. $v(t) = 9\cos(900t - \frac{\pi}{3})$, $i(t) = 4\sin\left(900t + \frac{2}{3}\pi\right)$

c. $v(t) = 13\cos\left(250t + \frac{\pi}{3}\right)$, $i(t) = 7\sin\left(250t + \frac{5}{6}\pi\right)$

3.47 아래에 주어진 조건에 대해서, 그림 P3.47의 전압원 v_S에 의해 보여지는 등가 임피던스를 구하라.

$$v_s(t) = 10\cos(4{,}000t + 60°)\text{ V}$$
$$R_1 = 800\ \Omega \qquad R_2 = 500\ \Omega$$
$$L = 200\text{ mH} \qquad C = 70\text{ nF}$$

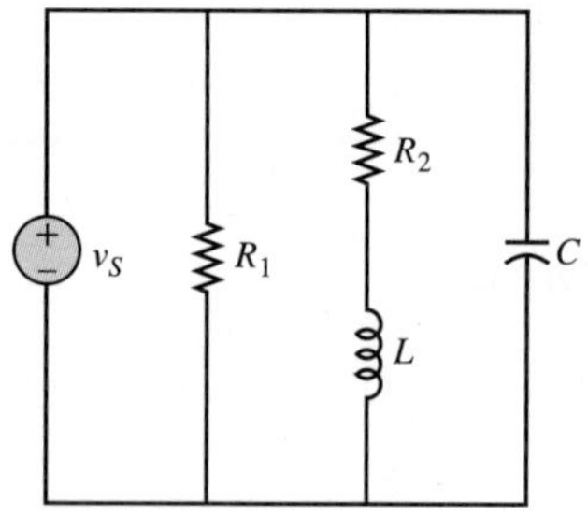

그림 P3.47

3.48 아래에 주어진 조건에 대해서, 그림 P3.47의 전원 v_S에 의해 보여지는 등가 임피던스를 구하라.

$$v_S(t) = 5\cos(1{,}000t + 30°)\text{ V}$$
$$R_1 = 300\ \Omega \qquad R_2 = 300\ \Omega$$
$$L = 100\text{ mH} \qquad C = 50\text{ nF.}$$

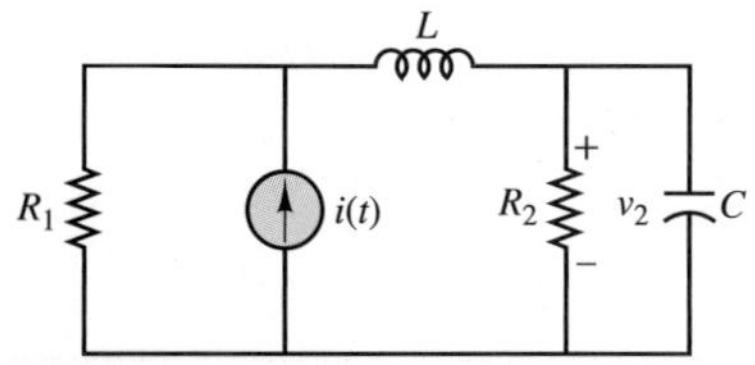

그림 P3.60

3.61 그림 P3.61에서 전류 $\mathbf{I}_i$와 전압 $\mathbf{V}_o$이 동일한 상을 갖도록 하는 주파수를 결정하라.

$\mathbf{Z}_s = 13{,}000 + j\omega 3 \quad \Omega$

$R = 120\ \Omega$

$L = 19\ \text{mH} \qquad C = 220\ \text{pF}$

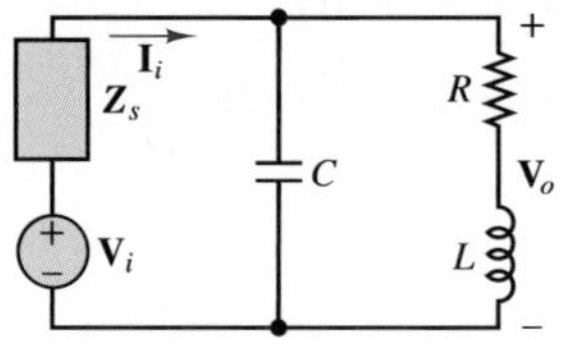

그림 P3.61

3.62 실제 인덕터에 대한 일반적인 모델은 코일 저항과 인덕턴스 L의 직렬 연결로 구성된다. 코일 저항은 인덕터 내부 손실을 나타낸다. 그림 P3.62는 실제 인덕터와 병렬 연결된 이상 커패시터를 보여준다. 전압원 v_S에 의해 공급되는 전류를 구하라.

$v_S(t) = V_o \cos(\omega t + 0)$

$V_o = 10\ \text{V} \qquad \omega = 6\ \text{Mrad/s} \qquad R_S = 50\ \Omega$

$R_C = 40\ \Omega \qquad L = 20\ \mu\text{H} \qquad C = 1.25\ \text{nF}$

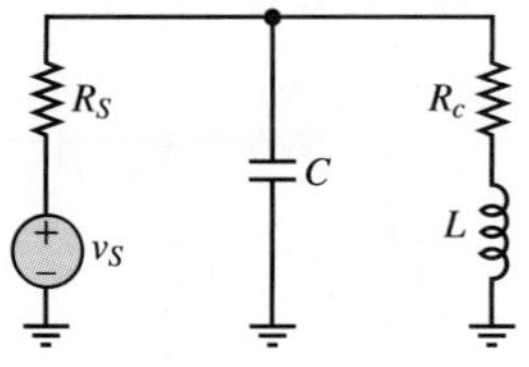

그림 P3.62

3.63 그림 P3.63의 회로에서 $\mathbf{I}_1$을 구하라.

$\text{I} = 20\angle{-\frac{\pi}{4}}\ \text{A} \qquad R = 3\ \Omega$

$\mathbf{Z}_1 = -j3\ \Omega \qquad \mathbf{Z}_2 = -j7\ \Omega$

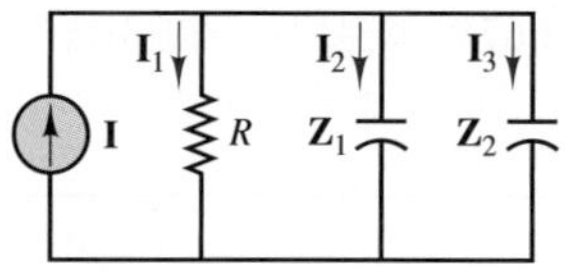

그림 P3.63

3.64 그림 P3.64의 회로에서 $\mathbf{V}_R$을 구하라.

$\omega = 3\ \text{rad/s} \qquad \mathbf{V}_S = 13\angle 0\ \text{V}$

$R = 15\ \Omega \qquad L_1 = 7\ \text{H} \qquad L_2 = 2\ \text{H}$

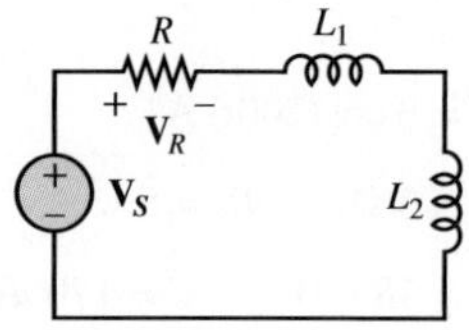

그림 P3.64

3.65 그림 P3.65의 회로에서 회로에 흐르는 $i_R(t)$를 구하라.

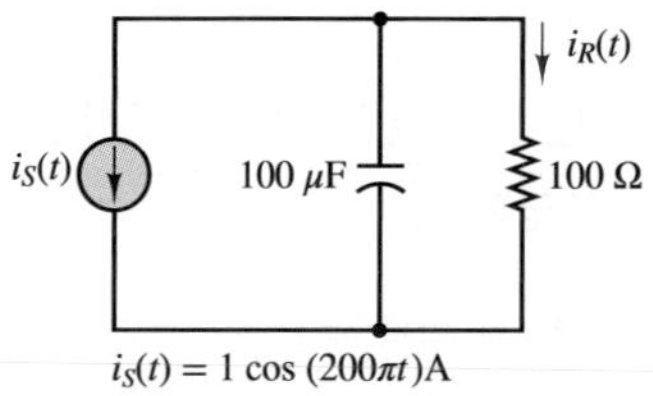

그림 P3.65

3.66 그림 P3.66의 회로에서 인덕터에 걸리는 전압 $v_L(t)$을 구하라.

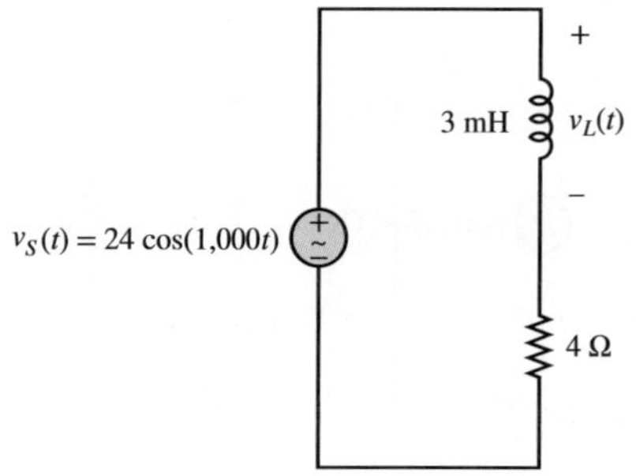

그림 P3.66

3.67 그림 P3.67의 회로에서 커패시터에 흐르는 전류 $i_R(t)$를 구하라. $i_S(t)$는 암페어 단위로 주어진다.

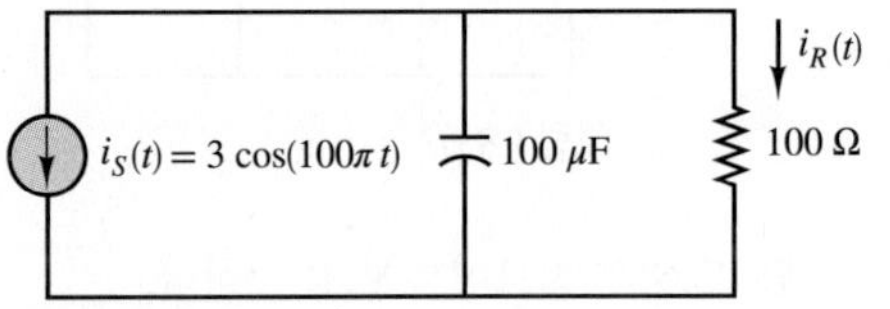

그림 P3.67

3.68 그림 P3.68의 회로에서 페이저 방법을 사용하여 v_{R2}를 구하라.

$$i(t) = 3\cos(200t)\text{ A}$$

$$R_1 = 3\ \Omega \qquad R_2 = 5\ \Omega$$

$$L = 18\text{ mH} \qquad C = 170\ \mu\text{F}.$$

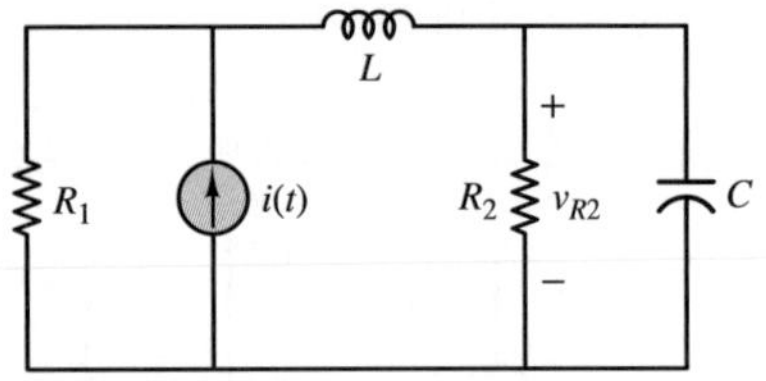

그림 P3.68

3.69 그림 P3.69의 회로에서 페이저 방법을 사용하여 i_L을 구하라.

$$i_1(t) = 5\cos(500t)\text{ A}$$

$$i_2(t) = 5\cos(500t)\text{ A}$$

$$R = 5\ \Omega \qquad C = 2\text{ mF} \qquad L = 2\text{ mH}$$

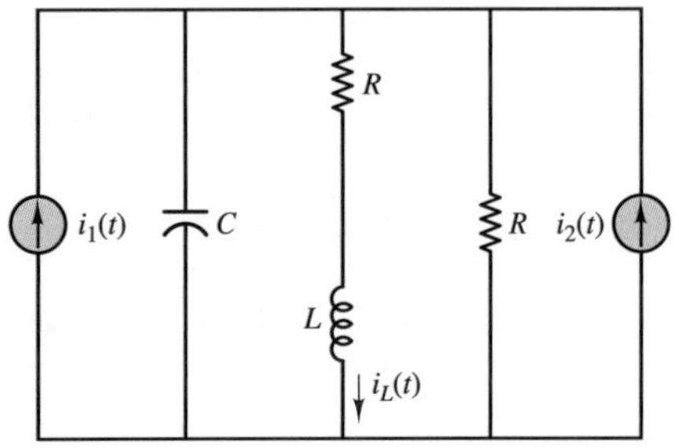

그림 P3.69

3.70 그림 P3.70의 회로에서 부하 R_o가 보는 테브닌 등가 회로망을 구하라. 다음을 가정한다.

$$R_S = R_o = 500\ \Omega \qquad L = 10\text{ mH} \qquad R = 1\text{ k}\Omega$$

a. $v_S(t) = 10\cos(1{,}000t)$

b. $v_S(t) = 10\cos(1{,}000{,}000t)$

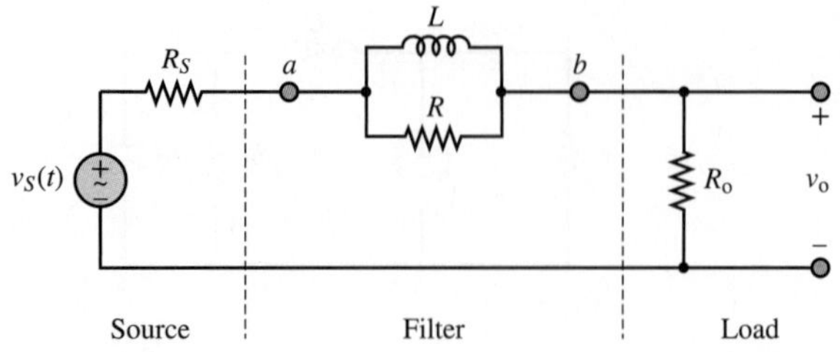

그림 P3.70

3.71 그림 P3.71의 회로에서 커패시터가 보는 노턴 등가 회로망을 구하라. 이 결과와 전류 분배를 사용하여 $i_C(t)$를 구하라.

$$i(t) = 0.5\cos(300t)\text{ A}$$

$$R_1 = R_2 = 40\ \Omega$$

$$L_1 = L_2 = 200\text{ mH}$$

$$C = 15\ \mu\text{F}$$

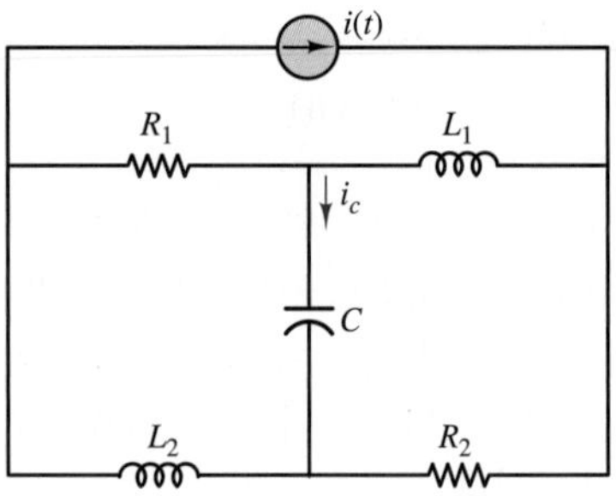

그림 P3.71

3.72 그림 P3.72의 회로에서 페이저 방법을 사용하여 $i_L(t)$를 구하라. $v_S(t) = 2\cos 2t$ V, $R_1 = R_2 = 4\ \Omega$, $L = 2$ H, 그리고 $C = 0.25$ F라고 가정한다.

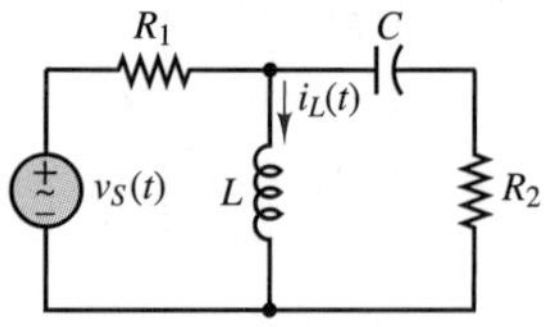

그림 P3.72

3.73 그림 P3.73의 회로에서 망 전류법을 사용하여 전류 $i_1(t)$ 및 $i_2(t)$를 구하라. $\mathbf{V}_1 = 10e^{-j40}$ V, $\mathbf{V}_2 = 12e^{j40}$ V, $R_1 = 8\ \Omega$, $R_2 = 4\ \Omega$, $R_3 = 6\ \Omega$, $X_L = 10\ \Omega$, $X_C = -14\ \Omega$라고 가정한다.

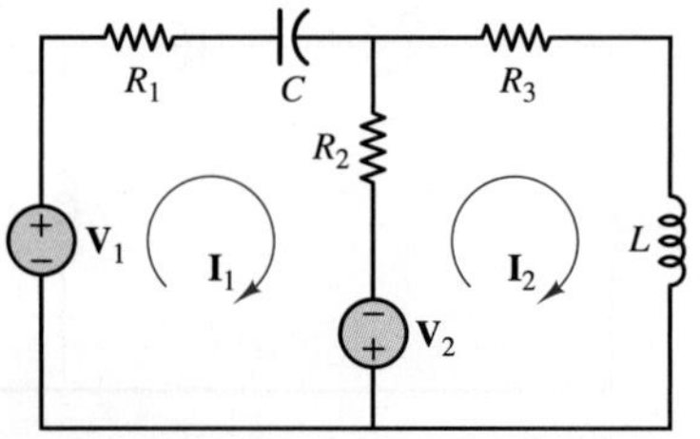

그림 P3.73

3.74 그림 P3.74의 회로에서 노드 전압법을 사용하여 전압 $v_a(t)$ 및 $v_b(t)$를 구하라.

$i(t) = 2\cos(300t)$ A

$v(t) = 7\cos(300t + \pi/4)$ V

$R_1 = 4\ \Omega \quad R_2 = 3\ \Omega \quad R_3 = 5\ \Omega$

$L = 300$ mH $\quad C = 300\ \mu$F

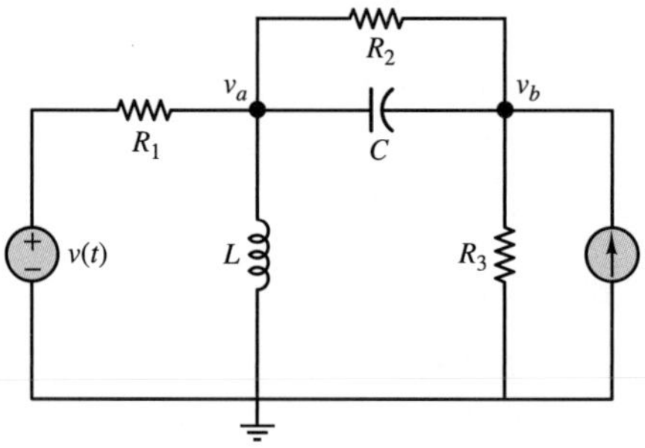

그림 P3.74

3.75 그림 P3.75의 회로는 인덕터 또는 커패시터의 리액턴스 X_4를 결정하는 데 사용될 수 있는 휘트스톤 브리지이다. R_1 및 R_2는 v_{ab}가 0이 될 때까지 조정된다.

a. 평형 브리지($v_{ab} = 0$)라고 가정하고, 다른 회로 소자들의 항으로 X_4를 구하라.

b. 평형 브리지라고 가정하고, $C_3 = 4.7\ \mu$F, $L_3 = 0.098$ H, $R_1 = 100\ \Omega$, $R_2 = 1\ \Omega$, $v_S(t) = 24\sin(2{,}000t)$라고 하자. 미지의 회로 소자의 리액턴스는 얼마인가? 이 소자는 커패시터인가 아니면 인덕터인가? 소자의 값은 얼마인가?

c. 이 회로에서 어떤 주파수를 회피하여야 하는가? 그리고 그 이유는 무엇인가?

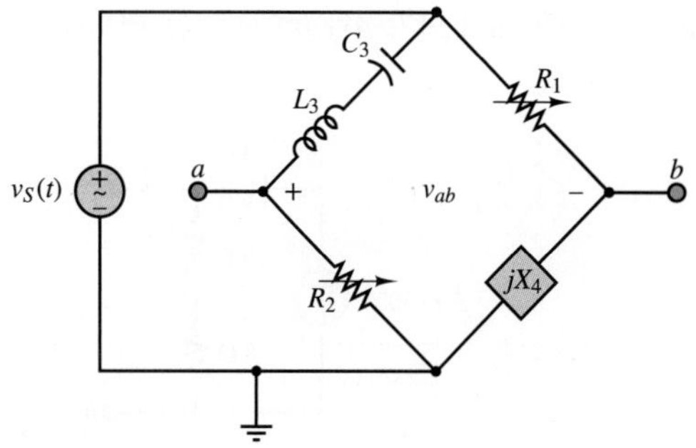

그림 P3.75

3.76 그림 P3.76의 회로에서 커패시터 C가 보는 테브닌 등가 회로망을 구하라. 이 결과와 전압 분배를 사용하여 $v_C(t)$를 구하라.

$v(t) = \cos(300t)$ V

$i(t) = 2\cos(300t)$ A

$R_1 = 8\ \Omega \quad R_2 = 8\ \Omega$

$L = 3\ \mu$H $\quad C = 5\ \mu$F

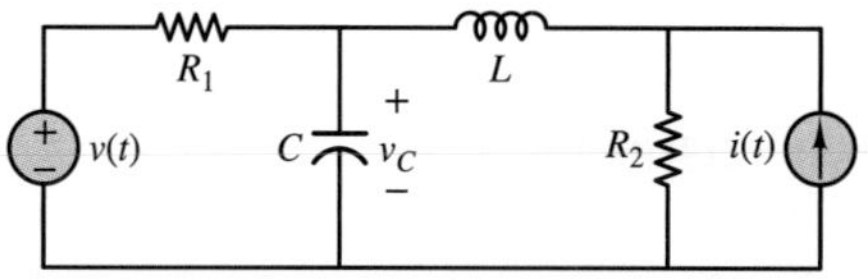

그림 P3.76

3.77 그림 P3.77의 회로에서 부하 $\mathbf{Z}_o$가 보는 테브닌 등가 회로망을 구하라. $\mathbf{V}_S = 10\angle 0°$ V, $R_S = 40\ \Omega$, $X_L = 40\ \Omega$, 그리고 $X_C = -2{,}000\ \Omega$라고 가정한다.

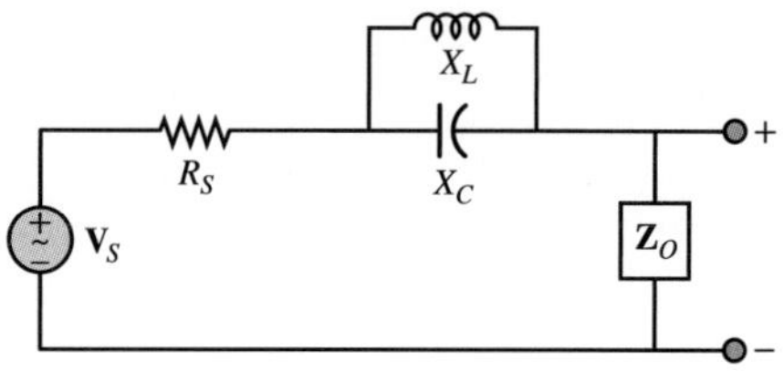

그림 P3.77

3.78 그림 P3.78의 단자 a와 b에서 보는 테브닌 등가 회로망을 구하라.

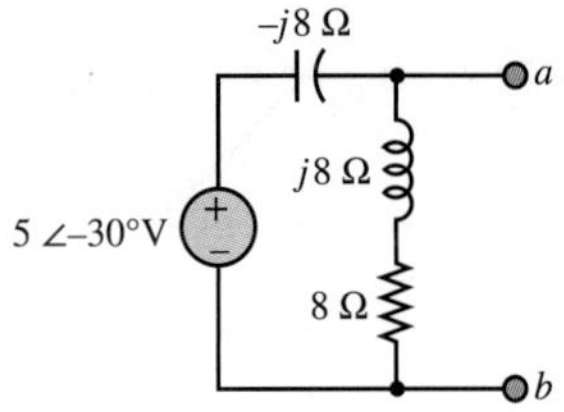

그림 P3.78

3.79 그림 P3.79의 회로에서 커패시터가 보는 노턴 등가 회로망을 결정하라. 이 결과와 전류 분배를 사용하여 $i_C(t)$를 구하라.

$$v_S(t) = 4\cos(100t)\text{ V}$$

$$R_1 = 7\ \Omega \qquad R_2 = 8\ \Omega$$

$$L = 30\text{ mH} \qquad C = 10\text{ mF}$$

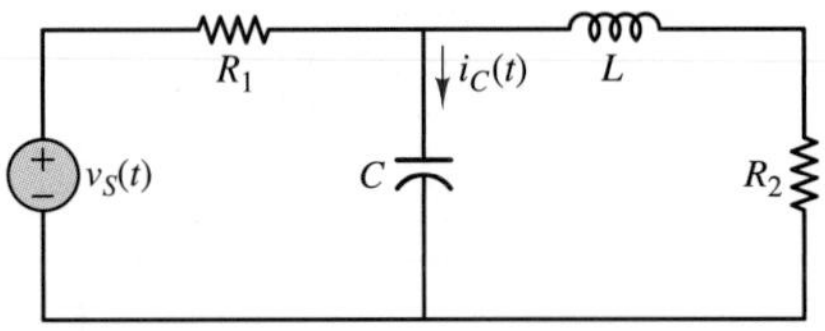

그림 P3.79

3.80 그림 P3.80의 회로에서 R_2가 보는 테브닌 등가 회로망을 구하라. 이 결과와 전압 분배를 사용하여 R_2에 걸리는 전압 $v_2(t)$를 구하라.

$$v(t) = 70\cos(275t)\text{ V}$$

$$R_1 = R_2 = 42\ \Omega$$

$$L = 1\text{ mH} \qquad C = 12\ \mu\text{F.}$$

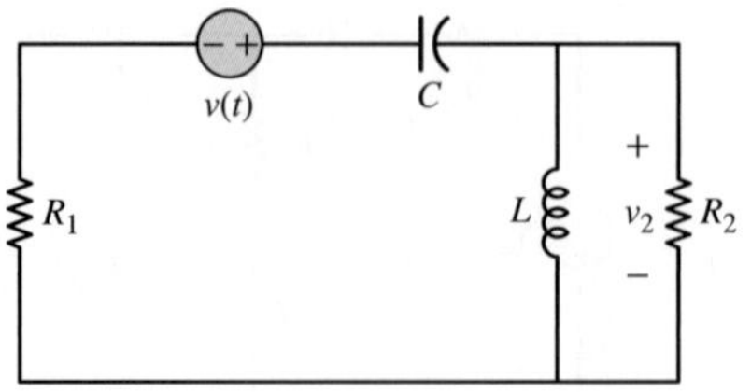

그림 P3.80

3.81 그림 P3.81의 회로에서 망 전류법을 사용하여 페이저 망 전류 방정식을 구하라.

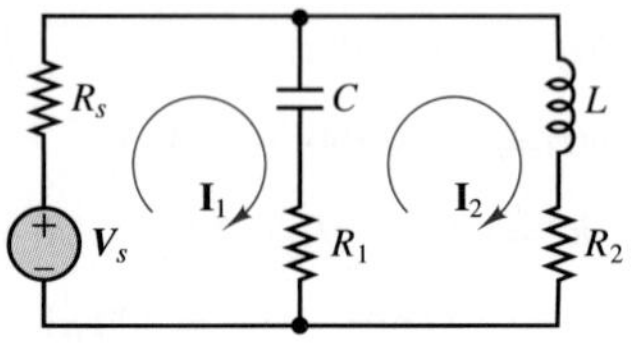

그림 P3.81

3.82 그림 P3.81의 회로에서 모든 전압과 전류를 구하기 위해 필요한 노드 방정식을 구하라. 모든 임피던스와 두 소스 전압은 안다고 가정한다.

3.83 그림 P3.83의 회로에서 $\mathbf{V}_o$를 결정하라.

$$\mathbf{V}_i = 4\angle\tfrac{\pi}{6}\text{ V} \qquad \omega = 1{,}000\text{ rad/s}$$

$$L = 60\text{ mH} \qquad C = 12.5\ \mu\text{F}$$

$$R_o = 120\ \Omega$$

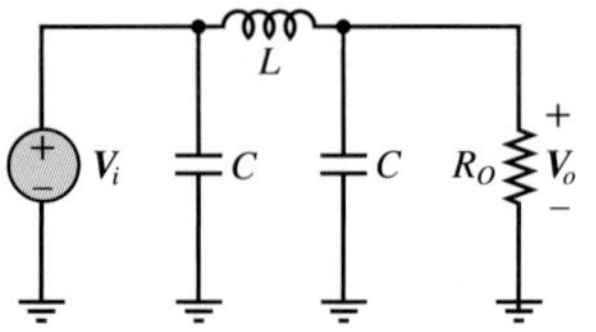

그림 P3.83

04 과도 해석

TRANSIENT ANALYSIS

4장에서는 시간 종속 회로의 완전 응답에서 과도 부분에 초점을 맞추고 있다. 완전 응답은 과도 응답(자연 응답)과 정상상태 응답(강제 응답)의 두 부분으로 구성되어 있다는 것을 3장으로부터 상기하기 바란다. 3장에서는 후반부 교류 전원을 갖는 회로의 정상상태 응답에 대해서 학습하였고, 4장에서는 스위치 동작과 같은 과도 현상이 발생하는 회로의 과도 응답에 대해서 다룬다. 과도 응답의 일반적인 특성은 발생하는 현상의 종류와는 무관하다.

과도 응답(transient response)의 근본적인 특성은 이 응답이 결국 사라진다는 것이다. 그렇게 되면 정상상태 응답만이 남게 된다. 과도 해의 역할은 한 상태("이전" 또는 "초기" 정상상태)로부터 다른 상태("새로운" 또는 "최종" 정상상태)로 시간에 걸쳐 천이(transition)를 제공하는 것이다. 형용사 transient의 라틴어 어원인 trans는 "across", 즉 가로지른다는 의미인데, 말 그대로 과도 해는 한 정상상태에서 다른 정상상태로 시간을 가로질러 두 상태를 연결해주는 다리이다. 이 장에서 대부분의 예시들은, 간단하게 하기 위해서 "이전" 상태 및 "새로운" 상태 모두를 직류 정상상태로 하였다. 그러나 과도 해석은 2개의 교류 정상상태나 꼭 정상상태가 아니라도 어떠한 두 상태 간에도 할 수 있다.

스위치가 전기 회로에서 열리거나 닫힐 때, 전압과 전류는 일반적으로 새로운 상태로 천이하게 된다. 스위치를 열면 단락 회로(닫힌 스위치)를 개방 회로(열린 스위치)로 바꿔주기 때문에 과도 현상이며 스위치가 닫힐 때도 마찬가지이다. 이렇게 스위치의 두 위치에 따라 확연하게 다른 두 회로가 된다. 한 상태에서 다른 상태로의 급격한 변화로 과도 응답이 발생한다.

커패시터와 인덕터가 에너지를 저장하기 때문에 "이전" 상태에서 "새로운" 상태로의 천이는 순간적으로 일어날 수는 없다. 즉, "새로운" 정상상태에 도달하기 위해 에너지 저장 소자를 충전하거나 방전하는 데는 시간이 요구된다. 천이는 신속하게 수행될 수는 있어도, 순간적으로 수행되지는 못한다. 커패시터와 인덕터에 저장된 에너지는 각각 커패시터 전압과 인덕터 전류의 함수이다. 그러므로 이들 두 양은 상태 변수로 알려져 있다.

과도 해석의 목적은 다음의 질문으로 나타낼 수 있다.

1. 과도 현상이 발생하는 시점에서 상태 변수의 초기 조건은 무엇인가?
2. 상태 변수의 초기 조건이 다른 변수의 초기 조건과 어떻게 관련되어 있는가?
3. 변수의 초기 조건에서 최종 정상상태로 천이하는 방식은 무엇인가?
4. 그 천이는 얼마나 빠르거나 느린가?
5. 변수의 최종 정상상태는?

이 장에서는 두 종류의 회로가 다루어진다. 첫째, 단일의 에너지 저장 소자를 포함한 1차 *RC* 회로와 *RL* 회로이다. 둘째, 하나로 줄일 수 없는 두 에너지 저장 소자를 포함한 2차 회로이다. 가장 단순한 2차 회로는 직렬 *LC* 회로와 병렬 *LC* 회로이다. 과도 응답의 모든 기본적인 특성들이 이들 회로에 나타나므로, 이 장에서는 이들 회로에 집중할 것이다. 그러나 다른 복잡한 회로들도 다루어질 것이다.

LO

1차 회로는 하나의 에너지 저장 소자를 포함한다. 2차 회로는 하나로 줄일 수 없는 2개의 에너지 저장 소자를 포함한다.

이 장에서는 1차 및 2차 회로의 실용적인 응용들이 소개된다. 해를 구하는 방법의 일반적인 성질과 유압, 기계, 열 시스템을 포함하는 넓은 범위의 물리 시스템에 그 해법이 적용 가능한지를 보여줄 것이다.

LO 학습 목적

1. 인덕터와 커패시터가 포함된 회로의 표준 미분 방정식을 수립한다. 4.2절
2. 인덕터와 커패시터가 포함된 직류 회로의 정상상태를 결정한다. 4.2절
3. 스위치 직류 전원에 의해서 구동되는 1차 회로의 완전 해를 구한다. 4.3절
4. 스위치 직류 전원에 의해서 구동되는 2차 회로의 완전 해를 구한다. 4.4절

4.1 과도 해석

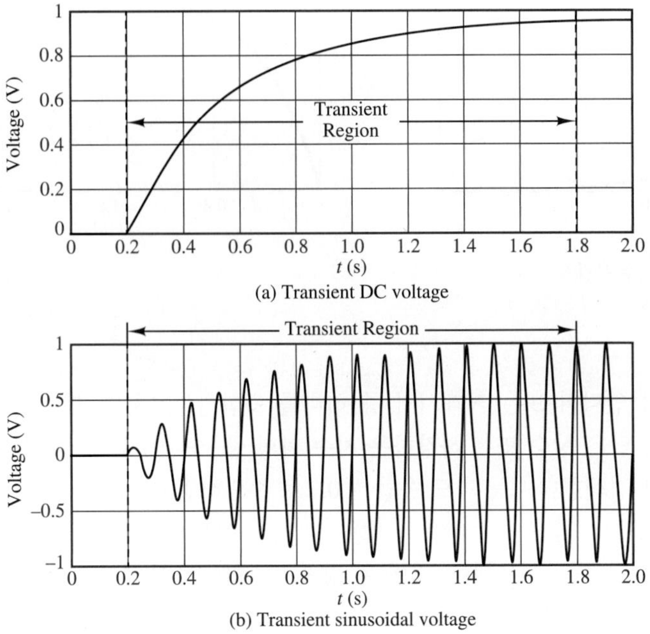

그림 4.1 1차와 2차 과도 응답

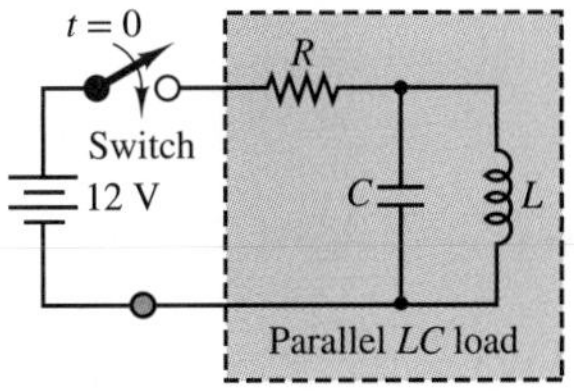

그림 4.2 스위칭 직류 가진을 갖춘 회로

그림 4.1은 $t = 0.2$ s일 때 직류 회로[그림 4.1(a)]와 교류 회로[그림 4.1(b)]에서 과도 현상에 의해 발생하는 전형적인 결과를 각기 보여준다. 각 파형은 다음의 세 부분으로 구성된다.

- $0 \leq t \leq 0.2$ s에서 초기의 정상상태
- (약) $0.2 \leq t \leq 1.8$ s에서 과도 응답
- $t > 1.8$에서 최종 정상상태

과도 해석(transient analysis)의 목적은 전압과 전류가 하나의 정상상태에서 다른 상태로 어떠한 방법과 속도로 천이하는지를 결정하는 것이다.

그림 4.2는 과도 응답을 탐구하는 데 사용되는 대표적인 *LC* 회로를 보여준다. 단극 단투(single-pole, single-throw, SPST) 스위치가 $t = 0$에서 *RLC* 네트워크에 갑자기 배터리를 연결하면, 과도 응답이 시작된다. 과도 해석의 복잡성은 회로의 에너지 저장 소자의 수만큼 증가한다. 다행히도, 1차 및 2차 회로가 과도 거동의 모든 기본적인 특성을 보여준다.

이 장에서의 논의와 해석은 그림 4.3에 나타나는 일반적인 회로 모델을 따르고 있는 회로에 초점을 맞추고 있다. 일반적인 회로 모델은 상자 안의 네트워크가 부하로 동작하며, 하나 또는 두 개의 저장 소자와 다양한 저항으로 구성된다. 그림 4.3(a)에서 R_T는 부하가 보는 테브닌 등가 저항이고, V_T는 단자 *a*와 *b* 사이의 개방 전압이다. 그림 4.3(b)에서 R_N은 부하가 보는 노턴 등가 저항이며, I_N은 단자 *a*에서 단자 *b*로 흐르는 단락 전류이다.

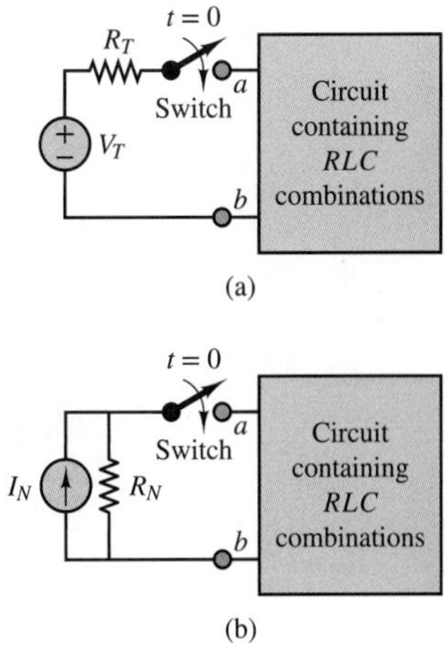

그림 4.3 과도 해석 문제의 일반 모델. 부하는 *RLC* 조합을 포함하며, 소스는 (a) 테브닌 또는 (b) 노턴의 등가 네트워크 중 하나이다.

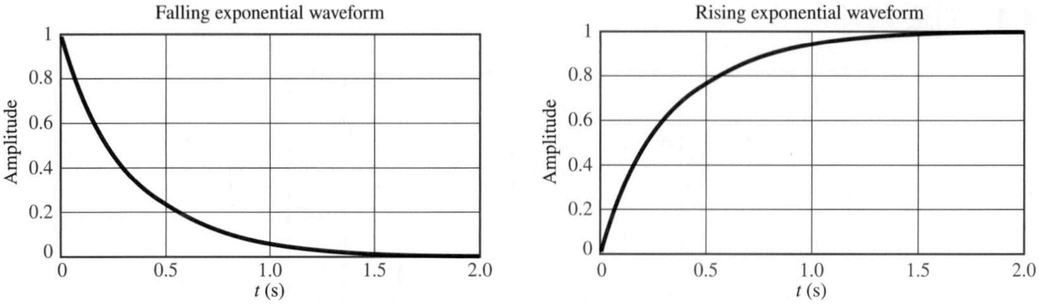

그림 4.4 하강 또는 상승하는 지수 응답

부하가 인덕터 또는 커패시터 중 하나를 포함하는 1차일 때, 그림 4.4에서와 같이 과도 응답은 **상승** 또는 **하강하는 지수** 파형 중 하나이다. 두 파형 모두 시간이 지남에 따라 감쇄한다. 즉, 과도 응답은 0으로 수렴하면서 새로운 정상상태 응답만 남게 된다.

두 저장 소자의 경우에는, 직렬 및 병렬 LC 회로에 대해서 상세히 고려되지만, 더 복잡한 회로에 대한 해법도 제시된다. 2차 회로의 해석은, **무차원 감쇠비**(dimensionless damping ratio) ζ의 크기에 따라 명확하게 다른 3개의 과도 응답이 있으므로 복잡하다. $\zeta > 1$일 때 과도 응답은 과감쇠(overdamped)라고 하며, 2개의 지수적으로 감쇄하는 파형의 합으로 표현된다. $\zeta < 1$일 때, 과도 응답은 부족 감쇠(underdamped)라고 하며, 감쇄하는 정현파로 표시된다. $\zeta = 1$일 때, 과도 응답은 임계 감쇠(critically damped)라고 하며, 과감쇠와 부족 감쇠 파형의 두 양상을 갖는 파형으로 표시된다. 그림 4.5에 나타낸 바와 같이, DC 소스의 갑작스런 스위칭에 대한 과도 응답에서 ζ의 영향을 볼 수 있다.

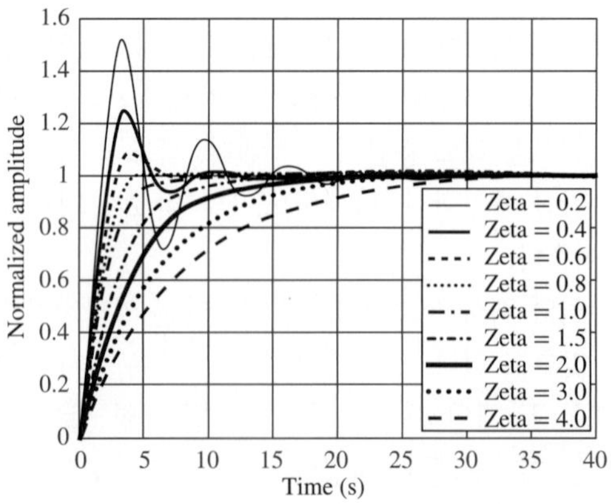

그림 4.5 무차원 감쇠비 ζ의 다양한 값의 일반적인 2차 과도 응답

4.2 과도 문제 해법의 요소

1차 또는 2차 과도 문제의 해법에 관련된 중요한 요소는 아래에 설명된다. 이 절과 이 장의 나머지에서의 논의는 DC 소스만을 포함하는 회로에 국한된다. AC 소스를 포함한 회로에 대한 수학은 다소 복잡하지만, 기본적인 아이디어는 같다.

시간 간격

과도 현상 발생의 시점은 $t = 0$으로 정의된다. 현상 발생 직전과 직후의 시점은 각각 $t = 0^-$과 $t = 0^+$로 표시된다. 초기 정상상태는 시간 $t < 0$에 대한 회로의 거동에 의해서 결정된다. 최종 정상상태는 $t \to \infty$일 때, 즉 "t가 매우 커질 때"의 회로의 거동이다. 초기 정상상태와 최종 정상상태 사이에 과도 응답이 있다.

실제로 최종 정상상태는 $t \geq t_\infty$일 때 도달하는데, 여기에서 t_∞은 과도 응답의 실질적인 끝을 나타낸다. t_∞에 대한 가장 일반적인 선택은 5τ인데, 여기서 τ는 회로와 관련된 시상수(time constant)이다.

초기 정상상태($t < 0$)

이 장에 나오는 회로에서는 과도 현상 발생 전에 직류 정상상태가 있다고 가정한다. 이는 커패시터와 인덕터는 초기에 각각 개방 회로 및 단락 회로로 동작한다는 것을 의미하므로, 1장과 2장에서 학습한 직류 회로 해석 방법을 적용할 수 있다.

> 직류 정상상태에서 커패시터는 개방 회로로, 인덕터는 단락 회로로 동작한다. LO

상태 변수

전기 회로의 상태 변수는 인덕터에 흐르는 전류와 커패시터에 걸리는 전압이다. 상태 변수의 수는 더 이상 줄일 수 없는 저장 소자의 수와 같다. 따라서 1차 및 2차 회로는 각각 1개 및 2개의 상태 변수를 가진다. 먼저 상태 변수의 과도 응답에 대해서 해를 구한 다음에, 이들 상태 변수와의 관계를 통하여 다른 변수들을 구하는 것이 최선이다. 사용된 해법에 상관없이, $t = 0^-$에서의 상태 변수의 값을 아는 것이 항상 필요하다.

초기 조건

회로의 과도 응답의 초기 조건은 과도 현상 발생 시점에 저장된 에너지에 의해 결정된다. 커패시터의 에너지는 전압으로, 인덕터의 에너지는 전류로 표현된다는 점을 상기하라. 결과적으로, 커패시터와 인덕터에 저장된 에너지가 순간적으로 변할 수 없으므로, 커패시터에 걸리는 전압과 인덕터에 흐르는 전류 또한 순간적으로 변할 수 없다. 다시 말하면, 상태 변수는 시간의 연속 함수이다.

상태 변수의 연속성 조건은 커패시터와 인덕터의 υ-i 관계에서 명확하다.

$$i_C = C\frac{d\upsilon_C}{dt} \qquad \text{and} \qquad \upsilon_L = L\frac{di_L}{dt} \tag{4.1}$$

υ_C 또는 i_L에서의 불연속은 i_C 또는 υ_L이 무한대가 되는 것을 요구한다. 무한대의 전류 또는 전압을 달성하는 것은 물리적으로 불가능하므로, υ_C와 i_L은 항상 연속적이어야 한다.

회로에서 다른 비상태 변수에 대해서는 동일한 연속성 조건을 보장할 수 없다. 저항이나 커패시터에 흐르는 전류와 저항이나 인덕터에 걸리는 전압은 불연속할 수 있다. 결과적으로, 상태 변수만이 과도 현상 발생 전후에 연속적으로 되는 것을 보장할 수 있다.

인덕터에 흐르는 전류와 커패시터에 걸리는 전압만이 항상 연속적인 것이 보장된다. 결과적으로, 이들 두 상태 변수는 과도 현상 발생 전후에 연속적이다. 수학적으로는,

$$\upsilon_C(0^+) = \upsilon_C(0^-) \tag{4.2}$$

$$i_L(0^+) = i_L(0^-) \tag{4.3}$$

다른 변수들은 과도 현상 발생 전후에 연속적일 수도 있고 불연속적일 수도 있다. 과도 현상 발생에 의한 초기 조건을 표현하려면 오직 상태 변수만을 사용하여야 한다.

에너지와 과도 응답

과도 응답 동안에 에너지는 일반적으로 새로운 정상상태에 도달할 때까지 회로 내에서 지속적으로 저장 및 방출, 공급 및 소모된다. 독립적인 전압원 및 전류원이 만약 존재한다면, 에너지를 공급할 것이다. 에너지 저장 소자들은 에너지를 저장 또는 방출한다. 그리고 저항은 에너지를 소모한다. 이러한 과정은 공급되는 에너지가 소모되는 에너지와 지속적으로 동일한 새로운 정상상태에 도달할 때까지 계속된다.

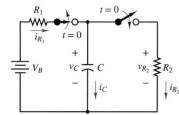

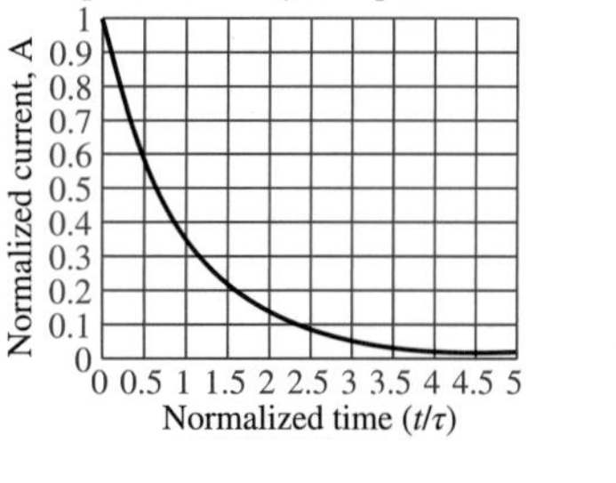

그림 4.6 커패시터에 저장된 에너지는 저항에서 소모된다.

그림 4.6의 회로를 생각해보자. $t < 0$의 경우 커패시터가 배터리에 오랫동안 연결되어 커패시터 전압 υ_C가 배터리 전압 V_B와 동일하다고 가정한다. 또한, $t < 0$에 대해 각 저항에 흐르는 전류는 0임에 주목하라.

$t = 0$에서 두 스위치는 커패시터는 배터리 루프와 분리되지만, 동시에 간단한 직렬 회로인 R_2에 연결되어 있도록 개폐된다. 커패시터에 걸리는 전압은 연속적이어야 하므로 $t = 0^+$에서 $\upsilon_C = V_B$이다. 동시에, R_2에 걸리는 전압이 0부터 υ_C까지 변하므로, R_2에 흐르는 전류도 0부터 어떤 유한한 값(0이 아닌)으로 변한다. KCL에 의해서 직렬 루프에서 $i_C + i_{R_2} = 0$이므로, 커패시터 전류는 다음과 같다.

$$i_C = -i_{R_2} = -\frac{\upsilon_{R_2}}{R_2} = -\frac{\upsilon_C}{R_2} \tag{4.4}$$

여기서 i_{R_2}에 대한 식은 단순히 옴의 법칙이다. i_C를 대신하여 식 (4.1)을 사용하면

$$C\frac{d\upsilon_C}{dt} = -\frac{\upsilon_C}{R_2} \tag{4.5}$$

방정식의 양변을 C로 나누면 다음과 같다.

$$\frac{d\upsilon_C}{dt} = -\frac{1}{R_2 C}\upsilon_C \tag{4.6}$$

식 (4.6)은 커패시터에 걸리는 전압의 변화율이 커패시터 자체에 걸리는 전압에 비례함을 나타낸다. 즉, $t = 0^+$에서 커패시터는 최대 속도로 방전되는데, 이는 υ_C와 i_{R_2} 둘 다 그 순간에 최대가 되기 때문이다. 커패시터의 방전이 계속되면, υ_C와 i_{R_2}는 계속 감소하며 υ_C의 감소율 역시 줄어든다.

그림 4.6의 그래프는 i_{R_2}의 정규화된 과도 응답을 보여준다. 곡선상의 임의의 점에서의 기울기가 동일한 점에서의 값에 비례하고 있음을 쉽게 확인할 수 있다. 변수의 변화율이 변수 자체의 값에 비례하는 관계는 지수 함수(exponential function)의 기본적인 성질이다. 따라서 그림 4.6에 나타난 R_2C 직렬 루프의 과도 응답의 특징은 다음과 같이 나타낼 수 있다.

$$\frac{d\upsilon_C}{dt} \propto \upsilon_C(t) \propto e^{-t/\tau} \qquad \text{where} \qquad \tau = R_2C \tag{4.7}$$

파라미터 τ는 시상수라고 알려져 있다. 상승 또는 하강하는 이러한 감쇄 지수는 물리 시스템에서의 과도 응답을 나타내는 수학적인 표현에서 흔히 발견된다.

그림 4.6은 $t = 5\tau$까지의 i_{R_2}의 정규화된 과도 응답을 나타내는데, 이때 υ_C와 i_{R_2}는 이전 정상상태에서 새로운 정상상태로의 변화가 99% 이상이 진행되었다. 대부분의 실용적인 측면에서, 커패시터는 $t \geq 5t$일 때 완전히 방전되었다고 간주할 수 있다.

그림 4.6의 회로에서 스위치가 $t = 5\tau$ 후의 어떤 시점에서 원래의 위치로 돌아간다면 어떻게 될지 생각해 보자. 커패시터는 R_2에서 분리되고, 배터리 V_B와 저항 R_1과 함께 직렬 루프에 다시 연결된다. 그 순간, R_1에 걸리는 전압 $(V_B - \upsilon_C)$과 따라서 i_{R_1}이 최대가 되므로, 커패시터는 최대 속도로 충전된다. 커패시터가 계속 충전되면, $(V_B - \upsilon_C)$와 i_{R_1}은 감소할 것이며 υ_C의 증가율 역시 감소하게 된다. 그 결과, 또 다른 감쇄(이번에는 상승하는) 지수가 나타나는데, 그림 4.4의 우측 그림과 같다. V_BR_1C 직렬 루프의 시상수 τ는 R_1C이다.

이러한 기본 동작은 인덕터와 하나 또는 그 이상의 저항 및 독립 전원을 포함하는 1차 회로에서도 발생한다.

또한 이 예제에서 전류 i_{R_1}과 i_{R_2}이 과도 현상 발생 전후에 불연속이라는 점은 주목할 만하다. 이 장에서 이미 강조하였듯이, 상태 변수(여기서는, υ_C)만이 과도 현상 발생 전후에 연속적임이 보장된다.

마지막으로, 두 개의 저장 소자를 갖는 회로에서, 이들 소자는 과도 응답 중에 서로 에너지를 주고받을 수 있다. 이 현상이 발생하면 회로에서 전압과 전류가 진동하는데, 진동 크기는 시간이 지남에 따라 지수적으로 감소한다.

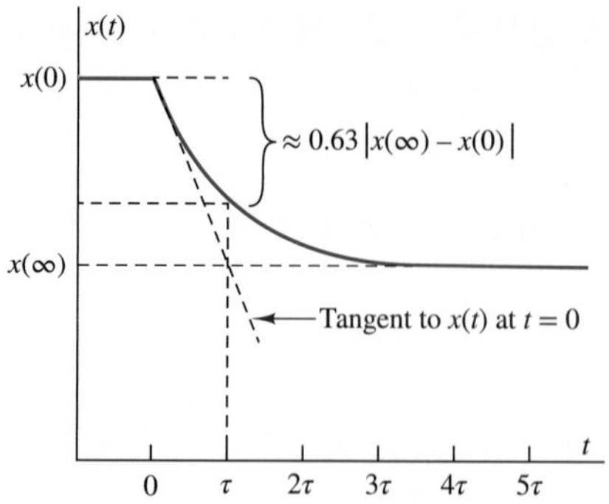

그림 4.7 시상수를 구하기 위한 2개의 도식적 해법을 제안하는 1차 응답 $x(t)$

시상수

1차 회로는 과도 현상에 대한 회로 응답 속도의 척도인 하나의 시상수 τ를 가지고 있다. 작거나 큰 시상수는 각기 고속 또는 저속 응답을 보여준다. 1차 회로의 시상수 τ는 저장 소자가 커패시터인지 인덕터인지 여부에 따라 둘 중 하나로 나타난다.

$$R_T C \qquad \text{or} \qquad \frac{L}{R_N} \tag{4.8}$$

여기서 R_T와 R_N은 각각 커패시터와 인덕터에서 보이는 테브닌과 노턴 등가 저항이다.

그림 4.7은 전형적인 1차 감쇄 지수(decaying exponential)를 보여준다. 시상수 τ는 두 가지 방법으로 찾을 수 있다. 가장 쉽고 일반적인 방법은, 지수 곡선이 초기값 $x(0)$와 장기 정상상태 $x(\infty)$와의 차이의 $(e - 1)/e$(또는 거의 63%)로 감쇄하는데 소요되는 시간으로 결정하는 것이다. 다른 방법은 $t = 0$에서 지수 곡선의 접선과 수평 점근선 $x(\infty)$의 접점에 표시되는 시간으로 t를 결정하는 것이다.

2차 회로는 본질적으로 두 개의 시상수를 가지는데, 무차원 감쇠비(dimensionless damping ratio) ζ와 고유 주파수(natural frequency) ω_n으로 알려져 있는 두 파라미터와 관련된다.

장기 정상상태

장기 정상상태 응답은 과도 응답이 완전히 감쇄한 후에도 남아 있는 응답이다. 그림 4.7의 1차 감쇄 지수의 장기 정상상태는 $x(\infty)$이다. 장기 정상상태는 일반적으로 $t > 0$일 때 회로에 존재하는 독립적인 소스에 따라 달라진다. 만약 모든 소스가 직류라면, 장기 정상상태도 직류가 되며, 커패시터는 개방 회로로, 인덕터는 단락 회로로 동작한다.

완전 응답

완전 응답(complete response)은 단순하게 과도 응답 및 장기 정상상태 응답의 합이다. 일반적으로 과도 응답은 회로의 각 상태 변수에 대해 하나의 미지 상수를 포함한다. 따라서 완전 응답은 상태 변수와 동일한 수의 미지 상수를 포함한다. 이러한 미지 상수의 값은 $t = 0^+$에서 회로의 초기 조건에 의해 결정된다.

과도 회로 문제의 해를 구할 때 하는 일반적인 실수는, 완전 응답 대신에 과도 응답에 초기 조건을 적용하는 것이다. 절대로 이런 실수를 해서는 안 된다.

자연 응답과 강제 응답

종종, 완전 응답을 과도 응답과 정상상태 응답의 합 대신에 자연 응답(natural response)과 강제 응답(forced response)의 합으로 표현하는 것이 유용하다. 어떤 경우든지 전체 응답은 변하지 않는다. 자연 응답은 $t = 0$에서 시스템에 저장된 초기 에너지에 기인하는 부분이며, 강제 응답은 $t > 0$에서 회로에 존재하는 독립 소스에 기인하는 부분이다.

식 (4.9)는 임의의 1차 회로 변수의 완전 응답 $x(t)$를 특징적인 지수 감쇄를 갖는 과도 응답과 장기 정상상태 $x(\infty)$의 합으로 나타낸다.

$$x(t) = \left[x(0^+) - x(\infty)\right]e^{-t/\tau} + x(\infty) \tag{4.9}$$

과도 응답 부분은 초기 조건 $x(0^+)$과 장기 정상상태 간의 차이를 포함한다. 이 식은 다음과 같이 재구성할 수 있다.

$$x(t) = x_N(t) + x_F(t) = x(0^+)e^{-t/\tau} + x(\infty)\left(1 - e^{-t/\tau}\right) \tag{4.10}$$

식 (4.10)에서 첫째 및 둘째 항은 각각 자연 응답 $x_N(t)$와 강제 응답 $x_F(t)$로 알려져 있다. 2차 회로의 완전 응답에 대해서도 유사한 구조가 만들어질 수 있다.

예제 4.1

초기 조건

문제

그림 4.8(a)의 회로에서 스위치가 열리기 직전에 인덕터에 흐르는 전류를 구하라.

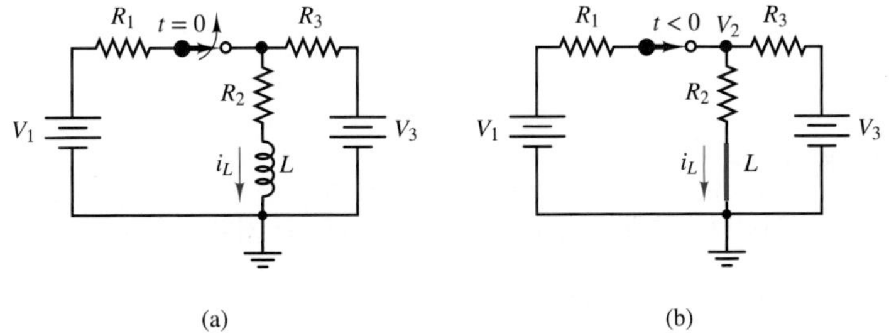

그림 4.8 (a) 예제 4.1을 위한 회로, (b) 스위치가 열리기 직전의 동일 회로

풀이

기지: $R_1 = 1\ \text{k}\Omega$, $R_2 = 5\ \text{k}\Omega$, $R_3 = 3.33\ \text{k}\Omega$, $L = 0.1\ \text{H}$, $V_1 = 12\ \text{V}$, $V_3 = 4\ \text{V}$

미지: 인덕터에 흐르는 전류 i_L

가정: 회로가 직류 정상상태에 있도록 스위치는 $t = 0$ 이전에 오랫동안 닫혀있었다고 가정한다.

해석: 그림 4.8(b)에서와 같이, $t < 0$일 때 회로는 직류 정상상태 조건에 있으며, 인덕터는 단락 회로로 동작한다. 인덕터에 흐르는 전류 i_L은 노드 V_2에 KCL을 적용하여 신속히 구할 수 있다.

$$\frac{V_2 - V_1}{R_1} + \frac{V_2 - 0}{R_2} + \frac{V_2 - V_3}{R_3} = 0$$

V_1, V_2, V_3의 계수를 찾기 위해,

$$\left(\frac{1}{R_1} + \frac{1}{R_2} + \frac{1}{R_3}\right) V_2 - \frac{V_1}{R_1} - \frac{V_3}{R_3} = 0$$

마지막으로, 항들을 재배열하면

$$V_2 = \left(\frac{1}{R_1} + \frac{1}{R_2} + \frac{1}{R_3}\right)^{-1} \left(\frac{V_1}{R_1} + \frac{V_3}{R_3}\right) = 8.80 \text{ V}$$

인덕터에 흐르는 전류를 구하기 위하여, 다음 초기 조건을 구한다.

$$i_L(0) = \frac{V_2}{R_2} = \frac{8.80}{5{,}000} = 1.76 \text{ mA}$$

참조: 전류 $i_L(0)$는 $t > 0$에서의 회로 동작의 초기 조건이다. 오직 상태 변수(즉, 인덕터에 흐르는 전류와 커패시터에 걸리는 전압)만이 스위치의 개폐와 같은 과도 현상 발생 전후에도 연속성이 보장된다.

예제 4.2

인덕터 전류와 커패시터 전압의 연속성

문제

그림 4.9의 회로에서 인덕터에 흐르는 전류와 커패시터에 걸리는 전압에 대한 $t = 0$에서의 초기 조건을 구하라.

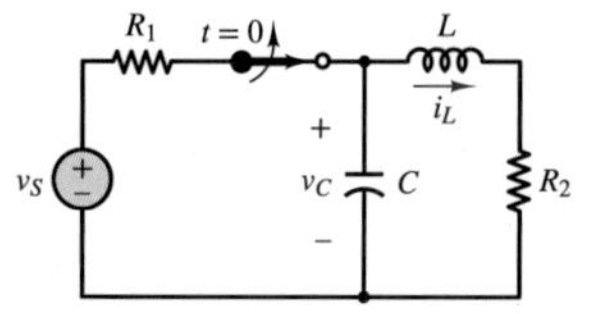

그림 4.9

풀이

기지: v_S; R_1; R_2; L; C

미지: $t = 0^+$에서 인덕터에 흐르는 전류와 커패시터에 걸리는 전압

가정: 스위치는 $t = 0$ 이전에 오랫동안 닫혀있었다.

해석: 직류 정상상태에서 인덕터는 단락 회로로 동작하는 반면에, 커패시터는 개방 회로로 동작한다. 그리고 이 회로는, 전류 i가 다음과 같이 주어지는 인덕터 단락 전류와 동일하게 되는 실제적으로는 단일 루프이다.

$$i = i_L = \frac{v_S}{R_1 + R_2} \qquad t < 0$$

커패시터 개방 회로에 걸리는 전압은 전압 분배에 의해 다음과 같이 주어진다.

$$v_C = v_S \frac{R_2}{R_1 + R_2} \qquad t < 0$$

인덕터에 흐르는 전류나 커패시터에 걸리는 전압 둘 다 순간적으로 변할 수는 없으므로, 인덕터 전류와 커패시터 전압의 초기 조건은 다음과 같다.

$$i_L(t = 0^+) = i_L(t = 0^-) = \frac{v_S}{R_1 + R_2}$$

$$v_C(t = 0^+) = v_C(t = 0^-) = v_S \frac{R_2}{R_1 + R_2}$$

인덕터 전류의 연속성

예제 4.3

문제

그림 4.10의 회로에서 인덕터 전류의 초기 조건 및 최종값을 구하라.

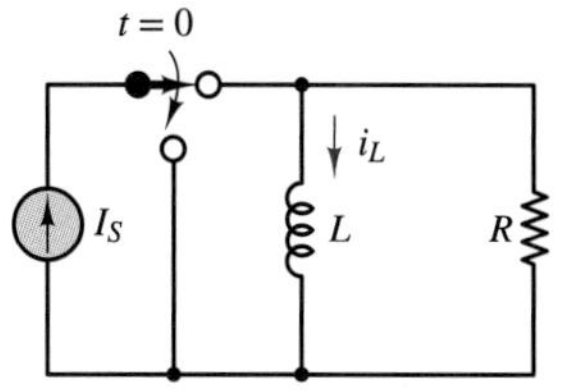

그림 4.10

풀이

기지: 전류원 I_S, 그리고 인덕터와 저항 값

미지: $t = 0^+$과 $t \to \infty$에서 인덕터 전류

주어진 데이터 및 그림: $I_S = 10$ mA

가정: 전류원은 매우 오랫동안 회로에 연결되어 있었다.

해석: $t < 0$인 경우, 인덕터는 단락 회로로 동작한다. 그러므로, 저항 R에 걸리는 전압과 흐르는 전류는 0이 되어, 모든 전류 I_S는 인덕터를 통과한다. $t = 0^+$에서 스위치는 열리며, 인덕터 전류는 연속이어야 한다.

$$i_L(0^+) = i_L(0^-) = I_S$$

$t > 0$의 경우, 전류원은 분리된 루프 내에 있으며, 인덕터와 저항에서 분리된다. 인덕터와 저항은 별도로 분리된 루프에서 직렬로 연결된다. 이 루프는 어떠한 전원도 가지고 있지 않으므로, 루프 전류는 저항의 에너지 소모 때문에 결국 0으로 감쇄한다. 그림 4.11은 전류를 시간의 함수로 대략 도시한 것이다.

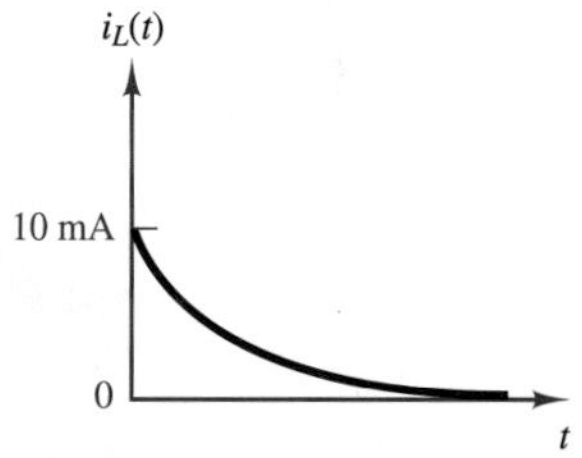

그림 4.11

참조: $t > 0$에 대해 R에 흐르는 전류의 방향은 인덕터 전류의 초기 조건에 의해 결정된다.

장기 직류 정상상태

예제 4.4

문제

그림 4.12(a)의 회로에서 스위치가 닫히고 오랜 시간이 흐른 뒤의 커패시터 전압을 구하라.

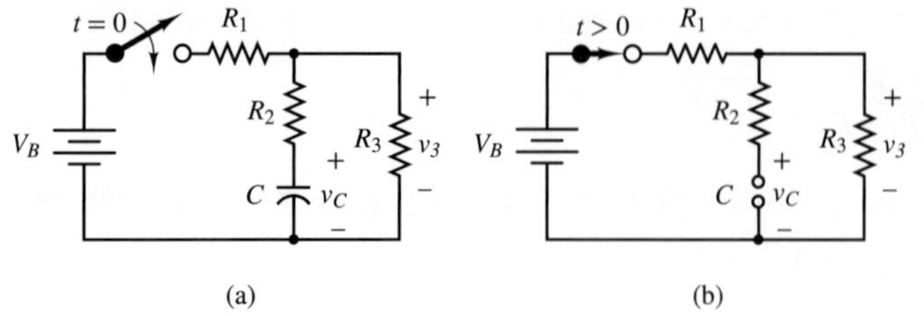

그림 4.12 (a) 예제 4.4를 위한 회로, (b) 스위치가 닫히고 오랜 시간이 지난 회로

풀이

기지: 회로 소자들의 값, $R_1 = 100\ \Omega$, $R_2 = 75\ \Omega$, $R_3 = 250\ \Omega$, $C = 1\ \mu\text{F}$, $V_B = 12\ \text{V}$

해석: 스위치가 오랜 시간($t \to \infty$) 닫힌 후에, 과도 응답은 감쇄되어 사라지고, 회로는 새로운 직류 정상상태에 도달한다. 그림 4.12(b)에서와 같이, 직류 상태에서의 커패시터는 개방 회로로 동작한다. 그 결과, 전류가 저항 R_2에 흐르지 않으며, 저항 R_1과 R_3은 실제적으로는 직렬 연결된다. 전압 분배를 적용하면

$$v_3(\infty) = \frac{R_3}{R_1 + R_3} V_B = \frac{250}{350}(12) = 8.57\ \text{V}$$

R_2에 흐르는 전류가 0이므로, R_2에 걸리는 전압 또한 0이 된다. 따라서, v_C는 우측 상단 노드로부터 하단 노드로의 전압 강하와 동일하며, 이는 v_3에도 동일하다.

$$v_C(\infty) = v_3(\infty) = 8.57\ \text{V}$$

참조: 전압 $v_C(\infty)$는 커패시터에 걸리는 직류 장기 정상상태 전압이다.

예제 4.5

RC 회로의 미분 방정식 수립

LO

문제

그림 4.13에서 커패시터에 걸리는 전압에 대한 미분 방정식을 유도하라.

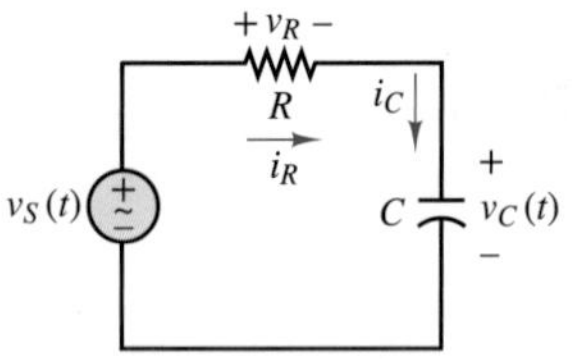

그림 4.13

풀이

기지: R; C; $v_S(t)$

해석: $v_C(t)$와 $i(t)$에서의 미분 방정식

가정: 없음

풀이: 루프 주위에 KVL을 적용하면

$$v_S - i_R R - v_C = 0$$

KCL과 커패시터의 i-v 관계를 사용하면

$$i_R = i_C = C\frac{dv_C}{dt}$$

i_R을 대체하면

$$v_S - RC\frac{dv_C}{dt} - v_C = 0$$

재정렬하면, 그 결과는 다음과 같다.

$$RC\frac{dv_C}{dt} + v_C = v_S$$

합에 있는 모든 항이 같은 차원을 가져야 하므로, RC의 차원이 시간이어야 함을 추론할 수 있다. 더 복잡한 회로의 경우 RC의 R은 커패시터에서 보는 테브닌 등가 저항이라는 점을 언급할 가치가 있다.

KVL 방정식의 양변을 미분하여, 전류 i_R의 미분 방정식을 구할 수 있다.

$$\frac{dv_S}{dt} - R\frac{di_R}{dt} - \frac{dv_C}{dt} = 0$$

v_C의 미분 대신에 커패시터의 i-v 관계를 사용하면

$$\frac{dv_S}{dt} - R\frac{di_R}{dt} - \frac{i_C}{C} = 0$$

$i_R = i_C$임을 상기하고, 방정식의 양변에 C로 곱한 후에 재정렬하면 다음과 같다.

$$RC\frac{di_R}{dt} + i_R = C\frac{dv_S}{dt}$$

전류 i_R와 전압 v_C는 이전의 정상상태로부터 새로운 정상상태로 전환하기 때문에 시간의 함수이다.

v_C와 i_R에 대한 미분 방정식의 좌변은 동일함을 주목하라. 이 결과는 회로 내 모든 변수에 대해서도 마찬가지이다.

참조: 1차 RC 회로는 하나의 상태 변수 v_C, 즉 커패시터에 걸리는 전압을 가진다.

RL 회로의 미분 방정식 수립

예제 4.6

문제

그림 4.14와 같은 회로의 미분 방정식을 유도하라.

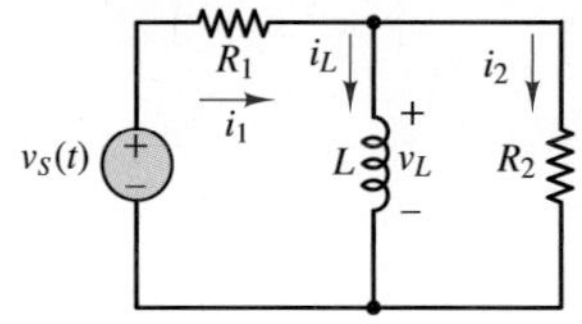

그림 4.14

풀이

기지: $R_1 = 10\ \text{k}\Omega$, $R_2 = 5\ \Omega$, $L = 0.4\ \text{H}$

미지: i_L과 v_L에 관한 미분 방정식

가정: 없음

해석: 우측 상단 노드에 KCL을 적용하며

$$i_1 - i_L - i_2 = 0$$

좌측 망에 대해서 KVL을 적용하면

$$v_S - i_1 R_1 - v_L = 0 \qquad \text{or} \qquad i_1 = \frac{v_S - v_L}{R_1}$$

옴의 법칙을 R_2에 적용하면

$$v_L = i_2 R_2 \qquad \text{or} \qquad i_2 = \frac{v_L}{R_2}$$

KCL 방정식에서 i_1과 i_2 대신에 이들 식을 사용하면

$$\frac{v_S - v_L}{R_1} - i_L - \frac{v_L}{R_2} = 0$$

마지막으로, 다음과 같은 인덕터에 대한 미분 i-v 관계인

$$v_L = L\frac{di_L}{dt}$$

를 사용하여 v_L을 대체한다. 그 결과는, 다음과 같다.

$$\frac{1}{R_1}\left[v_S - L\frac{di_L}{dt}\right] - i_L - \frac{L}{R_2}\frac{di_L}{dt} = 0$$

다음과 같이 항을 모은다.

$$L\frac{R_1 + R_2}{R_1 R_2}\frac{di_L}{dt} + i_L = \frac{v_S}{R_1}$$

첫 번째 미분항의 계수는

$$\frac{L}{R_N} \qquad \text{where} \qquad R_N = \frac{R_1 R_2}{R_1 + R_2}$$

이므로

$$\frac{L}{R_N}\frac{di_L}{dt} + i_L = \frac{v_S}{R_1}$$

이다. 여기서 R_N는 인덕터가 보는 노턴 등가 저항이다. 미분 방정식의 첫째 항은 시간당 전류의 차원을 가지고 있음에 유의한다. 다른 항도 동일한 차원을 가져야 하므로, L/R_N의 차원이 시간임을 추론할 수 있다.

수치를 대입하면

$$0.12\frac{di_L}{dt} + i_L = 0.1\,v_S$$

v_L에 대한 미분 방정식을 얻기 위해서, KCL 방정식 $i_L = i_1 - i_2$와 i_1과 i_2에 대한 식을 사용하여 미분 i-v 관계의 i_L을 대체한다.

$$v_L = L\frac{d}{dt}\left[\frac{v_S - v_L}{R_1} - \frac{v_L}{R_2}\right]$$

항들을 재정렬하면

$$\frac{L}{R_N}\frac{dv_L}{dt} + v_L = \frac{L}{R_1}\frac{dv_S}{dt}$$

미분 방정식의 좌변은 i_L에 대한 방정식의 좌변과 동일하다. 이 결과는 회로 내 모든 변수에 대해서도 마찬가지이다. 미분 방정식의 좌변은 단지 하나의 변수가 아니라 전체 회로의 특성이다.

참조: 1차 *RL* 회로는 하나의 상태 변수 i_L, 즉 인덕터에 흐르는 전류를 갖는다.

연습 문제

예제 4.1의 (a)에서 단극 단투(single-pole single-throw, SPST) 스위치가 $t = 0$에서 열린다. 오랜 시간이 경과한 후의 인덕터 전류는?

Answer: $i_L(\infty) = \dfrac{V_2}{R_2 + R_3} = 0.48$ mA

연습 문제

중첩의 원리를 사용하여 예제 4.1의 초기 조건 $i_L(t = 0^+)$을 구하라.

Answer: $i_L(t_0^+) = i_L(t_0^-) = \dfrac{V_1}{R_2}\dfrac{R_2 \| R_3}{R_2 \| R_3 + R_1} + \dfrac{V_2}{R_2}\dfrac{R_1 \| R_2}{R_1 \| R_2 + R_3} = 1.76$ mA

연습 문제

예제 4.3의 회로에서 단극 쌍투(SPDT) 스위치는 $t = 0$에서 열린다. 오랜 시간 후에 $t = t_\infty$에서 스위치는 원래 상태로 다시 닫힌다. $t = t_\infty$에서 인덕터에 흐르는 초기 전류는? $t > t_\infty$에서 인덕터에 흐르는 장기 정상상태 전류는?

Answer: $i_L(t_\infty) = 0$; $i_L(t \gg t_\infty) = I_S = 10$ mA

연습 문제

예제 4.4의 (b)에서 단극 단투(SPST) 스위치가 다시 열린다고 가정한다. 추가적으로 오랜 시간이 경과한 후에 커패시터의 전압은?

Answer: $v_C(t \to \infty) = 0$ V. 커패시터는 R_2와 R_3를 통해 방전될 것이다.

연습 문제

다음 회로에 대해서 커패시터와 인덕터의 전류와 전압의 미분 i-v 관계를 KVL 또는 KCL과 함께 사용하여, 각각 미분 방정식을 수립하라.

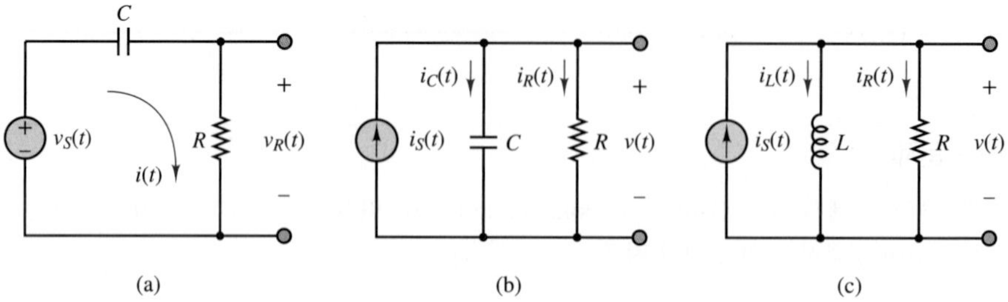

Answer: (a) $RC\dfrac{dv_C(t)}{dt} + v_C(t) = v_S(t)$; (b) $RC\dfrac{dv(t)}{dt} + v(t) = Ri_S(t)$; (c) $\dfrac{L}{R}\dfrac{di_L(t)}{dt} + i_L(t) = i_S(t)$

연습 문제

예제 4.5의 회로에서 KVL을 두 번 적용하여, $t > 0$에 대한 v_C의 미분 방정식을 유도하라.

Answer: $\dfrac{d^2v_C}{dt^2} + \dfrac{R_2}{L}\dfrac{dv_C}{dt} + \dfrac{1}{LC}v_C = 0$

4.3 1차 과도 해석

1차 시스템(first-order system)은 모든 공학 분야에서 중요하고 자연에서 자주 발생한다. 이러한 시스템은, 상태 변수의 변화율이 상태 변수 자체에 비례하도록 상태 변수의 에너지가 소모되는 단일 에너지 저장 소자와 이와 관련된 상태 변수의 특성이다. 기본적인 결과는, 1차 시스템의 과도 응답이 시간의 감쇄 지수 함수라는 것이다.

이상적인 1차 전기 시스템은 저항 및 전원과 함께 커패시턴스 또는 인덕턴스 중 하나(둘 다는 아님)를 가지고 있다. 이상적인 1차 기계 시스템은 탄성이나 컴플라이언스를 제외한 질량과 감쇠(예, 미끄럼 또는 점성 마찰)를 가지고 있다. 이상적인 1차 유체 시스템은 유체 커패시턴스 및 점성 소산(viscous dissipation)으로 구성되어 있는데, 액체로 채워진 탱크와 가변 오리피스가 있는 유압 시스템과 같다. 많은 전도 및 대류 열 시스템 또한 1차의 행동을 보여준다.

일반적으로, 과도 회로의 문제를 해결할 때 세 가지 요소를 결정하는 것이 필요하다: (1) 과도 현상 발생 전의 정상상태 응답, (2) 과도 현상 발생 직후의 과도 응답, (3) 과도 응답이 감쇄한 후 남은 장기 정상상태 응답. 일정한 전원을 갖는 1차 회로의 완전 응답을 계산하는 단계는 다음과 같다.

t > 0인 경우의 회로 단순화

과도 현상 발생 이후($t > 0$)의 응답을 구하기 위한 첫 번째 단계는, 그림 4.15에서와 같이 회로를 소스-부하 회로망으로 나누는 것인데, 에너지 저장 소자가 부하에 해당한다. 소스 회로망이 선형인 경우에는 테브닌 혹은 노턴의 등가 회로망으로 대체할 수 있다.

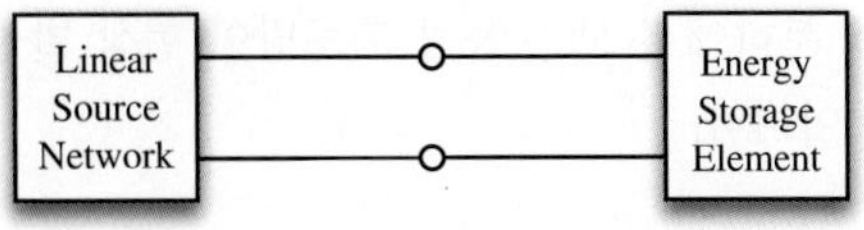

그림 4.15 소스 회로망에 해당하는 일반화된 1차 회로와 부하에 해당하는 에너지 저장 소자의 연결

그림 4.16에서와 같이, 부하는 커패시터이고, 소스 회로망이 테브닌 등가 회로망으로 대체된 경우를 고려하라. 루프 주위에 KVL을 적용하면 다음과 같다.

$$V_T - iR_T - v_c = 0$$

물론, $i = i_C$이고 커패시터에 대해 $i_C = C\, dv_C/dt$이다. 이들을 대입하고 항들을 재정리하면, 결과는 다음과 같다.

$$R_T C \frac{dv_C}{dt} + v_C = V_T \quad \text{테브닌 소스를 갖는 커패시터 부하} \qquad (4.11)$$

직류 전원 회로망에 대하여, 장기 정상상태 해는 단순히 $v_C = V_T$이다.

마찬가지로, 그림 4.17에서와 같이 부하는 인덕터이고, 소스 회로망이 노턴 등가 회로망으로 대체된 경우를 고려하라. KCL을 각 노드에 적용하면 다음과 같다.

$$I_N - \frac{v}{R_N} - i_L = 0$$

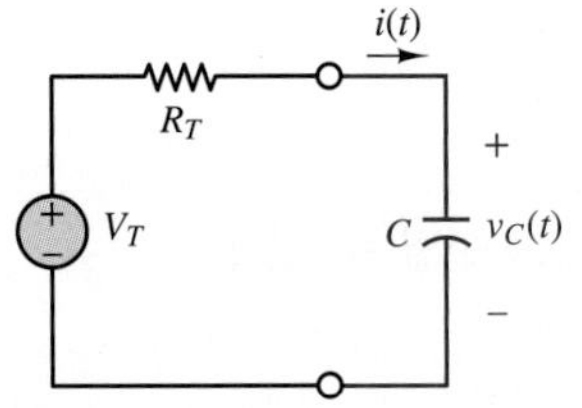

그림 4.16 커패시터 부하 및 테브닌 소스를 갖는 일반화된 1차 회로

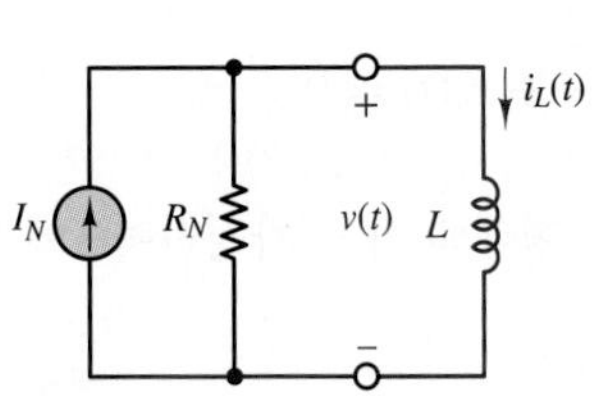

그림 4.17 인덕터 부하 및 노턴 소스를 갖는 일반화된 1차 회로

물론, $v = v_L$이고, 인덕터에 대해 $v_L = L\, di_L/dt$이다. 이들을 대입하고 항들을 재정리하면, 결과는 다음과 같다.

$$\frac{L}{R_N}\frac{di_L}{dt} + i_L = I_N \quad \text{노턴 소소를 갖는 인덕터 부하} \tag{4.12}$$

직류 전원 회로망에 대하여, 장기 정상상태 해는 단순히 $i_L = I_N$이다.

이들 방정식은 $t > 0$에서 과도 응답임을 알아야 한다. 일반적으로, 과도 현상 발생 후에 부하에서 보는 등가 소스 회로망은 현상 발생 전에 부하에서 보는 등가 소스 회로망과는 다를 것이다. 등가 회로망 방법들은 현상 발생 전후의 두 영역에서 모두 사용 가능하지만, 부하에서 보는 등가 회로망이 현상 발생에 의해서 변하지 않는다고 가정하는 것은 아니다.

1차 미분 방정식

식 (4.11) 및 (4.12) 모두 동일한 일반적인 형태를 가진다.

$$\boxed{\tau\frac{dx(t)}{dt} + x(t) = K_S f(t) \qquad \text{1차 시스템 방정식}} \tag{4.13}$$

여기서 상수 τ와 K_S는 각각 **시상수**(time constant) 및 **직류 이득**(DC gain)이다. 이 장에서 $f(t)$는, 하나 혹은 그 이상의 직류 전원의 기여를 나타내는 상수 F와 동일한 것으로 가정된다. 이 가정을 염두에 두고, 일반적인 1차 미분 방정식은 다음과 같다.

$$\tau\frac{dx(t)}{dt} + x(t) = K_S F \qquad t \geq 0 \tag{4.14}$$

위 식의 해 $x(t)$는 과도 응답과 장기 정상상태 응답의 두 부분을 가진다. 이 두 부분은 또한 **자연 응답**(natural resposne) 및 **강제 응답**(forced response)의 항으로 재정리할 수 있다. 어느 쪽이든, 두 부분의 합은 **완전 응답**(complete response)으로 알려져 있다. 전체 응답을 구하는 데 하나의 초기 조건 $x(0^+)$가 필요하다.

1차 과도 응답

식 (4.14)에서 $F = 0$을 설정함으로써, 과도 응답 x_{tr}을 구할 수 있다.

$$\tau\frac{dx_{\text{tr}}(t)}{dt} + x_{\text{tr}}(t) = 0 \tag{4.15}$$

다음과 같은 형태의 해를 가정하여 x에 대한 해를 구할 수 있다.

$$x_{\text{tr}}(t) = \alpha\, e^{st} \tag{4.16}$$

이 가정된 해를 식 (4.15)에 대입하면, 다음의 특성 방정식(characteristic equation)을 얻을 수 있다.

$$\tau s + 1 = 0 \quad \text{특성 방정식} \tag{4.17}$$

s의 해는 단순히

$$s = \frac{-1}{\tau} \tag{4.18}$$

이며, 이는 특성 방정식의 근으로 알려져 있다. 식 (4.16)에 s를 대입하면, 감쇄 지수를 얻을 수 있다.

$$x_{\text{tr}}(t) = \alpha e^{-t/\tau} \qquad \text{과도 응답} \tag{4.19}$$

완전 응답이 얻어질 때까지 식 (4.19)의 상수 α를 계산할 수는 없다.

그림 4.18은 $t = n\,\tau(n = 0, \ldots, 5)$에 대한 $x_{\text{tr}}(t)$의 진폭을 보여준다. 데이터는 시상수의 3배에서 약 95% 정도, 시상수의 5배에서 약 99% 이상 x_{tr}이 감쇄되는 것을 보여준다.

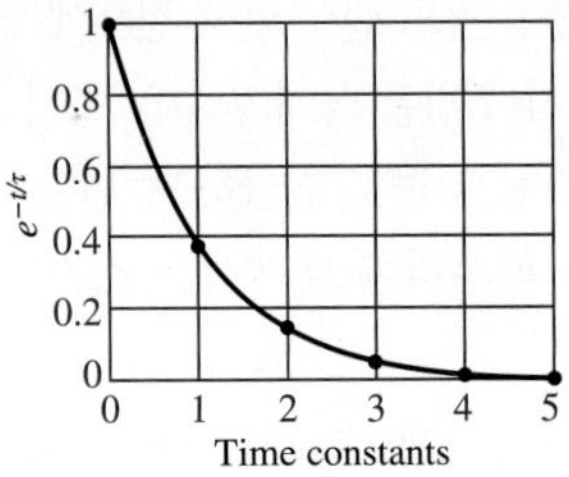

그림 4.18 정규화된 1차 지수 감쇄

장기 정상상태 응답

여전히 1차 회로가 직류 전원만을 포함한다고 가정하면(예를 들어, $f(t)$가 상수 F임), 1차 시스템의 장기 정상상태 응답은 다음과 같다.

$$\tau \frac{dx_{\text{ss}}(t)}{dt} + x_{\text{ss}}(t) = K_S F \qquad t \geq 0 \tag{4.20}$$

상수 F에 대해서, $x_{\text{ss}} = K_S F$는 해이다. 그러므로

$$x_{\text{ss}}(t) \equiv x(\infty) = K_S F \qquad F = \text{상수} \tag{4.21}$$

완전 1차 응답

완전 응답은 과도 응답 및 장기 정상상태 응답의 합이다.

$$x(t) = x_{\text{tr}}(t) + x_{\text{ss}}(t) = \alpha e^{-t/\tau} + x(\infty) = \alpha e^{-t/\tau} + K_S F \qquad t \geq 0 \tag{4.22}$$

하나의 초기조건 $x(0^+)$를 적용하여, 미지의 상수 α를 구할 수 있다.

$$\begin{aligned} x(0^+) &= \alpha + x(\infty) \\ \alpha &= x(0^+) - x(\infty) \end{aligned} \tag{4.23}$$

식 (4.22)에 α를 대입하면, 완전 응답을 구할 수 있다.

$$x(t) = \left[x(0^+) - x(\infty)\right] e^{-t/\tau} + x(\infty) \qquad t \geq 0 \tag{4.24}$$

LO

방법 및 절차
FOCUS ON PROBLEM SOLVING

1차 과도 회로 해석

1. $t = 0^-$에서 과도 현상 발생 직전의 상태 변수를 구한다. 즉, $v_C(0^-)$ 및 $i_L(0^-)$을 구한다.
2. 과도 현상 발생 직후의 상태 변수 값을 직전의 상태 변수 값과 동일하게 설정한다. 즉, 과도 응답에 대한 초기 조건처럼, $v_C(0^+) = v_C(0^-)$ 또는 $i_L(0^+) = i_L(0^-)$으로 설정한다.

   참고: 오직 상태 변수만이 과도 현상 발생 전후에 연속적이라고 보장된다. 임의의 변수 $x(t)$에 대한 초기 조건은 상태 변수의 초기 조건으로부터 구해야 한다.
3. $t > 0$에 대해 저장 소자를 부하로 취급하고, 남은 소스 회로망을 단순화한다.
   - 그림 4.16과 같이, 커패시터에 대해서는 소스 회로망을 테브닌 등가(V_T와 R_T)로 대체한다.
   - 그림 4.17과 같이, 인덕터에 대해서는 소스 회로망을 노턴 등가(I_N과 R_N)로 대체한다.
4. $t > 0$에 대해, 상태 변수의 지배 미분 방정식을 구한다.
   - 부하가 커패시터일 때, KVL과 KCL을 적용하면

     $$\tau \frac{dv_C}{dt} + v_C = V_T \qquad \text{where} \qquad \tau = R_T C$$
   - 부하가 인덕터일 때, KCL과 KVL을 적용하면

     $$\tau \frac{di_L}{dt} + i_L = I_N \qquad \text{where} \qquad \tau = \frac{L}{R_N}$$
5. $t > 0$에 대해, 지배 미분 방정식을 풀고 초기 조건을 대입하면 완전 해를 구할 수 있다.
   - 부하가 커패시터일 때, 상태 변수의 완전 해는 다음과 같다.

     $$v_C(t) = \left[v_C(0^+) - V_T\right] e^{-t/\tau} + V_T \qquad \text{where} \qquad \tau = R_T C$$

     임의의 변수 $x(t)$에 대한 완전 해는 다음과 같다.

     $$x(t) = \left[x(0^+) - x(\infty)\right] e^{-t/\tau} + x(\infty)$$
   - 부하가 인덕터일 때, 상태 변수의 완전 해는 다음과 같다.

     $$i_L(t) = \left[i_L(0^+) - I_N\right] e^{-t/\tau} + I_N \qquad \text{where} \qquad \tau = L/R_N$$

     임의의 변수 $x(t)$에 대한 완전 해는 다음과 같다.

     $$x(t) = \left[x(0^+) - x(\infty)\right] e^{-t/\tau} + x(\infty)$$

참고: 임의의 변수 $x(t)$에 대한 지배 미분 방정식의 좌변은 상태 변수에 대한 미분 방정식의 좌변과 동일하다. 임의의 변수 $x(t)$에 대한 지배 미분 방정식의 우변은 $x(t)$에 대한 장기 직류 정상상태 값이다. 시상수는 회로망의 모든 변수에 대해서 동일하다는 점이 중요하다. 즉, 시상수는 회로망의 특성이다.

카메라 플래시 충전—커패시터 에너지와 시상수

예제 4.7

문제

커패시터는 카메라 플래시에 에너지를 저장하기 위해 사용된다. 그림 4.19와 같이 카메라는 6 V 배터리에서 동작한다. 에너지 저장이 최대의 90%에 도달하기 위해 필요한 시간을 결정하고, 이를 초 단위와 시상수의 곱으로 계산하라.

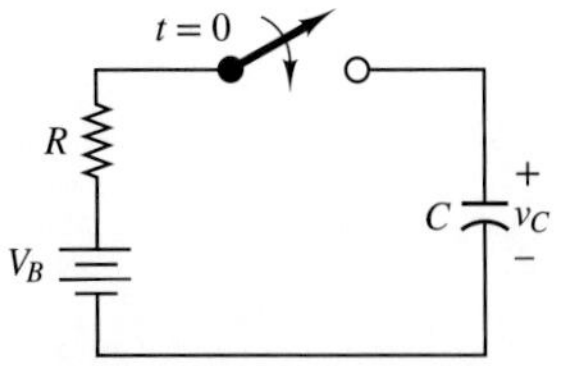

그림 4.19 카메라 플래시 충전 회로의 등가 회로

풀이

기지: V_B; R; C

미지: 총 에너지 저장의 90%에 도달하는 데 필요한 시간

주어진 데이터 및 그림: 그림 4.19; $V_B = 6$ V, $C = 1{,}000\ \mu$F, $R = 1$ kΩ

가정: 커패시터는 $t = 0$ 이전에 완전히 방전되어 있다.

해석: 장기 정상상태($t \to \infty$)에서 커패시터에 걸리는 전압은 V_B와 같으며, 커패시터에 저장될 수 있는 최대 에너지는 다음과 같다.

$$E_{\text{total}} = \tfrac{1}{2}Cv_C^2 = \tfrac{1}{2}CV_B^2 = 18 \times 10^{-3}\ \text{J}$$

따라서 최대 에너지의 90%는 다음과 같다.

$$E_{90\%} = 0.9 \times 18 \times 10^{-3} = 16.2 \times 10^{-3}\ \text{J}.$$

이에 해당하는 커패시터 전압은 다음과 같이 계산된다.

$$\tfrac{1}{2}Cv_C^2 = 16.2 \times 10^{-3}$$

$$v_C = \sqrt{\frac{2 \times 16.2 \times 10^{-3}}{C}} = 5.692\ \text{V}$$

$t > 0$에서 커패시터가 보는 테브닌 등가 저항은 단순히 R이며, 그러므로 이 회로의 시상수는 $t = R_T C = 10^3 \times 10^{-3} = 1$ s이다. 테브닌(개방) 전압은 $V_T = V_B = 6$ V이며, 커패시터 전압의 초기 조건은 $v_C(0^+) = 0$ V이다. "1차 과도 회로 해석"에 대한 방법 및 절차를 참조하여 v_C에 대한 완전 해는 다음과 같다.

$$v_C = 6(1 - e^{-t/\tau}) = 6(1 - e^{-t})$$

에너지의 90%에 도달하는 데 필요한 시간은, $v_C = 5.692$ V에 대해서 시간 t에 해를 구함으로써 계산할 수 있다.

$$5.692 = 6(1 - e^{-t})$$
$$0.949 = 1 - e^{-t}$$
$$0.051 = e^{-t}$$
$$t = -\ln 0.051 = 2.97\ \text{s}$$

이 시간은 대략 3τ이다.

참조: 커패시터가 약 3τ 시간 동안에 총 에너지의 90%로 충전된다는 사실은 이 예제에만 국한된 것은 아니다. 모든 1차 시스템이 동일한 함수 형태를 가지고 있으므로, 동일한 결과를 갖는다. 동일한 3τ 시간 동안에 전압 변화의 몇 퍼센트가 발생하였을까? 전압이 최종값의 99%에 도달하는 데 걸리는 시간을 시정수 단위로 구하라(그림 4.18 참고). 답: 95%와 4.6τ

예제 4.8

1차 과도 회로 단순화

문제

그림 4.20의 1차 회로에 대한 해를 기호로 구하라.

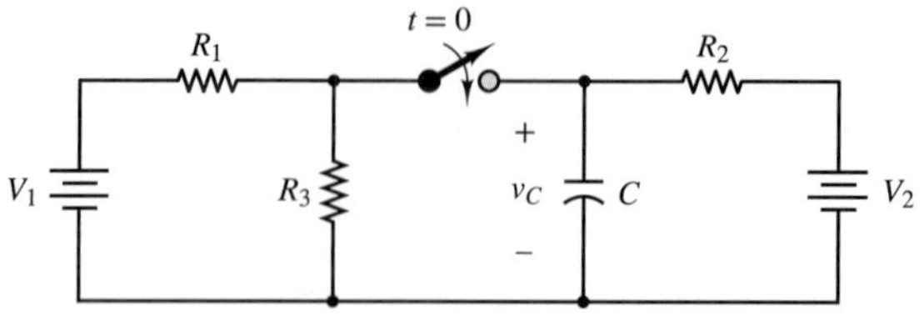

그림 4.20

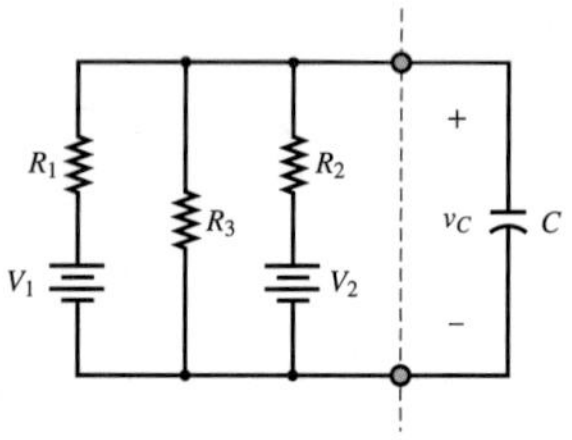

그림 4.21 $t > 0$에 대한 그림 4.20의 회로

풀이

기지: V_1; V_2; R_1; R_2; R_3; C

미지: 모든 시간 t에 대해 시간의 함수로 나타낸 상태 변수 $v_C(t)$

주어진 데이터 및 그림: 그림 4.20

가정: 스위치가 닫히기 전에 매우 오랫동안 열려있었다고 가정하면, $t = 0$에서 과도 현상 발생이 일어나기 전에는 회로가 직류 정상상태에 있었다.

해석:

단계 1: $t < 0$에 대해 v_C를 구하라. $t < 0$에 대해, 스위치는 개방되어 있으며, 회로는 직류 정상 상태에 있으며, 커패시터는 개방 회로처럼 동작한다. 그러므로 R_2에 흐르는 전류는 없고, 전압 강하는 0이다. 결과적으로 KVL에 의해 알 수 있듯이, 커패시터에 걸리는 전압은 V_2이다.

$$v_C(t) = V_2 \qquad t < 0$$

비록 상태 변수가 궁극적으로 관심 있는 변수가 아니라고 하더라도, 과도 현상 발생 이전의 상태 변수 값을 구하는 것이 항상 필요하다.

단계 2: v_C에서의 초기 조건을 구하라. 커패시터에 걸리는 전압은 항상 연속이므로, $t = 0$에서 v_C에 대한 초기 조건은 V_2이다.

$$v_C(0^+) = v_C(0^-) = V_2 \qquad \text{커패시터 전압의 연속성}$$

단계 3: $t > 0$에 대해 회로를 단순화하라. 스위치가 닫힌 후의 결과적인 회로는, 그림 4.21에 보듯이 2개의 테브닌 소스 (V_1, R_1) 및 (V_2, R_2)의 존재를 강조하기 위해 재도시되었다. 커패시터를 부하로 선택하고, 나머지 회로망을 테브닌 등가 회로망으로 단순화시킨다.

그림 4.22와 같이, 그림 4.21의 각 테브닌 소스는 그에 상응하는 노턴 소스로 변환할 수 있다. 그 결과는 저항 및 독립 직류원이 모두 병렬로 연결된 회로이다. 두 전류원은 단일 등가 전류원으로 결합되고, 저항은 단일 등가 저항 R_T로 대체된다. 결과로 얻어지는 노턴 소스는 테브닌 소스로 변환된다. 최종 결과는 그림 4.23에서 볼 수 있다.

$$R_T = R_1 \| R_2 \| R_3$$

$$V_T = \left(\frac{V_1}{R_1} + \frac{V_2}{R_2}\right) R_T$$

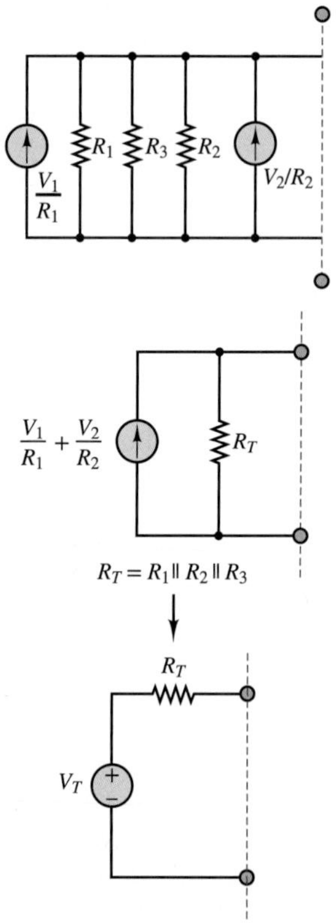

그림 4.22 그림 4.23의 테브닌 등가를 이용한 소스 망의 단순화

단계 4: 미분 방정식을 구하라. 그림 4.23에서 루프 주위에 KVL을 적용하여 $t > 0$에 대한 미분 방정식을 얻는다.

$$V_T - iR_T - v_C = V_T - R_T C\frac{dv_C}{dt} - v_C = 0 \qquad t > 0$$

$$R_T C\frac{dv_C}{dt} + v_C = V_T \qquad t > 0$$

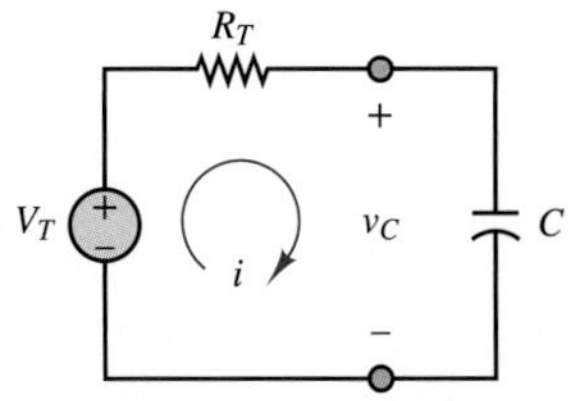

그림 4.23 $t > 0$에 대한 테브닌 회로를 사용하여 단순화된 그림 4.21의 회로

단계 5: 과도 해를 구하라. 과도 해는 미분 방정식의 우변을 0으로 설정하고, v_C를 풀어서 구해진다.

$$(v_C)_{\text{tr}} = \alpha\, e^{-t/\tau}$$

1차 미분 방정식에 대한 시상수 $t = R_T C$이다. 미지의 상수 α는 완전 해에 초기 조건을 적용하여 구해진다는 점에 유의하라.

단계 6: 장기 정상상태 해를 구하라. v_C에 대한 장기 직류 정상상태 해는 스위치가 매우 오랜 시간 동안 닫힌 후에 구할 수 있다(실질적으로는 $t \geq 5\tau$). 커패시터는 개방 회로처럼 동작하여 $(v_C)_{\text{ss}} \equiv v_C(\infty) = V_T$이다.

단계 7: 완전 해. 완전 해는 과도 해 및 장기 정상상태 해의 합이다.

$$v_C(t) = (v_C)_{\text{tr}} + (v_C)_{\text{ss}} = \alpha\, e^{-t/\tau} + V_T$$

미지의 상수 α는 초기 조건 $v_C(0^+) = V_2$을 적용하여 구해진다. 그 결과는 다음과 같다.

$$V_2 = v_C(0^+) = \alpha + V_T \qquad \text{or} \qquad \alpha = V_2 - V_T$$

마지막으로, 완전 해는 다음과 같다.

$$v_C(t) = (V_2 - V_T)e^{-t/R_T C} + V_T$$

직류 모터 기동 시의 과도 현상

예제 4.9

문제

그림 4.24와 같이 직류 모터는 등가의 1차 직렬 RL 회로로 근사적으로 모델링할 수 있다. i_L에 대한 완전 해를 구하라.

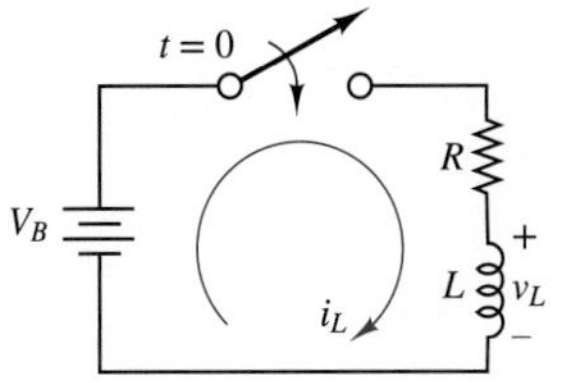

그림 4.24 예제 4.9의 회로

풀이

기지: 배터리 전압 V_B; 저항 R; 및 인덕터 L

미지: 상태 변수 $i_L(t)$

주어진 데이터 및 그림: $R = 4\ \Omega$; $L = 0.1\ H$; $V_B = 50$ V. 그림 4.24

가정: 없음

해석:

단계 1: $t < 0$에 대해 v_C를 구하라. 스위치의 닫히기 전에 인덕터에 흐르는 전류는 0이 되어야 한다. 따라서

$$i_L(t) = 0\text{ A} \qquad t < 0$$

단계 2: i_L에 대한 초기 조건을 구하라. 인덕터에 흐르는 전류는 항상 연속적이므로, $t = 0$에서 i_L에 대한 초기 조건은 0이다.

$$i_L(0^+) = i_L(0^-) = 0 \qquad \text{인덕터 전류의 연속성}$$

단계 3: $t > 0$에 대해 회로를 단순화하라. $t > 0$의 경우, 인덕터에 연결된 회로망은 이미 테브닌 소스의 형태로 있으므로, 더 이상 단순화가 가능하지 않다.

단계 4: 미분 방정식을 구하라. 그림 4.24의 루프 주위에 KVL을 적용하여, $t > 0$에 대한 미분 방정식을 구한다.

$$V_B - i_L R - v_L = 0 \qquad t > 0$$

$$V_B - i_L R - L\frac{di_L}{dt} = 0$$

방정식의 양변을 R로 나누면

$$\frac{L}{R}\frac{di_L(t)}{dt} + i_L(t) = \frac{1}{R}V_B \qquad t > 0$$

시상수 τ는 1차 도함수 항의 계수이다.

$$\tau = \frac{L}{R} = 0.025 \text{ s}$$

단계 5: 과도 해를 구하라. 미분 방정식의 우변을 0으로 설정하고 i_L에 대한 해를 구하면, 과도 해를 구할 수 있다. 해의 형태는 항상 다음과 같다.

$$(i_L)_{\text{tr}} = \alpha\, e^{-t/\tau} = \alpha\, e^{-t/0.025} = \alpha\, e^{-40t}$$

미지의 상수 α는 완전 해에 초기 조건을 적용하여 구해진다는 점을 유의하라.

단계 6: 장기 정상상태 해를 구하라. i_L에 대한 장기 직류 정상상태 해는 스위치가 매우 오랫동안 닫힌 후에 구할 수 있다(실질적으로는 $t \geq 5\tau$). 이 상태에서 인덕터는 단락 회로처럼 동작하여 $(i_L)_{\text{ss}} \equiv i_L(\infty) = V_B/R = 12.5$ A이다.

단계 7: 완전 해. 완전 해는 과도 해와 장기 정상상태 해의 합이다.

$$i_L(t) = (i_L)_{\text{tr}} + (i_L)_{\text{ss}} = \alpha\, e^{-40t} + 12.5 \text{ A}$$

미지의 상수 α는 초기 조건 $i_L(0^+) = 0$을 적용하여 구해진다. 그 결과는 다음과 같다.

$$0 = i_L(0^+) = \alpha + 12.5 \text{ A} \qquad \text{or} \qquad \alpha = 0 - 12.5 \text{ A} = -12.5 \text{ A}$$

마지막으로, 완전 해는 다음과 같다.

$$i_L(t) = -12.5e^{-t/0.47} + 12.5 \text{ A}$$

완전 해는 또한 자연 응답 및 강제 응답의 항으로 나타낼 수 있다.

$$i_L(t) = i_{LN}(t) + i_{LF}(t) = 0 + 12.5\left(1 - e^{-40t}\right)$$

그림 4.25는 (a) 완전 응답과 과도 및 정상상태 응답, (b) 완전 응답과 자연 및 강제 응답을 보여준다.

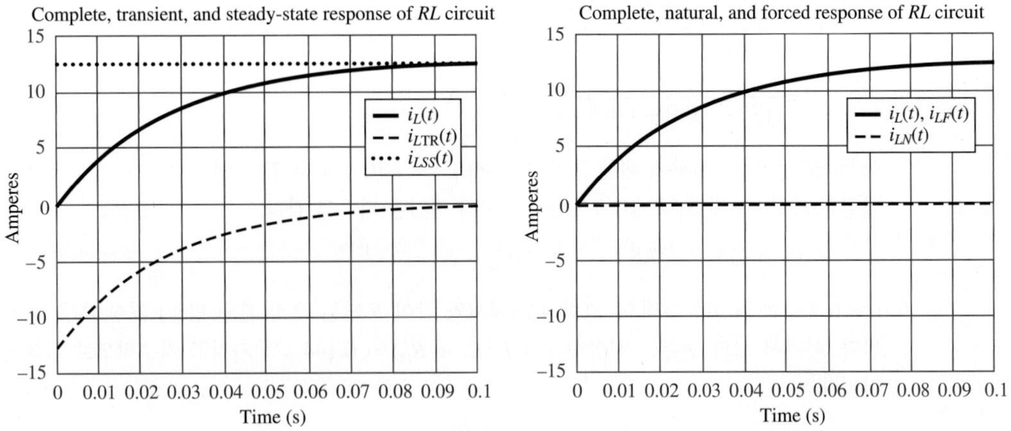

(a) (b)

그림 4.25 전기 모터의 완전 응답 $i_L(t)$. (a) 정상상태 응답 $i_{LSS}(t)$ 더하기 과도 응답 $i_{LT}(t)$, (b) 강제 응답 $i_{LF}(t)$ 더하기 자연 응답 $i_{LN}(t)$

참조: 스위치가 열리면, 인덕터 전류는 di_L/dt의 결과로 갑자기 변하게 되고, 따라서 $v_L(t)$이 매우 커지게 되어 인덕터 전류는 갑자기 변하게 된다. 이러한 유도성 킥(inductive kick)의 결과로 발생하는 커다란 과도 전압이 회로 소자에 악영향을 끼칠 수 있다. 이 문제를 해결하기 위해 소위 프리휠링 다이오드(freewheeling diode)를 사용한다.

직류 모터의 턴오프 시의 과도 현상

예제 4.10

문제

그림 4.26과 같은 단순화된 전기 모터 회로 모델에서 전체 시간에 대한 모터 전압을 구하라. 모터는 회색 상자 안에 직렬 *RL* 회로에 의해 표현된다. R_S는 션트 저항(shunt resistor)으로 알려져 있다.

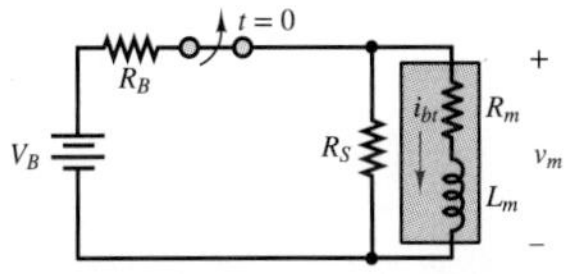

그림 4.26

풀이

기지: V_B; R_B; R_S; R_m; L

미지: 시간 함수로서 나타낸 모터에 걸리는 전압

주어진 데이터 및 그림: $R_B = 2\ \Omega$, $R_S = 20\ \Omega$, $R_m = 0.8\ \Omega$, $L = 3.0$ H, $V_B = 100.0$ V

가정: 스위치는 $t = 0$ 이전에 오랫동안 닫혀있었다.

해석: 스위치는 $t < 0$에서 닫혀있었고, 그림 4.26의 회로에서 인덕터는 단락 회로처럼 동작한다. 모터에 흐르는 전류는 그림 4.27의 수정된 회로에서 전류 분배에 의해 계산될 수 있다. 여기서 인덕터는 단락 회로로 대체되고, 좌측의 테브닌 회로는 노턴 등가 회로로 대체된다.

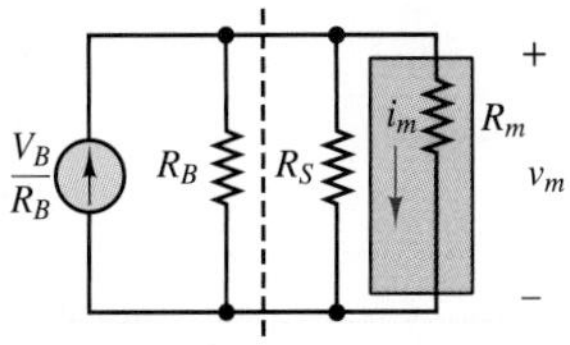

그림 4.27

$$i_m = \frac{1/R_m}{1/R_B + 1/R_s + 1/R_m}\frac{V_B}{R_B}$$

$$= \frac{1/0.8}{1/2 + 1/20 + 1/0.8}\frac{100}{2} \approx 34.7\ \text{A}$$

이 전류는 인덕터 전류에 대한 초기 조건 $i_m(0^+) = i_m(0^-) = 34.72$ A이다. 모터의 인덕턴스는 실질적으로는 단락 회로이고, $t < 0$에서 모터 전압은 다음과 같다.

$$v_m(t) = i_m R_m = 27.8\ \text{V} \qquad t < 0$$

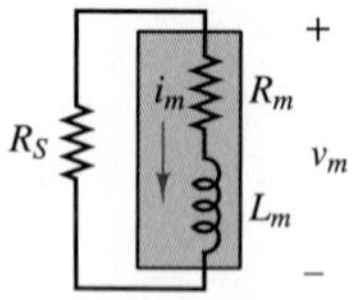

그림 4.28

$t > 0$에서 스위치는 열리고, 그림 4.28에서와 같이 모터는 오직 분권(병렬) 저항 R_S을 보게 된다. 여기서 모터 전류는 시상수 $\tau = L/(R_S + R_m) = 0.144$ s를 가지고 지수적으로 감쇄할 것이다.

$$i_L(t) = i_m(t) = i_m(0^+)e^{-t/\tau} = 34.7\,e^{-t/0.144}\ \text{A} \qquad t > 0$$

그러므로 모터 전압은 모터 저항과 인덕턴스 양단에서의 전압 강하를 더함으로써 계산된다.

$$v_m(t) = R_m i_m(t) + L\frac{d\,i_m(t)}{dt}$$

$$= 0.8 \times 34.7\,e^{-t/0.144} + 3\left(-\frac{34.7}{0.144}\right)e^{-t/0.144} \qquad t > 0$$

$$\approx -694\,e^{-t/0.144}\ \text{V} \qquad t > 0$$

그림 4.29는 모터 전압을 나타낸다.

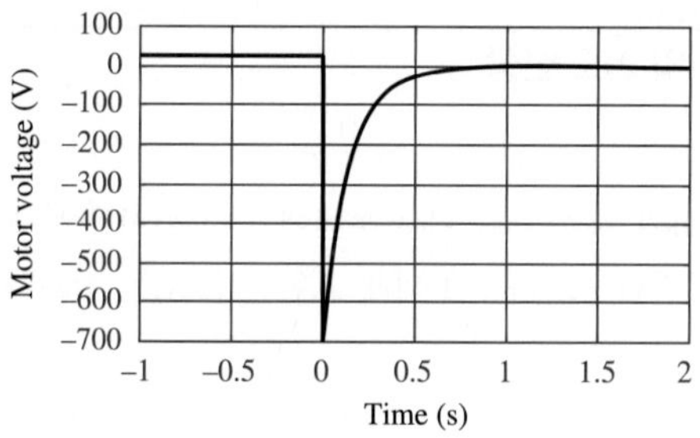

그림 4.29 모터 전압의 과도 응답

참조: 모터 전압이 어떻게 $t < 0$에서 27.8 V의 직류 정상상태 값으로부터 큰 음수 값으로 급속하게 변하는지에 주목하라. 유도성 킥은 *RL* 회로에서 전형적이다. 비록 인덕터 전류는 순간적으로 변할 수 없지만, 인덕터 전압은 i_L의 도함수에 비례해서 순간적으로 변할 수 있고, 또한 변한다. 이 예제는 전기 모터의 단순화된 표현에 기초를 두고 있지만, 전기 모터의 특별한 기동과 정지 회로에 대한 필요성을 효과적으로 예시한다.

예제 4.11

울트라커패시터의 과도 응답

문제

산업 현장의 무정전 공급 장치(uninterruptible power supply, UPS)는 예기치 못한 정전 기간 동안 지속적으로 전력을 공급하기 위한 장치이다. 울트라커패시터는 많은 양의 에너지를 저장할 수 있고, 일시적 정전 중에 에너지를 방전하여 정교하거나 중대한 전기 · 전자 시스템을 보호한다. UPS가 5초 동안 일시적인 정전을 보상하도록 설계되었다고 가정하자. 이러한 UPS에 의해 지지되는 시스템은 50 V의 공칭 전압에서 동작하며, 최대 공칭 전압이 60 V이지만, 공급 전력이 25 V 정도까지 낮아진 공급 전력에도 기능할 수 있다. 이에 적합한 UPS를 설계하라.

풀이

기지: 최대 전압, 공칭 전압 및 최소 전압; 전력 정격과 시간 요구조건; 울트라커패시터 데이터(예제 3.1 참조)

미지: 사양을 만족시키기 위해 필요한 직렬과 병렬 울트라커패시터의 개수

주어진 데이터 및 그림: 그림 4.30. 한 셀의 용량, $C_{\text{cell}} = 100$ F, 한 셀의 저항, $R_{\text{cell}} = 15$ mΩ, 공칭 셀 전압 $V_{\text{cell}} = 2.5$ V(예제 3.1 참조).

가정: 부하는 0.5 Ω 저항으로 모델링될 수 있다.

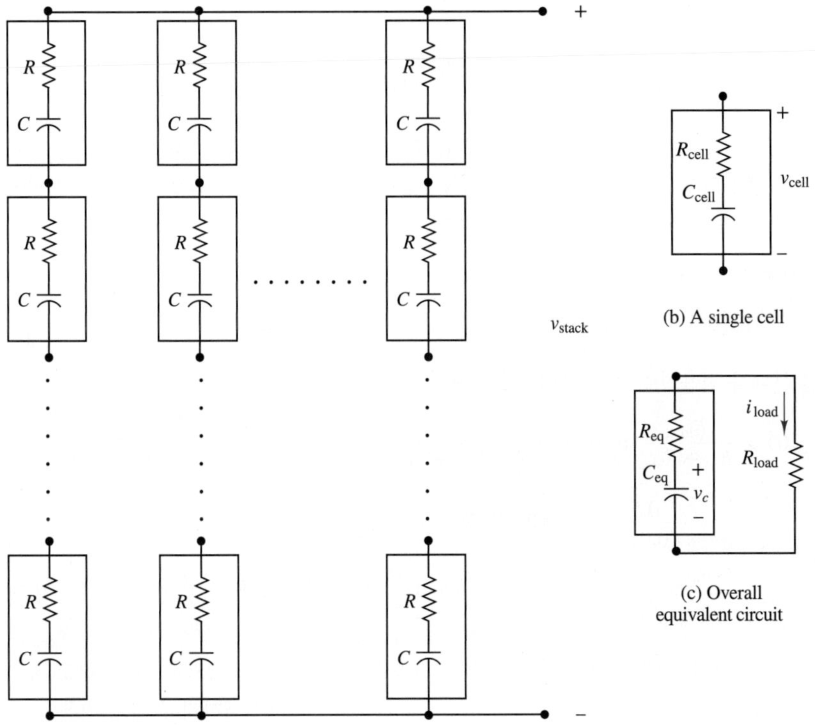

(b) A single cell

(c) Overall equivalent circuit

(a) An ultracapacitor model

그림 4.30

해석: 사양을 만족시키기 위해 요구되는 "스택(stack)"의 총 커패시턴스는, 그림 4.30(a)에 예시된 바와 같이, 직렬과 병렬로 연결된 커패시터를 조합하여 구해진다. 그림 4.30(b)는 단일 셀의 전기 회로 모델을 보여준다.

전원에서 허용 전압 강하가 $\Delta V = 25$ V인데, 이는 부하가 25 V만큼 낮은 전압에서 동작할 수 있고, 명목상 50 V에서 동작하기 때문이다.

전압이 강하되는(그러나 25 V의 허용 최소치 아래로는 강하되지 않음) 시간 간격은 5 s이다.

울트라커패시터는 직렬로 연결된 m 셀의 n개 병렬 스택으로 구성된다. 그러므로 울트라커패시터의 등가 저항은 다음과 같다.

$$R_{eq} = mR_{cell} \| mR_{cell} \| \ldots \| mR_{cell} \qquad n \text{ times}$$

$$= \frac{m}{n} R_{cell}$$

직렬 연결된 m개의 동일한 커패시터 C는 C/m과 동일한 등가 커패시턴스를 생성하고, 병렬 연결된 n개의 이러한 커패시턴스는 nC/m과 동일한 전체 등가 커패시턴스를 생성한다. 따라서

$$C_{eq} = \frac{n}{m} C_{cell}$$

직렬 커패시터의 총 개수는 최대 요구 전압으로부터 계산된다.

$$m = \frac{V_{max}}{V_{cell}} = \frac{60}{2.5} = 24 \text{ series cells}$$

$i_C = -i_{load}$를 정의하고, 그림 4.30(c)의 전체 등가 회로에 KCL을 적용하여 υ_C에 대해 다음과 같은 식을 얻을 수 있다.

$$i_C(R_{eq} + R_{load}) + \upsilon_C = (R_{eq} + R_{load})\, C_{eq} \frac{d\upsilon_C}{dt} + \upsilon_C = 0$$

시상수 $\tau = (R_{eq} + R_{load})C_{eq}$임을 주목하라. 또한, 울스타커페시터가 $t = 0$에서의 정전 이전에 완전히 충전되어 $\upsilon_C(0^+) = \upsilon_C(0^-) = 60$ V임을 가정한다. $t > 0$의 회로에는 독립 전원이 없으므로, 장기 직류 정상상태는 $\upsilon_C(\infty) = 0$이다. 따라서 완전 해는

$$\upsilon_C(t) = \left[\upsilon_C(0^+) - \upsilon_C(\infty)\right] e^{-t/\tau} + \upsilon_C(\infty) \qquad t \geq 0$$

$$= \upsilon_C(0^+) e^{-t/\tau} = 60 e^{-t/\tau} \text{ V}$$

전압 분배를 적용하여 부하 전압을 구하면

$$\upsilon_{load}(t) = \frac{R_{load}}{R_{eq} + R_{load}} \upsilon_c(t) = \frac{R_{load}}{(m/n)R_{cell} + R_{load}} \upsilon_c(t)$$

$$= \frac{0.5}{(m/n)(0.015) + 0.5} 60 e^{-t/\tau} \text{ V}$$

이 관계는 $t = 5$ s에서 부하 전압이 25 V(최소 허용 부하 전압) 이상 되도록 하는 병렬 스트링의 대략적인 개수 n을 계산하는 데 사용될 수 있다. 알고 있는 값인 $m = 24$, $R_{load} = 0.5\ \Omega$, $C_{cell} = 100$ F, $R_{cell} = 15$ mΩ, $t = 5$ s, 그리고 $\upsilon_{load}(t = 5) = 25$ V를 대입하고, n을 구함으로써 해석적으로 해를 얻을 수 있다. 그림 4.31은 $n = 1$에서 5까지에 대한 전체 등가 회로의 과도 응답을 도시한 것이다. $n = 3$에 대하여 최소 5초에 대하여 $\upsilon_{load} = 25$ V라는 요구 조건이 만족된다.

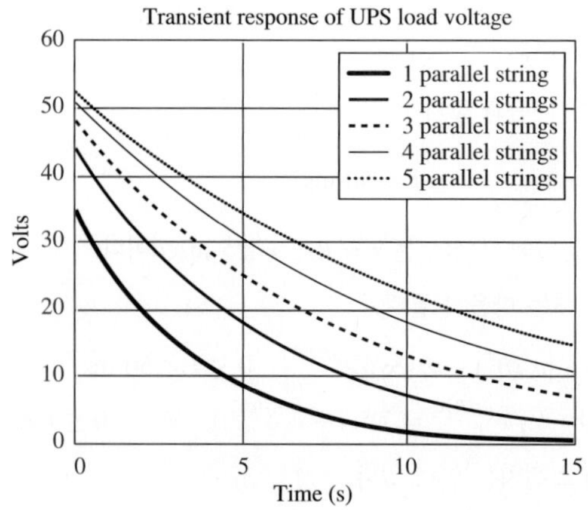

그림 4.31 울트라커패시터 회로의 과도 응답

펄스 소스에 의한 1차 응답

예제 4.12

문제

그림 4.32의 회로는 배터리에 연결하고 끊는 데 사용되는 스위치가 포함되어 있다. 스위치가 오랫동안 열려 있었다. 스위치는 $t = 0$에서 닫혔다가, $t = 50$ ms에서 다시 열린다. 커패시터 전압 $v_C(t)$을 시간의 함수로 구하라.

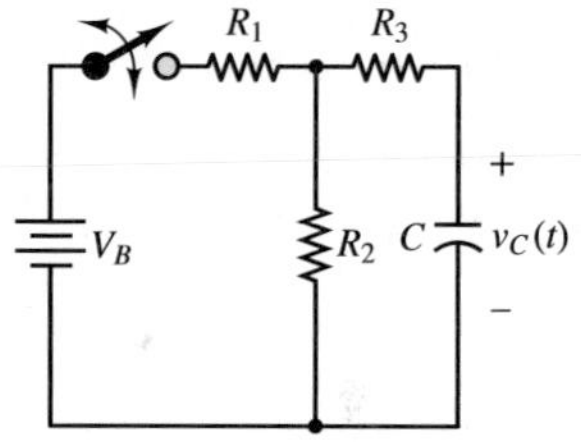

그림 4.32

풀이

기지: V_B; R_1; R_2; R_3; C

미지: 모든 시간 t에 대해서 시간의 함수로 나타낸 상태 변수 $v_C(t)$

주어진 데이터 및 그림: $V_B = 15$ V, $R_1 = R_2 = 1{,}000\ \Omega$, $R_3 = 500\ \Omega$, 그리고 $C = 25\ \mu$F. 그림 4.32

가정: 스위치는 $t < 0$에서 매우 오랫동안 열려 있었다.

해석:

Part 1 $(0 \le t < 50$ ms) 스위치는 닫혀 있다.

단계 1: 직류 정상상태 응답. $t < 0$에 대해 커패시터는 저항 R_3와 R_2을 통해서 완전히 방전되어

$$v_C(0^-) = 0\ \text{V}$$

라고 가정한다. 스위치가 닫혀 있을 때의 커패시터 전압 $v_C(t)$를 계산하기 위해, 스위치가 무기한으로 닫힌다고 가정하고 장기 직류 정상상태 값 $v_C(\infty)$을 구할 필요가 있다. 커패시터가 직류 개방 회로로 동작하므로, 전압 분배를 적용하면 다음과 같다.

$$v_C(\infty) = V_B \frac{R_2}{R_1 + R_2} = 7.5\ \text{V}$$

단계 2: 초기 조건. 이 구간에서 $v_C(t)$에 대한 초기 조건은 다음과 같다.

$$v_C(0^+) = v_C(0^-) = 0\ \text{V}$$

단계 3: 미분 방정식. 커패시터가 보는 테브닌 등가 저항은 $R_T = R_3 + (R_1 \| R_2) = 1\ \text{k}\Omega$이다. 커패시터가 보는 테브닌 개방 전압은 $V_T = v_C(\infty) = 7.5$ V이다. 그러므로 이 구간에서 $v_C(t)$에 대한 미분 방정식은 다음과 같다.

$$R_T C \frac{dv_C}{dt} + v_C = V_T \qquad 0 \le t < 50 \text{ ms}$$

단계 4: 시상수. 정의에 의해, 시상수는 $\tau = R_T C = 25$ msec이다.

단계 5: 완전 해. 완전 해는 다음과 같다.

$$\begin{aligned} v_C(t) &= v_C(\infty) + [v_C(0^+) - v_C(\infty)]\, e^{-t/\tau} \qquad 0 \le t < 50 \text{ ms} \\ &= V_T + (0 - V_T)e^{-t/R_T C} = 7.5(1 - e^{-t/0.025}) \quad \text{V} \qquad 0 \le t < 50 \text{ ms} \end{aligned}$$

Part 2 ($t \ge 50$ ms) 스위치는 열려 있다.

$t = 50$ ms에서 스위치는 다시 열리고, 커패시터는 저항 R_3와 R_2의 직렬 조합을 통하여 방전된다. 독립 전압원은 커패시터 회로로부터 차단되어, $R_T = R_2 + R_3$, $V_T = 0$이 되고, 장기 직류 정상상태는 $v_C(\infty) = 0$이 된다. 이 구간에 대한 과도 해는 $t = 50$ ms에서 시작되며, 완전 해는 $t_1 = 50$ ms에서 $v_C(t - t_1) = \alpha e^{-(t-t_1)/\tau}$ 형태로 나타나게 된다.

1. 커패시터에 걸리는 전압 v_C(상태 변수)는 스위치가 열리는 $t = 50$ ms에서 연속적이다.
2. 상수 α는 $t = 50$ ms에서 v_C의 초기 조건이다.
3. $t \ge 50$ ms에 대한 시상수는 $t = (R_2 + R_3)C = 37.5$ ms이다.

$0 \le t \le 50$ ms에 대한 해를 사용하여, v_C ($t = t_1 = 50$ ms)를 계산하고, α를 구한다.

$$\alpha = 7.5(1 - e^{-0.05/0.025}) = 6.485 \text{ V}$$

따라서 $t \ge 50$ ms에 대한 커패시터 전압은

$$v_C(t) = 6.485\, e^{-(t-0.05)/0.0375} \text{ V}$$

이 전체적인 응답은 다음 그림과 같다.

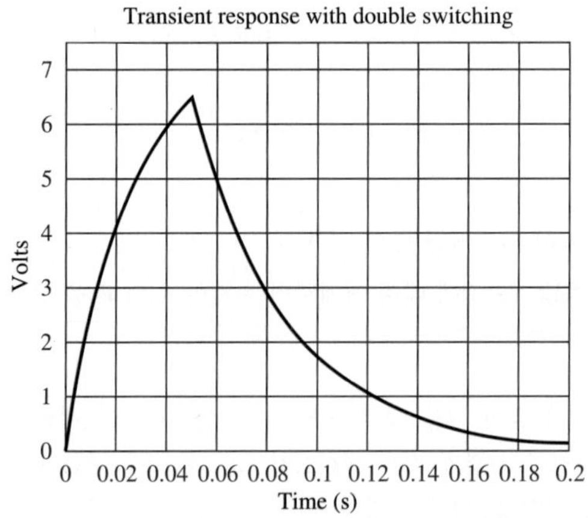

참조: 응답의 두 부분은 서로 다른 시상수에 기초를 두고 있으며, 응답의 상승 부분이 하강 부분보다 빠르게(즉, 작은 시상수) 변한다는 점에 주목한다. 또한, 스위치가 $t = 50$ ms에서 열린다는 사실을 고려하여, part 2의 과도 해는 시간 이동(time shift) $(t - 0.05)$의 항으로 표현되었다는 점에 유의하라.

1차 자연 및 강제 응답

예제 4.13

문제

그림 4.33의 회로에서 커패시터 전압에 대한 식을 구하라.

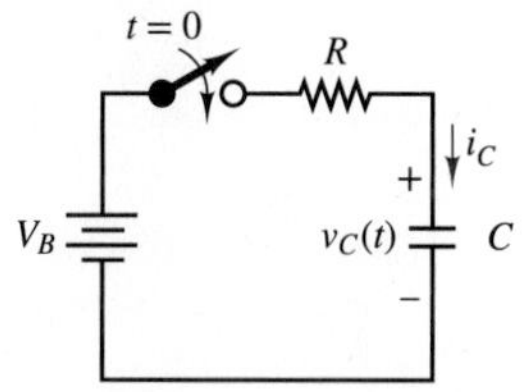

그림 4.33

풀이

기지: $v_C(t = 0^-)$; V_B; R; C

미지: 모든 시간 t에 대해 시간의 함수로 나타낸 상태 변수 $v_C(t)$

주어진 데이터 및 그림: $v_C(t = 0^-) = 5$ V; $R = 1$ kΩ; $C = 470$ μF; $V_B = 12$ V. 그림 4.33

가정: 없음

해석:

단계 1: $t < 0$에 대해 v_C를 구하라. $t < 0$에 대해, 커패시터는 닫힌 루프의 일부가 아니다. 따라서 $t < 0$에 대해 커패시터를 흐르는 전류는 0이 되어야 한다. 다시 말해서, 스위치가 닫히기 전에 커패시터의 전하(따라서 에너지)는 일정하다. 이 예제에서 커패시터는 초기 전하 $q = Cv_C(0^-) = C(5\text{ V})$를 가진다고 가정한다.

$$v_C(t) = 5\text{ V} \qquad t < 0 \qquad \text{and} \qquad v_C(0^-) = 5\text{ V}$$

단계 2: v_C에 대한 초기 조건을 구하라. 커패시터에 걸리는 전압은 항상 연속적이므로, 초기 조건은 다음과 같다.

$$v_C(0^+) = v_C(0^-) = 5\text{ V} \qquad \text{커패시터 전압의 연속성}$$

단계 3: $t > 0$에 대해 회로를 단순화하라. $t > 0$에 대해서, 커패시터에 연결된 회로망은 이미 테브닌 소스의 형태로 있으므로, 더 이상 단순화가 가능하지 않다.

단계 4: 미분 방정식을 구하라. 그림 4.33의 루프 주위에 KVL을 적용하여 $t > 0$에 대한 미분 방정식을 수립한다.

$$12\text{ V} - Ri_C - v_C = 12\text{ V} - RC\frac{dv_C}{dt} - v_C = 0 \qquad t > 0$$

$$RC\frac{dv_C}{dt} + v_C = 12\text{ V} \qquad t > 0$$

시상수 t는 1차 도함수 항의 계수이다.

$$\tau = RC = 0.47\text{ s}$$

단계 5: 과도 해를 구하라. 미분 방정식의 우변을 0으로 설정하고 v_C에 대한 해를 구함으로써, 과도 해를 구할 수 있다. 해의 형태는 항상 다음과 같다.

$$(v_C)_{\text{tr}} = \alpha e^{-t/\tau} = \alpha e^{-t/0.47}$$

미지의 상수 α는 완전 해(과도 해가 아닌)에 초기 조건을 적용하여 구한다는 점에 유의한다.

단계 6: 장기 정상상태 해를 구하라. v_C의 장기 직류 정상상태 해는 스위치가 매우 오랫동안 닫힌 후에 구할 수 있다(실질적으로는 $t \geq 5\tau$). 이 상태에서 커패시터는 개방 회로처럼 동작하여 $(v_C)_{\text{SS}} \equiv v_C(\infty) = 12$ V이 된다.

단계 7: 완전 해. 완전 해는 과도 해 및 장기 정상상태 해의 합이다.

$$v_C(t) = (v_C)_{\text{tr}} + (v_C)_{\text{ss}} = \alpha\, e^{-t/0.47} + 12\text{ V}$$

미지의 상수 α는 초기 조건 $v_C(0^+) = 5$ V을 적용하여 구해진다. 그 결과는 다음과 같다.

$$5\text{ V} = v_C(0^+) = \alpha + 12\text{ V} \qquad \text{or} \qquad \alpha = 5\text{ V} - 12\text{ V} = -7\text{ V}$$

마지막으로, 완전 해는 다음과 같다.

$$v_C(t) = -7e^{-t/0.47} + 12$$

완전 해는 또한 자연 및 강제 응답의 항으로 나타낼 수도 있다.

$$v_C(t) = v_{C\,N}(t) + v_{C\,F}(t) = 5e^{-t/0.47} + 12\left(1 - e^{-t/0.47}\right)$$

그림 4.34는 (a) 완전 응답과 과도 및 정상상태 응답, (b) 완전 응답과 자연 및 강제 응답을 보여준다.

참조: 그림 4.34(a)에서 장기 정상상태 응답 $(v_C)_{SS}$는 배터리 전압과 동일한 반면에, 과도 응답 $(v_C)_{tr}$은 −7 V에서 0 V까지 지수적으로 증가한다. 한편, 그림 4.34(b)에서, 커패시터에 초기에 저장된 에너지는 자연 응답 $v_{C\,N}$을 거쳐 0으로 감쇄하는 반면에, 배터리는 강제 응답 $v_{C\,F}$에서 보듯이 커패시터 전압이 12 V까지 지수적으로 증가하도록 한다.

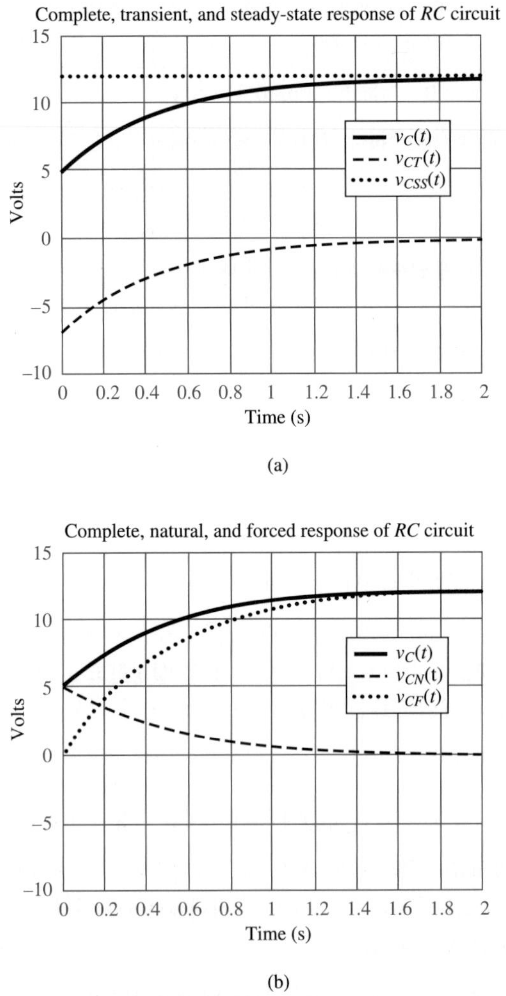

그림 4.34 (a) 그림 4.33 회로의 완전, 과도, 정상상태 응답, (b) 동일 회로의 완전, 자연, 강제 응답

동축 케이블의 펄스 응답

측정기술

문제

케이블을 통한 펄스(pulse)의 전달은 실제로 매우 중요한 문제이다. 짧은 전압 펄스는 디지털 컴퓨터의 특성인 두 레벨의 2진 신호를 나타내는 데 사용된다. 유한한 저항과 보통 pF/m의 단위로 표시되는 커패시턴스에 의해 특징지어지는 동축 케이블(coaxial cable)을 통해서 장거리에 걸쳐 전압 펄스를 전달하는 것이 종종 필요하다. 그림 4.35는 긴 동축 케이블의 단순화된 모델을 나타낸다. 만약 10 m 케이블이 1,000 pF/m의 커패시턴스와 0.2 Ω/m의 직렬 저항을 가진다면, 긴 케이블을 통과한 후의 펄스의 출력은 어떻게 되겠는가?

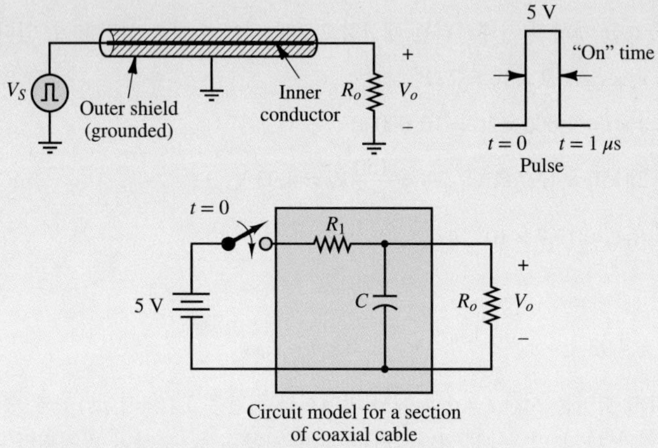

그림 4.35 동축 케이블에서의 펄스 전달

풀이

기지: 케이블 길이, 저항, 커패시턴스, 전압 펄스 진폭, 지속 시간

미지: 시간 함수인 케이블 전압

주어진 데이터 및 그림: $r_1 = 0.2\ \Omega/\text{m}$, $R_o = 150\ \Omega$, $c = 1{,}000\ \text{pF/m}$, $l = 10\ \text{m}$, 펄스 지속 시간(pulse duration) $= 1\ \mu\text{s}$

가정: $t = 0$에 짧은 전압 펄스가 케이블에 인가된다. 초기 조건은 0이라고 가정한다.

해석: 전압 펄스는 스위치에 연결된 5 V 배터리에 의해 모델링되었다. 즉, 스위치는 $t = 0$에서 닫히고, $t = 1\ \mu\text{s}$에 다시 열린다. 그러므로 다음과 같은 순서로 해를 구한다. 먼저 초기 조건을 결정하고, $t > 0$에 대해 과도 문제를 풀고, 마지막으로 스위치가 다시 열리는 $t = 1\ \mu\text{s}$에서 커패시터 전압을 계산한 후에 다른 과도 문제를 푼다. 등가 커패시터가 $1\ \mu\text{s}$ 동안 충전되어 전압은 어떤 값에 도달하는데, 이 값은 스위치가 열릴 때 커패시터 전압에 대한 초기 조건이 된다. 전압원이 차단되므로 커패시터 전압은 0으로 감쇄할 것이다. 회로는 두 과도 단계 동안에 두 개의 다른 시상수에 의해 특징지어질 것이다. 스위치가 오랫동안 열렸다고 가정하면, 이 문제의 초기 조건은 0이다.

스위치가 닫힐 때 커패시터에 대한 테브닌 등가 회로를 계산함으로써 $0 < t < 1$ ms에서의 미분 방정식이 구해진다.

(계속)

(계속)

$$V_T = \frac{R_o}{R_1 + R_o} V_B \qquad R_T = R_1 \| R_o \qquad \tau = R_T C \qquad 0 < t < 1\ \mu\text{s}$$

미분 방정식은

$$R_T C \frac{dv_C}{dt} + v_C = V_T \qquad 0 < t < 1\ \mu\text{s}$$

이며, 해는 다음과 같다.

$$v_C(t) = -V_T e^{-t/R_T C} + V_T = V_T(1 - e^{-t/R_T C}) \qquad 0 < t < 1\ \mu\text{s}$$

케이블의 유효한 저항과 커패시터를 계산함으로써 해에 수치를 할당할 수 있다.

$$R_1 = r_1 \times l = 0.2 \times 10 = 2\ \Omega$$

$$C = c \times l = 1{,}000 \times 10 = 10{,}000\ \text{pF}$$

$$R_T = 2 \| 150 \approx 1.97\ \Omega \qquad V_T = \frac{150}{152} V_B \approx 4.93\ \text{V}$$

$$\tau_{\text{on}} = R_T C \approx 19.7 \times 10^{-9}\ \text{s}$$

그래서

$$v_C(t) \approx 4.93(1 - e^{-t/19.7\times10^{-9}})\ \text{V} \qquad 0 < t < 1\ \mu\text{s}$$

스위치가 다시 열리는 시간 $t = 1\ \mu$s에서 커패시터 전압은 $v_C(t = 1\ \mu\text{s}) \approx 4.93$ V가 된다.

스위치가 다시 열릴 때, 커패시터는 부하 저항 R_o를 통하여 방전된다. 이 방전은 C와 R_o로 구성된 회로의 자연 응답에 의해 기술되고, $v_C(t = 1\ \mu\text{s}) = 4.93$ V, $\tau_{\text{off}} = R_o C = 1.5\ \mu$s에 의해서 거동이 결정된다. 자연 응답은 다음과 같다.

$$v_C(t) = v_C(t = 1 \times 10^{-6}) \times e^{-(t - 1\times10^{-6})/\tau_{\text{off}}}$$
$$= 4.93 \times e^{-(t-1\times10^{-6})/1.5\times10^{-6}}\ \text{V} \qquad t \geq 1\ \mu\text{s}$$

그림 4.36은 전압 펄스와 함께 $t > 0$에 대한 해를 나타낸 것이다.

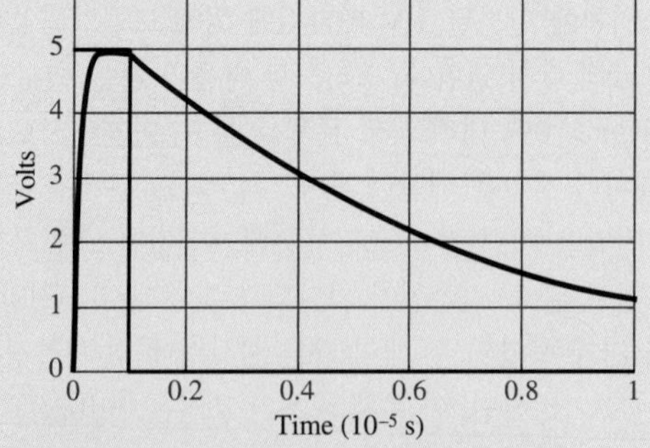

그림 4.36 동축 케이블의 펄스 응답

(계속)

(계속)

참조: 그림 4.36에 나타난 전압 응답은 매우 짧은 충전 시상수(τ_{on}) 덕분에 빠르게 원하는 값(거의 5 V)에 도달한다. 그러나 케이블 길이가 증가함에 따라 τ_{on}는 증가하게 되어, 전압 펄스는 원하는 시간 내에 원하는 5 V까지 충분히 상승하지 못할 수도 있다. 케이블의 본질적인 커패시턴스와 저항 때문에 일부 응용에서는 케이블의 길이를 제한한다. 일반적으로, 송전선 같은 긴 케이블과 초고주파 회로는 여기서 소개한 집중 파라미터(lumped-parameter) 기법으로 해석될 수 없고, 분산 회로 해석 기법을 사용하여야 한다.

연습 문제

만일 다른 동일 커패시터가 예제 4.7의 커패시터와 병렬로 연결된다면, 충전 시간은 어떻게 변할 것인가? 총 저장 에너지는 어떻게 변하는가?

Answer: 둘 다 2배. C_{eq}가 2배 커짐에 따라 τ와 E_{total}도 2배가 된다.

연습 문제

미지수 n에 대한 과도 응답을 풀어서, 예제 4.11에서 얻은 결과를 유도하라.

Answer: 정답은 2.9를 올림해서 $n = 3$이다.

연습 문제

예제 4.12에서, $t = 100$ ms에서 스위치가 열리면 하강하는 지수 감쇄에 대한 초기 조건은 무엇인가?

Answer: 7.363 V

연습 문제

커패시터의 초기 충전이 0일 때, 예제 4.13에서 $v_C(t)$에 대한 완전 해는 무엇인가?

Answer: 완전 해는 강제해와 같다.
$v_C(t) = v_{C_F}(t) = 12(1 - e^{-t/0.47})$ V

4.4 2차 과도 해석

일반적으로, 2차 회로는 2개의 커패시터, 2개의 인덕터, 또는 하나의 커패시터와 하나의 인덕터 등의 2개의 축소할 수 없는 저장 소자를 가지고 있다. 후자의 경우에는 새로운 기초라는 점에서 매우 중요하다. 모든 2차 시스템 응답의 중요한 측면들이 이 절에서 설명된다. 2차 회로는 2개의 축소할 수 없는 저장 소자를 가지고 있으므로, 이러한 회로는 2개의 상태 변수를 가지며, 그 거동은 2차 미분 방정식에 의해 설명된다.

그림 4.37과 4.38에서 나타낸 바와 같이, 가장 단순하면서도 중요한 2차 회로에서는 커패시터와 인덕터가 병렬 또는 직렬로 연결되어 있다. 이 그림의 회로는 커패시터와 인덕터가 통합 부하로 취급되어야 함을 나타낸다. 각 회로의 나머지는 소스 회로망의 테브닌 또는 노턴 등가이다. 이 회로의 해석은 다른 2차 회로보다는 덜 복잡해서 처음으로 이러한 회로 분석을 배우는 사람에게 좋다. 더 복잡한 2차 회로의 해석은 이 절의 나머지 예제에서 다룰 것이다.

이 절의 내용은 학생들에게 악명 높게 도전적이기 때문에 참을성 있지만 단호한 태도를 가져야 한다. 체계적이고 진보적인 방식으로 내용을 살펴보기 위해 모든 노력을 기울였다. 놀라지 마라! 그리고 포기하지 마라!

일반적인 특성

특별한 2차 회로의 해석에 들어가기 전에, 모든 2차 회로에 대한 미분 방정식의 일반화된 **표준 형식**을 소개하는 것이 의미가 있다.

$$\boxed{\frac{1}{\omega_n^2}\frac{d^2x}{dt^2} + \frac{2\zeta}{\omega_n}\frac{dx}{dt} + x = K_S f(t)} \tag{4.25}$$

상수 ω_n과 ζ는 각각 **고유 주파수**(natural frequency)와 **무차원 감쇠비**(dimensionless damping ratio)이다. 이러한 파라미터는 2차 회로의 특성이며, 응답을 결정한다. 이들 파라미터는 특정 *RLC* 회로의 미분 방정식과 식 (4.25)를 직접 비교하여 결정할 수 있다. 2차 회로는 3개의 가능한 응답인 과감쇠, 임계 감쇠 및 부족 감쇠 응답을 가진다. 특정 2차 회로의 응답 유형은 ζ에 의해 완전히 결정된다.

식 (4.25)에서 $f(t)$는 강제 함수(forcing function)이며, K_S는 특별 변수 $x(t)$의 **직류 이득**(DC gain)이다. 동일 회로 내에서 다른 변수들은 다른 직류 이득을 가질 수 있다. 그러나 모든 변수는 동일한 고유 주파수 ω_n, 동일한 무차 감쇠비 ζ, 따라서 동일한 유형의 응답을 공유한다. 이 사실은 문제를 풀 때 시간을 절약할 수 있도록 해준다.

병렬 *LC* 회로

그림 4.37의 회로를 고려하라. 두 상태 변수는 i_L과 v_C이다. 일반적으로, 과도 현상 발생의 시점($t = 0$)에서, 저장 소자의 에너지는 0이 아닐 수 있다. 즉, 커패시터에 걸리는 전압 $v_C(0)$와 인덕터에 흐르는 전류 $i_L(0)$은 0이 아닐 수 있다. 다음과 같이 두 상태 변수는 항상 연속적이다.

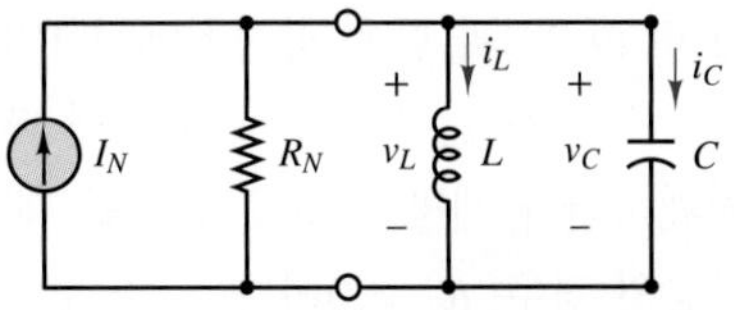

그림 4.37 노턴 전원에 통합 부하와 같이 작동하는 병렬로 연결된 인덕터와 커패시터를 포함하는 2차 회로

$$v_C(0^+) = v_C(0^-) \qquad \text{and} \qquad i_L(0^+) = i_L(0^-)$$

노드 중 하나에 KCL을 적용하여, 두 상태 변수의 항으로 방정식을 구한다.

$$I_N - \frac{v_C}{R_N} - i_L - i_C = 0 \qquad \text{KCL}$$

여기서 R_N은 LC 부하가 보는 노턴 등가 저항이다. 우측 망 주위에 KVL을 적용하면, 간단한 결과인 $v_C = v_L$을 얻게 된다. 커패시터와 인덕터에 대한 i-v 관계를 통해서 비상태 변수 i_C와 v_L을 각각 상태 변수 v_C와 i_L의 도함수로 대체할 수 있다.

$$v_C = v_L = L\frac{di_L}{dt} \qquad \text{and} \qquad i_C = C\frac{dv_C}{dt} = LC\frac{d^2 i_L}{dt^2}$$

KCL 방정식에서 v_C와 i_C를 대체하면 다음과 같다.

$$I_N - \frac{L}{R_N}\frac{di_L}{dt} - i_L - LC\frac{d^2 i_L}{dt^2} = 0$$

항의 순서를 재정리하여 다음의 2차 미분 방정식을 표준 형식으로 구할 수 있다.

$$\boxed{LC\frac{d^2 i_L}{dt^2} + \frac{L}{R_N}\frac{di_L}{dt} + i_L = I_N} \qquad (4.26)$$

또는 KCL 방정식의 양변을 미분하고 대체하면

$$\frac{di_L}{dt} = \frac{v_L}{L} = \frac{v_C}{L} \qquad \text{and} \qquad \frac{di_C}{dt} = C\frac{d^2 v_C}{dt^2}$$

그 결과는 다음과 같다.

$$\frac{dI_N}{dt} - \frac{1}{R_N}\frac{dv_C}{dt} - \frac{v_C}{L} - C\frac{d^2 v_C}{dt^2} = 0$$

방정식의 양변에 L을 곱한다. 소스 I_N이 일정하다면, 다음과 같이 표준 형식의 2차 미분 방정식을 수립할 수 있다.

$$\boxed{LC\frac{d^2 v_C}{dt^2} + \frac{L}{R_N}\frac{dv_C}{dt} + v_C = 0} \qquad (4.27)$$

일반적으로 식 (4.26) 및 (4.27)과 같은 방정식에서 1차 도함수의 계수는 $(R_TC + L/R_N)$이다. 여기서 R_T는 인덕터가 단락 회로로 취급될 때 커패시터가 보는 테브닌 등가 저항이고, R_N은 커패시터가 개방 회로로 취급될 때 인덕터가 보는 노턴 등가 저항이다. 병렬 LC 회로망의 경우, $R_T = 0$이다.

식 (4.26)과 (4.27)의 해를 구하기 위해서, 우선 무차원 감쇠비 ζ와 고유 주파수 ω_n을 구하여야 한다. 회로의 모든 변수에 대해서도 마찬가지로 두 방정식의 좌변이 동일한 것을 주목하라. 그래서 ω_n과 ζ는 미분 방정식을 식 (4.25)와 비교함으로써 구할 수 있다. 그 결과는

$$\frac{1}{\omega_n^2} = LC \qquad \text{and} \qquad \frac{2\zeta}{\omega_n} = \frac{L}{R_N}$$

과 같으며, 이를 정리하면 다음과 같다.

$$\boxed{\omega_n = \frac{1}{\sqrt{LC}} \qquad \text{and} \qquad \zeta = \frac{1}{2R_N}\sqrt{\frac{L}{C}}} \tag{4.28}$$

i_L과 v_C에 대한 과도 응답의 유형은 오직 ζ에 의존한다. ζ이 각각 1보다 크거나, 같거나, 작을 때, 과도 응답 $(i_L)_{\text{tr}}$과 $(v_C)_{\text{tr}}$은 각각 과감쇠, 임계 감쇠, 부족 감쇠이다. 응답의 세 종류는 이 절의 뒷부분에서 자세하게 설명할 것이다. 완전 해는 다음과 같다.

$$i_L(t) = (i_L)_{\text{tr}} + (i_L)_{\text{ss}} = (i_L)_{\text{tr}} + I_N$$

와

$$v_C(t) = (v_C)_{\text{tr}} + (v_C)_{\text{ss}} = (v_C)_{\text{tr}} + L\frac{dI_N}{dt}$$

I_N이 상수일 때, $(v_C)_{\text{ss}} = 0$와 $v_C(t) = (v_C)_{\text{tr}}$이다.

직렬 *LC* 회로

직렬 LC 회로에 대한 일반 해의 해법은 병렬 LC 회로에 사용되었던 해법과 동일하다. 그림 4.38의 회로를 고려하여, 병렬 LC 회로에서 수행되었던 방법과 지금 수행되는 방법 간의 이중성에 주목하라. 사실, 다음 방정식은 앞의 방정식에서 L과 C, i_L과 v_C, R_N과 $1/R_T$ 그리고 I_N과 V_T를 서로 교환하여 얻을 수 있다. 그 결과는 이중성(duality)으로 알려져 있다.

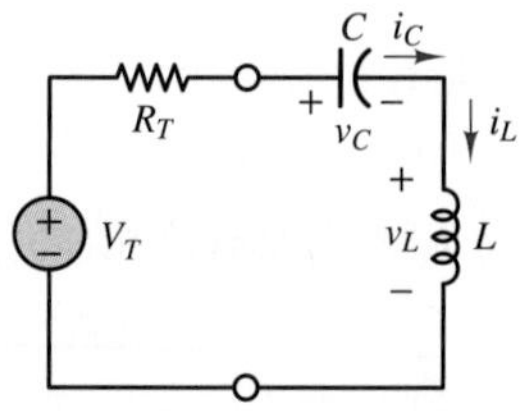

그림 4.38 직렬 연결된 커패시터와 인덕터가 통합 부하로 동작하면서 테브닌 소스에 연결되어 있는 2차 회로

또, 두 상태 변수는 i_L과 v_C이다. 과도 현상 발생의 시점($t = 0$)에, 저장 소자의 에너지는 0이 아닐 수 있다. 즉, 커패시터에 걸리는 전압 $v_C(0)$ 및 인덕터에 흐르는 전류 $i_L(0)$은 0이 아닐 수 있다. 다음과 같이 두 상태 변수는 항상 연속적이다.

$$v_C(0^+) = v_C(0^-) \qquad \text{and} \qquad i_L(0^+) = i_L(0^-)$$

직렬 루프에 KVL을 적용하여, 두 상태 변수의 항으로 방정식을 구한다.

$$V_T - i_L R_T - v_C - v_L = 0 \qquad \text{KVL}$$

여기서 R_T는 LC 부하가 보는 테브닌 등가 저항이다. 우측 상단 노드에 KCL을 적용하면, 간단한 결과인 $i_C = i_L$을 얻게 된다. 커패시터와 인덕터에 대한 i-v 관계를 통해서 비상태 변수 i_C와 v_L을 각각 상태 변수 v_C와 i_L의 도함수로 대체할 수 있다.

$$i_L = i_C = C\frac{dv_C}{dt} \qquad \text{and} \qquad v_L = L\frac{di_L}{dt} = LC\frac{d^2 v_C}{dt^2}$$

KVL 방정식에서 v_L과 i_L을 대체하면 다음과 같다.

$$V_T - R_T C\frac{dv_C}{dt} - v_C - LC\frac{d^2 v_C}{dt^2} = 0$$

항의 순서를 재정리하여 다음의 2차 미분 방정식을 표준 형식으로 구할 수 있다.

$$LC\frac{d^2 v_C}{dt^2} + R_T C\frac{dv_C}{dt} + v_C = V_T \qquad (4.29)$$

또는, KVL 방정식의 양변을 미분하고 대체하면

$$\frac{dv_C}{dt} = \frac{i_C}{C} = \frac{i_L}{C} \qquad \text{and} \qquad \frac{dv_L}{dt} = L\frac{d^2 i_L}{dt^2}$$

그 결과는 다음과 같다.

$$\frac{dV_T}{dt} - R_T\frac{di_L}{dt} - \frac{i_L}{C} - L\frac{d^2 i_L}{dt^2} = 0$$

방정식의 양변에 C를 곱한다. 소스 V_T가 일정하다면 시간 도함수는 0이 되어, 다음과 같은 표준 형식의 2차 미분 방정식을 수립할 수 있다.

$$LC\frac{d^2 i_L}{dt^2} + R_T C\frac{di_L}{dt} + i_L = 0 \qquad (4.30)$$

일반적으로 식 (4.29) 및 (4.30)과 같은 방정식에서 1차 도함수의 계수는 (R_TC + L/R_N)이다. 여기서 R_N는 커패시터가 개방 회로로 취급될 때 인덕터에서 보는 노턴턴 등가 저항이고, R_T는 인덕터가 단락 회로로 취급될 때 커패시터에서 보는 테브닌 등가 회로이다. 직렬 LC 회로망의 경우에, $L/R_N \to 0$이므로 $R_N \to \infty$이다.

식 (4.29)와 (4.30)의 해를 구하기 위해서, 우선 무차원 감쇠비 ζ와 고유 주파수 ω_n을 구하여야 한다. 회로의 모든 변수에 대해서도 마찬가지로 두 방정식의 좌변이 동일한 것을 주목하라. 그래서 ω_n과 ζ는 미분방정식을 식 (4.25)와 비교함으로써 구할 수 있다. 그 결과는

$$\frac{1}{\omega_n^2} = LC \qquad \text{and} \qquad \frac{2\zeta}{\omega_n} = R_T C$$

와 같으며, 이를 정리하면 다음과 같다.

$$\boxed{\omega_n = \frac{1}{\sqrt{LC}} \qquad \text{and} \qquad \zeta = \frac{R_T}{2}\sqrt{\frac{C}{L}}} \tag{4.31}$$

i_L 및 υ_C에 대한 과도 응답의 유형은 오직 ζ에 의존한다. ζ이 각각 1보다 크거나, 같거나, 작을 때, 과도 응답 $(i_L)_{\text{tr}}$과 $(\upsilon_C)_{\text{tr}}$은 각각 과감쇠, 임계 감쇠, 부족 감쇠이다. 이 응답의 세 종류는 이 절의 뒷부분에서 자세하게 설명할 것이다. 완전 해는 다음과 같다.

$$\upsilon_C(t) = (\upsilon_C)_{\text{tr}} + (\upsilon_C)_{\text{ss}} = (\upsilon_C)_{\text{tr}} + V_T$$

그리고

$$i_L(t) = (i_L)_{\text{tr}} + (i_L)_{\text{ss}} = (i_L)_{\text{tr}} + C\frac{dV_T}{dt}$$

V_T가 상수일 때, $(i_L)_{\text{ss}} = 0$ 및 $i_L(t) = (i_L)_{\text{tr}}(t)$이다.

과도 응답

지배 미분 방정식의 우변을 0으로 설정하면, 다음과 같은 과도 응답 $x_{\text{tr}}(t)$는 구할 수 있다.

$$\frac{1}{\omega_n^2}\frac{d^2 x_{\text{tr}}}{dt^2} + \frac{2\zeta}{\omega_n}\frac{dx_{\text{tr}}}{dt} + x_{\text{tr}} = 0 \tag{4.32}$$

1차 시스템과 마찬가지로, 이 방정식의 해는 지수 형태를 가진다.

$$x_{\text{tr}}(t) = \alpha e^{st} \tag{4.33}$$

위 식을 미분 방정식에 대입하면, 다음과 같은 특성 방정식

$$\frac{s^2}{\omega_n^2} + \frac{2\zeta}{\omega_n}s + 1 = 0 \tag{4.34}$$

을 얻으며, 이로부터 2개의 **특성근**(characteristic roots) s_1과 s_2를 구할 수 있다. s_1과 s_2의 특정한 값은 특성 방정식에 적용된 2차 식으로부터 구할 수 있다.

$$s_{1,2} = -\zeta\omega_n \pm \frac{1}{2}\sqrt{(2\zeta\omega_n)^2 - 4\omega_n^2} = -\omega_n\left(\zeta \pm \sqrt{\zeta^2 - 1}\right) \tag{4.35}$$

근 s_1과 s_2는 3개의 가능한 응답인 과감쇠($\zeta > 1$), 임계 감쇠($\zeta = 1$) 및 부족 감쇠($\zeta < 1$)]에 연관된다.

LO 1. 과감쇠 응답($\zeta > 1$)

2개의 서로 다른 음의 실근: (s_1, s_2). $\zeta > 1$일 때 과도 응답은 과감쇠이고, 근은 $s_{1,2} = \omega_n\left(-\zeta \pm \sqrt{\zeta^2 - 1}\right)$이다. 해의 일반 형태는 다음과 같다.

$$x_{\text{tr}}(t) = \alpha_1 e^{s_1 t} + \alpha_2 e^{s_2 t} = e^{-\zeta\omega_n t}\left[\alpha_1 e^{\left(\omega_n\sqrt{\zeta^2-1}\right)t} + \alpha_2 e^{\left(-\omega_n\sqrt{\zeta^2-1}\right)t}\right] \tag{4.36}$$

그림 4.39에서와 같이, 과감쇠 응답은 두 감쇄 지수의 합이다.

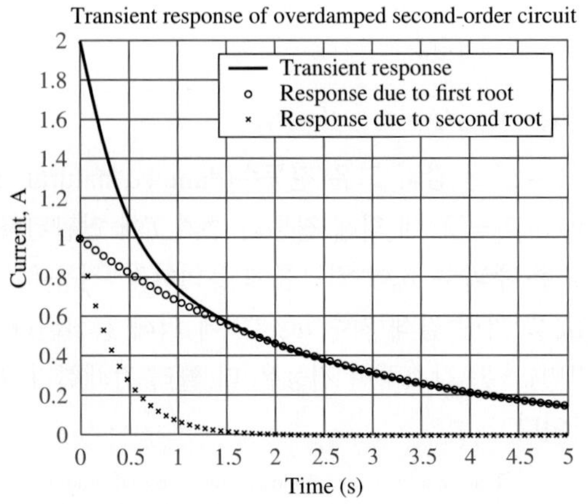

그림 4.39 $\alpha_1 = \alpha_2 = 1$; $\zeta = 1.5$; $\omega_n = 1$인 과감쇠 2차 시스템의 과도 응답

2. 임계 감쇠 응답($\zeta = 1$)

음의 실근(중근): (s_1, s_2). $\zeta = 1$일 때 과도 응답은 임계 감쇠이다. 식 (4.35)의 제곱근의 인자가 0인 경우, $s_{1,2} = -\zeta\omega_n = -\omega_n$이다. 해의 일반 형태는 다음과 같다.

$$x_{tr}(t) = \alpha_1 e^{s_1 t} + \alpha_2 t e^{s_2 t} = e^{-\omega_n t}(\alpha_1 + \alpha_2 t) \tag{4.37}$$

임계 감쇠 응답은 2개의 감쇄 지수의 합인데, 한 항에는 t가 곱해진다. 그림 4.40은 이 두 성분과 완전 응답을 나타낸다.

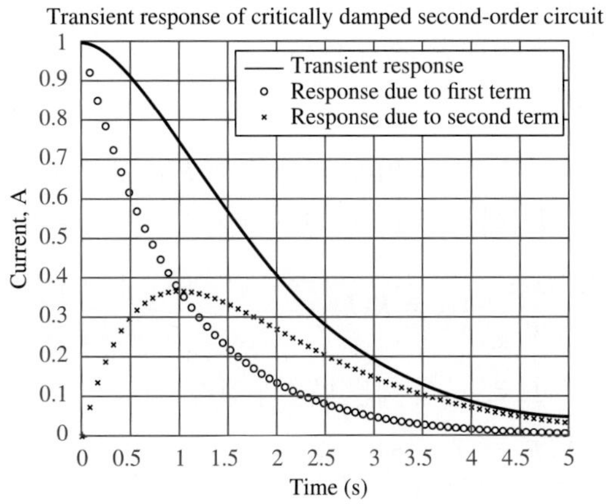

그림 4.40 $\alpha_1 = \alpha_2 = 1$; $\zeta = 1$; $\omega_n = 1$인 임계 감쇠 2차 시스템의 과도 응답

3. 부족 감쇠 응답($\zeta < 1$)

2개의 공액 복소수 근: (s_1, s_2). $\zeta < 1$일 때 과도 응답은 부족 감쇠이다. 식 (4.35)의 제곱근의 인자가 음인 경우, $s_{1,2} = \omega_n\left(-\zeta \pm j\sqrt{1-\zeta^2}\right)$이다. 다음의 복소 지수가 응답의 일반적인 형태에 나타난다.

$$e^{\omega_n\left(-\zeta+j\sqrt{1-\zeta^2}\right)t} \qquad e^{\omega_n\left(-\zeta-j\sqrt{1-\zeta^2}\right)t} \tag{4.38}$$

오일러 공식을 사용하여, 복소 지수를 정현파의 항으로 나타낼 수 있다. 그 결과는 다음과 같다.

$$x_{\text{tr}}(t) = e^{-\zeta\omega_n t}[\alpha_1 \sin(\omega_d t) + \alpha_2 \cos(\omega_d t)] \tag{4.39}$$

여기서 $\omega_d = \omega_n\sqrt{1-\zeta^2}$는 **감쇠 고유 진동수**(damped natural frequency)이다. ω_d는 진동 주파수이며, $\omega_d T = 2\pi$에 의해 진동의 주기 T에 연관된다. 또한, ζ가 0에 접근함에 따라 ω_d가 고유 주파수 ω_n에 접근함에 유의하라. 진동은 그림 4.41에서 보듯이 시상수 $\tau = 1/\zeta\omega_n$를 가진 감쇄 지수 $\omega e^{-\zeta\omega_n t}$에 의해 감쇠된다. ζ가 1로 증가함에 따라서(감쇠가 커지면), τ는 감소하며 진동은 더 빨리 감쇄한다. $\zeta \to 0$인 극한에서, 응답은 순수 정현파이다.

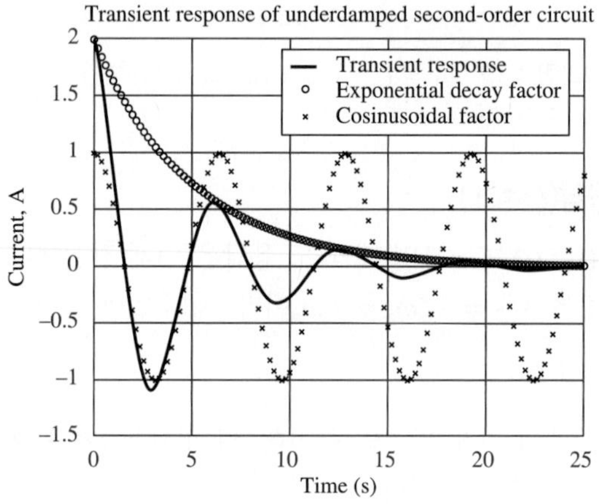

그림 4.41 $\alpha_1 = \alpha_2 = 1$; $\zeta = 0.2$; $\omega_n = 1$인 부족 감쇠 2차 시스템의 과도 응답

장기 정상상태 응답

스위치 DC 소스에 대해서, 식 (4.40)의 강제 함수 F는 일정하다. 그 결과는 해는 일정한 장기($t \to \infty$) 정상상태 응답 x_{SS}가 된다.

$$\frac{1}{\omega_n^2}\frac{d^2x_{\text{SS}}}{dt^2} + \frac{2\zeta}{\omega_n}\frac{dx_{\text{SS}}}{dt} + x_{\text{SS}} = K_S F \tag{4.40}$$

x_{ss}도 또한 일정해야 하므로, x_{ss}의 해는 다음과 같다.

$$x_{\text{ss}} = x(\infty) = K_S F \qquad t \to \infty \tag{4.41}$$

완전 응답

1차 시스템과 마찬가지로, 완전 응답은 과도 및 장기 정상상태 응답의 합이다. 과감쇠, 임계 감쇠 및 부족 감쇠에 대한 완전한 수학적 해는 "2차 과도 응답"에 대한 방법과 절차에서 자세히 다룰 것이다. 이들 각 경우에서, 상태 변수의 초기 조건을 사용하여 미지의 상수 α_1과 α_2를 구하여야 한다. 필수 과정은 $t = 0^+$에서 $x(t)$와 dx/dt의 값을 구하기 위해 2개의 초기 조건을 사용하여야 한다. 자세한 과정은 다음 세 가지 경우에서 각각 약간 다르고, 예제 문제에 다룰 것이다.

특별히 유용한 완전 해는, $K_S f(t)$[식 (4.25)를 보라]가 $t < 0$일 때 0이고 $t > 0$일 때 1이 되는 단위 계단 함수일 때 발생하는 단위 계단 응답(unit-step response)이다. 예시를 위해서, 감쇠 고유 주파수 $\omega_d = 1$이 되도록 무차원 감쇠비 $\zeta = 0.1$ 및 부족 감쇠 진동의 주기 $T = 2\pi$를 가정한다. 그림 4.42의 단위 계단 응답은 단위 계단 입력이 가리키는 장기 직류 정상상태 값인 1에 점근적으로 접근한다.

또한, 부족 감쇠 과도 응답에서 보듯이, 진동의 크기가 시간이 지남에 따라 지수적으로 감쇄한다. 그림 4.42에서 점선으로 표시되는 응답을 둘러싸는 곡선(envelope)의 시상수는 $\omega_d\tau = \sqrt{1 - \zeta^2}/\zeta \approx 10$인데, $t = 5\tau$ 정도가 되면 진동이 장기 직류 정상상태 값의 1% 이내의 범위로 들어간다.

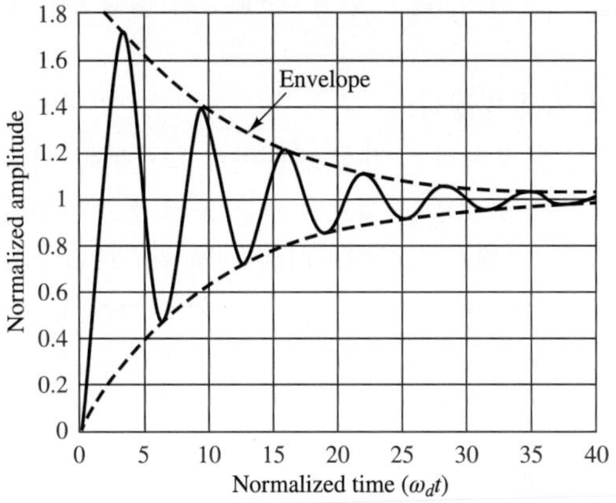

그림 4.42 $K_S = 1$, $\omega_d = 1$, $\zeta = 0.1$인 2차 과도 응답

진동 감쇄율이 ζ에 의해 지배된다는 점에 유의한다. 그림 4.43에서 ζ가 증가함에 따라 장기 직류 정상상태 응답의 오버슈트(overshoot)는 감소하는데, 이러한 감소는 $\zeta = 1$(임계 감쇠)이 되어 응답에 더 이상 진동이 없고, 오버슈트가 0이 될 때까지 계속된다. $\zeta > 1$(과감쇠)에 대한 응답은 진동도 없고 오버슈트도 0이다.

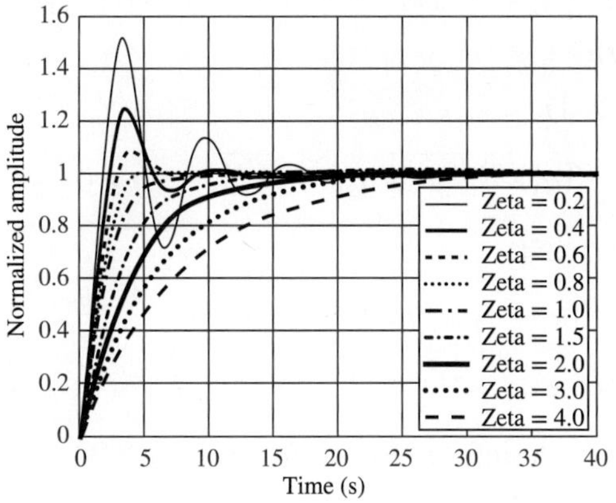

그림 4.43 $K_S = 1$, $\omega_d = 1$, $\zeta = 0.2$~4.0인 2차 단위 계단 응답

방법 및 절차
FOCUS ON PROBLEM SOLVING

2차 과도 응답

다음 단계는 $t = 0$에서 스위치 동작과 같은 과도 현상 발생에 대한 일반 2차 *RLC* 회로의 응답을 구한다. 여기서 $x(t)$는 상태 변수로서 커패시터 전압 $v_C(t)$ 또는 인덕터 전류 $i_L(t)$이다.

1. **DC 정상상태 응답:** 모든 독립 소스가 과도 현상 발생 이전의 직류 및 직류 정상상태라고 가정한다.
   - DC 해석을 적용하여, 현상 발생 직전의 $v_C(0^-)$와 $i_L(0^-)$을 구한다.
   - DC 해석을 적용하여, 현상 발생 후에 장기 정상상태 값 $v_C(\infty)$와 $i_L(\infty)$를 구한다.
2. **$t > 0$에 대한 미분 방정식:**
   - 두 저장 소자를 포함하는 가장 단순한 1포트 부하 회로망을 구한다. 나머지 1포트 소스 회로망을 테브닌 또는 노턴 소스로 단순화한다.
   - KVL, KCL과 커패시터와 인덕터에 대한 i-v 관계식을 적용하여, 상태 변수만을 포함하는 2개의 1차 미분 방정식을 구한다.
   - 1차 ODE를 사용하여, 하나의 상태 변수로만 구성된 표준 형식의 2차 ODE를 구한다.
   - 1차 미분항의 계수가 $R_TC + L/R_N$인지 확인한다. 여기서, R_T는 인덕터가 단락 회로로 동작할 때 커패시터가 보는 테브닌 등가 저항이며, R_N은 커패시터가 개방 회로로 동작할 때 인덕터가 보는 노턴 등가 저항이다.
   - 2차 ODE의 우변이 $v_C(\infty)$ 또는 $i_L(\infty)$인지를 확인한다.
3. **$t > 0$에 대해 ω_n과 ζ를 구한다.**
   - 표준 형식의 2차 ODE를 일반화된 형식(식 4.25)과 비교한다.
   - 2차 도함수 항의 계수를 $1/\omega_n^2$과 동일하게 설정한다. ω_n을 구한다.
   - 1차 도함수 항의 계수를 $2\zeta/\omega_n$과 동일하게 설정한다. ζ를 구한다.
4. **과도 응답 $x_{tr}(t)$:**

   과감쇠 경우($\zeta > 1$):

   $$x_{tr}(t) = e^{-\zeta\omega_n t}\left(\alpha_1 e^{\omega_n t\sqrt{\zeta^2-1}} + \alpha_2 e^{-\omega_n t\sqrt{\zeta^2-1}}\right) \qquad t \geq 0$$

   임계 감쇠 경우($\zeta = 1$):

   $$x_{tr}(t) = e^{-\omega_n t}(\alpha_1 + \alpha_2 t) \quad t \geq 0$$

   부족 감쇠 경우($\zeta < 1$):

   $$x_{tr}(t) = e^{-\zeta\omega_n t}[\alpha_1 \sin(\omega_d t) + \alpha_2 \cos(\omega_d t)] \qquad t \geq 0$$

   $$\omega_d = \omega_n\sqrt{1-\zeta^2}$$

(계속)

(계속)

5. **완전 해 $x(t)$:**

$$x(t) = x_{tr}(t) + x(\infty)$$

6. **미지수 α_1과 α_2를 구한다.**
   - 상태 변수의 연속성을 적용하여, 초기 조건 $v_C(0^+) = v_C(0^-)$ 및 $i_L(0^+) = i_L(0^-)$을 설정한다.
   - $x(0^+)$를 α_1과 α_2의 항으로 표현한다. $x(0^+)$에 대한 초기 조건을 대입한다.
   - 5단계에서 찾은 $x(t)$를 미분한다. 2단계의 1차 ODE를 이용하여, dx/dt에 대한 다른 식을 구한다. 이들 식이 $t = 0^+$에서 서로 동일하도록 설정한다.
   - 2개의 방정식을 사용하여 2개의 미지수 α_1과 α_2을 구한다.

참조: ω_n과 ζ는 회로의 모든 변수에 대해 동일하다는 점을 명심하라. 따라서 과도 응답의 형태도 이러한 모든 변수에 대해 동일하다. 그러나 α_1, α_2의 값과 장기 DC 정상상태는 각 변수에 따라 다르다. 좋은 해법은 초기 조건을 사용하여 α_1과 α_2를 구하는 것이다. 그 다음 회로에 있는 다른 변수의 응답은, 해당 변수를 상태 변수와 연결하는 간단한 회로 해석 방법을 적용하여 구할 수 있다. 이 접근 방식은 비상태 변수의 응답을 직접 구하려고 할 때 일반적으로 발생하는 오류를 방지한다.

LO

방법 및 절차

FOCUS ON PROBLEM SOLVING

2차 시스템의 근

근 s_1 및 s_2의 일반적인 형태는

$$s_{1,2} = -\zeta\omega_n \pm \omega_n\sqrt{\zeta^2 - 1}$$

이다. 이들 근의 특성은 제곱근의 인자에 의존한다.

경우 1: **2개의 서로 다른 음의 실근.** 이 경우는 제곱근 내부 항의 부호가 양수이므로 $\zeta > 1$일 때 발생한다. 그 결과는 $s_{1,2} = -\omega_n\left[\zeta \pm \sqrt{\zeta^2 - 1}\right]$이고, 2차 **과감쇠 응답**에 해당한다.

경우 2: **음 실근(중근).** 이 경우는 제곱근 내부 항이 0이므로, $\zeta = 1$일 때 발생한다. 그 결과는 중근 $s = -\zeta\omega_n = -\omega_n$이고, 2차 **임계 감쇠 응답**에 해당한다.

경우 3: **공액 복소수 근.** 이 경우는 제곱근 내부 항이 음수이므로, $\zeta < 1$일 때 발생한다. 그 결과는 한 쌍의 공액 복소수 근 $s_{1,2} = -\omega_n\left[\zeta \pm j\sqrt{1 - \zeta^2}\right]$이고, 2차 **부족 감쇠 응답**에 해당한다.

예제 4.14 부족 감쇠 병렬 LC 회로의 완전 응답

문제

그림 4.44의 회로에서 고유 주파수 ω_n, 무차원 감쇠비 ζ 및 $i_L(t)$의 과도 응답 형태를 구하라.

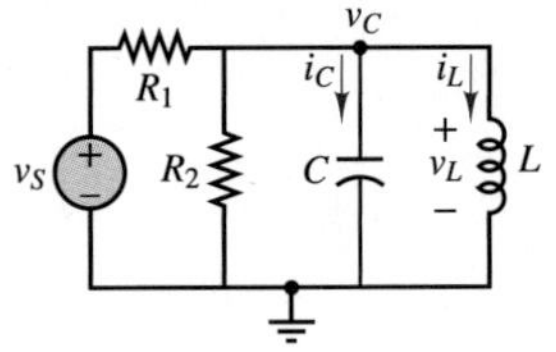

그림 4.44

풀이

기지: v_S; R_1; R_2; C; L.

미지: 그림 4.44의 회로에 대한 $i_L(t)$의 과도 응답

주어진 데이터 및 그림: $R_1 = 8\ \text{k}\Omega$; $R_2 = 8\ \text{k}\Omega$; $C = 10\ \mu\text{F}$; $L = 1$ H.

가정: 없음

해석: "2차 과도 응답"에 대한 방법과 절차 및 병렬 LC 회로에 대한 내용을 참조하라. 부하는 C와 병렬인 L이다.

단계 1: 직류 정상상태 응답: 스위치의 개폐와 같은 과도 현상 발생에 대한 정보는 없으므로 해당 현상 발생 이전의 직류 정상상태를 기술하는 것은 불가능하다. 그러나 그림 4.44의 회로가 어떻게 이런 현상 발생에 응답하는지를 기술하는 것은 가능하다. 예를 들어, 인덕터와 커패시터는 $t \to \infty$일 때 단락과 개방 회로처럼 동작하여, 각 상태 변수에 대한 장기 직류 정상상태가 $i_L(\infty) = v_S/R_1$이고 $v_C(\infty) = 0$이 된다.

단계 2: 미분 방정식: 인덕터 좌측에 있는 모든 회로를 병렬 LC 부하에 대한 1포트 소스 회로망으로 취급한다. 기본 직류 해석으로부터, 노턴 등가 회로망 $I_N = v_S/R_1$과 $R_N = R_1 \| R_2 = 4\ \text{k}\Omega$을 얻는다. 회로가 그림 4.37와 동일한 형태가 되도록 소스 회로망을 노턴 등가로 대체한다.

KCL을 상단 노드에 적용하고 커패시터에 대한 i-v 관계를 사용하면, 다음과 같이 쓸 수 있다.

$$I_N - \frac{v_C}{R_N} - i_C - i_L = I_N - \frac{v_C}{R_N} - C\frac{dv_C}{dt} - i_L = 0$$

KVL을 우측 망 주위에 적용하고 인덕터에 대한 i-v 관계를 사용하면, 다음과 같이 쓸 수 있다.

$$v_C = v_L = L\frac{di_L}{dt}$$

KCL 방정식에서의 v_C에 KVL 방정식을 대입하면 다음과 같다.

$$I_N - \frac{L}{R_N}\frac{di_L}{dt} - LC\frac{d^2 i_L}{dt^2} - i_L = 0$$

또는

$$LC\frac{d^2 i_L}{dt^2} + \frac{L}{R_N}\frac{di_L}{dt} + i_L = I_N$$

단계 3: ω_n과 ζ를 구한다:

$$\frac{1}{\omega_n^2} = LC = 10 \times 10^{-6}\ \text{sec}^2 \qquad \text{and} \qquad \frac{2\zeta}{\omega_n} = \frac{L}{R_N} = 250 \times 10^{-6}\ \text{sec}$$

두 방정식을 풀어서 $\omega_n \approx 316$ rad/sec 및 $\zeta \approx 0.04 < 1$을 구한다. 과도 응답은 부족 감쇠이다. 감쇠 고유 진동수는 $\omega_d = \omega_n [1 - \zeta^2]^{1/2} \approx 316$ rad/sec이다. $\zeta \ll 1$일 때 $\omega_d = \omega_n$임을 주목하라.

단계 4: 과도 응답 $x_{rt}(t)$: ω_n 및 ζ에 수치를 대입하면

$$i_{L_{tr}}(t) = e^{-\zeta\omega_n t}[\alpha_1 \sin(\omega_d t) + \alpha_2 \cos(\omega_d t)] \qquad t \geq 0$$

$$= e^{-12.5t}[\alpha_1 \sin(316t) + \alpha_2 \cos(316t)]$$

단계 5: 완전 해 $x(t)$: 단계 1로부터 $i_L(\infty) = I_N = v_S/R_1$이므로, $i_L(t)$의 완전 해는

$$i_L(t) = e^{-12.5t}[\alpha_1 \sin(316t) + \alpha_2 \cos(316t)] + \frac{v_S}{R_1}$$

단계 6: 미지수 α_1과 α_2를 구한다: v_C와 i_L의 초기 조건을 알면 상수 α_1과 α_2를 구할 수 있다.

2차 ODE와 관련된 특성 방정식의 근은 다음과 같다.

$$s_{1,2} = \omega_n\left[-\zeta \pm j\sqrt{1-\zeta^2}\right]$$

수치를 대입하면 $s_{1,2} = -12.5 \pm j316.0$ rad/sec가 된다. 이들 근의 실수부와 허수부 모두 과도 응답에서 관찰된다.

과감쇠 직렬 LC 회로의 완전 응답

예제 4.15

문제

그림 4.45에서 인덕터 전류 i_L에 대한 완전 응답을 구하라.

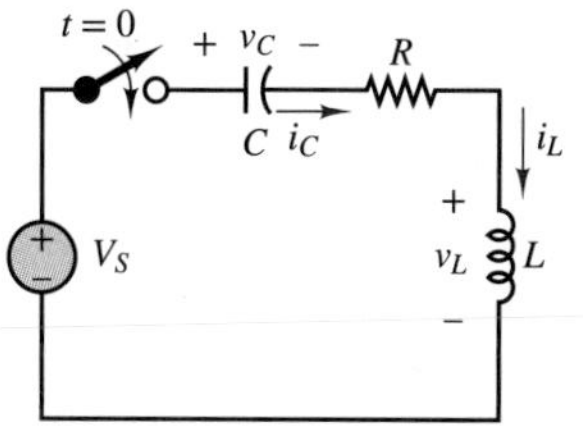

그림 4.45

풀이

미지: V_S; R; C; L.

기지: 그림 4.45의 회로에서 인덕터 전류 i_L에 대한 완전 응답

주어진 데이터 및 그림: $V_S = 25$ V; $R = 5$ kΩ; $C = 1$ μF; $L = 1$ H.

가정: 커패시터는 스위치가 닫히기 전에 $v_C(0) = 5$ V로 충전되어 있었다.

해석: "2차 과도 응답"에 대한 방법과 절차 및 직렬 LC 회로에 대한 내용을 참조하라. 부하는 C와 병렬인 L이다.

단계 1: 직류 정상상태 응답: $t < 0$일 때, 스위치는 개방되어 있으므로 $i_C = i_L = 0$ A이다. $t \to \infty$일 때 스위치는 닫혀 있으므로, 커패시터는 직류 개방 회로처럼 동작하는 반면에, 인덕터는 직류 단락 회로처럼 동작한다. 그러므로 $i_C = i_L = 0$ A이고, $v_L = 0$ V이며, 저항에 걸리는 전압은 옴의 법칙에 의해 0이 된다. KVL에 의해, $v_C(\infty) = V_S = 25$ V이다.

단계 2: $t > 0$에 대한 미분 방정식: 스위치가 닫힌 상태에서 회로는 이미 그림 4.38에 나타낸 직렬 LC 형태를 취한다. 더 이상 단순화는 불가능하다. 그러므로 LC 부하에서 보는 테브닌 등가 회로망은 $V_T = V_S = 25$ V이고, $R_T = R = 5$ kΩ가 된다. 그림 4.38을 참고하여 루프 주위에 KVL을 적용하고, 인덕터에 대한 i-v 관계를 사용하여 다음을 구한다.

$$V_T - v_C - i_L R_T - v_L = V_T - v_C - i_L R_T - L\frac{di_L}{dt} = 0$$

또한 저항을 둘러싼 닫힌 경계에 KCL을 적용하고, 커패시터에 대한 i-v 관계를 사용하여 다음을 구한다.

$$i_L = i_C = C\frac{dv_C}{dt}$$

KVL 방정식의 i_L에 KCL 방정식을 대입하면 다음과 같다.

$$V_T - v_C - R_T C\frac{dv_C}{dt} - LC\frac{d^2 v_C}{dt^2} = 0$$

또는

$$LC\frac{d^2 v_C}{dt^2} + R_T C\frac{dv_C}{dt} + v_C = V_T$$

커패시터가 개방 회로처럼 동작하는 상태에서 인덕터가 보는 노턴 등가 저항은 $R_N \to \infty$이므로 $L/R_N \to 0$이 된다. 따라서 1차 미분항의 계수는 $R_T C + L/R_N = R_T C$이다. 또한 미분 방정식의 우변은 $v_C(\infty) = V_S = V_T$임을 주목하라.

단계 3: $t > 0$에서 ω_n과 ζ를 구한다: 표준 형식의 2차 ODE를 일반화된 형식(방정식 4.25 참조)에 비교하여 다음을 구한다.

$$\frac{1}{\omega_n^2} = LC = 10^{-6}\ \text{sec}^2 \qquad \text{and} \qquad \frac{2\zeta}{\omega_n} = R_T C = 5 \times 10^{-3}\ \text{sec}$$

이들 두 방정식을 풀면 $\omega_n = 10^3$ rad/sec 및 $\zeta = 2.5 > 1$이다. 과도 응답은 가감쇠이다.

단계 4: 과도 응답 $x_{tr}(T)$: 단계 2의 미분 방정식은 v_C에 대해서 수립되었는데, 이는 v_C가 2차 ODE를 구하는 데 있어서 가장 적합한 변수이기 때문이다. 그러나 v_C에 대한 과도 응답이 과감쇠이므로, 회로의 다른 모든 변수에 대해서도 마찬가지이다. 그러므로 과감쇠의 경우에

$$\begin{aligned} i_{L_{tr}}(t) &= e^{-\zeta\omega_n t}\left(\alpha_1 e^{\omega_n t\sqrt{\zeta^2 - 1}} + \alpha_2 e^{-\omega_n t\sqrt{\zeta^2 - 1}}\right) \\ &= e^{-2500t}\left(\alpha_1 e^{2291t} + \alpha_2 e^{-2291t}\right)\ \text{A} \qquad t \geq 0 \end{aligned}$$

단계 5: 완전 해 $x(t)$: 단계 1에서 $i_L(\infty) = 0$ A이므로, $i_L(T)$의 완전 해는 다음과 같다.

$$i_L(t) = e^{-2500t}(\alpha_1 e^{2291t} + \alpha_2 e^{-2291t}) + 0\ \text{A} \qquad t \geq 0$$

단계 6: 미지수 α_1과 α_2을 구한다: 초기 조건은 $v_C(0^+) = v_C(0^-) = 5$ V이고 $i_L(0^+) = i_L(0^-) = 0$ A이다. 단계 5로부터:

$$i_L(0^+) = \alpha_1 + \alpha_2 = 0\ \text{A}$$

이다. $i_L(t)$를 미분하고 $t = 0^+$로 설정하면

$$\frac{di_L(0^+)}{dt} = -2500 i_L(0^+) + 2291(\alpha_1 - \alpha_2) = 2291(\alpha_1 - \alpha_2)\ \text{A/sec}$$

또한, 단계 2에서 구한 1차 KVL로부터

$$\frac{di_L(0^+)}{dt} = \frac{1}{L}[V_T - v_C(0^+) - i_L(0^+)R_T] = 20\ \text{A/sec}$$

이 된다. 그러므로

$$\alpha_1 + \alpha_2 = 0\ \text{A} \qquad \text{and} \qquad 2291(\alpha_1 - \alpha_2) = 20\ \text{A/sec}$$

이 된다. 2개의 미지수를 포함하는 2개의 방정식을 풀면, 다음과 같이 미지수를 구할 수 있다.

$$\alpha_1 = 4.36 \times 10^{-3}\ \text{A} \qquad \text{and} \qquad \alpha_2 = -4.36 \times 10^{-3}\ \text{A}$$

마지막으로, 해를 정리하면 다음과 같다.

$$\begin{aligned} i_L(t) &= e^{-2500t}[4.36 \times 10^{-3}\, e^{2291t} - 4.36 \times 10^{-3}\, e^{-2291t}] + 0\ \text{A} \\ &= 4.36 \times 10^{-3}\, e^{-2500t}[e^{2291t} - e^{-2291t}]\ \text{A} \qquad t \geq 0 \end{aligned}$$

그림 4.46은 완전 해와 그 성분들을 보여준다.

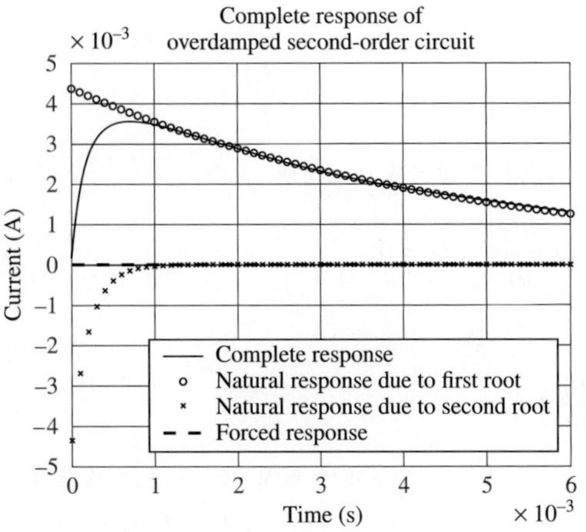

그림 4.46 과감쇠 2차 회로의 완전 응답

예제 4.16

임계 감쇠 병렬 *LC* 회로의 완전 응답

문제

그림 4.47의 회로에서 전압 v_C에 대한 완전 응답을 구하라.

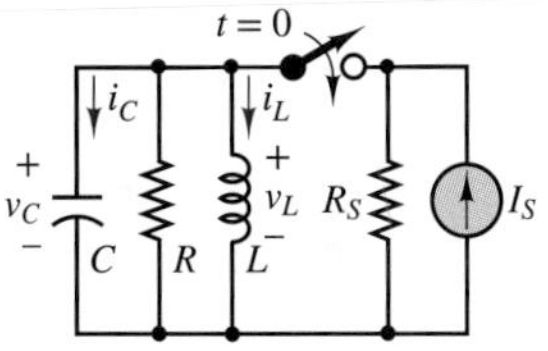

그림 4.47

풀이

기지: I_S; R; R_S; C; L.

미지: 그림 4.47의 회로를 기술하는 v_C에 대한 미분 방정식의 완전 응답

주어진 데이터 및 그림: $I_S = 5$ A; $R = R_S = 500\ \Omega$; $C = 2\ \mu$F; $L = 500$ mH

가정: 회로망은 $t = 0$ 이전에 직류 정상상태이다.

해석: "2차 과도 응답"에 대한 방법과 절차 및 병렬 *LC* 회로에 대한 내용을 참조하라. 부하는 *C*와 병렬인 *L*이다.

단계 1: DC 장기 응답: $t < 0$에서 스위치가 열려 전류원이 병렬 *RLC* 회로망에서 분리되고, 인덕터는 단락 회로처럼 동작하고 커패시터는 개방 회로처럼 동작하는 직류 정상상태이다. 그 결과 $v_C(0^-) = 0$ V이고, $i_L(0^-) = 0$ A이다. $t \to \infty$에서 스위치는 닫혀 있으므로, 커패시터는 직류 개방 회로로 동작하는 반면에, 인덕터는 직류 단락 회로처럼 동작한다. 그러므로 전류 I_S는 모두 인덕터를 통과하며, $i_L(\infty) = I_S$이다. 마찬가지로, 어느 저항에도 전류가 흐르지 않기 때문에 두 노드에 걸리는 전압은 $v_C(\infty) = 0$이다.

단계 2: $t > 0$에 대한 미분 방정식: 스위치가 닫힌 상태에서 병렬 *LC* 부하가 보는 노턴 등가 회로망은 $R_N = R\|R_S = 250\ \Omega$ 및 $I_N = I_S = 5$ A이므로 회로망이 그림 4.37에서의 형식으로 단순화된다. KCL을 상단 노드에 적용하고 커패시터에 대한 *i*-*v* 관계식을 사용하면 다음과 같다.

$$I_N - \frac{v_C}{R_N} - i_C - i_L = I_N - \frac{v_C}{R_N} - C\frac{dv_C}{dt} - i_L = 0$$

또한 그림 4.37의 우측 망에 KVL을 적용하고, 인덕터에 대한 *i*-*v* 관계를 사용하면

$$v_C = v_L = L\frac{di_L}{dt}$$

KCL 방정식에서 v_C에 KVL 방정식을 대입하면

$$I_N - \frac{L}{R_N}\frac{di_L}{dt} - LC\frac{d^2 i_L}{dt^2} - i_L = 0$$

또는

$$LC\frac{d^2 i_L}{dt^2} + \frac{L}{R_N}\frac{di_L}{dt} + i_L = I_N$$

인덕터가 단락 회로처럼 동작하는 상태에서 커패시터가 보는 테브닌 등가 저항은 $R_T = 0$이므로 $R_TC = 0$이다. 따라서 1차 미분항의 계수는 $R_TC + L/R_N = L/R_N$이다. 또한 미분 방정식의 우변은 $i_L(\infty) = I_S = I_N$임에 주목하라.

미분 방정식의 좌변은 모든 변수에 대해 동일하므로, i_L을 v_C로 대체하고 우변을 $v_C(\infty)$로 대체하여 다음을 구하는 것은 간단하다.

$$LC\frac{d^2 v_C}{dt^2} + \frac{L}{R_N}\frac{dv_C}{dt} + v_C = v_C(\infty) = 0$$

i_L에 대한 미분 방정식을 먼저 구하였던 것은, 이 방정식이 더 쉽게 구할 수 있기 때문이다.

단계 3: $t > 0$에서 ω_n과 ζ를 구한다: 표준 형식의 2차 ODE를 일반화된 형식(방정식 4.25 참조)과 비교하여 다음을 구한다.

$$\frac{1}{\omega_n^2} = LC = 10^{-6}\ \text{sec}^2 \qquad \text{and} \qquad \frac{2\zeta}{\omega_n} = \frac{L}{R_N} = 2 \times 10^{-3}\ \text{sec}$$

이들 두 방정식을 풀면 $\omega_n = 10^3$ rad/sec 및 $\zeta = 1$이다. 과도 응답은 임계 감쇠이다.

단계 4: 과도 응답 $x_{tr}(T)$: 임계 감쇠의 경우는 다음과 같다.

$$v_{C_{tr}}(t) = e^{-\omega_n t}(\alpha_1 + \alpha_2 t) = e^{-1000t}(\alpha_1 + \alpha_2 t) \qquad t \geq 0$$

단계 5: 완전 해 $x(t)$: 단계 1로부터 $v_C(\infty) = 0$ V이므로 $v_C(t)$의 완전 해는 다음과 같다.

$$v_C(t) = e^{-1000t}(\alpha_1 + \alpha_2 t) + 0\ \text{V} \qquad t \geq 0$$

단계 6: 미지수 α_1과 α_2를 구한다: 초기 조건은 $v_C(0^+) = v_C(0^-) = 0$ V이고, $i_L(0^+) = i_L(0^-) = 5$ A이다. 단계 5로부터

$$v_C(0^+) = \alpha_1 = 0\ \text{V}$$

$v_C(t)$를 미분하고 $t = 0^+$로 설정하면

$$\frac{dv_C(0^+)}{dt} = -1000v_C(0^+) + \alpha_2 = \alpha_2\ \text{V/sec}$$

또한, 단계 2에서 구한 1차 KCL로부터

$$\frac{dv_C(0^+)}{dt} = \frac{1}{C}\left[I_N - \frac{v_C(0^+)}{R_N} - i_L(0^+)\right] = \frac{I_N}{C} = 2.5 \times 10^6\ \text{V/sec}$$

그러므로

$$\alpha_2 = 2.5 \times 10^6\ \text{V/sec}$$

마지막으로, 해를 정리하면 다음과 같다.

$$v_C(t) = 2.5 \times 10^6 te^{-1000t} \text{ V} \qquad t \geq 0$$

그림 4.48은 완전 해와 그 성분들은 보여준다. $\omega_n t = 1$일 때 최댓값이 발생한다는 점에 유의한다.

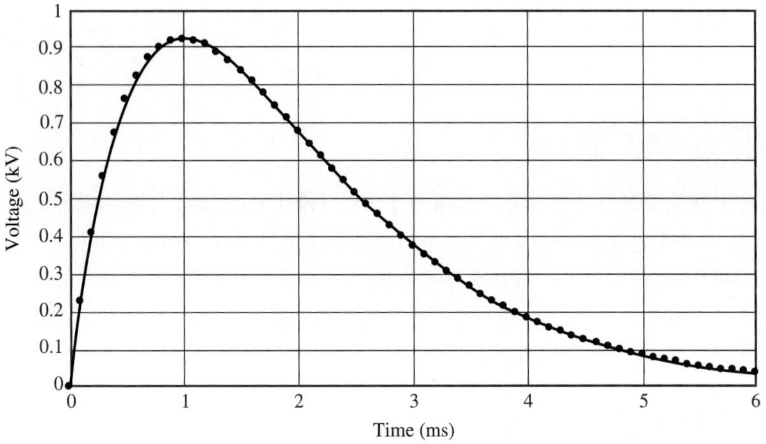

그림 4.48 임계 감쇠 2차 회로의 완전 응답

비감쇠 직렬 *LC* 회로의 완전 응답

예제 4.17

문제

그림 4.49의 전류 i_L에 대한 완전 응답을 구하라.

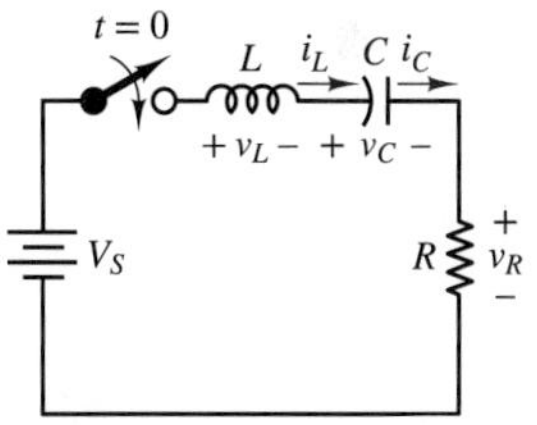

그림 4.49

풀이

기지: V_S; R; C; L.

미지: 그림 4.49의 전류 i_L에 대한 완전 응답

주어진 데이터 및 그림: $V_S = 12$ V; $R = 200\ \Omega$; $C = 10\ \mu$F; $L = 0.5$ H

가정: 커패시터는 $v_C(0^-) = v_C(0^+) = 2$ V로 초기 충전되어 있다.

해석: "2차 과도 응답"에 대한 방법과 절차 및 직렬 *LC* 회로에 대한 내용을 참조하라. 부하는 *C*와 병렬인 *L*이다.

단계 1: 직류 정상상태 응답: $t < 0$에서 스위치는 열려 있으므로 $i_C = i_L = 0$ A이다. 커패시터는 초기 충전이 되어 있으므로 $v_C = 2$ V이다. $t \to \infty$일 때 스위치는 닫혀 있으므로, 커패시터는 직류 개방 회로처럼 동작하는 반면에, 인덕터는 직류 단락 회로처럼 동작한다. 그러므로 $i_C = i_L = 0$ A, $v_L = 0$ V이며, 저항에 걸리는 전압은 옴의 법칙에 의해서 0이다. KVL에 의해, $v_C(\infty) = V_S = 12$ V이다.

단계 2: $t > 0$에 대한 미분 방정식: 스위치가 닫힌 상태에서 회로는 이미 그림 4.38에 나타낸 직렬 *LC* 형태이다. 더 이상 단순화는 불가능하다. 따라서 *LC* 부하가 보는 테브닌 등가 회로는 $V_T = V_S = 12$ V 및 $R_T = R = 200\ \Omega$이 된다. 그림 4.40을 참조하여, 루프 주위에 KVL을 적용하고, 인덕터에 대한 *i-v* 관계를 이용하면

$$V_T - v_C - i_L R_T - v_L = V_T - v_C - i_L R_T - L\frac{di_L}{dt} = 0$$

또한 저항을 둘러싼 닫힌 경계에 KCL을 적용하고, 커패시터에 대한 *i*-*v* 관계를 사용하면

$$i_L = i_C = C\frac{dv_C}{dt}$$

KVL 방정식의 i_L에 KCL 방정식을 대입하면

$$V_T - v_C - R_T C\frac{dv_C}{dt} - LC\frac{d^2 v_C}{dt^2} = 0$$

또는

$$LC\frac{d^2 v_C}{dt^2} + R_T C\frac{dv_C}{dt} + v_C = V_T$$

커패시터가 개방 회로처럼 동작하는 상태에서 인덕터에서 보는 노턴 등가 저항은 $R_N \to \infty$이므로 $L/R_N \to 0$이 된다. 따라서 1차 미분항의 계수는 $R_T C + L/R_N = R_T C$ 이다. 또한 미분 방정식의 우변은 $v_C(\infty) = V_S = V_T$임에 주목하라.

미분 방정식의 좌변은 모든 변수에 대해 동일하므로, v_C를 i_L로 대체하고 우변을 $i_L(\infty)$로 대체하여 다음을 구하는 것은 간단하다.

$$LC\frac{d^2 i_L}{dt^2} + R_T C\frac{di_L}{dt} + i_L = i_L(\infty) = 0$$

v_C에 대한 미분 방정식을 먼저 구하였던 것은, 이 방정식이 더 쉽게 구할 수 있기 때문이다.

단계 3: $t > 0$에서 ω_n과 ζ를 푼다: 표준 형식의 2차 ODE를 일반화된 형식(방정식 4.25 참조)과 비교하여 다음을 구한다.

$$\frac{1}{\omega_n^2} = LC = 5 \times 10^{-6}\ \text{sec}^2 \qquad \text{and} \qquad \frac{2\zeta}{\omega_n} = R_T C = 2 \times 10^{-3}\ \text{sec}$$

이들 두 방정식을 풀면 $\omega_n = \sqrt{20} \times 10^2$ rad/sec 및 $\zeta = \sqrt{5}/5 < 1$을 얻는다. 이 과도 응답은 부족 감쇠이다.

단계 4: 과도 응답 $x_{tr}(t)$: 과도 응답은 부족 감쇠이다. 그러므로

$$i_{L_{tr}}(t) = e^{-\zeta\omega_n t}[\alpha_1 \sin(\omega_d t) + \alpha_2 \cos(\omega_d t)] \qquad t \ge 0$$

$$\omega_d = \omega_n\sqrt{1 - \zeta^2} = 400\ \text{rad/sec}$$

또는

$$i_{L_{tr}}(t) = e^{-200t}[\alpha_1 \sin(400\, t) + \alpha_2 \cos(400\, t)] \qquad t \ge 0$$

단계 5: 완전 해 $x(t)$: 단계 1로부터 $i_L(\infty) = 0$ A이므로, $i_L(t)$의 완전 해는 과도 응답과 동일하다.

단계 6: 미지수 α_1과 α_2를 구한다: 초기 조건은 $v_C(0^+) = v_C(0^-) = 2$ V이고, $i_L(0^+) = i_L(0^-) = 0$ A이다. 단계 5로부터

$$i_L(0^+) = \alpha_2 = 0\ \text{A}$$

$i_L(t)$를 미분하고, $t = 0^+$로 설정하면

$$\frac{di_L(0^+)}{dt} = -200\, i_L(0^+) + 400\,[\alpha_1 \cos(0^+) - \alpha_2 \sin(0^+)] = 400\,\alpha_1\ \text{A/sec}$$

또한, 단계 2에서 구한 1차 KVL 방정식으로부터

$$\frac{di_L(0^+)}{dt} = \frac{1}{L}[V_T - v_C(0^+) - i_L(0^+) R_T] = 20\ \text{A/sec}$$

그러므로

$$\alpha_1 = 0.05 \text{ A/sec}$$

마지막으로, 해를 정리하면 다음과 같다.

$$i_L(t) = 0.05e^{-200t}\sin(400\,t)\text{ A} \qquad t \ge 0$$

그림 4.50은 완전 해와 그 성분들을 보여준다.

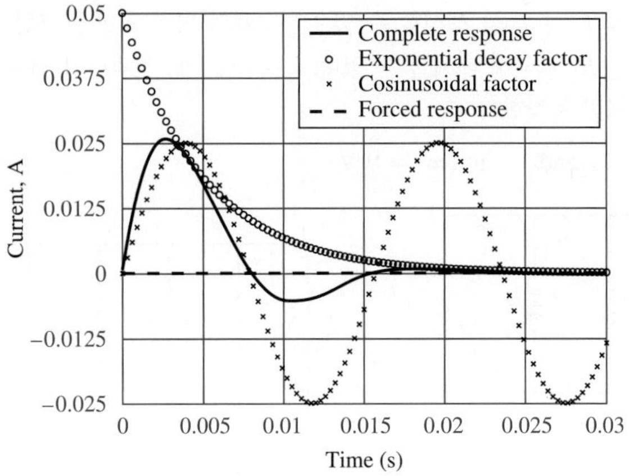

그림 4.50 부족 감쇠 2차 회로의 완전 응답

비직렬, 비병렬 *LC* 회로의 해석

예제 4.18

문제

그림 4.51의 회로가 $t < 0$에 대해 직류 정상상태라고 가정하라. $t = 0$일 때 스위치가 닫힌다. $t > 0$에 대해 커패시터에 걸리는 전압 v_C와 인덕터에 흐르는 전류 i_L에 대해 미분 방정식을 구하라.

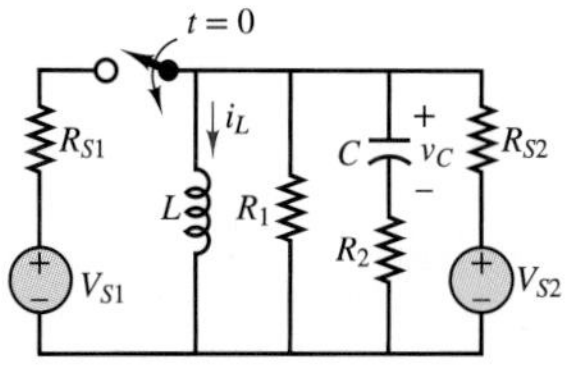

그림 4.51

풀이

기지: V_{S1}; R_{S1}; V_{S2}; R_{S2}; R_1; R_2; L; C.

미지: $t > 0$에 대해, 그림 4.51과 같이 커패시터에 걸리는 전압 v_C와 인덕터에 흐르는 전류 i_L에 대한 미분 방정식을 구하라.

가정: $t < 0$에 대해 직류 정상상태

풀이: 이 예제의 회로와 이전의 예제들의 중요한 차이점은 커패시터와 인덕터가 직렬도 병렬도 아니라는 것이다. 각 상태 변수의 2차 미분 방정식을 구하기 위해, 상태 변수 v_C와 i_L에 대한 2개의 1차 미분 방정식을 구하여야 한다. "2차 과도 응답"의 방법 및 절차를 참조하라.

단계 1: 직류 정상상태 응답. $t < 0$에서 스위치가 열리고 V_{S1} 및 R_{S1}은 회로의 나머지 부분에서 분리된다. 인덕터가 단락 회로처럼 동작하고 커패시터가 개방 회로처럼 동작하는 직류 정상상태를 가정하면, R_1에 걸리는 전압이 0이며, R_2에 흐르는 전류가 0이다. 따라서 KVL에 의

해서 R_{S2}에 걸리는 전압이 V_{S2}이고, R_{S2}에 흐르는 모든 전류는 인덕터를 통과해야 한다. 옴의 법칙에 의해서 R_2에 걸리는 전압이 0이어야 하므로, 인덕터와 커패시터를 포함하는 루프 주위의 KVL이 $v_C = 0$이 되어야 한다. 따라서 스위치 직전의 상태 변수 값은 다음과 같다.

$$i_L(0^-) = \frac{V_{S2}}{R_{S2}} \qquad \text{and} \qquad v_C(0^-) = 0$$

$t > 0$일 때 스위치는 닫히며, 회로는 소스–부하 관점에서 그림 4.52와 같이 다시 그려질 수 있다. 2개의 테브닌 소스는 그림 4.53과 같이 노턴 소스로 변환될 수 있다. 2개의 병렬 전류원은 합산되어 $I_N = I_{S1} + I_{S2}$를 생성할 수 있으며, 3개의 병렬 저항은 그림 4.54와 같이 등가 저항 $R_N = R_{S1} \| R_{S2} \| R_1$에 의해 대체될 수 있다. $t \to \infty$일 때, 인덕터와 커패시터는 각각 단락 회로와 개방 회로처럼 동작한다.

$$i_L(\infty) = I_N \qquad \text{and} \qquad v_C(\infty) = 0 \text{ V}$$

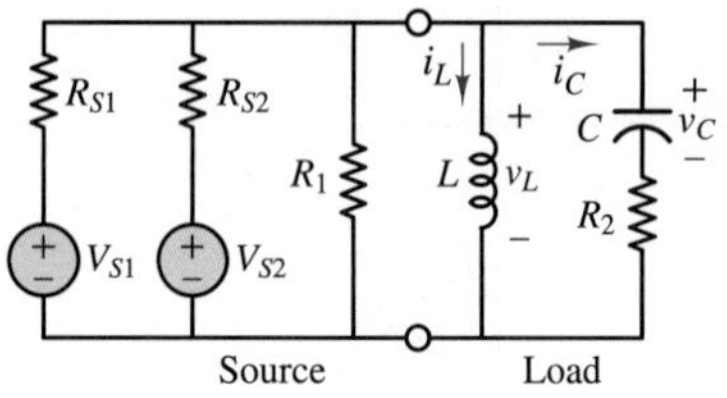

그림 4.52

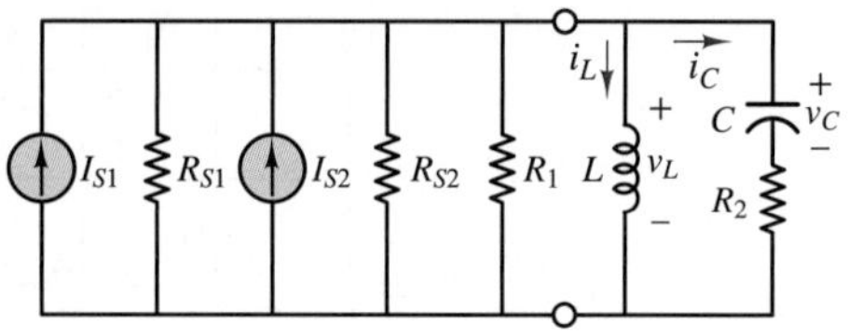

그림 4.53

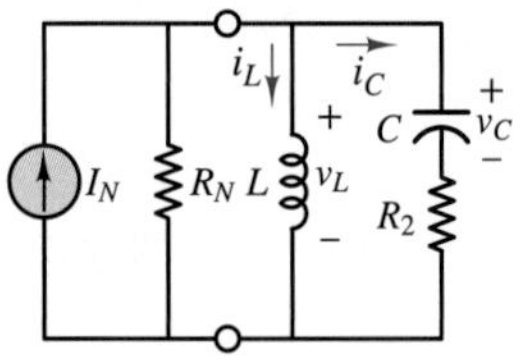

그림 4.54

단계 2: $t > 0$에 대한 미분 방정식. 그림 4.54를 참조하라. 소스 회로망은 이미 노턴 소스의 형태이므로 더 이상 단순화될 수 없다. KCL을 상단 노드에 적용하고 인덕터와 커패시터의 i-v 관계를 적용하면

$$I_N - \frac{v_L}{R_N} - i_L - i_C = I_N - \frac{L}{R_N}\frac{di_L}{dt} - i_L - C\frac{dv_C}{dt} = 0 \qquad \text{KCL}$$

또한 KVL을 가장 우측 망에 적용하고 인덕터와 커패시터의 i-v 관계를 적용하면

$$v_L - v_C - i_C R_2 = L\frac{di_L}{dt} - v_C - R_2 C\frac{dv_C}{dt} = 0 \qquad \text{KVL}$$

두 상태 변수 i_L과 v_C에 대한 2개의 1차 미분 방정식을 결합하여 하나의 상태 변수에 대한 2차 미분 방정식을 구할 수 있다. 이를 수행하는 한 가지 방법은, KCL 방정식에 R_2를 곱한 결과를 KVL 방정식에서 빼면 된다.

$$v_C = L\frac{R_N + R_2}{R_N}\frac{di_L}{dt} + i_L R_2 - I_N R_2$$

이 방정식의 양변을 미분하면

$$\frac{dv_C}{dt} = L\frac{R_N + R_2}{R_N}\frac{d^2 i_L}{dt^2} + R_2\frac{di_L}{dt}$$

이 결과를 KCL 방정식으로 대입하여 표준 형식의 2차 미분 방정식을 산출한다.

$$LC\frac{R_N + R_2}{R_N}\frac{d^2 i_L}{dt^2} + \left(R_2 C + \frac{L}{R_N}\right)\frac{di_L}{dt} + i_L = I_N$$

i_L의 계수는 1이며(표준 형식), 1차 도함수의 계수는 커패시터와 인덕터와 관련된 시상수의 합으로 $R_T C + L/R_N$이다. 여기서 R_T는 인덕터가 단락 회로처럼 동작하는 상태에서 커패시터가 보는 테브닌 등가 저항이고, R_N은 커패시터가 개방 회로 역할을 하는 인덕터가 보는 노턴

등가 저항이다. (커패시터가 보는 R_T가 R_2임을 확인하라.) 또한, 우변은 $i_L(\infty) = i_N$이다.

마찬가지로, v_C에 대한 2차 미분 방정식은 다음과 같다.

$$LC\frac{R_N+R_2}{R_N}\frac{d^2v_C}{dt^2}+\left(R_2C+\frac{L}{R_N}\right)\frac{dv_C}{dt}+v_C=v_C(\infty)=0$$

단계 3: ω_n과 ζ를 구한다. 표준 형식의 2차 ODE를 일반화된 형식(식 4.25를 참고)과 비교하여 다음을 구한다.

$$\frac{1}{\omega_n^2}=LC\frac{R_N+R_2}{R_N} \qquad \text{and} \qquad \frac{2\zeta}{\omega_n}=R_2C+\frac{L}{R_N}$$

이들 두 식은 다음과 같이 나타낼 수 있다.

$$\omega_n=\sqrt{\frac{1}{LC}}\sqrt{\frac{R_N}{R_N+R_2}} \qquad \text{and} \qquad \zeta=\frac{\omega_n}{2}\left(R_2C+\frac{L}{R_N}\right)$$

단계 4: 과도 해 $x_{tr}(t)$. 과도 해의 형태(과감쇠, 임계 감쇠, 부족 감쇠)는 그 자체가 다양한 회로 소자의 값에 의존하는 감쇠비 ζ에 의존한다.

단계 5: 완전 해 $x(t)$. 완전 해는 과도 해와 장기 직류 정상상태 값의 합이다.

$$i_L(t)=i_{L_{tr}}(t)+i_L(\infty) \qquad \text{and} \qquad v_C(t)=v_{C_{tr}}(t)+v_C(\infty)$$

과도 해의 형태에 관계 없이, 완전 해는 2개의 미지의 상수 α_1과 α_2를 포함한다.

단계 6: 미지의 상수 α_1과 α_2를 구한다. 초기 조건은 다음과 같다.

$$v_C(0^+)=v_C(0^-)=0\text{ V} \qquad \text{and} \qquad i_L(0^+)=i_L(0^-)=\frac{V_{S2}}{R_{S2}}\text{ A}$$

일반적으로, 미지의 상수를 구하기 위해서는 2개의 선형 독립 대수 방정식을 수립하여야 한다. 첫 번째 방정식은 완전 해에서 $t = 0^+$로 설정하고, 결과를 변수의 초기 조건과 동일하게 설정하여 구할 수 있다. 두 번째 방정식을 찾으려면 완전 해의 도함수를 취하고, $t = 0^+$에서 값을 구한다. 그 다음 단계 2에서 구한 1차 KCL 및 KVL 미분 방정식을 사용하여 v_C 또는 i_L에 대한 다른 식을 구한다. $t = 0^+$에서 값을 구하여 $i_L(0^+)$ 및 $v_C(0^+)$에 대한 식을 구한다.

이 특정 예에서, 단계 2에서 찾은 결과 중 하나는 다음과 같다.

$$v_C=L\frac{R_N+R_2}{R_N}\frac{di_L}{dt}+i_LR_2-I_NR_2$$

이 방정식을 재정리하고 $t = 0^+$에서 값을 구하면 다음과 같다.

$$\left.\frac{di_L(t)}{dt}\right|_{t=0^+}=\frac{[I_NR_2-i_L(0^+)R_2+v_C(0^+)]}{L}\frac{R_N}{R_N+R_2}$$

참조: 미지의 상수와 장기 정상상태의 값은 다른 변수에 대해서는 일반적으로 다르다는 것을 상기하라. 그러나 회로의 모든 변수들은 동일한 고유 주파수 ω_n과 무차원 감쇠비 ζ를 공유한다. 즉, 2차 미분 방정식의 좌변은 모든 변수에 대해 동일하다. 또한 어떤 변수 및 그것의 도함수에 대한 초기 조건은 상태 변수에 대한 초기 조건과 반드시 연관되어야 하는데, 이는 오직 상태 변수만이 과도 현상 발생 전후에서 연속적이기 때문이다.

예제 4.19 자동차 점화 회로의 과도 응답

문제

그림 4.55의 회로는 단순화하였지만, 자동차 점화 시스템의 실제적인 표현이다. 이 회로는 자동차 배터리, 변압기(즉, 점화코일), 커패시터[일명 콘덴서(condenser)로도 불리는]와 스위치를 포함한다. 스위치는 보통 전자 스위치(예, 트랜지스터로 9장 참조)이고, 이상 스위치로 취급할 수 있다. 좌측 회로는 전자 스위치가 직후의 점화 회로를 나타내는데, 스파크 방전이 발생한다. 그러므로 스위치가 닫히기 전($t = 0$)에 인덕터에 저장된 에너지는 없다고 가정할 수 있다. 게다가 스위치가 닫히면 커패시터 양단에 단락 회로가 형성되어 커패시터에서 전하를 방출하므로, 커패시터에는 저장된 에너지가 없다. 점화코일 1차 권선(좌측 인덕터)은 저장 에너지를 조성하기 위해 적절한 시간이 주어진 후에 스위치가 열리고(예를 들어, $t = \Delta t$), 코일의 2차 권선(우측 인덕터)에 급속한 전압 상승이 유도된다. 이러한 매우 큰 전압 상승은 2가지 원인에 의해서 발생된다. 하나는 코일에 흐르는 전류 변화를 크게 발생시키는 데 큰 전압을 필요로 한다는 사실에 기인한 유도성 전압 킥(inductive voltage kick)이고, 나머지는 변압기의 전압 증배 효과(voltage multiplying effect)이다. 이 결과로 점화 플러그 양단에 스파크를 발생시키는 원인이 되는 매우 짧은 고전압(수천 볼트에 이르는)이 발생한다.

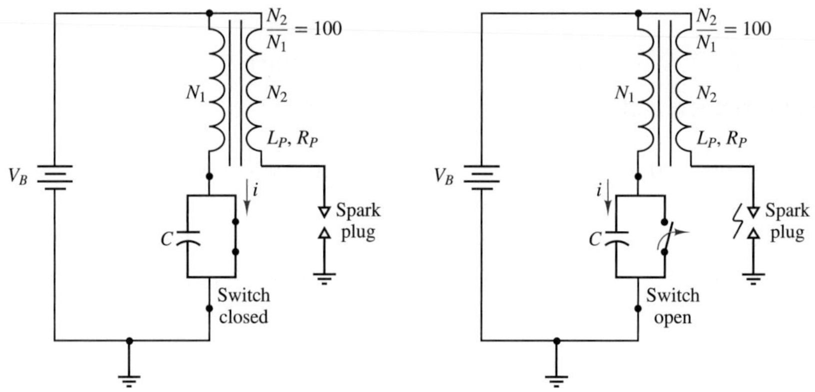

그림 4.55

풀이

기지: V_B; N_2/N_1; L_p; R_p; C.

미지: 점화코일 전류 $i(t)$와 스파크 플러그 양단에 걸리는 개방 전압 $v_{OC}(t)$

주어진 데이터 및 그림: $V_B = 12$ V; $N_2/N_1 = 100$; $L_p = 5$ mH; $R_p = 2\ \Omega$; C = 10 μF

가정: 스위치는 $t = 0$에서 닫히기 전에 오랫동안 열려져 있었다. 스위치는 다시 $t = \Delta t$에서 열린다.

해석: 처음에는 스위치가 열려 있고 인덕터와 커패시터에 저장된 에너지는 없다. 그 다음 그림 4.56에서처럼 스위치는 닫힌다. 스위치가 닫히면, 1차 코일 인덕터 L_P와 저항 R_P에 의해 1차 RL 회로가 형성된다. 이 회로의 해는 스위치가 다시 열릴 때의 유효한 초기 조건을 준다.

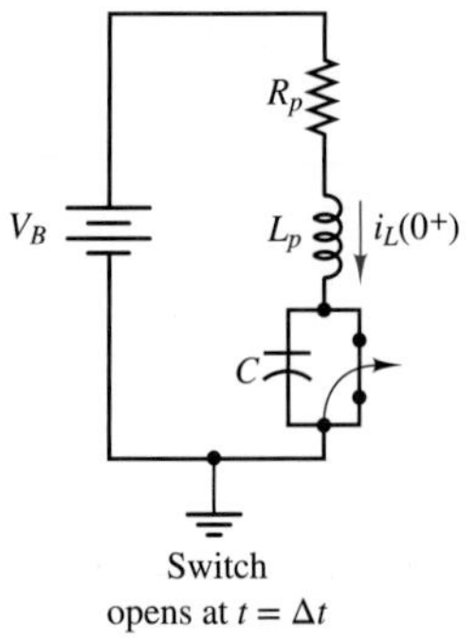

그림 4.56 $t = \Delta t$에서 스위치가 열릴 때, 커패시터는 더 이상 우회되지 않으므로 2차 회로가 형성된다.

$$i_L(t) = i_L(\infty) + [i_L(0) - i_L(\infty)]e^{-t/\tau} \qquad 0 \le t < \Delta t$$

$$i_L(t) = 6(1 - e^{-t/2.5\times10^{-3}})$$

여기서

$$i_L(\infty) = \frac{V_B}{R_p} = 6 \text{ A} \qquad \text{장기 1차 정상상태}$$

$$\tau = \frac{L_p}{R_p} = 2.5 \times 10^{-3} \text{ s} \qquad \text{1차 시정수}$$

스위치가 $t = \Delta t = 12.5$ ms $= 5\tau$까지 닫혀 있다. 시간 Δt에서 인덕터의 전류는

$$i_L(t = \Delta t) = 6(1 - e^{-5}) = 5.96 \text{ A}$$

이다. 즉, 전류는 시상수의 5배에 해당하는 시간이 경과한 후에 장기 정상상태 값의 99%에 달한다.

이제, 스위치가 $t = \Delta t$에서 열리면, 그 결과는 직렬 LC 회로이다.

단계 1: $t > \Delta t$에 대한 정상상태 응답. 스위치가 오랫동안 열린 후에, 커패시터는 개방 회로처럼 동작하고, 인덕터는 단락 회로처럼 동작한다. 이 경우에, 모든 소스 전압은 커패시터 양단에 나타나고, 물론 인덕터 전류는 0이 된다. $i_L(\infty) = 0$ A, $v_C(\infty) = V_S = 12$ V

단계 2: 미분 방정식. 직렬 회로에 대한 미분 방정식을 KCL에 의해 구할 수 있다.

$$L_p C\frac{d^2 i_L}{dt^2} + R_p C\frac{di_L}{dt} + i_L = C\frac{dV_B}{dt} = 0 \qquad t > \Delta t$$

단계 3: ω_n 및 ζ를 구한다.

$$\omega_n = \sqrt{\frac{1}{L_p C}} = 4,472 \text{ rad/s}$$

$$\zeta = R_p C\frac{\omega_n}{2} = \frac{R_p}{2}\sqrt{\frac{C}{L_p}} = 0.0447$$

그러므로 점화 회로는 부족 감쇠이다.

단계 4: 완전 해. 장기 정상상태 인덕터 전류는 0이므로, 과도 해는 $t > \Delta t$에 대한 완전 해이기도 하다.

단계 5: 상수 α_1 및 α_2를 구한다. 마지막으로, 상수 α_1과 α_2를 계산하기 위한 초기 조건을 구한다. $t = \Delta t = 12.5$ ms일 때, $i_L(\Delta t^-) = 5.96$ A 및 $v_C(\Delta t^-) = 0$ V이다. 미분 방정식의 변수가 i_L이므로, 2개의 초기 조건은 $i_L(\Delta t^+)$ 및 $di_L(\Delta t^+)/dt$이다. 첫 번째 초기 조건은 $i_L(\Delta t^+) = i_L(\Delta t^-) = 5.96$A 해로부터 직접 구할 수 있다. 두 번째 초기 조건은 $t = \Delta t^+$에서 KVL을 적용하여 구할 수 있다.

$$V_B - v_C(\Delta t^+) - Ri_L(\Delta t^+) - L\frac{di_L(\Delta t^+)}{dt} = 0$$

$$\frac{di_L(\Delta t^+)}{dt} = \frac{V_B}{L} - \frac{v_C(\Delta t^+)}{L} - \frac{R}{L}i_L(\Delta t^+) = \frac{12}{5\times10^{-3}} - 0 - \frac{2\times5.96}{5\times10^{-3}}$$

$$= 16.0 \text{ A/s}$$

$t = \Delta t^+$에서의 첫 번째 초기 조건은 다음과 같다.

$$i_L(\Delta t^+) = \alpha_1 e^0 + \alpha_2 e^0 = 5.96 \text{ A}$$

$$\alpha_1 = 5.96 - \alpha_2$$

$t = \Delta t^+$에서의 두 번째 초기 조건은 다음과 같다.

$$\frac{di_L(\Delta t^+)}{dt} = \left(-\zeta\omega_n + j\omega_n\sqrt{1-\zeta^2}\right)\alpha_1 e^0 + \left(-\zeta\omega_n - j\omega_n\sqrt{1-\zeta^2}\right)\alpha_2 e^0$$

$\alpha_1 = 5.96 - \alpha_2$를 대입하면 다음과 같다.

$$\frac{di_L(\Delta t^+)}{dt} = \left(-\zeta\omega_n + j\omega_n\sqrt{1-\zeta^2}\right)\alpha_1 + \left(-\zeta\omega_n - j\omega_n\sqrt{1-\zeta^2}\right)(5.96 - \alpha_1) = 16.0\text{ A/s}$$

$$2\left(j\omega_n\sqrt{1-\zeta^2}\right)\alpha_1 + 5.96\left(-\zeta\omega_n - j\omega_n\sqrt{1-\zeta^2}\right) = 16.0\text{ V}$$

$$\alpha_1 = \frac{16.0 - 5.96\left(-\zeta\omega_n - j\omega_n\sqrt{1-\zeta^2}\right)}{2j\omega_n\sqrt{1-\zeta^2}} = 2.98 - j0.135\text{ A}$$

$$\alpha_2 = 5.96 - \alpha_1 = 2.98 + j0.135\text{ A}$$

마지막 완전 해는

$$i_L(t) = (2.98 - j0.135)e^{\left(-\zeta\omega_n + j\omega_n\sqrt{1-\zeta^2}\right)(t-\Delta t)} + (2.98 + j0.135)e^{\left(-\zeta\omega_n - j\omega_n\sqrt{1-\zeta^2}\right)(t-\Delta t)} \qquad t > \Delta t$$

$$\begin{aligned} i_L(t) &= 2.98e^{(-\zeta\omega_n)(t-\Delta t)}\left(e^{\left(+j\omega_n\sqrt{1-\zeta^2}\right)(t-\Delta t)} + e^{\left(-j\omega_n\sqrt{1-\zeta^2}\right)(t-\Delta t)}\right) \\ &\quad - j0.135e^{(-\zeta\omega_n)(t-\Delta t)}\left(e^{\left(+j\omega_n\sqrt{1-\zeta^2}\right)(t-\Delta t)} - e^{\left(-j\omega_n\sqrt{1-\zeta^2}\right)(t-\Delta t)}\right) \\ &= 2.98e^{(-200)(t-\Delta t)}\left(e^{(+j4,468)(t-\Delta t)} + e^{(-j4,468)(t-\Delta t)}\right) \\ &\quad - j0.135e^{(-200)(t-\Delta t)}\left(e^{(+j4,468)(t-\Delta t)} - e^{(-j4,468)(t-\Delta t)}\right) \\ &= 5.96e^{(-200)(t-\Delta t)}\cos[4,468(t-\Delta t)] + 0.27e^{(-200)(t-\Delta t)}\sin[4,468(t-\Delta t)] \qquad t > \Delta t \end{aligned}$$

이다. $-10 \le t \le 50$ ms에 대한 인덕터 전류는 그림 4.57과 같다. $t = 0$에서 초기 1차 과도 응답과 $t = 12.5$ ms에서 2차 과도 응답이 나타난다.

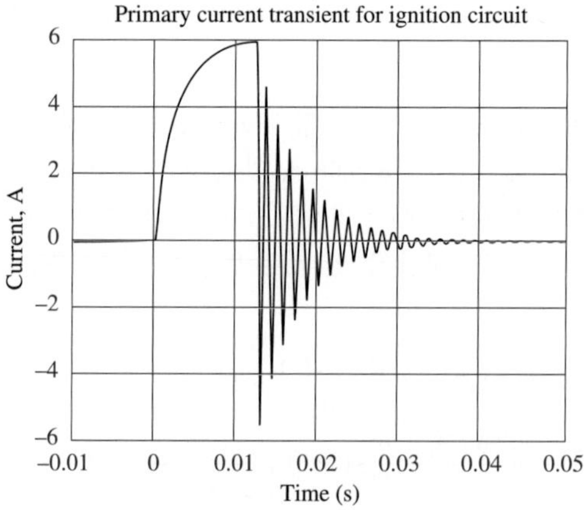

그림 4.57 점화 전류의 과도 전류 응답

1차 전압을 계산하기 위해 인덕터 전류를 미분하고 L을 곱한다. 스파크 플러그에 적용되는 2차 전압을 결정하기 위해, 1:100 변압기는 1차 전압에 대해서 2차 전압을 100배 증가시킨다.[1] 그러므로 2차 전압에 대한 식은 다음과 같다.

$$\begin{aligned} v_{\text{spark plug}} &= 100 \times L\frac{di_L}{dt} = 0.5 \times \frac{d}{dt}\{5.96\,e^{(-200)(t-\Delta t)}\cos[4{,}468(t-\Delta t)] \\ &\quad + 0.27\,e^{(-200)(t-\Delta t)}\sin[4{,}468(t-\Delta t)]\} \\ &= 0.5 \times \{5.96(-200)\,e^{(-200)(t-\Delta t)}\cos[4{,}468(t-\Delta t)] \\ &\quad + 5.96\,e^{(-200)(t-\Delta t)}(-4{,}468)\sin[4{,}468(t-\Delta t)]\} \\ &\quad + 0.5 \times \{0.27(-200)\,e^{(-200)(t-\Delta t)}\sin[4{,}468(t-\Delta t)] \\ &\quad - 0.27\,e^{(-200)(t-\Delta t)}4{,}468\cos[4{,}468(t-\Delta t)]\} \end{aligned}$$

$t = \Delta t$ 근처의 전압은 스파크를 생성한다. $t = \Delta t$에서 계산하면 다음과 같다.

$$v_{\text{spark plug}}(t=0) = 0.5 \times [5.96(-200)] - 0.5 \times (0.27 \times 4{,}468) = -1{,}199.18\ \text{V}$$

$v_{\text{spark plug}}$가 급속하게 진동하고, 그 첫 번째 피크 전압이 0.32 ms 부근에서 −12,550 V 정도의 크기로 발생한다는 점에 주목한다. 그림 4.58은 스위치가 열릴 때 인덕터 전압의 그래프를 나타낸다. 스위칭의 결과는 연속적인 매우 큰(음의) 전압 스파크인데, 이는 플러그 갭 사이에 일련의 스파크를 발생시킬 수 있다. 그러나 일단 단일의 스파크가 발생하면, 스파크 플러그의 전체 동역학이 변하는데, 이는 스파크 자체가 대지로 향하는 낮은 저항의 이온화된 경로처럼 동작하기 때문이다.

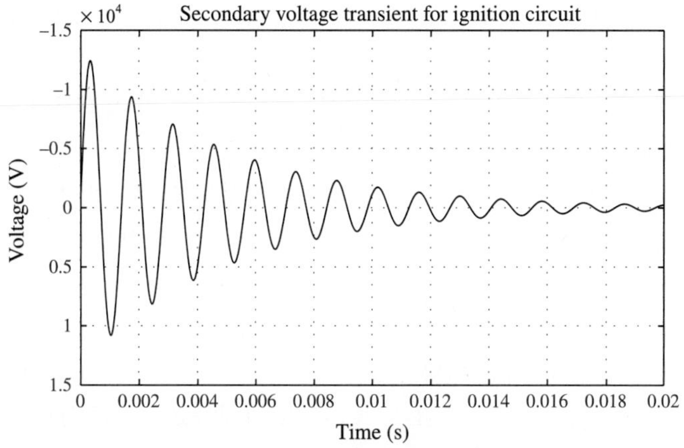

그림 4.58 2차 점화 전압 응답

연습 문제

예제 4.14에서 회로의 응답이 임계 감쇠되는 R_N은 얼마인가?

Answer: $R = 158.1\ \Omega$

[1] 2차 전류는 전력이 보존되도록 1/100로 감소할 것이다.

연습 문제

만일 예제 4.17의 인덕턴스가 원래 값의 반으로 줄어든다면(0.5에서 0.25 H로), 어떤 R의 범위에서 회로가 부족 감쇠되겠는가?

Answer: $R \leq 316\ \Omega$

결론

4장은 스위치 동작에 의한 직류 과도의 경우에 대한 1차 및 2차 미분 방정식의 해에 초점을 두었다. 그리고 전기 회로와 다른 물리적 시스템, 예를 들어 열 시스템, 기계 시스템 사이의 유사성을 몇 가지 표현하였다.

많은 형태의 가진에 대해서, 직류 공급이 켜지고 꺼지는 일은 전기적, 전자적, 전자기계적 시스템에서 매우 자주 발생한다. 게다가 이 장에서 논의된 방법들은, 더욱 일반적인 문제의 해로 쉽게 확장될 수 있다.

이 장의 학습한 후에는 다음 내용에 익숙해져야 한다.

1. 인덕터와 커패시터가 포함된 회로의 미분 방정식을 작성한다. 이 과정은 1차 미분 방정식을 산출하기 위해 KVL 및/또는 KCL의 적용을 포함하며, 상태 변수의 미분 방정식을 산출하기 위해 인덕터 및 커패시터의 i-v 구성 관계를 사용한다.
2. 인덕터와 커패시터가 포함된 회로의 직류 정상상태 해를 구한다. 어떤 미분 방정식에 대해서도 미분항을 0으로 설정함으로써 직류 정상상태 해를 구할 수 있다. 또 다른 방법으로는, 어떤 회로 변수에 대해서도 직류 조건에서 인덕터는 단락 회로처럼 동작하고 커패시터는 개방 회로처럼 동작하기 때문에 직류 정상상태 응답은 회로로부터 직접 얻을 수 있다.
3. 1차 회로의 미분 방정식을 표준 형식으로 작성하고, 스위치 DC 소스에 의해 가진되는 1차 회로의 완전 해를 구한다. 1차 시스템은 직류 이득과 시상수의 2가지 상수에 의해서 가장 잘 기술된다. 이들 상수를 구하는 방법과 초기 및 최종 조건을 계산하는 방법, 그리고 모든 1차 회로의 완전 해를 직관적으로 구하는 방법에 대해서 학습하였다.
4. 2차 회로의 미분 방정식을 표준 형식으로 작성하고, 스위치 DC 소스에 의해 가진되는 2차 회로의 완전 해를 구한다. 2차 회로는 직류 이득, 고유 주파수, 그리고 무차원 감쇠비의 3가지 상수에 의해서 기술된다. 2차 회로에 대한 완전 해를 구하는 방법은 논리적으로 1차 회로에 대한 방법과 동일하지만, 세부 사항은 더 복잡하다.

숙제 문제

4.2절: 과도 문제 해법의 요소

4.1 $t > 0$에서 그림 P4.21의 i_L과 v_3에 대한 미분 방정식을 작성하라. 그들은 어떻게 관련되어 있는가?

4.2 $t > 0$에서 그림 P4.23의 v_C에 대한 미분 방정식을 작성하라.

4.3 $t > 0$에서 그림 P4.27의 i_C에 대한 미분 방정식을 작성하라.

4.4 $t > 0$에서 그림 P4.29의 i_L에 대한 미분 방정식을 작성하라.

4.5 $t > 0$에서 그림 P4.32의 v_C에 대한 미분 방정식을 작성하라.

4.6 $t > 0$에서 그림 P4.34의 i_C와 v_3에 대한 미분 방정식을 작성하라. 그들은 어떻게 관련되어 있는가?

4.7 $t > 0$에서 그림 P4.41의 v_C에 대한 미분 방정식을 작성하라. $R_1 = 5\ \Omega$, $R_2 = 4\ \Omega$, $R_3 = 3\ \Omega$, $R_4 = 6\ \Omega$, 그리고 $C_1 = C_2 = 4$ F.

4.8 $t > 0$에서 그림 P4.47의 i_C에 대한 미분 방정식을 작성하라. $V_S = 9$ V, $C = 1\ \mu$F, $R_S = 5$ kΩ, $R_1 = 10$ kΩ, 그리고 $R_2 = R_3 = 20$ kΩ.

4.9 $t > 0$에서 그림 P4.49의 i_L에 대한 미분 방정식을 작성하라.

4.10 $t > 0$에서 그림 P4.52의 i_L과 v_1에 대한 미분 방정식을 작성하라. 그들은 어떻게 관련되어 있는가? $L_1 = 1$ H 및 $L_2 = 5$ H.

4.11 그림 P4.21의 i_L과 v_3에 대한 초기 조건과 최종 조건을 구하라.

4.12 그림 P4.23의 v_C에 대한 초기 조건과 최종 조건을 구하라.

4.13 그림 P4.27의 i_C에 대한 초기 조건과 최종 조건을 구하라.

4.14 그림 P4.29의 i_L에 대한 초기 조건과 최종 조건을 구하라.

4.15 그림 P4.32의 v_C에 대한 초기 조건과 최종 조건을 구하라.

4.16 그림 P4.34의 i_C와 v_3에 대한 초기 조건과 최종 조건을 구하라.

4.17 그림 P4.41의 v_C에 대한 초기 조건과 최종 조건을 구하라. S_1은 항상 열려 있으며, S_2는 $t = 0$에서 닫힌다고 가정한다.

4.18 그림 P4.47의 i_C에 대한 초기 조건과 최종 조건을 구하라. $V_S = 9$ V, $C = 1\ \mu$F, $R_S = 5$ kΩ, $R_1 = 10$ kΩ, 그리고 $R_2 = R_3 = 20$ kΩ

4.19 그림 P4.49의 i_L에 대한 초기 조건과 최종 조건을 구하라.

4.20 그림 P4.52의 i_L과 v_1에 대한 초기 조건과 최종 조건을 구하라. $L_1 = 1$ H, $L_2 = 5$ H라고 가정한다.

4.21 $t = 0^-$에서 스위치가 열리기 직전에, 그림 P4.21의 인덕터에 흐르는 전류는 $i_L = 140$ mA이다. 이 값은 직류 정상상태에서도 같은가? 스위치가 열리기 직전에 회로는 정상상태인가? $V_S = 10$ V, $R_1 = 1$ kΩ, $R_2 = 5$ kΩ, $R_3 = 2$ kΩ, $L = 1$ mH.

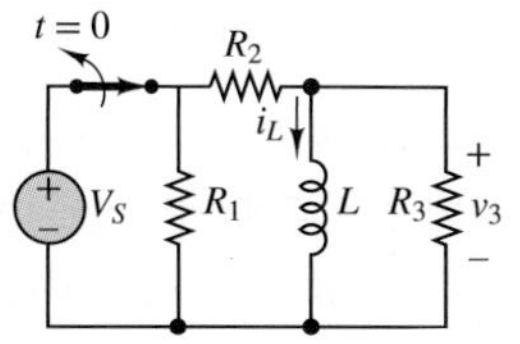

그림 P4.21

4.22 $t < 0$에서 그림 P4.22의 회로는 직류 정상상태이다. $t = 0$에서 그림과 같이 스위치가 개폐된다.

$V_{S1} = 35$ V	$V_{S2} = 130$ V
$C = 11\ \mu$F	$R_1 = 17$ kΩ
$R_2 = 7$ kΩ	$R_3 = 23$ kΩ

$t = 0^+$에서 스위치가 개폐된 직후에 R_3에 흐르는 전류를 구하라.

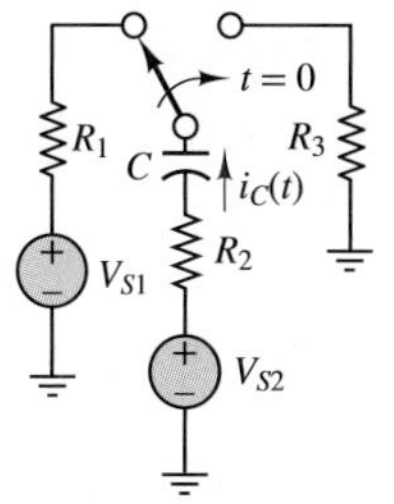

그림 P4.22

4.23 그림 P4.23에서 스위치가 닫히기 직전과 직후에 커패시터에 흐르는 전류 i_C를 구하라. $t < 0$에서 정상상태 조건을 가정한다. $V_1 = 15$ V, $R_1 = 0.5$ kΩ, $R_2 = 2$ kΩ, $C = 0.4\ \mu$F.

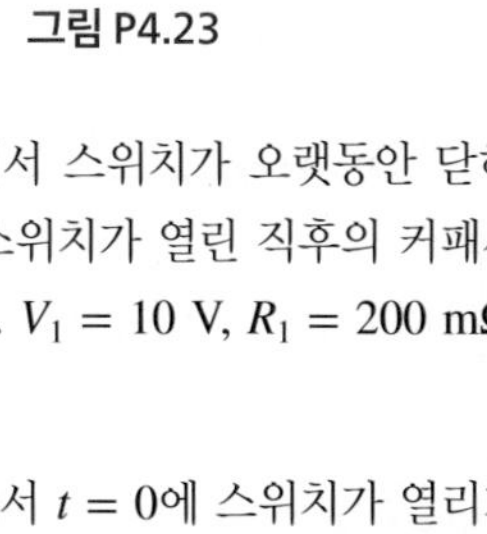

그림 P4.23

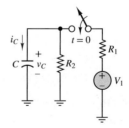

4.24 그림 P4.23에서 스위치가 오랫동안 닫혀 있다가 열린다고 가정하라. 스위치가 열린 직후의 커패시터에 흐르는 전류 i_C를 구하라. $V_1 = 10$ V, $R_1 = 200$ mΩ, $R_2 = 5$ kΩ, $C = 300\ \mu$F.

4.25 그림 P4.21에서 $t = 0$에 스위치가 열리기 전에 인덕터에 흐르는 전류는 $i_L = 1.50$ mA로 가정한다. 스위치가 열린 직후에 R_3에 걸리는 전압 v_3을 구하라. $V_S = 12$ V, $R_1 = 6$

kΩ, $R_2 = 6$ kΩ, $R_3 = 3$ kΩ, $L = 0.9$ mH.

4.26 $t < 0$에서 그림 P4.26의 회로는 정상상태라고 가정한다. 스위치가 개폐된 직후에 인덕터에 흐르는 전류를 구하라. $L = 0.5$ H, $R_1 = 100$ kΩ, $R_S = 5$ Ω, $V_S = 24$ V.

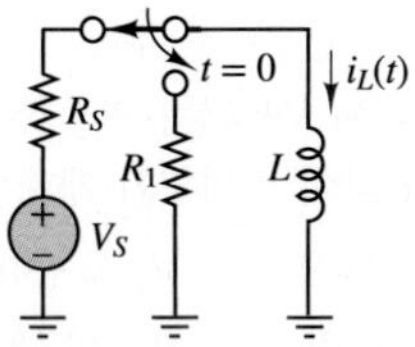

그림 P4.26

4.27 $t < 0$에서 그림 P4.27의 회로는 정상상태라고 가정한다. $V_1 = 15$ V, $R_1 = 100$ Ω, $R_2 = 1.2$ kΩ, $R_3 = 400$ Ω, $C = 4.0$ μF. 스위치가 닫힌 직후인 $t = 0^+$에서 커패시터에 흐르는 전류 i_C를 구하라.

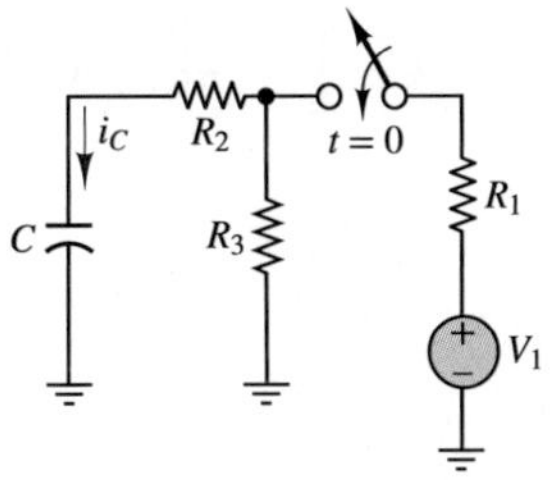

그림 P4.27

4.28 그림 P4.28에서 $t > 0$에 대한 인덕터의 노턴 등가 회로망을 구하라. 이 결과를 이용하여 관련된 시상수를 구하라.

$V_1 = 12$ V $\quad V_2 = 5$ V
$L = 3$ H $\quad R_1 = R_2 = 2$ Ω
$R_3 = 4$ Ω

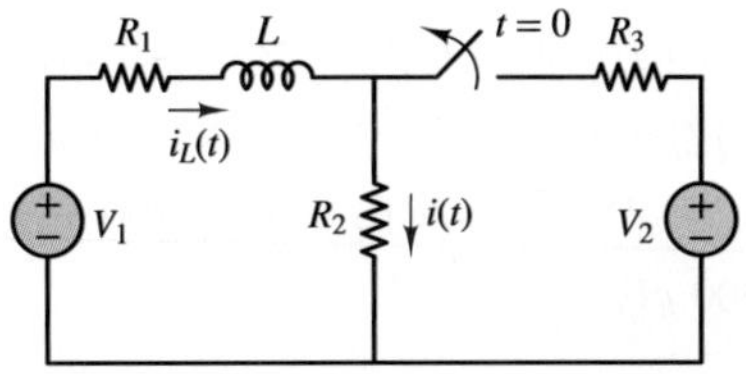

그림 P4.28

4.29 그림 P4.29에서 $t > 0$에 대한 인덕터의 노턴 등가 회로망을 구하라. 이 결과를 이용하여 관련된 시상수를 구하라.

$V_{S1} = 9$ V $\quad V_{S2} = 12$ V
$L = 120$ mH $\quad R_1 = 2.2$ Ω
$R_2 = 4.7$ Ω $\quad R_3 = 18$ kΩ

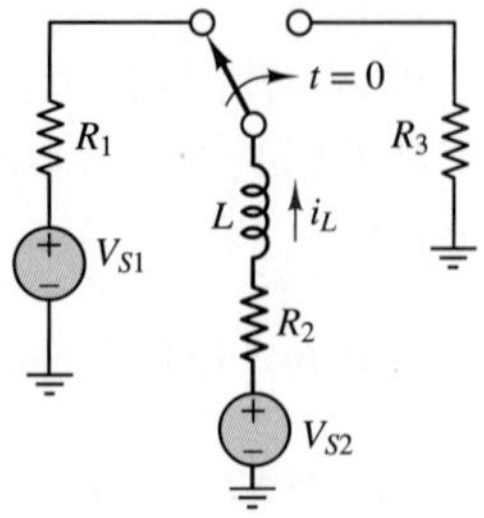

그림 P4.29

4.30 그림 P4.30에서 $t > 0$에 대한 커패시터의 테브닌 등가 회로망을 구하라. 이 결과를 이용하여 관련된 시상수를 구하라. $R_1 = 3$ Ω, $R_2 = 1$ Ω, $R_3 = 4$ Ω, $C = 0.2$ F, $I_S = 3$ A.

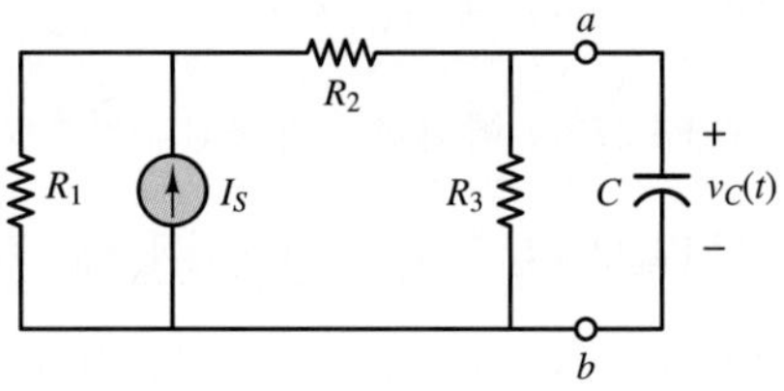

그림 P4.30

4.31 그림 P4.31에서 $t > 0$에 대한 커패시터의 테브닌 등가 회로망을 찾아라. 이 결과를 이용하여 관련된 시상수를 구하라. $R_S = 8$ kΩ, $V_S = 40$ V, $C = 350$ μF, $R = 24$ kΩ.

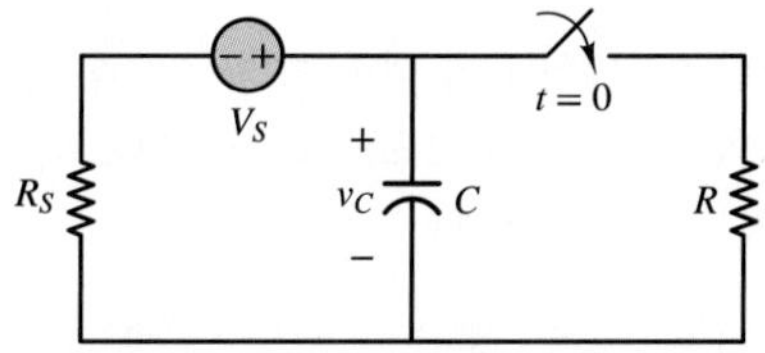

그림 P4.31

4.3절: 1차 과도 해석

4.32 그림 P4.32에서 $t > 0$에 커패시터에 걸리는 전압 v_C를 찾아라. $t < 0$에서 직류 정상상태이다.

$I_o = 17$ mA $\quad C = 0.55$ μF
$R_1 = 7$ kΩ $\quad R_2 = 3.3$ kΩ

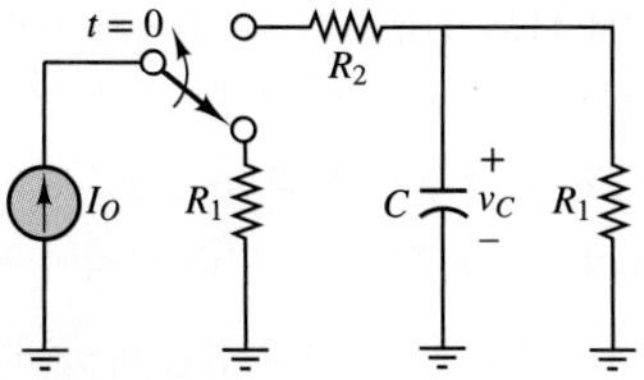

그림 P4.32

4.33 그림 P4.29의 회로는 $t < 0$에서 정상상태이다. 스위치는 $t = 0$에서 개폐된다. $t > 0$에서 인덕터에 흐르는 전류 i_L을 구하라.

$V_{S1} = 9$ V	$V_{S2} = 12$ V
$L = 120$ mH	$R_1 = 2.2\ \Omega$
$R_2 = 4.7\ \Omega$	$R_3 = 18$ kΩ

4.34 그림 P4.34의 회로는 $t < 0$에서 정상상태이다. 스위치는 $t = 0$에서 개폐된다.

$V_{S1} = 17$ V	$V_{S2} = 11$ V
$R_1 = 14$ kΩ	$R_2 = 13$ kΩ
$R_3 = 14$ kΩ	$C = 70$ nF

다음을 구하라.

a. $t > 0$에서 커패시터에 흐르는 전류 i_C

b. $t > 0$에서 저항 R_3에 걸리는 전압 v_3

c. i_C와 v_3가 $t = 0^+$에서의 초기값으로부터 98%까지 변화되는 데 요구되는 시간

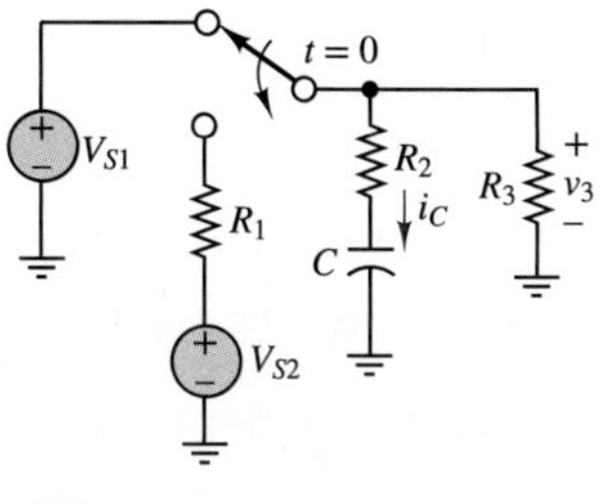

그림 P4.34

4.35 그림 P4.35의 회로는 자동차 점화 시스템의 단순한 모델이다. 스위치 모델은 연료-공기 혼합물이 압축될 때 실린더에 전력을 제공해 주는 "접점"을 모델링한 것이다. R은 스파크 플러그의 전극 사이의 저항이다.

$V_G = 12$ V	$R_G = 0.37\ \Omega$
$R = 1.7$ kΩ	

스위치가 동작된 직후에 스파크 플러그 간극에 걸리는 전압이 23 kV가 되고, 이 전압이 시상수 $\tau = 13$ ms로 지수적으로 변하기 위해서 요구되는 L과 R_1의 값을 구하라.

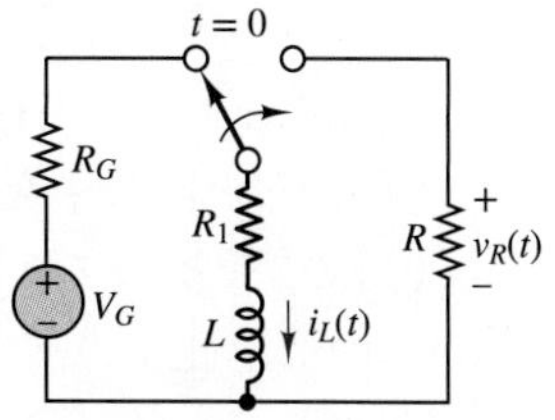

그림 P4.35

4.36 그림 P4.36의 회로에서 인덕터 L은 릴레이(relay) 코일이다. 코일에 흐르는 전류 i_L는 2 mA와 같거나 크게 될 때, 릴레이는 활성화된다. $t < 0$에서 정상상태라고 가정한다.

$V_S = 12$ V
$L = 10.9$ mH
$R_1 = 3.1$ kΩ

스위치가 개폐되고 $t = 2.3$ s 후에 릴레이가 활성화되도록 R_2를 구하라.

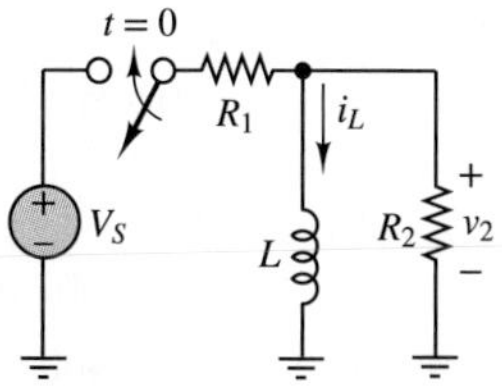

그림 P4.36

4.37 그림 P4.37에서 커패시터에 항상 흐르는 전류 i_C를 구하라. $t < 0$에서 직류 정상상태라고 가정한다. $V_1 = 10$ V, $C = 200\ \mu$F, $R_1 = 300$ m, $R_2 = R_3 = 1.2$ kΩ.

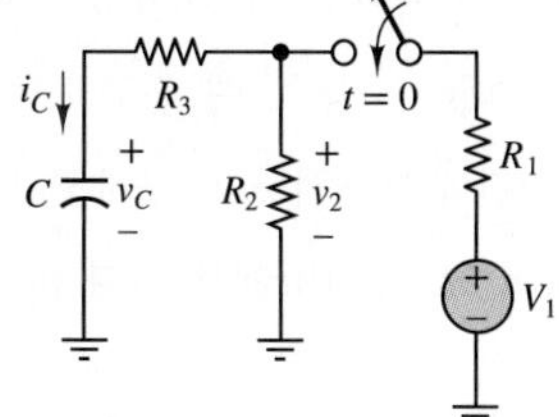

그림 P4.37

4.38 그림 P4.38에서 인덕터에 항상 걸리는 전압 v_L을 구하라. $t < 0$에서 직류 정상상태라고 가정한다.

$V_S = 15$ V, $L = 200$ mH, $R_S = 1\ \Omega$, $R_1 = 20$ kΩ.

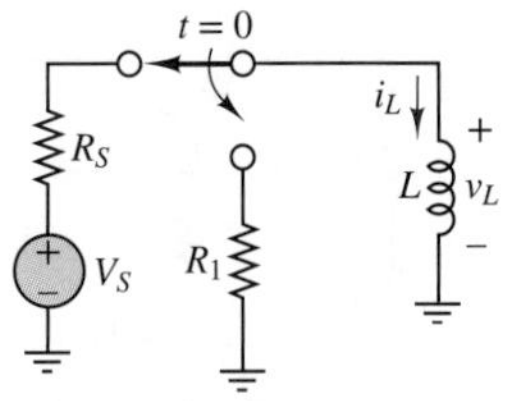

그림 P4.38

4.39 그림 P4.39의 회로는 $t < 0$에서 직류 정상상태이다. 스위치는 $t = 0$에서 닫힌다. 전압 v_C를 구하라. $R_1 = R_3 = 3\ \Omega$, $R_2 = 6\ \Omega$, $V_1 = 15$ V, $C = 0.5$ F

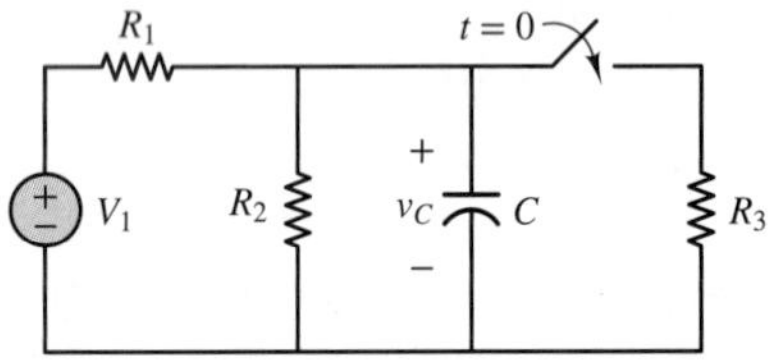

그림 P4.39

4.40 그림 P4.21의 회로는 $t < 0$에서 직류 정상상태이다. 스위치는 $t = 0$에서 열린다. 인덕터에 흐르는 전류 i_L을 구하라.

$V_S = 12$ V　　$L = 100$ mH
$R_1 = 400\ \Omega$　　$R_2 = 400\ \Omega$
$R_3 = 600\ \Omega$

4.41 그림 P4.41의 회로에서 스위치 S_1은 항상 열려 있었고, 스위치 S_2는 $t = 0$에 닫힐 때까지는 열려 있었다고 가정한다. $t < 0$에 대해 직류 정상상태라고 가정한다. $R_1 = 5\ \Omega$, $R_2 = 4\ \Omega$, $R_3 = 3\ \Omega$, $R_4 = 6\ \Omega$, $C_1 = C_2 = 4$ F이라 가정한다.

a. $t = 0^+$에서 커패시터의 전압 v_C를 구하라.

b. $t > 0$에 대한 시상수 τ를 구하라.

c. 전체 시간에 대해서 v_C를 구하고, 함수를 도시하라.

d. $t = 0, \tau, 2\tau, 5\tau, 10\tau$에서 v_C 대 $v_C(\infty)$의 비를 구하라.

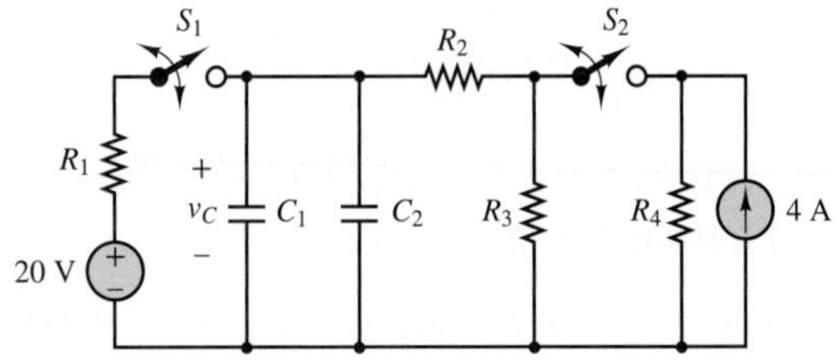

그림 P4.41

4.42 그림 P4.41의 회로에서 $t = 0$에서 오랫동안 스위치 S_1은 열려 있었고, S_2는 닫혀 있었다고 가정하라. $t = 0$에서 S_1은 닫히고, S_2는 열린다. $R_1 = 5\ \Omega$, $R_2 = 4\ \Omega$, $R_3 = 3\ \Omega$, $R_4 = 6\ \Omega$, $C_1 = C_2 = 4$ F이라 가정한다.

a. $t = 0^+$에서 커패시터의 전압 v_C를 구하라.

b. $t > 0$에 대해서 시상수 τ를 구하라.

c. 전체 시간에 대해서 v_C를 구하고, 함수를 도시하라.

d. $t = 0, \tau, 2\tau, 5\tau, 10\tau$에서 v_C 대 $v_C(\infty)$의 비를 구하라.

4.43 그림 P4.41의 회로에서 스위치 S_2는 항상 열려 있고, 스위치 S_1은 $t = 0$에서 열리기 전까지 닫혀 있었다고 가정한다. 그 후, S_1은 $t = 3\tau$에서 닫힌 상태로 유지된다. 또한 $t < 0$에서 직류 정상상태 조건이며, $R_1 = 5\ \Omega$, $R_2 = 4\ \Omega$, $R_3 = 3\ \Omega$, $R_4 = 6\ \Omega$, $C_1 = C_2 = 4$ F라고 가정한다.

a. $t = 0$에서 커패시터 전압 v_C를 구하라.

b. $0 < t < 3\tau$에 대해 v_C를 구하라.

c. b번을 사용하여 $t = 3\tau$에서 커패시터 전압 v_C를 구하고, 이 결과를 이용하여 $t > 3\tau$에 대해 v_C를 구하라.

d. $0 < t < 3\tau$ 및 $t > 3\tau$에 대해서 두 시상수를 비교하라.

e. 전체 시간에 대해 v_C를 도시하라.

4.44 그림 P4.41의 회로에서 $t = 0$ 전에 오랫동안 스위치 S_1과 S_2가 열려 있었지만, $t = 0$에서 닫힌다고 가정한다. $R_1 = 5\ \Omega$, $R_2 = 4\ \Omega$, $R_3 = 3\ \Omega$, $R_4 = 6\ \Omega$, $C_1 = C_2 = 4$ F라고 가정한다.

a. $t = 0$에서 커패시터의 전압 v_C를 구하라.

b. $t > 0$에 대한 시상수 τ를 구하라.

c. v_C를 구하고, 함수를 도시하라.

d. $t = 0, \tau, 2\tau, 5\tau, 10\tau$에서 v_C 대 $v_C(\infty)$의 비를 구하라.

4.45 그림 P4.41의 회로에서 $t = 0$에서 오랫동안 스위치 S_1과 S_2가 닫혀 있었다고 가정하자. S_1은 $t = 0$에서 열리지만, S_2는 $t = 48$s까지 열리지 않는다. $R_1 = 5\ \Omega$, $R_2 = 4\ \Omega$, $R_3 = 3\ \Omega$, $R_4 = 6\ \Omega$, $C_1 = C_2 = 4$ F라고 가정한다.

a. $t = 0$에서 커패시터의 전압 v_C를 구하라.

b. $0 < t < 48$ s에서 시상수 τ를 구하라.

c. $0 < t < 48$ s에서 v_C를 구하라.

d. $t > 48$ s에서 τ를 구하라.

e. $t > 48$ s에서 v_C를 구하라.

f. 모든 시간에 대해 v_C를 도시하라.

4.46 그림 P4.41의 회로에서 $t = 0$에서 오랫동안 스위치 S_1과 S_2가 닫혀 있었다고 가정하자. S_2은 $t = 0$에서 열리지만, S_1는 $t = 96$s까지 열리지 않는다. $R_1 = 5\ \Omega$, $R_2 = 4\ \Omega$, $R_3 = 3\ \Omega$, $R_4 = 6\ \Omega$, $C_1 = C_2 = 4$ F라고 가정한다.

a. $t = 0$에서 커패시터의 전압 v_C를 구하라.

b. $0 < t < 96$ s에서 τ를 구하라.

c. $0 < t < 96$ s에서 v_C를 구하라.

d. $t > 96$ s에서 시상수를 구하라.

e. c번을 사용하여 $t = 96$ s에서 커패시터 전압 v_C를 구하고, 이 결과를 사용하여 $t > 96$ s에 대해 v_C를 구하라.

f. 모든 시간에 대해 v_C를 도시하라.

4.47 그림 P4.47의 회로에서 스위치가 열리기 전의 시상수 1.5 ms와 열린 후의 시상수 10 ms를 알고 있다고 하고, 저항 R_1과 R_2를 구하라. $R_S = 15$ kΩ, $R_3 = 30$ kΩ, $C = 1\ \mu$F

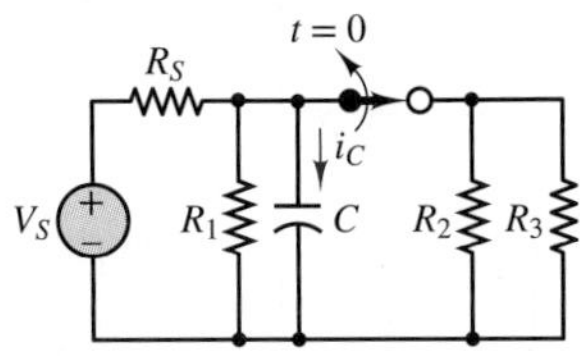

그림 P4.47

4.48 그림 P4.47의 회로에서 $V_S = 100$ V, $R_S = 4$ kΩ, $R_1 = 2$ kΩ, $R_2 = R_3 = 6$ kΩ, $C = 1\ \mu$F이고, 회로는 스위치가 열리기 전에 정상상태라고 가정한다. 스위치가 열린 후 $t = 8/3$ ms에서 v_C를 구하라.

4.49 그림 P4.49의 회로에서, 스위치가 $t = 0$에서 개폐되면 언제 $i_L = 5$ A가 되는가? $t < 0$에서 직류 정상상태를 가정하라. $i_L(t)$를 도시하라.

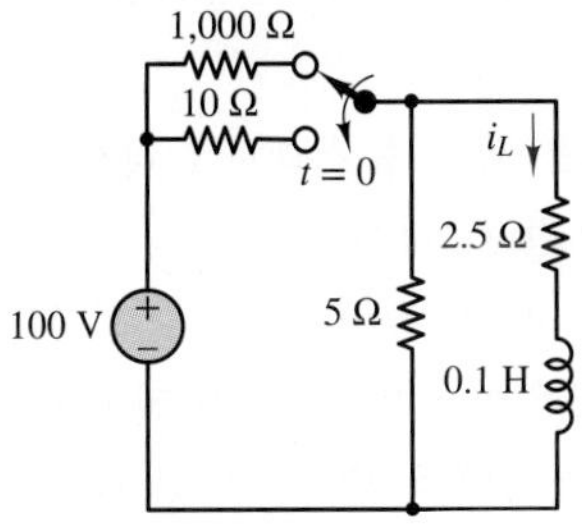

그림 P4.49

4.50 그림 P4.49의 회로를 참고하라. 스위치가 한 접점에서 다른 접점으로 넘어가는 데 5 ms가 걸린다고 가정하자. 또한 이 시간 동안 스위치는 어느 접점에도 전기적인 접촉이 없다고 가정하자.

a. $0 < t < 5$ ms에 대하여 $i_L(t)$를 구하라.

b. 스위칭의 5 ms 시간 동안에 접점 간의 최대 전압을 구하라.

4.51 그림 P4.51의 회로는 전압-제어 스위치를 포함하고 있다. 커패시터에 걸리는 전압이 v_M^c에 도달하면 스위치는 닫히고, v_M^o에 도달하면 스위치는 열린다. 만일 $v_M^o = 1$ V이고 커패시터 전압 파형의 주기가 200 ms라면, v_M^c을 구하라.

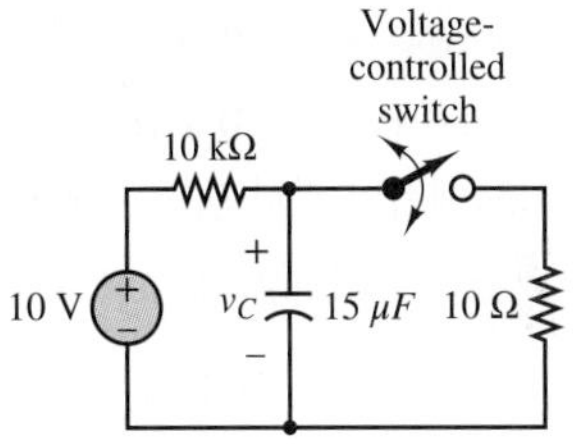

그림 P4.51

4.52 그림 P4.52의 회로에 있는 스위치는 $t = 0$일 때 닫힌다. $L_1 = 1$ H, $L_2 = 5$ H이고, $t < 0$에서 회로가 직류 정상상태라고 가정하라. 전체 시간에 대해 $i_L(t)$를 구하라.

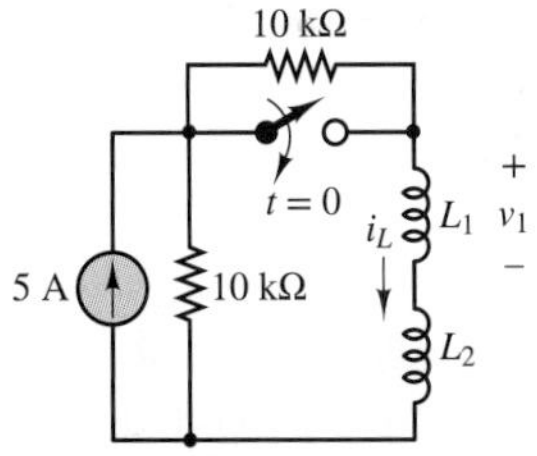

그림 P4.52

4.53 P4.52의 문제에서 전체 시간에 대해 $v_1(t)$를 구하라.

4.54 전기 시스템과 열 시스템 간의 유사성을 사용하여, 전기 스토브로 주전자를 가열할 때의 거동을 해석한다. 가열부는 그림 P4.54의 회로처럼 모델링할 수 있다. 버너가 10 s에서 희망 온도의 90%에 도달한다면, 버너의 "열용량" C_S를 구하라. $R_S = 1.5\ \Omega$라고 가정하라.

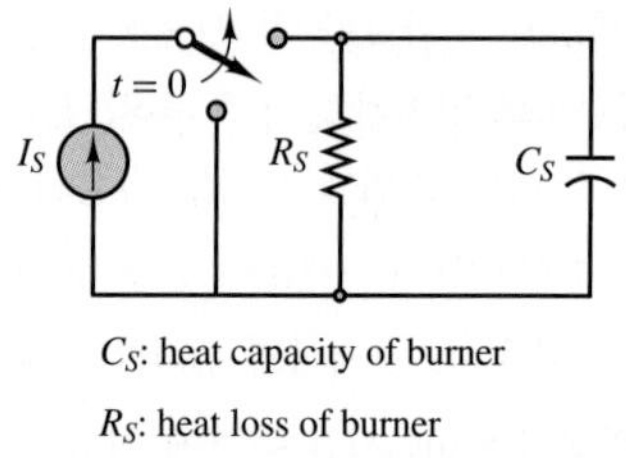

그림 P4.54

4.55 문제 4.54의 주전자와 버너가 그림 P4.55의 회로처럼 모델링될 수 있다. R_0은 버너와 주전자 사이에 열손실을 모델링한다. 주전자는 열저항 R_P와 병렬로 연결된 열용량 C_P로 모델링된다.

a. 주전자에 있는 물의 최종 온도를 구하라. 즉, $I_S = 75$ A, $C_P = 80$ F, $R_0 = 0.8\ \Omega$, $R_P = 2.5\ \Omega$이고, 버너는 문제 4.54에서와 같다면, $t \to \infty$일 때 v_0를 구하라.

b. 물이 최종 온도의 80%에 도달하는 데 걸리는 시간은?

힌트: C_S가 실질적으로 개방 회로로 동작하도록 $C_S \ll C_P$라고 가정한다.

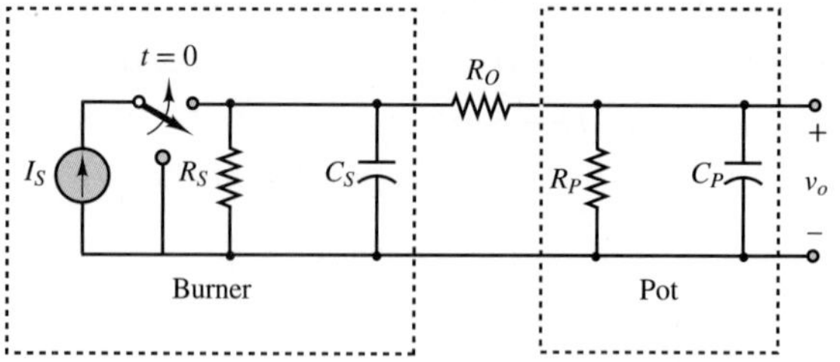

그림 P4.55

4.56 그림 P4.56의 회로는 도난 경보기에서 가변 지연 회로로 사용된다. 경보기는 1 kΩ의 내부 저항을 갖는 사이렌이다. 경보기는 전류 i_0이 100 μA를 초과할 때까지는 울리지 않는다. 도식적 해법 또는 컴퓨터 시뮬레이션을 사용하여, 지연이 1과 2 s 사이가 되도록 하는 가변저항 R의 범위를 구하라. 커패시터는 초기에 충전되지 않았다고 가정한다.

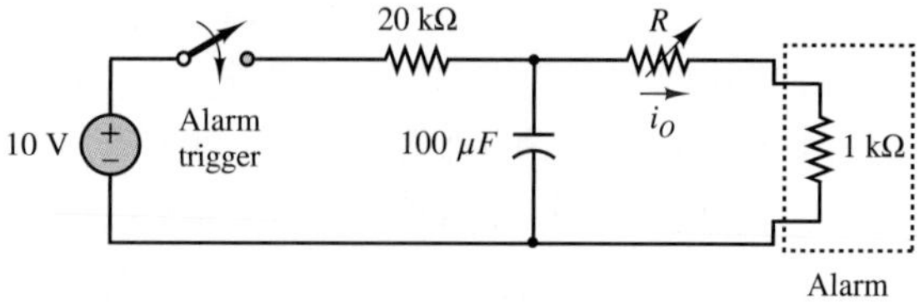

그림 P4.56

4.57 그림 P4.57의 회로에서 $t > 0$일 때 C_1에 걸리는 전압 v_1을 구하라. $C_1 = 5\ \mu$F, $C_2 = 10\ \mu$F이다. 커패시터는 초기에 충전되어 있지 않다고 가정한다.

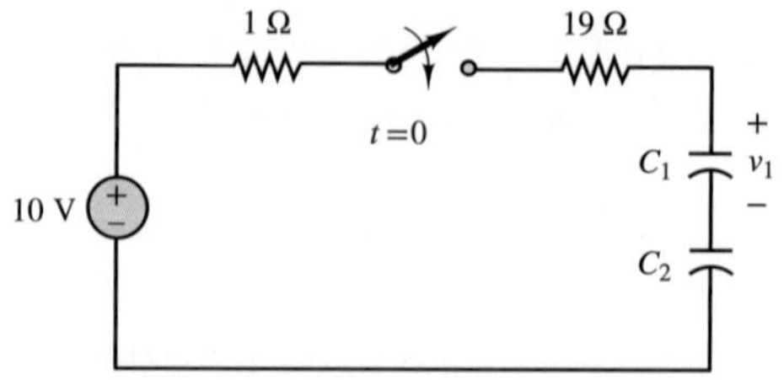

그림 P4.57

4.58 그림 P4.58의 회로에서 스위치가 열렸을 때와 닫혔을 때의 시상수를 구하라.

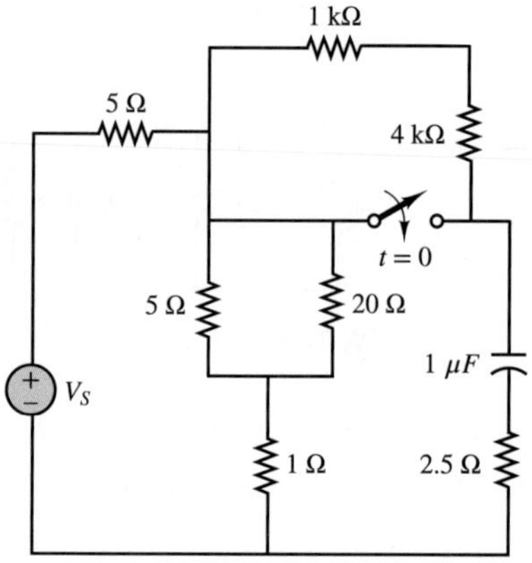

그림 P4.58

4.59 그림 P4.59의 회로는 전자 카메라 플래시의 충전 회로를 모델링한다. 플래시는 사용할 때마다 $v_C \ge 7.425$ V까지 충전되어야 한다. $C = 1.5$ mF, $R_1 = 1$ kΩ, $R_2 = 1\ \Omega$라고 가정한다.

a. 사진을 찍은 후 플래시를 다시 충전하려면 시간이 얼마나 걸리는가?

b. 셔터 버튼은 1/30 s 동안 닫혀 있다. 그 시간 동안 얼마나 많은 에너지가 플래시 전구 R_2에 전달되는가? 커패시터는 완전히 충전되어 있다고 가정한다.

c. 플래시가 동작 후 3초 동안 셔터 버튼을 누른다면, 얼마나 많은 에너지가 전구 R_2에 전달되는가?

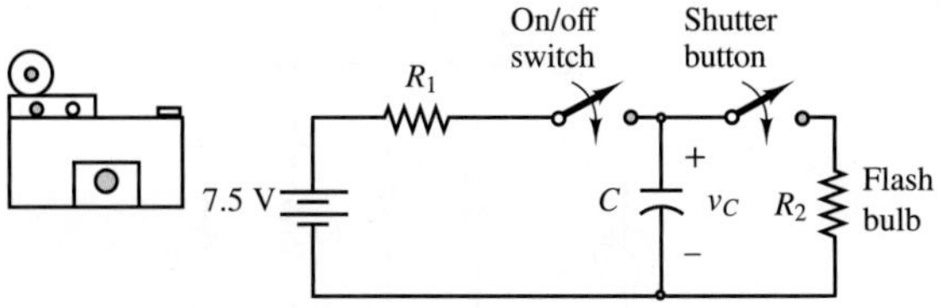

그림 P4.59

4.60 그림 P4.60의 이상 직류원 $i_S(t)$은 그림에서와 같이 레벨 사이에서 전환된다. $0 < t < 2$ s에서 인덕터에 걸리는 전압 $v_o(t)$를 구하고, 도시하라. 인덕터 전류는 $t = 0$에서 0이고, $R_S = 500\ \Omega$, $L = 50$ H이다.

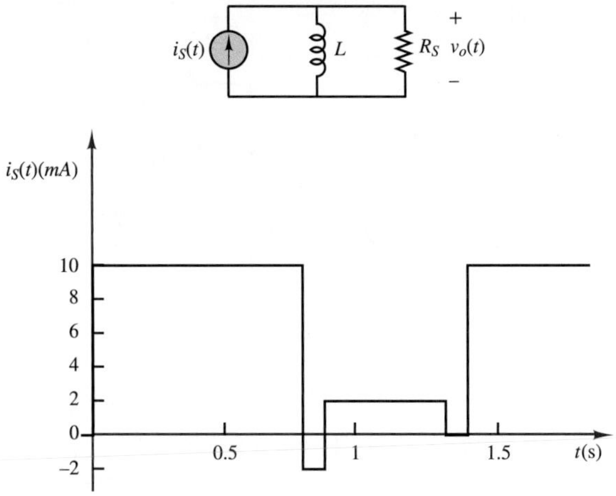

그림 P4.60

4.4절: 2차 과도 해석

4.61 그림 P4.61의 회로에서

$V_{S1} = 15$ V	$V_{S2} = 9$ V
$R_{S1} = 130\ \Omega$	$R_{S2} = 290\ \Omega$
$R_1 = 1.1\ \text{k}\Omega$	$R_2 = 700\ \Omega$
$L = 17$ mH	$C = 0.35\ \mu$F

$t \to \infty$에 따라 커패시터에 걸리는 전압 v_C와 인덕터에 흐르는 전류 i_L을 구하라.

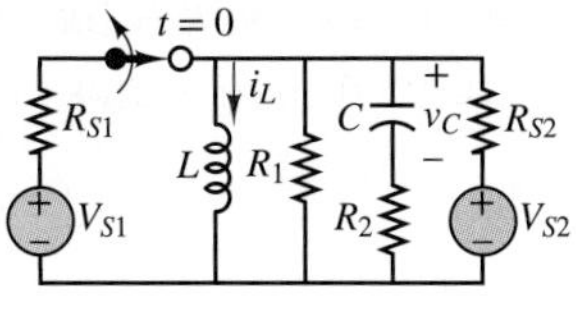

그림 P4.61

4.62 그림 P4.62의 회로에서 $t > 0$에 대해 인덕터에 흐르는 전류 i_L과 커패시터에 걸리는 전압 v_C를 구하라. $t < 0$에 대해 $v_S = -1$ V이지만, $t > 0$에 대해서는 $v_S = 1$ V이라고 가정한다. 또한 $R = 10\ \Omega$, $L = 5$ mH, $C = 100\ \mu$F이고, 전압원이 역전되기 전에 회로는 직류 정상상태에 있었다고 가정한다.

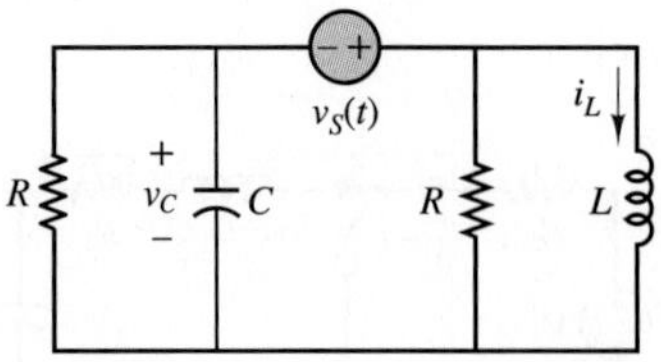

그림 P4.62

4.63 그림 P4.63의 회로에서 스위치는 $t = 0$에서 닫힌다. $t < 0$에 대해 직류 정상상태를 가정한다.

$V_S = 170$ V	$R_S = 7\ \text{k}\Omega$
$R_1 = 2.3\ \text{k}\Omega$	$R_2 = 7\ \text{k}\Omega$
$L = 30$ mH	$C = 130\ \mu$F

$t > 0$에 대해 인덕터에 흐르는 전류 i_L과 커패시터에 걸리는 전압 v_C를 구하라.

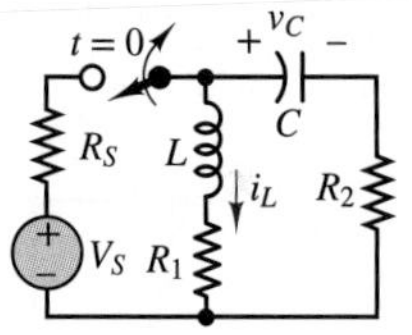

그림 P4.63

4.64 그림 P4.64의 회로에서 스위치는 $t = 0$에서 닫힌다. $t < 0$에 대해 직류 정상상태를 가정한다.

$V_S = 12$ V	$C = 130\ \mu$F
$R_1 = 2.3\ \text{k}\Omega$	$R_2 = 7\ \text{k}\Omega$
$L = 30$ mH	

$t > 0$에 대해 인덕터에 흐르는 전류 i_L과 커패시터에 걸리는 전압 v_C를 구하라.

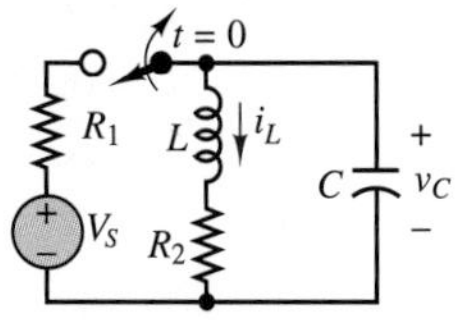

그림 P4.64

4.65 그림 P4.65의 회로에서 스위치는 $t = 0$에서 개폐된다. $t < 0$에 대해 직류 정상상태를 가정한다.

$V_S = 12$ V	$R_S = 100\ \Omega$
$R_1 = 31$ kΩ	$R_2 = 22$ kΩ
$L = 0.9$ mH	$C = 0.5\ \mu$F

$t > 0$에 대해 R_1에 흐르는 전류 i_1과 R_2에 걸리는 전압 v_2을 구하라.

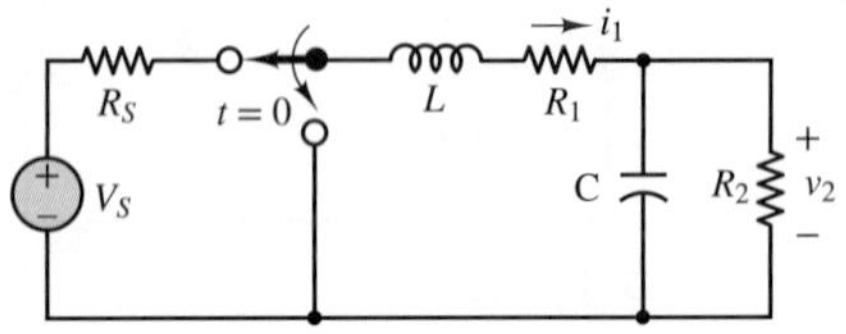

그림 P4.65

4.66 그림 P4.66의 회로는 $t < 0$에서 직류 정상상태이고, 커패시터에 걸리는 전압은 +7 V이다. 스위치는 $t = 0$에서 개폐된다.

$V_S = 12$ V	$C = 3,300\ \mu$F
$R_1 = 9.1$ kΩ	$R_2 = 4.3$ kΩ
$R_3 = 4.3$ kΩ	$L = 16$ mH

$t > 0$에서 인덕터에 흐르는 전류 i_L, 커패시터에 걸리는 전압 v_C, R_2에 흐르는 전류 i_2를 구하라.

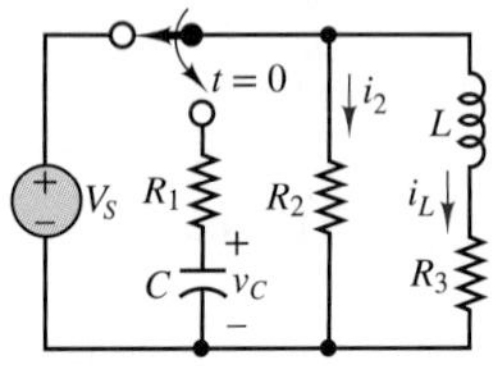

그림 P4.66

4.67 그림 P4.67의 회로는 $t < 0$에서 직류 정상상태이다. $t > 0$에서 인덕터에 흐르는 전류 i_L과 커패시터에 걸리는 전압 v_C를 구하라.

$V_{S1} = 15$ V	$V_{S2} = 9$ V
$R_{S1} = 130\ \Omega$	$R_{S2} = 290\ \Omega$
$R_1 = 1.1$ kΩ	$R_2 = 700\ \Omega$
$L = 17$ mH	$C = 0.35\ \mu$F

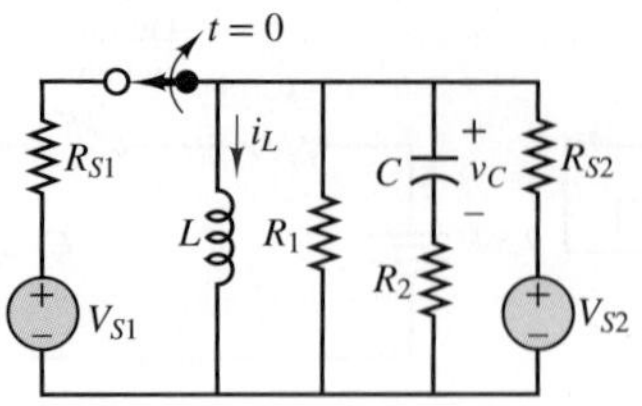

그림 P4.67

4.68 그림 P4.68의 회로는 $t < 0$에서 직류 정상상태이다. 스위치는 $t = 0$에서 닫힌다. $t > 0$에서 인덕터에 흐르는 전류 i_L과 커패시터에 걸리는 전압 v_C를 구하라. $R = 3$ kΩ, $R_S = 600\ \Omega$, $V_S = 2$ V, $C = 2$ mF, $L = 1$ mH라고 가정한다.

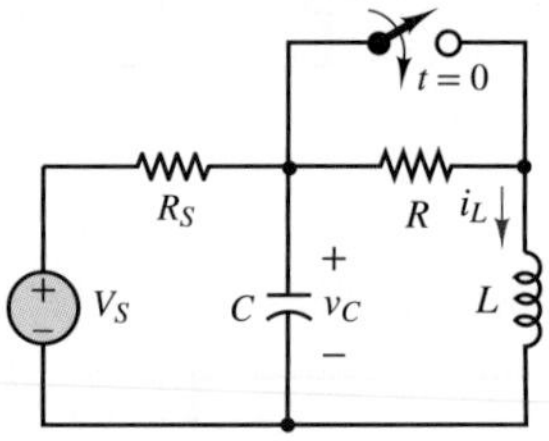

그림 P4.68

4.69 그림 P4.69의 회로에서 스위치는 오랫동안 닫혀 있었다고 가정한다. 스위치는 $t = 0$에서 갑자기 열렸다가, $t = 5$ s에서 다시 닫힌다. $t > 0$에서 인덕터에 흐르는 전류 i_L, 커패시터에 걸리는 전압 v_C, 2 Ω 저항에 걸리는 전압 v를 구하라.

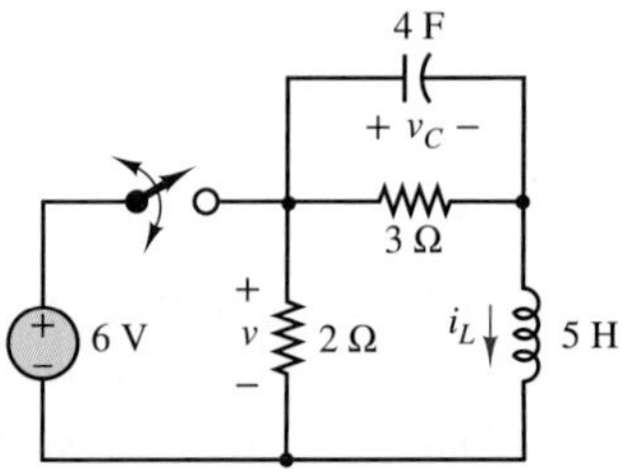

그림 P4.69

4.70 그림 P4.70의 회로가 $t > 0$에서 과감쇠인지 부족 감쇠인지를 결정하라. $V_S = 15$ V, $R = 200\ \Omega$, $L = 20$ mH, $C = 0.1\ \mu$F라고 가정한다. 임계 감쇠가 되도록 하는 커패시턴스를 구하라.

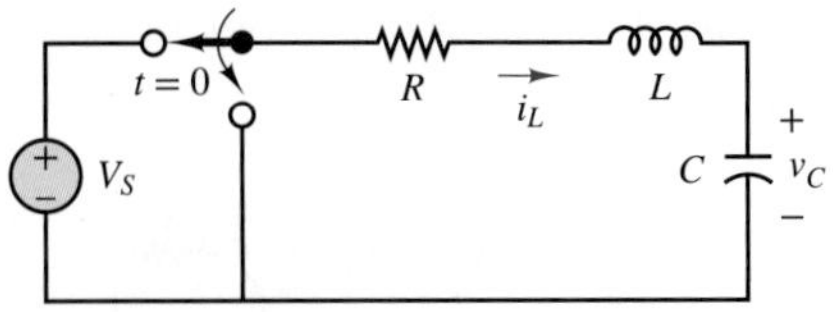

그림 P4.70

4.71 그림 P4.70의 회로는 $t < 0$에서 직류 정상상태이다. $V_S = 15$ V, $R = 200\ \Omega$, $L = 20$ mH, $C = 0.1\ \mu$F이다. 만일 $t = 0$에서 스위치가 개폐된다면, 다음을 구하라.

a. $t = 0^+$에서 초기 커패시터 전압 v_C

b. $t = 20\ \mu$s에서 커패시터 전압 v_C

c. $t \to \infty$일 때 커패시터 전압 v_C

d. 최대 커패시터 전압

4.72 그림 P4.69의 회로에서 스위치는 오랫동안 열려 있었다고 가정하라. 스위치는 $t = 0$에서 갑자기 닫혔다가 $t = 5$ s에서 다시 열린다. $t > 0$에서 인덕터에 흐르는 전류 i_L, 커패시터에 걸리는 전압 v_C, 2Ω 저항에 걸리는 전압 v를 구하라.

4.73 그림 P4.70의 회로는 부족 감쇠이고, $t < 0$에서 $v_C = V_S$인 직류 정상상태라고 가정한다. 스위치가 $t = 0$에서 개폐된 후, 커패시터 전압 v_C의 처음 2번의 제로 교차(zero crossing)는 $t = 5\pi/3\ \mu$s와 $t = 5\pi\ \mu$s에서 발생한다. $t = 20\pi/3\ \mu$s일 때 커패시터 전압 v_C가 $0.6\ V_S$로 피크에 도달한다. 만약 $C = 1.6\ \mu$F라면, R과 L의 값은 얼마인가?

4.74 문제 4.73에서 $20\pi/3\ \mu$s일 때 커패시터 전압의 피크가 $v_C = 0.7\ V_S$가 되게 하는 R과 L의 값은 얼마인가? $C = 1.6\ \mu$F라고 가정한다.

4.75 그림 P4.75에서 $i_L(0) = 2.5$ A, $v_C(0) = 10$ V을 가정하고, $t > 0$에서 i_L을 구하라.

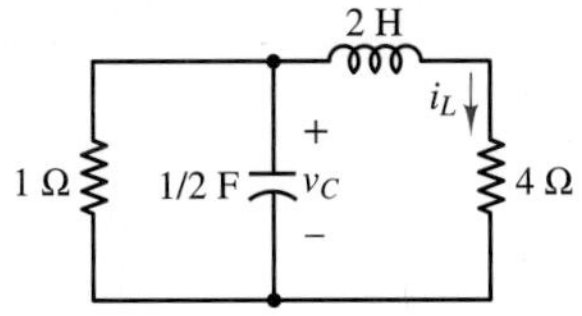

그림 P4.75

4.76 그림 P4.76에서 $t < 0$일 때 DC 정상상태라고 가정하고, $t > 0$에서 v_C의 최댓값을 구하라.

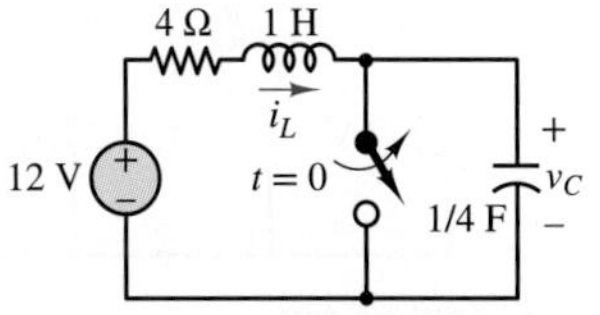

그림 P4.76

4.77 그림 P4.77의 회로에서 $t < 0$일 때 직류 정상상태라고 가정한다. $t > 0$에 대해 $i = 2.5$ A가 되는 시간 t를 구하라.

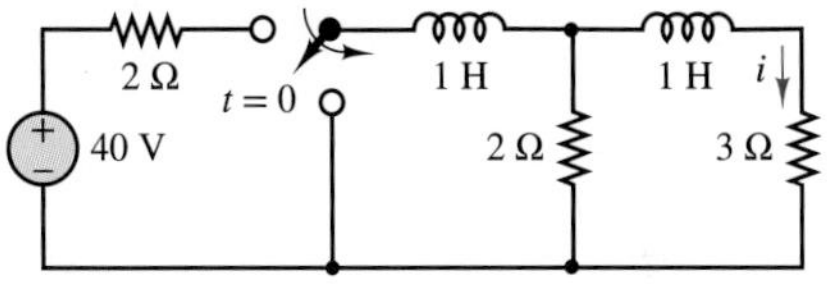

그림 P4.77

4.78 그림 P4.78의 회로에서 $t < 0$일 때 직류 정상상태라고 가정한다. $t > 0$에 대해 $i = 6$ A가 되는 시간 t를 구하라.

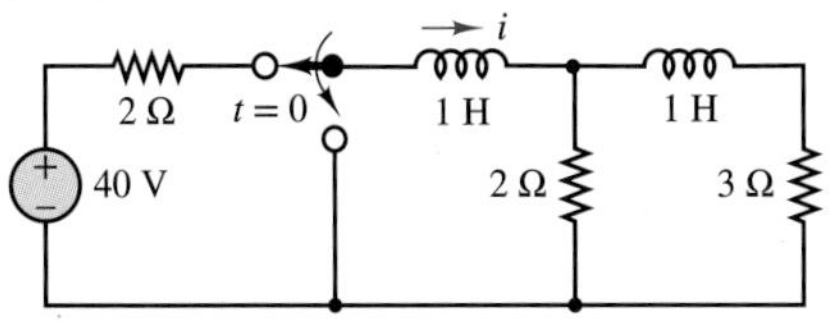

그림 P4.78

4.79 그림 P4.79의 회로에서 $t < 0$일 때 직류 정상상태라고 가정한다. $t > 0$에 대해 $v = 7.5$ V가 되는 시간 t를 구하라.

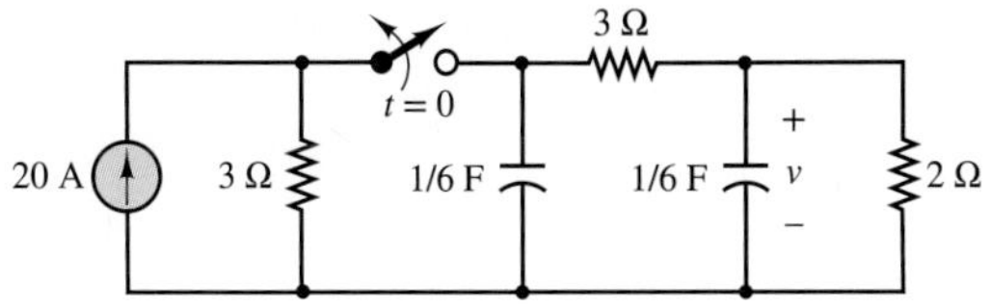

그림 P4.79

4.80 그림 P4.80의 회로에서 $t < 0$일 때 직류 정상상태이고, $L = 3$ H라고 가정한다. $t > 0$에 대해 v_C의 최댓값을 구하라.

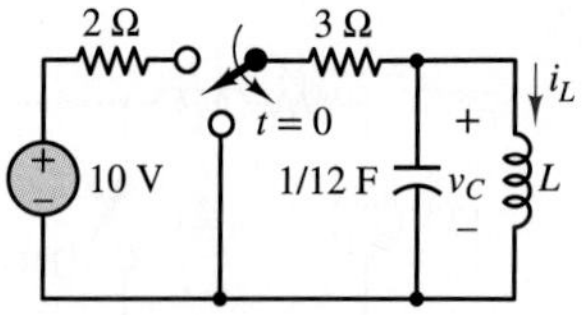

그림 P4.80

4.81 그림 P4.80의 회로에서 $t < 0$일 때 직류 정상상태라고 가정한다. $t > 0$에 대해 회로를 임계 감쇠로 만드는 인덕턴스 L을 구하라. $t > 0$에 대해 v_C의 최댓값을 구하라.

4.82 그림 P4.82의 회로에서 $t < 0$일 때 직류 정상상태라고 가정한다. $t > 0$에 대해 v를 구하라.

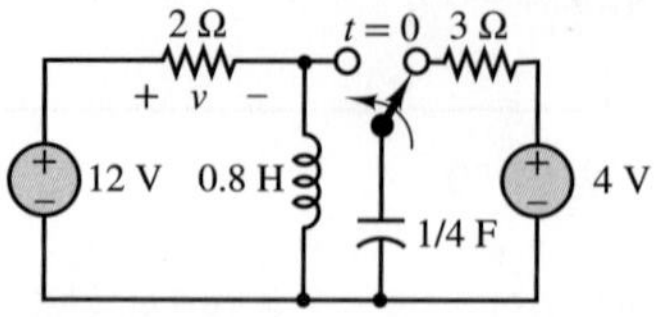

그림 P4.82

05

Principles and Applications of **ELECTRICAL ENGINEERING**

주파수 응답과 시스템 개념

FREQUENCY RESPONSE AND SYSTEM CONCEPTS

주파수 종속 현상은 공학 문제에서 흔히 접할 수 있다. 예를 들어, 구조물이 바람에 의해 가진될 때, 특성 주파수에서 진동하게 된다(고층 건물에서는 인지할 만한 정도의 진동을 경험하기도 한다). 선박의 프로펠러는 엔진의 회전 속도 및 프로펠러의 블레이드의 수에 관계되는 진동 주파수로 축을 가진한다. 내연기관은 각 실린더에서 연소가 발생되는 주파수로 연소로 발생된 힘에 의해 주기적으로 가진된다. 관을 통해 부는 바람은 공명(resonant vibration)을 일으켜 소리를 발생시킨다(관악기는 이런 원리로 작동한다). 모든 종류의 필터는 주파수에 의존한다. 이런 점에서 전기 회로도 다른 동적 시스템과 다를 바 없고, 페이저와 임피던스의 개념을 기반으로 전기 회로의 주파수 응답을 이해하는 방법이 많이 개발되었다. 이 장에서 개발된 아이디어는 상사성(analogy)에 의해서 다른 물리 시스템을 해석하는 데 적용되어, 이 개념의 일반성을 보여준다.

이 장에서는 특별히 언급이 없으면 각도의 단위는 라디안이다.

LO 학습 목적

1. 주파수 영역 해석의 물리적 중요성을 이해하고, AC 회로 해석 도구를 사용하여 회로의 주파수 응답을 계산한다. 5.1절
2. 푸리에 시리즈 표현을 사용하여 주기적 신호의 푸리에 스펙트럼을 계산하고, 이 표현을 주파수 응답과 연관지어 사용하여 주기적 입력의 응답을 계산한다. 5.2절
3. 간단한 1차 및 2차 전기 필터를 해석하고, 주파수 응답과 필터링 특성을 구한다. 5.3-5.4절
4. 회로의 주파수 응답을 계산하고, 도식적 표현을 보드 선도로 나타낸다. 5.5절

5.1 정현파 주파수 응답

회로의 **정현파 주파수 응답**(sinusoidal frequency response; 또는 간단히 **주파수 응답**)은 임의의 주파수를 가진 정현파 입력에 대해 회로가 어떻게 응답하는지를 알려준다. 다시 말해, 특정 진폭, 위상 및 주파수를 갖는 입력 신호에 대하여 회로의 주파수 응답으로부터 특정 출력 신호를 계산할 수 있다. 예를 들어, 그림 5.1의 회로에서 서로 다른 신호 주파수에 대해 부하 전압 $\mathbf{V}_o$ 또는 전류 $\mathbf{I}_o$가 어떻게 변하는가를 결정하고자 한다고 가정하자. 이는 이어폰(부하)과 MP3 플레이어(소스) 사이에 증폭기(회로)가 설치되었을 때, 소스에 의해 발생되는 음성 신호에 대해 부하가 어떻게 응답하는가 하는 문제와 연관될 수 있다.[1] 그림 5.1의 회로에서, 신호 소스 회로는 테브닌 등가에 의해 표시된다. 일반적으로 임피던스는 주파수에 대한 함수이고, 증폭 회로는 두 임피던스 $\mathbf{Z}_1$과 $\mathbf{Z}_2$의 이상적인 연결에 의해서, 부하는 임피던스 $\mathbf{Z}_o$에 의해 표시된다. 다음은 시스템의 주파수 응답의 일반적인 정의이다.

> LO 회로의 주파수 응답이란 가진 신호 주파수의 함수로 부하의 전압 또는 전류의 변화를 표시한 것이다.

주파수 응답 함수

주파수 응답 함수는 선택된 입력에 대한 선택된 출력의 비이다. 회로 해석에 있어 입력은 흔히 독립 전압원 또는 독립 전류원이다. 출력은 회로 내의 어떤 전류나 전압이라도 가능하다. 보통 주파수 응답 함수는 **G** 또는 **H**로 나타낸다. 이때, **G**는 무차원 이득(gain)이며 **H**는 이득, 임피던스 또는 컨덕턴스를 나타낸다. 네 가지 종류의 주파수 응답 함수는 다음과 같다.

[1] 하이 파이(high-fidelity) 오디오 시스템의 회로는 이 장에서 논의된 회로보다 훨씬 복잡하다. 그러나, 직관과 일상 경험의 관점으로부터 오디오 상사는 유용한 예제를 제공한다. 오디오 스펙트럼 용어인 저음, 중음 및 고음은 잘 알려져 있지만 잘 이해되지는 않는다. 이 장에서 소개되는 내용은 이러한 개념을 이해하기 위한 기술적 기반을 제공한다.

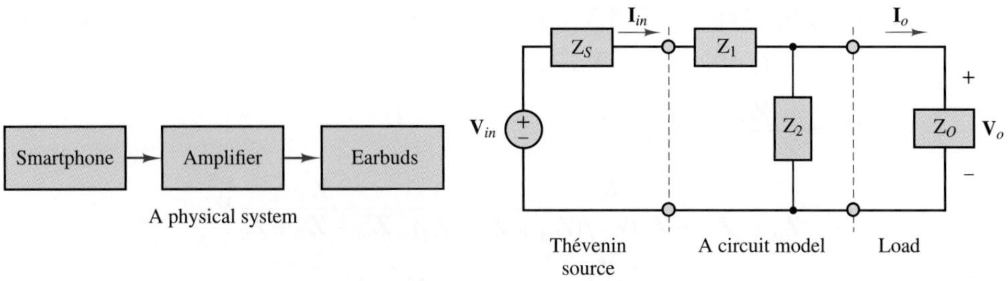

그림 5.1 회로 모델

$$\mathbf{G}_V(j\omega) \equiv \frac{\mathbf{V}_o(j\omega)}{\mathbf{V}_{\text{in}}(j\omega)} \qquad \mathbf{G}_I(j\omega) \equiv \frac{\mathbf{I}_o(j\omega)}{\mathbf{I}_{\text{in}}(j\omega)}$$
$$\mathbf{H}_Z(j\omega) \equiv \frac{\mathbf{V}_o(j\omega)}{\mathbf{I}_{\text{in}}(j\omega)} \qquad \mathbf{H}_Y(j\omega) \equiv \frac{\mathbf{I}_o(j\omega)}{\mathbf{V}_{\text{in}}(j\omega)} \tag{5.1}$$

많은 경우에 입력 $\mathbf{V}_{\text{in}}$과 $\mathbf{I}_{\text{in}}$는 각각 독립 전압원 또는 독립 전류원으로 선택된다. 출력 $\mathbf{V}_o$와 $\mathbf{I}_o$는 선택이 자유로운데, 회로에서 부하를 나타낸다.

위의 주파수 응답 함수들은 부하 임피던스 $\mathbf{Z}_o$로 관계 지을 수 있다. 예를 들어, $\mathbf{G}_V(j\omega)$와 $\mathbf{G}_I(j\omega)$를 알면, 다른 두 개의 주파수 응답 함수는 다음과 같이 유도할 수 있다.

$$\mathbf{H}_Z(j\omega) = \frac{\mathbf{V}_o(j\omega)}{\mathbf{I}_{\text{in}}(j\omega)} = \frac{\mathbf{I}_o(j\omega)}{\mathbf{I}_{\text{in}}(j\omega)}\mathbf{Z}_o(j\omega) = \mathbf{G}_I(j\omega)\mathbf{Z}_o(j\omega) \tag{5.2}$$

$$\mathbf{H}_Y(j\omega) = \frac{\mathbf{I}_o(j\omega)}{\mathbf{V}_{\text{in}}(j\omega)} = \frac{\mathbf{V}_o(j\omega)}{\mathbf{Z}_o(j\omega)}\frac{1}{\mathbf{V}_{\text{in}}(j\omega)} = \frac{\mathbf{G}_V(j\omega)}{\mathbf{Z}_o(j\omega)} \tag{5.3}$$

회로 단순화

일반적으로 주파수 응답 함수를 구하기 위한 첫 번째 단계는 회로를 부하(출력의 선택에 따라 결정된)와 전원으로 나누는 것이다. 다시 그림 5.1의 회로를 생각해보자. 부하에 연결되 회로망은 그림 5.2에 나타낸 것처럼 테브닌 등가 회로망으로 대체될

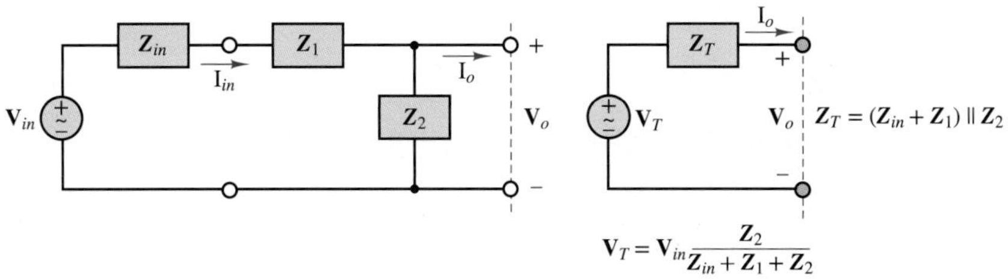

그림 5.2 테브닌 등가 소스 회로망

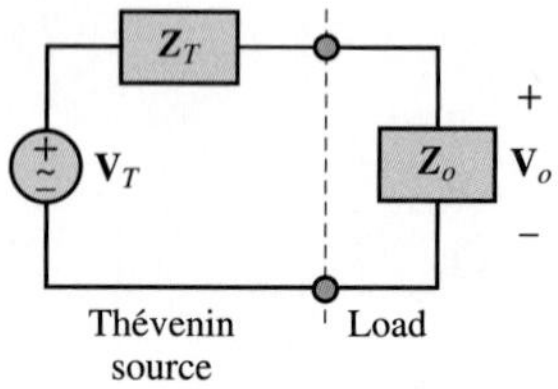

그림 5.3 부하의 관점에서의 등가 회로

수 있다. 일단 부하가 그림 5.3처럼 재연결되면, 전압 분배 법칙을 이용해 $\mathbf{V}_o$를 $\mathbf{V}_T$로 표시할 수 있으며, 결국엔 $\mathbf{V}_{\text{in}}$으로 표시된다.

$$\begin{aligned}\mathbf{V}_o &= \frac{\mathbf{Z}_o}{\mathbf{Z}_o + \mathbf{Z}_T}\mathbf{V}_T \\ &= \frac{\mathbf{Z}_o}{\mathbf{Z}_o + (\mathbf{Z}_{\text{in}} + \mathbf{Z}_1)\mathbf{Z}_2/(\mathbf{Z}_{\text{in}} + \mathbf{Z}_1 + \mathbf{Z}_2)} \cdot \frac{\mathbf{Z}_2}{\mathbf{Z}_{\text{in}} + \mathbf{Z}_1 + \mathbf{Z}_2}\mathbf{V}_{\text{in}} \\ &= \frac{\mathbf{Z}_o\mathbf{Z}_2}{\mathbf{Z}_o(\mathbf{Z}_{\text{in}} + \mathbf{Z}_1 + \mathbf{Z}_2) + (\mathbf{Z}_{\text{in}} + \mathbf{Z}_1)\mathbf{Z}_2}\mathbf{V}_{\text{in}}\end{aligned} \tag{5.4}$$

이득 $\mathbf{G}_V(j\omega)$는 무차원의 복소량으로

$$\mathbf{G}_V(j\omega) = \frac{\mathbf{V}_o}{\mathbf{V}_{\text{in}}}(j\omega) = \frac{\mathbf{Z}_o\mathbf{Z}_2}{\mathbf{Z}_o(\mathbf{Z}_{\text{in}} + \mathbf{Z}_1 + \mathbf{Z}_2) + (\mathbf{Z}_{\text{in}} + \mathbf{Z}_1)\mathbf{Z}_2} \tag{5.5}$$

와 같으므로, 이득은 회로 소자의 임피던스를 알면 구할 수 있다.

LO

$\mathbf{V}_o(j\omega)$는 $\mathbf{V}_{\text{in}}(j\omega)$에서 위상이 변이되고 진폭이 변화된 형태이다.

만일 전압원의 페이저과 회로의 주파수 응답을 알면, 부하 전압의 페이저는

$$\mathbf{V}_o(j\omega) = \mathbf{G}_V(j\omega) \cdot \mathbf{V}_{\text{in}}(j\omega) \tag{5.6}$$

$$V_o e^{j\phi_o} = |\mathbf{G}_V| e^{j\angle \mathbf{G}_v} \cdot V_{\text{in}} e^{j\phi_{\text{in}}} \tag{5.7}$$

와 같다. 그리고

$$V_o = |\mathbf{G}_V| \cdot V_{\text{in}} \tag{5.8}$$

$$\phi_o = \angle \mathbf{G}_v + \phi_{\text{in}} \tag{5.9}$$

이다. 어떤 주파수 ω에서도 부하 전압은 소스 전압과 같은 주파수를 갖는 정현파이다.

1차 및 2차 원형

주파수 응답 함수를 구하는 데 있어서 첫 번째 단계는, 가능하다면 테브닌 또는 노턴 이론을 사용하여 회로를 단순화시키는 것이다. 만약 회로가 1차 회로이거나 저장 소자가 직렬 또는 병렬로 연결된 2차 회로라면, 그림 5.4부터 5.7까지 나타낸 네 가지 원형들 중 하나로 단순화될 수 있다.

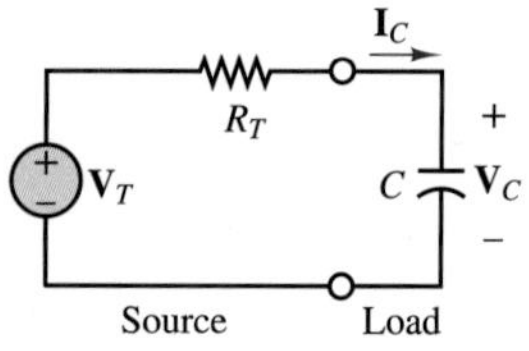

그림 5.4 하나의 커패시터만 갖는 단순화된 1차 회로

그림 5.4의 1차 회로에서, 루프 전류 $\mathbf{I}_C$는 일반화된 옴의 법칙에 의해 테브닌 소스 전압 $\mathbf{V}_T$와 다음의 관계를 갖는다.

$$\mathbf{I}_C = \frac{\mathbf{V}_T}{R_T + \mathbf{Z}_C} \tag{5.10}$$

분모와 분자에 $(j\omega)C$를 곱하고 양변을 $\mathbf{V}_T$로 나누면

$$\mathbf{H}_Y(j\omega) = \frac{\mathbf{I}_C}{\mathbf{V}_T} = \frac{(j\omega)C}{1 + (j\omega)\tau_C} \tag{5.11}$$

와 같은 주파수 응답 함수를 가지는데, 여기서 $\tau_C = R_T C$이다.

이제 $\mathbf{V}_C$와 $\mathbf{V}_T$ 간의 주파수 응답 함수를 찾는 것은 간단한 문제이다.

$$\mathbf{G}_V(j\omega) = \frac{\mathbf{V}_C}{\mathbf{V}_T} = \frac{\mathbf{I}_C}{\mathbf{V}_T}\mathbf{Z}_C = \frac{(j\omega)C}{1 + (j\omega)\tau_C}\frac{1}{(j\omega)C} = \frac{1}{1 + (j\omega)\tau_C} \tag{5.12}$$

분모가 $\mathbf{H}_Y$의 분모와 같음을 주목하라. 이는 분모가 회로의 특성을 나타내기 때문에 당연한 결과이다. 분자는 회로 변수에서의 차이를 나타낸다. 전압 분배 법칙을 적용해서 직접 $\mathbf{G}_V$를 구해보는 것은 유용하다. 한번 구해보라!

그림 5.5의 1차 회로에서 유사한 방법으로 전압 $\mathbf{V}_L$과 노턴 소스 전류 $\mathbf{I}_N$ 간의 주파수 응답을 구할 수 있다. 일반화된 옴의 법칙을 적용하면 다음과 같다.

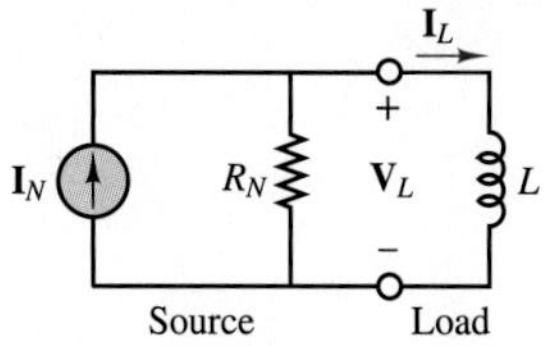

그림 5.5 하나의 인덕터만 갖는 단순화된 1차 회로

$$\mathbf{V}_L = \mathbf{I}_N(R_N \| \mathbf{Z}_L) = \mathbf{I}_N\frac{R_N(j\omega)L}{R_N + (j\omega)L} \tag{5.13}$$

양변을 $\mathbf{I}_N$으로 나누고 분모와 분자를 R_N으로 나누면, 주파수 응답 함수를 구할 수 있다.

$$\mathbf{H}_Z(j\omega) = \frac{\mathbf{V}_L}{\mathbf{I}_N} = \frac{(j\omega)L}{1 + (j\omega)\tau_L} \tag{5.14}$$

여기서 $\tau_L = L/R_N$이다.

다시 한번 말하자면, $\mathbf{I}_L$과 $\mathbf{I}_N$ 간의 주파수 응답 함수를 찾는 것은 간단하다.

$$\mathbf{G}_I(j\omega) = \frac{\mathbf{I}_L}{\mathbf{I}_N} = \frac{\mathbf{V}_L}{\mathbf{I}_N}\frac{1}{\mathbf{Z}_L} = \frac{1}{1 + (j\omega)\tau_L} \tag{5.15}$$

여기서도 분모가 $\mathbf{H}_Z$의 분모와 같음을 주목하라. 전압 분배 법칙을 적용해서 직접 $\mathbf{G}_I$를 구해보는 것은 유용하다. 한번 구해보라!

2차 회로도 비슷한 방법으로 다룬다. 그림 5.6의 직렬 LC 회로를 생각해보자. 루프 전류 $\mathbf{I}_L$는 일반화된 옴의 법칙에 의해 테브닌 소스 전압 $\mathbf{V}_T$로 표현된다.

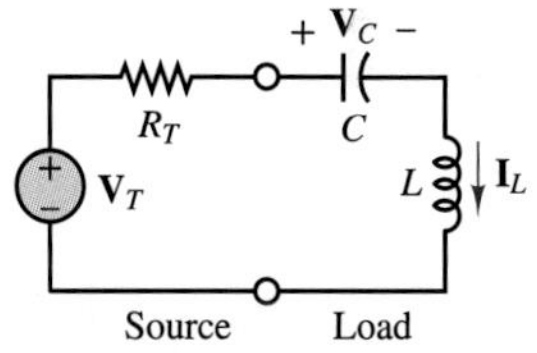

그림 5.6 하나의 커패시터와 인덕터가 직렬로 연결된 단순화된 2차 회로

$$\mathbf{V}_T = \mathbf{I}_L(R_T + \mathbf{Z}_C + \mathbf{Z}_L) \tag{5.16}$$

양변을 $\mathbf{I}_L$로 나누고 역수를 취한 뒤에 분모와 분자에 $j\omega C$를 곱하면

$$\begin{aligned}\mathbf{H}_Y(j\omega) = \frac{\mathbf{I}_L}{\mathbf{V}_T} &= \frac{(j\omega)C}{1 + (j\omega)R_TC + (j\omega)^2LC} \\ &= \frac{(j\omega)C}{1 + (j\omega)\tau_C + (j\omega/\omega_n)^2}\end{aligned} \tag{5.17}$$

이 된다. 여기서 $\omega_n^2 = 1/LC$은 고유 주파수이고, 2차 직렬 및 병렬 LC 회로에서 항상 나타난다.

2차 직렬 LC 회로의 전압 이득 $\mathbf{G}_V$는 $\mathbf{H}_Y$에 대한 식을 이용해서 구할 수 있다.

$$\mathbf{G}_V(j\omega) = \frac{\mathbf{V}_C}{\mathbf{V}_T} = \frac{\mathbf{I}_C}{\mathbf{V}_T}\mathbf{Z}_C \tag{5.18}$$

물론, 직렬 루프에서 $\mathbf{I}_C = \mathbf{I}_L$이므로 다음과 같다.

$$\mathbf{G}_V(j\omega) = \frac{\mathbf{I}_L}{\mathbf{V}_T}\mathbf{Z}_C = \mathbf{H}_Y\mathbf{Z}_C = \frac{1}{1 + (j\omega)\tau_C + (j\omega/\omega_n)^2} \tag{5.19}$$

마지막으로, 그림 5.7은 2차 병렬 LC 회로를 보여준다. 전압 $\mathbf{V}_C$는 일반화된 옴의 법칙에 의해 노턴 소스 전류 $\mathbf{I}_N$으로 표현된다.

$$\mathbf{V}_C = \mathbf{I}_N(R_N \| \mathbf{Z}_L \| \mathbf{Z}_C) \tag{5.20}$$

양변을 $\mathbf{I}_N$으로 나누면

$$\mathbf{H}_Z(j\omega) = \frac{\mathbf{V}_C}{\mathbf{I}_N} = \frac{1}{1/R_N + 1/j\omega L + j\omega C} \tag{5.21}$$

이 되며, 분모와 분자에 $j\omega L$을 곱하면

$$\mathbf{H}_Z(j\omega) = \frac{(j\omega)L}{1 + (j\omega)L/R_N + (j\omega)^2 LC} = \frac{(j\omega)L}{1 + (j\omega)\tau_L + (j\omega/\omega_n)^2} \tag{5.22}$$

이 된다. 여기서 $\omega_n^2 = 1/LC$은 고유 주파수이고, 2차 직렬 및 병렬 및 병렬 LC 회로에서 항상 나타난다.

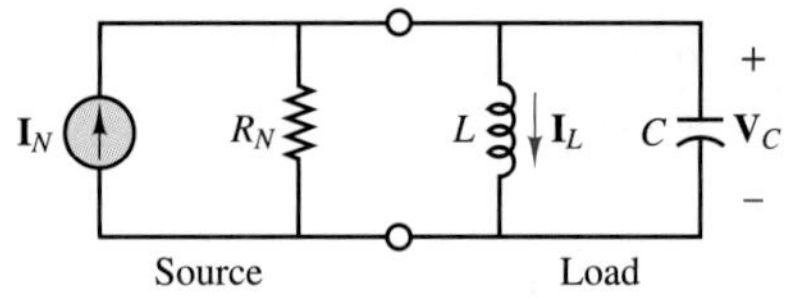

그림 5.7 하나의 커패시터와 인덕터가 병렬로 연결된 단순화된 2차 회로

2차 병렬 LC 회로에 대한 전류 이득 $\mathbf{G}_I$는 $\mathbf{H}_Z$에 대한 식을 이용해서 구할 수 있다.

$$\mathbf{G}_I(j\omega) = \frac{\mathbf{I}_L}{\mathbf{I}_N} = \frac{\mathbf{V}_L}{\mathbf{I}_N}\frac{1}{\mathbf{Z}_L} \tag{5.23}$$

물론, $\mathbf{V}_L = \mathbf{V}_C$이므로 다음과 같다.

$$\mathbf{G}_I(j\omega) = \frac{\mathbf{V}_C}{\mathbf{I}_N}\frac{1}{\mathbf{Z}_L} = \frac{\mathbf{H}_Z}{\mathbf{Z}_L} = \frac{1}{1 + (j\omega)\tau_L + (j\omega/\omega_n)^2} \tag{5.24}$$

영점과 극점

정의에 의해 주파수 응답 함수는 입력에 대한 출력의 비이다. 따라서 주파수 응답 함수를 구하게 되면 일반적으로 비로 표현된다. 분모와 분자는 항상 4개의 다른 형태의 **표준항**들의 곱으로 나타낼 수 있다. 이 항 중 하나는 상수이다. 다른 세 항들은 분자에 나타나느냐 분모에 나타나느냐에 따라 각기 영점 또는 극점이라고 한다.

1. K 상수
2. $(j\omega)$ 원점에서의 극점 또는 영점
3. $(1 + j\omega t)$ 단순 극점 또는 단순 영점
4. $[1 + j\omega t + (j\omega/\omega_n)^2]$ 이차(복소) 극점 또는 영점

단순 극점 또는 영점은 $(1 + j\omega/\omega_0)$의 형태로도 표현할 수 있다. 여기서 $\omega_0 = 1/\tau$이다. 여기서 τ와 ω_n은 각기 시상수와 고유 주파수인데, 이 중 하나는 다른 하나에 대하여 한 개의 영점/극점만큼 다르다. 주파수 응답 함수는 위에서 나열된 항들의 곱으로 표시될 수 있다.

앞 절에서 언급된 1차 또는 2차 주파수 응답 함수는 분모와 분자가 이러한 4개의 항으로 표시되는 표준 형태의 좋은 예이다. 이 항들은 필터와 보드 선도가 논의될 때 반복해서 언급될 것이다.

테브닌 이론을 이용한 회로의 주파수 응답 계산

예제 5.1

문제

그림 5.8의 회로에 대한 주파수 응답 $\mathbf{G}_V(j\omega) = \mathbf{V}_o/\mathbf{V}_S$를 계산하라.

풀이

기지: $R_1 = 1\ \text{k}\Omega$, $C = 10\ \mu\text{F}$, $R_o = 10\ \text{k}\Omega$

미지: 주파수 응답 $\mathbf{G}_V(j\omega) = \mathbf{V}_o/\mathbf{V}_S$

가정: 없음

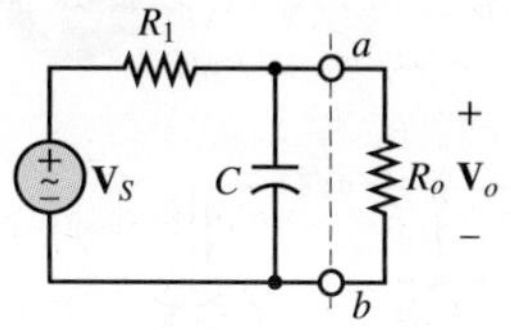

그림 5.8

해석: 부하 저항을 R_o로 놓고 테브닌 이론을 이용하여 소스 회로망의 등가 회로망을 구해본다. 즉, 단자 a, b의 좌측에 있는 모든 것들이 등가 회로망이다. 소스 회로망의 테브닌 등가 임피던스 $\mathbf{Z}_T$는

$$\mathbf{Z}_T = (R_1 \| \mathbf{Z}_C)$$

이며, 단자 a, b에 걸리는 테브닌 (개방) 전압 $\mathbf{V}_T$는 전압 분배 법칙을 이용하면 다음과 같다.

$$\mathbf{V}_T = \mathbf{V}_S \frac{\mathbf{Z}_C}{R_1 + \mathbf{Z}_C}$$

그림 5.9의 단자에 부하를 재연결한 후에, 부하에 걸리는 전압 $\mathbf{V}_o$는 다시 한번 더 전압 분배 법칙을 이용하여 구할 수 있다.

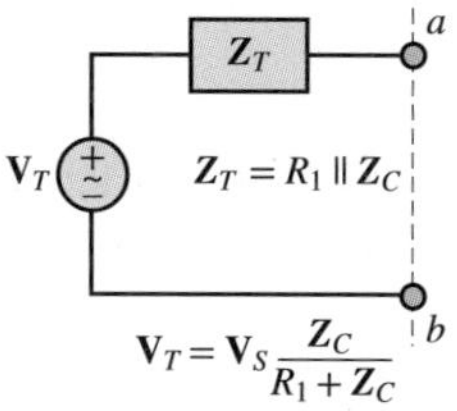

그림 5.9

$$\mathbf{V}_o = \frac{R_o}{\mathbf{Z}_T + R_o} \mathbf{V}_T$$

$$= \frac{R_o}{R_1 \mathbf{Z}_C/(R_1 + \mathbf{Z}_C) + R_o} \frac{\mathbf{Z}_C}{R_1 + \mathbf{Z}_C} \mathbf{V}_S$$

그러므로

$$\mathbf{G}_V(j\omega) = \frac{\mathbf{V}_o}{\mathbf{V}_S}(j\omega) = \frac{R_o \mathbf{Z}_C}{R_o(R_1 + \mathbf{Z}_C) + R_1 \mathbf{Z}_C} = \frac{R_o}{R_o + R_1} \frac{1}{1 + j\omega R_T C}$$

여기서 $\omega \to 0$일 때 $R_0/(R_0 + R_1)$는 직류 이득이고, 커패시터는 개방 회로처럼 동작한다. $R_T = R_1 \| R_o$는 부하가 연결되어 있을 때 커패시터에서 보는 테보닌 등가 저항이다. 회로 소자의 임피던스는 $R_1 = 10^3\ \Omega$, $\mathbf{Z}_C = 1/(j\omega \times 10^{-5})\ \Omega$, $R_o = 10^4\ \Omega$이다. 주파수의 응답 결과는 다음과 같다.

$$\mathbf{G}_V(j\omega) = \frac{\dfrac{10^4}{j\omega \times 10^{-5}}}{10^4\left(10^3 + \dfrac{1}{j\omega \times 10^{-5}}\right) + \dfrac{10^3}{j\omega \times 10^{-5}}} = \frac{100}{110 + j\omega}$$

$$= \frac{100}{\sqrt{110^2 + \omega^2}\, e^{j\tan^{-1}(\omega/110)}} = \frac{100}{\sqrt{110^2 + \omega^2}} \angle -\tan^{-1}\left(\frac{\omega}{110}\right)$$

참조: 등가 회로의 개념을 이용하면 주파수 응답 함수를 구하는 데 종종 도움이 된다. 그러나 이것이 분명히 해를 구하는 유일한 방법은 아니다. 예를 들어, 맨 위에 있는 노드에 걸리는 전압이 부하에 걸리는 전압과 같다는 것을 인지하고, 중간과정으로 테브닌 등가 소스 회로를 구하지 않고 $\mathbf{V}_o$를 $\mathbf{V}_S$의 함수로 직접 구하면 노드 해석법으로도 같은 결과를 쉽게 얻을 수 있다.

예제 5.2 주파수 응답의 계산

문제

그림 5.10의 회로에 대한 주파수 응답 $\mathbf{H}_Z(j\omega) = \mathbf{V}_o/\mathbf{I}_S$를 계산하라.

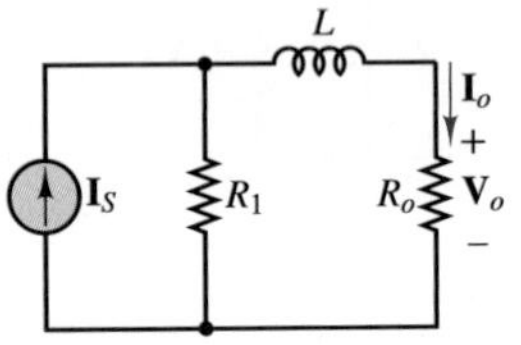

그림 5.10

풀이

기지: $R_1 = 1\ \text{k}\Omega$, $L = 2\ \text{mH}$, $R_o = 4\ \text{k}\Omega$

미지: 주파수 응답 $\mathbf{H}_Z(j\omega) = \mathbf{V}_o/\mathbf{I}_S$

가정: 없음

해석: R_o에 연결된 모든 것에 대한 테브닌 또는 노턴 등가 회로망을 찾고 이전 예제처럼 주파수 응답 함수를 구할 수 있지만, 전류 분배 법칙을 적용하여 $\mathbf{I}_o$를 구하고 옴의 법칙을 적용하여 $\mathbf{V}_o$를 구한 다음에 주파수 응답 함수를 구할 수도 있다.

전류 분배 법칙을 적용하면 다음과 같다.

$$\mathbf{I}_o = \frac{R_1}{R_1 + R_o + j\omega L}\mathbf{I}_S$$

분모에서 $R_1 + R_o$를 인수로 구분하면

$$\mathbf{I}_o = \frac{R_1}{R_1 + R_o}\frac{1}{1 + j\omega L/(R_1 + R_o)}\mathbf{I}_S$$

그리고

$$\frac{\mathbf{V}_o}{\mathbf{I}_S}(j\omega) = \mathbf{H}_Z(j\omega) = \frac{\mathbf{I}_o R_o}{\mathbf{I}_S}$$

$$= \frac{R_1 R_o}{R_1 + R_o}\frac{1}{1 + j\omega L/R_N}$$

여기서 $\omega \to 0$일 때 $R_1R_o/(R_1 + R_o)$는 직류 이득이고, 인덕터는 단락 회로처럼 동작한다. $R_N = R_1 + R_o$는 인덕터에서 보는 노턴 등가 저항이다. 수치를 대입하면 다음과 같다.

$$\mathbf{H}_Z(j\omega) = \frac{(10^3)(4 \times 10^3)}{10^3 + 4 \times 10^3}\frac{1}{1 + (j\omega)(2 \times 10^{-3})/(5 \times 10^3)}$$

$$= (0.8 \times 10^3)\frac{1}{1 + j0.4 \times 10^{-6}\omega}$$

참조: $\mathbf{H}_Z(j\omega)$에 대한 단위는 Ω이 되어야 한다. 이를 확인하라.

연습 문제

예제 5.1을 참조하여 주파수 $\omega = 10, 100, 1000$ rad/s에 대한 $\mathbf{G}_V$의 주파수 응답 함수의 크기와 위상을 계산하라.

Answers: 크기 = 0.9054, 0.6727, 0.0994; 위상 (각도) = −5.1944, −42.2737, −83.7227

연습 문제

예제 5.2를 참조하여 주파수 $\omega = 1, 10, 100$ rad/s에 대한 $\mathbf{H}_Z$의 주파수 응답 함수의 크기와 위상을 계산하라.

Answer: 크기 = 742.78 Ω, 194.03 Ω, 19.99 Ω; 위상 (각도) = −21.8°, −75.96°, −88.57°

5.2 푸리에 해석

주기 신호(period signal)는 다른 진폭, 위상, 주파수를 갖는 다양한 정현파 신호의 중첩으로 나타낼 수 있다. $x(t)$가 주기 T를 갖는 주기 신호라면

$$x(t) = x(t+T) = x(t+nT) \qquad n = 1,2,3,\ldots;\ T = \text{주기} \tag{5.25}$$

그림 5.11은 주기 신호의 예를 나타낸다.

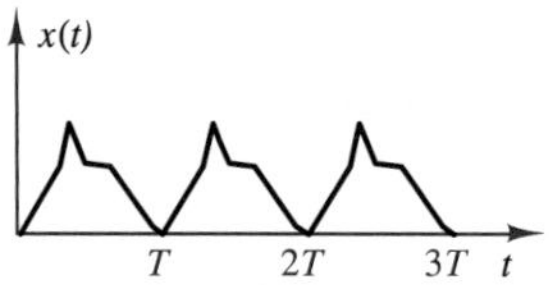

그림 5.11 주기 신호

신호 $x(t)$는 **푸리에 급수**(Fourier series)라고 알려진 무한한 정현파 성분의 합으로 나타낼 수 있는데, 다음의 두 가지 표현 중 하나를 이용한다.

푸리에 급수

1. 사인–코사인 형식

$$x(t) = a_0 + \sum_{n=1}^{\infty} a_n \cos\left(n\frac{2\pi}{T}t\right) + \sum_{n=1}^{\infty} b_n \sin\left(n\frac{2\pi}{T}t\right) \tag{5.26}$$

2. 크기와 위상 형식

$$x(t) = c_0 + \sum_{n=1}^{\infty} c_n \sin\left(n\frac{2\pi}{T}t + \theta_n\right) \tag{5.27}$$

$$x(t) = c_0 + \sum_{n=1}^{\infty} c_n \cos\left(n\frac{2\pi}{T}t - \psi_n\right) \tag{5.28}$$

각 표현에서 주기 T는 신호의 **기본 주파수**(fundamental frequency) ω_0와 다음의 관계가 있다.

$$\omega_0 = 2\pi f_0 = \frac{2\pi}{T} \qquad \text{rad/s} \tag{5.29}$$

$2\omega_0$, $3\omega_0$, $4\omega_0$ 등은 **고조파**(harmonics)라고 부른다.

파라미터 a_n, b_n, c_n, θ_n가 다음의 관계를 가지면, 식 (5.26)과 (5.27)은 등가임을 보이는 것은 어렵지 않다.

$$\sqrt{a_n^2 + b_n^2} = c_n \quad \text{and} \quad \frac{b_n}{a_n} = \cot(\theta_n) \tag{5.30}$$

유사하게, 파라미터 a_n, b_n, c_n, Ψ_n가 다음의 관계를 가지면, 식 (5.26)과 (5.28)이 등가임을 보일 수 있다.

$$\sqrt{a_n^2 + b_n^2} = c_n \quad \text{and} \quad \frac{b_n}{a_n} = \tan(\psi_n) \tag{5.31}$$

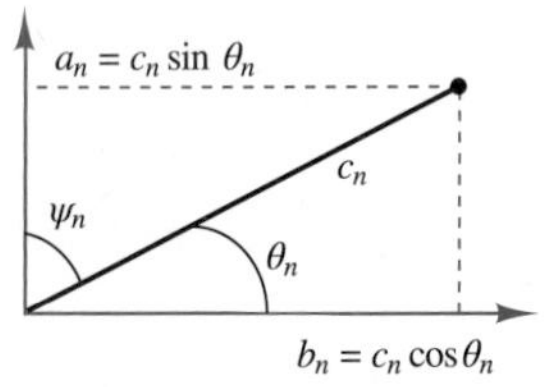

그림 5.12 $\{a_n, b_n\}$과 $\{c_n, \theta_n\}$ 형식 사이의 관계

그림 5.12는 푸리에 급수의 $\{a_n, b_n\}$ 형식과 $\{c_n, \theta_n\}$ 형식이 등가임을 도식적으로 보여준다.

푸리에 급수를 표현하는 각 형식은 각기 장점이 있다. 사인-코사인 형식은 독립 변수의 기함수(odd function)와 우함수(even function)를 표현한다. 기함수는 원점에 대하여 반대칭이고, 다음의 조건을 만족한다.

$$f(-t) = -f(t) \qquad 기함수 \tag{5.32}$$

사인 함수는 기함수이다. 우함수는 원점에 대하여 대칭이며, 다음의 조건을 만족한다.

$$f(-t) = f(t) \qquad 우함수 \tag{5.33}$$

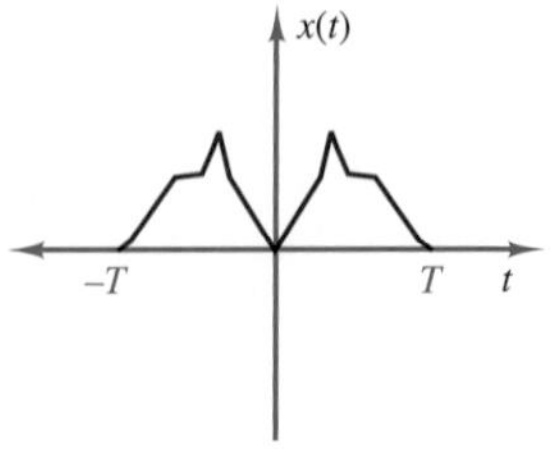

(a) Even function, $x(-t) = x(t)$

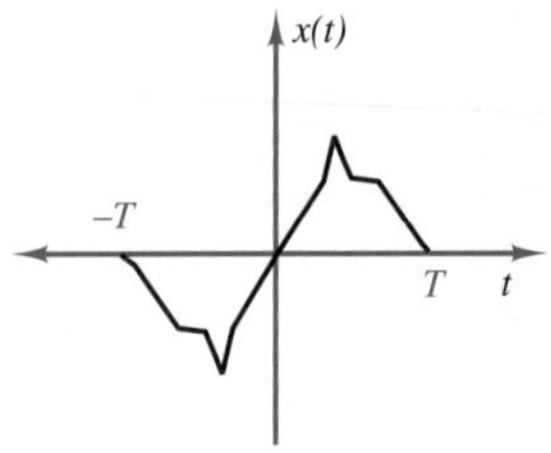

(b) Odd function, $x(-t) = -x(t)$

그림 5.13 우함수와 기함수의 정의

코사인 함수는 우함수이고, a_0와 같은 상수도 우함수이다. 그림 5.13은 우함수와 기함수의 예를 보여준다.

식 (5.26)과 같이 표현했을 때의 장점은 만일 $x(t)$가 기함수(우함수)라는 것을 알면 기함수(우함수)만의 합으로만 표현하면 된다[즉, 사인(코사인) 항만을 사용한다)]. 그러므로 푸리에 급수의 계수를 효율적으로 계산할 수 있다.

식 (5.27)과 (5.28)의 크기와 위상 형식에서는, 크기 정보 c_n과 위상 정보 θ_n(또는 ψ_n)가 구분된다. 이 형식으로 푸리에 급수를 표현하면 주기 입력에 대한 선형 시스템의 크기와 위상 응답을 쉽게 나타낼 수 있다. 크기와 위상 성분은 그림 5.14와 같이 이산 **주파수 스펙트럼**으로 표현된다.

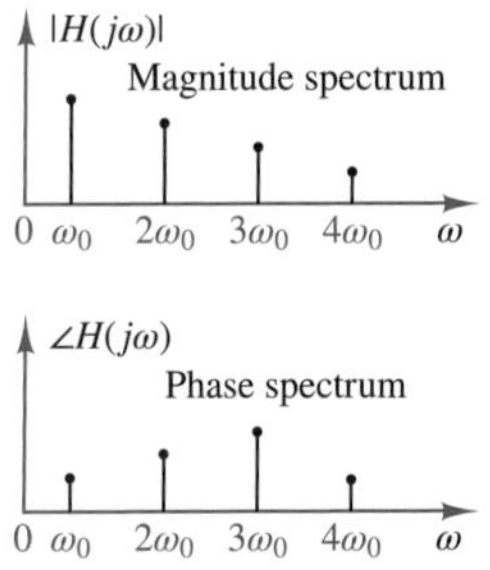

그림 5.14 이산 주파수 스펙트럼

푸리에 급수 계수의 계산

주기 함수 $x(t)$에 대한 $\{a_n, b_n\}$ 또는 $\{c_n, \theta_n\}$ 계수는 다음 공식으로 계산할 수 있다.

$$a_0 = \frac{1}{T}\int_0^T x(t)\,dt = \frac{1}{T}\int_{-T/2}^{T/2} x(t)\,dt = x(t)\text{의 평균} \tag{5.34}$$

$$a_n = \frac{2}{T}\int_0^T x(t)\cos\left(n\frac{2\pi}{T}t\right)dt = \frac{2}{T}\int_{-T/2}^{T/2} x(t)\cos\left(n\frac{2\pi}{T}t\right)dt \tag{5.35}$$

$$b_n = \frac{2}{T}\int_0^T x(t)\sin\left(n\frac{2\pi}{T}t\right)dt = \frac{2}{T}\int_{-T/2}^{T/2} x(t)\sin\left(n\frac{2\pi}{T}t\right)dt \tag{5.36}$$

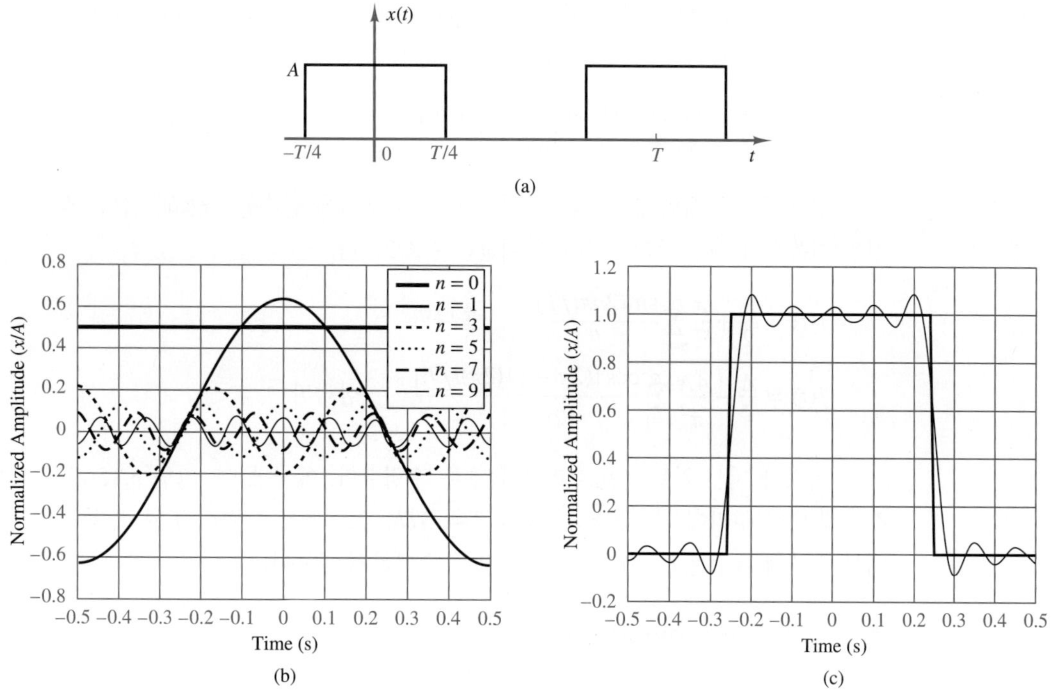

그림 5.15 사각파와 푸리에 급수로 표현한 사각파. (a) 사각파(우함수), (b) 사각파의 푸리에 급수의 첫 6개 항, (c) 사각파 위에 겹쳐 그려져 있는 푸리에 급수의 첫 6개 항의 합

한 주기 전체에 대하여 적분을 수행하면, 적분의 시작이 어디든지 관계없다는 것을 보여주기 위해 적분의 범위를 두 가지 다른 형태로 표현하였다. 식 (5.30)과 (5.31)을 이용해서 c_n과 $\theta_n(\psi_n)$의 값은 a_n과 b_n으로부터 구할 수 있다.

푸리에 급수 전개의 중요성을 설명하기 위해, 그림 5.15(a)에 그려진 우함수인 사각파를 살펴보자. 우함수(코사인)의 항만이 0이 아니다. 그림 5.15(b)는 처음부터 여섯 개의 0이 아닌 푸리에 급수 항을 보여준다. 첫 번째 항 a_0가 함수의 평균인 $A/2$임을 주목하라. 나머지 다섯 개의 항에서 n은 홀수(1, 3, 5, 7 그리고 9)이다. 또한, $n = 1, 5, 9$에 대한 계수는 양수이고, $n = 3, 7$에 대한 계수는 음수라는 점에 주목하라. 이러한 결과는 코사인 파형의 피크를 비교해 보면 당연하다. 파형을 "평탄하게" 하여 사각파로 만드는 데는 각 항이 앞의 항과 더해지거나 빼져야 하기 때문에 코사인 함수는 양과 음이 교차해야 한다. 그림 5.15(c)에 사각파와 푸리에 급수의 6개의 항으로 근사한 파형을 비교하였다. 근사한 파형이 사각파의 각진 모서리를 재현하지 못함을 확실히 보여주고 있다. 항이 더 많이 추가되면 될수록 파형은 더 잘 근사된다.

그림 5.15(a)의 사각파의 푸리에 급수는 다음과 같다.

$$f(t) = \frac{A}{2} + \frac{2A}{\pi}\sum_{n=1}^{\infty}(-1)^{(n-1)}\frac{\cos[(2n-1)(2\pi)t/T]}{2n-1}$$

그림 5.15(a)의 사각파를 우측으로 $T/4$만큼 이동시킨다면 파형이 기함수의 형태가 된다는 것을 주목하라. 이제 푸리에 급수는 기함수(사인)만을 포함한다.

$$f(t) = \frac{A}{2} + \frac{2A}{\pi}\sum_{n=1}^{\infty}\frac{\sin[(2n-1)(2\pi)t/T]}{2n-1}$$

또 다른 두 개의 흔히 볼 수 있는 파형의 푸리에 급수는 다음과 같다. 각각의 경우 진폭은 A이며, 주기는 T이고, 평균값은 $A/2$이다.

$$f(t) = \frac{A}{2} + \frac{A}{\pi}\sum_{n=1}^{\infty}\frac{\sin(2n\pi t/T)}{n} \qquad \text{톱니파}$$

$$f(t) = \frac{A}{2} - \frac{4A}{\pi^2}\sum_{n=1}^{\infty}\frac{\cos[(2n-1)(2\pi)t/T]}{(2n-1)^2} \qquad \text{삼각파}$$

함수가 미분 가능하면 푸리에 급수는 수렴한다. 예를 들어, 그림 5.15(a)의 사각파에 대한 푸리에 급수는 $t = -T/4, T/4, 3T/4, \ldots$ 에서 수렴하지 않고, 톱니파에 대한 푸리에 급수는 $t = 0, T, 2T, \ldots$에서 수렴하지 않는다.

주기 입력에 대한 선형 시스템의 응답

주파수 응답의 개념은 진폭과 위상은 알고 주파수가 다른 사인파의 푸리에 시리즈로 모델링할 수 있는 주기 함수에 의해 가진되는 시스템을 다룰 때 특히 유용하다. 푸리에 급수를 유한개의 항으로 가정하면 다음과 같다.

$$x(t) = c_0 + \sum_{n=1}^{N} c_n \sin\left(n\frac{2\pi}{T}t + \theta_n\right) \tag{5.37}$$

N개의 정현파는 각각 진폭 c_n, 위상 θ_n, 그리고 주파수 $\omega_n = n\omega_0$으로 특징지어 지며, 여기서 $\omega_0 = 2\pi/T$이고, T는 입력 신호의 주기이다. 톱니 파형이 주기 입력의 예시가 될 수 있다.

그림 5.16에서는 주파수 응답의 개념을 이용하여 시스템의 입력-출력을 설명한다. 그림은 만일 선형 시스템의 입력 $q_{in}(t)$이 페이저 형태 $Q_{in}(j\omega)$으로 표현될 수 있다면, 출력은 입력 페이저에 선형 시스템의 주파수 응답 함수를 곱함으로써 구할 수 있다는 것을 보여준다. 결과는, 입력 페이저의 크기에 주파수 응답 함수의 크기를 곱하고 입력 페이저의 위상각에 주파수 응답 함수의 위상각을 더한 복소수로 나오게 된다.

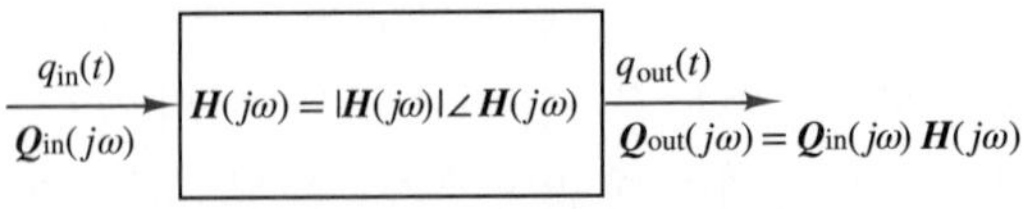

그림 5.16 페이저 입력에 대한 선형 시스템의 응답

입력의 정현파 성분이 각각 주파수 응답에 따라 시스템을 통해 전파된다는 것을 인지하는 것이 중요하다. 따라서 정상상태에서 주기적 출력 신호의 이산 크기 스펙트럼은 입력 신호의 이산 크기 스펙트럼에 각 이산 주파수에서 시스템의 주파수

응답의 진폭 비를 곱한 것과 같다. 정상상태에서 출력 신호의 위상 스펙트럼은 입력 신호의 위상 스펙트럼에 각 이산 주파수에서 시스템의 주파수 응답의 위상각을 더한 것과 같다. 식 (5.37)에서 주어진 형태의 선형 시스템에 대한 입력이 $x(t)$이고, 선형 시스템이 주파수 응답 함수 $\mathbf{H}(j\omega)$를 가진다면, 시스템의 시간 종속 출력(time-dependent output) $y(t)$는 다음과 같다.

$$y(t) = \sum_{n=1}^{N} |\mathbf{H}(j\omega_n)| c_n \sin[\omega_n t + \theta_n + \angle\mathbf{H}(j\omega_n)] \tag{5.38}$$

여기서 $|\mathbf{H}(j\omega_n)|$와 $\angle\mathbf{H}(j\omega_n)$은 각각 n번째 고조파 $n\omega_0$에서의 입력에 대한 주파수 응답의 크기와 위상이다.

푸리에 급수 계수의 계산

예제 5.3

문제

그림 5.17에 보이는 톱니 함수의 푸리에 스펙트럼을 계산하라. 계수 a_n과 b_n을 n에 관한 함수로 표현하라. 그리고 $x(t)$의 스펙트럼 계수인 c_n, θ_n을 계산하라. 신호의 스펙트럼을 도시하라.

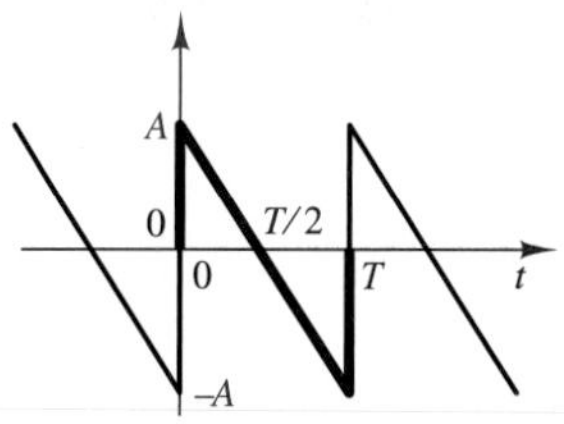

(a)

그림 5.17 (a) 주기 (톱니) 함수

풀이

기지: 톱니 파형의 진폭과 주기

미지: 푸리에 급수 계수 a_n, b_n

주어진 데이터 및 그림: 주기가 $T = 1$ s이고, 피크 진폭 $A = 1$인 주기 함수

가정: 없음

해석: 그림 5.17(a)의 함수는 수직축에 대하여 반대칭이므로 기함수이다. 그러므로 계수 b_n만 0이 아니다. 먼저 한 주기에 대한 $x(t)$를 표현하면 다음과 같다.

$$x(t) = A\left(1 - \frac{2t}{T}\right) \qquad 0 \le t < T$$

식 (5.36)의 적분을 계산하면

$$\begin{aligned}
b_n &= \frac{2}{T}\int_0^T A\left(1 - \frac{2t}{T}\right) \sin\left(n\frac{2\pi}{T}t\right) dt \\
&= \frac{2}{T}\int_0^T A \sin\left(n\frac{2\pi}{T}t\right) dt + \frac{2A}{T}\int_0^T \left(-\frac{2t}{T}\right) \sin\left(n\frac{2\pi}{T}t\right) dt \\
&= \frac{2A}{T}\left[-\frac{T}{2n\pi}\cos\left(n\frac{2\pi}{T}t\right)\right]_0^T - \frac{4A}{T^2}\int_0^T t \cdot \sin\left(n\frac{2\pi}{T}t\right) dt \\
&= 0 - \frac{4A}{T^2}\left[\frac{1}{n^2(2\pi/T)^2}\sin\left(n\frac{2\pi}{T}t\right) - \frac{t}{n(2\pi/T)}\cos\left(n\frac{2\pi}{T}\right)\right]\Bigg|_0^T \\
&= -\frac{4A}{T^2}\left[-\frac{T^2}{2n\pi}\cos(2n\pi)\right] = \frac{2A}{n\pi} \qquad n = 1, 2, 3, \ldots
\end{aligned}$$

식 (5.30)을 사용하여 신호의 스펙트럼을 계산하면

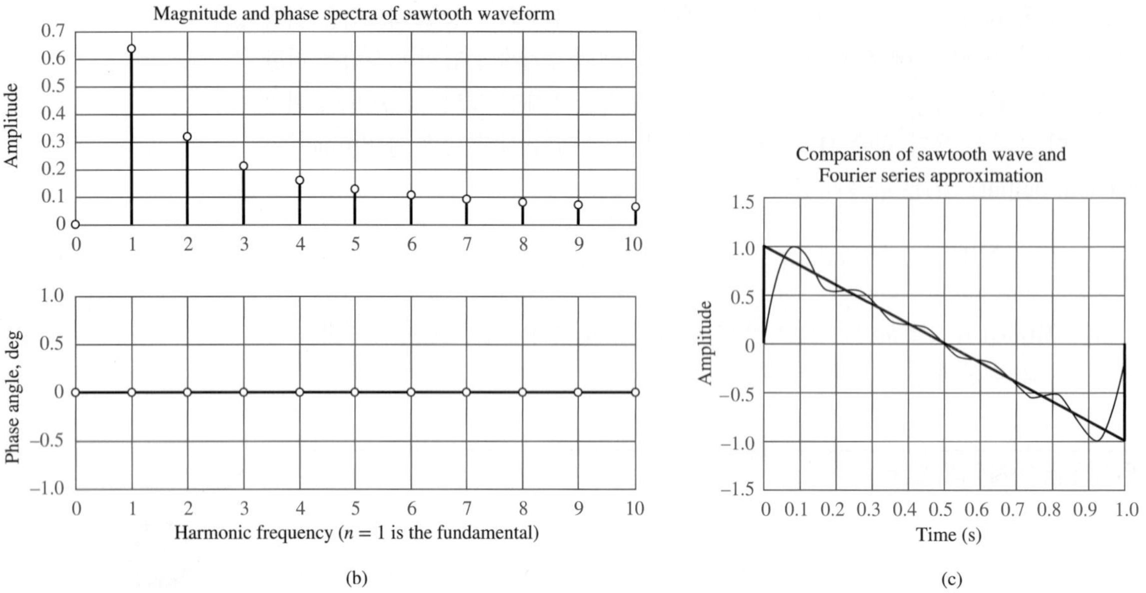

그림 5.17 (b) 톱니 파형의 스펙트럼, (c) $N = 5$에 대한 톱니 파형의 근사

$$c_n = \sqrt{a_n^2 + b_n^2} = |b_n|$$

$$\theta_n = \cot^{-1}\frac{b_n}{a_n} = \cot^{-1}\frac{b_n}{0} = 0$$

그림 5.17(b)는 $x(t)$에 대한 스펙트럼의 개별 성분을 도시한 것이다.

참조: Matlab과 같은 컴퓨터 프로그램으로 푸리에 급수로 근사한 결과를 볼 수 있다. 그림 5.17(c)는 근사된 결과를 보여준다.

예제 5.4

푸리에 급수 계수의 계산

문제

그림 5.18(a)와 같이 $\tau/T = 0.2$인 펄스 파형의 푸리에 급수를 구하라. 신호의 스펙트럼을 도시하라.

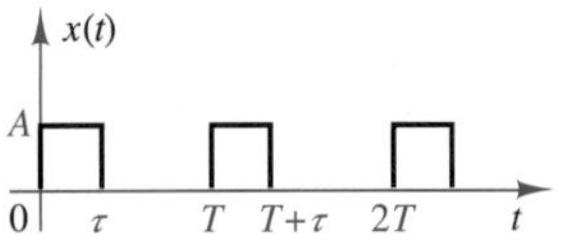

그림 5.18 (a) 펄스 열

풀이

기지: 펄스 파형의 진폭과 주기

미지: 푸리에 급수 계수 a_n과 b_n, 푸리에 스펙트럼

주어진 데이터 및 그림: 주기는 $T = 1$ s이고, 피크 진폭이 $A = 1$인 주기 함수

가정: 없음

해석: 그림 5.18(a)의 함수는 기함수도 우함수도 아니다. 그러므로 계수 a_n과 계수 b_n 모두 계산해야 한다. 먼저 한 주기에 대한 $x(t)$를 표현하면 다음과 같다.

$$x(t) = \begin{cases} A & 0 \le t < \tau \\ 0 & \tau \le t < T \end{cases}$$

식 (5.34)부터 (5.36)까지 적분하면 다음과 같다.

$$a_0 = \frac{1}{T}\int_0^{T/5} A\,dt = \frac{A}{5}$$

$$a_n = \frac{2}{T}\int_0^{T} x(t)\cos\left(n\frac{2\pi}{T}t\right)dt = \frac{2}{T}\int_0^{T/5} A\cos\left(n\frac{2\pi}{T}t\right)dt + \int_{T/5}^{T} 0\cos\left(n\frac{2\pi}{T}t\right)dt$$

$$= \frac{2}{T}\frac{AT}{2n\pi}\sin\left(\frac{2n\pi}{T}t\right)\Bigg|_0^{T/5}$$

$$= \frac{2}{T}\frac{AT}{2n\pi}\left[\sin\left(\frac{2n\pi}{5}\right) - 0\right] = \frac{A}{n\pi}\sin\left(\frac{2n\pi}{5}\right)$$

$$b_n = \frac{2}{T}\int_0^{T/5} A\sin\left(n\frac{2\pi}{T}t\right)dt = \frac{2}{T}\frac{AT}{2n\pi}\left[-\cos\left(\frac{2n\pi}{T}t\right)\right]\Bigg|_0^{T/5}$$

$$= \frac{2}{T}\frac{AT}{2n\pi}\left[-\cos\left(\frac{2n\pi}{5}\right) + \cos(0)\right] = \frac{A}{n\pi}\left[1 - \cos\left(\frac{2n\pi}{5}\right)\right]$$

식 (5.30)을 사용하여 신호의 스펙트럼을 계산하면 다음과 같다.

$$c_n = \sqrt{a_n^2 + b_n^2} = \sqrt{\left[\frac{A}{n\pi}\sin\left(\frac{2n\pi}{5}\right)\right]^2 + \left\{\frac{A}{n\pi}\left[1 - \cos\left(\frac{2n\pi}{5}\right)\right]\right\}^2}$$

$$\theta_n = \cot^{-1}\left(\frac{b_n}{a_n}\right) = \cot^{-1}\left\{\frac{(A/n\pi)\,[1 - \cos(2n\pi/5)]}{(A/n\pi)\sin(2n\pi/5)}\right\}$$

$x(t)$의 주파수 스펙트럼(크기와 위상)은 그림 5.18(b)에 도시되어 있다. 표 5.1에는 처음부터 10개의 계수들이 두 가지 형태로 나열되어 있다.

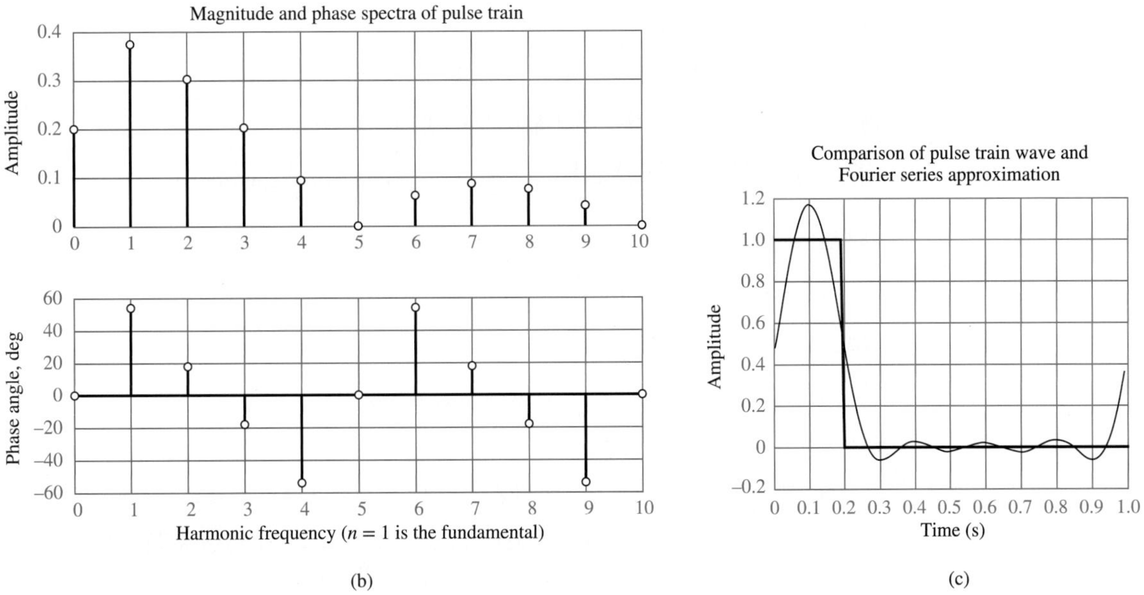

그림 5.18 (b) 신호 스펙트럼, (c) 11개 푸리에 계수를 이용한 근사

표 5.1 펄스 파형의 푸리에 계수

n	a_n	b_n	c_n	θ_n (deg)
0	0.2	0	0.2	
1	0.3027	0.2199	0.3742	54
2	0.0935	0.2879	0.3027	18
3	−0.0624	0.1919	0.2018	−18
4	−0.0757	0.0550	0.0935	−54
5	0	0	0	0
6	0.0505	0.0367	0.0624	54
7	0.0267	0.0823	0.0865	18
8	−0.0234	0.0720	0.0757	−18
9	−0.0336	0.0244	0.0416	−54
10	0	0	0	0

참조: 처음부터 10개의 주파수 요소를 포함한 푸리에 급수로 근사할 수 있고, Matlab으로 그릴 수 있다. 그림 5.18(c)는 그 결과를 보여준다.

예제 5.5

주기 입력에 대한 선형 시스템의 응답

LO

문제

주파수 응답 함수 $\mathbf{H}(j\omega) = 2/(0.2j\omega + 1)$을 가진 선형 시스템이 예제 5.3의 톱니 파형($T = 0.25$이고, $A = 2$)으로 가진될 때 출력 $y(t)$를 구하라.

풀이

기지: $T = 0.25$ s, $A = 2$

미지: 입력 $x(t)$에 대한 출력 $y(t)$

가정: 파형이 푸리에 급수의 첫 번째 두 항으로 잘 근사화된다.

해석: 예제 5.3의 톱니 파형을 푸리에로 근사하면 다음과 같다.

$$x(t) = \frac{2A}{\pi}\sin\left(\frac{2\pi}{0.25}t\right) + \frac{A}{\pi}\sin\left(\frac{4\pi}{0.25}t\right) = \frac{4}{\pi}\sin(8\pi t) + \frac{2}{\pi}\sin(16\pi t)$$

그러면

$$c_1 = \sqrt{a_1^2 + b_1^2} = |b_1| = \frac{4}{\pi} \qquad \omega_1 = 1\,\omega_0 = 8\pi$$

그리고

$$c_2 = \sqrt{a_2^2 + b_2^2} = |b_2| = \frac{2}{\pi} \qquad \omega_2 = 2\,\omega_0 = 16\pi$$

이 된다.

시스템의 주파수 응답은 크기와 위상의 형식으로 다음과 같이 표현된다.

$$\mathbf{H}(j\omega) = \frac{2}{0.2j\omega + 1} = |\mathbf{H}(j\omega)|\angle\mathbf{H}(j\omega) = \frac{2}{\sqrt{(0.2\omega)^2 + 1}}\angle\left(-\arctan\frac{\omega}{5}\right)$$

그림 5.19(a)는 주파수 응답의 크기와 위상을 나타내고 있다. 시스템이 주파수 $\omega_1 = 8\pi =$

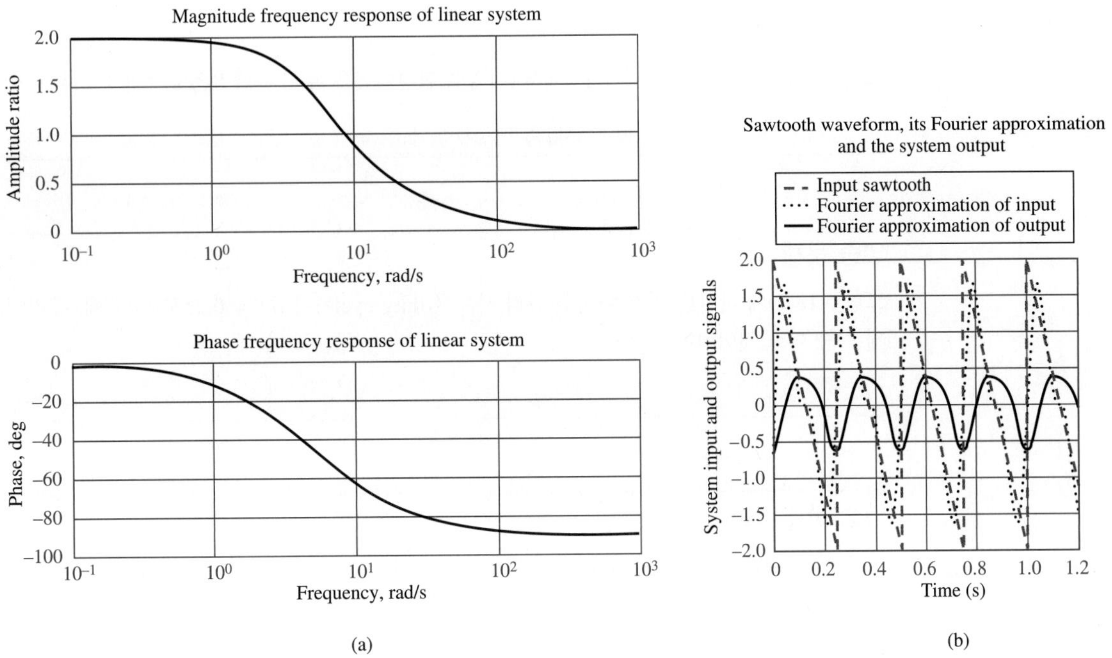

그림 5.19 (a) 선형 시스템의 주파수 응답, (b) 입력과 출력 파형

25.1 rad/s 및 $\omega_2 = 16\pi = 50.2$ rad/s에서만 가진되고 있음에 주목하라. 이 주파수에서 시스템의 주파수 응답은 그림 5.19(a)에서와 같이 도식적으로 구하거나 다음과 같이 해석적으로 구할 수 있다.

$$|\mathbf{H}(j\omega_1)| = \frac{2}{\sqrt{(0.2\,\omega_1)^2+1}} = 0.3902 \quad \angle\mathbf{H}(j\omega_1) = -1.37\,\text{rad} = -78.75°$$

$$|\mathbf{H}(j\omega_2)| = \frac{2}{\sqrt{(0.2\,\omega_2)^2+1}} = 0.1980 \quad \angle\mathbf{H}(j\omega_2) = -1.47\,\text{rad} = -84.32°$$

마지막으로, 시스템의 정상상태 출력을 계산하면 다음과 같다.

$$\begin{aligned} y(t) &= \sum_{n=1}^{2}|\mathbf{H}(j\omega_n)|c_n \sin[\omega_n t + \theta_n + \angle\mathbf{H}(j\omega_n)] \\ &= 0.3902 \times \frac{4}{\pi}\sin(8\pi t - 1.37) + 0.1980 \times \frac{2}{\pi}\sin(16\pi t - 1.47) \end{aligned}$$

그림 5.19(b)는 시스템에 대한 입력과 출력 신호를 도시한 것이다. 예제 5.3의 톱니 파형을 푸리에 급수의 처음 두 성분을 사용하였을 때 어떻게 파형을 근사하였는지를 주목하라. 예제에서 사용된 시스템의 주파수 응답에 대하여 만약 고주파수 성분 ($n > 2$)이 푸리에 급수에 포함된다면, 더 정확하게 근사화되겠는가?

참조: Matlab에는 선형 시스템의 계산을 수행하는 내장 함수가 있다. 또한, 내장 함수는 어떠한 입력도 푸리에 급수로 근사화시킬 수 있다.

연습 문제

그림 5.17(b)의 파형의 주기가 1 s에서 0.1 s로 변경되었을 때 스펙트럼은 어떻게 변하는가?

Answer: 기본 주파수와 모든 고조파는 10배 증가하며 형태는 변하지 않는다.

연습 문제

그림 5.18(a)에 나타낸 펄스 파형의 듀티 사이클(duty cycle)이 $\tau/T = 0.25$로 변할 때, 퓨리에 계수 중 어느 것이 0이 되는가?

Answer: $n = 4, 8$

연습 문제

신호 $y(t) = 1.5\cos(100t + \pi/4)$의 푸리에 계수 a_n과 b_n을 구하라. (힌트: 삼각함수 공식을 사용하여 코사인 함수를 전개하라.)

Answer: $a_0 = 0$, $a_1 = 1.0607$, $b_1 = 1.0607$. 다른 계수는 모두 0이다.

연습 문제

예제 5.5의 결과를 3개의 주파수 성분을 포함하도록 확장하라. 주파수가 $3\omega_0$에서 $y(t)$ 성분의 진폭과 위상은 얼마인가?

Answer: 크기 = 0.0562, 위상 = −1.505 반지름 = −86.2°

5.3 저역 및 고역 통과 필터

하나 또는 그 이상의 필터가 포함된 실제 적용 사례들이 많이 있다. 선글라스는 눈을 상하게 하는 자외선을 필터링해 주며, 눈에 도달하는 햇빛의 강도를 줄여준다. 자동차에서 현가장치는 도로의 잡음을 필터링해 주고, 구덩이가 탑승객들에게 주는 충격을 줄여준다. 이런 유사한 개념은 전기 회로에도 적용된다. 전자기 간섭으로 인해 발생할 수 있는 신호와 같이 원치 않는 주파수의 신호를 감쇠(즉, 진폭 감소)하거나 완전히 제거할 수 있다.

RC 저역 통과 필터. 회로는 차단 주파수인 $\omega_0 = 1/RC$보다 높은 주파수 성분을 감쇠시키는 반면 낮은 주파수 성분은 유지시킨다. 전압 $\mathbf{V}_i$와 $\mathbf{V}_o$는 각기 필터의 입력과 출력 전압이다.

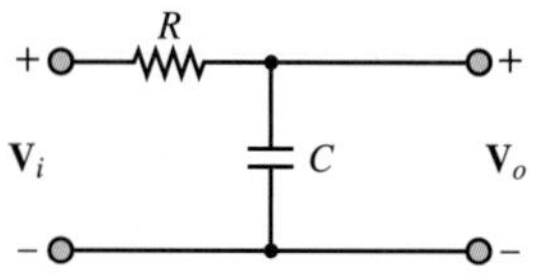

그림 5.20 단순한 *RC* 필터

저역 통과 필터

그림 5.20은 입력과 출력 전압이 각각 $\mathbf{V}_i$와 $\mathbf{V}_o$인 간단한 ***RC* 필터**이다. 이 필터에 대한 주파수 응답은 다음과 같다.

$$\mathbf{H}(j\omega) = \frac{\mathbf{V}_o}{\mathbf{V}_i}(j\omega) \tag{5.39}$$

그리고 출력 전압은 전압 분배 법칙(voltage devider)에 의해 다음과 같이 입력 전압의 함수로 나타낼 수 있다.

$$\mathbf{V}_o(j\omega) = \mathbf{V}_i(j\omega)\frac{1/j\omega C}{R + 1/j\omega C} = \mathbf{V}_i(j\omega)\frac{1}{1 + j\omega CR} \tag{5.40}$$

RC 필터의 주파수 응답은 다음과 같다.

$$\frac{\mathbf{V}_o}{\mathbf{V}_i}(j\omega) = \frac{1}{1 + j\omega CR} \tag{5.41}$$

이 주파수 응답을 보면 신호 주파수 ω가 0이면 주파수 응답 함수는 1이라는 것을 금방 알 수 있다. 즉, 필터는 모든 입력을 통과시킨다. 왜 그런가? 이 문제에 답하기 위하여, $\omega = 0$일 때 커패시터의 임피던스 $1/j\omega C$가 무한대가 되는 것에 주목하라. 그러므로, 커패시터는 DC 개방 회로와 같이 작동하며 출력 전압은 입력 전압과 같게 된다.

$$\mathbf{V}_o(j\omega = 0) = \mathbf{V}_i(j\omega = 0) \tag{5.42}$$

신호 주파수가 증가함에 따라 주파수 응답의 크기는 감소하는데, 이는 분모의 크기와 위상각이 ω와 함께 증가하기 때문이다.

$$\begin{aligned}\mathbf{H}(j\omega) &= \frac{\mathbf{V}_o}{\mathbf{V}_i}(j\omega) = \frac{1}{1 + j\omega CR} \\ &= \frac{1}{\sqrt{1 + (\omega CR)^2}}\frac{e^{j0}}{e^{j\arctan(\omega CR/1)}} \\ &= \frac{1}{\sqrt{1 + (\omega CR)^2}} \cdot e^{-j\arctan(\omega CR)}\end{aligned} \tag{5.43}$$

또는

$$\mathbf{H}(j\omega) = |\mathbf{H}(j\omega)|\, e^{j\angle \mathbf{H}(j\omega)} \tag{5.44}$$

이며, 이때 진폭은

$$|\mathbf{H}(j\omega)| = \frac{1}{\sqrt{1 + (\omega CR)^2}} = \frac{1}{\sqrt{1 + (\omega/\omega_0)^2}} \tag{5.45}$$

이고, 위상은

$$\angle \mathbf{H}(j\omega) = -\arctan(\omega CR) = -\arctan\frac{\omega}{\omega_0} \tag{5.46}$$

이다. 여기서

$$\omega_0 = \frac{1}{RC} \tag{5.47}$$

과 같다. 필터의 효과를 예측하는 가장 간단한 방법은 각 주파수에서 $|\mathbf{H}|$에 의해서 스케일링되고, 위상각 $\angle \mathbf{H}$에 의해 변이되는 페이저 전압 $\mathbf{V}_i = V_i e^{j\phi_i}$을 생각해 보는 것이다. 그 결과로 생긴 출력은 페이저 $V_o e^{j\phi_o}$로 주어지는데, V_o와 ϕ_o는 다음과 같다.

$$\begin{aligned} V_o &= |\mathbf{H}| \cdot V_i \\ \phi_o &= \angle \mathbf{H} + \phi_i \end{aligned} \tag{5.48}$$

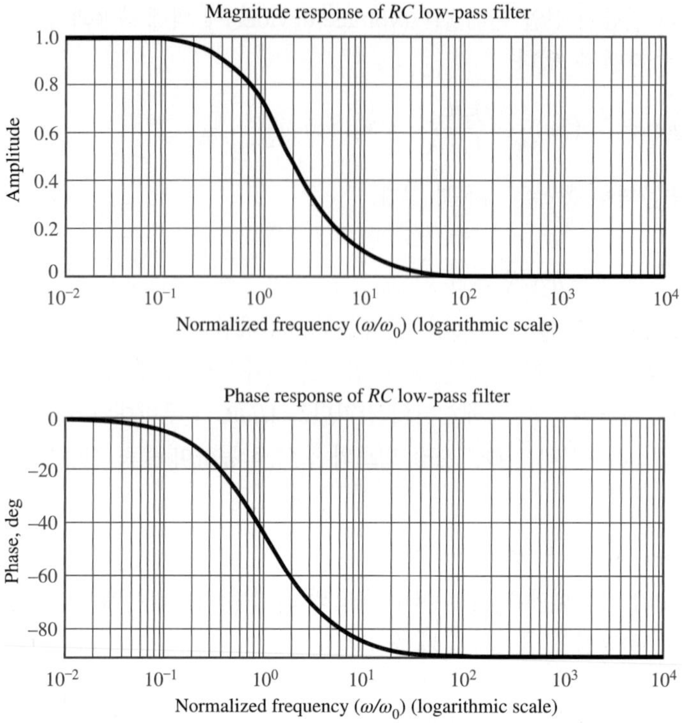

그림 5.21 *RC* 필터에 대한 크기 및 위상 응답

여기서 $|\mathbf{H}|$와 $\angle\mathbf{H}$는 주파수의 함수이다. 주파수 ω_0는 필터의 **차단** 주파수(cutoff frequency) 또는 **절점** 주파수(break frequency)라고 불린다.

일반적으로, $\mathbf{H}(j\omega)$는 $|\mathbf{H}|$와 $\angle\mathbf{H}$를 ω의 함수로 나타낸 두 개의 그림으로 표현한다. $|\mathbf{H}|$와 $\angle\mathbf{H}$를 ω/ω_0에 대해 도시하고, 차단 주파수가 $\omega/\omega_0 = 1$ rad/s인 정규화된 형태가 그림 5.21에 나와 있다. 주파수 축이 로그 눈금으로 도시된 것을 주목하라. 그림 5.21에 표시된 것과 유사한 주파수 응답 선도는 공학에서 흔히 사용된다. 예를 들어, 그림 5.20의 *RC* 필터는 저주파수 영역($\omega \ll 1/RC$)에서는 신호를 "통과" 시키고, 고주파수 영역($\omega \gg 1/RC$)에서는 신호를 걸러내는 특성을 가지고 있다. 이런 형태의 필터를 **저역 통과 필터**(low-pass filter)라고 한다. 차단 주파수 $\omega = 1/RC$는 고주파수와 저주파수의 경계를 나타낸다는 점에서 특히 중요하다. 차단 주파수에서의 $|\mathbf{H}(j\omega)|$의 값은 $1/\sqrt{2} = 0.707$이다. 차단 주파수는 R과 C의 값에만 의존한다는 점을 주목하기 바란다. 따라서 C 및 R에 대해 적절한 값을 선택하기만 하면 원하는 대로 필터 응답을 조정할 수 있다.

실제 저역 통과 필터는 단순히 *RC*가 결합된 것보다는 훨씬 복잡하다. 그런 필터는 이 책의 수준을 넘어서지만 6장과 7장에서 일반적으로 많이 사용되는 필터를 연산 증폭기(operational amplifier)와 연계하여 논의할 것이다.

고역 통과 필터

저역 통과 필터가 신호의 저주파수 영역을 유지시키고, 고주파수 영역을 감쇠시키는 것처럼 **고역 통과 필터**는 신호의 저주파수 영역을 감쇠시키고 차단 주파수보다 큰 주파수 부분을 유지시킨다. 그림 5.22에 도시된 고역 통과 필터 회로를 참조하라. 주파수 응답은 다음과 같다.

$$\mathbf{H}(j\omega) = \frac{\mathbf{V}_o}{\mathbf{V}_i}(j\omega)$$

전압 분배를 적용하면 다음과 같이 된다.

$$\mathbf{V}_o(j\omega) = \mathbf{V}_i(j\omega)\frac{R}{R + 1/j\omega C} = \mathbf{V}_i(j\omega)\frac{j\omega CR}{1 + j\omega CR} \tag{5.49}$$

따라서 필터의 주파수 응답은

$$\frac{\mathbf{V}_o}{\mathbf{V}_i}(j\omega) = \frac{j\omega CR}{1 + j\omega CR} \tag{5.50}$$

이 된다. 이 식을 진폭 및 위상의 형태로 나타내면 다음과 같다.

$$\begin{aligned}\mathbf{H}(j\omega) = \frac{\mathbf{V}_o}{\mathbf{V}_i}(j\omega) = \frac{j\omega CR}{1 + j\omega CR} &= \frac{\omega CR\, e^{j\pi/2}}{\sqrt{1 + (\omega CR)^2}\, e^{j\arctan(\omega CR/1)}} \\ &= \frac{\omega CR}{\sqrt{1 + (\omega CR)^2}} \cdot e^{j[\pi/2 - \arctan(\omega CR)]}\end{aligned} \tag{5.51}$$

또는

$$\mathbf{H}(j\omega) = |\mathbf{H}|\, e^{j\angle\mathbf{H}}$$

여기서 진폭과 위상은 다음과 같다.

$$\begin{aligned}|\mathbf{H}(j\omega)| &= \frac{\omega CR}{\sqrt{1 + (\omega CR)^2}} \\ \angle\mathbf{H}(j\omega) &= 90° - \arctan(\omega CR)\end{aligned} \tag{5.52}$$

고역 통과 필터의 크기 응답은 $\omega = 0$에서 0이고, ω가 무한대로 갈수록 점진적으로 1로 접근하는 반면에, 위상 변이는 $\omega = 0$에서 $\pi/2$이고, ω가 증가함에 따라 0이 됨을 쉽게 알 수 있다. 고역 통과 필터의 크기 및 위상 응답 곡선은 그림 5.23에 도시되어 있다. 이 선도는 차단 주파수가 $\omega/\omega_0 = 1$ rad/s가 되도록 정규화되어 있다. 저역 통과 필터에 대해 수행된 것과 동일한 방식으로 다시 한번 $\omega_0 = 1/RC$에서 차단 주파수를 정의할 수 있다.

RC 고역 통과 필터. 회로는 차단 주파수인 $\omega_0 = 1/RC$보다 낮은 주파수는 감쇠시키는 반면 높은 주파수는 유지시킨다

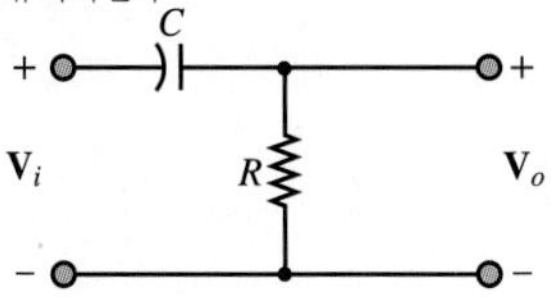

그림 5.22 고역 통과 필터

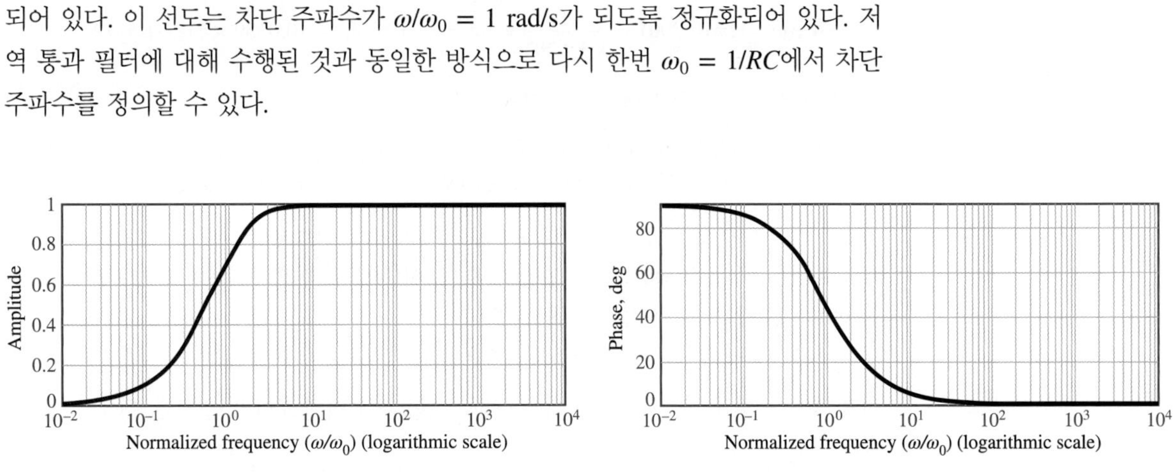

그림 5.23 고역 통과 필터의 주파수 응답

예제 5.6

RC 저역 통과 필터의 주파수 응답

문제

60 Hz 및 10,000 Hz의 주파수에서 정현파 입력 신호에 대해 그림 5.20의 *RC* 필터의 응답을 계산하라. $R = 1\ \text{k}\Omega$, $C = 0.47\ \mu\text{F}$, $\mathbf{V}_i = 5\angle 0°\ \text{V}$라고 가정하라.

풀이

기지: $R = 1\ \text{k}\Omega$, $C = 0.47\ \mu\text{F}$, $v_i(t) = 5\cos(\omega t)\ \text{V}$

미지: 각 주파수에서의 출력 전압 $v_o(t)$

가정: 없음

해석: 이 문제에서 입력 신호 전압과 회로의 주파수 응답[식 (5.43)]은 알고 있고, 출력 전압을 2개의 다른 주파수에서 구해야 한다. 전압을 페이저 형식으로 표현하면, 주파수 응답을 계산에 사용할 수 있다.

$$\frac{\mathbf{V}_o}{\mathbf{V}_i}(j\omega) = \mathbf{G}_V(j\omega) = \frac{1}{1 + j\omega CR}$$

$$\mathbf{V}_o(j\omega) = \mathbf{G}_V(j\omega)\mathbf{V}_i(j\omega) = \frac{1}{1 + j\omega CR}\mathbf{V}_i(j\omega)$$

필터의 차단 주파수 $\omega_0 = 1/RC = 2{,}128\ \text{rad/s}$이므로 주파수 응답은 식 (5.45)와 (5.46)의 형태로 다음과 같이 표현될 수 있다.

$$\mathbf{G}_V(j\omega) = \frac{1}{1 + j\omega/\omega_0} \qquad |\mathbf{G}_V(j\omega)| = \frac{1}{\sqrt{1 + (\omega/\omega_0)^2}} \qquad \angle\mathbf{G}(j\omega) = -\arctan\left(\frac{\omega}{\omega_0}\right)$$

다음으로, $\omega = 60\ \text{Hz} = 120\pi\ \text{rad/s}$일 때 $\omega/\omega_0 = 0.177$임을 주목하라. $\omega = 10{,}000\ \text{Hz} = 20{,}000\pi\ \text{rad/s}$에서 $\omega/\omega_0 = 29.5$이다. 그러므로 각각의 주파수에서 출력 전압은 다음과 같이 계산된다.

$$\mathbf{V}_o(\omega = 2\pi 60) = \frac{1}{1 + j0.177}\mathbf{V}_i(\omega = 2\pi 60) = (0.985 \times 5)\angle -0.175\ \text{V}$$

$$\mathbf{V}_o(\omega = 2\pi 10{,}000) = \frac{1}{1 + j29.5}\mathbf{V}_i(\omega = 2\pi 10{,}000) = (0.0339 \times 5)\angle -1.537\ \text{V}$$

마지막으로, 각 주파수에 대한 시간 영역의 응답은 다음과 같다.

$$v_o(t) = 4.923\cos(2\pi 60t - 0.175)\ \text{V} \qquad \text{at } \omega = 2\pi 60\ \text{rad/s}$$
$$v_o(t) = 0.169\cos(2\pi 10{,}000t - 1.537)\ \text{V} \qquad \text{at } \omega = 2\pi 10{,}000\ \text{rad/s}$$

필터의 크기와 위상 응답은 그림 5.24에 도시되어 있다. 선도로부터 필터에 의해 신호의 저주파수 성분만이 통과되었음을 확인할 수 있다. 이 저역 통과 필터는 오디오 스펙트럼(audio spectrum)의 저음역(bass)만을 통과시킨다.

참조: 대략적인 해는 그림 5.24의 크기와 위상 선도로 쉽게 구할 수 있다. 각 주파수에서 입력 전압 크기에 각 주파수의 크기 응답을 곱하고 위상을 변이해 보아라. 결과는, 위에서 계산한 값과 매우 비슷할 것이다.

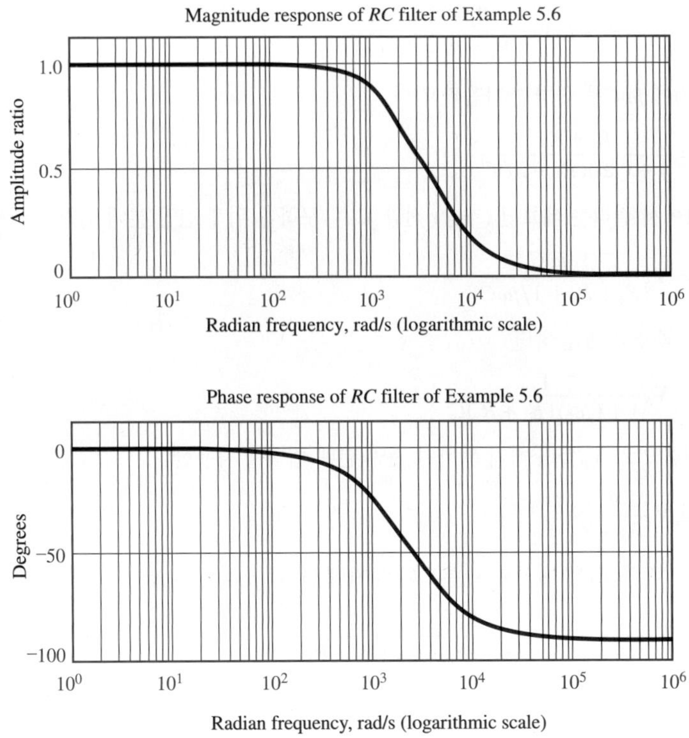

그림 5.24 예제 5.6의 *RC* 저역 통과 필터의 응답

실질적인 *RC* 저역 통과 필터의 응용

예제 5.7

문제

주파수 응답 함수 $\mathbf{V}_o/\mathbf{V}_S$를 구하고, 그림 5.25에 보여진 망의 주파수 응답을 구하라.

풀이

기지: $R_S = 50\ \Omega$, $R_1 = 200\ \Omega$, $R_o = 500\ \Omega$, $C = 10\ \mu\text{F}$

미지: 주파수 응답 함수 $\mathbf{V}_o/\mathbf{V}_S$, 주파수 응답 및 주어진 주파수에서의 출력 전압 $v_o(t)$

가정: 없음

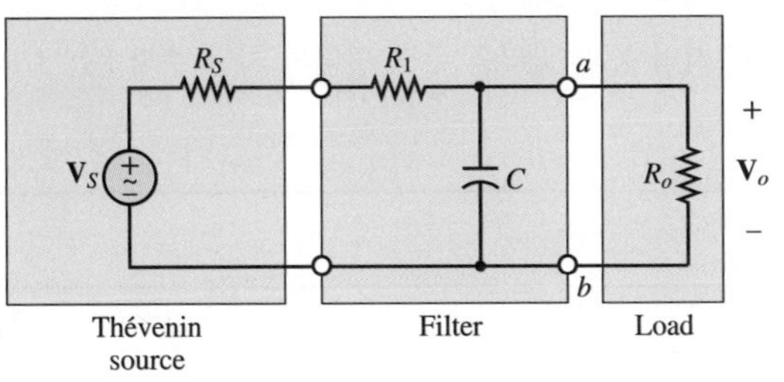

그림 5.25 회로에 삽입된 *RC* 필터

해석: 그림 5.25에서는 *RC* 저역 통과 필터가 회로의 소스와 부하 사이에 놓여 있다는 점에서 더욱 현실적이다. 부하에서 보는 테브닌 등가 임피던스는 다음과 같다.

$$\mathbf{Z}_T = \mathbf{Z}_C \| (R_1 + R_S) = \frac{(R_1 + R_S)/j\omega C}{R_1 + R_S + 1/j\omega C}$$

분모와 분자에 $j\omega C$를 곱하면 다음과 같다.

$$\mathbf{Z}_T = \frac{R_1 + R_S}{1 + (j\omega)(R_1 + R_S)C}$$

a와 b 단자에서 걸리는 테브닌 (개방) 전압 $\mathbf{V}_T$를 구하기 위해 전압 분배 법칙을 적용한다.

$$\mathbf{V}_T = \mathbf{V}_S \frac{1/j\omega C}{R_1 + R_S + 1/j\omega C}$$

$j\omega C$를 분모와 분자에 곱하면

$$\mathbf{V}_T = \mathbf{V}_S \frac{1}{1 + (j\omega)(R_1 + R_S)C}$$

와 같다. 다음으로, $\mathbf{V}_o$를 구하기 위하여 전압 분배 법칙을 사용한다.

$$\mathbf{V}_o = \mathbf{V}_T \frac{R_o}{R_o + \mathbf{Z}_T}$$

위에서 구한 $\mathbf{V}_T$와 $\mathbf{Z}_T$를 대입하고, 분모와 분자에 $[1 + (j\omega)(R_1 + R_S)C]$를 곱하면

$$\mathbf{V}_o = \mathbf{V}_S \frac{R_o}{R_o[1 + (j\omega)(R_1 + R_S)C] + (R_1 + R_S)}$$

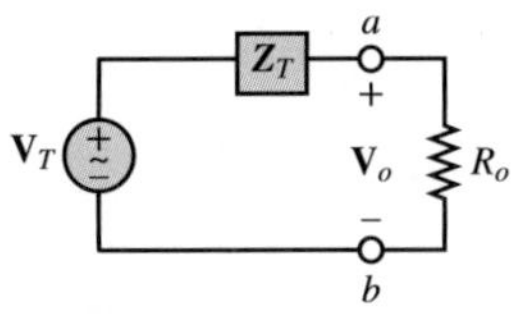

그림 5.26 그림 5.25의 등가 회로

와 같다. 마지막으로, 양변을 $\mathbf{V}_S$로 나누고, 분모의 인수 $(R_o + R_1 + R_S)$를 분모로부터 빼주면 다음과 같다.

$$\mathbf{G}_V(j\omega) = \frac{\mathbf{V}_o}{\mathbf{V}_S} = \frac{K}{1 + (j\omega)R_T C}$$

여기서

$$K = \frac{R_o}{R_o + R_1 + R_S}$$

이고,

$$R_T = [R_o \| (R_1 + R_S)] = \frac{R_o(R_1 + R_S)}{R_o + R_1 + R_S}$$

이다. 다시 말하자면, K는 ω가 0이 됨에 따라 직류 이득이 되고 커패시터는 개방 회로처럼 동작한다. R_T는 커패시터에서 보는 테브닌 등가 저항이다. 저항과 커패시턴스를 대입하면 다음과 같다.

$$\mathbf{G}_V(j\omega) = \frac{0.667}{1 + j(\omega/600)}$$

참조: 회로 중간에 RC 저역 통과 필터를 두면 필터의 차단 주파수는 $1/R_1C$에서 $1/R_TC$로 변경된다.

예제 5.8 저역 통과 필터 감쇠

문제

어떤 2차 저역 통과 필터의 주파수 응답이 다음 함수로 표현된다. 어떤 주파수에서 응답의 크기가 최댓값의 10%로 떨어지는가?

$$\mathbf{H}(j\omega) = \frac{K}{(j\omega/\omega_1 + 1)(j\omega/\omega_2 + 1)}$$

풀이

기지: 필터의 주파수 응답 함수

미지: 응답 진폭이 최댓값의 10%가 되는 주파수 $\omega_{10\%}$

주어진 데이터 및 그림: $\omega_1 = 100$, $\omega_2 = 1{,}000$

가정: 없음

해석: 분모의 각 항의 크기는 주파수 ω와 함께 증가한다는 점에 주목하라. 그러므로 주파수 응답 함수의 최대 크기는 $\omega \to 0$일 때 직류 이득인 K가 된다. 주파수가 증가함에 따라 주파수 응답 함수의 크기는 단조롭게 감소하는데, 이는 주파수 응답 함수가 "저역 통과" 필터를 나타내는 이유를 설명해 준다. 저주파 영역에서는 입력이 출력으로 "통과"되지만, 고주파 영역에서는 출력이 입력의 필터링된(감쇠된) 형태로 나타난다. 이 문제를 풀기 위하여 주파수 응답 함수의 진폭을 0.1 K로 설정하고, 다음과 같이 ω를 구한다.

$$|\mathbf{H}(j\omega)| = \left|\frac{K}{(j\omega/\omega_1 + 1)(j\omega/\omega_2 + 1)}\right| = 0.1\,K$$

$$\frac{1}{\sqrt{(1 - \omega^2/\omega_1\omega_2)^2 + \omega^2(1/\omega_1 + 1/\omega_2)^2}} = 0.1$$

이 식을 단순화하기 위해 더미 변수(dummy variable) $\Omega = \omega^2$를 도입하고, 양변을 역수로 취한 뒤 제곱하면 Ω에 대한 이차 방정식을 다음과 같이 얻는다.

$$\left(1 - \frac{\Omega}{\omega_1\omega_2}\right)^2 + \Omega\left(\frac{1}{\omega_1} + \frac{1}{\omega_2}\right)^2 = 100$$

$$\Omega^2 + \left[(\omega_1\omega_2)^2\left(\frac{1}{\omega_1} + \frac{1}{\omega_2}\right)^2 - 2\omega_1\omega_2\right]\Omega - 99(\omega_1\omega_2)^2 = 0$$

ω_1과 ω_2의 값을 수식에 대입하고, 근의 공식을 이용하여 근을 구하면, $\Omega = -1.6208 \times 10^6$과 $\Omega = 0.6108 \times 10^6$을 얻을 수 있다. 양의 근만이 물리적으로 가능한 해이므로 해는 $\omega = \sqrt{\Omega} = 782$ rad/s이다. 그림 5.27(a)는 필터의 크기 응답을 표현한다. 주파수 800 rad/s의 근처에서 크기 응답은 대략 0.1이다. 그 주파수에서 주파수 응답 함수의 두 극점은 각각 대략 $-82.7°$와 $-38.0°$여서 그림 5.27(b)와 같이 총 위상각은 $-120.7°$가 된다.

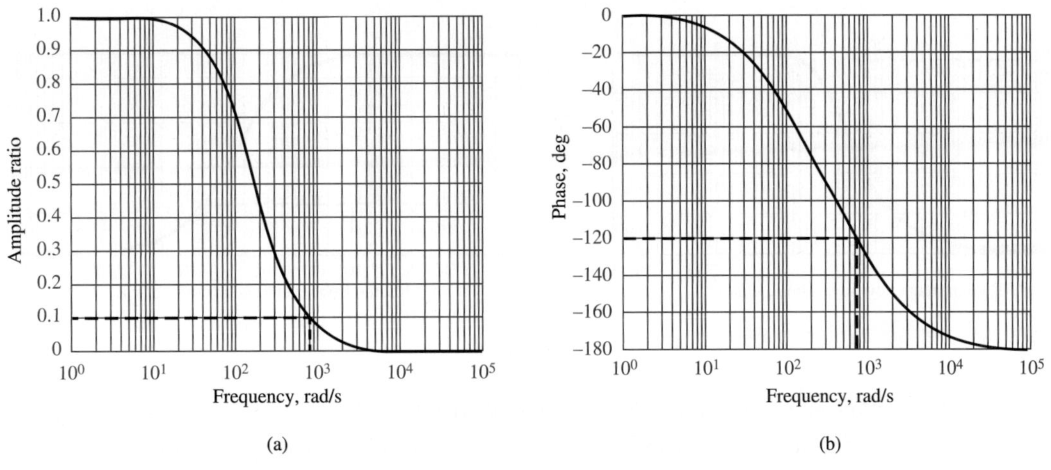

그림 5.27 예제 5.8의 필터의 주파수 응답. (a) 크기 응답, (b) 위상 응답

예제 5.9

RC 고역 통과 필터의 주파수 응답

문제

그림 5.28의 회로에 나타난 *RC* 고역 통과 필터의 응답을 계산하라. $\omega_1 = 2\pi \times 100$ rad/s와 $\omega_2 = 2\pi \times 10{,}000$ rad/s의 주파수에서 필터의 주파수 응답을 계산하라.

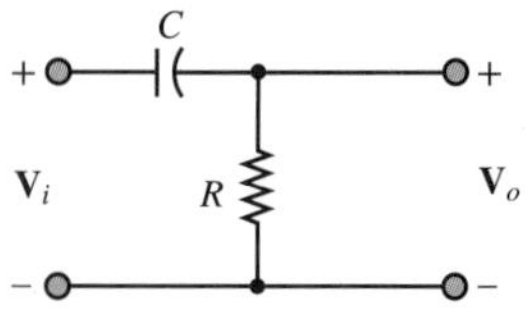

그림 5.28 고역 통과 *RC* 필터

풀이

기지: $R = 200\ \Omega$, $C = 0.199\ \mu\text{F}$

미지: 주파수 응답 $\mathbf{G}_V(j\omega)$

가정: 없음

해석: 고역 통과 필터의 차단 주파수는 $\omega_0 = 1/RC \approx 2\pi \times 4{,}000$ rad/s이다. 회로에 대한 주파수 응답 함수는 식 (5.50)에 의해서 주어진다.

$$\mathbf{G}_V(j\omega) = \frac{\mathbf{V}_o}{\mathbf{V}_i}(j\omega) = \frac{j\omega CR}{1 + j\omega CR}$$
$$= \frac{\omega/\omega_0}{\sqrt{1 + (\omega/\omega_0)^2}} \angle\left[\frac{\pi}{2} - \arctan\left(\frac{\omega}{\omega_0}\right)\right]$$

ω_1과 ω_2에서 필터의 주파수 응답을 계산하면 다음과 같다.

$$\mathbf{G}_V(\omega = 2\pi \times 100) = \frac{100/4{,}000}{\sqrt{1 + (100/4{,}000)^2}} \angle\left[\frac{\pi}{2} - \arctan\left(\frac{100}{4{,}000}\right)\right] = 0.025\angle 88.6°$$

$$\mathbf{G}_V(\omega = 2\pi \times 10{,}000) = \frac{10{,}000/4{,}000}{\sqrt{1 + (10{,}000/4{,}000)^2}} \angle\left[\frac{\pi}{2} - \arctan\left(\frac{10{,}000}{4{,}000}\right]\right)$$
$$= 0.929\angle 21.8°$$

이 결과는 $\omega_1 \ll \omega_0$에서는 출력이 입력과 비교하여 매우 작은(2.5%) 반면에, $\omega_2 \gg \omega_0$에서는 출력이 입력과 거의 같다(92.9%)는 것을 보여준다. 일반적으로, 고주파 영역($\omega \gg \omega_0$)에서 입력은 출력으로 "통과되는" 반면에, 저주파수 영역($\omega \ll \omega_0$)에서는 출력은 입력 신호가 필터링되어(감쇠되어) 나타난다. 주파수 응답(크기와 위상)이 그림 5.29에 도시되어 있다.

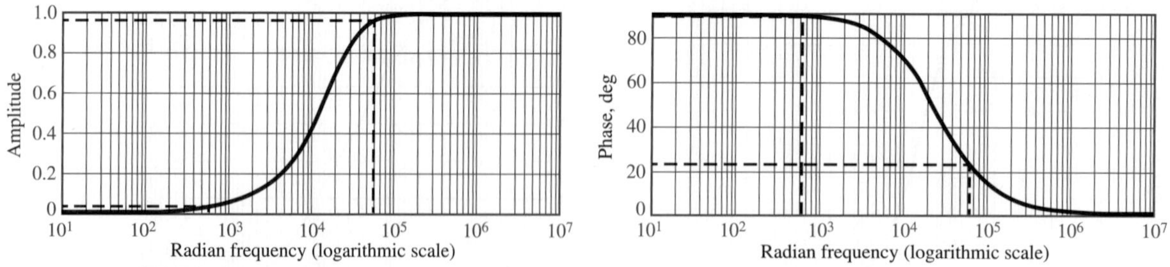

그림 5.29 예제 5.10의 고역 통과 *RC* 필터의 응답

참조: 차단 주파수 $\omega_0 = 2\pi \times 4{,}000$ rad/s (i.e 4,000 Hz)를 가진 이 필터는 오디오 주파수 스펙트럼(audio frequency spectrum)의 고음부(treble range)만을 통과시킨다.

연습 문제

간단한 RC 저역 통과 필터가 10 μF 커패시터와 2.2 kΩ 저항을 사용하여 만들어졌다. 어떤 주파수 범위에서 필터의 출력이 입력 신호 진폭의 1% 안에 들어가는가? (즉, 언제 $V_o \geq 0.99\ V_S$인가?)

Answer: $0 \leq \omega \leq 6.48$ rad/s

연습 문제

그림 5.25에서 내부 저항 $R_S = 50\ \Omega$이고 $|\mathbf{V}_S| = 1$ V이라고 하자. $R_1 = 1$ kΩ, $C = 0.47\ \mu$F이라고 가정하자. 부하 저항 $R_o = 470\ \Omega$에 대한 차단 주파수 ω_0을 구하라.

Answer: $\omega_0 = 6{,}553.3$ rad/s

연습 문제

그림 5.27(b)의 위상 응답 선도를 이용하여 입력 신호에 대하여 출력 신호의 위상 변이가 $-90°$인 주파수를 구하라.

Answer: $\omega = 300$ rad/s (대략)

휘스톤 브리지 필터

측정기술

문제

2장의 예제 2.2의 휘스톤 브리지(Wheatstone bridge) 회로와 측정 기술: "휘스톤 브리지와 힘의 측정"의 내용은 **힘을 측정**하는 것을 포함하여 많은 응용에 사용된다. 그림 5.30은 브리지 회로를 보여 준다. 측정할 때 원하지 않는 잡음과 간섭이 존재하면, 저역 통과 필터를 사용하여 이러한 잡음의 영향을 감소시키는 것이 효과적이다. 그림 5.30의 브리지의 출력 단자에 연결된 커패시터는, 브리지 저항과 연계되어 효과적이고 간단한 저역 통과 필터를 구성한다. 브리지의 저항이 각각 350 Ω(스트레인 게이지에 사용되는 일반적인 저항)이고, 30 Hz의 주파수에서 정현파로 표시되는 힘을 측정한다고 가정해 보자. 앞서의 측정으로부터, 300 Hz의 차단 주파수를 지닌 필터가 이러한 잡음의 영향을 감소시키는 데 충분하다는 것을 알 수 있다. 이 필터링에 적합한 커패시터를 선정하라.

(계속)

(계속)

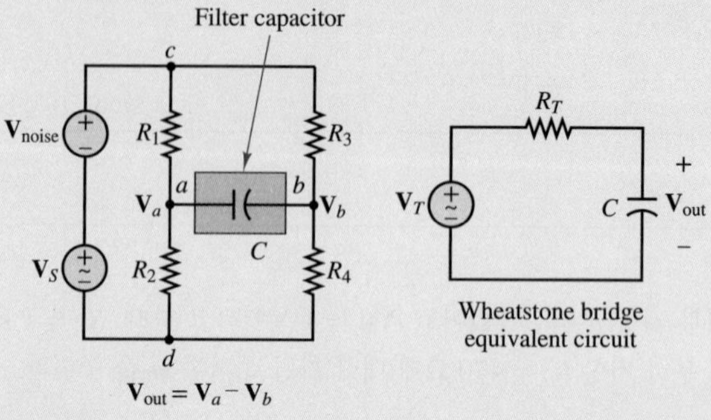

그림 5.30 간단한 커패시터 필터를 가진 휘스톤 브리지의 등가 회로

풀이

그림 5.30의 우측에 도시된 것처럼 커패시터에서 보는 테브닌 등가 회로를 정할 수 있다. 커패시터에서 보는 테브닌 저항은 2개의 전압원을 끄고, 이들을 단락 회로로 대체시킴으로써 계산한다.

$$R_T = R_1 \| R_2 + R_3 \| R_4 = 350\|350 + 350\|350 = 350\ \Omega$$

요구되는 차단 주파수가 300 Hz이므로, 커패시터 값은 다음 식으로부터 구할 수 있다.

$$\omega_0 = \frac{1}{R_T C} = 2\pi \times 300$$

또는

$$C = \frac{1}{R_T \omega_0} = \frac{1}{350 \times 2\pi \times 300} = 1.51\ \mu\text{F}$$

브리지 회로의 주파수 응답은 식 (5.41)과 동일한 형태를 가진다.

$$\frac{\mathbf{V}_{out}}{\mathbf{V}_T}(j\omega) = \frac{1}{1 + j\omega C R_T}$$

원하는 신호 주파수에서 감쇠(attenuation)와 위상 변이가 최소라는 것을 보이기 위해서, 30 Hz의 주파수에서 응답을 계산할 수 있다.

$$\frac{\mathbf{V}_{out}}{\mathbf{V}_T}(j\omega = j2\pi \times 30) = \frac{1}{1 + j2\pi \times 30 \times 1.51 \times 10^{-6} \times 350}$$

$$= 0.9951\angle(-5.7^\circ)$$

그림 5.31에서 회로에 커패시터를 설치하기 전과 후의 30 Hz 정현파 신호를 보여준다.

(계속)

(계속)

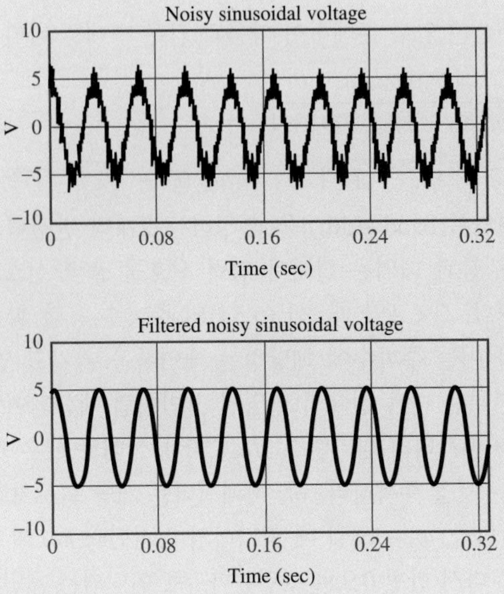

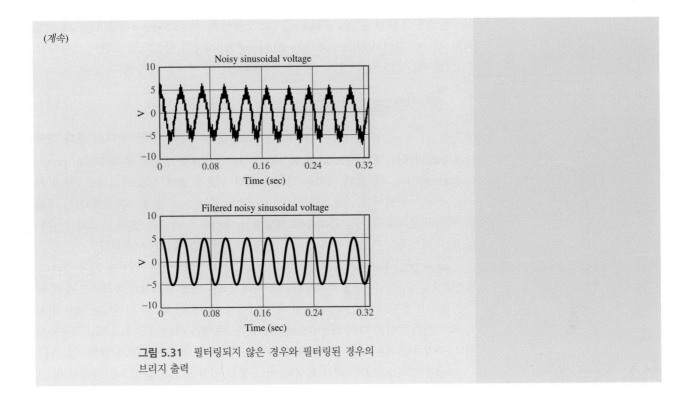

그림 5.31 필터링되지 않은 경우와 필터링된 경우의 브리지 출력

5.4 대역 통과 필터, 공진 및 Q 인자

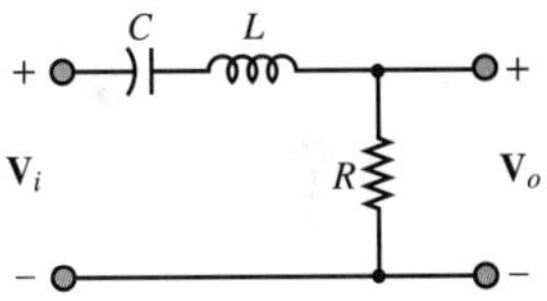

그림 5.32 *RLC* 대역 통과 필터

이전과 동일한 원리와 절차를 사용하여, 특정 유형의 회로에 대한 **대역 통과 필터**(bandpass filter) 응답을 유도하는 것이 가능하다. 이러한 필터는 특정 주파수 범위 내에서 입력을 출력으로 통과시킨다. 간단한 2차 대역 통과 필터(즉, 2개의 에너지 저장 소자를 가진 필터)의 해석은 앞서 논의된 저역 통과 또는 고역 통과 필터와 유사하게 수행할 수 있다. 그림 5.32(그림 5.6과 유사)에 나타낸 회로의 주파수 응답 함수는 다음과 같다.

$$\mathbf{G}_V(j\omega) = \frac{\mathbf{V}_o}{\mathbf{V}_i}(j\omega)$$

전압 분배 법칙을 적용하면

$$\begin{aligned}\mathbf{V}_o(j\omega) &= \mathbf{V}_i(j\omega)\frac{R}{R + 1/j\omega C + j\omega L}\frac{j\omega C}{j\omega C} \\ &= \mathbf{V}_i(j\omega)\frac{j\omega CR}{1 + j\omega CR + (j\omega)^2 LC}\end{aligned} \tag{5.53}$$

이 된다. 그러므로 주파수 응답 함수는 다음과 같다.

$$\frac{\mathbf{V}_o}{\mathbf{V}_i}(j\omega) = \frac{j\omega\tau}{1 + j\omega\tau + (j\omega)^2/\omega_n^2} \tag{5.54}$$

여기서 $\tau = R_T C + L/R_N = RC$이고, $\omega_n = 1/\sqrt{LC}$이다.

식 (5.54)는 상수 $K = \tau$, 원점($j\omega$)에서 영점, 식 (5.19)와 (5.24)에 있는 것과

유사한 2차 극점 $[1 + j\omega t + (j\omega/\omega_n)^2]$을 포함한다. 식 (5.54)는 τ를 $2\zeta/\omega_n$으로 대체하여 무차원 감쇠비(dimensionless damping ratio) ζ의 항으로도 표현이 가능하다. $\zeta > 1$일 때, 식 (5.54)는 인수 분해하여 다음과 같은 형태로 나타낼 수 있다.

$$\frac{\mathbf{V}_o}{\mathbf{V}_i}(j\omega) = \frac{(2\zeta)(j\omega/\omega_n)}{(j\omega/\omega_1 + 1)(j\omega/\omega_2 + 1)} \tag{5.55}$$

여기서 $\omega_1 = \omega_n(\zeta - \sqrt{\zeta^2 - 1})$과 $\omega_2 = \omega_n(\zeta + \sqrt{\zeta^2 - 1})$는 필터의 **통과 대역**(passband)[또는 **대역폭**(bandwidth)]을 결정하는 2개의 **반전력 주파수**(half-power frequency)이다. 즉, 통과 대역은 필터가 입력 신호를 출력 신호로 그대로 "통과"시키는 주파수 영역이다. $\zeta < 1$일 때, 식 (5.54)의 주파수 응답 함수는 2개의 잘 정의된 반전력 주파수와 이들 주파수에 해당하는 대역폭을 가지고 있다. 그러나 이들은 공진 및 대역폭을 다루는 다음 절에서 설명된 방법처럼 계산되어야 한다.

$\omega \to 0$일 때 커패시터의 임피던스 $1/j\omega C$가 무한대로 매우 커지게 되어 필터 응답은 0으로 수렴하는 것을 주목하라. 즉, 커패시터는 개방 회로처럼 동작하고 출력 전압은 0이다. 뿐만 아니라, $\omega \to \infty$일 때 인덕터의 임피던스 $j\omega L$이 무한대로 매우 커지게 되어 필터 응답은 다시 한번 0으로 수렴한다. 즉, 인덕터는 개방 회로처럼 작동하게 된다. 따라서 필터는 매우 낮은 주파수와 높은 주파수에서 신호를 통과시키지 않는다.

중간 주파수의 대역에서 필터는 어느 정도 입력 신호를 출력으로 통과하며, 그 정도는 입력 신호의 주파수에 따라 다르다. 사실 $\omega = \omega_n$에서, $\mathbf{V}_o = \mathbf{V}_i$가 된다! 이 주파수에서 $\mathbf{Z}_C = -\mathbf{Z}_L$이므로, $\mathbf{V}_i$에서 본 임피던스는 최소가 되고 R과 같게 된다.

식 (5.55)의 주파수 응답 함수는 다음과 같은 무차원 이득 $\mathbf{G}_V$이다.

$$\mathbf{G}_V(j\omega) = \frac{\mathbf{V}_o}{\mathbf{V}_i}(j\omega)$$

이 이득은 크기와 위상각의 항인 $\mathbf{G}_V(j\omega) = |\mathbf{G}_V| e^{j\angle \mathbf{G}_V}$로 나타낼 수 있는데, 여기서 크기는

$$|\mathbf{G}_V(j\omega)| = \frac{(2\zeta)(\omega/\omega_n)}{\sqrt{\left[1 + (\omega/\omega_1)^2\right]\left[1 + (\omega/\omega_2)^2\right]}} \tag{5.56}$$

이고, 위상은

$$\angle \mathbf{G}_V(j\omega) = \frac{\pi}{2} - \arctan\frac{\omega}{\omega_1} - \arctan\frac{\omega}{\omega_2} \tag{5.57}$$

이다. 그림 5.32의 대역 통과 필터에 대한 주파수 응답의 크기와 위상 선도가 그림 5.33에 도시되어 있다. 이 선도들은 필터의 통과 대역의 중심 주파수가 $\omega = 1$ rad/s가 되도록 정규화되어 있다.

그림 5.33의 주파수 응답 선도는 대역 통과 필터가 저역 통과 필터와 고역 통과 필터의 조합처럼 동작한다는 사실을 보여준다. 앞서 설명한 것처럼 L, C 및 R에 대해 적절한 값을 선택하면 원하는 대로 필터 응답을 조정할 수 있다.

공진과 대역폭

2차 필터의 응답은 그림 5.32의 직렬 LC 대역 통과 필터를 통해 다음의 형태와 같이

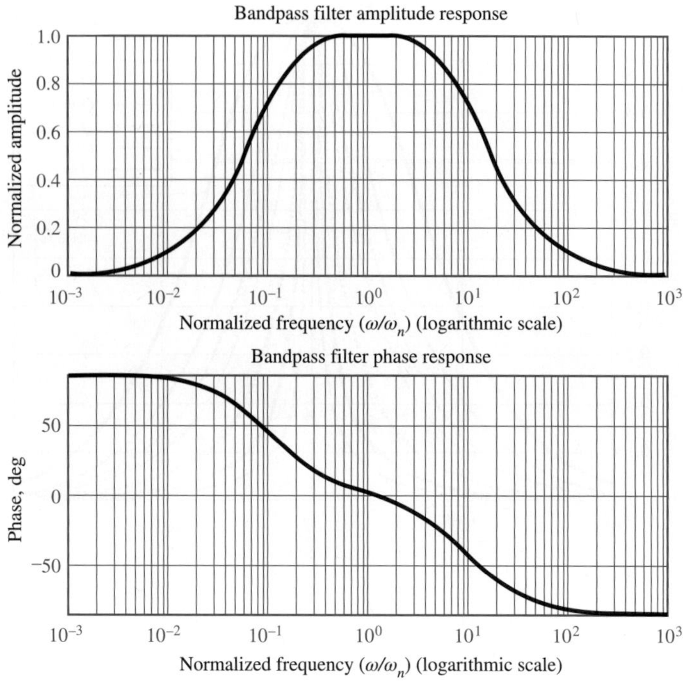

그림 5.33 *RLC* 대역 통과 필터의 주파수 응답

더 일반적으로 설명될 수 있다.

$$
\begin{aligned}
\frac{\mathbf{V}_o}{\mathbf{V}_i}(j\omega) &= \frac{j\omega\tau}{LC(j\omega)^2 + j\omega\tau + 1} \\
&= \frac{(2\zeta/\omega_n)j\omega}{(j\omega/\omega_n)^2 + (2\zeta/\omega_n)j\omega + 1} \\
&= \frac{(1/Q\omega_n)j\omega}{(j\omega/\omega_n)^2 + (1/Q\omega_n)j\omega + 1}
\end{aligned}
\tag{5.58}
$$

여기서 $\tau = R_TC + L/R_N$이고, R_T는 커패시터에서 본 테브닌 등가 저항, R_N은 인덕터에서 본 노턴 등가 저항, ζ는 무차원 감쇠비, ω_n은 고유 주파수, 그리고 Q는 Q 인자(quality factor) 또는 양호도로 다음과 같이 정의된다.[2]

$$
\begin{aligned}
&\omega_n = \sqrt{\frac{1}{LC}} && \text{고유 또는 공진 주파수} \\
&Q = \frac{1}{2\zeta} = \frac{1}{\omega_n\tau} && Q \text{ 인자} \\
&\zeta = \frac{\omega_n\tau}{2} = \frac{\omega_n}{2}\left[R_TC + \frac{L}{R_N}\right] && \text{무차원 감쇠비}
\end{aligned}
\tag{5.59}
$$

LO

[2] 이러한 정의는 4장의 2차 과도 응답 절에서 소개한 것과 동일하다.

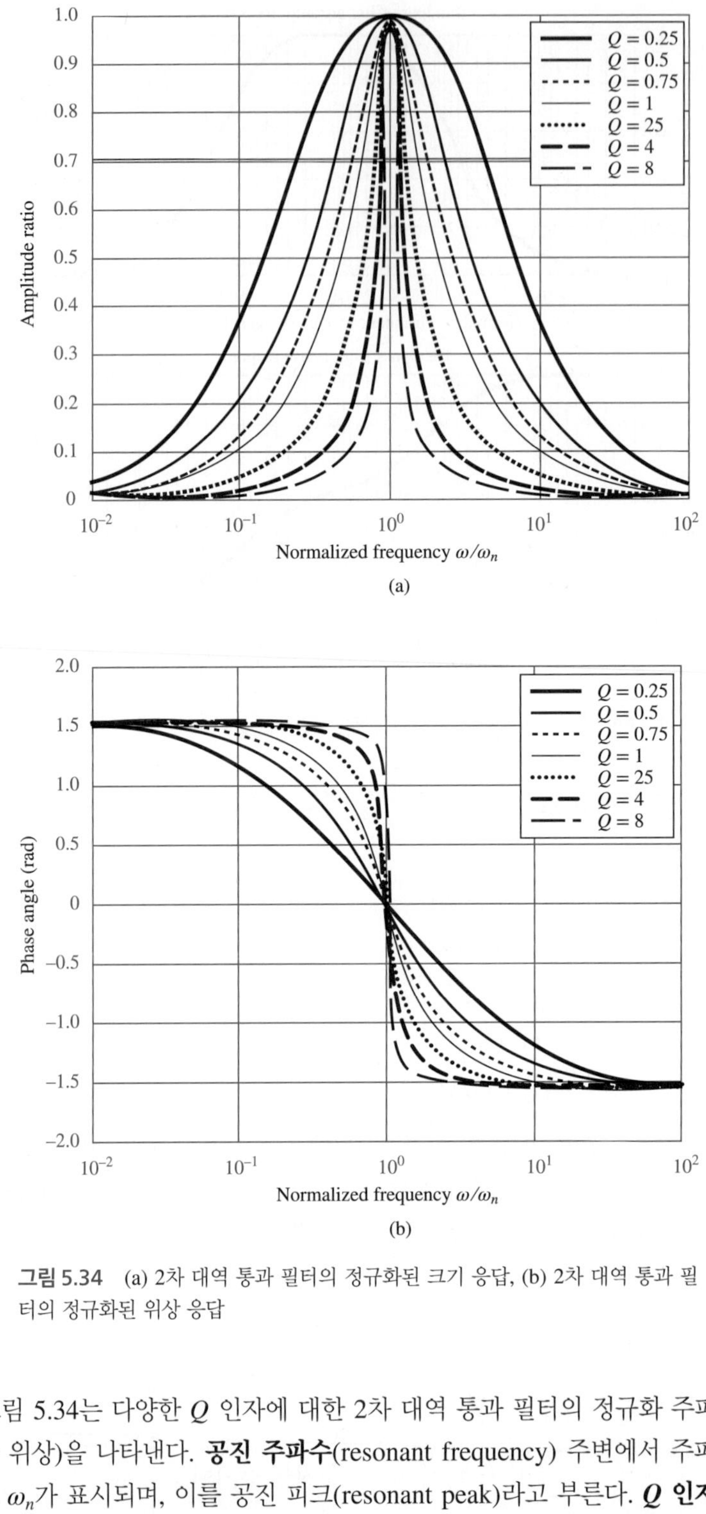

그림 5.34 (a) 2차 대역 통과 필터의 정규화된 크기 응답, (b) 2차 대역 통과 필터의 정규화된 위상 응답

그림 5.34는 다양한 Q 인자에 대한 2차 대역 통과 필터의 정규화 주파수 응답(크기와 위상)을 나타낸다. **공진 주파수**(resonant frequency) 주변에서 주파수 응답의 피크 ω_n가 표시되며, 이를 공진 피크(resonant peak)라고 부른다. ***Q* 인자**가 커짐에 따라 공진의 첨예도(sharpness)가 증가하고, 필터는 점차 선택적(selective)이 된다(즉, 공진 주파수 근처의 협대역을 제외하고 입력 신호의 대부분의 주파수 성분을

필터링시키는 능력을 가진다). 대역 통과 필터의 선택도(selectivity)를 측정하는 하나의 방법은 **대역폭**(bandwidth)이다. 대역폭의 개념은 0.707 진폭비에서 선도를 가로지르는 수평선을 도시하였을 때 그림 5.34(a)의 선도에서 쉽게 시각화할 수 있다. 수평선이 가로지르는 (크기) 주파수 응답 포인트 사이의 주파수 범위를 **반전력 대역폭**(half-power bandwidth)이라고 정의한다. 반전력이라는 이름은 전압 또는 전류 진폭 비율이 0.707(또는 $1/\sqrt{2}$)일 때 전력이 1/2로 감소한다는 사실에서 유래한다. 0.707 크기의 선이 주파수 응답과 교차하는 주파수는 **반전력 주파수**(half-power frequency) ω_1 및 ω_2이다. 그림 5.32에 도시된 대역 통과 필터에 대해 $\zeta > 1$일 때 $\omega_{2,1} = \omega_n(\sqrt{\zeta^2 - 1})$이다. $\zeta < 1$일 때에는 $\omega_{2,1}^2 = \omega_n^2[1 + 2\zeta\,(\zeta \pm \sqrt{\zeta^2 + 1})]$이다. 이러한 식들은 ζ가 큰 값과 작은 값을 가질 때 잘 근사화시킬 수 있다. $\zeta \to \infty$일 때 $\omega_2 \to 2\zeta$이고, $\omega_1 \to (1/2\zeta)$이다. $\zeta \to 0$일 때, $\omega_{2,1} \to (1 \pm \zeta)$이다.

대역폭 BW와 고유 주파수 ω_n 및 Q 인자 간의 관계를 나타내는 유용한 식을 다음에 나타내었다. 큰 Q 인자를 갖는(high-Q) 필터가 좁은 대역폭을 가지고, 작은 Q 인자를 갖는(low-Q) 필터는 넓은 대역폭을 가진다는 것을 주목하라.

$$BW = \frac{\omega_n}{Q} = \omega_2 - \omega_1 \quad \text{where} \quad \omega_n^2 = \omega_2\omega_1 \qquad \text{대역폭} \tag{5.60}$$

LO

대역 통과 필터의 주파수 응답

예제 5.10

LO

문제

다음 두 조의 구성 부품의 값들에 대해 그림 5.32의 대역 통과 필터의 주파수 응답을 계산하라.

풀이

기지:

a. $R = 1\ \text{k}\Omega,\ C = 10\ \mu\text{F},\ L = 5\ \text{mH}$.

b. $R = 10\ \Omega,\ C = 10\ \mu\text{F},\ L = 5\ \text{mH}$.

미지: 주파수 응답 $\mathbf{H}_V(j\omega)$

가정: 없음

해석: 대역 통과 필터의 주파수 응답은 식 (5.54)로 표현된다.

$$\mathbf{G}_V(j\omega) = \frac{\mathbf{V}_o}{\mathbf{V}_i}(j\omega) = \frac{j\omega\tau}{1 + j\omega\tau + (j\omega)^2\omega_n}$$

여기서 $\tau = R_TC + L/R_N = RC$이고, $\omega_n = 1/\sqrt{LC}$이다. a의 경우에 $\tau = 10^{-2}$초인 반면에, b의 경우 $\tau = 10^{-4}$초이다. 두 경우 모두 $\omega_n \approx 4472$ rad/sec이다. 따라서 무차원 감쇠비는 a의 경우 22.4이고, b의 경우 0.224이다. a의 경우(큰 직렬 저항) 주파수 응답 선도는 그림 5.35에 도시되어 있으며, b의 경우(작은 직렬 저항) 주파수 응답 선도는 그림 5.36에 도시되어 있다. (5.5절에서 보드 선도를 직선으로 근사화하는 방법을 배운다.) 두 경우 모두 L과 C가 동일하므로 두 회로의 고유 주파수는 동일하다.

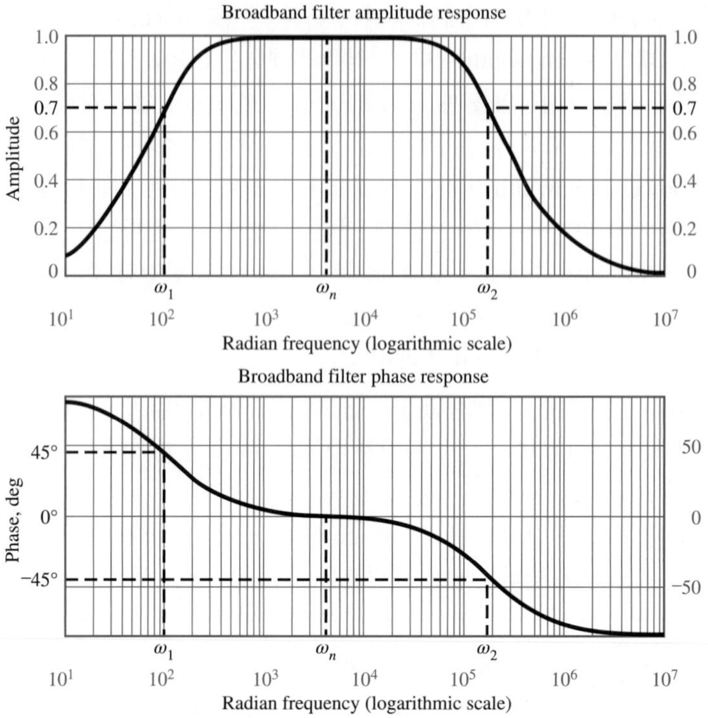

그림 5.35 예제 5.10의 광대역(과감쇠) 대역 통과 필터의 주파수 응답

$$\omega_n = \frac{1}{\sqrt{LC}} = 4.47 \times 10^3 \text{ rad/s}$$

반면에, Q 인자는 상당히 다르다.

a. $Q_a = \dfrac{1}{2\zeta_a} = \dfrac{1}{\omega_n \tau_a} \approx 0.022$

b. $Q_b = \dfrac{1}{2\zeta_b} = \dfrac{1}{\omega_n \tau_b} \approx 2.2$

두 필터의 대략적인 대역폭은 다음과 같다.

$$BW_a = \frac{\omega_n}{Q_a} \approx 200{,}000 \text{ rad/s} \qquad \text{a의 경우}$$

$$BW_b = \frac{\omega_n}{Q_b} \approx 2{,}000 \text{ rad/s} \qquad \text{b의 경우}$$

a의 경우 반전력 주파수는 ω_1 = 0.1 krad/sec와 ω_2 = 199.9 krad/sec이다. $\zeta \to \infty$일 때 $\omega_1 \to \omega_n/2\zeta$이고, $\omega_2 \to 2\zeta\omega_n$이 된다는 것은 주목할만하다. a의 경우 $\omega_n/2\zeta$ =100.0 rad/sec와 $2\omega_n\zeta$ = 2.0 krad/sec이며 이는 계산한 ω_1과 ω_2의 값과 매우 유사하다.

b의 경우 반전력 주파수는 ω_1 = 3.6 krad/sec와 ω_2 = 5.6 krad/sec이다. $\zeta \to 0$일 때 $\omega_1 \to \omega_n(1 - \zeta)$이고 $\omega_2 \to \omega_n(1 + \zeta)$이 된다는 것은 주목할만하다. b의 경우 $\omega_n(1 - \zeta)$ = 3.47 krad/sec와 $\omega_n(1 + \zeta)$ = 5.47 krad/sec이며, 이는 계산한 ω_1과 ω_2의 값과 매우 유사하다.

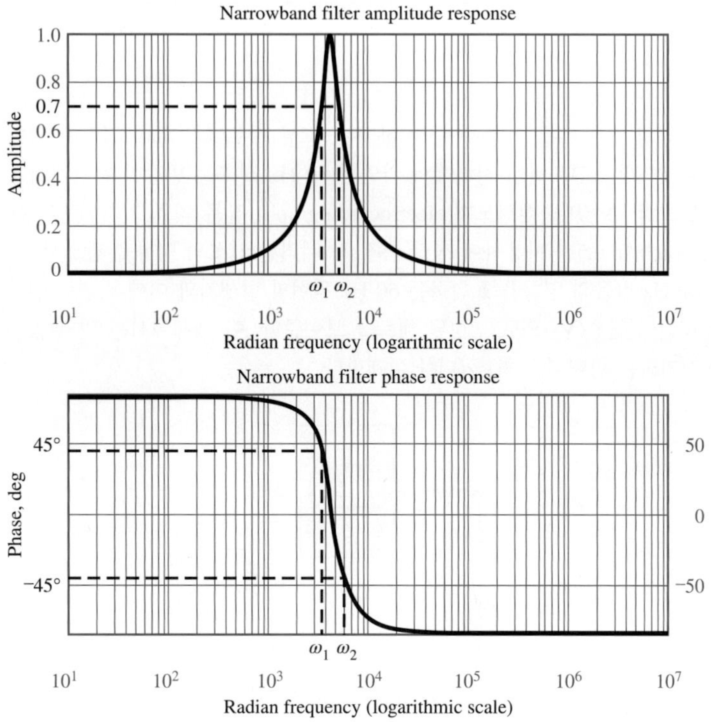

그림 5.36 예제 5.10의 협대역(부족 감쇠) 대역 통과 필터의 주파수 응답

참조: 고주파수 영역이나 저주파수 영역에서는 대부분의 크기가 출력에서 필터링되지만, 중간 주파수 영역에서는 대부분의 입력 신호의 크기가 필터를 통해 통과되어 출력에 나타난다는 것은 분명하다. 이 예제에서 첫 번째 대역 통과 필터는 오디오 스펙트럼의 중간 대역 범위를 "통과"시키는 데 반하여, 두 번째 필터는 **중심 주파수**(center frequency) 주변의 협대역 주파수만을 통과시킨다. 이러한 협대역(narrowband) 필터는 AM 라디오에서 사용되는 것과 같은 **동조 회로**(tuning circuit)에서 볼 수 있다. 동조 회로에서 협대역 필터는 라디오 방송국의 **반송파**(carrier wave)와 관련된 주파수와 동조하기 위해 사용된다(예를 들어, AM 820에서 찾아지는 방송국의 경우, 라디오 방송국에 의해 전송되는 반송파는 820 kHz의 주파수로 전송된다). 가변 커패시터를 이용하여 반송 주파수의 범위에 동조시킬 수 있으므로 선호하는 방송국을 선택할 수 있다. 그 다음 다른 회로를 사용하여 반송파에서 변조된 실제 음성 또는 음악 신호를 복원시킨다.

연습 문제

대역 통과 필터 주파수 응답의 크기를 $1/\sqrt{2}$로 하여 예제 5.10 (R = 11 kΩ)의 대역 통과 필터에 대해 반전력 주파수 ω_1 및 ω_2를 구하라. 결과는 ω에 대한 이차 방정식이다.

Answer: ω_1 = 99.95 rad/s; ω_2 = 200.1 krad/s

측정기술

교류 선로 간섭 필터

문제

협대역 필터의 매우 유용한 응용 중의 하나는, 교류 선로(AC line) 전력에 의한 간섭을 제거하는 것이다. 교류 선로 전력에서 기인된 60 Hz 신호는 민감한 측정기기에 심각한 간섭을 일으킬 수 있다. **심전도계**(electrocardiograph) 같은 의료 기기에서는 60 Hz 노치 필터(notch filter)를 사용하여 심장 측정 시 이러한 간섭의 영향을 감소시킨다.[3] 그림 5.37은 60 Hz 잡음의 영향을 표현하는 60 Hz 정현파 발생기와 이에 직렬로 원하는 신호를 나타내는 전압원($\mathbf{V}_S$)으로 구성된 회로를 보여준다. 이 예제에서는 원치 않는 60 Hz 잡음을 제거하는 협대역(노치) 필터를 설계한다.

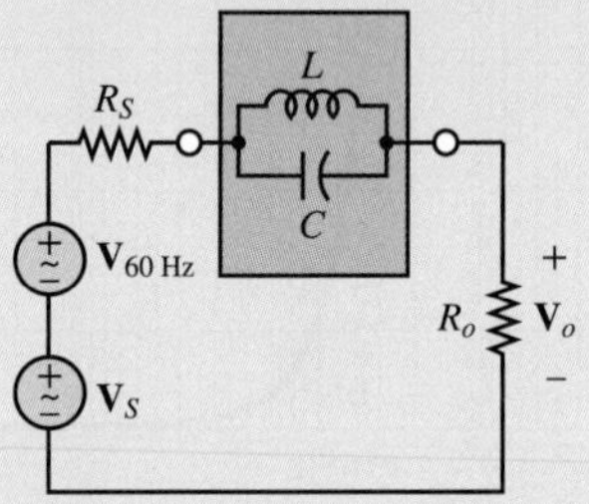

그림 5.37 60 Hz 노치 필터

풀이

기지: $R_S = 50\ \Omega$

미지: 노치 필터의 적절한 L과 C값

가정: 없음.

해석: 적절한 인덕터와 커패시티의 값을 구하기 위한 노치 필터의 임피던스에 대한 식은 다음과 같다.

$$\mathbf{Z}_\parallel = \mathbf{Z}_L \| \mathbf{Z}_C = \frac{j\omega L / j\omega C}{j\omega L + 1/j\omega C} = \frac{j\omega L}{1 + (j\omega)^2 LC} = \frac{j\omega L}{1 - \omega^2 LC}$$

$\omega^2 LC = 1$일 때, 회로의 임피던스는 무한대가 된다는 점에 주목하라. 다음은 LC 회로의 공진 주파수이다.

$$\omega_0 = \frac{1}{\sqrt{LC}}$$

만약 공진 주파수를 60 Hz로 놓으면, 직렬 회로는 60 Hz 전류에 대해 무한 임피던스를 나타내므로 다른 주파수 성분은 통과시키지만, 간섭 신호는 차단시킨다. $\omega_0 = 2\pi \times 60$이 되는 L 및 C 값을 선택하라. $L = 100$ mH라고 두면

$$C = \frac{1}{\omega_0^2 L} = 70.36\ \mu\text{F}$$

(계속)

[3] 심전도와 회선 잡음(line noise)에 대한 정보를 더 얻으려면 6장의 측정 기술 : "심전도 증폭기"와 7.2절을 보아라.

(계속)

전체 회로에 대한 주파수 응답은 다음과 같다.

$$\mathbf{G}_V(j\omega) = \frac{\mathbf{V}_o(j\omega)}{\mathbf{V}_i(j\omega)} = \frac{R_o}{R_S + R_o + \mathbf{Z}_{\|}}$$

$$= \frac{R_o}{R_S + R_o + j\omega L/\left[1 + (j\omega)^2 LC\right]} = \frac{R_o}{R_S + R_o}\frac{1 + (j\omega)^2 LC}{1 + (j\omega)\tau + (j\omega)^2 LC}$$

여기서 $\tau = L/(R_S + R_0)$이다. 이 응답은 그림 5.38에 도시되어 있다.

참조: 노치 필터의 감쇠 효과를 보기 위해 60 Hz 주변 주파수에서 노치 필터의 응답을 계산해 보는 것은 매우 유익하다. 5.5절에서 어떻게 보드 선도에서 크기와 위상을 점근선으로 근사하는지 보아라.

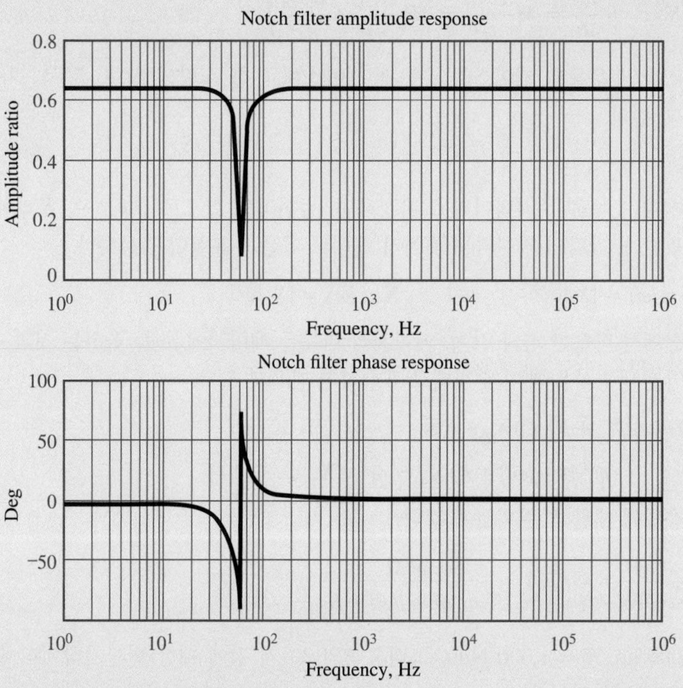

그림 5.38 60 Hz 노치 필터의 주파수 응답

지진 변환기

측정기술

지진 변위 변환기(seismic displacement transducer)의 구성이 그림 5.39에 도시되어 있다. 변환기는 운동을 측정할 물체의 표면에 단단히 고정된 케이스에 들어있다. 그래서 케이스는 물체의 변위 x_i와 동일하게 운동한다. 케이스 안에는, 강성 K인 스프링과 감쇠기(damper) B가 평행하게 설치되어 있고, 그 위에 작은 질량 M이 놓여 있다. 전위차계의 와이퍼 암(wiper arm)이 질량 M에 연결되어 있으며, 전위차계는 변환기의 케이스에 고정되어 있다. 따라서 전압 V_o는 케이스 변위(x_o)에 대한 질량의 상대적 변위에 비례한다.

(계속)

(계속)

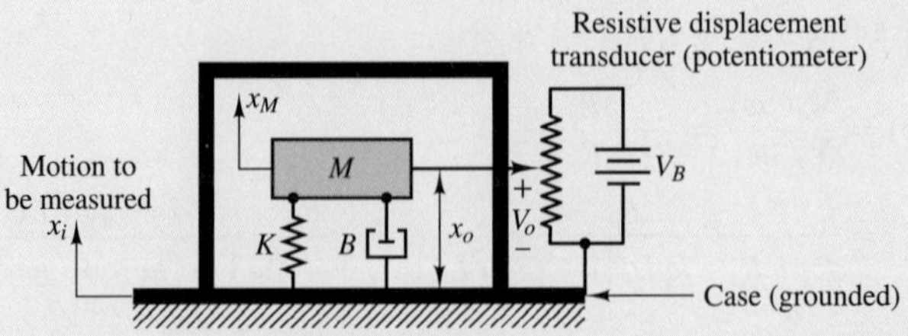

그림 5.39 지진 변위 변환기

질량–스프링–감쇠기 시스템에 대한 운동 방정식은 질량 M에 작용하는 모든 힘을 합하여 얻을 수 있다.

$$-Kx_o - B\frac{dx_o}{dt} = M\frac{d^2x_M}{dt^2} = M\left(\frac{d^2x_i}{dt^2} + \frac{d^2x_o}{dt^2}\right)$$

여기서 질량의 운동은 케이스의 운동과 케이스에 대한 질량의 상대 운동의 차와 같다. 즉, 다음과 같다.

$$x_o = x_M - x_i$$

질량의 상대 운동을 주기적이라고 가정하면, 정현파의 합으로 분해하여 푸리에 해석을 가능하게 한다. 각각의 정현파는 페이저 형태로 다음과 표현이 가능하다.

$$\mathbf{X}_i(j\omega) = |X_i|e^{j\phi_i} \quad \text{and} \quad \mathbf{X}_o(j\omega) = |X_o|e^{j\phi_o}$$

3장에서 학습한 바와 같이, 페이저의 미분은 페이저에 $j\omega$를 곱하는 것과 동일하므로 2차 미분 방정식을 페이저 형태로 표현하면 다음과 같다.

$$M(j\omega)^2\mathbf{X}_o + B(j\omega)\mathbf{X}_o + K\mathbf{X}_o = -M(j\omega)^2\mathbf{X}_i$$

$$(-\omega^2M + j\omega B + K)\mathbf{X}_o = \omega^2M\mathbf{X}_i$$

주파수 응답에 대한 식은 다음과 같다.

$$\frac{\mathbf{X}_o(j\omega)}{\mathbf{X}_i(j\omega)} = \mathbf{G}(j\omega) = \frac{\omega^2M}{-\omega^2M + j\omega B + K}$$

$M = 0.005$ kg, $K = 1{,}000$ N/m, 그리고 B의 3가지 값에 대한 변환기의 주파수 응답이 그림 5.40에 도시되어 있다.

$B = 10$ N-s/m ($Q \approx 0.22$) 점선
$B = 2$ N-s/m ($Q \approx 1.1$) 파선
$B = 1$ N-s/m ($Q \approx 2.2$) 실선

B가 감소하면 시스템 응답의 Q 인자가 증가하는 것을 주목하라.

변환기는 고역을 통과시키는 특성을 보여 주고 있는데, 이는 충분히 높은 입력 신호 주파수에서 측정된 변위 x_o(전압 V_o에 비례)가 구하고자 하는 값인 입력 변위 x_i와 같음을 보여준다. 한편, 변환기의 주파수 응답이 감쇠의 변화에 얼마나 민감한지를 주목하라. B가 2에서 1로 변함에 따라 첨예한 **공진 피크**가 $\omega = 316$ rad/s(대략 50 Hz) 주변에서 발생한다. B가 10으로 증가하면서 진폭 응답 곡선은 우측으로 이동하게 된다. 즉, 이

(계속)

(계속)

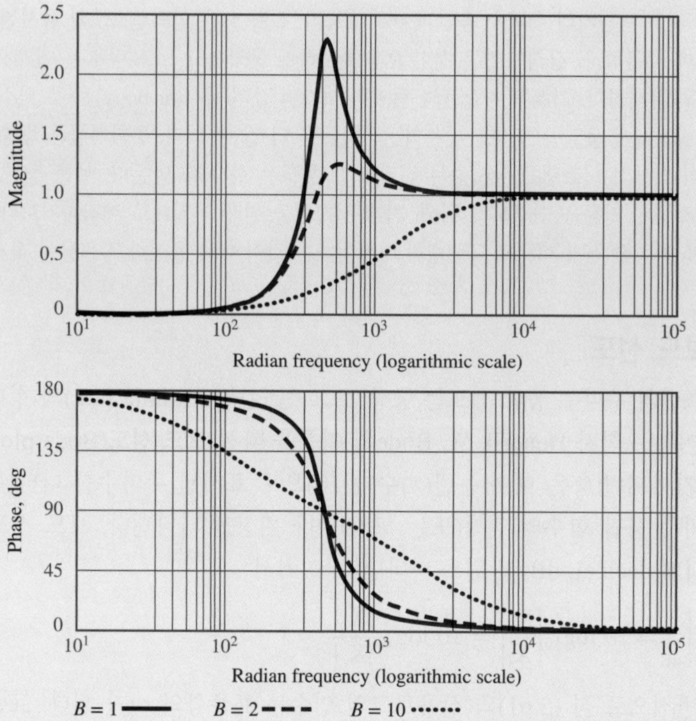

그림 5.40 지진 변환기의 주파수 응답

변환기는 감쇠가 $B = 2$일 때, 대략 1,000 rad/s(또는 159 Hz)보다 높은 주파수에서 변위를 정확히 측정할 수 있다. $B = 2$를 좋은 설계값으로 선택한 이유는 이상적으로 모든 주파수에서 일정한 진폭을 갖는 것을 원하기 때문이다. 그림 5.40에서 이상적인 경우에 가장 근접하는 크기 응답이 $B = 2$일 때이다. 이러한 개념은 다양한 **진동 측정**에 흔히 적용된다. 5.5절에서 어떻게 보드 선도에서 크기와 위상을 점근선으로 근사하는지를 보아라.

그림 5.41의 회로와 같은 2차 회로는 지진 변환기와 동일한 유형의 응답을 보일 수 있다.

$$\frac{\mathbf{V}_o}{\mathbf{V}_i}(j\omega) = \frac{j\omega L}{R + 1/j\omega C + j\omega L} = \frac{(j\omega L)(j\omega C)}{j\omega CR + 1 + (j\omega L)(j\omega C)}$$

$$= \frac{(j\omega)^2 LC}{(j\omega)^2 LC + (j\omega)RC + 1} = \frac{-\omega^2 LC}{-\omega^2 LC + j\omega RC + 1}$$

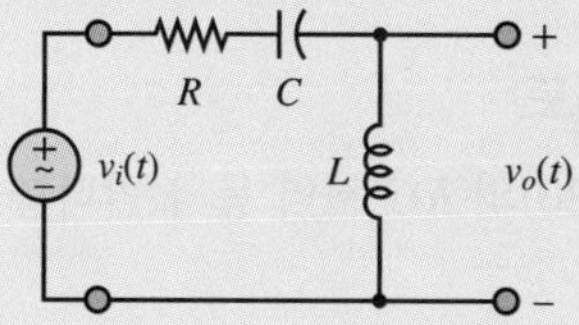

그림 5.41 전기 회로로 모델링된 지진 변환기

(계속)

(계속)

이 식을 지진 변환기의 주파수 응답과 비교해보라. 질량 M은 인덕턴스 L과 유사한 역할을 하는 것에 주목하라. 감쇠기 B는 저항 R과 유사하게 동작하고, 스프링 K는 커패시턴스 C의 역수와 유사하다. 기계적 시스템과 전기적 시스템 간의 상사(analogy)는 두 시스템을 설명하는 방정식이 동일한 형식을 갖는다는 사실로부터 알 수 있다. 공학자들은 종종 상사를 이용하여 기계적 시스템을 상사하는 전기적 모델(또는 상사)을 만든다. 예를 들어, 거대한 기계 시스템의 거동을 연구하기 위해, 기계 시스템을 원래 크기대로 제작하기보다는 기계 시스템을 저렴한 전기 회로로 모델링하고 시험하는 것이 더욱 용이하고 비용이 적게 든다.

5.5 보드 선도

선형 시스템의 주파수 응답 선도는 종종 로그 선도(logarithmic plot)의 형태로 표시되는데, 이는 수학자 Hendrik W. Bode의 이름을 따서 **보드 선도**(Bode plot)라고 부른다. 여기서 수평축은 대수 눈금(기수가 10)으로 표시된 주파수를 나타내며, 수직축은 주파수 응답 함수의 진폭(또는 크기)이나 위상을 나타낸다. 보드 선도에서 진폭은 **데시벨**(decibel, dB) 단위로 나타낸다. 여기서

$$\left|\frac{\mathbf{X}_o}{\mathbf{X}_i}\right|_{\text{dB}} = 20\ \log_{10}\left|\frac{\mathbf{X}_o}{\mathbf{X}_i}\right| = 20\ \log_{10}\frac{|\mathbf{X}_o|}{|\mathbf{X}_i|} \tag{5.61}$$

이다. 일반적으로 식 (5.61)의 상용로그의 인수는 표준항의 비가 된다. 표준항을 분자와 분모로 표현했을 때 각각 영점과 극점이라고 한다. 로그 선도를 처음 보면 복잡해 보이지만, 두 가지 중요한 장점이 있다.

1. 주파수 응답 함수에서 곱으로 표현된 항들은 $\log(ab/c) = \log(a) + \log(b) - \log(c)$이므로 합의 형태로 표현할 수 있다. 여기서 보드(로그) 선도의 장점은 각 항들의 선도를 더하여 그릴 수 있다는 점이다. 게다가 5.1절에서 언급한 바와 같이, 어떠한 주파수 응답 함수라도 4개의 특정 **표준항**(standard term)으로 표현할 수 있다.
   a. 상수 K
   b. "원점에서의" 극점 또는 영점 $(j\omega)$
   c. 단순 극점 또는 단순 영점 $(1 + j\omega t)$ 또는 $(1 + j\omega/\omega_0)$
   d. 이차 극점 또는 이차 영점 $[1 + j\omega t + (j\omega/\omega_n)^2]$
2. 4개 항의 보드 선도는 선형으로 잘 근사되어 복잡한 주파수 응답 함수의 보드 선도를 합으로 표시할 수 있다.

RC 저역 통과 필터 보드 선도

예를 들어, 예제 5.6(그림 5.20)의 RC 저역 통과 필터를 고려해보자. 이 필터의 주파수 응답은 다음과 같다.

$$\frac{\mathbf{V}_o}{\mathbf{V}_i}(j\omega) = \frac{1}{1 + j\omega/\omega_0} = \frac{1}{\sqrt{1 + (\omega/\omega_0)^2}}\angle -\tan^{-1}\left(\frac{\omega}{\omega_0}\right) \tag{5.62}$$

여기서 시상수 $\tau = RC = 1/\omega_0$이고, ω_0는 필터의 차단 주파수 또는 반전력(half-pow-

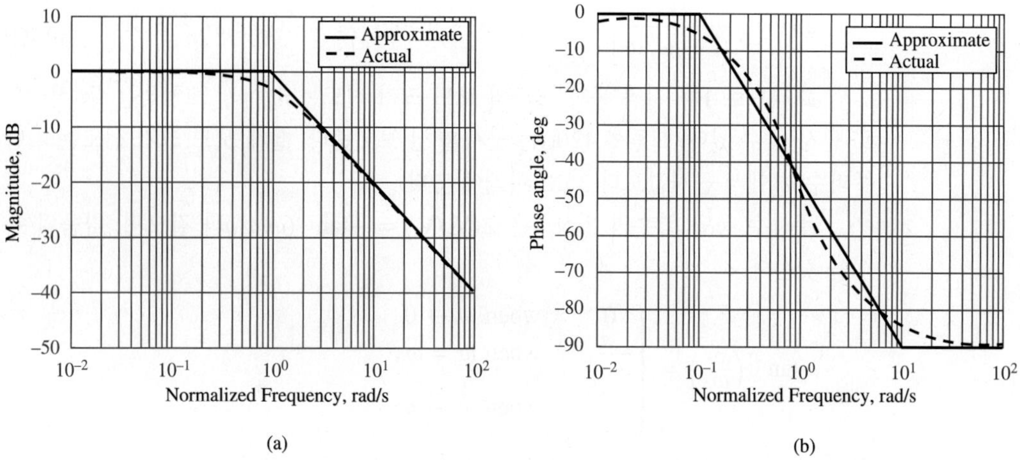

그림 5.42 저역 통과 *RC* 필터에 대한 보드 선도; 주파수 변수는 ω/ω_0로 정규화한다. (a) 크기 응답, (b) 위상 응답

er) 주파수이다. 이 주파수 응답 함수는 $K = 1$, 차단 주파수 $\omega_0 = 1/\tau = 1/RC$인 단순 극점을 포함한다.

그림 5.42는 이 필터의 보드 크기와 위상을 보여준다. 수평축의 정규화 주파수는 $\omega\tau$이다. 크기 선도는 주파수 응답 함수의 절댓값의 로그 형태로 구해진다.

$$\left|\frac{\mathbf{V}_o}{\mathbf{V}_i}\right|_{\text{dB}} = 20\log_{10}\frac{|K|}{|1+j\omega\tau|} = 20\log_{10}\frac{|K|}{|1+j\omega/\omega_0|} \tag{5.63}$$

$\omega \ll \omega_0$일 때, 단순 극점의 허수부가 실수부보다 훨씬 작으므로 $|1 + j\omega/\omega_0| \approx 1$이다. 따라서

$$\left|\frac{\mathbf{V}_o}{\mathbf{V}_i}\right|_{\text{dB}} \approx 20\log_{10}K - 20\log_{10}1 = 20\log_{10}K \quad \text{(dB)} \tag{5.64}$$

이 된다. 그러므로 매우 낮은 주파수($\omega \ll \omega_0$)에서 식 (5.63)은 저주파수에서 기울기 0인 직선에 의해 잘 근사되며, 이는 보드 크기 선도의 저주파수 점근선(low-frequency asymptote)이다.

만일 $\omega \gg \omega_0$이면 단순 극점의 허수부는 실수부보다 훨씬 크므로, $|1 + j\omega/\omega_0| \approx |j\omega/\omega_0| = (\omega/\omega_0)$이다. 따라서

$$\begin{aligned}\left|\frac{\mathbf{V}_o}{\mathbf{V}_i}\right|_{\text{dB}} &\approx 20\log_{10}K - 20\log_{10}\frac{\omega}{\omega_0} \\ &\approx 20\log_{10}K - 20\log_{10}\omega + 20\log_{10}\omega_0\end{aligned} \tag{5.65}$$

이다. 그러므로 매우 높은 주파수 ($\omega \gg \omega_0$)에서 식 (5.63)은 $\omega = \omega_0$에서 교차되고, 기울기가 −20 dB/**decade**의 직선에 의해 잘 근사된다. 이 직선은 보드 크기 선도의 고주파수 점근선(asymptote)이다. 1 decade는 주파수에서 10의 변화를 나타낸다. 그러므로 ω에서의 1 decade 증가는 log ω에서 단위 변화(unit change)와 같다.

마지막으로, $\omega = \omega_0$이면 단순 극점의 실수부와 허수부는 동일하므로, $|1 + j\omega/\omega_0| = |1 + j| = \sqrt{2}$이다. 그러므로 식 (5.63)은 다음과 같다.

$$20\log_{10}\frac{|K|}{|1+j\omega/\omega_0|} = 20\log_{10}K - 20\log_2 1/2 = 20\log_{10}K - 3\ \text{dB} \tag{5.66}$$

그러므로 1차 저역 통과 필터의 보드 크기 선도는 ω_0에서 교차하는 두 직선으로 근사될 수 있다. 그림 5.42(a)는 근사를 잘 보여준다. 실제 보드 크기 선도는 차단 주파수 ω_0에서 근사값보다 3 dB 아래에 있다.

주파수 응답 함수의 위상각은 $\angle(\mathbf{V}_o/\mathbf{V}_i) = -\tan^{-1}(\omega/\omega_0)$과 같으며, 다음의 특성을 갖는다.

$$-\tan^{-1}\left(\frac{\omega}{\omega_0}\right) = \begin{cases} 0 & \text{when } \omega \to 0 \\ -\frac{\pi}{4} & \text{when } \omega = \omega_0 \\ -\frac{\pi}{2} & \text{when } \omega \to \infty \end{cases}$$

첫 번째 근사에서 위상각은 3개의 직선으로 나타날 수 있다.

1. $\omega < 0.1\omega_0$, $\angle(\mathbf{V}_o/\mathbf{V}_i) \approx 0$
2. $0.1\omega_0$ 그리고 $10\omega_0$, $\angle(\mathbf{V}_o/\mathbf{V}_i) \approx -(\pi/4)\log(10\omega = \omega_0)$
3. $\omega > 10\omega_0$, $\angle(\mathbf{V}_o/\mathbf{V}_i) \approx -\pi/2$

이 근사 직선은 그림 5.42(b)에 나와 있다.

표 5.2는 크기와 위상 보드 선도에서 실제값과 근사값의 차이를 보여준다. 차단 주파수에서 크기가 최대 3 dB 차이 남을 주목하라. 그러므로 차단 주파수는 종종 **3 dB 주파수** 혹은 반전력 주파수라고 부른다.

표 5.2 1차 필터의 점근적 근사에 대한 보정 인자

ω/ω_0	Magnitude response error, (dB)	Phase response error (deg)
0.1	0	−5.7
0.5	−1	4.9
1	−3	0
2	−1	−4.9
10	0	+5.7

RC 고역 통과 필터 보드 선도

RC 저역 통과 필터와 같은 방식으로 *RC* 고역 통과 필터를 해석한다. (예제 5.9와 그림 5.28을 참조하라.) 주파수 응답 함수는 $K = RC$, "원점에서" 영점, 그리고 *RC* 저역 통과 필터에서와 같은 3 dB 차단 주파수($\omega_0 = 1/RC$)를 갖는 단순 극점을 포함한다.

$$\begin{aligned}\frac{\mathbf{V}_o}{\mathbf{V}_o} &= \frac{j\omega CR}{1+j\omega CR} = \frac{j(\omega/\omega_0)}{1+j(\omega/\omega_0)} \\ &= \frac{(\omega/\omega_0)\angle(\pi/2)}{\sqrt{1+(\omega/\omega_0)^2}\angle\arctan(\omega/\omega_0)} \\ &= \frac{\omega/\omega_0}{\sqrt{1+(\omega/\omega_0)^2}}\angle\left(\frac{\pi}{2} - \arctan\frac{\omega}{\omega_0}\right)\end{aligned} \tag{5.67}$$

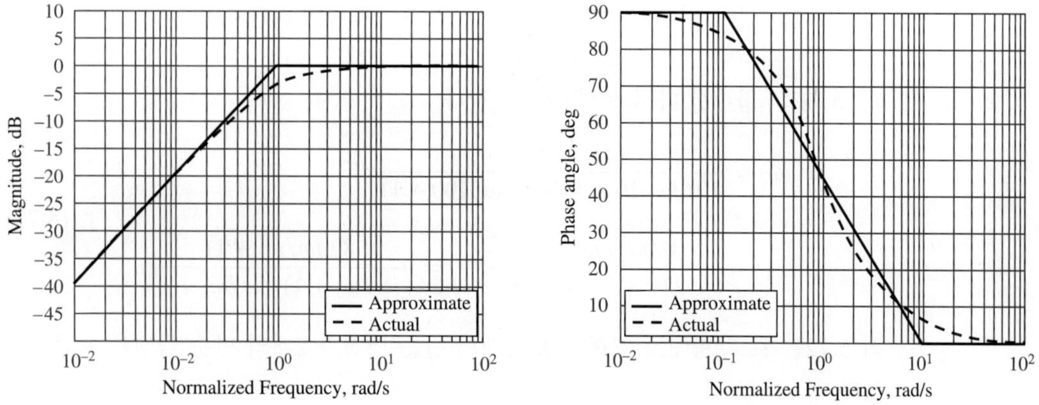

(a) (b)

그림 5.43 고역 통과 *RC* 필터에 대한 보드 선도. (a) 크기 응답, (b) 위상 응답

그림 5.43은 식 (5.67)에 대한 보드 선도를 나타내는데, 여기서 수평축은 정규화 주파수 ω/ω_0를 나타낸다. 저주파수와 고주파수에서 직선으로 다시 쉽게 근사화될 수 있다. $\omega \ll \omega_0$에서 보드 선도에서 크기는 원점($\omega/\omega_0 = 1$)을 지나고, 기울기가 +20 dB/decade인 직선으로 근사화된다. 그리고 $\omega \gg \omega_0$에서는 크기가 0 dB이고, 기울기가 0인 직선으로 근사화된다. 보드 선도에서 위상을 직선으로 근사화하면 다음과 같다.

1. $\omega < 0.1\omega_0$, $\angle(\mathbf{V}_o/\mathbf{V}_i) \approx \pi/2$
2. $0.1\omega_0 < \omega < 10\omega_0$, $\angle(\mathbf{V}_o/\mathbf{V}_i) \approx \pi/4 - (\pi/4)\log_{10}(\omega/\omega_0)$
3. $\omega > 10\omega_0$, $\angle(\mathbf{V}_o/\mathbf{V}_i) = 0$

그림 5.43(b)에 직선으로 근사한 결과를 도시하였다.

고차 필터의 보드 선도

고차 시스템의 보드 선도는 고차 주파수 응답 함수를 구성하는 인수(factor)의 보드 선도 합으로 구할 수 있다. 예를 들어,

$$\mathbf{H}(j\omega) = \mathbf{H}_1(j\omega)\mathbf{H}_2(j\omega)\mathbf{H}_3(j\omega) \tag{5.68}$$

이것은 로그 형태로 표현되어

$$|\mathbf{H}(j\omega)|_{\text{dB}} = |\mathbf{H}_1(j\omega)|_{\text{dB}} + |\mathbf{H}_2(j\omega)|_{\text{dB}} + |\mathbf{H}_3(j\omega)|_{\text{dB}} \tag{5.69}$$

이 되고,

$$\angle\mathbf{H}(j\omega) = \angle\mathbf{H}_1(j\omega) + \angle\mathbf{H}_2(j\omega) + \angle\mathbf{H}_3(j\omega) \tag{5.70}$$

가 된다. 주파수 응답 함수를 예로 고려해보자.

$$\mathbf{H}(j\omega) = \frac{j\omega + 5}{(j\omega + 10)(j\omega + 100)} \tag{5.71}$$

점근선으로 근사하는 첫 단계는 각 항을 인수 분해하여 $a_i(j\omega/\omega_i + 1)$ 형태로 나타내는 것이며, 여기서 $\omega_i(\omega_1, \omega_2, \omega_3)$는 적절히 정해진 3 dB 주파수이다. 예를 들어, 식 (5.71)의 함수를 다시 쓰면 다음과 같다.

$$\mathbf{H}(j\omega) = \frac{5(j\omega/5+1)}{10(j\omega/10+1)100(j\omega/100+1)}$$
$$= \frac{0.005(j\omega/5+1)}{(j\omega/10+1)(j\omega/100+1)} = \frac{K(j\omega/\omega_1+1)}{(j\omega/\omega_2+1)(j\omega/\omega_3+1)} \tag{5.72}$$

식 5.72는 로그 형태로 표현된 K, 1개의 단순 영점과 2개의 단순 극점을 포함하고 있다.

$$|\mathbf{H}(j\omega)|_{\text{dB}} = |0.005|_{\text{dB}} + \left|\frac{j\omega}{5}+1\right|_{\text{dB}} - \left|\frac{j\omega}{10}+1\right|_{\text{dB}} - \left|\frac{j\omega}{100}+1\right|_{\text{dB}}$$
$$\angle\mathbf{H}(j\omega) = \angle 0.005 + \angle\left(\frac{j\omega}{5}+1\right) - \angle\left(\frac{j\omega}{10}+1\right) - \angle\left(\frac{j\omega}{100}+1\right) \tag{5.73}$$

로그 크기로 표시된 항들은 각각 도시될 수 있다. −46 dB에 해당하는 상수는 그림 5.44(a)에 기울기 0인 선으로 표시된다. 단순 영점인 경우 3 dB 주파수(ω_1 = 5)에서 +20 dB/decade의 기울기로 증가하기 시작한다. 2개의 단순 극점은 ω_2 = 10과 ω_3 = 100에서 감소하기 시작하여 고주파 영역에서는 −20 dB/decade의 기울기를 갖는다. 주파수 응답 함수를 식 (5.72)처럼 표준 형태로 표현하면 각 인수는 아주 쉽게 도시된다.

이제 식 (5.73)의 위상 응답 부분을 고려하자. 첫째로 상수의 위상각은 항상 0이라는 것을 알 수 있다. 단순 영점의 위상각은 $\omega < 0.1\omega_1$에서 0에 근접하고, $0.1\omega_1 < \omega < 10\omega_1$에서 $+\pi/4$ rad/decade의 기울기를 가진 직선을 가지며, $\omega > 10\omega_1$에서는 $\pi/2$의 값을 가진다. 2개의 단순 극점은 $0.1\omega_2 < \omega < 10\omega_2$와 $0.1\omega_3 < \omega < 10\omega_3$

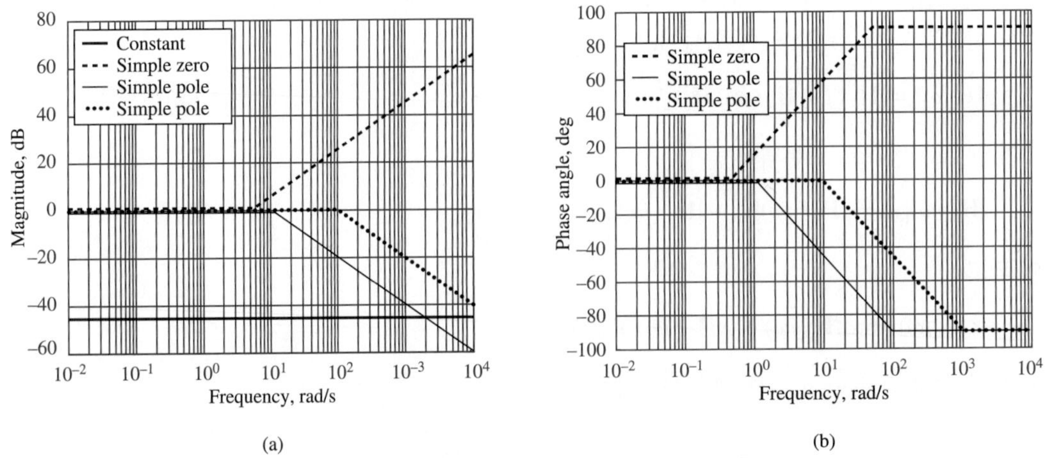

그림 5.44 2차 주파수 응답 함수에 대한 전형적인 보드 선도 근사; (a) 크기 응답의 직선 근사, (b) 위상 응답의 직선 근사

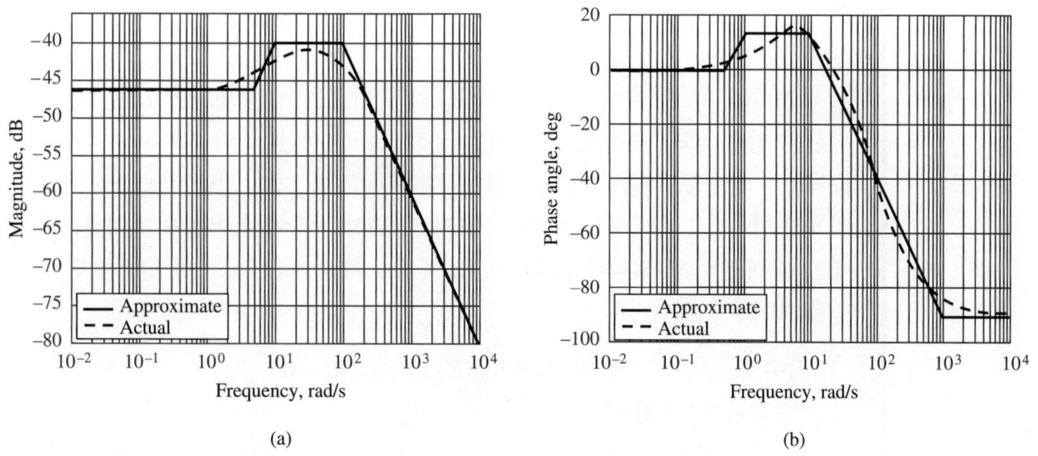

그림 5.45 실제 주파수 응답함수와 근사 보드 선도의 비교. (a) 2차 주파수 응답 함수의 크기 응답, (b) 2차 주파수 응답 함수의 위상 응답

에서 $-\pi/4$ radian/decade의 기울기를 가지는 것과 $\omega > 10\omega_2$와 $\omega > 10\omega_3$의 고주파수에서 $-\pi/2$의 값을 가지는 것을 제외하고는 유사하다.

그림 5.44는 식 (5.73)의 각 인수를 점근선으로 근사한 결과이며, 크기 응답과 위상 응답은 각각 5.44(a)와 5.44(b)에 도시되어 있다. 모든 근사 결과를 더하여 주파수 응답을 근사할 수 있다. 그림 5.45에서 실제 주파수 응답 함수와 점근선으로 근사한 주파수 응답 함수를 비교하였다.

방법 및 절차
FOCUS ON PROBLEM SOLVING

보드 선도

그림 5.45와 같이 보드 선도를 직선으로 근사하는 절차를 설명한다. 영점은 분자 항이고, 극점은 분모 항이다. 이 방법은 주파수 응답 함수가 아래에 표시된 세 가지 **표준항** 중 하나 이상으로 구성된 **표준 형식**이라고 가정한다.

1. K 상수
2. $(j\omega)$ "원점에서" 영점/극점
3. $(1 + j\omega t) = (1 + j\omega/\omega_0)$ 단순 영점/단순 극점

(계속)

(계속)

먼저 저주파 시작점에서 보드 선도의 크기와 위상을 직선으로 근사화한다. 이 직선은 상수 K와 "원점에서의" 영점/극점으로 결정된다. 다음으로 주파수가 증가하는 방향으로 단순 영점/극점이 존재하는지를 보며 기울기를 조정한다. 위에서 언급한 다양한 항들이 보드 크기 및 위상 선도에서 어떻게 기여하는지에 대한 예를 그림 5.44에 나타내었다. 예제 5.11과 5.12는 이 방법의 세부 사항을 보여주고 있다.

1. **상수** 모든 주파수에 대해 20 log(K) dB와 $\angle K = 0°$.
2. **"원점에서" 영점/극점**
   - **"원점에서" 영점:** 모든 주파수 영역에 대해서 보드 크기 선도에서는 20 dB/decade의 기울기를, 보드 위상 선도에서는 90°를 기여한다. 주파수 응답 함수의 크기와 위상을 저주파수에서의 근사(low-frequency approximations)하면 다음과 같다.

     $$20 \log|\mathbf{H}| \approx 20 \log K + 20 \log(\omega) \text{ dB} \qquad \angle\mathbf{H} \approx 90°$$

     크기 선도는 기울기가 20 dB/decade이고, $\omega = 1/K$에서 주파수 축과 교차하는 점근선으로 근사된다. 전형적인 예시로 그림 5.43(a)와 (b)에서 저주파수 부분을 살펴보아라.
   - **"원점에서" 극점:** 모든 주파수 영역에서 보드 크기 선도에서 −20 dB/decade의 기울기를, 보드 위상 선도에서는 −90°를 기여한다. 주파수 응답 함수에서 크기와 위상을 저주파수에서의 근사하면 다음과 같다.

     $$20 \log|\mathbf{H}| \approx 20 \log K - 20 \log(\omega) \text{ dB} \qquad \angle\mathbf{H} \approx -90°$$

     크기 선도는 기울기가 −20 dB/decade이고, $\omega = K$에서 주파수 축과 교차하는 점근선으로 근사된다.
3. **단순 영점**
   - **크기 선도:** 차단 주파수 ω_0에서 단순 영점은 20 dB/decade의 기울기 변화를 만든다.
   - **위상 선도:** 단순 영점은 차단 주파수보다 1 decade 아래에서는 45°/decade 기울기의 변화를, 차단 주파수보다 1 decade 위에서는 −45°/decade 기울기의 변화를 만든다. 위상 선도가 ω_0를 중심으로 2 decade 구간 동안 90°만큼 증가하는 효과가 있다.
4. **단순 극점**
   - **크기 선도:** 단순 극점은 차단 주파수 ω_0에서 −20 dB/decade의 기울기 변화를 만든다. 그림 5.42(a)와 5.43(a)에서 기울기 변화를 살펴보아라.

(계속)

(계속)

- **위상 선도:** 단순 극점은 차단 주파수보다 1 decade 아래에서는 −45°/decade 기울기 변화를, 차단 주파수보다 1 decade 위에서는 45°/decade 기울기 변화를 만든다. 위상 선도가 ω_0를 중심으로 2 decade 구간 동안 90°만큼 감소하는 효과가 있다. 그림 5.42(b)와 5.43(b)의 기울기 변화를 살펴보아라.

참조

1. 단순 영점/극점은 저주파 시작점에서 0 dB이며, 기울기가 없고, 위상각 0°의 기여를 한다.
2. 저주파 시작점에서 0의 기울기는 "원점에서" 영점/극점이 없음을 의미한다.
3. 주파수 응답 함수에서 영점과 극점이 $(1 + j\omega/\omega_0)^2$ 및 $(j\omega)^3$과 같이 거듭제곱을 포함할 수 있다. $x^2 = x \cdot x$이므로 지수는 영점/극점의 반복 횟수를 의미한다.
4. $20\log|(j\omega)^3| = 20\log|(j\omega)|^3 = 60\log(\omega)$이므로 보드 크기 선도에서 지수는 "원점에서" 영점/극점 기울기에 곱해진다. 마찬가지로, 보드 위상 선도에서 지수는 "원점에서" 영점/극점의 위상각에 곱해진다.
5. $20\log|(1 + j\omega/\omega_0)^2| = 20\log|(1 + j\omega/\omega_0)|^2 = 40\log|(1 + j\omega/\omega_0)|$이므로 보드 크기 선도에서 지수는 차단 주파수에서 단순 영점/극점 기울기에 곱해진다. 마찬가지로, 보드 위상 선도에서 차단 주파수에서 1 decade 아래와 위에서 지수는 기울기 변화에 곱해진다.
6. 표 5.2의 보정 계수는 위상각 근사선을 향상시키기 위해 사용될 수 있다.

보드 선도 근사

예제 5.11

LO

문제

주파수 응답 함수의 보드 선도에서 점근적으로 근사된 선을 도시하라.

$$\mathbf{H}(j\omega) = \frac{0.1j\omega + 20}{2 \times 10^{-5}(j\omega)^3 + 0.1002(j\omega)^2 + j\omega}$$

풀이

기지: 회로의 주파수 응답 함수

미지: 주어진 주파수 응답 함수의 보드 선도에서의 근사선

가정: 없음

해석: "보드 선도"에 대한 방법 및 절차에 따라 함수를 표준 형태로 인수 분해한다. 2차 극점은 2개의 단순 극점으로 인수 분해될 수 있다는 점에 주목하라. 모든 2차 극점이 2개의 단순 극점으로 인수 분해될 수는 없지만, 이 예제에서는 가능하다는 점을 인지하는 것이 중요하다. 그 결과는 다음과 같다.

$$\mathbf{H}(j\omega) = \frac{20(j\omega/200+1)}{j\omega(j\omega/10+1)(j\omega/5{,}000+1)}$$

상수 20과 분모 항의 $j\omega$("원점에서" 극점)을 주목하라. 주파수 응답의 저주파 시작점에서의 값은 이 두 항으로 결정된다. 저주파수에서 다음과 같이 표현된다.

$$20\log|\mathbf{H}| \approx 20\log(20) - 20\log(\omega)$$

$$\angle\mathbf{H} \approx 0° - \angle(j\omega) = -90°$$

즉, 분모에 있는 인자 $j\omega$의 크기는 $\omega = 1$에서 주파수(수평) 축과 교차하고, 기울기가 -20 dB/decade인 직선으로 표시된다. 이 위상 응답은 $-\pi/2$ radian 또는 -90도인 상수이다.

상수, "원점에서의" 극점, 단순 영점, 그리고 2개의 단순 극점의 크기 및 위상 응답에 대해 직선으로 근사한 결과가 그림 5.46에 나타나 있다. 그림 5.46(a)에서 단순 영점($\omega = 200$ rad/sec)과 2개의 단순 극점($\omega = 10$ rad/sec와 $\omega = 5000$ rad/sec)으로 인한 차단 주파수에서 발생하는 기울기 변화를 주목하라. 또한 그림 5.46(b)에서 차단 주파수보다 1 decade 아래 및 위에서 발생하는 기울기 변화도 주목하라. 전체 주파수 응답 선도의 근사선을 구하기 위해서는 선으로 근사된 모든 결과를 더하면 되고, 그 결과를 그림 5.47에 나타내었다.

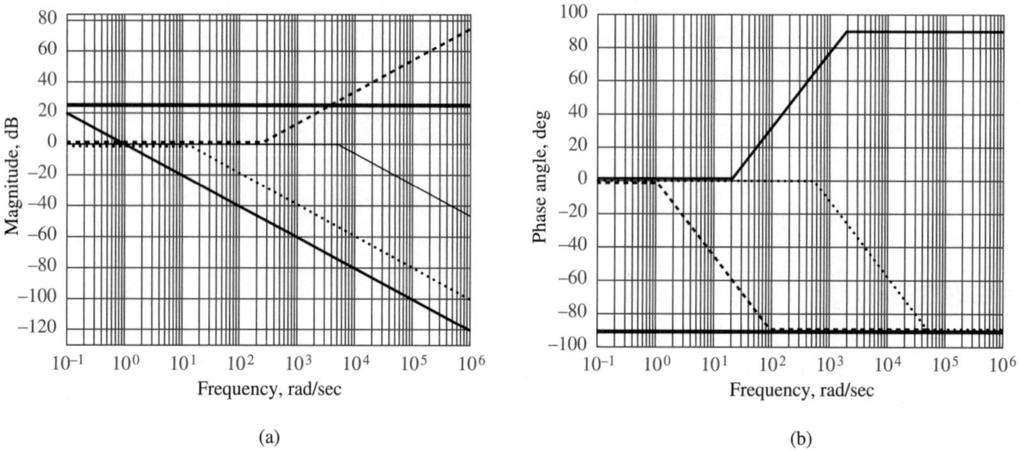

그림 5.46 개별 1차 항의 점근선에 의한 근사적인 주파수 응답; (a) 크기 응답의 직선 근사, (b) 위상각 응답의 직선 근사

참조: Matlab과 같은 컴퓨터 프로그램은 그림 5.46과 그림 5.47에서와 같이 보드 선도를 근사하는 데 사용할 수 있다. 그러나 보드 선도를 근사하는 과정은 실제 보드 선도를 해석하고 이해하기 위해 필요한 연습이다.

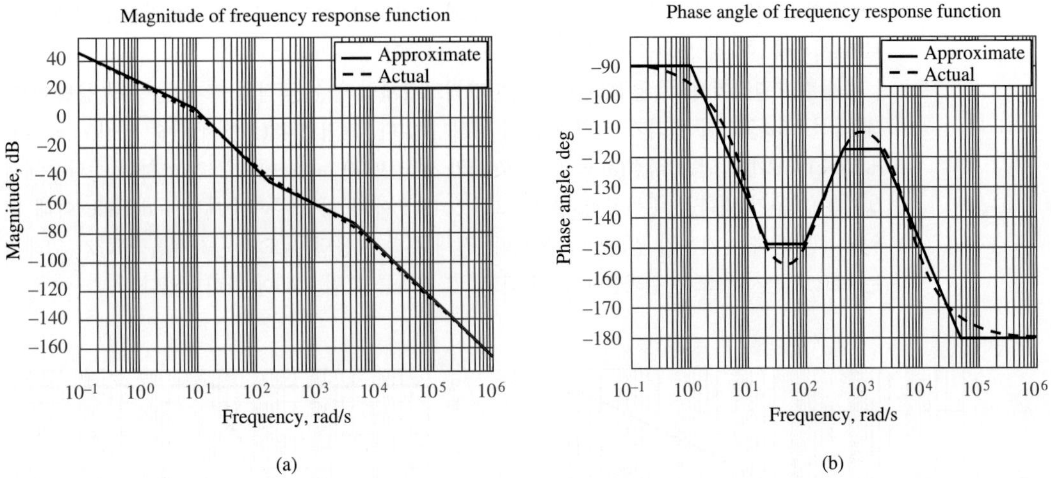

그림 5.47 정확한 주파수 응답과 근사적인 주파수 응답의 비교; (a) 주파수 응답 함수의 크기, (b) 주파수 응답 함수의 위상각

보드 선도 근사

예제 5.12

문제

주파수 응답 함수에 대한 보드 선도의 점근적으로 근사된 선을 도시하라.

$$\mathbf{H}(j\omega) = \frac{10^{-3}(j\omega)^2 + 0.1j\omega}{\left[1/(9\times 10^4)\right](j\omega)^2 + (3{,}030/90{,}000)j\omega + 1}$$

풀이

기지: 회로의 주파수 응답

미지: 주어진 응답 함수의 보드 선도 근사선

가정: 없음

해석: "보드 선도"에 대한 방법 및 절차에 따라 함수를 표준 형태로 인수 분해한다. 2차 극점은 2개의 단순 극점으로 인수 분해될 수 있다는 점에 주목하라. 모든 2차 극점이 두 개의 단순 극점으로 인수 분해될 수는 없지만, 이 예제에서는 가능하다는 점을 인지하는 것이 중요하다. 그 결과는 다음과 같다.

$$\mathbf{H}(j\omega) = \frac{0.1j\omega(j\omega/100 + 1)}{(j\omega/30 + 1)(j\omega/3{,}000 + 1)}$$

상수 0.1과 분자 항의 $j\omega$("원점에서" 영점)을 주목하라. 주파수 응답의 저주파 시작점에서의 값은 이 두 항으로 결정된다. 저주파수에서 다음과 같이 표현된다.

$$20\log|\mathbf{H}| \approx 20\log(0.1) + 20\log(\omega)$$

$$\angle\mathbf{H} \approx 0° + \angle(j\omega) = 90°$$

즉, $j\omega$의 크기는 $\omega = 1$에서 주파수(수평) 축과 교차하고, 기울기가 +20 dB/decade인 직선으로 표시된다. 이 위상 응답은 $\pi/2$ radian 또는 90도인 상수이다.

상수, "원점에서의" 영점, 단순 영점, 그리고 2개의 단순 극점의 크기 및 위상 응답에 대해 직선으로 근사한 결과가 그림 5.48에 나타나 있다. 그림 5.48(a)에서 단순 영점($\omega = 100$ rad/sec)과 2개의 단순 극점($\omega = 30$ rad/sec와 $\omega = 3000$ rad/sec)으로 인한 차단 주파수에서 생기는 기울기 변화를 주목하라. 또한 그림 5.48(b)에서 차단 주파수보다 1 decade 아래 및 위에서 발생하는 기울기 변화도 주목하라. 전체 주파수 응답 선도의 근사선을 구하기 위해서는 선으로 근사된 모든 결과를 더하면 되고, 그 결과를 그림 5.49에 나타내었다.

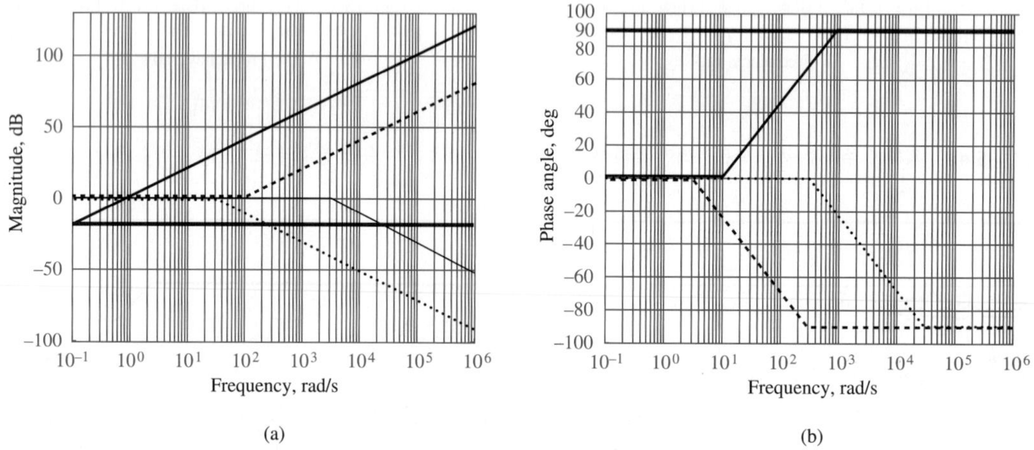

그림 5.48 개별 1차 항의 점근선에 의한 근사적인 주파수 응답; (a) 크기 응답의 직선 근사, (b) 위상각 응답의 직선 근사

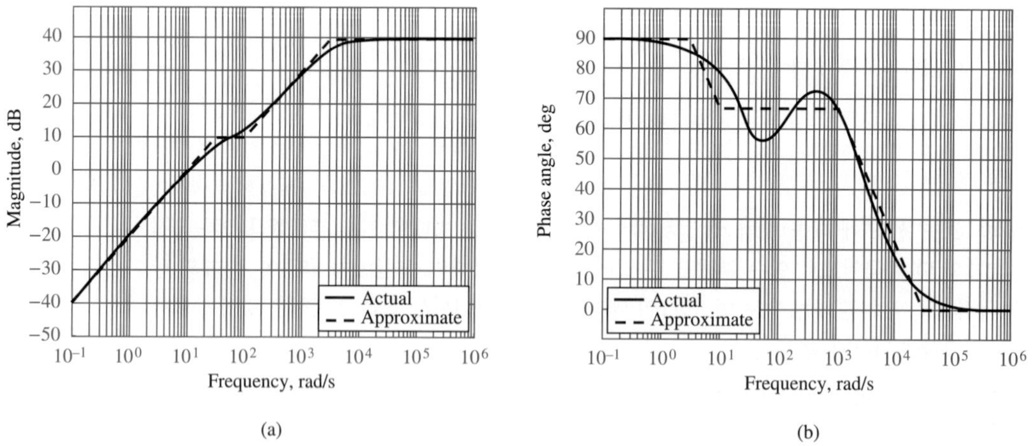

그림 5.49 정확한 주파수 응답과 근사적인 주파수 응답의 비교; (a) 주파수 응답 함수의 크기, (b) 주파수 응답 함수의 위상각

참조: 보드 선도는 Matlab을 이용해서 그릴 수 있다. TINA와 같은 회로 시뮬레이션 프로그램 또한 보드 선도를 그릴 수 있다.

방법 및 절차
FOCUS ON PROBLEM SOLVING

2차 영점/극점

여기서는 보드 선도에서 크기와 위상을 직선으로 근사할 때 2차 영점/2차 극점이 어떻게 영향을 미치는지 설명한다. 2차 영점/극점은 고유 주파수 ω_n의 근처와 보다 큰 주파수에서 주파수 응답에 기여한다. 가능하면 2차 영점/극점을 2개의 간단한 영점/극점으로 인수 분해하고, 이전의 방법 및 절차를 참조하라.

$$1 + (2\zeta/\omega_n)j\omega + (j\omega/\omega_n)^2 = 1 + (1/Q\omega_n)j\omega + (j\omega/\omega_n)^2 \qquad \text{2차 영점/극점}$$

1. **2차 영점**
   - **크기 선도:** 2차 영점은 고유 주파수 ω_n를 지나 주파수가 증가할 때 40 dB/decade의 기울기의 변화를 만든다.
   - **위상 선도:** 2차 영점은 고유 주파수 ω_n에 가까워지면서 위상각을 90°로 증가시키고, 고유 주파수를 지나 주파수가 증가하면서 위상각을 다시 90° 증가시킨다. 전체적으로 2차 영점은 고유 주파수를 지나면서 위상각이 180° 증가하게 된다.
   - **$Q \gg 1$일 때:** $\omega = \omega_n$에서 대략 −20 log(Q) dB이므로 크기 선도는 국소 최소(local minimum)를 지난다. 국소 최소의 대역폭은 Q가 증가하면 감소한다.
2. **2차 극점**
   - **크기 선도:** 2차 극점은 고유 주파수를 지나 주파수가 증가할 때 −40 dB/decade의 기울기의 변화를 만든다.
   - **위상 선도:** 2차 극점은 고유 주파수 ω_n에 가까워지면서 위상각을 90°로 감소시키고, 고유 주파수를 지나 주파수가 증가하면서 위상각을 다시 90° 감소시킨다. 전체적으로 2차 극점은 고유 주파수를 지나면서 위상각이 180° 감소하게 된다.
   - **$Q \gg 1$일 때:** $\omega = \omega_n$에서 대략 20 log(Q) dB이므로 크기 선도는 국소 최대를 지난다. 이 현상은 **공진**(resonance)으로 알려져 있다. 국소 최대의 대역폭은 Q가 증가하면 감소한다. 그림 5.34와 5.50을 참조하라.

(계속)

(계속)

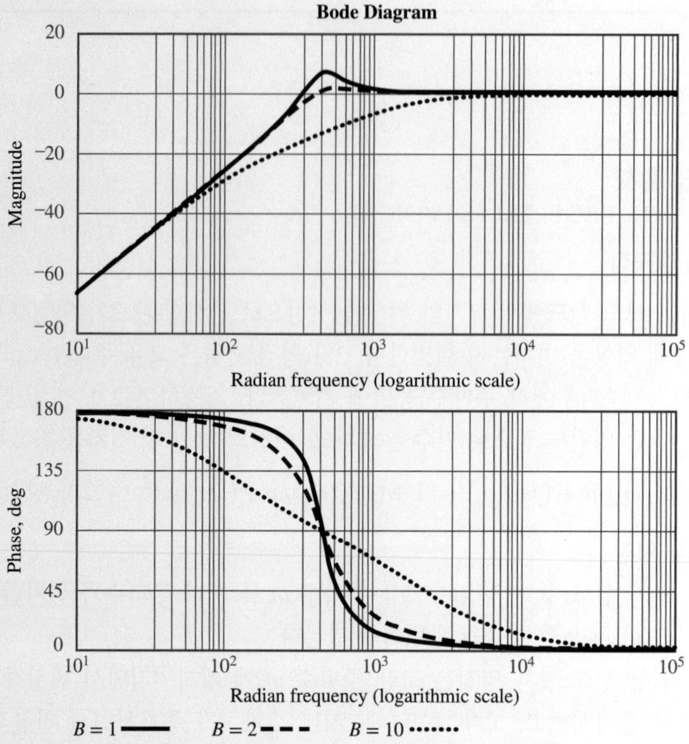

그림 5.50 $Q \approx 0.22$, 1.1, 2.2에서의 2차 극점

참조: 고유 주파수에서 2차 극점의 영향력은 그림 5.34와 그림 5.50에서 보인 바와 같이 Q 인자 $Q = 1/(2\zeta)$에 크게 의존한다.

연습 문제

방법 및 절차 "지진 변환기"의 정보를 사용하여 지진 변위 변환기의 주파수 응답 보드 크기 선도를 구하라. 보드 크기 선도를 그림 5.40의 선형 크기 선도와 비교해 보아라. 저주파 시작점에서 기울기가 예상한 대로인가? 고유 주파수를 지나 생기는 기울기 변화가 예상한 대로인가? $B = 1$인 경우 고유 주파수에서 공진 피크가 예상한 대로인가? $Q \gg 1$일 때 공진 피크의 예상치는 $20 \log(Q)$이다.

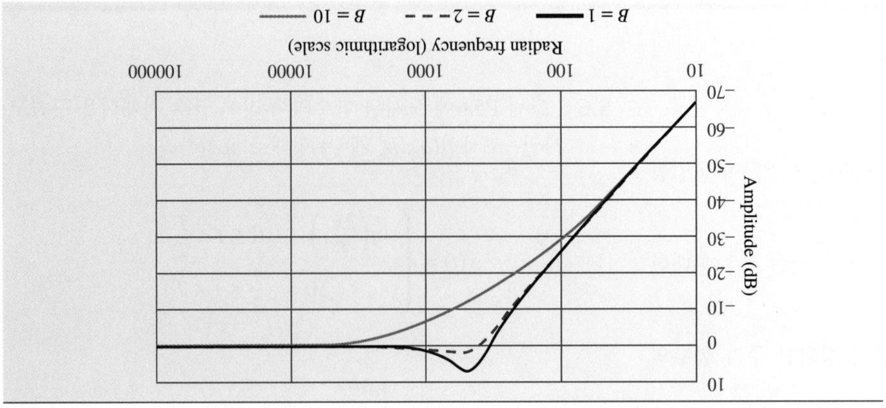

결론

5장은 선형 회로의 주파수 응답에 초점을 두고 있고, 이것은 3장에서 소개된 내용의 확장이다. 주기적 신호를 푸리에 급수를 통해 구한 스펙트럼의 개념과, 필터의 주파수 응답 개념은 전기공학을 넘어서까지 확장되므로 매우 유용하다. 예를 들어, 구조물과 기계류의 진동을 공부하는 건축, 기계, 우주항공 공학도들은 이런 분야에서 같은 방법이 사용된다는 것을 알 수 있을 것이다.

이 장을 학습하면 다음과 같은 내용에 익숙해져 있어야 한다.

1. 주파수 영역 해석의 물리적 중요성을 이해하고, AC 회로 해석 도구를 사용하여 회로의 주파수 응답을 계산한다. 이미 회로의 주파수 응답을 계산하기 위해 필요한 도구(페이저 해석과 임피던스)를 3장에서 학습하였다. 5.1절에서 설명된 내용에서 이 도구들은 선형 회로의 주파수 응답 함수를 계산하기 위해 사용된다.
2. 푸리에 급수 표현을 사용하여 주기적 신호의 푸리에 스펙트럼을 계산하고, 주기 신호에 대한 회로의 응답을 계산하기 위하여 푸리에 스펙트럼을 주파수 응답과 연관 지어 사용한다. 스펙트럼의 개념은 많은 공학 응용에서 매우 중요하다. 5.2절에서 중요한 주기 함수의 푸리에 스펙트럼을 계산하는 방법을 학습하였다. 주파수 스펙트럼은 주파수 영역 해석(즉, 신호의 페이저 도메인 표현을 이용한 회로의 응답 계산)을 상대적으로 복잡한 신호에 대해서도 매우 쉽게 만드는데, 이는 신호를 정현파들의 합으로 분해하고, 쉽게 한 번에 하나씩 다룰 수 있게 하기 때문이다.
3. 간단한 1차 및 2차 전기 필터를 해석하고, 필터의 주파수 응답과 필터링 특성을 구한다. 이제 주파수 응답을 확실히 알고 있으므로 전기 필터의 거동을 해석할 수 있고, 가장 일반적 형태의 필터(저역 통과 필터, 고역 통과 필터, 대역 통과 필터)의 특성들을 공부할 수 있다. 필터는 매우 유용한 장치이며, 6장과 7장에서 심도 있게 학습한다.
4. 회로의 주파수 응답을 계산하고 보드 선도로 도식적 표현하였다. 보드 선도를 도식적으로 근사하는 것은 선형 시스템의 주파수 응답 특성을 매우 빠르게 이해할 수 있게 해준다. 보드 선도는 대부분의 공학 전공자가 접하게 될 자동 제어 시스템을 공부할 때 사용된다.

숙제 문제

5.2절: 푸리에 해석

5.1 삼각함수 항등식을 사용하여 식 (5.27)과 (5.28)이 동일함을 보여라.

5.2 그림 5.15(a)에 도시된 사각파의 푸리에 급수 계수에 대한 일반식을 유도하라.

5.3 그림 P5.3에 도시되고 다음과 같이 정의된 주기 함수의 푸리에 급수 계수를 구하라.

$$x(t) = \begin{cases} 0 & 0 \le t \le \frac{T}{3} \\ A & \frac{T}{3} \le t \le T \end{cases}$$

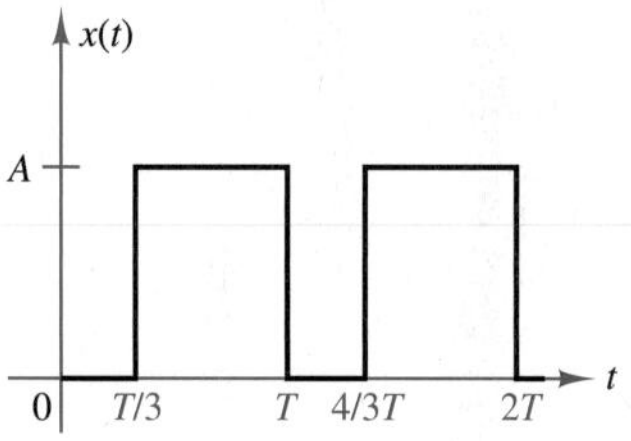

그림 P5.3

5.4 그림 P5.4에 도시되고 다음과 같이 정의된 주기 함수의 푸리에 급수 계수를 구하라.

$$x(t) = \begin{cases} \cos\left(\frac{2\pi}{T}t\right) & -\frac{T}{4} \le t < \frac{T}{4} \\ 0 & \text{else} \end{cases}$$

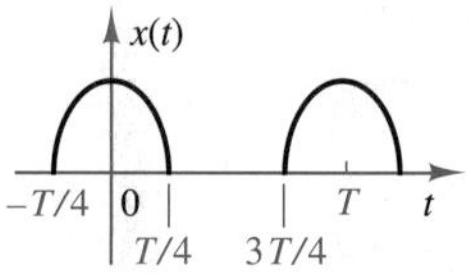

그림 P5.4

5.5 그림 P5.5에 도시된 함수의 푸리에 급수 전개식을 구하고, 사인-코사인(a_n, b_n 계수) 형태로 표현하라.

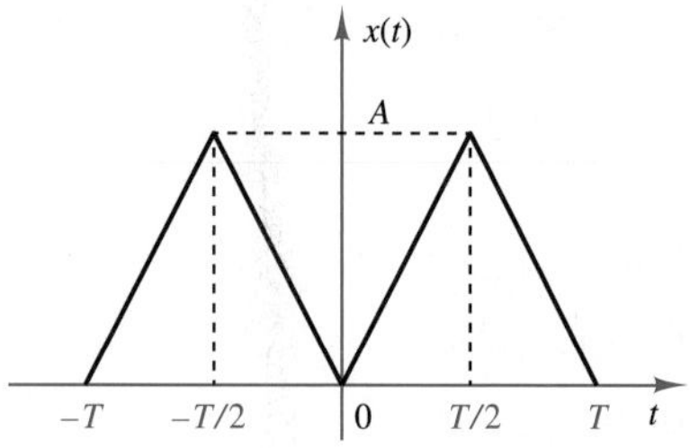

그림 P5.5

5.6 그림 P5.6에 도시된 함수의 푸리에 급수 전개식을 구하고, 사인-코사인(a_n, b_n 계수) 형태로 표현하라.

$$x(t) = \begin{cases} \sin\left(\frac{2\pi}{T}t\right) & 0 \le t < \frac{T}{2} \\ 0 & \frac{T}{2} \le t < T \end{cases}$$

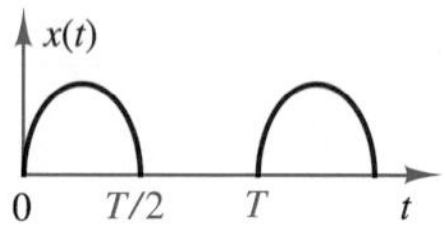

그림 P5.6

5.7 그림 P5.7의 신호에 대한 식을 구하고, 푸리에 급수를 구하라.

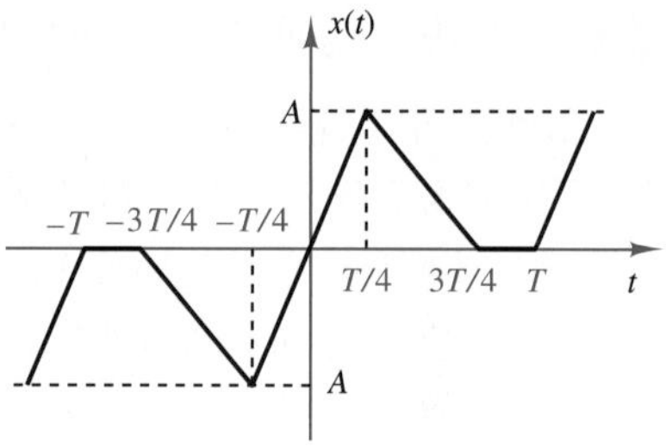

그림 P5.7

5.8 그림 P5.8의 신호에 대한 식을 구하고, 푸리에 급수를 구하라.

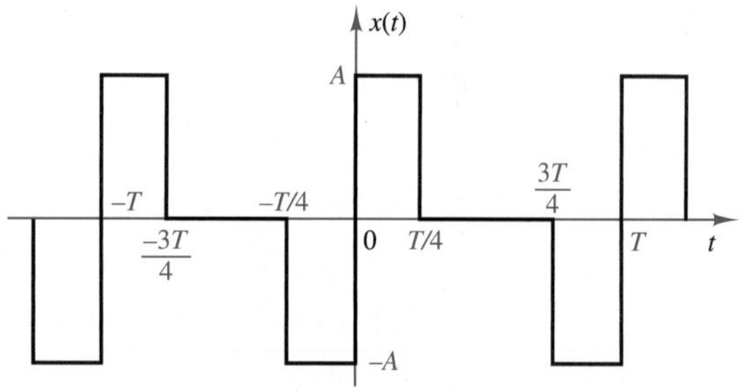

그림 P5.8

5.9 그림 P5.9에 도시된 주기 함수의 푸리에 급수를 구하라. 푸리에 계수에 대한 적분식을 구하라.

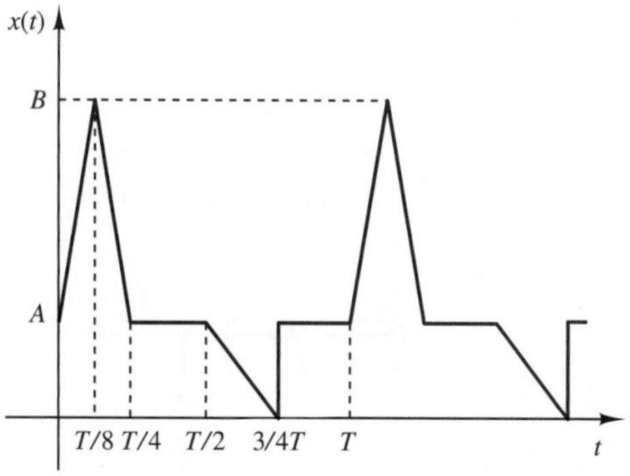

그림 P5.9

5.10 그림 P5.10에 도시된 주기 함수의 푸리에 급수를 구하라. 푸리에 계수에 대한 적분식을 구하라.

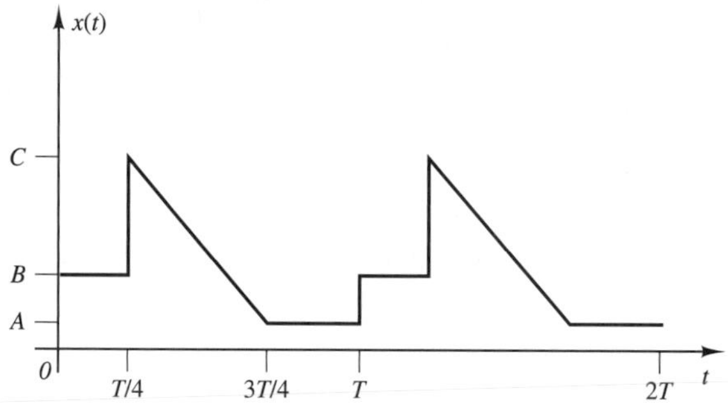

그림 P5.10

5.3절: 저역 및 고역 통과 필터

5.11

a. 그림 P5.11에 도시된 회로의 주파수 응답 $V_{out}(j\omega)/V_{in}(j\omega)$를 구하라. $L = 0.5$ H, $R = 200$ kΩ이라고 가정하라.

b. 10 rad/s과 10^7 rad/s 사이의 주파수에 대해 회로의 크기와 위상을 선형 모눈 종이에 그려라.

c. 반로그 모눈 종이에 b에 대한 그래프를 도시하라. (주파수를 로그 축으로 하여라.)

d. 반로그 모눈 종이에 크기 응답을 dB 단위로 하여 도시하라.

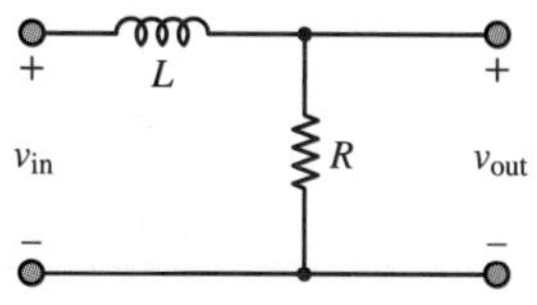

그림 P5.11

5.12 그림 P5.12의 회로에 대하여 문제 5.11의 지시 사항을 반복하라.

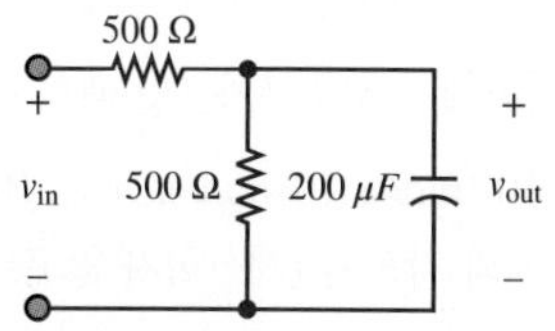

그림 P5.12

5.13 그림 P5.13의 회로에 대하여 문제 5.11의 지시 사항을 반복하라.

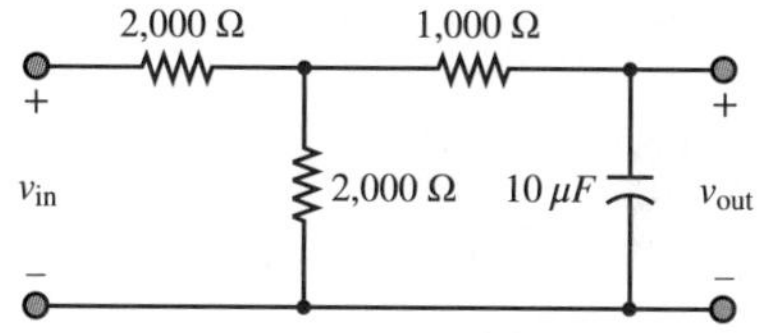

그림 P5.13

5.14 그림 P5.14에 도시된 회로에서 $C = 0.5$ μF, $R = 2$ kΩ일 때,

a. 매우 낮은 주파수와 매우 높은 주파수에서의 입력 임피던스 $\mathbf{Z}(j\omega) = \mathbf{V}_i(j\omega)/\mathbf{I}_i(j\omega)$를 구하라.

b. 임피던스에 대한 식을 구하라.

c. 위의 식이 다음과 같은 식임을 보여라.

$$\mathbf{Z}(j\omega) = R[1 - j(1/\omega RC)]$$

d. c번 수식에서 허수부가 1일 때의 $\omega = \omega_C$를 구하라.

e. $\omega = 10$ rad/s 또는 $\omega = 10^5$ rad/s일 때의 $\mathbf{Z}(j\omega)$의 크기와 각도를 (계산하지 않고) 예측하라.

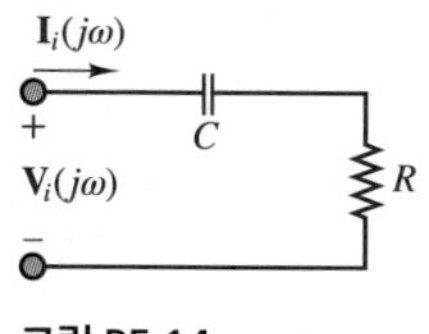

그림 P5.14

5.15 그림 P.5.15에 도시된 회로에서 $L = 2$ mH, $R = 2$ kΩ일 때,

a. 매우 낮은 주파수와 매우 높은 주파수에서의 입력 임피던스 $\mathbf{Z}(j\omega) = \mathbf{V}_i(j\omega)/\mathbf{I}_i(j\omega)$를 구하라.

b. 임피던스에 대한 식을 구하라.

c. 위의 식이 다음과 같은 식임을 보여라.

$$\mathbf{Z}(j\omega) = R[1 + j(\omega L/R)$$

d. c번 수식에서 허수부가 1일 때의 $\omega = \omega_C$를 구하라.

e. $\omega = 10^5$ rad/s, 10^6 rad/s, 또는 10^7 rad/s일 때, $\mathbf{Z}(j\omega)$의 크기와 각도를 (계산하지 않고) 예측하라.

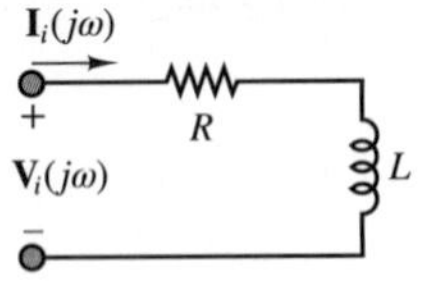

그림 P5.15

5.16 그림 P5.16 회로에서

$R_1 = 1.3$ kΩ　　$R_2 = 1.9$ kΩ

$C = 0.5182\ \mu$F

다음을 구하라.

a. 매우 낮은 주파수와 매우 높은 주파수에서 다음의 전압 주파수 응답 함수가 어떻게 거동하는지 기술하라.

$$\mathbf{H}_V(j\omega) = \frac{\mathbf{V}_o(j\omega)}{\mathbf{V}_i(j\omega)}$$

b. 전압 주파수 응답 함수에 대한 식을 구하고, 다음과 같은 형태로 나타내어 보아라.

$$\mathbf{H}_v(j\omega) = \frac{H_o}{1 + jf(\omega)}$$

여기서

$$H_o = \frac{R_2}{R_1 + R_2} \qquad f(\omega) = \omega R_T C \qquad R_T = \frac{R_1 R_2}{R_1 + R_2}$$

이다.

c. $f(\omega) = 1$인 주파수와 H_o를 dB 단위로 구하라.

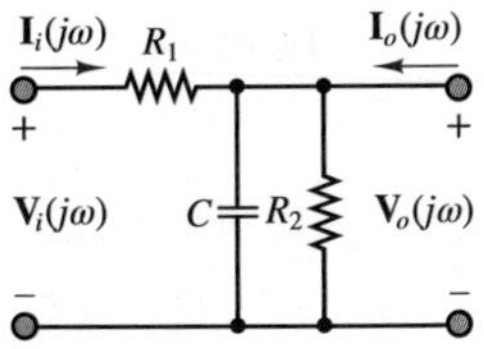

그림 P5.16

5.17 그림 P5.17의 회로의 주파수 응답 함수를 다음의 형태로 구하라.

$$\mathbf{H}_v(j\omega) = \frac{\mathbf{V}_o(j\omega)}{\mathbf{V}_i(j\omega)} = \frac{H_o}{1 \pm jf(\omega)}$$

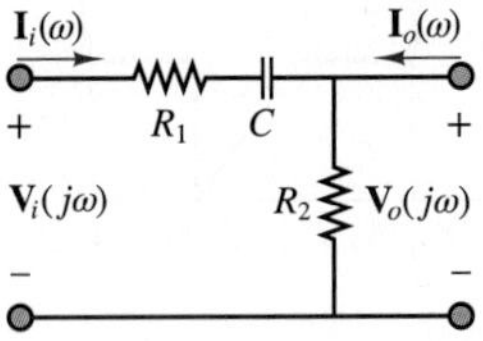

그림 P5.17

5.18 그림 P5.18의 회로는 다음의 값들을 가진다.

$R_1 = 100\ \Omega$　　$R_o = 100\ \Omega$

$R_2 = 50\ \Omega$　　$C = 80$ nF

이때, 주파수 응답 $\mathbf{V}_o(j\omega)/\mathbf{V}_{\text{in}}(j\omega)$를 구하라.

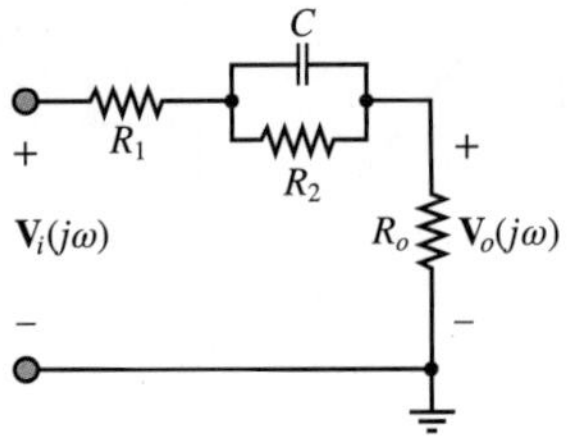

그림 P5.18

5.19

a. 그림 P5.19의 회로에 대해 주파수 응답 $\mathbf{V}_{\text{out}}(j\omega)/\mathbf{V}_{\text{in}}(j\omega)$를 구하라.

b. 1 rad/s에서 100 rad/s 사이의 주파수에 대해 회로의 크기와 위상을 선형 모눈 종이에 그려라.

c. 반로그 모눈 종이에 b에 대한 그래프를 도시하라. (주파수를 로그 축으로 하여라.)

d. 반로그 모눈 종이에 크기 응답을 dB 단위로 하여 도시하라.

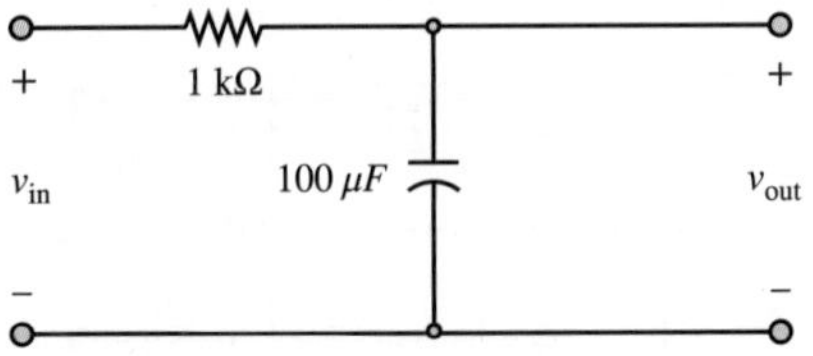

그림 P5.19

5.20 그림 P5.20의 회로를 고려하고 문제 5.15에 주어진 R과 L의 값을 사용하여 다음을 도시하라.

a. $\mathbf{Y} = \mathbf{I}/\mathbf{V}_S$의 크기 응답을 도시하라.

b. $\mathbf{V}_1/\mathbf{V}_S$의 크기 응답을 도시하라.

c. $\mathbf{V}_2/\mathbf{V}_S$의 크기 응답을 도시하라.

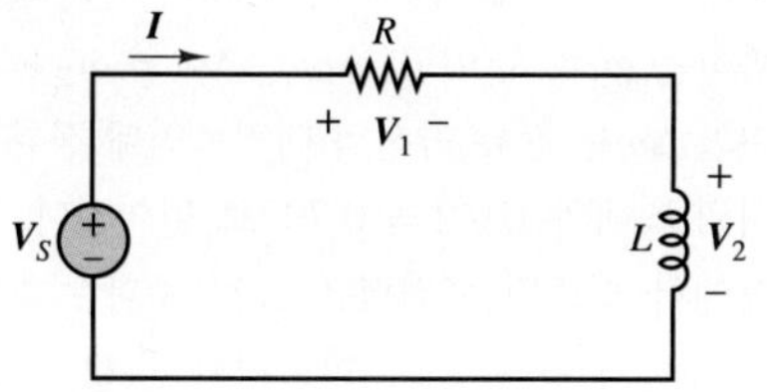

그림 P5.20

5.21 15 kΩ 저항을 사용하여 200 kHz에서 절점(breakpoint)을 갖는 RC 고역 통과 필터를 설계하라.

5.22 500 Ω 저항을 사용하여 직류 이득에 대해 120 Hz 정현파 전압을 20 dB 감쇠시키는 RC 저역 통과 필터를 설계하라.

5.23 예제 5.6의 회로에서 −10°의 위상 변이가 생기는 주파수를 구하라.

5.24 예제 5.6의 회로에서 출력이 10% 감쇠되도록 하는 주파수(즉, $V_o = 0.9V_i$)를 구하라.

5.25 그림 5.11에 도시된 필터가 예제 5.3에서의 톱니 파형의 처음 2개의 푸리에 성분으로 가진된다고 가정하자. 필터의 출력을 구하고, 그래프에 입력과 출력 파형을 같이 도시하라. 톱니 파형의 주기는 T = 10 μs이고, 피크 진폭 A = 1이라고 가정한다.

5.26 그림 5.15(a)의 사각 파형를 입력으로 하여 문제 5.25를 반복하라.

5.27 예제 5.4의 펄스 파형을 입력으로 하여 문제 5.25를 반복하라.

5.28 그림 P5.12에 도시된 필터가 예제 5.3에서의 톱니 파형의 처음 3개의 푸리에 성분으로 가진된다고 가정하자. 필터의 출력을 구하고, 그래프에 입력과 출력 파형을 같이 도시하라. 톱니 파형의 주기는 T = 0.5 s이고, 피크 진폭 A = 2이라고 가정한다.

5.29 그림 5.15(a)의 사각 파형을 입력으로 하여 문제 5.28을 반복하라.

5.30 예제 5.4의 펄스 파형를 입력으로 하여 문제 5.28을 반복하라.

5.31 그림 P5.13에 도시된 필터가 예제 5.3에서의 톱니 파형의 처음 4개의 푸리에 성분으로 가진된다고 가정하자. 필터의 출력을 구하고, 그래프에 입력과 출력 파형을 같이 도시하라. 톱니 파형의 주기는 T = 0.1 s이고, 피크 진폭 A = 1이라고 가정한다.

5.32 그림 5.15(a)의 사각 파형을 입력으로 하여 문제 5.31을 반복하라.

5.33 예제 5.4의 펄스 파형을 입력으로 하여 문제 5.31을 반복하라.

5.4절: 대역 통과 필터, 공진 및 Q 인자

5.34 그림 P5.34의 회로에 대해 문제 5.11을 반복하라. R_1 = 300 Ω, $R_2 = R_3$ = 500 Ω, L = 4 H, C_1 = 40 μF, C_2 = 160 μF이다.

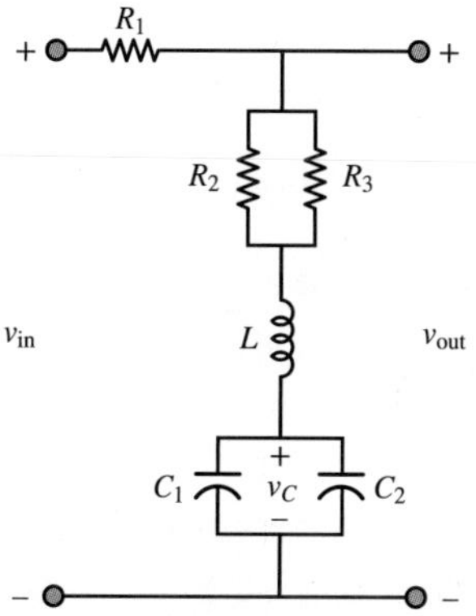

그림 P5.34

5.35 그림 P5.35의 회로에서 주파수 응답을 구하고, 주파수 응답 선도를 도시하라. R_1 = 20 kΩ, R_2 = 100 kΩ, L = 1 H, C = 100 μF이다.

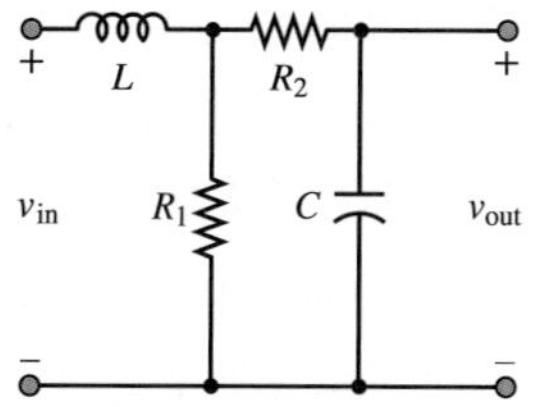

그림 P5.35

5.36 그림 P.5.36에 도시된 회로가 다음의 값들을 가진다면,

$L = 190$ mH $\quad R_1 = 2.3$ kΩ

$C = 55$ nF $\quad R_2 = 1.1$ kΩ

a. 매우 낮은 주파수와 매우 높은 주파수에서의 입력 임피던스를 구하라.

b. 입력 임피던스에 대한 식을 다음 형태로 구하라.

$$\mathbf{Z}(j\omega) = Z_o\left[\frac{1 + jf_1(\omega)}{1 + jf_2(\omega)}\right]$$

$$Z_o = R_1 + \frac{L}{R_2 C}$$

$$f_1(\omega) = \frac{\omega^2 R_1 LC - R_1 - R_2}{\omega(R_1 R_2 C + L)}$$

$$f_2(\omega) = \frac{\omega^2 LC - 1}{\omega C R_2}$$

c. $f_1(\omega) = +1$ 또는 -1이고, $f_2(\omega) = +1$ 또는 -1일 때, 4개의 주파수를 구하라.

d. 주파수에 대한 임피던스(크기와 위상)를 도시하라.

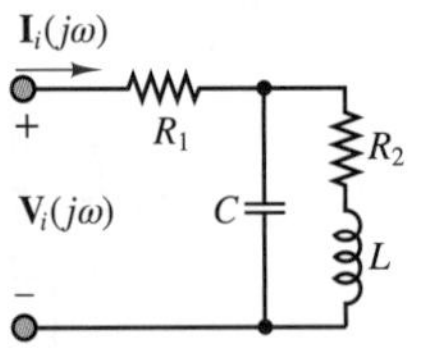

그림 P5.36

5.37 그림 P5.37에 도시된 회로는 2개의 리액턴스 성분(L과 C)을 가지고 있어 2차 회로이다. 다음을 구하라.

a. 매우 높은 주파수와 매우 낮은 주파수일 때의 전압 주파수 함수의 거동을 구하라.

b. 입력 전압의 주파수가 다음과 같은 경우 출력 전압 $\mathbf{V}_o$를 구하라.

$\mathbf{V}_i = 7.07\angle\frac{\pi}{4}\mathbf{V} \quad R_1 = 2.2$ kΩ

$R_2 = 3.8$ kΩ $\quad X_c = 5$ kΩ $\quad X_L = 1.25$ kΩ

c. 입력 전압의 주파수가 2배가 되어 다음과 같이 된다면 출력 전압 $\mathbf{V}_o$를 구하라.

$X_C = 2.5$ kΩ $\quad X_L = 2.5$ kΩ

d. 입력 전압의 주파수가 다시 한번 2배가 되어 다음과 같이 된다면 출력 전압 $\mathbf{V}_o$를 구하라.

$X_C = 1.25$ kΩ $\quad X_L = 5$ kΩ

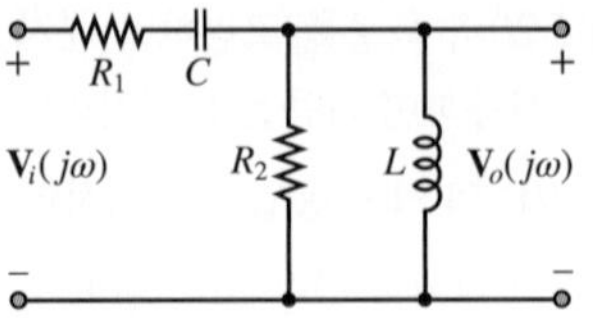

그림 P5.37

5.38 *RLC* 회로에서 ω_1과 ω_2는 $\mathbf{I}(j\omega_1) = \mathbf{I}(j\omega_2) = I_{max}/\sqrt{2}$를 만족하는 ω_1과 ω_2이고, $\Delta\omega$는 $\Delta\omega = \omega_2 - \omega_1$라고 가정하라. 즉, $\Delta\omega$는 전류 곡선의 대역폭인데 전류가 공진 주파수에서의 최대의 $1/\sqrt{2} = 0.707$로 떨어진다. 이 주파수에서, 저항에서 소모되는 전력은 공진 주파수에서 소모되는 전력의 절반이 된다. *RLC* 회로에서 큰 Q 인자를 가질 때, $Q = \omega_0/\Delta\omega$임을 보여라.

5.39 높은 Q 인자를 가진 *RLC* 회로에서

a. 공진 주파수에서의 임피던스는 Q 값과 공진 주파수에서의 유도 저항의 곱이라는 것을 보여라.

b. $L = 280$ mH, $C = 0.1$ μF, $R = 25$Ω이라 가정하고, 공진 주파수에서의 임피던스를 구하라.

5.40 예제 5.10의 회로에서 출력이 10% 감쇠되도록 하는 주파수(즉, $V_o = 0.9V_i$)를 구하라.

5.41 예제 5.10의 회로에서 20°의 위상 변이가 발생하는 주파수를 구하라.

5.42 그림 P5.34에 도시된 필터가 예제 5.3에서의 톱니 파형의 처음 2개의 푸리에 성분으로 가진된다고 가정하자. 필터의 출력을 구하고, 그래프에 입력과 출력 파형을 같이 도시하라. 톱니 파형의 주기는 $T = 50$ ms이고, 피크 진폭 $A = 2$이라고 가정한다.

5.43 $T = 0.5$ s 및 5 ms로 하여 문제 5.42를 반복하고 $T = 50$ ms의 결과와 비교하라.

5.44 그림 5.15(a)의 사각 파형을 입력으로 하여 문제 5.42를 반복하라.

5.45 예제 5.4의 펄스 파형을 입력으로 하여 문제 5.42를 반복하라.

5.46 그림 P5.35에 도시된 필터가 예제 5.3에서의 톱니 파형의 처음 3개의 푸리에 성분으로 가진된다고 가정하자. 필터의 출력을 구하고, 그래프에 입력과 출력 파형을 같이 도시하라. 톱니 파형의 주기는 $T = 5$ s이고, 피크 진폭 $A = 1$이라고 가정한다.

5.47 T = 50 s로 하여 문제 5.46을 반복하고 결과를 비교하라.

5.48 그림 5.15(a)의 사각 파형을 입력으로 하여 문제 5.46을 반복하라.

5.49 예제 5.4의 펄스 파형을 입력으로 하여 문제 5.46을 반복하라.

5.50 그림 P5.50의 회로를 고려하여 회로의 공진 주파수와 대역폭을 구하라.

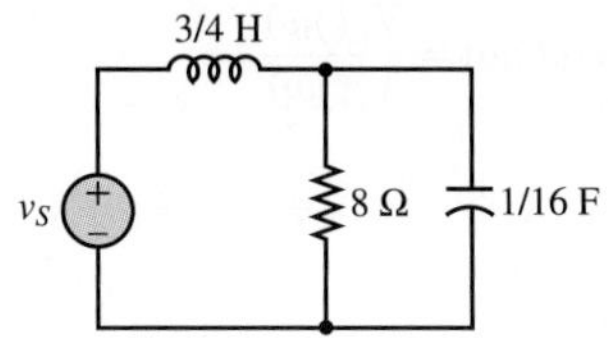

그림 P5.50

5.51 그림 P5.51의 회로들은 저역 통과, 고역 통과, 대역 통과, 대역차단(노치) 필터 중 어느 것인가?

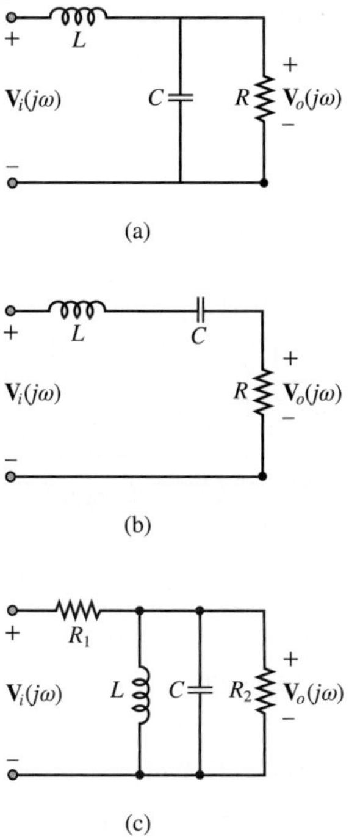

그림 P5.51

5.52 그림 P5.52의 회로들은 저역 통과, 고역 통과, 대역 통과, 대역차단(노치) 필터 중 어느 것인가?

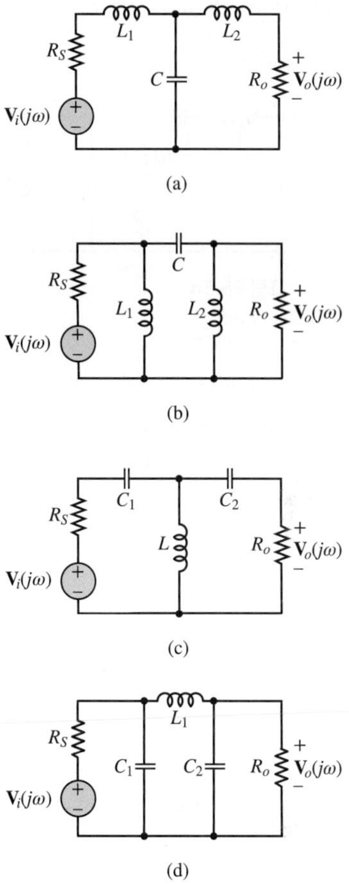

그림 P5.52

5.53 그림 P5.53의 필터 회로에 대해

a. 이 회로는 저역 통과, 고역 통과, 대역 통과, 대역차단 필터 중 어느 것인지 결정하라.

b. 주파수 응답 함수 $\mathbf{V}_o(j\omega)/\mathbf{V}_i(j\omega)$를 구하라. L = 10 mH, C = 1 nF, R_1 = 50 Ω, R_2 = 2.5 kΩ으로 가정한다.

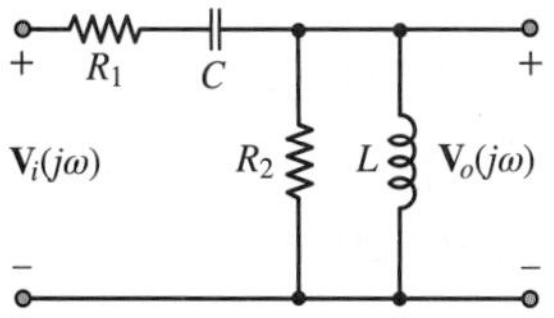

그림 P5.53

5.54 그림 P5.54의 필터 회로에 대해 L = 10 H, C = 1 nH, R_S = 20 Ω, R_C = 100 Ω, R_o = 5 kΩ를 가정하여 주파수 응답 함수 $\mathbf{V}_o(j\omega)/\mathbf{V}_i(j\omega)$를 구하라. 이 주파수 응답은 어떤 필터를 나타내는가?

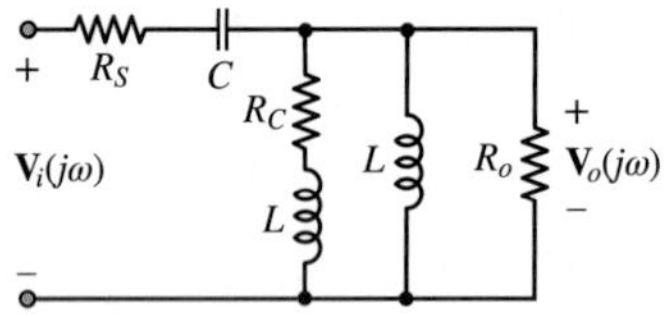

그림 P5.54

5.55 그림 P5.54의 필터 회로에 대해 L = 0.1 mH, C = 8 nH, R_S = 300 Ω, R_C = 10 Ω, R_o = 500 Ω를 가정하여 주파수 응답 함수 $\mathbf{V}_o(j\omega)/\mathbf{V}_i(j\omega)$를 구하라. 이 주파수 응답은 어떤 필터를 나타내는가?

5.56 그림 P5.56의 필터 회로에 대해 다음을 구하라.

$R_S = 5$ kΩ　　$C = 56$ nF

$R_o = 100$ kΩ　　$L = 9\,\mu$H

a. 전압 주파수 응답

$$\mathbf{G}_V(j\omega) = \frac{\mathbf{V}_o(j\omega)}{\mathbf{V}_i(j\omega)}$$

b. 공진 주파수

c. 반전력 주파수

d. 대역폭과 Q

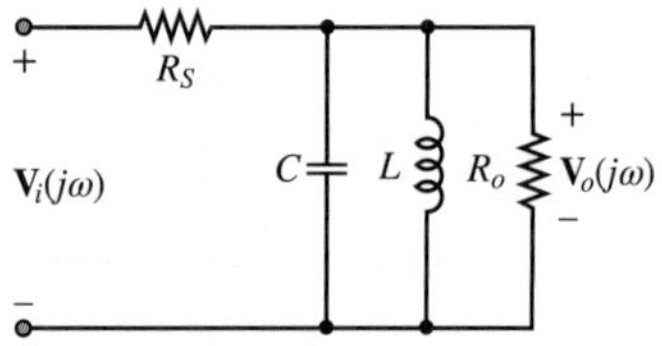

그림 P5.56

5.57 그림 P5.56의 필터 회로에 대해 다음을 구하라.

$R_S = 5$ kΩ　　$C = 0.5$ nF

$R_o = 100$ kΩ　　$L = 1$ mH

a. 전압 주파수 응답

$$\mathbf{G}_V(j\omega) = \frac{\mathbf{V}_o(j\omega)}{\mathbf{V}_i(j\omega)}$$

b. 공진 주파수

c. 반전력 주파수

d. 대역폭과 Q

5.58 그림 P5.58의 필터 회로에 대해 다음을 가정한다.

$R_S = 500$ Ω　　$R_o = 5$ kΩ

$R_C = 4$ kΩ　　$L = 1$ mH

$C = 5$ pF

다음의 주파수 응답 $\mathbf{G}_V(j\omega)$를 구하라.

$$\mathbf{G}_V(j\omega) = \frac{\mathbf{V}_o(j\omega)}{\mathbf{V}_i(j\omega)}$$

이 주파수 응답은 어느 종류의 필터를 나타내는가?

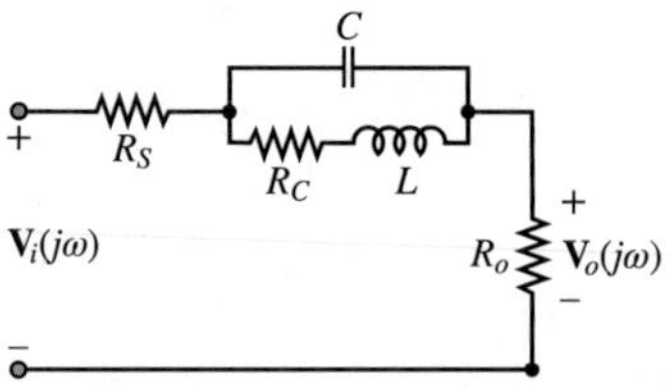

그림 P5.58

5.59 그림 P5.59의 노치 필터 회로에 대해 전압 주파수 응답 $\mathbf{G}_V(j\omega)$를 다음의 표준 형태로 유도하라.

$$\mathbf{G}_V(j\omega) = \frac{\mathbf{V}_o(j\omega)}{\mathbf{V}_i(j\omega)}$$

다음과 같이 가정한다.

$R_S = 500$ Ω　　$R_o = 5$ kΩ

$C = 5$ pF　　$L = 1$ mH

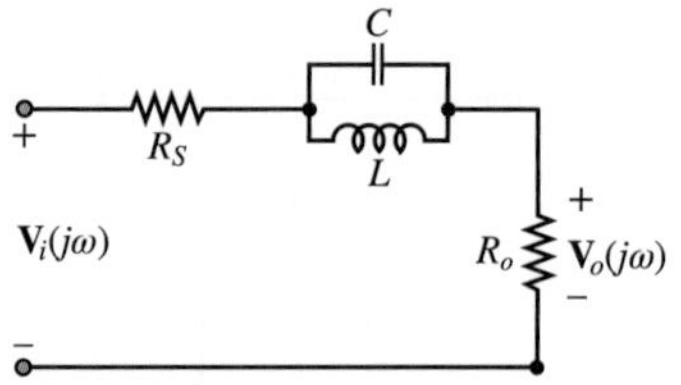

그림 P5.59

5.60 그림 P5.59의 노치 필터 회로에 대해 전압 주파수 응답 $\mathbf{G}_V(j\omega)$를 다음의 표준 형태로 유도하라.

$$\mathbf{G}_V(j\omega) = \frac{\mathbf{V}_o(j\omega)}{\mathbf{V}_i(j\omega)}$$

다음과 같이 가정한다.

$R_S = 500\ \Omega$ $\quad R_o = 5\ \text{k}\Omega$
$\omega_n = 12.13\ \text{Mrad/s}$ $\quad C = 68\ \text{nF}$
$L = 0.1\ \mu\text{H}$

또한, 반전력 주파수, 대역폭, Q를 구하라.

5.61 그림 P5.59의 노치 필터 회로에 대해 전압 주파수 응답 $\mathbf{G}_V(j\omega)$를 다음의 표준 형태로 유도하라.

$$\mathbf{G}_V(j\omega) = \frac{\mathbf{V}_o(j\omega)}{\mathbf{V}_i(j\omega)}$$

다음과 같이 가정한다.

$R_S = 4.4\ \text{k}\Omega$ $\quad R_o = 60\ \text{k}\Omega$ $\quad \omega_n = 25\ \text{Mrad/s}$
$C = 0.8\ \text{nF}$ $\quad L = 2\ \mu\text{H}$

또한, 반전력 주파수, 대역폭, Q를 구하라.

5.62 그림 P5.62의 노치 필터에 대해 다음을 가정하라.

$L = 0.4\ \text{mH}$ $\quad R_c = 100\ \Omega$
$C = 1\ \text{pF}$ $\quad R_S = R_o = 3.8\ \text{k}\Omega$

a. 전압 주파수 응답에 대한 식을 구하라.

$$\mathbf{G}_V(j\omega) = \frac{\mathbf{V}_o(j\omega)}{\mathbf{V}_i(j\omega)} = G_0\frac{1 + jf_1(\omega)}{1 + jf_2(\omega)}$$

b. 매우 높은 주파수와 매우 낮은 주파수, 그리고 공진 주파수에서 주파수 응답의 크기를 구하라.

c. 공진 주파수와 반전력 주파수를 구하라.

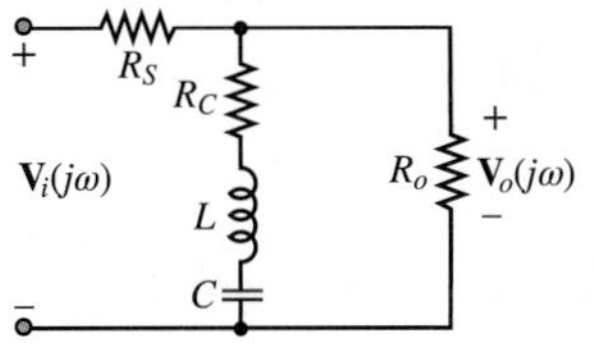

그림 P5.62

5.63 그림 P5.56의 필터에 대해 다음을 구하라.

$R_S = 5\,\text{k}\Omega$ $\quad C = 5\ \text{nF}$
$R_o = 50\ \text{k}\Omega$ $\quad L = 2\ \text{mH}$

a. 전압 주파수 응답

$$\mathbf{G}_V(j\omega) = \frac{\mathbf{V}_o(j\omega)}{\mathbf{V}_i(j\omega)}$$

b. 공진 주파수

c. 반전력 주파수

d. 대역폭과 Q

5.64 많은 스테레오 스피커들은 투웨이 스피커(two-way speaker) 시스템이다. 즉, 저주파 음역에서 우퍼를, 고주파 음역에서는 트위터를 사용한다. 우퍼로 가는 주파수와 트위터로 가는 주파수를 적절히 분배하기 위해 크로스오버 회로가 사용된다. 크로스오버 회로는 효율적인 대역 통과, 저역 통과, 고역 통과 필터이다. 그림 P5.64는 시스템 모델을 도시한 것이다. 크로스오버 회로의 함수는 크로스오버 주파수 f_c보다 낮은 주파수를 우퍼로 보내고, 크로스오버 주파수보다 높은 주파수는 트위터로 보낸다. $R_S = 0$이고, 크로스오버 주파수는 1,200 Hz인 이상 증폭기를 가정하자. $R_1 = R_2 = 8\ \Omega$일 때, C와 L을 구하라. [힌트: 증폭기에서 본 회로망의 절점 주파수(break frequency)를 요구되는 크로스오버 주파수와 같도록 설정한다.]

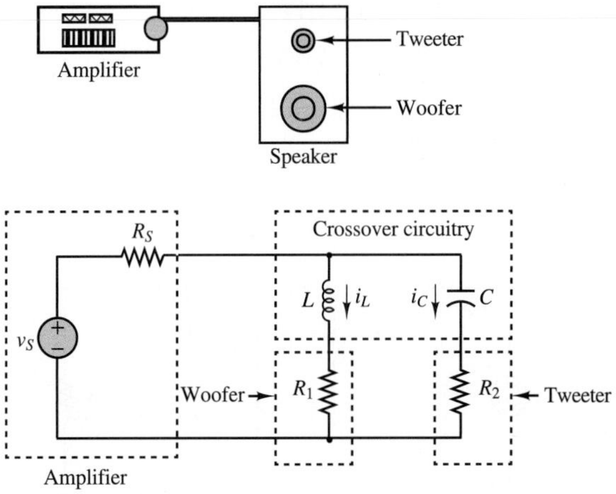

그림 P5.64

5.5절: 보드 선도

5.65 그림 P5.65의 회로망에 대한 주파수 응답 $\mathbf{V}_{\text{out}}(\omega)/\mathbf{V}_S(\omega)$을 구하라. $R_S = R_o = 5\ \text{k}\Omega$, $L = 10\ \mu\text{H}$, $C = 0.1\ \mu\text{F}$일 때, 보드의 크기와 위상 선도를 도시하라.

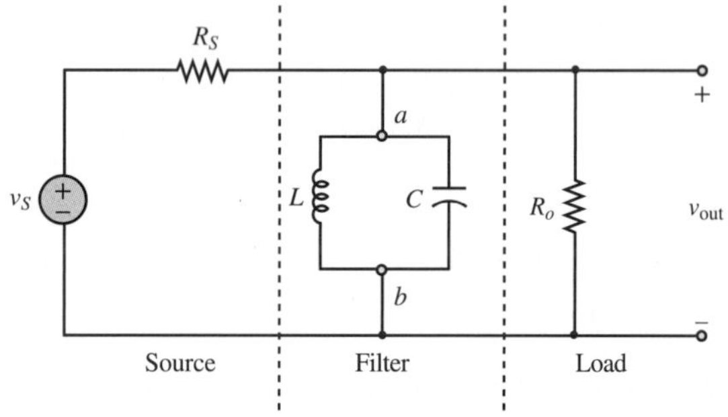

그림 P5.65

5.66 문제 5.64를 참조하라. 그림 P5.64에서 $L = 2$ mH, $C = 125\ \mu$F, $R_S = R_1 = R_2 = 4\ \Omega$이라고 가정한다.

a. 증폭기가 본 임피던스를 주파수 함수로 구하라. 어느 주파수에서 증폭기로 전달되는 에너지가 가장 큰지 구하라.

b. 우퍼와 트위터에 흐르는 전류의 보드 크기와 위상 선도를 그려라.

5.67 그림 P5.67의 노치 필터에 대해 $R_S = R_0 = 500\ \Omega$, $L = 10$ mH, C = 0.1 μF이라고 가정하자.

a. 주파수 응답 $\mathbf{V}_{out}(j\omega)/\mathbf{V}_S(j\omega)$를 구하라.

b. 보드 크기와 위상 선도를 도시하라.

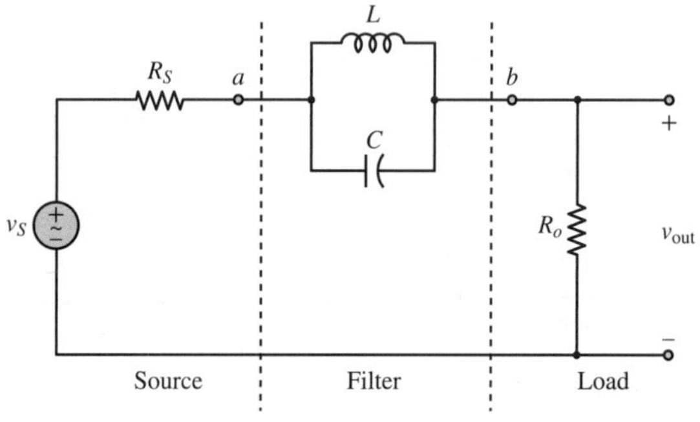

그림 P5.67

5.68 60 Hz의 주파수에서 전력선에 의한 간섭은 일반적인 일이다. 이 문제에서는 60 Hz 주변의 주파수 대역을 제거하기 위하여 그림 P5.68의 노치 필터를 설계한다.

a. 그림 P5.68의 필터의 a와 b 단자 사이의 임피던스 함수 $\mathbf{Z}_{ab}(j\omega)$를 구하라. r_L은 실제 인덕터의 저항을 나타낸다.

b. $L = 100$ mH, $r_L = 5\ \Omega$일 때, 임피던스 $\mathbf{Z}_{ab}(j\omega)$의 중심 주파수가 60 Hz가 되는 C를 구하라.

c. r_L이 증가하면, 필터의 "예리도" 혹은 선택도는 증가할 것인가?

d. 필터가 1 kHz의 사인 파형에서 60 Hz의 노이즈를 제거한다고 가정하라. 다음과 같은 값을 가진다면, 두 주파수에서 주파수 응답 $\mathbf{V}_o/\mathbf{V}_{in}(j\omega)$의 값을 구하라.

$v_g(t) = \sin(2\pi\, 1{,}000\, t)$ V $\qquad r_g = 50\ \Omega$

$v_n(t) = 3\sin(2\pi\, 60\, t)$ $\qquad R_o = 300\ \Omega$

$L = 100$ mH, $r_L = 5\ \Omega$라 가정한다. b번에서 구한 C 값을 이용하라.

e. $\mathbf{V}_o/\mathbf{V}_{in}$의 보드 크기와 위상 선도를 도시하라. 60 Hz와 1,000 Hz 지점을 선도에 표시하라.

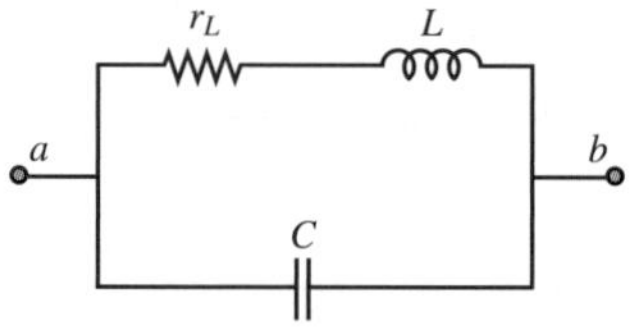

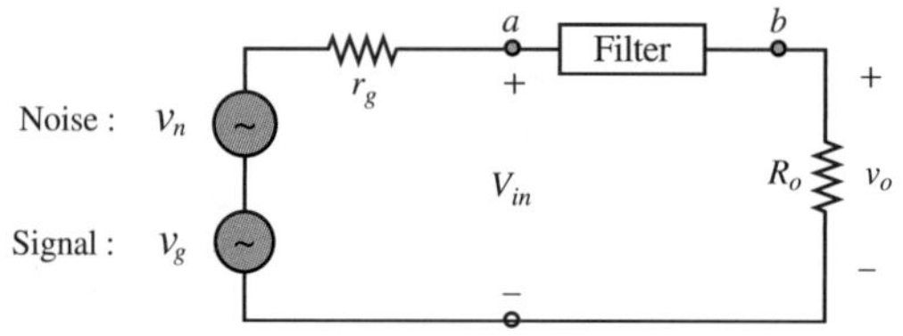

그림 P5.68

5.69 그림 P5.69의 회로는 증폭기-스피커의 연결을 나타낸다. 크로스오버 필터는 저주파 신호만 우퍼로 통과시킨다. 필터의 구조적 특징은 π 네트워크로 알려져 있다.

a. 주파수 응답 $\mathbf{V}_o(j\omega)/\mathbf{V}_S(j\omega)$를 구하라.

b. $C_1 = C_2 = C$, $R_S = R_o = 600\ \Omega$, $1/\sqrt{LC} = R/L = 1/RC = 2{,}000\pi$라면, 100 Hz $\le f \le$ 10,000 Hz 범위에서 보드 크기와 위상 선도를 도시하라.

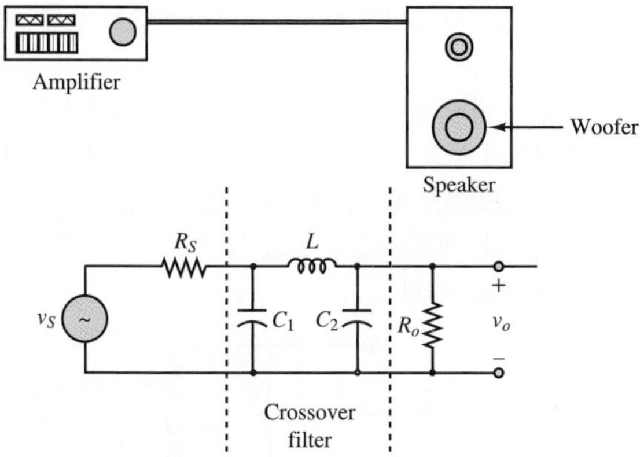

그림 P5.69

5.70 그림 P5.70의 회로에 대해

a. 주파수 응답을 구하라.

$$\mathbf{G}_V(j\omega) = \frac{\mathbf{V}_{\text{out}}(j\omega)}{\mathbf{V}_{\text{in}}(j\omega)}$$

b. 보드 크기와 위상 선도를 수작업으로 도시하라. 선도를 그리면서 모든 단계를 적어라. 주파수 축에 차단 주파수를 분명하게 나타내라. (힌트: Matlab 명령어 "roots"를 이용하거나 계산기를 이용하여 다항식의 근을 계산하라.)

c. 동일한 선도를 도시하기 위해 Matlab의 "Bode" 명령어를 사용하라. 수작업으로 도시한 것에 대해 검증하라. $R_1 = R_2 = 2\ \text{k}\Omega$, $L = 2$ H, $C_1 = C_2 = 2$ mF라 가정한다.

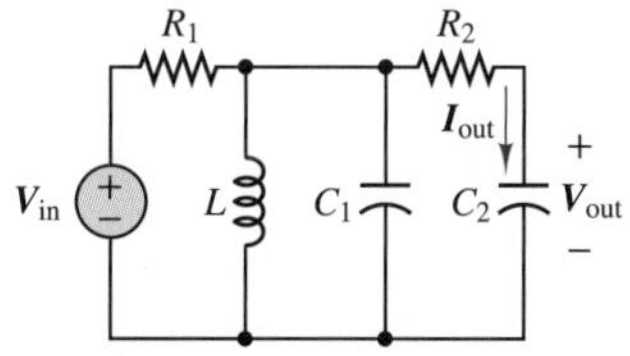

그림 P5.70

5.71 다음과 같은 주파수 응답에 문제 5.70을 반복하라.

$$\mathbf{H}(j\omega) = \frac{\mathbf{I}_{\text{out}}(j\omega)}{\mathbf{V}_{\text{in}}(j\omega)}$$

문제 5.70에서와 동일한 소자 값을 사용하라.

5.72 그림 P5.72의 회로와 다음의 주파수 응답에 대해 문제 5.70을 반복하라.

$$\mathbf{H}(j\omega) = \frac{\mathbf{V}_{\text{out}}(j\omega)}{\mathbf{I}_{\text{in}}(j\omega)}$$

$R_1 = R_2 = 1\ \text{k}\Omega$, $C = 1\ \mu$F, $L = 1$ H라 가정하라.

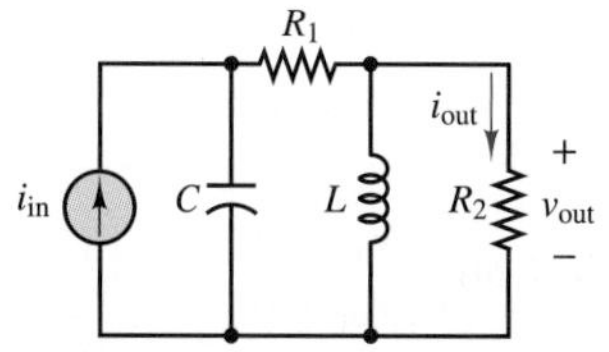

그림 P5.72

5.73 그림 P5.72의 회로와 다음의 주파수 응답에 대해 문제 5.70을 반복하라.

$$\mathbf{G}_I(j\omega) = \frac{\mathbf{I}_{\text{out}}(j\omega)}{\mathbf{I}_{\text{in}}(j\omega)}$$

문제 5.72와 동일한 값을 사용하라.

5.74 그림 P5.74의 회로에 대해 주파수 응답 $\mathbf{H}(j\omega) = \mathbf{V}_{\text{out}}/\mathbf{I}_{\text{in}}$를 구하라. 문제 5.70을 반복하라. $R_1 = R_2 = 2\ \text{k}\Omega$, $C_1 = C_2 = 1$ mF라 가정한다.

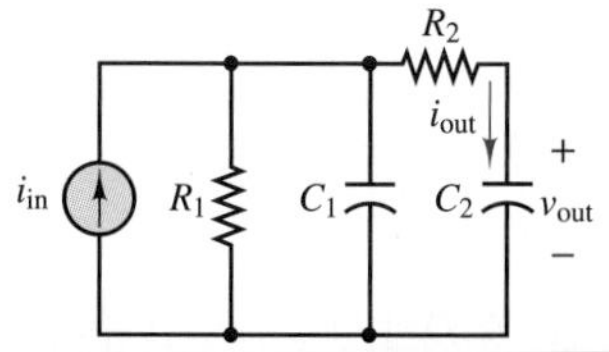

그림 P5.74

5.75 그림 P5.74의 회로와 다음의 주파수 응답에 대해 문제 5.70을 반복하라.

$$\mathbf{G}_I(j\omega) = \frac{\mathbf{I}_{\text{out}}(j\omega)}{\mathbf{I}_{\text{in}}(j\omega)}$$

문제 5.74와 동일한 값을 사용하라.

5.76 그림 P5.34를 참고하라. $R_1 = 300\ \Omega$, $R_2 = R_3 = 500\ \Omega$, $L = 4$ H, $C_1 = 40\ \mu$F, $C_2 = 160\ \mu$F라 가정하자.

a. 주파수 응답을 구하라.

$$\mathbf{G}_V(j\omega) = \frac{\mathbf{V}_{\text{out}}(j\omega)}{\mathbf{V}_{\text{in}}(j\omega)}$$

b. 수작업으로 보드 크기와 위상 선도를 도시하라. 선도를 그리면서 모든 단계를 적어라. 주파수 축에 차단 주파수를 분명하게 나타내라. (힌트: Matlab 명령어 "roots"를 이용하거나 계산기를 이용하여 다항식의 근을 계산하라.)

c. Matlab의 "Bode" 명령어를 사용하여 동일한 선도를 도시하라.

5.77 그림 P5.34와 문제 5.76의 변수를 참조하여 다음을 구하라.

a. 주파수 응답을 구하라.

$$\mathbf{G}_V(j\omega) = \frac{\mathbf{V}_C(j\omega)}{\mathbf{V}_{\text{in}}(j\omega)}$$

b. 이 주파수 응답에 대해 문제 5.76의 b번과 c번을 반복하라.

5.78 그림 P5.35의 회로를 참조해 문제 5.76의 b번과 c번을 반복하라. $R_1 = 20\ \text{k}\Omega$, $R_2 = 100\ \text{k}\Omega$, $L = 1$ H, $C = 100\ \mu$F라 가정한다.

5.79 특정 주파수 범위에서 입력 진폭에 대한 출력 진폭의 비가 $1/\omega^3$라고 가정한다. 이 주파수 범위에서 보드 선도의 기울기(dB/dec의 단위로)는 얼마인가?

5.80 주파수에 따른 출력 전압의 진폭은 다음과 같다고 가정한다.

$$\mathbf{V}(j\omega) = \frac{A\omega + B}{\sqrt{C + D\omega^2}}$$

a. A, B, C 및 D의 항으로 절점 주파수를 구하라.

b. 고주파수 마지막에서 보드 크기 선도의 기울기(dB/dec)를 구하라.

c. 저주파수 시작점에서 보드 크기 선도의 기울기(dB/dec)를 구하라.

5.81 그림 P5.81(a)에서 정의한 등가 임피던스 $\mathbf{Z}_{\text{eq}}$를 표준 형태로 구하라. P5.81(b)에서 주파수의 함수로서 임피던스 거동을 가장 잘 표현하는 보드 선도를 선택하라. 주파수 영역에서 공진 주파수와 차단 주파수, 임피던스 크기가 상수인 범위에서의 임피던스 크기를 구하는 방법을 간단히 기술하라. 어떤 특징을 설명하는지를 알 수 있도록 보드 선도에 표시하라.

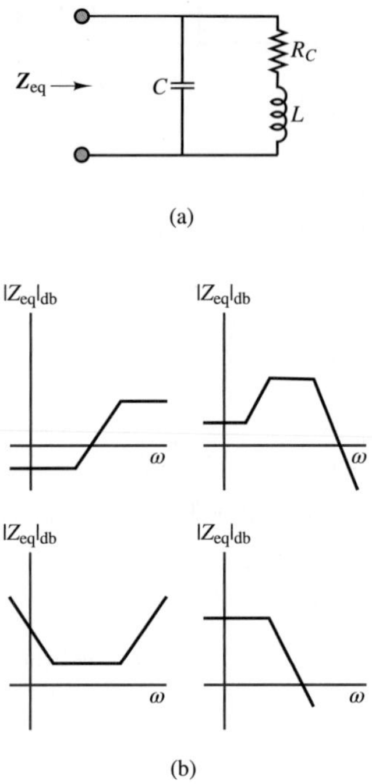

그림 P5.81

PART 02

Principles and Applications of **ELECTRICAL ENGINEERING**

시스템과 계장

SYSTEMS AND INSTRUMENTATION

06

연산 증폭기
OPERATIONAL AMPLIFIERS

증폭과 스위칭은, 핵심 전자 소자인 다이오드와 트랜지스터에 의해 발생되는 기본적인 동작이다. 많은 특수 전자 장치들은 다이오드와 트랜지스터로부터 발전되어 나온 것이며, 그중 하나가 대부분의 응용 사례에 필수적으로 사용되는 연산 증폭기(operational amplifier)이다. 이 장에서는 이상적인 증폭기에 대한 일반적인 특징과 연산 증폭기의 특성, 그리고 이들을 기반으로 하여 널리 사용되는 다양한 회로들을 학습할 것이다. 증폭기 회로에서 귀환(feedback)의 효과는 연산 증폭기의 이득과 주파수 응답과 함께 논의된다. 이 장에서 소개되는 모델은 앞에서 자세히 언급된 개념인 테브닌 및 노턴 등가 회로망, 임피던스, 과도 응답, 그리고 주파수 응답이 있다. 이 장은 연산 증폭기에 대한 해석적인 이해와 실제적인 이해를 둘 다 제공하기 위해 마련되어, 학생들이 다양한 공학적 응용 사례에서 발견할 수 있는 실제 증폭기를 잘 사용할 수 있도록 도와준다.

LO 학습 목적

1. 이상 증폭기의 특성과 이득, 입력 임피던스, 출력 임피던스의 개념을 이해한다. 6.1절
2. 개루프와 폐루프 연산 증폭기 구성의 차이를 이해한다. 이상 연산 증폭기 해석을 이용하여 반전, 비반전, 가산 및 차동 증폭기의 이득을 계산한다. 연산 증폭기의 데이터 시트에서 중요한 성능 파라미터를 학습한다. 6.2절
3. 단순한 능동 필터를 해석하고 설계한다. 이상 적분기와 미분기 회로를 해석하고 설계한다. 6.3절~6.5절
4. 연산 증폭기의 물리적인 한계를 이해한다. 6.6절

6.1 이상 증폭기

그림 6.1 전형적인 디지털 오디오 플레이어

증폭기는 전자 응용에 있어 필수적이다. 증폭기의 가장 익숙한 용도는 그림 6.1과 같이 디지털 오디오 플레이어(예, iPhone)에서 발생하는 낮은 전압, 낮은 전력의 신호를 이어폰이나 헤드폰을 작동시키기 알맞은 수준으로 변환시키는 것이다. 측정에 사용되는 많은 변환기와 센서는 전기적 신호를 발생시키는데, 그 신호는 아날로그와 디지털 계측 장비에 의해 증폭, 필터, 샘플링, 처리되기 때문에 증폭기는 사실상 모든 공학 영역에서 중요하게 응용된다. 예를 들어, 기계공학자들은 온도, 가속도, 스트레인 등을 전기적 신호로 바꾸기 위해 서미스터, 가속도계, 스트레인 게이지를 사용한다. 본래의 아날로그 신호를 디지털 형태로 전환하는 작업의 준비로서, 이러한 신호들은 전달되기 전에 증폭되어야 하며, 데이터를 샘플링하기 전에 필터링되어야 한다. 그리 눈에 띄는 사실은 아니지만, 임피던스 절연(impedance isolation) 역시 증폭기에 의해 수행된다. 이제, 증폭기가 단순히 신호를 증폭시키는 것 이상으로 아주 중요한 역할을 맡고 있음이 명확해졌을 것이다. 이 장에서는 증폭기의 일반적인 특징들을 탐구하고, **연산 증폭기**라 불리는 아주 중요한 집적회로 증폭기의 특징과 응용을 집중적으로 살펴볼 것이다.

이상 증폭기의 특성

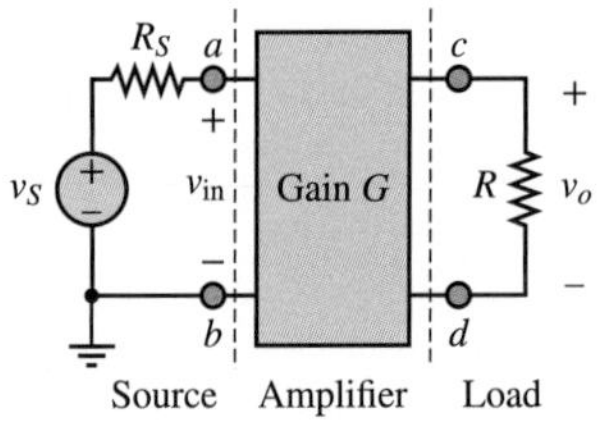

그림 6.2 소스와 부하 사이의 증폭기

가장 간단한 증폭기의 모델이 그림 6.2에 도시되어 있는데, 신호 v_S가 증폭기의 전압 이득(voltage gain)이라 불리는 인자 G만큼 증폭된다. 이상적인 경우에, 증폭기의 입력 임피던스는 무한대의 값을 가지므로 $v_{in} = v_S$이다. 또한, 출력 임피던스가 0의 값을 가진다면, v_o는 저항 R에 관계 없이 증폭기에 의해 다음과 같이 결정된다.

$$v_o = Gv_{in} = Gv_S \qquad \text{이상 증폭기} \tag{6.1}$$

이때, 증폭기가 보는 입력은 테브닌 소스(R_S와 v_S의 직렬 연결)이며, 증폭기가 보는 출력은 단일의 등가 저항 R으로 모델링되어 있음에 주목하라.

그림 6.3은 보다 현실적인(그러나 여전히 단순한) 증폭기 모델을 보여준다. 이 그림에서 증폭기의 입력 임피던스와 출력 임피던스는 각각 R_{in}과 R_{out}로 나타난다. 즉, 부하 R의 관점에서 증폭기는 테브닌 소스로 작용하는(Av_{in}과 R_{out}가 직렬 연결) 반면에, 외부 소스의 관점에서 증폭기는 등가 저항 R_{in}로서 작용한다(v_S와 R_S가

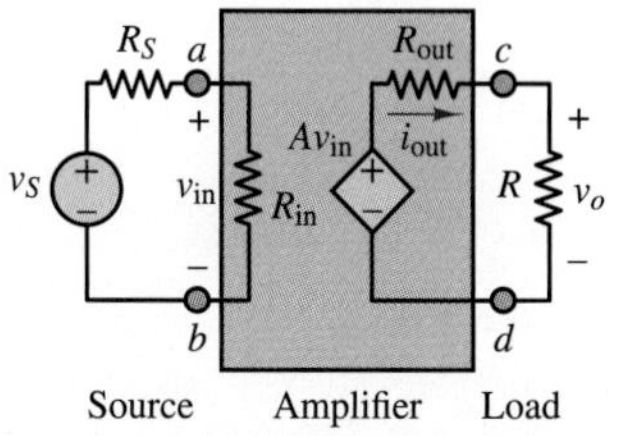

그림 6.3 단순한 전압 증폭기 모델

직렬 연결). 상수 A는 종속 전압원과 관련된 비례 상수이며, 개루프 이득(open-loop gaim)이라고 한다.[1]

그림 6.3의 증폭기 모델에서 전압 분배를 적용할 경우에 입력 전압은

$$v_{ab} = v_{\text{in}} = \frac{R_{\text{in}}}{R_S + R_{\text{in}}} v_S \tag{6.2}$$

와 같으며, 증폭기의 출력 전압 역시 전압 분배를 적용하여 다음과 같이 구한다.

$$v_o = Av_{\text{in}} \frac{R}{R_{\text{out}} + R} \tag{6.3}$$

v_{in}을 대입하고 양변을 v_S로 나누면, v_S부터 v_o까지의 총 전압 이득은

$$\frac{v_o}{v_S} = A \frac{R_{\text{in}}}{R_{\text{in}} + R_S} \frac{R}{R + R_{\text{out}}} \tag{6.4}$$

이며, 증폭기 자체의 전압 이득 G는 다음과 같다.

$$G \equiv \frac{v_o}{v_{\text{in}}} = A \frac{R}{R_{\text{out}} + R} \tag{6.5}$$

본 모델에서 전압 이득 G는 외부 저항 R에 의존하므로, 부하가 달라지게 되면 증폭기도 달리 작용한다. 게다가, 증폭기로의 입력 전압 v_{in}은 v_S가 변경된 것이다. 이러한 결과는 바람직하지 않다. “고품질” 증폭기의 이득은 부하에 대해 독립적이며, 소스 신호에 영향을 미치지 않는다는 것을 암시한다. 이는 $R_{\text{out}} \ll R$이고, $R_{\text{in}} \gg R_S$일 때 가능하다. $R_{\text{out}} \to 0$인 극한에서는

$$\lim_{R_{\text{out}} \to 0} \frac{R}{R + R_{\text{out}}} = 1 \tag{6.6}$$

그러므로

$$G \equiv \frac{v_o}{v_{\text{in}}} \approx A \qquad \text{when} \qquad R_{\text{out}} \to 0 \tag{6.7}$$

또한, $R_{\text{in}} \to \infty$인 극한에서는

$$\lim_{R_{\text{in}} \to \infty} \frac{R_{\text{in}}}{R_{\text{in}} + R_S} = 1 \tag{6.8}$$

그러므로

$$v_{\text{in}} \approx v_S \qquad \text{when} \qquad R_{\text{in}} \to \infty \tag{6.9}$$

일반적으로, “고품질” 전압 증폭기는 아주 작은 출력 임피던스와 아주 큰 입력 임피던스를 갖는다.

---

[1] 전압 이득 G와 개루프 이득 A는 각각 A_V와 A_{VOL}로 표시될 수 있다. 전기 컨덕턴스는 G로 표시된다. 항상 사용되는 기호를 문맥에 맞게 인지하는 것이 중요하다. 다행히도 컨덕턴스 G는 엔지니어링 일에서는 드물게 사용된다. 그 대신 역수인 저항 R이 더 자주 사용된다.

입력 임피던스와 출력 임피던스

일반적으로, 증폭기의 입력 임피던스 R_{in}과 출력 임피던스 R_{out}은 다음과 같이 정의된다.

$$R_{\text{in}} = \frac{v_{\text{in}}}{i_{\text{in}}} \qquad \text{and} \qquad R_{\text{out}} = \frac{v_{\text{OC}}}{i_{\text{SC}}} \tag{6.10}$$

여기서 v_{OC}는 개방 전압(open-circuit voltage)이고, i_{SC}는 단락 전류(short-circuit current)이다. 이상적인 전압 증폭기는 0의 출력 임피던스와 무한대의 입력 임피던스를 가지므로, 증폭기가 입력이나 출력 단자에서 부하 효과(loading effect)로 문제가 되지는 않는다. 실제로, 전압 증폭기는 큰 입력 임피던스와 작은 출력 임피던스를 갖도록 설계된다.

이상 전류 증폭기가 0의 입력 임피던스와 무한대의 출력 임피던스를 가진다는 점을 보이는 것은 의미가 있다. 또한, 이상 전력 증폭기의 입력 임피던스는 소스 회로망에 정합되고, 출력 임피던스는 부하 임피던스와 정합되게 설계된다.

귀환

귀환(feedback)이란, 증폭기의 출력을 이용해 입력을 강화하거나 억제하는 작용으로서, 많은 증폭기 응용에서 중요한 역할을 수행한다. 귀환이 없는 증폭기는 개루프(open-loop) 모드, 귀환이 있는 증폭기는 폐루프(closed-loop) 모드로 불린다. 그림 6.3의 증폭기 모델은 출력에서 입력으로의 귀환이 없으므로, 개루프에 해당한다. 앞서 말한 바와 같이, 증폭기의 가장 기본적인 특징은 이득으로, 이는 입력에 대한 출력의 비율이다. 실제 증폭기의 개루프 이득 A는 일반적으로 아주 큰 값을 가지지만, 폐루프 이득 G는 개루프 이득에 비해 매우 감소된 값을 가진다. A와 G 사이의 관계는 이 장의 뒷부분에서 살펴볼 것이다.

폐루프 모드에서는, 증폭기의 입력을 보강하는 정귀환(positive feedback)과 억제하는 부귀환(negative feedback)의 두 종류가 있다. 이 정귀환과 부귀환은 모두 유용하게 응용되지만, 부귀환이 훨씬 더 많이 사용된다. 일반적으로, 부귀환은 큰 값의 개루프 이득 A가 작은 값의 폐루프 이득 G로 교체되도록 하는데, 이러한 교체가 일견 바람직하지 않아 보일 수도 있지만, 다음과 같이 몇 가지의 장점이 존재한다.

1. 온도 등과 같은 환경 조건들에 대한 회로의 민감성 감소
2. 대역폭의 증가
3. 선형성의 증가
4. 신호 대 잡음비(signal-to-noise ratio)의 증가

부귀환은 증폭기의 출력과 입력 사이에 하나 이상의 경로를 제공하여 구현한다. 각 귀환 경로의 임피던스를 조정하면, 전체 증폭기 회로의 개선된 입력과 출력 임피던스를 얻을 수 있다. 이러한 입력과 출력 임피던스는, 증폭기에 부착되는 여러 회로들의 부하 효과를 이해하기 위한 중요한 특성이다.

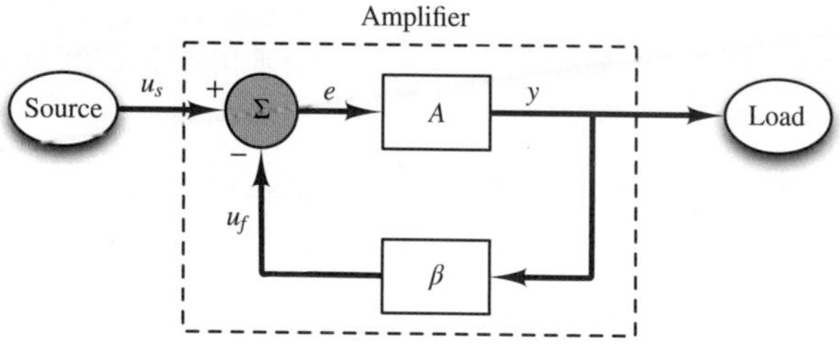

그림 6.4 기본 증폭기의 신호 흐름 선도

그림 6.4는 소스와 부하 사이에 위치한 증폭기의 신호 흐름 선도(signal-flow diagram)를 나타낸다. 화살표는 신호 흐름의 방향을 나타내며, 신호는 u_s, u_f, e 그리고 y로 나타난다. 각 사각형의 출력 신호는 A와 β와 같은 양의 상수와 입력 신호의 곱으로 나타난다.

$$y = Ae \qquad \text{and} \qquad u_f = \beta y \tag{6.11}$$

원은 입력인 u_s와 u_f를 합하여 출력 e를 생성하는데, 부호 (±)는 각 신호의 양 또는 음의 기여를 나타내므로, 출력은 다음과 같다.

$$e = u_s - u_f = u_s - \beta y \tag{6.12}$$

귀환 신호 u_f가 음의 기여를 하므로, 그림 6.4의 흐름 선도는 부귀환이라고 한다.

식 (6.11)과 (6.12)를 결합하면, 다음과 같이 y에 대한 식을 구할 수 있다.

$$y = Ae = A(u_s - u_f) = A(u_s - \beta y) \tag{6.13}$$

이때, 증폭기의 폐루프 이득은 다음과 같다.

$$G \equiv \frac{y}{u_s} = \frac{A}{1 + A\beta} \tag{6.14}$$

여기서 $A\beta$를 루프 이득(loop gain)이라고 한다. 식 (6.14)의 유도로부터, 증폭기 내의 블록의 거동은 다른 블록이나 외부의 소스 또는 부하에 의해서 영향을 받지 않음을 알 수 있다. 다시 말해서, 블록은 이상적이라서 부하 효과가 없게 된다.

이 시점에서 두 가지 중요한 점이 관찰된다.

1. 폐루프 이득 G는 귀환 인자(feedback factor)로 알려진 β에 의존한다.
2. $A\beta$가 양수이므로, 폐루프 이득 G는 개루프 이득 A보다 작다.

또한, 대부분의 실제 증폭기에서 $A\beta$는 상당히 큰 값을 가지므로,

$$G \approx \frac{1}{\beta} \tag{6.15}$$

가 된다. 이 결과는 매우 중요한 의미를 가지는데, $A\beta \gg 1$인 조건에서는 증폭기의 폐루프 이득 G가 일반적으로 개루프 이득 A에는 독립적이고, 귀환 인자 β에 의해 주로 결정된다는 점을 나타낸다.

$A\beta \gg 1$일 때, 증폭기의 폐루프 이득 G는 귀환 인자 β에 의해 주로 결정된다.

식 (6.14)는 두 입력 u_s와 u_f 사이의 비를 구하는 데 사용될 수 있다.

$$\frac{u_f}{u_s} = \frac{y}{u_s}\frac{u_f}{y} = \frac{A}{1+A\beta}\beta = \frac{A\beta}{1+A\beta} \tag{6.16}$$

또한, $A\beta \gg 1$일 때, 또 하나의 중요한 결과는

$$\frac{u_f}{u_s} \to 1 \qquad \text{or} \qquad u_s - u_f \to 0 \tag{6.17}$$

인데, 이 결과는 루프 이득 $A\beta$가 클 때, 입력 신호 u_s와 귀환 신호 u_f 사이의 차이는 0으로 수렴한다는 것을 알려준다.

$A\beta \gg 1$일 때, 입력 신호 u_s와 귀환 신호 u_f 사이의 차이는 0으로 수렴한다.

식 (6.15)와 (6.17)의 결과는 폐루프 모드에서 연산 증폭기 회로의 해석 시에 반복적으로 나타난다.

부귀환의 이점

앞 절에서 언급된 바와 같이, 부귀환은 감소된 이득 대신에 몇 가지 이점을 제공한다. 예를 들어, 식 (6.14)의 양변을 미분하게 되면

$$dG = \frac{dA}{1+A\beta} - \frac{A\beta dA}{(1+A\beta)^2} = \frac{dA}{(1+A\beta)^2} \tag{6.18}$$

좌변을 G로, 우변을 $A/(1 + A\beta)$로 나누게 되면, 다음 식을 얻는다.

$$\frac{dG}{G} = \frac{1}{1+A\beta}\frac{dA}{A} \tag{6.19}$$

$A\beta \gg 1$일 때, 이 결과는 A의 퍼센트 변화에 의한 G의 퍼센트 변화가 비교적 작다는 것을 의미하는데, 이는 폐루프 이득 G는 개루프 이득 A에 비교적 둔감하다는 것을 말한다.

$A\beta \gg 1$일 때, 폐루프 이득 G는 개루프 이득 A에서의 변화에 비교적 둔감하다.

어떠한 증폭기에서도 개루프 이득 A는 주파수의 함수이다. 예를 들어, 연산 증폭기의 개루프 이득 $A(\omega)$는 단순 극점(simple pole)에 의해서

$$A(\omega) = \frac{A_0}{1 + j\omega/\omega_o} \tag{6.20}$$

로 나타낼 수 있는데, 여기서 ω_0는 3 dB 차던 주파수(break frequency)이다. 그림 6.5에 이에 대한 보드 크기 선도(Bode magnitude plot)를 나타내었다. 식 (6.20)을 식 (6.14)에 대입하면 다음과 같다.

$$G(\omega) = \frac{A(\omega)}{1 + A(\omega)\beta} = \frac{A_0/(1 + j\omega/\omega_o)}{1 + A_0\beta/(1 + j\omega/\omega_o)} \tag{6.21}$$

식 (6.21)의 우변의 분자와 분모에 $1 + j\omega/\omega_0$를 곱하고, $1 + A_0\beta$를 분모에서 분리하면

$$G(\omega) = \frac{A_0}{1 + A_0\beta}\frac{1}{1 + j\omega/\omega_g} = G_o\frac{1}{1 + j\omega/\omega_g} \tag{6.22}$$

을 얻는데, 여기서 $\omega_g = \omega_0(1 + A_0\beta)$이다. 그러므로 폐루프 3 dB 차단 주파수는 개루프 3 dB 차단 주파수보다 $(1 + A_0\beta)$배 크게 된다.

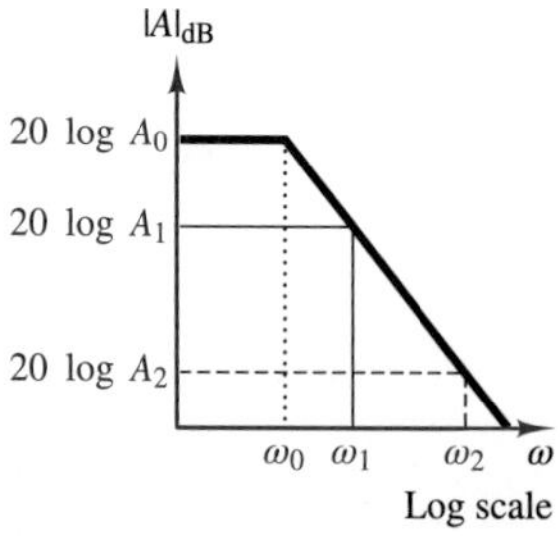

그림 6.5 전형적인 증폭기의 보드 크기 특성

폐루프 3 dB 차단 주파수는 개루프 3 dB 차단 주파수보다 $(1 + A_0\beta)$배 크다.

마찬가지로, 증폭기가 단순 영점(simple zero)에 의해 특징지어진다면, 3 dB 차단 주파수는 개루프 3 dB 차단 주파수보다 $(1 + A_0\beta)$배 작을 것이다. 이 문제를 직접 풀어보는 것도 의미가 있다.

유사한 해석을 통하여, 부귀환에 의해서 선형성과 신호 대 잡음비가 증가한다는 점을 보일 수 있다. 이 모든 이점은 증폭기의 큰 개루프 이득을 포기함으로써 얻어진다.

6.2 연산 증폭기

연산 증폭기(operational amplifier, op-amp)는 단일 실리콘 웨이퍼에 수많은 미세 전기 및 전자 부품을 집적시켜 놓은 **집적회로**(integrated circuit)이다. 연산 증폭기는 덧셈, 뺄셈, 감산, 곱셈, 미분, 적분 등의 수학적 연산뿐만 아니라, 증폭과 필터링을 수행하는 회로를 구성하는 데 사용된다. 연산 증폭기는 수많은 계측 및 계장(instrumentation) 시스템에서도 다양하게 사용된다.

연산 증폭기의 거동은 내부 구조에 대한 깊은 이해 없이도, 매우 단순한 모델에 의해서도 잘 기술할 수 있다. 이러한 단순함과 다양성으로 인해, 연산 증폭기는 전자공학과 집적회로를 이해하는 데 매우 매력적인 전자 소자이다. 그림 6.6(d)는 표준적인 단일 증폭기 IC 칩의 핀 배치를 보여준다. 이 회로에는 두 입력 핀(2와 3)과 하나의 출력 핀(6)이 존재한다. 또한, 두 개의 DC 전원 핀(4와 7)이 외부 전력을 제공하여 연산 증폭기를 구동한다. 연산 증폭기는 능동 소자이므로, 기능을 위해서는 외부 전력의 공급이 필요하다. 핀 4에는 낮은 DC 전압 V_S^-, 핀 7에는 높은 DC 전압 V_S^+에 연결되는 이 2개의 DC 전압은 증폭기의 기준 전압보다 각각 충분히 낮고 높아서, 증폭기의 출력 전압은 이들 전압에 의해서 한계가 지어진다.

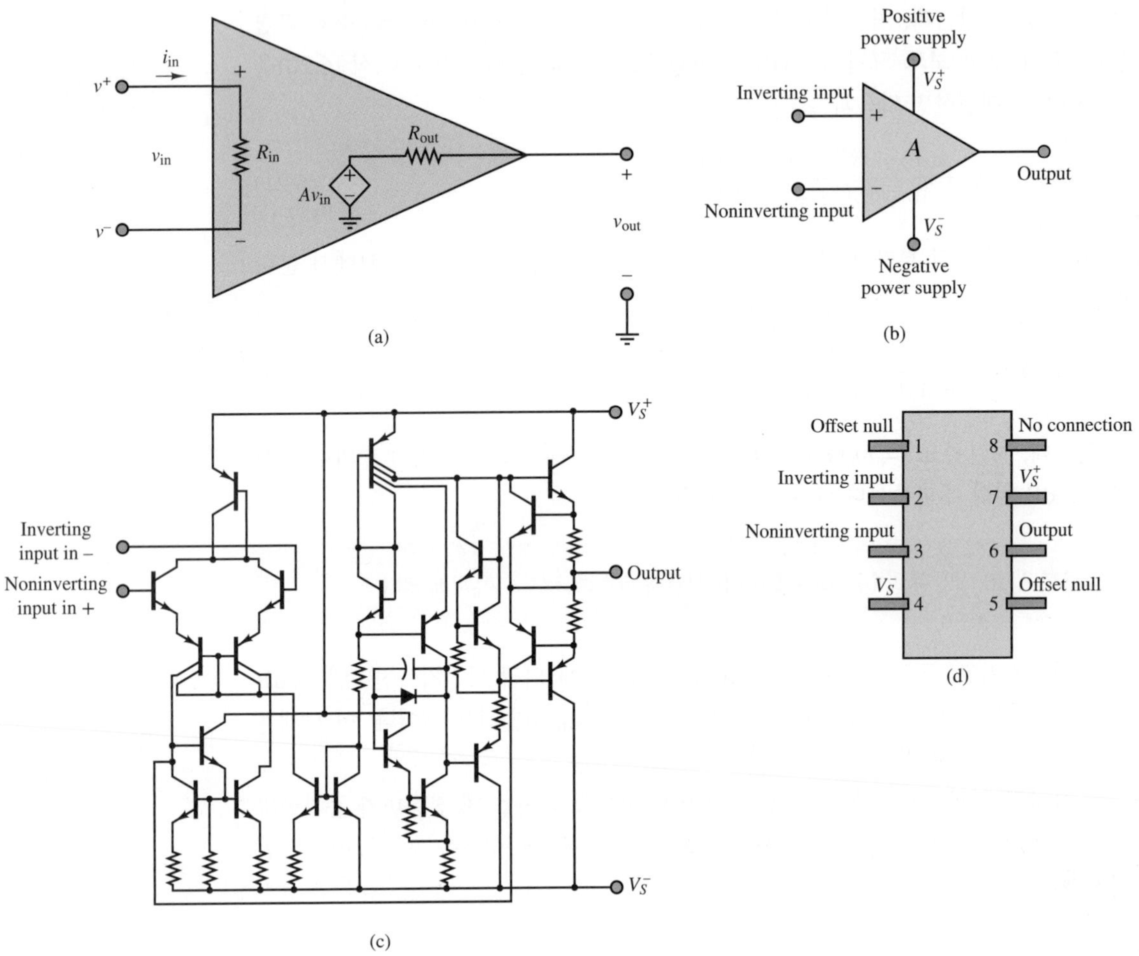

그림 6.6 (a) 소신호 연산 증폭기 모델, (b) 단순화된 연산 증폭기 회로 기호, (c) 기본 연산 증폭기 IC 도식, (d) 단일 연산 증폭기 IC 칩의 핀 배치도

그림 6.6(a)는 이른바 연산 증폭기의 소신호, 저주파수 모델을 보여주는데, 이는 그림 6.3의 모델과 완전히 동일하다. 이 모델에서는, 입력 임피던스는 R_{in}이며 출력 임피던스는 R_{out}이다. 연산 증폭기의 출력은 두 입력 전압인 비반전(non-inverting) 입력 v^+와 반전(inverting) 입력 v^-의 차이의 함수이므로, 자체적으로 차동 증폭기(differential amplifier)에 해당한다. 내부의 종속 전압원의 값이 $A(v^+ - v^-)$인 것을 주목하라. 여기서 A는 연산 증폭기의 개루프 이득이다. 실제 연산 증폭기에서는, 보통 A가 10^5~10^7 정도로 매우 큰 값을 가지도록 설계된다. 앞 절에서 언급한 바와 같이, 부귀환에 의해서 매우 큰 개루프 이득을 훨씬 작은 폐루프 이득 G로 변환시키면서, 다양한 이점을 얻을 수 있다.[2]

[2] 그림 6.6의 연산 증폭기는 전압 증폭기이다. 전류 또는 초전도 증폭기로 불리는 다른 형태의 연산 증폭기는 숙제 문제에서 설명된다.

이상 연산 증폭기

실제 연산 증폭기는 큰 개루프 이득 A를 가진다. 입력 임피던스 R_{in} 역시 대략 10^6~10^{12} Ω의 큰 값을 가지는 반면에, 출력 임피던스 R_{out}은 10^0~10^1 Ω의 작은 값을 가진다. 이상적인 경우, 개루프 이득과 입력 임피던스는 무한대의 값을 가지고, 출력 임피던스는 0의 값을 가진다. 출력 임피던스가 0일 때, 이상 연산 증폭기의 출력 전압은 단순히

$$v_{\text{out}} = A(v^+ - v^-) = A\Delta v \tag{6.23}$$

이 된다. 큰 개루프 이득 A를 가지는 실제 연산 증폭기에서는 다음 두 가지 경우 중 하나가 발생한다.

1. $\Delta v \neq 0$인 경우, 그림 6.7과 같이 출력 전압은 양 또는 음의 DC 전압인 V_S^+ 또는 V_S^-으로 포화된다. 외부 DC 전원은 연산 증폭기를 동작시킬 뿐만 아니라, 연산 증폭기의 출력 전압 v_{out}이 이들 값의 범위 내로 제한한다. 이 경우는 v_{out}에서 v^-로의 귀환이 없는 연산 증폭기의 모든 실제 응용에 적용된다. 단순 비교기와 같은 개루프 모드에서는 이와 같은 방식으로 작동한다. 슈미트 트리거(Schmitt trigger)와 같이 정귀환만 사용하는 다른 회로도 이러한 범주의 응용에 포함된다.
2. $\Delta v = 0$인 경우, 곱 $A\Delta v$는 유한하고 출력 전압은 연산 증폭기에 연결된 외부 회로에 의해 결정된다. 6.1절에서 $A\beta \gg 1$일 때 증폭기의 폐루프 이득이 대략 $1/\beta$이 되어, A로부터는 독립적이었음을 상기하라. 그러므로 이 상황은 폐루프 모드로 사용되는, 즉 v_{out}에서 v^-로 부귀환이 있을 때, 연산 증폭기의 모든 응용에서 발생한다.

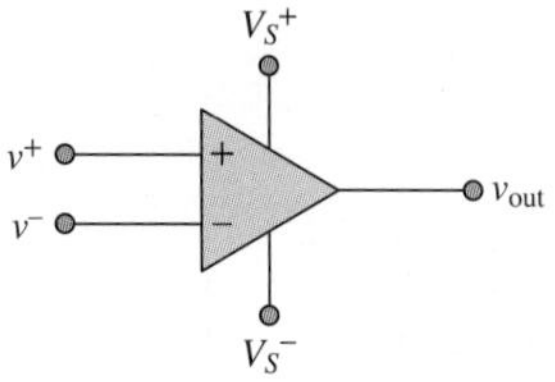

그림 6.7 이상 연산 증폭기이므로 삼각형 내에 개루프 이득 A의 표시가 없다. $\Delta v \neq 0$일 때 출력 전압은 두 전원 전압인 V_S^+ 또는 V_S^- 중 하나로 포화된다.

이상적인 연산 증폭기의 입력 단자의 무한 임피던스는 해당 단자로 들어오거나 나가는 전류가 0임을 의미한다. 이 결과는 황금률 1 (the first golden rule)로 불린다.

$$i^+ = i^- = 0 \qquad \text{황금률 1} \tag{6.24}$$

또한, 6.1절의 부귀환에서 $A\beta \gg 1$일 때, 두 증폭기 입력 u_s와 u_f의 차이가 0으로 수렴하게 된다. 이상 연산 증폭기에서 $A \to \infty$일 때, v_{out}에서 v^- 사이에 귀환 통로가 존재하는 한 두 증폭기 입력 v^+와 v^- 사이의 차이는 0이 된다.

$$v^+ = v^- \qquad \text{황금률 2 (부귀환이 존재)} \tag{6.25}$$

> 이상 연산 증폭기의 황금률
>
> 1. $i^+ = i^- = 0$
> 2. $v^+ = v^-$ (부귀환이 존재할 때)

증폭기의 원형

연산 증폭기와 부귀환을 사용하는 세 개의 기본적인 증폭기가 존재한다.

- 반전 증폭기
- 비반전 증폭기
- 단위이득(unity-gain) 분리 버퍼 (혹은 전압 추종기)

이들 원형은 많은 중요한 응용 사례를 가지며, 여러 중요한 증폭기들의 구성 요소가 된다. 이들 원형에 대한 이해는 연산 증폭기를 기반으로 한 증폭기들을 이해하는 데에 필수적이다. 연산 증폭기가 그 자체만으로 독립적으로 사용되는 경우는 드물고, 주로 다른 소자들과 결합하여 특별한 증폭기를 구성하게 된다.

반전 증폭기

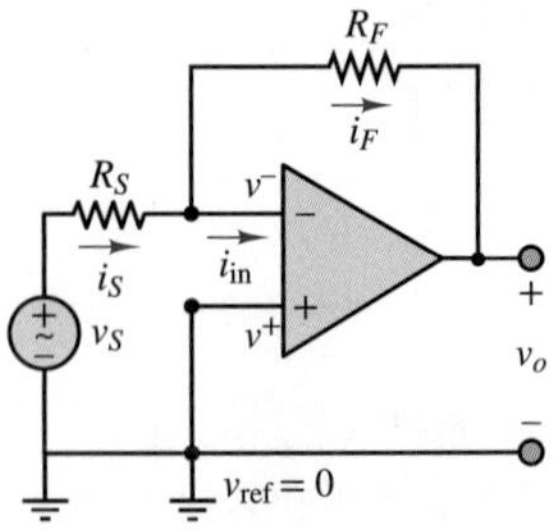

그림 6.8 반전 증폭기

그림 6.8은 기본적인 반전 증폭기(inverting amplifier) 회로이다. 이는 입력 신호 v_S가 반전 단자(−)에 "연결"되며, 출력 신호 v_o가 입력 신호의 반전된 부호를 갖는 데서 유래된 이름이다. 출력과 입력 신호 사이의 관계를 결정하기 위해, 연산 증폭기가 이상적이라고 가정하고 KCL을 반전 노드 v^-에 적용한다.

$$i_S = i_F + i_{in} \tag{6.26}$$

그러나 이상적인 연산 증폭기의 황금률 1은 $i_{in} = 0$을 요구한다. $i_S = i_F$가 되어 R_S와 R_F는 실직적으로 직렬 연결을 형성하게 된다. 옴의 법칙을 각 저항에 적용하면

$$i_S = \frac{v_S - v^-}{R_S} \qquad i_F = \frac{v^- - v_o}{R_F} \tag{6.27}$$

이 된다. $v^+ = 0$인 사실과 황금률 2을 적용하면, $v^- = v^+ = 0$이 된다. 그러므로

$$\frac{v_S}{R_S} = \frac{-v_o}{R_F} \tag{6.28}$$

이 된다. 또한, 폐루프 이득 G는 다음과 같다.

LO

$$G = \frac{v_o}{v_S} = -\frac{R_F}{R_S} \qquad \text{반전 증폭기} \tag{6.29}$$

G의 값이 1보다 작음에 주목하라.

다른 방법으로는, R_S와 R_F의 직렬 연결에 전압 분배를 적용하는 것이다.

$$\frac{v_S - v_o}{v_S - 0} = \frac{R_S + R_F}{R_S}$$

또는 (6.30)

$$1 - \frac{v_o}{v_S} = 1 + \frac{R_F}{R_S}$$

양변에서 1을 빼면, 식 (6.29)와 같은 결과를 얻게 된다.

반전 증폭기의 폐루프 이득 G는 오로지 저항에 의해서 결정된다. 이는 이상 연산 증폭기에서 유도한 결과이며, 실제 연산 증폭기의 경우에는 개루프 이득 A가 큰 경우에 약간의 차이가 발생한다. 이러한 결과는 이상 연산 증폭기의 두 가지 황금률에 의존하며, 실제의 경우에는 황금률 2는 부귀환이 존재하는 경우에만 유효하다는 것을 명심해야 한다.

> 개루프 이득 A가 큰 경우에, 출력에서 반전 입력으로의 부귀환에 의해서 두 입력 단자 간의 전압 차가 0이 된다.

반전 증폭기에서 입력 임피던스는 다음과 같다.

$$R_{\text{in}} = \frac{\upsilon_S}{i_S} = \frac{\upsilon_S - 0}{i_S} = R_S \tag{6.31}$$

반전 단자가 접지되어 있어서 이 계산이 매우 쉽게 되었다. 이 결과는 반전 증폭기의 단점을 드러낸다. 일반적으로, 이상 증폭기는 소스 회로에 부하를 가하지 않기 위해서, 무한대의 입력 임피던스를 가진다. 이 문제를 해결하기 위해 R_S를 아주 큰 값으로 선택하고 싶겠지만, 이 경우 (6.29)의 폐루프 이득은 감소할 것이다. 그러므로, 반전 증폭기의 이득과 입력 임피던스를 둘 다 크게 설계할 수는 없다. 세상엔 공짜란 없다.

비반전 증폭기

그림 6.9는 기본적인 **비반전 증폭기**(non-inverting amplifier) 회로이다. 이는 입력 신호 υ_S가 비반전 단자(+)와 "연결"되며, 출력 신호 υ_o가 입력 신호의 비반전된 부호를 갖는 데서 유래된 이름이다. 출력과 입력 신호 사이의 관계를 결정하기 위하여, 이상 연산 증폭기를 가정하고 KCL을 반전 노드 υ^-에 적용하자.

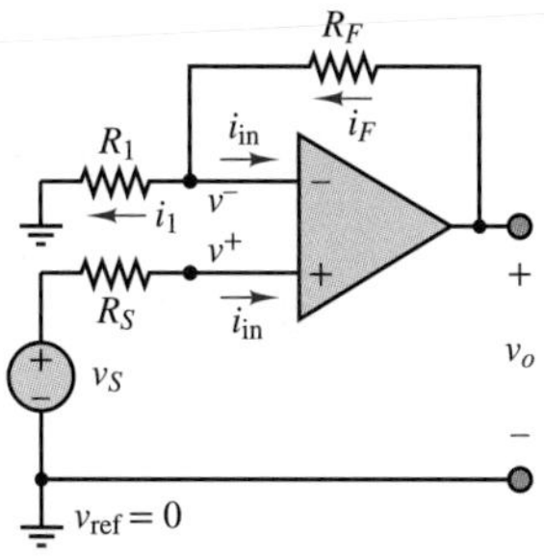

그림 6.9 비반전 증폭기

$$i_F = i_1 + i_{\text{in}} \tag{6.32}$$

그러나 황금률 1에 의해서 $i_{\text{in}} = i^- = i^+ = 0$이므로, $i_F = i_1$가 되어 R_F와 R_1은 실질적으로 직렬 연결이 된다. 옴의 법칙을 각 저항에 적용하면

$$i_1 = \frac{\upsilon^- - 0}{R_1} \qquad i_F = \frac{\upsilon_o - \upsilon^-}{R_F}$$

또는 (6.33)

$$\frac{\upsilon^-}{R_1} = \frac{\upsilon_o - \upsilon^-}{R_F}$$

부귀환이 존재하므로, 이상 연산 증폭기의 황금률 2인 $\upsilon^- = \upsilon^+$이 적용될 수 있다. $i_{\text{in}} = 0$이므로 R_S에서의 전압 강하는 0이 되어, $\upsilon^- = \upsilon^+ = \upsilon_S$이 된다. 식 (6.33)에 이 결과를 대입하면, 다음과 같은 폐루프 이득 G을 얻을 수 있다.

$$G = \frac{v_o}{v_S} = 1 + \frac{R_F}{R_1} \quad \text{비반전 증폭기} \tag{6.34}$$

$G \geq 1$임에 주목하라.

다른 방법으로는, R_1와 R_F의 직렬 연결에 전압 분배를 적용하는 것이다.

$$\frac{v_o - 0}{v^- - 0} = \frac{R_1 + R_F}{R_1} \tag{6.35}$$

$v^- = v^+ = v_S$이므로

$$\frac{v_o}{v_S} = 1 + \frac{R_F}{R_1} \tag{6.36}$$

이 되는데, 이는 식 (6.34)와 같다.

비반전 증폭기의 폐루프 이득 G는 오로지 저항 값에 의해서 결정된다. 이는 이상 연산 증폭기에서 유도한 결과이며, 실제 연산 증폭기의 경우에는 개루프 이득 A가 큰 경우에 약간의 차이가 발생한다. 이러한 결과는 이상 연산 증폭기의 두 가지 황금률에 의존하며, 실제의 경우에는 황금률 2는 부귀환이 존재하는 경우에만 유효하다는 것을 명심해야 한다.

개루프 이득 A가 큰 경우에 출력에서 반전 입력으로의 부귀환에 의해서, 두 입력 단자 간의 전압 차가 0이 된다.

비반전 증폭기에서 입력 임피던스는 다음과 같다.

$$R_{\text{in}} = \frac{v^+}{i_{\text{in}}} \to \infty \tag{6.37}$$

실제로는, 비반전 터미널에서 입력 임피던스가 매우 커서 i_{in}의 값을 매우 작게 제한하므로, 비반전 증폭기의 입력 임피던스는 매우 크다. 비반전 증폭기의 폐루프 이득은 입력 임피던스와는 독립적이므로, 비반전 증폭기는 이득과 입력 임피던스 사이의 절충점을 찾는 고민을 할 필요가 없다. 그러나 비반전 증폭기의 이득은 1보다 큰 값으로만 제한되지만, 반전 증폭기는 어떤 이득도 가질 수 있다. 다시 한번 말하지만 세상엔 공짜란 없다.

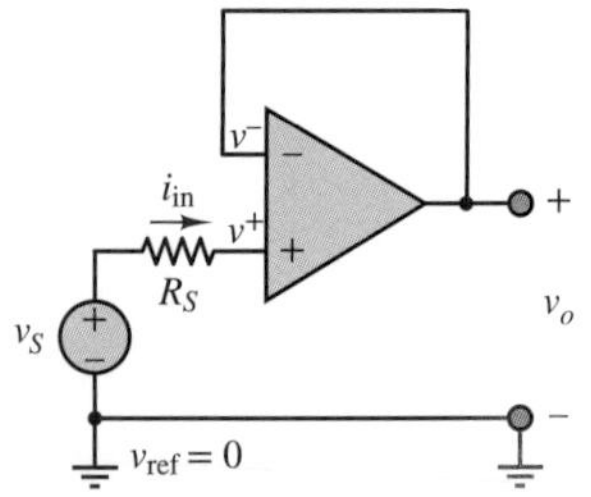

그림 6.10 단위이득 분리 버퍼 및 전압 추종기

단위이득 분리 버퍼 혹은 전압 추종기

그림 6.10은 단위이득 분리 버퍼(isolation buffer) 또는 전압 추종기(voltage follower)라고 한다. 입력 신호 v_S가 비반전 단자(+)에 "연결"되며, 출력 신호 v_o가 입력 신호의 비반전된 부호를 가진다. 다음 해석은 회로 자체만큼이나 간단하다. 연산 증폭기가 이상적이라고 가정하고, 부귀환이 존재하여 다음과 같은 두 황금률이 유효하다고 하자.

$$i^+ = i^- = 0 \qquad \text{and} \qquad v^+ = v^- \tag{6.38}$$

관찰에 의하면, $v^+ = v_S$, $v^- = v_o$이므로, 폐루프 이득 G는 다음과 같다.

$$G = \frac{v_o}{v_S} = 1 \qquad \text{단위이득 분리 버퍼(전압 추종기)} \tag{6.39}$$

출력 전압 v_o가 입력 전압 v_S를 "추종"하므로, 이제 이 회로가 왜 전압 추종기로 불리는지 알 것이다. 이상 연산 증폭기의 무한대의 입력 임피던스 때문에 전압원이 어떠한 부하 효과(loading effect)도 가지지 않으므로, 이 회로가 단위이득 분리 버퍼로도 불린다. 일반적으로 연산 증폭기 자체의 출력은 부하에 연결된다. 그러나 출력 단자는 출력 전압을 v_S에 유지하는 데 필요한 어떠한 전류도 공급한다. 그러므로 소스 v_S는 출력으로부터 분리 또는 완충되었다고 볼 수 있다.

분리 버퍼에서의 입력 임피던스는 단순히

$$R_{\text{in}} = \frac{v_S}{i_{\text{in}}} \to \infty \tag{6.40}$$

와 같다. 실제로 연산 증폭기의 입력 임피던스가 매우 크므로, 분리 버퍼의 입력 임피던스도 매우 크게 되어 i_{in}는 매우 작게 제한된다. 부귀환에 의해서 $v^+ = v^-$가 될 정도로 개루프 이득 A가 크다면, 폐루프 이득은 1로 고정된다.

테브닌 이론의 응용

그림 6.8과 6.9에서 입력 소스는 테브닌 소스에 의해서 표현되었다. 이는 반전과 비반전 증폭기에 대한 앞의 결과는, 증폭기 회로의 입력이 선형적이고, 등가 테브닌 소스로 단순화할 수 있는 어떤 경우에도 적용 가능하다는 점을 의미한다. 다시 말해, R_S와 v_S는 임의의 선형 입력 회로의 테브닌 등가 저항과 개방 전압이다.

예를 들어, 그림 6.11의 반전 증폭 회로를 보자. 이는 그림 6.8의 원형과 같은 형태를 가지고 있지는 않다. 그러나 전압 v_{in}가 반전 단자에 "연결"되어 있으므로, 출력 전압 v_o는 v_{in}의 반전된 형태일 것이다. 이 회로는 반전 증폭기이다. v_o를 구하기 위해서, 단자 a와 b의 좌측에 있는 전체 선형 회로망을 테브닌 등가로 대체한다.

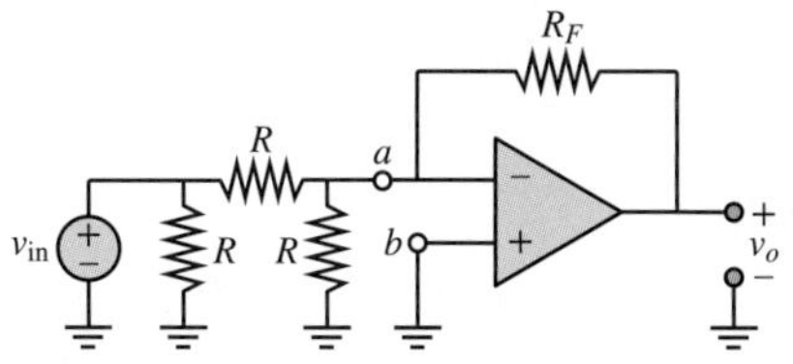

그림 6.11 원형으로 단순화하기 전의 반전 증폭기

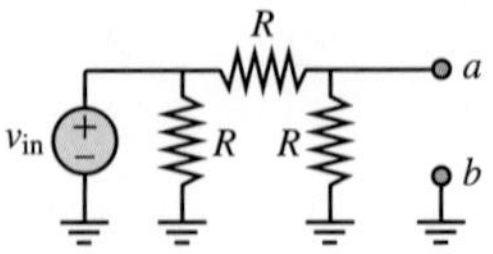

그림 6.12 단자 a와 b에서 분리한 소스 회로망

그림 6.12는 단자 a와 b에서 분리된 소스 회로망을 보여준다. 이러한 단자 사이에서 테브닌 등가 저항을 구하려면, 독립 전압원(즉, $v_{in} = 0$으로 설정)을 제거하고 단락 회로로 대체한다. 그러면

$$R_T = R_{ab} = R \| R = \frac{R}{2} \tag{6.41}$$

단자 a와 b의 양단에 걸리는 테브닌 (개방) 전압은, 전압 분배로부터 다음과 같이 구해진다.

$$v_T = v_{ab} = \frac{R}{R+R} v_{in} = \frac{v_{in}}{2} \tag{6.42}$$

그림 6.13은 나머지의 증폭기 회로와 연결된 테브닌 등가 소스 회로망을 나타낸다. 단순화된 증폭기는 이제 그림 6.8의 반전 증폭기 원형의 형태와 동일하다. 그러므로 식 (6.29)를 사용하면

$$\frac{v_o}{v_T} = -\frac{R_F}{R_T} = -\frac{2R_F}{R} \tag{6.43}$$

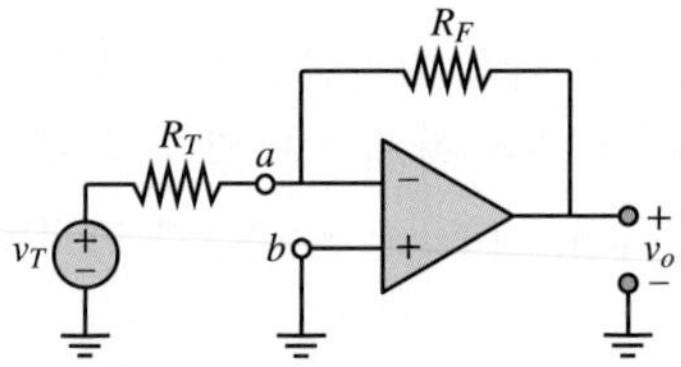

그림 6.13 원형으로 단순화 후의 반전 증폭기

그림 6.11에서의 원래 증폭기 회로의 폐회로 이득 G는 다음과 같다.

$$\begin{aligned} G = \frac{v_o}{v_{in}} &= \frac{v_o}{v_T} \cdot \frac{v_T}{v_{in}} \\ &= -\frac{2R_F}{R} \cdot \frac{1}{2} \\ &= -\frac{R_F}{R} \end{aligned} \tag{6.44}$$

그림 6.13은 소스 회로망을 테브닌 등가 회로로 명시적으로 나타냄으로써, 그림 6.8을 일반화한다. 동일한 방식으로, 그림 6.9와 6.10의 비반전 증폭기와 분리 버퍼 회로도 v_S와 R_S를 입력 소스 회로망의 테브닌 (개방) 전압과 등가 저항으로 일반화할 수 있다.

다중 소스와 중첩의 원리

하나의 증폭기에 다중의 입력 소스 회로망이 연결되는 상황도 많이 발생한다. 이러한 증폭기의 해석은 KCL, KVL, 그리고 옴의 법칙과 같은 기본적인 원리를 사용하여 수행할 수 있다. 그러나 중첩의 원리를 사용하여, 전체 증폭기 회로를 하나씩 독립적인 소스만 켜져 있는 다중의 증폭기가 연결되어 있는 구조로 나타낼 수 있다. 테

브닌 이론을 사용하여 이러한 증폭기들을 반전 증폭기, 비반전 증폭기, 그리고 분리 버퍼와 같은 증폭기 원형들 중 하나로 변환시킬 수 있다. 다중 입력 소스가 포함된 증폭기의 예시로 가산 증폭기와 차동 증폭기가 있다.

가산 증폭기

그림 6.14에서와 같이, 반전 증폭기에 기초한 유용한 연산 증폭기 회로 중의 하나가 **가산 연산 증폭기**(op-amp summer or summing amplifier)이다. 연산 증폭기는 이상적이라고 가정하며, 황금률 1에 의해 $i^+ = i^- = 0$이 된다. 그러므로 반전 노드에 KCL을 적용하면

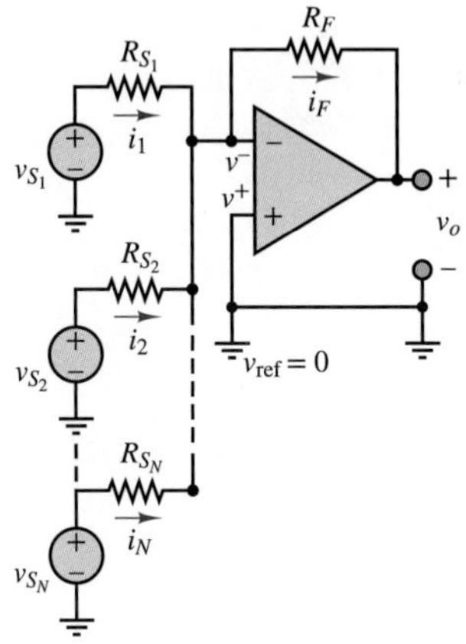

그림 6.14 가산 증폭기

$$\sum_{n=1}^{N} i_n = i_1 + i_2 + \cdots + i_N = i_F \tag{6.45}$$

이 된다. 부귀환이 존재하므로, 황금률 2인 $v^- = v^+ = 0$이 유효하다. 옴의 법칙을 각 저항에 적용하면

$$i_n = \frac{v_{S_n} - 0}{R_{S_n}} \qquad n = 1, 2, \ldots, N$$

그리고 (6.46)

$$i_F = \frac{0 - v_o}{R_F}$$

을 얻을 수 있으며, 식 (6.46)의 결과를 식 (6.45)에 적용하면 다음과 같다.

$$\sum_{n=1}^{N} \frac{v_{S_n}}{R_{S_n}} = -\frac{v_o}{R_F}$$

또는 (6.47)

$$v_o = -\sum_{n=1}^{N} \frac{R_F}{R_{S_n}} v_{S_n}$$

출력은 N개의 입력원들의 가중합(weighted sum)으로 구성되는데, 이때 각 소스 v_{S_n}에 대한 가중 인자는 소스 저항 R_{S_n}에 대한 귀환 저항 R_F의 비이다. $R_S = R_{S_1} = R_{S_2} = \cdots = R_{S_N}$임을 주목하라. 그러므로

$$v_o = -\frac{R_F}{R_S} \sum_{n=1}^{N} v_{S_n} \qquad \text{가산 증폭기} \tag{6.48}$$

LO

가산 증폭기는 또한 중첩의 원리를 이용해서 해석할 수도 있다. v_{S_1}을 제외한 모든 전압원이 꺼져 있다고 가정하자. 그러므로 $v^- = 0$이므로 $R_2, \ldots, R_N$ 양단에 걸리는 전압 강하는 0이고, 출력이 0인 전압원은 단락 회로와 등가이다. 그러므로, 그림 6.15와 같이 $i_2 = i_3 = \cdots = i_N = 0$이 성립한다. 이상 연산 증폭기에 대해 $i^+ = i^- = 0$이므로 반전 단자 노드에 KCL을 적용하면, 다음과 같다.

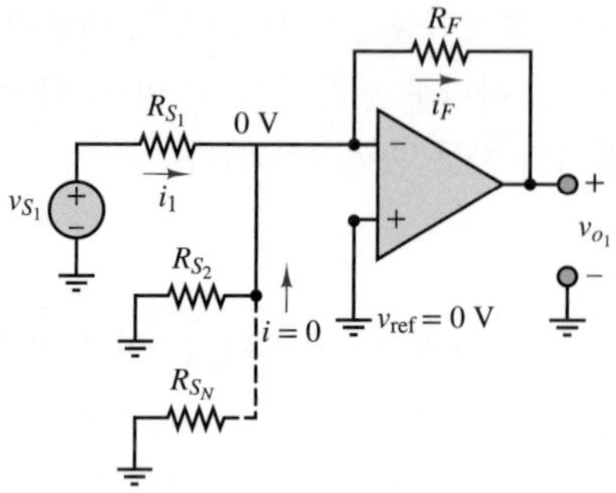

그림 6.15 하나의 소스만 켜져 있는 가산 증폭기

$$i_1 = i_F \tag{6.49}$$

부귀환이 존재하므로, 황금률 2에 의해서 $v^- = v^+ = 0$이다. R_{S_1}과 R_F에 옴의 법칙을 적용하면 다음을 얻는다.

$$i_1 = \frac{v_{S_1} - 0}{R_{S_1}} \quad \text{and} \quad i_F = \frac{0 - v_{o_1}}{R_F} \tag{6.50}$$

이 두 결과를 식 (6.49)에 대입하면 다음 결과를 얻는다.

$$v_{o_1} = -\frac{R_F}{R_{S_1}} v_{S_1} \tag{6.51}$$

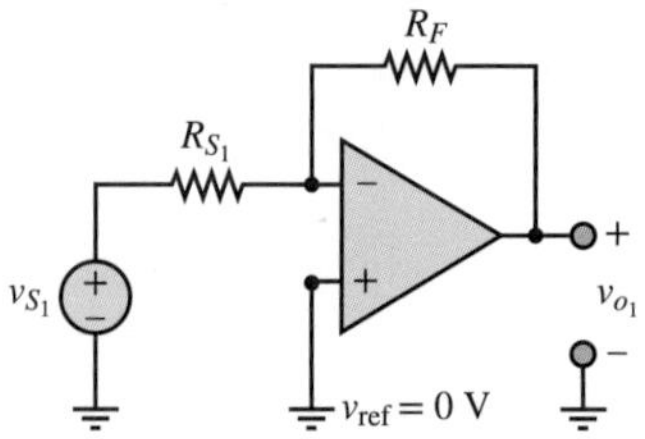

그림 6.16 하나의 소스만 켜져 있는 가산 증폭기에 대한 등가 반전 증폭기

여기서 v_{o_1}은 전압원 v_{S_1}에 의해 발생되는 v_o의 성분이다. 이 결과는 그림 6.16에 나타난 반전 증폭기 원형에 대해서 얻어지는 것과 동일한데, 이는 전류 $i_2, i_3, \ldots, i_N$이 모두 0이라서 R_{S_1}과 R_F가 사실상 직렬 연결이라는 점에 기인한다.

그림 6.14에서 테브닌 소스 쌍 v_{S_n}과 R_{S_n}이 병렬이므로, v_{S_n}에 의한 v_o의 성분은 다음과 같다.

$$v_{o_n} = -\frac{R_F}{R_{S_n}} v_{S_n} \qquad n = 1, 2, \ldots, N \tag{6.52}$$

이들 모든 요소의 기여를 더하면

$$v_o = -\sum_{n=1}^{N} \frac{R_F}{R_{S_n}} v_{S_n} \tag{6.53}$$

이 결과는 식 (6.47)에서와 동일하다.

차동 증폭기

반전 증폭기와 비반전 증폭기에 기초한 연산 증폭기인 **차동 증폭기**(differential amplifier)가 그림 6.17에 나타나 있다. 이 증폭기는 방법 및 절차 상자 "Electrocardiogram (EKG) 증폭기"에 설명된 예와 같이, 다른 신호에서 신호를 감산하고 그 차이를 증폭하는 데 자주 사용된다.

여러 기본 원리(예, KCL, 옴의 법칙)나 중첩의 원리 등을 이용하여 차동 증폭기를 해석할 수 있다. 어떤 경우에든지 이상 연산 증폭기를 가정해야 하고, 부귀환이 존재하므로 2개의 황금률도 성립된다. 전자의 방법은 $i^+ = i^- = 0$로부터 R_1과 R_F가

R_2와 R_3처럼 직렬 연결되어 있음을 이용한다. 그러므로 비반전 단자의 전압 v^+는 전압 분배에 의해

$$v^+ = \frac{R_3}{R_3 + R_2}v_2 = \frac{R_3/R_2}{1 + (R_3/R_2)}v_2 \tag{6.54}$$

로 나타낼 수 있으며, 마찬가지로 또 다른 직렬 연결도 전압 분배에 의해서

$$i = \frac{v_1 - v_o}{R_1 + R_F} = \frac{v^- - v_o}{R_F} \tag{6.55}$$

이 된다. v^-를 구하면

$$v^- = \frac{R_F v_1 + R_1 v_o}{R_1 + R_F} = \frac{(R_F/R_1)v_1 + v_o}{1 + (R_F/R_1)} \tag{6.56}$$

이 되는데, 황금률 2에 의해서 $v^+ = v^-$이므로 다음과 같이 출력 전압을 구할 수 있다.

$$\frac{R_3/R_2}{1 + (R_3/R_2)}v_2 = \frac{(R_F/R_1)v_1 + v_o}{1 + (R_F/R_1)}$$

또는 (6.57)

$$v_o = \frac{1 + (R_F/R_1)}{1 + (R_3/R_2)}\frac{R_3}{R_2}v_2 - \frac{R_F}{R_1}v_1$$

v_o에 대한 식은 너무 복잡하다. 그러나

$$\frac{R_F}{R_1} = \frac{R_3}{R_2} \tag{6.58}$$

와 같은 저항을 선택한다면, 다음과 같이 단순화된 출력 전압을 얻을 수 있다.

$$v_o = \frac{R_F}{R_1}(v_2 - v_1) \qquad \text{차동 증폭기} \tag{6.59}$$

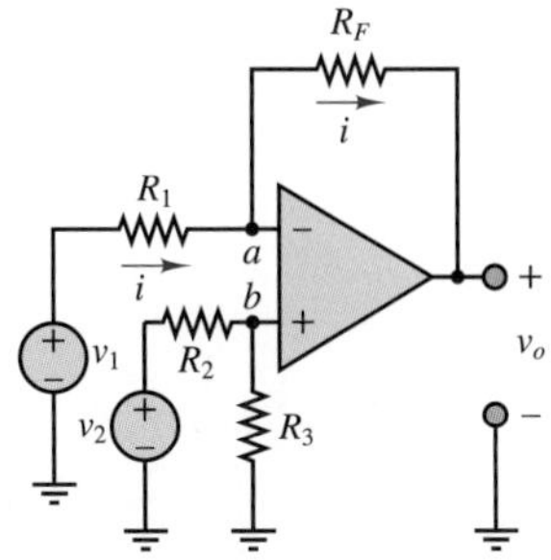

그림 6.17 반전 및 비반전 단자에 입력 소스를 갖는 증폭기

그림 6.18은 $R_3 = R_F$, $R_2 = R_1$으로 설정하여 식 (6.58)을 만족시키는 특별한 경우의 차동 증폭기를 보여준다.

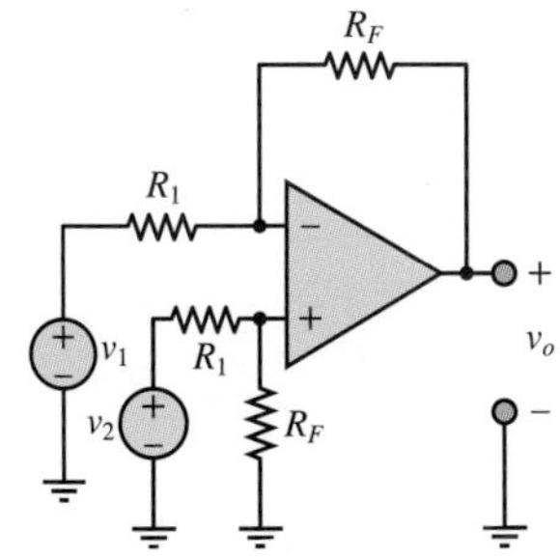

그림 6.18 차동 증폭기

그림 6.17의 회로는 중첩의 원리로도 해석이 가능하다. 연산 증폭기는 여전히 이상적이라 가정하고, 부귀환이 존재하므로 두 황금률이 유효하다고 가정한다. 우선, 그림 6.19와 같이 $v_2 = 0$으로 설정하고, v_1에 의한 v_o의 성분을 구한다. $i^+ = 0$이므로, R_2와 R_3에서 전압 강하는 일어날 수 없고, 따라서 $v_1^+ = 0$이 된다. 그러므로 회로는 그림 6.20에 보듯이 비반전 증폭기와 동일하며, 출력은 다음과 같다.

$$v_{o_1} = -\frac{R_F}{R_1}v_1 \tag{6.60}$$

이제 그림 6.17에서 $v_1 = 0$으로 설정하고, 그림 6.21과 같이 v_2에 의한 v_o의 성분을 구한다. $i^+ = 0$이므로, R_2와 R_3은 실질적으로는 직렬 연결되어 있다. 전압 분배를 적용하면

$$v_2^+ = \frac{R_3}{R_3 + R_2}v_2 \tag{6.61}$$

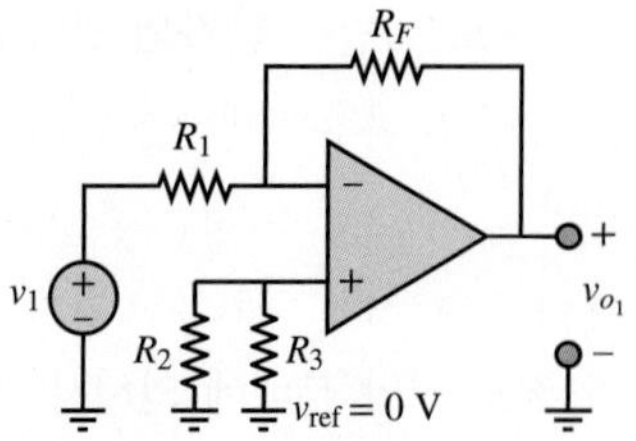

그림 6.19 $v_2 = 0$일 때의 그림 6.17의 증폭기

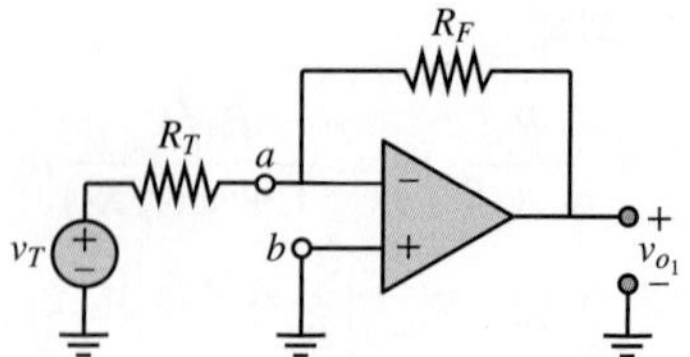

그림 6.20 $V_T = v_1$, $R_T = R_1$인 경우에 $v_2 = 0$일 때의 반전 증폭기의 결과

을 얻는다. 그러므로 회로는 그림 6.22와 같이 비반전 증폭기와 동일하며, 출력은 다음과 같다.

$$v_{o_2} = \left(1 + \frac{R_F}{R_1}\right) v_2^+ = \left(1 + \frac{R_F}{R_1}\right) \frac{R_3}{R_3 + R_2} v_2 \tag{6.62}$$

마지막으로, 중첩의 원리를 적용하면

$$v_o = v_{o_1} + v_{o_2} = -\frac{R_F}{R_1} v_1 + \left(1 + \frac{R_F}{R_1}\right) \frac{R_3}{R_3 + R_2} v_2 \tag{6.63}$$

이 된다. 전과 마찬가지로, 다음과 같은 저항을 선택하면 식 (6.59)와 같은 단순한 관계를 얻을 수 있다.

$$\frac{R_F}{R_1} = \frac{R_3}{R_2} \tag{6.64}$$

식 (6.63)에 적용할 때 이 선택의 결과는 식 (6.59)이다.

앞서 서술한 두 해법 모두가 완벽히 유효하다. 그러나 중첩의 원리는 각 입력 소스의 개별적인 기여도를 보여주는 추가적인 장점을 가지고 있으므로, 그러므로 단지 한 전압원만 변경되었을 때 신속히 재계산을 할 수 있다.

입력 단자가 보는 선형 소스 회로망이 그림 6.17의 회로보다 더 복잡한 경우 테브닌의 정리를 사용하여 해당 회로망을 단순화할 수 있다. 예를 들어, 비반전 단자에 연결된 소스 회로망이 그림 6.22에 나타나 있다.

$$v_T = \frac{R_3}{R_3 + R_2} v_2 \qquad \text{and} \qquad R_T = R_2 \| R_3 \tag{6.65}$$

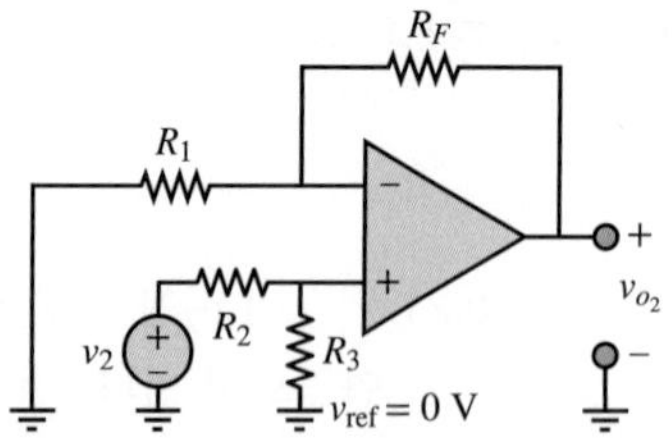

그림 6.21 $v_1 = 0$일 때의 비반전 증폭기

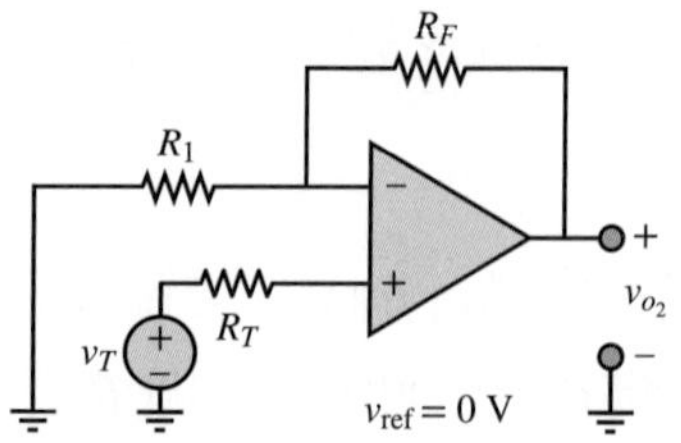

그림 6.22 v_T와 R_T가 식 (6.65)로 계산된 경우에 $v_1 = 0$일 때의 비반전 증폭기의 결과

공통 모드와 차동 모드

잡음이나 간섭에 오염된 두 신호의 차를 증폭해야 하는 경우가 자주 발생한다. 두 입력 신호 υ_1과 υ_2는 **공통 모드**(common mode, CM)와 **차동 모드**(difference/differential mode, DM)의 두 부분으로 분해할 수 있다. 이 두 모드는 다음과 같이 수학적으로 정의된다.

$$\upsilon_{\text{CM}} = \frac{\upsilon_1 + \upsilon_2}{2} \quad \text{and} \quad \upsilon_{\text{DM}} = \upsilon_2 - \upsilon_1 \tag{6.66}$$

여기서 공통 모드 υ_{CM}은 υ_1과 υ_2의 평균값이다.

$$\upsilon_1 = \upsilon_{\text{CM}} - \frac{\upsilon_{\text{DM}}}{2} \quad \text{and} \quad \upsilon_2 = \upsilon_{\text{CM}} + \frac{\upsilon_{\text{DM}}}{2} \tag{6.67}$$

이러한 정의로부터, 이상 차동 증폭기의 출력은 다음과 같이 나타낼 수 있다.

$$\upsilon_o = \frac{R_F}{R_1}(\upsilon_2 - \upsilon_1) = \frac{R_F}{R_1}\upsilon_{\text{DM}} \tag{6.68}$$

다시 말해서, 두 입력 신호의 공통 모드는 차동 증폭기에 의해서 제거된다. 많은 경우에, 두 입력에 대한 잡음이나 간섭이 동일하거나 거의 동일하다. 그러므로 차동 증폭기는 두 입력에 공통으로 가해지는 잡음과 간섭을 제거할 수 있다. 실제로, 차동 증폭기의 출력은 다음과 같다.

$$\upsilon_o = A_{\text{DM}}(\upsilon_2 - \upsilon_1) + A_{\text{CM}}\left(\frac{\upsilon_2 + \upsilon_1}{2}\right) \tag{6.69}$$

여기서 A_{DM}과 A_{CM}은 각각 차동 모드와 공통 모드의 이득이다. 이상적으로는 그림 6.18의 이상 연산 증폭기의 회로와 같이 $A_{\text{CM}} = 0$이다. 실제로, 실제 차동 증폭기가 공통 모드를 제거하는 정도를 **공통 모드 제거비**(common mode rejection ratio, CMRR)라고 한다.

$$\text{CMRR} = 20 \log \left|\frac{A_{\text{DM}}}{A_{\text{CM}}}\right| \quad \text{(in dB)} \tag{6.70}$$

예를 들어, 연산 증폭기는 그 자체로 차동 증폭기이다. 741이라 불리는 실제 연산 증폭기는 일반적으로 90 dB의 CMRR을 가진다. 다음에 나오는 "측정 기술: 심전도 증폭기"에서는 차동 증폭기의 일반적인 응용의 실례를 보여준다.

표 6.1에 이 절에서 학습한 기본적인 연산 증폭기 회로를 정리하여 놓았다.

표 6.1 기본적인 연산 증폭기의 요약

Configuration	Circuit diagram	Output voltage (ideal op-amp)
Inverting amplifier	Figure 6.8	$-\frac{R_F}{R_S}\upsilon_S$
Noninverting amplifier	Figure 6.9	$\left(1 + \frac{R_F}{R_S}\right)\upsilon_S$
Unity-gain isolation buffer	Figure 6.10	υ_S
Summing amplifier	Figure 6.14	$-\frac{R_F}{R_S}\sum_{n=1}^{N}\upsilon_{S_n}$
Difference amplifier	Figure 6.18	$=\frac{R_F}{R_1}(\upsilon_2 - \upsilon_1)$

측정기술

심전도 증폭기

이 예제는 2선 **심전도**(electrocardiogram, EKG) **검사기**의 원리를 보여준다. 그림 6.23과 같이 원하는 심장의 파형은 환자의 가슴에 적절히 부착된 2개의 전극에 의해 측정된 전위의 차로 주어진다. 잡음이 없이 잘 측정된 EKG 파형 $v_1 - v_2$가 그림 6.24에 나타나 있다.

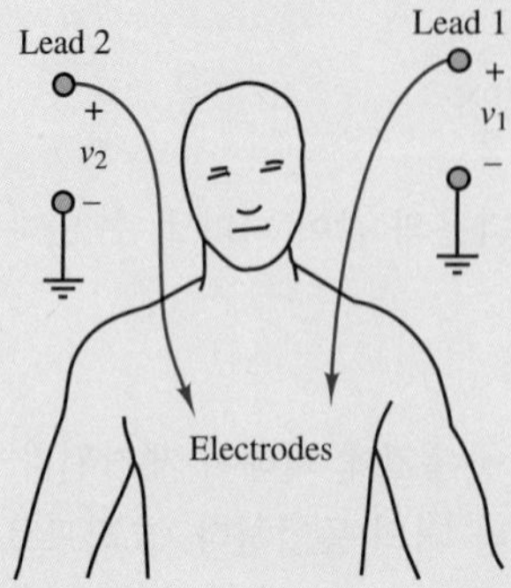

그림 6.23 2선 심전도

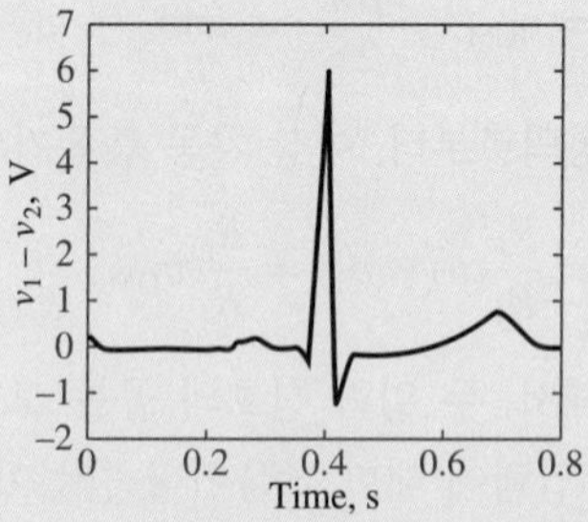

그림 6.24 EKG 파형

장비에 전력을 공급하는 데 사용되는 60 Hz, 110 V 교류 전선에 존재하는 잡음이 심전도에 나타날 수 있다. 주변의 전자기 간섭 역시 전극선에 의해 형성되는 폐루프와 작용하여 잡음을 발생시킬 수 있다. 또 다른 잡음의 원인으로는 호흡, 근육 수축 및 여러 움직임에 의한 전극과 피부의 접촉 위치 변화도 있다. 추가적으로, 전극에 의한 다른 DC 오프셋은 신호를 복잡하게 만든다. 실제 EKG와 관련된 신호 처리는 계측 증폭기(예제 6.2)와 능동 필터(6.3절 참고)를 포함한다. 이 예제에서는 일반적인 EKG에서 발견되는 공통 모드 60 Hz 잡음을 제거하는 차동 증폭기의 역할에 관심이 있다. 이 잡음은 여기에 표시된 것처럼 각 주파수가 377 rad/sec (60 Hz에 해당)인 코사인 함수로 나타낼 수 있다.

전극선 1:

$$v_1(t) + v_n(t) = v_1(t) + V_n \cos(377t + \phi_n)$$

전극선 2:

$$v_2(t) + v_n(t) = v_2(t) + V_n \cos(377t + \phi_n)$$

그림 6.25에서 나타나듯이, 전극이 동일하도록 설계되었고 서로 가까운 위치에서 사용되므로, 간섭 신호 $V_n \cos(377t + \phi_n)$은 양 전극에서 거의 동일하게 된다. 만약 차동 증폭기의 저항이 적절하게 정합된다면, 전압 출력은 다음과 같다.

$$v_o = \frac{R_2}{R_1}[(v_1 + v_n) - (v_2 + v_n)] = \frac{R_2}{R_1}(v_1 - v_2)$$

그러므로, 공통 모드 60 Hz 잡음은 제거되거나 급감하게 되며, 원하는 EKG 파형은 증폭된다. 실제로는 공통 모드 제거비가 무한대는 아니지만, 적절한 검사를 위해서 필요한 설계 사양을 만족시키기에는 충분하다.

(계속)

(계속)

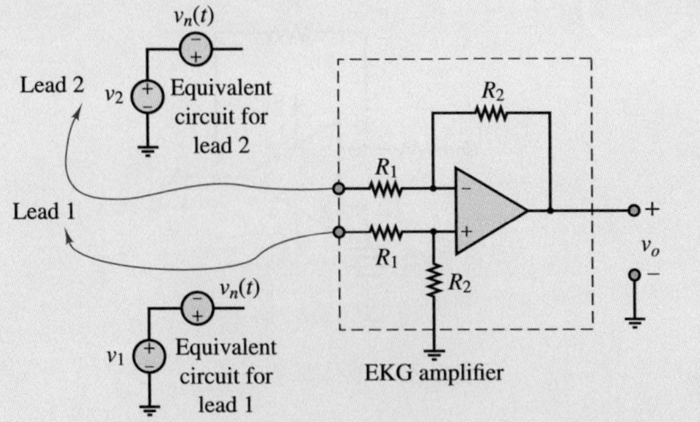

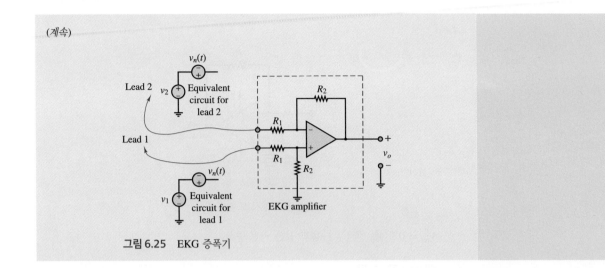

그림 6.25 EKG 증폭기

센서 보정 회로

측정기술

많은 실제적인 경우에, 센서의 출력은 신호 조정(signal conditioning) 과정을 거쳐야만 측정하고자 하는 물리적 변수와 관련시킬 수 있다. 가장 바람직한 형태는 센서의 전기적 출력(예를 들어, 전압)이 측정되는 물리적 변수에 상수 인자를 비례 상수로 비례하는 것이다. 이러한 관계가 그림 6.26(a)에 도시되어 있는데, 여기서 k는 온도와 전압 간의 보정 상수(calibration constant)이다. 이때 k는 양수이며, 보정 곡선은 원점을 지난다는 점에 유의해야 한다. 반면에, 그림 6.26(b)의 센서 특징은 다음 식으로 잘 표현된다.

$$v_{sensor} = -\beta T + V_0$$

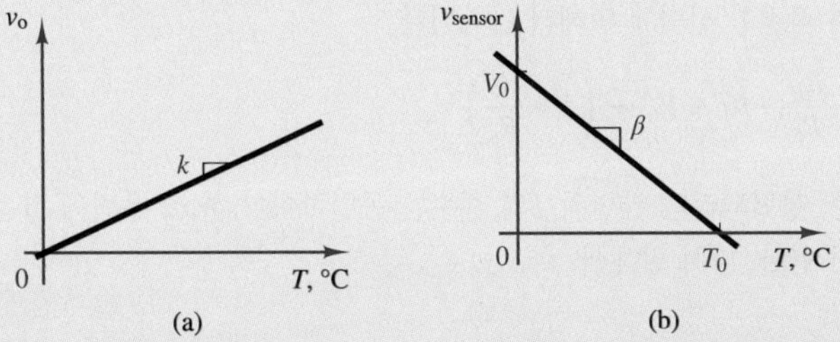

그림 6.26 센서 보정 곡선

그림 6.26(b)의 센서 보정 곡선은 그림 6.27에 표시된 간단한 회로에 의해 더욱 바람직한 형태인 그림 6.26(a)로 수정될 수 있다. 이 회로의 반전 이득 R_F/R_S는 음의 온도 계수(NTC) β를 양의 교정 상수 k로 변환하는 데 사용된다. 제로 (또는 바이어스) 오프셋은 비반전 단자에서 일정한 기준 전압 V_{ref}를 생성하기 위해 전압원에 연결된 전위차계(potentiometer)를 사용하여 조정된다.

(계속)

(계속)

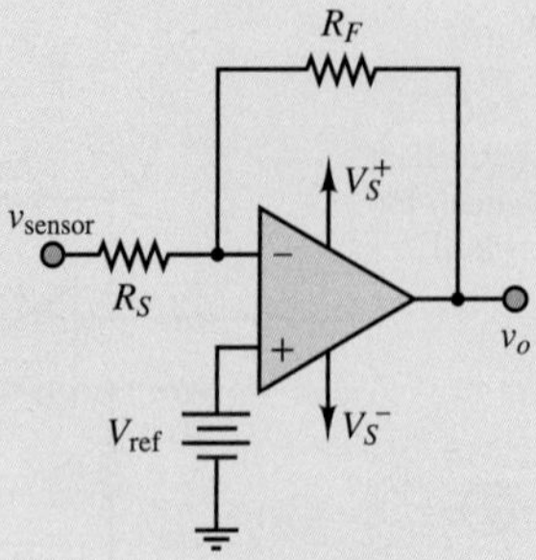

그림 6.27 센서 보정 회로

$V_{ref} = 0$일 때, 센서는 다음과 같은 반전 증폭기

$$(v_o)_{sensor} = -\frac{R_F}{R_S} v_{sensor}$$

를 보게 된다. 마찬가지로, $v_{sensor} = 0$일 때, 다음과 같은 비반전 증폭기

$$(v_o)_{ref} = 1 + \frac{R_F}{R_S} V_{ref}$$

를 보게 된다. 총 출력은 중첩의 원리로부터 주어진다.

$$\begin{aligned} v_o &= (v_o)_{sensor} + (v_o)_{ref} \\ &= -\frac{R_F}{F_S} v_{sensor} + \left(1 + \frac{R_F}{R_S}\right) V_{ref} \\ &= -\frac{R_F}{R_S}(-\beta T + V_0) + \left(1 + \frac{R_F}{R_S}\right) V_{ref} \end{aligned}$$

그림 6.26(a)와 같은 선형 응답에 대한 요구 조건은 $v_o = kT$이며, 이러한 조건은 R_F, R_S 그리고 V_{ref}의 적절한 선택에 의해서 만족된다.

$$kT = -\frac{R_F}{R_S}(-\beta T + V_0) + \left(1 + \frac{R_F}{R_S}\right) V_{ref}$$

이 식이 성립되려면 양변의 T의 계수는 동일하여야 하고, 우변에 있는 상수항들의 합은 0이어야 한다. 다시 말해서,

$$k = \frac{R_F}{R_S}\beta$$

그리고

$$\frac{R_F}{R_S} V_0 = \left(1 + \frac{R_F}{R_S}\right) V_{ref}$$

또는

$$V_{ref} = \frac{R_F}{R_S + R_F} V_0$$

(계속)

(계속)

$R_F \gg R_S$일 때 $V_{ref} \approx V_0$이라는 점에 주목하자. 그러므로 이러한 조건이 성립되면 센서 보정 회로를 위한 적절한 배터리 전압은 그림 6.26(b)의 센서 보정 곡선으로부터 직접 결정될 수 있다. 센서 출력 부하 효과를 피하기 위해서, 센서가 보는 증폭기 입력 저항이 센서의 출력 저항보다 훨씬 크도록 R_S를 선택한다.

그리고 배터리 전압의 영향이 보정 곡선을 높이거나 낮춘다는 점에 주목할 필요가 있다. 이러한 이유로 이 회로는 일반적으로 레벨 시프터(level shifter)로 알려져 있다. 이는 예제 6.3에서 자세히 설명될 것이다.

반전 증폭기 회로

예제 6.1

문제

그림 6.8의 반전 증폭기 회로에 대해서 전압 이득과 출력 전압을 구하라. 만약 5% 또는 10%의 공차를 가진 저항이 사용된다면, 증폭기 이득에서는 어느 정도의 오차가 발생하는가?

풀이

기지: 귀환 저항 및 소스 저항, 소스 전압

미지: $G = v_o/v_S$, 5% 또는 10% 공차를 갖는 저항에 대한 G의 퍼센트 오차

주어진 데이터 및 그림: $R_S = 1\ \text{k}\Omega$, $R_F = 10\ \text{k}\Omega$, $v_S(t) = A\cos(\omega t)$, $A = 0.015$ V, $\omega = 50$ rad/s

가정: 증폭기는 이상적으로 거동한다. 즉, 연산 증폭기로의 입력 전류는 0이며, 부귀환에 의해서 $v^+ = v^-$가 성립된다.

해석: 식 (6.29)를 사용하면, 출력 전압은

$$v_o(t) = G \times v_S(t) = -\frac{R_F}{R_S} \times v_S(t) = -10 \times 0.015\cos(\omega t) = -0.15\cos(\omega t)$$

으로 주어진다. 그림 6.28은 입력과 출력의 파형을 나타낸다.

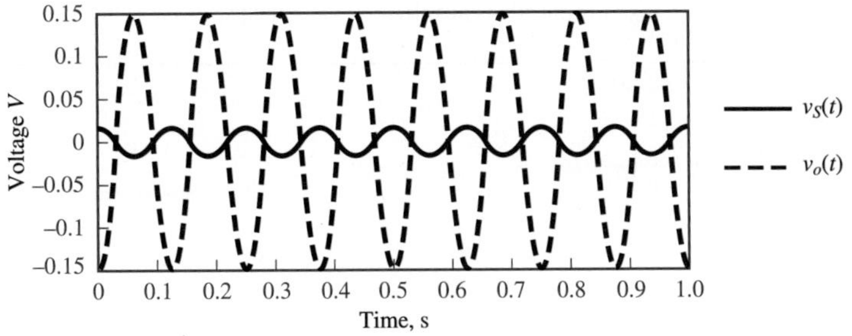

그림 6.28

증폭기의 공칭 이득은 $G_{nom} = -10$이다. 만약 5% 공차의 저항이 사용된다면, 최악의 오차는 각 저항의 최대 또는 최소에서 발생된다.

$$G_{min} = -\frac{R_{F\,min}}{R_{S\,max}} = -\frac{9{,}500}{1{,}050} = 9.05 \qquad G_{max} = -\frac{R_{F\,max}}{R_{S\,min}} = -\frac{10{,}500}{950} = 11.05$$

그러므로 퍼센트 오차는

$$100 \times \frac{G_{nom} - G_{min}}{G_{nom}} = 100 \times \frac{10 - 9.05}{10} = 9.5\%$$

$$100 \times \frac{G_{nom} - G_{max}}{G_{nom}} = 100 \times \frac{10 - 11.05}{10} = -10.5\%$$

로 계산된다. 그러므로 5% 저항이 사용된다면 증폭기 이득은 최대 ±10%까지, 10% 저항이 사용된다면 최대 ±20%까지 변할 수 있다.

$$G_{min} = -\frac{R_{F\,min}}{R_{S\,max}} = -\frac{9{,}000}{1{,}100} = 8.18 \qquad G_{max} = -\frac{R_{F\,max}}{R_{S\,min}} = -\frac{11{,}000}{900} = 12.2$$

$$100 \times \frac{G_{nom} - G_{min}}{G_{nom}} = 100 \times \frac{10 - 8.18}{10} = 18.2\%$$

$$100 \times \frac{G_{nom} - G_{max}}{G_{nom}} = 100 \times \frac{10 - 12.2}{10} = -22.2\%$$

참조: 최악의 경우 폐루프 이득 G의 퍼센트 오차는 대략 저항의 공차의 2배에 달한다는 점에 주목하여야 한다. 이 결과는 저항 공차 x를 가정하고, 최악의 경우가 다음과 같다는 점으로부터 계산될 수 있다.

$$|\Delta G| = \frac{R_F(1 + x)}{R_S(1 - x)} - \frac{R_F}{R_S}$$

$G_{nom} = -R_F/R_S$이라 하면, 다음과 같은 관계식을 얻을 수 있다.

$$\frac{|\Delta G|}{|G_{nom}|} = \frac{1 + x}{1 - x} - 1 = \frac{2x}{1 - x}$$
$$= 2x(1 + x + x^2 + \cdots) \approx 2x \qquad (x \ll 1)$$

예제 6.2

계측 증폭기

문제

그림 6.29의 계측 증폭기(instrumentation amplifier) 회로의 폐루프 전압 이득을 구하라.

풀이

기지: 귀환 저항 및 소스 저항

미지:

$$G = \frac{v_o}{v_1 - v_2}$$

가정: 이상 연산 증폭기를 가정한다.

해석: 별도의 고임피던스 입력단은 종종 차동 증폭기 단의 유한 입력 임피던스로부터 센서 입력 신호 v_1 및 v_2를 절연하는 데 사용된다. 이러한 기술은 **계측 증폭기**(instrumentation amplifier, IA) 그림 6.29에 나온 것과 동일하다.

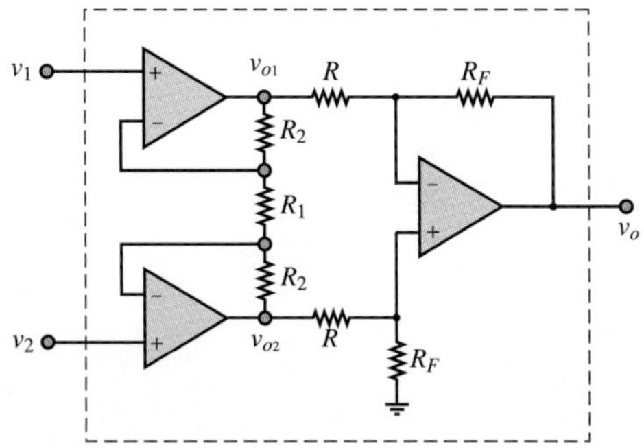

그림 6.29 계측 증폭기

계측 증폭기는 광범위하게 응용되고 있으며, 저항들 사이에 가능한 한 최상의 정합을 보장하기 위하여, 그림 6.29의 전체 회로가 단일의 집적회로로 제작된다. 이러한 방식은 개별적인 부품을 사용할 때보다 저항 R, R_F과 R_2를 훨씬 더 정밀하게 정합할 수 있다.

중첩의 원리는 계측 증폭기의 출력 전압을 계산하기 위해 적용할 수 있다. 첫 번째로 전압원 v_1을 꺼서 그림 6.29의 좌측 상단과 하단 부분을 각각 그림 6.30(a)와 (b)와 같이 나타낸다.

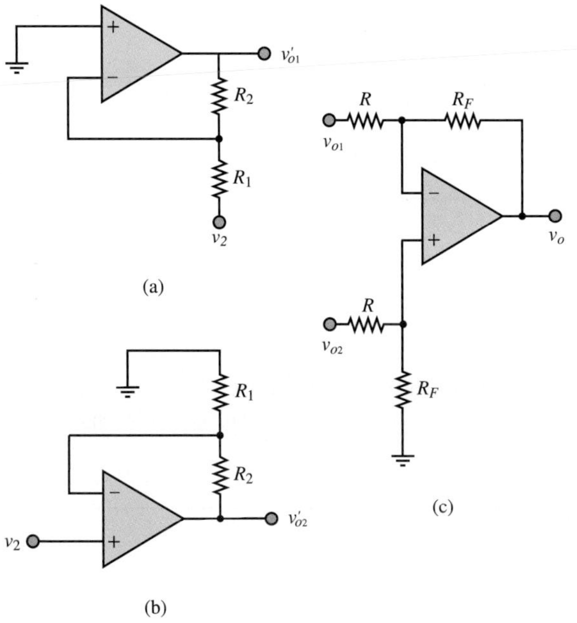

그림 6.30 중첩의 원리는 계측 증폭기의 상단(a)과 하단(b)의 입력단에 적용할 수 있다. 계측 증폭기의 출력단(c)은 차동 증폭기이다.

v_2의 관점으로부터 그림 6.30(a)의 회로는 반전 증폭기(그림 6.8을 보라)이며, 그림 6.30(b)의 회로는 비반전 증폭기(그림 6.9를 보라)이다. 출력 전압 v'_{o1}과 v'_{o2}은

$$v'_{o1} = -\frac{R_2}{R_1}v_2 \qquad v'_{o2} = \left(1 + \frac{R_2}{R_1}\right)v_2$$

이다. 두 번째로 접압원 v_2를 끄고 v_1을 켠다. 계측 증폭기의 좌측 절반의 대칭으로 인해 출력 전압 v''_{o1}과 v''_{o2}의 결과는

$$v''_{o1} = \left(1 + \frac{R_2}{R_1}\right)v_1 \qquad v'_{o2} = -\frac{R_2}{R_1}v_1$$

이다. 전압을 합산한 결과는

$$v_{o1} = \left(1 + \frac{R_2}{R_1}\right)v_1 - \frac{R_2}{R_1}v_2$$

와

$$v_{o2} = \left(1 + \frac{R_2}{R_1}\right)v_2 - \frac{R_2}{R_1}v_1$$

이다. 그림 6.30(c)에서 보듯이 이들 전압은 계측 증폭기의 우측으로의 입력이 된다. 이 회로는 차동 증폭기이다(그림 6.18을 보라). 차동 증폭기의 결과는 6.59에 제시되어 있다. 따라서 계측 증폭기의 전체 결과는

$$v_o = \frac{R_F}{R}(v_{o2} - v_{o1}) = \frac{R_F}{R}\left(1 + \frac{2R_2}{R_1}\right)(v_2 - v_1)$$

이다. 계측 증폭기의 폐루프 전압 이득은 다음과 같다. 전체 이득은 입력단과 차동단의 곱이며, 각각은 $1 + (2R_2/R_1)$과 R_F/R이다.

LO

$$G = \frac{v_o}{v_2 - v_1} = \frac{R_F}{R}\left(1 + \frac{2R_2}{R_1}\right) \qquad \text{계측 증폭기}$$

예제 6.3 레벨 시프터

LO

문제

그림 6.31의 레벨 시프터(level shifter)는 신호에 DC 오프셋을 더해 주거나 제거하여 주는 역할을 수행한다. 센서 신호로부터 1.8V DC 오프셋을 제거할 수 있는 회로를 해석하고 설계하라.

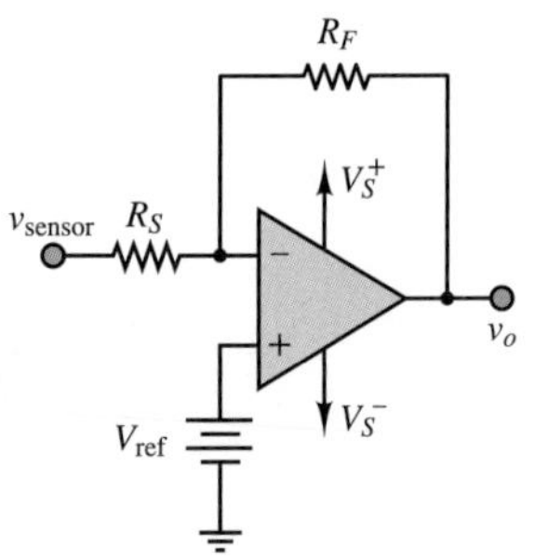

그림 6.31 레벨 시프터

풀이

기지: 센서(입력) 전압, 귀환 저항 및 소스 저항

미지: DC 바이어스를 제거하는 데 요구되는 V_{ref} 값

주어진 데이터 및 그림: $v_{sensor}(t) = 1.8 + 0.1\cos(\omega t)$, $R_F = 220\ \text{k}\Omega$, $R_S = 10\ \text{k}\Omega$

가정: 이상 연산 증폭기를 가정한다.

해석: 출력 전압은 중첩의 원리를 사용하여 매우 쉽게 계산할 수 있다. 기준 전압원 V_{ref}가 0으로 설정되어 단락 회로로 대체되면, 센서 입력 전압 v_{sensor}는 반전 증폭기에 연결되므로

$$\frac{v_{o_1}}{v_{\text{sensor}}} = -\frac{R_F}{R_S}$$

이 된다. 센서 입력 전압원이 0으로 설정되어 단락 회로로 대체되면, 기준 전압원(배터리)은 비반전 증폭기를 보게 되므로

$$\frac{v_{o_2}}{V_{\text{ref}}} = 1 + \frac{R_F}{R_S}$$

이 된다. 그러므로, 전체 출력 전압은 두 전압원으로부터의 기여를 합한 것에 해당한다.

$$v_o = v_{o_1} + v_{o_2} = -\frac{R_F}{R_S}v_{\text{sensor}} + \left(1 + \frac{R_F}{R_S}\right)V_{\text{ref}}$$

v_{sensor}에 대한 식을 앞 식에 대입하면

$$v_o = -\frac{R_F}{R_S}[1.8 + 0.1\cos(\omega t)] + \left(1 + \frac{R_F}{R_S}\right)V_{\text{ref}}$$

$$= -\frac{R_F}{R_S}[0.1\cos(\omega t)] - \frac{R_F}{R_S}(1.8) + \left(1 + \frac{R_F}{R_S}\right)V_{\text{ref}}$$

DC 오프셋을 제거하기 위해서

$$-\frac{R_F}{R_S}(1.8) + \left(1 + \frac{R_F}{R_S}\right)V_{\text{ref}} = 0$$

또는

$$V_{\text{ref}} = 1.8\frac{R_F/R_S}{1 + R_F/R_S} = 1.722\text{ V}$$

이 성립되어야 한다.

참조: 정밀 전압원의 존재는 회로에는 바람직하지 않은데, 이는 회로 설계에 상당한 고비용을 초래하고, 배터리의 경우에는 전압을 조정할 수 없기 때문이다. 그림 6.32의 회로는 연산 증폭기에서 일반적으로 사용되는 DC 전원, 2개의 고정 저항 R과 전위차계 R_p를 사용하여 가변 전압 기준을 만드는 방법을 보여준다. 고정 저항을 포함하는 이유는, 항상 와이퍼와 양단 전원 간에 최소 저항 R을 보장하여 전위차계의 과열을 방지하기 위해서이다. V_{ref}에 대한 식은 전압 분배 법칙을 이용하여 다음과 같이 구해진다.

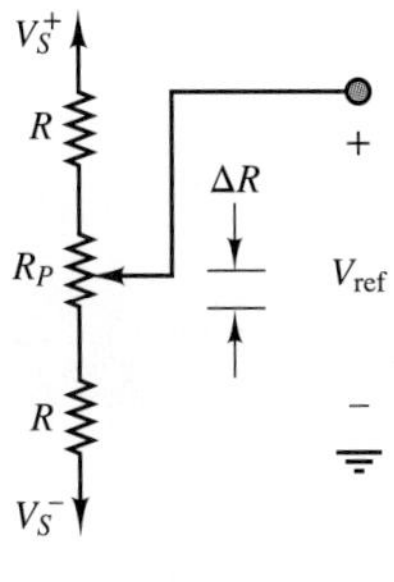

그림 6.32

$$\frac{V_{\text{ref}} - V_S^-}{V_S^+ - V_S^-} = \frac{R + \Delta R}{2R + R_p}$$

만약 공급 전압이 대칭인 $V_S^+ = -V_S^-$의 경우에는

$$\frac{V_{\text{ref}} + V_S^+}{2V_S^+} = \frac{R + \Delta R}{2R + R_p}$$

가 된다. 항들을 재정리하면 식은 다음과 같다.

$$V_{ref} = \frac{2\Delta R - R_p}{2R + R_p} V_S^+$$

V_{ref}의 값은 와이퍼 ΔR의 위치에 의해서 결정된다. 또한 $R_p \gg R$이면, V_{ref}의 범위는 대략 $\pm V_S^+$이 된다.

예제 6.4

연산 증폭기를 이용한 온도 제어

문제

연산 증폭기는 아날로그 제어 시스템을 구성하는 소자로 자주 사용된다. 이 예제의 목적은 온도 제어 회로에서 연산 증폭기의 사용을 설명하는 것이다. 그림 6.33(a)는 온도가 변하는 환경에서 20°C의 일정한 온도를 유지하는 시스템을 나타낸다. 시스템의 온도는 열전대(thermocouple, 7장 "온도 측정장치" 참조)를 사용하여 측정하였다. 그림에서 저항 R_{coil}로 표현된 전열기의 코일에 전류를 공급함으로써 시스템에 열을 발생시킨다. 여기서 열유속(heat flux)은 $q_{in} = i^2 R_{coil}$이고, i는 전력 증폭기에서 공급된 전류이다. 시스템은 3면이 단열되어 있다. 네 번째 면은 단열되어 있지 않으며, 등가 열저항 R_t로 표현되는 대류 열전달에 의하여 경계를 통해서 열이 전달되어 나간다. 장치의 질량은 m, 비열은 c, 그리고 열용량(thermal capacitance)은 $C_t = mc$이다.

풀이

기지: 센서(입력) 전압, 귀환 저항 및 소스 저항, 열 시스템의 각 구성 요소에 대한 값

미지: 자동 온도 조절을 위한 비례 이득 K_P

주어진 데이터 및 그림: $R_{coil} = 5\ \Omega$, $R_t = 2$°C/W, $C_t = 50$ J/°C; $\alpha = 1$ V/°C. 그림 6.33(a)~(e)

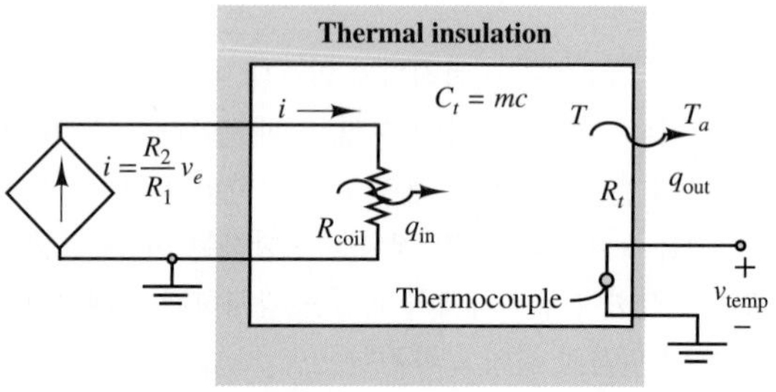

그림 6.33(a) 열 시스템

가정: 이상 연산 증폭기를 가정한다.

해석: 열 시스템은 에너지 보존 법칙에 기초하여 다음과 같이 표현된다.

$$q_{in} - q_{out} = \frac{dE_{stored}}{dt}$$

여기서 q_{in}는 전열기에 의해 시스템에 공급된 열, q_{out}는 대류에 의한 주위 환경으로의 열 손실, 그리고 E_{stored}는 열용량에 의해서 시스템에 저장된 에너지를 각각 나타낸다. 열전대에 의하여 측정된 전압은 온도 T에 비례한다($v_{temp} = \alpha T$). 그리고 전력 증폭기는 그림에 나와 있듯이, 외부 전압에 비례하는 전류를 갖는 전압 제어 전류원(voltage-controlled current source)으로 다음과 같이 간단히 모델링된다고 가정한다.

$$i = K_v K_p v_e = \frac{R_2}{R_1} v_e = \frac{R_2}{R_1}(v_{ref} - v_{temp}) = \frac{R_2}{R_1}\alpha(T_{ref} - T)$$

여기서 v_e는 기준 전압과 측정 전압 간의 오차이다. 그림 6.33(b)에 나타난 부귀환 시스템은 v_e를 0이 되도록 동작한다. v_e가 양수일 경우 $v_{ref} > v_{temp}$이고, 그 시스템은 가열되어야 한다. 반대로 v_e가 음수일 경우, 그 시스템은 냉각되어야 한다. 양의 v_e에 대하여 전력 증폭기는 양의 전류를 출력한다. 그러므로 그림 6.33(b)의 블록 선도는 시스템의 온도를 원하는 값으로 유지하기 위하여 자동적으로 전열기 코일에 흐르는 전류를 증가시키거나 감소시키는 자동 제어 시스템을 의미한다. 전압 증폭기의 비례이득 K_v와 전력 증폭기의 K_p는 코일 전류의 증가를 결정하며 특정 설계 요구 사항에 대한 시스템 응답을 최적화하는 데 사용할 수 있다. 외부의 온도 외란이 10° 크기로 주어질 때, 기준 온도로부터 1° 차이 이내를 유지할 수 있는 자동 온도 제어 시스템이 한 예이다. 이미 알고 있듯이, 비례이득을 변경함으로써 시스템의 응답을 조절할 수 있다.

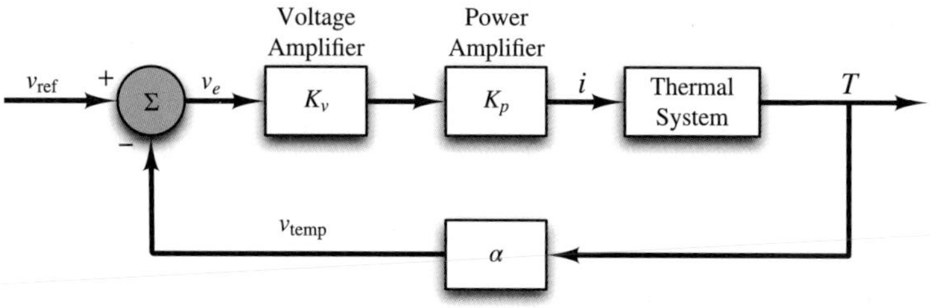

그림 6.33(b) 제어 시스템의 블록 선도

전압 증폭기는 그림 6.33(c)와 같이 2개의 연산 증폭기를 사용하는 2단 증폭기로 구현할 수 있다. 첫째 단은 폐루프 이득 $G_1 = -1$를 가지는 반전 증폭기로, 노드 a의 전압이 $-v_{ref}$이다. 둘째 단은 각 입력마다 폐루프 이득 $G_2 = -R_2/R_1$을 가지는 가산 증폭기이다. 그러므로 노드 b에서의 출력 전압은 다음과 같다.

$$v_b = -\frac{R_2}{R_1}(v_a + v_{temp}) = \frac{R_2}{R_1}(v_{ref} - v_{temp}) = \frac{R_2}{R_1}(v_e)$$

계수 R_2/R_1은 전압 이득 K_v이다. 즉, 귀환 저항 R_2를 정하는 것은 K_v를 정하는 것과 동등하다.

열 시스템 자체는 앞의 에너지 보존 방정식에 의해 서술된다. 전열기 코일에 의해 시스템에 가해지는 에너지 이동률은 i^2R_{coil}이다. 시스템에서 대류 열전달에 의해서 빠져나가는 에너지 이동률 $(T - T_a)/R_t$이다. 이때, R_t는 열저항(thermal resistance)이라고 하는 집중 파라미터(lumped parameter)이다. 작은 값의 R_t는 큰 값의 대류 열전달 계수를 의미한다. 결국, 시스템에서 저장되는 순수 에너지 이동률은 시스템 온도 T의 변화율에 비례한다. 이때, 비례상

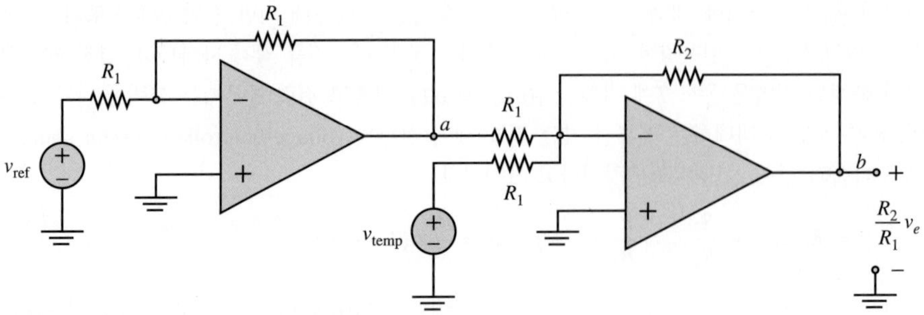

그림 6.33(c) 오차 전압과 비례이득을 생성하는 회로

수 C_t는 열용량(thermal capacitance)이라 한다. 앞선 정의들로부터, 에너지 보존 방정식은 다음과 같이 나타낼 수 있다.

$$i^2 R_{\text{coil}} - \frac{T - T_a}{R_t} = C_t \frac{dT}{dt}$$

또는

$$R_t C_t \frac{dT}{dt} + T = R_t R_{\text{coil}} i^2 + T_a$$

여기서 $i = K_p K_v v_e = K_p K_v \alpha (T_{\text{ref}} - T)$이다. 이 1차 상미분 방정식은 비선형이다. 시상수는 $\tau = R_t C_t = 2°\text{C/W} \times 50\ \text{J/°C} = 100\ \text{s}$이다.

$K_p = 0$일 때, 전열기 코일에 전류가 공급되지 않고, 열 시스템 응답은 고유 응답만을 가진다. 즉, $K_p = 0$일 때는 자동 제어가 수행되지 않고, 시스템 응답은 개루프 응답이다. 이 경우, 지배적인 미분 방정식은

$$\tau \frac{dT}{dt} + T = T_a$$

이며, 이 방정식의 해는 다음과 같다(4장 참조).

$$T = (T_0 - T_a)e^{-t/\tau} + T_a$$

여기서 T_0는 시스템 온도의 초기값이다. $T_0 = 20°\text{C}$이고 $T_a = 10°\text{C}$일 때, 해는

$$T = (10°\text{C})e^{-t/100} + 10°\text{C} \qquad \text{개루프 응답}$$

이다. 이득 K_p가 1로 증가하면, 온도가 기준온도 이하로 떨어지면 v_e는 즉시 증가하게 된다. 열전대의 변환 상수가 $\alpha = 1$로 주어지므로, 전압 v_{temp}은 수치적으로는 시스템 온도와 동일하다. 그림 6.33(d)는 K_p가 1에서 10까지 변할 때의 온도 응답을 나타낸다. 이득이 증가할수록, 희망 온도와 실제 온도 사이의 오차는 매우 빠르게 감소함을 알 수 있다. $K_p = 5$일 경우 오차가 1° 이하로 감소하였음을 알 수 있다. 보다 자세하게 전체 제어 시스템의 원리를 이해하기 위해서는, 오차 전압의 증폭된 형태인 전열기의 전류를 살펴보는 것도 도움이 된다. 그림 6.33(e)에 의하면 $K_p = 1$일 때에는 전류가 대략 2.7 A까지 증가하고, 이득이 5 및 10일 때는 전류가 더욱 빠르게 증가하여 각각 3 A 및 3.1 A에 도달한다. 전류가 정상상태에 도달하는 시간은 $K_p = 5$일 때 17 s, $K_p = 10$일 때 8 s이다.

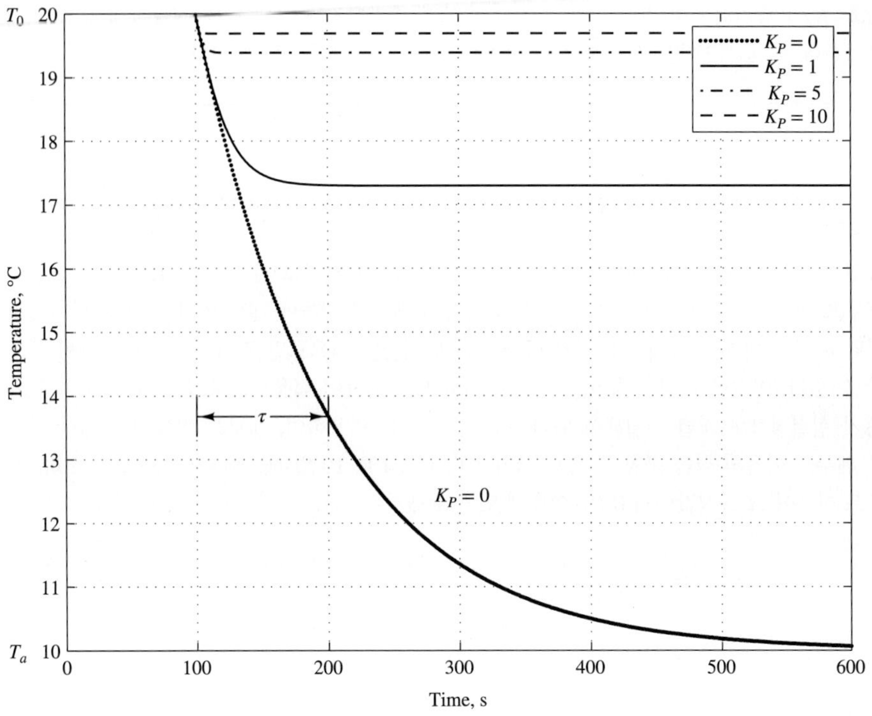

그림 6.33(d) 다양한 비례이득 K_p에 따른 열 시스템의 응답

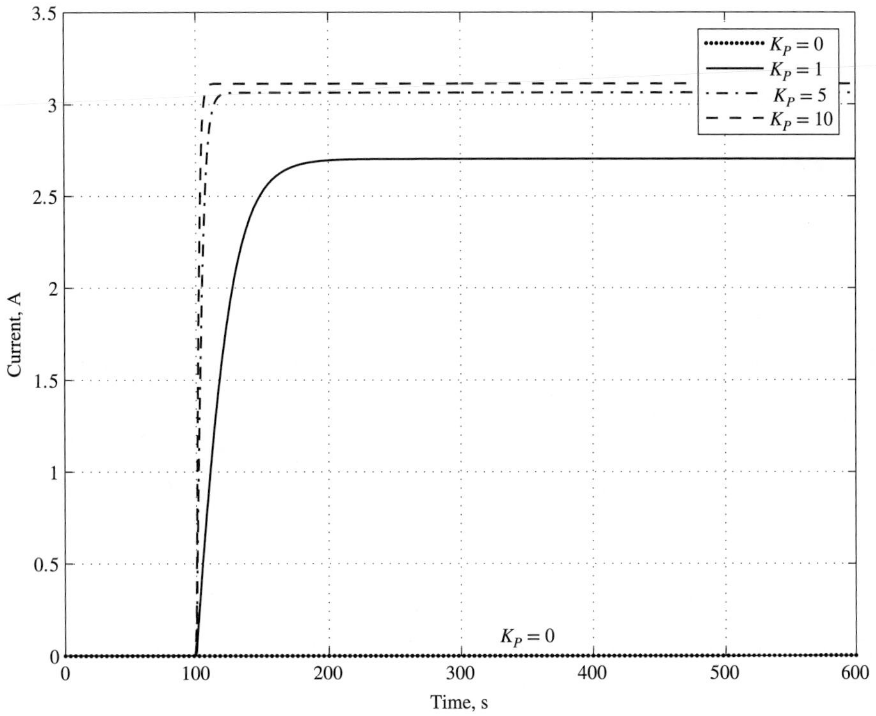

그림 6.33(e) 다양한 비례이득 K_p에 따른 전력 증폭기의 출력

참조: K_p가 증가함에 따라 시스템의 응답 속도가 증가하지만, 시스템의 정상상태 오차 역시 증가한다. 설계 사양에는 이러한 점을 고려하여 1°C의 오차를 허용하였다.

연습 문제

공칭 폐루프 이득이 −1,000인 이상 반전 증폭기(그림 6.8 참고)를 고려하자. 크지만 유한한 개루프 이득 A를 갖는 비이상적인 연산 증폭기의 폐루프 이득에 대한 영향은, 반전 단자에서 전압 v^-가 비반전 단자에서의 전압 $v^+ = 0$와 단지 근사적으로만 같다고 가정함으로써 유도할 수 있다. 이러한 가정하에, $v_{out} = -Av^-$이다. 황금률 1이 적용되므로, $i_{in} = 0$이 되어 R_S와 R_F가 실질적으로 직렬 연결되어 있다. 이러한 정보를 이용하여, 개루프 이득 A에 대한 함수로 폐루프 이득의 식을 구할 수 있다. A가 10^7, 10^6, 10^5, 10^4일 때, 폐루프 이득을 구하라. 폐루프 이득이 그 공칭값에서 0.1% 이내에 있기 위해서는, 개루프 이득은 얼마여야 하는가?

Answer: 999.1; 999.0; 990.1; 909.1. 0.1퍼센트의 정확도에서 $A = 10^6$

연습 문제

예제 6.1에서, 1% “정밀” 저항이 사용될 때 이득에 있어서의 불확실성을 구하라.

Answer: +1.98 ~ −2.20%

연습 문제

개루프 이득 A가 유한할 때, 분리 버퍼의 폐루프 이득에 대한 식을 유도하라. 폐루프 이득이 1에서 0.1% 차이가 난다면, 개루프 이득은 얼마여야 하는가?

Answer: 폐루프 이득을 위한 식은 $v_{out}/v_{in} = 1 + 1/A$이므로, 0.1% 정확도를 위해서 A는 10^4이어야 한다.

연습 문제

예제 6.3에서, 센서 신호에서 DC 바이어스를 제거하는 ΔR의 값을 구하라. 그림 6.32와 같이 공급 전압이 ±15 V이며, 10 kΩ 전위차계가 2개의 10 kΩ 고정 저항에 연결되어 있다고 가정한다. 1 kΩ 전위차계가 2개의 10 kΩ 고정 저항에 연결되어 있을 때, V_{ref}의 범위를 구하라.

Answer: $\Delta R = 6.722$kΩ; V_{ref}는 ±0.714 V 사이이다.

연습 문제

$K_p = 1, 5, 10$일 경우에, 10°C의 대기온도 강하에도 불구하고 온도를 유지하기 위하여 예제 6.4의 열 시스템에 공급되어야 하는 정상상태 전력은 몇 와트인가?

Answer: $K_p = 1$: 36.5 W, $K_p = 5$: 45 W, $K_p = 10$: 48 W

연습 문제

"측정 기술: 센서 보정 회로"에서 온도 센서가 $\beta = 0.235$, $V_0 = 0.7$ V이고, 원하는 관계가 $v_{out} = 10\ T$일 때 R_F/R_S와 V_{ref}를 수치로 계산하라.

Answer: $R_F/R_S = 42.55$, $V_{ref} = 0.684$ V

6.3 능동 필터

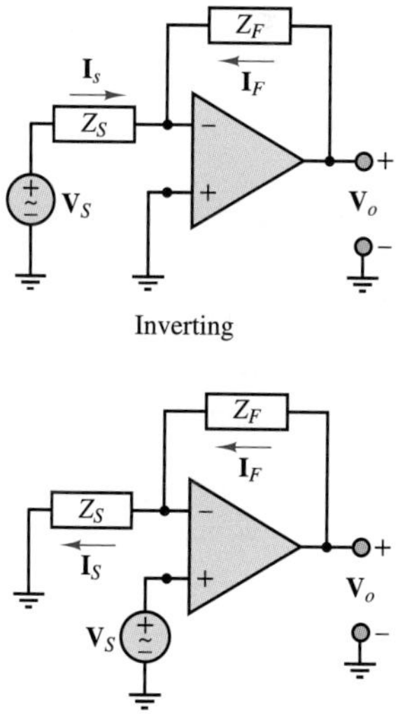

그림 6.34 복소 임피던스를 사용한 연산 증폭기 회로

에너지 저장 소자가 회로 설계에 도입되면, 연산 증폭기의 응용 범위는 매우 넓어진다. 즉, 3장과 5장에서 학습하였던 이들 소자의 주파수 의존 특성을 다양한 형태의 연산 증폭기 회로의 설계에 유용하게 사용할 수 있다. 특히, 입력과 귀환 회로에서 복소 임피던스(complex impedance)를 적절히 사용함으로써, 연산 증폭기의 주파수 응답 형태를 결정할 수 있다. 연산 증폭기를 사용하여 얻을 수 있는 필터는 **능동 필터**(active filter)라 불리는데, 그 이유는 연산 증폭기가 5장에서 이미 공부한 수동 회로(오직 저항, 커패시터 및 인덕터만을 포함하는 회로)의 필터링 효과에 증폭 기능을 추가할 수 있기 때문이다.

연산 증폭기의 주파수 응답(frequency response)이 어떻게 임의의 형태를 가질 수 있는지를 알기 위한 가장 쉬운 방법은, 그림 6.8과 6.9의 저항 R_F 및 R_S를 그림 6.34에서와 같이 임피던스 $\mathbf{Z}_F$ 및 $\mathbf{Z}_S$로 대치시키는 것이다. 그러면 반전 증폭기에 대해서는

$$\frac{\mathbf{V}_o}{\mathbf{V}_S}(j\omega) = -\frac{\mathbf{Z}_F}{\mathbf{Z}_S} \tag{6.71}$$

의 관계식을 얻을 수 있고, 비반전 증폭기에 대해서는

$$\frac{\mathbf{V}_o}{\mathbf{V}_S}(j\omega) = 1 + \frac{\mathbf{Z}_F}{\mathbf{Z}_S} \tag{6.72}$$

의 관계식을 얻을 수 있다. 여기서 $\mathbf{Z}_F$ 및 $\mathbf{Z}_S$는 임의의 복소 임피던스 함수가 될 수 있으며, $\mathbf{V}_S$, $\mathbf{V}_o$, $\mathbf{I}_F$ 및 $\mathbf{I}_S$는 모두 페이저(phasor) 형식이다. 그러므로 귀환 임피던스 대 입력 임피던스의 비를 적절히 선택함으로써, 능동 필터의 주파수 응답의 형태를 간단히 결정할 수 있다. 연산 증폭기의 귀환 루프에 5장에서 학습한 저역 통과 필터와 유사한 회로를 연결함으로써, 동일한 필터링 효과를 얻을 수 있을 뿐만 아니라, 추가로 신호를 증폭할 수 있다.

연산 증폭기를 사용한 단순한 능동 저역 통과 필터(active low-pass filter)가 그림 6.35에 나타나 있다. 이 필터의 해석은 폐루프 이득이 주파수의 함수로

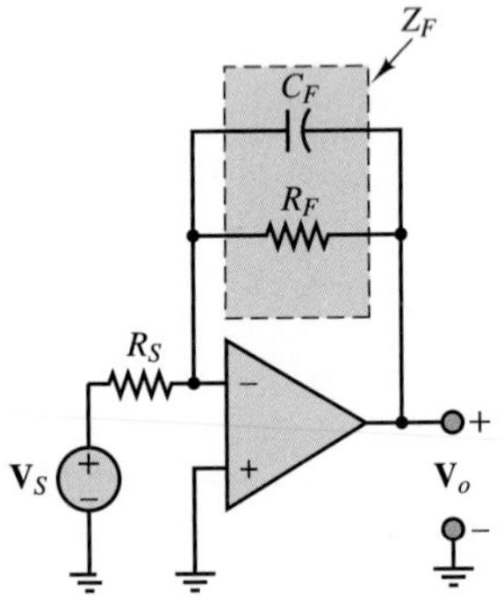

그림 6.35 능동 저역 통과 필터

$$\mathbf{G}_{\mathrm{LP}}(j\omega) = -\frac{\mathbf{Z}_F}{\mathbf{Z}_S} \tag{6.73}$$

와 같이 표현된다는 사실을 이용하면 매우 간단하다. 여기서

$$\mathbf{Z}_F = R_F \| \frac{1}{j\omega C_F} = \frac{R_F}{1 + j\omega C_F R_F} \tag{6.74}$$

이며,

$$\mathbf{Z}_S = R_S \tag{6.75}$$

이다. $\mathbf{Z}_F$와 수동 RC 저역 통과 필터의 저역 통과 특성 간의 유사성에 주목하기 바란다. 폐루프 이득 $\mathbf{G}_{\mathrm{LP}}(j\omega)$는

$$\mathbf{G}_{\mathrm{LP}}(j\omega) = -\frac{\mathbf{Z}_F}{\mathbf{Z}_S} = -\frac{R_F/R_S}{1 + j\omega C_F R_F} \quad \text{저역 통과 필터} \tag{6.76}$$

와 같이 되는데, 이 관계식은 2개의 인자로 분해하여 생각할 수 있다. 즉, 첫째 인자는 간단한 반전 증폭기(즉, 그림 6.35에서 커패시터를 제거한 회로)에서와 동일한 증폭률(즉, $-R_F/R_S$)이고, 둘째 인자는 귀환 루프에서 R_F와 C_F의 병렬 조합에 의해 결정되는 차단 주파수(cutoff frequency)를 갖는 저역 통과 필터이다. 필터링 효과는 그림 6.36의 수동 회로에서 얻을 수 있는 효과와 완전히 동일하다.

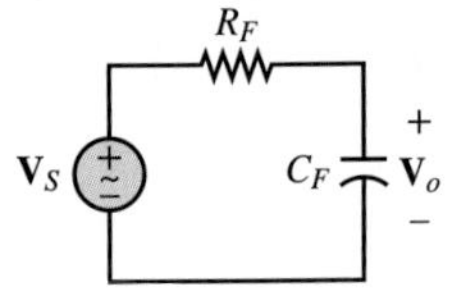

그림 6.36 수동 저역 통과 필터

이 연산 증폭기 필터의 응답은 수동 저역 통과 RC 필터의 응답이 증폭된 것이다. 그림 6.37은 능동 저역 통과 필터의 진폭 응답을 2개의 다른 그래프로 표시한 것이다(그림에서 $R_F/R_S = 10$, $R_F C_F = 1$). 첫째 선도는 진폭비를 도시한 것인 반면에, 둘째 선도는 보드 크기를 도시한 것이다. 두 가지 모두 ω에 대해 로그 스케일로 도시한 것이다. 차단 주파수 ω_0는

$$\omega_0 = \frac{1}{R_F C_F} \tag{6.77}$$

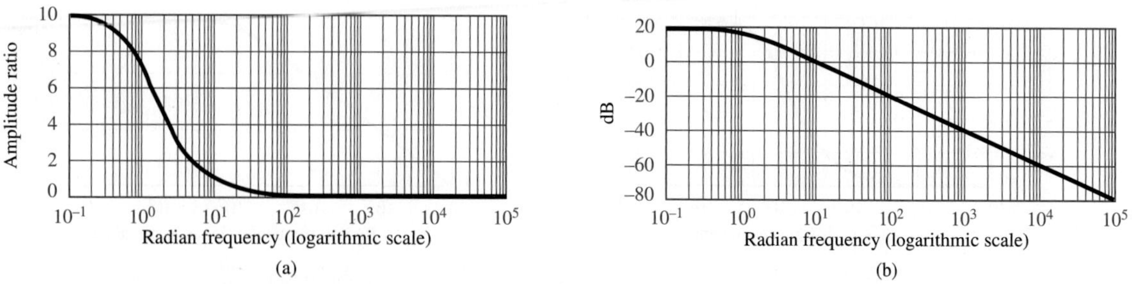

그림 6.37 능동 저역 통과 필터의 정규화된 응답. (a) 진폭비 응답, (b) dB 응답

이며, $\omega \gg \omega_0$일 때 보드 크기 응답의 기울기는 −20 dB/decade이다. 차단 주파수에서 크기(dB)는

$$|\mathbf{G}_{\text{LP}}(j\omega_0)|_{\text{dB}} = 20\log_{10}\frac{R_F}{R_S} - 20\log\sqrt{2} \tag{6.78}$$

이며, 여기서

$$-20\log_{10}\sqrt{2} = -3 \text{ dB} \tag{6.79}$$

이다. 따라서 ω_0는 3 dB 주파수라 부르기도 한다. 또한, 절점 주파수(break frequency) 혹은 차단 주파수(cutoff frequency)로 알려져 있다.

이러한 능동 저역 통과 필터의 장점 중 하나는 R_F, R_S 및 C_F를 선택하여 쉽게 이득과 대역폭(bandwidth)을 지정할 수 있다는 점이다.

다른 유형의 필터를 생성하기 위해 저항과 커패시터를 배열하는 것도 가능하다. 예를 들어, 그림 6.38의 회로는 능동 고역 통과 필터(active high-pass filter)이다. 입력 임피던스는

$$\mathbf{Z}_S = R_S + \frac{1}{j\omega C_S} \tag{6.80}$$

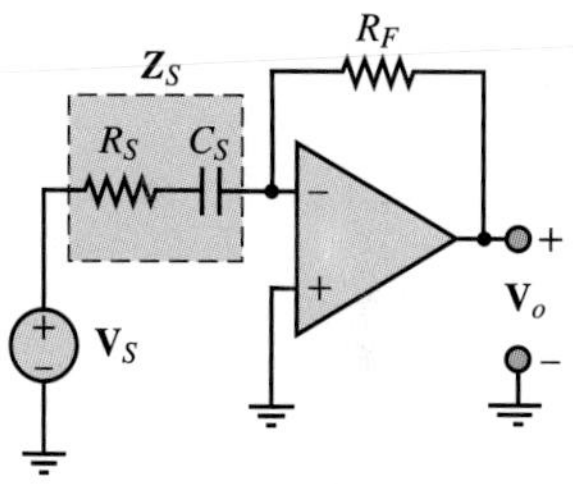

그림 6.38 능동 고역 통과 필터

이며, 귀환 회로의 임피던스는

$$\mathbf{Z}_F = R_F \tag{6.81}$$

이다. 이 반전 증폭기에 대한 폐루프 이득은 다음과 같다.

$$\mathbf{G}_{\text{HP}}(j\omega) = -\frac{\mathbf{Z}_F}{\mathbf{Z}_S} = -\frac{j\omega C_S R_F}{1 + j\omega R_S C_S} \qquad \text{고역 통과 필터} \tag{6.82}$$

ω가 0에 접근하면 G도 0에 접근하는 반면에, ω가 무한대로 커지면 폐루프 이득 G는 다음의 상수로 접근한다.

$$\lim_{\omega\to\infty} \mathbf{G}_{\text{HP}}(j\omega) = -\frac{R_F}{R_S} \tag{6.83}$$

즉, 어떤 주파수 이상의 범위에서 회로가 선형 증폭기처럼 동작하는데, 이것이 바로 고역 통과 필터에서 요구되는 특성이다. 고역 통과 응답이 그림 6.39에 위상과 보드 크기 선도로 표시되어 있다(그림에서 $R_F/R_S = 10$, $R_SC_S = 1$). 보드 크기 선도의 기울기는 $\omega \ll \omega_0$일 때 +20 dB/decade이다. 여기서 $\omega_0 = 1/R_SC_S$는 3 dB 차단 주파수이다.

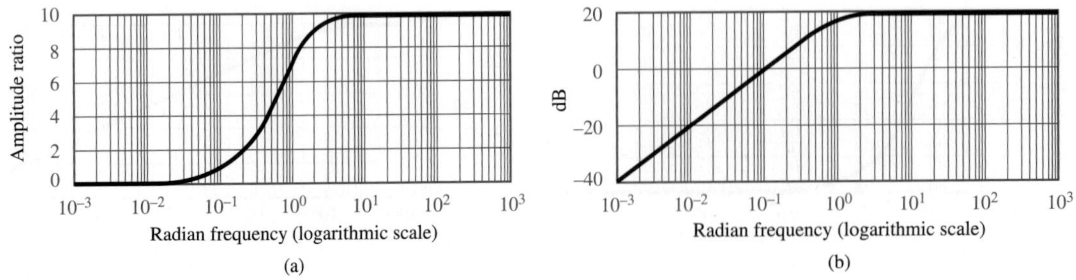

그림 6.39 능동 고역 통과 필터의 정규화된 응답. (a) 진폭비 응답, (b) dB 응답

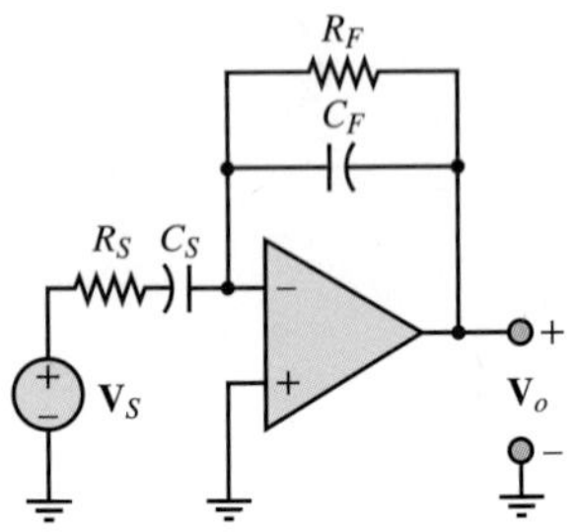

그림 6.40 능동 대역 통과 필터

능동 필터의 마지막 예로, 능동 고역 통과 필터와 저역 통과 필터의 요소를 결합하여 기본적인 능동 대역 통과 필터 구성을 구현할 수 있다. 회로는 그림 6.40과 같다.

대역 통과 회로의 해석은 앞의 예에서와 유사하다. 귀환 및 입력 임피던스는

$$\mathbf{Z}_F = R_F \| \frac{1}{j\omega C_F} = \frac{R_F}{1 + j\omega C_F R_F} \tag{6.84}$$

$$\mathbf{Z}_S = R_S + \frac{1}{j\omega C_S} = \frac{1 + j\omega C_S R_S}{j\omega C_S} \tag{6.85}$$

이다. 폐루프 주파수 응답은

$$\mathbf{G}_{\text{BP}}(j\omega) = -\frac{\mathbf{Z}_F}{\mathbf{Z}_S} = \frac{j\omega C_S R_F}{(1 + j\omega C_F R_F)(1 + j\omega C_S R_S)} \quad \text{대역 통과 필터} \tag{6.86}$$

응답 형식은 $\zeta > 1$일 때 그림 5.32에 표시된 직렬 *LC* 대역 통과 필터의 형식과 동일하다. 식 (5.55)를 보라. 이 응답은 식 (6.76)과 (6.82)의 저역 및 고역 통과 응답의 곱과 동일하지는 않지만, 매우 유사함을 쉽게 알 수 있다. 특히, $\mathbf{G}_{\text{BP}}(j\omega)$의 분모는 $\mathbf{G}_{\text{LP}}(j\omega)$와 $\mathbf{G}_{\text{HP}}(j\omega)$의 분모를 곱한 것과 완전히 동일하다. *RC*의 곱이 다음의 임계 주파수(critical frequency)

$$\omega_0 = \frac{1}{R_F C_S} \qquad \omega_{\text{LP}} = \frac{1}{R_F C_F} \qquad \omega_{\text{HP}} = \frac{1}{R_S C_S} \tag{6.87}$$

에 대응하므로, 약간 다른 형태로 $\mathbf{G}_{\text{LP}}(j\omega)$를 고쳐 쓰는 것이 특히 편리하다. 한편

$$\omega_{\text{HP}} \gg \omega_{\text{LP}} \tag{6.88}$$

인 경우에 연산 증폭기 필터의 응답이 그림 6.41의 위상과 보드 크기 선도(그림에서 $\omega_1 = 1$, $\omega_{\text{HP}} = 1{,}000$, $\omega_{\text{LP}} = 10$)와 유사한 형태라는 것을 쉽게 증명할 수 있다. 과감쇠 직렬 *LC* 대역 통과 필터에 대해 그림 6.41(a)과 그림 5.33을 비교하라. 보드 크기 선도에서 대역 통과 응답이 능동 저역 그리고 고역 통과 응답의 중첩과 같다는 것을 보여준다. 2개의 3 dB (또는 차단) 주파수는, $\mathbf{G}_{\text{LP}}(j\omega)$에서의 $1/R_F C_F$ 및 $\mathbf{G}_{\text{HP}}(j\omega)$에서의 $1/R_S C_S$로 앞에서와 같다. 그리고 세 번째 주파수 $\omega_0 = 1/R_F C_S$는 필터의 응답이 0 dB 축을 지나는 점을 나타낸다. 0 dB은 이득 1에 해당하므로, 이 주파수는 **단위이득 주파수**(unity-gain frequency)라 불린다.

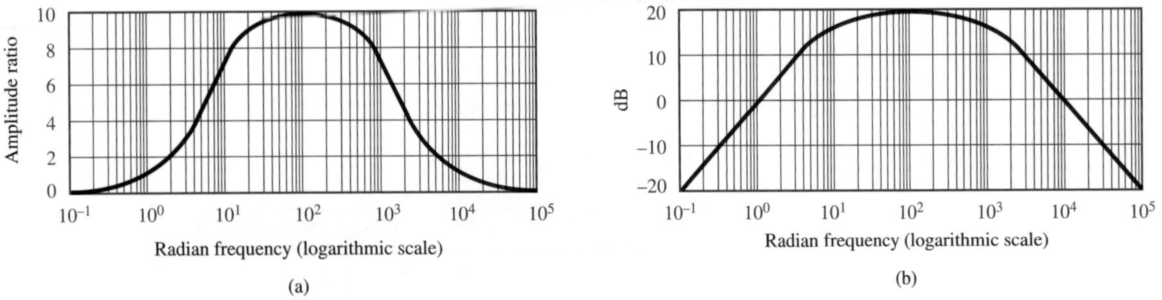

그림 6.41 능동 대역 통과 필터의 정규화된 진폭 응답. (a) 진폭비 응답, (b) dB 응답

지금까지 논의되었던 개념들은 더 복잡한 주파수 함수를 만드는 데 이용될 수 있다. 실제로 대부분의 실용적인 능동 필터는 2개 이상의 커패시터 회로를 기반으로 한다. $\mathbf{Z}_F$ 및 $\mathbf{Z}_S$에 대한 적절한 함수들을 설계함으로써, 통과 대역이 더욱 평평하거나 대역을 제거하는 함수를 묘사할 수 있을 뿐만 아니라, 매우 큰 주파수 선택도(selectivity)(즉, 차단의 예리함)를 가진 필터를 구현할 수 있다. 몇 개의 간단한 응용 사례를 숙제 문제에서 취급할 것이다. 복잡한 응용은 6.4절에 있다.

이러한 능동 필터의 장점 중 하나는 커패시터만 사용하여 모든 주파수 응답을 생성할 수 있다는 것이다. 인덕터는 필요하지 않다. 이 단순해 보이는 사실이 실제로는 매우 중요하다. 그 이유는, 인덕터는 작은 오차를 갖고 정확한 사양을 갖도록 양산하려면 매우 비싸지고, 같은 에너지 저장 능력을 갖는 커패시터보다 부피가 커지기 때문이다. 반면에, 커패시터는 넓은 범위의 공차로 저렴하게 생산할 수 있으며, 집적회로 형태로 비교적 조밀하게 제작할 수 있다는 이점을 가지고 있다. 인덕터는 일반적으로 잡음에 매우 취약하다.

연습 문제

(a) 폐루프 이득이 100이고, 차단(3 dB) 주파수가 800 Hz인 저역 통과 필터를 설계하라. 0.01 μF 커패시터만이 사용된다고 가정하라. R_F 및 R_S를 구하라.

(b) 차단 주파수가 2,000 Hz인 고역 통과 필터에 대해 위의 문제를 반복하라. 그러나 이번에는 단지 표준값을 가진 저항만이 사용된다고 가정하라(1장의 표 1.3 참조). 가장 근접한 저항 값을 선택하고, 차단 주파수에 대한 퍼센트 오차를 계산하라.

(c) 앞의 두 문제에서의 필터에서 저주파 이득으로부터 1 dB의 감쇠(attenuation)에 해당하는 주파수를 구하라.

Answers: Part a: R_F = 19.9 kΩ, R_S = 199 Ω; part b: R_F = 8.2 kΩ, R_S = 82 Ω, 오차: 이득 = 0 percent, ω_{3dB} = 2.95 percent; part c: 407 Hz와 3.8 kHz

6.4 능동 필터의 설계

센서 신호로부터 잡음이나 다른 원치 않는 신호를 제거하는 필터의 필요성에 대해서는 앞서 논한 바가 있다. 5장에서는 저항, 커패시터 및 인덕터로 구성된 단순한 수동 필터(passive filter)에 대한 해석을 다루었다. 이러한 수동 필터를 사용하여 저역

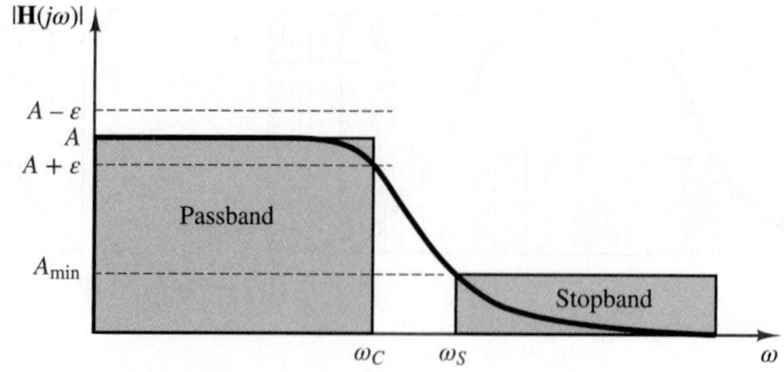

그림 6.42 표준 저역 통과 필터의 응답

통과, 고역 통과 및 대역 통과의 세 형태의 주파수 응답 특성을 얻을 수 있다는 것을 보였다. 연산 증폭기의 특성을 활용하여 필터 설계를 단순화하고, 소스 및 부하 임피던스를 보다 쉽게 일치시키면서 인덕터의 필요성을 제거할 수 있다.

그림 6.42는 최소 및 최대 통과 대역 이득 $A + \varepsilon$ 및 $A - \varepsilon$로 나타낸 바와 같이, 필터의 통과 대역 내에서는 공칭 필터이득(nominal filter gain) A로부터 어느 정도 벗어나는 능동 저역 통과 필터의 일반적인 특성을 나타낸다. 통과 대역의 폭은 차단 주파수(cutoff frequency) ω_C에 의해 표시된다. 한편, ω_S로부터 시작되는 정지대역(stop-band)은 $A_{\min}$보다 큰 이득은 허용되지 않는다. 다른 형태의 필터 설계로 다른 형태의 주파수 응답을 얻을 수 있는데, 이는 매우 평탄한(flat) 통과 대역 주파수 응답을 가지는 **Butterworth 필터**, 통과 대역과 정지대역 간의 매우 빠른 천이(transition)를 보여주는 **Chebyshev**, **Cauer**, **타원**(elliptical) **필터**, 그리고 선형 위상 응답을 가지는 **Bessel 필터** 등이 있다. 이러한 특성들을 각기 달성하려면 보통 절충이 필요한데, 예를 들어 매우 평탄한 통과 대역 응답은 통과 대역부터 정지대역까지 비교적 느린 천이를 수반하게 된다.

이와 같은 필터의 특성에 더하여 필터의 차수(order)를 선택할 수 있다. 일반적으로, 차수가 높을수록 통과 대역에서 정지대역으로의 천이가 빨라진다[그러나 더 큰 위상 변이(phase shift) 및 진폭의 왜곡이 수반된다]. 그림 6.42의 주파수 응답은 저역 통과 필터의 경우에 해당하지만, 다른 종류의 필터에도 유사한 정의를 적용할 수 있다.

Butterworth 필터는 최대로 평탄한 통과 대역 주파수 응답 특성을 가진다. 이 응답은 주파수 함수의 크기의 제곱에 의해

$$|\mathbf{H}(j\omega)|^2 = \frac{H_0^2}{1 + \varepsilon^2 \omega^{2n}} \tag{6.89}$$

로 정의되는데, 여기서 n은 필터의 차수를 나타내며, 최대로 평탄한 응답에 대해서는 $\varepsilon = 1$이 된다. 그림 6.43은 $\omega_C = 1$로 정규화된 1차, 2차, 3차 및 4차 Butterworth 저역 통과 필터의 주파수 응답을 나타낸다. 표 6.2에 인수분해 형태로 주어진 s에 대한 **Butterworth 다항식**을 분모로 지정함으로써 필터 설계를 수행할 수 있는데, 이때 $s = j\omega$를 대입하면 필터의 주파수 응답을 얻을 수 있다. 예제 6.5 및 6.6은 이 표를 이용하여 필터를 설계하는 절차를 예시한다.

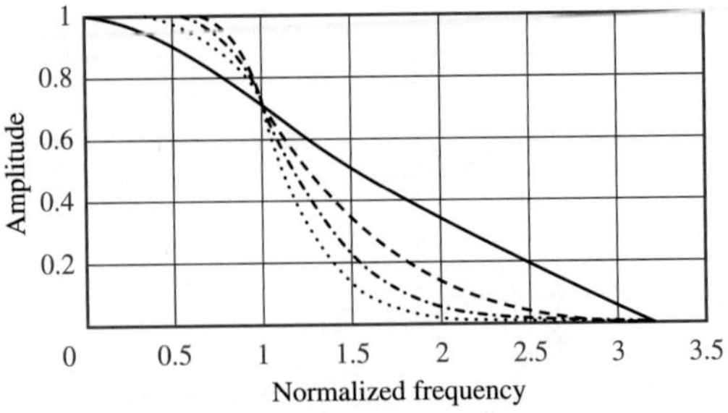

그림 6.43 Butterworth 저역 통과 필터의 주파수 응답

표 6.2 2차 형식의 Butterworth 다항식

Order n	Quadratic factors
1	$s+1$
2	$s^2+\sqrt{2}s+1$
3	$(s+1)(s^2+s+1)$
4	$(s^2+0.7654s+1)(s^2+1.8478s+1)$
5	$(s+1)(s^2+0.6180s+1)(s^2+1.6180s+1)$

그림 6.44는 $\varepsilon = 1.06$에 대해서 1차에서 4차까지의 저역 통과 Chebyshev 필터의 정규화된 주파수 응답을 나타낸다. 약간의 리플(ripple)이 통과 대역에서 허용되고 있음을 주목하라. 리플의 진폭은 파라미터 ε에 의해 정의되며, 전체 통과 대역에 걸쳐서 일정하다. 그러므로 이 필터는 **등리플 필터**(equiripple filter)라 불리기도 한다. Cauer 또는 타원(elliptical) 필터는 Chebyshev 필터와 유사하나, 통과 대역 및 정지대역 모두에서 등리플이라는 특성에 있어서는 서로 다르다. 다양한 응용에 대해 Butterworth, Chebyshev 혹은 Cauer 필터의 적절한 차수를 선택하는 데 설계 표를 활용할 수 있다.

단일의 연산 증폭기를 사용하여 **2차 필터부**를 구현하는 데 사용될 수 있는 2차 능동 필터의 3가지 일반적인 형상이 그림 6.45에 나와 있다. 이들 필터는 **일정-*K*** (constant-K) **필터** 또는 **Sallen-Key 필터**라 불린다. 이들 능동 필터의 해석은 앞서 논의된 연산 증폭기의 특성에 기초하였다.

예를 들어, 그림 6.45의 저역 통과 필터는 **정귀환**(positive feedback)이 있는 비반전 증폭기이다. 즉, 귀환 경로는 출력에서 연산 증폭기의 반전 및 비반전 단자 모두에 제공된다. 이 필터의 입력–출력 관계는 연산 증폭기의 입력 단자 전압 v^+ 및

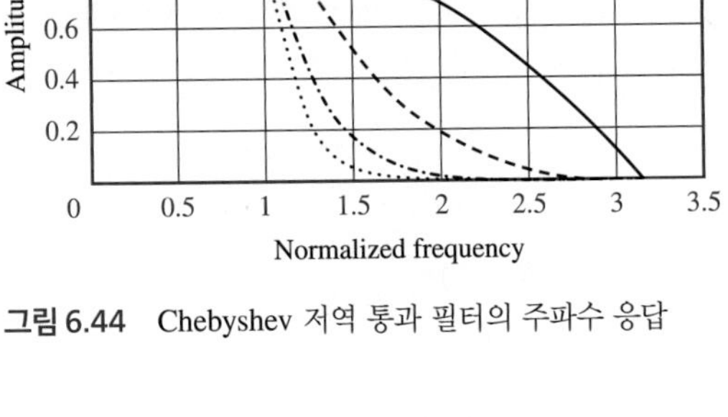

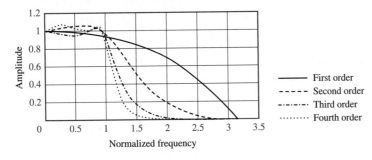

그림 6.44 Chebyshev 저역 통과 필터의 주파수 응답

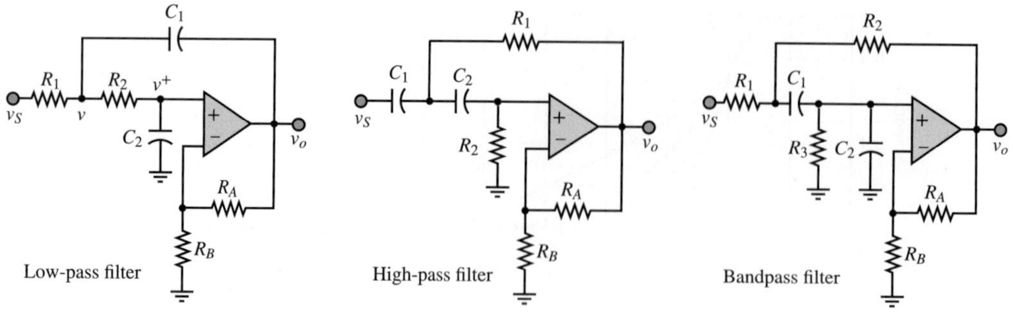

그림 6.45 Sallen and Key 능동 필터

v^-로부터 구할 수 있다. 저역 통과 필터의 주파수 응답은 다음과 같이 주어진다.

$$\mathbf{H}(j\omega) = \frac{K(1/R_1R_2C_1C_2)}{(j\omega)^2 + \left[\dfrac{1}{R_1C_1} + \dfrac{1}{R_2C_1} + \dfrac{1}{R_2C_2}(K-1)\right]j\omega + \dfrac{1}{R_1R_2C_1C_2}} \tag{6.90}$$

이 주파수 응답은 2개 이상의 일반적인 저역 통과 형태 중의 하나로

$$\mathbf{H}(j\omega) = \frac{K\omega_C^2}{(j\omega)^2 + (\omega_C/Q)(j\omega) + \omega_C^2}$$

또는 (6.91)

$$\mathbf{H}(j\omega) = \frac{K}{(j\omega)^2/\omega_C^2 + (2\zeta/\omega_C)(j\omega) + 1}$$

으로 표현될 수 있다. 위의 두 가지 형태는 $2\zeta Q = 1$에 의해서 서로 연관된다. 여기서 ζ는 **무차원 감쇠비**(dimensionless damping ratio), ω_C는 차단 주파수, Q는 **양호도**(quality factor)로 필터의 주파수 응답에서 **공진**(resonance)의 첨예함을 나타낸다. Low-Q 필터가 **과감쇠**(overdamped)인 반면에, high-Q 필터는 **부족 감쇠**(underdamped)이다. 임계 감쇠 회로는 $Q = 0.5$이다. 직렬 및 병렬 LC 회로의 전압 및 전류이득에 대해 식 (6.91)을 식 (5.19) 및 (5.24)와 각각 비교하라. 분명히, 인덕터를 사용하지 않고 해당 회로에 대해 동일한 응답을 생성하는 것이 가능하다.

2차 필터의 3가지 파라미터(ω_C, ζ 및 K) 간의 관계와 저항 및 커패시터는 Sallen-Key 필터의 저역 통과 필터로 정의된다. Sallen-Key 필터(또는 constant-K 필터)는 저주파수 이득(K)이 차단 주파수와 독립적이며, 또한 이때의 이득을 R_A와 R_B의 비로 쉽게 결정할 수 있는 좋은 특성을 가진다. 나머지 4개의 구성 요소들은 차단 주파수와 감쇠비를 식 (6.92)에 보여주는 것과 같이 정의된다.

$$K = 1 + \frac{R_A}{R_B}$$

$$\omega_C = \frac{1}{\sqrt{R_1R_2C_1C_2}} \tag{6.92}$$

$$\frac{1}{Q} = 2\zeta = \sqrt{\frac{R_2C_2}{R_1C_1}} + \sqrt{\frac{R_1C_2}{R_2C_1}} + (K-1)\sqrt{\frac{R_1C_1}{R_2C_2}}$$

그림 6.45의 2차 필터는 더 높은 차수와 다른 특성을 가진 필터들을 구현하는 데 사용될 수 있다. 예를 들어, 4차 Butterworth 필터를 구현하기 위해서는, 2개의 2차 Sallen-Key 필터를 직렬 연결하고, 각 필터의 구성 요소 값을 원하는 이득, 차단 주파수, 감쇠비(또는 양호도) 등으로부터 결정하면 된다.

Butterworth 필터의 차수 결정

예제 6.5

LO

문제

주어진 필터의 사양에 대해서 필터의 적절한 차수를 결정하라.

풀이

기지: 차단 주파수의 필터 이득(통과 대역과 정지대역)

미지: 필터의 차수 n

주어진 데이터 및 그림: 통과 대역 이득: $\omega_C = 1$ rad/s에서 −3 dB, 정지대역 이득: $\omega_S = 4\omega_C$에서 −40 dB

가정: Butterworth 필터 응답을 사용한다. 저주파 이득 $H_0 = 1$로 가정한다.

해석: Butterworth 필터에 대한 크기의 제곱으로 표현되는 응답에 대한 식 (6.89)인

$$|\mathbf{H}(j\omega)|^2 = \frac{H_0^2}{1+\varepsilon^2\omega^{2n}}$$

에 $\varepsilon = 1$을 대입하면, 통과 대역 차단 주파수 ω_C에서 전달 함수의 크기는

$$|\mathbf{H}(j\omega = j\omega_C)| = \frac{H_0}{\sqrt{1+\omega_C^{2n}}} = \frac{H_0}{\sqrt{1+1^{2n}}} = \frac{H_0}{\sqrt{2}}$$

이다. 이 결과는 통과 대역 이득(저주파수 이득보다 3 dB 아래)에 대한 요구 조건을 만족하는데, 이 이유는 다음과 같다.

$$20\log_{10}\frac{1}{\sqrt{2}} = -3 \text{ dB}$$

이 결과는 Butterworth 필터의 특징이다.

정지대역 이득에 대한 요구조건은 ω_S 이상의 주파수에서 이득이 −40 dB 미만이어야 한다는 것이다.

$$20\log_{10}|\mathbf{H}(j\omega = j\omega_S)| = 20\log_{10}\frac{H_0}{\sqrt{1+\omega_S^{2n}}} = 20\log_{10}\frac{H_0}{\sqrt{1+4^{2n}}} \le -40$$

그러므로

$$20\log_{10}H_0 - 20\log_{10}\sqrt{1+4^{2n}} \le -40$$

또는

$$\log_{10}(1+4^{2n}) \ge 4$$
$$1+4^{2n} \ge 10^4$$
$$2n\log_{10}4 \ge \log_{10}(10^4-1)$$

앞의 부등식을 풀면 $n \geq 3.32$가 된다. 이때 n은 정수가 되어야 하므로 $n = 4$가 되어야 하고, 이때 정지대역 주파수의 이득은

$$|\mathbf{H}(j\omega = j\omega_S)| = \frac{H_0}{\sqrt{1+\omega_S^{2n}}} = \frac{1}{\sqrt{1+4^8}} = -48.16 \text{ dB}$$

이다. 이 값은 요구되는 이득의 최소인 −40 dB보다 더 작다.

참조: 통과 대역 필터의 차단 주파수에서 −3 dB의 이득은 $\varepsilon = 1$이므로 항상 Butterworth 필터를 만족시킨다.

예제 6.6 Sallen-Key 필터의 설계

문제

그림 6.45의 Sallen-Key 필터의 차단 주파수, DC 이득 및 Q를 계산하라.

풀이

기지: 필터의 저항과 커패시터

미지: K; ω_C; Q.

주어진 데이터 및 그림: 모든 저항은 500 Ω; 모든 커패시터는 2 μF

가정: 없음

해석: 식 (6.92)의 정의를 이용하면, 다음과 같이 계산할 수 있다.

$$K = 1 + \frac{R_A}{R_B} = 1 + \frac{500}{500} = 2$$

$$\omega_C = \frac{1}{\sqrt{R_1 R_2 C_1 C_2}} = \frac{1}{\sqrt{(500)^2(2\times10^{-6})^2}} = 1{,}000 \text{ rad/s}$$

$$\frac{1}{Q} = 2\zeta = \sqrt{\frac{R_2 C_2}{R_1 C_1}} + \sqrt{\frac{R_1 C_2}{R_2 C_1}} + (K-1)\sqrt{\frac{R_1 C_1}{R_2 C_2}} = 1$$

참조: 필터 응답은 필터의 Q를 결정함으로써 2차 Butterworth 필터(또는 그 계열의 필터)의 응답을 비교할 수 있다. 이득과 차단 주파수가 정의되면, Q는 Butterworth 필터와 Chebyshev 필터를 구별하는 파라미터가 된다. Butterworth의 2차 다항식은 표 6.2에서와 같이 $s^2 + \sqrt{2}s + 1$인데, 만약 이 다항식을 식 (6.91)의 분모 형태의 식과 비교하면 다음과 같은 식을 얻는다.

$$\mathbf{H}(s) = \frac{K\omega_C^2}{s^2 + (\omega_C/Q)s + \omega_C^2} = \frac{1}{s^2 + \sqrt{2}s + 1}$$

표 6.2에서의 2차 다항식을 $K = 1$와 $\omega_C = 1$로 정규화하면, Butterworth 필터의 Q값을 계산할 수 있게 된다.

$$\frac{1}{Q} = \sqrt{2} \quad \text{or} \quad Q = \frac{1}{\sqrt{2}} = 0.707$$

따라서 모든 2차 Butterworth 필터는 $Q = 0.707$이 되는 특성을 가지게 되는데, 이는 감쇠비 $\zeta = 0.5Q^{-1} = 0.707$인 부족 감쇠에 해당한다.

6.5 적분기와 미분기

에너지 저장 소자를 포함하는 연산 증폭기 회로의 시간영역 응답은 유용하고 익숙한 성질을 보여준다. 그런 회로 중에서 일반적으로 사용되는 것이 바로 적분기와 미분기이다.

이상 적분기

그림 6.46의 회로를 살펴보자. 여기서 $v_S(t)$는 펄스열(pulse train), 삼각파(triangular wave), 사각파(square wave)를 포함하는 임의의 시간 함수이다. 이때 연산 증폭기 회로는 $v_S(t)$의 적분값에 비례하는 출력을 내보낸다. 적분기 회로의 해석은 항상 그렇듯이 다음 관찰을 기반으로 한다.

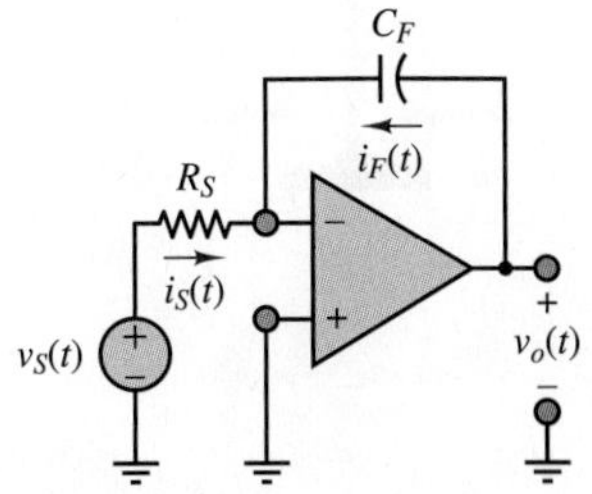

그림 6.46 연산 증폭기 적분기

$$i_S(t) = -i_F(t) \tag{6.93}$$

여기서

$$i_S(t) = \frac{v_S(t) - 0}{R_S} \tag{6.94}$$

이는 커패시터의 i-v 관계부터

$$i_F(t) = C_F \frac{d(v_o(t) - 0)}{dt} \tag{6.95}$$

소스 전압은 출력 전압의 도함수의 함수로 다음과 같이 나타낼 수 있다.

$$\frac{1}{R_S C_F} v_S(t) = -\frac{dv_o(t)}{dt} \tag{6.96}$$

식 (6.96)의 양변을 적분하면 다음과 같다.

$$\Delta v_o(t) = -\frac{1}{R_S C_F} \int^t v_S(t')\, dt' \qquad \text{적분기} \tag{6.97}$$

LO

적분기는 매우 많은 곳에 응용된다. 예제 6.7은 연산 증폭 적분기의 동작에 대해 설명한다.

이상 미분기

적분기에 사용된 것과 유사한 방식으로, 그림 6.47의 이상 미분기(ideal differentiator) 회로의 결과를 유도할 수 있다. 입력과 출력 사이의 관계는

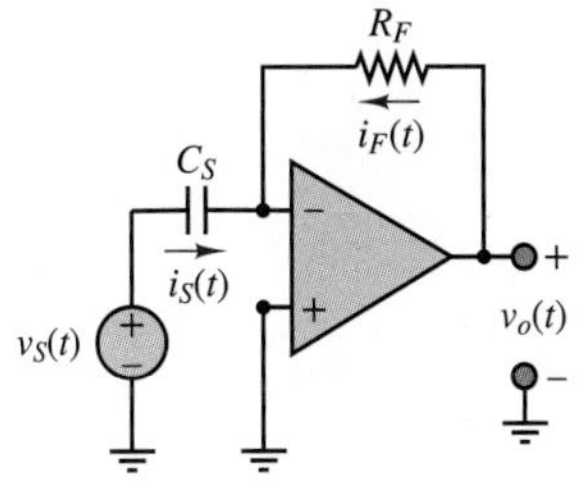

그림 6.47 연산 증폭기 미분기

$$i_S(t) = C_S \frac{d(v_S(t) - 0)}{dt} \tag{6.98}$$

와

$$i_F(t) = \frac{v_o(t) - 0}{R_F} \tag{6.99}$$

를 사용하여 구할 수 있는데, 미분기 회로의 출력은 입력의 미분에 비례한다.

$$v_o(t) = -R_F C_S \frac{dv_S(t)}{dt} \qquad \text{연산 증폭기 미분기} \tag{6.100}$$

LO

비록 수학적으로는 잘 정의되지만, 이 연산 증폭기 회로의 미분 성질은 실제적으로는 그다지 이용되지 않는데, 그 이유는 미분 기능은 신호에 존재하는 잡음을 증폭하는 경향이 있기 때문이다.

측정기술

전하 증폭기

힘, 압력, 가속도 등의 측정에 사용되는 가장 일반적인 변환기 중 하나가 **압전 변환기**(piezoelectric transducer)이다. 이 변환기는 변형에 대응해서 전기 전하를 발생시키는 압전 크리스털을 포함하고 있다. 만약 외력이 작용하여 변위(displacement) x_i가 발생하면, 변환기는 다음 관계식에 따르는 전하 q를 발생시킨다.

$$q = K_P x_i$$

그림 6.48은 압전 변환기의 기본 구조와 간단한 회로 모델을 보여준다. 이 모델은 커패시터와 병렬로 연결된 전류원을 포함하는데, 이때 전류원은 외력에 대응하여 발생하는 전하의 변화율을 표현한 것이며, 커패시턴스는 도체 전극 사이에 끼워져 있는 압전 크리스털[예를 들어, 수정(quartz) 또는 Rochelle 염]의 구조적인 특성의 결과로 발생하는 것이다. 사실상 이는 평행판 커패시터(parallel-plate capacitor)이다.

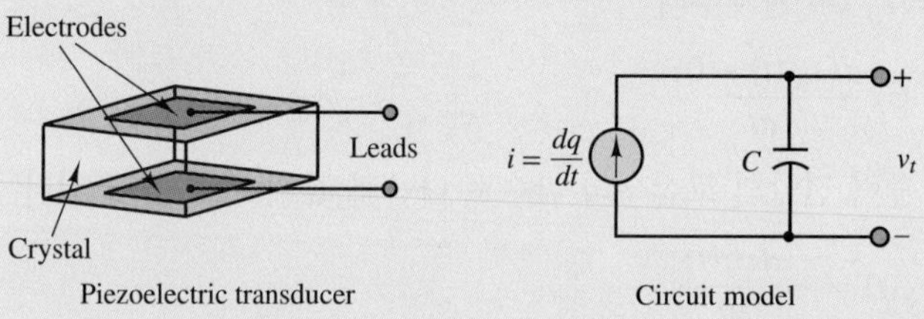

그림 6.48 압전 변환기

비록 이론상으로는 일반적인 전압 증폭기로 변환기 출력 전압 v_t를 다음과 같이 증폭할 수 있다.

$$v_t = \frac{1}{C}\int i\,dt = \frac{1}{C}\int \frac{dq}{dt}dt = \frac{q}{C} = \frac{K_P x_i}{C}$$

그러나 실제로는 **전하 증폭기**(charge amplifier)를 사용하는 것이 훨씬 장점이 많다. 전하 증폭기는 기본적으로 그림 6.49와 같이 매우 큰 입력 임피던스로 특징지어지는 적분기 회로이다.[3] 높은 임피던스는 필수적인데, 그렇지 않으면 변환기에서 발생한 전하는 증폭기의 입력 저항을 통해 접지된 곳으로 새어 나갈 것이다.

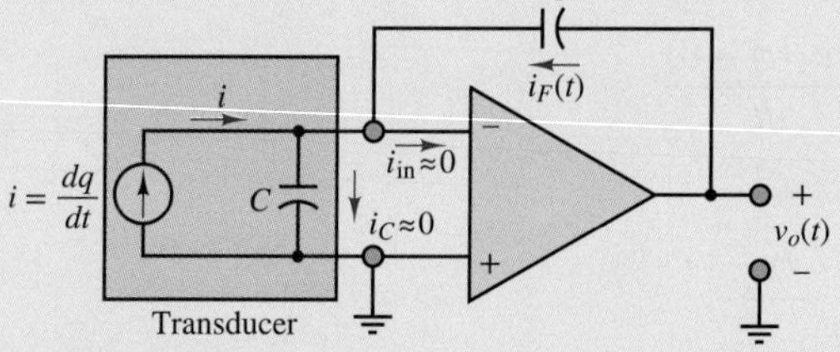

그림 6.49 전하 증폭기

(계속)

[3] FET 입력 회로를 통해서 극단적으로 높은 임피던스를 얻기 위해서 특수 연산 증폭기가 사용된다. 10장을 참조하라.

(계속)

높은 입력 임피던스 때문에 연산 증폭기로 흘러 들어가는 전류는 무시할 수 있고, 높은 증폭기 개루프 이득 때문에 반전 단자 전압은 접지 전위와 같게 된다. 따라서 변환기에 걸리는 전압은 사실상 0이다. 결과적으로, KCL을 만족하기 위해 귀환 전류 $i_F(t)$는 변환기 전류 i와 크기는 같고, 방향은 반대여야 한다. 그리고

$$i_F(t) = -i$$

이므로, 출력 전압은 변환기에 의해 발생하는 전하에 비례하고, 따라서 다음의 변위에 대해서도 비례하게 된다.

$$v_o(t) = \frac{1}{C_F}\int -i\,dt = \frac{1}{C_F}\int -\frac{dq}{dt}dt = -\frac{q}{C_F} = -\frac{K_P x_i}{C_F}$$

변위는 외부의 힘 또는 압력에 의해 발생하므로, 이 원리는 힘과 압력 측정에 널리 이용된다.

사각파의 적분

예제 6.7

문제

그림 6.50과 같이 입력이 진폭 $\pm A$ 및 주기 T의 사각파일 때, 그림 6.46의 적분기 회로에 대한 출력 전압을 구하라.

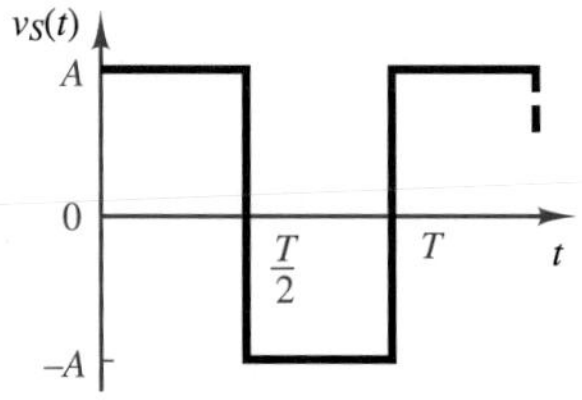

그림 6.50

풀이

기지: 귀환 및 소스 임피던스, 입력 파형 특성

미지: $v_o(t)$

주어진 데이터 및 그림: $T = 10$ ms, $C_F = 1\ \mu$F, $R_S = 10$ kΩ

가정: 이상 연산 증폭기를 가정하며, $t = 0$에서 $v_o = 0$이다.

해석: 식 (6.97)을 참조하면 적분기의 출력은

$$\Delta v_o(t) = -\frac{1}{R_F C_S}\int^t v_S(t')\,dt' = -\frac{1}{R_F C_S}\int_0^t v_S(t')\,dt'$$

와 같이 나타낼 수 있다. 다음으로, $0 \le t < T/2$의 구간에서는 $v_S(t) = $ A, $T/2 \le t < T$의 구간에서는 $v_S(t) = -A$이므로, 두 구간으로 나누어 사각파를 적분할 수 있다. 파형의 전반부는

$$v_o(t) = v_0 - \frac{1}{R_F C_S}\int_0^t v_S(t')dt' = -100\int_0^t A\ dt'$$

$$= -100A(t-0) \qquad 0 \le t < \frac{T}{2}$$

이며, 후반부는

$$v_o(t) = v_o\left(\frac{T}{2}\right) - \frac{1}{R_F C_s}\int_{T/2}^t v_S(t')dt' = -100A\frac{T}{2} - 100\int_{T/2}^t (-A)\ dt'$$

$$= -100A\frac{T}{2} + 100A\left(t - \frac{T}{2}\right) = 100A(t-T) \qquad \frac{T}{2} \le t < T$$

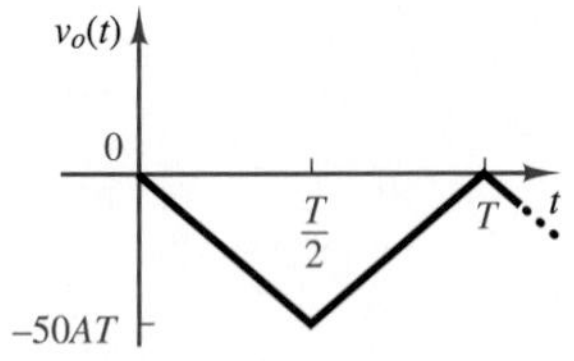

그림 6.51

이 된다. 그림 6.51에서 보듯이, 파형이 주기적이므로 위의 결과는 주기 T마다 반복된다. 출력 전압의 평균값이 0이 아니라는 것 또한 주목하라.

참조: 사각파를 적분하면 삼각파가 된다. 이때 초기 조건은 삼각파의 시작점을 결정하기 때문에 매우 중요하다. 두 선분은 기울기와 t 절편으로 표현되며, 이는 종종 매우 친근하지만 무시된 형태이다.

예제 6.8

연산 증폭기의 비례-적분 제어

문제

이 예제의 목적은 비례-적분(PI) 제어에 대한 아주 일반적인 예를 살펴보는 데 있다. 예제 6.4의 온도제어 회로를 그림 6.52(a)에 다시 나타내었는데, 여기서 비례이득 K_V와 K_P를 사용한 비례제어에 있어서 시스템의 최종 온도에 여전히 정상상태 오차가 존재함을 발견하였다. 이 오차는 비례 제어기에 전압 오차의 적분에 비례하는 값을 귀환시키는 제어기를 사용하여 제거할 수 있다. 그림 6.52(b)는 이러한 *PI* 제어기에 대한 블록 선도이다. 이제는 제어 시스템을 설계하기 위해서 비례이득 K_V와 K_P, 그리고 적분이득 K_I의 3가지 이득을 선택해야 한다.

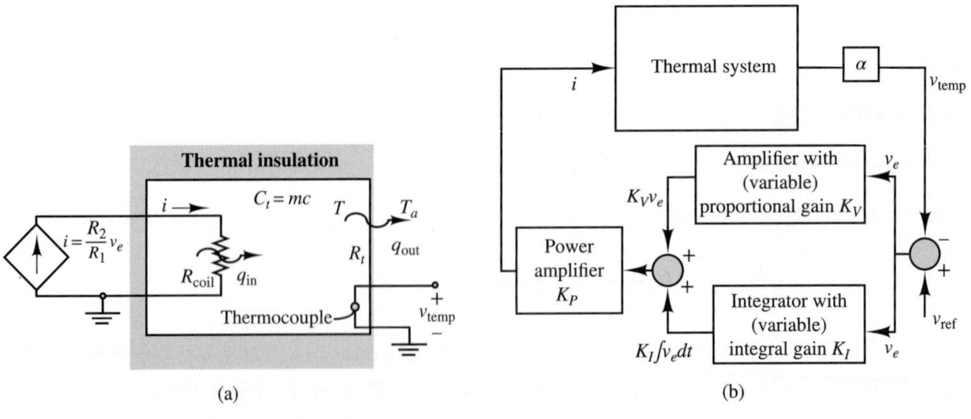

그림 6.52 (a) 열 시스템, (b) 제어 시스템의 블록 선도

풀이

기지: 센서(입력) 전압, 귀환 및 소스 전압, 열 시스템 구성 요소

미지: 비례이득 K_V 및 적분이득 K_I의 원하는 값을 선택하여 정상상태 오류가 없는 자동 온도 제어를 달성한다. 단순화를 위해 $K_P = 1$이라고 가정하라.

주어진 데이터 및 그림: $R_{\text{coil}} = 5\ \Omega$, $R_t = 2°\text{C/W}$, $C_t = 50\ \text{J/°C}$, $\alpha = 1\ \text{V/°C}$

가정: 이상 연산 증폭기를 가정한다.

해석: 그림 6.52(c)는 2개의 연산 증폭기 회로를 나타낸다. 상단의 회로는 오류 전압 $v_e = v_{\text{ref}} - v_{\text{temp}}$를 생성하지만, 어떠한 이득도 제공하지 않는다. 하단의 회로는 비례이득 $-K_V = -R_2/R_1$에 의해서 v_e를 증폭하고, v_e의 적분과 적분이득 $-K_I = -1/R_3C$의 곱을 계산한다. 이 두 계산 결과는 또 다른 반전 가산회로를 통해서 합해진다.

그림 6.52(d)는 $K_V = 5$와 여러 K_I에 대한 시스템의 온도 응답을 나타낸다. 정상상태 오차가 이제는 0이 된 것을 확인할 수 있는데, 이는 적분항을 포함함으로써 발생하는 제어기의 특성이다. 그림 6.52(e)는 전열기의 코일에 공급된 전류량을 나타낸다. 각 응답의 속도와 모양, 무시할 수 있는 장기 정상상태 온도 오류에 유의하라.

참조: 충분히 높은 K_I에서 시스템 온도는 예제 6.4에 설명된 −10°C 온도 외란에 응답하여 진동한다. 이러한 진동은 부족 감쇠(underdamped) 2차 시스템의 특성이지만(4장 참고), 원래 열 시스템은 1차이다. 적분항의 추가로 시스템 차수가 증가하여 공액 복소수 근을 가지게 되

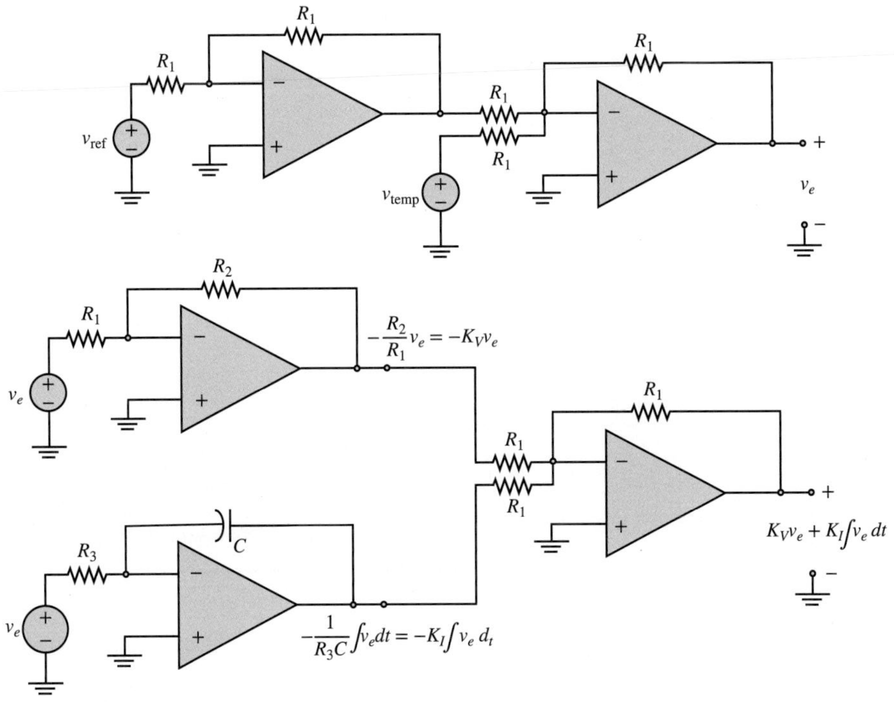

(c)

그림 6.52(c) 오차 전압과 비례이득을 생성하는 회로

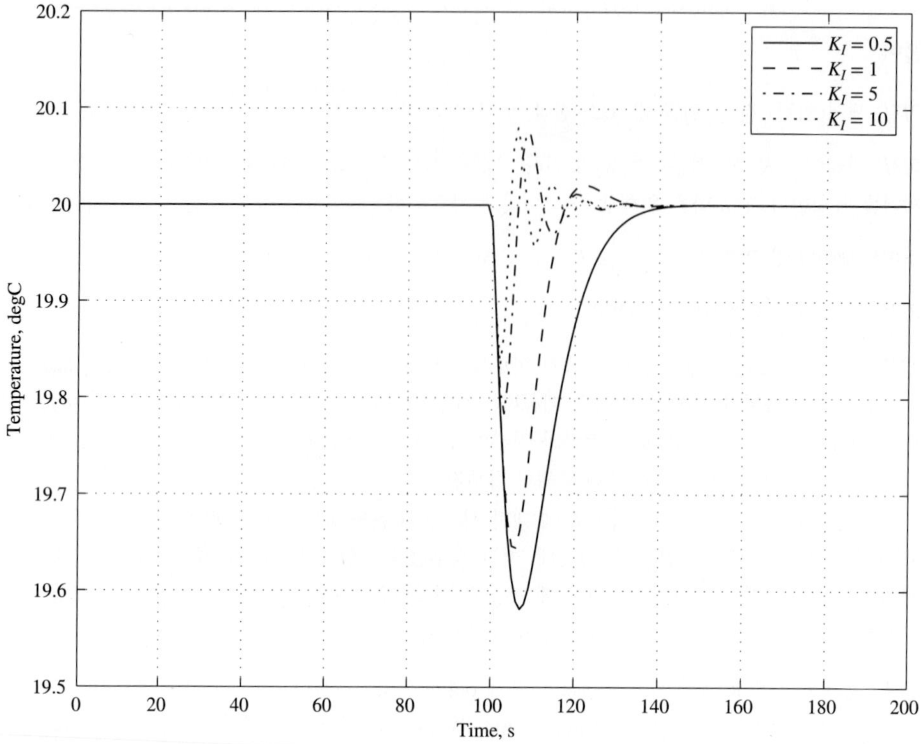

(d)

그림 6.52(d) 다양한 $K_I(K_P = 5)$에 대한 열 시스템의 응답

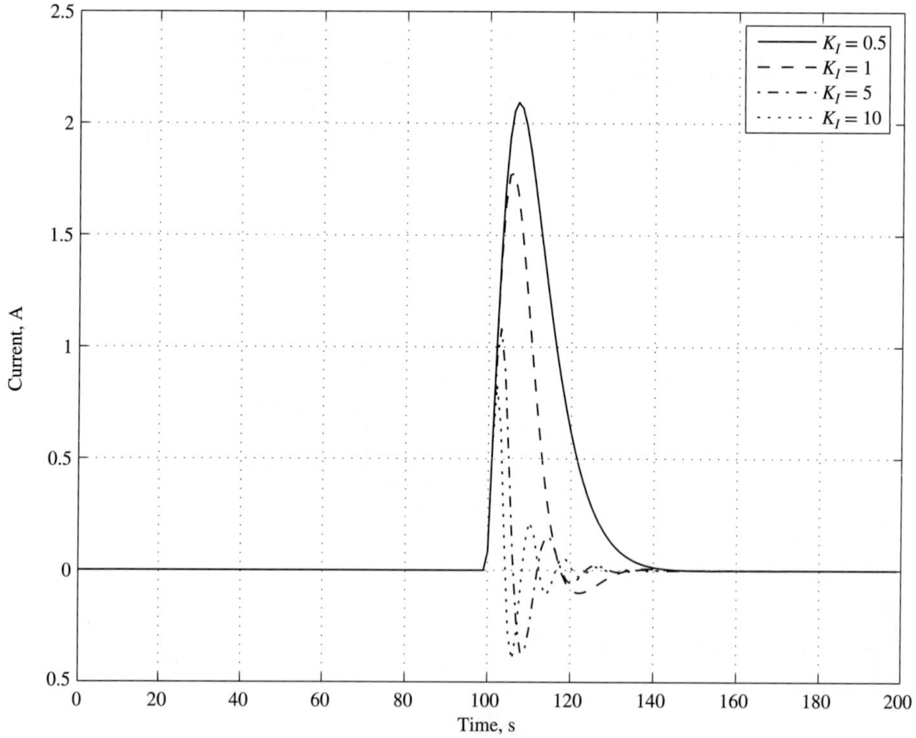

(e)

그림 6.52(e) 다양한 값의 적분이득 $K_I(K_P = 5)$에 대한 전력 증폭기 전류

므로 진동 특성을 보이게 된 것이다. 이러한 현상은 열 시스템에 익숙한 사람들에게는 매우 놀라운 일이다. 열 시스템은 부족 감쇠 특성을 보여주지 않는 것으로 잘 알려져 있는데, 이는 열 시스템에는 인덕턴스와 유사한 특성이 없기 때문이다. 따라서 적분기는 열 시스템에 있어서 인위적인 "열 인덕터"를 도입한 것과 동일한 효과를 나타낸다.

종속 증폭기를 사용한 미분 방정식 시뮬레이션

예제 6.9

문제

그림 6.53의 회로에 해당하는 미분 방정식을 유도하라.

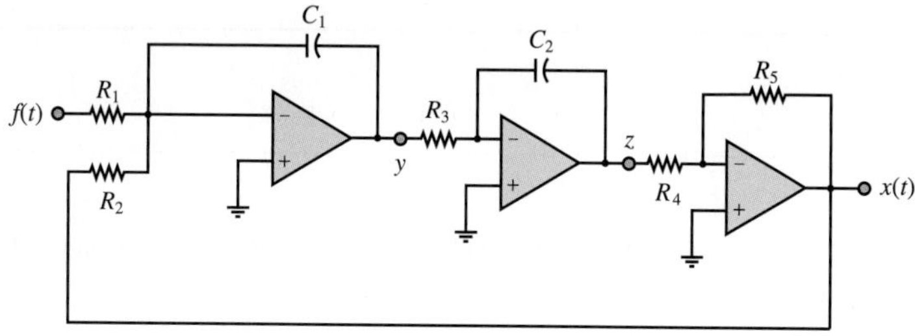

그림 6.53 미지 시스템의 아날로그 컴퓨터 시뮬레이션

풀이

기지: 저항과 커패시턴스

미지: $x(t)$ 항으로 표시된 미분 방정식

주어진 데이터 및 그림: $R_1 = 0.4\ \text{M}\Omega$, $R_2 = R_3 = R_5 = 1\ \text{M}\Omega$, $R_4 = 2.5\ \text{k}\Omega$, $C_1 = C_2 = 1\ \mu\text{F}$

가정: 이상 연산 증폭기를 가정한다.

해석: 회로의 우측부터 해석을 시작하여, 먼저 x를 중간 변수 z의 항으로 나타낸다.

$$x = -\frac{R_5}{R_4}z = -400z$$

다음에는, y와 z 사이의 관계를 구하기 위해서 좌측으로 이동하여

$$z = -\frac{1}{R_3C_2}\int y(t')\,dt' \qquad \text{or} \qquad y = -R_3C_2\frac{dz}{dt} = -\frac{dz}{dt}$$

을 구한다. 마지막으로, y를 x와 f의 함수로 나타내면

$$y = -\frac{1}{R_2C_1}\int x(t')\,dt' - \frac{1}{R_1C_1}\int f(t')\,dt' = -\int [x(t') + 2.5f(t')]\,dt'$$

또는

$$\frac{dy}{dt} = -x - 2.5f$$

가 된다. 식들을 재정리하여 변수 y와 z를 소거하면, x에 대한 미분 방정식을 다음과 같이 얻을 수 있다.

$$x = -400z$$

$$\frac{dx}{dt} = -400\frac{dz}{dt} = 400y$$

$$\frac{d^2x}{dt^2} = 400\frac{dy}{dt} = 400(-x - 2.5f)$$

그리고

$$\frac{d^2x}{dt^2} + 400x = -1{,}000f$$

참조: 가산 및 적분 함수는 첫 번째 증폭기에서 단일의 블록으로 결합될 수 있다.

연습 문제

이상 적분기의 주파수 응답을 dB 선도로 도시하라. 곡선의 기울기를 dB/decade 단위로 구하라. R_SC_F = 10 s으로 가정한다.

Answer: −20 dB/decade

연습 문제

이상 미분기의 주파수 응답을 dB 선도로 도시하라. 곡선의 기울기를 dB/decade 단위로 구하라. R_FC_S = 100 s으로 가정한다.

예제 6.7의 삼각 파형이 그림 6.47의 이상 미분기의 입력이라면, 출력은 사각 파형이 된다는 것을 증명하라.

Answer: +20 dB/decade

연습 문제

아래 그림의 아날로그 컴퓨터 회로에 해당하는 미분 방정식을 유도하라.

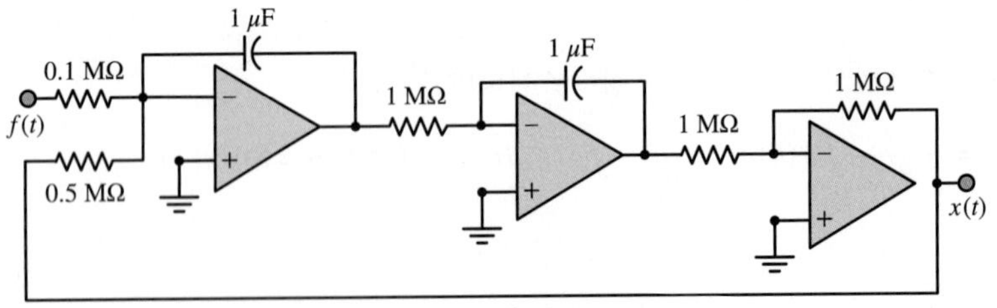

Answer: $d^2x/dt^2 + 2x = -10f(t)$

6.6 연산 증폭기의 물리적 한계

지금까지 거의 모든 논의 및 예제에서, 연산 증폭기는 무한대 입력 임피던스, 제로 출력 저항, 그리고 무한대의 개루프 전압 이득의 특징을 가진 이상적인 장치로 취급하였다. 이러한 모델은 많은 종류의 응용에서 연산 증폭기의 거동을 설명하는 데는 적합하지만, 실제 연산 증폭기는 비이상적이어서 한계를 가지고 있으므로 설계 시에 고려되어야 한다. 특히, 비교적 높은 전압과 전류를 다루거나 고주파 신호가 존재할 때, 연산 증폭기의 비이상적인 특성들을 알아두는 것이 중요하다.

전압 공급 한계

그림 6.6에서 보듯이, 연산 증폭기(일반적인 모든 증폭기)는 V_S^+ 및 V_S^-의 외부 DC 전압을 공급받는데, 이 전압은 보통은 대칭이며 ±10 V에서 ±20 V까지의 범위를 가진다. 일부 연산 증폭기는 특히 단일 전압 공급 장치에서 작동하도록 설계되어 있다. 연산 증폭기는 공급 전압의 범위 내에서만 신호를 증폭할 수 있다. 즉, 증폭기가 V_S^+보다 크거나 V_S^-보다 작은 전압을 발생시키는 것은 불가능하다.

$$V_S^- < v_{out} < V_S^+ \qquad \text{전압 공급 한계} \tag{6.101}$$

LO

대부분의 연산 증폭기에서 한계는 공급 전압보다 근사적으로 1.4 V 정도 작다.

예제 6.10은 전압 공급 한계로 인해 사인파의 피크가 갑자기 어떻게 잘리는지를 보여준다. 이러한 종류의 비선형성은 신호의 특성을 급격하게 변화시킨다. 예를 들어, 록 기타는 클래식 또는 재즈 기타의 사운드와 매우 다른 특징적인 사운드를 가지고 있다. 그 이유는 “록 사운드”가 신호를 과도하게 증폭하여 전압 공급 한계를 초과하고 연산 증폭기에서 전압 공급 한계에서 나타나는 왜곡(distortion)과 같은 신호의 클리핑(clipping)을 발생시키기 때문이다. 이러한 클리핑은 각 음질의 스펙트럼을 확장시키고, 소리가 왜곡되도록 한다.

공급 전압 한계에 직접적으로 영향을 받는 회로 중 하나가 연산 증폭기 적분기이다.

주파수 응답 한계

연산 증폭기의 동작에 상당한 제한을 주는 또 하나는 바로 유한한 대역폭(bandwidth)이다. 이상적으로 증폭기 모델에서 개루프 이득은 매우 큰 상수이다. 그러나 실제로는 A는 주파수의 함수이고, 저역 통과 응답에 의해 특징지어진다. 전형적인 연산 증폭기에 대해서, 다음 식이 성립된다.

$$A(j\omega) = \frac{A_0}{1 + j\omega/\omega_0} \qquad \text{유한한 대역폭 한계} \tag{6.102}$$

LO

연산 증폭기 개루프 이득의 차단 주파수 ω_0는 증폭기의 응답이 주파수의 함수로 감

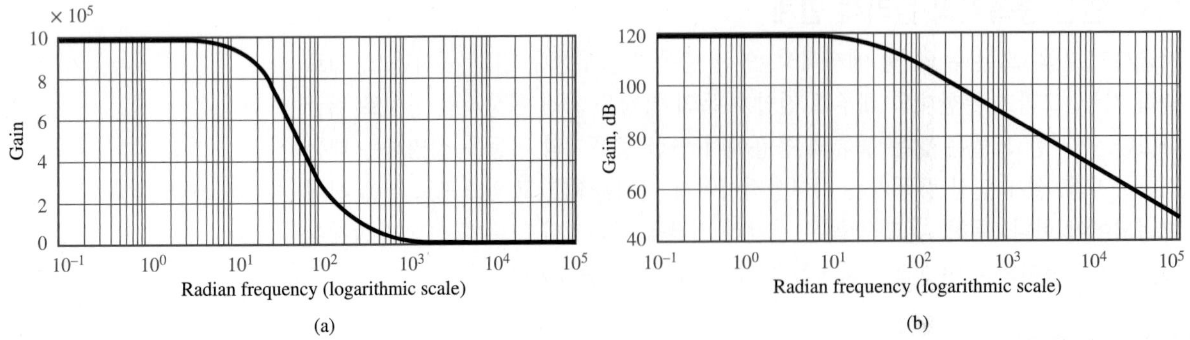

그림 6.54 실제 연산 증폭기의 개루프 이득: (a) 진폭비 응답, (b) dB 응답

소하기 시작하는 점을 근사적으로 나타내며, 5장의 RC와 RL 회로의 차단 주파수와 유사하다. 그림 6.54는 전형적인 값 $A_0 = 10^6$ 및 $\omega_0 = 10\pi$에 대해 $A(j\omega)$를 선형 및 dB 선도로 나타낸 것이다. 이 그림으로부터 개루프 이득이 매우 크다는 가정은 주파수가 증가할수록 부정확해진다는 점이 명백하다. 반전 증폭기의 폐루프 이득을 처음 유도할 때, 마지막 결과인 $\mathbf{V}_o/\mathbf{V}_S = -R_F/R_S$는 $A \to \infty$라는 가정하에 얻어진 것임을 기억하기 바란다. 이 가정은 고주파수 영역에서는 명백히 부정확하다.

실제 연산 증폭기의 유한한 대역폭의 결과로, 모든 연산 증폭기는 일정한 **이득-대역폭 곱**(gain-bandwidth product)을 갖게 된다. 일정한 이득-대역폭 곱의 영향으로 증폭기의 폐루프 이득이 증가함에 따라 3 dB 대역폭은 비례적으로 감소하게 된다. 궁극적으로는, 증폭기가 개루프 모드에서 사용된다면 이득은 A_0이고, 3 dB 대역폭은 ω_0와 같게 될 것이다. 따라서 일정한 이득-대역폭 곱은 개루프 이득과 개루프 대역폭을 곱한 것과 동일하게 된다. 즉, $A_0\omega_0 = K$이다. 증폭기가 폐루프 구성으로 연결되었을 때(예를 들어, 반전 증폭기), 이득은 전형적으로 개루프 이득보다 매우 작고, 3 dB 대역폭은 비례적으로 증가한다. 이것을 좀 더 자세히 설명하기 위해서, 그림 6.55는 (2개의 다른 부귀환 배치로 얻어진) 동일한 연산 증폭기에 대해 2개의 다른 선형 증폭기를 설계하는 경우를 묘사한다. 첫째 증폭기는 폐루프 이득이 $G_1 = A_1$이고, 둘째 증폭기는 폐루프 이득이 $G_2 = A_2$이다. 그림에서 굵은 선은 이득이 A_0이고, 차단 주파수가 ω_0인 개루프 주파수 응답을 묘사한다. 이득이 개루프 이득 A_0에서 A_1으로 감소함에 따라 차단 주파수가 ω_0에서 ω_1으로 증가하는 것을 볼 수 있다. 이득을 A_2로 더 감소시킨다면, 대역폭이 ω_2로 증가한다고 기대할 수 있다. 따라서

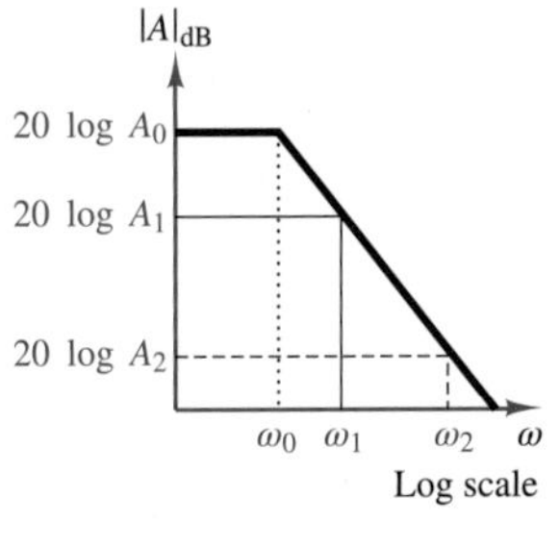

그림 6.55

LO

연산 증폭기의 이득-대역폭 곱은 일정하다.

$$A_0 \times \omega_0 = A_1 \times \omega_1 = A_2 \times \omega_2 = K \tag{6.103}$$

입력 오프셋 전압

실제 연산 증폭기의 또 다른 한계는 어떤 외부 입력이 인가되지 않더라도, 입력 **오프셋 전압**(input offset voltage)이 연산 증폭기의 입력에 존재할 수 있기 때문에 발생한다. 이 전압은 보통 $\pm V_{os}$로 표시되고, 연산 증폭기의 내부 회로의 부정합에 의해 발생한다. 이러한 오프셋 전압은 반전과 비반전 입력 단자에서의 차동 입력 전압

으로 나타난다. 부기적인 입력 전압의 존재는 증폭기 출력에서 DC 바이어스 오차를 유발한다. V_{os}의 전형적인 값과 최댓값은 제작자의 데이터 시트에서 알 수 있다. 따라서 오프셋 전압의 존재에 기인하는 영향은 미리 예측할 수 있다.

입력 바이어스 전류

연산 증폭기의 또 다른 비이상적인 특성은, 반전과 비반전 단자에 작은 입력 바이어스 전류(input bias current)가 존재함으로써 발생한다. 이는 연산 증폭기의 입력 회로의 내부 구조에 기인한다. 그림 6.56은 연산 증폭기로 흘러 들어가는 0이 아닌 입력 바이어스 전류(I_B)의 존재를 설명한다.

I_B의 전형적인 값은 연산 증폭기의 제작 시 사용되는 반도체 기술에 의존한다. 양극성 트랜지스터(bipolar transistor)로 구성된 입력 회로를 가진 연산 증폭기에서는 약 1 μA 정도의 큰 입력 바이어스 전류가 존재하는 반면에, FET 입력 회로에 대해서는 입력 바이어스 전류가 1 nA보다 작다.

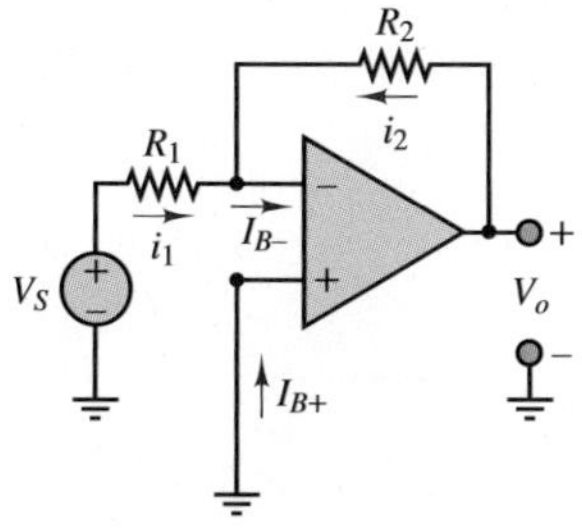

그림 6.56

흔히 **입력 오프셋 전류** I_{os}는 다음과 같이 나타낸다.

$$I_{os} = I_{B+} - I_{B-} \tag{6.104}$$

출력 오프셋 조정

입력 오프셋 전압과 입력 오프셋 전류는 둘 다 출력 오프셋 전압 $V_{o,os}$에 영향을 준다. 어떤 연산 증폭기는 $V_{o,os}$를 최소화할 수 있는 수단을 제공한다. 예를 들어, μA741 연산 증폭기는 이를 위한 핀을 제공한다. 그림 6.57은 8핀 DIP 패키지(dual in-line package) 형태의 연산 증폭기에 대한 전형적인 핀 배치와 출력 오프셋 전압을 제거하기 위해 사용되는 회로를 보여 준다. v_o이 최솟값(이상적으로는 0 V)이 될 때까지 다양한 가변 저항이 조정된다. 이러한 방법으로 출력 오프셋 전압을 제거하는 것은 출력에 대한 입력 오프셋 전압과 전류의 영향을 둘 다 제거한다.

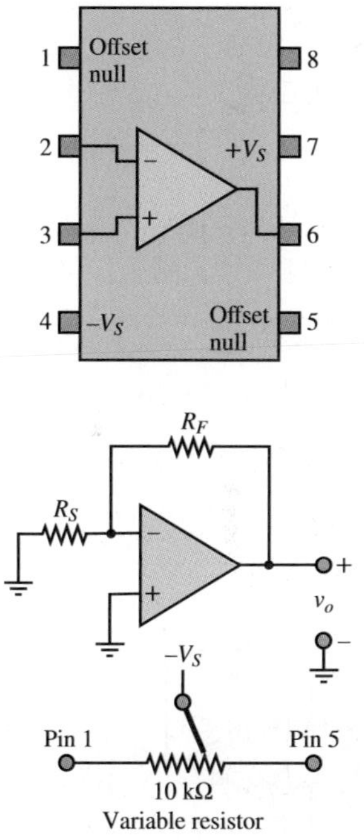

그림 6.57 출력 오프셋 전압 조정

슬루율 한계

실제 연산 증폭기의 성능에서 또 하나의 중요한 제한은 전압의 급격한 변화와 관련된다. 연산 증폭기의 출력 전압이 변화할 수 있는 속도는 한정되어 있는데, 이 한정된 변화율을 **슬루율**(slew rate)이라 한다. 만약 $t = 0$에서 전압이 0에서 V 볼트로 변하는 이상적인 계단 입력(step input)이 가해지면, 출력은 0에서 AV 볼트로 전환될 것으로 예상할 수 있다. 여기서 A는 증폭기 이득이다. 그러나 v_o의 변화율은 유한하다. 따라서

$$\left|\frac{dv_o}{dt}\right|_{\max} = S_0 \qquad \text{슬루율 한계} \tag{6.105}$$

그림 6.58은 이상적인 계단 모양의 입력 전압에 대하여 연산 증폭기의 응답을 보여 준다. 여기서 v_o의 기울기 S_0는 슬루율을 나타낸다.

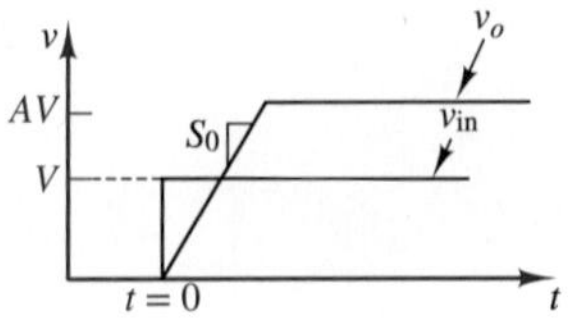

그림 6.58 연산 증폭기의 슬루율 한계

슬루율 한계는 그림 6.58의 계단식 전압에서처럼 급격한 변화를 보이는 신호에서뿐만 아니라, 정현파 신호에도 영향을 줄 수 있다. 이는 정현파 응답을 좀 더 정확하게 조사해 보기 전에는 명백하지 않을 수도 있다. 그림 6.59에서처럼 정현파에 대한 최고 변화율은 0을 지나는 점에서 발생한다는 것이 명백할 것이다. 0을 지날 때의 파형의 기울기를 계산하기 위해서

$$v_{\text{in}}(t) = V \sin \omega t \qquad \text{such that} \qquad v_o(t) = AV \sin \omega t \tag{6.106}$$

라 하면

$$\frac{dv_o}{dt} = \omega AV \cos \omega t \tag{6.107}$$

가 된다. 따라서 정현파 신호의 최고 기울기는 $\omega t = 0, \pi, 2\pi, \ldots,$ 에서 발생하고, 결과적으로

$$\left|\frac{dv_o}{dt}\right|_{\max} = \omega AV = S_0 \tag{6.108}$$

이 된다.

따라서 정현파의 최고 기울기는 신호의 주파수와 진폭의 곱에 비례한다. 그림 6.59에서 점선으로 그려진 곡선은 주파수가 증가함에 따라 0을 지날 때의 $v(t)$의 기울기도 증가한다는 것을 나타낸다. 그러면 이러한 결과의 직접적인 중요성은 무엇인가?

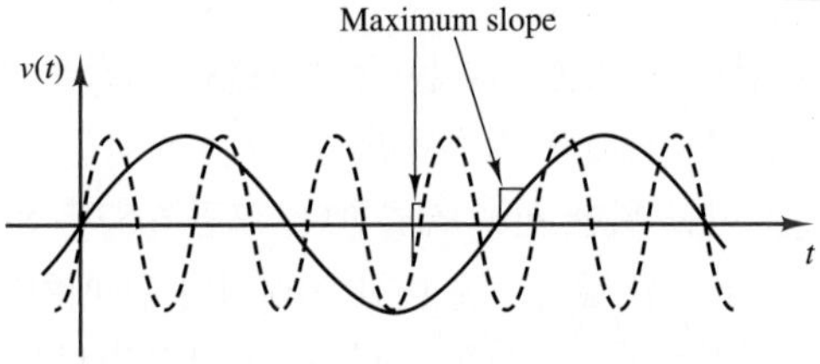

그림 6.59 정현파 신호의 최대 기울기는 신호 주파수에 따라 변한다.

단락 출력 전류

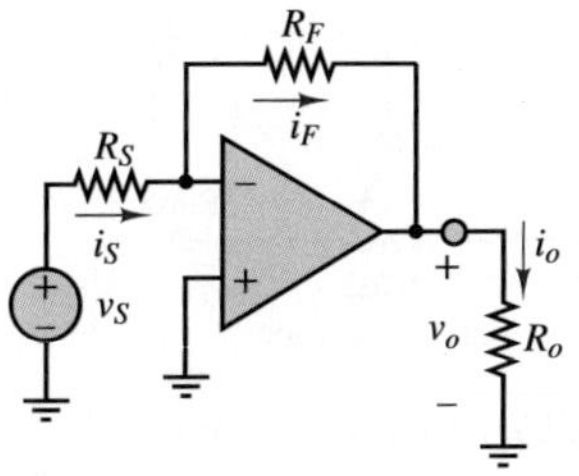

그림 6.60

연산 증폭기의 내부 회로를 등가 입력 저항 R_{in}과 제어(또는 종속) 전압원 Av_{in}로 표시한 그림 6.3의 연산 증폭기 모델을 고려하자. 실제로는 내부 소스는 이상적이지 않은데, 이것은 무한대의 전류를 (부하나 귀환 연결 중의 하나 또는 둘 모두에) 공급할 수 없기 때문이다. 이러한 비이상적인 연산 증폭기 특성의 직접적인 결과로, 증폭기의 최대 출력 전류가 단락 출력 전류(short-circuit output current) I_{SC}에 의해 제한된다.

LO

$$|i_o| < I_{\text{SC}} \qquad \text{단락 출력 전류 제한} \tag{6.109}$$

이 점을 좀 더 깊이 설명하기 위해, 연산 증폭기가 귀환 경로(입력에서의 전압 차를 "0"으로 만들기 위해)와 출력에 연결되는 부하 저항 R_o에 전류를 공급해야 한다는 것을 고려해 보자. 그림 6.60은 반전 증폭기에 대해 이러한 경우를 예시하는 것인데, 여기서 I_{SC}는 단락 부하($R_o \to 0$)에 공급되는 부하 전류이다. 분명히 출력 전압은

$R_o \to 0$으로 $i_0 \to \infty$가 이니면 $v_o \to 0$이다. 그러나 실제로는 i_o이 유한한 값으로 제한된다. 따라서 결국 $R_o \to 0$일 때 출력 전압 v_o의 크기는 $(R_F/R_S)\ v_S$에서 감소하여 0에 접근한다. 이 시점에서 회로는 더 이상 부귀환이 있는 이상적인 연산 증폭기에 대해 기대하는 것처럼 동작하지 않는다.

공통 모드 제거비

차동 모드 및 공통 모드 전압의 개념과 더불어 공통 모드 제거비(common-mode rejection ratio)에 대해 6.2절에서 언급한 적이 있으며, 식 (6.66)에서 (6.70)까지 수학적으로 표현한 바 있다. CMRR은 증폭기의 특징으로 741 연산 증폭기와 같이 어떠한 증폭기의 데이터 시트에서도 찾아볼 수 있다.

$$\text{CMRR} = 20 \log \left| \frac{A_{\text{DM}}}{A_{\text{CM}}} \right| \qquad \text{(in dB)}$$

실제 연산 증폭기 설계 시의 고려 사항

연산 증폭기를 사용하면, 적절한 저항만을 선택하여 비교적 복잡한 회로를 단순하게 설계하는 것이 가능하였다. 그러나 이러한 단순한 설계는 회로 소자의 선택이 어떤 기준을 만족하는 경우에만 가능하다. 아래에 실제 연산 증폭기 회로의 설계 시에 회로 소자의 선택에 있어서 유념해야 할 항목들이 요약되어 있다.

1. 표준 저항을 사용하여야 한다. 적절한 저항의 조합으로 임의의 이득을 얻을 수 있지만, 설계자는 표준 5% 저항만을 사용하도록 제한되는 경우가 흔히 있다. 예를 들어, 그림 6.56과 같이 만약 설계에서 25의 이득이 필요하다면, 아마도 $R_F/R_S = 25$를 만족하기 위하여 100 kΩ 및 4 kΩ 저항을 선택하려고 할 것이다. 그러나 4 kΩ은 표준 저항이 아니다. 5% 허용오차를 고려하면 가장 근접한 저항은 3.9 kΩ이고, 이때 이득은 25.64가 된다. 당신은 25에 더 가까운 표준 5% 저항들의 조합을 찾을 수 있는가?
2. 부하 전류를 적절히 유지하여야 한다. 1번과 동일한 예에서, 최대 출력 전압을 10 V라 가정하자. $R_F - 100$ kΩ, $R_S = 4$ kΩ일 때 설계에 필요한 귀환 전류는 $I_F = 10/100{,}000 = 0.1$ mA이다. 이 값은 연산 증폭기에 있어서 매우 적절한 값이다. 만약, 당신이 10 Ω의 귀환 저항과 0.39 Ω의 소스 저항을 사용하여 동일한 이득을 얻고자 한다면, 귀환 전류가 1 A로 커질 것이다. 이 값은 일반 목적에 사용되는 연산 증폭기의 용량을 벗어나며, 따라서 매우 작은 저항은 적합하지 않다. 반면에, 10 kΩ, 390 Ω의 저항을 사용한다면, 이 또한 적합한 전류를 제공할 것이다. 경험적으로 실제 설계에서 100 Ω 이하의 작은 저항은 피하는 것이 좋다.
3. 부유 커패시턴스(stray capacitance)를 피하여야 한다. 지나치게 큰 저항들은 회로 내에서 원하지 않는 신호들의 결합을 초래하는데, 이를 정전 결합(capacitive coupling)이라 부른다. 이 현상은 7장에서 논의하기로 한다. 또한 큰 저항은 다른 문제들을 초래하기도 한다. 경험적으로 1 MΩ 이상의 큰 저항은 피하도록 한다.
4. 정밀한 설계를 보장하여야 한다. 만약 매우 정확한 연산 증폭기 이득을 요구하는 설계가 있다면, 정밀 저항을 사용하는 것이 적절하다. 이 경우에 1% 허용오차를 갖는 저항을 일반적으로 사용하는데, 가격은 다소 비싸다. 일부 예제와 숙제 문제에서 허용오차가 큰 저항과 작은 저항을 사용함으로써 발생하는 이득의 변화에 대하여 다룰 것이다.

예제 6.10 반전 증폭기에서의 전압 공급 한계

문제

그림 6.61의 반전 증폭기의 출력 전압을 계산하고 도시하라.

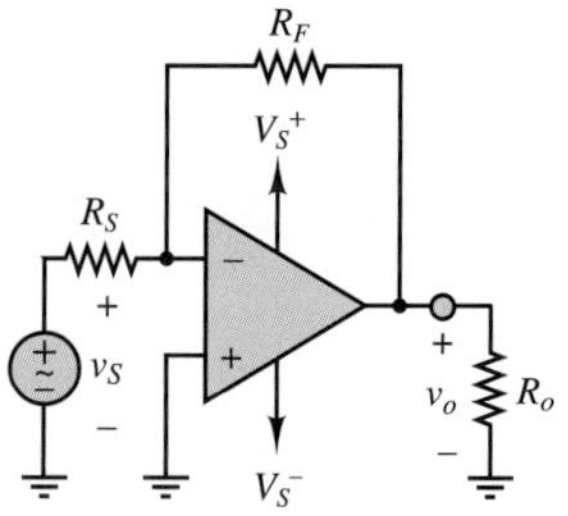

그림 6.61

풀이

기지: 저항 및 공급 전압, 입력 전압

미지: $v_o(t)$

주어진 데이터 및 그림: $R_S = 1\ \text{k}\Omega$, $R_F = 10\ \text{k}\Omega$, $R_o = 1\ \text{k}\Omega$, $V_S^+ = 15$ V, $V_S^- = -15$ V, $v_S(t) = 2\sin(1{,}000t)$

가정: 공급 전압이 제한되는 연산 증폭기를 가정한다.

해석: 이상 증폭기에 대해서 출력은

$$v_o(t) = -\frac{R_F}{R_S}v_S(t) = -10 \times 2\sin(1{,}000t) = -20\sin(1{,}000t)$$

이 된다. 그러나 공급 전압이 ±15 V로 제한되므로, 연산 증폭기의 출력 전압은 이론적인 피크 출력 ±20 V에 도달하기 전에 포화된다. 그림 6.62는 출력 전압 파형을 보여준다.

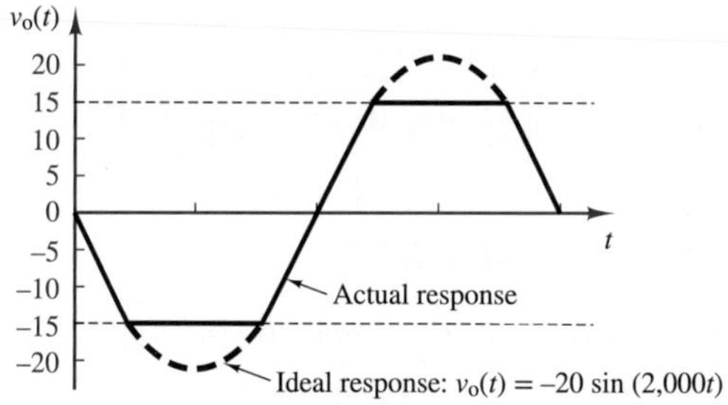

그림 6.62 전압 공급 한계를 가진 연산 증폭기 출력

참조: 실제 연산 증폭기에서는 공급 전압보다 약 1.4 V 이하의 전압, 즉 ±13.6 V에서 포화된다.

예제 6.11 연산 증폭기 적분기에 있어서의 전압 공급 한계

문제

그림 6.46의 적분기의 출력 전압을 계산하고 도시하라.

풀이

기지: 저항, 커패시터, 공급 전압, 입력 전압

미지: $v_o(t)$

주어진 데이터 및 그림: $R_S = 10\ \text{k}\Omega$, $C_F = 20\ \mu\text{F}$, $V_S^+ = 15\ \text{V}$, $V_S^- = -15\ \text{V}$, $v_S(t) = -0.5 + 0.3\cos(10t)$

가정: 공급 전압이 제한되는 연산 증폭기를 가정한다. 초기 조건은 $v_o(0) = 0$이다.

해석: 이상 연산 증폭기에 대한 출력은

$$v_o(t) = v_o(0) - \frac{1}{R_S C_F}\int^t v_S(t')dt' = -\frac{1}{0.2}\int^t [-0.5 + 0.3\cos(10t')]\,dt'$$

$$= 2.5t + 0.15\sin(10t)$$

이 된다. 그러나 공급 전압이 ±15 V로 제한되므로, 적분기의 출력 전압은 $2.5t$ 항이 증가함에 따라서 15 V로 포화된다. 그림 6.63은 출력 전압의 파형을 보여준다.

참조: 파형에서의 DC 오프셋에 의해서 적분기 출력 전압이 시간에 따라 선형적으로 증가하게 된다. 그러므로 매우 작은 DC 오프셋이라도 존재한다면 적분기 포화가 발생된다.

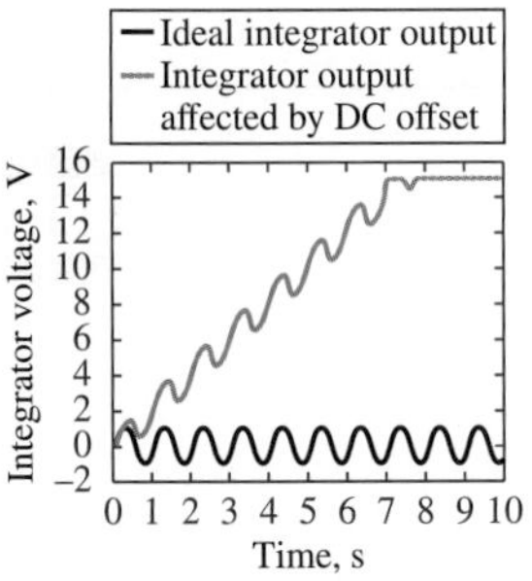

그림 6.63 DC 오프셋의 적분기에 대한 영향

연산 증폭기에서 이득–대역폭 곱의 한계

예제 6.12

문제

20 kHz의 대역폭을 갖는 증폭기가 요구된다면, 증폭기의 허용 가능한 최대 폐루프 전압 이득은 얼마인가?

풀이

기지: 이득–대역폭 곱

미지: G_{max}

주어진 데이터 및 그림: $A_0 = 10^6$, $\omega_0 = 2\pi \times 5\ \text{rad/s}$

가정: 이득–대역폭 곱이 제한되는 연산 증폭기를 가정한다.

해석: 연산 증폭기의 이득–대역폭 곱은

$$A_0 \times \omega_0 = K = 10^6 \times 2\pi \times 5 = \pi \times 10^7\ \text{rad/s}$$

로 주어진다. 원하는 대역폭은 $\omega_{\text{max}} = 2\pi \times 20{,}000\ \text{rad/s}$이므로, 최대 허용 이득은

$$G_{\text{max}} = \frac{K}{\omega_{\text{max}}} = \frac{\pi \times 10^7}{\pi \times 4 \times 10^4} = 250\,\frac{V}{V}$$

이 된다. 폐루프 전압 이득이 250보다 크다면 증폭기의 대역폭이 감소된다.

참조: 250보다 큰 이득을 얻고 동일한 대역폭을 유지하기 위하여 다음의 두 가지 경우가 가능하다. 첫째, 더 큰 이득–대역폭 곱을 갖는 연산 증폭기를 사용한다. 둘째, 큰 대역폭을 가지며, 각각의 이득은 작지만 이득의 곱이 250보다 더 크게 되는 2개의 증폭기를 종속으로 연결하여 사용한다.

예제 6.13

종속 증폭기를 이용한 이득-대역폭 곱의 증가

문제

그림 6.64의 종속 증폭기(cascade amplifier)의 3 dB 대역폭을 구하라.

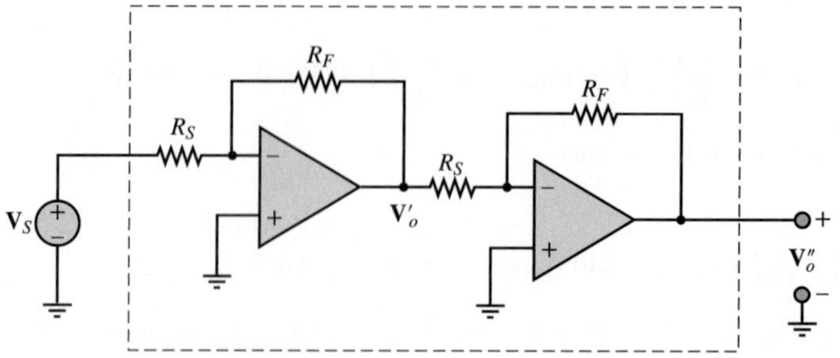

그림 6.64 종속 증폭기

풀이

기지: 각 증폭기의 이득-대역폭 및 이득

미지: 종속 증폭기의 $\omega_{3\text{ dB}}$

주어진 데이터 및 그림: 각 증폭기에 대해서 $A_0\omega_0 = K = 4\pi \times 10^6$ 및 $R_F/R_S = 100$

가정: 이득-대역폭 곱이 제한된 연산 증폭기를 가정한다.

해석: G_1 및 ω_1은 첫 번째 증폭기의 이득과 3 dB 대역폭을 나타내고, G_2 및 ω_2는 두 번째 증폭기의 이득과 3 dB 대역폭을 나타낸다고 하자.

그러면 첫 번째 증폭기의 3 dB 대역폭은

$$\omega_1 = \frac{K}{G_1} = \frac{4\pi \times 10^6}{10^2} = 4\pi \times 10^4 \frac{\text{rad}}{\text{s}}$$

이다. 둘째 증폭기도 동일한 대역폭을 갖는다.

$$\omega_2 = \frac{K}{G_2} = \frac{4\pi \times 10^6}{10^2} = 4\pi \times 10^4 \frac{\text{rad}}{\text{s}}$$

따라서 종속 증폭기의 근사적인 대역폭은 $4\pi \times 10^4$이며, 이득은 두 이득의 곱인 $G_1G_2 = 100 \times 100 = 10^4$ 또는 80 dB이다.

동일한 K를 갖는 단일 연산 증폭기의 경우 대역폭은 100배 더 작다.

$$\omega_3 = \frac{K}{G_3} = \frac{4\pi \times 10^6}{10^4} = 4\pi \times 10^2 \frac{\text{rad}}{\text{s}}$$

참조: 실제로는 각 증폭기의 이득이 공칭 차단 주파수보다 어느 정도 작은 주파수에서 감소하기 시작하기 때문에, 종속 증폭기의 실제 3 dB 대역폭은 단일 증폭기의 값보다 작다. 보다 자세한 분석에 따르면, 실제 3 dB 대역폭은 대략 $\omega_1\sqrt{\sqrt{2}-1}$이다.

입력 오프셋 전압의 증폭기에의 영향

예제 6.14

문제

입력 오프셋 전압 V_{os}가 그림 6.65의 증폭기의 출력에 미치는 영향을 구하라.

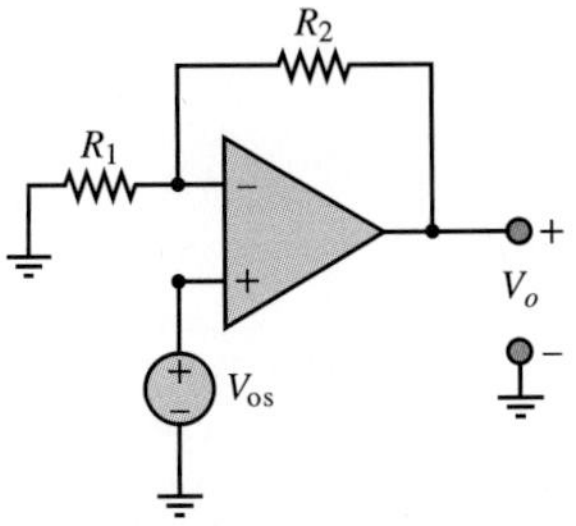

그림 6.65 연산 증폭기 입력 오프셋 전압

풀이

기지: 공칭 폐루프 전압 이득, 입력 오프셋 전압

미지: 출력 전압에서의 오프셋 전압 성분 V_o, os

주어진 데이터 및 그림: $A_{nom} = 100$, $V_{os} = 1.5$ mV

가정: 입력 오프셋 전압이 존재하는 연산 증폭기를 가정한다.

해석: 증폭기는 비반전 구조로 연결되어 있으므로, 폐회로 이득은

$$G_{nom} = 100 = 1 + \frac{R_F}{R_S}$$

로 주어진다. 이상 전압원에 의해서 표현되는 DC 오프셋 전압은 비반전 입력에 직접 가해지므로, 이에 의한 출력은

$$V_{o,os} = G_{nom} V_{os} = 100 V_{os} = 150 \text{ mV}$$

와 같다. 그러므로 증폭기의 출력 전압은 150 mV만큼 높게 나온다.

참조: 입력 오프셋 전압은 물론 외부 소스는 아니지만, 연산 증폭기의 입력 사이에 전압 오프셋을 발생시킨다. 그림 6.57은 이러한 오프셋을 제거하는 방법을 보여준다. 최악의 오프셋 전압은 일반적으로 데이터 시트에 수록되어 있다. 범용 연산 증폭기인 741c에서는 약 2 mV, FET 입력을 갖는 TLO81에서는 5 mV의 입력 오프셋 전압이 나타난다.

입력 오프셋 전류의 증폭기에의 영향

예제 6.15

문제

그림 6.66의 증폭기의 출력에 대한 입력 오프셋 전류 I_{os}의 영향을 구하라.

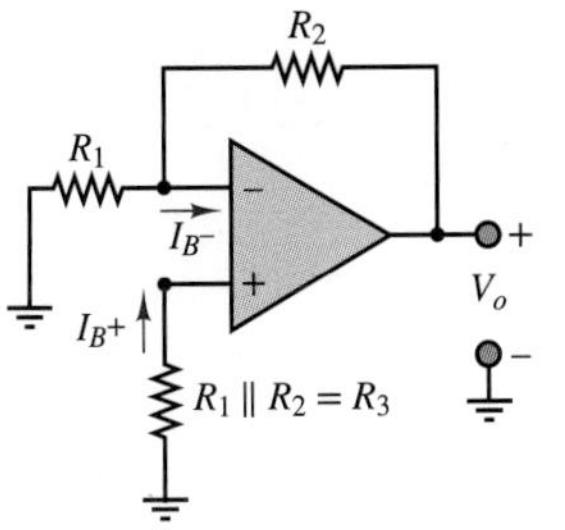

그림 6.66

풀이

기지: 저항, 입력 오프셋 전류

미지: 출력 전압에서의 오프셋 전압 성분 $v_{out, os}$

주어진 데이터 및 그림: $I_{os} = 1$ μA, $R_2 = 10$ kΩ

가정: 입력 오프셋 전류가 존재하는 연산 증폭기를 가정한다.

해석: 외부 입력의 부재 시에 오프셋 전류에 의해서 발생되는 반전 및 비반전 단자 전압을 계산하면

$$v^+ = -R_3 I_{B^+} \qquad v^- = v^+ = -R_3 I_{B^+}$$

와 같다. 반전 노드에 KCL을 적용한 다음, 이러한 값들을 사용하면

$$\frac{V_o - v^-}{R_2} - \frac{v^- - 0}{R_1} = I_{B^-}$$

$$\frac{V_o}{R_2} - \frac{-R_3 I_{B^+}}{R_2} - \frac{-R_3 I_{B^+}}{R_1} = I_{B^-}$$

$$V_o = R_2\left[-I_{B^+}R_3\left(\frac{1}{R_2} + \frac{1}{R_1}\right) + I_{B^-}\right] = R_2[-I_{B^+} + I_{B^-}] = -R_2 I_{\text{os}}$$

와 같이 출력 전압을 구할 수 있다. 그러므로 이 예제에서 주어진 데이터에 대해서 증폭기의 출력이 $R_2 I_{\text{os}}$ 또는 $10^4 \times 10^{-6} = 10$ mV만큼 작아진다는 점을 알 수 있다.

참조: 보통 최악의 입력 오프셋 전류(또는 입력 바이어스 전류)는 일반적으로 데이터 시트에 수록되어 있다. CMOS 연산 증폭기인 LMC6061에서는 100 pA, 저가의 범용 증폭기인 μA741c에서는 약 200 nA의 입력 오프셋 전류가 나타난다.

예제 6.16

슬루율 한계의 연산 증폭기에의 영향

문제

진폭과 주파수가 알려진 정현파 입력 전압에 대해서, 슬루율 한계 S_0가 반전 증폭기의 출력에 미치는 영향을 구하라.

풀이

기지: 슬루율 한계 S_0, 정현파 입력 전압의 진폭과 주파수, 증폭기의 폐루프 이득

미지: 동일한 선도에 이론적으로 정확한 출력과 실제 출력을 함께 도시하라.

주어진 데이터 및 그림: $S_0 = 1$ V/μS, $v_S = \sin(2\pi \times 10^5 t)$, $G = 10$

가정: 슬루율 한계를 갖는 연산 증폭기를 가정한다.

해석: 폐루프 전압 이득이 10이므로, 이론적인 출력 전압은

$$v_o = -10\sin(2\pi \times 10^5 t)$$

이 된다. 출력 전압의 최대 기울기는

$$\left|\frac{dv_o}{dt}\right|_{\max} = G\omega = 10 \times 2\pi \times 10^5 = 6.28\,\frac{\text{V}}{\mu\text{s}}$$

이 된다. 이 기울기는 연산 증폭기의 슬루율을 훨씬 초과한다. 그림 6.67은 실험에서 측정할 수 있는 파형의 근사된 모습을 보여준다.

참조: 이 예제에서 슬루율 한계는 상당히 초과되었으며, 출력 파형은 외형적으로 삼각파가 될 정도로 심하게 왜곡되어 있다. 슬루율 한계의 영향은 시각적으로 구별될 만큼 항상 이렇게 심하지는 않으므로, 주어진 연산 증폭기의 사양에 주의를 기울일 필요가 있다. 슬루율 한계는 소자의 데이터 시트에 수록되어 있다. TLO81에 대해서는 약 13 V/μs, 저가의 범용 증폭기인 μA741c에 대해서는 0.5 V/μs의 슬루율 한계를 갖는다.

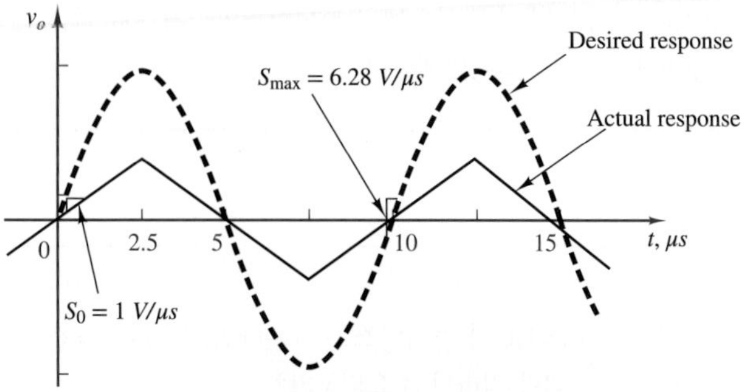

그림 6.67 슬루율 한계에 의해 도입된 왜곡

단락 전류 한계의 연산 증폭기에의 영향

예제 6.17

문제

진폭과 주파수가 알려진 정현파 입력 전압에 대해서, 단락 전류 한계 I_{SC}가 반전 증폭기의 출력에 미치는 영향을 구하라.

풀이

기지: 단락 전류 한계 I_{SC}, 정현파 입력 전압의 진폭, 증폭기의 폐루프 이득

미지: 최대 허용 부하저항 $R_{o_{min}}$을 계산하고, $R_{o_{min}}$보다 더 작은 저항에 대해서 이론적인 출력 전압과 실제 출력 전압 파형을 도시하라.

주어진 데이터 및 그림: $I_{SC} = 50$ mA, $v_S = 0.05\sin(\omega t)$, $G = 100$

가정: 단락 전류 한계를 갖는 연산 증폭기를 가정한다.

해석: 폐루프 전압 이득이 100이므로 이론적인 출력 전압은

$$v_o(t) = -Gv_S(t) = -5\sin(\omega t)$$

가 된다. 단락 전류 한계의 영향을 평가하기 위해서 출력 전압의 피크를 계산하면

$$V_{o_{peak}} = 5\text{V}$$

이 되는데, 이는 이 피크전압에서 연산 증폭기로부터 최대 출력 전류

$$I_{SC} = 50\,\text{mA}$$

가 요구되기 때문이다. 이로부터

$$R_{o_{min}} = \frac{V_{o_{peak}}}{I_{SC}} = \frac{5\text{ V}}{50\,\text{mA}} = 100\,\Omega$$

을 얻게 된다. 100 Ω보다 작은 어떤 부하 저항에 대해서도 요구되는 부하 전류는 I_{SC}보다 크게 될 것이다. 예를 들어, 75 Ω의 부하 저항을 선택한다면

$$V_{o_{peak}} = I_{SC} \times R_o = 3.75\,\text{V}$$

을 얻는다. 즉, 출력 전압은 이론적으로 정확한 5 V 피크에 도달할 수 없으며, 단지 3.75 V의 피크전압에 도달할 뿐이다. 이러한 영향은 그림 6.68에 도시되어 있다.

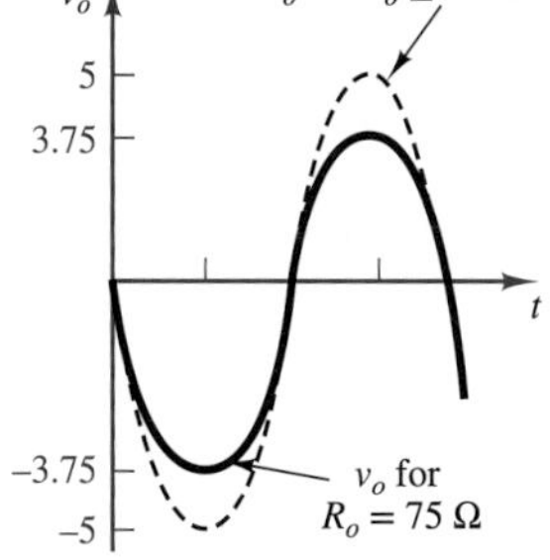

그림 6.68 단락 전류 한계에 의해 도입된 왜곡

참조: 단락 전류 한계는 소자의 데이터 시트에 수록되어 있다. 저가의 범용 증폭기인 μA741c에 대해서는 약 수십 mA의 단락 전류 한계를 갖는다.

연습 문제

예제 6.11에서 입력 신호가 0.1VDC의 바이어스를 갖는다면[즉, $v_S(t) = 0.1 + 0.3\cos(10t)$], 적분기가 포화되는 데 시간이 대략 얼마나 소요되는가?

Answer: 약 30 s

연습 문제

예제 6.12에서 원하는 대역폭이 100 kHz일 때 연산 증폭기가 얻을 수 있는 최대 이득은 얼마인가?

Answer: $A_{\max} = 50$

연습 문제

예제 6.13에서 차단 주파수까지는 각 증폭기의 이득은 일정하다고 가정하였다. 실제로 각 연산 증폭기의 개루프 이득 A는 폐루프 이득 차단 주파수보다 낮은 주파수 영역에서 주파수에 따라 천천히 감소한다. 연산 증폭기의 개루프 이득에 대한 주파수 응답은 다음과 같이 근사된다.

$$A(j\omega) = \frac{A_0}{1 + j\omega/\omega_0}$$

종속 증폭기의 폐루프 이득에 대한 관계식을 위의 표현을 이용하여 구하라. (힌트: 결합된 이득은 각 폐루프 이득의 곱과 같다.) 종속 증폭기에 대해 차단 주파수 ω_0에서의 실제 이득은 몇 dB인가?

예제 6.13의 종속 증폭기의 3 dB 대역폭은 얼마인가? (힌트: 종속 증폭기의 이득은 각 연산 증폭기 주파수 응답의 곱이다. 이 곱의 크기를 계산하고, 각 주파수 응답의 곱의 크기를 $(1/\sqrt{2}) \times 10^4$과 같게 놓은 다음에 ω에 대해 풀어라.)

Answer: 74 dB, $\omega_{3\text{ dB}} = 2\pi \times 12{,}800$ rad/s

연습 문제

예제 6.14의 연산 증폭기 회로에서 오프셋이 50 mV를 넘지 않는다면 허용될 수 있는 최대 이득은 얼마인가?

Answer: $A_{V\max} = 33.3$

연습 문제

원하는 피크 출력 진폭이 10 V일 때 예제 6.16의 연산 증폭기에 대한 슬루율 한계를 위반하지 않는 최대의 주파수는 얼마인가?

Answer: f_{max} = 159 kHz

결론

연산 증폭기는 아날로그 전자공학에서 가장 중요한 단일의 집적회로이다. 이 장을 학습한 후에, 다음과 같은 학습 목표를 달성한다.

1. 이상 증폭기의 성질과 이득, 입력 임피던스, 출력 임피던스, 귀환의 개념을 이해하라. 이상 증폭기는 전자 계측의 기본적인 구성 블록이다. 이상 증폭기의 개념을 염두에 두고 실제 증폭기, 필터, 적분기, 그리고 다른 유용한 신호처리 회로를 설계할 수 있다. 이상 연산 증폭기는 실제 증폭기와 많은 부분에서 유사하다.
2. 개루프와 폐루프 연산 증폭기 구성의 차이를 이해한다. 이상 연산 증폭기의 해석을 사용하여 반전, 비반전, 가산 및 차동 증폭기의 이득을 계산한다. 또한 보다 복잡한 연산 증폭기 회로를 해석하고, 연산 증폭기 데이터 시트에서 중요한 성능 파라미터를 학습한다. 연산 증폭기의 입력 임피던스와 개루프 이득이 매우 크고 출력 임피던스가 매우 작다고 가정하면, 연산 증폭기 회로의 해석은 매우 쉽게 할 수 있다. 반전, 비반전 증폭기의 구성을, 저항을 적절하게 선정하고 배치함으로써 유용하게 설계할 수 있다.
3. 간단한 능동 필터를 해석하고, 설계할 수 있다. 이상적인 적분기와 미분기 회로를 해석하고, 설계할 수 있다. 커패시터를 연산 증폭기 회로에 사용하면, 필터링, 적분 및 미분 등의 기능을 수행할 수 있다.
4. 아날로그 컴퓨터의 구조와 효과를 이해하고 미분 방정식을 풀기 위해 아날로그 컴퓨터 회로를 설계하라. 가산 증폭기와 적분기의 성질을 이용하여 아날로그 컴퓨터를 만드는 것이 가능하다. 아날로그 컴퓨터는 미분 방정식의 해를 구하거나 동적 시스템의 시뮬레이션을 수행하는 데 이용될 수 있다. 지난 20년간 디지털 컴퓨터에 기초한 수치 시뮬레이션이 급격하게 사용되었지만, 아직도 일부 분야에서는 아날로그 컴퓨터의 역할이 필요하다.
5. 연산 증폭기의 물리적 한계의 원리를 이해하라. 많은 단순 연산 증폭기 모델에 포함되지 않은 실제 연산 증폭기 회로의 성능에는 한계가 있음을 이해하는 것이 중요하다. 이에는 전압 공급 한계, 대역폭 한계, 오프셋 전압과 전류, 슬루율 한계, 그리고 출력 전류 한계 등이 있다.

숙제 문제

6.1절: 이상 증폭기

6.1 그림 P6.1의 회로는 DC 신호원, 두 단의 증폭부 및 부하로 구성되어 있다. 전력이득 $G = P_0/P_S = V_oI_o/V_SI_S$를 dB 단위로 구하라.

$R_s = 0.5\ \text{k}\Omega \qquad R_{o3} = 0.7\ \text{k}\Omega$

$R_{i1} = 3.2\ \text{k}\Omega \qquad R_{i2} = 2.8\ \text{k}\Omega$

$R_{o1} = 2.2\ \text{k}\Omega \qquad R_{o2} = 2.2\ \text{k}\Omega$

$A_1 = 90\ \text{V/V} \qquad H_2 = 300\ \text{mS}$

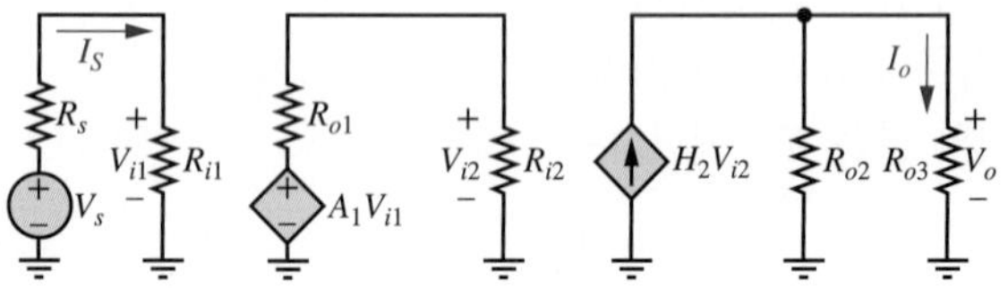

그림 P6.1

6.2 생산라인에 설치된 온도 센서는 정상 운전 조건에서는 무부하 전압(즉, 센서 전류 = 0)을 발생한다.

$v_s = V_{pk}\cos(\omega t) \qquad R_s = 400\ \Omega$

$V_{pk} = 500\ \text{mV} \qquad \omega = 6.28\ \text{krad/s}$

온도는 수직으로 배열된 LED로 구성된 표시기(부하에 해당)에 표시된다. 정상 조건에서는 하단의 2 cm 길이에 해당하는 다이오드들이 켜져 있게 되는데, 이를 위해서는 다음의 조건에서 전압이 표시기 입력 단자에 제공되어야 한다.

$R_o = 12\ \text{k}\Omega \qquad v_o = V_m\cos(\omega t) \qquad V_m = 6\ \text{V}$

센서로부터의 신호가 증폭되어야 하므로, 그림 P6.2에서와 같이 전압 증폭기가 센서와 CRT 사이에 연결된다.

$R_i = 2\ \text{k}\Omega \qquad R_o = 3\ \text{k}\Omega$

증폭기에서 요구되는 무부하 이득을 구하라.

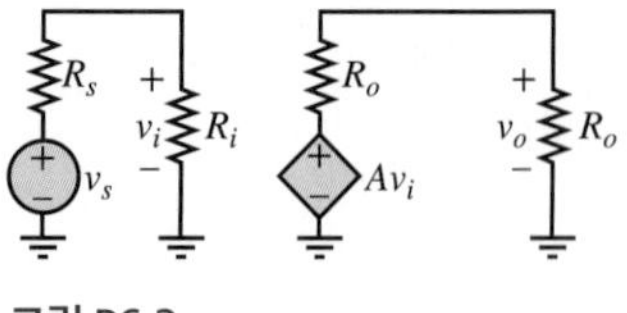

그림 P6.2

6.3 이상적인 연산 증폭기의 황금률은 무엇인가? 이 규칙은 어떤 조건에 의존하는가?

6.4 그림 P6.4에 표시된 증폭기 모델의 회로 구성 요소와 파라미터에 대해 일반적으로 어떤 근사가 만들어지는가?

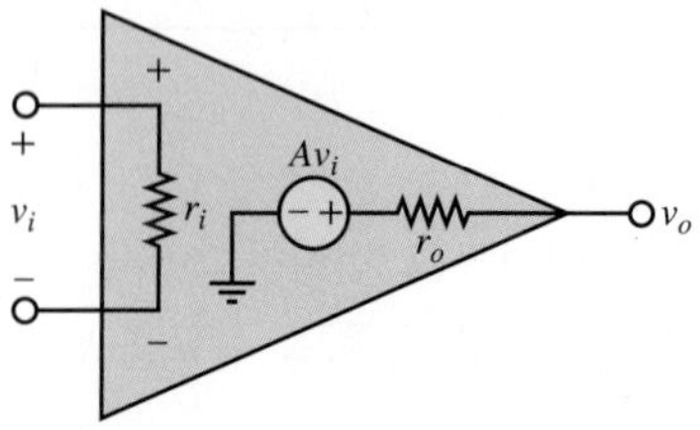

그림 P6.4

6.2절: 연산 증폭기

6.5 그림 P6.5(a)와 (b)의 회로에서 v_1을 구하라. 그림 P6.5(a)에서는 3 kΩ 저항이 출력의 "부하"로 작용한다. 다시 말해서, 3 kΩ 저항이 하단의 6 kΩ의 저항과 병렬로 연결되면 v_1이 변하게 된다. 그러나 그림 P6.5(b)에서 분리 버퍼는 3 kΩ 저항의 존재와 그 값에 관계 없이 v_1을 $v_g/2$로 고정한다.

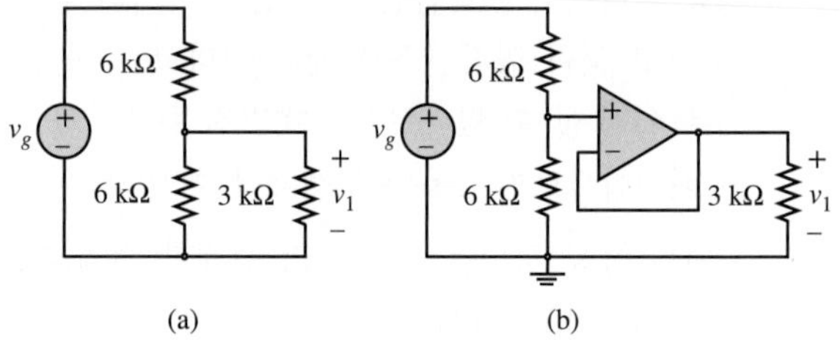

그림 P6.5

6.6 그림 P6.6의 회로에서 전류 i를 구하라.

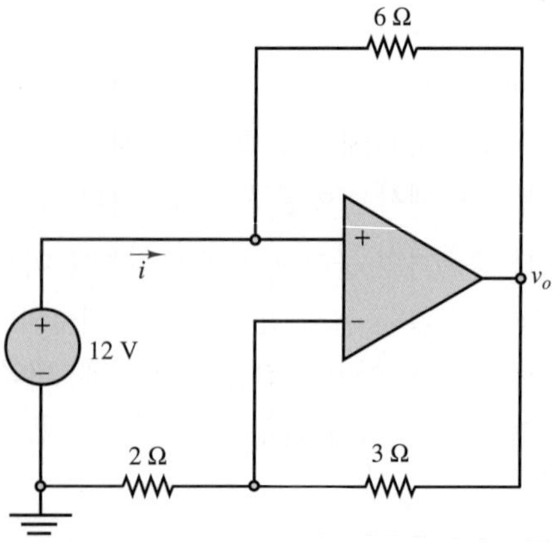

그림 P6.6

6.7 전형적인 반전 증폭기를 형성하기 위해, 노드 a와 b의 좌측에 보이는 테브닌 등가 회로망을 구하여 그림 P6.7에서 전압 v_o를 구하라.

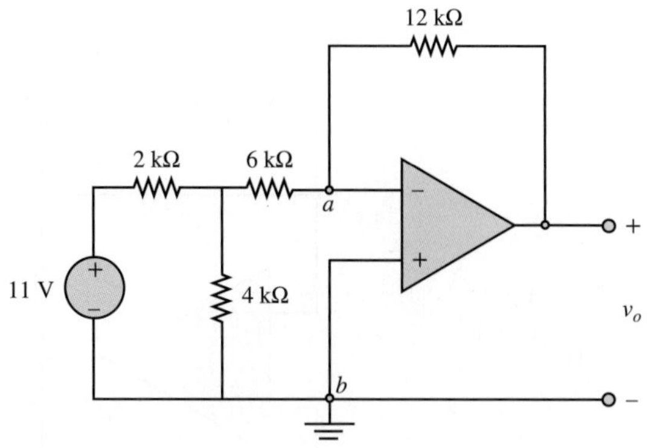

그림 P6.7

6.8 그림 P6.8의 비반전 단자 노드와 기준 노드 사이에서 보는 테브닌 등가 회로를 구하라. 이를 사용하여 v_1 및 v_2의 항으로 v_3을 구하라.

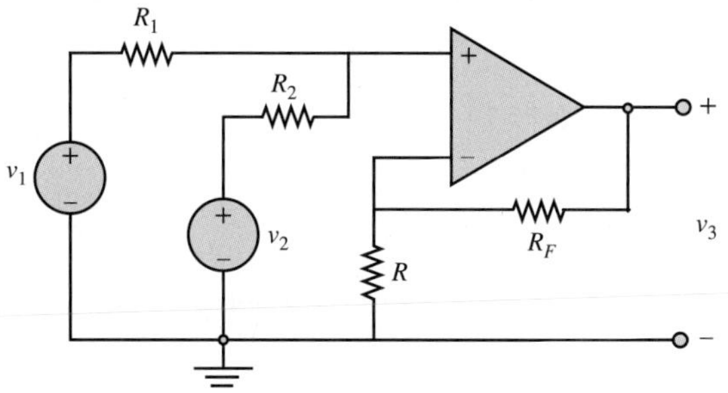

그림 P6.8

6.9 그림 P6.9의 회로에 대해서 폐루프 전압 이득 $G = v_o/v_1$에 대한 식을 구하라. 그리고 전압원에서 보는 입력 저항 v_1/i_1를 구하라.

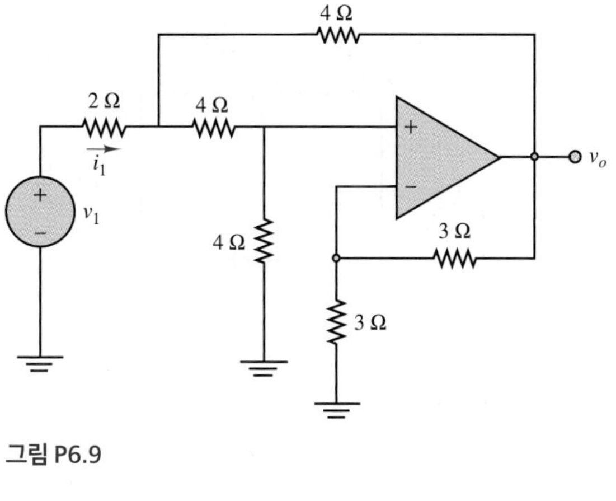

그림 P6.9

6.10 차동 증폭기는 흔히 그림 P6.10과 같은 휘트스톤 브리지 회로와 결합되어 사용되는데, 여기서 각 저항은 온도 감지 소자이며, 저항의 변화 ΔR은 온도의 변화 ΔT에 직접 비례한다. 비례상수는 양(PTC) 또는 음(NTC)이 될 수 있는 온도계수 $\pm\alpha$이다. 증폭기가 노드 a와 b의 좌측으로 보는 테브닌 등가 회로를 구하라. $\Delta R = \pm\Delta T$, $|\Delta R| \ll R_0$임을 가정한다.

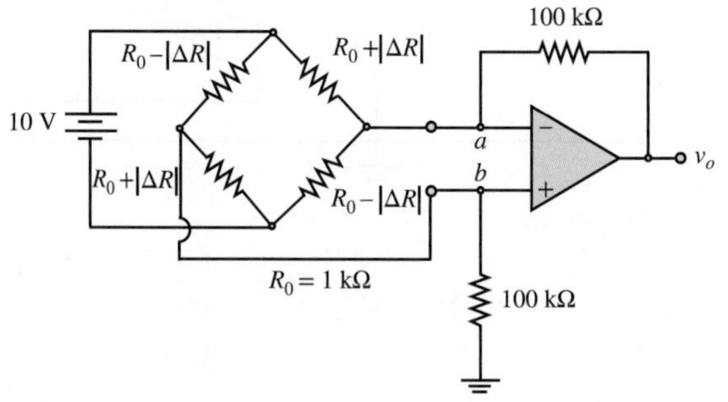

그림 P6.10

6.11 그림 P6.11의 회로는 음의 임피던스 변환기이다. 입력 임피던스 $\mathbf{Z}_{\text{in}}$을 구하라.

$$\mathbf{Z}_{\text{in}} = \frac{\mathbf{V}_1}{\mathbf{I}_1}$$

when:

a. $\mathbf{Z}_o = R$

b. $\mathbf{Z}_o = \dfrac{1}{j\omega C}$

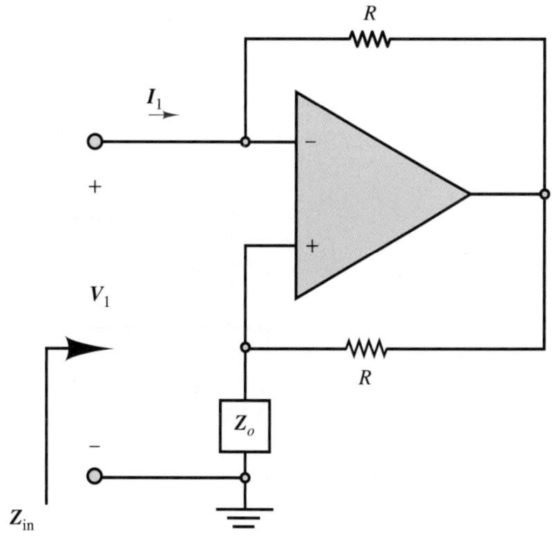

그림 P6.11

6.12 그림 P6.12의 회로는 연산 증폭기의 귀환이 인덕터 없이도 공진 회로를 구성할 수 있음을 보여준다. $R_1 = R_2 =$

1Ω, $C_1 = 2Q$ F, 그리고 $C_2 = 1/2Q$ F로 가정하고, 여기서 Q는 5장에서 소개된 양호도(quality factor)이다. $v_2 = v_o$임을 주목하고, KCL과 사용하여 전압 이득 v_o/v_{in}을 구하라.

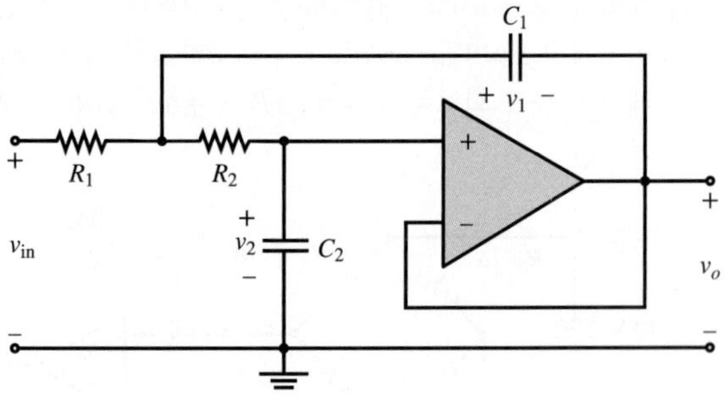

그림 P6.12

6.13 인덕터는 와이어로 된 큰 코일이 필요한데, 이는 상당한 공간을 필요로 하며, 주변 잡음을 잘 잡는 안테나로 동작하므로, 적분 회로의 요소로 사용하기 어렵다. 따라서 대안으로 그림 P6.13과 같은 "고체 인덕터(solid-state inductor)"를 구성할 수 있다.

a. 임피던스 $\mathbf{Z}_{in} = \mathbf{V}_1/\mathbf{I}_1$를 결정하라.

b. $R = 1.0$ kΩ, $C = 0.02$ μF일 때 $\mathbf{Z}_{in}$은 얼마인가?

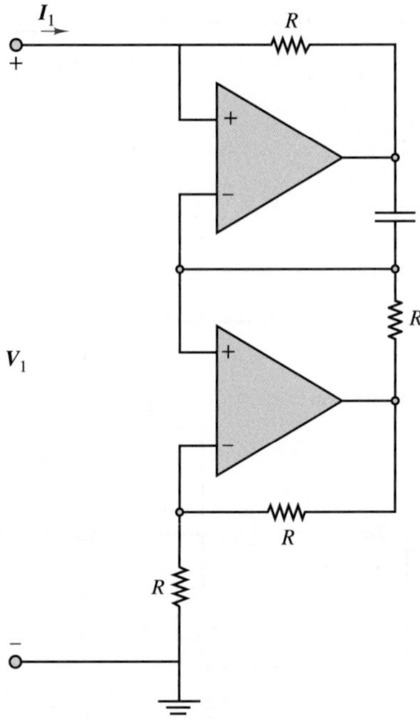

그림 P6.13

6.14 그림 P6.14의 회로에서 임피던스 $\mathbf{Z}_{in} = \mathbf{V}_1/\mathbf{I}_1$를 구하라. 이 회로와 그림 P6.13에 나타난 회로의 차이점에 주목하라.

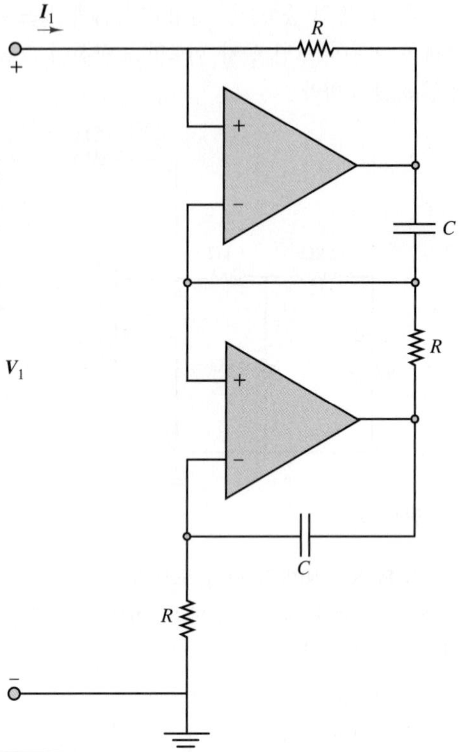

그림 P6.14

6.15 반전 증폭기를 이용하여 그림 P6.15의 전류원을 쉽게 구성할 수 있다. 연산 증폭기가 선형 영역에서 동작한다고 가정할 때, R_o에 흐르는 전류 I가 R_o와 무관함을 보이고, 전류 I를 구하라.

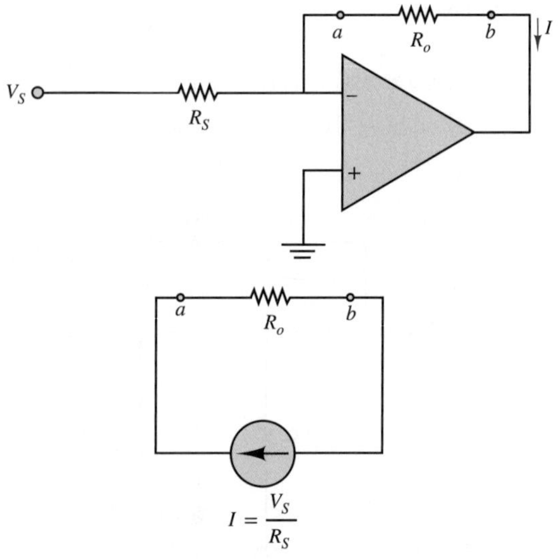

그림 P6.15

6.16 그림 P6.16은 “수퍼 다이오드” 또는 “정밀 다이오드” 회로를 나타낸다. 다이오드는 애노드(anode) 전압이 캐소드(cathode) 전압보다 V_D만큼 높을 때 애노드에서 캐소드로 전류가 흐른다. 전류는 캐소드에서 애노드로는 흐르지 않는다. 주어진 입력 전압 $v_{\text{in}}(t)$에 대한 출력 전압 $v_o(t)$를 결정하라. 회로 전체가 다이오드와 같이 동작하지만 오프셋 전압이 없음을 보여라.

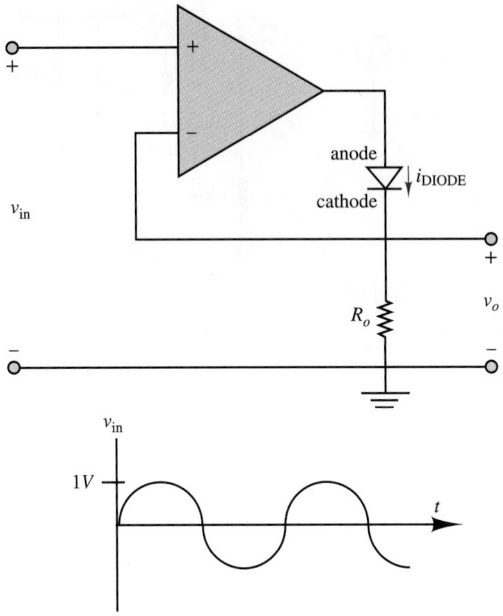

그림 P6.16

6.17 그림 P6.17의 회로에 대한 응답 함수 $\mathbf{V}_2/\mathbf{V}_1$을 결정하라.

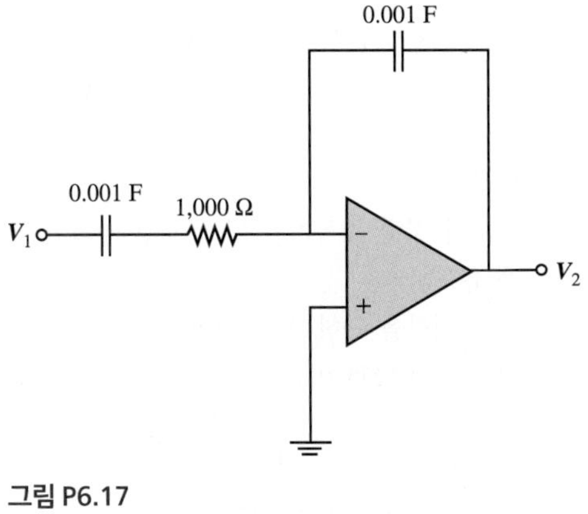

그림 P6.17

6.18 공학 시스템에서 흔히 발생하는 시간 지연은 다음과 같은 오일러 정의를 사용하여 근사화할 수 있다.

$$e^{-sT} = \lim_{N\to\infty}\left[\frac{1}{sT/N+1}\right]^N$$

이득이 1인 반전 증폭기를 추가하면, 그림 P6.17의 회로의 전달 함수가 $s = j\omega$일 때 위에 주어진 극한(즉, lim)의 인자와 동일하다는 것을 보여라.

6.19 그림 P6.17의 회로와 문제 6.18의 결과를 사용하여, $T = 1$ 및 $N = 4$일 때 전달 함수가 극한의 인자와 동일하게 되어 시간 지연을 근사적으로 나타내는 회로를 설계하라.

6.20 그림 P6.20의 회로에서 중첩의 원리를 적용하여 전압 v_o를 구하라.

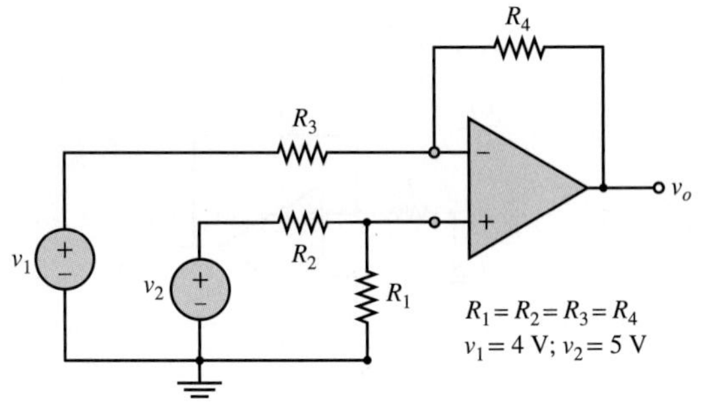

그림 P6.20

6.21 차동 증폭기는 흔히 휘트스톤 브리지 회로와 결합되어 사용되는데, 이는 그림 P6.10의 브리지에서 각 저항은 온도 감지 소자 역할을 하며, 저항의 변화 ΔR는 온도의 변화 ΔT에 직접 비례한다. 비례상수는 양(PTC) 또는 음(NTC)이 될 수 있는 온도계수 $\pm\alpha$이다. $|\Delta R| = K\Delta T$ (K는 상수)라 가정하고, v_o (ΔT)를 위한 식을 구하라.

6.22 그림 P6.22의 회로를 고려하라. $\omega = 1000$ rad/s임을 가정한다.

a. $\mathbf{V}_1 - \mathbf{V}_2 = 1\angle 0$ V일 때, 페이저 해석을 사용하여 $|\mathbf{V}_o|$를 구하라.

b. 페이저 해석을 사용하여 $\angle\mathbf{V}_o$를 구하라.

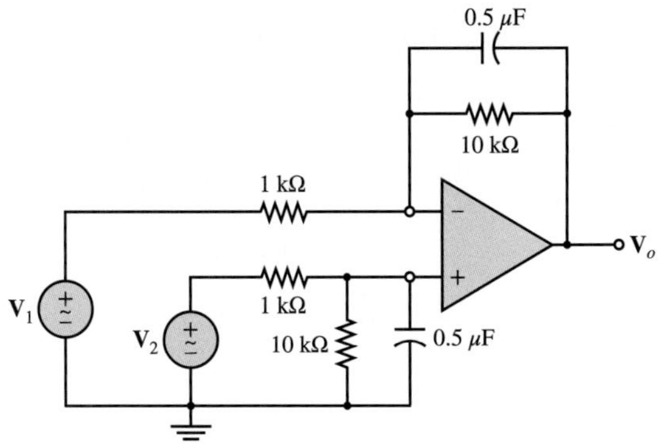

그림 P6.22

6.23 그림 P6.12의 회로에 대한 전압 이득 $\mathbf{V}_o/\mathbf{V}_{in}$에 대한 식을 구하라. $R_1 = 3\ \Omega$, $R_2 = 2\ \Omega$ 그리고 $C_1 = C_2 = \frac{1}{6}$ F라고 가정한다.

6.24 그림 P6.24의 회로에서, $R_F = 12\ \text{k}\Omega$이고 공칭이득인 20의 ±2% 안에 전압 이득 v_o/v_S의 값이 유지되는 것이 중요하다고 가정한다. 공칭이득을 위해 어떠한 R_S의 값이 필요한가? R_S의 허용되는 최댓값과 최솟값이 얼마인가? 표준 공차 5%의 저항이 위의 요구조건을 만족시키기에 적절한가? (1장의 표 1.3의 표준 저항 참조)

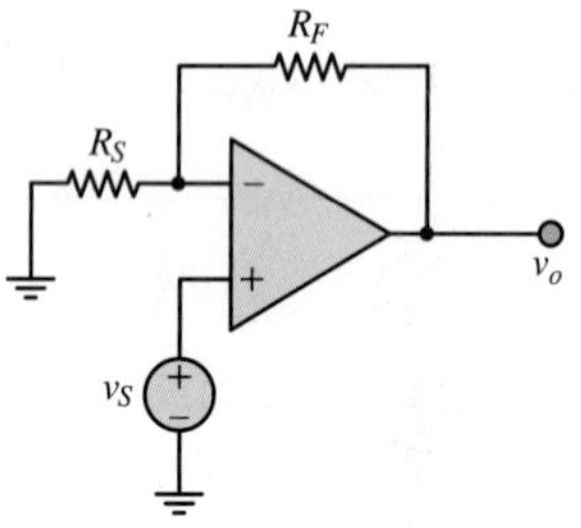

그림 P6.24

6.25 반전 증폭기(그림 6.8 참조)의 2개의 5% 공차의 저항이 $R_F = 33\ \text{k}\Omega$, 그리고 $R_S = 1.5\ \text{k}\Omega$의 공칭값을 갖는다.

a. 증폭기의 공칭 전압 이득 $G = v_o/v_S$은 얼마인가?

b. 저항이 ±5% 내에 있다면, G의 최댓값은 얼마인가?

c. 저항이 ±5% 내에 있다면, G의 최솟값은 얼마인가?

6.26 그림 P6.26의 회로는 AC 성분을 증폭함과 동시에 입력 전압 $v_1(t)$의 DC 성분을 조절하는 레벨 시프터의 다른 형태이다. $v_1(t) = 10 + 10^{-3} \sin \omega t$ V, $R_F = 10\ \text{k}\Omega$, 그리고 $V_{\text{batt}} = 20$ V라고 한다.

a. 출력에서 DC 전압이 나타나지 않도록 하는 R_S를 구하라.

b. a에서 구한 R_S를 이용하여 $v_o(t)$를 구하라.

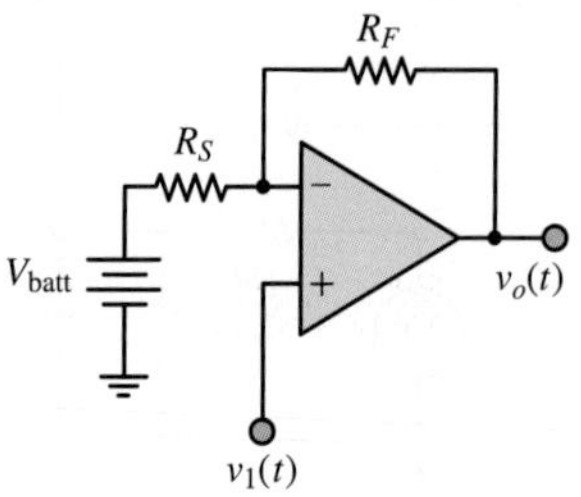

그림 P6.26

6.27 그림 P6.27의 회로는 741 연산 증폭기를 사용하는 간단한 실제 증폭기를 보여준다. 핀 번호가 그림에 표시되어 있다. 연산 증폭기가 2 MΩ 입력 저항을 가지고, 개루프 이득이 $A = 200{,}000$, 그리고 출력 임피던스 $R_o = 50\ \Omega$이라고 가정한다. 폐루프의 이득 $G = v_o/v_i$를 구하라.

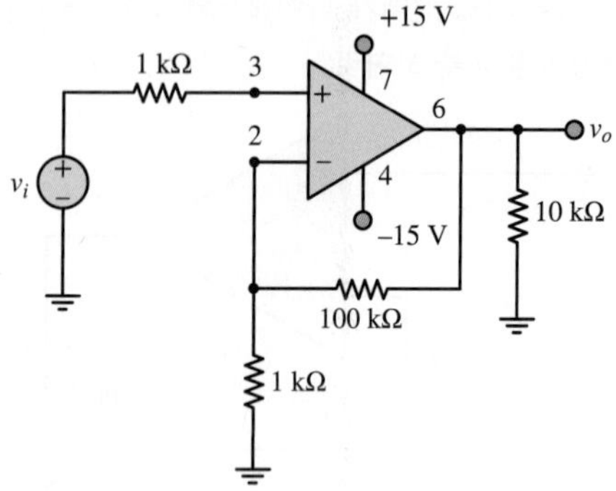

그림 P6.27

6.28 다음과 같은 4개의 다른 신호 소스의 가중 합(weighted sum)을 구하는 반전 가산 증폭기를 설계하라.

$$v_o = -(2 \sin \omega_1 t + 4 \sin \omega_2 t + 8 \sin \omega_3 t + 16 \sin \omega_4 t)$$

$R_F = 5\ \text{k}\Omega$이라 가정하고, 요구되는 소스 저항을 결정하라.

6.29 그림 P6.29의 증폭기는 신호원(R_s와 직렬로 연결된 v_s)과 부하 R_o를 가지는데, Motorola MC1741C 연산 증폭기에 제작된 증폭단에 의해 분리되어 있다. 다음을 가정한다.

$R_s = 2.2\ \text{k}\Omega$ $\quad R_1 = 1\ \text{k}\Omega$

$R_F = 8.7\ \text{k}\Omega$ $\quad R_o = 20\ \Omega$

연산 증폭기 자체로 2 MΩ의 입력 저항을 가지고, 75 Ω의 출력 저항, 그리고 200 K의 개루프 이득을 가진다. 먼저 연산 증폭기를 이상 연산 증폭기로 모델링한다. 더 나은 모델은 위에 열거된 파라미터들의 영향을 포함한다. 그림 6.6과 식 (6.23)을 참조하라.

a. 연산 증폭기가 이상적이지 않다고 가정하고, $v_i = v_s - i_i R_s$인 전체 증폭기의 입력 저항 $r_i = v_i/i_i$에 대한 식을 유도하라.

b. 입력 저항을 구하고, 이상 연산 증폭기에 대해서 유도된 입력 저항과 비교하라.

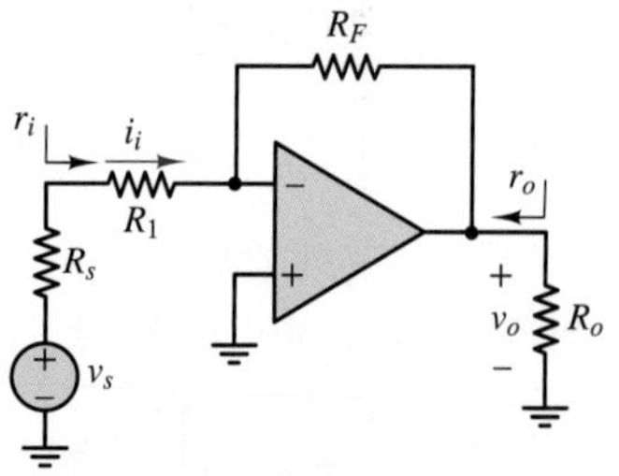

그림 P6.29

6.30 그림 P6.30의 회로에서 $R_1 = 40\ \text{k}\Omega$, $R_2 = 2\ \text{k}\Omega$, $R_F = 150\ \text{k}\Omega$, $R_o = 75\ \Omega$, $v_s = 0.01 + 0.005 \cos(\omega t)$ V임을 가정한다. 출력 전압 v_o에 대한 식을 구하고, 그 값을 구하라.

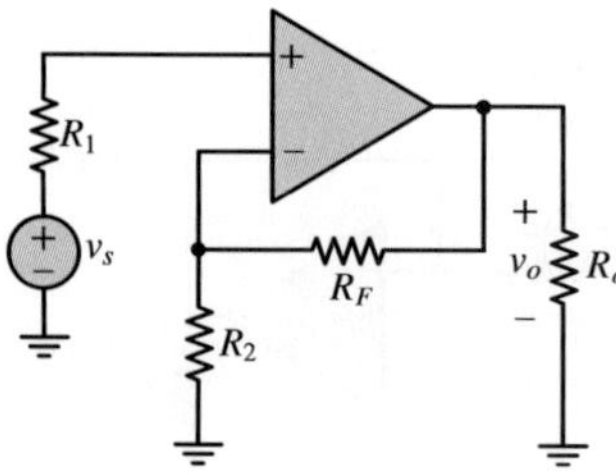

그림 P6.30

6.31 그림 P6.31의 회로에서, $v_S = 0.3 + 0.2 \cos(\omega t)$, $R_s = 4\ \Omega$, 그리고 $R_o = 15\ \Omega$임을 가정한다. 이상 연산 증폭기의 출력 전압 v_o를 구하고, 또한 문제 P6.29에서 주어진 특징들을 이용하여 Motorola MC1741C 연산 증폭기의 출력 전압을 구하라.

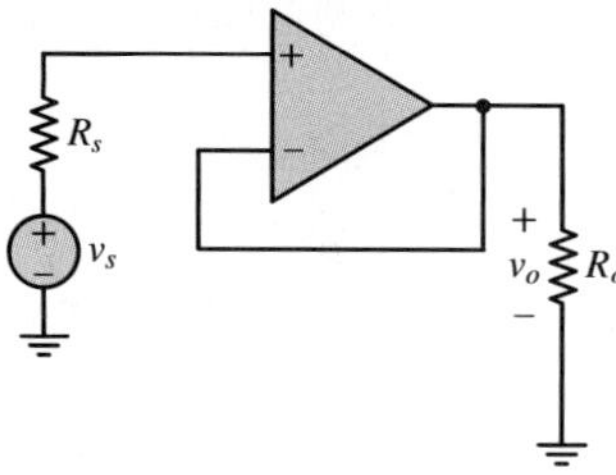

그림 P6.31

6.32 그림 P6.32의 회로에 대해 다음을 가정한다.

$v_{S1} = 2.9 \times 10^{-3} \cos(\omega t)$ V

$v_{S2} = 3.1 \times 10^{-3} \cos(\omega t)$ V

$R_1 = 1\ \text{k}\Omega \qquad R_2 = 3.3\ \text{k}\Omega$

$R_3 = 10\ \text{k}\Omega \qquad R_4 = 18\ \text{k}\Omega \qquad R_o = 75\ \Omega$

출력 전압 v_o에 대한 식과 값을 구하라.

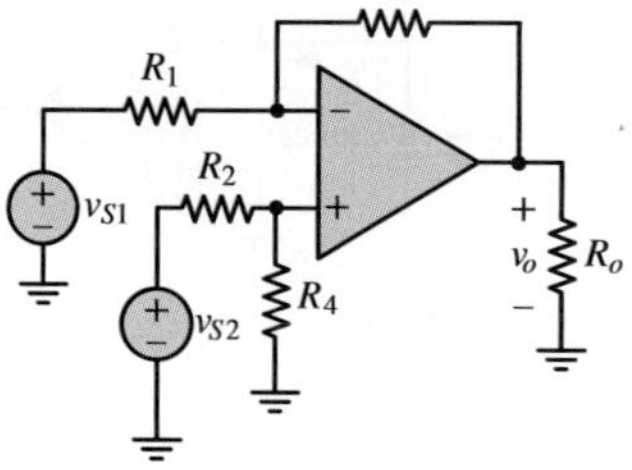

그림 P6.32

6.33 그림 P6.33의 회로에 대해서 다음을 가정한다.

$v_{S1} = -2$ V, $v_{S2} = 2 \sin(2\pi \cdot 2{,}000t)$ V, $R_1 = 100\ \text{k}\Omega$, $R_2 = 50\ \text{k}\Omega$, $R_o = 50\ \Omega$, $R_F = 150\ \text{k}\Omega$. 출력 전압 v_o을 구하라.

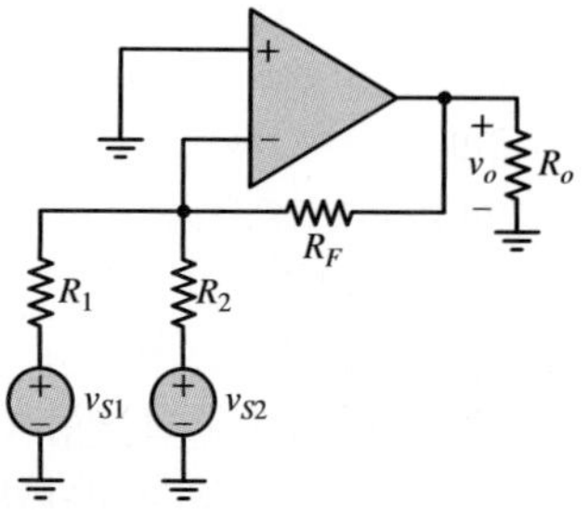

그림 P6.33

6.34 그림 P6.33의 회로에 대해, $v_{S1} = v_{S2} = 5$ mV, $R_0 = 75\ \Omega$, $R_1 = 50\ \Omega$, $R_2 = 2\ \text{k}\Omega$, 그리고 $R_F = 2\ \text{k}\Omega$임을 가정한다. 비이상 MC1741C 연산 증폭기는 2 mΩ의 입력 저항, 75 Ω의 출력 저항, 그리고 200K의 개루프 이득을 갖는다.

a. 출력 전압 v_o에 대한 식을 구하라.

b. 두 입력 신호의 각각에 대한 전압 이득을 구하라.

6.35 그림 P6.35의 회로에서, 출력 전압 $\mathbf{V}_o$를 구하기 위해 이상 연산 증폭기를 가정한다. 모든 저항은 동일하고, $\mathbf{V}_{\text{in}} = 4\angle 0$ V이다.

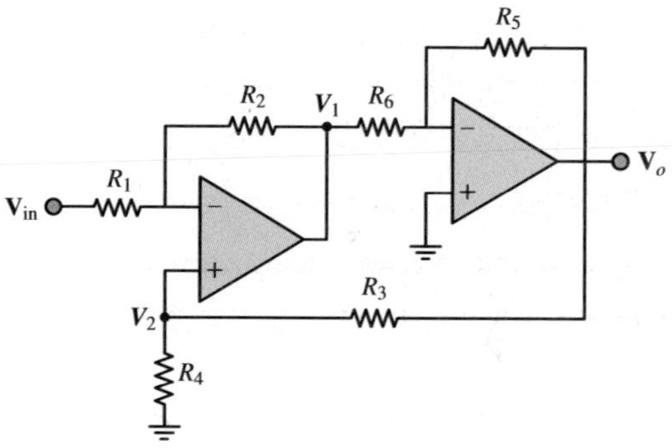

그림 P6.35

6.36 그림 P6.36의 회로에서, $\mathbf{V}_2 = 8\angle 0$ V을 가정한다. $\mathbf{V}_o = 0$이 되기 위한 입력 전압 $\mathbf{V}_{\text{in}}$을 구하라. 이상 연산 증폭기를 가정한다.

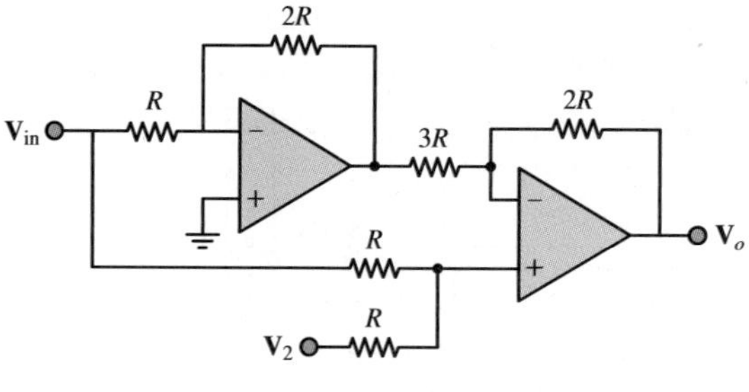

그림 P6.36

6.37 그림 P6.32에서 다음을 가정한다.

$v_{S1} = 1.3\text{ V} \quad v_{S2} = 1.9\text{ V}$

$R_1 = R_2 = 4.7\text{ k}\Omega$

$R_3 = R_4 = 10\text{ k}\Omega \quad R_o = 1.8\text{ k}\Omega$

다음을 구하라.

a. 출력 전압 v_o

b. v_o의 공통 모드 성분

c. v_o의 차동 모드 성분

6.38 그림 P6.38의 회로에서, 출력 전압 $\mathbf{V}_o$를 구하라. $R_1 = R_2 = 10\text{ k}\Omega$, $R_3 = 15\text{ k}\Omega$, $R_4 = 10\text{ k}\Omega$, $R_F = 50\text{ k}\Omega$, $\mathbf{V}_{\text{in}} = 6\text{ V}$이다.

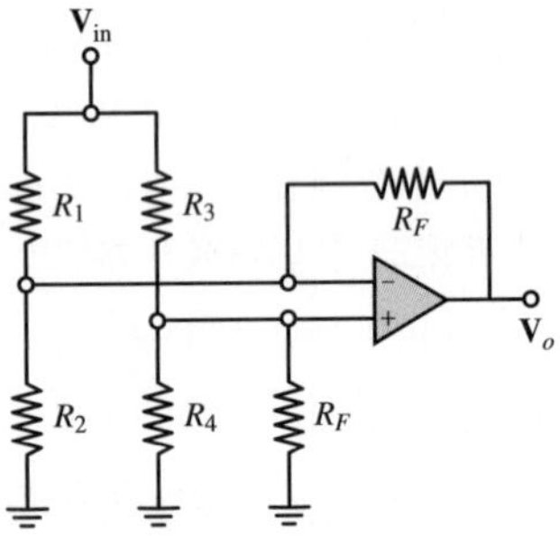

그림 P6.38

6.39 선형 전위차계 R_P는 xy 잉크젯 프린터 헤드의 y 위치에 비례하는 신호 전압 v_y를 발생시키는 데 이용된다. 기준 신호 v_R가 프린터를 제어하는 소프트웨어에 의해서 공급되며, 이들 전압 간의 차이는 증폭되어 모터의 구동을 위해 공급된다. 그러면 차이가 0이 될 때까지 모터가 프린터 헤드의 위치를 변화시킨다. 적절한 동작을 위해서는 모터 전압이 신호와 기준 전압 차의 10배가 되어야 한다. 적절한 방향으로의 회전을 위해서는 모터 전압은 v_y에 대해서 음이어야 한다. 추가적으로 전위차계에 대한 로딩(loading)과 신호 전압에서의 오차를 피하기 위해서 i_P는 무시할 수 있을 정도로 작아야 한다.

a. 주어진 사양을 만족시킬 수 있는 연산 증폭기 회로를 설계하라. 그림 P6.39에서 점선으로 표시된 상자를 설계한 회로로 대체하여 증폭기 회로를 완성하라. 소자들의 값을 표시하라.

b. 설계한 그림에 8핀 단일 μA741C 연산 증폭기에 대한 핀 번호를 표시하라.

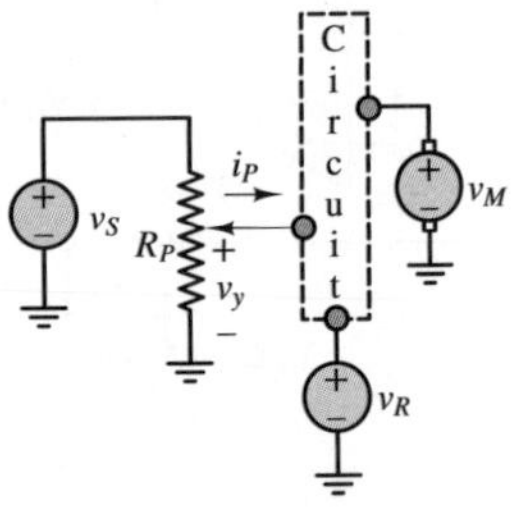

그림 P6.39

6.40 그림 P6.40의 배터리에서 전달되는 I_{batt}의 전류를 계산하라. $R_{S1} = R_{S2} = 30\text{ k}\Omega$, $R_{F1} = 100\text{ k}\Omega$, $R_{F2} = 60\text{ k}\Omega$, $R_1 = 5\text{ k}\Omega$, $R_2 = 7\text{ k}\Omega$, $V_{\text{batt}} = 3\text{ V}$임을 가정한다.

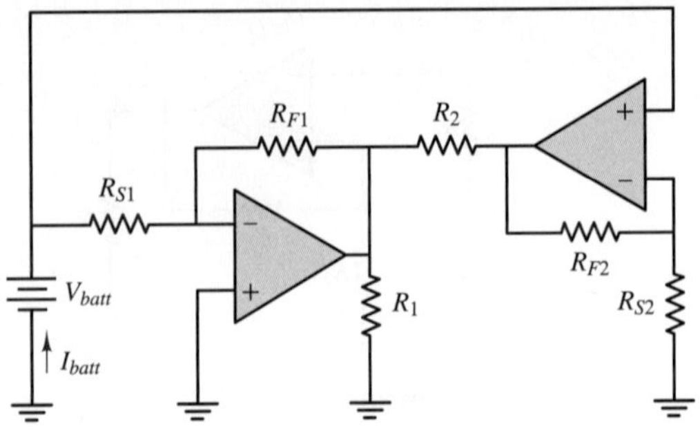

그림 P6.40

6.41 그림 P6.41은 단순한 전압-전류 변환기를 나타낸다. 발광 다이오드(LED)를 통한 전류 I_o(즉 LED의 밝기)는 $V_s > 0$으로 유지되는 한, 소스 전압 V_s에 비례한다는 것을 보여라. LED는 표기된 방향으로만 전류가 흐른다.

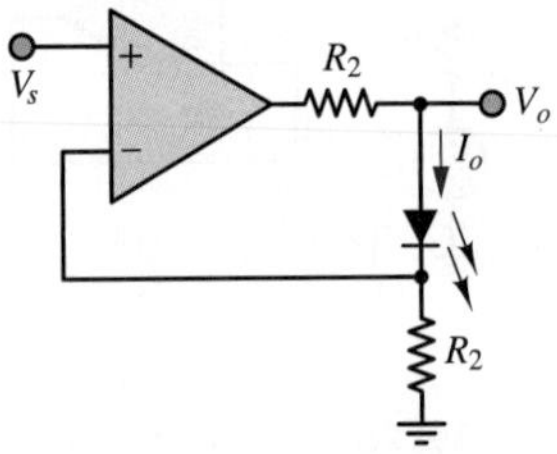

그림 P6.41

6.42 그림 P6.42는 단순한 전류-전압 변환기를 나타낸다. 전압 V_o은 황화 카드뮴 전지(cadmium sulfide cell)에 의해서 발생되는 전류에 비례한다는 것을 보여라. 또한 회로의 트랜스임피던스(transimpedance) V_o/I_s은 $-R$임을 보여라.

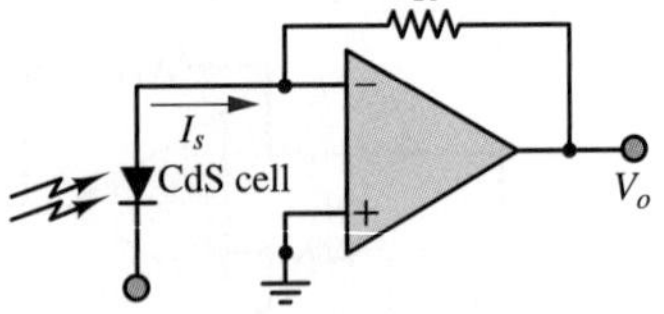

그림 P6.42

6.43 그림 P6.43의 연산 증폭기 전압계 회로는 $V_S = 15\text{ mV}$의 최대 입력을 측정하는 데 사용된다. 연산 증폭기의 입력 전류는 $I_B = 0.25\ \mu\text{A}$이다. 계기 회로는 $I_m = 80\ \mu\text{A}$의 최대 눈금(full-scale deflection) 및 내부 저항 $r_m = 8\text{ k}\Omega$을 갖는다. 계기 회로의 최대 눈금이 $V_S = 15\text{ mV}$에 대응

하도록 R_3와 R_4에 대한 적절한 값을 구하라.

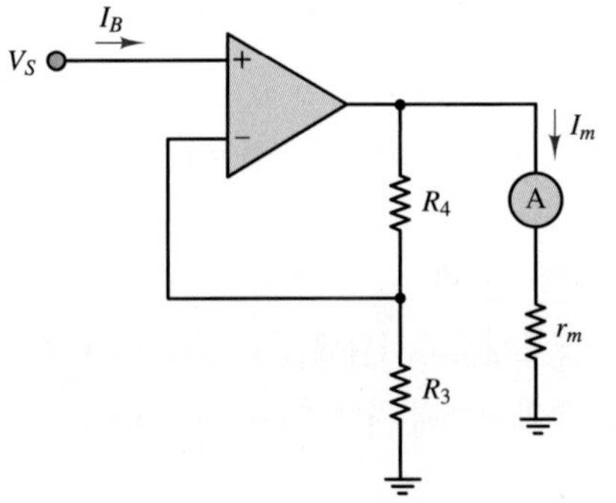

그림 P6.43

6.44 그림 P6.44에서 전압 이득 v_o/v_s에 대한 식을 구하라. $R_{S1} = R_{S2} = 2.5\ \text{k}\Omega$, $R_{F1} = R_{F2} = 9.0\ \text{k}\Omega$을 가정하라.

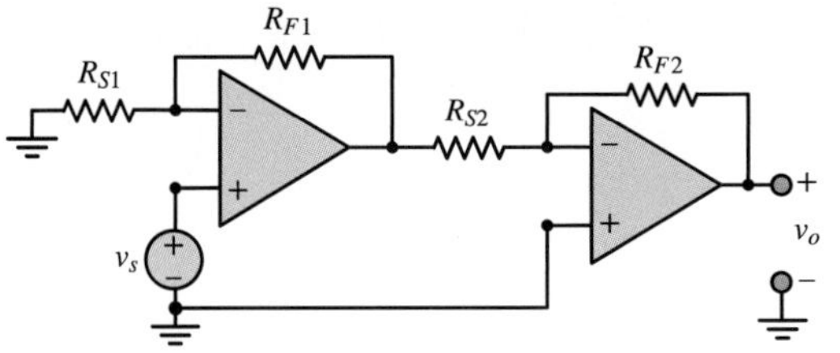

그림 P6.44

6.45 그림 P6.44의 회로에 대해 가능한 한 −80에 가까운 전압 이득 v_o/v_s를 얻기 위해 표준 5% 저항을 사용하여 적절한 부품을 선택하라.

6.46 그림 P6.44에 대해서 ±5% 공차의 저항을 사용한다면, 이 증폭기의 가능한 최대와 최소 전압 이득을 구하라.

6.47 그림 P6.47의 회로는 정밀 전류계로 기능한다. 전압계가 0~10V 범위와 20 kΩ의 저항을 갖는다고 가정한다. 전류계의 최대 눈금이 1 mA가 되기를 원한다면, 원하는 기능을 만족시키는 저항 R을 구하라.

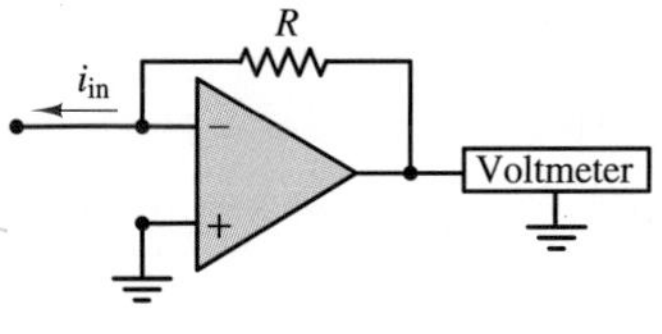

그림 P6.47

6.48 그림 P6.30의 회로에서 전압 이득 v_o/v_s가 20에 가깝게 되도록 5% 공차의 표준 저항을 선정하라.

6.49 그림 P6.30의 회로에 대해 ±5% 공차의 저항을 사용한다면 이 증폭기의 가능한 최대와 최소 전압 이득을 구하라. 문제 6.30의 구성 소자를 사용하라.

6.50 그림 P6.32의 회로에서 가능한 한 15에 가까운 차동 이득을 얻기 위해 표준 1% 저항을 사용하여 적절한 부품을 선택하라.

6.51 그림 P6.32의 회로에 대해 ±1% 공차의 저항을 사용한다면, 이 증폭기의 가능한 최대와 최소의 전압 이득을 구하라. 또한 동일한 ±1% 공차에 대해 최대 공통 모드 출력을 계산하라. $R_3 = R_4$ 및 $R_1 = R_2$의 값을 가지는 공칭 저항을 선택하라. 문제 6.32의 구성 소자를 사용하라.

6.3절: 능동 필터

6.52 입력 $\mathbf{V}_s$와 출력 $\mathbf{V}_o$이 포함된 그림 P6.52의 회로는 능동 고역 통과 필터이다. 다음을 가정한다.

$C = 1\ \mu\text{F} \qquad R = 10\ \text{k}\Omega \qquad R_o = 1\ \text{k}\Omega$

다음을 구하라.

a. 통과 대역에서의 dB 단위의 전압 이득 $|\mathbf{V}_o/\mathbf{V}_s|$

b. 차단 주파수

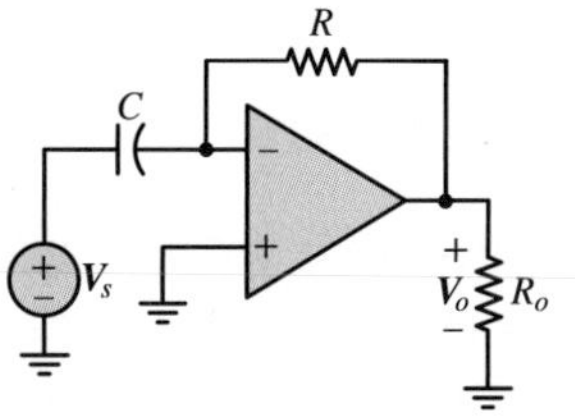

그림 P6.52

6.53 그림 P6.53의 연산 증폭기 회로는 고역 통과 필터로 사용된다. 다음을 가정한다.

$C = 0.2\ \mu\text{F} \qquad R_o = 222\ \Omega$

$R_1 = 1.5\ \text{k}\Omega \qquad R_2 = 5.5\ \text{k}\Omega$

다음을 구하라.

a. 통과 대역에서의 dB 단위의 전압 이득 $|\mathbf{V}_o/\mathbf{V}_s|$

b. 차단 주파수

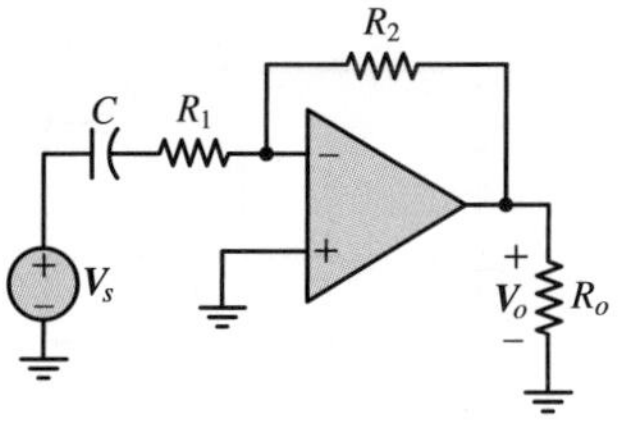

그림 P6.53

6.54 그림 P6.53의 연산 증폭기 회로는 고역 통과 필터로 사용된다.

$C = 200$ pF $\quad R_o = 1$ kΩ
$R_1 = 10$ kΩ $\quad R_2 = 220$ kΩ

다음을 구하라.

a. 통과 대역에서의 dB 단위의 전압 이득 $|\mathbf{V}_o/\mathbf{V}_s|$

b. 차단 주파수

6.55 그림 P6.55의 회로는 능동 필터이다.

$C = 120$ pF $\quad R_o = 180$ kΩ
$R_1 = 3$ kΩ $\quad R_2 = 50$ kΩ

차단 주파수를 구하고, 매우 낮은 주파수 영역과 매우 높은 주파수 영역에서의 $|\mathbf{V}_o/\mathbf{V}_i|$의 값을 구하라.

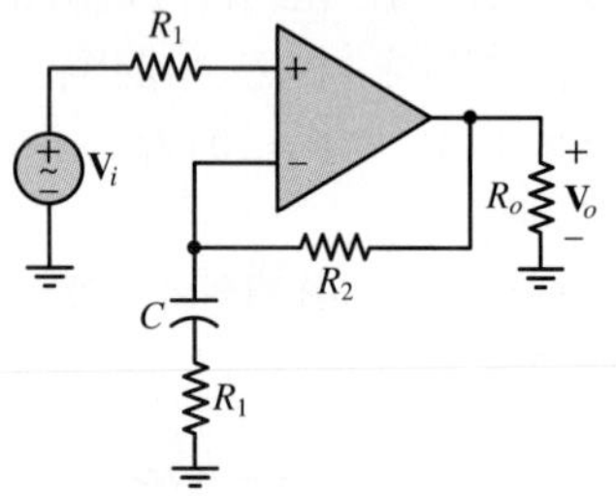

그림 P6.55

6.56 그림 P6.56의 회로는 능동 필터이다.

$C = 15$ nF $\quad R_o = 4$ kΩ
$R_1 = 1.2$ kΩ $\quad R_2 = 5.6$ kΩ
$R_3 = 62$ kΩ

다음을 구하라.

a. 표준형으로 나타낸 전압 이득의 식

$$\mathbf{G}_V(j\omega) = \frac{\mathbf{V}_o(j\omega)}{\mathbf{V}_i(j\omega)}$$

b. 차단 주파수

c. 통과 대역 이득

d. $|\mathbf{V}_o/\mathbf{V}_i|$의 보드 크기 및 위상 선도

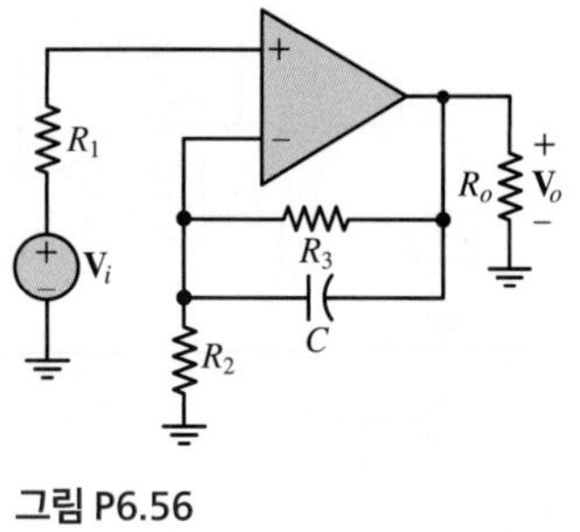

그림 P6.56

6.57 그림 P6.57의 연산 증폭기 회로는 저역 통과 필터로 사용된다.

$C = 0.8\ \mu$F $\quad R_o = 1$ kΩ
$R_1 = 5$ kΩ $\quad R_2 = 15$ kΩ

다음을 구하라.

a. 표준형으로 나타낸 전압 이득 $\mathbf{V}_o/\mathbf{V}_s$의 식

b. 통과 대역과 차단 주파수에서 dB 단위의 이득

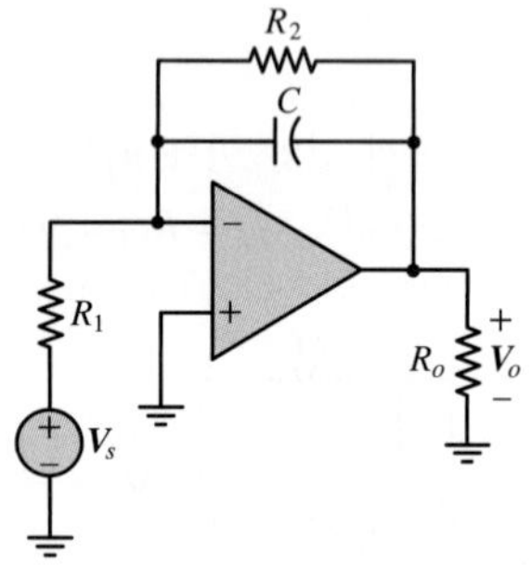

그림 P6.57

6.58 그림 P6.57의 연산 증폭기 회로는 저역 통과 필터이다. 다음을 가정한다.

$R_1 = 2.2$ kΩ $\quad R_2 = 68$ kΩ
$C = 0.47$ nF $\quad R_o = 1$ kΩ

a. 표준형으로 나타낸 전압 이득 $\mathbf{V}_o/\mathbf{V}_s$의 식

b. 통과 대역과 차단 주파수에서 dB 단위의 이득

6.59 그림 P6.59의 연산 증폭기 회로는 대역 통과 필터이다.

$R_1 = R_2 = 10$ kΩ $\quad R_o = 4.7$ kΩ
$C_1 = C_2 = 0.1\ \mu$F

다음을 구하라.

a. 통과 대역에서의 전압 이득 $|\mathbf{V}_o/\mathbf{V}_i|$

b. 공진 주파수

c. 차단 주파수

d. 양호도 Q

e. $\mathbf{V}_o/\mathbf{V}_i$의 보드 크기 및 위상 선도

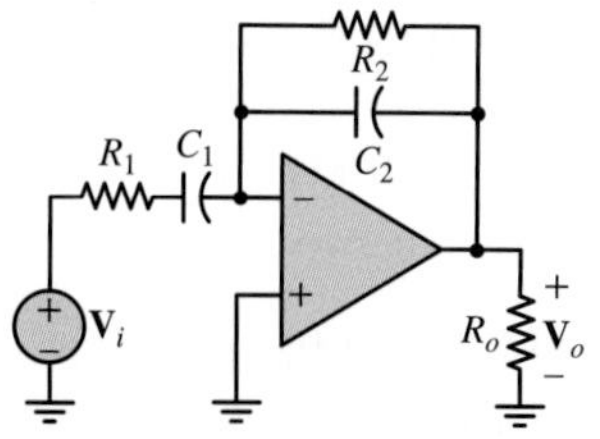

그림 P6.59

6.60 그림 P6.57에 표시된 연산 증폭기 회로는 저역 통과 필터로 사용된다.

$R_1 = 12\text{ k}\Omega \qquad R_2 = 4.7\text{ k}\Omega \qquad R_o = 3.3\text{ k}\Omega$
$C = 0.7\text{ nF}$

a. 표준형으로 나타낸 전압 이득 $\mathbf{V}_o/\mathbf{V}_s$의 식

b. 통과 대역과 차단 주파수에서 dB 단위의 이득

6.61 그림 P6.59의 연산 증폭기 회로는 대역 통과 필터이다.

$R_1 = 2.2\text{ k}\Omega \qquad R_2 = 100\text{ k}\Omega$
$C_1 = 2.2\,\mu\text{F} \qquad C_2 = 1\text{ nF}$

통과 대역 이득을 구하라.

6.62 그림 P6.62의 회로의 주파수 응답 함수 $\mathbf{V}_o/\mathbf{V}_{\text{in}}$을 구하라.

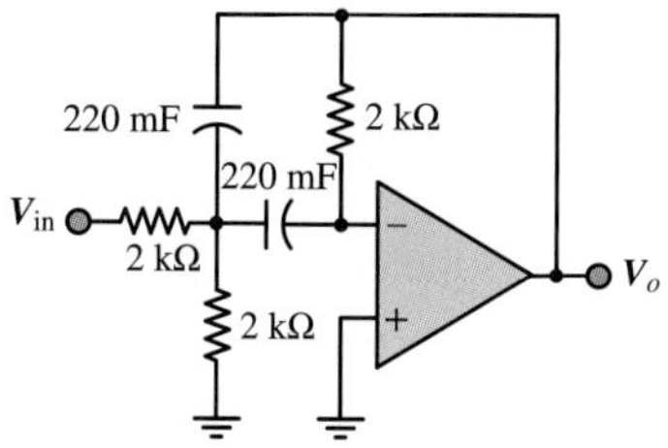

그림 P6.62

6.63 그림 P6.63의 회로는 저역 통과 필터로 사용될 수 있다.

a. 회로의 주파수 응답 함수 $\mathbf{V}_o/\mathbf{V}_{\text{in}}$를 유도하라.

b. $R_1 = R_2 = 100\text{ k}\Omega$, $C = 0.1\,\mu\text{F}$일 때, $\omega = 1{,}000$ rad/s에서 $\mathbf{V}_o/\mathbf{V}_{\text{in}}$의 dB 단위의 감쇄를 계산하라.

c. $\omega = 2{,}500$ rad/s에서 $\mathbf{V}_o/\mathbf{V}_{\text{in}}$의 진폭과 위상을 구하라.

d. $\mathbf{V}_o/\mathbf{V}_{\text{in}}$의 감쇠가 1 dB 미만인 주파수 영역의 범위를 구하라.

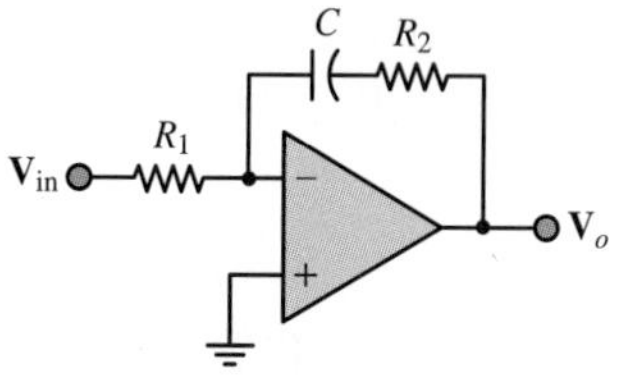

그림 P6.63

6.64 그림 P6.64에서 전압 이득 $\mathbf{V}_o/\mathbf{V}_{\text{in}}$에 대한 표준형의 식을 구하라. 전압 이득이 어떤 종류의 필터를 나타내는가?

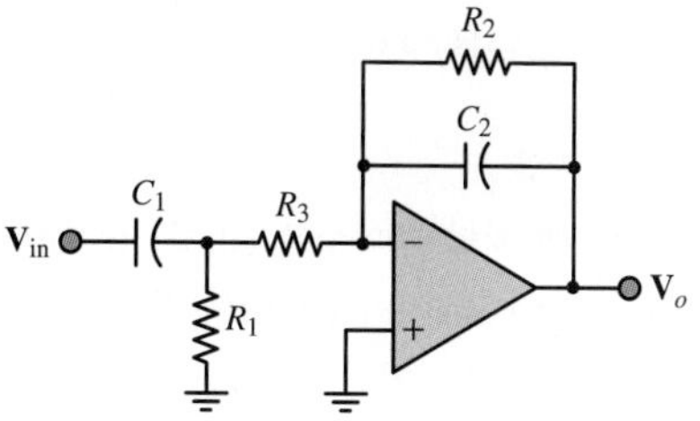

그림 P6.64

6.65 그림 P6.65의 회로에 대하여, 진폭 응답 $\mathbf{V}_2/\mathbf{V}_1$를 도시하고, 반전력(half-power) 주파수를 표시하라.

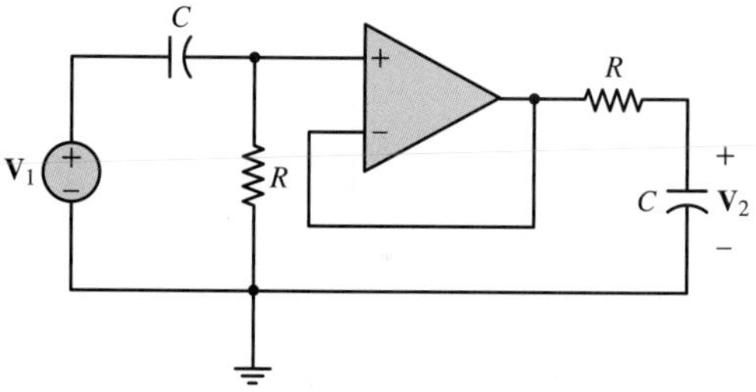

그림 P6.65

6.66 그림 P6.66의 전압 이득 $\mathbf{V}_o/\mathbf{V}_{S1}$의 식을 구하라. 전압 이득이 어떤 종류의 필터를 나타내는가?

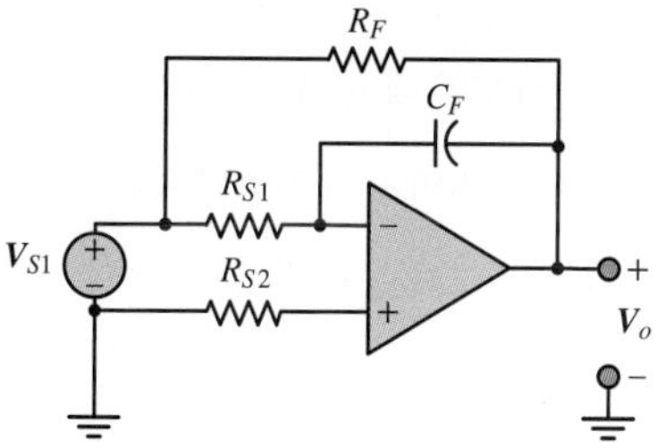

그림 P6.66

6.67 그림 P6.67의 전압 이득 $\mathbf{V}_o/\mathbf{V}_S$의 식을 구하라. 전압 이득이 어떤 종류의 필터를 나타내는가?

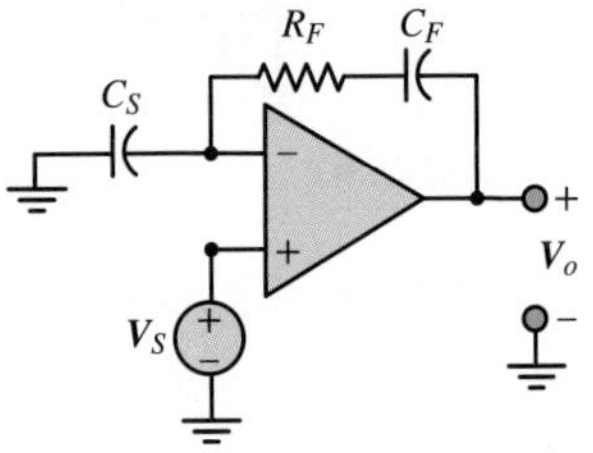

그림 P6.67

6.68 예제 6.5의 차단 주파수를 ω_C = 10 rad/s로 대체하였을 때, ω_S = 24 rad/s에서 40 dB의 감쇄를 얻는 데 요구되는 필터의 차수를 결정하라.

6.69 그림 P6.69의 회로는 능동 저역 통과 필터를 나타낸다.

a. 출력 진폭과 입력 진폭 사이의 관계를 유도하라.

b. 출력 위상각과 입력 위상각 사이의 관계를 유도하라.

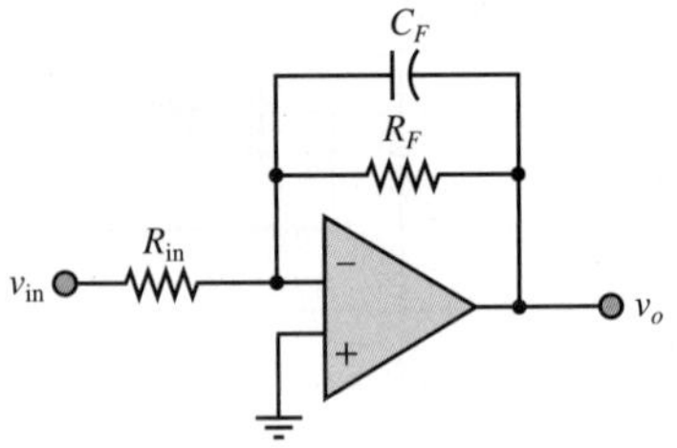

그림 P6.69

6.70 그림 P6.69의 회로를 다시 고려하라. R_{in} = 20 kΩ, R_F = 100 kΩ 및 C_F = 100 pF이라 하자. $v_{in}(t)$ = 2 sin(2,000πt) V일 때 $v_o(t)$에 대한 식을 결정하라.

6.71 그림 6.45의 저역 통과 필터의 주파수 응답을 유도하라.

6.72 그림 6.45의 고역 통과 필터의 주파수 응답을 유도하라.

6.73 그림 6.45의 대역 통과 필터의 주파수 응답을 유도하라.

6.74 그림 P6.69의 회로를 고려하자. C_F = 100 pF이라 하자. 차단 주파수가 20 kHz, 이득이 5인 필터를 생성하고자 할 때, R_{in}과 R_F에 대한 적절한 값을 결정하라.

6.4절: 능동 필터의 설계

6.75 차단 주파수가 10 kHz, DC 이득이 10, Q = 5, V_S = ±15 V인 2차 Butterworth 고역 통과 필터를 설계하라.

6.76 차단 주파수가 25 kHz, DC 이득이 15, Q = 10, V_s = ±15 V인 2차 Butterworth 고역 통과 필터를 설계하라.

6.77 그림 P6.77의 회로는 2차 Butterworth 저역 통과 전압 이득 특성을 나타낸다고 주장된다. 특성을 유도하고, 이러한 주장을 확인하여 보아라.

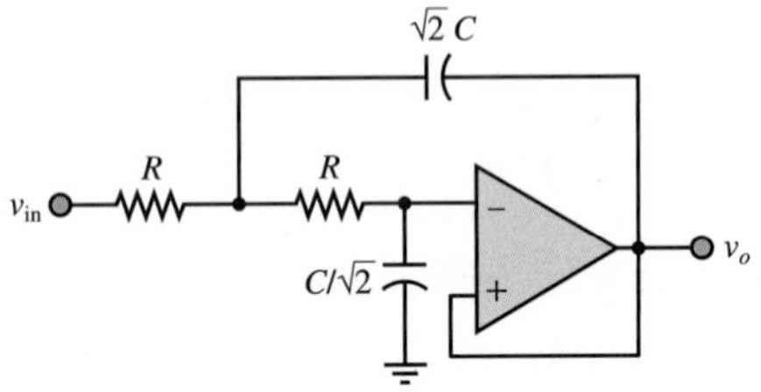

그림 P6.77

6.78 차단 주파수가 15 kHz, DC 이득이 15, Q = 5, V_S = ±15 V인 2차 Butterworth 저역 통과 필터를 설계하라.

6.79 저차단 주파수가 200 Hz, 고차단 주파수가 1 kHz, 통과대역 이득이 4인 대역 통과 필터를 설계하라. 이 필터에 대한 Q를 계산하라. 또한 이 필터의 대략적인 주파수 응답을 그려라.

6.80 그림 P6.77의 회로를 이용하여, 차단 주파수가 10 kHz인 2차 Butterworth 저역 통과 필터를 설계하라.

6.81 그림 P6.81은 Sallen-Key 저역 통과 필터를 나타낸다. 전압 이득($\mathbf{V}_o/\mathbf{V}_{in}$)을 주파수의 함수로 구하고, 보드 선도를 그려라. 차단 주파수가 $1/2\pi RC$이고, 저주파수 이득이 R_4/R_3임을 보여라.

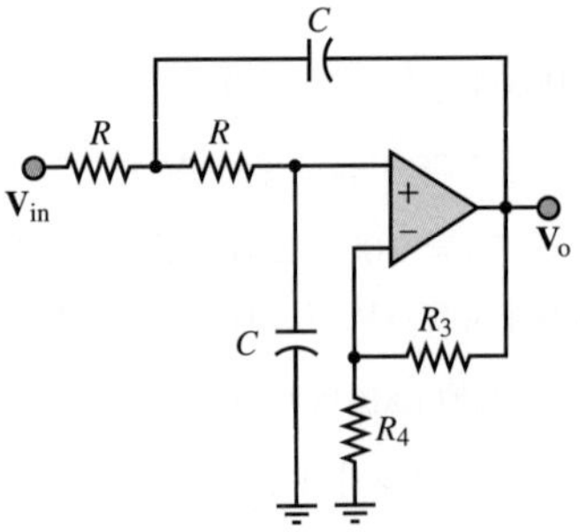

그림 P6.81

6.82 그림 P6.82의 회로는 노드 1, 노드 2, 노드 3 중 어디서 출력을 취하냐에 따라서 저역 통과, 고역 통과 및 대역 통과 전압 이득 특성을 나타낸다. $\mathbf{V}_{\text{in}}$과 이들 출력들 사이의 전달 함수를 구하라.

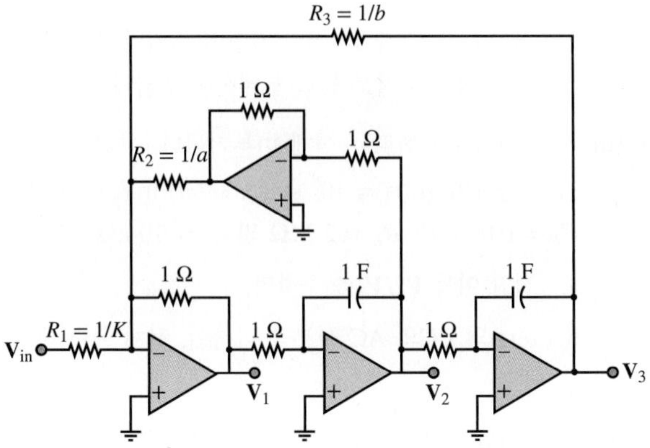

그림 P6.82

6.83 그림 P6.83의 필터는 무한 이득 다중 귀환 필터(infinite-gain multiple-feedback filter)라 한다. 이 필터의 주파수 응답에 대한 식이 다음과 같음을 보여라.

$$\frac{-(1/R_3R_2C_1C_2)R_3/R_1}{(j\omega)^2+\left(\dfrac{1}{R_1C_1}+\dfrac{1}{R_2C_1}+\dfrac{1}{R_3C_1}\right)j\omega+\dfrac{1}{R_3R_2C_1C_2}}$$

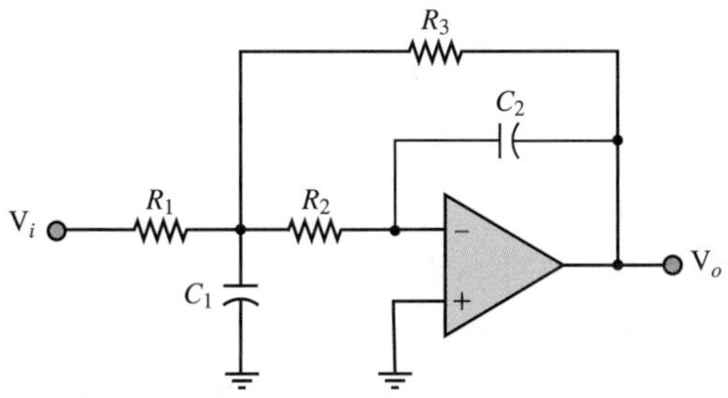

그림 P6.83

6.84 그림 P6.84의 필터는 Sallen-Key 대역 통과 필터 회로이며, 여기서 K는 필터의 DC 이득이다. 필터의 주파수 응답 $\mathbf{V}_o/\mathbf{V}_i$에 대해 다음 식을 유도하라.

$$\frac{j\omega K/R_1C_1}{(j\omega)^2+j\omega\left(\dfrac{1}{R_1C_1}+\dfrac{1}{R_3C_2}+\dfrac{1}{R_3C_1}+\dfrac{1-K}{R_2C_1}\right)+\dfrac{R_1+R_2}{R_1R_2R_3C_1C_2}}$$

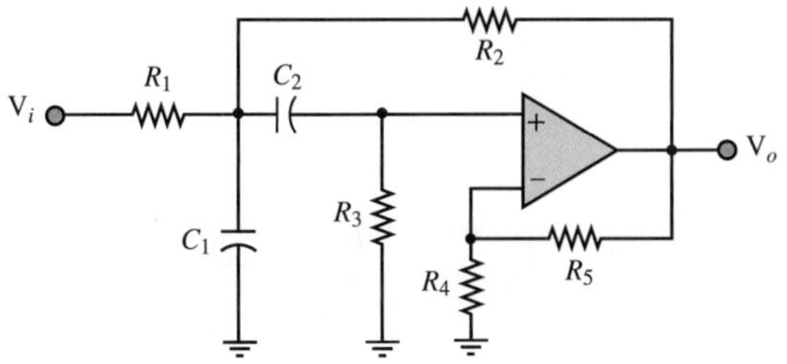

그림 P6.84

6.85 문제 6.83의 필터에서 Q에 대한 식이 다음과 같음을 보여라.

$$\frac{1}{Q}=\sqrt{R_2R_3\frac{C_2}{C_1}}\left(\frac{1}{R_1}+\frac{1}{R_2}+\frac{1}{R_3}\right)$$

6.5절: 적분기와 미분기

6.86 그림 P6.86(a)의 회로는, 그림 P6.86(b)에 나타난 소스 전압 v_S의 미분과 어떤 이득의 곱에 해당하는 출력 전압 v_o을 발생시킨다. 회로의 소자가 다음과 같다.

$$C = 1.5\,\mu\text{F} \qquad R = 5\,\text{k}\Omega \qquad R_o = 1.5\,\text{k}\Omega$$

주어진 소스 전압에 대해서, 출력 전압을 시간의 함수로 구하고 도시하라.

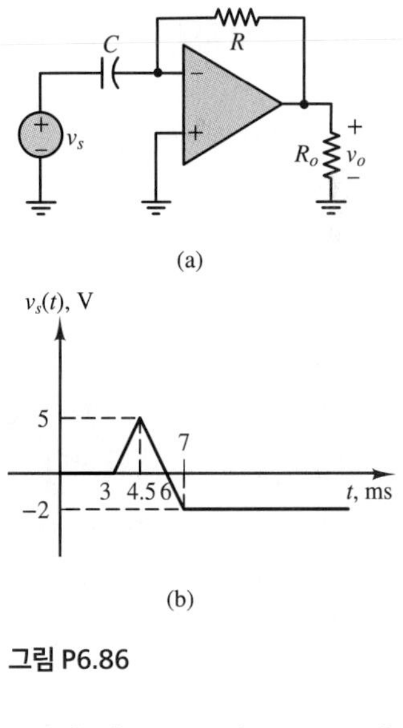

그림 P6.86

6.87 그림 P6.87(a)의 회로는, 그림 P6.87(b)에 나타난 소스 전압 v_s의 적분 또는 미분과 어떤 이득의 곱에 해당하는 출력 전압 v_o을 발생시킨다. 회로의 소자가 다음과 같다.

$$C = 0.5\,\mu\text{F} \qquad R = 8\,\text{k}\Omega \qquad R_o = 2\,\text{k}\Omega$$

주어진 소스 전압에 대해서, 출력 전압을 시간의 함수로 구하고 도시하라.

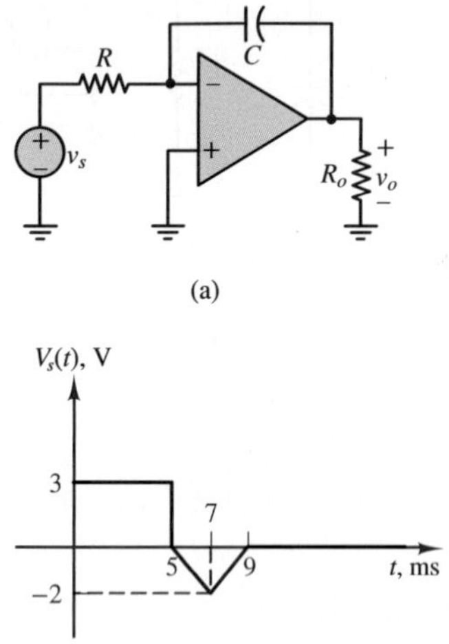

(a)

(b)

그림 P6.87

6.88 그림 P6.88의 회로는 적분기이다. 커패시터는 처음에는 충전되어 있지 않았으며, 소스 전압은 다음과 같이 주어진다.

$$v_{\text{in}}(t) = 10^{-2}\,V + \sin(2{,}000\,\pi t)\text{ V}$$

a. $t = 0$에서 스위치 S_1이 닫힌다. $R_s = 10$ kΩ, $C_F = 0.008$ μF라면, 출력에서 클리핑이 발생하는 데 걸리는 시간은?

b. 언제 DC 입력의 적분에 의해서 연산 증폭기가 완전히 포화되는가?

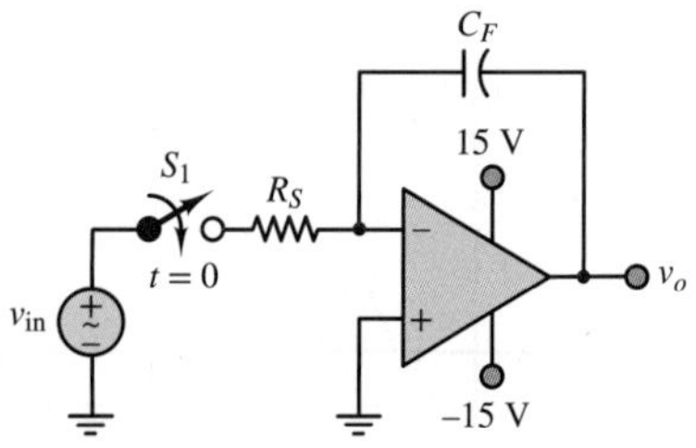

그림 P6.88

6.89 그림 6.35는 실제 적분기 회로이다. 귀환 커패시터와 병렬 연결되어 있는 저항은 커패시터가 DC 전압을 방전하는 경로가 된다는 점에 주목하여야 한다. 보통 시상수 R_FC_F는 충분히 길게 선정하여 적분 동작과 간섭되지 않도록 한다.

a. $R_S = 10$ kΩ, $R_F = 2$ MΩ, $C_F = 0.008$ μF 및 $v_S(t) = 10\text{ V} + \sin(2{,}000\pi t)$ V일 때, 페이저 해석을 사용하여 $v_o(t)$을 구하라.

b. $R_F = 200$ kΩ인 경우와 $R_F = 20$ kΩ인 경우에 대해서 각각 a를 반복하라.

c. 시정수 R_FC_F를 a와 b의 파형의 주기와 비교하라. 시상수와 회로의 적분 능력에 대하여 언급하라.

6.90 그림 6.40의 회로는 실제 미분기이다. 이상 연산 증폭기를 가정하며, $v_S(t) = 10^4 \sin(2{,}000\pi t)$ mV, $C_S = 100$ μF, $C_F = 0.008$ μF, $R_F = 2$ MΩ 및 $R_S = 10$ kΩ이다.

a. 전압 이득 $\mathbf{V}_o/\mathbf{V}_S$을 구하라.

b. $v_o(t)$의 DC와 AC 성분을 더하여, 전체 출력 전압을 구하라.

6.91 그림 P6.91의 회로에 해당하는 미분 방정식을 유도하라.

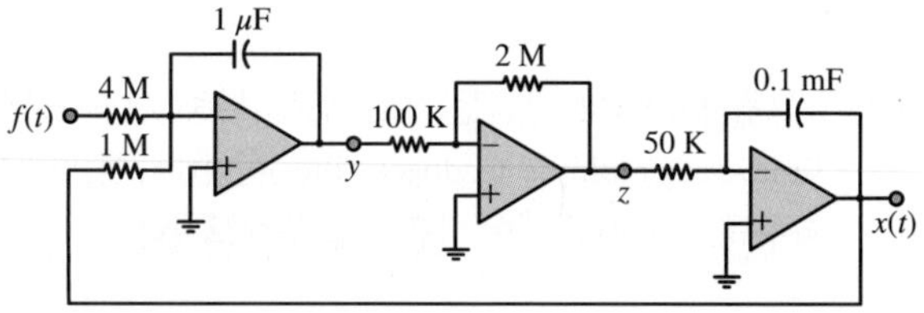

그림 P6.91

6.92 다음 미분 방정식에 대응하는 회로를 구성하라.

$$\frac{d^2x}{dt^2} + 100\frac{dx}{dt} + 10x = -5f(t)$$

6.6절: 연산 증폭기의 물리적 한계

6.93 그림 6.65의 비반전 증폭기를 고려하자. 연산 증폭기가 2 mV의 입력 오프셋 전압을 가질 때 출력 전압 V_o에서 발생되는 오차를 구하라. 입력 바이어스 전류는 0이며, $R_1 = R_F = 4.7$kΩ이라고 가정한다.

6.94 그림 P6.94의 회로에서 2개의 입력 전압 $v_1(t)$와 $v_2(t)$에 대해서 출력 전압 $v_o(t)$를 도시하라. $R_1 = 120$ kΩ, $R_2 = 150$ kΩ, 그리고 $C = 2$ nF이라고 가정한다. 또한 연산 증폭기 슬루율 한계는 $S_0 = 1.0$ V/μs이고, 초기의 커패시터는 방전 상태로 가정한다.

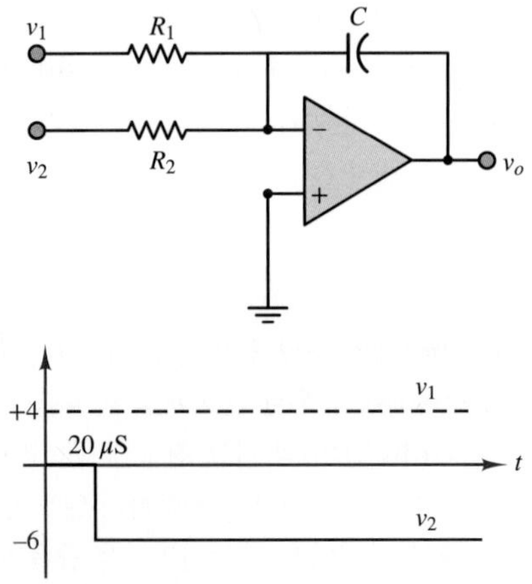

그림 P6.94

6.95 그림 P6.95의 반전 증폭기를 고려하자. 오프셋 전압은 무시할 수 있으며, 두 입력 바이어스 전류는 동일하다. 바이어스 전류에 의한 출력 전압에서의 오차를 제거하는 R_x, R_1 및 R_F의 관계를 구하라.

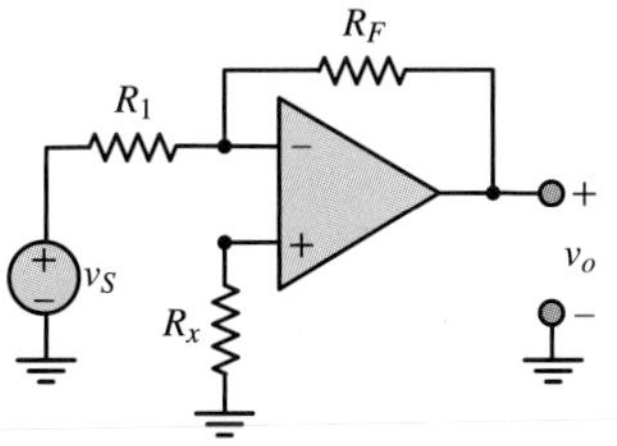

그림 P6.95

6.96 슬루율 한계 $S_0 = 0.5$ V/μs가 다음의 각 정현파 입력 전압에 대한 그림 6.10의 단위이득 분리 버퍼의 출력에 미치는 영향을 구하라.

a. $v_S = 0.8 \sin(2\pi \cdot 6{,}000t)$ V

b. $v_S = 0.9 \sin(2\pi \cdot 7{,}500t)$ V

c. $v_S = 0.9 \sin(2\pi \cdot 15{,}000t)$ V

6.97 그림 P6.97의 회로에서, 출력 전압 $v_o(t)$를 $v_{in}(t)$의 함수로 유도하라. S_0 및 v_{in} 문제 6.96에 대해 주어진 데이터를 가정한다. 또한 $R_F = 15$ kΩ 및 $C = 0.8$ μF이라고 가정한다. v_{in}의 3가지 식 각각에 대해 슬루율 한계를 초과하지 않도록 저주파 이득 R_F/R_S의 최대를 구하라.

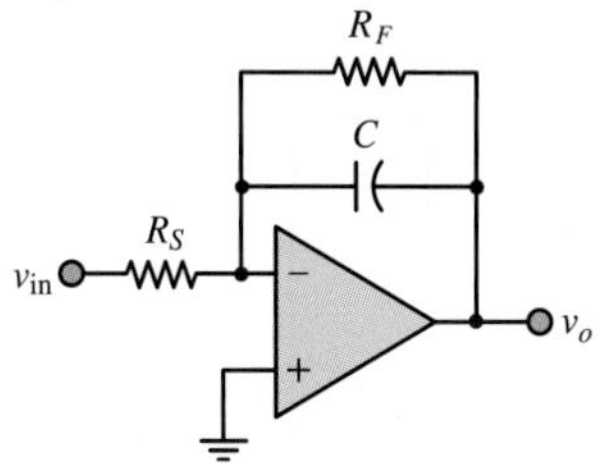

그림 P6.97

6.98 슬루율 한계 $S_0 = 0.5$ V/μs가 대칭 사각파형 v_{in}에 대해 폐루프 전압 이득 $G = 10$을 갖는 비반전 증폭기의 출력에 미치는 영향을 구하라. 다음의 각 경우에 대한 출력 파형을 도시하라.

a. v_{in}이 ±0.5 V 사이에서 스위칭되며, $f = 500$ Hz

b. v_{in}이 ±1.25 V 사이에서 스위칭되며, $f = 5$ kHz

c. v_{in}이 ±0.5 V 사이에서 스위칭되며, $f = 25$ kHz

6.99 차동 증폭기를 고려하라. 공통 모드 출력이 차동 모드 출력의 1%보다 작기를 원한다. 그림 6.18, 식 (6.59) 그리고 공통과 차동 모드에 대한 논의를 참조하라. 차동 모드 이득이 $A_{dm} = 1{,}000$일 때, 이 요구를 만족하기 위한 최소의 CMRR를 dB 단위로 구하라.

$$v_1 = \sin(2{,}000\pi t) + 0.1 \sin(120\pi t) \text{ V}$$
$$v_2 = \sin(2{,}000\pi t + 180°) + 0.1 \sin(120\pi t) \text{ V}$$
$$v_o = A_{DM}(v_1 - v_2) + A_{CM}\frac{v_1 + v_2}{2}$$

6.100 사각파형 시험을 통하여, 연산 증폭기의 출력이 변할 수 있는 최대 속도(V/μs 단위)인 슬루율을 추정할 수 있다. 그림 P6.100은 비반전 연산 증폭기 회로에 대한 입출력 파형을 보여준다. 그림에서 보듯이, 출력 파형의 상승 시간 t_R은 파형이 최종값의 10%에서 90%로 증가하는 데 걸리는 시간으로 정의된다. 즉

$$t_R \triangleq t_B - t_A = -\tau(\ln 0.1 - \ln 0.9) = 2.2\tau$$

이며, 여기서 τ는 회로의 시상수이다. 이 식을 유도하고 연산 증폭기에 대한 슬루율을 추정하라.

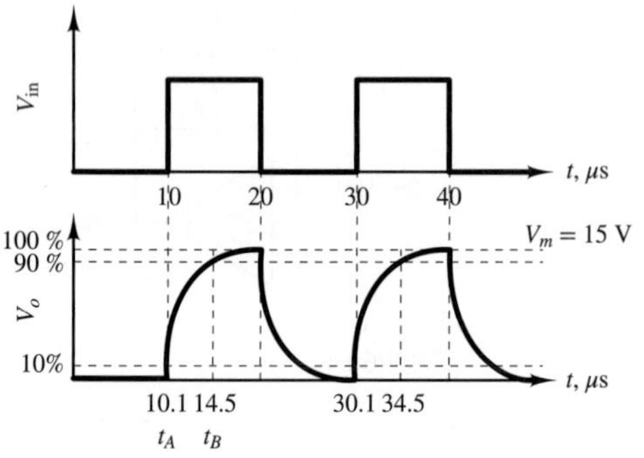

그림 P6.100

6.101 그림 6.8의 반전 증폭기에 사용되는 비이상 연산 증폭기는 개루프 전압 이득 $A = 250 \times 10^3$을 가진다. v^-는 작지만 0이 아닌 값으로 가정한다. 입력 단자 전류 i_{in}은 여전히 0으로 가정될 수 있다. 다음의 식을 구하기 위해 식 (6.23)을 적용하라.

$$\frac{v_o}{v_S} = \frac{-R_F/R_S}{1 + (1/A)[(R_F + R_S)/R_S]}$$

a. R_S = 10 kΩ, R_F = 1 MΩ일 때, 폐루프 전압 이득 $G = v_o/v_S$를 구하라.

b. R_F = 10 MΩ인 경우에 대해, a를 반복하라.

c. R_F = 100 MΩ인 경우에 대해, a를 반복하라.

d. a에서 c에 대해서, $A \to \infty$인 경우에 G를 구하라.

6.102 그림 P6.102의 비반전 증폭기에 사용된 비이상 연산 증폭기는 개루프 전압 이득 $A = 250 \times 10^3$을 가진다. 식 (6.23)에서 제시되었듯이, $v_{in} = v^- + \Delta v$임을 가정하는데, 여기서 Δv는 작지만 0이 아니다. 입력 단자 전류 i_{in}은 여전히 0으로 가정될 수 있다. $R_F = R_S$ = 7.5 kΩ일 때, 폐루프 이득 v_o/v_{in}을 구하라.

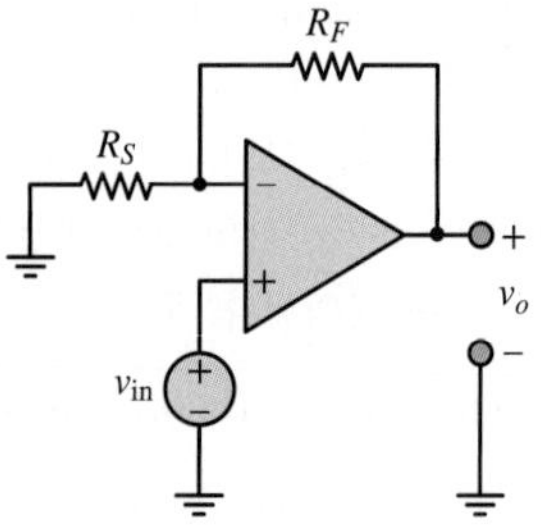

그림 P6.102

6.103 이상 연산 증폭기에 대한 단위이득 대역폭이 5.0 MHz 라면, f = 500 kHz의 주파수에서 전압 이득을 구하라.

6.104 실제 연산 증폭기의 개루프 이득 A는 저주파 영역에서는 매우 크지만, 주파수가 증가함에 따라 현저하게 감소한다. 결과적으로, 연산 증폭기 회로의 폐루프 이득은 주파수에 강하게 의존한다. 식 (6.102)에 표시된 유한 및 주파수 의존 개루프 이득 $A(j\omega)$와 그림 6.8에 표시된 반전 증폭기의 폐루프 이득 $G(\omega)$ 사이의 주파수 의존 관계를 결정하라. ω에 대한 G를 도시하라. $-R_F/R_S$는 저주파 폐루프 이득이다.

6.105 정현파형의 음파 $p(t)$가 감도 S인 콘덴서 마이크에 충돌한다. 마이크의 전압 출력 v_s는 두 단의 반전 증폭기에 의해서 증폭되어 증폭된 신호 v_o를 발생한다. $v_o = 5\ V_{RMS}$일 때 음파(dB 단위)의 피크 진폭을 구하라. v_o가 연산 증폭기의 어떠한 포화 현상도 포함하지 않도록 하기 위한 음파의 최대 피크전압을 추정하라. 각 증폭기에 대해 S = 10.0 mV/Pa, G = 5이며, $V^+ = -V^-$ = 12V임을 가정하라.

6.106 그림 P6.106의 회로에서, 비이상 연산 증폭기를 가정한다.

$$v_{S1} = 2.8 + 0.01\cos(\omega t) \quad \text{V}$$
$$v_{S2} = 3.5 - 0.007\cos(\omega t) \quad \text{V}$$
$$R_2 = 1.0\ \text{k}\Omega \quad R_F = 100.0\ \text{k}\Omega \quad \omega = 4\ \text{krad/s}$$

식 (6.23)과 식 (6.66)~(6.70)을 참조하여, 다음의 10^6, 10^4 그리고 10^2의 연산 증폭기 개루프 이득을 구한다. 다음을 구하라.

a. 공통 모드 및 차동 모드 입력 신호

b. 공통 모드 및 차동 모드 이득 A_{CM}과 A_{DM}

c. 출력 전압의 공통 모드 및 차동 모드 성분

d. 전체 출력 전압

e. 공통 모드 제거비(CMRR)

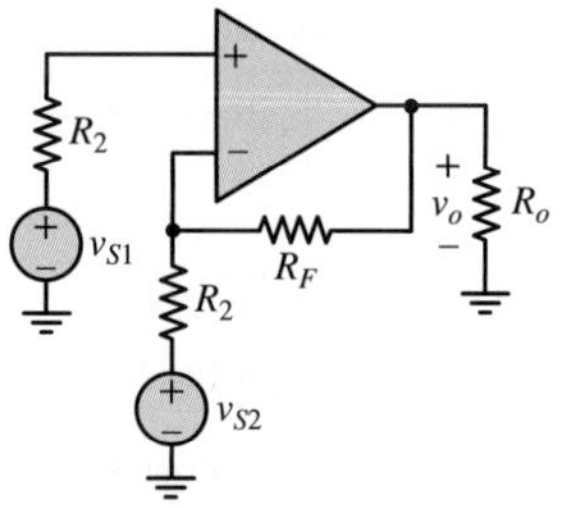

그림 P6.106

6.107 그림 P6.106의 회로에서

$$v_{S1} = 3.5 + 0.01\cos(\omega t) \quad \text{V}$$
$$v_{S2} = 3.5 - 0.01\cos(\omega t) \quad \text{V}$$
$$A_{CM} = 10\ \text{dB} \quad A_{DM} = 20\ \text{dB} \quad \omega = 4\ \text{krad/s}$$

이며, A_{CM}과 A_{DM}은 각각 공통 모드 및 차동 모드 개루프 전압 이득이다. 식 (6.23)과 식 (6.66)~(6.70)을 참조하여, 다음의 10^6, 10^4 그리고 10^2의 연산 증폭기 개루프 이득을 구한다. 다음을 구하라.

a. 공통 모드 및 차동 모드 입력 신호
b. v_{S1}과 v_{S2}에 대한 각각의 전압 이득
c. 출력 전압의 공통 모드 및 차동 모드 성분
d. dB 단위의 공통 모드 제거비(CMRR)
e. v_{S1}과 v_{S2}에 대한 각각의 폐루프 이득

6.108 그림 P6.108의 회로에서 두 전압원은 T는 온도(Kelvin)인 온도 센서를 나타낸다.

$$v_{S1} = kT_1 \qquad v_{S2} = kT_2$$

여기서

$$k = 120\ \mu\text{V/K}$$
$$R_1 = R_3 = R_4 = 5\ \text{k}\Omega$$
$$R_2 = 3\ \text{k}\Omega \qquad R_o = 600\ \Omega$$

이다. 만약 $T_1 = 310$ K, $T_2 = 335$ K이라면, 다음을 구하라.

a. 두 입력 전압에 대한 전압 이득
b. 공통 모드 및 차동 모드 입력 전압
c. 공통 모드 및 차동 모드 이득
d. 출력 전압의 공통 모드 및 차동 모드 성분
e. dB 단위의 공통 모드 제거비(CMRR)

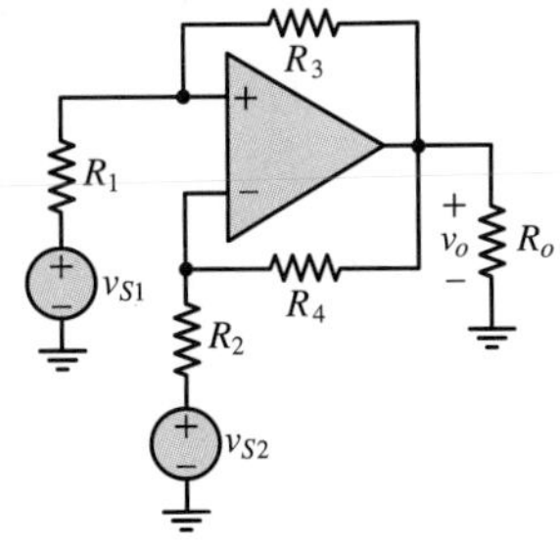

그림 P6.108

6.109 그림 P6.108의 차동 증폭기 회로에서

$v_{S1} = 13$ mV $\qquad v_{S2} = 9$ mV
$v_o = v_{oc} + v_{od}$
$v_{oc} = 33$ mV (공통 모드 출력 전압)
$v_{od} = 18$ V (차동 모드 출력 전압)

이다. 다음을 구하라.

a. 공통 모드 이득
b. 차동 모드 이득
c. dB 단위의 공통 모드 제거비(CMRR)

6.110 "측정 기술: 전하 증폭기"에서 논의된 이상적인 전하 증폭기는 DC 오프셋이 존재하면 포화될 것이다. 그림 P6.110의 회로는 실용적인 전하 증폭기를 나타내는데, 사용자는 스위치를 사용하여 3개의 시상수 RC_F, $10RC_F$, $100RC_F$를 선택할 수 있다. $R = 0.1$ MΩ, $C_F = 0.1\ \mu$F라고 가정한다. 각 시상수에 대해서 실제 전하 증폭기의 주파수 응답을 해석하고, 각 경우에 대해 과도한 왜곡 없이 증폭할 수 있는 최저 입력 신호 주파수를 결정하라. 이 회로는 DC 신호를 증폭할 수 있는가?

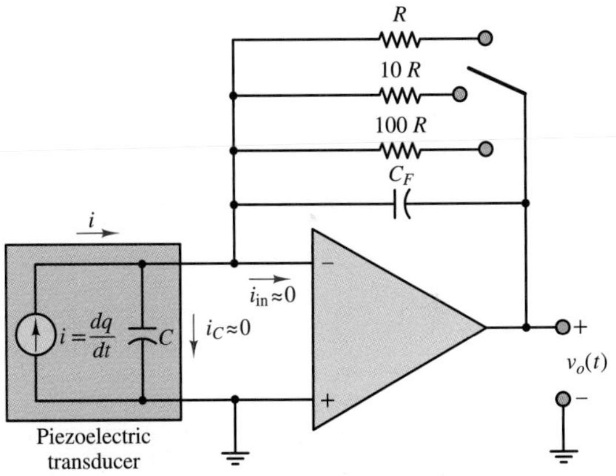

그림 P6.110

07 전자 계장 및 측정

ELECTRONIC INSTRUMENTATION AND MEASUREMENTS

측정 및 계장 시스템은 엔지니어와 과학자에게 필수이다. 이러한 시스템들이 종종 제작된 후 플러그 앤 플레이 장치로 판매되므로, 얻어진 데이터를 제대로 해석하고 그 데이터의 오류를 감지하고 수정하기 위해 시스템의 상세한 사양을 잘 이해하는 것이 필요하다. 이 장의 전개는 우선 물리적인 센서로부터 시작하여 배선 및 접지를 거쳐 신호 처리 및 아날로그-디지털 변환에 대하여 논의한 다음, 최종적으로 디지털 데이터 전송에 대해서 설명한다.

7.1절에서는 공학 측정에서 일반적으로 사용되는 센서에 대해서 개략적으로 살펴본다. 일부 센서에 대해서는 앞에서 이미 설명하였으며, 또한 일부에 대해서는 차후에 언급할 것이다. 이 장에서는 우선 센서를 분류하고, 이 책의 다른 부분에서 설명되지 않는 몇몇 센서들(예를 들어, 온도 변환기)에 대해 보다 자세한 설명을 하고자 한다. 7.2절에서는 일반적인 신호 접속, 적당한 배선 및 접지 기술 등을 다루며, 특히 잡음원 및 원치 않는 간섭을 저감시키는 기법 등에 중점을 둔다. 7.3절은 계측 증폭기 및 능동 필터에 대한 논의를 통해서 디지털 신호 처리라는 내용을 소개한다. 7.4절부터 7.6절에서는 각각 아날로그-디지털 변환, 계장 시스템에 사용되는 다른 집적회로, 디지털 데이터 전송 등을 다룬다.

LO 학습 목적

1. 센서의 주요 분류를 복습한다. 7.1절
2. 적절한 접지 회로와 잡음을 차폐, 감소시키는 방법을 배운다. 7.2절
3. 신호 조정 증폭기와 필터를 설계한다. 7.3절
4. A/D와 D/A 변환을 이해하고, 적절한 변환 시스템의 세부 사항을 결정한다. 7.4절
5. 직접회로에 사용되는 간단한 비교기와 타이밍 회로를 설계하고 해석한다. 그 외의 집적회로에 대해 알아본다. 7.5절 및 7.6절 (7.6절의 경우 웹사이트 참조 가능)

7.1 측정 시스템 및 변환기

측정 시스템

거의 모든 공학적인 응용 분야에서 힘, 응력, 온도, 압력, 유량 또는 변위 등의 물리량을 측정할 필요성이 있다. 이들의 측정은 **센서**(sensor) 또는 **변환기**(transducer)라 불리는 물리적 장치에 의해서 수행되는데, 센서는 물리량을 더 쉽게 이용할 수 있는 전기량으로 변환시킬 수 있다. 그러므로 대부분의 센서는 물리량(예를 들어, 습도, 온도)의 변화를 해당하는 전기량(예를 들어, 전압 또는 전류)의 변화로 변환한다. 흔히, 센서로부터의 출력은 부가적인 조작을 거쳐야만 유용한 형태의 전기적인 출력이 된다. 예를 들어, 재료의 표면 응력(2장에서 언급한 저항 스트레인 게이지로 측정되는 양[1])의 변화에 기인하는 저항의 변화는 적절한 회로(휘트스톤 브리지)를 통해서 전압신호로 변환된 다음, 밀리 볼트 수준에서 볼트 수준으로 증폭되어야만 유용하게 사용될 수 있다. 원하는 결과를 발생시키는 데 필요한 이러한 조작을 신호 조정(signal conditioning)이라 한다. 신호 조정 회로에 센서를 연결할 때에는 신호에 가능하면 잡음과 간섭이 없도록 접지(grounding)와 차폐(shielding)에 상당히 주의하여야 한다. 흔히, 조정된 센서 신호는 디지털 형태로 변환되고 컴퓨터에 저장된 다음, 추가적으로 조작되거나 다른 방식으로 표시된다. 센서 출력을 조작하여 적절하게 표시하거나 저장할 수 있는 결과를 만들어 내는 장치를 **측정 시스템**(measurement system)이라 한다. 그림 7.1은 컴퓨터에 기초한 전형적인 측정 시스템을 블록 선도 형태로 나타낸 것이다.

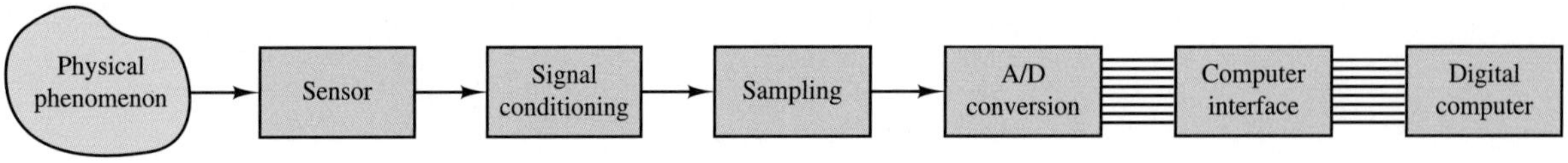

그림 7.1 측정 시스템

[1] 2장에 서술된 측정 기술 중 "저항 스트레인 게이지" 부분을 참고하라.

센서 분류

센서의 물리적 특성(예를 들어, 전자 센서, 저항 센서)에 따라서 또는 센서가 측정하는 물리량(예를 들어, 온도, 유량)에 따라서 분류할 수 있다. 다른 관점에서 분류할 수도 있다. 표 7.1은 감지되는 변수에 따른 센서 분류 중 일부를 나타낸 것이다. 이 표는 완전하지는 않지만 독자들이 관심을 가질 만한 공학적인 측정의 거의 대부분을

표 7.1 센서의 분류

Sensed variables	Sensors	Chapter reference
Motion and dimensional variables	Resistive potentiometers	Resistive Throttle Position Sensor (Chapter 1)
	Strain gauges	Resistance Strain Gauges, The Wheatstone Bridge; and Force Measurements (Chapter 1)
	Differential transformers (LVDTs)	Linear Variable Differential Transformer (LVDT) (Chapter 18, online)
	Variable-reluctance sensors	Magnetic Reluctance Position Sensor (Chapter 18, online)
	Capacitive sensors	Capacitive Displacement Transducer and Microphone (Chapter 3); Peak Detector Circuit for Capacitive Displacement Transducer (Chapter 8)
	Piezoelectric sensors	Piezoelectric Sensor and Charge Amplifiers (Chapter 6)
	Electro-optical sensors	Digital Position Encoders; Digital Measurement of Angular Position and Velocity (Chapter 11)
	Moving-coil transducers	Seismic Transducer (Chapter 5)
	Seismic sensors	Seismic Transducer (Chapter 5)
Force, torque, and pressure	Strain gauges	Resistance Strain Gauges, The Wheatstone Bridge; and Force Measurements (Chapter 1)
	Piezoelectric sensors	Piezoelectric Sensor and Charge Amplifiers (Chapter 6)
	Capacitive sensors	Capacitive Displacement Transducer and Microphone (Chapter 3); Peak Detector Circuit for Capacitive Displacement Transducer (Chapter 8)
Flow	Pitot tube	
	Hot-wire anemometer	Hot-Wire Anemometer (Chapter 7)
	Differential pressure sensors	Differential Pressure Sensor (Chapter 7)
	Turbine meters	Turbine Meters (Chapter 7)
	Vortex shedding meters	
	Ultrasonic sensors	
	Electromagnetic sensors	
	Imaging systems	
Temperature	Thermocouples	Thermocouples (Chapter 7)
	Resistance thermometers (RTDs)	Resistance Thermometers (RTDs) (Chapter 7)
	Semiconductor thermometers	Diode Thermometer (Chapter 8)
	Radiation detectors	
Liquid level	Motion transducers	
	Force transducers	
	Differential pressure measurement devices	
Humidity	Semiconductor sensors	
Chemical composition	Gas analysis equipment	
	Solid-state gas sensors	

포함하고 있다. 또한 표에는 이 책의 측정 기술에서 설명된 센서의 참조 위치를 포함하고 있다.

센서는 보통 원하는 물리 변수를 측정하는 데 있어서의 전체적인 효율성을 나타내는 사양이 수반된다. 이러한 사양 중 일부는 아래에 정의되어 있다.

LO

- 정확도(accuracy): 측정값이 참값에 대해 일치하는 정도를 나타내며, 보통 최대 눈금(full-scale reading)의 백분율로 표시
- 오차(error): 측정값과 참값 사이의 차이로, 보통 최대 눈금의 백분율로 표시
- 정밀도(precision): 측정값의 유효 숫자의 개수
- 분해능(resolution): 측정 가능한 최소의 크기
- 스팬(span): 선형 동작 구간
- 범위(range): 측정값의 범위
- 선형성(linearity): 이상적인 선형 교정(calibration) 곡선과 일치하는 정도를 나타내며, 보통 최대 눈금의 백분율로 표시

운동 및 변위의 측정

운동 및 치수의 측정은 절대 위치, 상대 위치(변위), 속도, 가속도 및 가속도의 미분인 저크(jerk)를 포함하여 아마 가장 일반적인 공학 측정일 것이다. 이들은 각각 병진(translation) 운동이나 회전(rotation) 운동에 대한 측정으로 나눌 수 있다. 이들 측정은 흔히 기본적인 성질의 변화에 기초하는데, 예를 들어 소자 저항의 변화(스트레인 게이지, 전위차계), 전기장의 변화[용량성(capacitive) 센서] 또는 자기장의 변화[유도성(inductive) 센서, 가변 자기저항(variable-reluctanace) 센서, 와전류(eddy-current) 센서] 등이 있다. 압전 소자(piezoelectric element)와 같이 특수한 재료 또는 광학 신호와 이미징 시스템 등에 기반한 것들도 있다.

힘, 토크 및 압력 측정

측정의 또 다른 일반적인 분류는 압력, 힘 그리고 토크의 측정이다. 아마도 힘 변환기와 압력 변환기는 로드셀(load cell) 및 다이어프램 압력 변환기와 같은 스트레인 게이지에 기반한 방식을 가장 많이 사용한다. 압전 및 용량성 센서 또한 일반적으로 사용된다.

유동의 측정

많은 공학 응용에서 압축성(compressible) 또는 비압축성 유체의 유속(flow rate)을 측정하게 된다. 유속의 측정은 복잡한 주제이다. 그림 7.2는 3가지 형태의 유속 센서를 보여준다. 그림 7.2(a)에 설명된 센서의 측정은 **보정된 오리피스**(calibrated orifice) 양단의 **차동 압력**(differential pressure)에 기반하여 수행되며, 여기서 차동 압력 $p_1 - p_2$와 유속 q 사이의 관계가 이론 및 교정 상수(calibration constant)에 의해 결정된다.

그림 7.2(b)의 센서는 가스의 유동에 의해서 냉각되는 가열된 전선에 기반하는 **열선 유속계**(hot-wire anemometer)이다. 선의 저항 R은 온도에 따라서 변하며, 휘트스톤 브리지 회로가 이러한 저항의 변화를 전압의 변화로 변환시킨다. **열막 유속계**(hot-film anemometer)는 엔진의 흡입 공기의 속도를 측정하여 공연비(air-to-fuel ratio)를 제어한다.

그림 7.2(c)는 유체 유동에 의해서 터빈이 회전하는 **터빈 유량계**(turbine flowmeter)를 나타낸다. 유체 유동률과 관련된 터빈의 회전 속도는 자석식 픽업(magnetic pickup)과 같은 비접촉 센서로 측정된다.[2]

이 외에도, 유동의 측정을 위한 다양한 기술들이 있다.

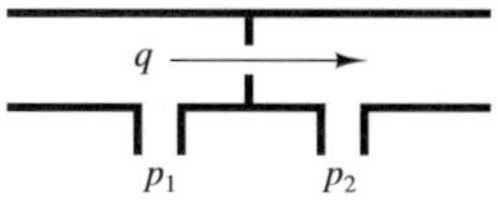

Differential-pressure flowmeter: A calibrated orifice and a pair of pressure transducers permit the measurement of flow rate.
(a)

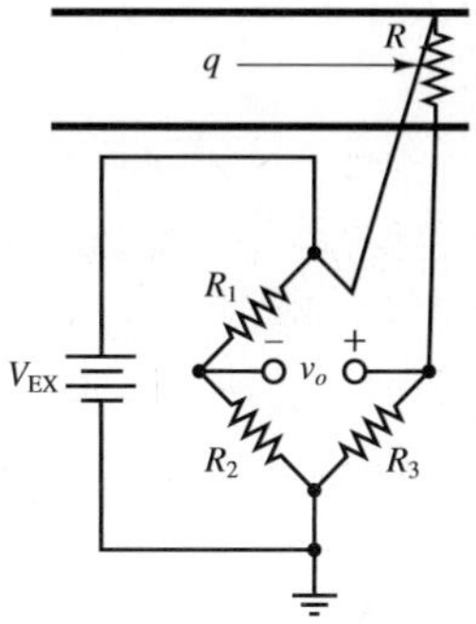

Hot-wire anemometer: A heated wire is cooled by the gas flow. The resistance of the wire changes with temperature.
(b)

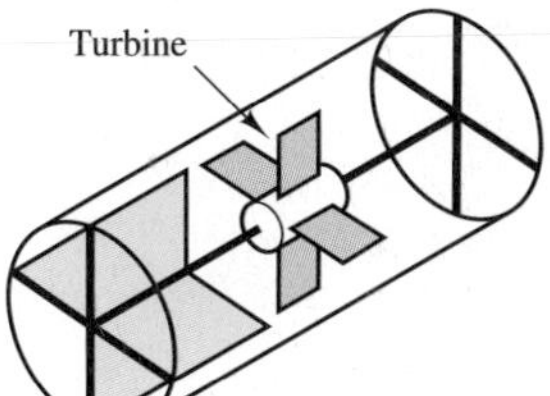

Turbine flowmeter: Fluid flow induces rotation of the turbine; measurement of turbine velocity provides an indication of flow rate.
(c)

그림 7.2 유동 측정 장치

온도 측정

가장 흔하게 측정되는 물리량 중의 하나가 바로 온도이다. 온도 측정에 대한 필요성은 거의 모든 공학 분야에서 발생한다. 여기서는 두 가지 일반적인 온도 센서인 **열전대**(thermocouple)와 **저항 온도 검출기**(resistance temperature detector, RTD)에 대해서 간략히 소개한다.

열전대

열전대(thermocouple)는 2개의 이종 금속의 접합에 의해서 형성된다. 이 접합은 **제벡 효과**(Seebeck effect, 1821년 이 현상을 발견한 Thomas Seebeck의 이름을 따서)에 의해서 개방(open-circuit) **열전 전압**(thermoelectric voltage)이 발생한다. 다양한 형태의 열전대가 있는데, 주로 표 7.2의 데이터에 따라서 분류된다. 제백 계수는 어떤 주어진 온도에서 명시되는데, 이는 열전대의 출력 전압 v는 온도에 대해 비선형적으로 변하기 때문이다. 이러한 의존성은 다음 형태의 다항식으로 표시된다.

$$T = a_0 + a_1 v + a_2 v^2 + a_3 v^3 + \cdots + a_n v^n \tag{7.1}$$

표 7.2 열전대 데이터

Type	Elements +/−	Seebeck coefficient (μV/°C)	Range (°C)	Range (mV)
E	Chromel/constantan	58.70 at 0°C	−270 to 1,000	−9.835 to 76.358
J	Iron/constantan	50.37 at 0°C	−210 to 1,200	−8.096 to 69.536
K	Chromel/alumel	39.48 at 0°C	−270 to 1,372	−6.548 to 54.874
R	Pt(10%)—Rh/Pt	10.19 at 600°C	−50 to 1,768	−0.236 to 18.698
T	Copper/constantan	38.74 at 0°C	−270 to 400	−6.258 to 20.869
S	Pt(13%)—Rh/Pt	11.35 at 600°C	−50 to 1,768	−0.226 to 21.108

예를 들어, −100°C에서 +1,000°C까지의 범위에서 J형 열전대의 계수는 다음과 같다.

$$a_0 = -0.048868252 \qquad a_1 = 19{,}873.14503 \qquad a_2 = -128{,}614.5353$$
$$a_3 = 11{,}569{,}199.78 \qquad a_4 = -264{,}917{,}531.4 \qquad a_5 = 2{,}018{,}441{,}314$$

[2] 14장에 서술된 측정 기술 중 "자기저항 위치 센서" 부분을 참고하라.

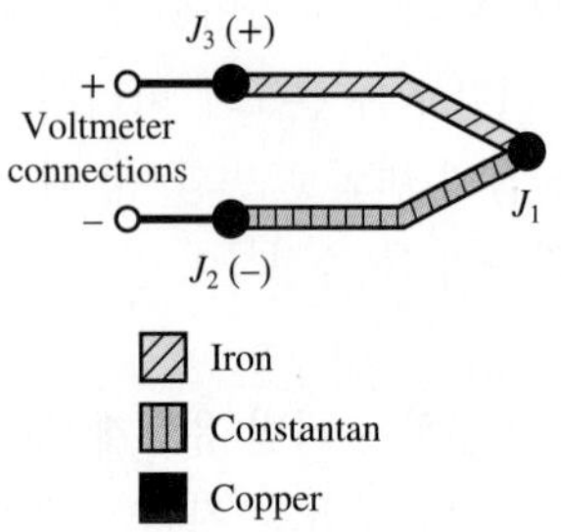

그림 7.3 J형 열전대 회로

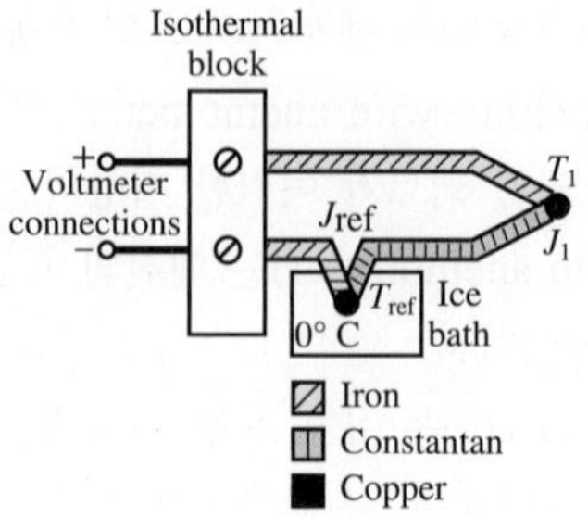

그림 7.4 냉접점 보상 열전대 회로

열전대의 사용은 특수한 연결을 필요로 하는데, 이는 열전대 도선이 다른 도선(예를 들어, 전압계의 전선)과 접점을 형성하게 되면 사실상 추가적인 열전대처럼 동작하는 또 다른 열전 접점을 만들기 때문이다. 예를 들어, 그림 7.3의 각 접점은 접점에서의 온도에 의존하는 열전 전압을 발생시킨다. 그러나 접점 J_1만 온도에 대응한다. 접점 J_2 및 J_3의 영향을 조절할 수 있도록 이들 접점에 걸친 전압을 알아야 할 필요가 있다. 그림 7.4와 같이 문제를 해결하기 위해서 전압계를 등온 블록 내에 만들어 이렇게 측정된 전압에 대한 영향을 제거한다. 또한 그림 7.4에 얼음통 안의 **냉접점**(cold junction)과 같은 알고 있는 온도에서의 기준 접점을 접합 J_1의 온도를 구하기 위해 사용할 수 있다. 이런 식으로 접점 J_1이 0°C (32°F)로 유지되면 측정된 전압은 0 V이 될 것이다. 다른 J_1 온도는 $T_1 - T_{ref}$와 관련된 전압계 눈금을 보여줄 것이다.

저항 온도 검출기

저항 온도 검출기(resistance temperature detector, RTD)는 저항이 온도의 함수인 가변 저항 장치이다. RTD는 열전대보다 더 정확하고 안정된 측정을 제공한다. **서미스터**(thermistor)는 RTD의 한 종류이다. 모든 RTD는 수동장치이다. RTD의 저항 변화는 보통 이를 통해서 전류가 흐르게 함으로써 전압의 변화로 변환된다. RTD는 장치의 i^2R 손실에 의해 발생하는 **자기 가열 오차**(self-heating error)에 민감하다. 이 오차에 대한 RTD의 감도는 보통 온도를 1도 올리는 데 요구되는 전력에 의해서 표시된다. 작은 전류는 자기 가열을 줄여주지만 출력 전압도 감소시키게 된다.

RTD 저항은 온도에 대해서 거의 선형적인 관계를 가진다. 양 또는 음수인 RTD의 **온도 계수**(temperature coefficient) α는 0에서 100°C까지 저항 $R_{100} - R_0$ 변화로 정의한다.

$$\alpha \equiv \frac{R_{100} - R_0}{100 - 0} \frac{\Omega}{°\mathrm{C}} \tag{7.2}$$

RTD 저항과 온도 간의 더욱 정확한 3차 방정식은 표에 나온 계수에 의존한다. 예를 들어, 플래티넘 RTD는 온도 계수 $\alpha = 0.003911$ 또는 방정식에 의해서 나타나는데, 여기서 계수 C는 0°C 이상의 온도에 대해서는 0이다.

$$R_T = R_0(1 + AT - BT^2 - CT^3)$$
$$= R_0(1 + 3.6962 \times 10^{-3}T - 5.8495 \times 10^{-7}T^2 - 4.2325 \times 10^{-12}T^3) \tag{7.3}$$

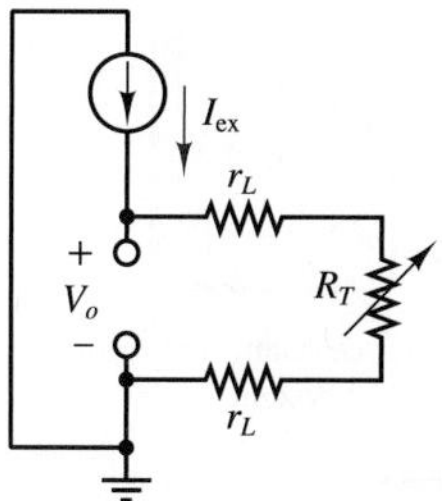

그림 7.5 연결 도선이 RTD 온도 측정에 미치는 영향

RTD는 매우 낮은 저항을 가지므로 자신에 연결된 도선의 저항에 의해서 도입되는 오차에 민감하다. 그림 7.5는 도선 저항 r_L이 RTD 측정에 미치는 영향을 나타낸다. 측정된 전압은 RTD의 저항 및 도선의 저항도 포함하고 있음을 나타낸다. 그러므로 도선의 저항이 중요하다면 측정에 미치는 영향도 중요하다. 이 도선 문제는 그림 7.6(a) 및 (b)에 각각 나타난 4선(four-wire) RTD 측정 회로 및 3선 휘트스톤 브리지 회로에 의해 해결될 수 있다. 그림 7.6(a) 회로에서 측정값은 출력 도선의 저항인 r_{L2}와 r_{L3}에 의해서만 영향을 받기 때문에 도선의 저항인 r_{L1}과 r_{L4}는 커지게 된다. 그림 7.6(b)의 회로는 도선의 원하지 않는 영향을 제거하지만, 온도 변화에 의존하는 출력을 발생시켜 주는 휘트스톤 브리지의 성질을 이용한다.

7.2 배선, 접지 및 잡음

회로의 적절한 연결은 매우 중요하다. 이 절은 신호원의 연결, 다양한 입력 형태, 잡음원 및 결합 메커니즘 측정에서 잡음의 영향을 최소화하는 수단 등에 대한 중요한 고려 사항을 요약하여 설명한다.

신호원과 측정 시스템의 구성

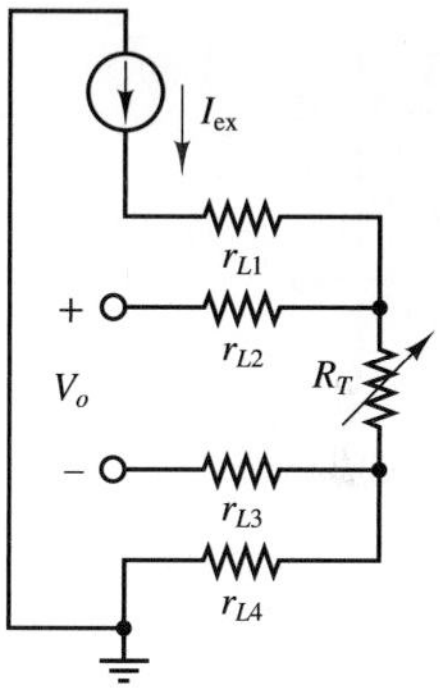

(a)

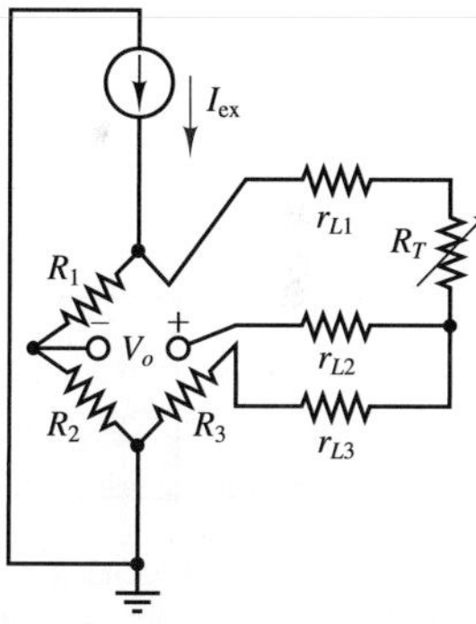

(b)

그림 7.6 (a) 4선 RTD 회로, (b) 3선 휘트스톤 브리지 RTD 회로

모든 센서는 일종의 신호원으로 생각할 수 있다. 그림 7.7(a)는 센서와 측정 시스템의 일반적인 접속을 나타낸다. 센서는 이상 전압원과 소스 저항의 직렬 연결로 모델링된다. 이러한 표현이 모든 센서에 다 적용되는 것은 아니지만, 중요한 배선 문제에 대해 이야기할 수 있다. 그림 7.7의 (b)와 (c)는 **접지 신호원**(grounded source)과 **부동 신호원**(floating source)의 두 가지 종류의 신호원을 보여준다. 접지 신호원의 한 단자가 소스의 케이스 혹은 하우징과 같이 기준 접지에 연결되어 있다. (전자기기의 케이스 혹은 하우징은 보통 전형적인 두껍고, 둥근 갈래 모양의 3구 AC 플러그를 통해서 대지 접지에 연결되어 있다.) 한편, 부동 신호원의 어느 단자도 기준 접지에는 연결되지 않으므로, 단자 양단의 전압은 기준 접지와는 무관하다. 열전대(thermocouple)는 출력이 두 전압 간의 차이이므로 본질적으로 부동 신호원이다. 열전대가 접지된 신호원이 될 수도 있지만, 이는 이러한 특정한 센서에서 바람직한 구성은 아니다.

측정 시스템도 **접지 기준 시스템**(ground-referenced system) 또는 **차동 시스템**(differential system)으로 분류될 수 있다. 접지 기준 시스템에서는 계측기의 섀시 접지에 신호선을 접속하지만, 차동 시스템에서는 두 신호선 중 어느 것도 접지에 연결되지 않는다. 그러므로 차동 측정 시스템은 두 신호 레벨 사이의 차(예를 들어, 접지되지 않은 열전대의 출력)를 측정하는 데 적합하다. 멀티미터(multimeter) 및 오실로스코프는 각각 차동 및 접지 기준 측정 시스템의 예이다.

접지 신호원의 취급 시에 잠재적인 위험 중의 하나가 바로 **접지 루프**(ground

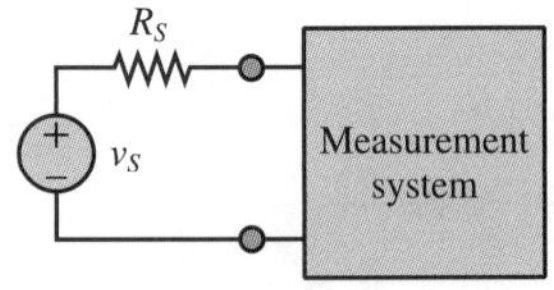

(a) Ideal signal source connected to measurement system

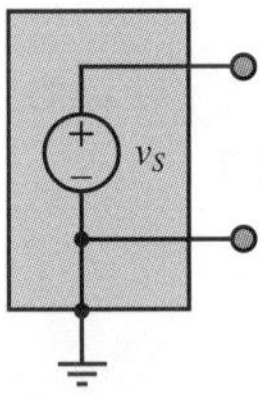

(b) Grounded signal source

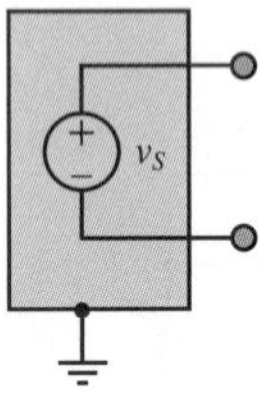

(c) Floating signal source

그림 7.7 측정 시스템과 신호원의 형태

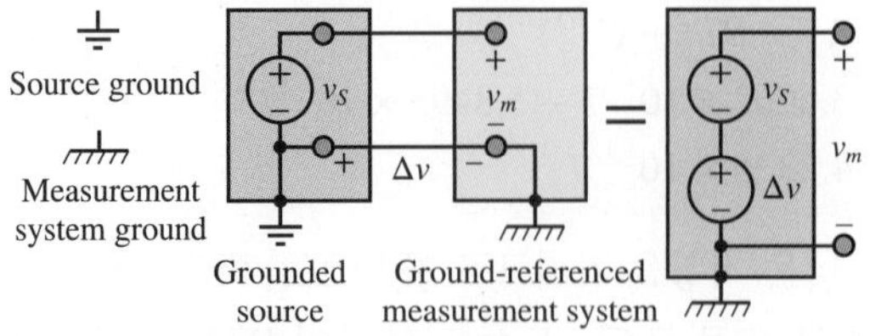

그림 7.8 접지 기준 측정 시스템에서의 접지 루프

loop)의 도입이다. 접지 루프란 접지 신호원이 접지 기준 측정 시스템에 연결되어 있는 그림 7.8에서와 같이, 두 기준 전압의 연결에 의해서 초래되는 바람직하지 않은 전류 경로를 의미한다. 신호원의 접지와 측정 시스템의 접지는 2개의 다른 기호로 표시하였는데, 이는 두 접지 사이에 전압 차 Δv가 존재할 수 있기 때문이다. 전압 차가 존재한다면, 두 접지에 연결되는 비이상적인 와이어의 0이 아닌 저항을 통해서 전류가 흐르게 된다. 접지 루프의 순 효과는 그림 7.8에 나타낸 바와 같이, 측정된 전압 v_m이 미지의 전압 차 Δv를 포함하는 것이다. 접지 루프는 측정 시스템에서 무시할 수 없는 측정 오차의 원인이 될 수 있다. 또한, 접지 루프는 원치 않는 잡음의 주 원인이다.

그림 7.9에서 차동 측정 시스템은 접지 루프 문제 Δv를 제거하는 데 사용될 수 있다. 이 그림에서 신호원과 측정 시스템의 접지들은 서로 연결되어 있지 않다. 그림에서 신호원 및 측정 시스템의 접지가 케이스나 다른 물체를 통해 연결되어 있지 않다는 점에 주목하라.

차동 측정 시스템에 연결된 신호원이 그림 7.10에서와 같이 부동이라면, 계측기에 존재하는 전류에 대해서 접지로의 복귀 경로를 제공해 줄 수 있는 두 개의 동일한 저항에 의해서 신호를 계측기 접지에 연결시키는 것이 바람직하다. 이러한 입력 전류의 예가 연산 증폭기 또는 계측 증폭기의 입력에 불가피하게 존재하는 입력 바이어스 전류이다.

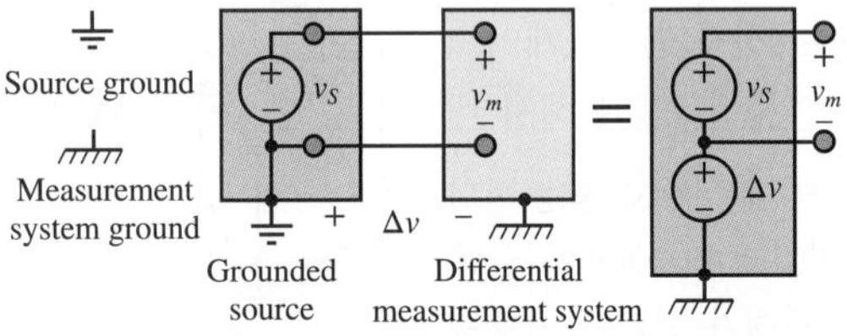

그림 7.9 차동(비기준) 측정 시스템

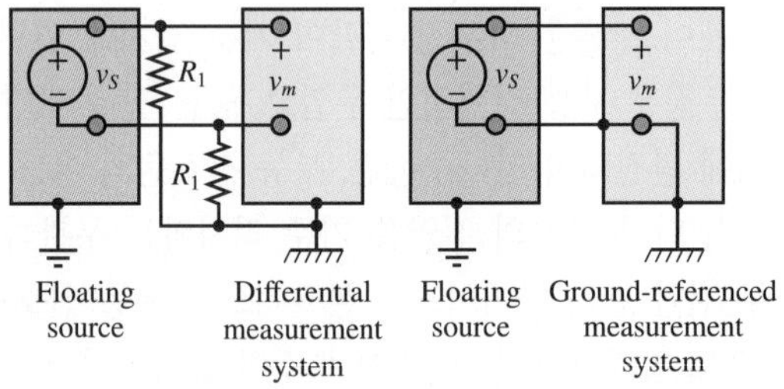

(a) (b)

그림 7.10 부동 소스로부터 신호 측정: (a) 차동 입력, (b) 단일 단자(single-ended) 입력

잡음원과 결합 메커니즘

원치 않는 신호인 잡음은 모든 측정 시스템에서 피할 수 없는 요소이다. 그림 7.11에서 블록 선도는 잡음 측정을 위한 두 가지 필수적인 요소인 **잡음원**(noise source)과 **잡음 결합 메커니즘**(noise coupling mechanism)을 보여준다. 잡음원은 항상 존재하

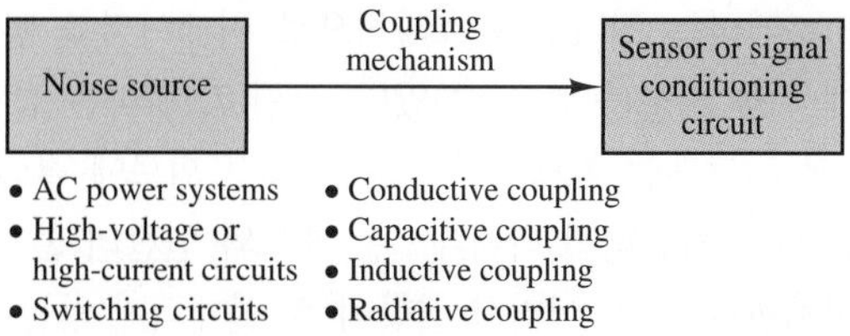

그림 7.11 잡음원과 결합 메커니즘

며, 보통 완전히 제거하는 것은 불가능하다. 실제 측정에 있어서의 전형적인 잡음원으로는 형광등, 비디오 카메라, 전원 공급기, 스위칭 회로, 고전압(또는 고전류) 회로 등에 의해서 초래되는 전자기장이 있다. 물론 다른 많은 잡음원이 존재하지만, 우리 주위의 단순한 잡음원을 제거하기는 사실상 가장 어렵다.

잡음원과 계측기 사이에 다양한 결합 메커니즘이 존재할 수 있다. 잡음 전류가 잡음원으로부터 전선에 의해서 계측기로 전도된다면, 이는 전도성 결합(conductive coupling)이다. 또한, 잡음은 용량성(capacitive), 유도성(inductive) 및 방사성(radiative)으로 결합할 수도 있다.

그림 7.12(a)는 어떻게 간섭이 접지 루프에 의해서 **전도성 결합**이 되는지를 보여준다. 그림에서 전원이 부하와 센서에 모두 접속되어 있다. KCL에 의해서 전류 i는 부하 및 센서 전류의 합이 되어야 한다. 센서와 부하 전류가 접지 귀환 경로의 상당 부분을 공유하고 부하 전류가 전류 센서에 비해 상당하다면, 접점 a에서의 전압은 비이상적인 도선의 0이 아닌 저항 때문에 접지보다 상당히 높을 수 있다. 따라서 센서 전압은 v_{ba}를 포함할 뿐만 아니라, 아마도 큰 v_a도 포함할 것이다. 다시 말해서, 측정된 센서 출력은 더 이상 v_o가 아니며, $v_o + v_{ba} + v_a$이다. 부하가 on 또는 off로 스위칭된다면, 전류는 갑작스런 큰 변화를 받으며, 이들 변화는 센서 출력 전압에서 잡음으로 나타나게 된다.

이러한 문제는 부하 및 센서에 대해서 분리된 접지 귀로(ground return)를 제공하여 접지 루프를 제거함으로써 효과적으로 해결할 수 있다. 그림 7.12(b)는 간단히 수정한 회로를 나타낸다. 센서 출력 전압은 부하 전류에 영향을 받지 않은 $v_o + v_{ba}$이다.

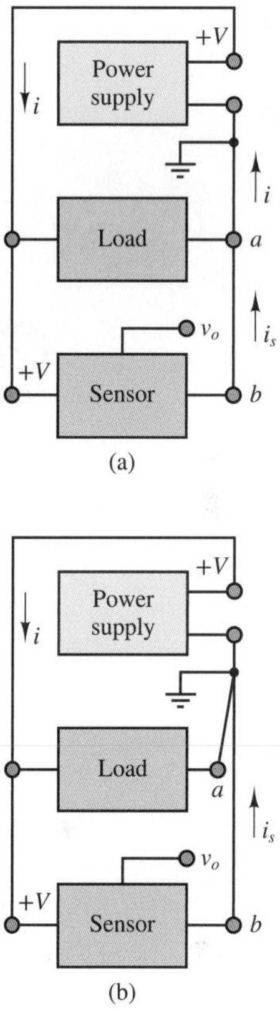

그림 7.12 전도성 결합: 접지 루프 및 분리된 접지 복귀

용량성 결합(capacitive coupling)의 메커니즘은 외부 소스에 의해서 초래되는 전기장에 바탕을 둔다. 전자기의 원리는 잡음원이 전기장을 발생시키는 그림 7.13(a)에 나와 있다. 잡음원의 도체가 측정 시스템의 일부인 도체에 충분히 근접해

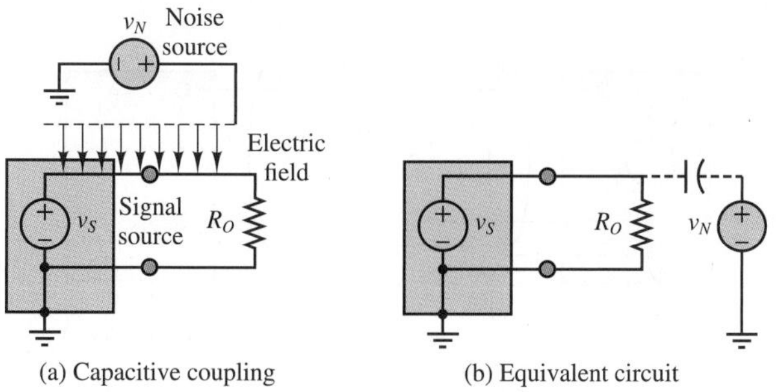

그림 7.13 용량성 결합 및 등가 회로 표현

있다면, 두 도체를 분리하는 전기장은 효과적으로 커패시터를 형성하는 두 도체들 사이의 거리 변화에 의해 영향을 받을 수 있다. 그림 7.13(b)는 잡음 전압 v_N이 잡음 경로의 커패시턴스를 나타내는 커패시터를 통해 측정 회로에 결합되는 등가 회로를 보여준다. 대부분 노트북 컴퓨터의 터치패드는 패드와 인간의 손가락 사이의 용량성 결합을 이용하여 설계한다. 만약 이러한 결합이 잘 설계되지 않는다면, 인간의 손 근처의 움직임으로 인하여 화면의 커서가 점핑하는 현상을 볼 수 있다.

유도성 결합(inductive coupling) 잡음은 스퓨리어스(spurious) 자기장과 상호작용하는 측정 시스템에서 전도성 루프의 존재에 기인한다. 그림 7.14에서와 같이 잡음원과 측정 회로 사이의 **상호 인덕턴스**를 통해 결합이 일어난다.

LO

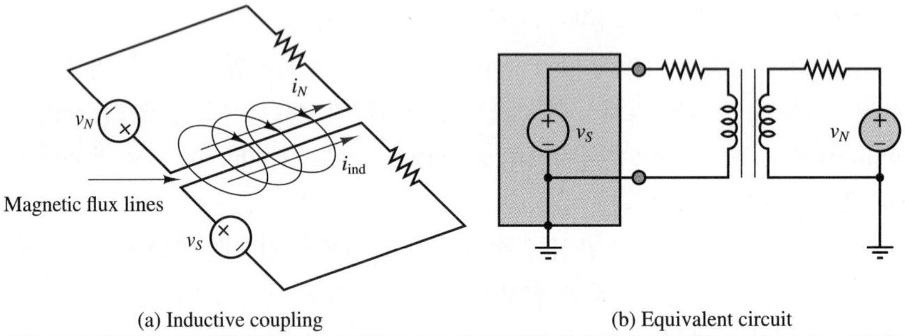

그림 7.14 유도성 결합 및 등가 회로 표현

잡음 저감

바람직하지 않은 간섭의 영향을 최소화하기 위해서는 적절한 배선 및 접지 외에도 다양한 기술이 존재한다. 두 가지 가장 일반적인 방법이 **차폐**(shielding) 및 **꼬임선**(twisted-pair wire)을 사용하는 것이다. 그림 7.15는 차폐된 케이블을 보여준다. 차폐는 구리 편조(copper braid) 또는 포일(foil)로 만들어지며, 접지 루프를 막기 위해 보통 계측기 쪽이 아닌 소스의 접지에 접속된다. 차폐는 상당한 양의 전자기 간섭으로부터 신호를 보호할 수 있으며, 특히 저주파수 영역에서 더욱 그러하다. 수많은 도체들의 차폐 케이블은 경제적으로도 매우 유용하지만, 차폐로 유도성 결합을 막을 수는 없다. 유도성 결합을 최소화하는 가장 단순한 방법은 꼬임선을 사용하는 것이다. 이는 꼬지 않은 전선은 전자기 방사(electromagnetic radiation)의 상당한 양을 결합시킬 수 있는 큰 루프를 제공할 수 있기 때문이다. 전선을 꼬는 것은 루프 면적

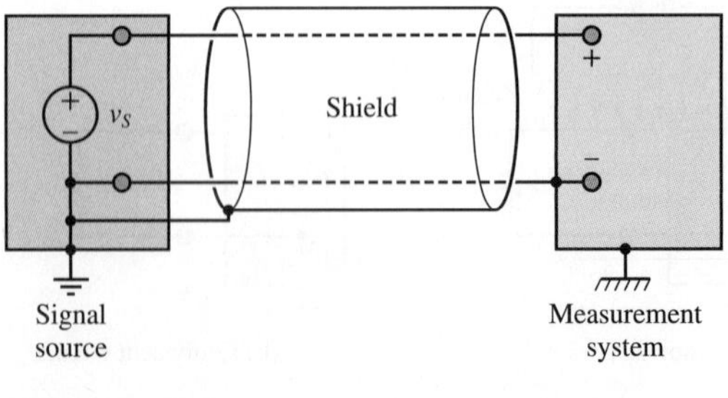

그림 7.15 차폐

을 상당히 감소시키며 간섭을 줄인다. 꼬임선은 상업적으로 팔고 있는 제품을 쉽게 구할 수 있다.

측정 잡음을 감소시키는 4가지 중요한 법칙은 다음과 같다.

1. 공통 기준 지면을 따라 한 점에서 다른 점으로의 저항을 감소시키는 큰 전도성 접지면을 사용한다.
2. 대부분의 접지면을 통해 전류를 최소화하기 위해서는 접지면의 궁극적 반환점 부근에 잠재적으로 큰 전류를 가진 부하를 연결한다.
3. 소스와 측정 시스템 사이에 제공된 동축 케이블과 같은 차폐 접지를 사용한다.
4. 모든 도선의 닫힌 영역은 가능한 작게 유지하기 위한 방법이나 꼬임선을 사용한다.

7.3 신호 처리

적절한 배선, 접지 및 차폐를 고려한 센서의 연결은 잘 설계된 측정 시스템에서 필요한 첫 번째 단계이다. 다음 단계는 센서 출력을 의도하는 목적에 따라 적절한 형태로 변환시키는 데 필요한 **신호 처리**(signal conditioning)이다. 그림 7.1에서와 같이 센서 출력은 흔히 디지털 컴퓨터로 보내진다. 이 경우에는 컴퓨터에서의 데이터 수집 과정에 적합하도록 신호를 조정하는 것이 중요하다. 2가지 가장 중요한 신호 조정으로는 증폭(amplification)과 필터링(filtering)이 있다. 이 절에서는 이에 대해서 논의하기로 한다.

계측 증폭기

계측 증폭기(instrumentation amplifier, IA)는 매우 큰 입력 임피던스, 저바이어스 전류 및 가변 이득을 가지므로, 큰 공통 모드(common-mode) 성분을 가진 저레벨 신호가 잡음이 많은 상황에서 증폭되는 응용 분야에서 광범위하게 사용된다. 이러한 상황은 저레벨 변환기 신호가 필터링 등의 신호 조정을 하기 전에 전치 증폭(preamplification)이 필요할 때 흔히 발생한다. 계측 증폭기는 6장에서 차동 증폭기(differential amplifier)와 관련되어 잠시 소개한 바 있다. 계측 증폭기는 2단으로 구성되어 있으며, 1단은 2개의 비반전 증폭기(noninverting amplifier)로 구성되고, 2단은 차동 증폭기로 구성된다. 비록 이 설계가 유용하고 때로는 실제로도 사용되지만, 공통 모드 신호를 최대한으로 제거하기 위해서 저항과 소스 임피던스를 매우 정밀하게 정합시켜야 한다는 조건을 만족시키기 어렵다는 단점이 있다. 저항이 정확히 정합되지 않는다면 증폭기의 공통 모드 제거비(common-mode rejection ratio, CMRR)는 상당히 감소한다.

그림 7.16의 증폭기는 다음과 같은 특성을 갖고 있다고 가정하자.

$$R_2 = R_2' \qquad R_F = R_F' \qquad R' = R + \Delta R$$

여기서 ΔR은 R과 R'의 차이를 나타낸다. 입력단의 비반전 증폭기에 대한 폐루프 이득은(예제 6.2 참조)

$$G = \frac{v_b'}{v_b} = \frac{v_a'}{v_a} = 1 + \frac{2R_2}{R_1} \tag{7.4}$$

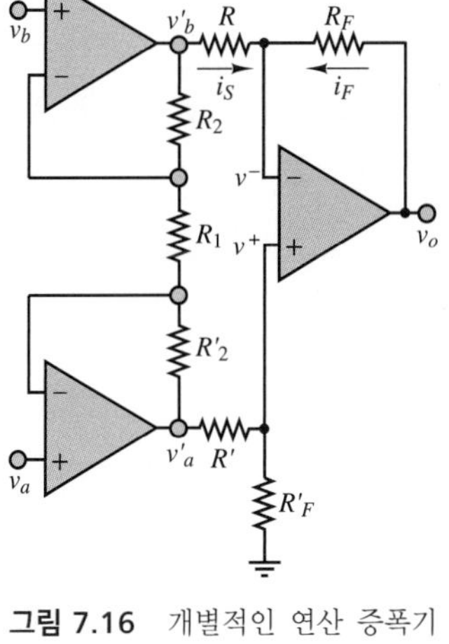

그림 7.16 개별적인 연산 증폭기로 구성된 계측 증폭기

로 주어진다. 출력단의 증폭기에 대한 비반전 단자에서의 전압은

$$v^+ = \frac{R_F}{R_F + R + \Delta R} v'_a \tag{7.5}$$

임을 알 수 있다. 한편, 반전 단자 전압이 $v^- = v^+$이므로, 피드백 전류는

$$i_F = \frac{v_{\text{out}} - v^-}{R_F} = \frac{v_{\text{out}} - [R_F/(R_F + R + \Delta R)]v'_a}{R_F} \tag{7.6}$$

으로 주어지며, 전류원은

$$i_S = \frac{v'_b - v^-}{R} = \frac{v'_b - [R_F/(R_F + R + \Delta R)]v'_a}{R} \tag{7.7}$$

가 된다. 연산 증폭기의 입력 전류는 무시할 수 있고, $i_F = -i_S$를 구하기 위해 반전노드에 KCL을 적용시키면,

$$\begin{aligned} \frac{v_o}{R_F} &= \frac{v'_a}{R_F + R + \Delta R} - \frac{v'_b}{R} + \frac{R_F}{R}\frac{v'_a}{R_F + R + \Delta R} \\ &= \left(1 + \frac{R_F}{R}\right)\frac{v'_a}{R_F + R + \Delta R} - \frac{v'_b}{R} \end{aligned}$$

이 되어 출력 전압은

$$v_o = \frac{R_F}{R}\left[\frac{R + R_F}{R + R_F + \Delta R}v'_a - v'_b\right] \tag{7.8}$$

로 계산된다. 만약 분모에서 ΔR이 0이라면, $v_o = (R_F/R)(v'_a - v'_b)$가 얻어질 것이다. 그러나 저항의 부정합(mismatch) 때문에 2개의 다른 차동 신호 성분에 대한 이득 간에 상응하는 부정합이 존재하게 된다. 게다가 더 중요한 원래 신호 v_a와 v_b가 차동 모드와 공통 모드 성분을 모두 포함한다면

$$v_a = v_{\text{CM}} + \frac{v_{\text{DM}}}{2} \qquad v_b = v_{\text{CM}} - \frac{v_{\text{DM}}}{2} \tag{7.9}$$

이 되어

$$v'_a = G(2v_{\text{CM}} + v_{\text{DM}})/2 \qquad v'_b = G(2v_{\text{CM}} - v_{\text{DM}})/2 \tag{7.10}$$

이므로, 공통 모드 성분은 이득의 부정합 때문에 증폭기의 출력에서 제거되지 않게 된다. 따라서 증폭기의 출력은

$$v_o = R_F\left(\frac{R + R_F}{2R}\right)\left[\frac{G(2v_{\text{CM}} + v_{\text{DM}})}{R_F + R + \Delta R}\right] - \frac{R_F}{2R}G(2v_{\text{CM}} - v_{\text{DM}}) \tag{7.11}$$

으로 주어지며, 이 출력 전압은 다음과 같이 표현할 수 있다.

$$v_o = v_{o,\text{DM}} + v_{o,\text{CM}} \tag{7.12}$$

여기서 $v_{o,\text{DM}}$은

$$\begin{aligned} v_{o,\text{DM}} &= R_F\left(\frac{R + R_F}{2R}\right)\left(\frac{Gv_{\text{DM}}}{R_F + R + \Delta R}\right) + \frac{R_F}{2R}Gv_{\text{DM}} \\ &= \frac{R_F}{R}G\frac{v_{\text{DM}}}{2}\left(\frac{2R_F + 2R + \Delta R}{R_F + R + \Delta R}\right) \end{aligned} \tag{7.13}$$

이며 $v_{o,\mathrm{CM}}$은

$$
\begin{aligned}
v_{o,\mathrm{CM}} &= R_F\left(\frac{R+R_F}{R}\right)\left(\frac{Gv_{\mathrm{CM}}}{R_F+R+\Delta R}\right)-\frac{R_F}{R}Gv_{\mathrm{CM}} \\
&= \frac{R_F}{R}Gv_{\mathrm{CM}}\left(\frac{-\Delta R}{R_F+R+\Delta R}\right)
\end{aligned}
\tag{7.14}
$$

이 된다. 따라서 ΔR이 0이 될 때 $v_{o,\mathrm{CM}}$는 0이 되며, $v_{o,\mathrm{DM}}$은 $(R_F/R)\ Gv_{\mathrm{DM}}$이 된다. 공통 모드 제거비(CMRR, 6장 참조)는 dB의 단위로

$$
\begin{aligned}
\mathrm{CMRR_{dB}} &= 20\log\left|\frac{A_{\mathrm{DM}}}{A_{\mathrm{CM}}}\right| = 20\log\left|\frac{A_{\mathrm{DM}}}{v_{o,\mathrm{CM}}/v_{\mathrm{CM}}}\right| \\
&= 20\log\left|\frac{A_{\mathrm{DM}}}{\dfrac{R_F}{R}G\left(\dfrac{-\Delta R}{R_F+R+\Delta R}\right)}\right|
\end{aligned}
\tag{7.15}
$$

로 표시되며, 여기서 A_{DM}는 차동 이득(보통 공칭 설계값과 동일하다고 가정되는)이다. 공통 모드 이득 $v_{o,\mathrm{CM}}/v_{\mathrm{CM}}$는 이상적으로 0이어야 하므로, 완벽하게 정합된 저항을 가진 계측 증폭기에 대한 이론적인 CMRR은 무한대이다. 사실상 저항의 조그마한 부정합도 CMRR을 상당히 감소시키는데, 이는 이 절의 후반부에서의 두 개의 연습 문제를 통해 보여줄 것이다. 1% 공차를 가진 저항을 사용하더라도 전형적인 저항과 전체 이득 1,000에 대해서 얻어질 수 있는 최대 CMRR은 단지 60 dB일 뿐이다. 많은 응용에서 100 내지 120 dB 정도의 CMRR이 요구되므로 이는 0.01% 공차를 가진 저항을 필요로 한다. 이 세 개의 연산 증폭기 및 이산(discrete) 저항을 사용한 "이산" 설계 계측 증폭기는 더 많은 요구를 하는 계측 응용 분야에 적합하지 않을 것이라는 점은 명백하다.

R_2 및 R_2'를 제외한 어떤 저항도 정합되어 있지 않다고 가정하면, 그림 7.16의 계측 증폭기의 CMRR에 대한 일반식은

$$
\boxed{\mathrm{CMRR_{dB}} = 20\log\left|\frac{A_{\mathrm{DM}}}{A_{\mathrm{CM}}}\right| = 20\log\left|\frac{(R_F/R)(1+2R_2/R_1)}{\dfrac{R_F}{R}\left[\dfrac{R_F'}{R_F}\left(\dfrac{R_F+R}{R_F'+R'}\right)-1\right]}\right|}
\tag{7.16}
$$

으로 주어지는데, 이 식으로부터 저항들이 완벽하게 정합되어 있다면 CMRR이 무한대가 된다는 것을 쉽게 보일 수 있다.

개별 부품을 이용한 계측 증폭기의 설계에서 직면하는 문제의 대부분은 적합한 제조 기술에 의해 저항이 일치될 수 있는 단일 집적회로를 통해 효율적으로 처리할 수 있다. IC 계측 증폭기의 기능적 구조는 그림 7.17에 도시되어 있다. IC 계측 증폭기에 대한 사양(더 정교한 회로 설명)은 그림 7.18에 도시되어 있다. 이 중 언급할 만한 특징으로는 가변 이득(programmable gain)으로 사용자가 R_1이라 명명된 저항 중 하나 또는 그 이상을 적절한 단자에 연결함으로써 이득을 결정할 수 있다. R_1은 정합을 필요로 하지 않으므로 증폭기의 성능에 나쁜 영향을 미치지 않고도 부가

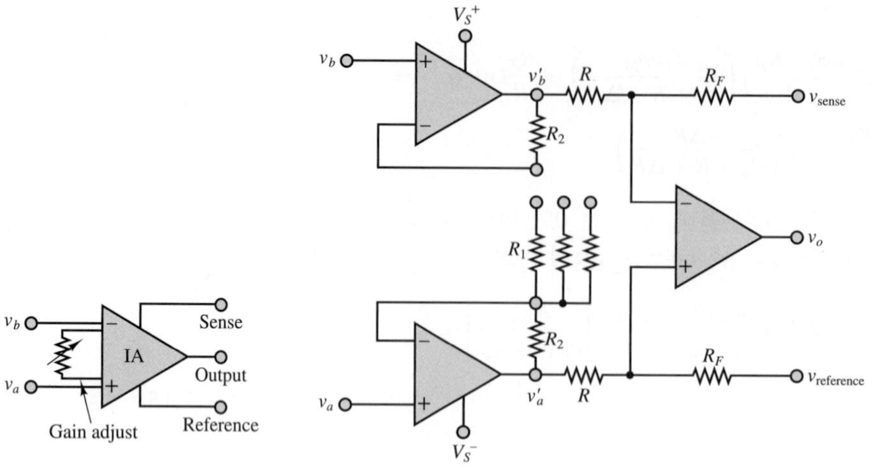

그림 7.17 IC 계측 증폭기

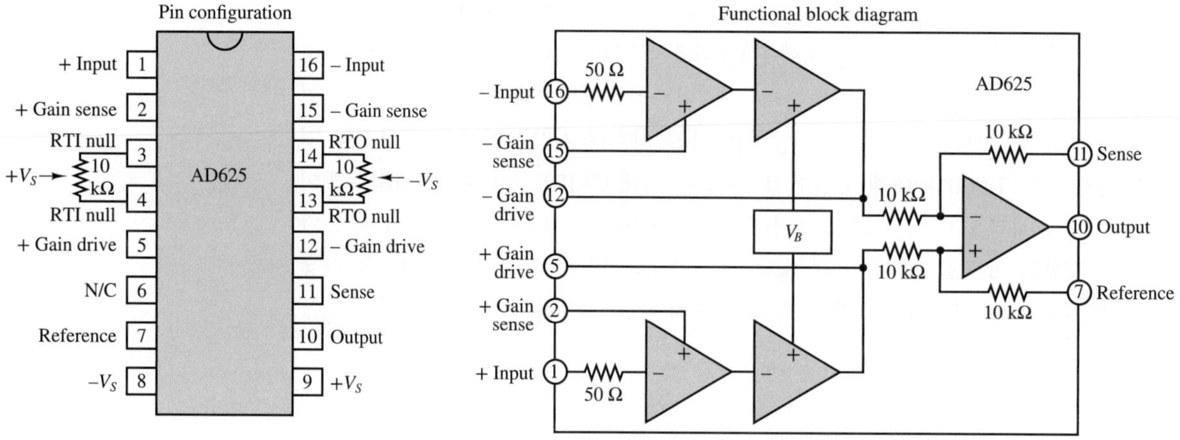

그림 7.18 AD625 계측 증폭기

적인 저항을 연결하여 증폭기의 이득을 제어할 수 있다. 게다가 가변 이득을 제공하는 핀에 더하여 **센스**(sense)와 **기준**(reference)이라 불리는 2개의 핀이 더 제공된다. 기준에 해당하는 핀은 접지 이외의 신호를 출력 전압의 기준으로 잡는 목적으로 사용되며 센스에 해당하는 핀은 센스 단자를 전류 증폭기의 출력에 연결함으로써 출력 전류를 증폭시킬 목적으로 사용된다.

예제 7.1 공통 모드 이득과 제거비

문제

그림 7.16의 증폭기에 대한 공통 모드 이득과 공통 모드 제거비(CMRR)를 계산하라.

풀이

기지: 증폭기의 폐루프 이득; 저항; 저항 공차

주어진 데이터 및 그림: $G = 10$; $R_F = 10\ \text{k}\Omega$; $R = 1\ \text{k}\Omega$; $\Delta R = 20\ \Omega$

미지: $v_{o,\,\text{com}}/v_{\text{CM}}$, CMRR_{dB}

해석: 공통 모드 이득은 공통 모드 출력을 입력으로 나눈 값과 같다. 그림 7.14로부터 구하면

$$\frac{v_{o,\,\text{com}}}{v_{\text{com}}} = \frac{R_F}{R}G\left(\frac{-\Delta R}{R + R_F + \Delta R}\right) = 10(10)\left(\frac{-0.02}{11.02}\right) = -0.1815$$

그림 7.15로부터 데시벨 단위로 CMRR을 계산하면

$$A_{\text{DM}} = G \times \frac{R_F}{R} = 100$$

이므로 CMRR은

$$\text{CMRR}_{\text{dB}} = 20\log\left|\frac{A_{\text{DM}}}{A_{\text{CM}}}\right|_{\text{dB}} = 20\log\left|\frac{A_{\text{DM}}}{v_{o,\,\text{CM}}/v_{\text{CM}}}\right| = 20\log\left|\frac{A_{\text{DM}}}{\dfrac{R_F}{R}G\left(\dfrac{-\Delta R}{R + R_F + \Delta R}\right)}\right|$$

$$= 20\log\left|\frac{100}{\dfrac{10}{1}(10)\left(\dfrac{-0.02}{11.02}\right)}\right| = 54.8\ \text{dB}$$

와 같이 계산된다.

참조: 일반적으로 계측 증폭기에서 저항 부정합의 정도, ΔR을 정확히 구하기는 힘들다.

예제 7.2

내부 저항을 이용한 계측 증폭기 이득 조정

문제

그림 7.17의 계측 증폭기(IA)에서 저항의 변화로 가변시킬 수 있는 입력단의 이득은 얼마인가?

풀이

기지: IA의 저항

미지: 여러 저항들의 조합으로 인한 G

주어진 데이터 및 그림: $R_F = R = 10\ \text{k}\Omega$; $R_2 = 20\ \text{k}\Omega$; $R_1 = 80.2,\ 201,\ 404\ \Omega$

해석: 입력단의 이득(차동 입력의 각각에 대한)은 식 (7.4)에 의해

$$G = 1 + \frac{2R_2}{R_1}$$

으로 주어지므로, R_1에 대한 3개의 저항의 각각을 연결하면

$$G_1 = 1 + \frac{40{,}000}{80.2} = 500 \qquad G_2 = 1 + \frac{40{,}000}{201} = 200 \qquad G_3 = 1 + \frac{40{,}000}{404} = 100$$

와 같은 이득을 얻을 수 있다. 또한, 저항을 병렬로 연결하여 다른 저항을 얻음으로써 다음과 같은 이득을 얻을 수도 있다.

$$80.2\|201 = 57.3\,\Omega(G_4 \approx 700) \qquad 80.2\|404 = 66.9\,\Omega(G_5 \approx 600)$$
$$404\|201 = 134.2\,\Omega(G_6 \approx 300)$$

참조: IA 패키지에 저항을 사용할 시에 예측할 수 없는 외부 저항들을 줄이기 위해서 내부 저항들을 좀 더 정확히 조절할 수 있게 설계된다.

연습 문제

식 (7.16)에서 주어진 공통 모드 제거비(CMRR)의 정의를 사용하여, 예제 7.1의 증폭기의 CMRR을 dB 단위로 계산하라. 이때 $R_F/R = 100\ \Omega$, $G = 10$ 및 $\Delta R = 5$는 R의 5%이며 $R = 1\ \text{k}\Omega$, $R_F = 100\ \text{k}\Omega$이라 가정한다.

R에서의 1% 변동에 대해서 반복하라.

R에서의 0.01% 변동에 대해서 반복하라.

저항의 5% 부정합에 대해서 차동 성분에 대한 이득의 부정합을 계산하라.

Answer: 66 dB, 80 dB, 120 dB, −6.1 dB

연습 문제

이전의 연습 문제에서 저항의 1% 부정합에 대해서 차동 성분에 대한 이득의 부정합을 계산하라.

예제 7.2의 계측 증폭기에 대해서 이득이 1,000이 되게 하는 저항 R_1은 얼마인가?

Answer: −20.1 dB, 40 Ω

7.4 아날로그-디지털 및 디지털-아날로그 변환

마이크로컴퓨터의 능력을 이용하기 위해서는 외부 장치와 마이크로컴퓨터 사이의 신호를 적절하게 인터페이스하는 것이 필요하다. 그러므로 신호의 성질에 따라 아날로그 또는 디지털 인터페이스 회로가 필요하게 된다. 오늘날의 마이크로컨트롤러가 제공하는 기억 장치, 프로그래밍의 유연성, 그리고 계산 능력 등의 이점 때문에 많은 경우에 아날로그 신호를 디지털 신호로 변환하는 것이 유리하다. 많은 경우에 아날로그에서 디지털 형태로 변환된 데이터는 저장의 용이함이나 다른 연산을 위해 디지털 형태로 남아 있게 된다. 어떤 경우에는, 데이터를 다시 아날로그 형태로 변환하는 것이 필요하다. 후자의 상황은 제어 시스템의 설계에서 자주 발생하는데, 이 경우 아날로그 측정값이 디지털로 변환되고, 제어 신호를 생성하기 위해서 디지털 컴퓨터에

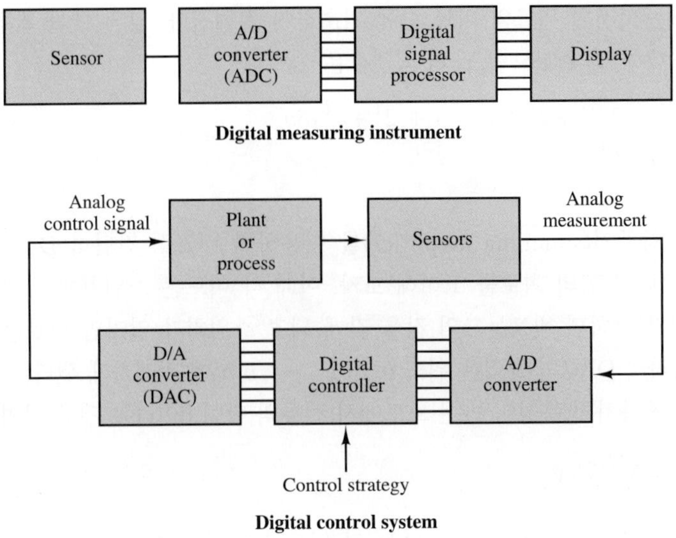

그림 7.19 디지털 측정기와 디지털 제어 시스템의 블록 선도

의해 처리된다(예를 들어, 온도를 높이거나 내리거나, 혹은 힘이나 토크를 가한다). 이 경우에는, 연속 신호가 액추에이터를 구동할 수 있도록 디지털 컴퓨터의 출력은 아날로그 형태로 다시 변환되어야 한다. 그림 7.19는 디지털 계측기의 일반적인 모습과 공장 또는 공정에 사용되는 디지털 제어기의 블록 선도를 나타낸 것이다.

그림 7.19의 구성 요소인 디지털-아날로그(D/A) 및 아날로그-디지털(A/D) 변환 블록들이 작동하는 방식을 이해하는 것은 필수적이다. 이러한 변환 블록의 독립적인 예시 회로는 이들의 작동 방식을 보여준다. 그러나 개별적인 부품들을 사용해서 이런 회로를 실제로 만드는 경우는 거의 없고, 성능과 편리함 때문에 거의 모든 경우에 IC 패키지를 사용한다.

디지털-아날로그 변환기

디지털-아날로그 변환기(digital-to-analog converter, DAC)는 2진 워드(binary word)를 아날로그 출력 전압 또는 전류로 변환시켜 준다. 2진 워드는 1 또는 0으로 표현되는데, 일반적으로(꼭 그럴 필요는 없지만) 1은 5 V에 0은 0 V 신호에 대응된다. 예를 들어, 양의 정수를 나타내는 4비트 2진 워드를 고려해 보자.

$$B = (b_3b_2b_1b_0)_2 = (b_3 \cdot 2^3 + b_2 \cdot 2^2 + b_1 \cdot 2^1 + b_0 \cdot 2^0)_{10} \qquad (7.17)$$

디지털 워드 B에 해당하는 아날로그 전압은

$$v_a = (8b_3 + 4b_2 + 2b_1 + b_0)\delta v \qquad (7.18)$$

이 되며, 여기서 δv는 v_a가 증가할 수 있는 최소 스텝 크기(step size)이다. 이 최소 스텝 크기는 최하위 비트(least significant bit, LSB) b_0가 0에서 1로 변할 때마다 발생하며, 이는 디지털 숫자로 나타낼 수 있는 가장 작은 스텝 크기이다.

스텝 크기는 주어진 각 응용에 따라 결정되는데, 보통 아날로그 전압으로 변환

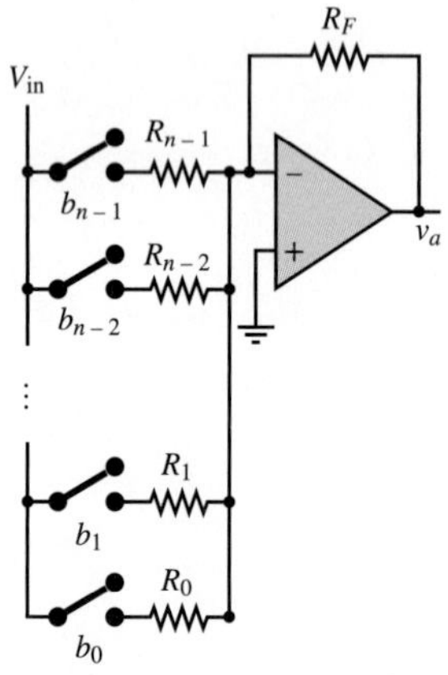

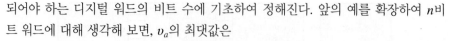

그림 7.20 n비트 디지털-아날로그 변환기(DAC)

되어야 하는 디지털 워드의 비트 수에 기초하여 정해진다. 앞의 예를 확장하여 n비트 워드에 대해 생각해 보면, v_a의 최댓값은

$$\begin{aligned} v_{a\,\max} &= (2^{n-1} + 2^{n-2} + \cdots + 2^1 + 2^0)\delta v \\ &= (2^n - 1)\delta v \end{aligned} \tag{7.19}$$

이다.

가산 증폭기(summing amplifier)를 이용하여 비교적 간단히 DAC를 구성할 수 있다. 그림 7.20의 회로를 고려해 보자. 이때 각 비트는 스위치에 의해서 구현된다. 스위치가 닫히면 비트는 1의 값을 갖게 되고 스위치가 열리면 비트는 0의 값을 가진다. 따라서 DAC의 출력은 워드 $b_{n-1}b_{n-2}\cdots b_1b_0$에 비례하게 된다.

가산 증폭기의 특성이 반전 노드에서 전류의 합이 0이라는 것을 상기하면

$$v_a = -\sum_0^{n-1} \frac{R_F}{R_i} b_i V_{in} \tag{7.20}$$

라는 관계를 얻게 되는데, 여기서 R_i는 각 비트와 연결된 저항이고, b_i는 i번째 비트의 10진수이다(즉, $b_0 = 2^0$, $b_1 = 2^1$ 등). 만약 R_i가 다음과 같이 선택된다면,

$$R_i = \frac{R_0}{2^i} \tag{7.21}$$

그 결과는 각각의 비트에 대한 가중 이득(weighted gain)을 가지는 출력을 다음과 같이 얻을 수 있다.

$$v_a = -\frac{R_F}{R_0}\left(2^{n-1}b_{n-1} + \cdots + 2^1 b_1 + 2^0 b_0\right)V_{in} \tag{7.22}$$

아날로그 출력은 2진 워드의 10진수 값에 비례한다. 예를 들어, 4비트 워드의 경우를 고려해 보자. 그림 7.21에서와 같이 $R_0 = 10\ \text{k}\Omega$으로 선택하면 10, 5, 2.5, 1.25 kΩ으로 구성된 저항 회로망을 얻게 된다. 4비트 워드의 최대 10진수는 $2^4 - 1 = 15$이고, 이 범위를 1 V의 스텝으로 나누는 것이 바람직하다(즉, $\delta v = 1$ V). 따라서 v_a의 최대 범위는 15 V가 되어

$$0 \le v_a \le 15\ \text{V}$$

이며, R_F는 아래의 식에 따라 선택한다.

$$R_F = \frac{\delta v R_0}{V_{in}} = \frac{1 \cdot 10^4}{5} = 2\ \text{k}\Omega$$

그림 7.21은 이에 해당하는 4비트 DAC를 보여준다.

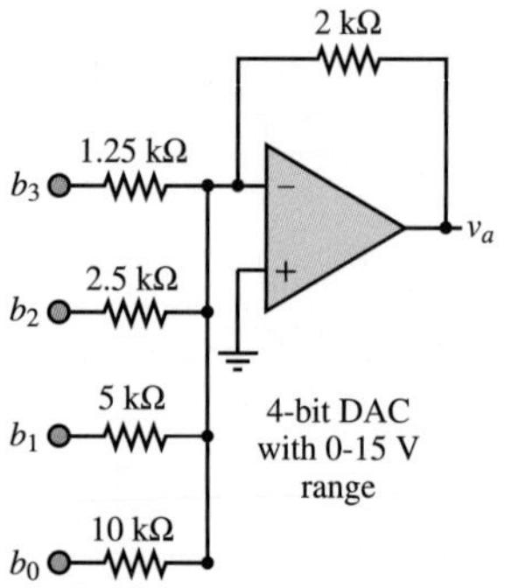

그림 7.21 4비트 DAC

2진 신호의 이산성 때문에 아날로그 출력 전압 v_a가 계단 형태로 되는 것이 DAC의 전달 특성이다. 이러한 "계단"같이 부드럽지 못한 것은 2진 표현의 비트 수를 선택함으로써 조정할 수 있다.

DAC의 실제적인 설계는 저항들의 정확성과 같은 문제 때문에 대개 개별 소자 측면에서 수행되지 않는다. 이와 관련된 많은 문제들은 완전한 DAC 회로를 집적회로(IC)의 형태로 설계함으로써 해결될 수 있다. IC 제작자가 제공하는 명세에는 **분해능**(resolution), 최소 비 제로 전압, **최대 범위의 정확도**(full-scale accuracy), **출력**

범위(output range), **출력 정착 시간**(output settling time), **전원 조건**(power supply requirements), **전력 소모**(power dissipation) 등이 명시되어 있다.

아날로그-디지털 변환기

아날로그 신호를 디지털 신호로 변환해 주는 장치가 **아날로그-디지털 변환기**(analog-to-digital converter, ADC)인데, 이 역시 DAC와 같이 단일 IC 패키지 형태로 제공된다. 이 절에서는 4가지 형태의 ADC인, DAC를 사용하는 추적형 ADC, 적분형 ADC, 플래시 ADC, 그리고 축차 근사형 ADC 등에 대해서 중요한 특징을 설명할 것이다. ADC에 대한 설명과 더불어 샘플 홀드 증폭기에 대해서도 소개하기로 한다.

양자화

아날로그 전압 또는 전류를 디지털 형태로 변환하는 과정에는 아날로그 신호를 양자화하고 2진 형태로 코드화하는 것이 필요하다. **양자화**(quantization)의 과정은 신호의 범위를 유한한 수의 구간으로 나누는 것이다. 대개 $2^n - 1$개의 구간을 취하는데, 여기서 n은 해당하는 2진 워드에 대해서 사용 가능한 비트의 수이다. 이 양자화에 따라서 2진 워드가 각 구간(즉, 전압이나 전류의 각각의 범위)에 할당되며, 이러한 2진 워드는 각 구간 내에 해당하는 어떠한 아날로그 전압이나 전류를 대표하는 디지털 숫자에 해당한다. 한편, 구간이 좁아질수록 디지털 표현이 정확해지지만, 양자화 과정에는 **양자화 오차**(quantization error)라고 하는 오차가 반드시 발생하게 된다. 그림 7.22에서와 같이 0~16 V 범위의 아날로그 전압에 대하여 v_a를 아날로그 전압, v_d를 그것의 양자화된 전압이라 하자. 그림에서 아날로그 전압 v_a가 0~1 V의 범위에 있을 때 v_d는 0 V의 값을 취한다. 계속해서 $1 \le v_a < 2$이면 $v_d = 1$, $2 \le v_a < 3$이면 $v_d = 2$, 그리고 $15 \le v_a < 16$이면 $v_d = 15$가 되도록 값이 할당된다. 따라서 1 V의 아날로그 간격이 각각의 고유한 2진수에 해당되는 것을 알 수 있다. 이 예시에서는 비록 그 해상도가 1 V에 지나지 않지만, 4비트 워드가 아날로그 신호를 표시하는 데 사용되고 있는 것을 볼 수 있다. 비트 수가 증가함에 따라서, 양자화된 전압은 원래의 아날로그 신호에 더욱 가까워진다.

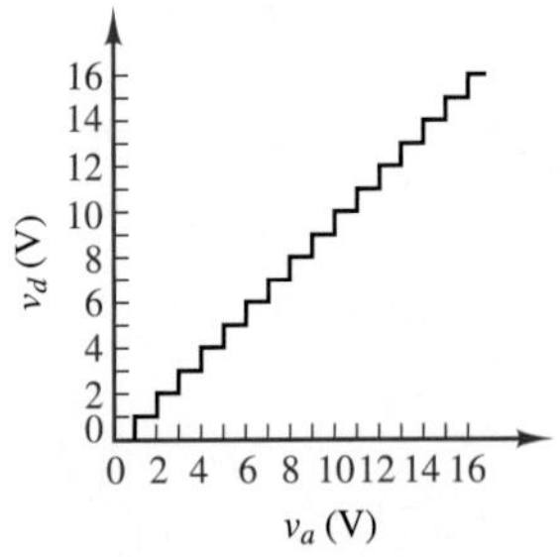

Quantized voltage | Binary representation

v_d	b_3	b_2	b_1	b_0
0	0	0	0	0
1	0	0	0	1
2	0	0	1	0
3	0	0	1	1
4	0	1	0	0
⋮		⋮		
14	1	1	1	0
15	1	1	1	1

그림 7.22 아날로그 전압의 디지털 전압 표현

추적형 ADC

모든 경우에 가장 효율적인 것은 아니지만 **추적형 ADC** (tracking ADC)는 앞에서 다루었던 DAC를 기반으로 하고 있으므로 ADC의 동작을 설명하는 데 쉬운 출발점이 된다. 그림 7.23에서 보듯이 추적형 ADC는 입력 아날로그 신호를 DAC의 출력과 비교한다. 비교기 출력은 DAC의 출력이 2진 형태로 변환되어야 하는 아날로그 입력보다 큰지 작은지를 결정한다. 만약 DAC의 출력이 더 작다면 비교기 출력은 아날로그 신호에 가까운 레벨이 될 때까지 상하향 계수기(up-down counter)가 계속 상향 계수하도록 한다(up-counting). 반면에, DAC의 출력이 아날로그 신호보다 크다면 계수기는 계속해서 하향 계수하게 된다(down-counting). 상하향 계수기의 증감 속도는 외부 클럭으로부터 결정되고 2진 계수기의 출력은 아날로그 신호의 2진 표현에 해당함에 주목하여야 한다. 추적형 ADC의 한 가지 특징은 한 번에 한 비트씩 변화시키면서 아날로그 신호를 추적한다는 점이다.

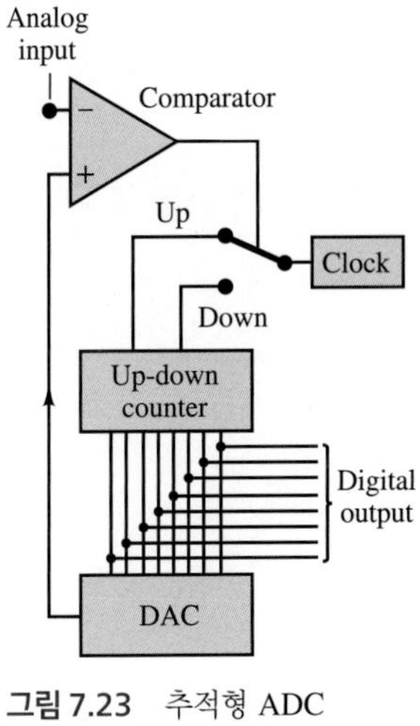

그림 7.23 추적형 ADC

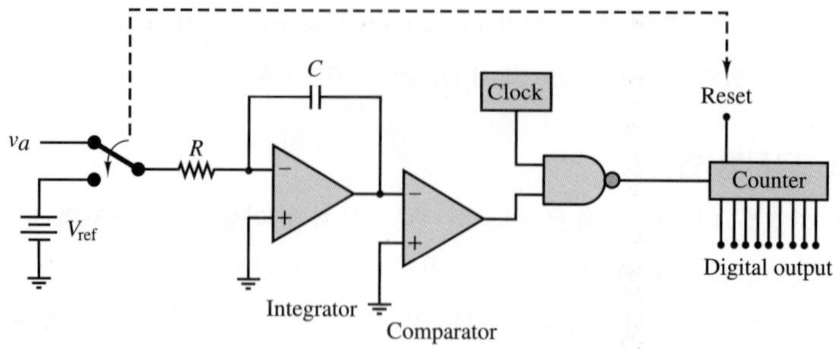

그림 7.24 적분형 ADC

적분형 ADC

커패시터가 선형적으로 충전(방전)된다면 커패시터가 방전되는 데 걸리는 시간은 커패시터의 충전 전압의 크기와 관련 있다. **적분형 ADC** (integrating ADC)는 이러한 커패시터를 충전 및 방전함으로써 동작한다. 실제로는 변환에 걸리는 시간을 제한하기 위해서 커패시터를 완전히 충전하지 않는다. 오히려 고정된 클럭 펄스 수에 의해 결정되는 짧은 시간 동안 입력 전압에 의해 커패시터가 충전된다. 그 다음에 커패시터를 알고 있는 회로를 통해서 방전하며 완전히 방전될 때까지 해당하는 클럭 펄스의 수를 계수한다. 완전히 방전되었는지의 여부는 그림 7.24에 보인 비교기에 의해서 판단된다. 방전하는 동안에 누적된 클럭 펄스의 수는 아날로그 전압에 비례하게 된다.

그림 7.24에서 스위치가 기준 전압 V_{ref}에 연결되면 계수기가 리셋된다. 기준 전압은 커패시터를 통해서 알려진 선형 방전 특성을 제공하기 위해 사용된다(8장의 연산 증폭기 적분기 참조). 비교기는 적분기의 출력이 0이 되는 것을 검출하며, NAND 게이트에 작용하여 계수를 멈추게 한다. 2진 계수기 출력은 이제 전압 v_a의 디지털 형태이다.

축차 비교형 ADC

축차 비교형 ADC는 가장 많이 사용된다. 축차 비교형 ADC의 블록 선도는 7.25(a)에 나타나 있다. 이 형태의 ADC는 한 개의 비교기를 이용하며 동작은 회로에 사용된 DAC의 정확도에 크게 의존한다. 고속 DAC의 아날로그 출력은 아날로그 입력 신호에 비교된다. 비교의 디지털 결과, 즉 비교기의 출력[그림 7.25(a)의 *C*]은 디지털 버퍼의 내용을 제어한다. 이 둘은 DAC를 작동시키고, ADC 디지털 출력 워드를 제공한다. ADC의 출력인 디지털 워드는 *n*비트씩 비교하여 얻을 수 있는데 *n*은 2진 워드의 길이이다.

플래시 ADC

플래시 ADC (flash ADC)는 완전한 병렬이므로 고속 변환에 사용된다. 2^n개의 저항으로 구성된 전압 분배 회로망은 알려진 전압 범위를 많은 수의 일정한 증분들로 나눈다. $2^n - 1$개의 비교기 네트워크가 미지의 전압과 시험 전압을 비교한다. 입력이 미지의 전압보다 큰 모든 비교기들이 on이 되고, 나머지는 모두 off가 된다. 이 비교기 코드는 우선순위 디지털 엔코더 회로에 의해서 일반적인 2진 코드로 변환될 수

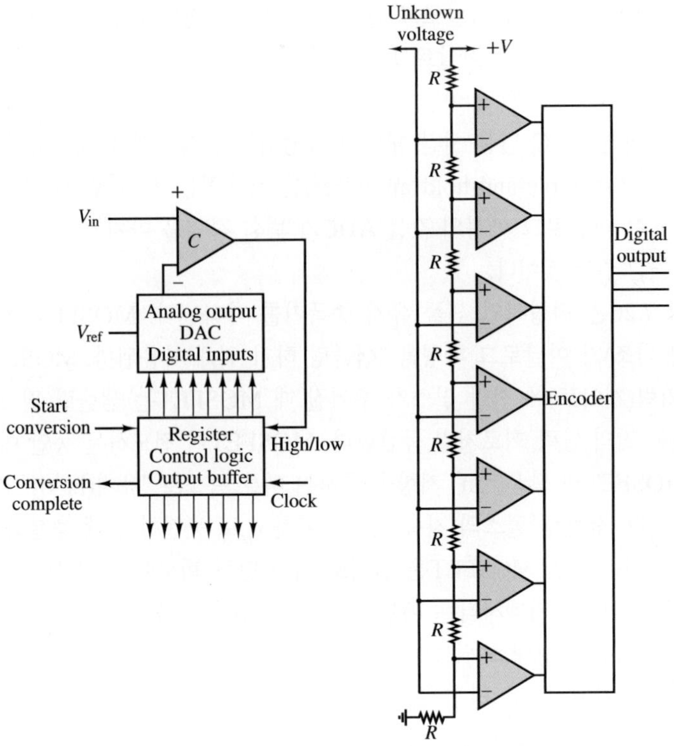

(a) (b)

그림 7.25 (a) 8비트 축차 비교형 ADC의 블록 선도, (b) 3비트 플래시 ADC

있다. 예를 들어, 그림 7.25(b)에서 V_{ref} = 8 V로 설정된 3비트 플래시 ADC를 보여준다. 이 ADC에 6.2 V의 입력이 주어진다. 그림 7.25(b)에서 최상단부터 비교기에 번호를 부형한 경우에 7개 비교기의 상태가 차례로 표 7.3에 주어져 있다.

샘플 유지 증폭기

앞에서 아날로그 전압을 디지털 형태로 변환하는 몇 가지 기술에 대하여 알아보았는데, 이러한 방법들은 A/D 변환을 수행하기 위해 어느 정도의 시간을 요구한다. 이를 ADC **변환 시간**(conversion time)이라 하며, ADC 장치의 중요한 특징 중의 하나로 자주 언급된다. 이 시점에서 자연스럽게 다음과 같은 질문을 하게 된다. 만약 아

표 7.3 3비트 플래시 ADC에서의 비교기의 상태

Comparator	Input on + line (V)	Input on − line (V)	Output
1	7	6.2	H
2	6	6.2	L
3	5	6.2	L
4	4	6.2	L
5	3	6.2	L
6	2	6.2	L
7	1	6.2	L

날로그-디지털 변환 중에 아날로그 전압이 변화하며 변환 과정 자체가 유한한 시간을 필요로 한다면, ADC가 아날로그 입력의 의미 있는 디지털 표현을 제공할 수 있는 한계 내에서 얼마나 빨리 아날로그 입력 신호가 바뀔 수 있는가? 실제 사용되는 변환기의 유한한 ADC 변환 시간 때문에 발생되는 불확실성을 해결하기 위해서 샘플 유지 증폭기(sample-and-hold amplifier)를 사용하는 것이 필요하다. 이러한 증폭기의 목적은 아날로그 파형의 값을 ADC가 변환 작업을 마치기에 충분한 시간 동안 "유지시켜" 주는 것이다.

그림 7.26은 전형적인 샘플 유지 증폭기를 나타낸다. MOSFET 아날로그 스위치(10장 참조)가 아날로그 파형을 "샘플링"하기 위해 사용된다. MOSFET 스위치의 샘플 입력(게이트)에 전압 펄스가 주어질 때 MOSFET는 샘플링 펄스가 지속되는 동안에는 거의 단락 회로처럼 동작한다. MOSFET이 전도하는 동안 아날로그 전압 v_a는 MOSFET의 작은 "on" 저항을 통하여 빠른 속도로 "유지(hold)" 커패시터 C를 충전시킨다. 샘플링 펄스의 지속 기간은 C를 v_a로 충전하는 데 충분하다. 샘플링 펄스가 지속되는 동안 MOSFET은 실제로 거의 단락 회로이기 때문에 충전 시상수(RC)는 매우 작아서 커패시터는 매우 빨리 충전된다. 샘플링 펄스가 끝나면 MOSFET는 다시 비전도 상태로 되돌아오고, 전압 추종기(버퍼) 단의 극히 높은 입력 임피던스 때문에 커패시터는 방전 없이 샘플링된 전압을 유지한다. 따라서 v_{SH}는 어떠한 주어진 샘플링 시간에서 v_a가 샘플링되어 유지된 값을 나타낸다.

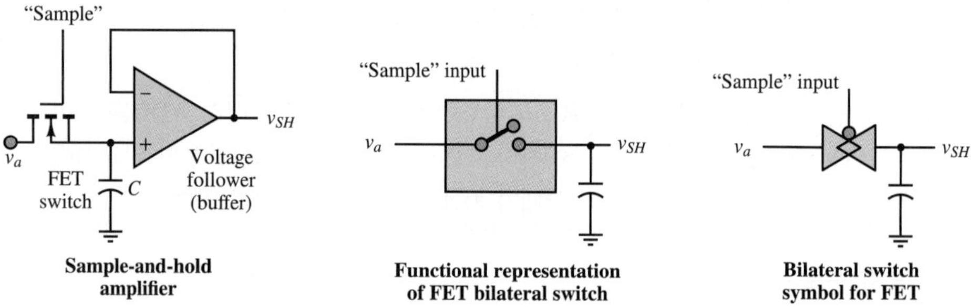

그림 7.26 샘플 유지 과정

아날로그-디지털 변환기의 분해능은 ADC의 매우 중요한 특징이다. 계측기 생산자는 대체로 **ADC 분해능**을 최대 아날로그 전압 범위를 2^n으로 나눈 값으로 정의하는데, 여기서 n은 ADC에서 비트 수를 나타낸다. 예를 들어, 아날로그 전압 범위가 ±15 V인 8비트 ADC는 $30/256 = 30/2^8 = 117.2$ mV의 분해능을 가질 것이다. 예제 7.8은 실제 적용에서 계산을 설명한다.

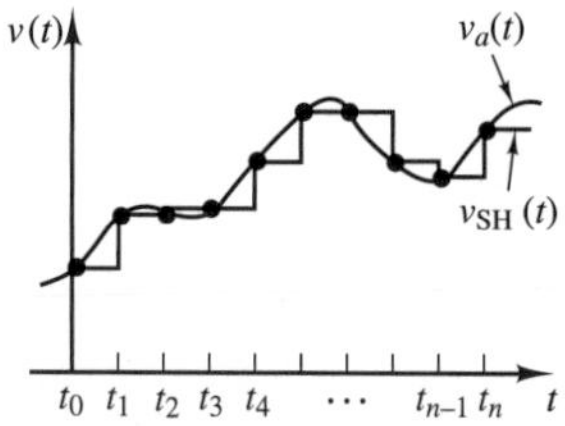

그림 7.27 샘플링된 데이터

그림 7.27은 전형적인 샘플-홀드 회로의 출력 형태와 샘플링되어야 하는 아날로그 신호를 함께 나타낸 것이다. 샘플들 간의 시간 간격인 **샘플링 간격**(sampling interval) $t_n - t_{n-1}$은 ADC가 변환을 수행하고 샘플링된 신호가 마이크로컨트롤러나 다른 데이터 수집 및 저장 시스템에서 사용될 수 있도록 하는 시간을 준다. 물론 샘플링 간격은 적어도 A/D 변환 시간만큼은 되어야 하지만, 신호의 기본 성질[예를 들어, 피크값, 링잉(ringing), 빠른 천이 등]을 보존하기 위해 신호를 얼마나 자주 샘플

링할 필요가 있는지를 묻는 것은 당연하다. 아날로그 신호의 모든 특성을 잡기 위해서 ADC의 한계 내에서 가능한 한 자주 샘플링하는 것이 최상이라고 생각하기가 쉽지만, 실제로는 이는 최상의 전략이 아니다. 그렇다면 주어진 문제에 대해서 어떻게 적절한 샘플링 주파수를 결정할 수 있을까? 다행히도 현장의 엔지니어들이 주어진 문제에 대해서 최적의 샘플링 속도를 결정하는 데 도움을 주는 샘플링 이론이 존재한다. 이 장에서는 샘플링 이론의 세부 사항까지는 살펴보지 않고 **Nyquist 샘플링 기준**(Nyquist sampling criterion)이라 불리는 기본적 결과에 대해서만 소개하기로 한다.

> Nyquist 샘플링 기준은 샘플링 속도가 신호에 존재하는 최고 주파수의 적어도 2배가 되도록 결정되어야 한다는 것을 말한다.

LO

따라서 만약 오디오 신호(말, 음악)를 샘플링한다면 적어도 40 kHz(최고 가청 주파수 20 kHz의 2배에 해당)의 주파수로 샘플링해야 할 것이다. 실제로는 Nyquist 기준보다 충분히 높게 샘플링 주파수를 선택하는 것이 바람직하며 보통 5~10배 정도 크게 잡는다. 다음 예제 7.8은 어떻게 설계자가 Nyquist 기준을 고려하여 실질적인 ADC 회로를 설계하는지를 예시해 준다.

데이터 수집 시스템

그림 7.28은 수집 시스템(data acquisition system)의 기본적인 블록 선도를 보여준다. 전형적인 데이터 수집 시스템은 몇 개의 다른 입력 신호를 처리하기 위해서 주로 아날로그 멀티플렉서(analog multiplexer)를 사용한다. 샘플 유지 증폭기에서와 같이 양방향 아날로그 MOSFET 스위치들(10장 참조)이 샘플링되어 디지털 형태로 변환되어야 하는 입력 신호를 선택하는 단순하고도 효율적인 방법을 제공한다. 표준 게이트와 계수기를 채택한 제어 논리가 원하는 채널(입력 신호)을 선택하고 샘플링 회로와 ADC를 트리거하는 데에 사용된다. A/D 변환이 완료되었을 때 ADC는 적절

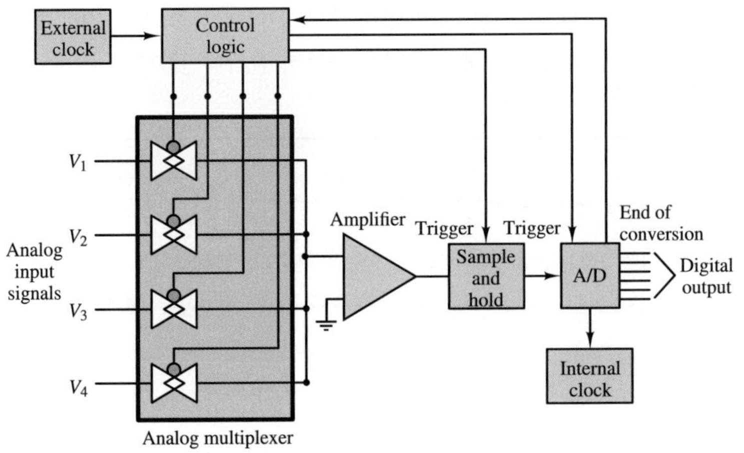

LO

그림 7.28 데이터 수집 시스템

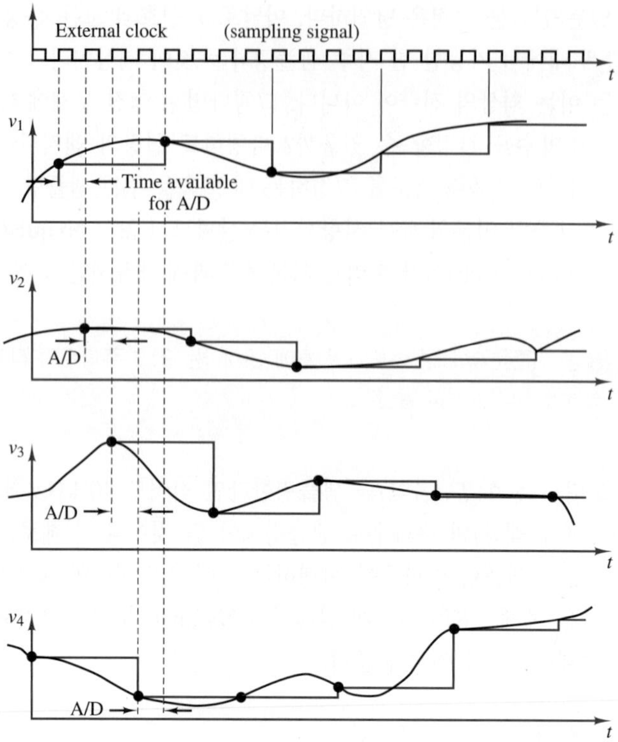

그림 7.29 멀티플렉스된 샘플 데이터

한 변환 종료 신호를 제어 논리에 보내면 다음 채널이 샘플링될 수 있다.

그림 7.28 선도는 4개의 아날로그 입력을 보여주는데, 만약 이들이 일정한 간격으로 샘플링된다면 그림 7.29에서와 같이 될 것이다. 이 그림을 살펴보면, 각 채널에 대한 실질적인 샘플링 속도는 외부 클럭의 1/4임을 알 수 있다. 그러므로 각 채널의 샘플링 속도가 Nyquist 기준을 만족시켜야 한다. 더욱이, 외부 클럭의 연속적인 4사이클 동안 각 샘플이 유지됨에도 불구하고 ADC는 외부 클럭의 단 한 사이클 동안에 변환을 완료해야 하는데, 이는 다음 클럭 사이클 동안에는 다음 채널의 요구를 처리해야 하기 때문이다. 따라서 설계 범위 내에서 어떤 샘플의 완전한 변환을 위해서는 ADC의 속도를 결정하는 내부 클럭은 충분히 빨라야만 한다.

예제 7.3

DAC 분해능

LO

문제

12 V의 범위를 샘플링하는 8비트 DAC의 분해능을 구하라.

풀이

기지: 최대 아날로그 전압

미지: 분해능(δv)

주어진 데이터 및 그림: $v_{a,\,\max} = 12$ V

해석: 식 (7.19)를 이용하여 다음과 같이 계산한다.

$$\delta v = \frac{v_{a,\max} - v_{a,\min}}{2^8 - 1} = \frac{12 - 0}{2^8 - 1} = 47.1 \text{ mV}$$

참조: 분해능은 비트 수에 의존할 뿐 아니라, 아날로그 전압(이 경우에는 12 V)의 범위에 의존한다.

예제 7.4

DAC에 요구되는 비트 수의 결정

문제

범위와 분해능의 정의를 이용하여 DAC에 요구되는 비트 수에 대한 표현을 알아보자.

풀이

기지: DAC에 범위와 분해능, 논리 1에 해당하는 전압 준위(level)

미지: DAC에 요구되는 비트 수

주어진 데이터 및 그림:

범위: DAC의 아날로그 전압의 범위 $v_{a,\,\max} - v_{a,\,\min}$

분해능: 최소의 스텝 크기 δv

V_{in}: 논리 1에 해당하는 전압 준위

0 V: 논리 0에 해당하는 전압 준위

해석: DAC의 최대 아날로그 출력 전압은 모든 비트가 논리 1이 되어야 얻을 수 있다. 식 (7.22)를 이용하여 $v_{a,\,\max}$를 구해보면

$$v_{a,\max} = V_{\text{in}}\frac{R_F}{R_0}(2^n - 1)$$

최소 아날로그 출력 전압은 모든 비트가 0이 되어야 한다. 이때 문제에서 전압 준위가 논리 0은 0 V, 즉 $v_{a,\,\min} = 0$이므로 DAC의 범위는 $v_{a,\,\max} - v_{a,\,\min} = v_{a,\,\max}$이 된다.

분해능은 앞의 예제 7.3에서 정의되었으므로

$$\delta v = \frac{v_{a,\max} - v_{a,\min}}{2^n - 1}$$

이 되고, 이제 분해능과 범위를 알았으므로 비트의 수 n을 구해보자.

$$n = \frac{\log\left[(v_{a,\max} - v_{a,\min})/\delta v + 1\right]}{\log 2} = \frac{\log(\text{range}/\text{resolution} + 1)}{\log 2}$$

n은 반드시 정수가 되어야 하므로, 위 결과는 정수에 가까운 수로 반올림될 것이다. 예를 들어, 10 mV의 분해능을 가진 10 V 범위 DAC가 필요하다면 필요한 비트 수를 이렇게 계산할 수 있다.

$$n = \frac{\log(10/10^{-2} + 1)}{\log 2} = 9.97 \rightarrow 10 \text{ bits}$$

예제 7.5

DAC 데이터 시트의 사용

문제

8비트 DAC AD7524 데이터 시트를 이용해 다음 질문에 답하라.

1. 10 V의 범위에서 얻을 수 있는 최대(최소) 분해능은 얼마인가?
2. DAC가 변환을 수행할 수 있는 최대 주파수는 얼마인가?

풀이

기지: 원하는 DAC에 범위

미지: 분해능과 최대 변환 주파수

주어진 데이터 및 그림: 범위는 10 V, 장치의 데이터 시트에서의 사양

가정: DAC가 전 범위에서 동작한다고 가정

해석:

1. 데이터 시트로부터 AD7524은 8비트 변환기임을 알 수 있다. 따라서 이때의 최대 분해능은 다음과 같다.

$$\delta v = \frac{v_{a,\max} - v_{a,\min}}{2^n - 1} = \frac{10}{2^8 - 1} = 39.2 \text{ mV}$$

2. DAC가 동작할 수 있는 최대 주파수는 정착 시간(settling time)에 의존한다. 이는 출력이 최종값에서 LSB의 반 정도의 오차에 도달하는 데 걸리는 시간으로 정의된다. 정착 시간 동안에 단지 한 번의 변환만이 수행될 수 있다. 정착 시간은 전압 범위에 의존하며, 10 V의 범위에서 $T_S = 1\ \mu s$이다. 이에 상응하는 최대 샘플링 주파수는 $F_S = 1/T_S = 1$ MHz이다.

예제 7.6

플래시 ADC

문제

4비트 플래시 ADC에는 몇 개의 비교기가 필요한가?

풀이

기지: ADC의 분해능

미지: 필요한 비교기의 개수

해석: 필요한 비교기의 개수는 $2^n - 1 = 15$개이다.

참조: 플래시 ADC는 병렬로 배치되는 비교기 덕분에, 각 비트의 값을 동시에 결정할 수 있어 속도가 빠르다는 장점이 있다. 비교기의 개수가 많아지면 플래시 ADC 가격이 상승하게 된다.

예제 7.7

샘플 유지 증폭기

문제

AD585 샘플 유지 증폭기의 데이터 시트를 이용해 다음 물음에 답하라.

1. AD585의 수집 시간(acquisition time)이란 무엇인가?
2. AD585의 수집 시간은 어떻게 감소될 수 있는가?

풀이

기지: AD585의 데이터 시트

미지: 수집 시간

주어진 데이터 및 그림: DAC의 사양은 장치 데이터 시트에 있다. 정의: 수집 시간 T는 샘플 모드에서 유지 모드로 변경된 후에 샘플 유지 증폭기의 출력이(정해진 오차 한계 내에서) 최종값에 도달하는 데 걸리는 시간이다. 시간 T는 스위치 지연 시간, 슬루잉(slewing) 간격, 증폭기의 정착 시간 등을 포함한다.

해석:

1. 데이터 시트로부터 AD585의 수집 시간은 3 μs
2. 수집 시간은 유지 커패시터의 값 C_H를 감소시킴으로써 줄일 수 있다.

예제 7.8

적분형 회로 ADC의 성능 해석

문제

12비트 ADC AD574의 데이터 시트를 이용해 다음 물음에 답하라.

1. AD574가 제공할 수 있는 정확도(V 단위)는 얼마인가?
2. ADC가 Nyquist 기준의 방해 없이 변환할 수 있는 신호의 최대 주파수는 얼마인가?

풀이

기지: ADC의 공급 전압, 입력 전압 범위

미지: ADC의 정확도, A/D 변환의 원형에 근거한 최대 신호 주파수

주어진 데이터 및 그림: $V_{CC} = 15$ V, $0 \le V_{\text{in}} \le 15$ V. ADC의 명세는 장치 데이터 시트에 있다.

해석:

1. AD574의 정확도는 LSB에 의해 제한된다. 0~15 V 전압 범위에서 LSB의 크기는 다음과 같다.

$$\frac{V_{\text{in, max}} - V_{\text{in, min}}}{2^n - 1} = \frac{15}{2^{12} - 1} \times (\pm 1 \text{ bit}) = \pm 3.66 \text{ mV}$$

2. 데이터 시트에 근거하여 최대 변환 시간은 35 μs이다. 따라서 ADC의 데이터 변환의 최대 주파수는

$$f_{\max} = \frac{1}{35 \times 10^{-6}} = 28.57 \text{ kHz}$$

이다. Nyquist 기준 상태에서 앨리어싱(aliasing) 왜곡이 되지 않고 표현될 수 있는 이론적인 최대 신호 주파수는 샘플링 주파수의 1/2이다. 따라서 ADC에서 얻을 수 있는 최대 신호 주파수는 대략 14 kHz이다.

참조: 실제로는 어느 정도 오버샘플링(oversampling) 하는 것이 좋다. 경험상 오버샘플링 인자는 2에서 5 정도로 한다. 만약 오버샘플링 인자를 2로 한다면 신호가 7 kHz 이상 될 수 없다.

7 kHz의 대역폭(bandwidth)에서 신호를 안전하게 제한하는 방법은 신호를 차단 주파수가 7 kHz 이하인 저역 통과 필터를 먼저 통과시키는 것이다.

연습 문제

12비트 DAC의 최대 아날로그 전압($V_{a,\max}$)이 15 V라면 v_a가 증가할 수 있는 최소 스텝 크기 δv를 구하라.

Answer: 3.66 mV

연습 문제

DAC의 범위가 0.5~15 V이고 분해능이 20 mV일 때, DAC에 필요한 최소 비트 수를 구하라.

Answer: 10 bits

연습 문제

예제 7.8에서 유용한 최대 변환 시간이 50 μs이라 하면 Nyquist 기준에 근거하여 예상할 수 있는 최고 주파수 신호는 얼마인가?

Answer: $f_{\max}$ = 10 kHz

7.5 비교기와 타이밍 회로

타이밍 및 비교기 회로는 계장 시스템에서 흔히 사용된다. 이 절의 목적은 연산 증폭기 비교기와 멀티바이브레이터(multivibrator), IC 타이머의 동작 원리를 이해할 수 있는 기초를 제공해 주는 것이다.

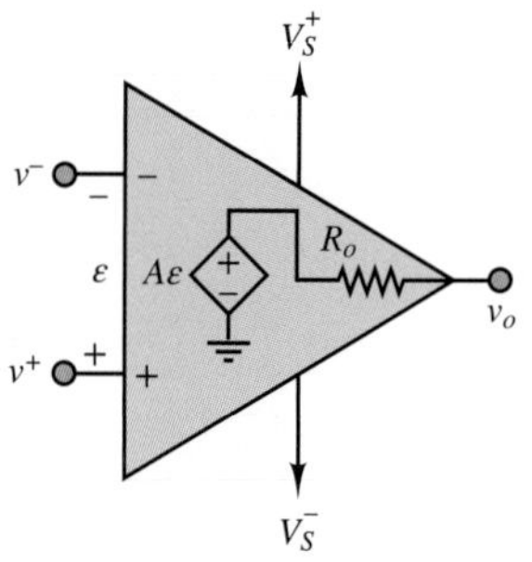

그림 7.30 개루프 모드에서의 연산 증폭기

연산 증폭기 비교기

그림 7.30의 연산 증폭기 비교기(comparator)는 연산 증폭기를 사용한 스위칭 회로

이다. 이 회로는 귀환(feedback) 연결을 사용하지 않는다. 따라서 $R_o = 0$일 때, 출력 전압은 다음과 같다.

$$v_o = A(v^+ - v^-) \tag{7.23}$$

연산 증폭기의 큰 개루프 이득($A > 10^5$) 때문에 두 입력 전압 간의 작은 차 ε에 의해서도 큰 출력 전압이 발생한다. 특히, 마이크로볼트의 몇십 분의 일의 크기를 가진 ε에 대해서도, 연산 증폭기의 출력은 공급 전압이나 전압 차의 극성에 따라서, 양 또는 음의 공급 전압 중의 하나로 포화된다(6.6절의 연산 증폭기의 전압 공급 한계에 대한 논의를 상기하라). 예를 들어, ε이 1 mV이고, 개루프 이득이 $A = 10^5$인 연산 증폭기의 출력은 100 V가 될 것이다. 다만 실제로는 연산 증폭기는 전압 공급 한계에서 포화될 것이다. 명백하게도, 두 입력의 전압 차는 출력값을 두 공급 전압 중 한 쪽으로 포화시키게 되는데, 이는 ε의 극성에 의해서 결정된다.

연산 증폭기의 이러한 성질을 이용하면 스위칭 파형을 발생시킬 수 있다. 예를 들어, 피크 진폭이 V인 정현파 전압원 $v_{in}(t)$가 비반전 단자에 연결되어 있는 그림 7.31의 회로를 고려하자. 이 회로에서 반전 단자는 접지에 연결되어 있으므로, 차동 입력 전압의 차는

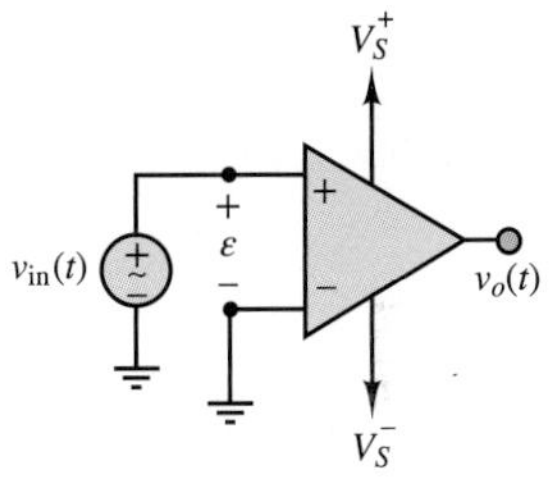

그림 7.31 비반전 연산 증폭기 비교기

$$\varepsilon = V \cos \omega t \tag{7.24}$$

로 주어지며, 정현파의 양(+)의 반 사이클 동안은 출력이 양수가 되며, 음(−)의 반 사이클 동안은 출력이 음수가 된다. 그러므로 출력은 ε의 극성에 따라서 V_S^+ 또는 V_S^-로 포화된다. 이 회로는 $v_{in}(t)$와 접지를 비교하여 $v_{in}(t)$의 크기에 상관없이(물론 정현파 입력의 피크 진폭이 적어도 1 mV 또는 그 이상이 된다는 조건에서) $v_{in}(t) > 0$이면 양의 $v_o(t)$, $v_{in}(t) < 0$이면 음의 $v_o(t)$를 내보낸다. 이 회로는 **비교기**(comparator)라 불리며, 실제로 $v_{in}(t)$의 부호에 따라서 2진 신호를 발생시킨다. 이러한 비교기는 아마도 가장 단순한 형태의 아날로그-디지털 변환기, 즉 연속적인 파형을 이산적인 값으로 변환시키는 장치일 것이다. 비교기 출력은 기준 전압보다 크거나 작은 단지 2개의 이산 값으로 구성된다.

비교기의 입력 및 출력 파형이 그림 7.32에 도시되어 있는데, 여기서 입력 피크 전압은 $V = 1$ V이며, ±15 V의 공급 전압에 상응하는 실제 포화 전압은 약 ±13.5 V라고 가정한다. 이 회로는 양의 입력 전압 ε에 의해서 양의 출력 전압이 발생하므로, **비반전 비교기**(noninverting comparator)라 불린다. 한편, 비반전 단자와 접지를, 입력과 반전 단자를 연결함으로써 반전 비교기를 구성할 수도 있다. 그림 7.33은 **반전 비교기**(inverting comparator)에 대한 파형을 보여 준다. 비교기 회로의 해석은 다음과 같은 관계에 따라 요약될 수 있다.

$$\begin{array}{|llll|} \varepsilon > 0 & \Rightarrow & v_o = V_{sat}^+ & \text{연산 증폭기} \\ \varepsilon < 0 & \Rightarrow & v_o = V_{sat}^- & \text{비교기의 작동} \end{array} \tag{7.25}$$

LO

여기서 V_{sat}는 연산 증폭기에 대한 포화 전압으로 6장에서 논의한 바와 같이 공급 전압보다 약간 작다. 실제 연산 증폭기에 대한 공급 전압의 일반적인 값은 ±5 V에서

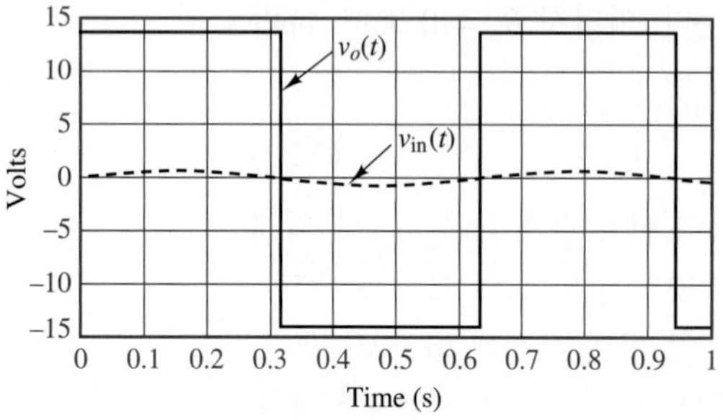

그림 7.32 비반전 비교기의 입출력

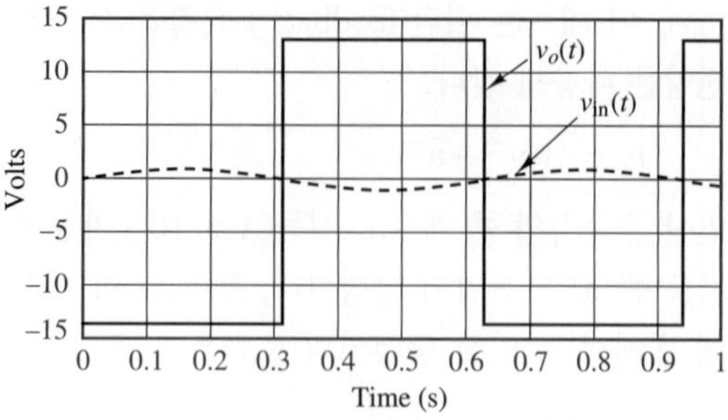

그림 7.33 반전 비교기의 입출력

±24 V이다.

입력 단자들 중 하나에 고정된 기준 전압을 연결하면 비교기 회로를 간단히 수정할 수 있는데, 이때 기준 전압은 비교기가 다른 하나의 극단에서 다른 극단으로 전환되는 전압을 높이거나 낮추는 효과를 가진다.

또 다른 유용한 연산 증폭기 비교기의 해석은 **입력-출력 전달 특성**에 의해 얻을 수 있다. 그림 7.34는 비반전 영점 기준(zero-reference) 비교기에 대한 v_o대 v_{in}의 선도를 도시한 것이다. 이 회로는 흔히 **영점 교차**(zero-crossing) **비교기**라 불리는데, 이는 입력 전압이 수직축을 교차할 때마다 출력 전압이 V_{sat}와 $-V_{sat}$ 사이에서 천이하기 때문이다. 그림 7.35는 0이 아닌 기준 전압을 가진 반전 형태의 비교기에 대한 전달 특성을 보여준다.

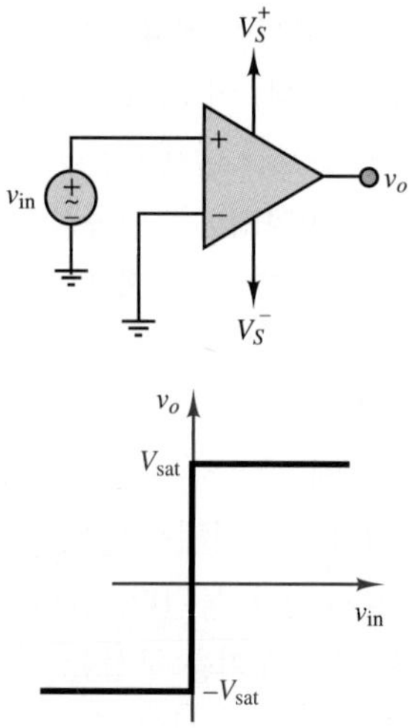

그림 7.34 영점 교차 비교기의 전달 특성

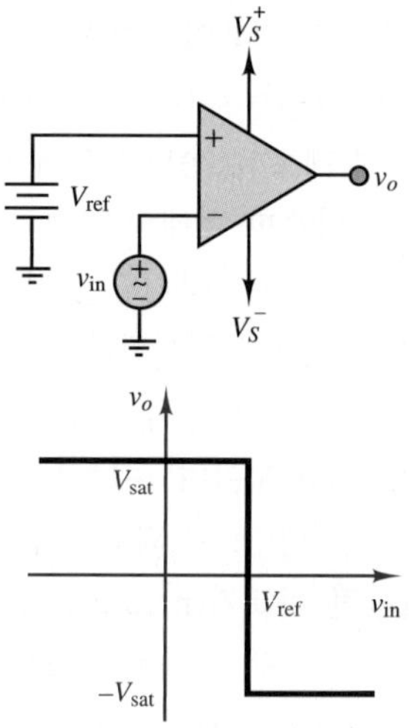

그림 7.35 오프셋을 가진 비교기의 전달 특성

아날로그 신호를 2진 신호로 변환할 때 0 V이나 5 V과 같은 $\pm V_{sat}$ 이외의 다른 전압 레벨을 사용해야 할 필요가 있다. 이 변경된 전압 전달 특성은 제너 다이오드를 연산 증폭기의 출력과 비반전 입력 사이에 연결하여 얻을 수 있는데, 이를 **레벨 클램프**(level clamp) 또는 **제너 클램프**(Zener clamp)라 한다. 그림 7.36에 나타낸 회로는

8장에서 언급한 바와 같이, 역방향으로 바이어스된 제너 다이오드가 캐소드(cathod)에서 애노드(anode) 방향으로 일정한 전압 V_Z를 유지한다는 사실에 기초한다. 한편, 다이오드가 순방향 바이어스일 때 출력 전압은 애노드에서 캐소드 방향의 오프셋 전압 $V\gamma$과 같게 된다. 레벨 클램프의 또 하나의 장점은 스위칭 시간을 단축할 수 있다는 점이다. 그림 7.37은 피크 진폭이 1 V인 정현파 입력 $v_{in}(t)$과 5 V의 제너 전압에 대해서 제너 클램프 비교기에 대한 입출력 파형을 보여준다. 조금 더 실용적인 제너 클램프 비교기의 변형들이 존재하며, 몇몇은 부귀환(negative feedback)을 이용한다.

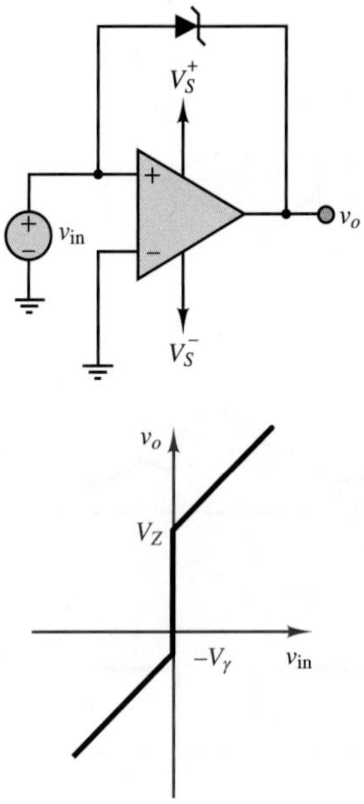

그림 7.36 레벨 클램프 비교기

앞에서 제너 클램프 회로가 공급 전압 이외의 원하는 기준 전압을 출력으로 가지는 비교기 회로의 설계에 사용될 수 있다는 것을 설명하였지만, 이러한 형태의 회로는 실제로는 거의 사용되지 않는다. 비교기로 동작하도록 특별히 개발된 IC 패키지가 사용될 수 있다. 이러한 IC는 일반적으로 비교적 큰 입력을 수용하고, 원하는 기준 전압 레벨을 선택할 수 있게 되어 있다(혹은 때때로 특정 전압 범위로 클램프된다). 대표적인 제품이 LM311인데, 그림 7.38에서 보듯이 개방 컬렉터 출력(open-collector output)을 제공한다. 개방 컬렉터 출력 방식은 사용자가 외부의 풀업(pull-up) 저항을 사용하여 출력 트랜지스터를 원하는 공급 전압과 연결함으로써 출력 회로를 완성하도록 한다. 트랜지스터가 포화 상태에서 동작하므로 저항의 실제 값은 그다지 중요하지 않으며, 수백에서 수천 옴 사이의 값이 일반적으로 사용된다.

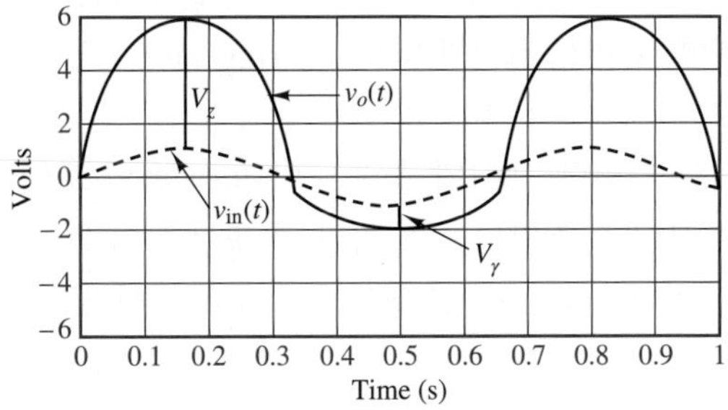

그림 7.37 제너 클램프 비교기의 파형

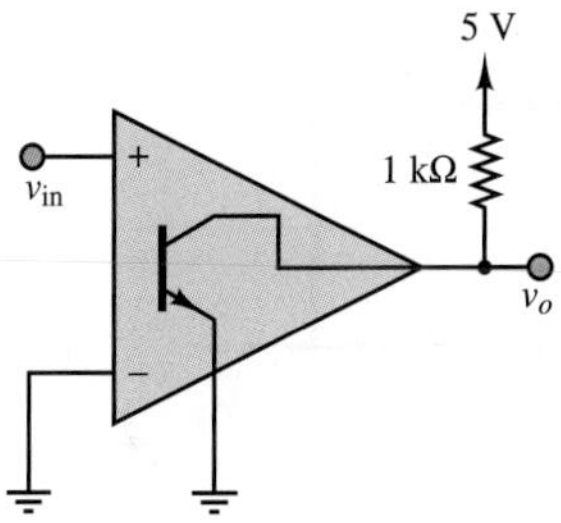

그림 7.38 외부 전원과 접속된 개방 컬렉터 비교기의 출력

슈미트 트리거

연산 증폭기를 이용한 비교기의 대표적인 응용 중의 하나는 입력 전압이 현재의 임계(threshold) 전압을 초과하는 시점을 발견하는 것이다. 그림 7.35에서 보듯이 원하는 임계값은 비반전 입력 단자에 연결되어 있는 DC 기준 전압 V_{ref}에 의해 표시되며, 입력 전압 소스는 반전 입력에 연결되어 있다. 잡음이 없고 연산 증폭기의 슬루율(slew rate)이 무한대라는 이상적인 조건하에서, 이 회로의 동작은 그림 7.39에 도시되어 있다.

비교기의 스위칭 속도 향상시키고 잡음이 존재하는 상황에서도 정확하게 동작할 수 있게 하는 방향으로 개선이 가능하다. 비교기의 입력이 천천히 변한다면 비교기는 순간적으로 스위칭할 수 없게 되는데, 이는 개루프 이득이 무한대가 아니며, 더욱 중요하게는 슬루율이 스위칭 속도를 제한하기 때문이다. 사실상 상업용으로 나온 비교기는 일반적인 연산 증폭기보다 훨씬 느린 슬루율을 가진다. 게다가 입력 신호

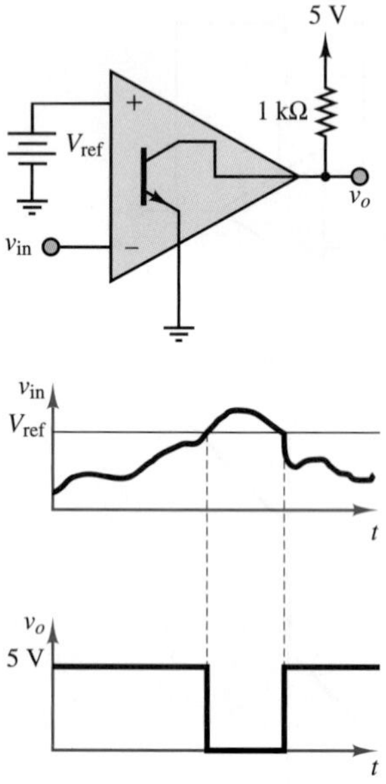

그림 7.39 오프셋을 가진 반전 비교기의 파형

가 기준 전압을 반복적으로 교차하여 트리거링이 연속적으로 수행되므로 기존의 비교기는 부적절하다. 그림 7.40은 후자에 나타나는 현상을 묘사한다.

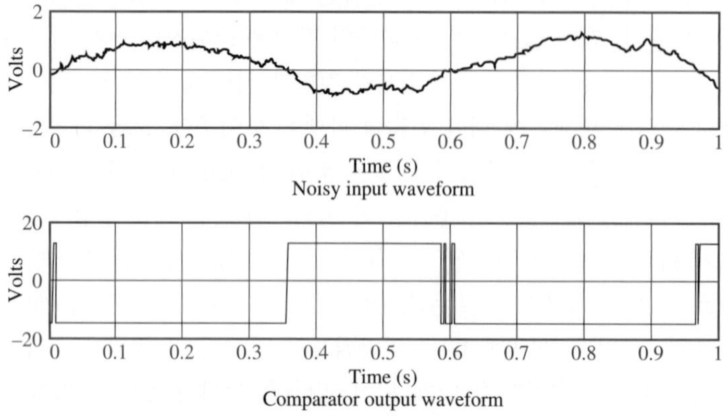

그림 7.40 잡음이 섞인 입력에 대한 비교기의 응답

비교기의 성능을 향상시키는 한 가지 효과적인 방법은 정귀환(positive feedback)을 도입하는 것이다. 정귀환은 비교기의 스위칭 속도를 증가시키며, 동시에 잡음에 대한 면역성(noise immunity)을 제공한다. 그림 7.41은 저항으로 구성된 분압기(voltage divider)를 사용하여 비반전 입력 단자에 출력을 연결시킨(그러므로 정귀환이란 용어를 사용함) **슈미트 트리거**(Schmitt trigger)라고 알려진 비교기를 보여준다. 이러한 정귀환 연결의 효과는 비교기 출력 전압의 일부와 동일한 기준 전압을 비반전 입력에 제공하는 것이다. 비교기 출력은 양 또는 음의 포화 전압 $\pm V_{sat}$와 같으므로, 비반전 단자에서 기준 전압도 이에 따라 양 또는 음이 될 수 있다.

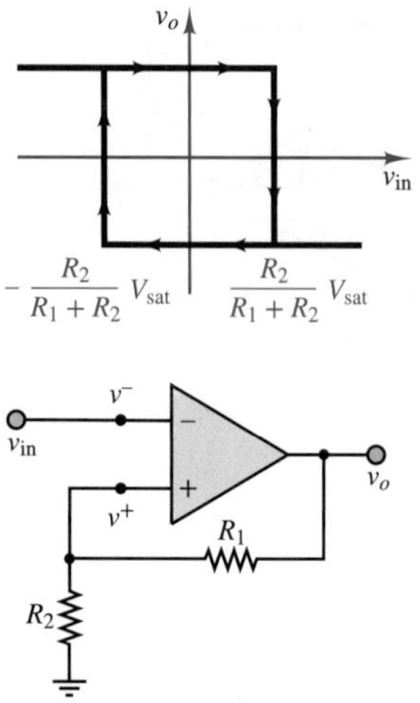

그림 7.41 슈미트 트리거의 전달 특성

먼저 비교기 출력이 $v_o = +V_{sat}$인 경우를 고려하자. 비반전 단자의 입력 전압은

$$v^+ = \frac{R_2}{R_2 + R_1}V_{sat} \tag{7.26}$$

가 되므로, 입력 전압의 차는 다음과 같다.

$$\varepsilon = v^+ - v^- = \frac{R_2}{R_2 + R_1}V_{sat} - v_{in} \tag{7.27}$$

입력 접압의 차 ε이 음의 상태가 될 때, 비교기의 출력 v_o는 양의 포화 상태에서 음의 포화 상태로 전환된다. 따라서 비교기가 상태를 전환하기 위한 v_o에 대한 조건은

$$v_{in} > \frac{R_2}{R_2 + R_1}V_{sat} \qquad (v_o\text{: } V_{sat} \rightarrow -V_{sat}) \tag{7.28}$$

이 된다. v_o는 v_{in}이 제로 레벨을 교차할 때는 전환되지 않고, 대신 v_o는 V_{sat}, R_1과 R_2에 의해 결정된 양의 전압을 초과할 때는 전환된다.

이번에는 비교기 전압이 $v_o = -V_{sat}$인 경우를 고려하자. 이때는 비반전 단자의 전압이

$$v^+ = -\frac{R_2}{R_2 + R_1}V_{sat} \tag{7.29}$$

이므로

$$\varepsilon = v^+ - v^- = -\frac{R_2}{R_2 + R_1}V_{sat} - v_{in} \tag{7.30}$$

이 된다. 비교기 출력 v_o는 전압차 ε이 양이 될 때 음의 포화 상태에서 양의 포화 상태로 전환된다. 즉, 비교기가 상태를 전환하기 위한 조건은

$$v_{in} < -\frac{R_2}{R_2 + R_1}V_{sat} \qquad (v_o\text{: } -V_{sat} \rightarrow V_{sat}) \tag{7.31}$$

이 된다. 따라서 비교기의 출력 v_o는 입력 전압 v_{in}이 제로 레벨을 교차할 때는 전환되지 않지만, V_{sat}, R_1과 R_2에 의해 결정되는 음의 전압보다 더욱 음이 될 때는 전환된다. 그림 7.41은 전압 전달 특성에 대한 임계 전압의 영향을 보여주는데, 이때 화살표는 전환 방향을 나타낸다.

0이 아닌 전압을 기준으로 스위칭을 원한다면 그림 7.42에서와 같이 원하는 DC 오프셋 전압을 비반전 단자에 연결할 수도 있다. 이때 비반전 단자 전압에 대한 식은

$$v^+ = \frac{R_2}{R_2 + R_1}v_o + V_{ref}\frac{R_1}{R_2 + R_1} \tag{7.32}$$

이 되며 슈미트 트리거에 대한 스위칭 레벨은 상향 천이(positive-going transition)에 대해서는

$$v_{in} > \frac{R_2}{R_2 + R_1}V_{sat} + V_{ref}\frac{R_1}{R_2 + R_1} \qquad (v_o\text{: } V_{sat} \rightarrow -V_{sat}) \tag{7.33}$$

이며, 하향(negative-going) 천이에 대해서는

$$v_{in} < -\frac{R_2}{R_2 + R_1}V_{sat} + V_{ref}\frac{R_1}{R_2 + R_1} \qquad (v_o\text{: } -V_{sat} \rightarrow V_{sat}) \tag{7.34}$$

이 된다. 사실상 슈미트 트리거는 비교기 출력 v_o가 스위칭될 수 없는 잡음 제거 범위 $\pm[R_2/(R_2 + R_1)]V_{sat}$를 제공해 준다. 그러므로 잡음의 진폭이 이 범위 내로만 제한되어 있다면, 슈미트 트리거는 잡음에 의한 반복적인 트리거링을 방지할 수 있다. 그림 7.43은 잡음이 섞인 파형 입력에 대해서 적절한 전환 임계 전압을 가진 슈미트 트리거의 응답을 나타낸 것이다.

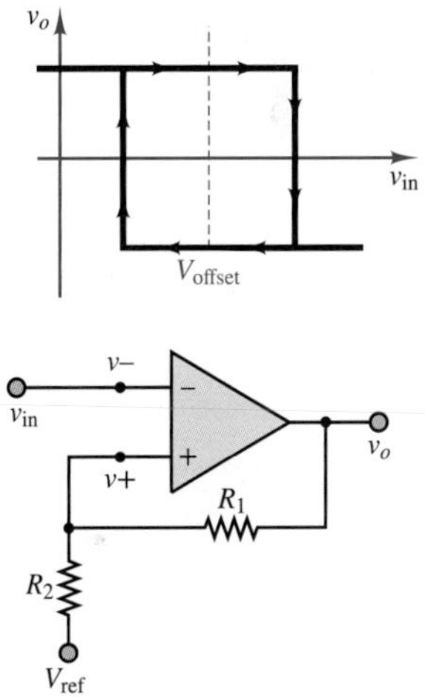

그림 7.42 오프셋 전압 $V_{offset} = V_{ref}\, R_1/(R_1 + R_2)$를 가지는 슈미트 트리거

멀티바이브레이터

타이밍 회로

많은 전자 제품들은 일정한 주기를 가지는 연속된 펄스인 고정 주파수 클럭을 생성하는 타이밍 기능을 필요로 한다. 다른 타이밍 기능으로는 주기와 진폭을 아는 하나의 펄스를 생성하는 단일(one-shot) 펄스가 있다. 이러한 두 가지 타이밍 기능

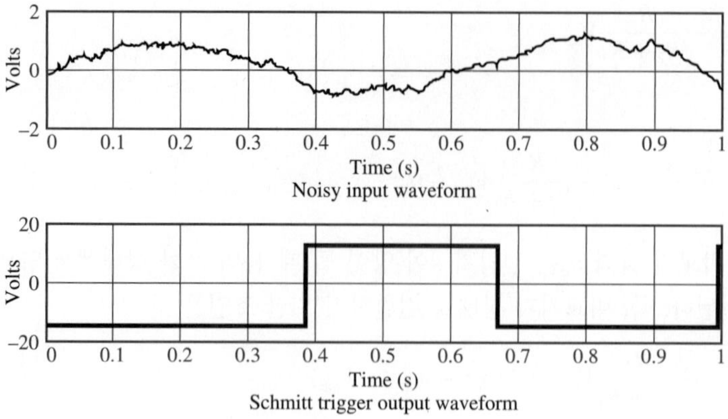

그림 7.43 잡음이 섞인 파형에 대한 슈미트 트리거 응답

은 각각 멀티바이브레이터(multivibrator) 회로의 **비안정**(astable) 모드와 **단안정**(monostable) 모드로 부른다.

단안정 멀티바이브레이터는 보통 IC 패키지 형태로 사용된다. IC 단안정 멀티바이브레이터는 외부 입력 전압의 **상승 에지**(rising edge) 또는 **하강 에지**(falling edge)에 의해서 트리거되었을 때 전압 펄스를 발생시킨다. 원하는 트리거링 모드를 선택하기 위해서 보통 여러 입력 연결 방식이 제공되며, 시상수는 외부 *RC* 회로의 선정에 의해서 결정된다. 그림 7.44는 전형적인 단안정 멀티바이브레이터로 얻을 수 있는 4가지 조건에 대해서 트리거 신호를 받을 때의 단안정 멀티바이브레이터의 응답을 나타낸 것이다.

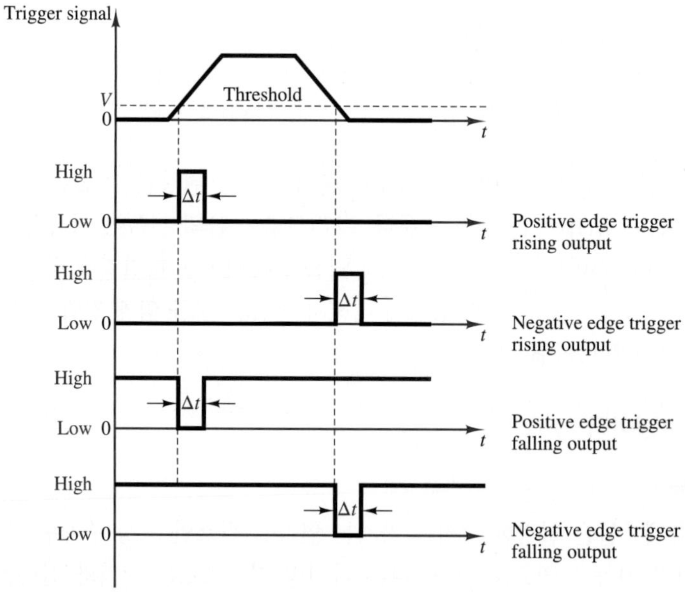

그림 7.44 IC 단안정 멀티바이브레이터의 파형

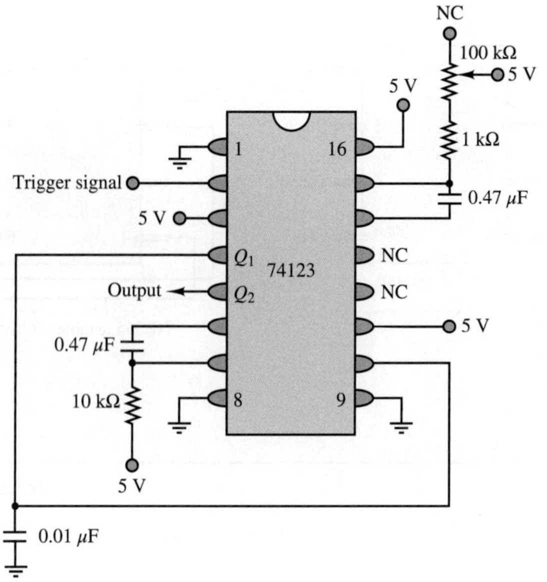

그림 7.45 이중 단안정 멀티바이브레이터 회로

그림 7.45는 74123에 기초한 전형적인 IC 단안정 멀티바이브레이터를 나타낸 것이다. 74123은 한 패키지에 서로 독립적으로 사용될 수 있는 2개의 단안정 멀티바이브레이터를 포함하고 있다. 단안정 멀티바이브레이터의 출력은 기호 Q_1, $\bar{Q}_1$, Q_2 및 $\bar{Q}_2$로 표시하는데, 바 표시는 출력의 보수(complement)를 나타낸다. 예를 들어, Q_1이 상향(positive-going) 출력 펄스에 해당한다면 $\bar{Q}_1$는 동일한 지속 시간을 가지는 하향 출력 펄스를 나타낸다.

타이머 IC: NE555

NE555는 단안정 또는 비안정 모드에서 동작할 수 있는 멀티바이브레이터이다. 단안정 모드에서는 펄스의 시간 지연 및 펄스 지속 시간은 외부 *RC* 회로에 의해서 결정된다. 비안정 모드에서는 펄스열의 주파수는 2개의 외부 저항과 1개의 커패시터에 의해 결정된다. 그림 7.46은 NE555의 단안정 및 비안정 동작을 위한 전형적인 회로를 나타낸다. NE555의 출력이 전환되는 전압 레벨은 임계 및 트리거 핀에 의해서 설정된다. 단안정 회로의 경우 펄스 지속 시간은

$$T = 1.1R_1C \tag{7.35}$$

와 같으며, 비안정 회로에 대해서는 양의 펄스폭과 음의 펄스폭은 다음과 같이 계산된다.

$$T_+ = 0.69(R_1 + R_2)C \tag{7.36}$$

$$T_- = 0.69R_2C \tag{7.37}$$

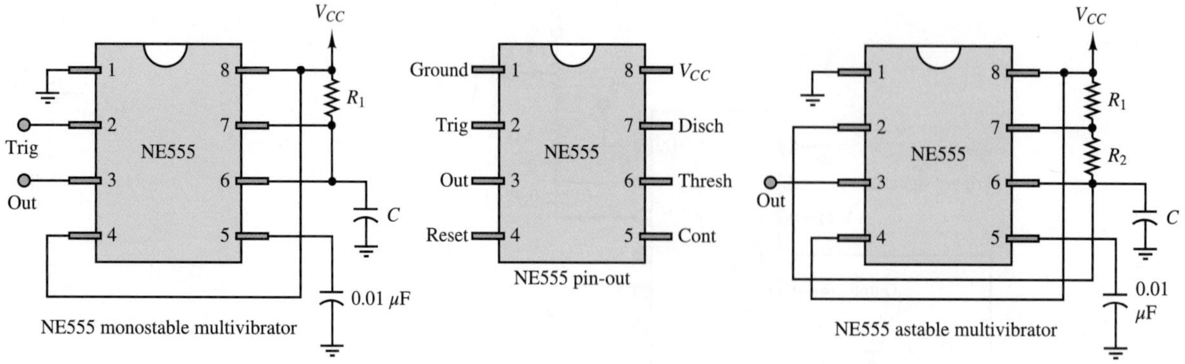

그림 7.46 NE555 타이머

예제 7.9 오프셋을 가진 비교기

문제

그림 7.47의 오프셋을 가진 비교기의 입력과 출력의 파형을 그려라.

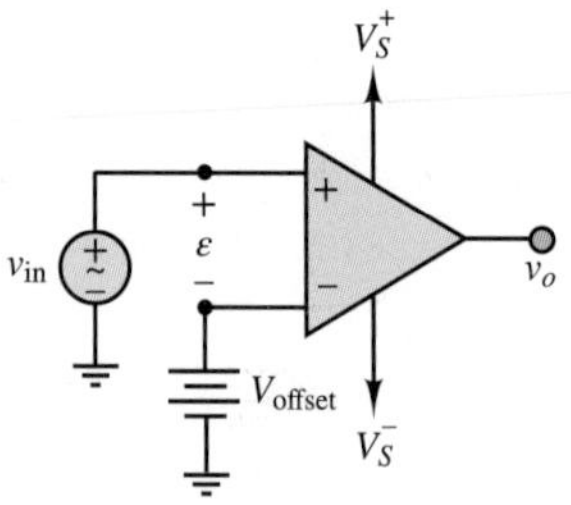

그림 7.47 오프셋을 가진 비교기

풀이

기지: 입력 전압, 오프셋 전압

미지: 출력 전압 $v_o(t)$

주어진 데이터 및 그림: $v_{in}(t) = \sin \omega t$, $V_{offset} = 0.6$ V

해석: 먼저, 연산 증폭기의 입력의 전압 차이를 계산한다.

$$\varepsilon = v_{in} - V_{offset}$$

이제, 식 (7.25)를 이용하여 비교기의 스위칭 조건을 결정한다.

$$v_{in} > V_{offset} \quad \Rightarrow \quad v_o = V_{sat}^+$$
$$v_{in} < V_{offset} \quad \Rightarrow \quad v_o = V_{sat}^-$$

따라서 비교기는 정현파 전압이 기준 전압의 위 또는 아래로 오르내릴 때마다 스위칭을 한다. 그림 7.48은 비교기의 출력 전압의 외형을 보여준다. 이제 더 이상 비교기의 출력 전압은 대칭인 사각파가 아님을 주목하라.

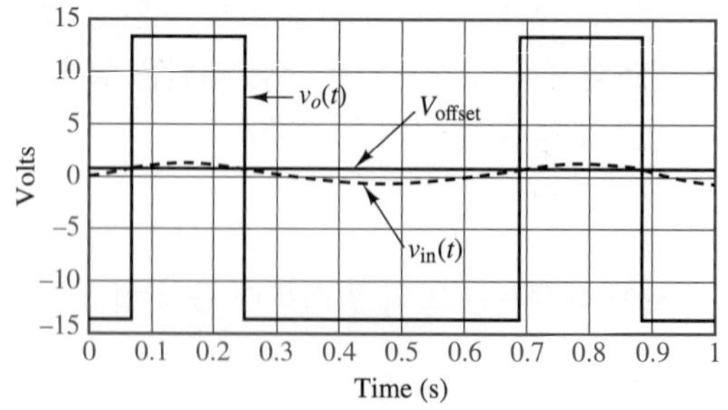

그림 7.48 오프셋을 가진 비교기의 파형

참조: 기준 전압원을 추가적으로 사용하는 것은 실제적으로 잘 사용하지 않기 때문에 보통 전압 분배기로서 공급 전압 사이의 어떤 V_{ref}을 사용하기 위하여 가변 저항을 사용한다.

슈미트 트리거의 해석과 설계

예제 7.10

문제

그림 7.49의 슈미트 트리거 회로에서 필요한 저항을 구하라.

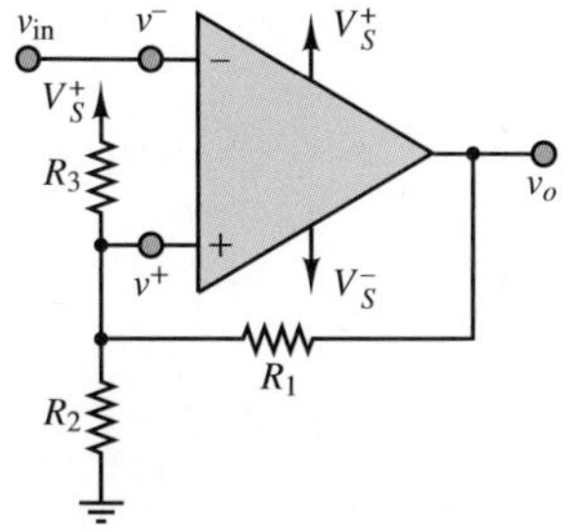

그림 7.49 슈미트 트리거

풀이

기지: 공급 전압과 공급 포화 전압, 기준 전압(오프셋), 잡음의 진폭

미지: R_1, R_2, R_3

주어진 데이터 및 그림: $|V_S| = 18$ V, $|V_{sat}| = 16.5$ V, $V_{offset} = 2$ V

가정: $|v_{noise}| = 100$ mV

해석: 독립된 기준 전압원의 사용을 피하기 위해서, 저항 R_3를 비반전 단자에 연결하여 전압 분배에 의해서 오프셋 전압 V_{offset}이 제공되도록 한다. 그림 7.49의 회로에서 비반전 전압은 중첩의 원리에 따라 다음과 같이 계산할 수 있다.

$$v^+ = \frac{R_2 \| R_3}{R_1 + R_2 \| R_3} v_o + \frac{R_1 \| R_2}{R_1 \| R_2 + R_3} V_S^+$$

필요한 잡음 방지 레벨은 $\Delta V = \pm 100$ mV인데, 이는 그림 7.42에서 V_{offset}에 대해서 대칭으로 배치된 전달 특성 폭의 절반에 해당한다. 따라서

$$\frac{\Delta V}{2} = \frac{R_2 \| R_3}{R_1 + R_2 \| R_3} V_{sat} = \frac{R_2 \| R_3}{R_1 + R_2 \| R_3} \times 16.5 = 0.1 \text{ V}$$

여기서 오프셋 전압 자체는 저항망에 의해 다음과 같이 결정된다.

$$V_{offset} = \frac{R_1 \| R_2}{R_3 + R_1 \| R_2} V_S^+$$

그림 7.50은 2 V 오프셋 전압 부근의 ±100 mV 잡음 방지 대역을 나타낸다. 일단 R_1이 선정되면, ΔV와 V_{offset}에 대한 두 개의 수식을 사용하여 R_2와 R_3를 계산할 수 있다. $R_1 \gg R_2$이고 $v_o = 0$으로 설정될 때, R_2와 R_3는 단순한 전압 분배기와 같이 동작한다. 마찬가지로, $R_3 \gg R_2$이며 $V_S^+ = 0$으로 설정되면, R_1과 R_2는 단순한 전압 분배기와 같이 동작한다($R_b \gg R_a$일 때 $R_a \| R_b \approx R_a$). 이러한 접근 방법을 이용해서 $R_1 \gg R_3 \gg R_2$의 상태는 ΔV와 V_{offset}의 요구 조건을 만족시킬 수 있다.

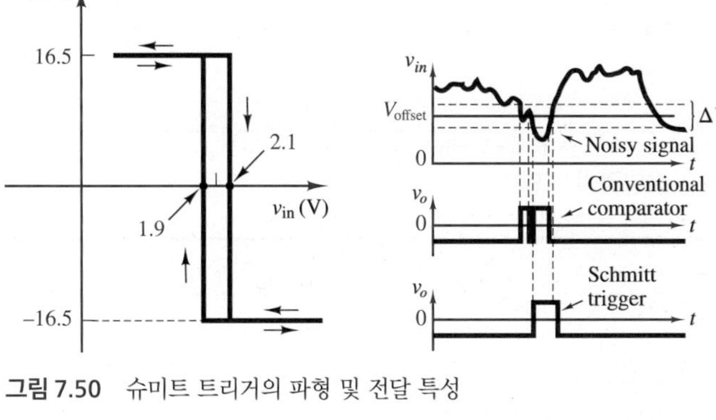

그림 7.50 슈미트 트리거의 파형 및 전달 특성

계산을 통해서, 다음과 같은 관계식이 도출된다.

$$\frac{R_2}{R_1} = \frac{b}{1-a} \qquad \text{and} \qquad \frac{R_3}{R_1} = \frac{b}{a}$$

여기서

$$a = \frac{V_{sat}}{V_S^+}\frac{V_{offset}}{V_{sat} - \Delta V/2} \qquad \text{and} \qquad b = \frac{\Delta V/2}{V_{sat} - \Delta V/2}$$

$R_1 = 100.0\ \text{k}\Omega$으로 가정하고 V_{sat}, V_S^+, V_{offset}과 ΔV를 이용하면, $R_3 \approx 2.73\ \text{k}\Omega$, $R_2 \approx 342\ \Omega$이 된다. 표준의 개별 저항을 이용한다면, 이 회로는 $R_3 = 2.7\ \text{k}\Omega$, $R_2 = 330\ \Omega$으로 구현된다. 비교기의 전달 특성과 파형을 그림 7.50에 나타내었다. 현실에서는 연산 증폭기의 특성의 영향을 고려하여 저항 값들의 조정이 필요하다.

참조: 그림 7.50에서 슈미트 트리거 출력과 잡음 방지를 하지 않은 비교기를 비교해 놓았다. 이 예시에서는 일반적인 비교기의 경우 잡음에 의해서 2번 트리거링한다.

예제 7.11

555 타이머의 해석

문제

그림 7.46의 단안정 555 타이머를 이용하여 주기가 0.421 ms인 펄스를 얻기 위한 부품들의 값을 구하라.

풀이

기지: 원하는 펄스 지속 시간 T

미지: R_1과 C의 값

주어진 데이터 및 그림: $T = 0.421$ ms

가정: C의 값을 가정하라.

해석: 식 (7.35)를 이용하여

$$T = 1.1 R_1 C$$

$C = 1\ \mu\text{F}$으로 가정하면

$$0.421 \times 10^{-3} = 1.1\, R_1 \times 10^{-6}$$

또는

$$R_1 = 382.73\ \Omega$$

이 된다.

참조: 적당한 R_1과 C 값의 조합은 원하는 설계값 T를 결정할 수 있게 한다. 그러므로 이 예제의 부품의 선정은 유일하지는 않다.

연습 문제

그림 7.47의 비교기 회로에 대해서, $v_{in}(t) = 0.1 \cos \omega t$ 및 $V_{offset} = 50$ mV라면 $v_o(t)$와 $v_{in}(t)$의 파형을 그려라. $|V_S| = 15$ V라 가정한다.

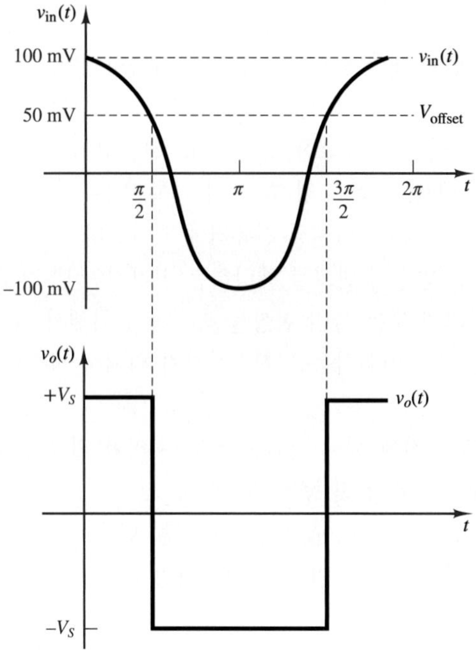

연습 문제

그림 7.41의 슈미트 트리거에 대한 스위칭 임계값에 대한 식을 유도하라.

Answer:

실제 연산 증폭기 $\Rightarrow \begin{cases} V^+ - V^- > 0 & \rightarrow \quad v_0 = +V_s \\ V^+ - V^- < 0 & \rightarrow \quad v_0 = -V_s \end{cases}$

$$\begin{cases} V^+ = R_2 \cdot I \\ I = \dfrac{v_o}{R_1 + R_2} \end{cases} \Rightarrow \boxed{V^+ = v_o \dfrac{R_2}{R_1 + R_2}}$$

$V^- = V_{in}$이므로:

$$\begin{cases} v_o \cdot \dfrac{R_2}{R_1 + R_2} - V_{in} > 0 & \rightarrow \quad v_o = +V_s \\ v_o \cdot \dfrac{R_2}{R_1 + R_2} - V_{in} < 0 & \rightarrow \quad v_o = -V_s \end{cases}$$

$$\text{At } t = 0 \rightarrow v_o = 0 \rightarrow V^+ = 0, \begin{cases} \text{If } -V_{in} > 0 \rightarrow v_o = +V_s \\ \text{If } -V_{in} < 0 \rightarrow v_o = -V_s \end{cases}$$

$$\text{At } t > 0 \rightarrow \boxed{v_o = \pm V_s} \rightarrow \begin{cases} \text{If } V_{in} < v_o \cdot \dfrac{R_2}{R_1 + R_2} \rightarrow v_o = +V_s \\ \text{If } V_{in} > v_o \cdot \dfrac{R_2}{R_1 + R_2} \rightarrow v_o = -V_s \end{cases}$$

결론

이 장에서 계측 시스템에 대한 중요한 사실들을 학습하였다.

거의 모든 공학 분야에서 어떤 종류의 측정을 수행하는 능력을 요구하므로 측정과 계장은 전자공학의 가장 중요한 분야 중의 하나이다.

측정 시스템은 센서, 신호 조정 회로 및 기록 또는 표시 장치의 3개 요소로 구성되는데, 마지막 요소는 흔히 디지털 컴퓨터에 기반한다.

센서는 물리적인 변수의 변화를 해당하는 전기적인 변수(보통, 전압)의 변화로 변환하는 장치이다. 거의 모든 물리 현상을 측정하기 위해서 넓은 범위의 센서가 존재한다. 원하지 않는 간섭이나 잡음을 최소화하기 위해서 적절한 배선, 접지 및 차폐 기술이 필요하다.

종종 더 진행되기 전에 센서 출력을 신호 처리할 필요가 있다. 가장 일반적인 신호 조정 회로는 계측 증폭기 및 능동 필터이다.

조정된 센서 신호가 컴퓨터에 의해서 디지털 형태로 기록되려면 아날로그-디지털 변환 과정을 수행하는 것이 필요한데, 타이밍 및 비교기 회로는 종종 이러한 과정에서 이용된다.

이 장을 완료할 때, 다음과 같은 학습 목표에 익숙해져야 한다.

1. 센서의 주요 분류에 익숙해야 한다.
2. 회로를 제대로 접지할 줄 알고, 잡음 차폐 및 잡음 저감 방법에 익숙해야 한다.
3. 신호 처리 증폭기 및 필터를 설계
4. A/D 및 D/A 변환의 원리를 이해하고, A/D 또는 D/A의 사양을 선택하는 방법을 알아야 한다.
5. 간단한 비교기 및 타이밍 회로를 해석 및 설계하는 방법과 더불어 다른 공통적인 집적회로를 사용하는 방법을 알아야 한다.

숙제 문제

7.1절: 측정 시스템 및 변환기

7.1 대부분의 자동차는 계측기판에 속도계뿐만 아니라, 엔진 회전 속도계를 갖고 있다. 변환기의 관점에서 이 둘 사이에는 어떤 차이점이 있는가?

7.2 가청(audible) 주파수를 측정하는 변환기와 가시광선의 주파수를 측정하는 변환기에 대해서 공학적인 사양 사이의 차이점을 설명하라.

7.3 여름에 관심 있는 측정으로 온도와 백분율 상대 습도의 합으로 이루어진 온도-습도 지수가 있다. 어떻게 이 지수를 측정하겠는가? 간단한 개략도를 도시하라.

7.4 그림 P7.4의 용량성 변위 변환기(capacitive displacement transducer)를 고려해 보자. 커패시턴스는

$$C = \frac{0.255A}{d} \quad \text{F}$$

으로 주어지는데, 여기서 A는 변환기 평행판의 단면적(in^2), d는 공극 길이(in)를 나타낸다. 공극이 0.01 in에서 0.015 in로 변할 때 전압의 변화(Δv_0)를 구하라.

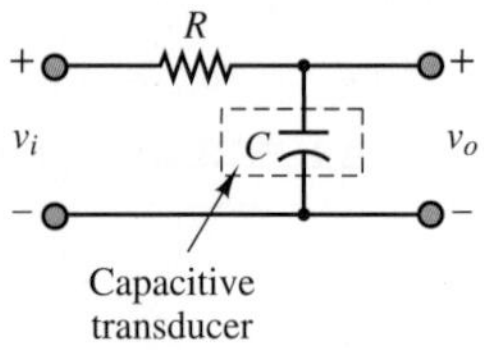

그림 P7.4

7.5 그림 P7.5의 회로는 광다이오드의 동작에 사용된다. 전압 V_D는 다이오드 전류 i_D가 입사광의 세기 H에 비례하도록 하기 위해서 충분히 큰 역바이어스 전압이다. 이 조건하에서 $i_D/H = 0.5\ \mu\text{A-m}^2/\text{W}$이다.

a. 출력 전압 v_o가 H에 대해서 선형적으로 변함을 보여라.

b. 만약 $H = 1{,}500\ \text{W/m}^2$, $V_D = 7.5$ V이며, 1 V의 출력 전압을 원한다면 R_o에 대한 적절한 값을 구하라.

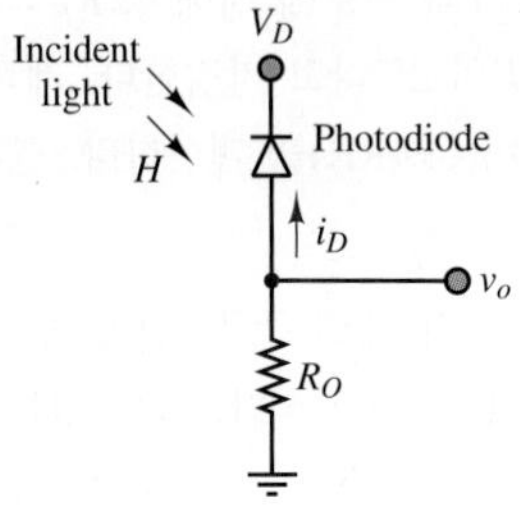

그림 P7.5

7.6 재료 상수 G는 압축 응력을 받는 수정에 대해서는 0.055 Vm/N이며, 축 응력을 받는 폴리비닐리덴 플루오라이드(polyvinylidene fluoride, PVDF)에 대해서는 0.22 Vm/N이다.

a. 압전 수정은 힘 센서의 감지 요소로 사용된다. 수정은 0.25 in의 두께와 0.09 in^2의 직사각 단면을 가진다. 감지 요소는 압축되며, 출력 전압은 두께 양단에서 측정된다. V/N의 단위로 센서의 출력은 얼마인가?

b. 폴리비닐리덴 플루오라이드는 압전 하중 센서로 사용된다. 필름은 두께가 30 μm, 폭이 1.5 cm이며, 축 방향으로 2.5 cm이다. 축 방향으로의 하중에 의해서 늘어나며(stretched), 출력 전압은 두께의 양단에서 측정된다. 센서의 출력은 V/N의 단위로 얼마인가?

7.7 그림 P7.7에서 b는 기계 구조의 감쇠 상수이며, 실험적으로 결정되어야 한다. 먼저 정적 하중 하에서 변위를 측정함으로써 스프링 상수 K를 결정하며, 질량 m은 직접 측정한다. 마지막으로, 감쇠비는 충격 시험(impact test)에 의해서 측정한다. 감쇠 상수는 $b = 2\zeta\sqrt{Km}$으로 주어진다. K, m 및 ζ의 측정에서 허용되는 오차가 각각 ±5%, ±2% 및 ±10%일 때, b에 대한 백분율 오차 한계를 추정하라.

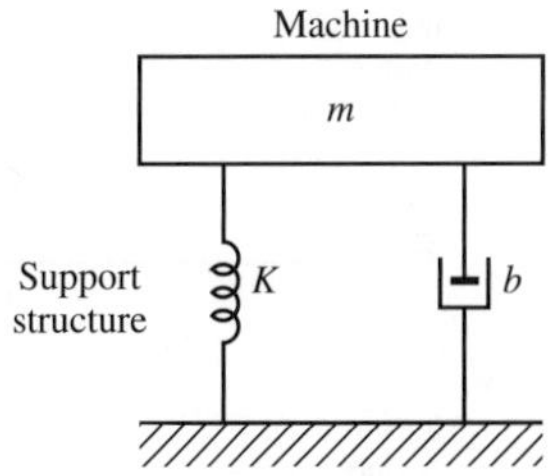

그림 P7.7

7.8 음향 타일(acoustical tile)을 만드는 공장의 품질 관리 시스템이 시트(sheet)를 따라서 2 ft마다 젖은 펄프층의 두께를 측정하기 위해서 근접 센서(proximity sensor)를 사용한다. 롤러 속도는 최종적인 20개의 측정값에 기초하여 조정된다. 간략히 말해서, 평균 두께가 표본 평균의 ±2% 내에 놓일 확률이 0.99를 넘지 않으면 속도가 조정된다. 대표적인 측정값들이 mm 단위로 다음과 같다.

8.2, 9.8, 9.92, 10.1, 9.98, 10.2, 10.2, 10.16, 10.0, 9.94,
9.9, 9.8, 10.1, 10.0, 10.2, 10.3, 9.94, 10.14, 10.22, 9.8

롤러의 속도가 이들 측정값에 기반하여 조정될 수 있는가?

7.9 다음 항목에 대해서 논의하고 비교하라.

a. 측정 정확도

b. 계측기 정확도

c. 측정 오차

d. 정밀도

7.10 어떤 공정의 동일한 반응 변수에 대해서 4개의 다른 센서를 사용하여 4조의 측정값을 얻었다. 이 반응의 참값은 상수라고 알려져 있다. 그림 P7.10은 이들 4조의 데이터를 보여준다. 다음 항목에 대해서 이들 데이터를 평가하라.

a. 정밀도

b. 정확도

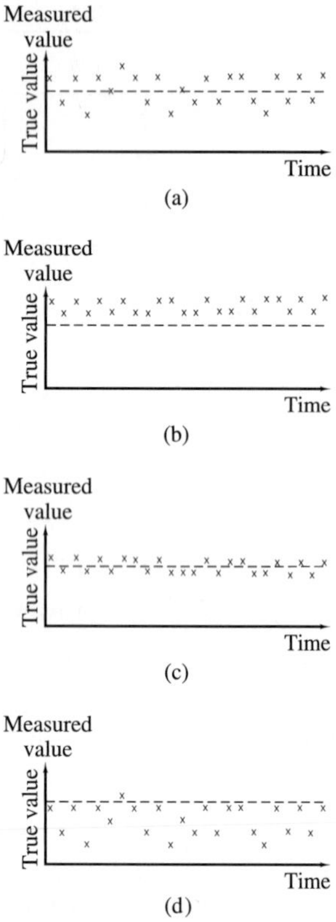

그림 P7.10

7.3절: 신호 처리

7.11 그림 P7.11의 계측 증폭기(IA)에 대해서, $R_1 = 1\ \text{k}\Omega$ 및 $R_2 = 5\ \text{k}\Omega$일 때 입력단의 이득을 구하라.

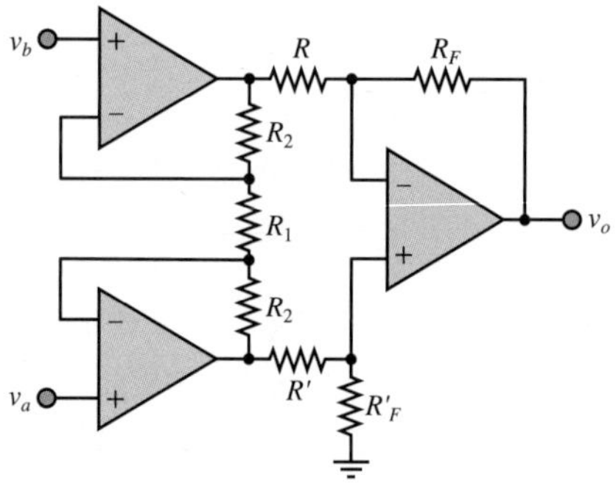

그림 P7.11

7.12 그림 P7.11의 IA에 대해서, $R_1 = 1\ \text{k}\Omega$일 때 입력단의 이득이 50이 되게 하는 R_2을 구하라.

7.13 그림 P7.11의 IA에 대해서, $R_2 = 10\ \text{k}\Omega$일 때 입력단의 이득이 16이 되게 하는 R_1을 구하라.

7.14 그림 7.11의 IA에 대해서 $R_1 = 1\ \text{k}\Omega$ 및 $R_2 = 10\ \text{k}\Omega$일 때 입력단의 이득을 구하라.

7.15 그림 7.11의 IA에 대해서 $R_1 = 1.5\ \text{k}\Omega$ 및 $R_2 = 80\ \text{k}\Omega$일 때 입력단의 이득을 구하라.

7.16 $R_2 = 5\ \text{k}\Omega$, $R_1 = R' = R = 1\ \text{k}\Omega$ 및 $R_F = 10\ \text{k}\Omega$일 때 그림 7.11의 IA에 대한 차동 이득을 구하라.

7.17 그림 P7.11의 회로에 대해서, $R_F = 200\ \text{k}\Omega$, $R = 1\ \text{k}\Omega$ 및 ΔR은 R의 2%라고 가정한다. 계측 증폭기(IA)의 공통 모드 제거비(CMRR)를 계산하라. 결과를 dB 단위로 표시하라.

7.18 그림 P7.11의 계측 증폭기(IA)에 대해서, 각 소자의 값은 문제 7.17과 동일하다. 차동 성분에 대한 이득의 부정합(mismatch)을 계산하라. 결과를 dB 단위로 표시하라.

7.19 그림 7.11의 IA에 대해서, $R_F = 10\ \text{k}\Omega$ 및 $R_1 = 2\ \text{k}\Omega$ 때 900의 차동 이득이 얻어질 수 있는 R과 R_2를 구하라.

7.4절: 아날로그-디지털 및 디지털-아날로그 변환

7.20 아날로그 신호 처리와 비교하였을 때 디지털 신호 처리의 2가지 장점을 열거하라.

7.21 데이터 수집 시스템에서 멀티플렉서의 역할에 대해 논하라.

7.22 데이터 수집 시스템에서 샘플 유지 회로의 목적에 대해 논하라.

7.23 그림 P7.23의 회로는 축차 비교형 ADC에 사용되는 샘플 유지 회로를 나타낸 것이다. NMOS는 v_G가 high일 때 on이 되며, v_G가 low일 때 off가 된다고 가정한다. 회로의 동작을 설명하라.

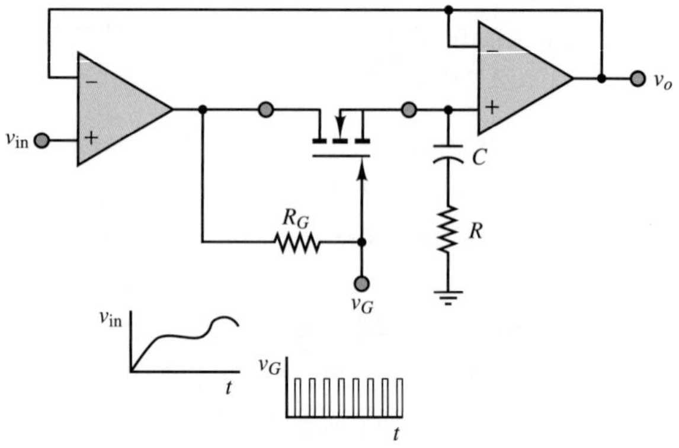

그림 P7.23

7.24 그림 P7.23의 회로에 대해서 v_{in}이 0°의 위상각, 0 VDC 오프셋, 20 V의 피크-피크 진폭을 가진 1 kHz 정현파 신호라 하자. v_G는 펄스폭이 10 μs, 펄스 주기가 100 μs인 사각 펄스열로 첫 펄스의 선행(leading) 에지가 $t = 0$에서 시작한다고 하자.

a. *RC* 회로가 20 μs의 시상수를 가진다면 v_o을 도시하라.

b. *RC* 회로가 1 ms의 시상수를 가진다면 v_o을 도시하라.

7.25 무부호(unsigned) 10진수 12_{10}이 4비트 DAC에 입력된다. $R_F = R_0/15$이고, 논리 0가 0 V, 논리 1이 4.5 V에 해당된다.

a. DAC의 출력은 얼마인가?

b. DAC로부터 출력될 수 있는 최대 전압은 얼마인가?

c. 0에서 4.5 V의 범위에서 분해능은 얼마인가?

d. 분해능을 20 mV로 향상시키고자 한다면, DAC에서 요구되는 비트 수는 얼마인가?

7.26 무부호(unsigned) 10진수 215_{10}이 8비트 DAC에 입력된다. $R_F = R_0/255$이고, 논리 0가 0 V, 논리 1이 10 V에 해당된다.

a. DAC의 출력은 얼마인가?

b. DAC로부터 출력될 수 있는 최대 전압은 얼마인가?

c. 0에서 10 V의 범위에서 분해능은 얼마인가?

d. 분해능을 3 mV로 향상시키고자 한다면, DAC에서 요구되는 비트 수는 얼마인가?

7.27 그림 P7.27의 회로는 단순한 4비트 DAC를 나타낸다. 각 스위치는 디지털 숫자의 해당하는 비트에 의해서 제어되는데, 비트가 1이면 스위치는 위로 연결되고, 비트가 0이면 스위치는 아래로 연결된다. 디지털 숫자는 $b_3b_2b_1b_0$에 의해서 표현된다. v_o을 2진 입력 비트에 관계시키는 식을 구하라.

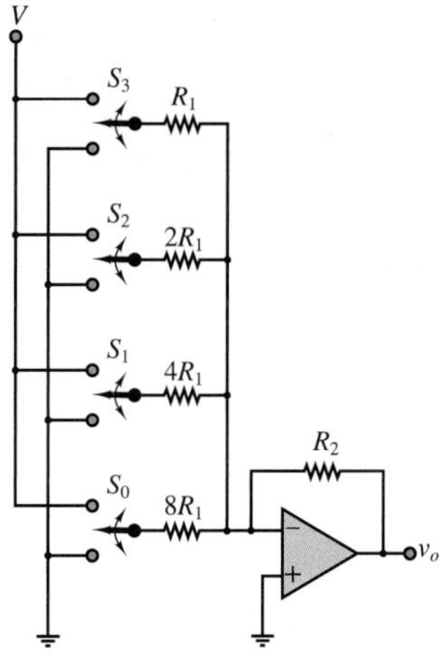

그림 P7.27

7.28 무부호(unsigned) 10진수 98_{10}이 8비트 DAC에 입력된다(그림 7.20 참조). $R_F = R_0/255$이고, 논리 0가 0 V, 논리 1이 4.5 V에 해당된다.

a. DAC의 출력은 얼마인가?

b. DAC로부터 출력될 수 있는 최대 전압은 얼마인가?

c. 0에서 4.5 V의 범위에서 분해능은 얼마인가?

d. 분해능을 0.5 mV로 향상시키고자 한다면, DAC에서 요구되는 비트 수는 얼마인가?

7.29 그림 P7.29의(이상 연산 증폭기를 사용한) DAC 회로에 대하여 $-10 \le v_o \le 0$ V의 출력 범위를 주는 R_F 값은 얼마인가? 논리 0 = 0 V, 논리 1 = 5 V에 해당한다고 가정하자.

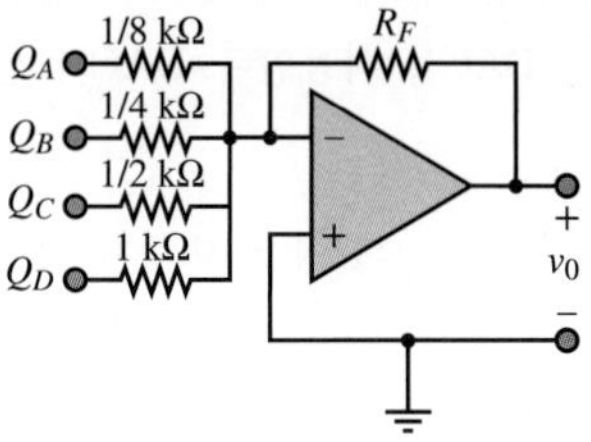

그림 P7.29

7.30 전체 회로가 비반전 장치가 되도록 하기 위해서는, 그림 P7.27의 회로를 어떻게 재설계해야 하는지를 설명하라.

7.31 그림 P7.31의 회로는 그림 P7.27의 DAC에 필요한 NMOS 스위치를 구현하는 수단으로 제안되었다. NMOS 트랜지스터는 게이트 입력의 논리 값이 1, 0일 때 각각 단락 회로와 개방 회로 상태로 작동한다고 가정하라. 회로가 어떻게 작동하는지를 설명하라. K = 0, . . . , 3.

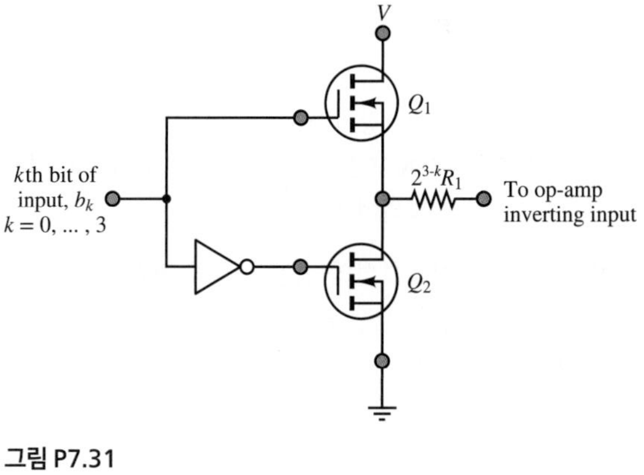

그림 P7.31

7.32 무부호(unsigned) 10진수 345_{10}이 12비트 DAC에 입력된다(그림 7.20 참조). $R_F = R_0/4{,}095$이고, 논리 0가 0 V, 논리 1이 10 V에 해당된다.

a. DAC의 출력은 얼마인가?

b. DAC로부터 출력될 수 있는 최대 전압은 얼마인가?

c. 0에서 10 V의 범위에서 분해능은 얼마인가?
d. 분해능을 0.5 mV로 향상시키고자 한다면, DAC에서 요구되는 비트 수는 얼마인가?

7.33 그림 P7.29의(이상 연산 증폭기를 사용한) DAC 회로에 대하여 $-15 \leq v_o \leq 0$ V의 출력 범위를 주는 R_F 값은 얼마인가?

7.34 그림 P7.27의 모델을 사용하여 출력이

$$v_o = -\frac{1}{10}(8b_3 + 4b_2 + 2b_1 + b_0)\,V$$

로 주어지는 4비트 DAC를 설계하라.

7.35 데이터 수집 시스템이 ±15 V의 범위와 0.01 V의 분해능을 갖는 DAC를 사용한다. DAC에 필요한 비트 수는 얼마인가?

7.36 데이터 수집 시스템이 ±10 V의 범위와 0.04 V의 분해능을 갖는 DAC를 사용한다. DAC에 필요한 비트 수는 얼마인가?

7.37 데이터 수집 시스템이 −10에서 +15 V의 범위와 0.004 V의 분해능을 갖는 DAC를 사용한다. DAC에 필요한 비트 수는 얼마인가?

7.38 DAC는 모터에 속도 명령을 전달하기 위하여 사용된다. 최대 속도가 2,500 rpm이 되어야 하고, 0이 아닌 최소 속도가 1 rpm이 되어야 한다. DAC에 필요한 비트 수는 얼마인가? 분해능은 얼마인가?

7.39 어떤 ADC에 대한 아날로그 입력 전압의 전체 범위가 10 V라 가정한다.
a. 이것이 3비트 장치라면 출력의 분해능은 얼마인가?
b. 이것이 8비트 장치라면 출력의 분해능은 얼마인가?
c. 비트 수와 ADC의 분해능 사이의 관계에 대해서 일반적으로 설명하여 보아라.

7.40 어떤 공정으로부터의 귀환 신호의 전압 범위가 −5 V에서 +15 V이며, 전압 범위의 0.05%의 분해능이 요구된다. DAC에 필요한 비트 수는 얼마인가?

7.41 8개의 제어 루프를 형성하기 위하여 컴퓨터가 아날로그 정보를 가진 8채널을 사용하고 있다. 모든 아날로그 신호가 동일한 주파수 내용을 가지며, 하나의 ADC로 멀티플렉스된다고 하자. ADC는 한 변환에 100 μs를 필요로 한다. 또한 페루프(closed-loop) 소프트웨어가 4개의 루프에 대하여 500 μs의 계산과 출력 시간을 요구하는 반면에, 나머지 4개의 루프에 대하여는 250 μs를 필요로 한다. Nyquist 기준에 따른다면, 아날로그 신호가 가질 수 있는 최대 주파수는 얼마인가?

7.42 회전형 전위차계가 원격 회전 변위 센서로 사용된다. 측정될 수 있는 최대 변위가 180°이고, 전위차계는 270°의 회전에 대해 10 V가 대응된다.
a. 0.5°의 회전 변위를 나타내기 위하여 ADC에 의하여 분해되어야 하는 전압 증분은 얼마인가? 전 범위의 검출을 위해 ADC에 필요한 비트 수는 얼마인가?
b. 전 범위(full-scale) 2진 출력을 위하여 ADC는 10 V의 입력 전압을 필요로 한다. 전위차계와 ADC 사이에 증폭기가 있다면 ADC의 전 범위를 이용하기 위해서는 증폭기 이득이 얼마가 되어야 하는가?

7.43 250 kHz의 아날로그 신호를 축차 비교형 ADC를 사용하여 10비트로 이산화시킨다고 한다. ADC에 대해서 최대로 허용되는 변환 시간을 추정하라.

7.44 토크 센서가 농업용 트랙터의 엔진에 설치되어 있다. 토크 센서에 의해 발생되는 전압은 ADC에 의해서 샘플링된다. 크랭크축의 회전 속도는 800 rpm이다. 엔진의 왕복 운동에 의한 속도의 요동(fluctuation) 때문에 토크 신호에서 축의 회전 주파수의 2배에 해당하는 주파수 성분이 존재한다. Nyquist 기준을 만족시킬 수 있는 최소 샘플링 주기는 얼마인가?

7.45 비행 고도계의 출력 전압이 ADC에 의하여 샘플링된다. 센서의 출력 전압은 0 m에서의 0 V, 10,000 m 고도에서 10 V이다. 측정상의 허용 오차($\pm\frac{1}{2}$ LSB)가 10 m라면 ADC에 필요한 최소의 비트 수를 구하라.

7.46 고정된 시간 간격으로 인터럽트를 발생시키는 회로를 생각해 보자. 실시간 클럭이라 불리는 이런 장치는 T초의 샘플링 주기를 필요로 하는 제어 시스템에 주로 사용된다. 주기가 원하는 인터럽트 간격과 동일한 사각파 클럭을 이용하여 어떻게 이를 수행할 수 있는지를 보여라.

7.47 다음의 분해능을 갖도록 아날로그 신호를 이산화할 때 요구되는 최소의 비트 수는 얼마인가?
a. 5%
b. 2%
c. 1%

7.5절: 비교기와 타이밍 회로

7.48 비교기는 연산 증폭기의 개루프를 특성활용하는 유용한 응용이다. 특히 윈도우 비교기의 간단한 예제가 그림 P7.48(a)와 (b)에 나와있다. $V_{\text{low}} < v_{\text{in}} < V_{\text{high}}$일 때 $v_o = 0$이고, 그 외에는 $v_o = +V$임을 보여라.

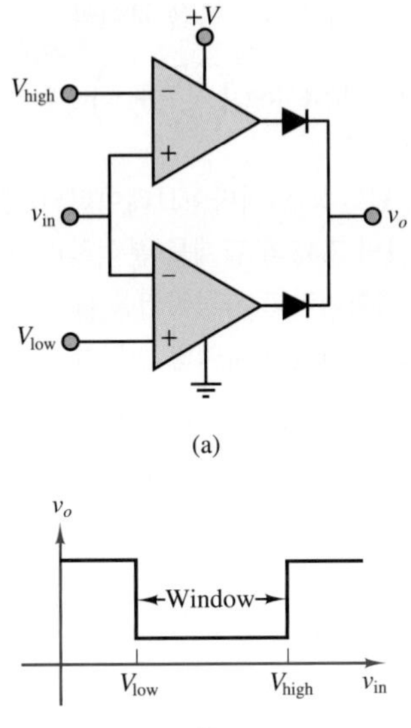

그림 P7.48

7.49 ±150 mV의 피크 진폭을 가진 잡음이 존재하는 상황에서 동작하는 슈미트 트리거를 설계하라. 이 회로는 기준 전압 −1 V 주위에서 스위칭한다. 연산 증폭기의 공급 전압은 ±10 V이고, 포화 전압은 $V_{\text{sat}} = 8.5$ V라고 가정한다.

7.50 그림 P7.50의 회로에서 $R_1 = 100\ \Omega$, $R_2 = 56\ \text{k}\Omega$, $R_i = R_1 \| R_2$이며, v_{in}은 1 V 피크−피크 정현파이다. 공급 전압이 ±15 V라 가정하여 임계 전압(양의 v^+ 및 음의 v^+)을 결정하고, 출력 파형을 도시하라. (R_1의 역할을 이해하기 위해서는 예제 6.15를 참조하기 바란다.)

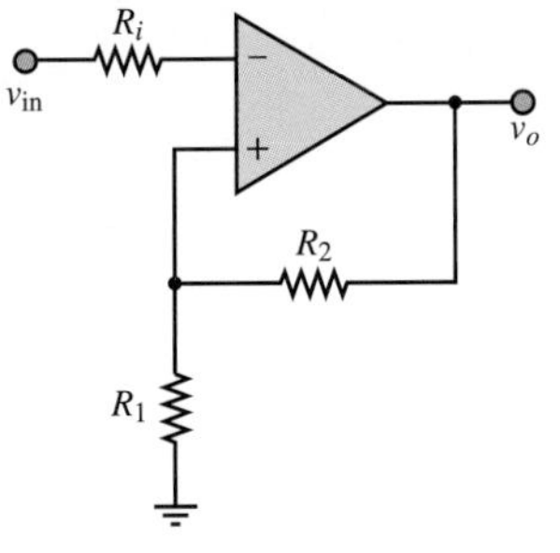

그림 P7.50

7.51 그림 P7.51의 회로는 슈미트 트리거가 연산 증폭기를 사용하여 어떻게 구성되는지를 보여준다. 이 회로의 동작을 설명하라.

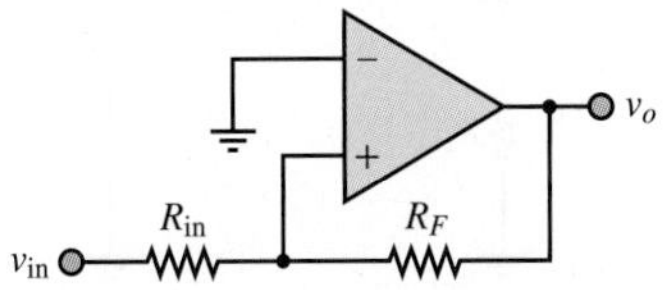

그림 P7.51

7.52 그림 P7.51의 회로를 다시 고려하자. 연산 증폭기는 LM741이며, 공급 전압은 ±15 V이고, R_F는 104 kΩ이라 한다. v_{in}은 1 V 진폭을 가진 1 kHz 정현파 신호라고 가정한다.

a. $|V_{\text{in}}| \geq 0.25$ V일 때마다 출력이 high가 된다면 R_{in}에 대한 적절한 값을 결정하라.

b. 입력과 출력의 파형을 도시하라.

7.53 그림 P7.53의 회로에 대해서 다음에 답하라.

a. $V_{\text{ref}} = 2$ V이며 v_{in}이 100 Hz에서 4 V(피크−피크)인 정현파일 때 출력 파형을 도시하라.

b. $V_{\text{ref}} = -2$ V이며 v_{in}이 100 Hz에서 4 V(피크−피크)인 정현파일 때 출력 파형을 도시하라.

입력에 놓인 다이오드는 차동 전압이 다이오드 오프셋 전압을 초과하지 않도록 하는 역할을 수행한다. $V_\gamma = 0.7$ V (8장 참조)

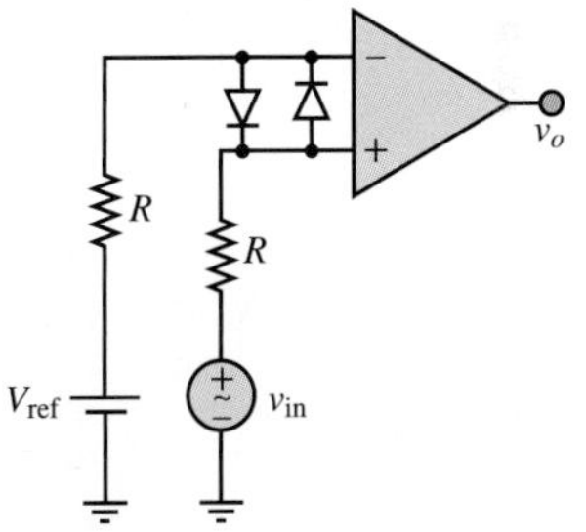

그림 P7.53

7.54 그림 P7.54는 비교기를 사용한 단순한 go-no go 검출기를 보여준다.

a. 회로가 어떻게 작동하는지를 설명하라.

b. 녹색 LED는 v_{in}이 5 V를 초과할 때 on되며, 적색 LED는 v_{in}이 5 V보다 작을 때마다 on이 되도록 회로를 설계하라(즉, 적절한 값의 저항을 선정하라). 15 V의 전압이 공급된다고 가정하라.

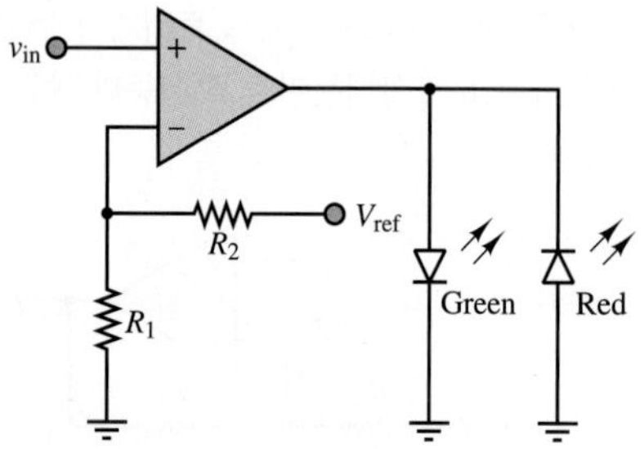

그림 P7.54

7.55 그림 P7.55의 회로에서 v_{in}은 5 kHz에서 100 mV(피크-피크)인 정현파이며, R = 10 kΩ이고, D_1과 D_2는 6.2 V 제너 다이오드이다. 출력 전압 파형을 그려라.

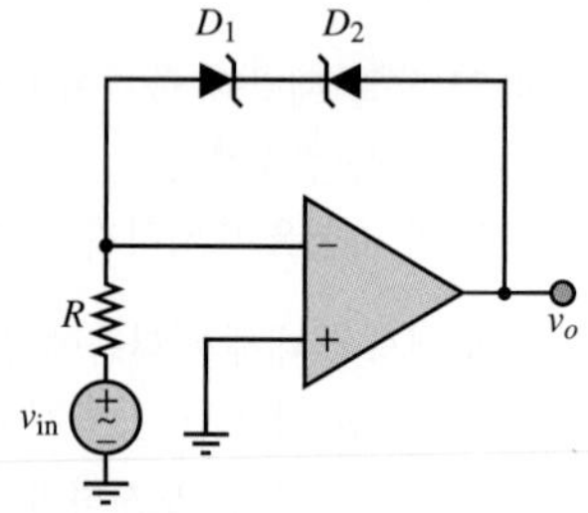

그림 P7.55

7.56 그림 7.41에서 보는 것처럼 R_3를 연산 증폭기(op-amp)의 출력 단자와 반전 단자에 연결하는 것을 통해서 멀티바이브레이터의 구현이 가능하다. 커패시터 C가 반전 단자와 기준 단자에 연결된다. 이 방법으로 v_{in}은 커패시터가 충전 및 방전을 하는 중, 커패시터의 전압을 추적하게 된다. 이러한 연산 증폭기 비안정 멀티바이브레이터의 진동 주기가 다음 수식과 같음을 보여라.

$$T = 2R_3C \log_e\left(\frac{2R_2}{R_1} + 1\right)$$

7.57 74123 단안정 멀티바이브레이터의 데이터 매뉴얼을 이용하여 그림 7.45의 관계를 분석하라. 트리거 신호의 구성이 양의 변환이라고 가정하였을 때 각 펄스의 개략적인 지속 시간을 의미하는 타이밍 선도를 그려라.

7.58 그림 7.46의 단안정 멀티바이브레이터를 의미하는 NE555 타이머 회로에서 R_1 = 10 kΩ, 출력 펄스폭 T = 10 ms일 때 커패시턴스 C를 구하라.

PART 03

Principles and Applications of **ELECTRICAL ENGINEERING**

아날로그 전자공학

ANALOG ELECTRONICS

08

반도체와 다이오드

SEMICONDUCTORS AND DIODES

다이오드 및 트랜지스터가 발명된 이후로 **고체전자공학**(solid state electronics) 분야는 놀라운 발전을 이루었다. 한편, 각각의 전자 장치들이 하나의 복합 시스템으로 기능이 통합되었으며, 이를 통해서 현대의 아날로그 및 디지털 전자 시스템이 개발되었다. 다양한 용처에서 개별 전자 소자들이 집적회로(예: 연산 증폭기)로 많이 대체되어 왔으나, 여전히 개별 소자들의 기능을 이해하는 것은 중요하다. Part III의 목적은 다이오드, 트랜지스터 및 기타 전자 소자의 동작 원리 및 응용을 이해하는 것이다.

이 장에서는 실제 회로에서 많이 찾을 수 있는 전자 전력 시스템과 고·저전력 전자 회로에서 사용되는 반도체 다이오드의 동작을 설명한다. 다이오드의 i-v 특성은 본질적으로 비선형적이지만 단순한 선형 모델을 사용하여 특성을 분석할 수 있으며, 이렇게 만들어진 선형 회로에 이 책의 앞부분에서 습득한 분석기법을 적용할 수 있다.

LO 학습 목적

1. 일반적인 반도체 소자의 물리적인 원리를 이해한다. 특히, 접합 다이오드를 이해한다. 순방향 바이어스 다이오드의 지수 방정식과 *i*-*v* 특성에 익숙해진다. 8.1-8.2절.
2. 간단한 회로에서 반도체 다이오드의 대신호 모델 이용. 8.3절
3. 순방향 지수함수 다이오드 모델의 동작점 부근에서의 선형화; 다이오드 전압의 작은 변화가 다이오드 전류에 미치는 영향 해석. 8.4절
4. 실용적인 전파 정류기의 회로 학습; 대신호 다이오드 모델의 적용; 정류기의 사양 해석 및 결정. 8.5절
5. 전압 기준으로 제너 다이오드의 동작 원리 이해; 기본적인 전압 조정기 해석을 위해 간단한 회로 모델 사용. 8.6절
6. 태양전지, 광센서, LED과 함께 광 다이오드의 기본적인 동작 원리 이해. 8.7절

8.1 반도체 소자의 전기 전도

단일 물질,[1] 즉 진성 **반도체**는 일반적으로 실리콘과 게르마늄과 같이 주기율표의 4족 원소로 구성된 물질이며, 반도체의 전도율은 도체보다 훨씬 약하고, 절연체보다 훨씬 강한 성질을 갖는다. 예를 들어, 도체인 구리는 전도율이 5.96×10^7 S/m이고, 절연체인 유리는 10^{-13} S/m이다. 반면에, 반도체인 실리콘과 게르마늄은 각각 10^{-3} S/m과 10^0 S/m의 전도율을 갖는다. 뿐만 아니라, 실리콘과 게르마늄은 온도에 따라 전도율이 증가하는 특성을 갖는 반면에, 대부분 도체들은 온도에 따라 전도율이 감소한다. 다만 4족 원소들 대부분이 반도체는 아니라는 사실에 주목해야 한다. 4족 원소인 주석 및 납의 전도율은 크고, 온도에 따라 감소하는 특성을 갖고 있다.

크지 않은 전기장으로 충분한 전류를 생성할 수 있도록, 도체는 전도대(conduction band)에 약하게 결합되어 있는 외각 전자를 많이 갖고 있다. 대조적으로, 반도체의 외각 전자는 **공유 결합**의 특징을 갖고 있어서, 전류를 형성하기 위해서는 훨씬 큰 전기장이 필요하다. 그림 8.1은 가장 일반적인 반도체 중 하나인 실리콘(Si)의 격자 배열을 보여준다. 충분히 높은 온도에서 열 에너지는 격자 내의 원자들이 진동하도록 만든다. 여기에 충분한 운동 에너지가 있을 경우, 몇몇 가전자(valence electron)는 결정 구조와의 결합을 끊고 전도 전자가 된다. 이러한 **자유전자**들이 반도체에서 전류가 흐르는 것을 가능하게 한다. 온도가 증가하면 더 많은 가전자들이 공유 결합을 끊으므로, 반도체의 전도율은 온도에 따라 증가한다.

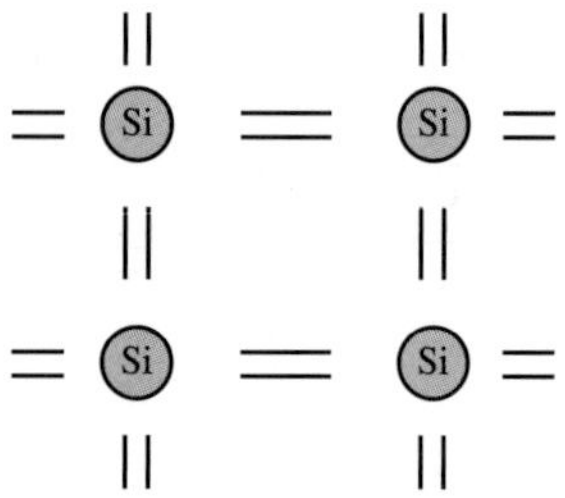

그림 8.1 4개의 공유 전자를 갖는 실리콘(Si)의 격자 구조

반도체에서 자유전자만이 전도에 관여하는 것은 아니다. 그림 8.2는 자유전자가 격자 구조를 벗어나게 된 경우, 격자가 이에 상응하는 양전하 또는 **정공**(正孔, hole)을 생성하는 과정을 보여준다. 정공은 반도체 물질 안에서 양전하를 운반하는 역할을 하지만, **이동도**(mobility)—전하 운반자가 격자를 가로질러 이동하기 쉬운 정도—는 자유전자와는 크게 다르다. 자유전자는 정공보다 훨씬 쉽게 격자 주위를 이동할 수 있다. 또한, 이들 두 전하 운반자(charge carrier)는 외부에 전기장이 유입

[1] 반도체는 하나 이상의 원소들로 구성될 수 있으며, 그 원소들이 반드시 4족 원소는 아니다.

되었을 때 서로 반대 방향으로 움직이는데, 그림 8.3은 이러한 개념을 보여준다.

때때로 정공 바로 옆을 지나는 자유전자가 공유 결합을 형성시키기 위해 정공과 재결합할 수 있다. 이러한 현상이 일어나면, 두 개의 전하 운반자는 없어지게 된다. 이러한 **재결합** 현상은 자유전자와 정공의 수에 비례해서 발생하고, 반도체 내의 전하 운반자의 수를 줄인다. 그러나 재결합에도 불구하고, 주어진 온도에서 전도에 필요한 자유전자와 정공이 존재한다. 가용한 전하 운반자의 수를 **진성 농도**(intrinsic concentration) n_i라고 부른다. 일반적으로 알려진 n_i는 다음과 같이 표현된다.

$$n_i \propto T^{1.5} e^{-E_g/2kT} \tag{8.1}$$

여기서 T는 온도이고, E_g는 밴드갭(band gap) 에너지를 나타내며, 실리콘의 경우 1.12 eV이다. 그리고 k는 볼츠만 상수로 8.62×10^{-5} eV/K이다. 300 K 온도에서 n_i는 약 1.5×10^{10} carriers/cm^3을 가지며, 온도에 따라 강력한 의존성이 있음을 주목해야 한다.[2]

언급된 바와 같이, 순수한 반도체는 좋은 도체가 아니다. 반도체 내의 전하 운반자 수 및 전도율을 향상시키기 위해, 반도체에 **도핑**(doping)이라는 공정이 적용된다. 도핑은 3족 원소 또는 5족 원소와 같은 불순물(impurity)을 반도체의 결정 구조에 첨가하는 과정이다.[3] 붕소와 갈륨과 같은 3족 원소 불순물은 반도체의 격자에 정공을 추가하며, 이를 억셉터(acceptor)라 한다. 인과 비소와 같은 5족 원소 불순물은 그림 8.4와 같이 자유전자를 생성하며, 이는 도너(donor)라 한다.

자유전자가 다수 전하 운반자이고, 정공이 소수 전하 운반자인 반도체는 도너 원소로 도핑되었음을 나타내며, 이는 ***n*형 반도체**(*n*-type semiconductor)라고 불린다. 이와 같이 정공이 다수 전하 운반자를 구성하고, 자유전자가 소수 전하 운반자인 반도체는 억셉터 원소가 도핑에 사용되었음을 나타내며, 이때의 반도체를 ***p*형 반도체**(*p*-type semiconductor)라고 한다. 열적 평형상태에서 자유전자 n의 농도와 정공 p의 농도와의 관계는 다음의 식과 같이 나타낼 수 있다.

$$pn = n_i^2 \tag{8.2}$$

도핑된 반도체에서, 일반적으로 기부 원자(donated atom)의 농도는 반도체의 진성 농도보다 훨씬 크다. 이 경우에, 대부분의 전하 운반자의 농도는 근사적으로 기부 원자의 농도와 같다. 기부 원자의 농도는 도핑 과정에 의해 결정되며, 온도의 함수는 아니다. 그러나 소수 전하 운반자의 농도는 온도에 따라 결정되며, 반도체의 진성 농도보다 훨씬 작다. 예를 들어, n형 반도체에서 자유전자의 농도 n_n은 기부 원자의 농도 n_D와 거의 같다. $p_n n_n = n_i^2$의 관계를 갖기 때문에, n형 반도체는 다음의 관계를 갖는다.

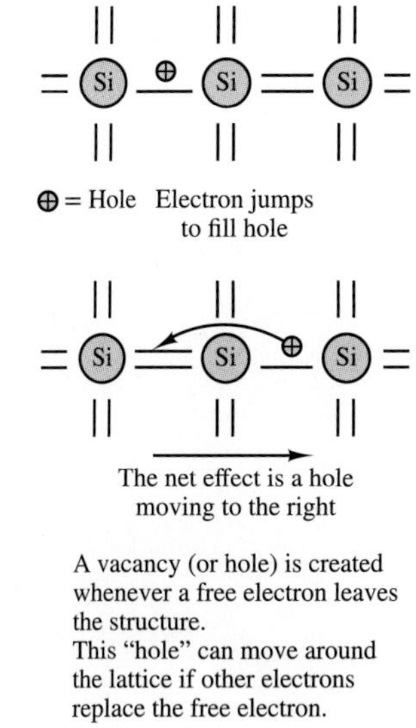
Si
⊕ = Hole
Electron jumps to fill hole
The net effect is a hole moving to the right
A vacancy (or hole) is created whenever a free electron leaves the structure.
This "hole" can move around the lattice if other electrons replace the free electron.

그림 8.2 격자 구조에서의 자유전자와 "정공"

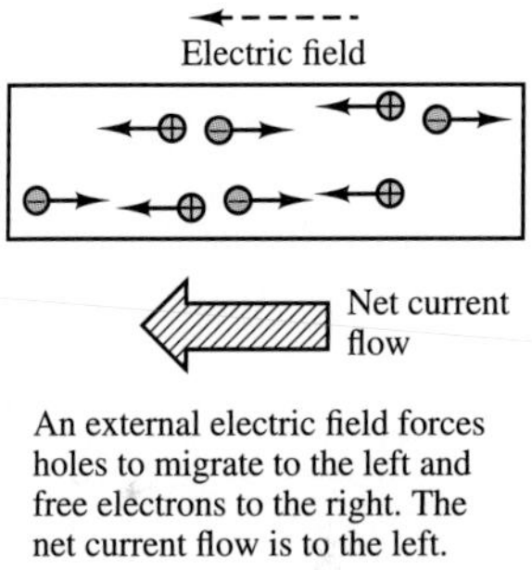
Electric field
Net current flow
An external electric field forces holes to migrate to the left and free electrons to the right. The net current flow is to the left.

그림 8.3 반도체에서의 전류 흐름

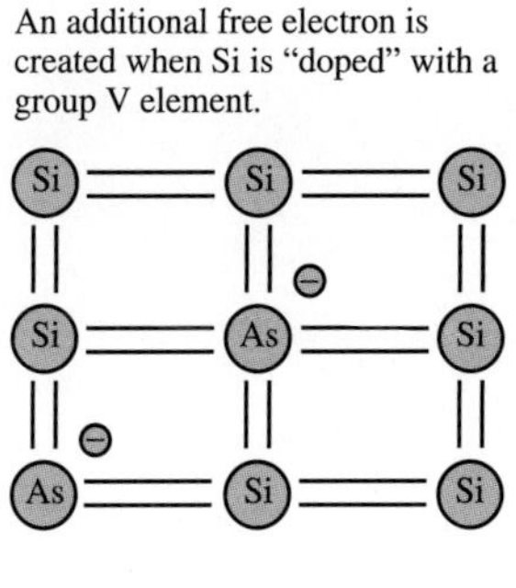
An additional free electron is created when Si is "doped" with a group V element.
Si
As

그림 8.4 도핑된 반도체

[2] 다른 문헌에서 진성농도 $n_i \propto T^2 e^{-E_G/2kT}$의 관계를 나타내며, 300 K의 온도에서 약 1.0×10^{10} carriers/cm^3의 값을 갖는 것으로 알려져 있다. [A.B. Sproul and M.A. Green, *J. Appl. Phys*. 70, 846 (1991)]

[3] 여기서 다루는 원소 그룹 분류는 이전의 분류 체계를 따랐다. 현재 국제 분류 기준에서는 3, 4, 5족 원소는 13, 14, 15족으로 분류되어 있다. 그러나, 이전의 분류 기준은 원자가 전자의 수를 나타내므로 이 장에서는 의미 있게 사용될 수 있다.

$$n_n \approx n_D \gg n_i \qquad \text{and} \qquad p_n = \frac{n_i^2}{n_n} \approx \frac{n_i^2}{n_D} \ll n_i \qquad n\text{형} \tag{8.3}$$

이와 같이, p형 반도체에서 n_A는 억셉터 원자의 농도를 나타내며, 다음의 관계가 성립한다.

$$p_p \approx n_A \gg n_i \qquad \text{and} \qquad n_p = \frac{n_i^2}{p_p} \approx \frac{n_i^2}{n_A} \ll n_i \qquad p\text{형} \tag{8.4}$$

두 개의 등식에서 아래첨자 i, n, p는 각각 진성, n형, p형 반도체를 나타낸다.

도핑된 n형과 p형 반도체는 도너와 억셉터가 같은 수의 양성자와 전자를 갖기 때문에, 전기적으로 중립임을 명심해야 한다. 도핑된 물질의 형태는 단순히 전도대와 물질 격자에 존재하는 다수 전하 운반자의 성질을 나타낸다.

8.2 *pn*접합과 반도체 다이오드

n형 또는 p형 반도체 물질 중 단순히 하나를 선택하는 것은 전자 회로 구성에 적합하지 않다. 그러나 p형과 n형이 만나 ***pn*****접합**(*pn* junction)을 형성하게 되면 **다이오드**가 형성된다. 다이오드는 *pn*접합의 특성으로 인하여 흥미롭고 유용한 성질을 갖는다.

그림 8.5는 이상적인 *pn*접합을 보여준다. n형과 p형 반도체에서 자유전자 농도의 차이는 자유전자가 *pn*접합을 가로질러서 우측에서 좌측으로 확산하도록 한다. 동일한 원리로, 정공의 농도 차이는 정공이 *pn*접합을 통해 좌측에서 우측으로 확산하게 만든다. **확산 전류**(diffusion current) I_d는 정공이 움직이는 방향 또는 자유전자가 움직이는 반대 방향으로 정의하므로, 두 경우에서 확산 전류는 좌측에서 우측으로 흐른다.

자유전자들이 n형 물질을 떠나서 p형 물질로 진입할 때, 정공과 재결합하는 경향을 나타낸다. 마찬가지로, 정공은 p형 물질을 떠나서 n형 물질로 진입하며, 자유전자와 재결합한다. 자유전자와 정공이 재결합한 이후 이것들은 더 이상 이동하지 못하며, 공유 결합에 의해 격자 구조에 머무르게 된다. 처음에는, 대부분의 재결합은 접합부 가까이에서 일어난다. 시간이 지날수록, 더욱 많은 전하들이 접합부 부근에서 재결합을 할수록, 확산하는 전하들이 재결합하기 위한 상대 전하를 찾기 위해 접합부로부터 더욱 멀리 이동해야 한다. 이러한 확산 과정은 접합부 양쪽에서 발생하며, 확산 과정이 지속될수록 움직일 수 있는 전하들이 남아있지 않은 **공핍 영역**(depletion region)이 확대된다. 재결합한 전하 운반자들은 그들이 위치한 격자 구조에서 전기적으로 결합할 수 있는 대상이 없으므로, 공핍 영역은 전기적으로 충전된 상태이다. 그림 8.5에서 이 결과를 설명하고 있으며, 접합부 좌측에는 음전하로 충전

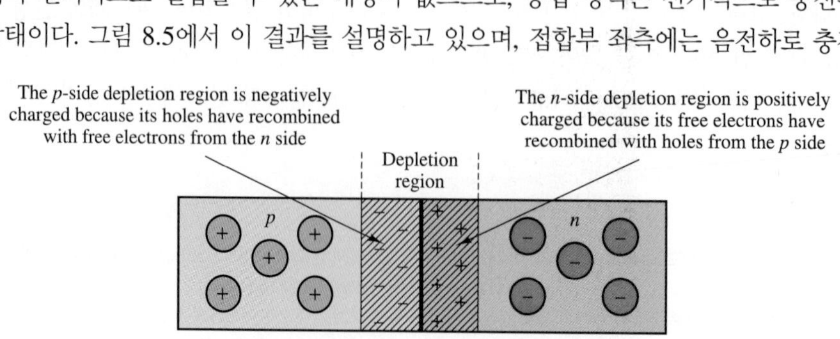

그림 8.5 *pn*접합

된 p형 영역과 접합부 우측에는 양전하로 충전된 n형 영역을 도시하고 있다.

만약 공핍 영역이 형성되기 시작하면, 공핍 영역의 분리된 전하들은 양전하 특성을 나타내는 n형에서 음전하 특성을 나타내는 p형으로 전기장을 생성한다. 이 전기장은 공핍 영역에 **전위 장벽**(potential barrier) 또는 **접촉 전위**(contact potential)를 형성함으로써 다수의 전하 운반자들의 확산을 지연시킨다. 이러한 전위는 반도체 물질에 의존하고(실리콘은 약 0.6~0.7 V), 오프셋 전압(offset voltage) V_γ으로도 불린다.

다수 전하 운반자와 관련 있는 확산 전류 외에도, 소수 전하 운반자들로 인해 반대 방향으로 흐르는 **드리프트 전류**(drift current) I_S가 공핍 영역 내부에 흐른다. 특히, 자유전자와 정공은 각각 p형과 n형 물질에서 열적 평형에 의해 생성된다. 이들 중 공핍 영역에 도달하는 소수 운반자는 전기장에 의해 공핍 영역을 지나가게 된다. 양의 전류는 정공이 우측에서 좌측으로 흐르는 방향과 자유전자가 좌측에서 우측으로 흐르는 방향으로 정의하므로, 드리프트 전류의 두 요소들은 우측에서 좌측으로 흐르는 양의 전류를 생성한다.

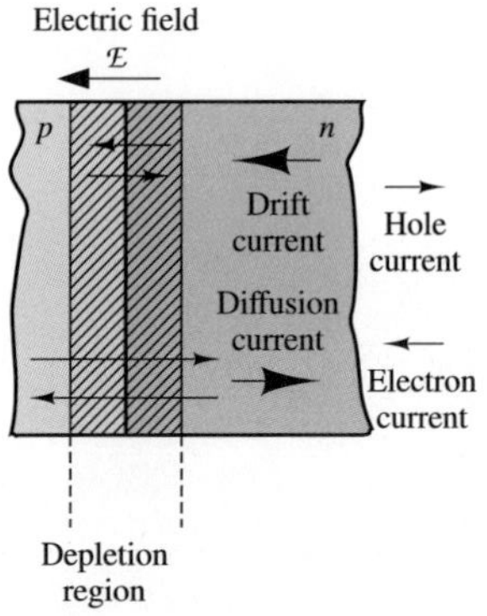

그림 8.6 pn접합에서의 드리프트와 확산 전류

그림 8.6은 공핍 영역에 확산 전류와 드리프트 전류를 도시한다. 평균 드리프트 전류가 평균 확산 전류를 상쇄하는 평형점에서 공핍 영역의 너비가 결정된다. 확산 전류의 크기는 도너와 억셉터 농도에 의해 결정되는 반면에, 드리프트 전류의 크기는 온도에 크게 의존한다는 점에 유의한다. 따라서 공핍 영역의 너비는 온도와 도핑 과정의 두 요소에 따라 결정된다.

그림 8.7(a)와 같이 전압원이 pn접합에 **역방향 바이어스**(reverse-biased)로 연결된 경우를 고려해보자. 전압원은 p형과 n형 물질에 적절하게 연결되어 있다고 가정하자. 전압원의 역방향 바이어스 연결은 다수 운반자에 의한 확산 전류를 감소시키므로, 공핍 영역을 넓히게 되고 전위 장벽을 증가시킨다. 반면에, n형에서 p형으로 흐르는 0이 아닌 작은 전류 I_0(나노암페어 단위)가 존재하므로, 소수 전하 운반자에 의한 드리프트 전류는 증가한다. 여기서 I_0는 소수 전하 운반자로 구성되므로 작은 값을 가진다. 따라서 역방향 바이어스인 경우, 다이오드 전류는 다음과 같다.

$$i_D = -I_0 = I_S \qquad \text{역방향 바이어스 다이오드 전류} \qquad (8.5)$$

여기서 I_S는 **역포화 전류**(reverse saturation current)라고 부른다.

그림 8.7(b)와 같이 pn접합이 **순방향 바이어스**(forward-biased)로 연결된 경우, 다수 전하 운반자에 의한 확산 전류가 증가하므로 공핍 영역은 좁아지고 전위 장벽은 낮아진다. 순방향 바이어스 다이오드 전압 v_D가 증가될 때 확산 전류 I_d는 기하급수적으로 다음과 같이 증가한다.

$$I_d = I_0 e^{q_e v_D/kT} = I_0 e^{v_D/V_T} \qquad (8.6)$$

여기서 $q_e = 1.6 \times 10^{-19}$ C는 기본 전하량이고, $k = 1.38 \times 10^{-23}$ J/K은 볼츠만 상수, T는 물질 온도(K), $V_T = kT/q_e$는 **열 전압**(thermal voltage)이며, 상온에서 $V_T \approx 25$ mV이다. 순방향 바이어스에서 다이오드 전류는 다음과 같다.

$$\boxed{i_D = I_d - I_0 = I_0\left(e^{v_D/V_T} - 1\right) \qquad \text{다이오드 식}} \qquad (8.7)$$

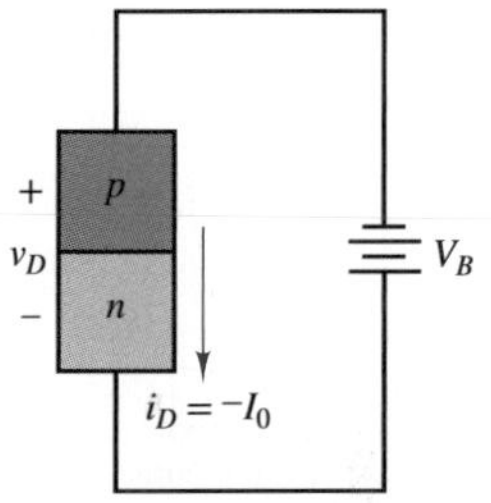

(a) Reverse-biased pn junction

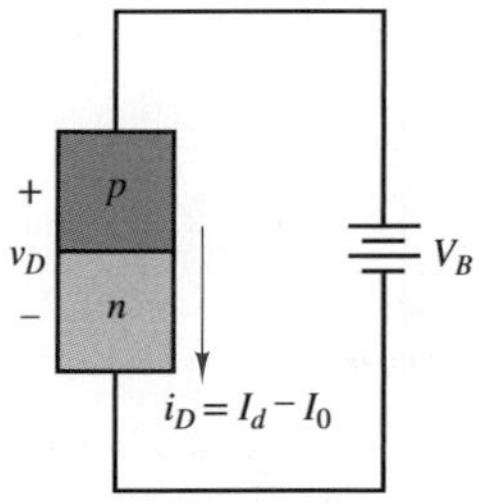

(b) Forward-biased pn junction

그림 8.7 pn접합에서의 순방향과 역방향 바이어스

그림 8.8은 실리콘 다이오드 $v_D > 0$의 전형적인 i-v 특성을 도시하고 있다. 일반적으로 I_0는 매우 작은 값(10^{-9}에서 10^{-15} A)을 가지므로, 다이오드 등식은 다음과 같이 근사화된다.

$$i_D = I_0 e^{v_D/V_T} \tag{8.8}$$

이 등식은 v_D가 몇 10분의 1볼트 이상인 경우, 상온에서 실리콘 다이오드의 특성을 잘 근사화한다.

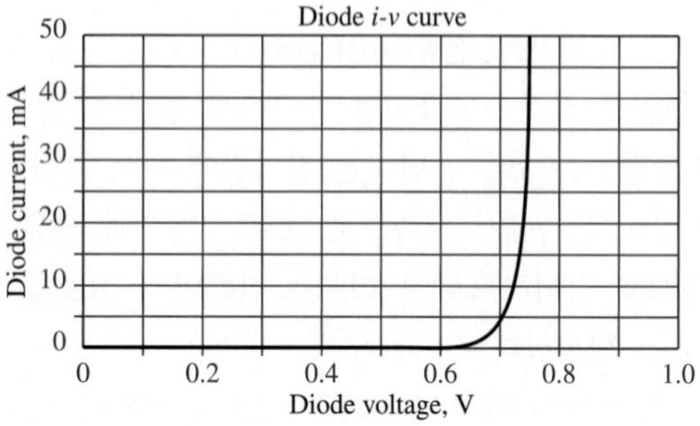

그림 8.8 반도체 다이오드의 전류-전압 특성

전기 회로에서 *pn* 접합이 순방향 바이어스 하에서만 전류를 흐르게 하는 특성은 기계 시스템의 밸브와 같은 기능을 한다. 그림 8.9는 다이오드 회로 기호와 *pn*접합을 보여준다. 기호에서 삼각형 모양은 순방향 전류의 방향을 나타낸다는 점을 기억하자. 양의 전류 i_D는 **애노드**(anode)로부터 **캐소드**(cathode)로 흐른다. 여기서 캐소드라는 용어는 다이오드에서뿐만 아니라, 배터리[4]에서 사용될 때도 전자의 소스(음전하 운반자)를 나타낸다.

그림 8.10은 다이오드의 완전한 i-v 특성을 보여준다. v_D가 충분히 크고 **역방향 항복**(reverse breakdown)이 일어나게 되는 음의 값(역바이어스)을 나타내지 않는다면, $v_D < 0$일 때 다이오드 전류는 근사적으로 0이다. 만약 $v_D < -V_Z$라면, 다이오드는 역방향 바이어스 방향으로 전류가 흐른다. 역방향 바이어스에 영향을 미치는 두 효과들은 제너 효과(Zener effect)와 애벌란치 항복(avalanche breakdown) 현상이 있다. 실리콘 다이오드에서 제너 효과는 $V_Z < 5.6$ V인 경우에 작용하지만, 애벌란치 항복 현상은 더 크고 음의 값을 갖는 다이오드 전압에서 발생하게 된다.

The triangle in the circuit symbol for the diode indicates the direction of current flow when the diode is forward-biased.

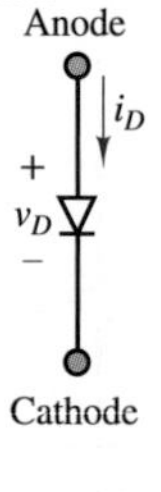

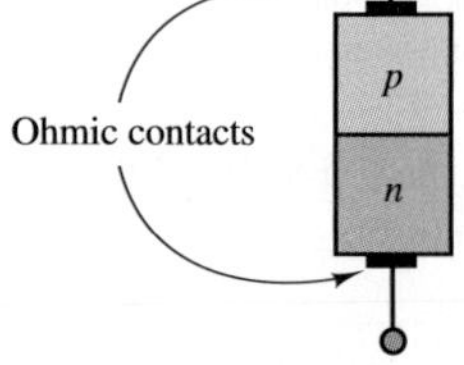

그림 8.9 반도체 다이오드 회로의 기호

두 효과들의 주요한 원인은 유사하지만 같지는 않다. 제너 효과는 일정한 전위차에서 공핍 영역이 강하게 도핑되어 있지만 얇은 경우에 발생한다. 이러한 경우에, 전기장이 공핍 영역에 존재하는 공유 결합을 끊고 자유전자와 정공을 생성할 만큼 충분히 크게 되며, 생성된 전자와 정공은 전기장에 의해 완전히 휩쓸리게 되고 전류를 생성한다. 애벌란치 항복은 전위차이가 충분히 커서, 소수 전하 운반자의 운동 에너지가 충돌하고 공유 결합을 파괴하게 되는 경우에 발생한다. 이러한 충돌은 자유전자와 정공을 자유롭게 하고, 또다시 전기장에 의해 휩쓸리게 한다. 충돌 시 에너지가 새로운 전하 운반자들에게 전달되는 과정을 충돌 전리(impact ionization)라고 부

[4] 배터리의 양의 단자는 내부적으로는 음의 단자를 향해 이동하는 음이온의 소스이므로 캐소드로 나타낼 수 있다.

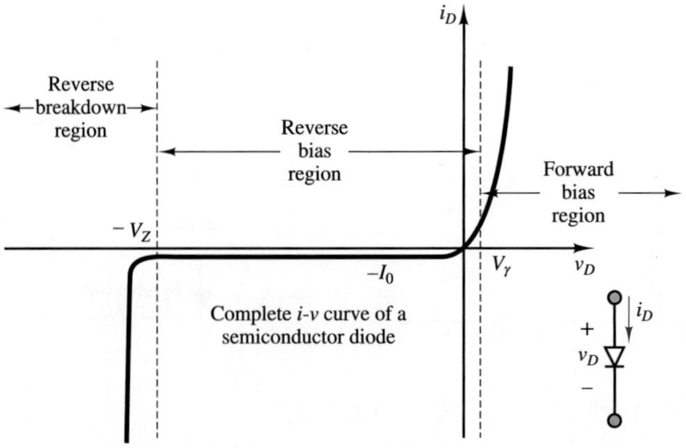

그림 8.10 반도체 다이오드의 전류-전압 특성

른다. 새로운 운반자들이 낮은 에너지를 갖는 전자에 충돌 전리에 의해 에너지를 줄 수 있을 만큼 충분히 큰 에너지를 갖게 된다. 따라서 충분히 높은 역방향 바이어스가 한번 걸리면 전도 과정은 마치 눈사태처럼 일어나게 된다.

제너 항복(Zener breakdown) 현상에서 고밀도의 전하 운반자들은 거의 일정한 **제너 전압** V_Z 하에서, 상당한 역방향 전류가 유지되도록 하는 수단을 제공한다. 이 현상은 부하에 걸리는 전압을 일정하게 유지하는 응용 분야에서 매우 유용하다. 주목해야 할 부분은, 일반적인 실리콘 다이오드는 역방향 항복 현상을 사용하도록 설계되어 있지 않다는 점이다. 역방향 항복 현상이 발생하면, 크지 않은 전류가 다이오드에서 열전달을 통해 소모하는 것보다 큰 V_Z로 인해 더욱 큰 전력이 발생한다. 그 결과로 인해 다이오드는 녹거나 타버리게 될 것이다.

8.3 반도체 다이오드의 대신호 모델

전자 회로 (설계자가 아닌) 사용자 관점에서 보면, 동작 전류와 전압을 결정하기 위해서는 부하선 해석이나 적절한 회로 모델을 이용해서 *i-v* 특성에 따른 소자의 특성을 아는 것으로 대부분의 경우 충분하다. 이 단원에서는 간단하지만 유용한 회로 모델들을 구성하기 위해 반도체 다이오드의 *i-v* 특성을 어떻게 활용 가능한지를 보여줄 것이다. 요구되는 정밀도에 따라서, 비교적 큰 전압과 전류에서 소자의 전체적 거동을 보여주는 대신호(large-signal) 모델과 좀 더 세부적으로, 특히 다이오드 평균 전압과 전류의 작은 변화에 대한 다이오드의 거동을 보여줄 수 있는 소신호(small-signal) 모델을 구성할 수 있다. 사용자 입장에서 볼 때 이러한 회로 모델들은 다이오드 회로 해석을 크게 단순화하고, 2장에서 배운 회로 해석 기법을 이용해 비교적 "어려운" 회로를 간단하고 효과적으로 해석할 수 있다. 이 단원의 처음 두 부분에서는 주어진 상태에서 적절한 모델을 선택하고 사용하는 데 필요한 지식을 제공하고, 두 개의 다이오드 모델들과 이들을 얻게 된 가정들에 대해 기술할 것이다.

이상 다이오드 모델

가장 단순한 대신호 다이오드 모델은 다이오드를 단순히 on-off 소자로 취급하는 **이**

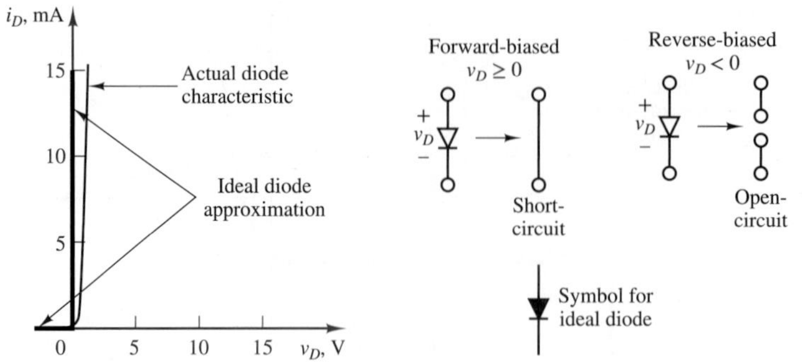

그림 8.11 대신호 on-off 이상 다이오드 모델

상 다이오드(ideal diode)이다. 이상 다이오드의 *i*-*v* 근사와 실제 다이오드의 *i*-*v* 특성을 그림 8.11에서 도시하고 있다. 이상 다이오드는 역방향 바이어스($v_D < 0$)에서 개방 회로처럼, 순방향 바이어스($v_D \geq 0$)에서는 단락 회로처럼 동작한다. 이상 다이오드 모델은 단순하지만, 다이오드 회로 해석에 매우 유용하다.

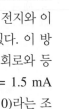

이상 다이오드는 그림 8.11과 같이 내부가 채워진 삼각형으로 나타낼 것이다.

LO

다이오드 회로를 분석하기 위한 일반적인 방법을 그림 8.12의 1.5 V 전지와 이상 다이오드 그리고 1 kΩ의 저항으로 구성되어 있는 회로로 설명할 수 있다. 이 방법은 그림 8.13에서와 같이, 순방향 바이어스에서 이상 다이오드는 단락 회로와 등가적이라고 가정한다. 이 가정에서, $v_D = 0$이고 전류 $i_D = 1.5\ \text{V}/1\ \text{k}\Omega = 1.5\ \text{mA}$이다. 다이오드 전류와 전압의 방향이 전도 상태의 다이오드($v_D \geq 0$, $i_D \geq 0$)라는 조건과 일치하므로($v_D \geq 0$, $i_D \geq 0$), 이 가정은 잘 맞는다. 만약 그 가정을 모순되게 만드는 다이오드 전류와 전압이 얻어진다면 그 가정은 틀린 것이 되고, 다이오드가 비전도체라는 반대의 가정을 검증해야 한다.

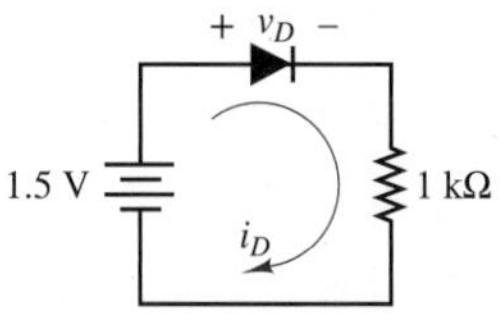

그림 8.12 이상 다이오드를 포함한 회로

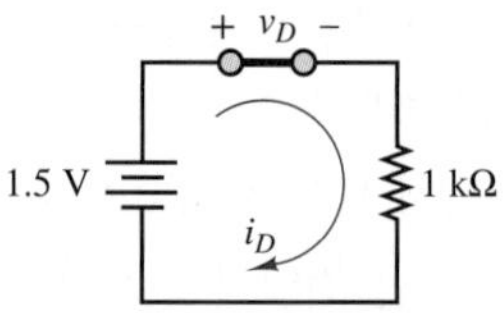

그림 8.13 이상 다이오드가 전도할 때 그림 8.12의 회로

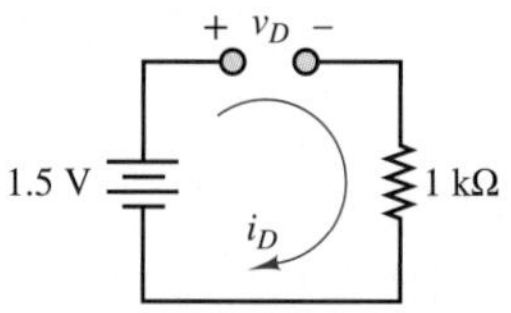

그림 8.14 이상 다이오드가 전도하지 않을 때 그림 8.12의 회로

반대의 가정을 검증하기 위하여 이상 다이오드는 역방향 바이어스($v_D < 0$)되어 있고, 그림 8.14에서와 같이 개방 회로와 등가적이라고 가정해보자. 그 회로는 폐회로를 형성하지 않으므로, 전류 i_D는 0이어야 하며 옴의 법칙으로부터 저항에 걸리는 전압 또한 0이 됨을 알 수 있다. 그러면 KVL을 이용하여 $v_D = 1.5$ V임을 구할 수 있다. 그러나 이 결과는 이상 다이오드가 역방향 바이어스라는 가정에 모순된다. 따라서 그 가정이 틀렸다고 간주된다.

이 방법은 다중 다이오드를 포함하는 회로에서, 단순히 다이오드들의 역방향과 순방향 바이어스 가정들의 모든 가능한 조합을 검사함으로써, 더욱 복잡한 회로에 적용할 수 있다. 그러한 경우에, 어떤 조합이 올바른 해답을 찾아낼 수 있는지를 추정하고, 그러한 결합을 우선 검사하는 것이 유용하다. 연습을 통해 학습된 추측들은 특정한 문제에서 검사 횟수를 줄이기 위해 더욱 효과적이다. 모순된 결과를 초래하지 않는 한 조의 가정들을 찾는 것이 필요하다.

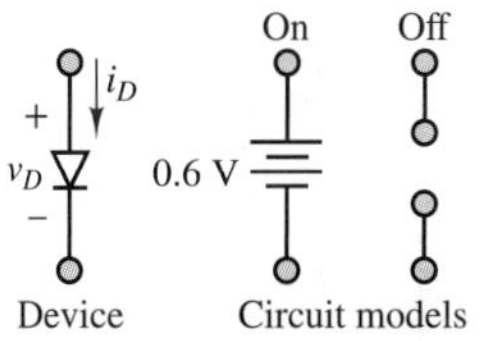

그림 8.15 순방향 바이어스와 역방향 바이어스일 때 오프셋 다이오드 모델

오프셋 다이오드 모델

이상 다이오드 모델은 실제 다이오드의 일반적인 특성들을 알아보는 데 유용하지만, 다이오드 오프셋 전압에 대해서는 설명하지 못한다. 더 좋은 모델은 그림 8.15와 같이 이상 다이오드와 배터리와 직렬로 연결한 **오프셋 다이오드 모델**이다. 이 모델에서 배터리 전압은 오프셋 전압과 같다. (특별한 언급이 없는 한 실리콘 다이오드의 경우 $V_\gamma \approx 0.6$ V를 사용한다.) 배터리의 효과는 이상 다이오드의 특성을 전압축의 우측으로 이동시키며, 그림 8.16에 도시되어 있다.

오프셋 다이오드 모델에서 다이오드의 동작은 다음과 같이 묘사된다.

$$\begin{aligned} v_D &\geq V_\gamma \quad \text{다이오드} \rightarrow \text{0.6-V 배터리} \\ v_D &< V_\gamma \quad \text{다이오드} \rightarrow \text{개루프} \end{aligned} \qquad \text{오프셋 다이오드 모델} \qquad (8.9)$$

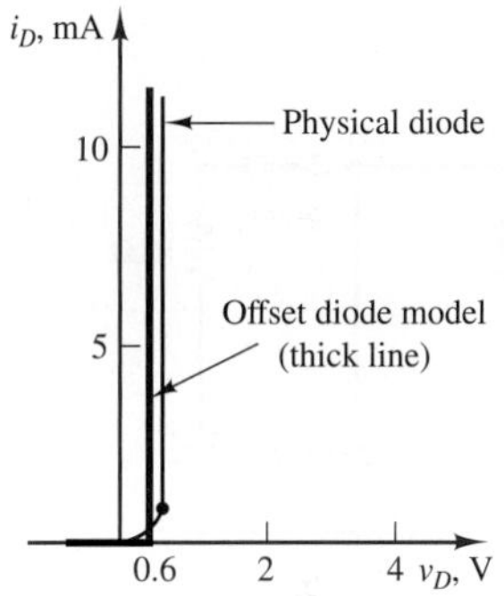

그림 8.16 오프셋 다이오드 모델의 전류–전압 특성

LO

> **방법 및 절차**
> FOCUS ON PROBLEM SOLVING
>
> **이상 다이오드의 전도 상태 결정**
>
> 1. 각 다이오드의 전도 상태(순방향 또는 역방향 바이어스)를 가정한다.
> 2. 각 다이오드를 이상 다이오드로 대체한다(순방향 바이어스라면 단락 회로, 역방향 바이어스라면 개방 회로).
> 3. 선형 회로 해석 기법을 이용하여 다이오드의 전류와 전압을 구한다.
> 4. 만일 전체 구해진 해가 가정에 일치한다면, 초기 가정들은 옳은 것이다. 그렇지 않다면 다이오드들의 전도 상태 중에서 최소 하나는 잘못되었다. 가정한 다이오드 전도 상태 중 최소 하나를 변경하고, 새로운 회로를 푼다. 초기 가정과 일치한 해가 도출될 때까지 이 과정을 반복한다.

이상 다이오드의 전도 상태 결정

예제 8.1

LO

문제

그림 8.17의 이상 다이오드가 전류를 전도하는지를 결정하라.

풀이

기지: $V_S = 12$ V, $V_B = 11$ V, $R_1 = 5\ \Omega$, $R_2 = 10\ \Omega$, $R_3 = 10\ \Omega$

미지: 다이오드의 전도 상태

가정: 이상 다이오드 모델을 사용하라.

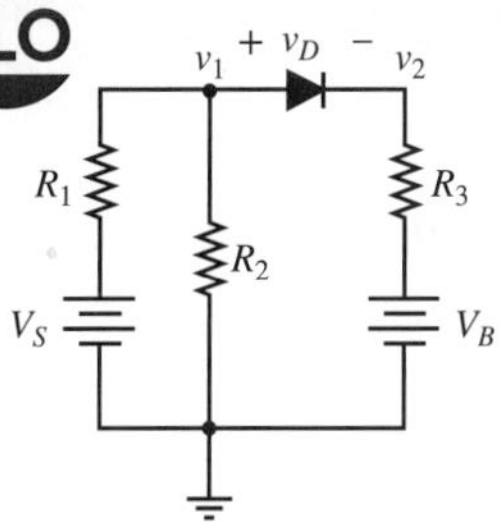

그림 8.17

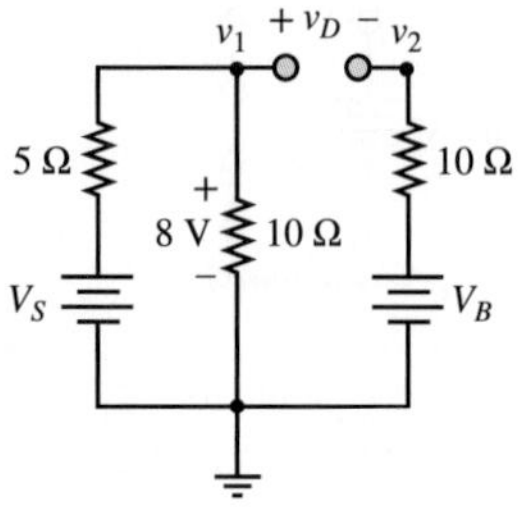

그림 8.18

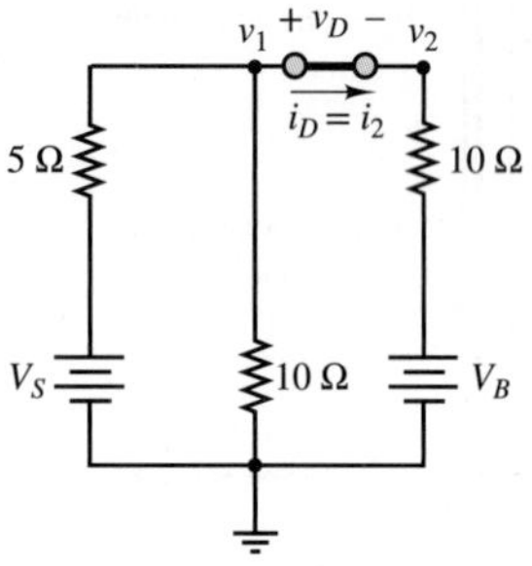

그림 8.19

해석: 먼저 이상 다이오드가 전류를 전도하지 않는다고 가정하고, 다이오드를 개방 회로로 바꾸어 놓자(그림 8.18). 저항 R_2에 걸리는 전압은 전압 분배 법칙에 의해 다음과 같이 된다.

$$v_1 = \frac{R_2}{R_1 + R_2} V_S = \frac{10}{5+10} 12 = 8 \text{ V}$$

우측 망에 KVL을 적용하고, 여기서 전류는 0이므로

$$v_1 = v_D + V_B \quad \text{or} \quad v_D = 8 - 11 = -3 \text{ V}$$

이다. 위의 결과는 다이오드가 역방향으로 바이어스되어 있다는 것을 나타내며, 초기 가정과 일치한다. 따라서 다이오드는 전류를 전도하지 않는다.

이번에는 반대로 다이오드가 전류를 전도한다고 가정해 보도록 하자. 이 경우 다이오드는 그림 8.19와 같이 단락 회로로 바꿀 수 있다. 다이오드가 단락 회로로 동작한다고 가정하였으므로 $v_1 = v_2$이고, 노드 해석을 이용하여 회로를 해석하면

$$\frac{V_S - v_1}{R_1} = \frac{v_1 - 0}{R_2} + \frac{v_2 - V_B}{R_3}$$

$$\frac{V_S}{R_1} + \frac{V_B}{R_3} = \frac{v_1}{R_1} + \frac{v_1}{R_2} + \frac{v_2}{R_3}$$

$$\frac{12}{5} + \frac{11}{10} = \left(\frac{1}{5} + \frac{1}{10} + \frac{1}{10}\right) v_1$$

$$v_1 = 2.5(2.4 + 1.1) = 8.75 \text{ V}$$

$v_1 = v_2 = 8.75$ V라는 사실과 함께, 다이오드를 포함하는 회로를 통한 전류는 다음과 같이 계산된다.

$$i_D = \frac{v_1 - V_B}{R_3} = \frac{8.75 - 11}{10} = -0.225 \text{ A}$$

그러나 이 음 전류는 순방향 바이어스 가정을 위반한다. 따라서 순방향 바이어스 도체라는 가정은 틀렸다.

예제 8.2

이상 다이오드의 전도 상태 결정

LO

문제

그림 8.20의 이상 다이오드가 전류를 전도하고 있는지를 결정하라.

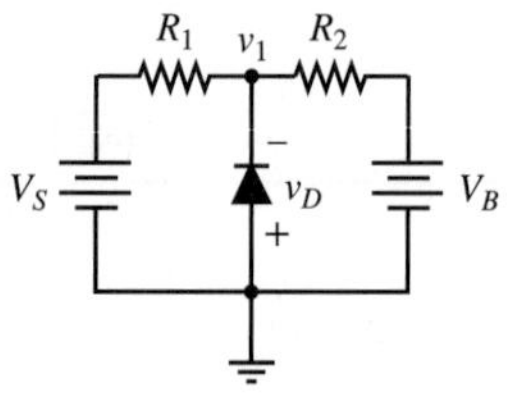

그림 8.20

풀이

기지: $V_S = 12$ V, $V_B = 11$ V, $R_1 = 5\ \Omega$, $R_2 = 4\ \Omega$

미지: 다이오드의 전도 상태

가정: 이상 다이오드 모델을 사용하라.

해석: 이상 다이오드가 전류를 전도하지 않는다고 가정하고, 그림 8.21과 같이 다이오드를 개방 회로로 바꾼다. 그러면 회로에 흐르는 전류는 다음과 같다.

$$i = \frac{V_S - V_B}{R_1 + R_2} = \frac{1}{9} \text{ A}$$

노드 v_1의 전압은

$$\frac{12 - v_1}{5} = \frac{v_1 - 11}{4}$$

$$v_1 = 11.44 \text{ V}$$

가 된다. $v_D = 0 - v_1 = -11.44$ V이므로 다이오드에는 강한 역방향 바이어스가 걸리고 있으며, 초기 조건과 일치하게 된다. 따라서 다이오드는 전류를 전도하지 않는다. 직렬로 연결된 두 저항에 전압 분배가 발생하고 있으므로 $v_1 = V_B + 4/9(V_s - V_B)$이다.

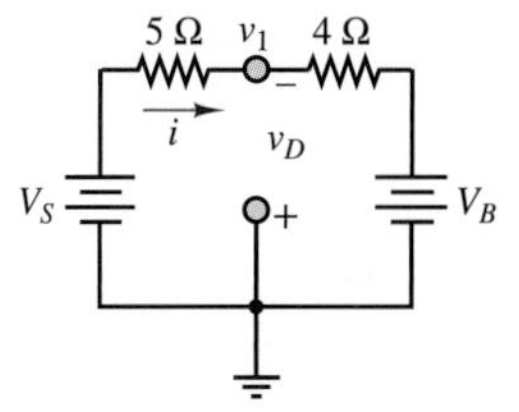

그림 8.21

오프셋 다이오드 모델의 사용

예제 8.3

문제

그림 8.22의 다이오드 D_1이 전류를 전도할 때 v_1의 크기를 결정하기 위해 오프셋 다이오드 모델을 사용하라.

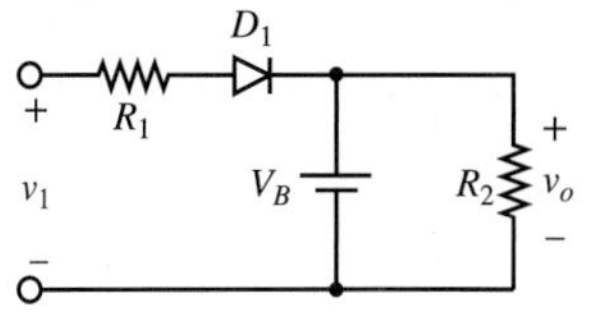

그림 8.22

풀이

기지: $V_B = 2$ V, $R_1 = 1$ kΩ, $R_2 = 500$ Ω, $V_\gamma = 0.6$ V

미지: 다이오드 D_1이 전류를 전도하기 위한 v_1의 최솟값

가정: 오프셋 다이오드 모델을 사용하라.

해석: 먼저 다이오드를 그림 8.23과 같이 오프셋 다이오드 모델로 대치한다. v_1이 음(−)이면, 다이오드는 off이다. v_1이 증가함에 따라, 다이오드가 on이 되는 시점은 다이오드가 on이라고 가정한 회로 해석을 통해서 구할 수 있다. 좌측 망에 KVL을 적용하면

$$v_1 = v_{D1} + 0.6 + 2 \qquad \text{or} \qquad v_{D1} = v_1 - 2.6$$

이다. 따라서 다이오드가 전류를 전도하기 위해 필요한 조건은 다음과 같다.

$$v_1 \geq 2.6 \text{ V} \qquad \text{Diode "on" condition}$$

참조: 이와 같은 방법은 이상 다이오드 모델을 포함한 문제에서 사용할 수 있다.

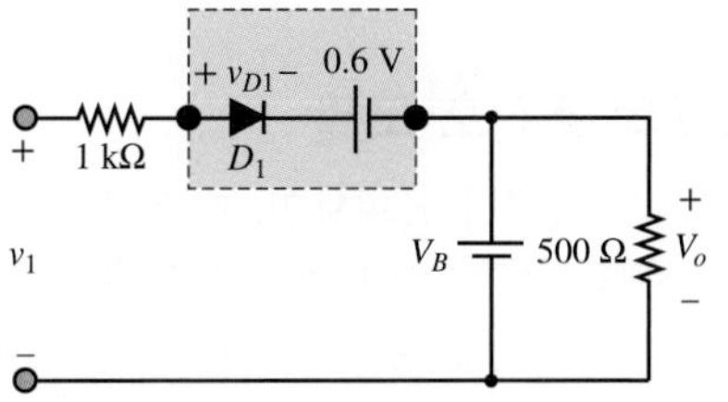

그림 8.23

연습 문제

그림 8.17의 저항 R_2가 개방 회로로 바뀐다면, 다이오드는 전도하는가? 만약 오프셋 다이오드 모델이 사용된다면, 다이오드는 전도하는가?

Answer: 두 경우 모두 전도한다.

연습 문제

예제 8.2를 다이오드가 전도한다고 가정하고 풀어서, 이 가정이 잘못된 결과를 가져옴을 보여라.

아래의 다이오드 중 다음 전압(단위 V)에 대해 전류를 전도하는 것을 정하라. 다이오드는 이상 다이오드로 본다.

a. $v_1 = 0$ V; $v_2 = 0$ V
b. $v_1 = 5$ V; $v_2 = 5$ V
c. $v_1 = 0$ V; $v_2 = 5$ V
d. $v_1 = 5$ V; $v_2 = 0$ V

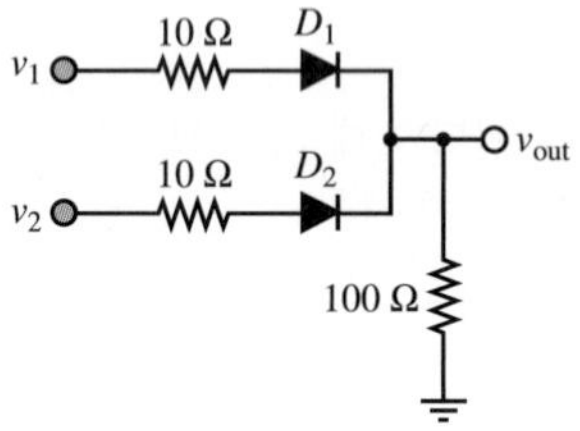

Answer: (a) 어느 것도 아니다, (b) 모두, (c) 오직 D_2, (d) 오직 D_1

연습 문제

아래 회로에 다이오드 중 어느 것이 전류를 전도하는가? 각 다이오드의 오프셋 전압은 0.6 V이다.

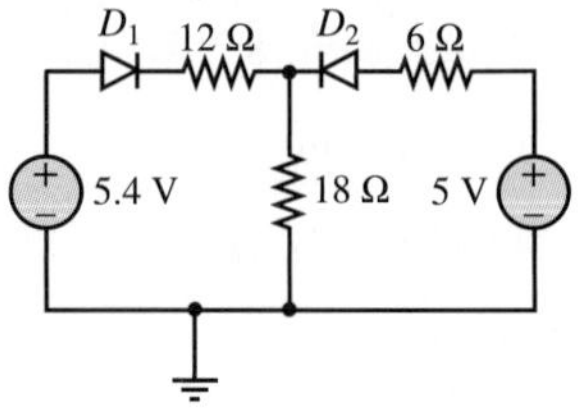

Answer: 두 다이오드는 모두 전도한다.

8.4 반도체 다이오드의 소신호 모델

다이오드의 *i-v* 특성을 좀 더 자세히 살펴보면, 단락 회로를 이용한 근사는 소신호 특성을 표현하는 데 부적합하다는 사실이 명백하다. 소신호 특성은 다이오드의 평균 전류와 전압 위에 부가되는 시간에 따라 변하는 작은 신호에 대해 다이오드의 응답을 나타내는 용어이다. 그림 8.8은 실리콘 다이오드의 *i-v* 곡선을 자세히 표현하였다. 분명히 미시적 관점에서 다이오드의 행동을 관찰하면, 단락 회로 근사는 정확하지 않다. 그러나 전압이 오프셋 전압보다 높을 때 다이오드의 *i-v* 특성은 선형이다. 따라서 일단 전류가 흐르는 다이오드는 저항으로 모델링하는 것이 적절하다. 부하선(load-line) 해석법을 통해 다이오드의 *i-v* 특성의 기울기와 관련된 **소신호 저항**

(small-signal resistance)을 결정할 수 있다.

그림 8.24는 임의의 선형 저항의 테브닌 등가 회로에 다이오드가 연결되어 있는 회로를 나타낸다. KVL을 적용해 지배 방정식을 도출할 수 있다.

$$V_S = i_D R_S + v_D \tag{8.10}$$

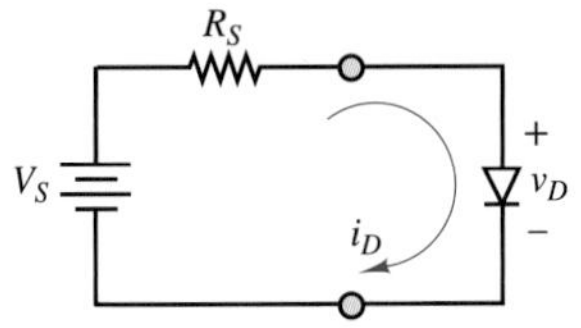

그림 8.24 부하선 해석을 사용하기 위한 다이오드 회로

다이오드의 전압과 전류의 관계는 다음과 같다.

$$i_D = I_0(e^{v_D/V_T} - 1) \tag{8.11}$$

이들 두 미지수를 가지는 두 방정식의 해는 해석적으로 구할 수 없다. 이는 하나의 식이 미지수 v_D를 지수항으로 가지고 있는 초월 방정식(transcendental)이기 때문이다. 이러한 형태의 초월 방정식의 해는 도식적인 방법과 수치적인 방법으로 구할 수 있다. 여기서는 도식적인 방법만을 적용할 것이다.

앞의 두 등식을 $i_D - v_D$ 평면에서 그려보자. 다이오드 방정식에 의해 그림 8.8과 비슷한 곡선이 얻어진다. KVL로 얻어지는 부하선 방정식은 기울기가 $-1/R_S$이고, 개방 회로 전압이 V_S, 그리고 단락 회로 전류가 V_S/R_S이다. 즉, 부하선 방정식은 다음과 같다.

$$i_D = \frac{V_S - v_D}{R_S} = -\frac{1}{R_S}v_D + \frac{V_S}{R_S} \quad \text{부하선 방정식} \tag{8.12}$$

이들 두 곡선을 그림 8.25에서처럼 중첩시키면, 이들 곡선의 교점이 방정식의 해(I_Q, V_Q)가 된다. 두 곡선의 교점을 **직류 동작점**(quiescent point 또는 operation point) 또는 ***Q*점**이라고 한다. 전압 $v_D = V_Q$와 전류 $i_D = I_Q$는 다이오드가 그림 8.24의 회로에 연결되었을 때의 실제 전압과 전류이다. 이 방법은 많은 수의 소자들을 포함하는 회로에 대해서도 다이오드를 부하로 취급하고, 나머지 회로를 테브닌 등가 회로로 바꿀 수 있다면 유용하게 적용할 수 있다.

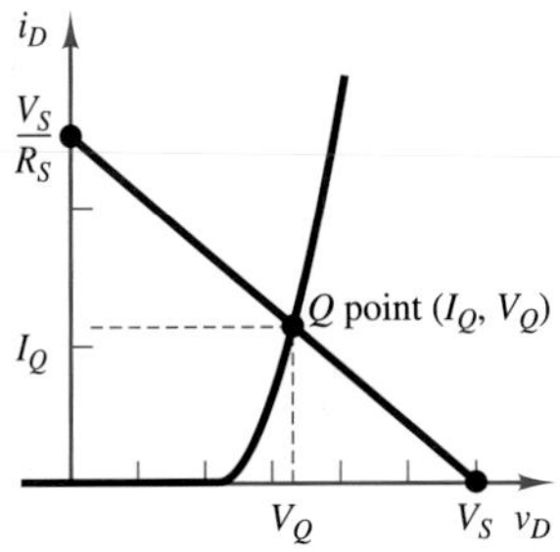

그림 8.25 식 (8.13)과 (8.14)의 그래프 해법

부분적 선형 다이오드 모델

다이오드에 대한 도식적 해법은 약간은 장황할 수 있고, 그래프의 정확성에 의해 제약을 받을 수도 있다. 그러나 이는 **부분적 선형 다이오드 모델**(piecewise linear diode model)에 대한 직관을 제공해 준다. 부분적 선형 모델에서 다이오드는 "off" 상태일 때 개방 회로로 간주하며, "on" 상태일 때는 오프셋 전압, V_γ과 직렬인 선형 저항으로 간주한다. 그림 8.26은 이 모델을 도식적으로 보여준다. 다이오드 방정식의 곡선 내의 Q점에 접한 직선을 이용해, 다이오드 특성을 근사한다. 따라서 Q점 부근에서 다이오드는 기울기가 $1/r_D$인 선형 소신호 저항처럼 작용하며, 여기서

$$\frac{1}{r_D} = \left.\frac{\partial i_D}{\partial v_D}\right|_{(I_Q, V_Q)} \quad \text{다이오드의 증분 저항} \tag{8.13}$$

Q점에서 접선을 연장해서, 전압축과의 교점을 다이오드 오프셋 전압으로 정의한다. 따라서 순방향 바이어스하에서는 다이오드를 단락 회로로 표현하기보다는, v_D의 변

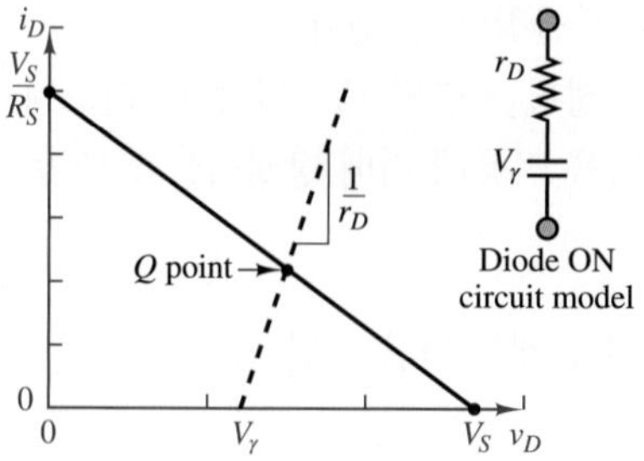

그림 8.26 부분적 선형 다이오드 모델 $v_D = V_\gamma + i_D r_D$ $(v_D \geq V_\gamma)$

화에 따른 i_D의 변화를 고려하기 위해서 선형 저항 r_D로 간주한다. 부분적 선형 모델은 다이오드의 상태만 결정하면 선형 표현의 편리함이 있고, 이상 또는 오프셋 다이오드 모델보다 더 정확하다. 이 모델은 Q점 부근에서 다이오드 전압이 변하는 회로에서 다이오드의 성능을 나타내는 데 매우 유용하다.

LO

방법 및 절차
FOCUS ON PROBLEM SOLVING

다이오드의 직류 동작점 구하기

1. 다이오드를 부하로 하여 회로를 테브닌 등가 회로나 노턴 등가 회로로 (선형을 가정해서) 단순화하라.
2. 부하선을 결정하라[식 (8.12)].
3. 다이오드의 전류와 전압을 구하기 위해, 수치적인 방법으로 부하선 방정식과 다이오드 방정식을 풀어라.
   또는
4. 다이오드 곡선과 부하선 곡선과의 교점을 찾는 도식적인 방법으로 방정식을 풀어라. 이때 두 곡선의 교점이 다이오드의 직류 동작점 Q이다.

예제 8.4

다이오드의 직류 동작점을 결정하기 위한 부하선 해석과 다이오드 곡선의 사용

LO

문제

그림 8.27의 회로에서 1N941 다이오드의 직류 동작점을 결정하고, 12 V 전지의 총 출력 전력을 구하라.

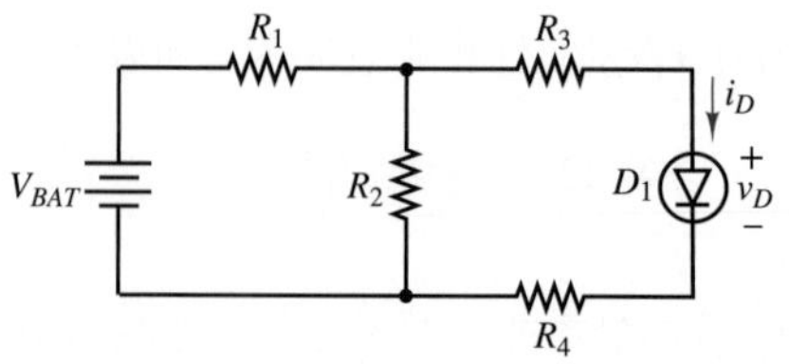

그림 8.27

풀이

기지: $V_{BAT} = 12\ V$, $R_1 = 50\ \Omega$, $R_2 = 10\ \Omega$, $R_3 = 20\ \Omega$, $R_4 = 20\ \Omega$

미지: 다이오드의 동작 전압과 전류, 전지가 공급하는 전력

가정: i-v 곡선으로 나타낸 비선형 다이오드 모델을 사용하라(그림 8.28).

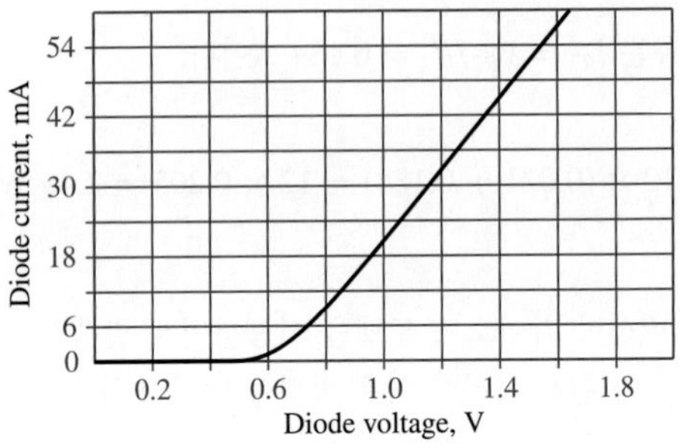

그림 8.28 1N914 다이오드의 전류-전압 곡선

해석: 그림 8.27에서 다이오드가 부하가 되고, 다른 모든 것은 전원 네트워크에 포함되었다고 간주하자. 전원 네트워크를 테브닌 등가 회로(그림 8.29)로 대체하고, 그림 8.30과 같이 부하선을 결정하라. 다이오드에 의해 보여지는 테브닌 등가 저항과 테브닌 전압은 다음과 같다.

$$R_S = R_3 + R_4 + (R_1 \| R_2) = 20 + 20 + (10 \| 50) = 48.33\ \Omega$$

$$V_S = \frac{R_2}{R_1 + R_2} V_{BAT} = \frac{10}{60} 12 = 2\ V$$

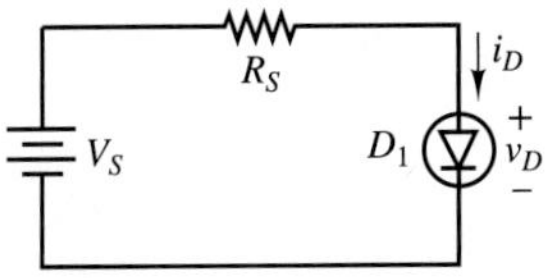

그림 8.29

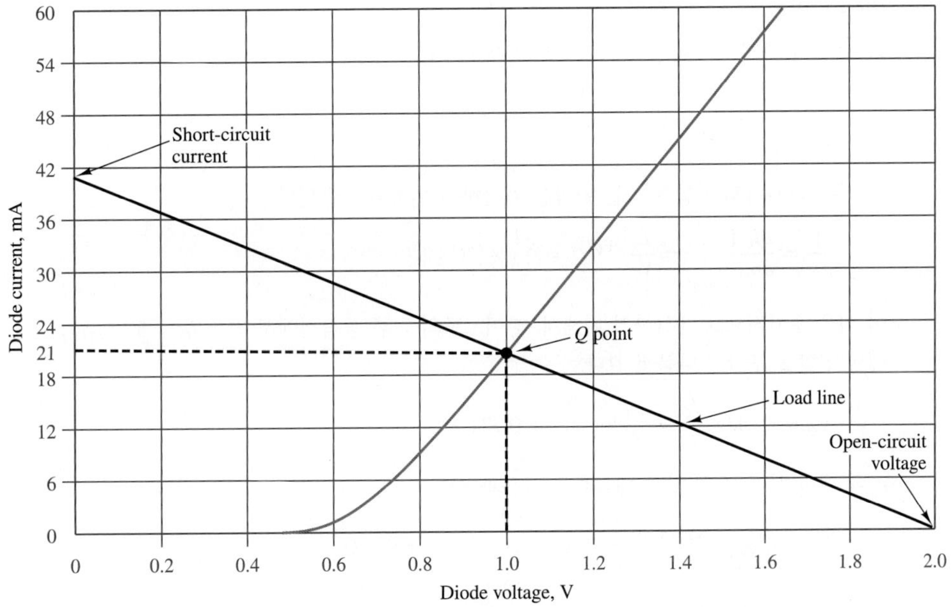

그림 8.30 부하선과 다이오드 전류-전압 곡선의 중첩

단락 회로 전류는 $V_S/R_S = 41$ mA이다. 다이오드 곡선과 부하선의 교차점은 $V_Q = 1.0$ V와 $I_Q = 211$ mA이고, 이는 다이오드의 직류 구동점이다.

배터리 출력 전력을 결정하기 위하여, 배터리에 공급되는 전력이 $P_B = 12 \times I_B$이고, I_B는 R_1을 통하는 전류와 같다. 자세히 살펴보면, 배터리 전류는 KCL에 의해서 R_2와 다이오드에 흐르는 전류의 합과 같아야 한다. 이때 다이오드에 흐르는 전류는 I_Q이다. R_2에 흐르는 전류를 결정하기 위하여 R_2에 걸리는 전압은 R_3, R_4, D_1에 걸리는 전압의 합과 같다.

$$V_{R2} = I_Q(R_3 + R_4) + V_Q = 0.021 \times 40 + 1 = 1.84 \text{ V}$$

따라서 R_2에 흐르는 전류는 $I_{R2} = V_{R2}/R_2 = 0.184$ A이다.

마지막으로,

$$P_B = 12 \times I_B = 12 \times (0.021 + 0.184) = 12 \times 0.205 = 2.46 \text{ W}$$

이다.

참조: 도식적인 방법은 비선형 다이오드 모델을 사용하면서 발생하는 비선형 방정식을 해결하기 위한 유일한 방법은 아니다. 이러한 식은 비선형 방정식 해결 프로그램을 사용하여 수치적으로 풀 수도 있다.

예제 8.5

다이오드의 증분 (소신호) 저항 구하기

문제

다이오드 방정식을 사용하여, 다이오드의 증분 저항을 구하라.

풀이

기지: $I_0 = 10^{-14}$ A; $V_T = 25$ mV ($T = 300$ K에서); $I_Q = 50$ mA.

미지: 다이오드 소신호 저항 r_D

가정: 근사 다이오드 방정식을 사용하라[식 (8.8)].

해석: 근사 다이오드 방정식은 다음과 같다.

$$i_D = I_0 e^{v_D/V_T}$$

이 식은 식 (8.13)과 함께 증분 저항을 계산하기 위하여 사용된다.

$$\frac{1}{r_D} = \left.\frac{\partial i_D}{\partial v_D}\right|_{(I_Q, V_Q)} = \frac{I_0}{V_T} e^{V_Q/V_T} = \frac{qI_0}{kT} e^{V_Q/V_T}$$

이 식을 수치적으로 계산하기 위해서, 다이오드의 직류 동작점에서 전류 $I_Q = 50$ mA가 흐를 때의 전압을 구하면 다음과 같다.

$$V_Q = V_T \log_e \frac{I_Q}{I_0} = \frac{kT}{q} \log_e \frac{I_Q}{I_0} = 0.731 \text{ V}$$

r_D에 대한 식에 V_Q의 값을 대입하면 다음과 같다.

$$\frac{1}{r_D} = \frac{10^{-14}}{0.025} e^{0.731/0.025} = 2 \text{ S} \qquad \text{or} \qquad r_D = 0.5\ \Omega$$

참조: 직류 동작점에서 다이오드의 선형 증분(소신소) 저항을 계산할 수 있긴 하지만, 다이오드를 단순히 저항으로 생각해서는 안 된다. 다이오드의 선형 소신호 저항은 다이오드 전압과

전류 사이에 의존성이 존재한다는 사실을 설명하기 위하여 부분적 선형 다이오드 모델에서 사용한다. 만약 직류 동작점이 변한다면, 그 증분 저항은 결국 i-v 특성의 기울기이므로 다이오드의 증분 저항도 변한다.

부분적 선형 다이오드 모델의 사용

예제 8.6

문제

부분적 선형 근사법을 사용하여 그림 8.31의 정류 회로에서 부하 전압을 구하라.

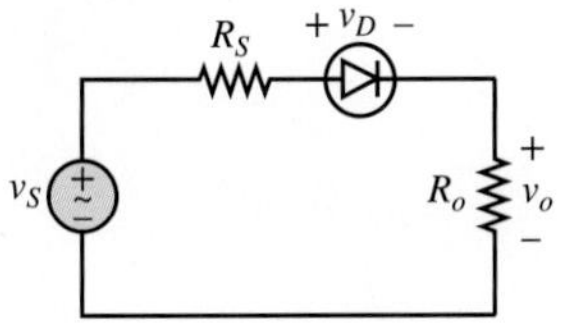

그림 8.31

풀이

기지: $v_S(t) = 10 \cos \omega t$; $V_\gamma = 0.6$ V; $r_D = 0.5\ \Omega$; $R_S = 1\ \Omega$; $R_o = 10\ \Omega$.

미지: 부하 전압 v_o

가정: 부분적 선형 다이오드 모델을 사용하라(그림 8.26).

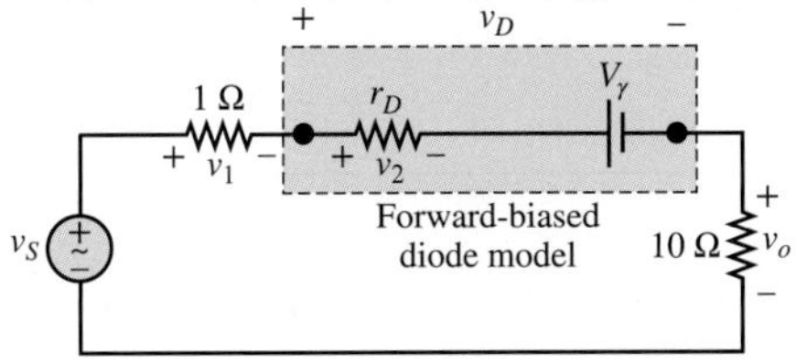

그림 8.32 그림 8.31의 순방향 바이어스된 다이오드의 부분적 선형 모델

해석: 다이오드의 전도 조건을 결정하기 위해 KVL을 사용하라. 이 예제의 회로에서 KVL은 다음과 같이 적용한다.

$$v_S = v_1 + v_D + v_o = v_1 + v_2 + V_\gamma + v_o \qquad \text{순방향 바이어스로 다이오드가 전도하는 경우}$$

$$v_S = v_D \qquad \text{다이오드가 전도하지 않는 경우}$$

v_S는 음의 값을 가질 때, 다이오드는 off일 것이다. 또한, 개방 회로처럼 동작할 것이고, 전압들 v_1, v_2, v_o은 0이고 $v_D = v_S$이다. 전도가 시작되면 다이오드는 순방향 바이어스가 되지만, 다이오드 전류는 여전히 0이다. 이 조건에서 v_1, v_2, v_o는 0이므로(옴의 법칙), $v_D = v_S = V_\gamma$ = 0.6 V이다. 따라서 전도를 위한 조건은 다음과 같다.

$$v_D = v_S = V_\gamma \approx 0.6 \text{ V} \qquad \text{전도의 시작점}$$

만약 다이오드가 전도된다면, 전압 분배 법칙에 따라 v_S와 V_γ의 차이는 3개의 직렬 저항들에 나누어서 적용된다. 따라서,

$$v_o = \begin{cases} 0 & v_S < V_\gamma = 0.6 \text{ V} \\ \dfrac{R_o}{R_S + r_D + R_o}(v_S - V_\gamma) = 8.7 \cos\omega t - 0.52 & v_S \ge 0.6 \text{ V} \end{cases}$$

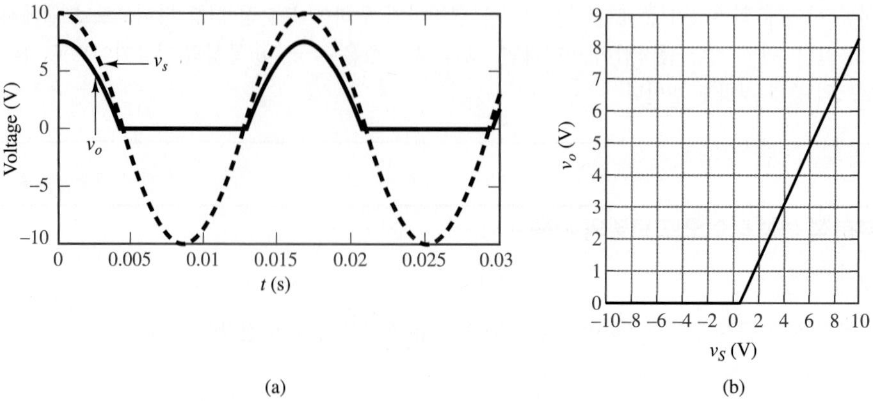

그림 8.33 (a) 소스 전압과 정류된 부하 전압, (b) 전압 전달 특성

그림 8.33(a)는 그 전원과 부하 전압을 도시하고 있다. 그림 8.33(b)는 v_o와 v_S의 관계를 통해 회로의 전달 특성을 도시하고 있다. 오프셋 전압을 주목하라.

연습 문제

다음 회로에서 다이오드의 동작점을 결정하기 위하여, 부하선 해석 방법을 이용하라. 다이오드의 특성은 그림 8.30과 같다. 단락 회로의 전류 V_{TH}/R_{TH}를 좌표로 사용하고, $-1/R_{TH}$를 부하선의 기울기로 사용하여 부하선을 그려라.

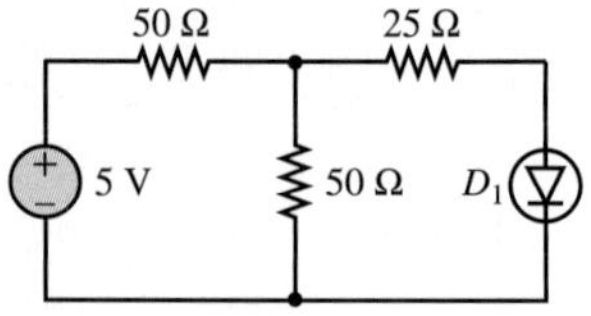

Answer: $V_Q = 1.11$ V, $I_Q = 27.7$ mA

연습 문제

예제 8.5에서 다이오드를 통과하는 전류가 250 mA일 때, 다이오드의 증분 저항을 계산하라.

Answer: $r_D = 0.1\ \Omega$

연습 문제

$v_i = 18\cos(t)$ V이고, 4 Ω의 부하 저항을 갖는 다음 그림과 같은 반파 정류기가 있다. $V_\gamma = 0.6$ V, $r_D = 1$ Ω인 부분적 선형 다이오드 모델을 사용해서, 출력 파형을 도시하라. 정류된 파형의 피크는 얼마인가?

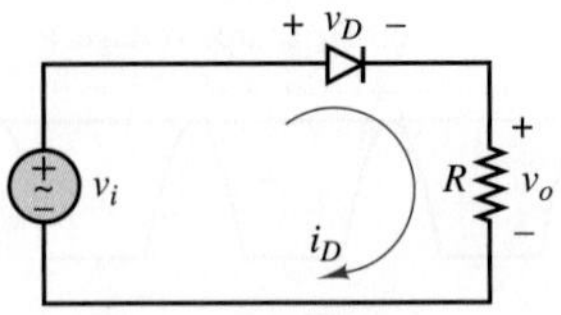

Answer: $v_{o,\text{peak}} = 13.92$ V

8.5 정류기 회로

한 형태의 전기 에너지가 다른 형태로 변환할 필요성은 실생활에서 빈번하게 일어난다. 가장 쉽게 이용 가능한 전력의 형태는 전력 시설에서 생성되고 전달되는 교류전류이다. 그러나, 직류 전력은 전기모터 제어부터 태블릿 컴퓨터, 스마트폰과 같은 소비자들의 전자장치들까지 광범위한 분야에서 필요하다. 교류 신호를 직류 전류로 변환하기 위해 필요한 과정을 정류라고 하고, 이 과정은 전기 신호가 같은 부호를 갖도록 변환하는 과정이다. 특히, 평균 0의 값을 갖는 교류 신호(예를 들어, 전형적인 120 V rms 전압)를 0이 아닌 직류값을 갖는 신호로 변환하는 과정은 중요하다. 예를 들어, 전력 공급은 쉽게 이용 가능한 교류 전압으로부터 직류 출력을 생성하기 위해 정류 과정을 이용한다. 정류의 기본적인 원리는 교류 전압의 크기보다 오프셋 전압이 작은 이상 다이오드를 사용하여 잘 설명할 수 있다.

이 절은 다음 세 가지 정류기 회로를 소개한다.

- 반파 정류기
- 전파 정류기
- 브리지 정류기

반파 정류기(half-wave rectifier)

AC 전원 v_i가 이상 다이오드와 저항에 직렬로 연결되어 있는 그림 8.34를 보자. 정현파 전압이 양의 값을 나타내는 동안 다이오드는 순방향 바이어스($v_D \geq 0$)가 되고, 오직 이때 전류를 흐르게 할 것이다. 이상 다이오드가 단락 회로로 동작하는 동안, $v_o = v_i$이고 $i_D = v_i/R$이다. 정현파 전압이 음의 값을 나타내는 동안 다이오드는 역방향 바이어스($v_D < 0$)가 되고 개방 회로처럼 동작한다. 이 경우 루프 전류 i_D는 0이고, 옴의 법칙에 의해서 출력 전압 v_o는 또한 0이다. 입력 전압 v_i와 출력 전압 v_o는 그림 8.35에서 도시하고 있고, 주파수는 $\omega = 2\pi f = 2\pi$ (60 Hz)라고 가정한다. 입력

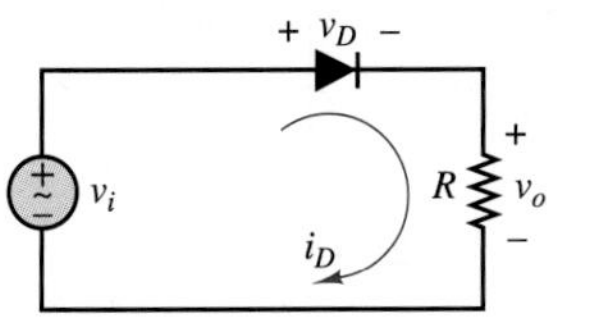

그림 8.34 반파 정류기처럼 동작하는 이상 다이오드

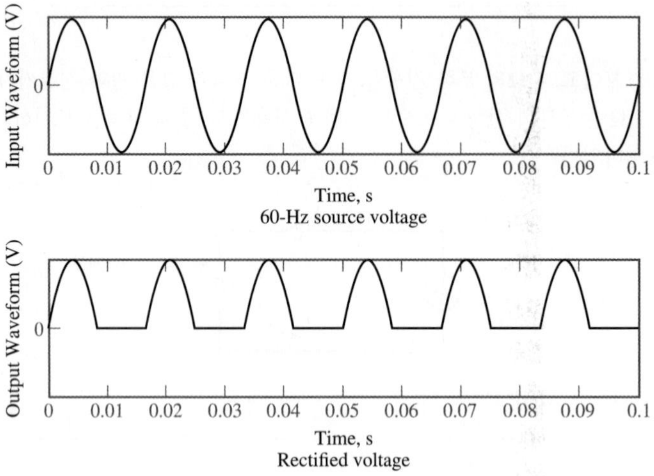

그림 8.35 이상 다이오드 반파 정류기의 입력과 출력

전압이 평균 0의 값을 갖지만, 정류된 출력 전압 v_o는 0이 아닌 평균을 가지며, 일반적으로 다음과 같이 계산된다.

$$(v_o)_{\text{avg}} = \frac{1}{T}\int_0^T v_o(t)\,dt = \frac{\omega}{2\pi}\int_0^{2\pi/\omega} v_o(t)\,dt \tag{8.14}$$

이 식에서 T는 출력 파형의 주기이다. 예를 들어, $v_i = 120\sqrt{2}\sin(\omega t)$ V라고 가정하자. 그러면 다음과 같다.

$$\begin{aligned}(v_o)_{\text{avg}} &= \frac{\omega}{2\pi}\left[\int_0^{\pi/\omega} 120\sqrt{2}\sin(\omega t)\,dt + \int_{\pi/\omega}^{2\pi/\omega} 0\,dt\right] \\ &= \frac{120\sqrt{2}}{\pi} = 54.0\text{ V}\end{aligned} \tag{8.15}$$

그림 8.34의 회로는 입력 파형 중 오직 양의 방향을 나타내는 부분이 출력에 나타나므로 **반파 정류기**로 알려져 있다. 특히 이 결과는 입력 파형의 반을 잃어버리므로 성능이 만족스럽거나 충분하지 않다.

전파 정류기(full-wave rectifier)

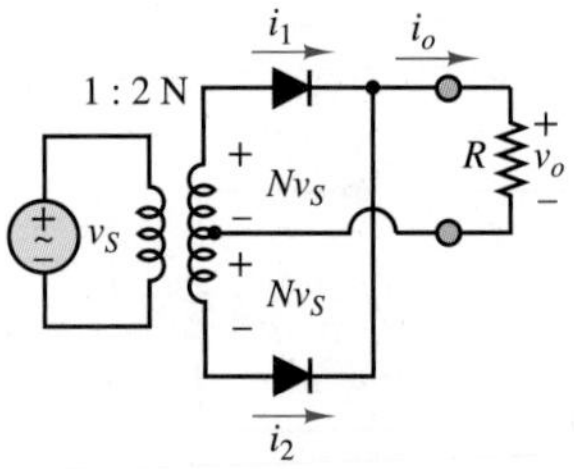

그림 8.36 센터탭 교류 변압기와 두 개로 분리된 전파 정류기

그림 8.36의 **전파 정류기**는 교류 전원과 1:2N의 권선비를 가진 센터탭 변압기를 포함하고 있으며, 효율 면에서 반파 정류기보다 상당히 개선되었다. 변압기의 목적은 정류에 앞서 전압 v_S를 증가(N > 1) 또는 감소(N < 1)하는 것이다. 따라서 변압기 출력 측에 있는 코일의 절반에 걸리는 전압 크기는 Nv_S가 될 것이다. 변압기는 소스 전압의 크기 조정 외에도 정류 회로와 교류 전원을 분리시키는 역할을 하며, 이는 변압기 입력과 출력 사이에 직접적인 전기적 연결이 없기 때문이다.

대부분의 응용에서 두 번째 전압(정류기의 입력 전압)의 크기는 다이오드의 오프셋 전압보다 훨씬 크다. 이 조건이 성립하는 경우, 크게 분석 결과를 보완하지 않고도 다이오드는 이상적이라고 근사할 수 있다. 전파 정류기의 핵심 기능은 v_S의 부

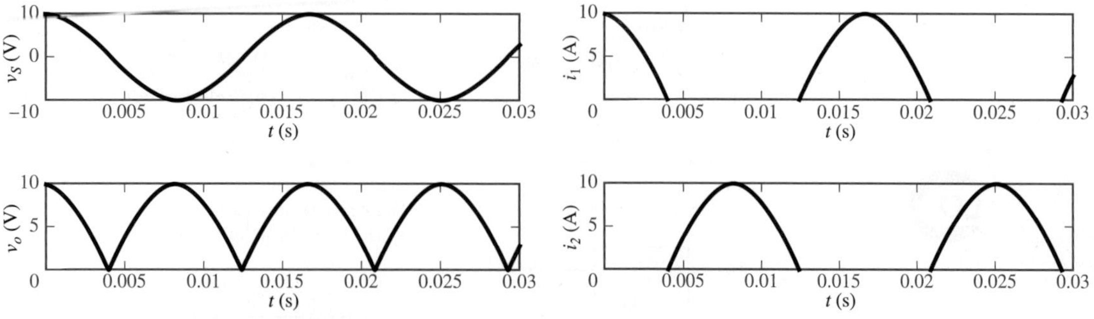

그림 8.37 전파 정류 전류와 전압 파형($R = 1\ \Omega$)

호가 양과 음 사이에서 주기적으로 변할 때, 두 개의 다이오드는 교대로 순방향과 역방향 바이어스 상태로 전환된다. 예를 들어, v_S가 양의 반 주기 동안 상단 다이오드는 순방향 바이어스되고, 하단 다이오드는 역방향 바이어스된다. 이와 같이 v_S가 음의 반 주기 동안 상단 다이오드는 역방향 바이어스되는 반면에, 하단 다이오드는 순방향 바이어스된다. 그러므로, 출력 전류 i_o는 다음의 두 관계를 만족한다.

$$i_o = i_1 = N\frac{v_S}{R} \qquad v_S \geq 0 \tag{8.16}$$

$$i_o = i_2 = -N\frac{v_S}{R} \qquad v_S \leq 0 \tag{8.17}$$

와우! i_o의 방향은 변하지 않는다! 그 방향은 언제나 양의 방향이다.

부하 저항 $R = 1\ \Omega$, $N = 1$ 경우, 전원 및 출력 전압과 전류 i_1, i_2를 그림 8.37에 도시하였다. 출력 전압은 180° 위상차를 갖는 두 개의 반파 정류기 출력들의 중첩과 정확하게 일치한다. 따라서, 전파 정류기의 직류 출력은 반파 정류기의 2배와 같다. 이 사실은 전파 정류기 출력의 직류 값을 계산함으로써 확인할 수 있다.

$$\begin{aligned}(v_o)_{\text{avg}} &= \frac{1}{T}\int_0^T v_o(t)\,dt = \frac{\omega}{2\pi}\int_0^{2\pi/\omega} v_o(t)\,dt \\ &= \frac{\omega}{2\pi}\left[\int_0^{\pi/\omega} v_o(t)\,dt + \int_{\pi/\omega}^{2\pi/\omega} v_o(t)\,dt\right] \\ &= 2\frac{\omega}{2\pi}\left[\int_0^{\pi/\omega} v_o(t)\,dt\right]\end{aligned} \tag{8.18}$$

이 결과는 이상 다이오드를 가정하고 다이오드 오프셋 전압의 효과를 무시하였으므로, 근사치임을 명심하자. 오프셋 전압이 포함되면, 두 다이오드가 역방향 바이어스되고, 출력 전압이 0이 되는 짧은 구간이 존재할 것이다. 그러한 효과는 그림 8.37에서 보듯이, 출력 파형을 V_γ만큼 줄인다. 그러나, 두 개의 다이오드는 $-V_\gamma < v_S < V_\gamma$인 경우, 짧은 시간 동안 역방향 바이어스되므로 음수가 될 수 있는(0과 $-V_\gamma$ 사이) 파형의 부분들은 사실상 0이 된다.

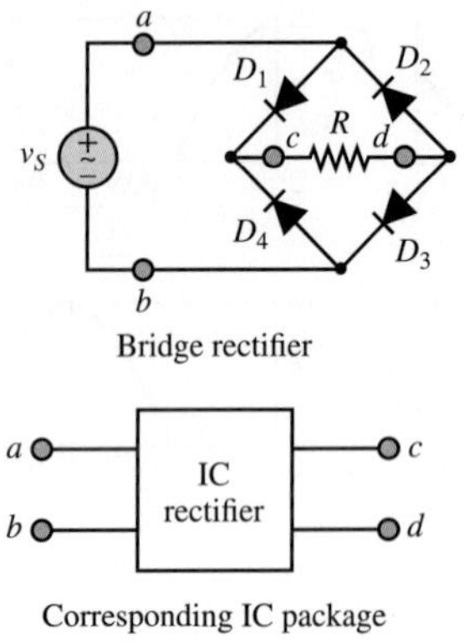

그림 8.38 4개의 이상 다이오드를 가진 브리지 정류기

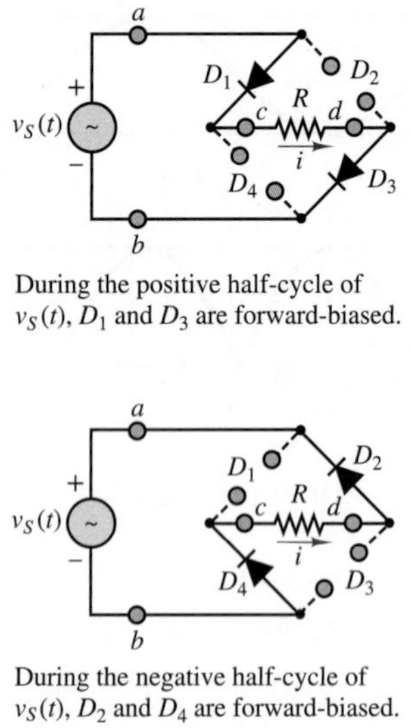

During the positive half-cycle of
$v_S(t)$, D_1 and D_3 are forward-biased.
During the negative half-cycle of
$v_S(t)$, D_2 and D_4 are forward-biased.

그림 8.39 브리지 정류기의 동작

브리지 정류기(Bridge rectifier)

하나의 집적회로 패키지로 사용할 수 있는 또 다른 형태의 정류 회로가 브리지 정류기인데, 그림 8.38처럼 브리지 형태를 나타내며 4개의 다이오드로 구성되어 있다.

브리지 정류기의 해석은 v_S의 부호가 양과 음 사이에서 주기적으로 변할 때, 그림 8.39에서와 같이 브리지 다이오드들이 교대로 순방향과 역방향 바이어스로 전환되는 것을 통해서 이해할 수 있다. v_S의 양의 반주기 동안에는 다이오드 D_1과 D_3가 순방향 바이어스되고, 다이오드 D_2와 D_4가 역방향 바이어스된다. 마찬가지로, v_S의 음의 반주기 동안에는 다이오드 D_1과 D_3가 역방향 바이어스되고, 다이오드 D_2와 D_4는 순방향 바이어스된다. 두 반주기 동안 R에 흐르는 전류 i가 노드 c로부터 노드 d로 흐른다는 사실에 주목해야 한다.

이상 다이오드와 30 V 피크 교류 전원이 적용되었을 때 입력과 정류된 파형이 그림 8.40(a)와 (b)에 나타나 있다. 만약 다이오드들의 오프셋 전압이 0.6 V라고 가정한다면, 그림 8.40(c)에서와 같이 출력 파형을 $2V_\gamma = 1.2$ V만큼 감소시킨다. 두 개의 반주기 동안 $2V_\gamma$의 감소가 일어난다. v_S의 양의 반주기 동안 노드 a에서 b의 경로는 두 개의 순방향 바이어스 다이오드 D_1과 D_3를 포함한다. 마찬가지로, v_S의 음의 반주기 동안, 노드 b로부터 노드 a의 경로는 두 개의 순방향 바이어스 다이오드 D_2와 D_4를 포함한다. 이들 순방향 바이어스들 각각은 일종의 "통행료" V_γ을 필요로 한다.

전파 정류기와 마찬가지로, 출력 파형이 $2V_\gamma$만큼 감소했을 때 음의 값을 나타내는 부분은 없다. 대신에, $-2V_\gamma < v_S < 2V_\gamma$인 경우에 모든 4개의 다이오드들은 역방향 바이어스되고, 정류된 출력 파형은 0이다.

정류 회로의 실제 적용에 있어 대부분의 경우 정류되어야 할 신호 파형은 60 Hz에 실효 전압이 110 V이다. 그림 8.37과 8.40에서와 같이, 정류된 출력의 기본 주파수는 입력 파형의 2배이다. 따라서 60 Hz 입력 파형이 적용되면 기본 리플의 주

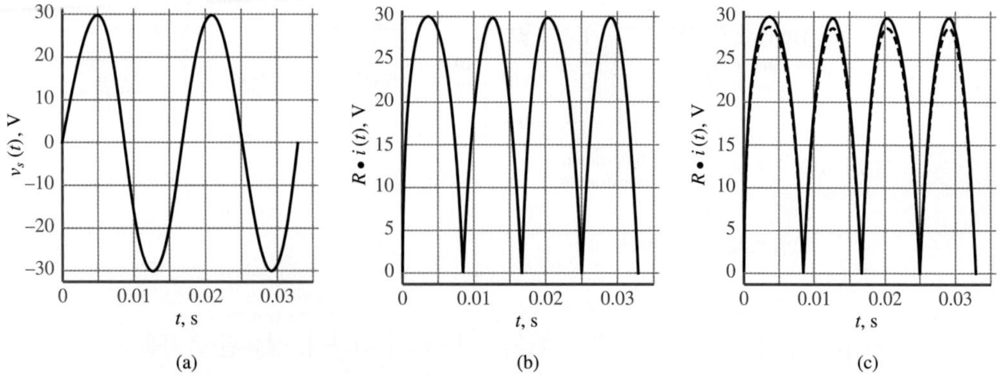

그림 8.40 (a) 정류되지 않은 소스 전압, (b) 정류된 부하 전압(이상 다이오드), (c) 정류된 부하 전압(이상 다이오드와 오프셋 다이오드)

파수는 120 Hz 또는 754 rad/s이다. 저역 통과 필터의 조건은 다음과 같다.

$$\omega_0 \ll \omega_{\text{ripple}} \tag{8.19}$$

그림 8.41은 필터의 결과를 보여주고 있다.

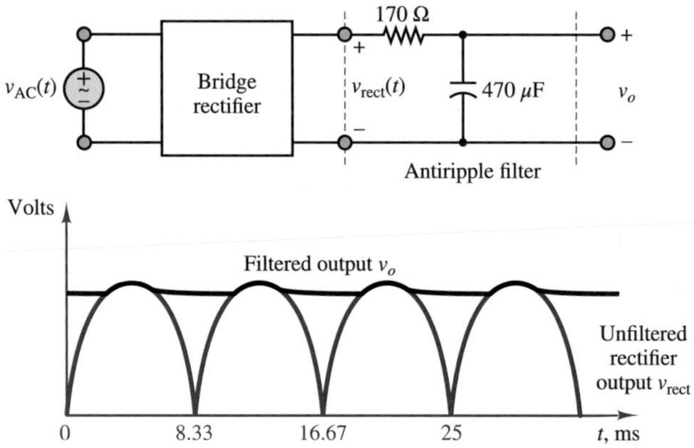

그림 8.41 필터 회로를 첨부한 브리지 정류기 및 출력 파형

직류 전원

교류 입력 파형의 정류는 교류 입력을 실용적인 직류 출력으로 변환하기 위해 필요한 네 개의 기본 단계들 중 하나이다. 일반적으로 **직류 전원**(DC power supply)을 위해서는 다음 단계들이 순서대로 수행된다.

Step 1: 교류 입력 파형의 크기를 조정(증가 또는 감소)한다. 고속의 스위칭 모드 회로들이 직류 출력을 조정할 수는 있지만, 일반적으로 이 단계는 변압기에 의해 수행된다.

Step 2: 스케일링된 교류 입력 파형을 정류한다. 이 단계는 전파 또는 브리지 정류기를 통해서 수행된다. 정류는 또한 GTO나 IGBT와 같은 더욱 특수한 소자들에 의해 수행될 수 있다.

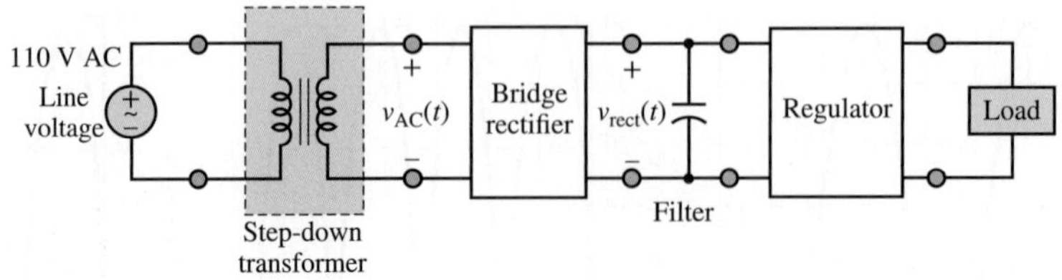

그림 8.42 직류 전원

Step 3: 남아있는 교류 성분인 리플을 제거하기 위하여, 정류된 출력을 필터링한다. 이 단계는 그림 8.41에서와 같이 단순한 *RC* 저역 통과 필터를 사용하거나 더욱 정교한 능동형 저역 통과 필터를 사용하여 수행된다.

Step 4: 다양한 부하의 범위에 따라 요구되는 직류 전원을 유지하기 위하여 필터링된 직류 출력 전압을 조정한다. 제너 다이오드는 그다지 비싸지 않으면서도 단순한 형태의 전압 조정기 역할을 수행할 수 있다. 매우 높은 효율을 가진 선형 전압 조정기들은 집적회로를 사용할 수 있다(예를 들어, 78xx 선형 시리즈).

이들 과정들을 통한 일반적인 직류 전원의 공급 과정이 그림 8.42에 도시되어 있다.

예제 8.7

반파 정류기에서 오프셋 다이오드 모델을 사용하기

문제

그림 8.43의 회로에서 정류된 부하 전압 v_R을 계산하고 도시하라.

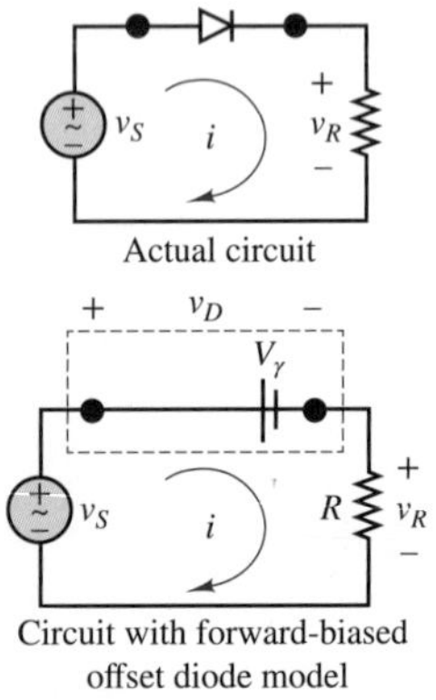

그림 8.43

풀이

기지: $v_S(t) = 3 \cos \omega t$; $V_\gamma = 0.6$ V

미지: 부하 전압의 해석적인 표현

가정: 오프셋 다이오드 모델을 사용하라.

해석: 소스 전압이 $V_\gamma = 0.6$V보다 큰 경우, 다이오드는 순방향 바이어스되고, 그림 8.43에서와 같이 작은 오프셋 전압 강하를 갖고 있는 단락 회로처럼 동작한다. 전류 i와 R에 걸리는 전압 v_R은 다음과 같이 주어진다.

$$i = \frac{v_S - V_\gamma}{R} \qquad v_R = iR = v_S - V_\gamma$$

그림 8.44와 같이 다이오드는 역방향 바이어스되어 있다고 가정하고, 이를 개방 회로로 대체하라. R에 흐르는 전류는 0이므로, 다이오드 전압 v_D는 KVL로부터 다음과 같이 계산된다.

$$v_D = v_S \qquad i = 0 \qquad \text{when } v_S < V_\gamma \qquad \text{역방향 바이어스 조건}$$

따라서 반파 정류 회로의 동작은 다음과 같이 요약할 수 있다.

$$v_R = \begin{cases} 0 & v_S < V_\gamma \\ v_S - 0.6 & v_S \geq V_\gamma \end{cases}$$

그림 8.45는 정류된 파형 $v_R(t)$ 및 $v_S(t)$를 보여준다. 오프셋 전압은 정류된 파형의 양의 부분을 V_γ만큼 낮춘다. 정류된 파형이 양의 값을 갖는 주기 T^+는 입력 파형의 주기 T의 반보다 약간 더 짧다. 이는 $v_S \geq V_\gamma$일 때만 다이오드가 on 상태가 되기 때문이다. 본 예제에서는 $v_S = V_\gamma = 3\cos t(\omega\Delta t)$일 때 전도가 시작하므로 $T^+ = T/2 - 2\Delta t$가 된다. 이상 다이오드에서 정류된 파형의 최대 크기는 입력 파형의 크기와 같고, $T^+ = T/2$이다.

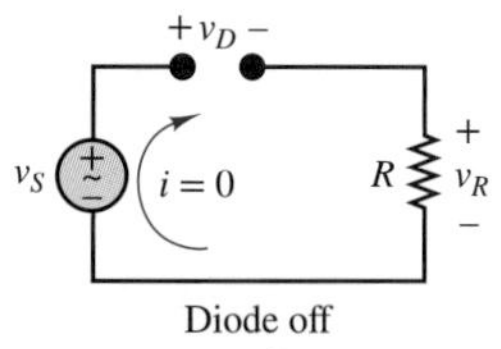

그림 8.44

참조: 정류된 파형은 오프셋 전압 V_γ만큼 하단으로 이동한다. V_γ이 소스 전압 중 상당한 비율을 차지하므로, 이 예제에서의 감소는 시각화할 수 있다. 만약 소스 전압이 수십, 수백 피크 전압을 갖는다면, 이러한 감소는 무시할만하며 이상 다이오드 모델 또한 잘 적용할 수 있다.

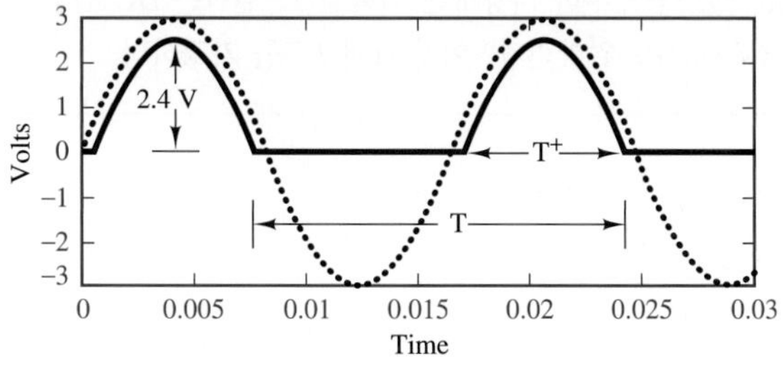

그림 8.45 그림 8.43 회로의 소스 파형(…)과 정류된 파형(—)

반파 정류기

예제 8.8

문제

그림 8.34와 유사한 반파 정류기는 50 Ω 부하에 직류 전원 공급을 위해 사용된다. 교류 소스 전압이 20 V(rms)일 때, 부하에 걸리는 평균 전류와 최대 전류를 구하라. 다이오드는 이상 다이오드로 가정하라.

풀이

기지: 회로 구성 요소와 전압원의 값

미지: 반파 정류기에서의 평균과 최대 부하 전류

주어진 데이터 및 그림: $v_S = 20$ V(rms), $R = 50$ Ω

가정: 이상 다이오드

해석: 이상 다이오드 모델에 의하면, 최대 부하 전압은 정현파 신호의 최대 전압과 같다. 그러므로 최대 부하 전류는 다음과 같다.

$$i_{peak} = \frac{v_{peak}}{R} = \frac{\sqrt{2}\, v_{rms}}{R} = 0.567 \text{ A}$$

평균 전류를 계산하기 위해서는, 반파 정류된 정현파를 적분해야 한다.

$$\langle i \rangle = \frac{1}{T}\int_0^T i(t)\,dt = \frac{1}{T}\left[\int_0^{T/2} \frac{v_{\text{peak}}}{R}\sin(\omega t)\,dt + \int_{T/2}^{T} 0\,dt\right]$$
$$= \frac{v_{\text{peak}}}{\pi R} = \frac{\sqrt{2}\,v_{\text{rms}}}{\pi R} = 0.18\text{ A}$$

예제 8.9

브리지 정류기

문제

그림 8.38과 유사한 브리지 정류기가 50 V, 5 A DC 공급에 사용되었다. 5 A의 DC 전류를 흐를 수 있게 하는, 가장 작은 부하 저항 R은 얼마인가? 원하는 DC 전압에 도달하기 위해 필요한 소스 전압 v_S (V rms)는 얼마인가? 이상 다이오드를 가정하라.

풀이

기지: 소스 전압과 회로 소자의 값

미지: 소스 전압 v_S (V rms), 브리지 정류기 회로의 부하 저항 R

주어진 데이터 및 그림: $\langle v_o \rangle = 50$ V, $\langle i_o \rangle = 5$ A

가정: 이상 다이오드

해석: 부하 저항에 5 A의 평균 전류가 흐르기 위한 저항은 쉽게 계산할 수 있다.

$$R = \frac{\langle v_o \rangle}{\langle i_o \rangle} = \frac{50}{5} = 10\ \Omega$$

이 값은 DC 공급원이 필요한 전류를 공급하기 위한 최소 저항임을 주의하라. 필요한 rms 전압을 계산하기 위해, 평균 부하 전압을 다음 식으로부터 구할 수 있다.

$$\langle v_o \rangle = R\langle i_o \rangle = \frac{R}{T}\int_0^T i(t)\,dt = \frac{R}{T}\left[\int_0^{T/2} \frac{v_{\text{peak}}}{R}\sin(\omega t)\,dt\right] \times 2$$
$$= \frac{2\,v_{\text{peak}}}{\pi} = \frac{2\sqrt{2}\,v_{\text{rms}}}{\pi} = 50\text{ V}$$

따라서,

$$v_{\text{rms}} = \frac{50\pi}{2\sqrt{2}} = 55.5\text{ V}$$

연습 문제

그림 8.34의 회로에서 $v_i = 52\cos\omega t$인 경우 정류된 파형의 직류 값을 계산하라.

Answer: 16.55 V

연습 문제

예제 8.8에서 $V_\gamma = 0.6$ V의 오프셋 전압을 가진 오프셋 다이오드 모델이라면, 최대 전류는 얼마인가?

Answer: 0.544 A

연습 문제

그림 8.36의 전파 정류기에서 나오는 직류 전압이 $2\,N\upsilon_{\text{Speak}}/\pi$임을 보여라.

그림 8.38에서 다이오드의 오프셋 전압이 0.6 V, 교류 전원의 유효 전압이 110 V라고 가정하고, 브리지 정류기로부터 나오는 피크 전압을 계산하라.

Answer: 154.36 V

8.6 제너 다이오드와 전압 조정

많은 응용에서 직류 전원은 안정적이며 리플이 없는 것이 바람직하다. 전압 조정기(voltage regulator)는 직류 전원의 출력이 안정적이며, 상대적으로 부하에 독립적임을 보장하기 위해 사용된다. 전압 조정기에 가장 많이 사용하는 장치는 제너 다이오드(Zener diode)이다. 제너 다이오드는 역방향 바이어스 조건에서 사용하기 위한 목적으로 설계되었다. 제너 역방향 항복 효과에 기반한 기본적인 구동 원리는 8.2장에서 이미 설명하였다. 제너와 애벌란치 역방향 항복 효과들의 차이를 기억하는 것은 중요하다. 이러한 차이는 각 효과들이 주로 나타나는 항복 전압 V_Z의 차이를 설명한다.

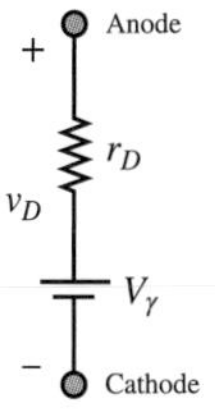

그림 8.46 순방향 바이어스에 대한 제너 다이오드 모델. 애노드와 캐소드의 방향에 주의하라. 제너 다이오드는 일반적으로 순방향 바이어스로 사용하지 않는다.

그림 8.10은 순방향 오프셋 전압 V_γ과 **역방향 항복 전압** V_Z를 갖는 다이오드의 일반적인 i-υ 특성을 도시하고 있다. V_Z 부근에서 i-υ 특성 곡선은 큰 기울기를 나타내는 것에 주목해야 하며, 이는 $\upsilon_D \approx -V_Z$인 경우 다이오드 전류가 크게 변하여도 다이오드 전압은 매우 작게 변화함을 나타낸다. 이 성질은 제너 다이오드를 전압 조정기로 사용하기 위하여 유용하게 만드는 성질이다.

i-υ 특성 곡선의 기울기는 $-V_Z$ 부근에서 상수는 아니지만, 전압 조정기의 기본 원리를 쉽게 이해하기 위하여 상수로 가정한다. 그러면 제너 다이오드는 $\upsilon_D = -V_Z$ 부근에서 역방향 바이어스된 경우에, 선형 소자들로 모델링할 수 있다.

다른 다이오드들처럼, 제너 다이오드는 세 가지 동작 영역을 갖는다.

1. $\upsilon_D \geq V_\gamma$일 때, 제너 다이오드는 종래의 순방향으로 바이어스된 다이오드처럼 동작하고, 그림 8.46에서 도시된 부분적 선형 모델을 사용하여 해석할 수 있다.
2. $-V_Z < \upsilon_D < V_\gamma$일 때, 제너 다이오드는 역방향으로 바이어스되지만, 아직 제너 항복은 일어나지 않는다. 따라서 개방 회로와 같이 동작한다.
3. $\upsilon_D \leq -V_Z$일 때, 제너 다이오드는 역방향 바이어스되고 항복이 뒤따른다. 이 영역에서는 그림 8.47과 같은 부분적 선형 모델을 사용하여 모델링할 수 있다.

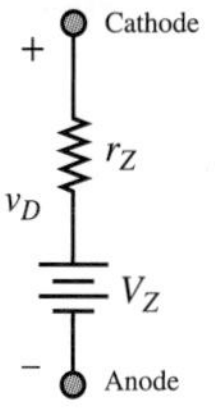

그림 8.47 전압 조정을 위한 역방향 바이어스에 대한 제너 다이오드 모델. 애노드와 캐소드의 방향에 주의하라.

그림 8.48에서와 같이 순방향과 역방향 바이어스의 효과들이 이상 다이오드와 함께 하나의 모델로 결합된다.

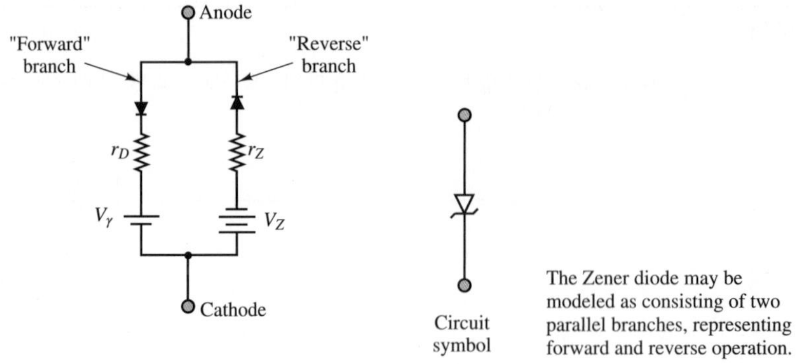

그림 8.48 제너 다이오드의 완전한 모델

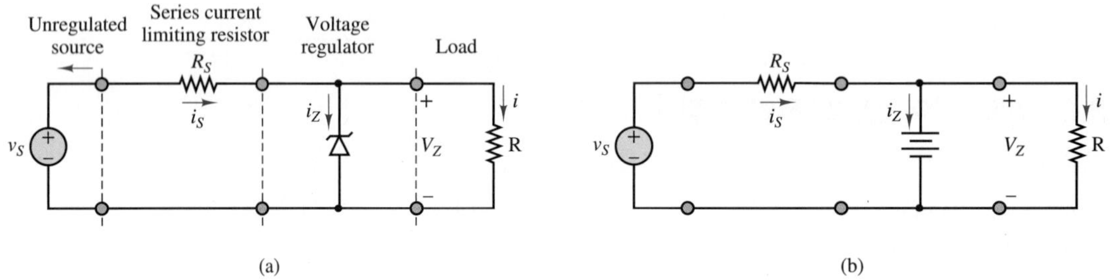

그림 8.49 (a) 제너 다이오드를 이용한 전압 조정기, (b) 제너 전압 조정기에 대한 단순화된 회로

전압 조정기로서 제너 다이오드의 동작을 이해하기 위하여, 직류 전원 V_S를 제너 전압 V_Z로 조정하는 그림 8.49(a)의 회로를 고려해 보자. 양의 정전압을 얻기 위해, 다이오드가 "반대로" 연결되어 있다는 점에 주목하여야 한다. 또한 v_S가 V_Z보다 크다면, 제너 다이오드는 역방향 항복 상태에 있게 된다는 사실도 알아야 한다. (실제로 v_S가 V_Z보다 크다는 것은 중요하다.) 소스 저항 R_S는 전압 차이 $v_S - V_Z$가 0이 되지 않도록 하므로 중요하다. 만약 다이오드 저항 r_Z가 R_S와 R과 비교해 작다면, 그림 8.47의 제너 다이오드 모델은 제너 다이오드를 크기 V_Z의 배터리로 구성한 그림 8.49(b)의 단순화된 회로 모델로 근사화할 수 있다. 일반적으로 r_Z의 값은 수 옴이나 그보다 작다.

LO

이 전압 조정기의 동작을 이해하기 위해 세 가지 간단한 관찰이면 충분하다.

1. 제너 다이오드가 역방향 항복 상태에 있는 동안 부하 전압은 V_Z와 같아야 한다. 따라서 다음과 같이 표현된다.

$$i = \frac{V_Z}{R} \tag{8.20}$$

2. 출력 전류는 조정되지 않은 공급 전류 i_S와 다이오드 전류 i_Z의 차와 거의 같다.

$$i = i_S - i_Z \tag{8.21}$$

부하를 일정한 전압 V_Z로 유지하기 위해 필요한 전류 외에 추가적인 전류는 다이오드를 통해 접지로 버려진다. 따라서 제너 다이오드는 불필요한 전원 전류를 처리하는 역할을 한다.

3. 전원 전류는 다음과 같다.

$$i_S = \frac{\upsilon_S - V_Z}{R_S} \tag{8.22}$$

실제 전압 조정기의 설계에 있어서 고려해야 할 것들은 예제와 연습 문제들을 통해 설명될 것이다. 고려 사항들 중 하나는 다이오드의 정격 전력이다. 다이오드에 의해 소비되는 전력 P_Z는 다음과 같이 계산된다.

$$P_Z = i_Z V_Z \tag{8.23}$$

V_Z는 거의 상수이므로, 정격 전력은 허용 가능한 다이오드 전류 i_Z의 상한값을 결정한다. 만약 공급 전압이 예기치 않게 증가하거나 또는 부하가 갑자기 제거되어 모든 공급 전류가 다이오드로 흐를 경우, 상한값을 초과할 수 있다. 이처럼 출력이 개방될 가능성은 실제 전압 조정기 설계에 반영되어야 한다.

또 다른 중요한 난점은 부하 저항이 작아서 정류되기 전의 전원으로부터 많은 양의 전류를 필요로 할 때 발생한다. 이 경우, 제너 다이오드는 전력 소비 면에서 거의 부담을 갖지 않지만, 조정되지 않은 전원이 부하 전압을 유지시키기 위해 필요한 전류를 공급하지 못할 수가 있다. 이때 조정은 일어나지 않는다. 따라서 실제 부하 전압의 조정을 수행할 수 있는 부하 저항의 범위는 다음 구간으로 제한된다.

$$R_{\min} \le R \le R_{\max} \tag{8.24}$$

$R_{\max}$는 제너 다이오드의 전력 소비에 따라 제한되고, $R_{\min}$은 최대 공급 전류에 의해 제한된다.

제너 다이오드의 정격 전력 구하기

예제 8.10

LO

문제

그림 8.49(a)와 비슷한 조정기 설계를 고려해 보자. 이때 제너 다이오드의 최소 정격 전력을 구하라.

풀이

기지: $\upsilon_S = 24$ V, $V_Z = 12$ V, $R_S = 50\ \Omega$, $R = 250\ \Omega$

미지: 가장 나쁜 경우 다이오드가 소비하는 최대 전력

가정: $r_Z = 0$이라 하고 부분적 선형 제너 다이오드 모델(그림 8.48)을 사용하라.

해석: 조정기가 의도한 설계 사양에 따라 250 Ω 부하를 갖고 동작한다면, 전원 전류와 부하 전류는

$$i_S = \frac{\upsilon_S - V_Z}{R_S} = \frac{12}{50} = 0.24 \text{ A}$$

$$i = \frac{V_Z}{R} = \frac{12}{250} = 0.048 \text{ A}$$

이 되며, 따라서 제너 전류는 다음과 같다.

$$i_Z = i_S - i = 0.192 \text{ A}$$

이에 따른 공칭 전력 소비는 다음과 같이 주어진다.

$$P_Z = i_Z V_Z = 0.192 \times 12 = 2.304 \text{ W}$$

그러나 만약 부하가 조정기로부터 갑자기(또는 의도적으로) 분리된다면, 모든 부하 전류는 제너 다이오드를 통해 흐르게 될 것이다. 따라서 개방 회로 부하에 대해서 모든 전원 전류가 제너 다이오드에 의해 흡수될 것이므로, 최악의 경우에 제너 전류는 실제로 전원 전류와 같게 된다.

$$i_{Z\max} = i_S = \frac{v_S - V_Z}{R_S} = \frac{12}{50} = 0.24 \text{ A}$$

그러므로 제너 다이오드의 최대 전력 소비는 다음과 같아야 한다.

$$P_{Z\max} = i_{Z\max} V_Z = 2.88 \text{ W}$$

참조: 안전한 설계를 위해서는 위에서 계산한 $P_{Z\max}$보다 큰 값을 갖는 제너 다이오드를 사용해야 한다. 예를 들면, 3 W 제너 다이오드를 선택할 수 있다.

예제 8.11

주어진 제너 조정기에 허용 가능한 부하 저항 계산

문제

그림 8.50의 제너 조정기에 대해서, 다이오드 정격 전력을 초과하지 않는 부하 저항의 범위를 구하라.

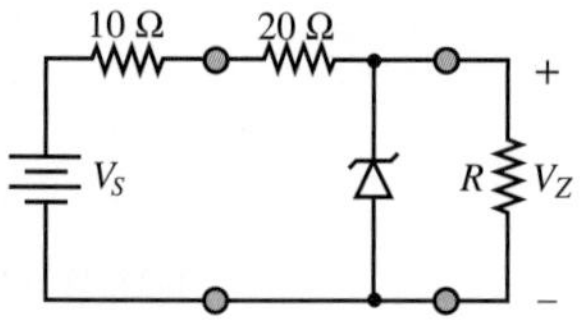

그림 8.50

풀이

기지: $V_S = 50$ V, $V_Z = 14$ V, $P_Z = 5$ W

미지: 부하 전압을 14 V로 조정하면서, 다이오드의 전력 정격을 초과하지 않는 R의 최솟값과 최댓값을 구하라.

가정: $r_Z = 0$이라 하고, 부분적 선형 제너 다이오드 모델(그림 8.48)을 사용하라.

해석:

1. 허용 가능한 최소 부하 저항을 구하라. 허용 가능한 최소의 부하 저항을 구하기 위해, 조정기는 전원이 공급하는 전류만큼을 부하에 공급할 수 있다는 사실을 알아야 한다. 따라서 모든 전원 전류가 부하로 흐르고 부하 전압은 공칭값으로 조정된다고 가정하면, 이론적인 최소의 저항은 다음과 같다.

$$R_{\min} = \frac{V_Z}{i_S} = \frac{V_Z}{(V_S - V_Z)/30} = \frac{14}{36/30} = 11.7\ \Omega$$

   만일, 부하가 더 많은 전류를 요구하게 된다면, 전원은 이를 공급하지 못할 것이다. 이런 부하에 대해서 제너 전류는 0이며, 따라서 제너 다이오드는 전력을 소비하지 않는다.

2. 허용 가능한 최대 부하 저항 구하기. 두 번째로 고려해야 할 제한으로 다이오드의 정격 전력이 있다. 위에서 언급한 5 W 정격에 대해서 최대 제너 전류는 다음과 같다.

$$i_{Z\max} = \frac{P_Z}{V_Z} = \frac{5}{14} = 0.357 \text{ A}$$

전원이

$$i_{S\max} = \frac{V_S - V_Z}{30} = \frac{50 - 14}{30} = 1.2 \text{ A}$$

의 전류를 생성하므로, 부하는 1.2 − 0.357 = 0.843 A보다 작은 전류를 요구해서는 안 된다. 만일 부하가 이보다 작은 전류를 요구하게 되면(다시 말해서, 저항이 너무 크게 되면) 제너 다이오드가 전력 정격이 허용하는 이상으로 전류를 흡수하게 된다. 이러한 논의로부터, 허용 가능한 최대 부하 저항은 다음과 같이 계산될 수 있다.

$$R_{\max} = \frac{V_Z}{i_{S\max} - i_{Z\max}} = \frac{14}{0.843} = 16.6 \ \Omega$$

마지막으로, 허용 가능한 부하 저항의 범위는 $11.7 \ \Omega \le R \le 16.6 \ \Omega$이다.

참조: 이 조정기는 개방 회로 부하로 동작할 수 없음에 주의하라. 따라서 이 회로는 매우 유용한 회로는 아니다. 일반적으로 제너 다이오드는 제너 전압보다 약간 큰 전압을 조정하는 데 사용된다.

조정기에서 0이 아닌 제너 저항의 효과

예제 8.12

문제

그림 8.51 조정기의 출력 전압에 나타나는 리플의 크기를 계산하라. 조정되지 않은 공급 전압이 그림 8.52에 나타나 있다.

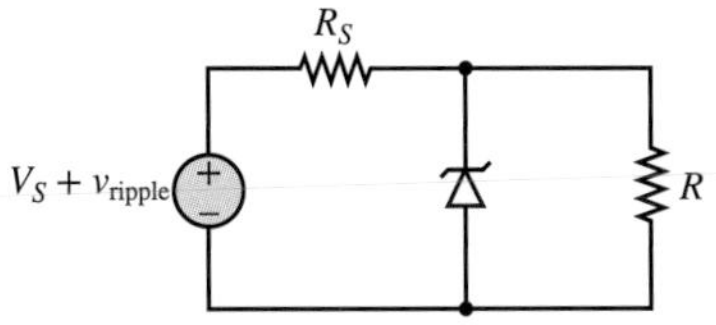

그림 8.51

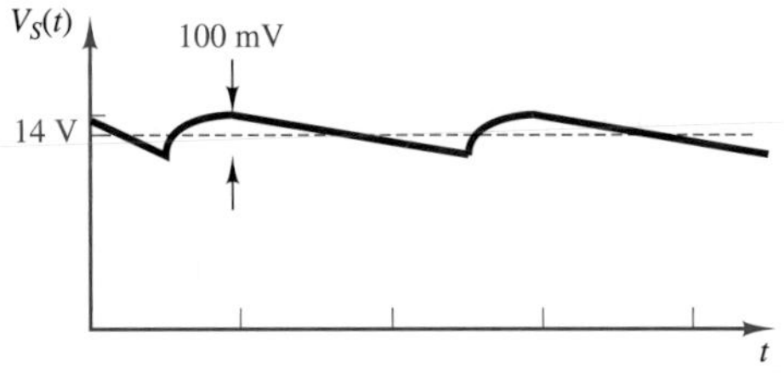

그림 8.52

풀이

기지: $V_S = 14$ V, $\upsilon_{\text{ripple}} = 100$ mV, $V_Z = 8$ V, $r_Z = 10 \ \Omega$, $R_S = 50 \ \Omega$, $R_L = 150 \ \Omega$

미지: 부하 전압의 리플 성분의 크기

가정: 부분적 선형 제너 다이오드 모델(그림 8.47)을 사용하라.

해석: 회로를 해석하기 위해 그림 8.53의 직류 등가 회로와 교류 등가 회로를 분리해서 고려하도록 한다.

1. 직류 등가 회로: 직류 등가 회로에서 출력 전압은 두 부분으로 구성되어 있다. 하나는 미조정된 DC 전원에 의한 것이고, 다른 하나는 제너 다이오드 전압 V_Z에 의한 것이다. 중첩과 전압 분배 법칙을 적용하면 다음과 같이 된다.

$$V_o = V_S\left(\frac{r_Z \| R}{r_Z \| R + R_S}\right) + V_Z\left(\frac{R_S \| R}{R_S \| R + r_Z}\right) = 2.21 + 6.32 = 8.53 \text{ V}$$

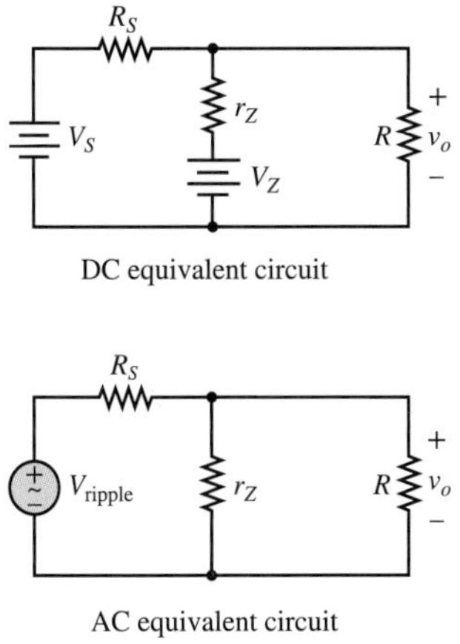

그림 8.53

2. 교류 등가 회로: 교류 등가 회로를 이용하면 출력 전압의 교류 성분은 다음과 같다.

$$v_o = v_{\text{ripple}}\left(\frac{r_Z \| R}{r_Z \| R + R_S}\right) = 0.016 \text{ V}$$

다시 말해서, 16 mV 리플이 출력 전압에 존재하면, 이는 전원 리플의 오직 16%이다. 따라서 출력 전압은 조정되었다고 할 수 있다.

참조: 직류 부하 전압은 미조정된 소스 전압에 의해 영향을 받는다. 만약 미조정된 전원이 심하게 변동하게 되면 조정된 전압도 변하게 될 것이다. 따라서 제너 저항의 효과 중 하나가 불완전한 조정을 야기한다. 만약 제너 저항 r_Z가 R_S와 R에 비해 상당히 작다면, 이러한 영향은 무시할 수 있다.

연습 문제

예제 8.10에서 부하 저항이 100 Ω으로 감소할 때, 정격 전력은 어떻게 변화할 것인가?

Answer: 최악의 상황을 고려한 정격 전력은 변하지 않을 것이다.

연습 문제

예제 8.11에서 개방 회로 부하 조건을 견딜 수 있는 제너 다이오드의 정격 전력을 구하라.

Answer: $P_{Z\max} = 16.8$ W

연습 문제

예제 8.12의 회로에서, $r_Z = 1$ Ω이라면 실제 DC 부하 전압과 부하에 도달하는 리플의 비율(초기 100 mV 리플과 상대적으로)을 각각 계산하라.

Answer: 8.06 V, 2 percent

용량형 변위 변환기용 다이오드 피크 검출기

측정기술

반도체 다이오드의 또 다른 일반적인 응용인 피크 검출기(peak detector)는 외형상 그림 8.56에 도시된 용량성 필터링을 가진 반파 정류기와 아주 비슷하다. 더욱 일반적인 응용 중 하나가 진폭 변조(amplitude modulation, AM) 신호의 복조(demodulation)이다.

3장의 측정 기술에서 용량형 변위 변환기(capacitive displacement transducer)가 소개되었다. 그것은 고정된 판과 움직일 수 있는 판으로 구성된 병렬판 커패시터의 형태를 취하고 있다. 가변 커패시터의 커패시턴스는 변위의 함수로 표현된다는 것을 보였다. 즉, 이동판 커패시터는 선형 변환기의 기능을 한다. 3장에서 유도된 식을 다시 살펴보면 다음과 같다.

$$C = \frac{8.854 \times 10^{-3}\mathrm{A}}{x} \qquad \mathrm{pF}$$

여기서 C는 커패시턴스로 단위는 pF, A는 판의 면적으로 mm^2, 그리고 x는 거리(가변)로 mm의 단위를 가진다. d는 두 판 사이의 간격의 중심값이다. 커패시터가 교류 회로에 위치할 때 임피던스는 다음 식으로 결정된다.

$$Z_C = \frac{1}{j\omega C}$$

또는

$$Z_C = \frac{x}{j\omega(8.854 \times 10^{-3})\mathrm{A}}$$

그러므로 주파수 ω가 일정하면, 커패시터는 변위에 따라 선형적으로 변한다. 이러한 특성은 두 개의 가변 커패시터로 만들어진 차동 압력 변환기를 이용한 브리지 회로에서 사용된다(그림 8.54). 변환기의 압력 차에 의해 한쪽 커패시터의 정전용량이 증가하면, 다른 쪽은 변위 Δx만큼 움직이며, 이에 상당하는 양만큼 정전용량이 감소한다(이 변환기의 그림은 그림 3.6을 참조하라).

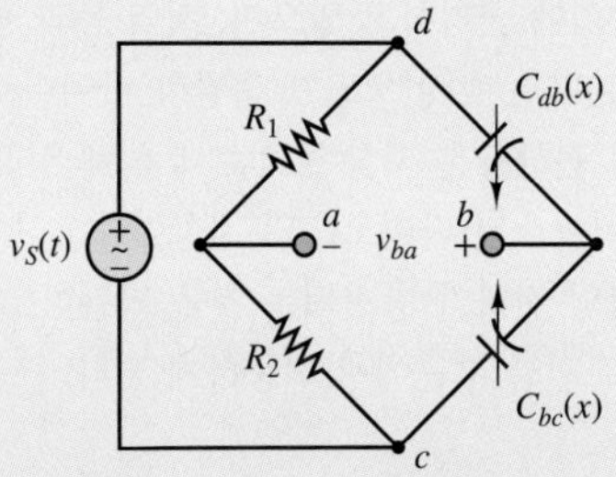

그림 8.54 변위 변환기를 위한 브리지 회로

페이저 표기법을 이용해, $R_1 = R_2$일 때 브리지 회로의 출력 전압이 다음과 같음을 보였다(3장 참조).

$$\mathbf{V}_{ba}(j\omega) = \mathbf{V}_S(j\omega)\frac{\Delta x}{2d}$$

따라서 출력 전압은 입력 전압의 크기 및 변위에 비례해서 변한다. $d = 0.5$ mm이고, $\mathbf{V}_S$는 크기 1 V인 50 Hz의 정현파일 때, 0.05 mm "삼각판"의 변위에 대한 일반적인 $v_{ba}(t)$

(계속)

(계속)

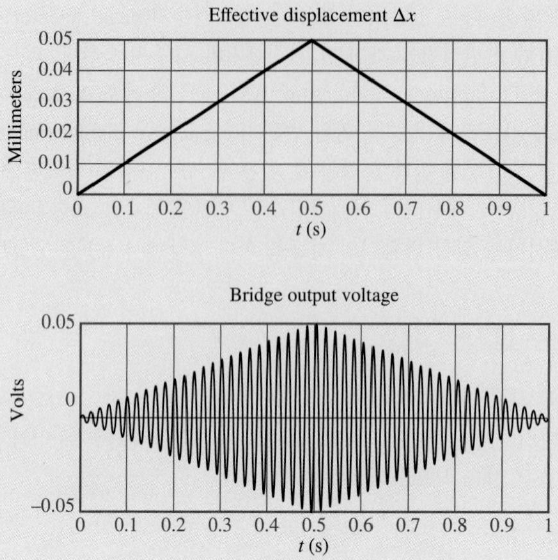

그림 8.55 변위 Δx와 브리지 출력 전압 파형

가 그림 8.55에 표현되어 있다. 출력 전압이 변위 Δx의 함수임에도 불구하고 복잡한 형태를 가지는데, 이는 정현파 곡선의 피크 크기가 변위에 비례하기 때문이다.

다이오드 피크 검출기는 브리지 출력 전압의 진동을 제거하지 않고도, 정현 파형의 피크를 나타낼 수 있다. 피크 검출기는 브리지 출력을 정류하고 필터링함으로써, 그림 8.34의 회로와 유사한 방식으로 동작한다. 그림 8.56은 이상적인 피크 검출기 회로이고, 실제 피크 검출기의 응답이 그림 8.57에 나타나 있다. 그 동작은 커패시터의 필터링 효과와 함께 다이오드의 정류 특성에 근거하고 있으며, 저역 통과 필터의 역할을 한다.

시간 변화의 관점에서 본다면, 다이오드가 순방향 바이어스일 때($v_{ba} \geq V_\gamma$ 오프셋 다이오드의 경우), 커패시터의 전하량은 시상수 R_DC에 의해 정해진 비율로 변화하게 된다. (이 경우 R_D는 순방향 바이어스된 다이오드의 저항이다.) 다이오드가 역방향 바이어스일 때, 다이오드는 커패시터의 전하가 방전되는 것을 막는다. 따라서 커패시터의 전압은 그림 8.57에서와 같이, 피크 전압 부근에서 진동하게 된다.

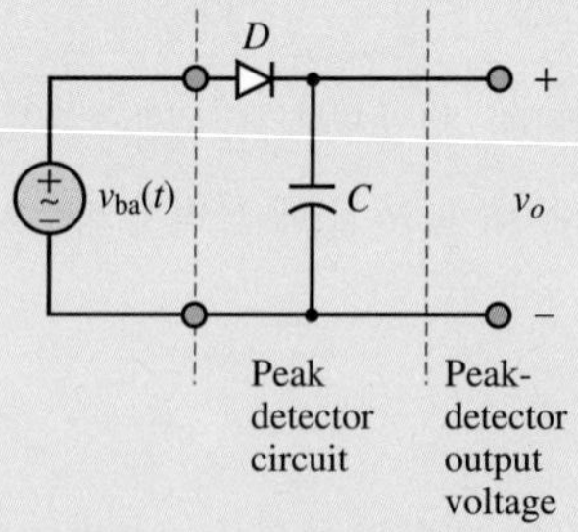

그림 8.56 피크 검출기 회로

(계속)

(계속)

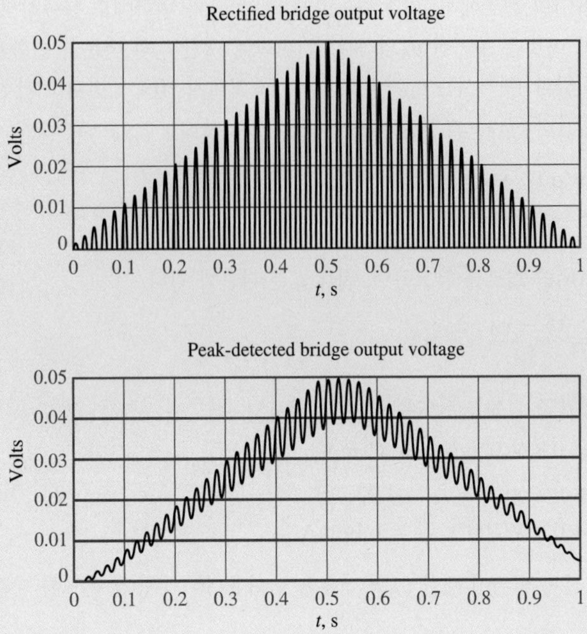

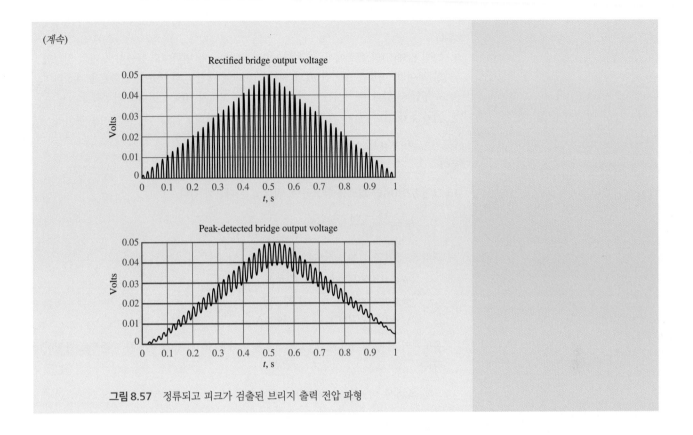

그림 8.57 정류되고 피크가 검출된 브리지 출력 전압 파형

다이오드 온도계(Diode thermometer)

측정기술

문제

다이오드 방정식에 기초한 흥미로운 응용 중에 전자 온도계가 있다. 이것은 그림 8.58(a)와 같이, 다이오드에 흐르는 전류가 거의 일정하면, 오프셋 전압은 거의 온도에 대한 1차 함수로 나타난다는 점에 기반한다.

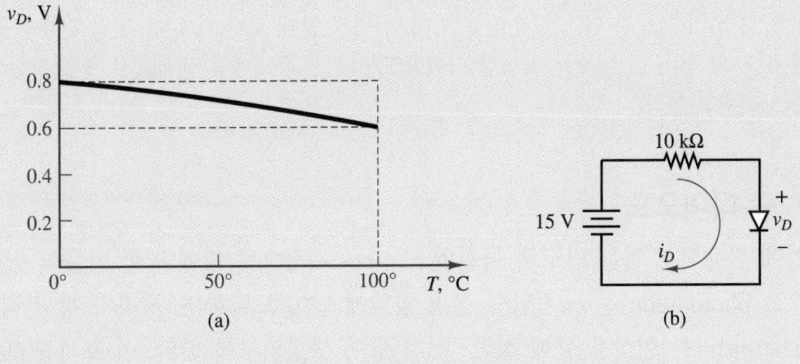

그림 8.58

(계속)

(계속)

1. 그림 8.58(b)의 회로에서, i_D가 다이오드 전압 v_D가 변함에도 불구하고 거의 일정함을 보여라. 이것은 주어진 v_D의 백분율 변화에 대한 i_D의 백분율 변화율을 계산하여 수행할 수 있다. 여기서는 v_D가 0.6에서 0.66 V까지 10% 변한다고 가정하라.
2. 그림 8.58(a)의 그래프를 참고하여 다음과 같은 형태로 $v_D(T°)$에 관한 식을 구하라.

$$v_D = \alpha T° + \beta$$

풀이

1. 그림 8.58(b)의 회로를 참고하면, 전류 i_D는 다음과 같다.

$$i_D = \frac{15 - v_D}{10} \qquad \text{mA}$$

그러면, 전압과 전류는 다음과 같다.

$$v_D = 0.8\ \text{V}(0°),\ i_D = 1.42\ \text{mA}$$
$$v_D = 0.7\ \text{V}(50°),\ i_D = 1.43\ \text{mA}$$
$$v_D = 0.6\ \text{V}(100°),\ i_D = 1.44\ \text{mA}$$

온도계의 전체 범위에 대한 v_D의 백분율 변화율(50°의 중간 온도를 기준으로 가정하라)은

$$\Delta v_D\% = \pm\frac{0.1\ \text{V}}{0.7\ \text{V}} \times 100 = \pm 14.3\%$$

이고, 해당하는 i_D의 백분율 변화율은

$$\Delta i_D\% = \pm\frac{0.01\ \text{mA}}{1.43\ \text{mA}} \times 100 = \pm 0.7\%$$

이다. 따라서 i_D는 다이오드 온도계의 동작 범위에 대해서 거의 일정하다.

2. 다이오드 전압과 온도에 대한 방정식은 그림 8.58(a)의 그래프에서 얻을 수 있다.

$$v_D(T) = \frac{(0.8 - 0.6)\ \text{V}}{(0 - 100)°\text{C}}\ T + 0.8\ \text{V} = -0.002T + 0.8\ \text{V}$$

참조: 그림 8.58(a)의 그래프는 상업용 다이오드를 이용해 실험적으로 얻은 그래프이다. 그림 8.58(b)의 회로는 다소 단순해 보이며, 어렵지 않게 보다 더 나은 일정 전류원을 설계할 수도 있지만, 이 예제는 저렴한 다이오드도 전자 온도계의 센서로서 잘 동작한다는 것을 보여주고 있다.

8.7 광 다이오드

계측기에 적용되고 있는 반도체 물질의 또 다른 특징으로 빛에 대한 반응이 있다. 광 다이오드(photodiode)는 *pn*접합의 공핍 영역에 빛이 도달하면, 광자가 광 전리(photoionization)라는 현상을 통해 정공-전자 쌍이 생성되도록 한다. 이 효과는 빛을 통과시키는 금속을 통해서 얻을 수 있다. 따라서 역포화 전류 I_0는 8.2절에서 말한 다른 요인들에 더하여 빛의 강도(즉, 투사하는 광자의 수)에 의해 영향을 받는다. 광 다이오드에서 역방향 전류는 $-(I_0 + I_p)$로 주어지는데, I_p는 광 전리에 의해 발생하는 추

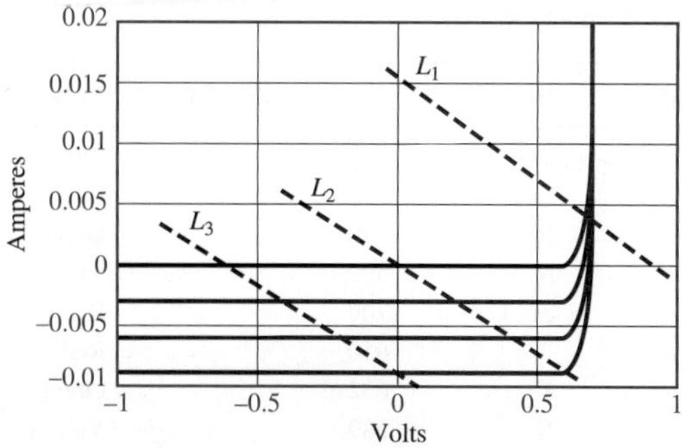

L_1 : diode operation ; L_2 : solar cell ; L_3 : photosensor

그림 8.59 광 다이오드 전류–전압 곡선(—), 세 개의 부하 선도(---)

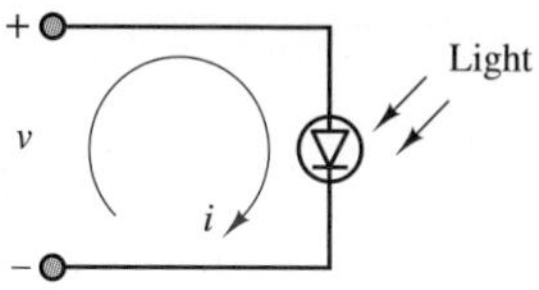

그림 8.60 광 다이오드의 회로 기호

가 전류이다. 그림 8.59의 곡선들이 이러한 결과를 보여주는데, 다이오드 특성 곡선은 광 전리에 의해 발생하는 추가 전류와 관련된 양만큼 아래로 이동된다. 그림 8.59는 여러 I_p 값들에 대한 광 다이오드의 i-v 특성을 보여주는데, I_p 값들이 차츰 커짐에 따라서 i-v 곡선은 아래로 이동된다. 해당 회로 기호는 그림 8.60에 도시되어 있다.

그림 8.59에 3개의 부하선은 광 다이오드의 3가지 동작 상태를 보여준다. 곡선 L_1은 순방향 바이어스 하에서 보통 다이오드의 동작을 나타낸다. 소자의 동작점은 양의 i와 양의 v로, i-v 평면의 제1사분면에 존재한다. 따라서 다이오드는 이 상태에서 양의 전력을 소모하므로, 이미 알고 있듯이 수동 소자이다. 한편, 부하선 L_2는 **태양전지**(solar cell)로서의 광 다이오드 동작을 나타낸다. 이 상태에서 동작점은 음의 i, 양의 v로 제4사분면에 존재하므로 다이오드가 소모하는 전력은 음이다. 다시 말해, 광 다이오드는 빛 에너지를 전기 에너지로 변환함으로써 전력을 생산해낸다. 한 가지 더 알아야 할 사실은, 부하선이 전압 축과 0에서 만나는데, 이는 태양전지 상태의 광 다이오드에 바이어스를 걸기 위해 전원 전압이 필요치 않음을 의미한다. 마지막으로, 부하선 L_3는 광 센서로서의 다이오드의 동작을 나타낸다. 역방향 바이어스 하에서, 다이오드를 흐르는 전류는 빛의 세기에 의해 결정된다. 따라서 다이오드 전류는 투과하는 빛의 세기의 변화에 따라 변한다.

광 다이오드에 순방향 바이어스를 걸어 공핍 영역에서 상당한 수준의 재결합이 일어나게 함으로써, 광 다이오드의 동작을 바꿀 수가 있다. 방출된 에너지의 일부는 광자를 방출함으로써 빛 에너지로 변환된다. 따라서 이러한 상태에서 동작하는 다이오드는 순방향 바이어스되었을 때 빛을 방출한다. 이렇게 사용되는 광 다이오드를 **발광 다이오드**(light-emitting diode, LED)라 한다. 일반적으로 LED의 색상에 따라 1.6~3.4 V의 순방향(오프셋) 전압이 걸린다. LED의 회로 기호가 그림 8.61에 도시되어 있다.

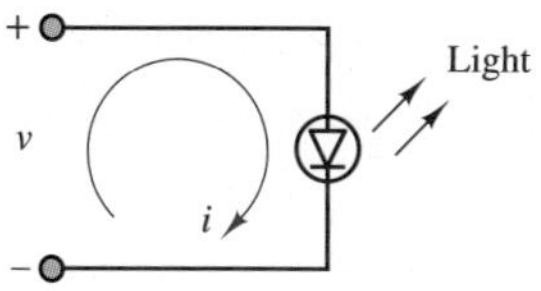

그림 8.61 LED의 회로 기호

비소화갈륨(GaAs)은 발광 다이오드를 만드는 좋은 소재 중 하나이다. 인화갈륨(GaP)과 화합물 $GaAs_{1-x}P_x$ 합금도 꽤 일반적이다. 표 8.1에 일반적인 LED의 재료와 불순물, 그리고 방출하는 색을 나타내었다. 불순물은 필요한 pn접합의 생성을 위해 사용된다.

표 8.1 LED 소재와 파장

Material	Dopant	Wavelength (nm)	Color
GaAs	Zn	900	Infrared
GaAs	Si	910–1,020	Infrared
GaP	N	570	Green
GaP	N	590	Yellow
GaP	Zn, O	700	Red
$GaAs_{0.6}P_{0.4}$		650	Red
$GaAs_{0.35}P_{0.65}$	N	632	Orange
$GaAs_{0.15}P_{0.85}$	N	589	Yellow

그림 8.62에 LED의 도식적 표현과 함께 일반적인 구조를 나타내었다. p와 n 영역의 전기적 접촉으로, 얇은 pn접합이 형성된다. 빛이 소자로부터 방해받지 않고 방출되기 위해, 물질의 위쪽 표면은 많이 노출되면 될수록 좋다. 실제로, 방출된 빛에서 비교적 작은 비율만이 소자를 벗어나며, 대부분은 반도체 내에 남는다. 소자 내에 남는 광자는 가전자대(valence band)의 전자와 충돌하는데, 이 충돌은 전자를 전도대(conduction band)로 밀어넣어서 전자-정공 쌍을 방출하고, 광자를 흡수한다. 광자가 방출되기 전에 흡수될 가능성을 최소화하기 위해 p형 영역의 두께는 아주 얇아진다. 또한 광자를 방출하는 재결합은 가능한 한 다이오드의 표면 가까이에서 일어날수록 좋다. 이는 다양한 도핑 기술에 의해 구현되지만, 대부분의 전하 운반자들은 다이오드를 통과하고, 작은 비율의 광자만이 반도체에서 방출된다. LED와 광 다이오드의 중요한 적용 사례가 그림 8.63에 도시되어 있다.

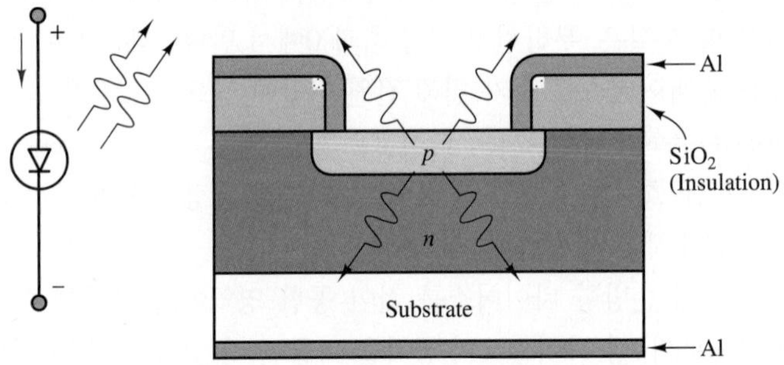

그림 8.62 발광 다이오드(LED)

그림 8.64는 간단한 발광 다이오드 구동 회로이다. 회로 해석의 관점에서 볼 때, 발광 다이오드의 특성은 오프셋 전압이 보통 약간 크다는 것을 제외하고는, 실리콘 다이오드의 특성과 매우 비슷하다. V_γ의 일반적인 값은 1.6~3.4 V 범위이며, 동작 전류의 범위는 10~100 mA이다. 생산자들은 보통 발광 다이오드의 특성을 동작점 전류와 전압으로 표현한다.

옵토–아이솔레이터(Opto-Isolators)

측정기술

광 다이오드와 LED의 일반적인 응용 중 하나가 **옵토–커플러** 또는 **옵토–아이솔레이터**이다. 이 소자는 보통 밀폐되어 봉해져 있는데, 두 개의 회로 사이에 전기적 연결 없이 신호를 주고 받기 위해 광 다이오드가 빛을 전류로 변환하고, LED가 전류를 빛으로 변환하는 특성을 이용한다. 그림 8.63은 옵토–아이솔레이터의 회로 기호를 보여준다.

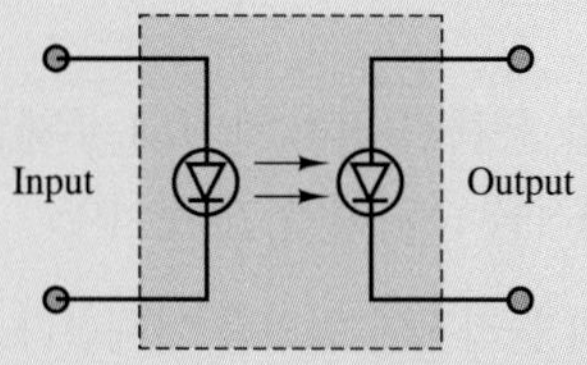

그림 8.63 옵토–아이솔레이터

다이오드는 비선형 소자이므로, 옵토–아이솔레이터는 아날로그 신호의 전달에는 사용되지 않는다. 다이오드의 비선형 *i-v* 특성 때문에 신호가 왜곡되어 전달될 것이다. 그러나 고출력의 기계류로부터 섬세한 컴퓨터의 제어 회로에 on-off 신호를 전달할 필요가 있을 때 옵토–아이솔레이터는 중요한 역할을 한다. 광학적 연결은 기계에 손실을 입힐 수 있는 큰 전류가 섬세한 기기나 컴퓨터 회로에 전달되지 못하도록 한다.

LED 해석

예제 8.13

문제

그림 8.64의 회로에서 (1) LED의 총 소비 전력, (2) 저항 R_S, (3) 전압원이 공급해 주어야 할 전력을 구하라.

풀이

기지: 다이오드의 동작점: $V_{\text{LED}} = 1.7$ V, $I_{\text{LED}} = 40$ mA, $V_S = 5$ V

미지: P_{LED}, R_S, P_S

가정: 이상적인 다이오드 모델을 사용한다.

해석:

1. LED의 전력 소비는 동작점의 해석에서 바로 결정할 수 있다.

$$P_{\text{LED}} = V_{\text{LED}} \times I_{\text{LED}} = 68 \text{ mW}$$

2. 주어진 동작점에서 요구되는 저항 R_S을 구하기 위해 그림 8.64의 회로에 KVL을 적용한다.

$$V_S = I_{\text{LED}} R_S + V_{\text{LED}}$$

$$R_S = \frac{V_S - V_{\text{LED}}}{I_{\text{LED}}} = \frac{5 - 1.7}{40 \times 10^{-3}} = 82.5 \ \Omega$$

3. 회로의 전력 요구를 만족시키려면, 전원은 저항 및 다이오드에 40 mA의 전류를 공급할 수 있어야 한다. 따라서

$$P_S = V_S \times I_{\text{LED}} = 200 \text{ mW}$$

참조: 더 실제적인 바이어스된 LED 회로는 예제 9.3에 나타나 있다.

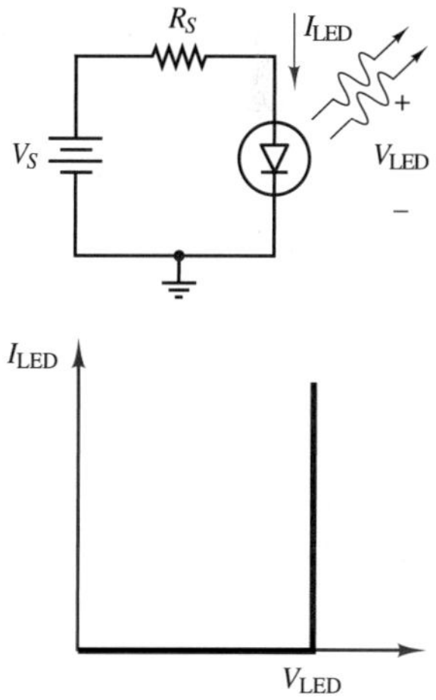

그림 8.64 LED 구동 회로 및 오프셋 모델을 이용한 *i-v* 특성

연습 문제

LED에 필요한 전류가 24 mA라면, 예제 8.13의 LED를 바이어스시키기 위한 소스 저항을 결정하라.

Answer: 137.5 Ω

결론

이 장에서 반도체 다이오드를 통해서 전자 소자의 주제를 소개하였다. 이 장을 마치면서, 독자들은 다음 학습 목적을 숙지해야 할 것이다.

1. 일반적인 반도체 소자의 물리적인 원리를 이해한다. 특히, *pn*접합 다이오드를 이해한다. 다이오드 방정식과 *i-v* 특성에 익숙해진다. 반도체는 전도체와 절연체의 중간적인 특성을 가진다. 이런 특성은 비선형 *i-v* 특성을 나타내는 전자장치의 제작에 이용된다. 그중에서 다이오드는 가장 많이 사용되는 소자 중 하나이다.
2. 간단한 회로에 반도체 다이오드의 다양한 회로 모델을 이용한다. 이들은 두 종류로 분류된다. 대신호 모델; 정류 회로를 학습하는 데 유용하다. 소신호 모델; 신호 처리의 응용에 유용하다. 다이오드는 순방향 바이어스될 때, 전류의 흐름을 한 방향으로 흐르게 하는 단방향 전류 밸브와 같이 행동한다. 다이오드의 동작은 지수 방정식으로 표현되나, 간단한 회로 모델로 다이오드의 동작을 근사화할 수 있다. 가장 간단한 (이상) 다이오드는 단락 회로(순방향 바이어스) 또는 개방 회로(역방향 바이어스)로 취급한다. 이상 다이오드는, *pn*접합의 접합 전위를 나타내는 오프셋 전압을 포함하도록 확장될 수 있다. 또한 다이오드의 순방향 저항을 모델링하여 포함하여 소신호 회로에 적합한 다이오드 모델도 있다. 이들 모델과 직류와 교류 회로 해석법을 이용하여, 다이오드 회로를 해석할 수 있다.
3. 실용적인 전파 정류기 회로를 학습하고, 대신호 다이오드 모델을 이용하여 정류기의 실제 사양을 해석하고 결정하는 방법을 배운다. 다이오드의 가장 중요한 특성은 교류 전압과 전류를 정류하는 능력이다. 다이오드 정류기는 반파(half-wave)와 전파(full-wave) 형태가 있다. 전파 정류기는 2개 다이오드를 사용한 형태와 4개 다이오드를 이용한 브리지 형태가 있다. 다이오드 정류는 DC 전원에 필수 요소이다. DC 전원의 또 다른 중요한 부분은 커패시터를 이용한 필터링 또는 평활화(smoothing)이다.
4. 전압 조정기로서 제너 다이오드의 기본적인 동작을 이해하며, 기본적인 전압 조정기를 해석하기 위해 간단한 회로 모델을 사용한다. 정류와 필터링에 더하여 전원은 출력 전압 조정이 필요하다. 제너 다이오드는 전압 조정기에 유용한 전압 기준을 제공한다.
5. 태양전지, 광센서, 그리고 LED와 함께 광 다이오드의 기본적인 동작 원리를 이해한다. 반도체 소재의 특성은 빛의 세기에도 영향을 받는다. 광 다이오드로 알려진 다이오드는 광 검출기, 태양전지, LED에 응용된다.

숙제 문제

8.1절: 반도체 소자의 전기 전도

8.1 반도체 재료에서 양전하의 밀도와 음전하의 밀도가 같아야 한다. 전하 운반자(자유전자와 정공)와 이온화된 불순물 원자(dopant atoms)는 전하 한 개의 전하량과 같은 전하를 가진다. 그러므로 전하 중성 방정식(charge neutrality equation)은

$$p_o + N_d^+ - n_o - N_a^- = 0$$

여기서

n_o = 평형 음전하 밀도
p_o = 평형 양전하 밀도
N_a^- = 이온화된 억셉터 밀도
N_d^+ = 이온화된 도너 밀도

전하 운반자 곱 방정식(carrier product equation)은 반도체가 도핑될 때 전하 운반자 밀도의 곱이 일정하다는 것을 말한다.

$$n_o p_o = \text{const} \qquad (\text{식 } 8.2)$$

T = 300 K에서 진성 실리콘은

$$\text{Const} = n_{io}\, p_{io} = n_{io}^2 = p_{io}^2$$
$$= \left(1.5 \times 10^{16} \frac{1}{\text{m}^3}\right)^2 = 2.25 \times 10^{32} \frac{1}{\text{m}^2}$$

반도체 재료는 도너 도핑이나 억셉터 도핑 중 어느 것이 더 큰 값을 갖느냐에 따라 n형 또는 p형이 된다. 대부분의 불순물 원자들은 실온에서 이온화된다. 만약 진성 실리콘이 도핑된다면,

$$N_A \approx N_a^- = 10^{17} \frac{1}{\text{m}^3} \qquad N_d = 0$$

a. 이것이 n형 또는 p형 진성 반도체인지를 결정하라.
b. 다수 전하 운반자와 소수 전하 운반자를 결정하라.
c. 다수 전하 운반자와 소수 전하 운반자의 밀도를 결정하라.

8.2 진성 실리콘이 다음과 같이 도핑되었다고 가정한다.

$$N_a \approx N_a^- = 10^{17} \frac{1}{\text{m}^3} \qquad N_d \approx N_d^+ = 5 \times 10^{18} \frac{1}{\text{m}^3}$$

a. 만약 이것이 n형 또는 p형 진성 반도체인지를 결정하라.
b. 다수 전하 운반자와 소수 전하 운반자를 결정하라.
c. 다수 전하 운반자와 소수 전하 운반자의 밀도를 결정하라.

8.3 반도체 재료의 미시적 구조를 설명하라. 가장 일반적으로 사용되는 반도체 재료는 무엇인가?

8.4 반도체에서 전하 운반자의 열 발생과 이 과정이 반도체 소자의 동작을 어떻게 제한하는지 설명하라.

8.5 도너와 억셉터 불순물 원자들의 특성과 이들이 반도체 재료에서 전하 운반자의 밀도에 어떤 영향을 끼치는지 설명하라.

8.2절: *pn*접합과 반도체 다이오드

8.6 반도체 pn접합은 전하 운반자가 접합을 가로지르는 것을 막으려는 전위 장벽을 야기한다. 반도체 pn접합 부근에서 전하 운반자와 이온화된 불순물 원자들의 동작을 물리적으로 설명하라.

8.3절: 반도체 다이오드의 대신호 모델

8.7 그림 P8.7의 회로를 보아라. 다이오드가 전도하는지를 결정하라. 다이오드가 이상 다이오드 V_A = 12 V와 V_B = 10 V로 가정하라.

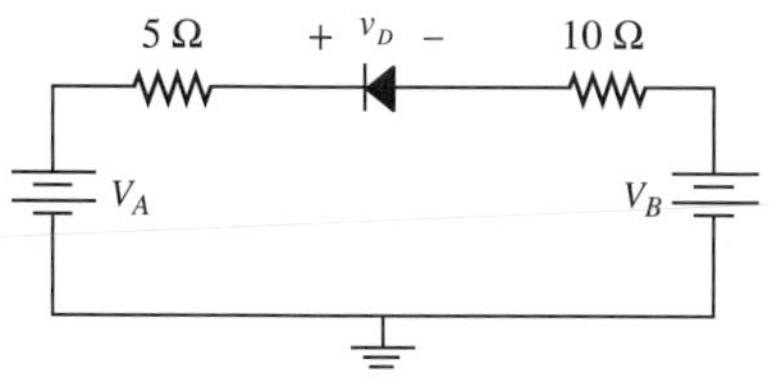

그림 P8.7

8.8 V_A = 12 V와 V_B = 15 V를 이용하여 문제 8.7을 반복하라.

8.9 그림 P8.9의 다이오드가 전도하는지를 결정하라. 다이오드가 이상 다이오드 V_A = 12 V와 V_B = 10 V, V_C = 5 V로 가정하라.

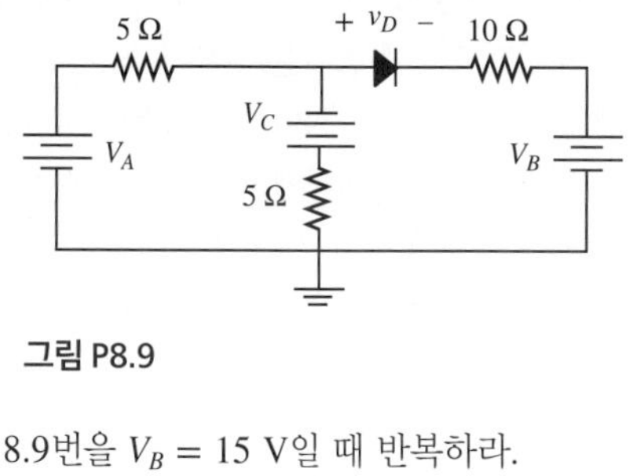

그림 P8.9

8.10 문제 8.9번을 V_B = 15 V일 때 반복하라.

8.11 문제 8.9번을 V_C = 15 V일 때 반복하라.

8.12 문제 8.9번을 V_B = 15 V와 V_C = 10 V일 때 반복하라.

8.13 그림 P8.13의 회로에 대해서, 다음 조건에 부합하도록 $i_D(t)$를 도시하라.

a. 이상 다이오드 모델

b. 오프셋 다이오드 모델($V_\gamma = 0.6$ V)

c. $r_D = 1$ kΩ, $V_\gamma = 0.6$ V를 갖는 부분적 선형 다이오드 모델(8.4절 참고).

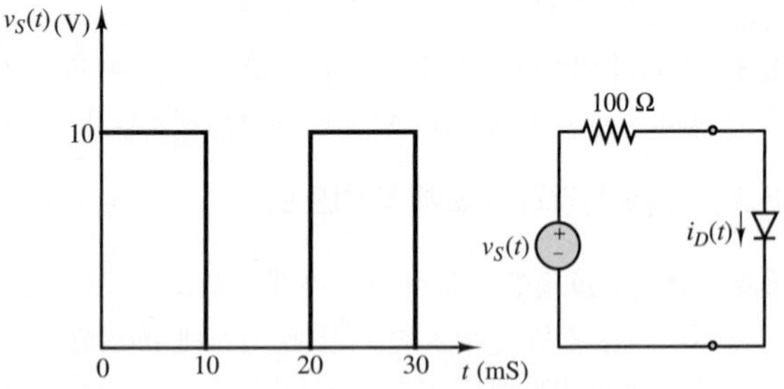

그림 P8.13

8.14 그림 P8.14의 회로에서 D_1이 순방향 바이어스인 V_{in}의 범위를 구하라. 이상 다이오드 모델로 가정하라.

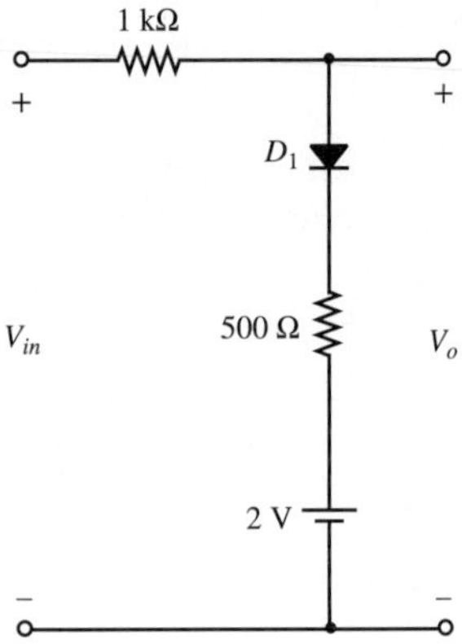

그림 P8.14

8.15 다이오드 공식을 바탕으로 전자 온도계에 더 흥미있게 다이오드를 응용할 수 있다. 이 원리는 그림 P8.15(a)에서와 같이 다이오드에 흐르는 전류가 거의 일정하다면, 오프셋 전압이 온도에 선형적이라는 경험에 바탕을 둔다.

a. 그림 8.15(b)의 회로에서 i_D가 다이오드 전압인 v_D의 변화에도 불구하고 거의 일정하다는 것을 보여라. 이를 위해서, v_D의 주어진 퍼센트 변화에 대한 i_D의 퍼센트 변화를 계산한다. v_D가 0.6 V에서 0.63 V로 5% 변한다고 가정하라.

b. 그림 8.15(a)의 그래프를 바탕으로, $v_D(T°)$에 대한 방정식을 다음 형태로 나타내라.

$$v_D = \alpha T° + \beta$$

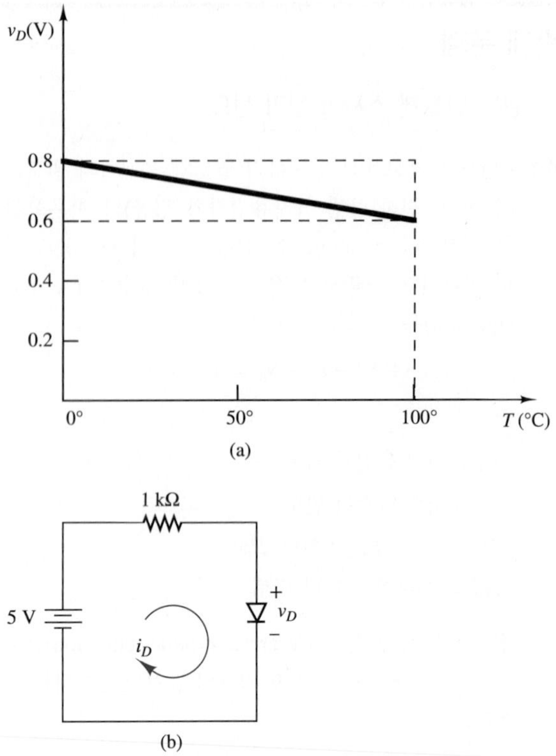

그림 P8.15

8.16 D가 이상 다이오드라 가정할 때, 그림 P8.16의 회로에서 v_S가 양과 음에 대해서 전압 v_o에 대한 식을 구하라. v_o 대 v_S의 선도를 도시하라.

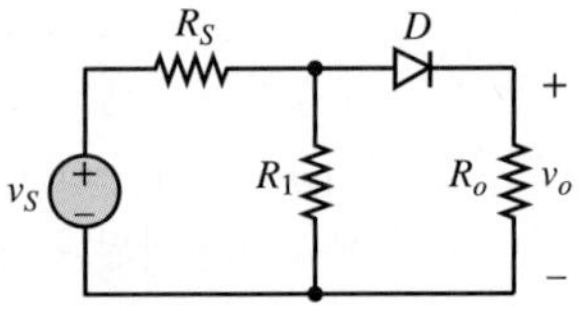

그림 P8.16

8.17 오프셋 다이오드 모델을 이용하여, 문제 8.16을 반복하라.

8.18 그림 P8.18의 회로에서 저항 R과 다이오드 D에 소모되는 전력을 구하라. 지수함수로 표현된 다이오드 방정식을 이용하고, $R = 2$ kΩ, $V_S = 5$ V, $V_D = 900$ mV, $q/KT = \frac{1}{52}$ mV, $I_0 = 15$ nA이라고 가정하라.

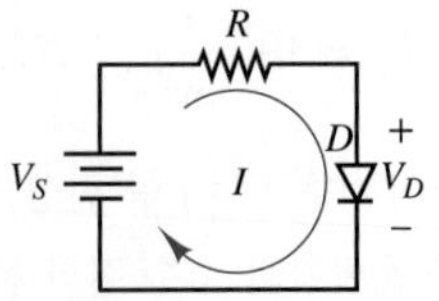

그림 P8.18

8.19 그림 P8.19에서 다이오드 D에서 보여지는 테브닌 등가 회로를 결정하고, 다이오드 전류 i_D를 결정하기 위하여 이 회로를 사용하라. 또한, 전류 i_1과 i_2를 계산하라. $R_1 = 5$ kΩ, $R_2 = 3$ kΩ, $V_{cc} = 10$ V, $V_{dd} = 15$ V.

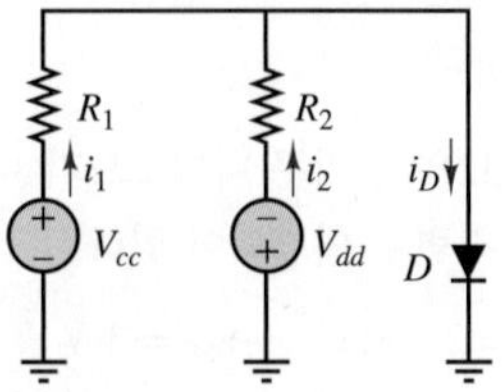

그림 P8.19

8.20 그림 P8.20에서 정현파 전압원 $V_S = 50$ V rms, $R = 170$ Ω, $V_\gamma = 0.6$ V를 가정하자. 실리콘 다이오드에 오프셋 다이오드 모델을 사용하여 다음을 결정하라.

a. 최대 순방향 전류

b. 다이오드에 걸리는 피크 역전압

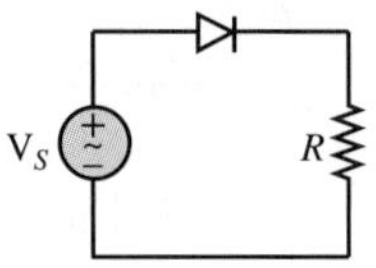

그림 P8.20

8.21 그림 P8.21의 각 회로에서 이상 다이오드를 가정하여 전압 V_o를 결정하라.

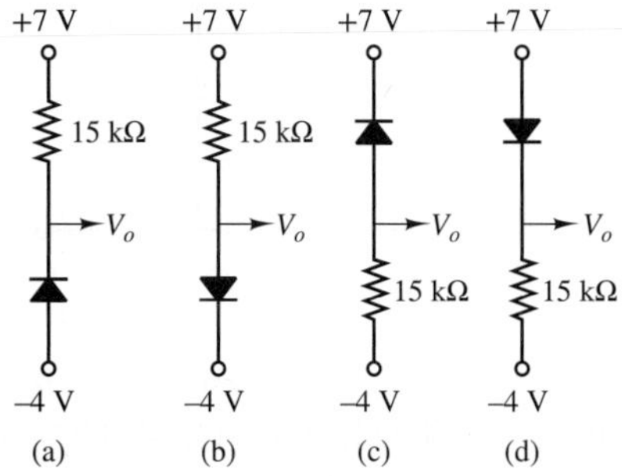

그림 P8.21

8.22 그림 P8.22의 회로에서, D_1이 순방향 바이어스되는 V_{in}의 범위를 구하라. 이상 다이오드라고 가정하라.

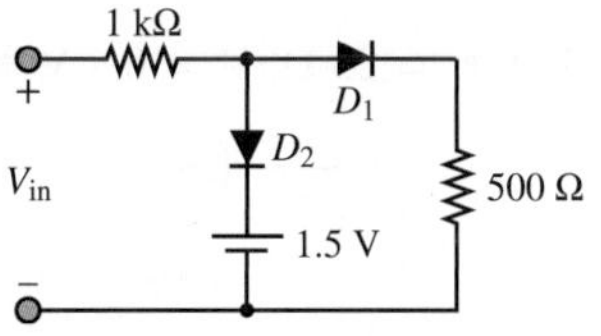

그림 P8.22

8.23 그림 P8.23의 각 회로에서 다이오드가 순방향 바이어스인지 역방향 바이어스인지를 결정하라. 오프셋 전압이 0.7 V라 가정하고, v_{out}을 구하라.

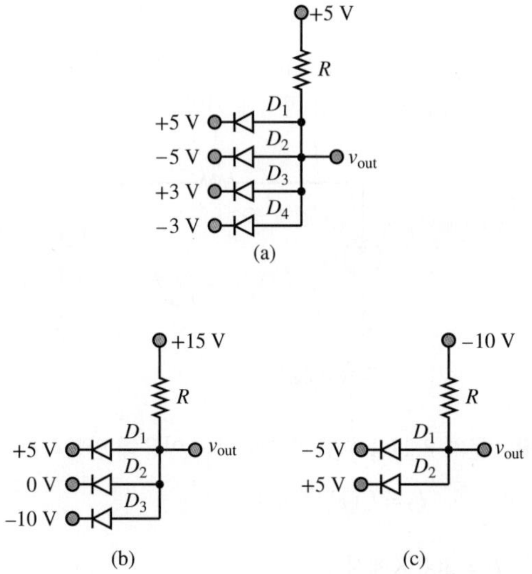

그림 P8.23

8.24 그림 P8.24의 회로에 대한 출력 파형과 전압 전달 특성을 도시하라. 이상 다이오드 특성을 갖는다고 가정하고, $v_S(t) = 8\sin(\pi t)$, $V_1 = 3$ V, $R_1 = 8$ Ω, and $R_2 = 5$ Ω이다.

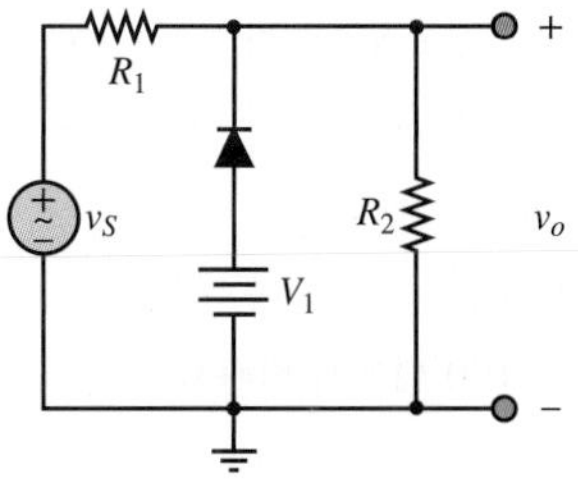

그림 P8.24

8.25 $V_\gamma = 0.55$ V인 오프셋 다이오드 모델을 이용하여, 문제 8.24를 반복하라.

8.4절: 반도체 다이오드의 소신호 모델

8.26 $v_S(t) = 1.5\sin(2{,}000\pi t)$, $V_1 = 1$ V, $R_1 = R_2 = 1$ kΩ의 조건으로 문제 8.24를 반복하라. $r_D = 200$ Ω과 함께 구간 선형 다이오드 모델을 사용하라.

8.27 그림 P8.27의 회로에서 다이오드는 실리콘으로 제조되었고, 다음 관계식에 따라 동작한다.

$$i_D = I_o(e^{v_D/V_T} - 1)$$

$T = 300$ K에서

$$I_o = 250 \times 10^{-12}\,\text{A} \qquad V_T = \frac{kT}{q} \approx 26\text{ mV}$$

$$v_S = 4.2\text{ V} + 110\cos(\omega t)\text{ mV}$$

$$\omega = 377\text{ rad/s} \qquad R = 7\text{ k}\Omega$$

이다. Q점에서의 전류 i_D를 구하라.

a. 오프셋 다이오드 모델

b. 회로 특성(즉, 직류 부하선 방정식)과 소자 특성(즉, 다이오드 방정식) 곡선에 기반한 도식적 방법

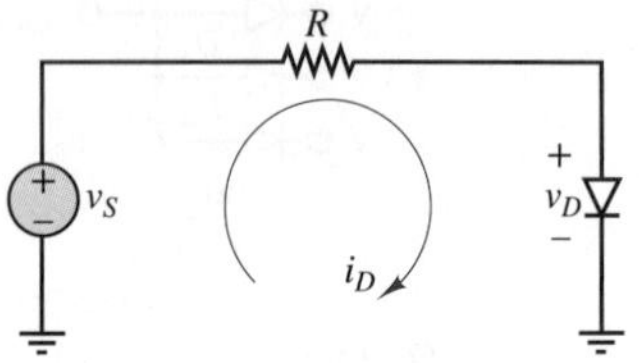

그림 P8.27

8.28 문제 8.27을 다음의 데이터를 이용해 반복하라.

$$i_D = I_o(e^{v_D/V_T} - 1)$$

$T = 300$ K에서

$$I_o = 2.030 \times 10^{-15}\text{ A} \qquad V_T = \frac{kT}{q} \approx 26\text{ mV}$$

$$v_S = 5.3\text{ V} + 7\cos(\omega t)\text{ mV}$$

$$\omega = 377\text{ rad/s} \qquad R = 4.6\text{ k}\Omega$$

8.29 그림 8.8의 i-v 특성을 갖는 다이오드가 5 V DC 전압원(순방향 바이어스)과 200 Ω의 부하 저항에 직렬로 연결되어 있다(이는 그림 P8.34와 유사하다). 아래 문제에 답하라.

a. 부하 전류와 전압

b. 다이오드에서 소모되는 전력

c. 부하가 100 Ω에서 500 Ω로 변경될 때의 부하 전류와 전압

8.30 그림 8.28의 i-v 특성을 갖는 다이오드가 2 V DC 전압원(순방향 바이어스)과 200 Ω의 부하 저항에 직렬로 연결되어 있다. 아래 문제에 답하라.

a. 부하 전류와 전압

b. 다이오드에서 소모되는 전력

c. 부하가 100 Ω에서 300 Ω으로 변경될 때의 부하 전류와 전압

8.31 그림 P8.32의 실리콘 다이오드가 다음 식에 의해서 기술된다.

$$i_D = I_o(e^{v_D/V_T} - 1)$$

$T = 300$ K에서

$$I_o = 250 \times 10^{-12}\text{ A} \qquad V_T = \frac{kT}{q} \approx 26\text{ mV}$$

$$v_S = V_S + v_s = 4.2\text{ V} + 110\cos(\omega t)\text{ mV}$$

$$\omega = 377\text{ rad/s} \qquad R = 7\text{ k}\Omega$$

이고, 직류 동작점인 Q점과 Q점에서의 교류 소신호 등가 저항이 다음과 같다.

$$I_{DQ} = 0.548\text{ mA} \qquad V_{DQ} = 0.365\text{ V} \qquad r_d = 47.45\ \Omega$$

다이오드에 걸리는 교류 전압과 다이오드에 흐르는 교류 전류를 구하라.

8.32 그림 P8.32의 실리콘 다이오드가 다음과 같은 두 전압원과 저항에 직렬로 연결되어 있다.

$$R = 2.2\text{ k}\Omega \qquad V_{S2} = 3\text{ V} \qquad V_\gamma = 0.7\text{ V}$$

다이오드가 순방향 바이어스가 전하가 흐르게 되는 V_{S1}의 최솟값을 구하라.

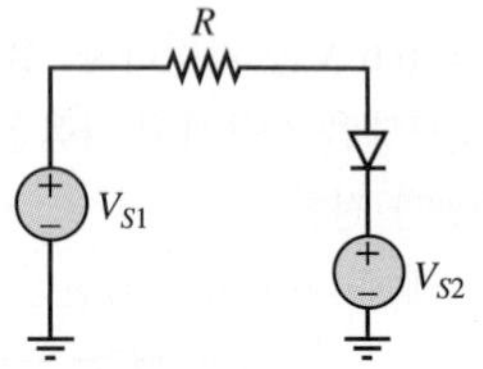

그림 P8.32

8.33 그림 P8.33에서 출력 전압 v_o의 평균을 구하라. $v_{in} = 10\sin(\omega t)$ V, $C = 80$ nF, $V_\gamma = 0.5$ V임을 가정하라. (측정 기술: 다이오드 피크 검출기를 참고하라.)

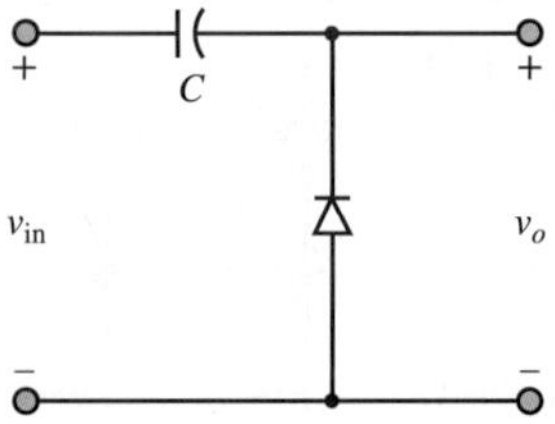

그림 P8.33

8.34 그림 P8.34의 회로는 정현파 소스 전압 $v_S(t) = 6\sin(314t)$ V에 의해 구동된다. 다음을 사용해서 평균과 피크 다이오드 전류를 결정하라.

a. 이상 다이오드 모델

b. 오프셋 다이오드 모델

c. 저항 r_D를 갖는 부분적 선형 모델

$R_o = 200\ \Omega$, $r_D = 25\ \Omega$, $V_\gamma = 0.8$ V를 가정하라.

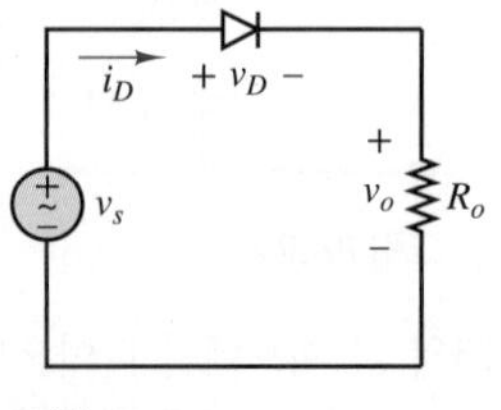

그림 P8.34

8.5절: 정류기 회로

8.35 반파 정류기가 출력에 50 V의 평균 전압을 공급하여야 한다.

a. 개략적으로 회로를 도시하라.
b. 출력 전압 파형을 도시하라.
c. 출력 전압의 피크값을 결정하라.
d. 입력 전압 파형을 도시하라.
e. 입력에서의 실효 전압은 얼마인가?

8.36 80 Ω의 부하에 직류를 공급하기 위해 반파 정류기를 사용한다. 만약 교류 소스 전압이 32 V rms라면, 부하의 피크와 평균 전류를 계산하라. 다이오드는 이상 다이오드로 가정한다.

8.37 그림 P 8.37에서 브리지 정류기는 정현파 소스 전압 $v_s(t) = 6\sin(314t)$ V에 의해 구동된다. 이 회로를 새로 그려서, 그림 8.38과 기능적으로 동일하다는 것을 보여라. R_o = 200 Ω일 때 각 다이오드에 흐르는 순방향 전류의 평균과 피크 값을 계산하라. 이상 다이오드를 가정한다.

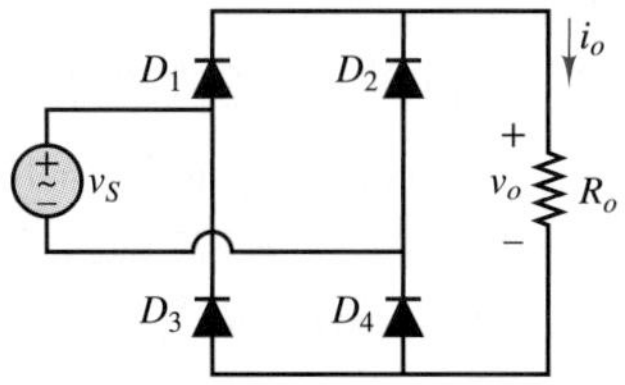

그림 P8.37

8.38 그림 P8.38의 전파 전원에서 실리콘 다이오드는 25 V의 정격 피크 역방향 전압을 가지는 1N4001이다.

$n = 0.05883$
$C = 80\ \mu F \qquad R_o = 1\ k\Omega$
$v_{line} = 170\cos(377t)$ V

a. 각 다이오드의 실제 피크 역방향 전압을 구하라.
b. 이들 다이오드가 주어진 사양에 대해 적합한지 아닌지를 설명하라.

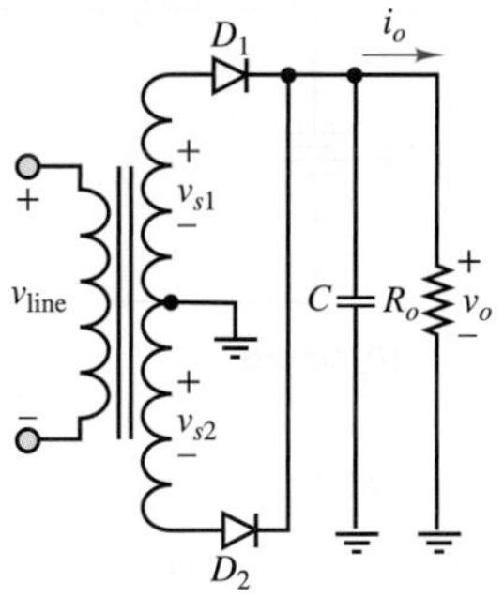

그림 P8.38

8.39 그림 P8.38의 전파 전원에서

$n = 0.1$
$C = 80\ \mu F \qquad R_o = 1\ k\Omega$
$v_{line} = 170\cos(377t)$ V

실리콘 다이오드는 1N914 스위칭 다이오드이고(그러나 여기서는 교류-직류 변환을 위해 사용됨), 다음의 정격을 가진다.

$P_{max} = 500$ mW $\qquad$ at $T = 25°C$
$V_{pk-rev} = 30$ V

정격 감소 계수(derating factor)는 $25°C < T \leq 125°C$에 대해 3 mW/°C, $125°C < T \leq 175°C$에 대해 4 mW/°C이다.

a. 각 다이오드에 걸리는 실제 피크 역방향 전압을 구하라.
b. 이들 다이오드가 주어진 사양에 대해 적합한가? 이유를 설명하라.

8.40 문제 8.38의 회로에서, 부하 전압 파형은 그림 P8.40과 같다. 그리고 다음을 가정한다.

$|i_o|_{avg} = 60$ mA $\qquad |v_o|_{avg} = 5$ V $\qquad |V_{ripple}| = 5\%$
$v_{line} = 170\cos(\omega t)$ V $\qquad \omega = 377$ rad/s

a. 권수비(turns ratio) n을 구하라.
b. 커패시턴스 C를 구하라.

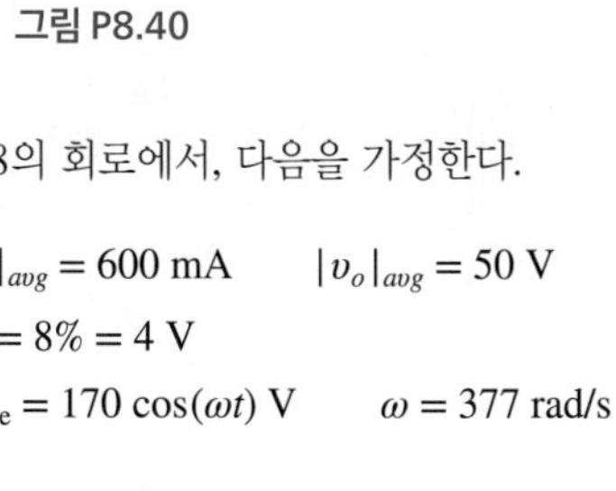

그림 P8.40

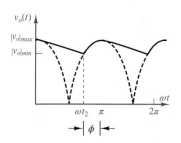

8.41 문제 8.38의 회로에서, 다음을 가정한다.

$|i_o|_{avg} = 600$ mA $\qquad |v_o|_{avg} = 50$ V
$V_r = 8\% = 4$ V
$v_{line} = 170\cos(\omega t)$ V $\qquad \omega = 377$ rad/s

a. 권선비 n을 구하라.
b. 커패시턴스 C를 구하라.

8.42 $V_\gamma = 0.8$ V를 갖는 다이오드 오프셋 모델을 사용하여, 문제 8.37을 반복하라.

8.43 전원을 위한 브리지 정류기를 설계해야 한다. 12 V rms를 정류기에 제공하는 강압 변압기가 이미 선정되어 있다. 브리지 정류기는 그림 P8.43에 주어져 있다.

a. 다이오드가 오프셋 전압 0.6 V를 가질 때 입력 소스 전압 $v_S(t)$와 출력 전압 $v_o(t)$를, 그리고 $v_S(t)$의 적절한 사이클에 다이오드 on 및 off 상태를 기술하라. 전압원의 주파수는 60 Hz이다.

b. R_o = 1,000 Ω이고, 필터링 커패시터가 8 μF의 값을 가질 때, 출력 전압 $v_o(t)$를 그려라.

c. 100 μF의 커패시턴스에 대해 *b*를 반복하라.

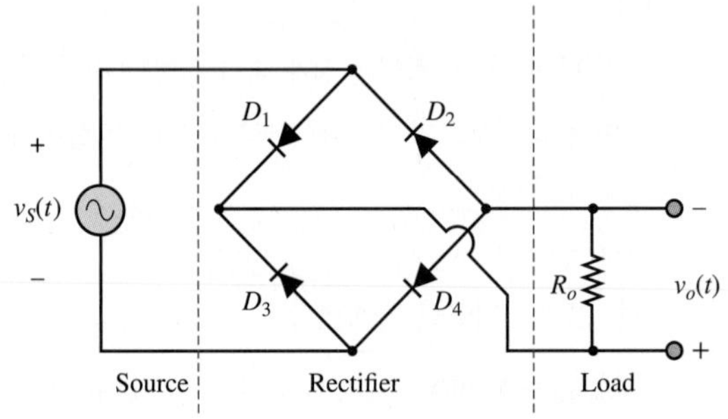

그림 P8.43

8.44 그림 P8.44의 전원용 브리지 정류기에서 실리콘 다이오드는 50 V의 정격 피크 역방향 전압을 가지는 1N4001이다.

$$v_{\text{line}} = 170\cos(377t)\ \text{V}$$
$$n = 0.2941$$
$$C = 700\ \mu\text{F} \qquad R_o = 2.5\ \text{k}\Omega$$

a. 각 다이오드의 실제 피크 역방향 전압을 구하라.

b. 이들 다이오드가 주어진 사양에 대해 적합한지 아닌지를 설명하라.

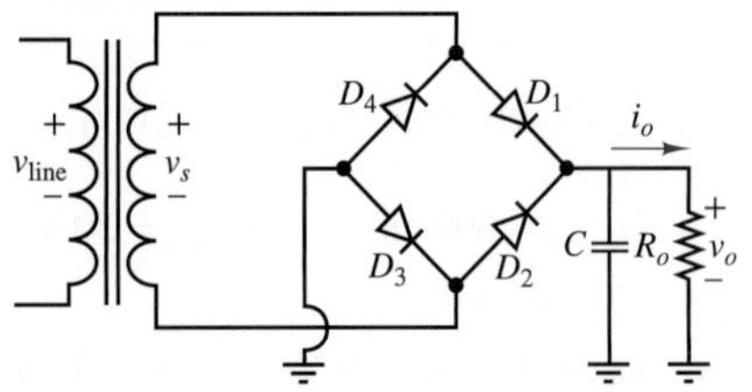

그림 P8.44

8.45 문제 8.44를 참고하라. 다이오드는 10 V의 정격 피크 역방향 전압을 가진다.

$$v_{\text{line}} = 156\cos(377t)\ \text{V}$$
$$n = 0.04231 \qquad V_r = 0.2\ \text{V}$$
$$|i_o|_{avg} = 2.5\ \text{mA} \qquad |v_o|_{avg} = 5.1\ \text{V}$$

a. 이들 다이오드에 걸리는 실제 피크 역방향 전압을 구하라.

b. 이들 다이오드가 주어진 사양에 적합한지 아닌지를 설명하라.

8.46 문제 8.44를 참고하고, 다음과 같이 가정한다.

$$|i_o|_{avg} = 650\ \text{mA} \qquad |v_o|_{avg} = 10\ \text{V}$$
$$V_r = 1\ \text{V} \qquad \omega = 377\ \text{rad/s}$$
$$v_{\text{line}} = 170\cos(\omega t)\ \text{V} \qquad \phi = 23.66°$$

각 다이오드에 흐르는 평균 및 피크 전류를 구하라.

8.47 $V_\gamma = 0.8$ V와 저항 R_D = 25 Ω을 갖는 부분적 선형 다이오드 모델을 사용하여, 문제 8.37을 반복하라.

8.48 문제 8.44를 참고하고, 다음과 같이 가정한다.

$$|i_o|_{avg} = 250\ \text{mA} \qquad |v_o|_{avg} = 10\ \text{V}$$
$$V_r = 2.4\ \text{V} \qquad \omega = 377\ \text{rad/s}$$
$$v_{\text{line}} = 156\cos(\omega t)\ \text{V}$$

a. 권수비 *n*을 구하라.

b. 커패시터의 *C*를 구하라.

8.6절: 제너 다이오드와 전압 조정

8.49 그림 P8.49에서 다이오드는 (−10 V, −5 μA), (0, 0), (0.5 V, 5 mA) 및 (1 V, 50 mA)를 통과하는 부분적 선형 특성을 가진다. 부분적 선형 모델을 결정하고, 이 모델을 사용하여 *i*와 *v*를 구하라.

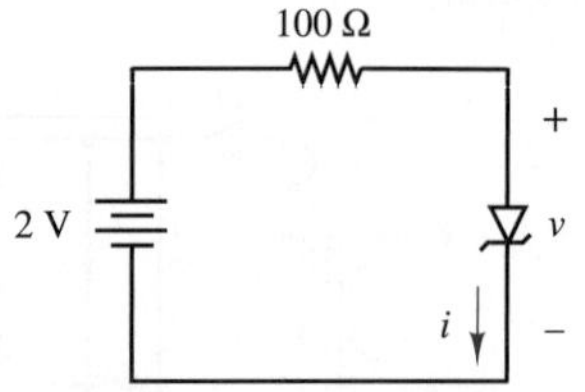

그림 P8.49

8.50 그림 P8.50의 회로에서 저항 *R*은 제너 다이오드가 특정한 한계 내로 유지되도록 해야 한다. 만약 $V_{\text{batt}} = 15 \pm 3$ V, R_o = 1000 Ω, V_Z = 5 V, 4 mA < I_Z ≤ 18 mA라면,

사용할 수 있는 저항 R의 최소와 최댓값을 구하라.

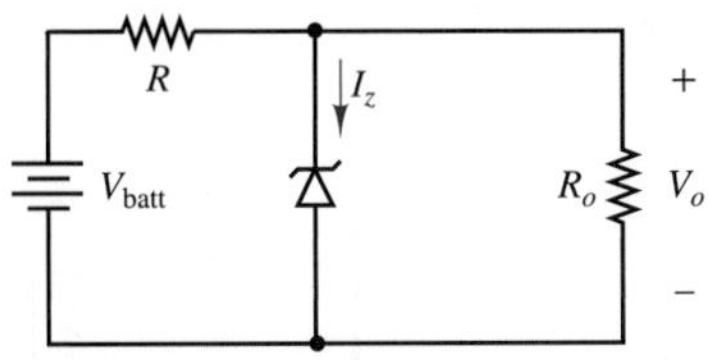

그림 P8.50

8.51 출력 전압이 25 V, 입력 전압이 35~40 V, 최대 부하 전류가 75 mA인 조정기 회로에서 직렬 저항이 가질 수 있는 최솟값과 최댓값을 구하라. 이 회로에서 사용되는 제너 다이오드는 250 mA의 최대 전류 정격을 가진다.

8.52 그림 P8.52는 제너 항복 영역에서 동작하도록 설계된 반도체 다이오드의 i-v 특성을 나타낸 것이다. 제너 영역 또는 항복 영역은 곡선의 $v_D = -3$ V, $i_D = -10$ mA인 그래프 굴곡부에서 시작하여 −80 mA의 최대 정격 전류 영역까지 걸쳐져 있다. 테스트 포인트는 $v_D = -5$ V, $i_D = -32$ mA이다. 다이오드의 제너 저항과 제너 전압을 구하라.

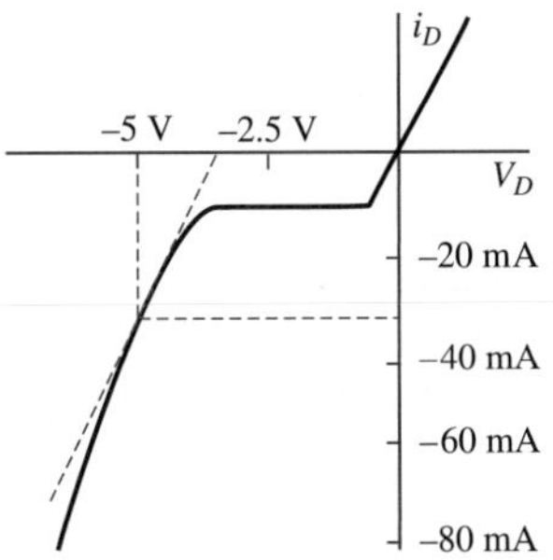

그림 P8.52

8.53 그림 P8.53의 간단한 전압 정류기 회로에서 제너 다이오드는 1N5231B이다. 소스 전압은 DC 전원에서 얻어지는데, 이 전압의 직류 성분과 리플 성분은 다음과 같다.

$$v_S = V_S + v_r$$

여기서

$V_S = 20$ V　$|v_r| = 250$ mV
$R = 220\ \Omega$　$|i_o|_{avg} = 65$ mA　$|v_o|_{avg} = 5.1$ V
$V_z = 5.1$ V　$r_z = 17\ \Omega$　$P_{\text{rated}} = 0.5$ W
$|i_z|_{\min} = 10$ mA

전력 한계를 초과하지 않으면서 다이오드가 처리할 수 있는 최대 정격 전류를 구하라.

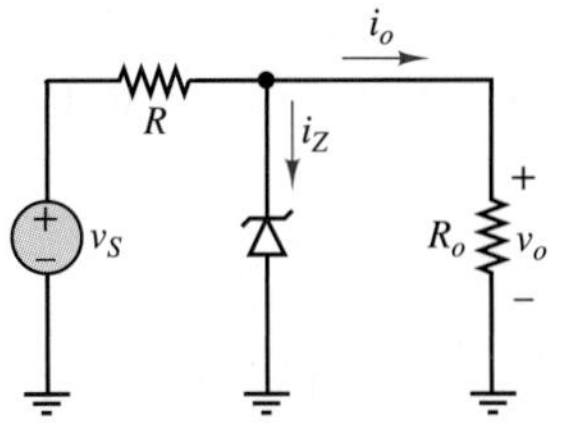

그림 P8.53

8.54 다음 사양에 대해서 문제 8.53을 반복하라.

$V_z = 12$ V　$r_z = 11.5\ \Omega$　$P_{\text{rated}} = 400$ mW

그림 P8.52를 참고해서, 역바이어스 제너 다이오드 곡선의 굴곡부에서의 값은 다음과 같다.

$I_{zk} = 12$ mA　$r_{zk} = 700\ \Omega$

8.55 그림 P8.53의 간단한 전압 정류기 회로에서 소스 전압, 부하 전류, 제너 다이오드 전압의 모든 값에 대해서, 저항 R은 정해진 한계 내에서 제너 다이오드의 전류가 유지되도록 해야 한다. 사용될 수 있는 R의 최댓값과 최솟값을 구하라.

$V_z = 5\text{ V} \pm 10\%$　$r_z = 15\ \Omega$
$|i_z|_{\min} = 3.5$ mA　$|i_z|_{\max} = 65$ mA
$|v_S| = 12 \pm 3$ V　$|i_o| = 70 \pm 20$ mA

8.56 다음 사양을 이용하여 문제 8.55를 반복하라.

$V_z = 12\text{ V} \pm 10\%$　$r_z = 9\ \Omega$
$|i_z|_{\min} = 3.25$ mA　$|i_z|_{\max} = 80$ mA
$v_S = 25 \pm 1.5$ V
$|i_o| = 31.5 \pm 21.5$ mA

8.57 그림 P.8.57의 회로에서 다이오드 전류를 계산하라. $V_{cc} = 24$ V, $I_o = 5$ mA, $R_1 = 1$ kΩ, $V_{dd} = 6$ V, $V_{z1} = V_{z2} = 5$ V, $R_2 = 3$ kΩ을 사용하라.

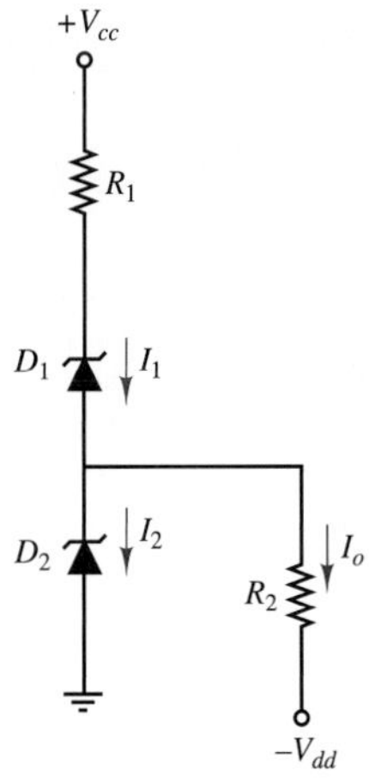

그림 P8.57

8.58 그림 P.8.58의 회로에서 전류 I_1과 I_2를 계산하라. V_{cc} = 18 V, V_{dd} = 24 V, V_{z1} = 7.5 V, V_{z2} = 5 V, R_1 = 5 kΩ, R_2 = 2 kΩ을 사용하라.

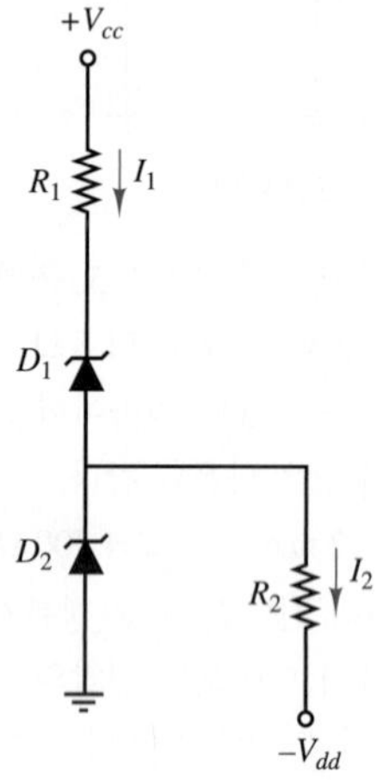

그림 P8.58

8.59 그림 P8.59의 제너 전압 조정기가 부하 전압을 14 V에 유지한다. 제너 다이오드가 14 V, 5 W 정격을 가진다면, 원하는 전압 조정에 사용될 수 있는 부하 저항 R_o의 범위를 구하라.

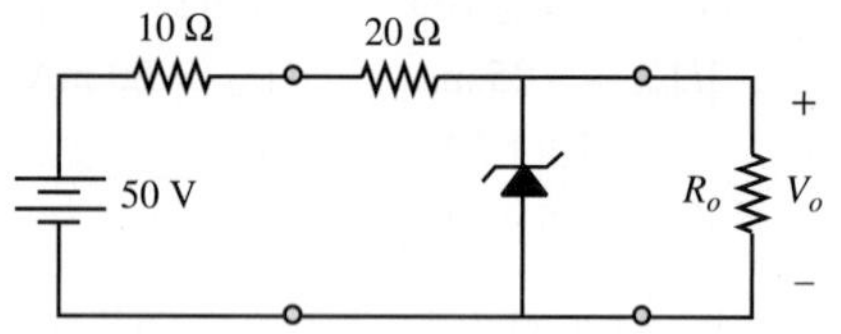

그림 P8.59

8.60 그림 P8.60(a)는 이상 제너 다이오드의 *i*-*v* 특성을 보여준다. 그림 P8.60(b)의 회로에서 제너 전압 V_Z가 7.7 V이고, V_S가 다음과 같이 주어졌을 때 출력 전압 V_o를 계산하라.

a. 12 V

b. 20 V

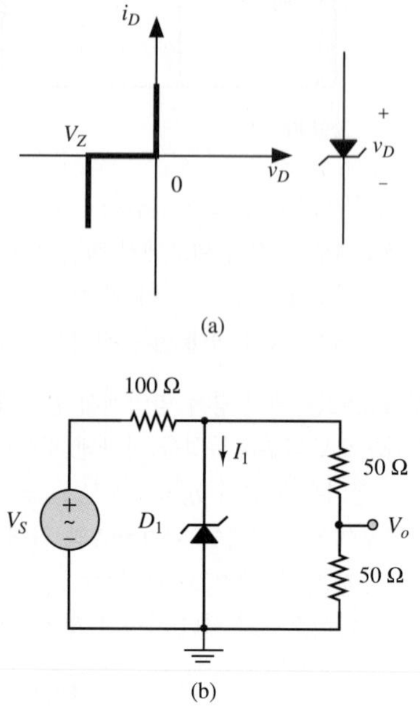

그림 P8.60

8.7절: 광 다이오드

8.61 예제 8.13의 LED 회로에서 LED가 동일한 전압에서 20 mA를 소비한다면, LED 전력 소모를 구하라. 소스는 어느 정도의 전력이 필요한가?

8.62 예제 8.13의 LED 회로에서 다이오드 전압이 1.5 V이고, LED가 30 mA를 소비한다면, LED 전력 소모를 구하라. 소스는 어느 정도의 전력이 필요한가?

09

양극성 접합 트랜지스터: 동작, 회로 모델, 그리고 응용

BIPOLAR JUNCTION TRANSISTORS: OPERATION, CIRCUIT MODELS AND APPLICATIONS

지난 반세기 동안 트랜지스터 기술은 전력과 정보를 전송하거나 활용하는 방식에 혁명을 가져왔다. 이 기술의 영향력은 과장하기조차 어렵고, 이에 대한 예는 어디에서든 찾아볼 수 있다. 더 나아가, 이에 관련된 기술과 제품들은 계속해서 비약적으로 발전하고 있다. 참으로 놀라운 것은, 1984년 1월에 애플 컴퓨터에서 처음 소개한 매킨토시 개인용 컴퓨터는 64 kB ROM 용량, 128 kB RAM 용량, 8 MHz로 운용되는 메인보드, 그리고 384 × 256 픽셀 디스플레이 해상도를 가졌고, 그 당시 2,495달러로 2018년 가치로 환산하면 6,038달러에 육박한다. 같은 해, IBM에서 출시된 2세대 AT 개인용 컴퓨터는 16비트, 6 MHz 인텔 80286 마이크로프로세서, 그리고 20 MB 하드드라이브로 구성되었다. 35년도 지나지 않아 대학생에게 추천되는 보급형 데스크톱 컴퓨터 사양은 64비트, 3.2-GHz 쿼드코어 프로세서, 1.3-GHz 데이터버스와 8 GB RAM 용량, 500 GB 저장 공간 용량, 그리고 1,600 × 900 픽셀의 모니터 해상도를 지니게 되었다.

당연한 이야기지만, 아날로그와 디지털 기술의 발전은 개인용 컴퓨터에만 국한된 것은 아니다. 전반적으로, 모든 종류의 통신 시스템은 혁신되었다. 1983년 이전까지만 해도 개인 간의 원거리 통신은 유선 전화에 제한되었다. 유일한 비동기 형태의 원거리 통신은 아날로그 전화 테이프 녹음기 또는 우편과 택배가 있었고, 예를 들면 미국 우체국, UPS, 그리고 FedEx가 있었다. 이러한 방식의 서비스는 우리 사회 내에서 지속적으로 중요한 역할을 수행했지만 새로운 형태의 통신, 특히 실시간 비동기 통신이 개발되었다. 오늘날 우리는 기본적으로 디지털 이미지, 비디오, 문자,

그리고 목소리를 전송, 교환 혹은 방송을 위해 휴대용 기기 또는 웨어러블 기기를 사용한다. 우리는 이런 스마트폰을 소형의 슈퍼 컴퓨터라고 묘사해도 무방할 것이다. Pew Research Center에서 발표한 인터넷과 미국인의 삶에 대한 보고서에 따르면, 2011년 5월에는 대략 35%의 미국 성인이 스마트폰을 소유하고 있다고 조사되었다. 오늘날 그 수치는 81%까지 증가하였다.

근본적으로 이 모든 진보는 트랜지스터의 기술 발전에 의존하고 있다. 이 기술의 광범위한 영향을 생각했을 때, 모든 엔지니어들이 트랜지스터에 대해 기본적으로 이해하고 있고, 트랜지스터가 통신과 전력장치를 구성하기 위해 어떻게 사용되는지에 대해 알고 있는 것은 매우 중요할 것이다. 이 두 개의 구성 요소는 **스위치**와 **증폭기**이다. 9장과 10장에서는 트랜지스터가 어떻게 활용되어 여러 종류의 스위치와 증폭기로 활용되는지를 밝히는 것에 집중한다. 9장은 트랜지스터의 한 종류인 **양극성 접합 트랜지스터**(bipolar junction transistor, BJT)에 대해 자세히 소개할 것이다. BJT의 3가지 기본 동작을 쉽게 이해할 수 있도록, 물리학의 기본 법칙과 함께 소개된다. 또한 실용적인 예제들을 통해, 주요 BJT 회로와 선형 회로 모델을 이용한 분석 방법을 제공한다.

LO 학습 목적

1. 증폭과 스위칭의 기본적인 원리의 이해. 9.1절
2. 양극성 트랜지스터의 물리적 동작의 이해; 양극성 트랜지스터 회로의 동작점 결정. 9.2절
3. 양극성 트랜지스터의 대신호 모델 이해; 간단한 증폭기 회로에의 적용. 9.3절
4. 양극성 트랜지스터의 동작점 선정; 소신호 증폭기의 원리 이해. 9.4절
5. 스위치로서 양극성 트랜지스터의 동작 이해; 기본적인 아날로그와 디지털 게이트 회로 해석. 9.5절

9.1 증폭기와 스위치로서의 트랜지스터

트랜지스터는 **증폭**(amplification)과 **스위칭**(switching)이라는 두 가지 기능을 가진 전자 회로 설계에 기본이 되는 3단자 반도체 소자이다. 증폭은 외부의 전원으로부터 에너지를 전달하여 신호를 크게 하는 것을 의미한다. 스위칭은 입력으로 들어온 작은 전류나 전압을 사용하여 상대적으로 큰 출력 전류나 전압을 제어하는 것이다.

선형 증폭기로의 4가지 모델이 그림 9.1에서 도시되어 있다. 제어되고 있는 전압원과 전류원은 입력 전류 또는 전압에 비례하는 출력을 발생시키는데, 이때 비례상수 A_i, A_v, G_m, R_m은 트랜지스터의 내부 이득(gain)이라 한다. (내부 이득 G_m은 상호 컨덕턴스이며 단위는 A/V인데, 이는 이전 장에서 정의되었던 무차원 이득인 G

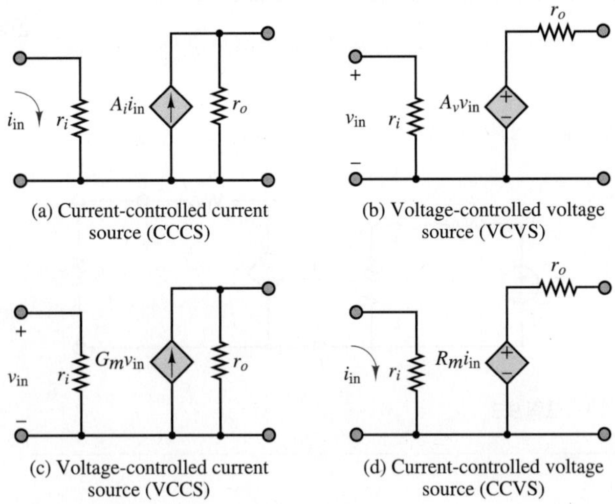

그림 9.1 선형 증폭기의 제어 소스 모델

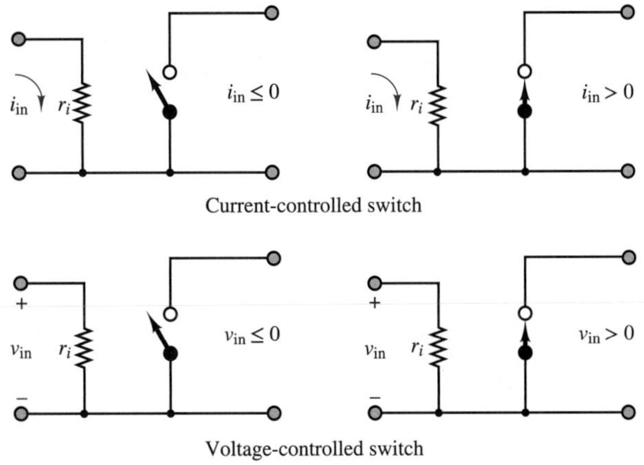

그림 9.2 이상적 트랜지스터 스위치 모델

와는 다르다.) BJT는 주로 전류에 의해 제어되는 장치로서 동작한다.[1]

트랜지스터가 스위치로 동작할 때는, 트랜지스터의 두 단자에 흐르는 전류를 on-off 방식으로 제어하기 위해, 소전압이나 소전류가 이용된다. 그림 9.2는 스위치로서의 트랜지스터의 이상적인 동작을 보여주는데, 제어 전압 또는 전류가 0보다 크면 스위치가 닫히고(on), 반대인 경우는 열린다(off). 스위치 모드로 동작하는 트랜지스터의 조금 더 현실적인 동작 조건들은 이번 장과 10장에서 소개된다.

[1] 또 다른 종류의 트랜지스터인 전기장 효과 트랜지스터(FET)는 전압에 의해 제어되는 소자로 모델링할 수 있다. 10장 참조.

예제 9.1

선형 증폭기 모델

문제

그림 9.3의 증폭기에서 전압 이득을 구하라.

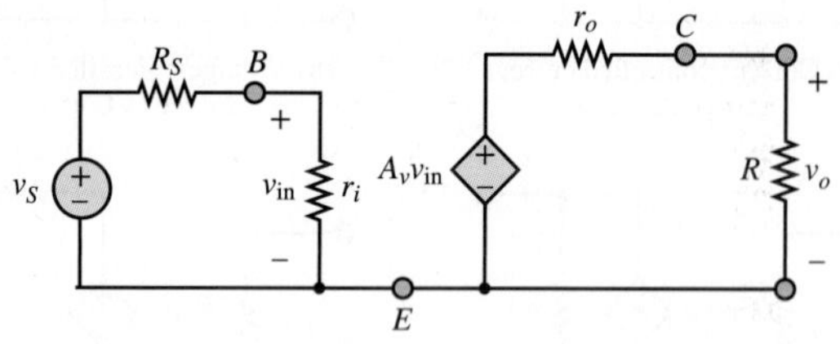

그림 9.3

풀이

기지: 증폭기의 입출력 저항 r_i와 r_o, 증폭기 내부 이득 A_v, 소스와 부하 저항 R_S와 R

미지: $G = \dfrac{v_o}{v_S}$

가정: 먼저 전압 분배 법칙을 이용하여 입력 전압 v_{in}을 결정한다.

$$v_{\text{in}} = \frac{r_i}{r_i + R_S} v_S$$

그러므로 제어 전압원의 출력은

$$A_v v_{\text{in}} = A_v \frac{r_i}{r_i + R_S} v_S$$

이 되며, 출력 전압은 전압 분배 법칙으로부터 구해진다.

$$v_o = A_v \frac{r_i}{r_i + R_S} v_S \times \frac{R}{r_o + R}$$

마지막으로, 증폭기의 전압 이득은 계산될 수 있다.

$$G = \frac{v_o}{v_S} = A_v \frac{r_i}{r_i + R_S} \times \frac{R}{r_o + R}$$

참조: 위에서 계산한 전압 이득은 트랜지스터의 내부 전압 이득 A_v보다 항상 작다는 점에 주목하라. 만약 $r_i \gg R_S$ 및 $r_o \ll R$이라면, $G \approx A_v$이다. 일반적으로, 트랜지스터의 증폭기 이득은 R_S 대 r_i의 비와 r_o 대 R의 비에 항상 의존한다.

연습 문제

그림 9.1(d)의 전류 제어 전압원(CCVS) 모델을 이용하여, 예제 9.1을 다시 반복하라. 증폭기의 전압 이득은 얼마인가? 어떤 조건에서 이득 $G = R_m/R_S$가 되는가?

그림 9.1(a)의 전류 제어 전류원(CCCS) 모델을 이용하여, 예제 9.1을 다시 반복하라. 증폭기의 전압 이득은 얼마인가?

그림 9.1(c)의 전압 제어 전류원(VCCS) 모델을 이용하여, 예제 9.1을 다시 반복하라. 증폭기의 전압 이득은 얼마인가?

Answers: $G = R_m \frac{1}{r_i + R_S}\frac{R}{r_o + R}$ $r_i \to 0, r_o \to 0; G = \frac{1}{r_i + R_S}\frac{r_o R}{r_o + R}A_i;$
$G = G_m \frac{r_i}{r_i + R_S}\frac{r_o R}{r_o + R}$

9.2 양극성 접합 트랜지스터(BJT)

BJT는 서로 다른 *p*층과 *n*층이 세 부분으로 연결되어 이루어진 물질이다. *npn* 트랜지스터는 얇고 도핑 농도가 낮은 *p*층인 **베이스**가, 도핑 농도가 높은 *n*층 **이미터**와 넓고 도핑 농도가 낮은 *n*형 **컬렉터** 사이에 위치하는 형태의 BJT이다. 이에 대응되는 BJT는 *pnp* 트랜지스터이다. 이는 *npn*과 비교해서 *n*층과 *p*층이 바뀌었을 뿐, 도핑 특성은 동일하다. 두 가지 BJT 유형에서 모두 도핑 농도가 높은 이미터는 주로 n^+ 혹은 p^+로 표기되는데, 이는 도핑 농도가 낮은 컬렉터와 구분하기 위해서이다. 그림 9.4는 두 종류 BJT의 근사적인 구조, 기호, 이름을 나타낸다. BJT에는 다음과 같이

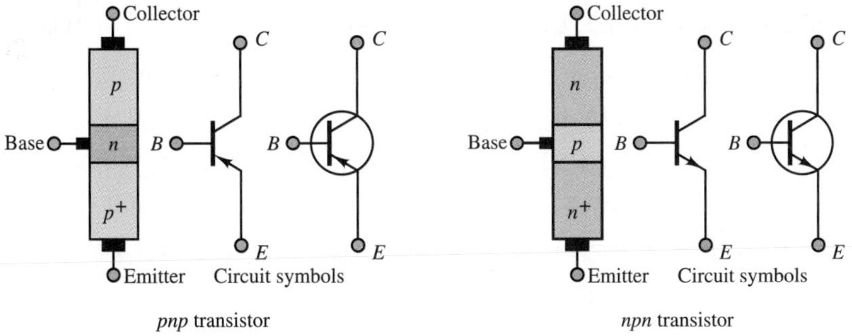

그림 9.4 양극성 접합 트랜지스터

2개의 *pn*접합이 있다: **이미터-베이스 접합**(emitter-base junction, EBJ)과 **컬렉터-베이스 접합**(collector-base junction, CBJ). BJT의 동작 조건은 이러한 접합들이 역방향 혹은 순방향 바이어스인지에 따라 결정된다. 이는 표 9.1에 정리되어 있다.

BJT가 두 개의 상반되는 *pn*접합으로 구성되는 것은 사실이지만, 동일한 두 개의 다이오드가 역상으로 연결된 것으로 BJT를 모델링하면 안 된다는 점이 매우 중요하다. EBJ는 실제 다이오드처럼 동작하지만, CBJ의 경우에는 베이스 영역이 얇고 컬렉터도 도핑 농도가 낮으므로, 실제 다이오드처럼 동작하지는 않는다. 그림 9.5

표 9.1 BJT 동작 모드

Mode	EBJ	CBJ	Application
Cutoff	Reverse-biased	Reverse-biased	Open switch
Active	Forward-biased	Reverse-biased	Amplifier
Saturation	Forward-biased	Forward-biased	Closed switch

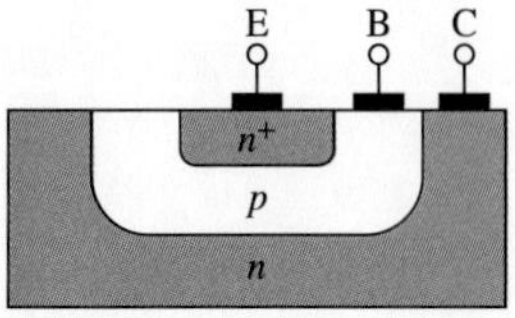

그림 9.5 *npn* 트랜지스터의 단면도. 컬렉터 영역이 이미터 영역보다 훨씬 두껍고, 낮은 농도로 도핑되었음을 주목하라. 그러나 그림과 다르게 실제 베이스 영역은 이미터와 컬렉터보다 매우 얇은 층이다.

는 BJT의 단면 구조를 보여준다. 베이스 영역은 이 그림에서 컬렉터와 이미터에 비해서 두껍게 묘사되었는데, 이는 단지 명확하게 나타내기 위해서이다. 이 그림은 두 가지 중요한 요소를 가지고 있다. (1) 베이스 영역은 이미터 영역을 매우 얇게 덮고 있다. 그리고 (2) 컬렉터 영역은 이미터나 베이스보다 매우 큰데, 이는 컬렉터가 두 영역을 덮고 있을 뿐만 아니라, 이미터에 비해서 상대적으로 더 두껍기 때문이다. 이 구조의 결과로, 컬렉터는 전하 운반자의 밀도에 큰 영향을 주지 않으면서 많은 양의 이동 전하 운반자를 받을 수 있다.

차단 모드(EBJ 역방향 바이어스, CBJ 역방향 바이어스)

두 개의 *pn*접합이 모두 역방향 바이어스로 걸려있을 때, 두 접합면과 컬렉터-이미터 간 구간에서 전류가 흐르지 않으므로 이 상태를 개방 회로로 볼 수 있다. 사실 작은 역방향 전류가 소수 운반자에 의해 발생하지만, 실용적 측면에서 볼 때 이 작은 역방향 전류를 무시할 수 있다. 실리콘으로 구성된 BJT의 경우, 8장에서 소개되었던 단일 실리콘 다이오드와 동일하게 $V_\gamma \approx 0.6$V의 오프셋 전압을 갖는다. 따라서 차단 영역에서 $\upsilon_{BE} < V_\gamma$일 때, 트랜지스터는 스위치가 오프(off) 상태(개방 회로)로 동작한다.

활성 모드(순방향 바이어스, CBJ 역방향 바이어스)

그림 9.6은 노턴 소스가 *npn* 트랜지스터의 베이스와 이미터 단자에 연결된 모습과 EBJ의 *i*-*υ* 곡선을 보여준다. $\upsilon_{BE} \le V_\gamma$일 때, $i_B \approx 0$으로 차단 모드에서 동작하는 것을 주목하자. EBJ가 $\upsilon_{BE} \ge V_\gamma$와 같은 순방향 바이어스를 받는다면, 전류는 일반적인 다이오드처럼 흐른다. EBJ에 순방향 전압이 인가되면, 이미터와 베이스의 다수 운반자는 공핍 영역의 전위 장벽을 넘어 EBJ를 가로질러 흐르게 된다. 베이스는 낮은 농도로 도핑된 것에 비해 이미터는 높은 농도로 도핑되었으므로, 전류 I_E가 지배적으로 EBJ를 가로지른다(그림 9.7 참조).

npn 트랜지스터와 *pnp* 트랜지스터의 EBJ의 *i*-*υ* 특성은 각각 가로 좌표축이 υ_{BE}와 υ_{EB}로 다르다는 점 외에는 동일하다. 지금부터 논의는 *npn* 트랜지스터의 성질에 기초하여 진행될 것이다. *pnp* 트랜지스터의 성질은 양전하와 음전하가 뒤바뀐 것

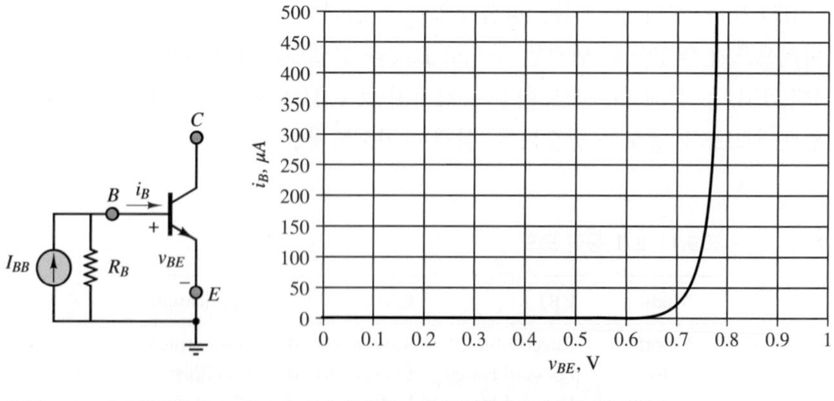

그림 9.6 일반적인 *npn* 트랜지스터의 이미터-베이스 접합의 *i*-*υ* 특성

과 EBJ가 베이스에서 이미터가 아니라 이미터에서 베이스로 순방향 바이어스된다는 점을 제외하고는 유사하다.

> *pnp* 트랜지스터와 *npn* 트랜지스터의 성질은 양전하와 음전하가 뒤바뀐 것과 EBJ가 베이스에서 이미터가 아니라 이미터에서 베이스로 순방향 바이어스된다는 점을 제외하고는 동일하다.

LO

그림 9.7에서 도시하고 있듯이, *npn* BJT에서 이미터의 다수 전하 운반자는 전자이며, 베이스의 다수 전하 운반자는 정공이다. 이미터의 다수 전하 운반자인 전자 중 일부분은 베이스의 정공과 재결합한다. 그러나 베이스는 낮은 농도로 도핑되어 있으므로, 베이스로 온 대다수의 전자는 p형 베이스에서 이동하는 소수 전하 운반자로 존재하게 된다. 이들 이동 전자들이 EBJ를 지나 베이스에 쌓일수록 베이스에서의 전자 농도가 높아지고, 결국 CBJ를 향해 확산하게 된다. 베이스 영역을 거치는 이동 전자의 평형 농도는 EBJ에서 최대치를 가지며, 그 값은 다음과 같다.

$$(n_p)_{\max} = (n_p)_o(e^{v_{BE}/V_T} - 1) \tag{9.1}$$

여기서 v_{BE}는 베이스에서 이미터로의 순방향 바이어스 전압을 나타내고, $(n_p)_o$는 베이스에서 전자의 열적 평형 농도를 나타낸다. 그림 9.8에서 보듯이, 베이스의 두께는 매우 얇으므로 평형 농도의 기울기는 거의 선형이다. 따라서 EBJ에서 CBJ로의 전자 확산율은 다음과 같이 근사시킬 수 있다.

$$\frac{A\,q_e D_n (n_p)_{\max}}{W} \tag{9.2}$$

여기서 A는 EBJ 단면의 넓이, W는 베이스의 폭을(여기서 결합된 두 공핍 영역의 폭은 제외된다) 나타내며, D_n은 베이스에서 전자의 확산도를 나타낸다. 중요한 점은 전자 확산율이 온도에 의존적이라는 점과 CBJ에서 EBJ로의 확산 전류 방향을 나타

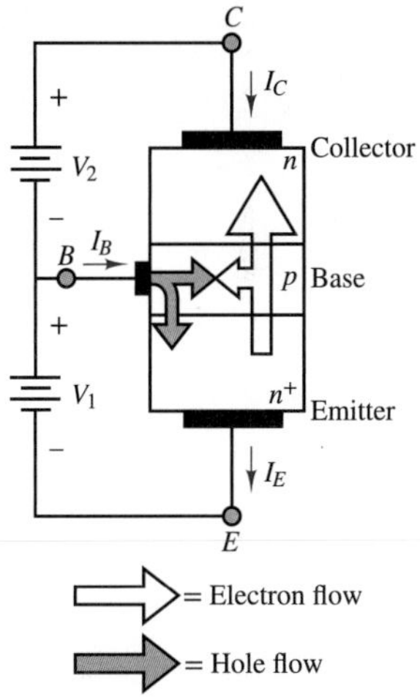

그림 9.7 *npn* 트랜지스터에서 컬렉터로 흐르는 이미터 전자의 흐름

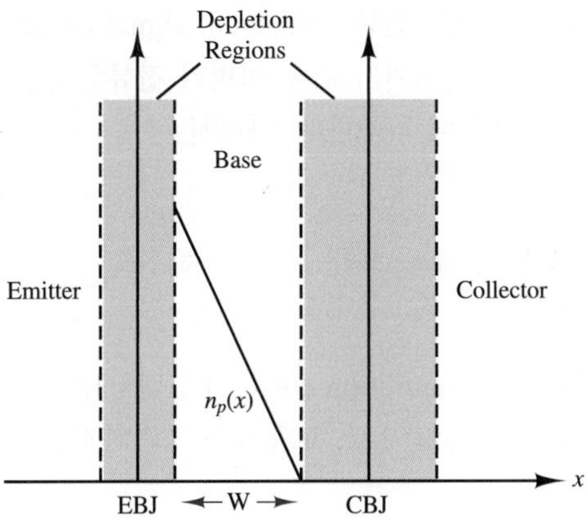

그림 9.8 *npn* 트랜지스터의 순방향 바이어스 EBJ의 p형 베이스에서 자유전자의 평형 농도의 기울기

낸다는 점인데, 이는 양의 전류 방향은 양전하 운반자가 이동하는 방향에 비례하기 때문이다. 일단 전자가 확산하여 CBJ에 다다르면, CBJ에 걸린 역방향 바이어스에 의해 컬렉터로 휩쓸려 들어간다. 따라서 **컬렉터 전류** i_C는 다음과 같다.

$$\begin{aligned} i_C &= \frac{Aq_e D_n (n_p)_o}{W}(e^{v_{BE}/V_T} - 1) \\ &= \frac{Aq_e D_n n_i^2}{WN_A}(e^{v_{BE}/V_T} - 1) \\ &= I_S(e^{v_{BE}/V_T} - 1) \end{aligned} \tag{9.3}$$

여기서 N_A는 베이스의 정공 도핑 농도를 나타내고, I_S는 **스케일 전류**(scale current)인데, EBJ의 단면적인 A에 따라 결정되기 때문이다. 일반적으로 I_S의 범위는 10^{-12} A에서 10^{-15} A이다.

베이스 전류인 i_B(베이스에서 이미터로)는 EBJ를 가로지르는 베이스 내 다수 운반자(*npn* 트랜지스터의 경우 정공)로 구성된다. 이 중 일부분은 이미터의 다수 운반자(*npn* 트랜지스터의 경우 전자)와 재결합한다. 그러나 앞의 재결합으로 잃어버린 다수 운반자는 V_1 전압에 의해 제공되는 다수 운반자로 보충된다. 다수 전하 운반자의 농도는 $e^{vBE/V_T} - 1$에 비례하므로 베이스 전류는 다음과 같이 컬렉터 전류에 비례한다.

$$i_B = \frac{i_C}{\beta} = \frac{i_C}{h_{FE}} \tag{9.4}$$

β는 순방향 **공통 이미터 전류 이득**(common-emitter current gain)으로 불리고, 보통 그 값의 범위는 20에서 200까지이다. β는 트랜지스터에 따라 그 값이 큰 차이를 보이지만, 대부분의 전자 소자의 경우 $\beta \gg 1$이다. 그림 9.7은 *npn* 트랜지스터에서의 경우인데, 이미터에서 베이스로 그리고 컬렉터로의 전하 운반자의 흐름과 베이스에서 이미터로의 전하 운반자 흐름을 보여주고 있다. BJT가 양극성 소자인 이유는 BJT 전류가 전자와 정공 모두로 구성되기 때문이다.[2]

변수 β는 많은 경우 데이터 시트에 표기되어 있지 않다. 대신, β의 순방향 직류 값인 h_{FE}가 표기되어 있다. h_{FE}는 **대신호 전류 이득**(large-signal current gain)이다. 이와 관계된 변수인 h_{fe}는 **소신호 전류 이득**(small-signal current gain)을 나타낸다.

마지막으로, KCL을 만족시키기 위해 **이미터 전류**인 i_E는 컬렉터 전류와 베이스 전류의 합이고, 결국 e^{v_{BE}/V_T}에 비례한다. 따라서

$$\begin{aligned} i_E &= I_{ES}(e^{v_{BE}/V_T} - 1) \\ &= i_C + i_B = \frac{\beta+1}{\beta} i_C = \frac{i_C}{\alpha} \end{aligned} \tag{9.5}$$

이다. I_{ES}는 역방향 **포화 전류**(saturation current)를 나타내고, α는 **공통 베이스 전류 이득**(common-base current gain)으로, 보통 1을 초과하지는 않지만 1에 근접한 값이다.

[2] 반면에, 전기장 효과 트랜지스터(FET)는 단극성 소자이다. 10장 참조.

포화 모드(EBJ 순방향 바이어스, CBJ 순방향 바이어스)

BJT는 CBJ가 역방향 바이어스로 인가되는 한 활성 모드를 유지한다. 즉, $V_2 > 0$을 만족하기만 한다면, 베이스를 가로질러 CBJ에 도달한 전자가 컬렉터로 휩쓸려 들어간다는 의미이다. 그러나 CBJ가 순방향 바이어스($V_2 < 0$)인 경우에는, 확산되어 온 전자가 더 이상 컬렉터로 들어가지 않고, 오히려 CBJ에 쌓여 소수 전하 운반자인 전자의 농도가 더 이상은 0이 아니게 된다. 이 농도의 크기는 V_2가 감소함에 따라 증가하고, 베이스를 가로지르는 농도 기울기는 감소하게 된다. 결과적으로, 베이스 내의 소수 전하 운반자인 전자의 확산은 감소하는 것이고, 이는 CBJ의 순방향 바이어스가 커짐에 따라 컬렉터 전류 i_C가 감소한다는 의미이기도 하다.

중요한 사실은, 베이스 영역을 가로지르는 농도의 기울기가 감소하고 베이스 내 확산율이 감소할수록, CBJ 부근에서의 농도 증가율이 감소하고 베이스 내의 농도 기울기는 점점 0에 가까워진다는 것이다. 이러한 접근법은 그 자체로 CBJ에 가해지는 순방향 바이어스의 상한을 나타낸다. 그림 9.9는 *npn* 트랜지스터 단자들에 가해지는 3개의 전압을 보여주고 있다. 포화 모드에서는 트랜지스터는 동작을 통해서 υ_{CB}를 제한해서, υ_{CE}가 작은 양의 값을 가지도록 한다. 사실 포화 모드는 많은 경우 υ_{CE}의 전압으로 확인할 수 있다. 실리콘으로 구성된 BJT의 경우 υ_{CE}의 값은 0.2 V에 근사된다.

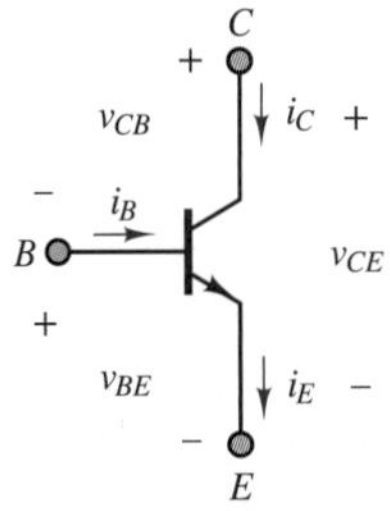

KCL: $i_E = i_B + i_C$
KVL: $v_{CE} = v_{CB} + v_{BE}$

그림 9.9 BJT 전압과 전류의 정의

> 포화 모드에서 컬렉터 전류는 더 이상 베이스 전류에 비례하지 않고, 실리콘 기반의 BJT에서 컬렉터-이미터 전압 υ_{CE}는 작다(< 0.4 V). 베이스 전류의 증가는 BJT를 포화 모드로 이끌고, υ_{CE}는 포화 모드 한계인 $V_{CE\,\text{sat}} \approx 0.2$ V에 근접하게 된다.

$$\boxed{V_{CE\text{sat}} \approx 0.2\ \text{V} \qquad \text{포화 모드 한계}} \tag{9.6}$$

주요 BJT 특성

그림 9.9의 *npn* 트랜지스터의 전압과 전류에 KCL과 KVL을 적용할 수 있다.

$$\upsilon_{CE} = \upsilon_{CB} + \upsilon_{BE} \qquad \text{KVL} \tag{9.7}$$

$$i_E = i_C + i_B \qquad \text{KCL} \tag{9.8}$$

BJT 전류는 n_i^2와 e^{υ_{BE}/V_T}에 비례하므로, 결국 온도에 의존한다. BJT 전류는 또한 EBJ 단면적인 A에 비례하고, 베이스의 유효 너비 W에 반비례한다.

npn 트랜지스터의 전압과 전류의 관계는 주로 i_B를 파라미터로 하는 i_C와 υ_{CE}의 그래프로 나타낸다. 이러한 그래프의 한 예가 그림 9.10이다. BJT의 동작 모드는 이 세 변수를 통해서 완벽하게 정의될 수 있다. 세 가지 동작 모드가 해당 그림에 표시되어 있다. 여기서 차단과 포화 모드는 각각 i_C와 υ_{CE}가 매우 작을 때 발생한다.

고정된 i_B 값에 대해서 트랜지스터 특성 그래프의 기울기는 매우 작다. 이상적인 경우, 이 기울기는 0이어야 한다. 그러나 베이스의 유효 폭이 감소하고 베이스를 가로지르는 전하 운반자 농도의 기울기인 υ_{CE}가 증가한다면, 결국 컬렉터 전류도 증가하게 된다. 이처럼 υ_{CE}에 의해 i_C가 증가하는 경우를 **얼리 효과**(Early effect) 혹은

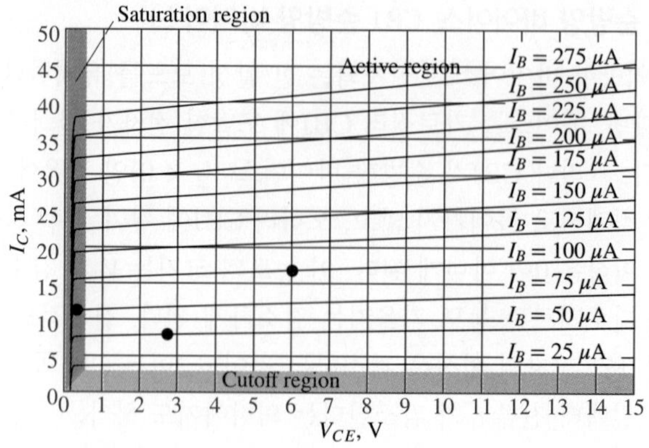

그림 9.10 일반적인 BJT 특성 곡선

베이스 폭 변조(base-width modulation)라고 부른다.

여기서 i_B, i_C, υ_{CE}의 동작 값 및 동작 모드 자체는, BJT에 연결된 외부 회로에 의해 결정동작 모드된다는 점을 아는 것이 중요하다. 이번 장의 중요한 목적 중 하나는 BJT 동작 모드를 결정하고 제어하는 외부 회로를 설계하는 방법을 배우는 것이다. 이러한 방법을 이해하려면 차단, 포화, 활성 모드의 주요 특성을 아는 것이 중요하다. 이는 *npn*과 *pnp*에서 동일하며, 아래에 정리되어 있다.

LO

차단 모드: 두 접합인 EBJ와 CBJ가 모두 역방향 바이어스를 갖고, 따라서 세 전류인 i_C, i_B, i_E는 대략 0에 가깝다. 차단 모드에서 BJT는 컬렉터와 이미터 사이의 열린 스위치로서 동작한다.

활성 모드: EBJ는 순방향 바이어스, CBJ는 역방향 바이어스를 갖는다. BJT의 전류 관계는 다음과 같다.

$$i_C = \beta i_B \qquad i_C = \alpha i_E$$

활성 모드에서 이 전류들은 υ_{CB}에 충분히 독립적이고, BJT는 선형 증폭기로 동작한다.

포화 모드: 두 접합인 EBJ와 CBJ가 모두 순방향 바이어스를 갖고, 이 상태에서 $\upsilon_{BE} \approx 0.7$ V 그리고 $\upsilon_{CE} \approx 0.2$ V이다. 컬렉터 전류 i_C는 υ_{CE}의 작은 변화에도 민감하게 반응한다. 그러나 υ_{CE}는 작으므로 i_C는 컬렉터에 연결된 외부 회로에 주로 영향을 받게 된다. 포화 모드에서의 BJT는 컬렉터와 이미터 사이의 스위치가 닫힌 상태로 볼 수 있다.

BJT의 동작 모드의 결정

트랜지스터 모드는 몇몇 간단한 전압 측정으로 알 수 있다. 예를 들어, 그림 9.11의 회로에서 *npn* 트랜지스터가 사용되었으며, 저항은 다음의 값을 갖는다.

$$R_B = 40\ \text{k}\Omega \qquad R_C = 1\ \text{k}\Omega \qquad R_E = 161\ \Omega$$

그리고 전압원의 값은 다음과 같다.

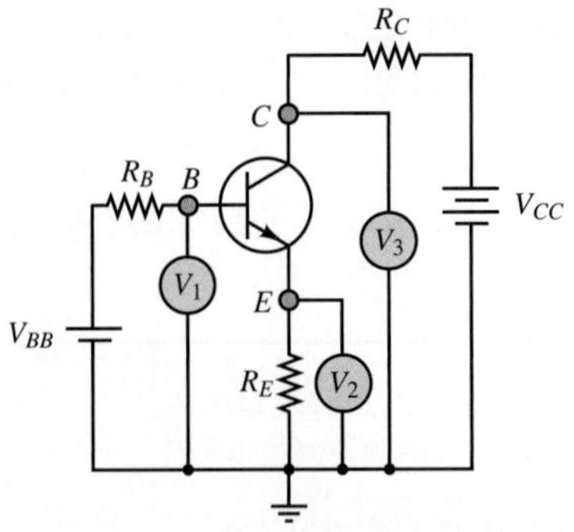

그림 9.11 BJT의 동작 모드 결정

$$V_{BB} = 4\text{ V} \qquad V_{CC} = 12\text{ V}$$

컬렉터, 이미터, 베이스 단자에서 측정한 전압이 다음과 같다고 가정하자.

$$V_B = V_1 = 2.0\text{ V} \qquad V_E = V_2 = 1.3\text{ V} \qquad V_C = V_3 = 4.0\text{ V}$$

트랜지스터의 모드를 결정하는 방법은 동작 모드를 예측하고, 예측한 값을 이용하여 검증을 통해 확인하는 것이다. 주로 사용되는 방법은 처음 트랜지스터를 차단 모드로 예상하고, EBJ가 역방향 바이어스인지 확인하는 것이다. EBJ 전압은 다음과 같다.

$$V_{BE} = V_B - V_E = 0.7\text{ V}$$

따라서 EBJ는 역방향이 아니라 순방향 바이어스임을 알 수 있고, 트랜지스터는 차단 모드가 아님이 확인되었다.

다음 순서는 모드가 활성 또는 포화 모드인지를 가정하고, 그 가정을 확인해보는 것이다. 이번 예시에서는 트랜지스터가 포화 모드라고 가정하고, CBJ가 순방향 바이어스인지를 확인할 것이다. CBJ 전압은 다음과 같다.

$$V_{BC} = V_B - V_C = -2.0\text{ V}$$

CBJ가 역방향 바이어스이므로, 이번 트랜지스터는 활성 모드임을 알 수 있다. 동일한 내용을 컬렉터와 이미터 단자 간의 전압 분석으로 확인할 수 있다.

$$V_{CE} = V_C - V_E = 2.7\text{ V}$$

포화 모드이기 위한 전압 요구조건은 $V_{CE} < 0.4$ V이고, 이 경우 만족되지 않음을 알 수 있다.

트랜지스터가 활성 모드에 있으므로, 공통 이미터 전류 이득인 β를 구할 수 있다. 베이스 전류는

$$I_B = \frac{V_{BB} - V_B}{R_B} = \frac{4 - 2}{40{,}000} = 50\ \mu\text{A}$$

와 같고, 컬렉터 전류는

$$I_C = \frac{V_{CC} - V_C}{R_C} = \frac{12 - 4}{1{,}000} = 8\text{ mA}$$

이다. 따라서 전류 증폭률은 다음과 같다.

$$\frac{I_C}{I_B} = \beta = 160$$

주어진 회로에서 트랜지스터 동작점은 그림 9.10과 같은 특성 곡선에서 찾을 수 있다. 트랜지스터의 동작 모드는 연결된 외부 회로에 의해 결정된다는 것은 매우 중요하다. 이번 예시에서는 V_B, V_C, 그리고 V_E 값이 측정되었다. 그러나 분석을 위해 이 값은 KCL, KVL, 옴의 법칙, 그리고 세 동작 모드의 특징을 이용하여 구할 수도 있다.

예제 9.2

BJT의 동작 모드의 결정

LO

문제

그림 9.11에서 트랜지스터의 동작 모드를 결정하라.

풀이

기지: 베이스, 컬렉터, 이미터 전압

미지: 트랜지스터의 동작 모드

주어진 데이터 및 그림: $V_1 = V_B = 1.0$ V; $V_2 = V_E = 0.3$ V; $V_3 = V_C = 0.6$ V; $R_B = 40$ kΩ; $R_C = 1$ kΩ; $R_E = 26$ Ω.

해석: 트랜지스터의 동작 모드를 확인하기 위한 방법은, V_{BC}와 V_{BE}를 계산하여 EB 접합과 CB 접합이 순방향 바이어스인지 역방향 바이어스인지를 확인하는 것이다.

$$V_{BE} = V_B - V_E = 0.7\text{ V}$$
$$V_{BC} = V_B - V_C = 0.4\text{ V}$$

두 접합 모두 순방향 바이어스이므로, 트랜지스터는 포화 모드에서 동작하게 된다. V_{CE}의 값은 $V_{CE} = V_C - V_E = 0.3$ V로, 기준인 0.4보다 작아 BJT가 포화 모드거나 근접함을 알 수 있다.

트랜지스터의 동작점은 계산을 통해 그림 9.10에 표시할 수 있다.

$$I_C = \frac{V_{CC} - V_C}{R_C} = \frac{12 - 0.6}{1{,}000} = 11.4\text{ mA}$$

그리고

$$I_B = \frac{V_{BB} - V_B}{R_B} = \frac{4 - 1.0}{40{,}000} = 75.0\ \mu\text{A}$$

트랜지스터의 동작점은 그림 9.10과 같이 $I_B = 75.0\ \mu$A와 $V_{CE} = 0.3$ V일 때 곡선이 굽어지는 부분에 위치함을 알 수 있다.

참조: KCL은 $I_E = I_C + I_B$이 필요하다. 그러나 우변 합은 11.475 mA인 반면에, $I_E = 0.3\text{ V}/R_E \approx 11.5$ mA이다. 두 전류 간에 발생하는 차이는 오직 R_E의 근사값에 의해 발생한다. 여기서, KCL은 정확하게 성립한다.

R_E만을 26 Ω에서 161 Ω으로 변경함으로써, 동작 모드를 포화에서 활성 모드로 바꿀 수 있다는 점에 주목하자.

연습 문제

pnp 트랜지스터의 활성 모드에서의 동작을 *npn* 트랜지스터와 비교하여 설명하라.

연습 문제

그림 9.11의 회로에서, $V_1 = 3.1$ V, $V_2 = 2.4$ V, $V_3 = 2.7$ V이다. 트랜지스터의 동작 모드를 결정하라. KCL을 만족하는 R_E의 값은 얼마인가? $R_B = 40\ \text{k}\Omega$, $R_C = 1\ \text{k}\Omega$으로 가정하라.

Answer: 포화 모드, $R_E \approx 257\ \Omega$

9.3 BJT 대신호 모델

앞 절에서 학습한 *i-v* 특성과 간단한 회로는 BJT가 차단 모드 및 활성 모드에서 전류가 제어되는 전류원처럼 동작하는 것을 보여준다. 두 모드에서 모두 베이스 전류는 BJT의 성질을 결정짓는다. 이러한 특징은 BJT의 **대신호 모델**(large signal model)을 만들어낸다. 이 모델은 BJT의 성질을 베이스와 컬렉터 전류의 크기로 나타낸다. 다른 모든 모델들과 마찬가지로, 대신호 모델 또한 BJT의 모든 특징을 보여주지는 못한다. 특히, 얼리 효과나 온도 영향을 이 모델로 나타낼 수 없다. 그럴지라도, 이 모델은 활용도가 높고 간단하여 트랜지스터 회로의 초기 해석에 사용하기 좋다.

npn BJT의 대신호 모델

BE 접합이 역방향 바이어스된다면 베이스 전류는 흐르지 않고(그러므로 순방향 컬렉터 전류도 0임), 트랜지스터는 거의 개방 회로처럼 동작하게 되는데, 이때 트랜지스터는 차단 모드에 있다. 실제로는 $V_{BE} = 0$, $I_B = 0$일 때도 컬렉터에서는 누설 전류(leakage current)가 항상 흐르게 되는데, 이 누설 전류는 I_{CEO}로 나타낸다.

BE 접합이 순방향 바이어스일 때는 트랜지스터는 활성 모드에 있게 되며, 컬렉터 전류는 증폭률 β를 가지며 베이스 전류에 비례한다.

$$I_C = \beta I_B \tag{9.9}$$

$\beta \gg 1$이므로, 컬렉터 전류가 비교적 작은 베이스 전류에 의해서 제어되는 관계임을 알 수 있다.

마지막으로, 베이스 전류가 충분히 크게 되면 컬렉터-이미터 전압 V_{CE}는 포화 모드에 도달하고, 컬렉터 전류는 더 이상 베이스 전류에 비례하지 않게 된다. 이때 컬렉터와 이미터 간의 작은 전압 강하인 $V_{CEsat} \approx 0.2$ V를 제외하고는 거의 단락 회로로 동작한다고 할 수 있다.

이러한 세 가지 작동 모드는 그림 9.12와 같이, 단순한 회로 모델로 표현될 수 있다. 각각의 모델은 그림 9.10에 도시된 세 가지 작동 모드를 근사한다. 순방향 바이어스된 *BE* 접합은 대신호 모델에서 오프셋 다이오드로 간주되는 것에 주목하라.

BJT 동작점의 선택

그림 9.10에서 나타나는 *i-v* 특성의 여러 곡선은 컬렉터 전류가 베이스 전류에 의존하고 있음을 보여준다. 그래프를 보면, 특정 i_B 값에 대응되는 i_C-v_{CE} 곡선이 존재한다. 따라서 베이스 전류와 컬렉터 전류(아니면 컬렉터-이미터 전압)를 선택함으로써, 트랜지스터의 동작점인 Q점을 정할 수 있다. Q는 직류 상태일 때 단자에서 확인

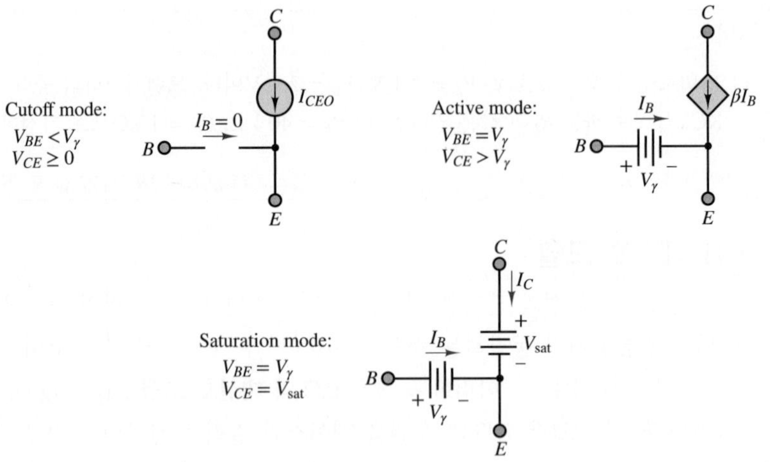

그림 9.12 *npn* BJT 대신호 모델의 예시

By appropriate choice of I_{BB}, R_B, R_C and V_{CC}, the desired Q point may be selected.

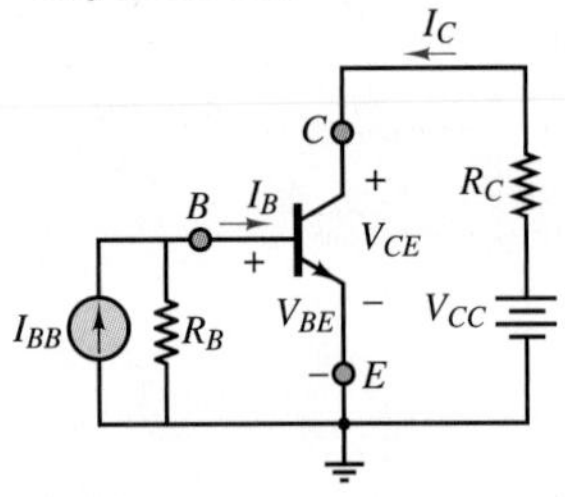

그림 9.13 BJT 증폭기를 위한 간단한 이상적인 바이어스 회로

되는 **정동작**(quiescent or idle) **전류**와 **전압**으로 정의된다. 그림 9.13의 회로는 이상적인 **직류 바이어스 회로**인데, $V_{CE} \approx V_{CC}/2$로 동작점 Q가 맞춰져 있다. (실제 바이어스 회로는 이 장 후반에서 다루어질 것이다.) 이 그림에서, 노턴 및 테브닌 등가 소스는 각각 베이스와 컬렉터에서 바라본 선형 네트워크를 나타낸다. 기본적으로 I_B, I_C, V_{CE}의 변동하에서 BJT의 동작 조건이 활성 모드를 유지하도록 R_C와 R_B를 선택하는 것이 중요하다.

KVL은 다음 공식을 위해 적용할 수 있다.

$$I_B = I_{BB} - \frac{V_{BE}}{R_B} \tag{9.10}$$

그리고

$$V_{CE} = V_{CC} - I_C R_C \tag{9.11}$$

혹은

$$I_C = \frac{V_{CC} - V_{CE}}{R_C} \tag{9.12}$$

여기서, 식 (9.11)은 소스 네트워크인 V_{CC}와 직렬 연결된 R_C가 포함된 부하선을 나타낸다. 만약 $V_{CE} = 0$이라면 컬렉터 전류는 $I_C = V_{CC}/R_C$이고, 만약 $I_C = 0$이라면 컬렉터–이미터 전압 $V_{CE} = V_{CC}$이다. 이 두 조건은 컬렉터–이미터 경로에서의 단락 회로와 개방 회로를 의미하고, 이는 각각 포화 모드와 차단 모드임을 나타낸다. 부하선은 BJT 특성 그래프에 그림 9.14처럼 나타낼 수 있다. 부하선의 기울기는 $-1/R_C$이다. 동작점 Q는 부하선과 BJT 특성 곡선 중 하나가 겹쳐지는 점이다. 특성 곡선은 식 (9.10)에서 나타내고 있듯이, 베이스 전류 I_B에 의해서 정해진다. 그림 9.14가 도시하고 있는 특정 부하선은 V_{CC} = 15 V, V_{CC}/R_C = 40 mA를 가정하고 있는데, 이는 각각 컬렉터에서 바라본 테브닌 소스의 개방 전압과 단락 전류에 해당된다.

일단 동작점이 정해지면, BJT는 **바이어스**되었고 선형 증폭기로 동작할 준비가 된 것이다. 대부분의 트랜지스터 회로도는 Q_1, Q_2 등을 지정해준다. 트랜지스터를

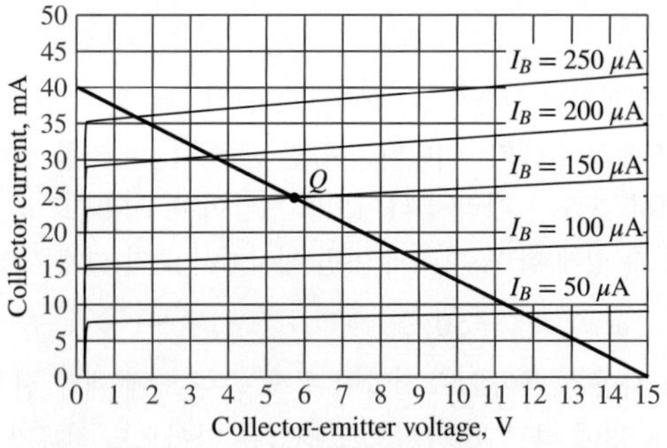

그림 9.14 간소화된 BJT 증폭기에 대한 부하선 분석

나타내기 위한 Q는 동작점을 나타내기 위한 Q와 관련 있지만, 사용되는 목적은 서로 다르다.

측정기술

다이오드 온도계에 대한 대신호 증폭기

문제

다이오드는 전자 온도계의 온도 감지기로 사용할 수 있다. (8장에서 "다이오드 온도계"에 대한 '측정 기술' 항을 보라.) 본 예제에서는 그림 9.15의 다이오드 온도계를 위한 트랜지스터 증폭기의 설계에 대해서 설명한다.

풀이

기지: 다이오드와 트랜지스터 증폭기 바이어스 회로, 다이오드 전압과 온도 응답 간의 관계

미지: 온도에 따른 저항과 트랜지스터 출력 전압

주어진 데이터 및 그림: 그림 8.58, 9.10, 9.15

가정: 아래 설명을 참조

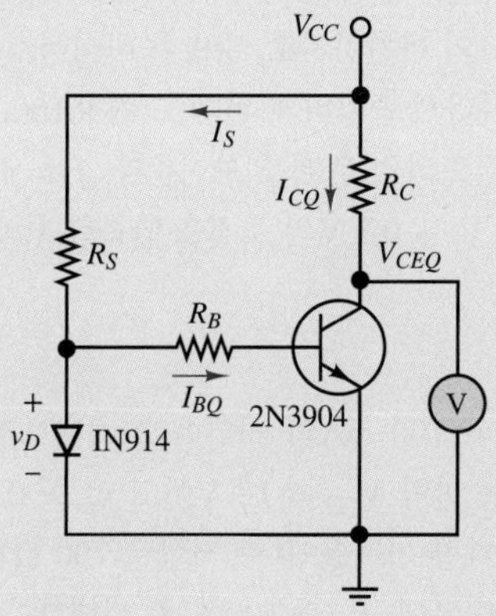

그림 9.15 다이오드 온도계에 대한 대신호 증폭기

해석: 이 문제의 목적은 온도에 따라 변하는 다이오드의 전압을 선형적으로 변환하는 증폭기를 설계하는 것이다. 첫 번째 설계 사양은 증폭기가 선형성을 유지해야 한다는 점이다. 따라서 BJT는 $0 < T < 100°C$의 온도의 범위에서 활성 모드에 있어야 한다. 일반적

(계속)

(계속)

으로 트랜지스터의 정동작점 Q가 $V_{CEQ} \approx V_{CC}/2$가 되도록 한다. (여기서 V_{CEQ}는 온도의 중앙값인 $T_0 = 50°\text{C}$에서 컬렉터-이미터 전압인 υ_{CE}이다.) 이러한 선택은 V_{CEQ}의 상단과 하단에 여유를 두어서, 온도에 따라서 다이오드 전압이 바뀌더라도 υ_{CE}가 활성 모드를 벗어나지 않고 변화할 수 있게 한다. 따라서 이번 예시에서 초기 설계 사양은 다음과 같다.

$$\upsilon_{CE} \approx 6\text{ V} \qquad \text{at} \qquad T_0 = 50°\text{C}$$

두 번째 설계 사양은 다이오드 전압이 동작 중 온도에 대해 선형성을 유지해야 한다는 점이다. 그림 8.58에 따르면, 다이오드 전압은 다이오드 전류가 일정할 때, 온도에 대한 선형성을 유지하게 된다. 이는 $\upsilon_{CC} \gg \upsilon_D$로 구현 가능한데, 이 경우 R_S에 인가되는 전압은 상대적으로 고정된 값을 가지게 된다. 또한 $i_S \gg i_B$로 가정하는데, 이는 $R_S \approx R_B$로 구현될 수 있다. (R_B의 전압 강하는 두 개의 다이오드 전압 υ_D과 υ_{BE}의 차이이기 때문이다.) 따라서 두 개의 추가적인 설계 사양은

$$V_{CC} \gg \upsilon_D \qquad \text{and} \qquad R_S \approx R_B$$

이 된다.

여기에 더해서 트랜지스터를 활성 모드에 유지하기 위해서, 베이스 전류가 NPN 트랜지스터의 베이스를 향하여 흐를 수 있도록 $\upsilon_D > \upsilon_{BE}$를 유지하여야 한다. 이 결과는 $i_S \gg i_B$인 경우, 즉 위 두 개의 설계 사양이 유지될 경우 유효하다. 또한, $i_S \gg i_B$라는 가정은 $i_D \approx i_S$를 의미한다.

BJT가 활성 모드에 있다고 가정했을 때, 베이스-이미터 전압 υ_{BE}는 V_γ보다 크다고 가정할 수 있다. $V_\gamma \approx 0.65\text{V}$이므로, 온도 범위의 최상단에서 υ_D의 최소 설계 사양은 $\upsilon_D > V_\gamma + 0.5\text{ V}$으로 정할 수 있다.

$$\upsilon_D > V_\gamma + 0.5\text{ V} \qquad \text{at} \qquad T = 100°\text{C}$$

그림 8.58은 다이오드 전류 $i_D \approx 1.5\text{ mA}$일 때, 다이오드 전압과 온도의 관계를 보여준다. $T = 100°\text{C}$에서 다이오드 전압은 약 0.6 V이고, 이는 υ_D의 최소 사양을 만족하지 않는다. 그러나 다른 다이오드와 마찬가지로, 순방향 바이어스에서 다이오드 전압 υ_D는 다이오드 전류 i_D가 증가함에 따라서 증가하게 된다. 그림 9.16(a)는 다이오드 전류가 약 100 mA일 때 다이오드 전압과 온도와의 관계를 보여준다. $T = 100°\text{C}$에서 다이오드 전압은 약 0.73 V이며, 이것은 $\upsilon_D > V_\gamma + 0.5\text{ V}$의 조건을 만족한다. 따라서 또 다른 설계 사양은

$$i_D \approx 100\text{ mA}$$

이 될 수 있다.

이제 $V_{CC} \gg \upsilon_D$와 $i_D \approx 100\text{ mA}$의 사양을 고려해보자. $i_D \approx i_S$라는 의미는 $i_S \approx 100\text{ mA}$라는 의미도 가진다. 만약 $V_{CC} = 12\text{ V}$이고 $\upsilon_D \approx 0.8\text{ V}$라면, $R_S \approx (12 - 0.8)\text{ V}/100\text{ mA} = 112\ \Omega$이다. 가장 가까운 표준 저항은 100 Ω과 120 Ω이다. 약간 큰 i_S가 약간 작은 i_S보다 선호되기 때문에, $R_S = 100\ \Omega$을 선택한다. 결과적으로, $R_S \approx R_B$라는 조건을 만족하기 위해서 $R_B = 100\ \Omega$이 된다.

$$R_S = R_B = 100\ \Omega$$

R_C의 설계 사양을 정하기 위해서, $T_0 = 50°\text{C}$에서 $\upsilon_{CE} \approx 6\text{ V}$일 때 컬렉터 전류 i_C를 추정해야 한다. 옴의 법칙을 R_C에 적용하면 다음과 같다.

$$R_C = \frac{V_{CC} - \upsilon_{CE}}{i_C}$$

(계속)

(계속)

그림 9.14에 있는 일반적인 BJT의 i-v 특성을 이용해서, $v_{CE} = 6$ V일 때 다양한 i_B의 값에 대한 i_C를 도출해낼 수 있다. R_B에 옴의 법칙을 적용하면 다음과 같다.

$$i_B = \frac{v_D - v_{BE}}{R_B}$$

그림 9.16(a)는 $T_0 = 50°C$에서 $i_D \approx 100$ mA일 때 $v_D \approx 0.78$ V임을 보여준다. 그러나 이 동작점에서 v_{BE}의 값은 어떨까? 2N3904 트랜지스터에 대한 추가적인 정보는 없다. 그러나 v_{BE}가 v_D와 함께 증가하거나 감소하고, 그 둘의 차이는 미미하다고 합리적으로 가정하자. 따라서 i_B, i_C 그리고, R_C의 초기 추정을 위해서 $v_D - v_{BE} \approx 0.01$ V라고 가정한다. 시뮬레이션 또는 실험(혹은 둘 다)을 통해서 이 초기 추정을 평가하거나 수정할 수 있고, 이를 통해서 증폭기의 성능을 향상할 수 있다. 이러한 반복 작업은 모든 설계 절차의 공통점이기도 하다.

$v_D - v_{BE} \approx 0.01$ V이고 $R_B = 100$ Ω이라고 가정하면, 초기 추정값은 $i_B \approx 100$ μA이다. 이 값과 그림 9.14를 사용하면 컬렉터 전류의 초기 추정값은 $i_C \approx 17$ mA이고, 따라서 $R_C \approx 353$ Ω이다. 가장 가까운 표준 저항은 330 Ω과 390 Ω이다. 더 큰 R_C는 더 작은 i_C 및 활성 모드에서의 더 작은 i_B를 가져오고, 이는 $i_D \approx i_S$라는 조건에 부합한다. 따라서 $R_C = 390$ Ω을 초기 증폭기 설계에서 선택한다.

$$R_C = 390\ \Omega$$

이렇게 선택된 값들을 이용해서, $0 < T < 100°C$의 온도 범위에서 계산된 증폭기의 출력 전압 v_{CE}가 그림 9.16(b)에 나타나 있다.

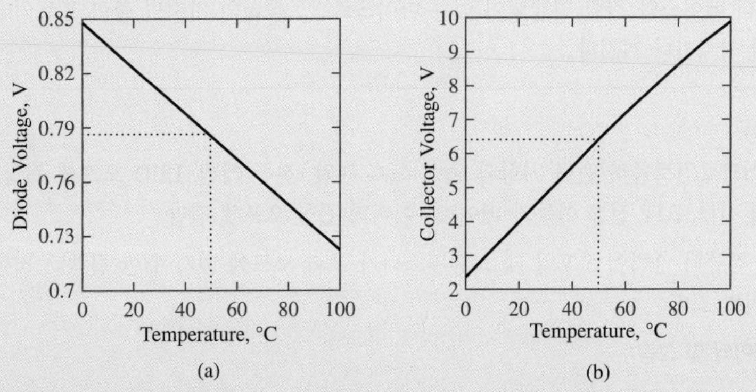

그림 9.16 (a) 온도와 다이오드 전압 간의 관계 (b) 증폭기의 출력

온도의 변화에 대한 출력 전압의 감도가 다이오드 전압에 비해서 매우 향상되었음을 주목하라. 또한 $v_{CE}(T)$의 기울기도 양수인 것을 주목하라. 이 결과는 공통 이미터 증폭기는 베이스 전압의 기울기보다는 컬렉터-이미터 전압의 기울기를 반전시키기 때문이다.

여기서 선택된 설계 변수들은 이 특정한 용도를 위한 유일한 값도 아니고, 또한 최적의 값이 아닐 수도 있다. 다른 R_S, R_B, R_C의 조합으로도 사용 가능한 결과를 도출할 수 있다. 이러한 선택의 효과는 프로젝트의 목적에 따라서 달라진다. 여기서 설명된 절차는 BJT 증폭기를 설계할 때 고려해야 할 사항들을 보여주기 위해서이다. 일반적으로 실제의 설계에서는, 초기 설계를 반복적으로 수정함으로써 성능을 향상시킨다. 실제 증폭기 설계에서는 증폭기의 일반적인 문제점을 해결하기 위해, 연결 및 우회 커패시터를 추가

(계속)

(계속)

한다. 또한 다른 증폭기의 형태로도 동일한 기능을 구현할 수 있다.

최종적인 설계 결과와 이 설계를 위해 정해진 요구조건들을 비교해 보는 것도 의미 있다. R_S, R_B, R_C의 값들의 경우 50°C에서 컬렉터 전류는 14.4 mA인데, 이는 R_C를 정하기 위해 사용되었던 17 mA보다 작다. 마찬가지로, 50°C에서 베이스 전류는 75 μA인데, 이는 설계 추정에서 사용되었던 100 μA보다 작은 값이다. 그러나 중요한 질문은 다음과 같다. 설계된 회로의 성능이 요구 조건을 만족하는가? 그렇다.

참조: 활성 모드에서 $i_C = \beta i_B$이다. 그러나 β는 동일한 종류의 트랜지스터 사이에서도 크게 다르기 때문에 β의 값이 설계 사양으로 사용되지는 않는다. 대신에, 모든 BJT 증폭기 설계에서 $\beta \gg 1$이라는 조건이 사용된다.

그림 9.16(a)-(b)의 결과는 TINACloud 회로 시뮬레이터를 이용해 생성되었다. 실험 결과는 이것과는 다소 다를 수 있다. 시뮬레이션 결과를 재현하기 위해서는 다이오드의 온도만 변한다고 가정해야 한다. 만일 BJT와 다이오드의 온도가 동시에 변한다면 증폭기의 출력 전압은 신뢰할 수가 없게 된다.

예제 9.3

LED 드라이버

문제

그림 9.17의 회로를 참고하여, LED를 구동하기 위한 트랜지스터 증폭기를 설계하라. LED는 트랜지스터 베이스와 직렬 연결되어 있는 마이크로컨트롤러의 디지털 출력 포트의 on-off 신호에 따라 켜지거나 꺼진다.

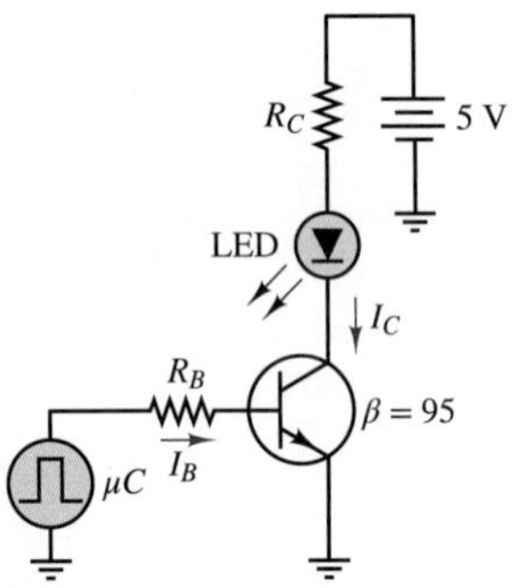

그림 9.17 LED 드라이버 회로

풀이

기지: 마이크로컨트롤러 출력 저항과 출력 신호 전압, 전류 레벨, LED 오프셋 전압, 요구 전류와 정격 전력, BJT 전류 이득과 베이스-이미터 접합 오프셋 전압

미지: (a) 컴퓨터 출력이 5 V일 때 트랜지스터가 포화 모드에 있기 위한 컬렉터 저항 R_C, (b) LED의 전력 소비

주어진 데이터 및 그림:

마이크로컨트롤러: 출력 저항 = R_B = 1 kΩ; V_{ON} = 5 V; V_{OFF} = 0 V.
트랜지스터: V_{CC} = 5 V; V_γ = 0.7 V; β = 95; V_{CEsat} = 0.2 V.
LED: V_{LED} = 1.4 V; I_{LED} = 30 mA; P_{max} = 100 mW.

가정: 차단 및 포화 모드에 대해 그림 9.12의 대신호 모델을 사용한다. 포화 모드에는 $V_{CE} \approx V_{CEsat} = 0.2$ V

해석: 마이크로컨트롤러의 출력 전압이 0 V일 때, BJT는 베이스 전류가 흐를 수 없으므로 분명히 차단 모드에 있다. 마이크로컨트롤러의 출력 전압이 V_{ON} = 5 V일 때, LED가 연결된 컬렉터-이미터가 실질적으로 단락 회로로 동작해야 하므로, 트랜지스터는 포화 모드여야 한다. 그림 9.18(a)는 마이크로컨트롤러의 출력 전압이 V_{ON} = 5 V일 때, 베이스-이미터 회로의 등가를 나타낸다. 그림 9.18(b)는 컬렉터 회로를, 그림 9.18(c)는 BJT 위치에 트랜지스터의 대신호 모델을 적용한 컬렉터 회로를 나타낸 것이다. KVL을 적용하여 다음을 구할 수 있다.

$$V_{CC} = R_C I_C + V_{LED} + V_{CE\,sat}$$

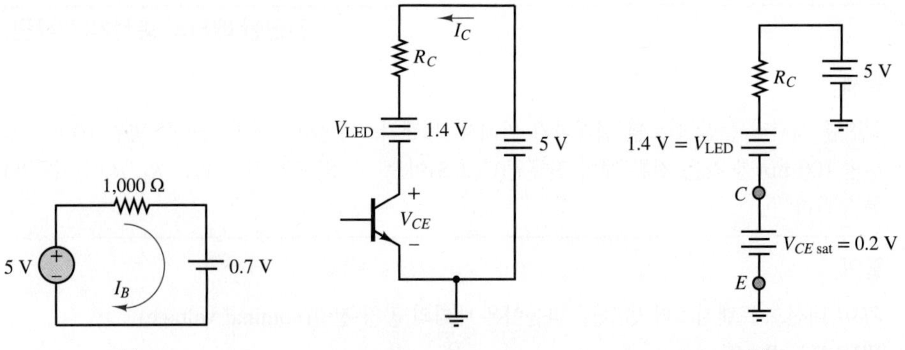

그림 9.18 (a) LED 드라이버의 BE 회로, (b) BJT가 선형 활성 모드라고 가정한 경우의 LED 드라이버의 등가 컬렉터 회로 활성 모드 (c) BJT가 선형 포화 모드라고 가정한 경우의 LED 드라이버의 등가 컬렉터 회로 포화 모드

또는

$$R_C = \frac{V_{CC} - V_{\text{LED}} - V_{CE\text{sat}}}{I_C} = \frac{3.4}{I_C}$$

LED가 켜지기 위해서는 적어도 15 mA의 전류가 필요하다. 이번 문제에서는 LED가 충분히 밝은 빛을 내기 위해서 LED 전류를 30 mA로 가정하였으며, 이러한 전류를 제공하기 위한 R_C는 대략 113 Ω이다.

마이크로컨트롤러 전압이 5 V일 때 트랜지스터가 포화 모드임을 확인하고 싶다면, I_C/I_B 값이 β보다 작음을 확인하면 된다. 주어진 조건을 보면, 베이스 전류는 다음과 같다.

$$I_B = \frac{V_{\text{ON}} - V_\gamma}{R_B} = \frac{4.3}{1{,}000} = 4.3 \text{ mA}$$

따라서

$$\frac{I_C}{I_B} \approx 7$$

이다. 활성 모드에서 $I_C/I_B = \beta = 95$이다. 충분히 큰 베이스 전류에 대해서, 트랜지스터는 더 이상 활성 모드가 아닌 포화 모드로 이동한다. 포화 모드에서 I_C/I_B 비율은 더 이상 상수가 아니고, 항상 β보다 작은 값을 갖는다. 확실히, 이 조건들은 마이크로컨트롤러의 출력이 on인 경우에 만족된다. 어느 트랜지스터에서든 β는 일반적으로 사용되는 데이터시트에 표기된 값들과 크게 다를 수 있다. 따라서 실제 상황에서는 $I_C/I_B \ll \beta_{\text{typ}}$를 만족하는지를 확인하는 것이 좋다. 이 예제에서는 $7 \ll 95$임을 알고 있으므로, 트랜지스터가 $R_C = 113\ \Omega$에서 확실하게 포화 모드임을 알 수 있다.

LED의 전력 소모는 다음과 같이 계산된다.

$$P_{\text{LED}} = V_{\text{LED}} I_C = 1.4 \times 0.3 = 42 \text{ mW} < 100 \text{ mW}$$

LED의 전력 소모량이 초과되지 않았으므로 설계가 완성되었다.

참조: BJT의 대신호 모델은 BE와 CE 접합이 전압원으로 간단히 대치되므로 사용하기가 꽤 쉽다. 트랜지스터의 모드를 알기 위해서는 우선 하나의 모드를 가정하고, 가정한 모드가 옳은지를 확인하기 위해 EBJ, CBJ, CEJ 간의 전압을 확인해야 한다는 점을 상기하라.

예제 9.4

간단한 배터리 충전기(전류원)

문제

정전류 배터리 충전 회로를 설계하기 위해서, 트랜지스터 Q_1이 선택 가능한 범위 10 mA ≤ i_C ≤ 100 mA를 갖는 전류 제어 전류원(CCCS)이 될 수 있도록 하는 V_{CC}, R_1, R_2(전위차계)를 구하라.

풀이

기지: 대신호 트랜지스터 변수들, 리튬이온 배터리 공칭 전압(nominal voltage)

미지: V_{CC}, R_1, R_2

주어진 데이터 및 그림: 그림 9.19, $V_{CC} = 12$ V, $V_\gamma = 0.6$ V, $\beta = 100$

가정: 트랜지스터를 대신호 모델로 나타낼 수 있다고 가정하자.

해석: 트랜지스터의 동작 모드를 확인하기 위해서 3가지 모드 중 하나를 가정하고, 가정의 모순을 찾아 확인한다. 첫 번째로 차단 모드라고 가정한다면, $i_B = 0$이고 $i_C = 0$이다. 분명한 것은, 이 모드는 충전하기에 적합하지 않다는 것이다. 더 나아가, KVL에서 $V_{BE} + i_B(R_1 + R_2) = V_{CC}$이 만족되어야 하고, $i_B = 0$이므로 $V_{BE} = V_{CC} = 12$ V이다. 따라서 $i_B = 0$이라면, EBJ는 순방향 바이어스일 것이다. 그러나 이 결과는 차단 모드라는 가정에 모순되므로 잘못된 결과라고 결론 내릴 수 있다.

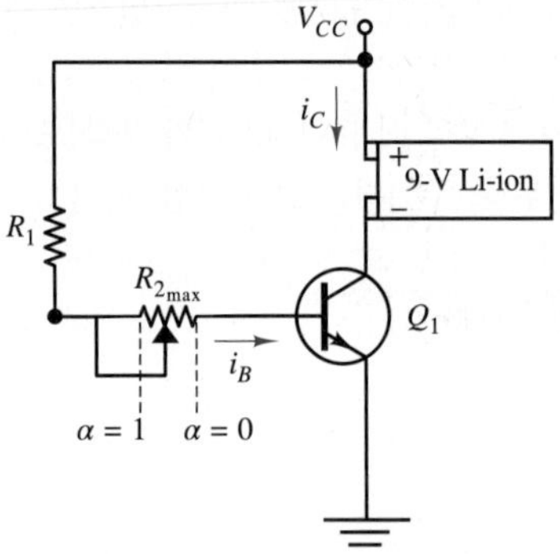

그림 9.19 간단한 배터리 충전 회로도

두 번째로, 포화 모드라고 가정하면, $V_{CE} \approx V_{CEsat} = 0.2$ V이다. 그러나 KVL에서 보면 $V_{CE} + 9\text{ V} = V_{CC} = 12$ V이므로 모순을 확인할 수 있다.

결론적으로, 트랜지스터는 활성 모드여야만 한다. 베이스와 컬렉터 전류인 i_B와 i_C는 옴의 법칙으로 구해지고, $i_C = \beta i_B$이므로

$$i_B = \frac{V_{CC} - V_\gamma}{R_1 + R_2} \quad \text{and} \quad i_C = \beta\frac{V_{CC} - V_\gamma}{R_1 + R_2}$$

배터리를 충전시키는 전류인 컬렉터 전류의 범위는 다음과 같다.

$$10\text{ mA} \le i_C \le 100\text{ mA}$$

전위차계의 접촉자(wiper)는 베이스에서 본 저항이 $R_1 + \alpha R_{2_{max}}$이 되도록 $0 \le \alpha \le 1$ 사이의 어느 값으로든 설정할 수 있다. 접촉자가 제일 우측 값인 $\alpha = 0$일 때, 컬렉터 전류는 최댓값을 갖는다. 따라서 $\alpha = 0$일 때의 전류 $i_C = i_{C_{max}} = 100$ mA로 두고, 저항 R_1을 선택하면 된다.

$$100\text{ mA} = \beta\left(\frac{V_{CC} - V_\gamma}{R_1}\right)$$

또는

$$R_1 = (V_{CC} - V_\gamma)\frac{\beta}{10^{-1}} = (12 - 0.6)\frac{100}{10^{-1}} = 11{,}400\ \Omega$$

만약 R_1이 표준 저항의 E12 시리즈로 제한된다면 가장 근접한 표준은 $R_1 = 12\ \text{k}\Omega$인데, 이 경우 최대 전류보다 조금 못 미치는 전류를 갖게 된다. 전위차계 $R_{2_{\max}}$의 정격은, 접촉자가 제일 좌측 위치인 $\alpha = 1$로 설정될 때 $i_C = i_{C_{\max}} = 10$ mA임을 이용하여 구할 수 있다.

$$i_{C_{\min}} = 10\ \text{mA} = \beta\frac{V_{CC} - V_\gamma}{R_1 + R_{2_{\max}}}$$

또는

$$R_{2_{\max}} = \frac{\beta}{10\ \text{mA}}(V_{CC} - V_\gamma) - R_1 = 102{,}600\ \Omega$$

여기에서도 만약 $R_{2_{\max}}$이 표준 저항의 E12 시리즈로 제한된다면, 가장 근접한 표준은 $R_{2_{\max}} =$ 100 kΩ인데, 이는 최소 전류값에 조금 못 미치는 값이다.

참조: 리튬이온 배터리에 대한 실용적인 노트: 9 V 리튬이온 배터리는 사실 2개의 3.6 V 셀들로 구성되어 있다. 그러므로 배터리의 공칭 전압은 사실 7.2 V이다. 더 자세히 보자면, 배터리가 완전히 충전되었을 때 4.2 V에 이르기 때문에 공칭 전압은 8.4 V이 된다.

단순 BJT 모터 드라이버 회로 문제

예제 9.5

문제

이 예제의 목적은 레고 9V DC LX 모터 모델 8882의 BJT 모터 드라이버를 설계하는 것이다. 그림 9.20은 드라이버 회로와 모터의 사진을 보여준다. 모터의 최대(정지) 전류는 2,020 mA이다. 모터가 회전을 시작하기 위한 최소 전류는 110 mA이다. 이 회로의 목적은 전위차계 $R_{2_{\max}}$를 통해 모터로 흐르는 전류를 제어하는 것이다. (전류는 토크에 비례한다.)

풀이

기지: 대신호 트랜지스터 변수, 소자 변수

미지: R_1, $R_{2_{\max}}$

주어진 데이터 및 그림: 그림 9.20, 최대(정지) 전류 2,020 mA, 최소(시작) 전류 110 mA, $V_\gamma = 0.6$ V, $\beta = 40$, $V_{CC} = 12$ V.

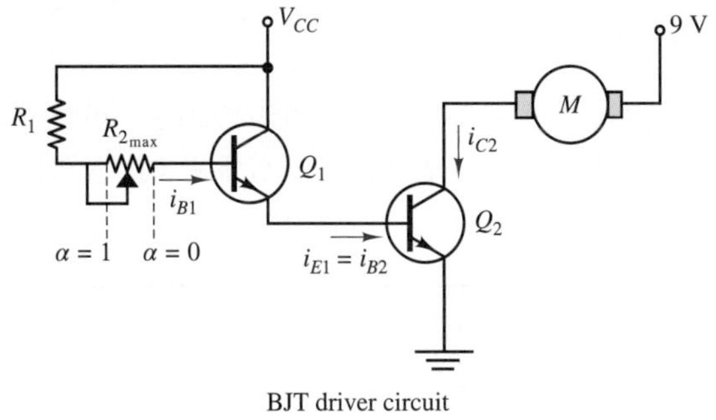

그림 9.20 BJT 모터 드라이브 회로

가정: 각 트랜지스터에 대신호 모델을 적용하고 $\beta = 40$임을 이용한다.

해석: 이번 예제는 트랜지스터 하나로 완성하기 어렵거나 혹은 불가능한 과제를 여러 트랜지스터로 해결해 내는 모습을 보여주기 때문에, 좋은 예제라고 할 수 있다. 우선 두 개의 트랜지스터 모두 활성 모드로 가정하면, 두 소자 모두 $i_C = \beta i_B$를 만족한다. 일단 답이 구해지면, EBJ와 CBJ의 전압을 확인함으로써, 활성 모드 가정이 적합한지를 알 수 있다.

Q_1의 이미터 전류가 Q_2의 베이스 전류라는 사실은 중요하다. Q_2의 컬렉터 전류 i_{C2}는 $i_{E1} = i_{C1} + i_{B1} = (\beta + 1)i_{B1}$, $i_{B2} = i_{E1}$과 $i_{C2} = \beta i_{B2}$이므로, Q_1의 베이스 전류인 i_{B1}은 다음과 같은 관계식을 갖는다.

$$i_{C2} = \beta i_{B2} = \beta i_{E1} = \beta(\beta + 1)\, i_{B1}$$

옴의 법칙으로 Q_1의 베이스 전류 i_{B1}은 다음과 같이 구할 수 있다.

$$i_{B1} = \frac{V_{CC} - 2V_\gamma}{R_1 + R_{2_{\max}}}$$

따라서 모터 전류의 범위는 다음과 같다.

$$i_{C2_{\min}} \le \beta(\beta + 1)\left(\frac{V_{CC} - 2V_\gamma}{R_1 + R_{2_{\max}}}\right) \le i_{C2_{\max}}$$

전위차계의 접촉자는 $0 \le \alpha \le 1$ 사이의 어느 값이든 될 수 있고, 베이스에서 본 저항은 $R_1 + \alpha R_{2_{\max}}$이다. 접촉자가 제일 우측 값인 $\alpha = 0$일 때, 컬렉터 전류는 최댓값을 갖는다. 따라서 $\alpha = 0$일 때의 전류 $i_C = iC_{2_{\max}} = 2{,}020$ mA를 이용해서 저항 R_1을 선택하면 된다.

$$i_{C2_{\max}} = 2.02\ \text{A} = \beta(\beta + 1)\left(\frac{V_{CC} - 2V_\gamma}{R_1}\right)$$

또는

$$R_1 = \frac{\beta(\beta + 1)}{0.34}(V_{CC} - 2V_\gamma) = 8{,}768\ \Omega$$

만약 R_1이 표준 저항 E24 시리즈로 제한된다면 가장 근접한 표준은 $R_1 = 9.1\ \text{k}\Omega$인데, 이 경우 최대 전류보다 조금 못 미치는 전류를 갖게 된다. 전위차계 $R_{2_{\max}}$의 정격은 $\alpha = 1$일 때 $i_{C2} = i_{C2_{\min}} = 110$ mA 임을 이용하여 구할 수 있다.

$$R_{2_{\max}} = \frac{\beta(\beta + 1)}{0.11}(V_{CC} - 2\,V_\gamma) - R_1 \approx 152\ \text{k}\Omega$$

여기에서도 만약 $R_{2_{\max}}$이 표준 저항 E24 시리즈로 제한된다면, 152 kΩ보다 큰 가장 근접한 표준은 $R_{2_{\max}} = 180\ \text{k}\Omega$인데, 이는 최소 전류에 조금 못 미치는 값이다. 최소 모터 전류는 전위차계를 조정하여 모터를 꺼질 수 있게 한다.

참조: 이 회로 설계는 간단하지만, 수동으로 모터 전류(토크)를 제어할 수 있다. 만약 모터를 마이크로컨트롤러로 제어하기를 원한다면, 외부의 전압에 반응할 수 있는 회로가 필요하므로 새롭게 설계해야 한다.

연습 문제

R_C = 400 Ω일 때 예제 9.3을 반복하라. 트랜지스터는 어떤 모드에서 동작하는가? 컬렉터 전류는 얼마인가?

예제 9.3에서 R_C = 30 Ω이라면 LED에 의해서 소비되는 전력은 얼마인가?

Answer: 포화 모드, 8.5 mA; 159 mW

연습 문제

예제 9.4에서, 배터리가 완충되었을 때(8.4 V) 컬렉터−이미터 전압 V_{CE}는 어떻게 되는가? 트랜지스터가 활성 모드에 있다는 가정에 부합하는가?

Answer: $V_{CE} \approx 3.6 \text{ V} \gg V_{CEsat} = 0.2 \text{ V}$; Yes

연습 문제

예제 9.5의 회로에서 R_1과 $R_{2_{max}}$의 선택된 표준 저항을 이용하여 모터 전류의 최댓값 및 최솟값을 계산하라.

Answer: $i_{C2_{max}} = 1,946.4$ mA; $i_{C2_{min}} = 93.66$ mA

9.4 소신호 증폭기 입문

BJT 회로의 직류 동작점 Q의 목적은 BJT를 바이어스함으로써 비교적 작은 시변(time-varying) 입력 신호에 대하여 선형 증폭기로 동작하도록 하기 위함이다.

일반적으로 시변 전압 신호 ΔV_B는 훨씬 큰 직류 전압인 V_{BB}와 합쳐진다. 그림 9.21에서 도시하고 있듯이, 베이스 전류도 시변 함수인 $I_B + \Delta I_B$이다. 직류 바이어스를 인가하는 주된 목적은 베이스 전류에서 발생하는 작은 변화 ΔI_B에 의해 BJT가 활성 모드에서 벗어나지 않게 하기 위함이다. 이 목적을 위해서는, 베이스 전류에 생기는 최대 변동 $\Delta I_{B_{max}}$이 직류 바이어스 전류 I_B보다 작으면 되고, 동작점이 BJT의 활성 모드 내에 있도록 하는 I_B가 선택되어야 한다. (포화나 차단 모드에서 많이 떨어져 있어야 한다.) 이와 같은 조건을 만족하는 동작점 Q는 그림 9.14에서 찾을 수 있다. 여기서, BJT의 활성 모드가 포화 모드나 차단 모드로 가기 위해서는, 현재의 I_B가 150 μA로 바이어스된 상태에서 최소 ±100 μA가 더해져야 한다. 동작점 Q는 부하선을 따라 움직이는데, 베이스 전류가 증가하면 좌측 상단으로, 감소하면 우측 하단으로 이동한다.

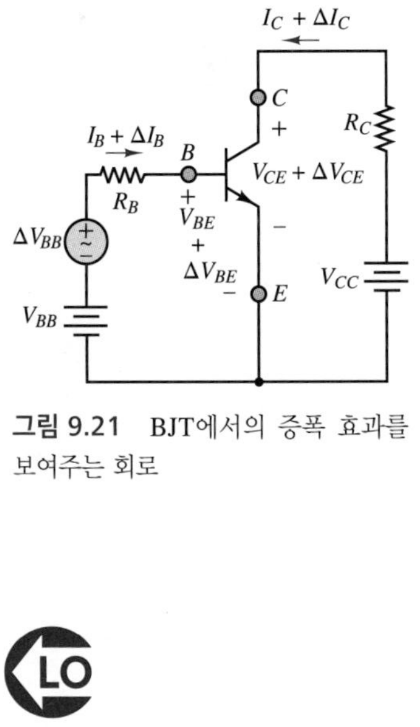

그림 9.21 BJT에서의 증폭 효과를 보여주는 회로

소신호 모델이라는 말은, 증폭된 신호에서의 최대 변동이 직류 바이어스 조건에 비해서 작기 때문이다.

BJT가 활성 모드에 있기만 하다면, 컬렉터 전류는 대략적으로 베이스 전류에 비례한다.

$$I_C + \Delta I_C = \beta(I_B + \Delta I_B) \tag{9.13}$$

더 나아가, 그림 9.21에서도 알 수 있듯이, 컬렉터 소스 네트워크 주변에서 KVL을 이용해 다음을 구할 수 있다.

$$V_{CE} + \Delta V_{CE} = V_{CC} - (I_C + \Delta I_C)R_C = V_{CC} - \beta(I_B + \Delta I_B)R_C \tag{9.14}$$

정동작 모드(시변 입력 신호가 없는 경우)에서, 위 식은 다음과 같이 된다.

$$V_{CE} = V_{CC} - I_C R_C = V_{CC} - \beta I_B R_C \tag{9.15}$$

식 (9.14)에서 식 (9.15)를 빼면, 다음과 같은 식을 얻을 수 있다.

$$\Delta V_{CE} = \Delta I_C R_C = \beta \Delta I_B R_C \tag{9.16}$$

컬렉터–이미터 전압의 변동 ΔV_{CE}는 베이스 전류의 변동에 비례한다는 점을 주목하자. 이때의 비례상수는 βR_C이다.

베이스 소스 네트워크에 KVL로 해석을 계속한다면,

$$V_{BB} + \Delta V_{BB} = (I_B + \Delta I_B)R_B + V_{BE} + \Delta V_{BE} \tag{9.17}$$

이다. 위 식은 정동작 모드에서 다음과 같다.

$$V_{BB} = I_B R_B + V_{BE} \tag{9.18}$$

식 (9.17)에서 식 (9.18)을 빼면 다음과 같다.

$$\Delta V_{BB} = \Delta I_B R_B + \Delta V_{BE} \tag{9.19}$$

또는

$$\Delta I_B = \frac{\Delta V_{BB} - \Delta V_{BE}}{R_B} \tag{9.20}$$

식 (9.16)의 ΔI_B을 위의 결과로 치환시키면, 다음과 같은 결과를 얻는다.

$$\Delta V_{CE} = \beta \frac{R_C}{R_B}(\Delta V_{BB} - \Delta V_{BE}) \tag{9.21}$$

위 식은 입력 전압의 시변 요소인 ΔV_{BB}가 $\beta R_C/R_B$배로 증폭되어 출력 전압의 시변 요소인 ΔV_{CE}가 유도됨을 보여준다. 그림 9.21에서 BJT 회로의 출력 전압은 컬렉터–이미터 전압임을 주목하자.

그림 9.21에서와 같이, ΔV_{BE}가 ΔV_{BB}보다 무시할 수 있을 정도로 작을 때에만, ΔV_{CE}가 ΔV_{BB}에 비례함을 나타내는 식이 성립한다는 점이 중요하다. BJT가 활성 모드에 있을 때 EBJ가 순방향 바이어스이고, 그림 9.6에서 도시하고 있듯이 EBJ 다이오드의 동작점은 곡선의 가파른 부분에 위치한다는 점을 명심하여야 한다. 결과적으로, ΔV_{BE}는 I_B의 변화에 대해서 꽤 작은 값으로 유지된다. 사실 ΔV_{BE}를 무시할 수 있는지의 여부를 판단하기 위해서는, 여기서의 설명보다 더 많은 분석이 필요하다. 이 외에도 BJT의 비이상적인 특성들은 증폭기가 완벽한 선형으로 동작하는 것을 방해한다. BJT가 적절하게 바이어스된다면, 이러한 비이상적 효과들도 작게 유지된다는 사실이 중요하다.

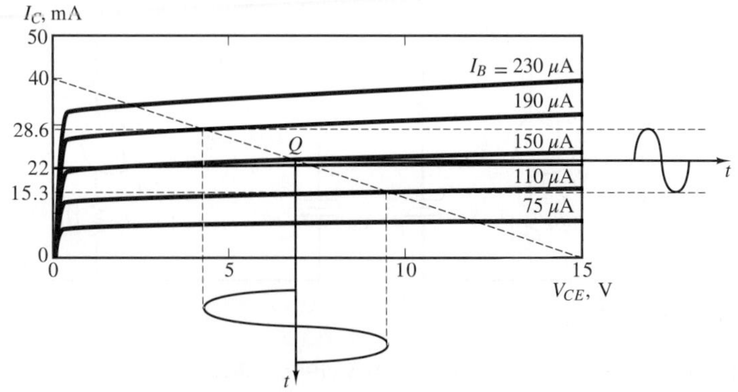

그림 9.22 BJT 내 정현파 진동 증폭

그림 9.22는 위에서 언급한 증폭 과정의 한 예를 보여준다. 여기서 시간축 우변에는 시변 정현파 곡선인 컬렉터 전류 $I_C + \Delta I_C$, 그리고 V_{CE} 축의 하단에는 또 다른 시변 정현파 곡선인 컬렉터-이미터 전압 $V_{CE} + \Delta V_{CE}$를 나타내었다. 베이스 전류는 110에서 190 μA까지 진동하고, 이에 상응하여 컬렉터 전류 또한 15.3 mA에서 28.6 mA 사이를 진동하게 된다. 따라서 BJT는 전류 증폭기로 동작한다.

실용적인 셀프 바이어스 BJT 회로

BJT를 바이어스하기 위해서, 그림 9.21과 같은 회로를 사용할 수 있다. 그러나 이 회로는 응용에 있어서 큰 문제를 발생시킬 수 있는 약점이 있다. 특히, 온도 변화는 동작점 Q를 크게 움직일 수 있고, 이는 열 폭주(thermal runaway)로 이어질 수도 있다. 온도에 의한 영향이 다른 부분에 의해서 보상된다 하더라도, 두 개 BJT의 β값이 크게 다르다면 정확히 동일하게 제작된 두 개의 회로일지라도 크게 다른 모습을 보여줄 것이다. (같은 종류의 BJT라도 β가 다른 경우는 자주 발생한다.)

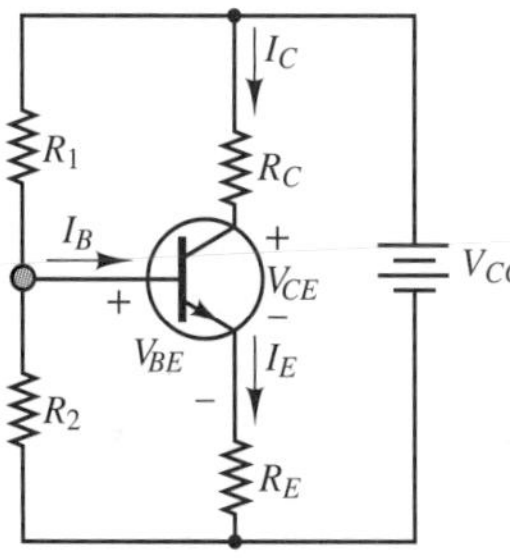

그림 9.23 현실적인 단일 전력원을 가진 BJT 셀프 바이어스 직류 회로

위의 변화에 의한 영향을 자동으로 보상할 수 있는 개선된 셀프 바이어싱 회로를 그림 9.23에서 도시하였다. 이 회로는 단지 하나의 공통 전력원 V_{CC}만을 사용한다는 이점도 가지고 있다. V_{CC}는 (R_1, R_2)와 (R_C, R_E)의 둘 다의 양단에 인가되므로, 그림 9.24(a)와 같이 다시 도시할 수 있다. 베이스에서 바라본 테브닌 등가 네트워크는 그림 9.24(b)에 나타나 있으며, 다음 값을 갖는다.

$$V_{BB} = \frac{R_2}{R_1 + R_2} V_{CC} \tag{9.22}$$

그리고

$$R_B = R_1 \| R_2 = \frac{R_1 R_2}{R_1 + R_2} \tag{9.23}$$

그림 9.24(b)의 회로가 그림 9.21의 회로와 유사하다는 것을 알 수 있을 것이다. 중요한 차이점은 이미터와 회로의 하단부 노드 사이에 위치하고 있는 저항 R_E의 존재이다.

베이스와 컬렉터 사이의 네트워크에 KVL을 적용하면, 다음과 같다.

$$V_{BB} = I_B R_B + V_{BE} + I_E R_E = [R_B + (\beta + 1) R_E]\, I_B + V_{BE} \tag{9.24}$$

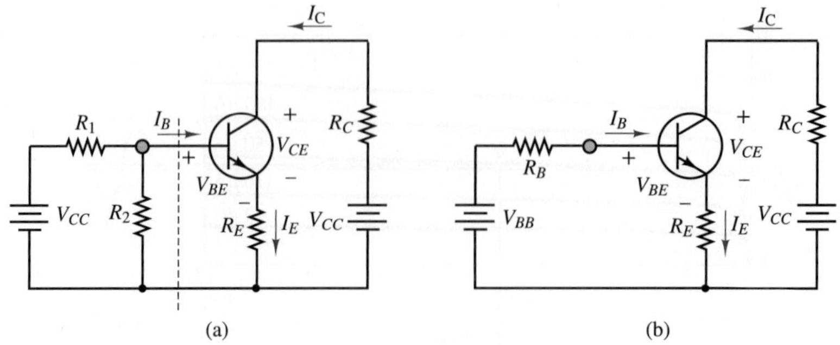

그림 9.24 등가 회로 형태로 나타난 직류 셀프 바이어스 회로

그리고

$$V_{CC} = I_C R_C + V_{CE} + I_E R_E = I_C\left(R_C + \frac{\beta+1}{\beta}R_E\right) + V_{CE} \tag{9.25}$$

여기

$$I_E = I_C + I_B = (\beta+1)I_B = \frac{\beta+1}{\beta}I_C \tag{9.26}$$

위의 두 식은 다음과 같이 해를 구할 수 있다.

$$I_B = \frac{V_{BB} - V_{BE}}{R_B + (\beta+1)R_E} \qquad I_C = \beta I_B \tag{9.27}$$

그리고

$$V_{CE} = V_{CC} - I_C\left(R_C + \frac{\beta+1}{\beta}R_E\right) \tag{9.28}$$

두 번째 공식은 바이어스 회로의 부하선을 나타낸다. 컬렉터 회로에서 보는 유효 부하 저항은 단순히 R_C와는 다르며, 다음과 같다.

$$R_C + \frac{\beta+1}{\beta}R_E \approx R_C + R_E \qquad \beta \gg 1$$

R_E의 역할은, 예를 들어 트랜지스터의 β를 변화시키는 온도 변화로 인한 동작점 Q의 변화에 음의 피드백을 제공하는 것이다. $\Delta\beta$가 변화하는 경우에 그림 9.24(b)를 참고하라. 가장 즉각적인 영향은 컬렉터 전류 $\Delta I_C = \Delta\beta I_B$에 있으며, 이 변화는 다시 이미터 전류 $\Delta I_E = \Delta I_C + \Delta I_B$의 변화로 이어지는데, 여기서부터 R_E의 역할이 시작된다. 이미터 전류의 변화는 R_E 양단에 걸리는 전압인 $\Delta I_E R_E$에 변화를 주고, 이 변화는 다시 EBJ 양단의 전압 V_{BE}에 변화를 가져온다. 마지막으로, V_{BE}에 발생하는 변화는 EBJ가 다이오드이므로 베이스 전류를 변화시킨다. $\Delta I_C = \beta\Delta I_B$ 때문에 베이스 전류에서의 변화는 항상 컬렉터 전류의 원래 변화를 상쇄시킨다는 점을 알아야 한다. 다시 말해서, $\Delta\beta$가 양수라면 ΔI_B는 음수이고, 역도 성립한다. 따라서 β에서의 변화가 동작점 Q를 변화시키려 할지라도 R_E의 영향이 그 변화를 상쇄시켜 준다.

BJT 소신호 증폭기

예제 9.6

문제

그림 9.25의 BJT 회로와 그림 9.22의 컬렉터 특성 곡선을 참고하여, (1) BJT의 직류 동작점과 (2) 동작점에서 공칭 전류 이득 β, (3) 교류 전압 이득 $G = \Delta V_o/\Delta V_B$를 구하라.

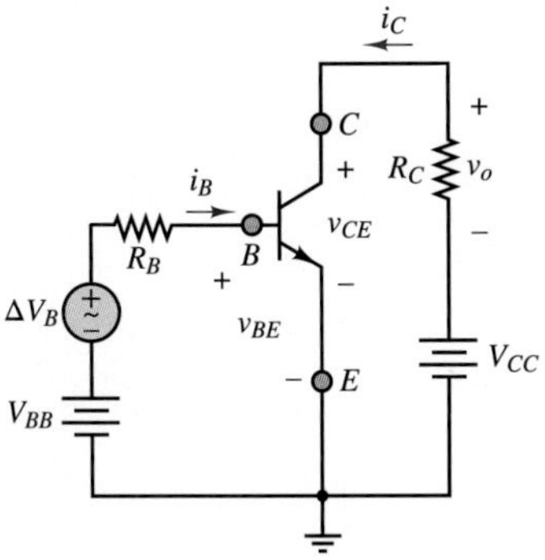

그림 9.25

풀이

기지: 베이스, 컬렉터, 이미터 저항, 베이스 컬렉터 공급 전압, 컬렉터 특성 곡선, *BE* 접합 오프셋 전압

미지: (1) 직류 베이스 컬렉터 전류, I_{BQ}와 I_{CQ}, 컬렉터 이미터 전압 V_{CEQ}, (2) $\beta = \Delta I_C/\Delta I_B$, (3) $G = \Delta V_o/\Delta V_B$

주어진 데이터 및 그림: $R_B = 10\ \text{k}\Omega$, $R_C = 375\ \Omega$, $V_{BB} = 2.1$ V, $V_{CC} = 15$ V, $V_\gamma = 0.6$ V. 그림 9.27은 컬렉터 특성 곡선이다.

가정: 베이스 저항과 비교했을 때 *BE* 접합 저항은 무시할 만하다. 각각의 전압과 전류는 직류 성분과 교류 성분의 중첩에 의해 표현될 수 있다. 예를 들어, $v_0 = V_0Q + \Delta V_0$이 된다.

해석:

1. 직류 동작점. *BE* 접합 저항이 R_B보다 훨씬 작다는 가정에서, 접합 전압은 $v_{BE} = V_{BEQ} = V_\gamma$와 같이 일정하다고 할 수 있다. 그림 9.26은 베이스에 대한 직류 등가 회로를 나타낸다. KVL을 적용하면 다음과 같다.

$$V_{BB} = R_B I_{BQ} + V_{BEQ}$$

정동작(quiescent) 베이스 전류는 다음과 같이 구해진다.

$$I_{BQ} = \frac{V_{BB} - V_{BEQ}}{R_B} = \frac{V_{BB} - V_\gamma}{R_B} = \frac{2.1 - 0.6}{10{,}000} = 150\ \mu\text{A}$$

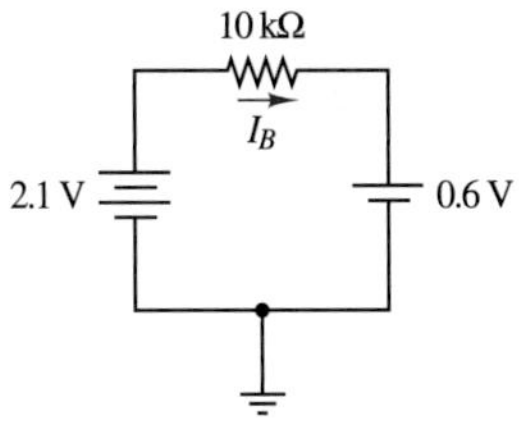

그림 9.26

직류 동작점을 정하기 위해, 컬렉터 회로에 대한 부하선 식은 KVL로 구할 수 있다.

$$V_{CE} = V_{CC} - R_C I_C = 15 - 375 I_C$$

부하선과 $I_B = 150\ \mu$A 선과의 교점 Q는 그림 9.27에 나타나 있다. 동작점 혹은 정동작점 Q에서, $V_{CEQ} = 6.75$ V, $I_{CQ} = 22$ mA, $I_{BQ} = 150\ \mu$A이다.

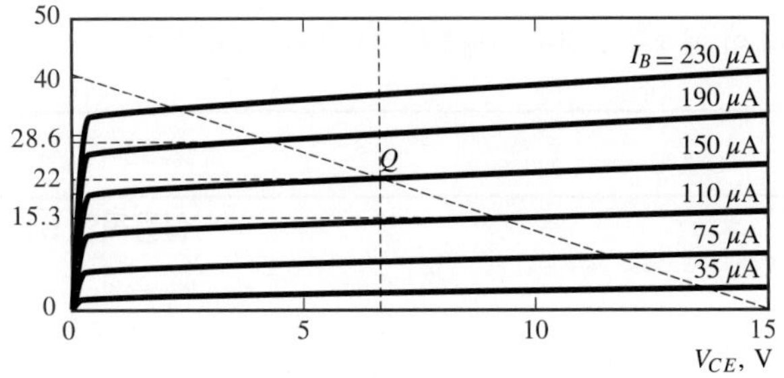

그림 9.27 특성 곡선의 동작점

2. 교류 이득. 전류 이득은 그림 9.27의 특성 곡선으로부터 정해진다. 베이스 전류가 190 μA와 110 μA일 때, 컬렉터 전류는 각각 15.3 mA와 28.6 mA가 된다. Q점으로부터의

컬렉터 전류 변화 ΔI_C는 베이스 전류의 변화 ΔI_B에 해당한다. 따라서 BJT 증폭기의 전류 이득은

$$\beta = \frac{\Delta I_C}{\Delta I_B} = \frac{28.6 \times 10^{-3} - 15.3 \times 10^{-3}}{190 \times 10^{-6} - 110 \times 10^{-6}} = 166.25$$

와 같이 계산할 수 있는데, 이는 트랜지스터의 공칭 전류 이득이다.

3. 교류 전압 이득. 교류 전압 이득 $G = \Delta V_o/\Delta V_B$를 구하기 위해, ΔV_o를 ΔV_B의 함수로 표현해야 한다. $v_o = -R_C i_C = -R_C I_{CQ} - R_C\ \Delta I_C$이므로

$$\Delta V_o = -R_C\ \Delta I_C = -R_C \beta\ \Delta I_B$$

와 같다. 베이스 회로에 중첩의 원리를 적용하면, ΔI_B는 KVL의 기본 관계식으로부터 구할 수 있다.

$$\Delta V_B = R_B\ \Delta I_B + \Delta V_{BE}$$

그러나 EBJ의 저항은 작다고 가정할 수 있으므로, ΔV_{BE} 또한 무시할 수 있다. 그러면

$$\Delta I_B = \frac{\Delta V_B}{R_B}$$

이 되며, 이 결과를 ΔV_o에 대한 식에 대입하면 다음과 같다.

$$\Delta V_o = -R_C \beta\ \Delta I_B = -\frac{R_C \beta \Delta V_B}{R_B}$$

또는

$$\frac{\Delta V_o}{\Delta V_B} = G = -\frac{R_C}{R_B}\beta = -6.23$$

참조: 이 예제에서 고려한 회로는 셀프 바이어스 방식은 아니지만, BJT 증폭기의 대부분의 근본적인 특징을 나타내고 있다. 이것을 정리하면 다음과 같다.

- 트랜지스터 증폭기 해석은, 중첩의 원리를 적용하여 직류 바이어스 회로와 교류 등가 회로를 개별적으로 고려함으로써 크게 단순화할 수 있다.
- 일단 직류 동작점 Q가 결정되면 트랜지스터의 전류 이득 또한 구할 수 있는데, 이 이득은 동작점의 위치에 어느 정도 의존한다.
- 증폭기의 교류 전압 이득은 R_C와 R_B에 크게 의존한다. 교류 전압 이득 ΔV_o은 음수라는 점에 유의하라. 만약 정현파 교류 입력에 대해서는 출력의 위상이 180° 반전되는 반전되는 것과 같다. 이러한 결과는 모든 공통 이미터 증폭기에서 일반적이다.

이 절을 공부할 때 이 예제를 완전히 이해하는 것이 아주 중요하다.

예제 9.7 실용적인 BJT 바이어스 회로

LO

문제

그림 9.23의 트랜지스터의 직류 바이어스 동작점을 찾아라.

풀이

기지: 베이스, 컬렉터, 이미터 저항, 컬렉터 공급 전압, 트랜지스터 공칭 전류 이득, BE 접합 오프셋 전압

미지: 직류(정동작) 비이어스와 컬렉터 전류, I_{BQ}와 I_{CQ} 그리고 컬렉터–이미터 전압 V_{CEQ}

주어진 데이터 및 그림: $R_1 = 100\ \text{k}\Omega$, $R_2 = 50\ \text{k}\Omega$, $R_C = 5\ \text{k}\Omega$, $R_E = 3\ \text{k}\Omega$, $V_{CC} = 15$ V, $V_\gamma = 0.7$ V, $\beta = 100$

해석: 먼저 식 (9.22)에서 등가 베이스 전압을 구한다. 그러면

$$V_{BB} = \frac{R_2}{R_1 + R_2} V_{CC} = \frac{50}{100 + 50} 15 = 5 \text{ V}$$

이 되고, 식 (9.23)에서 등가 베이스 저항은

$$R_B = R_1 \| R_2 = 33.3\ \text{k}\Omega$$

이다. 그러면 식 (9.27)에서 베이스 전류를 계산하면

$$I_B = \frac{V_{BB} - V_{BE}}{R_B + (\beta + 1) R_E} = \frac{V_{BB} - V_\gamma}{R_B + (\beta + 1) R_E} = \frac{5 - 0.7}{33{,}000 + 101 \times 3{,}000} = 12.8\ \mu\text{A}$$

이고, 트랜지스터의 전류 이득 β는 아는 값이므로 컬렉터 전류를 구하면

$$I_C = \beta I_B = 1.28 \text{ mA}$$

이 된다. 마지막으로, 컬렉터–이미터 전압은 식 (9.28)에 의해서 구해진다.

$$V_{CE} = V_{CC} - I_C \left(R_C + \frac{\beta + 1}{\beta} R_E \right)$$

$$= 15 - 1.28 \times 10^{-3} \left(5 \times 10^3 + \frac{101}{100} \times 3 \times 10^3 \right) = 4.78 \text{ V}$$

그러므로 트랜지스터의 Q점은 다음과 같이 주어진다.

$$V_{CEQ} = 4.73 \text{ V} \qquad I_{CQ} = 1.28 \text{ mA} \qquad I_{BQ} = 12.8\ \mu\text{A}$$

참조: 본 예제에서 β의 값은 계산에 사용되지 않았는데, 이는 그 값이 같은 종류의 트랜지스터 내에서도 크게 다르기 때문이다. 대신 증폭기의 설계에서는 일반적인 BJT의 특성인 $\beta \gg 1$이라는 조건을 사용하였다.

연습 문제

예제 9.6에서 R_C가 680 Ω으로 증가할 때 트랜지스터의 Q점을 계산하라.

Answer: V_{BB}와 R_B가 변하지 않고 V_{BEQ}에의 변화는 무시될 수 있으므로, I_{BQ}는 대략적으로 150 μA로 유지된다. $V_{CEQ} \approx 0.5$ V는 훨씬 작고, BJT는 포화 모드에 가깝다. 새로운 컬렉터 전류 $I_{CQ} \approx 20$ mA이다.

연습 문제

그림 9.24의 회로에서 $V_{BE} = 0.6$ V, $R_B = 50\ \text{k}\Omega$, $R_E = 200\ \Omega$, $R_C = 1\ \text{k}\Omega$, $\beta = 100$, $V_{CC} = 14$ V일 때, 컬렉터 전류를 $I_C = 6.3$ mA를 만드는 V_{BB}의 값을 찾아라.

예제 9.8에서와 같이 β가 150으로 변하면 컬렉터 전류는 몇 % 변하는가? 왜 컬렉터 전류가 50% 이하로 증가하는가?

Answer: $V_{BB} = 5$ V, $V_{CE} = 6.43$ V; 3.74%. R_E를 통한 음의 피드백으로 I_C와 I_E를 거의 일정하게 유지하기 때문이다.

9.5 트랜지스터 게이트 및 스위치

트랜지스터의 특성을 기술할 때, 트랜지스터는 증폭기의 역할 이외에도 전자 스위치로도 사용될 수 있음을 언급하였는데, 이 경우에 트랜지스터의 3단자 중에서 한 단자가 다른 두 단자 사이에 흐르는 전류를 제어한다. 8장에서는 다이오드가 개폐(on-off) 장치로 동작할 수 있다는 점을 보여 주었다. 이 절에서는 전자 스위치로서의 다이오드와 트랜지스터 동작에 대해 설명하며, **아날로그** 및 **디지털 게이트**의 핵심이 되는 스위칭 회로에 이러한 소자를 사용하는 예를 제시할 것이다. 트랜지스터 스위칭 회로는 11장에서 상세히 논의될 디지털 논리 회로의 기초가 된다. 이 절의 목적은 이들 회로의 내부 동작에 대한 설명과 디지털 회로의 내부에 관심을 가지는 독자들에게 기초 원리에 대한 적절한 이해를 제공해 주는 것이다.

전자 게이트(electronic gate)는 하나 또는 그 이상의 입력 신호에 기초하여 둘 또는 그 이상의 미리 규정된 출력 중의 하나를 제공해 주는 장치이다. 뒤에서 확인하겠지만, 디지털과 아날로그 게이트를 모두 설계할 수 있다. 우선 아날로그 및 디지털이란 용어에 대한 설명이 필요하다. 아날로그 전압 또는 전류(일반적으로 아날로그 신호)는 실제의 물리량과 유사하게 시간에 따라 연속적으로 변화하는 신호를 의미한다. 아날로그 신호의 예제는 10°와 20°C 사이에서 변하는 어떤 날의 기온을 측정한 센서의 전압이다. 반면에, 디지털 신호는 단지 유한한 수의 값만을 취하는 신호이다. 특히 흔히 접하게 되는 디지털 신호의 부류는 두 값(예를 들어 1과 0) 중 오직 한 값만을 취하는 **2진 신호**(binary signal)이다. 2진 신호의 전형적인 예는 재래식 온도 조절기(thermostat)에 의해 제어되는 가정용 난방장치에서 난로에 대한 제어 신호이다. 이 경우의 신호는 실내 온도가 온도 조절기 설정치 이하로 떨어질 때는 on(또는 1)이 되며, 설정 온도와 같거나 그 이상이 되면 off(또는 0)가 된다. 그림 9.28은 난방장치의 아날로그 및 디지털 신호의 형태를 나타낸 것이다.

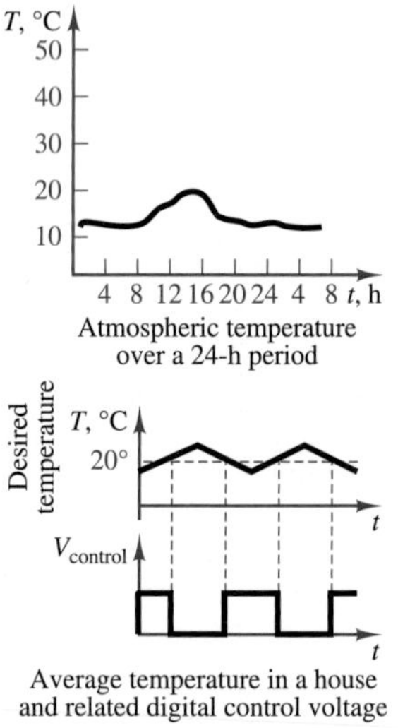

그림 9.28 아날로그와 디지털 신호

디지털 신호의 논의는 11장, 12장에서 계속될 것이다. 오늘날 대부분의 산업용 및 가정용 전자기기가 디지털의 형태로 구현되므로 디지털 회로는 특히 중요한 주제가 된다.

다이오드 게이트

다이오드는 순방향으로 바이어스될 때는 전류를 전도하지만, 역방향으로 바이어스될 때는 개방 회로처럼 동작한다. 그러므로 다이오드를 적절히 사용하면, 스위치로 동작시킬 수 있다. 그림 9.29의 회로는 **OR 게이트**(OR gate)라 하는데, 그 동작은 다음과 같다. 전압 레벨이 예를 들어 2 V보다 크면 “논리(logic) 1”에, 2 V보다 작으면 “논리 0”에 해당한다고 하자. 입력 전압 v_A 및 v_B는 0 V와 5 V 중 한 값을 가진다고 가정하자. 만약 v_A = 5 V이면 다이오드 D_A는 전도하고, v_A = 0 V이면 D_A는 개방 회로로 동작한다. 다이오드 D_B도 이와 마찬가지이다. 그렇다면 분명한 것은, v_A 및 v_B 모두가 0 V이면 저항 R에 걸리는 전압은 0 V 또는 논리 0가 된다. 만약 v_A나 v_B 둘 중 하나가 5 V이면, 해당 다이오드는 전도한다. 이때 V_γ = 0.6 V인 오프셋 다이오드 모델을 고려한다면 v_{out} = 4.4 V 또는 논리 1이 된다. 유사한 해석에 의해서, $v_A = v_B$ = 5 V이면 동일한 결과가 됨을 알 수 있다.

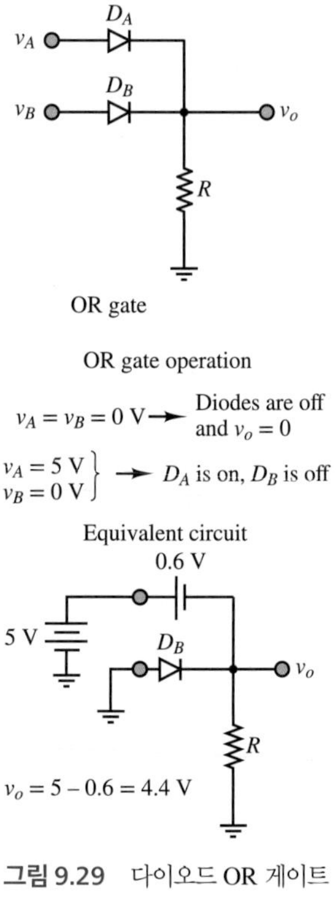

그림 9.29 다이오드 OR 게이트

이런 형태의 게이트는 OR 게이트라 하는데, 이는 υ_A 또는 υ_B 중 하나라도 on이면 υ_{out}은 논리 1(또는 "high")이 되고, υ_A와 υ_B가 모두 on이 아닐 때만 υ_{out}가 논리 0(또는 "low")이 되기 때문이다. 다른 함수도 같은 방식으로 구현될 수 있다. 그러나 그림 9.29에 도시된 것과 같은 다이오드 게이트는 실제로는 거의 사용되지 않으므로, 이에 대한 설명은 지금까지의 간단한 소개로 마치고자 한다. 대부분의 디지털 회로는 스위칭 및 게이트 기능을 수행하기 위해서 트랜지스터를 사용한다.

BJT 게이트

BJT의 대신호(large-signal) 모델 및 i-υ 특성은 트랜지스터의 컬렉터 전류가 거의 0인 차단 모드를 포함한다. 한편 트랜지스터의 베이스에 충분한 전류가 공급된다면, 트랜지스터는 포화 모드에 도달하게 되어 상당한 양의 컬렉터 전류가 흐르게 된다. 이러한 성질은 전자 게이트 및 스위치의 설계에 잘 부합되며, 그림 9.30의 컬렉터 특성에 부하선을 중첩시킴으로써 시각화할 수 있다.

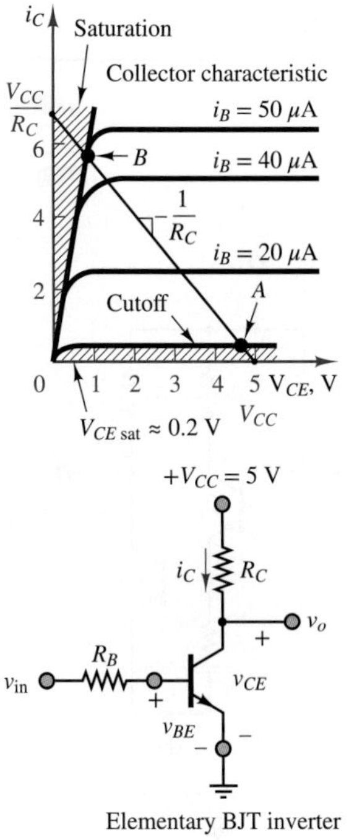

그림 9.30 BJT 스위칭 특성 및 간단한 인버터 회로

단순한 **BJT 스위치**의 동작을 그림 9.30에 나타내었다. 컬렉터 회로에서 부하선 방정식은 다음과 같다.

$$\upsilon_{CE} = V_{CC} - i_C R_C \tag{9.29}$$

그리고

$$\upsilon_o = \upsilon_{CE} \tag{9.30}$$

그러므로 입력 전압 υ_{in}이 작다면(예를 들어, 0 V) 트랜지스터는 차단 모드에 있게 되므로 컬렉터 전류는 매우 작게 된다. 따라서 다음과 같이 출력은 "논리 1"이 된다.

$$\upsilon_o = \upsilon_{CE} \approx V_{CC} \tag{9.31}$$

이 결과는 그림 9.30에서 A점에 해당된다.

υ_{in}이 트랜지스터를 포화 모드로 보낼 만큼 충분히 크다면, 컬렉터-이미터 전압은 $V_{CE\text{ sat}}$로 포화되는데, 일반적으로 이 값은 0.2 V 정도이다. 이는 그림 9.30에서 B점에 해당한다. 입력 전압 υ_{in}이 그림 9.30의 BJT를 포화 모드로 보내기 위해서는, 약 50 μA의 베이스 전류가 요구된다. $\upsilon_{\text{in}} = 5$ V, $R_B = 82$ kΩ이라고 가정하면, $i_B = (\upsilon_{\text{in}} - V_\gamma)/R_B = (5 - 0.6)/82{,}000 \approx 54\ \mu$A이 되고, 이 경우 BJT는 포화 모드에 있게 되므로 $\upsilon_o = V_{CE\text{ sat}} \approx 0.2$ V가 된다.

그러므로, υ_{in}이 논리 1에 해당하면 υ_o은 0 V, 즉 논리 0에 해당하는 값을 취하게 되는 반면에, υ_{in}이 논리 "0"에 해당하면 υ_o은 논리 "1"에 해당하는 값을 취하게 된다. 두 논리 레벨 1과 0에 해당하는 5 V 및 0 V의 값은 실제로 매우 일반적이며, **TTL** (transistor-transistor logic)[3] 논리 계열(logic family)에서 표준으로 채택되고 있다. 일반적인 TTL 중의 하나가 그림 9.30의 **인버터**(inverter)로, 입력 high에 대해서 출력 low를, 입력 low에 대해서 출력 high를 내보낸다. 이러한 형태의 반전 논리는 BJT 게이트(그리고 일반적인 트랜지스터 게이트)의 매우 일반적인 성질이다.

[3] TTL 논리값은 실제로는 허용 폭이 넓다. υ_{HIGH}는 최소 2.4V까지, υ_{LOW}는 최대 0.8 V까지 가능하다.

예제 9.8

TTL NAND 게이트

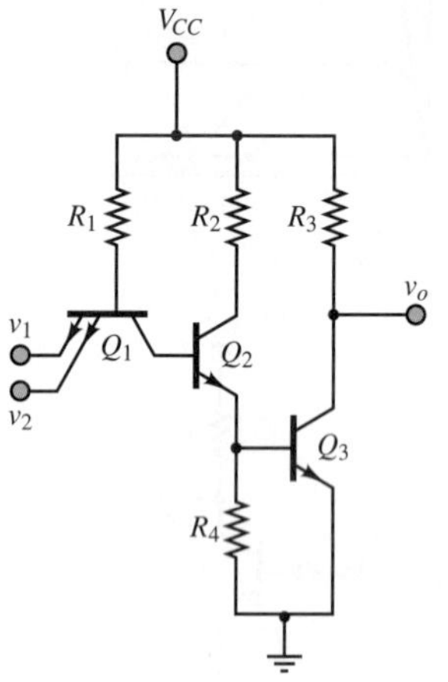

그림 9.31 TTL NAND 게이트

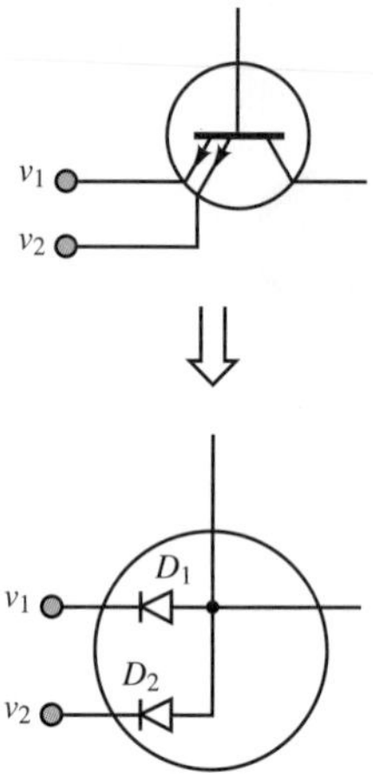

그림 9.32

문제

그림 9.31의 TTL NAND 게이트의 동작을 결정하기 위해서 다음의 표를 완성하라. NAND 게이트는 반전된 AND 게이트로 동작한다.

v_1 (V)	v_2 (V)	State of Q_1	State of Q_2	v_o
0	0			
0	5			
5	0			
5	5			

풀이

기지: 저항, 각 트랜지스터의 $V_{BE\,\text{on}}$과 $V_{CE\,\text{sat}}$

미지: v_1과 v_2의 네 조합 각각에 대한 v_o

주어진 데이터 및 그림: $R_1 = 5.7$ kΩ, $R_2 = 2.2$ kΩ, $R_3 = 2.2$ kΩ, $R_4 = 1.8$ kΩ, $V_{CC} = 5$ V, $V_{BE\,\text{on}} = V_\gamma = 0.7$ V, $V_{CE\,\text{sat}} = 0.2$ V

가정: Q_1의 BE 접합은 오프셋 다이오드 모델로 취급하고, 트랜지스터는 전도 시에 포화 모드에 있다고 가정한다.

해석: TTL 게이트로의 입력 v_1과 v_2는 트랜지스터 Q_1의 이미터에 작용한다. 트랜지스터는 2개의 이미터 회로를 병렬로 접합하기 위해 설계되었다. 그림 9.32에서 보듯이, Q_1은 오프셋 다이오드 모델로 구성되어 있다. 이제 다음의 네 가지 경우를 고려해 보자.

1. $v_1 = v_2 = 0$ V인 경우. Q_1의 이미터가 접지되어 있고 $V_{CC} = 5$ V이므로, BE 접합에는 순방향 바이어스가 걸리고, Q_1은 on이 된다. 이는 Q_2의 베이스 전류(이는 Q_1의 컬렉터 전류와 같다)가 음(−)이라는 것을 의미하며, Q_2는 off가 된다. 만약 Q_2가 off라면 이미터의 전류는 0이 되고, Q_3로 흐르는 베이스 전류도 따라서 0이 된다. Q_3가 off가 되면 R_3에는 전류가 흐르지 않게 되고, 따라서 $v_o = 5 - vR_3 = 5$ V가 된다.
2. $v_1 = 5$ V, $v_2 = 0$ V인 경우. 그림 9.32에서 D_2은 여전히 순방향으로 바이어스되어 있지만, D_1는 v_1에 걸린 5 V 전위 때문에 역방향 바이어스가 된다. 따라서 EBJ는 전류를 흘리고, Q_1은 on이 된다. 해석의 나머지 부분은 경우 (1)과 같으며, Q_2와 Q_3는 모두 off가 되므로 결국 $v_o = 5$ V가 된다.
3. $v_1 = 0$ V, $v_2 = 5$ V인 경우. 하나의 이미터는 동작하게 되므로, Q_1은 on, Q_2와 Q_3는 off, 그리고 $v_o = 5$ V를 얻을 수 있다.
4. $v_1 = 5$ V, $v_2 = 5$ V인 경우. D_1과 D_2는 모두 역방향 바이어스이므로, 이미터에는 전류가 흐를 수 없고, Q_1은 off가 된다. 여기서, D_1과 D_2 모두 역방향 바이어스가 되지만, Q_1의 BCJ는 순방향 바이어스가 되고, Q_2의 베이스로는 전류가 흘러 들어가게 된다. 따라서 Q_2는 on이고, Q_2의 이미터 전류는 Q_3의 베이스에 연결되어 있으므로 Q_3 역시 on이 된다. 여기서 Q_3가 포화 모드에 있다고 가정하고 보면,

$$v_o \approx V_{CE\,\text{sat}}$$

이다. 옴의 법칙을 적용해서 R_3에 적용하면 다음과 같다.

$$I_{C3} = \frac{V_{CC} - v_o}{R_3} = \frac{V_{CC} - V_{CE\,\text{sat}}}{R_3} = \frac{5 - 0.2}{2{,}200} \approx 2.2 \text{ mA}$$

Q_2는 포화 모드에 있을 수 없는가에 대한 질문에 대해서, 만약 그럴 경우 R_2와 R_4는 직렬 연결되고, Q_3의 베이스 전압은 전압 분배 법칙에 의해 계산된다.

$$V_{B_3} \approx \frac{R_4}{R_2 + R_4}(V_{CC} - V_{CE\,\text{sat}}) = \frac{1.8}{2.2 + 1.8}4.8 = 2.16 \text{ V}$$

Q_3의 이미터가 기준 노드($V = 0$)에 직접 연결되어 있으므로 Q_3의 EBJ에 걸쳐 걸리는 전압 또한 2.16 V가 된다. 그러나 이 결과는 앞서 가정한 실리콘 트랜지스터의 $V_\gamma \approx$ 0.7 V에 위배된다. 따라서 Q_2는 포화 모드일 수 없다. 그러나 on 상태는 맞으므로 Q_2는 활성 모드일 수밖에 없다.

이상의 결과들이 다음의 표에 정리되어 있다. 출력들은 TTL 논리와 일치한다. 경우 (4)에 있어서 출력 전압은 0에 가까우므로 논리 회로에 있어서 0으로 생각할 수 있다.

v_1 (V)	v_2 (V)	State of Q_2	State of Q_3	v_o (V)
0	0	Off	Off	5
0	5	Off	Off	5
5	0	Off	Off	5
5	5	On	On	0.2

참조: TTL 논리 게이트 회로에 대한 엄밀한 해석은 장황하고도 복잡하지만, 이 예제에서 보인 해석은 트랜지스터가 on인지 off인지만 결정하면 되므로 아주 간단하다. 논리 장치에 있어서 최대의 관심사는 정확한 값이 아닌 논리 레벨이므로, 이러한 근사적인 해석은 매우 합당하다.

연습 문제

그림 9.30의 스위치 특성을 이용하여, 트랜지스터가 포화되기 위해 필요한 R_B를 구하라. 트랜지스터를 on시키기 위해 필요한 최소 v_{in}이 2.5 V일 때, 베이스 전류는 50 μA라고 가정한다.

Answer: $R_B \le 38$ kΩ

결론

이 장에서 양극성 접합 트랜지스터를 소개하였으며, 간단한 회로 모델로 증폭기와 스위치로서의 트랜지스터 동작을 설명하였다. 이 장을 마치면서, 독자들은 아래의 학습 목적을 숙지해야 한다.

1. 증폭과 스위칭의 기본적인 원리를 이해한다. 트랜지스터는 증폭기와 스위치의 역할을 할 수 있는 3개의 단자를 가진 반도체 소자이다.
2. 양극성 트랜지스터의 물리적 동작을 이해한다. 양극성 트랜지스터 회로의 동작점을 결정한다. 트랜지스터가 어떻게 바이어스되는가에 따라 양극성 트랜지스터는 4개의 상태에서 동작한다. 이들은 간단한 전압 측정으로 알아낼 수 있다.
3. 양극성 트랜지스터의 대신호 모델을 이해하고, 간단한 증폭기 회로에 적용한다. 직류 회로 해석을 이해하면 되므로 BJT의 대신호 모델은 매우 이용하기 쉬우며, 실제 상황에 많이 적용된다.
4. 양극성 트랜지스터의 동작점을 정한다. 트랜지스터를 바이어스하는 것은 트랜지스터 증폭 회로를 포함하는 저항과 직류원 전압에 대하여 적절한 값을 선택하는 것이다. 트랜지스터가 순방향 활성 모드에서 바이어스되었을 때, 양극성 트랜지스터는 전류 제어 전류원처럼 동작하여 베이스로 들어오는 작은 전류를 200배 정도 증폭할 수 있다.

5. 소신호 증폭기의 원리를 이해한다. 활성 모드가 유지될 때, BJT는 선형 증폭기로 사용될 수 있다. 이 경우 작은 입력 파형이 출력 단자에서 훨씬 큰 진폭으로 변환된다.
6. 스위치로서의 양극성 트랜지스터의 동작을 이해하고, 기본적인 아날로그와 디지털 게이트 회로를 해석한다. 스위치 회로의 BJT 동작은 매우 직접적이며, 입력 전압이 high에서 low로 바뀔 때 트랜지스터 회로가 차단 모드에서 포화 모드로 되는가를 설계하는 것으로 이루어진다(역도 성립). 트랜지스터 스위치는 주로 디지털 논리 게이트 설계에 이용된다.

숙제 문제

9.2절: 양극성 접합 트랜지스터(BJT)

9.1 그림 P9.1에서의 각 트랜지스터에 대하여 *BC*와 *BE* 접합이 순방향 바이어스인지 역방향 바이어스인지를 결정하고, 동작 모드를 결정하라.

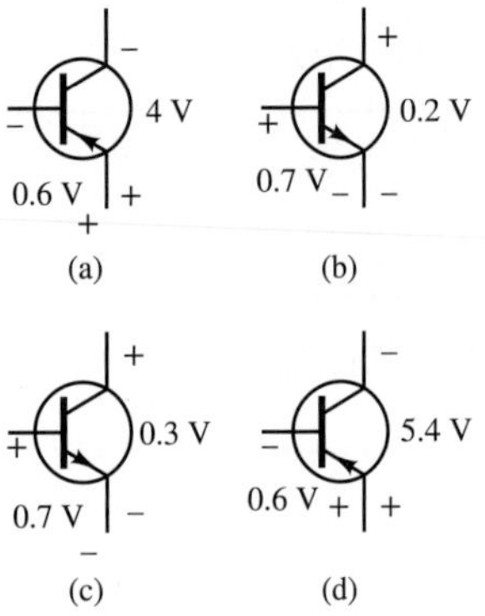

그림 P9.1

9.2 다음 트랜지스터의 동작 모드를 결정하라.

a. *npn*, $V_{BE} = 0.8$ V, $V_{CE} = 0.4$ V
b. *npn*, $V_{CB} = 1.4$ V, $V_{CE} = 2.1$ V
c. *pnp*, $V_{CB} = 0.9$ V, $V_{CE} = 0.4$ V
d. *npn*, $V_{BE} = -1.2$ V, $V_{CB} = 0.6$ V

9.3 그림 P9.3의 회로에서 트랜지스터의 동작점을 추정하라. $V_\gamma = 0.65$ V, $\beta = 150$이라 가정한다.

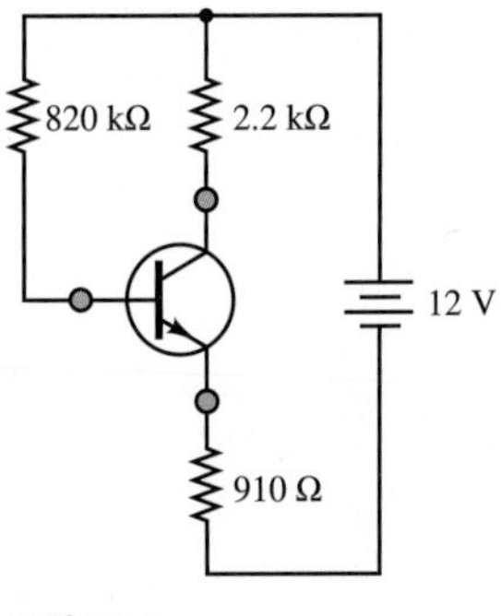

그림 P9.3

9.4 *pnp* 트랜지스터의 이미터와 베이스 전류가 각각 $I_E = 5$ mA와 $I_B = 0.2$ mA이다. 또한 이미터-베이스 접합 및 컬렉터-베이스 접합에 걸리는 전압의 크기는 각각 $V_{EB} = 0.67$ V와 $V_{CB} = 7.8$ V이다. 다음을 구하라.

a. V_{CE}
b. 컬렉터 전류
c. $P = V_{CE}I_C + V_{BE}I_B$라 정의 시에 트랜지스터에서 소모되는 전체 전력

9.5 그림 P9.5의 회로에서 그림 9.9에서와 같이, 이미터 전류 I_E와 컬렉터-베이스 전압 V_{CB}를 결정하라. $V_\gamma = 0.62$ V이다.

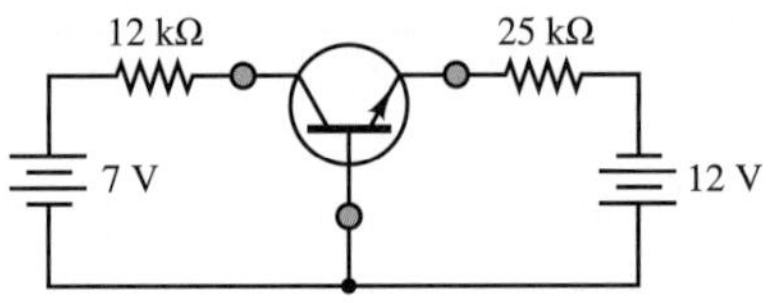

그림 P9.5

9.6 그림 P9.6의 회로에서 V_{CE}와 I_C를 결정하라. $\beta = 80$, $R_1 = 15$ kΩ, $R_2 = 25$ kΩ, $R_c = 2$ kΩ, $V_{BB} = 5$ V, $V_{CC} = 10$ V, 그리고 $V_{AA} = -4$ V라 가정한다.

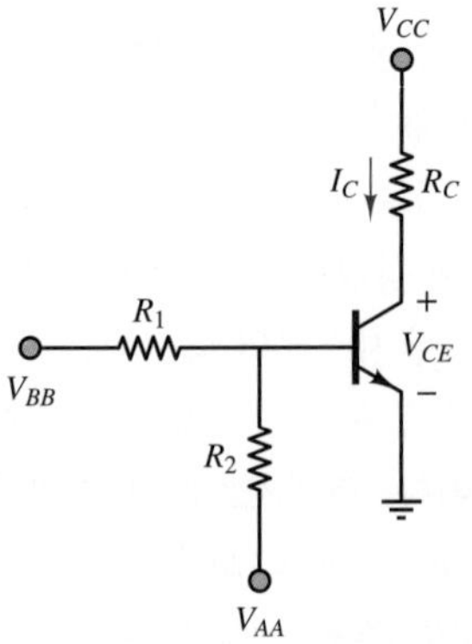

그림 P9.6

9.7 그림 P9.7의 회로에서 이미터 전류 I_E와 컬렉터-베이스의 전압 V_{CB}을 결정하라. $V_\gamma = 0.6$ V의 오프셋 전압을 가진다.

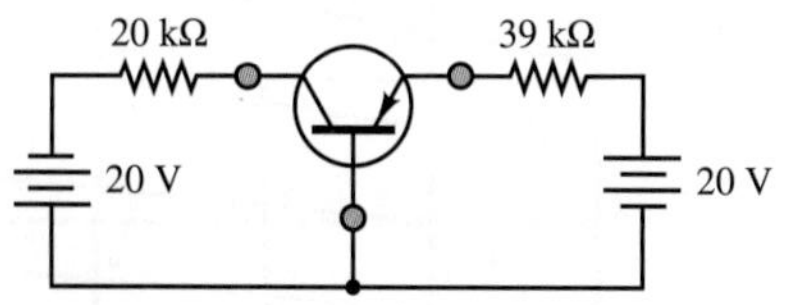

그림 P9.7

9.8 그림 P9.8에서 V_{CE}와 I_C를 구하라. $R_1 = 50$ kΩ, $R_2 = 10$ kΩ, $R_C = 600$ Ω, $R_E = 400$ Ω, $V_{BE} = 0.7$ V, $I_B = 25$ μA, $I_2 = 230$ μA, $V_{CC} = 15$ V이고, BJT는 2N222A로 가정하라.

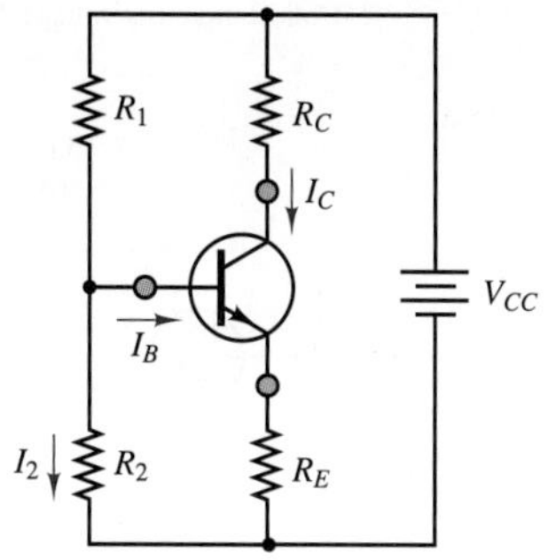

그림 P9.8

9.9 어떤 트랜지스터의 컬렉터 특성이 그림 P9.9에 있다.

a. $V_{CE} = 10$ V이고, $I_B = 100, 200, 600$ μA에 대하여 I_C/I_B를 구하라.

b. $I_B = 500$ μA일 때 컬렉터의 최대 허용 전력 소모가 0.5 W이다. V_{CE}를 구하라.

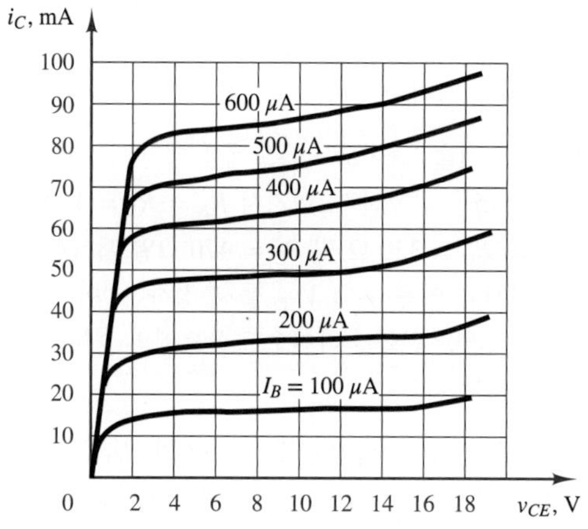

그림 P9.9

9.10 그림 P9.10의 회로에서 전류 I_R을 구하라. $R_B = 30$ kΩ, $R_{C1} = 1$ kΩ, $R_{C2} = 3$ kΩ, $R = 7$ kΩ, $V_{BB_1} = 4$ V, $V_{BB_2} = 3$ V, $V_{CC} = 10$ V, $\beta_1 = 40$, $\beta_2 = 60$로 가정한다.

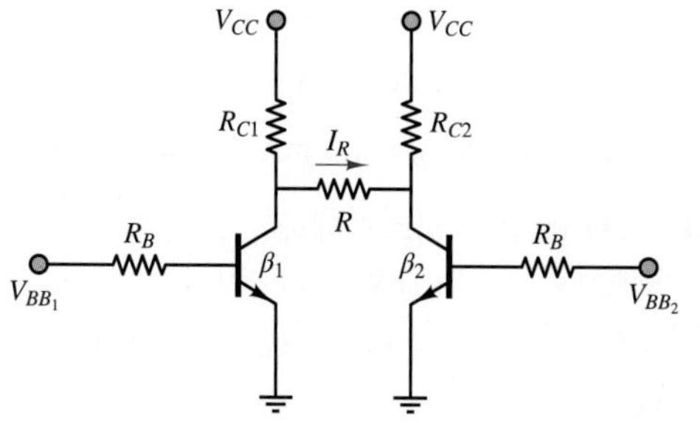

그림 P9.10

9.11 그림 P9.11에 대하여 I_R을 구하라. $R_B = 50$ kΩ, $R_C = 1$ kΩ, $R = 2$ kΩ, $V_{BB} = 2$ V, $V_{CC} = 12$ V, $\beta = 120$라 가정한다.

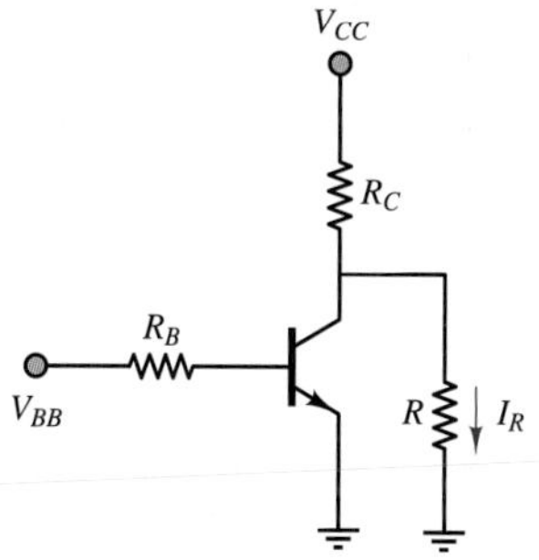

그림 P9.11

9.12 그림 P9.12의 회로에서 트랜지스터가 포화 모드에서 동작함을 보여라. $R_B = 8$ kΩ, $R_E = 260$ Ω, $R_C = 1.1$ kΩ, $V_{CC} = 13$ V, $V_{BB} = 7$ V, $\beta = 100$라 가정한다.

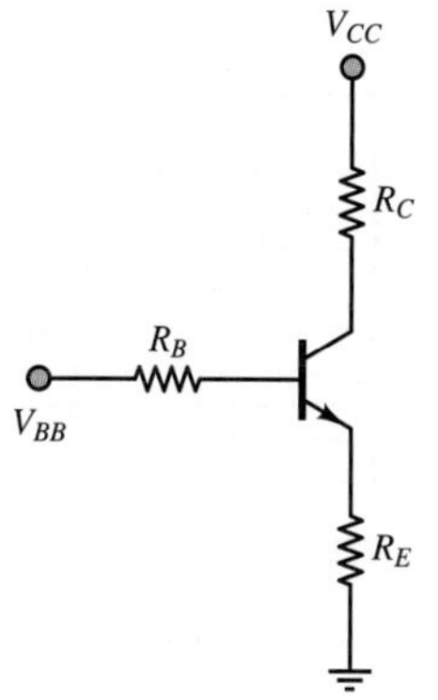

그림 P9.12

9.13 그림 9.8의 회로에 대해서, $V_{CC} = 20$ V, $R_C = 5$ kΩ, $R_E = 1$ kΩ이다. 이때 다음 조건에 대해서 트랜지스터의 동작 모드를 결정하라.

a. $I_C = 1$ mA, $I_B = 20$ μA, $V_{BE} = 0.7$ V

b. $I_C = 3.2$ mA, $I_B = 0.3$ mA, $V_{BE} = 0.8$ V

c. $I_C = 3$ mA, $I_B = 1.5$ mA, $V_{BE} = 0.85$ V

9.14 그림 P9.14의 회로에 대하여, 트랜지스터를 포화하는 데 필요한 v_{in}의 최솟값을 구하라. $V_{CC} = 5$ V, $R_C = 2$ kΩ, $R_B = 50$ kΩ, $V_{CE\,sat} = 0.1$ V, $V_{BE\,sat} = 0.8$ V, $\beta = 50$라 가정한다.

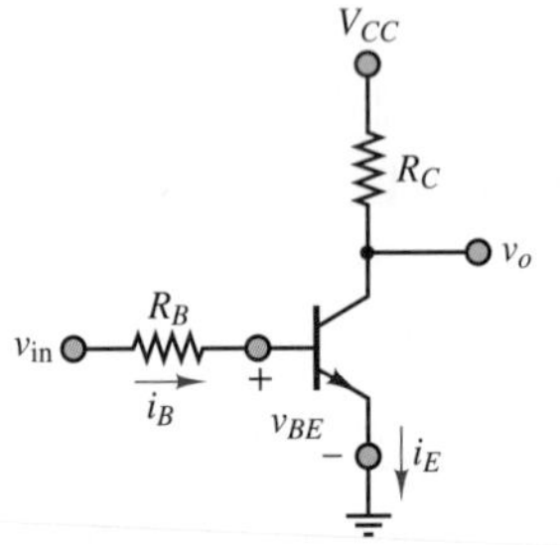

그림 P9.14

9.15 그림 9.9의 *npn* 트랜지스터가 활성 모드이고, $i_C = 60i_B$, 접합 전압은 $V_{BE} = 0.6$ V, $V_{CB} = 7.2$ V이다. 만약 $I_E = 4$ mA일 때, (a) I_B, (b) V_{CE}를 구하라.

9.16 그림 P9.16(a)와 (b)의 2N3904 *npn* 트랜지스터의 컬렉터 특성을 이용하여, 그림 P9.16(c)에 있는 트랜지스터의 I_C와 V_{CE}을 구하라. 트랜지스터는 활성 모드에 있는가? 그렇다면 β는 얼마인가?

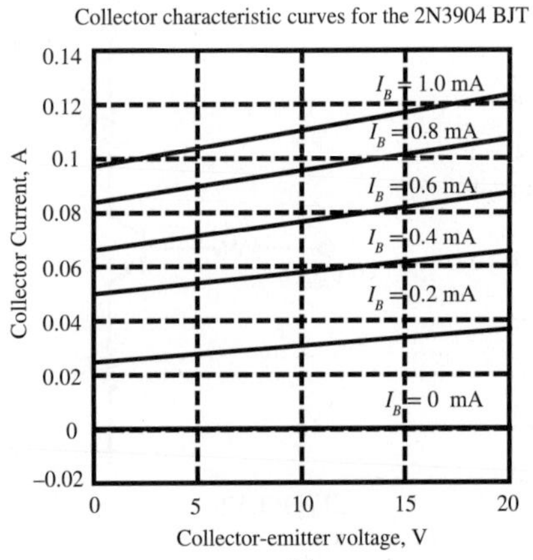

(a)

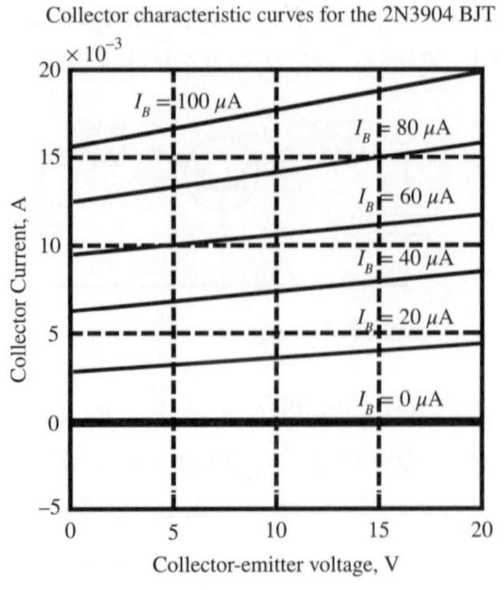

(b)

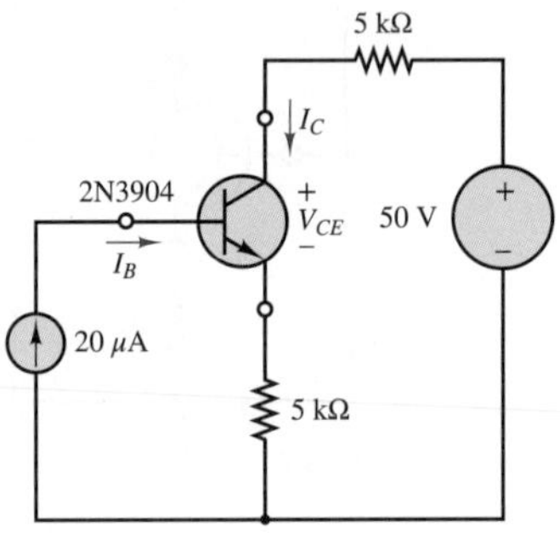

(c)

그림 P9.16

9.3절: BJT 대신호 모델

9.17 예제 9.3과 그림 9.17을 참고하라. $I_{LED} \geq 10$ mA이 필요하는 점을 제외하고는 모든 주어진 값들은 그대로 유지된다. 트랜지스터가 필요한 전류를 공급하기 위한 컬렉터 저항 R_C의 범위를 구하라.

9.18 측정 기술 "다이오드 온도계에 대한 대신호 증폭기"의 그림 9.15를 참고하라. 여기서 $R_B = R_S = 100$ Ω라고 가정한다. $R_C = 330$ Ω 및 $R_C = 470$ Ω일 때, (해석 또는 시뮬레이션을 이용하여) V_{CEQ}를 추정하라. 이 결과는 타당한가? 이러한 변화가 다이오드 온도계의 성능에 어떻게 영향을 미치는가?

9.19 예제 9.3과 그림 9.17을 참고하라. $I_{LED} \geq 10$ mA와 컬렉터 저항 $R_C = 340$ Ω을 제외하고는, 주어진 모든 값들은 그대로 유지된다. 그리고 마이크로프로세서에 의해 공급되는 최대 전류는 5 mA로 가정한다. 이들 요구조건을 만족하는 베이스 저항 R_B의 범위를 결정하라.

9.20 문제 9.19에서 주어진 데이터를 사용하라. 단 $R_B = 10$ kΩ이다. 이들 요구조건을 만족하는 최소 β를 구하라.

9.21 마이크로프로세서가 2.8 V에서 동작할 때(즉, $V_{ON} = 2.8$ V), 문제 9.20을 반복하라.

9.22 그림 9.17의 LED 드라이버 회로를 고려한다. 이 회로는 자동차의 연료 분사기(전기기계식 솔레노이드 밸브)에 사용된다. 여기서 회로는 다음과 같이 변경된다. 컬렉터 저항과 LED가 직렬 *RL* 회로로 모델링되는 연료 분사기로 대체된다. 연료 분사기에 대하여 전압 공급은 13 V (5 V 대신)이다. 이 문제의 목적상 $R = 12$ kΩ 그리고 $L \sim 0$으로 가정하는 것이 적절하다. 마이크로프로세서로부터 공급되는 최대 전류는 1 mA이며, 연료 분사기를 구동하기 위해 필요한 최소 전류는 1 A이다, 그리고 트랜지스터 포화 전압은 $V_{CEsat} = 1$ V이다. 트랜지스터에 필요한 β의 최솟값을 구하라.

9.23 문제 9.22를 참고하라. $\beta = 7{,}000$으로 가정한다. R_B의 허용 범위를 구하라.

9.24 그림 P9.8의 회로에서 트랜지스터가 활성 모드로 동작하고, 15 mW보다 작은 전력을 소모하게 하는 최소 R_C을 구하라. 다음 $V_{CC} = 10$ V, $R_1 = R_2 = 40$ kΩ, $R_E = 1.5$ kΩ, $V_{BE} = 0.7$ V, $\beta = 70$, $V_{CE\,sat} = 0.25$ V을 가정한다.

9.25 그림 P9.25의 회로는 9 V 배터리 충전기이다. 제너 다이오드의 목적은 저항 R_2에 일정한 전압을 공급해 주는 것인데, 이는 트랜지스터가 일정한 이미터(결국 컬렉터) 전류를 공급해 주기 위해서이다. 배터리가 40 mA의 일정한 전류로 충전되기 위한 R_2, R_1과 V_{CC}의 값을 구하라.

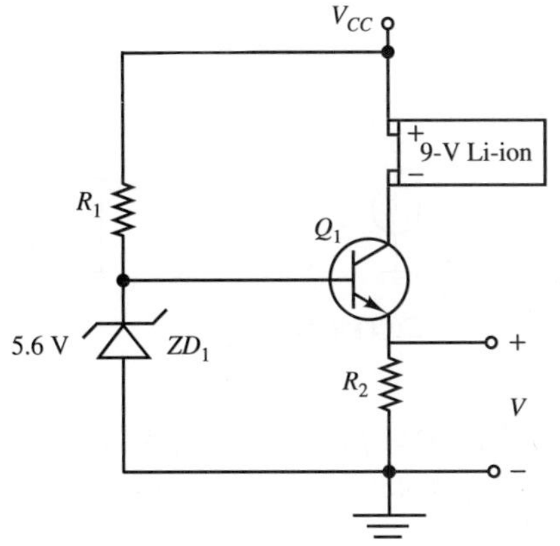

그림 P9.25

9.26 그림 P9.26의 회로는 그림 P9.25의 회로가 변형된 것이다. 회로의 동작을 해석하고, 리튬이온 배터리가 완충될 때(8.4 V, 예제 9.4의 참고를 보라)까지 어떻게 이 회로가 감소하는 충전 전류(taper current value)를 공급하는 것인지 설명하라. 실제 설계에서 적합한 V_{CC}와 R_1의 적절한 값을 구하라. 표준 저항을 이용하라.

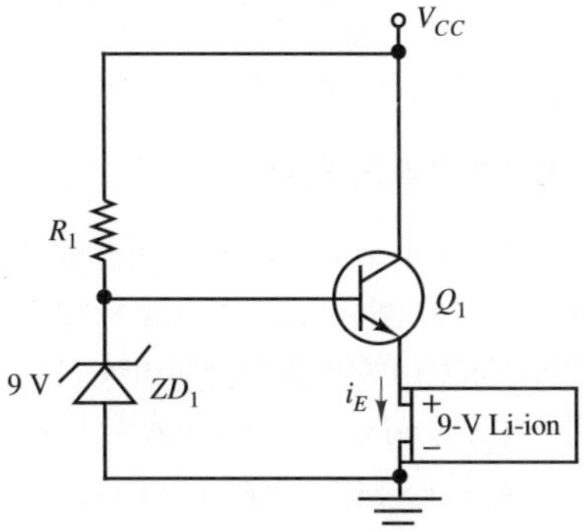

그림 P9.26

9.27 그림 P9.27의 회로는 예제 9.5에 있는 모터 드라이버 회로의 변형이다. 외부 전압 v_{in}은 마이크로컨트롤러의 아날로그 출력을 나타내는데, 0 V와 5 V 사이의 범위에 있다. 모터가 $v_{in} = 5$ V일 때 최대 설계 전류가 발생하도록 베이스 저항 R_b를 선정함으로써 회로를 완성하라. 예제에서 제공하는 다른 사양을 이용하라.

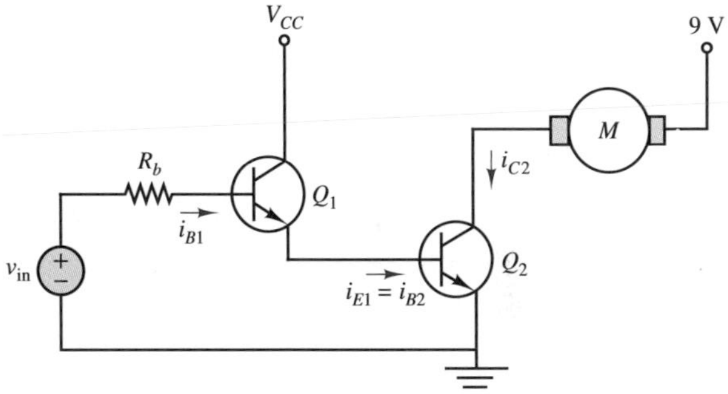

그림 P9.27

9.28 그림 P9.28의 회로에서 $R_C = 1$ kΩ, $V_{BB} = 5$ V, $\beta_{min} = 50$, $V_{CC} = 10$ V이다. 트랜지스터가 포화 모드에 있도록 R_B의 범위를 구하라.

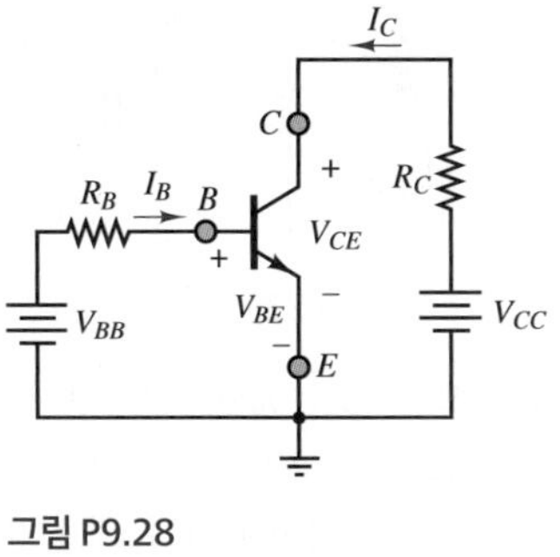

그림 P9.28

9.29 그림 P9.28의 회로에서 V_{CC} = 5 V, R_C = 1 kΩ, R_B = 10 kΩ, β_{min} = 50이다. 트랜지스터가 포화 모드에 있도록 V_{BB}의 범위를 구하라.

9.30 그림 9.13의 회로에서 V_γ = 0.6 V, R_B = 100 kΩ, I_{BB} = 26 mA, R_C = 2 kΩ, V_{CC} = 10 V, β = 100이다. I_C, I_E, V_{CE}, 그리고 V_{CB}를 구하라.

9.4절: 소신호 증폭기 입문

9.31 그림 P9.31의 회로는 공통 이미터 증폭기를 나타낸다. 베이스 노드와 기준 노드 사이의 테브닌 등가를 구하라. 이것을 이용하여 회로를 다시 그려라.

$V_{CC} = 20$ V $\quad \beta = 130$
$R_1 = 1.8$ MΩ $\quad R_2 = 300$ kΩ
$R_C = 3$ kΩ $\quad R_E = 1$ kΩ
$R_o = 1$ kΩ $\quad R_S = 0.6$ kΩ
$\upsilon_S = 1\cos(6.28 \times 10^3 t)$ mV

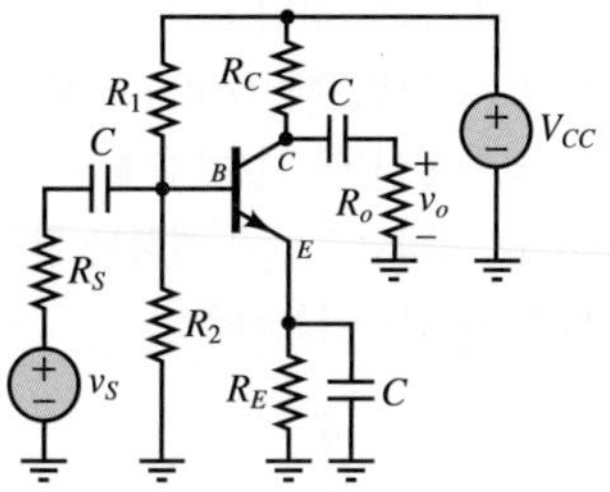

그림 P9.31

9.32 그림 P9.32의 회로는 *npn* 실리콘 트랜지스터와 단일의 직류 전압원 V_{CC} = 12 V에 기반한 공통 컬렉터(혹은 이미터 폴로어) 증폭기를 나타낸 것이다. 직류 동작점에서 V_{CEQ}를 구하라.

$R_o = 16$ Ω $\quad \beta = 130$
$R_1 = 82$ kΩ $\quad R_2 = 22$ kΩ
$R_S = 0.7$ kΩ $\quad R_E = 0.5$ kΩ

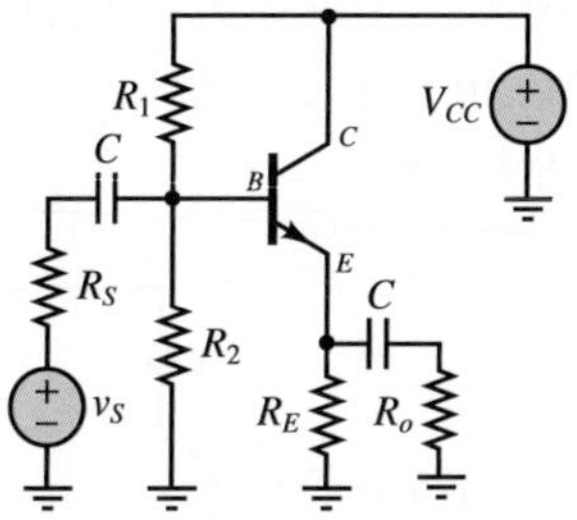

그림 P9.32

9.33 그림 P9.33의 회로는 *npn* 실리콘 트랜지스터와 2개의 직류 전압원 V_{CC} = 12 V와 V_{EE} = 4 V에 기반한 공통 이미터 증폭기를 나타낸 것이다. V_{CEQ}와 동작 모드를 결정하라.

$\beta = 100 \quad R_B = 100$ kΩ
$R_C = 3$ kΩ $\quad R_E = 3$ kΩ
$R_o = 6$ kΩ $\quad R_S = 0.6$ kΩ
$\upsilon_S = 1\cos(6.28 \times 10^3 t)$ mV

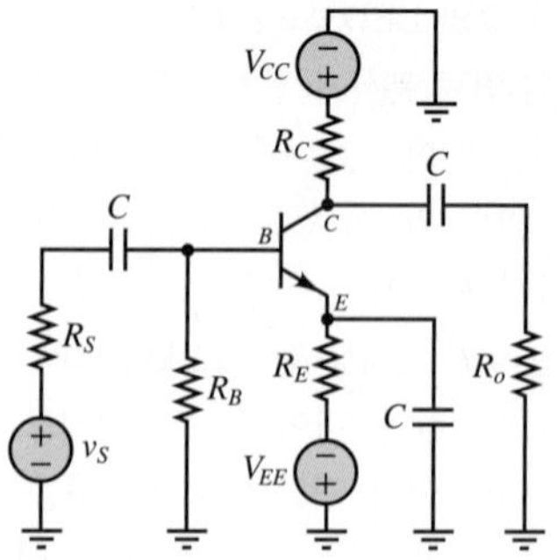

그림 P9.33

9.34 그림 P9.34의 회로는 *npn* 실리콘 트랜지스터와 단일 직류 전원 V_{CC} = 12 V에 기반한 공통 이미터 증폭기를 나타낸 것이다. V_{CEQ}와 동작 모드를 구하라.

$\beta = 130 \quad R_B = 325$ kΩ
$R_C = 1.9$ kΩ $\quad R_E = 2.3$ kΩ
$R_o = 10$ kΩ $\quad R_S = 0.5$ kΩ
$\upsilon_S = 1\cos(6.28 \times 10^3 t)$ mV

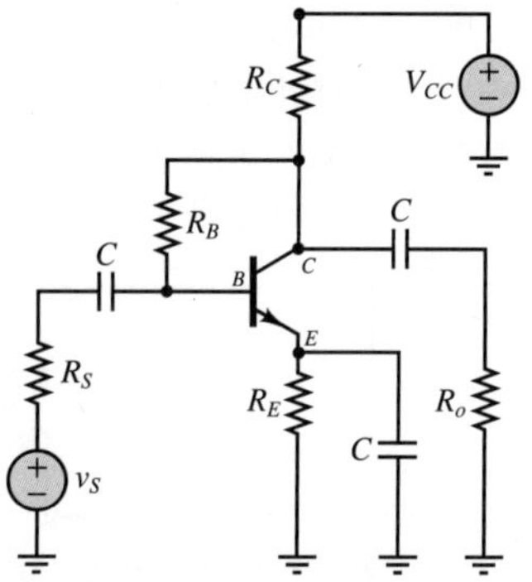

그림 P9.34

9.35 그림 P9.35의 회로를 보면 υ_S는 평균 3 V를 가진 작은 정현파 신호이다. β = 100이고, R_B = 60 kΩ이라면

a. I_E = 1 mA가 되도록 R_E을 구하라.

b. V_C = 5 V가 되도록 R_C를 구하라.

c. R_o = 5 kΩ에 대하여 등가 소신호 증폭 회로를 구하라.

d. 소신호 전압 이득을 구하라.

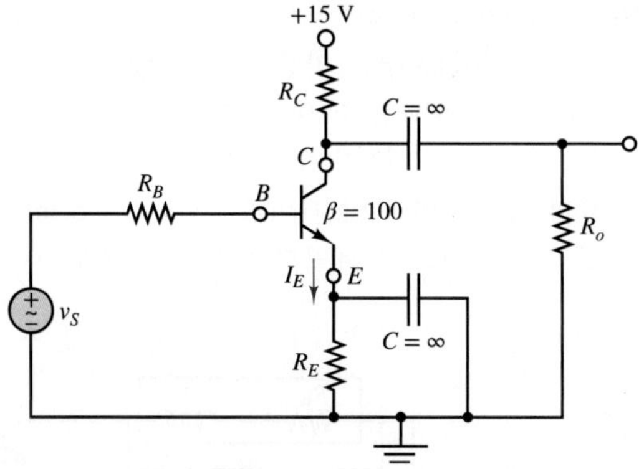

그림 P9.35

9.36 그림 P9.36의 회로는 R_C가 작은 경우에 공통 컬렉터와 유사하게 동작한다. R_C = 200 Ω이라 가정하자. 교류 결합 커패시터(coupling capacitor)인 C_b는 v_S의 직류 성분을 막아주기 때문에, v_S를 문제 9.35와 마찬가지로 작은 정현파 신호라고 가정하라.

a. 트랜지스터의 동작점을 구하라.

b. 전압 이득 v_o/v_{in}을 구하라.

c. 전류 이득 i_o/i_{in}을 구하라.

d. 입력 저항 $r_i = v_{in}/i_{in}$을 구하라.

e. 출력 저항 $r_o = v_o/i_o$를 구하라.

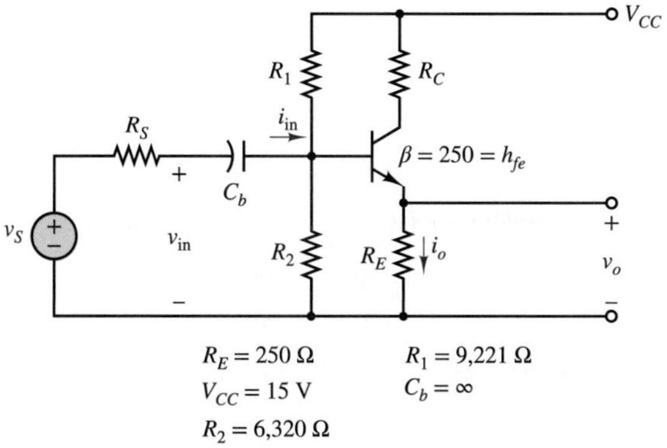

그림 P9.36

9.37 그림 P9.37은 달링턴 페어(Darlington pair) 트랜지스터를 나타낸다. 대신호 동작에서 각 트랜지스터의 파라미터는 Q_1에서 β = 130, Q_2에서 β = 70이다. 전체 소신호 전류 이득을 구하라.

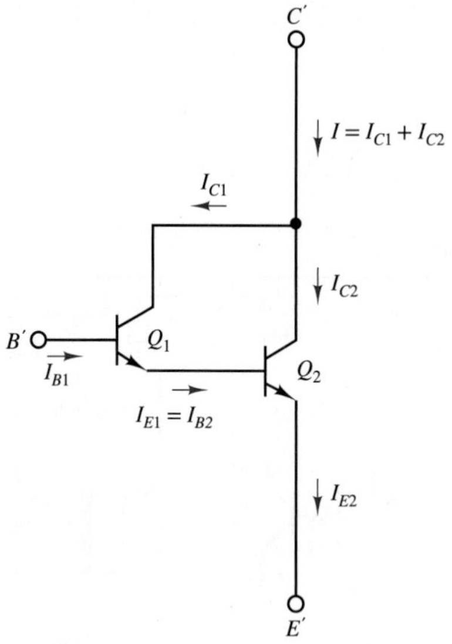

그림 P9.37

9.38 그림 P9.8의 트랜지스터는 V_γ = 0.6 V이다. 또한 R_C = 1.5 kΩ, V_{CC} = 18 V, R_E = 1.0 kΩ라고 가정하자. 다음 조건을 고려하여 R_1과 R_2를 결정하라.

a. DC 컬렉터-이미터 전압 V_{CEQ}는 5 V이다.

b. DC 컬렉터 전류 I_{CQ}는, β가 20에서 50로 변하더라도 10% 이상 변하지 않는다.

c. 컬렉터 전류의 대칭적인 진동을 최대로 하는 R_1과 R_2. β = 100을 가정한다.

9.5절: BJT 스위치와 게이트

9.39 그림 P9.39(a)는 자동차의 연료 분사기(fuel injector) 시스템을 나타낸다. 인젝터의 내부 회로는 그림 P9.39(b)와 같이 모델링할 수 있다. $I_{inj} \geq 0.1$ A일 때, 인젝터가 흡입 매니폴드에 연료를 분사한다. 전압 v_{signal}은 그림 P9.39(c)에서 보듯이, 펄스 신호의 연속이다. 시동 시에 엔진이 차가운 상태라며, 펄스폭 τ가 다음과 같이 정의된다.

$$\tau = \text{BIT} \times K_C + \text{VCIT}$$

여기서

BIT = 기본 분사 시간 = 1 ms

K_C = 냉각수 온도(T_C)의 보정 상수

VCIT = 전압 보상 분사 시간

이다. VCIT와 K_C의 특성은 그림 P9.39(d)에 나타나 있다. 만약 트랜지스터 Q_1이 V_{CE} = 0.3 V 및 V_{BE} = 0.9 V에서

포화되면, 아래 조건을 고려하여 연료 분사기 펄스의 주기를 구하라.

a. $V_{batt} = 13\text{ V}, T_C = 100°C$

b. $V_{batt} = 8.6\text{ V}, T_C = 20°C$

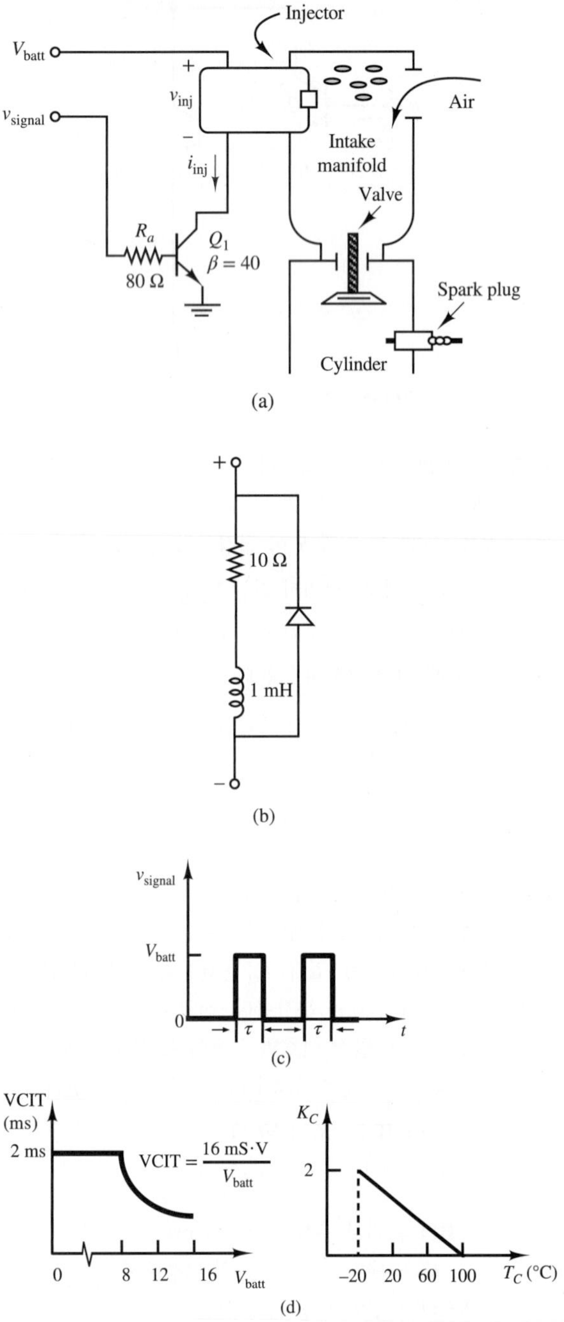

그림 P9.39

9.40 그림 P9.40의 회로는 마이크로컨트롤러의 제어에 의해 릴레이(relay)를 스위칭하는 데 사용된다. 릴레이는 5 VDC에서 0.5 W를 소모한다. 3 VDC에서 스위치는 켜지고 1.0 VDC에 꺼진다. 릴레이가 스위칭 될 수 있는 최대 주파수는 얼마인가? 릴레이의 인덕턴스는 5 mH이고, 트랜지스터는 0.2 V에서 포화된다. $V_\gamma = 0.8$ V이다.

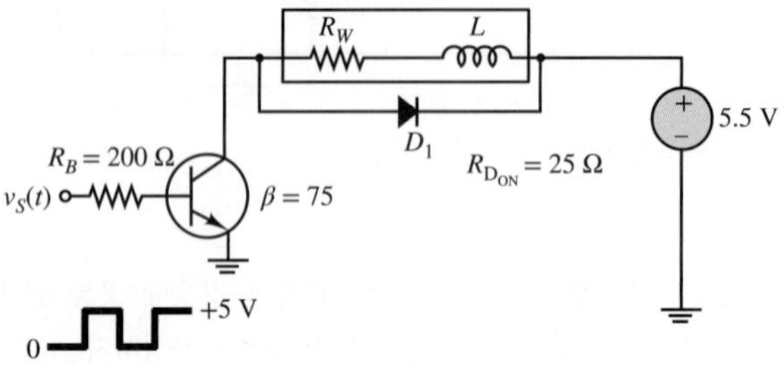

그림 P9.40

9.41 그림 P9.41의 회로가 출력을 v_{o1}로 선택하면 OR 게이트로 동작함을 보여라.

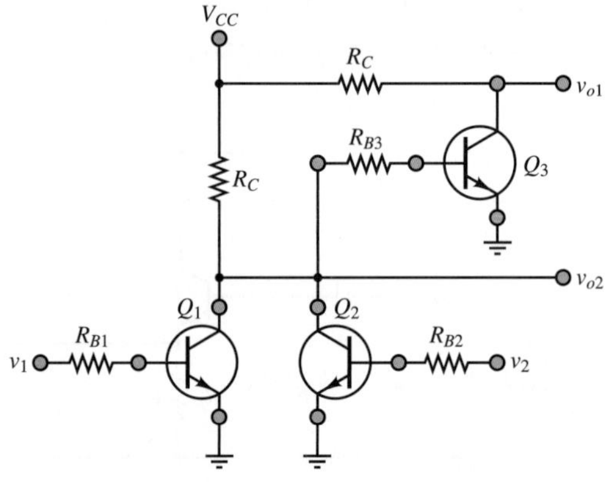

그림 P9.41

9.42 그림 P9.41의 회로가 출력을 v_{o2}로 선택하면 NOR 게이트로 동작함을 보여라.

9.43 그림 P9.43의 회로가 출력을 v_{o1}로 선택하면 AND 게이트로 동작함을 보여라.

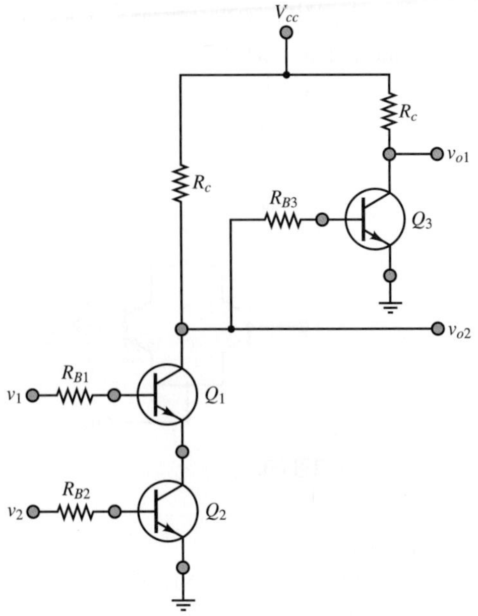

그림 P9.43

9.44 그림 P9.14의 회로를 참고하라. 입력 전압 파형은 그림 P9.44와 같다. $\beta = 90$, $R_B = 40$ kΩ, $R_C = 2$ kΩ, $V_{CC} = 4$ V이라 가정할 때, v_o를 결정하라.

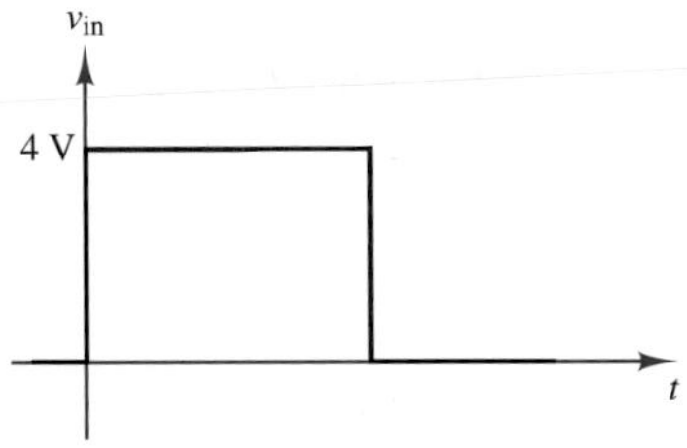

그림 P9.44

9.45 그림 P9.14의 회로에서 $\beta > 10$이고, high 입력을 위한 v_{in}의 최솟값이 2.0 V이라고 가정하자. 트랜지스터를 on 상태로 보장하는 R_B의 범위를 구하라.

9.46 그림 P9.46의 회로에서 2개의 트랜지스터 인버터가 직렬로 연결되어 있다. 이때 $R_{1C} = R_{2C} = 10$ kΩ이고, $R_{1B} = R_{2B} = 27$ kΩ이다.

a. v_{in}이 low (0 V)일 때, v_B, v_o 및 트랜지스터 Q_1의 상태를 구하라.

b. v_{in}이 high (5 V)일 때, v_B, v_o 및 트랜지스터 Q_1의 상태를 구하라.

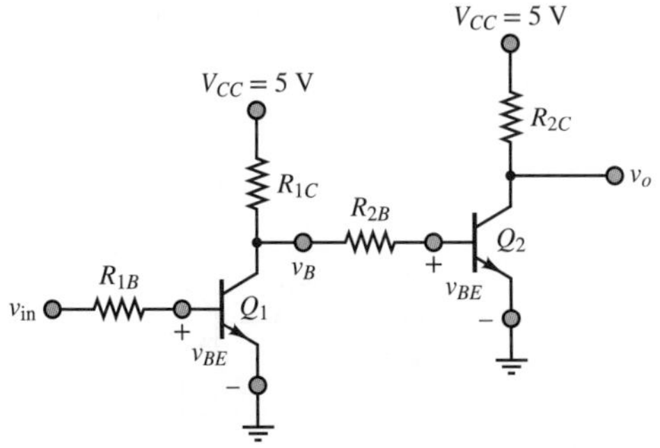

그림 P9.46

9.47 그림 P9.47의 회로에 대해서, $v_{in}(t)$가 그림 P9.44와 같이 주어질 때 $v_o(t)$를 구하라. $\beta = 120$, $R_B = 10$ kΩ, $R_{C1} = R_{C2} = 1$ kΩ, $V_{CC} = 4$ V이라 가정한다.

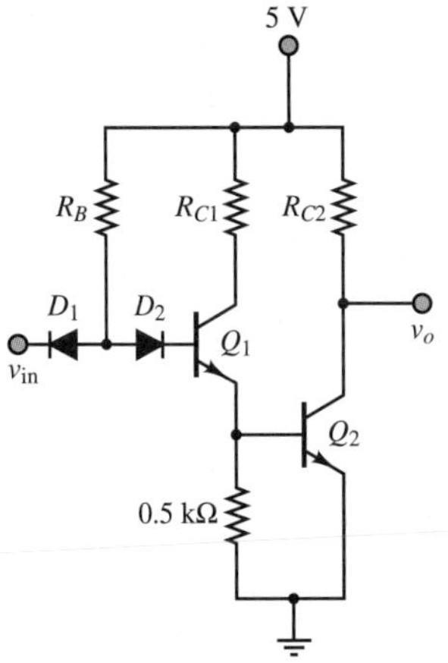

그림 P9.47

9.48 그림 P9.48의 회로에 대해서, $v_{in}(t)$가 그림 P9.44와 같이 주어질 때 $v_o(t)$를 구하라. $\beta = 90$, $R_B = 3$ kΩ, $R_C = 5$ kΩ, $V_{CC} = 6$ V이라 가정한다.

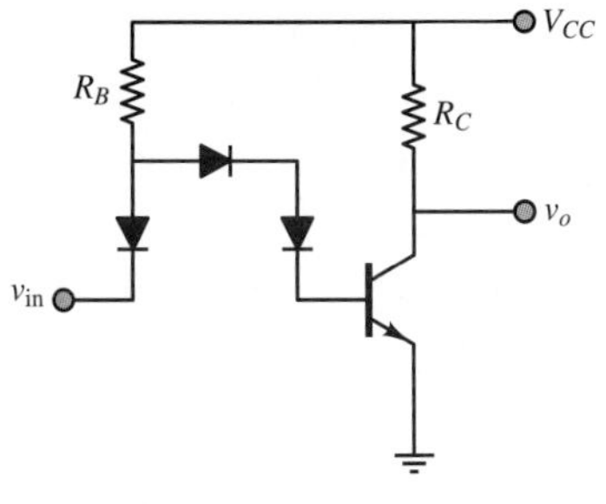

그림 P9.48

9.49 그림 P9.49는 TTL 게이트의 기본 회로이다. 이 회로의 논리 기능을 결정하라.

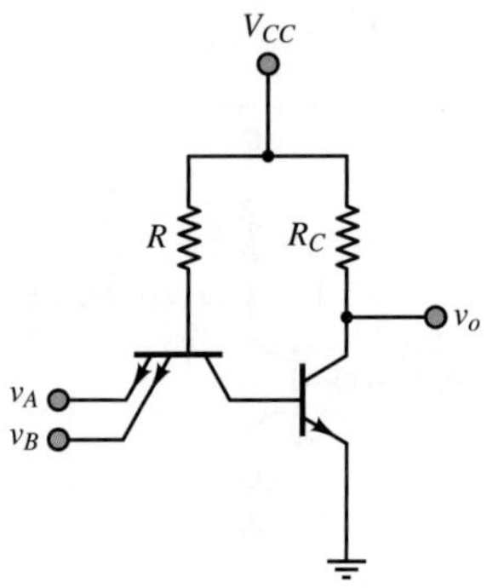

그림 P9.49

9.50 그림 P9.50은 3입력 TTL NAND 게이트에 대한 회로도이다. 모든 입력 전압이 high라 가정할 때 v_{B1}, v_{B2}, v_{B3}, v_{C2} 및 v_o를 구하라. 또한 각 트랜지스터의 모드를 표시하라.

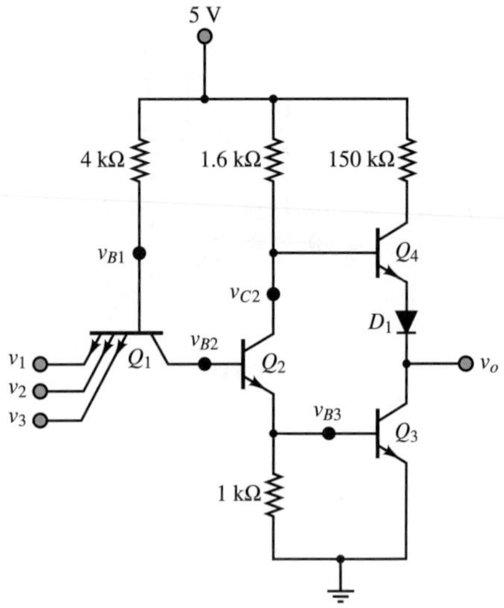

그림 P9.50

9.51 그림 P9.51에서와 같이, 2개 또는 그 이상의 이미터 폴로어(emitter-follower) 출력이 공통 부하에 연결되어 있을 때 OR 동작이 된다는 것을 보여라. 즉, $v_o = v_1 + v_2$임을 보이면 되는데, 여기서 +기호는 OR 동작을 의미한다.

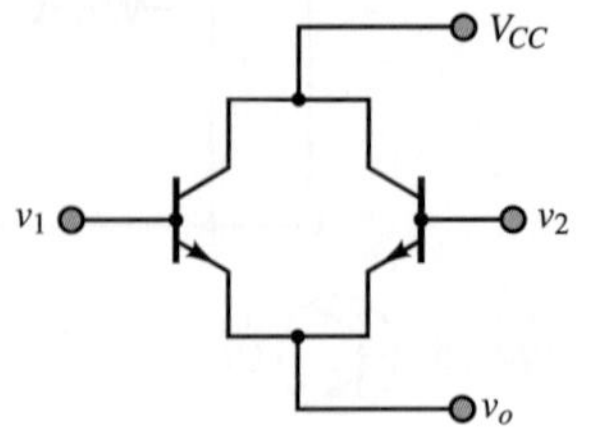

그림 P9.51

9.52 그림 P9.52의 회로가 NAND 게이트임을 밝혀라. Low 상태는 0.2 V, high 상태는 5 V, $\beta_{min} = 40$이라 가정한다.

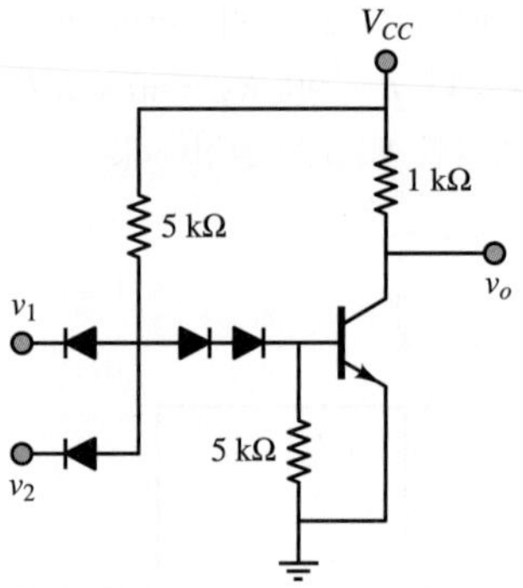

그림 P9.52

10

전기장 효과 트랜지스터: 동작, 회로 모델, 그리고 응용

FIELD-EFFECT TRANSISTORS: OPERATION, CIRCUIT MODELS AND APPLICATIONS

10장은 전기장 효과 트랜지스터(field effect transistor, FET)를 소개한다. FET는 외부 전기장이 채널의 전도성을 제어하며, FET는 전압 제어 저항으로 동작할지 아니면 전압 제어 전류원으로 동작하는지를 결정하게 된다. FET는 오늘날 전자공학의 집적회로에 있어서 가장 널리 사용되는 트랜지스터의 한 종류이다. 이 트랜지스터는 여러 다른 종류가 있으나, 한 가지 형태의 트랜지스터에 초점을 맞추면 다른 소자들의 동작을 이해할 수 있다. FET는 크게 접합 전기장 효과 트랜지스터(junction FET, JFET)와 금속 산화 반도체 전기장 효과 트랜지스터(metal-oxide-semiconductor field-effect transistor, MOSFET)로 나뉜다. 두 종류 모두 두 가지 요소인 모드(증가형 또는 공핍형)와 채널 종류(n 또는 p)로 더 상세히 구분된다. 이 장에서는 증가형 MOSFET의 n형(NMOS)과 p형(PMOS)에서의 기본적인 동작을 설명한다. 또한, NMOS와 PMOS가 합쳐져서 만들어진 기술인 CMOS의 동작에 관해서도 살펴볼 것이다.

LO 학습 목적

1. 전기장 효과 트랜지스터의 분류를 이해한다. 10.1절
2. 증가형 MOSFET의 *i-v* 곡선과 방정식의 이해를 통해, 증가형 MOSFET의 기본적인 동작을 이해한다. 10.2절
3. 증가형 MOSFET 회로의 바이어스 방법을 학습한다. 10.3절
4. 대신호 FET 증폭기의 개념과 동작을 이해한다. 10.4절
5. FET 스위치의 개념과 동작을 이해한다. 10.5절
6. FET 스위치와 디지털 게이트를 해석한다. 10.5절

10.1 전기장 효과 트랜지스터(FET)의 분류

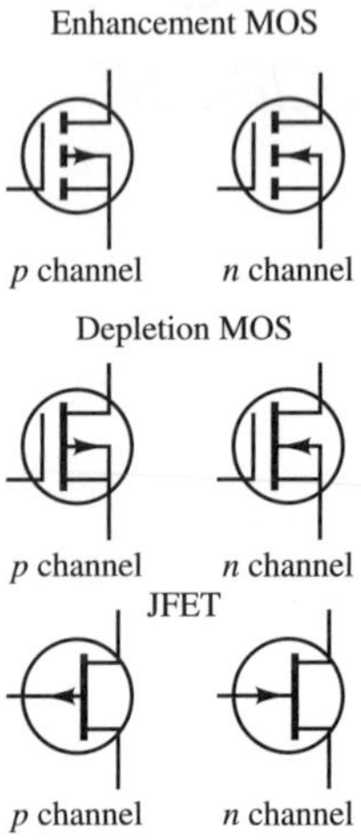

그림 10.1 전기자 효과 트랜지스터의 분류

FET는 크게 세 종류로 분류된다.

1. **증가형(enhancement-mode) MOSFET**
2. **공핍형(depletion-mode) MOSFET**
3. **접합(junction) FET 또는 JFET**

이들은 각각 ***n*채널**(*n*-channel) 또는 ***p*채널**(*p*-channel) 소자로 제작되는데, 여기서 *n* 또는 *p*의 의미는 반도체 채널의 도핑 성질을 나타낸다. 약자인 MOSFET은 **금속 산화 반도체 전기장 효과 트랜지스터**(metal-oxide-semiconductor field-effect transistor)의 줄임말인데, 트랜지스터 제작에 필요한 특정 재료와 프로세스가 시간이 지남에 따라 진화했음에도 MOSFET은 모든 증가형과 공핍형 FET을 대표하는 단어로 계속 사용되었다.

그림 10.1은 세 종류의 트랜지스터에서 *n*형과 *p*형의 일반적인 회로 기호를 보여준다. 이러한 트랜지스터들은 비슷한 특성과 응용 분야를 가지므로, 이번 장에서는 증가형 MOSFET만을 자세히 다루도록 하겠다. 모든 FET는 단극성(unipolar) 소자로 정공 또는 전자 중 하나의 전하 운반자에 의해서만 전류를 전도시킨다. 이는 BJT가 정공과 전자 모두를 이용해서 전류를 전도시킨 것과는 다른 모습이다. 또한, FET와 BJT는 모두 3단자 소자이다. 단, BJT가 컬렉터와 이미터를 서로 교체할 수 없는 비대칭 소자인 반면에, FET는 드레인과 소스가 유사하여 대칭적이고 따라서 서로 교체하여 사용할 수 있다. 그러나 대부분의 상용 FET들은 그림 10.2에 나타난 것과 같이, 드레인과 소스를 교체해서 사용할 수 없도록 제작되었다.

10.2 증가형 MOSFET

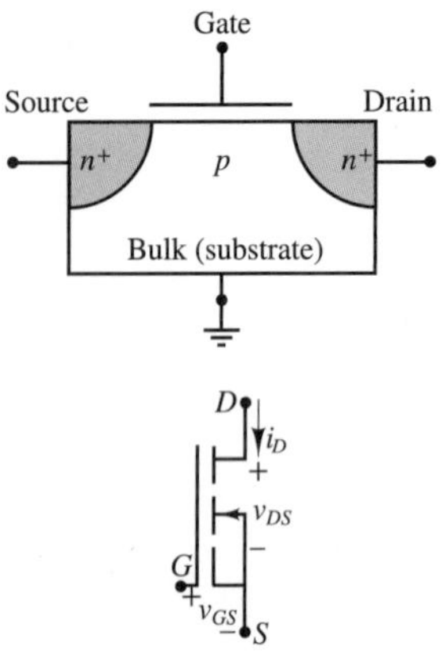

그림 10.2 *n*채널 증가형 MOSFET의 구조와 회로 기호

그림 10.2는 전형적인 *n*채널 증가형 MOSFET의 구조와 회로 기호를 나타낸다. 이 소자는 네 개의 영역을 가진다. 즉 **게이트**(gate, BJT의 베이스와 유사), **소스**(source, BJT의 이미터와 유사), **드레인**(drain, BJT의 컬렉터와 유사), 그리고 **벌크**(bulk)[1]이다. 각 부분은 각각 연결 가능한 단자를 갖고 있다. 소자의 벌크는 소스에 전기적으로 연결되어 있는 소자인데, 회로 기호에는 벌크 단자는 나타나지 않는다. 게이트는

[1] 벌크는 **기판**, **바디**, 또는 **베이스**로도 불린다.

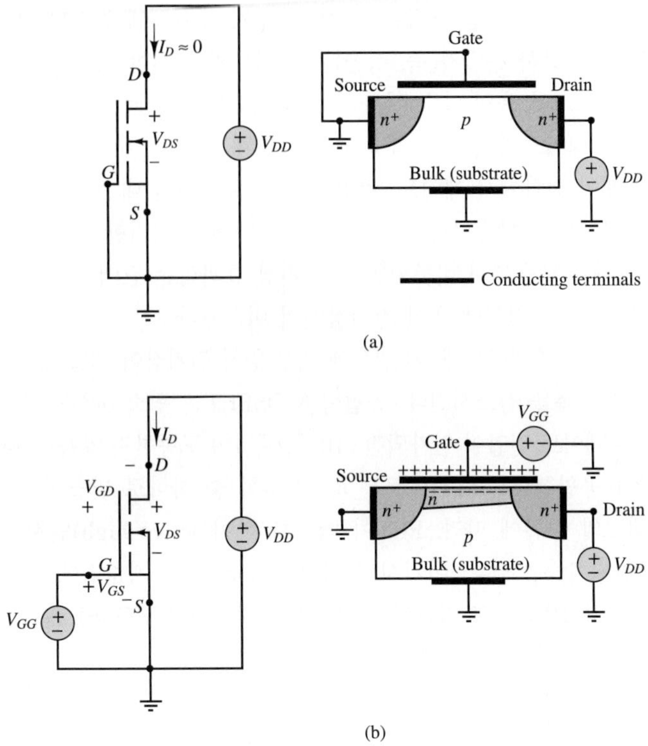

그림 10.3 NMOS 트랜지스터에서 채널 형성. (a) 게이트 전압이 없을 때 소스와 드레인은 역방향 바이어스되고, 전류는 흐를 수 없다. (b) 양의 게이트 전압이 공급된다면, 벌크 내의 양의 다수 운반자(정공)는 게이트에 의해 밀려나고, 음으로 대전된 원자만 남는다. 또한, 소스와 드레인의 음의 다수 운반자(전자)가 게이트로 이동하게 된다. 그 결과로 소스와 드레인 사이에 전도성 *n*형 채널이 형성된다.

금속 필름 층으로 이루어져 있는데, 얇은(10^{-9} m) 산화막에 의해 *p*형 벌크에서 분리되어 있다. 이 산화막은 주로 이산화규소 SiO_2로 구성된다.[2] 드레인과 소스는 둘 다 n^+로 구성되어 있다.

그림 10.3(a)에서와 같이, 게이트와 소스 단자는 기준 노드에 연결되어 있고, 드레인 단자는 양의 전압원 V_{DD}와 연결되어 있는 경우를 고려하라. 벌크 단자가 소스와 연결되어 있으므로 벌크 단자 또한 기준 노드와 연결되어 있고, 벌크와 드레인 간의 pn^+접합은 역방향 바이어스를 가진다. 유사하게, 벌크와 소스 간의 pn^+접합의 전압은 0이므로, 역방향 바이어스이다. 따라서 드레인과 소스 사이엔 두 개의 역방향 바이어스된 pn^+접합이 있으므로, 0의 전류가 흐른다. 이 경우 드레인과 소스 사이의 저항은 10^{12} Ω 정도의 크기를 갖는다.

게이트와 소스 간의 전압이 0이면, *n*채널 증가형 MOSFET은 개방 회로처럼 동작한다. 따라서 증가형 소자는 평소 off 상태, 소자의 채널은 평소 open 상태로 간주된다.

LO

[2] 과거엔 금속 산화물이 사용되었는데, 이러한 이유로 금속 산화물 반도체(MOS)라는 이름이 붙었다.

그림 10.3(b)와 같이 양의 직류 전압인 V_{GG}가 게이트에 인가되었다고 하자. 벌크 내의 양의 다수 전하 운반자(즉, 정공)는 게이트와 근접한 영역에서 밀려난다. 동시에, 드레인과 소스의 음의 다수 전하 운반자(즉, 전자)가 그 영역으로 들어오게 된다. 결과적으로, 게이트와 벌크를 분리하던 절연체 아래로 얇은 ***n*채널**이 생기게 된다. 주어진 드레인 전압에서 게이트 전압이 높을수록, 채널 내 음전하 운반자의 농도가 증가하고 전도율도 상승한다. 증가형이라는 단어는 이러한 게이트 전압에 의해 전도율이 증가하는 모습에서 비롯되었다. 전기장 효과라는 단어는 게이트와 벌크 사이에 작용하는 게이트 전압에 의한 전기장에서 비롯된다.

공핍형 소자도 존재하는데, 이 경우엔 외부 인가 전기장이 채널 내 전하 운반자를 없애 채널의 유효 폭을 감소시킨다. 공핍형 MOSFET은 평소 on(즉, 채널이 도통함) 상태이고, 외부 게이트 전압이 인가되면 off(즉, 채널이 도통하지 않음) 상태가 된다.

증가형과 공핍형 MOSFET 모두 *n*형과 *p*형 중 하나로 만들어질 수 있다. 작동 방식과 채널의 종류에 따라, FET이 액티브 하이(active high)인지 액티브 로우(active low)인지 알 수 있다. 여기서 하이와 로우는 공통 기준점에 대한 게이트 전압을 의미한다. 표 10.1은 그 결과를 정리했다. *n*형과 *p*형 MOSFET은 각각 **NMOS**와 **PMOS**로도 불린다.

표 10.1

Channel Type	Mode	
	Enhancement	Depletion
n	Active high	Active low
p	Active low	Active high

동작 영역과 임계 전압 V_t

만약, NMOS 트랜지스터(그림 10.4)의 게이트와 벌크 간 전압이 임계 전압 V_t을 넘지 못한다면, 소스와 드레인 간의 채널은 형성되지 못한다. 결과적으로, 드레인과 소스 간에는 전류가 흐르지 않고 트랜지스터는 차단 영역(cutoff region)에 있게 된다. V_t는 일반적으로 0.3에서 1.0 V 사이에 존재하지만, 매우 큰 값을 갖는 경우도 있다.

만약, 게이트-벌크 간 전압이 임계 전압 V_t보다 크다면, 전도성을 가진 *n*채널이 형성된다. 보통의 경우처럼 소스와 벌크가 모두 공통 기준점에 연결되어 있다면, 게이트-벌크 전압은 게이트-소스 전압인 v_{GS}와 같게 된다. 만약, 드레인도 동일한 공통 기준점에 연결되어 $v_{DS} = 0$이면, 드레인과 소스 사이에는 균일한 두께를 가지고, 단위 길이당 동일한 저항을 가진 채널이 형성된다. 이 상태는 옴 영역(ohmic region)이라고 알려져 있으며, 채널은 효과적으로 가변저항으로 사용되고 저항은 게이트 전압에 의해 결정된다. 다르게 말하자면, 주어진 v_{GS}에 대해서 채널 전류 i_D는 v_{DS}에 비례한다. i_D와 v_{DS}의 선형적 관계는 v_{DS}가 작을 때만 유효하다. 오버드라이브 전압은 $v_{OV} = v_{GS} - V_t$로 정의되는데, 이는 채널이 형성되기 위해 필요한 게이트-소스 전압이다. $v_{OV} > 0$이라는 말은 $v_{GS} > V_t$와 동일하게 사용된다.

$$i_D \propto v_{DS} \quad \text{when} \quad v_{DS} \ll v_{OV} \quad \text{옴 영역} \tag{10.1}$$

만약 $v_{GS} > V_t$이고, 드레인과 소스 간 전압 v_{DS}이 더 이상 작지 않고 양의 값인 V_{DD}일 때, 그림 10.3(b)에서와 같이 채널은 소스보다 드레인 쪽이 더 얇게 된다. 추가적으로, $v_{GD} > V_t$ 이기만 하다면 소스와 드레인 간의 채널은 유지된다. 이 조건은 $v_{DS} < v_{OV}$라는 조건과 동일하다. 이 상태에서의 채널 길이당 저항은 더 이상 균일하지 않고 채널 전류 i_D는 v_{DS}^2에 비례하며, 트랜지스터는 트라이오드 영역(triode region)에 있게 된다.

$$i_D \propto v_{DS}^2 \quad \text{when} \quad v_{DS} < v_{OV} \quad \text{트라이오드 영역} \tag{10.2}$$

특히 $v_{DS} \ll v_{OV}$인 경우에 트라이오드 영역의 단순히 한 부분이 옴 영역이라는 것을 아는 것이 중요하다.

만약 v_{DS}가 증가해 v_{OV}보다 커지면 $v_{GD} < V_t$가 되고, 드레인 영역 부근의 채널 두께는 0이 된다. 이는 벌크와 드레인 접합에서 공핍 영역이 충분히 많이 증가해 채널의 공간을 차지했기 때문이다. 이 상태를 채널 핀치오프(channel pinch-off)라고 한다. 채널의 두께가 0일지라도 드레인 전압이 충분히 크기 때문에, 이동 전자가 공핍 영역을 넘어 이동할 수 있어 전류는 계속해서 흐른다. 그러나 v_{DS}에 추가적으로 가해지는 전압은 공핍 영역에만 제한되고, 채널에서 전압은 상수로 유지된다. 따라서 채널 전류는 v_{DS}에는 독립적이고, v_{OV}에만 의존하게 된다. 이 상태에서의 트랜지스터는 포화 영역(saturation region)에 있다고 한다.

$$i_D \propto v_{OV}^2 \quad \text{when} \quad v_{DS} > v_{OV} \quad \text{포화 영역} \tag{10.3}$$

트라이오드와 포화의 경계는 $v_{DS} = v_{OV}$이다. $v_{GD} = v_{GS} - V_t - v_{DS} + V_t = v_{OV} - v_{DS} + V_t$이므로, 이러한 경계의 다른 표현은 $v_{GD} = V_t$이다. 따라서 $v_{DS} < v_{OV}$의 조건은 $v_{GD} > V_t$와 동일하다. 마찬가지로, $v_{DS} > v_{OV}$의 조건은 $v_{GD} < V_t$와 동일하다. 세 동작 영역과 그들의 v_{GD}와 v_{GS}에의 의존은 그림 10.4에 나타나 있다.

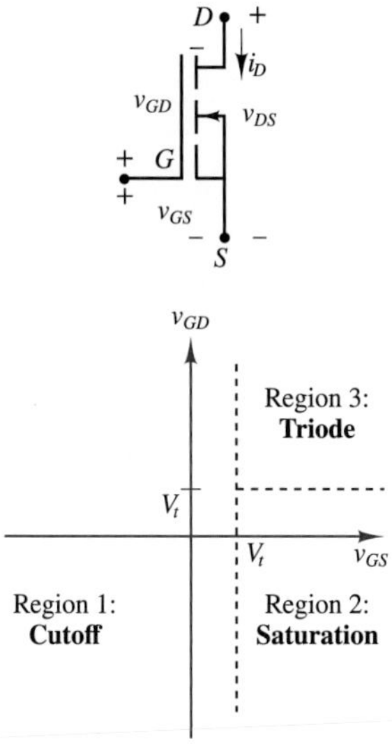

그림 10.4 NMOS 트랜지스터의 동작 영역

채널 전류 i_D와 컨덕턴스 파라미터 K

채널이 도통하는 능력은 많은 메커니즘에 관계되어 있는데, 그 영향은 다음의 컨덕턴스(conductance) 파라미터 K로 표현된다.

$$K = \frac{W}{L}\frac{\mu C_{\text{ox}}}{2} \tag{10.4}$$

여기서 W는 채널 단면의 폭, L은 채널의 길이, μ는 채널의 다수 전하 운반자의 이동도(n채널 소자는 전자, p채널 소자는 정공), C_{ox}는 얇은 절연 산화층에 의한 게이트-채널 커패시턴스이다. K의 단위는 A/V^{2}이다.

컨덕턴스 파라미터의 이러한 정의에 기반하여, i_D와 v_{DS} 간의 관계는 동작 영역에 따라 다음과 같이 정리할 수 있다. 차단 영역에서는 $v_{GS} < V_t$이며, 다음이 성립된다.

$$i_D = 0 \quad \text{차단 영역} \tag{10.5}$$

트라이오드 영역에서는 $v_{GS} > V_t$ 및 $v_{GD} > V_t$이며, 다음이 성립된다.

$$i_D = K(2v_{OV} - v_{DS})v_{DS} \quad v_{GS} > V_t \quad \text{트라이오드 영역} \tag{10.6}$$

$\upsilon_{DS} \ll \upsilon_{OV}$일 때($\upsilon_{GD} \approx \upsilon_{GS}$와 동일), 위 식은 다음과 같이 근사된다.

$$i_D \approx 2K\upsilon_{OV}\upsilon_{DS} \qquad \text{옴 영역} \tag{10.7}$$

위 식은 i_D와 υ_{DS} 간의 선형 관계를 나타내므로, 트랜지스터는 오버드라이브 전압 υ_{OV}에 의해서 제어되는 저항처럼 동작한다. 이러한 성질에 의해서 트랜지스터는 집적회로 설계로 제작된 저항처럼 동작한다. 전압 제어 저항의 다른 응용으로는 가변 이득 증폭기와 아날로그 게이트 등을 들 수 있다.

포화 영역에서는 $\upsilon_{GS} > V_t$ 및 $\upsilon_{GD} < V_t$이며, 다음이 성립된다.

$$i_D \approx K\upsilon_{OV}^2 \qquad \upsilon_{GS} > V_t \qquad \text{포화 영역} \tag{10.8}$$

여기서 트랜지스터는 전압 제어 전류원으로 동작한다. 이러한 관계는, υ_{DS}가 채널의 유효 길이에 미치는 영향을 기술하는 **얼리 효과**(Early Effect)를 고려하면 더욱 정확해진다.

$$i_D = K\upsilon_{OV}^2\left(1 + \frac{\upsilon_{DS}}{V_A}\right) \qquad \upsilon_{GS} > V_t \qquad \text{포화 영역} \tag{10.9}$$

여기서 V_A는 얼리 전압(Early voltage)으로 불린다. 대부분의 경우 V_A가 υ_{DS}보다 큰데, 이 경우 얼리 효과는 작아서 식 (10.9)는 식 (10.8)에 의해서 근사된다.

세 동작 영역은 그림 10.5의 특성 곡선에서도 확인할 수 있다. 이 특성 곡선은 그림 10.3(b) 회로에서 소스 전압에 대해서 게이트와 드레인 전압을 변화시킴으로써 구할 수 있다. $\upsilon_{GS} < V_t$인 경우 트랜지스터는 차단 영역에 있으며, $i_D = 0$이다. 포화 영역과 트라이오드 영역의 경계는 $i_D = K\upsilon_{DS}^2$ 곡선으로 표시되는데, 이 곡선은 υ_{DS}가 증가함에 따라 특성 곡선의 기울기가 처음으로 0이 되는 점들을 이은 곡선이다. (만약 얼리 전압 V_A가 무시될 수 없다면, 포화 영역에서의 특성 곡선 기울기도 0이 될

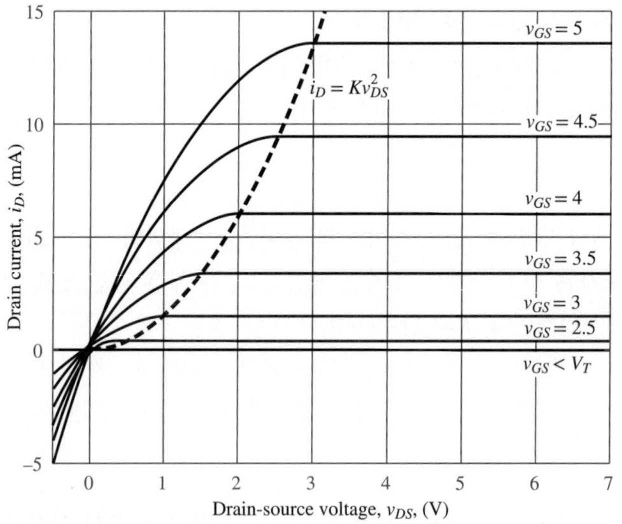

그림 10.5 $V_t = 2$ V, $K = 1.5$ mA/V^{2}인 경우의 NMOS 트랜지스터의 특성 드레인 곡선이다.

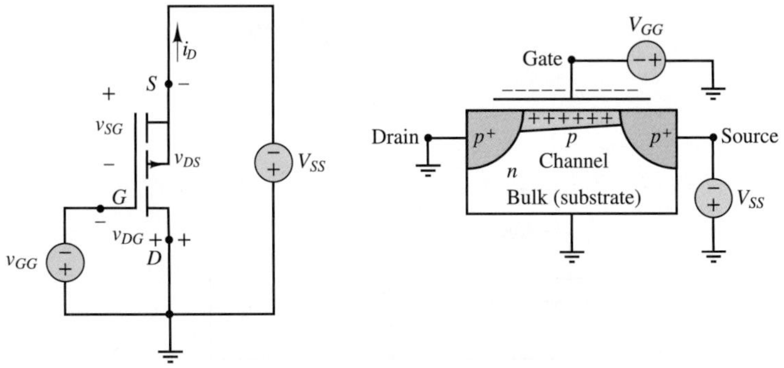

그림 10.6 p채널 증가형 전기장 효과 트랜지스터(PMOS)

수 없고, 대신 작은 양의 상수가 된다.) 포화 영역에서 트랜지스터 드레인 전류는 거의 상수이며 v_{DS}에 독립적인데, 사실상 v_{GS}^2에 비례한다. 마지막으로, 트라이오드 영역에서의 드레인 전류는 v_{GS}와 v_{DS}에 매우 의존적이다. v_{DS}가 0에 근접할수록, 특성 곡선의 기울기는 대략 상수가 되고, 이는 옴 영역의 특성이다.

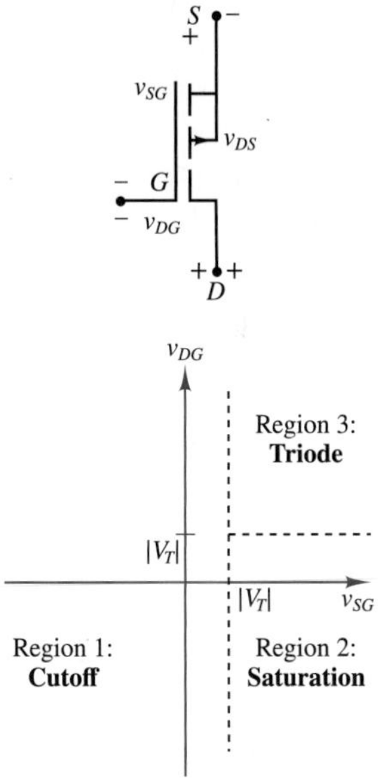

그림 10.7 PMOS 트랜지스터의 동작 영역

*P*채널 증가형 MOSFET의 동작

증가형 PMOS 트랜지스터의 동작은 NMOS 소자와 유사하다. 그림 10.6은 PMOS의 테스트 회로와 소자 스케치를 보여준다. 여기서는 n형과 p형의 역할이 뒤바뀌었고 채널의 전하 운반자가 전자가 아닌 정공이다. 임계 전압 V_t는 여기서 음의 값이다. v_{GS}는 v_{SG}로, v_{GD}는 v_{DG}로, v_{DS}는 v_{SD}로, 그리고 $|V_t|$는 V_t를 대체하여 해석하면, 결과는 NMOS 트랜지스터 해석과 유사하다. 특히, 그림 10.7의 게이트-드레인 전압과 게이트-소스 전압 관계에 대한 PMOS 트랜지스터 성질은 그림 10.4와 유사해 보임을 알 수 있다. PMOS 트랜지스터의 세 동작 상태에 따른 공식은 다음과 같이 정리된다.

차단 영역: $v_{SG} < |V_t|$인 경우

$$i_D = 0 \qquad \text{차단 영역} \tag{10.10}$$

포화 영역: $v_{SG} > |V_t|$ 그리고 $v_{DG} < |V_t|$인 경우

$$i_D \cong K(v_{SG} - |V_t|)^2 \qquad \text{포화 영역} \tag{10.11}$$

트라이오드 영역: $v_{SG} > |V_t|$ 그리고 $v_{DG} > |V_t|$인 경우

$$i_D = K\left[2(v_{SG} - |V_t|)v_{SD} - v_{SD}^2\right] \qquad \text{트라이오드 또는 옴 영역} \tag{10.12}$$

MOSFET의 작동 영역 결정

예제 10.1

문제

그림 10.8에서 전류계와 전압계의 값이 아래와 같고 V_{DD}와 V_{GG}가 아래와 같이 주어질 때 MOSFET의 작동 영역을 결정하라.

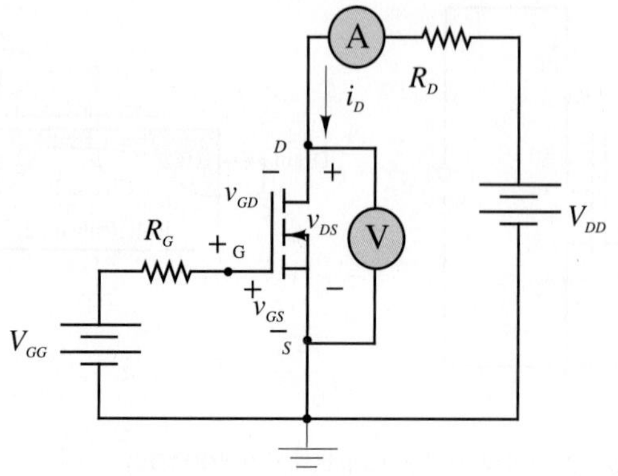

그림 10.8

a. $V_{GG} = 1$ V; $V_{DD} = 10$ V; $\upsilon_{DS} = 10$ V; $i_D = 0$ mA; $R_D = 100$ Ω.
b. $V_{GG} = 4$ V; $V_{DD} = 10$ V; $\upsilon_{DS} = 2.8$ V; $i_D = 72$ mA; $R_D = 100$ Ω.
c. $V_{GG} = 3$ V; $V_{DD} = 10$ V; $\upsilon_{DS} = 1.5$ V; $i_D = 13.5$ mA; $R_D = 630$ Ω.

풀이

기지: MOSFET 정동작 드레인 저항, 드레인과 게이트 공급 전압, MOSFET 공식

미지: Q점에서 MOSFET 드레인 전류, i_{DQ}와 정동작 드레인 소스 전압 υ_{DSQ}

주어진 데이터 및 그림: $V_t = 2$ V, $K = 18$ mA/V^2

가정: 없음

해석: 우선 그림 10.8에 벌크에서 채널로의 다이오드 방향을 확인하자. 이러한 화살표는 항상 p에서 n으로 향한다. 따라서 이번 예제에서는 채널은 n형, 트랜지스터는 NMOS임을 알 수 있다. 채널은 점선으로 나타나고 이는 증가형임을 보여준다.

a. 드레인 전류 값이 0이므로, MOSFET은 차단 영역에 있다. 두 조건 $\upsilon_{GS} < V_t$와 $\upsilon_{GD} < V_t$이 만족하는지 확인해야 한다.

b. 이 경우 $\upsilon_{GS} = V_{GG} = 4\text{ V} > V_t$이다. 반면에 $\upsilon_{GD} = \upsilon_G - \upsilon_D = 4 - 2.8 = 1.2\text{ V} < V_t$이다. 그러므로 트랜지스터는 포화 영역에 있다. 드레인 전류가 $i_D = K(\upsilon_{GS} - V_t)^2 = 18 \times (4 - 2)^2 = 72$ mA인 것을 계산할 수 있다. 다음과 같이 드레인 전류를 다르게 계산할 수도 있다.

$$i_D = \frac{V_{DD} - \upsilon_{DS}}{R_D} = \frac{10 - 2.8}{0.1\text{ k}\Omega} = 72\text{ mA}$$

c. 세 번째 경우 $\upsilon_{GS} = V_{GG} = \upsilon_G = 3\text{ V} > V_t$이다. 드레인 전압은 $\upsilon_{DS} = \upsilon_D = 1.5$ V로 측정되어서, $\upsilon_{GD} = 3 - 1.5 = 1.5\text{ V} < V_t$이 된다. 이 경우 MOSFET은 트라이오드 또는 옴 영역에 있다. 이제 우리는 전류가 다음과 같다는 것을 알 수 있다. $i_D = K[2(\upsilon_{GS} - V_t)\upsilon_{DS} - \upsilon_{DS}^2] = 18 \times [2 \times (3 - 2) \times 1.5 - 1.52] = 13.5$ mA. 드레인 전류가

$$i_D = \frac{V_{DD} - \upsilon_{DS}}{R_D} = \frac{(10 - 1.5)\text{ V}}{0.630\text{ k}\Omega} = 13.5\text{ mA}$$

인 것 또한 알 수 있다.

연습 문제

예제 10.1에 있는 MOSTFET이 다음과 같은 조건에 있을 때 어떤 영역에 있는가?

$$V_{GG} = \frac{10}{3}\text{ V} \qquad V_{DD} = 10\text{ V} \qquad v_{DS} = 3.6\text{ V} \qquad i_D = 32\text{ mA} \qquad R_D = 200\ \Omega$$

Answer: 포화 영역

10.3 MOSFET 회로 바이어스

우리는 지금까지 MOSFET 중에 n채널 MOSFET의 기본적인 특징을 분석하였고 동작 영역을 알 수 있게 되었으므로 MOSFET 회로를 체계적으로 바이어스 하는 방법에 대해 공부하려고 한다. 트랜지스터의 바이어스는 직류 동작 전압과 직류 동작 전류로 구동하는 것을 말한다. 이 절은 2개의 바이어스 회로를 보여주는데, BJT를 바이어스할 때와 동일하다. 첫 번째는 예제 10.2와 10.3에 나타냈고, 2개의 다른 전원 공급 장치를 사용한다. 이러한 바이어스 회로는 이해하기 쉽지만, 이전 장의 BJT에서 토의되었던 것처럼 매우 실용적이지는 않다(9장 참조). 따라서 BJT의 경우처럼 한 개의 직류 전원 공급 장치를 사용하고, 바이어스 회로를 제어하게 하는 것이 바람직하다. 이러한 특징은 두 번째 바이어스 회로에서 나타내고 있으며, 예제 10.4와 예제 10.5에서 다루고 있다.

그래프를 이용한 MOSFET

예제 10.2

문제

그림 10.9의 회로에서 MOSFET의 Q점을 결정하라.

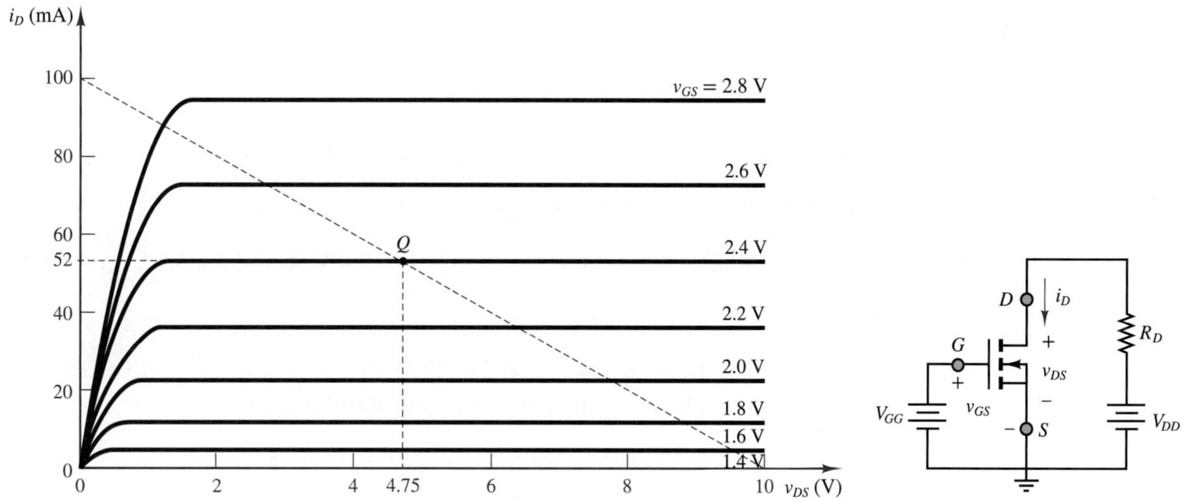

그림 10.9 n채널 증가형 MOSFET 회로와 특성

풀이

기지: MOSFET 드레인 저항, 드레인 게이트 공급 전압, MOSFET 드레인 곡선

미지: MOSFET의 정동작 드레인 전류 i_{DQ}와 정동작 드레인-소스 전압 v_{DSQ}

주어진 데이터 및 그림: $V_{GG} = 2.4$ V, $V_{DD} = 10$ V, $R_D = 100\ \Omega$

가정: 그림 10.9의 드레인 곡선을 이용한다.

해석: 우선 그림 10.9의 벌크에서 채널로의 다이오드 지표를 확인하자. 이러한 화살표는 항상 p에서 n으로 향한다. 따라서 이번 예제에서는 채널은 n형, 트랜지스터는 NMOS임을 알 수 있다. 채널은 점선으로 나타나고 이는 증가형임을 보여준다.

Q점을 결정하기 위해 드레인 회로 식을 쓰고, 키르히호프의 전압 법칙과 옴의 법칙을 적용하면

$$V_{DD} = R_D i_D + v_{DS}$$
$$10 = 100 i_D + v_{DS}$$

이 된다. 이 수식의 결과는 드레인 전류축과 만나는 $V_{DD}/R_D = 100$ mA와 드레인 소스 전압축과 만나는 $V_{DD} = 10$ V를 이어서, 그림 10.9의 드레인 곡선 상에 점선과 같이 나타난다. 그러면, Q점은 $v_{GS} = 2.4$ V 곡선과 부하선의 교점이 된다. $i_{DQ} = 52$ mA이고 $v_{DSQ} = 4.75$ V이다.

참조: MOSFET에서 게이트로 흐르는 전류는 0이므로 게이트 회로를 고려할 필요가 없다. 그러므로 BJT보다 MOSFET이 Q점을 정하는 것이 쉽다.

예제 10.3 MOSFET의 Q점 계산

문제

그림 10.9의 회로에서 MOSFET의 Q점을 다음 주어진 조건들에서 계산하라.

풀이

기지: MOSFET 드레인 저항, 드레인과 게이트 공급 전압, MOSFET 일반식

미지: MOSFET 정동작 드레인 전류 i_{DQ}와 정동작 드레인 소스 전압 v_{DSQ}

주어진 데이터 및 그림: $V_{GG} = 2.4$ V, $V_{DD} = 10$ V, $V_t = 1.4$ V, $K = 48.5$ mA/V^2, $R_D = 100\ \Omega$

가정: 없음.

해석: 게이트 공급 V_{GG}는 $v_{GSQ} = V_{GG} = 2.4$ V이다. 따라서 $v_{GSQ} > V_t$이다. MOSFET이 포화 영역에 있음을 가정하고 식 (10.8)을 드레인 전류 계산에 이용한다.

$$i_{DQ} = K(v_{GS} - V_t)^2 = 48.5 \times 10^{-3}(2.4 - 1.4)^2 = 48.5 \text{ mA}$$

드레인 루프에 KVL 및 옴의 법칙을 적용하여 드레인 소스 전압을 계산할 수 있다.

$$v_{DSQ} = V_{DD} - R_D i_{DQ} = 10 - 100 \times 48.5 \times 10^{-3} = 5.15 \text{ V}$$

포화조건(영역 2)에서 작동하기 위한 조건은 $v_{GS} > V_t$와 $v_{GD} < V_t$이다. 첫 번째 조건은 확실히 만족한다. 두 번째는 다음을 통해 확인할 수 있다.

$$v_{GD} = v_{GS} + v_{SD} = v_{GS} - v_{DS} = -2.75 \text{ V}$$

확실히 $v_{GD} < V_t$ 조건 또한 만족하며 MOSFET은 포화 영역에서 작동한다.

MOSFET 자기 바이어스 회로

예제 10.4

LO

문제

그림 10.10(a)는 자기 바이어스 MOSFET 회로이다. $v_{DSQ} = 8$ V로 하는 R_S를 구해 Q점을 정하라. 다른 조건들은 아래와 같이 주어져 있다.

풀이

기지: MOSFET의 드레인, 게이트 저항, 드레인 공급 전류, MOSFET 파라미터 V_t와 K, 드레인 소스 전압 v_{DSQ}

미지: MOSFET 정동작 게이트 소스 전압 v_{GSQ}, 정동작 드레인 전류 i_{DQ}, 정동작 드레인 소스 전압 v_{DSQ}

주어진 데이터 및 그림: $V_{DD} = 30$ V, $R_D = 10$ kΩ, $R_1 = R_2 = 1.2$ MΩ, $V_t = 4$ V, $K = 0.2188$ mA/V^2, $v_{DSQ} = 8$ V

가정: 동작은 포화 영역에서 이루어진다.

해석: 테브닌의 정리와 전압 분배를 이용해서 그림 10.10(a)의 게이트가 보는 등가 회로를 구성하면 그림 10.10(b)와 같다.

$$V_{GG} = \frac{R_2}{R_1 + R_2} V_{DD} = 15 \text{ V} \qquad R_G = R_1 \| R_2 = 600 \text{ k}\Omega$$

여기서, 컨덕턴스 파라미터 K의 단위는 mA/V^{2}로 나타내고, 모든 전류는 mA 단위로 저항은 kΩ 단위로 나타낸다. 그림 10.10(b)의 등가 게이트 회로에 KVL을 적용한다.

$$v_{GSQ} + i_{GQ}R_G + i_{DQ}R_S = V_{GG} = 15 \text{ V}$$

MOSFET의 입력 저항은 무한대이므로 $i_{GQ} = 0$이다. 그러므로 게이트 식은 간단하게 된다.

$$v_{GSQ} + i_{DQ}R_S = V_{GG} = 15 \text{ V} \qquad \text{(a)}$$

드레인 회로 공식은 다음과 같이 된다.

$$v_{DSQ} + i_{DQ}R_D + i_{DQ}R_S = V_{DD} = 30 \text{ V} \qquad \text{(b)}$$

식 (10.8)을 이용하여 구하면

$$i_{DQ} = K(v_{GS} - V_t)^2 \qquad \text{(c)}$$

식 (b)의 $i_{DQ}R_S$를 치환하기 위해서 식 (a)를 사용하면 아래와 같다.

$$V_{DD} = i_{DQ}R_D + v_{DSQ} + V_{GG} - v_{GSQ}$$

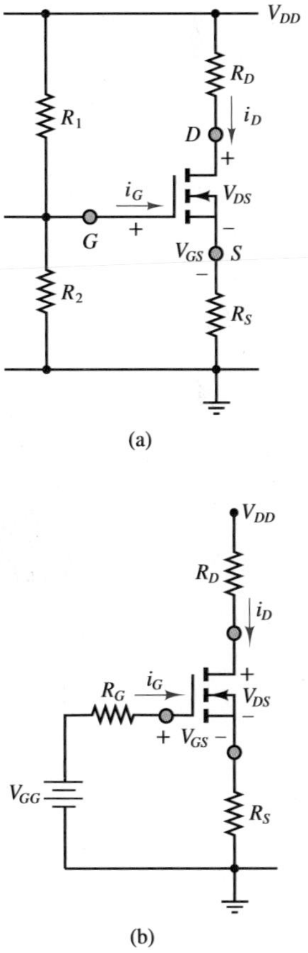

그림 10.10 (a) 셀프 바이어스 회로, (b) 회로 (a)에 대한 등가 회로

$V_{GG} = V_{DD}/2$이므로, 아래와 같은 식을 얻을 수 있다.

$$i_{DQ} = \frac{1}{R_D}\left(\frac{V_{DD}}{2} - v_{DSQ} + v_{GSQ}\right)$$

위의 i_{DQ}에 대한 공식을 식 (c)에 치환시켜, v_{GSQ}를 구할 수 있는 이차 방정식을 얻을 수 있는데, 이때 요구되는 v_{DSQ} 값을 사용한다.

$$\frac{1}{R_D}\left(\frac{V_{DD}}{2} - v_{DSQ} + v_{GSQ}\right) = K(v_{GSQ} - V_t)^2$$

$$Kv_{GSQ}^2 - 2KV_tv_{GSQ} + KV_t^2 - \frac{1}{R_D}\left(\frac{V_{DD}}{2} - v_{DSQ}\right) - \frac{1}{R_D}v_{GSQ} = 0$$

$$v_{GSQ}^2 - \left(2V_t + \frac{1}{KR_D}\right)v_{GSQ} + V_t^2 - \frac{1}{KR_D}\left(\frac{V_{DD}}{2} - v_{DSQ}\right) = 0$$

$$v_{GSQ}^2 - 8.457v_{GSQ} + 12.8 = 0$$

위의 이차 방정식의 두 해는 다음과 같다.

$$v_{GSQ} = 6.48 \text{ V} \qquad \text{and} \qquad v_{GSQ} = 1.97 \text{ V}$$

두 번째 근은 임계 전압보다 낮으므로($V_t = 4$ V), 포화 영역에 적합한 전압은 첫 번째이다. 첫 번째 근을 식 (c)에 대입하면 드레인 전류를 계산할 수 있다.

$$i_{DQ} = 1.35 \text{ mA}$$

게이트 회로 식 (a)에 이 값을 사용하면 소스 저항을 계산할 수 있다.

$$R_S = 6.32 \text{ k}\Omega$$

참조: 이차 방정식으로부터 도출되는 두 개의 수학적 해답이 존재한다. 오직 하나의 해답만이 문제의 물리적인 요구조건을 만족하게 된다.

예제 10.5

MOSFET 증폭기의 해석

문제

그림 10.11에 있는 MOSFET 증폭기의 게이트와 드레인 소스 전압과 드레인 전류를 구하라.

풀이

기지: MOSFET의 드레인, 소스, 게이트 저항, 드레인 공급 전압, MOSFET 파라미터

미지: v_{GS}, v_{DS}, i_D

주어진 데이터 및 그림: $R_1 = R_2 = 1$ MΩ, $R_D = 6$ kΩ, $R_S = 6$ kΩ, $V_{DD} = 10$ V, $V_t = 1$ V, $K = 0.5$ mA/V^2

가정: MOSFET이 포화 영역에서 동작한다.

해석: 트랜지스터 게이드 전류는 흐르지 않으므로, 게이트 전압은 저항 R_1과 R_2 사이에 전압 분배 법칙을 적용하여 구한다.

$$v_G = \frac{R_2}{R_1 + R_2} V_{DD} = \frac{1}{2} V_{DD} = 5 \text{ V}$$

KVL과 옴의 법칙을 이용하여 다음과 같이 적는다.

$$v_{GS} = v_G - v_S = v_G - R_S i_D = 5 - 6 i_D$$

$R_D = R_S$이므로, 옴의 법칙에 따라 R_D의 전압 강하는 R_S의 전압 강하와 같다. 결과적으로 v_D는 $V_{DD}/2$보다 크며, v_{GD}는 음수가 된다. 따라서 $v_{GD} < V_t$이며, 트랜지스터는 포화 영역에 있기 때문에 드레인 전류는 공식 (10.8)로 구할 수 있다.

$$i_D = K(v_{GS} - V_t)^2 = 0.5(5 - 6 i_D - 1)^2$$

또는

$$36 i_D^2 - 50 i_D + 16 = 0$$

따라서, 이차 방정식의 결과는

$$i_D = 0.89 \text{ mA} \qquad \text{and} \qquad i_D = 0.5 \text{ mA}$$

두 해 중에서 하나의 값이 $v_{GS} > V_t$의 요구조건을 만족한다. $i_D = 0.89$ mA일 땐, $v_{GS} = 5 - 6i_D = -0.34$ V이다. $i_D = 0.5$ mA는 $v_{GS} = 5 - 6i_D = 2$ V이다. 따라서, 물리적으로 가능한 답은 다음과 같다.

$$i_D = 0.5 \text{ mA} \qquad v_{GS} = 2 \text{ V}$$

해당하는 드레인 전압은 다음과 같다.

$$v_D = v_{DD} - R_D i_D = 10 - 6 i_D = 7 \text{ V}$$

그러므로

$$v_{DS} = v_D - v_S = v_D - i_D R_S = 7 - 3 = 4 \text{ V}$$

이다.

참조: 이 결과를 통해 트랜지스터가 포화 영역에 동작하는지 확인할 수 있다. $v_{GS} = 2 > V_t$, 그리고 $v_{GD} = v_{GS} - v_{DS} = 2 - 4 = -2 < V_t$.

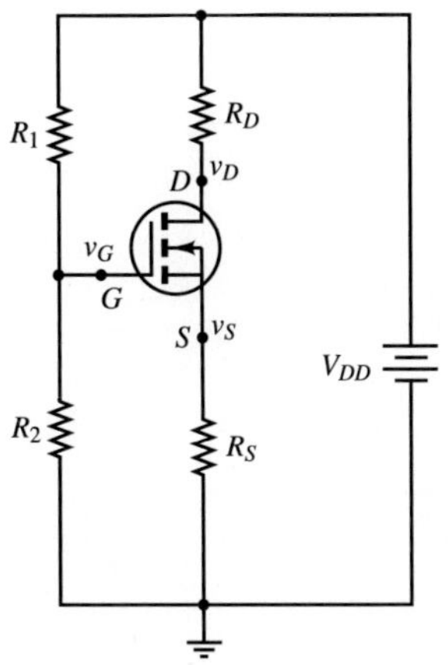

그림 10.11

연습 문제

$v_{GS} = 3.5$ V일 때 예제 10.2의 MOSFET의 동작 상태를 결정하라.

Answer: MOSFET은 [illegible] 영역에 있다.

연습 문제

예제 10.3의 MOSFET를 트라이오드 영역에 있게 하는 최소 R_D를 구하라.

Answer: $\approx$ 185.6 Ω

연습 문제

예제 10.4의 MOSFET의 동작점을 v_{DSQ} = 12 V로 옮기고자 할 때 적절한 R_S를 구하라. 이때 v_{GSQ} 및 i_{DQ}의 값을 구하라. 이들 값은 유일한가?

Answer: 값은 유일하다. 가능했던 두 값 중 하나는 v_{GS} = 2.42 V인데, 이 값은 V_t보다 작으므로 적합하지 않다. 또 다른 근인 v_{GS} = 6.03 V가 답이 되고, R_S = 9.9 kΩ와 i_D = 0.9 mA이다.

10.4 대신호 MOSFET 증폭기

이 절은 MOSFET이 어떻게 대신호 증폭기로 사용되는가를 설명한다. 9장에서 설명된 BJT와 유사한 방법이 적용될 것이다. 식 (10.8)은 MOSFET 대신호 증폭기의 드레인 전류와 게이트–소스 전압의 관계를 근사적으로 나타냈다. 앞 절에서도 그랬듯이, 적절한 바이어스로 MOSFET이 포화 영역에서 동작하도록 했다.

$$i_D \approx K(v_{GS} - V_t)^2 \tag{10.13}$$

MOSFET 증폭기는 주로 두 가지 형태 중 하나이다. 공통 소스(common-source)와 소스 팔로어(source-follower)이다. 그림 10.12는 공통 소스 형태를 보여주고 있다. 이 증폭기는 MOSFET이 포화 영역에 있을 때, 드레인 전류가 게이트 전압에 의해

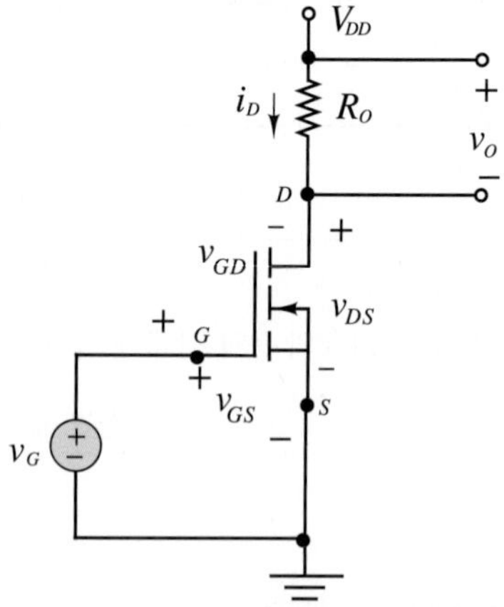

그림 10.12 공통 소스 MOSFET 증폭기

제어되는 전압 제어 전류원(VCCS)이 된다. 따라서, 부하 R_o에 걸리는 부하 전압 v_o는 다음과 같다.

$$v_o = R_o i_D \approx R_o K(v_{GS} - V_t)^2 = R_o K(V_G - V_t)^2 \tag{10.14}$$

v_o가 V_G와 함께 증가할 때, 기준점(접지)에 대한 드레인 전압은 감소하는 점을 주목하라. 공통 소스 증폭기의 경우 드레인 전압과 게이트 전압은 역관계를 가지게 된다.

소스 팔로어 증폭기는 그림 10.13(a)에 나타냈다. 이 경우에 부하가 소스와 기준점 사이에 연결되어 있음에 주목하자. 부하 전압은 $v_o = R_o i_D$이고, 부하 전류는 다음과 같다.

$$i_D \approx K(v_{GS} - V_t)^2 = K(v_G - v_o - V_t)^2 = K(\Delta v - R_o i_D)^2 \tag{10.15}$$

여기서 $\Delta v = v_G - V_t$이다. 부하 전류는 2차식을 풀어서 구할 수 있다.

$$i_D = K(\Delta v - R_o i_D)^2 = K\Delta v^2 - 2K\Delta v R_o i_D + R_o^2 i_D^2 \tag{10.16}$$

위 식은 다음과 같이 정리될 수 있다.

$$i_D^2 - \frac{1}{R_o^2}(2K\Delta v R_o + 1) i_D + \frac{K}{R_o^2}\Delta v^2 = 0 \tag{10.17}$$

이차 방정식 근의 공식을 사용하여 부하 전류를 다음과 같이 구한다.

$$i_D = \frac{1}{2}\left\{-b \pm \sqrt{b^2 - 4c}\right\} \tag{10.18}$$

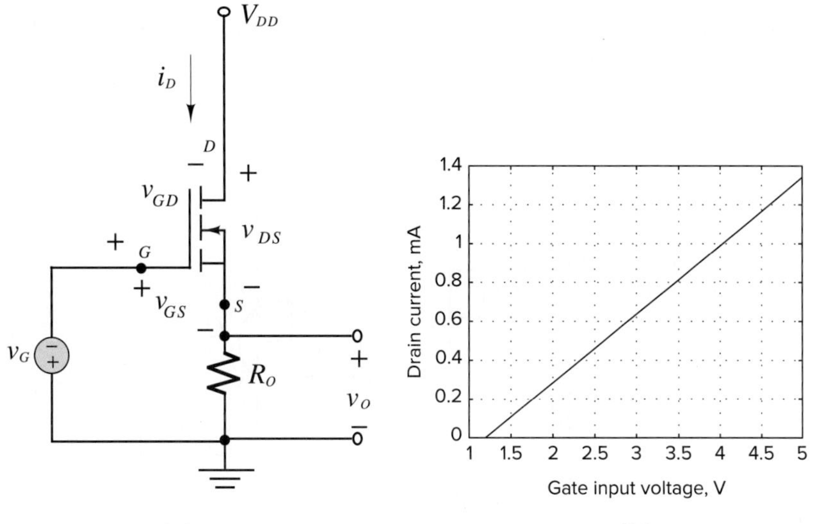

그림 10.13 (a) 소스 팔로어 MOSFET 증폭기, (b) $K = 0.018\text{A/V}^2$, $V_t = 1.2$ V일 때 부하 100 Ω에 대한 드레인 전류의 응답

여기서 b와 c는 다음과 같다.

$$-b = \frac{2K\Delta \upsilon R_o + 1}{R_o^2} \qquad \text{and} \qquad c = \frac{K\Delta \upsilon^2}{R_o^2} \tag{10.19}$$

그림 10.13(b)는 게이트 전압이 임계 전압부터 5 V까지 변할 때 $K = 0.018$ A/V^2, 부하 100 Ω, $V_t = 1.2$ V인 소스 팔로어 MOSFET 증폭기의 드레인 전류의 응답을 보여준다. 소스 팔로어 증폭기의 경우 υ_o은 V_G와 함께 선형적으로 증가하는 것을 주목하라.

예제 10.6

배터리 충전에 전류원으로서의 MOSFET 이용

문제

그림 10.14에서 보이는 두 개의 배터리 충전 회로를 해석하라. 대신호 트랜지스터 파라미터를 이용하여, 최대 0.1 A까지 가변 충전 전류를 공급하기 위하여 필요한 게이트 전압 범위 υ_G를 구하라. 방전된 배터리의 터미널 전압은 9 V이고 충전된 배터리는 10.5 V로 가정한다.

풀이

기지: 대신호 트랜지스터 파라미터, 리튬(Li) 배터리의 공칭 전압

미지: V_{DD}, υ_G, 최대 충전 전류 0.1 A를 만들어 주는 게이트 전압의 범위

주어진 데이터 및 그림: 그림 10.14(a), (b). $V_t = 1.2$ V, $K = 18$ mA/V^2, 방전 시 $V_B = 9$ V, 완충 시 $V_B = 10.5$ V

가정: MOSFET은 포화 영역에서 동작한다.

해석: MOSFET이 포화 영역에 있기 위한 조건은 $\upsilon_{GS} > V_t$와 $\upsilon_{GD} < V_t$이다. 처음 조건은 게이트 전압이 1.2 V 이상이면 충족시킨다. 두 번째 조건은 $V_{DD} > 10.5 + \upsilon_{GS} - V_t$인 상태라면,

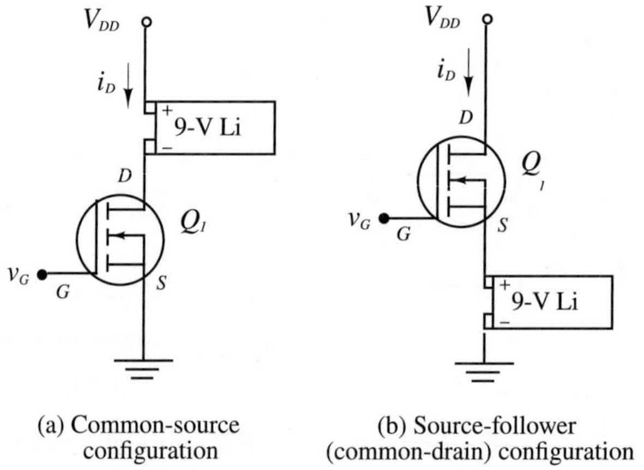

그림 10.14 MOSFET 배터리 충전기

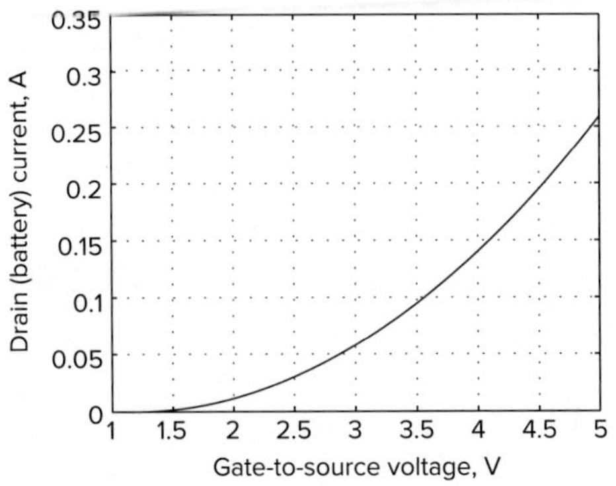

(c)

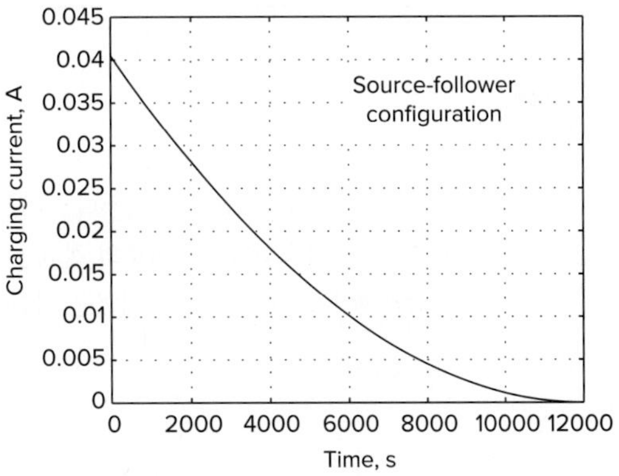

(d)

그림 10.14 (계속) MOSFET 베터리 충전기

모든 배터리 전압에 대해서 충족된다. 두 조건을 만족시키고 V_{DD}가 충분히 크다고 가정하면 드레인 전류를 다음과 같이 계산할 수 있다.

$$i_D = K(\upsilon_{GS} - V_t)^2 = 0.018 \times (\upsilon_{GS} - 1.2)^2 \text{ A}$$

그림 10.14(c)의 그래프는 배터리 충전 전류(드레인 전류)를 게이트 전압, υ_{GS}의 함수로 나타내었다. 100 mA인 최대 충전 전류는 대략 3.5 V의 게이트 전압에 의해 만들어진다.

a. **공통 소스 회로:** 이 회로에서는 배터리의 충전을 시작하기 위해서 $\upsilon_S = 0$과 $\upsilon_G > 1.2$ V이 필요하다. 최대 충전 전류는 $\upsilon_G \approx 3.5$ V에서 발생하므로, 포화상태에서의 지속적인 충전을 위해서는 $V_{DD} > 10.5 + 3.5 - 1.2 = 12.8$ V가 되어야 한다.

b. **소스 팔로어(공통 드레인) 회로:** 이 회로에서는 충전의 시작을 위해서는 $\upsilon_D = V_{DD}$이고 $\upsilon_{GS} > 1.2$ V의 조건이 필요하다. 최대 소스 (배터리) 전압은 10.5 V이다. 따라서 배터리가 완전히 충전될 때까지, 전류를 지속적으로 공급하기 위해서는 $\upsilon_G > 11.7$ V가 되어야 한다. 앞의 경우와 마찬가지로 $\upsilon_G \approx 3.5$ V일 때 최대 충전 전류가 흐르게 되기 때문에, 포화 영역에서의 지속적인 작동을 위해서는 $V_{DD} > 10.5 + 3.5 - 1.2 = 12.8$ V의 조건이 만족되어야 하고, 이는 소스 팔로어 회로와 같은 조건이다. 만약 배터리가 초기에 9 V로 방전되어 있고, 초기 게이트 전압이 $\upsilon_G = 11.7$ V라고 가정하면 초기 충전 전류를 다음과 같이 계산할 수 있다.

$$i_D = K(\upsilon_{GS} - V_t)^2 = K(\upsilon_G - V_B - V_t)^2 = 0.018 \times (11.7 - 9 - 1.2)^2$$
$$= 0.0405 \text{ A}$$

만약 배터리 충전 전압이 9 V에서 10.5 V까지 20분 동안 올라간다고 가정을 하면, 배터리 전압이 상승할 때의 충전 전류를 계산할 수 있다. 배터리가 완전히 충전이 되었을 때, υ_{GS}는 더 이상 임계 전압이 아니고 트랜지스터는 차단된다. 그림 10.14(d)에서 시간에 대한 드레인 (충전) 전류의 그래프가 있다. 배터리 전압이 상승할수록 자연스럽게 충전 전류도 0으로 된다.

참조: 파트 (b)의 회로에서 배터리 전압이 사실 선형적으로 증가하지 않는다. 전압 상승은 완전한 충전에 가까워지면서 기울기가 줄어들 것이다. 실제로는 충전 단계가 그림 10.14(d)에서 보여준 것보다 더 길 것이다.

예제 10.7 MOSFET 직류 모터 드라이브 회로

문제

레고® 9V XL 모터 모델 8882의 공통 소스 MOSFET 드라이버를 설계하라. 그림 10.15(a)와 (b)는 드라이버 회로를 보여준다. 모터는 2,020 mA의 최대 전류를 갖는다. 110 mA가 최소 모터 구동 전류이다. 이 회로의 목적은 모터에 공급되는 전류(전류와 토크는 선형적인 관계이다)를 게이트 전압을 통해 제어를 하는 것이다.

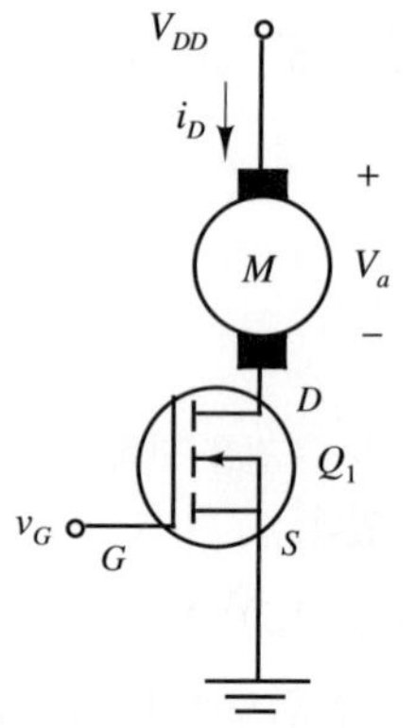

(a) Common-source MOSFET DC motor driver circuit

그림 10.15 직류 모터 드라이브 회로

풀이

기지: 대신호 트랜지스터 파라미터, 소자 값

미지: 값 R_1, R_2, 그리고 모터를 동작시키기 위한 v_G 값

주어진 데이터 및 그림: 그림 10.15. $V_t = 1.2$ V, $K = 0.08\text{A/V}^2$

가정: MOSFET은 포화 영역에서 작동한다.

해석: MOSFET이 포화 영역에 있을 조건은 $v_{GS} > V_t$와 $v_{GD} < V_t$이다. 첫 번째 조건은 $v_{GS} = v_G \geq 1.2$ V이면 충족된다. 따라서, 트랜지스터는 $v_G = 1.2$ V일 때 전도하기 시작한다. 두 번째 조건은 9 V 작동 전압을 가지는 모터의 경우 $V_{DD} > 9 + v_{GS} - V_t$이면 충족된다. 두 조건이 만족이 된다고 가정을 하면, 트랜지스터는 포화상태에서 작동을 하고, 드레인 전류는 다음과 같다.

$$i_D = K(v_{GS} - V_t)^2 = 0.08 \times (v_G - 1.2)^2 \text{ A}$$

그림 10.15(b)는 DC 모터 (드레인) 전류가 게이트 전압으로 작동하는 것을 보여준다. 최대 전류인 2,020 mA가 대략 6.2 V의 게이트 전압으로 만들어진다는 것을 알 수 있다. 게이트에서 대략 2.4 V가 최소 작동 전류인 110 mA를 만드는 데 필요할 것이다.

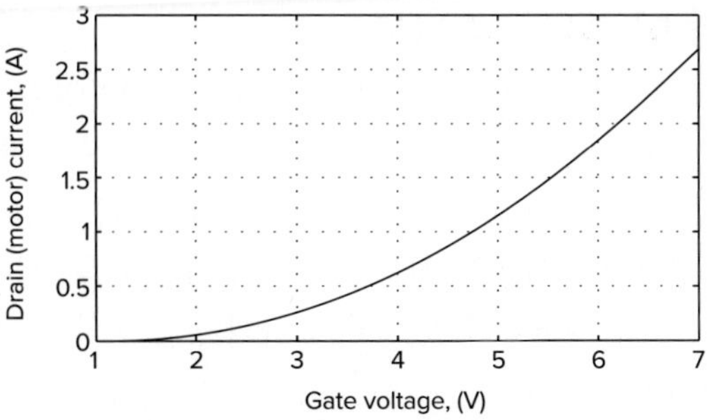

(b) Drain current–gate voltage curve for the MOSFET in saturation

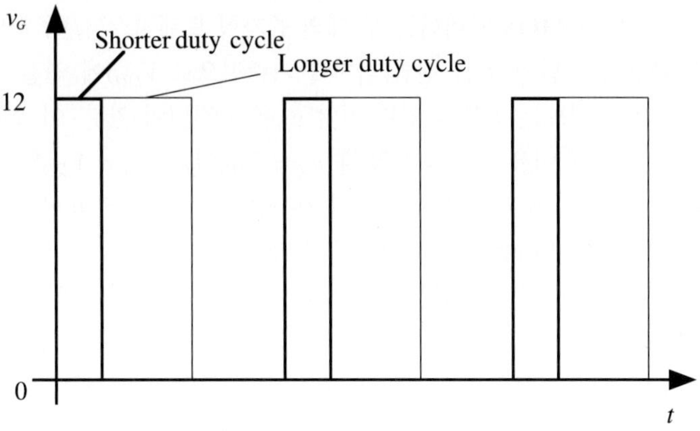

(c) Pulse-width modulation (PWM) gate voltage waveforms

그림 10.15 (계속) 직류 모터 드라이브 회로

참조: 이 회로는 마이크로컨트롤러의 신호로 쉽게 적용될 수 있을 것이다. 적용 시에 출력을 아날로그 전압으로 하는 것 대신, 연속되는 디지털 신호(on-off)를 내보내는 마이크로컨트롤러가 낫다. 예를 들어, 게이트 드라이브 신호는 연속된 펄스폭 변조(pulse-width modulated, PWM) 0-12 V 신호가 될 수 있다. 신호 파동에서 on이 되어 있는 시간의 구간을 듀티 사이클(duty cycle)이라 한다. 그림 10.15(c)는 PWM 게이트 입력 전압을 보여준다.

연습 문제

현재 LEGO 모터의 전류 구간에 필요한 듀티 사이클의 범위가 무엇인가?

Answer: 20~52%

10.5 CMOS 기술과 MOSFET 스위치

이 절의 목적은 MOSFET이 어떻게 아날로그 또는 디지털 스위치(또는 게이트)로 쓰이는가를 설명한다. 대부분의 MOSFET 스위치는 **상보성 금속 산화 반도체** 또는 **CMOS** (complementary MOS)로 알려진 특별한 기술을 사용한다. CMOS 기술은 PMOS와 NMOS 소자의 상보성을 이용한, 극도로 적은 소비 전력을 갖는 집적회로이다. 또한, CMOS 회로는 쉽게 제조할 수 있으며, 하나의 공급 전압만을 필요로 한다. 이것은 CMOS의 커다란 이점이다.

디지털 스위치와 게이트

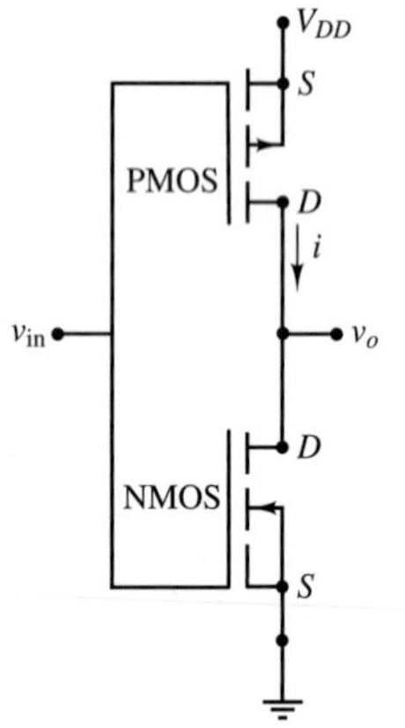

그림 10.16 CMOS 인버터

그림 10.16과 같이 **CMOS 인버터**는 두 개의 증가형 트랜지스터, 즉 하나의 PMOS와 하나의 NMOS가 단일 공급 전압(접지를 기준점으로 V_{DD})에 연결되어 있는 형태이다. 두 개의 게이트는 공통의 입력 전압 v_{in}에 연결되어 있다. 이 소자는 인버터로 알려져 있는데, 그 이유는 $v_{in} \approx 0$일 때 $v_o \approx V_{DD}$이고, $v_{in} \approx V_{DD}$일 때 $v_o \approx 0$이기 때문이다. 논리소자로 사용할 때 V_{DD}에 가까운 전압은 '논리 high' 또는 '1', 0 V에 가까운 전압은 '논리 low' 또는 '0'으로 불린다.

이렇게 v_{in}을 사용하는 목적은, 두 개의 트랜지스터 중에서 하나는 옴 영역으로 작동시키고, 동시에 다른 하나는 차단 영역으로 작동시키기 위해서이다. 결과적으로, 차단 영역에 있는 트랜지스터는 $i = 0$가 되고, 이는 다른 트랜지스터가 $v_{DS} = 0$이 되게 한다. 따라서 이 회로는 단락 회로가 개방 회로와 직렬로 연결되어 있는 상태와 비슷하게 작동하게 된다. NMOS 트랜지스터가 단락 회로와 같이 작동한다면, $v_o \approx 0$이 된다. PMOS 트랜지스터가 단락 회로와 같이 작동한다면 $v_o \approx V_{DD}$이 된다.

$v_{in} \approx V_{DD}$이 논리 high이고 $V_{DD} \gg V_t$인 경우를 생각하자. NMOS 트랜지스터의 동작 상태를 나타내는 식은 다음과 같다.

$$v_{GS} = v_{in} \qquad \text{and} \qquad v_{GD} = v_{in} - v_o \qquad \text{NMOS}$$

PMOS 트랜지스터의 동작 상태를 나타내는 식은 다음과 같다.

$$v_{SG} = V_{DD} - v_{in} \qquad \text{and} \qquad v_{DG} = v_o - v_{in} \qquad \text{PMOS}$$

$v_{in} \approx V_{DD}$의 경우, PMOS는 아래의 조건에 의해서 차단 상태이다.

$$v_{SG} < V_t \qquad \text{(PMOS 차단)}$$

PMOS가 차단 상태이기 때문에, NMOS의 드레인 전류는 0이다. $v_{in} \approx V_{DD}$의 경우, NMOS의 동작 상태는 다음과 같다.

$$v_{GS} = V_{DD} \gg V_t \qquad \text{and} \qquad v_{GD} = V_{DD} - v_o = V_{DD} \gg V_t \qquad \text{(NMOS 옴)}$$

여기서 NMOS 트랜지스터의 $v_{DS} = i_D r_{DS} = 0$이므로, $v_o = 0$이다. 이러한 두 상태는 그림 10.17(a)에서 보이듯 이상적인 스위치의 열린 상태와 닫힌 상태를 보여준다.

같은 분석방법은 v_{in}이 논리 low일 때도 적용 가능하다. 이 경우엔, PMOS 트랜지스터는 큰 음의 게이트-소스 전압으로 채널이 형성되고 트라이오드 상태로 존재한다. 반대로 NMOS 트랜지스터는 게이트-소스 전압을 거의 0으로 받아 채널이 형성되지 않는 차단 영역에 존재한다. 그림 10.17(b)는 이러한 상황을 이상적인 스위치로 보여주고 있다. 주목할 점은 이 회로는 트랜지스터가 바이어스될 필요가 없

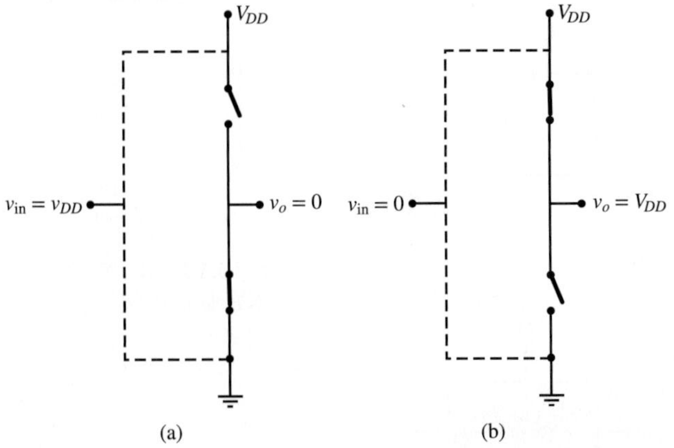

그림 10.17 이상적인 스위치로 나타낸 CMOS 인버터. (a) v_{in}이 high일 때, v_{out}은 접지되어 있다; (b) v_{in}이 low일 때, v_{out}은 V_{DD}에 연결되어 있다.

고, 또 드레인 전류 i_D는 두 경우 모두 0이므로, CMOS 인버터는 적은 양의 전력만을 소비한다는 것이다.

아날로그 스위치

아날로그 게이트는 일반적으로 FET를 사용하는데, 옴 영역으로 바이어스된 FET에서는 전류가 양방향으로 흐를 수 있다는 사실을 이용한다. MOSFET이 옴 영역에서 선형 저항으로 동작한다는 것을 기억하자. 예를 들어, NMOS 증가형 트랜지스터가 옴 영역에 있기 위한 조건은 다음과 같다.

$$v_{GS} > V_t \qquad \text{and} \qquad |v_{DS}| \le \frac{1}{4}(v_{GS} - V_t) \tag{10.20}$$

NMOS가 위 조건들만 만족한다면, 간단한 선형 저항으로 동작하고 채널 저항은 다음과 같을 것이다.

$$r_{DS} = \frac{1}{2K(v_{GS} - V_t)} \tag{10.21}$$

따라서, 드레인 전류는 다음과 같이 간단히 나타낼 수 있다.

$$i_D \approx \frac{v_{DS}}{r_{DS}} \qquad \text{for} \qquad |v_{DS}| \le \frac{1}{4}(v_{GS} - V_t) \qquad \text{and} \qquad v_{GS} > V_t \tag{10.22}$$

옴 영역에서 동작하는 MOSFET의 가장 중요한 요소는 게이트-소스 전압 v_{GS}가 채널 저항 r_{DS}를 제어하므로, MOSFET은 전압 제어 저항으로 동작한다는 사실이다. MOSFET을 옴 영역에서 동작하는 스위치로 사용하기 위해서는 게이트-소스 전압을 주어 MOSFET이 차단 영역($v_{GS} \le V_t$) 또는 옴 영역에 있을 수 있게 해야 한다.

그림 10.18의 회로를 고려하자. v_G는 외부에서 변경할 수 있고, v_{in}은 아날로그 입력 신호원으로 적절한 시간에 부하 R_o에 연결된다. 만약 $v_{GS} \le V_t$이라면, FET는 차단 영역에 있고 개방 회로로 동작한다. 만약 $v_{GS} \ge V_t$이라면, MOSFET은 옴 영역에 있고, $v_G > V_t$인 경우 트랜지스터는 선형 저항 r_{DS}로 동작한다. 만약 $r_{DS} \ll R_o$라면 $v_o \approx v_{in}$이다.

MOSFET 아날로그 스위치는 주로 집적회로(IC) 형태로 제작되고, 그림 10.19와 같은 기호로 나타낸다. 여기서 v_C가 제어 전압이다(그림 10.18의 v_G).

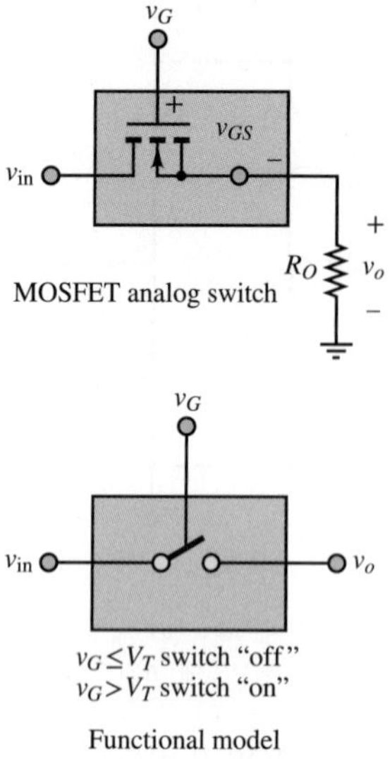

그림 10.18 MOSFET 아날로그 스위치

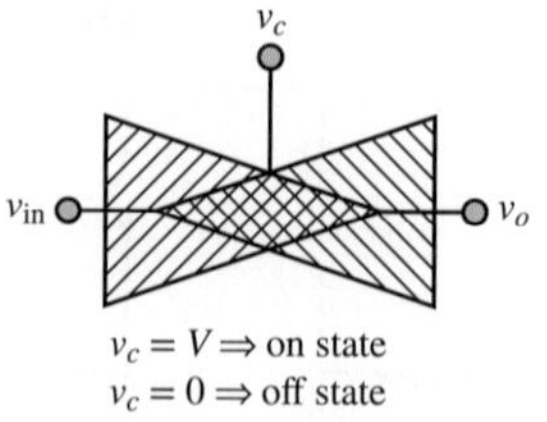

그림 10.19 쌍방향 FET 아날로그 게이트 기호

측정기술

MOSFET 양방향 아날로그 게이트

온 상태에서의 MOSFET의 가변 저항 특성은 **아날로그 전달 게이트**에 응용될 수 있다. 그림 10.20의 회로는 CMOS 기술을 사용하여 제작한 회로를 보여준다. 이 회로는 제어 전압 v_C에 기초하여 동작하는데, v_C는 저전압(예를 들어 0 V) 또는 고전압($v_C \gg V_t$) 중의 한 값을 가진다. 이때 V_t 및 $-V_t$는 각각 n채널 및 p채널 MOSFET에 대한 임계 전압이다. 이 회로는 2가지 모드 중에서 하나로 동작한다. Q_1의 게이트가 고전압에, Q_2의 게이트가 저전압에 연결되어 있으면 v_{in}과 v_{out} 사이의 경로는 비교적 작은 저항을 갖게 되어, 전달 게이트는 전도하게 된다. 반면, Q_1의 게이트가 저전압에, Q_2의 게이트가 고전압에 연결되어 있으면 전달 게이트는 매우 큰 저항을 갖게 되어 실제적으로 개방 회로처럼 된다. 정확한 해석은 다음과 같다.

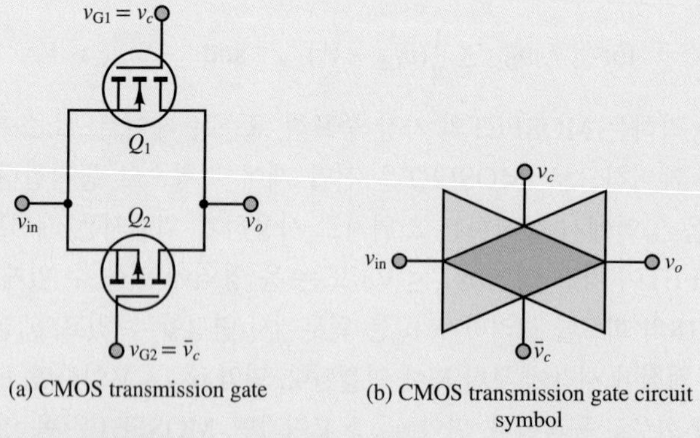

그림 10.20 아날로그 전달 게이트

(계속)

(계속)

$v_C = V \gg V_t$이고 $\bar{v}_c = 0$이라 하자. 입력 전압 v_{in}이 $0 \le v_{in} \le V$의 범위에 있다고 가정한다. 전달 게이트의 상태를 결정하기 위하여 $v_{in} = 0$와 $v_{in} = V$인 극단적인 경우만을 고려해 보자. $v_{in} = 0$일 때 $v_{GS1} = v_C - v_{in} = V - 0 = V \gg V_t$가 된다. V가 임계 전압 이상이기 때문에, MOSFET Q_1은 (옴 상태에서) 전도하게 되며, $v_{GS2} = \bar{v}_C - v_{in} = 0 > -V_t$가 된다. 게이트 소스 전압이 임계 전압보다 음의 방향으로 더 크지 않기 때문에, Q_2는 차단 영역에 있게 되어 전도하지 못한다. v_{in}과 v_o 사이에 두 가능한 경로 중 하나가 전도하므로, 전달 게이트는 on이 된다. 이번에는 $v_{in} = V$인 또 다른 극단적인 경우를 생각해 보자. 앞서의 논의를 반대로 적용하면, $v_{GS1} = 0 < V_t$이므로 Q_1은 off가 된다. 그러나 $v_{GS2} = \bar{v}_c - v_{in} = 0 - V \ll -V_t$가 되므로 이제 Q_2는 옴 상태에 있게 된다. 이 경우에 전달 게이트의 입력과 출력 사이에 전도 경로를 제공하는 것은 Q_2이며, 전달 게이트는 또한 on이 된다. 따라서 결론적으로 $v_C = V$ 및 $\bar{v}_C = 0$일 때, 전달 게이트는 전도하며 0에서 V까지의 입력 범위에 대해서 전달 게이트의 입력과 출력 사이의 저항은 거의 0옴이(일반적으로는 수십) 된다.

제어 전압을 반대로 해서 $v_C = 0$와 $\bar{v}_C = V \gg V_t$의 경우를 고려해보자. 이 경우에는 v_{in}의 값에 관계없이 Q_1과 Q_2는 항상 off가 되므로, 전달 게이트는 개방 회로가 된다.

아날로그 전달 게이트는 아날로그 멀티플렉서(multiplexer)나 샘플 홀드(sample-and-hold) 회로에 일반적으로 응용된다.

NMOS 스위치

예제 10.8

문제

입력 신호가 0 V와 2.5 V일 때, 그림 10.21의 MOSFET 스위치에 대해 동작점을 결정하라.

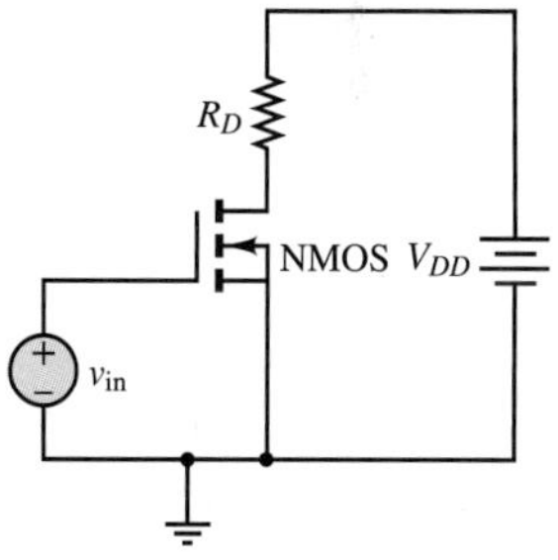

그림 10.21

풀이

기지: 드레인 저항, 입력 신호 전압

미지: 각 입력 신호 전압에 대한 동작점 Q를 찾아라.

주어진 데이터 및 그림: $R_D = 125\ \Omega$, $V_{DD} = 10$ V, $t < 0$에 대해 $v_{in} = 0$ V, $t \ge 0$에 대해 $v_{in} = 2.5$V

가정: 그림 10.22의 NMOS의 드레인 특성 곡선 사용

해석: KVL을 드레인 회로에 적용해 부하선을 찾으면 다음과 같다.

$$V_{DD} = R_D i_D + v_{DS} \qquad 10 = 125 i_D + v_{DS}$$

만약 $i_D = 0$이면, $v_{DS} = 10$ V이다. 유사하게 만약 $v_{DS} = 0$이면, $i_D = 10/125 = 80$ mA이다. 이 두 결과를 통해 그림 10.22와 같이, 드레인 회로의 부하선을 정할 수 있다.

1. $t < 0$ s. 입력 신호 전압이 0 V일 때 게이트 전압이 0 V이므로, NMOS는 차단 영역에 있게 되고 동작점은 다음과 같이 주어진다.

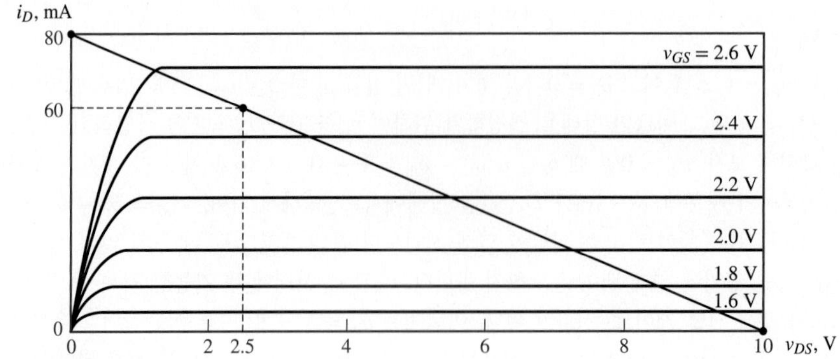

그림 10.22 그림 10.21에 주어진 NMOS의 드레인 곡선

$v_{GSQ} = 0$ V $\quad i_{DQ} = 0$ mA $\quad v_{DSQ} = 10$ V

2. $t \geq 0$ s. 입력 신호 전압이 2.5 V일 때, 부하선과 $v_{GS} = 2.5$ V에 근사된 드레인 곡선의 교점의 위치에서 NMOS는 동작하게 된다. 이 경우, 게이트 전압은 2.5 V이고 NMOS는 포화 영역에 있게 된다. 동작점 Q는 다음과 같다.

   $v_{GSQ} = 2.5$ V $\quad i_{DQ} = 60$ mA $\quad v_{DSQ} = 2.5$ V

   이 결과는 $R_D i_D = 0.06 \times 125 = 7.5$ V이므로, KVL을 만족시킨다.

예제 10.9

CMOS 게이트

문제

그림 10.23의 CMOS 게이트로 동작하는 논리 함수를 정하라. 아래 표를 이용하여 회로의 성질을 정리하라.

v_1 (V)	v_2 (V)	State of M_1	State of M_2	State of M_3	State of M_4	v_o
0	0					
0	5					
5	0					
5	5					

풀이

미지: v_1과 v_2의 네 조합 각각에 대한 논리 값 v_{out}

주어진 데이터 및 그림: $V_t = 1.7$ V, $V_{DD} = 5$ V

가정: MOSFET이 off일 때는 개방 회로로, on일 때는 선형 저항으로 취급한다.

해석: NMOS 트랜지스터가 high (5 V) 게이트 입력을 받을 때의 상태는 PMOS 트랜지스터가 low (0 V) 게이트 입력을 받을 때의 상태와 동일하다. 두 경우 모두 채널이 형성되고, 트랜지스터는 트라이오드(옴) 상태에 있다. 두 경우 모두 트랜지스터는 선형 저항으로 동작한다.

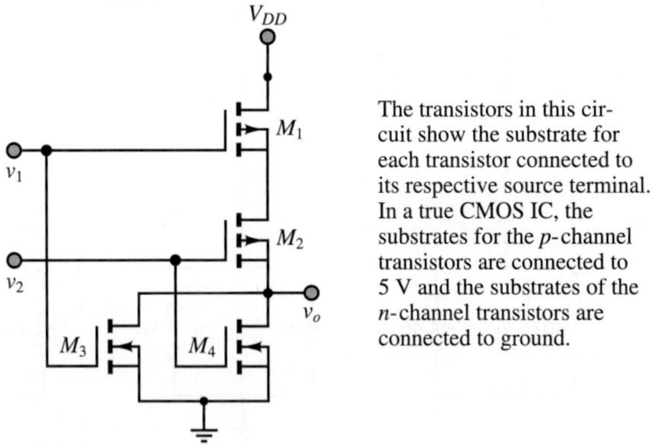

V_{DD}
M_1
M_2
M_3
M_4
v_1
v_2
v_o
The transistors in this circuit show the substrate for each transistor connected to its respective source terminal. In a true CMOS IC, the substrates for the p-channel transistors are connected to 5 V and the substrates of the n-channel transistors are connected to ground.

그림 10.23

반면에, NMOS 트랜지스터가 low (0 V) 게이트 입력을 받을 때의 상태는 PMOS 트랜지스터가 high (5 V) 게이트 입력을 받을 때의 상태와 동일하다. 두 경우 모두 채널이 형성되지 않고 트랜지스터는 차단 상태에 있게 된다. 두 경우에 있는 트랜지스터는 개방 회로로 동작한다.

a. $v_1 = v_2 = 0$ **V**: 두 입력 전압이 0인 경우, M_3와 M_4의 $v_{GS} < V_t$이므로, 모두 차단 영역에 있고, off 상태이다. 반면, M_1과 M_2는 채널을 형성하고, 따라서 on으로 간단한 선형 저항으로 동작한다. 하지만 M_3와 M_4가 모두 개방 회로이므로, M_1과 M_2로의 전류는 흐르지 않는다. 따라서 M_1, M_2는 풀업(pull-up) 저항으로 동작하게 된다. 즉 M_1과 M_2로의 전류가 흐르지 않기 때문에, 어느 트랜지스터에서도 전압 강하가 없고, $v_o = V_{DD} =$ 5 V이므로 논리 high가 된다. 이러한 상황은 그림 10.24(a)에 나와 있다.

b. $v_1 = 0$ **V**, $v_2 = 5$ **V**: $v_1 = 0$이므로 M_1은 채널을 형성하고 on 상태로 선형 저항으로 동작한다. 하지만 M_3는 채널을 형성하지 않고 off로 개방 회로로 동작한다. $v_2 = 5$ V이므로 M_2는 채널을 형성하지 않고, off로 개방 회로로 동작한다. M_4는 채널을 형성하고, on으로 선형 저항으로 동작한다. 이러한 상황은 그림 10.24(b)에 나와 있다. 주목할 점은 M_2가 M_4로의 전압 5 V를 막고 있기 때문에 M_4에는 어느 전류도 흐르지 못한다. 따라서 $v_o = 0$ V로 논리 low이다.

c. $v_1 = 5$ **V**, $v_2 = 0$ **V**: 경우 b와 대칭으로, v_1과 v_2 값이 반대라면, 네 트랜지스터의 상태도 반대로 나타난다. 결과적으로 그림 10.24(c)에 나타나 있듯이, M_1과 M_4는 off로 개방 회로로 동작하고, M_2와 M_3는 on으로 선형 저항으로 동작한다. 이 경우에는 개방 회로인 M_1가 M_3이 5 V에 연결되지 않도록 하고, 따라서 M_3에는 전류가 흐르지 못한다. 따라서 $v_o = 0$ V로 논리 low이다.

d. $v_1 = v_2 = 5$ **V**. 마지막으로 두 입력 전압이 5 V인 경우, M_1과 M_2는 채널을 형성하지 않고, off로 개방 회로로 동작한다. M_3와 M_4가 모두 채널을 형성하고 on으로 선형 저항으로 동작할지라도, 그림 10.24(d)와 같이 M_3와 M_4는 5 V 전압에 연결되지 못하므로 전류가 흐르지 않는다. 따라서 $v_o = 0$ V이고 논리 low이다. 이 경우는 경우 a와 반대임을 주목하자.

지금까지의 결과는 다음과 같이 표로 정리할 수 있다.

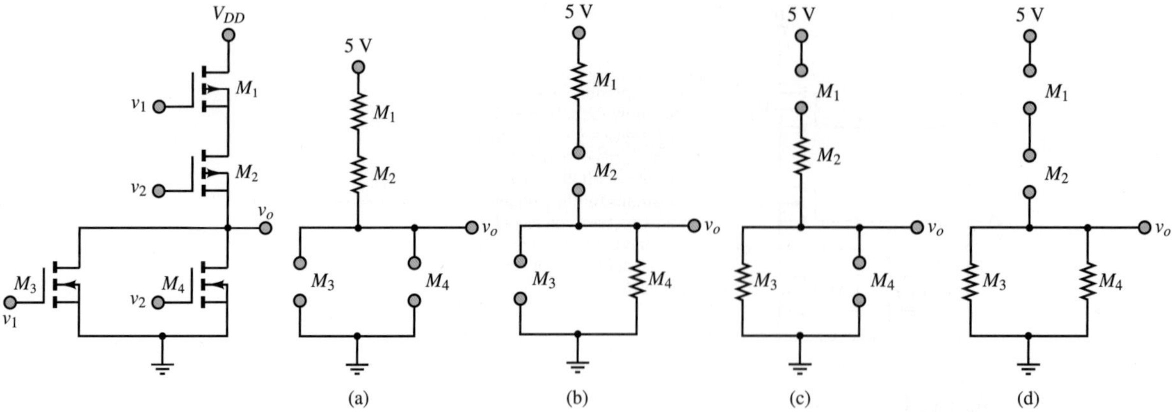

그림 10.24 $v_1 = v_2 = 0$인 경우, 게이트-소스 전압은 네 트랜지스터에 대해서 low이다. 결과적으로 NMOS 트랜지스터 M_3와 M_3는 off, PMOS 트랜지스터 M_1과 M_2는 on이다.

v_1 (V)	v_2 (V)	M_1	M_2	M_3	M_4	v_o (V)
0	0	On	On	Off	Off	5
0	5	On	Off	Off	On	0
5	0	Off	On	On	Off	0
5	5	Off	Off	On	On	0

v_1, v_2, 그리고 v_o 열은 0 V와 5 V가 각각 FALSE와 TRUE를 나타낼 때 변수 두 개의 진리표를 나타낸다. 결과는 v_o가 TRUE인 경우는 오직 두 입력 변수가 FALSE인 경우뿐이다. 그렇지 않다면 출력은 FALSE이다. 이러한 진리표는 두 입력의 NOR 게이트를 나타낸다.

연습 문제

예제 10.8의 회로에서, 드레인 소스 전압이 $v_{DS} = 5$ V가 되도록 하는 R_D의 값은 얼마인가?

Answer: 83.3 Ω

연습 문제

그림 10.25의 CMOS 게이트를 해석하고, 다음의 조건에 대한 출력 전압을 구하라.
(a) $v_1 = 0$, $v_2 = 0$, (b) $v_1 = 5$ V, $v_2 = 0$, (c) $v_1 = 0$, $v_2 = 5$ V, (d) $v_1 = 5$ V, $v_2 = 5$ V. 작동 방식이 NAND 게이트와 같음을 보여라.

Answer:

v_1 (V)	v_2 (V)	v_o (V)
0	0	5
5	0	5
0	5	5
5	5	0

NAND gate

연습 문제

측정 기술 항목에서 다루었던 CMOS 양방향 게이트에서, "MOSFET 양방향 아날로그 게이트"가 $v_C = 0$ 및 $\bar{v}_C = V > V_t$일 때, 0와 V 사이의 v_{in}의 모든 값에 대해서 off임을 보여라.

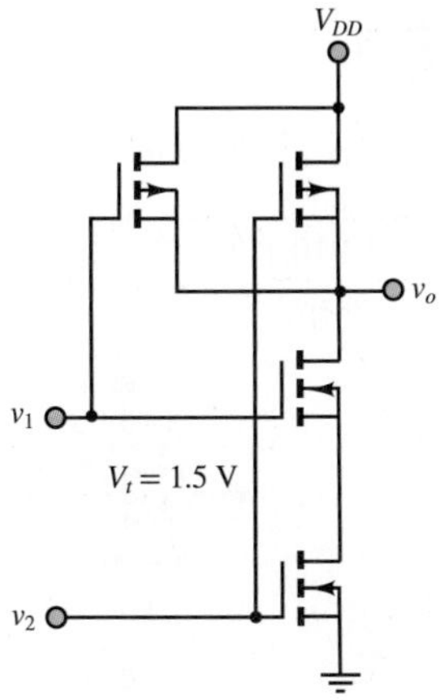

그림 10.25 CMOS NAND 게이트

결론

이 장은 증폭기로서의 FET의 작동을 설명하기 위해, 주로 금속 산화 반도체 증가형 n채널 소자에 초점을 맞추어 전기장 효과 트랜지스터를 소개하였다. CMOS 기술을 소개하기 위해 간단한 p채널 소자가 기본으로 사용되었으며 아날로그와 디지털 스위치 그리고 논리 게이트의 경우에도 이를 이용하였다. 이 장을 마치면서 아래의 학습 목적을 숙지해야 한다.

1. 전기장 효과 트랜지스터(FET)의 분류를 이해한다. FET는 크게 세 가지 종류가 있다. 증가형 종류는 가장 많이 사용되고 있으며 이 장에서 배운 바 있다. 공핍형과 접합 FET는 간략하게만 언급하였다.
2. 증가형 MOSFET의 i-v 특성과 방정식을 이해함으로써 증가형 MOSFET의 기본 동작을 배운다. MOSFET은 i-v 드레인 특성 곡선과 전류를 게이트-소스와 드레인-소스 전압과 관련하여 주어진 비선형 방정식으로 설명할 수 있다. 증가형 MOSFET은 네 영역 중 하나에서 작동한다. 트랜지스터에 전도 전류가 흐르지 않는 차단 영역, 특정 조건하에서 트랜지스터는 전압 제어 저항처럼 동작하는 트라이오드 영역, 작동 한계를 초과하였을 때 트랜지스터는 전압 제어 전류원으로 행동하며 증폭기로 사용되는 포화 영역, 그리고 운용의 한계를 넘었을 때의 붕괴영역이 있다.
3. 증가형 MOSFET 회로가 어떻게 바이어스되는지 배운다. 공급 전압과 저항을 알맞게 선택함으로써, MOSFET 회로는 Q점으로 알려져 있는 어떤 동작점 근처에서 동작하도록 바이어스된다.
4. 대신호 FET 증폭기의 동작과 개념을 이해한다. 포화 영역에서 MOSFET 회로가 적절하게 바이어스되면, MOSFET의 전압 제어 전류원 특성 때문에 증폭기로 작동할 수 있다. 게이트-소스 간 전압의 작은 변화는 그에 비례하는 드레인 전류 변화로 이어진다.
5. FET 스위치의 작동과 개념을 이해한다. MOSFET은 아날로그와 디지털 스위치로 작동한다. 게이트 전압 제어로, MOSFET은 on과 off가 가능하다(디지털 스위치). 또는 MOSFET의 저항을 조절할 수 있다(아날로그 스위치).
6. FET 스위치와 디지털 게이트의 해석. 이런 소자들은 디지털 논리 회로와 아날로그 전달 게이트로 CMOS 회로에서 응용할 수 있다.

숙제 문제

10.2절: 증가형 MOSFET

10.1 그림 P10.1의 트랜지스터들에서 $|V_t| = 3$ V이다. 동작 상태를 결정하라.

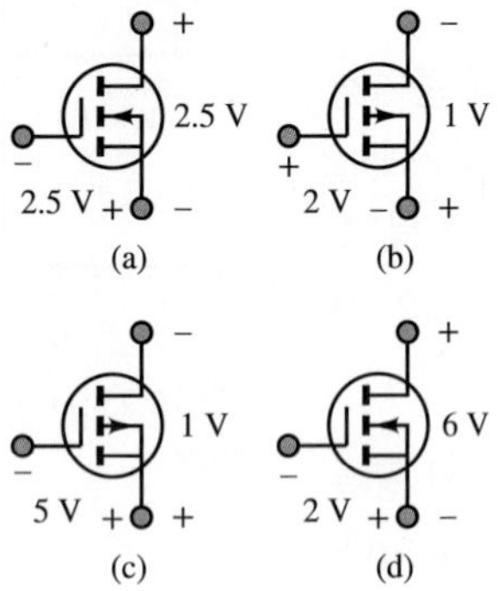

그림 P10.1

10.2 n채널 증가형 MOSFET의 3개의 단자가 접지에 대해, 각각 4 V, 5 V, 10 V의 전위에 있다. 소자가 다음 영역에서 동작할 때, 회로 기호를 그리고 각 단자에 적절한 전압을 표시하라.

a. 옴(ohmic) 영역에서 동작할 때

b. 포화 영역에서 동작할 때

10.3 $V_t = 2$ V인 증가형 NMOS 트랜지스터에서 소스가 접지되어 있고, 3 VDC 전압원이 게이트에 연결되어 있다. 다음의 조건들에 대하여 동작 상태를 결정하라.

a. $v_D = 0.5$ V

b. $v_D = 1$ V

c. $v_D = 5$ V

10.4 그림 P10.4의 회로에서 p채널 트랜지스터는 $|V_t| = 2$ V, $K = 10$ mA/V^{2}를 가진다. $i_S = 0.4$ mA일 때, R과 v_S를 구하라.

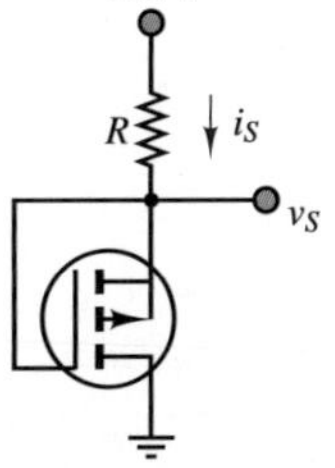

그림 P10.4

10.5 증가형 NMOS 트랜지스터가 $v_{GS} = v_{DS} = 4$ V일 때, $V_t = 2.5$ V이고 $i_D = 0.8$ mA이다. $v_{GS} = 5$ V일 때 i_D의 값을 구하라.

10.6 그림 P10.6의 NMOS 트랜지스터는 $V_t = 1.5$ V 및 $K = 0.4$ mA/V^{2}을 가진다. v_G가 0 V에서 5 V 사이의 펄스라면 드레인 출력에서 펄스 신호의 전압 레벨을 구하라.

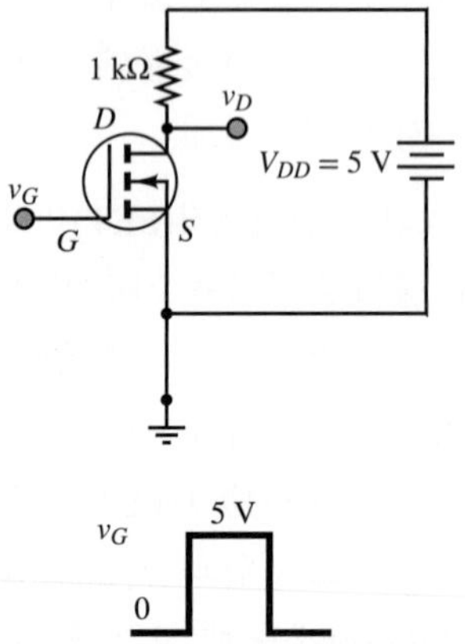

그림 P10.6

10.7 그림 P10.7의 회로에서 드레인 전압이 0.1 V이다. $V_t = 1$ V, $K = 0.5$ mA/V^{2}일 때, 전류 i_D를 구하라.

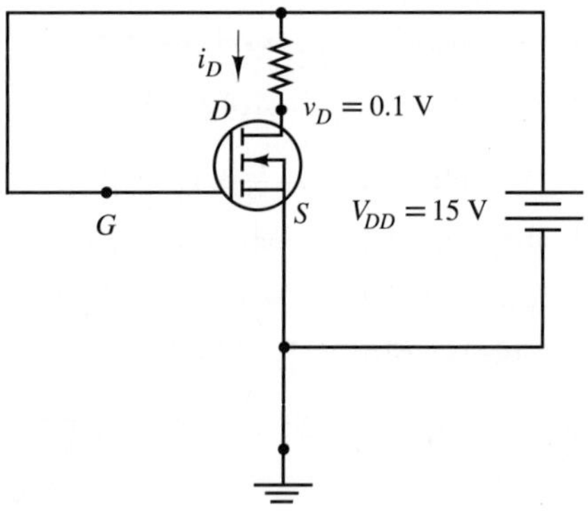

그림 P10.7

10.3절: MOSFET 회로 바이어스

10.8 그림 P10.8의 n채널 증가형 MOSFET이 옴 영역에서 동작하고 있다. 정동작 드레인 전류 $i_{DQ} = 4$ mA이도록 하는

저항의 크기를 구하라. $V_{DD} = 15$ V, $K = 0.3$ mA/V^2, 그리고 $V_t = 3.3$ V이다.

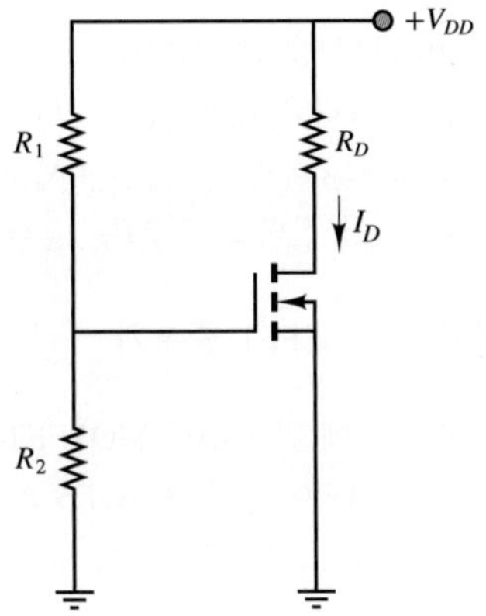

그림 P10.8

10.9 그림 P10.9에 나오는 회로의 전력 소비량을 계산하라. $V_{DD} = V_{SS} = 15$ V, $R_1 = R_2 = 90$ kΩ, $R_D = 0.1$ kΩ, $V_t = 3.5$ V, $K = 0.816$ mA/V^2

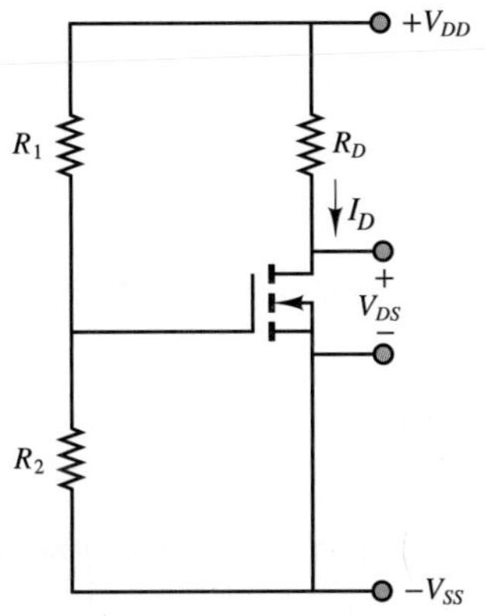

그림 P10.9

10.10 그림 P10.8에 나오는 증가형 NMOS 트랜지스터의 동작 영역을 구하라. $V_{DD} = 20$ V, $K = 0.2$ mA/V^2, $V_t = 4$ V, $R_1 = 4$ MΩ, $R_2 = 3$ MΩ, 그리고 $R_D = 3$ kΩ

10.11 그림 P10.11에 나오는 증가형 NMOS 트랜지스터의 동작 영역을 구하라. $V_{DD} = 18$ V, $K = 0.3$ mA/V^2, $V_t = 3$ V, $R_1 = 5.5$ MΩ, $R_2 = 4.5$ MΩ, $R_D = 2$ kΩ, 그리고 $R_S = 1$ kΩ

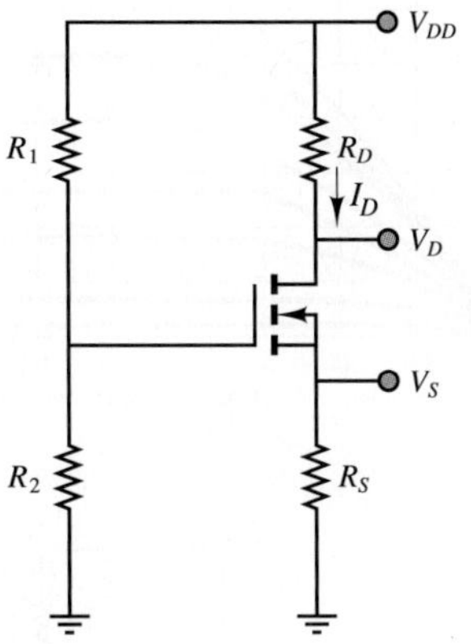

그림 P10.11

10.12 그림 P10.12의 회로에서 MOSFET은 $I_S = 0.5$ mA와 $V_S = 3$ V일 때 포화 영역에서 동작한다. 이러한 증가형 PMOS는 $V_t = -1$ V와 $K = 0.5$ mA/V^{2}를 갖는다. 다음을 구하라.

a. R_S 및 R_1/R_2

b. MOSFET이 포화 영역에 있을 수 있게 하는 R_S 값 중 최댓값

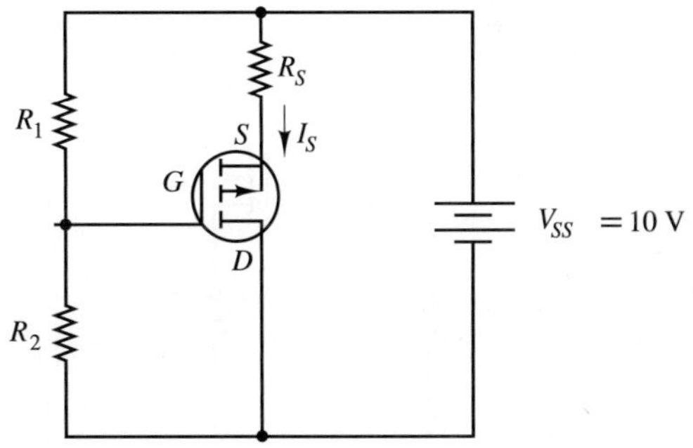

그림 P10.12

10.13 그림 P10.13(a)에 n채널 증가형 MOSFET의 i-v 특성 곡선이 있다. 또한 n채널 MOSFET의 표준 증폭기 회로가 그림 P10.13(b)에 나와 있다. $V_{DD} = 10$ V와 $R_D = 5$ Ω일 때 정동작 전류 i_{DQ}와 드레인-소스 전압 V_{DS}를 구하라. 이때 트랜지스터는 어느 영역에서 동작하는가?

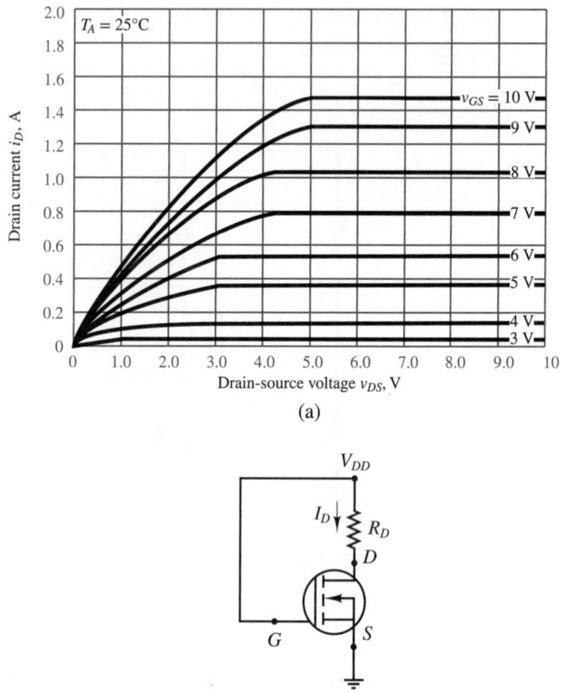

(b)

그림 P10.13

10.14 그림 P10.14의 NMOS 트랜지스터와 드레인 특성이 주어졌을 때 R_S와 V_{DD}를 구하라. R_1 = 200 kΩ이고 R_2 = 100 kΩ이다.

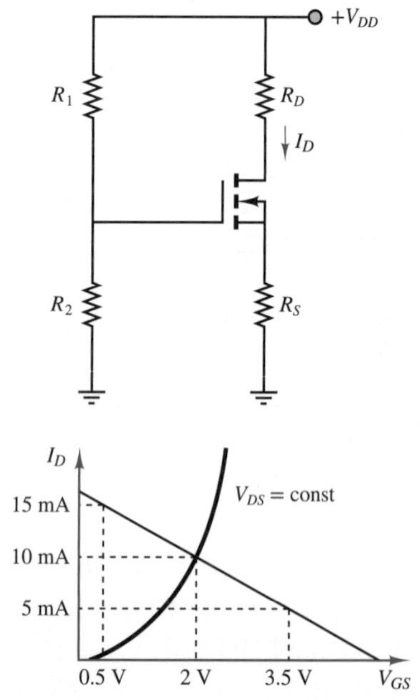

그림 P10.14

10.15 그림 P10.8의 증가형 NMOS 트랜지스터가 주어졌을 때 R_1, R_2, 그리고 R_D를 구하라. $I_D = 2$ mA, $V_t = 4$ V, $V_{DS} = 8$ V, $V_{DD} = 16$ V, $K = 0.375$ mA/V^2, 그리고 전체 전력 소모량 $P_T = 35$ mW이다.

10.16 그림 10.11의 증가형 NMOS 트랜지스터가 주어졌을 때 R_1, R_2, R_S, 그리고 R_D를 구하라. $I_D = 4$ mA, $V_D = 9$ V, $V_{DS} = 4.5$ V, $V_{DD} = 18$ V, $V_t = 4$ V, $K = 0.625$ mA/V^2, 그리고 최대 전체 전력 소모량 $P_{T,\max} = 75$ mW이다.

10.4절: 대신호 MOSFET 증폭기

10.17 그림 P10.17에 있는 전력 MOSFET 회로는 전압 제어 전류원으로 구성되어 있다. $K = 1.5$ A/V^2, $V_t = 3$ V으로 하자.

a. 만약 $V_G = 5$ V이면 VCCS가 작동하는 R의 범위를 구하라.

b. 만약 $R = 1$ Ω이면 VCCS가 작동하는 V_G의 범위를 구하라.

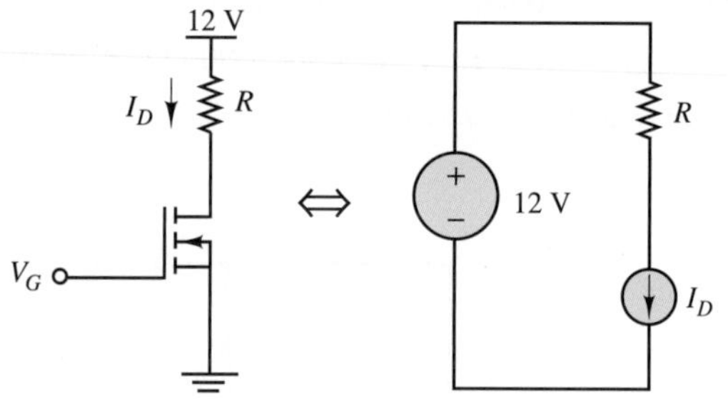

그림 P10.17

10.18 그림 P10.18의 회로는 소스 팔로어라고 불린다. 이것은 전압 제어 전류원(VCCS)으로 동작한다.

a. $V_G = 10$ V, $R = 2$ Ω, $K = 0.5$ A/V^2, $V_t = 4$ V일 때 I_S를 구하라.

b. 만약 MOSFET의 전력 소모가 50 W이면 R이 얼마나 작을 수 있나?

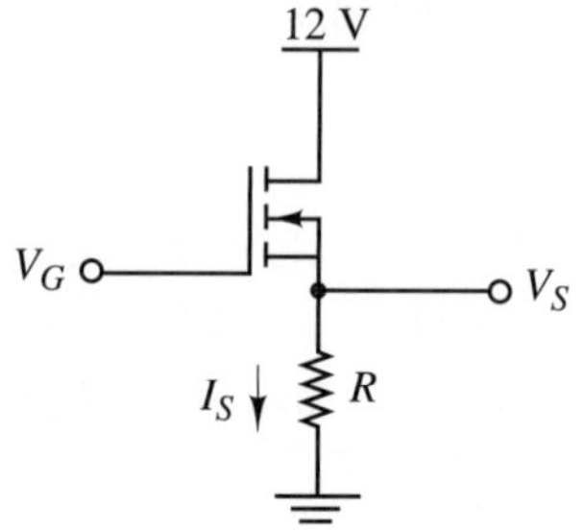

그림 P10.18

10.19 그림 P10.19는 class A 증폭기이다.

a. 주어진 바이어스 오디오 톤 입력 $v_G = 10 + 0.1\cos(500t)$ V에 대한 출력 전류를 결정하라. $K = 2\ \text{mA/V}^2$, $V_t = 3$ V로 하자.

b. 출력 전압 v_o를 결정하라.

c. $\cos(500t)$ 신호의 전압 이득을 구하라.

d. 저항과 MOSFET의 직류 소비 전력을 구하라.

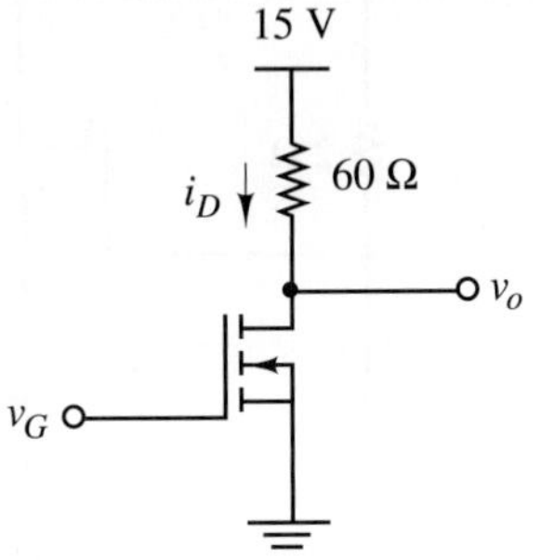

그림 P10.19

10.20 그림 P10.20의 회로는 소스 팔로어 증폭기이다. $K = 30\ \text{mA/V}^2$, $V_t = 4$ V 그리고 $v_G = 9 + 0.1\cos(500t)$V이다.

a. 입력 전류 i_S를 결정하라.

b. 출력 전압 v_o를 결정하라.

c. $\cos(500t)$신호에 대하여 전압 이득을 결정하라.

d. MOSFET과 4 Ω 저항의 직류 소비 전력을 결정하라.

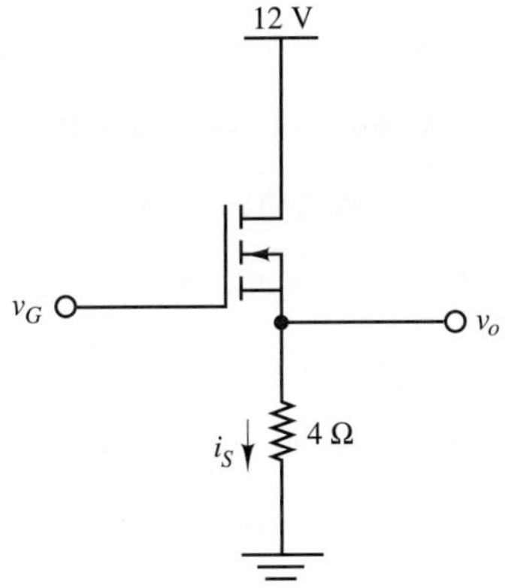

그림 P10.20

10.21 충전하기 전에 배터리를 방전시킬 필요가 종종 있다. 이를 위해 전자부하기를 이용한다. 그림 P10.21은 배터리 방전을 위한 고출력 전자부하기를 보여준다. $K = 4\ \text{A/V}^2$, $V_t = 3$ V, $V_G = 8$ V일 때 방전 전류 I_D와 필요한 MOSFET 전력 소모량을 결정하라.

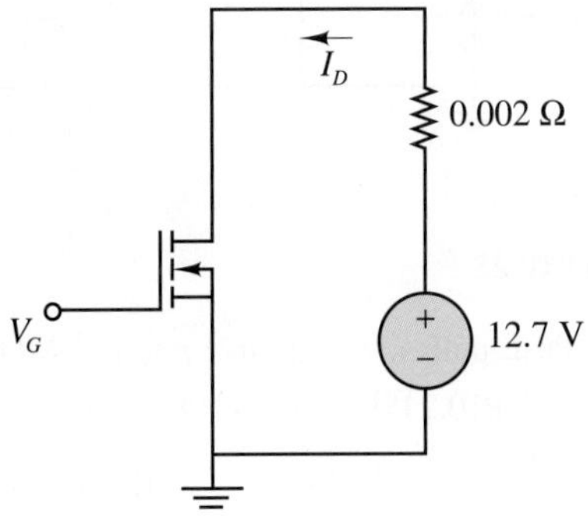

그림 P10.21

10.22 MOSFET의 드레인으로 정밀 전압원을 만들 수 있다. 그림 P10.22는 이것을 할 수 있는 회로를 보여준다. $I_{\text{Ref}} = 0.01$ A일 때, 출력 V_G를 구하라. $K = 0.006\ \text{A/V}^2$, $V_t = 1.5$ V이다.

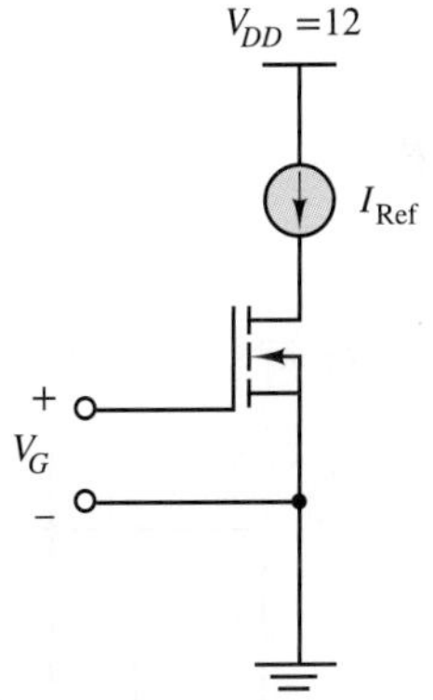

그림 P10.22

10.23 MOSFET 증폭기에 더 많은 전류를 허용하기 위해 몇 개의 MOSFET 증폭기가 병렬로 연결될 수 있다. 그림 10.23의 각 회로의 전류 I_D와 I_S를 결정하라. $K = 0.2\ \text{A/V}^2$, $V_t = 3$ V, 그리고 $V_G = V_{DD}$이다.

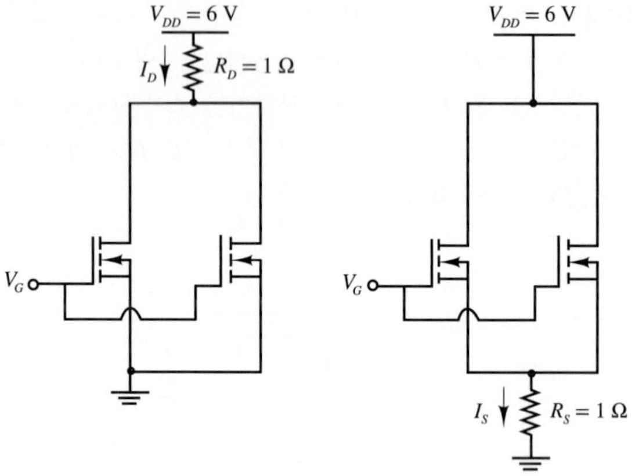

그림 P10.23

10.24 "Push-pull 증폭기"는 n과 p채널의 MOSFET 조합하여, 그림 P10.24와 같이 나타낼 수 있다. $K_n = K_p = 0.5$ A/V^2, $V_{tn} = +3$ V, $V_{tp} = -3$ V와 $v_{\text{in}} = 0.8 \cos(1{,}000t)$ V이다. v_o과 i_o를 구하라.

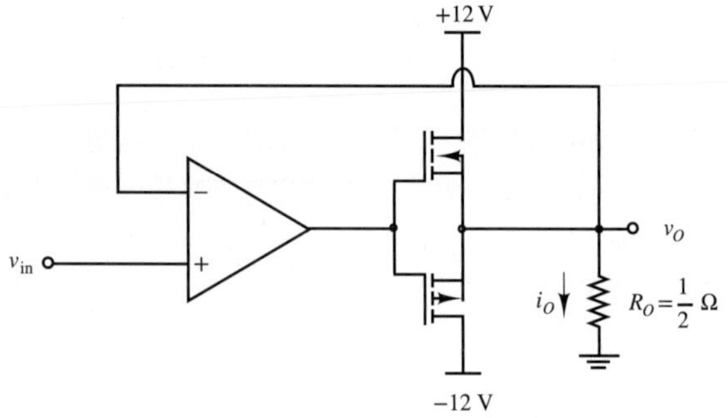

그림 P10.24

10.25 그림 P10.25 회로의 NMOS는 트라이오드 영역일 수 없다. 이 회로가 전압 제어 전류원(VCCS)으로 동작함을 보이기 위하여 i-v 특성을 보여라.

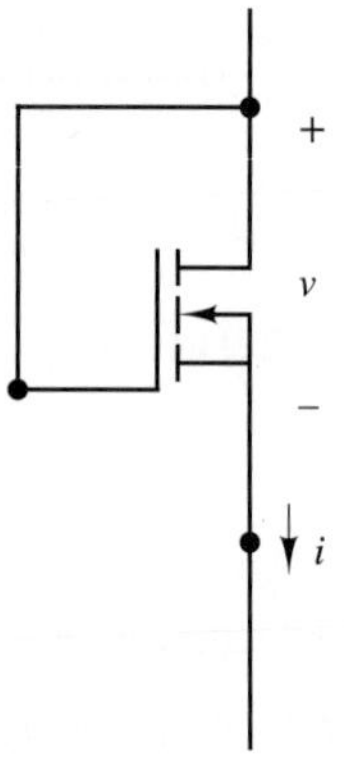

그림 P10.25

10.26 그림 P10.26 회로는 2단계 증폭기를 나타내고 있다. 회로의 v_o와 i_o를 구하라. $K = 1$ A/V^2, $V_t = 3$ V인 동일한 두 MOSFET은 조건은 다음과 같다.

a. $v_G = 4$ V

b. $v_G = 5$ V

c. $v_G = 4 + 0.1 \cos(750t)$

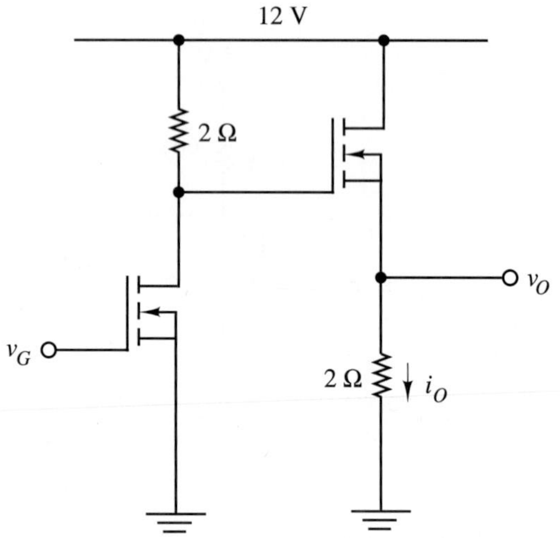

그림 P10.26

10.5절: CMOS 기술과 MOSFET 스위치

10.27 그림 10.23의 CMOS NOR 게이트에 대해서, $v_1 = v_2 = 5$ V일 때, 각 트랜지스터의 상태를 결정하라. $V_{DD} = 5$ V이다.

10.28 $v_1 = 5$ V, $v_2 = 0$ V에 대해서 문제 10.27을 반복하라.

10.29 2-입력 CMOS OR 게이트의 구성도를 그려라.

10.30 2-입력 CMOS AND 게이트의 구성도를 그려라.

10.31 2-입력 CMOS NOR 게이트의 구성도를 그려라.

10.32 2-입력 CMOS NAND 게이트의 구성도를 그려라.

10.33 3-입력 CMOS OR 게이트의 구성도를 그려라.

10.34 3-입력 CMOS AND 게이트의 구성도를 그려라.

10.35 논리식 $\overline{A(B + C)}$를 만족시키는 3-입력 CMOS 게이트의 구성도를 그려라.

10.36 그림 P10.36의 회로가 논리 인버터로 작동함을 보여라.

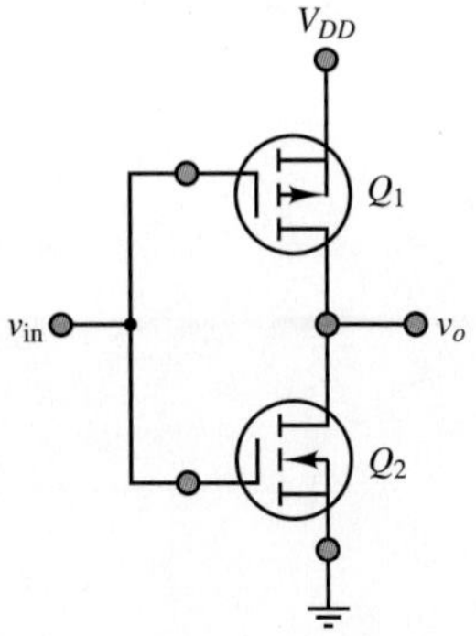

그림 P10.36

10.37 그림 P10.37의 회로가 NOR 게이트로 작동함을 보여라.

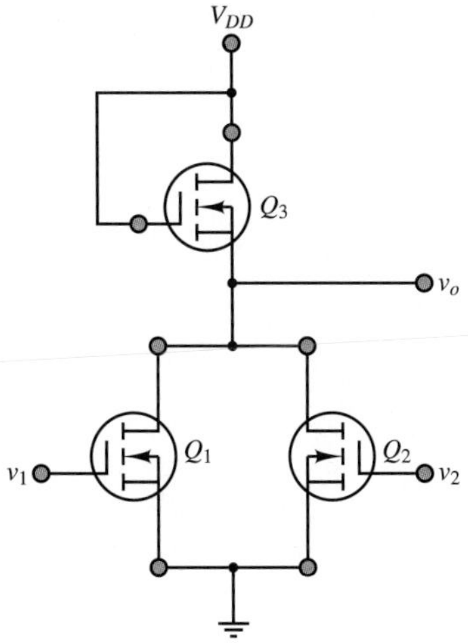

그림 P10.37

10.38 그림 P10.38의 회로가 NAND 게이트로 작동함을 보여라.

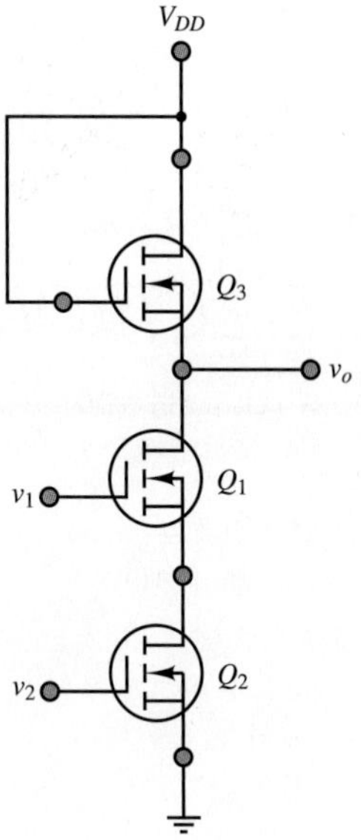

그림 P10.38

10.39 그림 P10.39의 CMOS 게이트에 적용된 논리 함수를 구하라. 표를 이용하여 회로의 성질을 정리하라.

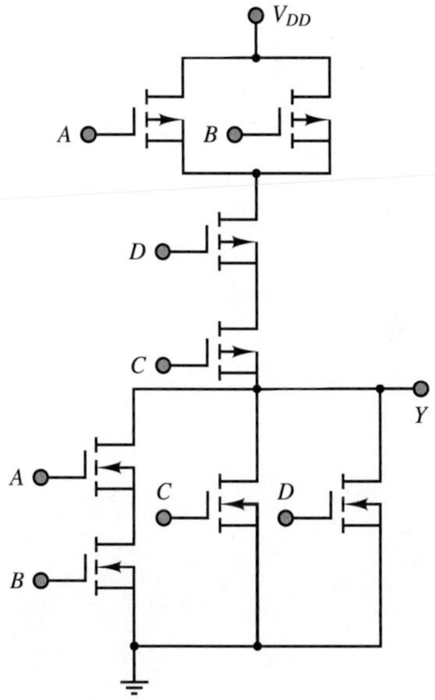

그림 P10.39

PART 04

디지털 전자공학

DIGITAL ELECTRONICS

11

디지털 논리 회로

DIGITAL LOGIC CIRCUITS

디지털 컴퓨터는 반세기 이상 공학과 과학 분야에서 수치 계산과 데이터 획득과 같은 많은 필수 기능들을 수행하면서 중요한 역할을 하고 있다. 모든 디지털 컴퓨터의 구성 요소는 기본적인 논리 게이트들로 구성된 조합 논리 회로와 순차 논리 회로가 있다. 논리 회로들의 입력, 연산, 출력은 2진수와 부울 대수로 구현된다. 여러 예제를 통해서, 간단한 논리 게이트의 조합으로도, 공학적으로 유용한 기능을 수행할 수 있음을 알 수 있다. 단순한 논리 게이트를 사용하지만 ROM, 멀티플렉서 및 디코더와 같은 발전된 기능을 제공하는 여러 논리 모듈을 소개한다. 이 장에서는, 간단한 예제들을 통해 다양한 응용 분야에서 디지털 논리 회로가 유용하게 활용된다는 점을 보여줄 것이다.

LO 학습 목적

1. 아날로그와 디지털 신호 및 양자화의 개념을 적용한다. 11.1절
2. 10진법과 2진법 간의 변환 및 16진법, BCD 및 그레이 코드를 이해한다. 11.2절
3. 진리표를 작성하고, 논리 게이트를 사용하여 진리표로부터 논리 함수를 구현한다. 11.3절
4. 카르노 맵을 사용하여 논리 함수를 체계적으로 설계한다. 11.4절
5. 멀티플렉서, 메모리, 디코더, 프로그래머블 논리 어레이 등을 포함하는 다양한 조합 논리 모듈을 적용한다. 11.5절

11.1 아날로그와 디지털 신호

물리적 측정으로부터 도출된 신호의 해석에서 가장 기본적인 고려 사항 중의 하나는 아날로그 신호와 디지털 신호의 분류이다. 앞장에서 논의된 바와 같이, **아날로그 신호**는 물리량(예를 들어, 온도, 힘, 가속도)과 유사한 방식으로 그 값이 변하는 전기 신호이다. 예를 들어, 대부분의 전자 센서는 압력이나 진동과 같이 측정된 양에 비례하는 전압을 생성한다. 그림 11.1은 주어진 범위 내에서 임의의 값을 취할 수 있는 아날로그 함수 $f(t)$를 보여준다.

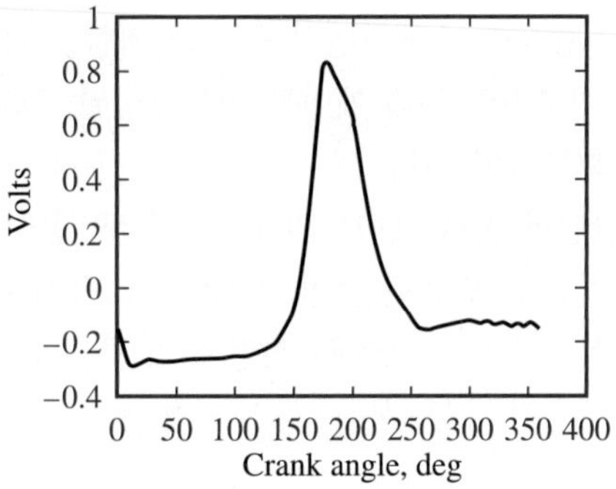

그림 11.1 아날로그 전압으로 표현한 내연기관의 실린더 압력

반면에, **디지털 신호**는 유한한 수의 값만을 가질 수 있는데, 이는 매우 중요한 특징이다. 디지털 신호의 한 예로, 디지털 출력의 형태로 온도 측정을 표시하는 경우를 생각할 수 있다. 예를 들어, 디지털 표시부가 0에서 100까지 3개의 숫자만을 나타낼 수 있으며, 온도 센서가 0°C부터 100°C까지의 온도를 정확히 측정한다고 하자. 온도 센서의 출력은 0∼5 V 범위이며, 0 V가 온도가 0°C에 5 V가 100°C에 대응된다고 하자. 그러면 센서의 교정 상수는

$$k_T = \frac{100°\text{C} - 0°\text{C}}{5\ \text{V} - 0\ \text{V}} = 20°\text{C/V}$$

가 된다. 센서의 출력은 분명히 아날로그 신호이지만, 출력 표시는 단지 한정된 수

의 숫자(정확하게 101개의 숫자)만을 사용할 수 있다. 표시 자체가 오직 이산화된 상태(0에서 100까지) 중에서 한 값만을 취할 수 있기 때문에, 이를 디지털 표시라고 한다.

이때 표시부에 나타난 각 온도는 어떤 범위의 전압에 대응하게 되는데, 각 숫자는 센서의 5 V 범위에서 1/100, 즉 0.05 V = 50 mV를 나타낸다. 그러므로 센서의 전압 출력이 0에서 49 mV까지이면 디지털 표시는 0으로, 출력이 50 mV에서 99 mV까지이면 표시는 1로 나타나게 된다. 그림 11.2는 아날로그 전압과 디지털 출력 사이의 관계를 계단형 함수로 나타낸 것이다. 센서 출력 전압의 **양자화**(quantization)는 그림과 같이 근사적이므로, 만약에 더 정확한 온도를 원한다면 표시부가 더 많은 숫자를 사용하여야 한다.

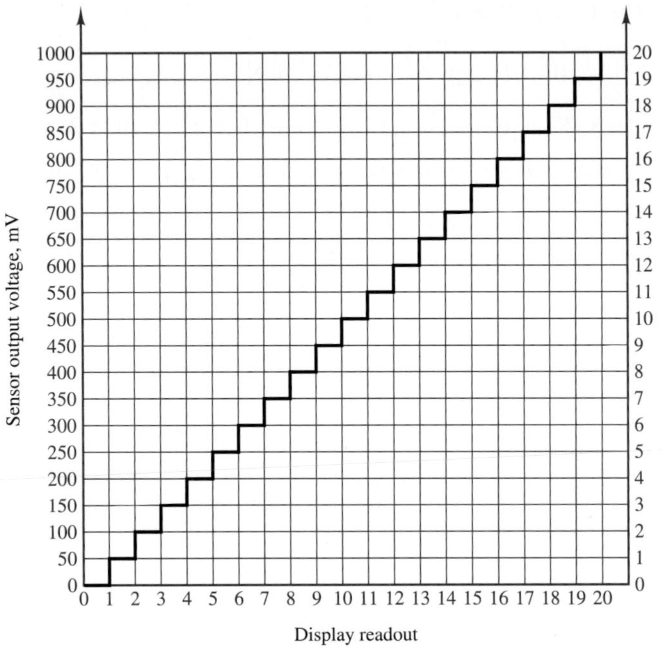

그림 11.2 아날로그 신호의 디지털 표현

컴퓨터에서 가장 흔히 사용되는 디지털 신호는 2진 신호이다. **2진 신호**(binary signal)는 2개의 서로 다른 값 중에서 한 값만을 취할 수 있으므로, 두 상태 사이에서의 천이(transition)에 의해서 특징지어진다. 그림 11.3은 전형적인 2진 신호를 나타낸다. 다음 절에서 논의할 2진 연산에서는, 두 이산값(discrete value) f_1과 f_0이 각각 1과 0으로 표현된다. 2진 전압 파형에서는 이들 값은 각각 두 개의 전압 레벨로 표시된다. 예를 들어, TTL 변환(9장 참조)에서 이 값은 각각 5 V와 0 V이며, CMOS 회로에서는 이 값이 상당히 변할 수 있다. 한편, 0 V가 논리 1을, 5 V가 논리 0을 나타내는 등의 규약도 또한 사용된다. 2진 파형에서 두 상태 간의 천이(예를 들어, $t = t_2$에서 f_0에서 f_1으로)를 아는 것이 회로 상태에 대해 아는 것과 동등하다. 그러므로 디지털 논리 회로는 전압 레벨 간의 천이를 검출하여 동작할 수 있다. 천이는 흔히 **에지**(edge)라

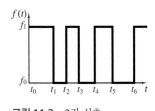

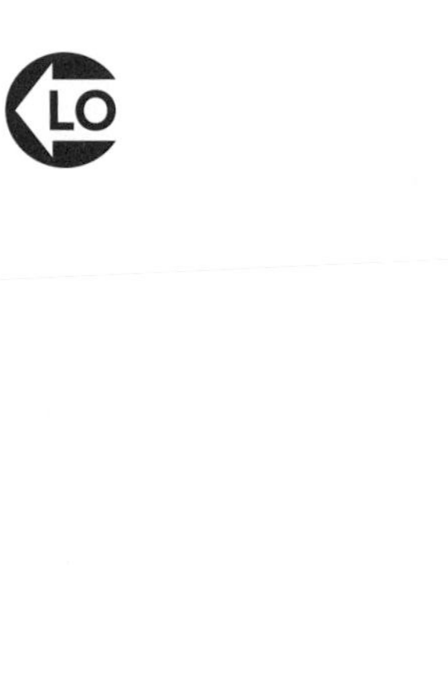

그림 11.3 2진 신호

불리는데, 양(f_0에서 f_1) 또는 음(f_1에서 f_0)으로 분류되고, 각각 상승 에지 및 하강 에지라고 한다. 사실상 컴퓨터에 의해 다루어지는 신호들은 모두 2진 신호이다.

11.2 2진수 체계

2진수 체계 또는 2진법은 두 상태(예를 들어, on과 off, 1과 0) 중 한 상태에서 동작하는 회로의 거동을 표현하는 데 자연스러운 선택이다. 다이오드, 트랜지스터 게이트와 스위치 등이 이 범주에 속한다. 표 11.1은 10진수 16까지에 대응되는 2진수를 나타낸다.

표 11.1 10진수에서 2진수로의 변환

Decimal number n_{10}	Binary number n_2
0	0
1	1
2	10
3	11
4	100
5	101
6	110
7	111
8	1000
9	1001
10	1010
11	1011
12	1100
13	1101
14	1110
15	1111
16	10000

10진법이 10의 거듭제곱 형태에 기반하는 것과 마찬가지로, 2진수는 2의 거듭제곱 형태에 기반하고 있다. 예를 들어, 10진수 372는

$$372 = (3 \times 10^2) + (7 \times 10^1) + (2 \times 10^0)$$

로 표현되며, 2진수 10110은 2를 기수(base)로 하여

$$10110 = (1 \times 2^4) + (0 \times 2^3) + (1 \times 2^2) + (1 \times 2^1) + (0 \times 2^0)$$

로 표현된다. 하첨자는 기수를 표시하는 데 사용되며, 따라서 값을 명확히 하는 데 사용된다. 하첨자가 생략되는 경우 10을 기수로 하는 것을 의미하나, 때로는 1과 0의 일련의 숫자들은 2를 기수로 하는 것으로 이해되기도 한다.

$$10110_2 = 16 + 0 + 4 + 2 + 0 = 22_{10}$$

소수 또한 유사하게 표현될 수 있는데, 예를 들어 10진수 3.25는

$$3.25_{10} = 3 \times 10^0 + 2 \times 10^{-1} + 5 \times 10^{-2}$$

로 표현되고, 2진수 10.011은

$$10.011_2 = 1 \times 2^1 + 0 \times 2^0 + 0 \times 2^{-1} + 1 \times 2^{-2} + 1 \times 2^{-3}$$

$$= 2 + 0 + 0 + \frac{1}{4} + \frac{1}{8} = 2.375_{10}$$

로 표현된다. 표 11.1은 15까지의 10진수를 나타내기 위해서는 **비트**(bit)라고 불리는 4개의 2진 숫자가 필요하다는 것을 보여준다. 보통 맨 오른쪽 비트를 **최하위 비트**(least significant bit, LSB)로 하고, 맨 왼쪽 비트를 **최상위 비트**(most significant bit, MSB)라 한다. 2진수의 표현은 10진수보다 더 많은 자릿수를 필요로 하므로, 이들 수는 주로 4, 8, 16비트를 한 단위로 취급하여 나타낸다. 4비트는 **니블**(nibble), 8비트는 **바이트**(byte)이다. **워드**(word)는 디지털 시스템에서 데이터의 기본 단위이다. 워드는 보통 둘 또는 그 이상의 바이트들로 구성된다.

표 11.2 덧셈에 대한 규칙

0 + 0 = 0
0 + 1 = 1
1 + 0 = 1
1 + 1 = 0 (with a carry of 1)

표 11.3 뺄셈에 대한 규칙

0 − 0 = 0
1 − 0 = 1
1 − 1 = 0
0 − 1 = 1 (with a borrow of 1)

덧셈과 뺄셈

덧셈과 뺄셈의 연산은 표 11.2와 11.3에 나타난 간단한 규칙에 기초를 두고 있다. 10진법에서처럼 두 숫자의 합이 주어진 수 체계에서의 최대 숫자(즉, 2진법에서는 1)를 초과할 때마다 올림수(carry)가 발생하는데, 이러한 올림수는 10진법에서처럼

처리된다. 그림 11.4와 11.5는 2진 덧셈과 뺄셈 및 이에 해당하는 10진 연산을 함께 보여준다.

Decimal	Binary	Decimal	Binary	Decimal	Binary
5	101	15	1111	3.25	11.01
+6	+110	+20	+10100	+5.75	+101.11
11	1011	35	100011	9.00	1001.00

(Note that in this example, $3.25 = 3\frac{1}{4}$ and $5.75 = 5\frac{3}{4}$.)

그림 11.4 2진 덧셈의 예

Decimal	Binary	Decimal	Binary	Decimal	Binary
9	1001	16	10000	6.25	110.01
−5	−101	−3	−11	−4.50	−100.10
4	0100	13	01101	1.75	001.11

그림 11.5 2진 뺄셈의 예

곱셈과 나눗셈

10진법에서의 곱셈표는 $10^2 = 100$개의 요소로 구성되는 데 비해서, 2진법에서는 $2^2 = 4$개의 요소만이 존재한다(표 11.4 참조).

2진법에서의 나눗셈 또한 10진법에서와 유사한 규칙에 기초하여 수행된다. 표 11.5에서 보듯이 단지 두 경우만을 고려하면 되며, 0으로 나누는 경우는 고려하지 않는다.

표 11.4 곱셈에 대한 규칙

$0 \times 0 = 0$
$0 \times 1 = 0$
$1 \times 0 = 0$
$1 \times 1 = 1$

표 11.5 나눗셈에 대한 규칙

$0 \div 1 = 0$
$1 \div 1 = 1$

10진수에서 2진수로의 변환

10진수에서 2진수로의 변환은, 그림 11.6에서와 같이 10진수를 2로 나누어질 때까지 연속적으로 나눈 후 발생하는 나머지를 역순으로 표시하면 된다. 그림 11.6에서 얻어진 결과는 다음과 같이 2진수에서 10진수로의 변환을 수행하여 간단히 검증할 수 있다.

$$110001 = 2^5 + 2^4 + 2^0 = 32 + 16 + 1 = 49$$

Remainder
$49 \div 2 = 24 + 1$
$24 \div 2 = 12 + 0$
$12 \div 2 = 6 + 0$
$6 \div 2 = 3 + 0$
$3 \div 2 = 1 + 1$
$1 \div 2 = 0 + 1$
$49_{10} = 110001_2$

그림 11.6 10진수에서 2진수로의 변환 예

Remainder
$37 \div 2 = 18 + 1$
$18 \div 2 = 9 + 0$
$9 \div 2 = 4 + 1$
$4 \div 2 = 2 + 0$
$2 \div 2 = 1 + 0$
$1 \div 2 = 0 + 1$
$37_{10} = 100101_2$

$2 \times 0.53 = 1.06 \rightarrow 1$
$2 \times 0.06 = 0.12 \rightarrow 0$
$2 \times 0.12 = 0.24 \rightarrow 0$
$2 \times 0.24 = 0.48 \rightarrow 0$
$2 \times 0.48 = 0.96 \rightarrow 0$
$2 \times 0.96 = 1.92 \rightarrow 1$
$2 \times 0.92 = 1.84 \rightarrow 1$
$2 \times 0.84 = 1.68 \rightarrow 1$
$2 \times 0.68 = 1.36 \rightarrow 1$
$2 \times 0.36 = 0.72 \rightarrow 0$
$2 \times 0.72 = 1.44 \rightarrow 1$
$0.53_{10} = 0.10000111101_2$

그림 11.7 10진수에서 2진수로의 변환

동일한 방식으로 10진 소수를 2진 소수로 변환할 수 있는데, 먼저 정수부와 소수부로 분리하여 각 부분을 2진 형태로 변환한 결과를 합해 주면 된다. 그림 11.7은 10진수 37.53을 2진수로 변환하는 과정을 보여준다. 이 과정은 두 단계로 나누어지는데, 먼저 정수부를 앞의 방법과 마찬가지 방식으로 변환한다. 그 다음 소수부는 10진 소수부에 연속적으로 2를 곱해 주면 되는데, 각 곱셈에서 결과가 1을 초과하면 1을, 그렇지 않으면 0을 첨가해 나간다. 이 과정은 소수부가 남지 않을 때까지 계속된다. 그림 11.7의 경우에서는 10진 소수부가 0.53_{10}이며 2를 곱하는 연산을 11번 수행하여 2진 소수를 11째 자리까지 구하였다. 이를 종합하면, 10진수 37.53은 2진수

$$37.53_{10} = 100101.10000111101$$

로 변환된다. 소수부의 자릿수를 더 증가시키면 정확성은 향상되는 반면에 연산은 복잡해진다. 10진수를 정확히 표현하기 위해서는, 무한개의 자릿수가 필요하게 된다는 점에 주목해야 한다.

보수와 음수

디지털 컴퓨터에서는 뺄셈 연산을 단순화하기 위해서 거의 대부분의 경우에 보수를 사용한다. 이는 $X - Y$의 연산을 $X + (-Y)$의 연산으로 대치하는 것에 해당한다. 이와 같이 보수의 개념을 사용하면, 컴퓨터 하드웨어가 오직 덧셈 회로만을 포함하면 되므로 상당히 단순화될 수 있다. 2진수의 보수로는 **1의 보수**(one's complement)와 **2의 보수**(two's complement)가 사용된다.

n비트 2진수에 대한 1의 보수는 $(2^n - 1)$로부터 그 수를 감산하여 얻거나, 단순히 1을 0으로, 0을 1로 바꾸면 된다. 2개의 예가 다음과 같다.

$$\begin{aligned} a &= 0101 \\ \text{Ones complement of } a &= (2^4 - 1) - a \\ &= (1111) - (0101) \\ &= 1010 \end{aligned}$$

$$\begin{aligned} b &= 101101 \\ \text{Ones complement of } b &= (2^6 - 1) - b \\ &= (111111) - (101101) \\ &= 010010 \end{aligned}$$

n비트 2진수에 대한 2의 보수는 2^n으로부터 그 수를 감산하여 얻을 수 있다. 위의 예제와 동일한 2진수 a와 b에 대한 2의 보수는 다음과 같이 계산된다.

$$\begin{aligned} a &= 0101 \\ \text{Twos complement of } a &= 2^4 - a \\ &= (10000) - (0101) \\ &= 1011 \end{aligned}$$

$$\begin{aligned} b &= 101101 \\ \text{Twos complement of } b &= 2^6 - b \\ &= (1000000) - (101101) \\ &= 010011 \end{aligned}$$

2진수로부터 직접 2의 보수를 얻는 간단한 방법은 다음과 같다. 최하위 비트에서부터 시작하여 최초의 1을 만날 때까지는 각 비트를 그대로 적는다. 그 다음에는 1은 0으로, 0은 1로 연속적으로 변환하여 최상위 비트까지 적는다. 방금 설명한 방법들이 2^n으로부터 감산을 수행하는 것보다 훨씬 쉽다.

2진법에서 숫자가 양인지 음인지를 표현함에 있어서 서로 다른 규약이 있다. **부호-크기 규약**(sign-magnitude convention)이라 불리는 규약에서는 부호 비트를 사용하는데, 이는 보통 수의 맨 왼쪽에 위치하며 1은 음의 부호를, 0은 양의 부호를 나타낸다. 그러므로 8비트 2진수는 그림 11.8(a)와 같이 하나의 부호 비트와 7개의 크기 비트로 구성되어 있다. 부호 표시를 포함한 8비트 정수 워드를 사용하는 디지털 시스템에서는 10진 정수를

$$-2^7 \leq N \leq +(2^7 - 1)$$

또는

$$-128 \leq N \leq +127$$

의 범위에서 나타낼 수 있다.

Sign bit b_7	b_6	b_5	b_4	b_3	b_2	b_1	b_0
	← Actual magnitude of binary number →						

(a)

Sign bit b_7	b_6	b_5	b_4	b_3	b_2	b_1	b_0
	← Actual magnitude of binary number (if $b_7 = 0$) → ← Ones complement of binary number (if $b_7 = 1$) →						

(b)

Sign bit b_7	b_6	b_5	b_4	b_3	b_2	b_1	b_0
	← Actual magnitude of binary number (if $b_7 = 0$) → ← Twos complement of binary number (if $b_7 = 1$) →						

(c)

그림 11.8 (a) 부호와 크기를 갖는 8비트 2진수, (b) 8비트 1의 보수 2진수, (c) 8비트 2의 보수 2진수

또 다른 규약은 그림 11.8(b)와 같이 1의 보수 표현을 사용하는데, 이 규약에서도 맨 왼쪽의 부호 비트를 사용하여 그 수가 양(부호 비트 = 0)인지 음(부호 비트 = 1)인지를 나타낸다. 그러나 크기는 양수인 경우는 실제 크기에 의해, 음수인 경우는 1의 보수에 의해 표현한다. 예를 들어, 91_{10}이라는 수는 맨 왼쪽의 부호 비트 0과 7비트의 2진수 1011011_2에 의해 $\mathbf{0}1011011_2$로 표현된다. 한편, -91_{10}은 맨 왼쪽의 부호 비트 1과 7비트의 1의 보수인 0100100_2에 의해 $\mathbf{1}0100100_2$로 표현된다.

대부분의 디지털 컴퓨터에서는 정수 연산을 수행할 때 그림 11.8(c)에 나타난 2의 보수 규약을 사용한다. 이 규약에서는 양수의 경우에는 부호 비트 0과 2진수의 실제 크기에 의해, 음수의 경우에는 부호 비트 1과 2의 보수에 의해 표현한다. 2의 보수 규약의 장점은 2의 보수로 표시된 2진수의 대수 합이 부호 비트를 포함하여 단순히 두 수를 더함으로써 얻을 수 있다는 점이다.

16진법

2와 10을 기수로 하여 수를 표현하는 것은 순전히 편리성의 문제임을 이제는 명백히 알 수 있다. 자주 사용되는 또 다른 체계로 2진법에서 직접 유도되는 **16진법**(hexadecimal system)이 있다. 16진수 코드에서의 한 자리는 2진수에서의 4비트에 해당된다. 4비트로 16가지 조합이 가능하므로, 10진법의 숫자(0에서 9)만을 사용하여서는 16진수를 표현하기에 불충분하다. 그래서 이 문제를 해결하기 위해, 표 11.6에서 보는 것처럼 알파벳의 처음 여섯 문자를 사용한다. 그러므로 16진수 코드에선 8비트 워드가 단지 두 숫자에 대응된다. 예를 들어,

$1010\ 0111_2 = \mathrm{A}7_{16}$
$0010\ 1001_2 = 29_{16}$

표 11.6 **16진 코드**

0	0000
1	0001
2	0010
3	0111
4	0100
5	0101
6	0110
7	0111
8	1000
9	1001
A	1010
B	1011
C	1100
D	1101
E	1110
F	1111

ASCII (American Standard Code for Information Interchange)[1] 문자 코드는 영어 알파벳, 숫자 및 다양한 문자들을 나타낸다. 예를 들어, 이 코드는 컴퓨터 프로그래밍 언어에서 발견되는 **char** 타입 변수들과 관련된 출력을 정의하기 위해 사용된다. 표준 ASCII 문자 집합의 128개 요소는 부록 C에 실려 있다.

2진 코드

현실적인 이유로 표준 2진 코드의 변형들이 특정한 영역에서 사용되고 있다. 가장 널리 사용되는 두 가지 변형은 **그레이 코드**(Gray Code)와 **2진화 10진 표현법**(binary-coded decimal 또는 **BCD 표현법**)이다. 표 11.7에서 보듯이 가장 단순한 BCD 표현법은 4비트 2진수를 연속해서 처음 10개만 나열한 것이다. 물론 다른 BCD 코드도 있다. 모두가 같은 원리를 반영하고 있는데, 고정된 길이의 워드에 의해 각 10진법 숫자를 표현하는 것이다. 비록 이 방법이 10진법과 바로 일치하는 이유 때문에 매력적일 수 있으나, 효율적이지는 않다. 예를 들어, 10진수 68을 고려해 보자. 직접 변환에 의한 2진 표현은 7비트 숫자 1000100이다. 반면에, 이에 해당하는 BCD 표현법은 8비트를 요구한다.

$68_{10} = 01101000_{\mathrm{BCD}}$

표 11.7 **BCD 코드**

0	0000
1	0001
2	0010
3	0011
4	0100
5	0101
6	0110
7	0111
8	1000
9	1001

표 11.8 **3비트 그레이 코드**

Binary	Gray
000	000
001	001
010	011
011	010
100	110
101	111
110	101
111	100

그레이 코드에서는, 이는 어떠한 연속되는 두 숫자라도 단지 한 비트만 달라지

[1] American Standard Code for Information Interchange.

도록 2진 코드를 다시 배열한 것이다. 표 11.8은 3비트 그레이 코드를 보여준다. 그레이 코드는 엔코더와 같은 분야에서 유용한데, 이는 1비트의 읽기 오류가 산출값에 1이 어긋난 오류만 내기 때문이다. 따라서, 다른 엔코더 작동 방법에 비해 그레이 코드 엔코더의 비트 읽기 오류의 영향은 미미하다고 볼 수 있다.

디지털 위치 엔코더

측정기술

위치 엔코더는 선형 위치나 각 위치에 비례하여 디지털 신호를 출력하는 장치이다. 이 장치는 운동 제어 분야에서 순간적인 위치를 측정하는 데 많이 사용한다. 운동 제어란 움직이고 있는 물체(예를 들어, 로봇, 공작기계, 서보 기구)의 운동을 정확히 제어하기 위해서 사용하는 기술이다. 예를 들어, 어떤 물체를 들어 올리기 위해 로봇 팔을 위치시킬 때, 항상 그 로봇 팔의 위치를 정확히 알고 있어야 한다. 일반적으로 회전 운동과 병진 운동 모두 중요하므로, 이 예제에서는 선형 위치 엔코더 및 각 위치 엔코더의 두 가지 종류에 대해서 논의한다.

광학식 위치 엔코더는 엔코더 판으로 구성되어 있는데, 이는 흑색과 백색 영역이 교대로 되어 있으며, 병진 운동에 대해서는 긴 사각형, 회전 운동에 대해서는 원형 디스크의 형태로 되어 있다. 흑색과 백색의 영역은 각각 이진수를 표시하는 데 쓰인다. 그림 11.9는 2진 코드와 그레이 코드를 4비트 직선 엔코더 판에 표시한 방식을 보여준다. 고정된 배열을 가지는 광 다이오드는 엔코더 경로를 통과하여 각 셀에서 반사되는 빛을 감지한다(8장 참조). 반사된 빛의 양에 따라서 각각의 광 다이오드 회로는 1 또는 0에 해당하는 전압을 출력하므로, 엔코더의 각 열마다 다른 4비트 워드가 생성된다.

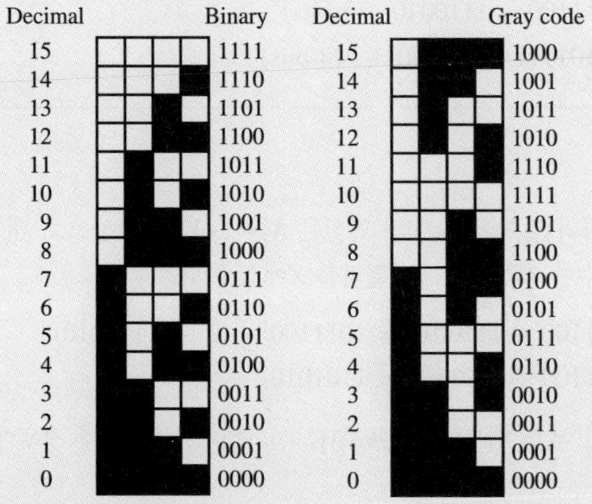
Decimal
Binary
Decimal
Gray code
15 1111 15 1000
14 1110 14 1001
13 1101 13 1011
12 1100 12 1010
11 1011 11 1110
10 1010 10 1111
9 1001 9 1101
8 1000 8 1100
7 0111 7 0100
6 0110 6 0101
5 0101 5 0111
4 0100 4 0110
3 0011 3 0010
2 0010 2 0011
1 0001 1 0001
0 0000 0 0000

그림 11.9 선형 위치 엔코더의 2진 코드와 그레이 코드의 패턴

엔코더 판의 길이가 100 mm라고 가정하면, 엔코더의 분해능은 다음과 같이 계산된다. 판을 $2^4 = 16$개의 부분으로 나누고 각 부분은 100/16 mm = 6.25 mm의 증분에 해당한다. 분해능을 높이고 싶으면 조금 더 많은 비트를 사용한다. 즉, 같은 길이를 가지는 8비트 판은 100/256 mm = 0.39 mm의 분해능을 가진다.

(*계속*)

(계속)

그림 11.10의 5비트 각 위치 엔코더도 위와 유사한 방식으로 제작될 수 있다. 이 경우에는 각도의 분해능이 회전각으로 표시된다. 즉, $2^5 = 32$개의 부분이 360°에 해당한다. 따라서 분해능은 360°/32 = 11.25°가 된다. 이 경우도 분해능을 높이고 싶으면 더 많은 비트를 이용하면 된다.

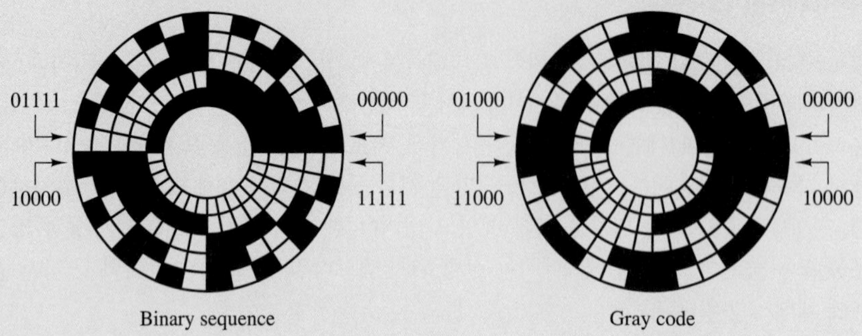

그림 11.10 각 위치 엔코더의 2진 코드와 그레이 코드의 패턴

예제 11.1 2의 보수를 사용한 연산

문제

2진법에서 2의 보수를 사용하여, 다음의 뺄셈을 수행하라.

1. $X - Y = 1011100 - 1110010$ (7-bits)
2. $X - Y = 10101111 - 01110011$ (8-bits)

풀이

해석: 앞서 언급한 바와 같이, $X - Y$의 연산은 $X + (-Y)$의 연산으로 대체할 수 있다. 그러므로 Y에 대한 2의 보수를 계산하여, 그 결과를 X에 더한다.

$$X - Y = 1011100 - 1110010 = 1011100 + (2^7 - 1110010)$$
$$= 1011100 + 0001110 = 1101010$$

그리고 이 수의 앞에 부호 비트(굵게 표시)를 첨가한다. (첫 번째 경우에는 차이인 $X - Y$가 음수이므로 부호 비트는 1이다.)

$$X - Y = \mathbf{1}1101010$$

두 번째의 뺄셈도 마찬가지 방식으로 수행하면 다음과 같다.

$$X - Y = 10101111 - 01110011 = 10101111 + (2^8 - 01110011)$$
$$= 10101111 + 10001101 = 00111100$$
$$= \mathbf{0}00111100$$

이 경우 $X - Y$가 양수이므로, 부호 비트는 0이다.

2진수에서 16진수로의 변환

예제 11.2

문제

다음의 2진수를 16진수로 변환하라.

1. 100111
2. 1011101
3. 11001101
4. 101101111001
5. 100110110
6. 1101011011

풀이

해석: 2진수를 16진수로 변환시키는 가장 쉬운 방법은, 2진수를 우측에서부터 4비트씩 소그룹으로 나눈 다음에 각 4비트 워드에 대해서 변환을 수행하는 것이다.

1. $100111_2 = 0010_2 0111_2 = 27_{16}$
2. $1011101_2 = 0101_2 1101_2 = 5D_{16}$
3. $11001101_2 = 1100_2 1101_2 = CD_{16}$
4. $101101111001_2 = 1011_2 0111_2 1001_2 = B79_{16}$
5. $100110110_2 = 0001_2 0011_2 0110_2 = 136_{16}$
6. $1101011011_2 = 0011_2 0101_2 1011_2 = 35B_{16}$

참조: 16진수를 2진수로 변환하기 위해서는, 16진수의 각 자릿수를 해당하는 4비트 2진수로 변환하면 된다.

연습 문제

다음의 10진수를 2진수로 변환하라.

a. 39
b. 59
c. 512
d. 0.4475
e. $\frac{25}{32}$
f. 0.796875
g. 256.75
h. 129.5625
i. 4,096.90625

다음의 2진수를 10진수로 변환하라.

a. 1101
b. 11011
c. 10111
d. 0.1011
e. 0.001101
f. 0.001101101
g. 111011.1011
h. 1011011.001101
i. 10110.0101011101

Answers: (a) 100111, (b) 111011, (c) 1000000000, (d) 0.011100101000, (e) 0.11001, (f) 0.110011, (g) 100000000.11, (h) 10000001.1001, (i) 1000000000000.11101; (a) 13, (b) 27, (c) 23, (d) 0.6875, (e) 0.203125, (f) 0.212890625, (g) 59.6875, (h) 91.203125, (i) 22.3408203125

연습 문제

다음의 덧셈과 뺄셈을 수행하라. (a)~(d)는 10진수로, (e)~(h)는 2진수로 표시하라.

a. $1001.1_2 + 1011.01_2$
b. $100101_2 + 100101_2$
c. $0.1011_2 + 0.1101_2$
d. $1011.01_2 + 1001.11_2$
e. $64_{10} - 32_{10}$
f. $127_{10} - 63_{10}$
g. $93.5_{10} - 42.75_{10}$
h. $(84\frac{9}{32})_{10} - (48\frac{5}{16})_{10}$

Answer: (a) 20.75_{10}, (b) 74_{10}, (c) 1.5_{10}, (d) 21_{10}, (e) 100000_2, (f) 1000000_2, (g) 110010.11_2, (h) 100011.11111_2

연습 문제

12비트 워드로는 얼마나 많은 수를 표현할 수 있는가?

만약 전압 −5 V와 +5 V를 나타내기 위해 하나의 부호 비트와 7개의 크기 비트를 사용한다면, 표현할 수 있는 전압의 최소 증분은 얼마인가?

Answer: 4,096; 39 mV

연습 문제

다음 2진수의 2의 보수를 구하라.

a. 11101001
b. 10010111
c. 1011110

Answer: (a) 00010111, (b) 01101001, (c) 0100010

연습 문제

다음의 수를 16진수에서 2진수로, 또는 2진수에서 16진수로 변환하라.

a. F83
b. 3C9
c. A6
d. 110101110_2
e. 10111001_2
f. 11011101101_2

다음의 16진수를 2진수로 변환한 다음, 이들의 2의 보수를 구하라.

a. F43
b. 2B9
c. A6

Answers: (a) 111110000011, (b) 001111001001, (c) 10100110, (d) 1AE, (e) B9, (f) 6ED; (a) 0000 1011 1101, (b) 1101 0100 0111, (c) 0101 1010

11.3 부울 대수와 논리 게이트

2진법 및 일반적인 논리 분야를 다루는 수학을 부울 대수(Boolean algebra) 또는 논리 대수라고 부르는데, 이 명칭은 1854년에 발행된 "사고 법칙의 탐구"라는 논문의 저자인 영국의 수학자 George Boole을 기리기 위한 것으로, 논리 대수의 발전은 그의 연구 업적 중의 하나이다. 부울식 또는 논리식의 변수들은 0과 1의 두 값 중의 하나로 표현되거나, 종종 참(true, 1) 또는 거짓(false, 0)으로 표현되는데, 이러한 규약은 보통 **정논리**(positive logic)라 부른다. 한편, 1과 0의 역할이 반대로 되는 **부논리**(negative logic)도 있다.

논리 함수, 즉 논리 변수의 함수는 진리표를 사용하여 나타낼 수 있다. 진리표는 각 부울 변수가 취할 수 있는 모든 가능한 값과 이에 대응되는 논리 함수의 값을 나열해 놓은 표이다. 다음 단원에서는 부울 대수의 기초가 되는 기본적인 논리 함수를 정의할 것이다. **논리 게이트**는 이들 함수를 표현하며, 트랜지스터를 사용하여 제작할 수 있는데, 논리 함수를 구현하는 데 사용된다.

표 11.9 논리합(OR)에 대한 규칙

$$0 + 0 = 0$$
$$0 + 1 = 1$$
$$1 + 0 = 1$$
$$1 + 1 = 1$$

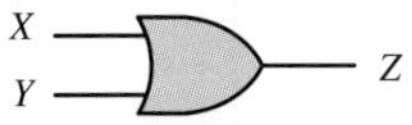

OR gate

X	Y	Z
0	0	0
0	1	1
1	0	1
1	1	1

Truth table

그림 11.11 논리합과 OR 게이트

AND와 OR 게이트

부울 대수의 기본은 **OR** 연산과 같은 **논리합**과 **AND** 연산과 같은 **논리곱**이다. 두 연산은 기본 논리 게이트에 상응한다. 표 11.9에 나타난 논리합은 비록 기호 +에 의해 표현되기는 하지만 대수합과는 다르며, 또한 앞 절에서 언급하였던 2진 덧셈과도 다르다는 점에 유의하여야 한다. 논리합은 **OR 게이트**라 불리는 논리 게이트를 사용하여 표현하는데, 그림 11.11은 이 게이트에 대한 기호와 입출력을 보여준다. OR 게이트는 다음의 논리 명제에 해당한다.

X 또는 Y가 참(1)이면, Z는 참(1)이다. 논리 OR (11.1)

이 규칙은 전자 게이트로 구현할 수 있는데, 이때 논리 1은 5 V 신호에, 논리 0은 0 V 신호에 대응된다.

한편, 논리곱은 기호 · 에 의해 표현되며, 표 11.10의 규칙에 의해 정의된다. 그림 11.12는 이 연산에 해당하는 **AND 게이트**를 보여준다. AND 게이트는 다음의 논리 명제에 해당한다.

X와 Y가 모두 참(1)이면, Z는 참(1)이다. 논리 AND (11.2)

표 11.10 논리곱(AND)에 대한 규칙

$$0 \cdot 0 = 0$$
$$0 \cdot 1 = 0$$
$$1 \cdot 0 = 0$$
$$1 \cdot 1 = 1$$

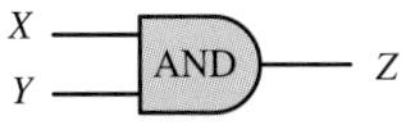

AND gate

X	Y	Z
0	0	0
0	1	0
1	0	0
1	1	1

Truth table

그림 11.12 논리곱과 AND 게이트

2개 이상의 입력을 가지는 논리 게이트도 쉽게 생각할 수 있는데, 입력이 3, 4개인 경우는 흔히 사용된다.

논리 함수를 정의하는 규칙은 주로 **진리표**에 의해 표현된다. AND와 OR 게이트에 대한 진리표는 그림 11.11과 11.12에 나타나 있다. 진리표는 가능한 모든 입력 논리에 대한 논리 게이트의 출력 논리를 요약해 놓은 것이다. 만약 입력의 수가 3이면 8개의 조합이 가능하게 되지만, 기본적인 규칙에는 변함이 없다. 진리표는 논리 함수를 정의하는 데에 매우 유용하다. 예를 들어, 전형적인 논리 설계의 문제로 "조건(X = 1 AND Y = 1) OR (W = 1)을 만족할 때만 출력 Z가 논리 1이 되고, 나머지 경우에는 논리 0이 된다."와 같은 요구 사항이 있다고 하자. 그림 11.13은 방금 언급한 특별한 논리 함수에 대한 진리표를 나타낸다.

Logic gate realization of the statement "the output Z shall be logic 1 only when the condition (X = 1 AND Y = 1) OR (W = 1) occurs, and shall be logic 0 otherwise."

X	Y	W	Z
0	0	0	0
0	0	1	1
0	1	0	0
0	1	1	1
1	0	0	0
1	0	1	1
1	1	0	1
1	1	1	1

Truth table

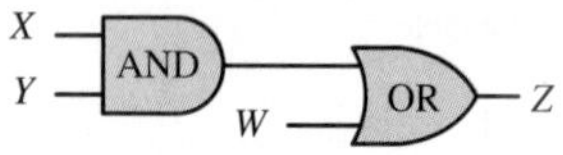

Solution using logic gates

그림 11.13 논리 게이트로 논리 함수를 구현한 예

AND와 OR 게이트는 **NOT 게이트**와 함께 모든 논리 설계의 기초를 형성한다. NOT 게이트는 기본적으로 단일 입력, 단일 출력을 가지는 인버터(inverter)이며, 입력 논리의 보수를 출력으로 내보낸다. 그림 11.14와 같이 논리 변수 X의 보수는 $\bar{X}$로 표기한다.

NOT 게이트 또는 인버터의 사용을 설명하기 위해서 그림 11.13의 설계 문제로 돌아가 보자. 이번에는 논리 명제가 "($\bar{X}$ = 1 AND Y = 1) OR (W = 1)일 때만 출력 Z가 논리 1이고, 그렇지 않으면 논리 0이다."라고 하자. 이 논리 명제는 "(X = 0 AND Y = 1) OR (W = 1)일 때만 출력 Z = 1이다."와 동일하다. 그림 11.15는 이 논리문에 대한 진리표와 논리 게이트의 조합을 보여준다.

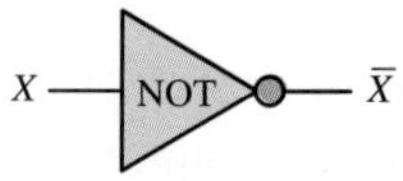

NOT gate

X	$\bar{X}$
1	0
0	1

Truth table for NOT gate

그림 11.14 보수와 NOT 게이트

X	$\bar{X}$	Y	W	Z
0	1	0	0	0
0	1	0	1	1
0	1	1	0	1
0	1	1	1	1
1	0	0	0	0
1	0	0	1	1
1	0	1	0	0
1	0	1	1	1

Truth table

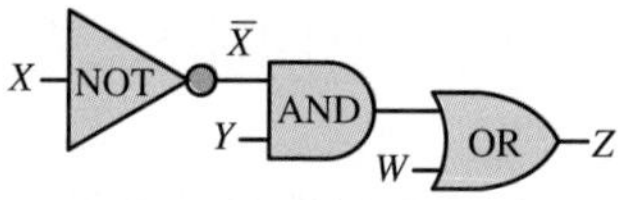

Solution using logic gates

그림 11.15 논리 게이트를 사용한 논리 문제의 해법

표 11.11에 부울 대수의 몇 가지 규칙을 나열하였는데, 이후 예제와 연습 문제와 같이 각각의 규칙은 진리표를 통해서 입증이 가능하다. 예를 들면, 규칙 16의 **귀납법에 의한 증명**이 그림 11.16의 진리표의 형태로 나와 있다. 이러한 기법은 표 11.11의 규칙을 입증하는 데 사용될 수 있다. 표 11.11의 19개의 규칙은 논리식을 단순화하기 위해 사용된다.

표 11.11 부울 대수의 규칙

1.	$0 + X = X$	
2.	$1 + X = 1$	
3.	$X + X = X$	
4.	$X + \overline{X} = 1$	
5.	$0 \cdot X = 0$	
6.	$1 \cdot X = X$	
7.	$X \cdot X = X$	
8.	$X \cdot \overline{X} = 0$	
9.	$\overline{\overline{X}} = X$	
10.	$X + Y = Y + X$	Commutative law
11.	$X \cdot Y = Y \cdot X$	
12.	$X + (Y + Z) = (X + Y) + Z$	Associative law
13.	$X \cdot (Y \cdot Z) = (X \cdot Y) \cdot Z$	
14.	$X \cdot (Y + Z) = X \cdot Y + X \cdot Z$	Distributive law
15.	$X + X \cdot Z = X$	Absorption law
16.	$X \cdot (X + Y) = X$	
17.	$(X + Y) \cdot (X + Z) = X + Y \cdot Z$	
18.	$X + \overline{X} \cdot Y = X + Y$	
19.	$X \cdot Y + Y \cdot Z + \overline{X} \cdot Z = X \cdot Y + \overline{X} \cdot Z$	

X	Y	$X+Y$	$X\cdot(X+Y)$
0	0	0	0
0	1	1	0
1	0	1	1
1	1	1	1

그림 11.16 규칙 16의 귀납법에 의한 증명

드모르간의 법칙

드모르간의 법칙(De Morgan's laws)으로 알려진 2개의 매우 중요한 논리 규칙이 있다. 이 법칙은 AND와 OR 함수가 적당한 NOT 연산과 결합되면서 교환이 가능함을 명시한다. 부울 대수의 관점에서 이 이론은 다음과 같다.

$$(\overline{X+Y}) = \overline{X} \cdot \overline{Y} \tag{11.3}$$

드모르간의 법칙

$$(\overline{X \cdot Y}) = \overline{X} + \overline{Y} \tag{11.4}$$

AND와 OR 연산 사이에 존재하는 **이중성**(duality)에 주목하라.

> 어떠한 논리 함수도 단지 OR와 NOT 게이트의 조합 또는 AND와 NOT 게이트의 조합만을 사용하여 구현할 수 있다.

그림 11.17과 같이 드모르간의 법칙은 논리 게이트와 관련된 진리표를 사용하여 가시화할 수 있다.

드모르간의 법칙의 또 다른 결과는, 그림 11.18에서 보듯이 어떠한 논리 함수도 **곱의 합**(sum of products, SOP)과 **합의 곱**(product of sums, POS)으로 표현하는 능력이다. 두 형태는 논리적 등가이기는 하지만, 두 가지 형태 중의 하나가 논리 게이트를 사용하여 더 간단하게 구현할 수 있다.

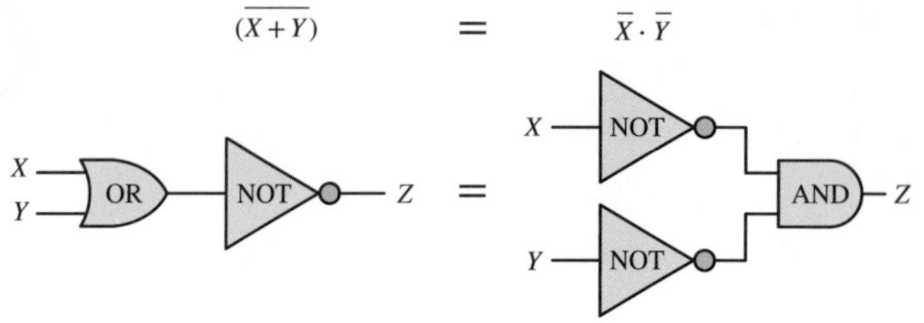

Truth table

X	Y	$Z = \overline{(X+Y)} = \bar{X} \cdot \bar{Y}$
0	0	1
0	1	0
1	0	0
1	1	0

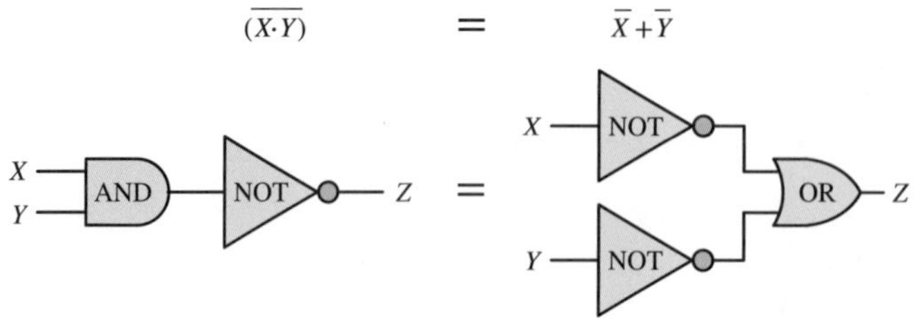

Truth table

X	Y	$Z = \overline{(X+Y)} = \bar{X} + \bar{Y}$
0	0	1
0	1	1
1	0	1
1	1	0

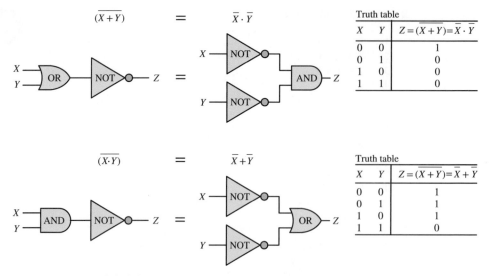

그림 11.17 드모르간의 법칙

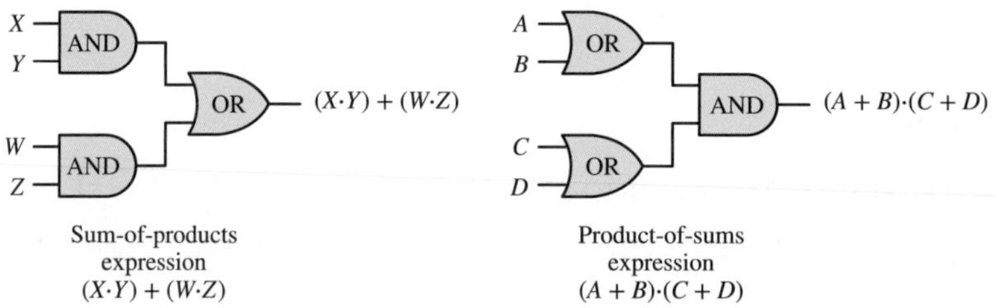

그림 11.18 곱의 합과 합의 곱 형식의 논리 함수

NAND와 NOR 게이트

AND와 OR 게이트에 더해서, 이 게이트들의 보수 형식인 NAND와 NOR 게이트도 실제로 매우 많이 사용된다. 사실상 NAND와 NOR 게이트는 대부분의 논리 회로의 기초가 되는 게이트들이다. 그림 11.19는 이러한 두 게이트에 대한 기호와 진리표를

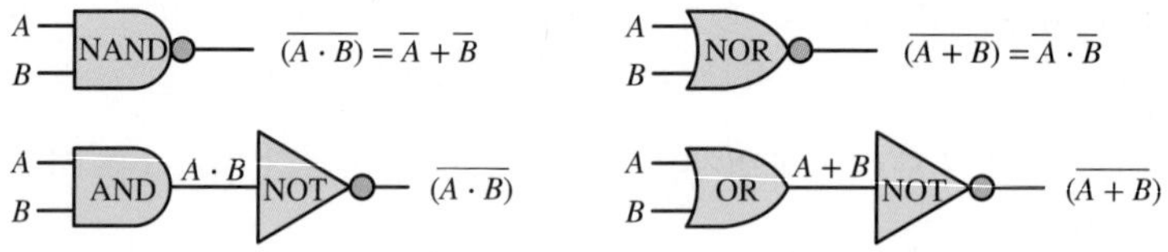

A	B	$\bar{A}$	$\bar{B}$	$\overline{(A \cdot B)}$
0	0	1	1	1
0	1	1	0	1
1	0	0	1	1
1	1	0	0	0

NAND gate

A	B	$\bar{A}$	$\bar{B}$	$\overline{(A + B)}$
0	0	1	1	1
0	1	1	0	0
1	0	0	1	0
1	1	0	0	0

NOR gate

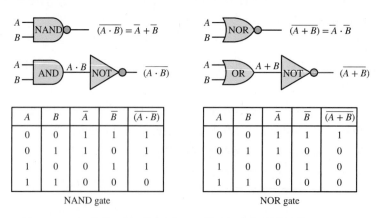

그림 11.19 NAND와 NOR 게이트와 AND와 OR 게이트의 등가성

나타내며, 드모르간의 정리에 의해 어떻게 AND, OR 및 NOT 게이트의 형태로 분해할 수 있는지를 보여준다. NAND 및 NOR 게이트로 구현된 논리 함수는 각각 인버터와 결합한 AND 및 OR 게이트로 구현 가능하다는 것을 쉽게 입증할 수 있다. 드모르간의 정리에 의해 NAND 게이트는 입력의 보수에 대해 논리합을 수행하며, NOR 게이트는 입력의 보수에 대해 논리곱을 수행한다는 사실을 주목하여야 한다. 그러므로 기능상으로 어떠한 논리 함수도 NOR나 NAND 게이트만으로 나타낼 수 있다.

XOR 게이트

일반적으로 집적회로(IC)는 단일의 IC 패키지 내에 논리 회로의 일반적인 조합을 제공한다. 이러한 예로 **배타적 OR 게이트**(XOR gate)를 들 수 있는데, 이 게이트는 이미 공부한 OR 게이트와 동일하지는 않지만, 비슷한 논리 함수를 제공해 준다. XOR 게이트는 입력이 모두 논리 1일 때 출력이 배타적으로 논리 0이 된다는 점을 제외하고는, OR 게이트처럼 작동한다. 그림 11.20은 이 게이트에 대한 논리 회로 기호와 이에 해당하는 진리표를 나타낸 것이다. XOR 게이트는 입력 X나 Y 중의 하나만(둘 다는 아님) 1일 때 출력이 1이라는 논리 명제를 구현한다. 이 표현은 입력의 임의의 수까지 확장될 수 있다.

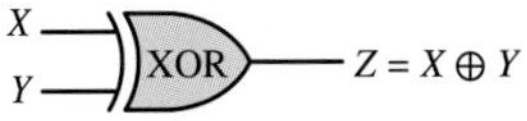

X	Y	Z
0	0	0
0	1	1
1	0	1
1	1	0

Truth table

그림 11.20 XOR 게이트

배타적 OR 연산의 기호는 ⊕이다. XOR 게이트는 기본적인 게이트들의 조합으로 얻을 수 있다. 예를 들어, XOR 함수가 $Z = X \oplus Y = (X + Y) \cdot \overline{(X \cdot Y)}$에 해당하므로 그림 11.21에서의 논리 회로에 의해 XOR 게이트를 구현할 수도 있다.

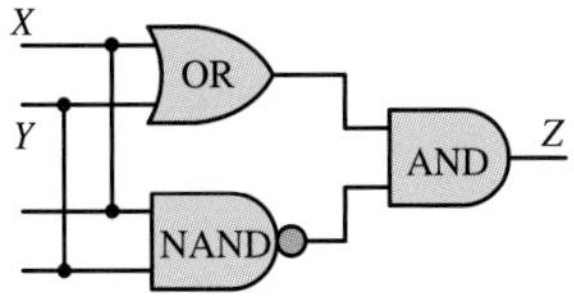

그림 11.21 XOR 게이트의 구현

일반적인 IC 논리 게이트 형상은 TTL 또는 CMOS 계열의 형태로 제공된다.

측정기술

페일 세이프 자동 조정 시스템

이 예제는 드모르간의 법칙과 곱의 합과 합의 곱이라는 두 형태의 이중성의 중요성을 예시해 준다. 상용 비행기의 페일 세이프(fail-safe) 자동 조정 시스템에서 이륙과 착륙 작동을 시작하기 전에 다음과 같은 검사를 통과하여야만 한다. 3가지 가능한 비행 모드, 즉 조종사, 보조 조종사, 자동 조정 비행 중 두 가지 모드가 작동 가능하여야 한다. 조종사들의 좌석에는 이들 승무원의 체중에 의해서 켜지는 스위치가 있으며, 자동 조종 시스템의 적절한 작동을 확인해 주는 자체 검사 회로가 있다고 가정하자. 변수 X는 조종사의 상태(조종사가 착석해 있으면 1)를, Y는 보조 조종사의 상태(보조 조종사가 착석해 있으면 1)를, 그리고 Z는 자동 조정 상태(자동 조정 기능이 작동하면 1)를 나타낸다. 그러면 이들 3가지 조건 중 둘이 활성화되어야만 이착륙 작동이 시작될 수 있으므로 "시스템 준비 완료"에 해당하는 논리 함수는

$$f = X \cdot Y + X \cdot Z + Y \cdot Z$$

와 같으며, 이는 다음의 진리표에 의해서도 확인될 수 있다.

(계속)

(계속)

Pilot	Copilot	Autopilot	System ready
0	0	0	0
0	0	1	0
0	1	0	0
0	1	1	1
1	0	0	0
1	0	1	1
1	1	0	1
1	1	1	1

위에 정의한 함수 f는 시스템이 준비 완료되었다는 상태를 나타내므로 양의 검사라는 개념에 기초한다. 이제 곱의 합의 형식인 함수 f에 대하여 드모르간의 정리를 적용하여 합의 곱 형식으로 변환시키면

$$\bar{f} = g = \overline{X \cdot Y + X \cdot Z + Y \cdot Z} = (\bar{X} + \bar{Y}) \cdot (\bar{X} + \bar{Z}) \cdot (\bar{Y} + \bar{Z})$$

와 같이 된다. 합의 곱 형식의 함수 g는 함수 f와 정확히 동일한 정보를 제공하지만, 시스템이 준비되지 않았다는 상태를 나타내므로 음의 검사에 해당한다. 그러므로 위에서 언급한 두 형태 중 어느 형태를 선택하는가 하는 것은 단지 선택의 문제일 뿐이라는 것을 알 수 있다.

예제 11.3

논리식의 단순화

문제

표 11.11의 규칙을 사용하여, 다음 논리 함수를 단순화하라.

$$f(A, B, C, D) = \bar{A} \cdot \bar{B} \cdot D + \bar{A} \cdot B \cdot D + B \cdot C \cdot D + A \cdot C \cdot D$$

풀이

미지: 4개 변수의 논리 함수에 대한 단순화된 식

해석:

$f = \bar{A} \cdot \bar{B} \cdot D + \bar{A} \cdot B \cdot D + B \cdot C \cdot D + A \cdot C \cdot D$	
$= \bar{A} \cdot D \cdot (\bar{B} + B) + B \cdot C \cdot D + A \cdot C \cdot D$	Rule 14
$= \bar{A} \cdot D + B \cdot C \cdot D + A \cdot C \cdot D$	Rule 4
$= (\bar{A} + A \cdot C) \cdot D + B \cdot C \cdot D$	Rule 14
$= (\bar{A} + C) \cdot D + B \cdot C \cdot D$	Rule 18
$= \bar{A} \cdot D + C \cdot D + B \cdot C \cdot D$	Rule 14
$= \bar{A} \cdot D + C \cdot D \cdot (1 + B)$	Rules 6 and 14
$= \bar{A} \cdot D + C \cdot D = (\bar{A} + C) \cdot D$	Rules 2 and 14

진리표로부터의 논리 함수의 구현

예제 11.4

문제

다음의 진리표에 의해 표현되는 논리 함수를 구현하라.

A	*B*	*C*	*y*
0	0	0	0
0	0	1	1
0	1	0	0
0	1	1	1
1	0	0	1
1	0	1	1
1	1	0	1
1	1	1	1

풀이

기지: 논리 변수 A, B, C의 모든 가능한 조합에 대한 함수 $y(A, B, C)$의 값

미지: 함수 y에 대한 논리식

해석: $y = 1$을 발생시키는 각 조합에 대하여 세 변수의 곱의 합으로 y를 나타낸다. 이때 각 변수의 값이 1이면 이 변수를 그대로 사용하고, 0이면 그 변수의 보수의 형태를 사용한다. 예를 들어, 두 번째 행은 $\bar{A}, \bar{B}, C$를 나타낸다.

$$
\begin{aligned}
y &= \bar{A} \cdot \bar{B} \cdot C + \bar{A} \cdot B \cdot C + A \cdot \bar{B} \cdot \bar{C} + A \cdot \bar{B} \cdot C + A \cdot B \cdot \bar{C} + A \cdot B \cdot C \\
&= \bar{A} \cdot C(\bar{B} + B) + A \cdot \bar{B} \cdot (\bar{C} + C) + A \cdot B \cdot (\bar{C} + C) \\
&= \bar{A} \cdot C + A \cdot \bar{B} + A \cdot B = \bar{A} \cdot C + A \cdot (\bar{B} + B) = \bar{A} \cdot C + A = A + C
\end{aligned}
$$

그러므로, 함수는 그림 11.22와 같이 2입력 OR 게이트가 된다.

$A + C = y$ or
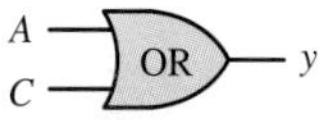

그림 11.22

참조: 위의 유도는 표 11.11의 규칙 4와 18을 사용하였다. 변수 B가 최종적인 구현에는 사용되지 않는다는 점에 주목하라.

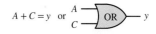

드모르간의 정리와 합의 곱으로 나타낸 식

예제 11.5

문제

논리 함수 $y = A + B \cdot C$를 합의 곱 형태로 나타내고, AND, OR 그리고 NOT 게이트를 사용하여 구현하라.

풀이

기지: 함수 $y(A, B, C)$에 대한 논리식

미지: AND, OR 그리고 NOT 게이트를 사용한 실제 구현

해석: $\bar{\bar{y}} = y$라는 사실과 드모르간의 정리를 사용하면

$$\overline{y} = \overline{A + (B \cdot C)} = \overline{A} \cdot \overline{(B \cdot C)} = \overline{A} \cdot (\overline{B} + \overline{C})$$
$$\overline{\overline{y}} = y = \overline{\overline{A} \cdot (\overline{B} + \overline{C})}$$

와 같이 표현할 수 있다. 위의 합의 곱 함수는 그림 11.23에서와 같이 각 변수의 보수를 사용하여 구현할 수 있다.

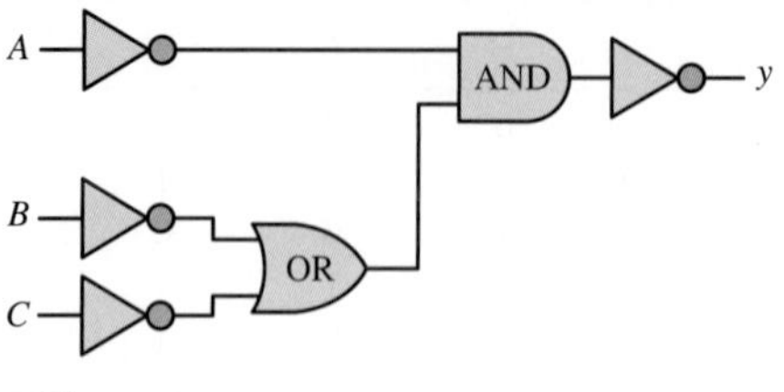

그림 11.23

참조: 원래의 논리식은 단지 하나의 AND와 하나의 OR 게이트만으로 구현할 수 있으므로, 훨씬 더 효율적인 구현이다.

예제 11.6 NAND 게이트를 사용한 AND 함수의 구현

문제

진리표를 사용하여 NAND 게이트만을 조합하여 AND 함수를 얻을 수 있음을 보여라.

A	$B\ (= A)$	$A \cdot B$	$\overline{(A \cdot B)}$
0	0	0	1
1	1	1	0

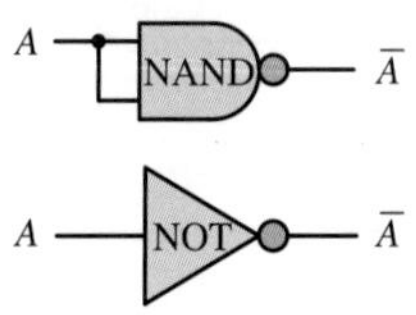

그림 11.24 인버터로서의 NAND 게이트

풀이

기지: AND와 NAND의 진리표

미지: NAND 게이트를 이용한 AND 함수의 구현

가정: 2입력 함수와 게이트를 고려한다.

해석: 다음의 진리표는 두 함수에 대한 것이다.

A	**B**	**NAND** $\overline{A \cdot B}$	**AND** $A \cdot B$
0	0	1	0
0	1	1	0
1	0	1	0
1	1	0	1

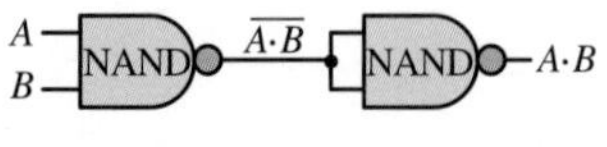

그림 11.25

이 진리표로부터 NAND 게이트의 출력을 단지 반전시키기만 하면 AND 함수가 된다는 것을 알 수 있다. 한편, 진리표에서 0-0과 1-1 입력에 대한 NAND 출력값을 확인하거나, 그림 11.24에 나타난 대로 두 입력을 함께 연결하면 NAND 게이트가 인버터로 기능할 수 있다. 구현 결과는 그림 11.25와 같다.

참조: NAND와 NOR 게이트는 보수로 표시된 변수들을 이용하는 함수를 구현하는 데 적합하다. 보수 논리 게이트는 트렌지스터 스위치의 반전 특성을 이용하는 것으로부터 자연스럽게 시작되었다.

NOR 게이트를 사용한 AND 함수의 구현

예제 11.7

문제

해석적으로 NOR 게이트만을 조합하여 AND 함수를 얻을 수 있음을 보여라.

풀이

기지: AND와 NOR 함수

미지: NOR 게이트를 이용한 AND 함수의 구현

가정: 2입력 함수와 게이트를 고려한다.

해석: 드모르간의 법칙을 사용하여 이 문제의 해를 구할 수 있다. AND 게이트의 출력은 $f = A \cdot B$으로 나타낼 수 있다. 드모르간의 법칙을 이용하면

$$f = \overline{\overline{f}} = \overline{\overline{A \cdot B}} = \overline{\overline{A} + \overline{B}}$$

을 얻을 수 있다. 위의 함수는 NOR 게이트의 두 입력을 함께 연결하면 NOT 게이트로 동작한다는 사실을 알면 쉽게 구현할 수 있다(그림 11.26). 그러므로, 그림 11.27의 논리 회로가 원하는 답이다.

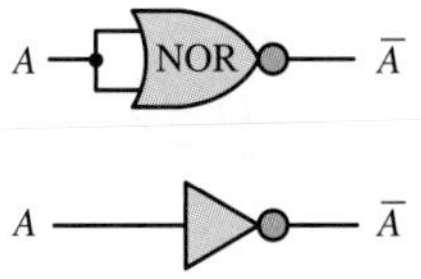

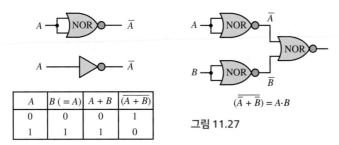

A	$B\ (=A)$	$A+B$	$\overline{(A+B)}$
0	0	0	1
1	1	1	0

그림 11.26 인버터로서의 NOR 게이트

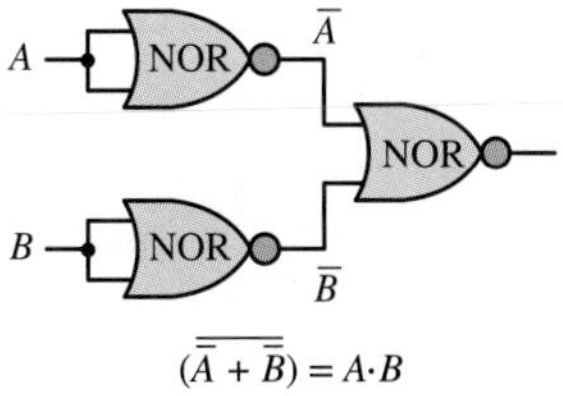

그림 11.27

참조: NAND와 NOR 게이트는 보수로 표시된 변수들을 이용하는 함수를 구현하는 데 적합하다. 보수 논리 게이트는 트렌지스터 스위치의 반전 특성을 이용하는 것으로부터 자연스럽게 시작되었다. 그러므로 NOR와 NAND 게이트는 실제적으로 매우 많이 사용된다.

NAND와 NOR 게이트를 사용한 함수의 구현

예제 11.8

문제

NAND와 NOR 게이트만을 사용하여 다음의 함수를 구현하라.

$$y = \overline{\overline{(A \cdot B)} + C}$$

풀이

기지: y에 대한 논리식

미지: NAND와 NOR 게이트만을 사용한 y의 구현

가정: 2입력 함수와 게이트를 고려한다.

해석: 예제 11.6과 11.7을 참고하면, 2입력 NAND 게이트를 사용하여 $Z = \overline{(A \cdot B)}$를, 2입력 NOR 게이트를 사용하여 $\overline{Z + C}$를 구현할 수 있다. 그림 11.28은 해를 나타낸다.

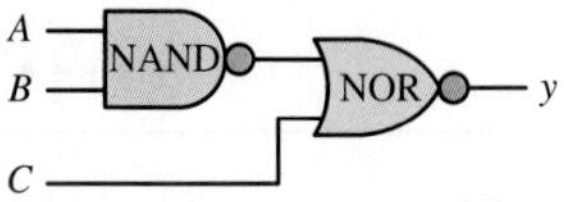

그림 11.28

예제 11.9 반가산기

문제

다음 그림 11.29의 반가산기(half adder)를 해석하라.

풀이

기지: 논리 회로

미지: 진리표, 함수식

주어진 데이터 및 그림: 그림 11.29

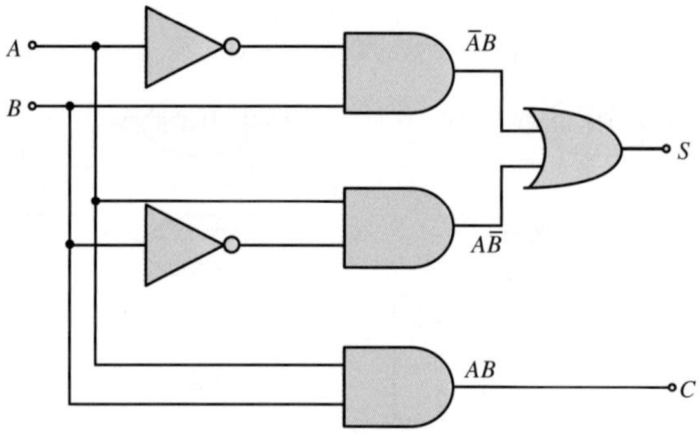

그림 11.29 반가산기의 논리 회로 구현

해석: 2진수의 덧셈은 표 11.2에 요약되어 있다. A와 B가 1일 때, 그 합은 최소 자리 0과 올림수 1의 두 자릿수가 필요하다. 그러므로 이 연산을 수행하는 회로는 두 자릿수로 구성된 출력을 가져야만 한다. 그림 11.29는 반가산기를 나타내는데, 합 S와 올림수 C의 두 출력 비트를 제공하는 이진 덧셈을 수행한다.

덧셈 법칙에 대한 논리 명제는 다음과 같이 기술할 수 있다. $A = 0$이고 $B = 1$ 또는 A가 1이고 B가 0이면 S는 1이고, A와 B가 1이면 C는 1이다. 논리 함수와 같이 이 명제로 다음의 논리식을 나타낼 수 있다.

$$S = \bar{A}B + A\bar{B} \qquad \text{and} \qquad C = AB$$

그림 11.29의 회로는 명백하게 NOT, AND 및 OR 게이트를 이용하여 이 함수를 수행할 수 있다.

전가산기

예제 11.10

문제

다음 그림 11.30의 전가산기(full adder)를 해석하라.

풀이

기지: 논리 회로

미지: 진리표, 함수식

주어진 데이터 및 그림: 그림 11.30

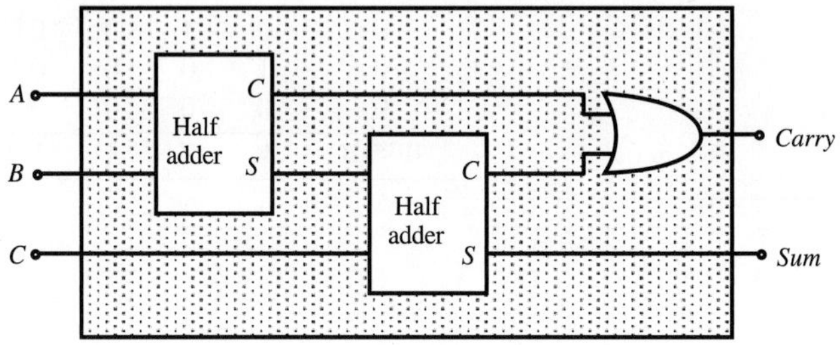

그림 11.30 전가산기의 논리 회로 구현

해석: 전가산기는 이전 연산으로부터의 올림수까지 포함하여, 완전한 2비트 가산을 수행할 수 있는 회로이다. 그림 11.30의 회로는 예제 11.9에 설명된 것과 같은 2개의 반가산기를 사용하고, 두 비트 A와 B와 다른 가산기 회로(전가산기 또는 반가산기)로부터 이전 가산의 올림수의 덧셈을 수행하는 OR 게이트를 사용한다. 아래의 진리표는 이 과정을 설명한다.

A	0	0	0	0	1	1	1	1
B	0	0	1	1	0	0	1	1
C	0	1	0	1	0	1	0	1
Sum	0	0	0	1	0	1	1	1
Carry	0	1	1	0	1	0	0	1

Truth table for full adder

참조: 2개의 4비트 니블의 덧셈을 수행하기 위해서, 첫 번째 열(LSB)에 대한 반가산기와 각각의 부가적인 열에 대한 전가산기, 즉 3개의 전가산기가 필요하다.

연습 문제

다음의 논리식에 대해서 단계적으로 진리표를 작성하라.

a. $\overline{(X+Y+Z)} + (X \cdot Y \cdot Z) \cdot \overline{X}$ b. $\overline{X} \cdot Y \cdot Z + Y \cdot (Z + W)$

c. $(X \cdot \overline{Y} + Z \cdot \overline{W}) \cdot (W \cdot X + \overline{Z} \cdot Y)$

[힌트: n이 논리 변수의 개수라면 진리표는 2^n개의 경우를 고려하여야 한다.]

Answer: (a)

X	Y	Z	Result
0	0	0	1
0	0	1	0
0	1	0	0
0	1	1	0
1	0	0	0
1	0	1	0
1	1	0	0
1	1	1	0

(b)

X	Y	Z	W	Result
0	0	0	0	0
0	0	0	1	0
0	0	1	0	0
0	0	1	1	0
0	1	0	0	0
0	1	0	1	1
0	1	1	0	1
0	1	1	1	1
1	0	0	0	0
1	0	0	1	0
1	0	1	0	0
1	0	1	1	0
1	1	0	0	0
1	1	0	1	1
1	1	1	0	1
1	1	1	1	1

(c)

X	Y	Z	W	Result
0	0	0	0	0
0	0	0	1	0
0	0	1	0	0
0	0	1	1	0
0	1	0	0	0
0	1	0	1	0
0	1	1	0	0
0	1	1	1	0
1	0	0	0	0
1	0	0	1	1
1	0	1	0	0
1	0	1	1	1
1	1	0	0	0
1	1	0	1	0
1	1	1	0	0
1	1	1	1	0

연습 문제

최소 수의 AND, OR 및 NOR 게이트만을 사용해서, 바로 앞의 연습 문제에 나와 있는 3개의 논리 함수를 구현하라.

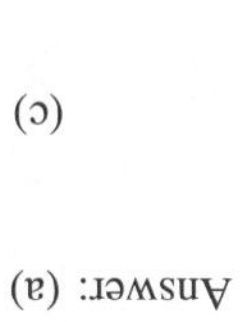

연습 문제

최소 수의 NAND와 NOR 게이트만을 사용해서, 바로 앞의 연습 문제에 나와 있는 3개의 논리 함수를 구현하라. [힌트: 드모르간의 법칙과 $\overline{\overline{f}} = f$ 라는 사실을 이용하라.]

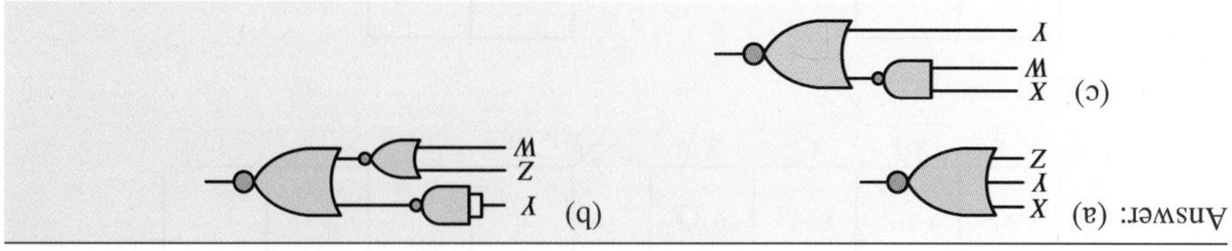

연습 문제

NAND 게이트만을 사용해서, OR 게이트를 얻을 수 있음을 보여라.
[힌트: 3개의 NAND 게이트를 사용하라.]

연습 문제

XOR 함수가 $Z = X \cdot \overline{Y} + Y \cdot \overline{X}$로 표현될 수 있음을 증명하라. NOT, AND 및 OR 게이트를 사용하여, 해당하는 함수를 구현하라. [힌트: 논리 함수 Z에 대한 진리표와 XOR 함수에 대한 진리표를 이용하라.]

11.4 카르노 맵과 논리 설계

논리 게이트를 이용한 논리 함수의 설계에서 주어진 논리식을 구현하는 데 보통 하나 이상의 해가 존재한다. 또한, 다른 어떤 게이트의 조합보다도 함수를 더 효과적으로 수행할 수 있는 조합이 존재한다. 다행히도 논리 함수에 존재하는 변수의 모든 가능한 조합을 보여주는 맵을 이용하는 방법이 있는데, 발명자의 이름을 따서 이를 **카르노 맵**(Karnaugh map)이라고 부른다. 그림 11.31은 2변수, 3변수 및 4변수 카르노 맵의 모양을 두 가지 다른 형태로 보여주고 있다. 그림에서 보듯이, 인접한 모든 항들이 한 비트씩만 변하도록 둘 또는 그 이상의 변수의 행과 열을 배정한다. 예를 들어, 3변수 맵에서 열 01에 인접한 열은 00과 11이다. 또한 N이 논리 변수의 개수일 때, 각 맵은 2^N개의 **셀**(cell)로 구성된다.

카르노 맵의 각 셀은 **최소항**(minterm)으로 구성되어 있는데, 여기서 최소항이란 N개의 논리 변수들의 비보수형과 보수형을 AND 조합한 형태를 의미한다. 예를 들어, 그림 11.31과 같이 3변수($N = 3$)의 경우에 $2^3 = 8$개의 조합, 즉 최소항이 있다. 각 셀의 내용, 즉 최소항은 해당하는 수직 및 수평 좌표에 의해 나타나는 변수들의 곱이다. 예를 들어, 3변수 맵에서 $X \cdot Y \cdot \overline{Z}$는 $X \cdot Y$와 $\overline{Z}$의 교차점에서 나타난다. 다음에는 원하는 출력이 1이 되게 하는 변수의 조합에 해당하는 모든 셀에 1을, 나

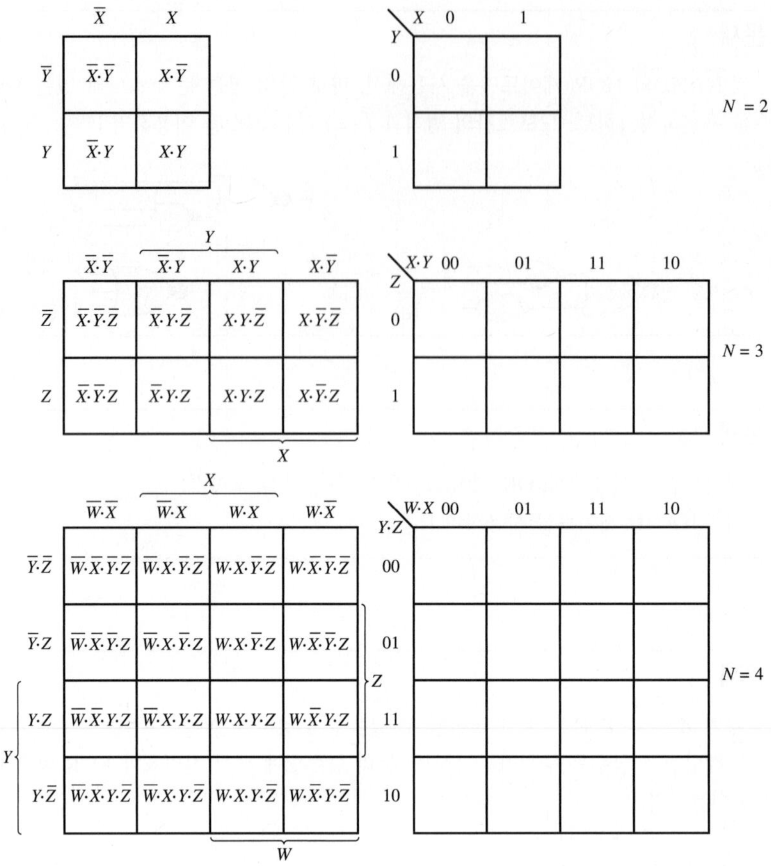

그림 11.31 2변수, 3변수 및 4변수 카르노 맵

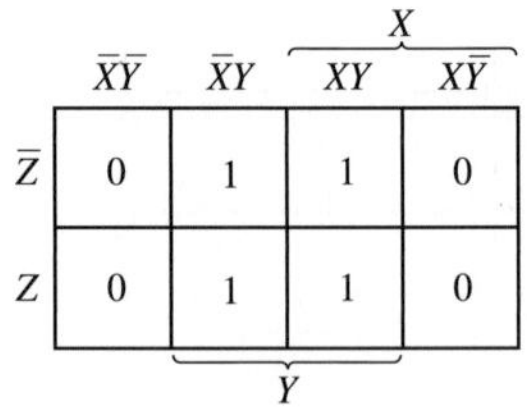

X
$\overline{X}\overline{Y}$ $\overline{X}Y$ XY $X\overline{Y}$
$\overline{Z}$ 0 1 1 0
Z 0 1 1 0
Y

Karnaugh map

X	Y	Z	Desired function
0	0	0	0
0	0	1	0
0	1	0	1
0	1	1	1
1	0	0	0
1	0	1	0
1	1	0	1
1	1	1	1

Truth table

그림 11.32 논리 함수의 진리표와 카르노 맵 표현

머지 셀에는 0을 기입한다. 예를 들어, 변수 X, Y 및 Z가 다음 값을 가질 때마다 출력이 1이 되게 하는 3변수 함수를 고려해 보자.

$X = 0$	$Y = 1$	$Z = 0$
$X = 0$	$Y = 1$	$Z = 1$
$X = 1$	$Y = 1$	$Z = 0$
$X = 1$	$Y = 1$	$Z = 1$

그림 11.32는 이 경우에 대한 진리표와 이에 해당하는 카르노 맵을 함께 보여준다.

카르노 맵에서는 임의의 인접한 셀들은 단지 하나의 변수만이 변하는 최소항으로 배열되어 있다. 이러한 특성은 논리 게이트에 의한 논리 함수의 설계에 있어서 매우 유용하다. 특히, 이 맵의 상단과 하단, 우측과 좌측의 가장자리가 서로 연결된 것처럼 연속적으로 이어진다고 가정한다면 논리 설계에 있어서 더욱 유용하다. 예를 들어, 그림 11.31에서 주어진 3변수의 맵에 대해서 우측 가장자리가 좌측 가장자리와 연결되도록 맵을 "감싼다면", 셀 $X \cdot \overline{Y} \cdot \overline{Z}$는 $X \cdot \overline{Y} \cdot \overline{Z}$에 바로 인접해 있게 된다.

X	W	Y	Z	Desired function
0	0	0	0	1
0	0	0	1	1
0	0	1	0	0
0	0	1	1	0
0	1	0	0	0
0	1	0	1	1
0	1	1	0	1
0	1	1	1	0
1	0	0	0	0
1	0	0	1	1
1	0	1	0	1
1	0	1	1	0
1	1	0	0	0
1	1	0	1	0
1	1	1	0	0
1	1	1	1	1

Truth table for four-variable expression

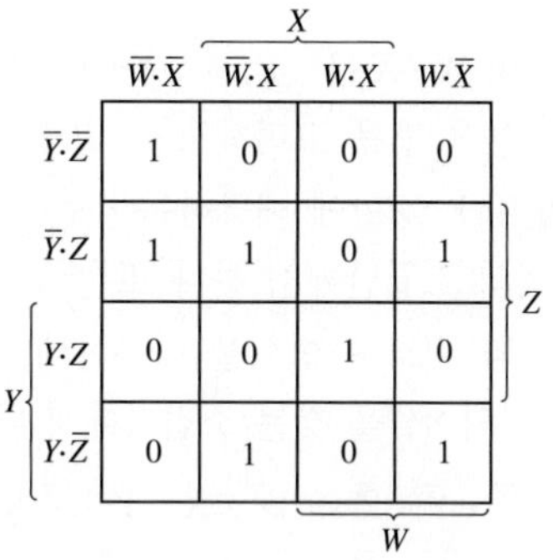

그림 11.33 4변수 카르노 맵

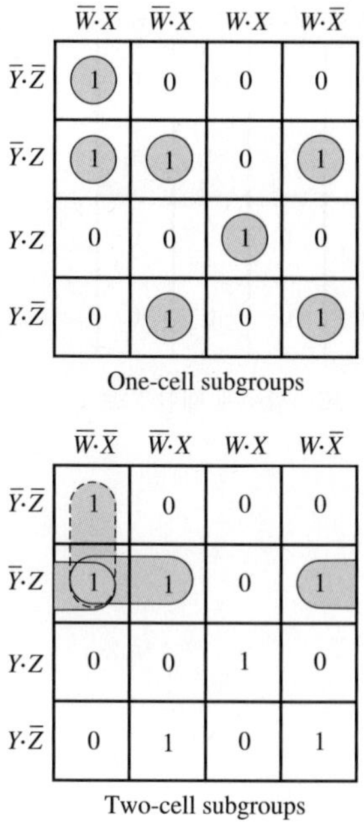

그림 11.34 그림 11.31의 카르노 맵에 대한 소집단

이때 두 셀은 변수 X에 대해서만 서로 다르다는 것을 주목해야 한다.[2]

그림 11.33은 더욱 복잡한 4변수 논리 함수의 경우를 나타낸다. 먼저 논리 1을 갖는 2^m개($m = 1, 2, 3, \ldots, N$)의 인접한 셀들의 집합으로 소집단을 정의한다. 그러므로 소집단은 1, 2, 4, 8, 16, 32, . . .의 셀들로 구성될 수 있다. 그림 11.33의 4변수에 대한 모든 가능한 소집단들을 그림 11.34에 나타내었는데, 이 예에서는 모두 1을 포함하는 4셀을 갖는 소집단은 존재하지 않는다. 또한, 소집단들 간에 몇몇 중복된 부분이 있음에 주목하기 바란다. 그림 11.35는 4셀과 8셀을 가지는 소집단의 예를 보여준다.

일반적으로 맵에서 모두 1을 포함하는 셀들로 구성된 최대의 소집단을 찾는다. 맵과 소집단을 사용하여 논리식을 최소화하는 것은 다음의 부울 대수의 규칙

$$Y \cdot X + Y \cdot \overline{X} = Y$$

을 고려하면 쉽게 설명할 수 있는데, 여기서 Y는 논리 변수들의 곱을 나타낼 수도 있다. 예를 들어, $Y = Z \cdot W$라면 위 식은 $(Z \cdot W) \cdot X + (Z \cdot W) \cdot \overline{X} = Z \cdot W$로 나타낼 수 있다. 이 규칙은 위 식을 Y에 대해 인수 분해하면

$$Y \cdot (X + \overline{X})$$

을 얻게 되며, 항상 $X + \overline{X} = 1$이라는 사실을 사용하면 쉽게 증명할 수 있다. 따라서 변수 X는 논리식에서 전혀 나타날 필요가 없음이 명백해진다.

다음의 논리식을 고려하라.

$$\overline{W} \cdot X \cdot \overline{Y} \cdot Z + \overline{W} \cdot \overline{X} \cdot \overline{Y} \cdot Z + W \cdot \overline{X} \cdot \overline{Y} \cdot Z + W \cdot X \cdot \overline{Y} \cdot Z$$

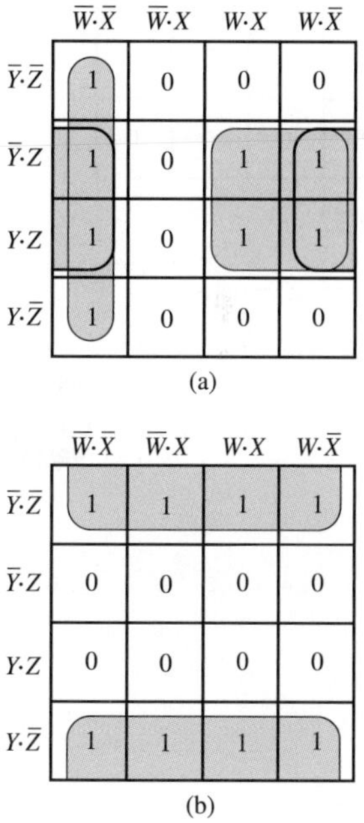

그림 11.35 4셀과 8셀을 갖는 소집단의 예

[2] 2변수 맵의 경우 하나의 최소항은 두 개의 최소항과 인접한다. 마찬가지로 3변수 맵의 경우 하나의 최소항은 3개의 최소항과 인접하며, 4변수 맵의 경우 하나의 최소항은 4개의 최소항과 인접한다.

	$\overline{W}\cdot\overline{X}$	$\overline{W}\cdot X$	$W\cdot X$	$W\cdot\overline{X}$
$\overline{Y}\cdot\overline{Z}$	0	0	0	0
$\overline{Y}\cdot Z$	1	1	1	1
$Y\cdot Z$	0	0	0	0
$Y\cdot\overline{Z}$	0	0	0	0

그림 11.36 함수에 대한 카르노 맵

이 논리식을 인수 분해하면 다음과 같다.

$$\overline{W}\cdot Z\cdot\overline{Y}\cdot(X+\overline{X})+W\cdot\overline{Y}\cdot Z\cdot(\overline{X}+X)=\overline{W}\cdot Z\cdot\overline{Y}+W\cdot\overline{Y}\cdot Z$$
$$=\overline{Y}\cdot Z\cdot(\overline{W}+W)=\overline{Y}\cdot Z$$

이제 최소항 $\overline{W}\cdot X\cdot\overline{Y}\cdot Z$, $\overline{W}\cdot\overline{X}\cdot\overline{Y}\cdot Z$, $W\cdot\overline{X}\cdot\overline{Y}\cdot Z$, $W\cdot\overline{X}\cdot\overline{Y}\cdot Z$에 해당하는 셀에 1을 적어 놓은 맵을 고려해보자. 그림 11.36의 카르노 맵에서처럼 4셀을 갖는 단일의 소집단이 $\overline{Y}\cdot Z$항에 해당하는 것을 쉽게 확인할 수 있다.

임의의 소집단에서 하나 또는 그 이상의 변수들이 다른 변수들과의 모든 조합에서 보수와 비보수 형식을 이루는데, 이러한 변수들은 제거할 수 있다. 한 예로서 그림 11.37의 8셀을 갖는 소집단에서 완전히 전개된 논리식은 다음과 같다.

$$\overline{W}\cdot\overline{X}\cdot\overline{Y}\cdot\overline{Z}+\overline{W}\cdot X\cdot\overline{Y}\cdot\overline{Z}+W\cdot X\cdot\overline{Y}\cdot\overline{Z}+W\cdot\overline{X}\cdot\overline{Y}\cdot\overline{Z}$$
$$+\overline{W}\cdot\overline{X}\cdot\overline{Y}\cdot\overline{Z}+\overline{W}\cdot X\cdot\overline{Y}\cdot\overline{Z}+W\cdot X\cdot\overline{Y}\cdot\overline{Z}+W\cdot\overline{X}\cdot\overline{Y}\cdot\overline{Z}$$

그러나 만약 8셀을 갖는 소집단을 고려한다면, 3개의 변수 X, W 및 Z는 다른 변수들과의 모든 가능한 조합에서 보수와 비보수 형식 모두에서 나타나므로 식에서 제거될 수 있다는 점에 주목하여야 한다. 위의 논리식은 매우 복잡한 표현으로 보이지만, 사실은 간단히 $\overline{Y}$!로 단순화되므로, 논리 설계에서는 단순한 인버터를 사용하여 쉽게 구현할 수 있다.

	$\overline{W}\cdot\overline{X}$	$\overline{W}\cdot X$	$W\cdot X$	$W\cdot\overline{X}$
$\overline{Y}\cdot\overline{Z}$	1	1	1	1
$\overline{Y}\cdot Z$	1	1	1	1
$Y\cdot Z$	0	0	0	0
$Y\cdot\overline{Z}$	0	0	0	0

그림 11.37

곱의 합 및 합의 곱 구현

논리 함수는 곱의 합(SOP) 혹은 합의 곱(POS)으로 표현될 수 있다. 예를 들어, 다음의 논리식은 SOP 형태이다.

$$\overline{W}\cdot X\cdot\overline{Y}\cdot Z+\overline{W}\cdot\overline{X}\cdot\overline{Y}\cdot Z+W\cdot\overline{X}\cdot\overline{Y}\cdot Z+W\cdot X\cdot\overline{Y}\cdot Z$$

카르노 맵은 최소의 곱의 합 형식의 논리식을 결정하는 데 사용할 수 있다.

LO

방법 및 절차
FOCUS ON PROBLEM SOLVING

곱의 합 구현

다음 단계들은 N개의 변수를 가지는 카르노 맵을 이용하여, 논리 함수를 구현하기 위한 최소의 곱의 합을 구하는 방법이다.

1. 2^{N-1}셀 소집단을 형성하는 셀들을 찾는다.
2. 각 소집단을 정의하는 논리식을 결정한다.
3. 상위 소집단에 포함되지 않는 셀들을 이용하여, 2^{N-2}셀 소집단을 찾는다.
4. 각 소집단을 정의하는 논리식을 결정한다.
5. 이 절차를 고립된 셀이 남을 때까지 계속한다.
6. 각 고립된 셀의 논리식을 결정한다.
7. 위의 논리식들을 합한다.

드모르간 법칙은 모든 곱의 합(SOP) 형식은 등가의 합의 곱(POS) 형식을 가진다고 설명한다. 합의 곱 형식의 간단한 예는 $(W + Y) \cdot (Y + Z)$이다. 어떤 논리식은 곱의 합 또는 합의 곱 두 식 중의 하나로 상대적으로 작은 수의 게이트로 구성하는 것이 가능하다.

방법 및 절차
FOCUS ON PROBLEM SOLVING

합의 곱 구현

1. 곱의 합 형식을 구할 때 1에 대해서 한 것과 동일하게, 0을 포함하는 소집단을 찾는다.
2. X를 $\bar{X}$, Y를 $\bar{Y}$, Z를 $\bar{Z}$로 변환하여 보수형 카르노 맵을 만든다.
3. 0으로 구성된 각 소집단은 보수형 카르노 맵의 요소의 합을 표현한다.
4. 그 합들의 곱을 형성한다.

합의 곱 구현 방법은 0으로 구성된 각 소집단을 카르노 맵의 원소들의 곱으로 표현하고, 이들 곱의 합을 형성하고, 전체 합의 보수를 취한다. 드모르간 법칙을 이용하여 정리하면, 그 결과는 등가의 합의 곱 형식이 된다. 예제 11.16과 11.17은 어떻게 한 형식이 다른 방법보다 더 효율적인 해결책인지를 설명한다.

무시 조건

논리 함수의 값이 입력 변수의 어떤 조합에 대해서 0 또는 1이 되도록 허용될 때마다 또 다른 단순화 기법을 적용할 수 있다. 이러한 상황은 종종 문제의 기술 시에 발생한다. 좋은 예로는, 6개의 4비트 니블 [1010], [1011], [1100], [1101], [1110], [1111]은 허용되지 않는 BCD 시스템이다. BCD 니블의 값을 결정하는 데 사용되는 알고리즘은 이들 6개의 니블과는 관계가 없어야 한다. 이와 반대로, 오류 검사 알고리즘은 그렇지 않으며, 오류가 있는 입력 니블을 찾아내야만 한다.

맵의 각 셀의 내용이 1인지 0인지가 중요하지 않을 때 이를 **무시 조건**(don't care condition)이라 하며, $\boldsymbol{x}$로 표시한다. 카르노 맵에서 소집단을 형성할 때, 가장 작은 수의 소집단이 생성되어 최대로 단순화할 수 있도록, 이들 무시항에는 1 또는 0 중 무엇을 넣어도 상관없다.

스탬핑 프레스의 운전을 위한 안전 회로 측정기술

문제

스탬핑 프레스를 작동시키기 위해서 작업자는 서로 1미터 간격으로 떨어져 있는 2개의 버튼(b_1과 b_2)을 눌러야 하고, 프레스로부터 1미터 정도 떨어져 있어야 한다(이는 운전자의 손이 실수로 프레스에 끼는 것을 방지하기 위해서이다). 두 버튼을 누르면, 논리 변수 b_1

(계속)

(계속)

과 b_2는 1이 된다. 그러므로 새로운 변수 $A = b_1 \cdot b_2$를 정의할 수 있는데, $A = 1$일 때는 작업자의 손이 프레스로부터 안전하게 떨어져 있는 경우이다. 그러나 이러한 안전 조건에 더해서, 작업자가 프레스를 작동시키기 전에 다른 조건들이 만족되어야 한다. 프레스는 2개의 작업물, 작업물 I과 작업물 II 중 1개만을 작업할 수 있도록 설계되어 있다. 그러므로 프레스가 작동할 조건은 "작업물 I이 프레스에 있고, 작업물 II는 프레스에 없다." 또는 "작업물 II가 프레스에 있고, 작업물 I은 프레스에 없다."이다. 만약 작업물 I이 프레스에 있는 상태를 논리 변수 $B = 1$로, 작업물 II가 프레스에 있는 상태를 논리 변수 $C = 1$로 표시한다면 프레스의 작동에 추가 요구 조건을 부과할 수 있다. 예를 들어, 프레스에 양 작업물 중 하나를 위치시키는 데 사용되는 로봇이 논리 변수 B와 C에 해당하는 스위치를 동작시켜서 어느 작업물이 프레스에 놓여 있는지를 나타낼 수 있다. 마지막으로, 프레스가 작동되기 위해서는 "준비 완료"인 상태가 되어야 하는데, 이는 이전의 공정이 완료되었다는 조건을 의미하며, 이는 논리 변수가 $D = 1$에 의해서 표시된다고 하자. 이제 앞의 표 11.12의 진리표에 요약되어 있듯이, 프레스의 동작을 4개의 논리 변수의 항으로 나타내었다. 논리 변수의 단지 2개의 조합, 즉 $ABCD = 1011$와 $ABCD = 1101$일 경우에만 프레스가 작동된다는 점에 유의하라. 카르노 맵을 사용하여 아래의 진리표를 구현하는 데 요구되는 논리 회로를 구하라.

표 11.12 스탬핑 프레스의 운전 조건

(A) $b_1 \cdot b_2$*	(B) Part I is in press	(C) Part II is in press	(D) Press is operable	Press operation 1 = pressing 0 = not pressing
0	0	0	0	0
0	0	0	1	0
0	0	1	0	0
0	0	1	1	0
0	1	0	0	0
0	1	0	1	0
0	1	1	0	0
0	1	1	1	0
1	0	0	0	0
1	0	0	1	0
1	0	1	0	0
1	0	1	1	1
1	1	0	0	0
1	1	0	1	1
1	1	1	0	0
1	1	1	1	0

*Both buttons (b_1, b_2) must be pressed for this to be a 1.

풀이

표 11.12는 그림 11.38의 카르노 맵으로 변환될 수 있다. 이 맵에는 1보다 0이 더 많기 때문에 맵에서 0으로 채워지는 소집단을 찾는 것이 더 쉬우며, 이는 합의 곱 형식의 해가 구해짐을 의미한다. 그림 11.38에서 나타난 4개 소집단으로부터

$$A \cdot D \cdot (C + B) \cdot (\overline{C} + \overline{B})$$

을 얻을 수 있으며, 드모르간의 정리에 의해 앞의 식과 등가인

(계속)

(계속)

$$A \cdot D \cdot (C + B) \cdot (\overline{C \cdot B})$$

을 얻을 수 있다. 이는 그림 11.39의 회로에 의해 구현된다.

비교를 위해서 곱의 합 형식에 해당하는 회로를 그림 11.40에 나타내었는데, 이 회로가 더 많은 수의 게이트를 사용하기 때문에 구현에 더 많은 비용이 소요된다.

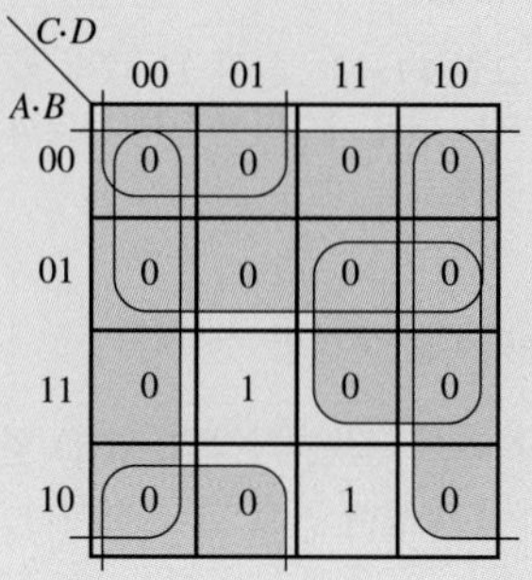

그림 11.38

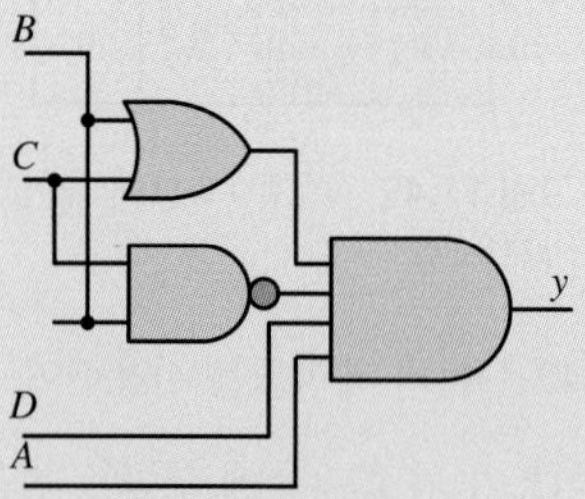

그림 11.39

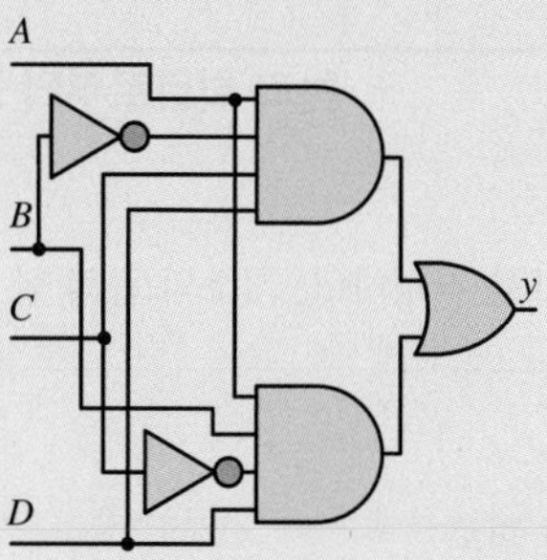

그림 11.40

카르노 맵을 이용한 논리 회로의 설계

예제 11.11

문제

그림 11.41의 진리표를 구현하는 논리 회로를 설계하라.

풀이

기지: $y(A, B, C, D)$에 대한 진리표

미지: y의 구현

가정: 2, 3 및 4 입력 게이트를 사용할 수 있다.

해석: 진리표는 그림 11.42의 카르노 맵으로 표현되었는데, 이 맵에는 이미 1과 0의 값들이 쓰여 있다. 맵에는 4개의 소집단이 있는데, 3개는 4셀 소집단이며, 1개는 2셀 소집단이다. 소집단에 대한 식은 다음과 같다. 2셀 소집단은 $\overline{A} \cdot \overline{B} \cdot \overline{D}$, 맵을 상하로 감싸는 소집단은 $\overline{B} \cdot \overline{C}$, 4×1 소집단은 $\overline{C} \cdot D$, 맵의 하단에 있는 소집단은 $A \cdot D$이다. 그러므로 y에 대한 논리식은

$$y = \overline{A} \cdot \overline{B} \cdot \overline{D} + \overline{B} \cdot \overline{C} + \overline{C}D + AD$$

A	*B*	*C*	*D*	*y*
0	0	0	0	1
0	0	0	1	1
0	0	1	0	1
0	0	1	1	0
0	1	0	0	0
0	1	0	1	1
0	1	1	0	0
0	1	1	1	0
1	0	0	0	1
1	0	0	1	1
1	0	1	0	0
1	0	1	1	1
1	1	0	0	0
1	1	0	1	1
1	1	1	0	0
1	1	1	1	1

그림 11.41

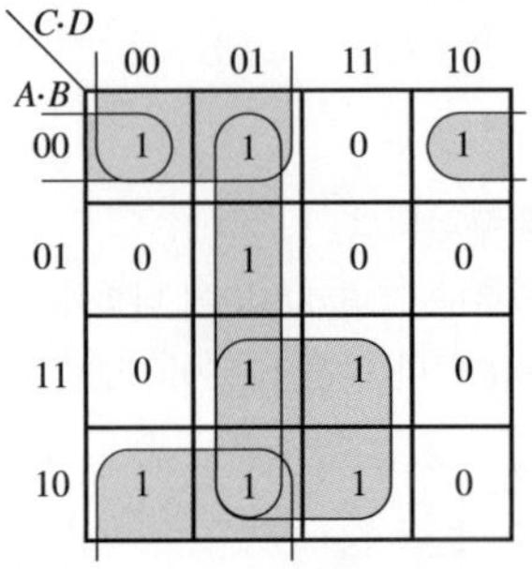

그림 11.42 예제 11.11에 대한 카르노 맵

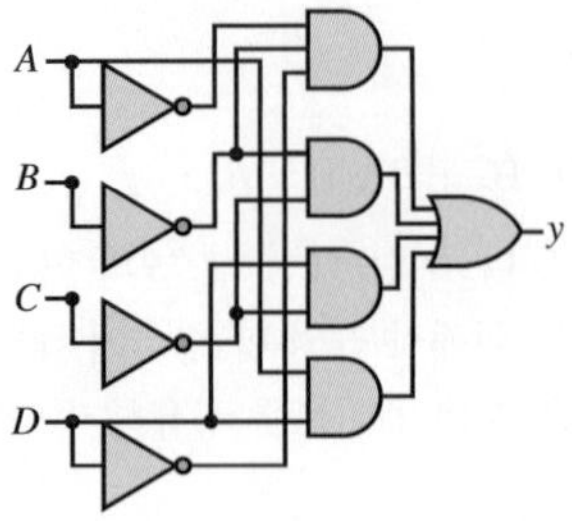

그림 11.43 그림 11.42의 카르노 맵에 해당하는 논리 회로의 구현

그림 11.43은 논리 게이트를 사용하여 위의 논리식을 구현한 것이다.

참조: OR 게이트가 가장 우측에 있다는 점을 주목하라. 그것은 각각의 AND 연산의 합을 출력한다. 그림 11.42의 카르노 맵 작성은 1을 사용하여 작성한 곱의 합 표현이다.

예제 11.12

논리 회로로부터 곱의 합 형식의 논리식의 유도

문제

그림 11.44의 회로로부터 진리표를 작성하고, 최소의 곱의 합 형식의 논리식을 구하라.

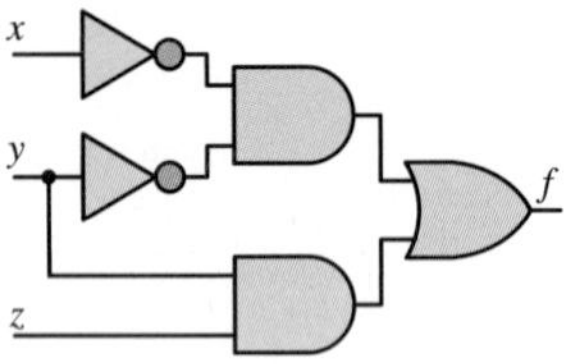

그림 11.44

풀이

기지: $f(x, y, z)$를 나타내는 논리 회로

미지: f에 대한 논리식과 이에 해당하는 진리표

해석: 그림 11.44의 논리 회로에 해당하는 논리식은

$$f = \bar{x} \cdot \bar{y} + y \cdot z$$

와 같으므로, 이에 해당하는 진리표와 카르노 맵은 그림 11.45와 같다.

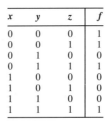

x	y	z	f
0	0	0	1
0	0	1	1
0	1	0	0
0	1	1	1
1	0	0	0
1	0	1	0
1	1	0	0
1	1	1	1

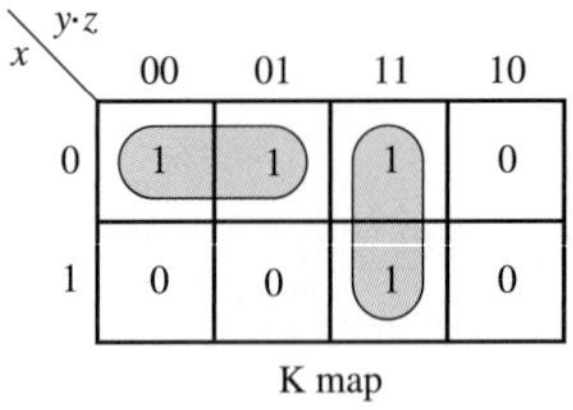

그림 11.45

참조: 이 예제에서 카르노 맵을 0을 사용하여 작성한다면, 그 결과 식은 합의 곱 형식이 된다. 이렇게 나타내더라도, 이 예제의 경우에는 회로의 복잡성은 변하지 않는다. 세 번째 소집단 ($x = 0$, $yz = 01, 11$)이 있지만, 해를 최소화시키는 데 도움을 주지 못하므로 사용하지 않는다는 점에 유의하라.

예제 11.13

NAND 게이트만을 사용한 합의 곱 형식의 논리식의 구현

문제

오직 2입력 NAND 게이트를 사용하여 다음 합의 곱 형식의 논리식을 곱의 합 형식으로 구현하라. 동일한 입력을 가진 NAND 게이트는 NOT 게이트와 같이 동작한다는 것을 유의하라.

$$f = (\bar{x} + \bar{y}) \cdot (y + \bar{z})$$

풀이

기지: $f(x, y, z)$

미지: NAND 게이트만을 사용한 f에 대한 논리 회로

해석: 첫 번째 단계는 NAND 게이트로 쉽게 구현할 수 있는 논리식으로 f에 대한 식을 변환하는 것이다. 드모르간의 정리를 직접 적용하면

$$\bar{x} + \bar{y} = \overline{x \cdot y}$$
$$y + \bar{z} = \overline{z \cdot \bar{y}}$$

을 얻음으로써, 함수 f는

$$f = (\overline{x \cdot y}) \cdot (\overline{z \cdot \bar{y}})$$

로 나타낼 수 있다. 이 함수는 그림 11.46과 같이 5개의 NAND 게이트로 구현할 수 있다.

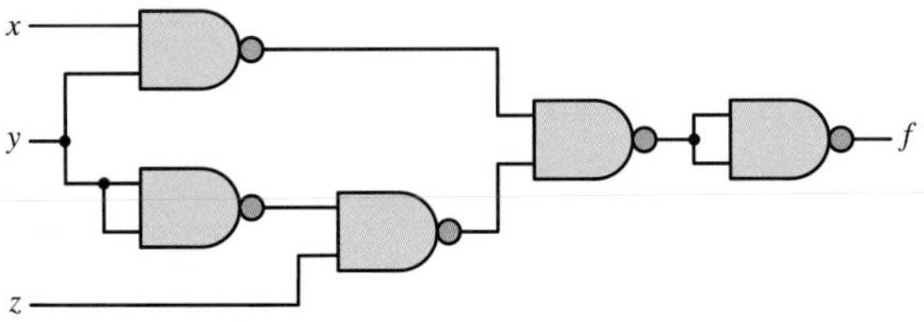

그림 11.46

드모르간의 법칙을 통해서 곱의 합을 구하기 전에, 함수 f에 두 번 보수를 적용한다.

$$f = \overline{\overline{(\overline{x \cdot y}) \cdot (\overline{z \cdot \bar{y}})}} = \overline{(x \cdot y) + (z \cdot \bar{y})}$$

곱의 합은 하나의 NOT 게이트, 두 개의 AND 게이트 및 하나의 NOR 게이트를 필요로 한다. 그러나 NAND 기술이 다른 게이트들보다 빠른 경향을 가지므로, 실제 구현 시에는 그림 11.46의 방식이 선호된다.

예제 11.14

카르노 맵을 사용한 논리식의 단순화

문제

카르노 맵을 사용하여 다음 논리식을 단순화하라.

$$f = x \cdot y + \bar{x} \cdot z + y \cdot z$$

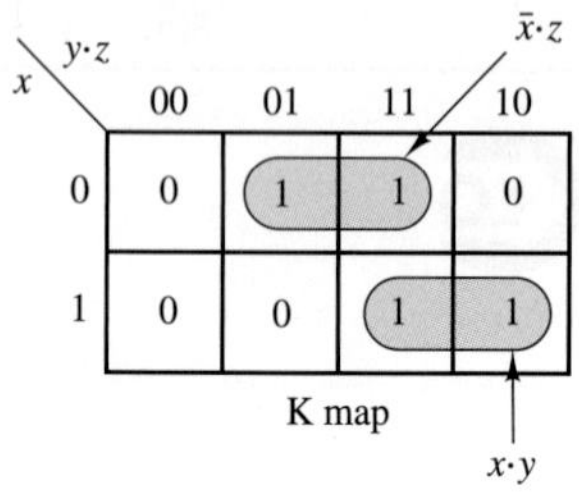

그림 11.47

풀이

기지: $f(x, y, z)$

미지: f에 대한 최소 논리식

해석: 그림 11.47의 3변수 카르노 맵에 표시를 하였다. $f = x \cdot y + \bar{x} \cdot z$와 같이 2개의 소집단으로 1을 포함시킬 수 있다. 따라서 $y \cdot z$ 항은 불필요하게 된다.

참조: $y \cdot z$ 항은 2개의 소집단에 의해서 암시적으로는 포함된다. 그러므로 이 예제에서는 논리식 $x \cdot y + \bar{x} \cdot z + y \cdot z$는 $f = x \cdot y + \bar{x} \cdot z$와 등가이기는 하지만 더 복잡하다.

예제 11.15 카르노 맵을 이용한 논리 회로의 단순화

문제

그림 11.48의 회로에 해당하는 카르노 맵을 유도하고, 이를 이용하여 논리식을 단순화하라.

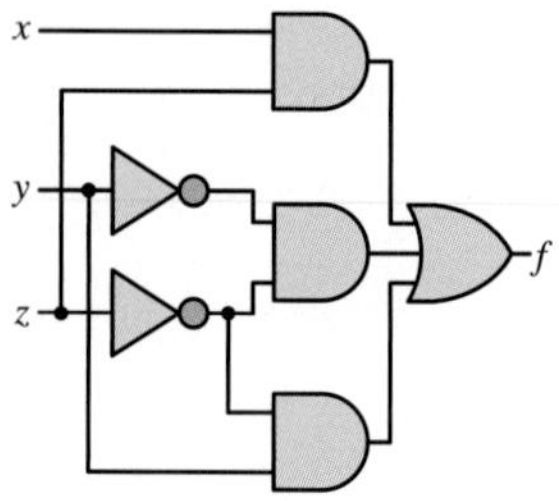

그림 11.48

풀이

기지: 논리 회로

미지: 단순화된 논리 회로

해석: 논리 회로로부터 논리식 $f(x, y, z)$를 결정한다.

$$f = (x \cdot z) + (\bar{y} \cdot \bar{z}) + (y \cdot \bar{z})$$

이 식으로부터 그림 11.49의 카르노 맵을 구할 수 있고, 여기서 2셀을 갖는 3개의 소집단이 있다. 그러나 4셀을 갖는 2개의 소집단을 사용하면, 더 효율적이라는 것을 알 수 있다. 이 향상된 맵은 단순화된 함수 $f = x + \bar{z}$에 해당하며, 이는 그림 11.50의 논리 회로로 나타낼 수 있다.

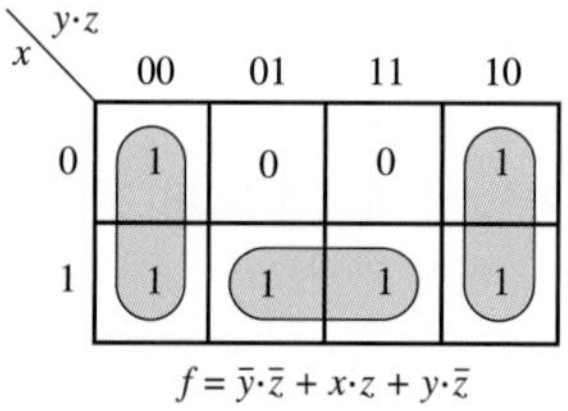

그림 11.49

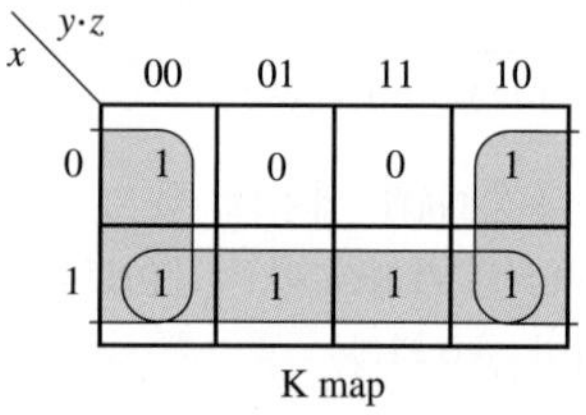

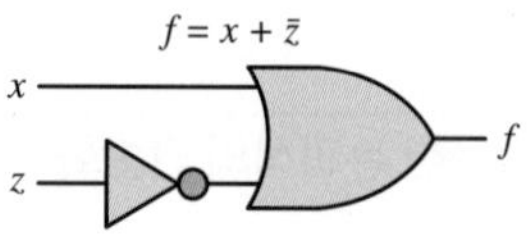

그림 11.50

참조: 일반적으로 소집단의 수가 적을수록 논리식의 항의 수가 적어진다.

합의 곱 형식의 설계

예제 11.16

문제

다음의 진리표에 의해서 정의되는 가장 간단한 합의 곱 형식의 논리 함수 f를 구현하라. 카르노 맵을 도시하라.

x	y	z	f
0	0	0	1
0	0	1	0
0	1	0	1
0	1	1	0
1	0	0	1
1	0	1	0
1	1	0	0
1	1	1	0

풀이

기지: 논리 함수에 대한 진리표

미지: 최소화된 합의 곱 형식의 구현

해석: 그림 11.51의 카르노 맵에서 0으로 채워지는 소집단을 구하면 다음과 같다.

$$f = \bar{z} \cdot (\bar{x} + \bar{y})$$

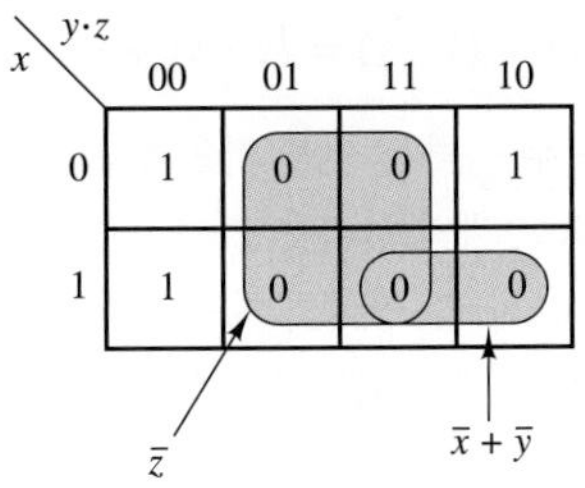

그림 11.51

참조: 곱의 합 형식의 해를 구하여 어느 형식이 더 단순한지를 비교하라.

곱의 합과 합의 곱 형식의 비교

예제 11.17

문제

카르노 맵에서 0과 1을 모두 사용하여 주어진 진리표에 의해서 기술되는 함수 f를 구현하라.

x	y	z	f
0	0	0	0
0	0	1	1
0	1	0	1
0	1	1	1
1	0	0	1
1	0	1	1
1	1	0	0
1	1	1	0

풀이

기지: 논리 함수에 대한 진리표

미지: 곱의 합 형식 및 합의 곱 형식으로 구현

해석:

1. 합의 곱 형식의 논리식. 카르노 맵으로부터 합의 곱 형식의 논리식을 얻기 위해서 0으로 채워지는 소집단을 구한다. 그림 11.52는 이와 같이 작성한 카르노 맵을 나타내며, 이로부터 다음과 같은 합의 곱 형식의 논리식을 유도할 수 있다.

$$f = (x + y + z) \cdot (\bar{x} + \bar{y})$$

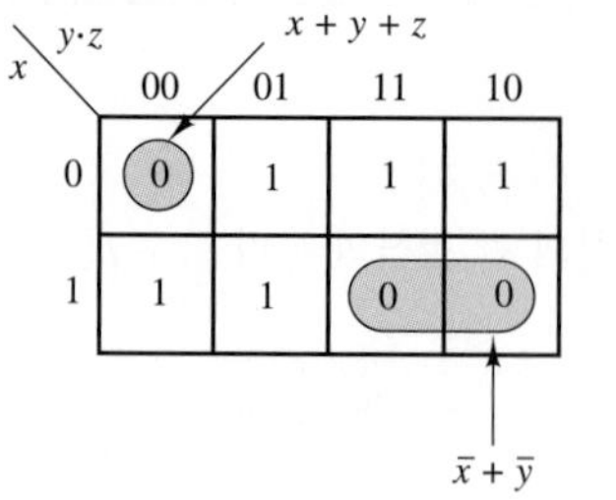

그림 11.52

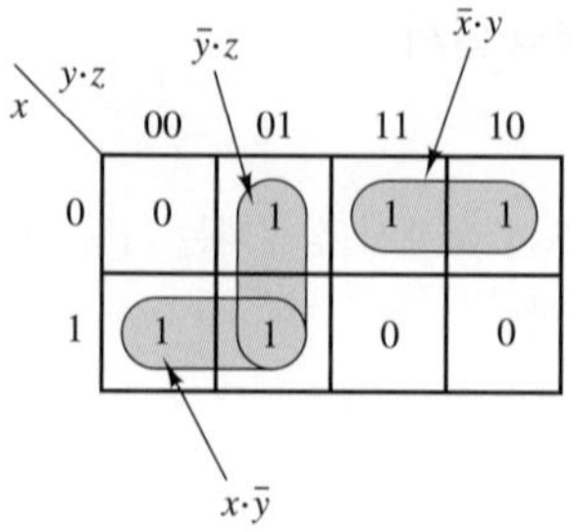

그림 11.53

2. 곱의 합 형식의 논리식. 카르노 맵으로부터 곱의 합 형식의 논리식을 얻기 위해서 1로 채워지는 소집단을 구한다. 그림 11.53은 이와 같이 작성한 카르노 맵을 나타내며, 이로부터 다음과 같은 곱의 합 형식의 논리식을 유도할 수 있다.

$$f = (\bar{x} \cdot y) + (x \cdot \bar{y}) + (\bar{y} \cdot z) = (\bar{x} \cdot y) + (x \cdot \bar{y}) + (\bar{x} \cdot z)$$

참조: 두 개의 곱의 합 형식이 모두 옳다는 것을 확인하라. 합의 곱 형식의 해는 5개의 게이트(3개의 입력을 가지는 1개의 OR, 2개의 입력을 가지는 1개의 OR, 2개의 NOT, 1개의 AND 게이트)를 필요로 하는 반면에, 곱의 합 형식의 해는 6개의 게이트(3개의 입력을 가지는 1개의 OR, 2개의 NOT, 3개의 AND 게이트)를 필요로 한다. 그러므로 합의 곱 형식이 더 단순한 해를 갖는다.

예제 11.18

무시항을 사용한 단순화-1

문제

$f(A, B, C)$에 대해서 합의 곱 형식의 최소화된 논리식을 구하라.

풀이

기지: 논리식, 무시 조건

미지: 최소화된 논리식

주어진 데이터 및 그림:

$$f(A, B, C) = \begin{cases} 1 & \text{for } \{A, B, C\} = \{000, 010, 011\} \\ x & \text{for } \{A, B, C\} = \{100, 101, 110\} \end{cases}$$

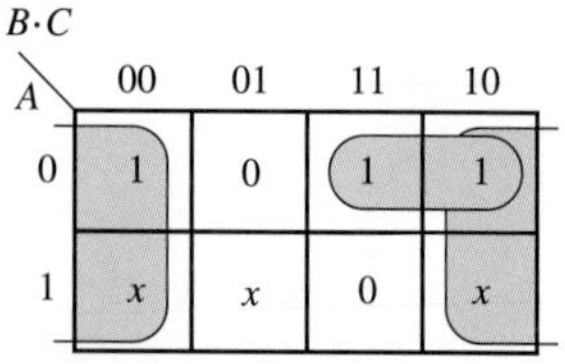

그림 11.54

해석: 그림 11.54의 카르노 맵에서 1과 무시항을 이용하여, 1개의 4셀 소집단과 1개의 2셀 소집단을 얻게 되며, 이로부터 다음과 같은 논리식을 얻는다.

$$f(A, B, C) = \overline{A} \cdot B + \overline{C}$$

참조: 무시항 중 하나를 사용하지 않았는데, 이는 사용하더라도 더 이상 단순화되지 않기 때문이다.

무시항을 사용한 단순화-2

예제 11.19

문제

무시항을 사용하여 다음 식을 단순화하라.

$$f(A, B, C, D) = \overline{A} \cdot \overline{B} \cdot \overline{C} \cdot D + \overline{A} \cdot \overline{B} \cdot C \cdot \overline{D} + \overline{A} \cdot \overline{B} \cdot C \cdot D + \overline{A} \cdot B \cdot \overline{C} \cdot D + A \cdot \overline{B} \cdot C \cdot D + A \cdot B \cdot \overline{C} \cdot \overline{D}$$

풀이

기지: 논리식, 무시 조건

미지: 최소화된 논리식

주어진 데이터 및 그림: 무시 조건 $f(A, B, C, D) = 0100, 0110, 1010, 1110$

해석: 그림 11.55의 카르노 맵에서 1과 무시항을 이용하여, 2개의 4셀 소집단과 1개의 2셀 소집단을 얻게 되며, 이로부터 다음과 같은 논리식을 얻는다.

$$f(A, B, C, D) = B \cdot \overline{D} + \overline{B} \cdot C + \overline{A} \cdot \overline{C} \cdot D$$

참조: 물론 무시항을 0으로 취급한 다음에, 합의 곱 형식으로 나타낼 수도 있다. 위에서 얻은 식이 정말로 최소인지를 확인하여 보아라.

Note that the x's never occur, and so they may be assigned a 1 or a 0, whichever will best simplify the expression.

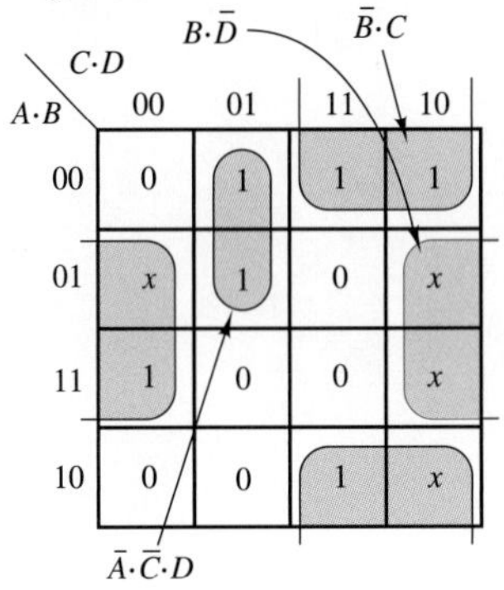

그림 11.55

연습 문제

카르노 맵을 사용하여 다음 식을 단순화하라.

$$\overline{W} \cdot \overline{X} \cdot \overline{Y} \cdot \overline{Z} + \overline{W} \cdot \overline{X} \cdot Y \cdot \overline{Z} + W \cdot X \cdot \overline{Y} \cdot \overline{Z} + W \cdot \overline{X} \cdot \overline{Y} \cdot \overline{Z} + W \cdot \overline{X} \cdot Y \cdot \overline{Z} + W \cdot X \cdot Y \cdot \overline{Z}$$

카르노 맵을 사용하여 다음 식을 단순화하라.

$$\overline{W} \cdot \overline{X} \cdot \overline{Y} \cdot \overline{Z} + \overline{W} \cdot \overline{X} \cdot Y \cdot \overline{Z} + W \cdot X \cdot \overline{Y} \cdot \overline{Z} + W \cdot \overline{X} \cdot \overline{Y} \cdot \overline{Z} + W \cdot \overline{X} \cdot Y \cdot \overline{Z} + \overline{W} \cdot X \cdot \overline{Y} \cdot \overline{Z}$$

Answers: $W \cdot \overline{Z} + \overline{X} \cdot \overline{Z}$; $\overline{Y} \cdot \overline{Z} + \overline{X} \cdot \overline{Z}$

연습 문제

예제 11.16에 대해서 곱의 합 형식으로 구현한다면 더 적은 수의 게이트로 가능한가?

Answer: No

연습 문제

예제 11.17의 합의 곱 형식의 논리식이 더 적은 수의 게이트로 구현될 수 있다는 것을 입증하라.

연습 문제

곱의 합 형식으로 그림 11.53의 회로를 얻을 수 있음을 입증하라.

연습 문제

예제 11.18에서 무시항에 논리값 0을 할당한 다음, 이에 해당하는 최소의 논리 함수를 유도하라. 예제 11.18에서 얻어진 것보다 새로운 함수가 더 단순한가?

예제 11.18에서 무시항에 논리값 1을 할당한 다음, 이에 해당하는 최소의 논리 함수를 유도하라. 예제 11.18에서 얻어진 것보다 새로운 함수가 더 단순한가?

Answers: $f = \overline{A} \cdot B + \overline{A} \cdot \overline{C}$; No; $f = \overline{A} \cdot B + A \cdot \overline{B} + \overline{C}$; No

연습 문제

예제 11.19에서 무시항에 논리값 0을 할당한 다음, 이에 해당하는 최소의 논리 함수를 유도하라. 예제 11.19에서 얻어진 것보다 새로운 함수가 더 단순한가?

Answer: $f = A \cdot B \cdot \overline{C} \cdot \overline{D} + \overline{A} \cdot \overline{C} \cdot D + \overline{A} \cdot \overline{B} \cdot C + \overline{B} \cdot C \cdot D$; No

11.5 조합 논리 모듈

앞 절에서 기술하였던 기본적인 논리 게이트는 보다 복잡한 함수를 구현하는 데 사용되거나 흔히 논리 모듈을 형성하도록 결합된다. 이러한 논리 모듈은 흔히 집적회로(IC) 패키지 형태로 제작된다. 이 절에서는 몇몇 일반적인 **조합 논리 모듈**에 대해서 논의하며, 어떻게 이들이 보다 복잡한 논리 함수를 구현하는 데 사용될 수 있는지를 설명한다.

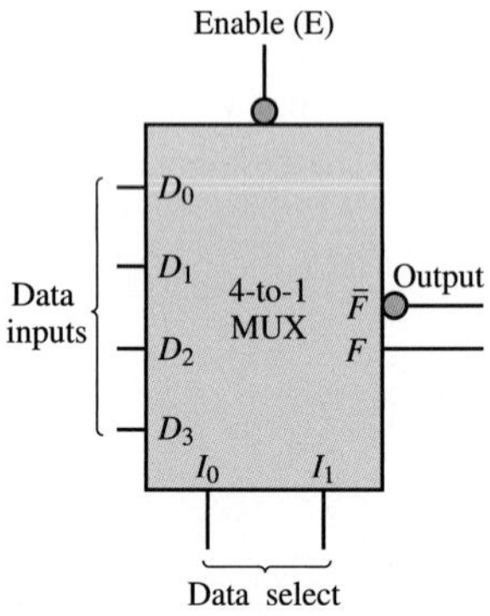

Functional diagram of 4-to-1 MUX

I_1	I_0	F
0	0	D_0
0	1	D_1
1	0	D_2
1	1	D_3

Truth table of 4-to-1 MUX

그림 11.56 4-to-1 MUX

멀티플렉서

멀티플렉서(multiplexer, MUX), 즉 **데이터 선택기**는 조합 논리 회로이다. 전형적인 MUX는 2^n개의 **데이터 선**과 n개의 **주소선**(**선택선** 또는 제어선이라고도 한다), 그리고 단일의 출력선을 가지며, 인에이블(enable)과 같은 또 다른 제어 입력을 갖기도 한다. 상용 MUX는 보통 n이 4까지지만, 더 넓은 범위가 필요하다면 2개 또는 그 이상의 MUX를 결합하여 사용할 수도 있다. MUX는 2^n 입력선 중 하나로부터 2진 정보를 선택하여 출력선으로 보내는데, 이때 출력으로 어느 입력이 선택되는가는 주소선의 신호에 의해 결정된다. 그림 11.56은 4입력(n = 2)의 MUX의 블록 선도를 나타낸다. 입력 데이터 선은 D_0, D_1, D_2 및 D_3로 명명되며 **데이터 선택선**, 즉 주소선은 I_0와 I_1으로 명명된다. 한편, 출력으로는 보수형 및 비보수형의 두 가지가 모두 가능하므로 F와 $\overline{F}$로 명명된다. 마지막으로, E로 명명된 **인에이블**(enable) 입력은 MUX

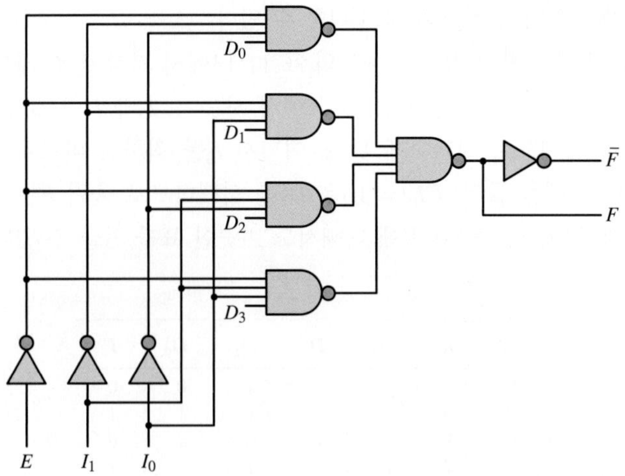

그림 11.57 부논리 인에이블(E = 0이면 작동한다)을 가지는 4-to-1 MUX의 내부 구조

의 동작 여부를 결정해 주는데, 만약 E = 1이면 MUX는 작동하지 않고, E = 0이면 작동한다. 이와 같은 부논리(MUX는 E = 1일 때 off이고, E = 0일 때 on이 됨)는 인에이블 입력에 작은 "동그라미"를 첨가함으로써 표현되는데, 보수 연산(NAND와 NOR 게이트의 출력에서처럼)을 나타낸다. 인에이블 입력은 MUX를 다단계로 확장할 때 유용한데 아주 많은 입력선, 예를 들어 2^8 = 256의 입력에서 한 선을 선택할 필요가 있을 때 유용하게 사용된다.

그림 11.57은 오직 NAND 게이트와 인버터만을 사용한 4:1 MUX의 내부 구조를 보여주고 있다. 그림 11.58은 MUX의 다단계 연결을 도시하고 있다. (현실에서는 하나의 8:1 MUX가 2개의 4:1 MUX의 다단계 연결 대신 사용된다.) 16개보다 많은 데이터선이 있을 경우 MUX의 다단계 연결이 필요할 수 있다.

디지털 시스템의 설계(예를 들어, 마이크로프로세서)에 있어서 단일의 선으로 흔히 2개 또는 그 이상의 다른 디지털 신호를 전송할 필요가 생긴다. 그러나 한 번에 단 하나의 신호만을 보낼 수도 있다. MUX를 사용하면 이 단일 선에 보내고자 하는 신호를 다른 시간에 선택할 수 있다. 클럭을 주소선의 입력으로 사용하면, 여러 신호

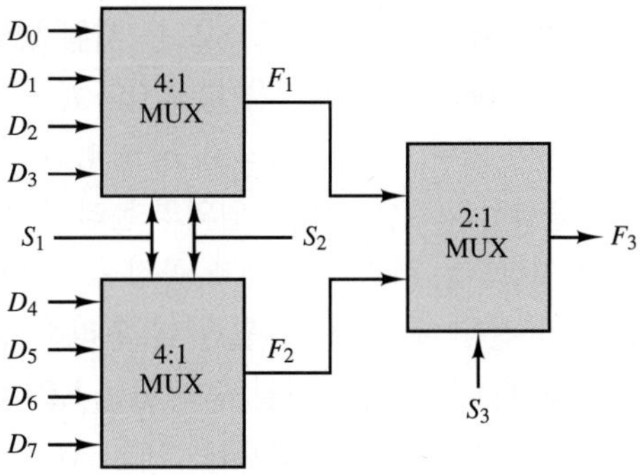

그림 11.58 2개의 4:1 MUX와 이 둘의 신호를 선택하는 세 번째 2:1 MUX의 다단계 연결 방식. 데이터 선택선 S_1, S_2, S_3는 어떤 데이터가 F_3로 선택되는지 결정한다.

들을 다른 순간에 하나의 선을 통해 출력할 수 있다.

MUX의 데이터 선택 기능은 다음의 표 11.13에서 가장 잘 이해할 수 있다. 이 진리표에서 x는 무시항을 나타낸다. 이 표에서 보듯이, I_0와 I_1의 값에 따라 데이터 선 중의 하나를 출력으로 선택하게 된다. 여기서 I_0를 최하위 비트로 가정하였음에 유의하여야 한다. 예를 들어, $I_1I_0 = 10$은 D_2를 선택하므로 출력 F는 데이터 선 D_2의 값을 가지게 된다. 더 큰 MUX에 대해서도 비슷한 표를 만들 수 있다.

표 11.13

I_1	I_0	D_3	D_2	D_1	D_0	F
0	0	x	x	x	0	0
0	0	x	x	x	1	1
0	1	x	x	0	x	0
0	1	x	x	1	x	1
1	0	x	0	x	x	0
1	0	x	1	x	x	1
1	1	0	x	x	x	0
1	1	1	x	x	x	1

Read-Only Memory (ROM)

논리 함수를 구현하는 데 사용되는 또 하나의 일반적인 기법은 **ROM** (read-only memory)을 사용하는 것이다. 이름에서 알 수 있듯이, ROM은 논리 회로에 의해서 "읽혀질" 수는 있지만, 변경될 수는 없는 저장("메모리") 정보를 2진수의 형태로 유지하고 있는 논리 회로이다. ROM은 각각 1이나 0의 정보를 저장할 수 있는 메모리 셀의 배열이다. 이 배열은 $2^m \times n$개의 셀로 구성되어 있는데, 여기서 n은 ROM에 저장된 각 워드의 비트 수이다.[3] ROM에 저장된 정보에 접근하기 위해 m개의 주소선이 요구된다. MUX가 동작하는 것과 유사한 방식으로 주소가 선택되면 선택된 주소에 해당하는 2진 워드가 출력으로 나타나며, 이 출력은 n비트로 구성되어 있다. 즉, 저장된 워드와 같은 비트 수이다. 어떤 면에서는 ROM은 단일 비트 대신에 워드로 구성된 출력을 가지는 MUX로 생각할 수 있다. 간혹 ROM은 복잡한 계산의 결과를 저장하는 참고표(lookup table)로 사용되기도 하는데, 이렇게 하면 실시간으로 마이크로프로세서를 통해서 계산하는 방법 대신, 결과를 "참고"만 하면 된다.

ROM address		ROM content (4-bit words)				
I_1	I_0	b_3	b_2	b_1	b_0	
0	0	0	1	1	0	W_0
0	1	1	0	0	1	W_1
1	0	0	1	1	0	W_2
1	1	1	1	1	1	W_3

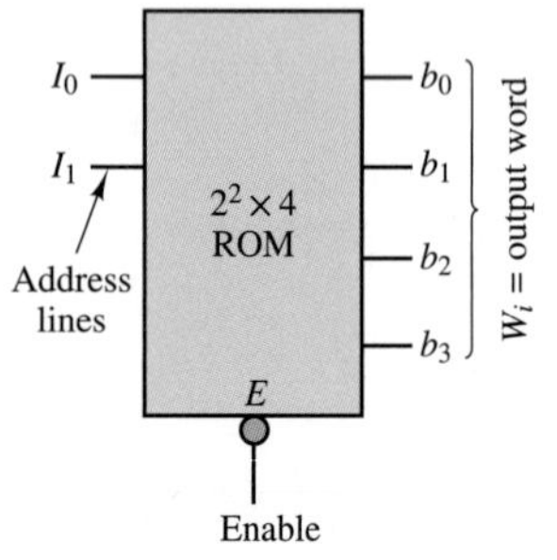

그림 11.59 ROM

그림 11.59는 $n = 4$, $m = 2$인 ROM의 개념적인 배열을 나타낸 것이다. 단지 설명을 위해서 그림의 ROM 표에 임의의 4비트 워드를 채워 넣었다. 그림 11.59에서 만약 인에이블 입력을 0(즉, on)으로 주소선을 $I_0 = 0$와 $I_1 = 1$의 값으로 선택한다면 출력 워드는 $W_2 = 0110$이 되며, 따라서 $b_0 = 0$, $b_1 = 1$, $b_2 = 1$, $b_3 = 0$이 된다. ROM의 내용 및 주소선과 출력선의 수에 의해서 임의의 논리 함수를 구현할 수 있다.

불행하게도, ROM에 저장되는 데이터는 제조 공정 중에 입력되어야 하며, 나중에 변경될 수는 없다. 읽기 전용 메모리보다 훨씬 더 편리한 형태로 내용이 쉽게 프로그램되어 저장될 수 있고 필요하다면 변경될 수도 있는 **EPROM** (erasable programmable read-only memory)이 있다. EPROM은 내용 변경이 가능하고 프로그

[3] 워드의 길이는 시스템의 구성에 따라서 달라진다.

래밍이 쉽기 때문에 많은 실용적인 응용 분야에서 이용된다. 측정 기술은 EPROM을 이용하여 참고표를 저장하는 방법을 보여준다.

디코더와 SRAM

주소의 디코딩이나 메모리 확장 등에 주로 사용되는 **디코더**(decoder: 해독기 또는 복호기라고도 함) 또한 중요한 조합 논리 회로이다. **디코더**는 m비트의 입력 코드를 n비트의 출력으로 변환하는 회로이고, 여기서 $m \le n \le 2^m$이다. 그림 11.60은 두 개의 선택 입력 A, B와 4개의 출력 $\overline{Y}_0$, $\overline{Y}_1$, $\overline{Y}_2$, $\overline{Y}_3$를 가지는 2-to-4 디코더의 논리 회로, 블록 선도 및 진리표를 보여준다. 이 디코더는 액티브 로우(active-low) 인에이블 $\overline{G}$를 포함한다. $\overline{G}$가 1일 때, 디코더의 모든 출력은 입력에 관계없이 1을 출력한다. 디코더는 액티브 로우 논리 회로를 구현하고 있는데, 이 경우 $\overline{G}$의 논리값이 0일 때, 디코더는 오직 하나의 출력값이 0이 되도록 작동된다. 이 경우 다른 출력값은 모두 1이다. 논리값 0을 출력하는 출력선은 선택 입력 A, B의 값에 의해서 결정된다. $\overline{G}$가 0일 때 오직 하나의 출력만이 1이 되고, 다른 출력들은 모두 0이 되는 액티브 하이(active-high) 논리 회로를 가지는 디코더도 있다. 또한 액티브 하이 인에이블을 가지는 디코더도 있다.

이러한 디코더의 기능을 간단히 이해하면, **SRAM** (static random-access memory)의 내부 구조를 논할 수 있다. SRAM은 고속, 대용량, 그리고 저가의 메모리를 제공하도록 내부가 구성되어 있다. 이 메모리 소자에서 메모리 배열은 워드 수와 동일한 열 길이 2^m과 단어당 비트 수에 해당하는 행 길이 N을 가진다. 그러므로 원하는 워드를 선택하기 위해서 m-to-2^m 디코더가 요구된다. 디코더에서 주소 입력은 메모리 배열에서 한 워드만을 선택한다. 메모리 배열에서 원하는 워드를 선택하기 위해서는 적절한 주소 입력이 필요하다. 예를 들어, 메모리 배열에서 워드의 수가 8이면 3-to-8 디코더가 필요하다. 그림 11.61은 전형적인 SRAM의 내부 구성을 나타낸 것이다.

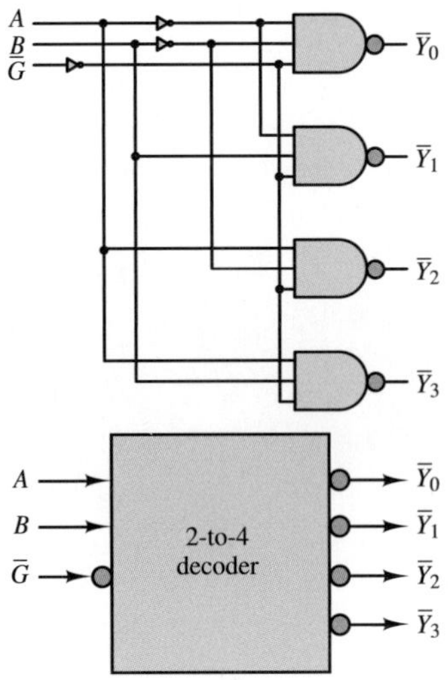

Inputs			Outputs			
Enable	Select					
$\overline{G}$	A	B	$\overline{Y}_0$	$\overline{Y}_1$	$\overline{Y}_2$	$\overline{Y}_3$
1	*x*	*x*	1	1	1	1
0	0	0	0	1	1	1
0	0	1	1	0	1	1
0	1	0	1	1	0	1
0	1	1	1	1	1	0

그림 11.60 2-to-4 디코더

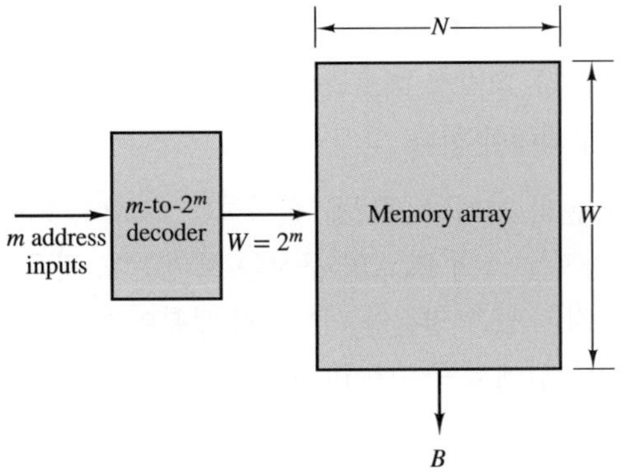

그림 11.61 SRAM의 내부 구성

게이트 어레이와 PLD

오늘날 디지털 논리 설계는 대부분의 경우 **PLD** (programmable logic device)를 사용하여 수행한다. 초기의 PLD는 AND와 OR 게이트의 어레이로 구성되어 있으며,

이 게이트들은 연결을 프로그램으로 할 수 있다. 필요한 논리적 연결을 프로그래밍하는 것을 통해서, 특수한 논리 기능이 구현된다. 최근에는 PLD들이 간단한 게이트들의 어레이 대신에, 프로그램이 가능한 논리 블록들의 어레이로 구성되고 있다. 이러한 소자들은 플립플롭을 포함하고 있기 때문에, 순차 논리 설계(12장 참고)에 적합하다. 모든 PLD들은 **HLD** (hardware description language)라고 불리는 특수한 프로그래밍 언어를 사용하여 프로그램할 수 있다. 일반적으로 다음 4가지 형태의 PLD를 정의할 수 있다.

1. ***PAL (programmable array logic)*:** 프로그램이 가능한 AND 게이트 어레이들의 출력이 고정된 OR 게이트 어레이에 연결된 초기 PLD
2. ***PLA (programmable logic array)*:** 프로그램이 가능한 AND 게이트 어레이들의 출력이 프로그램이 가능한 OR 게이트 어레이에 연결된 초기 PLD. 이러한 소자들은 PAL보다 많은 프로그램의 유연성을 가진다.
3. ***CPLD (complex programmable logic device)*:** 여러 개의 PLD들이 하나의 패키지에 있어서, 더욱더 복잡한 논리 연산을 할 수 있는 현대의 소자. PLD들은 프로그램을 통해 상호 연결이 가능하다. 각각의 PLD는 플립플롭과 쌍으로 연결되어 있어, 조합 논리 회로 및 순차 논리 회로에 적합하다. 재프로그램이 가능한 이 소자의 연결 정보는 비휘발성인 **EPROM**에 저장되어 있어서, 전원 상태와 관계없이 유지된다.
4. ***FPGA (field-programmable gate array)*:** 프로그램이 가능한 논리 블록들의 어레이가 프로그램이 가능한 상호 연결을 통해서 결합하는 현대의 PLD. 프로그램이 가능한 논리 블록은 다수의 n개 입력 **참고표**(look-up table, LUT), 다양한 멀티플렉서, 다수의 플립플롭 등으로 구성되어 있다. 이 소자는 수만에서 수십만 개의 프로그램이 가능한 논리 블록으로 구성되어 있어서, 현재 가장 유연한 PLD이다. FPGA는 프로그램이 가능한 연결에 **RAM** 블록을 포함시켜서, 논리 설계의 일부로 RAM을 사용한다. 재프로그램이 가능한 이러한 소자의 프로그램 정보는 통상 휘발성 메모리에 저장이 되기 때문에, 전원이 켜진 후에 다시 프로그램이 되어야 한다.

PLA를 사용한 논리 설계의 개념을 설명하기 위하여, 그림 11.62는 3개의 입력과 2개의 출력을 가지는 소형 PLA의 구성을 보여준다. 작은 원은 프로그램이 가능한 연결 지점이다. 검은 원은 연결이 이루어진 부분이며, 흰 원은 연결이 이루어지지 않은 부분이다. 이 그림에서 구현된 PLA의 논리 기능은 다음과 같다.

$$O_1 = \overline{I}_1 \cdot I_2 + \overline{I}_3$$
$$O_2 = I_1 \cdot \overline{I}_2 \cdot I_3 + I_2 \cdot \overline{I}_3$$

그림 11.63은 동일한 기능을 가지는 논리 회로 및 PLA가 이 기능을 구현하는 HDL 코드이다. HDL은 먼저 입력과 출력을 정의한다. 다음으로 수식들은 출력들의 결과를 정의하는 논리 기능을 기술한다. 기호 “&”는 논리 기능 AND를 나타내고, 기호 “|”는 논리 기능 OR을 나타낸다.

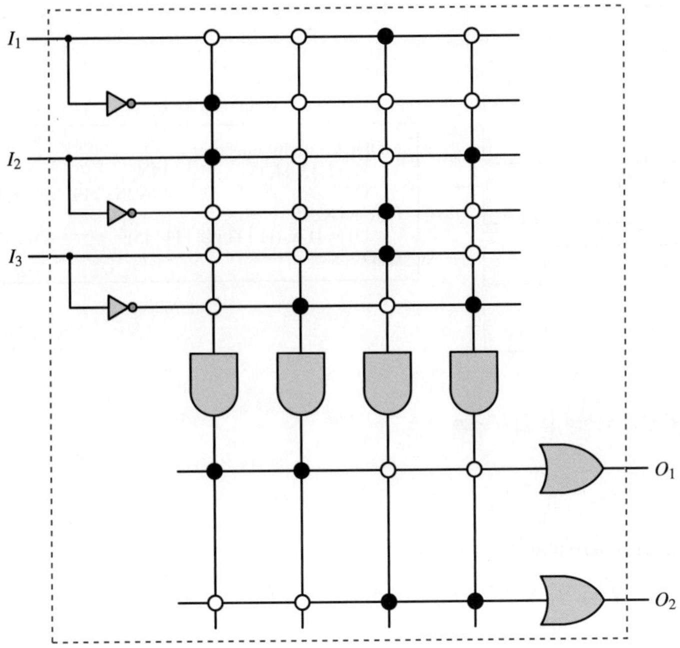

$$O_1 = \overline{I}_1 \cdot I_2 + \overline{I}_3$$

$$O_2 = I_1 \cdot \overline{I}_2 \cdot I_3 + I_2 \cdot \overline{I}_3$$

그림 11.62 간단한 PLA의 내부 구성

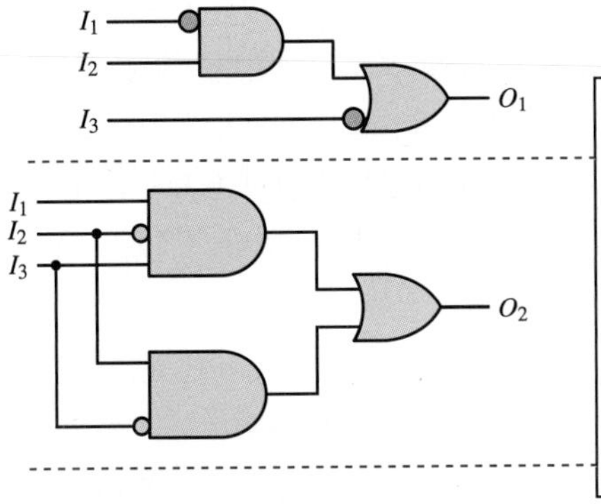

(a)

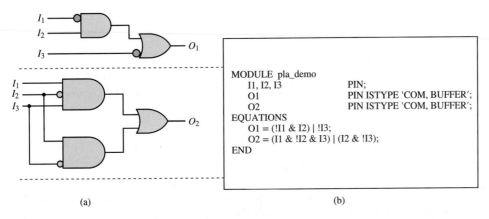

```
MODULE  pla_demo
    I1, I2, I3                    PIN;
    O1                            PIN ISTYPE 'COM, BUFFER';
    O2                            PIN ISTYPE 'COM, BUFFER';
EQUATIONS
    O1 = (!I1 & I2) | !I3;
    O2 = (I1 & !I2 & I3) | (I2 & !I3);
END
```

(b)

그림 11.63 (a) 논리 회로, (b) 이에 해당하는 HDL 코드

PLD의 두 번째 예시는 12장에서 자세하게 다루어질 타이밍 선도를 다룬다. 그림 11.64는 다중 연료 분사가 수행되는 자동차의 연료 분사 장치와 관련된 타이밍 선도이다. 3개의 파일롯 분사와 하나의 주 분사가 수행되는데, 마스터 제어 라인이 전체 시퀀스가 인에이블한다. 그림의 하단에 "인젝터 연료 펄스"라 표시된 출력 시퀀스는 3개의 파일롯 펄스와 주 펄스의 조합의 결과이다. 그림 11.64(a)의 타이밍 선도에 기초하여, 다음과 같은 입출력을 사용한다. I1=마스터 제어, I2=파일롯 분사 #1, I3=파일롯 분사 #2, I4=파일롯 분사 #3, I5=주 분사 및 O1=인젝터 연료 펄스.

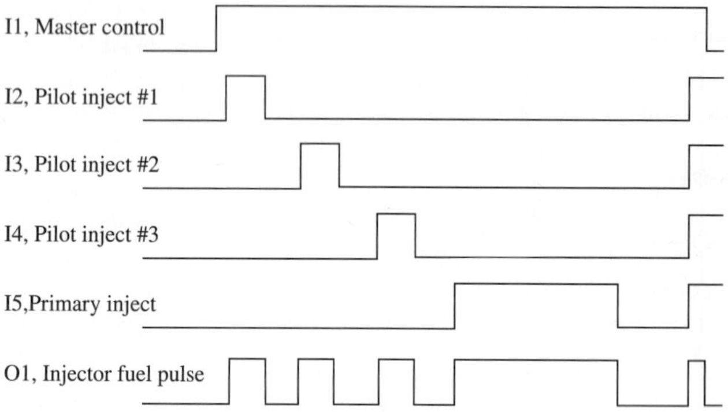

(a)

```
MODULE multi_injection
    I1, I2, I3, I4, I5          PIN;
    O1                          PIN ISTYPE 'COM, BUFFER';
EQUATIONS
    O1 = I1 & (I1 | I2 | I3 | I4 | I5);
END
```

(b)

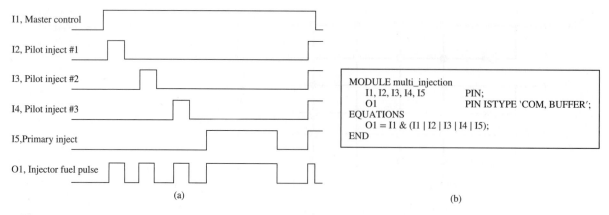

그림 11.64 (a) 인젝터 타이밍 시퀀스, (b) 다중 분사 시퀀스를 위한 샘플 코드

필요한 기능은 다음과 같다.

$$O_1 = I_1 \cdot (I_2 + I_3 + I_4 + I_5)$$

이 기능은 그림 11.64(b)의 코드에 의해서 구현된다.

마지막 예시는 일반적으로 **CLB** (configurable logic block)라고 불리는 FPGA의 논리 블록을 이용해서 논리 기능을 구현하는 것을 보여준다. 그림 11.65(a)는 4개의 입력을 가지는 LUT 1개, 하나의 플립플롭, 그리고 2개의 입력을 가지는 MUX 1개로 구성된 간단한 CLB의 배치이다. 논리 기능 $O_2 = I_1 \cdot \overline{I}_2 \cdot I_3 + \overline{I}_2 \cdot I_3$을 구현하기 위해서 그림 11.65(b)의 값을 이용해 LUT를 프로그램한다. 해당 기능을 조합 논리로 구현하기 위해서는 CLB의 플립플롭을 우회하고, MUX의 입력 S를 0으로 한다. 해당 기능을 순차 논리로 구현하기 위해서, MUX의 입력을 1로 한다.

일반적인 FPGA는 수천 개의 CLB가 어레이로 구성되어 있다. CLB의 구성 요소는 FPGA의 제품군과 제작사에 따라서 다양하다.

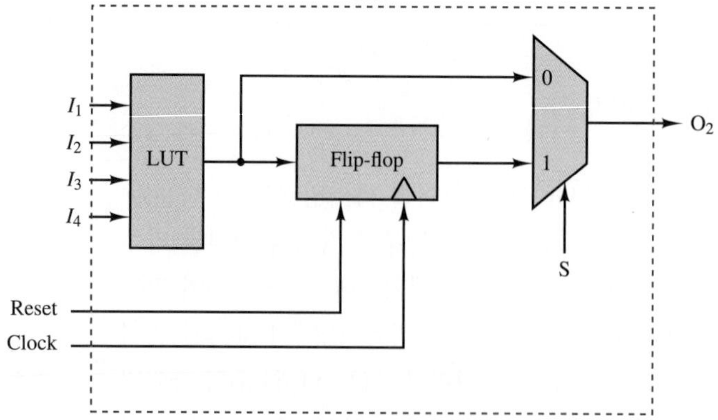

(a)

I_1	I_2	I_3	I_4	O_2
0	0	0	×	0
0	0	1	×	0
0	1	0	×	1
0	1	1	×	0
1	0	0	×	0
1	0	1	×	1
1	1	0	×	1
1	1	1	×	0

(b)

그림 11.65 (a) 간단한 CLB, (b) 참고표의 예시

측정기술

연료 분사 시스템 제어를 위한 EPROM에 근거한 참고표

EPROM의 가장 일반적인 응용 중의 하나는 산술 참고표(탐색표라고도 함)이다. 참고표는 어떤 함수의 값을 미리 계산하여 저장함으로써, 실제로 함수를 계산할 필요성을 줄여주는 역할을 한다. 이러한 개념은 배기가스 제어 시스템의 일부로서 1980년대 초부터 미국에서 생산된 모든 자동차에 적용되어 왔다. 촉매 변환기가 배기가스의 배출을 최소화하기 위해서는 공기량/연료량으로 정의되는 공연비를 가능한 한 최적값인 14.7에 가깝도록 유지할 필요가 있다. 대부분의 현대적인 엔진은 각 독립된 실린더에 정확한 양의 연료를 제공해 줄 수 있는 연료 분사 시스템을 갖추고 있다. 그러므로 정확한 공연비를 유지하기 위해서는 각 실린더로 유입되는 공기량을 측정하고, 이에 해당하는 연료량을 계산하여야 한다. 대부분의 자동차는 각 엔진 사이클 동안 각 실린더로 유입되는 공기 유입량을 측정할 수 있는 공기 유량 센서를 갖추고 있다. 공기 유량 센서의 출력을 변수 M_A로 표기하고, 이 변수가 특정한 행정 동안에 실제로 실린더에 유입되는 공기의 질량(g 단위)을 나타낸다고 하자. 그러면 공연비 14.7을 얻기 위해서 요구되는 연료량 M_F (g 단위)에 대한 계산은 단순히 다음과 같이 주어진다.

$$M_F = \frac{M_A}{14.7}$$

비록 위의 계산은 간단한 나눗셈이지만, 자동차에 사용되는 저가의 디지털 컴퓨터에서의 실제 계산은 다소 복잡하게 된다. 따라서 많은 수의 M_A 값과 이에 대응되는 변수 M_F 값을 미리 계산하고, 이 결과를 표로 작성하여 EPROM에 저장하여 사용하는 것이 훨씬 간단하다. 만약 EPROM의 주소가 표에 나와 있는 공기량과 일치하고, 각 주소에 있는 내용이 연료량에 해당하도록 한다면($M_F = M_A/14.7$의 식에 따라서 미리 계산된 결과에 따라), 위의 나눗셈을 수행할 필요가 없게 된다. 즉, 한 실린더로 들어가는 공기량을 측정함으로써 EPROM의 주소가 결정되고, 그에 해당하는 내용을 판독함으로써 바로 특정한 실린더가 요구하는 연료량을 알 수 있게 된다.

그러나 실제 구현에서 연료량은 연료 분사기가 열려 있는 시간 간격으로 변환되어야 하는데, 이러한 변환 인자 또한 참고표에서 고려될 수 있다. 예를 들어, 연료 분사기가 초당 K_F g/s의 연료를 분사한다고 가정하면, 실린더 안으로 M_F g의 연료를 분사하기 위해 연료 분사기가 열려 있어야 하는 시간 T_F는 다음과 같다.

$$T_F = \frac{M_F}{K_F}\ \text{s}$$

그러므로 미리 계산되어 EPROM에 저장되어야 할 완전한 식은

$$T_F = \frac{M_A}{14.7 \times K_F}\ \text{s}$$

이 된다. 그림 11.66은 이 과정을 가시적으로 보여주고 있다.

(계속)

(계속)

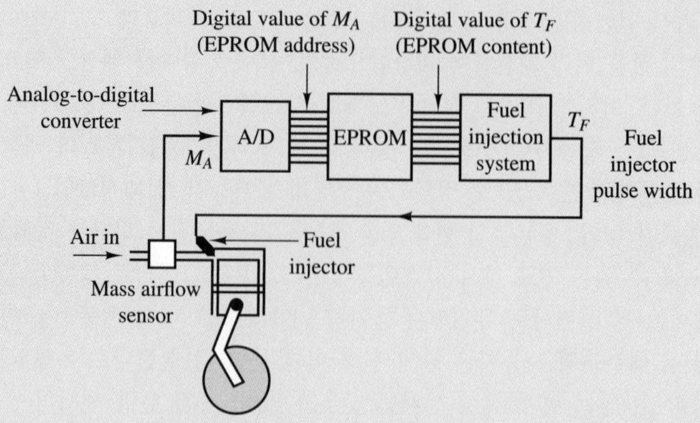

그림 11.66 자동차의 연료 분사 시스템에서 EPROM 참고표를 사용한 예

수치를 사용한 예로, 가상적인 엔진이 $0 < M_A < 0.51$ g의 범위 내에서 공기를 흡입할 수 있고, 1.36 g/s의 비율로 연료를 분사하는 연료 분사기를 갖추고 있다고 하자. 이 경우에 T_F와 M_A의 관계는 다음과 같다.

$$T_F = 50 \times M_A, \quad \text{ms}$$

만약 M_A의 디지털 값이 dg (decigram, 1/10 g) 단위로 표시된다면, 그림 11.67의 참고표를 구현할 수 있으며, 이는 EPROM에 의해 제공되는 변환 능력을 보여준다. 이때 관심 있는 양을 8비트 EPROM에 적합한 2진 형식으로 나타내기 위하여, 공기량과 시간의 단위를 변환하였음에 유의하기 바란다.

M_A (g) × 10^1	Address (digital value of M_A)	Content (digital value of T_F)	T_F (ms)
0	00000000	00000000	0
1	00000001	00000101	5
2	00000010	00001010	10
3	00000011	00001111	15
4	00000100	00010100	20
5	00000101	00011001	25
⋮	⋮	⋮	⋮
51	00110011	11111111	255

그림 11.67 자동차의 연료 분사 시스템에 사용되는 참고표

연습 문제

4-to-1 MUX에서 데이터 선 D_3를 선택하려면, 어떤 제어선의 조합이 필요한가?

8개 데이터 입력(D_0에서 D_7)과 3개의 제어선(I_0에서 I_2)을 가지는 8-to-1 MUX가 데이터 선택기로 사용될 수 있다는 것을 증명하라. 또 데이터 선 D_5를 선택하려면 어떤 제어선의 조합이 필요한가?

8-to-1 MUX에서 데이터 선 D_4를 선택하려면 어떤 제어선의 조합이 필요한가?

Answer: D_3를 선택하기 위해서, I_1I_0 = 11을 사용, D_5를 선택하기 위해서 $I_2I_1I_0$ = 101을 사용, D_4를 선택하기 위해서 $I_2I_1I_0$ = 100을 사용

연습 문제

메모리 배열에서 워드의 수가 16이라면, 얼마나 많은 주소 입력이 필요한가?

Answer: 4개

결론

이 장은 디지털 논리 회로에 대한 개괄적인 내용을 포함하고 있다. 이들 회로는 모든 디지털 컴퓨터와 산업용이나 가전용으로 사용되는 대부분의 전자 소자의 기초가 된다. 이 장을 마치고 나면 다음과 같은 내용을 이해할 수 있다.

1. 아날로그와 디지털 신호 및 양자화의 개념을 적용한다.
2. 10진법과 2진법 간의 변환 및 16진법, BCD 및 그레이 코드를 이해한다. 2진법과 16진법은 수치 계산의 기초가 된다.
3. 진리표를 작성하고 논리 게이트를 사용하여 진리표로부터 논리 함수를 구현한다. 부울 대수를 사용하면 비교적 간단한 규칙을 사용하여 디지털 회로의 해석을 수행할 수 있다. 진리표를 통해서 논리 함수를 쉽게 가시화할 수 있으며, 논리 게이트를 사용하여 이들 함수를 구현할 수 있다.
4. 카르노 맵을 사용하여 논리 함수를 체계적으로 설계한다. 논리 회로는 카르노 맵이라 불리는 확장된 진리표를 사용하여 체계적으로 설계할 수 있다. 카르노 맵을 사용하면 논리식을 단순화할 수 있으며, 곱의 합이나 합의 곱 형태로 논리 게이트를 구현할 수 있다.
5. 멀티플렉서, 메모리, 디코더, 프로그래머블 논리 어레이 등을 포함하는 다양한 조합 논리 모듈을 적용한다. 실용적인 디지털 논리 회로가 단지 개별적인 몇 개의 논리 게이트로 구성되는 경우는 드물며, 이들 게이트들이 통합된 조합 논리 모듈의 형태로 사용된다.

숙제 문제

11.2절: 2진수 체계

11.1 다음의 10진수를 16진수와 2진수로 변환하라.

a. 303 b. 275 c. 18 d. 43 e. 87

11.2 다음의 16진수를 10진수와 2진수로 변환하라.

a. *C* b. 44 c 28 d. 59 e. 14

11.3 다음의 10진수를 2진수로 변환하라.

a. 231.45 b. 58.78 c. 21.22 e. 93.375

11.4 다음의 2진수를 16진수와 10진수로 변환하라.

a. 1101 b. 1000100 c. 1111100 d. 1110000
e. 10000 f. 101010

11.5 다음의 덧셈을 2진법에 기초하여 수행하라.

a. 10101111 + 10100
b. 111100001 + 111000
c. 111001011 + 111001

11.6 다음의 뺄셈을 2진법에 기초하여 수행하라.

a. 11010001 – 11100
b. 11111100 – 101010
c. 100110110 – 1001100

11.7 최상위 비트가 부호 비트라 가정하고, 다음의 부호-크기 형식의 8비트 2진수에 해당하는 10진수를 구하라.

a. 10100111 b. 01010110 c. 11111100

11.8 다음 10진수를 부호-크기 형식의 2진수로 표현하라.

a. 122 b. –110 c. –87 d. 40

11.9 다음 2진수의 2의 보수를 구하라.

a. 1110 b. 1100101 c. 1110000 d. 11100

11.10 엄지손가락을 포함하여 모두 10개의 손가락을 가지고 있다고 가정하자.

a. 2진법에서 10개의 손가락으로 얼마나 높은 수까지 셀 수 있는가?

b. 6진법에서 손가락으로 얼마나 높은 수를 계수할 수 있는가? 이때, 한 손의 손가락으로는 수를, 다른 한 손으로는 올림수를 계수한다.

11.3절: 부울 대수와 논리 게이트

11.11 진리표를 사용하여 다음을 증명하라.

$$\overline{A} + AB = \overline{A} + B.$$

11.12 논리 게이트를 사용하여 다음 논리 함수를 구현하고, 진리표를 작성하라.

$$Y = (A + \overline{B}) \cdot (\overline{C} \cdot D) + A$$

11.13 완전 귀납법에 의한 증명을 사용하여 다음을 보여라.

$$(X + Y) \cdot (\overline{X} + X \cdot Y) = Y$$

11.14 부울 대수를 사용하여 다음 표현을 단순화하고, 논리 게이트를 사용하여 논리 회로를 도시하라.

$$Y = \overline{A} \cdot \overline{B} \cdot C + \overline{A} \cdot B \cdot C + \overline{A} \cdot \overline{C}$$

11.15 부울 대수를 사용하여 다음의 논리식을 단순화하라.

$$Y = A \cdot \overline{B} \cdot \overline{C} + A \cdot \overline{B} \cdot C + \overline{A} \cdot B \cdot C + A \cdot B \cdot C$$

11.16 부울 대수를 사용하여 다음의 논리식을 단순화하라.

$$Y = \overline{A} \cdot \overline{B} \cdot \overline{C} + \overline{A} \cdot \overline{B} \cdot C + \overline{A} \cdot B \cdot \overline{C}$$

11.17 그림 P11.17의 진리표에 등가인 논리 함수를 구하라.

A	*B*	*C*	*F*
0	0	0	0
0	0	1	1
0	1	0	0
0	1	1	1
1	0	0	1
1	0	1	1
1	1	0	1
1	1	1	1

그림 P11.17

11.18 그림 P11.18의 회로 동작을 나타내는 논리 함수를 결정하고, 부울 대수를 사용하여 단순화하라.

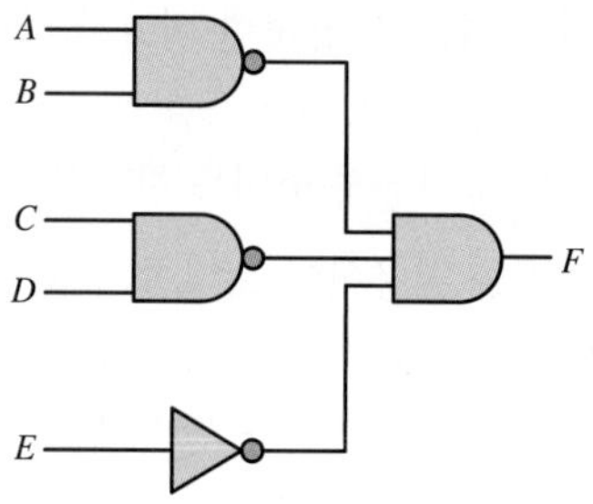

그림 P11.18

11.19 진리표를 사용하여, 그림 P11.19의 회로의 출력이 1임을 보여라.

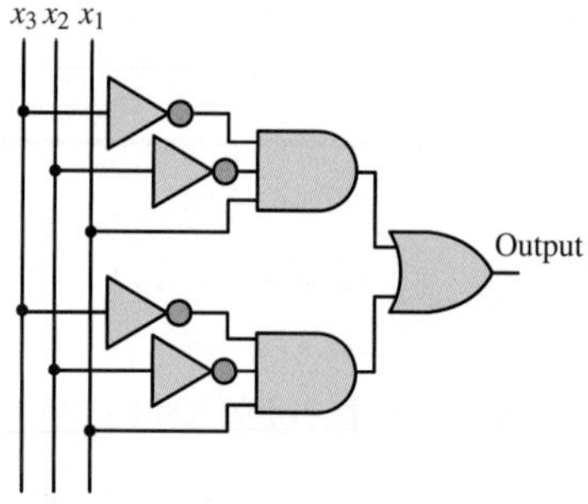

그림 P11.19

11.20 야구는 복잡한 경기이므로 감독은 판단에 관련되는 모든 규칙을 따르는 데 흔히 어려움을 갖게 된다. 응원하는 야구팀을 돕기 위해서 감독이 도루 신호를 주어야 하는 상황에서 불이 켜지도록 하는 논리 회로를 설계하고자 한다. 즉, 주자가 1루에 있으며, 다음 조건 중 하나가 만족되면 도루 신호를 주는 것이다.

a. 다른 주자가 없으며, 우완 투수이며 주자가 빠르다.

b. 3루에 다른 주자가 있으며, 주자 중 한 사람은 빠르다.

c. 2루에 다른 주자가 있으며, 좌완 투수이며 두 주자가 모두 빠르다.

만루인 경우에는 어떠한 상황에서도 도루 신호를 주어서는 안 된다. 도루 신호를 내보내야 하는 경우를 표시하여 주기 위하여, 이들 규칙을 구현하여 주는 논리 회로를 설계하라.

11.21 어떤 위원회는 3명의 위원으로 구성되어 있다. 각 위원은 법안에 찬성하는지 반대하는지를 나타내는 버튼을 누름으로써 제안된 법안을 투표하게 된다. 2명 이상의 위원이 찬성하면 법안이 통과된다. 3명의 투표를 입력으로 받아서 법안이 통과되는지 아닌지에 따라서 녹색 또는 적색 등이 켜지는 논리 회로를 설계하라.

11.22 정수 공장의 한 탱크는 화학적 소독을 위해서, 또 다른 탱크는 침전 및 산소 공급을 위해서 사용되고 있다. 각 탱크에는 수위와 탱크에 유입되는 유량을 측정하는 센서가 설치되어 있다. 수위나 유입 유량이 지나치게 높으면 센서는 high 신호를 출력으로 내보낸다. 두 탱크의 수위가 모두 높고 두 유입 유량 중 하나가 높거나, 두 탱크로의 유입 유량이 모두 높고 두 탱크 중 하나의 수위가 높을 때마다 경보를 내보내는 논리 회로를 설계하라.

11.23 많은 자동차는 운전자에게 문제점을 경고해 주기 위해서 논리 회로를 내장하고 있다. 어떤 자동차에서는 점화키를 돌리거나, 문이 열리거나 안전벨트를 매지 않으면 경고음이 울린다. 또한 시동이 걸리지 않은 채로 전조등이 켜져 있는 경우에도 경고음이 울린다. 이 외에도 키가 점화 위치에 있고, 변속 레버가 주차 위치에 있고, 모든 문이 잠겨 있으며, 안전벨트가 매어져 있어야만 시동이 걸리게 된다. 적절한 때에 수록된 모든 입력을 받고, 경고음을 울리며 시동을 거는 논리 회로를 설계하라.

11.24 온/오프 시동 신호가 대형 에어컨 유닛의 압축기 모터를 제어한다. 일반적으로 시동 신호는 온도 센서(S)의 출력이 기준 온도를 초과할 때마다 발생된다. 그러나 하루 중 특정 시간대에는 압축기의 동작을 제한하여야 하며, 또한 기술자가 수동 조정을 통해서 압축기를 시동시키거나 중단시킬 수 있어야 한다. 시간 표시기(D)와 수동 조정(M)은 온/오프 형태의 출력을 갖는다. 별도의 타이머(T)가 압축기의 중단 후 10분 이내의 재시동을 금지한다. 이들 4개 장치(S, D, M, T)의 상태를 통합하고 모터 시동에 대한 정확한 온/오프 조건을 발생시키는 논리 회로를 설계하라.

11.25 NAND 게이트에는 AND 게이트보다 트랜지스터가 1개 적다. 흔히 NAND 게이트는 반전되는 논리 회로를 구성할 때 사용된다. 한 예로 그림 P11.25는 3변수 입력 NAND 게이트의 사용을 보여준다.

a. 이 회로의 진리표를 구하라.

b. 회로를 대표하는 논리 방정식을 제시하라.

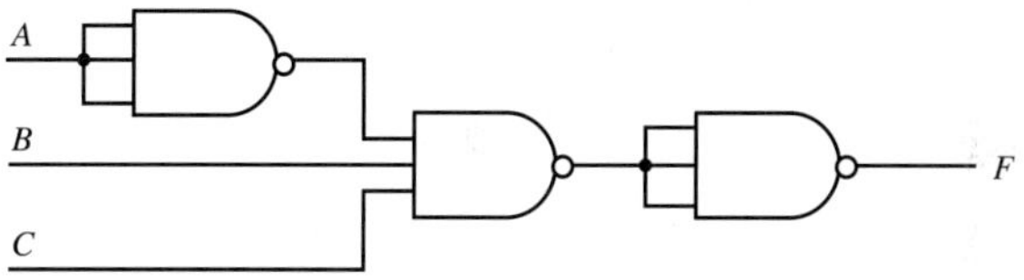

그림 P11.25

11.26 다음 기능에 등가인 논리 회로를 도시하라.

$$F = (A + \overline{B}) \cdot \overline{(C + \overline{A})} \cdot B$$

11.27 그림 P11.27에 나타낸 회로는 2개의 단일 비트를 입력하고, 2비트 합을 출력하는 반가산기이다. 진리표를 구성하고, 이 회로가 가산기로 동작한다는 것을 검증하라.

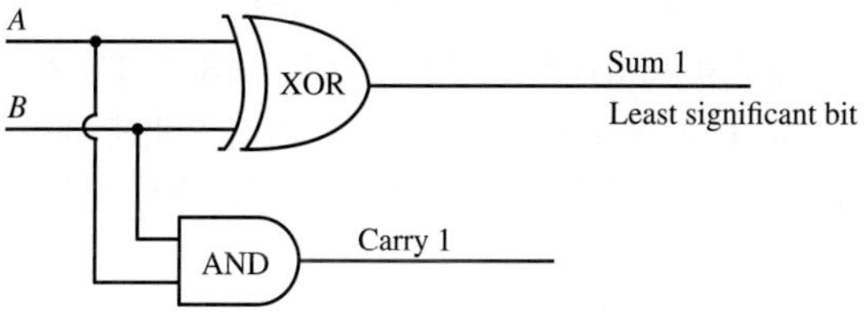

그림 P11.27

11.28 다음 기능에 등가인 논리 회로를 도시하라.

$$F = [(A + C \cdot \overline{B}) + A \cdot \overline{B} \cdot \overline{C}] \cdot \overline{(B + C)}$$

11.29 그림 P11.29의 회로의 진리표(*F*는 *A*, *B*, *C*, *D*로 주어짐)를 구하고, 논리식을 구하라.

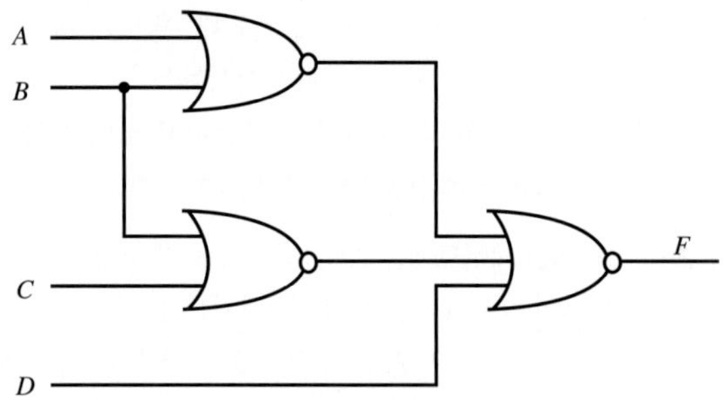

그림 P11.29

11.30 그림 P11.30의 회로의 진리표(*F*는 *A*, *B*, *C*로 주어짐)를 구하고 논리식을 구하라.

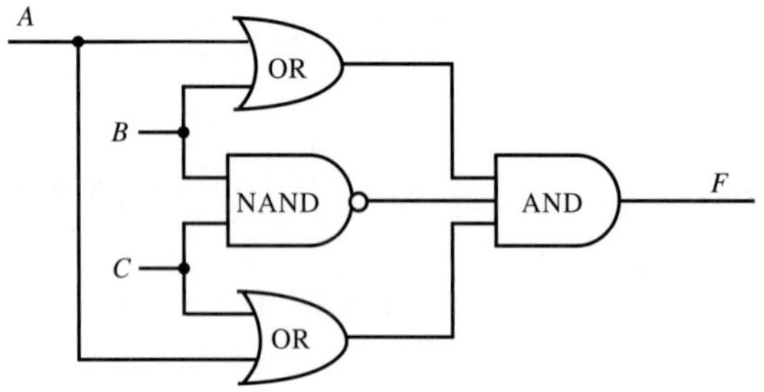

그림 P11.30

11.31 "표결 장치"의 논리 회로는 입력의 과반수에 해당하는 출력을 내보낸다. 그림 P11.31은 3개의 투표자 *A*, *B*, 그리고 *C*에 대한 회로이다. 이 회로에서 입력에 대한 출력의 논리식을 작성하라. 또한 입력에 대한 출력의 진리표를 작성하라.

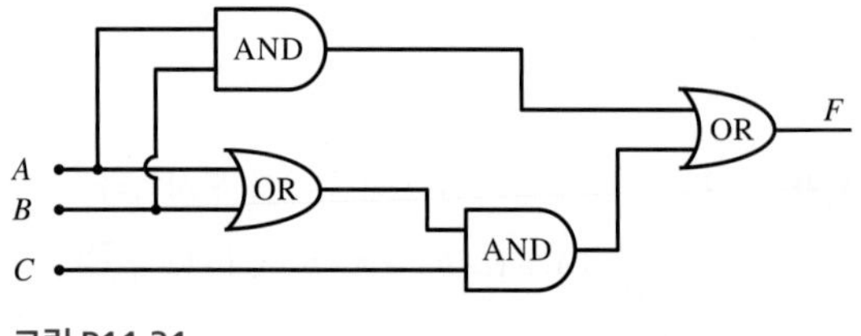

그림 P11.31

11.32 그림 P11.32는 "합의 표시기"의 회로이다. 이 회로에서 입력에 대한 출력의 논리식을 작성하라. 또한 입력에 대한 출력의 진리표를 작성하라.

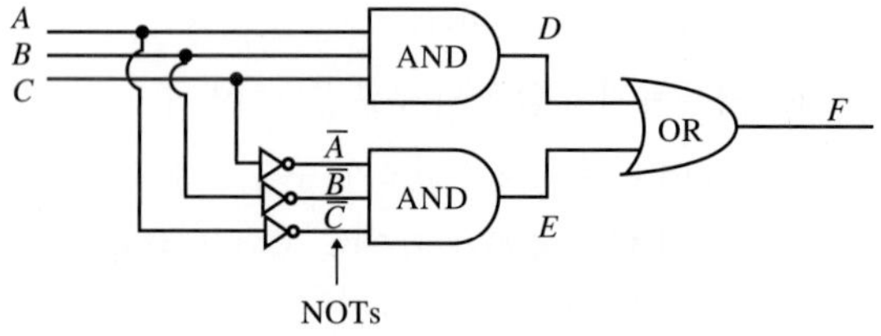

그림 P11.32

11.33 그림 P11.33은 반가산기 회로이다. 이 회로에서 입력에 대한 출력의 논리식을 작성하라. 또한 입력에 대한 출력의 진리표를 작성하라.

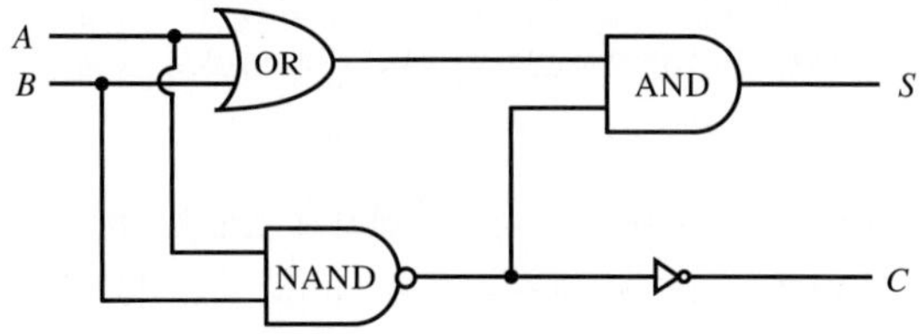

그림 P11.33

11.34 그림 P11.34는 논리 회로이다. 이 회로에서 입력에 대한 출력의 논리식을 작성하고, 필요한 모든 중간 변수를 포함하여 입력에 대한 출력의 진리표를 작성하라.

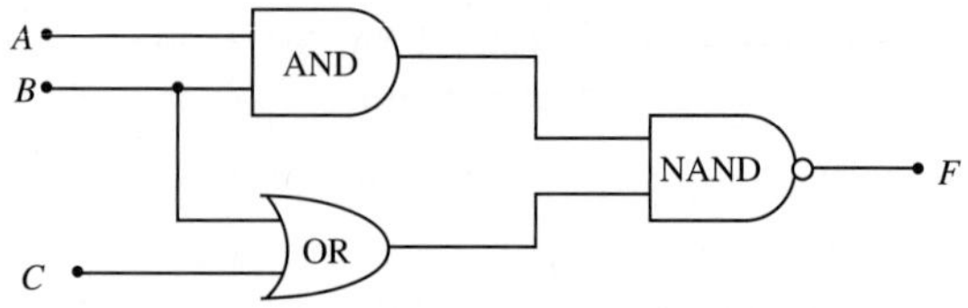

그림 P11.34

11.35 그림 P11.35는 논리 회로이다. 이 회로에서 입력에 대한 출력의 논리식을 작성하고, 필요한 모든 중간 변수를 포함하여 입력에 대한 출력의 진리표를 작성하라.

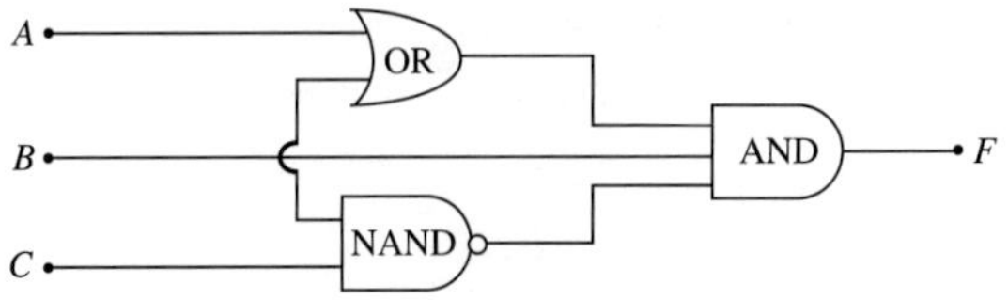

그림 P11.35

11.36 다음의 논리 함수를 단순화하라.

$$f(A, B, C) = (A + B) \cdot A \cdot B + \overline{A} \cdot C + A \cdot \overline{B} \cdot C + \overline{B} \cdot \overline{C}$$

11.37 그림 P11.37의 진리표를 완성하라.

a. 이 회로는 어떤 수학적인 함수를 수행하며, 출력은 무엇을 의미하는가?

b. 이 회로를 구성하는 데 표준 14핀 IC가 몇 개나 필요한가?

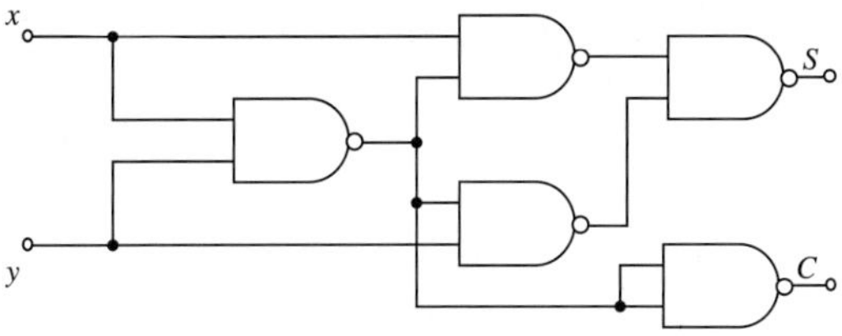

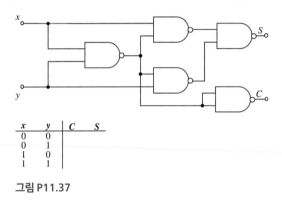

x	*y*	*C*	*S*
0	0		
0	1		
1	0		
1	1		

그림 P11.37

11.4절: **카르노 맵과 논리 설계**

11.38 그림 P11.38의 진리표에 해당하는 논리 함수를 가장 단순한 곱의 합 형식으로 구하라.

A	*B*	*C*	*F*
0	0	0	1
0	0	1	0
0	1	0	0
0	1	1	0
1	0	0	1
1	0	1	0
1	1	0	1
1	1	1	1

그림 P11.38

11.39 그림 P11.39의 논리 회로의 출력에 대한 최소 논리식을 구하라.

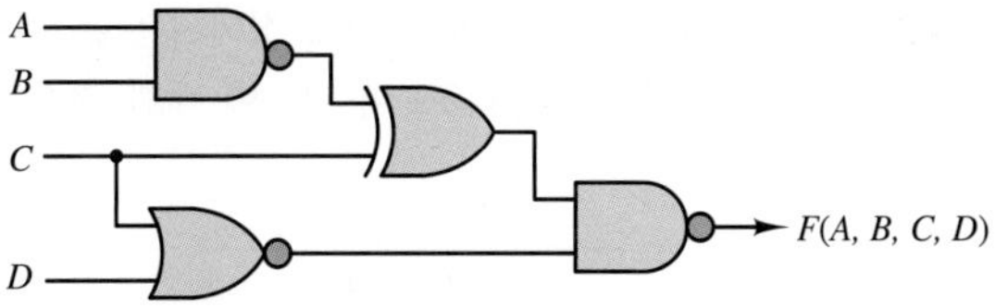

그림 P11.39

11.40 함수 $Y = \overline{A \cdot B \cdot C}$에 대한 카르노 맵을 만들고, 부울 대수를 이용하여 증명하라.

11.41 카르노 맵을 사용하여 다음의 함수를 최소화하라.

11.42 그림 P11.42의 진리표에 의해 정의되는 논리 함수 $Y = f(A, B, C)$의 카르노 맵을 작성한 다음, 그 함수에 대한 최소 논리식을 구하라.

A	*B*	*C*	*Y*
0	0	0	0
0	0	1	0
0	1	0	1
0	1	1	1
1	0	0	1
1	0	1	1
1	1	0	0
1	1	1	0

그림 P11.42

11.43 함수 F는 4비트 입력 코드가 10진수 3, 6, 9, 12, 15에 해당할 때 1이 되고, 0, 2, 8, 10에 해당할 때는 0이 되는 함수로 정의된다. 다른 입력은 발생하지 않는다고 가정한다. 카르노 맵을 사용하여 이 함수에 대한 최소 논리식을 구하라. 단지 AND와 NOT 게이트만을 사용하여 회로를 설계하라.

11.44 그림 P11.44에 의해 기술되는 함수 $Y = f(A, B, C)$의 회로를 설계하라.

A	*B*	*C*	*Y*
0	0	0	0
0	0	1	0
0	1	0	0
0	1	1	1
1	0	0	0
1	0	1	0
1	1	0	1
1	1	1	x

그림 P11.44

11.45 부호를 갖는 8비트 2진수의 1의 보수를 출력하는 논리 회로를 설계하라.

11.46 그림 P11.46의 진리표에 의해 정의되는 논리 함수에 대한 카르노 맵을 작성하고, 이 함수에 대한 최소 논리식을 구하라.

A	*B*	*C*	*D*	*F*
0	0	0	0	1
0	0	0	1	0
0	0	1	0	1
0	0	1	1	0
0	1	0	0	0
0	1	0	1	0
0	1	1	0	0
0	1	1	1	1
1	0	0	0	1
1	0	0	1	0
1	0	1	0	1
1	0	1	1	0
1	1	0	0	1
1	1	0	1	1
1	1	1	0	1
1	1	1	1	0

그림 P11.46

11.47 카르노 맵을 사용하여 다음 함수를 최소화하라.

$$Y = (A + \bar{B}) \cdot [(\bar{C} \cdot D) + \bar{A}]$$

11.48 그림 P11.48의 회로에 대한 최소 출력 논리식을 구하라.

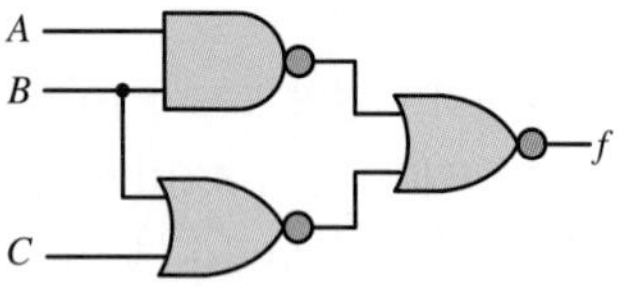

그림 P11.48

11.49 2개의 4비트 2진수를 더하는 조합 논리 회로를 설계하라.

11.50 그림 P11.50의 진리표에 의해 기술되는 논리식을 최소화하고, 그 회로를 도시하라.

A	*B*	*C*	*F*
0	0	0	1
0	0	1	1
0	1	0	0
0	1	1	1
1	0	0	1
1	0	1	1
1	1	0	1
1	1	1	0

그림 P11.50

11.51 그림 P11.51의 논리 회로의 출력에 대한 최소 논리식을 구하라.

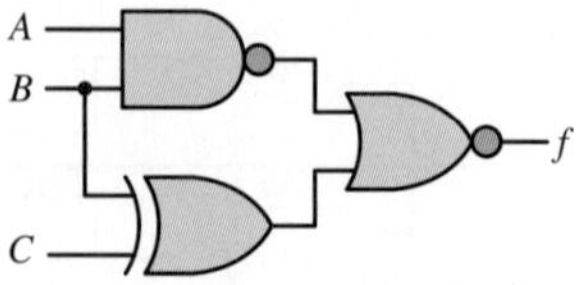

그림 P11.51

11.52 이 문제의 목적은 응급 수혈 시, 적합성 여부를 결정하는 데 도움을 주는 조합 논리 회로를 설계하는 것이다. 인간의 혈액은 A, B, AB 및 O형의 4종류가 있다. A형은 A형과 AB형에게 수혈해 줄 수 있고, A형과 O형으로부터 수혈을 받을 수 있다. B형은 B형과 AB형에게 수혈해 줄 수 있고, B형과 O형으로부터 수혈을 받을 수 있다. AB형은 AB형에게만 수혈해 줄 수 있고, 어느 혈액형으로부터도 수혈을 받을 수 있다. O형은 어느 혈액형에게도 수혈해 줄 수 있지만, 단지 O형으로부터만 수혈을 받을 수 있다. 적절한 변수를 설정하여, 위의 조건에 기초하여 어떤 특별한 수혈의 적합성 여부를 판별할 수 있는 회로를 설계하라.

11.53 그림 P11.53의 논리 회로의 출력에 대한 최소 논리식을 구하라.

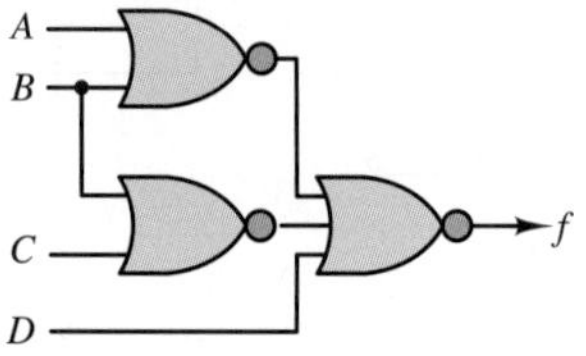

그림 P11.53

11.54 그림 P11.54의 카르노 맵과 관련된 최소 논리식을 구하고, 논리 회로를 설계하라.

C·D \ *A·B*	00	01	11	10
00	1	0	0	1
01	1	1	1	1
11	0	0	1	0
10	0	1	0	0

그림 P11.54

11.55

a. 그림 P11.55의 진리표와 연관되는 카르노 맵을 작성하라.

b. 이 함수에 대한 최소 논리식은 무엇인가?

c. AND, OR 및 NOT 게이트를 사용하여 회로를 도시하라.

A	*B*	*C*	*f*(*A*, *B*, *C*)
0	0	0	1
0	0	1	1
0	1	0	0
0	1	1	1
1	0	0	1
1	0	1	1
1	1	0	1
1	1	1	0

그림 P11.55

11.56 그림 P11.56의 진리표에 의해 정의되는 논리 함수에 대한 카르노 맵을 작성하라. 그리고 이 함수에 대한 최소 논리식은 무엇인가?

A	*B*	*C*	*D*	*F*
0	0	0	0	1
0	0	0	1	0
0	0	1	0	1
0	0	1	1	0
0	1	0	0	0
0	1	0	1	0
0	1	1	0	0
0	1	1	1	1
1	0	0	0	1
1	0	0	1	0
1	0	1	0	1
1	0	1	1	0
1	1	0	0	1
1	1	0	1	1
1	1	1	0	1
1	1	1	1	0

그림 P11.56

11.57 그림 P11.57의 진리표에 의해 정의되는 논리 함수에 대한 카르노 맵을 작성하라. 그리고 이 함수에 대한 최소 논리식은 무엇인가? 오직 NAND 게이트만을 사용하여 이 기능을 구현하라.

A	*B*	*C*	*D*	*F*
0	0	0	0	1
0	0	0	1	1
0	0	1	0	1
0	0	1	1	1
0	1	0	0	0
0	1	0	1	1
0	1	1	0	0
0	1	1	1	1
1	0	0	0	1
1	0	0	1	1
1	0	1	0	0
1	0	1	1	0
1	1	0	0	0
1	1	0	1	1
1	1	1	0	1
1	1	1	1	0

그림 P11.57

11.58 2진수 $A_3A_2A_1A_0$를 나타내는 4비트의 입력으로 회로를 설계하라. 만약 입력이 3으로 나누어지면 출력은 1이어야 한다. 이 회로는 숫자 0에서 9까지만 사용한다고 가정하자. (그러므로 10에서 15까지의 값은 무시될 수 있다.)

a. 함수에 대한 진리표와 카르노 맵을 도시하라.

b. 함수에 대한 최소 논리식을 구하라.

c. AND, OR 및 NOT 게이트만을 사용해서 회로를 도시하라.

11.59 그림 11.59의 카르노 맵으로부터 함수의 단순화된 곱의 합 표현을 구하라.

C·D \ *A·B*	00	01	11	10
00	0	1	0	0
01	1	1	0	0
11	0	*x*	1	0
10	0	0	1	0

그림 P11.59

11.60 입력이 BCD 숫자를 나타낸다면(즉, 입력이 9_{10}보다 크지 않다고 하면), 문제 11.54에 대한 회로가 더 단순화될 수 있는가? 그렇지 않다면, 이유는 무엇인가? 단순화될 수 있다면, 단순화된 회로를 설계하라.

11.61 그림 P11.61의 카르노 맵으로부터 함수의 단순화된 곱의 합 표현을 구하라.

C·D \ *A·B*	00	01	11	10
00	0	1	*x*	0
01	0	1	*x*	0
11	0	1	0	1
10	*x*	*x*	1	0

그림 P11.61

11.62 데이터 전송 시스템의 신뢰성을 보장하기 위하여 전송되는 2진 데이터의 니블, 바이트 또는 워드마다 패리티 비트(parity bit)를 같이 전송하는 방식이 있다. 패리티 비트는 전송된 데이터에서 1의 수가 짝수인지 홀수인지를 확인하여 준다. 짝수 패리티 시스템에서는 전송된 데이터에서 1의 수가 홀수이면 1로 설정된다. 홀수 패리티 시스템에서는 전송된 데이터에서 1의 수가 짝수이면 1로 설정된다. 패리티 비트는 니블 데이터마다 전송된다. 니블 데이터를 검사하고 짝수 및 홀수 패리티 시스템에 대한 적절한 패리티를 전송하는 논리 회로를 설계하라.

11.63 패리티 비트가 데이터의 니블마다 전송된다. 니블 데이터를 검사하여 데이터 전송 오류가 있는지를 결정하는 논리 회로를 짝수 패리티 시스템과 홀수 패리티 시스템에 대하여 설계하라.

11.64 광학식 엔코더로부터 4비트 그레이 코드 입력을 받아들인 다음에, 이를 BCD 코드의 2개의 4비트 니블로 변환하여 주는 논리 회로를 설계하라.

11.65 광학식 엔코더로부터 4비트 그레이 코드 입력을 받아들인 다음에, 입력값이 3의 배수인지를 결정하는 논리 회로를 설계하라.

11.66 4221 코드는 기수가 10인 코드로 니블 데이터의 각 4비트에 가중치 4221을 부여한다. BCD 니블을 입력으로 받아서 4221 등가로 변환하는 논리 회로를 설계하라. 이 논리 회로는 BCD 입력이 1001을 초과하면 오류를 보고하여야 한다.

11.67 조립 라인의 컨베이어 벨트에 설치된 두 센서는 30초 주기 동안에 컨베이어 벨트를 지나가는 부품의 수에 비례하는 4비트 디지털 출력을 발생한다. 30초 주기 동안에 두 센서의 출력이 1개 이상의 차이가 날 때 오류를 보고하는 논리 회로를 설계하라.

11.5절: 조합 논리 모듈

11.68 함수 F는 4비트 입력 코드가 10진수 3, 6, 9, 12 또는 15일 때 1로 정의된다. F는 입력 코드가 0, 2, 8 그리고 10이면 0이다. 다른 입력값은 발생할 수 없다. 카르노 맵을 사용하여 이 함수에 대한 최소 논리식을 작성하라. AND와 NOT 게이트만을 사용하여 이 함수를 구현할 수 있는 회로를 설계하고 도시하라.

11.69 그림 P11.69의 진리표에 의해 정의되는 논리 함수의 카르노 맵을 작성하라. 그리고 이 함수에 대한 최소 논리식은 무엇인가? 1-of-8 멀티플렉서를 사용하여 이 함수를 구현하라.

A	*B*	*C*	*D*	*f*(*A*, *B*, *C*, *D*)
0	0	0	0	1
0	0	0	1	0
0	0	1	0	1
0	0	1	1	1
0	1	0	0	0
0	1	0	1	1
0	1	1	0	0
0	1	1	1	0
1	0	0	0	0
1	0	0	1	1
1	0	1	0	0
1	0	1	1	0
1	1	0	0	1
1	1	0	1	0
1	1	1	0	1
1	1	1	1	1

그림 P11.69

11.70 그림 P11.70의 멀티플렉서 회로에 대한 진리표를 작성하라. 그리고 이러한 멀티플렉서에 의해 수행되는 2진 함수는 무엇인가?

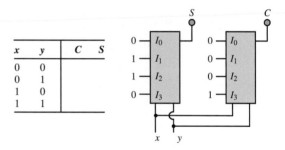

x	*y*	*C*	*S*
0	0		
0	1		
1	0		
1	1		

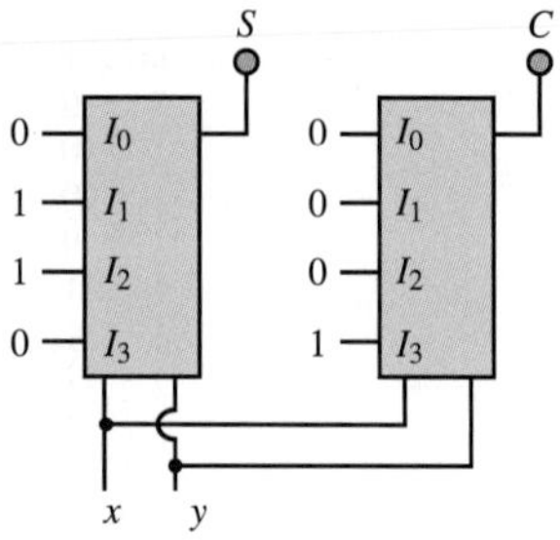

그림 P11.70

11.71 그림 P11.71의 회로는 4-to-16 디코더로 작동할 수 있다. 단자 EN은 인에이블 입력을 표시한다. 4-to-16 디코더의 작동을 설명하라. 논리 변수 A의 역할은 무엇인가?

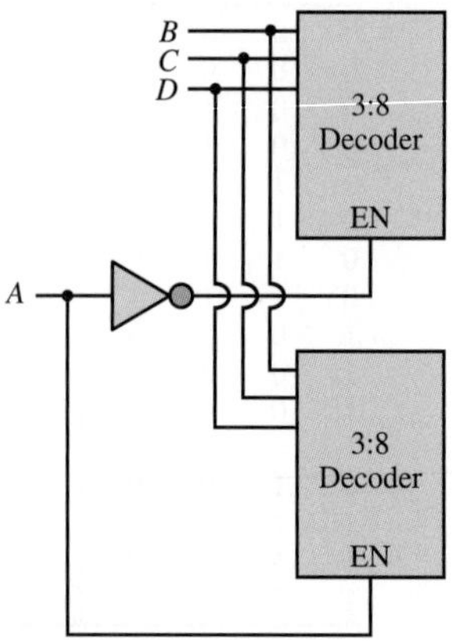

그림 P11.71

11.72 그림 P11.72의 회로가 4비트 2진수를 4비트 그레이 코드로 변환한다는 것을 보여라.

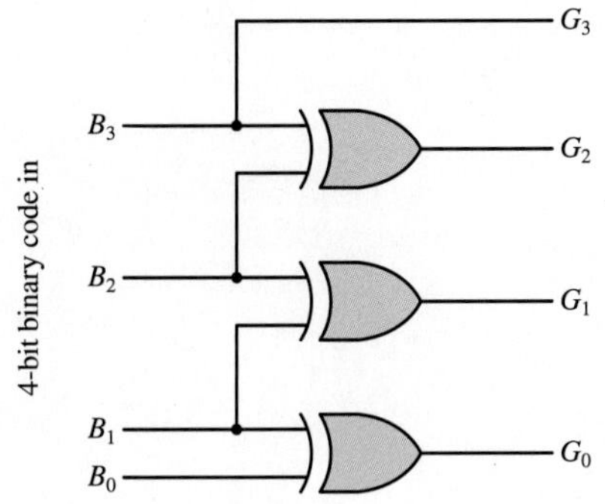

그림 P11.72

11.73 여러분의 학우 중에 한 명이 다음의 부울 논리식이 4비트 그레이 코드를 4비트 2진수로 변환시킨다고 주장한다고 하자.

$$B_3 = G_3$$
$$B_2 = G_3 \oplus G_2$$
$$B_1 = G_3 \oplus G_2 \oplus G_1$$
$$B_0 = G_3 \oplus G_2 \oplus G_1 \oplus G_0$$

a. 그 학우의 주장이 옳은지를 보여라.

b. 이 변환을 구현하는 회로를 설계하라.

11.74 함수 $f(A, B, C) = \overline{A}B\overline{C} + A\overline{BC} + AC$를 구현하기 위해서 4입력 멀티플렉서에 대한 적절한 입력을 선택하라. 입력 I_0, I_1, I_2 및 I_3은 각각 $\overline{AB}, \overline{A}B, A\overline{B}$ 및 AB에 대응한다고 하고, 각 입력은 0, 1, $\overline{C}$ 또는 C라고 가정한다.

11.75 함수 $f(A, B, C, D) = \sum(2, 5, 6, 8, 9, 10, 11, 13, 14)_{10}$를 구현하기 위해서 8비트 멀티플렉서에 대한 적절한 입력을 선택하라. I_0부터 I_7까지의 입력은 각각 $\overline{ABC}$, $A\overline{BC}$, $\overline{A}B\overline{C}, AB\overline{C}$, $\overline{AB}C, A\overline{B}C, \overline{A}BC$ 및 ABC에 대응한다고 하고, 각각의 입력은 0, 1, $\overline{D}$ 또는 D라고 가정한다.

11.76 3:8 디코더와 하나의 3입력 OR게이트를 이용하여, 논리식 $f(x, y, z) = xy + x\overline{y} + \overline{xyz}$를 구현하라. 회로도 및 진리표를 작성하라.

12 디지털 시스템

DIGITAL SYSTEMS

일반적으로, 디지털 시스템은 디지털 신호와 데이터에 대한 계산을 수행하여, 그 결과를 메모리에 저장하는 기능을 수행한다. 어떤 계산은 이전 논리 상태에 대한 정보가 필요 없는 조합 논리 게이트에 의해서 수행되지만(11장 참조), 다른 계산은 이러한 정보를 필요로 한다. 조합 논리 게이트로 구성된 순차 논리 게이트는 출력으로부터 입력으로의 피드백을 사용하여, 이전의 출력 논리 상태에 따라 달라지는 출력 논리 상태를 생성한다. 사실 이러한 순차 논리 게이트는 메모리를 갖는다. 이 장의 전반부에서는 순차 논리 게이트와 이들 게이트로 구성되는 플립플롭, 계수기, 레지스터와 같은 장치에 초점을 맞춘다.

이 장의 후반부에서는, 디지털 메모리의 가장 기초 단위인 레지스터를 포함하여, 기본적인 컴퓨터 시스템 구조에 대해 설명한다. 그리고 마이크로컨트롤러에 대한 일반적인 설명과 ATmega328P® 마이크로컨트롤러에 대한 자세한 설명이 주어진다.[1]

[1] Atmel, Atmel 로고 및 그 조합, AVR 등은 Amtel사 및 그 자회사의 상표이다.

LO 학습 목적

1. 플립플롭들과 래치의 동작을 해석한다. 12.1절
2. 디지털 계수기와 레지스터의 동작을 이해한다. 12.2절
3. 상태 천이 선도를 사용하는 단순한 순차 회로를 설계한다. 12.3절
4. 컴퓨터의 기본 구조를 이해한다. 12.4절
5. 마이크로프로세서, 마이크로컨트롤러, Atmega328P의 구조에 대해 이해한다. 12.5절

12.1 래치와 플립플롭

플립플롭(flip-flop)은 기본적인 **순차 논리** 게이트이다. 다양한 종류의 플립플롭이 존재하지만, 모든 플립플롭은 다음과 같은 특징을 갖는다.

1. 플립플롭은 **쌍안정**(bistable) 장치이다. 즉, 적절한 조건이 상태의 변화를 초래할 때까지 2개(0 또는 1)의 안정한 상태 중 하나로 남아 있다. 따라서 플립플롭은 **메모리 소자**로 동작한다.
2. 플립플롭은 2개의 출력을 가지는데, 한 출력은 다른 출력의 보수이다.

RS 플립플롭

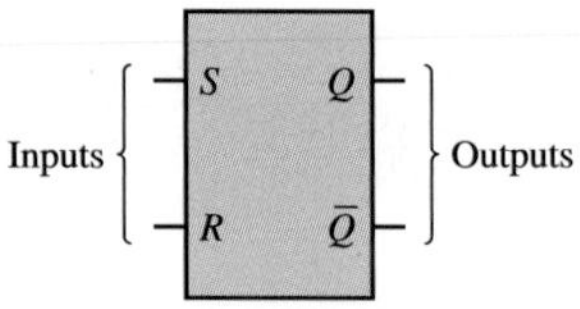

S	R	Q
0	0	Present state
0	1	Reset
1	0	Set
1	1	Disallowed

그림 12.1 *RS* 플립플롭 기호 및 진리표

관례적으로 플립플롭은 블록 선도와 출력에 Q와 같이 이름을 붙여 나타낸다. 그림 12.1은 ***RS* 플립플롭**을 나타내는데, 2개의 입력 S와 R과 2개의 출력 Q와 $\bar{Q}$를 가진다. Q는 플립플롭의 이진 출력 상태라 불린다. 입력 R과 S는 플립플롭의 상태를 바꾸는 데 사용되며, 다음 규칙을 따른다.

1. $R = S = 0$이면, Q는 현재 상태를 유지한다.
2. $S = 1$이고 $R = 0$이면, 출력은 $Q = 1$로 '셋'된다(set).
3. $S = 0$이고 $R = 1$이면, 출력은 $Q = 0$으로 '리셋'된다(reset).
4. S와 R이 동시에 1이 되는 것은 허용되지 않는다.

플립플롭의 입력이 변하면 출력도 위의 규칙에 따라서 변하는 천이가 발생하는데, **타이밍 선도**(timing diagram)는 상태의 천이를 나타내는 편리한 방법이다. 그림 12.2는 *RS* 플립플롭 진리표와 이에 해당하는 타이밍 선도를 보여준다.

RS 플립플롭은 **레벨에 민감하다**(level-sensitive)는 점에 유의하여야 한다. 이는 R과 S의 입력이 적정 레벨에 도달한 후에야 셋과 리셋의 동작이 완료된다는 것을 의미한다. 그러므로 그림 12.2에서 R과 S의 입력의 천이가 발생한 다음, 약간의 시간 지연이 경과한 후에야 출력 Q의 천이가 발생하게 된다.

그림 12.3은 *RS* 플립플롭이 어떻게 2개의 인버터와 2개의 NAND 게이트로부터 구성되는지를 보여준다. $S = R = 0$, 즉 $\bar{S} = \bar{R} = 1$인 경우를 생각해 보자. 그러면 각 NAND 게이트의 결과는 $\bar{Q}$과 Q에 의해 전적으로 결정될 것이다. 즉, NAND 게이트의 한 입력이 1로 주어지면, 그 NAND 게이트의 출력은 다른 입력의 반전에 해당하게 된다(11장의 NAND 게이트 진리표를 참고하라). 그러므로 $S = R = 0$일 경우, 2개의 NAND 게이트의 출력은 $\bar{\bar{Q}} = Q$와 $\bar{Q}$이 된다. 다시 말해서, *RS* 플립플롭

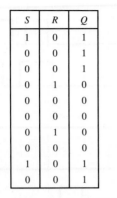

S	R	Q
1	0	1
0	0	1
0	0	1
0	1	0
0	0	0
0	0	0
0	1	0
0	0	0
1	0	1
0	0	1

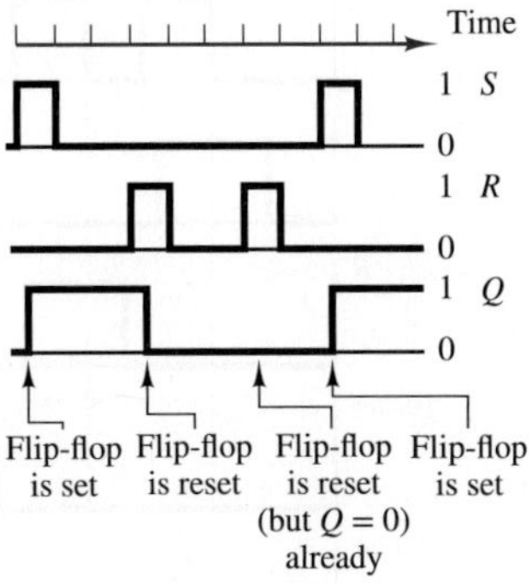

그림 12.2 *RS* 플립플롭에 대한 타이밍 선도

의 출력 상태는 S, R이 모두 0일 경우에 항상 이전 상태를 유지한다.

$S = 1$로 설정되면 상단 NAND 게이트 Q의 출력 또한 1로 설정된다. 왜냐하면, $S = 1$이 되면 $\bar{S}$는 0으로 되며, NAND 게이트의 한 입력이 0이면 NAND 게이트의 출력은 다른 입력 상태의 변화와 상관없이 1이 된다. 마찬가지로, $R = 1$로 되면, $Q = 1$로 된다.

RS 플립플롭의 어려운 점은 $S = R = 1$로 설정될 때 발생한다. Q와 $\bar{Q}$ 둘 다 모두 어떤 시점에서든지 1로 셋된다면, 이는 명백하게 모순된다. 이는 Q은 당연히 $\bar{Q}$의 반전이기 때문이다. 그러므로 $S = R = 1$은 허락되지 않는다. *RS* 플립플롭은 동시에 셋과 리셋이 될 수는 없다. 실제로는 입력을 $S = R = 1$으로 줄 수는 있으나, 이 경우 출력이 0과 1 중에서 어느 값을 취할지 모르는 불안정한 상태가 될 것이다.

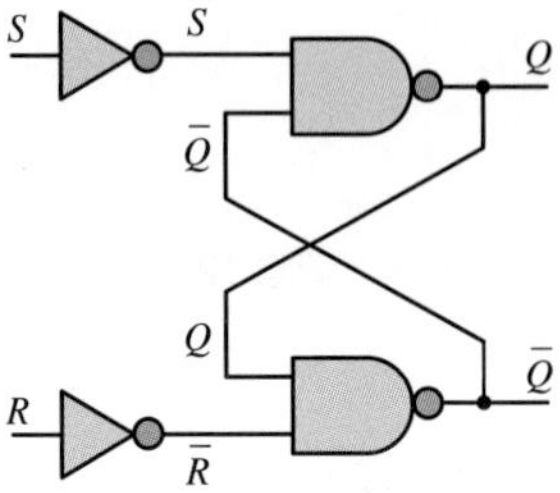

그림 12.3 NAND 게이트를 사용한 *RS* 플립플롭의 구현

어떤 논리 회로에서도 마찬가지이지만, *RS* 플리플롭을 대체할 수 있는 논리 회로를 찾을 수 있다. 드모르간의 법칙 중 하나에 의하면, NAND 게이트는 반전된 입력을 갖는 OR 게이트와 등가이다. 그림 12.3에서 이러한 대체 논리 회로를 만들어 보아라. 여기서 모든 입력들은 OR 게이트 이전에 반전되었음을 주목하여야 한다. 인버터가 OR 게이트의 출력에 추가되면, 그 결과는 Q와 $\bar{Q}$가 바뀐 NOR 게이트가 된다. 그 결과는 그림 12.4에 도시되어 있다.

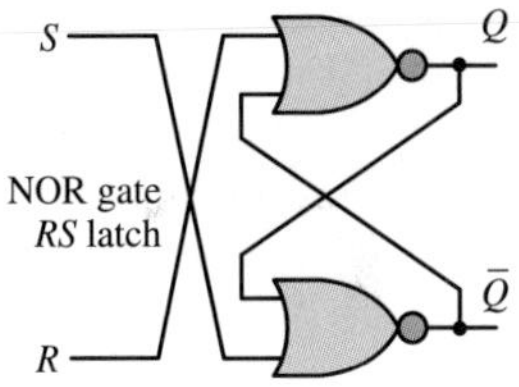

그림 12.4 NOR 게이트를 사용한 *RS* 플립플롭의 구현

그림 12.5는 두 개의 NOR 게이트를 이용한 *RS* 플립플롭을 도시하고 있지만, 이 경우 인에이블 입력 E가 두 개의 AND 게이트에 연결되어 있어서, $E = 1$일 때만 R과 S가 유효하게 된다. 다른 입력들과의 동기화를 위해서 **클록**(clock) 신호가 종종 인에이블 입력으로 사용된다.

그림 12.5는 또한 추가적으로 두 개의 특징인 **프리셋**(preset) P와 **클리어**(clear) C 기능을 가진다. 이 특징들은 0으로 설정되면 아무런 영향이 없다. 그러나 $P = 1$로 설정되면 상단 NOR 게이트의 출력 $\bar{Q}$가 0이 되고, 따라서 Q는 1로 셋된다. $P = 1$이면 항상 $Q = 1$이 된다. 마찬가지로, $C = 1$로 설정되면, 하단의 NOR 게이트의 Q의 출력이 0으로 리셋되는데, 클리어 기능은 인에이블 입력에 의해서 제어되지 않는다. 이러한 이유로, 프리셋과 클리어 모두 **비동기적**(asynchronous)이라고 한다. $P = C = 1$이 결코 허용되지 않는다는 것도 중요하다. 그림 12.5에 있는 타이밍 선도는 인에이블, 프리셋, 클리어 입력의 역할을 보여준다. S와 R로 인한 천이는 오

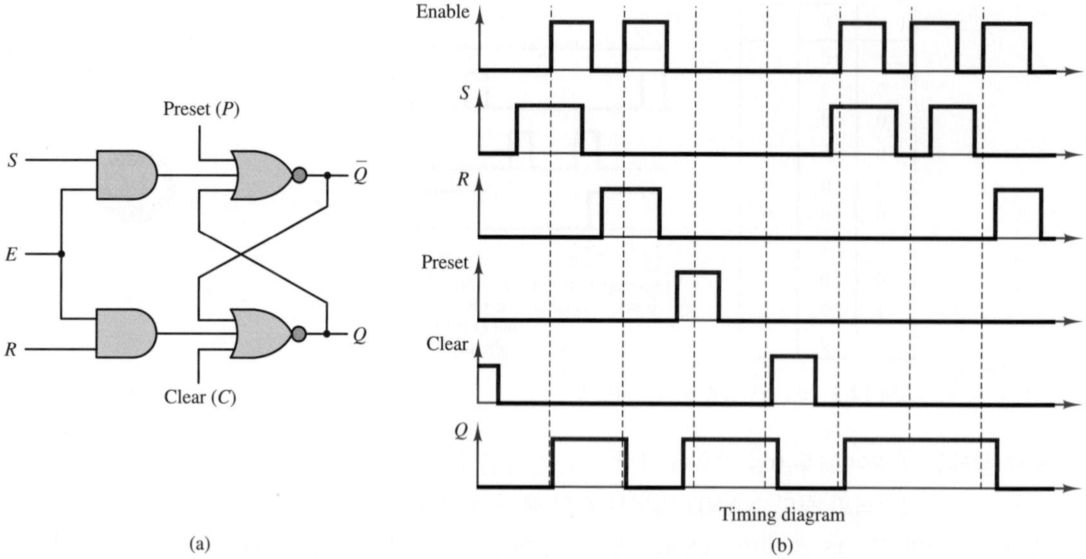

그림 12.5 인에이블, 프리셋, 클리어 입력을 갖는 *RS* 플립플롭. (a) 논리 회로, (b) 타이밍 선도의 예

로지 $E = 1$로 설정되는 경우에만 발생한다는 것을 알아두자. 플립플롭은 P와 C의 입력이 E에 의해 제어되도록 설계할 수도 있다. 사실 많은 상용 플립플롭들은 이렇게 설계되어, 모든 입력들이 E와 동기화되어 있다.

데이터 래치(data latch) 또는 **지연**이라고 불리는 *RS* 플립플롭의 또 다른 확장이 그림 12.6에 나타나 있다. 이 회로는 $R = \bar{S}$가 되도록 구성되어 있으므로, $E = 1$일 때 $Q = D$가 된다. $E = 0$일 때는, E가 1로 설정될 때까지 출력 Q는 변하지 않고, 현재 값을 유지한다. 다시 말해서, $E = 0$이면 Q는 빗장(latch)이 걸리고, $E = 1$이면 빗장이 풀린다. 타이밍 선도를 보면, E가 다시 1로 설정될 때까지 Q에 대한 D의 영향을 지연시킨다는 것을 알 수 있다.

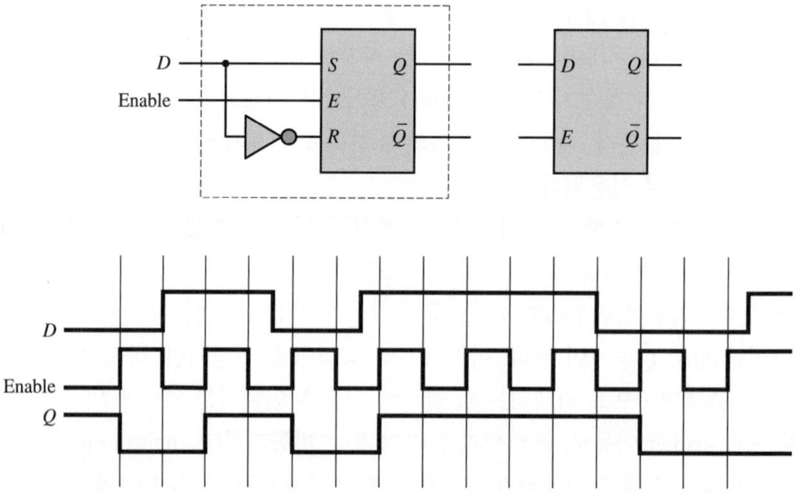

그림 12.6 데이터 래치 및 관련 타이밍 선도

D 플립플롭

***D* 플립플롭**은 그림 12.7(a)에서처럼 2개의 RS 플립플롭을 사용하여 데이터 래치를 확장시킨 것으로, 클록 신호를 사용하여 인에이블 입력을 구동한다. 클록 신호는 E_1에 입력되기 전에 반전되므로, 클록 신호가 low로 천이될 때 래치 1이 인에이블이 된다. 그러나 래치 2는 클록이 low일 때 인에이블이 되지 않기 때문에, 클록이 이후 high로 천이되어서 Q_1으로부터 Q_2로 상태가 전달될 때까지 출력의 상태가 변하지 않는다.

그림 12.7(b)의 CLK 입력단에 있는 칼날 형태의 삼각형 기호에 주목하라. 이 기호는 D 플립플롭이 양의 클록 천이(low에서 high로의 천이)에서만 상태를 바꾼다는 점이다. 내부적으로는, 그림 12.7(c)에서 보듯이 Q_1이 음의 천이로 설정되며, Q_2(그러므로 Q)는 양의 천이로 설정된다. 그러므로 이러한 특성을 갖는 D 플립플롭은 **상승 에지 트리거**(leading-edge trigger)라고 부른다. 아래 진리표에서 ↑은 상승 에지 트리거링을 나타낸다.

D	CLK	Q
0	↑	0
1	↑	1

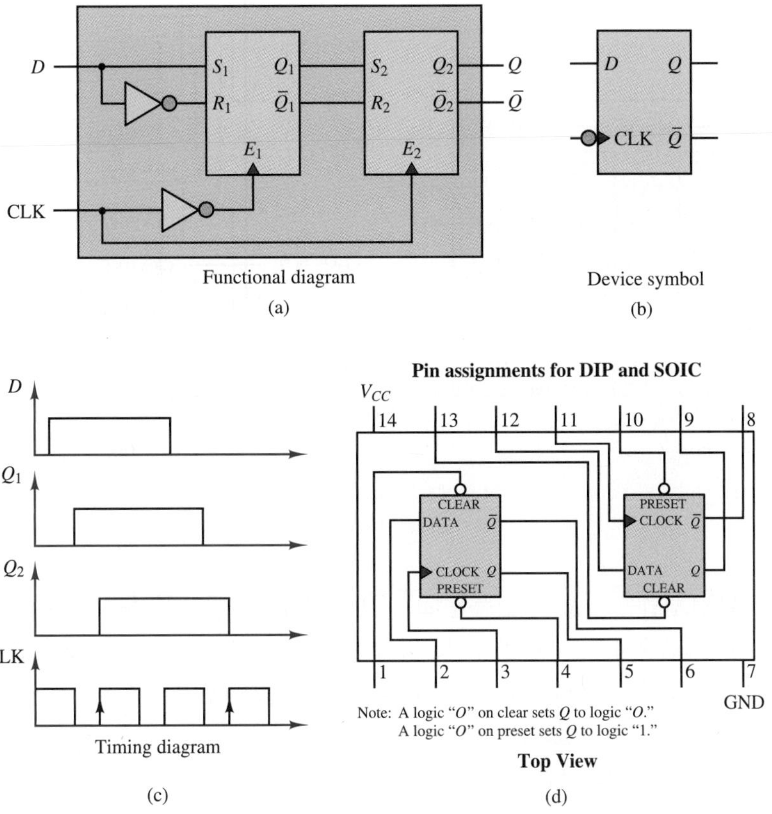

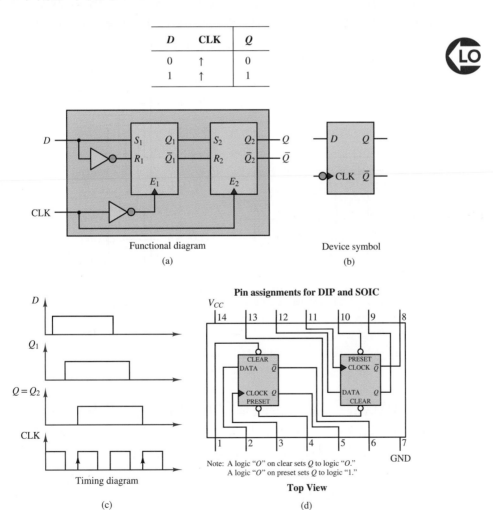

그림 12.7 D 플립플롭. (a) 기능 선도, (b) 소자 기호, (c) 타이밍 선도, (d) IC 개요

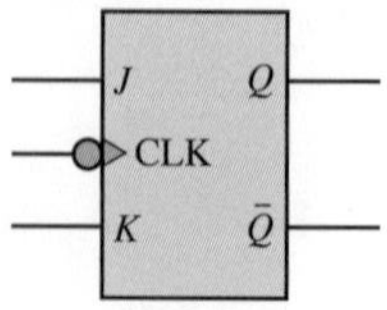

JK flip-flop

J_n	K_n	Q_{n+1}
0	0	Q_n
0	1	0 (reset)
1	0	1 (set)
1	1	$\bar{Q}_n$ (toggle)

그림 12.8 JK 플립플롭에 대한 진리표

JK 플립플롭

***JK* 플립플롭**의 기호와 진리표는 그림 12.8에 나와 있다. 클록 입력에 있는 작은 원은 클록이 **하강 에지 트리거**(trailing-edge trigger)임을 나타낸다. *JK* 플립플롭의 규칙은 다음과 같다.

- $J = K = 0$일 때, 플립플롭의 상태는 변하지 않는다.
- $J = 0$이고 $K = 1$일 때, 플립플롭은 0으로 리셋(reset)된다.
- $J = 1$이고 $K = 0$일 때, 플립플롭은 1로 셋(set)된다.
- $J = K = 1$일 때, 플립플롭은 클록 입력의 하강 에지마다 두 상태 사이에서 토글(toggle)된다.

JK 플립플롭의 동작은 그림 12.9(a)에서와 같이 2개의 *RS* 플립플롭으로 설명할 수 있다. 클록 파형이 high로 천이될 때, 주(master) 플립플롭은 인에이블 되며, 종(slave) 플립플롭은 클록의 하강 에지에서 주 플립플롭의 상태를 입력받는다. 이 플립플롭의 동작은 $J = 1$, $K = 1$인 경우만 제외하고는 *RS* 플립플롭의 동작과 유사한데, $J = 1$, $K = 1$인 경우에는 토글 모드에 해당된다.

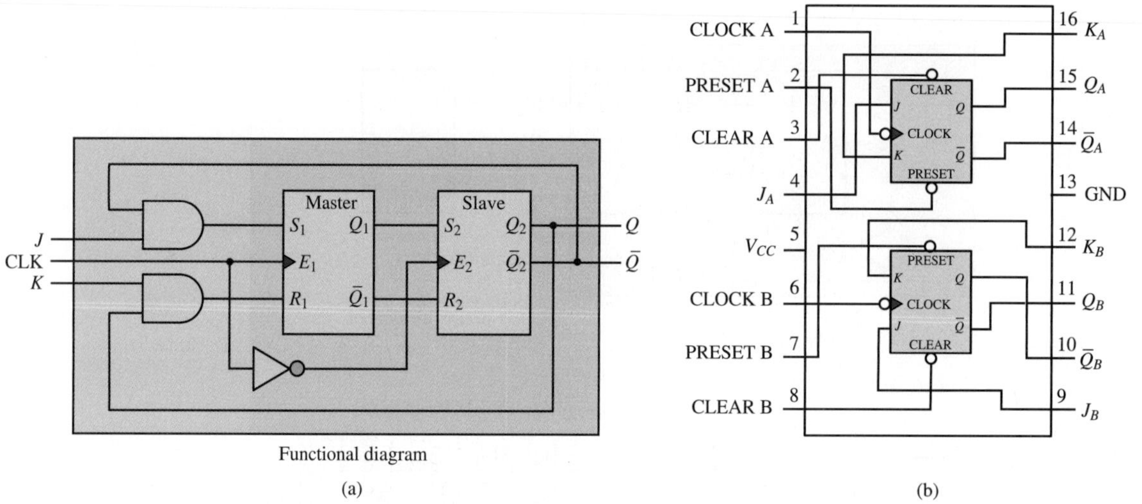

그림 12.9 JK 플립플롭. (a) 기능 선도, (b) IC 개요

JK 플립플롭은 *RS* 플립플롭 또는 *D* 플립플롭으로 모두 동작할 수 있으므로, 범용 플립플롭으로 알려져 있다. 두 입력이 모두 low일 때, 출력은 클록 천이 동안에 전의 상태를 유지한다. $J = S$이고 $K = R$로 설정하면(단 $J = K = 1$은 피해야 함), *JK* 플립플롭은 *RS* 플립플롭처럼 동작한다. 입력이 $\overline{K} = J = D$로 설정되면, *JK* 플립플롭은 *D* 플립플롭처럼 동작한다. 마지막으로 입력이 $K = J$로 설정되면, 출력은 예제 12.2와 같이 *T* 플립플롭으로 동작한다.

예제 12.1

RS 플립플롭의 타이밍 선도

문제

다음의 일련의 입력에 대한 *RS* 플립플롭의 출력은 무엇인가?

R	0	0	0	1	0	0	0
S	1	0	1	0	0	1	0

풀이

기지: *RS* 플립플롭의 진리표(그림 12.1)

미지: *RS* 플립플롭의 출력 *Q*

해석: 앞서 언급한 규칙에 근거하여 플립플롭의 상태는 다음과 같이 기술할 수 있다.

R	0	0	0	1	0	0	0
S	1	0	1	0	0	1	0
Q	1	1	1	0	0	1	1

각 천이를 표시해 주는 타이밍 선도는 다음 그림과 같다.

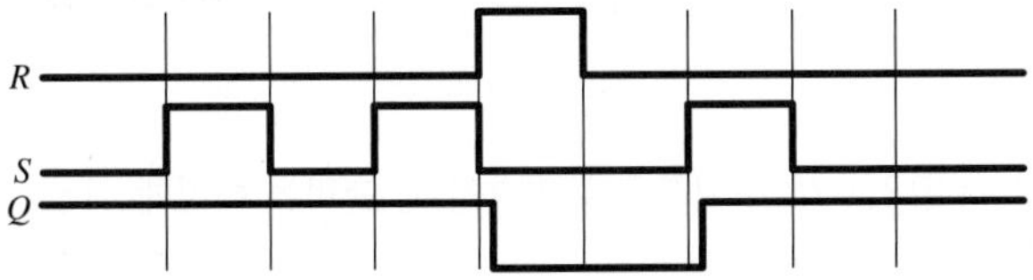

예제 12.2

T 플립플롭

문제

그림 12.10의 ***T* 플립플롭**에 대해 진리표와 타이밍 선도를 결정하라. *T* 플립플롭은 *JK* 플립플롭에서 두 입력이 함께 연결되어 있는 경우라는 점에 주목하라.

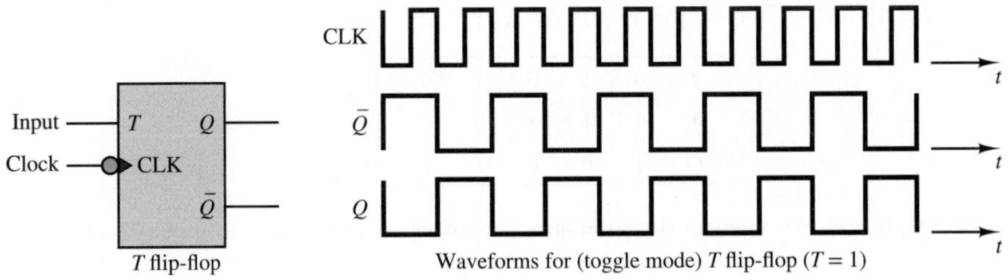

그림 12.10 *T* 플립플롭 기호와 타이밍 선도

풀이

기지: *JK* 플립플롭의 진리표(그림 12.8)

미지: *T* 플립플롭의 진리표와 타이밍 선도

해석: *T* 플립플롭은 $J = K$를 갖는 *JK* 플립플롭에 해당하므로, 진리표는 그림 12.8의 진리표에서 첫 번째와 네 번째 행에 해당한다. *T* 플립플롭의 진리표를 아래에 나타내었으며, 타이밍 선도는 그림 12.10에 나타내었다.

T	CLK	Q_{k+1}
0	↓	Q_k
1	↓	$\overline{Q_k}$

참조: *T* 플립플롭이란 이름은 high와 low 상태 사이에서 토글한다는 의미에서 유래되었다. 토글 주파수는 클록 주파수의 1/2이 된다. 그러므로 *T* 플립플롭은 나누기-2 계수기로 동작한다. 계수기에 대해서는 다음 절에서 자세히 설명한다.

예제 12.3 *JK* 플립플롭의 타이밍 선도

LO

문제

아래 표의 입력이 순서대로 *JK* 플립플롭에 인가될 때 출력은 어떻게 되겠는가? 초기 상태는 $Q_0 = 1$로 가정한다.

J	0	1	0	1	0	0	1
K	0	1	1	0	0	1	1

풀이

기지: *JK* 플립플롭의 진리표(그림 12.8)

미지: 입력의 함수로 나타낸 *JK* 플립플롭의 출력 Q

해석: 그림 12.8의 규칙에 따라서 완성한 *JK* 플립플롭의 출력 천이표는 다음과 같다.

J	0	1	0	1	0	0	1
K	0	1	1	0	0	1	1
Q	1	0	0	1	1	0	1

각 천이를 표시해 주는 타이밍 선도는 아래와 같다. 이때 각 수직선은 클록의 천이에 해당한다.

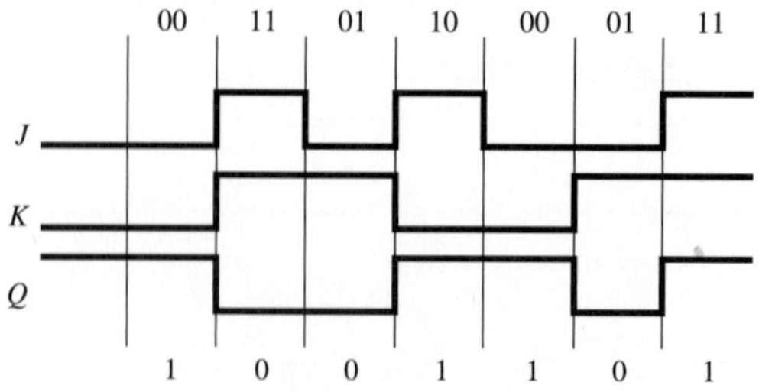

침조: 플립플롭의 초기 상태가 $Q_0 = 0$이라면 타이밍 선도는 어떻게 변하겠는가?

연습 문제

2개의 플립플롭을 갖는 그림 12.9의 모델을 이용하여, *JK* 플립플롭에 대한 자세한 진리표를 유도하고 타이밍 선도를 그려라. 진리표와 타이밍 선도에 내부 입력도 포함하라.

12.2 디지털 계수기와 레지스터

플립플롭에 기초한 응용 중의 하나가 바로 **계수기**(counter)이다. 계수기란 N개의 가능한 상태를 순차적으로 옮겨 다니며 한 값씩 취하는 순차 논리 소자이다. 계수기가 최종 상태에 도달하면 0으로 리셋되고, 다시 계수를 시작할 준비를 한다. 예를 들어, 그림 12.11의 3비트 **2진 상향 계수기**(up counter)는 $2^3 = 8$개의 가능한 상태를 가진다. 입력 클록 파형에 의해서 계수기는 각 클록 펄스에 대해서 한 번씩 상태를 바꾸며, 8개의 상태를 순차적으로 가진다. 또한, 이 계수기는 출력을 강제적으로 low로($b_2b_1b_0 = 000$) 만드는 리셋 입력을 가진다.

2진 계수기는 많은 응용 분야에 매우 유용하지만, 0에서 9까지 계수하고 리셋되는 **10진 계수기**(decade counter)가 더욱 널리 사용된다. 이러한 기능을 구현하기 위해서 4비트 2진 계수기가 사용 가능하다. 그림 12.12(b)와 같이 만약 비트 b_3와 b_0

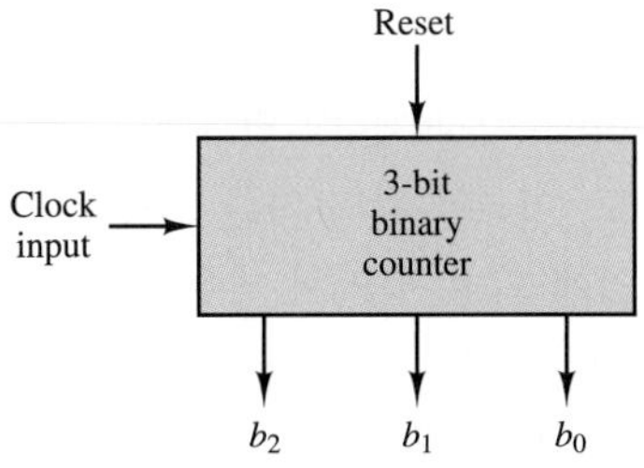

Functional representation of binary counter

Input pulses	State b_2	b_1	b_0
↓	0	0	0
↓	0	0	1
↓	0	1	0
↓	0	1	1
↓	1	0	0
↓	1	0	1
↓	1	1	0
↓	1	1	1

Timing table

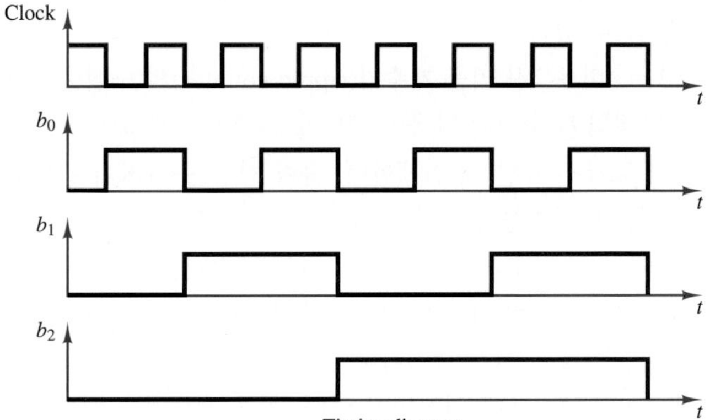

Timing diagram

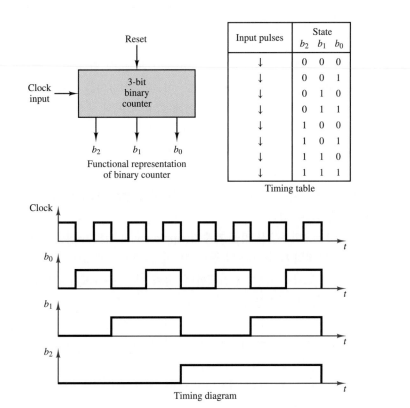

그림 12.11 2진 상향 계수기의 기능적인 표현, 상태 천이표 및 타이밍 선도

Input pulses	b_3	b_2	b_1	b_0
↓	0	0	0	0
↓	0	0	0	1
↓	0	0	1	0
↓	0	0	1	1
↓	0	1	0	0
↓	0	1	0	1
↓	0	1	1	0
↓	0	1	1	1
↓	1	0	0	0
↓	1	0	0	1

(a)

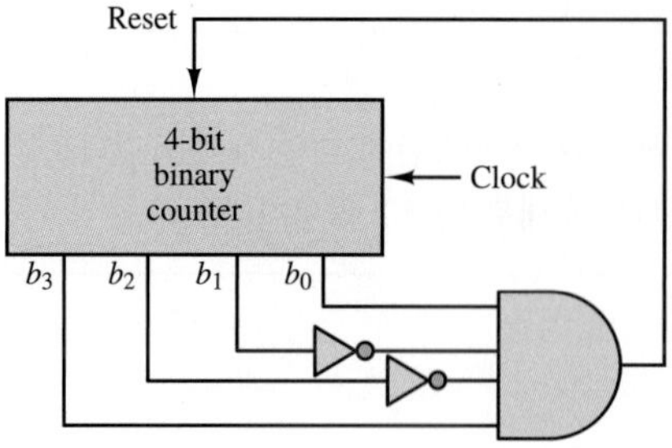

(b)

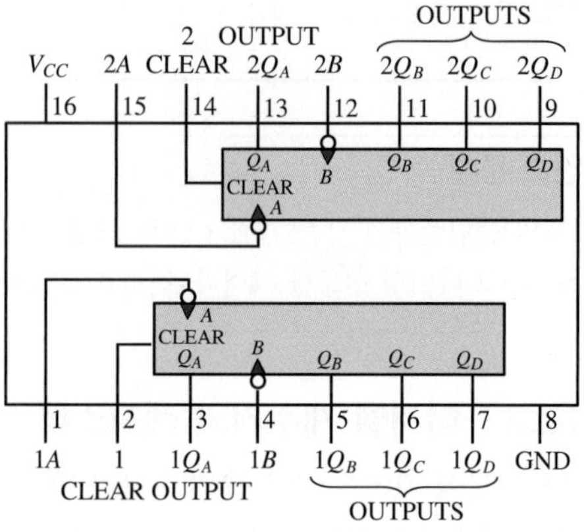

(c)

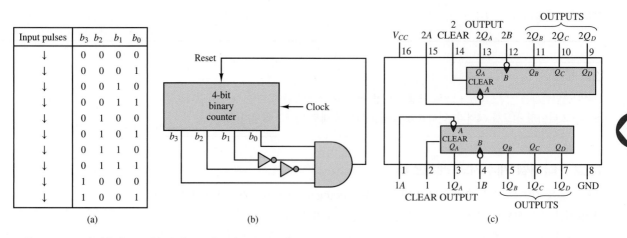

그림 12.12 10진 계수기. (a) 계수 순서, (b) 기능 선도, (c) IC 개요

을 비트 $\bar{b}_2$와 $\bar{b}_1$와 함께 4입력 AND 게이트에 연결한다면, AND 게이트의 출력은 $1001^2 = 9_{10}$을 계수한 후에 계수기를 리셋시킬 수 있다. 만약 추가적인 논리 회로를 이용하여, 자리올림 비트를 상위 10진 계수기에 제공하도록 하면, 99까지 계수가 가능해진다. 이때, 10진 계수기는 10진수를 연속적으로 나타내기 위하여 직렬로 연결한다.

그림 12.12의 10진 계수기는 단순하다는 면에서는 매력적이지만, 이러한 구성은 **전파 지연**(propagation delay)이 존재하므로 실제로는 거의 사용하지 않는다. 이러한 지연은 각 논리 소자에 사용되는 개별적인 트랜지스터의 유한한 응답 시간에 기인하는데, 이 지연은 일반적으로 동일한 종류의 논리 게이트나 플립플롭에 대해서도 크기가 약간씩 다르게 된다. 그러므로 4비트 2진 계수기의 4개의 *JK* 플립플롭에 정확하게 동시에 리셋 신호를 인가하더라도, 이러한 각기 다른 전파 지연 때문에 각 플립플롭에서는 동시에 리셋이 수행되지 않게 되며, 따라서 계수기의 출력에 나타나는 2진 워드는 1001로부터 0000이 아닌 다른 어떤 수로 바뀌게 되어, 4입력 AND 게이트의 출력은 더 이상 high를 유지하지 못하게 될 수 있다. 여기서 CLEAR는 액티브 하이(active-high)이기 때문에 AND 게이트가 high가 되어야 리셋이 수행되게 된다. 이러한 문제는 다음 절에서 논의할 **상태 천이 선도**(state transition diagram)를 이용해서 해결할 수 있다.

그림 12.13은 3비트 2진 **리플 계수기**(ripple counter)의 구현을 보여준다. 천이표는 어떻게 각 단계의 *Q* 출력이 다음 단계의 클록 입력으로 되는지를 보여준다. 이는 각 플립플롭이 토글 모드일 때 발생한다. 출력 천이는 CLK가 간단한 사각 파형이라 가정한다(모든 JF 플립플롭은 하강 에지 트리거이다).

그림 12.14에서 보듯이, 이러한 3비트 리플 계수기는 출력을 AND 게이트로 연결함으로써 나누기-8 (divied-by-8) 회로로 쉽게 변환할 수 있다. 결과적으로, 1개의 출력 펄스가 8개의 클록 펄스 주기마다 발생한다. 출력을 동기화하기 위하여 클록 입력 신호도 AND 게이트에 연결되어 있다. 리플 계수기의 이러한 응용은 예제 12.4에서 다루어진다.

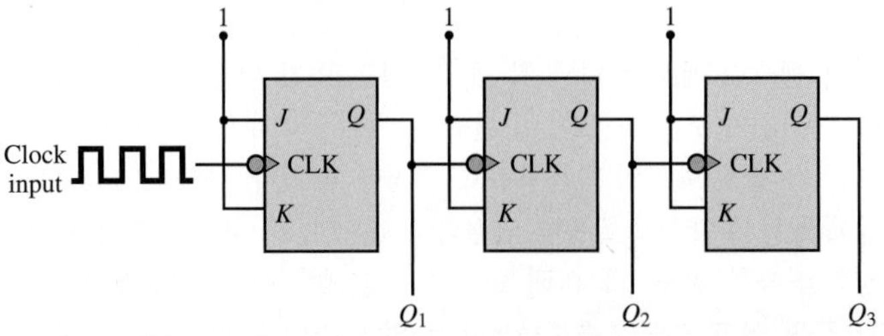

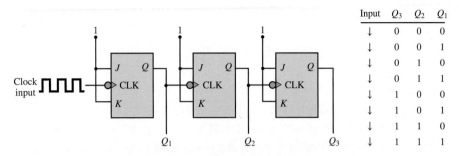

Input	Q_3	Q_2	Q_1
↓	0	0	0
↓	0	0	1
↓	0	1	0
↓	0	1	1
↓	1	0	0
↓	1	0	1
↓	1	1	0
↓	1	1	1

그림 12.13 리플 계수기

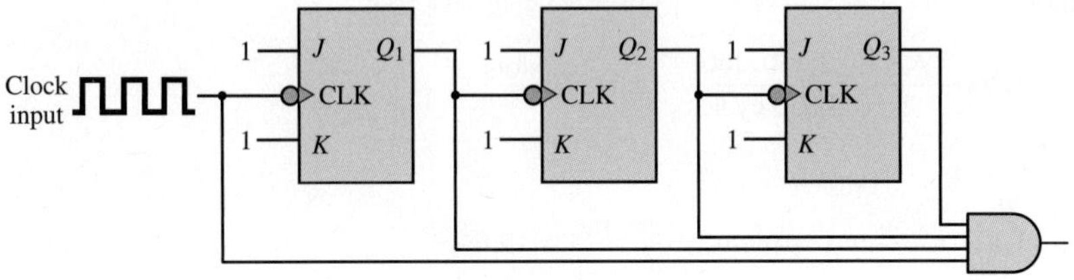

그림 12.14 리플 계수기를 이용한 나누기-8 회로

약간 더 복잡한 2진 계수기로 **동기 계수기**(synchronous counter)가 있는데, 이 동기 계수기에서는 입력 클록이 모든 플립플롭을 동시에 구동시킨다. 그림 12.15는 *T* 플립플롭을 이용한 3비트 동기 계수기를 보여주는데, 여기서 *T* 플립플롭은 *JK* 입력이 묶여 있는 *JK* 플립플롭이다(예제 12.2 참조). Q_0가 먼저 상태 1로 토글되고, 그 다음에 Q_1이 1로 토글되며, Q_0와 Q_1이 둘 다 상태 1 ($Q_0 \cdot Q_1 = 1$)에 도달한 후에야 AND 게이트에 의해서 Q_2가 토글된다.

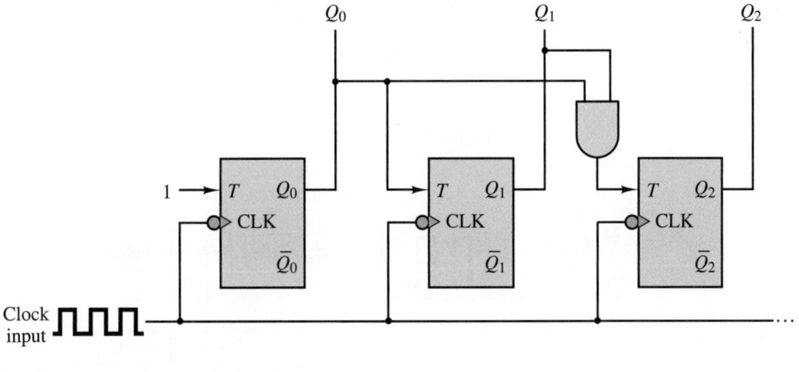

그림 12.15 3비트 동기 계수기

또 다른 일반적인 계수기로는 예제 12.5에서 나타나 있는 **링 계수기**(ring counter)와 계수기의 계수 방향이 상향인지 하향인지를 결정하는 부가적인 선택 입력을 가진 **상하향 계수기**(up-down counter)가 있다.

측정기술

각 위치와 속도의 디지털 측정

11장의 "측정 기술: 위치 엔코더"에서 논의된 각 엔코더와는 약간 다른 형태로, 그림 12.16과 같은 슬롯(slot)을 가진 엔코더가 있다. 이 엔코더는 한 쌍의 계수기와 고주파 클록을 결합하여 사용함으로써, 슬롯 원판의 회전 속도를 결정할 수 있다. 그림 12.17과 같이 하나의 계수기는 알고 있는 주파수의 클록에 연결되어 있으며, 또 다른 계수기는 원판이 회전함에 따라 광학식 슬롯 검출기에 의해 슬롯의 수를 계수한다. 이들 계수기의 결과를 적절히 연산함으로써 회전 원판의 속도를 rad/sec의 단위로 구할 수 있다. 예를 들어, 클록 주파수가 1.2 kHz라 가정하자. 만약 두 계수기가 0에서 시작하여 어느 순간에 타이머 계수기(즉 기준 계수기)의 판독 값이 2,850이고, 엔코더 계수기의 판독 값이 3,050이라면 회전 엔코더의 속도는 다음과 같이 구해진다.

$$1{,}200\ \frac{\text{cycles}}{\text{s}} \cdot \frac{2{,}850\ \text{slots}}{3{,}050\ \text{cycles}} = 1{,}121.3\ \frac{\text{slots}}{\text{s}}$$

그리고

$$1{,}121.3\frac{\text{slots}}{\text{s}} \times 1^\circ\ \text{per slot} \times \frac{2\pi}{360}\frac{\text{rad}}{\text{deg}} = 19.6\frac{\text{rad}}{\text{s}}$$

만약 이 엔코더가 회전축에 연결된다면, 축의 각 위치와 각속도를 측정할 수 있다. 이와 같은 축 엔코더(shaft encoder)는 전기모터, 공작기계, 엔진 및 다른 회전기계의 회전 속도를 측정하는 데 사용된다.

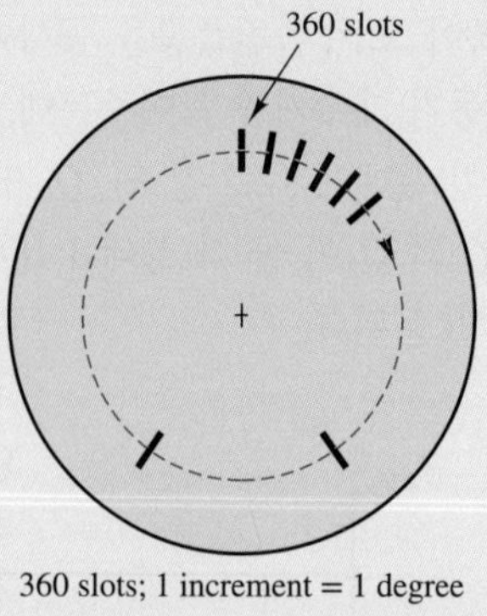

그림 12.16

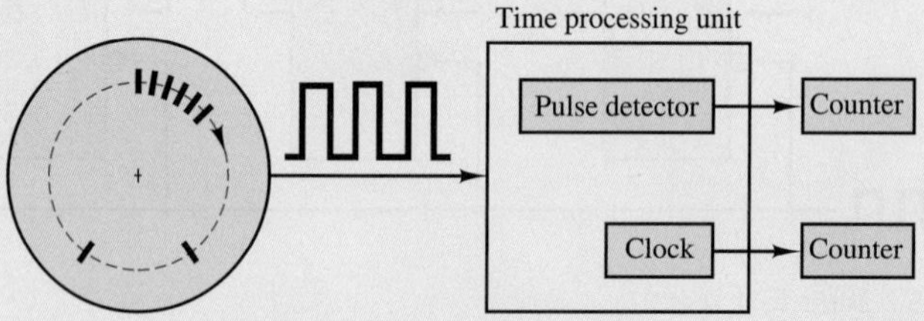

그림 12.17 슬롯 원판의 회전 속도의 계산

슬롯 엔코더의 전형적인 응용 분야로는 자동차 엔진에서의 점화 시기와 분사 시기의 계산을 들 수 있다. 자동차 엔진에서 속도 관련 정보는 알려진 기준점을 갖는 캠 축과

(계속)

(계속)

플라이휠로부터 얻어진다. 이 기준점은 점화시점과 연료분사 시점을 결정하여 주는데, 캠 축과 크랭크 축이 가지고 있는 특수한 슬롯의 패턴에 의해서 식별된다. 이러한 기준점(즉, 특수한 슬롯)을 검출하기 위해서, 부가된 천이 검출에 근거한 주기 측정법(period measurement with additional transition detection, PMA)과 결여된 천이 검출에 근거한 주기 측정법(period measurement with missing transition detection, PMM)의 두 방법이 사용된다. PMA 방법에서는 부가된 슬롯(기준점)에 의해서, PMM 방법에서는 슬롯의 결여에 의해서 캠 축과 크랭크 축의 기준점을 결정한다. 그림 12.18은 추가적인 펄스를 포함하는, 전형적인 PMA 펄스 순서이다. 여기서 추가적인 슬롯은 크랭크 축의 위치를 기준으로 하는 점화시점을 결정하는 데 사용될 수 있다. 그림 12.19는 전형적인 PMM 펄스 순서를 나타낸다. 펄스의 주기가 알려져 있기 때문에 부가된 슬롯이나 결여된 슬롯은 쉽게 검출되어 기준점으로 사용될 수 있다. 링 계수기를 이용하여 이러한 펄스 순서의 구현이 가능하다.

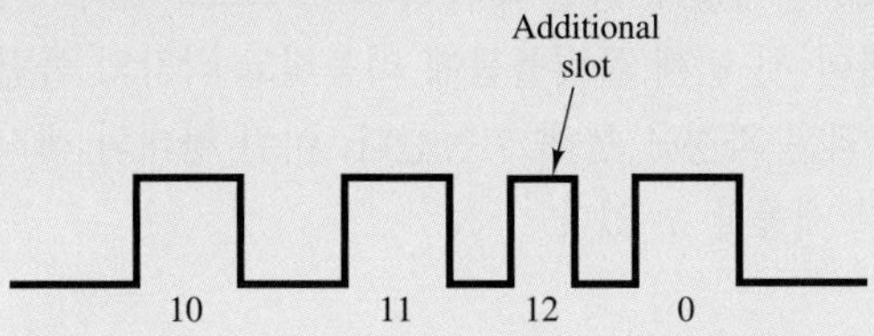

그림 12.18 PMA 펄스 순서

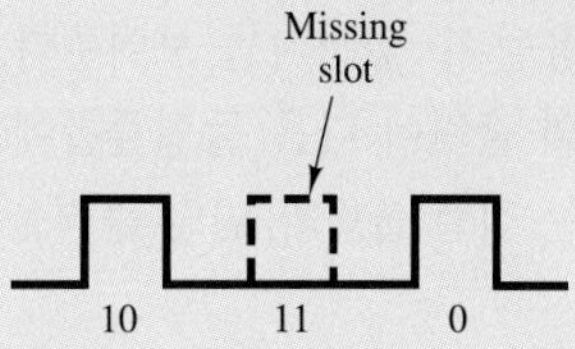

그림 12.19 PMM 펄스 순서

레지스터

레지스터는 직렬 연결된 플립플롭으로 구성되는데, 각 플립플롭은 한 비트의 2진 데이터를 저장할 수 있다. 레지스터의 가장 간단한 형태는 그림 12.20에 나타나 있는 병렬 입력–병렬 출력 레지스터이다. 이 레지스터에서는 모든 클록에 동시에 인가되는 load 입력 펄스에 의해서, 병렬 입력 $b_0b_1b_2b_3$를 각각의 플립플롭으로 전달한다. 이 레지스터에 사용되는 D 플립플롭은 b_n에서 Q_n으로의 직접 전달을 수행한다. 따라서, D 플립플롭은 이런 종류의 응용에 널리 사용된다. 이때 2진 워드 $b_3b_2b_1b_0$가 "저장"되는데, 이때 각 비트는 플립플롭의 상태에 의해서 표현된다. Load 입력이 다시 인가되어 새 워드가 병렬 입력선에 나타날 때까지는, 레지스터에 저장된 워드는

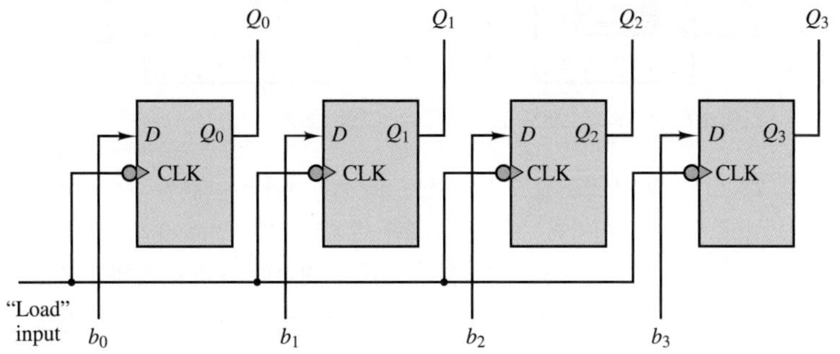

그림 12.20 4비트 병렬 레지스터

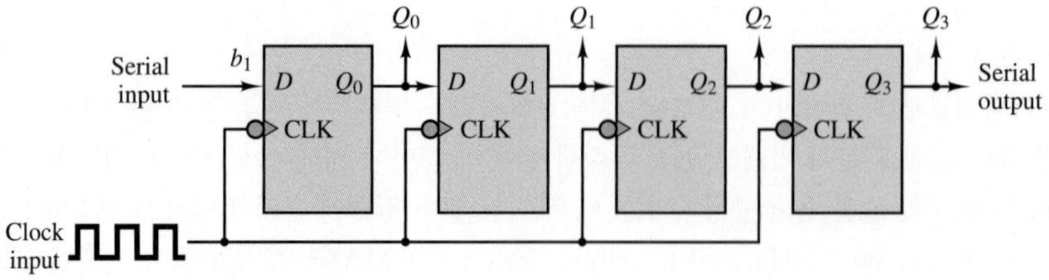

그림 12.21 4비트 시프트 레지스터

보존된다. D 플립플롭은 $J = \overline{K} = D$의 입력을 가진 JK 플립플롭으로 구현이 가능하다.

병렬 레지스터의 구성은 저장되는 N비트 워드가 병렬 형태라는 점을 가정한 것이다. 그러나 2진 워드가 직렬 형태, 즉 한 번에 한 비트씩 전달되는 경우도 흔히 존재한다. 이런 형태의 논리 신호를 수용할 수 있는 레지스터를 **시프트 레지스터**(shift register)라 부른다. 그림 12.21은 어떻게 병렬 레지스터가 시프트 레지스터로 사용될 수 있는지를 보여준다. 입력이 첫 번째 플립플롭에 적용되고 각각의 플립플롭의 출력이 다음 플립플롭에 입력되는 과정을 통해 이동한다. 이런 형태의 레지스터는 직렬 출력과 병렬 출력을 둘 다 제공할 수 있다.

측정기술

7-세그먼트 표시기

그림 12.22에 나타나 있는 7-**세그먼트 표시기**(seven-segment display)는 디지털 데이터를 표시하는 데에 있어서 매우 편리한 장치이다. 7-세그먼트 표시기를 동작시키기 위해서는, 원하는 10진수에 해당하는 적절한 조합의 세그먼트들에 전원을 공급하여 불이 들어오게 하는 디코더 회로가 필요하다.

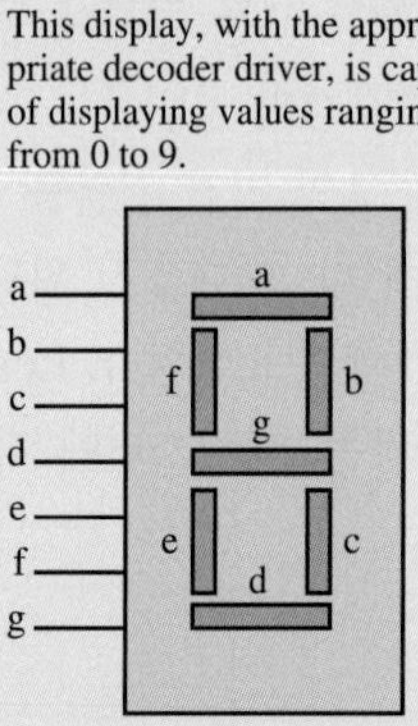

그림 12.22 7-세그먼트 표시기

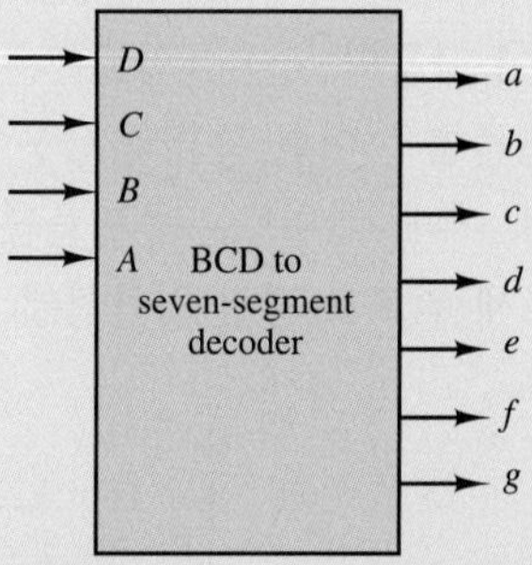

그림 12.23

그림 12.23은 BCD 코드를 7-세그먼트 코드로 변환하는 전형적인 디코더의 기능 블록을 나타내고 있는데, 여기서 소문자는 그림 12.22의 세그먼트에 해당한다. 디코더는 4개의 데이터 입력(A, B, C, D)을 가지는데, 이들은 7개의 출력의 상태를 결정하는 데 사용된다. 디코더의 출력은 7-세그먼트 표시기에 연결된다. BCD를 7-세그먼트 표시기로 보내는 디코더의 기능은 이미 설명한 11장의 2:4 디코더의 기능과 유사하다.

제산기 회로(divider circuit)

예제 12.4

문제

2진 리플 계수기는 클록의 고정된 출력 주파수를 $2n$으로 나누는 방법을 제공한다. 예를 들어, 그림 12.24의 회로는 2 또는 4로 나누어지는 계수기이다. 그림 12.24의 2진 리플 계수기에 대해서 클록 입력 Q_0 및 Q_1에 대한 타이밍 선도를 도시하라.

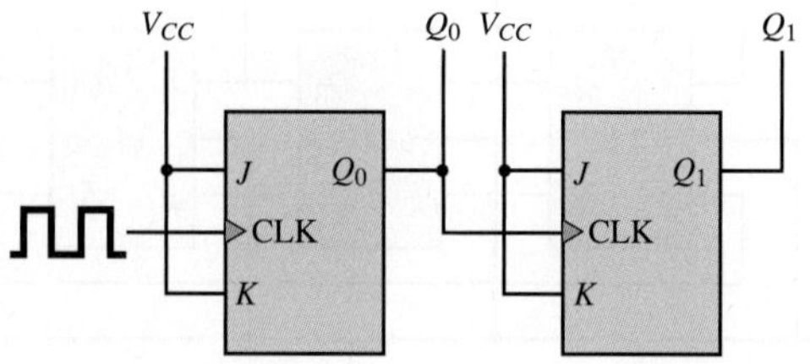

그림 12.24

풀이

기지: *JK* 플립플롭의 진리표(그림 12.8)

미지: 입력 클록 펄스의 함수로 나타낸 각 플립플롭의 출력 Q

가정: 상승 에지 트리거링을 가정하며, 직류 전원의 전압은 V_{CC}이다. Q_0, Q_1의 시작값은 low이다.

해석: JK 입력들이 모두 V_{CC}에 연결(논리값 1)되어 있으므로, *JK* 플립플롭은 토글(T) 플립플롭으로 동작한다. 여기서 클록 입력은 상승 에지 트리거링이 되며, Q_0는 플립플롭 1의 클록 입력으로 사용된다. 따라서 클록이 low에서 high로 천이될 때, Q_0의 값도 low에서 high로 토글된다. 이러한 Q_0의 상승 천이는 Q_1이 low에서 high로 천이되게 한다. 클록의 두 번째 상승 천이에서, Q_0는 high에서 low로 천이된다. 그러나 Q_0의 하강 천이는 Q_1의 값이 바뀌게 하지 않는다. 클록의 세 번째 상승 천이에서는, Q_0는 low에서 high로 천이되며, 따라서 Q_1은 high에서 low로 천이된다. 마지막으로 클록의 네 번째 상승 천이에서는, Q_0는 high에서 low로 천이되며, 이때에는 Q_0와 Q_1의 상태는 시작 시점의 상태와 같게 된다. 이러한 연속된 동작은 계속적으로 반복된다. 결과적으로 Q_0는 입력 클록 주파수의 1/2의 주파수에서 천이가 발생하며, Q_1은 다시 Q_0의 절반의 주파수에서 천이가 발생한다. 타이밍 선도는 그림 12.25와 같다.

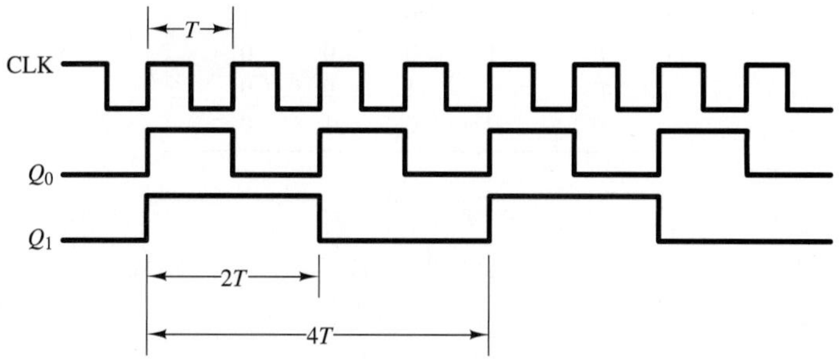

그림 12.25 제산기 회로의 타이밍 선도

예제 12.5 링 계수기

문제

그림 12.26의 링 계수기에 대한 타이밍 선도를 도시하라.

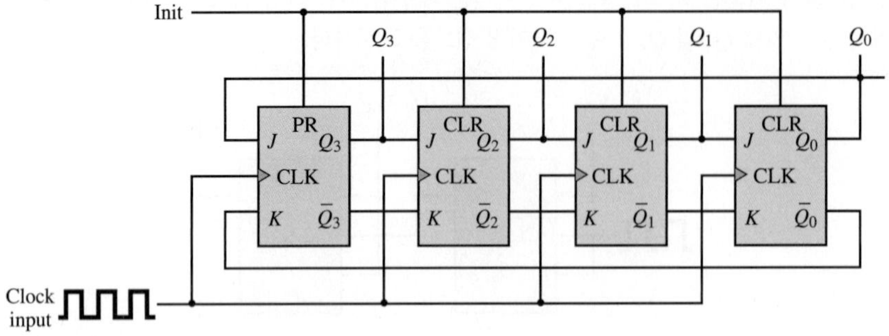

그림 12.26 링 계수기

풀이

기지: *JK* 플립플롭의 진리표(그림 12.8)

미지: 입력 클록 천이의 함수로 나타낸 각 플립플롭의 출력 *Q*

가정: *JK* 플립플롭은 상승 에지 트리거를 하며, 클록의 첫 번째 상승 에지 후까지 Init 선은 high로 설정되다가 곧 low로 된다.

해석: 첫 번째 클록 천이에서 Init 선은 $Q_3 = 1$로 셋시키고, 나머지 3개의 플립플롭은 $Q_2 = Q_1 = Q_0 = 0$로 클리어(리셋)시킨다. 두 번째 클록 천이에서, $Q_3 = 1$이므로 두 번째 플립플롭에서 출력이 $Q_2 = 1$로 셋되지만, Q_1와 Q_0는 입력 상태가 $J = 0$, $K = 1$인 리셋 상태이므로, 여전히 상태 0으로 남아 있게 된다. 마찬가지로 Q_3의 입력들도 리셋 상태이기 때문에, 0으로 리셋된다. 이러한 패턴이 계속되어 아래의 천이표와 같이 상태 1이 좌에서 우로 계속 물결처럼 이동한다.

CLK	Q_3	Q_2	Q_1	Q_0
↑	1	0	0	0
↑	0	1	0	0
↑	0	0	1	0
↑	0	0	0	1
↑	1	0	0	0
↑	0	1	0	0
↑	0	0	1	0

참조: 그림 12.26에 도시된 구조를 "링" 계수기라고 하는데, 이는 하나의 플립플롭의 출력이 다음 플립플롭의 입력으로 동작하기 때문이다. 즉 $Q_0 \rightarrow Q_3$, $Q_3 \rightarrow Q_2$, $Q_2 \rightarrow Q_1$, $Q_1 \rightarrow Q_0$가 계속적으로 반복된다.

연습 문제

"측정 기술: 각 위치와 각속도의 디지털 측정"의 회전 엔코더의 속도가 9,425 rad/s이다. 엔코더 타이머 및 클록 계수기의 계수 값은 각각 10과 300이다. 타이머 계수기와 엔코더 계수기가 모두 0에서 계수를 시작하였다고 가정하고, 클록 주파수를 구하라.

Answer: 45 kHz

12.3 순차 논리 설계

조합 회로의 설계와 마찬가지로, 순차 논리 회로의 설계도 체계적인 방법으로 수행할 수 있다. **상태 선도**(state diagram)와 이와 연관된 **상태 천이표**(state transition table)는 논리 상태와 시스템 설계에서 요구되는 논리 상태와 그들의 연관성에 대해 기술한다. 3개의 T 플립플롭으로 구성된 그림 12.27의 3비트 2진 계수기를 고려하자. 이 계수기에 대한 입력 방정식은 $T_1 = 1$, $T_2 = q_1$, $T_3 = q_1 \cdot q_2$이다. 만약 입력을 알고 있다면, 임의의 시간에 대하여 이들 방정식으로부터 3개의 출력을 결정할 수 있으며, 출력 Q_1, Q_2 및 Q_3는 이 장치의 **상태**를 의미한다. 클록이 여러 사이클을 거치는 동안, 계수기는 표 12.1의 상태 천이를 거치게 될 것이다. 표 12.1에서 소문자 q는 현재 상태를, 대문자 Q는 다음 상태를 나타낸다. 그림 12.27의 상태도는 도식적으로 계수기의 상태 천이 과정을 보여준다. 이 상태도에서 각 상태는 **노드**라 불리며 원으로 표시하고, 한 상태에서 다른 상태로의 천이는 화살표 모양의 **유향 에지**(directed edge)로 표시한다. 따라서 순차 회로는 각 천이표 또는 상태도를 결정하면 해석할 수 있다.

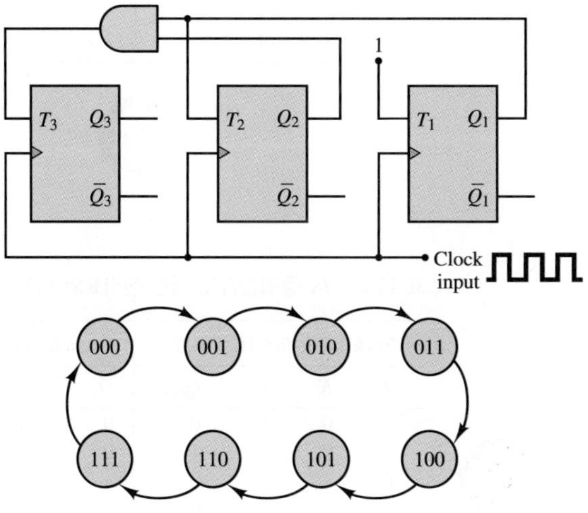

그림 12.27 3비트 계수기와 상태도

표 12.1 3비트 2진 계수기에 대한 상태 천이표

Current state			*Input*			*Next state*		
q_3	q_2	q_1	T_3	T_2	T_1	Q_3	Q_2	Q_1
0	0	0	0	0	1	0	0	1
0	0	1	0	1	1	0	1	0
0	1	0	0	0	1	0	1	1
0	1	1	1	1	1	1	0	0
1	0	0	0	0	1	1	0	1
1	0	1	0	1	1	1	1	0
1	1	0	0	0	1	1	1	1
1	1	1	1	1	1	0	0	0

이러한 해석 과정의 반대가 바로 설계 과정이 된다. 상태 천이표와 상태도를 이용하여 계수기와 같은 순차 회로의 설계를 어떻게 체계적으로 수행할 수 있을까?

설계 과정의 목적은, 이러한 사양을 만족하는 많은 논리 회로 중 하나를 구해 내는 것이다. 명심할 것은, 주어진 출력 사양에 대해서 유일한 논리 회로가 존재하는 것은 아니라는 점이다. 그러므로 첫째 단계는 플립플롭을 선택하고, 진리표의 특성을 이용하여 **여기표**(excitation table)를 정의하는 것이다. *RS*, *D* 및 *JK* 플립플롭에 대한 진리표와 여기표가 표 12.2, 12.3과 12.4에 각각 주어져 있다. 여기표의 한 줄이 Q_t와 Q_{t+1}의 같은 조합을 가지고 있는 진리표의 여러 줄에 해당된다는 점을 주목하라. 특정 상태의 천이에 영향을 끼치지 않는 입력은 무시 조건으로 설정되어 있다.

표 12.2 *RS* 플립플롭에 대한 진리표와 여기표

Truth table for RS flip-flop				*Excitation table for RS flip-flop*			
S	***R***	Q_t	Q_{t+1}	Q_t	Q_{t+1}	***S***	***R***
0	0	0	0	0	0	0	*d*[†]
0	0	1	1	0	1	1	0
0	1	0	0	1	0	0	1
0	1	1	0	1	1	*d*	0
1	0	0	1				
1	0	1	1				
1	1	x[*]	x				
1	1	x	x				

[*]An x indicates that this combination of inputs is not allowed.
[†]A *d* denotes a don't-care entry.

표 12.3 *D* 플립플롭에 대한 진리표와 여기표

Truth table for D flip-flop			*Excitation table for D flip-flop*		
D	Q_t	Q_{t+1}	Q_t	Q_{t+1}	***D***
0	0	0	0	0	0
0	1	0	0	1	1
1	0	1	1	0	0
1	1	1	1	1	1

표 12.4 *JK* 플립플롭에 대한 진리표와 여기표

Truth table for JK flip-flop				*Excitation table for JK flip-flop*			
J	***K***	Q_t	Q_{t+1}	Q_t	Q_{t+1}	***J***	***K***
0	0	0	0	0	0	0	*d*[†]
0	0	1	1	0	1	1	*d*
0	1	0	0	1	0	*d*	1
0	1	1	0	1	1	*d*	0
1	0	0	1				
1	0	1	1				
1	1	0	1				
1	1	1	0				

[†]A *d* denotes a don't-care entry.

여기표의 사용은 **모듈로-4 이진 상하향 계수기**(modulo-4 binary up-down counter)의 설계에서 설명할 것이다. "모듈로-4 이진"이라는 말은 계수기 출력이 이진 형태로 0~3의 정수로 제한되어 있다는 것을 의미한다. 물론, 이 4개의 정수는 2개의 비트로 완전히 나타낼 수 있다. "상하향"이라는 말은 계수기가 단일 비트 입력에 따라, 출력이 증가하거나 감소함을 의미한다. 그림 12.28은 이 계수기에 대한 상태도를 보여주는데, 시계 또는 반시계 방향의 진행의 증감 또는 감소를 나타낸다. 한 개의 플립플롭은 각각의 출력 비트가 ($Q = 0$, $Q = 1$)인 상태를 만들기 위해 필요하다. 이 설계 예에서, 2개의 *RS* 플립플롭을 선택하고, 표 12.5의 상태 천이표를 작성한다. 단일 비트 입력과 이중 비트 출력을 갖는 장치에 대해서, 8개 서로 다른 입력과 출력의 조합이 있다. 표 12.5의 처음 5개의 열은 각각 가능한 입력 x와 현재 상태 q_1q_2에 대해서 원하는 다음 상태 Q_1Q_2를 기술한다. 이들 처음의 5개의 열은 그림 12.28에 제시된 입력과 부합된다.

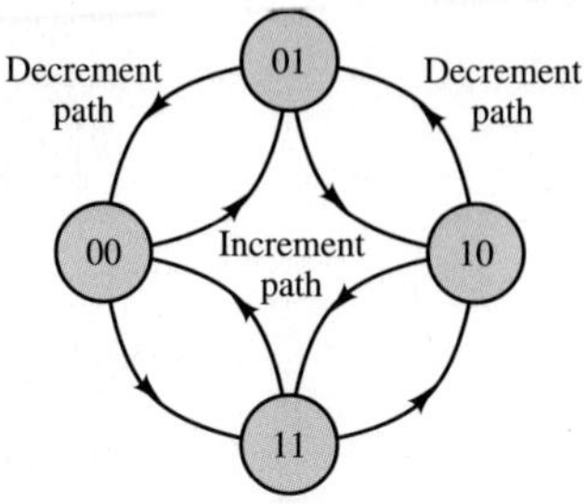

그림 12.28 모듈로-4 상하향 계수기의 상태도

표 12.5 모듈로-4 상하향 계수기의 상태 천이표

Input x	Current state q_1	Current state q_2	Next state Q_1	Next state Q_2	S_1	R_1	S_2	R_2	Output y
0	0	0	1	1	1	0	1	0	1
0	0	1	0	0	0	*d*	0	1	0
0	1	0	0	1	0	1	1	0	1
0	1	1	1	0	*d*	0	0	1	0
1	0	0	0	1	0	*d*	1	0	1
1	0	1	1	0	1	0	0	1	0
1	1	0	1	1	*d*	0	1	0	1
1	1	1	0	0	0	1	0	1	0

다음으로, *RS* 플립플롭의 여기표에서 볼 수 있는 각 출력 쌍인 (Q_t, Q_{t+1})의 값을 두 쌍의 계수기 출력 (q_1, Q_1)과 (q_2, Q_2)의 각각에 맞추어 *RS* 입력 쌍인 (S_1, R_1)와 (S_2, R_2)를 결정한다. 예를 들어, 계수기의 상태 천이표의 첫 행은 ($q_1 = 0$, $Q_1 = 1$)을 ($Q_t = 0$, $Q_{t+1} = 1$)인 *RS* 여기표의 둘째 열에 맞춤으로써 구해진다. 따라서 *RS* 입력 쌍($S_1 = 1$, $R_1 = 0$)은 원하는 현재 상태 변수 q_1과 다음 상태 변수 Q_1 사이의 원하는 관계를 생성한다. 상태 천이표의 동일한 첫 행에 대해서 $q_2 = q_1 = 0$이고 $Q_2 = Q_1 = 1$이므로, 다른 *RS* 입력 쌍은 반드시 $S_2 = 1$, $R_2 = 0$이어야 한다. 상태 천이표의 다른 행들은 동일한 방식으로 채워진다. 표에 있는 *d*는 무시 조건을 나타낸다. 이 계수기에서 $x = 0$은 감소, $x = 1$은 증가를 나타낸다.

이 시점에서 요구되는 논리 회로는 그림 12.29의 카르노 맵과 같은 조합 논리 도구들을 사용하여 결정될 수 있다. 다음과 논리식은 이들 맵으로부터 구해질 수 있다.

$$S_1 = \bar{x}\bar{q}_1\bar{q}_2 + x\bar{q}_1 q_2 = (\bar{x}\bar{q}_2 + x q_2)\bar{q}_1$$

$$R_1 = \bar{x} q_1\bar{q}_2 + x q_1 q_2 = (\bar{x}\bar{q}_2 + x q_2) q_1$$

$$S_2 = \bar{q}_2$$

$$R_2 = q_2$$

완성된 설계는 그림 12.30에 나타나 있다.

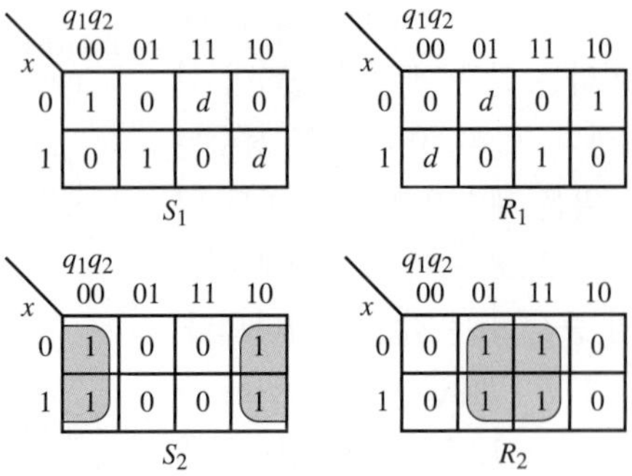

그림 12.29 모듈로-4 계수기에서 플립플롭 입력에 대한 카르노 맵

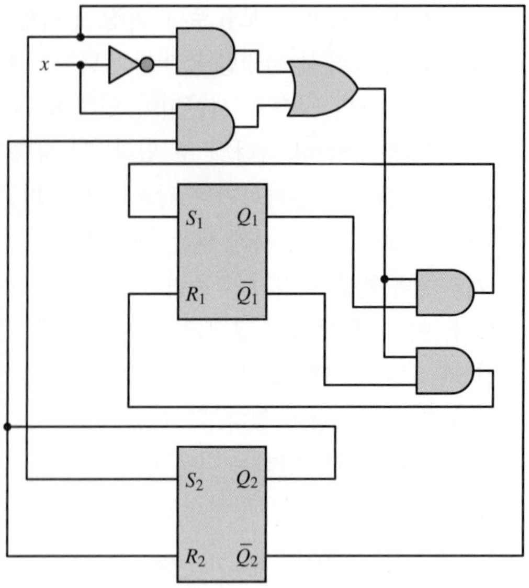

그림 12.30 모듈로-4 계수기의 구현

프로그램 가능 논리 제어기(PLC)

가장 널리 활용되는 순차 논리 설계 및 상태 기계의 응용 분야의 예는 프로그램 가능 논리 제어기(programmable logic controller, PLC)이다. 이것은 유한 상태 기계이며, 주로 논리 기능을 구현하기 위하여 다양한 산업 응용(예를 들어, 기계 가공, 포장, 자재 처리, 자동 조립 등)에 사용된다. PLC는 연속된 복합 논리 결정들을 효율적으로 수행할 수 있는 데 특화된 컴퓨터이다. 얼마 전부터 많은 산업 분야에서 마이크로컨트롤러들이 PLC를 대체하기 시작했다. 마이크로컨트롤러의 기본 구조 및 하나의 예시가 이후 절에서 다루어질 것이다.

12.4 컴퓨터 시스템 아키텍처

그림 12.31은 일반적인 컴퓨터의 구조를 보여준다. 가장 좌측이 **중앙 처리 유닛**(central processing unit, CPU)인데, **CPU 버스**를 통해서 메모리와 입력 데이터 블록으로부터 데이터를 받고, 같은 버스를 통해서 출력 블록을 전달한다. CPU 버스는 전기 신호가 전달되는 매우 낮은 저항을 갖는 전도성 통로이다. 일반적으로, 어느 순간이든지 오직 한 세트의 데이터 신호만이 버스를 통해 전송된다. 그러므로 전송되

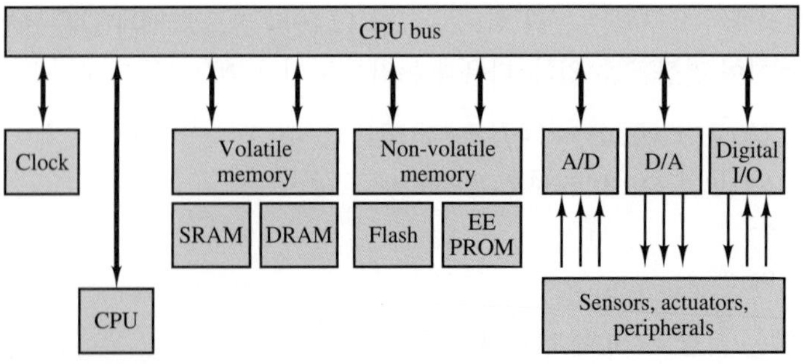

그림 12.31 일반적인 컴퓨터 아키텍처

는 데이터는 간섭을 방지하기 위하여 적절히 관리되어야 한다. CPU 버스는 주로 한 클록 사이클 동안에 전달되는 비트의 수로 특징지어진다. 프로그램 명령과 메모리와 관련되는 주소는 분리된 버스를 통해서 전송된다. CPU는 데이터 처리에 더하여 데이터 흐름을 관리하고 컴퓨터의 다른 기능을 조정하므로, 컴퓨터의 심장이며 두뇌에 해당한다. 단일의 집적 회로에 위치하는 단일 CPU는 **단일 코어 마이크로프로세서**(single-core microprocessor)라고 한다.

디지털 컴퓨터의 중요한 특징 중 하나는 데이터를 저장할 수 있다는 점이다. 이는 두 가지의 일반적인 **메모리** 방식인 휘발성 및 비휘발성 메모리에 의해서 구현된다. 휘발성 메모리는 데이터를 저장하기 위해 안정적인 전원이 필요하지만, 비휘발성 메모리는 전원이 필요 없다. 휘발성 메모리의 예는 **RAM** (random-access memory)으로, **SRAM** 및 **DRAM** 등이 있다. RAM은 CPU에 의해서 신속하게 읽고 쓸 수 있고, 프로그램의 수행 중에 부분적이거나 영구적인 결과들을 저장하기도 하며, 일반적으로 컴퓨터에서 현재 사용되는 모든 소프트웨어가 저장된다. 비휘발성 메모리의 예는 **ROM** (read-only memory)인데, **EEPROM**과 이보다 작은 블록으로 겹쳐 쓸 수 있는 **플래시 메모리**(flash memory)가 대표적이다. 플래시 메모리에는 NAND형과 NOR형의 2가지 종류가 있다. NAND형은 많은 휴대용 장치에 사용된다. 비휘발성 메모리의 다른 예로는 하드 드라이브, SSD (solid state drive), 광학 디스크 드라이브, 자기 테이프 저장장치 등 **대용량 저장장치**가 있다.

컴퓨터에 사용되는 이런 다양한 종류의 메모리는 가격, 속도, 신뢰성, 내구성, 전력 소모 사이의 절충점을 제공한다. RAM의 주요 이점은 나노 초 수준의 대기 시간을 갖는 접근 속도이다. 반면에, 일반적인 하드 드라이브의 대기 시간은 마이크로 초 수준이다. 그러나 대용량 저장장치 메모리는 메모리의 단위당 훨씬 저렴하다.

ADC (analog-to-digital converter)와 **DAC** (digital-to-analog converter)는 컴퓨터가 외부 센서로부터 데이터를 받아올 수 있게 하거나, 외부 액추에이터로 데이터를 내보낼 수 있도록 한다. 자세한 동작 및 사양은 7장에서 다루어진다.

일반적인 주변 장치들로는 키보드, 마우스, 오디오 스피커, 이어폰, 프린터 및 모니터가 있다. 최신식 컴퓨터에서는 많은 주변 장치를 사용할 수 있는데, 이러한 장치들은 일반적으로 USB 포트와 케이블뿐만 아니라, 많은 종류의 네트워크 통신 포트와 케이블에 의해서 연결될 수 있다,

클록

클록(clock)은 CPU의 심장 박동과 같다. 클록 기능은 일반적으로 명령이 수행되는 속도를 결정하는 **수정 진동자**(crystal oscillator)에 의해서 구현된다.

메모리

CPU는 프로그램을 실행하기 위해서 여러 종류의 메모리에 접근할 필요가 있다. ROM은 시스템을 부팅하거나 초기화시키는 데 필요한 영구적인 프로그램과 데이터를 저장하는 데 사용된다. ROM에 저장된 정보는 컴퓨터에 전원을 끊어도 그대로 남아 있다. RAM (random access read/write memory)은 일시적으로 데이터나

명령을 저장하는 데 사용된다. 예를 들어, CPU에 의해서 실행되는 프로그램과 계산 시의 중간 결과 등은 RAM에 저장된다. 많은 마이크로 컨트롤러들은 전체 ROM을 다시 쓰지 않고도 메모리를 부분적으로만 변화시킬 수 있는 EEPROM (electrically erasable programmable ROM)과 **플래시** 메모리를 사용한다.

컴퓨터 메모리는 0 또는 1의 값을 갖는 한 자리 숫자의 변수인 **비트**를 기본 단위로 한다. **바이트**는 8비트로 구성되며, **워드**는 상황에 따라서 16 또는 32비트로 구성된다. 워드의 크기는 다를 수 있으나, 1바이트는 항상 8비트로 구성된다.

대용량 저장장치는 컴퓨터의 데이터 용량을 늘리기 위해 사용된다. 그러나 이러한 저장장치에 저장된 데이터에의 접근 시간은 ROM이나 RAM보다 훨씬 느리다.

컴퓨터 프로그램

컴퓨터 프로그램은 CPU가 실행하는 명령어의 목록이다. 실행 명령들은 바이트 조합으로 이루어지는 특별한 **기계어**(machine language)로 코딩된다. 프로그래머를 돕기 위해서, CPU 명령어는 실제 동작 명령 코드에 대해서 **연상 기호**(mnemonic)로 부호화된다.

일반적으로 컴퓨터는 C, C^{++}, C# 또는 자바 등과 같은 상위 언어로 프로그램되어 있다. 상위 프로그램 언어는 **컴파일러**에 의해 기계어로 번역된다. 상위 프로그램 언어들은 다양한 코드를 사용하는데, 좋은 예로 **ASCII**[2] (American Standard Code for Information Interchange) 문자 코드가 있다. 이 코드는 일반적으로 인쇄된 문서나 컴퓨터 화면에 표시되는 모든 알파벳 문자와 숫자 등을 나타낼 수 있다. 이런 코드는 모든 상위 프로그래밍 언어에서 볼 수 있는 **char** 타입의 변수와 관련된 출력을 정의하는 데 사용된다. **Char** 타입의 변수는 정수(integer)로 저장이 되지만, 정수는 ASCII 문자코드에 따라 변환된다는 점이 중요하다. 따라서 **char** 타입의 변수는 정수로서 계산(덧셈, 뺄셈)되어 다양한 결과를 도출할 수 있다. 예를 들어서 대문자에서 소문자로, 또는 소문자에서 대문자로 변환하는 작업은 각각 0*x*20(10진수 32)를 더하거나 빼는 연산으로 구현된다. 표준 ASCII 문자표의 128개의 문자들과 이에 해당되는 16진수는 부록 C에 기재되어 있다.

ASCII 코드는 7-세그먼트 표시기(이번 장의 앞에서 측정 기술 "7-세그먼트 표시기" 참고)에 숫자를 표시하도록 하는 컴퓨터 프로그램에서 사용할 수 있다. 예를 들어서 0에서 9까지의 수는 ASCII코드에서 16진수로 0*x*30에서 0*x*39로 정의되고 있다. 이러한 16진수는 7-세그먼트 표시기 구동 칩이 사용할 수 있는 BCD 입력으로 변환 가능하다.

CPU 레지스터

CPU는 데이터를 검색하거나 계산 결과를 저장하기 위해 **레지스터**(register)라 불리는 휘발성 메모리에 접근한다. 여기서 연산은 **연산 논리 유닛**(arithmetic logic unit, ALU)에서 이루어지며, ALU는 일반적으로 CPU에 내장되어 있다. **메모리 맵**은 CPU 및 레지스터가 접근 가능한 메모리 장소의 이름과 타입을 정의한다. 레지스터의 전형적인 사용 예는 다음과 같다.

---
[2] American Standard Code for Information Interchange.

누산기(accumulator)는 CPU에 의해 수행되는 산술 연산의 결과를 보관하는 데 사용된다.

색인(index)은 CPU가 정보를 읽거나 쓸 메모리 주소를 가리킬 때 쓰인다.

프로그램 카운터 레지스터[program counter (PC) register]는 CPU에 의해 실행될 다음 명령어 주소를 계속 추적한다.

조건 코드 레지스터(condition code register, CCR)는 이전의 CPU 연산의 상태를 반영하는 정보를 보관한다. 예를 들어, branch 명령어는 결정을 내리기 위해서 CCR을 참조한다.

스택 포인터 레지스터[stack pointer (SP) register]는 복귀 주소 정보와 모든 CPU 레지스터의 이전 내용을 포함한다. CPU가 인터럽트되거나 서브루틴이 실행되었을 때, 인터럽트 실행이나 서브루틴 분기에 앞서서 프로그램의 상태를 보관한다. CPU가 **인터럽트**를 수행하였거나 서브루틴을 완료한 후에, SP 레지스터의 내용을 다시 로딩하며 이전 상태를 재개할 수 있다.

인터럽트

인터럽트(interrupt)는 CPU가 외부 이벤트에 반응하여 정상적인 흐름의 연산 수행을 방해할 수 있도록 허용해 주는 중요한 기능을 수행한다. 예를 들어, ADC가 센서 입력의 디지털 값을 CPU에 보내야 할 때 인터럽트를 요청할 수 있다.

인터럽트를 사용한 센서 데이터의 판독

측정기술

현대식 자동차의 계측에서는 마이크로컨트롤러가 다양한 측정 신호에 대한 신호 처리 작업을 수행한다. 그림 12.32는 이러한 계측에 대한 블록 선도를 나타낸다. 사용되는 센서의 방식에 따라 센서의 출력은 디지털 또는 아날로그 신호이다. 만약 센서 신호가 아날로그라면, 그림 12.33에서와 같이 아날로그-디지털 변환기(ADC)에 의해서 디지털 형식으로 변환되어야 한다. 아날로그-디지털 변환 과정은 ADC의 종류에 따라서 차이는 있지만, 어느 정도의 변환 시간을 필요로 한다(7장 참조). 변환이 완료되면, ADC는 인터럽트 요청 플립플롭을 설정하는 라인의 논리 상태를 변화시켜, 컴퓨터에 신호를 보내게 된다.

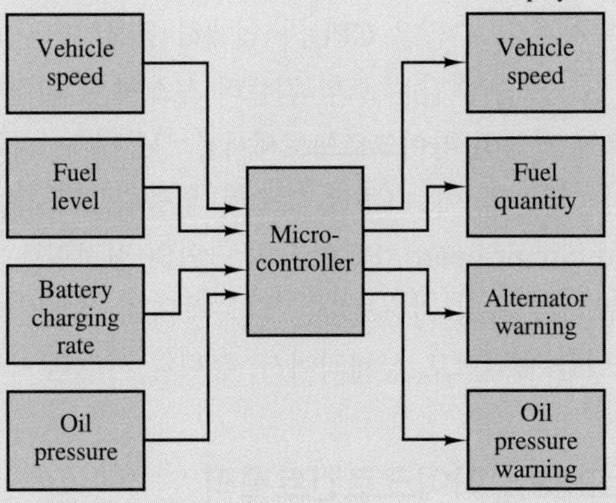

그림 12.32 자동차의 계측

(계속)

(계속)

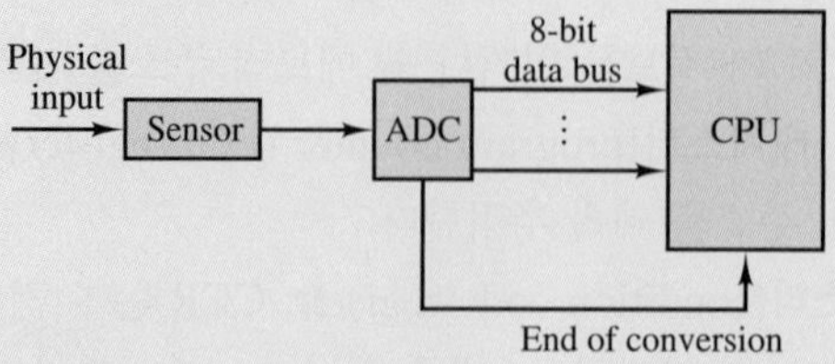

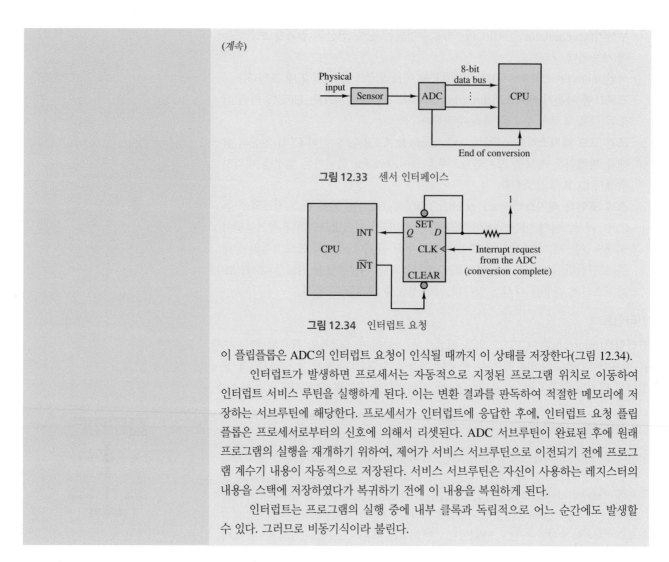

그림 12.33 센서 인터페이스

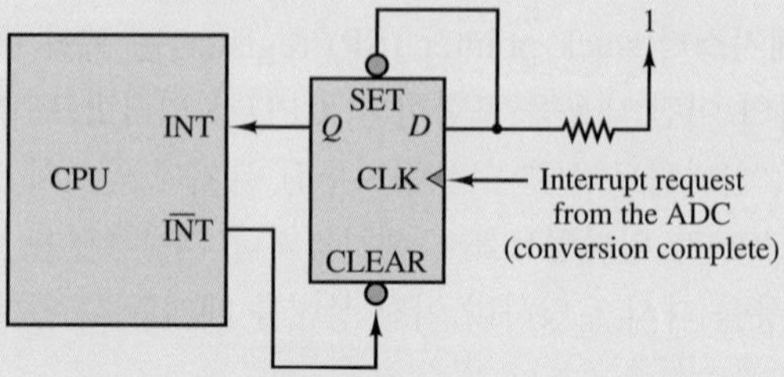

그림 12.34 인터럽트 요청

이 플립플롭은 ADC의 인터럽트 요청이 인식될 때까지 이 상태를 저장한다(그림 12.34).

인터럽트가 발생하면 프로세서는 자동적으로 지정된 프로그램 위치로 이동하여 인터럽트 서비스 루틴을 실행하게 된다. 이는 변환 결과를 판독하여 적절한 메모리에 저장하는 서브루틴에 해당한다. 프로세서가 인터럽트에 응답한 후에, 인터럽트 요청 플립플롭은 프로세서로부터의 신호에 의해서 리셋된다. ADC 서브루틴이 완료된 후에 원래 프로그램의 실행을 재개하기 위하여, 제어가 서비스 서브루틴으로 이전되기 전에 프로그램 계수기 내용이 자동적으로 저장된다. 서비스 서브루틴은 자신이 사용하는 레지스터의 내용을 스택에 저장하였다가 복귀하기 전에 이 내용을 복원하게 된다.

인터럽트는 프로그램의 실행 중에 내부 클록과 독립적으로 어느 순간에도 발생할 수 있다. 그러므로 비동기식이라 불린다.

물론 다양한 형태의 컴퓨터 시스템이 생산되고 있다. 대형 컴퓨터는 대용량의 데이터를 저장하고 분석하는 데 사용된다. 이러한 대형 컴퓨터는 **병렬 처리**(parallel processing) 방식을 채택하는데, 수많은 CPU가 일제히 동작하면서 고속의 연산 속도를 얻는다. 노트북이나 데스크톱과 같은 소형 컴퓨터 시스템은, 일련의 CPU가 병렬적으로 동작하는 멀티 **코어** 방식의 **마이크로프로세서**를 사용한다. 더 소형 범주에서는 **마이크로컨트롤러**가 사용되는데, 이는 CPU, 메모리, 입출력 포트가 모두 하나의 **인쇄 배선 회로 기판**(printed circuit board, PCB)상의 단일의 집적회로 칩에 내장되어 있다. 어떤 마이크로컨트롤러는 특정 기능보다는 다목적으로 설계된다. 다른 마이크로컨트롤러들은 특정 영역을 목적으로 설계되어서, 장비나 시스템 등에 내장된다.

12.5 ATmega328p 마이크로컨트롤러

마이크로컨트롤러는 많은 엔지니어링 제품, 공정 및 시스템의 필수 요소가 되고 있으며, 흔히 자동차, 가전제품, 휴대용 제품 등의 시스템에 내장되어 있다. Atmel®

사에 의해서 생산되는 ATmega328P®는 **RISC** (reduced instruction set computing) 마이크로컨트롤러이며, 자동차와 Arduino Uno 플랫폼에 사용되고 있다. ATmega328P®는 마이크로컨트롤러가 일반적으로 가지는 많은 기능을 탑재하고 있다. 물론, 상세한 사양은 마이크로컨트롤러마다 다르지만, ATmega328P®에 대해 깊이 이해하게 된다면, 일반적인 마이크로컨트롤러에 대한 좋은 입문이 될 것이다. 그림 12.35는 ATmega328P® 마이크로컨트롤러의 블록 선도를 보여준다.

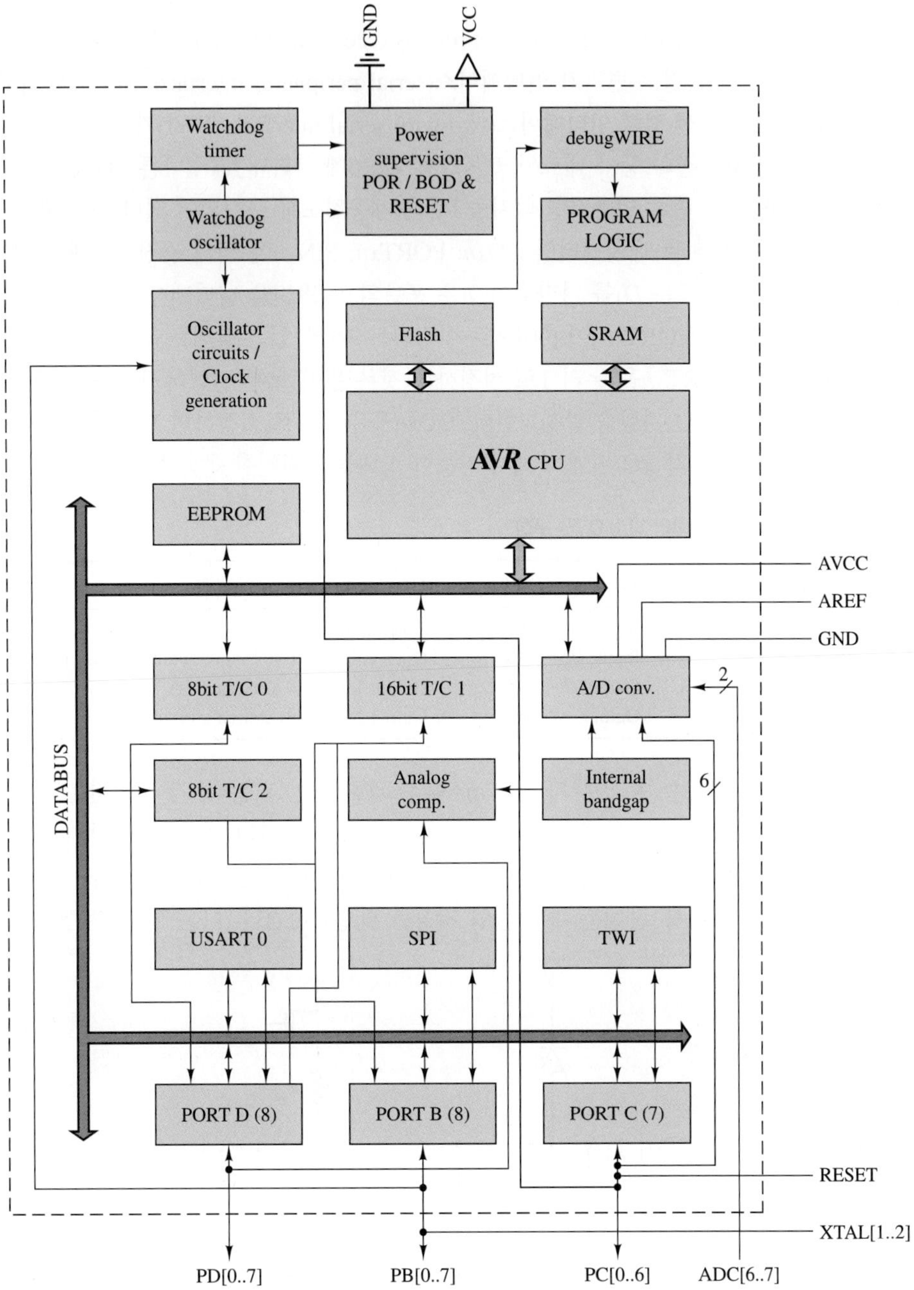

그림 12.35 ATmega328P® 마이크로컨트롤러의 블록 선도 (제공: Atmel® Corporation)

특성과 핀 구성

ATmega328®의 외부 핀들은 2개의 8비트 양방향 직렬 I/O 포트, 1개의 7비트 양방향 직렬 I/O 포트, A/D 변환을 위한 아날로그 전압 기준과 리셋 등에 접근한다. 그리고 접지와 전원 공급에 연결되는 부가적인 핀들이 있다. 포트들은 6개의 10비트 ADC, 6개의 **펄스폭 변조**(pulse-width modulation, PWM) 출력 채널, 그리고 2개의 8비트와 1개의 16비트 타이머/계수기와 같은 특화된 기능을 제공하도록 설계되어 있다. 이들 포트 중 일부는 통신 인터페이스를 제공하는데, 프로그램 가능 **범용 직렬 비동기 송수신** 인터페이스(univer*rs*al serial asynchronous receive and transmit, USART), 직렬 마스터/슬레이브 **직렬 주변기기 인터페이스**(serial peripheral interface, SPI), Philips I^2C 표준에 맞춘 **2선 직렬 인터페이스**(two-wire serial interface, TWI)가 있다.

각 개별 I/O 핀의 등가 네트워크를 그림 12.36에 나타내었다. 다른 핀들의 구성에도 불구하고, 각 핀은 일반적인 디지털 I/O를 제공하도록 구성되어 있다. 이러한 구성은 3개의 단일 비트 레지스터인 DD*xn*, PORT*xn*, PIN*xn*에 의해 결정되는데, 여기서 *x*는 포트(*B*, *C* 또는 *D*)를 나타내며, *n*은 포트의 특정 핀을 나타낸다. 초기 설정으로 각 핀은 [DD*xn* PORT*xn*]이 [00]으로 설정되는 3상태 입력 상태로 구성된다. 입력 모드 [01]에서 PORT*xn*을 논리 1로 설정하는 것은 핀이 오픈 컬렉터 방식을 취하도록, 내부의 20K 풀업 저항을 활성화한다. DD*xn*을 논리 1로 설정하면 핀은 출력 상태가 된다. 표 12.6은 각 I/O 핀에 대해서 가능한 상태들의 완전한 목록을 보여준다.

표 12.6 ATmega328P®의 I/O 핀 구성

DDxn	*PORTxn*	*I/O*	*Pull-up*	*Configuration*
0	0	Input	No	Tri-state (Hi-Z)
0	1	Input	Yes	Open-collector (will source current when low)
1	0	Output	No	Output low (will sink current)
1	1	Output	No	Output high (will source current)

어느 I/O 포트든 총 전류가 100 mA를 초과하면 안 되는데, 각 I/O 핀은 최대 40 mA를 공급하거나 받을 수 있다. 허용 전류의 초과는 거의 예외 없이 핀에 손상을 주고, 마이크로컨트롤러의 다른 부분에도 손상을 가한다는 점을 명심하여야 한다. 또한, 모든 비사용 핀들은 내부 풀업 저항을 활성화하거나, 다른 외부 수단에 의

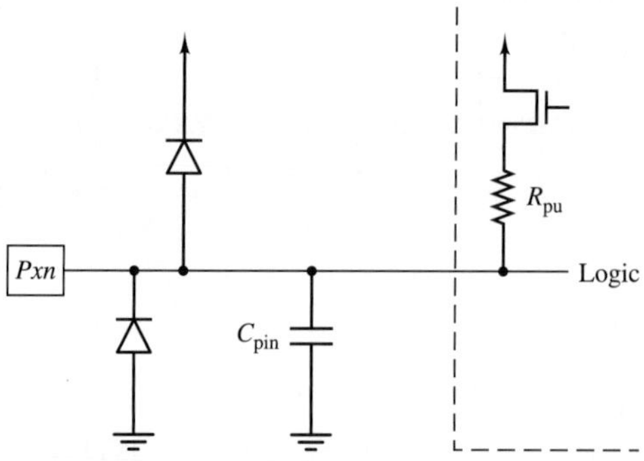

그림 12.36 일반적인 I/O 핀 등가 네트워크 (제공: Atmel® Corporation)

해서 그 값이 지정되어야 한다.

전력 조건

ATmega328P®는 6개의 저전력 모드를 제공하여 배터리 수명을 늘리고, 일반적으로 전력 소비를 감소시킨다. 1 MHz와 1.8 V로 구동 시에, 파워다운 모드에서는 100 nA, 활성화 모드에서는 200 μA를 받아들인다. 일반적으로 ATmega328P®는 최대 20 MHz의 클록 속도에서 4.5~5.5 V로 동작한다. 그러나 클록이 4 MHz로 제한되는 경우에는, 최소 1.8 V의 전압으로도 동작할 수 있다.

AVR® 아키텍처

ATmega328P® 마이크로컨트롤러의 심장은 AVR® CPU 코어로, 이는 그림 12.37에서 보는 변경된 Havard 아키텍처이다. 데이터를 위한 전용 버스와 메모리는 프로그램 명령을 위한 버스와 메모리와는 분리되어 있다. **연산 논리 유닛**은 32개의 8비트 범용 레지스터(R0-R31)로부터 명령과 데이터를 읽어들인다. 이는 다양한 논리, 연산 동작, 그리고 데이터에 대한 비트 기능을 수행하며, 대부분 한 클록 주기마다 결과를 레지스터에 쓴다. AVR CPU가 이러한 3가지 단계를 실행하는 동안, 변경된 하

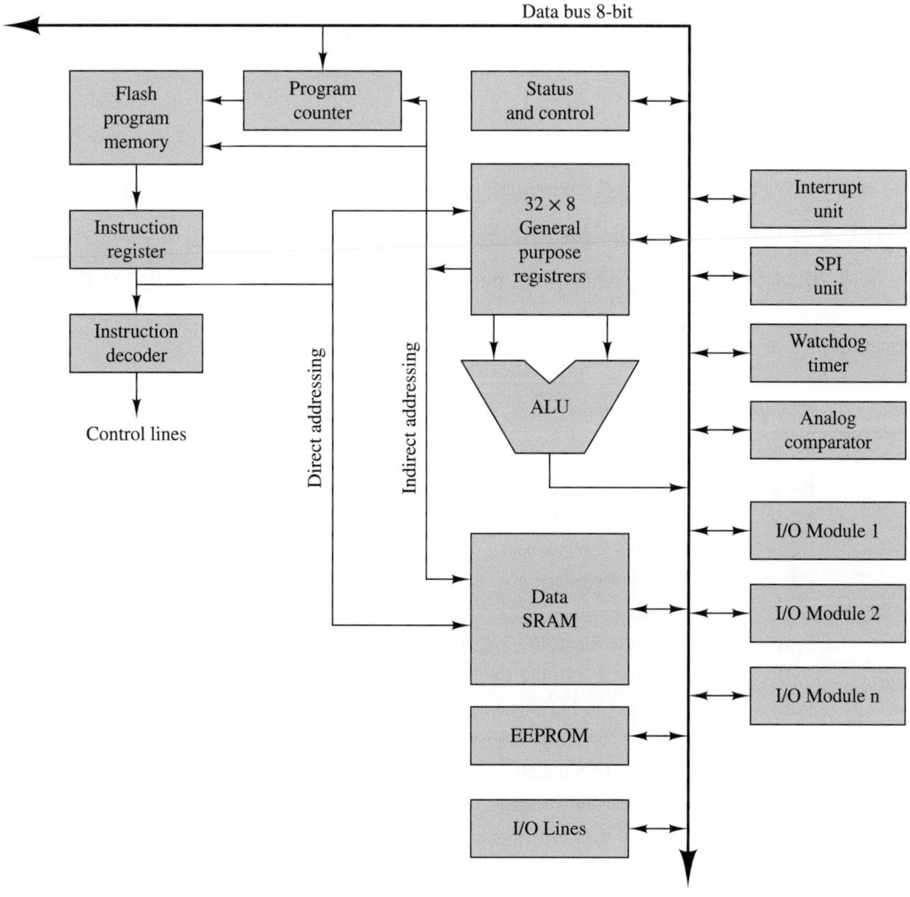

그림 12.37 ATmega328P® AVR® CPU 아키텍처의 블록 선도 (제공: Atmel® Corporation)

버드 아키텍처는 플래시 프로그램 메모리로부터 다음 명령어를 미리 가져올 수 있도록 한다. 3쌍의 레지스터(R26-R31)는 *X*, *Y*, *Z*로 불리며, 3개의 16비트 간접 주소 포인터를 저장하는 데 사용된다. *X*는 플래시 메모리에 저장된 참조표를 가리키는 데 사용되기도 한다. 모든 32개 레지스터에는 또한 직접 주소 0*x*00에서 0*x*1F (16진수)가 할당되는데, 이는 전체 메모리 맵의 처음 32바이트이다. 이들 레지스터의 개별 비트들은 SBIS, SBIC, SBI와 CBI 명령을 사용하여 접근할 수 있다(표 12.7 참조).

메모리

ATmega328P®는 읽고 쓰기가 동시에 가능하며, 1 K 바이트 EEPROM을 갖는 시스템 내부의 프로그램 가능한 플래시 메모리를 최대 32 K 바이트까지 비휘발성 메모리 형태로 포함하고 있다. 이러한 2개의 메모리 뱅크는 각각 수만 번에서 10만 번의 쓰기/지우기의 수명을 갖는다. AVR® 명령어는 2바이트 또는 4바이트이므로, 플래시 메모리는 16 K 2바이트 단어로 구성될 수 있다. 이들 단어는 14비트 **프로그램 계수기**에 의해서 주소가 지정된다(14비트로는 2^{14} = 16,386개의 서로 다른 주소를 지정할 수 있다). EEPROM은 SPI 인터페이스를 통해 접근될 수 있다. EEPROM으로의 읽기/쓰기 과정은 일반적으로 3.3 ms의 쓰기 시간을 갖는다.

최대 2 K 바이트의 SRAM이 AVR 레지스터로부터 보내지거나 받은 데이터를 저장하는 데 사용될 수 있다. SRAM은 프로그램 계수기를 포함하는 **스택**을 저장하는 데도 사용될 수 있다.

AVR® 명령

AVR®은 131개의 서로 다른 명령어들로 동작하는데, 이 일부가 표 12.7에 나와 있다. 대부분의 명령들은 단일의 클록 주기에 실행되며, 한 주기는 50 ns 정도이므로, 초당 최대 20 MIPS (million instructions per second)의 명령을 처리할 수 있다(MIPS).

표 12.7 ATmega328P® 명령어의 예

Type	*Mnemonic*	*Operands*	*Description*	*Operation*
Arithmetic	ADD	Rd, Rr	Add without Carry	Rd ← Rd + Rr
Arithmetic	ADC	Rd, Rr	Add with Carry two Registers	Rd ← Rd + Rr + C
Logic	AND	Rd, Rr	Logical AND registers	Rd ← Rd • Rr
Logic	NEG	Rd	Two's Complement	Rd ← 0x00 - Rd
Logic	CLR	Rd	Clear Register	Rd ← Rd ⊕ Rd
Branching	RJMP	k	Relative Jump	PC ← PC + k + 1
Branching	SBIS	P, B	Skip if Bit in I/O Register Cleared	if P(B) = 1 then PC ← PC + 2
Branching	SBIC	P, B	Skip if Bit in I/O Register Cleared	if P(B) = 0 then PC ← PC + 2
Bitwise	SBI	P, B	Set Bit in I/O Register	I/O(P,B) ← 1
Bitwise	CBI	P, B	Clear Bit in I/O Register	I/O(P,B) ← 0
Bitwise	LSL	Rd	Logical Shift Left	Rd(n+1) ← Rd(n), Rd(0) ← 0
Bitwise	LSR	Rd	Logical Shift Right	Rd(n) ← Rd(n+1), Rd(7) ← 0
Data Transfer	MOV	Rd, Rr	Move Between Registers	Rd ← Rr
Data Transfer	LD	Rd, X	Load Indirect	Rd ← (X)
Data Transfer	ST	X, Rr	Store Indirect	(X) ← Rr

각 연상 기호들은 16비트 **op code**를 나타내는데, 예를 들어 SBIC P, B는 [1001 1001 *pppp pbbb*]를 나타낸다. op code에서 *p* 시퀀스는 AVR®에서 사용 가능한 32개 범용 레지스터 중 특정한 레지스터 *P*를 뜻하고, *b* 시퀀스는 그 레지스터 내부의 특정 비트 *B*를 나타낸다. 대부분의 AVR® 명령어가 전체 메모리 맵의 다양한 부분에 접근할 수 있는 반면에, SBI와 CBI 명령어는 단지 0*x*00부터 0*x*1F에 위치한 32개의 범용 레지스터와만 상호작용할 수 있다. AVR 명령어 목록에 대한 세부 사항은 온라인에서 볼 수 있다.

ATmega328P®의 외부 포트 *B* 핀을 구성하기 위한 AVR® 명령에 대한 짧은 샘플 코드가 아래 나와 있다. 또한, 비교를 위해 *C*로 작성된 등가의 코드를 첨부하였다.[3]

```
; Define pull-ups and set outputs high
; Define directions for port pins
ldi r16,(1<<PB7)|(1<<PB6)|(1<<PB1)|(1<<PB0)
ldi r17,(1<<DDB3)|(1<<DDB2)|(1<<DDB1)|(1<<DDB0)
out PORTB,r16
out DDRB,r17
; Insert nop for synchronization nop
; Read port pins
in r16,PINB
```

```
unsigned char i
/* Define pull-ups and set outputs high */
 /* Define directions for port pins */
 PORTB = (1<<PB7)|(1<<PB6)|(1<<PB1)|(1<<PB0);
 DDRB = (1<<DDB3)|(1<<DDB2)|(1<<DDB1)|(1<<DDB0);
 /* Insert no-op for synchronization*/
  __no_operation();
/* Read port pins */
 i = PINB;
```

EEPROM을 읽거나 쓰기 위한 또 다른 샘플 코드가 다음에 있다. 또한 비교를 위해 C로 작성된 등가의 코드를 첨부하였다.[4] 두 코드 모두, 호출을 위한 함수의 형태로 작성되어 있다.

```
EEPROM_write:
   ; Wait for completion of previous write
   sbic EECR,EEPE
   rjmp EEPROM_write
   ; Set up address (r18:r17) in address register
   out EEARH, r18
   out EEARL, r17
   ; Write data (r16) to Data Register
   out EEDR,r16
   ; Write logical one to EEMPE
   sbi EECR,EEMPE
   ; Start eeprom write by setting EEPE
   sbi EECR,EEPE
   ret
```

[3] 이 코드는 Atmel의 승인 하에 사용되고 있으며, 문서 7810C-AVR-10/12, p. 70에서 직접 인용하였다.

[4] Ibid., p. 23.

```
void EEPROM_write({unsigned int} uiAddress, {unsigned
char} ucData)
{
  /* Wait for completion of previous write */
  while(EECR & (1<<EEPE));
  /* Set up address and Data Registers */
  EEAR = uiAddress;
  EEDR = ucData;
  /* Write logical one to EEMPE */
  EECR |= (1<<EEMPE);
  /* Start eeprom write by setting EEPE */
  EECR |= (1<<EEPE);
}
```

통합 소프트웨어 환경을 포함하여 추가적인 상세 정보와 개발 도구는 Atmel 웹사이트(www.atmel.com)에서 무료로 받을 수 있다.

메카트로닉스와 내장형 시스템

산업계와 소비자들은 더욱 신뢰성 있고, 효율적이며, 작고, 빠르고, 값싼 엔지니어링 공정과 제품을 요구한다. 이러한 장치의 개발과 제작은 시스템 설계에 있어서 통합된 시각을 갖는 엔지니어를 요구한다. 메카트로닉스 설계는 기계공학, 전기전자공학, 그리고 컴퓨터공학의 통합을 필요로 한다(그림 12.38). 이러한 전통적인 학문 분야들로부터의 설계 요소들이 단순히 병렬적으로 존재하는 것이 중요한 것이 아니라, 설계 과정에서부터 깊이 통합되어야만 한다. 주어진 기능이 전자적으로, 소프트웨어적으로, 또는 전기나 기계적 요소에 의해서 달성되는지를 결정하기 위해서는, 이들 다양한 분야에 대한 해석과 종합에 대한 전문적 지식이 필요하다. 따라서 성공적인 메카트로닉스 설계 공학자가 되기 위해서는 이들 분야의 전부는 아니더라도 많은 분야에 대한 깊은 이해가 필요하다. 미국에서의 대부분의 주요 프로그램들은 메카트로닉스를 주요 교과 과정으로 강조하지 않지만, 산업계는 지속적으로 이를 요구하고 있다. 자동차, 항공우주, 제조, 발전 시스템, 시험 및 계측, 소비자 및 산업 전자산업 등이 메카트로닉스 기술을 사용하거나 이 기술에 기여를 하고 있다.

제품과 공정 설계에 대한 메카트로닉스 접근법의 중요한 특징 중 하나는 내장형 마이크로컨트롤러의 사용인데, 이는 기계적인 기능을 전자적인 기능으로 대체하여 결과적으로 더 큰 유연성, 재설계나 재프로그래밍의 용이성, 복잡한 시스템에서의 분산 제어의 구현, 자동화된 데이터 수집 및 보고를 제공한다. 메카트로닉스 설계는 전통적인 기계공학, 전기전자공학, 소프트웨어공학의 설계 방법과 센서 및 계측 기술, 전기 드라이브 및 액츄에이터 기술, 내장형 실시간 마이크로컨트롤러 및 실시간 소프트웨어와의 통합을 의미한다. 메카트로닉스 시스템의 범위는 중공업용 기계로부터 자동차 추진 시스템 및 정밀 모션 제어 장치들까지 포함한다.

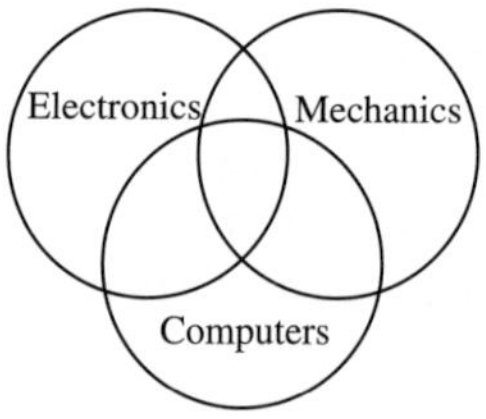

그림 12.38 3개의 공학 분야가 결합한 메카트로닉스

결론

이 장에서는 디지털 논리 회로에 대해 전반적으로 살펴보았다. 이들 논리 회로는 모든 디지털 컴퓨터들과 산업 및 가전 분야에서 사용되는 대부분의 전자 기기들의 기본을 형성한다. 이 장을 마치고 나면, 다음과 같은 학습 목표를 달성할 수 있을 것이다.

1. 순차 논리 회로의 구성 요소인 플립플롭과 래치의 동작을 해석한다. 출력에서 입력으로의 피드백은 미래의 값이 현재의 값에 의존하는 출력을 생성한다. 다시 말해서, 이들 회로는 메모리를 포함한다. 플립플롭과 래치의 동작은 상태 천이표와 상태도에 의해서 기술된다.
2. 디지털 계수기와 레지스터의 동작을 이해한다. 계수기는 디지털 회로의 매우 중요한 클래스이며, 순차 논리 소자에 기초한다. 레지스터는 RAM의 가장 기본적인 형태이다.
3. 상태 천이도를 사용하여 단순한 순차 회로를 설계한다. 순차 회로는 상태도를 사용하는 공식적인 설계 절차에 기반하여 설계될 수 있다.
4. 컴퓨터들의 기본 아키텍처를 이해하고, 이러한 아키텍처가 컴퓨터에 다양한 능력을 제공하는 데 어떻게 사용되는지를 이해한다.
5. 마이크로컨트롤러, 특히 ATmega328P®의 기본 아키텍처를 이해한다. 마이크로컨트롤러는 CPU와 다양한 I/O 기능을 포함하는 시스템이다.

숙제 문제

12.1절: 래치와 플립플롭

12.1 그림 P12.1의 회로에 대한 입력은 주기가 2초, 최댓값이 5 V, 최솟값이 0 V인 사각파이다. 모든 플립플롭은 초기에 리셋 상태라고 가정한다.

a. 이 회로의 동작에 대하여 설명하라.

b. 입력과 4개의 출력을 포함한 타이밍 선도를 도시하라.

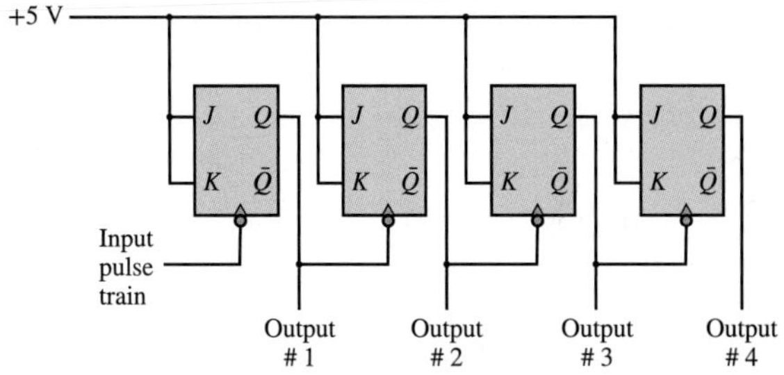

그림 P12.1

12.2 회로가 3개의 D 플립플롭과 하나의 입력 I, 그리고 아래의 관계식으로 구성되어 있다고 하자.

$$D_1 = Q_2, \qquad D_0 = Q_1$$
$$D_2 = I \cdot (Q_1 \cdot \overline{Q_0} + \overline{Q_1} \cdot Q_0) + \overline{I} \cdot (Q_1 \cdot Q_0 + \overline{Q_1} \cdot \overline{Q_0}) = \alpha \oplus I \qquad \text{with } \alpha = Q_1 \oplus Q_0$$

a. 회로도를 도시하라.

b. 회로가 모든 플립플롭이 셋(set)된 채로 시작한다고 가정한다. 모든 3개의 플립플롭의 출력을 보여주는 표를 작성하라.

12.3 JK 플립플롭을 실험용으로 사용하고자 하는데, 오직 D 플립플롭만을 가지고 있다고 가정한다. 만약 모든 논리 게이트들이 사용 가능하다면, D 플립플롭과 논리 게이트를 사용하여 JK 플립플롭을 만들어라.

12.4 그림 P12.4의 회로에서 A_0, A_1 및 A_2에 대한 타이밍 선도(완전한 4개의 클록 주기를 포함)를 도시하라. 초기값은 모두 0이라고 가정한다. 모든 플립플롭은 하강 에지 트리거임을 유의하라.

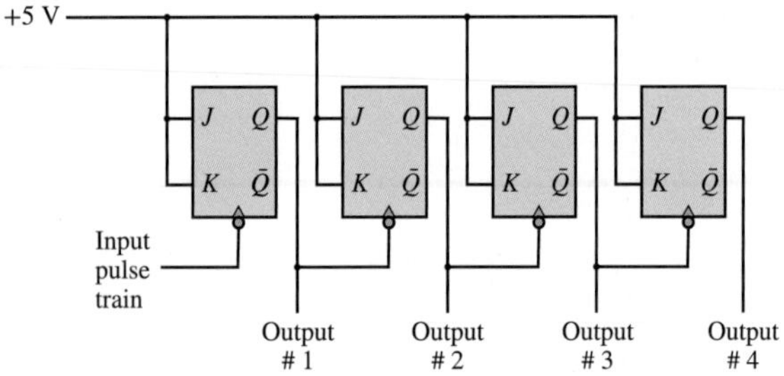

그림 P12.4

12.5 그림 P12.5에서 주어진 순차 회로를 이용하여, 입력 A가 [1 0 1 1]인 경우에 출력 Y를 결정하라.

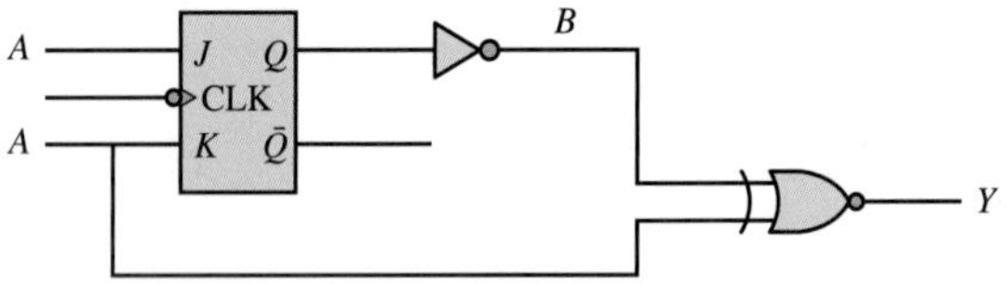

그림 P12.5

12.6 인에이블(E), 프리셋(P) 및 클리어(C) 입력을 갖는 RS 플립플롭에 대한 진리표를 작성하라.

12.7 JK 플립플롭이 그림 P12.7에서와 같이 주어진 입력 신호와 함께 배선되어 있다. 초기에 Q가 논리 0이고, 하강 에지 트리거라고 가정할 때, 출력 Q를 도시하라.

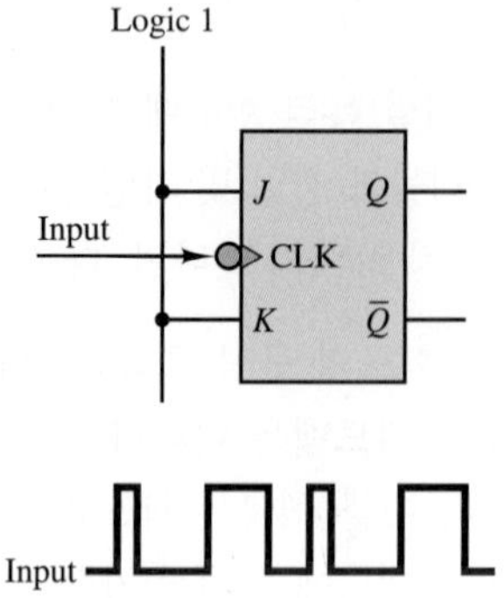

그림 P12.7

12.8 문제 12.7의 JK 플립플롭을 참고하여, 단자 Q의 출력이 처음의 플립플롭과 동일하게 배선되어 있는 두 번째 JK 플립플롭의 입력으로 제공된다고 가정하자. 두 번째 플립플롭의 출력 Q를 도시하라.

12.9 그림 P12.9는 떨림 방지(debouncing) 단극 쌍투(single-pole double-throw, SPDT) 스위치 회로를 RS 플립플롭으로 구현한 것이다. 스위치 위치가 A와 B일 때 상태 Q에 대한 표를 채워라. 두 개의 10 K 저항의 목적은 무엇인가?

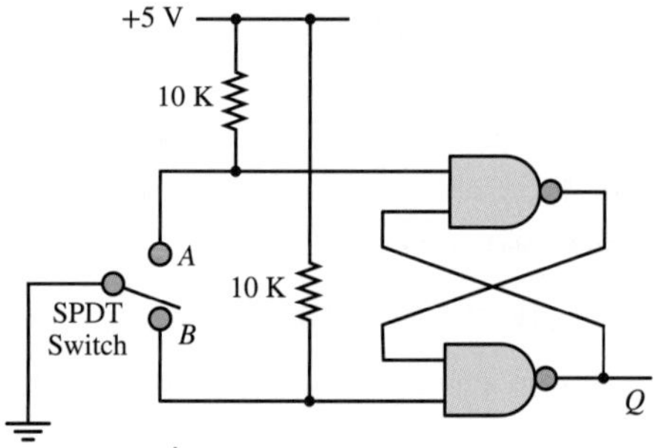

Switch	Q
A	
B	

그림 P12.9

12.10 그림 P12.10은 떨림 방지 단극 쌍투 스위치 회로를 프리셋과 클리어 입력이 있는 D 플립플롭으로 구현한 것이다. 스위치 위치가 A와 B일 때 상태 Q에 대한 표를 채워라. 두 개의 10 K 저항의 목적은 무엇인가?

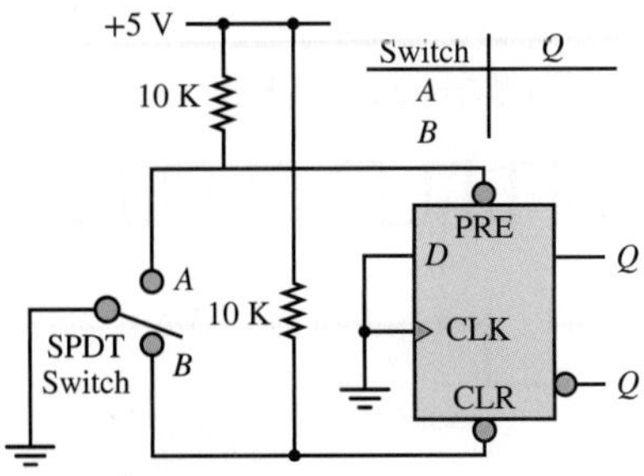

그림 P12.10

12.2절: 디지털 계수기와 레지스터

12.11 그림 P12.11의 슬롯을 가진 엔코더의 길이가 1 m이고, 1,000개의 슬롯(즉, 1 mm당 1개의 슬롯)을 갖는다고 가정하자. 만약에 슬롯이 센서를 통과할 때마다 계수기가 1만큼 증가한다면, 움직이고 있는 엔코더의 속도(m/s 단위로)를 구하는 디지털 계수 시스템을 설계하라.

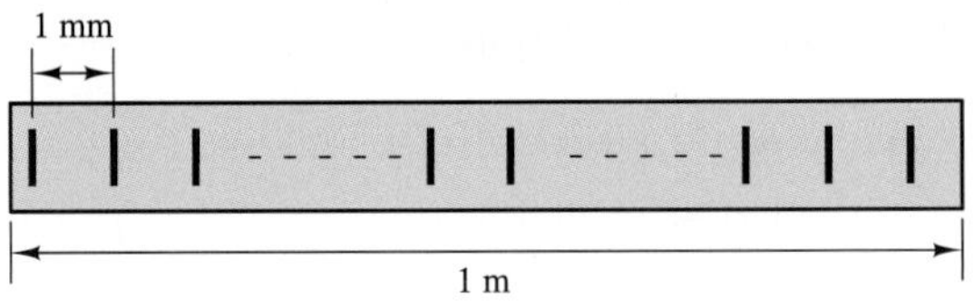

그림 P12.11

12.12 적절한 방법으로 *T* 플립플롭을 서로 연결함으로써 2진 펄스 계수기를 구성할 수 있다. 100_{10}까지 계수할 수 있는 계수기를 만들고자 한다.

a. 몇 개의 플립플롭이 필요한가?

b. 이 계수기를 구현하는 데 필요한 회로를 도시하라.

12.13 그림 P12.13의 회로가 무엇을 수행하며, 어떻게 동작하는지를 설명하라. 이 회로는 2비트 동기식 2진 상하향 계수기라고 불린다.

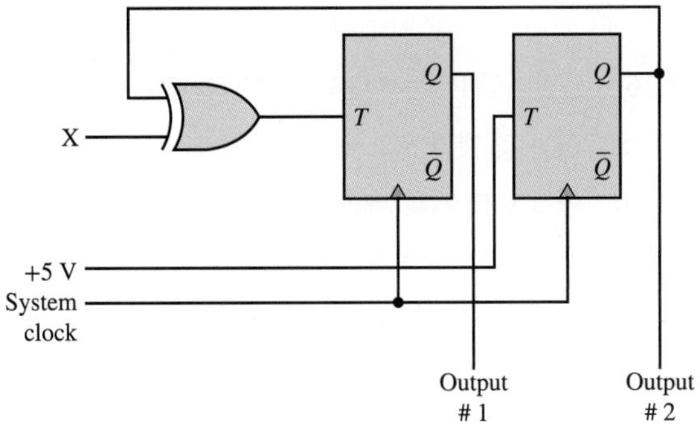

그림 P12.13

12.14 그림 P12.14는 상승 에지 트리거 *JK* 플립플롭을 이용한 나누기-2 회로이다. 클록의 high와 low의 간격이 일정하다고 가정하고, 출력 *Q*의 타이밍 선도를 도시하라.

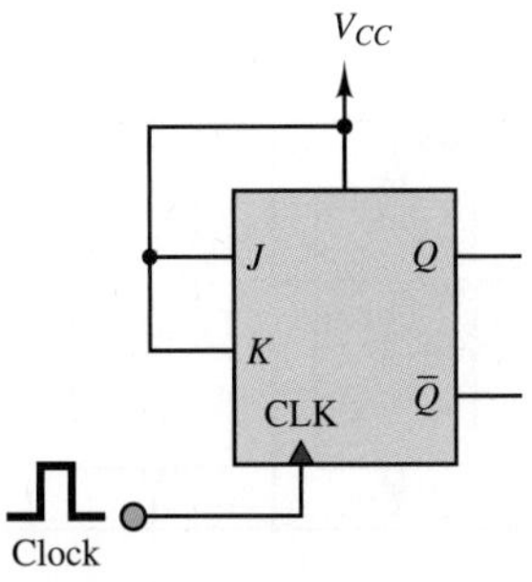

그림 P12.14

12.15 그림 P12.15는 상승 에지 트리거 *JK* 플립플롭 2개를 이용한 나누기-3 회로이다. 클록의 high와 low의 간격이 일정하다고 가정하고, 출력 *A*, *B*의 타이밍 선도를 *A*, *B*가 반복하는 형태가 나타날 때까지 도시하라.

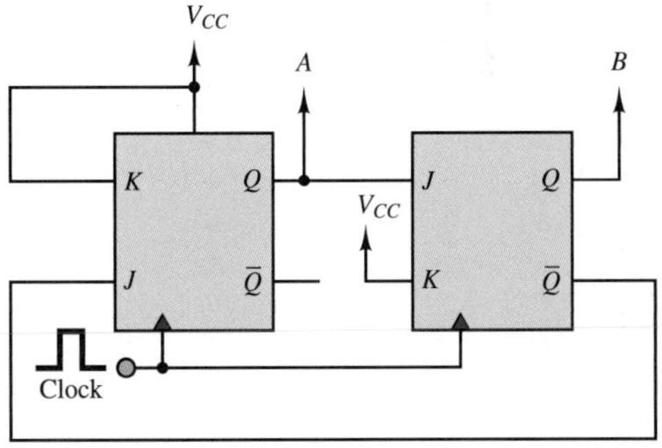

그림 P12.15

12.16 그림 P12.16은 상승 에지 트리거 *JK* 플립플롭 2개를 이용한 나누기-4 회로이다. 클록의 high와 low의 간격이 일정하다고 가정하고, 출력 *A*, *B*의 타이밍 선도를 *A*, *B*가 반복하는 형태가 나타날 때까지 도시하라.

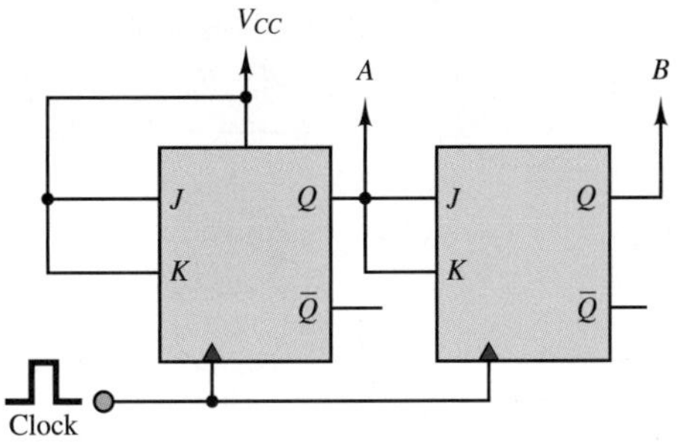

그림 P12.16

12.17 그림 P12.17은 존슨 계수기(Johnson counter)를 프리셋 및 클리어 입력을 갖는 4개의 상승 에지 트리거 *D* 플립플롭으로 구현한 것이다. 출력 Q_0, Q_1, Q_2, Q_3의 타이밍 선도를 반복하는 형태가 나타날 때까지 도시하라.

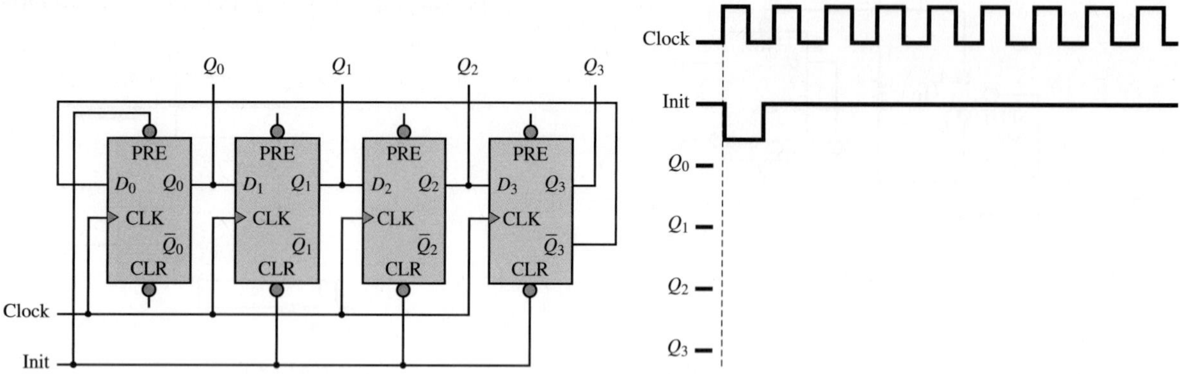

그림 P12.17

12.3절: 순차 논리 설계

12.18 필요한 논리 게이트와 *D* 플립플롭을 사용하여, 아래에 주어진 상태표로부터 (하나의 출력과 하나의 입력을 갖는) 순차 회로를 생성하라.

Current state	Next state $D = Q'_{n+1}$		Output Q	
Q'_n	$I = 0$	$I = 1$	$I = 0$	$I = 1$
A	*A*	*B*	0	0
B	*B*	*A*	0	1
C	*C*	*B*	0	0
D	*D*	*A*	0	1

12.19 *JK*플립플롭을 이용하여, 그림 P12.19에서 나오는 상태도를 갖는 순차 회로를 작성하라.

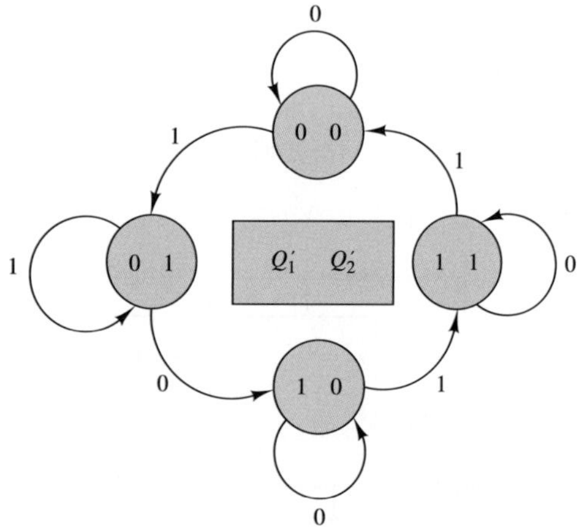

그림 P12.19

12.4절: 컴퓨터 시스템 아키텍처

12.20 ALU의 목적을 설명하라.

12.21 마이크로프로세서의 내부 레지스터의 명칭을 정하고, 그들의 기능을 설명하라.

12.22 3개의 다른 시스템 버스의 명칭을 정하고, 이들의 기능을 설명하라.

12.23 마이크로프로세서가 *n*개의 레지스터를 가지고 있다고 하자.

a. 각 레지스터를 모든 다른 레지스터와 연결하기 위해 몇 개의 제어선이 필요한가?

b. 만일 버스가 사용된다면 몇 개의 제어선이 필요한가?

12.24 상태 레지스터(플래그 레지스터)의 기능을 설명하고, 예를 들어보라.

12.25 휘발성 메모리와 비휘발성 메모리의 차이점은 무엇인가?

12.26 일반적인 PC는 8 GB의 RAM을 갖는다.

a. 이는 몇 개의 워드에 해당하는가?

b. 이것은 몇 개의 니블에 해당하는가?

c. 이것은 몇 개의 비트에 해당하는가?

12.27 4K byte 16비트 메모리가 필요하다고 하자.

a. 메모리 어드레스 레지스터에 몇 비트가 요구되는가?

b. 메모리 데이터 레지스터에 몇 비트가 요구되는가?

12.28 특수한 자기 테이프가 테이프 폭 1 cm당 8개의 트랙을 가지도록 포맷될 수 있다고 한다. 기록 밀도는 200 bit/cm이고, 전송 메커니즘은 25 cm/s의 속도로 테이프가 판독 헤드를 통과하도록 한다. 2 cm 폭의 테이프로부터 초당 얼마의 바이트를 읽을 수 있을까?

12.29 INT1이 INT0보다 우선순위가 높을 때 이 2개의 인터럽트를 CPU의 INT 입력에 인터페이스 시키는 회로의 블록 선도를 그려라. 다시 말해서, CPU가 INT0에 의한 인터럽트를 취급하고 있을 때에도 INT1에 의한 신호는 CPU를 인터럽트할 수 있지만, 그 반대의 경우는 발생할 수 없다.

PART 05

전력과 기계

ELECTRIC POWER AND MACHINES

13 전력 시스템

ELECTRIC POWER SYSTEMS

간단한 AC 전력과 발전과 배전의 기본 개념은 3장에서 이미 학습한 페이저와 임피던스의 확장에 해당한다. 페이저와 임피던스는 14장에서 16장까지의 전기기계를 학습하는 데 길을 열어준다. 이 장에서 소개하는 새로운 개념은 평균 전력과 복소 전력이며, 이들이 복소 부하에 대해서 어떻게 계산이 되는지를 학습한다. 이를 개선하는 방법으로 역률의 개념을 도입하였다. 이상 변압기와 최대 전력 전달에 대하여 간단히 언급한 후에 3상 전력, 전기 안전, 마지막으로 발전과 배전에 대하여 소개한다.

이 장에서는 각도가 자주 나오는데, 별다른 언급이 없으면 각도의 단위는 라디안(radian)으로 한다.

LO 학습 목적

1. 순시 및 평균 전력의 의미, AC 전력 표기법, 평균 전력의 계산, 복소 부하의 역률 계산. 13.1절
2. 복소 전력 표기법, 복소 부하에 대한 피상, 유효 전력 및 무효 전력의 계산, 전력 삼각형의 도시. 13.2절
3. 복합 부하의 역률을 개선하기 위해 필요한 커패시턴스의 계산. 13.3절
4. 이상 변압기의 해석, 1차와 2차 전류와 전압 및 권수비의 계산, 이상 변압기에 걸리는 환산 소스와 환산 임피던스의 계산, 최대 전력 전달. 13.4절
5. 3상 AC 전력 표기법, 평형 Y 부하와 D 부하에 대한 부하 전류와 전압의 계산. 13.5절
6. 옥내 전기 배선과 전기 안전성의 기본 원리의 이해. 13.6절, 13.7절

13.1 순시 전력과 평균 전력

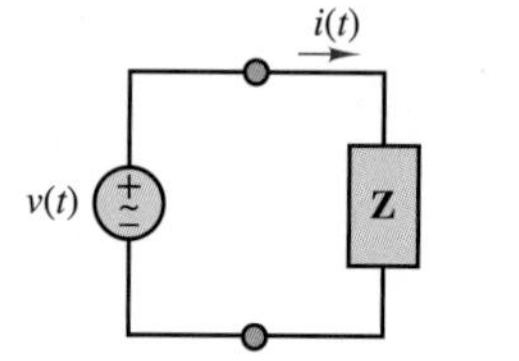

$v(t) = V\cos(\omega t + \theta_V)$
$i(t) = I\cos(\omega t + \theta_I)$

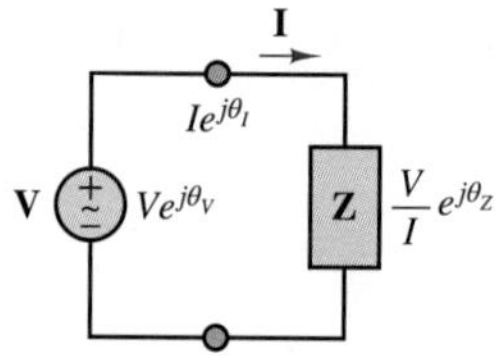

$\theta_Z = \theta_V - \theta_I$

그림 13.1 교류 회로의 시간 및 주파수 영역에서의 표현. 부하의 위상각은 $\theta_Z = \theta_V - \theta_I$.

선형 전기회로가 정현파 소스(sinusoidal source)에 의해 여기되면(exicted), 회로 내의 모든 전압과 전류는 이 소스와 동일한 주파수를 갖는 정현파를 취하게 된다. 그림 13.1은 일반적인 선형 교류 회로를 나타내고 있다. 임의의 부하로 전달되는 전압과 전류의 가장 일반적인 표현은 다음과 같다.

$$\begin{aligned} v(t) &= V\cos(\omega t + \theta_V) \\ i(t) &= I\cos(\omega t + \theta_I) \end{aligned} \tag{13.1}$$

여기서 V와 I는 각각 정현파 전압과 전류의 피크 진폭이고, θ_V와 θ_I는 각각 위상각을 표시한다. 그림 13.2는 단위 진폭과 각진동수가 150 rad/s이고, $\theta_V = 0$과 $\theta_I = \pi/3$의 위상각을 갖는 두 파형을 보여준다. 전류가 전압보다 진상(lead)이며, 전압이 전류보다 지상(lag)인 점에 주목하라. 모든 위상각에는 기준이 필요한데, 보통 소스의 위상각이 기준이 된다. 기준 위상각은 자유롭게 선택될 수 있지만, 보통은 단순화를 위해 0으로 선정한다. 또한 위상각은 기준이 되는 정편파 신호에 대한 어떤 정현파 신호의 시간 지연(time delay)을 나타낸다.

회로 소자에 의해서 소모되는 **순시 전력**(instantaneous power)은 순시 전압과 순시 전류의 곱으로 표현된다.

$$p(t) = v(t)i(t) = VI\cos(\omega t + \theta_V)\cos(\omega t + \theta_I) \tag{13.2}$$

위 식은 다음과 같은 삼각 항등식을 이용하여 더욱 단순화할 수 있다.

$$2\cos(x)\cos(y) = \cos(x+y) + \cos(x-y) \tag{13.3}$$

$x = \omega t + \theta_V$, $y = \omega t + \theta_I$라 하면 다음과 같다.

$$\begin{aligned} p(t) &= \frac{VI}{2}[\cos(2\omega t + \theta_V + \theta_I) + \cos(\theta_V - \theta_I)] \\ &= \frac{VI}{2}[\cos(2\omega t + \theta_V + \theta_I) + \cos(\theta_Z)] \end{aligned} \tag{13.4}$$

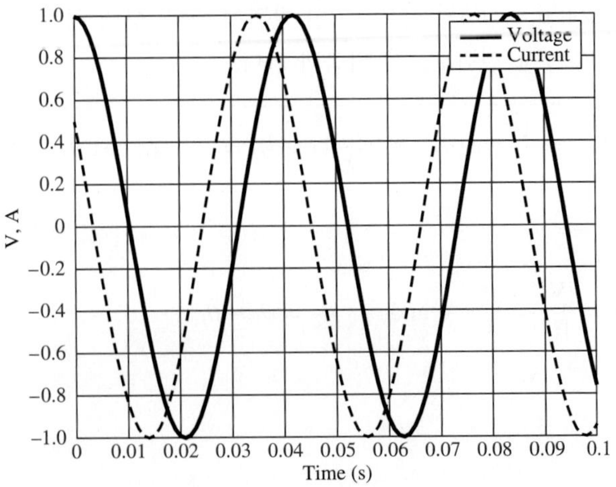

그림 13.2 단위 진폭과 60°의 위상 변이를 갖는 전류와 전압 파형

식 (13.4)는 회로 소자에 의해 소모되는 총 순시 전력은 상수 $\frac{1}{2}VI\cos(\theta_Z)$와 소스 주파수의 2배로 진동하는 정현파 성분 $\frac{1}{2}VI\cos(2\omega t + \theta_V + \theta_I)$의 합과 같다는 것을 설명한다. 한 주기 혹은 충분히 긴 시간 동안에 정현파의 시간 평균은 0이 되므로, 상수 $\frac{1}{2}VI\cos(\theta_Z)$는 복소 부하 $\mathbf{Z}$에 의해서 소모되는 시간 평균 전력이 되는데, 여기서 θ_Z는 부하의 위상각이다.

그림 13.3은 그림 13.2의 전압과 전류에 해당하는 순시 및 평균 전력을 보여준다. 이는 순시 전력의 시간 평균이 다음 식에 의해서 정의된다는 점에 유의하면 수학적으로 확인할 수 있다.

$$P_{\text{avg}} \equiv \frac{1}{T}\int_{t_0}^{t_0+T} p(t)\,dt \tag{13.5}$$

여기서 T는 $p(t)$의 한 주기이다. $p(t)$ 대신에 식 (13.4)를 대입하면 다음과 같다.

$$\begin{aligned} P_{\text{avg}} &= \frac{1}{T}\int_{t_0}^{t_0+T} \frac{VI}{2}[\cos(2\omega t + \theta_V + \theta_I) + \cos(\theta_Z)]\,dt \\ &= \frac{VI}{2T}\int_{t_0}^{t_0+T} [\cos(2\omega t + \theta_V + \theta_I) + \cos(\theta_Z)]\,dt \end{aligned} \tag{13.6}$$

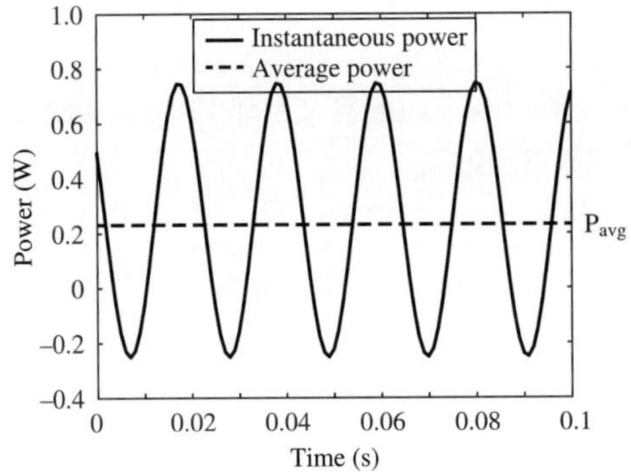

그림 13.3 그림 13.2에 도시된 신호에 해당하는 순시 및 평균 전력

첫째 항 $\cos(2\omega t + \theta_V + \theta_I)$의 적분은 0인 반면에, 둘째 항의 적분은 $T\cos(\theta_Z)$이 된다. 그러므로 시간 평균 전력 P_{avg}은 다음과 같다.

$$P_{avg} = \frac{VI}{2}\cos(\theta_Z) = \frac{1}{2}\frac{V^2}{|\mathbf{Z}|}\cos(\theta_Z) = \frac{1}{2}I^2|\mathbf{Z}|\cos(\theta_Z) \tag{13.7}$$

여기서

$$|\mathbf{Z}| = \frac{|\mathbf{V}|}{|\mathbf{I}|} = \frac{V}{I} \quad \text{and} \quad \theta_Z = \theta_V - \theta_I \tag{13.8}$$

이다.

실효값

북미에서는 교류 전력 시스템이 초당 60사이클 혹은 60 Hz의 고정된 주파수에서 작동되는데, 이에 해당하는 각(라디안) 주파수 ω는 다음과 같다.

$$\omega = 2\pi \cdot 60 = 377 \text{ rad/s} \qquad \text{교류 전력 주파수} \tag{13.9}$$

유럽과 세계의 대부분의 나라에서는 교류 전력 주파수가 50 Hz이다.

> 별다른 언급이 없으면, 각 주파수 ω는 377 rad/s라고 가정한다.

교류 전력 해석에서는 보통 교류 전압과 전류의 피크 진폭보다는 실효 진폭 [effective amplitude 또는 root-mean-square (rms) amplitude]을 사용한다(3.3절 참조). 정현파의 경우에는 실효 전압($\tilde{V} \equiv V_{rms}$)과 피크 전압 V 간의 관계는 다음과 같다.

$$\tilde{V} = V_{rms} = \frac{V}{\sqrt{2}} \tag{13.10}$$

마찬가지로, 실효 전류($\tilde{I} \equiv I_{rms}$)와 피크 전류 간의 관계는 다음과 같다.

$$\tilde{I} = I_{rms} = \frac{I}{\sqrt{2}} \tag{13.11}$$

> 교류 전원의 실효값(rms or effective value)은 일반적인 저항에 의해 소모되는 평균 전력과 동일한 양을 공급하는 직류 값이다.

평균 전력은 $V = \sqrt{2}\tilde{V}$, $I = \sqrt{2}\tilde{I}$, 식 (13.7)에 대입함으로써 실효 전압 및 전류로 표현할 수 있다.

$$P_{avg} = \tilde{V}\tilde{I}\cos(\theta_Z) = \frac{\tilde{V}^2}{|\mathbf{Z}|}\cos(\theta_Z) = \tilde{I}^2|\mathbf{Z}|\cos(\theta_Z) \tag{13.12}$$

전압과 전류 페이저들은 다음의 표기에 의해서 실효 진폭을 통해 대체될 수 있다.

$$\tilde{\mathbf{V}} = \tilde{V}e^{j\theta_V} = \tilde{V}\angle\theta_V \tag{13.13}$$

및

$$\tilde{\mathbf{I}} = \tilde{I}e^{j\theta_I} = \tilde{I}\angle\theta_I \tag{13.14}$$

3장에서 소개한 바와 같이 **V**, **I** 그리고 **Z**의 복소 변수는 굵게 표시되는 반면에, V, I, $\tilde{V}$ 그리고 $\tilde{I}$와 같은 스칼라 값들은 이탤릭체로 표시된다. 이들 사이에는 $V = |\mathbf{V}|$와 $\tilde{V} = |\tilde{\mathbf{V}}|$와 같은 관계가 성립된다.

임피던스 삼각형

그림 13.4는 소위 **임피던스 삼각형**(impedance triangle)을 보여 주는데 이것은 복소 평면상의 벡터로 임피던스를 표시하는 편리한 도식적 해석을 제공한다. 간단한 삼각법으로 다음을 도출할 수 있다.

$$R = |\mathbf{Z}|\cos\theta \tag{13.15}$$

$$X = |\mathbf{Z}|\sin\theta \tag{13.16}$$

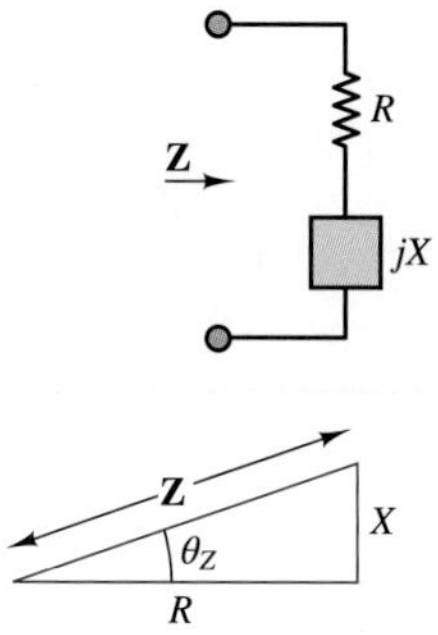

그림 13.4 임피던스 삼각형

여기서 R은 저항이고, X는 리액턴스(reactance)이다. R과 P_{avg}는 $\cos(\theta_Z)$에 비례한다는 점에 주목한다. 이는 임피던스 삼각형과 유사한 삼각형(즉, 동일한 모양)은 직각 삼각형의 한 변으로 P_{avg}를 갖도록 구성될 수 있다. 사실, 이러한 삼각형은 전력 삼각형(power triangle)이라 알려져 있다. 두 삼각형의 유사성은 13.2절에서와 같이 문제를 풀기 위한 효과적인 개념들이다.

역률

부하 임피던스의 위상각(θ_Z)은 교류 전력 회로에서 중요한 역할을 한다. 식 (13.12)에서 본 바와 같이 교류 부하에 의해 의해 소모되는 평균 전력은 $\cos(\theta_Z)$에 비례하는데, 이러한 이유로 $\cos(\theta_Z)$은 **역률**(power factor, pf)이라 알려져 있다. 순수한 저항성(resistivie) 부하에서는

$$\theta_Z = 0 \quad \rightarrow \quad \text{pf} = 1 \qquad \text{저항성 부하} \tag{13.17}$$

순수한 유도성(inductive) 또는 용량성(capacitive) 부하에서는

$$\theta_Z = +\pi/2 \quad \rightarrow \quad \text{pf} = 0 \qquad \text{유도성 부하} \tag{13.18}$$

$$\theta_Z = -\pi/2 \quad \rightarrow \quad \text{pf} = 0 \qquad \text{용량성 부하} \tag{13.19}$$

0이 아닌 저항 성분(실수)과 리액턴스 성분(허수)을 갖는 부하에서는

$$0 < |\theta_Z| < \pi/2 \quad \rightarrow \quad 0 < \text{pf} < 1 \qquad \text{복소 부하} \tag{13.20}$$

$\text{pf} = \cos(\theta_Z)$의 정의를 사용하면 평균 전력은

$$P_{avg} = \tilde{V}\tilde{I}\text{pf} \tag{13.21}$$

저항에 의해 소모되는 평균 전력은 $\text{pf}_R = 1$이므로

$$(P_{avg})_R = \tilde{V}_R\tilde{I}_R\text{pf}_R = \tilde{V}_R\tilde{I}_R \tag{13.22}$$

반면에, 커패시터나 인덕터에 의해 소모되는 평균 전력은 $\mathrm{pf}_X = 0$이므로

$$\left(P_{\mathrm{avg}}\right)_X = \tilde{V}_X \tilde{I}_X \mathrm{pf}_X = 0 \tag{13.23}$$

여기서 하첨자 *X*는 리액턴스 소자(즉, 커패시터나 인덕터)를 나타낸다. 중요한 점은 커패시터와 인덕터에서 에너지 손실은 없지만(lossless, 즉, 이들은 에너지를 저장하거나 방출하지만 에너지를 소모하지는 않는다), 이들은 회로에서 저항에 걸리는 전압과 저항에 흐르는 전류에 영향을 줌으로써 회로에서의 전력 소모에 영향을 주게 된다.

θ_Z가 양수이면 부하는 유도성(inductive)이고, 역률은 지상(lagging)이라 불린다. θ_Z가 음수이면 부하는 용량성(capacitive)이고, 역률은 진상(leading)이라 불린다. 코사인은 우함수(even function)이므로, $\mathrm{pf} = \cos(\theta_Z) = \cos(-\theta_Z)$이다. 따라서 역률은 부하가 어느 정도 유도성인지 용량성인지만을 나타낸다. 그러므로 부하가 유도성인지 용량성인지를 알기 위해서는, 역률이 진상인지 지상인지를 알아야만 한다.

예제 13.1

평균 및 순시 교류 전력의 계산

문제

그림 13.5의 부하에 의해 소모되는 평균 전력과 순시 전력을 계산하라.

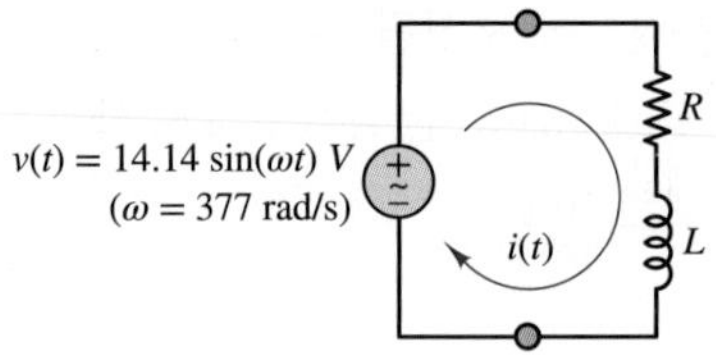

그림 13.5

풀이

기지: 소스 전압과 주파수, 부하 저항과 인덕턴스

미지: *RL* 부하에 대한 P_{avg}와 $p(t)$

주어진 데이터 및 그림: $v(t) = 14.14 \sin(377t)$ V; $R = 4\ \Omega$, $L = 8$ mH

가정: 없음

해석: 소스 전압은 $\sin(377t)$로서 표현된다. 관례상, 모든 시간 영역에서 정현파는 코사인으로 표현된다. $\sin(377t)$를 $\cos(377t + \theta_V)$로 변경하기 위해 사인이 코사인의 $\pi/2$만큼의 시간을 이동시킨 것과 동일하다는 점을 기억하라. 즉, $\sin(377t) = \cos(377t - \pi/2)$이다. 그러므로 각 주파수 $\omega = 377$ rad/s에서 소스 전압은

$$\tilde{\mathbf{V}} = 10\angle\left(-\frac{\pi}{2}\right)\ \mathrm{V\ rms}$$

여기서 14.14 V = 10 V rms이다.

부하의 등가 임피던스는

$$\mathbf{Z} = R + j\omega L \approx 4 + j3 = 5\angle(36.9°) = 5\angle(0.644\ \mathrm{rad})\ \Omega$$

이며, 이 루프의 전류는 다음과 같다.

$$\tilde{\mathbf{I}} = \frac{\tilde{\mathbf{V}}}{\mathbf{Z}} \approx \frac{10\angle(-\pi/2)}{5\angle(0.644)} \approx 2\angle(-2.215) \text{ A rms}$$

회로에서 소모되는 평균 전력을 계산하려면 다음 두 방식을 사용한다.

1. 가장 간단하고 직접적인 계산 접근 방법은 다음과 같다.

$$P_{\text{avg}} = \tilde{V}\tilde{I}\cos(\theta_Z) = 10 \times 2 \times \cos(0.644) \approx 16 \text{ W}$$

2. 다른 방식은 인덕터에 의해 소모되는 평균 전력은 0이라는 것을 인식하는 것이다. 그러므로 소모되는 총 평균 전력의 전체는 저항에서 소모되는 평균 전력과 동일하다. 그러므로

$$(P_{\text{avg}})_R = \tilde{I}^2 R\,\text{pf}_R = \tilde{I}^2 R \approx (2)^2 \times 4 = 16 \text{ W}$$

순시 전력은 다음과 같이 주어진다.

$$p(t) = v(t) \times i(t) = \sqrt{2} \times 10\sin(377t) \times \sqrt{2} \times 2\cos(377t - 2.215) \text{ W}$$

순시 전압, 전류 파형, 순시 및 평균 전력은 그림 13.6에 도시되어 있다.

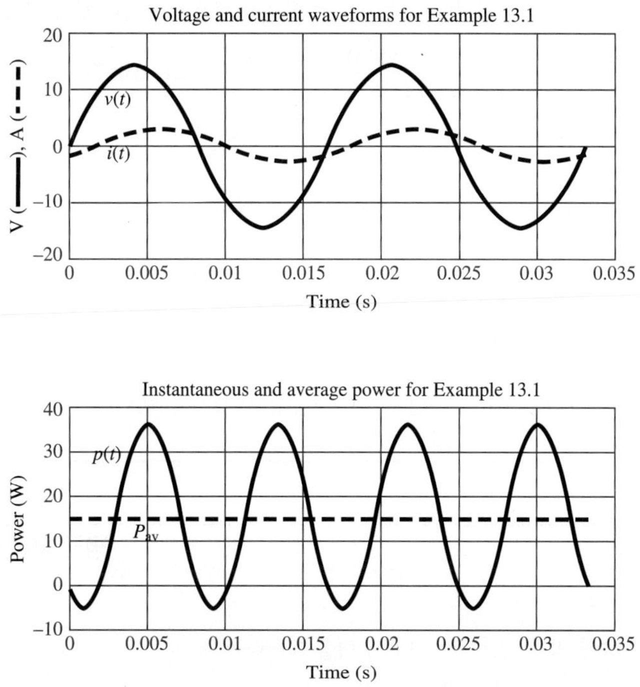

그림 13.6 예제 13.1의 전압, 전류 및 전력 파형

참조: 전기공학에서 전력 계산 시에 실효값을 사용하는 것이 표준적인 절차이다. 또한, 평균 전력이 양이더라도 순시 전력이 때로는 음이 될 수도 있다. 이 결과는 인덕터의 평균 전력이 0이더라도 인덕터가 정현파 소스에 의해서 충전 또는 방전함에 따라서 인덕터의 순시 전력은 양이나 음일 수 있다는 사실을 반영한다.

예제 13.2 평균 교류 전력의 계산

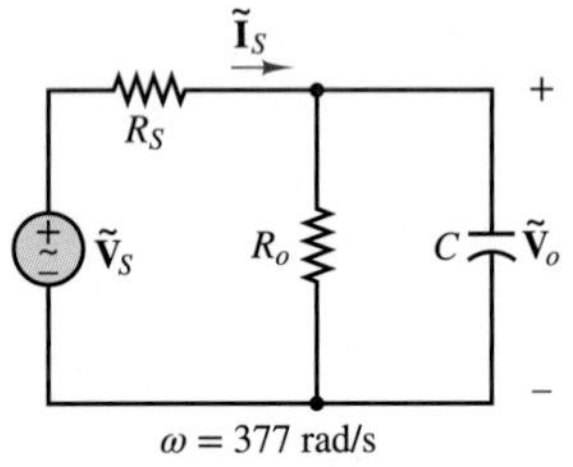

그림 13.7 예제 13.2의 회로

문제

그림 13.7의 부하에 의해 소모되는 평균 전력을 계산하라.

풀이

기지: 소스 전압, 내부저항과 주파수, 부하 저항과 커패시턴스

미지: $R_o \| C_o$ 부하에 대한 P_{avg}

주어진 데이터 및 그림: $\tilde{\mathbf{V}}_S = 110\angle 0°$ V rms; $R_S = 2\ \Omega$, $R_o = 16\ \Omega$, C = 100 μF, $\omega = 377$ rad/s

가정: 없음

해석: 먼저 이 문제에서 관심 있는 주파수 $\omega = 377$ rad/s에서 부하 임피던스를 계산한다.

$$\mathbf{Z}_o = R_o \| \frac{1}{j\omega C} = \frac{R_o}{1 + j\omega C R_o} = \frac{16}{1 + j0.6032} = 13.7\angle(-0.543)\,\Omega$$

여기서 각도는 rad 단위로 주어진다. 다음으로, 전압 분배법을 이용하여 부하 전압을 계산한다.

$$\tilde{\mathbf{V}}_o = \frac{\mathbf{Z}_o}{R_S + \mathbf{Z}_o}\tilde{\mathbf{V}}_S = \frac{13.7\angle(-0.543)}{2 + 13.7\angle(-0.543)} 110\angle 0 = 97.6\angle(-0.067) \text{ V rms}$$

마지막으로, 식 (13.12)를 이용하여 평균 전력을 계산한다.

$$P_{avg} = \frac{|\tilde{\mathbf{V}}_o|^2}{|\mathbf{Z}_o|}\cos(\theta_Z) = \frac{97.6^2}{13.7}\cos(-0.543) = 595 \text{ W}$$

다른 방식으로는, 전류 전원 $\tilde{\mathbf{I}}_S$를 계산하고, 식 (13.12)를 이용하여 평균 전력을 계산한다.

$$\tilde{\mathbf{I}}_S = \frac{\tilde{\mathbf{V}}_o}{\mathbf{Z}_o} = 7.12\angle 0.476 \text{ A rms}$$

$$P_{avg} = |\tilde{\mathbf{I}}_S|^2 |\mathbf{Z}_o| \cos(\theta) = 7.12^2 \times 13.7 \times \cos(-0.543) = 595 \text{ W}$$

예제 13.3 평균 교류 전력의 계산

문제

그림 13.8의 부하에 의해 소모되는 평균 전력을 계산하라.

풀이

기지: 소스 전압, 내부저항과 주파수, 부하 저항과 인덕턴스

미지: 복소 부하에 대한 P_{avg}

주어진 데이터 및 그림: $\tilde{\mathbf{V}}_S = 110\angle 0$ V rms, $R = 10\ \Omega$, $L = 0.05$ H; $C = 470\ \mu$F; $\omega = 377$ rad/s. 그림 13.8

가정: 없음

해석: 먼저, 각 주파수 $\omega = 377$ rad/s에서 부하 $\mathbf{Z}_o$의 임피던스를 계산한다.

$$\mathbf{Z}_o = (R + j\omega L) \| \frac{1}{j\omega C} = \frac{(R + j\omega L)/j\omega C}{R + j\omega L + 1/j\omega C}$$

$$= \frac{R + j\omega L}{1 - \omega^2 LC + j\omega CR} = 1.16 - j7.18$$

$$= 7.27\angle(-1.41)\ \Omega$$

$\omega = 377$ rad/s에서 등가 부하 임피던스는 음의 허수부를 갖는데, 이는 그림 13.9에서와 같이 용량성 부하의 특징이다. 평균 전력은 다음과 같다.

$$P_{\text{avg}} = \frac{|\tilde{\mathbf{V}}_s|^2}{|\mathbf{Z}_o|}\cos(\theta) = \frac{110^2}{7.27}\cos(-1.41) = 266\ \text{W}$$

참조: $\omega = 377$ rad/s에서 커패시턴스는 인덕턴스보다 등가 임피던스를 구하는 데 더 큰 영향을 끼친다. 커패시터의 임피던스가 $R + j\omega L$과 비교하여 큰 경우인 낮은 주파수에서는 병렬 등가 임피던스는 유도성이 된다. 병렬 등가 임피던스의 0의 허수부를 가질 때의 주파수를 결정하는 것은 유용하다.

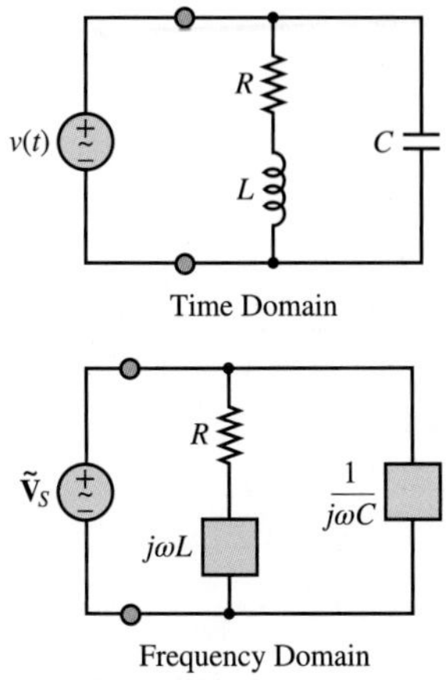

그림 13.8

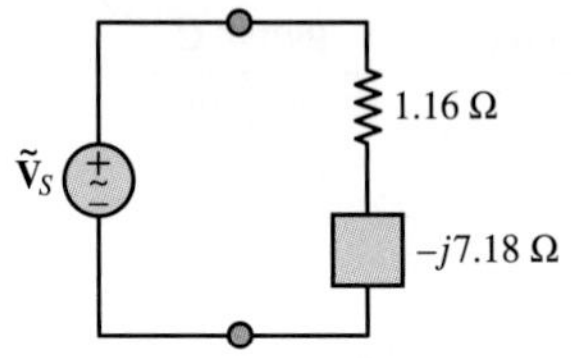

그림 13.9

연습 문제

그림 13.10의 회로를 고려한다. 전압원에 의해서 보이는 부하 임피던스를 구하고, 부하에의해서 소모되는 평균 전력을 계산하라. 코사인 함수에 곱해지는 상수 155.6은 항상 피크 진폭이며, 실효 진폭은 아니다.

Answer: $\mathbf{Z} = 4.8e^{-j33.5°}\ \Omega$; $P_{\text{avg}} = 2{,}103.4$ W

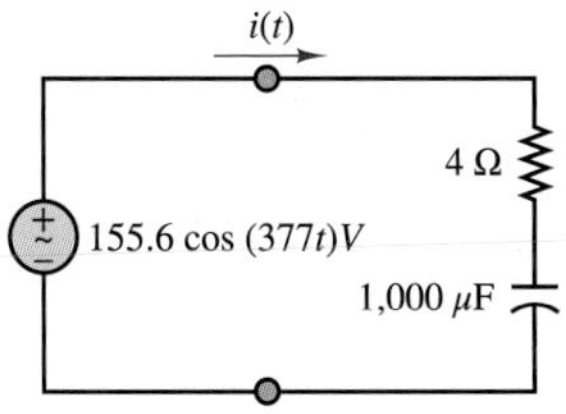

그림 13.10

연습 문제

예제 13.2의 내부 소스 저항 R_S에 의해 소모되는 전력을 계산하라.

Answers: 101.46 W; 595 W

13.2 복소 전력

교류 전력의 계산은 다음과 같이 **복소 전력**(complex poswer) **S**를 정의하여 단순화한다.

$$\mathbf{S} = \tilde{\mathbf{V}}\tilde{\mathbf{I}}^* \quad \text{복소 전력} \tag{13.24}$$

여기서 *는 공액 복소수(conjugate complex)를 나타낸다(부록 A 참조). 페이저의 공액 복소수를 취하는 것은 이 위상각에 −1을 곱하는 효과가 있다. 즉, $\angle \mathbf{S} = \angle \tilde{\mathbf{V}} + \angle \tilde{\mathbf{I}}^* = \angle \tilde{\mathbf{V}} - \angle \tilde{\mathbf{I}} = \theta_Z$이다. 복소 전력의 정의에 의해 다음과 같이 된다.

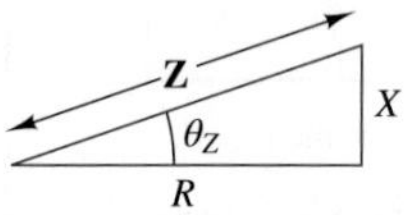

그림 13.11 임피던스 삼각형

$$\begin{aligned}\mathbf{S} &= \tilde{V}\tilde{I}\cos(\theta_Z) + j\tilde{V}\tilde{I}\sin(\theta_Z)\\ &= \tilde{I}^2|\mathbf{Z}|\cos(\theta_Z) + j\tilde{I}^2|\mathbf{Z}|\sin(\theta_Z)\\ &= \tilde{I}^2R + j\tilde{I}^2X = \tilde{I}^2\mathbf{Z}\end{aligned} \tag{13.25}$$

여기서 $R = |\mathbf{Z}|\cos(\theta_Z)$과 $X = |\mathbf{Z}|\sin(\theta_Z)$는 그림 13.11의 임피던스 삼각형의 저항과 리액턴스이다. **S**의 실수부와 허수부는 각각 **유효 전력**(real power) $P_{avg} = \tilde{V}\tilde{I}\cos(\theta_Z)$과 **무효 전력**(reactive power) $Q = \tilde{V}\tilde{I}\sin(\theta_Z)$이다. 그러므로

$$\mathbf{S} = P_{avg} + jQ \tag{13.26}$$

표 13.1 유효 전력과 무효 전력

Real power P_{avg}	Reactive power Q
$\tilde{V}\tilde{I}\cos(\theta)$	$\tilde{V}\tilde{I}\sin(\theta)$
$\tilde{I}^2R$	$\tilde{I}^2X$

복소 전력의 크기 $|\mathbf{S}|$는 **피상 전력**(apparent power)이라 부르며, **볼트-암페어**(VA) 단위를 갖는다. Q의 단위는 **볼트-암페어 리액티브**(VAR)이다.

S, P 그리고 Q의 관계는 그림 13.12의 전력 삼각형(power triangle)으로 요약될 수 있다. 전력 삼각형와 임피던스 삼각형이 비슷하다는 점을 주목하기 바란다. 즉, 그들은 같은 모양을 가지고 있는데, 이 결과는 문제를 푸는 데 유용하다. 표 13.1은 P와 Q의 계산에 사용되는 식들을 열거한다.

복소 전력은 또한 다음과 같이 표현될 수 있다.

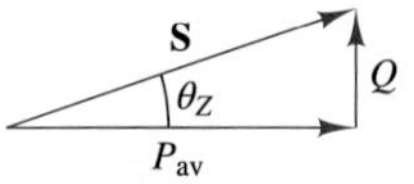

$|\mathbf{S}| = \sqrt{P_{av}^2 + Q^2} = \tilde{V}\cdot\tilde{I}$

$P_{av} = \tilde{V}\tilde{I}\cos\theta$

$Q = \tilde{V}\tilde{I}\sin\theta$

그림 13.12 복소 전력 삼각형

$$\mathbf{S} = \tilde{I}^2\mathbf{Z} = \tilde{I}^2R + j\tilde{I}^2X \tag{13.27}$$

게다가, $\tilde{V} = \tilde{I}|\mathbf{Z}|$와 $|\mathbf{Z}|^2 = \mathbf{ZZ}^*$이기 때문에, 복소 전력은 다음과 같이 표현할 수 있다.

$$\begin{aligned}\mathbf{S} &= \tilde{I}^2\mathbf{Z} = \frac{\tilde{I}^2\mathbf{ZZ}^*}{\mathbf{Z}^*}\\ &= \frac{\tilde{V}^2}{\mathbf{Z}^*}\end{aligned} \tag{13.28}$$

이전에 언급한 바와 같이, 커패시터와 인덕터(리액티브 부하)는 그 자체가 에너지를 소모하지 않는 무손실 소자들이다. 그러나 이 소자들은 회로에서 저항에 걸리는 전압과 흐르는 전류에 영향을 주므로 전력 소모에 영향을 미치게 된다. 이러한 영향은 회로에서 커패시턴스와 인덕턴스에 완전히 의존하는 무효 전력 Q로 정량화될 수 있다. 순수 저항 회로망에서 $Q = 0$, pf = 1이므로 $P = S$라는 점은 주목할 만하다. 또한, P가 회로에 의해 (단위 시간 동안) 한 유효 일을 나타낸다는 것은 중요한 사실이다. 예를 들어, 전기 모터의 유효 전력 P는 (단위 시간 동안) 모터가 어떤 유용한 일을 수행했는지를 나타낸다. 전기요금을 내야 하는 모터의 소유주와 모터에 전기 전력을 제공하는 기업의 관점에서 기업에 의해 공급되는 피상 전력 S가 유효 전력 P로 전환된다면 최고일 것이다. (왜?) 그러나 모든 전기 모터는 어느 정도의 인덕턴스를 가지고 있다(즉, 와이어 코일). 즉, $Q \neq 0$, pf < 1, 그리고 $P < S$이다. 모터에 커패시턴스를 병렬로 연결함으로써 모터의 인덕턴스를 개선하는 것이 가능한데, 이를 통해서 Q를 줄이고 이를 통해 작업에 필요한 주어진 P에 공급되어야 하는 피상 전력 S를 줄일 수 있다.

방법 및 절차
FOCUS ON PROBLEM SOLVING

복소 전력 계산

1. 교류 회로 해석법을 이용하여 부하에 걸리는 전압과 흐르는 전류를 페이저 형태로 계산한다. 피크 진폭을 실효 진폭으로 변환한다.

$$\tilde{\mathbf{V}} = \tilde{V}\angle\theta_V \quad \text{and} \quad \tilde{\mathbf{I}} = \tilde{I}\angle\theta_I$$

2. $\theta_Z = \theta_V - \theta_I$와 역률 pf $= \cos(\theta_Z)$를 계산한다. 그림 13.11에서와 같이 임피던스 삼각형을 도시한다.
3. 다음의 두 방법 중 하나를 이용하여 P_{avg}와 Q를 계산한다.
   - $P = P_{\text{avg}} = \text{Re}(\mathbf{S})$, $Q = \text{Im}(\mathbf{S})$, $S = |\mathbf{S}|$인 복소 전력 $\mathbf{S} = \tilde{\mathbf{V}}\tilde{\mathbf{I}}^*$를 계산한다. 페이저의 공액 복소수를 취하는 것은 위상각에 −1을 곱해주는 효과를 가진다. 즉, $\angle\mathbf{S} = \angle\tilde{\mathbf{V}} - \angle\tilde{\mathbf{I}} = \theta_Z$이다.
   - $P = P_{\text{avg}} = S_{\text{pf}}$, $Q = S\sin(\theta_Z)$인 피상 전력 $S = |\mathbf{S}| = \tilde{V}\tilde{I}$를 계산한다.
4. 그림 13.12와 같이 전력 삼각형을 도시하고, $S^2 = P^2 + Q^2$와 $\tan(\theta_Z) = Q/P$임을 확인한다.
5. 만일 Q가 음수이면, 용량성 부하로서 역률은 진상이다. 만일 Q가 양수이면, 유도성 부하로서 역률은 지상이다.

복소 전력의 계산

예제 13.4

문제

그림 13.13의 부하 $\mathbf{Z}_o$에 대한 복소 전력을 계산하라.

풀이

기지: 소스, 부하 전압과 전류

미지: 복소 부하에 대한 $\mathbf{S} = P_{\text{avg}} + jQ$

주어진 데이터 및 그림: $v(t) = 100\cos(\omega t + 0.262)$ V, $i(t) = 2\cos(\omega t + 0.262)$ A, $\omega = 377$ rad/s

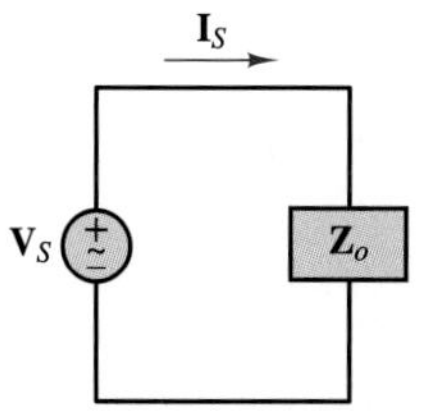

그림 13.13 예제 13.4의 회로

가정: 특별한 언급이 없으면, 모든 각도의 단위는 라디안이다.

해석: 먼저, 코사인 함수에 곱해지는 상수는 실효값이 아니라 항상 피크 값임을 인식한다. 이 함수는 실효 진폭을 갖는 페이저 형태로 변환이 가능하다.

$$\tilde{\mathbf{V}} = \frac{100}{\sqrt{2}}\angle 0.262 \text{ V} \qquad \tilde{\mathbf{I}} = \frac{2}{\sqrt{2}}\angle(-0.262) \text{ A}$$

다음으로 식 (13.12)를 이용하여 부하의 위상각과 유효 전력 및 무효 전력을 계산한다.

$$\theta_Z = \angle(\tilde{\mathbf{V}}) - \angle(\tilde{\mathbf{I}}) = 0.524 \text{ rad}$$

$$P_{\text{avg}} = |\tilde{\mathbf{V}}||\tilde{\mathbf{I}}| \cos(\theta_Z) = \frac{200}{2} \cos(0.524) = 86.6 \text{ W}$$

$$Q = |\tilde{\mathbf{V}}||\tilde{\mathbf{I}}| \sin(\theta_Z) = \frac{200}{2} \sin(0.524) = 50 \text{ VAR}$$

이제 복소 전력의 정의인 식 (13.24)를 적용하여 동일한 계산을 반복한다.

$$\mathbf{S} = \tilde{\mathbf{V}}\tilde{\mathbf{I}}^* = \frac{100}{\sqrt{2}}\angle 0.262 \times \frac{2}{\sqrt{2}}\angle -(-0.262) = 100\angle 0.524$$
$$= (86.6 + j50) \text{ VA}$$

그러므로

$$P_{\text{avg}} = 86.6 \text{ W} \qquad Q = 50 \text{ VAR}$$

참조: 복소 전력의 정의가 어떻게 유효 전력 및 무효 전력 두 가지를 동시에 산출하는지를 주목하라.

예제 13.5

유효 전력 및 무효 전력의 계산

문제

그림 13.14의 부하에 대한 복소 전력을 계산하라.

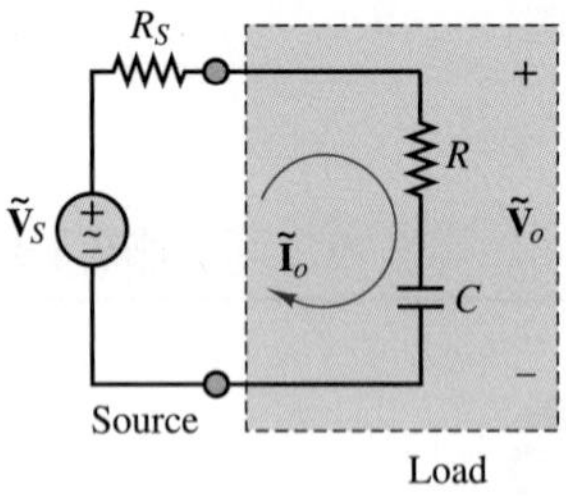

그림 13.14 예제 13.5의 회로

풀이

기지: 소스 전압과 저항, 부하 임피던스

미지: 복소 부하에 대한 $\mathbf{S} = P + jQ$

주어진 데이터 및 그림: $\tilde{\mathbf{V}}_S = 110\angle 0°$ V, $R_S = 2\ \Omega$, $R = 5\ \Omega$, $C = 2{,}000\ \mu$F; $\omega = 377$ rad/s

가정: 모든 진폭은 실효 진폭이다. 특별한 언급이 없으면, 각도의 단위는 라디안이다.

해석: 부하 임피던스는

$$\mathbf{Z}_o = R + \frac{1}{j\omega C} = (5 - j1.326)\,\Omega = 5.173\angle(-0.259)\,\Omega$$

다음으로, 전압 분배 법칙과 옴의 법칙을 적용하여 부하 전압과 전류를 계산한다.

$$\tilde{\mathbf{V}}_o = \frac{\mathbf{Z}_o}{R_S + \mathbf{Z}_o}\tilde{\mathbf{V}}_S = \frac{5 - j1.326}{7 - j1.326} \times 110 = 79.86\angle(-0.072) \text{ V}$$

$$\tilde{\mathbf{I}}_o = \frac{\tilde{\mathbf{V}}_o}{\mathbf{Z}_o} = \frac{79.86\angle(-0.072)}{5.173\angle(-0.259)} = 15.44\angle 0.187 \text{ A}$$

마지막으로, 식 (13.24)의 정의와 같이 복소 전력을 계산한다.

$$\mathbf{S} = \tilde{\mathbf{V}}_o\tilde{\mathbf{I}}_o^* = 79.9\angle(-0.072) \times 15.44\angle(-0.187) = 1{,}233\angle(-0.259)$$
$$= (1{,}192 - j316)\text{VA}$$

그러므로

$$P = 1{,}192 \text{ W} \qquad Q = -316 \text{ VAR}$$

참조: 무효 전력이 유도성인가 용량성인가? $Q < 0$이므로 무효 전력은 용량성이다.

복소 부하에 대한 유효 전력 전달

예제 13.6

문제

그림 13.15의 단자 a와 b 사이의 부하에 대한 복소 전력을 계산하라. 인덕터가 부하로부터 제거될 경우에 대해서 계산을 반복하고, 두 경우의 유효 전력을 비교하라.

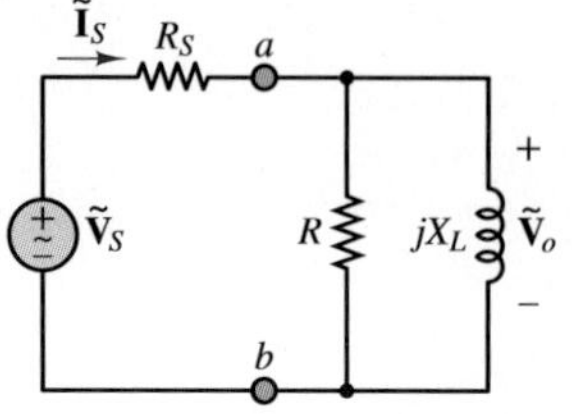

그림 13.15 예제 13.6의 회로

풀이

기지: 소스 전압과 저항, 부하 임피던스

미지:

1. 복소 부하에 대한 $\mathbf{S}_1 = P_1 + jQ_1$
2. 유효 부하에 대한 $\mathbf{S}_2 = P_2 + jQ_2$
3. 각 경우에, 부하에 의해 소모되는 유효 전력과 회로에 의해 소모되는 총 유효 전력의 비를 구하라.

주어진 데이터 및 그림: $\tilde{\mathbf{V}}_S = 110\angle 0°$ V, $R_S = 4\ \Omega$, $R = 10\ \Omega$, $jX_L = j6\ \Omega$

가정: 모든 진폭은 실효 진폭이다. 특별한 언급이 없으면, 각도의 단위는 라디안이다.

해석:

1. 부하에 인덕터가 포함되어 있다면, 임피던스 $\mathbf{Z}_o$는

$$\mathbf{Z}_o = R \| j\omega L = \frac{10 \times j6}{10 + j6} = 5.145\angle 1.03\ \Omega$$

전압 분배법을 적용하여 부하 전력 $\tilde{\mathbf{V}}_o$를 계산하고, 옴의 법칙을 적용하여 $\tilde{\mathbf{I}}_o = \tilde{\mathbf{I}}_S$를 계산한다.

$$\tilde{\mathbf{V}}_o = \frac{\mathbf{Z}_o}{R_S + \mathbf{Z}_o}\tilde{\mathbf{V}}_S = \frac{5.145\angle 1.03}{4 + 5.145\angle 1.03} \times 110 = 70.9\angle 0.444 \text{ V}$$

$$\tilde{\mathbf{I}}_o = \frac{\tilde{\mathbf{V}}_o}{\mathbf{Z}_o} = \frac{70.9\angle 0.444}{5.145\angle 1.03} = 13.8\angle(-0.586) \text{ A}$$

마지막으로, 식 (13.24)에서 정의된 바와 같이 복소 전력을 계산한다.

$$\mathbf{S}_1 = \tilde{\mathbf{V}}_o \tilde{\mathbf{I}}_o^* = 70.9\angle 0.444 \times 13.8\angle 0.586 = 978\angle 1.03 \text{ VA}$$
$$= (503 + j839) \text{ VA}$$

그러므로

$$P_1 = 503 \text{ W} \qquad Q_1 = 839 \text{ VAR}$$

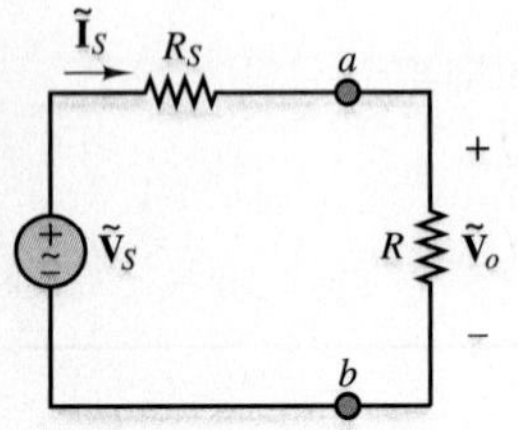

그림 13.16 인덕터가 제거된 예제 13.6의 회로

2. 부하로부터 인덕터를 제거하면(그림 13.16), 임피던스는

$$\mathbf{Z}_o = R = 10\ \Omega$$

부하 전압과 전류를 계산한다.

$$\tilde{\mathbf{V}}_o = \frac{\mathbf{Z}_o}{R_S + \mathbf{Z}_o}\tilde{\mathbf{V}}_S = \frac{10}{4+10} \times 110 = 78.57\angle 0\ \text{V}$$

$$\tilde{\mathbf{I}}_o = \frac{\tilde{\mathbf{V}}_o}{\mathbf{Z}_o} = \frac{78.57\angle 0}{10} = 7.857\angle 0\ \text{A}$$

마지막으로, 식 (13.24)에서 정의된 바와 같이 복소 전력을 계산한다.

$$\mathbf{S}_2 = \tilde{\mathbf{V}}_o \tilde{\mathbf{I}}_o^* = 78.57\angle 0 \times 7.857\angle 0 = 617\angle 0 = (617 + j0)\ \text{VA}$$

그러므로

$$P_2 = 617\ \text{W} \qquad Q_2 = 0\ \text{VAR}$$

3. 회로에 의해 소모되는 총 유효 전력 P_{total}을 계산하기 위해서, 저항 R_S의 영향을 포함하여 각 경우에 대해 계산한다.

$$\mathbf{S}_{\text{total}} = \tilde{\mathbf{V}}_S \tilde{\mathbf{I}}_S^* = P_{\text{total}} + jQ_{\text{total}}$$

경우 1:

$$\tilde{\mathbf{I}}_S = \frac{\tilde{\mathbf{V}}_S}{\mathbf{Z}_{\text{total}}} = \frac{\tilde{\mathbf{V}}_S}{R_S + \mathbf{Z}_o} = \frac{110}{4 + 5.145\angle 1.03} = 13.8\angle(-0.586)\ \text{A}$$

$$\mathbf{S}_{1_{\text{total}}} = \tilde{\mathbf{V}}_S \tilde{\mathbf{I}}_S^* = 110 \times 13.8\angle(+0.586) = (1{,}264 + j838)\text{VA} = P_{1_{\text{total}}} + jQ_{1_{\text{total}}}$$

퍼센트 유효 전력 전달은

$$100 \times \frac{P_1}{P_{1_{\text{total}}}} = \frac{503}{1{,}264} = 39.8\%$$

경우 2:

$$\tilde{\mathbf{I}}_S = \frac{\tilde{\mathbf{V}}_S}{\mathbf{Z}_{\text{total}}} = \frac{\tilde{\mathbf{V}}_S}{R_S + R} = \frac{110}{4+10} = 7.857\angle 0\ \text{A}$$

$$\mathbf{S}_{2_{\text{total}}} = \tilde{\mathbf{V}}_S \tilde{\mathbf{I}}_S^* = 110 \times 7.857 = (864 + j0)\text{VA} = P_{2_{\text{total}}} + jQ_{2_{\text{total}}}$$

퍼센트 유효 전력 전달은

$$100 \times \frac{P_2}{P_{2_{\text{total}}}} = \frac{617}{864} = 71.4\%$$

참조: 임피던스의 리액턴스를 제거할 수 있다면, 소스로부터 부하로 전달되는 유효 전력의 비율은 현저히 증가한다. 이 목적을 달성하는 과정은 역률 개선(power factor correction)이라 불린다.

예제 13.7 복소 전력과 전력 삼각형

문제

그림 13.17의 부하에 대한 무효 전력 및 유효 전력을 구하라. 관련된 전력 삼각형을 도시하라.

풀이

기지: 소스 전압, 부하 임피던스

미지: 복소 부하에 대한 $\mathbf{S} = P_{avg} + jQ$

주어진 데이터 및 그림: $\tilde{\mathbf{V}}_S = 60\angle 0°$ V, $R = 3\ \Omega$, $jX_L = j9\ \Omega$, $jX_C = -j5\ \Omega$

가정: 모든 진폭은 실효 진폭이다. 특별한 언급이 없으면, 각도의 단위는 라디안이다.

해석: 먼저 부하 전류를 계산한다.

$$\tilde{\mathbf{I}}_o = \frac{\tilde{\mathbf{V}}_o}{\mathbf{Z}_o} = \frac{60\angle 0}{3 + j9 - j5} = \frac{60\angle 0}{5\angle 0.9273} = 12\angle(-0.9273)\,\text{A}$$

다음으로, 식 (13.24)에서 정의한 바와 같이 복소 전력을 계산한다.

$$\mathbf{S} = \tilde{\mathbf{V}}_o \tilde{\mathbf{I}}_o^* = 60\angle 0 \times 12\angle 0.9273 = 720\angle 0.9273 = (432 + j576)\text{VA}$$

그러므로

$$P = 432\ \text{W} \qquad Q = 576\ \text{VAR}$$

총 무효 전력은 소자 각각의 무효 전력의 합과 같아야 한다. 즉, $Q = Q_C + Q_L$이다. 다음과 같이 2개의 양을 계산한다.

$$Q_C = |\tilde{\mathbf{I}}_o|^2 \times X_C = (144)(-5) = -720\ \text{VAR}$$
$$Q_L = |\tilde{\mathbf{I}}_o|^2 \times X_L = (144)(9) = 1{,}296\ \text{VAR}$$

및

$$Q = Q_L + Q_C = 576\ \text{VAR}$$

참조: 그림 13.18은 이 회로에 해당하는 전력 삼각형이다. 벡터 선도는 복소 전력 **S**가 3개 성분 P, Q_C, Q_L의 벡터 합으로부터 어떻게 도출되는지를 보여준다.

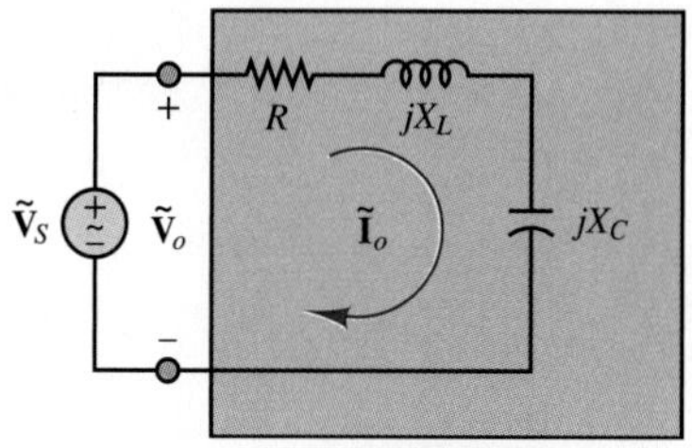

그림 13.17 예제 13.7의 회로

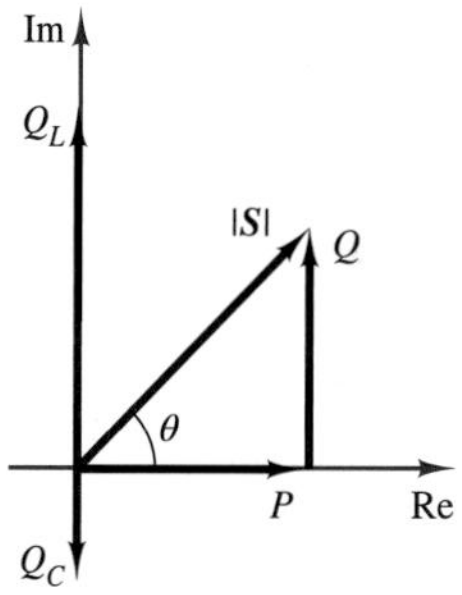

Note: $\mathbf{S} = P + jQ_C + jQ_L$

그림 13.18 예제 13.7의 전력 삼각형

연습 문제

예제 13.2의 부하에 대해서 유효 전력 및 무효 전력을 계산하라.

Answer: $P_{avg} = 595$ W; $Q = -359$ VAR

연습 문제

그림 13.10의 부하에 대해서 유효 전력 및 무효 전력을 계산하라.

Answer: $P_{avg} = 2.1$ kW; $Q = 1.39$ kVAR

연습 문제

예제 13.6을 참조하여, 부하의 인덕턴스가 원래 값의 절반인 경우에 대해서 유효 전력 전달의 퍼센트를 계산하라.

Answer: 29.3%

연습 문제

예제 13.7의 부하에 대하여 회로에 인덕터가 있는 경우와 없는 경우의 역률을 계산하라.

Answer: pf = 0.6, 지상(회로에 L이 있는 경우); pf = 0.5145, 진상(L이 없는 경우)

13.3 역률 개선

예제 13.6에 예시된 것처럼, 1에 가까운 역률은 교류 소스에서 부하로의 효과적인 에너지 전달을 의미하는 반면에, 작은 역률은 에너지의 비효율적인 사용을 의미한다. 만약 부하가 고정된 양의 유효 전력 P를 필요로 한다면, 역률이 최대가 될 때 전류는 최소가 되는데 이는 pf = $\cos(\theta_Z) \to 1$가 될 때이다. pf < 1일 때, 적절한 리액턴스(즉, 커패시턴스)를 부하에 추가함으로써 역률을 증가시키는 것(즉, 개선)이 가능하다. pf가 진상(leading)일 때는 인덕턴스는 추가되어야 하고, pf가 지상(lagging)일 때는 커패시턴스가 추가되어야 한다.

LO

> $\theta_Z > 0$이면 $Q > 0$이고, 부하는 유도성이며, 부하 전류는 부하 전압보다 위상이 뒤지며, 역률 pf는 지상이다. 반면에, $\theta_Z < 0$이면 $Q < 0$이고, 부하는 용량성이며, 부하 전류는 전압보다 위상이 앞서며, 역률 pf는 진상이다.

표 13.2는 이러한 개념을 요약하였다. 단순성을 위하여, 전압 페이저 $\tilde{\mathbf{V}}$의 위상은 0이며, 전류 페이저에 대해 기준 각도로 사용한다.

실제로, 산업용으로 유용한 일을 할 수 있도록 설계된 부하는 전기 모터 때문에 종종 유도성이다. 유도성 부하의 역률은 부하에 병렬로 커패시턴스를 추가함으로써 개선될 수 있다. 이 과정을 역률 개선(power factor correction)이라고 한다.

부하에 대한 역률의 측정과 개선은 전력을 상당히 많이 소비하는 산업에서는 매우 중요한 문제이다. 특히, 산업 플랜트, 건설 현장, 중공업 및 전력을 많이 사용하는 분야의 종사자들은 부하의 역률에 대해서 잘 알아야 한다. 앞서 살펴본 대로 낮은 역률은 더 많은 전류와 더 많은 선로 손실을 초래한다. 그러므로 복소 부하의 역률에 관계된 계산은 현장 엔지니어에게 매우 중요한 문제가 된다.

표 13.2 **복소 전력에 관련되는 중요한 사실**

	Resistive load	**Capacitive load**	**Inductive load**
Ohm's law	$\tilde{\mathbf{V}} = \tilde{\mathbf{I}}\mathbf{Z}$	$\tilde{\mathbf{V}} = \tilde{\mathbf{I}}\mathbf{Z}$	$\tilde{\mathbf{V}} = \tilde{\mathbf{I}}\mathbf{Z}$
Complex impedance	$\mathbf{Z} = R$	$\mathbf{Z} = R + jX$ $X < 0$	$\mathbf{Z} = R + jX$ $X > 0$
Phase angle	$\theta = 0$	$\theta < 0$	$\theta > 0$
Complex plane sketch	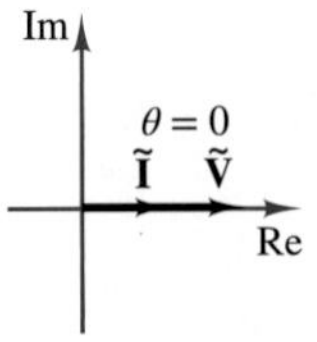	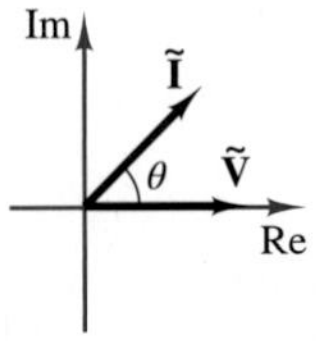	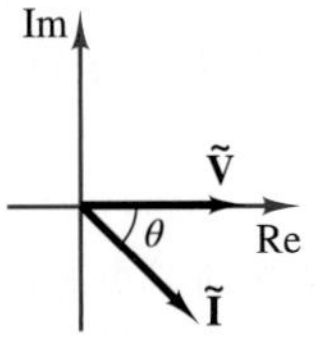
Explanation	The current is in phase with the voltage.	The current "leads" the voltage.	The current "lags" the voltage.
Power factor	Unity	Leading, < 1	Lagging, < 1
Reactive power	0	Negative	Positive

방법 및 절차
FOCUS ON PROBLEM SOLVING

역률 개선

1. "복소 전력 계산"에 관한 방법 및 절차를 따라서 부하 θ_{Z_i}의 초기 위상각, 역률 pf_i, 유효 전력 P_i, 그리고 무효 전력 Q_i를 구한다. 만약 P_i와 pf 또는 θ_Z가 주어진다면, $Q = P\tan(\theta_Z)$를 이용하여 Q를 계산한다. 초기 전력 삼각형은 이 정보를 가시화하는 데 유용하다.
2. 지상 역률에 대해, 부하에 병렬 커패시터를 증가해주면

$$\Delta Q = Q_C = \frac{\tilde{\mathbf{V}}^2}{|\mathbf{Z}_C|}\sin(\theta_Z) = -\omega C\,\tilde{\mathbf{V}}^2$$

3. 최종 무효 전력 Q_f는 다음과 같다.

$$Q_f = Q_i + \Delta Q$$

4. 유효 전력은 커패시터가 병렬로 추가되더라도 변경되지 않는다. 따라서, $P_f = P_i$이고 증가된 부하의 최종 (개선된) 위상각은 다음과 같다.

$$\theta_{Z_f} = \tan^{-1}\left(\frac{Q_f}{P_f}\right)$$

병렬 커패시터의 효과를 가시화하기 위해 최종 전력 삼각형을 그리는 것은 도움이 된다.

5. 최종 개선 역률은 다음과 같다.

$$\text{pf}_f = \cos\left(\theta_{Z_f}\right)$$

예제 13.8 역률 개선

문제

그림 13.19의 회로에 대해서 역률을 계산하라. 부하에 병렬 커패시터를 추가하여 역률을 1로 개선하라.

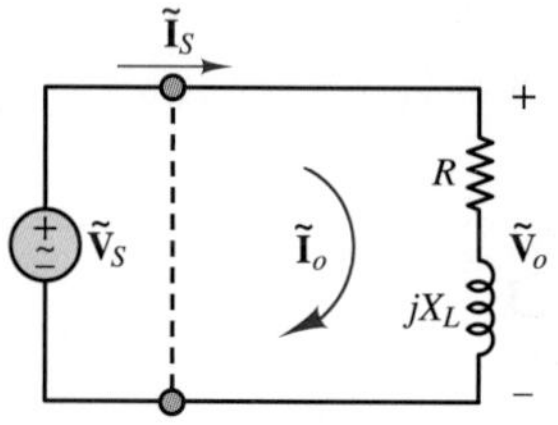

그림 13.19 예제 13.8의 회로

풀이

기지: 소스 전압, 부하 임피던스

미지:

1. 복소 부하에 대한 $\mathbf{S} = P + jQ$
2. pf = 1의 결과를 주는 병렬 커패시턴스

주어진 데이터 및 그림: $\tilde{\mathbf{V}}_S = 117\angle 0°$ V rms; $R = 50\ \Omega$, $jX_L = j86.7\ \Omega$; $\omega = 377$ rad/s

가정: 모든 진폭은 실효 진폭이다. 특별한 언급이 없으면, 각도의 단위는 라디안이다.

해석:

1. 먼저 부하 임피던스를 계산한다.

$$\mathbf{Z}_o = R + jX_L = 50 + j86.7 = 100\angle 1.047\ \Omega$$

다음으로, 부하 전류 $\tilde{\mathbf{I}}_o = \tilde{\mathbf{I}}_S$를 계산한다.

$$\tilde{\mathbf{I}}_o = \frac{\tilde{\mathbf{V}}_o}{\mathbf{Z}_o} = \frac{117\angle 0}{50 + j86.7} = \frac{117\angle 0}{100\angle 1.047} = 1.17\angle(-1.047)\ \text{A}$$

그리고 식 (13.24)에서 정의된 복소 전력을 계산한다.

$$\mathbf{S} = \tilde{\mathbf{V}}_o\tilde{\mathbf{I}}_o^* = 117\angle 0 \times 1.17\angle 1.047 = 137\angle 1.047 = (68.4 + j118.5)\ \text{VA}$$

그러므로

$$P = 68.4\ \text{W} \qquad Q = 118.5\ \text{VAR}$$

이 회로에 해당하는 전력 삼각형은 그림 13.20에서 도시되어 있다. 벡터 선도는 복소 전력 $\mathbf{S}$가 2개의 성분인 P와 Q의 벡터 합으로부터 얻어지는 것을 보인다.

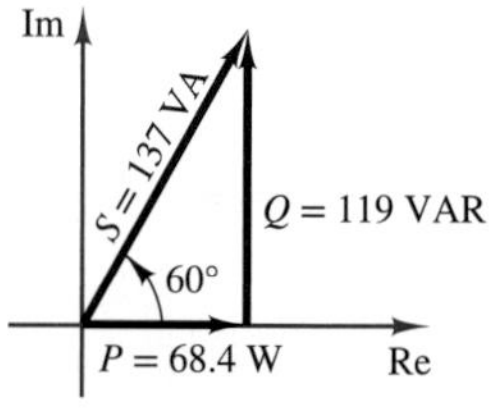

그림 13.20 예제 13.8의 전력 삼각형

2. 역률을 1로 개선하기 위해서 118.5 VAR을 빼주어야 한다. 이 목표는 $Q_C = -118.5$ VAR을 갖는 병렬 커패시터를 추가함으로써 이룰 수 있다. 요구되는 커패시턴스는 다음과 같이 구할 수 있다.

$$X_C = \frac{|\tilde{\mathbf{V}}_o|^2}{Q_C} = -\frac{(117)^2}{118.5} = -115\ \Omega$$

리액턴스 X_C와 커패시턴스 간의 관계는 다음과 같다.

$$jX_C = \frac{1}{j\omega C} = -\frac{j}{\omega C}$$

결과적으로

$$C = -\frac{1}{\omega X_C} = -\frac{1}{377(-115)} = 23.1\,\mu\text{F}$$

3. 소스의 총 전류는 $\tilde{\mathbf{I}}_S = \tilde{\mathbf{I}}_o + \tilde{\mathbf{I}}_C$인데, 여기서

$$\tilde{\mathbf{I}}_c = \frac{\tilde{\mathbf{V}}_S}{\mathbf{Z}_c} = (j\omega C)(117\angle 0) = (377)(23.1\,\mu\text{F})(117)\angle(\pi/2) \approx 1.02\angle 90°\ \text{A}$$

$|\tilde{\mathbf{I}}_C| = |\tilde{\mathbf{V}}_S|/|X_c| \approx 117/115 \approx 1.02$ A임에 유의한다. 총 전류는 페이저를 추가함으로써 다음과 같이 계산된다.

$$\tilde{\mathbf{I}}_S \approx 1.17\angle(-1.047) + 1.02\angle(\pi/2) \approx 0.585\angle 0\ \text{A}$$

개선 역률 pf = 1은 부하의 임피던스가 순수하게 유효 값임을 암시한다. 즉, $\theta_Z = 0$이다. 그러므로 소스 전류는 소스의 전압과 동상(in phase)이어야 한다.

참조: 소스 전류의 크기는 역률을 증가시킴으로써 감소된다는 점에 주목하라. 그림 13.21에 보듯이, 역률 개선은 전력 시스템에서 매우 일반적인 과정이다.

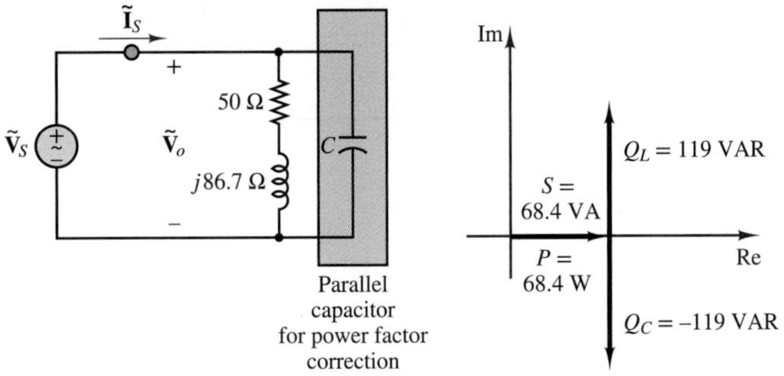

그림 13.21 역률 개선

역률 개선에 대해 직렬 커패시터가 사용될 수 있나?

예제 13.9

문제

그림 13.22의 회로는 역률 개선을 위해서 직렬 커패시터의 사용을 제안한다. 왜 이 제안이 예제 13.8에서 예시되었던 병렬 커패시터의 가능한 대안이 아닌가?

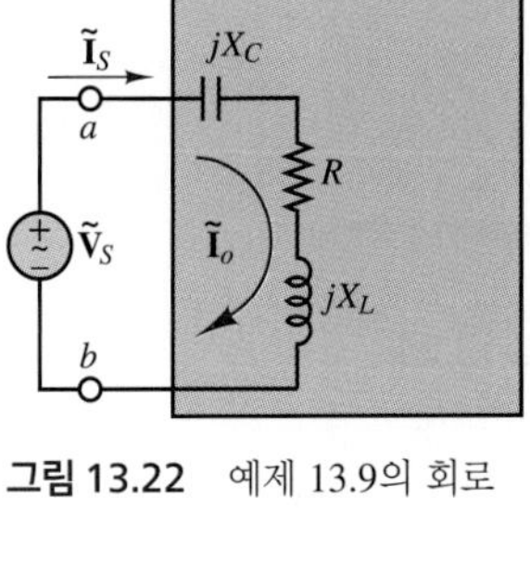

그림 13.22 예제 13.9의 회로

풀이

기지: 소스 전압, 부하 임피던스

미지: 부하(소스) 전류

주어진 데이터 및 그림: $\tilde{\mathbf{V}}_S = 117\angle 0$ V, $R = 50\ \Omega$, $jX_L = j86.7\ \Omega$, $jX_C = -j86.7\ \Omega$

가정: 모든 진폭은 실효 진폭이다. 특별한 언급이 없으면, 각도의 단위는 라디안이다.

해석: 먼저 단자 a와 b 사이의 부하 임피던스를 계산한다.

$$\mathbf{Z}_o = R + jX_L + jX_C = 50 + j86.7 - j86.7 = 50\ \Omega$$

커패시터의 리액턴스가 총 부하가 순수하게 저항성이 되도록 선택된 점을 주목하라. 그러므로 $\theta_Z = 0$이고, 개선 역률 pf = 1이다. 여기까지는 아주 좋다.

다음으로, 직렬 부하에 흐르는 전류를 계산한다.

$$\tilde{\mathbf{I}}_o = \tilde{\mathbf{I}}_S = \frac{\tilde{\mathbf{V}}_S}{\mathbf{Z}_o} = \frac{117\angle 0}{50} = 2.34 \text{ A}$$

개선 역률 pf = 1인 것은 부하의 임피던스가 순수하게 실수임을 암시한다. 즉, $\theta_Z = 0$이다. 그러므로 소스 전류는 반드시 소스 전압과 동상(in phase)이어야 한다.

역률 개선에 대한 이 방식의 문제점은 커패시터를 추가하기 전에 부하에 흐르는 초기 전류를 계산함으로써 밝혀진다.

$$(\tilde{\mathbf{I}}_o)_{\text{initial}} = \frac{\tilde{\mathbf{V}}_S}{R + jX_L} = \frac{117\angle 0}{50 + j86.7} \approx 1.17\angle(-\pi/3)\,\text{A}$$

참조: 직렬로 연결된 추가 커패시터의 결과로 소스 전류가 2배 증가한다. 결과적으로, 소스에 필요한 전력도 2배가 된다. 전기 사업자는 할인된 요금($/kWh)을 제공하여 회사들이 역률을 높이도록 하는 동기를 부여한다.

예제 13.10

역률 개선

LO

문제

커패시터가 그림 13.23의 지상 역률 pf = 0.7인 100 kW 부하를 개선하기 위해 사용된다. 부하만 있을 때의 무효 전력을 계산하고, 개선 역률 pf = 1을 위해서 필요한 커패시턴스를 계산하라.

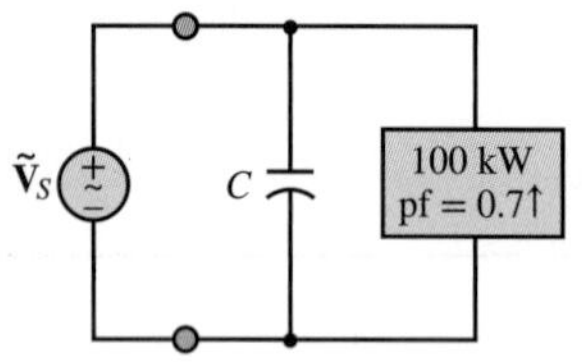

그림 13.23 예제 13.10의 회로

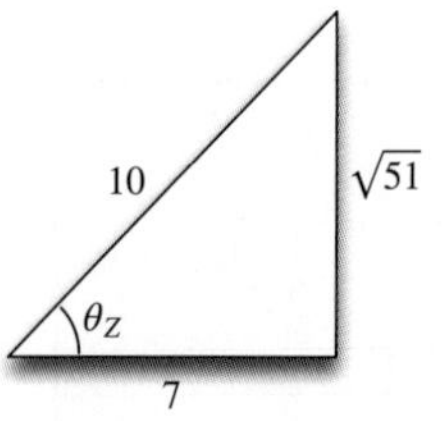

그림 13.24 전력 삼각형의 상대적 크기

풀이

기지: 소스 전압, 부하 전력과 역률

미지:

1. 부하만 있을 때의 무효 전력 Q
2. 개선 역률 pf = 1에 필요한 커패시턴스 C

주어진 데이터 및 그림: $\tilde{\mathbf{V}}_S = 480\angle 0$ V rms, $P = 10^5$ W; pf = 0.7 부하에 대해 지상; ω = 377 rad/s

가정: 모든 진폭은 실효 진폭이다. 특별한 언급이 없으면, 각도의 단위는 라디안이다.

해석:

1. 단독 부하에 대해 pf = 0.7 지상 또는 $\cos(\theta_Z) = 7/10$이고, 전력 삼각형은 그림 13.24에서 보인 형태를 갖는다. 유효 전력은 P = 100 kW로 주어지므로, 부하의 무효 전력은 삼각형의 치수를 이용하여 다음과 같이 계산될 수 있다.

$$Q = P\tan(\theta_Z) = (100\,\text{kW})(\sqrt{51}/7) = 102 \text{ kVAR}$$

역률이 지상이므로 무효 전력은 표 13.2에서 보듯이 양이며, 그림 13.25의 전력 삼각형으로 보인다.

2. 개선 역률을 pf = 1로 설정하기 위해서는 커패시턴스가 무효 전력의 −102 kVAR를 기여하여야 한다. 즉,

$$Q_C = \Delta Q = Q_{\text{final}} - Q_{\text{initial}} = 0 - 102 \text{ kVAR} = -102 \text{ kVAR}$$

커패시턴스 $\tilde{\mathbf{V}}_C$에 걸리는 전압이 소스 전압 $\tilde{\mathbf{V}}_S$와 같으므로, 커패시터의 무효 전력은 다음과 같다.

$$Q_C = \frac{|\tilde{\mathbf{V}}_C|^2}{|X_C|}\sin(-90°) = -(\omega C)|\tilde{\mathbf{V}}_S|^2 = -(377)(480^2)C$$

역률을 pf = 1로 개선하기 위해(총 무효 전력 = 0), 커패시터는 다음을 만족시켜야 한다.

$$Q_C = -(377)(480^2)C = -102 \text{ kVAR}$$

또는

$$C = \frac{102 \text{ kVAR}}{(377)(480^2)} = 1{,}175\ \mu\text{F}$$

삼각법 그리고/또는 피타고라스의 정리를 이용하여, 그림 13.25에서와 같이 피상 전력이 $|S|$ = 143 kVA가 되는 것을 보여줄 수 있다.

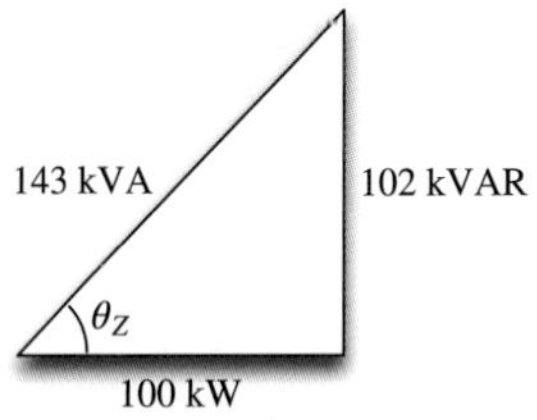

그림 13.25 전력 삼각형

참조: 역률 개선을 수행하기 위해서 부하 임피던스를 아는 것이 필요 없다는 점에 주목하라. 그러나 $\tilde{\mathbf{V}}_S$가 보는 등가 임피던스를 계산하고 $\cos(\theta_Z) = 0.7$임을 확인하는 것은 유용한 연습이다.

역률 개선

예제 13.11

문제

그림 13.26은 그림 13.23의 회로에 추가된 두 번째 부하를 보여준다. 전체 개선 역률 pf = 1에 요구되는 커패시턴스를 구하라. $\tilde{\mathbf{I}}_C$, $\tilde{\mathbf{I}}_1$ 그리고 $\tilde{\mathbf{I}}_2$의 관계를 나타내는 페이저 선도를 도시하라.

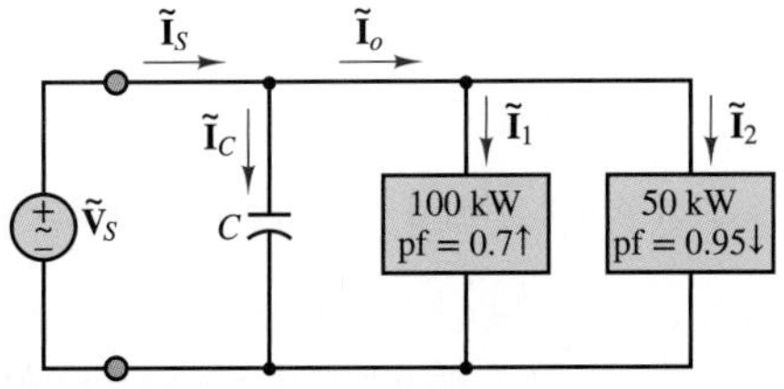

그림 13.26 두 부하를 가진 회로

풀이

기지: 소스 전압, 부하 전력과 역률

미지:

1. 부하 1과 2의 총 무효 전력
2. 전체 역률 pf = 1에 필요한 커패시턴스 C
3. $\tilde{\mathbf{I}}_C$, $\tilde{\mathbf{I}}_1$, $\tilde{\mathbf{I}}_2$, 그리고 이들 전류의 페이저 선도의 도시

주어진 데이터 및 그림: $\tilde{\mathbf{V}}_S = 480\angle 0$ V rms; $P_1 = 100$ kW, $\text{pf}_1 = 0.7$ 지상, $P_2 = 50$ kW, $\text{pf}_2 = 0.95$ 진상, $\omega = 377$ rad/s

가정: 모든 진폭은 실효 진폭이다. 특별한 언급이 없으면, 각도의 단위는 라디안이다.

해석:

1. $P = |\tilde{\mathbf{V}}||\tilde{\mathbf{I}}|\text{pf}$의 관계를 이용하여 $\tilde{\mathbf{I}}_1$, $\tilde{\mathbf{I}}_2$를 계산한다.

$$P_1 = |\tilde{\mathbf{V}}_S||\tilde{\mathbf{I}}_1|\cos(\theta_1) \quad \rightarrow \quad |\tilde{\mathbf{I}}_1| = \frac{P_1}{|\tilde{\mathbf{V}}_S|\cos(\theta_1)} \approx 298 \text{ A}$$

그리고

$$\angle\tilde{\mathbf{V}}_S = \angle\tilde{\mathbf{I}}_1 + \theta_{Z_1} \quad \rightarrow \quad \angle\tilde{\mathbf{I}}_1 = \angle\tilde{\mathbf{V}}_S - \theta_{Z_1} = 0 - \cos^{-1}(0.7) \approx -0.795 \text{ rad}$$

여기에서 비록 역 삼각함수의 값이 2개이지만[즉, $\cos^{-1}(0.7) \approx \pm 0.795$ rad], 부하 1에 대한 역률이 지상이므로 $\theta_{Z_1} = +0.795$ rad이 올바른 선택이다.

유사하게, 부하 2에 대해

$$P_2 = |\tilde{\mathbf{V}}_S||\tilde{\mathbf{I}}_2|\cos(\theta_2) \quad \rightarrow \quad |\tilde{\mathbf{I}}_2| = \frac{P_2}{|\tilde{\mathbf{V}}_S|\cos(\theta_2)} \approx 110 \text{ A}$$

그리고

$$\angle\tilde{\mathbf{V}}_S = \angle\tilde{\mathbf{I}}_2 + \theta_{Z_2} \quad \rightarrow \quad \angle\tilde{\mathbf{I}}_2 = \angle\tilde{\mathbf{V}}_S - \theta_{Z_2} = 0 - \cos^{-1}(0.95) \approx +0.318 \text{ rad}$$

부하 2에 대한 역률이 진상이므로 $\theta_{Z_2} = -0.318$ rad가 올바른 선택이다.

주어진 데이터와 $Q = P\tan(\theta_Z)$의 관계를 이용하여 각 부하에 대한 무효 전력을 계산하면 다음과 같다.

$$Q_1 = P_1\tan(+0.795 \text{ rad}) \approx +102 \text{ kVAR}$$

그리고

$$Q_2 = P_2\tan(-0.318 \text{ rad}) \approx -16.4 \text{ kVAR}$$

두 부하에 대한 전력 삼각형이 그림 13.27과 13.28에 도시되어 있다. 따라서 총 무효 전력은 $Q = Q_1 + Q_2 \approx 85.6$ kVAR이다.

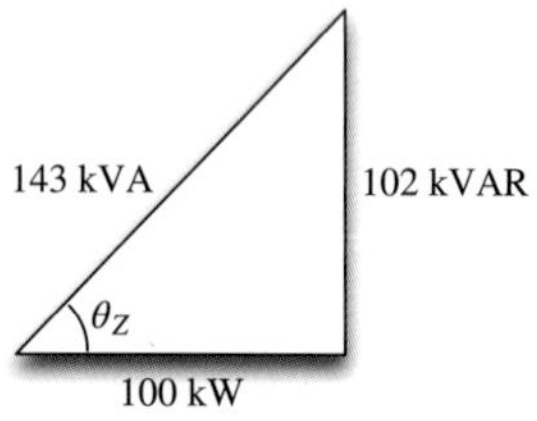

그림 13.27 부하 1에 대한 전력 삼각형

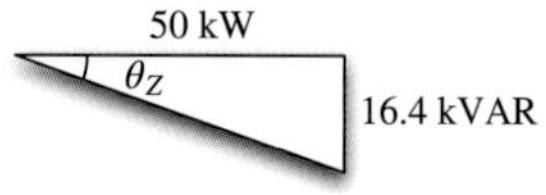

그림 13.28 부하 2에 대한 전력 삼각형

2. 개선 역률을 pf = 1로 설정하기 위해서 커패시턴스가 무효 전력의 −85.6 kVAR을 기여하여야 한다. 즉,

$$Q_C = \Delta Q = Q_{\text{final}} - Q_{\text{initial}} = 0 - 85.6 \text{ kVAR} = -85.6 \text{ kVAR}$$

커패시터만 있을 때 무효 전력은

$$Q_C = \frac{|\tilde{\mathbf{V}}_C|^2}{X_C} = -(\omega C)|\tilde{\mathbf{V}}_S|^2 = -(377)(480^2)C$$

그러므로 역률을 pf = 1로 개선하기 위해(총 무효 전력 = 0), 커패시터는 다음을 만족하여야 한다.

$$Q_C = -(377)(480^2)C = -85.6 \text{ kVAR}$$

또는

$$C = \frac{85.6 \text{ kVAR}}{(377)(480^2)} \approx 985\,\mu\text{F}$$

3. 커패시터 전류의 계산에 있어서, $P = |\tilde{\mathbf{V}}||\tilde{\mathbf{I}}|\text{pf}$를 이용할 수는 없는데, 이는 커패시터에 대해서 $P = 0$이고 $\text{pf} = 0$이기 때문이다. 대신에 일반화된 옴의 법칙이 대안을 제시한다.

$$\tilde{\mathbf{V}}_C = \tilde{\mathbf{I}}_C \mathbf{Z}_C \quad \rightarrow \quad |\tilde{\mathbf{I}}_C| = \frac{|\tilde{\mathbf{V}}_C|}{|\mathbf{Z}_C|} = \omega C |\tilde{\mathbf{V}}_C| \approx 178.2 \text{ A}$$

여기서 $\tilde{\mathbf{V}}_C = \tilde{\mathbf{V}}_S$이다. $\tilde{\mathbf{I}}_C$의 위상각은

$$\angle\tilde{\mathbf{I}}_C = \angle\tilde{\mathbf{V}}_C - \theta_{Z_C} = 0 - (-\pi/2) = +\pi/2 \text{ rad}$$

이다. 전류 페이저의 선도는 그림 13.29에 도시되어 있다.

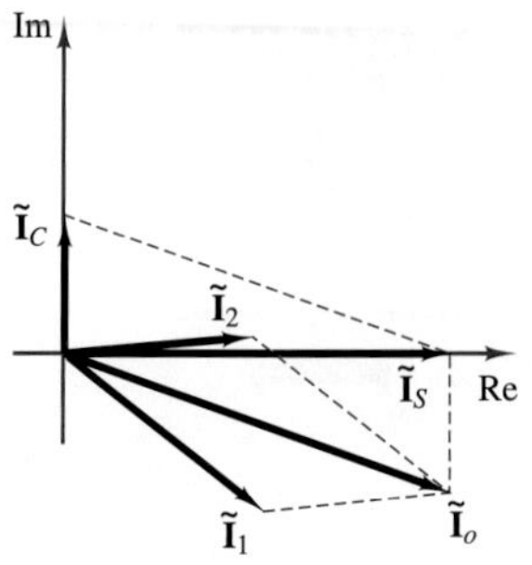

그림 13.29

참조: 전력 삼각형은 커패시터 전류가 $Q_C = |\tilde{\mathbf{V}}_C||\tilde{\mathbf{I}}_C| \sin(\theta_C)$의 관계를 통해서도 계산될 수 있다는 것을 보여준다. 여기서 $\theta_C = -\pi/2$이고 $Q_C = |\tilde{\mathbf{V}}_C|^2/X_C = -(\omega C)|\tilde{\mathbf{V}}_C|^2$이다.

연습 문제

다음의 부하에 걸리는 전압과 흐르는 전류의 두 가지 경우가 아래에 주어진다. 각각의 경우에 대하여, 부하의 역률을 구하고, 지상인지 진상인지를 결정하라.

a. $v(t) = 540 \cos(\omega t + 15°)$ V, $i(t) = 2 \cos(\omega t + 47°)$ A

b. $v(t) = 155 \cos(\omega t - 15°)$ V, $i(t) = 2 \cos(\omega t - 22°)$ A

Answer: a. 0.848, 진상; b. 0.9925, 지상

연습 문제

다음과 같은 사실이 주어진다면, 부하가 용량성인지 유도성인지 결정하라.

a. pf = 0.87, leading

b. pf = 0.42, leading

c. $v(t) = 42 \cos(\omega t)$ V, $i(t) = 4.2 \sin(\omega t)$ A [*Hint:* sin (ωt) lags cos (ωt).]

d. $v(t) = 10.4 \cos(\omega t - 22°)$ V, $i(t) = 0.4 \cos(\omega t - 22°)$ A

Answer: a. 용량성, b. 용량성, c. 유도성, d. 둘 다 아님 (저항성)

연습 문제

$R = 0.4\ \Omega$과 직렬 연결된 $L = 100$ mH을 갖는 유도성 부하에 대한 역률을 계산하라. $\omega = 377$ rad/s로 가정하라.

Answer: pf = 0.0105, 지상

측정기술

전력계

전력계(wattmeter)는 전력을 측정하는 데 사용되는 계측기이다. 전력계의 외부는 4개의 연결 단자와 회로에서 소모되는 유효 전력의 양을 표시하는 측정부로 구성되어 있다. 그림 13.30은 전력계의 내부와 외부의 모양을 보여준다. 전력계 내에는 전류 감지(sensing) 코일 및 전압 감지 코일 등 2개의 코일이 있다. 이 예제에서는 전류 감지 코일의 임피던스 $\mathbf{Z}_I$는 0이고, 전압 감지 코일의 임피던스 $\mathbf{Z}_V$는 무한대라고 가정한다. 이 가정은 실제로는 실현될 수 없으므로, 감지 코일의 임피던스를 고려하기 위해 어떤 적절한 방법이 요구된다.

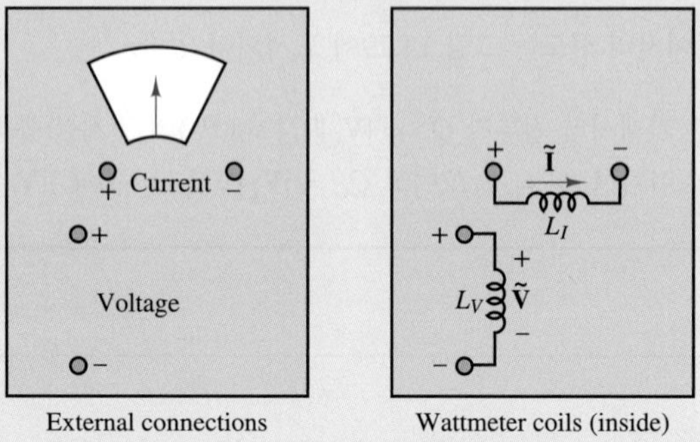

그림 13.30 전력계: 외부 연결 및 내부 배치

전력계는 전류와 전압 측정을 위해서 그림 13.31과 같이 연결되어야 한다. 전류 감지 코일은 부하와 직렬로, 전압 감지 코일은 부하와 병렬로 연결한다. 이러한 방식으로 전력계는 부하 양단에 걸리는 전압 및 부하에 흐르는 전류를 측정할 수 있다. 회로 소자에 의해 소모되는 전력은 이 2개의 양과 관계된다. 그러므로 전력계는 부하에 의해 흡수되는 유효 전력인 부하 전류와 전압의 실효값의 곱을 미터에 표시하도록 만들어진다. $P = \text{Re}(S) = \text{Re}(\tilde{\mathbf{V}}\tilde{\mathbf{I}}^*)$

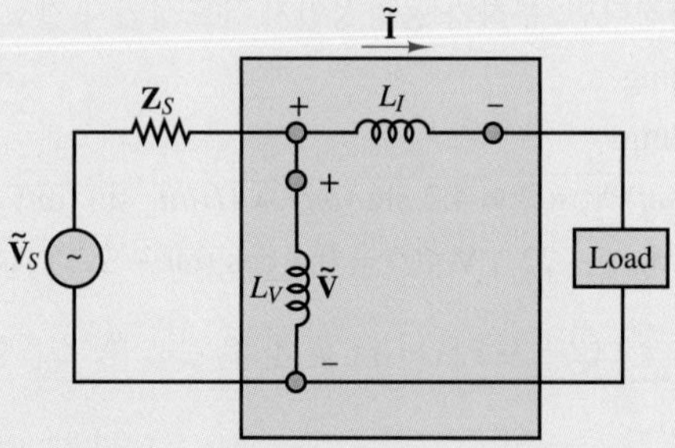

그림 13.31 전력계 연결

문제

1. 그림 13.32에 있는 회로에 대해서 이상 전압원과 부하 사이에 어떻게 전력계를 연결해야 하는지를 보이고, 부하에 의해 소모되는 전력을 구하라.

(계속)

(계속)

2. R_2에 의해 소모되는 전력을 구하기 위해서는 전력계를 어떻게 연결해야 하는지를 보여라. 이때 측정값은 얼마인가?

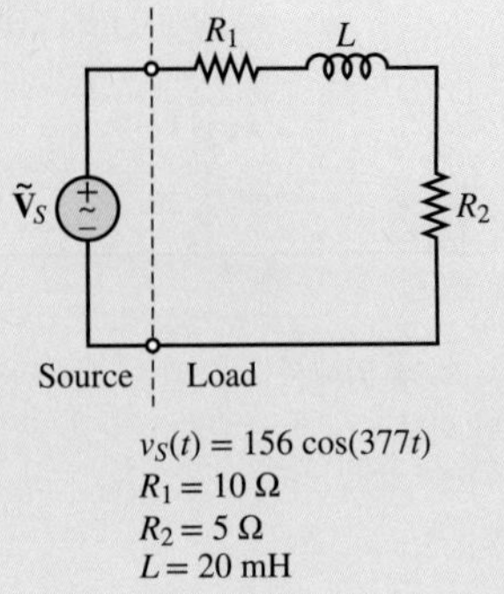

그림 13.32 전력계: 전력 계산의 예

풀이

1. 부하에 의해 소모되는 전력을 측정하기 위해서 전체 부하 회로에 걸리는 전압과 흐르는 전류를 알아야 한다. 이를 위해 전력계를 그림 13.33과 같이 연결해야 한다. 이때 전력계는 다음 값을 표시한다.

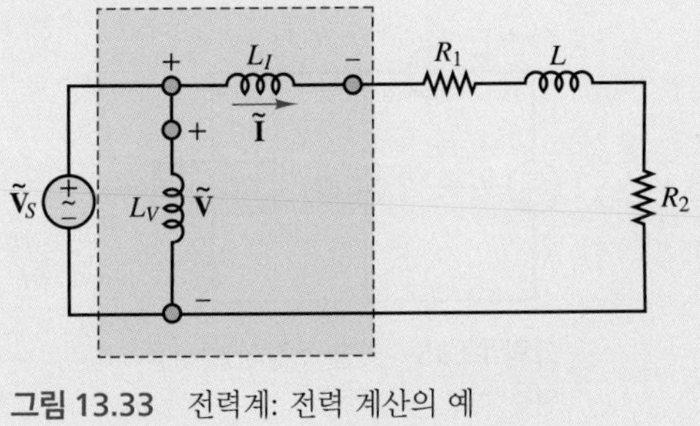

그림 13.33 전력계: 전력 계산의 예

$$
\begin{aligned}
P &= \mathrm{Re}\left[\tilde{\mathbf{V}}_S\tilde{\mathbf{I}}^*\right] = \mathrm{Re}\left[\left(\frac{156}{\sqrt{2}}\angle 0\right)\left(\frac{(156/\sqrt{2})\angle 0}{R_1+R_2+j\omega L}\right)^*\right] \\
&= \mathrm{Re}\left[110\angle 0^\circ\left(\frac{110\angle 0}{15+j7.54}\right)^*\right] \\
&= \mathrm{Re}\left[110\angle 0^\circ\left(\frac{110\angle 0}{16.79\angle 0.466}\right)^*\right] = \mathrm{Re}\left[\frac{110^2}{16.79\angle(-0.466)}\right] \\
&= \mathrm{Re}\,[720.67\angle 0.466] \\
&= 643.88\ \mathrm{W}
\end{aligned}
$$

2. R_2만에 의해 소모되는 전력을 측정하기 위해서 R_2에 흐르는 전류와 R_2에 걸리는 전압을 측정해야 한다. 이를 위해 전력계를 그림 13.34와 같이 연결해야 한다. 이때 전력계는 다음 값을 표시한다.

$$
\begin{aligned}
P &= |\tilde{\mathbf{I}}^2|R_2 = \left[\frac{110}{(15^2+7.54^2)^{1/2}}\right]^2\times 5 = \frac{110^2}{15^2+7.54^2}\times 5 \\
&= 215\ \mathrm{W}
\end{aligned}
$$

(계속)

(계속)

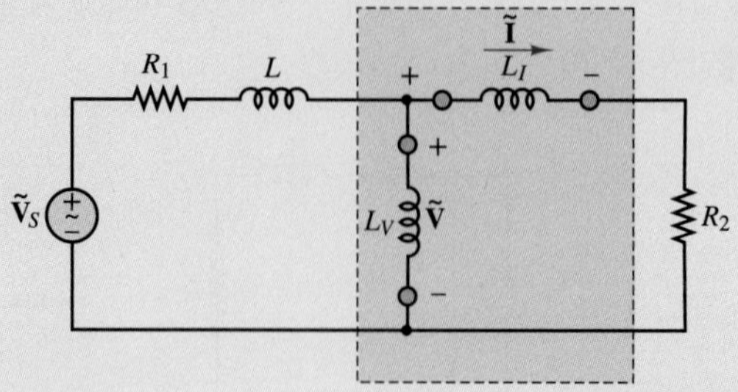

그림 13.34 R_2에 의해서 소모되는 전력만을 측정하기 위해서 삽입된 회로

측정기술

역률

문제

커패시터는 그림 13.35에 보듯이 역률을 1로 개선하는 데 사용된다. 커패시터 값을 변화시키면서 전체 전류의 측정을 수행한다. 단지 전류 $\tilde{\mathbf{I}}_S$만을 관찰해서 역률을 1로 개선하는 데 필요한 커패시턴스를 발견할 수 있는 방법을 설명하라.

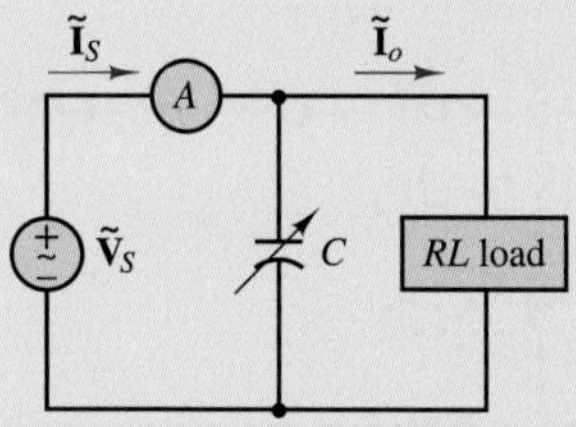

그림 13.35 역률 보정의 예시를 위한 회로

풀이

부하에 흐르는 전류는

$$\tilde{\mathbf{I}}_o = \frac{\tilde{V}_S\angle 0°}{R + j\omega L} = \frac{\tilde{V}_S}{R^2+\omega^2L^2}(R - j\omega L)$$

$$= \frac{\tilde{V}_S R}{R^2+\omega^2L^2} - j\frac{\tilde{V}_S\,\omega L}{R^2+\omega^2L^2}$$

이며, 커패시터에 흐르는 전류는

$$\tilde{\mathbf{I}}_C = \frac{\tilde{V}_S\angle 0°}{1/j\omega C} = j\tilde{V}_S\omega C$$

(계속)

(계속)

이다. 측정된 소스 전류는

$$\tilde{\mathbf{I}}_S = \tilde{\mathbf{I}}_o + \tilde{\mathbf{I}}_C = \frac{\tilde{V}_S R}{R^2+\omega^2 L^2} + j\left(\tilde{V}_S \omega C - \frac{\tilde{V}_S \omega L}{R^2+\omega^2 L^2}\right)$$

이며, 소스 전류의 진폭은

$$\tilde{I}_S = \sqrt{\left(\frac{\tilde{V}_S R}{R^2+\omega^2 L^2}\right)^2 + \left(\tilde{V}_S \omega C - \frac{\tilde{V}_S \omega L}{R^2+\omega^2 L^2}\right)^2}$$

이다. 부하가 순수 저항일 때 전류와 전압은 동위상이고 역률은 1이 되어, 소스에 의해 전달되는 모든 전력은 부하에서 유효 전력으로 소모된다. 이것은 소스 전류의 허수부가 0이 된다는 의미이므로, 위 식의 소스 전류 진폭에 대한 식으로부터 다음이 성립됨을 알 수 있다.

$$\frac{\tilde{V}_S \omega L}{R^2+\omega^2 L^2} = \tilde{V}_S \omega C$$

그러므로 소스 전류의 진폭 $|\tilde{I}_S|$은 역률이 1일 때 최소이다. 따라서 커패시터 값을 변화시키면서 전류계의 눈금을 읽어서 가장 작은 소스 전류에 해당하는 커패시터 값을 선정하면 부하를 역률 1로 개선하는 것이 가능하다.

13.4 변압기

두 개의 분리된 교류 회로가 흔히 **변압기**(transformer)에 의해서 연결되는데, 변압기는 자기 결합으로 작용하면서 연결부에서 전압과 전류를 변환한다. (예를 들어, 어떤 회로의 고전압, 저전류 출력을 저전압, 고전류 입력이 필요한 다른 회로에 연결한다.) 변압기는 전력 공학에서 중요한 역할을 하며, 배전망에 필히 요구되는 기기이다. 이 절의 목적은 이상 변압기, 임피던스 환산 및 임피던스 정합의 개념을 소개하는 데 있다.

이상 변압기

이상 변압기(ideal transformer)는 자기 매체를 통해 서로 연결되는 2개의 코일로 구성되어 있다. 코일 사이에는 아무런 전기적인 연결이 없다. 입력측을 **1차 코일**(primary coil)이라 하고, 출력측을 **2차 코일**(secondary coil)이라 한다. 1차 코일과 2차 코일의 권수를 각각 n_1, n_2로 지정하는데, **권수비**(turns ratio) N은 다음과 같이 정의된다.

$$N = \frac{n_2}{n_1} \qquad (13.29)$$

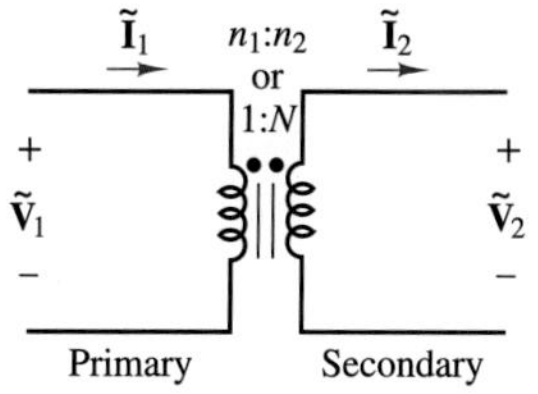

그림 13.36 이상 변압기

그림 13.36은 변압기에서 전압과 전류를 지정하는 규약을 보여준다. 그림 13.36에서 검은색 점은 동일한 극성을 가지는 코일 단자들을 나타낸다.

Faraday의 법칙을 상기해 보면, 각 코일은 코일에 흐르는 시변(time-varying)

전류가 코일 자체에 흐르는 시변 자속을 생성하고, 차례로 시변 자속에 반대하는 전위차를 유도한다는 점에서 자기 유도(self-induction)가 발생한다. 자기 유도의 순수 효과는 코일의 인덕턴스 L로 표현된다. 그러나 변압기와 같이 두 개의 코일이 존재한다면, 한 코일에 기인한 시변 자속이 다른 코일을 지나면서, 또 다른 반대되는 전위차를 유도하는 상호 유도(mutual induction)가 발생한다. 상호 유도의 순수 효과는 상호 인덕턴스 M으로 표시된다. L과 M 모두 변압기의 거동에 기여한다.

이전 단락에서 시간 변화(량)(time variation)를 강조했음을 주목하라. Faraday의 법칙의 결과 중 하나는, 코일을 통과하는 일정한 전류는 일정한 자기장을 생성하는데, 코일 자체(자기 유도 없음)와 근처의 코일(상호 유도 없음)에 반작용을 유도하지 않는다는 것이다. 대신에 코일은 일정한 전류에 대해서 단락 회로로 작용하며, 변압기는 직류 회로에서 유용한 기능을 하지 못한다. Faraday의 법칙은 전기기계 기술과 관련하여 14장에서 자세히 논의한다.

그림 13.36에서와 같이 이상 변압기에서 1차와 2차 전압 및 전류 사이의 관계는 다음과 같다.

LO

$$\tilde{\mathbf{V}}_2 = N\tilde{\mathbf{V}}_1, \quad \tilde{\mathbf{I}}_2 = \frac{\tilde{\mathbf{I}}_1}{N} \qquad \text{이상 변압기} \tag{13.30}$$

만약 N이 1보다 크면 $|\tilde{\mathbf{V}}_2| > |\tilde{\mathbf{V}}_1|$이 되어 **승압 변압기**(step-up transformer)라 부르고, N이 1보다 작으면 $|\tilde{\mathbf{V}}_2| < |\tilde{\mathbf{V}}_1|$이 되어 **강압 변압기**(step-down transformer)라 부른다. 이상 변압기는 양쪽 모두 1차측으로 사용 가능하다. 따라서 강압 변압기에서 승압 변압기를 제작하려면 1차와 2차 연결만 변경하면 된다. (실험을 하는 과정에 1차와 2차를 변경하는 실수는 큰 위험이 따른다!) 마지막으로, $N = 1$인 변압기는 **절연 변압기**(isolation transformer)라 부르는데, 2개의 회로를 전기적으로 연결하거나 절연시킬 때 사용할 수 있고, 2개 회로의 연결부에서 입력과 출력 임피던스를 조정하는 데도 사용할 수 있다.

이상 변압기의 1차 및 2차 단자에서 복소 전력을 비교해 보면 다음과 같은 결과가 나온다.

$$\mathbf{S}_1 = \tilde{\mathbf{I}}_1^*\tilde{\mathbf{V}}_1 = N\tilde{\mathbf{I}}_2^*\frac{\tilde{\mathbf{V}}_2}{N} = \tilde{\mathbf{I}}_2^*\tilde{\mathbf{V}}_2 = \mathbf{S}_2 \tag{13.31}$$

즉, **이상 변압기는 전력을 보존한다**.

그림 13.37에서 보듯이, 많은 변압기의 2차 코일은 2차 전압이 동일한 전압으로 나뉘어 출력되도록 하는데, 이를 센터탭 변압기(center-tapped transformer)라 한다. 이런 종류의 변압기는 최초의 고전압이 240 V로 변압되어 2개의 120 V 전선으로 나뉘어 주택으로 공급될 때 가장 많이 사용된다. 그림 13.37에서 $\tilde{\mathbf{V}}_2$와 $\tilde{\mathbf{V}}_3$는 모두 가전제품에 적당한 120 V를 공급하는 반면에, $(\tilde{\mathbf{V}}_2 + \tilde{\mathbf{V}}_3)$는 고전력을 필요로 하는 건조기나 전자레인지 등의 240 V를 공급하는 것이 가능하다.

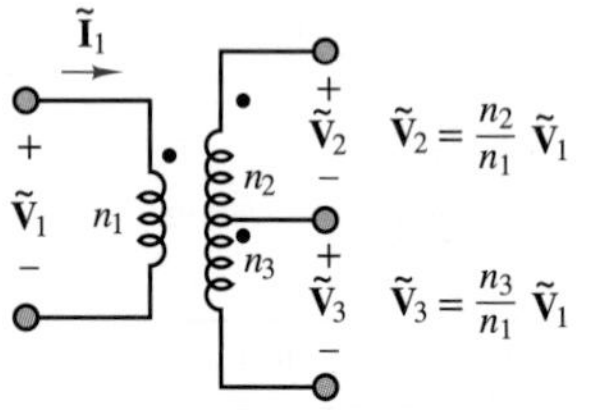

그림 13.37 센터탭 변압기

임피던스 환산

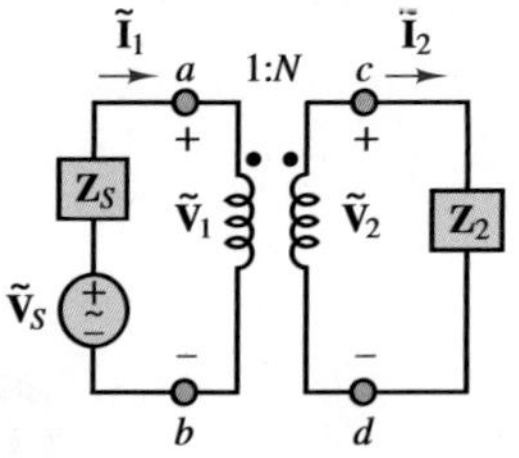

그림 13.38 이상 변압기의 동작

변압기는 교류망의 연결에 사용되는데, 그림 13.38에서는 교류 테브닌 소스 회로망이 변압기를 통해서 부하 $\mathbf{Z}_2$에 연결되어 있다.

테브닌 소스에서 본 등가 임피던스는 단자 a와 b 우측에 있는 전체의 회로망에 해당한다. 등가 임피던스의 정의를 적용하고 식 (13.30)의 이상 변압기의 관계를 이용하면, 다음의 결과가 나온다.

$$\begin{aligned}\mathbf{Z}_1 \equiv \frac{\tilde{\mathbf{V}}_1}{\tilde{\mathbf{I}}_1} &= \frac{\tilde{\mathbf{V}}_2}{N}\frac{1}{N\tilde{\mathbf{I}}_2} \\ &= \frac{1}{N^2}\frac{\tilde{\mathbf{V}}_2}{\tilde{\mathbf{I}}_2} \\ &= \frac{1}{N^2}\mathbf{Z}_2\end{aligned} \tag{13.32}$$

그러므로 교류 테브닌 소스에서 보는 등가 임피던스는 인자 $1/N^2$에 의해 감소된 부하 임피던스 $\mathbf{Z}_2$이다.

마찬가지로, $\mathbf{Z}_2$에서 본 등가 회로망은 단자 c와 d의 좌측에 있는 전체 회로망의 테브닌 등가이다. $\mathbf{Z}_2$가 개방 회로로 대체되면, $\tilde{\mathbf{I}}_2 = 0$이 되어 테브닌 (개방) 전압은

$$\tilde{\mathbf{V}}_T = (\tilde{\mathbf{V}}_2)_{\mathrm{OC}} = N\tilde{\mathbf{V}}_1 \tag{13.33}$$

이 된다. 그러나 $\tilde{\mathbf{I}}_1 = N\tilde{\mathbf{I}}_2 = 0$이므로 $\mathbf{Z}_S$ 양단의 전압 강하는 0이 되어, $\tilde{\mathbf{V}}_1 = \tilde{\mathbf{V}}_S$이 되어 다음과 같은 결과를 얻게 된다.

$$\tilde{\mathbf{V}}_T = (\tilde{\mathbf{V}}_2)_{\mathrm{OC}} = N\tilde{\mathbf{V}}_S \tag{13.34}$$

이다. $\mathbf{Z}_2$가 단락 회로로 대체된다면, $\tilde{\mathbf{V}}_2 = 0$이고 단락 전류는

$$(\mathbf{I}_2)_{\mathrm{SC}} = \frac{\mathbf{I}_1}{N} \tag{13.35}$$

이다. 그러나 $\tilde{\mathbf{V}}_1 = \tilde{\mathbf{V}}_2/N = 0$이므로 $\mathbf{Z}_S$ 양단의 전압 강하는 $\tilde{\mathbf{V}}_S$이 되어, $\tilde{\mathbf{I}}_1 = \tilde{\mathbf{V}}_S/\mathrm{Z}_S$이 되어 다음과 같은 결과를 얻게 된다.

$$(\tilde{\mathbf{I}}_2)_{\mathrm{SC}} = \frac{1}{N}\frac{\tilde{\mathbf{V}}_S}{\mathbf{Z}_S} \tag{13.36}$$

그러므로 $\mathbf{Z}_2$에서 본 테브닌 등가 임피던스는

$$\mathbf{Z}_T = \frac{(\tilde{\mathbf{V}}_2)_{\mathrm{OC}}}{(\tilde{\mathbf{I}}_2)_{\mathrm{SC}}} = N\tilde{\mathbf{V}}_S\,\frac{N\mathbf{Z}_S}{\tilde{\mathbf{V}}_S} = N^2\mathbf{Z}_S \tag{13.37}$$

이 된다. 따라서 $\mathbf{Z}_2$에서 본 등가 임피던스는 N^2에 의해 곱해진 소스 임피던스 $\mathbf{Z}_S$이다.

그림 13.39는 위에서 설명한 효과인 **임피던스 환산**(impedance reflection)을 예시하고 있는데, 전력 전달에 중요한 역할을 한다.

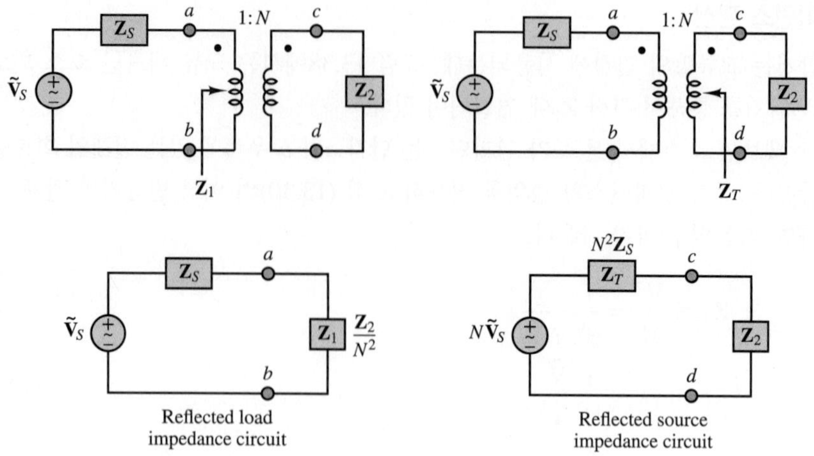

그림 13.39 변압기 양측에서의 임피던스 환산

최대 전력 전달

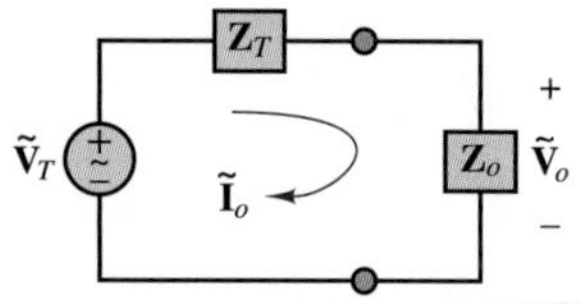

그림 13.40 교류 회로에서의 최대 전력 전달 문제

저항성 직류 회로에서 부하가 소스 회로망의 테브닌 등가 저항과 동일하게 될 때 최대 전력이 부하로 전달된다는 점을 상기하라. 교류 회로에서는, 유사한 최대 전력 전달 조건을 **임피던스 정합**(impedance matching)이라 부른다.

그림 13.40에 도시되어 있는 일반적인 교류 회로를 고려하자. 소스 임피던스 $\mathbf{Z}_T$가

$$\mathbf{Z}_T = R_T + jX_T \tag{13.38}$$

라 가정한다. 부하로의 최대 유효 전력의 전달은 부하 $\mathbf{Z}_o$의 어떤 값에서 발생하는가? 부하에 의해 흡수되는 유효 전력은

$$P_o = \tilde{V}_o \tilde{I}_o \cos\theta_{Z_o} = \mathrm{Re}(\tilde{\mathbf{V}}_o \tilde{\mathbf{I}}_o^*) \tag{13.39}$$

이다. 전압 분배법과 일반화된 옴의 법칙을 적용하면

$$\tilde{\mathbf{V}}_o = \frac{\mathbf{Z}_o}{\mathbf{Z}_T + \mathbf{Z}_o}\tilde{\mathbf{V}}_T \qquad \tilde{\mathbf{I}}_o = \frac{\tilde{\mathbf{V}}_T}{\mathbf{Z}_T + \mathbf{Z}_o} \tag{13.40}$$

이 된다. $\mathbf{Z}_o = R_o + jX_o = |\mathbf{Z}_o| \cos\theta_{Z_o} + j|\mathbf{Z}_o| \sin\theta_{Z_o}$라 하면, $\tilde{V}_o = |\tilde{\mathbf{V}}_o|$, $\tilde{I}_o = |\tilde{\mathbf{I}}_o|$이므로 부하에 의해 흡수되는 유효 전력은 다음과 같이 나타낼 수 있다.

$$P_o = \frac{|\mathbf{Z}_o|}{|\mathbf{Z}_T + \mathbf{Z}_o|}\tilde{V}_T \times \frac{1}{|\mathbf{Z}_T + \mathbf{Z}_o|}\tilde{V}_T \times \frac{R_o}{|\mathbf{Z}_o|} \tag{13.41}$$

또는 이를 단순화하면

$$P_o = \frac{R_o}{|\mathbf{Z}_T + \mathbf{Z}_o|^2}\tilde{V}_T^2 = \frac{R_o}{(R_T + R_o)^2 + (X_T + X_o)^2}\tilde{V}_T^2 \tag{13.42}$$

가 된다. P_o가 최대가 되는 조건은 다음과 같다.

$$dP_o = \frac{\partial P_o}{\partial R_o}dR_o + \frac{\partial P_o}{\partial X_o}dX_o = 0 \tag{13.43}$$

또는

$$\frac{\partial P_o}{\partial R_o} = 0 \quad \text{and} \quad \frac{\partial P_o}{\partial X_o} = 0 \tag{13.44}$$

두 가지의 조건들은 $R_o = R_T$ 및 $X_o = -X_T$일 때 만족된다. 즉, 부하로의 최대 유효 전력의 전달은 $\mathbf{Z}_o = \mathbf{Z}_T^*$일 때이다.

$$\mathbf{Z}_o = \mathbf{Z}_T^* \quad \text{최대 전력 전달} \tag{13.45}$$

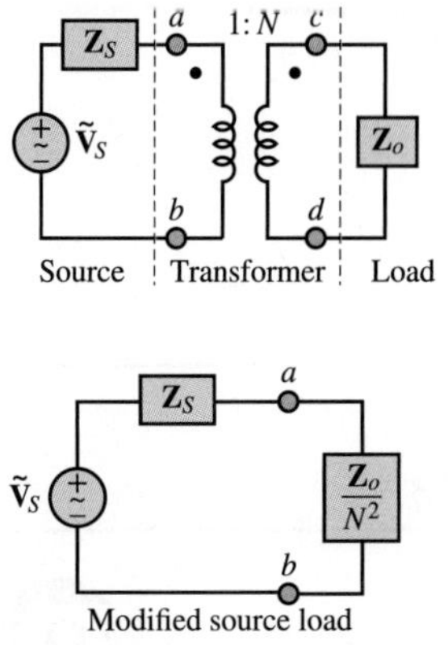

그림 13.41 변압기를 가진 교류 회로에서의 최대 전력 전달

LO

부하 임피던스가 소스의 테브닌 등가 임피던스의 공액 복소수와 동일하게 될 때 최대 전력이 부하로 전달된다. 이 조건이 만족될 때, 부하 임피던스와 소스 임피던스는 정합된다(matched).

몇몇의 경우에 실질적인 한계 때문에 부하와 소스를 정합시킬 수 없을 때가 있다. 이러한 상황에서 변압기를 소스와 부하 간의 인터페이스로 사용함으로써, 소스와 부하 간의 최대 전력 전달을 얻는 것이 가능하다. 그림 13.41은 소스가 보는 환산 부하 임피던스가 어떻게 $\mathbf{Z}_o/N^2$과 동일하게 되는지, 즉 어떻게 최대 전력 전달의 조건을 만족할 수 있는지를 보여준다.

$$\begin{aligned} \frac{\mathbf{Z}_o}{N^2} &= \mathbf{Z}_S^* \\ R_o &= N^2 R_S \\ X_o &= -N^2 X_S \end{aligned} \tag{13.46}$$

이상 변압기의 권수비

예제 13.12

LO

문제

120 V rms 입력선 소스로부터 24 V의 500 mA 출력을 주는 변압기(그림 13.12)가 필요하다. 1차 권선은 $n_1 = 3{,}000$이다. 2차 코일의 권선수는 얼마여야 하는가? 1차 전류는 얼마인가?

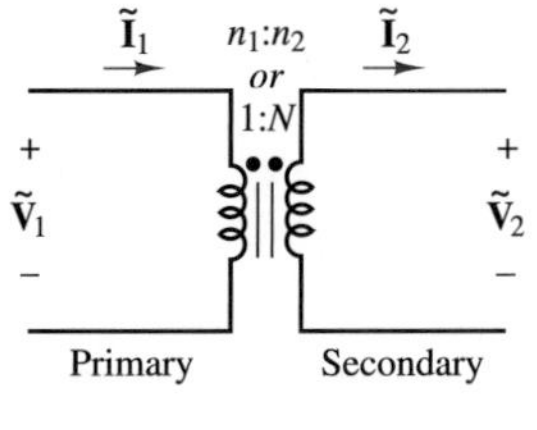

그림 13.42 예제 13.12

풀이

기지: 1차와 2차 전압, 2차 전류, 1차 코일의 권선수

미지: n_2와 $\tilde{\mathbf{I}}_1$

주어진 데이터 및 그림: $\tilde{\mathbf{V}}_1 = 120$ V, $\tilde{\mathbf{V}}_2 = 24$ V, $\tilde{\mathbf{I}}_2 = 500$ mA, $n_1 = 3{,}000$ turns

가정: 모든 진폭은 실효 진폭이다. 특별한 언급이 없으면, 모든 각도의 단위는 라디안이다.

해석: 식 (13.30)을 이용하여 다음과 같이 2차 코일에서의 권선수를 계산한다.

$$\frac{\tilde{\mathbf{V}}_1}{n_1} = \frac{\tilde{\mathbf{V}}_2}{n_2} \qquad n_2 = n_1 \frac{\tilde{\mathbf{V}}_2}{\tilde{\mathbf{V}}_1} = 3{,}000 \times \frac{24}{120} = 600 \text{ turns}$$

식 (13.29)와 (13.30)을 이용하여 1차 전류를 계산한다.

$$n_1\tilde{\mathbf{I}}_1 = n_2\tilde{\mathbf{I}}_2 \qquad \tilde{\mathbf{I}}_1 = \frac{n_2}{n_1}\tilde{\mathbf{I}}_2 = \frac{600}{3{,}000} \times 500 = 100 \text{ mA}$$

참조: 변압기가 전압과 전류의 위상에는 영향을 주지 않으므로, 단순히 실효 진폭을 이용하여 문제를 풀 수 있다.

예제 13.13

센터탭 변압기

문제

이상적인 센터탭 전력 변압기(그림 13.43)는 4,800 V의 1차 전압과 240 V 2차 전압을 가진다. 센터탭은 $\tilde{V}_2 = \tilde{V}_3 = 120$ V가 되도록 배치되어 있다. 3개의 저항 부하는 2차 단자에 연결되어 있다. R_2, R_3, R_4가 각각 P_2, P_3, P_4를 흡수한다고 가정하고, 1차 전류를 계산하라. 또한, 각 부하에 흐르는 전류와 각 부하의 저항을 계산하라.

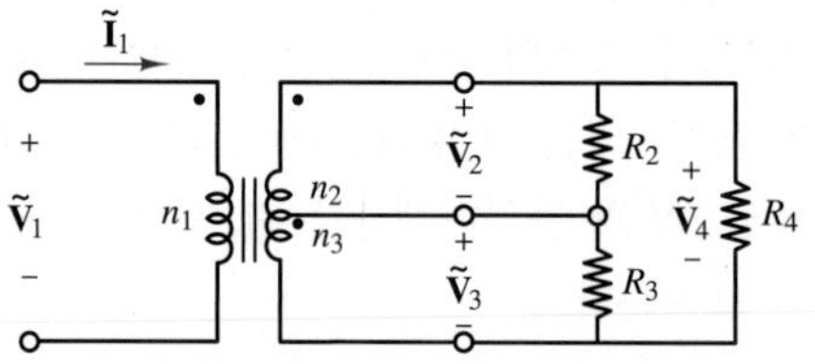

그림 13.43 예제 13.13

풀이

기지: 1차와 2차 전압, 부하 전력 평가

미지: $\tilde{I}_{\text{primary}} = |\tilde{\mathbf{I}}|$

주어진 데이터 및 그림: $\tilde{\mathbf{V}}_1 = 4{,}800$ V rms, $\tilde{\mathbf{V}}_2 = 120$ V rms, $\tilde{\mathbf{V}}_3 = 120$ V rms, $P_2 = 5{,}000$ W, $P_3 = 1{,}000$ W, $P_4 = 1{,}500$ W

가정: 모든 크기는 실효값이다. 특별한 언급이 없으면, 주어진 각도의 단위는 모두 라디안이다.

해석: 이상 변압기에 대해 전력은 보존되므로

$$\mathbf{S}_{\text{primary}} = \mathbf{S}_{\text{secondary}}$$

이다. 각 부하가 모두 순수 저항성이므로, $\theta_Z = 0$이고 pf $= \cos\theta_Z = 1$이다.

$$|\mathbf{S}|_{\text{secondary}} = P_{\text{secondary}} = P_2 + P_3 + P_4 = 7{,}500 \text{ W}$$

$|\mathbf{S}|_{\text{primary}} = |\mathbf{S}|_{\text{secondary}}$이므로

$$\tilde{V}_{\text{primary}} \times \tilde{I}_{\text{primary}} = 7{,}500 \text{ W}$$

이다. 그러므로

$$\tilde{I}_{\text{primary}} = \frac{7{,}500 \text{ W}}{4{,}800 \text{ V rms}} = 1.5625 \text{ A rms}$$

각 저항에 흐르는 전류는 단순히 다음과 같다.

$$\tilde{I}_2 = \frac{P_2}{\tilde{V}_2} = \frac{5{,}000\ \text{W}}{120\ \text{V rms}} \approx 41.7\ \text{A rms}$$

$$\tilde{I}_3 = \frac{P_3}{\tilde{V}_3} = \frac{1{,}000\ \text{W}}{120\ \text{V rms}} \approx 8.3\ \text{A rms}$$

$$\tilde{I}_4 = \frac{P_4}{\tilde{V}_2 + \tilde{V}_3} = \frac{1{,}500\ \text{W}}{240\ \text{V rms}} = 6.25\ \text{A rms}$$

저항 값은 다음과 같다.

$$\tilde{R}_2 = \frac{P_2}{\tilde{I}_2^2} = 2.88\ \Omega$$

$$\tilde{R}_3 = \frac{P_3}{\tilde{I}_3^2} = 14.4\ \Omega$$

$$\tilde{R}_4 = \frac{P_4}{\tilde{I}_4^2} = 38.4\ \Omega$$

참조: 이 예제의 계산은 특히 직관적인데 부하들이 순수 저항성이므로 $\theta_Z = 0$이고, 전력 삼각형은 평평하며, 피상 전력 S는 유효 전력 P와 같다. 복소 부하에 대해서는 $\theta_Z > 0$, 전력 삼각형은 평평하지 않으며, 피상 전력 S가 $P \cos \theta_Z$가 된다. 그러면 계산은 좀 더 복잡해진다.

송전 효율을 높이기 위한 변압기 사용

예제 13.14

LO

문제

그림 13.44는 송전선에서의 변압기 사용을 예시하고 있다. 선간 전압(line voltage)은 먼 거리의 송전 전후에 변환된다. 이 예제는 변압기 사용을 통하여 얻어질 수 있는 효율을 설명한다. 단순화를 위해 이상 변압기를 사용하고 발전기, 송전선, 그리고 부하에 대하여 단순 저항성 모델을 가정한다.

풀이

기지: 회로 소자들의 값

미지: 그림 13.44의 두 회로에 대하여 전력 전달 효율을 계산한다.

주어진 데이터 및 그림: 승압 변압기 권수비 N, 강압 변압기 권수비 $M = 1/N$. 모든 변압기는 이상적이다.

가정: 없음

해석: 그림 13.44(a)에서 부하와 소스 전류가 동일하므로 송전 효율은 다음과 같다.

$$\eta = \frac{P_{\text{load}}}{P_{\text{source}}} = \frac{\tilde{V}_{\text{load}}\tilde{I}_{\text{load}}}{\tilde{V}_{\text{source}}\tilde{I}_{\text{load}}} = \frac{\tilde{V}_{\text{load}}}{\tilde{V}_{\text{source}}} = \frac{R_{\text{load}}}{R_{\text{source}} + R_{\text{line}} + R_{\text{load}}}$$

그림 13.44(b)에서 변압기는 전체 회로의 세 부분 사이에 설치된다. 송전선에서 보는(또는 상압 변압기에 의해 "환산된") 등가 부하 저항을 식 (13.32)로부터 다음과 같이 구할 수 있다.

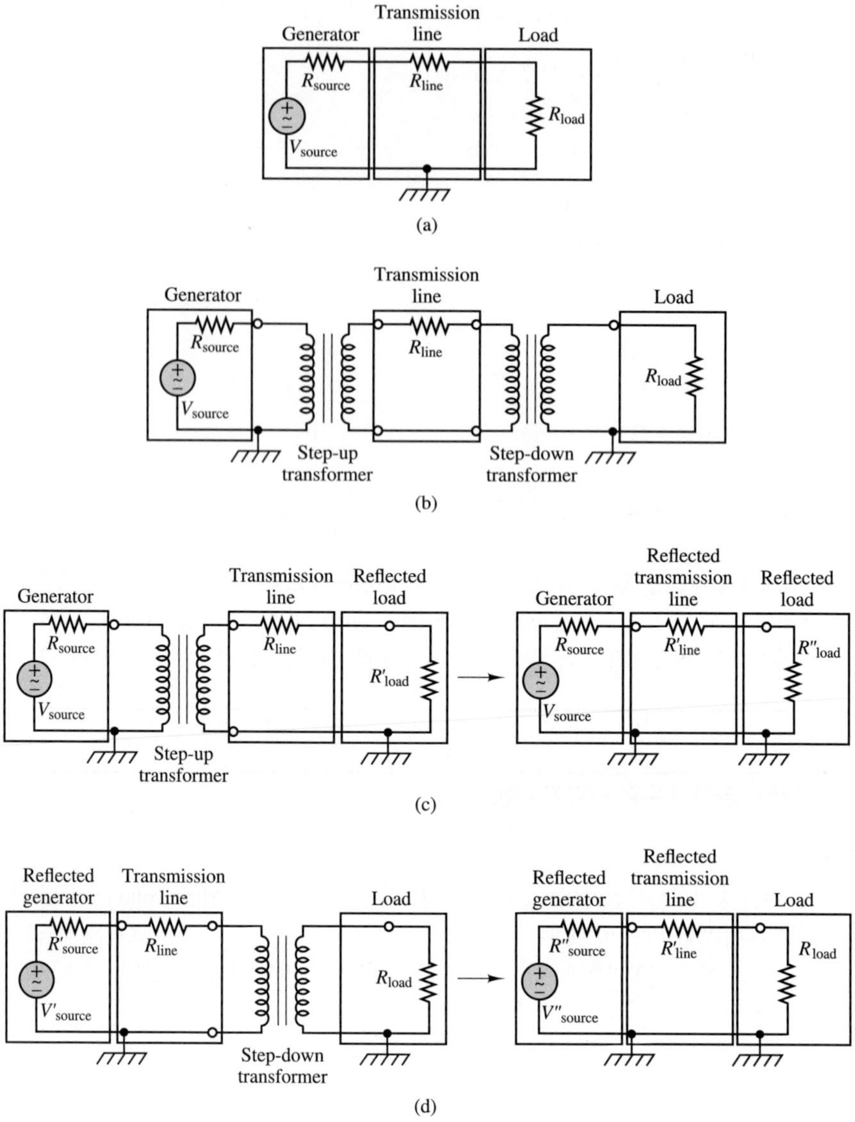

그림 13.44 송전. (a) 직접 송전, (b) 변압기를 이용한 송전, (c) 발전기가 보는 등가 회로, (d) 부하가 보는 등가 회로

$$R'_{load} = \frac{1}{M^2} R_{load} = N^2 R_{load}$$

이제 승압 변압기는 등가 임피던스 $R'_{load} + R_{line}$을 본다. 발전기가 보는 저항(또는 승압 변압기에 의해 "환산된")은 다음과 같다.

$$R''_{load} = \frac{1}{N^2}(R'_{load} + R_{line}) = R_{load} + \frac{1}{N^2} R_{line}$$

그림 13.44(c)는 이들 변압기를 보여준다. 이 두 변압기의 효과는 소스가 보는 선간 저항을 N^2만큼 축소하는 것이다. 소스 전류는

$$\tilde{I}_{source} = \frac{\tilde{V}_{source}}{R_{source} + R''_{load}} = \frac{\tilde{V}_{source}}{R_{source} + (1/N^2) R_{line} + R_{load}}$$

이며, 소스 전력은

$$P_{\text{source}} = \frac{\tilde{V}^2_{\text{source}}}{R_{\text{source}} + (1/N^2)R_{\text{line}} + R_{\text{load}}}$$

이다. 좌측부터 시작하여 소스 회로를 승압 변압기의 우측으로 환산하는 동일한 과정을 반복할 수 있다.

$$\tilde{V}'_{\text{source}} = N\tilde{V}_{\text{source}} \qquad \text{and} \qquad R'_{\text{source}} = N^2 R_{\text{source}}$$

이제 강압 변압기의 좌측 회로는 $\tilde{V}'_{\text{source}}$, R'_{source}, R_{line}의 직렬 결합으로 구성된다. 만일 강압 변압기 우측으로 환산한다면, $\tilde{V}''_{\text{source}} = M\tilde{V}'_{\text{source}} = \tilde{V}_{\text{source}}$, $R'_{\text{source}} = M^2R'_{\text{source}} = R_{\text{source}}$, $R'_{\text{line}} = M^2R_{\text{line}}$ 그리고 R_{load}가 직렬 연결인 직렬 회로를 얻을 수 있다. 그림 13.44(d)는 이러한 변환을 보여준다. 그러므로 부하 전압, 전류 및 전력은

$$\tilde{I}_{\text{load}} = \frac{\tilde{V}_{\text{source}}}{R_{\text{source}} + (1/N^2)R_{\text{line}} + R_{\text{load}}}$$

$$\tilde{V}_{\text{load}} = \tilde{V}_{\text{source}}\frac{R_{\text{load}}}{R_{\text{source}} + (1/N^2)R_{\text{line}} + R_{\text{load}}}$$

$$P_{\text{load}} = \tilde{I}_{\text{load}}\tilde{V}_{\text{load}} = \frac{\tilde{V}^2_{\text{source}}R_{\text{load}}}{\left[R_{\text{source}} + (1/N^2)R_{\text{line}} + R_{\text{load}}\right]^2}$$

이 된다. 마지막으로, 송전 효율은 소스 전력에 대한 부하 전력의 비로 계산할 수 있다.

$$\eta = \frac{P_{\text{load}}}{P_{\text{source}}} = \frac{\tilde{V}^2_{\text{source}}R_{\text{load}}}{\left[R_{\text{source}} + (1/N^2)R_{\text{line}} + R_{\text{load}}\right]^2}\frac{R_{\text{source}} + (1/N^2)R_{\text{line}} + R_{\text{load}}}{\tilde{V}^2_{\text{source}}}$$

$$= \frac{R_{\text{load}}}{R_{\text{source}} + (1/N^2)R_{\text{line}} + R_{\text{load}}}$$

그림 13.44(a)에 대한 송전 효율은 선간 저항의 영향을 $1/N^2$만큼 줄임으로써 향상될 수 있음을 주목하라.

변압기를 통한 최대 전력 전달

예제 13.15

문제

그림 13.45의 변압기에서 최대 전력 전달이 발생하는 변압기 권수비 N와 부하 리액턴스 X_o를 구하하라.

풀이

기지: 소스 전압, 주파수와 임피던스, 부하 저항

미지: 변압기 권수비와 부하 리액턴스

주어진 데이터 및 그림: $\tilde{\mathbf{V}}_S = 240\angle 0$ V rms; $R_S = 10\ \Omega$, $L_S = 0.1$ H, $R_o = 400\ \Omega$, $\omega = 377$ rad/s

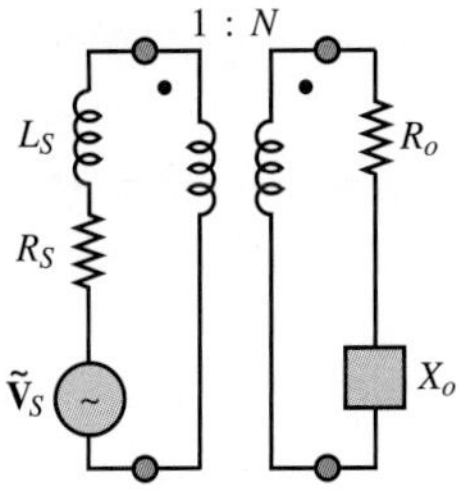

그림 13.45 예제 13.15의 회로

가정: 모든 크기는 실효값이다. 주어진 각도의 단위는 모두 라디안이다. 변압기는 이상 변압기이다.

해석: 최대 전력 전달에 대한 필요 조건은, 식 (13.46)에 주어진 바와 같이 $R_o = N^2R_S$ 그리고 $X_o = -N^2X_S = -N^2(\omega \times 0.1)$이다. 그러므로

$$N^2 = \frac{R_o}{R_S} = \frac{400}{10} = 40 \qquad N = \sqrt{40} = 6.325$$

$$X_o = -40 \times 37.7 = -1{,}508\ \Omega$$

이 된다. 따라서 부하 리액턴스는 다음 값을 갖는 커패시터이다.

$$C = -\frac{1}{X_o\omega} = -\frac{1}{(-1{,}508)(377)} = 1.76\ \mu\text{F}$$

연습 문제

예제 13.12를 참고하여, 만일 $n_2 = 600$인 변압기가 1 A를 전달하여야 한다면, 1차 코일의 권선수는 얼마여야 하는가? 1차 전류는 얼마인가?

Answers: $n_1 = 3{,}000$; $\tilde{I}_1 = 200$ mA

연습 문제

만일 예제 13.12의 변압기가 2차 코일에서 권선수가 300이면, 1차 코일에는 얼마의 권선수가 필요한가?

Answer: $n_2 = 6{,}000$

연습 문제

발전기가 480 V rms의 소스 전압을 생산한다고 가정하고, $N = 300$이다. 또한 소스 임피던스가 2 Ω이고, 전선 임피던스가 2 Ω, 부하 임피던스가 8 Ω이라고 가정하자. 그림 13.37(a)의 회로에 대한 그림 13.37(b) 회로의 효율 개선을 계산하라.

Answer: 80 % vs. 67%

연습 문제

그림 13.46의 변압기가 이상 변압기이다. $\mathbf{Z}_S = 1{,}800\ \Omega$이며, $\mathbf{Z}_o = 8\ \Omega$이라 가정하고, 부하로의 최대 전력 전달을 보장하는 권수비 N을 구하라.

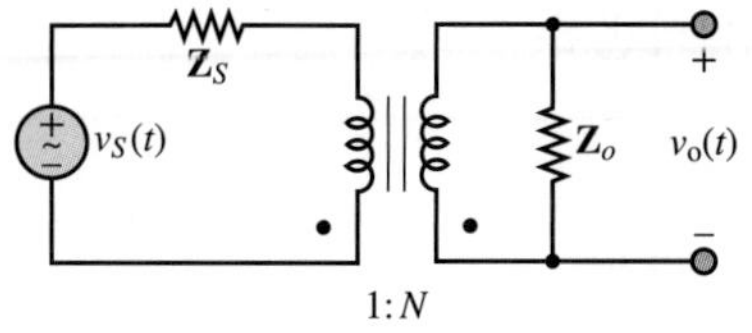

그림 13.46 이상 변압기—최대 전력 전달의 계산

이제 $N = 5.4$이고, $\mathbf{Z}_o = (2 + j10)\ \Omega$라고 가정하고, 부하로의 최대 전력 전달을 보장하는 소스 임피던스 $\mathbf{Z}_S$를 구하라.

Answer: $N = 0.0667$, $\mathbf{Z}_S = 0.0686 - j0.3429\ \Omega$

13.5 3상 전력

지금까지 이 장에서 다루어진 내용은 오직 단일의 정현파 소스를 가진 **단상 교류 전력**(single-phase AC power)에 관한 것이었다. 그런데, 오늘날 사용되는 대부분의 교류 전력은 실제로는 **3상 교류 전력**(three-phase AC power)의 형태로 발전되고 배전된다. 이러한 3상 전력은 3개의 정현파 전압이 서로 위상이 다르게 발생되는 장치에 의해서 생성된다. 3상 전력을 이용하는 가장 큰 장점은 효율이다. 3상 시스템의 도체 및 다른 요소의 무게는 같은 양의 전력을 전달하는 단상 시스템보다 훨씬 가볍다. 더욱이 단상 시스템에서 발생되는 전력이 맥동성(pulsating nature)을 가지는 반면에(13.1절의 결과를 상기하라), 3상 시스템은 안정되고 일정한 전력을 공급한다. 예를 들어, 동일한 진폭과 주파수를 가지고 120°의 위상차를 가지는 **평형 전압**(balanced voltage)을 발생시키는 3상 발전기는 일정한 순시 전력을 전달하는 특성이 있다는 것을 이 절의 후반부에서 증명할 것이다.

Edison에 의해 제안된 초기의 직류 시스템으로부터 3상 교류 전력 시스템으로의 변화는 많은 이유를 가지고 있다. 그 이유로는 장거리 송전 손실을 최소화하기 위해 승압과 강압에 발생하는 효율, 일정한 전력을 전달하는 능력, 도체의 보다 효과적 사용, 그리고 산업 모터에 대한 기동 토크를 제공하는 능력 등이다.

3상 전력에 대한 논의를 시작하기 위해서, 그림 13.47에서처럼 **Y 결선**되어 있는 3상 소스를 생각해 보자. 세 전압은 서로 120°의 위상차를 가지므로 페이저 표시

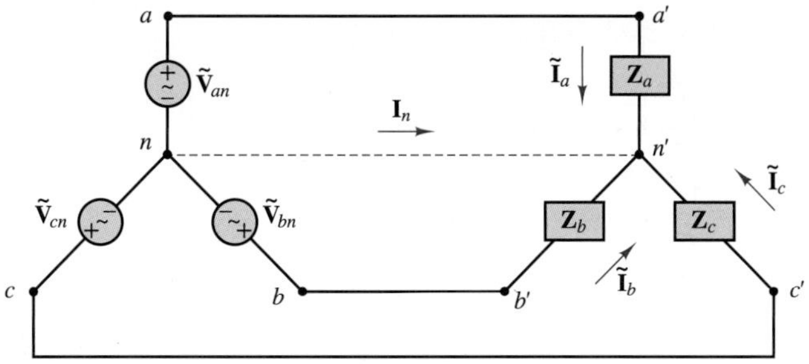

그림 13.47 평형 3상 교류 회로

를 이용하여 다음과 같이 나타낼 수 있다.

$$\begin{aligned}\tilde{\mathbf{V}}_{an} &= \tilde{V}_{an}\angle 0^\circ \\ \tilde{\mathbf{V}}_{bn} &= \tilde{V}_{bn}\angle -(120^\circ) \\ \tilde{\mathbf{V}}_{cn} &= \tilde{V}_{cn}\angle(-240^\circ) = \tilde{V}_{cn}\angle 120^\circ\end{aligned} \quad \text{위상 전압} \tag{13.47}$$

만약 3상 소스가 평형이라면(balanced),

$$\tilde{\mathbf{V}}_{an} + \tilde{\mathbf{V}}_{bn} + \tilde{\mathbf{V}}_{cn} = 0 \qquad \text{평형 상전압} \tag{13.48}$$

이다. 각각 120°씩 분리되어 3개의 평형 **상전압**(phase voltage)에서 진폭은 다 동일하다.

$$\tilde{V}_{an} = \tilde{V}_{bn} = \tilde{V}_{cn} = \tilde{V} \tag{13.49}$$

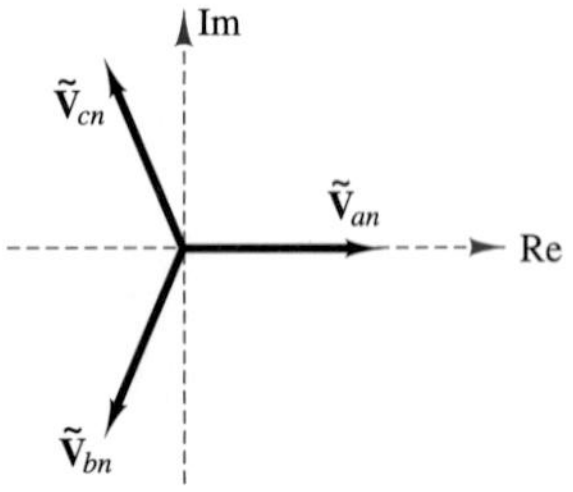

그림 13.48 평형 3상 전압에 대한 정순열

그림 13.48에 나타낸 결과는 소위 **정순열**(positive abc sequence)이라 불린다. Y 결선에서는 3개의 상전압이 n으로 표시되는 중성점을 공유한다.

선로 aa'과 bb', aa'과 cc' 및 bb'과 cc' 사이의 전위차를 **선간 전압**(line voltage 또는 line-to-line voltage)이라 정의할 수 있다. 각 선간 전압과 상전압 사이에는 다음과 같은 관계가 성립된다.

$$\begin{aligned}\tilde{\mathbf{V}}_{ab} &= \tilde{\mathbf{V}}_{an} - \tilde{\mathbf{V}}_{bn} = \sqrt{3}\tilde{V}\angle 30^\circ \\ \tilde{\mathbf{V}}_{bc} &= \tilde{\mathbf{V}}_{bn} - \tilde{\mathbf{V}}_{cn} = \sqrt{3}\tilde{V}\angle(-90^\circ) \\ \tilde{\mathbf{V}}_{ca} &= \tilde{\mathbf{V}}_{cn} - \tilde{\mathbf{V}}_{an} = \sqrt{3}\tilde{V}\angle 150^\circ\end{aligned} \quad \text{선간 전압} \tag{13.50}$$

그림 13.47의 회로는 그림 13.49의 회로와 같이 표현할 수도 있다는 점을 이해하는 것은 매우 유용한데, 여기서 세 분기는 명확히 병렬이다.

$\mathbf{Z}_a = \mathbf{Z}_b = \mathbf{Z}_c = \mathbf{Z}$일 때, Y자 부하 형상은 평형이 된다. 소스와 부하 회로망이 평형이 될 때, KCL에 의해서 중성선(neutral lin) $n - n'$에서의 전류 $\tilde{\mathbf{I}}_n$이 항상 0이어야 한다.

$$\tilde{\mathbf{I}}_n = \tilde{\mathbf{I}}_a + \tilde{\mathbf{I}}_b + \tilde{\mathbf{I}}_c = \frac{\tilde{\mathbf{V}}_{an} + \tilde{\mathbf{V}}_{bn} + \tilde{\mathbf{V}}_{cn}}{\mathbf{Z}} = 0 \tag{13.51}$$

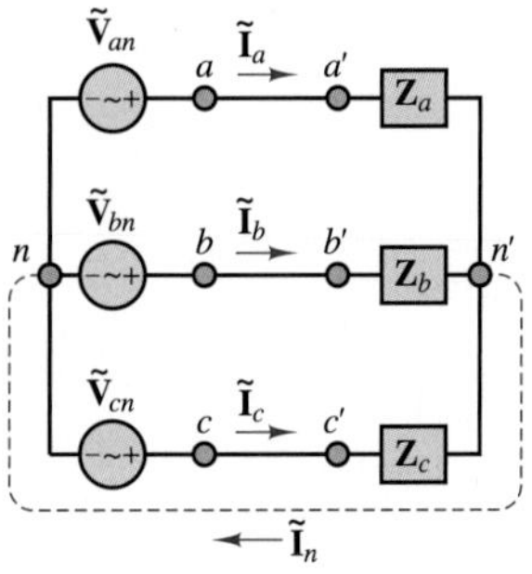

그림 13.49 평형 3상 교류 회로

평형 3상 전력 시스템의 또 하나의 중요한 특징은, 평형 부하 임피던스를 3개의 동일한 저항 R로 대체해서 단순화한 그림 13.49로 설명할 수 있다. $\theta_R = 0$이므로, 각 저항에 전달되는 순시 전력 $p(t)$는 $\theta_V = \theta_I$이고 자유롭게 선택된 기준 $(\theta_V)_a = 0$을 갖는 식 (13.4)에 의해서 다음과 같이 주어진다.

$$\begin{aligned}p_a(t) &= \frac{\tilde{V}^2}{R}(1 + \cos 2\omega t) \\ p_b(t) &= \frac{\tilde{V}^2}{R}[1 + \cos(2\omega t - 120^\circ)] \\ p_c(t) &= \frac{\tilde{V}^2}{R}[1 + \cos(2\omega t + 120^\circ)]\end{aligned} \tag{13.52}$$

총 부하에 전달되는 총 순시 전력 $p(t)$은 다음과 같다.

$$
\begin{aligned}
p(t) &= p_a(t) + p_b(t) + p_c(t) \\
&= \frac{\tilde{V}^2}{R}[3 + \cos 2\omega t + \cos(2\omega t - 120°) + \cos(2\omega t + 120°)] \\
&= \frac{3\tilde{V}^2}{R} = \text{constant!}
\end{aligned} \tag{13.53}
$$

세 개의 코사인 항들의 합이 0과 같음을 증명하는 것은 가치 있는 일이다. [힌트: $e^{j(2\omega t)}$, $e^{j(2\omega t-\pi/3)}$, $e^{j(2\omega t+\pi/3)}$의 페이저 합이 0임을 고려한다.]

따라서 단순화된 평형 저항 부하에 대해서 평형 3상 소스에 의해서 부하로 전달되는 총 전력은 일정하다. 이것은 매우 유용한 결과이다. 안정된 방식으로 전력을 전달하는 것(단상 전력의 맥동성과는 대조적으로)은 소스와 부하에서의 마모와 손상을 줄일 수 있다.

그림 13.50에서 보듯이, 소위 **Δ 결선**(delta connection)으로 불리는 방법으로 3상 교류 소스를 결선하는 것이 가능하지만, 실제로 잘 사용되지는 않는다.

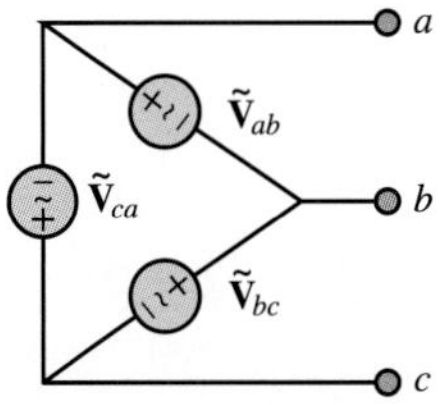

A delta-connected three-phase generator with line voltages V_{ab}, V_{bc}, V_{ca}

그림 13.50 Δ 결선

평형 Y 부하

순수한 저항성 부하에 대한 앞의 결과를 임의의 평형 복소 부하에 대해서 일반화해 보자. 그림 13.47의 회로를 다시 고려해 보자. 여기서 평형 부하는 3개의 복소 임피던스로 구성되어 있다.

$$
\mathbf{Z}_a = \mathbf{Z}_b = \mathbf{Z}_c = \mathbf{Z}_y = |\mathbf{Z}_y|\angle\theta \tag{13.54}
$$

공통 중성선 $n - n'$ 때문에 각 임피던스는 자신의 양단에 걸리는 해당 상전압을 보게 된다. 그러므로 $\tilde{V}_{an} = \tilde{V}_{bn} = \tilde{V}_{cn}$이므로, 전류 $\tilde{I}_a = \tilde{I}_b = \tilde{I}_c$이고 각 전류의 위상각은 ±120°만큼 다르게 된다. 결과적으로, 상전압과 이와 관련된 선전류로부터 각 상에 대한 전력을 계산할 수 있다. 각 위상에 대한 복소 전력을 $\mathbf{S}$라 표시하면

$$
\begin{aligned}
\mathbf{S} &= P + jQ \\
&= \tilde{V}\tilde{I}\cos\theta + j\tilde{V}\tilde{I}\sin\theta
\end{aligned} \tag{13.55}
$$

평형 Y 부하에 전달되는 총 유효 전력은 $3P$이고, 총 무효 전력은 $3Q$이다. 따라서 총 복소 전력 $\mathbf{S}_T$는

$$
\begin{aligned}
\mathbf{S}_T &= P_T + jQ_T = 3P + j3Q \\
&= \sqrt{(3P)^2 + (3Q)^2}\angle\theta
\end{aligned} \tag{13.56}
$$

이며, 피상 전력 $|\mathbf{S}_T|$은

$$
\begin{aligned}
|\mathbf{S}_T| &= 3\sqrt{(\tilde{V}\tilde{I})^2\cos^2\theta + (\tilde{V}\tilde{I})^2\sin^2\theta} \\
&= 3\tilde{V}\tilde{I}
\end{aligned} \tag{13.57}
$$

그러므로

$$
\begin{aligned}
P_T &= |\mathbf{S}_T|\cos\theta \\
Q_T &= |\mathbf{S}_T|\sin\theta
\end{aligned} \tag{13.58}
$$

평형 Δ 부하

델타(Δ) 형상으로 평형 부하를 결선하는 것도 가능하다. Y 결선 발전기와 Δ 결선

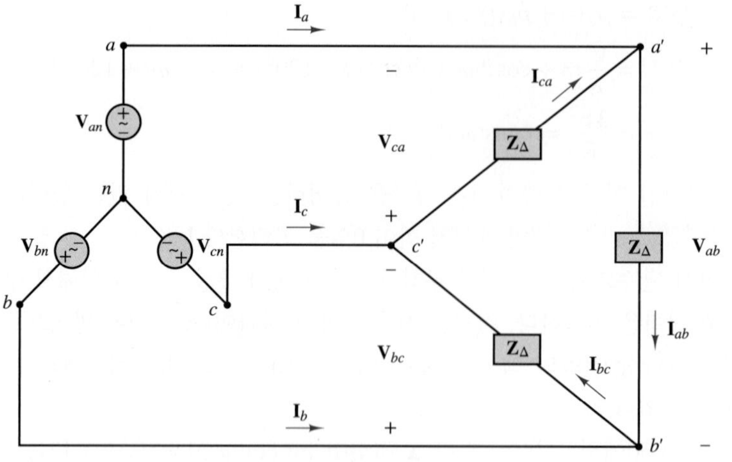

그림 13.51 평형 Δ 부하를 갖는 평형 Y 발전기

부하가 그림 13.51에 도시되어 있다.

각 임피던스 $\mathbf{Z}_\Delta$은 상전압보다는 해당 선간 전압을 본다는 점에 주목해야 한다. 예를 들어, $\mathbf{Z}_{c'a'}$에 걸리는 전압은 $\mathbf{V}_{ca}$이다. 그러므로 3개의 부하 전류는 다음 식과 같다.

$$\begin{aligned}\tilde{\mathbf{I}}_{ab} &= \frac{\tilde{\mathbf{V}}_{ab}}{\mathbf{Z}_\Delta} = \frac{\sqrt{3}\tilde{V}\angle(\pi/6)}{|\mathbf{Z}_\Delta|\angle\theta}\\ \tilde{\mathbf{I}}_{bc} &= \frac{\tilde{\mathbf{V}}_{bc}}{\mathbf{Z}_\Delta} = \frac{\sqrt{3}\tilde{V}\angle(-\pi/2)}{|\mathbf{Z}_\Delta|\angle\theta}\\ \tilde{\mathbf{I}}_{ca} &= \frac{\tilde{\mathbf{V}}_{ca}}{\mathbf{Z}_\Delta} = \frac{\sqrt{3}\tilde{V}\angle(5\pi/6)}{|\mathbf{Z}_\Delta|\angle\theta}\end{aligned} \tag{13.59}$$

Δ 부하와 Y 부하 사이의 관계는, 주어진 소스 전압을 가정하여 Y 부하 $\mathbf{Z}_y$와 같은 양의 전류를 인입하는 Δ 부하 $\mathbf{Z}_\Delta$를 결정하는 것으로 설명할 수 있다. 그림 13.47과 13.51에 보이는 회로를 고려해 보라. 예를 들어, Y 부하에 의해 상 a에 인입되는 선전류는

$$(\tilde{\mathbf{I}}_a)_y = \frac{\tilde{\mathbf{V}}_{an}}{\mathbf{Z}} = \frac{\tilde{V}}{|\mathbf{Z}_y|}\angle(-\theta) \tag{13.60}$$

이고, Δ 부하에 의해 인입된 전류는

$$\begin{aligned}(\tilde{\mathbf{I}}_a)_\Delta &= \tilde{\mathbf{I}}_{ab} - \tilde{\mathbf{I}}_{ca}\\ &= \frac{\tilde{\mathbf{V}}_{ab}}{\mathbf{Z}_\Delta} - \frac{\tilde{\mathbf{V}}_{ca}}{\mathbf{Z}_\Delta}\\ &= \frac{1}{\mathbf{Z}_\Delta}(\tilde{\mathbf{V}}_{an} - \tilde{\mathbf{V}}_{bn} - \tilde{\mathbf{V}}_{cn} + \tilde{\mathbf{V}}_{an})\\ &= \frac{1}{\mathbf{Z}_\Delta}(2\tilde{\mathbf{V}}_{an} - \tilde{\mathbf{V}}_{bn} - \tilde{\mathbf{V}}_{cn})\\ &= \frac{3\tilde{\mathbf{V}}_{an}}{\mathbf{Z}_\Delta} = \frac{3\tilde{\mathbf{V}}}{|\mathbf{Z}_\Delta|}\angle(-\theta)\end{aligned} \tag{13.61}$$

이다.

두 전류 $(\tilde{\mathbf{I}}_a)_\Delta$와 $(\tilde{\mathbf{I}}_a)_y$가 동일하려면

$$\mathbf{Z}_\Delta = 3\mathbf{Z}_y \tag{13.62}$$

가 되어야 한다. 이 결과는 Δ 부하가 동일한 분기 임피던스를 갖는 Y 부하보다 3배의 전류를 더 인입하고 3배의 전력을 더 흡수한다는 것을 의미한다.

예제 13.16 평형 Y-Y 회로의 한 위상만을 고려한 해

문제

그림 13.52의 3상 발전기에서 부하로 전달되는 전력을 계산하라.

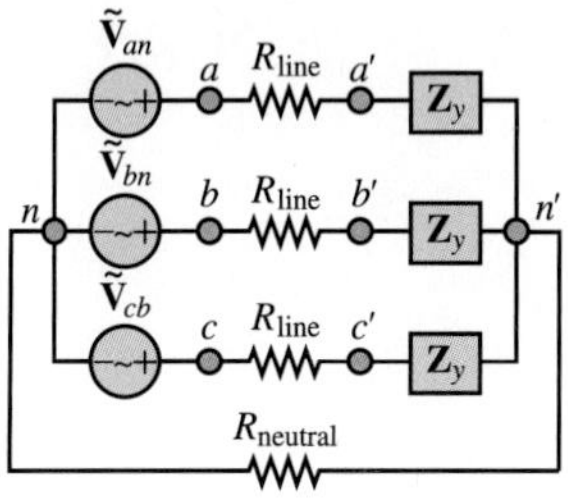

그림 13.52 예제 13.16의 회로

풀이

기지: 소스 전압, 선 저항, 부하 임피던스

미지: 부하로 전달되는 전력, P_{load}

주어진 데이터 및 그림: $\tilde{\mathbf{V}}_{an} = 480\angle 0$ V rms, $\tilde{\mathbf{V}}_{bn} = 480(-2\pi/3)$ V rms, $\tilde{\mathbf{V}}_{cn} = 480\angle(2\pi/3)$ V rms, $R_{\text{line}} = 2\ \Omega$, $R_{\text{neutral}} = 10\ \Omega$, $\mathbf{Z}_y = R_o + jX_o = 2 + j4 = 4.47\angle 1.107\ \Omega$

가정: 모든 크기는 실효값이다. 주어진 각도의 단위는 모두 라디안이다.

해석: 회로가 평형이므로, $\tilde{\mathbf{V}}_{n-n'} = 0$이고 중성선에 흐르는 전류는 0이다. 그 결과, 각 상은 그림 13.53과 같은 구조를 가진다. 예를 들어, 위상 a에 의해 흡수되는 유효 전력은 다음과 같다.

$$P_a = |\tilde{\mathbf{I}}_a|^2 R_o$$

여기서

$$|\tilde{\mathbf{I}}_a| = \left|\frac{\tilde{\mathbf{V}}_a}{\mathbf{Z}_y + R_{\text{line}}}\right| = \left|\frac{480\angle 0}{2 + j4 + 2}\right| = \left|\frac{480\angle 0}{5.66\angle(\pi/4)}\right| = 84.85 \text{ A rms}$$

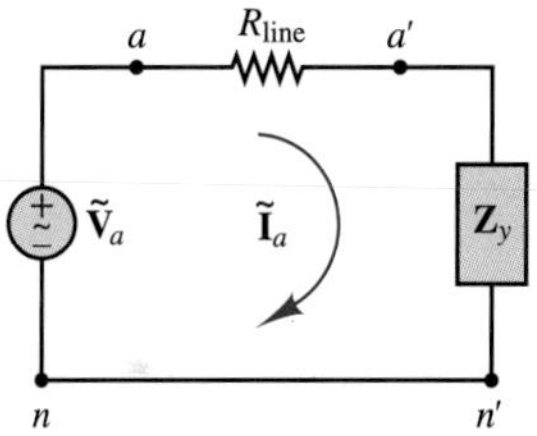

그림 13.53 3상 회로의 한 위상

이고, $P_a = (84.85\text{ A})^2\ (2\ \Omega) = 14.4$ kW이다. 회로가 평형이므로 위상 b와 c에 대한 결과는 동일하고, 다음의 결과를 얻는다.

$$P_{\text{load}} = 3P_a = 43.2 \text{ kW}$$

예제 13.17 병렬 Y-Δ 부하 회로

문제

그림 13.54에 나타낸 회로에서 3상 발전기에 의해 Y-Δ 부하로 전달되는 전력을 계산하라.

풀이

기지: 소스 전압, 선 저항, 부하 임피던스

미지: 부하에 의해 전달되는 전력, P_{load}

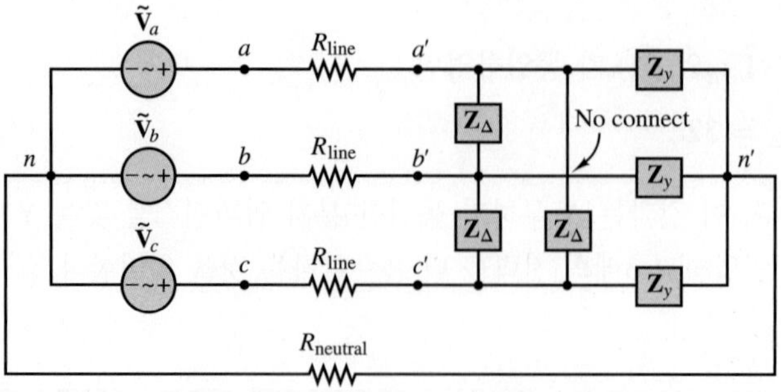

그림 13.54 Δ 부하 및 Y 부하를 가진 교류 회로

주어진 데이터 및 그림: $\tilde{\mathbf{V}}_{an} = 480\angle 0$ V rms, $\tilde{\mathbf{V}}_{bn} = 480\angle(-2\pi/3)$ V rms, $\tilde{\mathbf{V}}_{cn} = 480\angle(2\pi/3)$ V rms, $\mathbf{Z}_y = 2 + j4 = 4.47\angle 1.107\ \Omega$, $\mathbf{Z}_\Delta = 5 - j2 = 5.4\angle(-0.381)\ \Omega$, $R_{\text{line}} = 2\ \Omega$, $R_{\text{neutral}} = 10\ \Omega$

가정: 모든 크기는 실효값이다. 주어진 각도의 단위는 모두 라디안이다.

해석: 먼저, 식 (13.62)에 따라 평형 Δ 부하를 등가 Y 부하로 변환한다. 그림 13.55는 이 변환 영향을 설명한다.

$$\mathbf{Z}_{\Delta-y} = \frac{\mathbf{Z}_\Delta}{3} = 1.667 - j0.667 = 1.8\angle(-0.381)\,\Omega$$

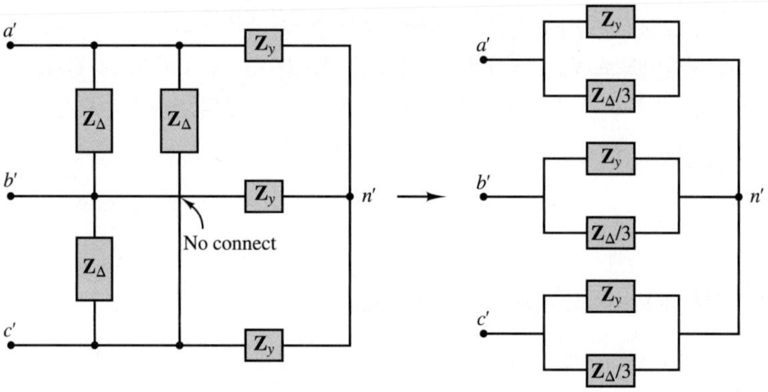

그림 13.55 Δ 부하에서 등가 Y 부하로의 변환

회로가 평형이므로, $\tilde{\mathbf{V}}_{n-n'} = 0$이고, 중성선을 통한 전류는 0이다. 결과로 얻어지는 한 위상에 대한 회로를 그림 13.56에 나타내었다. 예를 들어, 위상 a에 흡수되는 유효 전력은 다음과 같다.

$$P_a = |\tilde{\mathbf{I}}_a|^2 R_a = |\tilde{\mathbf{I}}_a|^2 \text{Re}(\mathbf{Z}_a)$$

여기서

$$\mathbf{Z}_a = \mathbf{Z}_y \| \mathbf{Z}_{\Delta-y} = \frac{\mathbf{Z}_y \times \mathbf{Z}_{\Delta-y}}{\mathbf{Z}_y + \mathbf{Z}_{\Delta-y}} = 1.62 - j0.018 = 1.62\angle(-0.011)\,\Omega$$

부하 전류 $|\tilde{\mathbf{I}}_a|$는 다음과 같이 주어진다.

$$|\tilde{\mathbf{I}}_a| = \left|\frac{\tilde{\mathbf{V}}_a}{\mathbf{Z}_o + R_{\text{line}}}\right| = \left|\frac{480\angle 0}{1.62 + j0.018 + 2}\right| = 132.6 \text{ A rms}$$

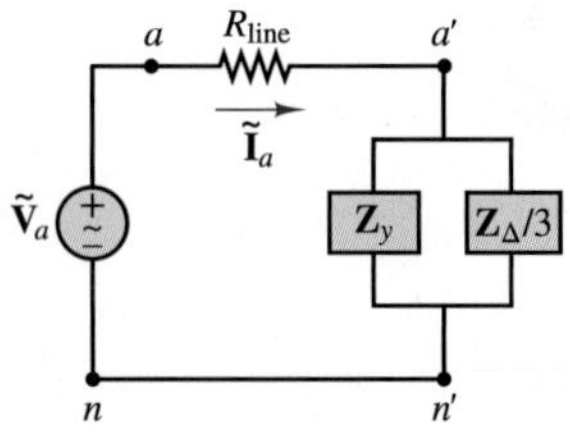

그림 13.56 한 위상에 대한 회로

그리고 $P_a = (132.6)^2 \times \text{Re}(\mathbf{Z}_o) = 28.5$ kW이다. 회로가 평형이므로, 위상 b와 c에 대한 결과가 동일하고, 다음의 결과를 얻는다.

$$P_{\text{load}} = 3P_a = 85.5 \text{ kW}$$

연습 문제

예제 13.16의 회로에서 선저항에서 손실된 전력을 구하라.

예제 13.16에서 선저항이 0이고, $\mathbf{Z}_y = 1 + j3\ \Omega$라면, 평형 부하에 전달되는 복소 전력 $\mathbf{S}_o$를 계산하라.

Y 부하의 각 분기에 걸리는 전압이 해당 상전압과 동일함을 보여라. (예를 들어, $\mathbf{Z}_a$에 걸리는 전압은 $\tilde{\mathbf{V}}_a$이다).

평형 Y 부하에서 3개의 분기에 의해 흡수되는 순시 전력의 합이 일정하고, $3\,\tilde{\mathbf{V}}\tilde{\mathbf{I}}\cos\theta$와 동일함을 증명하라.

Answers: $P_{\text{line}} = 43.2$ kW; $\mathbf{S}_o = 69.12$ kW + $j207.4$ kVA

13.6 옥내 배선: 접지와 안전성

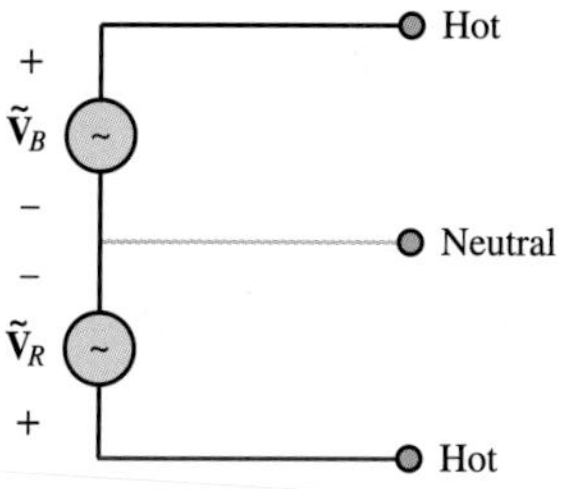

$\tilde{\mathbf{V}}_W = 0\angle 0°$ (Neutral)
$\tilde{\mathbf{V}}_B = 120\angle 0°\ \text{V}_{\text{RMS}}$ (Hot)
$\tilde{\mathbf{V}}_R = 120\angle 180°\ \text{V}_{\text{RMS}}$ (Hot)

그림 13.57 옥내 회로에 대한 선간 전압의 규약

일반 가정용 전기 서비스는 전력회사에 의해 공급되는 3선 교류 시스템으로 구성되어 있다. 3선은 전신주(utility pole)에서부터 시작하여 대지 접지(earth ground)에 연결되어 있는 중성 전선과 2개의 "활선(活線, hot wire)"으로 구성되어 있다. 각 활선은 옥내 배선에 120 V rms를 공급한다. 이 두 선은 180° 위상차가 있는데, 그 이유는 잠시 후에 명백해질 것이다. 그림 13.57에서 페이저로 표시한 선간 전압은 보통 절연 피복의 색으로부터 유래된 하첨자를 붙여서 구별하는데 백색(중성선)에 대해서 W, 흑색(활선)에 대해서 B, 적색(활선)에 대해서 R을 사용한다. 이 규칙은 일관되게 준수된다.

활선에 걸리는 전압은 다음과 같다.

$$\tilde{\mathbf{V}}_B - \tilde{\mathbf{V}}_R = \tilde{\mathbf{V}}_{BR} = \tilde{\mathbf{V}}_B - (-\tilde{\mathbf{V}}_B) = 2\tilde{\mathbf{V}}_B = 240\angle 0° \quad (13.63)$$

전기난로, 에어컨, 히터와 같은 가전기기에는 240 V rms 전원이 공급되는 반면에, 전등 및 소형 가전기기에 사용되는 콘센트(outlet)에는 단일 120 V rms 전원이 공급된다.

작동에 많은 양의 전력을 필요로 하는 전기 기기는 240 V rms를 사용하게 되는데, 이때 전력 전달을 고려하여야 한다. 그림 13.58에 있는 두 회로를 고려해 보자. 부하에 필요한 전력을 전달할 때 240 V rms 배선에서 더 낮은 선로 손실(line loss)이 발생되는데, 이는 선로에서의 전력 손실(**I^2R 손실**)은 부하가 필요로 하는 전류와 직접 관계되기 때문이다. 선로 손실을 최소화하기 위해서 저전압의 경우에는 전선의 크기를 증가시키는데, 이러한 증가로 보통 전선의 저항을 1/2로 줄일 수 있다. 상단 회로에서 $R_S/2 = 0.01\ \Omega$이라 가정하면, 10 kW 부하에 의해 요구되는 전류는 대략 83.3 A인 반면에, 하단 회로에서는 $R_S = 0.02\ \Omega$으로, 부하에 흐르는 전류는 상단 회로의 절반인 41.7 A이다. 따라서 상단 회로에서 I^2R 손실이 대략 69.4

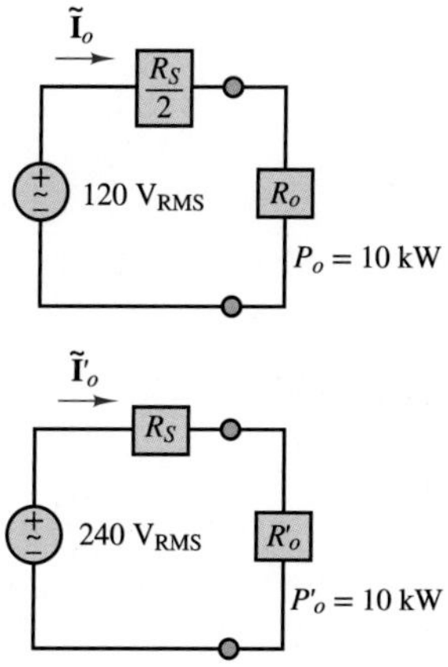

그림 13.58 120 VAC 및 240 VAC에서의 선로 손실

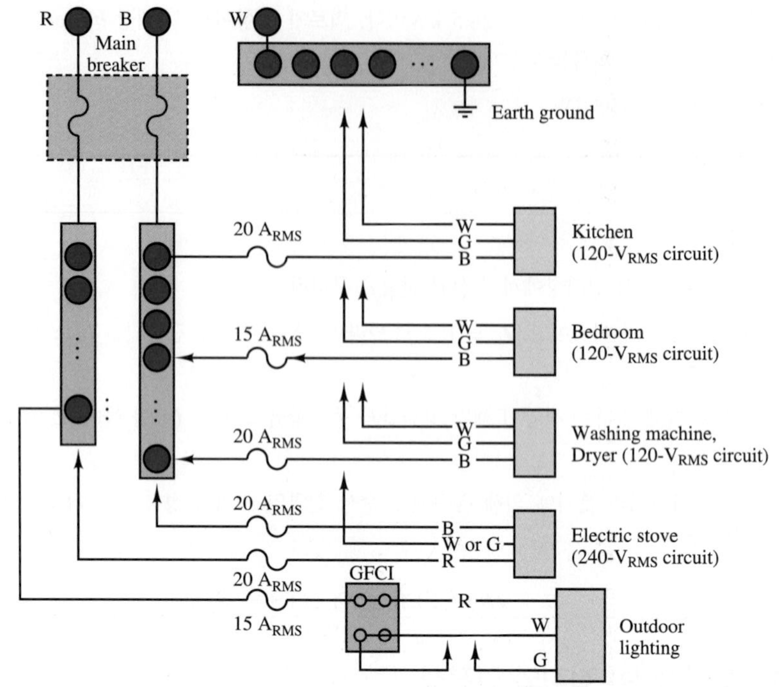

그림 13.59 전형적인 옥내 배선도

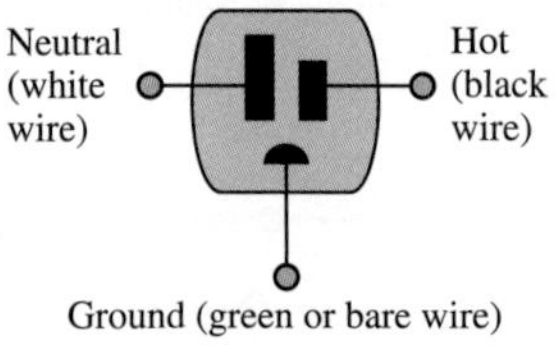

그림 13.60 3선 콘센트

W인 반면에, 하단 회로에서는 34.7 W이 된다. I^2R 손실을 제한하는 것은 안전성 측면에서 전선에 발생하는 열을 줄이는 것 외에도, 효율의 관점에서 매우 중요하다. 그림 13.59는 주택에서의 전형적인 배선도를 보여준다. 다수의 회로가 별도로 배선되고 퓨즈가 달려 있다.

오늘날 대부분 가정의 콘센트는 그림 13.60과 같이 3선을 접속할 수 있게 되어 있다. 그렇다면 왜 콘센트가 접지선과 중성선 둘 다를 위한 연결부를 필요로 하는가? 이 질문에 대한 답은 바로 안전성이다. 접지 연결은 전기 기기의 섀시(chassis)를 대지 접지에 접속시키는 데 사용된다. 이러한 접지가 연결되지 않는다면, 기기의 섀시는 접지에 대해 어떠한 전위(potential)도 가질 수 있으며, 활선 일부의 절연 피복이 벗겨져서 섀시의 내부에 접촉한다면 섀시는 활선의 전위를 가질 수도 있다. 그러므로 잘못 접지된 전기 기기는 아주 위험할 수 있다. 그림 13.61은 비록 섀시가 전기 회로로부터 절연되도록 의도되었지만, 부식이나 느슨한 기계적 연결 때문에 의도치 않은 연결(점선으로 표시된)이 발생할 있다는 것을 보여준다. 손으로 섀시를 만지는 사람의 몸에 의해서 접지로의 경로가 제공될 수도 있다. 그림에서 이러한 원하지 않는 접지 루프 전류가 I_G로 표시되어 있다. 이 경우에 접지 전류 I_G는 직접적으로 몸을 통해서 접지로 흐르게 되어 매우 위험할 수 있다.

어떤 경우에는 이런 원하지 않는 접지 루프에 의해 야기된 위험이 전기 쇼크에 의해 죽음에 이르게 할 수 있을 정도로 매우 심각하다. 그림 13.62는 접촉점이 마른 피부일 때 전류가 평균적인 남자에 미치는 영향을 나타낸다. 전류 흐름에 대한 피부의 자연적인 저항이 물기에 의해 감소되었을 때는 특히 위험한 경우가 발생하기 쉽다. 따라서 안전하지 않은 전기 회로가 인간에게 주는 위험은 특정 조건에 크게 의존

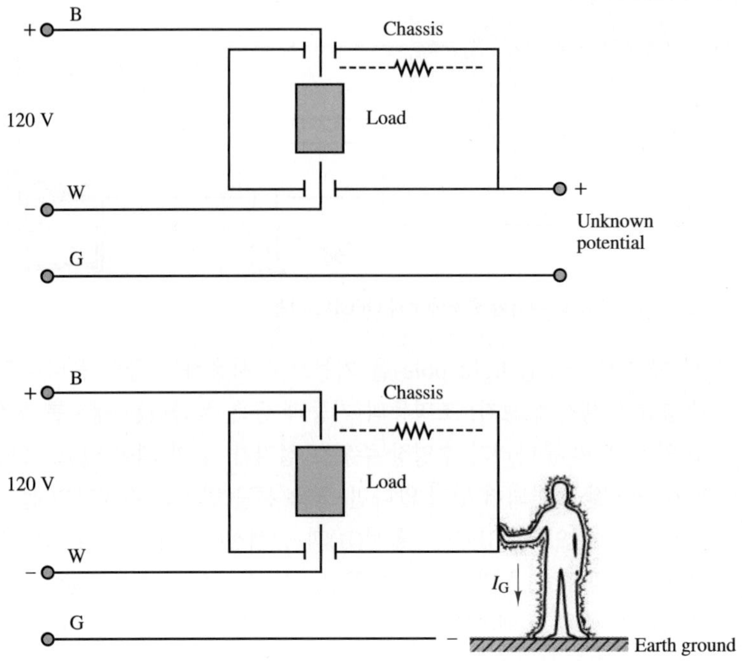

그림 13.61 의도하지 않은 연결

한다. 물이나 습기가 있을 때마다 건조한 피부 또는 건조한 신발 밑창의 자연적인 전기 저항이 급격히 감소하고, 상대적으로 낮은 전압이라도 치명적인 전류로 이어진다. National Electric Code에서 요구하는 것과 같은 적절한 접지 절차는 감전으로 인한 사망을 예방하는 데 도움이 된다. 그림 13.59에서 **GFCI** (ground fault circuit interrupter)로 불리는 **누전 차단기**는 전기 쇼크에 의한 사고의 위험성이 가장 큰 곳인 옥외나 욕실 등의 회로에 주로 사용되는 특수 안전 회로이다. 이의 응용은 다음 예에 잘 기술되어 있다.

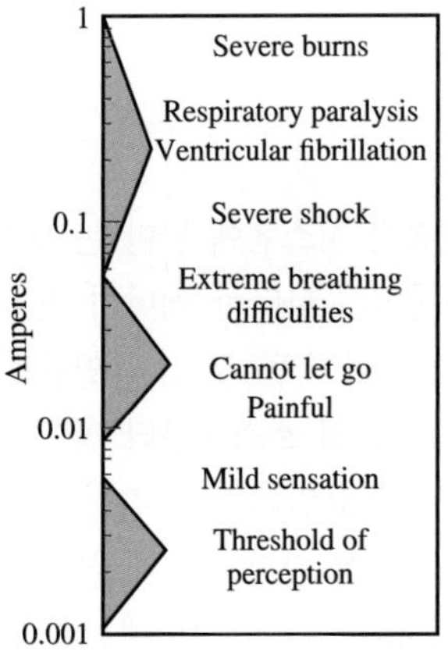

그림 13.62 전류에 의한 생리학적 영향

그림 13.63 옥외 수영장

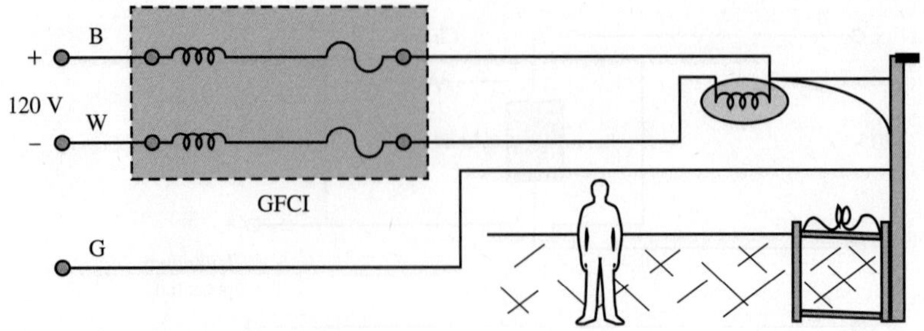

그림 13.64 잠재적으로 위험한 환경에서의 GFCI의 사용

그림 13.63에서 조명등(light pole)을 기둥으로 사용하는 금속 울타리로 둘러싸인 옥외 수영장을 생각해 보자. 조명등의 기둥과 금속 울타리는 섀시를 형성한다고 생각할 수 있다. 만약 울타리가 수영장 주위로 접지가 잘 안 되어 있고, 조명 회로가 조명등의 기둥과 잘 절연되어 있지 않다면, 금속 문을 만지는 수영자의 몸이 접지로의 경로로 사용될 수 있다. GFCI는 활선(B)과 중성선(W)에 흐르는 전류를 감지함으로써, 이런 경우와 같은 치명적인 접지 루프로부터 사람을 보호해 준다. 만약 활선 전류 I_B와 중성선 전류 I_W 사이의 차이가 수 밀리 암페어 이상이면 GFCI는 거의 순간적으로 회로를 끊어버린다. 활선 전류와 중성선(복귀 경로) 전류 사이의 어떤 큰 차이는 접지로의 다른 경로가 형성되어(이 예에서는 수영자에 의해) 매우 위험한 상황이 발생되었다는 것을 의미한다. 그림 13.64는 그러한 상황을 보여 준다. GFCI는 보통 재가동이 가능한 회로 차단기이므로 GFCI 회로가 동작하였을 때마다 퓨즈를 교체할 필요는 없다.

연습 문제

그림 13.58의 회로를 사용하여, 동일한 전력 정격을 가지더라도 120 V에서 작동하는 전기 기기의 I^2R 손실이 240 V에서 작동하는 기기보다 더 크다는 것을 보여라.

Answer: 동일한 전력 정격을 가지더라도 120 V 회로는 240 V 회로 손실의 2배가 된다.

13.7 발전과 송전

이제 전력 시스템의 여러 요소들을 간단히 기술함으로써 전력 시스템에 관한 논의를 결론 내고자 한다. 전력은 다양한 소스에서 발생한다. 15장에서 다양한 에너지 변환 과정을 통해 전력을 생산하는 수단으로 발전기(generator)가 소개될 것이다. 일반적으로 전력은 수력, 화력, 지열, 풍력, 태양열, 그리고 원자력 등의 소스로부터 얻어질 수 있다. 적합한 소스의 선택은 전력 요구량, 경제적 및 환경적 요인에 의해 결정된다. 13.6절에서는 발전소에서 일반 가정까지의 교류 배전망의 구조를 간단히 소개한다.

전형적인 발전기는 그림 13.65에서 보듯이 18 kV rms에서 전력을 생산한다. 전선에서의 손실을 최소화하기 위해 발전기의 출력은 승압 변압기를 통해서 수백 킬로볼트(그림 13.65에서 345 kV rms)의 선간 전압으로 승압이 된다. 이러한 승압 과정이 없다면 발생되는 전력의 대부분은 발전소로부터 전류를 전달하는 **송전 선로**

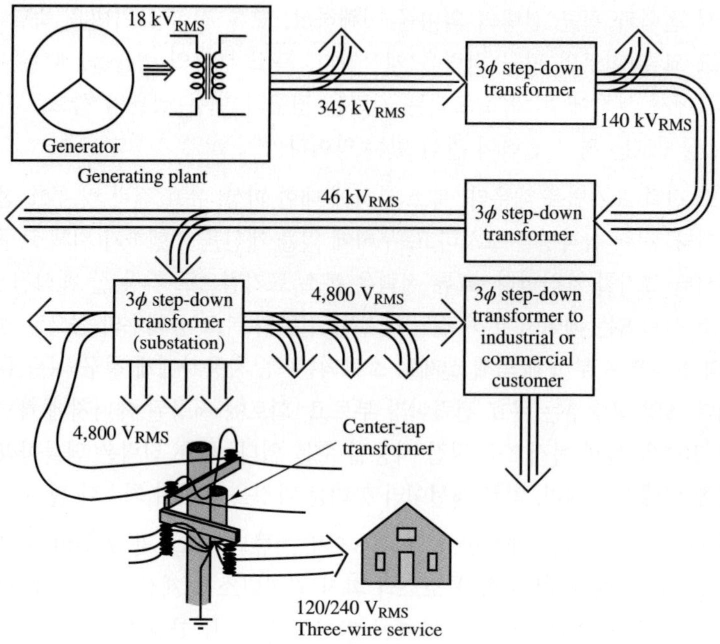

그림 13.65 교류 전력의 배전망의 구성

(transmission line)에서 손실된다.

지역 전력회사는 수백 메가볼트-암페어(MVA)의 3상 전력을 공급할 수 있는 발전소를 운영한다. 이런 이유로 전력회사는 선간 전압을 약 345 kV로 증가시키기 위해 발전소에서 3상 승압 변압기를 사용한다. 발전기의 정격 전력(MVA)에서 승압 변압기를 지나서는 상당한 전류의 감소가 발생한다는 것을 알 수 있다.

전력은 먼저 발전소로부터 여러 **변전소**(substation)로 송전된다. 이 송전망은 주로 **전력 그리드**(power grid)라 불린다. 변전소에서 전압은 낮은 수준으로 강압된다(보통 10~150 kV). 대규모 공장과 같이 매우 큰 전력이 요구될 때는 전력 그리드에서 직접 전력을 공급받기도 하지만, 대부분의 경우는 전력 그리드 상에 있는 개별 변전소로부터 전력을 공급받는다. 지역 변전소에서 전압은 3상 강압 변압기에 의해 4,800 V로 강압된다. 이러한 변전소는 전력을 각 가정과 산업체 수요자에게 공급한다. 가정에서 안전하게 사용하도록 전신주에 설치된 강압 변압기에서 더욱 강압이 이루어져서 120/240 V 단상 3선으로 각 가정에 공급된다. 산업용과 상업용 수요자는 460 또는 208 V 3상 전력을 공급받을 수도 있다.

결론

13장은 교류 전력 시스템의 해석을 가능하게 하는 필수적인 요소들을 소개한다. 교류 전력은 모든 산업 활동과 우리가 익숙해진 일상생활의 편리함에 필수적이다. 사실상 모든 엔지니어들은 그들의 직업에 있어서 교류 전력 시스템에 노출되어 있다. 그리고 이 장의 내용들은 교류 전력 회로의 해석을 이해하기 위해 필요한 모든 도구를 제공한다. 이 장을 마치기 전에 다음의 학습 목표들을 숙지해야 하겠다.

1. 순시 전력과 평균 전력의 의미를 이해하고, 교류 전력 표기법을 숙달하고, 그리고 교류 회로의 평균 전력을 계산한다. 복소 부하의 역률을 계산한다. 교류 회로에서 부하에 의해 소모되는 전력은 평균과 변동 성분의 합으로 구성되지만, 실제로는 평균 전력이 관심 있는 양이다.
2. 복소 전력 표기법을 배운다. 복소 부하에 대한 피상, 유효 전력 및 무효 전력을 계산한다. 전력 삼각형을 도시하고, 부하에 역률 개선을 수행하기 위해 요구되는 커패시터 크기를 계산한다. 교류 전력은 복소 표기법으로 가장 잘 해석될 수 있다. 복소 전력 S는 페이저 부하 전압과 부하 전류의 복소 공액수의 곱으로 정의된다. S의 실수부는 부하에 의해 실제로 소모되는(즉, 사용자에게 청구되는) 유효 전력이다. S의 허수부는 무효 전력이라 부르고, 회로에 저장된 에너지에 해당하는데, 이 전력은 실제 목적으로 직접 사용될 수는 없다. 무효 전력은 역률이라 불리는 양에 의해 측정되며, 역률 개선이라 불리는 과정을 통하여 최소화 될 수 있다.
3. 이상적인 변압기를 해석한다. 1차와 2차 전류와 전압 및 권수비를 계산한다. 이상 변압기에 걸리는 환산 소스와 환산 임피던스를 계산한다. 최대 전력 전달을 이해한다. 변압기는 전기공학에 많이 사용된다. 가장 일반적인 것 중 하나는 송전과 배전이다. 발전소에서 발전된 전력은 전력 분배의 전체 효율을 개선하기 위하여 송전 전후에 "승압" 및 "강압"된다.
4. 3상 교류 전력 표기법을 학습한다. 평형 Y 부하와 평형 Δ 부하에 대한 부하 전류와 전압을 계산한다. 교류 전력은 3상의 형태로 발전되고 송전된다. 가정용 전력은 일반적으로 단상(3상 선 중에 하나만을 사용)인 반면에, 산업용 전력은 종종 3상 전력을 바로 공급받는다.
5. 옥내 전기 배선, 전기 안전성 및 교류 전력의 발전과 송전의 기본 원리를 이해한다.

숙제 문제

13.1절: 순시 전력과 평균 전력

13.1 납땜 인두의 가열부가 20 Ω의 저항을 가지고 있다. 납땜 인두가 90 V rms의 전압원에 연결되었을 때 소모되는 평균 전력을 구하라.

13.2 커피 메이커는 240 V rms에서 정격 전력 1,000 W를 필요로 한다. 가열부의 저항을 구하라.

13.3 전류원 $i(t)$가 50 Ω의 저항에 연결되어 있다. $i(t)$가 다음과 같이 주어질 때 저항에 전달되는 평균 전력을 구하라.

a. $7 \cos 100t$ A
b. $7 \cos(100t - 30°)$ A
c. $7 \cos 100t - 3 \cos(100t - 60°)$ A
d. $7 \cos 100t - 3$ A

13.4 다음의 주기 전류의 실효값을 구하라.

a. $\cos 200t + 3 \cos 200t$
b. $\cos 10t + 2 \sin 10t$
c. $\cos 50t + 1$
d. $\cos 30t + \cos(30t + \pi/6)$

13.5 115 V rms 전압원에 의해서 네온 광고등에 2.5 A의 전류가 공급된다. 전류는 전압보다 30°만큼 뒤진다. 광고등의 임피던스, 소모되는 유효 전력과 역률을 구하라.

13.6 그림 P13.6에서의 전압원이 보는 부하에 의해 소모되는 평균 전력을 계산하라. $\omega = 377$ rad/s, $\tilde{\mathbf{V}}_s = 50\angle 0$, $R = 10\ \Omega$, $L = 0.08$ H, $C = 200\ \mu$F라 가정한다.

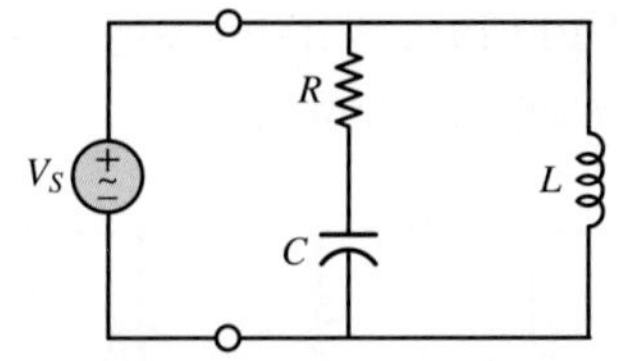

그림 P13.6

13.7 드릴링 기계가 110 V rms 공급원에 연결되어 있는 단상 유도 기계에 의해 구동된다. 기계 동작에 1 kW가 요구되며, 기계는 90% 효율을 가지며, 공급 전류는 0.8의 역률을 갖는 14 A rms라고 가정한다. 교류 기계의 효율을 구하라.

13.8 전압원의 파형이 그림 P13.8에 주어져 있다. 다음을 구하라.

a. 저항에 동일한 가열 효과를 일으키는 일정한 직류 전압

b. 전압원에 걸쳐서 연결된 10 Ω의 저항에 공급되는 평균 전류

c. 전압원에 걸쳐서 연결된 1 Ω의 저항에 공급되는 평균 전력

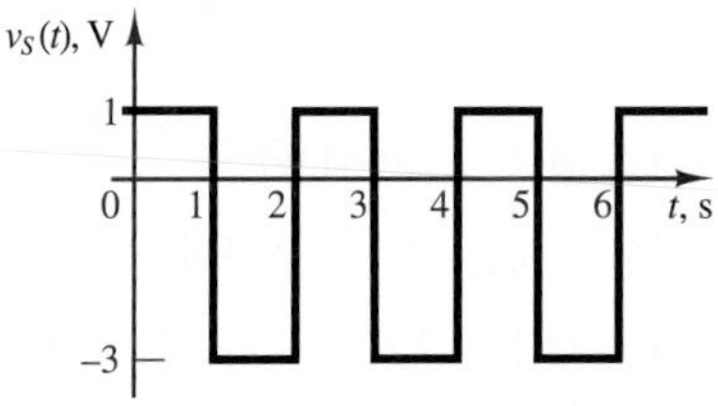

그림 P13.8

13.9 전류원 $i(t)$는 100 Ω 저항에 연결되어 있다. $i(t)$가 다음과 같이 주어질 때, 저항에 전달되는 평균 전력을 구하라.

a. $4\cos(100t)$ A

b. $4\cos(100t - 50°)$ A

c. $4\cos(100t - 3)\cos(100t - 50°)$ A

d. $4\cos(100t - 3)$ A

13.10 다음과 같은 각 주기 전류의 실효값을 구하라.

$\cos(377t) + \cos(377t)$ A

$\cos(2t) + \sin(2t)$ A

$\cos(377t) + 1$ A

$\cos(2t) + \cos(2t + 135°)$ A

$\cos(2t) + \cos(3t)$ A

13.2절: 복소 전력

13.11 단상 회로가 220 V rms 전압원의 양단에 연결될 때 10 A rms의 전류가 흐른다. 전류는 전압보다 60°만큼 위상이 뒤진다. 회로에 의해서 소모되는 전력과 역률을 구하라.

13.12 회로망이 120 V rms, 60 Hz의 전압원에 연결되어 있다. 전류계와 전력계에 의하면, 전압원으로부터 12 A rms의 전류를 인입하고, 회로망에서 800 W가 소모된다. 다음을 구하라.

a. 회로망의 역률

b. 회로망의 위상각

c. 회로망의 임피던스

d. 회로망의 등가 저항과 리액턴스

13.13 다음의 주어진 값에 대하여, 그림 P13.13에 보여진 회로의 평균 전력 P, 무효 전력 Q, 복소 전력 S를 구하라. 페이저 표시는 실효값을 사용하였다.

a. $v_S(t) = 650\cos(377t)$ V
$i_o(t) = 20\cos(377t - 10°)$ A

b. $\tilde{\mathbf{V}}_S = 460\angle 0°$ V rms
$\tilde{\mathbf{I}}_o = 14.14\angle -45°$ A rms

c. $\tilde{\mathbf{V}}_S = 100\angle 0°$ V rms
$\tilde{\mathbf{I}}_o = 8.6\angle -86°$ A rms

d. $\tilde{\mathbf{V}}_S = 208\angle -30°$ V rms
$\tilde{\mathbf{I}}_o = 2.3\angle -63°$ A rms

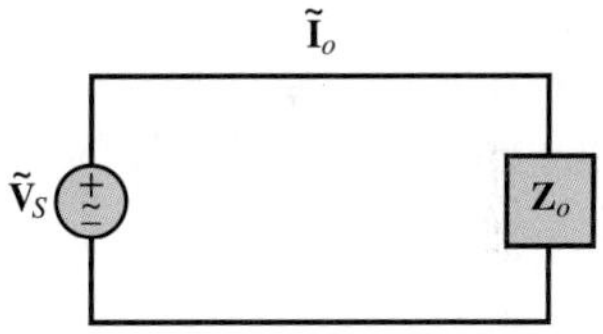

그림 P13.13

13.14 그림 P13.13의 회로에 대하여, 다음에 주어진 조건하에서 부하 $\mathbf{Z}_o$에 대한 역률을 구하고, 역률이 진상인지 지상인지를 결정하라.

a. $v_S(t) = 679\cos(\omega t + 15°)$ V
$i_o(t) = 20\cos(\omega t + 47°)$ A

b. $v_S(t) = 163\cos(\omega t + 15°)$ V
$i_o(t) = 20\cos(\omega t - 22°)$ A

c. $v_S(t) = 294\cos(\omega t)$ V
$i_o(t) = 1.7\cos(\omega t + 175°)$ A

d. $\mathbf{Z}_o = (48 + j16)$ Ω

13.15 그림 P13.13의 회로에 대하여, 다음에 주어진 조건하에서 부하가 용량성인지 또는 유도성인지를 결정하라.

a. pf = 0.87 (leading)

b. pf = 0.42 (leading)

c. $v_S(t) = 42 \cos(\omega t)$ V
   $i_L(t) = 4.2 \sin(\omega t)$ A

d. $v_S(t) = 10.4 \cos(\omega t - 12°)$ V
   $i_L(t) = 0.4 \cos(\omega t - 12°)$ A

13.16 그림 P13.16의 회로에 대하여, $C = 265\ \mu$F, $L = 25.55$ mH 그리고 $R = 10\ \Omega$이라 가정하고, 순간 유효 전력과 무효 전력을 구하라.

a. $v_S(t) = 120 \cos(377t)$ (즉, 주파수는 60 Hz)

b. $v_S(t) = 650 \cos(314t)$ (즉, 주파수는 50 Hz)

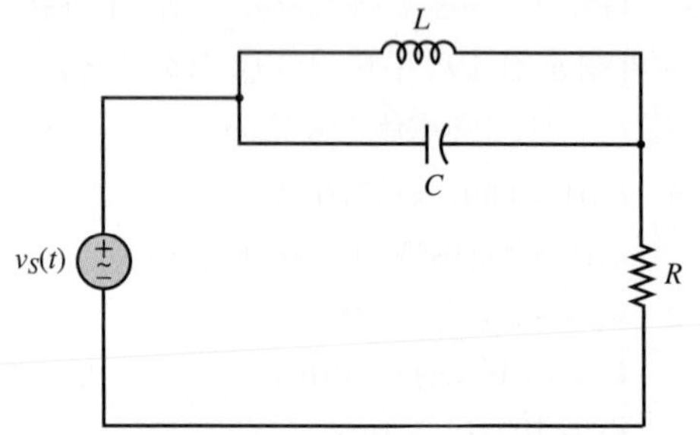

그림 P13.16

13.17 그림 P13.17에서 부하 임피던스 $\mathbf{Z}_o = 10 + j3\ \Omega$는 1 Ω의 선저항을 갖는 전압원에 연결되어 있다. 다음을 계산하라.

a. 부하에 전달되는 평균 전력

b. 전선에 의해서 흡수되는 평균 전력

c. 발전기에 의해서 공급된 피상 전력

d. 부하의 역률

e. 전선+부하의 역률

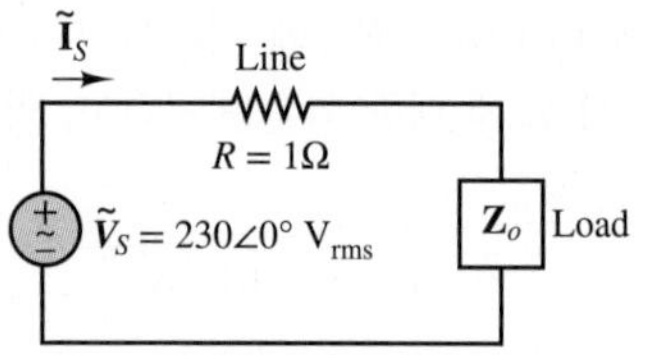

그림 P13.17

13.3절: 역률 개선

13.18 단상 모터가 240 V rms, 60 Hz 전압원에 연결되었을 때 0.8의 역률(지상)에서 220 W를 인입한다. 커패시터는 단위 역률을 위해서 부하와 병렬로 연결되어 있다. 필요한 커패시턴스를 구하라.

13.19 그림 P13.19의 전압원이 보는 회로망은 단위 역률을 갖는다. C_P와 C_S를 구하라.

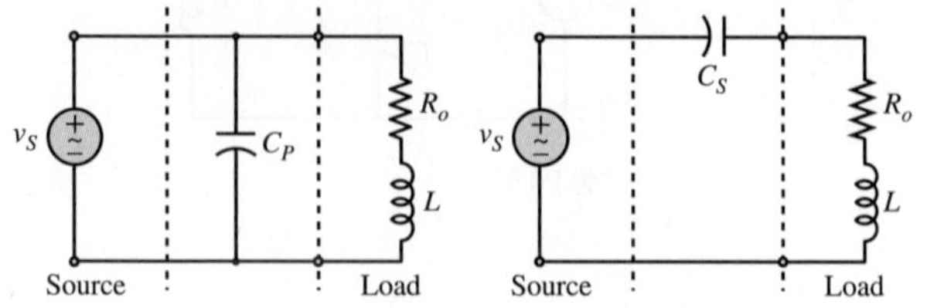

$R_o = 5\ \Omega$, $X_L = 5\ \Omega$, $v_S(t) = 100 \sin(377t)$ V

그림 P13.19

13.20 1,000 W 전기 모터는 120 V_{rms}, 60 Hz의 전압원에 연결되어 있다. 전압원이 보는 역률은 0.8의 지상 역률이다. 0.95의 지상 역률로 개선하기 위하여, 커패시터는 모터에 병렬로 설치된다. 커패시터가 연결되는 경우와 연결되지 않은 경우에 전압원으로부터 인입되는 전류를 계산하라. 개선하기 위해 필요한 커패시터 값을 구하라.

13.21 믹서기 내부의 모터는 그림 P13.21과 같이 인덕턴스와 저항의 직렬 연결로 모델링될 수 있다. 벽 콘센트의 전원은 2 Ω의 출력 저항과 직렬로 연결된 이상적인 120 V_{rms} 전압원으로 모델링된다. 전원의 진동수는 $\omega = 377$ rad/s로 가정하라.

a. 모터의 역률은 얼마인가?

b. 전압원이 보는 역률은 얼마인가?

c. 모터에 의해서 소모되는 평균 전력 P_{AV}는 얼마인가?

c. 모터와 병렬로 연결될 때, 전압원이 보는 역률을 0.9(지상)로 변화시킬 커패시터의 값은 얼마인가?

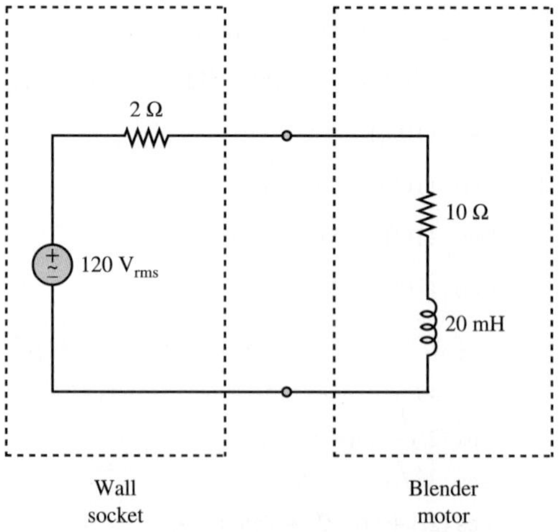

그림 P13.21

13.22 그림 P13.22의 회로에 대해서, 다음을 구하라.

a. 부하가 보는 테브닌 등가 회로망

b. 부하 저항에 의해서 소모되는 전력

c. 부하로의 최대 전력 전달을 초래하는 부하 임피던스

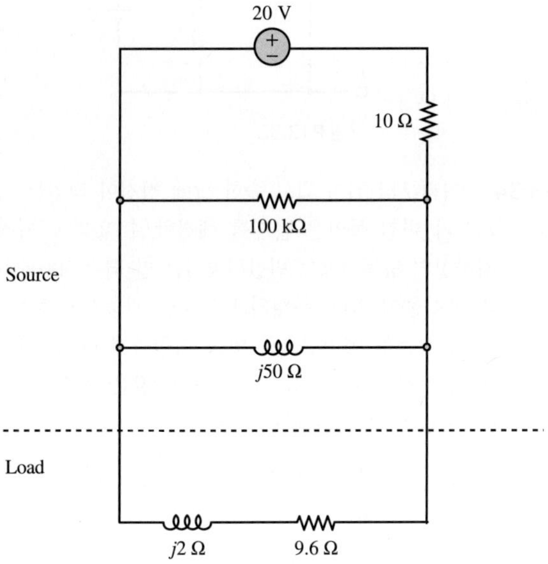

그림 P13.22

13.23 그림 P13.13의 회로를 참고한다. 다음에 주어진 조건에 대하여, 부하 $\mathbf{Z}_o$와 병렬로 연결되어 전압원이 보는 단위 역률을 초래하는 커패시턴스를 구하라. $\omega = 377$ rad/s라 가정한다.

a. $\tilde{\mathbf{V}}_s = 300\angle 0$ V rms, $\tilde{\mathbf{I}}_o = 80\angle(-0.15\pi)$ A rms

b. $\tilde{\mathbf{V}}_s = 100\angle 0$ V rms, $\tilde{\mathbf{I}}_o = 30\angle(-\pi/4)$ A rms

c. $\tilde{\mathbf{V}}_s = 12\angle(-\pi/4)$ V rms, $\tilde{\mathbf{I}}_o = 3\angle(-\pi/2)$ A rms

13.24 그림 P13.13의 회로를 참고한다. 다음에 주어진 조건에 대하여, 부하의 역률을 구하고, 역률이 진상인지 지상인지를 결정하라.

a. $v_S(t) = 50\cos(\omega t)$ V
$i_o(t) = 20\sin(\omega t + 1.2)$ A

b. $v_S(t) = 110\cos(\omega t + 0.1)$ V
$i_o(t) = 10\cos(\omega t - 0.1)$ A

c. $\mathbf{Z}_o = (20 + j5)\ \Omega$

d. $\mathbf{Z}_o = (20 - j5)\ \Omega$

13.25 그림 P13.13의 회로를 참고한다. 다음에 주어진 조건에 대하여, 부하 $\mathbf{Z}_o$가 용량성인지 또는 유도성인지를 결정하라.

a. 역률이 0.76 (지상)

b. 역률이 0.5 (진상)

c. $v_s(t) = 10\cos(\omega t)$ V, $i_o(t) = \cos(\omega t)$ A .

d. $v_s(t) = 100\cos(\omega t)$ V, $i_o(t) = 12\cos(\omega t + \pi/4)$ A.

13.26 그림 P13.26의 회로에서 전압원에 의해 공급되는 유효 전력과 무효 전력을 구하라. $\omega = 5$ rad/s, $\omega = 15$ rad/s이다. $v_S = 15\cos(\omega t)$ V, $R = 5\ \Omega$, $C = 0.1$ F, $L_1 = 1$ H, $L_2 = 2$ H라 가정한다.

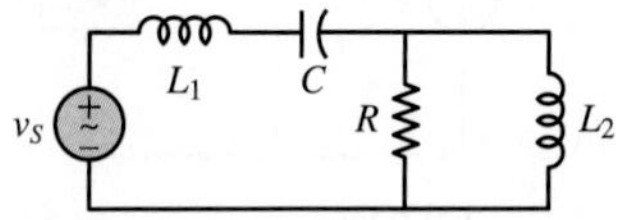

그림 P13.26

13.27 그림 P13.27에서 $\tilde{\mathbf{V}}_{S1} = 10\angle -\pi/4$ V rms, $\tilde{\mathbf{V}}_{S2} = 12\angle 0.8$ V rms, $R_1 = 2\ \Omega$, $R_2 = 3\ \Omega$, $X_L = 4\ \Omega$ 그리고 $X_C = -4\ \Omega$으로 가정하고, 다음을 구하라.

a. 각 전압원에 의해서 공급되는 전류의 진폭

b. 각 전압원에 의해서 공급되는 총 유효 전력

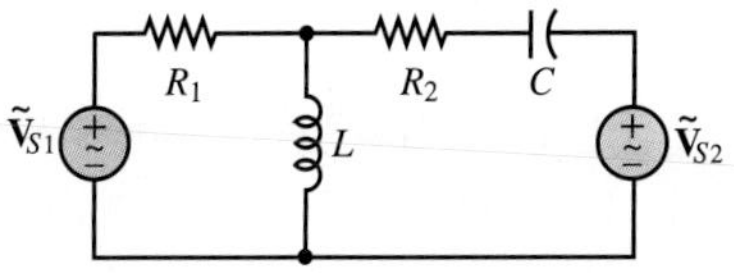

그림 P13.27

13.28 그림 P13.28의 회로에서 $f = 60$ Hz, $\tilde{\mathbf{V}}_s = 90\angle 0$ V rms, $R = 25\ \Omega$, $X_L = 70\ \Omega$, $X_C = -8\ \Omega$라고 가정하고, 다음을 계산하라.

a. 커패시턴스 C와 인덕턴스 L

b. 전압원이 보는 역률

c. 역률을 1로 개선하기 위한 새로운 커패시턴스

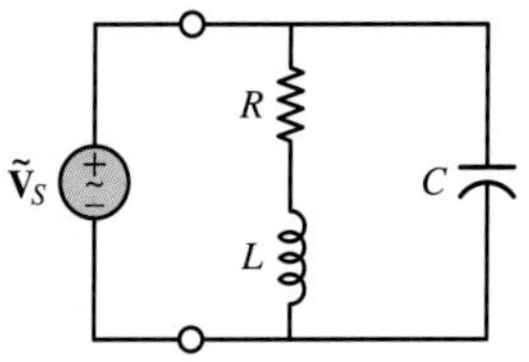

그림 P13.28

13.29 그림 P13.29의 회로에서 부하 $\mathbf{Z}_o$은 20 Ω 저항과 0.1 H인덕터의 직렬 연결로 구성된다. f = 60 Hz, R = 0.5 Ω, $\tilde{\mathbf{V}}_S = 100\angle 0$ V rms라 가정하고, 다음을 계산하라.

a. 전압원에 의해서 공급되는 피상 전력
b. 부하에 전달되는 피상 전력
c. 부하의 역률

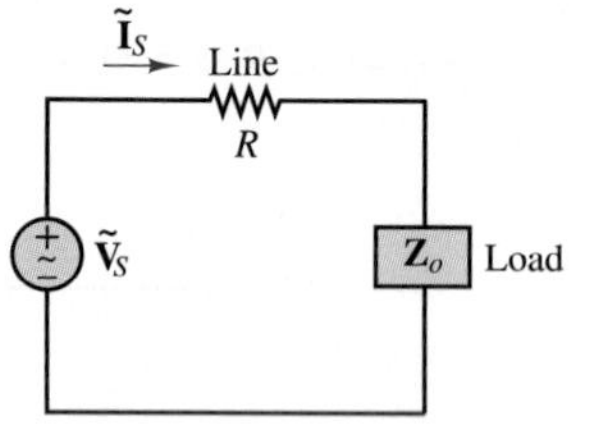

그림 P13.29

13.30 그림 P13.30의 회로에서 단자 a와 b 사이의 부하의 유효 전력과 무효 전력을 계산하라. f = 60 Hz, $\tilde{\mathbf{V}}_S = 70\angle 0$ V rms, R_S = 2 Ω, R_o = 18 Ω, X_L = 5 Ω라고 가정한다.

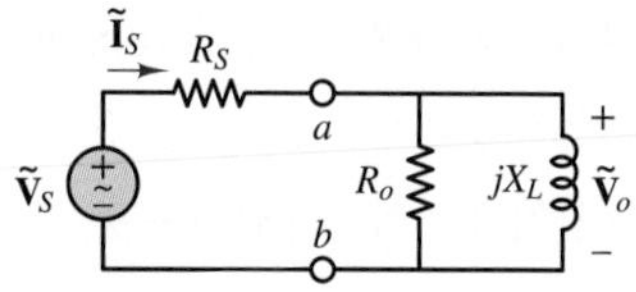

그림 P13.30

13.31 그림 P13.31의 회로에서, 전압원에 의해 공급되는 피상 전력, 유효 전력 및 무효 전력을 계산하라. 전력 삼각형을 도시하라. f = 60 Hz, $\tilde{\mathbf{V}}_S = 70\angle 0$ V rms, R = 18 Ω, C = 50 μF, L = 0.001 H라 가정한다.

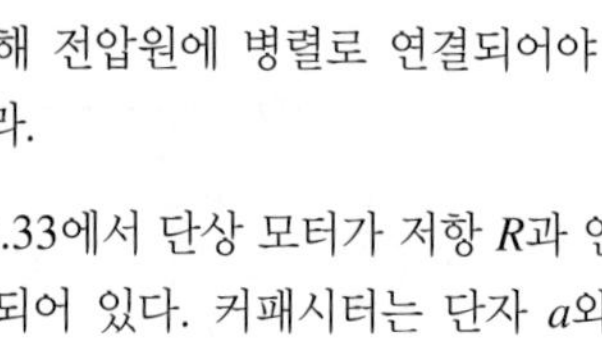

그림 P13.31

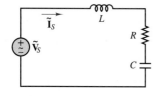

13.32 문제 13.31을 참고하여, 전압원이 보는 역률을 0.95로 개선하기 위해 전압원에 병렬로 연결되어야 하는 커패시턴스를 구하라.

13.33 그림 P13.33에서 단상 모터가 저항 R과 인덕터 L의 직렬로 모델링되어 있다. 커패시터는 단자 a와 b 사이에서 역률을 1로 개선하는 역할을 한다. 이상 계측기를 가정하고, f = 50 Hz, V = 220 V rms, I = 20 A rms, I_1 = 25 A rms라고 가정한다. 커패시터 값을 구하라.

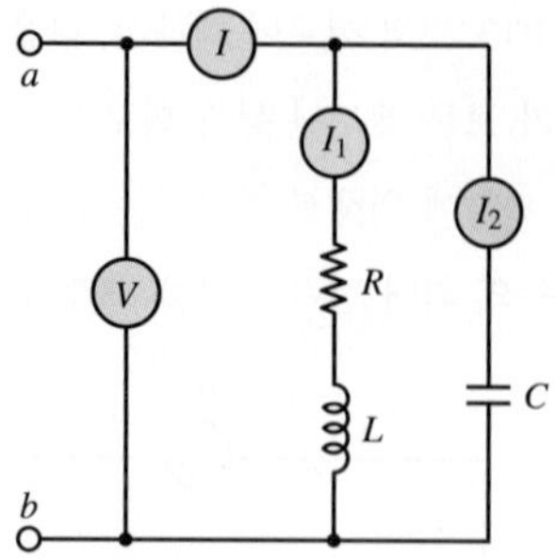

그림 P13.33

13.34 여러분의 집이 덥고 습한 날에 정전이 되었는데, 전력 회사가 며칠 동안은 문제를 해결할 수 없다고 가정하자. 지하실의 냉동기에는 변질되어서는 안 되는 300달러 가치의 음식물이 있다. 부엌의 냉장고를 가동시켜야 될 뿐 아니라, 창문형 에어컨으로 방을 시원하게 하고자 한다. 위의 각 가전기기는 작동 시에 다음과 같은 전류를 소모한다(모든 값은 실효값이다).

에어컨:	9.6 A rms @ 120 V
	pf = 0.90 (지상)
냉동기:	4.2 A rms @ 120 V
	pf = 0.87 (지상)
냉장고:	3.5 A rms @ 120 V
	pf = 0.80 (지상)

최악의 경우에 비상용 발전기가 전력을 얼마나 공급해야 하는가?

13.35 프랑스의 TGV 고속전철은 300 km/h (186 mi/h)에서 11 MW의 전력을 소모한다. 그림 P13.35의 전원 모듈은, 동일한 오버헤드 전선에 연결된 2개의 25 kV 단상 교류 발전소로 구성되는데, 각 발전소는 모듈의 앞뒤에 하나씩 위치한다. 복귀 회로로는 철도 레일이 사용된다. 전철은 기차역이나 오래된 철로에서는 1.5 kV 직류로 저속으로 운행되도록 설계되었다. 교류 작동에서 자연스러운 평균 역률은 0.8이다. 오버헤드 전선의 등가 비저항(specific resistance)은 0.2 Ω/km이고, 철도 레일의 저항은 무시할 수 있다고 가정한다. 다음을 구하라.

a. 시스템에 대한 간단한 회로 모델
b. 10% 전압 강하의 조건에서 전철의 전류
c. 발전소에 의해 공급되는 무효 전력
d. 전철이 두 발전소 사이의 절반이 되는 거리에 위치할 때, 10% 전압 강하의 조건에서 공급되는 유효 전력, 오버헤드 전선 손실, 그리고 두 발전소 간의 최대 거리

e. pf = 1이라는 가정하에서, 전철이 두 발전소 사이의 절반이 되는 거리에 위치할 때, 10% 전압 강하의 조건에서 오버헤드 전선 손실(프랑스 TGV는 최신 전력 보상 시스템을 가지도록 설계되었다)

f. 1/4 전력으로 1.5 kV 직류 운행한다는 가정하에서, 전철이 두 발전소 사이의 절반이 되는 거리에 위치할 때, 10% 전압 강하의 조건에서 두 발전소 간의 최대 거리

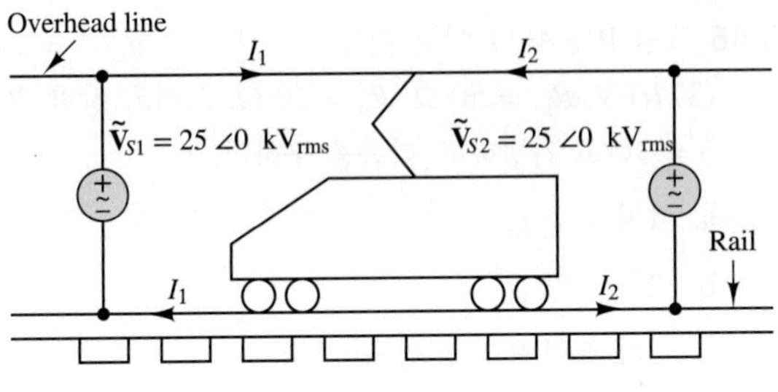

그림 P13.35

13.36 어느 공장은 120 V rms, 60 Hz 소스에 의해 전력을 공급받는 병렬로 연결된 100개의 40 W 수은등에 의해서 계속 밝혀진다. 소스가 보는 역률은 0.65로 너무 낮아서 25%의 벌금이 매겨진다. 1 kWh의 평균 가격은 $0.05이고, 커패시터의 평균 가격이 $50/mF이다. 역률을 0.85로 개선하기 위해 필요한 커패시터의 가격과 벌금이 같아지는 데 걸리는 시간을 계산하라.

13.37 문제 13.36을 참고한다. 기존의 램프에 병렬로 연결되는 보상 커패시터가 사용 가능하다고 가정하고, 다음을 구하라.

a. 소스가 보는 단위 역률을 위한 커패시터 값

b. 보상되지 않은 램프의 사용 시에 소스에 의해 공급되는 기존의 전류를 초과하지 않고 설치할 수 있는 추가 램프의 최대 개수

13.38 소스에 의해서 공급되는 전압과 전류가 다음과 같다. 다음을 구하라.

$$\tilde{\mathbf{V}}_s = 7\angle 0.873 \text{ V rms} \qquad \tilde{\mathbf{I}}_s = 13\angle(-0.349) \text{ A rms}$$

a. 부하에서 일로 소모되는 유효 전력과 열로 소모되는 유효 전력

b. 부하에 저장되는 무효 전력

c. 부하의 임피던스 각과 역률

13.39 그림 P13.39의 회로에서 각 임피던스에서 소모되는 유효 전력과 저장되는 무효 전력을 구하라. 다음과 같이 가정한다.

$$\tilde{\mathbf{V}}_{s1} = \frac{170}{\sqrt{2}}\angle 0 \text{ V rms}$$
$$\tilde{\mathbf{V}}_{s2} = \frac{170}{\sqrt{2}}\angle \pi/2 \text{ V rms}$$
$$\omega = 377 \text{ rad/s}$$
$$\mathbf{Z}_1 = 0.7\angle\frac{\pi}{6}\ \Omega$$
$$\mathbf{Z}_2 = 1.5\angle 0.105\ \Omega$$
$$\mathbf{Z}_3 = 0.3 + j0.4\ \Omega$$

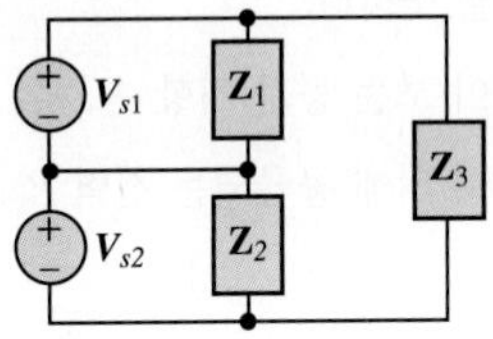

그림 P13.39

13.40 다음 전압과 전류가 소스에 의해 부하에 공급될 때, 다음을 결정하라.

$$\tilde{\mathbf{V}}_s = 170\angle(-0.157) \text{ V rms} \qquad \tilde{\mathbf{I}}_s = 13\angle 0.28 \text{ A rms}$$

a. 부하에서 일로 소모되는 유효 전력과 열로 소모되는 유효 전력

b. 부하에 저장되는 무효 전력

c. 부하의 임피던스 각과 역률

13.4절: **변압기**

13.41 그림 P13.41는 센터탭 변압기를 도식적으로 보여준다. 1차 전압이 2개의 2차 전압으로 강압된다. 각 2차 코일은 7 kW 저항성 부하을 제공하고, 1차 코일은 100 V rms에 연결되어 있다. 다음을 구하라.

a. 1차 전력

b. 1차 전류

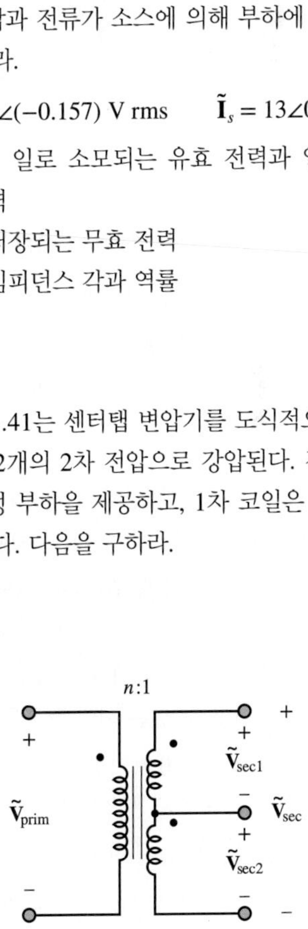

그림 P13.41

13.42 그림 P13.41는 센터탭 변압기를 도식적으로 보여준다. 1차 전압이 2차 전압 $\tilde{\mathbf{V}}_{sec}$으로 n:1의 비율로 강압된다. 2차 코일에서 $\tilde{\mathbf{V}}_{sec1} = \tilde{\mathbf{V}}_{sec2} = \frac{1}{2}\tilde{\mathbf{V}}_{sec}$이다.

a. $\tilde{\mathbf{V}}_{prim} = 220\angle 0°$ V rms이고 $n = 11$일 때, $\tilde{\mathbf{V}}_{sec}$, $\tilde{\mathbf{V}}_{sec1}$, $\tilde{\mathbf{V}}_{sec2}$를 구하라.

b. $\tilde{\mathbf{V}}_{prim} = 110\angle 0°$ V rms이고 $|\tilde{\mathbf{V}}_{sec2}|$가 5 V rms가 되기를 원한다면, n은 얼마가 되어야 하는가?

13.43 그림 P13.43의 회로에 대하여, $\tilde{\mathbf{V}}_g = 80\angle 0$ V rms, $R_g = 2\ \Omega$, $R_o = 12\ \Omega$이라 가정한다. 또한, 이상 변압기를 가정한다. 다음을 구하라.

a. 전압원이 보는 등가 저항

b. 전압원에 의해 공급되는 전력 P_{source}

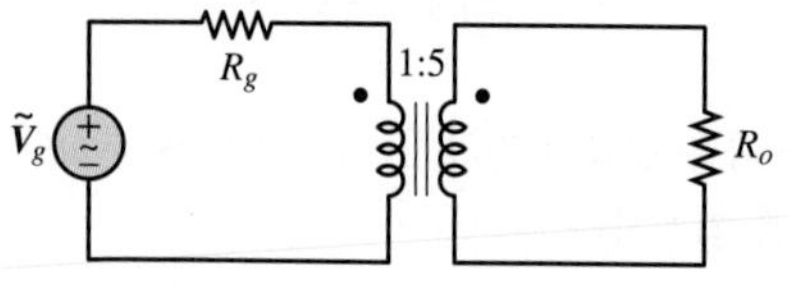

그림 P13.43

13.44 문제 13.43에 대하여, 다음을 구하라.

a. R_o에 의해 소모되는 전력 P_{load}

b. 장치 효율 P_{load}/P_{source}

c. 부하로의 최대 전력 전달을 발생시키는 부하 R_o

13.45 그림 P13.45의 이상 변압기는 380 V rms에서 460 kVA를 수요자에게 전달하도록 정격(rated)되어 있다.

a. 변압기는 수요자에게 얼마의 전류를 공급할 수 있는가?

b. 수요자의 부하가 순수하게 저항성이라면(즉, pf = 1), 수요자가 받을 수 있는 최대 전력은 얼마인가?

c. 수요자의 역률이 0.8(지상)이라면, 수요자가 받을 수 있는 최대 가용 전력은 얼마인가?

d. pf = 0.7(지상)이라면 최대 전력은 얼마인가?

e. 수요자가 300 kW를 필요로 한다면, 주어진 크기의 변압기로 얻을 수 있는 최소 역률은 얼마인가?

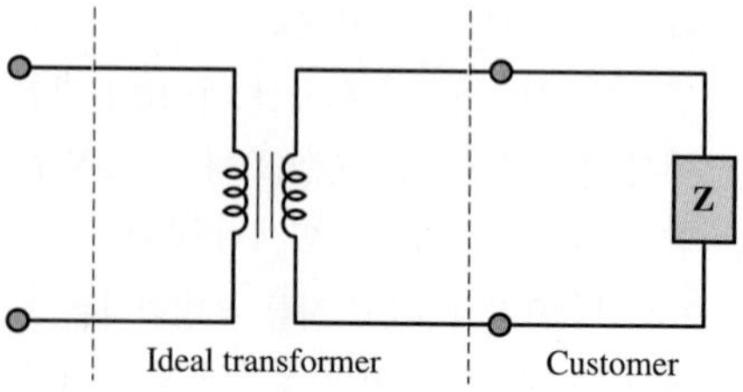

그림 P13.45

13.46 그림 P13.46의 이상 변압기에 대하여, $v_{in}(t) = 240\cos(377t)$ V, $R_{in} = 50\ \Omega$, $R_o = 20\ \Omega$, 그리고 강압 권수비를 $n = 3$라고 가정하고, 다음을 구하라.

a. 1차 전류 i_{in}

b. 2차 전압 v_o

c. 2차 전력 $P_o = i_o^2 R_o = v_o^2/R_o$

d. 장치 효율 P_{in}/P_o, 여기서 $P_{in} = i_{in}^2 R_{in}$

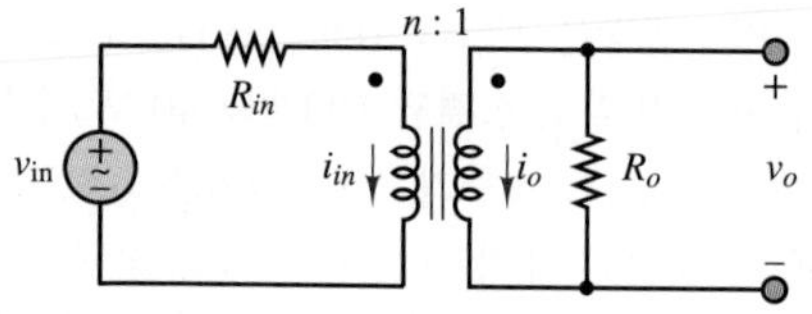

그림 P13.46

13.47 그림 P13.47의 변압기가 이상 변압기라고 가정하자. R_o로 최대 전력 전달을 제공하는 강압 권수비 $M = n$을 구하여라. $R_{in} = 1{,}200\ \Omega$, $R_o = 100\ \Omega$, $v_{in}(t) = V_{pk}\cos(\omega t)$라 가정한다.

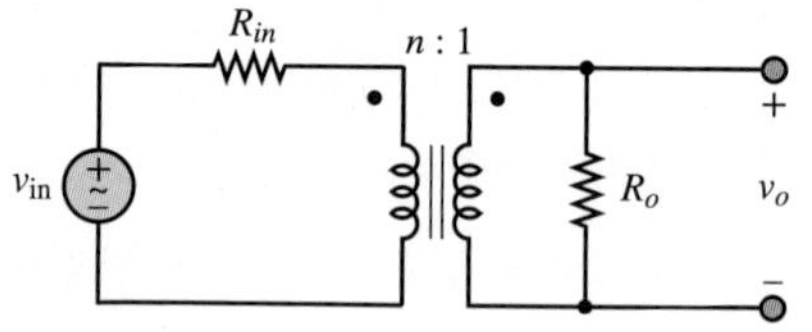

그림 P13.47

13.48 그림 P13.48의 회로에서 8 Ω 저항을 고려하라. $\tilde{\mathbf{V}}_g = 110\angle 0$ V rms이고, 가변 권수비 n을 가정한다. (a) 부하에 의해 소모되는 최대 전력을 초래하는 n은? (b) 전압원에 의해 공급되는 최대 전력을 초래하는 n은? 소스부터 부하까지의 최대 전력 전달 효율을 초래하는 권수비 n은?

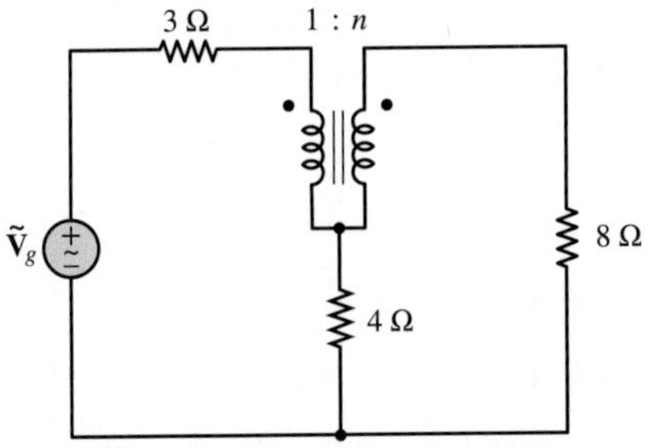

그림 P13.48

13.49 그림 P13.49의 변압기가 90 V rms에서 70 A rms를 저항성 부하에 전달한다고 가정한다. 전압원과 부하 간의 전력 전달 효율은 얼마인가? $R_s = 2\ \Omega$, $X_{C_1} = -10\ \Omega$, $X_{C_2} = -5\ \Omega$이라 가정한다.

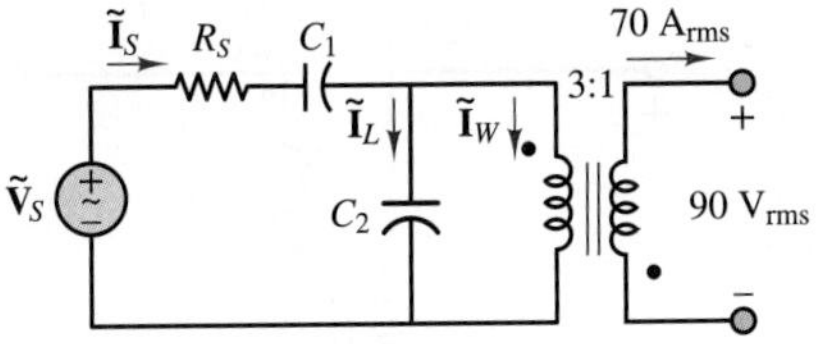

그림 P13.49

13.50 비이상 변압기의 등가 회로를 결정하는 방법은 개방 회로 시험 및 단락 회로 시험의 두 시험으로 구성된다. 그림 P13.50(a)의 개방 회로 시험은, 보통 2차측은 개방 상태로 둔 채 변압기의 1차측에 정격 전압을 인가함으로써 수행된다.

1차측으로 들어가는 전류는 소모 전력을 측정하는 방식과 같이 측정된다. 한편, 그림 P13.50(b)에 나타난 단락 회로 시험은 2차측을 단락시킨 채로 정격 전류가 변압기로 흐를 때까지 1차측 전압을 증가시킴으로써 수행된다. 변압기로 들어가는 전류, 인가된 전압, 그리고 소모된 전력이 측정된다.

변압기의 등가 회로는 그림 P13.50(c)에 나타나 있는데, 여기서 r_w와 L_w는 각각 권선 저항과 인덕턴스를 나타내며, r_c와 L_c는 각각 변압기 철심(core)에서의 손실과 철심의 인덕턴스를 나타낸다. 이상 변압기도 모델에 포함되어 있다.

개방 회로 시험에 있어서 $\tilde{\mathbf{I}}_{\text{primary}} = \tilde{\mathbf{I}}_{\text{secondary}} = 0$로 가정할 수 있다. 그러면 측정되는 모든 전류는 r_c와 L_c의 병렬 연결을 통해서 흐른다. 또, $|r_c \| j\omega L_c|$가 $r_w + j\omega L_w$보다 훨씬 크다고 가정한다. 이러한 가정과 개방 회로 시험 데이터를 사용하여 저항 r_c와 인덕턴스 L_c를 구할 수 있다.

단락 회로 시험에서 이상 변압기의 1차측 전압이 0이 되어 $r_c \| L_c$의 병렬 연결에 흐르는 전류가 0이 되도록 $\tilde{\mathbf{V}}_{\text{secondary}}$를 0으로 가정한다. 단락 회로 시험 데이터와 이 가정을 이용하여 저항 r_w와 인덕턴스 L_w를 구할 수 있다.

그림 P13.50(a)와 (b)에서 표시된 계측기를 이용하여 다음의 시험 데이터가 측정되었다.

개방 회로 시험: $\tilde{\mathbf{V}} = 241$ V rms
$\tilde{\mathbf{I}} = 0.95$ A rms
$P = 32$ W

단락 회로 시험: $\tilde{\mathbf{V}} = 5$ V rms
$\tilde{\mathbf{I}} = 5.25$ A rms
$P = 26$ W

두 시험 모두 $\omega = 377$ rad/s에서 수행되었다. 데이터를 이용하여 비이상 변압기의 등가 회로망을 구하라.

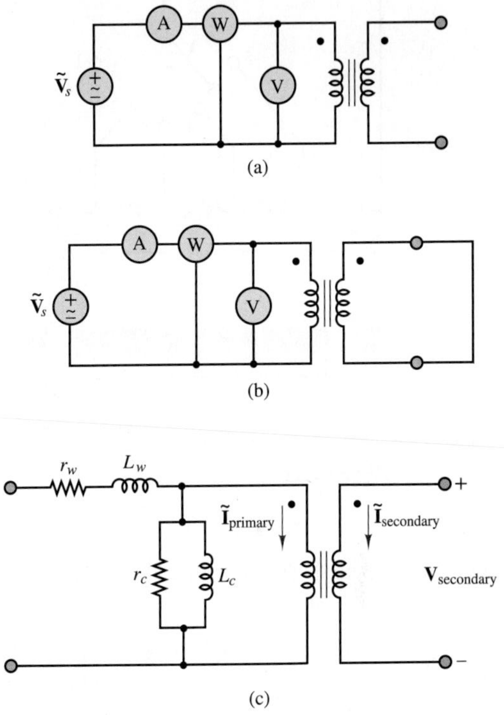

그림 P13.50

13.51 문제 13.50의 방법과 다음의 데이터를 이용하여, 비이상 변압기의 등가 회로를 구하라.

개방 회로 시험: $\tilde{\mathbf{V}} = 4{,}600$ V rms
$\tilde{\mathbf{I}} = 0.7$ A rms
$P = 200$ W

단락 회로 시험: $P = 50$ W
$\tilde{\mathbf{V}} = 5.2$ V rms

변압기는 460 kVA의 변압기이고, 시험은 60 Hz에서 수행되었다.

13.52 강 파이프의 열처리 방법은, 파이프로 직접 전류를 흘려서 줄(Joule) 효과에 의해 파이프를 가열하는 것이다. 모든 경우에 저전압, 고전류 변압기가 파이프로 전류를 전달하는 데 사용된다. 이 문제에서 220 V rms의 단상 변압기가 1.2 V rms를 전달한다고 가정하자. 파이프의 온도에 따른 저항 변동 때문에 그림 P13.52와 같이 10% 범위 내에서 2차측 전압 조정이 필요하다. 1차 코일에 5개의 다른 슬롯으로부터 전압 조정을 할 수 있다(고전압 조정). 2차 코일은 두 번 감았다고 가정하고, 각 슬롯에 대한 권선수를 구하라.

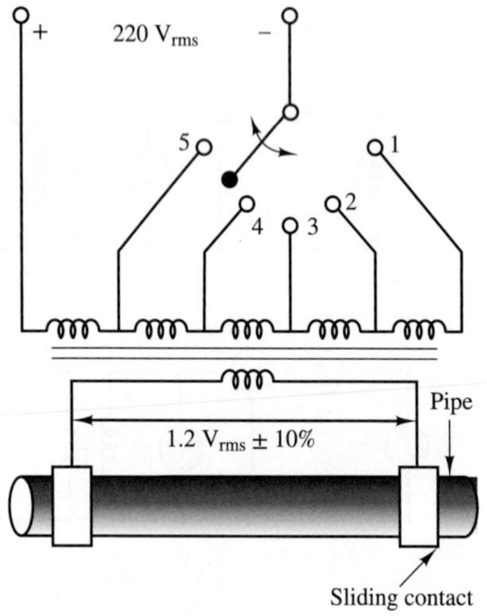

그림 P13.52

13.53 문제 13.52에 관하여 파이프의 저항이 2×10^{-4} Ω이고, 2차측 저항이 5×10^{-5} Ω이라 가정하자. 그리고 1차 전류가 28.8 A rms, pf = 0.91이라고 가정하자. 다음을 구하라.

a. 슬롯 수

b. 2차측 리액턴스

c. 전력 전달 효율

13.54 가로등에 사용되는 단상 변압기는 6 kV rms를 230 V rms로 0.95의 효율로 변환한다. 고전압원이 보는 역률이 0.8이고, 1차측 피상 전력이 30 kVA라고 가정하고, 다음을 구하라.

a. 2차 전류

b. 변압기의 권수비 N

13.55 그림 P13.55의 변압기는 2차측에 여러 세트의 권선을 가지고 있다. 권선은 다음 권수비를 가진다.

a. $N = 1/15$

b. $N = 1/4$

c. $N = 1/12$

d. $N = 1/18$

$\tilde{\mathbf{V}}_{\text{primary}} = 120\angle 0°$ V rms라면, 다음의 2차 전압을 발생시키는 연결을 구하고 도시하여라.

a. $24.67\angle 0°$ V rms

b. $36.67\angle 0°$ V rms

c. $18\angle 0°$ V rms

d. $54.67\angle 180°$ V rms

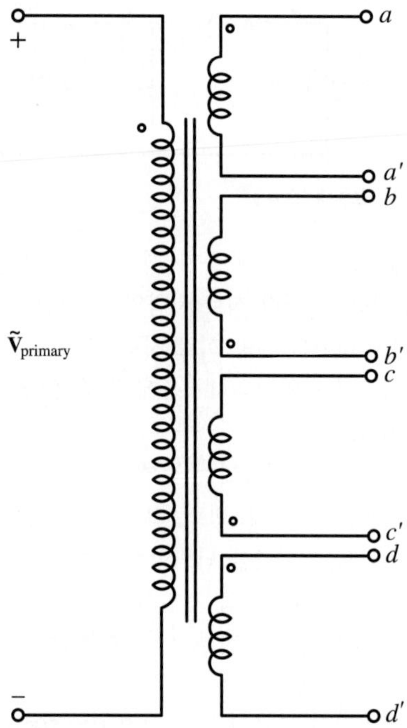

그림 P13.55

13.56 그림 P13.56 회로는 임피던스 정합을 위한 이상 변압기의 사용을 보여준다. 이용 가능한 변압기 중에 권수비의 선택이 제한적이다. 2:1, 7:2, 120:1, 3:2, 6:1의 권수비를 갖는 변압기를 사용할 수 있다. $\mathbf{Z}_o = 475\angle -25°$ Ω, $\mathbf{Z}_{ab} = 267\angle -25°$라면, 이러한 임피던스를 제공하는 변압기의 조합을 구하라. (이들 변압기에서 극성은 쉽게 반대로 할 수 있다).

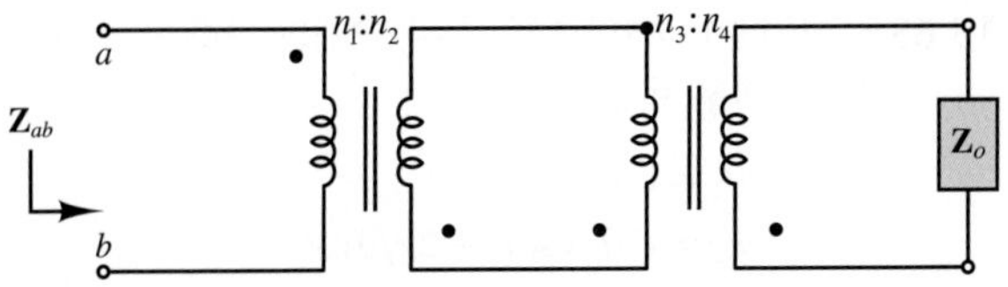

그림 P13.56

13.57 케이블 TV가 일반적으로 사용되기 전에, TV 네트워크는 그 신호를 무선으로 방송하였다. 큰 안테나들이 이들 신호의 수신을 향상시키기 위해서 지붕에 종종 설치되었다. 그림 P13.57(a)와 같이, 지붕의 안테나에 연결되는 와이어의 임피던스는 일반적으로 300 Ω이다. 그러나 그림 P13.57(b)와 같이 일반적인 TV는 75 Ω의 임피던스를 가진다. 그림 P13.57(c)에서 안테나로부터 TV 세트로 최대 전력 전달을 얻기 위해, 이상 변압기가 안테나와 TV 사이에 설치된다. 이때, 최대 전력 전달을 얻기 위한 권수비 $N = 1/n$은 얼마인가?

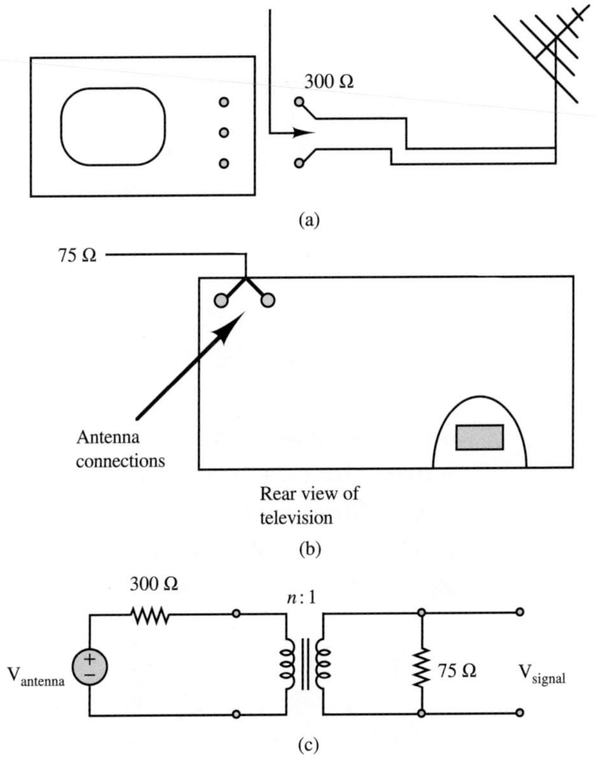

그림 P13.57

13.5절: 3상 전력

13.58 평형 3상 Y 결선 시스템의 상전압의 크기는 208 V rms이다. 각 위상과 선간 전압을 극좌표와 직각 좌표로 나타내라.

13.59 그림 13.49의 4선 Y 결선 부하의 상전류는 다음과 같다.

$$\tilde{\mathbf{I}}_{an} = 22\angle 0 \text{ A rms} \quad \tilde{\mathbf{I}}_{bn} = 10\angle\frac{2\pi}{3} \text{ A rms} \quad \tilde{\mathbf{I}}_{cn} = 15\angle\frac{\pi}{4}$$

중성선에서의 전류를 계산하라.

13.60 그림 P13.60의 회로에서 각 전압원은 서로에 대하여 $2\pi/3$의 위상차를 가지고 있다.

a. $\tilde{\mathbf{V}}_{RW}$, $\tilde{\mathbf{V}}_{WB}$ 및 $\tilde{\mathbf{V}}_{BR}$를 구하라. 이때 $\tilde{\mathbf{V}}_{RW} = \tilde{\mathbf{V}}_R - \tilde{\mathbf{V}}_W$, $\tilde{\mathbf{V}}_{WB} = \tilde{\mathbf{V}}_W - \tilde{\mathbf{V}}_B$, $\tilde{\mathbf{V}}_{BR} = \tilde{\mathbf{V}}_B - \tilde{\mathbf{V}}_R$

b. a번의 결과와 다음 계산을 비교하라.

$$\tilde{\mathbf{V}}_{RW} = \tilde{\mathbf{V}}_R \sqrt{3}\angle(-\pi/6)$$
$$\tilde{\mathbf{V}}_{WB} = \tilde{\mathbf{V}}_W \sqrt{3}\angle(-\pi/6)$$
$$\tilde{\mathbf{V}}_{BR} = \tilde{\mathbf{V}}_B \sqrt{3}\angle(-\pi/6)$$

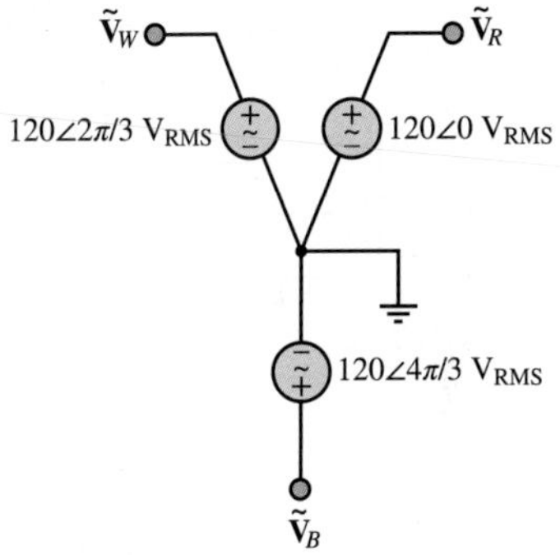

그림 P13.60

13.61 그림 P13.61의 3상 회로망에 대해서, 각 전선에서의 전류와 Y 결선 회로망에 의해 소모되는 유효 전력을 구하라. $\tilde{\mathbf{V}}_R = 110\angle 0$ V rms, $\tilde{\mathbf{V}}_W = 110\angle 2\pi/3$ V rms, $\tilde{\mathbf{V}}_B = 110\angle 4\pi/3$ V rms. $R = 50\ \Omega$, $L = 120$ mH, $C = 133\ \mu$F, $f = 60$ Hz.

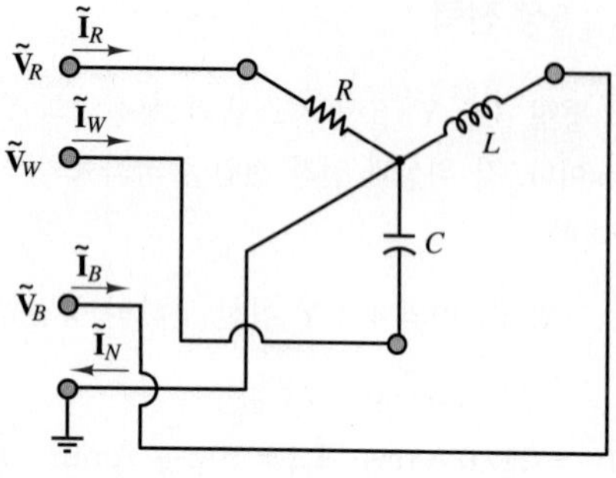

그림 P13.61

13.62 그림 P13.62의 3상 회로망에 대해서, 각 전선에서의 전류와 Y 결선 회로망에서 소모되는 유효 전력을 찾아라. $\tilde{\mathbf{V}}_R = 170\angle 0$ V rms, $\tilde{\mathbf{V}}_W = 170\angle 2\pi/3$ V rms, $\tilde{\mathbf{V}}_B = 170\angle 4\pi/3$ V rms.

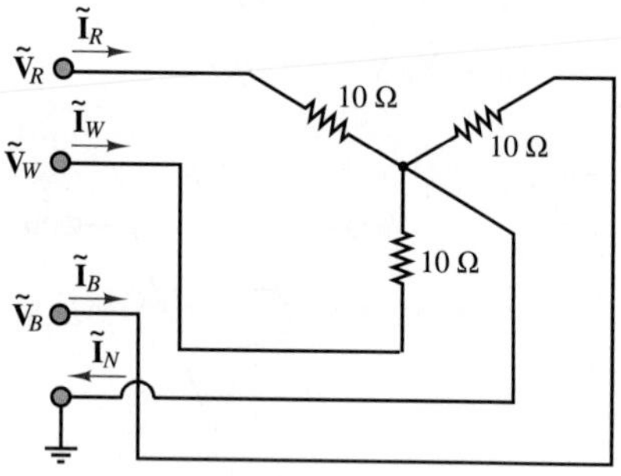

그림 P13.62

13.63 3상 전기오븐은 10 Ω의 위상 저항을 가지며, 3상 380 V rms 교류에 연결되어 있다. 다음을 계산하라.

a. Y 결선과 Δ 결선에 흐르는 전류

b. Y 결선과 Δ 결선에서의 오븐의 전력

13.64 균함의 동기식 발전기는 피상 전력 50 kVA를 가지며, 380 V rms의 3상 회로망을 공급한다. 다음의 경우에 대하여 상전류, 유효 전력, 그리고 무효 전력을 구하라.

a. 역률이 0.85

b. 역률이 1

13.65 그림 P13.65의 3상 회로는 3개의 평형 Y 소스를 가지지만 비평형 Y 부하를 가진다.

$$v_{s1} = 170\cos(\omega t)\ \text{V}$$
$$v_{s2} = 170\cos(\omega t + 2\pi/3)\ \text{V}$$
$$v_{s3} = 170\cos(\omega t - 2\pi/3)\ \text{V}$$
$$f = 60\ \text{Hz} \qquad \mathbf{Z}_1 = 0.5\angle 20^\circ\ \Omega$$
$$\mathbf{Z}_2 = 0.35\angle 0^\circ\ \Omega \qquad \mathbf{Z}_3 = 1.7\angle(-90^\circ)\ \Omega$$

다음의 방법을 사용하여, $\mathbf{Z}_1$에 흐르는 전류를 결정하라.

a. 망 해석

c. 중첩

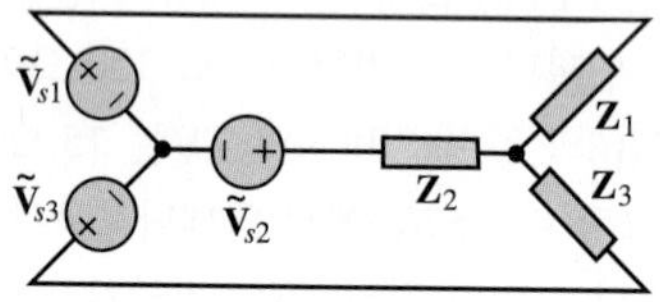

그림 P13.65

13.66 그림 P13.66 회로에서 R에 흐르는 전류를 구하라. 가정: $\tilde{\mathbf{V}}_1 = 150\angle 0$ V rms, $\tilde{\mathbf{V}}_2 = 150\angle 2\pi/3$ V rms, $\tilde{\mathbf{V}}_3 = 150\angle 4\pi/3$ V rms, $f = 300$ Hz, $R = 80\ \Omega$, $C = 0.3\ \mu$F, $L = 80$ mH라 가정한다.

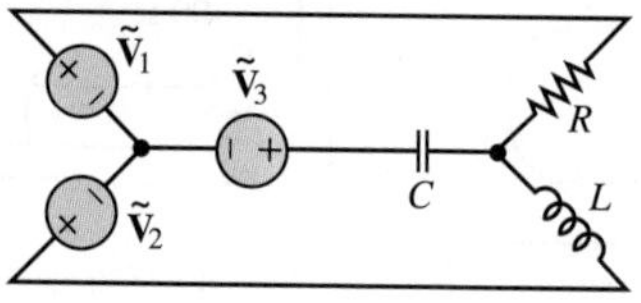

그림 P13.66

13.67 그림 P13.67의 회로는 평형 3상 Y 소스를 가지지만 비평형 Δ 부하를 가진다. 각 임피던스에 흐르는 전류를 결정하라.

$$v_1(t) = 170\cos(\omega t)\quad \text{V}$$
$$v_2(t) = 170\cos(\omega t + 2\pi/3)\quad \text{V}$$
$$v_3(t) = 170\cos(\omega t - 2\pi/3)\quad \text{V}$$
$$f = 60\ \text{Hz} \qquad \mathbf{Z}_1 = 3\angle 0\ \Omega$$
$$\mathbf{Z}_2 = 7\angle \pi/2\ \Omega \qquad \mathbf{Z}_3 = -j11\ \Omega$$

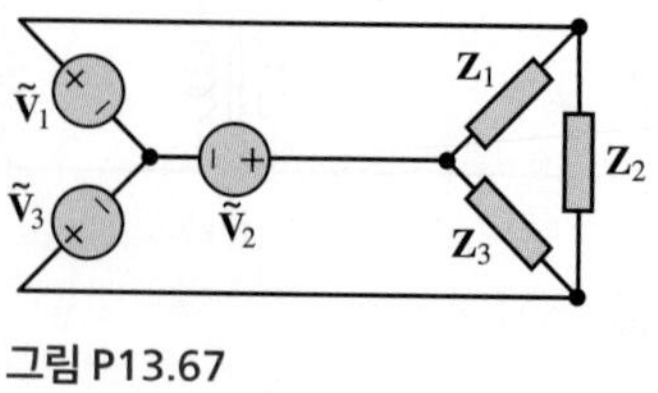

그림 P13.67

13.68 그림 P13.68(a)의 회로와 같이 3상 모터의 각각의 권선을 모델링하고, 그림 P13.68(b)와 같이 권선을 연결하면, 그림 P13.68(c)와 같은 3상 회로를 얻게 된다. 보통 모터는 $R_1 = R_2 = R_3$과 $L_1 = L_2 = L_3$이 되도록 제작될 수 있다. 만일 모터를 그림 P13.68(c)와 같이 연결할 때, 저항이 각각 40 Ω, 그리고 인덕턴스가 각각 5 mH라고 가정하여 전류 $\tilde{\mathbf{I}}_R$, $\tilde{\mathbf{I}}_W$, $\tilde{\mathbf{I}}_B$ 및 $\tilde{\mathbf{I}}_N$를 구하라. 각 소스의 주파수는 60 Hz이다.

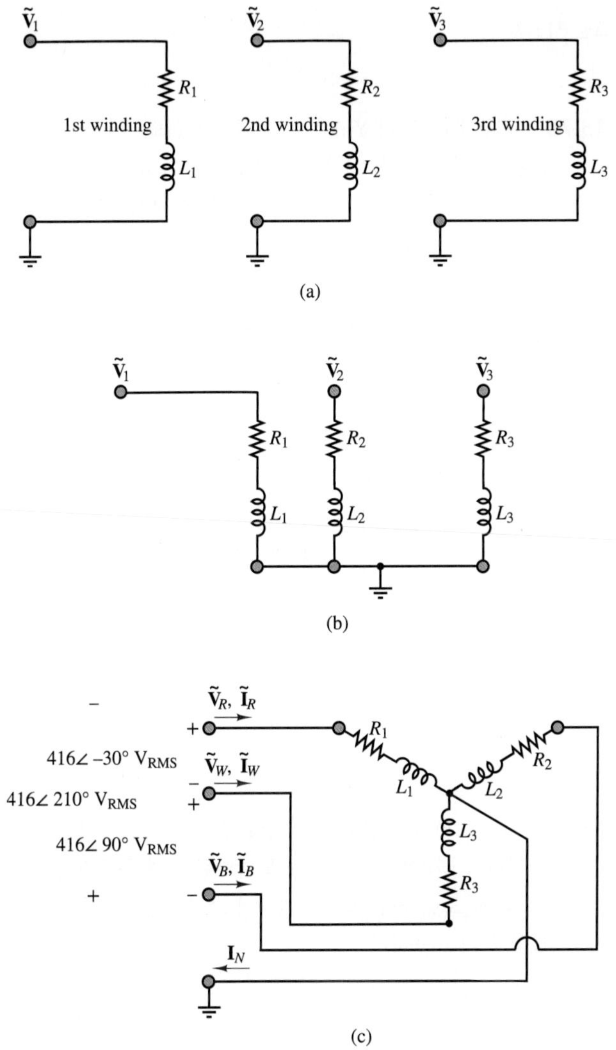

그림 P13.68

13.69 문제 13.67의 모터에 대해서

a. 모터에 얼마의 전력(W 단위로)이 전달되는가?

b. 모터의 역률은?

c. 왜 실제 현장에서는 이런 종류의 모터에 접지선을 연결하지 않는가?

13.70 일반적으로 3상 유도 모터는 Y 결선에 동작하도록 설계된다. 그러나 단시간 동작에 대해서는 Δ 결선이 공칭 Y 전압에서 사용될 수 있다. Y 결선과 Δ 결선에 대해서 동일한 모터에 전달되는 전력의 비를 구하라.

13.71 가정용 4선 시스템은 240 V rms에서 전력을 다음의 단상 가전기기로 공급한다. 첫째 상에는 10개의 60 W 전구가 있다. 둘째 상에는 역률 0.9의 1 kW 진공청소기가 있다. 셋째 상에는 역률이 0.61인 10개의 23 W 형광등이 있다. 다음을 구하라.

a. 중성선의 전류

b. 각 상에 대하여 유효 전력, 무효 전력 및 피상 전력

13.72 전력회사는 변압기에 걸리는 부하에 관심을 가지고 있다. 회사는 많은 수요자들을 책임져야 하므로, 모든 수요자의 수요에 충분한 전력을 공급할 수 있어야 한다. 이 회사의 변압기는 2차측 부하에 정격 kVA를 전달한다. 그러나 만약 정격 전류 이상을 요구하는 점까지 수요가 증가한다면 2차측 전압은 정격 전압 아래로 떨어질 수밖에 없다. 또한 전류가 증가하여 권선 저항에 기인한 I^2R 손실이 변압기의 과열을 초래할 수도 있다. 부하에서의 역률이 지나치게 낮으면, 과도한 전류 수요가 초래될 수 있다.

반면에, 수요자는 충분한 전력을 공급받기만 한다면 비효율적인 역률에는 그다지 관심을 갖지 않는다. 수요자가 역률에 좀 더 신경을 쓰게 하기 위해서 전력회사는 수요자의 요금에 벌금을 부과할 수도 있다. 표 13.3은 전형적인 벌금-역률 차트를 보여준다. 0.7 이하의 역률은 허용되지 않으며, 만약 수요자의 역률이 두 달 연속 0.7 이하이면 25%의 벌금이 부과된다.

표 13.3

Power factor	Penalty
0.850 and higher	None
0.8 to 0.849	1%
0.75 to 0.799	2%
0.7 to 0.749	3%

Courtesy of Detroit Edison.

그림 P13.72의 Y-Y 결선 회로는 3상 모터 부하를 나타낸다.

a. 모터에 공급되는 총 전력을 구하라.

b. 모터 효율이 80%라면, 기계 에너지로 전환되는 전력을 구하라.

c. 역률을 구하라.

d. 공장의 모든 모터들이 이와 같다면, 이 공장은 다음 요금에서 역률에 대한 벌금에 직면할 위험이 있는가?

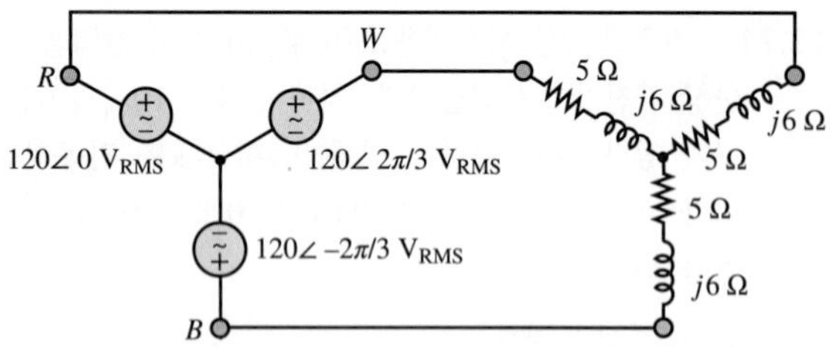

그림 P13.72

13.73 문제 13.72에서 모터의 역률 문제를 개선하기 위하여, 그림 P13.73과 같이 커패시터를 설치하기로 결정하였다.

a. 선 주파수가 60 Hz라면, 단위 역률을 얻기 위하여 얼마의 커패시턴스가 설치되어야 하는가?

b. 0.85의 지상 역률을 얻기 위해서 a번을 반복하라.

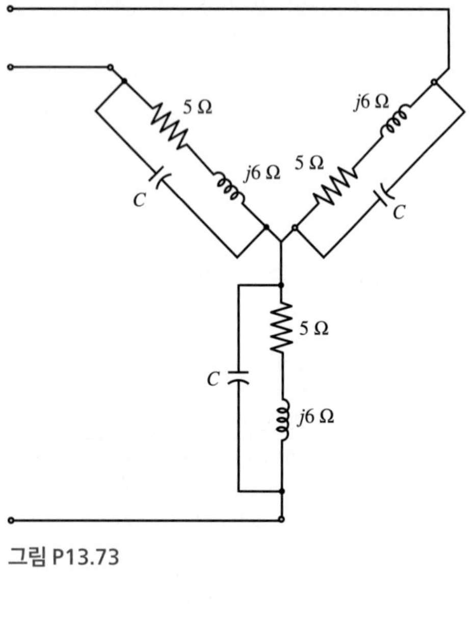

그림 P13.73

13.74 그림 P13.74의 Y-D 회로에서 부하에 전달되는 피상 전력과 유효 전력을 구하라. 역률은 얼마인가?

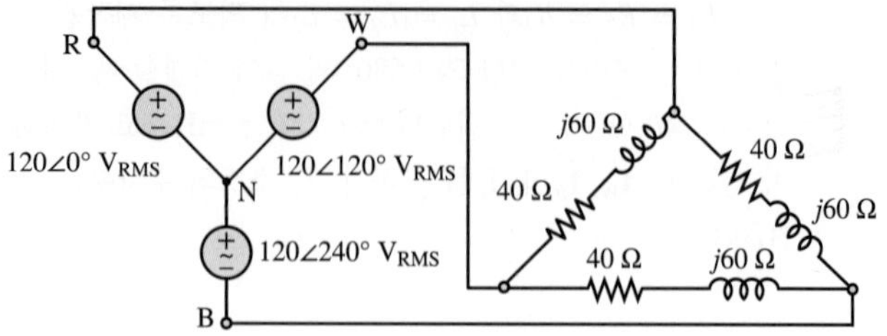

그림 P13.74

13.75 그림 P13.75의 Y-Δ-Y 결선의 3상 회로이다. 변압기의 1차 코일은 Y 결선, 2차 코일은 Δ 결선, 그리고 부하는 Y 결선이다. 전류 $\tilde{\mathbf{I}}_{RP}$, $\tilde{\mathbf{I}}_{WP}$, $\tilde{\mathbf{I}}_{BP}$ $\tilde{\mathbf{I}}_{A}$, $\tilde{\mathbf{I}}_{B}$, $\tilde{\mathbf{I}}_{C}$를 구하라.

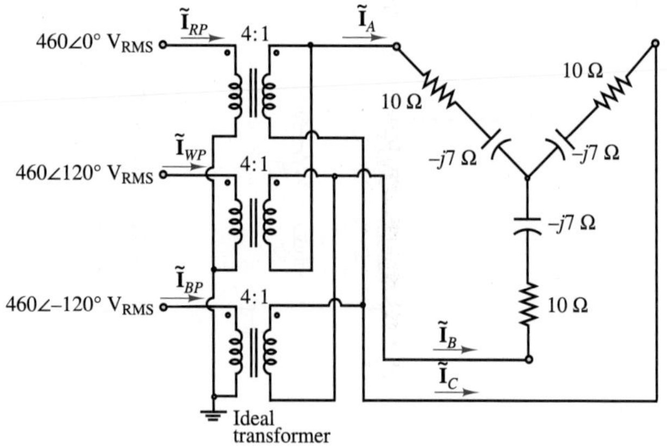

그림 P13.75

13.76 3상 모터가 그림 P13.76의 Y 결선 회로에 의해서 모델링된다. $t = t_1$에서 스위치로 모델링된 전선 퓨즈가 끊어진다. 다음 조건에서 모터에 의해서 소모되는 선전류 $\tilde{\mathbf{I}}_R$, $\tilde{\mathbf{I}}_W$, $\tilde{\mathbf{I}}_B$와 전력을 구하라.

a. $t \ll t_1$

b. $t \gg t_1$

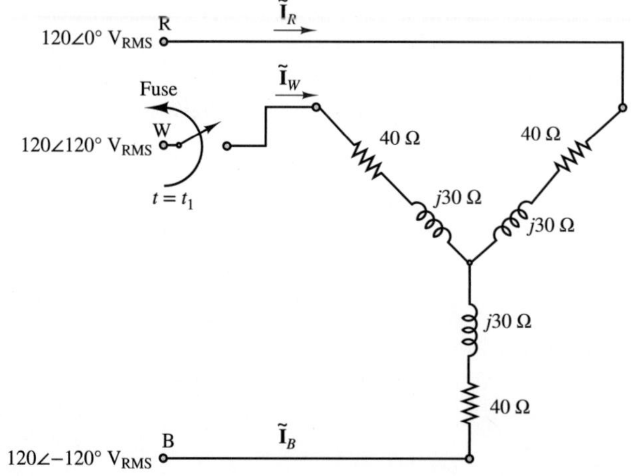

그림 P13.76

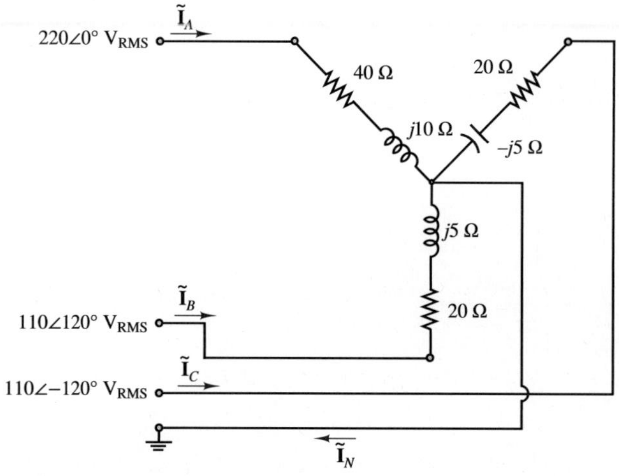

그림 P13.77

13.77 그림 P13.77의 회로에서 전류 $\tilde{\mathbf{I}}_A$, $\tilde{\mathbf{I}}_B$, $\tilde{\mathbf{I}}_C$, $\tilde{\mathbf{I}}_N$을 구하고, 부하에 의해서 소모되는 유효 전력을 구하라.

그림 P13.77

14 전기기계의 원리

PRINCIPLES OF ELECTROMECHANICS

이 장의 목적은 다양한 전기기계식 변환기(electromechanical transducer)의 동작을 이해하기 위해 필요한 전기기계적인 에너지 변환의 기본 개념을 소개하는 것이다. 또한 15장에서 다루어질 전기기계(electric machine)에 필요한 기본 원리를 소개하는 목적도 있다. 이 장에서 소개할 내용의 기초는 회로 해석에 관련되는 1~6장에서 찾을 수 있다.

전기기계식 에너지 변환이라는 주제는 비전기 공학도에게도 특별히 흥미있는 주제가 될 수 있는데, 이는 이 주제가 전기공학과 다른 공학 사이를 연결하는 중요한 공통 분야 중의 하나이기 때문이다. 전기기계식 변환기는 보통 산업용 및 항공용 제어 시스템 설계와 생의학 응용 분야에 사용되기도 하며, 많은 가전제품의 체계의 기반을 이룬다. 전기기계식 변환기에 대해 논하면서 스피커, 계전기(relay), 솔레노이드, 위치와 속도 측정을 위한 센서, 실제적인 중요성이 있는 여러 장치들의 동작에 대해서 예시하고자 한다.

LO 학습 목적

1. 전기와 자기의 기본적인 원리 학습. 14.1절
2. 자기 저항과 자기 회로 개념을 이용한 자기 구조에서 자속과 전류의 계산. 14.2절
3. 자성체의 특성과 자기 회로 모델에 대한 효과의 이해. 14.3절
4. 자기 회로 모델을 이용한 변압기의 해석. 14.4절
5. 전자기 기계식 시스템에서 힘 발생의 모델링과 해석. 가동 철편형 변환기(전자석, 솔레노이드, 계전기)와 가동 코일형 변환기(교반기, 스피커, 사이즈믹 변환기)의 해석. 14.5절

14.1 전기와 자기

1800년대 초에 덴마크의 물리학자 Oersted가 전기(electricity)와 자기(magnetism) 현상이 상호 연계되어 있다는 사실을 처음으로 제안하였다. Oersted는 전류가 자기 효과(즉, 자기장)를 발생시킨다는 것을 입증하였다. 그 직후에 프랑스 과학자 André Marie Ampère가 암페어의 법칙으로 알려진 정확한 공식을 사용하여 이 관계를 표현하였다. 몇 년 후에 영국의 과학자 Faraday는, 자기장의 변화가 전압을 발생시킬 수 있다는 패러데이의 법칙을 발견하였는데, 이는 암페어의 법칙의 역에 해당한다.

다음 절에서 설명하겠지만, 자기장(magnetic field)은 전기 에너지와 기계 에너지 사이를 연결해 주는 역할을 수행한다. 암페어와 패러데이의 법칙은 형식적으로 전자기장 간의 관계를 보여주지만, 자기장은 자기 에너지를 기계 에너지로 변환시킬 수 있다는 사실을 독자의 경험(예를 들어, 자석으로 철 조각을 들어 올림)으로부터도 알 수 있을 것이다. 사실상 보통 전기기계식(electromechanical)으로 언급하는 장치들은 보다 엄밀하게 표현하자면 전자기 기계식(electromagnetomechanical)으로 언급해야 할 것이다. 왜냐하면, 이러한 장치들은 자기장에 의한 전기 에너지의 기계 에너지로의 변환 또는 그 역의 변환에 의해서 동작하기 때문이다. 14장과 15장은 전기 에너지와 기계 에너지 사이의 변환을 위한 전기 및 자성체의 이용에 대해 다룬다.

자기장과 패러데이의 법칙

자기장의 세기를 정량화시키는 데 사용되는 개념으로 **자속**(magnetic flux) ϕ와 **자속 밀도**(magnetic flux density) **B**가 있다. 자속의 단위는 **weber** (Wb)이며, 자속 밀도의 단위는 Wb/m^2 또는 **tesla** (T)이다. 자속 밀도 B와 A/m의 단위를 갖는 **자기장의 세기**(magnetic field intensity) **H**는 벡터이다.[1] 그러므로 자속 밀도와 자기장의 세기는 일반적으로 각 공간 방향(예를 들어, x, y, z축)으로의 성분으로 표시한다. 그러나 앞으로는 자속 밀도와 자기장의 세기를 논할 때 설명을 단순화하기 위해서 한 방향만을 고려하여 스칼라장으로 취급하기로 한다.

[1] **B**와 **H**의 벡터 형태를 나타내기 위해 볼드체 기호 *B*와 *H*를 사용할 것이다. 보통체는 주어진 방향에서 스칼라 자속 밀도 또는 자기장의 세기를 나타낸다.

보통 자(기)력선(magnctic lines of force)을 사용하여 자기장을 표시하는데, 이는 패러데이에 의한 개념이다. 공간상에서 이 자력선들의 밀도를 관찰함으로써, 자기장의 세기를 가시화할 수 있다. 여러분들은 아마도 물리학에서 이러한 자력선들은 자기장 내에서 닫혀 있다는 사실을 배웠을 것이다. 즉, 자력선은 N극(north pole)에서 나와서 S극(south pole)으로 들어가는 연속적인 루프를 형성한다. 그림 14.1은 두 자석에 의해 생성되는 자기장의 상대적인 세기를 나타낸 것이다.

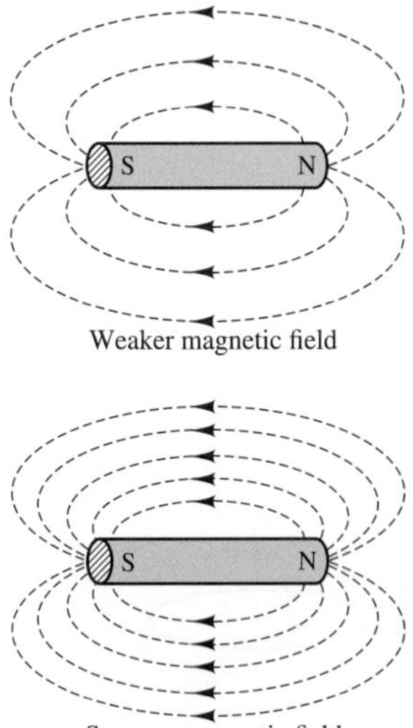

그림 14.1 자기장에서의 자력선

자기장은 움직이는 전하에 의해 생성되며, 그 효과는 자기장이 움직이는 전하에 작용하는 힘에 의하여 측정된다. 자속 밀도가 **B**인 자기장 내에서 속도 **u**로 움직이는 전하 q에 작용하는 벡터 힘 **f**는

$$\mathbf{f} = q\mathbf{u} \times \mathbf{B} \tag{14.1}$$

로 주어지며, 여기서 기호 ×는 벡터 외적(cross product)을 나타낸다. 만약 전하가 자기장과 θ의 각을 이루는 방향으로 속도 **u**로 움직인다면, 이때 힘의 크기는

$$f = quB \sin\theta \tag{14.2}$$

이 되며, 이 힘의 방향은 벡터 **B**와 **u**에 의해 만들어지는 평면에 수직이다. 이는 그림 14.2에서 표현되어 있다.

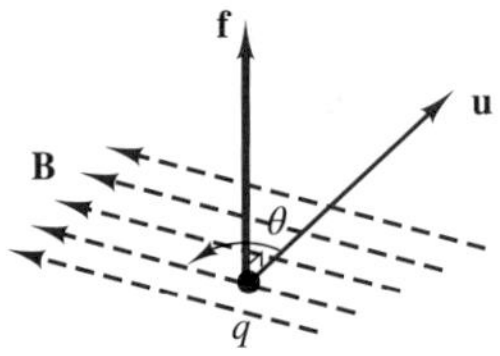

그림 14.2 일정한 자기장 내에서 운동하는 전하

자속 ϕ는 주어진 면적에 대한 자속 밀도의 적분으로 정의된다. 자력선이 단면적 A에 수직인(단순하지만 매우 유용한) 경우에 대해서 자속은

$$\phi = \int_A B\,dA \tag{14.3}$$

이 된다. 여기서 하첨자 A는 적분이 면적 A에 대해 수행된 것임을 나타낸다. 게다가, 자속이 단면적 A에 대하여 균일하다면, 식 (14.3)은

$$\boxed{\phi = B \cdot A} \tag{14.4}$$

와 같이 단순화된다. 그림 14.3은 가는 도선으로 경계가 지어진 단면적 A를 통과하는 가상적인 자력선을 도시함으로써, 위의 개념을 예시하고 있다.

패러데이 법칙은 가상의 면적 A가 그림 14.3에서와 같이 가는 도선에 의해 경계지어질 때, 변화하는 자기장은 도선에 전압을 유도하고 그 결과로 전류도 유도하게 된다는 것이다. 더욱 엄밀히 말하자면 시간에 따라 변하는 자속, 즉 시변 자속(time-varying flux)은 다음과 같은 유도(induced) **기전력**(electromotive force 또는 emf) e를 발생시킨다.

$$e = -\frac{d\phi}{dt} \tag{14.5}$$

여기서 식 (14.5)의 음의 부호의 의미에 대해 약간의 설명이 필요하다. 그림 14.4의 원형 단면을 가진 한 번만 감긴 코일(one-turn coil)을 생각해 보자. 이때 코일은 코일의 면에 수직 방향으로 작용하는 자속 밀도 **B**를 가진 자기장에 놓여 있다고 하자. 만약 자기장이 일정하다면, 즉 코일 안을 통과하는 자속이 일정하다면 단자

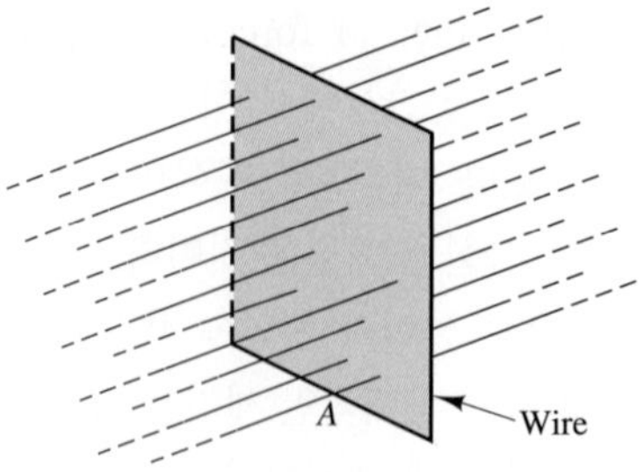

그림 14.3 가는 도선으로 경계가 지어진 단면적을 통과하는 자력선

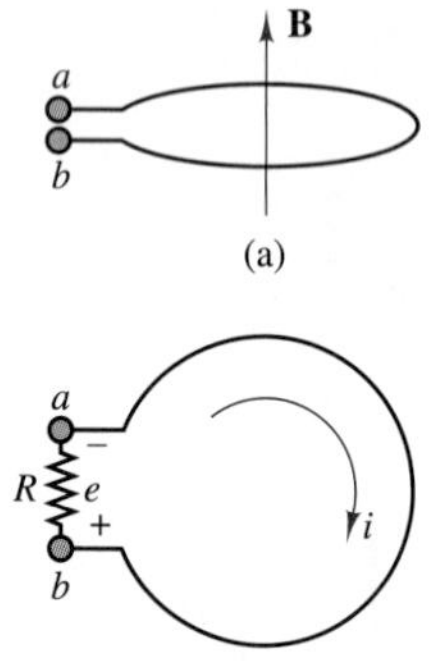

Current generating a magnetic flux opposing the increase in flux due to **B**

(b)

그림 14.4 자속의 방향

a와 b 사이에는 전압이 존재하지 않으며, 따라서 아무런 전류도 흐르지 않는다. 그러나 자속이 증가하고 있으며, 단자 a와 b 사이에 그림 14.4(b)와 같이 저항이 연결되어 있는 경우에는 코일을 통해서 전류가 생성되는데, 이때 전류의 방향은 이 전류에 의해 생기는 자속이 원래의 증가하는 자속을 억제하는 방향이 된다. 즉, 이 전류에 의해 유도된 자속은 원래의 자속 밀도 벡터 **B**와 반대 방향으로 향한다. 이를 **렌츠의 법칙**(Lenz's law)이라고 한다. 이 역방향 자속은 그림 14.4(a)에서는 아래로 또는 그림 14.4(b)에서는 지면 안으로 향한다. **오른손 법칙**(right-hand rule)에 의하여 이 역방향 자속은 그림 14.4(b)에서 시계 방향, 즉 단자 b에서 나와서 단자 a로 들어가는 전류를 유도한다. 가상적인 저항 R에 걸리는 전압은 결과적으로 음이 된다. 반면에, 원래 자속이 감소하고 있다면, 초기의 자속을 회복하도록 코일에 전류가 유도된다. 즉, 그림 14.4(a)에서는 위로 또는 그림 14.4(b)에서는 지면 밖으로 향하는 전류가 유도되므로, 전압의 부호는 이전과 반대로 된다.

유도 전압의 극성은 보통 물리적인 고려로부터 결정되므로, 식 (14.5)의 음의 부호는 생략할 수 있다. 이러한 부호 규약이 이 장의 전체에서 사용된다.

실제 응용에서는 도선을 감아서 자력선이 통과하는 면적을 증가시킴으로써, 변화하는 자기장에 의해 유도되는 전압을 상당히 증가시킨다. 단면적이 A인 N번 감긴 코일(권선수가 N인 코일, N-turn coil)에서의 기전력(emf)은

$$e = N\frac{d\phi}{dt} \tag{14.6}$$

가 된다.

연습 문제

권선수가 100인 코일이 2초 동안에 80 mWb에서 30 mWb로 균일하게 변하는 자기장에 놓여 있다. 코일에 유도되는 전압을 구하라.

Answer: $e = -2.5$ V

그림 14.5는 권선수가 N인 코일에 쇄교하는 자속을 보여준다. 권선수 N이 매우 크고 코일이 촘촘히 감겨져 있다면(실제 장치는 이와 같이 구성됨), 동일한 자속이 각

권선에 쇄교하고 있다고 가정할 수 있다. 이를 **자속 쇄교수**(flux linkage) λ라 하며, 따라서 λ는

$$\lambda = N\phi \tag{14.7}$$

이며, 유도 기전력은

$$\boxed{e = \frac{d\lambda}{dt}} \tag{14.8}$$

로 표시될 수 있다.

자속 쇄교수의 미분과 유도 기전력 사이의 관계인 식 (14.8)은, 전하의 미분과 전류 사이의 관계를 나타내는 식

$$i = \frac{dq}{dt} \tag{14.9}$$

와 유사하다. 다시 말하자면, 위에서 언급한 기본 가정, 즉 균일한 자기장이 촘촘히 감긴 코일에 의해 둘러싸인 면적에 수직으로 작용한다면, 회로 해석의 관점에서는 자속 쇄교수는 전하와 같은 역할을 한다고 생각할 수 있다. 이러한 가정을 전기 회로에서 보통 사용되는 인덕터 코일에 적용할 때 합리적인 가정이 된다.

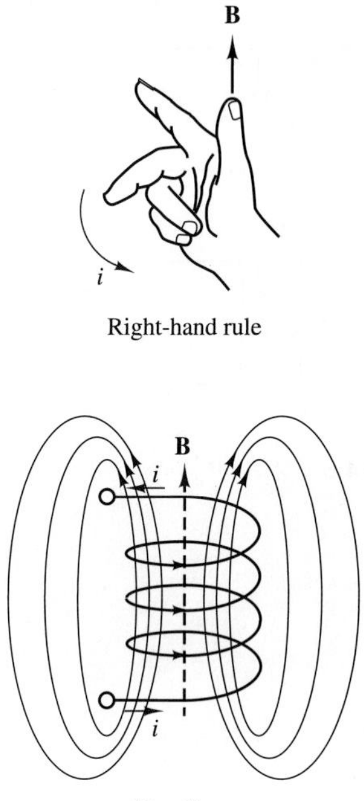

그림 14.5 자속 쇄교의 개념

그렇다면, 자속의 변화를 초래하여 기전력을 유도하는 물리적인 메커니즘은 무엇인가? 두 가지 메커니즘이 가능하다. 첫째는 코일 근처에서 영구자석을 움직여 시변 자속을 생성해 내는 것이다. 둘째는 시변 전류를 통해서 자기장의 변화를 야기하는 것이다. 첫째 방법이 가시화하기에는 더 간단하지만, 둘째 방법이 더 실용적이다. 이는 영구자석의 사용을 요구하지 않으며, 인가하는 전류의 변화에 의해 자기장의 세기의 변화가 가능하기 때문이다. 움직이는 자기장에 의해 유도되는 전압은 **운동 전압**(motion voltage)이라 부르며, 시변 자기장에 의해 유도되는 전압은 **변압기 전압**(transformer voltage)이라 부른다. 이 장에서는 서로 다른 응용 예를 위해서 이 두 가지 메커니즘 모두에 관심을 가질 것이다.

선형 회로의 해석에서는 자속 쇄교수와 전류 사이의 관계가 선형이라고 묵시적으로 가정한다.

$$\lambda = Li \tag{14.10}$$

그러므로 시변 전류의 효과는 인덕터 코일의 양단에

$$v = L\frac{di}{dt} \tag{14.11}$$

와 같은 변압기 전압을 유도하는 것이다. 사실 위 식은 이상적인 **자기 인덕턴스**(self-inductance) L에 대한 정의식이다. 자기 인덕턴스에 더하여, 인접한 회로 사이에서 발생할 수 있는 **자기 결합**(magnetic coupling)을 고려하는 것 또한 매우 중요하다. 자기 인덕턴스는 어떤 회로에 흐르는 전류에 의해 생성된 자기장에 의해서 동일한 회로에 유도된 전압을 나타내는 데 사용된다. 즉, 첫 번째 회로에 인접한 두 번째 회로가 첫 번째 회로에서 생성된 자기장의 결과로써 유도 전압을 얻을 수도 있다. 14.4절에서 설명하겠지만, 이것이 모든 변압기의 기본적인 동작 원리가 된다.

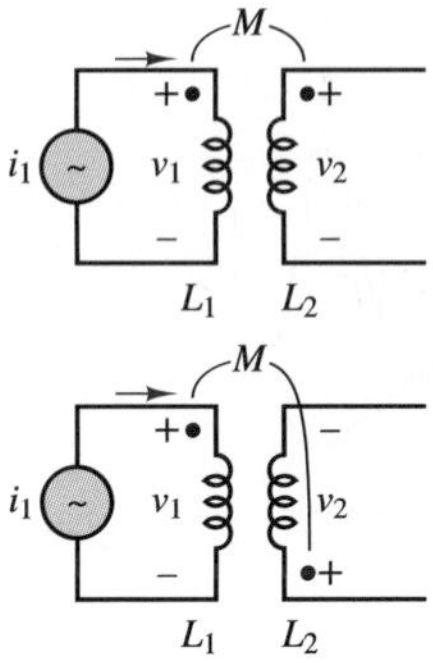

그림 14.6 상호 인덕턴스

자기 인덕턴스 및 상호 인덕턴스

그림 14.6은 한 쌍의 코일을 나타낸다. 1차(primary) 코일 L_1은 전류 i_1에 의해 여자되어(excited) 자기장과 그 결과로 유도 전압 v_1을 발생시킨다. 2차(secondary) 코일 L_2에는 전류가 흐르지 않지만, 1차 코일에 매우 근접해 있으므로 전류 i_1에 의해서 L_1 주위에 생긴 자속의 일부가 L_2에 쇄교한다. 두 코일의 근접함에 의해 발생하는 코일 사이의 자기 결합은 **상호 인덕턴스**(mutual inductance) M에 의해 표시되는데, 상호 인덕턴스는

$$v_2 = M\frac{di_1}{dt} \tag{14.12}$$

로 정의된다. 그림 14.6의 두 그림에 표시되어 있는 점은 각 코일 사이의 결합의 극성(polarity)을 나타낸다. 만약 두 점이 같은 쪽에 표시되어 있다면 1차 코일에서의 유도 전압과 1차 코일의 전류에 의한 2차 코일에서의 유도 전압이 같은 극성을 지닌다. 반면에, 그림 14.6의 하단 그림에서와 같이 점이 서로 반대쪽에 표시되어 있다면, 유도 전압의 극성은 서로 반대가 된다. 어쨌든 이러한 점의 존재는 두 코일 사이에 자기 결합이 존재한다는 것을 나타낸다. 만약 2차 코일에 전류(즉, 자기장)가 존재한다면, 부가적인 전압이 1차 코일에 유도될 것이다. 따라서 코일의 양단에 유도되는 전압은 자기 인덕턴스와 상호 인덕턴스에 의해 유도된 전압의 합과 같다.

실제 전자기 회로에서 회로의 자기 인덕턴스가 항상 일정한 것은 아니다. 특히, 인덕턴스 파라미터 L은 일반적으로 상수가 아니며, 자기장의 세기에 의존한다. 그러므로 L이 상수인 $v = L\,di/dt$와 같은 간단한 관계식을 이용하는 것은 불가능하다. 앞서 변압기 전압의 정의 식인

$$e = N\frac{d\phi}{dt} \tag{14.13}$$

을 상기한다면, 인덕터 코일에서 인덕턴스는

$$L = \frac{N\phi}{i} = \frac{\lambda}{i} \tag{14.14}$$

와 같이 주어진다는 것을 알 수 있다. 위 식은 자기 구조(magnetic structure)에서 전류와 자속 사이의 관계가 인덕턴스 L이 일정할 경우 선형임을 의미하며, 이때 인덕턴스가 직선의 기울기에 해당한다. 사실 강자성체(ferromagnetic material)의 특성은 자속-전류 관계가 비선형적이며, 전기 회로 해석에 사용되던 간단한 선형 인덕턴스 파라미터를 사용하여 이 장의 자기 회로의 거동을 표현하기는 부적합하다. 실제 상황에서는 자속 쇄교수 λ와 전류 사이의 관계는 비선형이며, 그림 14.7에 나타낸 곡선으로 표시할 수 있다. i-λ 곡선이 직선이 아닌 경우에는 에너지 계산의 관점에서 자기 시스템을 해석하는 것이 더욱 편리하게 되는데, 이는 해당하는 회로의 방정식이 비선형이기 때문이다.

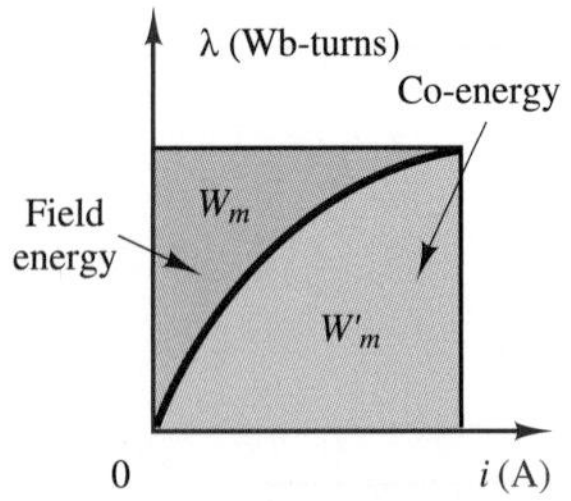

그림 14.7 자속 쇄교, 전류, 에너지, 공에너지 사이의 관계

자기 시스템에서 자기장에 축적된 에너지는, 전형적인 전기 회로에서와 같이 전압과 전류의 곱인 순시 전력의 적분과 같다.

$$W_m = \int ei\,dt' \tag{14.15}$$

그러니 이 경우에 진압은 다음의 패러데이의 법칙

$$e = \frac{d\lambda}{dt} = N\frac{d\phi}{dt} \tag{14.16}$$

를 따르는 유도 기전력이므로, 자속의 변화율에 관계된다. 그러므로 자기장에 축적된 에너지는

$$W_m = \int ei\, dt' = \int \frac{d\lambda}{dt}\, i\, dt' = \int i\, d\lambda' \tag{14.17}$$

와 같이 전류의 항으로 표시할 수 있다. 이 에너지는 그림 14.7에서 λ-i 곡선 위의 면적과 동일하다는 것을 쉽게 알 수 있다. 동일한 그림으로부터 **공에너지**(co-energy)라 불리는 가상적인(그러나 유용한) 양을 정의할 수 있는데, 이는 곡선 아래의 면적과 동일하며, W_m'으로 표시한다. 그림 14.7로부터 공에너지는

$$W'_m = i\lambda - W_m \tag{14.18}$$

라는 관계식에 의해, 저장된 에너지의 항으로 표시될 수 있다. 예제 14.1은 앞서 언급한 개념들을 사용하여 에너지, 공에너지 및 유도 기전력의 계산을 예시해 준다.

자기 구조에서 생성되는 힘을 실제로 계산할 필요가 있을 때는 자기 구조 주변의 자기장에 저장되는 에너지의 계산이 매우 유용하게 사용될 것이다.

인덕터의 에너지와 공에너지의 계산

예제 14.1

LO

문제

주어진 λ-i 관계식을 가지는 철심 인덕터(iron-core inductor)에 대해서 에너지, 공에너지 및 증분 선형 인덕턴스(incremental linear inductance)를 구하고, 코일에 흐르는 전류를 이용하여 인덕터에 걸리는 전압을 구하라.

풀이

기지: λ-i 관계식, λ의 공칭값, 코일 저항, 코일 전류

미지: W_m, W_m', L_Δ; v

주어진 데이터 및 그림: $i = (\lambda + 0.5\lambda^2)$ A; $\lambda_0 = 0.5$ V-s; $R = 1\ \Omega$; $i(t) = 0.625 + 0.01 \sin(400t)$.

가정: 자기 방정식(magnetic equation)은 선형화될 수 있다고 가정하고, 모든 회로 계산에서 선형 모델을 사용한다.

해석:

1. 에너지와 공에너지의 계산. 식 (14.17)로부터 에너지는 다음과 같이 계산할 수 있다.

$$W_m = \int_0^{\lambda} i(\lambda')\, d\lambda' = \frac{\lambda^2}{2} + \frac{\lambda^3}{6}$$

위 식은 일반적으로 유효한 식이며, 이 예제의 경우에 인덕터는 자속 쇄교수 $\lambda_0 = 0.5$

V-s에서 동작하고 있으며, 에너지는 다음과 같이 계산할 수 있다.

$$W_m(\lambda = \lambda_0) = \left(\frac{\lambda^2}{2} + \frac{\lambda^3}{6}\right)\bigg|_{\lambda=0.5} = 0.1458 \text{ J}$$

해당하는 공에너지는

$$W'_m = i\lambda - W_m$$

으로부터 구할 수 있다. 여기서 전류 i는

$$i = \lambda + 0.5\lambda^2 = 0.625 \text{ A}$$

로 계산되며, 이로부터 공에너지는

$$W'_m = i\lambda - W_m = (0.625)(0.5) - (0.1458) = 0.1667 \text{ J}$$

로 구해진다.

2. 증분 인덕턴스의 계산. 만일 공칭 자속 쇄교수를 알고 있다면, 동작점 λ_0 근처에서 유효한 선형 인덕턴스 L_Δ를 다음과 같이 구할 수 있다. 증분 인덕턴스는 다음 식으로 정의된다.

$$L_\Delta = \left(\frac{di}{d\lambda}\right)^{-1}\bigg|_{\lambda=\lambda_0}$$

그리고 다음과 같이 계산된다.

$$L_\Delta = \left(\frac{di}{d\lambda}\right)^{-1}\bigg|_{\lambda=\lambda_0} = (1 + \lambda)^{-1}\big|_{\lambda=\lambda_0} = \frac{1}{1 + \lambda}\bigg|_{\lambda=0.5} = 0.667 \text{ H}$$

위 식은 자속 쇄교수가 0.5 V-s 근처에 있을 때 또는 인덕터에 흐르는 전류가 0.625 A 근처일 때, 인덕터의 동작을 해석하는 데 사용될 수 있다.

3. 선형화된 인덕터 모델을 사용한 회로 해석. 위에서 계산된 증분 선형 인덕턴스를 이용하여 전류 $i(t) = 0.625 + 0.01 \sin(400t)$가 흐를 때 인덕터 양단에 걸리는 전압을 계산할 수 있다. 저항 R이 직렬로 연결되어 있을 때, 인덕터의 기본 정의를 이용하면 인덕터 양단에 걸리는 전압은

$$\begin{aligned} v = iR + L_\Delta \frac{di}{dt} &= [0.625 + 0.01 \sin(400t)] \times 1 + 0.667 \times 4 \cos(400t) \\ &= 0.625 + 0.01 \sin(400t) + 2.668 \cos(400t) \\ &= 0.625 + 2.668 \sin(400t + 89.8°) \quad \text{V} \end{aligned}$$

가 된다.

참조: 이 예제에서 사용된 선형 근사 방법은 작은 정현파 전류가 더 큰 평균 전류 근처에서 진동하고 있으므로 나쁘지 않다. 이런 경우 인덕터가 선형적으로 동작하고 있다고 가정하는 것은 적합하며, 이 예제는 3장에서 소개된 선형 인덕터 모델이 왜 대부분의 회로 해석 문제에서 받아들일 수 있는 근사법인지를 설명하고 있다.

연습 문제

어떤 자성체에 대해서 자속 쇄교수와 전류 사이의 관계가 $\lambda = 6i/(2i + 1)$ Wb·t로 주어진다. $\lambda = 2$ Wb·t에 대해 자기장에 축적된 에너지를 구하라.

Answer: $W_m = 0.648$ J

암페어의 법칙은 어떤 폐경로에 대한 자기장의 세기 **H**의 선적분은 그 폐경로 i에 의해 둘러싸인 총 전류와 동일하다는 것으로

$$\oint \mathbf{H} \cdot d\mathbf{l} = \sum i \qquad (14.20)$$

와 같이 표현할 수 있으며, 여기서 $d\mathbf{l}$은 폐경로 방향으로의 미소 길이이다. 만약 적분 경로 상의 모든 점과 자기장의 방향이 동일하다면, 위 식은

$$\int H\, dl = \sum i \qquad (14.21)$$

와 같이 스칼라양으로 쉽게 나타낼 수 있다.

그림 14.9는 전류 i가 흐르는 도선 주위에 반지름 r의 원형 경로를 생각한 경우이다. 이 간단한 경우에, 자기장의 세기 **H**는 잘 알려진 오른손 법칙에 의해 결정된다는 사실을 알 수 있다. 이 법칙은 만약 오른손 엄지손가락의 방향으로 전류 i가 흐른다면, 그 결과로 발생하는 자기장은 다른 네 손가락이 도선을 감싸는 방향을 향한다는 것이다. 그림 14.9의 경우에, 적분 경로와 자기장의 방향이 같으므로 폐경로 적분값은 $H \cdot 2\pi r$이 되며, 따라서 자기장의 세기는 다음과 같다.

$$H = \frac{i}{2\pi r} \qquad (14.22)$$

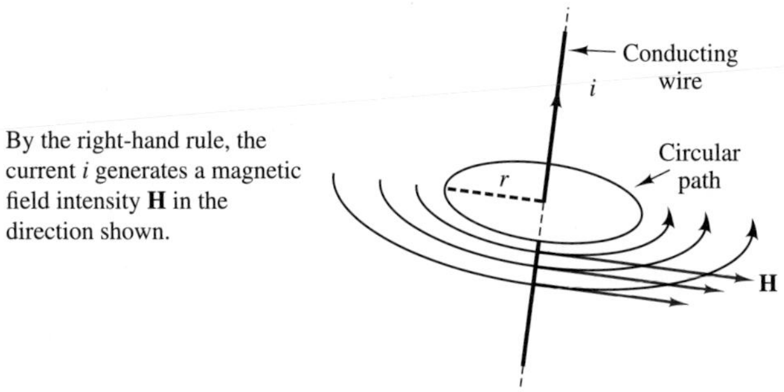
Conducting wire
i
By the right-hand rule, the current i generates a magnetic field intensity H in the direction shown.
r
Circular path
H

그림 14.9 암페어 법칙의 예시

연습 문제

긴 직선 도선으로부터 0.5 m의 반지름에서 자기장의 세기 **H**의 크기가 1 A-m^{-1}이다. 도선에 흐르는 전류를 구하라.

Answer: $I = \pi$ A

자기장의 세기 **H**는 도체 주위의 물질의 영향을 받지 않지만, 자속 밀도 **B**는 주위 물질의 특성에 영향을 받는다. 즉, 도체 주위의 자속 밀도는 도체 주위에 공기가 있을 때보다는 자성체가 있을 때 훨씬 커진다. 또 하나의 도선에 의해 생성된 자기장은 비교적 약하지만, 도선을 여러 번 촘촘히 감는다면 자기장의 세기를 크게 증

가시킬 수 있다. 권선수가 N인 코일(즉, 도선을 N회 감은 코일)은 자력선이 코일의 모든 권선을 쇄교하므로 권선수가 1인 코일에 흐르는 전류를 N배 증가시킨 것과 같은 효과를 낸다. 그러므로 전자기 회로에서 $N \cdot i$가 유용한 양이 되며, 이를 **기자력**[2] (magnetomotive force 또는 **mmf**) $\mathcal{F}$라 부른다.

$$\boxed{\mathcal{F} = Ni \quad \text{A-turns} \qquad \text{기자력}} \tag{14.23}$$

그림 14.10은 코일 근처에서의 자속선을 나타낸다. 코일 속에 자성체가 놓여 있다면 코일에 의해 생긴 자기장은 훨씬 큰 자속 밀도를 생성해낼 수 있다. 대부분 많이 사용되는 강자성체는 강(steel)과 철(iron)이다. 또, 많은 합금과 산화철, 니켈, 그리고 **페라이트**(ferrite)라 불리는 인공 세라믹 재료 등이 자성을 나타낸다. 최근에는 희토류 자석(rare earth magnet)이 고성능 전기모터 설계에서 많이 사용되고 있다. 두 가지 일반적인 희토류 재료는 철, 니켈, 코발트 등의 전이 금속을 포함하는 화합물인 neodymium과 samarium (lanthanides)이다. 이러한 자석은 페라이트보다 2~3배 높은 강도의 자기장을 생성할 수 있다. 강자성체 주위에 코일을 감는 것은 다음의 두 가지 측면에서 유용하다. 첫째, 자속이 코일 근처에 집중되게 한다. 둘째, 만약 자성체의 형상이 적합하다면 자성체 안에 자속이 완전히 갇히도록 할 수 있다. 전형적인 형상은 그림 14.11의 철심 인덕터와 토로이드(toroid, 도넛형) 인덕터이다. 이들 인덕터에 대한 자속 밀도는 다음과 같다.

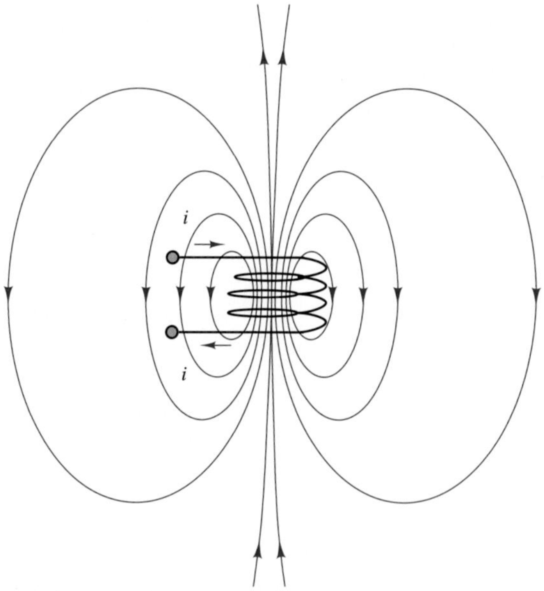

그림 14.10 전류가 흐르는 코일 근처의 자기장

[2] 차원 관점에서는 암페어와 동일하지만, 기자력의 단위는 암페어-횟수(ampere-turn)이다.

$$B = \frac{\mu N i}{l} \quad \text{촘촘히 감긴 원형 코일에 대한 자속 밀도} \tag{14.24}$$

$$B = \frac{\mu N i}{2\pi r_2} \quad \text{토로이드 코일에 대한 자속 밀도} \tag{14.25}$$

식 (14.24)에서 l은 코일선의 길이를 나타낸다. 그림 14.11은 식 (14.25)에서 파라미터 r_2를 정의한다.

직관적으로 본다면, 자속 근처의 고투자율 재료에 자속이 집중되는 현상은 전기 회로에서 전기장에 의해 발생하는 전류가 도체에 집중되는 것과 거의 같다. 그림 14.12는 단순한 전자기 구조의 예제를 보여 주는데, 이는 실제 변압기의 기본을 이룬다.

표 14.2는 지금까지 소개된 변수들을 요약하여 놓은 것이다.

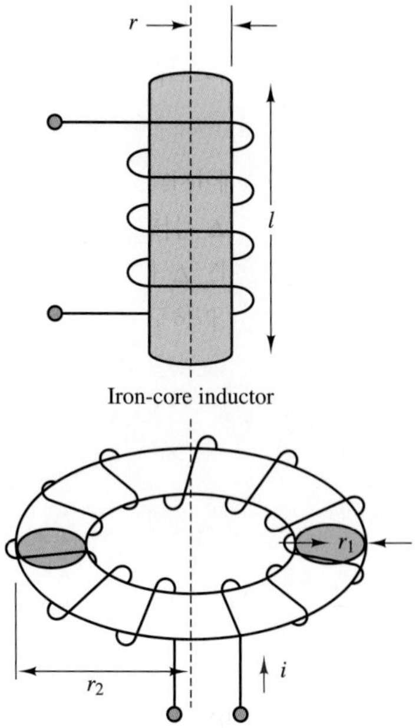

그림 14.11 실용적인 인덕터

표 14.2 자기 변수와 단위

Variable	Symbol	Units
Current	I	A
Magnetic flux density	B	Wb/m^2 = T
Magnetic flux	ϕ	Wb
Magnetic field intensity	H	A/m
Electromotive force	e	V
Magnetomotive force	$\mathcal{F}$	A-turns
Flux linkage	λ	Wb-turns

14.2 자기 회로

그림 14.12에서와 같은 전자기 장치의 동작을 등가 자기 회로(magnetic circuit)를 사용하여 해석하는 것이 가능한데, 이는 앞에서의 등가 전기 회로와 많은 점에서 유사하다. 그러나 이런 기법을 사용하기에 앞서 단순화를 위한 몇 가지의 가정이 필요하다. 첫 번째 가정은 자속에 대하여 **평균 경로**(mean path)가 존재하며, 이에 해당하는 평균 자속 밀도가 자기 구조의 단면적에 걸쳐서 거의 일정하다는 것이다. 즉, 단면적이 A인 자심(magnetic core, 간단히 코어라고도 함) 주위에 감긴 코일의 자속 밀도는

$$B = \frac{\phi}{A} \tag{14.26}$$

가 되며, 여기서 A는 자속선의 방향과 수직이라고 가정한다. 그림 14.12는 이런 평균 경로와 단면적 A를 나타내고 있다. 자속 밀도를 알고 있다면, 자기장의 세기는

$$H = \frac{B}{\mu} = \frac{\phi}{A\mu} \tag{14.27}$$

와 같이 계산할 수 있다. 또, 이로부터 코일의 기자력 $\mathcal{F}$를 자기장의 세기 H와 구조의 한 변에 대한 자로(magnetic path)의 길이 l의 곱으로 다음과 같이 나타낼 수 있

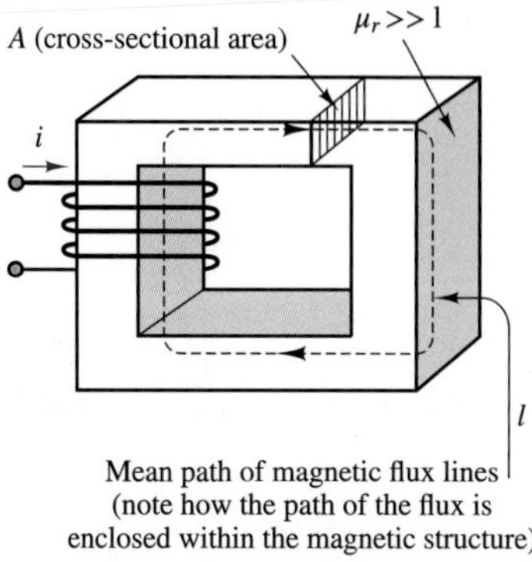

그림 14.12 단순한 전자기 구조

다. 식 (14.24)와 (14.19)를 이용하여 다음 식을 유도한다.

$$\mathcal{F} = N \cdot i = H \cdot l \tag{14.28}$$

요약하자면, 기자력은 자속과 자로의 길이의 곱을 재료의 투자율과 단면적의 곱으로 나눈 것으로

$$\mathcal{F} = \phi \frac{l}{\mu A} \tag{14.29}$$

으로 표현할 수 있다. 위 식을 고찰해 보면, 기자력 $\mathcal{F}$는 직렬 전기 회로에서의 전압원과 유사하다. 여기서 자속 ϕ는 직렬 회로에서의 전류에 해당하며, $l/\mu A$는 자기 회로의 한 변의 "자기 저항(magnetic resistance)"에 해당한다. 투자율 μ를 도체의 전도율(conductivity) σ로 대체한다면, 자기 저항 $l/\mu A$는 단면적 A와 길이 l인 원통형 도체의 저항과 매우 유사하다. 항 $l/\mu A$은 자기 저항 또는 **릴럭턴스**(reluctance) $\mathcal{R}$로 정의된다. 또한, 자기 구조에서의 릴럭턴스와 인덕턴스 사이의 관계를 아는 것이 중요하며, 이는 식 (14.14)로부터 쉽게 유도될 수 있다.

LO

$$\boxed{L = \frac{\lambda}{i} = \frac{N\phi}{i} = \frac{N}{i}\frac{Ni}{\mathcal{R}} = \frac{N^2}{\mathcal{R}} \quad \text{H}} \tag{14.30}$$

요약하자면, 전류 i가 흐르는 권선수 N인 코일이 그림 14.12와 같이 코어 주위에 감겨 있을 때, 코일에 의해 생성되는 기자력 $\mathcal{F}$는 자속 ϕ를 발생시키는데, 이 자속의 대부분은 코어 내에 집중되어 있고, 코어의 단면에 대하여 균일하다고 가정한다. 이와 같이 단순화된 상황에서는, 자기 회로의 해석은 저항으로 구성된 전기 회로의 해석과 매우 유사하다. 이러한 유사성은 표 14.3에 나타나 있으며, 또한 이 절의 예제에서 다루어진다.

LO

표 14.3 전기 회로와 자기 회로의 유사성

Electrical quantity	Magnetic quantity
Electrical field intensity E, V/m	Magnetic field intensity H, A-turns/m
Voltage v, V	Magnetomotive force $\mathcal{F}$, A-turns
Current i, A	Magnetic flux ϕ, Wb
Current density J, A/m^2	Magnetic flux density B, Wb/m^2
Resistance R, Ω	Reluctance $\mathcal{R} = l/\mu A$, A-turns/Wb
Conductivity σ, 1/Ω-m	Permeability μ, Wb/A-m

그림 14.12의 자기 구조와 유사하나, 기하학적으로 약간 변형된 코어를 가진 그림 14.13의 자기 구조를 생각해 보자. 이 그림에서 기자력 $\mathcal{F} = Ni$가 네 변으로 구성된 자기 구조를 여자시킨다. 네 변 중 두 변은 평균 경로 길이 l_1과 단면적 $A_1 = d_1 w$, 다른 두 변은 평균 경로 길이 l_2와 단면적 $A_2 = d_2 w$를 가진다. 즉, 자속이 코어를 흘러갈 때 부딪히는 릴럭턴스 $\mathcal{R}_{\text{series}}$는 다음과 같다.

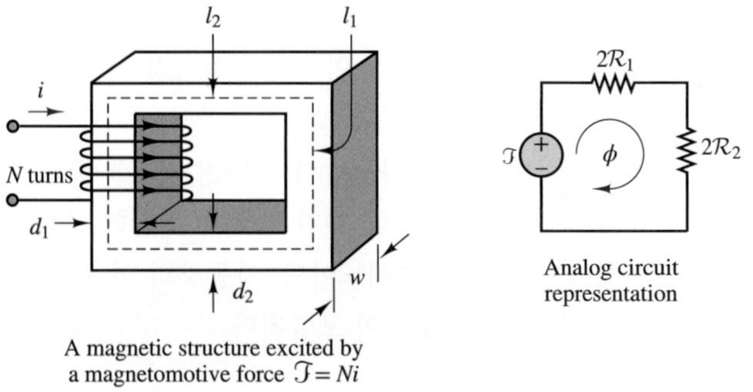

그림 14.13 자기 회로와 전기 회로의 유사성

$$\mathcal{R}_{\text{series}} = 2\mathcal{R}_1 + 2\mathcal{R}_2$$

와

$$\mathcal{R}_1 = \frac{l_1}{\mu A_1} \qquad \mathcal{R}_2 = \frac{l_2}{\mu A_2}$$

이 단계에서 그림 14.13의 자기 구조를 해석하는 데 사용되는 몇 가지 가정과 근사화를 다시 한번 고찰해 보는 것이 중요하다.

1. 모든 자속은 코일의 모든 권선에 쇄교한다.
2. 자속은 오로지 자심 속으로만 제한되어 있다.
3. 자속 밀도는 자심의 단면에 걸쳐 균일하다.

LO

첫 번째 가정은 코일의 양단 근처에서는 반드시 유효하다고 할 수는 없지만, 코일이 조밀하게 감겨 있다면 이 가정의 유효성은 증대된다. 두 번째 가정은 코어의 비투자율이 자심을 둘러싸고 있는 공기의 투자율보다 훨씬 크다는 것을 의미한다. 이 경우에 자속은 자심 속으로만 제한된다. 전기 회로에서 도선을 완전 도체로 취급할 때도 이와 유사하게 가정한다는 점을 주목할 필요가 있다. 구리의 전도율(conductivity)은 자유 공간의 전도율보다 대략 10^{15}배 만큼이나 더 크다. 그러나 자성체의 경우에는 최고의 합금조차도 단지 10^3에서 10^5 정도의 비투자율을 가질 뿐이다. 전기 회로에 대해 아주 적절한 이러한 가정은 자기 회로의 경우에는 그다지 만족스러운 것은 아니다. 그림 14.12와 14.13과 같은 구조에서 일부 자속은 자심 내에 제한되지 않는데, 이를 **누설 자속**(leakage flux)이라 한다. 마지막으로, 자속이 자심의 단면에 걸쳐 균일하다는 가정은 유한한 투자율을 가진 매질에 대해서는 성립될 수 없지만, 자기 회로의 근사적인 평균 거동을 해석하는 데는 매우 유용하게 사용된다.

앞의 몇 가지 근사화 가정을 기초로 하는 자기 회로 해석은 결코 아주 정확한 해석은 아니다. 그러나 자기 구조의 해석에 있어서 전자기장 이론, 벡터 미적분학 또는 고급 시뮬레이션 소프트웨어를 사용하지 않는 한, 앞서의 가정에 기초한 해석 방법은 엔지니어에게 매우 유용한 수단이다. 이 장의 나머지 부분에서는 전기 회로 해석에 기초한 근사 해석을 사용하여 다양한 자기 회로를 포함한 문제의 근사해를 얻을 것이다. 이런 응용 중에는 스피커, 솔레노이드, 자동차의 연료 분사장치, 직선 및 회전 속도, 위치 측정에 사용되는 센서 등이 포함된다.

예제 14.2 자기 구조의 해석 및 등가 자기 회로

문제

그림 14.14의 자기 구조에 대해서 자속, 자속 밀도 및 자기장의 세기 H를 계산하라.

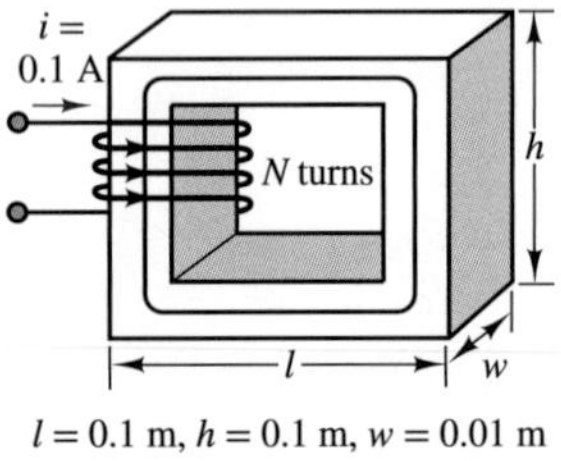

그림 14.14 예제 14.2의 그림

풀이

기지: 비투자율, 코일의 권선수, 코일 전류, 구조의 외형

미지: ϕ, B, H

주어진 데이터 및 그림: $\mu_r = 1{,}000$, $N = 500$ turns, $i = 0.1$ A. 단면적은 $A = w^2 = (0.01)^2 = 0.0001\ \mathrm{m}^2$이다. 자기 회로의 치수는 그림 14.14와 14.15에 정의되어 있다.

가정: 모든 자속은 코일에 의해 쇄교된다. 자속은 자심 속으로만 제한된다. 자속 밀도는 균일하다.

해석:

1. 기자력의 계산. 식 (14.28)로부터 기자력을 구하면 다음과 같다.

$$\mathcal{F} = \mathrm{mmf} = Ni = (500\ \mathrm{turns})(0.1\ \mathrm{A}) = 50\ \mathrm{A\text{-}turns}$$

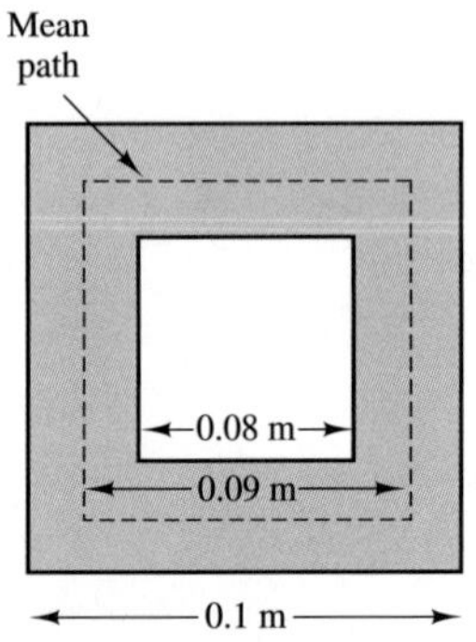

그림 14.15 예제 14.2의 자기 구조의 단면

2. 평균 경로의 계산. 다음에는, 자속의 평균 경로를 추정한다. 가정에 의하여 그림 14.15와 같이 자기 구조의 중앙을 통과하는 평균 경로를 계산할 수 있다. 경로의 길이는 다음과 같다.

$$l_c = 4 \times 0.09\ \mathrm{m} = 0.36\ \mathrm{m}$$

3. 릴럭턴스의 계산. 자로(magnetic path)의 길이 및 단면적을 이용하여 릴럭턴스를 구하면

$$\mathcal{R} = \frac{l_c}{\mu A} = \frac{l_c}{\mu_r \mu_0 A} = \frac{0.36}{1{,}000 \times 4\pi \times 10^{-7} \times 0.0001}$$
$$= 2.865 \times 10^6\ \mathrm{A\text{-}turns/Wb}$$

이 된다. 이 구조에 해당하는 등가 자기 회로는 그림 14.16에 도시되어 있다.

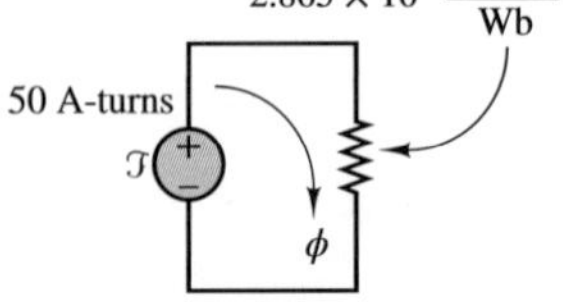

그림 14.16 예제 14.2의 등가 자기 회로

4. 자속과 자속 밀도 및 자기장의 세기 계산. 가정에 의하여 자속은

$$\phi = \frac{\mathcal{F}}{\mathcal{R}} = \frac{50 \text{ A-turns}}{2.865 \times 10^6 \text{ A-turns/Wb}} = 1.75 \times 10^{-5} \text{ Wb}$$

이 된다. 자속 밀도는

$$B = \frac{\phi}{\text{A}} = \frac{\phi}{w^2} = \frac{1.75 \times 10^{-5} \text{ Wb}}{0.0001 \text{ m}^2} = 0.175 \text{ Wb/m}^2$$

이고, 자기장의 세기는 다음과 같다.

$$H = \frac{B}{\mu} = \frac{B}{\mu_r \mu_0} = \frac{0.175 \text{ Wb/m}^2}{1{,}000 \times 4\pi \times 10^{-7} \text{ H/m}} = 139 \text{ A-turns/m}$$

참조: 이 예제는 자기 구조와 관계된 모든 기본적인 양들을 계산하는 방법을 설명하였다. 이 예제에서(또한 이 장의 앞부분에서) 기술된 가정들은 문제를 단순화하고, 몇 단계의 단순한 과정을 통해서 해를 얻을 수 있게 한다. 사실 자기 구조를 통과하는 자속의 누설, 불균일한 분포 등으로 인해서 유한요소법(finite-element method)을 이용한 3차원 방정식의 해가 필요하다. 이 방법은 이 책에서는 논의되지 않으나, 실제적인 설계를 위해서 필요할 것이다.

주어진 자속이나 자속 밀도를 발생하는 데 필요한 전류의 크기를 근사적으로 계산할 필요가 있을 때 이런 근사법은 유용하게 사용할 수 있으며, 앞으로 실제적인 구조에서 전자기 에너지(electromagnetic energy)와 자기력(magnetic force)을 결정하는 데 이런 계산들이 어떻게 수행되는지를 보게 될 것이다.

다음에 이 예제에서 설명된 "방법 및 절차"가 요약되어 있다.

연습 문제

그림 14.17의 구조에서 "소스"에서 보는 등가 릴럭턴스를 구하라. 여기서 $\mu_r = 1{,}000$, $l = 5$ cm 그리고 각 변의 치수는 1 cm이다.

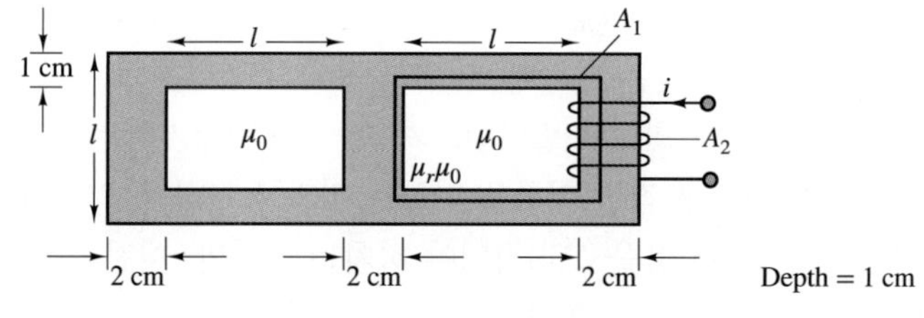

그림 14.17 2개의 루프를 갖는 자기 구조

Answer: 구조의 가장자리로부터 1 cm의 평균 경로를 가정하여, $\mathcal{R}_{eq} = 1.41 \times 10^6$ A-turns/Wb

방법 및 절차
FOCUS ON PROBLEM SOLVING

자기 구조와 등가 자기 회로

정과정

기지–자기 구조의 외형과 코일 파라미터
계산–자기 구조 내의 자속

1. 기자력을 계산한다.
2. 자로의 길이와 단면적을 결정한다.
3. 등가 릴럭턴스를 계산한다.
4. 등가 자기 회로를 생성하고, 총 등가 릴럭턴스를 계산한다.
5. 자속, 자속 밀도, 자기장의 세기를 계산한다.

역과정

기지–원하는 자속 또는 자속 밀도, 자기 구조의 외형
계산–필요한 코일 전류와 권선수

1. 자속으로부터 자기 구조의 총 등가 릴럭턴스를 계산한다.
2. 등가 자기 회로를 생성한다.
3. 요구되는 자속의 생성에 필요한 기자력을 결정한다.
4. 요구되는 기자력의 생성에 필요한 코일 전류와 코일의 권선수를 결정한다.

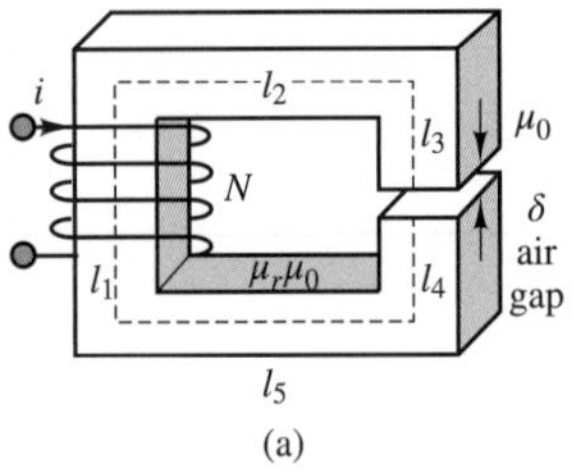

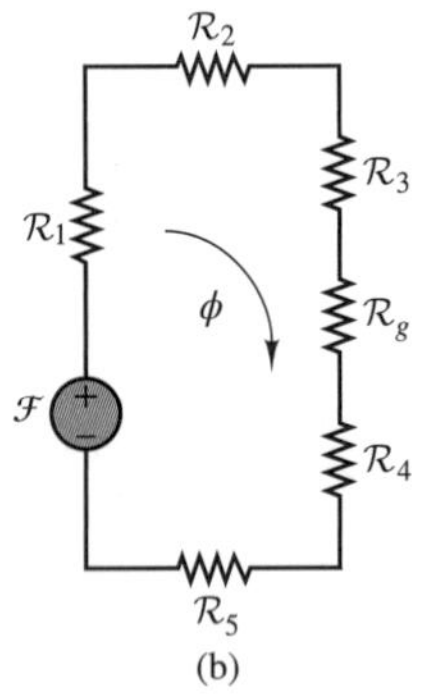

그림 14.18 (a) 공극을 가진 자기 회로, (b) 공극을 가진 자기 회로의 등가 표현

공극(air gap)이 존재하는 자기 구조의 해석을 고려해 보자. 공극은 자기 구조에서 매우 일반적이다. 예를 들어, 회전기계에서 공극은 내부 철심의 자유로운 회전을 위해 절대적으로 필요하다. 그림 14.18(a)의 자기 회로는 공극의 존재로 인해서, 예제 14.2에서 해석된 회로와는 다르다. 이러한 공극의 영향은 고투자율 경로의 연속성을 깨뜨려서 등가 자기 회로에 릴럭턴스가 큰 요소를 추가하는 것과 같다. 이는 직렬 전기 회로에서 매우 큰 직렬 저항을 더하는 것과 유사하다. 그림 14.18(a)에서 보면, 서로 다른 2개의 투자율을 고려하여야 하기는 하지만, 여전히 릴럭턴스의 기본 개념이 적용되고 있음을 알 수 있다.

그림 14.18(b)는 그림 14.18(a)의 구조에 대한 등가 회로인데, $\mathcal{R}_n$은 $n = 1, 2, \ldots, 5$에 대한 경로 l_n의 릴럭턴스이고, $\mathcal{R}_g$는 공극의 릴럭턴스이다. 만약 자기 구조가 균일한 단면적 A를 가진다면, 다음과 같이 릴럭턴스를 계산할 수 있다.

$$\mathcal{R}_1 = \frac{l_1}{\mu_r\mu_0 A} \qquad \mathcal{R}_2 = \frac{l_2}{\mu_r\mu_0 A} \qquad \mathcal{R}_3 = \frac{l_3}{\mu_r\mu_0 A}$$
$$\mathcal{R}_4 = \frac{l_4}{\mu_r\mu_0 A} \qquad \mathcal{R}_5 = \frac{l_5}{\mu_r\mu_0 A} \qquad \mathcal{R}_g = \frac{\delta}{\mu_0 A_g} \tag{14.31}$$

위의 $\mathcal{R}_g$의 계산에서 공극의 길이는 δ로, 투자율은 μ_0로 주어지지만, A_g는 구조의 단면적 A와 다르다는 점을 주목하여야 한다. 이는 자속이 공극을 통과할 때 자속이 약간 바깥으로 벌려지는 **가장자리 효과**(fringing effect)라 불리는 현상을 보이기 때문이다. 자속선이 더 이상 고투자율 재료에 의해서 갇혀 있지 않고, 단면 A에 의해서 정의된 간격 밖으로 휘어진다. 즉, 이런 현상을 고려하기 위해 A_g를 A보다 약간 크게 하는 것이 보통이다. 다음 예제 14.3은 A_g를 구하는 과정을 자세히 설명해 주며, 또한 가장자리 효과에 대해서도 논의한다.

공극을 가진 자기 구조

예제 14.3

문제

그림 14.19의 자기 회로에서 등가 릴럭턴스를 구하고, 자기 구조의 밑판에 형성된 자속 밀도를 구하라.

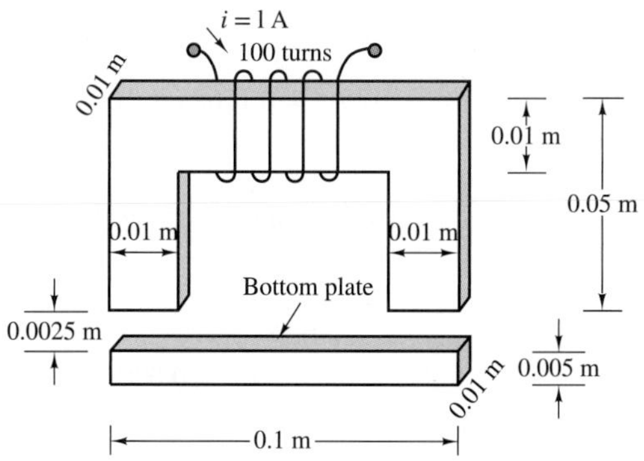

그림 14.19 공극을 가진 전자기 구조

풀이

기지: 비투자율, 코일의 권선수, 코일에 흐르는 전류, 자기 구조의 외형

미지: $\mathcal{R}_{eq}$; B_{bar}

주어진 데이터 및 그림: $\mu_r = 10{,}000$, $N = 100$ turns, $i = 1$ A

가정: 모든 자속은 코일에 의해 쇄교된다. 자속은 자심 속으로만 제한된다. 자속 밀도는 균일하다.

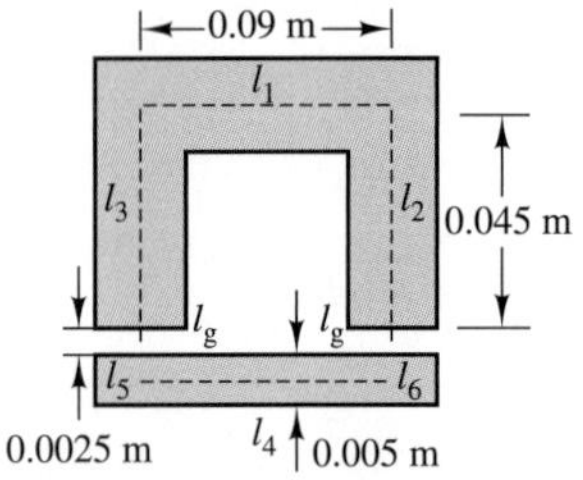

그림 14.20 공극을 갖는 자기 구조의 외형

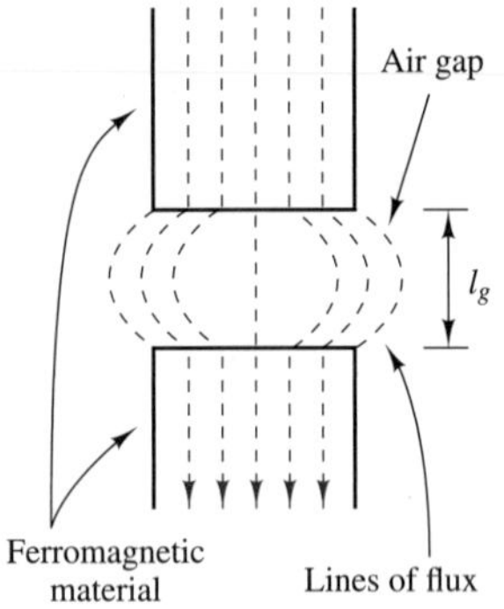

그림 14.21 공극에서의 가장자리 효과

해석:

1. 기자력의 계산. 식 (14.28)로부터 기자력은

$$\mathcal{F} = \text{mmf} = Ni = (100 \text{ turns})(1 \text{ A}) = 100 \text{ A-turns}$$

이 된다.

2. 평균 경로의 계산. 그림 14.20은 자기 구조를 나타내고 있으며, 경로 길이는

$$l_c = l_1 + l_2 + l_3 + l_4 + l_5 + l_6 + l_g + l_g$$

이다. 그러나 경로는 U자 모양의 부분과 공극, 그리고 밑판의 세 부분으로 나뉘어져야 하며, 이 세 부분을 하나로 취급할 수는 없는데, 이는 이 세 부분의 비투자율이 서로 다르기 때문이다. 따라서 매우 작은(밑판 두께의 절반) 길이인 l_5와 l_6를 무시하고, 다음과 같이 3개의 경로를 정의한다.

$$l_U = l_1 + l_2 + l_3 \qquad l_{bar} = l_4 + l_5 + l_6 \approx l_4 \qquad l_{gap} = l_g + l_g$$

여기서

$$l_U = 0.18 \text{ m} \qquad l_{bar} = 0.09 \text{ m} \qquad l_{gap} = 0.005 \text{ m}$$

이다. 다음으로, 단면적을 구하도록 한다. 자기 구조에 대해서 단면적은 $A_U = w^2 = (0.01)^2 = 0.0001 \text{ m}^2$와 $A_{bar} = (0.01 \times 0.005) = 0.0005 \text{ m}^2$이다. 공극에 대해서는 가장자리 효과(그림 14.21과 같이 자력선이 자로에서 벌어지려는 경향)를 설명하기 위해서 경험적인 조정을 해야 하는데, 공극의 길이를 공극의 양방향으로의 물리적 치수에 더함으로써 유효 단면적을 구한다. 따라서 공극의 유효 단면적은

$$A_{gap} = (0.01 \text{ m} + l_g)^2 = (0.0125)^2 = 0.15625 \times 10^{-3} \text{ m}^2$$

이 된다.

3. 릴럭턴스의 계산. 자로의 길이와 단면적을 이용하여 릴럭턴스를 구할 수 있다.

$$\mathcal{R}_U = \frac{l_U}{\mu_U A_U} = \frac{l_U}{\mu_r \mu_0 A_U} = \frac{0.18}{10{,}000 \times 4\pi \times 10^{-7} \times 0.0001}$$
$$= 1.43 \times 10^5 \text{ A-turns/Wb}$$

$$\mathcal{R}_{bar} = \frac{l_{bar}}{\mu_{bar} A_{bar}} = \frac{l_{bar}}{\mu_r \mu_0 A_{bar}} = \frac{0.09}{10{,}000 \times 4\pi \times 10^{-7} \times 0.0005}$$
$$= 143.2 \times 10^3 \text{ A-turns/Wb}$$

$$\mathcal{R}_{gap} = \frac{l_{gap}}{\mu_{gap} A_{gap}} = \frac{l_{gap}}{\mu_0 A_{gap}} = \frac{0.005}{4\pi \times 10^{-7} \times 0.156 \times 10^{-3}} = 25.5 \times 10^6 \text{ A-turns/Wb}$$

위의 계산으로부터 공극은 치수는 작지만 자기 회로의 릴럭턴스에서 큰 부분을 차지한다는 것을 알 수 있는데, 이는 공극의 비투자율이 자성체의 비투자율보다 훨씬 작기 때문이다.

자기 구조의 등가 릴럭턴스는

$$\mathcal{R}_{eq} = \mathcal{R}_U + \mathcal{R}_{bar} + \mathcal{R}_{gap} = 1.43 \times 10^5 + 143.2 \times 10^3 + 2.55 \times 10^7$$
$$= 25.8 \times 10^6 \text{ A-turns/Wb}$$

이 되고, 공극의 릴럭턴스가 자기 구조의 릴럭턴스보다 매우 크므로 자기 구조의 릴럭턴스를 무시하고, 공극의 릴럭턴스만으로 자속을 계산할 수 있다. 따라서

$$\mathcal{R}_{eq} \approx \mathcal{R}_{gap}$$

4. 자기 구조의 밑판에서의 자속과 자속 밀도의 계산. 위의 계산 결과들에 의해서 자속을 계산하면

$$\phi = \frac{\mathcal{F}}{\mathcal{R}_{eq}} \approx \frac{\mathcal{F}}{\mathcal{R}_{gap}} = \frac{100 \text{ A-turns}}{2.55 \times 10^7 \text{ A-turns/Wb}} = 3.9 \times 10^{-6} \text{ Wb}$$

가 되고, 자속 밀도는

$$B_{bar} = \frac{\phi}{A} = \frac{3.92 \times 10^{-6} \text{ Wb}}{0.00005 \text{ m}^2} = 78.5 \times 10^{-3} \text{ Wb/m}^2$$

이 된다.

참조: 근사적인 계산에 있어서 자성체의 릴럭턴스를 무시하는 것은 매우 일반적이며, 이런 가정은 이 장의 나머지 부분에서 자주 사용될 것이다.

연습 문제

그림 14.22에 나타난 자기 회로의 등가 릴럭턴스를 구하라. 여기서 μ_r은 무한대이며 $\delta = 2$ mm, 철심의 물리적 단면적이 1 cm^{2}이다. 가장자리 효과를 고려하라.

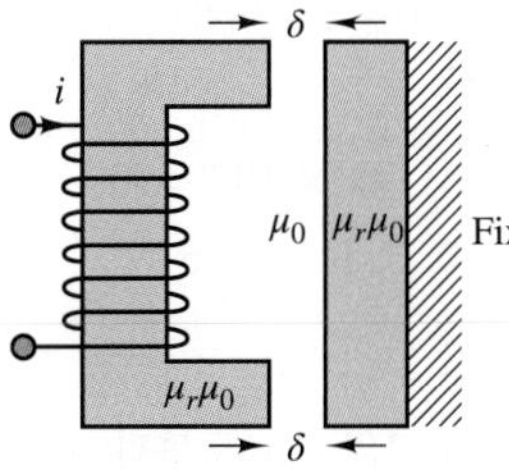

그림 14.22 자기 회로

Answer: $\mathcal{R}_{eq} = 22 \times 10^6$ A-turns/Wb

예제 14.4 전기 모터의 자기 구조

문제

그림 14.23은 전기 모터의 구성을 보여주고 있으며, 고정자(stator)와 회전자(rotor)로 이루어져 있다. 그림을 참고하여 공극의 자속과 자속 밀도를 구하라. 가장자리 효과는 무시하라.

풀이

기지: 비투자율, 코일의 권선수, 코일에 흐르는 전류, 구조

미지: ϕ_{gap}, B_{gap}

주어진 데이터 및 그림: $\mu_r \to \infty$, $N = 1{,}000$ turns, $i = 10$ A, $l_{gap} = 0.01$ m, $A_{gap} = 0.1$ m^2. 자기 회로의 구조는 그림 14.23에 나타나 있다.

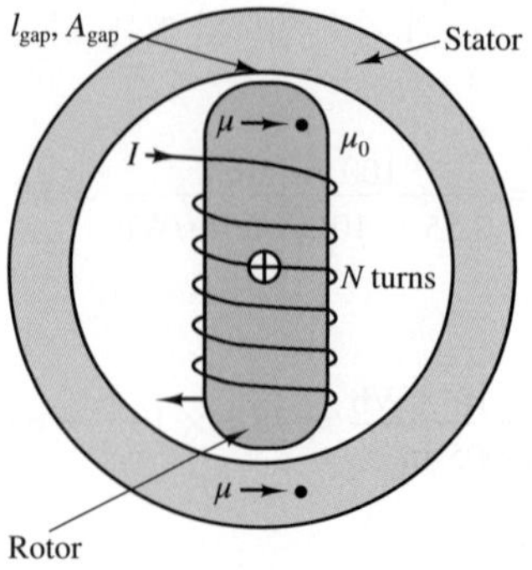

그림 14.23 동기 모터의 단면도

가정: 모든 자속은 코일에 의해 쇄교된다. 자속은 자심 속으로만 제한된다. 자속 밀도는 균일하다. 자기 구조의 릴럭턴스는 매우 작다.

해석:

1. 기자력의 계산. 식 (14.28)로부터 기자력은

$$\mathcal{F} = \text{mmf} = Ni = (1{,}000 \text{ turns})(10 \text{ A}) = 10{,}000 \text{ A-turns}$$

이 된다.

2. 릴럭턴스의 계산. 자로의 길이와 단면적을 이용하여 두 공극의 등가 릴럭턴스를 계산하면

$$\mathcal{R}_{gap} = \frac{l_{gap}}{\mu_{gap}A_{gap}} = \frac{l_{gap}}{\mu_0 A_{gap}} = \frac{0.01}{4\pi \times 10^{-7} \times 0.1} = 7.96 \times 10^4 \text{ A-turns/Wb}$$

$$\mathcal{R}_{eq} = 2\mathcal{R}_{gap} = 1.59 \times 10^5 \text{ A-turns/Wb}$$

을 얻는다.

3. 자속과 자속 밀도의 계산. 단계 1, 2의 결과로부터 자속은

$$\phi = \frac{\mathcal{F}}{\mathcal{R}_{eq}} = \frac{10{,}000 \text{ A-turns}}{1.59 \times 10^5 \text{ A-turns/Wb}} = 0.0628 \text{ Wb}$$

이 되고, 자속 밀도는

$$B_{bar} = \frac{\phi}{A} = \frac{0.0628 \text{ Wb}}{0.1 \text{ m}^2} = 0.628 \text{ Wb/m}^2$$

이 된다.

참조: 이 예제의 자기 구조에서 자속과 자속 밀도는 앞의 예제에서보다 훨씬 큰데, 이는 자기 구조의 기자력과 공극의 면적이 더 크기 때문이다.

전기 모터에 관한 내용은 15장에서 보다 자세히 다루게 된다.

예제 14.5 여러 개의 공극이 존재하는 자기 구조의 등가 회로

문제

그림 14.24는 2개의 공극을 가지는 자기 구조의 구성을 나타내고 있다. 등가 회로를 결정하라.

풀이

기지: 구조

미지: 등가 회로도

가정: 모든 자속은 코일에 의해 쇄교된다. 자속은 자심 속으로만 제한된다. 자속 밀도는 균일하다. 자기 구조의 릴럭턴스는 매우 작다.

해석:

1. 기자력의 계산

$$\mathcal{F} = \text{mmf} = Ni$$

2. 릴럭턴스의 계산. 자기 회로의 길이와 단면적을 이용하여 두 공극의 등가 릴럭턴스를 계산하면

$$\mathcal{R}_{\text{gap}-1} = \frac{l_{\text{gap}-1}}{\mu_{\text{gap}-1}A_{\text{gap}-1}} = \frac{l_{\text{gap}-1}}{\mu_0 A_{\text{gap}-1}}$$

$$\mathcal{R}_{\text{gap}-2} = \frac{l_{\text{gap}-2}}{\mu_{\text{gap}-2}A_{\text{gap}-2}} = \frac{l_{\text{gap}-2}}{\mu_0 A_{\text{gap}-2}}$$

이 된다.

3. 자속과 자속 밀도의 계산. 자속이 둘로 나뉘어지므로

$$\phi_1 = \frac{Ni}{\mathcal{R}_{\text{gap}-1}} = \frac{Ni\mu_0 A_{\text{gap}-1}}{l_{\text{gap}-1}}$$

$$\phi_2 = \frac{Ni}{\mathcal{R}_{\text{gap}-2}} = \frac{Ni\mu_0 A_{\text{gap}-2}}{l_{\text{gap}-2}}$$

이 되고, 코일에 의해 생성된 총 자속은 $\phi = \phi_1 + \phi_2$이 된다.

그림 14.24의 하단에 등가 회로를 표시하였다.

참조: 자기 구조의 두 공극 부분이 병렬 회로에서의 저항과 같은 역할을 하고 있다.

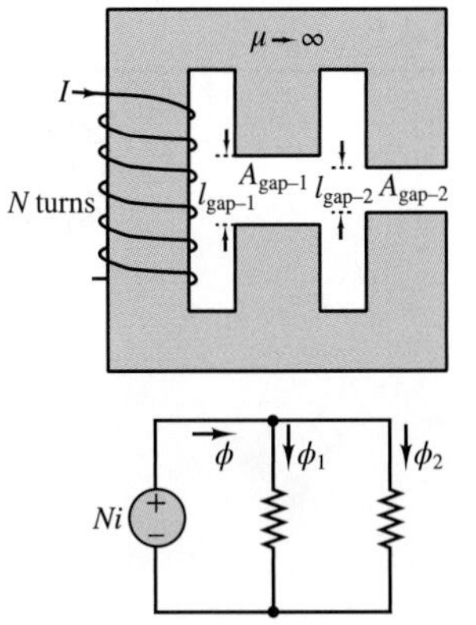

그림 14.24 공극이 2개인 자기 구조

연습 문제

μ_r가 무한대일 때 그림 14.25 구조의 등가 자기 회로를 구하라. 만약 각 변의 물리적 단면적이

$$A = l \times w$$

으로 주어진다면, 이때 각 회로에 대한 식을 구하라. 가장자리 효과를 고려한다.

Answer: $\mathcal{R}_g = \mathcal{R}_1 = \mathcal{R}_2 = \mathcal{R}_3 = \delta/\mu_0(l+\delta)(w+\delta)$; $\mathcal{F}_1 = Ni_1$; $\mathcal{F}_2 = Ni_2$

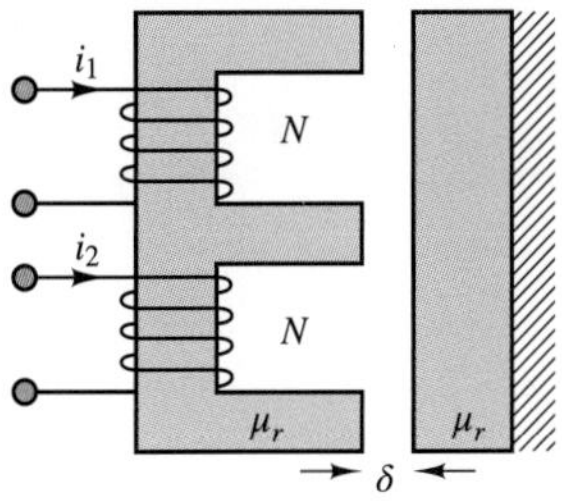

그림 14.25 자기 회로

예제 14.6

인덕턴스, 저장 에너지, 유도 전압

문제

1. 그림 14.18(a)의 자기 구조에서 인덕턴스와 저장된 자기 에너지를 구하라. 공극을 제외하면, 그림 14.18(a)는 예제 14.2의 자기 구조와 동일하다.
2. 공극의 자속 밀도는 $B(t) = B_0\sin(\omega t)$로 정현적으로 변한다고 가정한다. 코일 양단에 유도되는 전압 e를 구하라.

풀이

기지: 비투자율, 코일의 권선수, 코일에 흐르는 전류, 자기 구조의 외형, 공극의 자속 밀도

미지: L, W_m, e

주어진 데이터 및 그림: $\mu_r \to \infty$, $N = 500$ turns, $i = 0.1$ A. 자기 회로의 구조는 그림 14.14와 14.15에 나타나 있다. 공극의 길이는 $l_g = 0.002$ m. $B_0 = 0.6$ WB/m^2

가정: 모든 자속은 코일에 의해 쇄교된다. 자속은 자심 속으로만 제한된다. 자속 밀도는 균일하다. 자기 구조의 릴럭턴스는 매우 작다.

해석:

1. 이 자기 구조의 인덕턴스를 계산하기 위해 식 (14.30)을 이용하면, 인덕턴스는

$$L = \frac{N^2}{\mathcal{R}}$$

이다. 릴럭턴스를 먼저 계산하기 위해서, 자기 구조의 릴럭턴스가 매우 작다고 가정한다. 릴럭턴스는

$$\mathcal{R}_{\text{gap}} = \frac{l_{\text{gap}}}{\mu_{\text{gap}} A_{\text{gap}}} = \frac{l_{\text{gap}}}{\mu_0 A_{\text{gap}}} = \frac{0.002}{4\pi \times 10^{-7} \times 0.0001} = 1.59 \times 10^7 \text{ A-turns/Wb}$$

이고,

$$L = \frac{N^2}{\mathcal{R}} = \frac{500^2}{1.59 \times 10^7} = 0.157 \text{ H}$$

이 된다. 마지막으로, 저장된 자기 에너지는

$$W_m = \frac{1}{2}Li^2 = \frac{1}{2} \times (0.157\,\text{H}) \times (0.1 \text{ A})^2 = 0.785 \times 10^{-3} \text{ J}$$

이다.

2. 시변(time-varying) 자속에 의해 발생한 주파수 60 Hz에서의 유도 전압을 구하기 위해서 식 (14.16)을 이용하면

$$e = \frac{d\lambda}{dt} = N\frac{d\phi}{dt} = NA\frac{dB}{dt} = NAB_0\omega\cos(\omega t)$$
$$= 500 \times 0.0001 \times 0.6 \times 377\cos(377t) = 11.31\cos(377t) \quad \text{V}$$

이다.

참조: 전자기 변환기에서 코일 양단에 유도된 전압은 역기전력(back electromotive force 또는 back emf)이라고 불리는 매우 중요한 양이다.

가변 릴럭턴스 위치 센서

측정기술

앞의 예제에서 고찰한 것과 유사한 간단한 자기 구조는 소위 가변 릴럭턴스 위치 센서(variable-reluctance position sensor)라 불리는 매우 광범위한 응용에 사용된다. 이 센서는 다양한 형태로 직선 및 회전 속도를 측정하는 데 널리 사용된다. 그림 14.26은 이 중에서 많이 응용되는 한 형태를 나타내고 있다. 이 구조에서 센서는 도선이 여러 번 감겨진 영구자석으로 구성된다. 회전 속도를 측정하고자 하는 물체에 연결되어 함께 회전하는 강철 원판(steel disk)은, 그 외주에 센서의 극(pole) 사이를 통과하여 지나가는 많은 탭(tab)을 가지고 있다. 탭의 면적은 극의 단면적과 같으며, a^2이라고 가정한다. 가변 릴럭턴스 센서라고 명명된 이유는, 자석의 극 사이에서 강자성 탭이 놓여 있는 위치에 따라 자기 구조의 릴럭턴스가 변하기 때문이다.

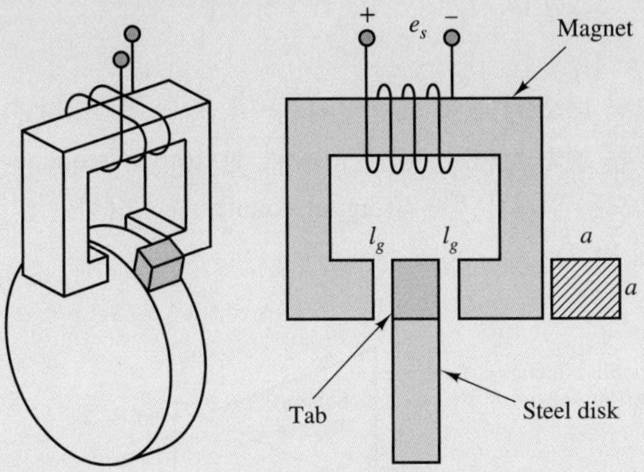

그림 14.26 가변 릴럭턴스 위치 센서

센서의 동작 원리는 다음과 같다. 원판이 회전할 때 극 사이에서 탭의 통과에 의해 야기되는 자속의 변화에 의해 기전력 e_S가 코일 양단에 유도된다. 즉 탭이 극 사이로 들어가면 릴럭턴스가 감소되어 자속이 증가하게 되는데, 이 자속은 탭이 자속의 극 사이의 중앙에 위치할 때 최대가 된다. 이때 유기되는 전압은 패러데이의 법칙에 따라

$$e_S = -\frac{d\phi}{dt}$$

과 같이 주어지며, 그림 14.27은 이 전압의 근사적인 형태를 보여준다. 자속의 변화율은 탭과 극의 기하학적 형상 및 원판의 회전 속도에 의하여 결정된다. 자속은 원판이 회전할 때만 변하므로, 이러한 센서로 원판의 정지 위치는 측정할 수는 없다는 사실에 주의하여야 한다.

이러한 개념의 일반적인 응용은 전기모터나 내연기관과 같은 회전기계의 회전 속도의 측정에서 찾아볼 수 있다. 이러한 응용에서 60개의 이를 가진 원판(60-tooth wheel)을 사용하는데, 이는 회전 속도를 직접적으로 rpm 단위로 환산할 수 있게 한다. 이런 60개의 이를 가진 회전 원판과 자기적으로 결합된 가변 릴럭턴스 위치 센서의 출력은 비교기(comparator) 또는 Schmitt 트리거 회로를 통해 처리된다(7장 참고). 이가 촘촘히 있을 때 센서에 의해 생성된 전압의 파형은 거의 정현파로 나타나며, 디스크의 각 이에 대하여 한 주기의 정현파가 대응된다. 만약 음의 제로 교차 검출기(zero-crossing detector)

(계속)

(계속)

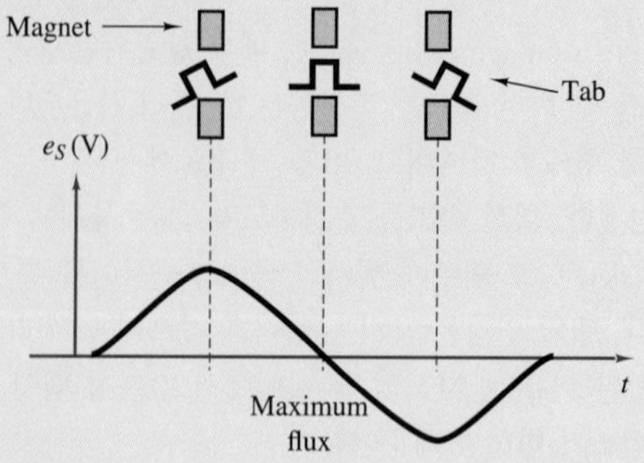

그림 14.27 가변 릴럭턴스 위치 센서의 파형

가 사용된다면, 그림 14.28과 같이 트리거 회로는 각 이의 통과마다 하나의 사각 펄스를 발생시킨다. 만약 두 펄스 사이의 시간을 고주파 클럭(high-frequency clock)으로 측정한다면, 엔진의 속도는 디지털 계수기(digital counter)를 사용하여 직접 rpm 단위로 결정할 수 있다(12장 참고).

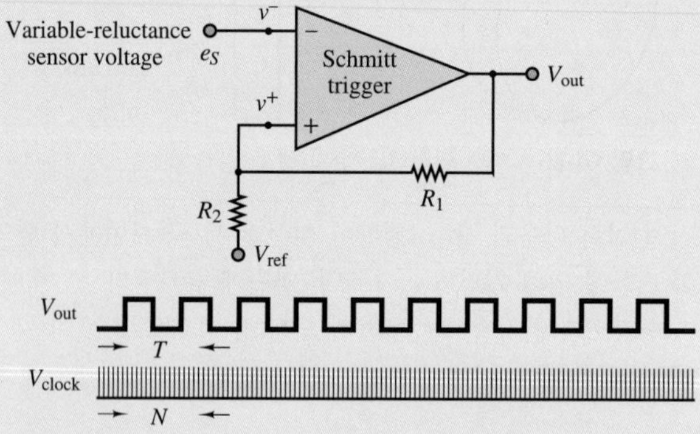

그림 14.28 60개의 이를 가진 원판으로 구성된 rpm 센서에 대한 신호 처리

측정기술

자기 릴럭턴스 위치 센서에서 전압 계산

문제

이 예제는 이를 가진 원판(toothed wheel)의 회전에 의해서 자기 릴럭턴스 센서에서 유도되는 전압의 계산을 예시한다. 특히 그림 14.29의 위치 센서에 대해서 릴럭턴스와 유도 전압에 대한 근사식을 구하고, 유도 전압이 속도에 의존한다는 사실을 보일 것이다. 여기서 철심의 릴럭턴스와 공극의 가장자리 효과는 모두 무시할 수 있다고 가정한다.

(계속)

(계속)

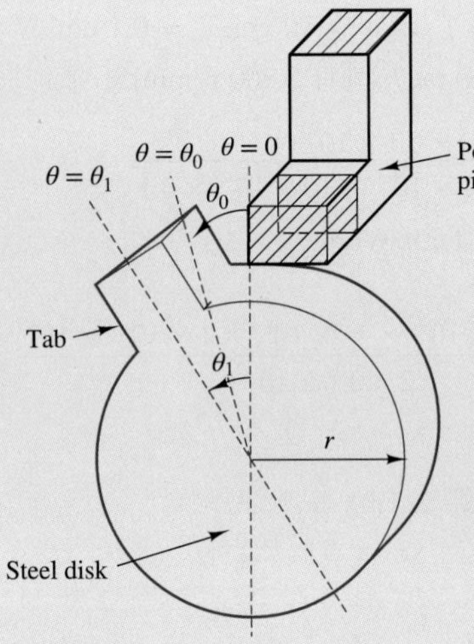

그림 14.29 각 위치를 측정하기 위한 릴럭턴스 센서

풀이

탭과 자기 구조의 투자율은 무한하다고 가정되므로(즉, 이들은 무시할만한 릴럭턴스를 갖는다), 자기 구조의 등가 릴럭턴스는 공극의 2배이다. 그림 14.29와 같이 탭과 자극이 일직선이 될 때 각도 θ는 0이 되고, 공극의 면적은 최대가 된다. 각도가 $2\theta_0$보다 더 커진다면, 공극의 자기 길이는 매우 커지므로 자기장은 합리적으로 0으로 취급하여도 된다.

이 공극의 릴럭턴스를 모델링하기 위하여 탭과 자극 간의 중복된 면적이 각변위에 비례한다고 가정하는 다음의 단순화된 식을 사용한다.

$$\mathcal{R} = \frac{2l_g}{\mu_0 A} = \frac{2l_g}{\mu_0 ar(\theta_1 - \theta)} \qquad \text{for } 0 < \theta < \theta_1$$

물론 이 식은 근사식이지만, 중복된 면적의 증가에 따라 릴럭턴스가 최소가 될 때까지 감소하다가, 중복된 면적이 감소함에 따라서 릴럭턴스가 증가한다는 핵심 상황을 잘 나타내고 있다. $\theta = \theta_1$일 때, 즉 탭이 자극에서 벗어나 있을 때, 릴럭턴스는 무한대의 값을 가진다($\mathcal{R}_{max} \to \infty$). $\theta = 0$일 때, 즉 탭이 자극과 완전히 정렬되어 있을 때, $\mathcal{R}_{min} = 2l_g/\mu_0 ar\theta_1$이 된다. 그러므로 자속 ϕ는 다음과 같이 계산된다.

$$\phi = \frac{Ni}{\mathcal{R}} = \frac{Ni\mu_0 ar(\theta_1 - \theta)}{2l_g}$$

유도 전압 e_S는

$$e_S = -\frac{d\phi}{dt} = -\frac{d\phi}{d\theta}\frac{d\theta}{dt} = -\frac{Ni\mu_0 ar}{2l_g}\omega$$

(계속)

(계속)

이 되는데, 여기서 $\omega = d\theta/dt$는 강철 원판의 회전 속도이다. 위 식에서 보듯이, 유도 전압은 속도에 의존한다. $a = 1$ cm, $r = 10$ cm, $l_g = 0.1$ cm, $N = 1{,}000$회, $i = 10$ mA, $\theta_1 = 6° \approx 0.1$ rad, $\omega = 400$ rad/s(대략 3,800 r/min)일 때,

$$\mathcal{R}_{max} = \frac{2 \times 0.1 \times 10^{-2}}{4\pi \times 10^{-7} \times 1 \times 10^{-2} \times 10 \times 10^{-2} \times 0.1}$$
$$= 1.59 \times 10^7 \text{ A-turns/Wb}$$

$$e_{S\,peak} = \frac{1{,}000 \times 10 \times 10^{-3} \times 4\pi \times 10^{-7} \times 1 \times 10^{-2} \times 10^{-1}}{2 \times 0.1 \times 10^{-2}} \times 400$$
$$= 2.5 \text{ mV}$$

이 된다. 즉, e_S의 피크 진폭은 2.5 mV가 된다.

14.3 자성체와 *B-H* 곡선

앞 절에서 자기 회로의 해석 시에 비투자율 μ_r은 상수로 취급되었다. 실제로는 자속 밀도 **B**와 자기장의 세기 **H**의 관계인

$$\mathbf{B} = \mu \mathbf{H} \tag{14.32}$$

에서 자성체의 비투자율은 상수가 아니라, 자기장의 세기의 함수이다. 모든 자성체는 자속 밀도가 더 이상 증가할 수 없을 때까지 자기장의 세기에 비례하여 증가하는 **자기 포화**(magnetic saturation) 현상을 보여준다. 그림 14.30은 모든 자성체의 일반적인 거동을 나타내는데, 여기서 *B-H* 곡선이 비선형이므로 μ(여기서는 곡선의 기울기)는 자기장의 세기에 의존한다는 것을 알 수 있다.

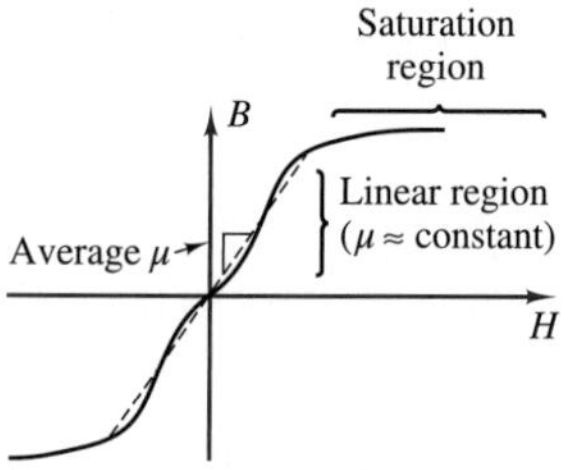

그림 14.30 투자율과 자기 포화 효과

자성체가 포화하는 이유를 이해하기 위해서는 자화(magnetization) 메커니즘을 간단히 복습할 필요가 있다. 자성체의 기본 개념은 전자의 스핀(spin)이 전하의 운동에 기여하며, 자기 효과를 유도해내는 것이다. 대부분의 재료에서 전자 스핀은 서로 상쇄되므로 전체적으로는 아무런 효과를 내지 못하는 반면에, 강자성체에서는 원자들이 정렬하여 전자 스핀이 순수한 자기 효과를 발생시킬 수 있다. 이런 재료에는 강력한 자성을 지닌 **자구**(magnetic domain)라 불리는 조그만 영역이 존재하는데, 이 자구의 효과는 비자화 시에는 서로 다른 방향을 가진 유사한 영역에 의해서 중성화된다. 그러나 재료가 자화되면 가해진 자기장의 세기에 의해 결정되는 정도로 자구가 서로 정렬하게 되는 경향이 있다.

사실상, 재료 안의 무수한 많은 소자석들이 외부 자기장에 의해 분극된다(polarized). 자기장이 증가함에 따라 점점 더 많은 자구가 정렬된다. 일단 모든 자구가 정렬되면, 더 이상의 자기장의 증가는 자속 밀도의 증가로 이어지지 않는다. 즉, 비투자율 μ_r은 포화 영역에서 1에 근접하게 되는데, μ_r의 정확한 값을 결정할 수는 없다. 앞의 예제에 사용되었던 μ_r의 값은 자속 밀도의 중간값에서의 평균 비투자율로 해석하여야 한다. 예를 들면, 상용 자철강은 몇 tesla 정도의 자속 밀도에서 포화된다.

자성체를 선형 B-H 관계의 이상적인 모델로부터 더욱 벗어나게 하는 현상에 **와전류**(eddy current)와 **히스테리시스**(hysteresis)가 있다. 먼저 와전류는 자심에서의 시변 자속에 의해 유도되는 전류로 구성된다. 알다시피 시변 자속은 전압, 따라서 전류를 유도한다. 자심 내에서 이러한 현상이 발생하면, 유도 전압은 와전류를 유발하는데, 이는 자심의 저항률(resistivity)에 의존한다. 그림 14.31은 와전류의 현상을 보여준다. 이러한 와전류에 의해 에너지가 열의 형태로 소모되므로, 이를 줄이는 것이 중요하다. 저항률이 큰 철심 재료를 선택하거나 철심의 층 사이에 작은 불연속의 공극을 두고 적층(lamination)시킴으로써 와전류를 감소시킬 수 있다. 적층 철심은 철심의 자성에 영향을 끼치지 않고도 와전류를 상당히 감소시킬 수 있다.

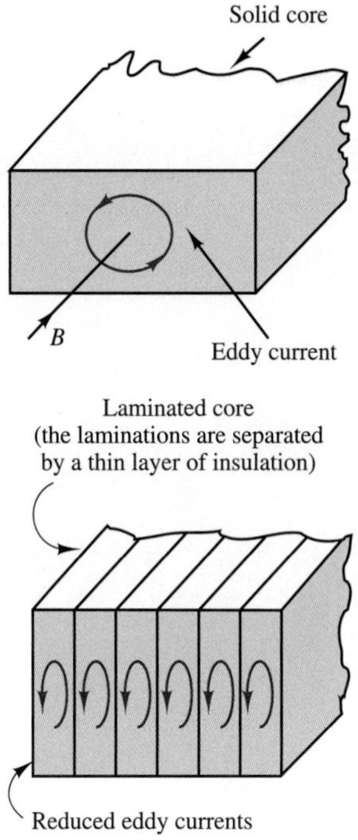

그림 14.31 자기 구조에서의 와전류

히스테리시스(또는 자기 이력이라고도 함)는 자성체에 있어서 또 다른 손실을 초래하는 현상이다. 이 현상은 재료의 자화 특성과 관련된 보다 복잡한 거동을 보인다. 그림 14.32의 곡선은 자화 동안에 자성체에 대한 B-H 곡선이 감자(demagnetization) 동안에 측정되는 곡선과는 일치하지 않고 어느 정도 차이가 있음을 보여준다. 히스테리시스 현상을 이해하기 위해서, 자기장의 세기 H_1 A-turns/m이 얼마 동안 가해지는 강자성체를 고려해 보자. H_1을 점차 감소시키면 히스테리시스 곡선이 점 α에서 β로 가게 된다. H가 정확히 0이 된 후에도 재료에는 **잔류 자기화**(remanent magnetization) B_r이 남아 있게 된다. 자속 밀도를 0으로 하려면, 자기장의 세기가 H_0에 도달할 때까지 기자력을 감소시켜야 한다. 기자력이 더욱 음으로 되면, 곡선은 마침내 α'에 도달한다. 만약 여자 전류(excitation current)를 다시 증가시키면, 자화 곡선은 $\alpha' = \beta' = \gamma' = \alpha$의 경로를 따라서 원래의 점으로 돌아가지만, 이는 앞서 감소 시와는 다른 경로이다.

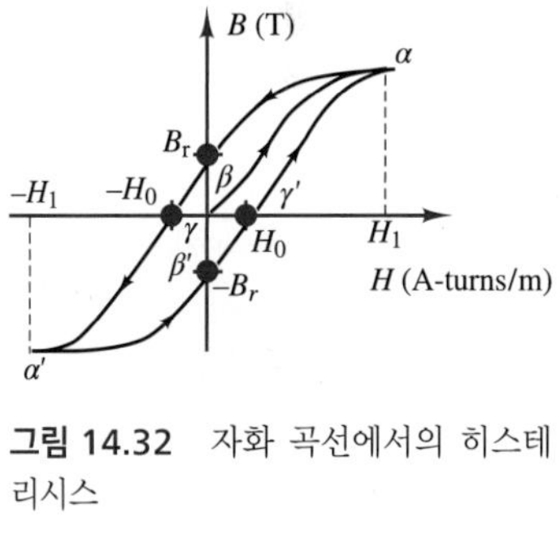

그림 14.32 자화 곡선에서의 히스테리시스

재료를 자화 또는 감자시키는 데에 과도한 기자력이 필요한 이러한 과정의 결과는 바로 에너지 손실이다. 이 손실을 정확히 구하는 것은 어렵지만, 그림 14.32의 곡선 사이의 면적과 관련이 있음을 보일 수 있으며, 이런 손실의 측정을 하는 실험 기법도 있다.

그림 14.33은 3개의 매우 일반적인 강자성체인 주철(cast iron), 주강(cast steel), 그리고 판강(sheet steel)에 대한 자화 곡선을 보여준다.

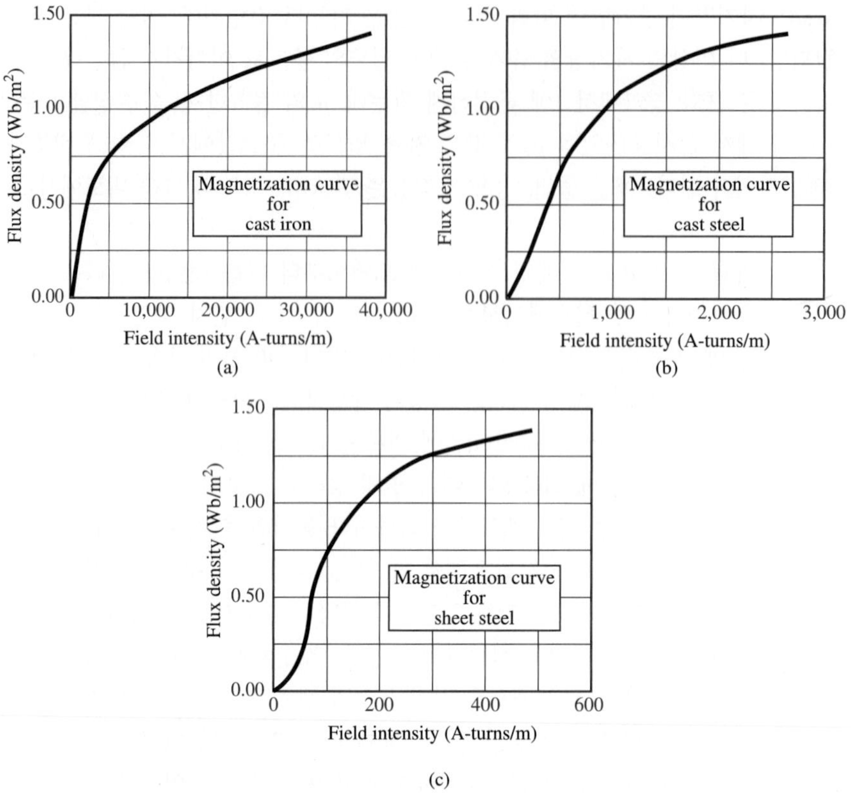

그림 14.33 (a) 주철에 대한 자화 곡선, (b) 주강에 대한 자화 곡선, (c) 판강에 대한 자화 곡선

14.4 변압기

일상 생활에서 가장 많이 사용되는 자기 구조 중의 하나가 변압기(transformer)이다. 이상 변압기는 13장에서 소개된 바와 같이 교류 전압을 정해진 비율로 승압(step-up)하거나 강압(step-down)하는(이때 전류는 전압과 반대로 감소하거나 증가하는) 장치이다. 그림 14.34과 같이 간단한 자기 변압기의 구조는 앞에서 기술하였던 자기 회로와 매우 유사하다. 여기서 L_1은 입력 코일, L_2는 출력 코일을 나타낸다. 두 코일은 동일한 자기 구조 위에 감겨져 있으며, 이는 앞의 예제에서의 "정사각 도넛형"과 유사하다.

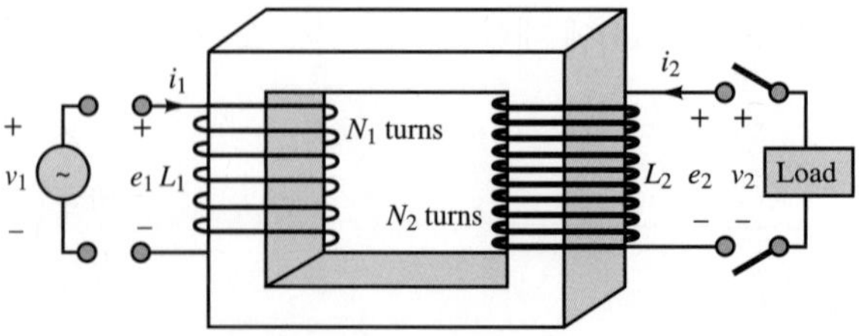

그림 14.34 변압기의 구조

이상 변압기는 앞에서와 같은 가정에 의해 정의된다. 즉, 자속은 철심 내에 국한되어 있고, 자속은 양 코일의 모든 권선과 쇄교하며, 철심의 투자율은 무한히 크다. 마지막 가정은 임의의 조그만 기자력(mmf)으로도 철심에 자속을 생성하기에 충분하다는 것을 의미한다. 또한, 이상 변압기에 사용되는 코일은 전류에 대해 거의 저항이 없다고 가정한다.

시변 전압이 변압기의 1차 코일에 가해지면, 이에 해당하는 전류가 L_1에 흐른다. 이 전류가 기자력으로 작용하여 자기 구조에 시변 자속이 초래된다. 이 자속은 2차 코일에 기전력(emf)을 유도한다. 직접적인 전기적 접속이 없이도 변압기는 부하로 연결된 1차 권선을 거쳐 2차 권선까지 결합(coupling)시킨다. 이 결합은 양 코일에 작용하는 자기장에 의해 이루어지는 것이다. 즉, 변압기는 전기 에너지를 자기 에너지로 변환하였다가 다시 전기 에너지로 변환함으로써 작동한다. 다음의 유도는 에너지의 손실이 없는 이상적인 경우에 대해서 이러한 관점을 보여 주며, 이 결과를 13장에서의 이상 변압기의 정의와 비교한다.

만약 시변 전압원이 1차측에 연결된다면, 패러데이의 법칙에 의하여 L_1에 해당하는 시변 자속 $d\phi/dt$가 발생한다.

$$e_1 = N_1 \frac{d\phi}{dt} = \upsilon_1 \qquad (14.33)$$

그러나 이렇게 생성된 자속은 또한 코일 L_2에 모두 쇄교하므로, 출력 코일에는

$$e_2 = N_2 \frac{d\phi}{dt} = \upsilon_2 \qquad (14.34)$$

라는 기전력이 유도된다. 이 유도 기전력은 출력 단자에서 전압 υ_2로 측정될 수 있으며, 입력 단자 전압에 대한 개방 회로 출력 전압의 비는

$$\frac{\upsilon_2}{\upsilon_1} = \frac{N_2}{N_1} = N \qquad (14.35)$$

가 된다는 것을 쉽게 알 수 있다.

부하 전류 i_2와 해당 기자력 $\mathcal{F}_2 = N_2 i_2$은 하중이 그림 14.34와 같은 출력 단자에 연결되어 있을 때 생성된다. 기자력은 철심에서의 자속의 변화를 야기할 것처럼 생각되지만, 이 변화가 1차 코일 양단에 유도되는 전압의 변화를 초래하기 때문에 이는 불가능하다. 그러나 이 전압은 소스 υ_1으로 고정되어 있다. 그래서 입력 코일은, 소스 υ_1으로부터 전류 i_1을 인입하는 출력 코일의 기자력에 반대하는 **역기자력**(counter mmf)을 생성하여야 한다.

$$i_1 N_1 = i_2 N_2 \qquad (14.36)$$

또는

$$\frac{i_2}{i_1} = \frac{N_1}{N_2} = \alpha = \frac{1}{N} \qquad (14.37)$$

여기서 α는 2차 권선수에 대한 1차 권선수의 비(turns ratio)이며, N_1과 N_2는 각각 1차 및 2차 코일의 권선수이다. 만약 입력 및 출력 기자력 사이에 차이가 있다면, 입력 전압원에 의해 요구되는 자속의 균형은 만족되지 않을 것이다. 즉, 두 기자력은 동일하여야만 한다. 이러한 결과가 13장에서 고찰했던 내용과 동일하다는 것을 쉽게 증명할 수 있다. 특히,

$$v_1 i_1 = v_2 i_2 \tag{14.38}$$

이므로, 이상 변압기는 어떠한 전력도 소모하지 않는다. 유도 전압(기전력) e와 단자 전압 v 사이의 차이에 주목하여야 하는데, 일반적으로 이들은 서로 다르다.

이상적인 경우에 대해 얻어진 결과가 변압기의 물리적 성질을 완전히 나타내는 것은 아니다. 실제 변압기 모델에는 누설 자속의 영향, 히스테리시스와 같은 철손(core loss), 코일을 형성하는 도선의 저항 등을 고려하기 위해서 여러 손실 현상을 포함하여야 한다.

상용 변압기의 정격(rating)은 아래와 같이 일반적인 운전 조건을 명시하는 **명판**(nameplate)에 보통 주어진다.

- 1차 대 2차 전압비
- 동작 주파수의 설계치
- (피상) 정격 출력 전력

예를 들어, 전형적인 명판에는 480:240 V, 60 Hz, 2 kVA 등이 쓰여 있다. 전압비는 권수비를 결정하는 데 사용될 수 있다. 반면에, 정격 출력은 과열되지 않고 계속해서 유지될 수 있는 전력 레벨을 나타낸다. 이 전력은 kW 단위의 유효 전력(real power)보다는 kVA 단위의 피상 전력(apparent power)으로 나타내는데, 이는 낮은 역률(power factor)을 가진 부하는 여전히 전류를 끌어오며 정격 전력 근처에서 동작하기 때문이다. 변압기의 또 하나의 중요한 성능 특성은 **전력 효율**(power efficiency)이며, 다음과 같이 정의된다.

$$\text{전력 효율 } \eta = \frac{\text{출력}}{\text{입력}} \tag{14.39}$$

예제 14.7

변압기 명판

LO

문제

명판의 내용을 참고하여, 변압기의 권수비와 정격 전류를 구하라.

풀이

기지: 명판 데이터

미지: $\alpha = N_1/N_2$, I_1, I_2

주어진 데이터 및 그림: 명판 데이터: 120 V/480 V, 48 kVA, 60 Hz

가정: 이상 변압기라 가정한다.

해석: 명판의 첫 번째 데이터는 변압기의 1차측과 2차측 정격 전압이다. 이로부터 권수비 α는 다음과 같이 구해진다.

$$\alpha = \frac{N_1}{N_2} = \frac{480}{120} = 4$$

1차측과 2차측 전류는 변압기의 정격 kVA(피상 전력)을 사용하여 다음과 같이 구할 수 있다.

$$I_1 = \frac{|S|}{V_1} = \frac{48\text{ kVA}}{480\text{ V}} = 100\text{ A} \qquad I_2 = \frac{|S|}{V_2} = \frac{48\text{ kVA}}{120\text{ V}} = 400\text{ A}$$

참조: 정격 전류를 구할 때 변압기에서 손실이 발생하지 않는다고 가정하였는데, 실제는 코일 저항과 자심 효과 등으로 인한 손실이 발생하게 된다. 이러한 손실들은 변압기에 열을 발생시키며, 변압기의 성능을 제한하게 된다.

연습 문제

변압기의 고전압부의 권선수는 500이고, 저전압부의 권선수는 100이다. 변압기가 강압 변압기로 사용될 때 부하 전류는 12 A이다. 다음을 계산하라. (a) 권수비 α, (b) 1차측 전류, (c) 변압기가 승압 변압기로 사용될 때 권수비를 구하라.

어떤 조건하에서의 변압기의 출력은 12 kW이다. 동손(copper loss)은 189 W이고, 철손(core loss)은 52 W이다. 이 변압기의 효율을 구하라.

Answers: (a) $\alpha = 5$; (b) $I_1 = I_2/\alpha = 2.4$ A; (c) $\alpha = 0.2$; $\eta = 98$ percent

임피던스 변압기

예제 14.8

문제

그림 14.35의 변압기에서 2차측으로부터 1차측으로 환산된 등가 임피던스를 구하라.

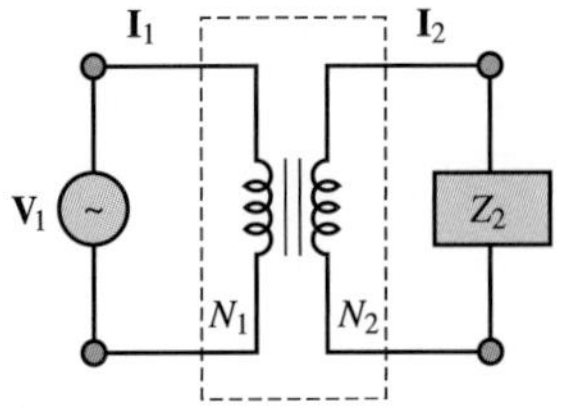

그림 14.35 이상 변압기

풀이

기지: 변압기의 권선비, α

미지: 환산 임피던스 Z_2'

가정: 이상 변압기라 가정한다.

해석: 정의에 의해서 부하 임피던스는 2차측 페이저 전압 및 전류의 비와 같다.

$$Z_2 = \frac{\mathbf{V}_2}{\mathbf{I}_2}$$

환산된 임피던스를 구하기 위해서는 위 식을 다음과 같이 1차측 전압과 전류로 나타내야 한다.

$$Z_2 = \frac{\mathbf{V}_2}{\mathbf{I}_2} = \frac{\mathbf{V}_1/\alpha}{\alpha \mathbf{I}_1} = \frac{1}{\alpha^2}\frac{\mathbf{V}_1}{\mathbf{I}_1}$$

여기서 $\mathbf{V}_1/\mathbf{I}_1$은 1차측 코일에서 소스가 보는 임피던스이다. 다시 말하면, 회로의 1차측으로 환산된 부하 임피던스를 나타내고 있는 것이다. 따라서 부하 임피던스 Z_2를 1차측 회로의 전압과 전류로 나타낼 수 있다. 이를 환산 임피던스 Z_2'이라고 하면

$$Z_2 = \frac{1}{\alpha^2}\frac{\mathbf{V}_1}{\mathbf{I}_1} = \frac{1}{\alpha^2}Z_1 = \frac{1}{\alpha^2}Z_2'$$

과 같이 나타낼 수 있다. 따라서 $Z_2' = \alpha^2 Z^2$이다. 그림 14.36은 1차측으로 환산된 부하 임피던스를 표시한 등가 회로를 나타내고 있다.

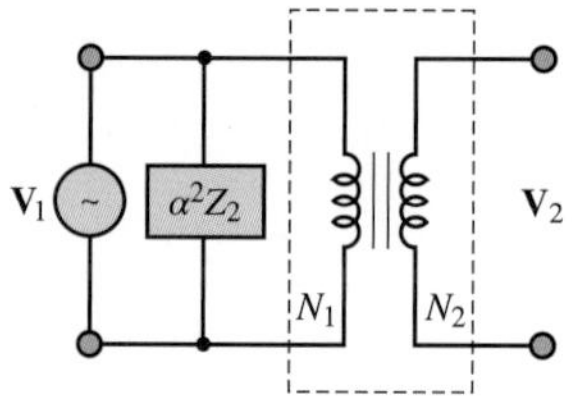

그림 14.36 임피던스 변압기에 대한 등가의 환산 회로

참조: 등가 환산 회로를 이용한 계산은, 모든 회로 소자들을 하나의 변수 집합(1차측 또는 2차측 전압과 전류)으로 나타낼 수 있으므로 유용하다.

연습 문제

서보 증폭기(servo amplifier)의 출력 임피던스가 250 Ω이다. 이 증폭기가 구동해야 하는 서보모터는 2.5 Ω의 임피던스를 가지고 있다. 이들 임피던스를 정합시키는 데 요구되는 변압기의 권수비를 계산하라.

Answer: $\alpha = 10$

14.5 전기기계식 에너지 변환

지금까지의 논의로부터 전자기 기계식(electromagnetomechanical) 장치는 기계적인 힘과 변위 등을 전자기적 에너지로 변환시키거나 그 반대로 변환시킬 수 있다는 것을 알 수 있다. 이 절의 목적은 전자기 기계식 시스템에서의 에너지 변환의 기본 원리를 정형화하고, **에너지 변환기**(energy transducer)의 몇 가지 예를 통해서 그 유용성과 잠재성을 살펴보고자 하는 것이다. 변환기는 전기 에너지를 기계 에너지로 변환하는 **액추에이터**(actuator)라 하는 장치 또는 그 반대로 변환하는 **센서**(sensor)라는 장치를 의미한다.

전기 에너지와 기계 에너지 사이의 변환을 가능하게 하는 **압전 효과**[3](piezoelectric effect)를 포함한 몇 가지 물리적인 메커니즘이 있다. 압전 효과는 어떤 결정(예를 들어, 수정)에 기계적인 변형이 가해지면 전기장의 변화가 발생하는 현상이며, **전기 변형**(electrostriction)과 **자기 변형**(magnetostriction)은 어떤 물체에서의 치수의 변화가 전기적(또는 자기적) 성질의 변화를 초래한다는 현상이다. 이 장에서는 단지 전기 에너지가 자기장의 작용에 의해서 기계 에너지로 바뀌는 변환기에 대해서만 다루고자 한다. 모든 회전기계(모터와 발전기)는 전기기계식 변환기의 기본 정의에 잘 부합된다는 사실에 주목해야 한다.

[3] 6장의 "전하 증폭기"에 대한 측정 기술을 참고하라.

자기 구조에서의 힘

자기장에 저장되는 에너지에 의해 제공되는 자기 결합이라는 수단에 의해서 기계적 힘이 전기적 신호로 변환되거나 또는 그 반대로 변환되는 것이 가능하다. 이 절에서는 기계적 힘과 이와 관련되는 전자기적인(electromagnetic) 양의 계산에 대해서 논의하고자 하는데, 이러한 계산은 전기기계식 액추에이터의 설계와 응용에 있어서 매우 실용적인 중요성을 지닌다. 예를 들어, 전기기계식 구조에서 필요한 힘을 발생시키는 데 요구되는 전류를 계산해야 하는 경우가 있는데, 이는 주어진 작업에 필요한 전기기계식 장치를 선택하는 데 있어서 엔지니어가 자주 부딪치는 문제이다.

이 장에서 이미 보았듯이, 전기기계식 시스템은 자기장에서 상호작용을 하는 전기 시스템과 기계 시스템을 포함한다. 그림 14.37은 전기와 기계 시스템 사이의 결합을 예시한다. 기계 시스템에서의 에너지 손실은 마찰로 인해 발생하는 열에 기인하는 반면에, 전기 시스템에서의 유사한 손실은 저항 때문에 초래된다. 손실 메커니즘은 또한 자기 결합 매체에도 존재하는데, 이는 와전류손(eddy-current loss)과 히스테리시스 손실(hysteresis loss)은 강자성체에서 필연적으로 발생하기 때문이다. 기계 및 전기 시스템은 모두 에너지를 공급할 수도 있고 저장할 수도 있다. 그림 14.37은 전기 시스템으로부터 기계 시스템으로의 에너지 흐름을 나타낸 것인데, 다양한 손실들을 보여준다. 만약 기계 에너지가 전기 에너지로 변환된다면 동일한 흐름을 반대로 하면 된다.

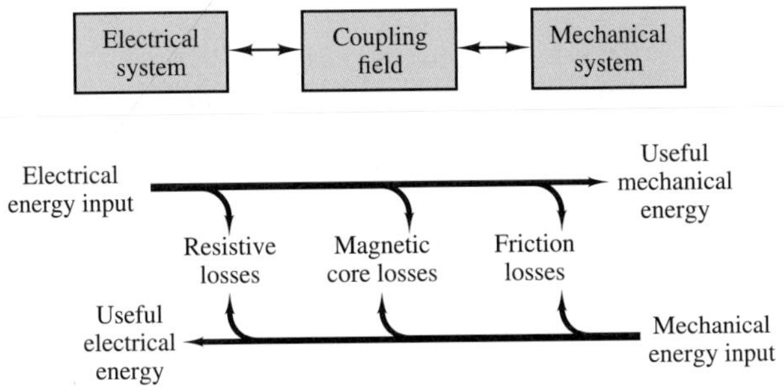

그림 14.37 전기기계식 에너지 변환에서의 손실

가동 철편형 변환기

전자기 기계식 변환기의 중요한 부류 중의 하나가 전자석, 솔레노이드 및 계전기를 포함한 **가동 철편형 변환기**(moving-iron transducer)이다. 가동 철편형 변환기의 가장 간단한 예는 그림 14.38의 전자석(electromagnet)인데, 여기서는 U자 모양의 요소가 고정되어 있고 봉(bar)이 움직일 수 있게 되어 있다. 다음의 단원에서 코일에 가해지는 전류, 가동봉의 변위 및 공극에 작용하는 자기력 사이의 관계를 유도하고자 한다.

이 절에서 적용될 기본 원리 중의 하나는 질량이 움직이기 위해서는 일(work)이 행해져야 한다는 것인데, 이 일은 전자기장(electromagnetic field)에 저장된 에너지의 변화에 해당한다. 그림 14.38에서 f_e가 봉에 작용하는 자기력을 나타내며, x는 그림에서 표시된 방향으로의 봉의 변위를 나타낸다고 하자. 그러면 전자기장 W_m에

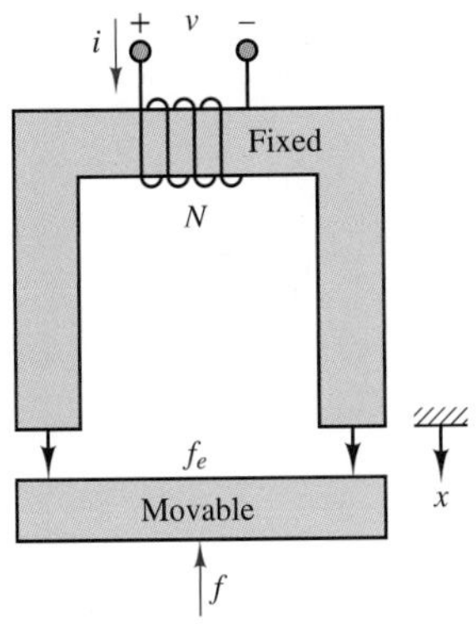

그림 14.38 기본적인 전자석

행해진 순수 일은 전기 회로에 의해서 행해진 일과 기계 시스템에 의해서 행해진 일의 합과 같다. 그러므로 일의 증분량에 대해서

$$dW_m = ei\,dt - f_e\,dx \tag{14.40}$$

와 같이 나타낼 수 있으며, 이때 e는 코일 양단의 기전력이며, 식에서 음의 부호는 그림 14.38에서 나타낸 부호 규약에 의한 것이다. 기전력 e는 자속 쇄교수의 미분치와 동일하다는 식 (14.16)을 상기한다면, 식 (14.40)은

$$dW_m = ei\,dt - f_e\,dx = i\frac{d\lambda}{dt}dt - f_e\,dx = i\,d\lambda - f_e\,dx \tag{14.41}$$

또는

$$f_e\,dx = i\,d\lambda - dW_m \tag{14.42}$$

와 같이 확장할 수 있다. 이제 그림 14.38의 자기 구조에서의 자속은 코일에 흐르는 전류와 봉의 변위라는 두 변수에 의존하는데, 이들은 사실상 독립적이라는 사실을 관찰하여야 한다. 이들 변수 각각은 자속을 변화시킬 수 있다. 유사하게, 전자기장에 저장된 에너지는 전류와 변위에 의존한다. 그러므로 식 (14.42)는

$$f_e\,dx = i\left(\frac{\partial\lambda}{\partial i}di + \frac{\partial\lambda}{\partial x}dx\right) - \left(\frac{\partial W_m}{\partial i}di + \frac{\partial W_m}{\partial x}dx\right) \tag{14.43}$$

과 같이 전개할 수 있다. i와 x는 독립 변수라는 조건으로부터

$$f_e = i\frac{\partial\lambda}{\partial x} - \frac{\partial W_m}{\partial x} \qquad \text{and} \qquad 0 = i\frac{\partial\lambda}{\partial i} - \frac{\partial W_m}{\partial i} \tag{14.44}$$

라는 두 식을 얻게 된다. 식 (14.44)의 첫째 식으로부터

$$f_e = \frac{\partial}{\partial x}(i\lambda - W_m) = \frac{\partial}{\partial x}(W'_m) \tag{14.45}$$

를 얻을 수 있는데, 이때 W'_m는 공에너지(co-energy)이다. 봉을 전자석 구조 쪽으로 끌어당기는 힘 f는 f_e에 대해서 반대 부호를 가지고, $W_m = W'_m$과 같다고 가정하면

$$f = -f_e = -\frac{\partial}{\partial x}(W'_m) = -\frac{\partial W_m}{\partial x} \tag{14.46}$$

와 같이 나타낼 수 있다. 식 (14.46)은 에너지와 공에너지가 동일하다는 매우 중요한 가정을 포함하고 있다. 그림 14.7을 참고한다면, 일반적으로 이것은 사실이 아니라는 점을 알 수 있다. 에너지와 공에너지는 λ-i 관계가 선형일 때만 동일하게 된다. 그러므로 가동 철편에 작용하는 자기력은 변위에 대한 저장 에너지의 변화율에 비례한다는 식 (14.46)의 유용한 결과는 선형 자기 구조에만 적용된다.

그러므로 자기 구조에 존재하는 힘을 결정하려면, 자기장에 저장된 에너지를 계산할 필요가 있다. 해석의 단순화를 위하여, 해석되는 구조는 자기적으로 선형(magnetically linear)이라고 가정한다. 물론, 이 가정은 전기기계식 시스템의 많은 실제적인 면을 무시했다는 점(예를 들어, 앞에서 언급한 비선형 λ-i 곡선과 자성체의

전형적인 철손)에서 단지 근사일 뿐이지만, 많은 실용적인 자기 구조에 대해서 비교적 단순한 해석을 가능하게 한다. 이 절에서 제공되는 해석 방법이 근사적이기는 하지만, 이를 통해서 전기기계식 장치에서의 힘과 전류의 크기와 방향에 대한 감을 얻을 수는 있다. 위의 선형 가정으로부터 자기 구조에 저장되는 에너지는

$$W_m = \frac{\phi \mathcal{F}}{2} \tag{14.47}$$

로 주어지며, 자속과 기자력(mmf)은 다음의 식

$$\phi = \frac{Ni}{\mathcal{R}} = \frac{\mathcal{F}}{\mathcal{R}} \tag{14.48}$$

에 의해서 관련되므로, 저장되는 에너지는

$$W_m = \frac{\phi^2 \mathcal{R}(x)}{2} \tag{14.49}$$

에 따라 자기 구조의 릴럭턴스와 연관될 수 있다. 여기서 릴럭턴스는 가동 철편형 변환기에서와 같이 명시적으로 변위의 함수로 표현된다. 마지막으로, 가동 철편에 작용하는 자기력을 계산하기 위해서는

$$\boxed{f = -\frac{dW_m}{dx} = -\frac{\phi^2}{2}\frac{d\mathcal{R}(x)}{dx} \qquad \text{자기력}} \tag{14.50}$$

LO

와 같은 근사식을 사용한다.

예제 14.9, 14.10, 14.12는 몇 가지 일반적인 장치에서의 힘과 전류의 계산에 위의 근사적인 기법을 적용하는 방법을 예시하고 있다. 아래의 방법 및 절차는 문제의 해법을 제시한다.

LO

방법 및 절차
FOCUS ON PROBLEM SOLVING

가동 철편 전기기계식 변환기의 해석

주어진 힘의 생성에 필요한 전류 계산

1. 공극 변위량의 함수로 구조의 릴럭턴스 $\mathcal{R}(x)$에 대한 식을 유도한다.
2. 구조에서의 자속을 mmf(예, 전류 I)와 릴럭턴스 $\mathcal{R}(x)$의 함수로 표현한다.

$$\phi = \frac{\mathcal{F}(i)}{\mathcal{R}(x)}$$

3. 자속과 릴럭턴스에 대하여 알고 있는 식을 사용하여 힘에 대한 식으로 계산한다.

$$|f| = \frac{\phi^2}{2}\frac{d\mathcal{R}(x)}{dx}$$

(계속)

(계속)

4. 미지의 전류 i에 대하여 3단계의 식을 푼다.

변환기의 외형과 mmf에 의해 생성되는 힘의 계산

힘 f를 구하기 위해서 기지의 전류를 대입하면서 1단계부터 3단계까지 반복한다.

예제 14.9

전자석

문제

전자석(electromagnet)은 그림 14.38과 같이 철편을 지탱하는 데 사용된다. 철편을 들어 올리기 위해서 필요한 시동 전류(starting current)와 자석에 달라붙어 올려진 위치에서 무게를 지탱하기 위해서 필요한 유지 전류(holding current)를 구하라. 전자석, 부하(봉), 공극의 단면적은 동일하다고 가정한다.

풀이

기지: 구조, 자기 투자율, 코일의 권선수, 질량, 중력 가속도, 철편의 초기 위치

미지: 철편을 들어 올리기 위해서 필요한 전류; 철편을 같은 자리에 유지하기 위해서 필요한 전류

주어진 데이터 및 그림:

$N = 500$

$\mu_0 = 4\pi \times 10^{-7}$

$\mu_r = 10^4$ (전자석과 부하에 대해서 동일)

초기 거리(공극) = 0.5 m

전자석의 자로 길이 = $l_1 = 0.60$ m

이동 부하의 자로 길이 = $l_2 = 0.30$ m

공극의 단면적 = 3×10^{-4} m^2

m = 부하의 질량 = 5 kg

$g = 9.8$ m/s^2

가정: 없음

해석: 전류를 계산하기 위해서 공극에서의 힘에 대한 식을 사용한다.

$$f_{\text{mech}} = \frac{\phi^2}{2}\frac{\partial \mathcal{R}(x)}{\partial x}$$

다음과 같이 릴럭턴스, 자속, 힘을 계산한다.

$$\mathcal{R}(x) = \mathcal{R}_{Fe} + \mathcal{R}_{\text{gap}}$$
$$= \frac{2x}{\mu_0 A} + \frac{l_1 + l_2}{\mu_0 \mu_r A}$$

$$\phi = \frac{\mathcal{F}}{\mathcal{R}(x)} = \frac{Ni}{\left(\frac{2x}{\mu_0 A} + \frac{l_1+l_2}{\mu_0\mu_r A}\right)}$$

$$\frac{\partial\mathcal{R}(x)}{\partial x} = \frac{2}{\mu_0 A} \Rightarrow f_{\text{mag}} = \frac{\phi^2}{2}\frac{\partial\mathcal{R}(x)}{\partial x} = \frac{(Ni)^2}{\left(\frac{2x}{\mu_0 A} + \frac{l_1+l_2}{\mu_0\mu_r A}\right)^2}\frac{1}{\mu_0 A}$$

이 수식에서 부하가 0.5 m 떨어져 있을때, 중력을 극복하기 위해 요구되는 전류를 계산할 수 있다($mg = 49$ N).

$$f_{\text{mag}} = \frac{(Ni)^2}{\left(\frac{2x}{\mu_0 A} + \frac{l_1+l_2}{\mu_0\mu_r A}\right)^2}\frac{1}{\mu_0 A} = f_{\text{gravity}}$$

$$i^2 = f_{\text{gravity}}\frac{\mu_0 A\left(\frac{2x}{\mu_0 A} + \frac{l_1+l_2}{\mu_0\mu_r A}\right)^2}{N^2} = 520 \times 10^3\ \text{A}^2 \qquad i = 721\ \text{A}$$

마지막으로, $x = 0$이 되게 하는 유지 전류를 계산한다.

$$f_{\text{mag}} = \frac{(Ni)^2}{\left(\frac{l_1+l_2}{\mu_0\mu_r A}\right)^2}\frac{1}{\mu_0 A} = f_{\text{gravity}}$$

$$i^2 = f_{\text{gravity}}\frac{\mu_0 A\left(\frac{l_1+l_2}{\mu_0\mu_r A}\right)^2}{N^2} = 4.21 \times 10^{-3}\ \text{A}^2$$

$$i = 64.9\ \text{mA}$$

참조: 유지 전류가 시동 전류보다 얼마나 더 작은지에 주목하라.

이 절에서 논의된 개념의 가장 중요한 응용 중의 하나가 바로 솔레노이드(solenoid)이다. 솔레노이드는 다양한 전기 제어 밸브에 적용된다. 솔레노이드 밸브의 동작은, 그림 14.39와 같이 에너지가 공급될 때 도관을 통해 유체가 흐를 수 있도록 플런저(plunger)를 이동시키는 방식으로 수행된다.

예제 14.10과 14.11은 솔레노이드에서의 힘과 전류를 결정하는 데 사용되는 계산을 예시한다.

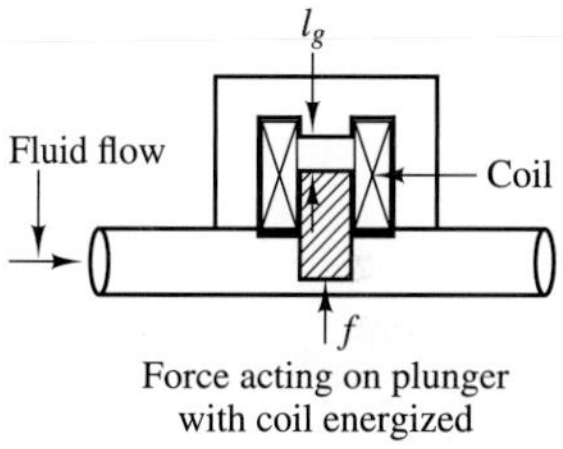

그림 14.39 밸브로 응용된 솔레노이드

솔레노이드

예제 14.10

문제

그림 14.40은 솔레노이드를 단순하게 도식적으로 나타낸 것이다. 플런저의 복원력은 스프링에 의해 제공된다.

1. 플런저의 위치 x의 함수로 플런저에 작용하는 힘에 대한 식을 유도하라.
2. 플런저를 $x = a$의 위치로 끌어올리는 데 요구되는 기자력을 구하라.

풀이

기지: 자기 구조의 모양, 스프링 상수

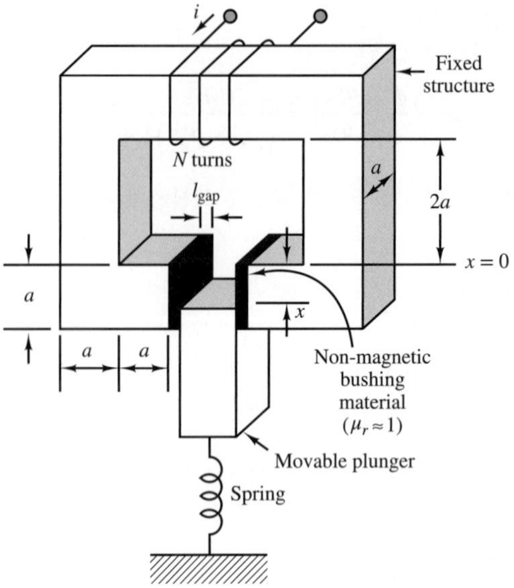

그림 14.40 솔레노이드

미지: f, mmf

주어진 데이터 및 그림: $a = 0.01$ m, $l_{gap} = 0.001$ m, $k = 10$ N/m

가정: 철편에 대한 릴럭턴스와 가장자리 효과는 무시한다. $x = 0$에서 플런저는 미소 변위 ε만큼 공극 안쪽에 위치한다.

해석:

1. 플런저에 가해지는 힘. 플런저에 작용하는 자기력에 대한 식을 구하기 위해, 먼저 공극에서의 힘에 대한 식을 유도하여야 한다. 식 (14.50)에서 힘에 대한 식을 유도하기 위해서는 자기 구조의 릴럭턴스와 자속을 계산하여야 한다.

   철편의 릴럭턴스를 무시하였으므로, 릴럭턴스에 대한 식은

$$\mathcal{R}_{gap}(x) = 2 \times \frac{l_{gap}}{\mu_0 A_{gap}} = \frac{2l_{gap}}{\mu_0 ax}$$

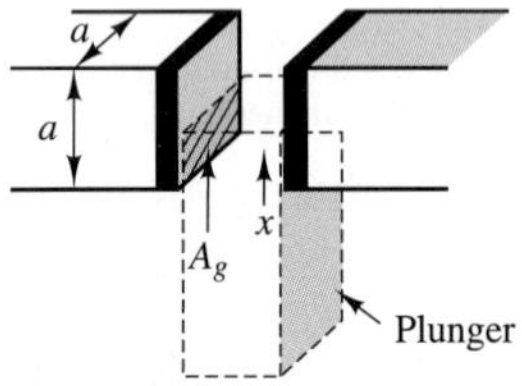

그림 14.41 상세한 솔레노이드 구조

과 같다. 여기서 공극의 면적은 그림 14.41과 같이 플런저의 위치에 따라 변한다. 플런저의 변위에 대한 릴럭턴스의 변화율은

$$\frac{d\mathcal{R}_{gap}(x)}{dx} = \frac{-2l_{gap}}{\mu_0 ax^2}$$

과 같이 계산할 수 있다. 릴럭턴스를 구하였으므로, 구조 내의 자속은

$$\phi = \frac{Ni}{\mathcal{R}(x)} = \frac{Ni\mu_0 ax}{2l_{gap}}$$

과 같이 코일 전류의 함수로 나타낼 수 있다. 공극에서의 힘은

$$f_{gap} = \frac{\phi^2}{2}\frac{d\mathcal{R}(x)}{dx} = \frac{(Ni\mu_0 ax)^2}{8l_{gap}^2}\frac{-2l_{gap}}{\mu_0 ax^2} = -\frac{\mu_0 a(Ni)^2}{4l_{gap}} = kX$$

으로 주어진다. 따라서 공극에서의 힘은 전류의 제곱에 비례하며, 플런저의 위치와는 관계가 없다.

2. 기자력의 계산. 기자력이 스프링에 의해서 발생한 기계적인 힘(복원력)을 극복해야 하므로 $f_{gap} = kx = ka$이다. 따라서 $f_{gap} = (10 \text{ N/m}) \times (0.01 \text{ m}) = 0.1 \text{ N}$이고

$$Ni = \sqrt{\frac{4l_{gap}f_{gap}}{\mu_0 a}} = \sqrt{\frac{4 \times 0.001 \times 0.1}{4\pi \times 10^{-7} \times 0.01}} = 178 \text{ A-turns}$$

이 된다. 요구되는 mmf는 전류값을 상대적으로 작게 하고, 권선수를 크게 함으로써 효과적으로 구현할 수 있다.

참조: 위와 동일한 mmf를 만들기 위해 무한히 많은 전류와 권선수의 조합이 사용될 수 있으나, 각각 장단점이 존재한다. 만일 전류를 크게 하고 권선수를 작게 한다면, 전선의 지름이 매우 커질 것이다. 반대로, 전류를 작게 하면, 전선의 지름은 작아지겠지만 권선수가 커져야 할 것이다. 자세한 내용은 숙제 문제에서 언급하도록 하겠다.

연습 문제

스프링에 힘을 가하기 위해 솔레노이드를 사용하였다. 솔레노이드의 전선이 감긴 횟수가 1,000이고, 전선에 흐르는 전류가 40 mA일 때 플런저의 위치를 추정하라. 다른 변수는 예제 14.10과 동일하다.

Answer: $x = 0.5$ cm

솔레노이드의 실제적인 면

솔레노이드는 선형 또는 회전 운동을 발생하기 위해 푸시 모드나 풀 모드로 사용될 수 있다. 가장 일반적인 솔레노이드 종류를 아래에 열거하였다.

1. 선형 단일 동작(single-action linear) (푸시 또는 풀). 솔레노이드를 중립 위치로 되돌리기 위한 복원력(예, 스프링)을 갖는 직선 행정(stroke) 동작을 가진다.
2. 선형 이중 동작(double-action linear). 맞대어 있는 2개의 솔레노이드는 양방향 중 하나로 동작할 수 있다. 복원력은 다른 메커니즘(예, 스프링)에 의해 제공된다.
3. 기계식 래칭(latching) 솔레노이드(쌍안정, bistable). 내부 래칭 메커니즘이 부하에 대해서 솔레노이드를 제 위치에 유지되도록 한다.
4. 유지 솔레노이드(keep solenoid). 부하를 당겨진 위치에 유지시키는 데 전력이 필요하지 않으며, 영구자석에 적합하다. 플런저를 끌어당길 때와 반대 극성의 전류 펄스를 가해서 플런저를 풀어주게 한다.
5. 회전 솔레노이드(rotary solenoid). 일반적으로 25~95° 범위에서 회전이 가능하도록 만들어졌으며, 기계적인 수단(예, 스프링)에 의해 원래 위치로 복귀한다.
6. 역회전 솔레노이드(reversing rotary solenoid). 회전 동작은 한쪽 끝에서 다른 쪽 끝으로 이루어지며, 솔레노이드가 다시 에너지를 공급받으면 회전 방향을 바꾸게 된다.

(계속)

(계속)

솔레노이드의 전력 정격은 주로 코일이 필요로 하는 전류와 코일의 저항에 의존한다. I^2R은 소비 전력이며, 따라서 솔레노이드는 방출할 수 있는 열에 의해서 제한을 받는다. 솔레노이드는 연속 모드(continuous mode)와 펄스 모드(pulsed mode)로 동작할 수 있다. 전력 정격은 동작 모드에 의존하며, 연속 모드 동작을 위해 필요한 홀딩(holding) 전류를 줄이기 위해 회로에 홀드인(hold-in) 저항을 추가함으로써 크게 할 수 있다. 플런저를 당기기 위해 필요한 풀인(pull-in) 전류가 가해지면, 홀드 저항이 회로에 스위치된다. 홀딩 전류는 풀인 전류보다 상당히 작을 수 있다.

솔레노이드의 홀딩 전류를 줄이는 일반적인 방법은 홀드인 저항과 병렬로 상폐(normally-closed, NC) 스위치를 부착하는 것이다. 그림 14.42에서 누름 버튼(push button, PB)에 의해 회로가 닫히면, 전류가 저항을 우회하여 NC 스위치를 통해서만 흐르므로 전체 전압이 솔레노이드 코일에 걸리게 된다. 솔레노이드가 닫히고 NC 스위치가 열리면, 코일과 저항이 직렬로 연결된다. 이렇게 하여 저항이 솔레노이드를 제 위치로 유지하는 데 필요한 값으로 전류를 제한한다. 솔레노이드가 비전압 상태일 때 역전류를 분류하는 다이오드 "snubber" 회로에 주의한다.

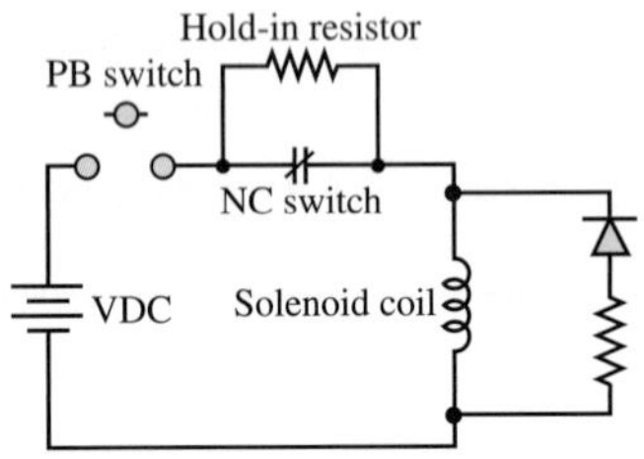

그림 14.42 실제적인 솔레노이드 회로

산업용으로 많이 응용되는 또 다른 전기기계식 장치로는 계전기(relay)가 있다. 계전기는 이 절에서 논의된 것과 유사한 전자기 구조를 이용하여, 전기적 접촉을 개폐시키는 전기기계식 스위치이다.

그림 14.43은 고전압 단상 모터를 시동시키는 데 사용되는 계전기를 나타낸 것이다. 이 자기 구조는 모든 면이 1 cm의 동일한 치수를 가지며, 횡방향 치수는 8 cm이다. 계전기는 다음과 같이 동작한다. 누름 버튼(push button)을 누르면, 전류가 코일을 통해 흐르면서 자기 구조에 자기장을 형성한다. 이 결과로 발생되는 힘은 가동부를 고정부로 끌어당기면서 전기적 접촉이 이루어지게 한다. 계전기의 장점은 비교적 작은 전류를 사용하여 큰 전류가 흐르는 회로의 개폐를 제어할 수 있다는 점이

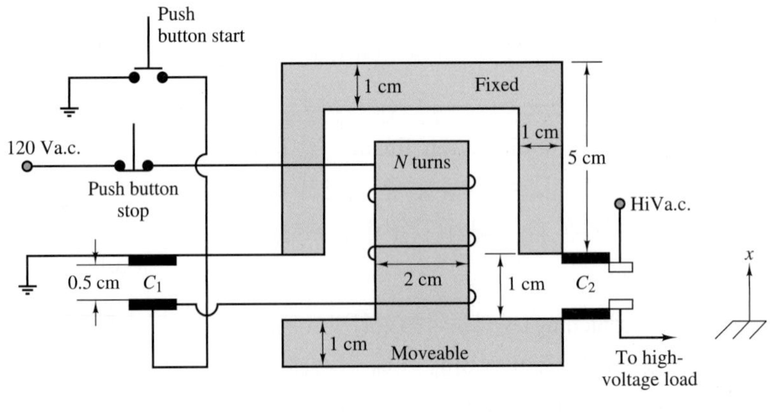

그림 14.43 계전기

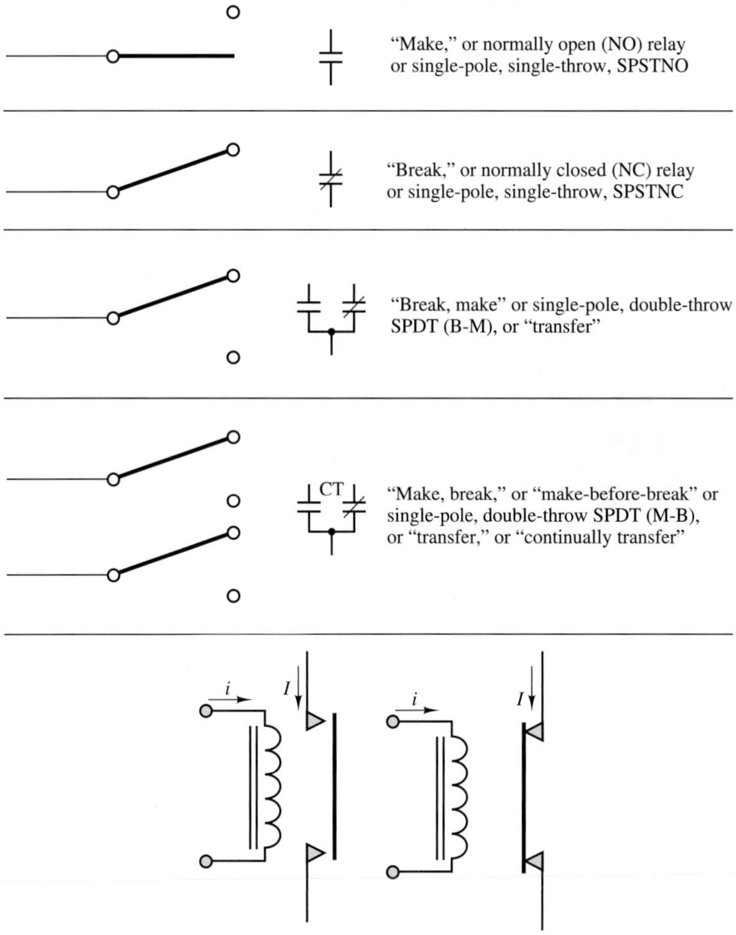

Basic operation of the electromechanical relay: The (small) coil current *i* causes the relay to close (or open) and enables (interrupts) the larger current *I*.
On the left: SPSTNO relay (magnetic field causes relay to close).
On the right: SPSTNC relay (magnetic field causes relay to open).

그림 14.44 계전기의 회로 기호와 기본적인 동작

다. 이 예에서의 계전기는 120 VAC 연결에 의해 에너지가 공급되면 240 VAC 회로를 접속시킬 수 있다. 이러한 계전기 회로는 큰 산업용 부하를 원격으로 개폐하는 데 일반적으로 사용된다.

그림 14.44는 계전기에 대한 회로 기호를 보여준다. 예제 14.11은 간단한 계전기의 기계적, 전기적 특성을 결정하는 데 일반적으로 요구되는 계산을 예시한다.

계전기

예제 14.11

문제

그림 14.45는 단순화된 계전기를 나타내고 있다. 계전기가 거리 x로부터 당겨지는 데 필요한 전류를 구하라.

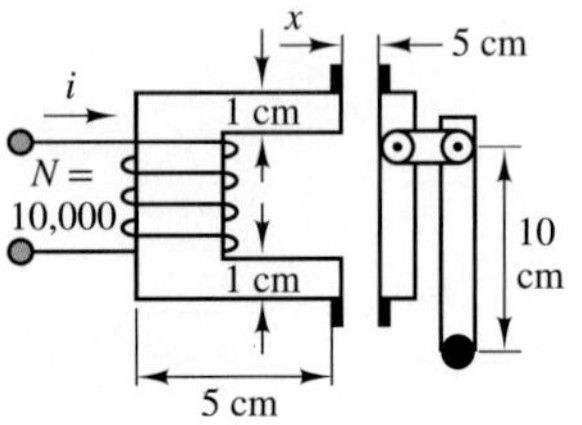

그림 14.45 예제 14.11의 계전기 회로

풀이

기지: 계전기의 구조, 복원력, 봉과 계전기 접촉부 사이의 거리, 코일의 권선수

미지: 전류 i

주어진 데이터 및 그림: $A_{gap} = (0.01\text{ m})^2$, $x = 0.05$ m, $f_{restore} = 5$ N, $N = 10{,}000$

가정: 철편의 릴럭턴스와 가장자리 효과는 무시한다.

해석:

$$\mathcal{R}_{gap}(x) = \frac{2x}{\mu_0 A_{gap}}$$

플런저의 변위에 대한 릴럭턴스의 도함수는

$$\frac{d\mathcal{R}_{gap}(x)}{dx} = \frac{2}{\mu_0 A_{gap}}$$

로 계산된다. 릴럭턴스를 구하였으므로, 자기 구조 내의 자속은

$$\phi = \frac{Ni}{\mathcal{R}(x)} = \frac{Ni\mu_0 A_{gap}}{2x}$$

과 같이 코일 전류의 함수로 나타낼 수 있고, 공극에서의 힘은

$$f_{gap} = \frac{\phi^2}{2}\frac{d\mathcal{R}(x)}{dx} = \frac{(Ni\mu_0 A_{gap})^2}{8x^2}\frac{2}{\mu_0 A_{gap}} = \frac{\mu_0 A_{gap}(Ni)^2}{4x^2}$$

으로 주어진다. 자기력이 5 N의 기계적인 유지력을 극복해야 하므로

$$f_{gap} = \frac{\mu_0 A_{gap}(Ni)^2}{4x^2} = f_{restore} = 5\text{ N}$$

또는

$$i = \frac{1}{N}\sqrt{\frac{4x^2 f_{restore}}{\mu_0 A_{gap}}} = \frac{1}{10{,}000}\sqrt{\frac{4(0.05)^2 5}{4\pi \times 10^{-7} \times 0.0001}} = \pm 2\text{ A}$$

와 같다.

참조: 계전기를 닫기 위해 필요한 전류는 계전기를 닫힌 상태로 유지하는 데 필요한 전류보다도 훨씬 크다. 이는 계전기가 닫히게 되면 공극이 0이 되어 자기 구조의 릴럭턴스가 훨씬 작아지기 때문이다.

가동 코일형 변환기

전자기 기계식 변환기의 또 다른 중요한 부류는 **가동 코일형 변환기**(moving-coil transducer)이다. 이 부류의 변환기는 마이크, 스피커, 모든 전기모터 및 발전기 등과 같은 많은 일반적인 장치들을 포함하고 있다. 이 절의 목적은 고정된 자기장과 가동 코일의 양단에 걸리는 기전력, 그리고 변환기의 가동 요소의 힘과 운동 사이의 관계를 설명하는 것이다.

전기기계식 변환기의 기본 동작 원리는 자기장은 자기장을 통과하는 전하에 힘을 가하는 것이다. 이러한 효과를 나타내는 방정식은

$$\mathbf{f} = q\mathbf{u} \times \mathbf{B} \tag{14.51}$$

으로 표현되는데, 이는 벡터 방정식이다. 식 (14.51)을 정확히 해석하기 위해서는 그림 14.46에서 도식적으로 나타낸 오른손 법칙을 상기할 필요가 있다. 그림 14.46은 미끄럼 전도봉(sliding conducting bar)과 이와 접촉하면서 전도봉을 지탱해 주는 고정된 전도 프레임으로 이루어진 구조를 보여준다. 이 구조는 실용적인 액추에이터를 나타내지는 않지만, 가동 코일형 변환기의 동작을 설명하는 데는 유용하다. 그림 14.46과 이 절의 유사한 그림에서 "×"는 지면 안쪽으로 향하는 화살의 "꼬리"를 나타내는 반면에 "·"는 지면으로부터 나오는 화살을 나타낸다. 이러한 부호 규약은 3차원 그림을 가시화하는 데 도움이 될 것이다.

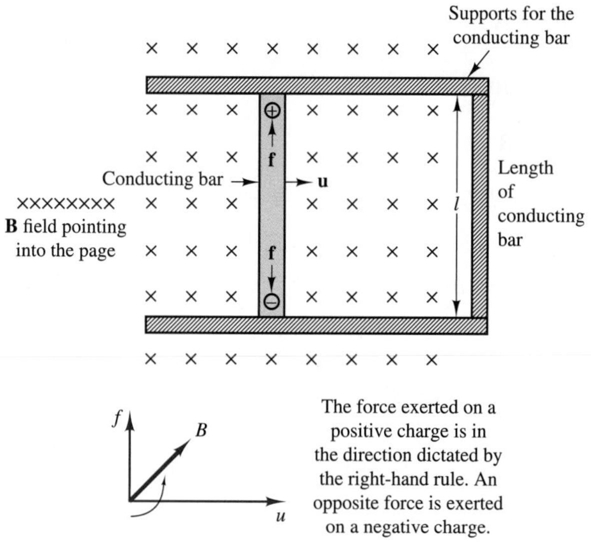

그림 14.46 단순한 전기기계식 운동 변환기

연습 문제

그림 14.46의 회로에 대하여 전도봉이 6 m/s의 속도로 움직인다. 자속 밀도가 0.5 Wb/m^{2}이고, l = 1.0 m이다. 이때 유도되는 전압의 크기를 구하라.

Answer: 3 V

모터 동작

가동 코일형 변환기는 변환기의 전기적인 전도부에 흐르는 공급 전류가 변환기의 가동부의 운동을 일으키는 힘으로 변환될 때 모터로 동작한다. 그림 14.46의 지지 프레임은 전도체로 만들어져 있기 때문에 전도봉과 지지 "레일"(support rail)의 우측이 루프를 형성하게 되어(사실상 한 번 감긴 코일) 전류에 대한 통로를 제공한다. 도

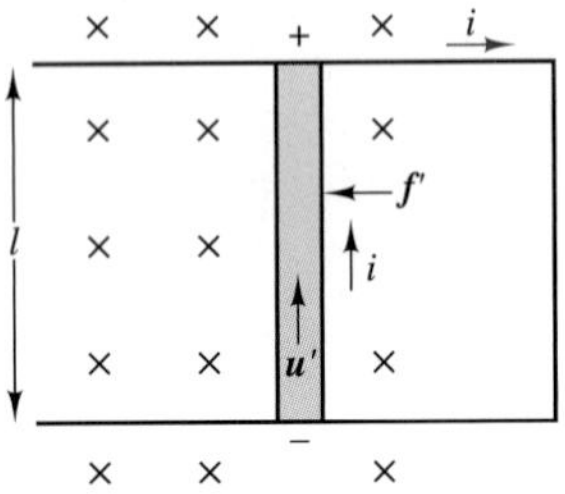

그림 14.47 가동 코일형 변환기의 단순화된 구조

체에서의 이러한 전류의 효과를 이해하기 위해서, 그림 14.47과 같이 전도봉을 따라서, 그리고 전도봉의 속도에 수직하게 속도 u'로 움직이는 전하는 길이 l의 도체에 흐르는 전류 $i = dq/dt$에 해당한다는 점을 고려하여야 한다. 미소 요소 dl 상에 전류 i를 고려하고, dl이 시간 dt에 속도 u'으로 움직이는 전하가 진행하는 길이라 하면

$$i\,dl = \frac{dq}{dt} \cdot u'\,dt \tag{14.52}$$

와 같다. 그러므로 그림 14.47의 외형에 대해서

$$i\,dl = dq\,u' \tag{14.53}$$

또는

$$il = qu' \tag{14.54}$$

가 된다. 14.1절에서 자기장에서 운동하는 전하에 의해 발생되는 힘은 일반적으로

$$\mathbf{f} = q\mathbf{u} \times \mathbf{B} \tag{14.55}$$

로 주어지며, 여기서 $q\mathbf{u}'$를 $i\mathbf{l}$로 대체하면

$$\mathbf{f}' = i\mathbf{l} \times \mathbf{B} \tag{14.56}$$

을 얻게 된다. 오른손 법칙을 적용하면, 전류 i에 의해 발생되는 힘 $\mathbf{f}'$은 전도봉을 좌측으로 미는 방향으로 작용한다는 것을 알 수 있다. 이 힘의 크기는 자기장과 전류의 방향이 직교한다면, $f' = Bli$가 된다. 만약 직교하지 않는다면, $\mathbf{B}$와 $\mathbf{l}$ 사이의 각 γ을 고려해야만 한다. 그러므로 일반적인 경우에는

LO

$$f' = Bli \sin\gamma = Bli \text{ if } \gamma = 90^\circ \qquad Bli \text{ 법칙} \tag{14.57}$$

이 성립된다. 방금 논의한 현상은 때때로 ***Bli* 법칙**이라 불린다.

발전기 동작

가동 코일형 변환기의 또 다른 동작 모드는 외부의 힘이 코일이 움직이게(예를 들어, 그림 14.46에서 봉을 움직이게) 할 때 발생한다. 다음 단락에서 설명하듯이 이러한 외부 힘은 코일 양단에 걸리는 기전력으로 변환된다.

그림 14.46의 변환기에서 양전하와 음전하는 서로 반대 방향으로 향하므로, 전위차가 전도봉의 양단에 나타나게 된다. 이러한 전위차기 바로 기전력(emf)이며, 이 emf는 자기장에 의해 가해진 힘과 같아야 한다. 간단히 말해서, 단위 전하당 전기력(즉, 전기장) e/l은 단위 전하당 자기력 $f/q = Bu$와 같아야 한다. 그러므로 그림 14.48과 같이 $\mathbf{B}$, $\mathbf{l}$ 및 $\mathbf{u}$가 서로 직교하게 되면

LO

$$e = Blu \qquad Bli \text{ 법칙} \tag{14.58}$$

의 관계가 성립된다. 식 (14.58)을 보다 깊이 고찰해 보면, lu(거리와 속도의 곱)는 도체에 의해 단위 시간당 교차되는 면적이다. 만약 그림 14.47에서 지면 안쪽으로 향하

는 자속선을 도체가 "자르는" 것으로 가시화한다면, 기전력은 전도봉이 자속선을 "자르는" 속도와 같다는 결론을 내릴 수 있다. 도체가 자속선을 자른다는 개념을 잘 이해하게 되면, 이 절과 다음 장에서의 내용을 이해하는 데 매우 도움이 될 것이다.

일반적으로 **B**, **l** 및 **u**가 서로 직교일 필요는 없다. 이런 경우에는 **l**과 **u**를 포함하는 평면에 대한 수직선과 자기장에 의해 이루어지는 각 α와 **l**과 **u** 사이의 각 β를 고려할 필요가 있다(그림 14.48 참고). α와 β에 대한 최적값이 각각 0°와 90°라는 것은 명백하며, 대부분의 실용적인 장치들은 이들 값을 갖도록 설계된다. 앞으로 별다른 언급이 없다면, 위의 최적 각도를 가정하는 것이다. 방금 예시된 ***Blu* 법칙**은 자기장에서 움직이는 도체가 어떻게 기전력을 발생할 수 있는가를 설명해 준다.

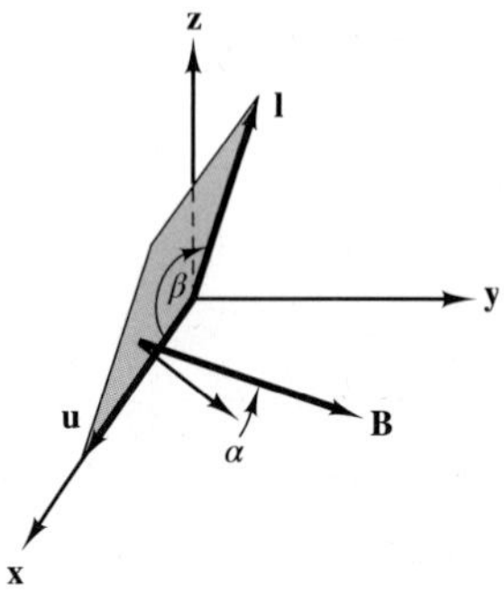

그림 14.48 자속, 전류와 속도 벡터가 서로 수직일 때, $e = Blu$가 된다.

그림 14.46의 간단한 장치에서 발생하는 전기기계식 에너지 변환을 요약하면, 도체와 레일로 구성된 루프에서의 전류의 존재는 도체가 u의 속도로 우측으로 이동하여(Blu 법칙에 의해) 자속선을 자름으로써 전류 i를 발생시키는 기전력을 유도하는 것을 요구한다는 점에 주목해야 한다. 한편, 동일한 전류에 의해서 도체의 이동에 반대되는 방향으로 도체에 힘 f'이 작용한다(Bli 법칙에 의해). 그러므로 도체를 u의 속도로 우측으로 운동하도록 하는 외부에서 작용하는 힘 f_{ext}가 필요하게 되며, 이 외력이 힘 f'를 이겨내야만 한다. 이것은 전기기계식 에너지 변환의 기초이다.

이 시점에서 또 하나 주목해야 할 현상은, 14.1절에서 설명하였듯이 폐루프 주위를 흐르는 전류 i는 자기장을 형성한다는 점이다. 이러한 부가적인 자기장은 앞의 예에서는 한 번 감긴 코일에 의해서 발생되었기 때문에 이미 존재하는 자기장(아마 영구자석에 의해서 형성된)에 비하여 무시할 수 있다고 가정하는 것이 합리적이다. 마지막으로, 이 코일은 도체가 좌측에서 우측으로 움직이면서 변하게 되는 어떤 양의 자속과 쇄교한다는 것을 고려하여야 한다. 시간 dt 동안에 운동하는 도체에 의해서 통과되는 면적은

$$dA = lu\,dt \tag{14.59}$$

이 된다. 그러므로 자속 밀도 B가 균일하다면, 한 번 감긴 코일에 의해 쇄교되는 자속의 변화율은

$$\frac{d\phi}{dt} = B\frac{dA}{dt} = Blu \tag{14.60}$$

이 된다. 다시 말하자면, 전도 루프에 의해 쇄교되는 자속의 변화율은 도체에서 생성되는 기전력과 같게 되며, 이는 패러데이의 법칙과 일치된다.

Blu와 Bli 법칙은 자기장의 결합 작용에 의해서 기계 에너지와 전기 에너지 사이의 변환이 가능하다는 것을 나타낸다. 그림 14.46과 14.47의 간단한 구조가 이러한 에너지 변환 과정을 예시해 주기는 하지만, 아직은 이러한 이상적인 구조가 어떻게 실제 장치로 전환될 수 있는지에 대해서는 아무런 언급이 없었다. 이 절에서는 몇 가지 물리적인 고려 사항을 소개하기로 한다. 더 이상 진도가 나가기 전에, 앞서의 이상적인 변환기에 의해서 발생되는(또는 요구되는) 전기적 전력(power) 및 기계적 동력(power)을 계산해 보기로 하자. 전기적 전력은

$$P_E = ei = Blui \quad \text{W} \tag{14.61}$$

로 주어지는 반면에, 도체를 좌측에서 우측으로 이동시키는 데 요구되는 기계적 동력은 힘과 속도의 곱에 의해서

$$P_M = f_{\text{ext}}u = Bliu \quad \text{W} \tag{14.62}$$

로 주어진다. 그러므로 에너지 보존의 원리는, 이 이상적인 변환기에서 주어진 전기 에너지가 손실 없이 기계 에너지로 변환되거나 그 역으로 역시 손실 없이 변환될 수 있다는 것을 의미한다. 이러한 가역 작용을 보여주기 위해서 그림 14.46에 나타난 구조를 사용할 수 있다. 움직이는 도체를 포함하는 폐경로가 저항 R과 배터리 V_B를 포함하는 폐회로로부터 그림 14.49와 같이 형성된다면, 기전력이 V_B보다 더 크다는 조건하에서 외부에서 작용하는 힘 f_{ext}는 배터리 안으로 양의 전류 i를 발생시킨다. $e = Blu > V_B$일 때, 이상 변환기는 발전기로 동작한다. 주어진 B, l, R 및 V_B 값에 대해서 전류 i가 양이 되는 속도 u가 존재할 것이다. 만약 속도가 이 값보다 낮으면(즉, $e = Blu < V_B$라면), 전류 i는 음이 되어 도체는 우측으로 움직이게 된다. 이 경우에 배터리는 에너지의 소스로 작용하며, 변환기는 모터로 동작한다(즉, 전기 에너지가 기계적인 운동을 구동한다).

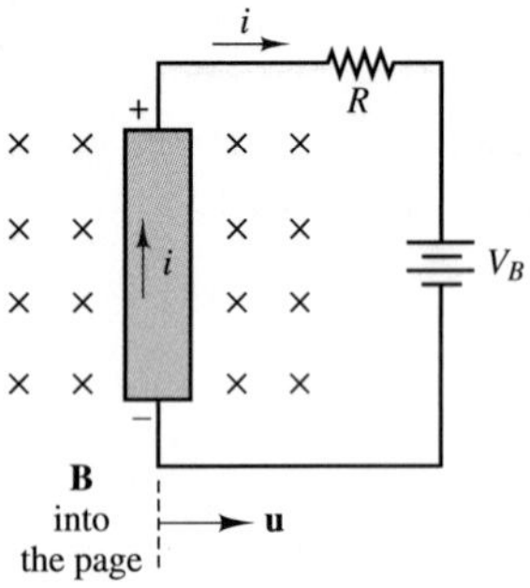

그림 14.49 이상적인 변환기에서 모터와 발전기의 동작

실제 변환기에서는 변환기의 기계적인 측면에서 항상 존재하는 관성, 마찰 및 탄성력 등을 고려하여야만 한다. 마찬가지로, 전기적 측면에서도 회로의 인덕턴스, 저항 및 아마도 약간의 커패시턴스를 고려하여야 한다. 그림 14.50의 구조를 생각해 보자. 이 그림에서 질량 m의 전도봉은 미끄럼 마찰계수(coefficient of sliding friction) b를 가진 표면에 놓여 있으며, 스프링 상수 k인 스프링에 의해서 고정된 구조물에 연결되어 있다. 이 그림은 또한 코일의 인덕턴스와 저항을 나타내는 등가 회로도 보여준다.

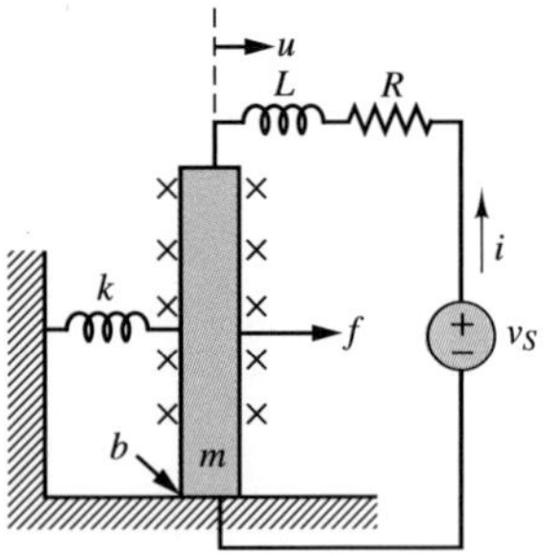

그림 14.50 그림 14.49 변환기의 보다 실제적인 표현

그림에서 $u = dx/dt$라는 점을 고려하면, 도체에 대한 운동 방정식은

$$m\frac{du}{dt} + bu + \frac{1}{k}\int u\,dt = f = Bli \tag{14.63}$$

과 같이 나타낼 수 있으며, Bli 항은 질량의 운동을 일으키는 구동 입력(driving input)이다. 이 경우의 구동 입력은 전기 에너지 소스 v_S에 의해서 공급되므로 변환기는 모터로 동작하며, f는 도체의 질량에 작용하는 순수 힘(net force)이다. 전기적인 측면에서는 회로 방정식이

$$v_S - L\frac{di}{dt} - Ri = e = Blu \tag{14.64}$$

로 주어진다. 여자 전압(excitation voltage) v_S와 기계 및 전기 회로의 물리적 파라미터를 알고 있다면, 식 (14.63)과 (14.64)의 해를 구할 수 있다. 예를 들어, 여자 전압이

$$v_S(t) = V_S\cos\omega t$$

로 표시되는 정현파이고, 자속 밀도가

$$B = B_0$$

으로 일정하다면, 변환기 속도 u와 전류 i에 대해서

$$u = U\cos(\omega t + \theta_u) \qquad i = I\cos(\omega t + \theta_i) \tag{14.65}$$

과 같은 정현파 형태의 해를 가정할 수 있으며, 페이저 표시를 사용하여 미지수(U, I, θ_u, θ_i)를 구할 수 있다.

이 절에서 얻은 결과는 병진 운동(translational motion)에 기초한 변환기에 직접 적용될 수 있다. 전기기계식 에너지 변환의 기본 원리와 이 절에서 설명한 해석 방법은 다음의 예제에서 언급할 실제 변환기에 적용될 것이다. 다음에 나오는 방법 및 절차는 가동 코일 변환기에 대하여 해석 절차를 제시할 것이다.

방법 및 절차
FOCUS ON PROBLEM SOLVING

가동 코일 전기기계식 변환기의 해석

1. KVL을 적용하여, 전기적 부시스템(subsystem)에 대하여 역기전력($e = Blu$) 항을 포함한 미분 방정식을 수립한다.
2. Newton의 운동 제2법칙을 적용하여, 기계적 부시스템에 대하여 자기력 $f = Bli$ 항을 포함한 미분 방정식을 수립한다.
3. 위에서 구한 결합된 두 미분 방정식에 라플라스 변환을 적용하여 선형 연립 대수 방정식을 수립하고, 원하는 기계 및 전기 변수를 구한다.

스피커 예제 14.12

문제

그림 14.51의 스피커(loudspeaker)는 영구자석과 가동 코일(moving coil)을 사용하여 우리가 소리로 인식하는 압력파를 발생시키는 진동을 만들어낸다. 스피커의 진동은 코일의 입력 전류를 변화시킴으로써 발생된다. 이 코일은 스피커의 진동판(diaphragm)에 시간에 따라 변하는 힘을 발생시킬 수 있는 자기 구조와 결합되어 있다. 그림 14.51은 스피커의 역학에 대한 단순화된 모델을 나타낸다. 스피커의 진동판에 작용하는 힘에 대한 자유 물체도를 나타내는 그림 14.52에서와 같이 코일에 작용하는 힘은 스피커 진동판의 질량에도 작용한다.

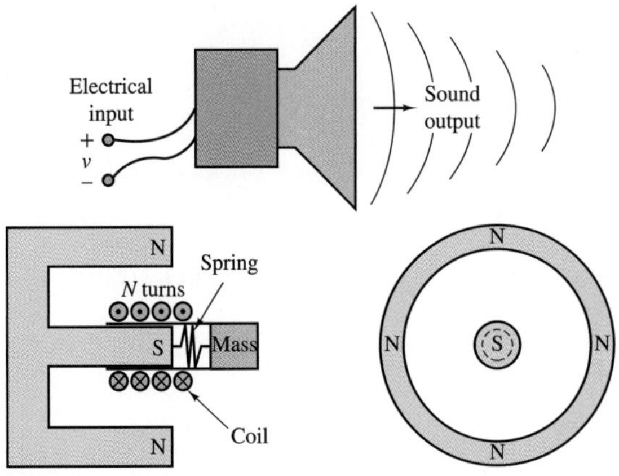

그림 14.51 스피커

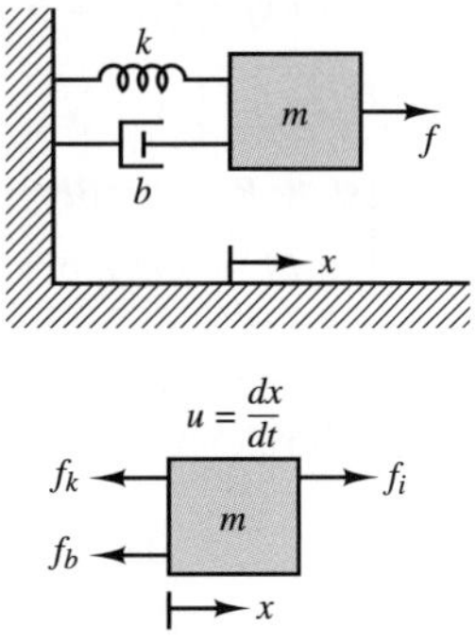

그림 14.52 스피커의 진동판에 작용하는 힘

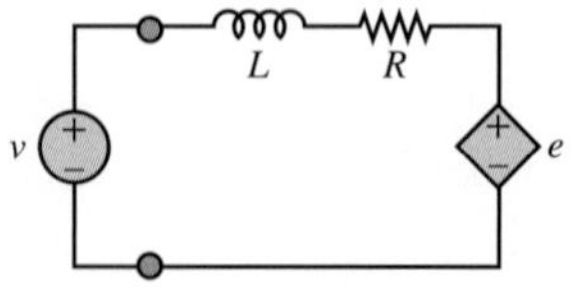

그림 14.53 변환기의 전기적 측면에서의 모델

질량 f_i에 작용하는 힘은 코일에 흐르는 전류 때문에 발생하는 자기력이다. 그림 14.53은 코일을 나타내는 전기 회로를 보여주는데, 여기서 L은 코일의 인덕턴스, R은 권선의 저항, e는 자기장을 통해서 움직이는 코일에 의해 유도되는 기전력을 나타낸다.

스피커의 주파수 응답 $U(j\omega)/V(j\omega)$을 구하라.

풀이

기지: 회로와 기계의 파라미터, 자속 밀도, 코일의 권선수, 코일의 반지름

미지: 스피커의 주파수 응답 $U(j\omega)/V(j\omega)$

주어진 데이터 및 그림: 코일의 반지름 = 0.05 m; L =10 mH; R = 8 Ω; m = 0.01 kg; b = 22.75 N-s^2/m; $k = 5 \times 10^4$ N/m; $N = 47$; $B = 1$ T

해석: 스피커의 주파수 응답을 결정하기 위하여 전기와 기계 부시스템을 기술하는 미분 방정식을 수립한다. 그림 14.53의 회로 모델에 KVL을 적용하면

$$v - L\frac{di}{dt} - Ri - e = 0$$

또는

$$L\frac{di}{dt} + Ri + Blu = v$$

과 같이 되며, 여기서 역기전력 e는 Blu 항을 나타낸다. 다음으로, Newton의 제2법칙을 기계 시스템에 적용하면

$$m\frac{du}{dt} = f_i - f_d - f_k = f_i - bu - kx$$

이다. 여기서 기계 시스템은 움직이는 진동판의 질량(m), 진동판의 탄성을 나타내는 탄성(k), 진동판의 마찰 손실과 공기역학적 감쇠(aerodynamic damping)를 나타내는 감쇠 계수(b) 등으로 구성되어 있으며, $f_i = Bli$이다. 그러므로

$$-Bli + m\frac{du}{dt} + bu + k\int_{-\infty}^{t} u(t')dt' = 0$$

위의 두 방정식은 결합되어 있다. 다시 말해서, 기계 변수가 전기 방정식에 나타나고(Blu 항의 속도 u), 전기 변수가 기계 방정식에 나타난다(Bli 항의 전류 i).

주파수 응답을 구하기 위해서, 두 방정식을 라플라스 변환하면

$$(sL + R)I(s) + BlU(s) = V(s)$$

$$-BlI(s) + \left(sm + b + \frac{k}{s}\right)U(s) = 0$$

이 된다. 이는 다시

$$\begin{bmatrix} sL + R & Bl \\ -Bl & sm + b + \frac{k}{s} \end{bmatrix} \begin{bmatrix} I(s) \\ U(s) \end{bmatrix} = \begin{bmatrix} V(s) \\ 0 \end{bmatrix}$$

과 같이 행렬의 형태로 나타낼 수 있으며, $U(s)$를 $V(s)$의 함수로 풀기 위해 크래머의 공식(Cramer's rule)을 사용하면 해는

$$U(s) = \frac{\det\begin{bmatrix} sL + R & V(s) \\ -Bl & 0 \end{bmatrix}}{\det\begin{bmatrix} sL + R & Bl \\ -Bl & sm + b + \frac{k}{s} \end{bmatrix}}$$

또는

$$\frac{U(s)}{V(s)} = \frac{Bl}{(sL + R)(sm + b + k/s) + (Bl)^2}$$

$$= \frac{Bls}{(Lm)s^3 + (Rm + Lb)s^2 + \left[Rb + kL + (Bl)^2\right]s + kR}$$

이 된다. 스피커의 주파수 응답을 구하기 위해서 위 식에서 $s \to j\omega$로 치환하면

$$\frac{U(j\omega)}{V(j\omega)} = \frac{jBl\omega}{kR - (Rm + Lb)\omega^2 + j\left\{\left[Rb + kL + (Bl)^2\right]\omega - (Lm)\omega^3\right\}}$$

이고, 여기서 $l = 2\pi Nr$이다. 이 식에 수치를 대입하면

$$\frac{U(j\omega)}{V(j\omega)} = \frac{j14.8\omega}{4 \times 10^5 - (0.08 + 0.2275)\omega^2 + j\left[(182 + 500 + 218)\omega - (10^{-4})\omega^3\right]}$$

$$= \frac{j14.8\omega}{4 \times 10^5 - 0.3075\omega^2 + j\left[(900)\omega - (10^{-4})\omega^3\right]}$$

이 된다. 얻어진 주파수 응답이 그림 14.54에 도시되어 있다.

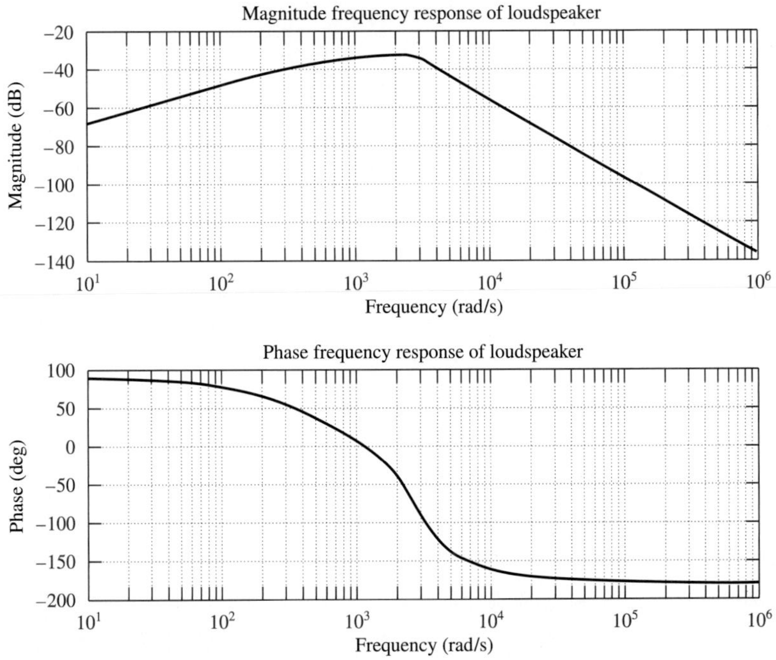

그림 14.54 스피커의 주파수 응답

연습 문제

예제 14.12에서 스피커의 주파수 응답을 살펴보았다. 그러나 오랜 시간이 경과하면 영구자석은 비자기화될(demagnetized) 것이다. 만약 영구자석의 강도가 $B = 0.95$ T까지 감소하였다면, 이때 스피커의 주파수 응답을 구하라.

Answer: $U(j\omega)/V(j\omega) = \dfrac{j(14.03\omega)}{(4 \times 10^5 - 0.3075\omega^2) + j(889 \times 10^{-4}\omega^3)}$

측정기술

사이즈믹 변환기

문제

그림 14.55의 장치는 사이즈믹 변환기(seismic transducer)라 불리며, 물체의 변위, 속도 및 가속도를 측정하는 데 사용된다. 질량 m의 영구자석이 스프링 k와 점성 감쇠(viscous damping) b를 통해서 케이스에 연결되어 있으며, 코일은 케이스에 고정되어 있다. 코일의 길이는 l이며, 저항 및 인덕턴스는 각각 R_{coil} 및 L_{coil}이다. 한편, 자석은 자기장 B를 생성해낸다. 물체의 속도 d_{x_c}/dt에 대하여 출력 전압 v_{out}로의 전달 함수를 구하라. 시스템이 정지해 있을 때 $x(t)$는 0이 아니지만, 여기서는 이러한 오프셋 변위는 무시한다.

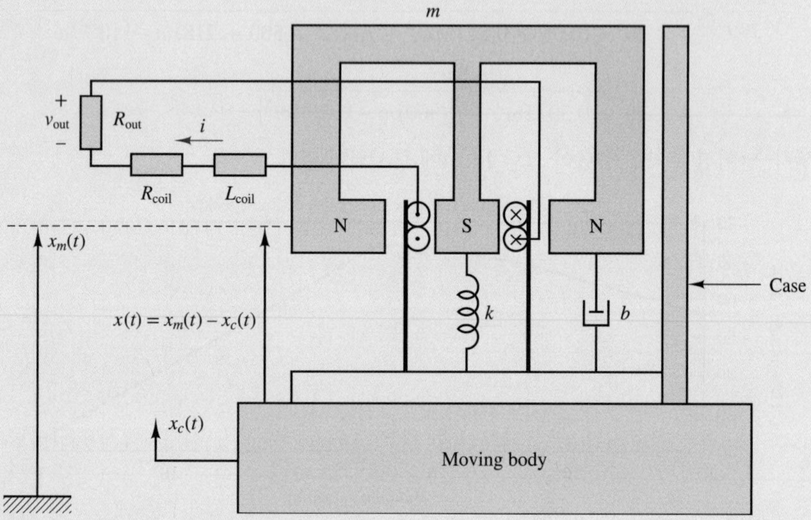

그림 14.55 전자기 기계식 사이즈믹 변환기

풀이

먼저 회로에 KVL을 적용하면, 전기 시스템을 기술하는 미분 방정식은

$$L\frac{di}{dt} + (R_{coil} + R_{out})i + Bl\frac{dx}{dt} = 0$$

으로 주어진다. $v_{out} = -R_{out}i$임에 주목하라. 다음에는 기계 시스템을 고려해 보자. 자석의 변위 x_m은 케이스 변위 x_c와 자석과 케이스 간의 상대 변위 $x(t)$의 합과 같다. 즉, $x_m = x + x_c$이다. 영구자석에 대해 Newton의 제2법칙을 적용하면, 기계 시스템에 대한 미분 방정식은

$$m\frac{d^2x_m}{dt^2} = -k(x_m - x_c) - b\left(\frac{dx_m}{dt} - \frac{dx_c}{dt}\right) - Bli$$

이며, $x_m = x + x_c$의 관계를 대입하면

$$m\left(\frac{d^2x}{dt^2} + \frac{d^2x_c}{dt^2}\right) + kx + b\frac{dx}{dt} = -Bli$$

(계속)

(계속)

을 얻게 된다. 이 방정식으로부터, 케이스의 변위 $X_c(s)$와 출력 전압 $V_{out}(s)$ 간의 전달 함수를 구할 수 있다. $R = R_{coil} + R_{out}$라 하자. 그러면

$$(Ls + R)I(s) + Bls\,X(s) = 0$$

$$-BlI(s) + (ms^2 + bs + k)X(s) = -ms^2X_c(s)$$

$$I(s) = \frac{Blms^3X_c(s)}{mLs^3 + (bL + mR)s^2 + (kL + Rb + B^2l^2)s + kR}$$

을 얻게 된다. 이제, 케이스의 속도가 $U_c(s) = sX_c(s)$이고 $V_{out}(s) = -R_{out}I(s)$이므로, 케이스 속도로부터 출력 전압으로의 전달 함수는 다음과 같이 주어진다.

$$\frac{V_{out}(s)}{U_c(s)} = -\frac{BlmR_{out}s^2}{mLs^3 + (bL + mR)s^2 + (kL + Rb + B^2l^2)s + kR}$$

결론

이 장에서는 전기기계식 시스템을 소개하였다. 전기기계식 장치는 다양한 센서와 변환기를 포함한다. 이들은 여러 영역에서 공통된 기계 장치이다. 모든 전기기계식 장치는 자기장으로부터 제공되는 기계 시스템과 전기 시스템 간의 결합 현상을 이용한다. 자기 결합으로 전기 에너지를 기계 에너지로 변환 또는 그 역으로 변환하는 것이 가능하다. 전기 에너지를 기계 에너지로 변환하는 장치는 액추에이터를 비롯하여 전자석, 솔레노이드, 계전기, 전기 교반기, 전기모터, 스피커 등이 있다. 기계 에너지를 전기 에너지로 변환하는 장치에는 발전기가 있으며, 기계적인 위치, 속도, 가속도를 검출하는 다양한 센서가 있다. 이 장을 마치면서 아래의 학습 목표를 숙지해야 할 것이다.

1. 기본적인 전기와 자기의 기본적인 원리를 복습한다. 전자기 기계식 에너지 변환을 다루는 기본 법칙으로, 패러데이 법칙과 암페어의 법칙이 있다. 패러데이 법칙은 자기장의 변화는 전압을 유도한다는 것이며, 암페어의 법칙은 전도체에 흐르는 전류는 자기장을 생성한다는 것이다.
2. 릴럭턴스와 자기 회로의 개념을 이용하여 간단한 자기 구조에서의 자속과 전류를 계산한다. 자기 구조 해석의 기본 변수는 기자력과 자속이다. 근사적으로는, 기자력과 자속은 마치 옴의 법칙과 같은 방식으로 비례하며, 비례 상수가 릴럭턴스이다. 이러한 단순화된 해석을 통해서, 전자기 기계식 구조에서 힘과 전류를 근사적으로 계산할 수 있다.
3. 자성체의 특성과 자기 회로에서 자성체의 영향을 이해한다. 자성체는 여러 면에서 비이상적인 특성을 가지므로, 이러한 특성들은 전기기계식 변환기에서 자세한 해석이 고려되어야 한다. 가장 중요한 현상으로는 포화, 와전류, 그리고 히스테리시스가 있다.
4. 자기 회로 모델을 이용하여 변압기를 해석한다. 전력 시스템에서 가장 일반적

으로 사용되는 자기 구조가 변압기이다. 이 장의 전반부에 기술한 방법은 변압기 해석에 필요한 모든 도구를 제공한다.

5. 전자기 기계 시스템의 힘 발생을 모델링하고 해석한다. 전자기 기계식 변환기는 크게 가동 철편형 변환기(전자석, 솔레노이드, 계전기)와 가동 코일형 변환기(교반기, 스피커, 시이즈믹 트랜스듀서)의 두 가지로 분류된다. 14.5절에서 이들 장치의 설계 방법과 해석을 하였다.

숙제 문제

14.1절: 전기와 자기

14.1 그림 P14.1의 전자석에 대해서

a. 자심에서의 자속 밀도를 구하라.

b. 자속선과 그 방향을 도시하라.

c. 자석의 N극과 S극을 표시하라.

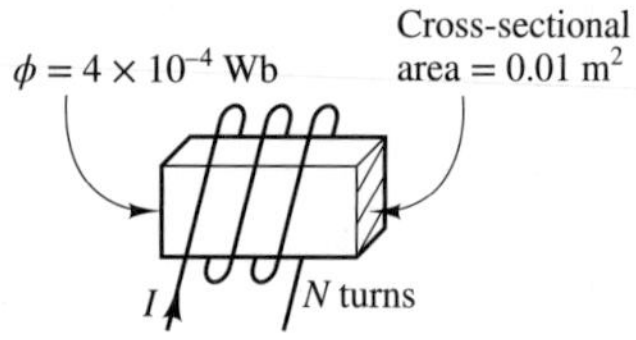

그림 P14.1

14.2 그림 P14.2와 같이 전류 I_2를 전도하는 단일 루프의 전선이, 권선수가 N이며 전류 I_1을 전도하는 솔레노이드의 한쪽 근처에 놓여 있다. 솔레노이드는 수평면에 고정되어 있지만, 단일 코일은 자유로이 움직일 수 있다. 전류의 방향이 그림과 같다면 단일 코일에 작용하는 합력(resultant force)은 얼마이며, 방향은 어디인가? 그 이유는?

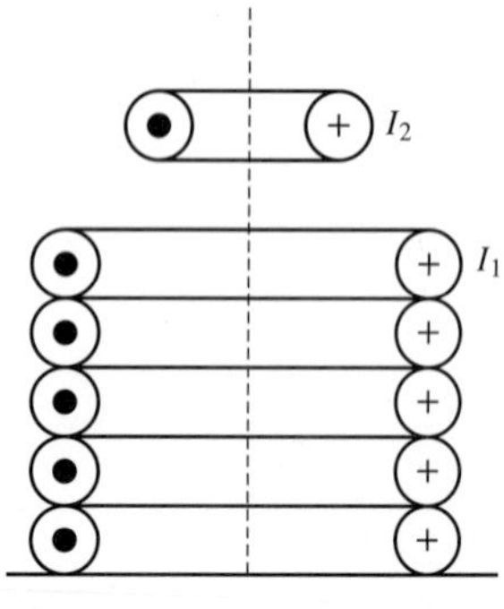

그림 P14.2

14.3 실제 LVDT는 보통 저항 부하에 연결된다. 측정 기술 "LVDT"의 결과를 이용하여, 출력 단자 양단에 저항 부하 R_L이 연결되어 있을 때, LVDT의 방정식을 유도하라. R_S, L_S는 2차 코일의 파라미터이다.

14.4 측정 기술 "LVDT"의 방정식과 문제 14.3의 결과에 기초하여 LVDT의 주파수 응답을 유도하고, 이 장치가 주어진 여자에 대해 최대의 감도를 가지게 되는 주파수의 범위를 구하라. [힌트: dv_{out}/dv_{ex}를 계산한 다음, 최대 감도를 구하기 위하여 도함수를 0으로 놓아라.]

14.5 철심 인덕터가 다음과 같은 특성을 가진다.

$$i = \frac{\lambda}{0.5 + \lambda}$$

a. λ = 1 V-s에 대해 에너지, 공에너지 및 증분 인덕턴스를 구하라.

b. 코일의 저항이 1 Ω이고, 코일에 흐르는 전류가

$$i(t) = 0.625 + 0.01 \sin 400t \quad \text{A}$$

로 주어질 때, 인덕터에 걸리는 전압을 구하라.

14.6 전류가 다음과 같을 때, 문제 14.5를 반복하라.

$$i = \frac{\lambda^2}{0.5 + \lambda^2}$$

14.7 철심 인덕터가 그림 P14.7과 같은 특성을 가진다.

a. i = 1.0 A에 대해서 에너지와 증분 인덕턴스를 구하라.

b. 코일의 저항이 2 Ω이고, $i(t) = 0.5 \sin 2\pi t$로 주어질 때, 인덕터에 걸리는 전압을 구하라.

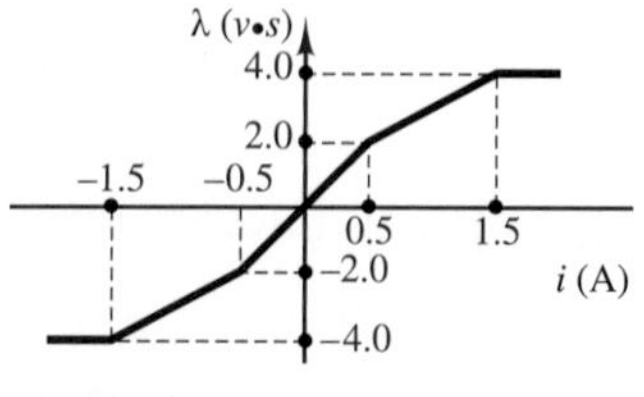

그림 P14.7

14.8 단면적 $A = 0.1\ \text{m}^2$, $\mu_r = 2{,}000$일 때, 그림 14.12의 구조의 릴럭턴스를 결정하라. 각 다리는 0.1 m이며, 이는 자로가 정확히 구조의 중심에 위치한다는 것을 의미한다.

14.2절: **자기 회로**

14.9

a. 자속 $\phi = 4.2 \times 10^{-4}$ Wb가 400 A·turns의 기자력에 의해서 형성된다면, 자기 회로의 릴럭턴스를 구하라.

b. 자기 회로의 길이가 6 in라면, SI 단위로 자화력(magnetizing force) H를 구하라.

14.10 그림 P14.10의 회로에 대하여 다음에 답하라.

a. $\mu = 3000\mu_0$라고 가정할 때 릴럭턴스를 구하고, 자기 회로를 그려라.

b. 이 장치의 인덕턴스를 구하라.

c. 이 장치의 인덕턴스는 자기 구조를 절단하여 공극을 생성함으로써 변경될 수 있다. 만약 0.1 mm의 공극이 길이 l_3의 암(arm)에 생성된다면, 인덕턴스의 새로운 값은 얼마가 되겠는가?

d. 공극의 치수(길이)가 증가할 때 인덕턴스의 극한값은 얼마가 되는가? 누설 자속과 가장자리 효과는 무시하라.

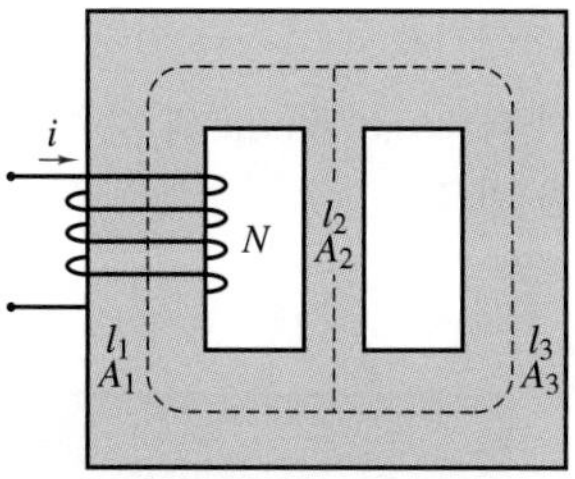

$N = 100$ turns　$A_2 = 25\ \text{cm}^2$

$l_1 = 30$ cm　$l_3 = 30$ cm

$A_1 = 100\ \text{cm}^2$　$A_3 = 100\ \text{cm}^2$

$l_2 = 10$ cm

그림 P14.10

14.11 그림 P14.11의 자기 회로는 2개의 병렬 경로를 가지고 있다. 자기 회로의 각 부분에서의 자속과 자속 밀도를 구하라. 공극에서의 가장자리 효과와 자속 누설을 무시하라. $N = 1000$, 전류 $i = 0.2$ A, $l_{g1} = 0.02$ cm, $l_{g2} = 0.04$ cm이다. 자심의 릴럭턴스는 무시할 수 있다고 가정한다.

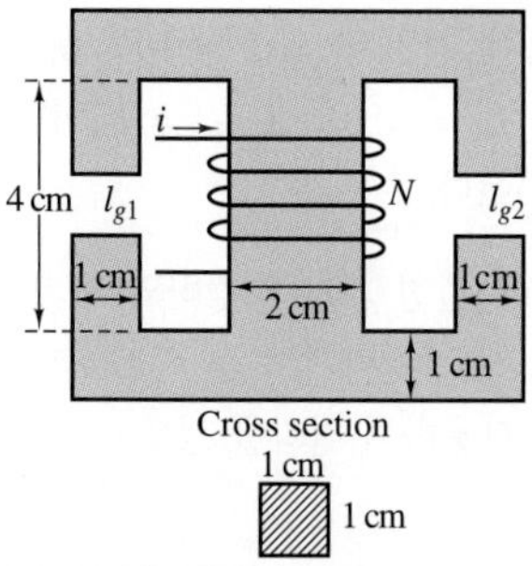

그림 P14.11

14.12 그림 P14.12의 직렬 자기 회로에서 $\phi = 3 \times 10^{-4}$ Wb의 자속을 발생시키는 데 필요한 전류를 구하라. $l_{\text{iron}} = l_{\text{steel}} = 0.3$ m, 면적(전체에 걸쳐서) $= 5 \times 10^{-4}\ \text{m}^2$, $N = 100$이다. 주강의 $\mu_r = 1{,}000$, 주철의 $\mu_r = 5{,}195$이라고 가정한다.

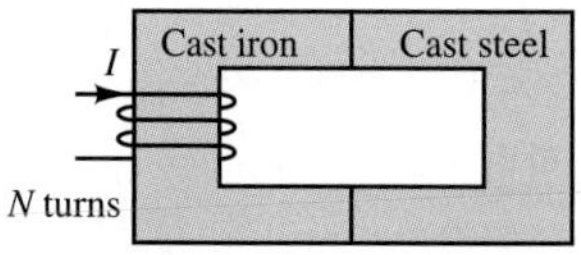

그림 P14.12

14.13 그림 P14.13의 직렬 자기 회로에서 발생하는 자속 ϕ를 구하라.

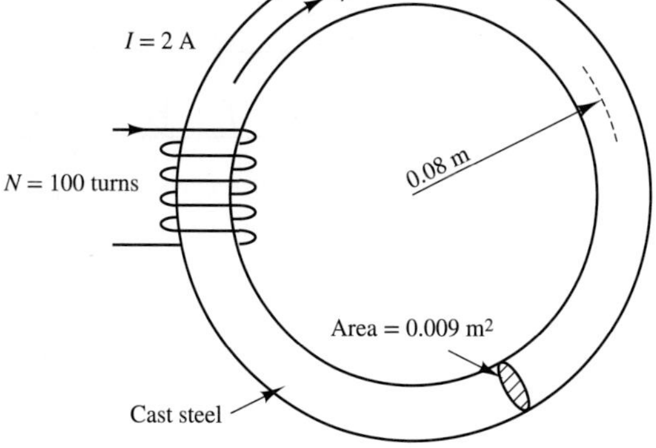

그림 P14.13

14.14

a. 그림 P14.14의 자기 회로에서 $\phi = 2.4 \times 10^{-4}$ Wb의 자속을 발생시키는 데 필요한 전류 I를 구하라. 면적(전체에 걸쳐서) $= 2 \times 10^{-4}$ m^2, $l_{ab} = l_{ef} = 0.05$ m, $l_{af} = l_{be} = 0.02$ m, $l_{be} = l_{de}$이며, 재료는 강판(sheet steel)이다.

b. 공극에 걸친 기자력 강하와 자기 회로의 나머지 부분에 걸친 기자력 강하를 비교하라. 각 재료에 대한 μ의 값을 사용하여 결과를 검토하라.

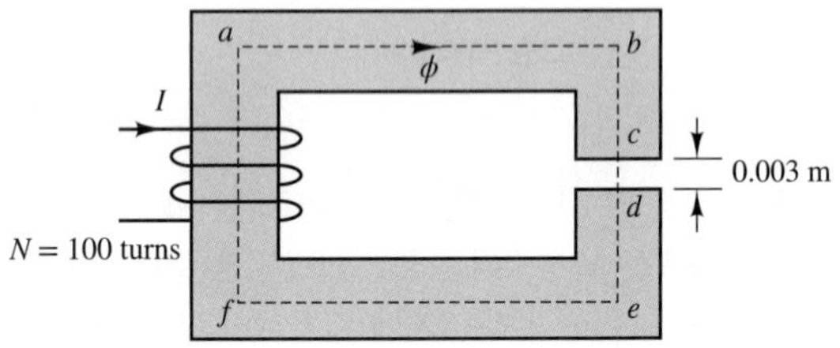

그림 P14.14

14.15 그림 P14.15의 직렬-병렬 자기 회로에 대해서 공극에서 $\phi = 2 \times 10^{-4}$ Wb의 자속을 발생시키는 데 필요한 전류 I를 구하라. $l_{ab} = l_{bg} = l_{gh} = l_{ha} = 0.2$ m, $l_{bc} = l_{fg} = 0.1$ m, $l_{cd} = l_{ef} = 0.099$ m이며, 재료는 강판(sheet steel)이다.

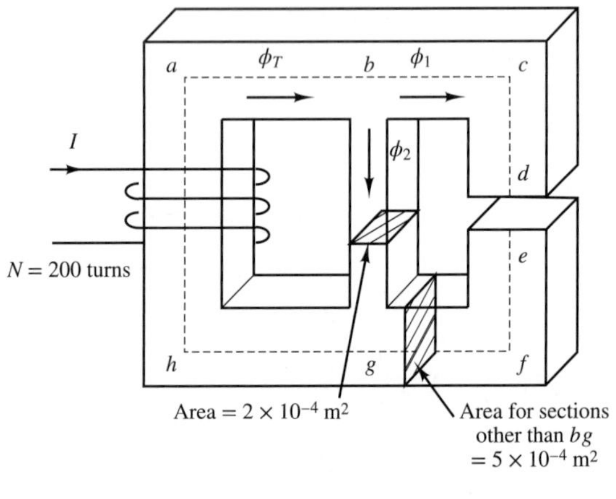

그림 P14.15

14.16 그림 P14.16의 액추에이터는 전체가 강판(sheet steel)으로 만들어져 있다. 코일의 권선수는 2,000이며, 전기자가 정지되어 있으므로 공극의 길이 $g = 10$ mm는 고정되어 있다. 코일에 흐르는 전류는 1.2 T의 자속 밀도를 발생시킨다. 다음을 구하라. 강판의 $\mu_r = 4{,}000$이라 가정하라.

a. 코일 전류

b. 공극에 저장된 에너지

c. 강판에 저장된 에너지

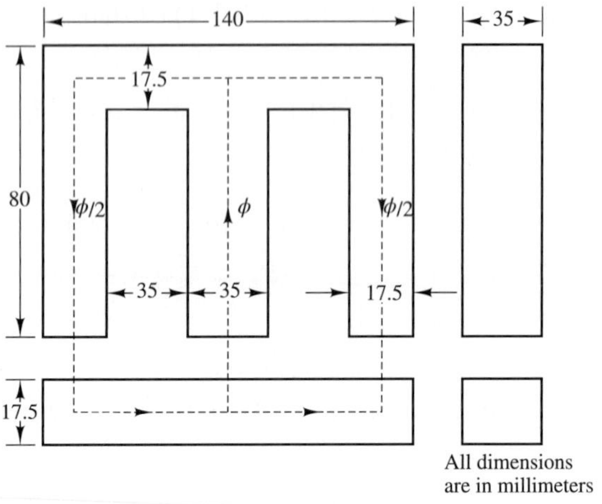

그림 P14.16

14.17 그림 P14.17에서 자심은 $\mu_r = 2{,}000$이며, $N = 100$이다. 다음을 구하라.

a. 중앙의 다리(center leg)에서 0.4 Wb/m^{2}의 자속 밀도를 발생시키는 데 필요한 전류

b. 중앙의 다리 0.8 Wb/m^{2}의 자속 밀도를 발생시키는 데 필요한 전류

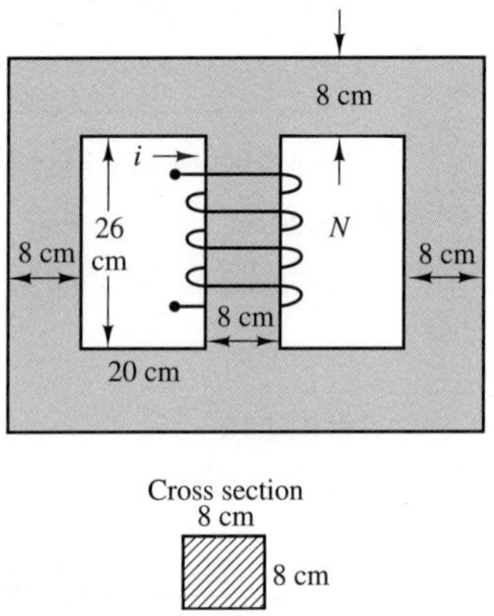

그림 P14.17

14.4절: 변압기

14.18 그림 P14.18의 변압기에 대하여 권선수 N = 1,000 turns, l_1 = 16 cm, A_1 = 4 cm^2, l_2 = 22 cm, A_2 = 4 cm^2, l_3 = 5 cm, A_3 = 2 cm^{2}이며, 재료의 비투자율은 μ_r = 1,500이다.

a. 등가 자기 회로를 구성하고, 회로의 각 부분과 연관된 릴럭턴스를 구하라.

b. 한 쌍의 코일에 대해서 자기 인덕턴스와 상호 인덕턴스를 구하라(예를 들어, L_{11}, L_{22} 및 $M = L_{12} = L_{21}$).

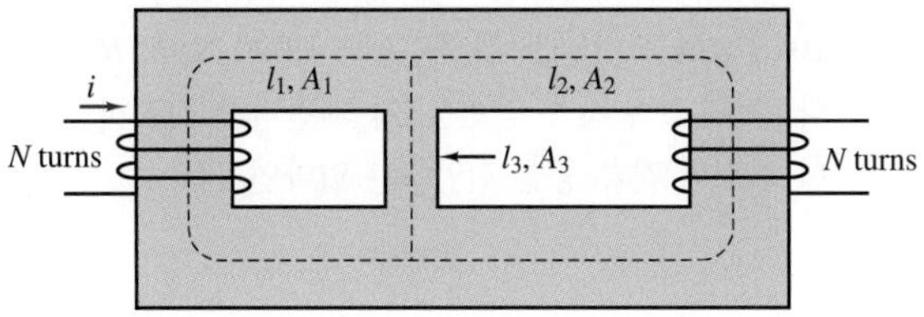

그림 P14.18

14.19 어떤 변압기가 300 Ω의 저항성 부하로 전력을 전달한다. 원하는 전력 전달을 수행하기 위하여 1차측에 기준한 저항성 부하가 7,500 Ω이 되도록 권수비(turns ratio)를 선택한다. 2차 권선에 기준한 파라미터는 다음과 같다.

$r_1 = 20\ \Omega$ $L_1 = 1.0$ mH $L_m = 25$ mH

$r_2 = 20\ \Omega$ $L_2 = 1.0$ mH

철손은 무시한다.

a. 권수비를 구하라.

b. 이 변압기가 $f = 10{,}000/2\pi$ Hz에서 300 Ω의 부하로 12 W의 전력을 전달할 때 입력 전압, 전류, 전력 및 효율을 구하라.

14.20 220/20 V 변압기의 저전압측의 권선수가 50이다. 다음을 계산하라.

a. 고전압측의 권선수

b. 강압 변압기로 사용될 때의 권수비 α

c. 승압 변압기로 사용될 때의 권수비 α

14.21 변압기의 고전압측의 권선수가 750, 저전압측의 권선수가 50이다. 고전압측이 120 V, 60 Hz의 정격 전압에 연결되며, 저전압측은 40 A의 정격 부하에 연결된다. 다음을 계산하라.

a. 권수비

b. 2차 전압(변압기 내부의 임피던스에 의한 전압 강하는 없다고 가정한다.)

c. 부하의 저항

14.22 변압기가 8 Ω의 스피커를 500 Ω의 오디오 선에 정합시키는 데 사용된다. 10 W의 오디오 전력이 스피커에 전달될 때 변압기의 권수비와 1차 및 2차 단자에서의 전압은 얼마인가? 스피커는 저항성 부하이며, 변압기는 이상적이라고 가정한다.

14.23 강압(step-down) 변압기의 고전압측의 권선수가 800, 저전압측의 권선수가 100이다. 240 VAC의 전압이 고전압측에 인가되며, 부하 임피던스는 3 Ω(저전압측)이다. 다음을 구하라.

a. 2차 전압과 전류

b. 1차 전류

c. 1차 전압과 전류의 비로부터 1차 입력 임피던스

d. 1차 입력 임피던스

14.24 문제 14.23의 변압기가 승압 변압기로 사용될 때 변압기의 변압비를 계산하라.

14.25 2,300/240 V, 60 Hz, 4.6 kVA 변압기는 2.5 V/turn의 유도 기전력을 가지도록 설계되어 있다. 이상적인 변압기라고 가정하고, 다음을 구하라.

a. 고전압측의 권선수 N_h와 저전압측의 권선수 N_l

b. 고전압측의 정격 전류 I_h

c. 장치가 승압 변압기로 사용될 때 변압비

14.5절: 전기기계식 에너지 변환

14.26 예제 14.9의 전자석에 대해서 철편을 올리기 위해서 필요한 전류를 계산하라. 자석에 달라붙어 올려진 위치에서 무게를 지탱하기 위해서 필요한 유지 전류를 구하라. 가정: N = 700, $\mu_0 = 4\pi \times 10^{-7}$, $\mu_r = 10^4$(전자석과 철편에 대해서 동일), 초기 거리(공극) = 0.5 m, 전자석의 자로

길이 = l_1 = 0.80 m, 철편의 자로 길이 = l_2 = 0.40 m, 공극 단면적 = 5×10^{-4} m^2, m = 철편의 질량 = 10 kg, g = 9.8 m/s^2

14.27 예제 14.9의 전자석에 대해서

a. 봉을 제자리에 유지하는 데 필요한 전류를 계산하라. (힌트: 공극이 0이 되면 철의 릴럭턴스는 무시할 수 없다.) μ_r = 1,000, L = 1 m이라 가정하자.

b. 봉이 초기에 전자석으로부터 0.1 m 떨어져 있다면, 전자석을 들어 올리기 위해 필요한 초기 전류는 얼마인가?

14.28 그림 P14.28의 전자기는 $\mathcal{R}(x) = 7 \times 10^8(0.002 + x)$ H^{-1}의 릴럭턴스를 가진다. x는 미터 단위의 가변 공극의 길이이다. 코일이 감긴 횟수는 980회, 저항은 30 Ω이다. 120 V 직류 전압의 공급에 대하여 다음을 구하라.

a. x = 0.005 m에 대하여 자기장에 저장된 에너지

b. x = 0.005 m에 대하여 자기력

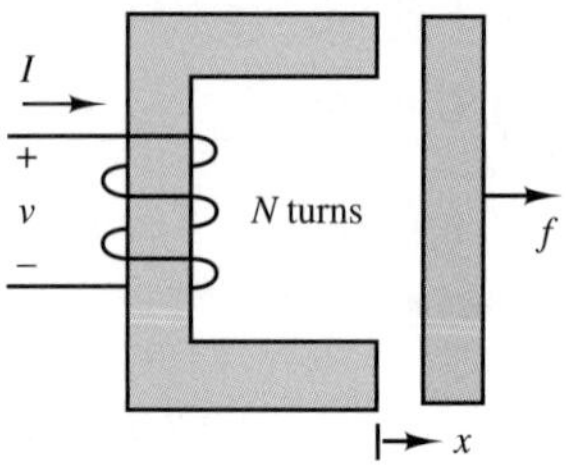

그림 P14.28

14.29 예제 14.10을 참고하여, 솔레노이드 코일의 부피를 최소로 하기 위해 가장 좋은 전류 크기와 도선 지름의 조합을 결정하라. 부피가 최소가 되면 저항이 최소가 되는가? 도선의 치수와 전류가 변함에 따라 코일의 전력 소모는 어떻게 되는가? 이 문제를 풀기 위해 필요한 도선 지름과 저항, 그리고 정격 전류는 표 1.1을 참고하라. 해는 수치적으로 얻을 수 있다.

14.30 식 (14.46)과 식 (14.30)에서 주어진 인덕턴스의 정의를 이용하여, 예제 14.10에서와 동일한 결과를 유도하라. 유도하는 순서는 먼저 자기 회로의 인덕턴스를 릴럭턴스의 함수로 구한 후, 저장된 자기 에너지를 계산하고, 마지막으로 식 (14.46)에서 주어진 자기력에 대한 식을 구한다.

14.31 예제 14.11을 참고하여, 계전기가 계속 닫히도록 하는 데 필요한 유지 전류를 계산하라. 봉의 질량은 m = 0.05 kg이며, 감쇠는 무시한다. 초기 위치는 $x = \epsilon$ = 0.001 m이다.

14.32 그림 P14.32에 나타낸 계전기 회로의 파라미터가 A_{gap} = 0.001 m^2, N = 500 turns, L = 0.02 m, $\mu = \mu_0 = 4\pi \times 10^{-7}$(철의 릴럭턴스 무시), k = 1,000 N/m, R = 18 Ω이다. 전기 스위치가 닫혔을 때 계전기가 접촉하는 데 필요한 최소의 직류 공급 전압 v는 얼마인가?

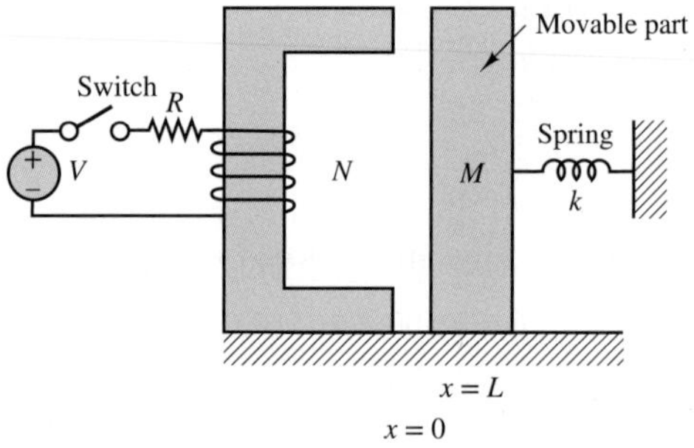

그림 P14.32

14.33 그림 P14.33의 자기 회로는 표면 거칠기 센서(surface roughness sensor)로 사용되는 장치를 단순화하여 나타낸 것이다. 스타일러스(stylus)가 표면과 접촉하고 있으며, 플런저가 표면에 따라서 움직이도록 한다. 공극의 자속은 $\phi = \beta/\mathcal{R}(x)$로 주어진다고 가정한다. 여기서 β는 알고 있는 상수이며, $\mathcal{R}(x)$는 공극의 릴럭턴스이다. 기전력 e는 표면의 프로파일을 결정하기 위해 측정된다. 변위 x를 자기 회로와 측정된 기전력의 여러 파라미터의 함수로 나타내어라. (움직이는 플런저와 자기 구조 사이에 마찰은 없고, 플런저는 수직으로만 움직일 수 있다고 가정한다. 플런저의 단면적은 A이다).

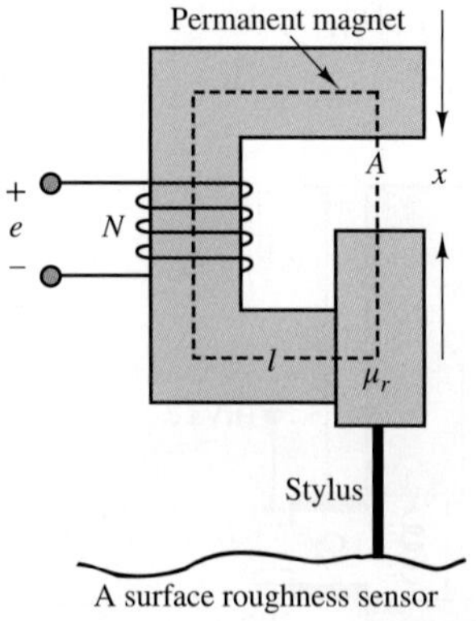

그림 P14.33 표면 거칠기 센서

14.34 그림 P14.34는 원통형 솔레노이드를 나타낸 것이다. 플런저는 축을 따라 자유로이 움직인다. 셸(shell)과 플런저 사이의 공극이 균일하며, 지름 d는 25 mm이다. 만약 여자 코일에 7.5 A의 전류가 흐른다면, x = 2 mm일 때 플런저에 작용하는 힘을 구하라. 이때 권선수 N = 200이며, 강철 셸의 릴럭턴스는 무시한다고 가정한다. l_g는 무시한다.

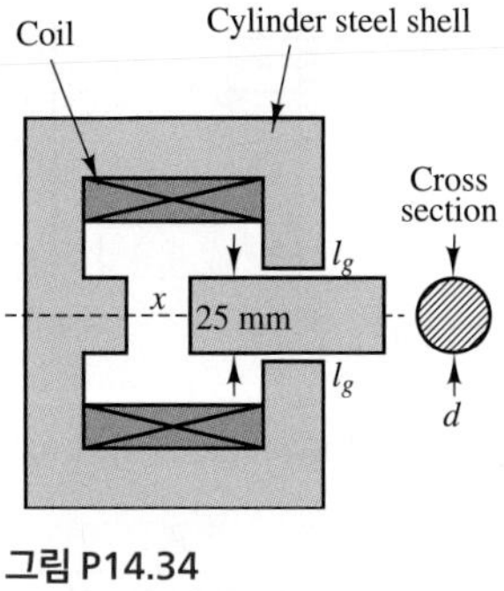

그림 P14.34

14.35 그림 P14.35의 이중 여자(double-excited) 전기기계식 시스템은 수평으로 움직인다. 저항과 자기 누설 및 가장자리 효과는 무시하며, 철심의 투자율은 매우 크고 구조의 단면적은 $w \times w$이라고 가정할 때, 다음을 구하라.

a. 자기 회로의 릴럭턴스

b. 공극에 저장된 자기 에너지

c. 위치의 함수로 나타낸 가동부에 작용하는 힘

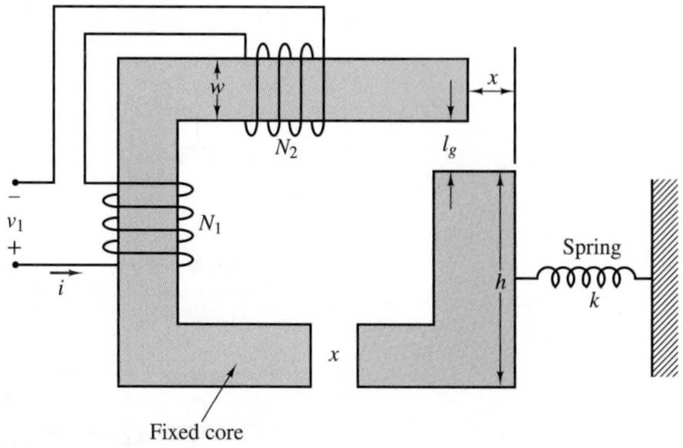

그림 P14.35

14.36 그림 P14.36에서 솔레노이드에 에너지가 공급될 때 정지 코일 자극과 플런저 자극의 면 사이에 작용하는 힘 F을 구하라. 에너지가 공급될 때 플런저는 코일 안으로 끌려와서 정지하는데, 둘을 분리하는 공극은 무시할 수 있다. 주강(cast steel) 경로에서 자속 밀도는 1.1 T이며, 플런저의 지름은 10 mm이다. 강철의 릴럭턴스는 무시한다.

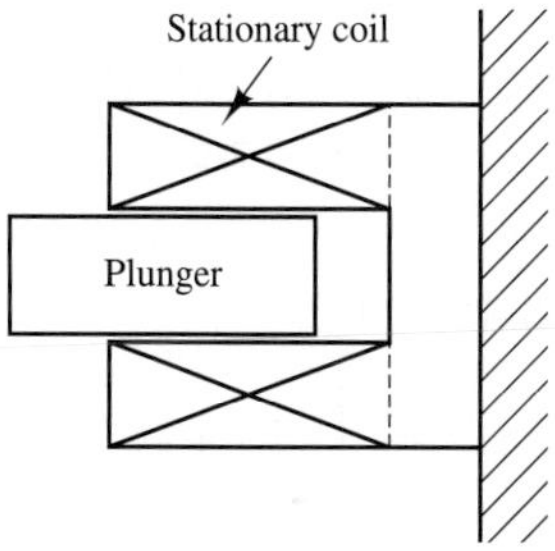

그림 P14.36

14.37 예제 14.9에서 철편을 유지하기 위하여 전자석이 사용되는데 철편의 무게를 지지하기 위하여 10,000 N의 힘이 필요하다. 자심(고정부)의 단면적은 0.01 m^2이며, 코일의 권선수는 1,000이다. 철편이 x = 1.0 mm 아래로 떨어지지 않도록 유지하는 데 요구되는 최소한의 전류를 구하라. 철편의 릴럭턴스와 공극에서의 가장자리 효과는 무시한다.

14.38 12 VDC 제어 계전기의 전기자, 프레임 및 코어는 강판으로 제작된다. 계전기가 작동할 때 자기 회로의 평균 길이는 12 cm이며, 평균 단면적은 0.6 cm^2이다. 코일의 권선수는 250이고, 50 mA의 전류를 전도한다. 다음을 구하라.

a. 코일에 에너지가 공급될 때 계전기의 자기 회로에서 자속 밀도 $\mathcal{B}$

b. 코일에 에너지가 공급될 때 전기자를 닫는 데 가해지는 힘 $\mathcal{F}$

14.39 그림 P14.39에 도시된 계전기에 대해서 시스템을 기술하는 미분 방정식을 구하라.

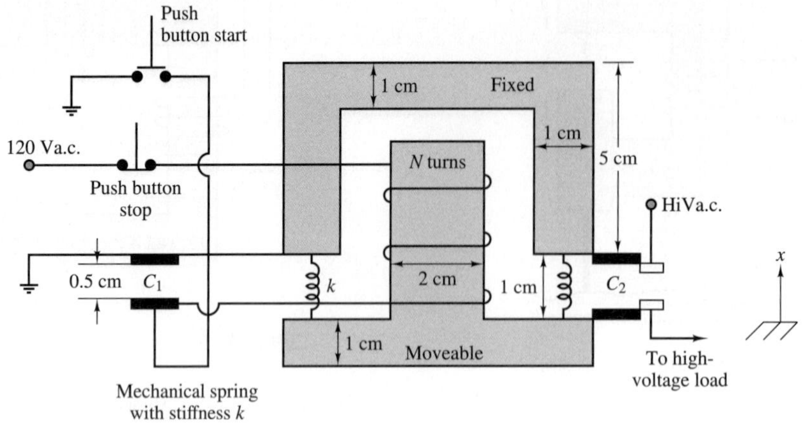

그림 P14.39

14.40 그림 P14.40는 10 cm^2의 단면적을 가진 솔레노이드를 나타낸다.

a. 거리 x가 2 cm이고, 코일에 흐르는 전류가(여기서 권선수 N = 100) 5 A일 때, 플런저에 작용하는 힘을 계산하라. 가장자리 효과와 자속 누설은 무시한다. 자성체와 비자기 슬리브(sleeve)의 비투자율은 각각 2,000과 1이다.

b. 솔레노이드의 거동을 지배하는 미분 방정식을 구하라.

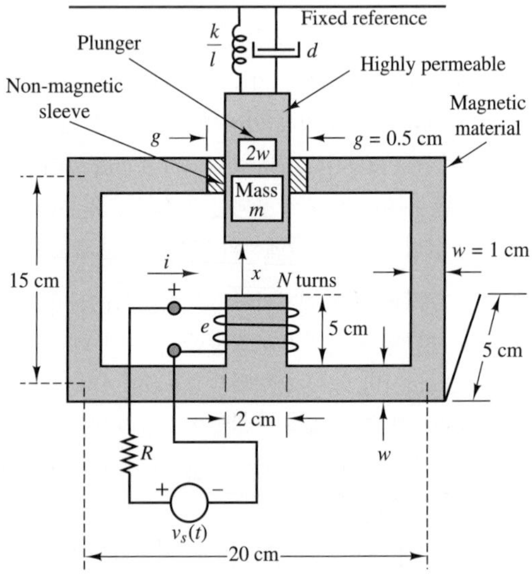

그림 P14.40

14.41 그림 P14.41의 계전기에 대하여 (전기적 및 기계적) 미분 방정식을 유도하라. 인덕턴스는 x의 함수이므로 고정되어 있다고 가정하지 말아라. 철편의 릴럭턴스는 무시할 수 있다.

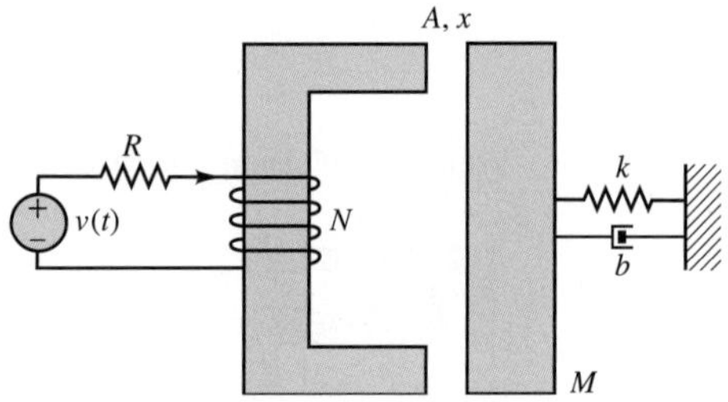

그림 P14.41

14.42 그림 P14.42의 계전기에 대하여 미분 방정식을 유도하라.

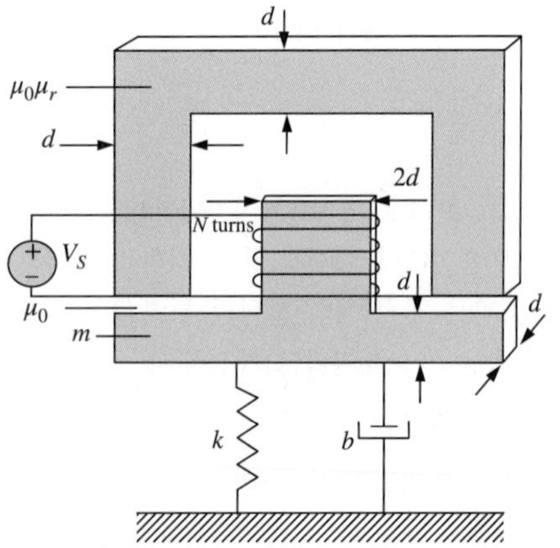

그림 P14.42

14.43 그림 P14.43과 같이 길이 20 cm의 도선이 0.1 T의 자속 밀도를 가진 일정한 자기장 내에서 한 방향으로 진동하고 있다. 도선의 위치는 시간의 함수로 $x(t) = 0.1 \sin 10t$ m로 주어진다. 도선의 양단에 걸리는 유도 기전력을 시간의 함수로 나타내라.

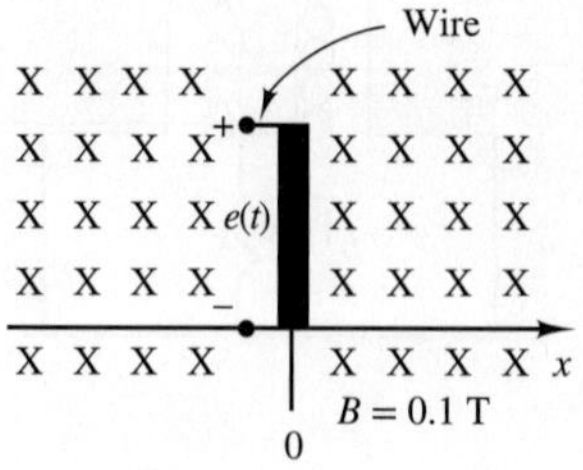

그림 P14.43

14.44 문제 14.43의 도선은 시간에 따라 변하는

$$e_1(t) = 0.02 \cos 10t$$

의 기전력을 유도한다. 그림 P14.44와 같이 두 번째의 도선이 동일한 자기장 내에 위치해 있으며, 길이는 0.1 m이다. 이 도선의 위치는 $x(t) = 1 - 0.1 \sin 10t$로 주어진다. 기전력 $e_1(t)$와 $e_2(t)$의 차이로 정의되는 유도 기전력 $e(t)$를 구하라.

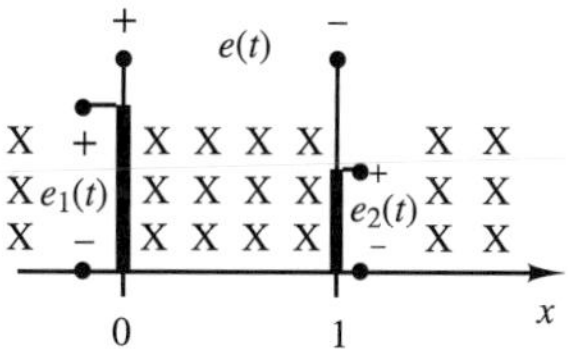

그림 P14.44

14.45 본문의 그림 14.47에서 전도봉(conducting bar)은 $B = 0.3$ Wb/m^{2}의 자기장 내에서 4 A의 전류가 흐른다. 전도봉에 유도되는 힘의 크기와 방향을 구하라.

14.46 그림 P14.46에서의 도선은 $B = 0.4$ Wb/m^{2}의 자기장에서 운동하고 있다. 도선에 유도된 전압의 크기와 방향을 구하라.

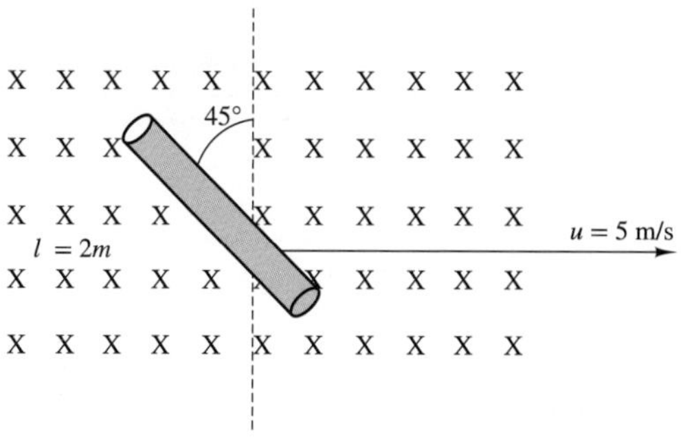

그림 P14.46

14.47 그림 P14.47의 진동 가진기(electrodynamic shaker)는 진동 측정기로서 일반적으로 사용된다. 일정한 전류를 사용하여, 길이 l의 전기자 코일이 위치한 곳에 자기장을 생성한다. 질량 m인 가진기 플랫폼은 강성(stiffness) k인 스프링에 의해서 고정된 구조에 고정된다. 플랫폼은 전기자 코일에 붙어 있으며, 마찰이 없는 베어링에 의해서 전기자 코일은 고정된 구조 위에서 미끄러진다.

a. 철의 릴럭턴스를 무시하고, 고정된 구조의 릴럭턴스를 구하라. 그리고 전기자 코일이 놓여진 곳의 자속 밀도 B를 계산하라.

b. B를 구하였으므로, 셰이커의 움직임에 대한 운동 방정식을 결정하라. 여기서 이동 코일의 저항을 R, 인덕턴스를 L이라 가정한다.

c. 입력 전압 V_S에 반응하는 가진기 질량의 속도의 전달함수와 주파수 응답 함수를 유도하라.

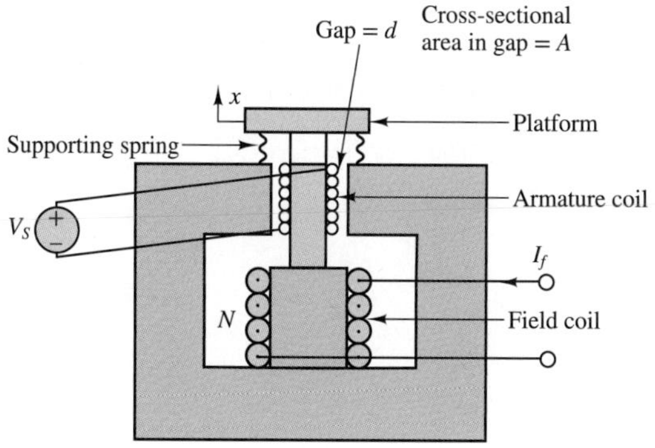

그림 P14.47 진동 가진기

14.48 그림 P14.47의 진동 가진기(shaker)는 전기 커넥터의 진동 시험을 수행하는 데 사용된다. 커넥터는 질량이 m인 시험 테이블 위에 놓여지며, 테이블에 비해서는 무시할 정도로 질량이 작다고 가정한다. 시험은 주파수 $\omega = 2\pi \times 100$ rad/s로 커넥터를 가진시키는 것이다.

파라미터 값이 $B = 1{,}000$ Wb/m^2, $l = 5$ m, $k = 1{,}000$ N/m, $m = 1$ kg, $b = 5$ Ns/m, $L = 0.8$ H, $R = 0.5$ Ω로 주어진다면, 5 g(49 m/s^2)의 가속도를 생성하는 데 필요한 정현파 전압 V_S의 피크 진폭을 구하라.

14.49 예제 14.12에서 (1) k = 50,000 N/m, 그리고 (2) k = 5×10^6 N/m일 때 스피커의 주파수 응답을 유도하고, 도시하라. 스프링 상수 k가 증가하거나 감소함에 따라 스피커의 주파수 응답이 어떻게 변하는지를 정성적으로 나타내라. k가 0에 접근하는 극한에서 주파수 응답은 어떻게 되는가? 이 조건에 부합하는 스피커는 어떤 종류인가?

14.50 예제 14.12의 스피커는 중간 음역대(midrange)의 주파수 응답을 가진다. 400 Hz에 베이스(bass) 중심이 오도록 스피커의 기계적 파라미터(질량, 감쇠와 스프링 계수)를 수정하라. 주파수 응답 선도를 이용하여, 설계가 의도한 바에 부합하는가를 설명하라. [주의: 제한을 두지 않는 설계 문제이다.]

14.51 그림 P14.51의 진동 가진기는 전기 회로의 진동 측정기로 사용된다. 회로는 질량이 m인 시험 테이블 위에 놓여지며, 테이블에 비해서는 무시할 정도로 질량이 작다고 가정한다. 시험은 주파수 $\omega = 2\pi(100)$ rad/s로 회로를 가진시키는 것이다.

a. 가진기에 대한 운동 방정식을 수립하라. 시스템 입력과 출력을 명확하게 표시하라.

b. 인가된 전압에 반응하는 테이블 가속도의 주파수 응답 함수를 구하라.

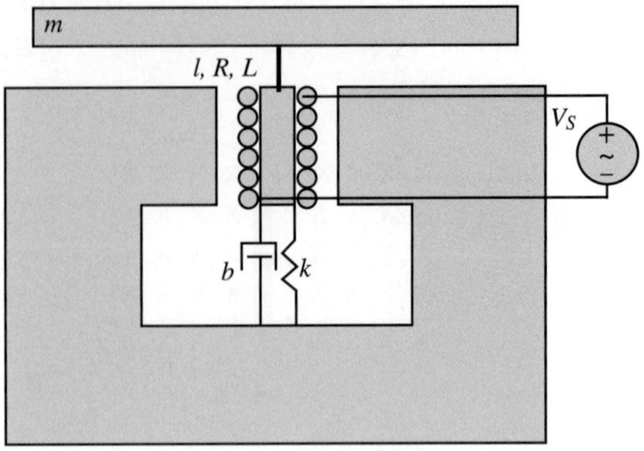

그림 P14.51

c. 다음과 같은 파라미터가 주어진다.

$B = 200$ Wb/m^2 $\quad l = 5$ m $\quad k = 100$ N/m

$m = 0.2$ kg $\quad b = 5$ N-s/m

$L = 8$ mH $\quad R = 0.5\ \Omega$

위에서 언급한 시험 조건에서 5 g (49 m/s^2)의 가속도를 생성하는 데 필요한 정현파 전압 V_S의 피크 진폭을 구하라.

15 전기기계

ELECTRIC MACHINES

이 장의 목적은 회전 전기기계의 기본 동작을 소개하는 데 있다. 전기기계의 중요한 세 가지 종류인 직류기, 동기기 및 유도기에 대해서, 14장에서 공부하였던 내용을 기초로 하여 가능한 한 직관적으로 설명할 것이다.

이 장에서는 각 유형의 기계가 다른 유형의 기계에 대하여 어떠한 장단점이 있는가를 살펴보고, 기계의 성능 특성과 주로 적용되는 분야에 기준하여 이들 기계를 분류하고자 한다.

LO 학습 목적

1. 회전 전기기계 동작의 기본 원리 및 분류, 그리고 기본 효율과 성능 특성 이해. 15.1절
2. 타여자, 영구자석, 분권과 직권 직류 기계의 동작과 기본 구성의 이해. 15.2절
3. 정상 상태와 동적 동작 하에서의 직류 모터의 해석. 15.3절
4. 정상 상태에서 직류 발전기의 해석. 15.4절
5. 동기 모터와 발전기, 유도 기계를 포함한 교류 기계의 동작과 기본 구성 이해. 15.6절~15.9절

15.1 회전 전기기계

도입부에서는 우선 모든 회전 기계의 공통적 특성을 설명하고자 한다. 이제 가상적인 회전 기계의 단면을 나타내는 그림 15.1에 대하여 논의를 시작하기로 한다. 그림에서 십자 표시는 전류가 지면 안으로 흘러들어감을 표시하고, 점 표시는 전류가 지면으로부터 흘러나옴을 나타낸다.

그림 15.1에서 보듯이, 회전 기계는 바깥의 원통 모양의 **고정자**(stator)와 그 내부에서 회전하는 **회전자**(rotor)로 구성되어 있으며, 고정자와 회전자는 공극(air gap)에 의해서 서로 분리되어 있다. 회전자나 고정자는 각기 자심(magnetic core), 전기 절연, 그리고 자속(magnetic flux)을 발생시키기 위한 권선(winding) (영구자석에 의해 자속이 발생되지 않는다면) 등으로 구성된다. 회전자는 베어링에 의해 지지되는 축 상에 연결되어 있다. 이 축은 모터의 경우에는 기계적 부하에 연결되고, 발전기의 경우에는 벨트, 풀리, 체인이나 다른 기계적 연결에 의해 원동기(prime mover)에 연결된다. 권선에는 자기장을 발생시키면서 전기 부하로 흐르는 전류가 흐르며, 이 권선에 의해서 전압이 유도되는 폐루프가 형성된다(14장의 패러데이의 법칙 참고).

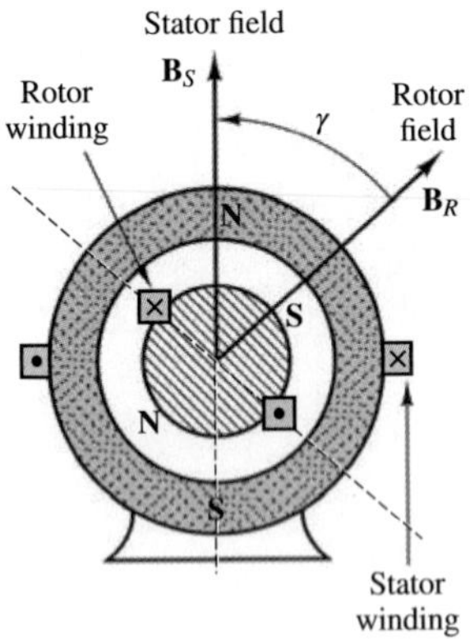

그림 15.1 회전 전기기계

전기기계의 기본적 분류

권선은 흐르는 전류의 속성에 따라 분류할 수 있다. 만일 전류가 자기장의 형성에만 관련되고 부하와 무관하다면, 자화(magnetizing) 전류 또는 여자(excitation) 전류라 하고, 이러한 권선은 **계자 권선**(field winding)이라 부른다. 계자 전류는 거의 대부분 직류(DC)이며, 철심을 자화시키기만 하면 되므로 비교적 작은 전력이 소모된다(높은 투자율의 철심을 사용하면, 비교적 작은 전류로부터 큰 자속을 발생시킬 수 있었음을 상기하기 바란다). 반면에, 권선에 오직 부하 전류만 흐르면 **전기자**(armature)라 한다. 직류나 교류 동기 기계(synchronous machine)에서는 계자 전류와 전기자 전류가 흐르는 권선이 분리되어 있다. 그러나 유도 모터에서는 자화 전류와 부하 전류가 입력 권선 또는 1차(primary) 권선이라 불리는 동일한 권선을 흐르며, 이때 출력 권선은 2차(secondary) 권선이라 한다. 변압기를 상기시키는 이런 용어는 유도 모터에 특히 적합한데, 이는 13장과 14장에서 공부하였던 변압기의 동작과 상당히 유사하다. 표 15.1에 계자와 전기자 항으로 주요 전기기계를 분류하여 놓았다.

표 15.1 전기기계의 세 가지 유형별 구성

Machine type	Winding	Winding type	Location	Current
DC	Input and output	Armature	Rotor	AC (winding) DC (at brushes)
	Magnetizing	Field	Stator	DC
Synchronous	Input and output	Armature	Stator	AC
	Magnetizing	Field	Rotor	DC
Induction	Input	Primary	Stator	AC
	Output	Secondary	Rotor	AC

한편, 에너지 변환 특성에 의해서 전기기계를 분류할 수도 있다. 예를 들어, 내연기관과 같은 원동기에서 발생한 기계 에너지를 전기 형태로 변환시킨다면, 그 기계는 **발전기**(generator)로 분류된다. 발전기에는 발전소에 사용하는 대형 발전기뿐 아니라, 자동차용 소형 교류 발전기(alternator)도 있다. 한편, 전기 에너지를 기계 에너지로 변환시켜 준다면, 그 기계는 **모터**(motor) 또는 전동기로 분류된다. 모터는 매우 광범위하게 사용되기 때문에, 발전기보다는 좀 더 독자의 관심을 끌 것이다. 전기 모터는 운동을 발생시키기 위해 힘이나 토크를 공급하는 데 사용되며 공작기계, 로봇, 펀치, 프레스 그리고 전기 자동차의 추진 시스템 등이 이러한 모터를 사용하는 대표적인 예이다.

그림 15.1은 두 자기장(회전자 자기장 $\mathbf{B}_R$과 고정자 자기장 $\mathbf{B}_S$의 방향을 보여준다. 이러한 자기장은 여러 기계에서 서로 다른 방법(예를 들어, 영구자석, 교류 전류, 직류 전류)으로 발생되지만, 회전 기계로 하여금 운동이나 전력을 발생시키도록 한다. 특히, 그림 15.1에서 보듯이 회전자 계자의 N극이 고정자 계자의 S극과 일치하려고 한다. 이것이 전기 모터에서 토크를 발생시키는 자기 인력이다. 발전기에서는 변하는 자기장을 전류로 변환하기 위한 전자기 유도 법칙을 이용하게 된다.

앞으로의 논의에 도움을 주기 위해서, 모든 회전 전기기계에 적용되는 기본 개념을 소개하기로 한다. 영구자석 직류 기계를 나타낸 그림 15.2에서 보면, 모든 기계에서 전선에 작용하는 힘은

$$\mathbf{f} = i_w \mathbf{l} \times \mathbf{B} \tag{15.1}$$

으로 표현되는데, 여기서 i_w는 전선에 흐르는 전류, $\mathbf{l}$은 전선 방향인 벡터, 그리고 $\times$는 두 벡터 간의 외적을 나타낸다. 그러면 여러 번 감은 코일에 걸리는 토크는

$$T = KB i_w \sin\alpha \tag{15.2}$$

이 된다. 여기서 B는 고정자 자기장에 의한 자속 밀도, K는 코일 형상에 따른 상수, α는 B와 코일 평면의 수직선 사이의 각이다. 그림 15.2의 기계에는 고정자 및 회전자 권선에서 생성된 두 개의 자기장이 존재한다. 이들 자기장 중 하나는(둘 다는 아님) 전류에 의해 또는 영구자석에 의해 발생시킬 수 있다. 그러므로 그림 15.2의 영구자석 고정자는 고정자 전기장을 같은 방향으로 발생시키도록 적절히 배치된 권선으로 대치될 수 있다. 만일 고정자가 반지름 R을 갖는 토로이드 코일(toroidal coil,

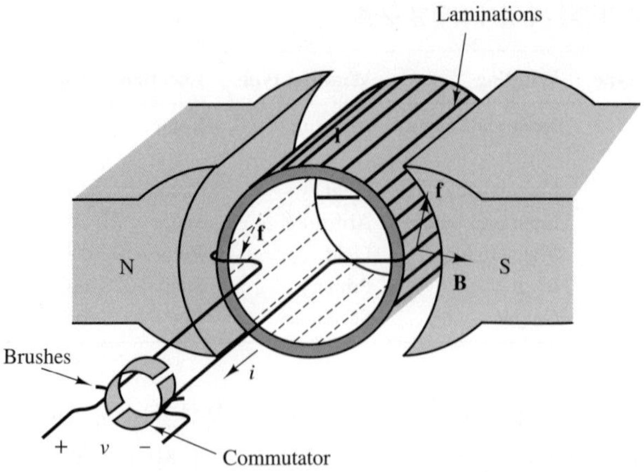

그림 15.2 고정자 자기장과 회전자 자기장 및 회전 기계에 작용하는 힘

14장 참고)이면, 고정자의 자기장은

$$B = \mu H = \mu \frac{Ni}{2\pi R} \tag{15.3}$$

이 되며, 여기서 N은 코일의 권선수이고, i는 코일 전류이다. 토크의 방향은 항상 회전자와 고정자 자기장이 서로 정렬하려는 방향(즉 그림 15.1에서 반시계 방향)이 된다.

그림 15.2는 회전 기계에 있어서 단 하나의 중요한 특징이자 특성이라는 점에 유의하기 바란다. 회전 기계는 각 자기장이 코일 전류 또는 영구자석에 의해 발생하는지, 그리고 부하 전류와 자화 전류가 직류인지 교류인지에 따라서 다양하게 분류된다. 권선에 공급되는 여자의 종류(직류 또는 교류)가 전기기계를 분류하는 첫 번째 단계이다(표 15.1 참고). 이런 분류를 따르면, 전기기계는 다음과 같이 정의될 수 있다.

LO

- 직류기(DC machine): 고정자와 회전자 모두 직류(그림 15.2와 같이, 고정자는 영구자석으로 구성 가능)
- 동기기(synchronous machine): 고정자는 교류, 회전자는 직류(회전자는 영구자석으로 구성 가능)
- 유도기(induction machine): 고정자와 회전자 모두 교류

대부분의 산업 현장에서는 구조의 단순성 때문에 유도기를 선호하지만, 유도기의 성능 해석은 비교적 복잡하다. 반면에, 직류기는 구조적인 면에서는 상당히 복잡하지만, 앞서 배운 지식에 기초하여 비교적 쉽게 해석할 수 있다. 그러므로 이 장에서는 다음과 같이 진행하고자 한다. 먼저 직류 모터와 직류 발전기 등의 직류기의 구성을 살펴본다. 그 다음으로는, 전류 중 하나가 교류인 동기기에 대해 설명하는데, 동기기

는 직류기의 연장선상에서 쉽게 이해할 수 있다. 마지막으로, 회전자와 고정자 전류 모두가 교류인 유도기에 대한 해석을 수행한다.

전기기계의 성능 특성

앞서 언급한 바와 같이, 전기기계는 **에너지 변환 장치**이므로, 에너지 변환 **효율**에 관심을 갖게 된다. 모터나 발전기와 같은 전형적인 전기기계에서는 에너지 손실을 고려해야 한다. 그림 15.3(a)와 (b)에 직류기의 경우에 전기기계의 효율을 해석하는 데 고려해야 하는 여러 종류의 손실을 나타내었다. 전기기계를 해석하는 데 있어서 이러한 개념적인 에너지 흐름을 기억하는 것이 중요하다. 회전기계에 있어서의 손실원은 전기손(I^2R 손실), 철손(core loss) 및 기계손(mechanical loss)의 3가지로 나눌 수 있다.

I^2R 손실은 75°C에서 권선의 직류 저항을 기준으로 보통 계산되는데, 실제로

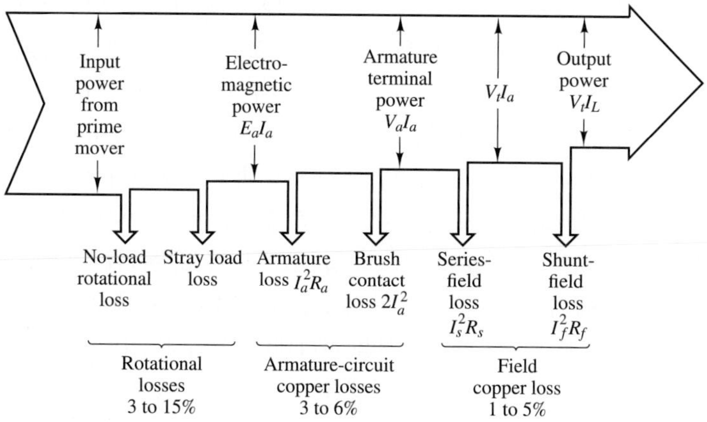

그림 15.3(a) 직류 발전기 손실

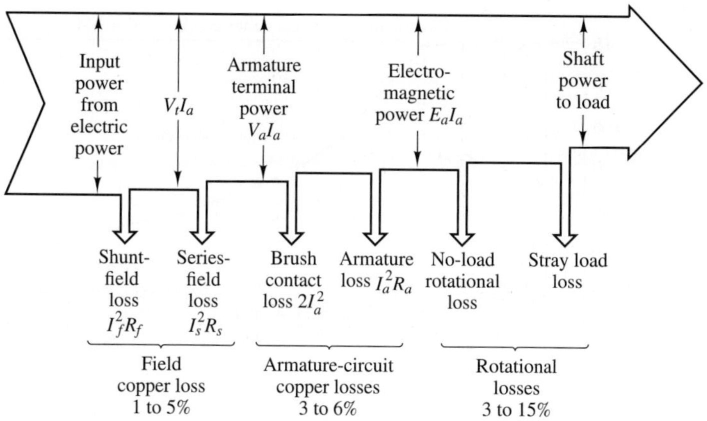

그림 15.3(b) 직류 모터 손실

이 손실은 동작 조건에 따라 변한다. 공칭(nominal) 손실과 실제 손실의 차는 보통 표유 부하손(stray load loss)에 포함시킨다. 직류기에서는 슬립링과 정류자에서 발생하는 브러시 접촉 손실을 고려하는 것이 필요하다.

기계손은 주로 베어링에서의 마찰과 회전자의 운동에 반대로 작용하는 공기 마찰인 풍손(windage loss) 때문이다. 게다가 온도를 낮추기 위해서 기계를 통해 공기를 순환시키는 장치(예를 들어, 송풍기)를 사용한다면, 이런 장치에 의해 사용되는 에너지 또한 기계손에 포함된다.

개방 회로 철손(open-circuit core losses)은 히스테리시스손(hysteresis loss)과 와전류손(eddy current loss)인데, 여자 권선에 전류가 흐를 때 발생된다(히스테리시스와 와전류에 대해서는 14장 참고). 흔히, 이런 손실은 마찰손과 풍손과 합하여 무부하 회전 손실을 발생시킨다. 무부하 회전 손실은 간단히 효율을 계산하고자 할 때 유용하다. 개방 회로 철손은 부하 전류에 의한 자속 밀도의 변화를 고려하지 않았기 때문에, 부가적인 자기 손실이 발생한다. 표유 부하손은 권선에서 비이상적인 전류 분포의 영향과 방금 언급된 부가적 철손의 영향을 총괄하여 칭하는 데 사용된다. 표유 부하손은 정확히 결정하기 어려우므로, 직류기에 대해서는 출력의 1%로 흔히 가정된다. 그러나 이 손실은 동기기와 유도기에서는 실험적으로 구할 수 있다.

전기기계의 성능은 여러 방법으로 정량화될 수 있다. 전기 모터의 경우 **토크–속도 특성**(torque-speed characteristic)과 **효율 곡선**(efficiency map)으로 나타내는 것이 보통이다. 모터의 토크–속도 특성은 정상 속도로 회전하는 모터에 의해 발생하는 토크가 모터의 회전 속도의 함수로 어떻게 변하는가를 나타내준다. 다음 절에서 보겠지만, 토크–속도 선도는 모터의 종류(직류, 유도, 동기)에 따라 형상이 변하며, 기계적 부하에 연결될 때 모터의 성능을 결정하는 데 매우 유용하다. 그림 15.4(a)는 유도 모터의 토크–속도 곡선을 나타낸다. 그림 15.4(b)는 영구자석 동기 모터를 위한 전형적인 효율 곡선을 나타낸다. 여러분들은 어떤 특정한 작업에 가장 적합한 모터의 성능 특성에 관해 결정해야 하는 요구를 자주 받게 될 것이다. 여기에서 기계의 토크–속도 선도는 매우 유용한 정보이다.

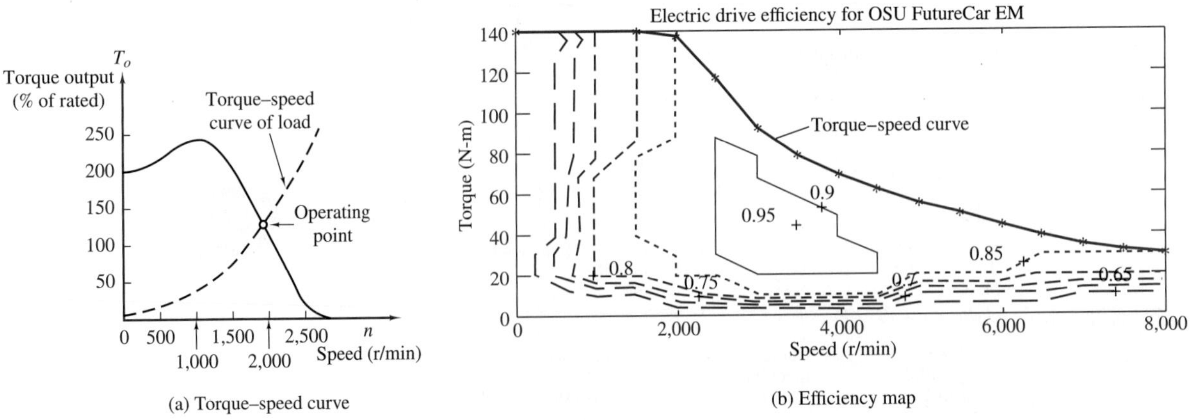

그림 15.4 전기 모터에 대한 토크–속도 및 효율 곡선: (a) 유도기, (b) 하이브리드 전기 자동차의 전기 구동 시스템

토크-속도 특성에서 주목해야 할 첫째 특징은, 전기 소스의 거동을 설명하기 위해서 앞에서 언급하였던 *i-v* 특성과 상당히 유사하다는 점이다. 이 토크-속도 선도에 따르면, 모터는 이상적인 토크 소스가 아니라는 점이 분명하다(만일 이상 소스라면 토크-속도 선도는 전체 속도 영역에 걸쳐서 수평선이 되어야 한다). 예를 들어, 그림 15.4(a)의 선도에 나타난 유도 모터는 약 800에서 1,400 rpm 사이의 속도에서 최대 토크를 발생한다는 것은 쉽게 알 수 있다. 저항성 부하에 의해서 전압원에 흐르는 전류가 결정되듯이, 모터의 실제 속도(따라서 모터의 출력 토크와 동력)를 결정하는 것은 모터에 연결된 부하의 토크-속도 특성인데, 이는 그림에서 점선으로 표시되어 있다. 그리고 모터와 부하가 결정되었을 때 동작점(또는 운전점)은 두 곡선의 교점에 의해 결정된다.

또 하나 중요한 점은 그림 15.4(a)에서 모터 속도가 0일 때도 토크는 0이 아니라는 사실이다. 이 사실은 전기가 모터에 공급되자마자 모터는 어느 정도의 토크를 발생시킨다는 것을 의미하는데, 모터 속도가 0일 때의 토크를 **기동 토크**(starting torque) 또는 시동 토크라고 한다. 만약 모터가 공급할 수 있는 기동 토크가 부하보다 크다면, 모터는 부하를 가속하여 모터의 속도를 증가시키다가 결국 모터의 속도와 토크는 동작점에서 안정한 값을 유지하게 된다. 우리는 기계의 각 유형을 상세하게 알기 위해, 그 토크-속도 곡선을 논의하는 데 일부 시간을 할애하여야 한다.

전기기계의 효율은 또한 설계와 성능 특성에 중요하다. EPACT로 알려진 2005 Department of Energy Policy Act는 전기 모터 제조자들에게 최소 효율을 보장하라고 요구해 왔다. 전기 모터의 효율은 대개 토크-속도 평면에 효율(0과 1 사이의 수)의 등고선을 사용하여 나타내었다. 이 모임은 모터의 성능과 동작 조건의 기능을 모터의 효율로서 결정하도록 하였다. 그림 15.4(b)는 20 kW 영구자석 교류 동기기인 하이브리드-전기 운반 기구에서 사용되는 전기 구동의 효율 곡선을 보여준다. 이에 대해서는 16장에서 논의할 것이다. 피크 효율이 0.95 (95%)까지 가능하다는 것을 알 수 있지만, 효율은 최적점(3,500 rpm과 45 N-m 근처)으로부터 0.65로 급격히 감소한다.

전기기계에 관한 정보를 전달하는 수단으로는 명판(nameplate)이 가장 일반적으로 사용된다. 명판에서는 일반적으로 다음 사항들이 나타나 있다.

1. 장치의 유형(예, 직류 모터, 교류 발전기)
2. 제작 회사
3. 정격 전압과 정격 주파수
4. 정격 전류와 정격 볼트-암페어
5. 정격 속도와 정격 전력

정격 전압(rated voltage)은 그 전압에서 전기기계가 원하는 자속을 공급하도록 설계된 단자 전압을 의미한다. 정격 전압보다 높은 전압에서 동작시키면 과도한 철심의 포화 때문에 자기 철손(magnetic core loss)이 증가하게 된다. **정격 전류**(rated current)와 **정격 볼트-암페어**(rated voltampere)는 권선에서의 I^2R 손실로 인한 지나친 과열을 발생시키지 않는 대표적인 전류와 전력을 표시한다. 이러한 정격은 아주 정확하지는 않지만, 모터가 과열 없이 동작하는 영역을 표시해 준다. 다른 명판의 특성은 예제 15.2에서 소개되어 있다.

모터에서 피크 전력 운전은 정격 토크, 전력 또는 전류를 상당히 초과하여 정격의 6~7배가 되기도 하지만, 정격 이상에서 모터를 연속 운전시키면 기계가 과열되어 손상을 입게 된다. 그러므로 특별한 목적으로 모터를 선택하여 사용할 때, 피크 전력과 연속 전력에 대한 요구 사항을 고려하는 것이 중요하다. 정격 속도에 대해서도 같은 논리가 적용될 수 있다. 전기기계는 한정된 시간 동안 정격 속도 이상에서 동작할 수 있지만, 높은 회전 속도에서 발생되는 큰 원심력은 회전자 권선에 바람직하지 않은 기계적 응력을 발생시킨다.

전기기계의 또 다른 중요한 특징은, 모터로 사용되는 경우에는 속도를, 발전기로 사용되는 경우에는 전압을 조정한다는 점이다. 여기서 **조정**(regulation)이란, 변화하는 부하에 대해서 속도나 전압을 일정하게 유지시키는 능력을 의미하므로, 모터의 출력 속도와 발전기의 출력 전압을 정확하게 조정할 수 있는 능력은 전기기계에서 매우 중요하다. 이러한 조정은 이 장에서 간략하게 소개될 귀환 제어(feedback control)에 의해서 흔히 개선될 수 있다. 다음과 같이 모터의 속도 변동률(speed regulation) 및 발전기의 전압 변동률(voltage regulation)을 정의할 수 있다.

$$\text{속도 변동률} = \text{SR} = \frac{\text{무부하 속도} - \text{정격 부하 속도}}{\text{정격 부하 속도}} \tag{15.4}$$

$$\text{전압 변동률} = \text{VR} = \frac{\text{무부하 전압} - \text{정격 부하 전압}}{\text{정격 부하 전압}} \tag{15.5}$$

이때 전기기계의 정격은 보통 명판에 나와 있는 값을 사용하며, 부하는 모터의 경우에는 기계적 부하, 발전기의 경우에는 전기적 부하를 의미한다는 점에 유의하기 바란다.

예제 15.1 **속도 변동률**

LO

문제

분권(shunt) 직류 모터의 속도 변동률을 구하라.

풀이

기지: 무부하 속도, 정격 부하 속도

미지: 퍼센트 속도 변동률, SR%

주어진 데이터 및 그림:

$$n_{\text{nl}} = \text{무부하 속도} = 1{,}800 \text{ rpm}$$
$$n_{\text{rl}} = \text{정격 부하 속도} = 1{,}760 \text{ rpm}$$

해석:

$$\text{SR\%} = \frac{n_{\text{nl}} - n_{\text{rl}}}{n_{\text{rl}}} \times 100 = \frac{1{,}800 - 1{,}760}{1{,}760} \times 100 = 2.27\%$$

참조: 속도 변동률은 모터의 고유의 특성이다. 그러나 임의의(물리적으로 가능한) 원하는 값으로 모터 속도를 조정하기 위해 외부 속도 제어를 사용할 수 있다. 모터 제어의 개념은 이 장의 후반부에서 논의된다.

연습 문제

모터의 퍼센트 속도 변동률이 10%이다. 만약 전부하 속도(full-load speed)가 50π rad/s라면, (a) 무부하 속도를 rad/s 단위로 구하고, (b) 무부하 속도를 rpm 단위로 구하라. (c) 250 V 발전기에 대한 퍼센트 전압 변동률이 10%이다. 발전기의 무부하 전압을 구하라.

Answer: (a) $\omega = 55\pi$ rad/s; (b) $n = 1{,}650$ r/min; (c) $V_{\text{no-load}} = 275$ V

표 15.2는 영어 단위를 SI로 변환할 때 중요한 단위 변환을 요약한 것이다. 후자는 여전히 미국에서 명판 데이터로 사용되고 있다.

표 15.2 전기기계의 단위 변환

Quantity	SI unit	English unit
Length	1 m	3.281 ft
Mass	1 kg	2.205 lb (mass)
Force	1 N	0.224 lb (force)
Torque	1 N-m	0.738 lb-ft 8.85 lb-in
Power	1 kW	1.341 hp
Moment of inertia	1 kg-m^2	23.73 lb-ft^2

명판 데이터

예제 15.2

문제

아래에 있는 전형적인 유도 모터의 명판 데이터를 논하라.

풀이

기지: 명판 데이터

미지: 모터 특성

주어진 데이터 및 그림: 아래의 명판

MODEL	19308 J-X		
TYPE	CJ4B	FRAME	324TS
VOLTS	230/460	°C AMB.	40
		INS. CL.	B
FRT. BRG	210SF	EXT. BRG	312SF
SERV FACT	1.0	OPER INSTR	C-517
PHASE | 3	Hz | 60	CODE | G	WDGS | 1
H.P.	40		
R.P.M.	3,565		
AMPS	106/53		
NEMA NOM.	EFF		
NOM. P.F.			
DUTY	CONT.	NEMA DESIGN	B

해석: 전형적인 유도 모터의 명판은 위의 표와 같다. 모델 번호(약어로 MOD)는 제작자가 모터를 정확하게 식별하게 한다. 그것은 유형 번호(style number), 모델 번호, 식별 번호이거나 사용 설명서의 기준 번호일 수 있다.

프레임(frame, 약어로 FR)은 원칙적으로 구조적 특징뿐 아니라, 기계의 크기를 말한다.

주위 온도(ambient temperature, 약어로 AMB, 또는 MAX. AMB)는 모터가 동작할 수 있는 최대 주위 온도를 말한다. 주위 온도보다 더 높은 온도에서 모터를 동작시키면, 모터의 수명을 단축시키고, 토크를 감소시키는 결과를 초래할 수 있다.

절연 등급(insulation class, 약어로 INS. CL.)은 모터에 사용된 절연의 형태를 말하는데, 등급 A (105°C)와 등급 B (130°C)가 가장 흔히 사용된다.

듀티(DUTY) 또는 시간 정격이란, 모터가 일반적인 동작 조건하에서 정격 부하로 운전 가능한 시간을 의미한다. "CONT."는 기계가 연속적으로 동작될 수 있다는 것을 의미한다.

"CODE"는 기계의 마력당 기동 kVA의 한계를 설정한다. I, O, Q를 제외한 A에서 V까지의 문자에 의해 표시되는 19개의 레벨이 있다.

서비스 팩터(service factor, 약어로 SERV FACT)란 일반적인 교류 모터의 계수로, 정격 마력에 이 숫자를 곱하면 지정된 조건하에서 허용되는 부하 용량을 표시한다.

명판에 주어진 전압은 모터에 연결되어야 하는 공급 회로의 전압을 말한다. 예를 들어, 230/460과 같이 두 전압이 주어진다. 이 경우에, 이 기계는 230 V 혹은 460 V 회로에 사용될 수 있다. 특별한 지침이 모터를 각 전압에 연결하기 위해서 제공될 것이다.

"BRG"은 모터축을 지지하는 베어링의 특성을 표시한다.

연습 문제

3상 유도 모터의 명판이 다음과 같다.

H.P. = 10	Volt = 220 V
R.P.M. = 1,750	Service factor = 1.15
Temperature rise = 60°C	Amp = 30 A

정격 토크, 정격 볼트–암페어 및 최대 연속 출력을 구하라.

Answer: $T_{\text{rated}} = 40.7$ N-m; rated VA = 11,431 VA; $P_{\max} = 11.5$ hp.

예제 15.3

토크–속도 곡선

문제

전기 모터의 토크–속도 곡선에 대해 논하라.

풀이

유도 모터는 속도에 따라 직접 변하는 토크 출력을 가지며, 따라서 출력도 속도에 따라 직접 변한다. 이런 특성을 갖는 모터들은 선풍기, 송풍기(blower), 그리고 원심 펌프 등에 주로 사용된다. 그림 15.5는 이런 유형의 모터에 대한 전형적인 토크–속도 곡선을 표시한다. 모터의 토크–속도 곡선과 입력 전력이 선풍기 속도의 3제곱에 비례하여 변하는 일반 선풍기의 토크–속도 곡선이 함께 도시되어 있다. 점 A는 동작점인데, 이 점은 그림 15.5와 같이 동일한 그래프 상에 모터 토크–속도 곡선과 부하선(load line)을 함께 나타내어 도식적으로 결정할 수 있다. 팬은 두 곡선의 교점과 일치하는 속도로 동작한다.

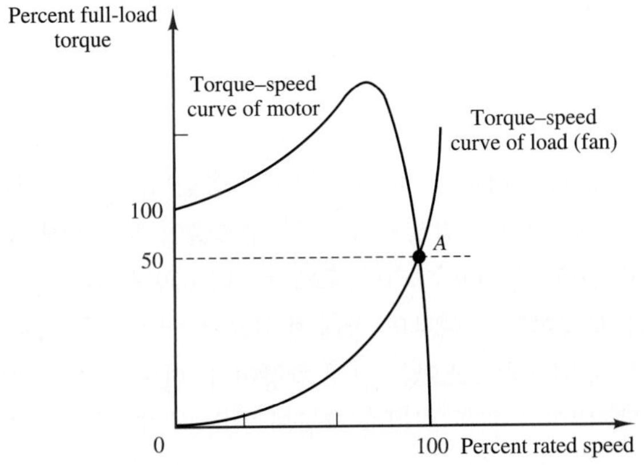

그림 15.5 전기 모터와 부하의 토크–속도 곡선

연습 문제

그림 15.4(a)의 특성을 갖는 모터가 부하를 구동시킨다. 부하는 선형 토크-속도 곡선을 가지며, 1,500 rpm에서 정격 토크의 150%를 필요로 한다. 이 모터-부하에 대한 동작점을 구하라.

Answer: 정격 토크의 170%, 1,700 r/min

모든 회전 기계의 기본 동작

전기기계 장치에서의 자기장이 전기 시스템과 기계 시스템 사이를 어떻게 결합시켜 주는지를 14장에서 이미 보았다. 이 결합에는 두 가지 측면이 있는데, 둘 다 전기기계의 동작에 어떤 역할을 한다. 첫째로 자기적인 인력(attraction)과 척력(repulsion)은 기계적인 토크를 발생시키고, 둘째로 자기장은 패러데이의 법칙에 의해 권선에 전압을 유도시킬 수 있다. 그래서 입력이 전기적이고 출력이 기계적인가(모터), 아니면 입력이 기계적이고 출력이 전기적인가(발전기)에 따라서 전기기계는 모터나 발전기 중 하나로 제공될 수 있다. 그림 15.6은 두 가지 경우를 보여준다.

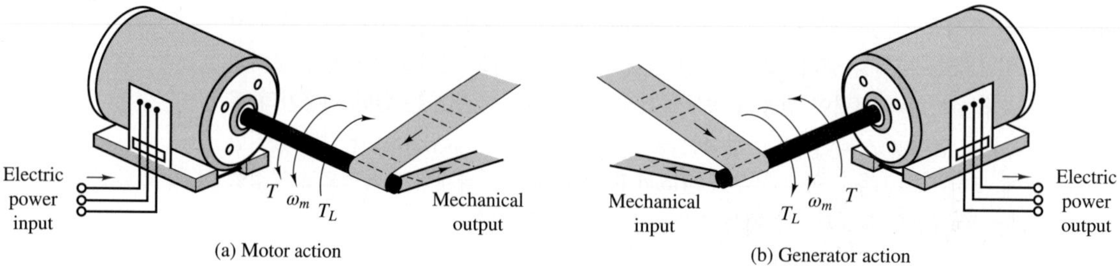

그림 15.6 전기기계에서 발전기 동작과 모터 동작

결합 자기장은 두 가지 역할을 수행한다. 전류 i가 자기장 내에 위치한 도체를 통해 흐를 때 식 (15.1)에 따라 각 도체에 힘이 작용한다. 만약 이 도체가 원통 구조물에 연결되어 있다면 토크가 발생되고, 만약 구조물이 자유롭게 회전할 수 있다면 각속도 ω_m으로 회전할 것이다. 그러나 도체가 회전하면서 자기장에서 자속선(flux line)을 가로질러 움직이므로 여자의 반대 방향으로 역기전력(back emf)을 발생시키는데, 이 방향은 전류 i의 소스와는 반대 방향이다. 한편, 만약 기계의 회전 요소가 원동기(예를 들어, 내연기관)에 의해서 구동된다면, 기전력이 자기장에서 회전하는 코일(전기자)의 양단에 발생된다. 만약 전기자에 부하가 연결된다면 전류 i가 부하에 흐르게 되는데, 이 전류는 원동기에 의해 가해진 토크와 반대 방향으로의 반작용 토크(reaction torque)를 전기자에 발생시킨다.

에너지 변환이 수행되기 위해서는 두 요소가 필요하다는 것을 알 수 있다. 즉, (1) 일반적으로 계자 권선 또는 영구자석에서 발생되는 결합 자기장 **B** 및 (2) 부하 전류 i와 기전력 e를 내는 전기자 권선이다.

전기기계에서의 자극

회전 기계의 실제 구조를 다루기 전에, 전기기계에서의 **자극**(magnetic pole)의 중요성에 대해서 설명하기로 한다. 전기기계에서 토크는 고정자의 자극과 회전자의 자극 사이에 인력과 척력의 결과로서 발생되므로, 이들 자극은 회전자를 가속시키고, 이에 상응하는 반작용 토크를 고정자에는 발생시킨다. 또한, 극수는 짝수여야 하는데, 이는 N극과 S극의 수가 같아야 하기 때문이다.

전기기계의 운동과 이와 연관된 전자기 토크는 한 자기장의 S극이 다른 자기장의 N극을 끌어당겨 서로 정렬하려는 두 자기장의 상호작용의 결과이다. 그림 15.7은 두 영구자석 사이의 인력과 척력 작용을 보여주는데, 그중 한 영구자석은 질량 중심을 기준으로 회전할 수 있게 되어 있다.

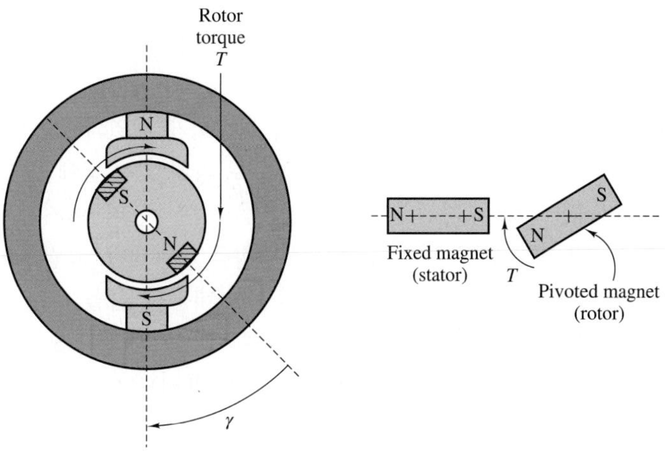

그림 15.7 자극의 정렬 동작

그림 15.8은 고정자 극이 고정자 구조보다는 회전자에 더 가깝게 돌출되어 있는 2극 기계(2-pole machine)를 보여준다. 이런 유형의 구조는 일반적인데, 이러한 구조를 갖는 극을 **돌극**(salient pole)이라 한다. 물론 회전자도 돌극을 갖는 구조로 제작될 수 있다.

자기의 극성을 이해하기 위해서는, 전류가 흐르는 코일에서 자기장의 방향을 고려할 필요가 있다. 그림 15.9는 오른손 법칙을 사용하여 어떻게 자속의 방향을 결정하는가를 보여준다. 만약 오른손 네 손가락으로 코일에서의 전류의 방향을 따라 코일을 감아쥔다면, 이때의 엄지손가락이 자속의 방향을 가리킨다. 규약에 의해 자속은 N극에서 나와서 S극으로 들어간다. 그러므로 자극이 N극인지 S극인지를 결정하기 위해서는 자속의 방향을 고려하여야 한다. 그림 15.10은 한 쌍의 회전자 돌극

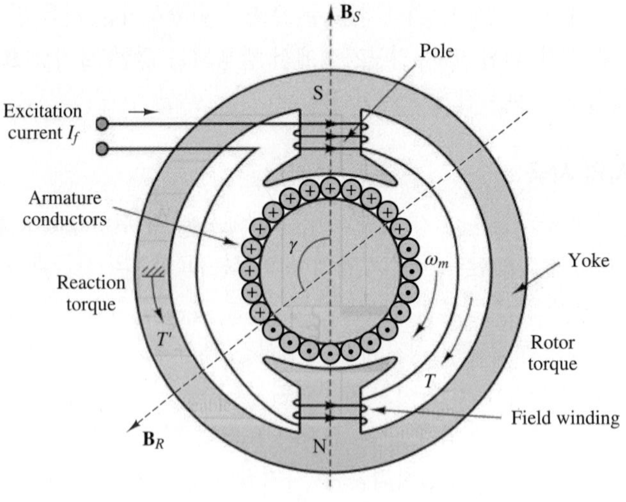

그림 15.8 고정자 돌극을 가진 2극 회전 기계

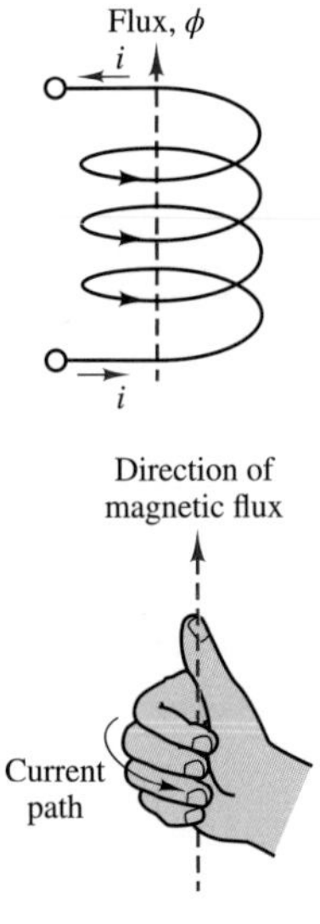

그림 15.9 오른손 법칙

주위에 감긴 코일의 단면을 보여준다. 이 경우에 그림에서처럼 오른손 법칙을 적용하여 자속의 방향과 자극의 극성을 알 수 있다.

그러나 흔히 권선은 돌극의 경우에서처럼 단순하게 배열되지는 않는다. 많은 회전 기계에서는 권선이 고정자 또는 회전자 안으로 파져 있는 홈에 위치하게 된다. 그림 15.11은 이러한 형상을 가진 고정자의 단면을 보여주는데, 여기서 "× 표시"는 지면 안으로, "• 표시"는 지면 밖으로 나오는 방향을 나타낸다. 그림 15.11에서 점선은 오른손 법칙에 따른 고정자 자속의 방향을 나타내는데, 홈을 갖는 고정자가 한 쌍의 자극처럼 동작한다는 것을 알 수 있다. 그림에 표시된 N극과 S극은 자속이 구조의 상단(N극으로 표시)에서 나와서 하단(S극으로 표시)으로 들어간다는 사실의 결과이다. 특히, 전류가 고정자의 우측(점선의 우측)으로 들어가서 고정자의 후단을 통해 흘러서 다시 고정자의 좌측 홈(점선의 좌측)으로 나오도록 권선들이 배열되어

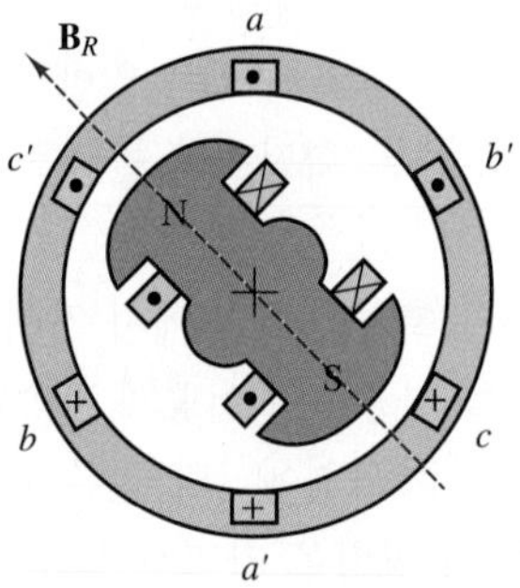

그림 15.10 돌극을 가진 회전자 권선에서의 자기장

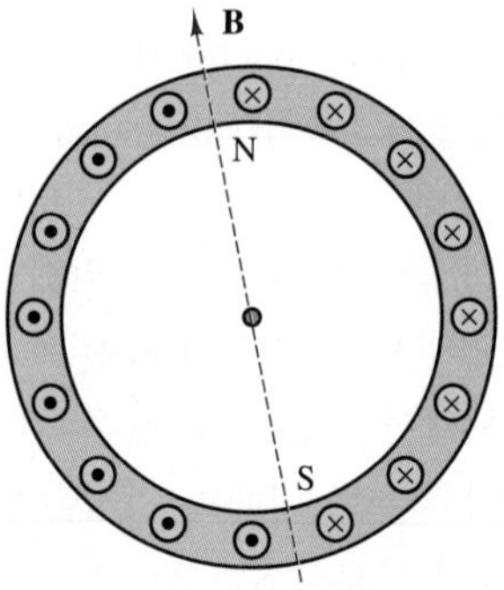

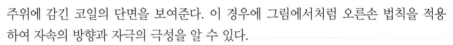

그림 15.11 고정자의 자기장

있다는 것을 고려하면, 홈에 있는 권선들이 그림 15.10의 코일과 유사하게 거동한다는 것을 알 수 있다. 이때 그림 15.11의 자속축은 그림 15.10의 각 코일의 자속축에 해당한다. 전류가 흐르는 실제 회로는 고정자의 전단과 후단 사이에 그림 15.10과 같이 *a-a′*, *b-b′*, *c-c′*의 방식에 따라 연결하면 된다.

전기기계의 동작을 쉽게 이해하도록 하기 위해 교류 전류의 사용을 고려해 보자. 만약 홈이 있는 고정자 속을 흐르는 전류가 교번한다면(alternating), 자속의 방향도 교번할 것이다. 따라서 전류가 방향을 바꿀 때마다, 즉 정현파 전류의 반 사이클마다 두 극의 극성이 바뀔 것이다. 더욱이, 전류의 진폭이 정현파 형태로 진동함에 따라 자속은 대략 코일에 흐르는 전류에 비례하므로, 구조 내의 자속 밀도도 진동할 것이다. 따라서 고정자에서 발생된 자기장은 공간적으로, 그리고 시간적으로 변한다.

이런 성질은 코일에 교류가 공급되어 회전 자기장이 형성되는 교류기의 전형적인 특성이다. 15.2절에서 논의하겠지만, 직류와 교류 기계의 동작에 기초가 되는 원칙들은 상당히 다르다. 직류기에서는 자기장이 회전하지 않지만, 기계적인 스위칭 배열(정류자)로 회전자 자기장과 고정자 자기장이 항상 서로 직각으로 정렬되도록 한다.

본 책의 웹사이트에서는 전기기계의 가장 일반적인 유형의 이차원 "애니메이션"을 포함한다. 이 절에서 설명하는 기본 개념을 더 잘 이해하기 위해 이러한 애니메이션을 찾아볼 수 있다. LO

15.2 직류기

앞서 설명한 바와 같이 직류기(DC machine)는 고정자와 회전자의 자기장 사이 각도가 항상 90°가 유지되게 하기 위해서 전원에 연결되는 권선 결선(winding connection)의 부하를 교차해 주는 정류자가 필요하므로 교류기에 비해서 실제 구조는 더 복잡하지만, 해석하기는 더 쉽다. 이 절의 목적은 직류기의 주요 구조의 특징과 동작을 설명할 뿐만 아니라, 이런 종류의 기계의 성능을 해석하는 데 유용한 간단한 회로 모델을 개발하는 데 있다.

직류기의 구조

대표적인 직류기가 그림 15.8에 나타나 있는데, 고정자와 회전자에 대해 자극이 확실히 구별된다. 그림 15.12는 동일한 유형의 직류기에 대한 사진이다. 고정자의 돌극 구조와 슬롯이 파인 회전자(slotted rotor)를 주의해서 보면, 앞서 설명한 바와 같이 이 기계에 의하여 발생되는 토크는 고정자와 회전자 자극 사이에 작용하는 자기력에 의해서이다. 이 토크는 회전자와 고정자 사이의 각 γ가 90°일 때 최대가 된다. 또한, 그림에서 보듯이 직류기에서 전기자는 보통 회전자에 있으며, 계자 권선은 고정자에 있다.

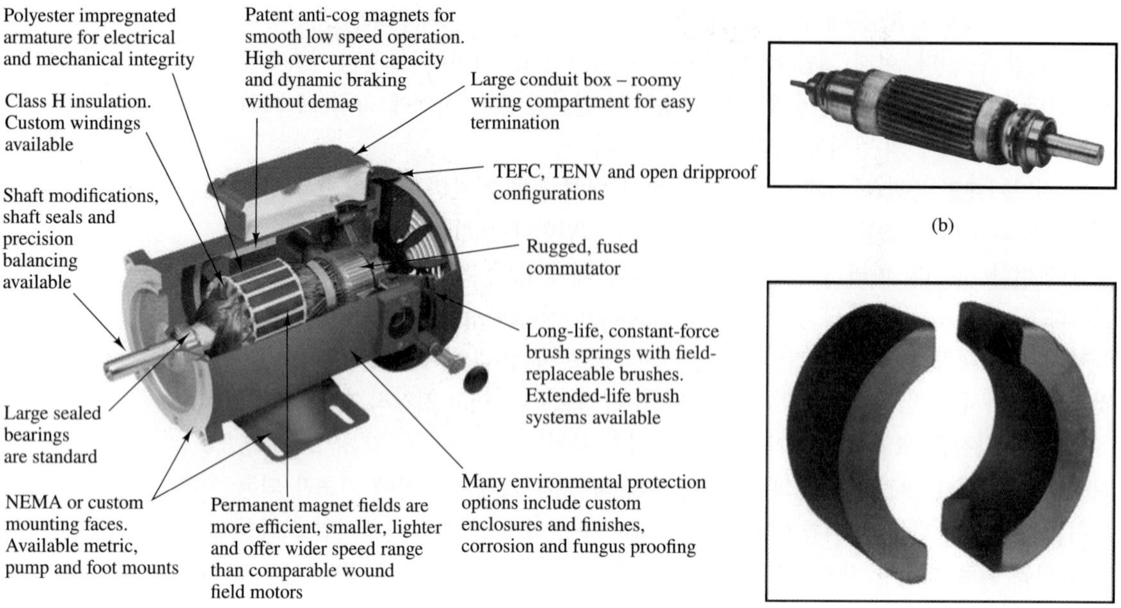

(a) (b) (c)

그림 15.12 (a) 직류기, (b) 회전자, (c) 영구자석 고정자 (*Photos copyright © 2005, Rockwell Automation. All rights reserved. Used with permission.*)

회전자가 축에서 회전할 때 토크각을 일정 90°에 근접하게 유지하기 위해 **정류자**(commutator)라고 하는 기계적인 스위치에 의해서 회전자 극이 고정된 고정자 극에 대해서 항상 90°를 유지하게 된다. 직류기에서는 자화 전류(magnetizing current)가 직류이므로 시간에 따라 변하는 전류에 의한 고정자 극에 의한 자기장의 공간상의 변화는 없다. 정류자의 동작을 이해하기 위해서, 그림 15.13의 단순화된 그림을 고려해 보자. 그림에서 브러시(brush)는 고정되어 있고, 회전자는 각속도 ω_m으로 회전하므로, 회전자의 순간적인 위치는 $\theta = \omega_m t - \gamma$로 표시될 수 있다.

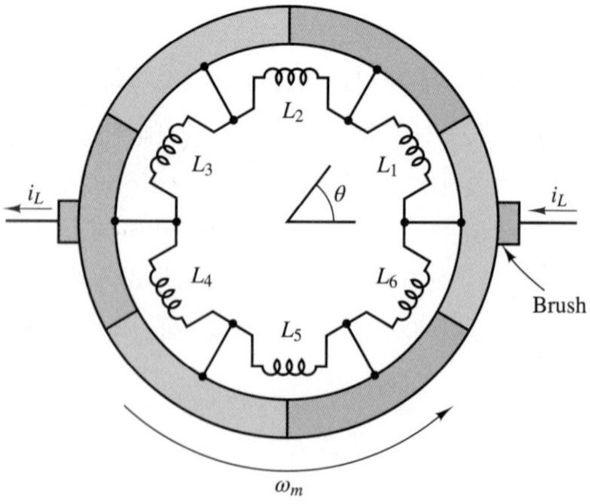

그림 15.13 회전자 권선과 정류자

정류자는 회전자에 고정되어 있으며, 그림 15.13의 경우에는 도체로 만들어진 6개의 정류자편으로 구성되는데, 이 정류자편들은 서로 절연되어 있다. 또한 회전자 권선은 그림 15.13에서처럼 각 정류자편에 연결된 6개의 코일로 구성된다.

정류자가 반시계 방향으로 회전할 때, 회전자 자기장은 $\theta = 30°$까지는 정류자와 함께 회전한다. 그 지점에서 전류의 방향은 브러시가 다음 정류자편과 접촉함에 따라 코일 L_3과 L_6에서 변한다. 이제, 자기장의 방향은 $-30°$가 된다. 정류자가 계속 회전하면 회전자 전기장의 방향은 $-30°$에서 $+30°$로 다시 변할 것이며, 브러시가 다음 정류자편과 접촉하면 회전자 전기장의 방향은 또 다시 바뀌게 된다. 이 경우에 이 기계에서 토크각 γ는 항상 90°가 되지는 않지만 최대로 $\pm 30°$까지만 변할 수 있으며, 실제 기계에 의해 발생되는 토크는 $\sin \gamma$에 비례하기 때문에 최대 ±14% 정도 변동하게 된다. 따라서 정류자편의 수가 증가할수록 정류자에 의한 토크 변동은 크게 감소된다. 예를 들어, 실제 기계에서 정류자편의 수가 60이라면 90°로부터 γ의 변화는 단지 ±3°이고, 토크 변동은 1% 이하로 된다. 따라서 직류기는 거의 일정한 토크(모터의 경우) 또는 전압(발전기의 경우)을 발생할 수 있다.

직류기의 구성

그림 15.12의 직류기는 고정자에서의 일정한 자기장을 만들기 위해 영구자석을 사용한다. 하지만 직류기에서 자화 전류를 공급하는 계자 여자(field excitation)가 외부에서 공급되는 경우를 **타여자**(separate-excitation) 방식이라고 한다[그림 15.14(a) 참고]. 그러나 많은 경우에 계자 여자는 전기자 전압으로부터 유도되는데, 이를 **자여자**(self-excitation) 방식이라고 한다. 자여자 방식은 계자 여자를 위한 별도의 전원이 필요하지 않으므로 선호된다. 만약 기계가 타여자 방식으로 구성되어 있다면, 부가적인 전압원 V_f가 필요하다. 자여자 방식에서 계자 여자를 공급하는 한 가지 방법은 계자를 전기자에 병렬로 연결하는 것인데, 이는 일반적으로 계자 권선이 전기자 회로보다 상당히 높은 저항을 갖기 때문에(부하 전류가 흐르는 곳이 바로 전기자이다) 전기자로부터 과도하게 전류를 끌어내지는 않는다. 게다가, 전기자 전압과 관계없이 계자 전류를 조정하는 방법으로 계자 회로에 직렬로 저항을 추가할 수 있다. 이러한 구성 방식을 **분권형**(shunt-connected)이라고 하며, 그림 15.14(b)에 표시되어 있다. 직류기를 자여자하는 또 다른 방식은 계자를 전기자에 직렬로 연결하는 것인데, 이러한 구성 방식을 **직권형**(series-connected)이라 하며, 그림 15.14(c)에서 나타나 있다. 직권형에서는 계자 권선에 전기자 전류 전체가 흐르게 되므로, 계자 권선은 낮은 저항을 가져야만 한다(따라서 비교적 권선수가 작다). 이 구성은 발전기에는 거의 사용되지 않는데, 이는 발생되는 전압과 부하 전압은 계자 코일에 걸리는 전압 강하만큼 항상 차이가 나게 되는데, 이 전압 강하는 부하 전류에 따라 변하기 때문이다. 그래서 직권 발전기는 조정성이 좋지 않다. 그러나 직권 모터는 특정한 응용 분야에서 널리 사용된다.

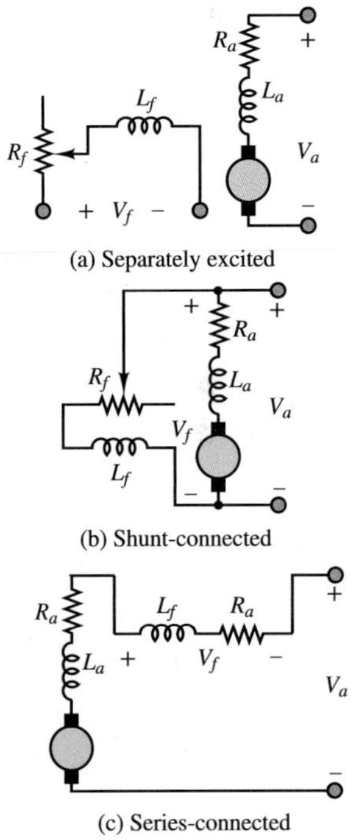

그림 15.14 계자 여자를 갖는 직류기의 기본 구성도

직류기 모델

직류기의 경우에는 기계 구조를 상세히 알지 못하더라도 성능 해석에 필요한 단순한 모델을 개발하는 것이 비교적 쉽다. 이 절에서는 두 단계로 그런 모델을 개발하는 과정을 설명한다. 첫째, 계자 및 전기자의 전류와 전압을 속도 및 토크와 관련시키는 대수 방정식이 소개된다. 둘째, 직류기의 동적 거동을 나타내는 미분 방정식이 유도된다.

계자 여자의 경우에 자속 ϕ은 계자 전류 I_f에 의해 발생된다. 식 (15.2)로부터, 회전자에 작용하는 토크는 자기장과 전기자 전류 I_a[식 (14.2)에서 i_w]의 곱에 비례한다. 정류자에 의해서 토크각 γ가 90° 근처로 유지되므로 $\sin \gamma = 1$이라 가정하면 직류기에서 토크(단위는 N-m)는

LO

$$T = k_T \phi I_a \qquad \text{for } \gamma = 90^\circ \qquad \text{직류기 토크} \tag{15.6}$$

으로 주어지는데, 이는 단순히 14장의 *Bli* 법칙의 결과라는 것을 알 수 있다. 발생된(또는 소모된) 기계 동력은 토크와 회전 속도 ω_m(rad/s)의 곱과 같으므로

$$P_m = \omega_m T = \omega_m k_T \phi I_a \tag{15.7}$$

로 주어진다. 계자 여자에 의해 발생된 자기장 내에서 전기자의 회전은 전기자 회전에 반대되는 방향으로 **역기전력**(back emf) E_b를 발생시킨다는 사실을 상기하기 바란다. 그러면 *Blu* 법칙(14장 참고)에 따라서, 이 역기전력은

LO

$$E_b = k_a \phi \omega_m \qquad \text{직류기 역기전력} \tag{15.8}$$

로 주어지는데, 여기서 k_a는 **전기자 상수**(armature constant)라고 부르며, 직류기 구조 및 자기 성질에 관계된다. 전압 E_b는 모터의 경우에는 직류 여자를 방해하는 역전압을 나타내고, 발전기의 경우에는 발생된 전압을 나타낸다. 그러므로 직류기에 의해 소모되는 (또는 생성되는) 전력은 역기전력과 전기자 전류의 곱으로 주어진다.

$$P_e = E_b I_a \tag{15.9}$$

식 (15.6)과 (15.8)에서 상수 k_T와 k_a는 회전자의 치수, 전기자 권선수와 같은 기하학적 인자 및 자성 재료의 투자율과 같은 재료의 성질 등에 관련된다. 이상적인 에너지–변환의 경우에 $P_m = P_e$가 되고, 따라서 $k_a = k_T$임에 유의하기 바란다. 일반적으로 전기적 에너지와 기계적 에너지 사이에 이상적인 변환을 가정하여 두 상수가 동일하다고 취급한다($k_a = k_T$). 한편, 상수 k_a는

$$k_a = \frac{pN}{2\pi M} \tag{15.10}$$

로 주어지는데, 여기서 p는 자극(magnetic pole)의 수, N은 코일당 도선의 수, 그리고 M은 전기자 권선에서 평행 경로의 수를 나타낸다.

각속도의 단위에 대해서 유의해야 할 점을 살펴보자. 식 (15.6)과 (15.8)에서 상수 k_T와 k_a 사이의 등호는, 손실이 없다는 가정하에서 전기적인 양에 대해서는 볼트와 암페어를, 그리고 기계적인 양에 대해서는 N-m와 rad/sec의 단위를 일관되게 사용한 결과이다. 분당 회전수(r/min)[1]의 단위로 전기기계의 회전 속도를 언급하는 것이 아주 일반적인 관례임을 알아야 한다. 이 책에서는 r/min으로 각속도를 나타낼 때는 기호 n을 사용할 것이다. 이들 두 각속도 사이에는

$$n\,(\text{r/min}) = \frac{60}{2\pi}\omega_m \quad \text{rad/s} \tag{15.11}$$

가 성립된다. 만약 속도가 r/min으로 표현된다면, 전기자 상수는

$$E_b = k_a'\,\phi n \tag{15.12}$$

와 같이 표현되는데, 여기서

$$k_a' = \frac{pN}{60M} \tag{15.13}$$

이 된다.

전기기계에서 토크, 속도, 전압 및 전류를 관련짓는 기본적인 방정식을 소개하였고 지금부터는 정상상태(steady-state), 즉 일정 속도와 일정 계자 여자에서 동작하는 직류기에서 이들의 상호 관계를 고려하기로 한다. 그림 15.15는 모터와 발전기 동작을 설명하는 타여자 직류기의 전기 회로 모델을 나타낸 것이다. 두 가지 방식의 동작을 구별하기 위해서는, 전기자 전류와 발생된 토크의 기준 방향에 주의하는 것이 중요하다. 계자 여자는 가변 저항 R_f와 계자 코일 L_f를 통해 흐르는 계자 전류 I_f를 발생시키는 전압 V_f에 의해서 나타낼 수 있으며, 가변 저항을 통해서 계자 여자를 조정할 수 있다. 반면에, 전기자 회로는 역기전력을 표시하는 전압원 E_b, 전기자 저항 R_a 및 전기자 전압 V_a로 구성된다. 이 모델은 모터와 발전기의 동작을 나타내는 데에 적합한데, $V_a < E_b$일 때는 발전기 모델을(I_a가 기계 밖으로 흐름), 그리고 $V_a > E_b$일 때는 모터 모델을 나타낸다(I_a는 기계 안으로 흐름). 그래서 그림 15.15의 모델에 따라서 정상상태에서의 직류기의 동작(즉, 회로에서 인덕터가 단락 회로로 대치됨)은

$$\begin{aligned} -I_f + \frac{V_f}{R_f} &= 0 \quad \text{and} \quad V_a - R_a I_a - E_b = 0 \quad (\text{모터 동작}) \\ -I_f + \frac{V_f}{R_f} &= 0 \quad \text{and} \quad V_a + R_a I_a - E_b = 0 \quad (\text{발전기 동작}) \end{aligned} \tag{15.14}$$

이 된다. 식 (15.6) 및 (15.8)과 함께 식 (15.14)는 직류기의 정상상태 동작 조건을 결정하기 위해 사용된다.

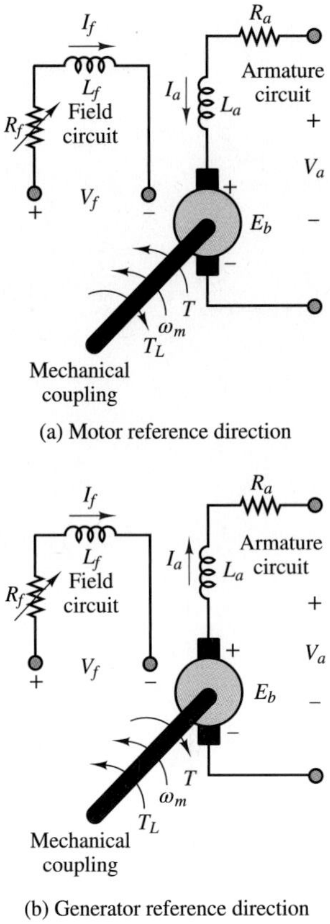

그림 15.15 타여자 직류기의 전기 회로 모델

[1] 독자에게 친숙한 약어 *rpm*은 표준 단위가 아니므로, 사용을 권장하지는 않는다.

그림 15.15의 회로 모델을 이용하여, 직류기의 동적 거동을 기술하는 미분 방정식을 간단하게 유도할 수 있다. 타여자 직류기의 거동을 설명하는 동적 방정식은

$$V_a(t) - I_a(t)R_a - L_a\frac{dI_a(t)}{dt} - E_b(t) = 0 \qquad \text{(전기자 회로)} \tag{15.15a}$$

$$V_f(t) - I_f(t)R_f - L_f\frac{dI_f(t)}{dt} = 0 \qquad \text{(계자 회로)} \tag{15.15b}$$

으로 주어진다. 이들 방정식은 부하가 존재할 때 직류기의 동작과 연관될 수 있다. 만약 모터가 관성 모멘트(moment of inertia) J를 가진 관성 부하에 연결되어 있고, 부하에서의 마찰 손실이 점성 마찰 계수(viscous friction coefficient) b에 의해 표시된다면, 모터 동작 방식에서 발생되는 토크는

$$T(t) = T_L + b\,\omega_m(t) + J\frac{d\omega_m(t)}{dt} \tag{15.16}$$

이 되며, 여기서 T_L은 부하 토크이다. T_L은 일반적으로 모터에서는 상수이거나 속도 ω_m의 함수이다. 발전기의 경우에는 부하 토크는 원동기에 의해 공급된 토크로 대치되고, 기계 토크 $T(t)$는 그림 15.15와 같이 원동기의 움직임에 반대 방향으로 작용한다. 기계 토크는 식 (15.6)에 의해 전기자와 계자 전류에 관계되므로, 식 (15.16)과 (15.17)은 서로 결합되어 다음과 같이 표현된다.

$$T(t) = k_a\phi I_a(t) \tag{15.17}$$

또는

$$k_a\phi I_a(t) = T_L + b\,\omega_m(t) + J\frac{d\omega_m(t)}{dt} \tag{15.18}$$

이 절에서 설명된 동적 방정식들은 어느 직류기에도 적용된다. 타여자 기계의 경우에는 더욱 단순화될 수 있는데, 이는 자속이 분리된 계자 여자로 인해서 발생되기 때문이다. 따라서

$$\phi = \frac{N_f}{\mathcal{R}}I_f = k_f I_f \tag{15.19}$$

가 되는데, 여기서 N_f는 계자 코일의 권선수, $\mathcal{R}$은 구조의 릴럭턴스, 그리고 I_f는 계자 전류이다.

직류기의 정상상태 방정식

직류 모터와 발전기의 정상상태의 동작을 설명하는 방정식은 다음과 같이 요약된다. 이러한 식을 해석하는 방법은 이번 장에서 관심 있게 지켜본 네 가지, 타여자(excitation)에 의해 생성된 자기장, 분권형에 의해 생성된 자기장, 직권형에 의해 생성된 자기장, 영구자석에 의해 생성된 자기장(불변하는 자기장)과 같은 경우에 각각에 대한 자속 ϕ를 정확하게 측정하는 것이다. 처음 세 개의 구성은 그림 15.14를 참고한다.

직류 모터의 정상상태 방정식

$$E_b = k_a \phi \omega_m \quad \text{V}$$

$$T = k_a \phi I_a \quad \text{N-m}$$

타여자 기계에 대해서[그림 15.14(a)]

$$V_s = E_b - I_a R_a \quad \text{V}$$

$$\phi = k_f I_f = k_f \frac{V_f}{R_f}$$

이며, 여기서 V_s는 외부 소스 전압이다.

분권형 기계에 대해서[그림 15.14(b)]

$$V_s = E_b - I_a R_a \quad \text{V}$$

$$\phi = \phi_{\text{shunt}} = k_f I_f = k_f \frac{V_a}{R_f}$$

이며, 직권형 기계에 대해서[그림15.14(c)]

$$V_s = E_b - I_a R_a - I_a R_f \quad \text{V}$$

$$\phi = \phi_{\text{series}} = k_f I_f = k_f I_a$$

이다. 마지막으로, 계자 여자가 영구자석에 의해 제공되는 영구자석형 기계에 대해서는

$$V_s = E_b - I_a R_a \quad \text{V}$$

$$\phi = \phi_{\text{PM}} = \text{constant}$$

이 된다.

직류 발전기의 정상상태 방정식

$$E_b = k_a \phi \omega_m \quad \text{V}$$

$$T = \frac{P}{\omega_m} = \frac{E_b I_a}{\omega_m} = k_a \phi I_a \quad \text{N-m}$$

여기서 V_g는 부하가 연결되지 않은 발전기의 개방 회로 출력 전압이다. 타여자 기계에 대해서[그림 15.14(a)]

$$V_g = E_b - I_a R_a \quad \text{V}$$

$$\phi = k_f I_f = k_f \frac{V_f}{R_f} \quad \text{Wb}$$

이며, 분권형 기계에 대해서[그림 15.14(b)]

$$V_g = E_b - I_a R_a \quad \text{V}$$

$$\phi = \phi_{\text{shunt}} = k_f I_f = k_f \frac{V_g}{R_f} \quad \text{Wb}$$

이며, 직권형 기계에 대해서[그림15.14(c)]

$$V_g = E_b - I_a R_a - I_a R_f \quad \text{V}$$

$$\phi = \phi_{\text{series}} = k_f I_f = k_f I_a \quad \text{Wb}$$

이다. 마지막으로, 영구자석형 기계에 대해서는

$$V_g = E_b - I_a R_a \quad \text{V}$$

$$\phi = \phi_{\text{PM}} = \text{constant} \quad \text{Wb}$$

15.3 직류 모터

직류 모터는 서보 시스템과 같이 정확한 속도와 토크 제어를 요구하는 응용 분야에 널리 사용된다. 이전 절에서는 타여자 직류 기계의 해석을 소개하였다. 이번 절에서는 일반적으로 사용되는 세 가지 종류인 분권 모터, 직권 모터, 영구자석 모터에 대해서, 이들의 토크-속도 특성 및 동적 거동 등에 대해서 설명한다.

분권 모터

그림 15.14(b)의 분권 모터(shunt motor)에서, 전기자 전류는 전기자 회로에 걸리는 순 전압(소스 전압-역기전력)을 전기자 저항으로 나눔으로써

$$I_a = \frac{V_s - k_a \phi \omega_m}{R_a} \tag{15.20}$$

로 주어지며, 또한 식 (15.17)로부터도

$$I_a = \frac{T}{k_a \phi} \tag{15.21}$$

와 같이 구해진다.

따라서 식 (15.20)을 (15.21)에 대입하면, 모터의 속도와 토크 간의 관계식인

$$\frac{T}{k_a \phi} = \frac{V_s - k_a \phi \omega_m}{R_a} \tag{15.22}$$

을 얻을 수 있는데, 이 식은 분권 모터의 정상상태 토크-속도 특성을 나타낸다. 이 방정식에 대한 이해를 높이기 위해서, 만약 V_s, k_a, f와 R_a가 고정된 값이라면(고정된 V_s를 갖는 분권 모터에서 자속은 일정함), 모터 속도는 전기자 전류에 직접적으로 연관됨을 알 수 있다. 이제 모터에 걸리는 부하가 갑자기 증가되어 모터 속도를 감소시키는 경우를 고려해 보자. 식 (15.20)에 의하면 속도가 감소함에 따라 전기자 전류는 증가하게 된다. 식 (15.21)에 의하면, 이러한 증가된 전기자 전류에 의해서 부가적인 토크가 발생되며, 증가된 전기자 전류와 토크, 그리고 감소된 회전 속도 사이에 새로운 평형 상태가 확립된다. 이 평형점은 기계적 동력과 전기적 전력이 일치하는 점으로

$$E_b I_a = T \omega_m \tag{15.23}$$

로 주어진다.

따라서 분권 직류 모터는, 이 출력의 평형을 유지하기 위해서 부하의 변화에 따라 적절히 속도를 변화시킨다. 분권 모터에 대한 토크-속도 곡선은 속도와 전기자 전류 간의 관계식을 다시 정리함으로써 구할 수 있다.

LO

$$\omega_m = \frac{V_s - I_a R_a}{k_a \phi} = \frac{V_s}{k_a \phi} - \frac{R_a T}{(k_a \phi)^2} \quad \text{분권 모터에 대한 } T\text{-}\omega \text{ 곡선} \tag{15.24}$$

식 (15.24)를 해석하기 위해, 먼저 정격 속도와 정격 토크 하에서 동작하는 모터를 고려해야 한다. 부하 토크가 감소함에 따라 전기자 전류 또한 감소하여 식 (15.24)에 따라 속도가 증가된다. 이 속도 증가는 전기자 저항 양단에서의 전압 강하

I_aR_a의 정도에 의존하는데, 속도 변화는 이 전압 강하와 동일한 정도의 크기로 일반적으로 약 10% 정도이다. 이는 비교적 우수한 속도 변동률에 해당하는데, 이 점이 바로 분권 직류 모터의 독특한 특징이다(15.1절의 조정에 대한 내용을 상기하기 바란다). 분권 모터의 동적 거동은 식 (15.15)에서 (15.18)까지의 식과 다음 관계식

$$I_a(t) = I_s(t) - I_f(t) \tag{15.25}$$

에 의해서 기술된다.

직권 모터

그림 15.14(c)의 직권 모터(series motor)는 자속이 전기자를 통해 흐르는 직렬 전류에 의해서만 발생되므로, 분권 모터와 타여자 모터와는 다소 다르게 동작한다. 만약 모터가 자화 곡선의 선형 영역에서 동작한다는 가정하에 자속과 전기자 전류 사이의 관계를 근사시킨다면, 직권 모터에 대해서 기전력과 토크 방정식을 비교적 간단히 구할 수 있다. 그러면

$$\phi = k_S I_a \tag{15.26}$$

이 되고, 기전력과 토크 방정식은

$$E_b = k_a \omega_m \phi = k_a \omega_m k_S I_a \tag{15.27}$$

$$T = k_a \phi I_a = k_a k_S I_a^2 \tag{15.28}$$

이 된다. 직권 모터에 대한 회로 방정식은

$$V_s = E_b + I_a(R_a + R_S) = (k_a \omega_m k_S + R_T) I_a \tag{15.29}$$

이 되고, 여기서 R_a는 전기자 저항, R_S는 직권 계자 권선의 저항, R_T는 총 직렬 저항이다. 토크–속도 관계를 얻기 위해 식 (15.29)를 I_a에 대해 정리하여 토크 방정식 (15.28)에 대입하여 정리하면

$$T = k_a k_S \frac{V^2}{(k_a \omega_m k_S + R_T)^2} \quad \text{직권 모터에 대한 } T\text{-}\omega \text{ 곡선} \tag{15.30}$$

LO

이 되고, 이 식은 직권 모터에서 토크가 속도의 역제곱 관계임을 나타낸다. 또한, 어떤 조건하에서 동작이 불안정해질 수 있는데, 이는 부하 토크가 감소될 때 속도가 증가하므로 만약 모든 부하를 제거하면 속도는 위험한 값으로 증가되는 경향이 있기 때문이다. 이러한 과잉 속도를 방지하기 위해 직권 모터는 항상 부하와 기계적으로 연결되어 있다. 그러나 이러한 성질은 직권 모터가 낮은 속도에서 매우 높은 토크를 발생시킬 수 있어서 견인 형태(traction-type)의 부하(즉, 컨베이어 벨트 또는 차량의 추진 시스템)에 매우 잘 적용될 수 있으므로, 항상 단점인 것은 아니다.

모터의 전기자 회로에 대한 미분 방정식은

$$\begin{aligned} V_s &= I_a(t)(R_a + R_S) + L_a \frac{dI_a(t)}{dt} + L_S \frac{dI_a(t)}{dt} + E_b \\ &= I_a(t)(R_a + R_S) + L_a \frac{dI_a(t)}{dt} + L_S \frac{dI_a(t)}{dt} + k_a k_S I_a \omega_m \end{aligned} \tag{15.31}$$

으로 주어진다.

영구자석 직류 모터

영구자석(permanent-magnet, PM) 직류 모터는 비교적 낮은 토크와 효율적인 공간의 사용이 요구되는 응용에 일반적으로 사용된다. 영구자석 직류 모터의 구조는 고정자의 자기장이 자성 재료체로 된 극에 의해 발생된다는 점에서 지금까지 취급하였던 모터의 구조와는 차이가 있지만, 정류자의 개념을 포함하여 기본적인 동작 원리는 권선형 고정자(wound stator)를 가진 직류 모터와 동일하다. 다른 직류 모터와의 큰 차이점은, 앞 절에서 논의하였던 타여자 또는 자여자 방식의 계자 여자를 제공할 필요가 없다는 것이다. 그러므로 영구자석 직류 모터는 권선형 고정자 모터보다 본질적으로 더 단순하다.

영구자석 모터의 동작을 표현하는 방정식을 살펴보자. 발생되는 토크는 모터의 기하학적 구조에 의해서 결정되는 토크 상수(torque constant) k_{PM}에 의해서 전기자 전류

$$T = k_{T,\mathrm{PM}} I_a \tag{15.32}$$

와 같이 연관된다. 일반적인 직류 모터에서 회전자의 회전은 보통 역기전력 E_b를 발생시키는데, 이 역기전력은 전압 상수 $k_{a,\mathrm{PM}}$에 의해서 속도와 다음과 같은 선형적인 관계가 성립된다.

$$E_b = k_{a,\mathrm{PM}} \omega_m \tag{15.33}$$

영구자석 모터의 등가 회로는 계자 권선의 영향을 모델링할 필요가 없으므로 단순하다. 그림 15.16은 영구자석 모터의 회로 모델과 토크–속도 곡선을 나타내고 있다.

그림 15.16의 회로 모델을 사용하여 토크–속도 곡선을 다음과 같이 예측할 수 있다. 회로 모델로부터 정속도에 대해서는(즉, 정상상태에서는) 인덕터를 단락 회로로 대체할 수 있으므로

$$\begin{aligned} V_s &= I_a R_a + E_b = I_a R_a + k_{a,\mathrm{PM}} \omega_m \\ &= \frac{T}{k_{T,\mathrm{PM}}} R_a + k_{a,\mathrm{PM}} \omega_m \end{aligned} \tag{15.34}$$

이 된다. 따라서 속도와 토크의 관계식은

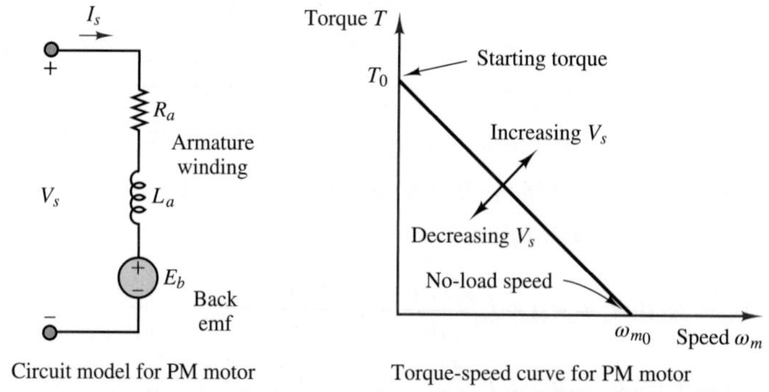

그림 15.16 영구자석 모터의 회로 모델과 토크–속도 곡선

$$\omega_m = \frac{V_s}{k_{a,\mathrm{PM}}} - \frac{TR_a}{k_{a,\mathrm{PM}}}k_{T,\mathrm{PM}} \quad \text{영구자석 직류 모터에 대한 } T\text{-}\omega \text{ 곡선} \tag{15.35}$$

와

$$T = \frac{V_s}{R_a}k_{T,\mathrm{PM}} - \frac{\omega_m}{R_a}k_{a,\mathrm{PM}}\ k_{T,\mathrm{PM}} \tag{15.36}$$

로 주어진다.

이 방정식으로부터 정지 토크(stall torque) T_0, 즉 속도가 0일 때의 토크는

$$T_0 = \frac{V_s}{R_a}k_{T,\mathrm{PM}} \tag{15.37}$$

로 얻어지며, 무부하 속도(no-load speed) ω_{m0}는

$$\omega_{m0} = \frac{V_s}{k_{a,\mathrm{PM}}} \tag{15.38}$$

로 주어진다.

관성과 점성 마찰 부하가 존재하는 동적 조건하에서 모터에 의해 발생되는 토크는

$$T = k_{T,\mathrm{PM}}I_a(t) = T_{\mathrm{load}}(t) + b\,\omega_m(t) + J\frac{d\,\omega_m(t)}{dt} \tag{15.39}$$

으로 나타낼 수 있다.

모터의 전기자 회로에 대한 미분 방정식은

$$\begin{aligned} V_s &= I_a(t)R_a + L_a\frac{dI_a(t)}{dt} + E_b \\ &= I_a(t)R_a + L_a\frac{dI_a(t)}{dt} + k_{a,\mathrm{PM}}\,\omega_m(t) \end{aligned} \tag{15.40}$$

와 같다.

영구자석 직류 모터는 공극 자속이 일정하다는 사실에 의해서 권선형 직류 모터와는 약간 다른 특성을 보여준다. 영구자석 직류 모터와 권선형 직류 모터를 비교해 보면, 각 구성의 장단점이 다음과 같이 나타난다.

영구자석형 직류 모터와 권선형 직류 모터 비교

1. 주어진 정격 전력에 대해서 영구자석형 모터는 권선형 모터보다 더 작고 가볍다. 게다가 영구자석 모터의 효율은 계자 권선 손실이 없기 때문에 더 높다.
2. 영구자석형 모터의 또 다른 장점은 본질적으로 선형 속도-토크 특성을 가지며, 이로 인해서 해석(또는 제어)이 훨씬 더 쉬워진다는 점이다. 또한 소스의 극성을 전환함으로써 회전의 방향을 쉽게 전환할 수 있다.
3. 영구자석형 모터의 중요한 단점은 과도한 자기장에의 노출과 과도한 전압의 인가 또는 과도하게 높거나 낮은 온도에서의 동작에 의해 감자화될(demagnetized) 수 있다는 점이다.
4. 영구자석형 모터의 또 다른 작은 결점은 자성체마다 특성이 조금씩 다르므로 권선형 모터의 경우보다 모터마다 성능이 달라질 수 있다는 점이다.

예제 15.4

직류 분권 모터의 해석

문제

4극 직류 분권 모터에 의해 발생된 속도와 토크를 구하라.

풀이

기지: 모터 정격, 회로와 자화 파라미터

미지: ω_m, T

주어진 데이터 및 그림:
모터 정격: 3 hp, 240 V, 120 rpm
회로와 자화 파라미터: $I_S = 30$ A; $I_f = 1.4$ A; $R_a = 0.6\ \Omega$, $\phi = 20$ mWb, $N = 1{,}000$, $M = 4$[식 (15.10) 참고]

해석: 전력을 SI 단위로 바꾸면

$$P_{\text{RATED}} = 3\text{ hp} \times 746 \frac{\text{W}}{\text{hp}} = 2{,}238\text{ W}$$

이 된다. 전기자 전류는 소스 전류와 계자 전류의 차로[식 (15.25)]

$$I_a = I_s - I_f = 30 - 1.4 = 28.6\text{ A}$$

로 계산된다. 그러므로 무부하 전기자 전압 E_b는

$$E_b = V_s - I_a R_a = 240 - 28.6 \times 0.6 = 222.84\text{ V}$$

이고, 전기자 상수는 식 (15.10)으로부터

$$k_a = \frac{pN}{2\pi M} = \frac{4 \times 1{,}000}{2\pi \times 4} = 159.15 \frac{\text{V-s}}{\text{Wb-rad}}$$

이 된다. 알고 있는 모터 상수와 식 (15.25)로부터, 회전 속도는

$$\omega_m = \frac{E_a}{k_a \phi} = \frac{222.84\text{ V}}{(159.15\text{ V-s/Wb-rad})(0.02\text{ Wb})} = 70 \frac{\text{rad}}{\text{s}}$$

로 주어지며, 모터에 의해서 발생되는 토크는 각속도에 대한 출력의 비로서

$$T = \frac{P}{\omega_m} = \frac{2{,}238\text{ W}}{70\text{ rad/s}} = 32\text{ N-m}$$

와 같이 계산된다.

연습 문제

200 V 직류 분권 모터는 1,800 rpm에서 10 A의 전류가 흐른다. 전기자 회로 저항은 0.15 Ω이고, 계자 권선 저항은 350 Ω이다. 모터에 의해서 얼마의 토크가 발생되는가?

Answer: $T = \frac{P}{\omega_m} = 9.93$ N-m

직류 분권 모터 해석

예제 15.5

문제

직류 분권 모터에 대해서 다음의 양을 구하라. 회로 구성은 그림 15.17에 나타나 있다.

1. 전부하 동작 시에 필요한 계자 전류
2. 무부하 속도
3. 무부하 토크에서 정격 토크 영역까지의 속도-토크 곡선을 도시하라.
4. 정격 부하에서 출력

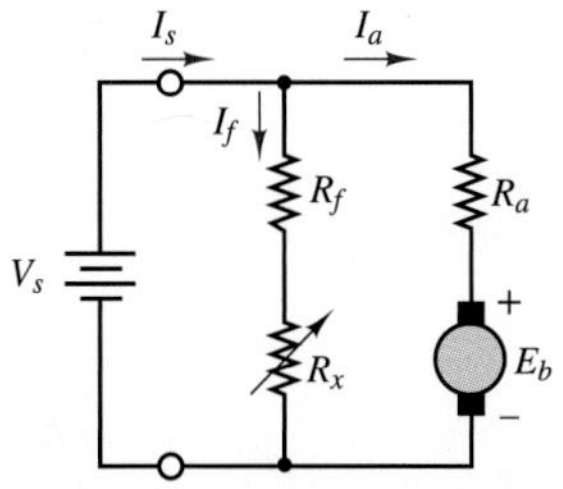

그림 15.17 분권 모터에 대한 회로

풀이

기지: 자화 곡선, 정격 전류, 정격 속도, 회로 파라미터

미지: I_f, $n_{\text{no-load}}$, T-n 곡선, P_{rated}

주어진 데이터 및 그림:
그림 15.18 (자화 곡선)
모터 정격: 8 A, 120 rpm
회로 파라미터: $R_a = 0.2\ \Omega$, $V_s = 7.2$ V, N = 권선의 코일 회전수 = 200

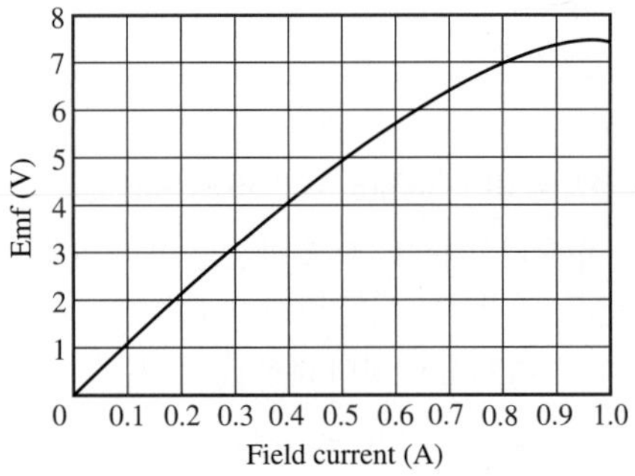

그림 15.18 소형 직류 모터에 대한 자화 곡선

해석:

1. R_f가 주어져 있지 않으므로 계자 전류를 구하기 위해서는 발생되는 기전력을 먼저 구해야 한다. 키르히호프의 전압 법칙을 전기자 회로 주위에 적용시키면

$$V_s = E_b + I_a R_a$$
$$E_b = V_s - I_a R_a = 7.2 - 8(0.2) = 5.6 \text{ V}$$

을 얻게 된다. 역기전력을 구했으므로, 자화 곡선으로부터 계자 전류를 구할 수 있다. $E_b = 5.6$ V에서 계자 전류와 계자 저항은 다음과 같다.

$$I_f = 0.6 \text{ A} \qquad \text{and} \qquad R_f = \frac{7.2}{0.6} = 12\ \Omega$$

2. 무부하 속도를 얻기 위해

$$E_b = k_a \phi \frac{2\pi n}{60} \qquad T = k_a \phi I_a$$

을 사용하는데, 이 식으로부터

$$V_s = I_a R_a + E_b = I_a R_a + k_a \phi \frac{2\pi}{60} n$$

또는

$$n = \frac{V_s - I_a R_a}{k_a \phi (2\pi/60)}$$

을 얻을 수 있다. 무부하에서 그리고 기계적 손실이 없다고 가정하면, 토크가 0이고, 또한 전류 I_a가 토크 방정식($T = k_a \phi I_a$)에서 0이 되어야 한다는 것을 알 수 있다. 그러므로 무부하에서 모터 속도는

$$n_{\text{no-load}} = \frac{V_s}{k_a \phi (2\pi/60)}$$

로 주어진다. 전부하에서

$$E_b = 5.6 \text{ V} = k_a \phi \frac{2\pi n}{60}$$

이므로, $k_a \phi$에 대한 식을 구할 수 있고, 일정한 계자 여자에 대해서

$$k_a \phi = E_b \left(\frac{60}{2\pi n} \right) = 5.6 \left[\frac{60}{2\pi(120)} \right] = 0.44563 \frac{\text{V-s}}{\text{rad}}$$

이 된다. 마지막으로, 무부하 속도를 rpm 단위로

$$n_{\text{no-load}} = \frac{V_s}{k_a \phi (2\pi/60)} = \frac{7.2}{(0.44563)(2\pi/60)} = 154.3 \text{ r/min}$$

와 같이 구할 수 있다.

3. 정격 속도에서 토크는

$$T_{\text{rated load}} = k_a \phi I_a = (0.44563)(8) = 3.565 \text{ N-m}$$

로 구할 수 있으며, 이 모터의 토크-속도 곡선을 얻기 위해 필요한 두 점을 구하여 그림 15.19에 나타내었다.

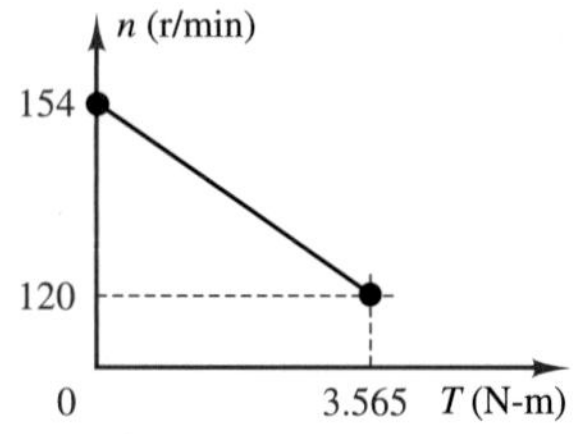

그림 15.19 예제 15.5의 모터의 토크-속도 곡선

4. 출력은 축의 회전수에 의해 다음과 같이 계산된다.

$$P_{\text{rated}} = T\omega_m = (3.565)\left(\frac{120}{60}\right)(2\pi) = 44.8 \text{ W}$$

또는

$$P = 44.8 \text{ W} \times \frac{1}{746} \frac{\text{hp}}{\text{W}} = 0.06 \text{ hp}$$

예제 15.6

직류 직권 모터 해석

문제

모터에 60 A의 전류가 공급될 때 직류 직권 모터에 의해 발생되는 토크를 구하라.

풀이

기지: 모터 정격; 동작 조건

미지: T_{60}, 60 A의 전류가 공급될 때의 토크

주어진 데이터 및 그림:

모터 정격: 10 hp, 115 V, 전부하 속도 = 1,800 rpm

동작 조건: 모터에 40 A의 전류가 흐름

가정: 모터는 자화 곡선의 선형 범위 내에서 동작한다.

해석: 선형 동작 범위 내에서 극당 자속은 계자 권선 내의 전류에 직접적으로 비례하므로

$$\phi = k_S I_a$$

이 된다. 전부하 속도는

$$n = 1{,}800 \text{ r/min}$$

또는

$$\omega_m = \frac{2\pi n}{60} = 60\pi \qquad \text{rad/s}$$

이다. 정격 출력은

$$P_{\text{rated}} = 10 \text{ hp} \times 746 \text{ W/hp} = 7{,}460 \text{ W}$$

이고, 전부하 토크는

$$T_{40\text{ A}} = \frac{P_{\text{rated}}}{\omega_m} = \frac{7{,}460}{60\pi} = 39.58 \text{ N-m}$$

이 된다. 따라서 기계 상수는 직권 모터에 대한 토크 방정식으로부터

$$T = k_a k_s I_a^2 = K I_a^2$$

로 계산된다. 그러므로 전부하에서

$$K = k_a k_s = \frac{39.58 \text{ N-m}}{40^2 \text{ A}^2} = 0.0247 \frac{\text{N-m}}{\text{A}^2}$$

이고, 60 A 전류가 공급될 때 발생되는 토크는

$$T_{60\text{ A}} = K I_a^2 = 0.0247 \times 60^2 = 88.92 \text{ N-m}$$

이 된다.

연습 문제

25 A의 전류가 흐르는 직권 모터가 100 N-m의 토크를 발생시킨다. 다음을 구하라. (a) 만약 계자가 포화되지 않는다면, 전류가 30 A로 증가할 때의 토크, 그리고 (b) 전류가 30 A로 상승하고 전류의 증가가 자속을 10% 증가시켰을 때의 토크

Answer: (a) 144 N-m; (b) 132 N-m

영구자석 직류 모터의 동적 응답

예제 15.7

문제

기계적인 부하가 연결된 영구자석 직류 모터의 모터 각속도의 동적 응답을 기술한 미분 방정식과 전달 함수를 구하라.

풀이

기지: 영구자석 직류 모터 회로 모델, 기계적인 부하 모델

미지: 전자기계 시스템의 미분 방정식과 전달 함수

해석: 전기기계 시스템의 동적 응답은 전기 회로(그림 15.16)에 키르히호프 전압 법칙(KVL)을 적용하고, 기계 시스템에 뉴턴의 제2법칙을 적용하여 구할 수 있다. 이들 식은 모터의 역기전력과 토크 방정식의 특성상 서로 결합되어 있다.

전기 회로에 KVL과 식 (15.33)을 적용하면

$$V_L(t) - R_a I_a(t) - L_a \frac{dI_a(t)}{dt} - E_b(t) = 0$$

또는

$$L_a \frac{dI_a(t)}{dt} + R_a I_a(t) + K_{a,\mathrm{PM}} \omega_m(t) = V_L(t)$$

이 된다. 부하 관성에 뉴턴의 제2법칙과 식 (15.32)를 적용하면

$$J\frac{d\omega(t)}{dt} = T(t) - T_{\mathrm{load}}(t) - b\omega$$

또는

$$-K_{T,\mathrm{PM}} I_a(t) + J\frac{d\omega(t)}{dt} + b\omega(t) = -T_{\mathrm{load}}(t)$$

이 된다. 이 두 미분 방정식은 서로 결합되는데, 이는 첫째 식은 ω_m에 의존하고, 둘째 식은 I_a에 의존하기 때문이다. 그러므로 두 식을 동시에 풀어야 한다.

전달 함수를 유도하기 위하여 두 방정식에 라플라스 변환을 취하면

$$(sL_a + R_a) I_a(s) + K_{a,\mathrm{PM}} \Omega(s) = V_L(s)$$
$$-K_{T,\mathrm{PM}} I_a(s) + (sJ + b)\Omega(s) = -T_{\mathrm{load}}(s)$$

이 된다. 위 식을 행렬 형태로 변환하고, 크래머의 법칙을 이용하여 $V_L(s)$와 $T_{\mathrm{load}}(s)$의 함수로서 $\Omega_m(s)$를 구하면

$$\begin{bmatrix} sL_a + R_a & K_{a,\mathrm{PM}} \\ -K_{T,\mathrm{PM}} & sJ + b \end{bmatrix} \begin{bmatrix} I_a(s) \\ \Omega_m(s) \end{bmatrix} = \begin{bmatrix} V_L(s) \\ -T_{\mathrm{load}}(s) \end{bmatrix}$$

이 되고, 해는

$$\Omega_m(s) = \frac{\det\begin{bmatrix} sL_a + R_a & V_L(s) \\ K_{T,\mathrm{PM}} & -T_{\mathrm{load}}(s) \end{bmatrix}}{\det\begin{bmatrix} sL_a + R_a & K_{a,\mathrm{PM}} \\ -K_{T,\mathrm{PM}} & sJ + b \end{bmatrix}}$$

또는

$$\Omega_m(s) = -\frac{sL_a + R_a}{(sL_a + R_a)(sJ + b) + K_{a,\mathrm{PM}} K_{T,\mathrm{PM}}} T_{\mathrm{load}}(s) + \frac{K_{T,\mathrm{PM}}}{(sL_a + R_a)(sJ + b) + K_{a,\mathrm{PM}} K_{T,\mathrm{PM}}} V_L(s)$$

이 된다.

참조: 모터 각속도의 동적 응답은 입력 전압과 부하 토크의 변수임에 주목하자. 이 문제는 숙제 문제에서 더 관찰해 보도록 하자.

직류 드라이브와 모터의 속도 제어

전력 반도체의 발전은 직류 모터용 저가의 속도 제어 시스템의 구현이 가능하도록 하였다. 이 절에서는 직류 드라이브의 유형과 이에 적합한 부하에 대해서 논의하기로 한다.

정토크 부하(constant-torque load)는 매우 일반적이며, 전체 속도 영역에 걸쳐서 일정한 토크를 가져야 하는 필요성으로 특징지을 수 있다. 이 필요성은 보통 마찰에 기인한다. 동력이 속도와 토크의 곱이므로, 정토크 부하에 요구되는 동력은 속도에 따라 선형적으로 증가하게 된다. 이러한 유형의 부하는 컨베이어나 압출기(extruder) 등에서 나타난다.

또 다른 부하의 유형은 정마력 부하(constant horsepower load)로 모터의 속도 영역에 걸쳐서 일정한 마력을 요구한다. 이 경우에 토크는 정마력에서 속도에 반비례하므로, 이런 부하는 저속도에서 더 큰 토크를 필요로 한다. 정마력 부하의 예로는 공작기계의 스핀들(예를 들어, 선반의 스핀들)이 있는데, 이런 응용은 매우 큰 기동 토크를 필요로 한다.

가변 토크 부하(variable-torque load) 또한 일반적으로 많이 사용된다. 이 경우에 부하 토크는 선형적이거나, 또는 기하학적인 어떤 유형으로 속도와 관련된다. 예를 들어, 어떤 부하에 대해서 토크는 속도에 비례하는데(따라서, 마력은 속도 제곱에 비례한다), 이러한 부하의 예로는 용적형 펌프(positive displacement pump)를 들 수 있다. 원심 펌프, 팬, 그리고 에너지 저장을 위해 플라이휠을 사용하는 모든 부하 등과 같은 관성 부하는 속도 제곱에 의존하게 되는데, 이는 선형 관계보다 더 일반적이다.

주어진 응용에 적합한 모터와 조절 가능한 속도 드라이브를 선택하기 위해서, 속도 제어에 대한 각 방법이 직류 모터에 대해 어떻게 동작하는지를 살펴볼 필요가 있다. 계자 여자가 정격 값과 같다면, 전기자 전압 제어(armature voltage control) 방식으로 명판에 나타난 정격 값(즉, 기본 속도)의 0에서 100%까지 속도를 부드럽게 제어할 수 있다. 이 영역 내에서는 정토크 부하에 대해서 모터 속도를 완전히 제어할 수 있게 되고, 따라서 그림 15.20과 같이 마력이 선형적으로 증가한다. 약계자 제어(field weakening control)를 수행하면, 기본 속도의 몇 배까지 속도를 증가시킬 수 있다. 그러나 계자 제어는 정토크에서 정마력으로 직류 모터의 특성을 변화시키고, 따라서 토크 출력은 그림 15.20과 같이 속도와 함께 감소한다. 기본 속도 이상에서의 동작은, 전기자 전압 제어에 필요한 회로에 부가적으로 계자 제어에 대한 특별한 준비를 필요로 하므로, 구조가 더 복잡해지며 비용이 많이 들게 된다.

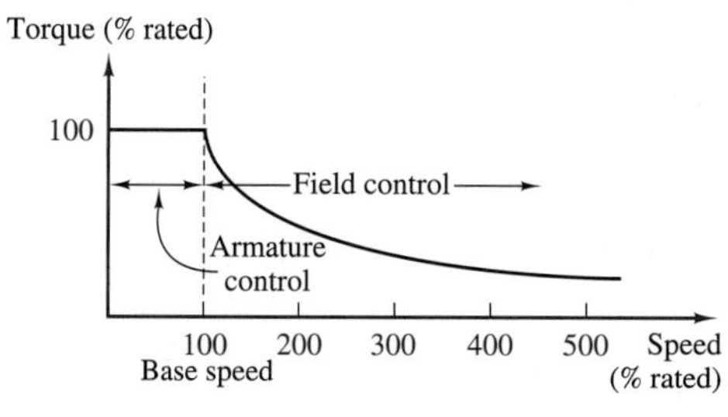

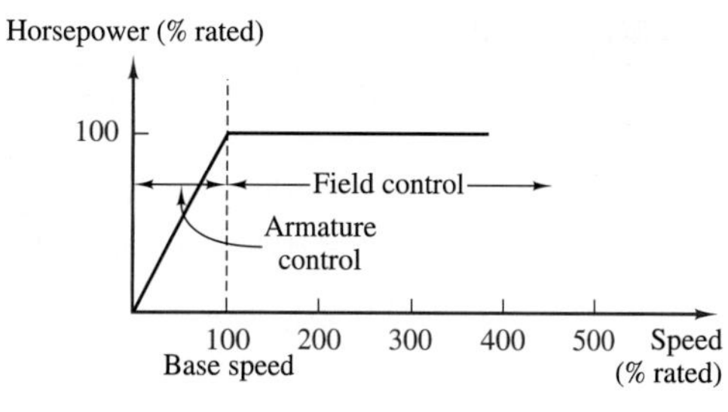

그림 15.20 직류 모터에서의 속도 조절

연습 문제

분권 직류 모터에 대해서 전기자 전압을 변화시키는 속도 제어 방법의 인과 관계를 서술하라.

Answer: 전기자 전압의 증가는 전기자 전류의 증가를 일으킨다. 결과적으로, 부하 토크 이상이 될 때까지 속도 또한 증가시키며 모터 토크가 증가한다. 모터와 부하 토크 사이에 평형 조건이 도달하고 모터가 일정한 속도로 회전할 때까지, 역기전력에서 상응하는 증가는 전기자 전류의 강하와 모터 토크의 감소를 일으킨다.

15.4 직류 발전기

앞 절의 직류 모터에 적용되었던 해석 및 방정식은 직류 발전기에도 적용할 수 있다. 직류 모터에서는 외부 전압 V_s가 모터가 토크를 생산할 수 있게 하는 반면에, 발전기에서는 원동기가 제공하는 토크가 모터를 Ω의 속도로 회전하게 하고, 이 결과로 개방 전압(open-circuit voltage) V_g가 생성되도록 한다. 발전기가 부하에 연결되면, 전기자 전류가 흐르고 부하 전압 V_L이 생성된다. 그림 15.21은 타여자 직류 발전기의 구성을 보여주며, 그림 15.22는 역기전력(발전기 개방 전압)을 계자 전류의 함수로 계산하는 데 사용되는 발전기의 자화 곡선을 보여준다. 두 가지 예는 직류 발전기에 대한 해석 방법을 설명하기 위함이다.

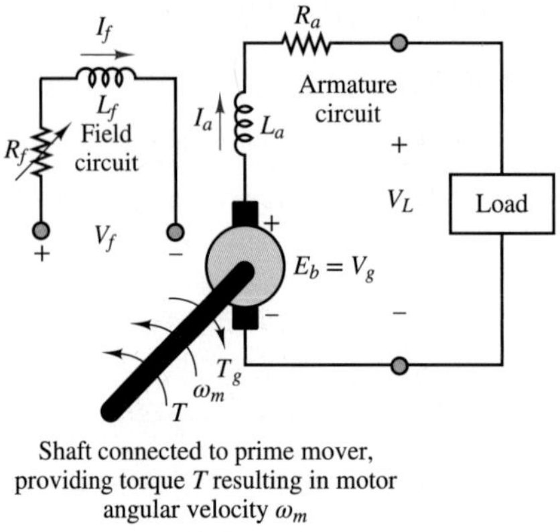

그림 15.21 타여자 직류 발전기

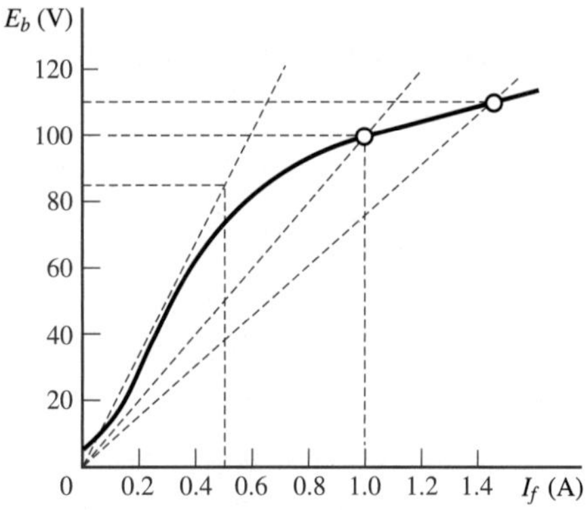

그림 15.22 타여자 직류 발전기의 자화 곡선

예제 15.8 타여자 직류 발전기

문제

타여자 직류 발전기는 그림 15.22의 자화 곡선으로 기술된다.

1. 원동기가 800 rpm로 발전기를 구동시킨다면, 무부하 단자 전압 V_a는 얼마인가?
2. 1-Ω의 부하가 발전기에 연결되어 있다면, 발생되는 전압은 얼마인가?
3. 정상상태 동작을 가정한다.

풀이

기지: 발전기의 자화 곡선과 정격

미지: 무부하와 1 Ω 부하 시의 단자 전압

주어진 데이터 및 그림: 발전기 정격: 100 V, 100 A와 1,000 rpm

회로 파라미터: $R_a = 0.14\ \Omega$, $V_f = 100$ V, $R_f = 100\ \Omega$

해석:

1. 이 발전기에서 계자 전류는

$$I_f = \frac{V_f}{R_f} = \frac{100\ \text{V}}{100\ \Omega} = 1\ \text{A}$$

이다. 자화 곡선으로부터 이 계자 전류는 1,000 rpm의 속도에서 100 V를 발생시킨다는 것을 알 수 있다. 이 발전기는 실제 800 rpm에서 동작되므로, 유도 기전력은 속도와 기전력 간의 선형 관계를 가정하여 구할 수 있다. 이 근사법은 공칭 동작점 근처에서의 벗어남이 작다면, 즉 동작점 근처에서만 동작한다면 유효하다. n_0와 E_{b0}를 각각 공칭 속도와 기전력이라 하자(즉, 1,000 rpm과 100 V). 그러면

$$\frac{E_b}{E_{b0}} = \frac{n}{n_0}$$

이므로, E_b는

$$E_b = \frac{n}{n_0} E_{b0} = \frac{800\ \text{r/min}}{1{,}000\ \text{r/min}} \times 100\ \text{V} = 80\ \text{V}$$

로 계산된다. 발전기의 개방(출력) 단자 전압은 그림 15.15의 회로 모델로부터 기전력과 같으므로, V_a는

$$V_a = E_b = 80\ \text{V}$$

이 된다.

2. 부하 저항이 회로에 연결된다면, 단자(또는 부하) 전압은 더 이상 E_b와 같지 않은데, 이는 전기자 권선 저항에서 전압 강하가 발생되기 때문이다. 전기자(또는 부하) 전류는

$$I_a = I_L = \frac{E_b}{R_a + R_L} = \frac{80\ \text{V}}{(0.14 + 1)\ \Omega} = 70.2\ \text{A}$$

으로 주어지는데, 여기서 $R_L = 1\ \Omega$은 부하 저항이다. 따라서 단자(부하) 전압은

$$V_L = I_L R_L = 70.2 \times 1 = 70.2\ \text{V}$$

으로 계산된다.

연습 문제

24-코일, 2극 직류 발전기의 전기자 권선에 코일이 16번 감겨져 있다(즉, 권선수가 16). 계자 여자는 극당 0.05 Wb이고, 전기자의 각속도는 180 rad/s이다. 기계 상수와 총 유도 전압을 구하라.

Answer: $k_a = 5.1$; $E_b = 45.9$ V

예제 15.9 타여자 직류 발전기

문제

타여자 직류 발전기에 대해 다음을 구하라.

1. 유도 전압
2. 기계 상수
3. 정격 조건에서 발생되는 토크
4. 정상상태 동작을 가정한다.

풀이

기지: 발전기 정격과 기계 파라미터

미지: E_b, k_a, T

주어진 데이터 및 그림: 발전기 정격: 1,000 kW, 2,000 V, 3,600 rpm.

회로 파라미터: $R_0 = 0.1\ \Omega$, 극당 자속 $\phi = 0.5$ Wb

해석:

1. 전기자 전류는 정격 전력이 단자(부하) 전압과 전류의 곱과 같다는 사실로부터 구할 수 있으므로

$$I_a = \frac{P_{\text{rated}}}{V_L} = \frac{1{,}000 \times 10^3}{2{,}000} = 500\ \text{A}$$

로 구해진다. 발생된 전압은 단자 전압과 전기자 저항에 걸리는 전압 강하의 합과 같다. (그림 15.14)

$$E_b = V_a + I_a R_a = 2{,}000 + 500 \times 0.1 = 2{,}050\ \text{V}$$

2. rad/s의 단위로 발전기의 회전 속도는

$$\omega_a = \frac{2\pi n}{60} = \frac{2\pi \times 3{,}600\ \text{r/min}}{60\ \text{r/min}} = 377\ \text{rad/s}$$

이다. 그러므로 기계 상수는

$$L_a = \frac{E_b}{\phi\,\omega_m} = \frac{2.050\ \text{V}}{0.5\ \text{Wb} \times 377\ \text{rad/s}} = 10.876\,\frac{\text{V-s}}{\text{Wb-rad}}$$

로 계산된다.

3. 발생된 토크는 식 (15.6)으로부터

$$T = k_a \phi I_a = 10.876\ \text{V-s/Wb-rad} \times 0.5\ \text{Wb} \times 500\ \text{A} = 2.718.9\ \text{N-m}$$

로 얻어진다.

참조: 많은 실제의 경우에 전기자 상수와 자속을 각각 알 필요는 없으며, 단지 둘의 곱인 $k_a\phi$의 값만 알면 충분하다. 예를 들어, 직류기의 전기자 저항을 알고 있고, 주어진 계자 여자에 대해서 전기자 전류, 부하 전압 및 기계의 속도가 측정될 수 있다고 하자. 그러면 $k_a\phi$는 식 (15.8)로부터

$$k_a\phi = \frac{E_b}{\omega_m} = \frac{V_L + (R_a + R_s)}{\omega_m}$$

로 얻어지는데, 여기서 V_L, I_a 및 ω_m은 주어진 동작 조건에 대하여 측정된 값이다.

연습 문제

1,000 kW, 1,000 V, 2,400 rpm인 타여자 직류 발전기의 전기자 회로 저항이 0.04 Ω이며, 극당 자속은 0.4 Wb이다. 다음을 구하라. (a) 유도 전압, (b) 기계 상수, 그리고 (c) 정격 조건하에서 발생되는 토크

Answer: (a) $E_b = 1,040$ V; (b) $k_a = 10.34 \frac{\text{V-s}}{\text{Wb-rad}}$; (c) $T = 4,138$ N-m

연습 문제

100 kW, 250 V 분권 발전기의 계자 회로 저항과 전기자 회로 저항은 각각 50 Ω과 0.05 Ω이다. 다음을 구하라. (a) 부하에 흐르는 전부하(full-load) 선전류, (b) 계자 전류, (c) 전기자 전류, 그리고 (d) 전부하 발전기 전압

Answer: (a) 400 A; (b) 5 A; (c) 405 A; (d) 270.25 V

15.5 교류기

교류기는 산업 응용 분야 대부분에 해당된다. 이 절의 목적은 동기기(synchronous machine)와 유도기(induction machine)의 기본 동작 원리를 설명하고, 그들의 성능 특성을 요약하는 데 있다. 그렇게 함으로써 직류기와 비교하여 교류기의 상대적인 장단점을 살펴볼 수 있다.

회전 자기장

15.1절에서 언급한 바와 같이, 교류기의 기본 동작 원리는 회전 자기장(rotating magnetic field)의 발생이며, 이 회전 자기장은 회전자를 자기장의 회전 속도에 따라 회전시킨다. 이제 교류 전류에 의해서 회전 자기장이 교류기의 고정자와 공극에서 어떻게 발생될 수 있는지를 설명하고자 한다.

그림 15.23에 권선 a-a', b-b'와 c-c'를 가지고 있는 고정자를 고려해 보자. 코일은 기하학적으로 120°씩 떨어져 있고, 3상 전압이 코일에 공급된다. 13장에서 다룬 교류 전력의 내용을 상기해 보면, 3상 소스에 의해 발생된 전류 또한 그림 15.24에서처럼 120° 차이가 있다는 것을 알 수 있다. 중성 단자(neutral terminal)에 기준한 상전압(phase voltage)은 다음과 같이 주어진다.

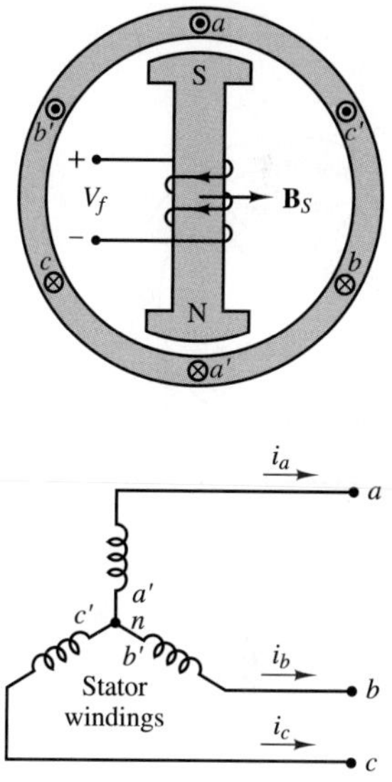

그림 15.23 2극 3상 고정자

$$v_a = A\cos(\omega_e t)$$
$$v_b = A\cos\left(\omega_e t - \frac{2\pi}{3}\right)$$
$$v_c = A\cos\left(\omega_e t + \frac{2\pi}{3}\right)$$

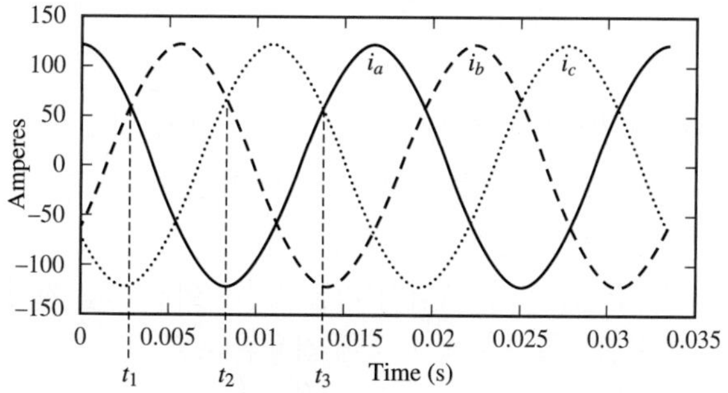

그림 15.24 3상 고정자 권선 전류

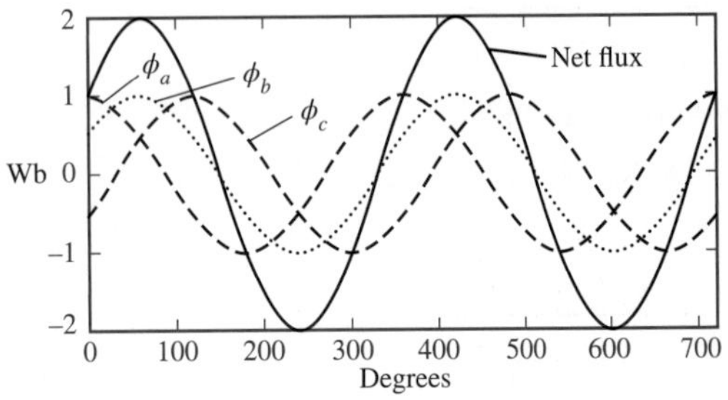

그림 15.25 회전각의 함수로 나타낸 3상 고정자 권선에서의 자속 분포

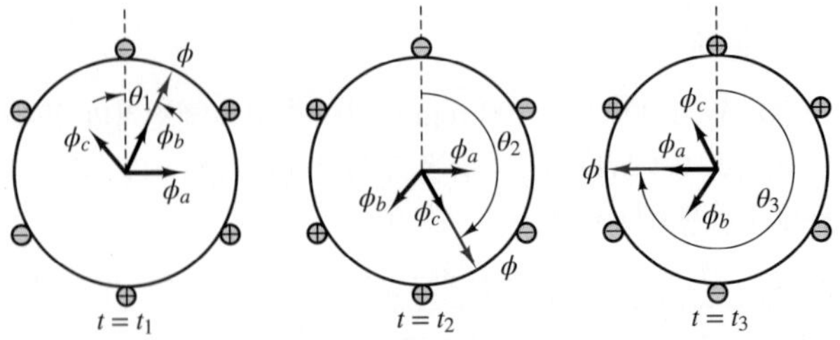

그림 15.26 3상 기계에서의 회전 자속

여기서 ω_e는 교류 전원의 주파수이다. 각 권선의 코일은 어느 권선에 의해 발생되는 자속의 분포도 근사적으로 정현파가 되도록 배열되는데, 이러한 자속 분포는 고정자 상에 각 권선의 코일을 적절히 배치함으로써 얻을 수 있다. 각 코일이 120°씩 떨어져 있으므로 3개 권선의 기여에 의한 자속 분포는 그림 15.25와 같이 각 권선에 의한 자속의 합이 된다. 이와 같이 3상 기계의 자속은 그림 15.26의 벡터 선도에 따라 공간상에서 회전하며, 그 진폭은 일정하다. 고정자에 위치해 있는 관찰자는 그림 15.25에서와 같은 정현파적으로 변하는 자속 분포를 보게 될 것이다.

그림 15.25의 합성 자속은 그림 15.24의 전류에 의해서 발생되므로, 자속의 회전 속도는 정현파 상전류(phase current)의 주파수와 관련되어 있음에 틀림없다. 그림 15.23의 고정자의 경우에는 권선의 구조상 자극의 수가 2개이지만, 더 많은 자극을 갖도록 권선을 구성하는 것도 물론 가능하다. 예를 들어, 그림 15.27은 4극 고정자를 단순화한 그림이다.

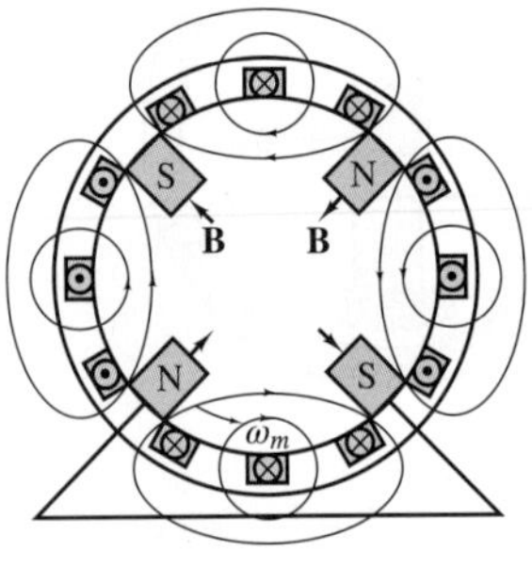

그림 15.27 4극 고정자

일반적으로 회전 자기장의 속도는 여자 전류의 주파수 f와 고정자의 극수 p에 의해서

$$n_s = \frac{120f}{p}\ \text{r/min} \qquad \text{동기 속도}$$

or

$$\omega_s = \frac{2\pi n_S}{60} = \frac{2\pi \times 2f}{p} \qquad \text{동기 속도} \tag{15.41}$$

으로 주어지는데, 여기서 n_s(또는 ω_s)는 일반적으로 **동기 속도**(synchronous speed)라 부른다.

앞에서 논의한 교류기의 권선의 구조는 모터와 발전기에서 모두 동일하지만, 전력이 흐르는 방향에 있어서는 차이가 있다. 발전기에서 전자기 토크는 기계의 회전을 방해하는 반작용 토크로, 원동기가 하는 일에 대항하는 토크이다. 반면에, 모터의 전기자에서 발생되는 회전 전압은 모터에 인가되는 전압과 반대 방향으로 작용하며, 이 전압을 역기전력이라 한다. 따라서 지금까지 주어진 회전 자기장에 대한 기술은 교류기에서 모터와 발전기의 동작 모두에 적용된다.

앞에서 설명한 바와 같이, 고정자 자기장은 교류기에서 회전하므로, 회전자는 회전하는 고정자 자기장을 "따라잡을" 수는 없지만, 계속해서 따라가게 된다. 그러므로 회전자의 회전 속도는 고정자와 회전자에 존재하는 자극의 수에 달려 있다. 기계에서 발생되는 토크의 크기는 고정자와 회전자 자기장 사이의 각 γ의 함수이다. 그리고 이 토크에 대한 정확한 식은 자기장이 발생되는 방법에 따라 달라지며, 동기기와 유도기의 두 가지 경우에 대해 각각 달리 주어질 것이다. 모든 회전 기계에 있어서 공통점은 만약 토크가 발생되려면 고정자 극수와 회전자 극수가 같아야 하며, 극수는 각 N극에 대해서 대응하는 S극이 있어야 하므로 짝수가 되어야 한다는 점이다.

전기기계에서 한 가지 중요한 바람직한 특성은, 일정한 전자기 토크를 발생시킬 수 있는 능력이다. 정토크 기계는 모터 자체 및 모터에 부착된 기계 요소(즉, 스핀들 또는 벨트 드라이브와 같은 기계적 부하)에서 바람직하지 않은 진동을 유발할 수 있는 토크의 맥동(pulsation)을 피할 수 있다. 정토크는 여자 전류가 다상(multiphase)일 때 가능하다는 것을 보이겠지만, 항상 달성될 수 있는 것은 아니다. 이런 관점에서, 일반적인 법칙은 가능한 한 극당 일정한 자속을 발생시키는 것이 바람직하다는 것이다.

15.6 동기 발전기

가장 일반적인 교류기 중의 하나가 **동기 발전기**(synchronous generator or alternator)이다. 이 교류기에서 계자 권선은 회전자에 있고, 앞에서 설명한 직류기에서와 같이 브러시에 의해 접촉이 이루어진다. 회전자의 전기장은 회전자 권선에 공급되는 직류 전류나 영구자석에 의해서 얻어진다. 그리고, 회전자는 기계적인 동력원에 연결되어 회전하게 되는데, 해석을 단순화하기 위해 일정한 속도로 회전한다고 가정한다.

그림 15.28은 2극 3상 동기기를 나타낸다. 그림 15.29는 4극 3상 동기 발전기를

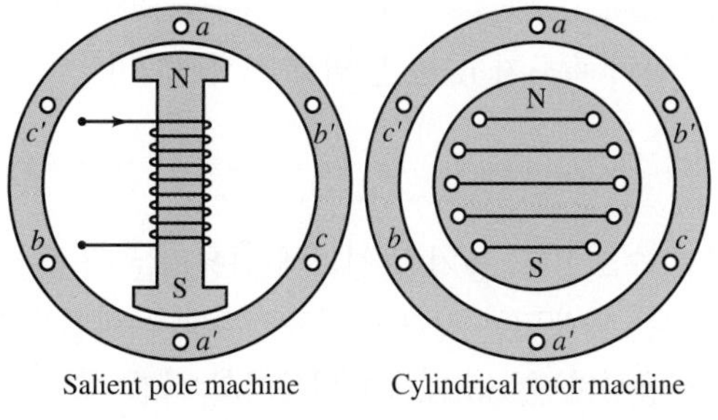

그림 15.28 2극 동기기

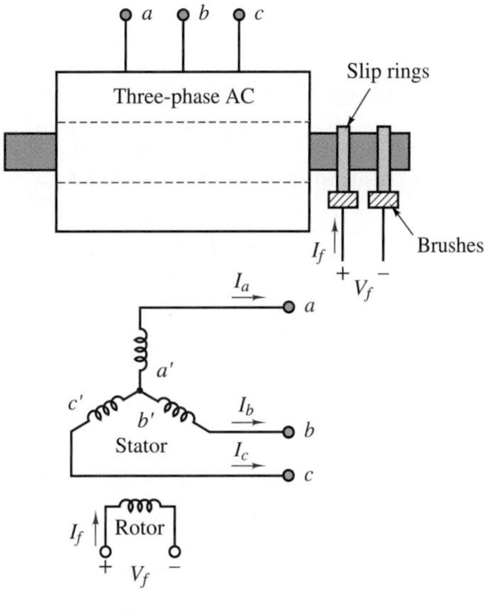

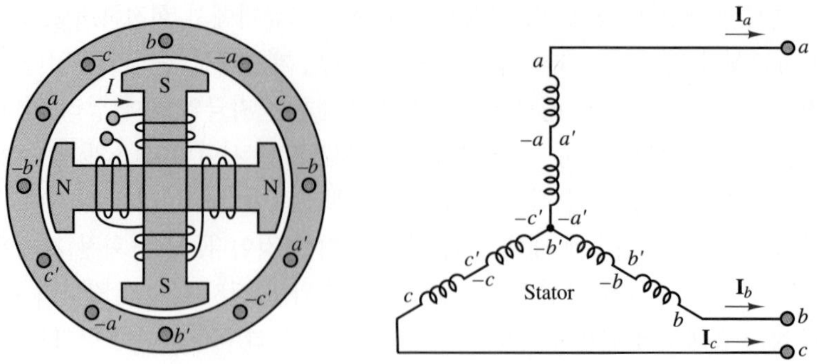

그림 15.29 4극 3상 교류기 동기 발전기

나타내는데, 여기서 회전자 극은 권선이 감긴 돌극에 의해 발생되고, 고정자 극은 그림에서 보여지는 단순화된 배열에 의하면 고정자 속에 있는 권선에 의해 발생된다. 이때 각각의 a/a', b/b' 등의 쌍은 다음과 같이 자극의 발생에 기여한다. 즉, a/a', b/b', c/c'는 두 극 중의 하나에 해당하는 정현적으로 분포하는 자속(그림 15.25 참고)을 발생시키고, $-a/-a'$, $-b/-b'$, $-c/-c'$는 나머지 다른 극에 해당하는 자속을 발생시킨다. 그림 15.29는 권선을 구성하는 코일의 결선도를 보여준다. 코일이 Y 결선되어 있다는(13장 참고) 점에 주목하기 바란다. 결과적으로, 자속이 공극 주위로 두 정현파 사이클을 이루도록 분포한다. 또한, 3상 Y 결선의 각각의 분기는 그림 15.29의 고정자 그림에 의하면 서로 다른 위치에서 감겨진 2개의 코일로 나누어져 있다. Y 결선의 각 분기를 더 많은 권선으로 나누어서 더 많은 극을 가진 유사한 방식의 구조를 만들 수 있다.

그림 15.29에 나타낸 배열에서 기계각(mechanical angle) θ_m과 전기각(electrical angle) θ_e 사이에 큰 차이가 있다는 것을 알 수 있다. 4극 동기 발전기에서 자속은 회전자가 한 회전하는 동안 완전한 두 사이클이 반복되어 코일에서 발생되는 전압은 회전 주파수의 2배로 진동하게 된다. 일반적으로 전기각은 기계각과

$$\theta_e = \frac{p}{2}\theta_m \tag{15.42}$$

의 관계를 갖는데 여기서 p는 극수이다. 실제로 이 교류기의 한 코일에 걸리는 전압은 한 쌍의 극이 코일을 지날 때마다 한 사이클을 경험한다. 그러므로 동기 발전기에 의해 발생되는 전압의 주파수는

$$f = \frac{p}{2}\frac{n}{60} \qquad \text{Hz} \tag{15.43}$$

이고, 여기서 n은 rpm 단위의 속도이다. 만약 속도가 rad/s 단위로 표시된다면

$$\omega_e = \frac{p}{2}\omega_m \tag{15.44}$$

이 되며, 여기서 ω_m은 rad/s 단위의 회전 속도이다. 동기 발전기에 사용되는 극수는 2개의 인자에 의해 결정되는데, 이들 인자는 발생되는 전압의 원하는 주파수(예를 들어, 발전기가 교류 전력을 발생하도록 사용된다면, 60 Hz)와 원동기의 회전 속도이다. 예를 들어, 원동기의 회전 속도의 관점에서 보면, 증기 터빈 발전기의 회전 속도

와 수력 발전기의 회전 속도 사이에 큰 차이가 있다(증기 터빈 발전기의 회전 속도가 훨씬 더 크다).

동기 발전기는 일반적으로 자동차 충전 시스템(battery-charging system)에 응용된다. 이때 발생된 교류 전압은 배터리를 충전하기 위해 요구되는 직류 전류를 공급하도록 정류된다. 그림 15.30은 자동차의 동기 발전기이다.

그림 15.30 자동차 동기 발전기

연습 문제

동기 발전기는 동기 속도를 변하게 할 수 있는 다극 구조를 갖는다. 만약 두 극이 50 Hz에서 동작된다면, 속도는 3,000 rpm이다. 만약 극수가 점진적으로 4, 6, 8, 10 및 12로 증가된다면, 각 구조에 대한 동기 속도를 구하라. 동기 발전기의 완전한 등가 회로와 페이저 선도를 도시하라.

Answer: 1,500, 1,000, 750, 600, and 500 r/min

15.7 동기 모터

동기 모터(synchronous motor)는 모터의 기동을 돕고 모터 속도의 오버슈트(overshoot)와 언더슈트(undershoot)를 최소화하기 위한 부가적인 권선을 제외하고는, 구조상으로 동기 발전기와 동일하다. 물론, 동작 원리는 서로 반대여서, 동기 모터의 경우에는 전기자에 공급된 교류 여자가 고정자와 회전자 사이의 공극에서 자기장을 발생시켜 기계적 토크를 발생시킨다. 회전자 자기장을 발생시키기 위해서, 약간의 직류 전류가 계자 권선에 공급되어야 하는데, 이는 흔히 **여자기**(exciter)에 의해서 수행된다. 여자기는 모터 자체에 의해서 구동되는, 따라서 모터에 기계적으로 연결되어 있는 소형 직류 발전기로 구성되어 있다. 전기 모터에서 정토크를 얻기 위해 회전자와 고정자의 자기장을 서로에 대해서 일정하게 유지하는 것이 필수적이다. 이는 고정자에서 전자기적으로 회전하는 자기장과 기계적으로 회전하는 회전자의 자기장이 항상 정렬되어야 한다는 것을 의미하는데, 이것이 달성될 수 있는 유일한 조건은 두 자기장이 모두 동기 속도 $n_s = 120\ f/p$로 회전하는 것이다. 그러므로 여자 주파수가 일정하다면, 동기 모터는 원래 정속도 모터이다.

비돌극(non-salient pole)의 원통형 회전자를 갖는 동기기에 대해서, 토크는 교류 고정자 전류 $i_S(t)$와 직류 회전자 전류 I_f의 항으로

$$T = k i_S(t) I_f \sin(\gamma) \qquad \text{동기 모터 토크} \tag{15.45}$$

와 같이 나타낼 수 있는데 여기서 γ는 고정자 자기장과 회전자 자기장 사이의 각이다(그림 15.7 참고). 회전 각속도를

$$\omega_m = \frac{d\theta_m}{dt} \qquad \text{rad/s} \tag{15.46}$$

이라고 하자. 여기서 $\omega_m = 2\pi n/60$, ω_e는 $i_S(t)$의 전기 주파수, $i_S(t) = \sqrt{2} I_S \sin(\omega_e t)$이다. 그러면 토크는

$$T = k\sqrt{2}\, I_S \sin(\omega_e t) I_f \sin(\gamma) \tag{15.47}$$

로 표현되며, 여기서 k는 기계 상수이고, I_S는 고정자 전류의 rms 값이며, I_f는 직류 회전자 전류이다. 이제 회전자 각 γ는 시간의 함수로

$$\gamma = \gamma_0 + \omega_m t \tag{15.48}$$

로 표현되며, 여기서 γ_0는 $t = 0$에서 회전자의 각위치이다. 토크 식은

$$\begin{aligned} T &= k\sqrt{2}I_S I_f \sin(\omega_e t)\sin(\omega_m t + \gamma_0) \\ &= k\frac{\sqrt{2}}{2}I_S I_f \cos[(\omega_m - \omega_e)t - \gamma_0] - \cos[(\omega_m + \omega_e)t + \gamma_0] \end{aligned} \tag{15.49}$$

이 된다. 이 토크의 평균값 $\langle T\rangle$는 오직 $\omega_m = \pm\omega_e$, 즉 모터가 동기 속도로 회전할 때만 0이 아니다라는 것을 쉽게 알 수 있다. 결과적으로, 평균 토크는

$$\langle T\rangle = k\sqrt{2}I_S I_f \cos(\gamma_0) \tag{15.50}$$

로 주어진다. 식 (15.49)는 평균 토크와 최초 전기적(또는 기계적) 주파수의 2배로 변동하는 성분을 더한 합과 같다. 이러한 변동 성분은 앞에서 단상 전류를 가정하였기 때문에 생긴 결과이며, 다상 전류를 이용하면 토크 변동이 0으로 줄어들어 정토크가 발생된다.

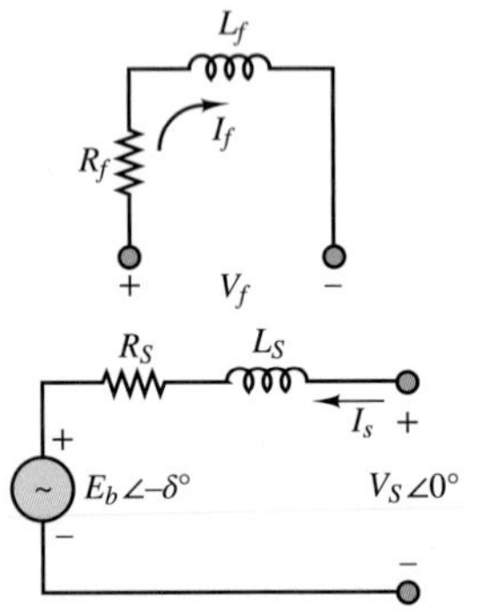

그림 15.31 한 상에 대한 회로 모델

그림 15.31은 동기 모터를 묘사하는 한 상에 대한 회로 모델을 보여주는, 이 회로에서 회전자 회로는 계자 권선의 등가 저항 R_f와 등가 인덕턴스 L_f로 각각 표현되며, 고정자 회로는 고정자 권선의 등가 인덕턴스 L_S와 등가 저항 R_S 및 유도 기전력 E_b에 의해서 표현된다. 그림 15.31의 등가 회로로부터

$$V_S = E_b + I_S(R_S + jX_S) \tag{15.51}$$

를 얻을 수 있고, 여기서 X_S는 동기 리액턴스(synchronous reactance)이며, 자화 리액턴스(magnetizing reactance)를 포함하고 있다.

모터 출력은 각 상에 대해서

$$P_{\text{out}} = \omega_S T = |V_S||I_S|\cos(\theta) \tag{15.52}$$

이고, 여기서 T는 발생되는 토크이고, θ는 고정자 전압 V_S와 고정자 전류 I_S 사이의 각이다.

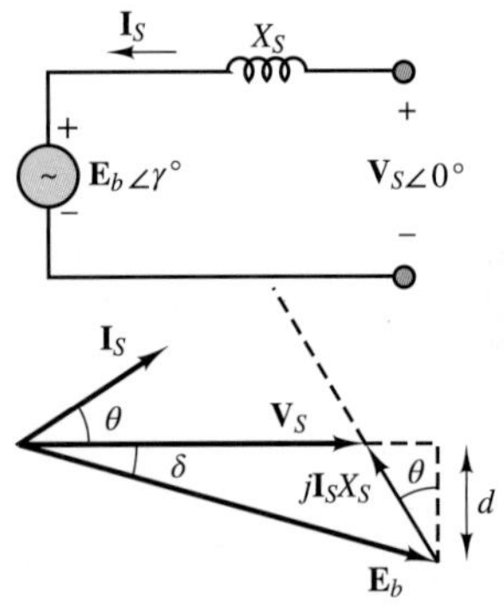

그림 15.32 권선 저항이 무시되는 동기기의 한 상의 회로 모델

그림 15.32는 상 권선(phase winding) 저항 R_S를 무시한 경우의 회로 모델을 보여준다. 상당(per phase) 입력 전력은 이 회로의 출력 전력과 동일한데, 이는 회로에서 전력이 소모되지 않기 때문이다. 즉,

$$P_\phi = P_{\text{in}} = P_{\text{out}} = |\mathbf{V}_S||\mathbf{I}_S|\cos(\theta) \tag{15.53}$$

이다. 또한, 그림 15.32를 자세히 관찰하면,

$$d = |\mathbf{E}_b|\sin(\delta) = |\mathbf{I}_S|X_S\cos(\theta) \tag{15.54}$$

을 얻을 수 있으며,

$$|\mathbf{E}_b||\mathbf{V}_S|\sin(\delta) = |\mathbf{V}_S||\mathbf{I}_S|X_s\cos(\theta) = X_S P_\phi \tag{15.55}$$

이 된다. 그러므로 3상 동기기의 총 출력은

$$P = 3\frac{|\mathbf{V}_S||\mathbf{E}_b|}{X_S}\sin(\delta) \tag{15.56}$$

으로 주어진다. 출력이 각 δ에 의존하므로, 이 각을 **부하각**(power angle)이라 부른다. 만약 δ가 0이면, 동기기는 이용 가능한 출력을 발생시킬 수 없다. 발생된 출력은 $\delta = 90°$일 때 최댓값을 갖는다. 만약 $|\mathbf{E}_b|$와 $|\mathbf{V}_S|$가 일정하다고 가정하면, 동기기에서 출력과 부하각의 관계를 그림 15.33과 같이 나타낼 수 있다.

동기 발전기는 보통 15°에서 25°까지 변하는 부하각에서 동작된다. 동기 모터와 작은 부하에 대해서는 δ가 0°에 가까우며 모터 토크는 풍손(windage loss)과 마찰 손실을 겨우 극복할 정도의 크기이다. 그러나 부하가 증가함에 따라(비록 두 자기장이 여전히 동일 속도로 회전하고 있지만), 회전자 자기장은 고정자 자기장으로부터 δ가 최대 90°가 될 때까지 점점 더 위상차가 나게 된다. 만약 부하 토크가 $\delta = 90°$에서 발생되는 최대 토크를 초과한다면, 모터의 속도는 동기 속도 이하로 감소하게 된다. 이러한 상황은 바람직하지 않으므로, 이에 대한 대비로 대개 동기성(synchronism)이 상실되면 자동적으로 모터를 정지시키도록 한다. 최대 토크는 **탈출 토크**(pull-out torque)라 불리며, 동기 모터의 성능의 중요한 척도이다.

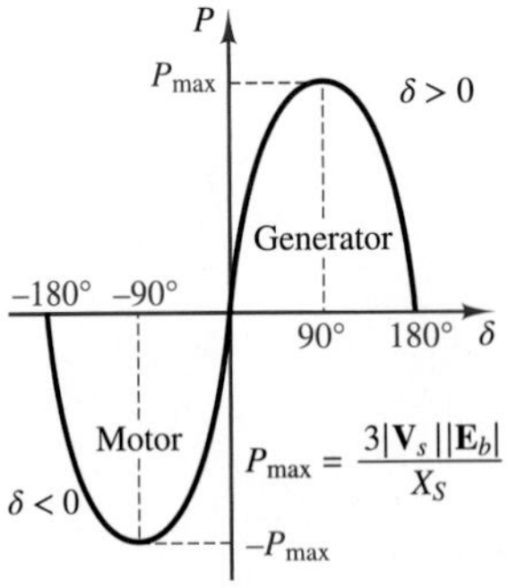

그림 15.33 동기기에 대한 전력 대 부하각

각 상에 대해서 계산하면, 총 토크는

$$T = \frac{m}{\omega_s}|\mathbf{V}_S||\mathbf{I}_S|\cos(\theta) \tag{15.57}$$

으로 주어지는데, 여기서 m은 상의 수이다. 그림 15.32로부터 $E_b \sin(\delta) = X_S I_S \cos(\theta)$이므로 3상 동기 모터에 대해서 발생되는 토크는

$$T = \frac{P}{\omega_s} = \frac{3}{\omega_s}\frac{|\mathbf{V}_S||\mathbf{E}_b|}{X_S}\sin(\delta) \quad \text{N-m} \tag{15.58}$$

이 된다. 일반적으로 다상 모터의 해석은 한 상에 대해서 수행되는데, 예제 15.10과 15.11에 예시되어 있다.

동기 모터 해석

예제 15.10

문제

정격 kVA와 전부하 동기 모터에 대한 회전자의 유도 전압과 부하각을 구하라.

풀이

기지: 모터 정격, 모터 동기 임피던스

미지: S, $\mathbf{E}_b$, δ

주어진 데이터 및 그림: 모터 정격: 460 V, 3상, $p_f = 0.707$(지상); 전부하 고정자 전류: 12.5 A. $Z_S = 1 + j12\ \Omega$

가정: 한 상의 해석을 사용한다.

해석: 그림 15.34는 모터에 대한 회로 모델을 보여준다. Y 결선된 고정자 권선에서 상당 전류(per-phase current)는

$$I_S = |\mathbf{I}_S| = 12.5\ \text{A}$$

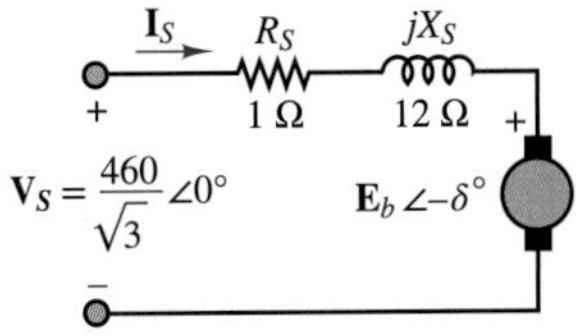

그림 15.34 동기 모터의 회로 모델

이고, 상당 전압은

$$V_S = |\mathbf{V}_S| = \frac{460 \text{ V}}{\sqrt{3}} = 265.58 \text{ V}$$

이다. 모터의 정격 kVA은 피상전력(apparent power) S의 항으로 표현된다(13장 참고).

$$S = 3V_S I_S = 3 \times 265.58 \text{ V} \times 12.5 \text{ A} = 9{,}959 \text{ W}$$

등가 회로로부터

$$\begin{aligned}\mathbf{E}_b &= \mathbf{V}_S - \mathbf{I}_S(R_S + jX_S) \\ &= 265.58 - (12.5\angle{-45^\circ} \text{ A}) \times (1 + j12 \ \Omega) = 179.31\angle{-32.83^\circ} \text{ V}\end{aligned}$$

이 되고, 유도된 선간 전압(line voltage)은

$$V_{\text{line}} = \sqrt{3}E_b = \sqrt{3} \times 179.31 \text{ V} = 310.57 \text{ V}$$

으로 정의된다. $\mathbf{E}_b$에 대한 식으로부터 부하각

$$\delta = -32.83^\circ$$

을 구할 수 있다.

참조: – 부호는 이 동기기가 모터로 동작한다는 것을 나타낸다.

예제 15.11

동기 모터 해석

LO

문제

동기 모터에 대한 고정자 전류, 선전류, 그리고 유도 전압을 구하라. 그림 15.34를 참고하라. 여기서 $Z_S = R_S + jX_S$이다.

풀이

기지: 모터 정격, 모터 동기 임피던스

미지: $\mathbf{I}_S$, $\mathbf{I}_{\text{line}}$, $\mathbf{E}_b$

주어진 데이터 및 그림: 모터 정격: 208 V, 3f, 45 kVA, 60 Hz, $p_f = 0.8$ 진상, $Z_S = 0 + j2.5\ \Omega$. 마찰 손실과 풍손: 1.5 kW, 철손: 1.0 kW, 부하 전력: 15 hp

가정: 한 상의 해석을 사용한다.

해석: 모터의 출력은 15 hp이므로 kW 단위로

$$P_{\text{out}} = 15 \text{ hp} \times 0.746 \text{ kW/hp} = 11.19 \text{ kW}$$

이 되며, 기계에 공급된 전력은

$$\begin{aligned}P_{\text{in}} &= P_{\text{out}} + P_{\text{mech}} + P_{\text{core loss}} + P_{\text{elec loss}} \\ &= 11.19 \text{ kW} + 1.5 \text{ kW} + 1.0 \text{ kW} + 0 \text{ kW} = 13.69 \text{ kW}\end{aligned}$$

이다. 13장에 논의된 것처럼, 결과적으로 선전류는

$$I_{\text{line}} = \frac{P_{\text{in}}}{\sqrt{3}V\cos\theta} = \frac{13{,}690 \text{ W}}{\sqrt{3} \times 208 \text{ V} \times 0.8} = 47.5 \text{ A}$$

이 된다. δ 결선이기 때문에 전기자 전류는

$$\mathbf{I}_S = \frac{1}{\sqrt{3}}\mathbf{I}_{\text{line}} = 27.4\angle 36.87°\ \text{A}$$

이 되고, 기전력은 등가 회로와 키르히호프의 전압 법칙으로부터

$$\mathbf{E}_b = \mathbf{V}_S - jX_S\mathbf{I}_S$$
$$= 208\angle 0° - (j2.5\ \Omega)(27.4\angle 36.87°\ \text{A}) = 255\angle -12.4°\ \text{V}$$

로 계산된다. 부하각은 다음과 같다.

$$\delta = -12.4°$$

연습 문제

동기 모터의 최대 탈출 토크에 대한 식을 구하라.

Answer: $T_{\text{max}} = \dfrac{3V_S E_b}{\omega_m X_S}$

동기 모터는 여러 이유로 실제적으로는 널리 사용되지 않는다. 그 이유로는 가변 주파수 교류 전원이 없으면 필연적으로 정속도로만 동작되어야 하고, 자체적으로 기동하지 못한다는 단점을 들 수 있다. 게다가, 교류 전원과 직류 전원이 별도로 공급되어야 한다. 유도 모터의 경우는 이런 결점의 대부분을 극복할 수 있다는 점을 곧 알게 될 것이다.

15.8 유도 모터

유도 모터(induction motor)는 비교적 구조가 단순하므로, 가장 널리 사용되는 전기 기계다. 유도기의 고정자 권선은 동기기의 고정자 권선과 유사하므로, 그림 15.23의 3상 권선에 대한 설명이 유도기에도 적용된다. 거의 모터로만 사용되는(발전기로서의 성능은 별로 좋지 않음) 유도기의 중요한 장점은 회전자에 별도의 여자가 필요 없다는 점이다. 일반적으로 회전자는 **농형 회전자**(squirrel cage rotor) 또는 **권선형 회전자**(wound rotor)의 두 가지 중의 하나로 구성된다. 농형은 끝부분이 단락되어 있으며, 회전자 내부에 삽입되어 있는 전도봉(conducting bar)을 포함하고 있고, 권선형 회전자는 고정자에 사용된 것과 유사한 다상 권선으로 구성되어 있으나, 전기적으로 단락되어 있다.

어느 경우이든, 유도 모터는 고정자 자기장으로부터 회전자에 유도된 전류에 의해서 동작한다. 유도 모터의 동작은 (1차 코일처럼 동작하는) 고정자 내의 전류가 (2차 코일처럼 동작하는) 회전자 내의 전류를 유도한다는 점에서 변압기의 동작과 유사하다. 따라서 대부분의 유도 모터에서는 회전자에 대해 외부의 전기적 접속이 필요하지 않으므로, 슬립링 또는 브러시가 필요 없이 단순하면서도 단단한 구조를 가지게 된다. 동기 모터와 달리 유도 모터는 동기 속도로 동작하지 않고, 부하에 따라 다르지만 약간 더 낮은 속도에서 동작한다. 그림 15.35는 농형 유도 모터의 구조를 보여준다. 다음 논의에서는 이러한 매우 일반적인 구조에 대해 주로 설명할 것이다.

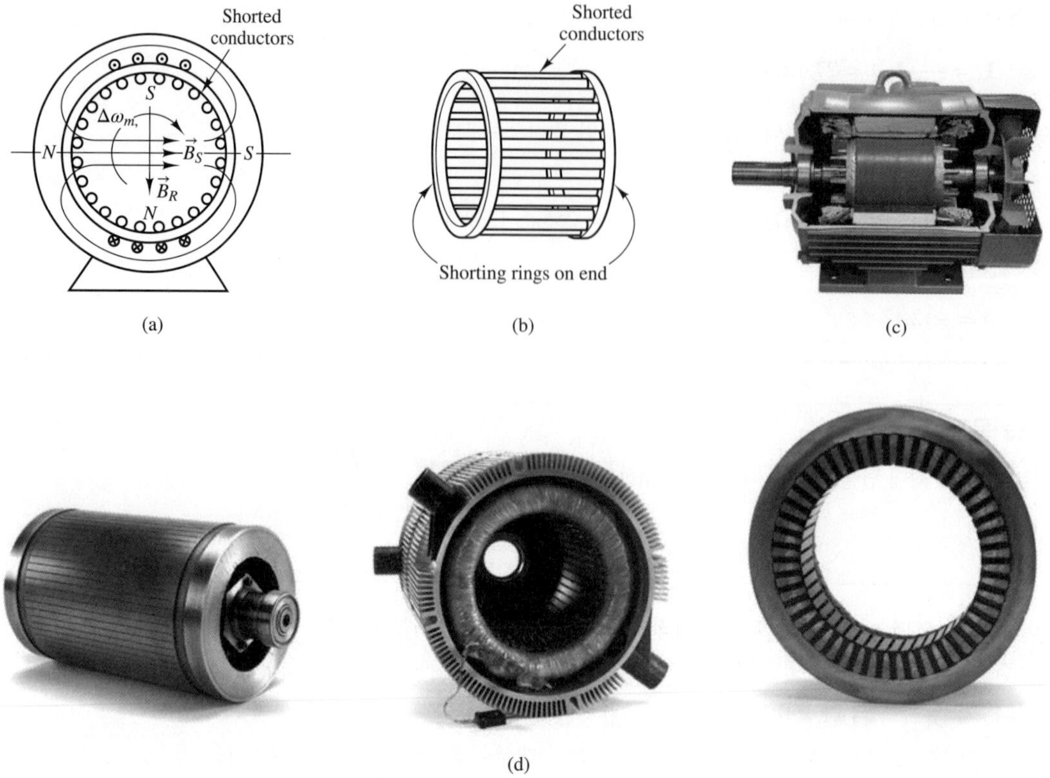

그림 15.35 (a) 농형 유도 모터, (b) 회전자의 도체, (c) 농형 유도 모터의 사진, (d) Smokin' Buckey 모터 사진: 고정자, 회전자, 고정자의 단면 ((c) *Normal Life/Shutterstock*; (d) *Courtesy: David H. Koether Photography*)

이제까지는 고정자의 회전 자기장에 대한 개념을 공부하였다. 농형 회전자가 회전 자기장이 존재하는 고정자 속에 놓여 있다고 생각해 보자. 고정자 자기장이 3상 소스에 의해서 발생된다면 농형 전도체에 유도되는 회전자 전류 또한 3상이 되며, 농형 전도체의 끝부분에 단락링(shorting ring)에 의해서 형성된 전도 경로에서 순환하게 된다. 이 전류는 유도 전압의 크기와 회전자의 임피던스에 의해서 결정된다. 회전자 전류가 고정자 자기장에 의해서 유도되기 때문에, 유도된 자기장의 극수와 회전 속도는 회전자가 정지해 있다면 고정자 자기장과 동일하게 된다. 그러므로 고정자 자기장이 초기에 가해지면 회전자 자기장도 이에 동기되어 두 자기장은 서로에 대해 상대적으로 정지해 있게(즉, 변하지 않게) 된다. 그래서 앞에서 논의한 대로 기동 토크가 발생된다.

만약 기동 토크가 회전자를 회전시키기에 충분하다면 회전자는 운전 속도까지 가속될 것이지만, 유도 모터는 결코 동기 속도에 도달할 수는 없다. 만약 도달한다면 회전자는 동기 속도와 동일한 속도로 회전하려고 하기 때문에, 회전자 자기장에 대해서 상대적으로 정지해 있게 된다. 그러면 고정자 자기장과 회전자 자기장 사이에 상대적인 운동이 없게 되어, 회전자에는 더 이상 전압이 유도되지 않게 된다. 그러므로 유도 모터는 동기 속도 n_s 이하의 속도로 제한된다. 회전자의 회전 속도를 n이라 하면, 회전자는 속도 $(n_s - n)$으로 고정자 자기장의 회전에 대해 후퇴하고 있는 셈이 된다. 사실상 이것은 ($n_s - n$)으로 정의되는 **슬립 속도**(slip speed)로 회전자가 역운동하는 것과 같다. **슬립**(slip) s는 보통

$$s = \frac{n_s - n}{n_s} \quad \text{유도기에서의 슬립} \tag{15.59}$$

LO

로 정의되므로, 회전자 속도는

$$n = n_s(1 - s) \tag{15.60}$$

로 주어진다.

슬립 s는 부하의 함수이고, 주어진 모터에서 슬립의 크기는 모터의 구조와 회전자 형식(농형 또는 권선형)에 따라 달라진다. 고정자 자기장과 회전자 자기장 사이에 상대 운동이 있으므로, 전압은 두 자기장의 상대 속도와 관계되는 **슬립 주파수**(slip frequency) ($f_R = sf$, 여기서 f는 정현파 여자의 주파수)라고 불리는 주파수로 회전자에서 유도되는데, 이는 재미있는 현상을 야기한다. 즉, 회전자 자기장이 슬립 속도 sn_s로 회전자에 상대적으로 움직이지만, 회전자가 기계적으로는 속도 $(1 - s)n_s$로 움직이므로, 순 효과는 회전자 자기장이 다음과 같은 속도

$$sn_s + (1 - s)n_s = n_s \tag{15.61}$$

즉, 동기 속도로 회전하는 것이 된다. 회전자 자기장이 동기 속도로 회전한다는 사실은(비록 회전자 자체는 동기 속도로 회전하고 있지 않지만) 매우 중요한데, 이는 고정자 자기장과 회전자 자기장이 상대적으로 계속 정지해 있으며, 따라서 순 토크가 발생될 수 있다는 것을 의미하기 때문이다.

직류 모터와 동기 모터의 경우와 같이 유도 모터의 중요한 특성은 기동 토크, 최대 토크, 그리고 토크-속도 곡선이다. 다음 몇 예제에서 유도 모터에 대해 약간의 해석을 수행하여 본 다음에, 이 특성에 대해서 간략히 논의할 것이다.

유도 모터 해석

예제 15.12

문제

LO

4극 유도 모터의 정격 속도에서 전부하 회전자 슬립과 유도된 전압의 주파수를 구하라.

풀이

기지: 모터 정격

미지: s, f_R

주어진 데이터 및 그림: 모터 정격: 230 V, 60 Hz, 전부하 속도: 1,725 rpm

해석: 모터의 동기 속도는

$$n_s = \frac{120f}{p} = \frac{60f}{p/2} = \frac{60\,\text{s/min} \times 60\,\text{r/s}}{4/2} = 1{,}800\ \text{r/min}$$

이고, 슬립은

$$s = \frac{n_s - n}{n_s} = \frac{1{,}800\ \text{r/min} - 1{,}725\ \text{r/min}}{1{,}800\ \text{r/min}} = 0.0417$$

이 된다. 그리고 회전자 주파수 f_R은

$$f_R = sf = 0.0417 \times 60\ \text{Hz} = 2.5\ \text{Hz}$$

이 된다.

연습 문제

3상 유도 모터는 6개의 극을 갖고 있다. (a) 만약 선주파수가 60 Hz이면 rpm 단위로 자기장의 속도를 계산하라. (b) 주파수가 50 Hz일 때 위 계산을 반복하라.

Answer: (a) $n = 1{,}200$ r/min; (b) $n = 1{,}000$ r/min

유도 모터는 등가 회로에 의해 비교적 간단하게 표시될 수 있는데, 이는 실질적으로는 회전하는 변압기의 회로에 해당한다. (변압기의 회로 모델에 대해서는 13장 참고하라.) 그림 15.36은 이러한 회로 모델을 나타낸다. 여기서

R_S = 상당(per phase) 고정자 저항 R_R = 상당 회전자 저항
X_S = 상당 고정자 리액턴스 X_R = 상당 회전자 리액턴스
X_m = 자화 (상호) 리액턴스
R_C = 등가 철손 저항
E_S = 고정자 권선에서의 상당 유도 전압
E_R = 회전자 권선에서의 상당 유도 전압

1차 내부 고정자 전압 $\mathbf{E}_S$는 유효 권수비(effective turns ratio) α를 가진 이상적인 변압기에 의해 2차 회전자 전압 $\mathbf{E}_R$과 결합된다. 회전자 회로에서 임의의 슬립에서 유도된 전압은

$$\mathbf{E}_R = s\,\mathbf{E}_{R0} \tag{15.62}$$

이며, 여기서 $\mathbf{E}_{R0}$는 회전자가 고정되어 있는 조건에서의 유도 회전자 전압이다. 또한, $X_R = \omega_R L_R = 2\pi f_R L_R = 2\pi sf L_R = sX_{R0}$이고, $X_{R0} = 2\pi f L_R$은 회전자가 고정되어 있을 때의 리액턴스이다. 회전자 전류는 식

$$\mathbf{I}_R = \frac{\mathbf{E}_R}{R_R + jX_R} = \frac{s\,\mathbf{E}_{R0}}{R_R + js\,X_{R0}} = \frac{\mathbf{E}_{R0}}{R_R/s + jX_{R0}} \tag{15.63}$$

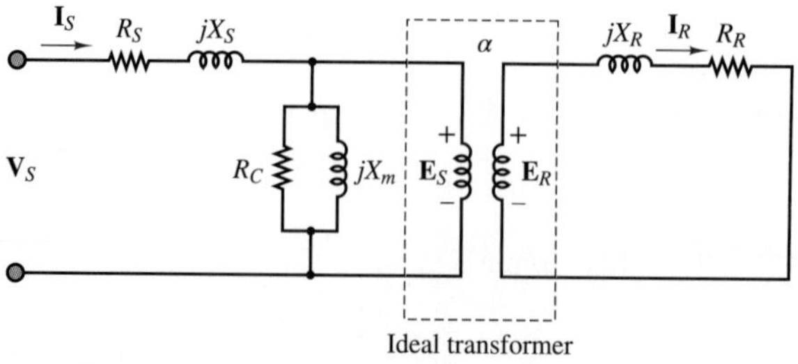

그림 15.36 유도기에 대한 회로 모델

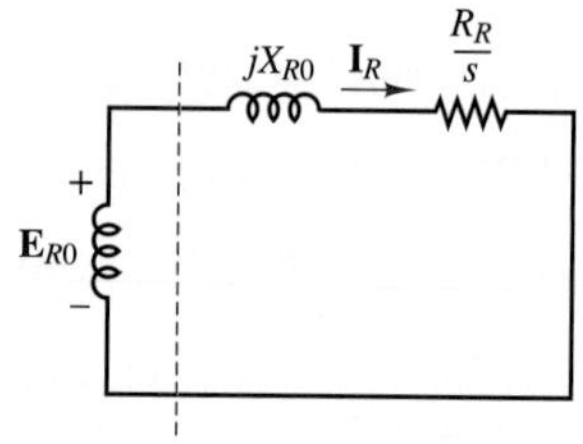

그림 15.37 회전자 회로

로 주어진다. 그림 15.37은 결과적으로 나타나는 회전자 등가 회로를 보여준다.

2차 (회전자) 측의 전압, 전류, 임피던스는 유효 권수비에 의해 1차 (고정자) 측으로 환산될 수 있다. 이 변환이 수행되면, 변환된 회전자 전압은

$$\mathbf{E}_2 = \mathbf{E}'_R = \alpha \mathbf{E}_{R0} \tag{15.64}$$

로 주어진다. 변환된(환산된) 회전자 전류는

$$\mathbf{I}_2 = \frac{\mathbf{I}_R}{\alpha} \tag{15.65}$$

이 된다. 변환된 회전자 저항은

$$R_2 = \alpha^2 R_R \tag{15.66}$$

로 정의되고, 변환된 회전자 리액턴스는

$$X_2 = \alpha^2 X_{R0} \tag{15.67}$$

로 정의된다. 최종 상당 유도 모터의 등가 회로는 그림 15.38에 나타나 있다.

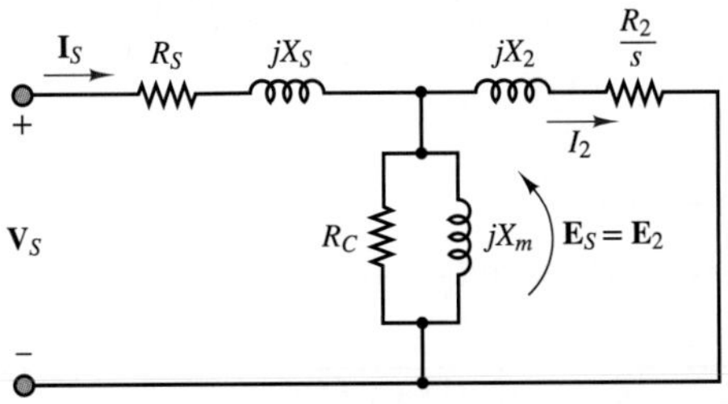

그림 15.38 유도기의 등가 회로

예제 15.13과 15.14는 회로 모델을 사용하여 유도 모터의 성능을 결정하는 예제이다.

유도 모터 해석

예제 15.13

문제

그림 15.36~15.38의 회로 모델을 사용하여 유도 모터에 대한 다음의 양을 구하라.

1. 속도
2. 고정자 전류
3. 역률
4. 출력 토크

풀이

기지: 모터 정격; 회로 파라미터

미지: n, ω_m, $\mathbf{I}_S$, power factor (pf), T

주어진 데이터 및 그림: 모터 정격: 460 V, 60 Hz, 4극, $s = 0.022$, $P_{out} = 14$ hp, $R_S = 0.641\ \Omega$, $R_2 = 0.332\ \Omega$, $X_S = 1.106\ \Omega$, $X_2 = 0.464\ \Omega$, $X_m = 26.3\ \Omega$

가정: 한 상의 해석을 사용하고, 철손은 무시한다($R_C = 0$).

해석:

1. 상당 등가 회로는 그림 15.38에 나타나 있다. 동기 속도는

$$n_s = \frac{120f}{p} = \frac{60\text{ s/min} \times 60\text{ r/s}}{4/2} = 1{,}800\text{ r/min}$$

또는

$$\omega_s = 1{,}800\frac{\text{r}}{\text{min}} \times \frac{2\pi\text{ rad}}{60\text{ s/min}} = 188.5\text{ rad/s}$$

이 된다. 회전자 기계 속도는

$$n = (1-s)n_s = 1{,}760\text{ r/min}$$

또는

$$\omega_m = (1-s)\omega_s = 184.4\text{ rad/s}$$

이다.

2. 환산된 회전자 임피던스는 상당 회로의 파라미터로부터

$$Z_2 = \frac{R_2}{s} + jX_2 = \frac{0.332}{0.022} + j0.464\ \Omega$$
$$= 15.09 + j0.464\ \Omega$$

로 계산된다. 그러므로 합성된 자화 임피던스와 회전자 임피던스의 합은

$$Z = \frac{1}{1/jX_m + 1/Z_2} = \frac{1}{-j0.038 + 0.0662\angle -1.76^\circ} = 12.93\angle 31.2^\circ\ \Omega$$

이 되고, 총 임피던스는

$$Z_{\text{total}} = Z_S + Z = 0.641 + j1.106 + 11.06 + j6.69$$
$$= 11.70 + j7.8 = 14.06\angle 33.7^\circ\ \Omega$$

가 된다. 결국 고정자 전류는

$$\mathbf{I}_S = \frac{\mathbf{V}_S}{Z_{\text{total}}} = \frac{460/\sqrt{3}\angle 0^\circ\text{ V}}{14.07\angle 33.6^\circ\ \Omega} = 18.88\angle -33.7^\circ\text{ A}$$

로 주어진다.

3. 역률은

$$\text{pf} = \cos 33.6^\circ = 0.832\text{ lagging}$$

으로 계산된다.

4. 출력 P_{out}은

$$P_{\text{out}} = 14\text{ hp} \times 746\text{ W/hp} = 10.444\text{ kW}$$

이고, 출력 토크는

$$T = \frac{P_{\text{out}}}{\omega_m} = \frac{10{,}444\text{ W}}{184.4\text{ rad/s}} = 56.64\text{ N-m}$$

이다.

연습 문제

60 Hz 주파수에서 구동하는 4극 유도 모터가 4%의 전부하 슬립을 갖는다. (a) 기동 시와 (b) 전부하 시에 회전자에 유도된 전압의 주파수를 구하라.

Answer: (a) $f_R = 60$ Hz; (b) $f_R = 2.4$ Hz

유도 모터 해석

예제 15.14

문제

그림 15.38의 회로 모델을 사용하여 3상 유도 모터에 대한 다음 양을 구하라.

1. 고정자 전류
2. 역률
3. 전부하 전자기 토크

풀이

기지: 모터 정격, 회로 파라미터

미지: $\mathbf{I}_S$, pf, T

주어진 데이터 및 그림: 모터 정격: 500 V; 3f, 50 Hz, $p = 8$, $s = 0.05$, $P = 14$ hp

회로 파라미터: $R_S = 0.13\ \Omega$, $R_R' = 0.32\ \Omega$, $X_S = 0.6\ \Omega$, $X_R' = 1.48\ \Omega$; $Y_m = G_C + jB_m$ = 철손과 상호 인덕턴스로 기술된 자기 분기 어드미턴스 $= 0.004 - j0.05\ \Omega^{-1}$, 회전자에 대한 고정자의 권수비 $= 1:\alpha = 1:1.57$

가정: 한 상의 해석을 사용하고, 기계손은 무시한다.

해석: 그림 15.39는 한 상에 대해 고려할 때 3상 유도 모터의 근사적인 등가 회로이다. 모델의 파라미터는 다음과 같다.

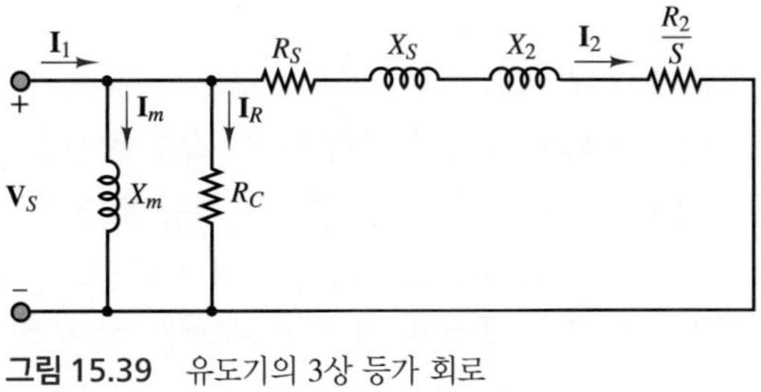

그림 15.39 유도기의 3상 등가 회로

$$R_2 = R'_R \times \left(\frac{1}{\alpha}\right)^2 = 0.32 \times \left(\frac{1}{1.57}\right)^2 = 0.13\ \Omega$$

$$X_2 = X'_R \times \left(\frac{1}{\alpha}\right)^2 = 1.48 \times \left(\frac{1}{1.57}\right)^2 = 0.6\ \Omega$$

$$Z = R_S + \frac{R_2}{s} + j(X_S + X_2)$$

$$= 0.13 + \frac{0.13}{0.05} + j(0.6 + 0.6) = 2.73 + j1.2\ \Omega$$

근사 회로를 사용하여

$$\mathbf{I}_2 = \frac{\mathbf{V}_S}{Z} = \frac{(500/\sqrt{3})\angle 0°\ \text{V}}{2.73 + j1.2\ \Omega} = 88.6 - 38.9\ \text{A}$$

$$\mathbf{I}_R = \mathbf{V}_S G_C = 288.7\ \text{V} \times 0.004\ \ \Omega^{-1} = 1.15\ \text{A}$$

$$\mathbf{I}_m = -j\mathbf{V}_S B_m = 288.7\ \text{V} \times (-j0.05)\ \Omega = -j14.4\ \text{A}$$

$$\mathbf{I}_1 = \mathbf{I}_2 + \mathbf{I}_R + \mathbf{I}_m = 89.75 - j53.3\ \text{A}$$

$$\text{Input power factor} = \frac{\text{Re}[\mathbf{I}_1]}{|\mathbf{I}_1|} = \frac{89.95}{104.6} = 0.86\ \text{lagging}$$

$$\text{Torque} = \frac{3P}{\omega_S} = \frac{3I_2^2 R_2/s}{4\pi f/p} = 931\ \text{N-m}$$

을 얻을 수 있다.

연습 문제

4극, 1,746 rpm, 220 V, 3상, 60 Hz, 10 hp, Y 결선된 유도기가 다음과 같은 파라미터를 갖는다. $R_S = 0.4\ \Omega$, $R_2 = 0.14\ \Omega$, $X_m = 16\ \Omega$, $X_S = 0.35\ \Omega$, $X_2 = 0.35\ \Omega$, $R_C = \infty$. 그림 15.38을 사용하여 다음을 구하라. (a) 고정자 전류, (b) 회전자 전류, (c) 모터 역률 및 (d) 총 고정자 입력 전력

Answer: (a) $25.92\angle -22.43°$ A; (b) $24.35\angle -6.51°$ A; (c) 0.9243; (d) 9,129 W

유도 모터의 성능

유도 모터의 성능은 직류 모터에 대해 이미 사용된 것과 같은 토크-속도 곡선에 의해서 표현될 수 있다. 그림 15.40은 유도 모터의 토크-속도 곡선을 나타내는데, 5개의 정격 토크를 a에서 e까지 표시하여 놓았다. 점 a는 기동 토크로 **이탈 토크**(break-away torque)라고도 불리는데, 회전자가 고정된 상태에서 발생되는 토크이다. 이 상태에서 회전자에 유도된 전압의 주파수가 최고가 되는데, 이는 이 주파수가 고정자 자기장의 회전 주파수와 동일하기 때문이다. 따라서 회전자의 유도 리액턴스가 최대가 된다. 회전자가 가속됨에 따라, 토크는 감소되어 b점으로 표시된 **풀업 토크**(pull-up torque)라고 불리는 최댓값이 되는데, 이는 일반적으로 동기 속도의 25%에서 40% 사이에서 발생한다. 회전자 속도가 계속 증가하면 회전자 리액턴스는 더 감소하는데, 이는 유도 전압의 주파수가 고정자 자기장에 대한 회전자의 상대 회전 속도에 의해 결정되기 때문이다. 토크는 회전자 유도 리액턴스가 회전자 저항과 같을

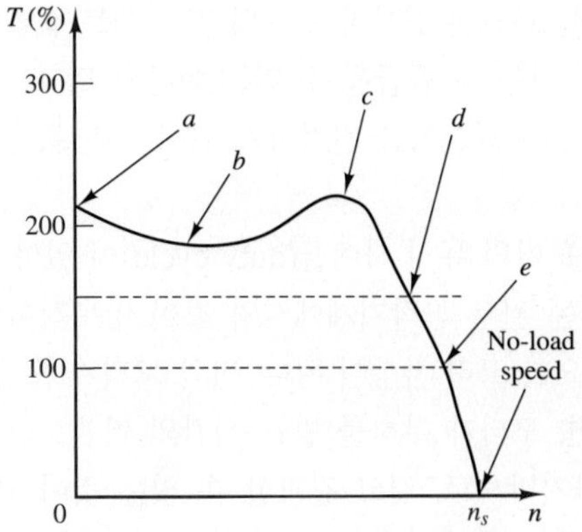

그림 15.40 유도 모터에 대한 성능 곡선

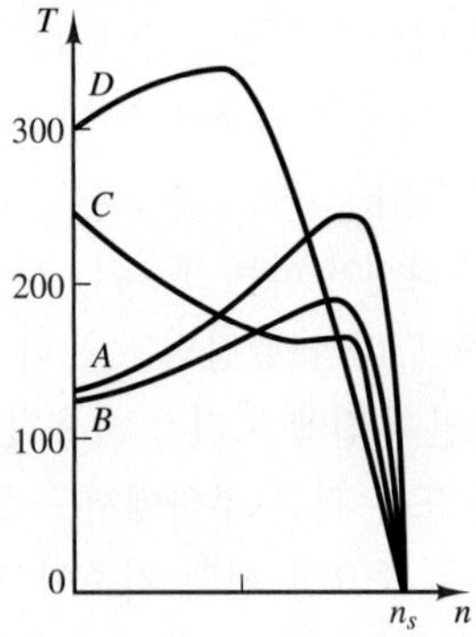

그림 15.41 유도 모터의 분류

때 최대가 되는데, c점으로 표시된 이 최대 토크는 **브레이크다운 토크**(breakdown torque)라 불린다. 이 점을 지나면, 앞에서 논의한 바와 같이 동기 속도에서 토크가 0이 될 때까지 감소한다. 그림 15.41에는 또한 150% 토크(점 d)와 정격 토크(점 e)가 곡선 위에 표시되어 있다.

유도 모터의 정상상태 토크–속도 특성의 일반적인 계산 공식은

$$T = \frac{1}{\omega_e} \frac{m V_S^2 R_R/s}{(R_S + R_R/s)^2 + (X_S + X_R)^2} \qquad \text{유도기의 } T\text{-}\omega \text{ 식} \qquad (15.68)$$

LO

이며, 여기서 m은 상의 수이다.

유도 모터의 여러 다른 구조를 통해서 서로 다른 토크–속도 특성을 얻을 수 있으므로 사용자는 주어진 응용에 가장 적합한 모터를 선택할 수 있다. 그림 15.41은 NEMA에 의해 정의된 4가지 기본적인 분류 A, B, C 및 D형을 나타낸다. 이러한 분류의 결정 기준은 고정된(locked) 회전자의 토크와 전류, 브레이크다운 토크, 풀업 토크, 그리고 퍼센트 슬립(percent slip) 등이다. A형 모터는 B형 모터보다 더 높은 브레이크다운 토크를 가지며, 슬립은 5% 또는 그 이하이다. A형 모터는 흔히 특수한 응용을 위해 설계된다. B형 모터는 범용 모터로, 3%에서 5%의 전형적인 슬립값을 가지며, 가장 일반적으로 사용된다. C형 모터는 주어진 기동 전류에 대해 높은 기동 토크와 낮은 슬립을 갖는다. 이 모터는 높은 기동 토크가 필요하지만, 일단 운전 속도에 도달하면 비교적 정상적인 운전 부하를 갖는 응용에 일반적으로 사용된다. D형 모터는 높은 기동 토크, 높은 슬립, 낮은 기동 전류, 그리고 낮은 전부하 속도의 특징을 가지며, 슬립값은 보통 13% 정도이다.

주어진 응용에 대해서 교류 모터를 선택할 때 고려해야 할 사항으로는, 최솟값, 최댓값 및 속도 변동을 포함하는 속도 범위이다. 예를 들어, 정속도가 요구되는지, 속도나 토크에 있어서 어느 정도의 변동이 허용되는지 또는 가변 속도 드라이브를 필요로 하는 가변 속도 운전이 요구되는지 등을 결정하는 것이 중요하다. 토크 요구 조건을 고려하는 것 또한 매우 중요하다. 기동 및 운전 토크를 고려해야 하는데,

이는 부하의 유형에 따라 달라진다. 기동 토크는 전부하 토크의 몇 퍼센트에서 몇 배까지의 범위에서 변할 수 있다. 게다가, 기동 시 공급될 수 있는 여분의 토크는 모터의 가속 특성을 결정하며, 외부 제동이 요구되는지를 결정하기 위해 감속 특성도 고려해야 한다.

고려해야 하는 또 다른 사항으로 모터의 듀티 사이클(duty cycle)이 있다. 응용의 성격에 따라 결정되는 듀티 사이클은 일부 공작기계에서와 같이 반복적이며 비연속적인 운전에 모터가 사용될 때, 중요한 고려 사항이 된다. 만약 모터가 오랫동안 무부하 또는 작은 부하에서 구동된다면, 모터가 부하를 받는 시간의 퍼센트인 듀티 사이클은 중요한 선택 기준이 된다. 마지막으로, 결코 간과할 수 없는 것이 모터의 발열 성질이다. 모터 온도는 내부 손실과 공기 순환에 의해 결정된다. 저속도에서 구동되는 모터는 충분히 냉각시킬 수 없으므로 강제 통풍이 요구된다.

지금까지는, 유도 모터의 동적 특성은 고려하지 않았다. 중마력(integral-horsepower) 유도 모터(1마력보다 큰 정격 마력을 갖는 모터)에서 가장 일반적인 동적 문제는 기동과 정지 문제, 전원 시스템에 과도 외란(transient disturbance)이 발생하는 동안에 모터를 계속 운전하는 문제 등이다. 유도 모터에 대한 동적 해석 방법은 문제의 성질과 복잡성 그리고 요구되는 정확도에 상당히 달려 있다. 모터에서 기계적인 과도 성질뿐 아니라 전기적인 과도 성질을 고려할 때, 그리고 특히 모터가 큰 네트워크에서 중요한 요소일 때, 그림 15.42의 간단한 과도 등가 회로는 초기의 좋은 근사 모델을 제공해 준다. 회로 모델에서 X'_S은 과도 리액턴스(transient reactance)라 한다. 전압 E'_S은 과도 리액턴스 후의 전압이라 하고, 과도 응답이 시작될 때 유도된 전압의 초기값과 같다고 가정한다. R_S는 고정자 저항이다. 동적 해석 문제는 비선형성을 고려함으로써 지나치게 복잡한 해석이 되지 않도록 충분히 단순하면서도 실제적인 거동을 나타낼 수 있도록 회로를 선택하여야 한다.

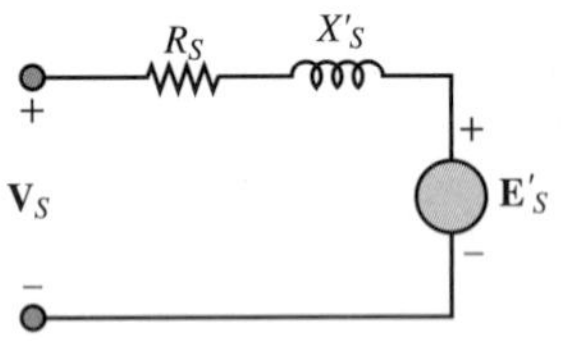

그림 15.42 단순화된 유도 모터의 동적 모델

첫 번째 원리에서 유도된 유도기의 기본 방정식은 상당히 비선형적이라는 사실에 주목해야 한다. 그러므로 선형화를 이용하여 근사적으로 나타내지 않고, 유도 모터에 대해 정확한 동적 해석을 수행하기 위해서는 컴퓨터를 이용하여 시뮬레이션을 수행하여야 한다.

교류 모터의 속도와 토크 제어

앞 절에서 설명한 바와 같이, 교류기는 고정 주파수 소스(constant-frequency source)에 의해 공급될 때는 고정 속도 또는 고정 속도 근처에서의 동작으로 제한된다. 교류 유도기에서는 제한된 속도 제어를 제공하는 몇 가지 단순한 방법이 존재한다. 만일 의도했던 적용이 모터 속도 또는 토크의 광대역(wide-bandwidth) 제어를 요구한다면, 개선된 전력 전기 회로의 사용을 포함한 더 복잡한 방법이 이용될 수 있다. 이 절에서는 유용한 해의 일반적인 개요를 보여줄 것이다.

극수 제어

유도기에서 속도 제어를 하기 위한 가장 쉬운 방법은 극수(the number of poles)를 바꾸는 것이다. 식 (15.41)은 교류기에서의 동기 속도는 공급 주파수와 극수에 의존한다는 것을 설명하고 있다. 60 Hz에서 동작하는 기계에 대해 고정자 권선에서 자극의 수를 바꿈으로써 다음의 속도를 낼 수 있다.

Number of poles	2	4	6	8	12
n (r/min)	3,600	1,800	1,200	800	600

50 Hz에서 동작하는 기계의 속도는

Number of poles	2	4	6	8	12
n (r/min)	3,000	1,500	1,000	667	500

와 같다. 고정자에서 극쌍(pole pairs)의 수는 가능한 권선 접속 사이에서 전환에 의해 바꿀 수 있도록 모터 고정자를 감을 수 있다. 이러한 전환은 기계의 손상을 피하기 위해 제때에 행해질 수 있도록 주의가 요구된다.

슬립 제어

회전자의 속도는 본래 슬립에 의존하기 때문에, 슬립 제어는 유도기에서 속도를 변화시키기 위한 효과적인 방법이다. 모터의 속도는 전압의 제곱에 비례해 감소하기 때문에(식 (15.68) 참고), 모터 전압의 변화를 통한 모터 토크의 변화를 이용하여 슬립을 변화시키는 것이 가능하다. 이 방법은 모터 동작이 안정된 속도 범위에 걸쳐서 속도 제어가 허락된다. 참고로 그림 15.40을 보면 단지 점 c, 즉 브레이크다운 토크 이상에서만 가능하다.

회전자 제어

권선형 회전자를 가지고 있는 모터는 저항에 회전자 슬립링을 연결하는 것이 가능하다. 회전자에 추가된 저항은 손실을 증가시켜 회전자 속도의 감소를 가져온다. 이 방법도 비록 회전자 저항이 변할 때 모터 토크-속도 특성이 변할지라도 브레이크다운 토크 이상에서의 동작이 제한된다.

주파수 조정

앞의 두 방법은 기계에서 추가적인 손실을 야기한다. 만일 가변 주파수 공급이 사용되면 모터 속도는 임의적인 추가 손실 없이 제어될 수 있다. 식 (15.41)에서 보는 바와 같이, 공급된 주파수가 회전 자기장의 속도를 결정하는 것과 마찬가지로 모터 속도는 공급된 주파수에 의해 결정된다. 그러나 속도 범위에 걸쳐서 동일한 모터 토크 특성과 정토크를 유지하기 위해서 모터 전압은 주파수에 따라 변해야 한다. 그래서 일반적으로 volt/Hz 비는 상수여야 한다. 이 조건은 시동 시와 매우 낮은 주파수에서 만족시키기 어렵다. 이런 경우의 전압은 더 높은 주파수에서 알맞은 일정 volt/Hz 비만큼 증가되어야 한다.

15.9 전기 모터 드라이브

고전력 반도체 소자의 개발로 장치들의 능력을 최대한 활용하도록 효율적이면서 비교적 가격이 저렴한 전자식 전원(electronic power supply)을 설계하는 것이 가능해졌다. 직류 및 교류 모터를 위한 전자식 전원은 전력전자 공학의 주요 응용 분야 중의 하나가 되었다. 이 장은 변환기의 두 가지 계열의 전기 드라이브인 **초퍼**(chopper) 또는 **DC-DC 변환기**와 **인버터** 또는 **DC-AC 변환기**를 소개할 것이다. 이 장치들은 넓은 분야에서 직류 및 교류 모터를 제어하는 데 사용된다.

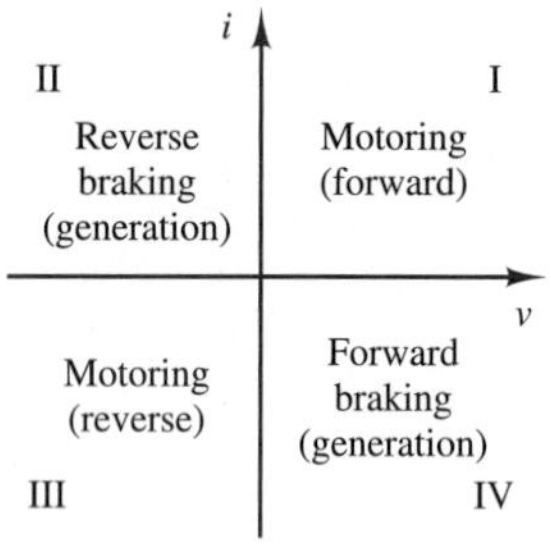

그림 15.43 전기 드라이브의 4상한

부하의 전류와 전압의 관계에 따라 전자 드라이브는 그림 15.43에 나타나 있는 4개 모드 중 하나로 동작하게 된다. 1사분면과 3사분면의 전력은 드라이브에 의해 제공되고 부하에 의하여 흡수된다. 반면에, 2사분면과 4사분면의 전력은 드라이브에 의해 흡수되고 부하에 의하여 제공된다.

DC-DC 변환기

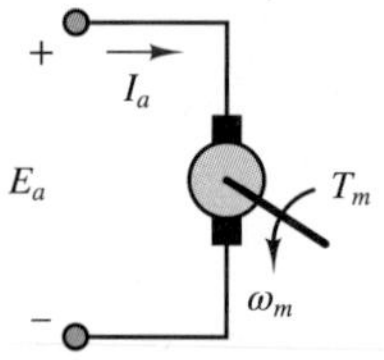

그림 15.44 직류 모터

이름에서 알 수 있듯이, DC-DC 변환기(DC-DC converter)는 고정된 직류 전원을 가변 직류 전원으로 변환하는 기능을 가진다. 이런 특성은 그림 15.44의 개략도에 보인 것처럼 직류 모터의 속도 제어에 특히 유용하다. 직류 모터에서 발생되는 토크 T_m은 모터의 **전기자**에 공급되는 전류 I_a에 비례하는 반면에, 전기자에서 발생되는 전압인 기전력(electromotive force, emf) E_a는 모터의 회전 속도 ω_m에 비례한다. 직류 모터는 전기기계식 에너지 변환 장치로 전기 에너지를 기계 에너지로 변환하는 한 가지 예이다(발전기의 경우에는 반대가 된다). 기계 시스템에서는 토크와 속도의 곱이 동력(power)이 되는 반면에, 전기 시스템에서는 전류와 전압의 곱이 전력(power)이 된다는 점을 상기하자. 그러면 손실이 없는 경우에 이상적인 에너지 변환은

$$E_a \times I_a = T_m \times \omega_m \tag{15.69}$$

와 같다. 물론 어떠한 에너지 변환 과정도 손실이 없을 수는 없다. 그러나 그림 15.43에서 전기적인 4개의 상한과 모터의 기계적 출력 사이에 대응성이 있다는 점을 알 수 있다. 다시 말하면, 직류 모터의 기계 에너지는 해당 드라이브의 전기 전력의 부호와 같게 된다. 즉, 드라이브가 전력을 공급하는 경우에는, 직류 모터는 **정방향**과 **역방향 모터링**(motoring) 모드로 부하에 일을 하게 된다. 반면에, 드라이브가 전력을 받는 경우에는, 부하가 정방향과 역방향 **회생 제동**(regenerative braking) 모드로 직류 모터에 일을 하게 된다.

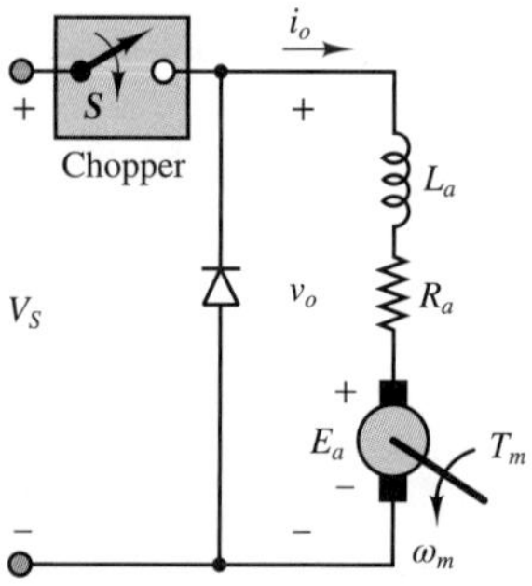

그림 15.45 벅 변환기(강압 초퍼)

그림 15.45는 고정된 직류 전원으로부터 가변 직류 전원을 공급하는 작용을 하는 간단한 회로인 **벅 변환기**(buck converter) 또는 **강압 초퍼**(step-down chopper)이다. 이 회로는 기호 S로 나타낸 스위치와 스너버(snubber) 다이오드로 구성된다. 이 장에서 언급된 바 있는 전력 BJT(그림 15.45 참고), 전력 MOSFET과 같은 전력 스위치 중 어느 것이라도 스위치로 사용할 수 있다. 다이오드 우측의 회로는 전기자 권선의 인덕턴스와 저항 및 역기전력 E_a의 효과를 고려한 직류 모터를 나타내는 모델이다. 스위치가 on되면(예를 들어, $t = 0$에서) 전압 V_S가 부하에 연결되고, $v_o = V_S$가 된다. 부하 전류 i_o는 모터의 파라미터에 의해 정해진다. 스위치가 off되면 부하 전류는 계속해서 스너버 다이오드(snubber diode)로 흐르지만, 출력 전압은 $v_o = 0$이 된

다. 시간 T에서 스위치는 다시 on되고 사이클이 반복된다.

그림 15.46은 v_o와 i_o의 파형을 나타낸다. 출력 전압의 평균값 $\langle v_o \rangle$는

$$\langle v_o \rangle = \frac{t_1}{T} V_S = \delta V_S \tag{15.70}$$

로 주어지며, 여기서 δ는 초퍼의 **듀티 사이클**(duty cycle)이다. 강압 초퍼의 평균 출력 전압은

$$0 \le \langle v_o \rangle \le V_S \tag{15.71}$$

와 같은 범위를 갖게 된다.

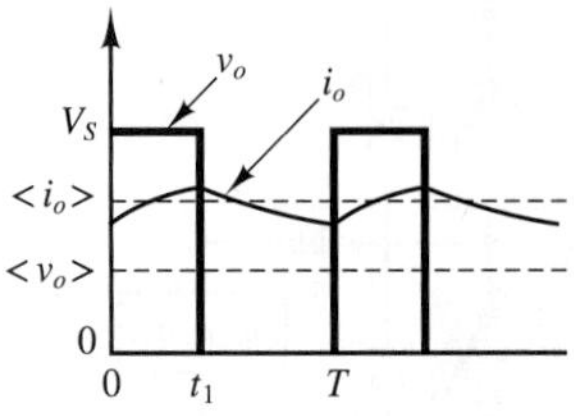

그림 15.46 강압 초퍼 파형

인덕터의 에너지 저장 특성을 이용하여 DC-DC 변환기의 범위를 공급 전압 이상으로 높이는 것도 가능하며, 그림 15.47은 이런 동작을 하는 회로를 나타낸다. 초퍼 스위치 S가 on이 되면, 공급 전류는 인덕터 L_S와 닫힌 스위치를 통해 흐르면서 인덕터에 에너지를 저장하는데, 스위치가 단락 회로이므로 출력 전압은 0이다. 스위치가 off되면 공급 전류는 다이오드를 거쳐 부하에 흐르게 되지만, 스위치가 열린 뒤의 과도기 동안에 인덕터의 전압은 음이 되어 공급 전압을 높이게 된다. 즉, 스위치가 닫혀 있는 동안에 인덕터에 저장되었던 에너지가 방출되어 부하에 전달되며, 이 저장된 에너지가 한정된 기간 동안 출력 전압이 공급 전압보다 높아지도록 한다.

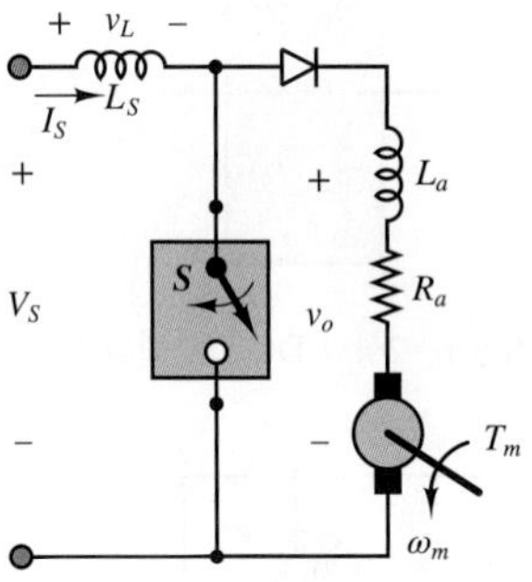

그림 15.47 부스트 변환기(승압 초퍼)

일정한 평균 부하 전압을 유지하기 위해서는 0에서 t_1까지의 전류 증가량과 t_1에서 T까지의 전류 감소량이 같아야 하므로

$$\frac{1}{L}\int_0^{t_1} V_S\, dt = \frac{1}{L}\int_{t_1}^{T} (\langle v_o \rangle - V_S)\, dt \tag{15.72}$$

의 식을 얻을 수 있고, 다음 식을 얻을 수 있다.

$$V_S t_1 = (\langle v_o \rangle - V_S)(T - t_1) \tag{15.73}$$

이 결과를 평균 출력 전압에 대해 정리하면,

$$\langle v_o \rangle = \frac{T}{T - t_1} V_S = \frac{1}{1 - t_1/T} V_S = \frac{1}{1 - \delta} V_s \ge V_S \tag{15.74}$$

와 같이 주어진다. 듀티 사이클 δ는 언제나 1보다 작으므로 이론적인 평균 출력 전압의 범위는

$$V_S \le \langle v_o \rangle < \infty \tag{15.75}$$

가 된다. 그림 15.48은 이러한 부스트 변환기에 대한 파형을 보여준다.

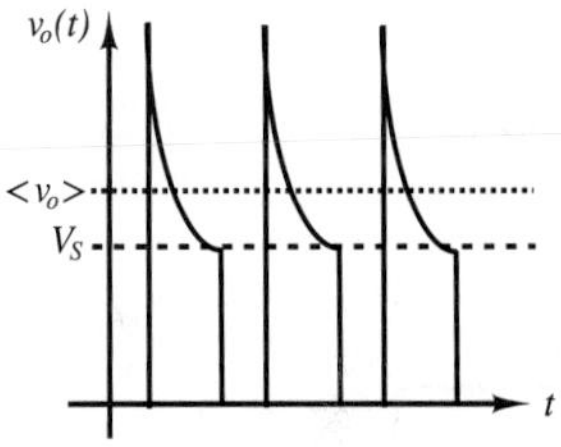

그림 15.48 부스트 변환기의 출력 전압 파형

부스트 변환기(boost converter) 또는 승압 초퍼(step-up chopper)는 회생 제동을 제공하기 위해 이용할 수 있다. 이 경우 "공급" 전압은 모터의 전기자 전압이고 출력 전압은 직류 배터리 양단에 걸리는 전압이 되는데, 전력이 모터로부터 흘러서 배터리를 재충전하게 된다. 그림 15.49는 이러한 구성을 나타낸다.

그림 15.50에서 보듯이, 벅 변환기와 부스트 변환기의 동작을 결합하여 **벅-부스트 변환기**(buck-boost converter)를 구성할 수 있다. 이 회로는 직류 모터에서 회생 제동과 정방향 모터 동작을 동시에 수행하는 **2상한 초퍼**(two-quadrant chopper)로 동작한다. 스위치 S_2가 열리고 스위치 S_1이 초퍼 역할을 하게 되면, 이 회로는 벅 변환기와 동일하게 동작하므로 드라이브와 모터는 1상한에서 동작한다(모터링 동작). 출력 전압 v_o는 그림 15.46과 같이 V_S와 0 사이에서 스위칭되며, 그림 15.50과

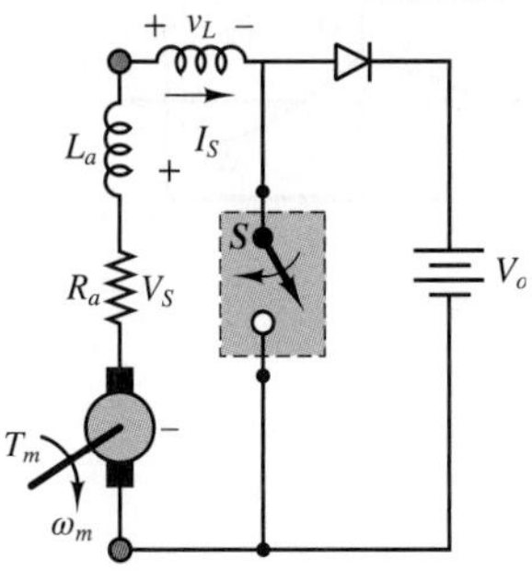

그림 15.49 회생 제동을 위한 부스트 변환기

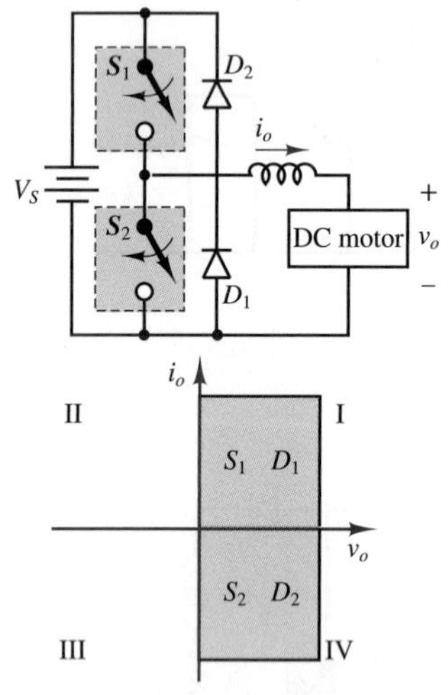

그림 15.50 2상한 DC-DC 변환기

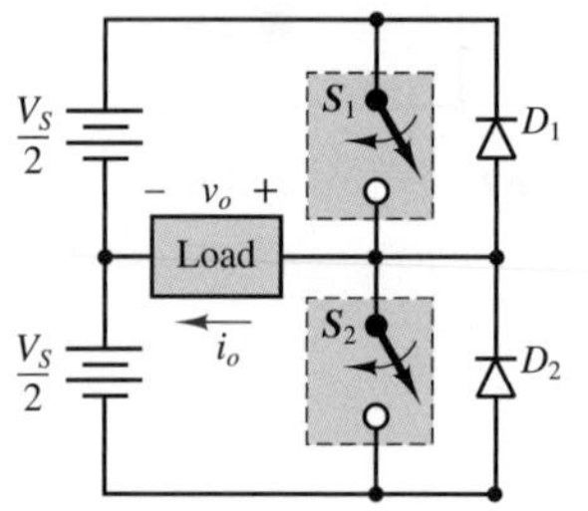

그림 15.51 반 브리지 전압원 인버터

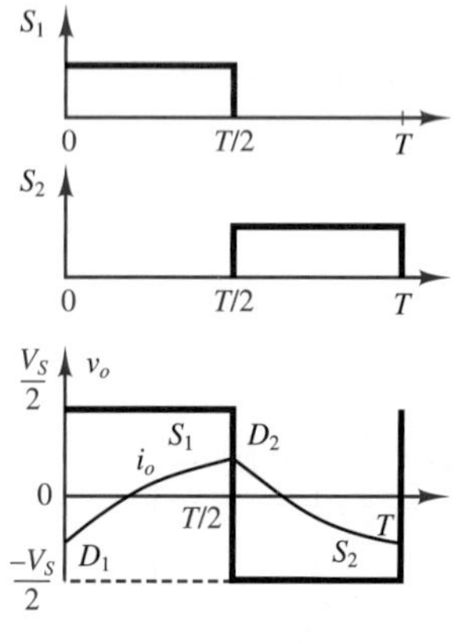

그림 15.52 반 브리지 전압원 인버터의 파형

같이 전류 i_0는 모터 방향으로 흐르게 된다.

스위치 S_1이 열리면 스위치 S_2가 초퍼 역할을 하게 되고, 이 회로는 부스트 변환기로 동작한다. 이때는 그림 15.49와 같은 상황으로 소스는 모터 기전력 E_a이고, 부하는 배터리가 된다. 전류 i_0는 모터로부터 멀어지는 방향으로 흐르게 되고(모터의 emf와 인덕터 전압의 합이 배터리 전압보다 크다), 드라이버는 4상한에 동작하게 된다.

인버터(DC-AC 변환기)

교류 모터용 가변 속도 드라이브는 다상 가변 주파수, 가변 전압 전원을 필요로 한다. 이러한 드라이브는 DC-AC 변환기(DC-AC inverter) 또는 인버터(inverter)라 불린다. 인버터 회로는 매우 복잡하므로, 이 장에서는 기본 원리만을 간단히 설명하도록 한다.

전압원 인버터(voltage source inverter, VSI)는 고정 직류 전원(예, 배터리)의 출력을 가변 주파수 교류 전원으로 변환한다. 그림 15.51은 **반 브리지 VSI** (half-bridge VSI)를 나타내는데, 여기서 스위치로는 전력 BJT, 전력 MOSFET 또는 사이리스터 등이 이용될 수 있다. 스위치 S_1이 on되면 출력 전압은 양의 반 사이클에 있게 되고 $v_o = V_S/2$가 된다. 음의 반 사이클을 생성하기 위해서는 스위치 S_2가 on되어 $v_o = -V_S/2$가 되어야 한다. 그림 15.52는 S_1과 S_2의 스위칭 순서를 나타낸다. 각 스위치는 다른 스위치가 on되기 전에 반드시 off되어야 한다는 것이 중요한데, 그렇지 않으면 직류 전원이 순간적으로 단락 회로가 되어 소자가 파손된다. 모터 드라이브에 있어서 부하는 언제나 유도성(inductive)이기 때문에, 그림 15.52에서 보듯이 부하 전류 i_o가 전압 파형보다 위상이 뒤진다는 점을 관찰하는 것이 중요하다. 따라서 그림과 같이 전압은 양이지만 전류는 음인 구간이 존재함을 볼 수 있다. 다이오드 D_1과 D_2는 부하 전류가 전압의 극성과 반대가 될 때마다 부하 전류를 전도시켜 주는 역할을 한다. 이들 다이오드가 없으면, 이런 상황에서 부하 전류가 흐르지 못하게 된다. 그림 15.52는 어떤 소자가 사이클의 각 부분에서 전도하고 있는지도 보여준다.

전 브리지 VSI (full-bridge VSI) 또한 그림 15.53과 같이 설계될 수 있으며, 그림 15.54는 이와 관련된 출력 전압 파형을 보여준다. 이 회로의 동작은 반 브리지 VSI와 유사한데, 스위치 S_1과 S_2는 첫 번째 반 사이클 동안에 점호되고, 스위치 S_3와 S_4는 두 번째 반 사이클 동안에 점호된다. 전 브리지 VSI에서는 출력 전압이 V_S와 $-V_S$ 사이에서 스위칭되고 있음에 주목하라. 다이오드들은 부하 전압과 전류가 서로 다른 극성을 가질 때, 부하 전류가 흐를 수 있는 길을 제공해 준다.

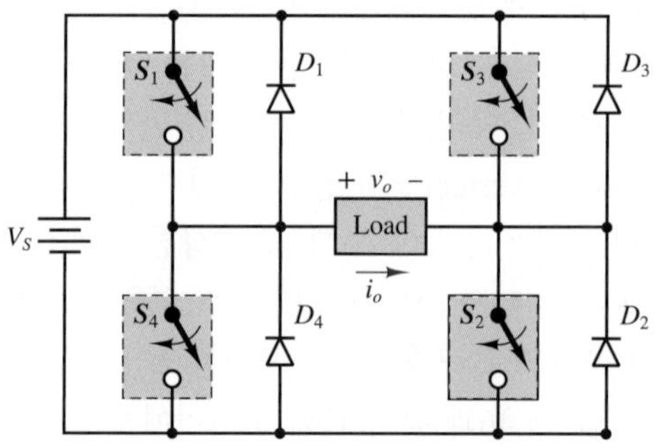

그림 15.53 전 브리지 전압원 인버터

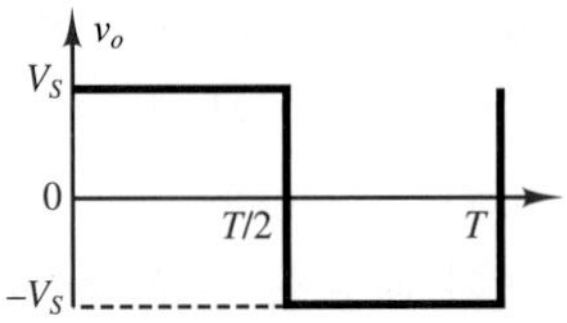

그림 15.54 반 브리지 전압원 인버터의 출력 파형

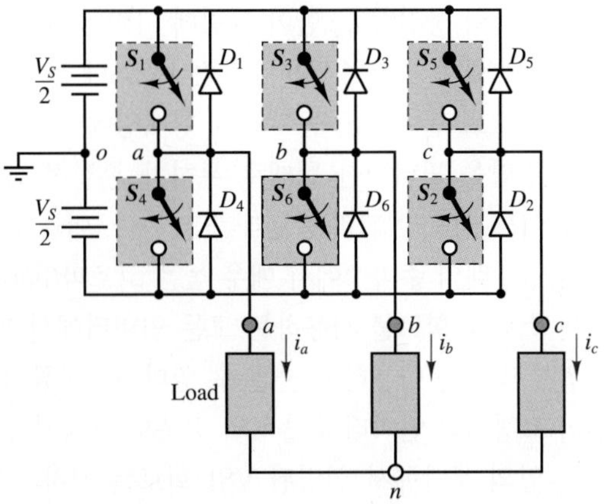

그림 15.55 3상 전압원 인버터

VSI의 3상 버전과 관련된 파형들이 그림 15.55와 15.56에 나타나 있다. 그 동작은 앞의 VSI 회로들과 유사하다. 상단의 3개 파형은 직류 전원의 중간점 o를 기준으로 한 **극전압**(pole voltage)을 나타낸다. 극전압은 S_1에서 S_6까지의 스위치를 적절한 시간에 점호함으로써 얻어진다. 예를 들어, S_1이 $\omega t = 0$에서 점호된다면, 극점 a는 직류 전원의 양의 방향에 연결되어 $v_{ao} = V_S/2$가 된다. 만약 S_4가 뒤따라 $\omega t = \pi$에서 on된다면, 극점 a는 직류 전원의 음의 단자와 연결되어 $v_{ao} = -V_S/2$가 된다. 그림 15.56의 상단의 3개 파형을 얻기 위해서는 다른 스위치 쌍들이 서로에 대해서 120°씩의 위상 차이를 가지고 유사한 방법으로 점호하면 된다. **선간 전압**(line voltage)은 극전압으로부터 다음 관계를 사용하여

$$\begin{aligned} v_{ab} &= v_{ao} - v_{bo} \\ v_{bc} &= v_{bo} - v_{co} \\ v_{ca} &= v_{co} - v_{ao} \end{aligned} \tag{15.76}$$

와 같이 구할 수 있으며, 그림 15.56의 하단의 3개 파형이 이들 선간 전압을 나타낸다. 이들 선간 전압들 역시 위상이 120°씩 차이가 난다. 이제 극전압을 **부하 상전압**(phase voltage) v_{an}, v_{bn} 및 v_{cn}의 항으로도 나타낼 수 있다.

$$\begin{aligned} v_{ao} &= v_{an} - v_{no} \\ v_{bo} &= v_{bn} - v_{no} \\ v_{co} &= v_{cn} - v_{no} \end{aligned} \tag{15.77}$$

평형 동작을 위해서는 $v_{an} + v_{bn} + v_{cn} = 0$이 되어야 하므로, 직류 **전원 중성점**(o)의 전압과 **부하 중성점**(n)의 전압 사이의 관계식은 다음과 같이 유도할 수 있다.

$$v_{no} = \frac{v_{ao} + v_{bo} + v_{co}}{3} \tag{15.78}$$

이 전압은 또한 인버터 출력 전압보다 3배 빠르게 스위칭하는 사각 파형임을 알 수 있다. 마지막으로, 상전압은 다음의 식을 이용하여 얻을 수 있다.

$$\begin{aligned} v_{an} &= v_{ao} - v_{no} = \tfrac{2}{3}v_{ao} - \tfrac{1}{3}(v_{bo} + v_{co}) \\ v_{bn} &= v_{bo} - v_{no} = \tfrac{2}{3}v_{bo} - \tfrac{1}{3}(v_{ao} + v_{co}) \\ v_{cn} &= v_{co} - v_{no} = \tfrac{2}{3}v_{bo} - \tfrac{1}{3}(v_{ao} + v_{bo}) \end{aligned} \tag{15.79}$$

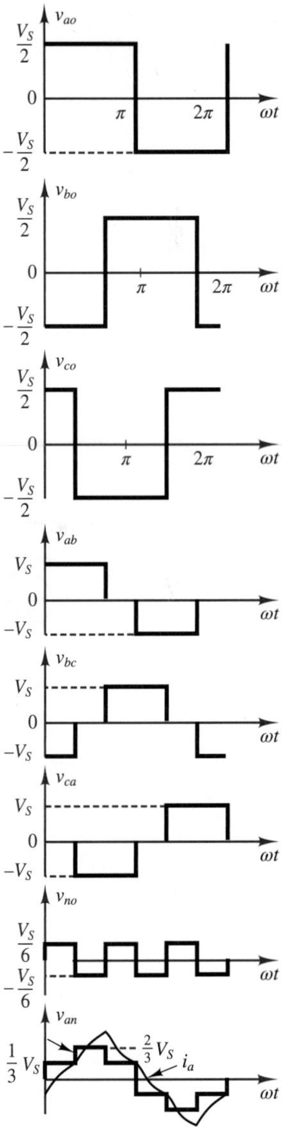

그림 15.56 3상 전압원 인버터의 파형

단지 하나의 상전압 v_{an}만이 그림에 나와 있지만, 식 (15.79)를 이용하여 다른 2개의 상전압을 쉽게 구할 수 있다. 그림 15.56에 보인 부하 상전압 파형은 정현 파형을 계단 모양으로 단순하게 근사화한 형태임에 주목하라. 이에 해당하는 부하 전류 i_a는 부하 전압을 필터링한 형태로 부하가 본질적으로 유도성이기 때문에, 전압 파형에 비해 어느 정도 매끄러운 형태를 갖는다. 이들 파형의 불연속성은 인버터 출력 주파수의 정수배의 주파수에서 매우 높은 고조파(harmonic) 스펙트럼을 형성한다. 이 문제는 스위칭 회로를 사용하는 모든 인버터에서 피할 수 없는 성질이나, 보다 복잡한 스위칭 방법을 이용하여 줄일 수 있다. 이 교류 전원의 또 다른 주요 단점은 직류 전원이 고정되면 인버터의 출력의 진폭도 고정된다는 점이다.

앞의 문단에서 설명된 VSI 회로는 전자 스위치의 정류(commutation) 주파수가 변할 수 있다면, 가변 주파수 전원으로 이용될 수 있다. 그러므로 일반적으로 가변 스위칭 속도를 제공하는 타이밍 회로를 제공하는 것이 필요하게 되며, 이것은 흔히 마이크로 프로세서를 이용해서 수행할 수 있다.

그림 15.55에 소개된 VSI의 한계는 펄스폭 변조(pulse-width modulation, PWM)와 정현파 PWM과 같은 더욱 발전된 스위칭 방법에 의해 극복될 수 있다. 이러한 방법의 자세한 내용은 이 책의 범위를 넘으므로, 관심있는 독자들은 보다 복잡한 인버터 회로와 같은 고수준의 전력 전자를 소개하는 서적을 참고하기 바란다. 그러나 마이크로 프로세서로 제어되는 전력 스위칭 회로를 이용하여 인버터 파형의 고조파 성분을 상당히 줄이고, 교류 모터를 위해 가변 주파수, 가변 진폭, 가변 위상을 공급하는 것이 가능하다.

예제 15.15

2상한 초퍼

LO

문제

1. 모터링 모드에서 $n = 500$ rpm이고, $i_o = 90$ A이다. 그림 15.50의 초퍼의 턴온 시간, 전기자에 의해 흡수된 전력, 모터에 의해 흡수된 전력, 그리고 소스에 의해 전달된 전력을 구하라.
2. 회생 제동 모드에서 $n = 380$ rpm이고, $i_o = -90$ A이다. 초퍼의 턴온 시간, 전기자에 의해 흡수된 전력, 모터에 의해 흡수된 전력, 그리고 소스에 의해 전달된 전력을 구하라.

풀이

기지: 공급 전압, 모터 파라미터, 초핑 주파수, 전기자 저항과 인덕턴스

미지: 두 경우 각각에 대한 t_1, P_a, P_m, P_S

주어진 데이터 및 그림:

1. $V_S = 120$ V; $E_a = 0.1n$; $R_a = 0.2\ \Omega$; 1/T = 초핑 주파수 = 300 Hz
2. $V_S = 120$ V; $E_a = 0.1n$; $R_a = 0.2\ \Omega$; $L_S \to \infty$;1/T = 초핑 주파수 = 300 Hz

가정: 그림 15.50에 나타나 있는 스위치는 이상 스위치이다. 모터의 인덕턴스는 충분히 작아서 계산 과정에서 무시할 수 있다(단락 회로로 가정).

해석:

1. 모터링 작동 해석. 초퍼의 모터링 작동을 해석하기 위해 그림 15.45를 참고하여 모터측에 KVL을 적용하면

$$\langle v_o \rangle = R_a I_a + E_a = R_a \langle i_o \rangle + 0.1n = 0.2 \times 90 + 0.1 \times 500 = 68 \text{ V}$$

이며, 식 (15.70)을 사용하여 듀티 사이클 δ를 계산하면

$$\delta = \frac{t_1}{T} = \frac{\langle v_o \rangle}{V_S} = \frac{68}{120} = 0.567$$

와 같다. 초핑 주파수가 300 Hz이므로 t_1은

$$t_1 = T\delta = \frac{0.567}{300} = 1.89 \text{ ms}$$

이며, 전기자에 의해 흡수되는 전력은

$$P_a = R_a I_a^2 = R_a \langle i_o \rangle^2 = 0.2 \times 90^2 = 1.62 \text{ kW}$$

이고, 모터에 의해 흡수된 전력은

$$P_m = E_a I_a = 0.1n \times \langle i_o \rangle = 0.1 \times 500 \times 90 = 4.5 \text{ kW}$$

이다. 그리고 공급 전압에 의해 전달되는 전력은 다음과 같이 구할 수 있다.

$$P_S = \delta V_S \langle i_o \rangle = 0.567 \times 120 \times 90 = 6.12 \text{ kW}$$

2. 회생 제동 작동의 해석. 회생 제동 모드에서의 초퍼의 작동을 해석하기 위해서, 그림 15.47을 참고하여 모터측에 KVL을 적용하자. 전류가 역방향으로 흐르는 것에 주목하면, 다음과 같이 분석할 수 있다.

$$\langle v_o \rangle = R_a I_a + E_a = R_a \langle i_o \rangle + E_a = -90 \times 0.2 + 0.1 \times 380 = 20 \text{ V}$$

식 (15.74)를 사용하고, 모터가 소스로 동작하고 공급 전압이 부하로 동작한다는 사실에 주목하면, 다음의 식을 유도할 수 있다.

$$V_S = \frac{1}{1-\delta} \langle v_o \rangle \qquad \text{or} \qquad 120 = \frac{1}{1 - 300 t_1} 20$$

이 식을 이용하면 승압 초퍼의 듀티 사이클과 t_1을 다음과 같이 구할 수 있다.

$$\delta = \frac{5}{6} = 0.833 \qquad \text{and} \qquad t_1 = 2.8 \text{ ms}$$

그러면 전기자에 의해 흡수되는 전력은

$$P_a = R_a I_a^2 = R_a \langle i_o \rangle^2 = 0.2 \times (-90)^2 = 1.62 \text{ kW}$$

이고, 모터에 의해 생성된 전력은

$$P_m = E_a I_a = 0.1n \times \langle i_o \rangle = 0.1 \times 380 \times 90 = 3.42 \text{ kW}$$

이며, 배터리에 의해 흡수된 전력은

$$P_S = (1 - \delta) V_S \langle i_o \rangle = 0.167 \times 120 \times 90 = 1.8 \text{ kW}$$

이다. 물론, 전기자와 배터리 전력의 합은 모터에 공급된 전력과 정확히 일치한다.

참조:

1. 모터링 동작에서, 전기자와 모터의 전력 손실의 합은 전력원에 공급된 전력과 동일하다. 이 결과는 이상적인 스위치를 가정하였기 때문이다. 실질적인 초퍼는, 초퍼 회로가 전력을 흡수하게 되고, 열 소모는 초퍼의 설계에서 중요한 고려 사항이 된다.
2. 회생 제동에서, 등가 듀티 사이클은 1보다 크다. 모터는 회로의 나머지 부분에 전력을 공급하지만, 다른 저항 부하들과 마찬가지로 전기자 저항 또한 전력을 흡수한다.
3. V_S는 1.8 kW의 정도로 재충전되는 전기차의 배터리 팩을 의미할 수 있다. 이러한 전력을 공급할 수 있는 전력원은 자동차에 저장된 관성 에너지이다. 자동차가 감속할 때 발생하는 기계적 에너지는 전기 모터가 발전기로 동작하도록 하여 90 A의 전류를 반대 방향으로 생성하게 된다.

결론

이 장에서는 회전 전기기계의 가장 일반적인 부분을 소개하였다. 이 기계의 전력 범위가 mW에서 MW까지 이르며, 소비자 제품부터 중정비 산업 응용에 이르기까지 실제적으로 공학의 모든 분야에서 일반적인 응용으로 사용된다. 이 장에 소개된 원리들은 견고한 기초를 제공한다.

이 장을 마치기 전에, 다음의 학습 목표들을 숙지해야 한다.

1. 회전 전기기계 동작의 기본 원리 및 분류, 그리고 기본 효율과 성능 특성들을 이해한다. 전기기계는 기계적 특성(토크-속도 곡선, 관성, 마찰과 풍손)과 전기적 특성(전류와 전압 요구 사항)의 항으로 정의된다. 손실과 효율은 전기기계의 동작에서 중요한 부분이다. 그리고 기계는 전기적, 기계적, 그리고 자기적인 손실 등을 받게 된다. 모든 기계는 기계의 정지된 부분(고정자)의 자기장과 기계의 움직이는 부분(회전자)의 자기장 형성의 원리에 기초를 두고 있다. 전기기계는 고정자와 회전자가 자기장이 형성되는 방식에 따라 구분될 수 있다.
2. 타여자, 영구자석, 분권과 직권 직류 기계의 동작과 기본 구성을 이해한다. 직류 전원으로부터 동작되는 직류기는 가장 일반적인 전기기계 중 하나이다. 회전자(전기자) 회로는 정류자를 거처 외부 직류 전원에 연결되어 있다. 고정자 전기장은 외부 회로(타여자 기계), 영구자석(PM 기계), 또는 전기자에 대하여 사용되는 것과 같은 공급(자여자 기계)에 의해 형성될 수 있다.
3. 정상상태와 동적 동작 하에서의 직류 모터를 해석한다. 직류 모터는 일반적으로 속도 제어가 요구되는 다양한 속도 기구에 사용된다(예, 전기 자동차, 서보). 그러므로 그들의 동적 거동에도 관심을 가져야 한다.
4. 정상상태에서 직류 발전를 해석한다. 직류 발전기는 원동기(엔진 혹은 다른 열이나 수력학적 기계)에 의해 추진되며, 다양한 직류 전류와 전압을 공급하는데 사용될 수 있다.
5. 기계, 동기 모터와 발전기, 그리고 유도 모터를 포함한 교류 기계의 동작과 기본 구성을 이해한다. 교류 기계는 교류 전원이 필요하다. 교류 기계의 두 가지 주요한 부류는 동기형과 유도형이다. 동기기는 동기 속도라고 불리는 고정자에 나타

난 회전 자기장의 속도와 같은 예정된 속도로 회전한다. 유도기도 고정자의 회전 자기장에 기초하여 동작하지만, 회전자의 속도는 기계의 동작 조건에 의존하며 항상 동기 속도보다 작다. 가변 속도 교류 기계는 가변 전압/전류와 가변 주파수를 제공할 수 있는 보다 복잡한 전원을 필요로 한다. 전력 전자 부품의 가격이 계속 저하되면서, 가변 속도 교류 드라이브가 점차 일반화되고 있다.

6. 전력 변환기, 특히 직류 기계의 제어에 사용되는 DC-DC 변환기(초퍼)와 교류 기계의 제어에 사용되는 DC-AC 변환기(인버터)의 동작 원리를 이해한다.

숙제 문제

15.1절: 회전 전기기계

15.1 모터의 정격 전력이 주위 온도를 고려하여 다음 표에 따라서 변경될 수 있다.

Ambient temperature	**30°C**	**35°C**	**40°C**
Variation of rated power	+8%	+5%	0
Ambient temperature	**45°C**	**50°C**	**55°C**
Variation of rated power	–5%	–12.5%	–25%

P_e = 10 kW인 모터가 85°C까지 정격이 표시되어 있다. 다음의 각 조건에 대해 실제 출력을 구하라.

a. 주위 온도가 50°C

b. 주위 온도가 30°C

15.2 유도 모터의 속도–토크 특성이 실험적으로 다음과 같이 결정되었다.

Speed (r/min)	**1,470**	**1,440**	**1,410**	**1,300**	**1,100**
Torque (N-m)	3	6	9	13	15
Speed (r/min)	**900**	**750**	**350**	**0**	
Torque (N-m)	13	11	7	5	

이 모터가 4 N-m의 기동 토크를 요구하는 부하를 구동시키는데, 모터는 1,500 rpm에서 8 Nm로 선형적으로 증가한다.

a. 모터의 정상상태 동작점을 구하라.

b. 식 (15.68)에 의하면, 고정자 전압을 조정함으로써 부하 토크의 변동에도 불구하고 모터 속도를 일정하게 유지할 수 있음을 보여준다. 만약 부하 토크가 10 N-m로 증가한다면 a의 동작점에서 속도를 유지하기 위해 필요한 전압의 변화를 구하라.

15.2절: 직류기

15.3 직류 모터의 전기자가 5.2×10^{-4} Wb/in^{2}의 자속 밀도를 갖는 자기장에 놓여 있다. 전기자에 90 A의 전류가 흐른다면, 전기자 상의 각각의 6 in 도선에 인가되는 힘을 계산하라.

15.4 어떤 직류기의 공극 자속 밀도가 4 Wb/m^{2}이다. 자극면(pole face)의 면적이 2 cm × 4 cm일 때, 이 직류기의 극당 자속을 구하라.

15.3절: 직류 모터

15.5 220 V 분권 모터가 0.32 Ω의 전기자 저항과 110 Ω의 계자 저항을 갖는다. 무부하에서 전기자 전류는 6 A이고, 속도는 1,800 rpm이다. 자속이 부하에 따라 변하지 않는다는 가정하에 다음을 계산하라.

a. 선전류가 62 A일 때 모터의 속도(브러시에서 2 V 전압 강하를 가정하라.)

b. 모터의 속도 변동률

15.6 50 hp, 550 V 분권 모터가 브러시에서의 저항을 포함하여 0.36 Ω의 전기자 저항을 갖는다. 정격 부하와 정격 속도에서 동작될 때, 전기자는 75 A를 필요로 한다. 모터가 정격 토크의 70%를 발생할 때 20%의 속도 감소를 얻기 위해 전기자 회로에 얼마의 저항을 삽입하여야 하는가? 자속 변화는 없다고 가정한다.

15.7 분권 직류 모터의 분권 계자 저항이 400 Ω이고, 전기자 저항이 0.2 Ω이다. 모터의 명판 정격 값은 440 V, 1,200 rpm, 100 hp와 90%의 전부하 효율이다. 다음을 구하라.

a. 모터의 선전류

b. 계자 전류와 전기자 전류

c. 정격 속도에서의 역기전력

d. 출력 토크

15.8 240 V 직권 모터의 전기자 저항이 0.42 Ω이고, 직권 계자 저항이 0.18 Ω이다. 만약 36 A의 전류가 흐를 때 속도가 500 rpm이라면, 부하가 선전류를 21 A로 감소시킬 때 모터 속도는 얼마가 되는가? (브러시에서 3 V의 전압 강하가 발생하며, 자속은 전류에 비례한다고 가정한다.)

15.9 그림 15.14(b)에서 220 V DC 분권 모터의 전기자 저항이 0.2 Ω이고, 정격 전기자 전류가 50 A이다. 다음을 구하라.

a. 전기자에서 발생되는 전압

b. 발생되는 동력

15.10 550 V 직권 모터가 부하가 75 hp일 때 112 A의 전류가 흐르며, 820 rpm의 속도로 동작한다. 만약 유효 전기자 회로 저항이 0.15 Ω이라면, 전류가 84 A로 감소할 때 모터의 출력 마력을 계산하라. 이때 자속은 15% 감소된다고 가정한다.

15.11 200 V DC 분권 모터는 다음과 같은 파라미터를 가진다.

$$R_a = 0.1\ \Omega \qquad R_f = 100\ \Omega$$

무부하 상태로 1,100 rpm로 운전될 때 4 A의 전류가 모터에 흐른다. E와 1,100 rpm에서의 회전 손실을 구하라(표유 부하손은 무시된다고 가정한다).

15.12 230 V DC 분권 모터가 다음과 같은 파라미터를 가진다.

$$R_a = 0.5\ \Omega \qquad R_f = 75\ \Omega$$
$$P_{\text{rot}} = 500\ \text{W} \qquad \text{at } 1{,}120\ \text{r/min}$$

부하가 걸릴 때, 모터에는 46 A의 전류가 흐른다. 다음을 구하라.

a. 속도, P_{dev} 및 T_{sh}

b. $L_f = 25$ H, $L_a = 0.008$ H이며, 단자 전압이 115 V라면 $i_a(t)$와 $\omega_m(t)$를 구하라.

15.13 0.1 Ω의 전기자 저항과 100 Ω의 계자 저항을 갖는 200 V DC 분권 모터가 955 rpm에서 무부하로 구동될 때, 5 A의 선전류가 흐른다. 모터 속도, 모터 효율, 총손실(즉, 회전 손실과 I^2R 손실), 그리고 모터에 40 A의 전류가 흐를 때 발생하는 부하 토크 T_{sh}를 결정하라. 회전 동력의 손실은 축 속도의 제곱에 비례한다고 가정하라.

15.14 50 hp, 230 V의 분권 모터가 17.7 Ω의 계자 저항을 가지며, 1,350 rpm에서 선전류가 181 A일 때 전부하로 운전된다. 모터의 속도를 1,600 rpm으로 증가시키기 위해서, 5.3 Ω의 저항이 계자 가변 저항기(field rheostat)를 경유하여 "삽입"되며, 이때 선전류가 190 A로 증가한다. 다음을 계산하라.

a. 1,350 rpm의 속도에 대한 계자에서의 전력 손실과 총 출력에 대한 퍼센트 손실

b. 1,600 rpm의 속도에 대한 계자 가변 저항기와 계자에서의 전력 손실

c. 1,600 rpm의 속도에서 계자에서의 퍼센트 손실과 계자 가변 저항기에서의 퍼센트 손실

15.15 10 hp, 230 V의 분권 모터가 1,000 rpm의 정격 속도와 86%의 전부하 효율을 갖는다. 전기자 회로 저항은 0.26 Ω이고, 계자 회로 저항은 225 Ω이다. 만약 이 모터가 정격 부하에서 동작하고 계자 자속이 정상값의 50%로 매우 급격히 감소될 때 역기전력, 전기자 전류와 토크에 미치는 영향은 얼마가 되겠는가? 이 변화는 모터의 동작에 어떤 영향을 미치며, 안정된 운전 조건으로 복귀하였을 때의 속도는 얼마인가?

15.16 예제 15.5의 기계는 직권 연결되어 사용되고 있다. 즉, 계자 코일은 그림 P15.16과 같이 전기자에 직렬로 연결되어 있다. 이 기계는 예제 15.5에서와 동일한 조건, 즉 $n = 120$ rpm, $I_a = 8$ A에서 동작된다. 운전 영역에서 $\phi = kI_f$이고, $k = 200$이다. 전기자 저항은 0.2 Ω이고, 계자 권선의 저항은 무시할 수 있다.

a. 전부하 운전에 필요한 계자 권선수를 구하라.

b. 다음 속도에 대한 토크 출력을 구하라.

1. $n' = 2n$	3. $n' = n/2$
2. $n' = 3n$	4. $n' = n/4$

c. b번의 조건에 대한 속도-토크 특성을 도시하라.

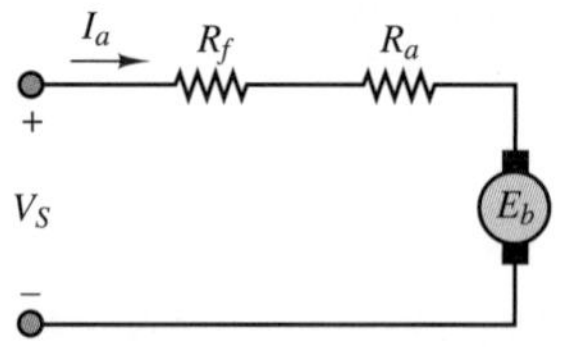

그림 P15.16

15.17 예제 15.7에서 PM 직류 모터의 부하 토크가 0이라고 가정하자. 입력 전압이 단계적으로 변할 때 모터의 응답을 구하라. 2차 시스템에 대한 고유 주파수(natural frequency)와 감쇠비(damping ratio)를 유도해 보자. 시스템이 과감쇠(overdamped)인지 부족 감쇠(underdamped)인지 어

떻게 결정하는가?

15.18 관성 모멘트 J를 갖는 모터가 $T = a\omega + b$ 관계로부터 토크를 발생시킨다. 모터 구동 부하는 토크-속도 관계 $T_L = c\omega^2 + d$로 정의된다. 만일 4개의 계수가 모두 양의 상수라면 모터-부하 쌍의 평형 속도를 구하고, 이때 속도가 안정한지를 결정하라.

15.19 모터의 마찰손과 풍손이 식 $T_{FW} = b\omega$로 기술된다고 가정하자. 부하 토크 T_L이 상수일 때 모터의 T-ω 특성과 모터 토크가 상수일 때 T_L-ω 특성을 도시하라. 최대 속도(full speed)에서 T_{FW}는 부하 토크의 30%와 같다고 가정한다.

15.20 영구자석 직류 모터의 정격은 6 V, 3350 rpm이고, 다음의 파라미터 $r_a = 7\ \Omega$, $L_a = 120$ mH, $k_T = 7 \times 10^{-3}$ N-m/A, $J = 1 \times 10^{-6}$ kg m^{2}를 갖는다. 무부하 전기자 전류는 0.15 A이다.

a. 정상상태 무부하 조건에서 자기 토크는 내부 감쇠 토크와 평형을 이루어야 한다. 이때 감쇠 계수 b를 구하라. 모터의 모델을 도시하고, 운동 방정식을 기술하여 전기자 전압으로부터 모터 속도로의 전달 함수를 구하라. 대략적인 모터의 3 dB 대역폭(bandwidth)을 구하라.

b. 관성 모멘트 $J_L = 1 \times 10^{-4}$ kg m^2, 감쇠 계수 $b_L = 5 \times 10^{-3}$ N-m-s, 그리고 부하 토크 $T_L = 3.5 \times 10^{-5}$ N-m인 펌프가 모터에 연결되어 있다. 모터-부하 관계를 기술한 모델을 도시하고, 이 시스템의 운동 방정식을 이용하여 전기자 전압으로부터 모터 속도로의 새로운 전달 함수를 구하라. 모터 펌프 시스템의 대략 3 dB 대역폭은 얼마인가?

15.21 토크 상수 k_{PM}을 갖는 영구자석 직류 모터가 수력(hydraulic) 펌프의 동력으로 사용된다. 이 펌프는 용적형(positive displacement type)이며, 펌프 속도에 비례하여 유동이 발생한다($q_p = k_p\omega$). 유체는 저항을 무시할 수 있는 관을 통하여 흐르며, 펌프의 파동을 완화하기 위하여 누적기(accumulator)가 사용된다. 유체의 저항(R)으로 표현되는 수력 부하는 파이프와 압력이 0이라고 가정한 저수조 사이에 연결되어 있다. 모터-펌프 회로를 도시하라. 시스템에 대한 운동 방정식을 유도하고, 모터 전압과 부하에 걸리는 압력 사이의 전달 함수를 구하라.

15.22 그림 P15.22에서 분권 모터는 계자 상수 $k_f = 0.12$ V-s/A rad을 가지는데, 역기전력은 $E_b = k_f I_f \omega$, 모터 토크는 $T = k_f I_f I_a$로 각각 표현된다. 모터는 파라미터 $J = 0.8$ kg-m^2, $b = 0.6$ N-m-s/rad를 갖는 관성/점성 마찰 부하를 동작시킨다. 계자 방정식은 대략 $V_S = R_f I_f$로 표현된다. 전기자 저항은 $R_a = 0.75\ \Omega$이고, 계자 저항은 $R_f = 60\ \Omega$이다. 시스템은 공칭 동작점 $V_{S0} = 150$ V, $\omega_0 = 200$ rad/s, $I_{a0} = 186.67$ A 주변에서 진동한다.

a. 기호 형태로 동적 시스템의 방정식을 유도하라.

b. a에서 구한 식을 선형화하라.

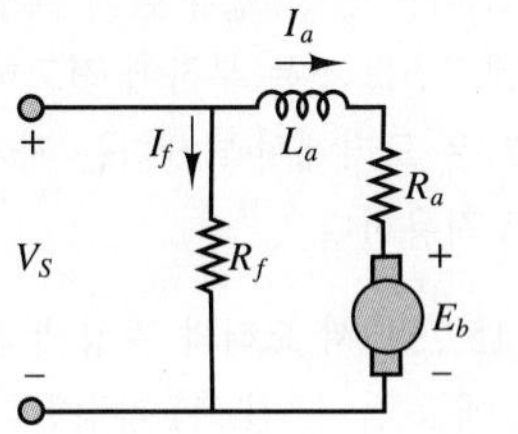

그림 P15.22

15.23 영구자석 직류 모터는 팬과 단단하게 고정되어 있고, 팬 부하 토크가 $T_L = 5 + 0.05\omega + 0.001\omega^2$로 기술된다. 여기서 토크는 N-m이고, 속도는 rad/s이다. 모터는 $k_a\phi = k_T\phi = 2.42$이다. $R_a = 0.2\ \Omega$이고, 인덕턴스는 무시할 수 있다. 만일 모터의 전압이 50 V라면 모터와 팬의 회전 속도는 얼마일까?

15.24 타여자 직류 모터는 다음의 파라미터를 갖는다.

$R_a = 0.1\ \Omega$	$R_f = 100\ \Omega$	$L_a = 0.2$ H
$L_f = 0.02$ H	$K_a = 0.8$	$K_f = 0.9$

모터 부하는 관성 $J = 0.5$ kg-m^2, $b = 2$ N-m-s/rad를 가지며, 외부 부하 토크는 없다.

a. 시스템의 선도를 도시하고, 3개의 미분 방정식을 유도하라.

b. 시스템의 시뮬레이션 블록 선도를 도시하라(3개의 적분기를 사용해야 한다).

c. Simulink를 사용하여 선도를 코드화하라.

d. 다음의 시뮬레이션을 수행하라.
– 전기자 제어. 계자 상수를 $V_f = 100$ V로 가정한다. 전기자 전압이 50 V에서 75 V까지 단계적으로 변할 때 시스템의 응답을 시뮬레이션 하라. 전류와 각속도 응답을 도시하고 저장하라.
– 계자 제어. 일정한 전기자 전압이 $V_a = 100$ V라고 가정한다. 계자 전압이 75 V에서 50 V까지 단계적으로 변할 때 시스템의 응답을 시뮬레이션 하라. 이 과정

을 계자 약화(field weakening)라 한다. 전류와 각속도 응답을 그리고 저장하라.

15.25 관성 부하에 견고하게 연결되어 있는 영구자석 직류 모터에 대해서, 입력 전압으로부터 각속도로의 전달 함수와 부하 토크로부터 각속도로의 전달 함수를 구하라. 저항과 인덕턴스 파라미터 R_a, L_a를 가정하고, 전기자 상수를 k_a로 정한다. 이상적인 에너지 변환을 가정한다면 $k_a = k_T$가 된다. 모터는 관성 J_m과 감쇠 계수 b_m를 가지며, 관성 J와 감쇠 계수 b를 갖는 부하에 견고하게 연결되어 있다. 부하 토크 T_L은 모터에서 발생하는 자기 토크에 반하는 방향의 부하로 작용한다.

15.26 문제 15.25에서 모터와 관성 부하 사이의 커플링이 유연하다고(예를 들어, 긴 축) 가정한다. 이것은 모터 관성과 부하 관성 사이에 비틀림 스프링이 더해진 것으로 모델링할 수 있다. 이제, 더 이상 두 관성과 감쇠 계수가 마치 한 시스템인 것으로 취급할 수 없으므로, 두 관성에 대한 별도의 방정식을 수립하여야 한다. 따라서 이 시스템에 대한 식은 총 3개가 된다; 모터의 전기적 방정식, 모터의 기계적 방정식(J_m과 B_m), 부하의 기계적 방정식(J와 B)

a. 시스템 선도를 그려라.

b. 자유 물체도를 사용하여, 두 기계적 방정식을 구하라. 이를 행렬 형태로 나타내라.

c. 행렬식을 이용하여 입력 전압과 부하 속도 사이의 전달 함수를 계산하라.

15.27 권선형 직류 모터는 직권형과 분권형 형태로 접속되어 있다. 일반적인 저항과 인덕턴스 파라미터 R_a, R_f, L_a, L_f를 가정하고, 계자 자화 상수 k_f, 전기자 상수 k_a를 가정한다. 이상적인 에너지 변환을 가정한다면, $k_a = k_T$가 된다. 모터는 관성 J_m과 감쇠 계수 b_m를 가지며, 관성 J와 감쇠 계수 b인 부하에 견고하게 연결되어 있다.

a. 기계 및 전기 시스템 둘 다를 나타내는 시스템 수준의 선도를 도시하라.

b. 각 형태에서 모터의 토크–속도 곡선에 대한 방정식을 기술하라.

c. 각 형태에 대한 모터–부하 시스템의 미분 방정식을 구하라.

d. 각 시스템의 미분 방정식이 선형인지를 결정하라. 만일 하나 또는 둘 다가 비선형이면, 어떤 단순한 가정을 통하여 선형화시킬 수 있을까? 어떤 조건 하에서 선형화가 가능한지를 명확히 설명하라.

15.28 그림 P15.28에서의 분권형 직류 모터의 전기적 및 기계적 동역학을 설명하는 미분 방정식을 유도하고, 시스템의 시뮬레이션 블록 선도를 도시하라. 모터 상수는 전기자 상수 k_a, 토크 상수 k_T 및 계자 자화 상수 k_f이다.

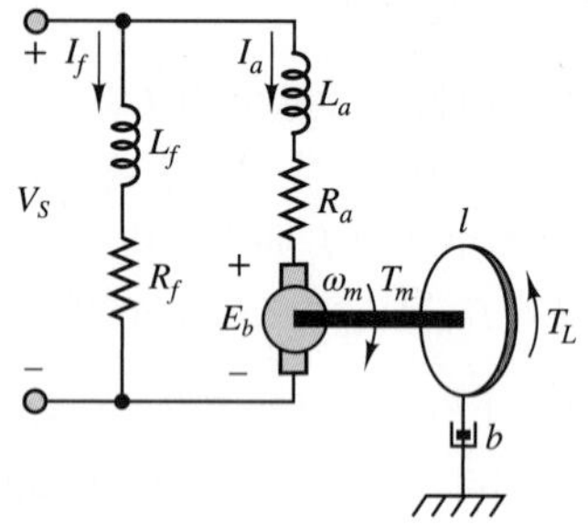

그림 P15.28

15.29 그림 P15.29에서의 직권형 직류 모터의 전기적 및 기계적 동역학을 설명하는 미분 방정식을 유도하고, 시스템의 시뮬레이션 블록 선도를 도시하라. 모터 상수는 전기자 상수 k_a, 토크 상수 k_T 및 계자 자화 상수 k_f이다.

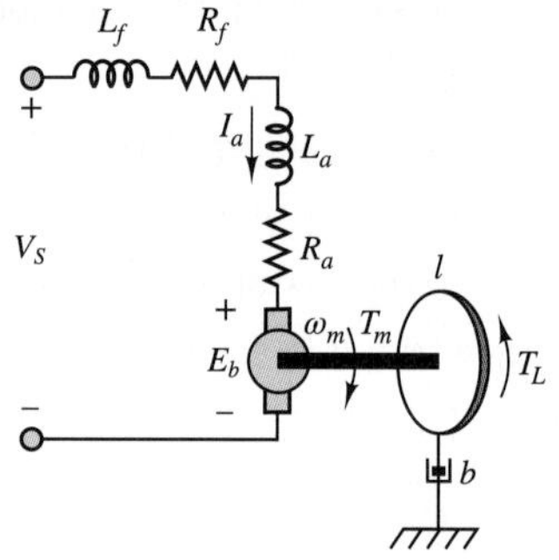

그림 P15.29

15.30 문제 15.28의 분권형 직류 모터에 대해서 Simulink 시뮬레이터를 나타내라. 다음 파라미터를 가정한다. L_a = 0.15 H, L_f = 0.05 H, R_a = 1.8 Ω, R_f = 0.2 Ω, k_a = 0.8 V-s/rad, k_T = 20 Nm/A, k_f = 0.20 Wb/A, b = 0.1 Nm-s/rad, J = 1 kg-m^2.

15.31 문제 15.29의 직권형 직류 모터에 대해서 Simulink 시뮬레이터를 나타내라. 다음 파라미터를 가정한다. $L = L_a + L_f$ = 0.2 H, $R = R_a + R_f$ = 2 Ω, k_a = 0.8 V-s/rad, k_T = 20 Nm/A, k_f = 0.20 Wb/A, b = 0.1 Nm-s/rad, J = 1 kg-m^2.

15.4절: 직류 발전기

15.32 120 V, 10 A 분권 발전기의 전기자 저항이 0.6 Ω이다. 분권 계자 전류가 2 A일 때, 발전기의 전압 변동률을 계산하라.

15.33 20 kW, 230 V 타여자 발전기의 전기자 저항이 0.2 Ω이고, 부하 전류가 100 A이다. 다음을 구하라.

a. 단자 전압이 230 V일 때 발생되는 전압

b. 출력 전력

15.34 10 kW, 120 V 직권 발전기의 전기자 저항이 0.1 Ω이고, 직권 계자 저항이 0.05 Ω이다. 정격 전력에서 정격 전류가 흐른다는 가정하에, (a) 전기자 전류와 (b) 발생되는 전압을 구하라.

15.35 30 kW, 440 V 분권 발전기의 전기자 저항이 0.1 Ω이고, 분권 계자 저항이 200 Ω일 때, 다음을 구하라.

a. 정격 부하에서 발생되는 전력

b. 부하, 계자 및 전기자 전류

c. 전력 손실

15.36 4극, 450 kW, 4.6 kV의 분권 발전기의 전기자 저항이 2 Ω이고, 계자 저항이 333 Ω이다. 발전기는 3,600 rpm의 정격 속도에서 동작하고 있다. 발전기의 무부하 전압과 반부하(half load)에서의 단자 전압을 구하라.

15.37 30 kW, 240 V 발전기가 1,800 rpm, 효율이 85%로 반부하(half load) 상태에서 운전되고 있다. 총 손실과 입력 전력을 구하라.

15.38 자여자 직류 분권 발전기가 200 rad/s의 속도로 구동될 때, 100 V의 전압으로 20 A의 전류를 공급한다. 자화 특성은 그림 P15.38에 나타나 있으며, $R_a = 1.0\ \Omega$과 $R_f = 100\ \Omega$이다. 발전기를 전선으로부터 분리할 때, 구동 모터 속도는 220 rad/s로 증가한다. 단자 전압은 얼마인가?

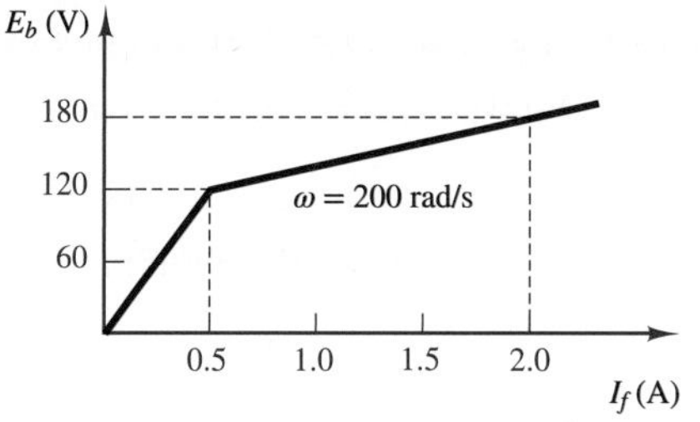

그림 P15.38

15.6절: 동기 발전기

15.39 자동차 발전기(alternator)의 정격이 500 VA와 20 V이며, 역률 0.85에서 정격 VA를 발생한다. 한 상의 저항은 0.05 Ω이고, 계자는 12 V에서 2 A의 전류를 필요로 한다. 만약 마찰손 및 풍손이 25 W이고 철손이 30 W라면, 정격 조건 하에서 퍼센트 효율을 계산하라.

15.40 2,300 V, 500 VA, 3상 동기 발전기의 동기 리액턴스 X_s와 전기자 저항 r_a가 시험에 의해서 각각 8.0 Ω과 0.1 Ω으로 결정되었다. 만약 기계가 지상 역률 0.867로 정격 부하와 전압에서 동작하고 있다면, 상당(per phase) 발생되는 전압과 토크 각을 구하라.

15.7절: 동기 모터

15.41 비돌극(nonsalient pole), Y 결선, 3상, 2극 동기기의 동기 리액턴스가 7 Ω이며, 저항과 회전 손실은 무시할 정도로 작다고 한다. 개방 회로 특성에서의 한 점이 3.32 A의 계자 전류에 대해 $V_o = 400$ V(상전압)로 주어진다. 이 동기기는 400 V의 단자 전압(상전압)을 가진 모터로 동작된다. 전기자 전류가 50 A이며, 역률은 0.85(진상)이다. E_b, 계자 전류, 발생 토크, 그리고 부하각 δ을 결정하라.

15.42 역률 0.6(지상)에서 900 kW를 취하는 공장 부하가 450 kW를 필요로 하는 동기 모터를 추가함으로써 증가되었다. 이 모터는 얼마의 역률에서 동작해야 하며, 만약 전체 역률이 0.9(지상)라면 KVA (kilovoltampere)는 얼마여야 하는가?

15.43 비돌극, Y 결선, 3상, 2극의 동기 발전기가 400 V(선간 전압), 60 Hz, 3상 전선에 연결되어 있다. 고정자 임피던스는 $0.5 + j1.6\ \Omega$(상당)이다. 발전기는 단위 역률에서 36 A의 정격 전류를 전달하고 있다. 이 부하에 대한 부하각과 이 조건에 대한 E_b를 구하라. $\mathbf{E}_b$, $\mathbf{I}_S$와 $\mathbf{V}_S$를 보여주는 페이저 선도를 도시하라.

15.44 비돌극, 3상, 2극의 동기 모터가 3상, Y 결선 부하에 병렬로 연결되어 있으며, 이때 한 상에 대한 등가 회로는 그림 P15.44에서와 같다. 이 병렬 조합은 220 V(선간 전압), 60 Hz, 3상선에 연결되어 있다. 부하 전류 $\mathbf{I}_L$은 0.866 역률(유도성)에서 25 A이다. 모터는 $X_S = 2\ \Omega$이며, −30°의 부하각에서 $I_f = 1$ A, $T = 50$ N-m이다. (모터에 대한 모든 손실들은 무시한다.) $\mathbf{I}_S$, 모터로의 입력 P_{in}, 전체 역

률(즉, $\mathbf{I}_1$과 $\mathbf{V}_S$ 사이의 각), 그리고 전선으로부터 인입되는 총 전력을 구하라.

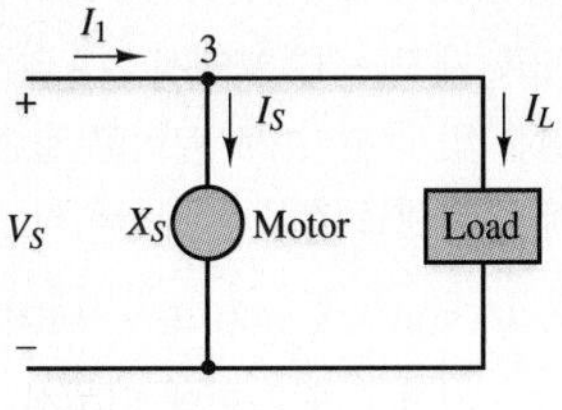

그림 P15.44

15.45 4극, 3상, Y 결선, 비돌극의 동기 모터가 10 Ω의 동기 리액턴스를 갖는다. 이 모터는 $230\sqrt{3}$ V(선간 전압), 60 Hz, 3상선에 연결되어 T_{shaft} = 30 N m의 부하를 구동하고 있다. 선전류는 15 A이며, 상전압보다 위상이 앞선다. 모든 손실들을 무시할 수 있다는 가정하에, 이 조건에 대한 부하각 δ와 E를 결정하라. 만약 부하가 제거된다면 선전류는 얼마가 되며, 이 전류의 위상은 전압보다 앞서는가 뒤지는가?

15.46 10 hp, 230 V, 60 Hz, 3상, Y 결선의 동기 모터는 역률 0.8(진상)에서 전부하를 전달한다. 동기 리액턴스는 6 Ω이고, 회전 손실은 230 W이며, 계자 손실은 50 W이다. 다음을 구하라.

a. 전기자 전류

b. 모터 효율

c. 부하각

고정자 권선 저항은 무시한다.

15.47 2,000 hp, 단위 역률, 3상, Y 결선, 2,300 V, 30극, 60 Hz 동기 모터는 상당 1.95 Ω의 동기 리액턴스를 갖는다. 모든 손실들은 무시한다. 최대 출력과 토크를 구하라.

15.48 1,200 V, 3상, Y 결선된 동기 모터가 1,200 rpm에서 어떤 부하를 구동할 때(계자 권선 손실을 제외하고) 110 kW를 필요로 한다. 모터의 역기전력은 2,000 V이며, 동기 리액턴스는 권선 저항을 무시할 때 상당 10 Ω이다. 선전류와 모터에 의해 발생되는 토크를 구하라.

15.49 600 V, 3상, Y 결선된 동기 모터의 상당 임피던스가 5 + j50 Ω이다. 모터는 역률 0.707(진상)에서 24 kW를 필요로 한다. 유도 전압과 모터의 부하각을 결정하라.

15.8절: 유도 모터

15.50 74.6 kW, 3상, 440 V(선간 전압), 4극, 60 Hz의 유도 모터가 고정자 회로에 대해서 다음과 같은 상당(per-phase) 파라미터를 가진다(그림 15.36 참고).

$$R_S = 0.06\ \Omega \quad X_S = 0.3\ \Omega \quad X_m = 5\ \Omega$$
$$R_R = 0.08\ \Omega \quad X_R = 0.3\ \Omega$$

무부하 입력 전력은 45 A의 전류에서 3,240 W이다. s = 0.02에서 선전류, 입력 전력, 발생 토크, 축토크 그리고 효율을 결정하라.

15.51 60 Hz, 4극, Y 결선된 유도 모터는 400 V(선간 전압), 3상, 60 Hz 선로에 연결되어 있다. 등가 회로 파라미터는 다음과 같다.

$$R_S = 0.2\ \Omega \quad R_R = 0.1\ \Omega$$
$$X_S = 0.5\ \Omega \quad X_R = 0.2\ \Omega$$
$$X_m = 20\ \Omega$$

이 모터가 1,755 rpm로 동작될 때 총 회전 손실과 표유 부하손은 800 W이다. 슬립, 입력 전류, 총 입력 전력, 발생 동력, 축토크 그리고 효율을 결정하라.

15.52 3상, 60 Hz 유도 모터의 극이 8개이며, 어떤 부하에 대해서 0.05의 슬립에서 동작한다. 다음을 구하라.

a. 고정자에 기준한 회전자의 속도

b. 고정자 자기장에 기준한 회전자의 속도

c. 회전자에 기준한 회전자 자기장의 속도

d. 고정자 자기장에 기준한 회전자 자기장의 속도

15.53 3상, 2극, 400 V(상당), 60 Hz 유도 모터가 어떤 속도에서 총 37 kW의 동력 P_m을 발생시킨다. 이 속도에서 회전 손실은 총 800 W이다. 표유 부하손은 무시한다.

a. 만약 회전자에 전달된 총 전력이 40 kW라면, 슬립과 출력 토크를 결정하라.

b. 만약 모터로 유입되는 총 전력 P_{in}이 45 kW이고, R_S가 0.5 Ω이라면, I_S Ω와 역률을 구하라.

15.54 25 Hz 유도 모터의 명판에 표시된 속도는 720 rpm이다. 만약 무부하 속도가 745 rpm이라면, 다음을 계산하라.

a. 슬립

b. 퍼센트 속도 변동률

15.55 농형 4극 유도 모터의 명판이 다음과 같은 정보를 보여준다. 25 hp, 220 V, 3상, 60 Hz, 830 rpm, 64 A의 선전류. 만약 모터가 전부하에서 동작할 때 20,800 W의 입력 전력을 필요로 한다면, 다음을 계산하라.

a. 슬립

b. 무부하 속도가 895 rpm일 때의 퍼센트 속도 변동률

c. 역률

d. 토크

e. 효율

15.56 60 Hz, 4극, Y 결선의 유도 모터가 200 V(선간 전압), 3상, 60 Hz 선로에 연결되어 있다. 등가 회로의 파라미터는 다음과 같다.

$R_S = 0.48\ \Omega$	Rotational loss torque = 3.5 N-m
$X_S = 0.8\ \Omega$	$R_R = 0.42\ \Omega$ (referred to stator)
$X_m = 30\ \Omega$	$X_R = 0.8\ \Omega$ (referred to stator)

모터가 슬립 $s = 0.04$에서 동작되고 있을 때 입력 전류, 입력 전력, 동력 및 축토크를 결정하라. 표유 부하손은 무시한다.

15.57

a. 3상, 220 V, 60 Hz 유도 모터가 1,140 rpm에서 구동된다. 최소 슬립을 위한 극의 수, 슬립 그리고 회전자 전류의 주파수를 결정하라.

b. 기동 전류의 감소를 위해서, 3상 농형 유도 모터가 선간 전압을 $V_s/2$로 감소시켜 기동된다. 어떤 인자에 의해서 기동 토크와 기동 전류가 감소되는가?

15.58 차량 견인에 사용되는 6극 유도 모터는 50 kW 입력 정격과 85% 효율을 갖는다. 만일 60 Hz에서 220 V가 공급된다면, 슬립이 0.04일 때의 모터 속도와 토크를 계산하라.

15.59 교류 유도기는 6극, 60 Hz, 240 V (rms)로 동작되도록 설계하였다. 기계가 10% 슬립을 가지고 동작할 때, 60 N-m의 토크를 생산한다.

a. 기계는 지금 50 N-m의 마찰 부하에 연결되어 사용되고 있다면, 기계의 속도와 슬립을 구하라.

b. 만일 기계가 92%의 효율을 갖는다면, a번과 같은 부하에서의 동작에 요구되는 최소 rms 전류는 얼마인가?

(힌트: 속도-토크 곡선이 관심 영역에서 대략 선형이라고 가정해도 된다.)

15.60 구속 회전자 시험(blocked-rotor test)이 5 hp, 220 V, 4극, 60 Hz의 3상 유도 모터에 수행되어, 다음과 같은 데이터를 얻었다. $V = 48$ V, $I = 18$ A, $P = 610$ W. 다음을 계산하라.

a. 상당 등가 고정자 저항 R_S

b. 상당 등가 회전자 저항 R_R

c. 상당 등가 구속 회전자 리액턴스 X_R

15.61 문제 15.60의 모터가 다음의 전압에서 기동될 때, 기동 토크를 계산하라.

a. 220 V

b. 110 V

기동 토크에 대한 방정식이 다음과 같다.

$$T = \frac{m}{\omega_e} \cdot V_S^2 \cdot \frac{R_R}{(R_R + R_S)^2 + (X_R + X_S)^2}$$

15.62 4극, 3상 유도 모터가 터빈 부하를 구동한다. 어떤 동작점에서 모터가 4% 슬립과 87% 효율을 갖는다. 모터는 $T_L = 20 + 0.006\omega^2$으로 주어진 토크-속도 특성으로 터빈을 구동한다. 모터-터빈 축에 토크를 구하고, 터빈에 전달된 총 전력을 구하라. 모터에 의해서 소비되는 총 전력은 얼마인가?

15.63 4극, 3상 유도 모터가 100 N-m의 부하에서 1,700 rpm로 회전한다. 모터의 효율은 88%이다.

a. 이 동작점에서 슬립을 구하라.

b. 일정 전력, 10 kW 부하에 대하여 기계의 동작 속도를 구하라.

c. 모터와 부하 토크-속도 곡선을 같은 그래프에 도시하고, 수치를 표시하라.

d. 모터에 의해서 소비되는 총 전력은 얼마인가?

15.64 (a) 60 Hz 선로와 (b) 50 Hz 선로에 연결된 6극, 3상 모터의 회전 자기장의 속도를 rpm과 rad/s 단위로 구하라.

15.65 6극, 3상, 440 V, 60 Hz 유도 모터가 다음과 같은 모델 임피던스를 가진다.

$R_S = 0.8\ \Omega$	$X_S = 0.7\ \Omega$
$R_R = 0.3\ \Omega$	$X_R = 0.7\ \Omega$
$X_m = 35\ \Omega$	

1,200 rpm의 속도에 대한 모터의 입력 전류와 역률을 계산하라.

15.66 8극, 3상, 220 V, 60 Hz 유도 모터가 다음과 같은 모델 임피던스를 가진다.

$$R_S = 0.78\ \Omega \qquad X_S = 0.56\ \Omega \qquad X_m = 32\ \Omega$$
$$R_R = 0.28\ \Omega \qquad X_R = 0.84\ \Omega$$

$s = 0.02$에 대해서 이 모터의 입력 전류와 역률을 구하라.

15.67 예제 15.2에서 주어진 명판에 대해서 정격 토크, 정격 볼트-암페어, 그리고 최대 연속 출력을 구하라.

15.68 어떤 3상 유도 모터가 정격 전압과 주파수에서 전부하 토크를 기준하여 140%의 기동 토크와 210%의 최대 토크를 가진다. 고정자 저항과 회전 손실은 무시하고, 회전자 저항은 일정하다고 가정한다. 다음을 결정하라.

a. 전부하에서 슬립

b. 최대 토크에서 슬립

c. 전부하 회전자 전류의 퍼센트로 표시한 기동 시의 회전자 전류

15.69 60 Hz, 4극, 3상 유도 모터가 35 kW의 동력을 발생시킨다. 어떤 동작점에서 모터가 4% 슬립과 87% 효율을 갖는다. 전력과 부하로 전달되는 토크와 모터에 의해서 소비되는 총 입력 전력을 계산하라.

15.70 4극, 3상 유도 모터의 부하가 140 N-m일 때, 16,800 rpm으로 회전한다. 모터의 효율은 85%이다.

a. 이 동작점에서 슬립을 구하라.

b. 일정 전력, 20 kW 부하에 대하여 기계의 동작 속도를 구하라.

c. b번의 부하에 대해서 모터와 부하 토크-속도 곡선을 같은 그래프에 도시하고, 수치를 표시하라.

15.71 교류 유도기는 6극을 가지며, 60 Hz, 240 V(rms)로 동작하도록 설계되었다. 유도기가 10% 슬립을 가지고 동작할 때 60 N-m의 토크를 생산한다.

a. 기계는 지금 800 W 일정 전력 부하가 연결되어 사용되고 있다. 앞서 언급한 부하가 사용될 때 기계의 속도와 슬립을 구하라.

b. 만일 기계가 89%의 효율을 갖는다면, a와 같은 부하에서의 동작에 요구되는 최소 rms 전류는 얼마인가?

(힌트: 속도-토크 곡선이 관심 영역에서 대략 선형이라고 가정해도 된다.)

15.9절: 전기 모터 드라이브

15.72 그림 15.45의 DC-DC 변환기가 직류 모터의 속도를 조절하기 위하여 사용된다. 공급전압이 120 V이고, 모터의 전기자 저항이 0.15 Ω이라 한다. 모터의 역기전력 상수가 0.05 V/rpm이고, 스위칭 주파수는 250 Hz이다. 모터 전류는 리플이 없으며, 120 rpm에서 125 A라 가정한다.

a. 변환기의 듀티 사이클 δ와 변환기의 온 시간(on time) t_1을 구하라.

b. 모터에 의해 흡수되는 평균 전력을 구하라.

c. 전원에 의해 공급되는 피상 전력을 구라.

15.73 그림 15.49의 회로가 견인 모터에서 회생 제동을 제공하기 위해 사용된다. 모터 상수는 0.25 V/rpm이고, 공급전압은 550 V이다. 전기자 저항은 $R_a = 0.15\ \Omega$, 모터 속도는 1,000 rpm, 모터 전류는 200 A이다.

a. 변환기의 듀티 사이클 δ를 구하라.

b. 배터리로 되돌아가는 평균 전력을 구하라.

15.74 그림 15.50의 2상한 변환기에서 사이리스터 S_1과 S_2가 시간 t_1 동안 on되어 있고, 시간 $T - t_1$ 동안 off된다고 가정한다. 여기서 T는 스위칭 주기이다. 공급 전압 V_S와 듀티 사이클 δ의 항으로 평균 출력 전압 $v_{o_{\text{avg}}}$을 나타내라.

15.75 부스트 변환기가 200 V의 이상 배터리 팩에 의해서 전력을 공급받는다. 부하 전압 파형은 온 시간이 0.5 ms이고, 주기가 3.0 ms인 사각파이다. 변환기 공급 전압의 평균값과 실효값을 구하라.

15.76 100 V 배터리 팩에 연결된 벅 변환기가 $R = 0.5\Omega$, $L = 1$ mH인 RL 부하에 전원을 공급한다. 사이리스터의 스위칭 파형은 온 시간이 1 ms이고, 주기가 3 ms이다. 부하 전압의 평균값과 배터리에 의해 공급되는 전력을 구하라.

15.77 문제 15.76의 변환기는 $R_a = 1\ \Omega$, $L_a = 2$ mH인 타여자 직류 모터에 전원을 공급하는 데 사용된다. 최저 동작 속도에서 역기전력 E_a는 15 V이다. 스위칭 주기가 4 ms이고, 듀티 사이클이 0.5일 때, 부하의 전류와 전압을 평균값을 계산하라.

15.78 $R_a = 0.33\ \Omega$, $L_a = 15$ mH인 타여자 직류 모터가, 0~2,000 rpm 범위에서 DC-DC 변환기에 의해서 제어되고 있다. 직류 전원은 220 V이다. 부하 토크가 일정하고, 평균 전기자 전류가 평균 25 A라고 할 때, 모터의 전기자 상수 $K_a\phi = 0.00167$ V-s/rad가 되도록 하는 듀티 사이클의 범위를 구하라.

15.79 10 kW, 240 V, 1,000 rpm의 정격을 갖는 타여자 직류 모터가 단상 제어 브리지 정류기(controlled bridge rectifier)에 의해 전원을 공급받는다. 전원은 정현파이며, 240 V, 60 Hz의 정격을 갖는다. 모터의 전기자 저항은 0.42 Ω이고, 모터 상수는 $K_a = 2$ V-s/rad이다. 부하 토크가 일정하다면, 0°와 20°의 점호각 α에서의 속도와 역률 및 효율을 계산하라. 연속적인 전도를 위해서 추가적인 인덕턴스가 있다고 가정한다.

15.80 10 kW, 300 V, 1,000 rpm의 정격을 갖는 타여자 직류 모터가 3상 제어 브리지 정류기에 의해 전원을 공급받는다. 전원은 정현파이며, 220 V, 60 Hz의 정격을 갖는다. 모터의 전기자 저항은 0.2 Ω이고, 모터 상수 $K_a = 1.38$ Vs/rad이다. 모터는 점호각 $\alpha = 0°$에서 정격 전력을 공급한다. 부하 토크가 일정하다면, 점호각 $\alpha = 30°$에서의 속도, 역률 및 효율을 계산하라. 연속적인 전도를 위해서 추가적인 인덕턴스가 있다고 가정한다.

15.81 그림 P15.81의 스위칭 모드 전원(switched-mode power supply)에서 부하 R_o에 흐르는 전류를 도시하라.

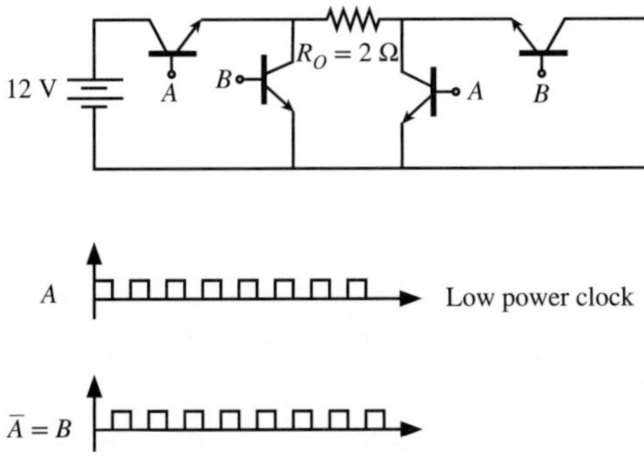

그림 P15.81

15.82 그림 P15.82의 스위칭 모드 전원에서 부하 전압 신호 v_o를 도시하라.

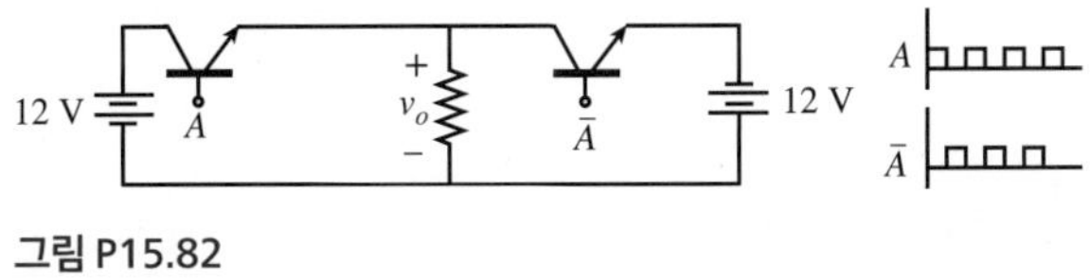

그림 P15.82

15.83 그림 P15.83의 스위칭 모드 전원은 직류를 3상 교류로 변환한다. 평형 3상 전원을 생성하기 위한 세 개의 저전력 클럭 입력 A, B, C에 대한 타이밍 선도를 도시하라. 또한 중성 복귀선(neural return wire)에서의 전류를 도시하라. 사이클의 주기는 표준화되었다고 가정한다.

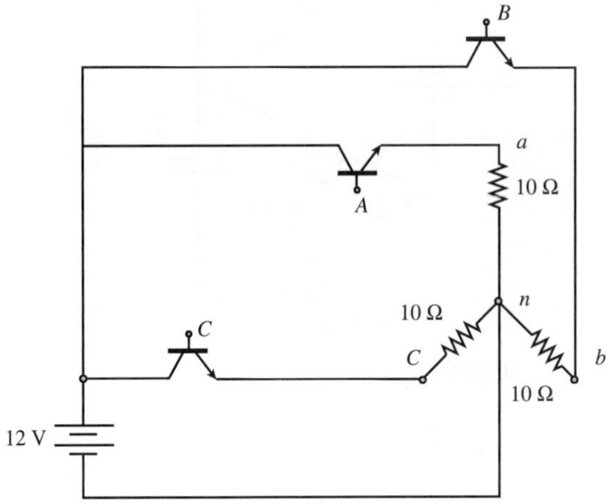

그림 P15.83

15.84 DC-DC 변환기는 직류 변압기로도 생각할 수 있다. 그림 15.84와 같은 DC-DC 변환기는 1.2V Ni-Cd 배터리를 12V 직류 전원으로 변환시켜 준다. 일반적인 변환기 "환산 이론"을 이용하여(13장 참고), 1.2 V 전원에 의해 공급되는 전력과 10 Ω의 부하로 공급되는 전력을 구하라.

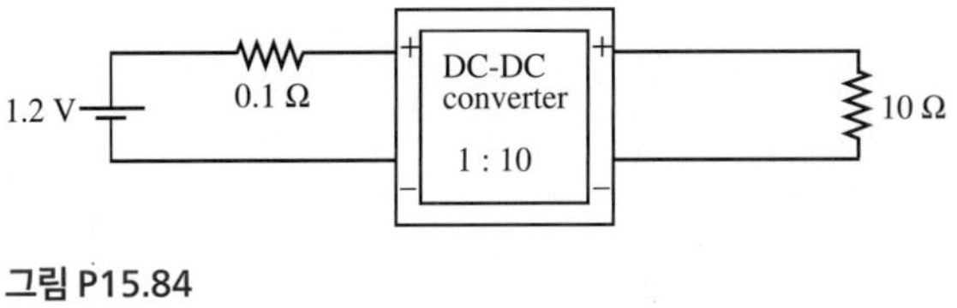

그림 P15.84

15.85 그림 P15.85는 스위칭 모드 전원(모든 트랜지스터가 스위칭 모드로 동작하는)의 "전하 펌프"를 보여준다. 555 타이머 칩은 2개의 입력인 타이머의 클럭(CLK)과 이의 역인 $\overline{CLK}$을 구동시킨다. CLK가 high일 때 $\overline{CLK}$는 low이

다. 클럭의 주파수가 상대적으로 높다고 가정할 때, 큰 저항 부하 R에 걸리는 전압을 구하라.

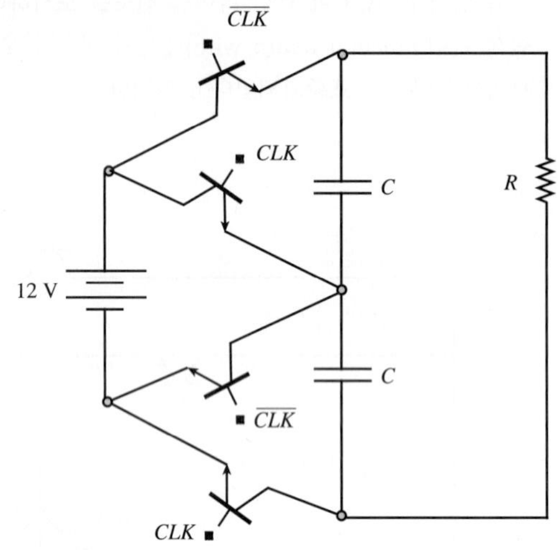

그림 P15.85

15.86 그림 P15.37은 직류를 3상 교류 전원으로 변환하는 스위칭 모드 전원이다. 부하가 평형 3상 사각파 소스를 볼 수 있도록, 고전류 전력 트랜지스터를 구동시키는 저전력 주기 신호 A, B, C를 시간에 대하여 도시하라.

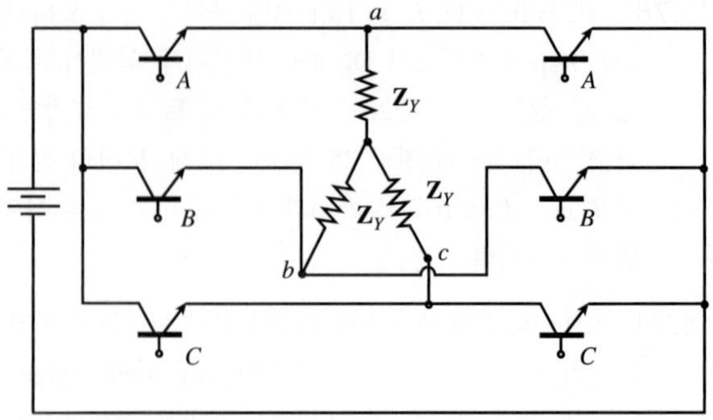

그림 P15.86

15.87 그림 P15.87과 같은 스위칭 모드 전원에서 부하 전압 신호 v_o을 도시하라.

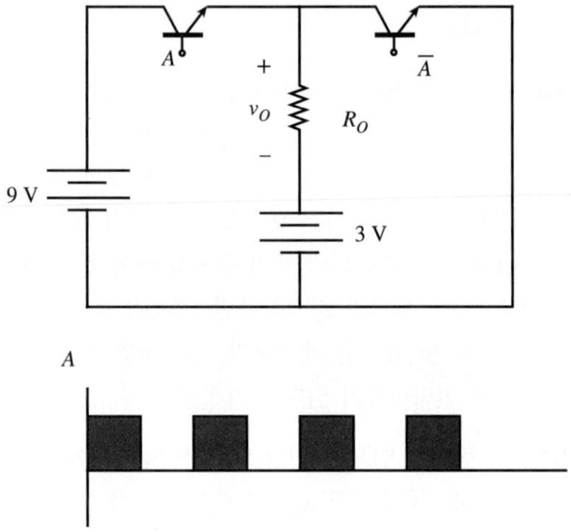

그림 P15.87

APPENDIX A 선형 대수학과 복소수

LINEAR ALGEBRA AND COMPLEX NUMBERS

A.1 선형 연립 방정식, 크래머의 법칙과 행렬 방정식 풀이

회로 이론에서 자주 보게 되는 연립 방정식의 해는 크래머(Cramer)의 법칙을 사용하여 비교적 쉽게 구할 수 있다. 이 방법은 2 × 2 또는 고차 시스템의 방정식에 적용된다. 크래머의 법칙은 행렬식(determinant) 개념의 사용을 필요로 한다. 행렬식의 방법은 체계적이고 일반적이며, 복잡한 문제를 풀기에 유용하기 때문에 가치가 있다. 행렬식은 다음과 같이 수치적인 값을 갖는 수들의 정방 배열로 정의된다.

$$\det(A) = |A| = \begin{vmatrix} a_{11} & a_{12} \\ a_{21} & a_{22} \end{vmatrix} \tag{A.1}$$

이 경우에 행렬식은 2행과 2열을 가진 2 × 2 배열이고, 행렬식은 다음과 같이 정의된다.

$$\det = a_{11}a_{22} - a_{12}a_{21} \tag{A.2}$$

3차 또는 3 × 3 행렬식은 다음과 같이

$$\det(A) = \begin{vmatrix} a_{11} & a_{12} & a_{13} \\ a_{21} & a_{22} & a_{23} \\ a_{31} & a_{32} & a_{33} \end{vmatrix} \tag{A.3}$$

3행과 3열을 가지며, 행렬식은 다음과 같다.

$$\begin{aligned} \det = {} & a_{11}(a_{22}a_{33} - a_{23}a_{32}) - a_{12}(a_{21}a_{33} - a_{23}a_{31}) \\ & + a_{13}(a_{21}a_{32} - a_{22}a_{31}) \end{aligned} \tag{A.4}$$

고차 행렬식에 대해서는 선형 대수학 책을 참고하기 바란다. 크래머의 법칙을 설명하기 위해, 여기서 일반적인 형태의 두 연립 방정식을 풀어볼 것이다. 2개의 미지수를 가진 2개의 선형 연립 대수 방정식은 다음과 같이 나타낼 수 있다.

$$\begin{aligned} a_{11}x_1 + a_{12}x_2 &= b_1 \\ a_{21}x_1 + a_{22}x_2 &= b_2 \end{aligned} \tag{A.5}$$

여기서 x_1과 x_2는 구해야 하는 2개의 미지수이고, 계수 a_{11}, a_{12}, a_{21}과 a_{22}는 알고 있는 양이다. 우변에 있는 두 양 b_1과 b_2 또한 알고 있다. (이들은 일반적으로 회로 문제에서 소스 전류와 소스 전압이다.) 이 연립 방정식은 식 (A.6)에서처럼 행렬 형태로 표현될 수 있다.

$$\begin{bmatrix} a_{11} & a_{12} \\ a_{21} & a_{22} \end{bmatrix} \begin{bmatrix} x_1 \\ x_2 \end{bmatrix} = \begin{bmatrix} b_1 \\ b_2 \end{bmatrix} \tag{A.6}$$

식 (A.6)에서 미지의 변수 벡터가 곱해진 계수 행렬은 우변의 벡터와 같게 된다. 다음과 같이 크래머의 법칙을 사용하여 x_1과 x_2를 구할 수 있다.

$$x_1 = \frac{\begin{vmatrix} b_1 & a_{12} \\ b_2 & a_{22} \end{vmatrix}}{\begin{vmatrix} a_{11} & a_{12} \\ a_{21} & a_{22} \end{vmatrix}} \qquad x_2 = \frac{\begin{vmatrix} a_{11} & b_1 \\ a_{21} & b_2 \end{vmatrix}}{\begin{vmatrix} a_{11} & a_{12} \\ a_{21} & a_{22} \end{vmatrix}} \tag{A.7}$$

그러므로 해는 두 행렬식의 비로 주어진다. 이때 분모는 계수 행렬의 행렬식이고, 분자는 계수 행렬에서 원하는 변수에 해당하는 열(즉, x_1에 대해서는 첫째 열, x_2에 대해서는 둘째 열 등)이 우변 벡터(이 경우에서는 $[b_1\ b_2]^T$)에 의해서 치환된 행렬식이다. 회로 해석 문제에서, 계수 행렬은 저항(또는 컨덕턴스) 값에 의해서 형성되고, 미지수의 벡터는 망전류(또는 노드 전압)로 구성되며, 우변 벡터는 소스 전류 또는 소스 전압을 포함한다.

사실 고차 선형 방정식의 해를 구하기 위해서는 많은 계산이 요구되므로, 다양한 컴퓨터 소프트웨어 패키지들이 자주 사용된다.

연습 문제

A.1 크래머의 법칙을 이용하여, 다음 시스템의 해를 구하라.

$$\begin{aligned} 5v_1 + 4v_2 &= 6 \\ 3v_1 + 2v_2 &= 4 \end{aligned}$$

A.2 크래머의 법칙을 이용하여, 다음 시스템의 해를 구하라.

$$\begin{aligned} i_1 + 2i_2 + i_3 &= 6 \\ i_1 + i_2 - 2i_3 &= 1 \\ i_1 - i_2 + i_3 &= 0 \end{aligned}$$

A.3 다음과 같은 선형 방정식의 시스템을 식 (A.6)과 같이 행렬 방정식으로 변환하고, 행렬 A와 b를 구하라.

$$\begin{aligned} 2i_1 - 2i_2 + 3i_3 &= -10 \\ -3i_1 + 3i_2 - 2i_3 + i_4 &= -2 \\ 5i_1 - i_2 + 4i_3 - 4i_4 &= 4 \\ i_1 - 4i_2 + i_3 + 2i_4 &= 0 \end{aligned}$$

Answers: A1: $v_1 = 2, v_2 = -1$; A2: $i_1 = 1, i_2 = 2, i_3 = 1$; A3:

$$A = \begin{bmatrix} 2 & -2 & 3 & 0 \\ -5 & 3 & -2 & 1 \\ 5 & -1 & 4 & -4 \\ 1 & -4 & 1 & 2 \end{bmatrix}, \; b = \begin{bmatrix} -10 \\ -2 \\ 4 \\ 0 \end{bmatrix}.$$

A.2 복소 대수학의 소개

처음 산수를 배울 때부터, 고정점으로부터 한 방향이나 다른 방향으로의 거리를 측정하는 데 사용될 수 있는 4, −2, $\frac{5}{8}$, π, e 등과 같은 실수를 다루어 왔다. 그러나 다음과 같은 방정식을 만족하는 x와 같은 수는 실수가 아니다.

$$x^2 + 9 = 0 \tag{A.8}$$

식 (A.8)과 같은 방정식의 해를 구하기 위해서 허수(imaginary number)가 도입된다. 허수는 우리의 수 체계에 새로운 차원을 더해준다. 허수를 다루기 위해서 다음과 같은 성질을 갖는 새로운 요소인 j가 수 체계에 추가된다.

$$j^2 = -1 \tag{A.9}$$

또는

$$j = \sqrt{-1}$$

그러므로 $j^3 = -j$, $j^4 = 1$, $j^5 = j$ 등이 성립된다. 식 (A.9)를 사용하여 식 (A.8)의 해가 $\pm j3$임을 알 수 있다. 수학에서는 허수 단위로 i를 주로 사용하지만, 이러한 기호는 전기공학에서의 전류와 혼동될 수 있다. 따라서 이 책에서는 기호 j가 사용된다.

복소수(이후 굵은 활자로 표시된)는 다음과 같은 형태의 표현이다.

$$\mathbf{A} = a + jb \tag{A.10}$$

여기서 a와 b는 실수이다. 복소수 **A**는 실수부 a와 허수부 b를 가지며, 다음과 같이 표현된다.

$$\begin{aligned} a &= \text{Re}\,\mathbf{A} \\ b &= \text{Im}\,\mathbf{A} \end{aligned} \tag{A.11}$$

a와 b 모두 실수라는 것을 아는 것이 중요하다. 복소수 $a + jb$는 복소 평면(complex plane)이라 부르는 직교좌표 평면상에 점 (a, b)로 나타낼 수 있다. 즉, 그림 A.1에서처럼, 수평 좌표는 실수축 상에 있는 a이고, 수직 좌표는 허수축 상에 있는 b이다. 또한 그림 A.1에서 보듯이, 복소수 $\mathbf{A} = a + jb$는 복소 평면상에서 원점으로부터 직선 거리 r과 실수축과 이 직선이 만드는 각도 θ를 명시함으로써 유일하게 결정될 수 있다. 그림 A.1의 직각 삼각형으로부터 다음 관계를 구할 수 있다.

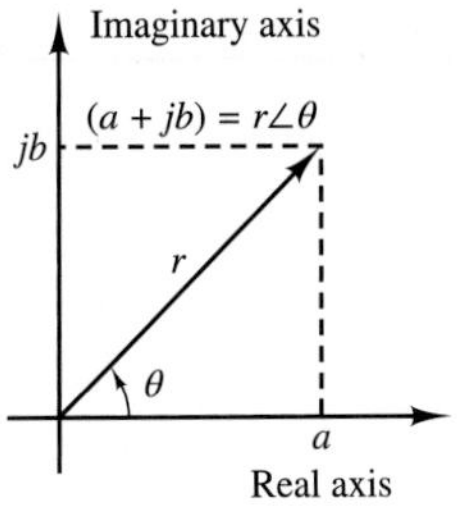

그림 A.1 복소수의 극형식 표현

$$
\begin{aligned}
r &= \sqrt{a^2+b^2} \\
\theta &= \tan^{-1}\left(\frac{b}{a}\right) \\
a &= r\cos\theta \\
b &= r\sin\theta
\end{aligned} \tag{A.12}
$$

그러면 복소수를 다음과 같이 표시할 수도 있다.

$$\mathbf{A} = re^{j\theta} = r\angle\theta \tag{A.13}$$

이러한 표현은 복소수의 극좌표 형식 또는 간단히 극형식(polar form)이라 불린다. r은 크기(magnitude)라 하며, θ는 각도[또는 편각(argument)]라 한다. 이 두 수는 보통 $r = |\mathbf{A}|$와 $\theta + \arg \mathbf{A} = \angle\mathbf{A}$로 표시된다.

복소수 $\mathbf{A} = a + jb$가 주어지면, $\mathbf{A}^*$로 표시되는 $\mathbf{A}$의 공액 복소수(complex conjugate)가 다음 등식에 의해 정의된다.

$$
\begin{aligned}
\text{Re } \mathbf{A}^* &= \text{Re } \mathbf{A} \\
\text{Im } \mathbf{A}^* &= -\text{Im } \mathbf{A}
\end{aligned} \tag{A.14}
$$

즉, 허수부의 부호가 공액 복소수에서는 반대가 된다.

결국 두 복소수가 동일하기 위해서는 실수부가 동일하고, 허수부도 동일하여야 한다. 이는 크기와 편각이 동일하다면, 두 복소수가 동일하다는 것과 등가이다.

다음 예제와 연습 문제는 이 설명들을 분명하게 이해하도록 도와 줄 것이다.

예제 A.1

문제

복소수 $\mathbf{A} = 3 + j4$를 극형식으로 변환하라.

풀이

$$r = \sqrt{3^2+4^2} = 5 \qquad \theta = \tan^{-1}\left(\frac{4}{3}\right) = 53.13°$$

$$\mathbf{A} = 5\angle 53.13°$$

예제 A.2

문제

수 $\mathbf{A} = 4\angle(-60°)$를 복소수 형식으로 변환하라.

풀이

$$
\begin{aligned}
a &= 4\cos(-60°) = 4\cos(60°) = 2 \\
b &= 4\sin(-60°) = -4\sin(60°) = -2\sqrt{3}
\end{aligned}
$$

그러므로, $\mathbf{A} = 2 - j2\sqrt{3}$

복소수의 덧셈과 뺄셈은 다음과 같은 규칙에 따라 이루어진다.

$$\begin{aligned}(a_1 + jb_1) + (a_2 + jb_2) &= (a_1 + a_2) + j(b_1 + b_2)\\ (a_1 + jb_1) - (a_2 + jb_2) &= (a_1 - a_2) + j(b_1 - b_2)\end{aligned} \tag{A.15}$$

극형식에서 복소수의 곱셈은 지수 법칙을 따른다. 즉, 아래에서 보듯이 곱의 크기는 개별 크기들의 곱이고, 곱의 각도는 개별 각도의 합이다.

$$\mathbf{AB} = (Ae^{j\theta})(Be^{j\phi}) = ABe^{j(\theta+\phi)} = AB\angle(\theta + \phi) \tag{A.16}$$

만약 복소수가 직교좌표 형식으로 주어지고, 곱이 직교좌표 형식으로 구해지길 바란다면, 다음 식에서 설명하듯이 $j^2 = -1$을 사용하여 곱셈을 직접 수행하는 것이 더 편리할 수 있다.

$$\begin{aligned}(a_1 + jb_1)(a_2 + jb_2) &= a_1a_2 + ja_1b_2 + ja_2b_1 + j^2b_1b_2\\ &= (a_1a_2 + j^2b_1b_2) + j(a_1b_2 + a_2b_1)\\ &= (a_1a_2 - b_1b_2) + j(a_1b_2 + a_2b_1)\end{aligned} \tag{A.17}$$

극형식에서 복소수의 나눗셈도 지수 법칙을 따른다. 즉, 식 (A.18)에서와 같이 몫의 크기는 개별 크기들의 몫이고, 몫의 각도는 개별 각도들의 차이다.

$$\frac{\mathbf{A}}{\mathbf{B}} = \frac{Ae^{j\theta}}{Be^{j\phi}} = \frac{A\angle\theta}{B\angle\phi} = \frac{A}{B}\angle(\theta - \phi) \tag{A.18}$$

직교 형식에서 나눗셈은 분모의 공액 복소수를 분자와 분모에 각각 곱하여 얻을 수 있다. 분모와 공액 복소수의 곱은 분모를 실수로 변환시켜 나누기를 쉽게 해준다. 이는 예제 A.4에서 다루어진다. 극형식에서 복소수의 급수와 제곱근은 식 (A.19)와 (A.20)에서처럼 지수 법칙을 따른다.

$$\mathbf{A}^n = (Ae^{j\theta})^n = A^ne^{jn\theta} = A^n\angle n\theta \tag{A.19}$$

$$\begin{aligned}\mathbf{A}^{1/n} &= (Ae^{j\theta})^{1/n} = A^{1/n}e^{j1/n\theta}\\ &= \sqrt[n]{A}\angle\left(\frac{\theta + k2\pi}{n}\right) \qquad k = 0, \pm1, \pm2, \ldots\end{aligned} \tag{A.20}$$

예제 A.3

문제

$\mathbf{A} = 2 + j3$과 $\mathbf{B} = 5 - j4$로 주어질 때 다음 연산을 수행하라.

(a) $\mathbf{A} + \mathbf{B}$ (b) $\mathbf{A} - \mathbf{B}$ (c) $2\mathbf{A} + 3\mathbf{B}$

풀이

$$\mathbf{A} + \mathbf{B} = (2 + 5) + j[3 + (-4)] = 7 - j$$

$$\mathbf{A} - \mathbf{B} = (2 - 5) + j[3 - (-4)] = -3 + j7$$

c번에서 $2\mathbf{A} = 4 + j6$이고, $3\mathbf{B} = 15 - j12$이다. 그러므로 $2\mathbf{A} + 3\mathbf{B} = (4 + 15) + j[6 + (-12)] = 19 - j6$

예제 A.4

문제

$\mathbf{A} = 3 + j3$이고 $\mathbf{B} = 1 + j\sqrt{3}$으로 주어질 때 직교 형식과 극형식만으로 다음 연산들을 수행하라.

(a) **AB** (b) **A** ÷ **B**

풀이

(a) 직교 형식:

$$\begin{aligned}\mathbf{AB} &= (3+j3)(1+j\sqrt{3}) = 3 + j3\sqrt{3} + j3 + j^2 3\sqrt{3} \\ &= \left(3 + j^2 3\sqrt{3}\right) + j(3 + 3\sqrt{3}) \\ &= (3 - 3\sqrt{3}) + j(3 + 3\sqrt{3})\end{aligned}$$

극형식으로 답을 얻기 위해 **A**와 **B**를 극형식으로 변환할 필요가 있다.

$$\begin{aligned}\mathbf{A} &= 3\sqrt{2}e^{j45^\circ} = 3\sqrt{2}\angle 45^\circ \\ \mathbf{B} &= \sqrt{4}e^{j60^\circ} = 2\angle 60^\circ\end{aligned}$$

그러면

$$\mathbf{AB} = \left(3\sqrt{2}e^{j45^\circ}\right)\sqrt{4}e^{j60^\circ} = 6\sqrt{2}\angle 105^\circ$$

(b) **A** ÷ **B**를 직교 형식으로 구하기 위해 $\mathbf{B}^*$를 **A**와 **B**에 곱한다.

$$\frac{\mathbf{A}}{\mathbf{B}} = \frac{3+j3}{1+j\sqrt{3}}\frac{1-j\sqrt{3}}{1-j\sqrt{3}}$$

그러면

$$\frac{\mathbf{A}}{\mathbf{B}} = \frac{(3+3\sqrt{3}) + j(3-3\sqrt{3})}{4}$$

극형식으로 동일한 연산이 다음과 같이 수행될 수 있다.

$$\frac{\mathbf{A}}{\mathbf{B}} = \frac{3\sqrt{2}\angle 45^\circ}{2\angle 60^\circ} = \frac{3\sqrt{2}}{2}\angle(45^\circ - 60^\circ) = \frac{3\sqrt{2}}{2}\angle(-15^\circ)$$

오일러 항등식

오일러 공식은 복소수를 편각으로 나타내기 위해 지수 함수의 일반적인 정의를 확장시킨다.

$$e^{j\theta} = \cos\theta + j\sin\theta \tag{A.21}$$

복소 평면에서 모든 표준 삼각함수 공식들은 오일러 공식의 직접적인 결과이다. 2개의 중요한 공식이 다음과 같다.

$$\cos\theta = \frac{e^{j\theta} + e^{-j\theta}}{2} \qquad \sin\theta = \frac{e^{j\theta} - e^{-j\theta}}{2j} \tag{A.22}$$

예제 A.5

문제

오일러 공식을 사용하여 다음을 보여라.

$$\cos\theta = \frac{e^{j\theta} + e^{-j\theta}}{2}$$

풀이

오일러 공식을 사용하여

$$e^{j\theta} = \cos\theta + j\sin\theta$$

위에 공식을 확장하여, 다음을 얻을 수 있다.

$$e^{-j\theta} = \cos(-\theta) + j\sin(-\theta) = \cos\theta - j\sin\theta$$

그래서

$$\cos\theta = \frac{e^{j\theta} + e^{-j\theta}}{2}$$

연습 문제

A.4 어떤 교류 회로에서 $\boldsymbol{V} = \boldsymbol{IZ}$이다. 여기서 $\boldsymbol{Z} = 7.75\angle 90°$, $\boldsymbol{I} = 2\angle -45°$이다. $\boldsymbol{V}$를 구하라.

A.5 어떤 교류 회로에서 $\boldsymbol{V} = \boldsymbol{IZ}$이다. 여기서 $\boldsymbol{Z} = 5\angle 28°$, $\boldsymbol{V} = 30\angle 45°$이다. $\boldsymbol{I}$를 구하라.

A.6 예제 A.4에서 $\boldsymbol{AB}$의 극형식이 직교 형식과 등가라는 것을 보여라.

A.7 예제 A.4에서 $\boldsymbol{A} \div \boldsymbol{B}$의 극형식이 직교 형식과 등가라는 것을 보여라.

A.8 오일러 공식을 사용하여 $\sin\theta = (e^{j\theta} - e^{-j\theta})/2j$임을 보여라.

Answer: A4: $\boldsymbol{V} = 15.5\angle 45°$; A5: $\boldsymbol{I} = 6\angle(-37°)$

APPENDIX

B 라플라스 변환

THE LAPLACE TRANSFORM

1차 및 2차 회로에 대해서 4장에서 설명하였던 과도 해석 방법은 고차 회로에 적용할 때는 다소 복잡하고 번거롭게 된다. 게다가 미분 방정식의 해를 직접 구하면 회로의 과도 응답과 주파수 응답 사이에 존재하는 강한 연관성을 알기 어렵다. 이 부록의 목적은 복소 주파수와 **라플라스 변환**(Laplace transform)의 개념에 근거한 또 다른 해법을 소개하는 데 있다. 즉, 라플라스 변환 방법으로 해석하면 선형 회로의 주파수 응답은 회로의 일반적인 과도 응답의 특수한 경우에 지나지 않는다는 점을 이 절에서 보이고자 한다. 또한, 라플라스 변환 방법을 사용하면 극점, 영점 및 전달 함수와 같은 시스템의 개념을 도입할 수 있다.

B.1 복소 주파수

3장에서 다음과 같은 정현파 가진(sinusoidal excitation)을 갖는 회로를 고려하였다.

$$v(t) = A\cos(\omega t + \phi) \tag{B.1}$$

이는 등가의 페이저 형태로 다음과 같이 나타낼 수도 있다.

$$\mathbf{V}(j\omega) = Ae^{j\phi} = A\angle\phi \tag{B.2}$$

그러므로 위의 두 식 사이에는

$$v(t) = \text{Re}(\mathbf{V}e^{j\omega t}) \tag{B.3}$$

가 성립된다. 3장에서 보았던 것처럼, 페이저 표시는 교류 정상상태 회로의 해를 구하는 데 매우 유용하다. 이때 회로 내의 전압과 전류는 정상상태 정현파가 된다. 이제 회로의 과도 해석에 유용한 다른 종류의 파형, 즉 감쇠 정현파(damped sinusoid)

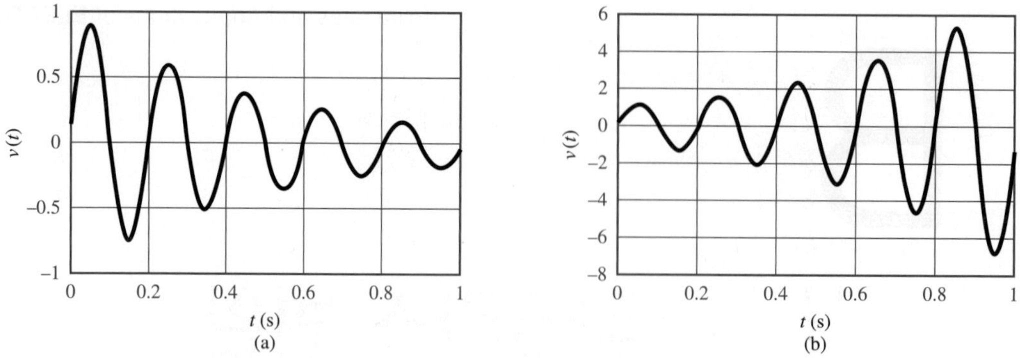

그림 B.1 (a) 지수적으로 감쇠하는 음의 σ에 대한 감쇠 정현파 (b) 지수적으로 증가하는 양의 σ에 대한 감쇠 정현파

를 고려해 보자. 가장 일반적인 감쇠 정현파의 형태는

$$v(t) = Ae^{\sigma t}\cos(\omega t + \phi) \tag{B.4}$$

이다. 일반적으로 볼 수 있는 감쇠 정현파는 실수 지수 함수 $e^{\sigma t}$가 곱해진 정현파이다. 상수 σ는 실수이고, 대부분의 실제 회로에는 일반적으로 0 또는 음수이다. 그림 B.1(a)와 (b)는 각각 음의 σ와 양의 σ를 가진 감쇠 정현파를 나타내고 있다. $\sigma = 0$인 경우가 정현파형에 정확히 해당한다. 3장에서 논의한 페이저 전압과 전류의 정의는 복소 주파수라 불리는 새로운 변수 s를 다음과 같이 정의함으로써 감쇠 정현 파형의 경우를 설명하기 위해 쉽게 확장될 수 있다.

$$s = \sigma + j\omega \tag{B.5}$$

$\sigma = 0$인 특별한 경우는 $s = j\omega$인 정상상태 정현파의 경우에 해당한다. 이제 $v(t)$의 **복소 주파수 영역** 표현으로 복소 변수 $\mathbf{V}(s)$를 언급할 것이다. 회로 해석의 관점에서 라플라스 변환의 사용은 페이저 해석과 모든 면에서 유사하다. 즉, 새로운 표시법(즉, 라플라스 변환)을 사용하여 회로를 나타내기 위해 필요한 유일한 단계는 $j\omega$를 변수 s로 치환하는 것이다.

연습 문제

B.1 다음과 관련된 복소 주파수를 구하라.

a. $5e^{-4t}$ b. $\cos 2\omega t$ c. $\sin(\omega t + 2\theta)$ d. $4e^{-2t}\sin(3t - 50°)$ e. $e^{-3t}(2 + \cos 4t)$

B.2 만약 $v(t)$가 다음과 같이 주어질 때 s와 $\mathbf{V}(s)$를 구하라.

a. $5e^{-2t}$ b. $5e^{-2t}\cos(4t + 10°)$ c. $4\cos(2t - 20°)$

B.3 다음에 대해 $v(t)$를 구하라.

a. $s = -2$, $\mathbf{V} = 2\angle 0°$ b. $s = j2$, $\mathbf{V} = 12\angle -30°$ c. $s = -4 + j3$, $\mathbf{V} = 6\angle 10°$

Answers: **B.1:** a. -4; b. $\pm j2\omega$; c. $\pm j\omega$; d. $-2 \pm j3$; e. -3 and $-3 \pm j4$. **B.2:** a. -2, $5\angle 0°$; b. $-2 + j4$, $5\angle 10°$; c. $j2$, $4\angle -20°$. **B.3:** a. $2e^{-2t}$; b. $12\cos(2t - 30°)$; c. $6e^{-4t}\cos(3t + 10°)$

임피던스, 어드미턴스, KVL, KCL, 테브닌과 노턴의 이론 등과 같은 교류 회로망 해석에 사용된 모든 개념과 규칙(3장 참고)은 정확히 감쇠 정현파 경우에도 성립된다. 복소 주파수 영역에서 전류 $\mathbf{I}(s)$와 전압 $\mathbf{V}(s)$는 다음과 같이 연관된다.

$$\mathbf{V}(s) = \mathbf{Z}(s)\mathbf{I}(s) \tag{B.6}$$

여기서 $\mathbf{Z}(s)$는 $j\omega$ 대신에 s로 표현된 임피던스이다. $\mathbf{Z}(j\omega)$로부터 $j\omega$를 s로 간단히 치환하여 $\mathbf{Z}(s)$를 얻을 수 있다. 저항 R에 대한 임피던스는

$$Z_R(s) = R \tag{B.7}$$

이며, 인덕턴스 L에 대한 임피던스는

$$Z_L(s) = sL \tag{B.8}$$

이고, 커패시턴스 C에 대한 임피던스는

$$Z_C(s) = \frac{1}{sC} \tag{B.9}$$

이다. 직렬 또는 병렬 임피던스들은 단지 $j\omega$를 s로 치환한 것이기 때문에, 교류 정상 상태 경우와 동일한 방법으로 결합된다.

예제 B.1

복소 주파수

문제

복소 임피던스를 이용해서, 감쇠 지수 전압에 대한 직렬 RL 회로의 응답을 구하라.

풀이

기지: 소스 전압, 저항, 인덕턴스

미지: 직렬 전류 $i_L(t)$에 대한 시간 영역 표현

주어진 데이터 및 그림: $v_s(t) = 10e^{-2t}\cos(5t)$ V, $R = 4\ \Omega$, $L = 2$ H

가정: 없음

해석: 입력 전압 페이저는 다음과 같이 표현된다.

$$\mathbf{V}(s) = 10\angle 0 \text{ V}$$

전압원이 보는 임피던스는

$$\mathbf{Z}(s) = R + sL = 4 + 2s$$

이고, 따라서 직렬 전류는 다음과 같다.

$$\mathbf{I}(s) = \frac{\mathbf{V}(s)}{\mathbf{Z}(s)} = \frac{10}{4+2s} = \frac{10}{4+2(-2+j5)} = \frac{10}{j10} = j1 = 1\angle\left(-\frac{\pi}{2}\right)$$

그러므로 전류에 대한 시간 영역 표현은 다음과 같다.

$$i_L(t) = e^{-2t}\cos(5t - \pi/2) \quad \text{A}$$

참조: 여기서 소개된 페이저 해석 방법은 s(감쇠 정현 주파수)와 관련된 3장에서 소개된 복소 주파수 $j\omega$(정상상태 정현 주파수)와 완전히 유사하다.

전달 함수(transform function) $\boldsymbol{H}(s)$는 전압 대 전류의 비, 전압 대 전압의 비, 전류 대 전류의 비 또는 전류 대 전압의 비로 정의할 수 있다. 전달 함수 $\boldsymbol{H}(s)$는 회로 소자들과 그들의 상호 연결에 의존하는 함수이다. 회로의 입력(전압 또는 전류)을 알고 있다면, 전달 함수를 사용하여 복소 주파수 영역에서 또는 시간 영역에서 출력에 대한 표현을 구할 수 있다. 예제에서 가정한 것처럼 $\mathbf{V}_i(s)$와 $\mathbf{V}_o(s)$는 복소 주파수 표시에서 각각 입력과 출력 전압이다. 그러면 전달 함수는

$$\boldsymbol{H}(s) = \frac{\mathbf{V}_o(s)}{\mathbf{V}_i(s)} \tag{B.10}$$

이 되며, 이로부터 복소 주파수 영역에서 출력을 다음과 같이 얻을 수 있다.

$$\mathbf{V}_o(s) = \boldsymbol{H}(s)\mathbf{V}_i(s) \tag{B.11}$$

만약 $\mathbf{V}_i(s)$가 알고 있는 감쇠 정현파라면, 앞서 설명된 방법에 의해 $\mathbf{V}_o(s)$를 결정할 수 있다.

연습 문제

B.4 전달 함수 $\boldsymbol{H}(s) = 3(s+2)/(s^2+2s+3)$과 입력 $\mathbf{V}_i(s) = 4\angle 0°$가 주어질 때 강제 응답 $v_o(t)$를 구하라.

a. $s = -1$ b. $s = -1 + j1$ c. $s = -2 + j1$

B.5 전달 함수 $\boldsymbol{H}(s) = 2(s+4)/(s^2+4s+5)$와 입력 $\mathbf{V}_i(s) + 6\angle 30°$이 주어질 때 강제 응답 $v_o(t)$를 구하라.

a. $s = -4 + j1$ b. $s = -2 + j2$

Answers: **B.4:** a. $6e^{-t}$; b. $12\sqrt{2}e^{-t}\cos(t+45°)$; c. $6e^{-2t}\cos(t+135°)$.
B.5: a. $3e^{-4t}\cos(t+165°)$; b. $8\sqrt{2}e^{-2t}\cos(2t-105°)$

B.2 라플라스 변환

프랑스 수학자이자 천문학자인 Pierre Simon de Laplace의 이름을 따서 지은 라플라스 변환은 다음과 같이 정의된다.

$$\mathcal{L}[f(t)] = \boldsymbol{F}(s) = \int_0^\infty f(t)e^{-st}dt \tag{B.12}$$

함수 $\boldsymbol{F}$(s)는 $f(t)$의 라플라스 변환이고, 앞서 고려된 복소 주파수 $s = \sigma + j\omega$의 함수이다. 여기서, $f(t)$는 $t \geq 0$에 대해서만 정의된다는 점을 주목하라. 함수 $f(t)$가 양수 t에 대해서만 계산되기 때문에 **일방향**(one-sided 또는 unilateral) **라플라스 변환**으로 부르기도 한다. 양의 시간에 대해서만 편리하게 임의의 함수를 표시하기 위해 다음과 같이 정의된 **단위 계단 함수**라 불리는 특수한 함수 $u(t)$를 도입한다.

$$u(t) = \begin{cases} 0 & t < 0 \\ 1 & t > 0 \end{cases} \tag{B.13}$$

예제 B.2

라플라스 변환의 계산

문제

$f(t) = e^{-at}u(t)$의 라플라스 변환을 구하라.

풀이

기지: 라플라스 변환될 함수

미지: $\boldsymbol{F}(s) = \mathcal{L}[f(t)]$

주어진 데이터 및 그림: $f(t) = e^{-at}u(t)$

가정: 없음

해석: 식 (B.12)로부터

$$\boldsymbol{F}(s) = \int_0^\infty e^{-at}e^{-st}dt = \int_0^\infty e^{-(s+a)t}dt = \frac{1}{s+a}e^{-(s+a)t}\Big|_0^\infty = \frac{1}{s+a}$$

참조: 표 B.1은 일반적인 라플라스 변환 쌍을 열거한다.

예제 B.3

라플라스 변환의 계산

문제

$f(t) = \cos(\omega t)\, u(t)$의 라플라스 변환을 구하라.

풀이

기지: 라플라스 변환될 함수

미지: $\boldsymbol{F}(s) = \mathcal{L}[f(t)]$

주어진 데이터 및 그림: $f(t) = \cos(\omega t)\, u(t)$

가정: 없음

해석: 식 (B.12)를 이용하고 오일러 공식을 적용하여 $\cos(\omega t)$를 표시하면

$$\boldsymbol{F}(s) = \int_0^{\infty} \frac{1}{2}\left(e^{j\omega t} + e^{-j\omega t}\right) e^{-st}\, dt = \frac{1}{2}\int_0^{\infty}\left(e^{(-s+j\omega)t} + e^{(-s-j\omega)t}\right) dt$$

$$= \frac{1}{-s+j\omega} e^{-(s+j\omega)t}\Big|_0^{\infty} + \frac{1}{-s-j\omega} e^{-(s-j\omega)t}\Big|_0^{\infty}$$

$$= \frac{1}{-s+j\omega} + \frac{1}{-s-j\omega} = \frac{s}{s^2+\omega^2}$$

참조: 표 B.1은 일반적인 라플라스 변환 쌍을 열거한다.

표 B.1 라플라스 변환 쌍

$f(t)$	$\boldsymbol{F}(s)$
$\delta(t)$ (unit impulse)	1
$u(t)$ (unit step)	$\frac{1}{s}$
$e^{-at}u(t)$	$\frac{1}{s+a}$
$\sin \omega t\ u(t)$	$\frac{\omega}{s^2+\omega^2}$
$\cos \omega t\ u(t)$	$\frac{s}{s^2+\omega^2}$
$e^{-at} \sin \omega t\ u(t)$	$\frac{\omega}{(s+a)^2+\omega^2}$
$e^{-at} \cos \omega t\ u(t)$	$\frac{s+a}{(s+a)^2+\omega^2}$
$tu(t)$	$\frac{1}{s^2}$

연습 문제

B.6 다음 함수들의 라플라스 변환을 구하라.

a. $u(t)$ b. $\sin(\omega t)\, u(t)$ c. $tu(t)$

B.7 다음 함수들의 라플라스 변환을 구하라.

a. $e^{-at} \sin \omega t\ u(t)$ b. $e^{-at} \cos \omega t\ u(t)$

Answers: **B.6:** a. $\frac{1}{s}$; b. $\frac{\omega}{s^2+\omega^2}$; c. $\frac{1}{s^2}$. **B.7:** a. $\frac{\omega}{(s+a)^2+\omega^2}$; b. $\frac{s+a}{(s+a)^2+\omega^2}$

지금까지의 라플라스 변환에 대한 논의로부터 여러 함수 $f(t)$에 대하여 식 (B.12)를 계속 적용하여 그 함수의 라플라스 변환의 표를 작성할 수 있다. 그러면, 표에서 항을 대응시켜 폭넓게 다양한 역변환을 얻을 수 있다. 표 B.1은 가장 일반적인 **라플라스 변환 쌍**을 수록하고 있다. **라플라스 역변환**(inverse Laplace transform)의 계산은 만약 s의 임의의 함수들을 고려해 보면 일반적으로 오히려 복잡하다. 그러나 많은 실제 경우에서는 원하는 결과를 보기 위해 이미 알고 있는 변환 쌍의 조합을 사용할 수 있다.

예제 B.4

라플라스 역변환의 계산

문제

라플라스 변환의 역을 구하라.

$$\boldsymbol{F}(s) = \frac{2}{s+3} + \frac{4}{s^2+4} + \frac{4}{s}$$

풀이

기지: 라플라스 역변환될 함수

미지: $f(t) = \mathcal{L}^{-1}[\boldsymbol{F}(s)]$

주어진 데이터 및 그림:

$$\boldsymbol{F}(s) = \frac{2}{s+3} + \frac{4}{s^2+4} + \frac{4}{s} = \boldsymbol{F}_1(s) + \boldsymbol{F}_2(s) + \boldsymbol{F}_3(s)$$

가정: 없음

해석: 표 B.1을 이용하여 $\boldsymbol{F}(s)$의 각각의 라플라스 역변환을 구할 수 있다.

$$f_1(t) = 2\mathcal{L}^{-1}\left(\frac{1}{s+3}\right) = 2e^{-3t}u(t)$$

$$f_2(t) = 2\mathcal{L}^{-1}\left(\frac{2}{s^2+2^2}\right) = 2\sin(2t)\,u(t)$$

$$f_3(t) = 4\mathcal{L}^{-1}\left(\frac{1}{s}\right) = 4u(t)$$

이를 종합하면

$$f(t) = f_1(t) + f_2(t) + f_3(t) = (2e^{-3t} + 2\sin 2t + 4)\,u(t)$$

라플라스 역변환의 계산

예제 B.5

문제

라플라스 역변환을 구하라.

$$\boldsymbol{F}(s) = \frac{2s+5}{s^2+5s+6}$$

풀이

기지: 라플라스 역변환될 함수

미지: $f(t) = \mathcal{L}^{-1}[\boldsymbol{F}(s)]$

가정: 없음

해석: 이 함수에 대해서는 표 B.1로부터 직접 얻을 수 없다. 이러한 경우는 $\boldsymbol{F}(s)$의 부분분수 전개(partial fraction expansion)를 구하여 각 요소에 대해 적용하여야 한다. 부분분수 전개는 공통 분모를 구하는 연산의 반대로 다음 예시를 통하여 설명된다.

$$\boldsymbol{F}(s) = \frac{2s+5}{s^2+5s+6} = \frac{A}{s+2} + \frac{B}{s+3}$$

상수 A, B를 결정하기 위해 위 식에 각각의 분모를 곱하여 준다.

$$(s+2)\boldsymbol{F}(s) = A + \frac{(s+2)B}{s+3}$$

$$(s+3)\boldsymbol{F}(s) = \frac{(s+3)A}{s+2} + B$$

위의 두 식으로부터 A, B를 구할 수 있다.

$$A = (s+2)\boldsymbol{F}(s)|_{s=-2} = \left.\frac{2s+5}{s+3}\right|_{s=-2} = 1$$

$$B = (s+3)\boldsymbol{F}(s)|_{s=-3} = \left.\frac{2s+5}{s+2}\right|_{s=-3} = 1$$

마지막으로,

$$\boldsymbol{F}(s) = \frac{2s+5}{s^2+5s+6} = \frac{1}{s+2} + \frac{1}{s+3}$$

표 B.1을 이용하면 다음의 결과를 얻을 수 있다.

$$f(t) = (e^{-2t} + e^{-3t})\,u(t)$$

연습 문제

B.8 다음 함수들에 대해서 라플라스 역변환을 구하라.

a. $\boldsymbol{F}(s) = \dfrac{1}{s^2+5s+6}$ b. $\boldsymbol{F}(s) = \dfrac{s-1}{s(s+2)}$

c. $\boldsymbol{F}(s) = \dfrac{3s}{(s^2+1)(s^2+4)}$ d. $\boldsymbol{F}(s) = \dfrac{1}{(s+2)(s+1)^2}$

Answer: a. $f(t) = (e^{-2t} - e^{-3t})u(t)$; b. $f(t) = (\frac{3}{2}e^{-2t} - \frac{1}{2})u(t)$; c. $f(t) = (\cos t - \cos 2t)u(t)$; d. $f(t) = (e^{-2t} + te^{-t} - e^{-t})u(t)$

B.3 전달 함수, 극점 및 영점

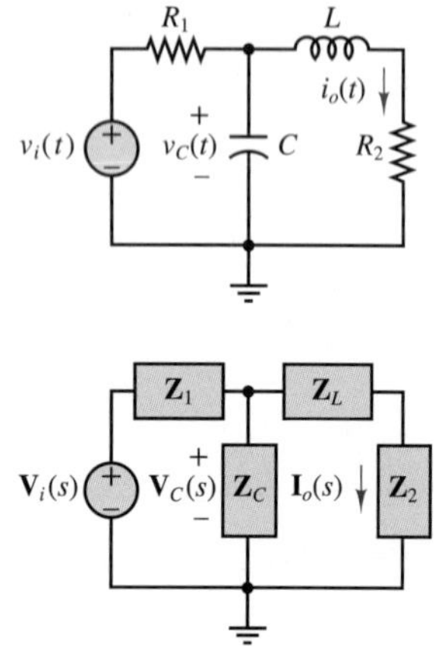

그림 B.2 어떤 회로와 그것의 라플라스 변환 등가 회로

위의 논의로부터 라플라스 변환은 회로의 과도 응답을 해석하는 데 편리한 도구라는 점을 알 수 있었다. 라플라스 변수 s는 앞에서 이미 설명한 바 있는 정상상태 주파수 응답 변수인 $j\omega$를 확장한 것이다. 그러므로 주파수 응답의 개념과 마찬가지로 라플라스 변환을 사용하여 회로의 입출력 거동을 기술할 수 있다. 이제 복소 주파수 영역에서 $j\omega$ 대신에 s를 사용하여 전압과 전류를 $\mathbf{V}(s)$ 및 $\mathbf{I}(s)$로 나타내고, 임피던스 $\mathbf{Z}(s)$를 정의할 수 있다. 또한 회로의 주파수 응답을 확장하여 입력 변수에 대한 출력 변수의 비로 정의되는 전달 함수를 정의할 수 있다.

$$\boldsymbol{H}_1(s) = \frac{\mathbf{V}_o(s)}{\mathbf{V}_i(s)} \quad \text{or} \quad \boldsymbol{H}_2(s) = \frac{\mathbf{I}_o(s)}{\mathbf{V}_i(s)} \quad \text{etc.} \tag{B.14}$$

예를 들어, 그림 B.2의 회로를 고려해 보자. 페이저 해석과 유사한 방법을 사용하고, 임피던스를

$$\mathbf{Z}_1 = R_1 \qquad \mathbf{Z}_C = \frac{1}{sC} \qquad \mathbf{Z}_L = sL \qquad \mathbf{Z}_2 = R_2 \tag{B.15}$$

와 같이 정의함으로써, 이 회로를 해석할 수 있다. 우선 망 해석을 사용하여

$$\mathbf{I}_o(s) = \mathbf{V}_i(s)\frac{\mathbf{Z}_C}{(\mathbf{Z}_L+\mathbf{Z}_2)\mathbf{Z}_C + (\mathbf{Z}_L+\mathbf{Z}_2)\mathbf{Z}_1 + \mathbf{Z}_1\mathbf{Z}_C} \tag{B.16}$$

을 얻은 다음에, 식 (B.15)의 관계를 대입하여 정리하면

$$H_2(s) = \frac{\mathbf{I}_o(s)}{\mathbf{V}_i(s)} = \frac{1}{R_1LCs^2 + (R_1R_2C + L)s + R_1 + R_2} \tag{B.17}$$

를 얻을 수 있다. 만약 입력 전압과 커패시터 전압 사이의 관계에 관심이 있다면

$$H_1(s) = \frac{\mathbf{V}_C(s)}{\mathbf{V}_i(s)} = \frac{sL + R_2}{R_1LCs^2 + (R_1R_2C + L)s + R_1 + R_2} \tag{B.18}$$

와 같은 전달 함수를 구할 수 있다. 전달 함수는 다항식의 비인 분수 형태로 되어 있으므로 분자와 분모를 인수 분해된 형태로 표시하면 회로의 또 다른 중요한 성질을 발견할 수 있다. 편의상, 그림 B.2의 회로 소자에 대한 값들이 $R_1 = 0.5\ \Omega$, $C = 1/4$ F, $L = 0.5$ H, $R_2 = 2\ \Omega$이라 하자. 그러면 이 값들을 식 (B.18)에 대입하면

$$H_1(s) = \frac{0.5s + 2}{0.0625s^2 + 0.375s + 2.5} = 8\left(\frac{s + 4}{s^2 + 6s + 40}\right) \tag{B.19}$$

를 얻게 되며, 이를 1차 항들의 곱으로 인수 분해하면

$$H_1(s) = 8\left[\frac{s + 4}{(s - 3.0000 + j5.5678)(s - 3.0000 - j5.5678)}\right] \tag{B.20}$$

을 얻는다. 여기서 회로의 응답은 s의 세 값인 $s = -4$, $s = +3.0000 - j5.5678$, $s = +3.0000 + j5.5678$에 대해서 매우 특수한 성질을 가진다. 우선 복소 주파수 $s = -4$에서 전달 함수의 분자는 0이 되며 입력 전압의 크기에 상관없이 회로의 응답은 항상 0이 된다. 이러한 특수한 s의 값을 전달 함수의 **영점**(zero)이라 한다. 한편, $s = +3.0000 \pm j5.5678$에서는 회로의 응답은 무한대가 되며, s의 이러한 값들을 전달 함수의 **극점**(pole)이라 한다.

극점과 영점의 항으로 회로의 응답을 표현하는 것이 통례인데, 이는 이들 극점 및 영점에 대해 아는 것은 전달 함수를 아는 것과 같으므로 회로의 응답에 관한 완전한 정보를 제공해 주기 때문이다. 게다가, 회로의 전달 함수의 극점과 영점을 복소 평면상에 도시한다면 회로의 응답을 매우 효과적으로 가시화할 수 있다. 그림 B.3은 그림 B.2의 회로의 극점-영점을 나타내는 선도인데, 이러한 선도에서는 보통 영점을 조그만 원으로, 극점을 "×"로 표시한다.

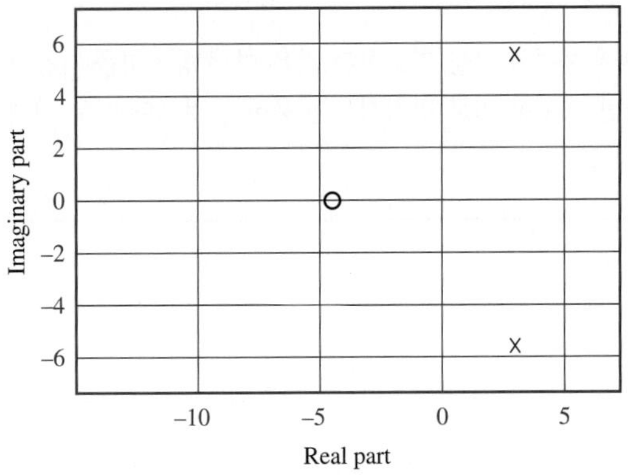

그림 B.3 그림 B.2의 회로에 대한 영점-극점 선도

전달 함수의 극점은 시스템의 자연 응답의 근과 같다는 점에서 특별한 중요성을 가지는데, 이는 회로의 **고유 주파수**라 불리기도 한다. 예제 B.6은 이런 점을 잘 설명해 준다.

예제 B.6

2차 회로의 극점

문제

병렬 *RLC* 회로의 극점을 구하라. i_L을 독립 변수로 사용하여 식을 표현하라.

풀이

기지: 저항, 인덕터와 커패시터 값

미지: 회로의 극점

가정: 없음

해석: 병렬 *RLC* 회로의 자연 응답을 기술하는 미분 방정식은

$$\frac{d^2 i}{dt^2} + \frac{R}{L}\frac{di}{dt} + \frac{1}{LC}i = 0$$

이므로, 이에 해당하는 특성 방정식은

$$s^2 + \frac{R}{L}s + \frac{1}{LC} = 0$$

이 된다. 전압 분배 법칙을 사용하여, 이 회로에 대한 전달 함수 $\mathbf{V}_L(s)/\mathbf{V}_S(s)$를 계산하면

$$\frac{\mathbf{V}_L(s)}{\mathbf{V}_S(s)} = \frac{sL}{1/sC + R + sL} = \frac{s^2}{s^2 + (R/L)s + 1/LC}$$

이 된다. 회로의 극점을 결정해 주는 전달 함수의 분모가 회로의 특성 방정식과 동일하다. 그러므로 전달 함수의 극점은 특성 방정식의 해와 동일하다.

$$s_{1,2} = -\frac{R}{2L} \pm \frac{1}{2}\sqrt{\left(\frac{R}{L}\right)^2 - \frac{4}{LC}}$$

참조: 전달 함수를 사용하여 회로를 기술하는 것은 미분 방정식을 사용하여 표현하는 것과 완전히 동일하다. 하지만 대부분 미분 방정식을 사용하는 것보다 매우 쉽게 전달 함수를 유도할 수 있다.

APPENDIX C

ASCII 문자 코드

ASCII CHARACTER CODE

이 책의 다른 곳에서 언급된 코드(2진 코드, 8진 코드, 16진 코드, BCD)에 더하여, 모든 컴퓨터 제작자가 채택하는 문자 부호화 규약이 **ASCII** (American Standard Code for Information Interchange)[1] 코드이다. 이 코드는 텍스트의 표시에 일반적으로 사용되는 128개의 그래픽 또는 제어 문자를 일대일로 수치에 대응시킨다. 표 C.1은 전체 코드를 보여준다. 수치가 16진수로 표시됨에 주목하라. 부가적인 128 비표준 문자가 ASCII 코드를 사용하여 구현된 어느 특별한 폰트에 대해서 흔히 정의되기도 한다. 256개의 문자가 정의되는 것은 8비트 또는 1바이트로 대응시킬 수 있는 항목의 수이기 때문이다.

[1] American Standard Code for Information Interchange.

표 C.1 ASCII

Graphic or control	ASCII (hex)	Graphic or control	ASCII (hex)	Graphic or control	ASCII (hex)
NUL	00	+	2B	V	56
SOH	01	,	2C	W	57
STX	02	−	2D	X	58
ETX	03	.	2E	Y	59
EOT	04	/	2F	Z	5A
ENQ	05	0	30	[	5B
ACK	06	1	31	\	5C
BEL	07	2	32	]	5D
BS	08	3	33	↑	5E
HT	09	4	34	←	5F
LF	0A	5	35	‘	60
VT	0B	6	36	a	61
FF	0C	7	37	b	62
CR	0D	8	38	c	63
SO	0E	9	39	d	64
SI	0F	:	3A	e	65
DLE	10	;	3B	f	66
DC1	11	<	3C	g	67
DC2	12	=	3D	h	68
DC3	13	>	3E	i	69
DC4	14	?	3F	j	6A
NAK	15	@	40	k	6B
SYN	16	A	41	l	6C
ETB	17	B	42	m	6D
CAN	18	C	43	n	6E
EM	19	D	44	o	6F
SUB	1A	E	45	p	70
ESC	1B	F	46	q	71
FS	1C	G	47	r	72
GS	1D	H	48	s	73
RS	1E	I	49	t	74
US	1F	J	4A	u	75
SP	20	K	4B	v	76
!	21	L	4C	w	77
”	22	M	4D	x	78
#	23	N	4E	y	79
$	24	O	4F	z	7A
%	25	P	50	{	7B
&	26	Q	51	|	7C
’	27	R	52	}	7D
(	28	S	53	~	7E
)	29	T	54	DEL	7F
*	2A	U	55		

찾아보기

한글 찾아보기

ㄱ

ㅂ

ㅅ

ㅇ

ㅈ

ㅊ

ㅋ

ㅌ

ㅍ

ㅎ

영문 찾아보기

A

B

C

D

E

N

O

P

R

S